James D. Mauseth

식물학

제6판

식물생명과학 입문서

김영환 역

James D. Mauseth

식물학

제6판

식물생명과학 입문서

김영환 역

BOTANY

SIXTH EDITION

ORIGINAL ENGLISH LANGUAGE EDITION PUBLISHED BY
Jones & Bartlett Learning, LLC
5 Wall Street
Burlington, MA 01803 USA

Botany 6th. / James C. Mauseth.

식물학 제6판

인　　쇄 | 2019년 2월 7일
발　　행 | 2019년 2월 15일

저　　자 | James D. Mauseth
역　　자 | 김영환
발 행 인 | 박선진
발 행 처 | (주)도서출판 월드사이언스

주　　소 | 서울특별시 서초구 도구로 115, 1층(방배동, 월드빌딩)
등록일자 | 1988년 2월 12일
등록번호 | 제 16-1601호
대표전화 | (02) 581-5811~3
팩　　스 | (02) 521-6418

E-mail | worldscience@hanmail.net
URL | http://www.worldscience.co.kr

정　　가 | **42,000원**
ISBN | 978-89-5881-284-5

이 도서의 국립중앙도서관 출판시도서목록(CIP)은 서지정보유통지원시스템 홈페이지
(http://seoji.nl.go.kr)와 국가자료공동목록시스템(http://www.nl.go.kr/kolisnet)에서
이용하실 수 있습니다. (CIP제어번호: CIP2019003541)

간략한 목차

목차

저자 서문

『식물학 6판』은 두 가지 목표를 세우고 준비하였는데, 그 하나는 식물과 다른 생물들 간의 상호작용을 강조하는 것이고, 다른 하나는 식물생명과학을 학생들이나 그 밖의 독자들에게 보다 가까이하기 쉽고 의의가 있게끔 만드는 것이다.

식물과 생물권 간의 상호작용은 앞선 판들에서도 강조되었는데, 이는 지구기후변화의 현실이 차츰 분명해졌기 때문이다. 이전 판들에서는 온실가스를 제거하는 데 있어서 식물의 역할뿐만 아니라 인간 활동에 의해 많은 숲이 사라지는 현실을 살펴보았다. 식물과 인간과의 연관성을 염두에 두고, 나는 식물이 다른 모든 생물들과 상호작용하는 방법에 대해 학생들이 흥미를 느낄 것이라고 생각하였다. 나는 생물과 지구와의 모든 상호작용 세트의 한 측면으로 식물생명과학을 탐구하는 것이 보다 현실적이고 매력적이라고 믿고 있다. 단순히 어떤 식물의 형태와 대사 그리고 진화만을 조사하듯이 환원법 학자의 견해로 식물생명과학을 살펴본다면 식물생물학의 엄청나게 풍부한 측면 가운데 많은 부분들을 놓치게 된다.

따라서 이『식물학 6판』에서는 새롭게「26장 군집생태」를 추가하여 학생들에게 식물과 그 주변 환경과의 상호작용을 보다 완전히 소개하였다. 한편 이러한 상호작용을 강조하게끔 기존의 몇몇 챕터에도 새로운 내용을 추가하였는데, 그 한 예로「14장 발생과 형태형성」에서는 식물이 곰팡이의 침입을 어떻게 감지하는지를 새롭게 소개하였다.

학생들과 그 밖의 모든 사람들에게 식물생명과학을 보다 가까이하기 쉽게 하는 것이 30여 년 전에 내가 이 책을 처음 저술하기 시작한 이유이다. 이는 나아가서 새로 판을 거듭할 때마다 주된 관심사로 자리매김하였다. 일부 비평가들과 교수들은『식물학』의 이전 판들이 학생들에게 너무 어렵다고 느꼈는데, 이러한 우려를 해결하고자 새로이「2장 식물 생명의 개요」를 첨가하였다. 이 장은 식물의 구조, 대사, 유전, 다양성, 진화 및 생태와 같은 주제들을 폭넓게 소개하고자 짜여졌다. 2장 전체는 학생들이나 독자들이 이 책의 다른 어떤 부분들과도 씨름할 수 있을 정도의 넉넉한 깊이와 폭을 얻을 수 있는 근본 원칙들을 제시하고 있다. 많은 학생들은 이미 식물과 친숙해서「개념」에 담긴 어떤 부분들이 불필요할 수도 있지만 다른 내용들로부터 혜택을 받을 수 있다. 어떤 학생들에게는「개념」의 모든 내용이 도움이 될 것이다. 어느 쪽이든「개념」부분은 모든 사람을 식물생명과학의 세계로 맞이할 것이다. 나는 모든 사람이 이 책에서 소속감을 느끼길 원하며, 어떤 부분이라도 누구에게나 장애가 되지 않길 바란다.

몇몇의 다른 요소들이 이『식물학 6판』을 더욱 가까이하기 쉽게 만들었다. 각 장마다「학습목표」와 몇몇「알고 있나요?」의 두 가지 새로운 요소들로 시작한다. 전자는 학생들이 단번에 중요한 주제들을 볼 수 있게끔 설계되었고, 후자는 학생들의 흥미를 끌도록 계획되었다. 모든 장은 이전 판에서는 없었던「다음 단계에서는」이라는 새로운 절로 끝나게 되는데, 여기에는 일부 학생들이 스스로 헤쳐 나가길 원할 수 있는 훨씬 진전된 주제들을 제시하였다.

「24장 토속식물학: 식물과 인간」이 새로 추가되었고, 이는 식물과 그 밖의 생물들, 즉 우리 인간들과의 상호작용을 강조하는 한편, 이 책이 독자들마다의 생활에 더욱 관련이 있게끔 만들기 위함이다. 식품과 섬유와 같은 일반적 주제들 가운데「박스 24-3 식물과 인간: 천연약제, 멸종위기종 그리고 여성의 권리」에서는 식물과 이들을 이용한 치료에 대한 지식이 증가하는 데 따른 오늘날의 토속식물학적 문제들을 다루었다. 이렇게 새로 추가한 24장은 이전 판들에 포함된 많은「식물과 인간」박스의 내용들을 대신하지 않으므로「식물과 인간」박스들은 이번 판에서도 그대로 남겨 두었다.

이 책의 목표 가운데 하나는 학생들이 과학세계와 그들의 종교적 믿음을 포함하는 자신들과의 교차점에 대해 생각하도록 권장하는 것이다. 이러한 내용은『식물학』의 초판에 포함된「과학적 방법」과「과학적 방법이 부적합한 분야」의 중요한 부분이 되었다.『식물학 6판』에서는「박스 2-4 식물학과 그 너머: 노아의 홍수와 집단생물학」에서 성경의 가르침이 두 가지의 매우 중요한 과학 분야인 개체군 생물학과 개체군 통계학을 확립하는 데 있어서 직접적인 영향을 주었다고 지적하였다.「박스 17-1 식물학과 그 너머: 종은 표준형이 아니라 집단이다」에서는『창세기』에 의거한 원래의 개념들로부터 현대의 종의 개념이 어떻게 변화하였는지를 논의하였다. 과학과 종교와의 관계는 가끔씩만 다루었지만 나는 학생들이 생물학 수업과 그들의 종교적 삶 사이에 큰 격차가 있다고 생각하는 것을 원치 않는다. 어쩌면 일부 강사들은『식물학』의 이들 절을 이용하여 과학과 종교에 대해 보다 발전적으로 강의할 수 있을 것이다.

나의 궁극적인 목표는 생명에 관해 전반적으로 가르치는 것이다. 이 책에서 언급한 모든 주제들이 독자들로 하여금 인류생물학을 보다 완전히 이해하고 생물학의 모든 분야를 이해하도록 도와줄 것이다. 그 어떤 생물도 다른 생물들과 동떨어져 살 수 없고 우리는 모든 생물을 아우르는 생물학을 공유하는 것이다. 우리는 모두 한 배를 탄 것이다.

저자 소개

짐 마우세트(Jim Mauseth)는 워싱턴 주 동부에서 태어나 가족의 농경지에서 밀, 감자, 옥수수와 그 밖의 작물들을 재배하며 어린 시절을 보냈다. 농장 가까운 곳에는 산쑥이 자라고 아무도 손대지 않은 사막이 있었는데, 그곳에는 드물었지만 다양성이 풍부한 들꽃들이 자랐다. 그는 시애틀의 워싱턴 대학교에서 식물학을 전공하면서 서늘하고 비가 많이 오는 캐스케이드 산, 올림픽 우림 그리고 레이니어 산에서 하이킹을 하였다. 퓨젓 사운드의 해조류와 무척추동물들이 풍부한 바위 해안도 즐겨 찾는 곳이었다.

그는 1975년에 박사학위를 받고 텍사스 대학교의 교수가 된 이후로 줄곧 오스틴에 살고 있다. 오스틴 주변의 식생은 소나무 숲, 참나무-향나무 숲, 메스키트 관목지와 광활한 초지가 포함된다. 한두 시간 내에 식물의 모든 주요 집단을 대표하는 식물들을 만날 수 있고, 개울에는 진정한 식물과 밀접한 연관이 있는 조류인 쇠뜨기말속(*Chara*)이 자란다. 루이지애나의 늪과 빅 벤드 국립공원도 인근에 있다.

텍사스 대학교에서 마우세트 교수는 선인장과 기생식물처럼 매우 특이한 몸을 가진 식물들의 해부와 진화에 연구를 집중하고 있다. 이들 가운데 많은 종류가 라틴 아메리카에 살고 있어서 그는 이들 식물을 연구하기 위해 남아메리카 대륙을 두루 여행한다. 그는 식물을 가장 잘 관찰하는 방법 중 하나가 자전거 안장에 앉아서 관찰하는 것이라고 믿고, 미국의 많은 곳(한 번은 대서양 연안에서 태평양 연안까지)과 알래스카 전역 그리고 유럽의 도처를 자전거로 여행하였다.

교수로서 그는 1975년 이래 일반식물학과 식물해부학을 강의하고 있다. 학부와 대학원의 많은 학생들이 그의 연구를 도와주고 있다. 마우세트 교수는 오늘날의 학생들이 반세기 전의 학생들처럼 재능이 있고 유능하며 흥미를 느끼고 있다는 점을 오랜 경험으로부터 알고 있다.

역자 서문

대학 강단에서 30년 이상 식물학을 가르치면서 꽤 많은 종류의 식물학 서적을 강의교재나 참고도서로 이용하였다. 그런데 원서이건 번역서이건 간에 특정한 학문 분야에 치우치지 않게끔 적절하게 내용을 안배하고 심도를 조절한 교재를 찾기란 의외로 쉽지 않았다. 특히 번역서의 경우, 많은 역자들이 공동으로 참여하여 번역하는 과정에서 원저자의 의도와 달리 번역되거나 또는 우리말 용어가 통일되지 않는 사례를 흔히 볼 수 있었다.

그러던 차에 문정구 대표님으로부터 2017년에 발간된 『Botany: An Introduction to Plant Biology, Sixth Edition』을 소개받았다. 33년 교수 생활의 마지막 학기에 원서로 강의를 하면서 이 책이 왜 식물학 교재의 베스트셀러라는 명성을 얻게 되었는지 새삼 절감하게 되었다. 때마침 정년퇴임을 하면서 평생 식물학의 외길을 걸어올 수 있게끔 여건이 마련된 데 대한 보은의 필요성도 느끼던 차였기에 주저하지 않고 번역서 발간을 추진하게 되었다.

번역서의 발간에서 가장 중요한 부분인 우리말 용어는 원칙적으로 『생물학용어집 제3판(한국생물과학협회 편, 2015)』에 따랐다. 그 밖에 『헨더슨 생물학사전 15판(김영환 역, 2013)』, 『생명과학대사전(강영희 등, 2008)』, 『균류학용어집(한국균학회 편, 2007)』, 『의학용어집 5집 개정판(대한의사협회 편, 2015)』 등 다양한 자료들을 참고하였다. 이들 각종 자료에 없는 용어들은 한국생물과학협회 용어심의위원회의 심의규칙을 준수하여 적합한 우리말 용어를 만들어 제시하였다. 분류군의 국명은 국가표준식물목록위원회의 『국가표준식물목록』과 환경부 국립생물자원관의 『국가생물종목록집』을 중심으로 다양한 자료를 참고하였다.

우리말 용어를 통일하고 번역에 충실을 기하고자 나름대로 애를 썼지만, 원서의 방대한 분량을 혼자 번역하고 편집하다보니 오역이나 오탈자가 도처에 산재하여 있음을 스스로 인정하지 않을 수 없다. 혹시 기회가 마련된다면 다음 기회에 바로잡을 계획이므로 잘못된 부분들을 날카롭게 지적해 주고 친절하게 충고해 주기를 기대한다.

무엇보다도 1년 반에 걸친 오랜 시간 동안 곁에서 한결같이 성원해 준 아내에게 감사한다. 정년퇴직 후에도 하루 종일 서재에 틀어 박혀 있는 남편을 이해하고 묵묵히 뒷바라지한 아내 덕분에 거의 불가능에 가까운 작업을 무사히 마칠 수 있었다. 원서를 추천하고 번역을 제안한 문정구 대표님과 ㈜월드사이언스 박선진 대표님, 그리고 어색하고 미흡한 부분들을 수정하고 편집하느라 애써주신 편집실 정창기 실장님 외 직원 여러분에게 진심으로 사의를 표한다.

부디 이 책이 식물학을 배우고자 하는 모든 사람들에게 소중한 길잡이가 되기를 바라며, 이 책을 통해 아름답고 소중한 식물을 사랑하고 무한한 잠재력을 갖고 있는 식물의 신비로운 세계에 한 발짝 다가가는 계기가 마련된다면 더할 나위 없이 기쁘겠다.

2019년 2월

역자 김영환

역자 약력

서울대학교 문리대 식물학과를 졸업하고 서울대학교 대학원에서 이학박사학위를 받았다. 한국원자력연구소 환경연구실 선임연구원을 거쳐 1984년부터 33년간 충북대학교 자연과학대학 생물학과 교수로 재직하였고, 2017년에 명예교수로 추대되었다.

그간 한국생물과학협회 부회장, 한국조류학회 회장, 한국생물다양성협회 회장, 온배수연구회 회장, 한국식물학회 상임이사 및 식물학심포지엄 조직위원장 등을 역임하였고, 특히 생물학 용어와 관련하여 한국생물과학협회 생물학용어제정심의위원회 제2대 위원과 제3대 위원장, 국립국어연구원 표준국어대사전 감수위원, 한국학술단체연합회 학술전문용어 정비 및 표준화사업 기술위원 등으로 활동하였다. 한국생물과학협회에서 출판한 『생물학용어집 제2판』과 『생물학용어집 제3판』의 간행위원으로 참여하였고, 2013년에는 『헨더슨 생물학사전 15판』을 발간하였다.

그 밖에 『발전소 온배수와 해양생태계(문화관광부 우수학술도서)』, 『녹조식물 해캄의 생물학』 등의 저서와 『해산식물학(한국학술진흥재단 번역총서)』, 『조류학 2판』, 『생명과학의 이해』 등의 역서가 있으며, 옥조근정훈장, 과학기술우수논문상, 자연보호유공정부포상, 춘해조류학상 등을 받았다.

Botany

SIXTH EDITION

An Introduction to Plant Biology

James D. Mauseth, PhD
University of Texas at Austin

CHAPTER 1

식물과 식물학 입문

학습 목표

이 장을 읽은 다음, 학생들이 할 수 있는 것은;

- 식물과 기후변화 간의 관계를 인식한다.
- 식물을 간단하게 정의하기가 어렵다는 것을 서술한다.
- 과학적 방법의 네 가지 기본적 원리를 열거한다.
- 과학적 방법이 부적합한 분야의 예를 제시한다.
- 식물 연구와 관련된 기본적 개념을 요약한다.
- 초기의 원핵생물에서 식물로 진화하는 과정을 정리한다.
- 식물이 적응하는 두 가지 예를 제시한다.
- 관찰과 해석 간의 차이를 설명한다.

개요

알고 있나요?

- 초기 인류는 이미 36,000년 전에 아마(flax plant)의 섬유를 엮어서 간단한 옷을 만들었다.
- 바닐라, 초콜릿, 커피, 차, 계피와 박하는 모두 식물로부터 만들어진다.
- 식물은 불의의 중독뿐만 아니라 흡연에 의한 암을 통해 해마다 수많은 사람을 죽인다.
- 과학과 과학적 방법은 증거를 수집하고 처리하는 방법에 관하여 용인된 규칙들의 단순한 집합이다.

장의 첫 이미지: 사람과 동물은 살기 위해서 반드시 산소가 있어야 한다. 산소가 없다면 우리는 질식으로 죽게 될 것이다. 햇빛을 받으면 식물은 광합성을 하고 우리가 필요로 하는 산소를 생성한다. 이 나무들의 뿌리는 가파른 경사지에서도 토양이 제자리에 있게끔 붙잡는다. 만일 나무가 없다면 모든 토양이 빗물에 쓸려 유실되어 맨 바위만 남게 되고, 강은 비가 내릴 때마다 범람하고 건기에는 말라버릴 것이다. 지구온난화로 인해 산에 눈이 덜 내리는데(눈은 더 녹고), 이는 알래스카 주 워팅턴 빙하(Worthington Glacier)에서 강물의 흐름을 바꾸고 식물과 동물이 살 수 있는 서식지로서의 적합성을 변모시켰다.

개념

지구가 점점 더워지고, 홍수가 자주 일어나며, 날씨는 더욱 난폭해지고 있다. 이는 우리가 석탄과 석유 및 그 밖의 화석연료를 태우면서 이산화탄소가 대기 중에 방출되기 때문이다. 이산화탄소는 가시광선이 대기를 지나 지구의 표면에 도달하여 지표를 따뜻하게 만들 수 있게 하는 몇몇 온실가스 중 하나다. 따뜻해진 바위와 토양 그리고 물은 적외선을 방출하여 우주로 돌려보내지만, 온실가스는 적외선을 흡수하고 대기를 따뜻하게 만든다. 대기 중 온실가스의 농도가 높아질수록 날씨는 점점 더 더워진다. 지구가 차츰 더워지면서 보다 많은 물이 바다로부터 대기로 증발하고, 그 결과로 인해 내리는 호우가 전 세계에 걸쳐 홍수를 일으킨다. 한편 따뜻해진 공기가 산봉우리의 눈과 얼음을 빠르게 녹여서 홍수가 빈번해진다. 매년 여름에 캘리포니아에서는 산사태가 늘어나고, 미시시피나 그 밖의 강에서는 홍수로 인한 피해가 커지며, 토네이도와 허리케인이 더욱 격렬해진다. 바로 이것이 지구온난화(global warming)이며, 이를 지구기후변화(global climate change)라고도 부른다.

그게 식물학과 무슨 상관이 있을까? 모든 것이 다 관계가 있다. 햇살을 받는 식물은 광합성을 하는데, 이는 곧 식물이 공기로부터 이산화탄소를 얻어서 식물체를 구성하는 화학물질을 만드는 데 이용하는 것이다. 식물의 잎, 줄기, 뿌리, 꽃, 열매와 씨앗의 무게 대부분은 탄소인데, 이는 식물로 들어오기 전에 공기 중에 있던 이산화탄소의 탄소이다. 식물이 광합성을 하면서 대기로부터 이산화탄소를 제거하고 이를 식물체에 고정시키면서 지구가 서늘하게 유지되는 데 기여하고 우리가 야기하는 온난화에 대응한다. 그렇다면 다음의 중요한 질문은 "과연 식물이 우리 때문에 생긴 영향을 상쇄할 만큼 충분한 이산화탄소를 대기로부터 제거할 수 있을까?"이다. 그 대답은 "그럴 것 같지 않다"이다.

인간에 의해 대기 중에 첨가되는 이산화탄소와 식물에 의해 제거되는 이산화탄소 간의 균형은 쉽게 이해할 수 있는 몇 가지 요인에 의해 영향을 받는다. 모든 동물, 균류, 세균과 그 밖의 비광합성 생물들은 단지 살아 있기만 해도 이산화탄소를 생성한다. 우리의 몸이 음식물을 "연소(burn)"하면, 즉 전문적인 표현으로 우리가 식품을 호흡하면 이산화탄소가 생기고, 따라서 사람을 포함한 동물은 수십억 년 동안 대기 중으로 이산화탄소를 첨가하였다. 정말 심각한 문제는 우리의 조상이 불을 발견하면서 시작되었다. 인류는 나무와 석탄을 태우기 시작하였고, 최근 들어서는 석유와 천연가스 그리고 그 밖의 화석연료를 연소하면서 엄청나게 많은 이산화탄소를 공기 중에 배출하였다. 인류가 불에 통달해지기 전에는 생물의 호흡으로 말미암아 추가되는 이산화탄소보다 빠른 속도로 식물이 실제로 공기 중에서 이산화탄소를 제거해 왔다.

광합성은 28억 년 전에 비롯되었고, 연료를 엄청나게 연소하기 시작한 산업혁명이 일어나기 전까지 대기 중 이산화탄소의 양은 감소하여 지구가 서늘해졌다. 만일 광합성이 대기로부터 이산화탄소를 제거해 왔다면 이는 과거의 대기 중에 많은 양의 이산화탄소가 있었다는 것을 의미하는 것일까? 그리고 만일 그렇다면 과거에는 지구가 보다 따뜻했을까? 이 두 가지 질문에 대한 대답은 '그렇다'이다. 예전에 지구는 훨씬 많은 이산화탄소가 대기 중에 들어 있었고, 그 결과 지구는 훨씬 더웠다. 지구의 기후는 지금도 변하고 있지만, 지금까지 항상 변해 왔고 오랜 기간 동안 그대로 머무른 적이 결코 없었다.

호흡과 연소에 덧붙여 화산이 분출하면서 그리고 지구 표면의 대륙들을 움직이는 거대한 구조판(tectonic plate)들 간의 해령에서 녹은 암석인 마그마가 솟아오르면서 이산화탄소는 공기 중에 첨가된다. 한편 일부 조류들이 탄산칼슘으로 구성된 껍질을 형성하면서 이산화탄소는 제거된다. 지구상의 모든 석회석은 어떤 조류와 조개 및 기타 해양동물의 수많은 현미경적 껍질들로 구성된다. 예전에 때로는 화산작용이 매우 활발하여 광합성에 의해 제거되는 정도보다 빠르게 이산화탄소를 첨가하였고, 이로 말미암아 지구의 온도가 올라갔다. 다른 때에는 화산활동이 활발하지 않아 광합성이 화산작용을 앞지르고 지구가 서늘해졌다.

데워지건 서늘해지건 그 어느 것도 지구상의 모든 생물을 죽일 만큼 심각한 위협이 되지 않았다. 대신에 지구가 따뜻할 때 데워진 바다로 인하여 큰비가 내려서 식물이 빠르게 생장하고 훨씬 풍부해져서 보다 많은 이산화탄소를 흡수하였다. 식물이 대기로부터 많은 양의 이산화탄소를 제거함에 따라 지구는 서늘해지고 건조해졌으며, 식물은 더디게 생장하였다.

오늘날 우리는 지구 역사상 보기 드물게 서늘한 시기에 살고 있다. 식물이 공기 중의 이산화탄소를 엄청나게 흡수하여 태양열을 잡아둘 것이 거의 없다. 실제로 우리는 지금 플라이스토세(최신세, Pleistocene)라고 알려진 빙하시대에 살고 있지만, 그 가운데 홀로세(Holocene) 온난기라고 부르는 따뜻한 시기에 있고 이를 간빙기라고 부른다[빙하시대의 추운 시기를 빙하기(glacial)라고 하는데, 그것은 이 시기에 거의 모든 산이 흔히 빙하로 덮이기 때문이다]. 지구가 몹시 서늘하면 나쁜 것일까? 지구를 데우기 위해 보다 많은 석유와 석탄을 태워야 할까?

지금의 서늘함은 극히 예외적이지만 이 기후에서 인류가 진화하였고 다른 대형유인원과는 완전히 달라졌다. 한편 이 기후에서 우리들에게 식량이 되어 주는 식물의 대부분이 진화하였다. 밀, 호밀, 보리와 옥수수는 서늘하고 건조한 조건에서 잘 자라는 벼과 초본(grass)이다. 벼과 초본은 나무가 없는 넓은 평지에서 자라는데, 지구가 따뜻하면 평지에 숲이 들어서고 벼과 초본은 나무 밑의 그늘에서는 잘 자라지 못한다. 우리 현대인류의 진화에서 중요한 과정은 나무에서 살아가도록 적응한 우리의 조상과는 다르게 우리는 지상에서 직립 보행하도록 서서히 진화하였고, 앞다리인 우리의 팔이 자유로워짐에 따라서 손을 이용하여 도구를 잡고 다룰 수 있게 되었다는 점이다. 인류는 지구상에 광활한 초원이 나타나기 전에는 나무에서 내려오지 않았으며, 지구가 차츰 서늘해지고 건조해지면서 숲이 물러간 3천만 년 전에 넓은 초지가 생겼는데, 이 모든 것은 식물의 광합성 때문이다.

보다 최근에 인류는 자신들의 식량을 재배하기 시작하였다. 약 11,000년 전에 유럽, 아시아, 아프리카 및 아메리카에서 별개의 독립적인 기원을 갖고 농업이 시작되었다. 이는 매우 중요한

데, 우리가 지금 살고 있는 현재의 간빙기는 고작 14,000년 전에 시작되었다. 눈과 얼음이 차츰 사라지기 시작하고, 인류는 육지 전역에 퍼졌는데, 그때 일부 사람들은 아시아에서 아메리카로 이동하였다. 14,000년 전과 11,000년 전 사이의 단 몇 천 년의 매우 짧은 기간 동안 방랑하며 수렵과 채집을 하던 인류가 농사를 짓기 시작하였고, 마을과 도시를 세우고, 이어서 예술, 저술, 종교와 과학이 꽃피기 시작하면서 문명이 생겨났다.

원래의 질문으로 돌아가 보자. "그게 식물학과 무슨 상관이 있는가?" 다시 한 번 그 대답은 "모든 것이 다 관계가 있다"이다. 식물은 우리가 살 수 있게끔 지구의 기후를 변모시켰다. 아울러 식물은 우리가 숨을 쉬는 산소와 우리가 먹는 식량을 생산한다. 사람은 식물로부터 옷감, 종이, 목재와 화학물질을 얻고, 그 아름다움 때문에 식물은 우리에게 정신적으로도 중요하게 작용한다.

이 책으로 계속 학습하는 동안 식물의 생명 작용이 우리 자신의 생명 활동에 얼마나 많은 방식으로 영향을 미쳤는지 생각해 보자. 그리고 그 밖의 생물에 대해서도 생각해 보자. 사람은 식물뿐만 아니라 모든 다른 동물과 균류 및 미생물과 함께 살고 있다. 우리가 상호 연결되고 상호 의존적이듯이 우리들의 모든 생명 활동은 다른 모든 생물들의 생명 작용에 영향을 미친다.

식물

식물학(Botany)은 식물을 과학적으로 연구하는 학문이다. 이 정의를 이해하려면 '식물'과 '과학적 연구'의 두 가지 개념을 이해해야 한다. 식물이란 무엇인가를 정확하게 정의내리기 어렵다고 배운다면 놀랄지도 모른다. 식물은 종류도 많고 변이도 많아서 간단하게 정의하기에는 너무 많은 예외가 있고, 모든 식물을 포함시키고 식물이 아닌 생물을 배제하는 정의는 사용하기에 너무나도 복잡할 수 있다. 한편 생물학자들은 일부 생물, 특히 조류(algae)가 진정한 식물인지에 대해 의견이 일치하지 않는다. 간결한 정의를 암기하기보다는 식물이란 무엇이고, 예외적이거나 특이한 사례는 어떤 것들이 있으며, 왜 식물학자들이 특정 생물에 대해 의견이 다른지를 이해함으로써 더 많은 것을 얻을 수 있다.

그림 1-1 이 달맞이꽃속(*Oenothera*)은 분명히 꽃식물이다. 이 식물에는 짧은 줄기와 많은 홑잎들이 달리는데, 여기서는 광범위한 뿌리계를 볼 수 없다.

아마도 여러분이 지금 알고 있는 식물의 개념이 매우 정확할 수 있다. 즉, 대부분의 식물이 잎, 줄기, 뿌리 그리고 꽃을 갖지만(**그림 1-1**), 예외도 바로 생각해 낼 것이다. 소나무, 가문비나무와 전나무 같은 구과식물은 꽃 대신에 구과(cone)를 갖고(**그림 1-2**), 많은 선인장과 다육식물에서는 잎을 볼 수 없다. 그렇지만 구과식물과 다육식물 모두 분명히 식물인데, 이들은 의심할 나위 없이 식물과 몹시 유사하기 때문이다. 이와 마찬가지로 고사리류와 이끼류(**그림 1-3**과 **1-4**)는 쉽게 식물로 인정된다. 버섯(**그림 1-5**)

그림 1-2 이 가문비나무속(*Picea*) 같은 구과식물은 구과에서 씨앗을 만든다. 구과식물은 꽃식물과 약간의 다른 무리와 함께 종자식물로 알려져 있다.

그림 1-3 고사리류는 꽃식물과 몇몇 공통적인 특성을 나타내어 잎과 줄기 및 뿌리를 갖지만, 결코 씨앗을 만들지 않고 꽃이나 목재를 갖지 않는다.

그림 1-4 모든 육상식물 가운데 이끼류는 꽃식물과 공통점이 가장 적다. 이끼류는 '잎'과 '줄기'라고 부르는 구조를 갖지만, 이는 꽃식물의 경우와는 다르다. 이끼류는 뿌리가 전혀 없다.

(A)

(B) Courtesy of C. Mims, University of Georgia

그림 1-5 **(A)** 버섯과 **(B)** 선반버섯 같은 균류는 식물로 간주되지 않는다. 균류는 결코 녹색을 띠지 않고 햇빛으로부터 에너지를 얻지 않는다. 뿐만 아니라 균류의 조직과 생리가 식물의 조직과 생리와는 전혀 다르다. 그럼에도 불구하고 많은 균류가 토양에서 낙엽 같은 죽은 물질들을 분해하고 나무둥치를 부식시키므로 균류는 식물에게 매우 중요하며, 균류가 이런 물질들의 부식을 야기하면서 무기질을 방출하고 토양을 풍요롭게 한다.

과 말징버섯(puffballs) 같은 균류는 움직이지 않고 다소 씨앗 같은 기능을 하는 포자를 만들기 때문에 예전에 식물계에 포함시켰다. 그렇지만 생물학자들은 더 이상 균류를 식물로 간주하지 않는데, 이는 최근 연구를 통해 기본적인 많은 생화학적 및 유전적 측면에서 균류가 식물과 다르게 나타났기 때문이다.

조류(algae)는 더욱 문제가 된다. 조류의 한 무리인 녹조류(green algae; **그림 1-6**)는 생화학과 세포구조에서 식물과 비슷하지만 한편으로는 많은 중요한 차이를 나타낸다. 어떤 식물학자들은 녹조류를 식물에 포함시키는 것이 더 유용하다고 판단하지만, 다른 식물학자들은 일부 녹조류가 홍조류와 갈조류(**그림 1-7**) 등의 해조류와 더 많은 공통점을 갖고 있다고 지적하면서 녹조류를 식물에서 배제시킨다. 녹조류가 식물인가 아닌가 하는 문제보다는 이와 관련된 개념을 파악하고 왜 학자들 간에 의견 차이가 있는지를 이해하는 것이 중요하다(**표 1-1**).

모든 식물은 학명(scientific name)을 갖는다. 학명은 속명(genus name)과 종소명(specific epithet)의 두 단어로 구성된다. 이를테면 먹을 수 있는 열매를 갖는 살구속(*Prunus*)은 종소명에 따라 양벚나무(*Prunus avium*), 복사나무(*Prunus persica*), 살구나무(*Prunus armeniaca*) 등으로 구별된다. 양벚나무의 이름은 '*avium*'만이 아니고 두 단어인 '*Prunus avium*'이다. 식물의 학명에서 속명은 항상 대문자로 시작하지만 종소명은 그렇지 않다(즉 '*Prunus Avium*'이 아니다). 두 단어는 모두 이탤릭체로 쓰거나 밑줄을 긋는다. 밀접한 관계가 있는 속들이 모여 과(family)를 이루는데, 식물학에서 과명은 항상 대문자로 시작하고 언제나 '-aceae' [단어 'ace'의 철자를 말하는 것처럼 발음함]로 끝난다. 살구속은 장미속(*Rosa*), 사과나무속(*Malus*), 딸기속(*Fragaria*)과 그 밖의 종류들과 함께 장미과(Rosaceae)에 속한다. 극히 소수의 과명이 예전부터 사용되는 다른 어미로 끝나지만, 그런 과명은 드물게 사

그림 1-6 이 녹조류는 그다지 식물처럼 보이지 않지만 녹조류의 생화학과 세포체제는 식물의 생화학과 세포체제와 매우 유사하다. 일부 녹조류는 육상식물의 조상이었고, 비록 녹조류를 진정한 식물로 간주하지 않더라도 녹조류는 식물과 분명히 깊은 관련이 있다.

© Mateusz Sciborski/ShutterStock, Inc.

그림 1-7 흔히 대형갈조(kelp)라고 부르는 이 갈조류[푸쿠스(*Fucus*)]는 수렴진화의 결과로 매우 흡사하게 식물처럼 생긴 몸을 갖지만 갈조류는 진정한 식물이 아니다. 갈조류와 식물은 생화학, 유전, 구조 및 생식에 있어서 매우 다르다.

표 1-1 생물의 3역

원핵생물
  고세균역(Domain Archaea)
  세균역(Domain Bacteria): 남세균 포함
진핵생물
  진핵생물역(Domain Eukarya)
    원생생물(Protista): 단세포 생물(원생동물, 조류)과 다세포 조류
    진균계(Kingdom Mycetae): 버섯, 말징버섯, 빵곰팡이 같은 균류
    동물계(Kingdom Animalia): 동물
    식물계(Kingdom Plantae):[1] 식물
      선태식물문(Division Bryophyta): 이끼류
      양치식물문(Division Pteridophyta): 고사리류
      구과식물문(Division Coniferophyta): 구과식물
      속씨식물문(Division Magnoliophyta):[2] 꽃식물

[1]많은 식물학자들이 식물계에 대략 17문을 포함시키지만, 여기에는 가장 보편적인 4문만 수록하였다. 많은 식물학자들은 조류를 식물계에 포함시켜야 한다고 주장한다.
[2]일부 학자는 'Angiospermophyta'라는 용어를 사용한다.

용된다. 예를 들어, 현대의 배추과 과명은 'Brassicaceae'로 '-aceae'로 끝나는데, 오래된 과명인 'Cruciferae(십자화과)'는 고서에서나 볼 수 있을 뿐 지금은 거의 사용하지 않는다. 동물의 경우에는 과명이 '-ae'로 끝난다. 사람은 사람과(Hominidae)에 속하는 '*Homo sapiens*'이고, 이 과에는 침팬지(*Pan*), 고릴라(*Gorilla*)와 오랑우탄(*Pongo*)도 포함된다.

과학적 방법

자연을 연구한 초기의 접근법을 살펴보면 과학적 연구의 개념을 이해할 수 있다. 15세기까지 우주와 그 현상을 분석하고 설명하는 몇몇 방법들이 이용되었는데, 그 중에서도 종교와 사변철학(speculative philosophy)이 특히 중요하였다. 종교적 방법에서 우주는 신에 의해 창조되거나 신을 포함한다고 추정하였다. 중요한 특징은 신의 활동을 연구할 수 없다는 점인데, 신은 숨어 있거나 변덕스럽고, 하루하루 변하며, 자연현상을 바꾼다. 농업을 연구해 본들 쓸모가 없게 될 것인데, 그것은 어떤 해에는 농사가 잘 되지만 어떤 해에는 기후나 질병 때문에 농사를 망치기도 하고, 다른 어떤 해에는 인간을 보상해 주거나 벌을 내리기 위해 신이 개입하여 기적을 행하기 때문에 흉작이 들기도 한다. 실험을 통한 일관된 결과를 기대할 어떤 이유도 없었다. 종교적 체제에서는 세계에 대한 지식의 대부분이 세계를 관찰하고 연구하는 것보다는 신의 계시로부터 나왔다. 모든 종교의 근본 원칙은 믿음이고, 인간은 신의 존재나 행위에 대한 물리적인 증거 없이 신을 믿어야 했다.

사변철학은 고대 그리스 철학자들에 의해 크게 발전하였다. 세계를 분석하는 그들 철학자들의 방법론은 근본적으로 세계에 대한 논리적 사고를 포함한다. 그들은 간단한 관찰에 대한 논리적 설명을 전개하도록 추구하고, 뒤이어 가능한 한 논리를 전개하였다. 그 한 예가 기원전 약 400년에 데모크리토스(Democritus)가 원자(atom)를 철학적으로 상정한 것이다. 모든 물체가 2개의 작은 물체로 잘라지거나 부서질 수 있다는 관찰로부터 논리적으로 2개의 조각은 다시 더욱 작은 조각들로 계속 나뉠 수 있다고 상정한다. 마침내 더 이상 쪼개질 수 없는 어떤 크기에 도달하게 되고, 그런 크기의 물체가 원자라고 하였다. 그렇지만 그 어떤 증거도 없고 실제로 타당한지 밝히는 실험도 없었다. 데모크리토스가 틀렸을 수도 있다. 영원히 한없이 계속해서 쪼갤 수 있을지도 알 수 없다. 사변철학은 검증을 수반하지 않는다. 철학적으로 예측할 따름이고, 그 예측이 정확한지 살펴보는 실제의 실험이나 관찰을 수행하지 않는다. 추측(speculation)이란 옳거나 틀림을 입증할 수 없는 서술이다[이를테면 "엘비스가 아직 살아 있다면 그는 지금도 라스베이거스에서 공연할 것이다."]. 이러한 방법론의 문제점은 논리적으로 동등하게 타당해 보이는 여러 다른 결론을 얻을 수 있다는 것인데, 오로지 실험만이 어느 것이 실제로 진실인지 밝힐 수 있다.

1400년대 전부터 비롯된 **과학적 방법(scientific method)**이라 부르는 새로운 방법론이 서서히 발달하기 시작하였고, 이에 관한 몇 가지 기본적인 원칙이 확립되었다.

1. **정보의 출처. 일반적으로 받아들여지는 모든 정보는 꼼꼼히 기록되고 세심히 관리된 관찰이나 실험들로부터만 얻을 수 있다.** 사제나 예언자 또는 과학자들로부터 나오는 주장을 자동으로 수용할 수 없고, 이는 반드시 검증이나 증명을 거쳐야 한다. 예를 들어, 의학은 2세기에 살았던 로마의 의사 갈레노스(Galen)가 저술한 교재(*Materia Medica*)로 1,000년 이상 가르쳐 왔다. 1500년대 초에 베살리우스(Andreas Vesalius)가 사람의 시체를 해부하기 시작하면서 갈레노스의 저술에 많은 오류가 있음을 지적하였다. 베살리우스는 비록 극히 유명하고 훌륭한 사람이 주장하였더라도 증거가 없는 주장을 받아들이는 것보다 세계 그 자체를 직접 관찰하는 것이 훨씬 정확하다는 생각을 고취시켰다.
2. **연구할 수 있는 현상. 분명히 실재하는 현상과 대상을 연구한다.** 예를 들면, 열, 식물, 무기물과 기후 등이다. 우리가 자성(magnetism)과 중성자를 보거나 느낄 수 없지만 그것들을 확실하게 감지할 수 있는 기구를 만들 수 있다. 이와는 대조적으로, 우리는 유령을 보거나 느낄 수 없고, 그 어떤 기구도 유령을 확실하게 감지한 적이 없다. 만일 유령이 존재한다면 유령은 틀림없이 무형일 것이고 과학적 방법으로는 연구될 수 없을 것이다. 관찰할 수 없는 그 어느 것도 연구할 수 없다.
3. **불변성과 보편성. 세계를 지배하는 물리적 힘은 시간이 지나도 변치 않고 어디에서나 동일하다.** 물은 언제나 그래 왔고 앞으로도 항상 수소와 산소로 구성될 것이다. 산이 침식되고 강줄기가 바뀌며 식물이 진화하면서 세계 자체는 변화하지만, 힘은 그대로 유지된다. 어떤 시간과 장소에서 행해진 실험은 시간과 장소가 바뀌더라도 꼼꼼히 반복한다면 동일한 결과를 얻어야 한다. 불변성과 보편성은 우리들에게 향후의 실험을 계획하도록 해 주고 어떤 결과가 나올지 예측하게 해 준다. 만

일 실험을 했는 데 예측한 결과를 얻지 못하였다면 세계의 근본적 힘이 갑자기 변한 것이 아니라 우리의 이론이 잘못된 것이다. 이는 사람들로 하여금 어떤 사물이나 현상을 기적에 의한 것이거나 악령이 개입한 것으로 설명할 수 없도록 만든다. 예를 들어, 누군가가 새로운 약물이 특정 질병을 치유하였다고 주장한다면 우리는 그 질병에 대해 같은 약물을 시험하여 확인할 수 있다. 만일 그 약이 듣지 않는다면 처음 발표한 사람이 (1) 단순한 과실을 저질렀거나, (2) 어쨌든 병세가 나아지는 사람에게 약물을 시험했거나, 아니면 (3) 사기를 친 것이다. 하여튼 두 실험의 차이가 화학과 물리학의 기본법칙이 변했기 때문이라고 걱정할 필요가 없고, 처음의 실험결과가 박애정신에 의한 것이고 다음의 결과가 악령에 의한 것이라고 우려할 것 없다.

4. 근거. 과학적 방법의 근본적 기초는 회의주의(*skepticism*)이다. 결과를 확신하지 않고 언제나 새로운 증거를 고려하려는 원칙이다. 이론에 맞거나 또는 맞지 않는 증거가 아무리 많더라도 우리의 마음에 약간의 의심을 품고 더 많은 증거를 찾으려는 게 전혀 해가 되지 않는다. 예를 들어, 모든 식물이 세포로 구성된다는 이론을 뒷받침하는 증거는 엄청나게 많고 이에 위배되는 증거는 알려지지 않았다. 우리들의 모든 연구와 교육은 식물이 정말 세포로 이루어진다고 추정하지만, 만일 이에 위배되는 새로운 증거가 나타난다면 우리는 마음을 바꿔야만 한다. 또 다른 예로, 범죄로 유죄판결을 받았다가 몇 년이 지난 다음에 DNA 기반의 증거에서 무죄로 판명된 사람을 생각해 볼 수 있다. 회의주의는 새로운 증거를 모색하려는 마음이다.

과학적 연구는 다양한 형태를 취하지만 근본적으로 일련의 관찰에서 비롯되고, 이어서 추가적인 관찰과 분석이 어우러지는 실험의 기간을 거친다. 어느 시점에는 관찰을 설명하기 위한 가설이나 모형이 세워진다. 추측과는 달리 **가설(hypothesis)**은 검증이 가능한 예측이어야 한다. 예를 들어, 중세의 과학자들이 어두운 동굴 안에서는 식물이 결코 나타나지 않고 빛이 어둑한 실내에서는 식물이 잘 자라지 않는다는 것을 관찰하였다. 이 과학자들은 식물의 생장에 빛이 필요하다는 가설을 세웠다. 이는 다음과 같은 대안적인 두 가지 가설로 서술될 수 있다. 즉, (1) 식물은 생장하는 데 빛을 필요로 한다, 그리고 (2) 식물은 생장하는 데 빛을 필요로 하지 않는다. 실험을 통한 시험은 먼저 실외에서 일부는 빛을 받는 곳에서 그리고 다른 일부는 몹시 그늘진 곳에서 자라는 식물을 비교해 볼 수 있고, 한편으로 실내에서 일부는 정상적인 어둑한 곳에서 그리고 다른 일부는 창문이나 채광창에서 빛을 비추면서 자라는 식물을 비교할 수 있다. 이러한 실험 결과는 가설 1과 일치하고, 따라서 가설 2는 기각된다.

가설은 여러모로 검증되어야 한다. 가설은 관찰과 실험을 계속해도 일치해야 하고 향후의 실험결과를 예측할 수 있어야 한다. 가설이나 이론이 지니는 대단한 가치 중 하나는 예측 모형이 될 수 있다는 점이다. 만일 그 예측이 정확하다면 가설은 뒷받침되고, 만일 그 예측이 옳지 않다면 가설은 부정확한 것으로 판명된다. 이 가설의 경우에 있어서 빛이 없거나 거의 없는 환경에서는 식물이 없거나 드물 것이라고 예측된다. 관찰 결과는 그 예측과 일치한다. 울창한 숲에서는 지면이 짙게 그늘져서 식물이 거의 자라지 못한다(**그림 1-8**). 이와 유사하게 바다에서 빛이 침투함에 따라 빛은 물에 흡수되고, 모든 빛이 흡수된 아주 깊은 곳 아래에는 식물이나 조류가 자라지 않는다.

가설이 관찰과 계속 일치하면 정확성에 대한 신뢰감이 높아지고, 이를 **학설(이론, theory)**이라 부른다. 가끔 가설이 관찰과 일치하지 않을 때가 있는데, 이런 경우는 가설을 약간 수정해야 하거나 가설 전체가 잘못되었음을 의미한다. 예컨대 구상난풀(Indian pipe, *Conopholis*; **그림 1-9**) 같은 식물은 빛이 있건 없건 간에 똑같이 자란다. 이 식물은 숙주식물로부터 양분을 뽑아내서 에너지를 얻는 기생식물이다. 그러므로 우리의 가설은 약간 수정을 필요로 한다. 즉, 기생식물을 제외한 모든 식물은 생장하는 데 햇빛을 필요로 한다. 상당히 정확한 예측 모형이 남아 있다.

과학적 방법의 네 가지 원칙을 주목해서 보자. 먼저, 가설은 관찰에 근거를 두고 실험에 의해 검증될 수 있다. 아무리 유명한

(A) Courtesy of R. Fulginiti, University of Texas, Austin

(B) Courtesy of R. Fulginiti, University of Texas, Austin

그림 1-8 **(A)** 미시간 주의 이 사시나무 숲은 숲지붕(canopy)이 빽빽하지 않지만, 숲지붕에서 너무 많은 빛을 흡수하여 그늘에서는 식물이 거의 자라지 못한다. 초본식물은 고사리(*Pteridium aquilinum*)이다. **(B)** 사시나무 숲 가까운 곳에 빛을 많이 받는 공지가 있는데, 여기에는 사초과 식물 같은 초본들이 매우 풍부하게 자란다.

그림 1-9 솔잎의 낙엽 사이로 나오는 누르스름한 꽃은 기생식물인 멕시카나구상난풀(*Conopholis mexicana*)의 거의 모든 식물체이다. 이 식물은 가까운 나무의 뿌리에 부착하여 숙주로부터 양분을 뽑아낸다. 곰팡이와 마찬가지로 이 식물은 햇빛에서 에너지를 얻을 수는 없지만, 구조와 생리의 다른 많은 측면이 보통의 식물들과 비슷해서, 이 식물을 곰팡이가 아닌 식물로 인식하는 데 전혀 어려움이 없다.

과학자가 진실이라고 공표했다고 해서 그냥 받아들이지는 않는다. 둘째, 햇빛과 식물의 생장은 우리가 직접 보거나 기구를 이용하여 측정할 수 있는 분명히 실재하는 현상이다. 셋째, 우리가 언제 어디서나 실험을 반복한다면 같은 결과를 얻게 될 것이다. 넷째, 우리는 증거를 해석하여 가설을 뒷받침하지만, 열린 마음을 갖고 새로운 자료나 새로운 가설을 기꺼이 고려한다.

이전에는 학설이 충분한 지지를 받으면 열역학법칙이나 작용 반작용 법칙처럼 '법칙(law)'이라 불렸다. 물리학자들은 가끔 아직도 그렇게 부르고 있지만 생물학자들은 결코 '법칙'이라는 용어를 사용하지 않는다. 식물이 세포로 구성된다는 수많은 관찰이 있다 하더라도 '모든 식물이 세포로 구성된다는 법칙'이라고 하지 않고, 그 대신에 이를 충분한 지지를 받는 학설로 취급한다. 실제로 세포로 이루어지지 않은 식물을 발견할 것이라고는 그 어느 생물학자도 예상하지 않지만, 그럼에도 불구하고 '법칙'이라는 용어는 전혀 사용하지 않는다.

많은 사람들이 자연선택에 의한 진화설이 진화의 법칙이 아니라 단지 진화의 이론이라는 점에서 진화설에 대한 신빙성을 의심하려 하지만, 그런 사람들은 자신들의 주장이 터무니없다는 점을 인식하지 못한다.

많은 복잡한 현상을 설명하고자 최근 지적 설계(intelligent design)의 개념이 제안되었다. 지적 설계의 근본적 개념은 많은 구조와 대사가 너무나도 복잡해서 진화와 자연선택에 기인하기 어렵다는 점이다. 대신에 그러한 것들은 반드시 어떤 지적인 존재나 힘에 의해 창조되어야 한다는 것이다. 이는 사실일 수도 있고 아닐 수도 있지만, 그런 개념은 우리들이 세계를 해석하고 이해하는 데 도움을 주지 않는다. 대신에 그것 자체가 더 이상의 연구를 막는 대답으로 이용된다. 광합성은 명백히 복잡한 과정이고 어쩌면 어떤 지적 존재에 의해 설계되었을 수도 있다. 그러나 그렇다고 믿는 것은 우리가 광합성을 이해하는 데 전혀 도움이 되지 않고 향후의 실험을 계획하는 데에도 도움이 되지 않는다. 이와 대조적으로 과학적 방법은 감지하기 힘든 광합성의 세부 사항들이라도 알아낼 수 있게 해 주는 수단이다.

과학적 방법이 부적합한 분야

과학적 방법이 부적합한 어떤 개념이 존재한다. 제멋대로 서로를 죽이는 것은 옳지 않고, 인종 차별과 성 차별은 나쁘며, 도덕과 윤리 같은 것들이 존재한다고 우리는 믿고 있다. 그렇지만 도덕과 윤리는 화학적 조성을 갖지 않고, 질량도 없으며, 전자기스펙트럼도 없다. 이런 것들은 실재하지 않으므로 과학적 방법에 의해 연구할 수 없다. 과학은 사람들로 하여금 서로 죽이거나 인종 차별 또는 성 차별을 하게 만드는 요인들을 연구하고 측정하고 분석하고 서술할 수 있고, 그런 행동들의 결과를 예측할 수 있다. 그러나 과학은 그러한 행동들이 옳은지 그렇지 않은지, 도덕적인지 비도덕적인지 여부를 말할 수 없다. 안락사에 대해 생각해 보자. 많은 종류의 불치성 암은 최종 단계에 극심한 고통과 괴로움을 유발하는데, 이 기간이 몇 달을 끌기도 한다. 사람이 고통 없이 평화롭게 죽게끔 호흡을 정지시킬 수 있는 약물이 있다. 과학은 그와 같은 약물을 개발하고 사람들에게 그 약을 사용할 때의 대사 효과를 설명해 줄 수 있지만, 사람들이 죽고 고통을 없애는 데 그 약을 사용하는 것이 옳다고 말해 줄 수는 없다. 생물학의 발전은 대리모가 될 수 있게 해 주고, 태아의 선천성 이상을 초기에 찾아내어 의학적으로 안전하게 낙태시킬 수 있게 해 주며, 환경을 오염시키지만 농작물을 보호하는 살충제를 생산할 수 있게 만들었다. 이러한 진전은 우리들에게 다양한 활동의 타당성을 평가하는 잘 다듬어진 윤리철학을 갖는 것이 여느 때보다도 더 중요하다는 점을 일깨워 주고 있다.

개념을 이용한 식물의 이해

식물의 생장과 생식 및 죽음, 다시 말해서 식물 삶의 모든 측면은 소수의 기본 원리에 의해 좌우된다. 이 책에서 각각의 장(Chapter)은 '개념'이라는 절(Section)로 시작하는데, 이 '개념'에서는 그 장에서 다루는 주제들과 가장 관련이 있는 원리를 다루게 된다. 식물학과 식물을 배우는 초반인 이 절에서는 식물을 이해하는 데 도움이 될 몇 가지 원리를 간추려 소개하고자 한다. 이들 개념들은 식물생물학을 훨씬 쉽게 이해하는 데 도움이 될 것이다. 즉, 아무리 많은 사실과 그림, 그리고 이름과 자료를 접하더라도 이들 모두가 약간의 기본 개념들에 좌우되는 양상에 들어맞는다는 점을 깨닫게 되면 덜 압도될 것이다.

1. 식물의 대사는 화학과 물리학의 원리에 근거를 둔다. 잡초는 아무 것도 없는 곳에서 홀연히 나타나는 것처럼 보이지만 이는 결코 사실이 아니다. 이 식물은 씨앗에서 자란다. 화학과 물리학 시간에 배우는 모든 원리가 식물에서도 그대로 적용된다.

2. **식물은 정보를 저장하고 이용하는 수단을 가져야 한다.** 씨앗이 발아하면 자라서 식물체로 발달하고, 차츰 커지고 더욱 복잡해지면서 식물은 번식을 한다. 식물은 에너지와 화합물을 받아들여 이들을 몸을 더 만드는 데 이용되는 유기화합물로 변형시킨다. 이를 위하여 복잡하고 세심히 제어되는 대사를 필요로 하고, 그러한 대사를 조절하는 정보를 저장하고 이용하는 기작이 있어야 한다. 이러한 정보를 저장하는 주된 수단은 유전자이다.
3. **식물은 자신의 유전자와 정보를 그 후손에게 넘겨주는 생식을 한다.** 각 개체는 그들의 유전자를 어버이로부터 물려받기 때문에 대사를 조절하는 데 사용되는 정보는 그들의 어버이가 사용하던 정보와 비슷하고, 따라서 자손과 어버이는 서로 닮았다. 이를테면 콩의 씨앗에는 새로운 콩 식물을 구성하도록 종자의 대사를 인도해 주는 정보를 담은 유전자가 들어 있지만, 토마토의 씨는 그들의 어버이로부터 다른 유전자와 다른 정보를 받았기 때문에 자라서 토마토 식물이 된다(**그림 1-10**).
4. **유전자와 유전자에 포함된 정보는 변한다.** 식물이 생식을 통해 유전자를 복제하는 과정에서 가끔 돌발적인 변화(돌연변이)가 일어나고, 이는 나아가서 영향을 받은 유전자와 그 정보의 변화를 야기한다. 이런 경우는 매우 드물고 대부분의 유전자(와 정보)는 변하지 않은 채 어버이로부터 자손에게 전달된다. 그렇지만 돌연변이가 일어나고 유전자의 정보가 바뀌게 되면 근본적으로 새로운 정보를 만들어 내고, 이렇게 돌연변이를 일으킨 유전자의 지배를 받아 생장하고 발달한 식물체는 어버이 식물체와 약간 (또는 상당히) 다를 수 있다. 이렇게 하여 시간이 흐르면서 식물의 유전자와 정보 그리고 생명 작용에서는 점진적인 진화가 일어나게 된다. 그 결과, 어느 종의 많은 개체들로 구성된 큰 개체군에는 약간의 변이가 존재하고, 개체들은 모두 동일하지 않다(**그림 1-11**).

그림 1-10 이 콩의 씨앗은 어버이로부터 물려받은 유전정보의 안내에 따라 콩 식물로 자란다.

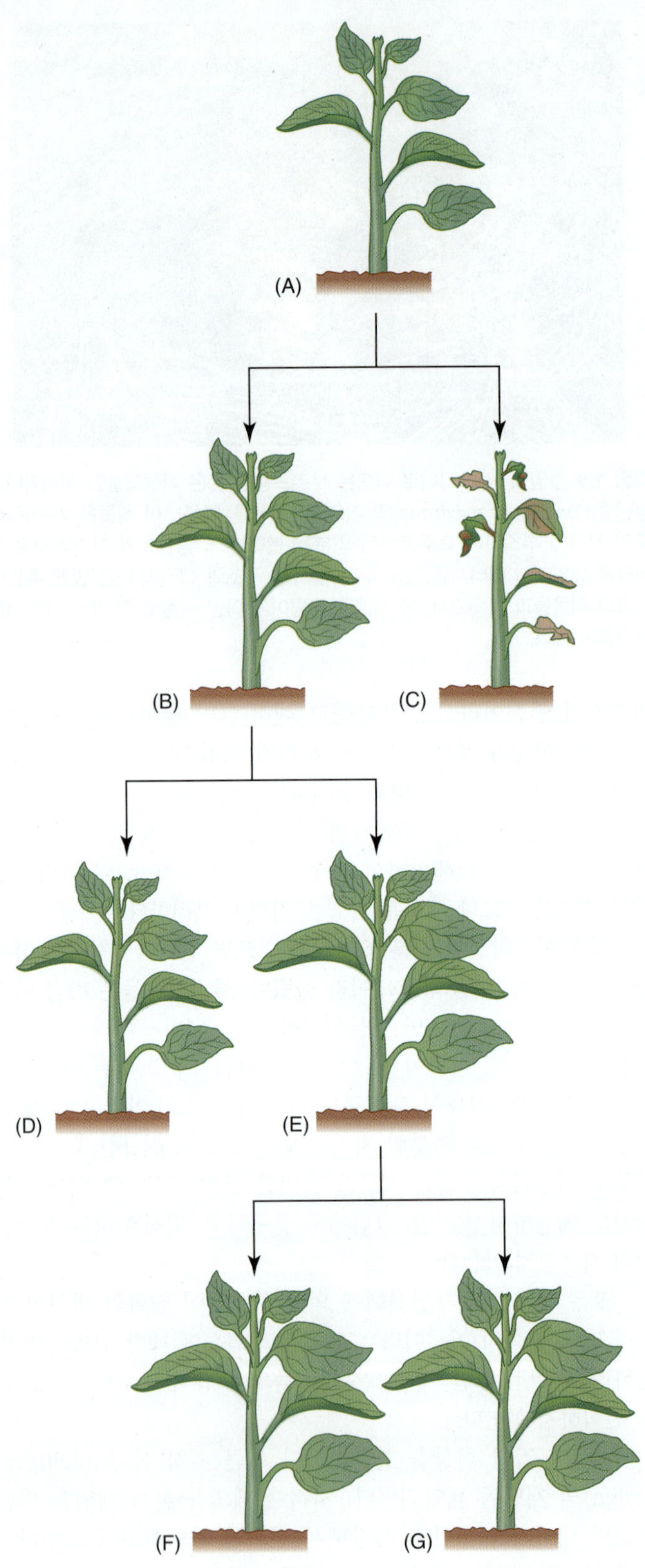

그림 1-11 **(A)** 식물은 수많은 자손을 만들고, **(B)** 많은 자손은 어버이와 많이 닮았다. **(C)** 돌연변이가 일어날 수 있는데, 예를 들면 기형의 잎이 생겨서 광합성에 적합하지 않은 구조가 되기도 하고, 이런 돌연변이체들은 모두 죽고 자손을 남기지 않는다. **(D)** 정상적인 식물은 계속해서 번식하는데, **(E)** 훨씬 크고 보다 효율적으로 광합성을 하는 잎이 생기는 다른 돌연변이가 일어날 수 있다. **(F**와 **G)** 이러한 돌연변이체가 너무 잘 자라고 번식해서 어버이 같은 원래의 유형을 밀어내고, 결국 이 식물 개체군은 커다란 잎을 가진 유형들로만 이루어진다.

박스 1-1 식물과 학생을 포함한 인간

식물과 인간은 서로에게 영향을 미친다. 아마도 가장 분명한 것은 사람이 식물로부터 혜택을 받는 방법일 것이다. 다시 말해서 식물은 사람에게 식량, 목재, 종이, 섬유와 약을 공급해 준다. 전 세계적인 밀과 재목의 생산량이 몇 톤이나 되는지 열거해 본들 별 감흥이 없을 테니, 초콜릿, 커피, 차, 설탕, 바닐라, 계피, 후추, 딸기, 마호가니, 흑단, 목화, 리넨, 장미, 난초 또는 종이가 없다면 삶이 어떨지 생각해 보자. 우리가 호흡하는 산소는 전적으로 식물로부터 나온다. 식물은 우리들 한 사람과 한사람에게 매일 영향을 미치는데, 사람들의 삶을 유지시켜 줄 뿐만 아니라 우리들의 존재를 풍요롭게 해주는 절경, 감촉 그리고 향기를 제공해 주기 때문이다.

그렇지만 식물과 사람은 우리들의 일상생활에서 눈앞에 보이지 않는 방법으로 서로에게 영향을 미친다. 반드시 인식해야 할 중요한 몇 가지 주제를 열거하고자 한다. 그 중요성에 대해 생각해 보고, 실제 생물인 당신이 이 행성에서 다른 생물들과 어떻게 상호작용하는지 생각해 보자.

생명공학(*biotechnology*)은 식물과 동물을 변모시켜 새로운 형질과 특징을 부여하는 일련의 실험실 기술이다. 농부들은 최상의 식물과 동물을 인공적으로 육종시키는 인위선택(artificial selection)을 수천 년 세월 동안 행해 왔지만, 생명공학은 훨씬 더 빠르게 대규모로 개조할 수 있다. 그러한 조작이 과연 안전하고 가치 있는 것인지 사려해야 한다.

지구온난화(*global warming*)와 기후변화(*climate change*)는 석탄, 석유, 가스 그리고 (열대우림만이 아니라) 어디나 숲의 나무들을 태우면서 대기 중에 이산화탄소가 증가하는 데 기인한다. 이산화탄소는 열을 가두어 지구에서 과도한 열을 우주로 내뿜지 못하게 만든다. 지구온난화는 극지방의 얼음을 녹게 만들고, 기후변화는 해류의 순환을 변모시킬 뿐만 아니라 강우의 양과 양식을 변화시킨다. 숲을 보존하고 많은 나무를 심으면 지구온난화를 멈추고 역전시키는 데 도움이 될 수 있겠지만, 지구온난화가 새로운 빙하시대가 도래하지 못하도록 막아줄 가능성도 존재한다.

사막화(*desertification*)는 보통의 숲이나 풀밭이 사막으로 바뀌는 것이다. 정확하게 측정하기는 어렵지만, 사람들이 땔감으로 쓰려고 관목과 나무를 베고 염소가 남은 식물을 먹어 치우면서 사막이 차츰 확산된 것으로 나타났다. 어느 지역이 한 번 사막으로 바뀌면 그 일대의 토양이 빠르게 침식되어 회복이 어려워진다. 값싼 태양열 조리기 같은 간단한 어떤 것이 아프리카에서 사하라 사막이 넓게 확산되는 것을 막아 줄 수 있을 것이다.

서식지 손실(*habitat loss*)은 어느 지역이 너무나도 변화하여 특정한 종이 그 지역에서 더 이상 생존할 수 없게 된 결과이다. 중요한 원인으로는 고속도로, 아파트 단지 그리고 거대한 주차장을 갖춘 쇼핑몰의 건설을 들 수 있고, 이들 구조물은 그 지역에 살던 거의 모든 종을 제거시킨다. 한편 벌목, 영농, 채굴, 강의 댐 건설, 그리고 독성 화학물질의 유출에 의해서도 서식지는 손실된다. 서식지가 줄어들면 식물이나 동물은 남아 있는 작은 서식지에서 생존하도록 시도해야 한다. 남아 있는 서식지가 너무 작으면 종은 보통 사라진다.

도입외래종(*introduced exotic*)은 지구상에서 어느 지역에 자생하지만 다른 곳으로 옮겨져 그곳에서 잘 자라는 종이다. 도입외래동물의 예로는 미국 남부의 불개미와 5대호 지역의 얼룩홍합(zebra mussel)을 들 수 있다. 부레옥잠, 털부처손 그리고 칡이 미국으로 들어와 너무나도 맹렬히 확산되어 지금은 이들 식물이 정상적으로 자라던 많은 식물을 밀어내고 있다.

우리의 환경과 이 행성에서 우리와 함께 사는 다른 종에 부정적인 영향을 미치는 모든 활동을 우리 인간이 멈추게 될 것이라고 믿는 것은 현실적이 아니다. 그러나 재활용하고 자원을 보존하며 제조시 오염을 유발하는 제품의 사용을 피함으로써 우리가 야기한 피해를 최소화하는 방법을 모색할 수 있을 것이다.

(A)

(B)

그림 B1-1 서식지 손실은 많은 종류의 인간 활동에 의해 야기된다. **(A)** 이 교회의 주차장은 예전에 방목지로 사용된 넓은 땅에 세워졌다. 지금은 일주일에 고작 두세 시간만 이용된다. 남아 있는 몇 그루의 나무를 제외하면 식물과 동물은 전혀 없고, 빗물이 땅으로 스며들지 못하며, 아스팔트에서 침출되는 해로운 화학물질이 인근의 개울로 흘러들어간다. 주중이나 밤에 이 주차장을 이용할 일은 없는데, 이는 주차장으로 인한 생태적 손실을 상쇄할 수 있는 최소한의 혜택이 될 것이다. **(B)** 아름다운 공원을 조성하는 것도 서식지 손실이다.

5. **식물은 그들의 환경에서 생존해야 한다.** 식물은 그들이 사는 지역의 조건에 적응하여야 한다. 만일 식물이 그 지역의 조건에 적응하지 못하면 생장과 생식이 저조하거나 일찍 죽게 된다. 반면에 그 지역에서 살기에 훨씬 적합한 식물이 되도록 만드는 특징을 지니고 있는 유전자를 보유한 식물은 보다 성공적으로 번식하고 더 많은 자손을 생산한다. 한편 식물은 홀로 존재하지 않는다. 식물에 있어서 환경의 중요한 면은 다른 생물의 존재이다. 이웃의 어떤 생물은 식물에게 도움이 될 수 있지만, 다른 어떤 생물은 해로울 수 있고, 아마도 대부분은 거의 영향을 미치지 않을 것이다. 이 개념은 식물의 구조와 대사를 이해할 때 중요할 수 있다. 어떤 유형의 광합성 대사와 잎 구조는 특정 식물이 항상 보다 큰 이웃의 그늘에서 자랄 때 기능을 잘 하지만, 인근에 있어도 아무 것도 가려지지 않는 곳에서 자라는 식물은 다른 유형의 광합성 대사와 잎 구조가 필요할지도 모른다.

6. **식물은 대단히 통합적인 생물이다.** 어느 한 부분의 구조와 대사는 식물의 나머지 부분에 어떤 영향을 미친다. 잎의 생명 작용을 연구할 때 줄기, 뿌리, 표피 그리고 다른 부분들의 구조와 대사가 잎의 기능에 어떻게 작용하는지 고려해 보자. 잎이 크면 작은 잎보다 더 많은 햇빛과 에너지를 받게 된다. 그렇지만, 만일 식물체가 큰 잎을 갖게 되면 잎에 공급할 물과 무기질을 흡수하기 위해 큰 뿌리계를 가져야 할 것이고, 뿌리에서 잎으로 충분한 양의 물과 무기질을 운반하기 위한 굵은 줄기가 필요하게 될 것이다. 구조와 대사는 통합적이어야 한다는 점을 명심하자. 세포나 조직 또는 기관의 구조는 동일한 세포나 조직 또는 기관의 대사 기능과 양립하여야 한다. 예컨대 만일 잎이 섬유질이고 강인하다면 곤충들은 입에 맞지 않아 잎을 먹지 않을 수 있지만, 섬유들이 햇빛의 흡수를 방해할 수 있다. 이러한 구조는 광합성과 양립할 수 없다.

7. **개개의 식물은 유전자와 환경 간 상호작용의 일시적 결과이다.** 개개의 식물과 그 식물의 종(모든 비슷한 식물들로 이루어진 무리) 간의 차이를 고려할 때 유의해야 한다. 해바라기를 생각해 보자. 개개의 식물이 존재하는 이유는 그 어버이가 생식을 하고 그 종자의 하나가 적합한 환경에 내려앉았기 때문이며, 그곳에서 씨에 들어 있는 유전자의 정보가 종자의 구조와 대사를 통해 환경과 상호작용하였기 때문이다. 여기에 '해바라기'의 두 가지 개념이 있다. (1) 우리가 관찰하고 측정하며 재배하고 즐기는 실제 식물, 그리고 환경과 상호작용하고 자원을 흡수하며 변화에 반응하고 꽃가루 매개자를 유인하며 병원체에 저항하는 실제의 식물과 (2) 이런 모든 것들을 안내하는 유전정보, 그리고 수천 년 동안 존재하면서 개개의 해바라기의 모든 조상들을 거쳐 내려오는 동안 서서히 진화된 유전정보가 그것이다. 이 정보는 단지 어느 한 개체에만 존재하는 것이 아니라 현재 살아 있는 모든 해바라기 개체들에 들어 있는 것이다. 이 정보는 지금의 세대가 죽더라도 오랫동안 후속세대에서 존재하게 될 것이다.

8. **식물은 목적이나 의사 결정의 능력을 갖지 않는다.** 식물이 마치 생각할 수 있고 계획을 세울 수 있는 것처럼 말하고 쓰기는 쉽다. 우리는 "식물이 물을 흡수하기 위해 뿌리를 만든다."라고 말할지도 모른다. 하지만 이는 식물이 스스로 무엇을 필요로 하는지 분석할 수 있고 무엇을 해야 할지를 결정할 수 있다는 점을 시사하는 것이다. 식물이 생각과 의사 결정의 능력 같은 인간의 특징을 갖는다고 가정하는 것을 **의인주의(anthropomorphism)**라고 하며, 이는 피해야 한다. 이와 유사하게, 과정이나 구조가 목적을 갖는다고 가정하는 것을 **목적론(teleology)**이라고 하는데, 이 또한 옳지 않다. 앞 문장의 경우, "하기 위해"를 빼고 "식물의 뿌리는 물을 흡수한다." 라고 달리 표현해 보자. 실제 상황은 식물의 유전자에 들어 있는 정보의 일부가 식물로 하여금 뿌리를 만들도록 하고, 이 뿌리가 물의 흡수를 초래하는 구조와 대사를 갖게 된 것이다. 식물은 물을 흡수하기 위해 뿌리를 만든 것이 아니라 그들의 조상으로부터 뿌리의 유전자를 물려받았기 때문에 뿌리를 갖게 된 것이다. 물의 흡수는 식물의 생존을 도와주는 유익한 결과이지만, 이는 결정의 결과(의인주의)도 아니고 목적(목적론)도 아니다.

식물의 기원과 진화

지구상의 생명은 약 35억 년 전에 시작되었다. 처음에는 생물이 단순하여, 대사와 구조에 있어서 오늘날의 세균과 비슷하였다. 그렇지만 수십 억 년의 세월에 걸쳐 세포는 자연선택에 의한 진화를 통해 서서히 복잡성이 증가하였다. 그 과정을 쉽게 이해할 수 있다. 생물이 번식하여 자손이 생기면, 그들의 자손은 모두 동일하지 않고 특징에 있어서 서로 약간의 차이를 나타낸다. 서식지에 잘못 적응하도록 만드는 특징을 지닌 자손은 아마도 잘 자라지 못할 것이고, 비록 성숙할 때까지 산다고 하더라도 번식이 저조할 것이다(그림 1-11, **그림 1-12**). 서식지에 잘 적응하게끔 만드는 특징을 지닌 다른 자손은 잘 자라서 많은 자손을 낳고, 그 유리한 특징을 그들의 자손에게 전달한다. 이를 **자연선택(natural selection)**이라고 부른다. 정기적으로 돌연변이에 의해 새로운 특징이 생겨나고, 자연선택은 새로운 특징을 제거할 것인지 아니면 후속세대로 전달할 것인지를 결정한다. 자연선택에 의한 진화는 자연에 있는 생물과 실험 그리고 이론적 연구의 관찰들과 일치하는 모형이다.

초기의 생물이 차츰 복잡해지면서 중요한 진전들이 나타났다. 그 가운데 하나는 산소와 탄수화물을 생산하는 광합성의 유형이 진화한 것이다. 이 광합성은 모든 녹색식물에 존재하지만, 남세균(cyanobacterium)이라고 부르는 생물에서 약 28억 년 전에 처음으로 생긴 것이다. 이어서 세포내 구성요소를 갖는 훨씬 효율적인 세포 구조가 진화하였다. 세포소기관(organelle)이라 부르는 이들 구성요소 각각은 독특한 구조를 갖고 특별한 기능을 하도록 특수화된 화학적 특성을 나타낸다. 분업(division of labor)과 특수화(specialization)가 생겨났다.

유전정보를 저장하는 분자인 DNA가 자신들의 세포소기관인 세포핵에 자리 잡기 시작하면서 특히 중요한 진화적 단계가 나타났다. 이 단계가 매우 중요한 것은 세포 대사에서 아주 많은 근본적인 변화가 나타났기 때문이며, 모든 세포를 핵이 없는 원핵생물(세균, 남세균 및 고세균) 또는 핵을 갖는 진핵생물(모든 식물, 동물, 균류와 조류)로 분류한다(표 1-1).

핵이 확립될 무렵에는 진화의 결과로 무수한 종의 원핵생물이 생겨났다. 새롭게 진화된 진핵생물 역시 다양해졌다. 일부는 에너지를 전환하는 세포소기관인 미토콘드리아를 얻었고, 다른 일부는 광합성을 하고 햇빛의 에너지를 탄수화물의 화학에너지로 전환하는 엽록체를 얻었다. 엽록체를 갖는 진핵생물은 조류와 식물로 진화하였고, 엽록체를 갖지 않는 진핵생물은 원생동물, 균류 그리고 동물로 진화하였다(**그림 1-13**).

모든 생물은 **영역(domain)**이라 부르는 3개의 큰 무리인 세균역(domain Bacteria), 고세균역(domain Archaea), 진핵생물역(domain Eukarya)으로 나뉜다. 진핵생물역에는 식물계, 동물계, 진균계(균류) 그리고 이 세 가지 계(kingdom)에 들어가지 않는 진핵생물인 원생생물이 포함된다. 일부 녹조류가 육상생활에 적응하면서 서서히 진정한 식물로 진화하였기 때문에 어떤 원생생물은 식물계와 밀접한 연관이 있다. 그 결과, 초기의 식물은 녹조류와 유사하였지만, 많은 돌연변이가 일어났고 육상생활에 덜 적응하는 무리를 자연선택이 제거하면서 식물은 조류의 특징을 잃어버리고 육상에서 생존하기에 적합한 많은 특징을 갖추게 되었다. 많은 종들이 생겼지만 대부분은 멸종하

"Another one of nature's mistakes."

그림 1-12 불리한 특징을 만들어내는 돌연변이는 보통 생물을 죽음으로 몰고 간다. 만일 개체가 죽어서 번식할 수 없으면 돌연변이는 자손에게 전달되지 못하고, 유해한 돌연변이는 제거된다.

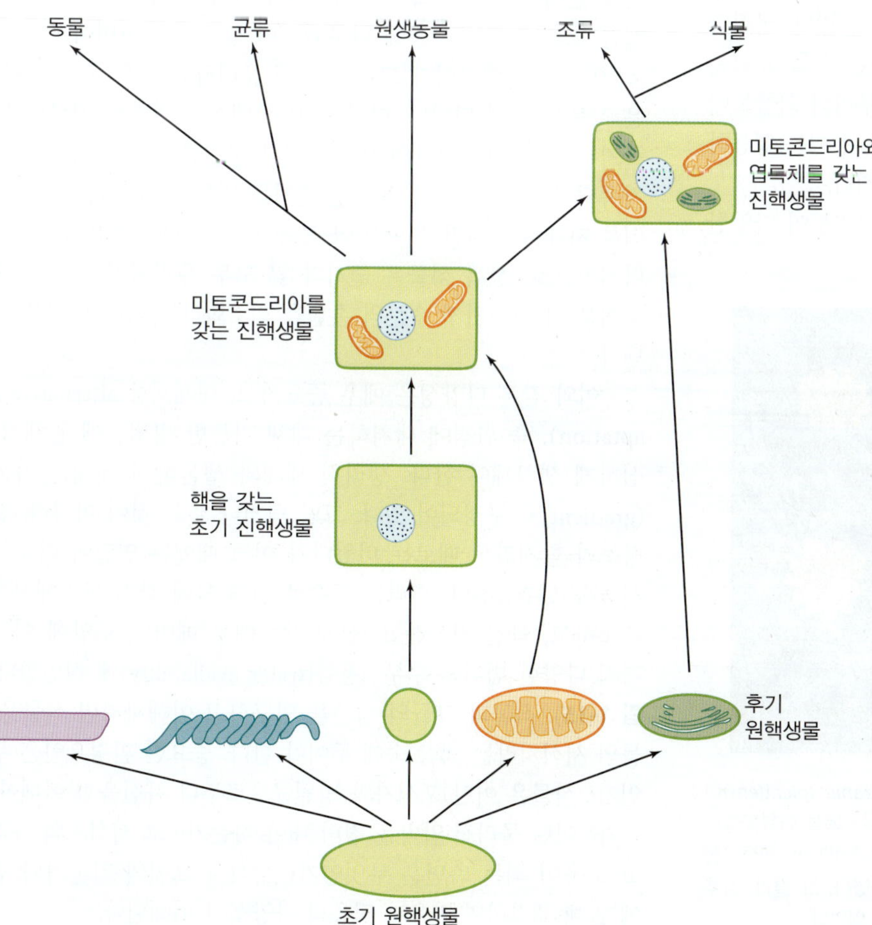

그림 1-13 최초의 세포는 단순하였지만, 수십억 년에 걸쳐 세포는 대사 측면에서 훨씬 복잡해졌다. 나중에 일부 세포가 진정한 핵을 갖는 간단한 진핵세포로 진화하였고, 이어서 미토콘드리아가 발달하였다. 이들의 일부는 원생동물, 동물 그리고 균류로 진화하였다. 다른 세포들은 엽록체를 발달시키며 식물로 진화하였다. 원생동물과 조류는 원생생물이다.

였으며, 보다 잘 적응한 종들이 빠르게 생장하고 오래 생존하면서 많은 자손을 생산하였다. 멸종되지 않은 종들은 많은 종으로 계속하여 진화하였다. 우리 주변에서 볼 수 있는 살아 있는 식물들은 진화의 연속적인 과정의 현재 결과이다.

모든 생물이 같은 비율로 진화하지 않는다. 초기의 일부 종들은 실제로 너무 잘 적응하여 새로운 종과의 경쟁에서 우세하였다. 현존하는 조류에서 나타나는 많은 특징이 10억 년 이전에 살았던 조상 조류가 가졌던 특징들과 거의 동일함에도 불구하고, 조류는 바다와 호수 그리고 개울에서의 생활에 너무 잘 적응하여 지금도 여전히 잘 자란다. 비교적 변하지 않는 것으로 보이는 형질을 **잔존형질(relictual feature)**이라고 하는데, 이를 전문적으로 **원시공통형질(plesiomorphic feature)**이라고 부르고, 예전에는 원시형질(primitive feature)이라고 불렀다. 조류와 비슷하게 고사리류는 어떤 서식지에 잘 적응하고 2억 5천만 년 동안이나 변하지 않았으며, 이들 역시 많은 잔존형질을 갖고 있다. 오늘날의 구과식물은 처음 생겨난 약 3억 2천만 년 전의 초기 구과식물과 비슷하다. 가장 최근에 진화한 집단은 꽃식물인데, 이들은 약 1억 년에서 1억 2천만 년 전에 기원하였고, 꽃, 넓고 평평하며 간단한 잎, 그리고 별다른 마찰 없이 물을 나르는 목부의 특징을 가지며 진화하였다. 해바라기, 데이지, 민들레 같은 국화과 식물(**그림 1-14**)은 조상 꽃식물이 지녔던 형질로부터 최근에 진화된 많은 형질을 갖고 있다. 이렇게 조상형질로부터 진화적으로 파생된 형질을 **파생형질(derived feature** 또는 **apomorphic feature)**이라 부르고, 이를 예전에는 진화형질(advanced feature)이라고 불렀다. 국화과 식물에서 고도로 파생된 최근 형질 가운데 하나는 식물을 먹는 초식동물로 하여금 섭취를 단념하게 만드는 한 무리의 화합물이다. '원시적(primitive)'과 '진화적(advanced)'이라는 용어는 열등하고 우수하다는 것을 암시하므로 바람직스럽지 못하다.

여러 다른 집단들이 서로 다른 비율로 진화하였듯이 다양한 형질들도 각각 다른 비율로 진화하였다. 예를 들어, 국화과 식물은 최근에 파생된 항초식동물 화합물 그리고 그보다는 덜 최근에 파생된 꽃과 목부의 특징을 갖고 있다. 덧붙여 식물체는 밀랍 같은 방수층인 각피(cuticle)로 덮여 있는데, 이는 약 4억 2천만 년에 처음 진화한 육상식물에서 크게 변하지 않았다. 아울러 식물의 잎에는 엽록체와 핵이 들어 있는데, 이들은 녹조류의 엽록체나 핵과 매우 비슷한 잔존형질들이다.

그림 1-14 이 식물은 국화과에 속하는 태양국의 일종(*Gazania splendens*)이다. 이 식물은 많은 파생형질을 갖고 있는데, 특히 잎에는 쓴 독성 화학물질인 이리도이드(iridoid) 화합물이 들어 있다. 상추도 같은 과에 속하지만, 식물유전학자들이 항초식동물 특징을 만들어내는 유전자를 제거하였다. 그 결과, 상추는 사람뿐만 아니라 곤충과 토끼 그리고 사슴도 즐겨 먹게 되었다.

식물 적응의 다양성

오늘날에는 297,000종 이상의 식물이 존재한다. 밝혀지지 않은 많은 종, 어림잡아 수십 만 종이 한때 출현하였다가 사라져버렸다. 사실상 이 모든 다양성은 자연선택, 즉 적자생존(survival of the fittest)에 의한 진화를 통해 생겨났다. 오늘날 297,000종의 식물이 출현한다는 사실은 현재의 지구에 적합한 방법이 적어도 297,000가지가 있다는 것을 의미한다. 어느 특정한 측면의 환경에 대해 여러 가지의 적응이 가능하다. 하나의 독점적이고 완벽한 적응은 있을 수 없다. 겨울이 혹독한 기후에서 자라는 식물을 생각해 보자. 흙이 얼어버리면 식물의 뿌리가 물을 빨아들일 수 없기 때문에 언 흙은 생리적으로 건조하다. 만일 겨울의 찬 공기가 건조하고 바람이 불면 식물은 탈수로 인해 죽게 될 위험에 놓인다. 과연 식물은 이러한 조건에 어떻게 적응할까? 가을에 잎이 떨어지는 돌연변이가 생기고, 줄기에서 수분이 손실될 표면적이 줄어들게끔 노출된 모든 부분에 나무껍질이 생기는 돌연변이가 일어나고, 이러한 돌연변이가 그런 환경에 유리하여 많은 종이 이와 같은 적응을 갖게 되었다. 다른 어떤 종에서는 겨울에 지상의 모든 줄기부가 죽지만 지하의 비늘줄기나 둥근줄기 또는 덩이줄기가 지속되어 이듬 해 봄에 새로운 줄기를 만든다. 또 다른 적응으로, 식물 자체는 죽지만 그 씨앗이 혹독한 환경에서 살아남는 것이다. 마지막으로, 상록 식물은 줄기와 잎 모두 유지되지만 잎은 매우 두꺼운 각피를 가져 수분의 손실을 최소화하는 다른 변형을 나타낸다.

이와 같은 다양성은 매우 중요하고, 대체적응(alternative adaptation), 즉 환경에 대처하는 대체 가능한 방법들에 관해서 세심하게 생각해야 한다. 생리적 세계와 생물학적 세계는 기울기(gradient)로 구성되어 있다. 그냥 덥거나 추운 것이 아니라, 같은 장소라 할지라도 때로는 더웠다가 어느 때에는 연달아 따뜻하고 서늘하고 추워진다. 뿌리는 홍수로 인해 물에 잠긴 토양에서부터 촉촉하고, 약간 건조하고, 심지어는 매우 메마른 토양에 이르기까지 다양한 범위의 수분이용능(water availability)에 직면한다(**그림 1-15**). 식물과 그들의 생존을 연구하고 이해하려면 식물을 그들의 서식지라는 맥락 속에 두어야 한다. 중요한 환경요인은 무엇인가? 식물은 어떤 포식자와 병원균으로부터 자신을 방어해야 하는가? 어떤 물리적 압박을 견뎌 내야 하는가? 그 서식지의 유리하고 도움이 되는 측면은 무엇인가? 서식지 요인의 기울기와 범위에 관해 생각하면 반응과 적응의 다양성이 이해된다.

그림 1-15 산은 많은 유형의 환경을 제공한다. 고도가 높은 곳은 항상 눈과 얼음으로 덮여 있고, 그곳에는 식물이 생존할 수 없다. 고도가 낮은 따뜻한 곳은 급경사 때문에 빗물이 빠르게 흘러넘쳐 땅이 메마르다. 이러한 지대에서는 침엽수가 잘 적응한다. 평탄한 골짜기에서는 물이 고여 습지가 되고, 사초과 식물과 골풀들이 항상 물에 잠긴 환경에 견딜 수 있지만, 침엽수의 뿌리는 물에 잠겨 죽는다. 비록 식물이 거의 나란히 자랄지라도, 식물의 각 종류는 특정한 조건에 적응한다.

식물 그리고 식물 연구

수학자와 물리학자 그리고 화학자들은 세계를 연구하고 일반적으로 타당하다고 간주되는 해석을 이끌어낸다. 숫자들 간의 관계는 우주의 어디에서나 동일하고, 만일 우주 어디엔가 지적 생물이 존재한다면 그들의 수학자들도 완벽하게 동일한 수학적 관계를 찾을 것이다. 물리학과 화학도 마찬가지다.

생물학적 지식의 일부 측면도 일반적 타당성이다. 모든 대사과정은 지구에서건 우주 어디에서건 수학과 물리학 그리고 화학에 의해 예측이 가능하다. 모든 생물은 에너지와 물질을 받아들여 이를 대사 작용하여 자신의 몸을 구성하는 물질로 전환시켜야 한다. 하지만 이런 일이 완벽한 효율로 일어날 수 없으므로, 모든 생물은 폐열과 노폐물을 생성한다. 이뿐만 아니라 모든 생물은 생식이 가능해야 하고 유전체계를 갖추어야 한다.

그렇지만 생물학자들은 단지 지구상에 존재하는 생물만 연구하고, 혹시 다른 어떤 행성에 생명이 존재한다면 그 생명체는 지구상의 우리들과 정확히 같지 않을 것이라고 상당히 확신한다(**박스 1-2**). 우리들이 연구하는 것의 대부분은 보편적 진리가 담겨 있지 않다. 따라서 어떤 서식지에 사는 어떤 식물을 안다고 해서 이게 곧 다른 서식지에 출현하는 다른 어떤 식물의 본질을 정확하게 예측하도록 해 주는 것은 아니다. 우리들 지식의 대부분은 특정한 식물들이나 어떤 대사에만 적용할 수 있다. 생물과학에서 근본 원칙은 보편적 타당성을 지니지만, 많은 세부 항목들은 연구가 이루어진 생물에만 국한된다.

생물학자들은 생물을 연구하면서 미지의 세계에 대한 모형(model)을 만들고자 시도한다. 식물은 현실의 일부이고, 식물의 연구는 그 현실의 모형을 만들어 현실에 관한 생각을 교환하도록 어휘를 넓히는 것이다. 우리들의 관찰과 해석이 지식 체계를 구성하지만, 이는 완전하지 않으며 정확하지도 않다. 우리가 모든 생물에 대하여 모든 것을 알지 못하므로 우리들이 가진 지식은 실제의 불완전한 모습이고, 우리들의 가설 일부는 틀렸을 수 있다. 대학의 교육과정에서 심지어는 일반식물학 과목에서조차 아직도 정보를 수집하고 지식이 불완전한 분야를 배우게 된다. 종종 충분하지 못한 자료를 바탕으로 조리 있는 가설이 만들어지고, 우리는 그 가설을 깊이 신뢰하기도 한다. 우리가 읽고 듣는 것들을 곰곰이 생각하고 과연 그것들이 타당하고 논리적이며 확인된 것인지를 검토해야 한다.

책을 읽을 때 관찰과 해석이라는 두 가지 유형의 정보를 대하게 된다. 대부분의 **관찰(observation)**은 상당히 정확하고 신뢰할 수 있으므로, 우리는 오로지 식물학자들이 과연 세심하고 정확하게 오류 없이 관찰했으며 참되게 발표했는지를 숙고하면 된다. **해석(interpretation)**은 더 어렵다. 해석은 전적으로 관찰, 직감, 이전의 경험, 계산과 예상에 의거한 사람의 생각이다. 해석이 실제와 어떤 관계가 있는지 어떻게 판단할 수 있을까? 올바른 과학적 해석은 향후의 관찰이나 실험의 결과에 대해 정확한 예측을 내려야 한다.

어떤 생명현상에 대해서도 다음과 같은 두 가지 질문을 명심한다면 이 책의 내용을 공부하고 식물 그 자체를 연구하는 것이 훨씬 쉬워질 것이다.

1. 이 현상에 대한 대안이 있는가? 같은 기능을 수행할 수 있는 다른 구조가 존재하는가? 다른 대사과정도 함께 일어날 수 있나? 만일 대체 가능한 것이 없다면 왜 없을까? 만일 대안이 가능하다면 그것은 과연 존재할까? 그것이 진화하였다가 사라져 버렸을까?

   그 예로 광합성을 생각해 보자. 식물은 햇빛 외에 다른 에너지원을 갖고 있을까? 앞에서 살펴보았듯이 기생식물은 햇빛을 필요로 하지 않고 어두운 곳에서도 자랄 수 있다. 한편 대부분의 씨앗은 땅속의 칠흑 같은 어둠 속에서 발아한다. 그러므로 언뜻 보기에는 광합성에 대한 대안이 있는 것처럼 보일 수 있다. 그렇지만, 기생식물은 광합성을 수행하는 숙주식물에 의존하고, 발아하는 종자는 그 어버이 식물로부터 얻은 저장된 양분을 필요로 한다. 따라서 모든 식물은 최소한 간접적이라도 적절한 햇빛을 받아야 한다. 이론적으로는 파리지옥풀 같은 벌레잡이풀이 매우 효과적이므로 전적으로 동물을 잡아 먹음으로써 살 수 있을 것이라고 생각할 수 있겠지만, 사실은 그렇지 않다. 벌레잡이풀에 잡힌 벌레들은 약간의 질소를 추가로 제공할 뿐, 식물이 필요로 하는 모든 질소를 제공하기에는 충분치 않다.

2. 결과는 무엇인가? 대안적인 특징이나 그 특징이 없을 때와 대조적으로 어느 특정한 특징의 결과는 무엇인가? 모든 특징이나 구조 또는 대사는 식물에게 결과를 가져다 주는데, 그 결과에 따라 식물은 보다 잘 적응할 수도 있고 덜 적응할 수도

식물과 인간

박스 1-2 생명의 특징

식물학은 생명을 연구하는 생물학의 한 분과이다. 생명의 정의를 내리는 일은 생물학에서 중요하지만, 만족스러운 정의는 없다. 대사와 구조 그리고 생태를 더 세밀히 배우게 되면 많은 생명과정들을 화학이나 물리학의 용어들로 이해하게 된다. 생물학과 화학을 구별하거나 생물과 무생물을 구별하기는 어렵지만, 생물학자들은 생명의 정의가 없다고 해서 신경 쓰지 않는다. 아주 짧은 정의가 정확하겠지만, 생명은 너무나도 복잡하고 중요한 주제이므로 폭넓은 경험을 통해 얻어지는 완전한 이해가 짧은 정의보다 훨씬 쓸모 있다.

비록 우리가 생명을 정의할 수 없더라도 생명을 인식하고 생명이 없을 때를 아는 것은 매우 중요하다. 많은 병원에서는 사고 피해자나 환자를 유지하기 위해 인공호흡기와 혈액펌프 그리고 약물을 사용한다. 사람의 세포는 살아 있지만, 사람도 살아 있는가? 덜 극적인 규모에서 생각해 볼 때, 씨앗이 살았는지 아니면 죽었는지 어떻게 알 수 있을까? 옥수수 씨를 구매하려고 10만 달러를 지불하려는 농부는 종자가 살아 있는지 확실히 알고 싶어 한다. 산호가 살아 있는지 어떻게 인식할 수 있을까? 산호는 바위처럼 보이지만 느리게 자란다. 그러나 종유석은 바위임에도 자라난다.

생명이 존재하는지 아니면 없는지를 알아보는 능력은 우주 탐험에서도 중요하다. 화성의 표면은 건조하지만 토양 속에는 물이 존재할 수 있다. 지구에 있는 많은 세균은 지하에 살면서 암석의 화학물질로부터 에너지를 얻는다. 목성의 위성인 유로파(Europa)에는 영구 얼음층 밑에 바다가 있다. 지구에도 해저 심해열수구 부근의 얼음 같이 찬 완벽한 어둠 속에서 관벌레, 조개와 세균 등이 살고, 이들 생물은 열수공에서 분출하는 가스로부터 에너지를 얻어 그냥 생존할 정도가 아니라 번창한다. 인간이 화성과 유로파 그리고 태양계의 다른 곳을 탐험할 때 생명을 어떻게 찾을 것인가? 우리가 생명을 발견하였는지 어떻게 알 수 있을까?

모든 생물은 다음과 같은 특징을 모두 갖는데, 이 가운데 어느 하나라도 빠진다면 그 물질은 살아 있는 것이 아니다.

1. **에너지와 물질을 환경과 교환하는 대사.** 생물은 에너지와 물질을 흡수하여 그 중 일부를 자신의 몸으로 전환하고 나머지를 배출한다. 많은 비생물적 체계 역시 이렇게 한다. 강은 개울에서 물을 받아들여 그 물을 진흙과 바위와 혼합하여 바다로 '배출'한다.
2. **비무작위(*nonrandom*) 체제.** 모든 생물은 고도로 구조적이며, 부패는 그 분자들을 무작위 배치로 되돌리는 과정이다. 그렇지만 많은 비생물적 체계도 이런 특징을 갖는다. 결정(crystal)은 규칙적인 배열로 이루어져 있고, 많은 구름 양식과 기후 양식 그리고 하천의 잔물결 양식도 그러하다.
3. **생장.** 모든 생물은 형성된 시점부터 크기가 증가한다. 수정된 알은 씨앗이나 배로 생장하고, 각각은 차례차례 자라서 성체가 된다. 어떤 시점에 생장이 멈출 수 있는데, 사람은 25세를 전후하여 더 이상 커지지 않는다. 이 또한 생물과 무생물을 구별하기에 충분하지 않아서, 산도 자라고 결정도 자란다.
4. **유전과 생식 체계.** 생물은 개체가 죽었을 때 생명이 그 자손에서 지속될 수 있도록 자신과 매우 비슷한 자손을 생산해야 한다. 불도 번지지만 살아 있지 않다.
5. **대사에 나쁜 영향을 미치지 않도록 환경에 반응하는 능력.** 환경이 건조해지면 생물은 휴면기에 들어가거나, 물을 보존하거나 또는 보다 효율적으로 물을 얻음으로써 반응할 수 있다. 산도 지질학적 힘이 산을 위로 밀어 올리면서 자라거나 침식에 의해 산이 닳아 없어지면서 작아짐을 통해 환경에 반응한다.

이들 절대적 요인들에 덧붙여 다음의 두 가지 특징 역시 모든 유형의 생명과 거의 확실히 관련이 있다. (1) 생물은 어린 개체와 나이 든 개체들이 독특한 특징을 갖는 발생을 한다. (2) 생물은 환경이 변하면서 시간이 흐름에 따라 변화하는 진화를 한다.

이러한 특징들이 언제나 생명체에 존재하지만, 어느 한 특징도 생물과 무생물을 단정하는 데 있어 충분하지 못하다. 강과 불 그리고 결정이 살아 있지 않다는 것을 확신하는 데에는 어려움이 없지만, 다른 행성에서 또는 심지어 지구의 특이한 서식지에서 생명을 탐색할 때 과연 실제로 생명을 발견하였는지를 결정하는 일은 큰 문제가 될 수 있다.

그림 B1-2A 지의류는 매우 느리게 자라고 수개월에 걸쳐 휴면 상태에 놓인다. 지의류의 휴면기 동안에는 생명의 징후를 거의 찾을 수 없다.

그림 B1-2B 이 옥수수(*Zea mays*) 종자는 살아 있고 건강하지만 대사적으로 불활성이다. 이 종자들은 발아하여 확실히 살아 있는 모습을 띠겠지만, 이는 오직 적절한 조건이 주어질 때에만 가능하다.

박스 1-3 조류와 지구온난화

광합성은 대기로부터 이산화탄소를 제거하여 우리가 살아가기에 알맞을 정도로 지구가 서늘해지게끔 도와준다. 식물 외에도 다양한 생물이 광합성을 하여 공기에서 이산화탄소의 양을 줄이는 데 도움이 된다. '자색세균(purple bacteria)'과 '녹색세균(green bacteria)'이라고 부르는 두 가지 세균은 식물의 광합성과 다른 특이한 유형의 광합성을 하지만, 환경에서 이산화탄소를 흡수하여 이를 공기로부터 제거시킨다. 자색세균과 녹색세균 모두 비교적 드물기 때문에 이들 세균은 이산화탄소를 아주 많이 제거하지 않는다. '남세균(cyanobacteria)'이라고 부르는 또 다른 세균은 아주 흔하고, 식물의 광합성과 매우 비슷한 유형의 광합성을 한다. 남세균은 많은 종류의 토양뿐만 아니라 연못과 하천 그리고 특히 하수에서도 자란다. 전 세계의 남세균 총량은 대기로부터 상당량의 이산화탄소를 제거하기에 충분할 정도이다. 불행하게도 모든 세균은 아주 작고 대체로 연약하여 그들이 죽으면 빠르게 분해되고 몸의 탄소 원자는 이산화탄소로 되돌아간다. 그러나 만일 세균이 동물에 먹히고 세균에 들어 있던 탄소를 포함한 분자들이 동물의 몸의 일부로 바뀐다면, 그리고 만일 이들 동물이 다른 동물에 먹힌다면, 탄소는 대기로 되돌아가지 않고 몸에 계속 잠겨 있게 된다. 그렇지만 이는 기껏해야 몇 년 정도 이산화탄소를 대기로부터 제거시킬 뿐인데, 왜냐하면 수십 년 동안 사는 동물은 없기 때문이다. 장수하는 동물조차도 머리카락과 피부 그리고 그 밖의 부분들을 떨어뜨리고 배설하는데, 이들 모두 분해되고 그 탄소는 이산화탄소로 전환된다.

식물과 밀접한 연관이 있는 조류(algae)는 지구온난화를 방지하기 위해 싸우는 우리들에게 중요한 지원군 역할을 하는 한 무리의 생물이다. 많은 유형의 조류가 있고(이들 대부분은 홍조류, 녹조류, 갈조류 등과 같이 그들이 지닌 색소의 색깔에 따라 이름이 붙여진다), 이들 모두 식물의 광합성과 거의 동일한 광합성을 한다. 더구나 조류는 바다, 호수 및 강뿐만 아니라 촉촉한 흙과 바위 심지어는 나무껍질에서도 풍부하게 나타난다. 식물과 마찬가지로 조류는 광합성을 하면서 이산화탄소를 흡수하여 체내에 분자로 고정시킨다. 세균과 비슷하게 많은 조류들도 연약하여 죽은 다음 빠르게 분해되고, 따라서 오랫동안 이산화탄소를 대기로부터 제거시키지 못한다.

그런데 원석조류(coccolithophorids 또는 coccoliths)라고 부르는 미세조류는 탄산칼슘으로 된 껍질을 만든다(**그림 B1-3**). 이 껍질은 밀도가 매우 높아서 원석조류가 죽자마자 몸이 해저로 가라앉는다. 해저의 차가운 온도 때문에 껍질은 수천 년 동안, 심지어는 몇 백만 년 동안 분해되지 않을 정도로 서서히 부패된다. 그 결과, 이들 미세조류가 자라고 죽으면서 이산화탄소는 아주 오랫동안 대기로부터 제거된다. 지구온난화를 방지하기 위해 싸우는 가능성 중 하나는 원석조류가 이미 살고 있는 해역에서 이들 조류가 빠르게 생장하고 보다 풍부해지게끔 바다에 비료를 주는 것이다. 그 가설은 올바른 종류의 영양소만 풍부하게 첨가해 주면 원석조류가 빨리 자라서 인류가 석유와 석탄을 연소시킨 데 따른 피해의 대부분을 상쇄할 만큼 충분한 양의 이산화탄소를 제거한다는 것이다. 지금까지의 실험은 고무적이었다.

그림 B1-3 석회암은 조개와 연체동물 같은 해양동물의 껍질과 일부 조류들로 구성되는 탄산칼슘이다. 이들 생물이 자신의 껍질을 형성하면서 대기로부터 이산화탄소를 제거하고, 그 결과 기후는 차츰 서늘해진다. 페코스강(Pecos River)의 이 지역에 있는 모든 바위는 수백 평방마일에 걸친 거대한 석회암 지대의 일부이다.

있다. 어떤 경우에는 극적이고 매우 중요한 결과를 초래하기도 하지만, 다른 어떤 경우에는 중립에 가까울 수 있다. 어떤 특정한 특징의 결과를 고려할 때 자연 서식지에서 경쟁, 포식자, 병원균 그리고 압박에 직면해 있는 식물의 생명현상을 사려해 보아야 한다.

광합성에 대해 다시 생각해 보자. 광합성에 의존한 결과, 큰 잎이 많이 달리는 식물은 작은 잎이 적게 달리는 식물보다 훨씬 많은 빛을 수확할 수 있다. 그렇지만 큰 잎을 가진 결과, 식물체는 보다 많은 수분을 잃고, 잎을 먹는 배고픈 동물들에게 훨씬 쉽게 눈에 띄게 되며, 질병을 일으키는 곰팡이 포자들의 좋은 착륙장이 된다. 햇빛으로부터 에너지를 얻음으로써, 동물이 먹이를 사냥하는 것처럼 식물은 빛을 사냥할 필요가 없다. 아침마다 해가 뜨므로 식물은 한 곳에 앉아서 잎을 펼치기만 하면 된다(**그림 1-16**). 식물은 에너지원을 찾고 잡는 데 소비하기 위한 눈이나 뇌, 또는 근육이나 소화계를 가질 필요가 없다. 식물은 매우 단순해도 생존할 수 있지만, 대부분의 동물은 생존하려면 복잡해야 한다.

마지막으로, 여러분이 어디에 있든지 식물을 직접 관찰할 수 있다. 식물을 관찰하고 (그냥 관찰하는 것과는 대조적으로) 식물에 관해 생각하면서 많은 것을 이해할 수 있다. 아마도 당신은 식물에 관해 이미 많은 것을 알고 있다는 사실에 대해 놀라게 될 것이다. 앞서 논의한 원칙들이 우리들과 친숙한 식물들에게 어떻게 적응되는지 생각해 보자. 이름과 용어들을 암기하는 것이 따분할 수 있겠지만, 책의 내용에 관해 생각하고 분석하며 이해하여, 그 내용이 과연 모든 식물이나 모든 상황에 유효한 지를 살핀다면 식물학과 식물에서 즐거움을 찾게 될 것이다.

그림 1-16 이 나무는 햇빛으로부터 에너지를 얻는데, 햇빛은 항상 하늘에 있고, 식물은 햇빛을 찾아다닐 필요가 없다. 정교하고 복잡한 감각기관과 운동능력은 전적으로 필요하지 않다.

다음 단계에서는

1. **독자적 고급 학문.** 이 『다음 단계에서는』 박스의 목적은 그 장에서 다루는 주제를 보다 상급 수준에서 이해하기에 적절한 정보를 제공하는 데 있다. 1장이 서론 부분의 장이기 때문에 그 주제들의 대부분은 이 책의 뒷부분에서 전개되고, 만일 지금 미리 읽고 싶다면 목차를 살펴서 관심을 끄는 주제를 찾으면 된다. 아울러 책을 대충 훑어보고 다양한 박스나 그림 설명문을 읽어 보라. 그 내용들에서 간단하지만 충분히 여러분의 흥미를 끄는 부분을 쉽게 접할 수 있을 것이다.
2. **현재 개념의 발전.** 우리는 세포, 식물, 생명, 중력, 에너지, 운동 그리고 다른 많은 현상의 개념을 익히 알고 있다. 그러나 오늘날 우리가 이해하고 있는 것은 수천 년 동안 세계를 이해하려고 노력한 결과이다. 저자는 과학의 역사, 특히 생물학의 역사에 관한 책을 읽어보길 권장한다. 우리들이 옳다고 추정하는 개념들은 언제나 발견되는 것들이고, 대부분의 우리들이 결코 들어본 적이 없는 다른 개념들은 널리 받아들여졌다가 틀렸음이 입증되어 폐기된 것이라는 점을 알게 되면 놀랄 것이다. 저자는 세 권의 책을 추천하고자 한다. 세라피니(Anthony Serafini)의 『생물학의 장대한 역사(*The Epic History of Biology*)』(1993년, Perseus Publishing)와 모턴(A. Morton)의 『식물과학의 역사: 고대로부터 현대까지 식물학의 발달 이야기(*History of Botanical Science: An Account of the Development of Botany from Ancient Times to the Present Day*)』(1982년, Academic Press)의 두 권은 짧고, 보다 직접적이며, 내용을 이해하기가 쉽다. 세 번째 책인 마이어(Ernst Meyer)의 『생물학적 사고의 발달: 다양성, 진화 및 유전(*The Growth of Biological Thought: Diversity, Evolution, and Inheritance*)』(1985년, Belknap Press)은 보다 상세하고 그 내용들이 학부 1학년생이나 2학년생에게는 어려울 수 있지만, 이 책은 생물학자라면 반드시 읽어야 할 책이다. 이 책은 남은 생애 동안 반드시 가져야 할 책이다.
3. **과학과 윤리.** 과학적 방법은 실재하거나 물질적이지 않은 것은 다룰 수 없고, 식물은 명백히 윤리적 또는 도덕적 딜레마에 봉착하지 않지만, 사람은 그러하다. 윤리와 도덕은 저자의 전문이 아니고, 저자는 그 어떤 특정한 책이나 글을 권장하지 않을 것이다. 그러나 저자는 여러분이 윤리에 관해 생각하고 당신 혼자 정보를 찾아내기를 강력히 추천한다. 인터넷 검색은 좋은 출발점이고, 아마존닷컴의 서평은 과연 그 책이 당신에게 가치 있는 책인지를 판단하는 데 훌륭한 가이드가 되어 줄 것이다.

요약

1. 식물은 정의하기가 어렵다. 식물과 친숙해지고 식물이 동물, 균류, 원생생물 그리고 원핵생물과 어떻게 다른지 이해하는 것이 더욱 중요하다. 차이점은 이 책에서 찾을 수 있다.
2. 과학적 방법은 문서로 기록된 반복 가능한 관찰과 실험들을 통해 수집된 모든 정보를 필요로 한다. 검토될 수 없는 개념들은 거부하고, 모든 가설들은 검증받아야 하며 관련 있는 모든 관찰들과 일치해야 한다. 과학적 방법의 기초는 회의주의이다.
3. 과학과 종교는 완전히 다른 문제를 다룬다. 과학은 도덕적 문제를 풀 수 없고, 종교는 물리적 과정을 설명할 수 없다.
4. 생물은 자연선택에 의해 진화되어 왔다. 생물이 번식하면서 어떤 자손은 덜 적합하고 다른 어떤 자손은 더욱 잘 맞는 돌연변이가 일어난다. 환경에 가장 적합한 특징을 가진 개체들이 가장 잘 자라고 번식하여, 환경에 잘 적응하지 못하는 개체들보다 더 많은 자손을 남긴다.
5. 어느 특정 환경에서는 몇 가지 종류의 적응이 성공적일 수 있다.
6. 세계에 관한 우리들의 지식은 불완전하고 부정확하다. 과학적 연구가 계속됨에 따라 불완전은 줄어들고 부정확은 수정된다.
7. 간단한 두 가지 질문이 효과적인 분석 수단이다. (1) 대안은 무엇인가, 그리고 (2) 결과는 무엇인가?

중요한 용어

가설(hypothesis)
과학적 방법(scientific method)
관찰(observation)
목적론(teleology)
식물학(botany)
역(domain)
원시공통형질(plesiomorphic feature)
의인주의(anthropomorphism)
자연선택(natural selection)
잔존형질(relictual feature)
파생형질(apomorphic feature)
파생형질(derived feature)
학설(이론; theory)
해석(interpretation)

복습 문제

1. 식물에 관해 여러분이 갖고 있는 개념이 아마도 매우 정확할 것이다. 대부분의 식물이 뿌리, 줄기, 잎 그리고 꽃을 갖는다. 꽃 대신에 구과(cone)를 갖는 두 가시 식물의 이름을 낼 수 있는가? 잎이 없는 것으로 보이는 식물의 이름을 댈 수 있는가?
2. 두 가지 균류의 이름을 대어 보자. 균류가 원래 식물계에 포함되었던 이유는 무엇인가? 생물학자들은 균류를 더 이상 식물로 간주하지 않는데, 그것은 기본적인 많은 ____________ 및 ____________ 측면에서 균류가 식물과 다르기 때문이다.
3. 식물과 동물은 어떻게 구별할 수 있는가? 어떤 특징들이 중요한가? 특이한 식물과 동물을 세심히 고려해 보자. 모든 동물이 움직일 수 있는가? 동물은 모두 먹는가?
4. 자연을 분석하는 세 가지 방법은 무엇인가? 각각의 장점과 단점을 말해 보자.
5. 어떤 것이 무생물이라기보다 생물이라고 알아보는 게 항상 쉬운가? 유로파는 목성의 위성인데(박스 1-2 참조), 유로파는 태양으로부터 너무 떨어져 있어서 광합성 작용을 위한 빛이 충분하지 않다. 그 바다의 바닥은 칠흑 같이 어둡고 얼음처럼 차갑다. 지구에도 그와 비슷한 위치에 생물이 자라고 있으므로 유로파에서도 생명이 존재할 것이라는 가설을 세울 있는가?
6. 과학적 방법에서 일반적으로 받아들여지는 모든 정보는 꼼꼼히 기록되고 세심히 관리된 ____________________ 또는 ____________________들로부터만 얻을 수 있다. 만일 어떤 의사가 질병의 새로운 치료나 눈 수술의 새로운 방법을 개발했다고 주장한다면, 그들이 당신에게 약을 주거나 수술하기 전에 어떤 종류의 서류와 증거를 바랄 것인가?
7. 과학적 방법은 ______________ 현상과 대상만을 연구한다.
8. 세계를 지배하는 물리적 힘은 시간이 지나도 ________ 어디에서나 ________.
9. 과학적 방법의 근본적 기초는 ________이다. 이 개념을 서술해 보자.
10. 가설은 무엇인가? 학설(이론)은 무엇인가? 가설과 학설이 향후의 실험 결과에 대해 정확한 예측을 내릴 수 있어야 한다는 것이 왜 중요한가? 이들은 추측과 어떻게 다른가?
11. 만일 가설이 정확하지 않게 예측하였고 향후의 관찰을 설명하는 데 도움이 되지 않는다면, 가설이 실제의 좋은 모형이 되지 않음을 부정확한 예측이 입증해 주는 것인가? 다른 한편으로 만일 가설이 정확한 예측을 내렸다면, 그 가설이 옳다는 것을 정확성이 입증해 주는 것인가?
12. 과학적 방법이 부적합한 개념이 존재하는가? 일부 사람은 어

떤 난치병으로 몹시 고통을 받는다. 그런 사람의 생을 마감할 수 있는 약물을 개발하는 데 과학적 방법이 이용될 수 있는가? 그런 약물을 이용하는 것이 옳고 그른지 결정하는 데 과학적 방법이 이용될 수 있는가? 옳고 그름의 개념이 실제로 존재한다고 생각하는가? 이를 과학적 방법으로 입증할 수 있는가? 옳고 그름의 개념을 측정하고, 무게를 달고, 해부할 수 있는가? 그 개념이 화학적 조성을 갖는가?

13. 식물을 이해하는 데 사용될 수 있는 8가지 개념을 열거하시오.
14. 식물을 이해하는 데 쓰이는 첫 번째 개념은 식물의 대사가 ______________과 ______________의 원리에 근거를 둔다는 점이다. 만일 그게 사실이라면 풍작이나 비를 위해 기도하는 것이 효과적일까?
15. 식물을 이해하는 데 사용되는 다섯 번째 개념은 식물은 그들의 ________________________에서 생존해야 한다는 것이다. 사막에 적응한 식물과 우림(rain forest)에 적응한 식물을 상상해 보자. 두 식물의 잎이 서로 다를 수 있다고 생각하는가? 한 식물은 물을 저장할 수 있는 확대된 뿌리를 가지는 반면, 다른 식물은 그럴 필요가 없다고 생각하는가? 만일 식물이 적응한 서식지의 유형을 안다면 식물의 구조와 생리를 보다 쉽게 이해할 수 있을까?
16. 식물을 이해하는 데 쓰이는 여덟 번째 개념은 무엇인가? 식물을 언급할 때 "하기 위해"라는 표현을 피하기가 쉽지 않다. 다음의 문장들을 보다 정확하게 바꿔 보자. 첫 문장을 본보기로 제시하였다.
    a. 식물은 광합성을 하기 위해 잎을 가진다. "식물은 광합성을 하는 잎을 갖는다" 또는 "식물에서 광합성은 잎에서 일어난다."
    b. 식물은 번식하기 위해 꽃을 갖는다.
    c. 식물 세포는 보다 많은 세포를 만들기 위해 분열한다.
    d. 풍매식물은 보다 강한 바람을 접하기 위해 꽃을 지상으로부터 높은 곳에 둔다.
    e. 어떤 식물은 벌새를 유혹하기 위해 빨간 꽃을 갖는다.
    f. 저녁식사를 하면, 위는 음식물의 소화를 돕기 위해 산을 분비한다.
17. 지구상의 생명은 약 ________________년 전에 시작되었다. 처음에는 생물이 단순하여, 오늘날의 ________________과 비슷하였다.
18. 생물이 번식할 때, 자손의 일부는 환경에 잘못 적응하고 생장과 생식이 저조한 반면, 다른 자손들은 보다 잘 적응한다. 이를 ______________________________이라고 부른다.
19. 그림 1-12를 살펴보자. (『개념을 이용한 식물의 이해』에서) 식물을 이해하는 데 쓰이는 다섯 번째 개념은 무엇인가? 그림만으로는 이 사슴의 환경이 어떤지 확실히 알 수 없지만, 이 사슴이 잘 적응하였는지 아니면 잘못 적응하였는지 추측해 볼 수 있을까? 특정한 이 피부 무늬의 유전자가 후손에게 오랫동안 전달될 만큼 지속될까? 이제는 사슴의 환경이 변했다고 상상해 보자. 모든 사냥이 법으로 금지되었다. 밀렵꾼도 없고, 사냥꾼조차 전혀 사슴을 죽이려 하지 않는다. 이 새로운 환경에서도 이러한 피부 무늬가 계속 문제가 될까? 이 사슴은 아직도 잘못 적응한 것일까?
20. 세 가지 역(domain)의 이름을 대고, 각 역에 속하는 생물들의 유형을 서술하자. 어느 역이 원핵생물이고, 어느 역이 진핵생물인가?
21. 잔존형질(원시공통형질)이란 무엇인가? 파생형질은 무엇인가? 원핵생물과 진핵생물 가운데 어느 쪽이 더 많은 비율의 잔존형질을 가질 것 같은가? 조류나 꽃식물은? 아메바나 사람은?
22. 식물과 식물 연구를 구별 짓는 것은 중요하며, 이는 곧 이 책에서 보여 주는 식물세계의 현실과 그에 관한 모형을 가리킨다. 우리는 식물에 관해 알아야 할 모든 것을 이미 알고 있다고 생각하는가? 우리는 지구상에 존재하는 모든 식물종을 발견하였을까? 식물에 관한 우리들의 가설 모두가 정확한가?
23. 식물은 ____________의 일부이다. 식물의 연구는 그 현실의 ________________을 만들어 현실에 관한 ______________을 교환하도록 어휘를 넓히는 것이다. 우리들의 모형이 부정확할 수 있을까? 현실이 부정확할 수 있을까? 우리들의 모형, 즉 우리들의 가설과 이론이 정확한 예측을 내리지 못한다면, 현실과 모형 가운데 어느 쪽이 잘못된 것일까?
24. 책을 읽을 때 ________________과 ____________________이라는 두 가지 유형의 정보를 대하게 된다. 이 중 어느 것이 상당히 정확하고 보다 더 신뢰할 수 있을까? 다른 쪽은 더 어렵다. 그 이유는? 만일 두 번째 유형의 정보가 향후의 관찰이나 실험의 결과에 대해 그 어떤 종류의 예측도 내리지 못한다면 과연 그것이 정확한지 결정할 다른 방법이 있을까?
25. 이 책으로 공부하고 식물 그 자체를 연구할 때 두 가지 질문을 명심하도록 권장하면서 이 장을 끝냈다. 그 두 가지 질문은 무엇인가?

CHAPTER 2

식물 생명의 개요

학습 목표

이 장을 읽은 다음, 학생들이 할 수 있는 것은;

- 식물의 기본적인 내부 체제와 외부 체제를 서술한다.
- 식물과 사람의 대사를 비교한다.
- 식물이 정보를 받아들이는 세 가지 원천을 열거한다.
- 반수체 식물과 2배체 식물을 정의하고 사례를 제시한다.
- 단계통군의 개념을 설명한다.
- 광합성을 하는 생물과 호흡을 하는 생물 간의 상호 연결된 역학을 설명한다.

개요

알고 있나요?

- 식물은 조류와는 별개의 것으로서 4억 2천만 년 이상 존재하였다.
- 광합성은 햇빛의 에너지를 잡으며 지구상의 모든 생명에 있어서 거의 유일한 에너지원이다.
- 현존하는 식물은 약 297,000종이고 동물은 약 1,260,000종이다.
- 식물은 혹독하게 추운 곳(영구적 눈과 얼음 밑)이나 매우 건조한 곳(사하라 사막의 일부)을 제외하고 엄청나게 다양한 조건의 육지 어디에서나 살게끔 적응하였다.
- 식물은 가시와 독성물질로 초식동물로부터 자신을 방어하는 동시에 자신의 꽃가루받이를 도와주는 동물에게 먹이를 제공한다.

장의 첫 이미지: 이들 식물 각각의 생명은 우리 자신의 생명과 많은 공통점이 있다. 각각은 수정된 알로부터 시작하여 에너지와 영양소를 흡수할 뿐만 아니라 그 자신을 질병과 해충으로부터 방어하면서 성체로 자란다. 각각은 그들의 어버이로부터 유전자를 물려받고, 유성생식을 하려고 노력한다. 우리와 비슷하게 이들 식물은 서서히 진화하여 지금은 그들의 고대 조상과 다르다. 한편 우리처럼 각각의 식물은 다른 많은 생물과 상호작용하는데, 그 중 일부는 도움이 되고 다른 일부는 해가 되지만, 다른 모든 생물들로부터 고립되어 사는 식물은 없다.

개념

이 책을 읽는 사람이면 누구나 동물의 삶과 친숙할 것이다. 우리들 각각은 우리 몸, 우리 기관들, 우리의 대사(metabolism) 그리고 우리의 어버이로부터 DNA를 물려받는 방식 등에 대해 꽤 많이 알고 있다. 우리는 모든 인간이 극도로 다양한 한 종인 사람(*Homo sapiens*)의 구성원임을 알고 있는데, 이 종의 개체들은 키, 운동 능력, 지능, 건강, 재능, 관심, 목표, 야망, 정신성 등과 같은 거의 모든 형질이 서로 다르다. 우리는 최초의 사람보다 앞선 사람류(hominids)라는 고대의 조상을 가졌으며, 네안데르탈인(*Homo neanderthalensis*)과 하빌리스인(*Homo habilis*) 같은 고대의 친척을 가졌다고 알고 있다. 사람속(*Homo*)의 다른 구성원들은 이제 사라졌지만, 침팬지, 오랑우탄과 고릴라 같은 몇몇 먼 친척들은 우리 진화역사의 일부가 된다. 우리들 대부분은 우리가 사회적 동물이라는 점(우리는 도시에 살고 집단으로 일을 한다)과 우리가 지구 자원의 많은 부분을 소비하고 유해한 오염을 유발한다는 점을 제외하고는 우리들 자신의 생태와 그다지 친숙하지 않을 것이다.

우리 자신의 생명 작용에 관한 지식을 넘어 우리들 대부분은 한편으로 개, 고양이, 모기, 벌, 고래 등과 같은 다른 동물의 생명 활동도 익히 알고 있다. 비록 이 책이 당신이 접한 첫 번째 생물학 책이라 할지라도 당신은 이미 아는 것이 많은 생물학자임에 분명할 것이다.

동물의 생명 활동에 관한 당신의 지식은 식물생물학을 배우는 데 있어서 훌륭한 토대가 된다. 식물의 생명은 동물과 균류 그리고 다른 모든 생물의 생명의 기저를 이루는 것과 똑같은 근본 원칙에 바탕을 두고 있다. 물론 식물은 많은 점에서 다르지만, 여러분이 갖고 있는 우리 자신의 생물학 지식을 식물의 생명 작용을 배우는 길잡이가 되게끔 하자. 그리고 항상 두 가지 근본적인 질문을 명심하도록 하자: 대안은 무엇인가? 각 대안의 결과는 무엇인가?

식물 구조의 개요

여러분이 알고 있는 많은 종류의 식물을 생각해 보자. 예를 들면, 나무, 정원의 꽃, 풀, 비늘줄기식물, 선인장, 넝쿨식물 등이다. 엄청나게 다양한 식물들이 있지만, 이들 각각을 살펴볼 때 이들 식물의 몸이 모두 동일한 양상의 체제를 갖고 있음을 알 수 있다. 거의 예외 없이 각 식물의 몸은 다음과 같은 단순한 방식으로 이루어진다.

거의 모든 식물은 하나 이상의 줄기로 구성되고, 각 줄기에서 마디(node)라고 부르는 부분에 잎이 달린다(**그림 2-1**; **표 2-1**). 부착 부위 바로 위에 곁눈(axillary bud)이 있는데, 이들 중 일부는 가지로 발달하고 다른 어떤 곁눈은 꽃이 되지만, 많은 곁눈은 휴면눈으로 남고 아무 일도 하지 않는다. 일반적으로 줄기는 가늘고 지름이 5 mm도 안되지만, 선인장과 그 밖의 사막식물은 넓은 줄기를 갖는데, 이들 식물은 물을 저장하는 데 넓은 줄기를 이용한다(**그림 2-2**). 당근과 양배추에서와 같이 어떤 줄기는 매우 짧은 반면, 포도나무와 대나무는 보통 아주 긴 줄기를 갖는다.

그림 2-1 늦가을의 미루나무(*Populus deltoides*) 줄기 꼭대기. 중심 줄기에는 15개의 잎이 달리고(근접 촬영한 이 사진에서는 잎자루만 보인다), 각 잎자루는 줄기의 마디에 부착한다. 다섯 마디에 두드러진 곁눈이 생기고, 각 곁눈은 보호해 주는 눈비늘로 덮인다. 줄기의 맨 끝부분에는 끝눈이 달린다. 눈비늘이 각 눈의 중심에 있는 연약한 세포들을 보호하고, 겨울을 난 다음에 이들 다섯 곁눈이 자라서 많은 작은 꽃을 피운다. 봄철에 끝눈이 자라서 줄기가 계속 늘어나고 많은 잎과 마디 그리고 마디사이를 만들어 가지가 점점 길어진다.

잎도 다양하다. 잎은 야자나무의 거대한 잎에서부터 필로덴드론속(*Philodendron*)에서와 같이 그저 큰 잎을 거쳐 로즈마리의 잎처럼 작은 잎까지 크기가 다양하다(**그림 2-3**, **2-4**). 흔히 선인장은 잎이 없다고 말하지만, 모든 선인장은 현미경적 크기의 아주 작은 보통잎(foliage leaf)을 갖는다. 잎은 모양과 감촉이 상당히 다양하고, 상록이거나 낙엽성이지만, 중요한 사실은 거의 모든 줄기에 잎이 달린다는 점이다. 즉, 잎은 식물체의 기본적 양식의 일부이다. 뿔이끼류와 일부 우산이끼류는 어떤 종류의 잎도 전혀 만들지 않

표 2-1 대부분의 식물을 구성하는 기관들

영양기관	뿌리
	줄기
	잎
꽃의 생식기관	꽃받침조각
	꽃잎
	수술
	심피

그림 2-2 사막에 적응한 다른 많은 식물처럼 황금술통선인장(*Echinocactus grusonii*)은 물로 가득 찬 많은 세포들로 이루어진 매우 넓은 줄기에 물을 저장한다. 가시는 물을 얻기 위해 선인장을 먹으려는 동물로부터 막아준다. 줄기가 너무 넓어서 이 선인장은 유난히 무겁고, 따라서 다육식물은 다육질이 아닌 식물보다 일반적으로 가지를 적게 친다. 이 식물은 한 줄기만을 갖고 있어서 야자나무의 단일 줄기와 약간 비슷하다. 가시는 매우 변형된 눈비늘이고(그림 2-1의 미루나무 눈비늘과 비교해 보자), 각 가시뭉치는 곁눈이다. 겨드랑이를 가시뭉치로 만드는 잎은 현미경적 크기이고 이 사진에서는 볼 수 없다.

는 식물이다(보다 자세한 내용은 20장을 참조하기 바란다).

식물의 기본 체제의 또 다른 측면은 거의 모든 식물이 뿌리를 가진다는 점이다(**그림 2-5**). 거의 모든 식물에서 뿌리는 줄기의 한쪽 끝에 국한되지만, 울타리와 나무를 타고 오르는 담쟁이덩굴에서처럼 줄기를 따라 나타나는 뿌리들도 쉽게 볼 수 있다(**그림 2-6**). 붓꽃과 생강의 경우처럼 땅속줄기 역시 한쪽 끝에서만 뿌리가 나는 게 아니고 땅속의 줄기를 따라 뿌리가 생긴다(**그림 2-7**). 줄기나 잎과 비교하여 뿌리의 변이는 적고, 대부분의 뿌리는 보통 뿌리라고 쉽게 인식할 수 있다.

뿌리와 줄기 그리고 잎은 식물의 **영양기관(vegetative organ)**이다. 그것은 이들 기관이 생장과 생존을 위해 에너지와 물질을 얻는 것을 책임지고 있지만 유성생식을 수행하지는 않는다는 것을 의미한다. 식물이 번식할 준비를 갖추면 **생식기관(reproductive organ)**이 발달한다. 대부분의 고사리류에서는 생식기관과 영양기관을 구별하기가 쉽지 않다. 생식기관은 근본적으로 보통잎인데, 그 아래쪽에 포자낭이 생긴다(**그림 2-8**). 잎을 뒤집어서 포자낭과 포자가 있는지 보지 않는다면 어느 누구도 보통의 잎이 아니라고 전혀 의심할 수 없다. 종자식물의 생식구조는 약간 더 복잡하다. 구과식물은 암구과(seed cone)와 수구과(pollen cone)를 만들고, 속씨식물은 꽃을 만든다(**그림 2-9**, **2-10**). 이 개요에서는 꽃만 논의하고, 구과식물과 고사리류에 관한 상세한 내용은 나중에 제시하기로 한다.

그림 2-3 많은 야자나무처럼 비스마르크야자(*Bismarkia nobilis*)는 거대한 잎을 갖는다. 각 잎자루는 길이가 1 m 이상이고, 엄청나게 큰 잎몸은 길고 넓다. 개개의 야자나무는 다른 나무들보다 보통 잎이 적게 달리지만, 각각의 잎이 워낙 커서 광합성을 하는 총표면적이 다른 많은 식물들보다 훨씬 넓다. 무슨 영문인지 모르지만 많은 사람들이 야자나무와 고사리류의 잎을 '엽상체(frond)'라고 일컫는데, 실제로는 이들 잎 모두 진정한 잎이다.

그림 2-4 이 식물은 많은 정원에서 아주 흔하게 볼 수 있는 잡초이고, 아마도 여러분들은 정원에서 이 풀을 뽑아본 경험이 있을 것이다. 땅빈대속(*Chamaesyce*)에 속하는 이 식물은 땅바닥에 납작하게 자라는 경향이 있고, 지름이 보통 몇 cm인 둥근 모양을 이룬다. 잎은 매우 작아서 가로가 1 mm에 불과하다. 이 식물은 꽃들로 덮이는데, 땅빈대속 식물은 발아한지 몇 주만 되어도 꽃을 피우고, 각 꽃은 곁눈에서 나온다.

꽃은 수천 가지 종류가 있는 것처럼 엄청나게 다양해 보인다. 장미, 붓꽃, 백합, 금어초, 피튜니아 등이 얼마나 다양한지 생각해

그림 2-5 이 양파는 한쪽 끝에 뿌리가 달리고 다른 쪽 끝에 줄기가 달리는 온전한 식물이다. 양파의 잎은 조금 특이한데, 잎은 비늘줄기(bulb)라고 부르는 줄기의 일부이다. 각 잎의 자주색 부분(잎밑)은 불룩하고 물과 영양소를 저장하며, 위쪽의 녹색 부분은 광합성을 수행한다.

대 안

박스 2-1 친숙한 식물 그리고 매우 비슷해서 혼동하는 식물

우리의 대부분은 꽃이 활짝 핀 때라든지 또는 어떤 특색이 존재할 때 아주 많은 종류의 식물을 잘 알아볼 수 있다. 사과, 오렌지, 복숭아, 그리고 배는 우리가 모두 잘 아는 열매들이고, 만일 그 열매들이 나무에 매달려 있다면 전체 식물을 알아보는 데에도 문제가 없다(**그림 B2-1A**). 딸기는 우리에게 매우 친숙한 식물이지만, 가늘고 연약한 줄기[이런 줄기를 기는줄기(runner)라고 함]로 지면에서 자라는 딸기를 본다면 처음에는 불확실할 수 있다. 과꽃이라고도 부르는 데이지도 비교적 쉽게 알아볼 수 있는데, 그것은 비록 종류는 수백 종이라 할지라도 대부분은 **그림 B2-1B**에 있는 식물과 모두 비슷하게 생겼기 때문이다. 나팔꽃(**그림 B2-1C**), 백합, 수련, 그리고 다른 많은 식물들도 마찬가지다(**그림 B2-1D**).

그에 반해서, 어떤 식물들은 혼란을 일으킬 수 있다. 많은 사람들이 다육성이고 가시가 있으면 선인장(**그림 B2-1E**)이라고 믿지만, 자세히 살펴보면 용설란속(*Agave*: **그림 B2-1F**), 유카(*Yucca*: **그림 B2-1G**), 알로에(*Aloe*: **그림 B2-1H**) 또는 다육성의 등대풀(spurge)의 일종일 수 있다['등대풀'은 익숙지 않은 이름일 수 있고, 대극속(*Euphorbia*: **그림 B2-1I**)의 식물을 나타낸다]. 이들 모두 다육성이고, 대부분 가시가 달리며, 대부분이 사막에 사는데, 용설란과 유카는 선인장보다 백합이나 붓꽃과 더 밀접한 연관이 있다(이들 식물의 길고 두툼한 잎은 백합 잎의 극단적인 버전이다). 뿐만 아니라 많은 식물학자들까지도 등대풀을 선인장이라고 잘못 부르고 있지만, 등대풀은 선인장과 전혀 다른 과에 속하고 대부분 아프리카가 원산지인데 반해 선인장은 아메리카가 원산지이다. 어떤 사람이 거대한 용설란(*Agave americana*)은 베라알로에(*Aloe vera*)일 것이라고 짐작하는 것을 들었다. 용설란이 알로에보다 훨씬 크지만 이들이 서로 비슷하게 보이므로 정말 좋은 추측이라고 생각한다.

사람들이 이런 식물들을 혼동하는 게 정말 문제가 될까? 그렇지 않다. 이들 식물은 가시가 달리고 커다란 다육성 사막식물이라는 점은 정확하다. 만일 정확한 이름을 아는 게 중요하다면 화원이나 식물학과에 문의하거나 구글의 이미지 검색을 수행하면 된다.

서로 비슷해서 자주 혼동하는 다른 식물로는 꽃이 매우 비슷한 장미와 동백(**그림 B2-1J**), 그리고 야자나무와 소철류 그리고 고사리류가 있다[이들의 일부는 모양과 잎이 비슷하고, 실제로 소철류가 흔한 지역에서는 사람들이 종려 주일(Palm Sunday)에 야자 잎 대신 소철의 잎을 사용한다; **그림 B2-1K**]. 사람들이 종종 많은 수생식물을 '이끼(moss)'라고 말하지만, 진정한 이끼류는 물에서 거의 자라지 않는다. 길고 가늘게 떠 있는 것들은 보통 조류이고, 줄기와 잎 그리고 꽃이 달리는 것들은 꽃식물이며, 소수의 아주 작은 수생식물은 고사리류이다. 우리들의 대부분, 심지어 식물학을 전공하는 학자들조차 그것이 이끼류이건 아니면 이끼처럼 생긴 작은 식물이건 간에 매우 작은 식물에 대해 '이끼'라는 용어를 사용한다(**그림 B2-1L**, **그림 B2-1M**).

'풀(grass)', 즉 벼과 초본은 거의 정확하게 사용하지만, 때로는 잘못된 무리에 적용하기도 한다. 잔디의 풀은 클로버를 제외하고 벼과 초본이고, 밀, 호밀, 보리, 벼, 옥수수 그리고 심지어는 거대한 대나무(대나무는 나무가 아니라 거대하고 매우 강인한 풀이다)도 마찬가지다. 그렇지만 만일 여러분이 괴어 있는 물에서 자라는 풀처럼 생긴 식물을 보았다면 이는 거의 확실히 사초(sedge)이고 풀이 아니다(**그림 B2-1N**). 사초는 줄기를 만져보면 풀과 구별되고, 다음과 같은 연상기억으로 기억하면 좋다: "사초는 모서리(edge)가 있지만, 풀은 끝에서 땅바닥(ground)까지 둥글다." 잘못된 이름을 쓴다고 해서 심각한 문제가 되는 것은 아니고, 식물의 이름을 아주 많이 알고 있는 사람은 거의 없다. 그리고 친구들과 식물에 대해 논의할 때 올바른 이름을 정확하게 사용해야 할 필요도 없다. 그것은 마치 거미와 곤충 그리고 다른 많은 아주 작은 동물들을 '벌레(bug)'라고 부르는 것과 비슷하다.

식물의 부분에 대해 사용하는 단어도 비슷한 상황에 있다. 야자나무나 고사리류의 잎을 사람들이 흔히 '엽상체(frond)'라고 부른다. 물론 '엽상체'가 통용되기는 하지만 이는 정확히 정의된 용어가 아니다. 어떤 이유에선지 일부 사람들이 야자나무와 고사리류의 '잎'이라는 용어 대신에 '엽상체'를 사용하고 있다. 이와 비슷하게 '줄기'나 '대'를 가리키는 'stalk'도 정확하게 정의된 전문용어가 아니고, '껍질'을 나타내는 'rind', 'peel', 'skin' 따위도 마찬가지다. '줄기(stem)'와 '잎(leaf)' 같은 정확한 일부 식물학 용어들은 일상영어와 동일하고, '표피(epidermis)' 같은 어떤 용어들은 동물학자가 사용하는 용어들과 동일하지만 식물의 표피는 동물의 표피와 완전히 다르다. 여러분이 이미 동물학을 어느 정도 배웠다면 동물학이나 의학용어와 같은 용어를 식물학 분야에서 접하게 될 때 매우 조심해야 한다. 그 의미는 매우 다를 수 있다.

식물은 보통명(common name)과 학명(scientific name)을 갖고 있으며, 동물이나 식물 또는 그 밖의 생물에서 각 종은 오직 하나의 학명을 갖게끔 많은 노력을 기울이고 있다. 어떤 식물은 속의 이름이 그 식물의 보통명과 같아서, 이를테면 용설란(agave)은 용설란속(*Agave*)에 속하고 감귤류(citrus)는 귤속(*Citrus*)에 속한다. 우리가 보통명을 적을 때에는 대문자로 쓰거나 이탤릭체로 쓰지 않지만, 속의 학명은 대문자로 시작하고 이탤릭체로 적는다. 예를 들면, 오렌지와 레몬 그리고 라임은 모두 귤속에 속하는 감귤류인데, 레몬의 학명은 *Citrus limon*, 오렌지는 *Citrus sinensis*, 그리고 라임은 *Citrus latifolia*이다. 레몬의 종명이 'limon'이라고 생각할지 모르지만, 이는 잘못이고, 레몬의 종명은 *Citrus limon*이다. 모든 종의 학명은 항상 두 단어로 구성된다. 첫 번째 단어가 속명(genus name)이고, 두 번째 단어가 종소명(species epithet)이다. 그러므로 종명은 속명 + 종소명이다. 위에서 언급한 용설란의 경우, 보통명은 agave, 속명은 *Agave*, 그리고 학명은 *Agave americana*이다.

그림 B2-1 **(A)** 오렌지 나무. **(B)** 데이지. **(C)** 나팔꽃. **(D)** 백합의 일종(oxblood lily). **(E)** 키가 크거나 둥글게 생긴 모든 식물은 선인장이고, 회색이나 노란색 또는 녹색의 두꺼운 잎을 가진 식물은 용설란이다. **(F)** 용설란(*Agave americana*). **(G)** 토레이유카(*Yucca torreyi*). **(H)** 알로에. **(I)** 등대풀인 대극속(*Euphorbia*)은 선인장이 아니다. **(J)** 동백나무속(*Camellia*)의 꽃. **(K)** 종종 '사고야자(sago palm)'라고 부르는 소철류. **(L)** 부처손의 일종(*Selaginella peruviana*). 종소명이 '*peruviana*'이지만, 이 식물은 페루에서 자라지 않고 텍사스에서 자라며, 이끼류가 아니다. **(M)** 우산이끼류의 일종인 물가지네이끼(*Frullania inflata*). **(N)** 풀이 아닌 사초.

그림 2-6 덩굴옻나무(*Toxicodendron radicans*)의 이 오래된 덩굴은 무리를 이룬 막뿌리들에 의해 부착하면서 나무줄기를 타고 오른다. 주로 이 막뿌리들은 나무의 껍질에 부착할 따름이고, 덩굴옻나무는 덩굴의 맨 아래에 물과 영양소를 흡수하는 보통의 뿌리도 갖는다. 덩굴옻나무의 이 부분이 너무 오래되어 비록 잎은 떨어졌지만, 여전히 독성을 띠므로 건드리지 말아야 한다.

보자. 그러나 꽃도 오로지 한 가지의 기본 체제가 있을 뿐이고, 일단 그 체제를 알고 나면 그 어떤 꽃이라도 쉽게 이해할 수 있다. 각 꽃은 생식줄기(reproductive shoot)이다. 즉, 각각의 꽃은 잎처럼 생긴 구조가 부착된 짧은 줄기를 가진다. 꽃받침조각(악편, sepal)은 발생 과정에서 꽃의 나머지 부분을 보호하고, 꽃잎(화판, petal)은 꽃받침조각이 벌어져 꽃이 핀 다음에 꽃가루매개동물을 유혹한다. 꽃잎 위에는 꽃가루를 생성하는 수술(stamen)과 하나 이상의 밑씨를 포함하는 심피(carpel)가 있다(**그림 2-11**). 각 꽃가루립에는 두 정세포(sperm cell)가 들어 있고 각 밑씨에는 알세포(egg cell)가 들어 있기 때문에 수술과 심피는 필수적이다. 곤충과 새 그리고 바람이 수술에서 심피로 꽃가루를 운반하는데, 보통 어느 한 식물의 수술에서 같은 종의 다른 식물에 있는 심피로 옮겨진다. 정세포가 알세포를 수정시킨 다음, 배(embryo)와 그 주변의 조직이 생장하여 종자가 되고, 이와 동시에 일부 심피 조직은 열매로 발달한다. 속씨식물에서 모든 씨앗은 열매 안에서 생기는데, 바로 이 점이 속씨식물을 정의하는 특징의 하나다(**그림 2-12**).

그림 2-7 식품점에서 구입하여 몇 주간 심었다가 관찰하기 위해 캐낸 생강(*Zingiber officinale*)의 뿌리줄기(rhizome). 뿌리줄기에서 줄기가 위로 자라고, 새로운 막뿌리가 모든 방향에서 나지만 곧 아래쪽으로 내려간다. 새로 생긴 모든 부분은 흰색을 띠는데, 그것은 어둠 속에서 식물이 엽록소를 생성하지 못하였기 때문이다. 새로운 줄기에서 새 막뿌리가 나타나고, 줄기가 빛을 향해 위쪽으로 자라면서 뿌리가 보충된다.

(A)

(B)

그림 2-8 **(A)** 고사리류의 일종인 무니툼히초미(*Polystichum munitum*) 잎에서 광합성을 하는 윗면. 많은 고사리류에서는 밑면에서 포자가 만들어지므로 이를 확인하기 위해 잎을 뒤집어 보아야 한다. **(B)** 무니툼히초미 잎에서 생식에 관여하는 밑면. 각각의 둥근 구조가 포자낭군(sorus; 복수형 sori)이고, 이는 포자를 형성하는 극히 작은 구조인 포자낭(sporangium; 복수형 sporangia)이 여럿 모인 것이다. 이 고사리류에서는 단지 몇몇 잎에만 포자낭이 달리고, 다른 잎은 뒤집어 보아도 그 어떤 특별한 구조가 나타나지 않는다.

만일 꽃이 꽃받침조각, 꽃잎, 수술 그리고 심피라는 기본 체제를 갖는다면 어떻게 그 많은 유형의 꽃이 생길 수 있을까? 그리고 꽃이 너무 많으면 이 체제를 쉽게 알아볼 수 없지 않을까? 그 이유의 하나는 많은 꽃에서 이들 중 하나 또는 두 기관이 몹시 미발달하거나 전혀 발달하지 않았기 때문이다. 만일 새 또는 곤충에

그림 2-9 소나무의 암구과(seed cone). 이 구과에서는 몇 달 전에 꽃가루받이가 일어났고 이제는 크게 자라서 안에 많은 종자가 생겼다. 자라는 동안에 강인하고 단단한 세포들과 끈적끈적한 수지(resin)가 종자를 보호한다. 씨가 성숙하면 솔방울이 벌어지면서 비늘조각이 떨어지고 종자가 떨어져 나간다.

의해 꽃가루받이가 일어난다면 선명한 색깔을 가진 꽃잎이 주목을 받기 좋을 것이다. 그렇지만 만일 바람에 의해 꽃가루가 운반된다면 꽃잎을 만드는 게 자원의 낭비일 것이다. 흔하게도 풍매화에는 꽃잎이 전혀 없다(**그림 2-13**, **2-14**). 이와 비슷하게 어떤 식물은 각 꽃에서 꽃받침조각을 만들지 않고 아주 작은 꽃들의 송이를 형성하며, 전체 무리를 보호하는 일련의 큰 포(bract)를 만드는데, 이런 꽃에는 꽃받침조각이 없다. 어떤 종에서는 꽃에 수술과 심피가 없을 수 있다.

게다가 꽃이 서로 다르게 보이는 이유는 일부 식물의 꽃에서는 여러 기관들이 서로 합쳐진 반면에 다른 식물의 꽃에서는 모

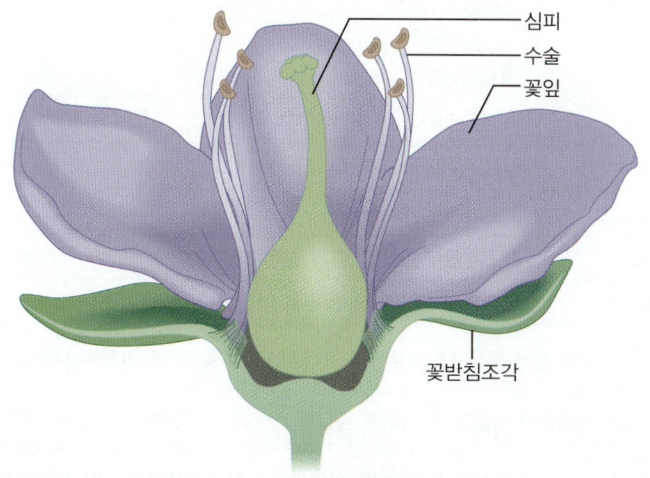

그림 2-10 꽃의 네 가지 기본 기관들을 보여주는 간략한 도해.

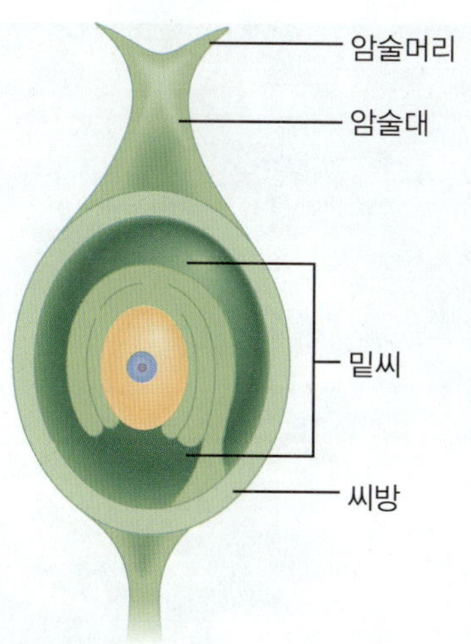

그림 2-11 심피는 암술머리와 암술대 및 씨방의 세 부분으로 구성된다. 씨방 속에는 하나 이상의 밑씨가 있고, 그 각각에 알세포가 들어 있다(이 그림에는 한 밑씨만 나타내었다). 심피에서 꽃가루받이가 일어나고 알이 수정되면 수정된 알은 배로 발달하고, 밑씨의 나머지는 종자가 되며, 씨방은 열매가 된다.

든 기관들이 뚜렷이 구별되기 때문이다. 꽃의 모든 꽃받침조각이 서로 합쳐져 튜브를 형성하거나 꽃잎이 서로 합쳐진 경우를 쉽게 볼 수 있다(**그림 2-15**). 잎에서는 이러한 융합이 거의 일어나지 않는다. 꽃의 변형을 살펴보겠지만, 중요한 사실은 아무리 이례적이라 할지라도 꽃은 어느 유형이나 한 가지 기본 방안의 변형일 따름이다.

꽃의 내부 체제는 보다 단순하고 외부의 형태보다 훨씬 균일하다(**표 2-2**). 어릴 때에는 식물의 모든 부분, 즉 모든 뿌리, 줄기, 잎, 꽃잎, 그리고 다른 모든 부분들이 외부의 표피와 내부의 기본

그림 2-12 헤르바케아닭벼슬나무(*Erythrina herbacea*)의 꼬투리는 콩이나 완두콩의 꼬투리와 비슷한 열매이다. 성숙하면 비틀려서 열리고 익은 씨앗이 방출된다. 사과나 토마토는 육질과인 반면, 이 열매는 건과이다.

그림 2-13 물푸레나무속(*Fraxinus*) 꽃의 세 송이. 물푸레나무는 바람에 의해 꽃가루받이가 일어나므로 꽃가루매개동물을 유인하기 위한 크고 화려한 꽃잎이 필요 없다. 이들 세 송이의 각각은 거의 전적으로 꽃밥으로 구성되는데, 꽃밥은 꽃가루를 만드는 수술의 일부이다.

그림 2-15 털독말풀(*Datura wrightii*)의 이 꽃은 다섯 장의 녹색 꽃받침조각이 서로 합쳐져서 통 모양이 되고, 다섯 장의 흰색 꽃잎이 서로 합쳐져서 두 번째 튜브가 된다. 각 꽃잎의 끝이 아직 떨어져 있어서 알아볼 수 있다. 5개의 수술은 융합하지 않아 뚜렷이 구별된다. 다섯 심피는 서로 합쳐져 오직 하나의 암술대와 암술머리가 존재한다.

조직과 관다발조직으로 구성된다(**그림 2-16**). 사람의 표피와 비슷하게 식물의 표피(epidermis)는 세균과 균류로부터 몸을 보호하고 물이 몸에서 증발되어 나가지 못하게 한다. '기본조직(ground tissue)'은 대개 안쪽의 조직들을 가리키는 모호한 용어이다. 뿌리의 기본조직은 피층(cortex)이고, 줄기에서는 속(수, pith)과 피층이며, 잎과 꽃에서는 잎살(엽육, mesophyll)을 가리킨다. 줄기의 기본조직은 감자의 덩이줄기(괴경, tuber)에서 쉽게 볼 수 있다. 각 덩이줄기는 짧고 넓은 줄기이고, 이는 아주 넓은 속과 적당히 넓은 피층으로 이루어진다. 알로에의 잎은 두꺼운 다육성 기본조직을 갖는데, 이는 물기가 많은 잎살이다.

식물은 뚜렷하게 구별되는 두 가지 관다발조직을 갖는다. **물관부(xylem)**는 뿌리로부터 모든 공기 중의 부분들, 특히 잎과 꽃으로 물과 무기질을 수송한다(**그림 2-17**). 식물 주위의 공기가 그 물의 대부분을 흡수하지만, 약간의 물과 모든 무기질은 식물체 안에서 자신을 위한 용도로 쓰인다. **체관부(phloem)**는 물과 무기질뿐만 아니라 당(sugar)과 다양한 유기화합물을 식물체 전반에 걸

그림 2-14 바람에 의해 꽃가루받이가 일어나는 나무의 꽃은 아주 작고 꽃잎이 없으며 나무의 높은 곳에 달리기 때문에 좀처럼 주목을 받지 못한다. 꽃가루가 방출된 다음 꽃은 나무에서 이탈하여 떨어진다. 이 사진은 피칸(*Carya illinoensis*) 수꽃의 긴 끈 같은 송이인데, 이들이 나무에 달려 있을 때에는 종종 의식하지 못해도 보도와 자동차 또는 지붕에 떨어져 있으면 쉽게 볼 수 있다.

표 2-2 대부분의 식물을 구성하는 조직들[1]

1.	표피
2.	피층[2]
3.	관다발조직 a. 물관부 b. 체관부
4.	속 (줄기에서만 나타남)[2]
5.	잎살 (잎과 꽃에서만 나타남)[2]
6.	2기 물관부 (목부)
7.	2기 체관부 (나무껍질의 일부로 나타남)
8.	코르크 (나무껍질의 일부로 나타남)

[1]꽃과 구과 같은 생식구조는 추가의 조직들이고, 이들 조직은 9장과 22장에서 다루게 된다.

[2]많은 사람들이 피층과 속 그리고 잎살을 조직이라고 말하지만, 엄밀히 말하면 이들 각각은 한 기관의 부위이고, 각각은 여러 조직들로 구성되기도 한다. 예를 들면, 잎의 잎살은 상면표피와 하면표피 사이의 부위이고, 이는 광합성조직(녹색의 세포들)과 관다발조직(잎맥) 모두를 포함한다.

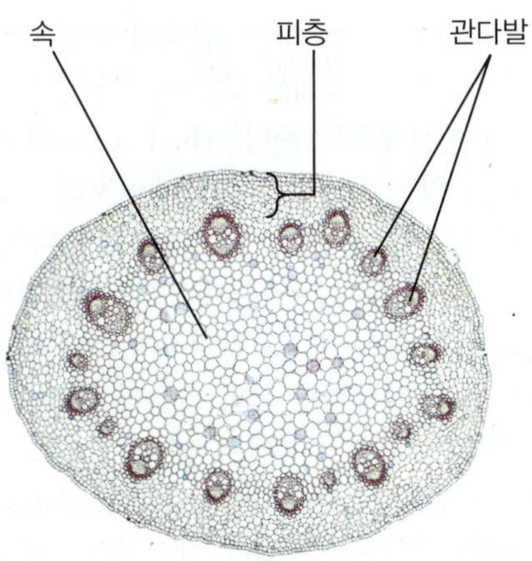

그림 2-16 미나리아재비속(*Ranunculus*)의 이 단면은 거의 모든 종자식물의 줄기에서 나타나는 조직(표피, 피층, 관다발의 고리 그리고 중심의 속)의 배열을 보여준다.

쳐 운반한다. 이를테면 잎에서 광합성에 의해 당이 만들어지면 체관부가 이들 당의 대부분을 잎에서 줄기로 운반하고, 일부는 아래로 수송되어 뿌리에 영양분을 공급하는 한편, 일부는 위쪽의 꽃과 열매로 수송된다. 물관부와 체관부는 소수의 관다발(vascular bundle)에서 거의 항상 함께 나타난다.

식물의 관다발계와 동물의 혈관계[역자 주: 이 두 계통은 모두 영어로 'vascular system'이라고 한다]를 각각 주의하여 생각하지 않고 둘을 서로 비교하면 혼란을 가져올 수 있다. 사람은 심장에서 단일한 넓은 대동맥으로 혈액을 내보내고, 크고 많은 동맥으로 갈라진 다음 이들 각각은 보다 좁은 동맥으로 나뉘고, 결국에는 소동맥과 모세혈관으로 갈라진다. 식물은 모든 물과 당 그리고 무기질을 하나의 큰 관다발에 넣지 않는다. 아주 가느다란 줄기라 할지라도 10~20 관다발을 갖는데, 이러한 중복(redundancy)은 식물에게 안전성을 제공한다. 만일 곤충이 줄기를 덥석 물어 한 두 관다발이 부러지더라도 줄기는 온전하게 기능을 하는 다른 많은 관다발을 유지하게 된다(**그림 2-18**).

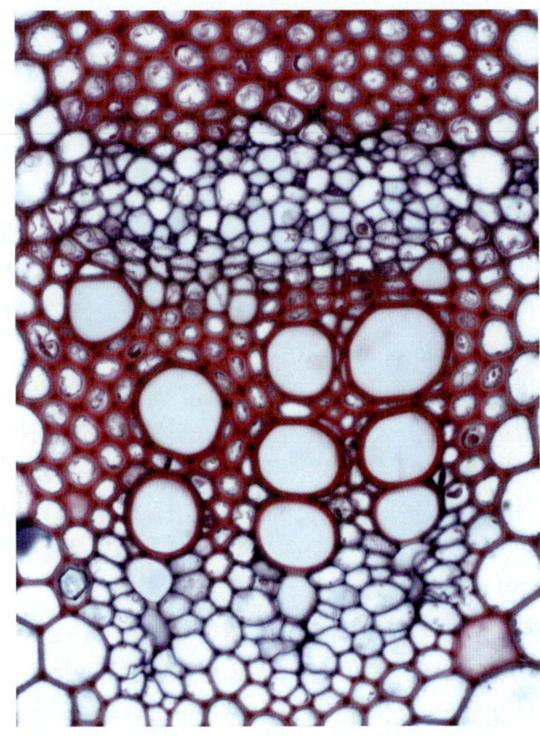

그림 2-17 해바라기(*Helianthus annuus*) 줄기의 관다발을 광학현미경으로 관찰한 사진. 아래의 크고 둥근 8개 세포는 뿌리로부터 위쪽의 잎과 꽃으로 물을 나르는 물관이다. 바로 그 위에는 당을 운반하는 작고 각이 진 체관부 세포들이 있다. 위에 보이는 빨간색 세포들 무리는 체관부의 바깥쪽 가를 따라 모자처럼 놓인 섬유세포들인데, 줄기가 꼿꼿이 서게끔 힘을 실어주는 한편, 곤충이 먹으려고 덤비거나 진딧물이 그러하듯이 긴 주둥이로 수액을 빨아 먹으려고 할 때 체관부를 보호하는 역할을 한다.

지금까지 식물의 구조에 대해 설명한 내용은 어린 식물 그리고 가지와 뿌리의 끝에서 일어나는 초기의 생장이다. 이를 1기 식물체(primary plant body)라고 부르고, 모든 조직과 기관은 줄기와 뿌리의 맨 끝에 있는 세포들에서 만들어진다. **초본(herb)**은 오직 1기 식물체만 갖는 식물이고, 백합, 상추, 잔디 그리고 고사리류가 그 예이다. 대체로 초본은 몇 달간 살고 번식한 다음 죽는 작은 식물들이다. **목본(woody plant)**은 1기 식물체 안에 2기 식물체를 만드는 식물이다. 이해하기 쉽게 다시 말하면, 목본은 나무(목재)와 나무껍질을 만드는 식물이다(**그림 2-19**). 초본에서는 모든 세포들이 표피나 기본조직 또는 관다발조직으로 성숙하고, 이들이 형성되면 미성숙한 세포는 남지 않는다. 그러나 식물이 나무가 되면 모든 관다발조직을 관통하는 한 층의 세포들이 남는다. 이 층의 세포들은 발달하지 않고, 대신에 분열하여 새로운 세포를 만드는데, 이 부위가 관다발형성층(vascular cambium)이다. 관다발형성층의 안쪽에 만들어지는 세포들은 목부[wood; 이를 전문적으로 2기 물관부(secondary xylem)라고 부른다]가 되고, 관다발형성층의 바깥쪽으로 생성되는 세포들은 나무껍질의 일부인 2기 체

그림 2-18 이 사진은 작은 등나무 덩굴의 단면이고, 많은 어두운 구멍들은 물관부의 물관들이다. 각 물관은 줄기의 아래로 깊숙이 뻗은 긴 관이고, 각 물관의 다른 부분은 잘려나간 줄기의 위로 멀리까지 뻗어 있다. 이렇게 가늘고 어린 덩굴에서도 물은 수백 개의 물관에 의해 운반되고, 혹시 한 두 물관이 손상되더라도 나머지 물관들이 계속 기능을 한다. 해마다 덩굴이 이 목재의 가를 따라 새로운 목부를 만들면서 나무껍질 바로 안쪽에 더욱 많은 물관들이 추가된다.

그림 2-19 여기에서는 목본과 초본을 쉽게 구별할 수 있다. 나무는 목본이고, 풀은 초본이다. 물론 풀이 몇 년을 살기도 하지만 풀은 2기 물관부나 2기 체관부를 결코 만들지 않는다(풀은 목재나 나무껍질을 만들지 않는다). 반면에 거의 모든 나무는 단지 몇 달만 자라도 몸에 2기 물관부나 2기 체관부를 추가하기 시작한다.

관부(secondary phloem)가 된다. 모든 관다발형성층은 동일한 기본 체제를 갖지만, 세포를 만드는 속도와 그들이 생성하는 세포들의 양은 매우 다를 수 있다. 거대한 침엽수와 활엽수의 관다발형성층은 방대한 양의 목재와 나무껍질을 만드는 반면에, 장미와 그 밖의 떨기나무(관목)의 관다발형성층은 그다지 많은 양을 만들지 않는다. 한편 목본은 코르크형성층(cork cambium)을 갖는데, 이는 분열하는 일련의 세포들로 방수가 되고 손상에 잘 견디는 코르크세포를 나무껍질에 보태준다.

식물 구조의 개요를 마치기 전에 한마디 주의하고 싶다. 거의 모든 식물이 지금까지 설명한 체제로 되어 있지만, 식물의 많은 부분들이 특이한 기능을 수행하도록 진화되어 심지어 식물을 전공하는 학자들 조차 기만할 형태를 갖는다. 선인장의 가시는 변형된 곁눈이지만, 이 가시에서는 눈비늘(bud scale)의 전형적인 특징이 전혀 나타나지 않는다(**그림 2-20**). 데이지의 아름다운 흰색 또는 노란색 꽃들은 우리 눈에 보이는 것처럼 하나의 단일한 꽃이 아니고, 실제로는 아주 작은 꽃들이 모인 무리이다(그림 B2-1B 참조). 그리고 야자나무는 크고 단단하며 오래 살지만 목본이 아니라 초본이다. 야자는 목부를 전혀 만들지 않고 관다발형성층도 갖지 않는다. 식물은 달리거나 날아가지 않으므로 식물의 구조는 생물학을 연구하기에 수월한 측면의 하나다. 우리는 식물에 다가가서 식물을 자세히 살펴볼 수 있다. 대부분의 구조를 맨눈으로 볼 수 있으며, 저렴한 확대경을 사용하면 더욱 많은 구조를 볼 수 있다.

그림 2-20 나뭇잎선인장(*Pereskia grandifolia*)은 크고 쉽게 알아볼 수 있는 보통잎이 달리는 몇몇 선인장 중의 하나다. 잎의 겨드랑이에서 나오는 가시는 변형된 눈비늘이다. 예상하는 곳에 곁눈이 있지만, 미루나무(그림 2-1)에서와 같은 전형적인 비늘 대신에 눈비늘은 가시로 변형된다. 모든 식물은 적어도 두 가지 종류의 잎, 즉 보통잎과 눈비늘을 생성한다.

식물 대사의 개요

모든 식물, 동물, 균류 그리고 모든 나머지 생물은 그들의 환경으로부터 에너지와 원료를 받아들여야 한다. 이러한 일반화에는 전혀 예외가 없다. 인간을 포함하여 동물은 우리가 먹이(food)라고 부르는 유기물로부터 에너지와 원료 모두를 얻는다. 물론 식물은 먹지 않지만, 그 대신 몇 가지 서로 다른 과정을 거쳐 자원을 흡수한다. 햇빛에 의해 제공되는 에너지는 광합성 과정으로 포획한다. 식물체의 대부분은 유기분자들로 구성되는데, 이들은 광합성 과정에서 이산화탄소와 물의 반응으로 역추적이 가능하다. 식물은 필요한 물을 뿌리를 통해 흡수하고 이산화탄소는 표피를 통해 공기로부터 흡수한다. 무기질은 식물이 필요로 하는 네 번째 원료이며, 이들 역시 뿌리에 의해 흡수된다.

광합성(photosynthesis)은 식물이 에너지를 얻는 가장 중요한 대사이다. 엄청나게 다양한 식물과 조류에서 다른 대안은 없다. 예외는 숙주식물로부터 유기물을 흡수하는 기생식물뿐이다. 식물은 엽록소(chlorophyll)라는 색소를 포함하기 때문에 녹색을 띤다. 엽록소는 빛 에너지를 포획하고 그 에너지를 다른 화학물질로 전달하여 변형시키는 분자이다. 포획된 빛 에너지는 몇 가지 대사 단계를 거쳐 이산화탄소를 물과 반응하도록 하고, 그 결과 산소와 탄수화물이 만들어진다. 그 폐기물로 산소가 잎으로부터 확산되어 나가고, 탄수화물은 모든 대사경로의 출발점으로 이용된다(**그림 2-21**).

광합성은 빛과 엽록소 그리고 이산화탄소가 존재할 때에만 일어난다. 밤이나 어두운 동굴 그리고 바다 깊은 곳에서는 광합성이 일어나지 않고, 가을에 잎이 떨어진 다음의 식물도 광합성 작용을 하지 않는다. 엽록소를 갖지 않는 뿌리와 나무껍질 그리고 꽃 같은 기관에서도 광합성은 일어나지 않는다(**그림 2-22**). 따라서 광합성에 의해 포획된 빛 에너지는 잎으로부터 광합성 작용을 하지 않는 다른 기관들로 옮겨져야 하며, 이러한 수송이 체관부에 의해 수행된다. 아울러 에너지는 낮에서 밤까지 그리고 여름에서 겨울까지 저장되어야 한다. 대부분의 식물은 포도당 분자를 녹

대 안

박스 2-2 광합성을 하지 않는 식물

보통의 줄기와 보통의 잎은 과연 광합성을 향상시키는 적응일까? 아니면 단지 그래야 하기 때문에 식물이 식물 같은 구조를 갖게 되었을까? 아주 평범한 것은 당연시하기 쉽고, 과연 다른 대안이 있는지 우리 자신에게조차 질문을 던지지 않는다. 우리는 많은 모형을 만들 수 있고 이론적 측면을 고려할 수 있지만, 항상 우리는 경험적 증거를 갖고 실제 자료로 우리들의 이론을 입증하고자 한다. 그것이 과학적 방법의 원칙이다. 과연 얼마나 많은 보통의 식물 구조가 광합성을 향상시키는 자연선택의 결과인지를 알기 위해서는 광합성을 하지 않는 식물과 종속영양을 하는 식물 그리고 광합성의 필요가 사라져서 수백만 년 동안 종속영양을 하도록 몸이 진화한 식물이 필요하다. 우리가 필요한 식물은 바로 기생식물이다.

약 18과에 속하는 4,000종 가까운 기생식물이 존재하고(**표 B2-1**), 어느 식물이 다른 식물을 공격할 수 있는 능력은 진화적으로 대략 12 차례 생겨났다. 수십 가지의 서로 다른 출발점이 있고, 어떤 무리는 그들의 숙주에 적응하기 위해 다른 무리들보다 오래 걸렸기 때문에 기생식물은 구조나 생리 그리고 그 밖의 측면에서 매우 다양하다. 기생식물은 두 가지 기본 유형이 있다.

반기생식물(hemiparasite)은 엽록소를 갖고 그들 자신의 포도당을 모두 또는 적어도 일부를 만들며, 단지 물과 무기질 그리고 아마도 약간의 유기화합물을 숙주로부터 얻는다. 반기생식물은 기공이 있는 잎과 상당히 정상적인 줄기를 갖는다. 그렇지만 뿌리는 토양 대신에 숙주식물의 표피나 나무껍질에 침투한다.

완전기생식물(holoparasite)은 엽록소가 없고 광합성도 하지 않는다. 이들의 모든 ATP는 숙주식물로부터 얻은 포도당의 유기호흡에 의해 생성되고, 이들은 아마도 환원력을 필요로 하지 않을 것이다. 기생식물의 조상이 완전기생식물이 되고 광합성의 필요가 없어진 다음, 모든 경우에 잎의 발달을 축소시키는 돌연변이가 차츰 유리해졌다. 대부분의 완전기생식물은 비늘 같은 작은 잎을 갖거나 전혀 잎이 없다. 실새삼(새삼속, *Cuscuta*)은 몸에 보통의 식물 같은 특징이 남아 있는 드문 완전기생식물 중 하나다(**그림 B2-2A**). 실새삼은 기는줄기처럼 생긴 길고 가는 줄기에 아주 작은 잎이 달린다. 실새삼은 숙주식물을 휘감고, 변형된 뿌리인 기생근(haustorium)을 숙주 식물체에 삽입하면서 위로 자란다. 실새삼이 지닌 식물 같은 특징인 마디와 마디사이는 숙주의 이 나뭇가지에서 저 나뭇가지로 또는 한 식물체에서 다른 식물체로 퍼져 나가는 데 필수적인 것으로 보인다.

표 B2-1 기생식물이 포함된 과
기생식물은 많은 과에 속하지만, 여기에는 가장 흔하거나 가장 친숙한 기생식물들을 목록에 포함시켰다. 기생식물에 관해 보다 자세한 정보와 우수한 이미지를 얻고 싶으면 기생식물 커넥션(The Parasitic Plant Connection)에 접속하면 된다(www.parasiticplants.siu.edu/index.html).
발라노포라과(Balanophoraceae)
히드로나과(Hydnoraceae)
꼬리겨우살이과(Loranthaceae): 북아메리카에 자생하는 겨우살이
열당과(Orobanchaceae)
라플레시아과(Rafflesiaceae)
단향과(Santalaceae)
겨우살이과(Viscaceae): 유럽에 자생하는 겨우살이

많은 완전기생식물이 지하에서 자란다. 유식물(seedling)의 뿌리가 숙주의 뿌리에 침투한 다음, 기생식물의 배는 비늘 같은 작고 강인한 보호성 잎이 달리는 뿌리줄기(rhizome) 같은 줄기로 발달한다. 지하에 있으면 초식동물의 눈에 띄지 않고, 온도와 습도가 매우 안정적이며 지상보다 변동이 덜하다. 많은 광합성식물도 뿌리줄기를 갖고 있고, 이들 뿌리줄기의 많은 곁눈은 위로 돌아 공기 중에서 엽록소를 가진 줄기로 자라는데, 이런 일은 완전기생식물에서는 결코 나타나지 않는다. 완전기생식물의 곁눈 중 일부가 땅위로 올라와 꽃이 피고, 꽃가루매개동물에게 꽃을 드러낸다(**그림 B2-2B**).

다른 완전기생식물 종의 발생 양상은 보통의 식물과 더욱 차이를 보인다. 지하의 '뿌리줄기'는 잎이 전혀 없고, 곁눈이나 마디 또는 마디사이도 없다. 생장꼭짓점은 분열하는 세포들의 무리로 구성되지만, 잎원기(leaf primordium)도 없고 뿌리골무(root cap)도 없다. 처음에 '뿌리줄기'의 조직은 줄기에서 전형적으로 나타나는 관다발의 고리도 없고 보통의 뿌리가 그러하듯이 중앙의 물관부 덩이도 없다는 점에서 뿌리나 줄기의 전형적인 특징을 갖지 않는다. 표면조차도 매끈한 표피층이 아니라 거칠고 불규칙한 세포 증식일 따름이다. 이 구조가 보통의 식물 기관이 아니라는 점에서 '러너(runner)'[역자 주: 이 경우의 'runner'는 딸기 등에서 볼 수 있는 '기는줄기'와 다르다]라는 용어를 사용하기도 한다.

몇몇 완전기생식물은 전적으로 숙주의 체내에서 산다. 유식물의 뿌리가 숙주에 침투한 다음, 배의 나머지는 죽는다. '뿌리'가 숙주의 안쪽으로 깊이 자라면서 숙주의 피층, 체관부, 물관부 및 속으로 침투한 후 기생식물은 숙주 몸으로 100% 구성된다. 기생식물은 줄기가 아예 없다. '뿌리'라는 용어에 인용부호를 쓴 것은 이들 구조가 뿌리의 전형적인 특징을 갖지 않기 때문이다. 엄밀히 말하면 이들 식물은 다른 식물의 체내에 사는 내생식물(endophyte)이다. 선인장의 일종(*Trichocereus chilensis*) 안에서 자라는 트리스테릭스 아필루스(*Tristerix aphyllus*)의 내생식물은 거미줄처럼 가지 친 유세포의 단열(uniseriate) 사상체들로만 구성된다. 몇 달(?) 혹은 몇 년(?)이 지난 다음에 세포들이 세로로 분열하면서 사상체는 다열(multiseriate)로 된다(**그림 B2-2C**). 어느 시점에 소량의 체관부가 발달하고, 가끔 외떨어진 물관요소도 만들어지지만, 전체 식물체는 뿌리, 줄기, 잎, 표피, 피층 및 속이 없고, 단지 약간의 물관부와 체관부가 있을 따름이다. 상세한 연구가 필요하지만, 내생식물의 모든 표면 세포들이 숙주의 조직에서 물과 무기질 그리고 유기분자를 흡수하는 것으로 나타났다. 전체 식물체가 흡수하는 능력을 갖추었으므로 통도조직을 가질 필요가 없어졌다. 꽃을 피울 때가 되면 숙주 표피의 바로 밑에 있는 유세포들이 증식하여 유합조직(칼루스)의 혹이 되고, 꽃분열조직이 형성된 다음, 숙주를 뚫고 나온다. 보통의 정단분열조직을 갖고 있으므로 이 꽃차례는 표피, 피층, 관다발의 고리 그리고 속을 갖지만 엽록소는 없다. 비스쿰 미니뭄(*Viscum minimum*), 필로스틸레스 투르베리(*Pilostyles thurberi*) 그리고 몇몇 라플레시아(*Rafflesia*) 종의 내생식물들도 이와 비슷하다(**그림 B2-2D**).

광합성을 하는 녹색의 독립영양생물에서 포도당이 생성되면 이로부터 그 식물의 구조와 대사에 필요한 다른 모든 유기화합물이 합성된다(그림 2-21 참조). 일부 완전기생식물에서도 똑같은 일이 일어날 수 있어서, 기생식물은 숙주로부터 포도당만 취한 다음, 이를 다양한 유형의 호흡과 다른 모든 유기분자를 합성하는 대사경로에 이용한다. 그런데 어떤 기생식물 종이 일부 아미노산이나 지질 또는 비타민을 숙주에 의존하게 되었다는 사실은 놀라운 일이 아니다. 그렇게 변형되면서 식물내생을 하는 완전기생식물의 몸은 건강하게 잘 자라고, 독특한 환경에서 호흡에 기반을 둔 대사에 잘 적응한다.

완전기생식물은 보통의 식물들에서 나타나는 많은 특징이 매우 비용이 많이 들고 위험하다는 점을 보여준다. 기생식물이 광합성의 대안을 갖게 된 다음, 정상적인 식물의 특징들은 더 이상 적응할 수 없게 되었고 그런 형질들의 발생을 막는 돌연변이가 유리하게 되었다. 반면에 광합성을 하는 식물에 있어서는 식물 같은 몸을 갖는 것이 충분한 가치가 있다.

그림 B2-2A 가느다란 주황색 줄기는 실새삼(*Cuscuta*)이다. 이 완전기생식물은 잎과 줄기를 갖고 있지만, 마디사이가 극도로 길고 가늘며 잎은 매우 작다. 실새삼에서 생성된 막뿌리는 기생근으로 발달하여 숙주인 쥐꼬리망초(*Justicia*)의 관다발조직에 침투한다.

그림 B2-2B 프로소판체 아메리카나(*Prosopanche americana*)는 완전기생식물이고, 몹시 변형된 몸의 대부분은 지하에 있다. 이 기생식물은 광합성을 할 필요가 없고, 숙주의 뿌리로부터 필요한 물과 영양소를 모두 얻는다. 이 꽃 역시 매우 변형되었다. 까맣고 하얗게 보이는 구조는 융합한 수술들의 거대한 집단이다.

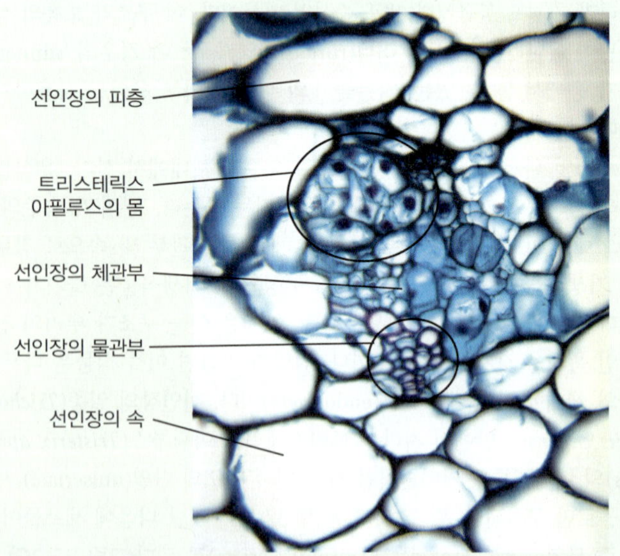

그림 B2-2C 빨갛게 염색된 큰 핵을 갖는 세포들의 작은 무리는 영양체가 전적으로 숙주[이 경우, 선인장의 일종(*Trichocereus chilensis*)]의 체내에서 자라는 완전기생식물인 트리스테릭스 아필루스(*Tristerix aphyllus*)의 몸의 일부이다. 트리스테릭스 아필루스의 몸은 유조직으로만 되어 있고, 잎, 줄기, 표피 그리고 속씨식물의 몸에서 볼 수 있는 다른 모든 특징이 전혀 없다.

그림 B2-2D 짙게 보이는 방울은 줄기에 속한 것이 아니고, 전적으로 숙주인 떨기나무 달레아(*Dalea*)의 체내에서 자라는 완전기생식물 필로스틸레스 투르베리(*Pilostyles thurberi*)의 꽃이다. 일반적으로 완전기생식물이 꽃을 피우기 위해서는 지하에서 올라오거나 숙주의 체내에서 나와야 한다.

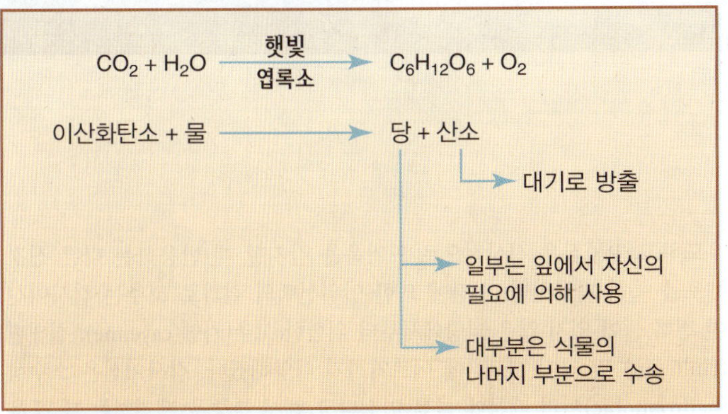

그림 2-21 광합성의 원료와 생성물을 보여주는 간략한 도식. 광합성에서 생성되는 탄수화물은 나중에 다른 많은 화합물로 전환된다.

말로 중합시켜 에너지를 저장한다. 녹말은 당보다 훨씬 치밀하고 안정적이다. 땅콩과 해바라기 씨 그리고 아보카도 같은 몇 식물은 포도당을 지방으로 전환하고 이를 세포 내에서 지질방울로 저장하지만, 우리와 달리 지방조직은 전혀 없다.

호흡(respiration)은 또 다른 유형의 에너지 대사이고, 전혀 예외 없이 모든 생물에서 일어난다. 앞에서 언급하였듯이 포도당은 에너지를 저장하고 한 기관에서 다른 기관으로 이동하는 데 사용된다. 그런데 어떤 필요성에서는 너무 많은 에너지가 포도당에 저장되어 있다는 점이 문제가 된다. 세포는 두세 단계의 반응에 약간의 에너지를 가함으로써 많은 대사경로를 작동시킨다. ATP[아데노신3인산(adenosine triphosphate)]라 부르는 분자가 대부분의 단계에 필요한 딱 알맞은 만큼의 에너지를 제공한다(**그림 2-23**). 포도당에는 ATP가 나르는 에너지의 약 36배 많은 에너지가 들어 있다. 호흡은 포도당을 분해하여 그 에너지를 ATP로 전달한다. 광합성 과정에서는 빛 에너지가 포획되면서 이산화탄소가 물과 결합하여 산소와 포도당이 만들어진다. 호흡은 거의 정반대가 된다. 즉, 산소와 포도당이 반응하여 이산화탄소와 물이 생성되고, 에너지는 빛을 발하는 대신에 ATP로 전달된다.

한편 식물은 질소, 인, 칼륨, 철 등의 무기질(mineral)을 필요로 한다. 우리가 하는 것과 대체로 똑같이 식물도 무기질을 이용한다. 예를 들면, 인은 ATP에 필요하고, 질소는 아미노산과 핵산의 일부가 되며, 철은 전자를 운반하는 분자에 부착한다. 사람이 땀을 흘리고 소변을 보고 대변을 보면서 무기질이 빠져 나가듯이 식물도 무기질의 재순환에 특히 효과적이지 않다. 식물은 잎과 시든 꽃 그리고 열매를 떨어뜨리면서 무기질을 잃는다. 식물의 씨앗에는 장차 유식물이 필요로 할 무기질들이 가득 채워져 있는데, 이 모든 무기질들은 어버이 식물로부터 제공된 것이다. 식물이 필요로 하는 무기질의 양은 의외로 적다. 불에 타고 남은 재에는 나무에 존재하던 모든 무기질이 들어 있다.

식물은 일류 화학자이다. 오로지 포도당과 무기질 및 물에서 시작하여 생명의 모든 측면에서 필요로 하는 모든 분자를 합성한다(**표 2-3**). 식물은 모든 아미노산과 핵산 그리고 지방산을 합성하고, 꽃과 열매의 모든 색소를 만들며, 밀랍(왁스), 기름, 수지 그리고 향을 생성한다. 아울러 해충으로부터 자신을 방어하는 엄청나게 다양한 독성물질을 만든다. 일부는 맛이 쓰거나 아리게 하고, 또 다른 일부는 동물을 빨리 죽이며, 또 어떤 독성물질은 뇌와 신경계의 세포에 지장을 준다. 사람은 자신이 스스로 만들 수 없는 몇몇 아미노산과 지방산 그리고 비타민이 포함된 복합적 음식을 필요로 하지만, 식물은 결코 그렇지 않다. 식물에게 있어서 균형 잡힌 식이(diet)는 햇빛, 이산화탄소, 물 그리고 무기질이다.

그림 2-22 이 필리페라워싱턴야자(*Washingtonia filifera*)는 잎만 녹색이고 광합성을 하며, 나무에서 당을 만드는 유일한 부분이다. 긴 줄기와 지하의 뿌리계 같은 다른 모든 부분들은 엽록소가 없고, 체관부에 의해 잎으로부터 아래로 수송되는 당에서 그들의 모든 에너지를 얻어야 한다.

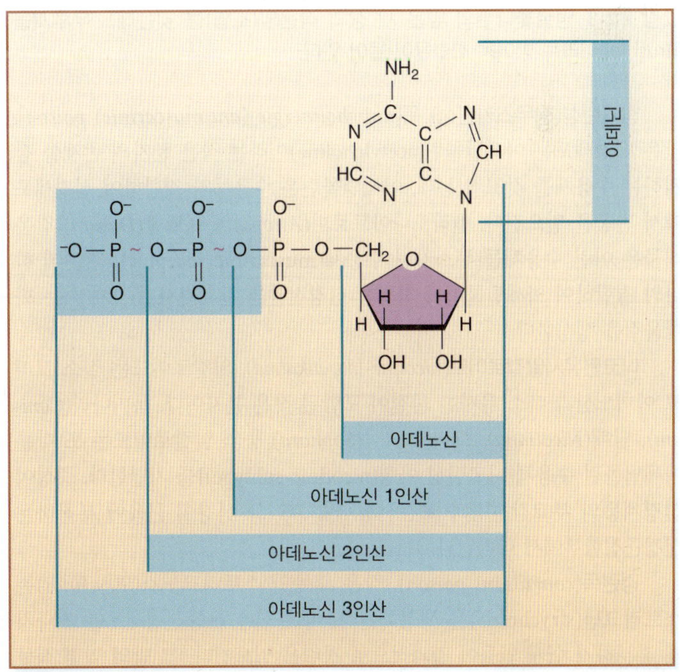

그림 2-23 아데노신3인산(adenosine triphosphate). 마지막 인산염이 떨어지면 아데노신2인산(adenosine diphosphate; ADP)이 되고 에너지가 방출된다. 두 번째 인산염이 떨어져도 마찬가지지만, 세 번째 인산염의 경우는 그렇지 않다.

박스 2-3 독성 식물

다음과 같은 두 가지 사실을 생각해 보자. (1) 식물은 초식동물에 둘러싸여 산다. 그런데 (2) 세상에는 먹히지 않은 식물이 가득하다. 그 원인이 무엇일까? 많은 식물들이 독성 화합물을 생성한다. 덩굴옻나무, 나도여로(death camas), 독미나리(poison hemlock), 벨라도나(deadly nightshade) 등이 친숙한 예인데, 독성 식물은 실제로 엄청나게 다양하다. 우리가 독성이 없다고 여기는 많은 식물들은 입이 쓰거나 화끈거리면 먹는 것을 중단하기 때문에 해를 끼치지 않을 뿐이다. 고추를 치사량까지 먹는 사람은 거의 없다. 많은 독성 식물에 대한 아주 흥미로운 내용과 충분한 삽화를 곁들여진 설명이 넬슨 등(Lewis S. Nelson, Richard D. Shih, and Michael J. Balick)의 저서 『독성 식물과 유해 식물의 핸드북(*Handbook of Poisonous and Injurious Plants*, 2007, Springer)』에 수록되어 있다.

그림 B2-3 덩굴옻나무의 잎은 세 장의 작은잎(소엽)을 갖는데, 우루시올(urushiol)이라는 방어용 화합물이 들어 있다.

항콜린성(항무스카린성) 독[*anticholinergic* (*antimuscarinic*) *poison*]. 많은 신경세포는 아세틸콜린(acetylcholine)이라는 작은 분자의 존재를 감지하는 수용체를 갖고 있는데, 아세틸콜린은 수용체와 결합하여 신경세포에서 반응을 일으킨다. 벨라도나아트로파(*Atropa*)와 독말풀(*Datura*) 같은 식물은 이런 수용체들[무스카린 수용체(muscarinic receptor)] 가운데 하나와 결합하여 아세틸콜린이 적절한 신경전달을 일으키지 못하게 하는 화학물질을 생성한다.

니코틴유사알칼로이드(*nicotine-like alkaloid*). 알칼로이드는 질소 그리고 아미노산과 다소 유사한 물질이 포함된 작은 분자이다. 독미나리(*Conium*), 담배(*Nicotiana*), 그리고 고삼(*Sophora*) 등의 알칼로이드는 또 다른 아세틸콜린 수용체[니코틴성 아형(nicotinic subtype)]를 차단한다. 증상이 신경계통의 부교감신경과 교감신경, 뇌, 그리고 신경이 근육에 부착하는 신경근접합부에서 나타난다.

경련독(*convulsant poison*). 작은 교목인 스트리크노스(*Strychnos*)는 스트리크닌(strychnine)을 생성하는데, 이 물질은 운동신경세포를 지나치게 흥분하기 쉽게 만들어 결과적으로 경련을 일으킨다. 그 밖의 몇몇 식물도 경련독을 만든다.

캅사이신(*capsaicin*). 고추속(*Capsicum*)의 하바네로와 할라페뇨 그리고 타바스코 같은 고추에는 캅사이신이 들어 있는데, 이는 우리들의 감각신경세포 일부에서 P물질(substance P)이라 부르는 화학물질을 방출하게 유도하고, P물질은 정상적으로 뜨거움을 감지할 때 반응하는 다른 신경세포를 특히 자극한다. 인간에 의한 인위선택의 결과로 고추는 캅사이신이 전혀 들어 있지 않은 피망에서부터 위험한 고추[카옌(cayenne), 칠테핀(chiltepin) 및 타이(Thai)]에 이르기까지 다양해졌다. 캅사이신은 소수성(hydrophobic)이기 때문에 물을 마신다고 해서 통증을 제거하는 데 도움이 되지 않지만, 치즈나 버터 그리고 우유에 포함된 지방이 이를 녹여 다소나마 통증이 완화된다.

심장작용 화합물(*cardioactive compound*). 디기탈리스(*Digitalis*)에 들어 있는 디기톡신(digitoxin)과 디곡신(digoxin)은 나트륨과 칼륨을 ATP의 에너지를 이용하여 세포막을 통과시키는 단백질 세트를 저해한다. 심장세포에서 이 펌프가 차단되면 세포 내에 칼슘의 농도가 증가하게 된다. 디기탈리스의 잎을 잘못 먹으면 해롭지만, 이 화학물질은 심장 박동을 느리게 하고 강화하는 데 약용으로 쓰인다.

시안배당체(*cyanogenic glycoside*). 이 물질은 식물에게 해를 주지 않지만, 사람의 소화계에 있는 효소들이 시안배당체를 당과 시안화물(cyanide)의 두 부분으로 분해시킨다. 시안화물은 유기호흡의 최종 단계를 저해하여 ATP가 생성되지 못하게 한다. 이 독소는 사과나무속(*Malus*)과 체리, 복숭아, 살구 등의 '핵과(stone fruit)'를 갖는 벚나무속(*Prunus*)과 같이 우리와 친숙한 일부 열매에서 발견되지만, 사과 씨나 복숭아 씨처럼 우리가 먹지 않는 부분에 들어 있다. 살구의 씨를 생약의 성분으로 사용할 때 독성이 나타난다.

유사분열 억제제(*mitotic inhibitor*). 미세소관은 핵이 분열하는 동안 염색체를 세포의 양쪽 끝으로 잡아당기는 방추사를 형성한다. 콜치쿰(*Colchicum autumnale*)에 들어 있는 알칼로이드인 콜히친(colchicine)은 미세소관의 조립을 저해한다. 이 독소에 노출된 세포는 방추사를 만들지 못하여 분열하지 못한다. 사람은 소화관의 내벽, 적혈구를 생성하는 골수세포 그리고 남성의 세정관 같이 빠르게 분열하는 세포들을 가진 많은 조직이 있다. 로세아빈카(*Vinca rosea*)라고도 부르는 일일초(*Catharanthus roseus*)는 세포분열을 저해하는 빈블라스틴(vinblastine)과 빈크리스틴(vincristine)을 생성한다. 이들 알칼로이드는 암세포의 분열을 멈추는 화학요법에서 이용된다.

독성 알부민(*toxalbumin*). 이들 단백질은 리보솜과 결합하여 전령 RNA로부터 단백질로 번역되지 못하게 한다. 피마자속(*Ricinus*)은 독성 알부민인 리친(ricin)을 만드는데, 이는 가장 독성이 강한 물질의 하나로 알려져 있다. 산호유동(*Jatropha*)은 독성 알부민이 더 높은 농도로 들어 있으며, 씨앗 하나로도 심각한 중독을 일으킬 수 있다.

우루시올(*urushiol*). 모든 사람의 약 절반은 우루시올에 대해 알레르기가 있는데, 우루시올은 옻나무속(*Toxicodendron*)의 종들인 덩굴옻나무, 옻나무, 습지옻나무 등에 들어 있는 기름 같은 물질이다. 이들 식물의 모든 부분이 알레르기 반응을 유발할 수 있다.

이러한 식물들이 자신을 방어하기 **위해** 또는 초식동물이 가까이 오지 못하게 할 **목적으로** 독성 화합물을 갖는 것은 아니라는 점을 명심하자. 독성 식물이나 유해 식물은 독성을 띠지 않는 식물과 비교하여 먹히지 않고 살아남을 가능성이 크고, 따라서 이런 식물들이 보다 많은 씨앗을 만들고 많은 자손을 낳을 가능성이 높은 것뿐이다.

표 2-3 포도당에서 시작하여 식물이 생성하는 화학물질

식물에 들어 있는 모든 화학물질은 포도당을 출발점으로 한다. 식물에서 나는 향이나 만들어지는 꽃꿀들도 포도당으로부터 합성된다. 여기에는 매우 친근한 화학물질들만 열거하였다.

무기질이 들어 있지 않는 화학물질	모든 당
	탄수화물
	지질
	밀랍
	색소
	많은 비타민
질소를 포함하는 화학물질	아미노산
	핵산
	일부 호르몬
	일부 색소
다양한 무기질을 포함하는 화학물질	일부 아미노산은 황을 포함한다.
	엽록소는 마그네슘을 포함한다.
	전자를 운반하는 시토크롬은 철을 함유한다.
	ATP에는 인이 들어 있다.
	펙트산칼슘(calcium pectate)은 각각의 세포를 인접한 세포에 밀착시키는 접착제이다.

식물 정보의 개요

지구에 있는 모든 알려진 생명체의 보편적 특징은 정보를 저장하는 데 DNA(deoxyribonucleic acid)를 이용한다는 점이다. 에너지나 물질의 경우와 마찬가지로 생물은 정보를 받아들이고 이를 저장하며, 정보를 여기저기로 옮기고 변형시켜 사용한 다음, 번식할 때 그들의 자손에게 정보를 전해준다. 어떤 개체이건 정보의 최대 공급원은 그들의 어버이이고, 정세포와 알세포에 들어 있는 DNA로부터 개체의 생명이 시작되는 것이다. 식물에서는 DNA가 각 세포의 핵에 들어 있지만, 그밖에 모든 식물세포에 존재하는 색소체와 미토콘드리아에도 들어 있다. 세포가 정보의 일부를 사용할 필요가 있을 때 전령RNA(ribonucleic acid)를 만들어 필요한 정보를 변형시키고, 그 정보를 세포에서 필요로 하는 부위로 이동시킨다. 전령RNA가 특정한 단백질의 합성을 인도하면서 대부분의 정보는 더욱 변형된다. 종종 미소RNA(microRNA)라고 부르는 작은 조각의 RNA가 세포의 다양한 성분과 결합하면서 유전자의 일부는 활성화시키고 어떤 유전자는 억제하며, 전반적으로 많은 유전자의 활성을 미세 조정한다. 각 종마다 DNA는 독특하다. 예를 들면, 양벚나무(*Prunus avium*)와 복사나무(*Prunus persica*)의 DNA는 거의 동일하지만, 한 종의 몇몇 유전자 정보들이 다른 종의 정보와 크게 달라서, 양벚나무의 버찌는 빨갛고 작고 반짝거리는 데에 반해, 복사나무의 복숭아는 크고 노랗고 솜털이 보송보송하며, 각각은 맛과 향이 서로 다르다.

다른 모든 생물과 똑같이 식물도 환경으로부터 정보를 이용한다. 환경의 정보는 감지할 수 있어야 하고, 필요한 곳으로 이동시킬 수 있어야 하며, 마지막으로 식물은 알맞게 반응해야 한다. 식물이 휴면종자에 불과할 때 종자가 반응할 환경정보는 매우 단순해서, 발아에 필요한 만큼 따뜻하면 된다. 겨울에서 봄으로 바뀌어 온도가 올라가다가 어느 순간에 충분히 따뜻해지면 많은 씨앗은 차츰 활성을 띠고 훨씬 빠르게 호흡하며 발아하면서 반응한다. 그런데 다른 종의 종자는 여전히 휴면 상태를 유지하는데, 그것은 추위 때문이 아니라 건조하기 때문이다. 이런 씨앗은 유식물이 자라기에 충분할 만큼 주변이 습해졌는지 감지할 필요가 있다.

한편 환경은 많은 양의 훨씬 복잡한 정보를 다양한 방식으로 제공한다(**그림 2-24**). 햇빛은 광합성에 필요한 에너지를 공급하는 한편, 올라가고 (빛이 밝은 쪽) 내려가는 (빛이 희미하고 훨씬 어두운 쪽) 방향을 제시한다. 적도 부근을 제외한 지구의 모든 곳에서 햇빛은 계절에 관한 정보를 제공한다. 낮은 겨울에 짧고 여름에 길어진다. 이를 감지하여 식물은 계절을 판단하고 적절한 시기에 꽃을 피우고 열매를 맺거나 가을에 휴면기로 접어들면서 반응한다. 뿌리는 햇빛에 드러나지 않지만, 중력을 감지하여 어느 방향이 아래쪽인지를 인지한다. 깊이 파묻힌 비늘줄기(bulb)도 중력을 감지하여 두 가지 다른 방향으로 반응한다, 뿌리는 중력을 따라 아래로 자라지만, 줄기는 위쪽으로 자란다(**그림 2-25**). 어떤 식물들은 지각 능력이 매우 뛰어나다. 덩굴손은 살짝 닿기만 해도 방향이 구부러지고, 잎은 그 표면에서 곰팡이 포자가 자라는지 감지하며, 어떤 난초는 꽃가루매개동물이 어느 한 꽃에 단지 앉기만 한 것인지 아니면 실제로 꽃가루를 취했는지를 감지한다.

그림 2-24 여기 있는 모든 식물은 환경으로부터 에너지를 얻지만, 풀과 나무를 생각해 보자. 이들 모두 어느 쪽이 위쪽(모든 부분을 잡아당기는 중력의 반대 방향)인지에 관한 정보를 얻는다. 풀밭의 풀들에게는 빛이 가장 밝은 방향이 위쪽이지만, 오른쪽(헛간에 가까운 쪽)에 있는 나무에게는 그들을 가리고 있는 큰 나무로부터 멀어지는 방향이 빛이 가장 밝은 쪽이다. 그러므로 이 경우에 '밝은 쪽'과 '위쪽'은 같은 것이 아니다. 한편 이들 나무는 겨울이 다가오는지를 감지하여 가능할 때 잎을 떨어뜨릴 필요가 있고, 많은 곤충과 균류의 존재도 감지해야 할 것이다.

그림 2-25 비늘줄기들이 차츰 활성을 띠고 생장을 시작할 무렵에는 모든 부분들이 땅속에 깊이 파묻혀서 햇빛을 전혀 감지할 수 없다. 그러나 새로운 뿌리와 새로운 잎들이 중력을 감지하여 뿌리는 아래로 자라고 잎은 위로 자란다.

식물의 많은 부분들에서는 다른 부분의 활성에 영향을 미치는 정보를 만들어낸다. 건강한 잎에서 호르몬이 생성되어 뿌리로 수송되는데, 많은 양의 호르몬은 잎이 활동적이고 물이 필요하다는 점을 나타낸다. 뿌리는 이에 대응하여 생장하고 물과 영양소를 흡수한다. 가을에 잎을 떨어뜨릴 준비를 하면서 잎은 호르몬의 생성을 중단하고, 호르몬의 양이 줄어들면 잎이 더 이상 물을 필요로 하지 않는다는 점을 나타낸다. 뿌리는 생장을 느리게 하고 에너지를 보존한다. 꽃가루받이가 끝난 다음, 발달하는 열매는 그 자신과 그 안에서 발생하는 종자를 위해 영양소가 필요하다는 신호를 보낸다. 식물체의 부분들 간에서 일어나는 신호전달은 식물을 통합적으로 유지하고 모든 부분들이 조화를 이루며 발생하는 데 필수적이다. 서로 멀리 떨어져 있는 큰 나무의 수많은 잎들과 꽃들과 가지들과 뿌리들끼리 관여한다고 생각해 보면 놀라운 일이 아닐 수 없다.

식물 다양성과 진화의 개요

지구에 있는 많은 식물의 모든 종들은 무작위로 관련된 특징들을 묶은 잡동사니가 아니다. 식물에는 이끼류, 고사리류, 구과식물과 속씨식물처럼 식별할 수 있는 몇 개의 큰 집단이 있다. 각 무리 내에서는 다른 무리에서 볼 수 없는 어떤 특징을 찾을 수 있다. 예를 들어, 이끼류는 물관부나 체관부를 전혀 갖지 않고, 종자도 결코 갖지 않는다. 두 번째 예로 고사리류는 항상 관다발조직을 갖지만 종자를 전혀 만들지 않는다. **표 2-4**에 있는 집단들의 몇몇 측면이 아주 정확하지는 않지만, 표에 제시된 집단과 용어들은 100년 이상 사용되어 온 것들이고, 지금도 여전히 정원용 꽃이나 길가에 핀 꽃에 관한 책들에서 쉽게 접할 수 있다. 지금부터 이들의 개요를 정리하려 한다. 중요한 용어들의 정의는 **표 2-5**에 제시하였다.

이끼류(선류, mosses), 우산이끼류(태류, liverworts) 그리고 뿔이끼류(각태류, hornworts)는 종종 무리를 짓고, 이들을 선태식물(bryophytes)이라고 한다(**그림 2-26~2-29**). 이들은 관다발조직과 종자가 없을 뿐만 아니라 세 가지 무리의 식물들이 모두 반수체(haploid)이기 때문에 선태식물은 서로 비슷하다. 이끼류와 우산이끼류 및 뿔이끼류는 두 벌이 아닌 오직 한 벌의 염색체들로만 살기 때문에 식물 중에서 독특하다. 이들의 몸은 매우 단순하고, 식물의 조상인 조류들보다 그다지 복잡하지 않다.

식물의 다른 무리는 모두 관다발조직을 갖고 2배체(diploid)이다. 많은 관다발식물이 종자를 형성하지 못한다는 점에서 선태식물과 비슷하고, 이들은 포자를 이용하여 번식하며, 그런 점에서 이들 식물을 보통 포자식물(spore-bearing plants)이라고 부른다. 이러한 식물은 흔히 고사리류와 '고사리 동류(fern allies)'를 가리킨다(**그림 2-30~2-32**).

식물에 관한 오랜 사고방식은 고사리류와 '고사리 동류'가 관다발조직을 가졌으므로 이들이 선태식물보다 진화하였다는 것인데, 현재의 사고방식은 선태식물의 진화가 '정체된(stagnated)' 반면에 다른 관다발식물들은 진화를 거듭하여 관다발조직뿐만 아

표 2-4 생물의 주요 단계통군의 개요
고세균역(Archaea)
세균역(Bacteria)
진핵생물역(Eukarya)
동물(Animals)
균류(Fungi)
광합성 진핵생물(photosynthetic eukaryotes)
조류(algae): 홍조류, 갈조류, 녹조류 및 기타 조류
식물(plants): 진정식물, 육상식물 또는 유배식물(embryophytes)이라고도 함
관다발조직이 없는 식물: 이끼류, 우산이끼류, 뿔이끼류
관다발조직을 갖는 식물: 관다발식물
종자가 없는 식물: 광합성 은화식물
석송식물(lycophytes): 고사리 동류(fern allies)라고도 함
고사리류
종자를 갖는 식물: 종자식물(spermatophytes)
소철류
은행
마황식물(gnetophytes)
구과식물
속씨식물
기초속씨식물(basal angiosperms)
외떡잎식물(monocots)
진정쌍떡잎식물(eudicots)

표 2-5 식물 집단에 사용하는 용어들

몇몇 비공식 용어들이 다양한 식물 집단을 대상으로 사용된다. 식물에 관한 책이나 글에서 이들 용어의 대부분을 쉽게 접할 수 있다.	
엽상식물과 경엽식물	**엽상체(thallus**: 복수형 **thalli**)는 뿌리와 줄기 및 잎으로 구성되지 않는 몸이고, 전형적인 식물의 조직을 갖지 않는다. 식물 가운데 유일한 **엽상식물(thallophytes)**은 뿔이끼류와 '엽상체형(thalloid)'인 우산이끼류이다(우산이끼류는 줄기와 잎이 없다). 많은 조류들이 단세포이지만, 다세포로 된 몸을 가진 조류의 몸은 엽상체라고 부른다. 이를테면 대형갈조(kelp)의 몸은 엽상체이다. 균류[버섯, 말징버섯(puffball), 선반버섯(bracket)]와 지의류의 몸도 엽상체라고 부른다. 이 용어는 동물에서는 전혀 사용하지 않는다. 엽상식물이 아닌 모든 식물은 **경엽식물(cormophytes)**이다. 경엽식물은 몸이 최소한의 줄기로 구성된 식물이다(최초의 식물은 잎과 뿌리가 없었다). 사실상 모든 식물이 경엽식물이므로 '경엽식물'이라는 용어는 좀처럼 사용하지 않고, 그냥 '식물(plant)'이라고 부른다. 경엽식물의 몸은 그저 '몸(body)'이고 '둥근줄기(corm)'가 아니다. '둥근줄기'는 글라디올러스(*Gladiolus*)처럼 종이 같은 잎이 달린 변형된 지하의 수직줄기를 가리킨다. 많은 조류가 단세포(unicellular)인데, 이는 조류의 몸이 오직 하나의 세포로만 되었음을 의미한다. 단세포로 된 식물은 전혀 없고, 모든 식물은 예외 없이 다세포성(multicellular) 몸을 갖는다.
비관다발식물과 관다발식물	관다발조직이 없는 식물은 **비관다발식물(nonvascular plants)**이다. 이끼류와 우산이끼류 및 뿔이끼류만이 비관다발식물이다. 그 밖의 모든 식물은 관다발조직을 갖고 있으며, **관다발식물(vascular plants** 또는 **tracheophytes)**이라고 부른다.
포자식물과 종자식물	여기서 우리는 조심할 필요가 있는데, 왜냐하면 유명한 책이나 많은 생물학 책에서 포자식물을 잘못 소개하고 있기 때문이다. 모든 식물은 예외 없이 포자(spore)를 형성한다. '**포자식물(spore-bearing plants)**'이라는 용어는 일반적으로 종자를 만들지 않는 식물을 가리키며, 이끼류, 우산이끼류, 뿔이끼류, 석송식물 그리고 고사리류가 포함된다. 다른 모든 식물은 포자와 함께 종자도 만든다. 포자식물을 흔히 부르는 용어는 **은화식물(cryptogam)**이다. 렌즈가 발명되기 전에는 포자를 볼 수 없었기 때문에 식물학자들은 고사리류와 그 밖의 식물들이 '숨은 종자(hidden seeds)'를 가졌다고 생각하였다[crypto = 숨은; gam = 씨앗]. 고사리류와 석송식물은 관다발조직이 있지만 종자는 없으므로, 이들은 **관다발은화식물(vascular cryptogams)**이다. 반면에 이끼류, 우산이끼류 그리고 뿔이끼류는 **비관다발은화식물(nonvascular cryptogams)**이다. 모든 식물이 포자를 생산하지만 종자식물만이 종자를 만들고, 종자식물에 대한 전문용어는 '**spermatophytes**'이다. 모든 종자식물은 예외 없이 관다발식물이므로 '관다발종자식물(vascular seed plants 또는 vascular spermatophytes)'이라고 부를 필요는 없다.
구과가 달리는 종자식물인 겉씨식물과 꽃을 피우는 식물인 속씨식물	불과 몇 년 전만 하더라도 꽃을 피우지 않는 모든 종자식물을 '겉씨식물(나자식물, gymnosperms)'로 분류하였고, 소철, 종종 마황식물(gnetophytes)*이라고 부르는 매마등목(Gnetales), 은행 그리고 구과식물이 여기에 포함되었다. 그러나 새로운 증거에 의하면 속씨식물이 이들과 같은 조상을 가졌고[즉, 이들 모두는 공통조상(common ancestor)을 공유하고 있고], 따라서 모든 종자식물을 함께 묶거나 아니면 개개의 무리를 분리해야 한다. 어떤 무리('겉씨식물')는 포함시키고 다른 무리(속씨식물)를 빼면 맞지 않는다. 현재는 일반적 용어인 '종자식물'로 이들 모두를 나타내거나 아니면 작은 무리들을 각각 따로 부르기도 한다. '겉씨식물'이라는 용어는 사용하지 말아야 함에도 불구하고, 최근의 도서나 논문에서 아직도 그 용어를 쉽게 접할 수 있다. '속씨식물(피자식물, angiosperm)'이라는 용어는 예전의 분류체계에서 꽃식물에 사용된 공식용어인 '속씨식물문(Angiospermae; 현재의 분류체계에서는 Magnoliophyta 또는 Angiospermophyta로 처리)'에서 유래되었다. 많은 저자들이 심지어는 전문 학술지에서조차 '속씨식물' 대신에 '꽃식물(flowering plants)'이라는 용어를 사용한다.
기초속씨식물, 외떡잎식물 및 진정쌍떡잎식물	본문에 설명하였듯이, 최근까지 모든 속씨식물을 외떡잎식물(단자엽식물, monocots; 'monocotyledons'는 오래된 긴 명칭) 또는 쌍떡잎식물(쌍자엽식물, dicots; 오랜 명칭은 'dicotyledons') 중 하나로 분류하였다. 그렇지만 지금은 예전에 쌍떡잎식물로 분류하였던 종들의 일부가 속씨식물의 역사에서 아주 초기에 진화적으로 뚜렷이 구별되었다는 사실을 알게 되었다. 따라서 오늘날에는 이들을 기초속씨식물(basal angiosperms)로 분류하는데, 그 예로는 지금까지 알려진 모든 꽃식물 가운데 가장 기저가 되는 암보렐라 트리코포다(*Amborella trichopoda*), 수련, 목련속(*Magnolia*)과 그 친척들 그리고 그 밖의 몇 종이 있다(그림 23-9 참조). '쌍떡잎식물'이라는 오랜 용어는 사용하지 말아야 하고, 새로운 용어인 진정쌍떡잎식물(eudicot)은 "모든 쌍떡잎식물에서 기초속씨식물을 제외한 식물"을 가리킨다. 대부분의 기초속씨식물은 진정쌍떡잎식물과 아주 많이 닮았는데, 이들은 잎이 비슷하고(외떡잎식물처럼 긴 끈 같이 생긴 잎이 아니라, 넓고 잎자루를 가짐), 줄기의 관다발조직 배열과 그 밖의 많은 특징이 서로 비슷하다. 따라서 아직도 많은 사람들이 "기초속씨식물과 진정쌍떡잎식물의 잎"이라고 부르지 않고 "쌍떡잎식물의 잎"이라고 부르고 있다.
하등식물과 고등식물	이들 용어는 전적으로 비전문 용어들이고 명확한 정의도 없다. 모든 사람들이 종자식물은 '고등식물(higher plants)'이고 은화식물은 '하등식물(lower plants)'이라고 간주할 수 있지만, 이들 용어를 사용할 때 저자가 무슨 뜻으로 말했는지 정확히 알기 어렵다. 이들 용어는 더 이상 사용하지 않는 진화등급(grade)을 지정하는 것이고, 앞으로는 이 두 용어를 사용하지 말아야 한다.

* 분류의 공식 명칭은 대문자로 시작하였지만 비공식 명칭은 대문자로 시작하지 않았다. 일부 집단의 비공식적 명칭은 다음과 같다: 속씨식물(angiosperms), 구과식물(conifers), 마황식물(gnetophytes) 및 이끼류(mosses). 이들의 공식 명칭은 각각 다음과 같다: 속씨식물문(Angiospermophyta), 구과식물문(Coniferophyta), 매마등목(Gnetales)[어떤 사람들은 마황문(Gnetophyta)을 사용함], 선강(Musci: 이끼류의 오랜 명칭) 또는 선태식물문(Bryophyta: 이끼류의 새로운 이름).

니라 종자를 만들게 되었다는 것이다. 보다 진화된 종자식물은 두 집단으로 갈라져서, 한 무리는 씨앗이 드러나 있고[**겉씨식물(gymnosperms)**], 다른 무리는 '(옷을) 입은 씨앗'을 갖고 있다[종종 꽃식물이라고 부르는 **속씨식물(angiosperms)**]. 여기서, '(옷을) 입은 씨앗(clothed seeds)'이란 구과(cone)에서 만들어지는 나출된(naked) 씨와 달리 열매 안에서 형성되는 씨앗을 가리킨다. '나출'이라는 용어는 소나무의 구과인 솔방울이 충분히 익었을 시점을 말하는 것이며, 이때에는 솔방울의 안을 들여다볼 수 있을 만

그림 2-26 미국 시애틀에 있는 올림픽 국립공원의 개울에서 바위를 덮고 있는 이끼류. 이끼류는 물관부나 체관부가 없어서 물을 잘 나르지 못하고, 보통 아주 작은 식물이다. 흔히 이끼류를 축축한 곳과 결부시키지만, 많은 이끼류가 사막에 적응하여 비가 내리거나 안개가 끼거나 또는 이슬이 맺히는 며칠을 제외하고는 불활성 상태에 있다.

그림 2-27 잎이 달린 이 식물은 우산이끼 바짜니아 트리로바타(*Bazzania trilobata*)이다. 이끼류에서와 마찬가지로 잎을 가진 우산이끼류의 몸은 줄기와 잎으로 구성되지만, 뿌리나 물관부 또는 체관부는 전혀 없다. 잎이 달린 우산이끼류와 이끼류를 구별하려면 확대경이나 돋보기가 필요하다.

그림 2-28 비교적 흔하게 볼 수 있는 이 엽상체형(thalloid) 우산이끼[뱀이끼(*Conocephalum conicum*)]는 알아채기 쉽다. 몸에는 잎이나 줄기의 그 어떤 기미도 없고, 폭이 약 1 cm로 납작하며, 가끔 2개의 생장점으로 나뉜다. 이 우산이끼의 상부 표면에는 파충류의 피부와 비슷하게 독특한 다이아몬드 같은 무늬가 나타난다.

그림 2-29 이 마당뿔이끼(*Phaeoceros laevis*) 같은 뿔이끼류는 광범위하게 분포하지만, 얼마 동안 비가 내릴 때에만 자란다. 뿔이끼류는 그늘이 드리워진 곳에서 자라고, 때때로 발가벗은 땅 그리고 가끔 풀 속에 섞여 자란다. 1 cm 가량 길게 튀어나온 원통이 '뿔(horn)'인데, 이 뿔은 실제로 식물의 2배체 부분인 포자체이다. 이 뿔은 생활주기에서 수목, 관목, 덤불 또는 기타 친숙한 식물들과 같은 시기에 해당한다. 땅과 접촉한 작고 납작한 부분의 조직은 식물의 반수체 시기인 배우자체이다. 이 배우자체는 이끼류와 잎이 달린 우산이끼류 그리고 엽상체형 우산이끼류와 비슷한 부분이다. 식물의 생활주기는 동물의 생활주기보다 훨씬 복잡하지만 대단히 흥미롭다.

큼 비늘이 벌어져서 개개의 나출된 밑씨(배주, ovule)를 볼 수 있다. 속씨식물의 심피는 항상 밀폐된 상태이기 때문에 어린 열매를 잘라서 열지 않는 한 밑씨를 결코 볼 수 없다. 우리들로 하여금 속씨식물이 보다 진화되었다고 생각하게 만드는 겉씨식물과 속씨식물의 차이점이 또 있다. 속씨식물은 보다 복잡한 목부와 잎뿐만 아니라 광합성을 증진시키는 몇 가지 변형이 있다. 한편 속씨식물은 동물과 협력하여 꽃가루받이를 하고 씨앗을 퍼뜨린다. 반면에 침엽수는 꽃가루받이를 동물에게 결코 의지하지 않으며, 단지 몇 종만이 종자의 분산에 동물과 협력할 따름이다.

식물의 진화를 반영하는 것처럼 보이게 여러 다른 집단을 직선 모양의 순서로 배열할 수 있다. 최초의 진정한 식물은 간단한 조직과 기관을 갖지만 다른 것은 거의 없어서 조류에 비해 다소 진화하였다. 이는 아마도 이끼류 수준의 진화일 것이다. 다른 식물은 관다발조직을 갖는 단계로 진화하였고, 또 다른 식물은 진화를 거듭하여 종자를 갖는 단계가 되었다. 그 다음에 한 집단이 다른 모든 집단보다 훨씬 진화하여 꽃과 열매를 갖는 단계에 이르렀다. 어떤 사람들은 속씨식물을 식물 진화의 '절정(pinnacle)'이라고 말한다. 이 방법에서는 진화된 집단의 단계가 강조되어 있다. 단계 또는 수준에 대한 전문 용어는 **진화등급(grade)**인데, 비관다발식물이 가장 낮은 진화등급이 되고 속씨식물이 가장 높은 진화등급이 되도록 식물들을 진화등급으로 분류한다. 이와 같은 진화등급의 개념에서 또 한 번 '하등식물'과 '고등식물'의 문제에 맞닥뜨리게 된다. 정확성에 대해 크게 우려하지 않는다면 이렇게 진화등급이라는 그룹으로 나누는 방식이 아주 편리하지만, 지금은 식물을 그룹으로 나누는 새로운 방식이 있다. 이는 공통조상에서 진화한 모든 종들로 구성되는 집단에 근거를 두는 방식이며, 그런 그룹을 **단계통군(clade)**이라고 한다.

(A)

(B)

그림 2-30 (A) 이 부활초(*Selaginella lepidophylla*)는 그 흥미로운 생명현상 때문에 '고사리 동류(fern allies)'의 본보기가 된다. 이 식물은 부활하는 식물이다. 이 식물은 물관부와 체관부를 갖는 2배체의 관다발식물이고, 오랜 기간 비가 안 내리는 혹독한 사막에서 자란다. 가을비가 내린 다음에 찍은 이 사진에서 식물체는 물을 머금고 건강하며 활성을 띤다. 그림 2-30B와 비교해 보자. **(B)** 이 또한 부활초인데, 오랜 건기 후의 모습이다. 식물체는 동그랗게 말려서 건조한 공기와 자외선에 노출되는 표면의 양을 최소화한다. 비록 죽은 것처럼 보이지만 이 식물은 살아 있을 뿐만 아니라 아주 건강하며, 살아 있는 건조한 씨앗과 어느 정도 비슷한 휴면 상태일 따름이다. 비가 내리면 이 식물은 몸이 풀려서 그림 2-30A의 식물처럼 된다. 동그랗게 말려 있는 몸을 억지로 풀면 안쪽에서 밝은 녹색 부분을 볼 수 있다.

다행스럽게도 단계통군에 의해 식물을 그룹으로 나누면 진화 등급에 따라 식물을 나눈 결과와 거의 같은 결과를 얻는다(**그림 2-33**). 여기서 약간의 오래된 용어를 버릴 필요가 있다. 예를 들면, '겉씨식물(gymnosperm)'이라는 용어는 더 이상 사용하지 않는다. 물론 확신할 수는 없지만, 우리는 종자가 단 한 번만 진화하지 않았을까 생각한다. 만일 그렇다면 오늘날 살아 있는 모든 종자식물은 종자를 가진 처음의 식물로부터 생겨난 것이고, 우리는 이를 모든 종자식물의 **공통조상(common ancestor)**이라고 부른다. 그 후손의 일부가 소철로 진화하고, 다른 일부는 은행이 되었으며, 또 다른 후손이 구과식물로, 그리고 다른 일부가 속씨식물로 진화하였다. 여기에 두 가지 중요한 점이 있다. 첫 번째는 **단계통군이 조상과 그 모든 자손들로 구성된다**는 점이고, 따라서 '종자식물'은 단계통군이므로 받아들여진다. 그러나 '겉씨식물'이라는 용어는 모든 종자식물에서 속씨식물을 제외한 것인데, 여기에는 종자식물의 공통조상과 함께 모든 자손이 아닌 일부 후손들이 포함된다. 따라서 '겉씨식물'은 단계통군이 아니다. 만일 정확성에 마음을 쓴다면 '겉씨식물'이라는 용어는 사용하지 않는 것이 바람직하다.

두 번째로 중요한 점은 **살아 있는 생물의 단계통군들의 조상은 모두 과거에 살았다**는 것이고, 속씨식물이건 구과식물이건 또는 종자식물이건 간에 단계통군의 조상은 아주 먼 옛날에 살았다. 결과적으로 과연 고대의 멸종된 어떤 집단이 오늘날 출현하는 단계통군들의 공통조상이었는지를 전적으로 확신할 수 없고, 대신에 현존하는 생물을 연구해서 공통조상이 지녔던 특징을 추론하도록

그림 2-31 텔마테이아쇠뜨기(*Equisetum telmateia*)의 이 식물체는 2배체의 관다발식물이고, 지금은 고사리류의 일부로 여긴다. 이들 식물은 고대 집단의 후손인데, 오늘날과 비슷한 식물의 화석이 1억 5천만 년 전으로 거슬러 올라가는 바위에서 관찰된다. 쇠뜨기 또는 속새는 영어로 'horsetail' 또는 'scouring rush'라 부르며, 세포벽에 있는 규산질 때문에 표면이 매우 거칠다는 특징을 보인다. 쇠뜨기는 개울을 따라 그리고 습한 지역의 철로를 따라 거의 모든 곳에서 발견된다.

그림 2-32 고사리류의 하나인 무니툼히초미(*Polystichum munitum*)의 단일 식물체. 이 식물은 많은 잎을 지탱하는 짧은 수직 줄기가 있고, 지하에는 많은 수염뿌리들이 있다. 고사리류는 2배체이고 물관부와 체관부를 갖는데, 이들의 포자는 자라서 뿔이끼류의 맨 아래 부분(그림 2-29)과 비슷한 아주 작은 반수체 식물이 된다. 이 사진에 보이는 큰 고사리는 뿔이끼류의 뿔과 맞먹는다(모두 포자체이다). 미국 태평양 연안의 비가 많이 오는 지역에는 이 고사리가 매우 풍부하여 초원과 흡사하다. 초본이 진화하기 훨씬 이전에는 대부분의 '초지(grassland)'가 실제로 거대한 고사리밭이었다. 초지가 형성되기 훨씬 이전에는 고사리류와 공룡이 동시에 풍부해서 초식공룡이 고사리류와 고사리 동류를 먹었다.

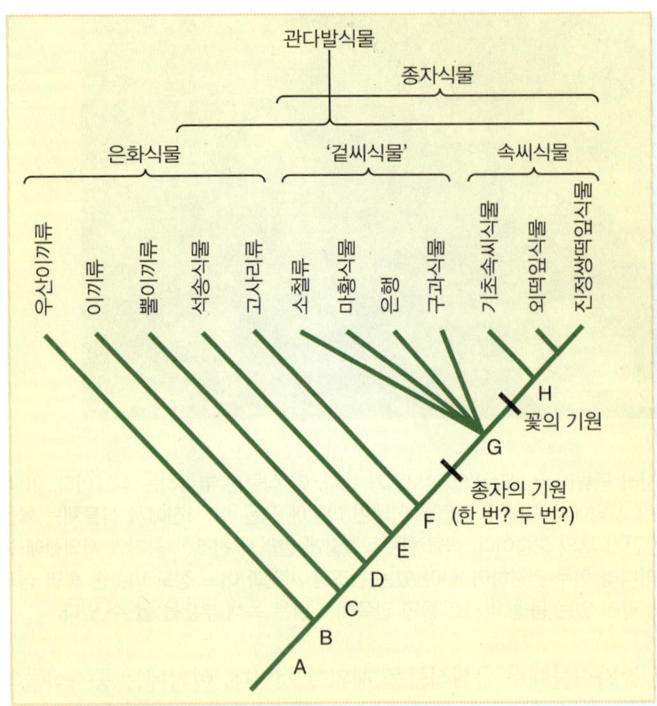

그림 2-33 이 분기도(cladogram)는 오늘날의 식물이 서로 어떤 연관이 있는지에 관한 가설을 나타낸다. 맨 아래(A)는 조류와 많이 다르지 않은 고대의 식물이다. 많은 시간이 지나고, B에서 일부 식물이 우산이끼류로 진화한 반면, 나머지 식물들은 진화를 거듭하면서 다른 특징들이 나타났다. C에서 일부 식물이 이끼류 등등으로 진화하기 시작하였다. D와 E 사이의 어떤 시점에 식물의 주된 무리에서 관다발조직이 나타났고, 이들 초기 관다발식물의 모든 후손들은 지금까지도 관다발조직을 갖고 있다. 이는 고사리류의 물관부가 꽃식물의 물관부와 비슷한 것이 우연이 아니라 이들 모두 같은 고대의 물관부에서 진화하였음을 의미한다(정말로 주의할 점: 고사리류에서 물관부의 발생을 조절하는 유전자와 꽃식물에서 물관부의 발생을 조절하는 유전자는 서로 비슷한데, 그 이유는 오늘날의 양쪽 유전자 세트가 조상식물이 지녔던 유전자와 같은 세트에서 진화하였기 때문이다). 선들은 소철, 마황식물, 은행 그리고 구과식물의 조상이 모두 동일한 지점(G)에서 출발하였음을 나타낸다. 이는 어떤 식물이 가장 일찍 분기하였는지를 우리가 아직 모르고 있다는 사실과 어느 집단이 다른 어떤 집단과 가장 밀접한 연관이 있는지도 알지 못한다는 사실을 의미한다. 속씨식물의 조상들은 조금 뒤에 분기하였지만(H), 어쩌면 이게 부정확할 수 있고, 소철 등의 무리가 갈라진 같은 지점인 G에서부터 선을 그려야 할지도 모른다.

시도해야 한다. 속씨식물을 예로 들어본다면, 현재와 화석의 속씨식물은 모두 관다발조직을 가졌고, 이들은 꽃을 피우고 씨앗을 만들었으며, 솔방울과 비슷한 어떤 구조도 형성하지 않고, 선태식물처럼 반수체도 아니다. 이를 바탕으로 우리는 모든 꽃식물의 공통조상이 2배체의 관다발종자식물이고 꽃을 만들지만 구과는 만들지 않았다고 추론한다. 오늘날에는 생물의 유전자에 있는 뉴클레오티드의 순서를 분석할 수 있고("유전자 염기순서를 결정한다"라고 말한다), 많은 종을 대상으로 그들이 지닌 모든 유전자인 유전체(genome)의 서열을 결정하고 있다. 이를 통해 우리들의 이론과 모형을 구축하고 검증하는 데 필요한 새로운 정보들이 풍부하게 제공되고 있다.

진화등급이라는 오랜 개념에 따르면 소철과 은행 그리고 구과식물이 속씨식물보다 훨씬 더디게 진화하였고, 시간만 충분했다면 이들 식물도 결국에는 꽃을 갖는 단계에 도달하였을 것이라고 추정한다. 이와 유사하게, 미래에 언젠가는 고사리류도 종자를 갖는 단계에 이르게 될 것이라고 상정한다. 이는 학교에서 어느 학년에서 다음 학년으로 올라가는 것과 비슷하다. 누구나 1학년부터 시작하여 모두 졸업을 향해 올라가는데, 누구는 다른 학생들보다 빠르게 올라가지만, 다른 누군가는 도중에 완전히 그만 둔다. 바로 이것이 식물을 진화등급으로 구분하는 두 번째 문제점이다. 이 개념은 모든 식물이 같은 목표를 가지고 있다고 추정하는데, 식물이 환경에 적응할 수 있는 최적의 방안은 관다발조직과 씨와 꽃을 갖는 것이라는 것이다. 그러나 우리는 더 이상 이를 믿지 않는다.

생물이 그들의 환경에 적응하는 데에는 여러 가지 방법이 있다고 우리는 알고 있다. "대안은 무엇인가?" 그리고 "결과는 무엇인가?"라는 질문도 이를 반영하는 것이다. 이끼류와 속씨식물을 생각해 보면, 이 두 집단은 오랜 진화등급의 체계에서 양쪽 끝에 있다. 이끼류는 아주 작고 간단하지만 대부분의 속씨식물은 크고 복잡하다. 그렇지만 이끼류는 그들의 환경에 매우 잘 적응한다. 빛이 약한 곳이나 벽돌담이나 맨돌에서도 자라고, 약간의 포자를 만들 정도로 햇빛과 물과 무기질 영양소만 있으면 번식할 수 있다. 이끼류 단계통군에서는 자연선택에 의한 진화가 작고 간단한 식물이 생존하기에 좋다는 해답을 찾았을 것이다. 이끼류가 관다발조직과 씨와 그 밖의 특성을 지닌다고 해서 그런 특징들이 없는 이끼류보다 훨씬 잘 적응하지 않았을 것이다. 바로 이것이 저자가 여러 차례 강조할 중요한 점이다. 즉, 생물은 적응하는 데 많은 다양한 방법이 있고, 번창하는 데도 여러 가지 방법이 있다. 그 어떤 생물이라 할지라도 최적이 될 어느 단일한 구조나 생리는 없다. 진화의 절정에 있는 생물은 어느 것도 없다.

식물학자들은 어떤 식물들이 밀접한 관계를 갖고 있는지, 그리고 어떤 단계통군이 타당한지를 알아내기 위해 일층 노력하고 있다. 다음의 내용들은 이 책으로 계속 공부할 때 반드시 알아야 할 내용들이다. **식물(plants)**은 단계통군이다. 진정한 식물은 녹조류에서 단 한 차례 기원하였다. 조류와 구별하기 위한 식물의 전문용어는 **유배식물(embryophyte)**이지만, 이 용어는 전문적인 분야에서만 사용된다. 이끼류와 우산이끼류 그리고 뿔이끼류가 완전히 별개의 기원을 갖는지는 의심스럽고, 아마도 이들은 다른 모든 식물을 만든 같은 조상으로부터 진화하지 않았을 것이다. 그렇지만 선태식물의 유전자에 있는 뉴클레오티드의 순서는 다른 모든 식물의 순서와 비슷해서 우리는 선태식물도 진정한 식물이라고 확신한다. '관다발은화식물(vascular cryptogams)'과 '고사리 동류(fern allies)'의 용어들은 유용하지만 정확하지 않다. 초기의 2배체 식물은 두 단계통군으로 갈라졌는데, 이들 모두 관다발조직을 갖지만 종자는 없었다. 그 가운데 하나인 **석송류 단계통군(lycophyte clade)**은 초기에 매우 성공적이었고, 많은 복잡한 특징을 갖는 커다란 나무가 되게끔 진화하였지만 거의 모두 멸종하였다. 오늘날 남아 있는 후손은 석송속(*Lycopodium*), 부처손속(*Selaginella*) 그리고 그 밖의 몇 속에 불과하다. 이들을 야생화 책에서는 '고사리 동류'라고 부른다(그림 2-30 참조). 두 번째 단계통군은 처음에 다소 느리게 진화하였고, 수백만 년 동안 엄청나게 자라는 석송류 단계통군 구성원들의 그늘에 가려 빛을 보지 못하였었다. 비록 초기의 많은 구성원들은 사라졌지만, 이 단계통군으로부터 모든 고사리류와 종자식물이 생겨났다. 오늘날 가장 널리 사용되는 용어는 **진성엽류 단계통군(euphyllophyte clade)**이다. **고사리류(ferns)**는 진성엽류 단계통군의 아단계통군(subclade)을 형성하고, 종자가 없음에도 불구하고 매우 성공적이었다(그림 2-31과 2-32 참조). 고사리류는 그늘이 드리워진 축축한 숲뿐만 아니라 덥고 메마른 사막에 이르기까지 모든 종류의 서식지에서 산다. 고사리류는 결코 목부를 만들지 않아서, 나무고사리류(tree ferns)라고 부르는 아주 큰 고사리류조차도 모두 초본이다. 어떤 고사리류는 개미들과 상리공생하는 복잡한 관계를 형성하며 진화하였다.

고사리류는 진성엽류 단계통군 내에서 명확한 아단계통군을 형성하지만, 나머지 관다발식물들을 어떻게 분류해야 하는지 아직 확실하지 않다. 많은 종류들이 잎이나 목재나 생식기관의 단편적인 화석으로만 발견되었을 뿐이고, 모든 부분이 서로 달려 있는 채로 전체 식물체가 화석으로 발견된 적은 이제껏 거의 없었다. 씨앗이 달린 고사리 잎과 비슷한 아주 흥미로운 화석들이 발견되어, '종자고사리류(seed ferns)'라는 이름이 붙여졌다. 그러나 씨를 가진 고사리는 오늘날 출현하지 않고, 살아 있는 그 어떤 고사리도 씨와 비슷한 구석을 전혀 찾아볼 수 없다. '종자고사리'라는 명칭은 잘못된 선택이라고 믿고 있음에도 불구하고, 이 용어는 지금 널리 쓰이고 있다. 종자고사리류의 많은 화석들이 너무나도 불완전해서 과연 초기의 종자식물이 한 집단이었는지 아니면 여러 무리였는지 알 수 없다. 만일 종자고사리가 한 집단이었다면 아마도 종자는 단 한 번만 진화하였을 것이다. 만일 그렇다면 모든 종자식물은 단일한 단계통군인 **종자식물(seed plants**; 보다 전문적으로는 **spermatophytes)**을 형성하게 된다. 그러나 만일 종자가 두 번 또는 세 번 진화하였다면 '종자식물'은 단계통군이 아니며, 모두는 같은 공통조상에서 생겨난 매우 밀접한 관계를 가진 무리가 아닌 것이다. 만일 종자가 여러 차례 진화하였다면 '종자식물'은 단계통군이 아닌 진화등급의 명칭이 될 것이므로 비공식적으로만 사용될 수 있을 것이다.

종자고사리류 이후에 또 다른 멸종된 종자식물이 살았다. 많은 점에서 종자고사리류로부터 오늘날의 종자식물이 진화하는 중간 단계처럼 보이지만, 아직도 상황이 불명확하다. 현재 잠정적으로 모든 종자식물이 밀접한 관계를 가진다고 많은 사람들이 조심스럽게 접근하고 있다. 많은 사람들은 종자식물이 단 한 차례 진화한 다음 여러 주된 무리들로 분기되었고, 이들의 대부분이 오늘날까지 살아 있다고 추정하고 있다. 이 책에서도 따르고 있는 이 이론에 의하면 초기의 종자식물에서 소철류, 마황식물, 은행, 구과식물 그리고 속씨식물의 단계통군들이 생겨났다.

최근까지도 속씨식물 단계통군의 모든 구성원은 외떡잎식물(monocots)이거나 쌍떡잎식물(dicots)인 것으로 여겨졌다(**그림 2-34**). 최초의 꽃식물들이 기원되고 나서 바로 2개의 명확하게 구

(A)

(B)

(C)

그림 2-34 **(A)** 이 몬타눔얼레지(*Erythronium montanum*)는 많고 다양한 외떡잎식물의 일종이다. 많은 외떡잎식물이 크고 현란한 색깔의 꽃을 갖는데, 풀(벼과 초본)과 사초의 꽃들은 작다. 대부분의 외떡잎식물은 잎에 나란히 맥계를 갖고, 잎이 져도 땅속의 비늘줄기나 뿌리줄기는 오래 지속된다. **(B)** 학명이 유카 브레비폴리아(*Yucca brevifolia*; 단엽유카)인 이 조슈아트리(Joshua tree)도 외떡잎식물의 일종이다. 많은 사람들이 외떡잎식물은 백합, 붓꽃, 크로커스 등과 같이 작고 연약한 식물이라고 생각하지만, 조슈아트리 같은 많은 식물들이 아주 크고 강인하며, 그 밖의 강한 외떡잎식물으로 야자나무, 용설란, 유카, 대나무, 그리고 많은 파인애플과 식물 등이 있다. **(C)** 이 루핀(*Lupinus latifolius*)은 엄청나게 다양한 진정쌍떡잎식물의 일종이다. 매일 보는 식물 가운데 분명히 외떡잎식물이나 침엽수 또는 고사리류가 아니면 나머지 식물들은 아마도 진정쌍떡잎식물일 것이다. 진정쌍떡잎식물은 수목, 떨기나무, 초본, 기생식물과 다육식물일 수 있으며, 이 뿐만 아니라 다른 많은 유형의 식물도 있다.

박스 2-4 노아의 홍수와 집단생물학

구약성서 창세기에 나오는 노아(Noah)의 홍수에 관한 이야기는 집단생물학(개체군생물학, population biology)과 생물지리학(biogeography) 그리고 진화의 학문들이 발전하는 데 강한 자극이 되었다. 성서를 연구하는 다양한 학자들은 구약성서의 글들과 유대교의 율법 그리고 고고학적 근거를 연구하여 예수의 탄생(서기 1년)과 솔로몬 성전의 건설(기원전 832년) 같은 연대를 정하려고 노력하고 있다. 비록 고고학적 증거는 없지만 성서를 연구하는 여러 학자들은 노아의 홍수가 기원전 2348년에 일어났다고 결론을 내렸다. 노아의 홍수는 초기 과학자들에게 특별한 관심거리였는데, 성서에 따르면 그 시점에 노아의 방주에 있던 생물을 제외하고는 지구상의 모든 생명이 하나님에 의해 파괴되었기 때문이다. 과학자들은 "노아의 홍수 이후에 완전히 황폐해진 지구에서 다시 번성할 만큼 식물과 동물이 빠르게 번식할까?"라는 질문을 구상하였다. 예를 들어, 서기 1700년에 이 질문을 제기한 과학자는 2,348 + 1,700 = 4,048년에 걸쳐 모든 생물이 땅에서 생육하고 다시 번성하였다고 추정할 수 있었다.

먼저 과학자들이 의존하는 성서의 구절을 고찰해 보자. 창세기 7장 2-3절에는 하나님이 노아에게 모든 '정결한 짐승(clean animal)'은 암수 일곱씩 데려오고(제물로 사용할 동물들; 창세기 8:20), 모든 '부정한 짐승(unclean animal)'은 암수 둘씩만을 데려오고(제물로 사용할 수 없는 동물들), 공중의 모든 새도 암수 일곱씩을 데려오라고 이르셨다. 창세기 7장 20절에는 물이 불어서 천하의 높은 산이 다 잠겼다고 했는데, 이는 동물들이 피난처로 사용하거나 살아남을 수 있는 마른 땅이 그 어디에도 없었음을 의미한다. 비는 사십 주야에 걸쳐 내렸지만, 성서에 의하면 비가 그친 다음에도 아주 오랫동안 물이 빠지지 않았다. 창세기 8장 4-5절에 따르면 물이 땅에서 물러가고 일곱째 달에 방주가 아라랏 산(Mount Ararat)에 머물렀고, 물이 점점 줄어들어 열째 달에 산들의 봉우리가 보여서 노아가 방주의 창문을 열었다. 특히 중요한 것은 하나님의 계획이 성공한 명쾌한 진술인데, 창세기 7장 23절에 의하면 오직 노아와 그와 함께 방주에 있던 자들만 살아남고 지면의 모든 생물이 쓸어버림을 당했다.

창세기에 따르면 하나님은 집단생물학의 완벽한 실험에 착수하였다. 모든 동물은 죽이고(노아가 식물을 구하기 위해 씨를 모을 필요가 있었는지에 관한 언급은 없다), 정결하지 않은 짐승의 단지 한 암컷과 한 수컷으로부터 그리고 정결한 짐승의 오직 여섯 암컷과 여섯 수컷에서 시작하여(창세기에는 방주에서 나온 다음에 모든 정결한 짐승과 모든 정결한 새 중에서 암수 하나씩 제물을 취하여 제단에 드렸다고 적혀 있다), 지구가 모든 짐승과 새들로 완전히 채워졌다.

과연 12마리의 (정결한 짐승인) 소들이 새끼를 낳아 서기 1700년의 지구에 있는 모든 소 떼와 야생 들소를 만들어 낼 수 있었을까? 단지 두 마리의 (부정한 짐승인) 돼지로부터 과연 오늘날의 모든 돼지 떼가 생길 수 있었을까? 이에 대한 대답을 얻기 위한 첫 단계는 동물의 생식력(fecundity)을 알아내는 것이다. 동물이 처음으로 새끼를 낳으려면 몇 살이 되어야 할까? 한 배에서 몇 마리의 새끼가 나올까? 이들이 커서 새끼를 낳을 때까지 과연 얼마나 살아남을까? 그리고 평생 동안 얼마나 많은 후손을 낳을까? 다행스럽게도 그 당시에 부유한 지주들이 가축, 가금, 물고기, 새 그리고 심지어는 사유림의 사슴까지 모든 종류의 개체수를 기록하기 시작하였다. 모든 종류의 동물을 대상으로 한 대답은 한결같았다. 모든 동물은 4,000년 이내에 지구에서 다시 번창할 만큼 빠르게 새끼를 낳는다.

초기 과학자들은 그들의 생각을 다듬고 질문을 재구성하기 시작하였다. 우리는 오늘날 '자연평형(balance of nature)'이 존재한다고 믿고 있다. 식물은 광합성을 통해 탄소와 에너지를 획득하고, 식물은 초식동물이나 병원성 균류 또는 세균들에게 소비된다. 초식동물은 육식동물에 먹힌다. 만일 초식동물이 너무 많으면 이들이 식물에 크나큰 피해를 주고, 일부 초식동물이 굶어 죽으면 차례로 육식동물에게 피해를 준다. 식물에 피해를 입히는 병원성 균류가 발생하면 많은 동물들이 굶어 죽게 된다. 이런 모든 요인들 간의 균형은 해마다 바뀌므로 생물들의 상대적 수도 매년 변한다. 그러나 노아의 홍수를 분석하기 이전에는 사람들이 다른 유형의 '자연평형'이 신(God)에 의해 유지된다고 믿었다. 신이 다양한 육식동물과 초식동물 그리고 식물을 창조하였고, 식물은 초식동물의 충분한 먹이가 될 만큼만 자라고, 이와 비슷하게 초식동물의 수는 지구상의 육식동물의 수를 정확하게 유지할 만큼만 지속된다. 평형은 완벽하고 결코 변하지 않으며, 신이 가뭄이나 역병을 일으키지 않는 한 부족하지도 않고 남지도 않는다.

초기 과학자들이 동물의 생식력을 연구하면서 동물의 수가 신에 의해 균형 잡힌 체계에 들어맞지 않는다는 점을 깨달았다. 모든 생물의 생식력은 엄청나다. 만일 창세기의 해석이 옳다면 하나님은 식물과 동물을 창조하면서 완벽하게 균형 잡히고 끝내 변하지 않는 체계에 적합하게끔 식물과 동물에 잘못된 속성을 부여하였다. 초기의 과학자들은 창세기의 이야기와 그들 자신의 연구가 안정적이고 조화로운 정원 같은 지구를 대상으로 한 것이 아니라, 변화와 경쟁으로 가득 차고 다른 생물을 희생시키면서 어떤 생물이 늘어나는 지구를 겨냥한 것임을 인식하였다. 그때부터 집단생물학, 즉 개체군생물학이 생기고 지금까지 활발한 연구가 수행되었다.

별되는 단계통군인 외떡잎식물과 쌍떡잎식물로 분기되었다고 생각하였다. 그러나 새로 밝혀진 증거들은 분열이 즉시 일어나지 않았음을 보여준다. 초기의 꽃식물들은 진화하여 외떡잎식물이 생기기 전에 여러 집단으로 분기되어 독특한 특징들을 갖게 되었다. **'쌍떡잎식물(dicot)'**은 외떡잎식물을 제외한 모든 속씨식물을 가리키지만, '겉씨식물'이라는 용어처럼 이 용어는 받아들일 수 없다. 왜냐하면 쌍떡잎식물은 이 집단의 공통조상의 모든 후손을 포함하는 것이 아니고 외떡잎식물이 배제되었기 때문이다. 오늘날 우리는 초기에 분기된 속씨식물에 대해 **기초속씨식물(basal angiosperms)**이라는 용어를 사용하고, 백합, 야자나무, 용설란, 난초 및 이들 친척의 단계통군에 대해 **외떡잎식물(monocots)**, 그리고 속씨식물의 나머지 모두를 **진정쌍떡잎식물(eudicots)**이라고 부른다. 아직도 많은 책에서 여전히 '쌍떡잎식물'이라는 용어가 사용되고 있지만, 이는 대체로 '기초속씨식물 더하기 진정쌍떡잎식물'을 의미한다.

비록 '쌍떡잎식물', '겉씨식물', 그리고 '고사리 동류'라는 용어들을 사용하지 말고 버리더라도, 이들 용어가 왜 만들어졌는지 그리고 어떻게 쓰여 왔는지를 아는 것은 좋은 일이다. 때때로 이런 용어들을 보게 되더라도 그 용어들을 사용하지 않는 것이 최선이다.

식물 생태의 개요

식물은 복잡하고 역동적이며 변화하는 세계에서 산다. 지구가 복잡하다는 것은 쉽게 알 수 있다. 어떤 지역은 돌이 많은 얇은 토양과 차가운 기후를 가진 산악지대이지만, 다른 어떤 지역은 따뜻하고 습한 낮은 지대이다. 화산은 용암과 재를 뿜어내는데, 이들이 처음에는 척박하지만 차츰 비옥한 산성 토양으로 변한다. 이와는 대조적으로 석회석은 쪼개져서 알칼리성 토양을 형성한다. 게다가 어떤 토양은 독성을 띠는 특정 무기질이 너무 많아서 식물이 자랄 수 없는 반면에, 다른 어떤 토양은 균형 잡힌 무기질 영양소 덕분에 식물의 생장이 촉진된다. 산악과 계곡에서 적도를 향한 비탈은 반대쪽보다 보다 많은 햇빛을 받아 훨씬 따뜻하다.

지구는 여러 가지 이유로 활발하고 역동적이다. 지구가 축에서 회전하면서 특정한 지역은 낮에 뜨거운 태양을 향하지만 밤이 되면 몹시 추운 우주 공간을 향한다. 1년 동안 계절은 봄에서 여름으로 그리고 기타 등등으로 변하고, 각 계절은 햇빛으로부터 이용 가능한 에너지의 양에 따라 특징지어진다. 지구의 대기와 해양은 이리저리 에너지를 움직이고 순환하는 2개의 거대한 액체이다. 몹시 찬 한대 기단의 한랭 전선이 남쪽으로 이동하면서 따뜻한 공기를 한쪽으로 밀거나, 물과 에너지를 농축된 형태로 나르는 폭풍과 허리케인이 건물을 파괴하고 나무를 밀어 쓰러뜨리는 것을 경험하게 된다.

지구의 뜨거운 내부는 지구 표면의 생명에 영향을 미치는 또 다른 에너지원이다. 화산 폭발이 우리의 주목을 끌지만, 지구 내부의 열 또한 대륙 이동[전문적인 표현은 판구조론(plate tectonics)]의 원동력이다. 뜨거운 용융 암석이 각 해양의 중심선을 따라 올라와 퍼지면서 새로운 해저를 형성한다. 새로 형성된 해저가 오랜 해저를 옆으로 밀고, 이는 차례로 대륙들을 이리저리 밀어붙인다. 북아메리카와 남아메리카는 예전에 수천 마일 가량 멀리 떨어져 있었다. 그러나 두 대륙의 이동 방향이 변하여 지금은 서로 마주보며 이동하고 있다. 이 충돌의 결과로 중앙아메리카가 생겼고, 지금도 여전히 이동하고 있다. 북아메리카와 남아메리카가 처음 접촉한 것은 2백만 년이 채 되지 않는다. 이 두 대륙이 계속 서로 부딪치면서 지각이 구겨지고 중앙아메리카가 위쪽으로 밀려 올라오며 이 일대에서 많은 화산 폭발이 일어났다. 결국 두 대륙이 직접 마주치면서 많은 동물과 식물이 한 쪽에서 다른 쪽으로 이동할 수 있게 되었다. 예를 들어, 아르마딜로는 남아메리카에서 북아메리카로 서서히 이동하여 최근에야 미국의 남부에 도착하였다. 불행하게도 검치호(sabre-tooth tiger)가 남쪽으로 이동하여 남아메리카 곳곳에 퍼지면서 많은 대형 동물들을 죽이고 많은 종을 멸종시켰다. 선인장은 남아메리카가 원산지이다. 대륙 이동에 의해 북아메리카와 남아메리카가 결국 붙게 되기 전에는 남아메리카에만 분포하였는데, 두 대륙이 붙은 다음에 동물들이 씨앗을 옮기면서 북쪽의 멕시코와 미국의 사막지대로 이동할 수 있었다(**그림 2-35**). 미국 남서부의 모든 사막에서 독특한 향을 풍기는 크레오소트 관목(creosote bush) 역시 남아메리카로부터 넘어왔다(**그림 2-36**).

지구는 변화하는 세계이다. 비교를 위해 지구의 달을 생각해 보자. 달은 복잡하지만 역동적이지 않다. 오늘날 우리 눈에 보이는 달의 분화구들은 수천 년이나 수백만 년 전과 똑같고, 다만 새로운 활동이 있다면 그동안 어쩌다가 유성이 충돌하여 생긴 자국뿐이다. 그러나 지구는 1년만 지나도 결코 똑같지 않다. 산맥은 화산의 활동이나 대륙의 충돌에 의해 높아지고, 침식에 의해 낮아진다. 범람한 강물은 가는 모래를 삼각주와 습지대로 실어 날라서 생명으로 가득 채운다. 불이 나면 숲과 초원의 동물과 식물의 수

그림 2-35 원산지인 아르헨티나에 있는 코리네선인장(*Stetsonia coryne*). 이 선인장은 남아메리카의 많은 선인장 가운데 하나다. 파나마 운하의 북쪽에서 볼 수 있는 거의 모든 선인장들은 남아메리카의 선인장들과 비슷하지만 관련이 없는 종들이다. 북아메리카와 남아메리카가 대륙 이동으로 붙고 나서 그 씨앗들이 북쪽으로 옮겨지기 전까지 북아메리카에는 선인장이 없었다.

그림 2-36 원산지인 북아메리카의 사막에 있는 크레오소트 관목(라레아 트리덴타타, *Larrea tridentata*). 그러나 이 관목의 매우 가까운 친척인 라레아 디바리카타(*Larrea divaricata*)와 라레아(*Larrea*)의 다른 두 종은 남아메리카에 분포한다. 남아메리카의 식물은 북아메리카의 식물과 매우 흡사해서, 매우 최근에 라레아 디바리카타의 한두 개 씨앗이 먼 거리를 이동하여 새로운 서식지에서 살게 되었다고 믿고 있다. 북아메리카에 자리 잡은 다음, 식물이 서서히 진화하여 조상격인 라레아 디바리카타와는 완전히 다른 새로운 종이 되었다.

그림 2-37 대부분의 사람은 진정한 식물이 출현하기 전의 지구가 어땠을까 상상하기 힘들 것이다. 처음에는 육지에 생명이 전혀 없었다. 수십억 년 동안 생명은 세균과 고세균의 형태로 바다에 출현하였고, 그 다음에 어류와 조류가 나타났지만, 지금으로부터 약 4억 5천만 년 전까지는 육지에 아무것도 출현하지 않았다. 육지 표면의 대부분은 바위였고, 혹시 어떤 토양입자가 생겼더라도 그 자리에 토양입자를 잡아둘 식물 뿌리가 없었기 때문에 대부분은 바다로 씻겨 내려갔을 것이다. 이 사진에 보인 지역은 데스밸리(Death Valley) 국립공원인데, 여기에는 식물과 동물이 살지만 널리 흩어져 있고 최소한 가끔씩 물을 접할 수 있는 곳에 국한되어 있다.

가 급격하게 변한다. 대륙이 이동하면 변화된 위치가 해양의 순환에 영향을 미쳐서 열과 수분의 순환이 영향을 받는다. 북아메리카와 남아메리카가 멀리 떨어져 있을 때에는 태평양과 대서양이 맞닿아 각 대륙 주위로 물이 순환하였다. 그러나 대륙이 충돌하고 중앙아메리카가 형성된 후에는 해양의 순환이 변하였다. 바닷물이 북쪽과 남쪽으로 흐르게 되어 추운 극지방으로 따뜻한 물을 실어 날랐고, 결과적으로 극지방을 그 어느 때보다도 따뜻하게 만들었다. 북아메리카와 유럽의 북쪽 지역에 분포하는 식물과 동물은 기후 온난화를 겪게 되었다.

아주 오래 전에, 식물이 녹조류로부터 진화되기 직전에 모든 대륙은 하나의 거대한 대륙인 **판게아(Pangaea)**로 뭉쳐졌다. 이 대륙은 너무나도 엄청나서 그 중심에는 사막이 있었다. 바다로부터 불어오는 폭풍은 초대륙의 중심에 도달하기도 전에 비를 뿌리고 사라졌다. 그러나 모든 육지가 연결되었기 때문에 새롭게 진화한 식물들이 이곳에서 저곳으로 쉽게 퍼질 수 있었고, 판게아가 분리될 때 각 대륙마다 약간의 식물이 포함되어 식물이 자라지 않는 대륙은 없었다. 판게아는 처음에 동서로 갈라지면서 **로라시아(Laurasia**; 북쪽의 북아메리카, 유럽, 러시아와 중국)와 **곤드와나(Gondwana**; 남쪽의 아프리카, 남아메리카, 인도, 오스트레일리아와 남극)의 두 거대한 대륙을 만들었다. 만일 조류로부터 식물이 진화하기 전에 판게아가 분리되었다면 어떻게 되었을까? 식물은 어느 대륙에서는 생겼지만, 다른 대륙에서는 생기지 않았을지 모른다. 어느 대륙에서 식물은 멀리 퍼지고 다양해지며, 여러 단계통군으로 진화하였을 수 있다. 그러나 다른 대륙에서는 수백만 년의 세월이 지나도록 황량한 상태가 지속되다가 어떤 포자나 씨앗이 어떻게든 바람에 날리거나 표류해 왔을 것이다(**그림 2-37**).

지구가 변화하는 세계가 된 결정적인 원인은 생명 그 자체에 있다. 생물은 토양과 물 그리고 공기로부터 에너지와 영양소를 받아들인 다음, 노폐물을 돌려보낸다. 식물이 공기로부터 너무 많은 이산화탄소를 제거한 탓에 대기가 변화하였다. 이산화탄소가 온실가스이므로 이산화탄소 농도의 변화는 생명이 나타나는 지구 표면인 **생물권(biosphere)**의 온도에 영향을 끼쳤다. 광합성 작용의 부산물로 산소가 생성되어 공기로 방출된다. 광합성이 나타나기 전에는 지구에 유리산소(O_2)가 전혀 없었고, 유기호흡도 없었으며 그 어떤 동물도 없었다. 남세균과 조류 및 식물이 광합성을 수행하면서 산소가 생성되었기에, 이들 생물이 없었다면 동물과 균류는 출현할 수 없었다. 이와 비슷하게 동물과 균류의 호흡작용으로 이산화탄소가 방출되는데, 이는 두말할 나위 없이 식물에게 매우 중요하다. 그러므로 광합성생물이 호흡을 하는 생물들이 살기에 더 좋은 서식지가 되게끔 지구를 변모시켰고, 반대로 호흡을 하는 생물은 광합성생물이 필요로 하는 이산화탄소의 원천이 되었다(**그림 2-38**).

식물과 동물 그리고 다른 모든 생물은 즉각적이면서 직접적인 방식으로 상호작용한다. 상호작용으로 다른 생물에 해를 끼치면서 어느 생물이 혜택을 받거나(포식), 양쪽 생물이 서로 돕거나(상리공생), 또는 다른 생물에 해를 주지 않으면서 어느 생물이 득을 보기도 하고(편리공생), 경우에 따라서는 다른 생물에 해가 되지만 자신은 아무 득이 없기도 하다(편해공생)(**표 2-6**). 초식동물과 잡식동물이 포식의 예가 된다. 이들 동물은 식물을 먹어 혜택을 받지만 식물은 그로 인해 피해를 입고, 따라서 식물은 동물로부터 자신을 방어할 필요가 있다. 어느 단일한 최선의 방어는 없고, 가시를 갖거나 독성을 띠는 등 여러 종류의 방어책이 진화

(A)

(B)

그림 2-38 **(A)** 풀과 초본들이 에너지와 무기질을 취하여 이들을 식물체의 유기분자로 전환시킨다. 사슴 같은 초식동물이 식물을 먹고, 식물의 유기화합물을 그들 자신의 먹이로 이용한다. 동물이 호흡을 하면서 이산화탄소가 공기로 되돌아간다. 한편 균류가 동물의 똥을 분해하면서 이산화탄소가 방출된다. 따라서 이산화탄소, 무기질, 산소와 그 밖의 요소들이 순환한다. **(B)** 사슴 같은 큰 동물뿐만 아니라 이 애벌레 같은 곤충도 식물을 엄청나게 소비하는데, 이들 역시 탄소와 질소 및 무기질의 순환에서 중요한 요소가 된다.

표 2-6 생물들 간의 직접적인 상호작용

중립작용(neutralism)	어느 쪽도 득을 보거나 해를 입지 않는다.
상리공생(mutualism)	양쪽 생물이 모두 득을 본다.
포식(predation)	어느 생물은 다른 생물에 해를 끼치면서 득을 본다.
편리공생(commensalism)	어느 생물은 득을 보지만 다른 생물은 해롭지도 않고 이롭지도 않다.
편해공생(amensalism)	다른 생물에 해를 끼치지만 자신은 아무 혜택을 받지 않는다.
경쟁(competition)	양쪽 생물이 서로 해를 준다.

되어 왔다(**그림 2-39**). 병원성 균류와 세균도 식물을 먹이로 한다.

동물은 자주 식물에 해를 끼치지만 동물 자신은 그런 손상으로부터 아무런 득이 없기도 한데, 이는 편해공생 관계이다. 예를 들어, 동물이 식물 위를 지나가거나 그 위에 누었을 때 식물을 밟아 뭉갠다. 이 경우에도 식물이 어떻게든 자신을 방어할 수 있다면 유익할 것이다.

나무가 있으면 이끼류와 고사리류 같이 보다 작은 식물들이 살 수 있는 그늘이 지고 서늘한 구역이 흔히 생긴다. 그늘을 좋아하는 식물들은 나무에 영향을 미치지 않으면서 혜택을 받는데, 이는 편리공생 관계이다(**그림 2-40**).

상리공생 관계에서는 양쪽 생물이 모두 득을 본다. 동물이 시

그림 2-39 이 초원은 가시로 뒤덮인 멕시코양귀비(*Argemone albiflora*)가 무성하게 자라는데, 그것은 가축과 사슴이 아무리 굶었더라도 이 식물을 먹지 않기 때문이다. 잎과 줄기는 가시로 덮여 있고, 독성을 띤 유액도 들어 있다. 만일 초식동물이 없었다면 풀들이 무성하게 자라서 멕시코양귀비와 경쟁하여 양귀비를 밀어냈겠지만, 가축들이 풀을 갉아먹어 멕시코양귀비가 확실히 유리해졌고, 결국에는 이 초원을 가득 메울지도 모른다.

그림 2-40 두 나무가 죽어서 이 개울에 떨어졌고, 이 나무토막들은 이끼식물이 자라기 좋게끔 물을 머금고 있다. 죽은 나무가 존재하기 때문에 이끼류는 혜택을 입지만, 나무는 이끼로부터 전혀 이익을 얻지 않는다. 이와 비슷하게 아직 살아 있는 주변의 나무는 이끼류에게 이로운 그늘을 제공해 주지만, 이끼류는 살아 있는 나무에게 그 어떤 혜택도 제공하지 않는다.

그림 2-41 텍사스유창목(*Guaiacum angustifolium*)의 이 씨앗더미는 산돼지 같은 동물에 먹히고 소화계를 지나면서 열매의 과육은 소화되었지만 씨는 온전하다. 5개의 씨앗은 이미 발아하였다. 산돼지가 여기로부터 멀리 떨어진 곳에서 열매를 먹고 이 자리에 똥을 눈 것으로 여겨지며, 따라서 씨앗은 어버이 식물로부터 멀리 퍼졌다. 이러한 상리공생 관계에서는 식물과 동물 모두 득을 본다.

© alxpin/iStockPhoto

그림 2-42 난초는 한 종의 난초와 어느 특정한 종의 꽃가루매개동물 간의 공진화의 결과로서 극도로 복잡한 꽃을 갖고 있다. 이 식물에 있어서 공진화의 혜택은 매개동물이 난초의 꽃가루를 같은 종의 다른 꽃에만 날라다 준다는 점이다. 난초의 다른 종에게 뜻하지 않게 꽃가루가 전달되어 낭비되는 일이 없다. 반면에 꽃가루매개동물이 질병이나 악천후로 인해 죽는다면 난초는 그 꽃가루를 전달해 줄 대안이 없게 된다. 이 팔레놉시스(*Phalaenopsis*)는 인기 있는 재배종이다.

물을 꽃가루받이할 때 식물과 동물 모두 이득이 된다. 동물은 먹이로 꿀이나 꽃가루를 얻고, 식물은 한 꽃에서 다른 꽃으로 그들의 꽃가루립이 옮겨지면서 타가수분과 유성생식이 향상된다. 영양분이 많은 육질과(fleshy fruit)의 진화도 비슷하다. 동물은 열매를 먹어서 득을 보는 반면에 식물은 종종 '유기질 비료(organic fertilizer)'의 무더기에 씨를 분산시킴으로써 혜택을 받는다(**그림 2-41**). 이런 상리공생의 사례는 포식이나 편해공생의 사례와 근본적으로 다르다. 포식을 예로 든다면, 생물들이 서로 싸운다. 동물이 식물을 먹을 때, 그 식물 가운데 살아남은 일부 유식물은 보다 가시가 많거나 그들의 어버이보다 더욱 독성이 강한 방어적 돌연변이를 가졌을 것이다. 만일 그렇다면 그 유식물은 좀 더 생존할 가능성이 많고, 여러 세대를 거듭하면서 식물의 그 종에서는 가시를 갖거나 독성을 띠는 비율이 서서히 증가할 수 있다. 그러나 만일 그렇다면 동물은 식물의 새로운 방어를 극복할 수 있는 돌연변이를 갖는 것이 더욱 유익하게 될 것이다. 식물과 동물의 이러한 투쟁은 이들이 함께 존재해 온 수억 년 동안 계속되어 왔다.

그런데 동물에 의해 가루받이를 하는 꽃들이 진화함에 따라 완전히 새로운 종류의 진화가 나타나기 시작하였다. 식물은 같은 종의 다른 꽃으로 동물이 그 꽃가루를 날라줄 때 혜택을 보기 때문에, 꽃가루매개동물에게 도움이 될 만한 식물의 어떤 돌연변이라도 양쪽에게 유익하게 될 것이다. 이와 비슷하게 동물이 꽃가루매개자의 역할을 보다 잘 수행할 수 있도록 하는 동물의 그 어떤 돌연변이라도 동물 자신뿐만 아니라 식물에게도 도움이 된다. 이를 공진화(co-evolution)라고 부르며, 이는 특정한 동물과 식물이 서로에게 보다 잘 적응하게끔 만들었다(**그림 2-42**). 식물의 꽃이 매개동물에게 혜택을 주는 꿀을 만드는 것과 동시에 식물의 잎은 초식동물을 멀리하기 위한 독성물질을 만들 수 있다는 점을 명심하자.

식물들은 서로 상호작용을 한다. 물론 식물은 서로 잡아먹지 않지만, 대신에 식물들은 토양의 물과 무기질을 놓고, 햇빛에 대하여, 그리고 꽃가루를 매개하는 동물과 종자를 산포하는 동물의 주목을 끄는 데 있어 서로 경쟁한다. 참나무를 예로 들자면, 나무들이 너무 촘촘하게 자라서 어느 한 나무의 뿌리가 옆에 있는 나무들의 뿌리와 닿게 되어 새로운 유식물이 비집고 들어올 틈이 없게 된다. 모든 나무들이 참나무의 같은 종이므로, 이들은 아마도 유전적으로 거의 동일할 것이며, 각각은 다른 나무들과 똑같이 물과 무기질을 흡수할 것이다. 참나무는 바람에 의해 꽃가루받이가 일어나므로 매개동물을 두고 경쟁하지 않는다. 그러나 앞서 언급한 바와 같이 적응하는 방법은 여러 가지가 있어서 작은 들꽃이 참나무들 사이에서 자랄 수 있는데, 들꽃은 그늘에서도 잘 견딜 수 있고 들꽃의 작은 뿌리계는 참나무 뿌리들 사이의 좁은 공간에도 들어갈 수 있다. 서식지는 복잡하고, 따라서 참나무가 자라기에는 너무 건조하지만 노간주나무에게는 아주 적합한 암벽이 있을 수 있다. 이 숲에서 참나무는 물과 무기질 및 빛을 두고 서로 경쟁하고, 들꽃이 살기 좋게끔 서식지에 그늘을 만들지만, 노간주나무는 참나무가 이용하지 못하는 자원(암벽)을 이용한다.

모든 생물이 진화하기 때문에 숲 같은 일련의 생물들은 결코 그대로 유지되지 않는다. 이와 동시에 물리적 환경도 변하는데, 그것은 지질 작용과 생물의 영향에 기인한다. 생물권은 복잡하고 역동적이며 변화한다. 과거에 존재했던 식물, 동물, 지질 그리고 기후는 지금의 그것들과 다르고, 미래에도 변할 것이다. 그러나 생명을 연구하고 이해함에 있어서 그 과정과 원리 그리고 개념은 항상 똑같다.

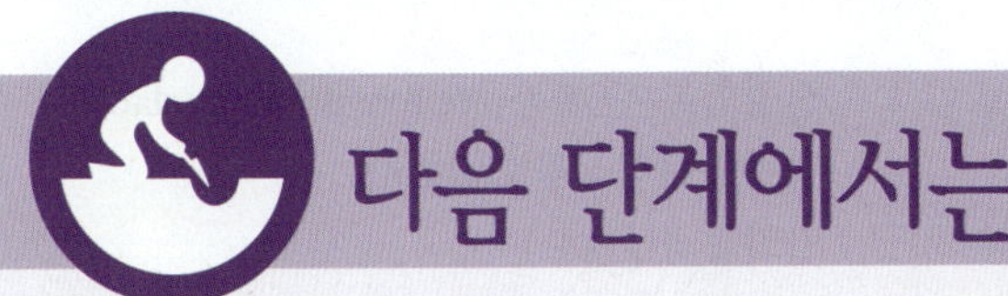

다음 단계에서는

1. **대안과 결과.** 이 책의 주제는 "대안은 무엇인가?" 그리고 "여러 대안의 결과는 무엇인가?"를 물어 보는 것이다. 기생식물을 몇 차례 살펴보았는데, 왜냐하면 이들 식물이 기생생활을 하지 않는 식물의 생명활동에 대한 극히 이례적인 대안을 보여주기 때문이다. 저자는 하이데-요르겐센(Henning S. Heide-Jørgensen)의 『기생꽃식물(*Parasitic Flowering Plants*)』(2008년, Brill Academic Publishers)을 추천한다. 이 책은 고도로 변형된 식물의 흥미로운 많은 사례를 그림과 함께 보여주고 있다. 식물학 연구를 이제 시작하는 사람들도 대부분의 내용을 이해할 것이고 극단적인 대안이 어떻게 가능한지를 알게 되면 도움이 될 것이다. 어쩌면 이들 중 일부는 실제로 식물인지 믿기 어려울 수도 있다.
2. **자연선택에 의한 진화.** 1850년대에 다윈(Charles Darwin)과 월리스(Alfred Russel Wallace)는 자연선택에 의한 진화를 발견하였는데, 진화와 자연선택은 이 책의 중요한 주제들이다. 다윈은 1859년에 『종의 기원(*The Origin of Species*)』을 저술하였고, 중대한 기본원칙을 세상에 알렸다. 그렇지만 저자는 여러분이 다윈의 『비글호 항해기(*Voyage of the Beagle*)』(1989년, Penguin Books)를 읽어 볼 것을 권장한다. 이 책에는 다윈이 여행하면서 수집한 것들을 적어 놓았다. 서술형으로 쓰인 이 책은 아주 읽기 쉽다. 다윈은 항해에서 돌아온 직후에 이 책을 저술하였는데, 이 시기는 자연선택에 의한 진화의 원리를 생각해 내기 훨씬 전이다. 『비글호 항해기』를 읽으면서 여러분은 다윈이 그 책을 집필했을 당시 그가 진화를 이해한 것보다 더욱 잘 진화를 이해하게 될 것이다. 그 책의 어떤 부분에서 다윈이 어떻게 단서들을 정확하게 두고 과학적 방법으로 실마리를 어떻게 푸는지를 보면 대단히 흥미로울 것이다. 그러나 다른 어떤 부분에서 다윈이 실마리를 놓치고 요점을 놓치는 것을 보면서 고통스러울 것이다. 『비글호 항해기』는 과학적 방법이 어떻게 쓰이는지, 다윈의 생각이 어떻게 정리되어 그로 하여금 생물학의 모든 측면에서 기초가 되는 원리를 마침내 이해하게 되었는지에 관한 훌륭한 본보기가 된다.

요약

1. 거의 모든 식물은 줄기와 잎 그리고 뿌리로 구성된다. 꽃과 구과는 변형된 줄기와 잎이다.
2. 속씨식물(꽃식물)을 정의하는 특징 가운데 하나는 항상 열매 안에서 씨가 생긴다는 점이다.
3. 식물의 내부 체제는 매우 일정하고 간단하다. 사실상 모든 줄기는 표피, 피층, 관다발조직(물관부와 체관부) 그리고 속을 가지며, 뿌리에는 속이 없고, 잎은 표피, 잎살 및 관다발조직으로 구성된다.
4. 모든 식물은 1기 식물체를 갖지만, 목본만은 나무와 나무껍질로 이루어진 2기 식물체를 갖는다.
5. 모든 생물은 그들의 환경으로부터 에너지와 원료를 받아들이고, 환경으로 노폐물을 돌려보낸다.
6. 모든 알려진 생물들은 DNA에 유전정보를 저장한다.
7. 식물은 환경에서 오는 정보뿐만 아니라 식물 자신의 여러 기관으로부터 오는 정보를 감지하고 반응한다.
8. 진화등급은 진화의 단계인데, 관련이 없는 여러 생물들이 특정 단계에서 개별적으로 진화할 수 있기 때문에 진화등급은 인위적인 집단이다. 단계통군은 공통조상과 그의 모든 자손들로 구성되므로 자연적 집단이다.
9. 어느 생물이 그의 환경에 적응하는 데에는 여러 가지 방법이 있고, 어떤 생물학적 문제에 대한 단일한 최적의 솔루션은 없다.
10. 생물권은 물리적 힘과 지질학적 작용력뿐만 아니라 생명 자체의 존재에 기인하여 끊임없이 변화한다.
11. 생물은 서로 상호작용을 하고, 종종 식물을 소비하는 동물과 균류와 상호작용을 하므로 식물은 자신을 방어할 필요가 있다. 그러나 꽃가루받이 같은 어떤 상호작용은 식물과 동물 모두에게 유익하다. 한편 식물은 다양한 자원을 두고 서로 경쟁한다.

중요한 용어

겉씨식물(gymnosperm)
경엽식물(cormophyte)
고사리(류)(fern)
곤드와나(Gondwana)
공통조상(common ancestor)
관다발식물(tracheophyte)
관다발식물(vascular plant)
광합성(photosynthesis)
기초속씨식물(basal angiosperm)
단계통군(clade)
로라시아(Laurasia)
목본(woody plant)

물관부(xylem)
비관다발식물(nonvascular plant)
생물권(biosphere)
생식기관(reproductive organ)
석송류 단계통군(lycophyte clade)
속씨식물(angiosperm)
식물(plant)
쌍떡잎식물(dicot)
엽상식물(thallophyte)
엽상체(thallus)
영양기관(vegetative organ)
외떡잎식물(monocot)
유배식물(embryophyte)
은화식물(cryptogam)
종자식물(seed plant)
종자식물(spermatophyte)
진성엽류 단계통군(euphyllophyte clade)
진정쌍떡잎식물(eudicot)
진화등급(grade)
체관부(phloem)
초본(herb)
판게아(Pangaea)
포자식물(spore-bearing plant)
호흡(respiration)

복습 문제

1. 식물의 세 가지 영양기관의 이름을 대시오.
2. 고사리류의 생식기관을 보통잎과 어떻게 구별할 수 있을까?
3. 꽃의 네 가지 기본기관의 이름을 대고, 꽃의 이들 기관 가운데 한 가지 또는 두 가지 기관이 필요하지 않을 상황을 말해 보자.
4. 관다발식물에서 발견되는 두 가지 관다발조직의 이름을 대시오. 각각은 무엇을 나르는가?
5. 그들의 환경으로부터 에너지와 원료를 받아들일 필요가 없는 생물이 있을까? 동물과 대조적인 식물의 에너지원을 논의하고, 식물이 필요로 하는 원료들을 말해 보자.
6. ________________은 식물이 에너지를 얻는 가장 중요한 물질대사이고, 이는 ______________과 ______________ 그리고 ______________이 존재할 때에만 일어난다.
7. 각각의 식물은 그들의 어버이로부터 DNA에 의해 많은 정보를 받아들인다. 식물이 환경에서 받아들이는 정보의 유형을 말해 보자. 환경의 정보가 왜 DNA에 저장될 수 없을까?
8. 식물에서 뿌리의 활동은 잎의 활동과 조화를 이루어야 한다. 이런 일이 어떻게 일어나는지 말해 보자. 어떤 종류의 정보 분자가 이용되나?
9. 선태식물에 속하는 세 가지 식물 집단은 무엇인가? 이들은 다른 모든 식물과 두 가지 주된 특징이 다른데, 그 특징들의 이름을 대시오.
10. 어떤 무리의 식물들이 '속씨식물'이라는 용어에 해당할까? 속씨식물의 세 가지 주요 집단은 무엇인가? 속씨식물은 관다발조직을 갖는가? 구과식물에서는 씨가 구과 내에서 발달하지만, 속씨식물에서는 씨가 항상 ______________의 내부에서 생성된다.
11. 자연선택에 의한 진화는 생물이 그들의 환경에 보다 잘 적응하게 만든다. 환경은 지구 전체에 걸쳐 꼭 같은가? 환경은 시간이 지나면서 변화하는가? 이를 고려해 볼 때, 식물이 적응하는 오직 한 가지 최적의 방식이 있다고 생각하는가? 그렇지 않다면 그 대안은 무엇인가?
12. 북아메리카와 남아메리카는 중앙아메리카에 의해 항상 연결되어 있었을까? 두 대륙이 합쳐진 다음, 식물과 동물은 어느 대륙에서 다른 대륙으로 이동이 가능해졌다. 동물은 걷거나 날거나 헤엄칠 수 있지만, 식물은 한곳에서 다른 곳으로 어떻게 종을 퍼뜨릴 수 있을까? 남아메리카에는 아마존 우림에 적응한 많은 식물이 있다. 여러분은 이들 식물 중 일부가 멕시코와 텍사스 그리고 애리조나의 사막들을 지나 북아메리카로 이주할 수 있는 확률이 크다고 생각하는가?
13. 생물권의 개념에 대해 이 장에서 아주 간단히 다루었지만, 이 책과 온라인에는 생물권의 개념을 탐구할 많은 재료가 있다. 생물권의 지질학적 요소와 생물학적 요소는 어떤 것들이 있을까? 우리 인류는 화석연료를 태워서 대기에 이산화탄소를 증가시키는데, 이는 생물권에 어떤 영향을 미칠까?
14. 식물과 동물은 흔히 서로 싸운다. 이런 일이 왜 그리고 어떻게 일어나는지 말해 보자. 동물에 의해 꽃가루받이가 되는 꽃이 생긴 다음, 새로운 유형의 식물-동물 상호작용이 가능해졌는데, 이를 설명해 보자. 식물에서 일어난 돌연변이가 어떻게 식물과 동물 모두에게 유익하게 되었을까?
15. 지구는 끊임없이 변하고, 모든 생물도 진화되면서 항상 변화한다. 그러나 그토록 많은 변화에도 불구하고 몇 가지는 언제나 똑같기 때문에 생명을 연구하고 이해할 수 있다. 그 몇 가지가 무엇인가?

PART 1

식물의 구조

1부의 첫 이미지: 이 양귀비 열매의 구조는 식물의 생존에 도움이 되도록 적응되었다. 덜 익었을 때에는 씨앗이 발달하는 동안 열매가 씨를 보호하고 영양분을 공급한다. 씨앗이 충분히 발달하여 방출될 때가 되면 열매 꼭대기 부근에 구멍들이 생긴다. 구멍이 생기는 동안, 일부 세포가 변해서 덮개를 만들고, 덮개의 바닥에 있는 세포들이 수축하면서 덮개를 밖으로 그리고 아래로 당겨서 구멍을 연다. 열매가 바람에 흔들리면서 씨앗들이 구멍을 통해 여러 방향으로 뿜어져 나간다.

식물의 구조는 탄수화물, 단백질, 지질, 무기질, 물 그리고 그 밖의 요소들로 구성되는 식물의 물리적이고 물질적인 몸이다. 생물이 몸을 만들기 위해서는 많은 에너지와 물질을 쏟아부어야 한다. 나무는 에너지와 자원을 이용하여 몸을 만들기도 하지만 자손의 수를 늘리도록 생식에 투자할 수 있다. 자연선택에 의한 진화의 이론에 따라 예측하면 구조를 만드는 데 소요되는 비용을 상쇄하기 위해 그들의 구조로부터 충분한 혜택을 받아야 한다. 몸을 갖는 것이 갖지 않는 것보다 선택적으로 유리해야 한다. 여기서 혜택은 구조는 물질대사가 일어나는 틀이고 물질대사는 환경과 상호작용하는 수단이 된다는 점이다. 이러한 사실은 다른 방안, 즉 구조가 거의 없는 생물을 생각하면 쉽게 이해할 수 있다.

바이로이드, 바이러스 그리고 마이코플라스마 같은 일부 균은 구조가 거의 없다. 이들 모두 숙주생물의 몸 안에 담그고 있어야만 생존하고 생장하며 발달하고 번식하는 기생자이다. 숙주는 기생자에게 필요한 만큼의 충분한 영양소와 함께 온화한 환경을 제공하는 한편, 유해한 화학물질이 없는 환경도 제공한다. 숙주의 체온은 기생자에게 가장 알맞고 이용 가능한 수분도 풍족하다. 기생자는 숙주가 제공하는 환경의 밖에서는 살 수 없다. 최소의 구조를 갖기 때문에 이들은 자연환경의 열, 추위, 가뭄, 그리고 영양소 결핍과 잘 상호작용하는 능력도 최소이다.

몸이 보다 많은 구조로 되어 있고 복잡한 생물은 일시적으로 불리한 환경조건에 저항할 수 있을 뿐만 아니라 최적의 환경조건을 개척할 수 있다. 간단한 세균은 특정 환경으로부터 무기질 영양소를 흡수할 수 있지만, 식물은 뿌리계를 구성함으로써 무기질을 흡수하는 물질대사를 광범위한 부피에 걸쳐 확산하고, 메마른 바위투성이의 무기질이 빈약한 토양을 지나서, 촉촉하고 무기질이 풍부한 비옥한 토양을 이용할 수 있다. 식물의 투자는 엄청나지만, 물과 무기질을 적절하고 확실하게 공급받을 수 있는 원천이 마련된다는 점에서 충분한 보상을 받는다.

책의 1부에서 논의하는 구조는 식물 자체에도 중요하지만 이 구조는 사람들에게도 중요한데, 왜냐하면 우리들이 음식과 많은 생성물을 식물에 의존하고 있고, 식물을 재배하면서 다른 많은 생물에 영향을 미치기 때문이다. 우리가 먹는 식량의 대부분은 식물체의 일부이다. 예를 들면, 사람은 상추와 시금치 그리고 양배추의 잎을 먹고, 당근과 비트 그리고 무의 뿌리를 먹으며, 아스파라거스와 감자의 줄기를 먹고, 사과, 오렌지, 완두, 콩 그리고 아몬드 같은 열매와 씨를 먹는다. 우리의 식품 가운데 일부는 가공 처리된 것들이어서 그들이 한때 식물체의 일부였다고 쉽게 알아차리지 못할 수 있다. 빵, 도넛, 케이크와 파스타는 밀의 씨를 빻은 밀가루로 만들고, 맥주는 씨앗인 보리와 꽃인 홉으로 양조하며, 와인은 포도즙을 발효시킨 것이다. 우리의 삶도 식물에 기반을 둔 식품에 의존하고 있는데, 식물은 우리에게 에너지와 비타민 그리고 무기질을 제공해 준다. 보다 자세히 살펴보자. 내 몸의 모든 원자와 분자는 모조리 한때 어떤 식물들의 일부였다. 바닐라, 초콜릿, 계피, 세이지(sage), 후추와 고추는 실제로 사람에게 영양이라고 할 만한 것을 많이 제공해 주지는 않더라도 음식을 즐길 수 있게 해 주고, 이들을 멀리할 사람은 별로 없을 것이다. 우리가 입는 옷의 면은 식물의 구조이고, 종이와 마대의 섬유, 그리고 집을 짓거나 기타와 피아노를 만드는 데 쓰이는 목재도 식물의 구조이다.

식물체에 대한 우리의 의존도는 지금까지 살펴본 기본적 필요를 넘어선다. 우리가 그 위에서 놀거나 휴식을 취하는 잔디밭은 식물의 잎들과 줄기들이고, 나무는 우리에게 날씨로부터의 보호와 그늘을 제공해 준다. 사람은 꽃의 아름다움을 사랑하고, 인생의 어느 시점에 거의 확실히 아주 신나거나 또는 비극적인 어떤 일이 일어나서 무슨 말을 해야 할지 모를 때가 있을 것이다. 그럴 때 여러분은 말로 옮길 수 없는 감정을 표현하기 위해 아마도 누군가에게 꽃을 줄 것이다. 꽃으로 결혼과 생일을 축하하고, 아플 때 또는 우정을 위해 친구에게 꽃다발을 선사하며, 장례식에서 꽃으로 조의를 표한다.

우리가 너무 많은 것을 식물에 의존하기 때문에 농장과 과수원 그리고 조림지에서 식물을 재배할 필요가 있고, 이는 세상에 중대한 문제를 야기한다. 농업은 약 9천 년 전부터 일찍이 시작되었고, 그때부터 세상에 영향을 끼쳤다. 그때나 지금이나 농업의 첫 단계는 땅에서 자연적인 식생과 동물을 치우는 것이다. 농작물을 재배하면서 비료나 제초제를 뿌린다면, 이들 화학물질이 밭에서 빗물과 함께 인근 하천으로 흘러들어가 냇물을 오염시키고 물고기와 개구리 그리고 다른 많은 수중생물에 해를 끼친다. 농작물은 수확한 후에 처리하여 시장으로 운반해야 하는데, 이러한 모든 과정에 도로와 연료 그리고 기계들이 필요하고, 결과적으로 오염을 야기한다. 우리의 삶에서 너무 많은 것을 위해 식물의 구조를 이용한 결과, 생태와 많은 생물의 행복에 부정적 영향을 미쳤다.

그렇지만 한편으로 식물의 구조는 이러한 문제점들의 해결책을 제시해 준다. 과학자들은 보다 풍성하거나 훨씬 영양가 높은 식품을 제공하거나, 질 좋은 섬유를 공급하거나 또는 해충에 대해 자연 내성을 갖춘 식물을 찾는 연구를 수행하고 있다. 오늘날의 많은 농작물에서는 수십 년 전에 작물에서 거두어들인 양보다 훨씬 많은 수확량을 생산하고 있다. 예를 들면, 양마(kenaf)라고 부르는 빠르게 자라는 식물은 에이커당 소나무에서 생산되는 섬유보다 훨씬 많은 톤의 섬유를 생산할 수 있어서, 똑같은 양의 종이를 만드는 데 필요한 땅이 훨씬 적게 필요하다. 나아가서 농지의 일부를 야생생물들에게 적합한 보다 자연적인 조건으로 돌아가게끔 전환시킬 수도 있을 것이다.

우리 주변의 많은 식물들은 흔히 '꽃식물'이라 부르는 속씨식물이다. 이 책에서 주로 다루는 식물들은 속씨식물이며, 포자로 번식하는 고사리류, 그리고 소나무와 가문비나무같이 구과를 갖는 구과식물을 그보다는 덜 다룰 것이다. 속씨식물의 가장 주목할 만한 특징의 하나는 이 집단에서 나타나는 몸의 다양성이다. 어떤 속씨식물은 보통의 초본이나 떨기나무 또는 수목이지만, 일부는 사막의 다육식물(선인장), 넝쿨식물(포도나무), 기생식물(겨우살이), 비늘줄기(양파), 그리고 덩이줄기(감자)이다. 고사리류와 구과식물은 그렇게까지 다양하지 않아서, 속씨식물이 출현하기 시작한 1억 3,500만 년 전보다 앞서 집필하였다면 이 책은 훨씬 얇아졌을 것이다.

속씨식물은 가장 최근에 나타난 식물의 하나이다. 최초의 진정한 식물은 약 4억 2천만 년 전에 기원하였지만, 가장 오래된 속씨식물의 화석은 약 1억 3,500만 년 전일 따름이다. 속씨식물이 생겨날 시점의 세상은 지금과 매우 다른 모습이었다. 공기와 육지는 훨씬 따뜻했고, 바다 역시 마찬가지였다. 따라서 훨씬 많은 물이 해양에서 공기로 증발하였다가 땅에 비로 떨어졌으며, 이러한 따뜻하고 촉촉한 조건은 주로 고사리류와 구과식물들로 구성되는 무성한 초목들의 생장을 가능하게 하였다. 육상에서 우세한 동물은 공룡이었다. 지난 1억 년 동안 화산과 용암이 온실가스인 이산화탄소를 공기 중으로 엄청나게 방출하면서 지구는 더욱 따뜻해졌다. 그런데 식물들이 광합성 과정에서 이산화탄소를 이용하여 이를 식물의 몸을 이루는 데 사용하면서 공기 중의 이산화탄소가 서서히 줄어들었다. 식물이 공기로부터 이산화탄소를 제거함에 따라 갇히는 열이 줄어들었고, 약 3,500만 년 전부터 지구는 서늘해지기 시작하여 250만 년 전에는 플라이스토세(최신세, Pleistocene)의 빙하시대에 접어들었다. 바로 이 시기에 속씨식물이 기원되고 그토록 다양한 몸을 갖게끔 진화하게 되었다.

꽃식물과 그 몸을 이루는 구조들이 진화하고 다양해지는 데 영향을 미친 또 다른 요인은 대륙 이동이다. 사람이 사는 곳은 지각의 꼭대기인데, 지각의 아래에 있는 맨틀에서 뜨거운 액체로 된 바위들이 흘러감에 따라 지구 표면에서의 대륙의 위치는 끊임없이 변한다. 속씨식물이 다양해질 때 북아메리카는 유럽에서 떨어져 나와 서쪽으로 이동하였고, 남아메리카는 아프리카와 남극대륙에서 분리되어 서쪽과 북쪽으로 이동하였다. 북아메리카와 남아메리카는 충돌하여 오늘날 중앙아메리카라고 부르는 산맥을 밀어 올렸다. 대륙의 위치가 바뀌면서 대륙은 적도 부근의 온난한 지역으로부터 극지방 부근의 차가운 지역으로 움직이거나 또는 그 반대로 움직이고, 해류의 순환을 막았다. 해류는 적도로부터 흘러왔다면 따뜻하고 극지방에서 흘러왔다면 차가운 물을 엄청나게 포함하는데, 대륙이 이동하면서 그 물과 그 열이 흐르는 방향을 바꿔 놓은 것이다. 예를 들어, 만일 적도로부터 일본을 지나 알래스카의 남쪽 해안까지 따뜻한 물이 흐르지 않는다면 알래스카는 지금보다 훨씬 더 추울 것이다. 따라서 변화하는 지구의 기후와 변화하는 대륙들의 위치가 식물이 적응해야 할 극도로 다르고 가변적인 환경을 만들었고, 적응하지 못한 식물은 사라져 버렸다.

여러분이 1부를 공부하면서 여기서 다루는 구조들이 그 안에서 일어나는 물질대사를 어떻게 가능하게 하는지 생각해 보자. 구조들이 어떻게 대사를 더욱 효과적으로 만들까? 이 구조들의 선택이익은 무엇인가? 특정 대사를 위한 대체적인 구조들이 가능할까? 만일 그렇다면 그 대안들의 결과는 무엇인가? 식물체를 구성하는 구조들은 기능적인 식물이 되게끔 협력해야 하고 진화해야 한다. 이들 구조는 오랜 시간에 걸쳐 진화하였고 오늘날 우리가 사는 조건과는 아주 다른 조건에서 진화하였다. 만일 지구의 과거 기후가 달랐다면 이 책에서 다루는 구조들도 달라졌을 것이다.

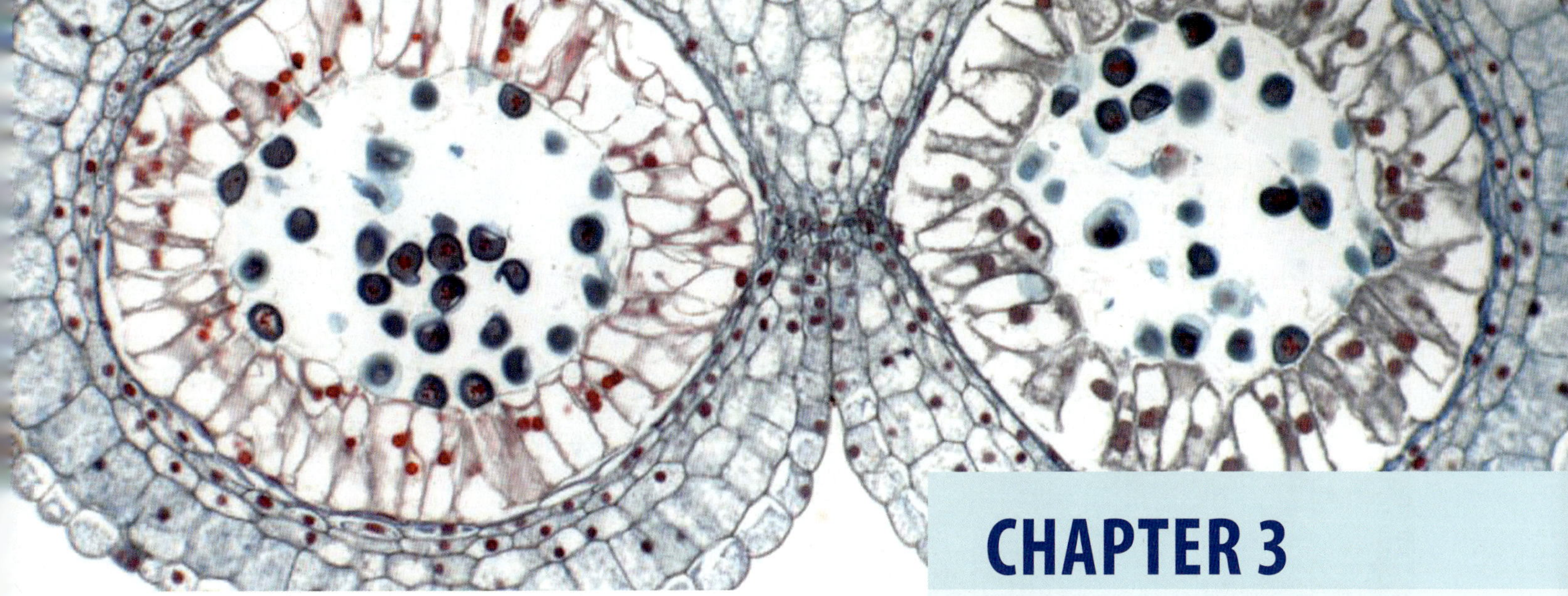

CHAPTER 3

세포 구조

학습 목표

이 장을 읽은 다음, 학생들이 할 수 있는 것은;

- 단세포성 체제와 다세포성 체제의 이득과 부정적인 결과를 서술한다.
- 막의 조성을 요약한다.
- 막의 특성을 열거한다.
- 두 가지 기본적인 세포형의 이름을 댄다
- 식물에서 발견되는 15가지 세포소기관을 기억해 내고 정의를 내린다.
- 식물 세포벽의 성분을 밝힌다.
- 다세포 생물의 두 가지 연락 방법을 설명한다.

알고 있나요?

- 모든 생물은 세포로 구성된다.
- 어떤 조류의 몸은 오직 하나의 세포로 되어 있지만, 모든 식물은 다세포로 된 몸을 갖는다. 거대한 나무는 엄청난 양의 세포를 포함한다.
- 많은 세포들은 기능적이기 위해 살아 있어야 하는데(예를 들면, 광합성을 하거나 당을 수송하는 세포), 다른 어떤 세포들은 죽어야 기능을 수행한다(이를테면 물을 나르는 세포 또는 견과의 껍질을 구성하는 세포).
- 면사를 구성하는 아주 가는 가닥과 찢어진 종이 가장자리의 가는 실과 같이 어떤 식물세포들은 맨눈으로도 볼 수 있을 정도로 크다.

개요

장의 첫 이미지: 백합꽃 꽃밥의 이 단면에서는 여러 유형의 세포들을 볼 수 있다. 각 방의 중심에는 식물의 생식과정에서 유전정보를 나르는 세포들인 꽃가루립들이 있다. 각 방은 꽃가루립의 성숙을 도와주는 한 층의 긴 세포들이 안을 대고 있고, 꽃밥의 표면 바로 밑에 있는 큰 세포들이 터지고 꽃밥이 열려서 꽃가루립들이 다른 꽃으로 옮겨질 수 있다. 각 세포형은 그들만의 특징과 변형을 갖고 있으며, 모든 세포형은 공조해야 한다.

개념

모든 생물은 세포라고 부르는 작은 구조들로 구성된다. 식물의 각 세포는 상자 같은 세포벽이 원형질을 둘러싸고 있고, 원형질은 보다 작은 부분들인 핵과 미토콘드리아 그리고 엽록체 같은 **세포소기관(organelle)**들을 포함하고 있다(**그림 3-1~3-3**, **표 3-1**). 한편 세포는 그 안에서 식물의 대사가 일어나는 물질적 틀이 된다. 물과 염류들이 뿌리 세포들에 의해 토양에서 흡수되고, 관다발조직이 이들을 식물체 전반에 걸쳐 수송하며, 잎의 세포에서는 햇빛의

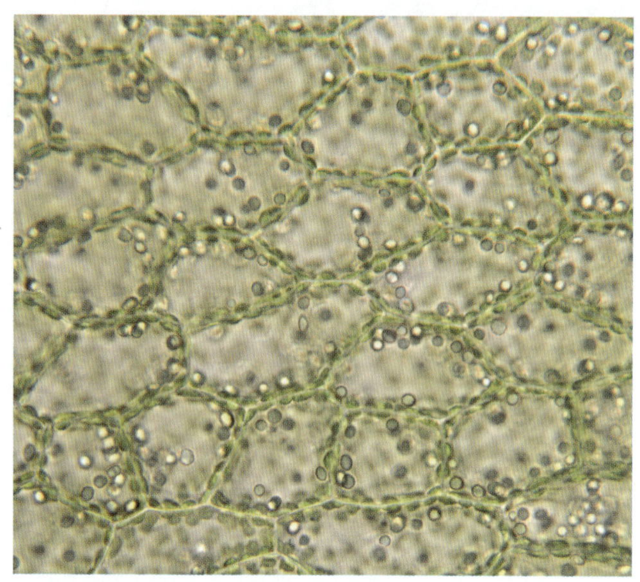

그림 3-1 식물 세포의 몇 가지 기본적 특징을 보여주는 광학현미경 사진. 세포벽과 엽록체를 쉽게 볼 수 있다. 다른 세포소기관들도 나타나지만 광학현미경으로는 보기 어렵거나 불가능하다(× 100).

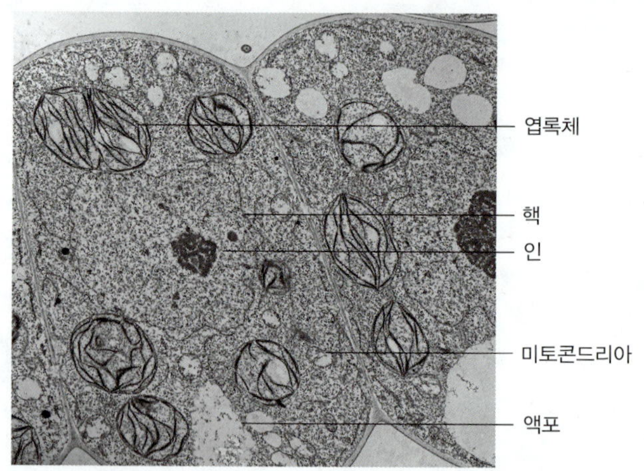

그림 3-3 투과전자현미경으로 찍은 잎 세포들의 현미경 사진. 많은 막들이 특히 중요하다(× 17,000).

표 3-1 식물 세포의 모양과 크기의 예		
세포	**모양**	**크기**
줄기나 뿌리의 분열하는 세포	정육면체	12 μm × 12 μm × 12 μm
나리(*Lilium*)의 표피 세포	평평한 포장용 돌	45 μm × 143 μm × 15 μm
배나무(*Pyrus*) 잎의 광합성 세포	짧은 원통	지름 7.4 μm × 55 μm
참나무(*Quercus*)의 물관 세포	짧은 원통	지름 270 μm × 225 μm
대마(*Cannabis*)의 섬유 세포	긴 원통	지름 20 μm × 60,000 μm

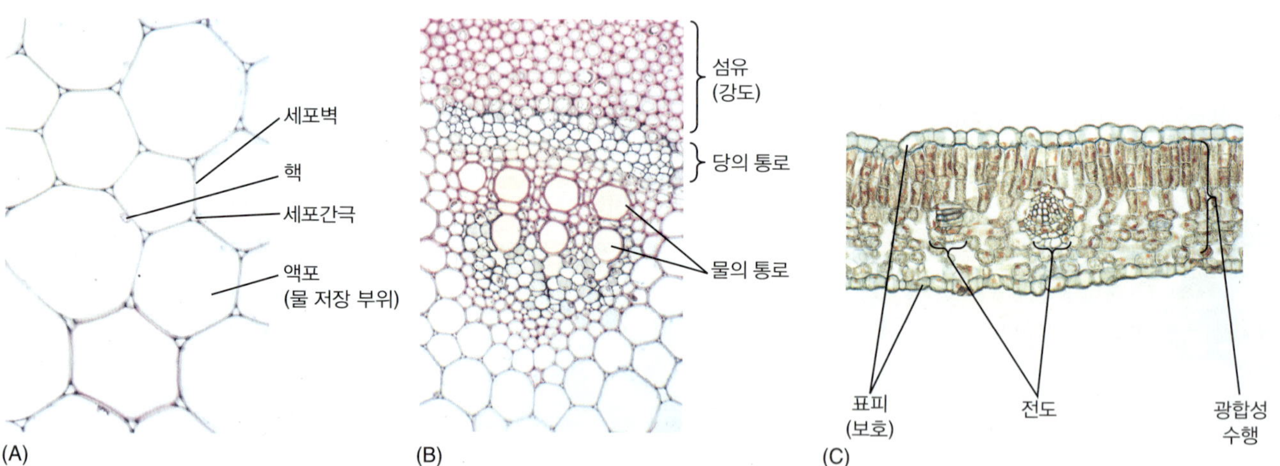

그림 3-2 식물의 대사와 발생 및 생존은 조화를 이루며 통합적인 방식으로 함께 일하는 수많은 세포들에 좌우된다. **(A)** 이들 세포는 해바라기 줄기의 중심에서 물을 저장한다. 세포들은 비교적 크고 대부분 물로 채워져 있다. 세포벽과 핵을 볼 수 있다(× 250). **(B)** 해바라기 줄기에서 물과 영양소를 나르는 체계의 일부. 특정한 배열로 나타나는 여러 종류의 세포들이 효과적인 전도를 가능하게 한다. 중앙의 큰 빨간색 세포는 물을 운반하고, 그 위의 작은 회색 세포는 당을 운반한다. 두꺼운 빨간색 벽을 갖는 꼭대기의 세포들은 줄기에 강도를 제공한다(× 60). **(C)** 쥐똥나무속(*Ligustrum*) 잎의 이 횡단면에서는 다양한 세포들을 볼 수 있는데, 중앙에 있는 세포들이 광합성을 수행한다(× 150).

주: 그림 3-2B의 현미경 사진은 높이가 60 mm이고, 배율은 60배이다. 만일 현미경 사진을 실물 크기(× 1)로 줄어들게 하면 사진의 높이는 1.0 mm가 되고, 세포의 일부를 확대경으로 관찰할 수 있다.

에너지를 이용하여 이산화탄소와 물을 탄수화물로 전환한다. 식물의 생식도 세포들과 세포의 생명 작용에 바탕을 둔다. 꽃의 어떤 세포들은 꽃들 사이에서 꽃가루를 운반하여 정세포가 알세포로 접촉하게 해 주는 곤충들을 유인하는 색소나 꿀샘을 만든다.

생물의 수가 엄청나고 반드시 수행되어야 할 수많은 종류의 대사를 감안해 보면 수백 가지의 다양한 세포들이 있을 것이라고 누구나 생각하겠지만, 실제로는 단지 몇 가지 세포형만이 존재한다. 생물 사이에서 나타나는 차이의 대부분은 세포 자체의 차이 때문이 아니라 세포들의 연관성에서 나타나는 차이에 기인한다. 뿌리, 줄기, 잎 또는 꽃에 관계없이 동일한 기본 단위인 세포들이 필요하다(**그림 3-4**). 세포 연합과 세포 자체의 작은 변형만이 조직들 간에 또는 기관들 간에서 차이를 나타낸다.

비록 세포의 유형은 몇 가지 밖에 없지만, 이들의 차이는 중요하다. 하나의 세포로 이루어진 **단세포생물(unicellular organism)**은 제외하고 여러 세포로 구성된 **다세포생물(multicellular organism)**은 항상 몇 가지 유형의 세포들을 갖게 되고, 각각은 서로 다른 일을 하도록 특수화되었다(그림 3-2~3-4, **표 3-2**). 식물의 발생 과정에서 도처에 있는 세포들은 차츰 특정한 일을 하게끔 특별히 적응해 간다. 이와 같은 **분업(division of labor)**은 전체적으로 생물이 더욱 효율적이 되도록 도와준다. 단세포로 된 체제는 중요한 결과를 갖는데, 단세포생물에서는 분업이나 특수화가 나타나지 않는다. 개개의 세포가 환경을 감지하고 양분을 모으고 노폐물을 배설하며 방어하고 움직이며 번식하는 등 모든 일을 수행해야 한다. 각 세포가 모든 임무를 수행해야 하므로, 어느 하나 제대로 되기가 쉽지 않다. 방어를 위해 세포벽을 만드는 돌연변이가 생겼다면 이는 다른 기능을 위해서는 덜 적합하고, 따라서 선택적으로 불리하다(**그림 3-5**). 광합성과 생식 등을 증진시키는 변형도 마찬가지다.

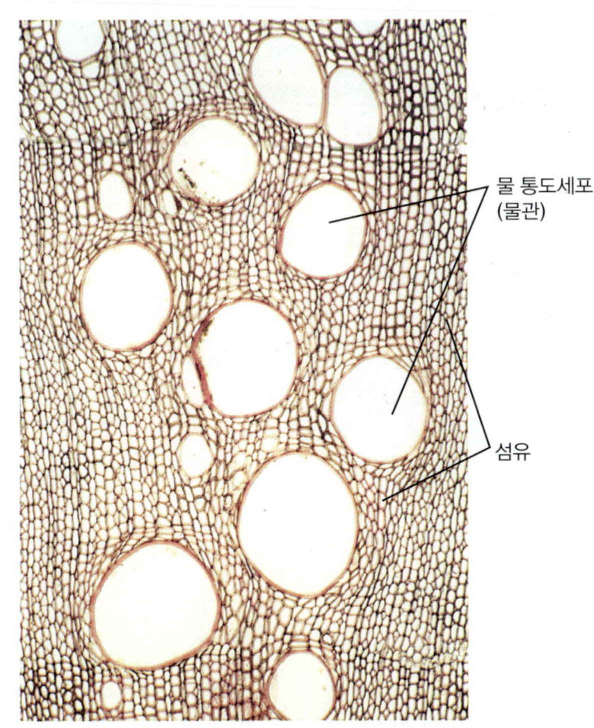

그림 3-4 여러 가지 세포형을 보여주는 목재의 횡단면. 두꺼운 벽을 가진 섬유는 강도를 제공하고, 크고 속이 빈 세포는 물을 나른다. 이들 세포는 건축용 블록처럼 작용하고, 더 많은 세포들이 첨가되면 목재는 확장된다. 섬유세포들이 추가되면 더욱 강한 목재가 만들어지고, 속이 빈 세포들이 추가되면 전도성이 더 좋은 목재가 생성된다(× 100).

표 3-2 식물의 세포형, 특수화 및 분업의 사례

세포형	특수화
줄기와 뿌리 꼭대기 세포	세포 분열; 새로운 원형질 생성
표피	수분 보유; 각피질과 밀랍은 곰팡이와 곤충에 대한 장벽
표피의 샘세포	보호; 식물에 해로운 동물을 저해하는 독성물질 생산
생엽의 세포	광합성에 의한 태양에너지 수집
뿌리의 표피세포	물과 무기질 수집
관다발세포	물, 무기질 및 유기분자의 수송
꽃의 세포	
꽃잎 세포	꽃가루매개동물을 유인하는 색소
발향 세포	꽃가루매개동물을 유인하는 향기
꿀샘 세포	꽃가루매개동물을 유인하는 당
수술 세포	정세포가 만들어지는 데 간접적으로 관여
심피 세포	알세포가 만들어지는 데 간접적으로 관여
열매의 세포	열매를 먹고 씨를 분산시키는 동물을 유혹하는 당, 향기, 풍미 있는 화합물 생산

다세포성과 분업은 생물을 보다 효율적으로 만들었지만 그와 동시에 부정적 결과도 나타난다. 즉, 개개의 세포가 더욱 특수화되면서 세포는 서로에게 더욱 의존하게 되었다. 만일 세포가 두꺼운 벽을 갖고 최고의 방어를 제공하도록 진화한다면, 그 세포는 광합성과 무기질 흡수 및 생식을 그 생물의 다른 세포들에게 의존해야만 한다. 생물의 어느 한 부분이 손상을 입으면 다른 부분들은 당초 피해를 입지 않았음에도 불구하고 자칫 모든 세포들이 죽는 결과를 초래할 수 있는 반면, 단세포생물에서는 직접 피해를 입은 세포만이 죽는다. 그렇다면 하나의 보편적 세포로 구성된 단세포생물과 특수화된 세포들로 구성된 다세포생물 중 어느 것이 선택적으로 훨씬 유리할까? 그 대답은 그렇게 명백하지 않다. 두 가지 모두 아주 오랜 세월 동안 존재해 왔고, 따라서 두 가지 모두 몹시 적응적이고 성공적이라고 간주해야 한다. 아울러 선택이익은 환경에 좌우된다. 어떤 서식지에서는 단세포생물이 보다 잘 적응하지만, 다른 서식지에서는 다세포생물이 더 잘 생존한다.

전체 개체와 마찬가지로 세포들도 수명을 갖는다. 세포들의 생활주기, 즉 세포주기(cell cycle)를 거치는 동안 세포의 크기와 모양 그리고 대사활성은 극적으로 변할 수 있다. 세포는 **모세포(mother cell)**가 분열하여 쌍둥이 같은 2개의 **딸세포(daughter cell)**가 만들어지면서 태어난다. 각 딸세포는 모세포에 비하여 작

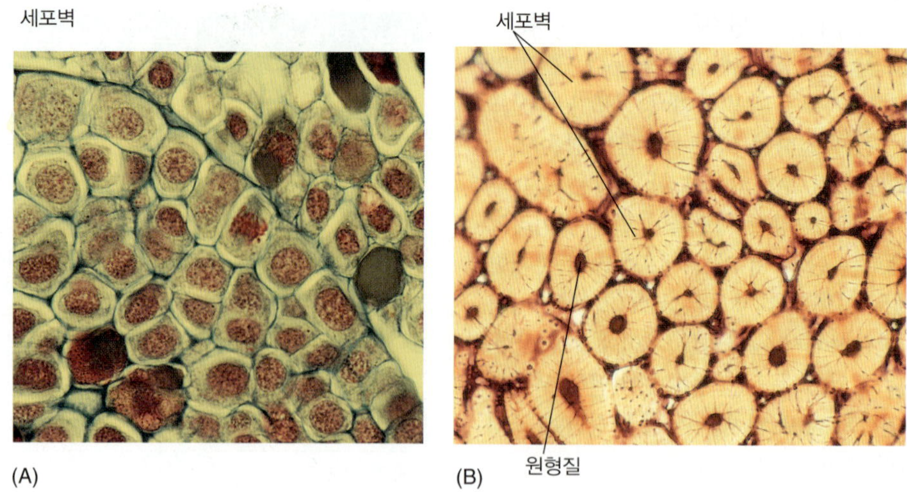

그림 3-5 **(A)** 소나무의 생장하는 꼭대기에 있는 세포들은 세포의 생장과 분열에 특수화되어 있다. 이들의 세포벽은 당과 물 그리고 그 밖의 영양소들이 세포 내로 쉽게 들어올 수 있게끔 얇지만, 나무껍질이나 씨앗의 껍질로 쓰기에는 세포가 너무 연하고 약하다(×400). **(B)** 이들 '석세포(stone cell)'는 코코넛야자(*Cocos nucifera*)의 껍질에 강도를 제공하고, 따라서 씨를 보호한다. 전체 세포 용적의 거의 대부분이 벽이다. 세포가 어리고 생장하고 벽을 합성할 때에는 원형질이 존재했는데, 벽이 완성된 다음에는 세포의 대사가 불필요해졌고 원형질체가 죽었다(그 남은 부분이 각 세포의 중앙에서 아주 작은 검은색 구멍으로 보인다). 이와 같은 변형 때문에 석세포는 (A)의 세포처럼 분열하거나 자라지 못한다(×200).

고, 특이한 경우를 제외하고 각각은 모세포만큼 커질 때까지 생장한다. 이 시기에 세포는 물, 당, 아미노산과 그 밖의 영양소를 흡수하여 이들을 새로운 원형질로 조립한다. 세포가 적절한 크기까지 자라면 세포의 물질대사는 분열을 준비하도록 바꾸든지 아니면 성숙하여 특수한 세포로 분화하게끔 바뀐다.

생장과 발생 모두 세포의 모든 부분들이 관여하는 복잡하고 동적인 상호작용을 필요로 한다. 세포의 대사와 구조가 복잡해야 한다는 점은 당연한 일이겠지만, 실제로는 세포의 대사와 구조가 상당히 단순하고 논리적이다. 아주 복잡한 세포라 할지라도 단지 몇 부분만 가질 뿐이고, 각각은 세포의 분리된 명확한 양상의 원인이 된다.

막

모든 세포는 적어도 몇 개의 막을 포함하고, 진핵생물(식물, 동물, 균류 및 원생생물)의 세포들은 막으로 구성되는 많은 세포소기관을 포함하고 있다. 막은 세포의 대사에서 많은 중요한 일을 한다. 막은 세포와 세포소기관 내외로 분자들이 통과하는 것을 조절하고, 막은 세포를 각각 특수한 대사가 일어나는 여러 구획으로 구분하며, 막은 효소를 붙잡는 표면으로 작용한다. 막이 없었다면 생명이 불가능했을 것이고, 사실상 사람과 식물 모두를 죽음으로 몰고 가는 많은 것들(열, 추위, 많은 독성물질, 알코올)은 막에 지장을 줘서 죽게 만드는 것이다.

막의 조성

모든 생체막(biological membrane)은 단백질과 두 층의 인지질 분자들로 구성된다(**그림 3-6**). 만일 잔잔한 수면에 인지질들을 조심스럽게 따르면 인지질은 자연히 수면에서 한 층[**단층(monolayer)**]을 이루는데, 인지질의 친수성 머리는 물 분자와 수소결합을 형성

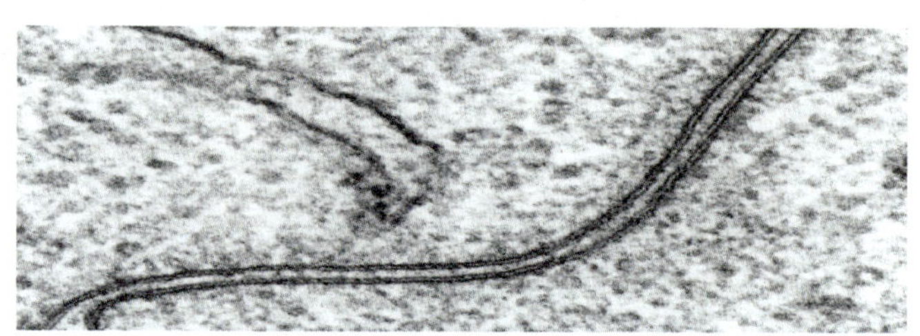

(A) Part A: © Don W. Fawcett/Photo Researchers, Inc.

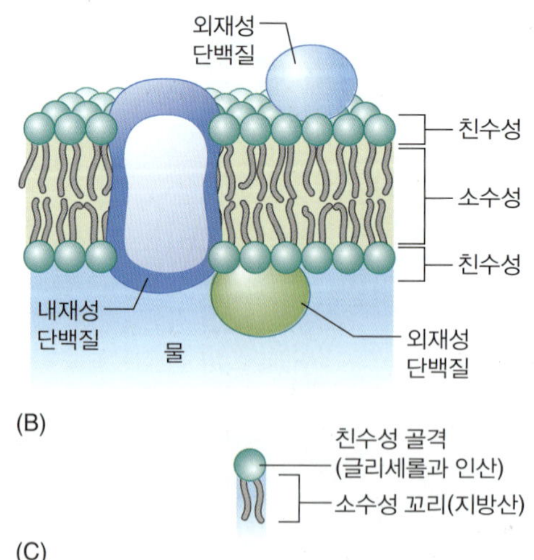

그림 3-6 **(A)** 전자현미경사진에서 생체막은 밝은 구역(주로 지질로 구성됨)에 의해 2개의 짙은 선들(단백질)이 구분되는 것처럼 나타난다(×600,000). **(B)** 사진 (A)와 같은 모습 때문에 과학자들은 막이 2층의 지질로 구성되고 단백질들이 그 표면에만 있는 것으로 생각하였지만, 많은 단백질들은 지질2중층에 부분적으로 끼워지거나 지질2중층을 완전히 관통하고 있다. **(C)** 인지질은 세 부분으로 구성된다: (1) 2개 지방산, (2) 글리세롤 골격, 그리고 (3) 인산.

하고 인지질의 소수성 지방산은 물의 반대쪽을 향한다(**그림 3-7**). 만일 물을 휘저으면 지질층은 접어서 겹쳐지고, 모든 지방산은 물을 등지는 반면 모든 인산기는 물과 완전히 접촉하는 **2중층(bilayer)**을 형성한다. 2중층 막이 터지거나 찢어지게 되면 소수성 지방산이 물에 드러나므로 붕괴 후에 막은 항상 다시 봉해진다.

지질2중층은 아주 얇은 용액이다. 만일 이 층이 여러 종류의 지질을 포함한다면 서로 결합하지 않기 때문에 막 전역에서 측면으로 확산되겠지만, 막으로부터 주변 용액으로 수직으로 확산될 수 없다.

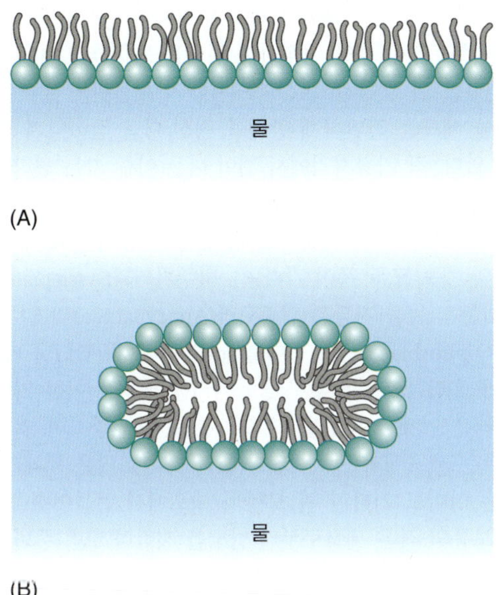

그림 3-7 **(A)** 잔잔한 물에서는 인지질이 수면에서 단층을 형성하고, 지방산은 물의 반대쪽으로 돌출되어 물 분자들 간의 수소결합을 방해하지 않는다. **(B)** 물을 휘저으면 인지질은 2중층을 형성하는데, 이러한 배열은 인산과 물 사이의 수소결합이 최대로 되는 동시에 지방산에 의해 물 분자들 간의 수소결합이 깨지는 것이 최소로 된다.

모든 생체막은 단백질뿐만 아니라 지질을 포함하는데, 일반적으로 그 비율은 단백질 60%와 지질 40%이다(그림 3-6B). 대부분의 단백질이 큰 친수성 부위를 갖고 있으므로, 단백질은 주로 인지질의 인산 그리고 물과 결합한다. 한편 많은 단백질이 큰 소수성 부위를 갖고 있어서 막에 파묻혀 지방산과 결합한다(**그림 3-8**). 친수성 부위와 소수성 부위가 차이를 나타내므로, 어떤 단백질은 전적으로 막의 표면에만 있고, 어떤 단백질은 부분적으로 막에 파묻혀 있으며, 또 다른 어떤 단백질은 완전히 막을 관통하여 양쪽 끝이 맞은편 바깥으로 돌출한다. 따라서 단백질의 활성 부위는 막의 어느 한쪽이나 양쪽에 또는 막의 안쪽에서 나타난다. 마찬가지로 단백질은 작은 친수성 분자들이 막을 관통할 수 있게 하는 친수성 통로로 작용할 수 있다. 지질2중층에 부분적이라도 파묻혀 있는 단백질을 **내재성 단백질(intrinsic protein)**이라 부른다. 다른 단백질인 **외재성 단백질(extrinsic protein)**을 **주변단백질(peripheral protein)**이라고도 부르지만, 막의 바깥에 위치하고 옆에 있을 따름이다.

어떤 내재성 단백질은 막이 갖는 유동적 속성의 한 원인이 되고, 지질처럼 측면으로 확산될 수 있다. 다른 단백질들은 인접한 단백질들과 상호작용하여 막의 주변 부위들과 구별되는 복합체 또는 작은 별개의 부위인 **영역(domain)**을 형성한다. 만약 막의 모든 성분이 옆으로 자유로이 확산될 수 있다면 막은 차츰 동질성(homogeneous) 상태가 되고 어떤 분화도 나타나지 않을 것이다. 그렇지만 최소한 일부 단백질들이 주변과 결합하기 때문에 막은 이질적(heterogeneous)이며 고르지 않고 분화가 일어나게 된다. 막이 이질성 액체이기 때문에 막을 **유동모자이크막(fluid mosaic membrane)**이라고 부른다.

어떤 막에는 보통 8% 미만인 소량의 당이 들어 있다. 당은 4~15개 단당으로 구성되는 짧은 사슬의 올리고당(oligosaccharide)

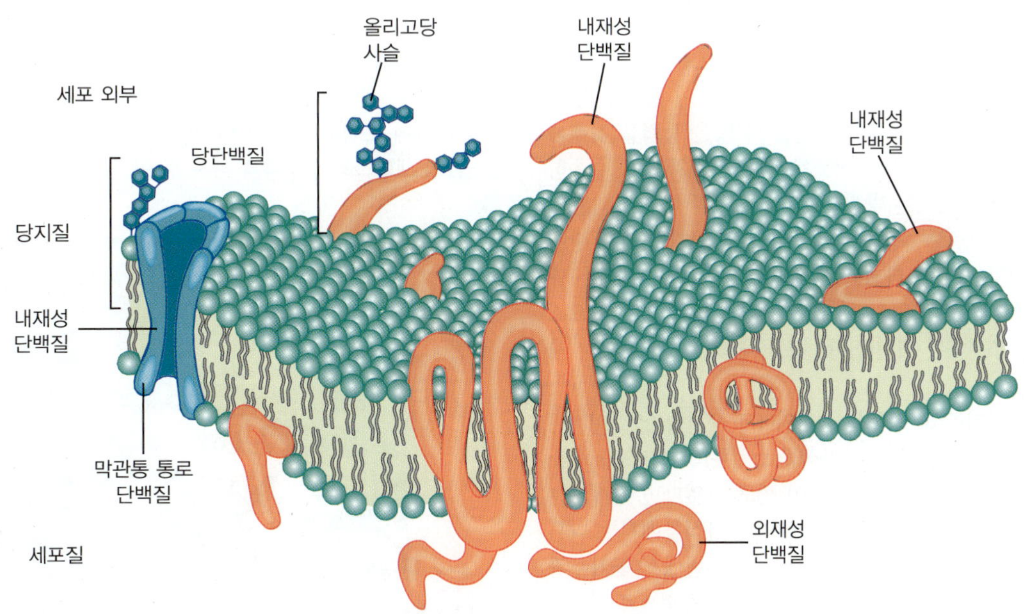

그림 3-8 내재성 단백질들은 크기와 모양, 그리고 소수성인 지용성 부위의 위치가 다르다. 그 결과 일부는 막에 깊이 묻히고, 다른 일부는 막을 가로지르며, 또 다른 일부는 한쪽 지질층에만 침투한다.

대안

박스 3-1 특이한 세포

많은 식물 세포들이 이 3장에서 설명한 것들과 비슷하지만, 특이한 세포들도 엄청나게 많다. 여기에서 제시하는 사례들은 세포를 구성하는 대체적인 방식을 보여주는 것이고, 물론 우리는 "각 대안의 결과는 무엇인가?"라고 질문할 수 있다.

죽은 세포. 많은 식물 세포들은 그 발생과정에서 필수적으로 죽게 되고, 혹시 살아 있다면 활동을 한다 하더라도 제대로 기능을 못할 수 있다. 나무껍질의 코르크 세포는 그 세포벽에 방수가 되고 효소에 잘 견디는 화학물질인 코르크질(suberin)이 침착되면서 세포가 죽는다. 코르크질은 식물의 물을 지켜주고 미생물들의 공격을 막아 줌에도 죽음의 결과는 무엇일까? 그들의 원형질이 분해되면[이를 **예정세포사(programmed cell death)**라고 부른다] 코르크 세포는 그들이 계속 살아 있는 채로 남아 있는 것보다 훨씬 영양가가 떨어진다. 코르크를 먹는 것은 동물에게 전혀 이익이 되지 않는데, 코르크에는 단백질, 녹말, 지질, 핵산, 비타민이나 그 밖의 어느 가치 있는 것이 전혀 들어 있지 않기 때문이다. 동물의 입장에서는 코르크를 씹고 소화시키려 애쓰는 것은 에너지를 낭비하는 것이다. 우리 자신의 표피 세포 역시 죽은 세포이고, 그 세포들이 살아 있을 때 보다 훨씬 방어적이 된다. 식물에서 헛물관(tracheid)과 물관요소(vessel element)라고 부르는 물을 나르는 세포들은 적절한 크기와 모양에 도달할 때까지 자란 다음 예정된 세포사를 겪는다. 완전히 성숙하면 각 세포는 세포벽 그리고 원형질이 있던 곳의 비어 있는 공간만으로 구성된다. 물이 이들 빈 세포를 지나 위쪽으로 당겨지는데, 만일 원형질이 그대로 있다면 이 원형질은 물이 이동하는 데 장애가 될 것이다. 물을 나르는 세포는 살아 있을 때 기능을 할 수 없고, 반드시 죽어야 한다. 죽고 나서 기능을 하는 다른 세포들로는 식물의 많은 털과 씨앗을 둘러싸는 껍질 그리고 경침(thorn)과 가시(spine) 등이 있다.

특이한 핵. 꽃에서 꽃가루립(pollen grain)으로 발달하는 세포들은 융단조직(tapetum)이라고 부르는 한 층의 세포들에 의해 둘러싸여 있다. 많은 종에서 융단조직 세포의 핵은 세포보다 한두 번 더 분열하고, 그 결과 성숙하면 각 세포는 2개 또는 4개의 핵을 갖게 된다. 이 결과는 각 세포가 매우 활발하고 역동적인 세포질을 조절할 더 많은 능력을 갖추게 된 것처럼 보인다. 이와는 대조적으로 식물체 전반에 걸쳐 당을 수송하는 세포인 체요소(sieve element)는 발생과정에서 세포의 핵이 파괴된다. 물을 나르는 세포와 달리 당을 수송하는 세포는 살아 있지 않다면 당을 전도하지 못한다. 그렇다면 핵이 파괴되는 결과는 무엇인가? 우리는 왜 핵의 파괴가 불가피한지 알지 못하지만, 우리가 알고 있는 것은 체요소가 그들의 물질대사를 조절하는 데 인접한 세포들에 의존하게 된다는 사실이다.

편모. 식물은 움직이지 않고 동물은 움직인다고 생각하지만, 이끼류와 고사리류 같은 식물과 심지어 일부 종자식물(소철류)의 정세포(sperm cell)는 편모를 갖고 헤엄친다. 만일 정세포에 편모가 없다면 정세포는 알세포에 갈 수 없을 것이다. 그렇지만 대부분의 종자식물에서는 다른 대안이 있다. 이들의 정세포는 편모가 없지만, 꽃가루립에서 꽃가루관(pollen tube)이 생기고, 이 긴 세포에 의해 정세포가 수동적으로 알세포에 운반된다.

거대세포. 식물 세포는 동물 세포보다 다소 큰 경향이 있지만, 식물이건 동물이건 보통 세포는 모두 현미경적 크기이다. 다행스럽게도 몇 가지의 거대한 식물 세포들이 극히 보편적이고, 이들 세포는 맨눈으로도 볼 수 있을 만큼 크다. 광목과 면사는 길고 가는 세포로 이루어져 있는데, 그 길이는 4 cm(1.5인치)에 달한다. 면사를 당겨 뽑으면 개개의 세포를 볼 수 있다. 이 긴 세포들은 목화씨의 표면에서 자란 다음 죽고, 솜털로 뒤덮인 부드러운 층을 형성하여 씨앗을 보호한다. 대부분의 종이는 목재의 물을 나르는 헛물관으로 만드는데, 각 헛물관의 길이는 몇 mm에 달한다. 이들 세포는 간단하게 종이를 적신 다음 잡아당겨 둘로 쪼개면 쉽게 볼 수 있다. 각 가장자리에서 튀어 나온 아주 가는 필라멘트가 단일한 세포들이다. 엄청난 길이가 갖는 유익한 결과는 많은 짧은 세포들과는 대조적으로 소수의 긴 세포들을 통해 물을 당기는 것이 쉽다는 것이다(두 가지의 세포 모두 폭이 같다면). 박주가리과(Asclepiadaceae)의 유액을 분비하는 식물들[지금은 협죽도과(Apocynaceae)의 일부로 분류함]과 대극과(Euphorbiaceae)의 등대풀(spurge) 같이, 찢겼을 때 우유 같은 흰색 액체가 흘러나오는 일부 식물들에서는 매우 특이한 거대세포가 나타난다. 유액은 언제나 독성을 띠고 보통 독성이 강하며, 유관(laticifer)이라고 부르는 세포에서 만들어진다(**그림 B3-1**). 많은 액체가 뚝뚝 떨어진다면 이는 아마도 기다란 관 모양의 세포에서 만들어졌을 것이다. 관꼴 유관은 보통의 작은 세포로부터 발생을 시작하지만, 주변의 세포들이 최대의 크기에 도달하여 신장을 멈춘 후에도 유관은 계속 자란다. 유관이 길어지면서 다른 세포들 사이의 공간으로 밀고 들어가고, 점점 더 커지면서 종종 갈라지고 여러 방향으로 자란다. 목화의 세포나 헛물관과는 달리, 유관은 성숙해도 살아 있고 유액의 합성을 지휘할 수많은 핵을 지니고 있다. 거대하고 가지가 있는 관꼴 세포가 되는 결과 중 하나는 비록 동물이 식물의 어느 한 부분만 씹더라도 식물체의 넓은 구역으로부터 독성을 지닌 유액이 씹힌 자리로 흘러나와 동물을 단념시키는 것이다.

여기에서 언급한 특이한 세포들은 대부분의 식물 세포들이 서로 비슷하지만 대안은 있고, 이들은 대체적인 결과를 갖는다는 점을 보여주는 것이다. 이 책의 대부분에서는 가장 전형적이고 가장 평범한 세포와 조직 및 대사에 초점을 맞추고 있지만, 대안이 있는지 그리고 이들이 어떻게 식물의 생명작용에 영향을 미칠 수 있는지 항상 염두에 두기 바란다.

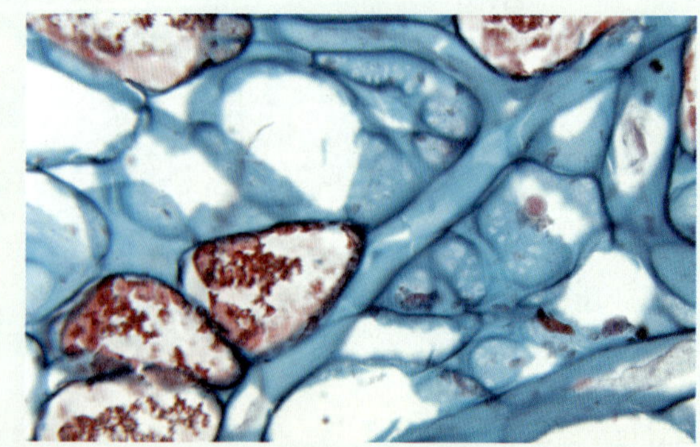

그림 B3-1 여기 보이는 길고 갈라진 튜브는 유관이다. 각 유관은 여러 차례 갈라지고(대부분의 가지는 이 고배율에서 시야를 벗어남), 모든 끝이 길어지며, 다른 세포로 침범한다. 각 세포는 매우 길고 수많은 핵을 갖는다(×200).

으로 나타난다. 이들 올리고당은 특정한 내재성 단백질과 결합하여 이를 **당단백질(glycoprotein)**로 전환하고, 드물게 막의 지질과 결합한다[**당지질(glycolipid)**]. 현재 우리는 이들 다당류들이 막을 독특하게 만들고 쉽게 인식할 수 있게 한다고 믿는데, 이는 면역계를 갖는 동물의 매우 중요한 특징이다. 동물의 특수하게 방어적인 세포들은 자신의 몸의 일부라고 인식되지 않는 것들을 무엇이라도 공격하고 파괴한다. 당단백질과 당지질은 거의 전적으로 세포를 덮는 막의 바깥 표면에서 이들 다당류들이 최대로 노출될 수 있는 위치에서 나타난다. 동물과 비교하여 식물에서는 당단백질과 당지질의 중요성이 떨어진다.

막의 특성

막은 몇 가지 중요한 특성을 갖는다. 먼저 막은 자랄 수 있다. 막은 세포의 특정한 부위에서 분자와 분자가 모여 형성된 다음, 세포의 다른 부위로 작은 방울 또는 **소포(vesicle)**의 형태로 막의 모든 조각들이 이동한다. 이미 형성된 막의 소포가 생장하는 막에 도달하면 이들 막은 합쳐진다(**그림 3-9**).

막의 단편들이 이동할 수 있을 뿐만 아니라, 막의 융합은 물질 수송을 가능하게 한다. 소포 내의 용적인 소포의 **내강(lumen)**은 소포의 운명에 따라 축적되거나 분해되거나 또는 달리 대사를 해야 할 물질들로 채워질 수 있다. 소포의 이동은 세포 바깥으로 물질을 방출할 수도 있다(그림 3-9). 이러한 **세포외 배출(exocytosis)**은 폐기물, 부스러기, 점액질, 단백질과 다당류 등 거의 아무 것이나 배출하는 방편이다. 예를 들면, 뿌리는 뿌리에서 만들어진 점액질을 이용하여 토양 사이를 미끄러지듯 지나가는데, 세포 내에서 합성된 미끈거리는 윤활점액을 소포에 포장하고, 이를 세포 표면의 막으로 이동시켜 막과 합쳐지게 한 다음, 소포 내에 있던 점액질을 외부로 방출하는 것이다. 많은 꽃에서는 세포외 배출에 의해 꿀샘에서 꽃꿀(nectar)이 분비된다. **세포내 섭취(endocytosis)**는 근본적으로 반대의 과정이다. 외막에 작은 함입(invagination)이 생긴 다음 조여지고 닫혀서, 세포 외부의 물질이 담겨 있는 새로운 소포가 만들어진다. 세포내 섭취는 이와 같은 방식으로 먹이입자를 받아들이는 조류와 그 밖의 현미경적 생물에서 특히 흔하게 볼 수 있지만, 식물에서 얼마나 보편적인지는 잘 알려져 있지 않다.

투과성(permeability)은 막의 중요한 특성이다. 모든 생체막을 **선택적 투과성 막(selectively permeable membrane)** 또는 다른 말로 **차등투과성 막(differentially permeable membrane)**이라고 하는데, 이는 어떤 물질이 다른 어떤 물질보다 훨씬 쉽고 빠르게 통과한다는 의미이다(**그림 3-10**). 막의 많은 부위가 대부분 지질이기 때문에 막은 전하를 가진 물질보다는 소수성 물질을 더 잘 통과시킨다. 그렇지만 무기염류와 당 그리고 아미노산 같이 전하를 띤 화합물이 세포로 전혀 들어오지 못하거나 아주 느리게 들어올 수 밖에 없다면 세포는 굶게 될 것이다.

전하를 가진 물질의 이동은 막을 가로지르고 친수성 통로 역할을 하는 큰 내재성 단백질의 도움을 받는데, 이를 **촉진확산(facilitated diffusion)**이라고 한다. **분자펌프(molecular pump)**라고 부르는 다른 어떤 단백질이 막의 한쪽에서 분자와 실제로 결합한 다음, 에너지를 이용하여 단백질이 형태를 바꾸고 다른 쪽으로 분자를 방출시킨다. **능동수송(active transport)**이라고 부르는 이러한 능동적 펌프작용에 의해 세포는 용질의 내부 농도가 외부 농도를 훨씬 초과할 때까지 물질을 축적시킨다. 이렇게 반대로 작동하는 펌프는 세포 밖으로 물질을 능동적으로 수송할 수 있다(**표 3-3**). 펌프를 제외하고는 막은 반드시 물질에 대해 불투과성(impermeable)이어야 한다. 쉽게 다시 빠져나갈 수 있는 어떤 분자에 대해 분자펌프를 갖는다는 것은 아무 쓸모가 없을 것이다.

모든 생명은 **구획화(compartmentalization)**의 원칙에 좌우된다. 구획화는 많은 구획(compartment)들이 만들어지는 것이고, 각 구획은 특정한 물질을 만든다든지 또는 특정한 전구물질을 사

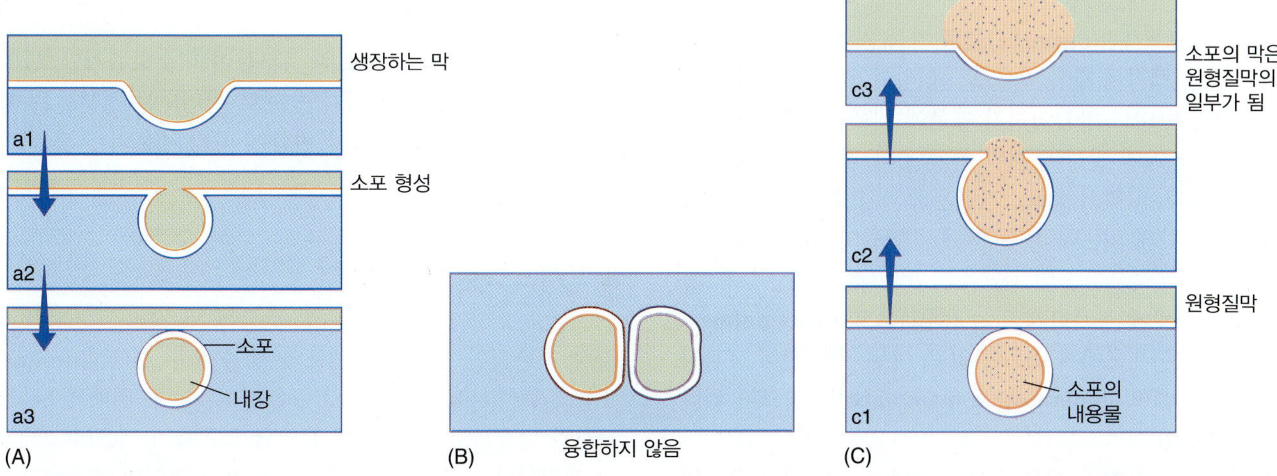

그림 3-9 **(A)** 많은 세포소기관들이 세포 안을 이동하는 작은 소포를 만들고, 이들 소포는 오랜 기간 별개로 남거나 또는 다른 세포소기관이나 소포와 결합한다. 결합하려면 양쪽의 막 성분이 매우 비슷해야 한다. **(B)** 여기서 단일한 막 2중층을 각각 주황색과 검은색의 2중선으로 나타내었다. 막의 성분이 비슷하지 않으면 두 구획들은 합쳐지지 않는데, 이를테면 핵은 미토콘드리아나 엽록체와 융합하지 않는다. **(C)** 소포가 세포 표면에서 막과 합쳐지면 그 내용물은 세포 밖으로 배출되고, 소포의 막은 세포 표면의 일부가 된다. 소포의 막과 원형질막은 그들의 성분이 비슷하다는 점을 나타내기 위해 같은 색깔로 표시하였다.

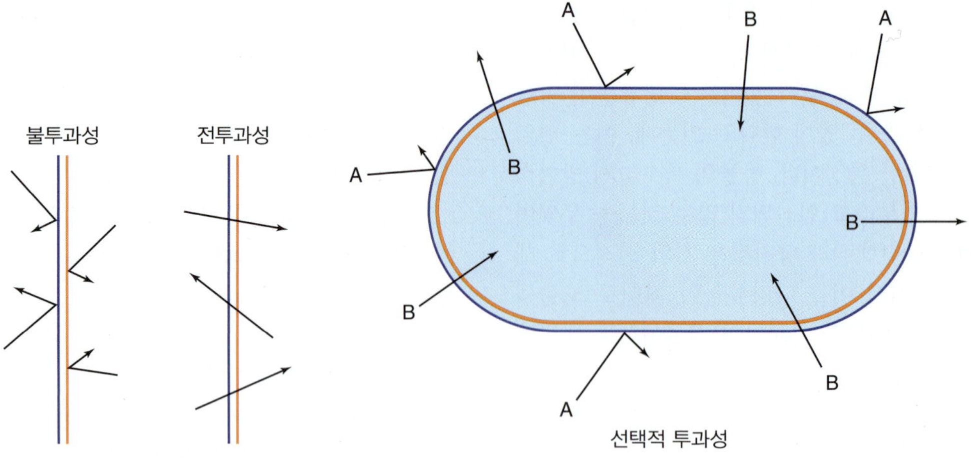

그림 3-10 불투과성 막은 어느 것도 통과시키지 않는 반면, 자유롭게 통과시키는 전투과성 막은 어느 것도 막지 않는다. 선택적 투과성 막은 어떤 물질을 다른 물질보다 훨씬 쉽게 통과시키고, 그 결과 양쪽의 화학 조성이 다르게 된다. 이 막은 물질 A에 대해 불투과성이지만 물질 B에 대해서는 투과성을 갖는다.

표 3-3 옥수수(*Zea*) 뿌리의 능동수송

	외부 농도	내부 농도	증가
칼륨	1.0 mM	22 mM	2,200%
칼슘	0.2 mM	5 mM	2,500%
염화물	1.2 mM	27 mM	2,250%

무기영양소는 토양에서 흔히 묽은 용액의 상태로 존재하므로 뿌리의 세포(내피세포)에 의해 일어나는 능동수송에 의해 축적되어야 한다. 이 표는 식물의 외부로부터 통도조직에 이르기까지 막을 통과하며 영양소를 퍼내는 내피세포의 능력을 보여준다.

용하는 것 같은 특정한 과정을 전문적으로 한다. 예를 들면, 사람의 혈액은 사람의 소화계와 구분되어 있다. 이 두 가지는 함께 일해야 하지만, 이 둘은 결코 섞이지 않는다. 만일 생물의 모든 단량체, 중합체, 당, 염류, 효소 그리고 비타민들이 함께 혼합되어 있다면 일부 반응이 무작위로 일어나겠지만 생명 작용이라고 간주될 만큼 질서정연하게 일어나지는 못할 것이다. 대신에 세포는 많은 구획들인 세포소기관(organelle)들로 가득 차 있고, 각각은 그들만의 독특한 선택적 투과성 막으로 둘러싸여 있다. 단백질 통로와 펌프는 핵의 안내로 만들어지기 때문에 세포는 각기 다른 종류의 세포소기관 막에 만들어 끼워 둘 통로와 펌프의 수와 종류를 조절할 수 있다. 따라서 세포소기관은 투과성이나 펌핑 능력이 서로 다른 막을 갖게 되는데, 이는 핵에서 만들어지는 지시에 좌우된다.

모든 것을 빠르게 통과하게 하는 **전투과성 막(freely permeable membrane)**은 세포에게 소용이 없고, 아무 것도 전혀 통과시키지 않는 **불투과성 막(impermeable membrane)**도 쓸모가 없다(그림 3-10, **표 3-4**).

막의 마지막 중요한 특성은 막이 동적(dynamic)이고 끊임없이 변한다는 것이다. 세포막은 간단히 만들어질 수 없고, 세포가 수명을 다 할 때까지 변하지 않는다. 대신에 새로운 성분이 끊임없이 삽입되고 오래된 성분은 제거된다. 만일 세포의 기능이 항상

표 3-4 막을 가로지르는 운동의 요약

불투과성 막(impermeable membrane): 아무 것도 통과하지 않음; 모든 것에 불투과성인 생체막은 없음.

전투과성 막(freely permeable membrane): 사실상 어느 것이나 통과할 수 있음.

선택적 투과성 막(selectively permeable membrane) 또는 **차등투과성 막(differentially permeable membrane):** 어떤 물질은 빠르게 통과하는 반면, 다른 물질은 느리게 통과함.

촉진확산(facilitated diffusion): 막에 있는 큰 내재성 단백질이 전하를 가진 친수성 분자를 막을 가로질러 확산시킴.

능동수송(active transport): 막에 있는 큰 내재성 단백질이 분자와 결합하고 에너지를 이용하여 막을 지나가게 함.

세포외 배출(exocytosis): 소포가 세포막과 융합하고 소포의 내용물이 세포 외부로 배출됨.

세포내 섭취(endocytosis): 세포막에 함입이 생긴 다음 조여지고 닫혀서 소포가 만들어지고 외부의 물질을 세포로 운반함.

동일하다면 오래되고 새로운 성분들이 비슷하겠지만, 만일 세포가 그 기능을 변화해야 한다면 새로 삽입되는 성분들은 빠진 성분들과 다르다. 막의 본질이 변함에 따라 세포의 본질 역시 변화한다.

기본적 세포형

가장 기본적인 수준에서 세포와 생물 모두 **원핵성(prokaryotic)** 또는 **진핵성(eukaryotic)**으로 구분될 수 있다. 원핵세포는 진핵세포보다 단순하고, 세균역(세균과 남세균)과 고세균역(고세균)에서만 관찰된다. 원핵세포는 진화에서 가장 고대의 계통이고 진핵세포는 원핵세포로부터 진화하였다는 가설이 제기되었다.

식물, 동물, 균류 및 원생생물에서 발견되는 진핵세포는 원핵세포보다 훨씬 복잡하다. 가장 두드러진 차이점이자 이들의 이

름이 붙여진 것은 바로 진핵세포에 진정한 막으로 둘러싸인 핵이 존재한다는 것이다. 뿐만 아니라 진핵세포에는 이들을 형태적으로나 생리적으로 훨씬 다양하고 복잡하게 해 주는 많은 세포소기관들이 들어 있다.

식물 세포

뿌리, 목부, 나무껍질, 잎과 꽃 등 식물의 다양한 부분들이 전혀 다른 것처럼 보이지만, 사실상 이들 모든 세포는 다음과 같은 세포소기관들을 모두 갖고 있고, 예외는 찾아보기가 어렵다. 각 유형의 세포들이 발생하는 과정에 어떤 세포소기관은 더욱 변형되고 다소 풍부해질 수 있지만, 완전히 사라지는 세포소기관은 대개 없다(**그림 3-11**).

원형질

원핵이건 진핵이건 간에 모든 세포는 **원형질(protoplasm)**이라고 부르는 물질로 되어 있고, 단일한 세포의 원형질을 원형질체(protoplast)라고 부른다(그림 3-5). 이 명칭은 오래 전에 붙여진 것으로, 그 당시에는 원형질이 물이나 산소 또는 철 같은 별개의 물질이고 그 속성 가운데 하나는 생명 그 자체라고 믿었다. 지금 우리는 원형질이 세포 안에 있는 단백질, 지질, 핵산 및 물의 덩어리라고 알고 있다. 벽을 제외한 세포 안의 모든 것은 원형질이고, 다음과 같은 세포소기관들로 구성된다.

원형질막

원형질막(plasma membrane; 자주 사용되지 않는 용어로 **plasmalemma)**은 원형질의 표면을 완전히 덮는 막이다(**그림 3-12**). 이 막이 원형질체의 가장 바깥쪽 표면이므로, 해로운 물질에 대해서는 불투과성이어야 하고 이로운 물질에 대해서는 투과성이어야 한다. 따라서 이 막은 선택적 투과성 막이다. 원형질막의 분자 펌프는 필요로 하는 분자들을 내부로 능동적으로 수송하고, 분비할 분자들은 바깥으로 퍼낸다. 원형질막의 한쪽은 외부 환경을 향

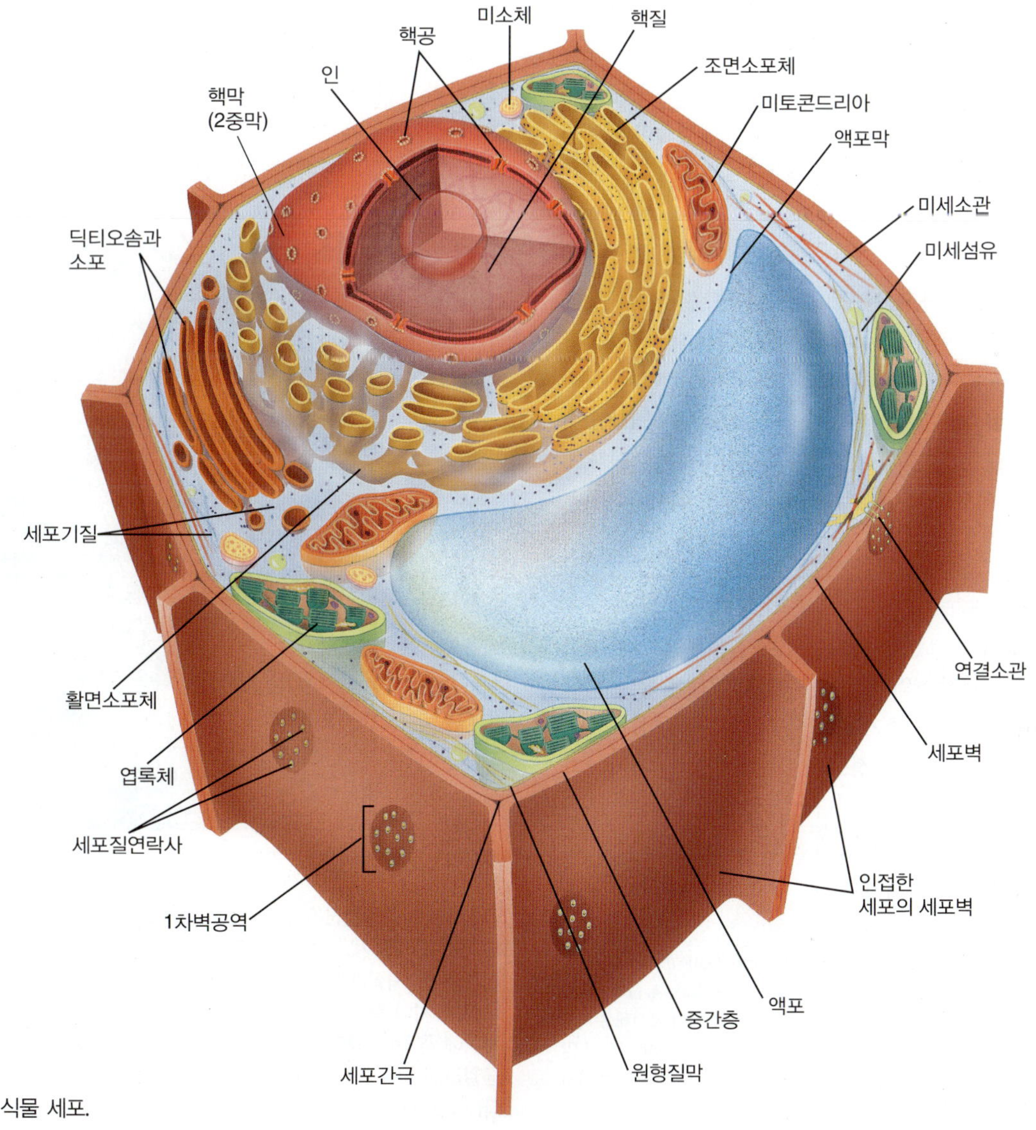

그림 3-11 일반적인 식물 세포.

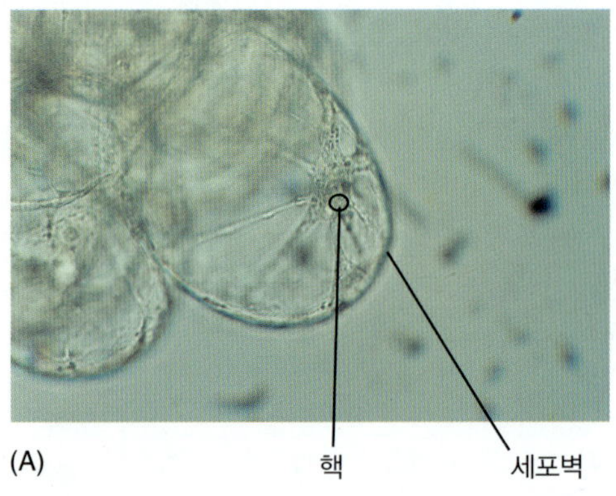

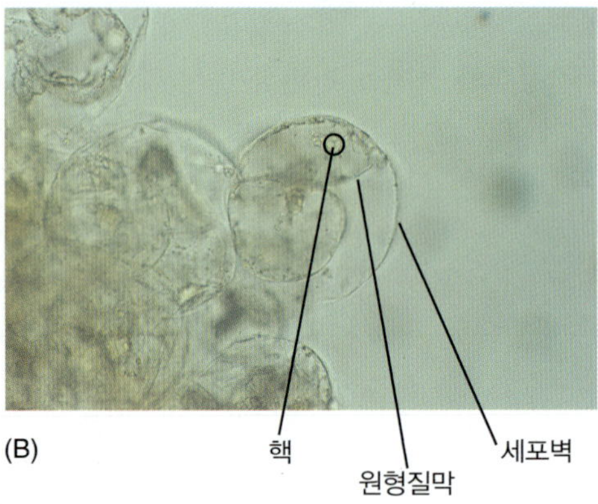

그림 3-12 **(A)** 건강하게 생장하는 세포. 원형질체가 세포벽 쪽으로 단단히 밀착되어 있어서 원형질막이 보이지 않는다(×160). **(B)** 세포에서 물이 빠져 나오게끔 염을 처리하였더니 이 세포들에서 원형질체가 오그라들었다. 그 결과, 원형질막을 볼 수 있다(×160).

하고 다른 한쪽은 세포를 향하고 있기 때문에, 양쪽 면은 아주 다르고, 특히 막에 포함된 단백질의 종류가 매우 다르다. 원형질막이 원형질체로부터 깨끗하게 분리되지 않기 때문에, 우리는 원형질막을 구성하는 단백질과 지질에 대해서 거의 알지 못하고 있다. 지금까지 연구할 목적으로 원형질막을 분리한 거의 모든 시도에서는 원형질막과 함께 세포의 다른 부분들이 상당히 묻어 나왔다.

핵

핵(**nucleus**; 복수형 nuclei; 그림 3-11)은 생물의 유전정보에 대한 기록 보관소 또는 영구 저장소의 기능을 한다. 이 책에서는 식물의 생명 현상에 대해 간략하게 소개하고 있다. 하나의 세포를 구축하고 유지하는 데 필요한 모든 정보를 적으려면 몇 페이지가 소요될지 아무도 상상할 수 없을 것이다[1]. 그렇지만 그러한 모든 정보는 모든 핵 안에 들어 있는 DNA에 저장되어야 하고, 이 정보의 저장이 안전하고 영구적이어야 한다. 정보 또는 정보의 사본을 검색하고 이용할 수 없다면 그 정보는 쓸모가 없다. 핵은 정보가 필요할 때마다 DNA의 특정한 부분의 사본을 만들어 정보 검색을 수행한다. 그 사본은 DNA가 아니고 전령RNA(messenger RNA)라고 부르는 리보핵산의 일종이다. 핵이 어떻게 세포의 나머지로부터 오는 신호에 대응하여 DNA에서 그 필요한 정보를 검색하고, 다른 비슷한 정보를 뜻하지 않게 복사하지 않으면서 정확하게 그 사본을 만드는지를 이해하는 일은 매우 흥미진진한 연구 분야이다.

진핵세포의 핵은 항상 **핵막(nuclear envelope)**으로 둘러싸이고, 핵막은 **외막(outer membrane)**과 **내막(inner membrane)**의 두 겹으로 구성된다. 핵을 구성하는 물질을 세포의 나머지로부터 분리시키는 핵막에는 **핵공(nuclear pore)**이라 부르는 많은 작은 구멍이 있는데(**그림 3-13**), 핵공은 핵과 원형질의 나머지와의 물질 수송에 관여한다. 핵공은 복잡한 구조로 되어 있고, 물질의 이동을 조절하는 역할을 한다. 만일 핵을 세포로부터 추출하여 물에 넣으면 핵은 부풀어 오르는데, 이러한 일은 핵이 물을 흡수하지만 핵공이 핵으로부터 물질이 빠져나가는 것을 막을 때에만 일어난다. 원핵생물은 핵막이 없고, 대신에 DNA가 세포 내용물의 나머지와 섞여 있다.

핵에 들어 있는 물질을 **핵질(nucleoplasm)**이라 부른다. '원형질'이라는 용어와 마찬가지로 이 명칭도 그 조성을 이해하기 전

그림 3-13 동결할단(freeze-fracture)이라 부르는 조작. 세포를 얼린 다음, 가볍게 두드리면 세포가 쪼개진다. 동결되면 막의 지질이 약해져서 막을 따라 열개하면 한 지질층과 다른 지질층이 분리된다. 여기서는 균열이 불규칙하게 세포질을 지나 핵막으로 들어갔다. 핵막은 외막과 내막으로 구성되며, 이들 막 사이에 공간이 있다. 두 겹의 막은 핵공에서 합쳐진다. 핵공은 핵의 표면에서 균일하게 분포하기도 하고, 일부 종에서는 띠나 조각을 이루며 나타나기도 한다(×60,000).

[1] 2016년 현재 우리는 실제로 알고 있다. 모형식물인 애기장대(*Arabidopsis thaliana*)는 1억 3500만 '비트(bit)'의 정보를 갖는데, 이 정보는 A, T, G 그리고 C로 구성되는 뉴클레오티드 염기쌍이다. 이 책은 페이지마다 7,670글자를 담을 수 있으므로, 애기장대의 유전체 순서를 이 페이지에 적으려면 무려 17,601페이지가 필요하다. 테에다소나무(*Pinus taeda*)는 보다 많은 정보(200억 염기쌍)를 가진 훨씬 큰 핵을 갖고 있으며, 이 정보를 옮겨 적으려면 자그마치 2,627,118페이지가 필요하다.

박스 3-2 뼈와 이를 튼튼하게 해 주지만 식물에게는 그렇지 않은 칼슘

많은 식물과 동물은 단단한 부분을 필요로 한다. 목부는 나무의 무게를 지탱하기에 충분할 만큼 강하고, 동물에서 뼈도 비슷한 역할을 한다. 씨앗은 호두와 아몬드의 껍질처럼 보통 단단한 껍질로 보호를 받고, 껍데기는 조개와 홍합을 보호한다. 사람의 치아는 튼튼하기 때문에 사람은 거의 모든 것을 씹을 수 있다. 비록 식물과 동물이 비슷한 역할을 위해 단단한 부분을 이용하지만, 식물은 두껍고 단단한 세포벽에 의존하는 반면에 동물은 칼슘염을 이용한다.

식물이 뼈 같은 물질을 이용할 수 있을까? 이 주제를 일련의 '대안과 그 결과'로 분석할 수 있다. 현재의 대안인 목부(wood)는 섬유소(cellulose)와 목질소(lignin)라고 부르는 화학물질로 구성된다. 두 가지 모두 식물 자체가 광합성을 통해 만든 탄수화물이고, 따라서 이들 물질은 손쉽게 구할 수 있다. 그리고 두 가지 모두 몹시 불활성이고, 식물의 대사에서 다른 측면에 거의 영향을 미치지 않는다. 그에 반해서 칼슘과 그 염류는 많은 대사경로에 참여하고, 껍질이나 뼈 또는 이빨의 형성과 재흡수는 세포의 생리에 광범위한 영향을 미친다. 껍질은 탄산칼슘으로 구성되고, 동물이 껍질을 만들기 위해 탄산이온(CO_3^{2-})을 이용함에 따라 원형질의 산도가 변한다. 뿐만 아니라 동물은 다른 곳에서 칼슘을 필요로 할 때 그들의 껍질 일부를 분해할 수 있고, 이렇게 탄산염이 유리되면 다시 한 번 pH에 영향을 미친다. 이는 해양생물에게 견딜 만한데, 왜냐하면 해양생물은 그들 자신의 원형질에서가 아니라 주변의 해수로부터 탄산염을 이용하므로 pH가 영향을 받지 않기 때문이다. 만일 나중에 껍질이 다시 흡수되면 유리된 탄산염은 마찬가지로 동물에서 빠져나와 해수로 버려진다.

내부 골격을 가진 우리와 같은 동물들은 뼈와 이빨을 만드는 데 인산칼슘을 이용한다. pH를 변모시키는 탄산칼슘의 성향은 우리에게 너무나도 위험하고, 우리의 골격은 탄산염의 저장고로 해수를 이용하지 못한다. 우리가 이용하는 인산이온(PO_4^{2-})은 세포의 산도에 거의 영향을 미치지 않으며, 더구나 어떤 이유로 뼈를 재흡수하면 유리된 인산염은 다른 많은 대사반응의 자원이 된다. 이는 전혀 골칫거리가 아니다.

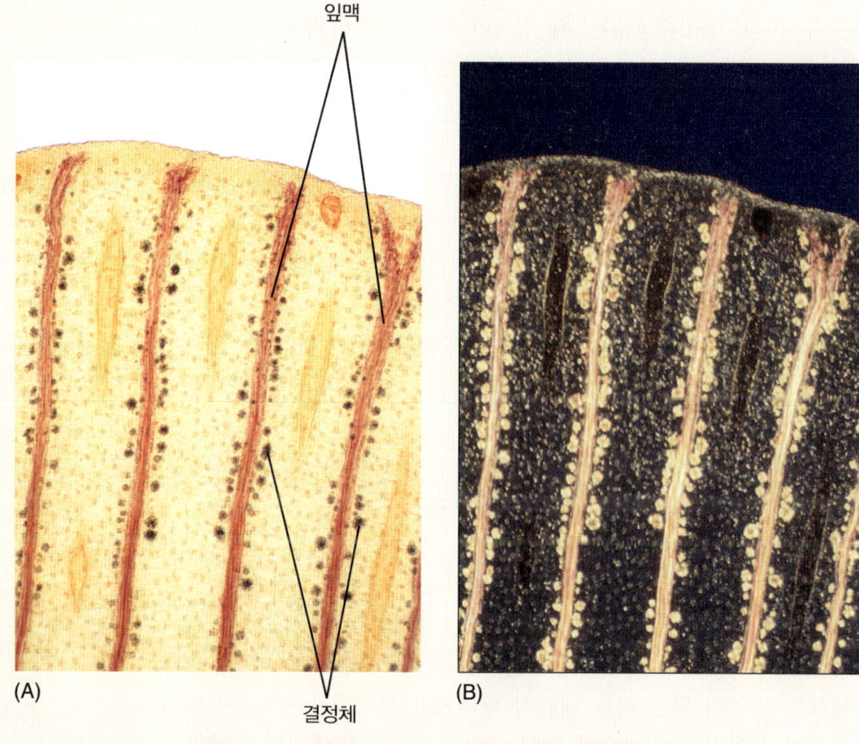

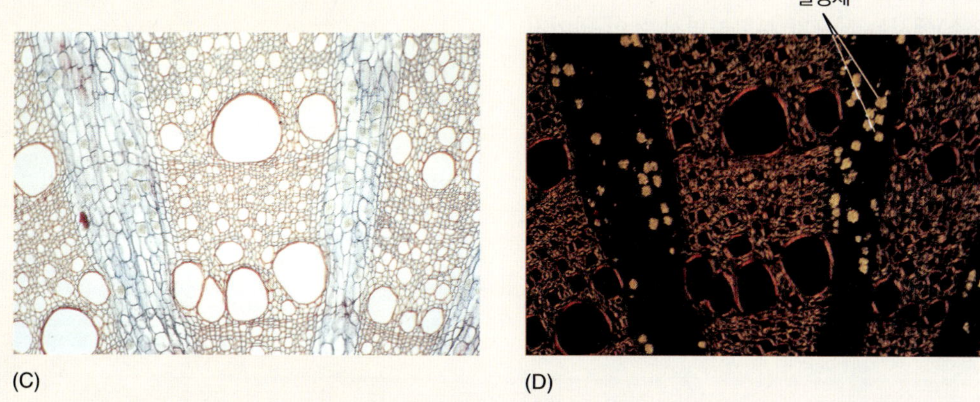

그림 B3-2 **(A)** 은행나무(*Ginkgo*)의 잎. 잎의 외부로 당을 전도하는 몇 개의 빨갛게 염색된 잎맥을 볼 수 있다. 이러한 잎맥은 진딧물과 그 밖의 흡즙곤충에게 표적이 된다(×15). **(B)** 편광 하의 같은 조직(×15). **(C)** 쥐방울덩굴속(*Aristolochia*) 목부의 단면. 청색으로 염색된 벽과 함께 2개의 띠를 이룬 조직에 결정들이 들어 있다. 이는 목부 내의 연한 조직이고 당과 그 밖의 영양소가 저장되는 부위이다(×50). **(D)** (C)와 동일한 편광 하의 조직(×50).

식물도 칼슘과 그 염류에 주의해야 한다. 탄산칼슘이 세포의 산도를 교란시키는 것은 우리만큼이나 식물에게도 위험한데, 식물은 인산칼슘도 이용하지 않는다. 이는 아마도 식물이 너무 많은 인산염을 필요로 하기 때문일 것이다. 대부분의 토양은 미미한 양의 인산염을 포함하고 있고, 식물이 최적으로 자랄 만큼 충분하지 못하다. 만일 식물 세포가 뼈로 이루어진 벽을 가진다면 식물 세포는 토양에서 이용할 수 있는 것보다 훨씬 많은 인산염을 필요로 하게 될 것이다.

동물과 마찬가지로 식물도 세포 내에 용해된 칼슘의 농도를 주의하여 조절해야 한다. 그 농도는 매우 낮은 수준을 유지해야 하고, 그렇지 않으면 대사에 지장을 초래하게 된다. 뿌리가 칼슘의 진입을 차단하기는 하지만, 뜻하지 않게 자주 칼슘이 새어 들어오고, 식물은 과도한 칼슘을 어떻게 해서든 제거해야 한다. 식물은 옥살산(oxalic acid)을 만들어 칼슘의 결정체를 이루게 한다. 칼슘과 옥살산이 반응하여 옥살산칼슘(calcium oxalate)을 형성하는데, 이는 불용성이고 결정을 만든다. 결정화된 칼슘은 다소 불활성이며, 식물의 대사에 지장을 주지 않는다. 옥살산칼슘은 커다란 뼈 같은 구조가 아닌 아주 작은 개개의 결정을 형성한다.

목질소를 갖는 목부는 뼈나 이빨만큼 단단하지 않지만 그 합성은 세포의 산도에 영향을 미치지 않는다. 식물은 토양의 드문 무기질에 의존하지 않고 자신이 필요로 하는 모든 목부를 만들 수 있다. 식물과 동물은 서로 다르게 일할 수 있지만, 이러한 차이의 기저를 이루는 타당한 생물학적 원리가 있다.

에 붙여졌다. 지금 우리가 알고 있는 핵질은 (1) DNA; (2) DNA를 유지하고 수선하고 읽는 데 필요한 효소와 그 밖의 요인들; (3) DNA를 떠받치고 DNA와 상호작용하는 히스톤(histone) 단백질들; (4) 몇 가지 종류의 RNA; 그리고 (5) 물과 핵의 대사에 필요한 그 밖의 많은 물질들의 연합체이다. 핵의 DNA는 항상 히스톤과 긴밀하게 연관되어 있고, 이 둘의 복합체를 염색질(chromatin)이라고 한다. 세포가 오래 되거나 그 대사활성이 변하면 핵과 핵질 역시 변화한다. 예를 들면, 뿌리 끝, 줄기 끝, 어린잎과 꽃눈에서와 같이 빠르게 세포분열을 하는 세포들에서는 DNA와 히스톤 그리고 복제효소들이 핵질에서 우세하지만, 분열하지 않는 성숙한 세포에서는 전령분자들과 해독하는 효소들이 더욱 풍부할 수 있다.

모든 핵의 안쪽에는 하나, 둘 또는 드물게 몇 개의 **인(nucleolus**; 복수형 nucleoli)이 있는데(**그림 3-14**), 여기에서는 리보솜의 성분이 합성되고 부분적으로 조립된다. 각 리보솜은 염색질의 리보솜 유전자로부터 복제된 많은 양의 리보솜RNA가 들어 있다.

핵은 크고 복잡한 세포소기관이며, 분열하는 작은 세포에서는 부피의 상당 부분(50%까지)을 차지한다. 그렇지만 대부분의 세포는 분열이 멈춘 다음 대단히 확대되고 성숙해진다(이를테면 어린잎이 확장되어 성숙한 잎이 된다). 세포가 확대되면서 세포 용적에서 차지하는 핵의 비율은 차츰 작아진다(**표 3-5**). 어떤 통도세포(체관부의 체관요소)에서는 세포가 분화하면서 핵이 없어지고, 성숙한 세포는 핵이 없이 몇 주나 몇 달 동안 기능을 한다. 사람의 적혈구 역시 성숙하면 핵이 사라진다. 이 두 가지의 세포형은 극히 예외적이어서, 이들 세포는 매우 제한적인 유형의 대사를 수행할 때에만 핵이 제거되고(enucleate), 핵이 사라진 다음 이들 세포는 곧 죽는다. 몇 가지 종류의 식물 세포는 다핵성(multinucleate)이다.

중심액포

작고 어린 세포에는 **액포(vacuole)**라는 세포소기관이 있고, 액포는 단일막인 **액포막**(vacuole membrane 또는 **tonoplast**)을 갖는다. 흔히 액포는 비어 있는 것처럼 보이는데(그림 3-11, **표 3-6**), 이는 액포에 현미경으로 관찰할 수 없는 물과 염류가 주로 들어 있기 때문이다. 그렇지만 때로는 물과 염류 외에도 관찰이 가능한 결정, 녹말, 단백질체 및 다양한 유형의 과립이나 섬유성 물질이 액포에 포함된다.

세포가 자라고 확대되면서 액포는 확장하고 합쳐져서 하나의 커다란 중심액포(central vacuole)가 된다. 주로 물과 염류를 포함하기 때문에 중심액포는 빠르게 확장할 수 있고, 한편으로 세포가 빠르게 생장하도록 한다(**그림 3-15**). 동물 세포가 생장하려면 완전한 원형질을 합성해야 하지만, 식물 세포는 단지 액포의 물의 양만 늘리면 된다. 예를 들어, 꽃눈이 열리면 꽃잎이 아주 작은 크기로부터 불과 몇 시간 안에 최대 크기로 확대되는데, 이는 새로운 세포가 만들어지는 것이 아니라 단순히 꽃잎의 액포가 확장되기 때문이다. 오랜 시간에 걸쳐 식물은 단백질과 막 그리고 세포소기관들을 추가로 만들어야 하고, 그렇지 않으면 이들 세포는 거

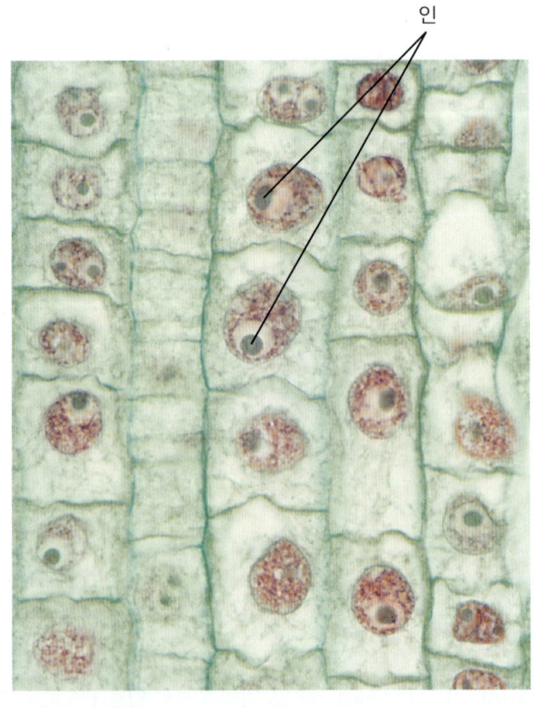

그림 3-14 인은 대체로 핵의 나머지보다 더욱 짙게 염색이 되고, 가끔 별개의 색깔로 염색이 된다. 현미경 사진은 히아신스 뿌리 끝의 세포들이다(×250).

표 3-5 식물 세포에서 세포소기관들의 상대 부피

세포소기관	어린 세포	성숙한 세포
핵	32.4	0.23
액포	4.93	83.3
미토콘드리아	5.35	1.01
색소체	3.72 (전색소체)	3.16 (엽록체)
딕티오솜	0.40	0.04
투명질	52.9	12.1
지질	0.23	0.00

어린 세포는 작고 핵이 큰 경향이 있다. 세포가 자라고 분화함에 따라 세포의 부피가 늘어나고, 세포의 특수화에 따라 어떤 세포소기관은 차츰 두드러지게 된다. 여기에 보인 세포소기관의 상대 부피(세포 전체의 부피에 대한 세포소기관 부피의 백분율)는 어린 세포의 경우 줄기의 끝 그리고 성숙한 세포는 줄기 외부의 광합성 세포에서 측정한 결과이다. 두 가지 세포에서 핵의 크기는 동일한데, 성숙한 세포는 너무 커서 핵이 아주 작은 부분만 차지할 따름이고, 반면에 어린 세포는 너무 작아서 핵이 세포 부피의 1/3을 차지한다. 여기에 제시한 수치들은 고슴도치선인장(*Echinocereus*)의 경우이다.

표 3-6 보리(*Hordeum*) 잎 세포에서 추출한 액포의 영양소 농도

영양소	농도 (mM)	사람의 혈액
Cl^-	56.1	101~111
NO_3^-	42.9	전형적 측정치 없음
HPO_4^-*	64.5	0.25~0.43
SO_4^{2-}	25.1	전형적 측정치 없음
K^+	142.2	3.7~5.2
Na^+	42.2	136~144

*흔히 Pi로 줄여 씀

의 순수한 물로 채워질 것이다.

세포 생장의 기능에 덧붙여 중심액포는 영양소와 노폐물을 저장하는 기능을 한다. 씨앗 세포에서는 종자가 발아할 때 이용할 단백질이 액포에 채워지기도 하는데, 단백질은 액포에 맡겨진 다음 10년에서 50년이 지나도 이용이 가능하다. 칼슘은 많은 효소의 활성을 조절하고, 식물 세포는 칼슘을 액포로 이동시켜 원형질의 칼슘 농도를 적절한 수준으로 유지한다. 액포에서는 칼슘이 옥살산과 반응하여 불활성형의 결정이 된다. 칼륨 같은 다른 영양소는 매일 액포를 들락거릴 수 있다. 많은 꽃과 열매 그리고 홍당무의 수용성 색소들도 액포에서 나타난다(**그림 3-16**).

노폐물을 배출하는 체계는 식물에서 전혀 진화하지 않았다. 대신에 대사폐기물은 액포막을 통과하여 중심액포에 영구히 저장된다. 액포막은 이들 폐기물에 대해 불투과성이므로 폐기물은 자칫하면 해를 줄 수 있는 세포질로 돌아갈 수 없다. 폐기물을 세포 안에 영구히 보존하는 게 최적의 상황 같지 않지만, 사실상 이는 선택적 이익이 있다. 이들 화합물의 대부분이 유독하고 맛이 쓰므로 이들 물질은 초식동물을 단념시키게 한다. 오히려 이들을 배출하는 돌연변이가 일어났다면 세포의 맛이 좋아졌을 것이고, 이는 선택적 불이익이 될 수 있다.

그림 3-15 진달래의 꽃눈이 밤에 열리고, 각 세포의 중심액포에 물이 채워지면서 꽃잎과 수술이 빠르게 펼쳐진다. 꽃은 정수압(hydrostatic pressure)에 의해 그 모양이 유지되고, 중심액포는 세포질을 세포벽 쪽으로 단단히 누른다.

한편 중심액포는 소화성 세포소기관이다. 다른 세포소기관이 노쇠하여 손상되면 그 세포소기관은 액포막과 융합하여 중심액포로 들어오고, 이곳에서 소화효소들이 손상된 세포소기관을 분해한다. 여기서 유리된 단량체들은 세포의 나머지로 다시 수송되어 그곳에서 다시 이용된다. 중심액포를 갖지 않는 동물에서는 리소좀(lysosome)이라는 작은 액포에 의해 이러한 일이 수행된다.

세포질

원형질에서 핵과 액포를 제외한 나머지 물질을 **세포질(cytoplasm)**이라 부르고, 여기에는 다음과 같은 구조들이 들어 있다.

미토콘드리아

세포는 에너지가 풍부하지만 좀처럼 화학반응을 일으키지 않는 당과 녹말 같은 화합물에 에너지를 저장한다. 이 에너지를 이용하

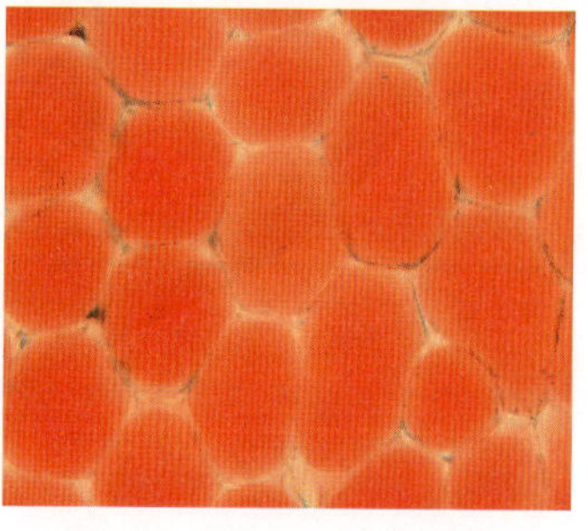

그림 3-16 이들 꽃잎 세포의 중심액포에는 액포를 가시화하는 용해된 색소들이 들어 있다. 타원형의 색소들 사이에서 옅게 보이는 부분에는 세포간극, 세포벽, 핵 그리고 액포 외의 모든 원형질이 있다(×300).

려면 그런 화합물을 분해시켜야 하고, 에너지가 풍부하면서 쉽게 반응하는 새로운 화합물을 합성하는 데 이 에너지를 이용해야 하며, 그 가운데 가장 흔한 것이 ATP(adenosine triphosphate)이다. 이 반응에는 고에너지의 반응성 화합물이 참여하는데, 이 반응이 세포질에서 자유롭게 일어난다면 그 중간물질이 자칫 잘못하여 다른 세포성분과 반응할 우려가 있으므로, 별개의 세포소기관 안에서 안전하게 반응이 일어난다. **미토콘드리아(mitochondria**; 단수형 mitochondrion)는 이 세포호흡을 수행하는 세포소기관이다(**그림 3-17**).

호흡의 많은 단계는 미토콘드리아 막에 결합한 효소들에 의해 중재된다. 효소들은 서로 가깝게 위치하여 한 반응의 생성물(다음 반응의 반응물이 됨)이 다음 효소로 직접 전달된다. 이렇게 함으로써 반응성이 강한 중간물질을 조절할 수 있다(**그림 3-18**). 미토콘드리아 막은 접혀서 **크리스타**(**cristae**; 단수형 crista)라고 부르는 큰 시트나 튜브를 형성한다. 이렇게 접힌 주름은 많은 효소들이 자리 잡는 공간을 제공한다. 반응성이 강한 중간물질이 관여하지 않는 반응들은 크리스타 사이의 액체로 된 **기질(matrix)**에서 일어난다. 크리스타와 기질 복합체 주위에는 두 번째 막인 **미토콘드리아 외막(outer mitochondrial membrane)**이 있는데, 이 막이 미토콘드리아의 모양과 약간의 단단함을 갖게 한다. 외막은 상당히 투과성이지만, 크리스타를 형성하는 **미토콘드리아 내막(inner mitochondrial membrane)**은 선택적 투과성이고 많은 펌프와 통로를 갖는다.

미토콘드리아는 그들 자신의 DNA와 리보솜을 갖고 있는데, 이들은 세포의 다른 곳에서 발견되는 DNA나 리보솜과 다르다. 미토콘드리아 DNA는 환형(circular) 분자이고 히스톤이 없으며, 리보솜은 작고 원핵생물에서 발견되는 리보솜과 비슷하다.

미토콘드리아는 동적인 세포소기관이다. 미토콘드리아는 세포가 커짐에 따라 또는 세포의 호흡 필요성이 증가함에 따라 커질 수 있다. 미토콘드리아는 보통 지름이 약 1 μm이지만 길이는 5 μm에 달하고, 어떤 경우에는 더욱 길어지기도 한다. 한편 미토콘드리아는 둘로 분열할 수 있어서, 세포당 미토콘드리아의 수를 증가시킨다. 드물기는 하지만 어떤 종에서는 미토콘드리아가 서로 융합하여 세포마다 하나의 거대한 미토콘드리아를 형성하기도 한다. 미토콘드리아는 세포 용적의 1~25%를 차지하는데(표 3-5), 이 범위 가운데 높은 수치는 동물의 경우와 비슷하다. 이들이 분열하고 합칠 수 있기 때문에 세포당 실제 미토콘드리아의 수(보통 100~10,000의 범위)는 그 용적만큼 중요하지 않을 수 있다.

색소체

색소체(plastid)는 많은 기능을 수행할 수 있는 한 무리의 동적 세포소기관이다. 그 가운데 가장 중요한 활동은 녹색 색소체인 엽록체(그림 3-1)에 의해 수행되는 광합성이다. 다른 색소체들에서는

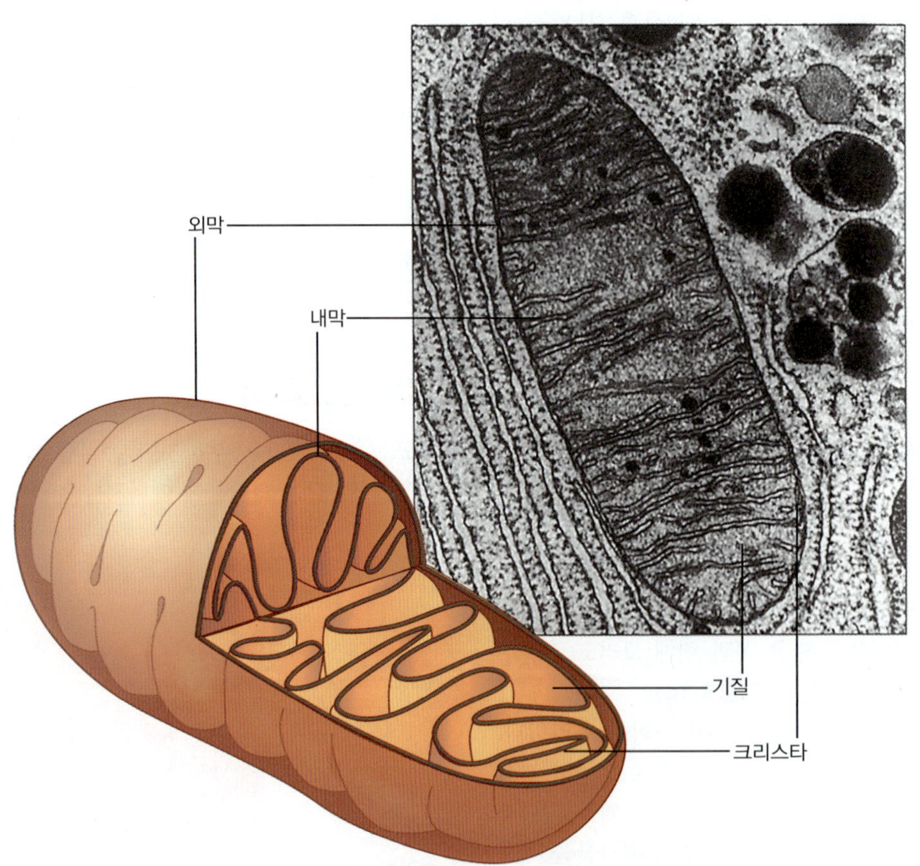

그림 3-17 미토콘드리아 내막은 접혀져서 접시 같은 크리스타를 형성하며 표면적이 넓어진다. 많은 호흡효소들은 크리스타 막에 파묻힌 내재성 단백질들이다. 넓은 표면적 때문에 각 효소들의 많은 사본이 포함될 수 있으며, 많은 반응이 동시에 일어날 수 있다.

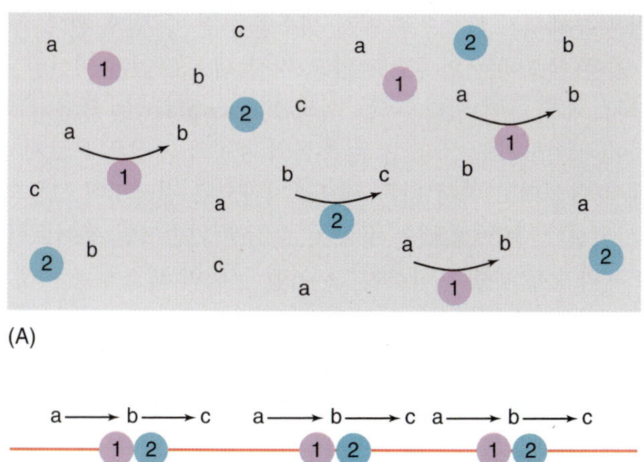

(A)

(B)

그림 3-18 많은 효소들은 함께 일해야 한다. 효소 1의 생성물 b는 효소 2의 반응물이 된다. **(A)** 만일 효소들이 용액에 들어 있으면 서로 가까이 있을 수 없고, 생성물 b는 효소 2를 만날 때까지 무작위로 확산되어야 한다. 그러는 동안에 다른 무엇인가와 뜻하지 않게 반응할 수 있다. **(B)** 만일 효소들이 나란히 함께 막에 위치하면 효소 1은 생성물 b를 효소 2에 직접 전달할 수 있어서 전체 반응의 속도가 빨라질 뿐만 아니라 우연한 반응의 기회를 줄일 수 있다.

다양한 유형의 대사가 일어나는데, 특수한 지질 분자의 합성과 저장 및 수출, 탄수화물과 철의 저장, 그리고 일부 꽃과 열매의 색깔 형성 등이다. 색소체는 이소류신과 발린 그리고 방향족 고리를 갖는 아미노산들(페닐알라닌, 트립토판 및 티로신) 또는 아스파르트산에서 유래된 아미노산들(리신, 트레오닌 및 메티오닌)이 합성되는 곳이다. 각각의 대사는 특정한 종류의 색소체와 연관되어 있고, 기관이 바뀌면 그 색소체도 변하며, 그 막과 단백질이 대규모로 변한다. 색소체는 모든 식물과 조류에서 발견되지만, 동물이나 균류 또는 원핵생물에서는 전혀 발견되지 않는다.

미토콘드리아와 비슷하게 색소체는 항상 **내막(inner membrane)**과 **외막(outer membrane)** 그리고 **스트로마(stroma)**라고 부르는 내부의 액체를 갖는다(**그림 3-19**). 아울러 색소체는 히스톤과 결합하지 않은 환형 DNA와 리보솜을 갖는다. 색소체는 생장하고 서로 떨어지며 증식한다. 어리고 빠르게 분열하는 세포의 색소체는 **전색소체(proplastid)**라고 부르며 매우 단순하다. 내막에 약간의 주름은 있지만 표면적은 거의 없다. 빛을 받으면 전색소체는 **엽록체(chloroplast)**로 발달하는데, 엽록체는 광합성 색소인 **엽록소(chlorophyll)**의 존재 때문에 녹색을 띤다(**표 3-7**). 광합성의 많은 중간물질은 반응성이 강하고 에너지가 높은 화합물이기 때문에 미토콘드리아의 경우와 같이 이들을 조절하는 효소들이 막에 존재해야만 한다. 바로 이런 점 때문에 내막이 더욱 광범위하고 정교하게 접히는 것이다. 막층인 **틸라코이드(thylakoid)**는 스트로마로 돌출된다. 막의 면적이 늘어나면서 광합성 색소가 들어갈 공간도 많아진다. 엽록소는 지용성 꼬리를 갖고 막의 일부가 된다. 어떤 부위에서는 틸라코이드가 작은 가방 같은 소낭을 형성하며 서로 포개진다. 소낭들의 더미를 **그라나(granum**; 복수형 grana)라고 부른다. 광합성의 주요한 특징은 양성자(H^+)가 작은 공간으로 능동 수송되어 전하가 생기는 것이다. 스트로마로부터

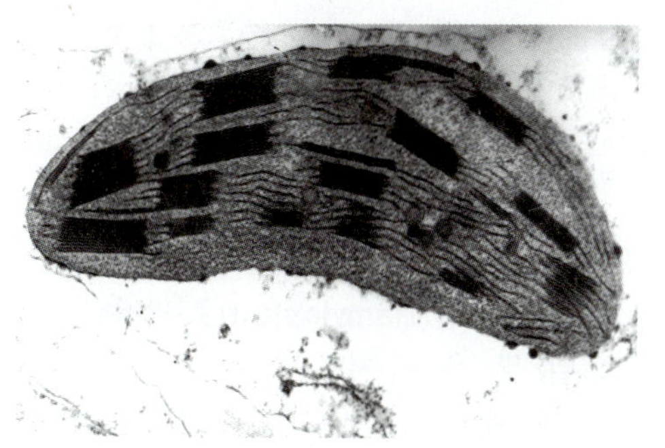

(A) Part A: Courtesy of Dr. Constantin Craciun, Babes-Bolyai University

엽록체
외막
내막
스트로마
그라나
틸라코이드
그라나
틸라코이드 내강
절단면

(B)

그림 3-19 **(A)** 모든 색소체는 외막과 내막을 갖는데, 엽록체는 내막이 광범위하고 몹시 접혀 있다. 단일막들은 틸라코이드이고, 다중막들은 사실상 납작한 틸라코이드 소낭들이 쌓인 것이며, 이 더미를 그라나라고 한다. 미토콘드리아의 크리스타처럼, 내막의 외부 표면은 각 효소들의 많은 사본들이 자리 잡는 공간을 제공한다. 광합성 색소인 엽록소는 막 지질층의 일부이다(약 × 30,000). **(B)** 그라나는 틸라코이드 막에 의해 서로 연결되어 있고, 액상의 스트로마가 그라나를 둘러싸고 있다. 틸라코이드 막이 선택적 투과성이기 때문에 틸라코이드 공간 내부의 화학물질 농도는 스트로마의 농도와 다르다. 이는 광합성에서 필수적이다.

표 3-7 색소체의 유형	
녹말체	녹말 저장; 백색체로 간주됨
엽록체	광합성 수행
잡색체	수많은 착색된 지질 포함; 꽃과 열매에 있음
황색체	전색소체에서 엽록체로 전환되는 특수한 단계; 조직이 빛 없이 생장할 때 나타남
백색체	무색의 색소체; 지질과 그 밖의 물질 합성
전색소체	작은 미분화된 색소체

이들 양성자가 축적되는 데 그라나의 소낭이 필요하다. 이산화탄소가 실제로 탄수화물로 전환되는 것은 스트로마에서 일어나며, 막의 어느 곳에도 결합되지 않고 용액에 유리되어 있는 효소들이 이를 촉매한다.

엽록체는 미토콘드리아보다 크고, 지름이 약 4~6 μm이다. 잎

에서는 한 세포에 엽록체가 50개까지 포함되기도 한다. 엽록체가 빠르게 광합성을 할 때 이들은 세포가 이용할 수 있는 것보다 빠르게 당을 생산한다. 따라서 일시적으로 엽록체 안에서 당을 녹말립으로 중합시킨다.

뿌리와 나무껍질 그리고 목부와 같이 광합성을 할 수 없는 식물 조직에서는 원색소체가 **녹말체(amyloplast)**로 발달한다. 녹말체는 당을 축적하고, 밀, 쌀, 옥수수처럼 탄수화물이 많은 씨앗이나 감자와 참마 같은 식물에서와 같이 축적된 당을 몇 달 또는 몇 년 동안 녹말로 저장한다(**그림 3-20**). 각 녹말체는 사실상 스트로마를 채울 정도로 큰 녹말립을 형성해서 내막을 거의 찾기 어렵다. 탄수화물이 풍부한 식물에서는 녹말체가 조직의 대부분을 구성한다. 빛에 쪼이면 녹말체는 엽록체로 전환될 수 있다. 구상난풀(*Conopholis*) 같이 광합성을 하지 않는 기생식물은 엽록체가 없지만 녹말체를 갖고 있다. 어떤 유형이건 색소체가 전혀 없는 식물은 없다.

어떤 꽃이나 토마토와 노란 호박 같은 어떤 열매에서는 선명한 빨간색이나 노란색 또는 주황색의 지질이 색소체에 축적되어 색이 몹시 짙은 **잡색체(chromoplast)**로 분화한다(**그림 3-21**). 잡색체에는 파도 모양의 막들이 엄청나게 존재하지만 그라나는 없고, 색소는 막의 일부로 존재하거나 플라스토글로불리 또는 **색소체과립(plastoglobuli**; 단수형 plastoglobulus)이라는 별개의 작은 방울로 존재하기도 한다. 열매가 익으면서 엽록체는 종종 많은 양의 지질 색소를 합성하고 틸라코이드를 변모시켜 잡색체로 전환시키는데, 이때 사과와 토마토가 녹색에서 빨갛게 변한다. 지질 색소들은 잎의 엽록체에서도 작은 색소체과립으로 약간 존재하지만 풍부한 녹색 엽록소들이 이들을 가린다. 그러다가 날씨가 서늘해지는 가을에 엽록소가 분해되고 잎이 빨갛거나 노랗게 바뀔 때 지질은 분해되지 않으므로 지질 색소들을 볼 수 있게 된다.

많은 세포에는 엽록소도 없고 지질 색소도 없는 커다란 무색의 색소체가 들어 있다. 이들 **백색체(leucoplast)**는 많은 유형의 합성에 관여하기도 한다. 많은 종류의 지방과 지질은 오로지 색소체에서 합성되고 나서 다른 세포소기관으로 전달되어 그들의 막에 끼워진다. '백색체'라는 용어는 순전히 기술적인 용어로써, 원색소체와 녹말체를 포함하여 그 어떤 무색의 색소체는 백색체로 간주될 수 있다.

철은 식물과 동물의 필수영양소이고 분자량이 큰 단백질에 부착하여 저장된다. 사람의 페리틴(ferritin)과 거의 동일하지만 식물의 이 단백질은 **피토페리틴(phytoferritin)**이라 부른다. 페리틴은 동물의 세포질과 핵에서 두루 관찰되지만, 피토페리틴은 거의 전적으로 색소체에 저장된다. 잎에서는 80%에 달하는 철이 엽록체에서 발견되기도 하고, 종종 씨앗의 백색체와 녹말체에도 특히 많은 양이 들어 있다.

리보솜

단백질 합성에 관여하는 입자인 **리보솜(ribosome)**은 원형질에 담겨 있다(**그림 3-22**). 리보솜은 세 분자의 RNA(리보솜RNA)와 약 50가지의 단백질들로 이루어진 복합체이고, 2개의 소단위로 구성된다. 간과 이자의 세포와 같은 동물 세포와 비교해 볼 때, 대부분의 식물 세포는 단백질을 별로 합성하지 않고 리보솜도 거의 없다. 그렇지만 완두와 콩을 포함하여 콩과식물의 단백질이 풍부한 씨앗과 벌레잡이식물에서 소화효소를 분비하는 세포 같은 일부 세포는 많은 양의 단백질을 합성하고 리보솜이 풍부하게 들어 있다. 전령RNA의 각 분자는 길기에, 6~10개의 리보솜들이 붙어서

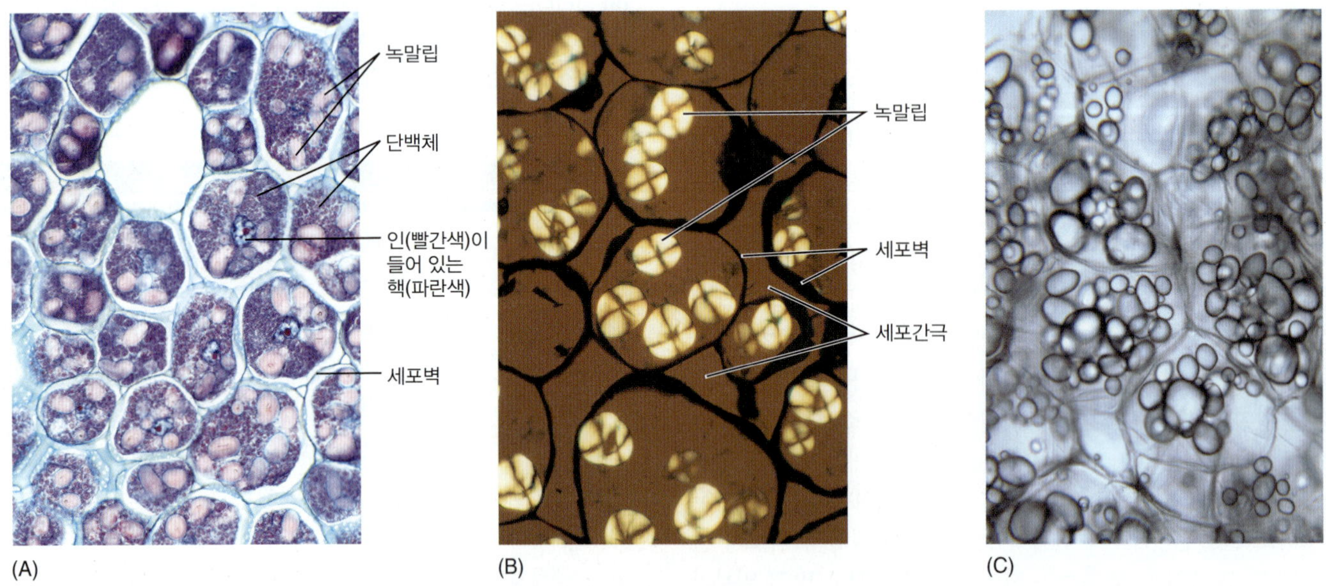

그림 3-20 **(A)** 발달하는 콩 씨앗의 세포. 큰 분홍색 덩어리는 녹말립이고, 작고 푸르스름한 빨간색 물체는 단백체이다. 이들의 색깔은 자연적인 것이 아니며, 색깔이 없는 녹말과 단백질을 가시화하기 위해 염색 처리한 것이다. 색소체에서 나타나는 녹말립을 녹말체라 하고, 콩이 발아하면서 녹말은 에너지원으로 이용된다. 녹말이 줄어들면 녹말체는 엽록체로 전환하고 녹색으로 변한다(×150). **(B)** 염색하지 않고 편광에서 사진을 찍은 녹말립. 정연한 결정 구조를 갖는 녹말립들이 편광에서 밝게 빛난다(×200). **(C)** 손으로 절단한 신선한 감자의 단면. 각 세포는 많은 타원형의 녹말립으로 채워져 있다. 이들 세포의 얇은 벽을 가까스로 볼 수 있다(×200).

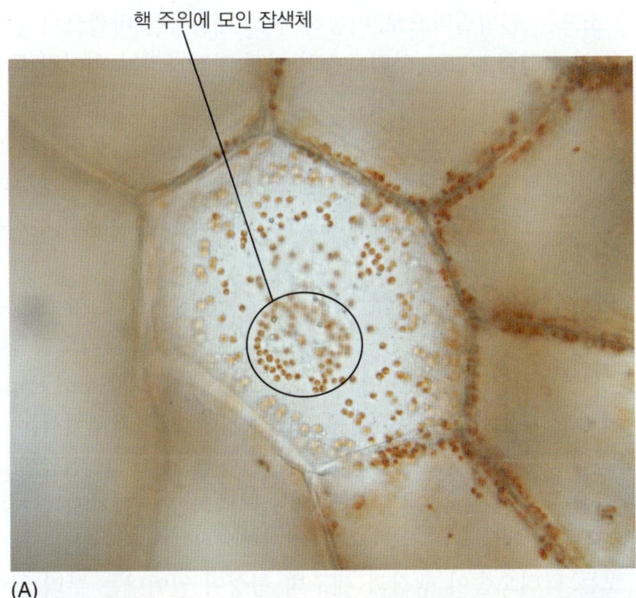

그림 3-21 **(A)** 매우 선명한 주황색 후추에서, 개개의 아주 작은 주황색 점이 잡색체이다. **(B)** 단지 약간의 잡색체들이 선명한 색깔을 낸다. 중심액포가 세포 중앙의 대부분을 차지하므로 잡색체들은 세포의 주변부에 위치한다. 큰 세포에서는 잡색체가 어디에든 나타나지만, 우리는 단지 벽에 가까운 곳만 볼 따름이고 세포의 중심은 볼 수 없다. 많은 잡색체들은 핵 주위에 모인다.

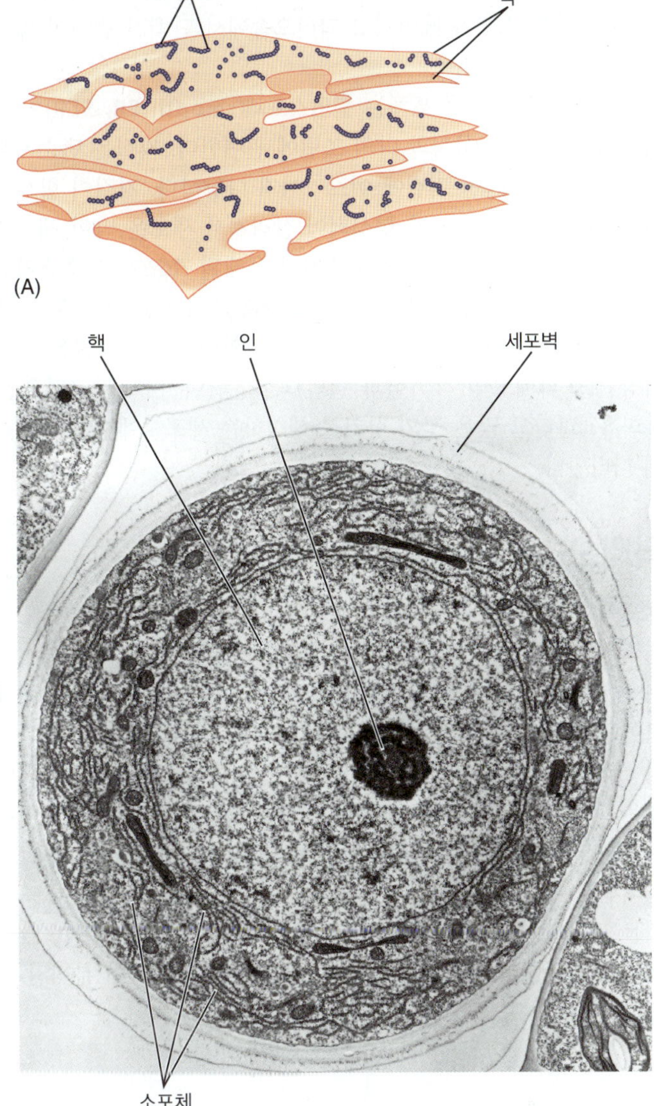

그림 3-22 **(A)** 리보솜이 세포질에서 유리된 형태로 나타나는 경우는 드물고, 대신에 리보솜은 이 그림에 나타낸 바와 같이 소포체(ER)라고 부르는 막에 흔히 부착한다. 단백질이 풍부한 씨앗처럼 많은 양의 단백질을 합성하는 세포에서는 부착한 리보솜의 양이 많고, 그림 3-2A의 물을 저장하는 세포 같이 단백질을 거의 합성하지 않는 세포에서는 소포체에 부착한 리보솜이 거의 없다. **(B)** 단백질이 풍부한 점액을 분비하는 털 세포 단면의 전자현미경 사진. 점액은 소포체에서 합성되고, 식물 세포로서는 특이하게 소포체가 풍부하다 (× 3,000).

동시에 번역할 수 있다. 리보솜과 전령RNA가 서로 결합하여 형성하는 무리를 **폴리솜(polysome)**이라 부른다.

소포체

전형적인 식물 세포는 너무 작아서 분자운동에 의해 야기되는 무작위 이동인 확산이 분자를 세포의 여러 곳으로 순식간에 운반해 준다. 확산은 단당류와 보조인자 같은 작은 분자들이 세포에서 이동하는 유일한 방편이 될 수 있다. 그렇지만 단백질처럼 분자량이 큰 어떤 분자들은 **소포체(endoplasmic reticulum, ER)**에 의해 이동하는데, 소포체는 좁은 튜브와 막의 시트들이 세포질 도처에서 그물 같은 구조를 형성한 것이다(그림 3-22).

세포에 들어 있는 리보솜의 대부분은 소포체에 부착하는데, 그로 인해서 표면이 고르지 않게 보이는 소포체를 **조면소포체(rough ER, RER)**라 부른다. 부착한 리보솜이 단백질을 합성함에 따라 단백질은 소포체 막을 가로질러 내강에 모인다. 콩과식물의 씨앗에서처럼 단백질이 저장산물이면 단백질은 소포체에 남게 되고, 소포체는 상당히 부어오르기도 한다. 그렇지만 합성되는 단백질이 소화효소와 부착단백질처럼 배출될 운명이라면 축적된 소포체 구역에서 소포(vesicle)가 형성된다. 소포가 떨어져서 원형질막으로 이동하고 막과 융합하여 그 내용물을 세포외 배출 작용에 의해 세포 외부로 배출한다(그림 3-9). 많은 경우에 단백질은 수출되기 전에 반드시 변형(수식)되어야 한다. 만일 그렇다면 또 다른 세포소기관인 딕티오솜(dictyosome)과 인접한 소포체 구역에서 아주 작은 소포가 떼어지고 딕티오솜에서 단백질 변형이 일어난다.

리보솜이 없는 소포체는 **활면소포체(smooth ER, SER)**이고, 이 소포체는 지질 합성과 막의 조립에 관여한다. 지질은 단순지질부터 매우 복합적인 지질에 이르기까지 다양하다. 지질이 합성되면 막에 끼워지고 소포가 형성되어 잘려져서 새로운 막이 세포의 다른 부분으로 옮겨진다. 소포체에서 유래된 소포가 세포소기관에 정확하게 도달하면, 소포는 세포소기관과 융합하고 소포는 세포소기관에서 새로운 막의 일부가 된다. 활면소포체는 많은 양의 지방산(표피세포의 각피질과 밀랍)과 기름(야자유, 코코넛오일, 홍화유) 그리고 많은 꽃의 향기를 생성하는 세포들에서만 풍부하게 나타난다.

딕티오솜

세포에서 배출되는 많은 물질은 **딕티오솜(dictyosome)**에 의해 변형되어야 한다. 딕티오솜은 얇은 소포들이 편평하게 또는 휘어지며 배열한 더미이다(**그림 3-23**). 소포체의 소포는 딕티오솜 쪽에 모이고 서로 합쳐져서, 넓고 얇은 소포인 **시스터나(cisterna**; 복수형 cisternae)를 형성하여 딕티오솜과 결합한다(**그림 3-24**). 곧 더 많은 소포체의 소포들이 그 옆에 모여서 새로운 시스터나를 이룬다. 처음 형성된 시스터나는 그쪽으로 더 많은 소포들이 계속 축적되면서 차츰 딕티오솜 깊숙이 파묻히게 되는데, 소포들이 축적되는 면을 **형성면(forming face)**이라고 한다. 반대쪽인 **성숙면(″)**에서는 소포들이 방출되고 그 내용물이 가공 처리된다. 분리된 다음에 소포는 원형질막으로 이동하여 그 내용물을 바깥으로 방출할 수 있다(**그림 3-25**). 딕티오솜의 바깥 가장자리는 휘어진 튜브들이 상호 연결된 그물구조를 형성하고 있는데, 이 구조는 딕티오솜 시스터나의 중심으로부터 내용물을 흡수한 다음 분리되어 떠난다. 어떤 딕티오솜은 중앙의 시스터나에서 물질을 농축하는데, 다른 어떤 딕티오솜은 어째서 주변의 시스터나를 이용하는지는 알려져 있지 않다.

딕티오솜은 크고 복잡한 연합을 구축할 수 있다. 아주 많은 양의 단백질을 분비하는 동물 세포에서는 수많은 딕티오솜들이 나란히 연결되어 **골지체(Golgi body)** 또는 **골지장치(Golgi apparatus)**라고 부르는 컵 모양의 구조를 형성한다. 골지체에서는 딕티오솜의 성숙면이 컵의 안쪽에 놓이고, 형성층 그리고 연합한 소포체들은 바깥쪽에 놓인다. 식물에서 딕티오솜이 합쳐져 골지체를 형성하는 경우는 아주 드문데, 뿌리털에서 그 예를 찾을 수 있다. 모든 딕티오솜이 생장과 세포벽 형성이 일어나는 뿌리 끝에 위치한 거대한 골지체를 이룬다.

딕티오솜 안에서는 소포막의 변형이나 그 내용물의 변형 등 여러 다른 종류의 가공이 일어날 수 있다. 만일 소포가 떨어져 나간 다음에 원형질막과 결합할 운명이라면 소포의 막은 원형질막과 비슷하게 만들어져야 한다. 만일 소포가 다른 모든 세포소기관과 분리된 상태로 남아 저장소낭의 기능을 한다면 그 막은 독특해야 하고 융합할 수 없어야 한다.

소포 내용물의 변형은 당이 단백질에 추가되어 당단백질(glycoprotein)을 형성하는 것이 포함된다. 당을 함유하는 단백질은 원형질막과 세포벽에서 나타나고 씨앗의 저장산물로 나타난다. 한편 딕티오솜이 당을 중합하여 세포벽을 구축하는 데 이용되는 다당류를 형성한다는 강력한 증거들이 축적되고 있다.

원형질막과 융합하는 소포

딕티오솜

(A)

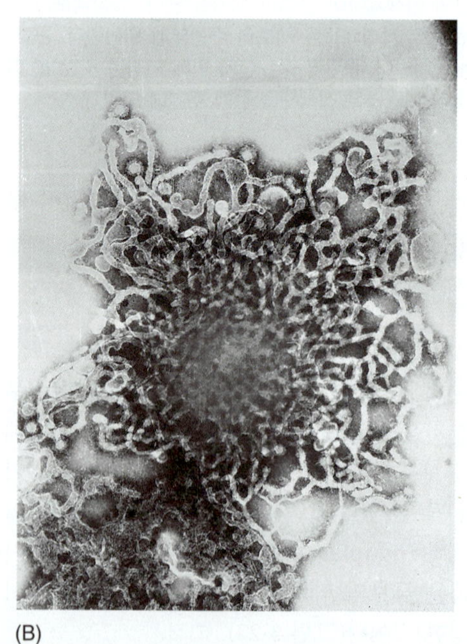

(B)

그림 3-23 **(A)** 점액을 분비하는 이 세포에서와 같이 딕티오솜의 빠른 활동으로 세포질은 딕티오솜 소포들로 거의 다 채워지고, 소포와 원형질막의 융합이 빈번하여 원형질막은 부채꼴 또는 물결 모양으로 보인다(× 12,000). **(B)** 식물 세포에서 추출한 딕티오솜의 표면보기에서, 그물 같은 주변의 세관들을 볼 수 있다(× 60,000).

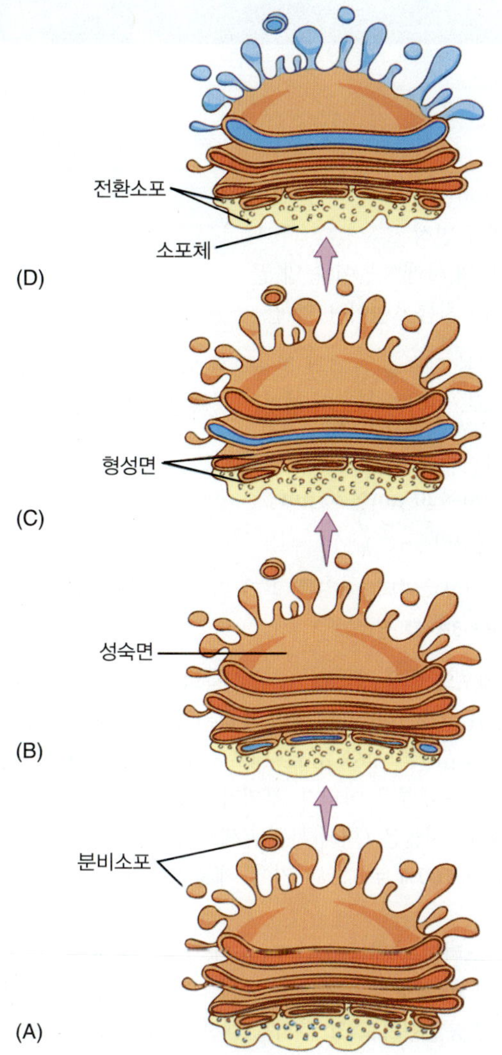

그림 3-24 **(A)** 소포체에서 유래된 소포들이 딕티오솜의 형성면까지 짧은 거리를 이동한다. **(B)** 형성면에서는 소포들이 융합하여 소포 또는 시스터나라고 부르는 새로운 딕티오솜 소포를 형성한다. **(C)** 시스터나는 한쪽에서 더 많은 소포들이 형성되고 성숙면에서 다른 소포들이 방출되면서 **(D)** 딕티오솜을 '움직인다'.

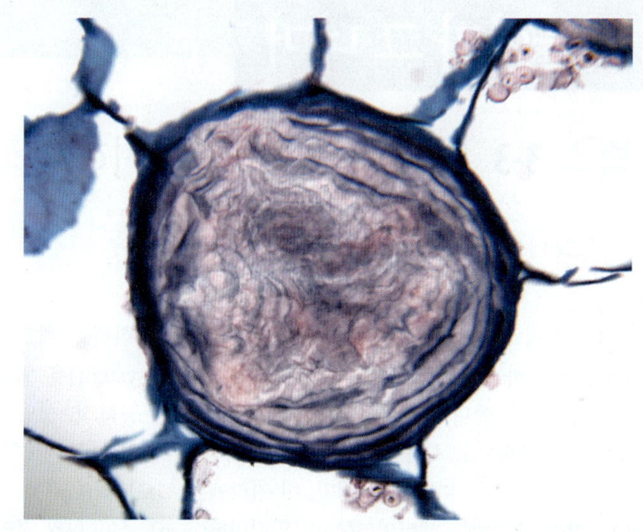

그림 3-25 점액세포. 점액으로 채워진 딕티오솜 소포들이 원형질체 바깥으로 점액(자주색으로 염색됨)을 분비한다(그림 3-9C와 3-24A 참조). 점액은 세포벽을 침투하지 못하므로 축적되고, 중심액포에서 물이 제거되어 원형질체는 부피가 줄어든다. 아마도 예정세포사에 의해 세포가 죽고, 이제 이 세포는 세포벽과 점액으로만 구성된다(×250).

소포체로부터 딕티오솜으로 그리고 다른 부위로 소포체가 이동한다는 가설은 소포체와 딕티오솜 사이에 수많은 소포들이 존재한다는 점과 딕티오솜 시스터나의 내용물과 원형질막과 융합하는 소포의 내용물이 비슷하다는 점을 근거로 제기되었다. 이 가설에 따르면 만일 방사성 당이나 단백질 전구물질을 분비세포에 약간 노출시키면 대부분의 방사능이 곧 소포체에서 발견되고 이어서 딕티오솜에서 나타날 것이라고 예측된다. 그 후에는 소포체와 딕티오솜 모두에서 방사능이 발견되지 않는 대신에 원형질막에 있는 소포들과 외부의 물질에서 방사능이 검출될 것이다. 실험을 통해 이 예측이 입증되었을 뿐만 아니라, 소포체에서 새로운 막이 합성되어 소포에 의해 생장하는 세포소기관으로 수송된다는 관련된 가설도 확인되었다. 비록 광학현미경이나 전자현미경으로 관찰하면 세포소기관들이 별개의 독립체처럼 보이지만, 세포소기관들은 사실상 이와 같은 막흐름(membrane flow)에 의해 서로 밀접하게 연관되어 있다. 미토콘드리아와 색소체의 내막을 제외하고 세포의 모든 막은 하나의 광범위한 체계인 **세포내막계(endomembrane system)**를 구성한다.

몇 가지 사례에서 막흐름의 속도를 측정할 수 있다. 벌레잡이 식물인 드로소필룸(*Drosophyllum*)의 잎은 끈적거리는 분비물을 만드는 샘으로 덮여 있다. 액체에는 소화효소들이 들어 있는데, 이는 샘의 세포에 있는 딕티오솜에 의해 수식된 것이다. 곤충이 잡히면 각각의 샘은 가시적인 소화액 방울을 분당 1.3 μm^3의 속도로 생성한다. 딕티오솜 소포의 반지름이 약 0.15 μm이므로, 각각의 부피는 0.014 μm^3이고, 1.3 μm^3의 액체와 효소를 내놓으려면 1분에 약 100개의 소포들이 원형질막과 융합해야 한다. 각 소포의 표면적은 0.27 μm^2이므로, 분비하는 동안 1분에 27 μm^2의 소포막이 원형질막과 융합해야 한다. 평균 세포용적과 원형질막의 표면적을 바탕으로 계산하면 이 분비세포의 원형질막은 20초마다 2배가 될 수 있다. 이들 세포가 원형질막에서 막 물질을 철회했다가 재활용할 수 있는 능력은 중요하다. 뿌리의 끝에서 점액을 분비하는 세포는 훨씬 느긋하다. 각 세포에는 약 800개의 딕티오솜이 있고, 이들은 함께 분당 14~26 μm^2의 막을 원형질막에 기부하는데, 원형질막의 표면적은 약 1,000 μm^2이다. 각 딕티오솜은 20분에서 40분마다 새로운 시스터나를 받는다.

미소체

전자현미경으로 관찰하면 세포에서 지름이 약 0.5~1.5 μm인 작은 구형 물체를 많이 볼 수 있다(**그림 3-26**). 이들은 별 특징이 없어서 이 작은 물체가 과연 소포체의 소포인지, 딕티오솜의 소포인지, 아니면 별개의 세포소기관인지 정확하게 말하기가 쉽지 않다. 그렇지만 특수한 화학반응과 염색을 이용하면 그 내용물과 심지어 이들 물체에서 일어나는 반응의 유형을 알아낼 수 있다. 이

식물학과 그 너머

박스 3-3 미터법과 세포의 기하학적 양상

미터법

1791년에 프랑스 한림원은 도량형을 단순화하고 규칙화하는 새로운 단위계를 채용하자고 제안하였다. 이 미터법(metric system)은 모든 과학적 측정뿐만 아니라 미국을 제외한 전 세계에서 공학적, 상업적 및 일상적인 목적으로 사용되고 있다(이 박스의 끝에 있는 환산표 참조). 기본적인 단위는 미터(m)이지만, 먼 거리에는 킬로미터(km)를 사용하고, 작은 물체에는 센티미터(cm), 밀리미터(mm) 등이 훨씬 편리하다. 부피 역시 길이 측정에 근거하고, 무게는 물 1 cm^3의 무게인 그램(g)에 기초를 둔다. 미터법은 두 가지의 이점이 있는데, (1) 어느 한 나라에서 이루어진 측정과 물체는 미국을 제외하고 다른 어떤 나라에서도 이해하고 바로 사용할 수 있으며, (2) 어떤 단위로 측정한 값도 다른 단위로 쉽게 전환할 수 있다. 35,645미터는 35.645킬로미터인데, 35,645 피트는 과연 몇 야드나 몇 마일인가?

1킬로미터(km) = 1,000미터(m)
1미터 = 1,000밀리미터(mm)
1밀리미터 = 1,000마이크로미터(μm)
1마이크로미터 = 1,000나노미터(nm)
10^9 nm = 10^6 μm = 10^3 mm = 10^0 m = 10^{-3} km

이들은 모두 1,000의 배수에 기반을 둔다. 센티미터(cm)만이 유일하게 1/100미터 또는 10 mm인데, 이는 1,000씩 증가하는 완벽한 규칙성에 어긋난다. 하지만 이 단위는 식물과 동물을 측정함에 있어서 매우 편리한 크기이다.

세포의 기하학

식물을 양적으로 이해하면 식물의 생명 작용에 대한 매우 귀중한 통찰력을 얻게 된다. 다음의 공식들은 간단하지만 식물을 보다 정확하게 생각하게끔 도와 줄 것이다.

직사각형의 면적 = 길이 × 폭
삼각형의 면적 = 1/2길이 × 폭
입방 공간의 부피 = 길이 × 폭 × 높이
원의 지름 = 2 × 반지름
원의 둘레 = 2π × 반지름
원의 면적 = π × 반지름^2
구의 표면적 = 4π × 반지름^2
구의 부피 = 4π/3 × 반지름^3
원통의 부피
= 밑넓이 × 높이
= π × 반지름^2 × 높이
원통의 표면적
= 원의 둘레 × 높이 + 양 끝
= π × 지름 × 높이 + 양 끝

많은 식물 세포들은 거의 정육면체 모양이고 모서리의 길이가 약 20 μm이므로, 이러한 세포의 부피는 정육면체의 부피이다.

= 길이 × 폭 × 높이
= 20 μm × 20 μm × 20 μm
= 8,000 μm^3

입방마이크로미터(μm^3)를 얻기 위해 단위들을 곱하는 것을 잊지 말자(**그림 B3-3A~D** 참조).

이제 세포의 핵을 생각해 보자. 식물의 많은 핵은 지름이 약 8 μm이므로 반지름은 4 μm이다. 핵의 부피는 $V = (4)(3.141)/3 \times (4\ \mu m)^3 = 4.188 \times 64\ \mu m^3 = 268\ \mu m^3$. 세포에서 중요한 부분이기는 하지만 핵은 그렇게 큰 부분은 아니다. 부피가 8,000 μm^3인 보통의 세포에서 핵이 차지하는 비율은 (핵의 부피)/(세포의 부피) × 100% = 268 μm^3 /8,000 μm^3 × 100% = 3.3%이기에, 세포의 부피에서 아주 작은 부분이다.

미토콘드리아는 지름이 약 1 μm이고 길이는 매우 다양한데, 여러 번 측정한 결과 평균 길이가 5 μm이었다고 가정해 보자. 미토콘드리아는 거의 원통형이므로 그 부피를 계산할 때 다음의 식을 이용할 수 있다.

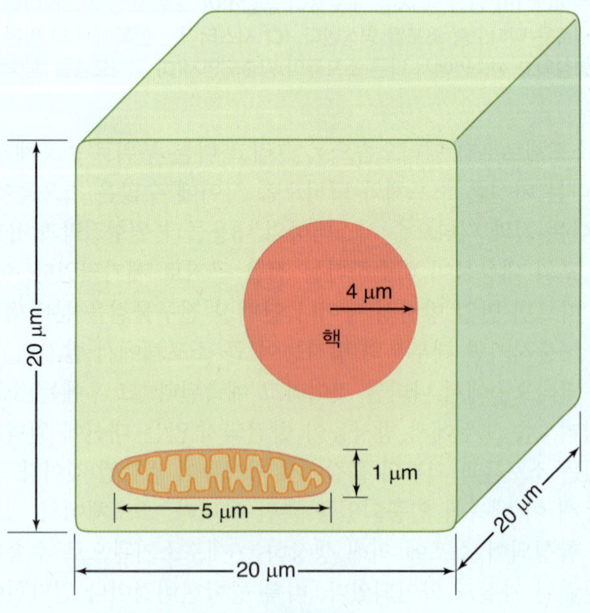

그림 B3-3A 가상적인 세포의 치수. 미토콘드리아는 실제 비율에 따라 그리지 않았다.

그림 B3-3B 우리 주변에서 쉽게 접할 수 있는 표준 미터법 무게. 액면가에 상관없이 달러 지폐는 정확하게 1그램(g)이고, 2페니는 무게가 5그램, 15쿼터(25센트짜리 동전)와 3페니는 거의 정확하게 100그램, 그리고 작은 포스트잇(Post-it Note)의 무게는 0.1그램이다.

그림 B3-3C 많은 자는 한쪽에 센디미디 그리고 다른 쪽에 인치를 표시한다.

원통의 부피
= 원형의 단면적 × 높이
= $(3.141) \times (0.5\ \mu m)^2 \times (5\ \mu m)$
= $0.7852\ \mu m^2 \times (5\ \mu m)$
= $3.93\ \mu m^3$

미토콘드리아는 흔히 세포 부피의 약 7.5%를 구성하므로, 보통의 세포에서 그 부피는 $8{,}000\ \mu m^3 \times 0.075 = 600\ \mu m^3$가 된다. 사실상 얼마나 많은 미토콘드리아가 세포 안에 들어있을 수 있을까? 개개의 미토콘드리아가 $3.93\ \mu m^3$의 부피를 갖는다면, 세포당 그 수는 (전체 부피)/(각 미토콘드리아의 부피) = $600\ \mu m^3/3.93\ \mu m^3 = 153$이 된다.

세포 또는 세포소기관의 표면은 이를 거쳐 확산이나 촉진확산 또는 능동수송에 의해 물질이 들어가거나 물체에서 빠져나가는 공간이다. 표면적이 좁은 물체와 비교하여 표면적이 넓은 물체는 물질을 보다 빠르게 흡수하거나 잃을 수 있다. 한편 표면적은 막으로 둘러싸인 효소들과 그 밖의 내재성 막단백질이 배치될 수 있는 공간의 척도가 된다. 가상적인 입방형 세포에서 각각의 표면적은 $20\ \mu m \times 20\ \mu m = 400\ \mu m^2$이다. 정육면체는 6면을 가지므로 원형질막의 총 표면적은 $6 \times 400\ \mu m^2 = 2{,}400\ \mu m^2$이다. 이는 이 문장의 끝에 있는 마침표 표면적의 약 1/30이다. 세포의 핵은 표면적이 $4\pi \times (\text{반지름})^2 = 12.56 \times 16\ \mu m^2 = 201\ \mu m^2$이고, 이는 세포 표면적의 1/10 미만이다. 원통형 미토콘드리아는 외막의 표면적이 (양 끝을 무시하면) $3.141 \times 1.0\ \mu m \times 5\ \mu m = 15.7\ \mu m^2$이다. 그런데 내막의 표면적은 과연 얼마나 될까? 개개의 크리스타가 폭 0.2 μm이고 길이 0.9 μm인 원통형 튜브라고 가정하고 각 미토콘드리아에 평균 45개의 크리스타가 들어 있다고 가정하면, 각 크리스타의 표면적은 $3.141 \times 0.2\ \mu m \times 0.9\ \mu m = 0.565\ \mu m^2$이다. 개개의 미토콘드리아에 들어 있는 45개 크리스타에 호흡효소들이 자리 잡을 수 있는 총 표면적은 $45 \times 0.565\ \mu m^2 = 25.4\ \mu m^2$이다. 세포에 177개 미토콘드리아가 들어 있다면 그 내막의 총 표면적이 $4{,}496\ \mu m^2$가 되는데, 이는 원형질막의 총 표면적($2{,}400\ \mu m^2$)보다도 넓다. 그러므로 내막이 접어져서 크리스타가 되면서 효소를 위한 엄청난 표면적이 제공되는 것이다.

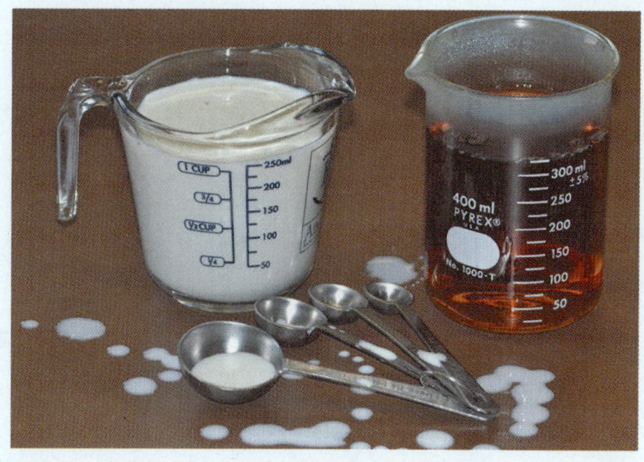

그림 B3-3D 미터법에서는 부피를 리터(L)와 밀리리터(mL)로 측정한다. 전면에 있는 테이블스푼은 14.7 mL이고, 그 뒤에 있는 티스푼은 정확하게 5 mL이다. 한 컵은 250 mL보다 약간 적다. 우유의 방울은 고르지 못하지만, 물 20방울은 1.0 mL이다. 계량 컵과 계량 비커는 약어 'ml'를 사용하고 있지만, 정확한 약어는 'mL'이다.

길이 환산

1 in(인치) = 2.5 cm	1 mm = 0.04 in
1 ft(피트) = 30 cm	1 cm = 0.4 in
1 yd(야드) = 0.9 m	1 m = 40 in
1 mi(마일) = 1.6 km	1 m = 1.1 yd
	1 km = 0.6 mi

무게 환산

1 oz(온스) = 28 g	1 g = 0.035 oz
1 lb(파운드) = 0.45 kg	1 kg = 2.2 lb

부피 환산

1 tsp(티스푼) = 5 mL	1 mL = 0.03 fl oz
1 tbsp(테이블스푼) = 15 mL	1 L = 2.1 pt
1 fl oz(액량 온스) = 30 mL	1 L = 1.06 qt
1 cup(컵) = 0.24 L	1 L = 0.26 gal
1 pt(파인트) = 0.47 L	
1 qt(쿼트) = 0.95 L	
1 gal(갤런) = 3.8 L	

온도 환산	간격 등가
	°C °F
$°C = \frac{(°F - 32) \times 5}{9}$	1° = 1.8°
	5° = 9°
$°F = \frac{(°C \times 9) + 32}{5}$	10° = 18°

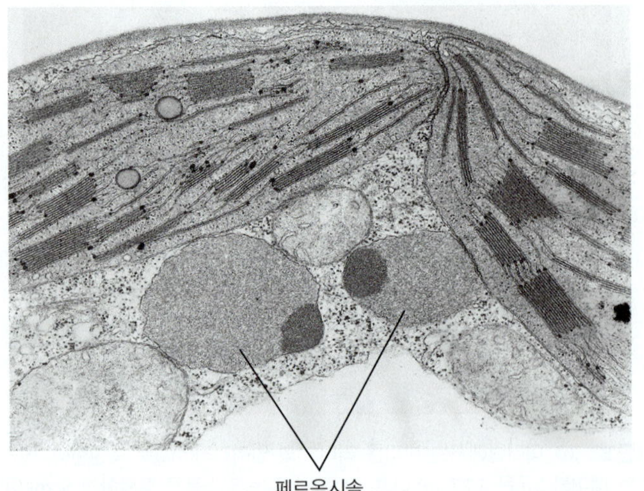

그림 3-26 2개의 엽록체와 바로 옆에 있는 2개의 페르옥시솜형 미소체를 보여주는 전자현미경 사진. 많은 식물에서 광합성은 광호흡이라는 과정을 동반하는데, 이 과정에서 페르옥시솜은 아미노산 글리신을 생성한다(약 ×66,000).

들 세포소기관의 일부를 이제 **미소체(microbody)**라고 부르는데, 미소체에는 **페르옥시솜(peroxisome)**과 **글리옥시솜(glyoxysome)**의 두 가지 종류가 있다.

두 가지의 세포소기관 모두 위험한 화합물인 과산화물(H_2O_2)을 만들거나 사용하는 반응에 관여한다. 만일 과산화물이 미소체 막을 통해 빠져나간다면 접촉하는 거의 아무 것에나 피해를 줄 것이다. 그렇지만 두 가지의 미소체 모두에는 카탈라아제(catalase)가 들어 있는데, 이 효소는 과산화물을 물과 산소로 전환하여 독성을 없앤다.

페르옥시솜은 광합성에서 생긴 특정한 부산물을 해독시키는 반응에 관여하고, 엽록체와 밀접한 관련이 있다. 동물에서는 음식물을 오염시키는 이질적 화합물을 분해하는 곳인 간과 콩팥의 세포에 페르옥시솜이 풍부하게 들어 있다. 식물에서만 나타나는 글리옥시솜은 저장된 지방을 당으로 전환시키는 반응에 관여한다. 글리옥시솜은 땅콩과 해바라기 그리고 코코넛 같이 지방이 풍부하고 기름기가 함유된 씨앗이 발아하는 동안에 중요하다.

리보솜을 제외하고 앞에서 언급한 모든 세포소기관은 막으로 구성되어 있는데, 지금부터 다루게 될 세포소기관들은 막이 없다.

세포기질

세포질에서 대부분의 부피를 차지하는 것은 **세포기질(cytosol)** 또는 투명질(hyaloplasm)이라 부르는 투명한 물질이다. 세포기질은 주로 물과 효소, 그리고 효소반응의 많은 화학적 전구물질과 중간물질 및 생성물이다(**표 3-8**). 세포기질 내에는 조면소포체에 붙지 않고 유리된 리보솜뿐만 아니라 세포의 골격을 이루는 구조들인 미세소관과 미세섬유가 들어 있다.

미세소관

미세소관(microtubule; **그림 3-27**)은 세포에서 가장 풍부하고 쉽게 연구되는 구조적 요소이고, 많은 기능을 수행한다. 미세소관은 '세포골격(cytoskeleton)'으로 작용하는데, 세포 표면의 어떤 부위는 잡아당기는 반면, 다른 어떤 부분은 확장시킨다. 미세소관이 없다면 세포는 그저 공 같겠지만, 특정 부위를 강화함으로써 세포의 생장과 확장이 연약한 부위를 향하도록 한다. 그 밖에도 미세소관이 모여 안테나 같은 집합체를 이루어, 소포를 붙잡고 특정

표 3-8 세포의 구성단위

전체 세포
세포벽
원형질
핵
액포
세포질
나머지 모든 세포소기관
세포기질

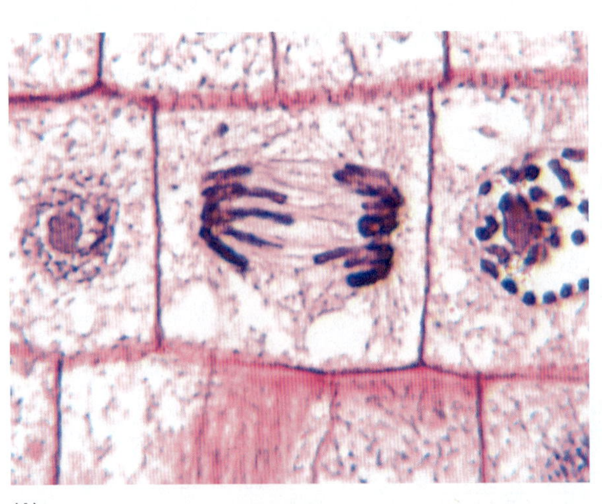
(A)

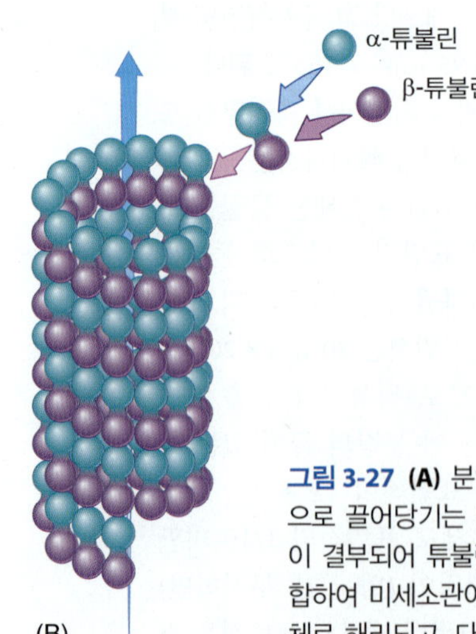

(B)

그림 3-27 (A) 분열하는 핵의 일부가 되고 염색체를 세포의 양 끝으로 끌어당기는 데 관여하는 미세소관. **(B)** α-튜불린과 β-튜불린이 결부되어 튜불린(tubulin)이라는 2합체를 이루고, 2합체들이 결합하여 미세소관이 된다. 더 이상 필요 없게 되면 미세소관은 단위체로 해리되고, 다른 미세소관을 구성하면서 재활용된다.

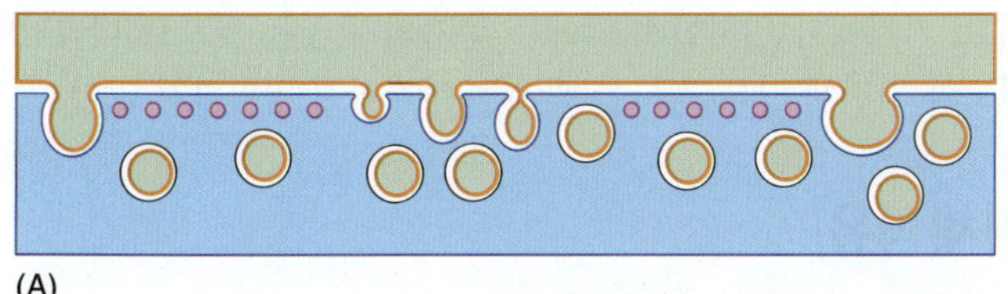

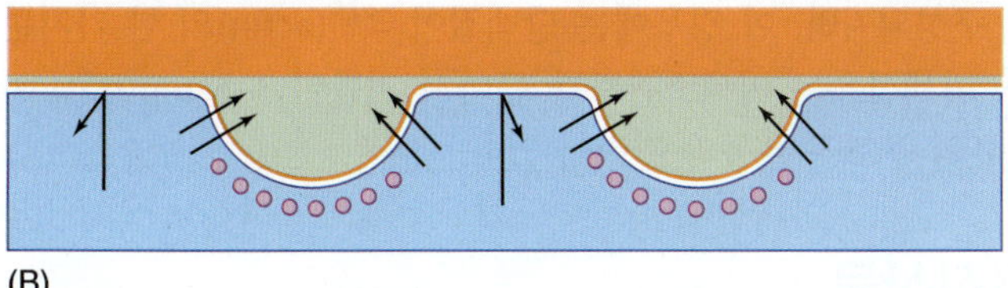

그림 3-28 이 그림에서 자주색으로 묘사한 미세소관은 종종 원형질막의 바로 옆에 위치한다. **(A)** 미세소관은 원형질막을 통해 나가려는 소포를 막는 장막의 역할을 하거나, 또는 **(B)** 원형질막을 세포벽으로부터 떼어내어 그곳에 물질이 쌓이게끔 하기도 한다.

부위로 가도록 안내하거나 또는 어떤 구역을 덮어서 소포들을 배제시킨다(**그림 3-28**). 마지막으로 미세소관은 세포소기관과 전체의 세포 모두가 움직이는 방편이 된다. 핵이 분열하는 동안에 염색체가 이동하는 틀은 미세소관으로 구성되고, 미세소관은 전체의 핵과 미토콘드리아 그리고 그 밖의 세포소기관들에 부착하고 이동시킬 수 있다.

미세소관은 구형의 3차 구조로 된 **α-튜불린(alpha-tubulin)**과 **β-튜불린(beta-tubulin)**이라는 두 가지의 단백질로 구성된다. 이들이 결부되어 **튜불린(tubulin)**이라 부르는 2합체(dimer)를 이루고, 튜불린들이 결정체를 이루면서 지름이 20~25 nm인 곧은 세관을 형성한다. 이 과정은 되돌릴 수 있는 과정이다. 미세소관이 더 이상 필요하지 않을 때 미세소관은 그 구성원인 단위체로 해리되고, 세포가 새로운 미세소관의 조립을 필요로 할 때까지 이들은 세포기질에 확산된다. 미세소관이 단독으로 또는 작은 무리로 나타날 때에는 새로운 튜불린 2합체들이 미세소관의 한쪽 끝에 자동적으로 추가되거나 끝에서 제거된다. 다른 경우에 미세소관들은 커다란 무리로 나타나고, 종종 질서 정연하게 배열된 형태를 이루며, 작은 물체는 보통 미세소관의 정연한 생성과 관련이 있다. 예를 들면, 핵이 분열을 할 때 방추체라 부르는 미세소관의 집합체가 세포의 중앙에 형성되고, 방추사가 염색체를 그들의 적절한 위치로 밀고 당긴다.

모든 동물과 일부 균류 및 조류에서는 중심립이라는 한 쌍의 세포소기관이 방추체의 형성과 관련이 있다. **중심립(centriole)**은 3개의 짧은 미세소관들의 묶음 9개로 구성된다(**그림 3-29**). 미세소관 3개의 묶음 9개는 바퀴살 같은 가느다란 단백질들로 서로 붙어 있다. 식물에서는 결코 중심립이 나타나지 않지만, 중심립은 방추사를 조직하고 중합하는 데 책임이 있는 것으로 추정된다.

정확히 배열된 미세소관들의 훨씬 더 정교한 세트가 **섬모(cilia**; 단수형 cilium)와 **편모(flagella**; 단수형 flagellum)에서 나타난다(**그림 3-30, 3-31**). 섬모와 편모는 동일하게 보이지만, 섬모가 짧고(약 2 μm) 무리지어 나타나는 반면에 편모는 훨씬 길고(몇 μm까지) 보통 단독으로 나타나거나 둘 또는 넷씩 한 조로 나타난다.

Courtesy of Louisa Howard, Dartmouth College, Electron Microscope Facility

그림 3-30 편모는 많은 조류와 균류 세포들, 특히 단세포 생물에서 나타난다. 이 사진은 조류 두날리엘라(*Dunalliela*)이다. 다세포생물에서 대부분의 세포에는 편모가 달리지 않지만, 정세포는 예외가 된다(×500).

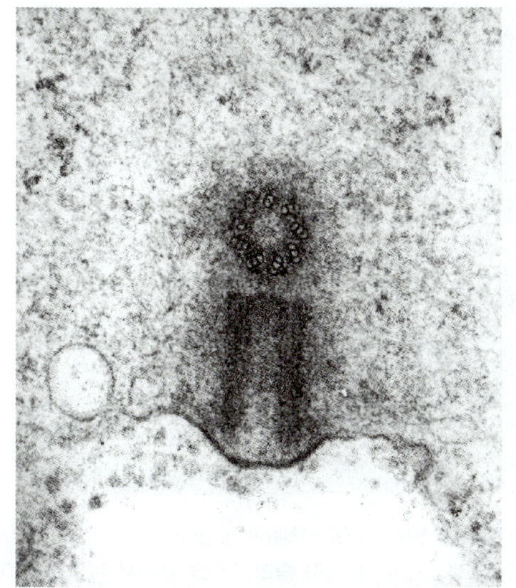

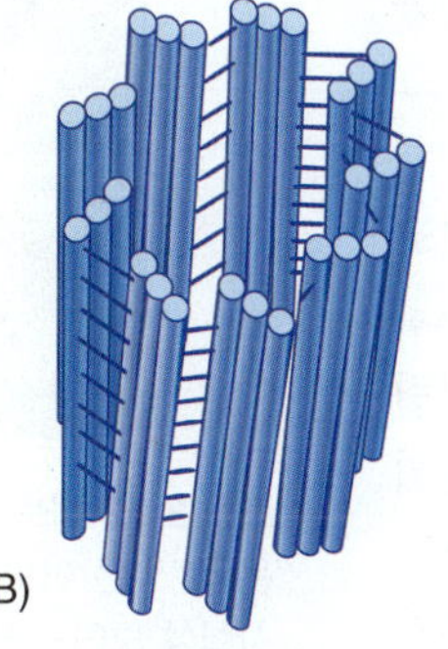

Part A: © Don W. Fawcett/Science Source

그림 3-29 **(A)** 한 쌍의 중심립을 이루는 두 구성원은 언제나 서로 직각을 이룬다. 이 사진에서 하나는 횡단면이 보이고 다른 하나는 종단면이 보인다(×100,000). **(B)** 각 중심립은 3개의 미세소관들이 옆에서 나란히 가느다란 섬유로 서로 붙어 있는 묶음 9개가 원을 이루는 구조이다.

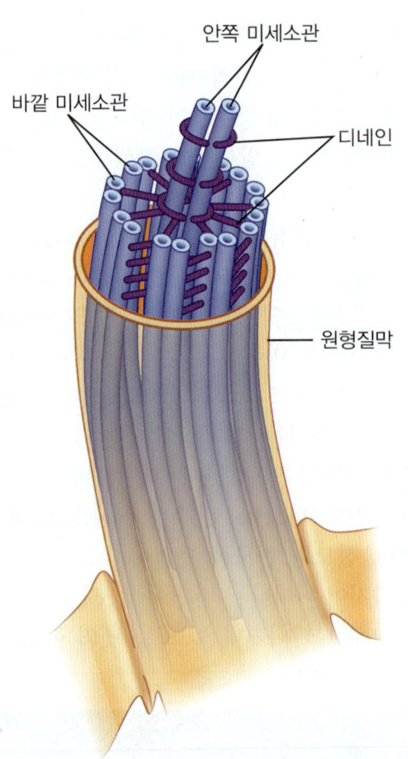

그림 3-31 섬모와 편모는 2개의 미세소관 9쌍이 중앙에 있는 2개의 단일한 미세소관을 둘러싸는 구조로 되어 있다. 2중 미세소관은 단순히 서로 붙어 있는 것이 아니라, 사실상 튜불린 단위체를 공유한다. 바깥의 2합체들 각각은 2개의 짧은 팔을 갖고 있다.

섬모와 편모 모두 많은 종류의 조류와 운동성 균류에서 나타나는데, 식물에서는 오직 정세포(sperm cell)만이 편모를 갖는다. 꽃식물과 구과식물에서는 그 어떤 세포도, 심지어 정세포조차도 섬모나 편모를 갖지 않는다.

각각의 섬모 또는 편모의 횡단면에서는 결합된 미세소관의 9쌍이 개개의 미세소관 2개를 둘러싸는 '9 + 2'의 배열이 나타난다. 바깥의 미세소관 2합체들 각각은 단백질 디네인(dynein)으로 구성된 2개의 팔(arm)을 갖고, 각 2합체는 중앙에 있는 한 쌍의 미세소관과 바퀴살 모양의 단백질 스포크(spoke)로 연결된다. 디네인 팔은 ATP의 화학에너지를 운동에너지로 전환하고 휘어져서 인접한 미세소관 2합체를 따라 '걷는다'. 2합체 가운데 한 세트가 다른 세트와 비교하여 미끄러지듯 움직여서 섬모나 편모의 그 쪽이 차츰 짧아지게 되고 구조가 굽혀진다. 그 다음에 미세소관의 다른 세트가 미끄러지면 섬모나 편모는 다른 방향으로 휘어진다. 그 결과는 힘차게 파닥거리는 운동이다. 조류나 균류 또는 원생동물 같은 작은 생물에 섬모나 편모가 달린다면 그 생물은 빨리 그리고 우아하게 헤엄친다.

섬모와 편모는 신속하게 중합되고 탈중합될 수 있지만, 결코 자동적으로 형성되지 않는다. 이들 각각은 언제나 **기저체(basal body)**와 관련이 있다. 전자현미경으로 관찰하면 기저체는 중심립과 동일한 것으로 나타난다. 예전에는 기저체가 편모 미세소관의 형성을 체계화한다고 추정하였지만, 최근의 연구에 따르면 편모가 늘어나면서 튜불린의 새로운 단위체들과 디네인이 끝에 추가되고, 기저체가 위치한 바닥에는 추가되지 않는 것으로 나타났다. 편모와 기저체 간의 정확한 관계는 아직까지 명확하지 않다.

미세섬유

미세소관처럼 **미세섬유(microfilament)**도 구형 단백질의 집합으로 구성되지만, 이 경우에는 단백질이 **액틴(actin)**의 한 가지뿐이다. 미세섬유는 미세소관보다 좁아서 지름이 3~6 nm이고, 여러 종류의 구조와 운동과 관련이 있다.

저장산물

많은 세포들은 번갈아가며 자원이 풍부했다가 부족해지는 환경에 존재한다. 자원이 결핍되는 시기에 생존하려면 세포는 반드시 여분의 영양소를 축적하고 저장해야 한다. 대부분의 당은 녹말체에서 녹말로 중합되거나 또는 지질로 전환되어 땅콩과 해바라기 씨앗에서처럼 커다란 기름방울로 저장된다(**그림 3-32**). 그 밖에도 많은 종류의 저장산물이 있지만, 그 기능과 이점은 그렇게 확실하지 않다. 많은 식물이 옥살산칼슘이나 탄산칼슘의 결정을 저장하고(**그림 3-33**), 다른 어떤 식물은 많은 양의 규소, 타닌(**그림 3-34**) 또는 페놀을 축적한다. 식물은 배설 메커니즘이 없으므로 많은 노폐물을 세포 안에 저장해야 한다.

세포벽

거의 모든 식물 세포는 **세포벽(cell wall)**을 갖고, 일부 종자식물의 정세포만 세포벽이 없다. 흔히 세포벽은 안쪽의 원형질에 대해 힘과 보호를 제공할 따름인 불활성 분비물이라고 단순하게 간주하기도 한다. 그렇지만 세포벽에서는 상당한 물질대사가 일어나고, 따라서 세포벽은 동적이고 활동적인 세포소기관으로 간주해야 한다.

세포벽은 다당류 섬유소(cellulose)를 아주 많이 포함하고 있다(그림 3-5B, **그림 3-35A**). 평행하게 인접한 섬유소 분자들이 폭

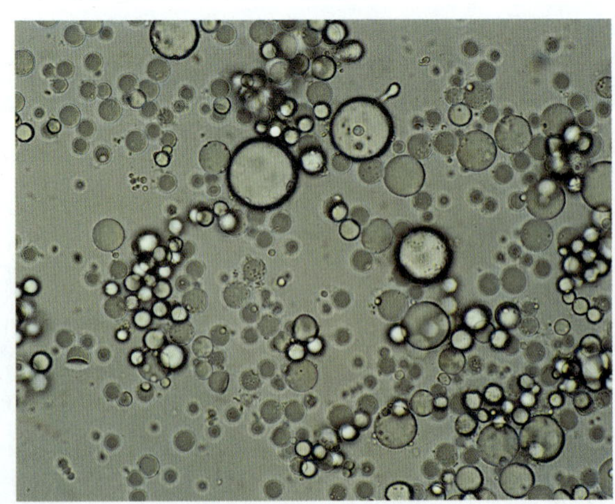

그림 3-32 아보카도에는 아주 많은 수의 유체(oil body)가 들어 있다. 이 사진은 잘 익은 아보카도 열매의 소량을 현미경 슬라이드에 발라서 관찰한 것이다. 사실상 보이는 모든 것이 유체이고, 다른 세포소기관은 훨씬 적다(×200).

Courtesy of G. Montenegro, Universidad Católica, Santiago, Chile

그림 3-33 옥살산칼슘의 결정. 칼슘이 결정의 일부일 때에는 생리적으로 불활성이고, 막 또는 단백질의 3차 구조에 영향을 미치지 않는다. 이 사진은 목재의 입방결정(cubic crystal)이다 (×1,000).

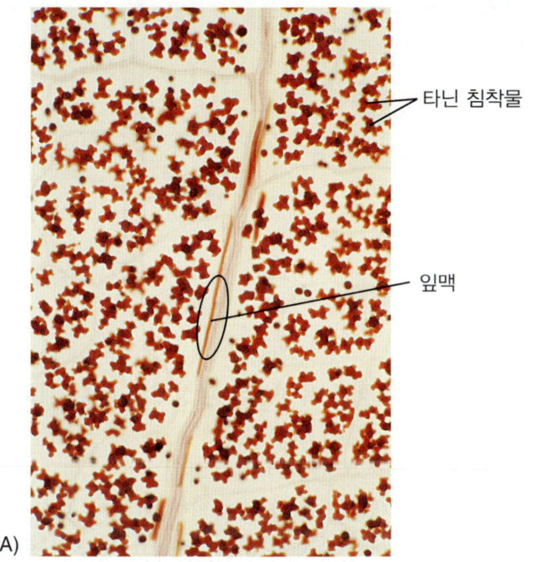

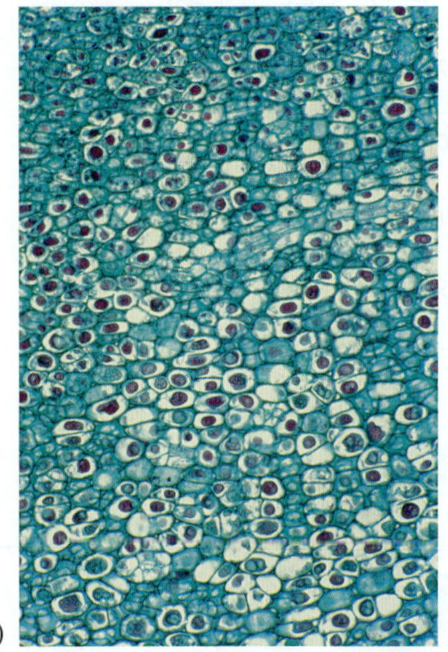

그림 3-34 (A) 이런 종류의 표본을 잎투명화(leaf clearing)라고 부른다. 잎의 조직이 투명해지게끔 처리한 다음, 특정 내용물이 드러나도록 염색을 한다. 검붉은색의 불규칙한 모양을 한 액포의 내용물이 단백질을 변성시킬 수 있는 타닌이다. 타닌은 맛이 쓰고 이를 먹으려고 시도하는 곤충의 입과 위에 있는 단백질에 손상을 준다. 현미경 사진에서 수직으로 길게 난 띠는 잎맥이다(×200). **(B)** 선인장의 껍질. 세포들이 노성해지면서 빨갛게 염색된 타닌의 불규칙한 덩어리들이 축적된다(×80).

10~25 nm의 매우 강한 **미세원섬유(microfibril)**를 이룬다. 수많은 미세원섬유들이 세포를 칭칭 감아 원형질막을 안전히 덮는다. 각 섬유소 중합체는 한쪽 끝에서만 생장하는데, 효소 복합체들이 그 쪽에 새로운 포도당 잔기를 한 번에 한 분자씩 첨가시킨다(그림 3-35B). 효소들은 원형질막의 내재성 단백질들이고, 사슬에 새로운 당이 추가됨에 따라 효소들이 막에서 앞으로 유동한다(사슬은 너무 무거워서 뒤로 밀리지 않는다). 새로운 섬유소 분자들은 원형질막에 인접한 세포벽의 안쪽에만 추가될 수 있다.

섬유소의 미세원섬유들은 **헤미셀룰로오스(hemicellulose)**라고 부르는 다른 다당류에 의해 함께 묶인다. 이 헤미셀룰로오스는 딕티오솜에서 생성되어 딕티오솜 소포들에 의해 벽으로 운반된다. 헤미셀룰로오스는 섬유소의 미세원섬유들 사이에 축적되어 수소 결합에 의해 섬유소와 결합하고, 철근콘크리트와 비슷한 단단한 구조를 형성한다(**그림 3-36**). 다세포로 된 식물에서는 한 세포의 벽이 **중간층(middle lamella)**이라는 접착층에 의해 인접한 세포의 벽에 붙는다. 중간층은 다당류의 세 번째 종류인 **펙틴질(pectic substance)**로 이루어져 있다.

모든 식물 세포는 **1차세포벽(primary cell wall)**이라는 얇은 벽을 갖는다(그림 3-5A 참조). 몹시 튼튼해야 할 어떤 세포에서는 원형질체가 1차벽과 원형질막 사이에 **2차세포벽(secondary cell wall)**을 형성한다(그림 3-5B 참조). 2차벽은 대체로 1차벽보다 훨씬 두껍고, 거의 언제나 화합물 목질소(lignin)가 잔뜩 스며 있는데, 목질소는 헤미셀룰로오스 단독으로 보강하는 것보다 벽을 더욱 단단하게 만든다. 목질소는 화학적 공격이나 곰팡이와 세균의 침범에 저항한다. 1차세포벽과 2차세포벽 모두 영구적이다. 한번 만들어지면 이들 세포벽은 거의 분해되거나 탈중합되지 않는다.

곰팡이 세포

균류, 즉 곰팡이의 세포는 식물 세포와 비슷하지만, 두 가지의 중요한 차이점이 있다: (1) 곰팡이는 그 어떤 유형의 색소체도 포함하지 않고, (2) 그 벽은 섬유소가 아니라 **키틴(chitin)**으로 구성된다. 키틴은 강인하고 신축성이 없으며 물에 녹지 않는다는 점에서 섬유소와 생리적으로 유사하지만, 키틴에는 질소가 들어 있어서 섬유소와는 다른 메커니즘에 의해 합성된다. 식물 세포가 상자 모양이거나 섬유와 비슷한 반면에, 곰팡이 세포는 보통 아주 작고 많은 핵을 가진 매우 길고 좁은 튜브이다.

(A) Part A: Courtesy of Y. Sano, Laboratory of Woody Plant Biology, Hokkaido University

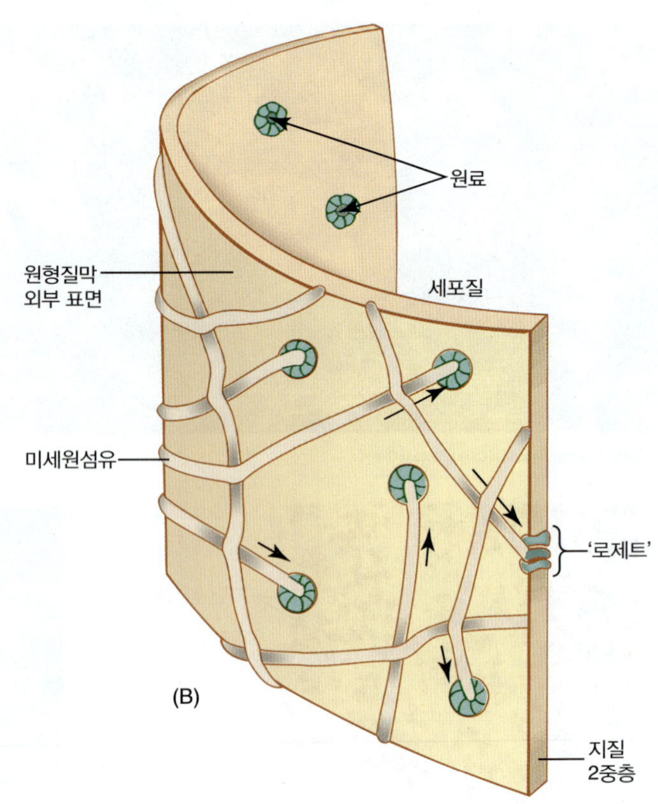

그림 3-35 **(A)** 몇 층의 섬유소 미세원섬유들이 보이고, 다른 층들은 벽의 깊숙이 존재한다. 각 층은 미세원섬유와 평행한 방향으로 강도를 제공한다. 섬유소가 드러나게끔 벽의 다른 성분들은 용해시켰다(×7,000). **(B)** 섬유소를 합성하는 효소는 원형질막에 박혀 있는 커다란 단백질이고, 몇몇 단백질들이 로제트(rosette)라고 부르는 무리를 이룬다. 당 단위체들이 막 안쪽면의 효소에 의해 흡수된 다음, 막을 가로질러 바깥쪽에서 섬유소로 중합된다. 생장하는 미세원섬유가 로제트로부터 확장되어 나가서 이미 제자리에 있는 미세원섬유 가까이 놓인다. 미세원섬유가 벽 안쪽으로 밀고 들어갈 수 없기 때문에 로제트는 미세원섬유가 늘어나는 화살표 방향으로 막에서 밀려간다.

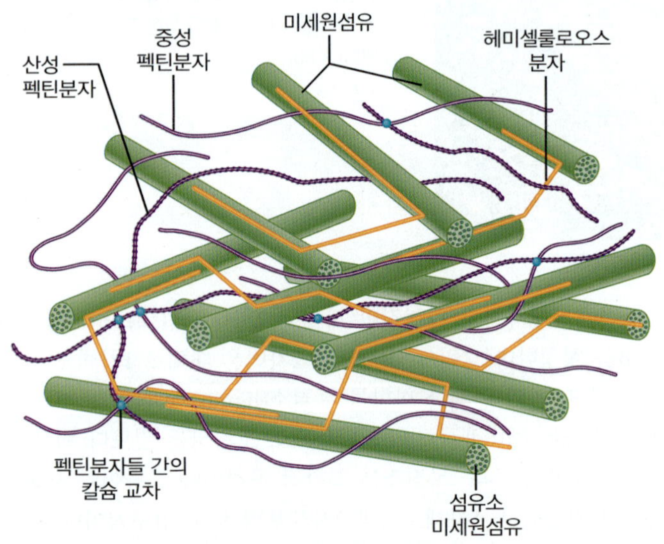

그림 3-36 섬유소 미세원섬유들이 가깝게 놓이기는 하지만 이들이 서로 결합하지 않아서 오로지 섬유소로만 구성된 벽은 약하다. 헤미셀룰로오스와 펙틴은 짧고 가지 친 분자들인데, 인접한 몇 개의 미세원섬유들과 상호작용하여 이들을 서로 연결시키고 단단한 3차 그물망을 형성한다. 이들 성분의 상대적 양은 변할 수 있고, 결과적으로 어떤 벽은 유연하지만 다른 벽은 뻣뻣하고, 어떤 벽은 튼튼하지만 다른 벽은 약하다.

세포 연합

간단한 조류와 원생동물 그리고 대부분의 원핵생물 같은 단세포 생물에서는 개개의 세포가 완벽한 생물이고 다른 세포와는 직접 상호작용하지 않는다. 그런 세포들은 다른 세포에 영향을 미치는 호르몬을 분비함으로써 소규모나마 간접적으로 연락할 수 있지만, 그러한 연락은 드물고 대체로 유성생식 과정에서 다른 세포를 유인할 때에만 나타난다.

다세포로 된 생물에서는 자연히 각 세포가 그 이웃 세포들과 불가피하게 상호작용한다. 세포들은 같은 원천의 광합성 산물, 산소, 이산화탄소, 염류 및 물을 공유해야 한다. 단세포 생물은 원형질막을 통해 폐기물을 분비하면 그만이지만, 다세포로 된 생물은 자유롭게 그럴 수 없다.

세포들이 큰 생물의 부분이라는 점을 감지할 뿐만 아니라 그들이 어떤 부분에 있고 어떻게 분화해야 하는지를 확인하는 세포의 상호작용도 중요하다. 배 발생 과정에서 어떤 세포는 배의 줄기를 형성하도록 지시를 받는가 하면, 다른 세포들은 배의 뿌리, 관다발조직 등등을 형성하게끔 유도된다. 이를 위해서는 광범위하고 정교한 세포 사이의 연락이 필요하다.

한 가지 연락 방법은 단세포 생물이 사용하는 것과 비슷한 방법으로, 세포가 주변의 세포들에게 대사적으로 그리고 발생적으로 하는 일을 '알려주는' 특정 화합물을 분비하는 것이다. 두 번째 방법은 세포들 간의 연결이다. 식물에서는 동물에서 나타나는 것과 같은 세포들 간의 직접적인 접촉이 일어나지 않는다. 왜냐하면 인접한 두 원형질체 사이에는 2개의 1차벽과 중간층이 존재하기 때문이다. 그렇지만 식물 세포들은 벽에 있는 가느다란 구멍인 **세포질연락사(plasmodesmata**; 단수형 plasmodesma)에 의해 서로 연결된다(**그림 3-37**). 세포질연락사는 지름이 약 40 nm에 불과하지만, 한 세포의 원형질막이 이를 통과하여 인접한 세포의 원형질막과 이어진다. 세포기질의 작은 지류도 이를 지나가고, 특수화된 소포체의 짧은 구획도 세포질연락사를 관통한다.

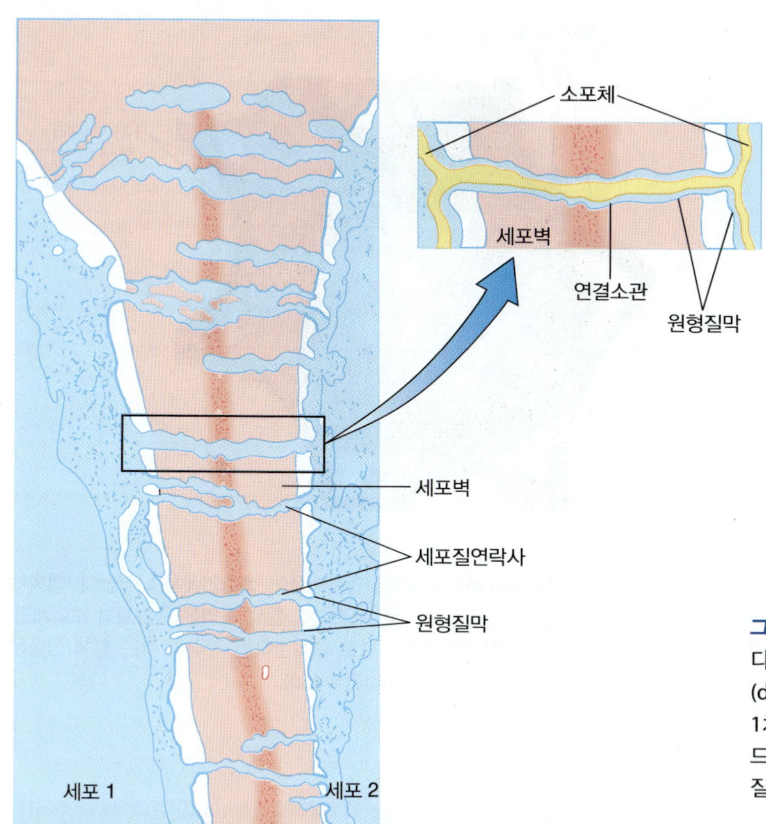

(A) Part A Left: Courtesy of W. W. Thomson and M. Lazzard, University of California, Riverside

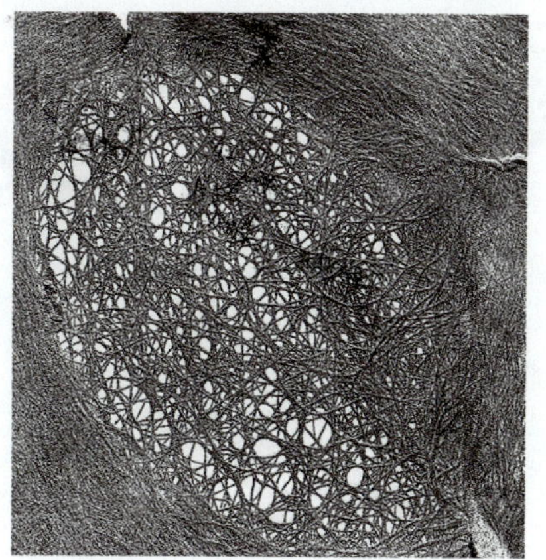

(B) Courtesy of A. Koller, University of Georgia and T. Rost, University of California, Davis

그림 3-37 **(A)** 세포질연락사는 1차벽의 미세한 구멍들로 구성되는 복합체이다. 아울러 세포질연락사는 원형질막, 액체 그리고 소포체에 부착된 연결소관(desmotubule)이라는 소관을 포함한다(×68,000). **(B)** 타원형의 얇은 구역인 1차벽공역을 보여주는 세포벽의 표면보기. 섬유소 미세원섬유에 의해 윤곽이 드러난 작고 벌어져 있는 구역들이 세포질연락사가 위치한 구멍들이다. 원형질은 표본 제작 과정에서 제거되었다(×45,000).

세포벽에 있는 세포질연락사의 수는 상당히 가변적이어서, 세포질연락사가 단독으로 나기도 하고 10~20개가 무리를 이루거나 또는 그 이상이기도 하다(**표 3-9**). 세포질연락사가 무리를 형성한 부위에서는 보통 2개의 1차벽이 특히 얇고, 이 구역을 **1차벽공역(primary pit field)**이라 부른다(그림 3-37B, 3-38). 샘세포나 통도세포처럼 상당한 수송이 일어나는 조직에서는 많은 1차벽공역들과 세포질연락사들이 존재하지만, 물질의 이동이 별로 일어나지 않는 부위에서는 세포질연락사가 거의 나타나지 않는다.

세포질연락사가 실제로 한 원형질체로부터 다른 원형질체로 이어지는 세포질의 통로이기 때문에 세포들의 개성은 줄어들고, 한 식물체 내에 있는 모든 원형질은 서로 연결된 한 덩어리인 **전원형질(symplast)**의 부분이 된다. 영양소를 나르는 조직의 일부(체관요소와 반세포)에서 그리고 생식조직의 일부(소포자모세포와 배젖)에서는 세포질연락사가 매우 크고 많아서 개개의 세포들처럼 행동하는 것이 아니라 하나의 커다란 세포 같이 행동한다. 그렇지만 많은 조직에서는 인접한 두 세포들이 상당히 독립적으로 작용하고, 세포질연락사를 통한 연락이 개성을 막기에 충분치 않다.

표 3-9 세포질연락사의 빈도

조직		세포질연락사/μm^2
수송률이 높을 것으로 예상되는 부위		
위성류(*Tamarix*)	샘세포	17
수송나물(*Salsola*)	당 적재세포	14
소나무(*Pinus*)	당 적재세포	20~25
어저귀(*Abutilon*)	꿀샘세포	12.5
수송률이 낮을 것으로 예상되는 부위		
귀리(*Avena*)	잎세포	3.6
양파(*Allium*)	뿌리세포	1.5
담배(*Nicotiana*)	외부 줄기조직	0.2

원형질체가 물리적으로 서로 분리되어 있다는 사실은 또 다른 결과를 가져 온다. 세포벽은 식물체 내에서 두 번째의 비생물적 구획으로 작용한다. 종이 티슈를 따라 물이 이동하듯이, 물은 모세관작용에 의해 세포벽들 사이로 이동한다. 뿐만 아니라 많은 세포들은 서로 빽빽이 인접하지 않고, 대신에 세포들 사이에는 최소한 그들의 모서리에 **세포간극(intercellular space)**을 갖는다(**그림 3-38**). 특히 잎 같은 어떤 조직에서는 세포들이 너무나도 느슨하게 연결되어 조직에서 부피의 대부분을 세포간극이 차지하고, 실제로 전원형질은 절반도 되지 않는다. 세포간극과 세포벽을 합친 것이 **전세포벽(apoplast)**이고, 전세포벽과 전원형질이 함께 전체 식물을 이룬다. 전세포벽은 기체가 빠르게 확산되도록 도와주는 일련의 통로와 공간처럼 작용하는데, 식물은 허파를 갖지 않기 때문에 이는 필수적이다. 기체가 채워진 공간을 통한 확산은 물로 채워진 공간을 통하는 것보다 약 10,000배 빠르다. 전세포벽이 없다면 나무의 줄기와 덩이줄기 그리고 열매 같이 크고 비대한 식물 조직이 만들어질 수 없고, 내부의 조직은 질식할 수 있다.

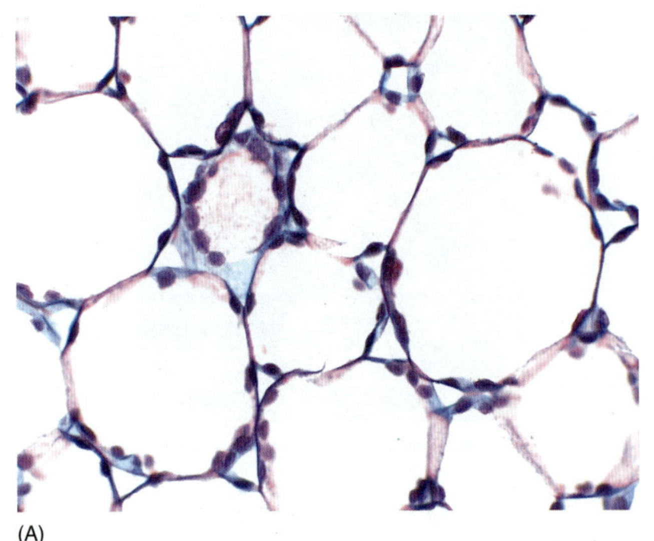
(A)

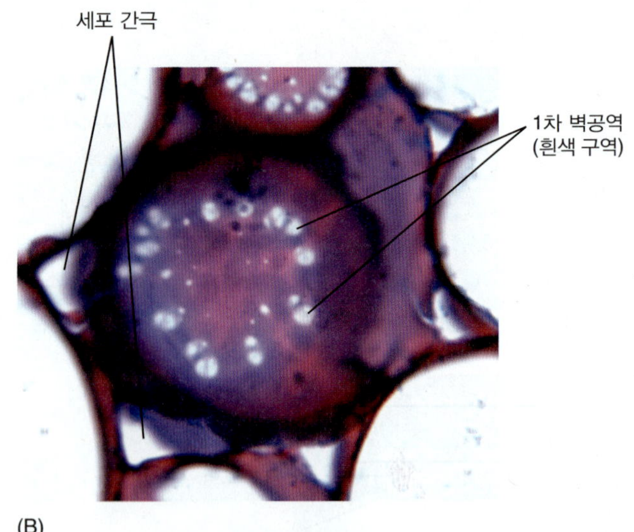

(B)

그림 3-38 (A) 세포들이 서로 밀어붙이는 부위에서는 세포들의 표면이 편평한 접촉면을 형성한다. 1차벽공역들과 세포질연락사들이 접촉면에서 나타난다. 엽록체는 접촉면보다 이산화탄소를 쉽게 얻을 수 있는 부위인 세포간극 곁에 위치한다(×175). **(B)** 접촉면을 고배율로 관찰한 표면보기. 흰색 구역은 구멍처럼 보이지만, 이 구역들은 벽이 특히 얇고 세포질연락사(사진에 나타나지 않음)가 많은 1차벽공역이다. 이 동일한 부위를 전자현미경으로 관찰한다면 각각의 작은 흰색 점들은 그림 3-37B와 같이 보일 것이다. '비접촉면'은 세포벽에서 인접한 세포를 밀어붙이는 곳이 아니라 세포간극에 면한 부위이다(×450).

다음 단계에서는

1. **색소체와 미토콘드리아의 진화.** 지금은 비교적 빠르고 쉽게 그리고 저렴하게 세포소기관에 들어 있는 DNA 고리(DNA circle)의 순서를 결정하고 있다. 많은 식물의 색소체에 들어 있는 모든 유전자의 순서와 구성을 알고 있을 뿐만 아니라 더 많은 색소체 유전체들이 속속 밝혀지고 있다. 식물학자들은 색소체의 진화를 분석하기 위해 이 정보를 이용한다. 조류와 초기 식물들은 더 많은 색소체 유전자들을 가졌는데, 일부 식물 집단에서 어떤 색소체 유전자들이 핵으로 이동하고, 불필요한 유전자들은 제거되었으며, 색소체 DNA 고리에 있는 유전자들의 다양한 재배열이 연구되고 있다. 이를 통해 우리는 색소체와 핵의 유전자들이 어떻게 함께 일하는지를 알게 된다. 식물의 미토콘드리아는 덜 알려져 있지만 이들도 같은 방법으로 연구되고 있다. 핵의 유전자는 진핵성이지만 색소체의 유전자는 남세균의 유전자로부터 물려받은 원핵성임을 명심한다.
2. **식물 세포의 세포골격의 체제와 기능.** 식물의 세포질은 극도로 동적이다. 세포질은 세포에서 여기저기로 이동하며, 미토콘드리아와 색소체 및 핵도 마찬가지다. 구조단백질과 운동단백질로 구성된 세포골격이 여기에 관여하지만, 많은 세부사항들은 최근에야 비로소 밝혀지고 있다. 한편 식물이 뭔가에 닿았다는 것을 감지하는 능력[예를 들면, 덩굴손이 뭔가에 접촉하면 그 주위를 감기 시작하고, 파리지옥풀의 덫에 파리가 앉으면 잎을 닫아 가둠]에도 식물의 세포골격이 관여하는 것으로 나타났다.
3. **우리들이 세포를 알게 된 역사.** 1660년대에 현미경이 발명된 직후 세포가 발견되었다. 세포 구조에 관해 우리가 알고 있는 지식의 역사를 서술한 훌륭한 책은 해리스(Henry Harris)의 『세포의 탄생(*The Birth of the Cell*)』(1999년, Yale University Press)과 갈(Joseph G. Gall)의 『세포에 대한 관점: 사진 화보집(*Views of the Cell: A Pictorial History*)』(1996년, The American Society of Cell Biology) 두 권이다.

요약

1. 모든 생물은 생명의 근본적 단위인 세포로 구성된다. 대부분의 세포는 동일한 유형의 세포소기관을 가지는데, 기본적 세포형은 몇 가지에 불과하다.
2. 다세포로 된 생물에서 세포들은 차츰 특정한 임무를 수행하게끔 특수화되어 전체 생물이 더욱 효율적이 되도록 한다. 그렇지만 개개의 세포는 그 생물의 다른 세포들에 차츰 의존하

게 된다.

3. 선택적 투과성 막과 능동수송은 구획화를 가능케 하고, 에워싸인 구획은 화학 조성과 대사가 구획의 바깥과 완전히 다르다는 점에서 생명에게 매우 중요하다.
4. 세포의 가장 바깥쪽 막은 원형질막이고, 원형질막이 둘러싸는 원형질이 원형질체이다.
5. 식물 세포는 막으로 둘러싸인 다음과 같은 세포소기관들을 포함한다: 핵—유전과 대사 조절; 액포—일시적 또는 장기적 저장, 생장; 미토콘드리아—호흡; 색소체—광합성(엽록체); 소포체—세포내 수송, 지질 합성; 딕티오솜—물질 가공; 그리고 미소체—해독 또는 지질 대사.
6. 식물 세포는 막이 없는 다음과 같은 세포소기관들을 포함한다: 리보솜—단백질 합성; 세포기질—다른 모든 세포소기관들을 둘러싸는 액체 기질; 미세소관과 미세섬유—골격 구조, 세포소기관의 이동; 세포벽—구조, 세포 형태; 그리고 결정과 지질방울 같은 다양한 저장산물.
7. 동물 세포는 세포벽, 색소체, 글리옥시솜 또는 중심액포를 갖지 않고, 균류 세포는 중심액포를 갖지만 색소체가 없으며, 세포벽은 섬유소가 아니라 키틴으로 구성된다.
8. 식물체는 모든 원형질(전원형질)과 모든 세포간극 및 세포벽(전세포벽)으로 이루어진다. 전세포벽은 공기와 액체의 확산에 중요할 수 있다.

중요한 용어

1차벽공역(primary pit field)
2중층(bilayer)
골지장치(Golgi apparatus)
골지체(Golgi body)
구획화(compartmentalization)
내강(lumen)
내재성 단백질(intrinsic protein)
당단백질(glycoprotein)
딕티오솜(dictyosome)
리보솜(ribosome)
미세섬유(microfilament)
미세소관(microtubule)
미소체(microbody)
미토콘드리아(mitochondria)
분자펌프(molecular pump)
불투과성 막(impermeable membrane)
색소체(plastid)
선택적 투과성 막(selectively permeable membrane)
섬모(cilia)
세포간극(intercellular space)
세포기질(cytosol)
세포내 섭취(endocytosis)
세포벽(cell wall)
세포소기관(organelle)
세포외 배출(exocytosis)
세포질(cytoplasm)
세포질연락사(plasmodesmata)
소포체(endoplasmic reticulum)
액포(vacuole)
액포막(tonoplast)
엽록체(chloroplast)
외재성 단백질(extrinsic protein)
원핵의(prokaryotic)
유동모자이크막(fluid mosaic membrane)
인(nucleolus)
잡색체(chromoplast)
전세포벽(apoplast)
전원형질(symplast)
전투과성 막(freely permeable membrane)
중간층(middle lamella)
중심립(centriole)
진핵의(eukaryotic)
튜불린(tubulin)
편모(flagella)
핵(nucleus)

복습 문제

1. 식물에서, 각 세포는 상자 같은 ______________이 ______________을 둘러싸고 있고, 이는 보다 작은 부분들인 ______________을 포함하고 있다.
2. 표 3–1에서, 참나무의 물을 나르는 물관 세포의 크기는 ______________이다. 1 mm는 1,000 μm이다. 참나무 물관 세포의 한쪽 끝과 다른 한쪽 끝을 이었을 때 또는 나란히 놓았을 때 1 mm 안에 대략 얼마나 많은 세포가 들어갈까? 만일 그 세포를 손바닥에 놓는다면 그 세포가 눈에 보일까? 대마의 섬유 세포는 얼마나 길까? 그 길이는 몇 mm인가? 이를 cm로 환산하면 어떻게 되나(1 cm = 10 mm)? 이들을 손바닥에 놓았을 때 그 중 하나라도 볼 수 있을까?
3. 그림 3-1은 잎 세포의 광학현미경 사진이다. 이는 이끼류 잎을 관찰할 때 볼 수 있는 전형적인 모습이다. 여기서 쉽게 볼 수 있는 세포 구조 두 가지는 무엇인가?
4. 식물의 다양한 세포형 사이에서 나타나는 분업은 중요하다. 표 3-2를 검토하고, 다음의 과업을 책임 맡은 세포의 이름을 대시오.
   a. 태양 에너지 수집
   b. 물의 수송
   c. 세포분열과 새로운 원형질 생성
   d. 수분 보유
   e. 꽃가루매개동물을 유인하는 색소를 가짐
   f. 식물에 해로운 동물을 저해하는 독성물질 생산
5. 코코넛 껍질의 석세포(stone cell)는 식물의 분업을 볼 수 있

는 부분이다. 어떤 변형이 이들로 하여금 세포의 분열과 생장을 불가능하게 만들었을까(힌트: 그림 3-5 참조)?

6. 모든 생체막은 ____________과 두 층의 ______________ 분자들로 구성된다. 이들 성분 가운데 하나는 분자 2개의 두께를 가진 얇은 용액이다. 분자 2개의 두께를 가진 층은 ______________이다.
7. 세포막의 부분인 단백질 가운데 일부는 실제로 막에 파묻혀 있다. 다른 단백질은 막의 바깥에 위치하고 막의 옆에 놓인다. 이들 각각의 이름은 무엇인가?
8. 세포막은 유동모자이크로 설명된다. 그건 무슨 뜻일까? 막의 모든 구성물이 막 내에서 어디라도 측면으로 자유로이 확산될 수 있을까?
9. 막의 두 가지 기본 성분은 무엇인가? 물질이 막의 한쪽에서 다른 쪽으로 이동할 수 있는 세 가지 방법은 무엇인가? 식물이 에너지를 이용해야 하는 방법은 어떤 것인가?
10. 막의 조각들은 세포의 한 구역에서 다른 구역으로 빈번하게 이동하지만, 편평한 조각으로 움직이지 않고 소포의 형태로만 이동한다. 그림 3-9를 살펴본 다음, 막의 양쪽 면에 대해 나른 색깔을 이용하여 세포내 섭취와 세포외 배출의 예를 이끌어 내시오. 그림 3-9에서 막 2중층의 검은색 쪽은 언제나 세포의 파란색 부분과 닿는 점에 주목하시오. 막의 검은색 쪽이 세포의 녹색 부분과 닿게 될 소포 융합의 경우를 찾아낼 수 있을까?
11. 다음 용어들의 각각을 정의하시오: 전투과성 막, 불투과성 막, 그리고 선택적 투과성 막. 시험을 치를 때 흘리는 땀은 단백질이나 당 또는 뉴클레오티드가 아니라 나트륨과 염화물 그리고 물로 된 용액이다. 땀샘세포의 막은 전투과성 막인가, 불투과성 막인가, 아니면 선택적 투과성 막인가?
12. 정답에 동그라미를 치시오: 식물, 동물, 균류 및 원생생물은 (원핵, 진핵) 세포를 갖는다. 진핵세포의 주요한 특징은 무엇인가?
13. ___________(자주 사용되지 않는 용어로 _____________)은 원형질의 표면을 완전히 덮는 막이다. 이 막은 (정답 하나에 동그라미를 치시오: 전투과성, 불투과성, 선택적 투과성)이고, 분자펌프를 (정답 하나에 동그라미를 치시오: 포함한다, 포함하지 않는다).
14. 핵은 생물의 __________________에 대한 기록 보관소의 기능을 하고, 이는 모든 핵 안에 들어 있는 _____________에 저장된다.
15. 어떤 세포소기관이 영양소와 노폐물 모두를 저장하는 기능을 하는가? 그 막의 이름은 무엇인가?
16. 어떤 세포소기관이 세포호흡을 수행하는가? 이들 세포소기관의 각각은 2개의 막과 액체 부분 그리고 접힌 시트 모양의 구조를 갖는다. 이들 네 가지 요소의 이름은 무엇인가?
17. 색소체는 생장하여 여러 다른 종류의 구조들로 발달할 수 있다. 다음과 같은 일을 하는 색소체의 이름은 무엇인가?
    a. 광합성 수행
    b. 지질과 그 밖의 물질 합성
    c. 녹말 저장
    d. 수많은 착색된 지질 포함
    e. 조직이 빛 없이 생장할 때 나타남
18. 어떤 세포소기관이 단백질 합성을 수행하나?
19. 조면소포체와 활면소포체의 차이는 무엇인가? 활면소포체는 식물에서 그다지 흔하지 않지만 몇 가지 사례가 책에 나와 있다. 그것들은 무엇인가?
20. 식물의 대사에서 딕티오솜의 역할은 무엇인가? 딕티오솜의 형성면은 무엇이고, 성숙면은 무엇인가?
21. 3장에서 언급한 모든 세포소기관이 포함된 '전형적인' 식물 세포를 그려보자. 대부분의 세포는 특수화된 기능을 갖고 있고, 특정 세포소기관의 비율이 증가한다. 만일 세포가 광합성에 관여한다면 그림을 어떻게 바꿔야 할까? 그 세포가 노란색이나 주황색 꽃잎의 부분이라면? 단백질이 풍부한 소화액을 분비한다면? 다량의 DNA를 필요로 한다면? 녹말을 저장한다면? 이제 막 엄청나게 자랐다면?
22. 21번 문제에서 어떤 세포소기관이 주로 막으로 구성되어 있나? 막이 이들 세포소기관의 대사활동에 참여하는 방법들은 무엇인가?
23. 물질이 어떻게 딕티오솜으로 전달되는지 설명하시오. 물질이 딕티오솜에 있는 동안 어떤 일이 생기고, 어떻게 물질이 방출될까? 물질이 방출된 다음에 일어날 수 있는 일은 무엇일까?
24. α-튜불린과 β-튜불린은 무엇인가? 이들이 결부되면 무엇을 형성하는가? 분열하는 세포에서 어떤 구조가 이 물질로 이루어져 있을까(그림 3-27)? 조류와 균류 및 동물 세포들은 이것으로 만들어진 구조를 이용하여 움직인다. 그 구조의 이름은 무엇인가?
25. 많은 동물과 조류는 편모가 달린 세포를 갖는데, 편모를 가진 식물이 있을까? 예를 들어, 고사리류 세포나 이끼류 세포에 편모가 있을까?
26. 미세소관이 어떻게 세포골격으로 작용할까? 미세소관이 특히 풍부할 시기가 있을까? 중심립과 기저체 그리고 편모는 각각 무엇인가?
27. 그림 3-32부터 그림 3-34까지 검토해 보자. 어떤 종류의 물질이 식물 세포에서 저장산물로 나타날까?
28. 조개가 껍질을 단단하게 만들 때 어떤 화학물질을 이용할까? 사람은 뼈를 튼튼하게 할 때 어떤 물질을 이용하나? 식물이 단단한 세포벽을 구성할 때 이들 화학물질 중 하나를 이용할까? 만일 식물이 껍질을 만드는 물질이나 뼈를 만드는 물질을 이용한다면 어떤 문제가 있을까?
29. 세포벽에서, 평행하게 인접한 섬유소 분자들이 폭 10~25 nm의 매우 강한 _________________를 이룬다. 이들은 딕티오솜에서 생성된 다당류인 __________________에 의해 함께 묶인다.

30. 식물의 세포벽에서 가장 풍부한 성분은 무엇인가? 성분들이 어떻게 상호작용하고, 이들이 서로에 대하여 어떻게 배열할까? 식물에서 전원형질과 전세포벽은 무엇인가?
31. 모든 식물 세포에 존재하는 세포벽의 유형은 무엇인가? 몹시 튼튼해야 할 세포에서는 어떤 종류의 세포벽이 나타날까?
32. 식물 세포를 서로 연결하는 아주 가느다란 구멍은 무엇인가? 2개의 1차벽이 특히 얇고 이들 구멍이 특히 풍부한 구역의 이름은 무엇인가(그림 3-37)?
33. 세포간극은 무엇인가? 기체가 채워진 공간을 통한 확산은 액체로 채워진 공간을 통하는 것보다 약 ________________배 빠르다. 사과처럼 부피가 큰 물체의 안쪽 깊숙한 곳에 자리 잡은 생체세포는 산소를 필요로 한다. 만일 그곳에 세포간극이 없다면 산소가 안쪽의 세포로 빠르게 확산될 수 있을까? 산소가 원형질로 용해되지 않고 사과 깊숙이 확산될 수 있도록 모든 세포간극이나 대부분의 세포간극이 서로 연결되어 있을 것으로 짐작하는가? (이 책에 해답이 없으므로 여러분이 짐작해야 한다.)

CHAPTER 4

세포의 생장과 분열

학습 목표

이 장을 읽은 다음, 학생들이 할 수 있는 것은;

- 세포주기의 두 시기를 서술한다.
- 간기 내의 세 시기를 순서대로 설명한다.
- 유사분열 과정에서 염색분체가 분리되는 네 시기를 열거한다.
- 유사분열과 감수분열을 설명한다.
- 감수제1분열 전기의 다섯 시기를 순서대로 설명한다.
- 조류의 세포분열 과정을 요약한다.
- 원핵생물과 진핵생물 간에서 나타나는 세포분열 과정의 차이점을 열거한다.

알고 있나요?

- 핵이 분열하는 과정은 식물과 동물에서 거의 동일하다.
- 식물 세포가 분열하는 과정은 동물 세포가 분열하는 과정과 크게 다르다.
- 완전히 벌어진 잎이나 피어 있는 꽃처럼 성숙한 식물 기관의 세포들은 보통 분열하지 않고, 아주 미숙한 기관의 세포들만 분열한다.
- 미토콘드리아와 색소체는 그들이 지닌 DNA를 복제하고 세균의 분열과정과 비슷하게 분열한다.

개요

장의 첫 이미지: 식물과 동물의 몸은 모두 그들의 세포와 핵이 분열하고 증가되면서 자란다. 몸의 각 세포가 다른 모든 세포와 동일한 유전자 세트를 갖게 하는 분열인 유사분열에 의해 거의 모든 세포가 증식된다. 이는 꽃의 거의 모든 부분에도 적용되지만, 수술(노란색 구조)과 심피(빨간색 구조)의 세포들 일부는 각 생식세포가 한 세트의 유전자만 갖게 하는 분열인 감수분열에 의해 증식된다. 사진은 멕시코양귀비속(*Argemone*)이다.

개념

개개의 생물은 태어나고 자라서 죽는 시기가 포함되는 생활주기(life cycle)를 갖고 있다. 개개의 세포도 마찬가지로 그런 생활주기를 갖는데, 이를 **세포주기(cell cycle)**라고 한다. 세포는 모세포의 분열로 개시되어 일정 기간 자란 다음, 분열하여 두 딸세포를 만들면서 대부분 끝을 맺는다(**그림 4-1**). 그렇다고 진짜 죽는 것이 아니라 모세포의 물질들은 딸세포에 계속 존재하게 된다.

다세포 생물이 자라면서 이런 종류의 세포주기가 보편적이지만(우리 몸에서는 1초에 약 2,500만 세포주기가 나타남), 식물의 부분들이 그들의 최종 형태에 도달하면 대부분의 세포는 분열을 멈추고[**세포주기 정지(cell cycle arrest)**] 오랜 생장기에 들어가는데, 이 동안에 세포들은 분화하고 성숙한다(**그림 4-2**). 예를 들어, 잎 세포는 잎의 길이가 불과 몇 mm만 되어도 분열을 멈추고, 잎이 확장되면서 세포도 생장을 계속하여 잎의 남은 수명 동안 기능을 하게 된다. 잎 세포는 보통 다시 분열하게끔 활성화될 수 없고, 잎이 손상을 받는 경우 재생은 거의 불가능하다. 그에 반해서, 줄기나 뿌리의 피층 세포도 기관이 성숙하기 전에 분열을 중단하지만, 만일 피해를 입게 되면 나머지 세포들이 분열을 재개하여 손상된 부분이 코르크층으로 보호를 받을 때까지 활성이 유지된다.

어떤 세포는 여러 해, 심지어 수백 년 동안 살지만, 다른 세포들은 성숙하자마자 바로 죽는다. 나무껍질의 세포는 죽으면 더욱 방어적이 된다(**그림 4-3**). 꽃의 많은 부분들은 꽃이 처음 열린 후 불과 며칠 만에 죽고, 샘세포들은 보통 잠시 동안 분비한 다음 죽는다.

일부 세포는 결코 분열을 멈추지 않는다. 뿌리와 줄기의 끝에 있는 생장점의 세포들은 끊임없이 순환되고(**그림 4-4**, **4-5**), 목부와 나무껍질을 만드는 형성층(cambium)도 마찬가지다. 형성층의 세포가 분열하면 새로운 딸세포 중 하나는 목부나 나무껍질의 세포가 되고, 다른 하나는 분열층의 부분으로 남는다. 목부나 나무껍질의 세포는 몇 차례 분열한 다음, 분화하고 성숙하며, 대개 다시 분열하지 않는다. 분열층에 머무는 딸세포는 원래의 크기로 커진 다음 다시 분열한다.

그림 4-2 야자나무는 분열하는 세포가 몇 개에 불과한 식물의 극단적인 예가 된다. 이 야자나무의 지상부 전체에서 세포분열은 단지 (1) 가장 끝의 꼭대기에서, (2) 발달하는 잎에서, 그리고 (3) 발달하는 꽃에서만 나타난다. 여기에 보이는 나무줄기의 수백 만 세포 가운데 그 어느 세포도 분열하지 않지만, 대부분의 세포는 살아 있다. 나무줄기의 기부에 있는 세포들은 이 식물이 유식물(seedling)이었을 때 만들어진 것들이고, 거의 한 세기 동안 살고 있다.

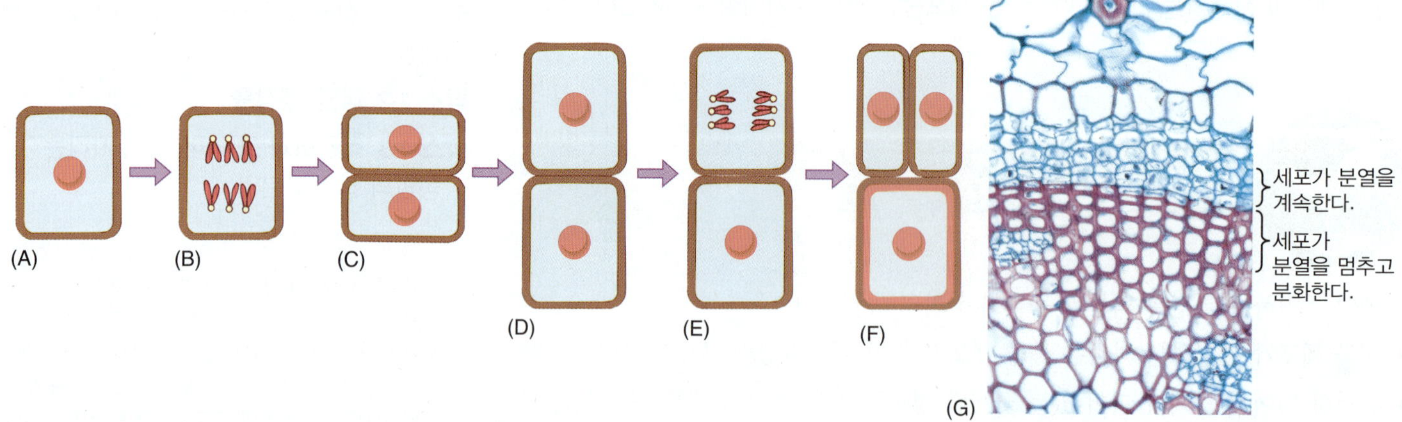

그림 4-1 세포주기는 분열기와 생장기로 구성된다. **(A)** 세포가 자라서 분열할 준비가 되었다; **(B)** 처음에 핵이 분열하고, **(C)** 이어서 세포벽이 형성되면서 세포질이 나뉜다. **(D)** 새로운 세포가 생장하면서 새로운 세포주기에 들어간다. **(E)** 어떤 세포는 다시 분열하지만, 다른 세포는 분화를 시작할 수 있다. 이 예에서는 벽(빨간색)이 두꺼워지고 섬유로 성숙한다. **(F)** 위쪽 세포는 분열을 멈추고, 두 딸세포가 새로운 세포주기에 들어갈 수 있다. 아래쪽 세포는 분화를 계속하고, 일부 섬유 세포에서는 핵이 한두 번 분열하기도 하지만 대체로 일단 분화가 개시되면 핵은 결코 다시 분열하지 않는다. **(G)** (A)부터 (F)까지 묘사한 것과 비슷한 일련의 세포들을 보여주는 횡단면. 빨간색 세포는 분열을 멈추고 섬유 세포로 분화하였다. 얇은 벽을 가진 파란색 세포는 여전히 생장과 세포분열을 할 수 있다(× 250).

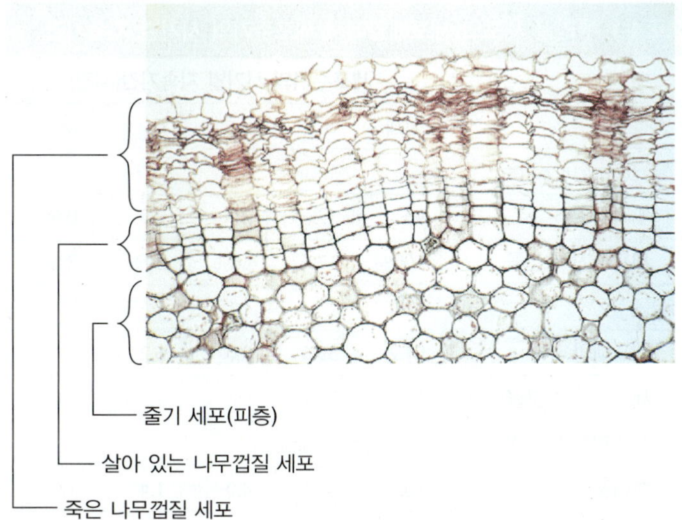

그림 4-3 이 나무껍질 세포는 몇 번만 분열한 다음 분화하여 방수 화합물과 항미생물성 화합물을 세포벽에 둔다. 그 다음에 세포는 죽고 원형질체가 없는 세포벽만 남는다. 원형질체가 없다는 점은 선택적 이익인데, 왜냐하면 곰팡이나 곤충이 벽을 뚫고 들어 왔을 때 영양가 있는 원형질을 만날 수 없어서 굶어 죽기 때문이다(×120).

그림 4-4 야자나무와 대조적으로 이 침엽수는 많은 무리의 분열하는 세포들을 갖고 있다. 개개의 눈(이 가지에서만 8개가 보임)에는 그 꼭대기에 분열하는 세포 집단(정단분열조직)이 있다. 눈에서 에워싸인 동안에 대부분의 세포들이 만들어진 바늘처럼 생긴 잎들이 나올락 말락하고, 세포들이 늘어나고 성숙하려고 한다. 목질의 갈색 줄기 속에는 보다 많은 목부와 나무껍질을 추가하는 분열세포층(관다발형성층)이 있어서 줄기의 이 부분이 더욱 굵어지지만 더 길어지지는 않는다.

그림 4-5 선인장(*Cleistocactus*)의 생장하는 줄기 끝. 이들 세포 모두가 살아 있고 세포분열을 반복적으로 수행한다. 줄기 끝의 기본적인 역할 중 하나는 영양소를 나중에 줄기조직으로 분화할 새로운 세포로 전환하는 것이다. 아래쪽 세포들은 조금 염색되었는데, 그것은 커다란 액포가 염료를 흡수하지 않기 때문이다. 이 세포들의 세포주기는 끝에 있는 작으면서 액포가 적은 세포들보다 훨씬 느리다(×200).

세포주기는 생장기(growth phase)와 분열기(division phase)로 구분할 수 있다.

세포주기의 생장기

세포주기가 처음 집중적으로 연구된 1800년대에 연구자들은 많은 사건이 확인되는 분열 활동에 크게 주목하였다. 그들은 분열하는 사이에 세포들이 '쉬고 있다'라고 추정하고, 생장기를 **휴지기(resting phase)** 또는 **간기(interphase)**라고 불렀다(**그림 4-6**). 지금 우리는 세포가 간기 동안에 활동적임을 알고 있고, 간기는 뚜렷이 다른 3개의 시기(G_1기, S기 및 G_2기)로 구별될 수 있다.

G_1기

분열 후의 첫 번째 시기인 **G_1기(G_1 phase 또는 gap 1)**에서 세포는 분열에서 회복하고 세포의 정상적인 대사의 대부분을 수행한다(그림 4-6). 중요한 과정 중 하나는 다음 번 DNA 복제에 사용될 뉴클레오티드를 합성하는 것이다. 세포주기의 길이는 세포의 종류, 식물의 종류, 그 식물의 건강과 나이, 온도 그리고 다른 많은 요인들에 따라 엄청나게 변한다. 일부 조류와 같은 단세포 생물에서는 세포주기가 몇 시간 정도로 짧을 수 있고, 빠르게 생장하는 배와 뿌리에서도 짧은 세포주기가 나타난다. 다른 한편으로 느리게 생장하는 조직이나 식물에서는 세포주기에 걸리는 시간이 이틀에서 사흘 또는 심지어 몇 달도 드문 일이 아니다. 겨울의 휴면기 동안에는 세포주기가 가을에서 봄까지 지속되기도 하지만, 휴면이 끝나고 대사가 가속화되면 세포주기는 단지 몇 시간에 불과하기도 한다. 세포가 G_1기를 보내는 실제 시간도 이와 비슷하게 다양하다. 예외가 있기는 하지만 대체로 G_1기는 세포주기에서 가장 긴 부분이다(**표 4-1**). 세포가 세포주기 정지를 겪게 되면

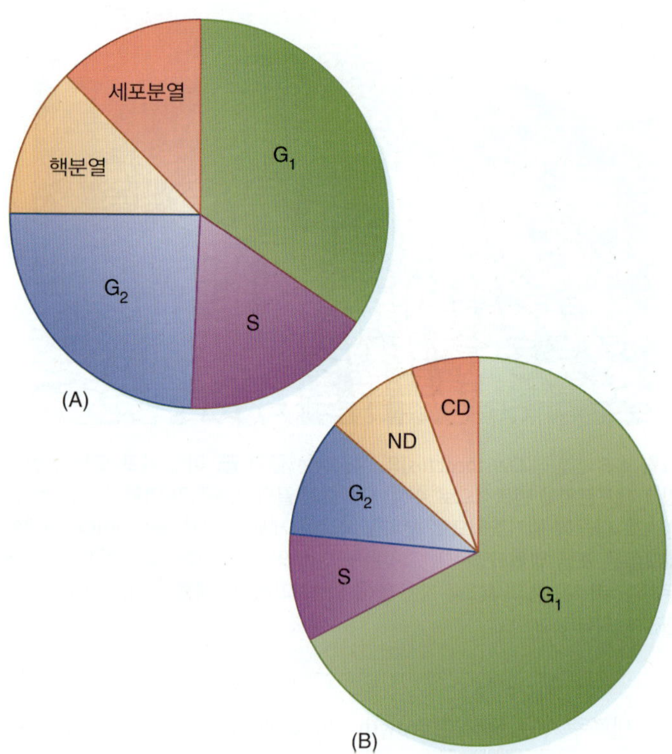

그림 4-6 상이한 조직이나 종의 세포주기 비교. **(A)** 줄기 끝에서는 세포가 적절한 크기로 자라자마자 세포분열이 일어날 수 있고, G_1기는 세포주기에서 작은 부분에 불과하다. **(B)** 줄기 끝의 아래에서는 세포들이 여전히 분열하지만, 생장하는 데 그리고 분열 이외의 대사를 수행하는 데 보다 많은 시간을 보낸다. G_1기는 세포주기에서 많은 부분을 차지한다. (A)와 (B) 모두 몇 시간 또는 몇 날의 절대적 시간이 아니라 세포주기의 각 시기에 소요되는 상대적 시간만 보여줄 따름이다. (B)와 같은 세포들의 세포주기는 보통 줄기 끝의 세포들(A)보다 훨씬 길다.

분열을 멈추고 분화와 성숙을 시작하는데, 이는 G_1기와 비슷하고 수명이 다할 때까지 그 상태를 유지한다.

S기

S기(S phase) 또는 합성기(synthesis phase) 동안에 핵에 있는 유전자들이 복제된다. 유전자는 뉴클레오티드의 중합체이고, 각 유전자는 뉴클레오티드의 독특한 순서를 갖는다. 많은 유전자들이 서로 비슷한 크기를 갖기도 하지만, 여러 다른 유전자들이 정확하게 동일한 뉴클레오티드 순서를 갖는 법은 없다. 체제가 복잡한 많은 식물과 동물은 그 개체의 생명에 필수적인 적절한 효소와 구조단백질 그리고 호르몬을 만드는 데 필요한 정보를 저장하려면 약 30,000종류의 유전자가 있어야 한다. 생물이 가지는 모든 유전자를 **유전체(genome)**라고 한다.

만약 개개의 유전자들이 DNA의 독립된 조각으로 세포나 핵 여기저기에 떠돈다면 분열할 때 60,000 유전자(30,000 원형과 30,000 복사본) 가운데 하나씩 찾아서 이들 각각을 딸세포에 들어가게 한다는 것은 엄청나게 어려울 것이다(**그림 4-7**). 그렇지만 이는 별 문제가 되지 않는데, 왜냐하면 DNA의 짧은 조각에 모든 유전자들이 다른 유전자들과 붙어 있기 때문이다. 수천 개의 유전

표 4-1 뿌리끝 세포와 세포배양에서 세포주기의 시기별 지속기간

	세포주기의 시기별 지속기간(시간)				
종	전체	G_1	S	G_2	M
당근(*Daucus carota*)					
뿌리끝	7.5	1.3	2.7	2.9	0.6
세포주기 백분율	100%	17%	36%	39%	8%
당근					
세포배양	51.2	39.6	3.0	6.2	2.4
세포주기 백분율	100%	77%	6%	12%	5%
하플로파푸스 그라실리스(*Haplopappus gracilis*)					
뿌리끝	10.5	3.5	4.0	1.4	1.6
옥수수(*Zea mays*)					
뿌리끝	9.9	1.7	5.0	2.1	1.1
양파(*Allium cepa*)	17.5	1.5	10	4.0	2.0

당근 세포를 세포배양에서 키우면 세포주기가 훨씬 길어진다. 그 주된 원인은 G_1기 때문인데, 뿌리끝에서는 G_1기가 세포주기의 17%에 불과하지만 세포배양에서는 77%를 차지한다.

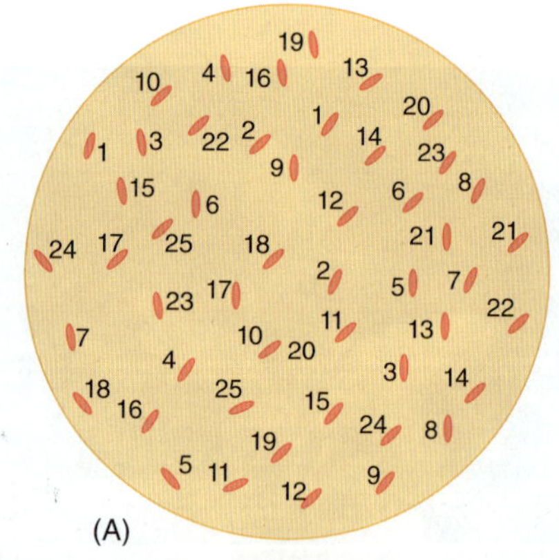

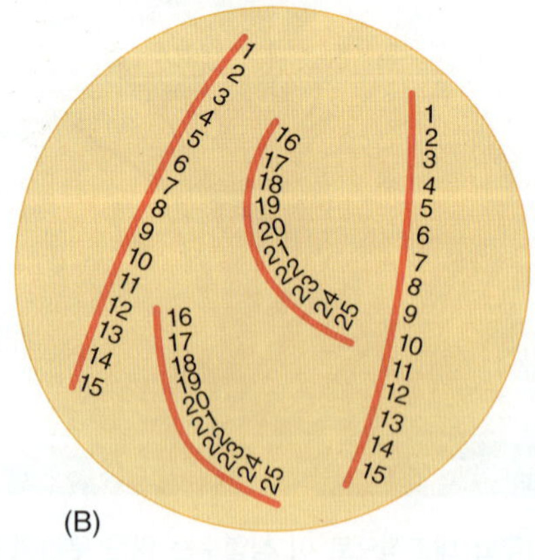

그림 4-7 (A) 만일 개개의 유전자들이 별개의 DNA 조각이라면 각각을 정확하게 복제하기가 어려울 것이고, 각 딸핵이 이들의 복사본 하나씩 정확하게 받기는 더욱 어려울 수 있다. **(B)** 유전자들을 그룹으로 묶은 염색체라면 유전자들을 다루기가 훨씬 쉬워진다. 이 그림에서는 두 가지의 염색체만 나타내었는데, 긴 염색체에는 1번에서 15번 유전자 그리고 짧은 염색체에는 16번에서 25번 유전자가 들어 있다.

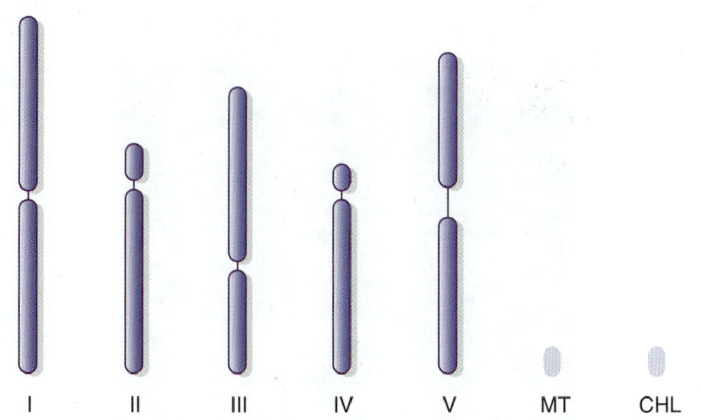

그림 4-8 애기장대(*Arabidopsis thaliana*)의 세포에 있는 각 핵은 그림과 같은 5종류의 염색체를 각각 2개씩 갖는다. 그 중 한 벌은 어버이 가운데 부계로부터 그리고 다른 한 벌은 모계로부터 물려받은 것이다. 각 염색체에서 가느다란 구역이 동원체이다. MT와 CHL의 라벨이 붙은 선들은 미토콘드리아와 색소체의 DNA고리를 나타낸다. 애기장대 유전체의 전체 염기순서가 결정되었고, 우리는 각 염색체의 각 위치에 어떤 DNA 뉴클레오티드가 나타나는지 알고 있다.

자들이 직선 모양의 순서로 함께 붙어 있는데, 이 전체 구조를 **염색체(chromosome)**라고 한다(**그림 4-8**). 전체 유전자들이 한 염색체에 모두 함께 연결되어 있는 것이 합리적인 것처럼 보이지만, 그렇게 염색체가 길어지면 어찌할 도리가 없을 정도로 꼬이게 될 것이다. 일부 식물만이 단지 2개의 염색체를 가질 뿐, 대부분의 식물은 5개로부터 30개까지의 염색체를 갖는다(**표 4-2**).

상이한 20개의 염색체를 갖는 경우, 30,000 유전자를 가진 생물은 각 염색체에 평균 1,500 유전자가 들어 있게 된다. 결과적으로 보호 장치가 없다면 DNA의 긴 조각이 자칫 부서질 수 있다. 양파에서 각 세포의 핵에 들어 있는 DNA는 모두 DNA를 측정했을 때 길이가 10.5 m이고, 백합의 경우 길이가 21.8 m가 된다.

표 4-2 반수체 세트의 염색체 수

종명	보통명	염색체 수 (*n*)
Machaeranthera gracilis	없음: 미국의 사막식물	2
Arabidopsis thaliana	애기장대	5
Vicia faba	잠두	6
Pisum sativum	완두	7
Allium cepa	양파	8
Zea mays	옥수수	10
Lilium pyrenaiecum	백합의 일종	12
Oryza sativa	벼	12
Triticum aestivum	밀	21
Homo sapiens	사람	23
Solanum tuberosum	감자	24

반수체 세트는 정세포와 알세포에 들어 있는 것처럼 한 벌의 염색체를 가리킨다. 수정란은 두 벌의 염색체를 갖는 2배체이다.

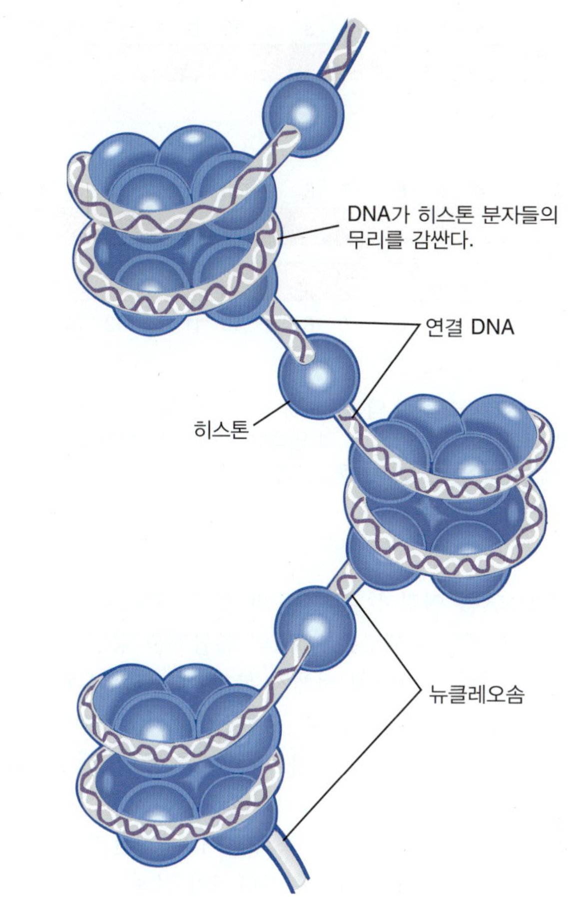

그림 4-9 히스톤 단백질이 짧은 원통으로 결합하고 DNA가 이 원통을 감싼다. DNA와 히스톤으로 구성된 입지들이 촘촘히게 배열된다.

진핵생물에서는 **히스톤(histone)**이라는 특별한 종류의 단백질이 DNA와 복합체를 형성하여 DNA를 보호하고 틀을 제공한다(**그림 4-9**). 한편 염색체는 **동원체(centromere)**라는 또 다른 구조적 특징을 갖는데, 이는 대체로 염색체의 중앙 부근에 위치한다(**그림 4-10**). 염색체의 양쪽 끝에는 **말단소체(telomere)**가 있다.

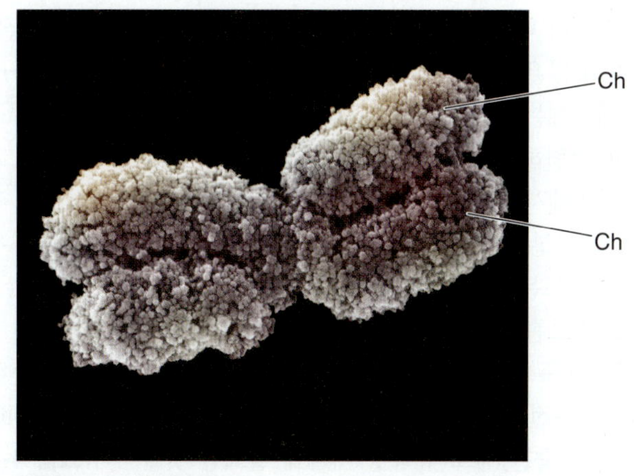

그림 4-10 분열 중인 세포의 염색체. 세포주기에서 S기를 거쳤으므로 염색분체(Ch)가 하나가 아니라 둘이다. 염색질이 단단히 꼬여서(응축) 고리처럼 보인다. 염색질의 응축으로 염색체는 짧아지고 굵어졌으며, 세포에서 이리저리 움직일 수 있게 되었다. 중심의 잘록한 부위가 동원체이다.

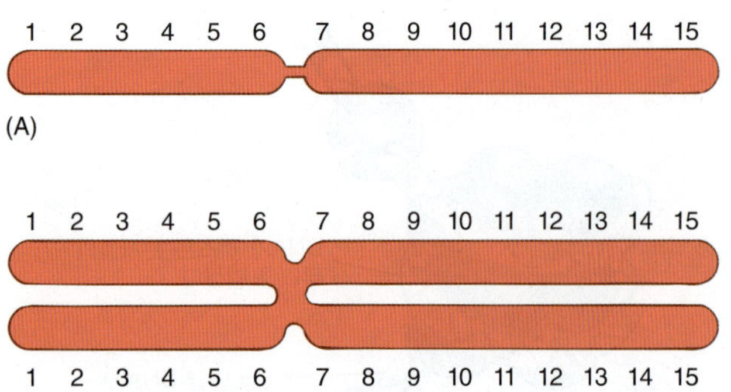

그림 4-11 (A) S기 전에는 각 염색체가 하나의 염색분체와 각 유전자 한 벌을 갖는다. **(B)** S기에서 복제가 끝나면 각 염색체는 2개의 염색분체와 각 유전자 두 벌을 갖게 된다. 잘록한 부위는 동원체를 가리킨다.

S기에 DNA를 연결하는 조각들과 유전자들이 복제되고, 새로운 히스톤 분자들은 새로운 DNA와 복합체를 형성한다. 따라서 DNA뿐만 아니라 염색체 전체가 복제된다(**그림 4-11**). 복제가 끝나면 중복된 DNA 분자들은 코헤신(cohesin) 단백질로 연결되는 동원체에서 붙어 있게 된다. 이 상태를 '2중염색체(double chromosome)' 또는 '염색체쌍(pair of chromosomes)'이라고 불러도 타당하겠지만 그냥 '염색체'라고 부르며, 배가된 염색체의 각 반쪽을 **염색분체(chromatid)**라고 부른다. S기 전에는 각 염색체가 오직 하나의 염색분체를 가졌는데, S기가 끝나면 각 염색체는 2개의 똑같은 염색분체를 갖게 된다. S기 이후의 염색체는 S기 이전과 비교하였을 때 두 배가 된다.

비록 많은 세포들이 G_1기에 분열을 멈추고 성숙하기 시작하지만, 대부분의 식물 세포들은 S기에 들어가서 분화를 시작하기 전에 DNA를 복제한다. 이런 일은 단 한 차례만 일어나서 핵이 예상의 두 배가 되거나, 여러 차례 DNA 합성을 계속하여 핵이 거대해지기도 한다(**그림 4-12**). 이 과정을 내부 재복제 또는 **핵내 배가(endoreduplication)**라고 하는데, 성숙한 모든 식물 세포의 80%에서 나타나는 것으로 추산된다(**표 4-3**). 그 결과 핵은 각 유전자의 많은 복사본을 갖게 되어, 강낭콩(*Phaseolus vulgaris*)의 어떤 세포에는 무려 8,192 복사본이 들어 있다. 핵내 배가는 극히 빠르고 강렬하게 대사를 해야 하는 털이나 샘세포 그리고 그 밖의 세포들에서 가장 흔히 나타난다. 각 유전자가 정상적으로 갖는 2개의 복사본 세트만으로는 그토록 활발한 세포에 빠르게 전령 RNA를 만드는 데 충분할 것 같지 않아 보인다. 그런 세포들은 한편으로 리보솜이 풍부하고 많은 양의 단백질을 합성한다.

유전자증폭(gene amplification)도 핵내 배가와 비슷하지만, 일부 유전자들만 반복적으로 복제된다. 증폭유전자(amplified gene)는 성숙한 세포의 특정 대사에 필요한 것들이다(**그림 4-13**). 예를 들어, 단백질이 풍부하게 들어 있는 씨앗이 발달하면서 그 세포들은 저장단백질을 암호화하는 전령RNA를 다량 필요로 한다. 그런데 다른 유전자들도 모두 함께 복제하는 것은 에너지와 자원의 낭비가 된다. 필로덴드론(*Philodendron*)의 친척인 마쿨라

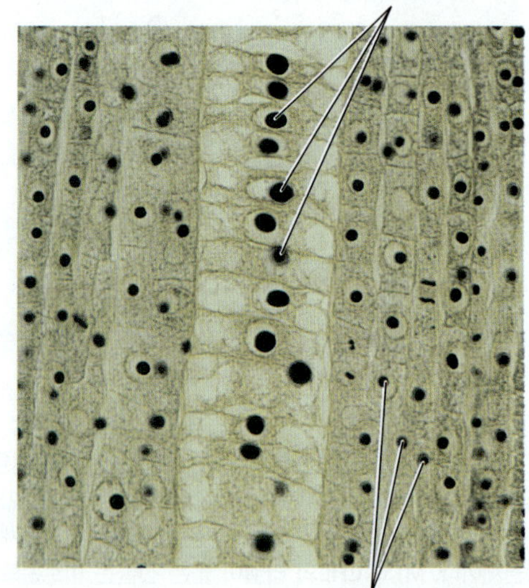

그림 4-12 이 고랭이속(*Scirpus*)의 뿌리에서 중심 열에 있는 세포들은 핵내 배가가 일어난 결과로 많은 핵을 갖고 있다. 개개의 핵은 각 유전자의 많은 복사본을 가지고 있으므로 전령 RNA를 매우 빠르게 생성할 수 있다. 그 결과, 세포질의 리보솜이 단백질을 아주 빨리 합성한다(×200).

표 4-3 핵내 배가와 유전자 증폭의 예

종	조직	차수(degree)*
사초의 일종(*Carex hirta*)	융단조직(꽃밥)	8 C
데클리나타제비꽃 (*Viola declinata*)	엘라이오솜 (elaiosome)	16 C
오이(*Cucumis sativus*)	꽃밥 털	64 C
심비디움의 일종 (*Cymbidium hybridium*)	원괴체 (protocorm)	128 C
개양귀비(*Papaver rhoeas*)	반족세포	128 C
밀(*Triticum aestivum*)	반족세포	196 C
카우다타쐐기풀(*Urtica caudata*)	쐐기털	256 C
카바현호색(*Corydalis cava*)	엘라이오솜	512 C
패움제라늄 (*Geranium phaeum*)	주피 (integument)	512 C
강낭콩(*Phaseolus vulgaris*)	배자루(배)	2,048 C
야생 오이(*Echinocystis lobata*)	배젖	2,072 C
비폴리아무릇(*Scilla bifolia*)	엘라이오솜	4,096 C
강낭콩의 일종(*Phaseolus coccineus*)	배자루(배)	8,192 C
마쿨라툼아룸(*Arum maculatum*)	배젖 기생근	24,576 C

*'C'는 핵에 존재하는 DNA의 양을 나타내는 기호이다. 정상적인 체세포는 S기 이전에 2 C를 갖고 S기 이후에는 4 C를 갖는다. 수치가 2의 거듭제곱(power)이면 핵내 배가를 나타내고, 그렇지 않은 수치는 유전자증폭을 가리킨다.

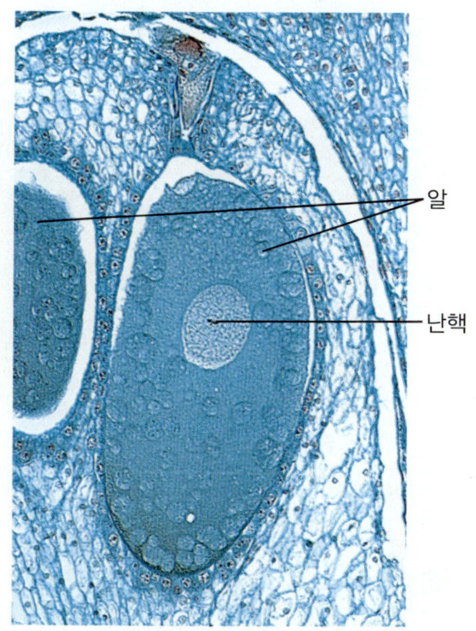

그림 4-13 소나무와 그 밖의 구과식물의 알세포들은 거대하다. 많은 양의 RNA를 갖고 있기 때문에 구과식물의 알세포는 커지게 된다. 다른 어떤 알세포의 핵과 마찬가지로 이 알세포도 분열하려면 정세포와 융합해야 한다(×20).

튬아룸(*Arum maculatum*)에서 유전자증폭의 가장 극단적인 경우가 나타난다. 각 핵은 모든 유전자의 24,576 복사본에 대한 충분한 DNA를 갖고 있다. 얼마나 많은 유전자들이 증폭되고 얼마나 많은 유전자들이 핵마다 두 복사본으로 존재하는지 잘 알지 못한다. 따라서 각 증폭유전자의 실제 복사본 수를 계산할 수는 없지만, 24,576 이상인 것은 분명하다.

G_2기

S기가 끝나면 세포는 **G_2기(G_2 phase)**에 들어가고, 이 시기에 세포는 분열을 준비한다. G_2기는 3시간에서 5시간 밖에 계속되지 않는다. **방추사(spindle microtubule)** 형성에 필요한 α-튜불린과 β-튜불린이 합성되고, 세포는 염색체를 처리하고 핵막을 분해하는 데 필요한 단백질들을 합성한다. 동물 조직의 배양에서 핵이 분열 중인 세포를 G_1기에 있는 세포와 융합시키면 두 번째 세포도 핵분열의 첫 번째 단계를 시작한다. 이는 G_2기 동안에 첫 번째 세포가 핵분열을 시작하는 데 필요한 인자들을 생성하고 이들 인자가 세포질에 있다는 증거가 된다.

G_1기와 S기 그리고 G_2기는 세포주기의 간기를 구성한다. G_2기가 끝나면 분열이 일어날 수 있다.

세포주기의 분열기

실질적인 분열은 **핵분열(karyokinesis)**과 **세포질분열(cytokinesis)**의 두 과정이 수반된다. 핵분열은 유사분열(mitosis)과 감수분열(meiosis)의 두 가지 종류가 있다.

유사분열

체세포분열이라고도 부르는 **유사분열(mitosis)**은 **복제분열(duplication division)**이다. 유사분열은 아주 흔하게 일어나는 핵분열이고, 모든 다세포 생물에서 몸이 자라고 그 세포수가 증가하는 데 이용되는 방법이다. 단세포 진핵생물도 유성생식을 하지 않을 때에는 유사분열을 이용한다. 유사분열을 복제분열이라고 부르는 이유는 먼저 핵의 유전자들이 복제되고 나서 유전자들의 한 세트가 다른 세트와 분리되고, 각각 그들 자신의 핵 안에 담겨 포장되기 때문이다(**그림 4-14**). 각 딸핵은 근본적으로 모핵 원본의 사본이고, 서로 쌍둥이이다. 유사분열은 가끔 일어나는 복제 오류를 제외하고는 원본이 되는 핵과 거의 동일한 복사본인 핵을 만든다.

앞서 설명하였듯이 수천 개의 유전자들이 서로 연결되어 불과 몇 개의 염색체를 이루면서 유전자 세트를 분리하기가 훨씬 쉬워졌다. 각 딸핵으로 각 종류의 염색체를 하나씩만 수송하면 된다. S기에 염색체가 복제되면서 새로운 두 염색분체들이 동원체에 붙어 있기 때문에 일은 더 쉬워진다. 배가된 큰 염색체의 어느 반쪽을 세포의 한쪽 끝으로 가도록 하고 다른 반쪽을 다른 쪽 끝으로 가게끔 확실히 하면 된다. 모든 염색체가 그렇게 이동하면 세포의 양쪽 끝은 자동적으로 유전자들의 완전한 한 세트를 받게 된다. 이와 같이 질서 정연한 염색분체들의 분리를 확실하게 해주는 메커니즘은 다음과 같이 네 단계로 구성된다.

전기

염색체의 DNA는 간기에 히스톤 단백질과 결합하여 길게 늘어난 2중나선(double helix)으로 존재한다(그림 4-9). 이렇게 벌어져 있는 배열 형태는 효소들이 그 안에 들어 있는 정보를 읽어야 할 특정 유전자들을 찾는 데 도움이 되겠지만, 이런 상태에서는 염색체의 길이가 몇 cm에 날할 수 있다. 이 정도라면 세포를 몇 백 차례 둘러쌀 수 있고, 한 염색분체를 다른 염색분체로부터 끌어당기는 것이 불가능할 것이다. 그런데 염색체는 **전기(prophase)**에 **응축(condense)**하여, 히스톤과 결합하는 방식이 변하게 된다. 염색체는 되풀이하여 감기기 시작하고(그림 4-10), 그때마다 차츰 짧아지고 두꺼워진다. 이에 덧붙여 DNA가 결합하게 될 단백질 틀이 점차 발달한다. 이러한 **염색체 응축(chromosome condensation)**은 염색체의 길이가 2~5 μm로 줄어들 때까지 계속된다. 이 정도의 형태라면 염색체는 세포 여기저기를 훨씬 쉽게 다닐 수 있다. 이렇게 응축된 형태의 염색체가 우리에게 실제로 보는 것이고, 간기에서 감기지 않은 분자들은 너무 가늘어서 광학현미경으로 관찰할 수 없다.

전기에 염색체가 응축되고 보이기 시작하면서 다른 사건들도 함께 일어난다(그림 4-14). 인은 점점 모호해지고 대체로 전기가 끝날 때 완전히 사라진다. 핵막은 많은 소포들로 분해되고, 소포들 각각은 조면소포체와 결합한다. 대부분의 조류와 곰팡이 그리고 동물처럼 중심립(centriole) 세트를 갖는 생물에서는 앞선 간기에 복제된 딸 세트들이 전기에 세포의 다른 쪽 **극(pole)**으로 이동

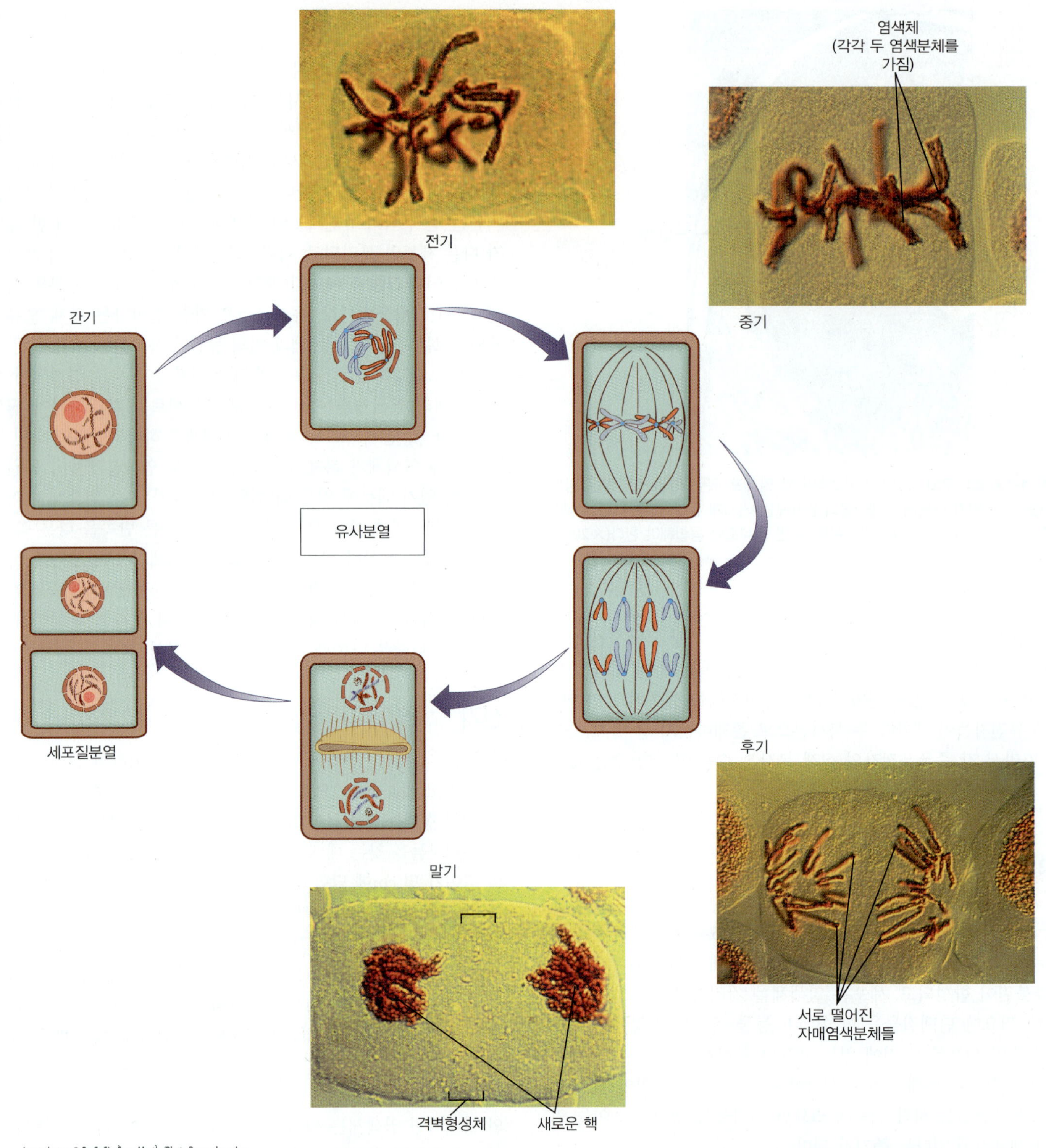

Inset photos: © Pr. G. GimÈnez-MartÌn/Photo Researchers, Inc.

그림 4-14 유사분열을 하는 동안에 각 염색체 가운데 한 염색분체는 세포의 한쪽 끝으로 끌려가고 각 염색체의 다른 염색분체는 다른 쪽 끝으로 간다. 상세한 내용은 본문에 실려 있다.

한다. 예전에는 이들이 동시에 미세소관 형성 중심(microtubule-organizing center)으로 작용하여 그들 사이에 긴 미세소관 세트인 **방추체(spindle)**를 형성한다고 생각했다. 그렇지만 동물에서 레이저 광선을 쬐는 미세조사(현미조사, microbeam)로 중심립을 파괴해도 방추체는 여전히 형성된다. 따라서 중심립 자체는 방추체 형성과 별개이고, 각 딸세포가 중심립을 확실하게 받게 하는 메커니즘은 연합(association)일 수 있다.

방추체는 수백 또는 수천 개의 미세소관들로 구성된다. 일부 미세소관들은 한쪽 극에서부터 세포의 중심으로 확장되어 그 끝이 다른 쪽 극에서부터 확장된 다른 미세소관들의 끝과 겹쳐진

식물과 인간

박스 4-1 제어된 생장과 암성 생장

세포들이 제대로 분열하려면 핵분열과 세포질분열의 실제 단계들이 조절되어야 하지만, 다른 측면도 함께 제어되어야 한다. 먼저 세포분열의 속도와 빈도는 한 세포가 얼마나 빠르게 또는 얼마나 느리게 많은 자손 세포들을 생성하는지를 결정하는 데 있어서 중요하다. 다음으로 세포분열과 세포생장 모두의 방향은 커지는 세포 집단의 형태에 영향을 미친다. 만약 세포들의 벽이 서로 평행하게 모든 세포들이 분열한다면 세포 집단은 기둥 모양으로 커지지만, 새로운 세포벽이 어느 면에서나 나타난다면 그 집단은 3면으로 자라게 된다. 만약 세포벽이 두 면에서는 나타나지만 세 번째 면에서 나타나지 않는다면 세포집단은 종잇장처럼 자란다. 마지막으로 어떤 세포가 분열할지를 제어하는 것도 중요하다. 만약 일부 세포들만 세포분열을 한다면 세포 집단의 나머지는 변하지 않은 채 혹처럼 뻗어 나갈 수 있다.

이러한 인자들은 식물에서 정확히 제어된다. 배 발생 단계의 어린 식물에서는 모든 세포가 분열하지만, 나중에 뿌리와 줄기 끝의 세포들은 세포분열과 생장의 중심이 되는 반면에 줄기와 뿌리 조직의 나머지 세포들은 성숙하고 그들의 기능을 수행한다. 세포분열의 속도와 방향 그리고 위치를 조절함으로써 식물은 원주형 줄기와 뿌리를 만들고, 얇고 편평한 잎과 꽃잎을 생성하며, 육중하고 입체적인 열매를 생산한다.

식물은 어떤 세포들의 분열을 지연시켰다가 나중에 그 세포들이 생장하고 분열하도록 재활성화한다. 식물은 오랫동안, 심지어 몇 년 동안 휴지 상태를 유지하는 눈(bud)을 만들었다가 나중에 가지나 꽃이 뻗어 나오게끔 자극할 수 있다. 어린 줄기에서는 표피세포들이 줄기를 충분히 덮을 정도로 빠르게 자라지만, 그 다음에는 세포들이 성숙하고 세포분열이 지연된 상태로 식물체를 보호한다. 많은 종에서는 여러 해가 지난 다음에 이 표피세포들이 다시 활성화되어 세포분열을 수행하고 나무껍질 세포들을 만든다.

세포의 분열과 생장은 동물에서도 반드시 조절되어야 한다. 태아 발생의 초기 단계에서 사람 배아의 모든 세포는 분열하고 생장한다. 나중에 일부 세포들이 다른 세포들보다 매우 빠르게 분열하지만, 근본적으로 사람 세포의 대부분은 생장기 동안에 활발하게 유사분열을 한다. 그러고 나서 특정 조직과 기관의 세포들이 세포주기 정지를 겪고, 우리의 눈이나 뇌에 있는 세포들처럼 세포들이 성숙하고 다시는 분열하지 않는다. 우리의 피부와 털을 만드는 세포층과 혈액세포의 대부분을 생성하는 골수의 경우처럼, 다른 어떤 세포들은 결코 분열을 멈추지 않고 죽을 때까지 활동적이다. 식물과 마찬가지로 우리 세포의 일부도 장기간의 휴면 상태에 들어갔다가 나중에 활성화되어 분열한다. 예를 들어, 간의 일부를 수술로 떼어내면 남아 있는 부분의 세포들이 분열하여 기관을 충분한 크기로 회복시킨다. 물론 사람 기관의 대부분은 그렇지 않다.

우리 세포의 일부는 세포주기 정지에서 이탈하여 몸의 나머지로부터 제어되지 않는 생장을 시작한다. 이것이 암종 또는 암성 생장(cancerous growth)이고, 그 심각성은 어떤 종류의 세포와 기관이 관여하는지, 얼마나 빨리 세포가 분열하는지, 그리고 세포들이 원래의 자리로부터 이동하여 주변의 조직에 침투할 수 있는지에 좌우된다. 특정한 환경요인이 발암물질(carcinogen)로 작용한다는 사실이 널리 알려져 있는데, 발암물질이란 세포주기 정지를 방해함으로써 암을 일으키는 물질이다. 흡연은 폐와 목구멍의 암을 유발하고, 자외선은 피부암을 촉발시킨다.

억제되지 않는 암성 생장이 사람에게는 치명적일 수 있는 반면에 식물에서는 문제가 되지 않는 것으로 보인다. 벌레혹(gall)이라고 부르는 불규칙한 덩어리나 혹이 식물에서 나타나기도 하지만 이런 덩어리는 흔히 곤충이나 미생물에 의한 것이고, 식물 세포들이 자발적으로 세포주기 정지로부터 이탈하여 형성한 것은 아니다. 물론 식물에서도 암종이 형성될 수 있지만 이들은 몇 가지 이유로 심각한 문제가 되지 않는다. 먼저 사람의 세포들은 인체를 두루 이동하지만 식물 세포는 식물체 내에서 이동할 수 없다. 따라서 그 어떤 제어되지 않는 생장도 국부적이며 퍼지지 않는다. 다음으로 우리는 우리의 삶에서 각각 대단히 중요한 많은 기관을 갖고 있고 이 기관들은 하나씩 나타나거나(예: 심장, 뇌) 둘씩 짝을 지어 나타나는데(예: 콩팥, 허파), 이에 반해 식물은 많은 잎과 뿌리 그리고 꽃을 갖고 있고, 단 하나의 없어서는 안 되는 것이 없다. 식물의 어느 한 부분이 손상되어도 식물의 나머지 부분에는 거의 영향을 미치지 않는다. 사람과 많은 동물에서 볼 수 있는 고도로 분화되고 복잡하며 긴밀하게 통합된 몸을 갖지 않으므로, 식물은 핵분열과 세포분열과 관련한 질병에 대해서 그다지 위태롭지 않다.

다. 중앙에서 포개지는 이들 두 세트가 함께 커다란 틀을 형성한다(**그림 4-15, 4-16**). 다른 미세소관들은 극에서부터 동원체까지 이어진다. 미세소관이 붙는 곳은 **방추사부착점(kinetochore)**인데, 이 구조는 두 층의 단백질로 구성된다. 그 중 한 층은 동원체의 DNA와 단단히 결합하고, 다른 한 층은 방추사에 부착한다. 각 동원체에서 미세소관이 붙는 면은 두 군데이고, 그 중 한 면에는 약 15~35개의 미세소관이 방추사의 한쪽 끝에 부착하고 다른 쪽 면에는 이와 비슷한 숫자의 미세소관이 방추사의 다른 쪽 끝에 붙는다(그림 4-15).

중기

방추사가 동원체에 부착한 다음, 방추사들이 염색체들을 밀고 당겨서 염색체들을 세포의 중심으로 서서히 이동시킨다. 세포의 중심에서 나타나는 이러한 배열을 **중기판(metaphase plate)**이라고 한다(그림 4-14). 옆에서 보면 염색체들이 세포의 바로 중심에 정

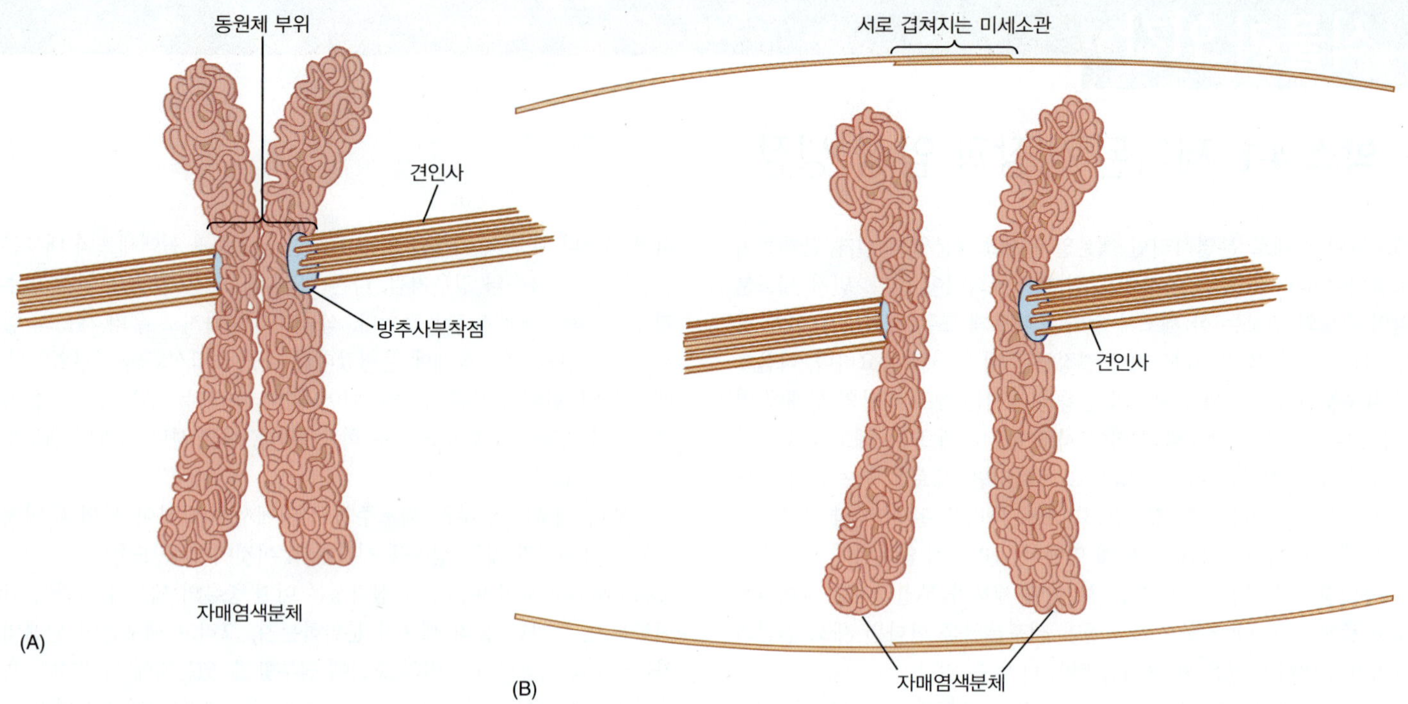

그림 4-15 (A) 유사분열의 초기에 방추사는 동원체의 방추사부착점에서 염색체에 붙는다. 각 염색분체는 세포의 한쪽 끝에서부터 오는 미세소관에만 부착한다. **(B)** 다른 미세소관들은 극에서 극으로 이어지거나 방추체의 중앙에서 다른 미세소관의 끝과 겹쳐진다. 방추사부착점에 붙은 미세소관이 짧아지면서 각 염색체의 두 염색분체는 서로 반대 방향으로 끌려간다. 염색분체에 부착하지 않은 긴 미세소관들은 방추극들이 세포의 중앙으로 당겨지지 않고 염색분체들이 떨어지도록 하는 틀의 역할을 한다.

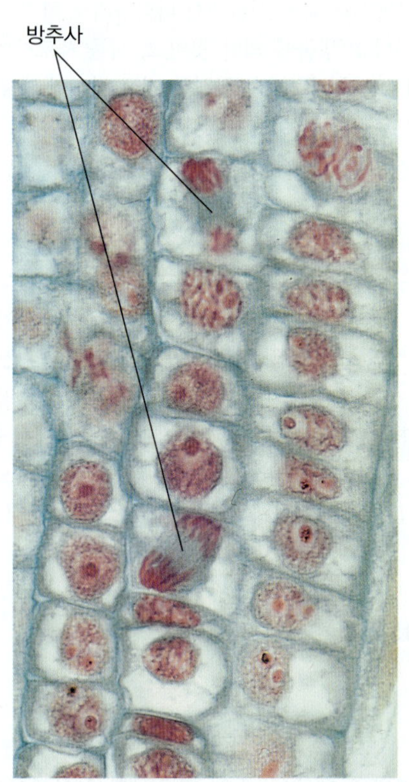

그림 4-16 후기 상태에 있는 히아신스의 뿌리 끝. 빨간색 염색체들 사이의 회색 물질은 방추사의 덩어리로 이루어져 있다. 이 뿌리는 빠르게 자라고 세포주기의 시간이 짧아서 언제 보더라도 간기에 있는 세포보다 유사분열을 하는 세포들이 많다(×250).

렬된 것처럼 보이지만, 끝에서 보면 염색체들이 세포의 중심에 있는 판의 도처에 분포하는 것으로 나타난다.

전기와 **중기(metaphase)** 간의 뚜렷한 경계는 없고, 염색체들이 서서히 뚜렷해지고 중기판으로 서서히 이동한다. 인과 핵막의 조각들이 중기까지도 지속될 수 있는데, 중기와 그 다음의 후기 간에는 뚜렷한 경계가 나타난다. 중기의 말에 세파라제(separase)라는 단백질분해효소가 활성화되고, 이 효소가 코헤신을 분해한다. 각 염색체의 두 염색분체가 갑자기 서로 떨어진다. 이 단계에서 염색체의 수는 두 배가 되지만 각 염색체의 크기는 반으로 줄어든다. 각 염색체는 S기 이전의 G_1기의 염색체와 비슷해진다. 비록 세포의 염색체 수는 갑자기 두 배가 되었지만 세포가 곧 분열하기 때문에 염색체 배가는 일시적이다.

후기

후기(anaphase)는 코헤신이 동원체를 풀어 준 직후에 시작하고, 두 방추사부착점들의 면이 떨어진다. 방추사부착점에 붙었던 방추사들이 짧아지고, 방추극 부근의 끝에서 탈중합되며, 동원체에서 붙어 있던 각 딸염색체를 떼어 낸다. 중수(deuterium oxide)와 같이 미세소관의 탈중합(depolymerization)을 저해하는 물질들은 염색체의 이동을 억제하고, 반면에 탈중합을 가속화하는 요인들(예: 콜히친의 낮은 농도)은 염색체의 이동을 더 빠르게 한다. 염색체가 중기판에서 방추사의 끝까지 이동하는 데 필요한 에너지는 20 ATP 분자 정도로 적다. 긴 염색체들은 다소 엉킬 수도 있지만, 미세소관들이 충분히 풀어서 방추사의 끝까지 염색체들을 끌고 올 수 있다. 방추체가 축구공처럼 생겼기 때문에 양쪽에서 염색체들이 끝에 가까이 갈수록 염색체들은 좁은 공간에 조밀하게 모인다.

말기

염색체들이 방추체의 끝으로 접근하면서 그 주변에 핵막의 단편들이 나타나고, 단편들이 서로 연결되어 세포의 양쪽 끝에서 완전한 핵막을 형성한다. 이렇게 형성된 두 핵의 총표면적은 원래의 모핵 핵막의 표면적보다 넓다. 그 추가의 막들은 소포체(ER)에서 유래되기도 한다. 염색체들이 풀리기 시작하면서 차츰 불명확해진다. 서서히 리보솜 유전자들이 활성화되고 리보솜 소단위들이 만들어지면서 새로운 인이 나타난다. 방추체는 완전히 탈중합되고 사라진다. **말기(telophase)**에서 나타나는 사건들의 대부분은 전기에서 나타나는 사건들의 뒤바뀜이다.

유사분열을 종합해 보자. 간기의 말에 G_2기가 끝난 다음, 각 염색체는 복제되어 쌍둥이 염색분체들로 구성된다. 마주보는 극에서 나온 방추사들이 동원체에 붙은 다음, 쌍둥이 염색분체들을 끌어 당겨서 각 염색체들이 서로 떨어진다. 2개의 새로운 핵이 형성되고, 각 핵은 염색체의 완전한 세트를 갖게 되며 각 염색체는 한 염색분체를 갖는다. 새로운 핵들은 서로 똑같고 유사분열이 일어나기 전의 원래 핵과 동일하다. 핵들은 간기의 G_1기에 들어갈 수 있다. 유사분열의 단계들(전기, 중기, 후기, 그리고 말기)은 지속되는 과정의 부분이고 서서히 다른 단계로 변화한다. 마찬가지로 간기와 전기 또는 말기와 간기도 서서히 변화하는 과정이다.

세포질분열

원형질체의 분열은 핵의 분열보다 훨씬 난순하다. 물론 각 딸세포가 필수적으로 각종 세포소기관의 일부를 받아야겠지만, 모세포에서 세포소기관들이 마구잡이로 분포하기 때문에 대체로 별 문제가 되지 않는다. 세포가 어떻게 분열하든, 각 반쪽은 보통 약간의 미토콘드리아, 약간의 색소체, 약간의 소포체, 약간의 액포 등등을 포함한다. 각 딸세포가 정확하게 각종 세포소기관의 절반을 가질 필요는 없다. 세포가 충분한 양을 갖게 될 때까지 단일한 미토콘드리아도 분열할 수 있고 소포체의 단편도 자랄 수 있다. 그러나 유전자의 경우는 그렇지 않다. 만약 어느 딸세포에 한 유전자 또는 염색체가 누락된다면 다른 유전자들이 그 빠진 정보를 재생할 수 없다.

전기에 미세소관과 액틴필라멘트의 한 세트가 응집하여 원형질막의 바로 안쪽에서 세포를 에워싸는 띠를 이룬다. 이 **전기전 띠(preprophase band)**는 분열하는 면을 확인하고 새로운 세포벽이 기존의 세포벽에 부착하게 될 부위를 표시한다. 만약 전기전 띠가 긴 세포의 한가운데 주위에 형성되면 세포는 동일한 크기의 두 세포로 분열하겠지만, 전기전 띠가 어느 한쪽에 치우쳐 형성되면 분열하여 큰 세포와 작은 세포가 만들어진다. 전기전 띠는 일시적이고, 그 미세소관은 급속하게 해체되어 방추사로 재활용된다. 만약 세포분열을 하지 않고 핵분열이 일어난다면 전기전 띠는 형성되지 않는다.

식물의 세포질분열에서는 짧은 미세소관 세트가 방추사에 평행하게 정렬한 **격벽형성체(phragmoplast)**가 만들어진다. 액틴필라멘트도 함께 나타난다. 격벽형성체는 중기판이 있던 세포의 중앙에 형성된다(**그림 4-17**, **4-18**). 격벽형성체 미세소관은 딕티오솜의 소포를 끌어모아 크고 편평한 판 모양의 소포들로 융합시켜 2개의 새로운 1차벽과 중간층을 형성한다. 격벽형성체는 원래 세포의 벽을 향해 밖으로 자란다. 격벽형성체가 큰 세포의 벽에 도달하는 데에는 한나절이 걸리기도 한다. 격벽형성체 미세소관이 실제로 벽을 향해 이동하는 것은 아니다. 새로운 미세소관들이 격벽형성체의 바깥 가장자리 부근에서 중합하는 반면에 격벽형성체

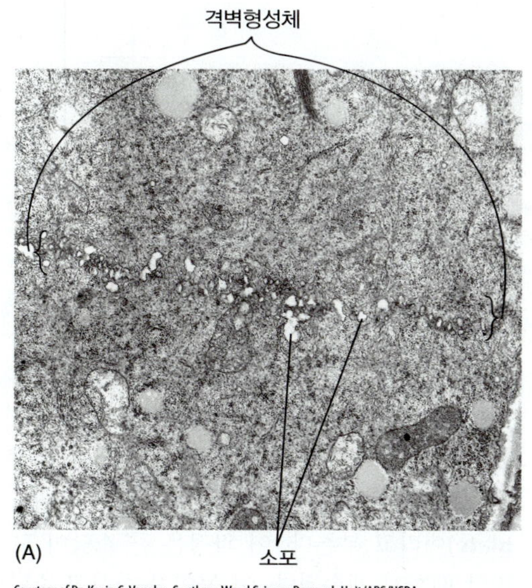

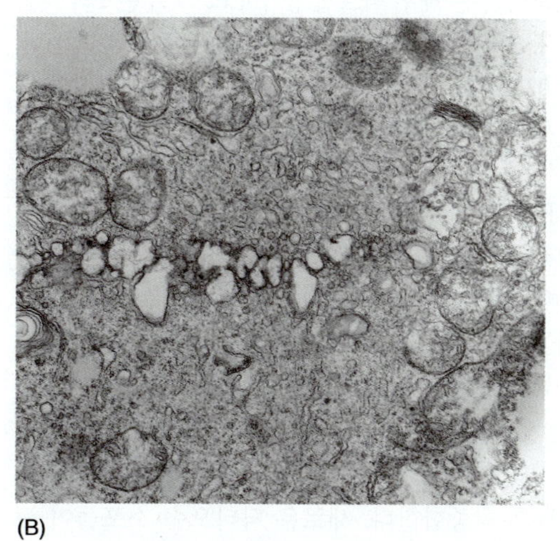

Courtesy of Dr. Kevin C. Vaughn, Southern Weed Science Research Unit/ARS/USDA

그림 4-17 **(A)** 양파의 세포분열에서 후기의 종반. 옆으로 늘어서 있는 작은 소포들이 세포판의 시작이다. 가장자리에는 미세소관의 짧은 단편인 격벽형성체가 있다. **(B)** 제초제 DCPA(dimethyl tetrachloroterephalate)로 중단시킨 세포분열(모두 ×20,000).

대 안

박스 4-2 생장률

생물 또는 생물의 부분은 다양한 방법으로 많은 세포를 만들 수 있다. 여러분이 이해하여야 할 가장 중요한 방법은 산술증가와 기하증가의 두 가지이다.

산술증가(arithmetic increase)에서는 오직 한 세포만 분열하는 것이 허용된다. 분열의 결과로 생기는 두 자손세포 가운데 한 세포는 계속 분열하지만, 다른 세포는 세포주기 정지를 겪고 발생과 분화 및 성숙을 시작한다. 매번 세포분열이 끝나면 오로지 한 세포만 분열 능력을 갖고 하나의 새로운 체세포(body cell)가 존재한다. 예를 들면, 한 세포에서 출발하여 세포분열이 한 차례 끝나면 하나의 분열하는 세포와 하나의 체세포가 생긴다. 2회가 끝나면 2개의 체세포가 생기고, 3회가 끝나면 3개 등등이 된다. 아주 작은 몸이겠지만 1백만 세포로 구성되는 식물체가 되려면 그 식물에서 분열하는 하나의 세포가 1백만 회의 핵분열과 세포분열을 해야 한다. 만약 한 번 회전하는 데 하루가 소요된다면 산술적 증가는 1백만 일, 즉 2,739.7년이 걸린다. 상상할 수 있다시피, 산술증가는 식물이나 동물 전체를 만드는 데 너무 시간이 많이 걸린다. 그렇지만 산술적 증가는 식물의 아주 작은 부분에 있는 약간의 세포를 만들 수 있다. 이를테면 많은 잎과 줄기에 있는 털은 기저세포(basal cell)의 분열로 형성된 단열의 세포들로만 구성되는데, 털의 맨 아래에 있는 기저세포는 표피세포 바로 옆의 세포이다. 털은 보통 5~10 세포로 구성되므로, 기저세포의 분열로 이 모든 세포가 만들어지는 데에는 고작 5~10일이면 된다. 잎이 형성되려면 몇 주나 몇 달이 걸리므로, 이와 비교하면 빠른 것이다.

세포분열에 의한 생장의 다른 양식은 생물이나 조직의 모든 세포가 활발하게 유사분열을 하는 **기하증가(geometric increase)**이다. 하나의 세포에서 출발하여 세포분열이 한 차례 끝나면 세포분열이 가능한 2개의 세포가 생긴다. 2회가 끝나면 4개가 생기고, 3회가 끝나면 8개 등등이 된다. 세포의 수는 매우 빠르게 증가하고, 그 수는 2의 제곱으로 계산할 수 있다. 3회가 끝나면 그 수는 $2^3 = 8$ 세포가 되고, 10회가 끝나면 $2^{10} = 1{,}024$ 세포가 된다(이런 계산은 휴대용 계산기를 이용하면 편리하다). 세포분열이 20회 끝나면 이미 $2^{20} = 1{,}048{,}576$ 세포가 만들어진다. 앞서 계산한 것처럼 만약 세포분열이 한 번 회전하는 데 하루가 소요된다면, 1백만 세포에 도달하는 데 소요되는 기간은 몇 천 년이 아니라 고작 20일에 불과하다. 기하학적 증가로 식물이나 동물의 커다란 몸이 빠르게 만들어질 수 있다.

사실상 기하증가가 동물에서는 흔하지만 식물에서는 아주 어리고 작을 때를 제외하고는 좀처럼 나타나지 않는다. 문제는 식물에서 분열하는 세포가 보통 작고 식물의 생존에 필수적인 많은 특수한 대사과정을 수행하지 않는다는 것이다. 나무를 떠받치기에 충분할 만큼 강인한 목부를 만드는 억세고 단단한 섬유세포가 분열하는 세포가 될 수 없고, 곰팡이와 세균 그리고 물의 손실을 막아주는 표피의 납질 방수세포가 분열세포가 될 수 없다.

식물은 산술증가와 기하증가의 결합에 의해 자란다. 어린 배아식물은 그 모든 세포가 분열하면서 기하학적으로 빠르게 생장한다. 그러고 나서 세포분열은 뿌리와 줄기의 끝에 있는 소집단의 세포들에 국한된다. 이 시점 이후에는 느린 산술적 증가에 의해 생장한다. 매번 분열하여 만들어진 새로운 세포의 절반은 계속 분열 능력을 갖고, 새로운 세포의 나머지 절반은 성숙한 상태로 발달하여 특수한 유형의 대사를 수행한다. 그러므로 식물체는 오래된 성숙한 세포들과 분열하는 어린 세포들의 혼합체이다.

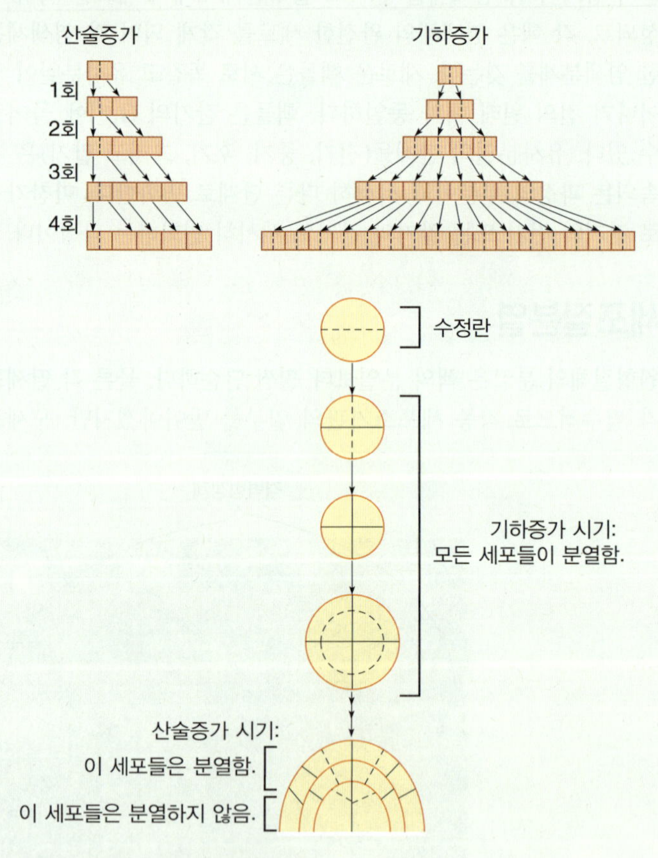

그림 B4-1 세포분열의 가능한 유형.

안쪽의 미세소관들은 탈중합한다. 새로운 딕티오솜 소포들이 모이고 큰 소낭의 가장자리에 추가되며, 격벽형성체에 이어서 이 또한 바깥쪽으로 자라난다. 마찬가지로 새로운 벽이 가장자리를 따라 밖으로 확장된다. 격벽형성체와 소낭 그리고 벽을 **세포판(cell plate)**이라고 부른다. 이 과정은 큰 소낭이 모세포의 원형질막을 만날 때까지 계속된다. 이 둘이 융합하고 소낭의 막이 두 딸세포에서 원형질막의 일부가 된다. 이와 동시에 새로운 벽들이 만나고 모세포의 벽과 합쳐지면서 모세포가 두 딸세포로 나뉘어지는 분

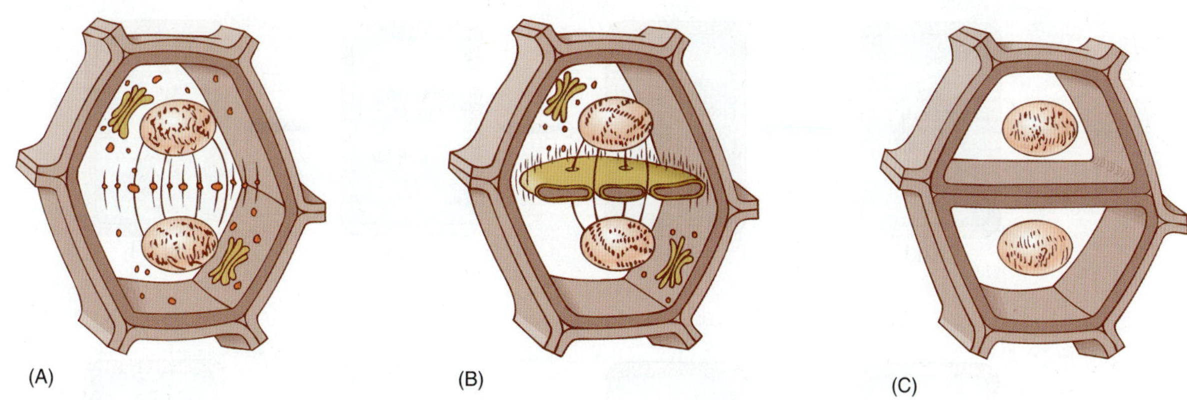

그림 4-18 **(A)** 새로운 두 핵 사이의 공간에 있는 격벽형성체 미세소관들에 딕티오솜 소포들이 붙잡히면서 세포질분열이 시작된다. **(B)** 작은 소포들이 융합하여 하나의 큰 소낭이 되고, 이로부터 새로운 중간층과 2개의 1차벽이 형성된다. 이 시기에 세포질연락사가 형성된다. **(C)** 세포판을 이루는 소낭의 가장자리에 많은 딕티오솜 소포들이 융합하면서 세포판은 기존의 세포벽을 향하여 확장되고, 소낭의 막이 원형질막과 합쳐지면서 원형질막 그 자체가 된다. 새로운 세포판은 오래된 세포벽에 인접해 있고, 이 둘은 헤미셀룰로오스와 펙틴에 의해 서로 붙는다.

열이 끝을 맺는다.

많은 분열조직 세포들은 작고 몇 개의 작은 액포만 있는 세포질로 구성되지만, 큰 액포를 가진 세포도 분열할 수 있어서, 이를테면 관다발형성층 세포와 커다란 피층 세포는 상처 위에 흉터조직을 형성한다. 이들 세포에서 액포 자체는 핵이나 세포가 분열할 수 있기 전에 분열해야 한다. 액포의 분열은 미세소관과 액틴필라멘트 그리고 세포질의 세트인 **격벽형성질(phragmosome)**에 의해 달성된다. 먼저 미세소관과 액틴필라멘트가 핵을 분열예정위치로 끌어당긴다. 이 경우, 세포의 가장자리를 따라 당기거나 또는 액포를 관통하여 확장된 세포질 튜브를 이용한다. 그러고 나서 격벽형성질은 세포질과 세포골격의 얇은 판 모양 시트로 확대되고 핵 부근으로부터 밖으로 확장하여 액포로 밀고 들어가서 액포를 둘로 가른다. 격벽형성질이 액포로 밀고 들어가면서 핵이 분열하고 격벽형성체와 세포판이 형성되며, 이어서 이들도 격벽형성질에 의해 마련된 얇은 세포질 시트를 통해 밖으로 확장된다. 격벽형성질이 액포의 건너편에 도달한 직후 격벽형성체와 세포판이 빠져 나가 원형질막과 세포벽과 합쳐지면서 세포가 분열된다.

감수분열

유사분열에서는 딸핵이 원래 모핵의 사본들이다. 유사분열은 생물의 생장에는 필수적이지만 유성생식이 일어날 때에는 문제가 생긴다. **성세포(sex cell)**, 즉 **배우자(gamete)** 둘이 융합하여 **접합자(zygote)**를 형성하고, 이어서 새로운 성체로 생장한다. 각 배우자는 완전한 한 벌의 염색체를 포함한다(**그림 4-19**). 핵과 세포 그리고 각 핵에 한 세트의 염색체가 들어 있는 생물을 **반수체(haploid)**라고 부른다. 접합자는 각 배우자로부터 하나씩 받아 완전한 두 세트를 갖게 되는데, 이를 **2배체(diploid)**라고 한다. 대부분의 종에서 접합자는 핵이 유사분열로 분열하는 세포분열에 의해 생장하여 성체가 된다. 모든 핵은 모핵의 사본이므로 성체의 모든 세포는 2배체이다.

만약 성체가 유사분열에 의해 배우자를 만들었다면 그 배우자들도 2배체이고, 배우자들의 융합으로 형성되는 접합자는 4세트의 염색체를 갖는 **4배체(tetraploid)**가 될 것이다. 새로운 세대

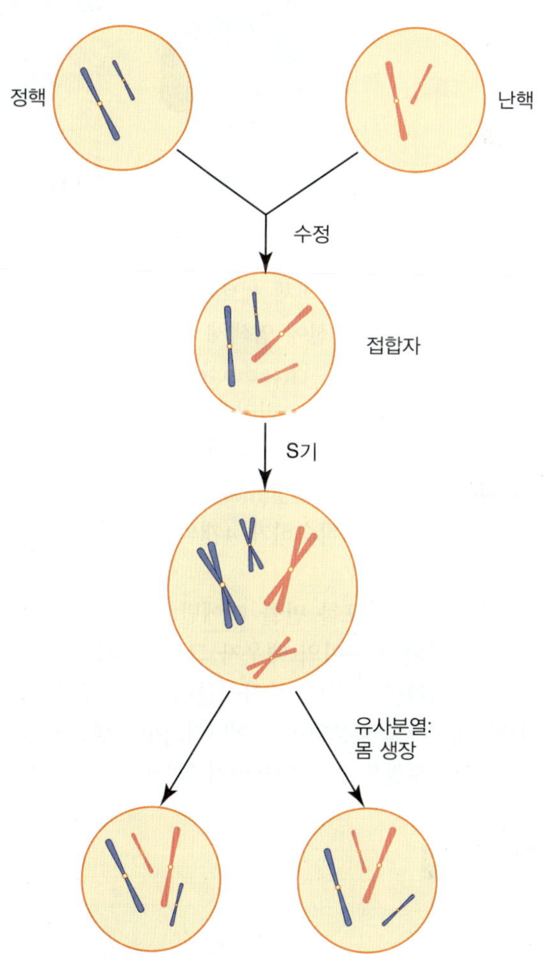

그림 4-19 정세포와 알세포는 각각 염색체 한 세트만을 갖고 있는 반수체이다. 이 경우에 긴 염색체와 짧은 염색체가 한 세트를 이룬다. 수정이 일어나면 접합자는 2개의 완전한 세트(2개의 긴 염색체와 2개의 짧은 염색체)를 갖는 2배체이다. 접합자는 유사분열에 의해 성숙한 식물체로 자라고, 따라서 모든 핵은 원래 접합자 핵의 사본이다. 각 핵은 부계염색체와 모계염색체를 각각 한 세트씩 갖는 2배체이다.

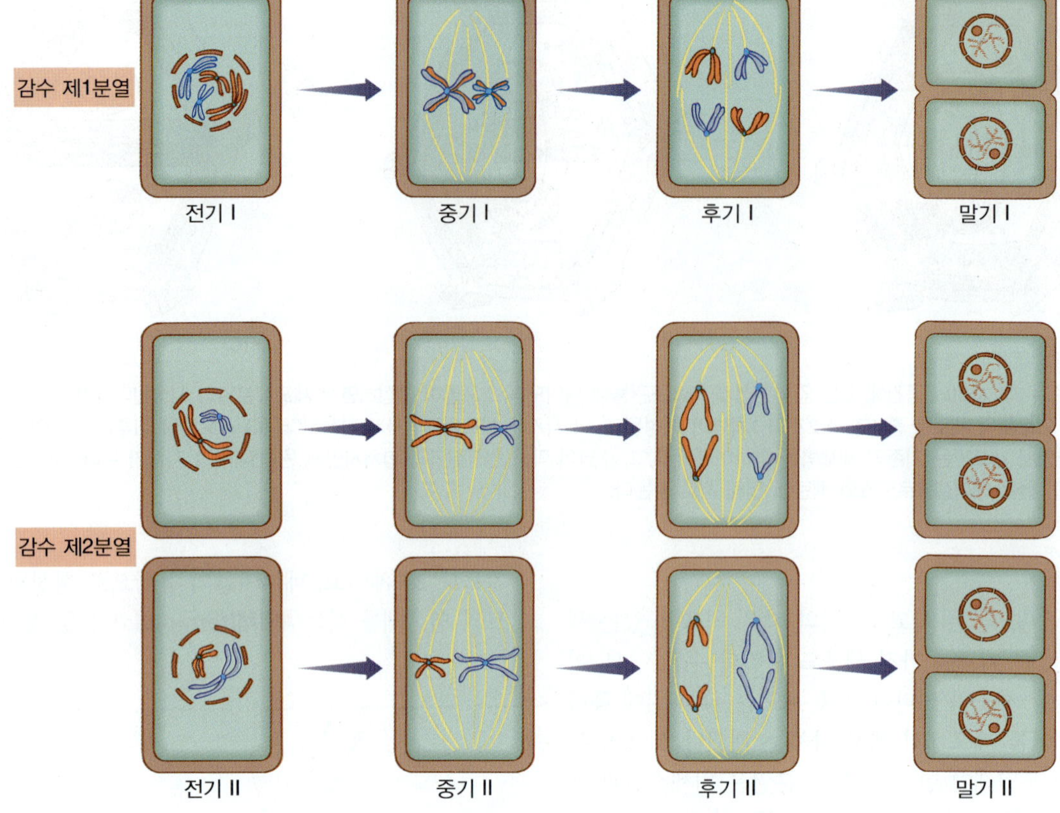

그림 4-20 그 사이에 S기가 없는 2회의 분열로 구성되는 핵의 감수분열. 상세한 내용은 본문에 나와 있다.

가 만들어질 때마다 핵의 염색체 세트가 두 배로 된다는 것은 생물학적으로 불가능하다. 대신에 염색체 세트의 수가 줄어드는 **감수분열(meiosis)** 또는 **환원분열(reduction division)**이 어딘가에서 일어나야 한다. 감수분열은 2회의 연속된 분열이고 첫 번째 분열 후에 S기가 나타나지 않는다. 두 번에 걸친 분열을 각각 **감수 제1분열(meiosis I)**과 **감수제2분열(meiosis II)**이라고 부르고, 각 분열은 유사분열의 경우와 비슷하게 4개의 시기를 포함한다(**그림 4-20**).

감수분열은 생식세포를 만들 때에만 일어난다. 생식세포는 동물과 일부 조류와 곰팡이의 배우자 그리고 식물과 그 밖의 조류와 곰팡이의 포자를 말한다. 종자식물에서는 수술과 씨방에 있는 몇 세포들에서만 감수분열이 일어난다. 어떤 생물이건 몸이 생장할 때에는 감수분열을 결코 이용하지 않는다.

감수제1분열

전기I

유사분열의 전기를 특징짓는 모든 사건들이 감수제1분열의 전기인 전기I에서도 나타난다. 핵막과 인이 분해되고, 만약 존재한다면 중심립이 떨어지며, 방추체가 형성되고, 미세소관이 동원체에 부착하며, 염색체가 응축되어 차츰 보이기 시작한다(그림 4-20). 이에 덧붙여 전기I에서는 유사분열의 전기와는 대조적으로 염색체의 특수한 상호작용이 독특하게 나타난다. 이 때문에 전기I을 다섯 단계로 구분한다.

1. **세사기(leptotene)**에서는 염색체가 응축을 시작하고 차츰 구별이 되기 시작하지만, 아직 또렷하지 않다.
2. **접합기(zygotene)**에 주목할 만한 염색체들의 접합(pairing)이 일어난다(**그림 4-21A**). 염색체는 두 세트가 있는데, 그 중 한 세트는 부계 배우자로부터 온 것이고 다른 한 세트는 모계 배우자에서 유래된 것이다. 이들 모두 앞선 간기의 S기를 거쳤기 때문에 각 염색체에는 두 염색분체가 있고, 모두 합치면 두 세트의 염색체에 4세트의 유전자를 갖는다. 접합기에 한 세트의 각 염색체는 다른 세트의 동등한 염색체인 **상동염색체(homologous chromosome** 또는 **homolog)**를 찾아 짝짓기를 하는데, 이를 시냅시스 또는 **접합(synapsis)**이라고 한다. 놀랄 만한 정확성으로 각 쌍의 두 상동염색체는 거의 완벽하게 끝에서 끝까지 나란해진다. 짝을 이룬 상동염색체들 간에는 **접합복합체(synaptonemal complex)**라는 구조가 있다(**그림 4-21E**). 이 복합체는 중앙의 선형 단백질 요소가 상동염색체의 DNA와 결합한 두 측면 요소와 가는 평행한 섬유에 의해 연결된 구조이다. 상동염색체들이 접합한 쌍을 **2가염색체(bivalent)**라고 부른다.
3. 염색체가 응축을 계속함에 따라 염색체는 차츰 짧아지고 두꺼워지는데, 이 시기가 **태사기(pachytene)**이다. 접합복합체는

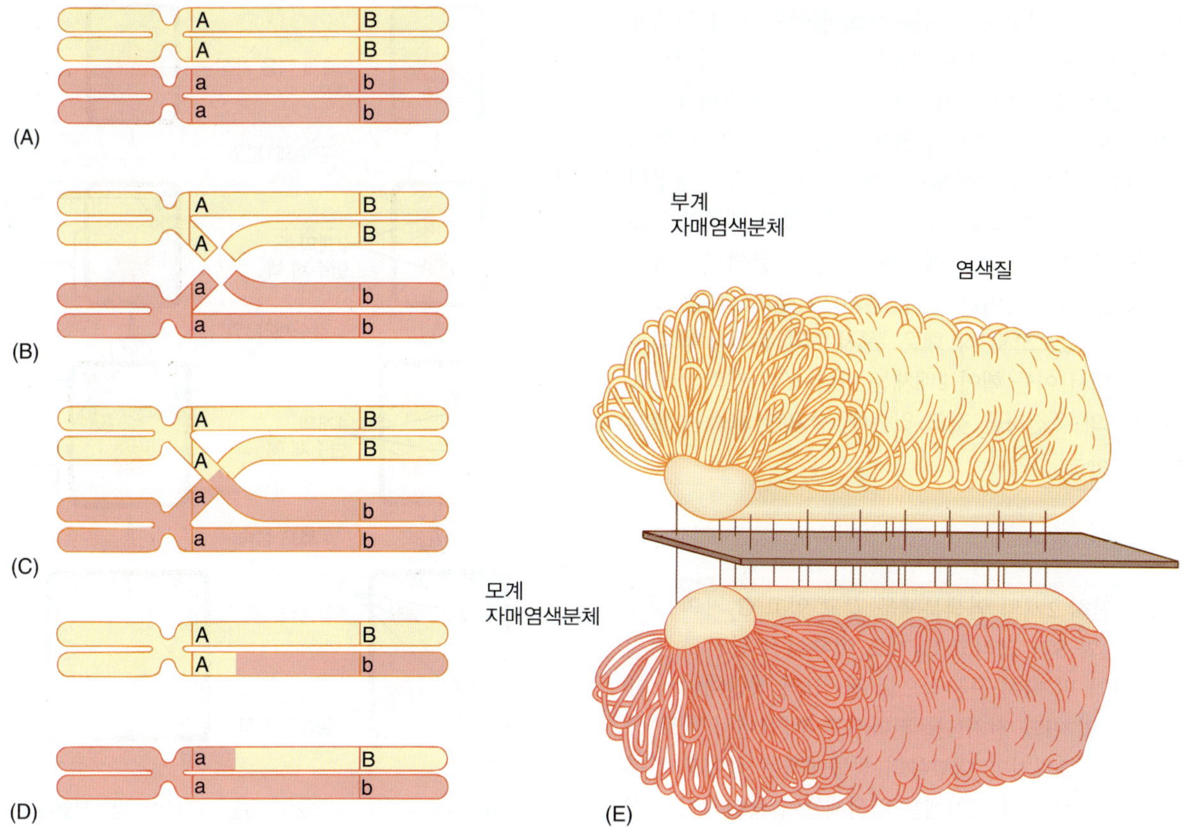

그림 4-21 **(A)** 감수분열의 전기I에서 각 부계 염색체는 동등한 모계 염색체를 찾아 접합하고, 이들은 서로 평행하게 놓인다. **(B)**와 **(C)** 상등 염색분체의 비슷한 자리에서 균열이 생기고, **(D)** 수선효소들이 모계의 절편을 부계의 절편에 붙이면서 새로운 염색분체가 만들어진다. **(E)** 짝을 이룬 상동염색체들 간의 접합복합체. 접합복합체가 어떻게 교차를 촉진하는지는 알려져 있지 않다.

이 시기에 나타나는 **교차(crossing-over)**와 관련이 있는 것으로 보인다. 각 염색체의 몇 군데에서 각 상동염색체의 DNA가 잘라진다(그림 4-21). 이러한 절단은 짝을 이룬 상동염색체의 거의 동일한 위치에서 일어나고, 절단을 수선하는 효소가 '잘못된(wrong)' 절편을 연결시킨다. 모계 상동염색체의 조각을 부계 상동염색체에 연결시키고, 부계 상동염색체의 동등한 절편을 모계 상동염색체에 붙인다. 이러한 내용의 결말은 유전이나 진화를 다룬 책들에 상세하게 설명되어 있다. 만일 부계와 모계의 상동염색체가 완전히 동일하다면 별다른 일이 없을 것이다. 그러나 만약 부계와 모계의 상동염색체가 조금이라도 다르다면 접합과 교차로 인해 생긴 새로운 염색체는 원래의 염색체와 다소 차이가 난다. 물론 새롭게 생겨난 유전자는 없지만, 각 염색분체의 유전자는 새로운 조합을 갖게 된다. 이는 생성된 모든 반수체 세포들의 유전적 다양성을 대단히 증가시킨다. 어떤 식물이나 동물에서 만들어진 모든 정세포나 알세포는 독특하다. 이러한 유전적 다양성은 진화에 있어서 중요하다.

4. 태사기에 이어 **복사기(diplotene)**가 나타난다. 각 2가염색체의 상동염색체들이 서로 떨어지기 시작하지만 완전히 분리되지 않고, 짝을 이룬 동원체에서 그리고 서로 얽힌 것처럼 보이는 **교차점(chiasmata**, 단수형 chiasma)에서 서로 결합되어 있다. 일부 생물학자들은 교차점이 교차가 일어나는 곳이라고 믿고 있지만, 교차점은 단지 서로 엉켜 있는 곳이고 교차와는 전혀 관련이 없다는 증거가 늘어나고 있다. 상태가 괜찮으면 상동염색체쌍의 모든 4개 염색분체를 볼 수 있고, 이 단계를 **4분염색체(tetrad)**라고 부른다.
5. 마지막 시기인 **이동기(diakinesis)**에서 상동염색체들이 계속 분리되고 교차점은 염색체의 양 끝으로 밀려간다. 상동염색체들이 차츰 풀리면서 동원체에서만 붙어 있게 된다.

전기I은 감수분열에서 가장 복잡한 시기이지만, 나머지 시기들은 단순하며 유사분열의 시기들과 비슷하다.

중기I

방추사들이 4분염색체들을 세포의 중심으로 이동시켜서 중기판을 형성한다(그림 4-20).

후기I

상동염색체들이 서로 완전히 떨어지고 방추체의 양 끝으로 이동한다. 코헤신이 분해되지 않았으므로, 동원체들이 분리되지 않았고 각 염색체는 계속 두 염색분체로 구성된다. 이것이 유사분열의 중기-후기 전이와 어떻게 다른지 비교해 보자. 유사분열에서는 세파라제가 코헤신을 분해하고 동원체를 서로 떨어뜨려 각 염색체가 2개의 염색체로 분리되고, 각 염색체는 오직 하나의 염색분체를 갖게 되었다. 그런데 전기I-후기I 전이에서는 상동염색체들이 서로 떨어지지만 여전히 각각 2개의 염색분체를 갖고 있다. 염색체의 한 세트가 다른 세트와 떨어져서 2개의 새로운 핵이 형성된다. 이들 각각은 오직 한 세트의 염색체만 갖고 있기 때문에 **이들 핵은 이제 반수체가 되었다.** 어떤 핵에 들어 있는 각 염색체의 상동염색체는 이제 다른 핵에 들어가 있다. 후기I의 각 염색체가 2개의 염색분체를 갖고 있으므로 각 핵은 두 세트의 유전자를 갖고 있지만, 그렇다고 해서 이들 핵이 2배체는 아니다. G_2기의 세포들도 최소한 두 세트의 유전자를 갖고 있는데, 중요한 요소는 염색체가 두 세트인가 하는 것이다.

말기I

각 염색체들이 여전히 2개의 염색분체를 갖고 있고 G_2기의 상태에 있으므로, G_1기와 S기 그리고 G_2기로 이루어진 간기를 거칠 필요가 없다. 게다가 말기I이 근본적으로 전기II의 정반대이기 때문에, 어떤 생물은 말기I과 전기II를 건너뛰고 후기I에서 바로 중기II로 가기도 한다. 그렇지만 대부분의 생물에서는 적어도 부분적으로 말기I을 거치는데, 이 시기에는 염색체들이 풀어지기 시작하고 핵막과 인이 다시 나타난다. 실제로 세포가 완전히 간기로 접어든다면 DNA의 복제는 일어나지 않고 S기가 전혀 나타나지 않는다. 이 간격을 **분열간기(interkinesis)**라고 부른다. 간혹 세포질분열이 일어나기도 하지만, 세포질분열도 나타나지 않고 양쪽의 딸핵(즉, 염색질의 모든 덩어리)이 원래의 분리되지 않은 모세포의 상태로 남아 있는 것이 드문 일이 아니다.

감수제2분열

말기I이 나타난다면 핵이 분열하는 데 있어서 전기II가 필수적이다. 전기II는 전기I과는 달리 몇 단계로 구분되지 않는다. 중기II는 짧고, 중기II의 끝 무렵에 동원체가 분리되며, 중기I과는 다르지만 유사분열의 중기에서처럼 각 염색체가 2개의 염색체로 분리된다. 후기II에서는 새로운 각 염색체들이 복제본들과 떨어지고, 말기II에서는 새로운 핵들이 형성된다. 각 핵에는 단일한 염색분체를 갖는 한 세트의 염색체들이 포함된다.

요약하면 감수제1분열에서 부계 염색체의 각 염색체는 모계 염색체의 상동염색체와 접합을 한다. 교차의 결과로 염색체에 있는 유전자들의 새로운 조합이 생긴다. 짝을 이룬 상동염색체들을 방추사가 양극으로 끌어당기고, 따라서 각 극에는 두 세트가 아닌 오직 한 세트의 염색체들만 있게 된다. 감수제1분열이 끝나면 일시적으로 새로운 핵들이 형성되고, 이들은 반수체이다. 이 핵들이 감수제2분열에 들어가서 각 염색체의 두 염색분체들이 떨어지고, 유사분열에서처럼 생성된 핵들은 염색체의 반수체 세트를 가지며, 각 염색체는 오직 하나의 염색분체를 갖는다.

감수분열에서 핵의 분열과 세포의 분열은 흔히 직접 연결되지 않는다. 일부 종에서는 감수제1분열 후와 감수제2분열 후에 모두 세포질분열이 일어나고, 원래의 2배체 세포로부터 4개의 반수체 세포들이 생긴다. 다른 어떤 종들에서는 감수제1분열 후에 세포질분열이 일어나지 않는 대신 감수제2분열 후에 2중 세포질분열이 일어나서, 결과적으로 4개의 반수체 세포들이 생긴다. 예를 들면, 꽃가루립은 두 가지 방법 중 어느 쪽으로나 생길 수 있고, 감수분열의 결과로 4개의 반수체 세포들이 생긴다. 그렇지만 많은 생물에서 알이 형성될 경우에는 감수분열에서 세포질분열이 나타나지 않는다. 최종적인 세포는 4핵성(tetranucleate)이고 그런 상태로 남을 수도 있고, 아니면 3개의 핵이 퇴화하고 감수분열의 결과로 오직 하나의 단핵성(uninucleate) 반수체 세포가 생기기도 한다(**그림 4-22**). 4개의 작은 알세포들보다는 하나의 큰 알세포가 만들어지는 것이 선택적으로 유리한 것처럼 보인다.

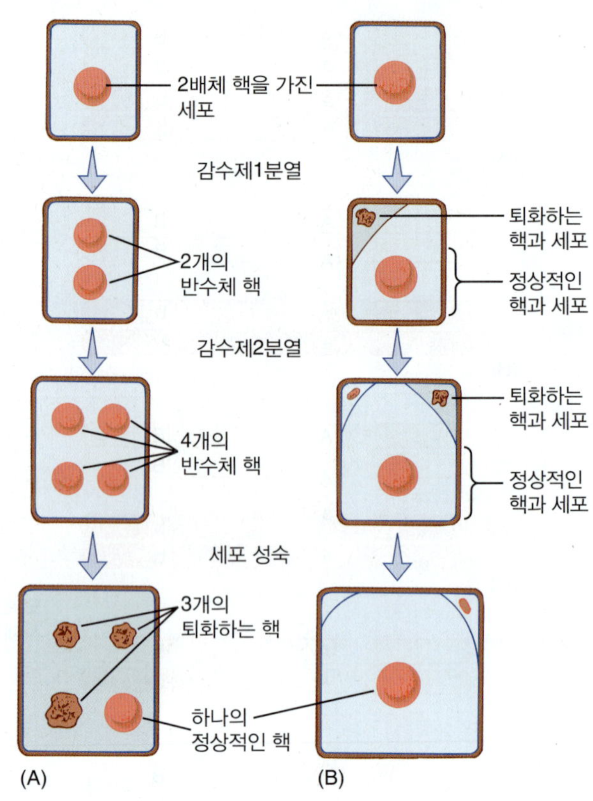

그림 4-22 동물과 일부 식물에서 알을 생산하는 감수분열에서는 오직 하나의 큰 반수체 세포가 만들어진다. **(A)** 일부 종에서는 감수분열의 결과로 4개의 반수체 핵이 생기고, 세포질분열이 일어나지 않아 4개의 모든 핵들이 일시적으로 한 세포에 들어 있다가 그 중 3개가 퇴화하여 사라진다. **(B)** 다른 어떤 종에서는 감수제1분열이 일어난 다음에 세포질분열이 일어나서 한 핵이 작은 세포에 들어가고, 이 세포와 핵 모두 감수제2분열을 하기 전에 퇴화한다. 큰 세포에 있는 핵이 감수제2분열을 수행하고, 다시 한 번 어느 딸핵이 작은 세포에 들어가서 퇴화한다. 3개의 핵만 생겨나고, 그 중 하나만 생존한다.

식물에서 흔치 않은 분열 유형

흔히 세포질분열과 핵분열이 너무나도 밀접하게 연관되어 있어서 이들 분열을 한 과정의 두 가지 측면으로 여기는 경향이 있다. 그

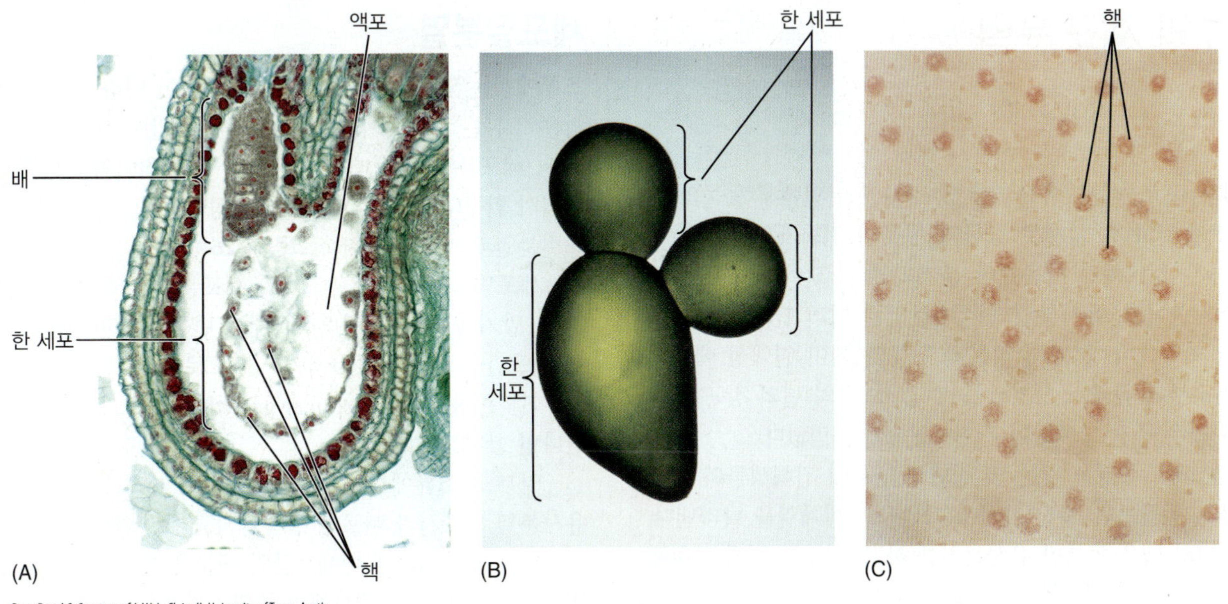

그림 4-23 **(A)** 냉이(*Capsella*)의 발생 중인 씨앗에 있는 다핵세포. 많은 핵들이 유사분열을 했지만 세포는 분열하지 않았고, 그 대신 팽창하여 거대한 액포가 생겼다. 작은 공 같은 세포들이 배(embryo)인데, 배는 다핵체로 밀고 들어가 그로부터 양분을 뽑아낸다(×80). **(B)** 다핵세포는 많은 조류를 대표한다. 이 공말(*Valonia*)은 조류 전체가 단지 3개의 거대한 세포들로 구성되지만(이 사진은 실물 크기의 4배이다), 각 세포에는 수천 개의 핵이 들어 있다. **(C)** (B)를 확대한 사진에서 분홍색으로 염색된 많은 핵을 볼 수 있다(×320).

러나 수많은 조직에서는 세포질분열을 하지 않고 핵분열이 일어나서 다핵세포들이 만들어진다. 많은 씨앗의 영양조직들은 세포들이 다핵인 시기를 거치고(**그림 4-23**), 많은 조류에서는 모든 세포가 다핵성이다. 세포가 매우 크고 수백 또는 수천 개의 핵을 갖게 되면 이를 **다핵체(coenocyte)**라고 부른다.

다른 한편으로는 핵이 분열하지 않고 세포만 분열하기도 하는데, 이는 조류와 곰팡이 그리고 씨앗의 영양조직에서 흔히 볼 수 있다. 세포가 처음에 다핵이 되고 한동안 그런 상태로 지속되다가, 세포분열이 시작되면서 각 핵과 그에 부수적인 세포질을 둘러싸는 새로운 세포벽이 만들어진다.

백합꽃에서는 알세포를 만드는 데 관련된 각 반수체 세포가 세포질분열 없이 두 번에 걸쳐 유사분열을 수행하여 결과적으로 4핵성 세포가 되는데, 이를 첫 번째 4핵기(four-nucleate stage)라고 부른다(**그림 4-24**). 3개의 핵은 세포의 한쪽 끝으로 이동하고, 네 번째 핵은 다른 쪽으로 이동한 다음, 4개의 모든 핵이 다시 유사분열을 한다. 외딴 핵은 예상대로 두 핵으로 분열하지만, 몰려 있는 3개의 핵은 분열을 시작하면서 방추체가 단일한 구조로 합쳐진다. 따라서 염색분체의 한쪽에 있는 모든 3개 세트는 방추체의 한 극으로 가고, 다른 쪽에 있는 3개의 모든 세트는 방추체의 다른 극으로 간다. 그 결과, 6개의 반수체 핵이 아니라 2개의 3배체(triploid) 핵이 된다. 세포는 이제 2개의 작은 반수체 핵과 2개의 큰 3배체 핵을 갖게 되었고, 이를 두 번째 4핵기라고 부른다. 알은 항상 반수체 핵 중 하나로부터 형성되고, 3배체의 핵에서는 결코 만들어지지 않는다.

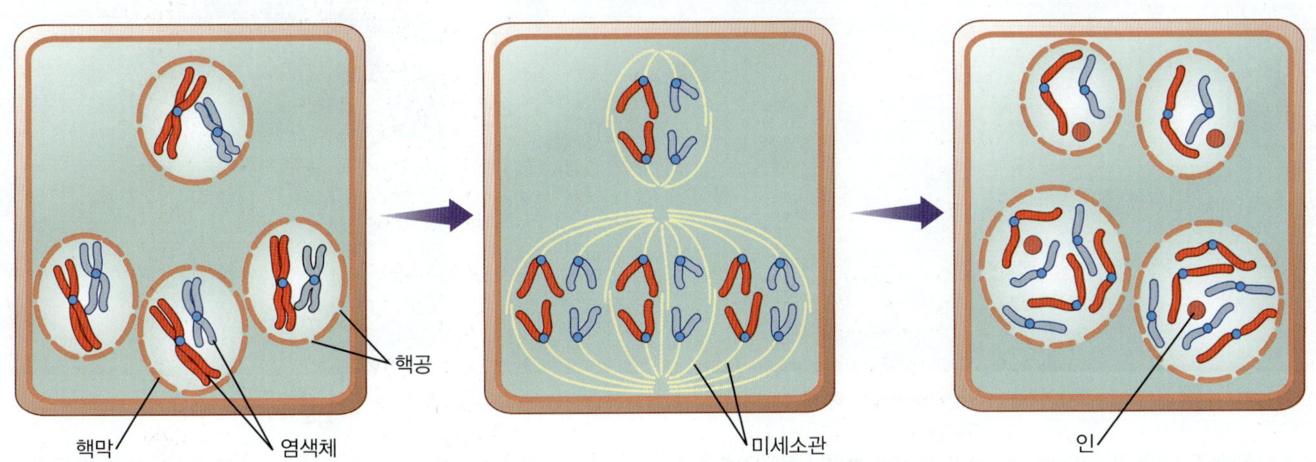

그림 4-24 백합에서 알이 생성되는 과정의 일부에서 나타나는 특이한 핵분열. 3개의 반수체 핵이 만들어지지만 이들이 서로 가깝게 놓이기 때문에 방추체가 합쳐져서, 6개의 반수체 핵이 아니라 2개의 새로운 3배체 핵이 만들어진다.

조류의 세포분열

핵

식물의 핵은 구조, 대사, 유사분열 및 감수분열 면에서 동물의 핵과 사실상 동일하다. 실제로 식물과 동물의 진화계열들은 진핵성 핵이 매우 정교해진 다음에야 분기되었다. 그런데 핵은 복잡한 세포소기관이고, 유사분열과 감수분열은 여러 단계로 이루어진 복잡한 과정이다. 분명히 식물과 동물의 핵이 원핵성 핵양체(nucleoid)로부터 곧바로 생겨났을 수 없고, 수억 년의 장구한 세월에 걸쳐 많은 중간 단계들이 관여하였음이 틀림없다.

특이한 핵의 특징을 갖는 몇 집단의 생물이 진핵생물의 역사에서 식물과 동물보다 훨씬 이전에 기원된 진화계열을 나타낸다. 많은 곰팡이의 핵은 독특한 유사분열을 하고, 일부는 핵내 방추체와 핵외 방추체 모두를 갖는다. 균류의 많은 종에서 핵막과 인은 전혀 분해되지 않거나 아니면 유사분열 말에야 분해된다. 이와 비슷한 양상이 와편모조류, 갈조류, 유글레나류 그리고 일부 녹조류를 포함하여 많은 조류 집단에서 나타난다(**그림 4-25A**). 핵막에서 틈이 생기고 미세소관의 다발이 핵을 완전히 관통한다. 더욱 중요한 점은 와편모조류(dinoflagellates)의 핵에 히스톤이 없다는 것이다. 와편모조류의 염색체는 항상 응축된 상태에 있고, 간기에만 다소 풀어질 따름이다(**그림 4-25B**). 다른 모든 진핵생물에서 히스톤과 뉴클레오솜(nucleosome)은 변함이 없으므로, 이러한 와편모조류의 독특한 상황은 매우 중요한 것으로 간주된다.

세포질분열

조류에서는 몇 가지 유형의 세포질분열이 나타난다. 단세포로 된 많은 조류는 세포벽이 없어서 그 원형질막이 가장 바깥쪽 표면이 된다. 세포분열을 할 때 원형질막이 둘로 죄어지고 안쪽으로 당겨지면서 할구(cleavage furrow)가 형성되는데, 이 과정은 동물의 세포질분열과 매우 비슷하다(**그림 4-26A**).

세포벽을 가진 많은 조류의 세포분열은 식물의 분열과 유사하다. 말기가 끝나면 격벽형성체가 만들어지고 딕티오솜 소포들이 세포판을 형성하고 나서 방사상으로 바깥쪽을 향해 점점 자라고[이를 원심생장(centrifugal growth)이라고 함], 모세포의 벽과 만나면 합쳐진다.

일부 녹조류에서는 다른 방법으로 세포질분열이 일어난다. 유사분열 방추사가 빠르게 탈중합되고 두 딸핵이 서로 가깝게 놓인다. 두 딸핵 사이에 미세소관의 새로운 세트가 생기면서 새로운 벽이 형성될 면과 평행하게 배치되는데, 이는 방추사의 방향과 직각을 이룬다. 이런 미세소관의 다발을 **조판형성체(phycoplast)**라고 하고, 만입(furrowing)에 의하거나 세포판 형성에 의한 세포분열과 관련이 있는 듯하다(**그림 4-26C, 4-26D**). 조판형성체는 유사분열에서 핵막이 분해되지 않는 녹조류와 관련되고, 반면에 격벽형성체는 핵막이 사라지는 녹조류와 관련된다. 식물은 조판형성체가 아니라 격벽형성체로 분열하는 녹조류에서 기원되었다.

홍조류에서는 격벽형성체에 의해 세포분열이 일어나지만 새로운 벽은 기존의 벽으로부터 안쪽으로 자란다. 벽은 불완전한 상태에서 생장을 멈추고 큰 구멍이 생기는데, 이를 벽공연결(pit

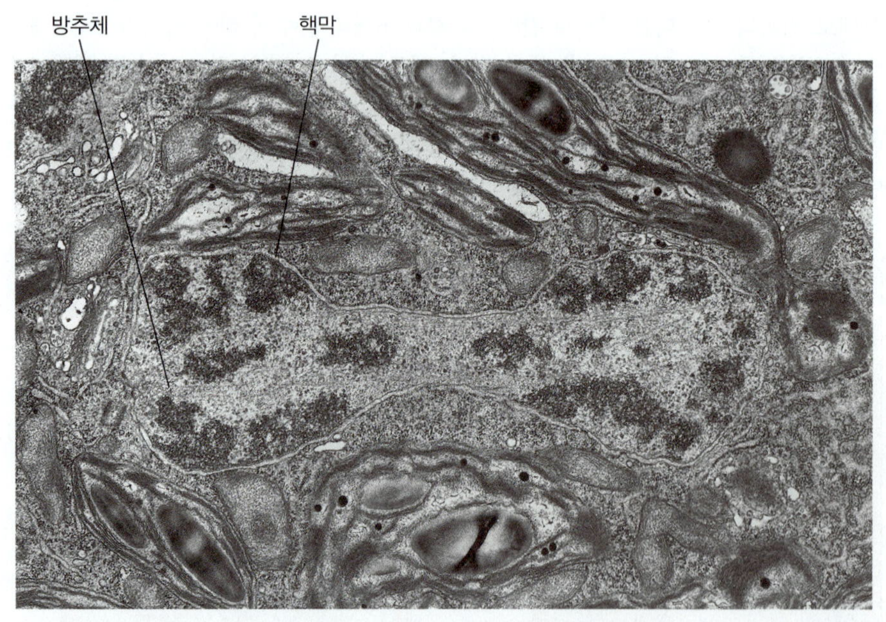

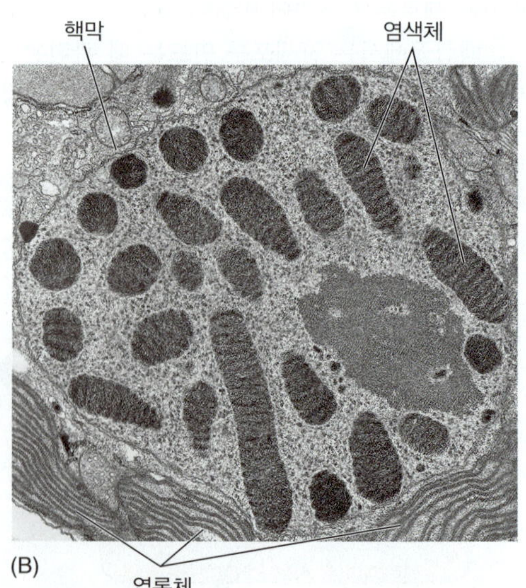

Part A: Courtesy of J. L. Scott and K. W. Bullock, College of William and Mary; Part B: Courtesy of J. Dodge, University of London

그림 4-25 **(A)** 녹조 대마디말속(*Cladophora*)의 말기 말. 핵막이 전적으로 온전할 뿐만 아니라 핵내 방추체의 부분도 관찰된다(× 26,656). **(B)** 와편모조류의 간기 핵. 응축된 상태의 염색체가 전혀 풀리지 않는다. 화학신호전달물질과 DNA복제효소 그리고 RNA합성효소가 어떻게 DNA 분자에 접근하는지는 알려져 있지 않다(× 21,000).

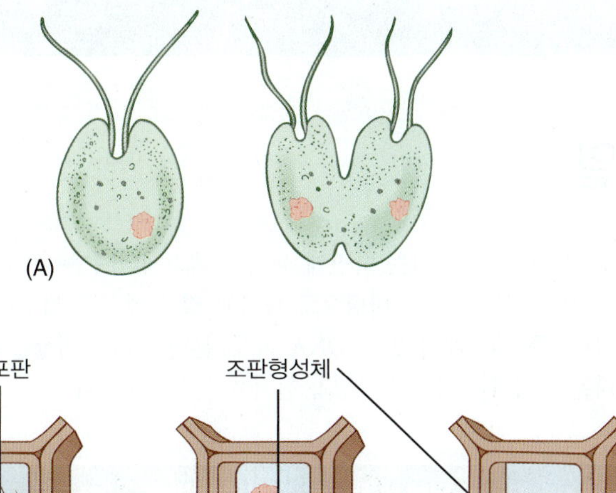

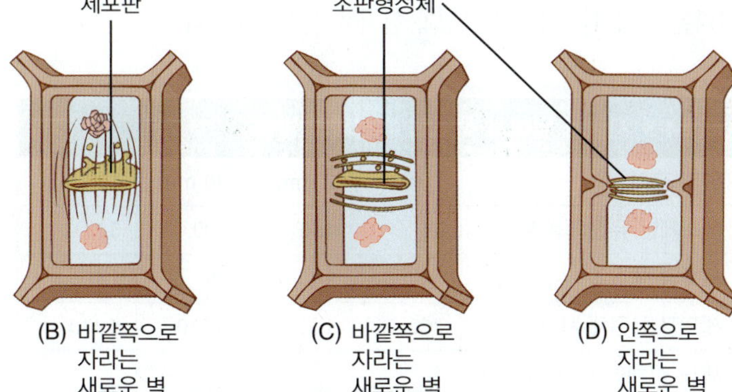

그림 4-26 **(A)** 세포벽이 없는 단세포 조류에서는 원형질막의 함입(infurrowing)에 의해 세포분열이 일어난다. **(B)** 벽을 가진 대부분의 조류는 식물 세포가 분열하는 것처럼 격벽형성체와 세포판에 의해 분열한다. **(C)**와 **(D)** 일부 녹조류는 조판형성체를 갖는다. 유사분열 방추사가 빠르게 해체되고, 방추체 축과 직각을 이루는 새로운 미세소관 다발들이 생겨난다. 그러고 나서 세포판의 생장(C)에 의해 또는 함입(D)에 의해 분열이 일어난다.

connection)이라고 부른다. 이 벽공은 단백질과 탄수화물 물질들로 채워지고, 이를 벽공마개(pit plug)라고 한다(**그림 4-27**). 그 외에는 벽 형성의 많은 양상이 세포벽을 가진 다른 조류들의 벽 형성과 흡사하다.

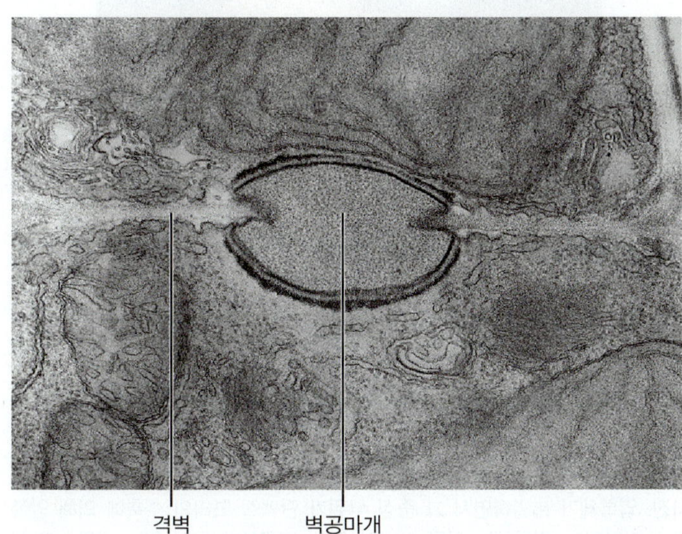

그림 4-27 홍조류의 격벽은 그 중심에 구멍(벽공)이 있고 불완전하다는 점에서 특이하다. 그 구멍은 벽공마개로 닫혀 있다. 사진은 알쏭흐늘풀(*Scinaia confusa*)이다(× 15,000).

원핵생물의 세포분열

유사분열과 감수분열에서 일어나는 일들은 오직 진핵생물에서만 나타난다. 세균과 남세균 그리고 고세균의 원핵생물에서는 유사분열과 감수분열이 일어나지 않고, 세포질분열도 훨씬 단순하다. 모든 유전물질은 하나 이상의 DNA고리 형태로 나타나는데, 여기에는 DNA를 보호하는 그 어떤 히스톤도 없다. DNA의 고리들은 세포의 원형질막에 부착되어 있고, DNA가 복제할 때 2개의 딸고리들도 모두 막에 붙어 있다(**그림 4-28**). 이들을 서로 잡아주는 동원체가 없으므로 세포와 그 막이 자라면서 DNA의 고리들은 서로 떨어진다. 세포분열이 일어나기 전에 몇 차례 새로운 복제가 일어날 수 있기 때문에, 각 세포에는 동일한 고리들이 많게는 20개까지 존재한다.

세포질분열은 원형질막이 안쪽으로 당겨지고 두 쪽으로 죄어지는 함입(infurrowing)의 과정에 의해 일어난다. 원형질막이 안쪽으로 움푹해짐에 따라 새로운 격벽(cross wall)이 기존의 벽에서 시작하여 안쪽으로 자란다. 완료되고 나면 격벽이 나뉘어 2개의 벽이 되고, 두 딸세포가 떨어진다. 세균과 고세균에서는 다세포로 된 집합체가 좀처럼 형성되지 않는다. 남세균에서는 격벽이 갈라지지 않고 다세포로 된 몸이 형성된다. 많은 세균의 세포주기는 이상적인 조건에서 단지 20분 정도로 짧을 수 있다. 그렇지만 많은 종에서 세포주기는 이상적인 조건이라 할지라도 며칠에서 몇 주가 걸리기도 한다.

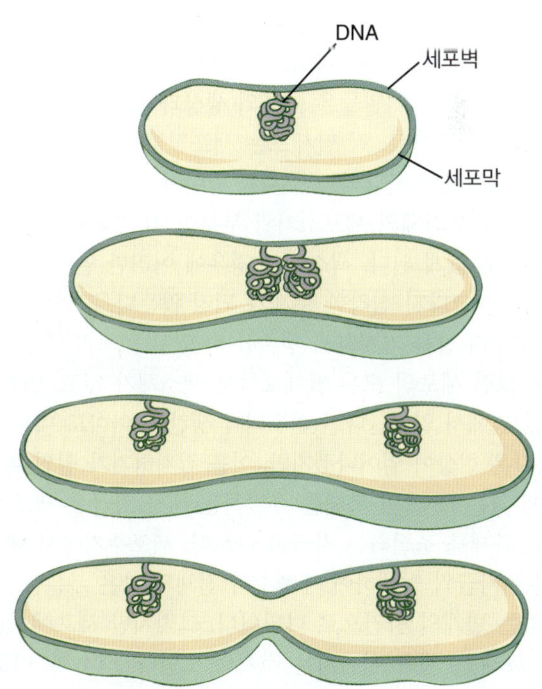

그림 4-28 원핵생물에서는 DNA고리가 원형질막에 직접 붙어 있다. 세포와 세포막이 자라면서 부착된 DNA고리가 분리된다. 그러고 나서 고리들 간에서 세포분열이 일어난다.

박스 4-3 잎이 자라는 동안의 엽록체 분열

시금치를 대상으로 잎의 생장 및 발달과 색소체의 생장 및 분열과의 관계에 관한 명쾌한 연구가 이루어졌다. 길이가 1 mm 또는 그 미만인 아주 작은 잎에서는 색소체 DNA가 세포 전체 DNA의 7%를 차지하고, 각 색소체에는 평균 76 DNA고리가 존재하였다(**표 B4-3**). 잎의 크기가 두 배가 되어 2 mm가 되면 색소체 DNA는 핵의 DNA와 거의 같은 속도로 복제되므로 비율은 낮게 유지되어 세포 전체 DNA의 약 8%를 차지한다. 잎이 계속 확장되어 길이가 20 mm가 되면 색소체 DNA는 핵 DNA보다 훨씬 빠르게 복제되고 세포 전체 DNA의 23%로 증가한다. 이와 동시에 세포당 색소체의 수는 10에서 29로 세 배가 되므로, 세포나 핵 DNA의 복제를 통제하는 메커니즘에 의해 색소체의 분열이나 색소체 DNA의 복제 모두 조절될 수 없다. 이 시점에 각 색소체는 190 DNA고리를 갖고, 각 세포는 모두 5,510 DNA고리를 갖게 된다. 잎 생장의 다음 단계로 길이가 100 mm가 되면 DNA는 전혀 합성되지 않고, 새로운 세포도 만들어지지 않는다. 그 대신에 이미 존재하는 것들이 확장하는데, 색소체는 더 이상의 DNA를 만들지 않더라도 색소체는 분열을 계속한다. 그 결과, 색소체당 DNA고리의 수는 190에서 32로 떨어지는 반면에 세포당 색소체의 수는 29에서 171로 늘어난다. 이들 결과를 바탕으로 다음과 같은 가설을 세우는 것이 타당하다. 즉, 색소체의 생장, DNA 복제, 분열 그리고 발생은 세포주기보다는 조직이나 기관의 발생과 현저한 연관성이 있다.

표 B4-3 시금치 잎에서 색소체 유전체의 발달

잎의 크기	1 mm	2 mm	20 mm	100 mm
색소체당 유전체 사본	76	150	190	32
세포당 색소체	10	10	29	171
세포당 유전체 사본	760	1,500	5,510	5,470
세포 전체에 대한 색소체 DNA의 백분율	7%	8%	23%	23%

자료 출처: Scott, N. S., and J. V. Possingham, 1983. Changes in chloroplast DNA levels during growth of spinach leaves. *J. Experimental Bot.* 34: 1756–67.

엽록체와 미토콘드리아의 분열

미토콘드리아와 색소체는 원핵생물과 비슷하게 구성되어 있다. 이들도 막이 생장하면서 떨어지는 DNA고리를 포함하고 있다. 세포소기관은 함입에 의하거나 잡아당겨서 둘로 되어 분열한다(**그림 4-29**). 이 세포소기관들은 이들의 생장과 기능에 필요한 DNA를 포함하고 있으므로, 각 딸세포는 세포질분열에서 적어도 하나의 미토콘드리아와 하나의 색소체를 받아야 한다. 그렇지 않으면 그 세포는 그 유전체의 세포소기관 부분이 결여되어 그 세포소기관을 만들 수 없게 된다. 색소체의 경우에 이러한 일이 가끔 일어나는데, 이는 그다지 심각한 문제가 되지 않는다. 그런 세포는 이웃 세포로부터 당을 가져와서 생존할 수 있고 조직과 함께 생장할 수 있다. 그런 세포의 모든 딸세포들도 색소체가 없고, 만약 이런 일이 어린잎에서 일어난다면 흰무늬가 생긴다. 아마도 미토콘드리아도 똑같은 현상이 일어나겠지만, 이를 감지하기가 훨씬 어렵다.

핵에 있는 DNA의 복제를 유발하는 대사 자극은 세포소기관의 DNA 복제를 조절하는 자극과 다르다. 세포주기에서 핵 DNA의 조절은 가끔씩 발생하여 세포주기 전체의 작은 부분을 차지하는 S기라는 별개의 사건으로 나타난다. 그렇지만 세포에 있는 나머지의 '복제'는 계속 이어지는 것처럼 보인다. 색소체, 미토콘드리아, 세포기질, 소포체 그리고 그 밖의 세포소기관의 부피는 별개의 사건으로 나타나지 않고 간기 동안 계속하여 서서히 그리고 끊임없이 증가하는 것으로 나타난다(**박스 4-3**).

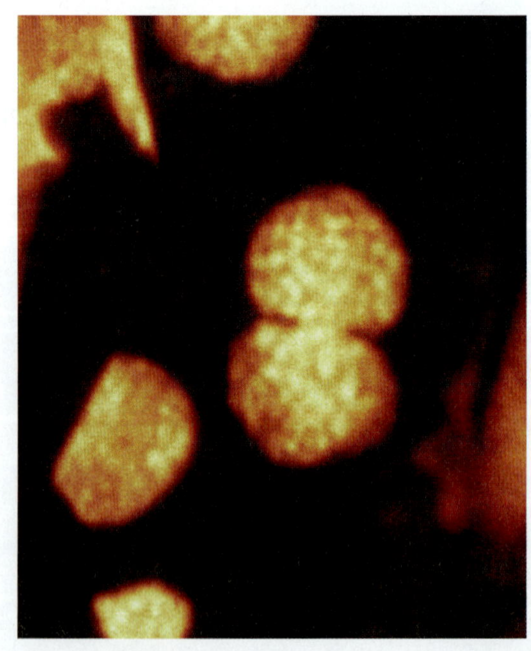

Courtesy of P. Beech, Deakin University, Australia

그림 4-29 애기장대(*Arabidopsis thaliana*)의 분열하는 엽록체의 전자현미경 사진. 엽록체가 분열하면서 그 중심 부위가 단백질 고리의 수축에 의해 안쪽으로 죄어지고, 엽록체는 아령 모양이 된다. 엽록체에 들어 있는 엽록소가 현미경에서 이용된 빛에 반응하기 때문에 엽록체가 밝게 빛난다. 엽록소는 빛을 흡수하고 다른 색깔로 이를 다시 발한다[이를 형광현미경관찰법(fluorescence microscopy)이라고 부른다](×30,000).

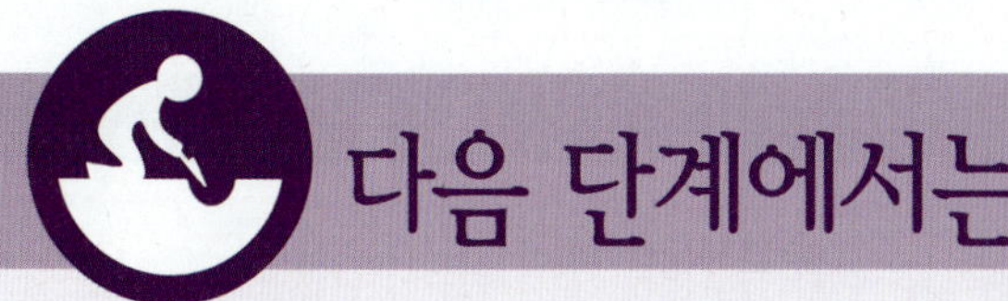

다음 단계에서는

1. **세포분열의 방향.** 식물에서 세포분열의 방향은 분화하면서 세포들이 놓이는 위치를 결정한다. 식물 세포는 동물 세포와 달리 새로운 위치로 이동할 수 없고, 적절한 장소에서 만들어져야 한다. 세포는 보통 크기가 거의 똑같은 두 세포로 분열하지만, 표피에서 기공이 만들어질 때에는 흔히 비대칭적으로 분열하여 큰 세포와 작은 세포가 생긴다. 뿐만 아니라 식물이 상해를 입었을 때 상처 부근의 생존 세포들은 보호용 흔적세포[이를 상해 코르크(wound cork)라고 부름]의 층을 만드는 것과 같이 분열한다. 어디에 전기전 띠를 형성할 것인가를 결정하는 메커니즘은 세포분열의 면을 설정하는 데 있어 중요하다.
2. **세포주기의 조절.** 화학적 요인들이 세포가 언제 그 DNA를 복제할 것인지, 언제 분열을 시작할 것인지, 얼마나 빠르게 분열할 것인지 그리고 언제 분열을 멈출 것인지를 조절한다. 세포와 생장하는 조직(이를테면 뿌리와 줄기의 끝 그리고 아주 어린잎)은 되풀이하여 분열하지만, 어느 순간에는 이들 세포의 일부 또는 모두가 분열을 멈춘 다음 특수화되고 성숙한 세포로 분화하기 시작해야 한다. 아울러 가뭄이나 압박을 받을 때에는 세포분열을 느리게 하거나 멈춰야 하며, 반면에 씨앗이 발아할 때에는 특정 세포가 분열주기를 개시하도록 특정 요인이 영향을 미친다. 또 다른 중요한 과정이 세포가 유사분열을 할 것이지 아니면 감수분열을 할 것인지를 결정짓지만, 이는 아직 상세하게 알려져 있지 않다.
3. **핵분열 없는 세포 형성.** 속씨식물에서 종자가 발생할 때 배젖(endosperm)이라는 조직은 특이한 방식으로 발달한다. 초기에는 배젖핵이 자주 분열하지만 세포가 분열하지 않아서 거대한 다핵세포가 형성된다. 익지 않은 코코넛의 중심은 이런 거대한 세포의 하나이고, 코코넛 밀크는 세포의 원형질이다. 다음 단계에서 약간의 세포질과 핵을 가둔 수백 개의 세포벽이 형성되고 수백 또는 수천 개의 세포가 만들어진다. 이것이 '배젖의 세포화(cellularization of endosperm)'이고, 이를 통해 캔디와 케이크 및 파이에 이용하는 흰색의 '코코넛 과육(coconut meat)'이 만들어진다.

요약

1. 세포는 '생활주기'인 세포주기를 갖는데, 이는 번갈아가며 나타나는 생장기와 분열기로 구성된다. 수명이 짧은 기관에서는 조직이 어릴 때에만 세포주기가 나타나고, 이후에는 확장하고 분화한다.
2. 세포주기의 간기 부분은 G_1기와 S기 그리고 G_2기로 구성된다. G_1기 동안에 핵은 세포의 대사를 조절한다. S기에 DNA가 복제되고, G_2기에는 세포가 분열을 준비한다.
3. 각 DNA 분자는 단백질의 정보가 포함된 수천 개의 부위, 즉 유전자들을 포함하고 있다. 염색체는 히스톤 단백질이 DNA와 결합하여 안정하게 만든 복합체이다. 각 염색체는 동원체와 S기 전의 하나의 염색분체 또는 S기 후의 두 염색분체로 구성된다. 염색분체의 끝에는 말단소체가 있다.
4. 세포가 분열하는 것은 세포질분열이고, 핵이 분열하는 것은 핵분열이다. '유사분열'과 '감수분열'이라는 용어는 엄밀히 말하면 핵분열만을 가리킨다.
5. 유사분열에서, 복제된 각 염색체의 두 염색분체를 방추사가 세포의 양극으로 끌어당긴다. 두 염색분체는 사실상 동일하므로 새로운 두 핵도 서로 거의 똑같다.
6. 반수체와 2배체 그리고 그보다 높은 수준의 배수체 등 어떤 배수체라도 핵은 유사분열을 할 수 있다. 식물체가 자라는 동안의 핵은 모두 유사분열에 의해 분열한다.
7. 감수분열은 2배체 세포에서 반수체 세포가 생성되는 환원분열이다. 아울러 중요한 사실은 감수분열에 의해 유전적 다양성이 증가한다는 것이다.
8. 전기I에서 상동염색체들이 짝짓기를 하고(접합), 염색분체의 절편들을 교환한다(교차). 전기I이 끝날 무렵이면 핵은 더 이상 순수한 부계 염색체와 순수한 모계 염색체가 아니다. 후기I에 상동염색체들이 서로 떨어져서 염색체 세트의 수는 원래 세트 수의 절반으로 줄어들었다. 반수체와 3배체 그리고 다른 모든 홀수-배수성(odd-ploid) 핵들은 감수분열을 하지 못한다.
9. 감수분열은 배우자나 포자 같은 생식세포를 만들 때에만 일어난다. 어떤 생물이든지 간에 몸이 자랄 때에는 감수분열을 이용하지 않는다.
10. 식물과 조류에서는 새로 생긴 딸핵들 간에 큰 소낭이 형성되면서 세포질분열이 일어난다. 소낭 안에서 중간층과 2개의 새로운 벽이 만들어지고 이들이 확장하여 기존의 벽에 도달한다.
11. 세포질분열과 핵분열은 대체로 밀접하게 동조적이지만, 세포가 분열하지 않고 핵이 분열할 수 있어서 결과적으로 다핵세포가 생긴다.

중요한 용어

2배체(diploid)
4배체(tetraploid)
G_1기[G_1 phase(gap 1)]
G_2기[G_2 phase(gap 2)]
S기(S phase)
간기(interphase)
감수분열(meiosis)
격벽형성질(phragmosome)
격벽형성체(phragmoplast)
교차(crossing-over)
기하증가(geometric increase)
동원체(centromere)
말기(telophase)
반수체(haploid)
방추사(spindle microtubule)
방추사부착점(kinetochore)
방추체(spindle)
배우자(gamete)
복제분열(duplication division)
산술증가(arithmetic increase)
상동염색체(homologous chromosome)
세포주기(cell cycle)
세포질분열(cytokinesis)
세포판(cell plate)
염색분체(chromatid)
염색체(chromosome)
염색체 응축(chromosome condensation)
유사분열(mitosis)
유전체(genome)
전기(prophase)
전기전 띠(preprophase band)
접합(synapsis)
접합자(zygote)
조판형성체(phycoplast)
중기(metaphase)
중기판(metaphase plate)
핵분열(karyokinesis)
환원분열(reduction division)
후기(anaphase)
휴지기(resting phase)
히스톤(histone)

복습 문제

1. 나무 같은 목본에서 어떤 부분이 아주 잠시 살고 빨리 죽는 세포들로 되어 있나? 어떤 부분이 수년 간 사는 세포들을 갖는가?
2. 어떤 세포는 분열을 결코 멈추지 않는다. 그런 세포의 두 가지 예를 드시오.
3. 세포주기에서 간기를 휴지기라고도 부른다. 그런 이름이 왜 붙여졌을까?
4. 세포가 G_1기에 있을 때 세포의 주된 활동은 무엇인가? 어떤 종류의 생물이 짧은 G_1기를 갖고, 짧은 G_1기가 얼마나 지속될까? 어떤 종류의 생물이 긴 G_1기를 갖고, 그 G_1기는 얼마나 지속될까?
5. 세포주기에서 S기의 주된 활동은 무엇인가? 'S'는 무엇을 나타내나?
6. 표 4-2는 염색체의 반수체 세트에 있는 염색체의 수를 보여준다. 그 표에서 가장 적은 수와 가장 많은 수는 무엇인가? 식물에 있는 대부분의 세포는 2배체이고 두 세트의 염색체를 갖고 있으므로, 핵마다 그 수는 두 배가 되어야 한다. 2배체의 감자 핵에는 각각 몇 개의 염색체가 들어 있을까? 만약 감자 식물체가 1백만 세포로 되어 있고 세포마다 하나의 2배체 핵이 들어 있다면, 전체 식물에는 몇 개의 염색체가 들어 있을까?
7. 세포주기에서 S기 이전의 염색체는 몇 개의 염색분체를 갖는가? S기 이후의 염색체는 몇 개의 염색분체를 갖는가?
8. 표 4-1을 검토해 보자. 옥수수와 양파의 뿌리끝에서는 세포주기가 지속되는 데 몇 시간이 걸리나? 훨씬 빠르게 분열하는 세포를 가진 식물은 무엇인가? 표 4-1의 세포주기는 날짜가 아니라 시간으로 나타내었는데, 옥수수와 양파는 4주 동안 몇 번의 세포주기를 거칠 수 있을까? 만약 세포가 분열한 다음 딸세포들이 분열할 수 있고 그 딸세포들이 또 분열할 수 있다면, 각각 하나의 세포로부터 시작하였다고 가정할 때 옥수수와 양파는 4주가 끝난 다음 각각 몇 개의 세포가 될까?
9. 세포주기의 네 시기는 무엇인가? 각 시기별 세포의 주요 활동은 무엇인가? 그 중 어느 한 시기를 제거하거나 건너뛸 수 있을까?
10. 유사분열을 복제분열이라 부르고 감수분열을 환원분열이라고 부르는 이유는 무엇인가? 무엇이 환원되고 무엇이 복제되는 것일까? 염색체인가, 염색체의 수인가, 아니면 염색체 세트의 수인가?
11. 유사분열의 전기에 염색체가 응축되었다는 것은 어떤 의미인가? 응축이 완료되면 염색체는 얼마나 길까? 뿌리 또는 줄기에서 분열하는 보통의 세포는 얼마나 클까? 만일 응축이 끝난 염색체의 길이가 20 μm라면, 반쪽을 세포의 한쪽 끝으로 끌고 다른 반쪽을 세포의 다른 쪽 끝으로 끌 수 있도록 염색체를 나눌 수 있을까?
12. 염색체를 끌어당기는 미세소관 세트의 이름은 무엇인가? 미세소관이 염색체에 부착하는 지점의 이름은 무엇인가? 염색체를 끌어당기는 세포 끝의 이름은 무엇인가?
13. 중기판이란 무엇인가? 중기 말에 복제되는 것은 무엇인가? 이것이 복제될 때 염색분체는 서로 떨어진다. 전기에는 염색체마다 몇 개의 염색분체가 있나? 중기가 끝나면 염색체마다 몇 개의 염색분체가 있게 되나?
14. 10개의 염색체를 가진 핵을 상상해 보자. 전기가 시작되기 전

에 핵에는 몇 개의 염색체가 있을까? 말기가 끝난 다음에 각 딸핵은 몇 개의 염색체를 갖게 될까? 전기가 시작되기 전에 한 모핵에는 몇 개의 염색분체가 있을까? 말기가 끝난 다음에 각 딸핵은 몇 개의 염색분체를 갖게 될까? 말기가 끝난 다음에 두 딸핵에 있는 모든 염색분체를 합치면 몇 개의 염색분체가 될까?

15. 유사분열의 네 시기는 무엇이고, 각 시기별 핵의 주된 활동은 무엇인가?
16. 유사분열이 이제 막 끝났을 것 같은 하나의 가상적인 염색체를 그려 보자. 이 염색체가 간기에 어떤 일이 일어나는지, 그리고 나서 유사분열 동안에 어떤 일이 일어나는지 설명해 보자. 각 시기별로 염색분체가 몇 개인지, 그리고 각 유전자의 사본이 몇 개인지 심사숙고해 보자.
17. 식물에서 세포질분열은 어떻게 일어날까? 어떤 세포소기관이 소포를 만들고 이 소포들이 융합하여 세포판을 형성하나? 어떤 막이 새로운 원형질막으로 전환되는가?
18. 조류가 뿌리와 줄기 및 잎을 갖고 있지 않음에도 불구하고 많은 사람들이 조류를 식물이라고 간주하지만, 많은 조류의 세포분열은 진정한 식물의 세포분열과 다르다. 대부분의 조류가 격벽형성체를 가질까? 조류가 이용하는 구조의 이름은?
19. 성세포를 ______________________라고도 부른다. 모든 종이 그렇지 않지만, 암과 수의 구별이 되는 종에서 수개체는 ________________세포라고 부르는 성세포를 만들고 암개체는 ________________세포라고 부르는 성세포를 만든다.
20. 각 정세포에는 염색체들이 몇 세트 들어 있을까? 각 알세포에는 염색체들이 몇 세트 들어 있을까? 정세포와 알세포 같은 배우자들을 (정답 하나에 동그라미를 치시오: 2배체, 반수체)라고 부른다. 성사와 알이 융합하여 형성되는 새로운 세포를 ______________________라고 부르고, 이는 (정답 하나에 동그라미를 치시오: 2배체, 반수체)이다.
21. 만약 식물이 각 핵에 20개의 염색체가 들어 있는 2배체 세포를 갖는다면, 그 배우자들 각각은 몇 개의 염색체를 가질까? 염색체의 수가 20에서 줄어드는 분열의 이름은 무엇인가?
22. 전기I의 다섯 단계는 무엇이며, 각 단계별 핵과 염색체의 주된 활동은 무엇인가?
23. 감수제1분열의 접합기에 주목할 만한 염색체의 접합이 일어난다. 그림 4-19의 바닥 부분 '유사분열: 몸 생장'을 보면 서로 다른 네 가지 유형의 염색체를 가진 세포가 만들어진다. 검은색 염색체는 정자의 핵으로부터 유래된 것이다. 빨간색 염색체는 알의 핵에서 왔다. 만약 이들 핵 중 하나가 감수분열을 한다면 어느 염색체들이 접합기에 짝짓기를 할까 (이들은 상동염색체들이다)—긴 검은색 염색체와 짧은 검은색 염색체? 아니면 긴 검은색 염색체와 긴 빨간색 염색체?
24. 접합기에 짝을 이룬 상동염색체를 붙잡는 구조의 이름은 무엇인가?
25. 태사기에 교차가 일어난다. 이 과정에서 염색체가 실제로 잘라지는가?
26. 감수분열의 후기I은 유사분열의 후기와 어떻게 다른가? 후기I에서 염색체당 염색분체의 수가 변하는가? 후기I에서 핵당 염색체 세트의 수가 변하는가?
27. 오직 한 쌍의 상동염색체를 가진 핵을 대상으로 세포주기와 감수분열의 모든 단계의 그림을 그린 다음, 서로 다른 3종류의 염색체(상동염색체 3세트의 6개 염색체)를 가진 핵을 대상으로 똑같은 그림을 그려 보자. 모든 단계의 그림을 그려 보자(쉽지 않을 것이다).
28. 만약 핵은 분열하는데 세포가 분열하지 않는다면 그 세포는 다핵성이 된다. 만일 그 세포가 수백 개의 핵을 갖는다면 이를 ____________________라고 부른다.
29. 원핵생물은 유사분열을 하는가, 아니면 감수분열을 하는가? 원핵생물의 세포는 어떻게 분열할까?
30. 색소체와 미토콘드리아를 더 많이 생성하는 분열의 과정을 설명하시오.

CHAPTER 5

조직과 줄기의 1기 생장

학습 목표

이 장을 읽은 다음, 학생들이 할 수 있는 것은;

- 육상식물의 기원을 요약한다.
- 초본과 목본의 예를 든다.
- 식물 세포의 세 가지 종류를 정의한다.
- 기본적인 줄기 체제의 요소를 설명한다.
- 근본적인 줄기 요소의 변형에 대한 예를 제시한다.
- 줄기의 내부 체제를 구성하는 요소들을 상기한다.
- 표피의 기능을 서술한다.
- 헛물관을 통해 물이 이동하는 방법을 물관요소를 통해 이동하는 방법과 비교한다.
- 1기 생장의 과정을 정리한다.

알고 있나요?

- 식물체에서 꽃과 잎처럼 부드러운 모든 부분들은 아주 잠시 사는 세포들로 구성되어 있기에, 꽃은 고작 며칠만 피고, 대부분의 잎은 봄부터 가을까지만 달린다.
- 식물체에서 목부와 씨를 둘러싸는 껍질 같이 단단한 많은 부분들은 굳어지자마자 대부분 죽는 세포들로 구성된다.
- 선인장, 난초, 비늘줄기와 넝쿨식물의 몹시 변형된 줄기를 포함한 거의 모든 줄기는 오직 한 가지 양식의 조직을 갖는다. 여러분이 어느 한 줄기의 양상을 배우고 나면 줄기에 존재하는 거의 모든 양식을 이해하게 된다.

개요

장의 첫 이미지: 이상한 이 작은 식물은 사막에 적응한 종인 후디아 고르도니(*Hoodia gordonii*)의 유식물이다. 이렇게 어린 단계에도 몸을 보호하고, 몸을 관통하여 물질을 전도하며, 광합성을 수행하는 등등의 기본적 식물조직의 대부분을 갖고 있다. 적절한 시기가 되면 각각은 목부와 나무껍질도 만들고 꽃과 열매 그리고 씨앗도 만들게 된다. 이 유식물들은 온실에서 재배하였지만, 남서아프리카의 사막이 원산지이다.

개념

초본의 몸은 잎과 줄기 그리고 뿌리의 세 가지 기본적 부분들만 포함한다(**그림 5-1**). 약 4억 2천만 년 전에 최초의 육상식물이 진화했을 때, 그 식물은 근본적으로 해안으로 밀려 왔거나 호수와 개천이 증발하면서 그 자리에 남겨진 조류였을 것이다. 뿌리나 줄기 또는 잎이 없는 상태로 진흙에 놓였을 것이다. 그런 식물들이 해안에 차츰 쌓이면서 일부는 다른 식물의 위에서 자라며 그늘지게 하였다. 다른 식물 위로 햇빛을 향해 꼿꼿이 자라도록 하는 돌연변이를 가진 식물이 선택이익을 가졌다. 그렇지만 직립한다는 것은 쉬운 일이 아니다. 높이 올라간 세포들은 진흙의 수분과의 접촉에서 멀어지므로 이들 세포에 물이 수송되어야 한다. 높아진 조직들이 돛의 역할을 해서 바람에 넘어가게 되므로 지탱해 주는 조직이 필요하게 되었다. 진흙에서 수분을 흡수하는 세포들은 그늘에 가려져서 광합성을 하지 못하므로 아래에 있는 이들 세포에 당을 수송해 주어야 한다. 식물이 육지에서 살기 시작하자마자 뚜렷이 구별되는 특수한 조직과 기관들이 진화하기 시작하였다.

육상식물의 초기 집단들이 계속 진화하고 차츰 커지면서, 지금도 그러하듯이 식물의 줄기는 수송하고 지지하는 구조로서의 주된 역할을 하게 되었다. 그러나 현대의 꽃식물에서는 줄기가 추가적인 역할을 갖는다. 줄기는 잎을 만들고, 잎이 햇빛을 잘 받도록 붙잡아 주며, 겨울에는 단풍나무의 설탕이 든 수액 같은 당과 그 밖의 영양소를 저장한다. 한편 줄기는 생존의 수단이 되기도 한다. 지상의 잎들이 죽어도 땅속의 비늘줄기와 둥근줄기는 살아남는다. 많은 종의 줄기는 분산의 방편이 된다. 줄기는 기는줄기 또는 덩굴로 뻗어 나가거나, 여러 조각들로 갈라지고 동물이나 물에 의해 새로운 장소로 옮겨진 다음, 그곳에서 뿌리가 생기고 새로운 식물체로 자란다.

물론 모든 꽃식물이 잎과 줄기 그리고 뿌리를 갖지만, 어떤 종에서는 이들 부분이 너무나도 광범위하게 변형되어 자세히 살펴보지 않으면 알아보지 못할 수도 있다. 예를 들어, 선인장은 잎이 없다고 묘사되지만, 선인장은 실제로 100~1000 μm 길이의 작은 녹색 잎을 갖고 있다(**그림 5-2**). 그런 사막식물에게 크고 넓은 잎은 선택적 불이익이 될 수 있는데, 그 이유는 큰 잎의 아주 넓은 표면적은 너무 많은 물을 건조한 공기에 빼겨서 자칫 식물이 말라버릴 수 있기 때문이다.

이와 비슷하게 모든 꽃식물이 줄기를 갖고 있지만, 어떤 식물에서는 줄기가 일시적인 축소된 구조로만 나타난다. 캄필로센트룸 파키리줌(*Campylocentrum pachyrrhizum*)과 하리셀라 포렉타(*Harrisella porrecta*) 같은 난초들은 아주 작은 줄기 부분에 연결된 녹색의 광합성 뿌리 덩어리로 이루어지고, 뿌리가 전체 식물체의 대부분을 차지한다(**그림 5-3**). 줄기는 꽃이 만들어질 때에만 활성화된다. 하나의 가설은 이들 종의 조상들이 줄기보다 수분 스트레스에 훨씬 잘 견디는 뿌리를 가졌기 때문에 이런 특이한 몸으로 진화되었다는 것이다. 만약 다음의 두 가지 가운데 하나가 일어났다면 이들 식물이 건조한 서식지를 점유할 수 있었을 것이다. (1) 줄기와 잎이 물을 더욱 보존하게 하는 돌연변이가 선택되었거나[이는 대부분의 난초 종들에서 일어났다](**그림 5-4**), 아니면 (2) 뿌리가 이산화탄소를 흡수하고 광합성을 수행하는 능력을 향상시키는 돌연변이가 일어났다. 비록 수천 종의 식물이 혹독한 조건을 견뎌 낼 수 있지만, 소수의 종만이 줄기 없이 광합성 뿌리를 지니면서 그러한 일을 수행하도록 한다. 이런 유형의 몸이 만들어지는 돌연변이는 드물거나 대개 해로울 수 있다.

파인애플과(bromeliad)의 몇몇 식물들은 뿌리가 거의 없다. 페루의 리마 부근에 있는 해안사막은 비가 전혀 내리지 않지만 안개가 흔하게 낀다. 토양이 항상 말라 있기 때문에 뿌리는 별로 소용이 없다. 이 지역에 사는 틸란드시아 스트라미네아(*Tillandsia straminea*) 식물체는 작고, 토양 위에서 자라는 초본성 넝쿨식물이다(**그림 5-5**). 이 식물은 안개에 적신 잎으로부터 수분을 흡수하고, 바람에 날려 와서 촉촉한 잎의 표면에 용해된 먼지로부터 무기질을 얻는다. 이 식물은 토양에 고정되지 않

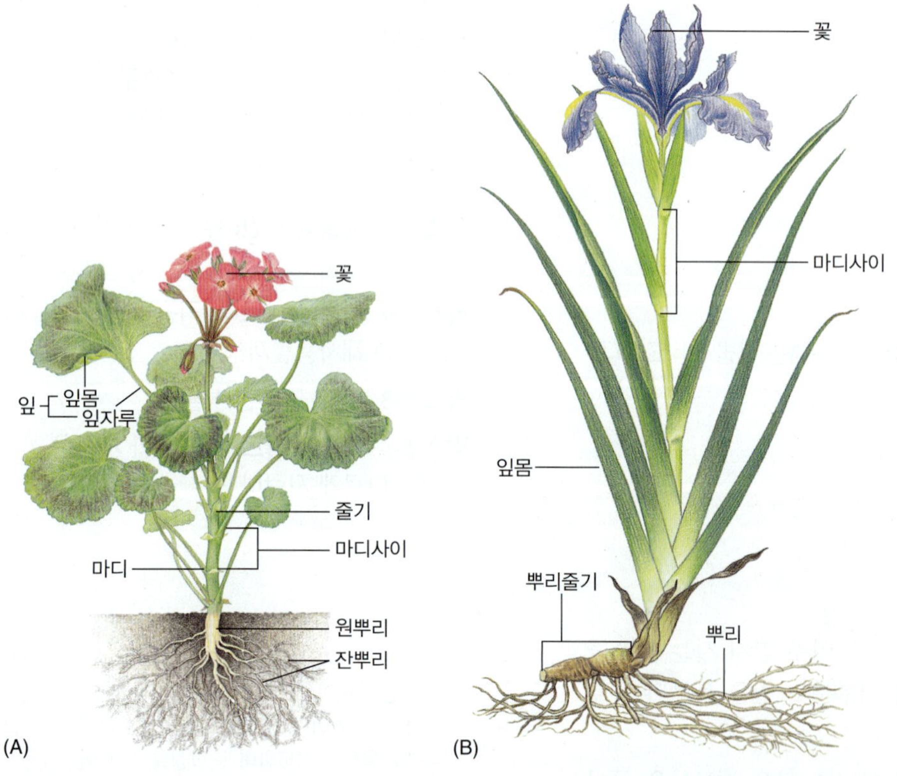

그림 5-1 (A) 이 제라늄 같은 초본의 1기 체(primary body)는 뿌리와 줄기 그리고 잎으로 구성된다. 눈(bud)이 각 잎의 겨드랑이에 있고, 눈은 영양지(vegetative branch)로 자라거나 아니면 한 무리의 꽃이 되기도 한다. **(B)** 이 붓꽃(*Iris*)도 초본이고, 목부나 나무껍질을 만들지 않는다. 거의 모든 꽃식물들은 제라늄 같이 잎이 넓은 식물이거나(진정쌍떡잎식물), 아니면 붓꽃처럼 풀 같은 잎을 가진 식물이다(외떡잎식물).

그림 5-2 이 천년초(*Opuntia*)는 한 식물이 두 가지의 지상부를 가질 수 있음을 보여준다. 볼록한 판(pad)은 원줄기이고, 무리를 이룬 가시들은 겨드랑이의 가지들이 몹시 변형된 것이다. 가시가 달린 가지 중 하나가 첫 번째 유형의 줄기로 발달하기 시작하여 판 모양의 가지가 되었다. 한편 이 식물은 (1) 어린 눈에 달리는 작은 육질의 녹색 잎과 (2) 겨드랑이의 가지에 있는 가시의 두 가지 종류의 잎을 갖는다.

고 그들 주위에 바람이 불 때 모래언덕에서 구른다. 이러한 생활방식은 교목이나 관목에는 불가능한데, 큰 식물은 뿌리 없이는 충분한 물이나 무기질을 흡수할 수 없기 때문이다.

지금까지 설명한 각 식물에서는 잎이나 줄기 또는 뿌리가 자연선택에 의해 몹시 변형되어 특이한 서식지에서의 생존을 가능하게 하였다. 그렇지만 이들 기관 중 어느 하나도 진화적으로 완전히 사라진 종은 없다. 식물의 기관은 어떤 필수적인 기능을 수행한다고 추정해야 한다. 지상부가 없는 것처럼 보이는 난초에서

Courtesy of Kelly Griffin

그림 5-3 이 난초는 엽록소가 들어 있는 뿌리에 의해 광합성을 수행한다. 이 식물은 그 뿌리들이 햇빛에 드러나게끔 나무껍질에 붙어서 나무에서 자라고 (이 난초는 식물착생이다), 토양에서는 자라지 않는다. 광합성을 하는 뿌리는 아무 방향으로나 자라고, 심지어는 위쪽을 향해 자라기도 한다. 이 식물은 꽃을 피우는 작은 부분의 지상부만 갖고 있다.

그림 5-4 대부분의 식물착생 난초들은 지상부가 섬유성이고 각피질과 밀랍으로 구성된 두꺼운 각피를 갖고 있기 때문에 일시적인 건조의 스트레스에 잘 견딘다.

도 지상부의 나머지는 꽃을 피우고 유성생식을 하는 데 필수적이다. 선인장의 잎은 방어용 가시를 만드는 눈의 형성에 관련된다. 비록 틸란드시아 스트라미네아의 뿌리가 물과 무기질을 흡수하지 않을 뿐만 아니라 식물을 고정시키지 못하더라도, 다른 식물의 뿌리처럼 중요한 호르몬을 생성하는 데 필수적일 수 있다. 모든 경우에 있어서 식물의 생명작용의 많은 측면을 분석함으로써 특정 기관의 구조와 대사가 어떻게 적응할 수 있는지, 어느 한 부분의 변형이 식물체의 다른 부분에 어떻게 영향을 미치는지, 그리고 보다 '전형적인' 식물에서는 언제나 분명하지 않은 그런 감지하기

Courtesy of Leo Martin, Phoenix, Arizona

그림 5-5 이 파인애플과의 식물은 해안의 모래언덕에 뿌리를 내리지 않고, 강한 바람이 불면 이리저리 움직인다. 모든 수분은 잎에 응축된 안개로부터 흡수한다.

표 5-1 식물체의 유형
1기 식물체
줄기와 뿌리의 정단분열조직에서 유래함.
1기 조직으로 이루어짐.
식물의 초본성 부분을 구성함.
초본은 오직 1기 식물체로만 구성됨.
2기 식물체
정단분열조직 외의 다른 분열조직에서 유래함.
목부와 나무껍질의 2기 조직으로 이루어짐.
식물의 나무껍질로 덮인 목질 부분을 구성함.
목본은 줄기와 뿌리의 끝에 1기 조직이 있고, 유식물은 오직 1기 조직으로만 구성된다. 그러나 몇 달 후에는 줄기와 뿌리의 1기 조직 안에서 목부와 나무껍질이 생긴다.

힘든 기능을 기관들이 어떻게 갖게 되었는지 밝혀졌다.

여기서 다루는 꽃식물들은 공식적으로 속씨식물문(Magnoliophyta)으로 분류되지만, 이들은 일상적으로 **속씨식물(angiosperms)**이라고 부른다. 이 집단에는 약 297,000종이 포함되는데, 식물계에서 가장 큰 문이다. 초기의 속씨식물은 오늘날 기초속씨식물, 진정쌍떡잎식물 및 외떡잎식물로 알려진 몇 집단으로 분기되었다. 수련, 목련, 그리고 월계수를 제외한 대부분의 **기초속씨식물(basal angiosperms)**은 우리에게 그다지 친숙하지 않다. **진정쌍떡잎식물(eudicots)**은 장미, 과꽃, 단풍나무 등과 같이 넓은 잎을 가진 식물들이고, **외떡잎식물(monocots)**은 벼과 초본, 백합, 야자나무, 필로덴드론, 파인애플과 식물 및 그 밖의 여러 종들이다.

5장은 세 부분으로 구성되는 초본의 몸을 설명하면서 시작하였는데, 초본이 무엇인지 보다 정확하게 설명할 필요가 있다. 식물의 몸은 **1기 식물체(primary plant body)**라고 부르는 초본과 **2기 식물체(secondary plant body)**라고 부르는 목본의 두 가지 기본형이 있다. **초본(herb)**은 절대로 목질이 되거나 나무껍질로 덮이지 않는 식물이고, 금어초, 피튜니아, 콩, 옥수수와 밀처럼 보통 1년 안에 죽지만, 붓꽃과 백합 같은 많은 초본은 수년 간 살고 자란다. 초본의 조직은 1기 조직이다. 참나무, 단풍나무, 목련, 장미와 회양목 같은 교목과 관목의 목본식물에서는 목부와 나무껍질이 2기 조직이다(**표 5-1**). 어떤 식물은 놀라운데, 야자나무는 크고 다년생이며 몹시 단단하지만, 그 나무는 사실상 목부를 갖지 않는다. 따라서 야자나무는 목본식물이 아닌 거대한 초본이다.

세포와 조직의 기본형

자연선택에 의해 비롯된 다양한 유형의 줄기가 있지만, 모든 줄기는 상당히 단순한 기본적 체제를 공통적으로 갖고 있다. 그것은 잎과 뿌리도 마찬가지다. 식물이 엄청나게 많은 종류의 세포들로 구성될 것이라고 생각하겠지만, 실제로는 모든 식물세포가 관례상 세포벽의 성질에 따라 유세포와 후각세포 그리고 후벽세포의 세 가지로만 구분된다.

유세포

유세포(parenchyma)는 얇은 상태를 유지하는 1차벽만 갖고 있다(**표 5-2**). **유조직(parenchyma tissue)**은 유세포들이 모인 덩어리이다. 이는 가장 보편적인 유형의 세포와 조직이고, 식물의 모든 부드러운 부분을 이루고 있다. 부드러운 잎, 꽃잎, 열매와 씨는 거의 전적으로 유조직으로 구성된다. 유세포는 활발하게 대사 작용을 하고 성숙한 다음에도 보통 살아 있다. 많은 하위 유형들이 특정한 일을 위해 특수화되었다(**그림 5-6**).

엽록세포(chlorenchyma cell)는 광합성에 관여하는 유세포이다. 이 세포들은 많은 엽록체를 갖고, 빛과 이산화탄소가 그 얇은 벽을 통과하여 엽록체에 도달한다. 꽃잎과 열매 등에는 다른 종류의 색소가 들어 있는 세포들이 있는데, 이들도 원형질에 있는 색소를 볼 수 있게끔 얇은 벽을 갖는 유세포들이다.

꽃꿀, 향기, 점액, 수지와 기름을 분비하는 샘세포(glandular cell)도 유세포이다. 샘세포는 보통 엽록체가 거의 없는 대신에 딕티오솜과 소포체가 많이 들어 있다. 이들은 많은 양의 당과 무기질을 자신들에게 공급하여 대사 작용으로 전환시키고 나서 그 생성물을 외부로 수송한다.

수송세포(transfer cell)는 많은 분자펌프를 수용할 수 있는 크고 광범위한 원형질막의 도움으로 물질의 단거리 수송을 중재하는 유세포이다. 동물 세포와 달리 식물 세포는 그 원형질막에 주름이나 돌기를 형성할 수 없다. 그 대신에 수송세포는 세포벽의 안쪽 표면에 아주 많은 홈과 융기 그리고 그 밖에 다양하게 안쪽으로 자란 구조들을 가짐으로써 표면적을 넓힌다(**그림 5-7**). 이들 모두의 윤곽을 따라 원형질막이 놓이기 때문에 막이 넓어지고 대규모의 분자펌프 작용이 가능해진다.

일부 유세포는 성숙하면 죽어서 기능을 한다. 수술과 어떤 열매(예: 완두 꼬투리) 같은 구조는 벌어져서 꽃가루나 씨앗을 방출해야 한다. 이렇게 열리는 현상은 죽어서 붕괴되거나 찢어지는 유세포들에 의한 것이다. 예를 들어, 잎의 내부에서 기체들이 확산되게 하려면 식물체 내에 종종 커다란 공간이 필요하다(그림 5-6B, 그림 5-10E). 그런 많은 공간들은 중간층이 분해되어 세포들이 인접한 세포로부터 떨어지면서 생긴다. 다른 경우에 공간은 유세포들의 퇴화에 의해 생기기도 한다. 박주가리 같은 어떤 식

표 5-2 세포벽에 근거를 둔 식물의 세포와 조직의 세 가지 기본형	
유세포	얇은 1차벽. 보통 성숙해도 살아 있다. 많은 기능을 한다.
후각세포	고르지 않게 두꺼워진 1차벽. 보통 성숙해도 살아 있다. 유연한 지지를 제공함.
후벽세포	1차벽뿐만 아니라 2차벽도 있음. 성숙하면 대부분 죽는다. 신축성 있는 지지를 제공하고, 일부(관상요소)는 물의 수송에 관여함.

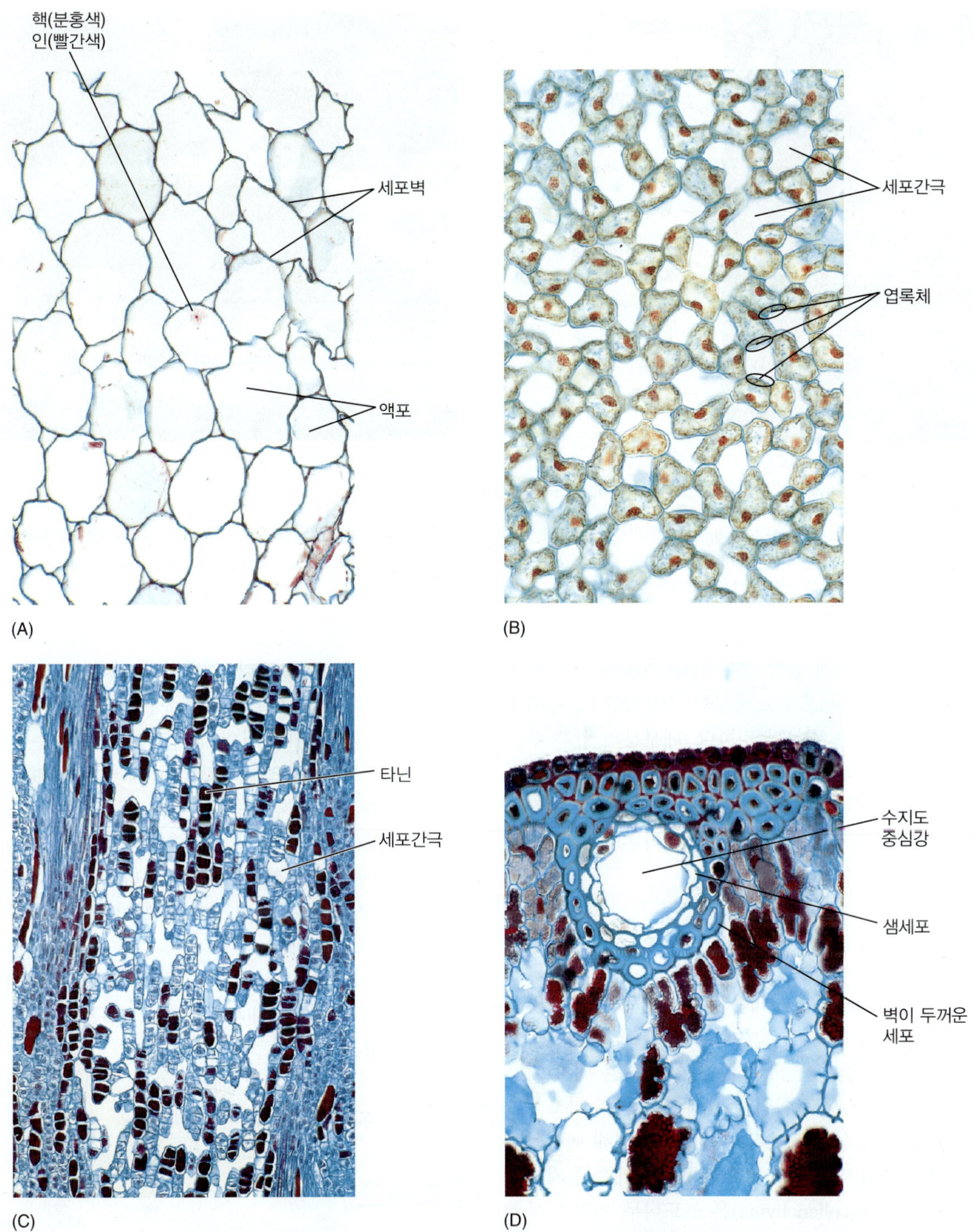

그림 5-6 (A) 제라늄의 유세포. 세포벽(청록색)은 얇고, 액포는 크고 염색이 되지 않은 물 같은 내용물로 가득 차 있다. 모든 세포에 핵은 존재하지만, 이들 세포가 워낙 크고 박편(section)이 너무 얇아서 이 슬라이드가 제작되는 과정에 대부분의 핵이 잘려지고 한 핵만 남아 있다(×160). **(B)** 쥐똥나무 잎의 엽록세포. 이들 세포가 작고, (A)보다 박편이 두꺼워서 대부분의 세포에서 핵(빨간색)이 보인다. 세포벽(청색)에 가까운 구조는 엽록체이다. 큰 흰색 구역은 잎 도처에 이산화탄소를 빠르게 확산시키는 역할을 하는 세포간극이다(×160). **(C)** 소나무 줄기의 중심에서 취한 시료. 포도색으로 염색된 세포들은 맛이 쓰고 조직을 먹는 곤충을 단념시키는 타닌(tannin)이라는 화학물질로 채워져 있다(×50). **(D)** 소나무 잎의 수지도(resin canal). 흰색 구역은 수지가 저장된 중심강(central cavity)이고, 강의 안쪽을 싸고 있는 세포들은 수지를 합성하고 분비하는 샘세포이다. 가장 안쪽의 세포들은 얇은 벽을 갖고 있는데, 이 벽을 통해 수지가 세포로부터 강으로 이동한다. 바깥쪽 세포들은 두꺼운 벽을 갖고 있고, 강도를 제공한다. 두꺼운 벽을 가진 세포들은 유세포가 아니다(×160).

물은 유세포가 죽으면서 그 원형질이 대사 작용에 의해 점액이나 유액으로 전환된다.

멀리 떨어진 곳으로 양분을 나르는 유조직은 체관부인데, 이는 이 장의 뒷부분에서 다루기로 한다.

얇은 벽의 섬유소와 헤미셀룰로오스를 만드는 데에는 포도당이 별로 소모되지 않기 때문에 유세포는 비교적 쉽게 만들 수 있다. 대부분의 유세포는 벽의 두께가 고작 80~100 nm이고, 섬유소 미세원섬유가 5~10층에 불과하다. 벽을 이루는 중합체에 포함된

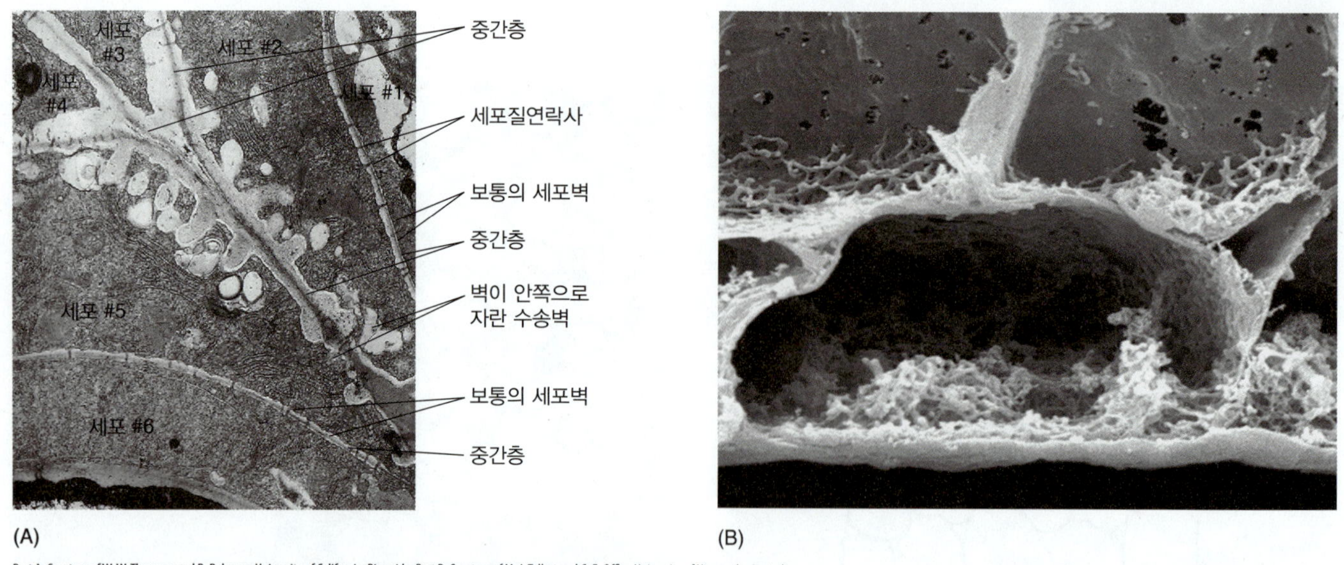

Part A: Courtesy of W. W. Thomson and R. Balsamo, University of California, Riverside; Part B: Courtesy of M. J. Talbot and C. E. Offler, University of Newcastle, Australia

그림 5-7 **(A)** 프란케니아 그란디폴리아(*Frankenia grandifolia*)의 소금샘에 있는 수송세포. 벽이 안쪽으로 자라면서 세포막의 표면적을 넓히고, 이는 막에서 염을 퍼내는 단백질이 더 많이 자리 잡게 해 준다(×20,000). **(B)** 이들 수송세포는 동결시킨 다음 부수고 열어서 모든 원형질을 세제로 닦아 내었다. 세포벽만 남아 있다. 혹 같이 불규칙한 모든 구역은 벽이 안쪽으로 자란 것이다(×5,000).

각 분자는 ATP 생성이나 단백질 합성 같은 다른 기능에 쓰일 수 없다. 따라서 얇은 벽을 가진 세포로도 충분히 기능적일 때 두꺼운 벽을 가진 세포를 이용하는 것은 불리하다. 대부분의 잎은 부드럽고, 거의 전적으로 유조직으로 구성됨에 따라서 물질대사 측면에서 경비가 많이 들지 않는다. 몇 주간 광합성을 하면 유조직을 만드는 데에 이용된 당을 대체할 수 있고, 그 이후의 모든 광합성은 식물체에서 볼 때 순수익이다.

후각세포

후각세포(collenchyma cell)는 어떤 구역은 얇지만 주로 모서리와 같은 다른 구역은 두꺼워진 1차벽을 갖는다(**그림 5-8**). 식물에서 후각세포가 왜 존재하며 어떻게 기능을 하는지 이해하는 데 있어서 이 벽의 본질은 중요하다. 점토처럼 후각세포의 벽은 가소성(plasticity)을 나타낸다. 가소성이란 압력이나 장력에 의해 변형되고, 압력이나 장력이 중단된 다음에도 새로운 형태를 계속 유지하는 능력을 말한다. 후각조직(collenchyma)은 포도나무 등의 넝쿨식물에서와 같이 길고 유연해야 하는 신장된 줄기 끝에서 나타난다. 후각조직은 표피 바로 밑의 층이나 관다발 바로 옆에 위치한 띠로 존재하며, 줄기의 끝이 강해지고 좀처럼 부러지지 않게 도와준다(**그림 5-9**). 그럼에도 불구하고 끝이 계속 길어질 수 있는 것은 후각조직이 늘어날 수 있기 때문이다. 줄기의 끝이 오로지 약한 유조직으로만 구성된 종에서는 끝이 유연하고 연약하며 종종 바람에 의해 손상될 수 있어서, 신장되는 부분은 매우 짧아야 하고, 그렇지 않으면 무게를 못 이기고 찌그러질 것이다.

후각조직이 지지를 제공하는 방법에 관해 생각하는 것이 중요하다. 만약 넝쿨이나 그 밖의 후각세포가 풍부한 조직을 물 공급원으로부터 잘라 내면 곧 시들고 아래로 처져서 후각조직이 줄기를 떠받칠 수 없게 된다. 지탱하기 위해서는 내부 조직에 유세포들이 필요하다. 후각조직과 팽윤된 유조직은 마치 타이어와 공기압처럼 함께 일한다. 타이어나 그 내부에 있는 튜브는 매우 강하지만, 공기압이 없으면 지탱하는 데 쓸모가 없다. 이와 비슷하게 공기압은 용기에 갇혀 있지 않으면 소용이 없다. 줄기에서 유조직이 확장하려는 추세는 후각조직의 저항에 의해 균형이 잡히고, 줄기는 빳빳해도 자랄 수 있게 된다.

후각세포의 벽이 두껍기 때문에 이들 세포가 증식하려면 보다 많은 포도당을 필요로 한다. 후각조직은 대체로 줄기의 끝과 어린 잎자루에서만 형성되는데, 이런 부위는 추가적인 힘을 필요로 하는 곳이므로 물질대사의 비용이 정당화되는 곳이다. 땅속의 줄기나 뿌리는 토양이 지지를 제공하므로 후각조직이 필요하지 않다. 그러나 난초나 필로덴드론 같은 착생식물의 공기뿌리는 두꺼운 층의 후각조직을 갖는다.

후벽세포

세포와 조직의 세 번째 기본형인 **후벽조직(sclerenchyma)**은 1차벽뿐만 아니라 거의 항상 목질화된 두꺼운 2차벽을 갖는다(**그림 5-10**). 이들 벽은 탄력성(elastic)이 있다. 후벽조직은 변형될 수 있지만, 압력이나 장력으로부터 풀리면 그들의 원래 크기와 모양으로 돌아간다. 생장을 멈춘 다음에 그들의 적절한 크기와 모양을 갖게 된 성숙한 기관의 유세포로부터 후벽세포가 발생한다. 바람이나 동물 또는 눈 같이 식물을 변형시키는 힘들은 종종 해가 된다. 만약 성숙한 기관이 지지를 위해 후각조직을 갖는다면 그 기관은 폭풍이나 동물을 만났을 때 끊임없이 모양이 바뀔 것인데, 이는 당연히 최상이 아니다. 예를 들어, 자라고 길게 늘어지는 동안에 어린잎이 생장을 지속하기 위해서는 후각조직에 의해 뒷받

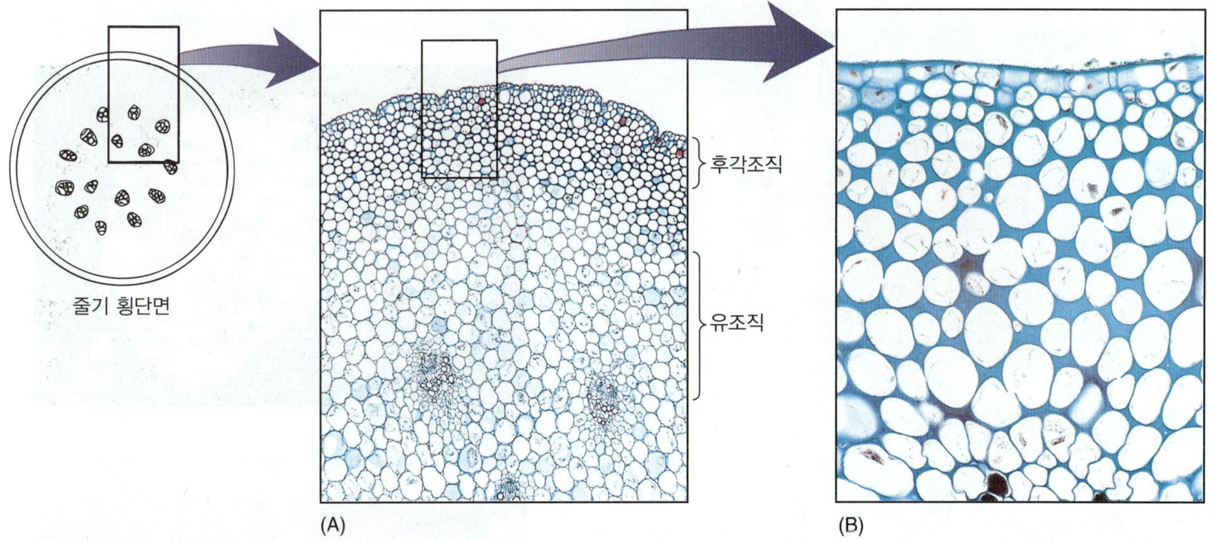

그림 5-8 **(A)** 후각세포의 더미들이 종종 줄기와 잎자루의 바깥 부분에서 나타난다. 이 현미경 사진은 페페로미아(*Peperomia*)의 일부이다. 후각조직이 대략 8~12개 세포의 두께로 띠를 형성한다. 줄기의 안쪽 부분은 주로 유조직이다(×50). **(B)** 후각세포에서는 모서리의 1차벽이 두꺼워지고, 따라서 원형질체가 둥글게 된다. 세포간극은 없다(×150).

침되어야 하지만, 성숙한 크기와 모양을 갖추게 된 다음에는 잎의 일부 세포가 후벽세포로 성숙하여 잎의 형태를 유지하기 위한 탄성지지(elastic support)를 받게 된다. 후각조직과는 달리 후벽조직은 식물체의 강도(strength)만을 지원한다. 후벽조직이 풍부한 줄기는 시들어도 꼿꼿이 서 있고 아래로 처지지 않는다.

유세포와 후각세포는 물을 아주 많이 흡수할 수 있어서 세포가 부풀고 벽을 팽팽하게 펼치고, 그렇게 함으로써 커진다. 이와는 달리 후벽세포의 벽은 원형질체의 팽창을 충분히 막을 정도로 강하다. 후벽조직의 단단함(경도, rigidity)은 줄기가 더 이상 길게 늘어나지 못하게 하므로 생장하는 줄기 끝을 쓸모없게 만들어 버린다.

그림 5-9 넝쿨식물의 기다란 줄기의 끝은 줄기가 길게 늘어나는 동안 가소성이 좋은 후각조직의 지지를 필요로 한다.

후벽세포는 통도(conducting) 후벽세포와 기계적(mechanical) 후벽세포 두 가지가 있다. 기계적 후벽세포는 기다란 **섬유**(**fiber**; 그림 5-10A~5-10C)와 짧은 **보강세포**(**sclereid**; 그림 5-10D~5-10F, **표 5-3**)로 세분되고, 이들 모두 탄력성이 있는 2차벽을 갖는다. 섬유는 길기 때문에 유연하고, 섬유는 강도와 유연성이 중요한 구역에서 아주 흔하게 나타난다. 많은 꽃식물의 목부에는 섬유가 풍부하게 들어 있으며, 이들의 강도는 나무를 지탱하는 반면, 이들의 탄성은 바람이 불어도 나무줄기와 가지가 부러지거나 영구히 구부러지지 않고 흔들리도록 해 준다(**그림 5-11**). 사람의 갈비뼈도 이와 비슷하게 강하고 유연하며 탄력성이 있다. 섬유가 풍부한 나무껍질은 곤충과 곰팡이 그리고 그 밖의 해충들에 저항한다.

보강세포는 짧고 거의 등경성(isodiametric)인 입방형이다. 보강세포가 3차원의 모든 방향을 향한 튼튼한 벽을 갖고 있기 때문에 보강세포로 구성된 후벽조직은 쉽게 부러지고 신축성이 없다.

표 5-3 후벽세포의 유형

기계적 (비통도) 후벽세포	
보강세포	거의 등경성(isodiametric)이고, 성숙하면 대개 죽는다.
섬유	길고, 많은 종류가 죽지만 어떤 종류는 살아서 저장에 관여한다.
통도 후벽세포 (관상요소)	
헛물관	길고 좁으며, 끝이 점점 가늘어진다. 천공(perforation)은 없다. 성숙하면 죽는다. 모든 관다발식물에서 발견된다.
물관요소	짧고 넓으며, 다소 직각인 격벽을 갖는다. 대부분 하나 또는 2개의 천공을 포함한다. 성숙하면 죽는다. 거의 전적으로 꽃식물에서 발견된다. 꽃식물 외의 식물로는 약간의 고사리류, 속새류 및 겉씨식물이 물관을 갖는다.

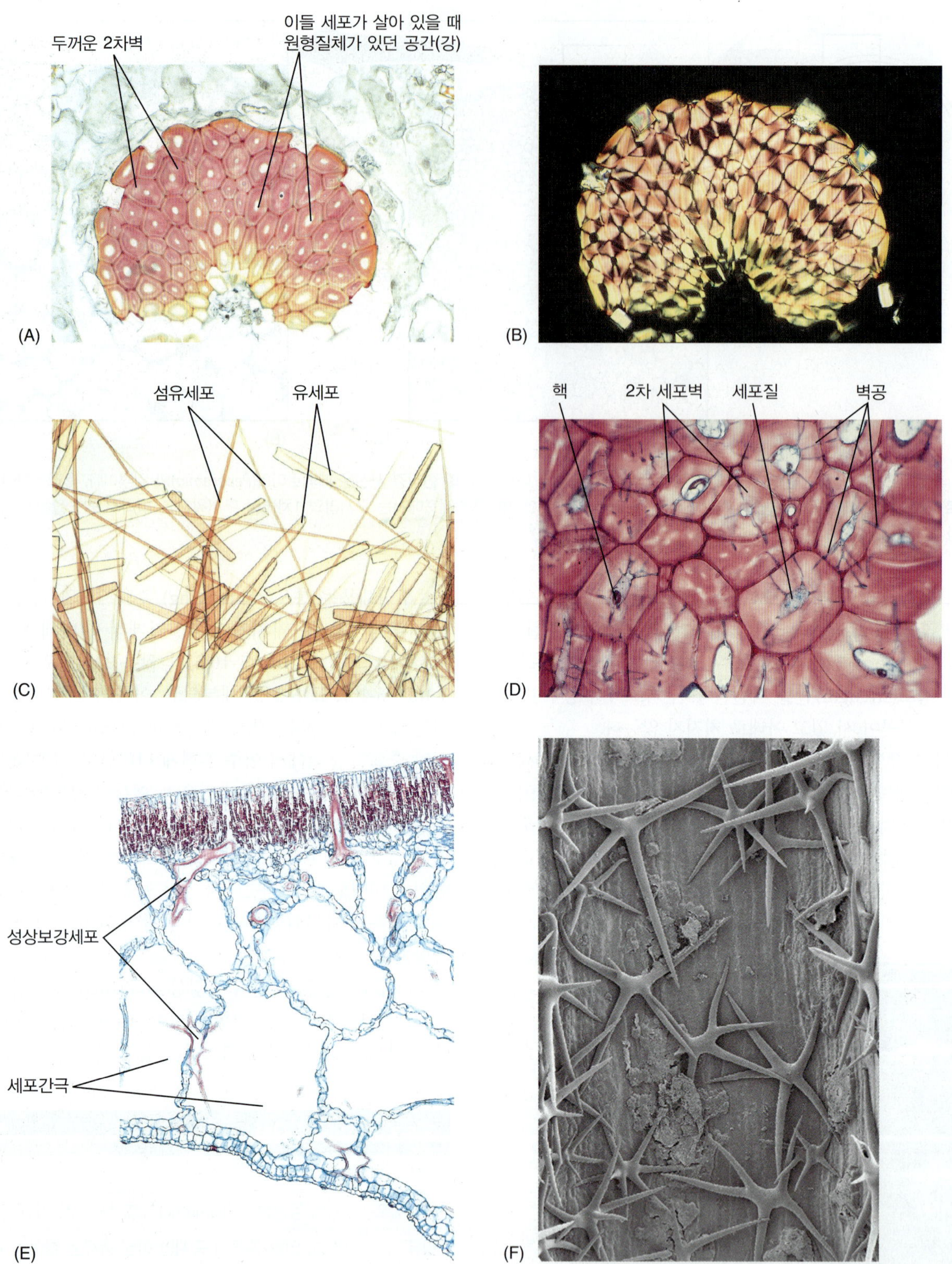

그림 5-10 **(A)** 용설란속(*Agave*) 잎의 섬유세포 더미. 용설란은 크고 육중하며 억센 잎을 가졌고, 섬유 뭉치가 탄력성이 있는 강도를 제공한다. 각 세포는 주로 두꺼운 2차세포벽을 포함하고 있고, 각 세포의 작은 흰색 공간은 이 세포가 죽기 전에 원형질체가 있던 구역이다(×150). **(B)** (A)와 동일한 섬유 더미를 편광(polarized light)으로 관찰한 모습. 2차벽이 밝게 빛나는데, 그 이유는 섬유소 분자들이 꽉 조이고 빽빽한 결정형을 이루면서 벽에 강도를 추가하고 있기 때문이다(×150). **(C)** 대나무의 줄기를 질산과 크롬산으로 처리하여 중간층을 용해해서 없애고 세포들이 서로 떨어지게 하였다. 섬유들은 길고 좁으며, 이보다 짧고 폭이 넓은 세포들은 유세포이다(×80). **(D)** 보강세포들은 거의 입방형이고, 결코 섬유처럼 길지 않다. 이들은 성숙해도 살아 있으며, 몇 군데에서 핵과 세포질이 보인다. 벽을 가로지른 파란색으로 염색된 통로는 세포질을 지닌 벽공이다. 각 세포의 벽공은 주변 세포들의 벽공과 연결되어 양분이 세포에서 세포로 이동할 수 있어서 세포들의 생명을 유지시킨다(×150). **(E)** 수련 잎의 이 부분에는 빨갛게 염색되고 불규칙하게 갈라진 큰 세포들이 있다. 이들은 별 모양의 보강세포인 성상보강세포(astrosclereid)이다. 큰 흰색 공간은 거대한 세포간극이고, 이는 유조직의 일종인 통기조직(aerenchyma)이다(×40). **(F)** 수련 잎의 별처럼 생긴 보강세포를 주사전자현미경으로 관찰하였다. 이 보강세포들은 커다란 세포간극에 위치한다. 많은 세포들이 다른 작은 세포간극으로 뻗친 추가의 팔을 갖고 있다(×200).

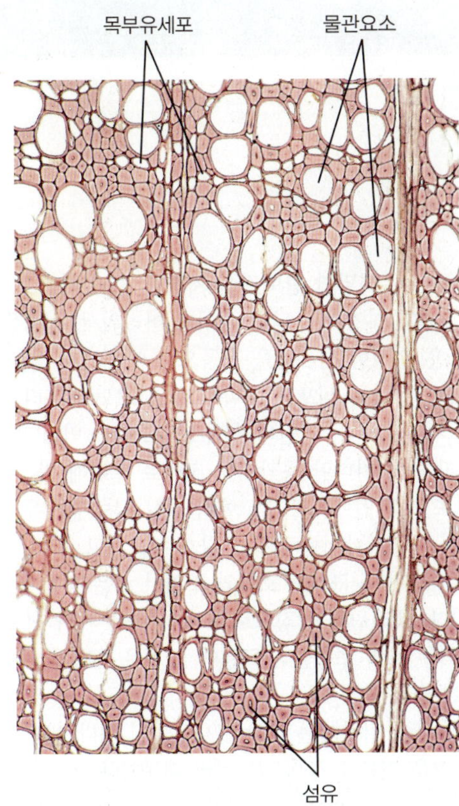

그림 5-11 목부는 여러 종류의 세포들로 구성된다. 두꺼운 벽과 매우 좁은 내강(lumen)을 가진 많은 작은 세포들은 목부에 강도와 유연성을 제공하는 섬유들이다. 속이 빈 것처럼 보이는 크고 둥근 세포는 5장의 뒷부분에서 다루게 될 물관요소이다. 얇은 벽과 큰 내강을 가진 작은 세포들은 목부유세포이다(×40).

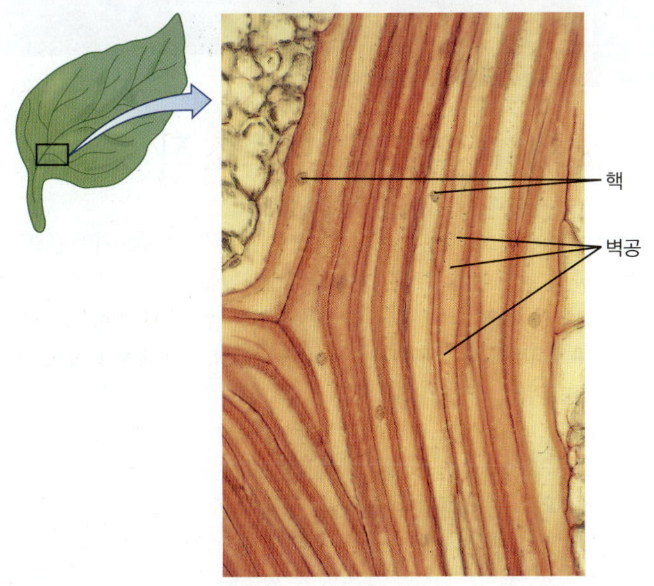

그림 5-12 이들 섬유세포는 핵을 갖고 있으며, 살아 있는 세포들이다. 이들의 2차벽은 두껍지만 그림 5-11에 보인 것만큼 두껍지 않다. 세포벽에 있는 작은 점들은 벽공이다. 이들 벽공은 그림 5-10D에 보인 벽공보다 훨씬 좁다. 이 그림은 청미래덩굴속(*Smilax*)의 잎이다(×150).

보강세포 뭉치는 호두와 코코넛의 껍질이나 버찌와 복숭아의 '씨(pit 또는 stone)' 같이 단단하고 철통같은 표면을 형성한다. 이런 곳에서의 유연함은 불리할 수 있는데, 그 이유는 껍질이 깨지지 않더라도 안쪽의 부드러운 씨가 찌그러질 수 있기 때문이다. 이는 사람의 손상되기 쉬운 뇌가 강하고 유연하며 탄력성이 있는 머리뼈에 의해 보호를 받는 것과 비슷하다.

강도(strength) 또는 내성(resistance)이 후벽조직의 유일한 선택이익일 때에는 2차벽이 침착된 후에 원형질체가 보통 죽는다. 성숙한 코코넛 껍질은 그 세포가 살았든 죽었든 간에 방어적이다. 그러나 일부 종에서는 어떤 후벽세포(특히, 섬유)가 성숙해도 살아 있고 활발하게 대사를 수행한다(**그림 5-12**). 이렇게 살아 있는 후벽세포의 대부분은 녹말이나 옥살산칼슘의 결정을 저장하는 데 관여한다. 일부는 다소 얇은 벽을 갖고 있지만, 다른 종류에서는 2차벽이 섬유의 2차벽만큼 두껍고, 성숙하면 죽어서 오직 지지하는 역할만 한다.

모든 세포와 같이 보강세포와 섬유는 세포분열에 의해 생성된 세포들에서 발생한다. 처음 만들어졌을 때에는 이들이 작고 1차벽만 갖고 있으므로, 이들은 유세포들이다. 만약 세포가 보강세포로 분화한다면 그 세포가 조금만 확장하면 되지만, 만일 섬유로 발생한다면 그 세포는 매우 길어진다. 미숙한 보강세포와 섬유가 그들의 최종 크기에 도달하면 원형질막에서 섬유소를 합성하는 로제트(rosette)들이 2차벽을 만들기 시작한다. 2차벽은 1차벽의 안쪽에 놓이므로 2차벽이 차츰 두꺼워짐에 따라 원형질체가 줄어들 수밖에 없는데, 이때 보통 중심액포에서 물이 빠져나간다. 2차벽에 목질소(lignin)가 가득 스며들게 되면 벽은 차츰 방수가 되고, 따라서 영양소는 아무데서나 들어가지 않고 오직 세포질연락사를 통해서만 세포 내로 들어간다. 1차벽의 안쪽 표면 전체를 따라 2차벽이 침착되지 않는다는 점이 중요하다. 세포질연락사가 풍부한 작은 구역에는 2차벽이 생기지 않는다. 처음에는 이들 구역이 점점 발달하는 2차벽에서 약간 움푹한 곳이지만, 벽이 차츰 쌓이면서 이들 구역은 2차벽의 좁은 **벽공(pit)**이 된다(그림 5-10D, 5-31, 5-32A 참조). 인접한 후벽세포들의 벽공은 반드시 닿아야 하고, 두 벽공은 **벽공쌍(pit-pair)**을 이룬다. 만약 어느 한 세포의 벽공이 이웃 세포의 2차벽을 만나게 되면 물이나 당이 전달될 수 없어서 원형질체는 죽게 된다.

통도 후벽세포는 물을 수송하고 관다발을 구성하는 세포의 일종인데, 이는 이 장의 뒷부분에서 다룬다.

줄기의 외부 체제

'줄기(stem)'라는 용어와 '지상부(shoot)'라는 용어는 때때로 서로 바꿔서 사용하지만, 엄밀히 말하면 줄기는 축(axis)인 반면에, 지상부는 줄기와 그 줄기에 달릴 수 있는 모든 잎이나 꽃 또는 싹을 더한 것이다. 모든 꽃식물은 동일한 기본적 줄기 체제를 갖는다. 잎이 달리는 **마디(node)**가 있고, 마디와 마디 간의 부위를 **마디사이(절간, internode)**라고 한다(그림 5-1 참조). 잎이 붙는 지점의 바로 위의 줄기 구역이 **잎겨드랑이(엽액, leaf axil)**이다. 잎겨

식물과 인간

박스 5-1 유조직, 후벽조직 그리고 식품

우리가 먹는 열매와 채소 그리고 그 밖의 식물 부분들의 대부분은 거의 순수한 유조직으로 구성된다. 얇은 벽을 갖고 있어서 유세포는 신선하건 요리를 하건 간에 쉽고 부드럽게 씹을 수 있고, 식품으로 가공하기 위해 갈고 으깨고 얇게 썰 수 있다. 후각조직과 후벽조직이 강도를 제공하기 위해 사용되지만, 유조직의 세포들은 탄수화물, 지방, 단백질, 비타민, 색소, 향, 그리고 그 밖에 우리들의 건강에 필수적인 영양가 높은 물질들의 다양한 유기화합물을 합성하고 저장하는 곳이다.

유조직으로 된 식품은 수월하게 베어 물 수 있기 때문에 쉽게 알아볼 수 있다. 사과, 배, 딸기, 블루베리, 감자, 상추, 시금치 등이 그것이다. 팝콘, 콩, 쌀 그리고 밀 같은 모든 씨들도 유조직이지만, 이들 씨앗이 발아하지 않고 익히지 않은 건조한 상태에서는 비록 세포벽이 얇아도 너무나도 단단해서 먹기가 어렵다. 가열하면 단단한 녹말립과 단백질체를 수분이 풀어주고 세포벽을 부드럽게 해 준다.

후각조직은 모든 식물에 존재하지 않고 실제로 풍부하지도 않다. 후각조직은 거의 언제나 잎과 줄기에 있는 모든 세포 가운데 극히 일부일 따름이고, 뿌리에서는 사실상 전혀 나타나지 않는다. 후각조직으로 된 가장 친숙한 식품은 셀러리이다. 우리가 먹는 것은 잎의 잎자루이고, 그 표면을 따라 길쭉하게 솟은 각각의 부분이 후각세포의 더미이다. 잎자루 안쪽에 있는 관다발 역시 한 쪽을 따라 후각조직이 모자 모양으로 나타난다. 셀러리가 씹기 어렵게 섬유질이 많은 것은 바로 이러한 다발들 때문이다. 그 밖에 대황(rhubarb)과 청경채(bok choy) 같이 두꺼운 잎자루를 가진 엽채류(leafy vegetables)도 풍부한 후각조직을 갖는다. 대부분의 우리들은 향과 양분 때문에 이런 식품들을 먹는 것이지, 후각조직의 가닥을 끝도 없이 씹는 즐거움으로 먹는 것이 아니다.

식물은 섬유에 녹말과 단백질을 저장할 수 있지만, 그렇게 하는 식물은 별로 없다. 영양가도 낮고 씹기도 어려워서, 성숙한 대나무의 순과 나무 같은 진정한 섬유질을 식품으로 이용하지 않는다. 그렇지만 많은 관다발은 섬유 세포를 포함하고 있으므로, 우리가 유조직으로 된 식품을 먹는 사이에 약간의 후벽조직도 함께 먹게 된다. 조금 오래된 아스파라거스, 기다란 콩깍지를 그대로 요리해 먹는 껍질콩, 깍지완두, 아티초크, 파인애플과 망고에서의 섬유는 매우 뚜렷하게 의식할 수 있다. 다른 종류에서는 섬유가 다소 부드럽고, 특히 요리한 다음에는 더욱 그러하지만, 그래도 호박과 주키니 같은 식품에서는 섬유를 의식할 수 있다. 핼러윈의 상징으로 호박의 속을 파서 잭오랜턴(jack-o-lantern)이라는 호박 초롱을 만드는데, 이것은 호박의 씨앗과 섬유를 제거하는 것뿐이다.

우리들의 식품 일부에는 보강세포도 들어 있다. 배를 씹을 때 모래 같이 껄끄러운 것은 보강세포의 무리 때문이다. 콩, 완두 그리고 다른 많은 씨의 씨껍질(종피)도 보강세포로 이루어져 있고, 옥수수 씨앗의 껍질도 마찬가지다. 대에 붙어 있는 옥수수를 먹을 때 잇새에 끼는 조각들은 보강세포로 이루어져 있다(옥수수의 먹을 수 없는 속대는 주로 섬유이다). 밀, 호밀과 보리처럼 갈아서 가루로 만드는 작은 씨에서, 보강세포가 풍부한 씨껍질을 잘게 부순 겨(bran)는 쉽게 먹을 수 있다. 한편 보강세포는 터지지 않은 팝콘의 갈색 껍데기를 구성하며, 팝콘을 튀기면 껍데기가 파열된다. 이런 모든 경우에 후벽세포의 2차벽 중 그 어떤 부분도 우리는 소화하지 못하고, 이들 벽은 모두 그대로 우리 몸을 통과한다.

드랑이 안에는 휴면 중인 정단분열조직과 몇 개의 어린잎을 갖는 아주 작은 지상부인 **결눈(액아, axillary bud)**이 있다(**그림 5-13**). 결눈은 자라서 가지가 되는 영양눈(vegetative bud)이기도 하고, 자라서 꽃이나 한 무리의 꽃이 되는 꽃눈(floral bud)이기도 하다. 눈(bud)은 작고 코르크 같은 납질의 **눈비늘(아린, bud scale)**로 덮이는데, 변형된 잎인 눈비늘은 안쪽의 연약한 기관들을 보호한다. 각 줄기의 맨 끝에는 **끝눈(정아, terminal bud)**이 있다. 겨울에 모든 잎이 떨어졌을 때, 잎이 달렸던 곳에는 잎자국(엽흔, leaf scar)이 생긴다(**그림 5-14**).

줄기에 잎이 배열하는 양식인 **잎차례(엽서, phyllotaxy)**는 서로 그늘지지 않도록 잎이 자리잡는 데 있어서 중요하다(**그림 5-15**). 각 마디에 잎이 하나 달리면 어긋나기(호생, alternate) 잎차례라 하고(잎이 줄기에서 위로 번갈아 나온다), 마디마다 2개의 잎이 달리면 마주나기(대생, opposite), 그리고 마디에 셋 또는 그 이상의 잎이 달리면 돌려나기(윤생, whorled) 잎차례라고 한다. 인접한 마디에 달리는 잎의 방향에 대한 어느 마디의 잎의 방향도 중요하다. 2방향호생(distichous) 잎차례에서, 잎은 옥수수와 붓꽃에서와 같이 오직 두(di-) 줄(-stichies)로만 배열된다. 십자대생(decussate) 잎차례에서 잎은 네 줄로 배열되는데, 이런 잎차례는 마주나기 잎을 갖는 일부 종에서만 나타난다. 마지막으로 나선(spiral) 잎차례에서 각 잎은 바로 위의 잎과 바로 아래에 있는 잎의 약간 측면에 위치하여, 줄기를 따라 잎들이 나선형을 이룬다. 이는 가장 흔한 배열방식이고, 어긋나기나 마주나기 또는 돌려나기 잎들이 포함된다(**표 5-4**).

표 5-4 잎차례

어긋나기	각 마디에 하나의 잎
마주나기	각 마디에 2개의 잎
십자대생	네 줄로 위치한 잎
돌려나기	각 마디에 셋 또는 그 이상의 잎
나선형	가장 가까운 잎과 일직선이 되지 않는 잎
2방향호생	두 줄로만 배열된 잎

그림 5-13 **(A)** 피스타치오(pistachio)의 이들 눈에서 잎은 눈비늘로 변형되었다. 이는 마치 노란 꽃이 피는 선인장의 일종(prickly pear)에서 눈이 가시로 변형된 것과 똑같다. 눈비늘은 방수가 되고 방어적이지만, 봄에 눈이 자라기 시작하면 떨어진다. 잎의 겨드랑이에 눈이 있고, 줄기의 맨 끝에도 눈이 있다. **(B)** 이 가막살나무속(*Viburnum*)의 두 곁눈이 이미 가지로 자라기 시작하였고, 가지의 첫 번째 어린잎이 벌어지는 것이 보인다. 이들 눈은 봄에 만들어져서 바로 생장을 시작하였고, 눈비늘이 덮인 휴면눈은 형성하지 않았다.

모든 꽃식물의 지상부는 마디 그리고 마디사이의 이런 단순한 배열에 근거하고, 다양성과 특수화는 이 배열방식의 변이 때문에 일어난다. 넝쿨식물에서는 마디사이가 유난히 길지만, 상추, 양배추와 양파에서는 마디사이가 너무 짧아서 잎들이 빽빽하게 들어찬다(**그림 5-16**). 마디사이는 아스파라거스처럼 넓거나, 중간이거나 또는 알팔파 새싹처럼 좁을 수 있다. 다양성이 무작위로 나타나는 것은 아니고, 서로 다른 유형은 어떤 상황에서 특정한 적응이익(adaptive advantage)을 제공하게 된다. 예를 들면, 식

그림 5-14 줄기에서 잎이 탈락하면 세포들이 깨지고 상처가 생긴다. 잎자국은 상처를 봉하는 코르크층이어서, 곰팡이와 세균이 들어오지 못하게 하고 수분의 손실을 막아준다.

(A)

(B)

(C)

그림 5-15 잎차례. **(A)** 캐나다박태기나무(*Cercis canadensis*)의 이 어린잎들은 한 마디에 잎이 하나씩 어긋나기 잎차례로 배열되어 있다. 높이 달리는 잎이 작고 어린잎이다. **(B)** 샐비어(*Salvia*)의 잎은 마주나기 잎차례를 나타내는데, 한 마디에 2개의 잎이 달리고, 각 쌍은 앞의 쌍과 다음의 쌍이 달리는 방향과 직각을 가리킨다. **(C)** 붓꽃(*Iris*)은 2방향호생 잎차례를 갖는다. 마디마다 잎이 하나씩 달리고, 두 줄로 배열한다. 붓꽃의 잎들은 위에서 아래까지 납작한 것이 아니라 좌우로 납작하다.

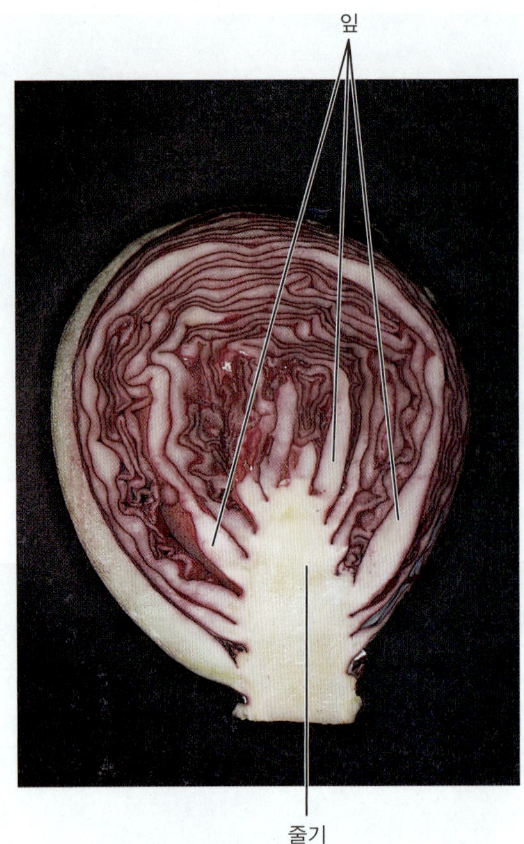

그림 5-16 양배추의 마디는 바싹 꽉 차있고, 모든 잎들은 빽빽하게 모여난다. 이렇게 빽빽하게 차있는 나선형 잎차례의 큰 잎으로는 광합성을 할 수 없어서 자연선택에 의해 진화되지 못하고, 식물유전학자들에 의해 만들어진다.

물은 씨앗이 떨어져서 발아한 자리에 몸이 묶이고, 최적의 양지가 아니라 그에 가까운 음지에 어쩌다 자리 잡기도 한다. 길게 늘어진 마디사이를 갖는 덩굴(vine)은 식물이 인접 환경을 '탐사(explore)'할 수 있는 방편이고, 햇살이 좀 더 많이 비치는 자리로 뻗은 줄기는 더 잘 자라게 될 것이다(**그림 5-17**). 위로 뻗는 덩굴을 갖는 일부 종에서는 덩굴손(tendril)에 의해 지지되고 부착하는데, 덩굴손은 작은 물체 주위를 휘감을 수 있는 변형된 잎 또는 곁가지이다.

식물의 탐사하는 능력은 **기는줄기(stolon** 또는 runner)에서 더욱 진전을 보인다(**그림 5-18**). 기는줄기의 마디사이는 특히 길고 가늘며, 잎은 벌어지지 않는다. 따라서 기는줄기는 식물이 비축한 양분을 많이 이용하지 않으면서 멀리 늘어날 수 있다. 기는줄기가 적절한 미소서식지(microhabitat)를 만나면 그 다음의 생장은 훨씬 짧은 수직의 마디사이에 의해 일어나고 잎이 활짝 벌어진다. 이와 동시에 새로운 뿌리가 나오고, 기는줄기의 끝은 새로운 식물체와 유사해진다. 만약 식물의 오래된 부분이 죽으면 이들 직립하는 지상부가 독립적인 식물체가 된다. 이들이 활발하게 자라기 시작한 다음, 이 식물체는 그들 자체의 기는줄기를 내보내서 탐사를 계속하게 된다.

일부 지상부에서는 양분의 저장이 생존을 위해 특히 중요하다. 이런 지상부는 흔히 거대하고 몹시 다육질이며, 녹말을 축적

(A)

(B)

(C)

그림 5-17 (A) 이들 머루(*Vitis*)는 튼튼한 나무줄기를 만드느라 많은 당을 투자하지 않으면서도 숲지붕의 꼭대기에서 충분한 햇빛을 보는 곳에 잎이 달린다. 이 넝쿨식물을 지탱하는 소나무는 머루의 잎에 의해 심하게 그늘진 탓에 결국 죽을 수도 있다. **(B)** 다양한 넝쿨식물들은 여러 다른 방법으로 타고 오른다. 이 댕댕이덩굴(*Cocculus*)은 나선형 패턴으로 자라고 가느다란 버팀대 주위를 휘감는다. **(C)** 안티고논 렙토푸스(*Antigonon leptopus*)는 각 마디에서 지그재그로 구부러지는 가지에 의해 올라가다가 마지막에는 물체 주위를 감싸는 덩굴손을 만든다. 덩굴손이 부착한 다음, 마디가 구부러져서 덩굴을 지지물에 더욱 가깝게 당긴다. 덩굴손이 붙기 전에는 관절로 된 가지가 거의 직선이다.

그림 5-18 비행기 식물(airplane plant)이라는 보통명을 갖는 접란(*Chlorophytum*)은 자연에서 기는줄기로 퍼져 나가는 인기 있는 관상용 식물이다. 매다는 꽃바구니에 담겨서 기는줄기가 구부러져 아래로 늘어지고 그 끝에 새로운 식물체가 생기는 모습을 흔히 보았을 것이다. 여기에 있는 새로운 식물은 이미 뿌리가 나왔다.

하는 많은 유세포들을 포함하고 있다. **비늘줄기(인경, bulb)**는 두꺼운 다육질의 잎을 갖는 짧은 지상부이고(양파, 수선화, 마늘), **둥근줄기(구경, corm)**는 종잇장 같이 얇은 잎들을 갖는 두꺼운 직립줄기이다(크로커스와 글라디올러스; **그림 5-19**). 둘 중 어느 것도 명백한 선택이익은 없다. 아마도 그런 형태는 줄기에 먼저 영향을 미친 돌연변이가 일어났는지 아니면 잎에 먼저 영향을 미친 돌연변이가 일어났는지에 좌우된 것으로 보인다. **뿌리줄기(근경, rhizome)**는 식물이 지하에서 뻗어 나가게 해 주는 다육질의 수평줄기이다(대나무, 붓꽃, 칸나). **덩이줄기(괴경, tuber)**도 뿌리줄기처럼 수평적이지만, 덩이줄기는 짧은 기간 동안만 자라고 주로 양분을 저장하는 방편이 된다(감자). 'tuber'라는 단어는 아무것이든 부피가 큰 지하의 식물 기관을 비공식으로 가리키는 데 흔히 사용된다.

이들 모든 저장줄기는 지하에 생기는데, 땅속은 땅 위의 노출된 곳보다 훨씬 유리하다. 휴면기를 거치는 다년생 식물은 저장능력이 필요하다. 휴면(dormancy)은 혹독한 기후에 사는 다년생 식물이 추위나 더위의 스트레스에서 생존하는 방편이다. 보통 다년생 식물은 휴면기에 잎을 떨어뜨려서 수분의 손실을 줄인다. 유리한 계절에 가지와 잎 그리고 뿌리를 새로 만들기 위해서 이들 식물은 저장된 탄수화물에 의지해야 한다. 이들의 양분을 저장하는 둥근줄기, 비늘줄기, 뿌리줄기와 덩이줄기를 보호하려면 얼거나 말라버리지 않을 정도의 깊이에 묻는 것이 가장 쉽다. 지하에 있으면 대부분의 초식동물로부터 이런 저장줄기들을 숨길 수도 있다.

이들 특수화된 과업들은 줄기의 구조와 대사에서 나타나는 특유의 변형(modification)에 의해 달성된다. 다세포성이 되면서 특수화(specialization)는 분업을 동반한다. 줄기가 생존하거나 확산되거나 또는 양분을 저장하는 능력을 증대시키는 변형은 한편으로 다른 과업을 수행하는 이들의 효율을 떨어뜨린다. 그 어떤 식물도 빛에 드러나지 않는 뿌리줄기로만 구성되지 않는데, 그것은 대부분의 식물이 반드시 광합성을 해야 하기 때문이다. 적어도 뿌리줄기의 곁눈 가운데 일부는 반드시 지상에서 위로 자라고 녹색 잎을 가져야 한다(**그림 5-20**). 이와 비슷하게 그 어느 식물도 기는줄기만으로 구성될 수 없다. 경제적인 비용으로 빠르게 탐사할 수 있게 하는 변형은 생장과 광합성 그리고 유성생식(개화)을 하는 데에는 적합하지 않다. 또 다른 예는 아프리카 사막의 선인장처럼 생긴 대극속(*Euphorbia*)이다. 이 식물체는 광합성을 하고 물을 저장하며 매년 길게 자라는 두꺼운 다육질의 녹색 지상부를 갖는다. 반면에 그 곁눈은 가늘고 짧은 빨간색 가지로 자라서 섬유 모양이 되었다가 죽어서 가시의 기능을 한다(그림 5-20B). 개개의 식물체가 여러 종류의 줄기와 잎을 갖는 것이 보편적이고, 이들의 각각은 식물의 생존을 위해 독특하게 기여한다.

모든 잎의 겨드랑이에는 눈이 달리지만, 그 가운데 소수만이 가지로 발달하고 다른 눈들은 휴면 상태로 남거나 꽃을 피운다. 곁눈이 무작위로 활성화하는 것이 아니고, 각각의 종은 특정한 패

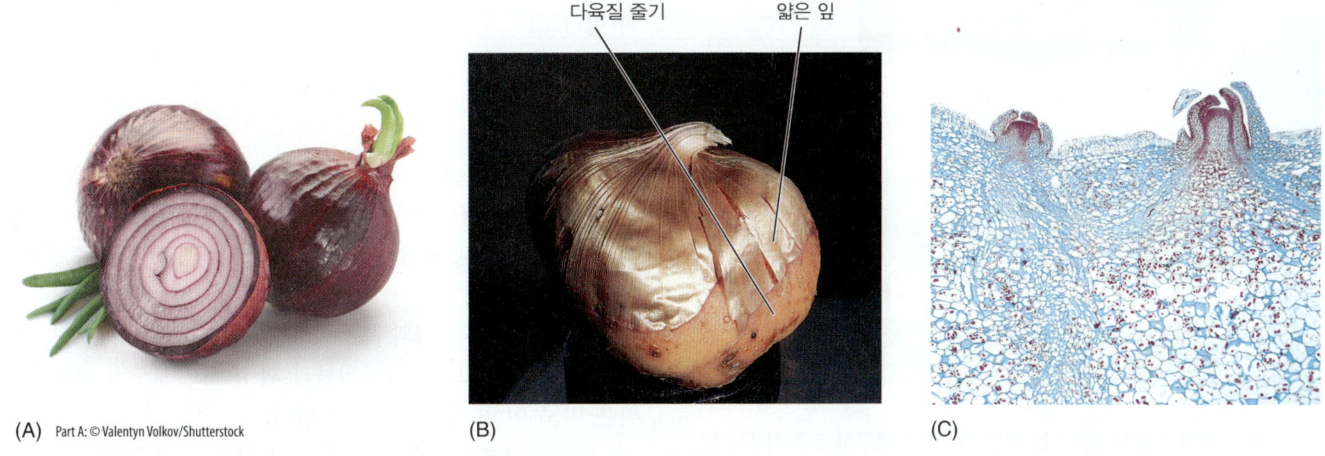

그림 5-19 **(A)** 양파는 짧은 직립줄기와 다육질의 잎을 갖는 비늘줄기이다. **(B)** 글라디올러스는 다육질의 줄기와 얇은 잎들을 갖는 둥근줄기이다. **(C)** 감자(*Solanum tuberosum*)에서 볼 수 있는 덩이줄기는 한정된 기간 동안만 자라는 짧은 수평줄기이다. 덩이줄기의 잎은 아주 작고, 그 곁눈은 감자의 '눈(eye)'이다. 여기 보인 것은 광학현미경으로 찍은 사진이다(×15).

(A)

(B)

그림 5-20 **(A)** 분업. 솜대(*Smilacena racemosa*)는 혹독한 겨울에 생존하고 땅속으로 뻗어 나가는 지하의 뿌리줄기와 광합성을 하고 꽃을 피우는 기중(aerial) 지상부를 갖는다. **(B)** 다육질의 대극(*Euphorbia*)은 여러 해 동안 사는 넓고 기다란 녹색 지상부와 빨리 죽고 나서 가시의 기능을 하는 좁고 많은 빨간색 지상부 두 종류를 갖는다.

턴을 갖는다. 그늘진 환경에서는 곁눈을 휴면 상태로 유지하고 모든 자원을 직립하는 원줄기인 **나무줄기(수간, trunk)**의 생장에 집중시켜 식물체가 숲지붕의 꼭대기에 있는 밝은 빛에 도달하게 하는 것이 유리할 수 있다(**그림 5-21**). 탁 트인 환경에서는 우뚝 솟은 상향생장이 별로 유리하지 않고, 모든 눈이 자라서 새 잎을 만드는 속도를 극대화하는 것이 나을 수 있다. 거의 모든 식물에서 최소한 몇 개의 곁눈은 휴면 상태로 남아 예비의 생장중심의 역할을 한다. 정단분열조직이 정상적으로 잘 생장하는 한, 일부 곁눈은 필요하지 않다. 그렇지만 정단분열조직이 서리, 곤충 또는 가지치기에 의해 죽게 되면, 곁눈들이 활성화되어 정단분열조직을 대체하고 지상부의 생장이 계속되도록 한다.

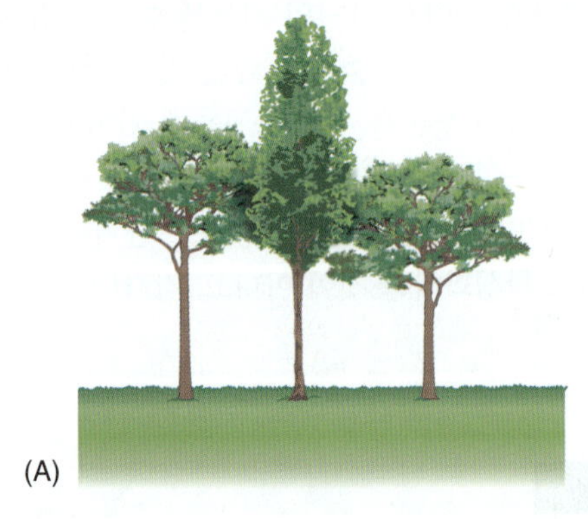

(A)

(B)

그림 5-21 **(A)** 심하게 그늘진 숲에서는 많은 곁눈들이 영구히 휴면 상태에 있고, 한 줄기가 빛을 향해 올라가도록 모든 자원을 집중시킨다. **(B)** 빛이 풍부하면 하나의 주된 나무줄기가 그렇게 유리하지 않다. 대신에 많은 곁눈들이 가지로 자라서 잎을 빨리 만들게 한다.

줄기의 내부 체제: 1기 조직의 배열

조직이 적절하게 기능을 하기 위해서는 제대로 배열된 올바른 세포들이 들어 있어야 한다. 동일한 원리가 대규모의 경우에도 적용되어, 기관이 제대로 기능을 하려면 조직들이 정확하게 배열되어야 한다.

표피

초본의 줄기에서 가장 바깥쪽 표면은 한 층의 살아 있는 유세포들인 **표피(epidermis)**이다(**그림 5-22**). 식물의 표피는 사람의 표피와 매우 다른데, 사람의 표피는 훨씬 두껍고 여러 층의 죽은 세포들로 구성된다.

한편 사람은 허파와 특정한 것을 흡수하고 어떤 것은 배출하는 소화관을 갖고 있지만, 식물과 환경 사이에서의 모든 물질 교환은 바로 이 표피에 의해 일어난다.

아무리 상대습도가 높더라도 공기는 거의 언제나 살아 있는 세포보다 건조하기 때문에, 공기로 수분이 손실되지 않게 하는 것이 육상식물 표피의 중요한 기능이다. 아울러 표피는 세균과 곰팡

박스 5-2 기관들을 교체할까 아니면 재사용할까?

식물은 뿌리, 줄기와 잎의 세 가지 기관을 갖는다. 동물은 심장, 뇌, 간, 눈, 콩팥, 방광 등등의 많은 종류의 기관을 갖는다. 이들 기관을 잘 살펴보면 하나의 심장, 하나의 뇌, 2개의 눈 등 사람은 하나 아니면 2개의 기관을 가지고 있을 따름이다. 반면에 식물은 대체로 수십 개의 줄기, 수백 개의 뿌리, 그리고 수천 개의 잎 등 이들 기관을 많이 갖는다. 나아가서 생물의 수명과 관련하여 각 기관이 얼마나 오래 지속되는지 생각해 보자. 우리는 평생 동안 오직 하나의 심장만을 가진다. 심장이 작동하지 않으면 우리는 죽는다. 심장이 해야 하는 모든 기계적 일을 고려할 때 우리가 정기적으로 새로운 심장을 키우지 않는 게 놀랄 만하다. 사람은 2개의 콩팥을 갖고 있어서 만약 그 중 하나가 기능을 멈추더라도 다른 하나가 작동하면 되지만, 만일 2개의 콩팥 모두 멈춘다 해도 우리의 몸은 대체품을 만들지 않는다. 우리가 운 좋게 노년에 죽는다면 그때 몸에 있는 기관들은 우리가 갖고 태어난 것들이다.

식물은 매우 다르다. 식물의 생명 작용은 기관을 한 번 사용하고 나서 버리고 다시 새로운 형태로 이를 대체하는 것에 기반을 둔다. 나무는 수천 개의 잎을 갖지만 가을에 잎들을 버리고 다음해 봄에 완전히 새로운 세트를 만든다. 나무에 꽃이 피면 수천 개의 꽃들이 달리는데, 이들 각각은 많은 꽃잎과 그 밖의 여러 부분들을 갖는다. 꽃잎은 하루나 이틀만 기능을 하고 나서 시들고 떨어진다. 꽃이 꽃가루받이를 하면 열매가 생긴 다음, 이들 역시 떨어져 버린다. 개화기가 끝나고 나면, 다음해에 완전히 새로운 세트가 만들어질 때까지 식물은 전혀 생식기관을 갖지 않는다. 사람과 식물의 생명 활동이 어떻게 다른지 생각해 보자. 사용한 다음에 우리들의 생식기관이 떨어지지 않는 점을 다행스럽게 생각할지도 모른다.

'한 번 사용(one-use)' 기관에 의존하는 대체 가능한 식물형과 '재사용 가능(reusable)' 기관의 동물형의 결과는 무엇일까? 광합성이 일어나려면 잎은 햇빛에 드러나야 하므로, 잎은 자외선에 광범위하게 노출된다. 자외선은 식물과 동물 모두에게 돌연변이를 일으켜서 사람에게는 피부암을 야기하고 식물에게는 손상된 비기능적 잎을 유발한다. 사람은 옷을 입거나 (다른 육상동물들은 털이나 깃털 또는 비늘을 가짐) 그늘이나 실내에서 활동함으로써 자외선을 피한다. 그러나 잎은 반드시 빛을 받아야 한다. 게다가 잎은 먼지, 포자, 곰팡이, 세균, 곤충의 배설물과 그 밖의 잔해들로 뒤덮인다. 잎도 어떤 동물들과 마찬가지로 더러워지지만, 잎은 스스로 몸을 깨끗이 해 줄 수 없다. 잎을 떨어뜨리고 새로운 세트를 키움으로써 식물은 더러워지고 병들고 망가진 기관들을 제거하고, 신선하고 깨끗한 기관들로 새해를 시작한다. 만약 식물이 평생 같은 잎에 의존한다면 그 어떤 나무도 100년 동안 살 수 없을 것이다.

동일한 원리가 식물의 다른 '한 번 사용' 기관들에 적용된다. 어떤 나무는 수백 년이 아니라 수천 년 동안 산다. 믿을 수 없을 만큼 놀라운 나이에도 불구하고 나무가 유성생식을 할 때마다 완전히 새로운 꽃(또는 구과)을 피우고, 그 꽃들은 나무가 몇 살 되지 않았을 때처럼 신선하고 활기차다. 동물은 그렇게 운이 좋지 않다. 우리가 나이를 먹으면 마음은 여전할지 몰라도 생식기관은 늙었다. 나이든 남자에서는 사춘기를 지나올 때 활발했던 세포들과 동일한 세트의 분열에 의해 정세포가 만들어지지만, 이들 세포가 자신들의 주름진 피부, 시력이 떨어진 눈, 오래 전에 벗겨진 머리카락, 빠진 치아들보다 훨씬 상태가 좋을 것이라고 생각할 이유가 없다. 여자의 경우, 알세포가 될 세포들이 우리가 태어나기도 전에 감수분열을 시작하여 그 이후로 줄곧 세포주기 정지 상태에 있다가, 그 중 하나만이 매달 난자로 성숙한다. 사람이 40세나 50세가 되면 우리들의 잠재적인 알세포도 똑같은 나이가 되지만, 식물은 그렇지 않고 오래된 나무조차도 그렇지 않다. 고목의 모든 알세포와 정세포들은 불과 한두 주 전에 만들어진 꽃들에서 완전히 새롭게 만들어진 것들이다.

순환계에서도 차이가 나타난다. 사람은 평생 한 세트의 혈관만을 가진다. 현 시점에서 여러분의 대동맥이 약 20세가 되었다면 뇌로 혈액을 보내는 동맥의 나이도 같다. 여러분의 허파에 들어가고 거기서 나오는 모든 혈액은 약 1/5세기의 나이를 가진 정맥을 지나가고, 여러분이 이 글을 읽는 동안에도 정맥은 조금씩 나이를 먹는다. 그러나 식물에서는 그렇지 않다. 모든 목본은 매년 완전히 새로운 관다발계를 만든다. 해마다 봄이 되면 식물은 물을 나르는 목부의 새로운 층과 당과 무기질을 나르는 나무껍질의 새로운 층을 만든다. 지난해에 만들었던 목부와 나무껍질이 계속 기능을 할 수 있거나 곰팡이에 의해 손상될 수 있지만, 이는 문제가 되지 않는다. 식물에게는 한 세트의 새로운 조직이 생기고, 이는 마치도 우리가 아기였을 때의 인간 조직처럼 활기차고 기능적이다.

실제로는 식물과 동물이 전혀 다르지 않다. 사람이 대략 6살이 되면 젖니를 버리고 이들을 한 세트의 영구치로 대체하는데, 이는 식물이 하는 일과 아주 비슷하다. 상어는 단지 두 세트의 이빨만 갖지 않고, 그들이 살아 있는 동안 대체하는 이빨을 끊임없이 만든다. 새는 매년 깃털을 갈고, 불가사리는 팔이 하나 잘려지면 새로운 팔이 자란다. 어떤 도마뱀에서는 새로운 꼬리가 자라지만, 그런 능력이 사람에서는 나타나지 않는다. 젖니 외의 다른 기관들은 우리와 평생을 같이 한다. 그러나 언제든 식물을 바라볼 때 여러분은 식물의 극히 일부만을 보는 것이다. 여러분은 이미 존재했다가 떨어져 나간 식물의 모든 부분들을 보는 것도 아니고 장차 식물이 갖게 될 모든 부분들을 보는 것도 아니다. 만약 이런 모든 부분들을 주워 모아 보존할 수 있다면, 그 전체 식물체는 어느 특정 시간의 식물체보다도 엄청나게 클 것이다.

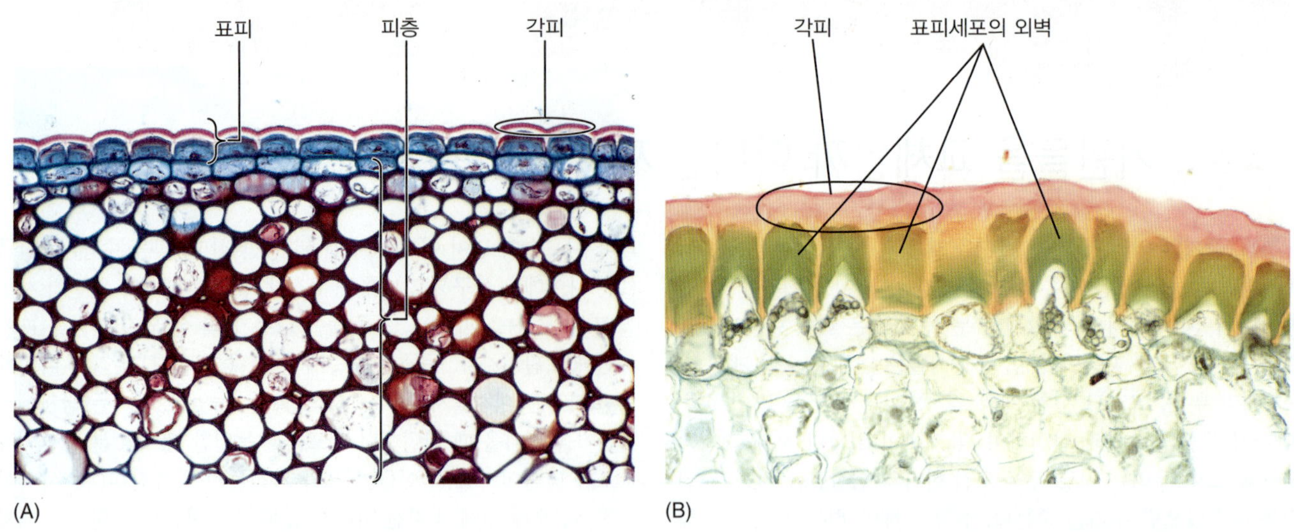

그림 5-22 **(A)** 이 아이비(*Hedera helix*)의 각피는 짙은 분홍색으로 염색되었다. 보다 밝은 층은 각피질이 가득 스며든 벽물질이다. 표피의 원형질체는 짙은 파란색으로 염색되었다. 내부의 세포들은 광합성을 하는 후각조직이다(× 120). **(B)** 이 표피는 사막식물인 용설란(*Agave*)의 일부이다. 이 각피는 (A)에 보인 아이비의 각피보다 훨씬 두껍고, 표피세포의 외벽은 극도로 두껍다. 벽과 각피 모두는 곤충에 대항하여 잎의 표면을 강화하고 수분의 손실을 막는다(× 200).

이뿐만 아니라 작은 곤충의 침입을 막는 장벽이다. 표피는 연약한 내부의 세포들이 먼지 입자나 지나가는 동물 또는 맞비비는 줄기와 잎에 의해 마모되지 않게끔 보호하고, 밝은 햇빛에 식물이 과열되지 않도록 반사시킨다. 두꺼운 벽의 후벽세포들이 훨씬 더 방어적일 것이라고 느끼겠지만, 표피의 세포는 거의 언제나 벽이 얇은 유세포들이다.

바깥에 있는 접선면(tangential) 벽은 **각피질(cutin)**로 덮여 있는데, 이는 벽을 물이 스며들지 못하게 만드는 지방질이다(그림 5-22). 온화하고 습한 서식지에 사는 종들은 그런 외피로도 충분히 물을 보존하겠지만, 많은 종에서는 각피질이 **각피(cuticle)**라고 부르는 거의 순수한 층을 조성한다. 각피로도 충분하지 않은 더욱 극심한 조건에서는 각피의 바깥쪽에 밀랍(wax)의 층이 존재하기도 한다(**그림 5-23**, **표 5-5**). 각피질과 밀랍은 소화효소에 저항하고 곰팡이와 세균 같은 병원체에 대해 방어하는 역할을 한다. 어떤 종에서는 각피가 너무 매끄러워서 곰팡이 포자들이 달라붙을 수 없고 비에 씻겨 나가거나 바람에 의해 떨어진다. 밀랍은 소화가 잘 안 되고 영양가가 없기 때문에 밀랍의 두꺼운 층은 곤충이 줄기를 씹기 어렵게 만들 뿐만 아니라 보람이 없게 한다.

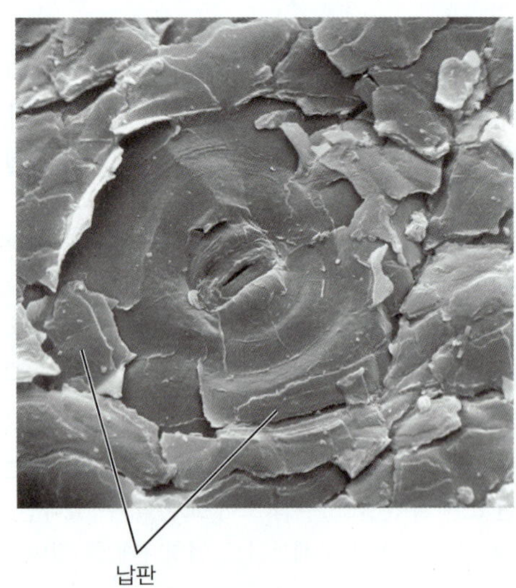

Courtesy of Urs Eggli, Municipal Succulent Collection, Zurich

그림 5-23 이 표피에서는 밀랍이 평평한 판으로 존재하지만, 다른 종에서는 밀랍이 실, 구슬, 조각 또는 액체로 나타날 수 있다(× 550).

불행하게도 각피질과 밀랍은 광합성에 필요한 이산화탄소가 들어오는 것도 막기 때문에, 완전히 불투과성인 표피는 식물을 자칫 기아로 몰고 갈 우려가 있다. 그러나 표피에는 **공변세포(guard cell)**라는 한 쌍의 세포와 그들 사이의 구멍인 **기공개구부(stomatal pore)**가 들어 있다(**그림 5-24**). 공변세포와 기공개구부가 함께 **기공(stoma**; 복수형 stomata)을 구성한다. 기공개구부는 낮에 열려서 이산화탄소가 식물로 들어오게 한다.

기공개구부가 열리는 것은 공변세포의 독특한 구조에 의해 가능해진다. 공변세포의 벽은 특수하게 방사상으로 배열된 섬유소 미세원섬유들을 갖고 있는데, 이 배열 때문에 어떤 부분은 다른 부분보다 약하고 더욱 잘 늘어난다. 공변세포가 물을 흡수하고 팽창하면 기공개구부의 바로 옆에 있는 벽은 뻣뻣하고 늘어나지 않지만 뒤쪽 벽은 약해서 늘어난다(**그림 5-25**). 그 결과, 공변세포

표 5-5 벽에 포함된 특수한 화학물질

세포형	화학물질	특수한 속성
후각조직	펙틴	가소성 (?)
후벽조직	목질소	강도; 방수
표피	각피질/밀랍	방수; 세균과 곰팡이 및 동물에 의한 비소화성
내피 (7장)	코르크질	방수
	목질소	방수
(나무껍질의) 코르크 (8장)	코르크질	방수

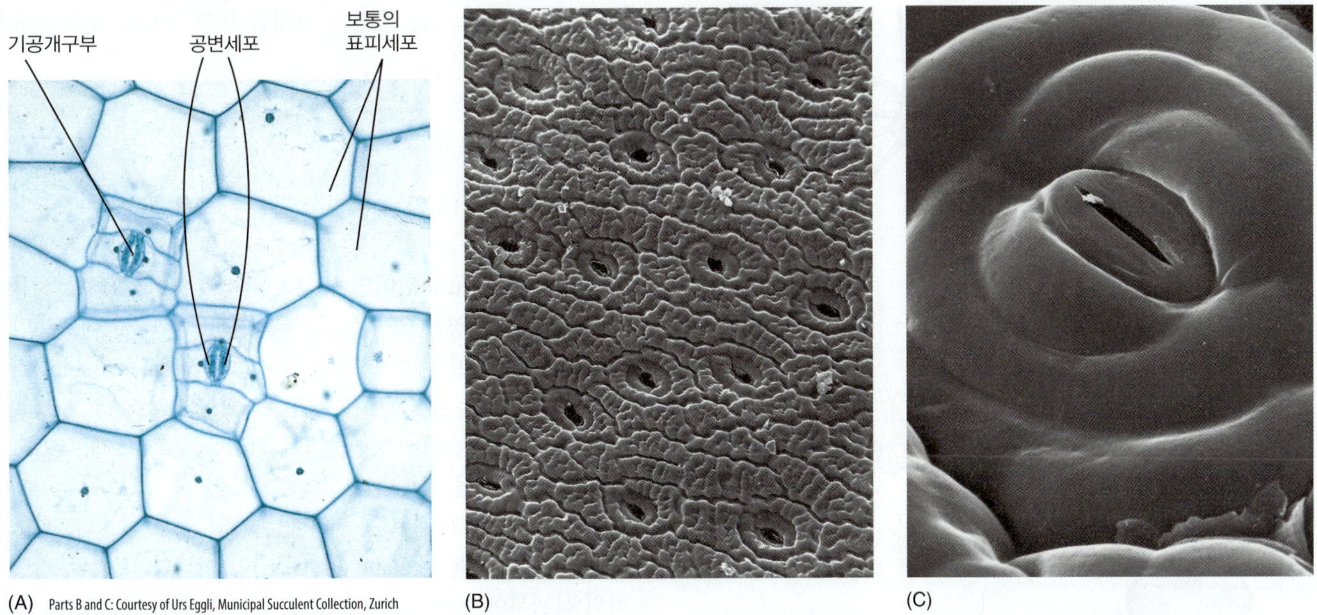

그림 5-24 (A) 자주달개비(*Zebrina*)의 표피를 광학현미경으로 관찰한 모습. 기공개구부와 공변세포 그리고 인접 세포들이 보이고, 보통의 표피세포도 관찰된다(×150). **(B)** 선인장 표피의 주사전자현미경 사진에서는 수많은 기공들이 보인다. 기공들이 얼마나 가깝게 있는지 주목하라. 선인장의 내부에서 이산화탄소가 들어올 수 있는 지점으로부터 멀리 떨어져 있는 엽록조직 세포는 없다(×50). **(C)** 기공개구부가 공변세포로 둘러싸이고 나서 다른 표피세포들에 둘러싸인다. 기공의 한쪽 끝에 있는 작은 부스러기를 주목하라. 먼지투성이의 지역에서는 부스러기에 의한 기공의 막힘이 문제가 된다(×800).

들이 활 모양이 되어 서로 떨어지면서 이산화탄소가 들어오고 산소가 나갈 수 있는 구멍이 열린다. 이렇게 되면 불가피하게 수증기도 빠져 나가고 미생물이 식물체 안으로 들어올 위험이 증가한다. 해가 진 다음에 광합성이 불가능해질 때까지 기공이 계속 열려 있으면 이익이 될 수 없다. 많은 종에서 공변세포들은 줄어들고 똑바르게 되어 기공이 닫히고 물의 손실을 막는다.

많은 식물에서는 일부 표피세포들이 바깥쪽으로 길게 늘어나서 **모상체(trichome)**가 되는데, 이는 **털(hair)**이라고도 부른다(**그림 5-26**). 모상체가 있으면 동물이 잎에 내려앉거나, 잎을 걸어 다니거나 또는 씹기가 어려워진다. 모상체는 잎의 내부로 들어가는 햇빛의 일부를 막아줌으로써 밑에 있는 조직들을 그늘지게 하는데, 여름철이나 고산 지대에서는 햇빛이 지나치게 강렬하기도 한다. 한편 모상체는 잎의 표면 바로 옆에 움직이지 않는 공기층을 형성할 수 있어서, 기공에서 확산되어 나간 물 분자들이 기류에 휩쓸려가지 않고 돌아올 수 있도록 해 준다.

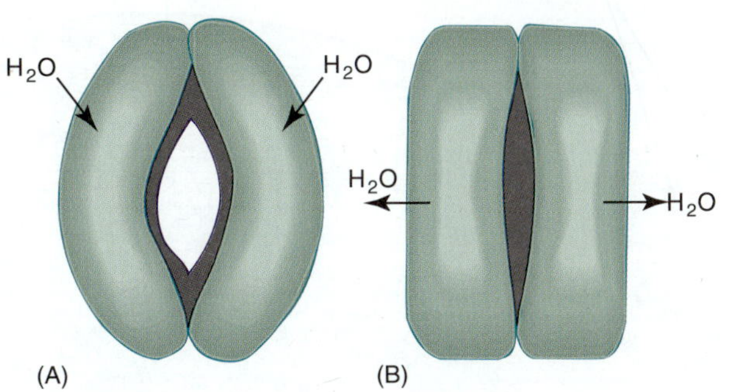

그림 5-25 (A) 공변세포가 물을 흡수하고 팽창하면 공변세포들이 곡선을 이루고, 뒤쪽 벽들이 확장되면서 안쪽 벽들이 서로 떨어진다. **(B)** 공변세포들에서 물이 빠져나가고 오그라지면 세포들이 똑바르게 되고 기공개구부가 닫힌다.

모상체의 크기와 모양은 아주 다양하지만, 많은 모상체가 단세포의 길고 좁은 표피세포이다. 다세포로 된 모상체는 단열의 세포이거나 몇 개의 세포들이 옆으로 나기도 하고, 많은 경우에 성교한 패턴으로 갈라진다. 많은 모상체는 성숙한 직후에 죽어서 그 세포벽이 보호의 역할을 하지만, 다른 모상체들은 계속 살고 작은 분비샘으로 작용한다. 어떤 모상체는 과도한 염류를 배출하고, 다른 어떤 모상체는 초식동물을 퇴치하는 화합물을 만들며, 벌레잡이식물에 있는 모상체는 덫에 잡힌 곤충을 소화하는 효소를 분비한다. 쐐기풀의 따끔거리는 유독한 화합물은 모상체가 갖고 있다.

피층

표피의 내부에 **피층(cortex)**이 있다(**그림 5-27**). 많은 식물에서 피층은 아주 단순하고 동질적이며, 광합성을 하는 유조직과 일부의 후각조직으로 구성된다. 다른 종에서는 피층이 매우 복잡하기도 하고, 유액이나 점액질 또는 송진(수지)을 분비하는 많은 특수화된 세포를 포함한다. 일부 피층 세포는 옥살산칼슘의 큰 결정이나 규산질의 침전물을 포함한다.

많은 식물의 피층 세포는 빽빽하게 서로 들어맞지만, 덩이줄기나 둥근줄기 또는 다육식물 같은 다육질의 줄기에서는 피층의 유조직이 통기조직(aerenchyma)인데, 이는 세포들 사이에 커다란 통기간극(air space)이 있는 성긴 조직이다(그림 5-6과 5-10 참조). 수족관에서 기르는 식물과 수련 등의 일부 속씨식물들은 호수나 바다의 물속에서 자라는 수생생물이 되었다. 이런 식물들은 피층에 부력을 제공하는 커다란 기실(air chamber)을 갖고 있다. 그렇게 뜨는 경향을 가진 줄기는 지지를 위한 후벽조직을 필요로 하지 않는다.

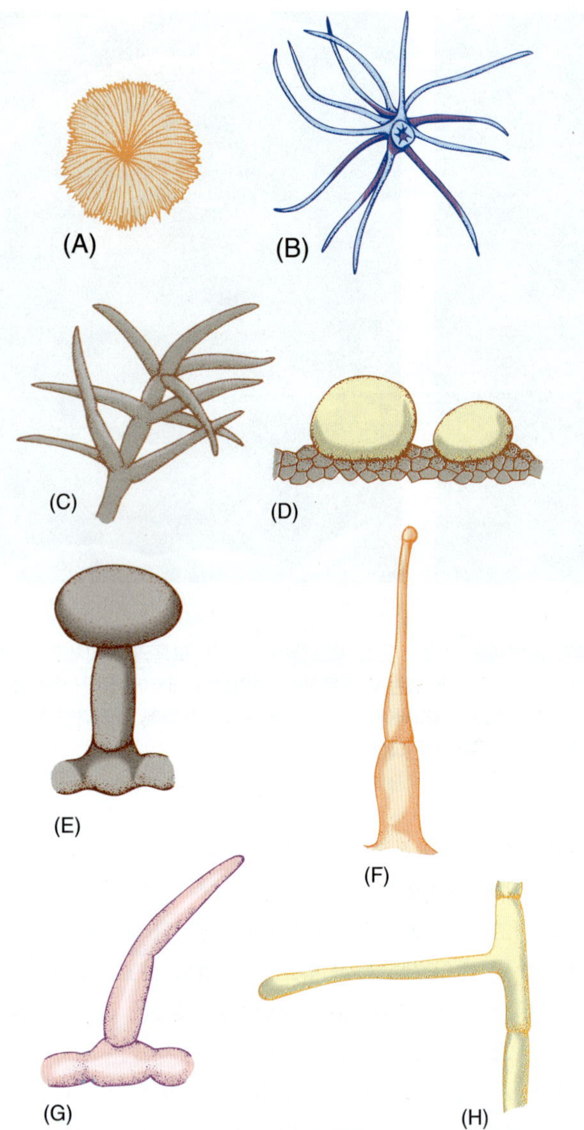

그림 5-26 모상체. **(A)** 납작한 비늘 모양의 모상체. (**B**와 **C**) 가지친 모상체. **(D)** 두 커다란 세포의 샘돌기(glandular trichome). **(E)** 꼭대기의 분비세포와 자루세포를 갖는 샘돌기. **(F)** 독을 주입할 수 있는 샘돌기. (**G**와 **H**) 단순하고 갈라지지 않는 민샘(nonglandular)돌기.

관다발조직

몸이 단세포이거나 얇은 종잇장 같은 세포로 된 아주 작은 생물들은 당, 무기질, 산소 그리고 이산화탄소를 몸 전체에 분배하는 데 있어서 확산(diffusion)이면 충분하다(**박스 5-3**). 그러나 생물의 세포들이 환경의 영양소와 산소로부터 넷이나 다섯 세포층만 떨어져 있어도 확산이 너무 느려서 관다발계(vascular system)가 필요하다. 식물에서는 두 가지 종류의 **관다발조직(vascular tissue)**이 나타나는데, **물관부(xylem)**는 물과 무기질을 나르고, **체관부(phloem)**는 당과 무기질을 분배한다.

식물의 관다발계는 동물의 혈관계와 매우 다르다. 식물의 관다발계는 순환계(circulatory system)가 아니다. 물과 무기질이 뿌리의 물관부에 들어와서 위쪽으로 줄기와 잎에 수송된다. 이런 통도 과정에서 물관액(xylem sap)은 사람의 혈관처럼 살아 있는 세포로 구성된 관을 지나는 것이 아니라 속이 비어 있는 죽은 세포를 지나간다. 지상부로 올라가면 대부분의 물은 줄기와 잎 그리고 꽃의 표면에서 증발하여 상실되고, 무기질과 약간의 물이 주변의 세포들에 이용된다. 체관부의 세포는 살아 있다. 이들 세포는 당이 풍부한 구역(대체로 여름의 잎과 봄의 덩이줄기나 뿌리줄기)으로부터 당을 취해서, 당을 필요로 하는 구역, 특히 지상부, 뿌리, 어린잎 그리고 꽃의 자라는 끝부분으로 수송한다. 늦여름에는 체관부가 발달하는 열매와 다년생 식물의 저장기관으로 당을 운반한다. 당이 수송되려면 반드시 용해되어야 하므로 물도 함께 체관부에서 운반된다.

물관부

물관부에는 **헛물관(가도관, tracheid)**과 **물관요소(vessel element)**라는 두 가지의 통도세포가 있고, 이들 모두 후벽조직이다(**그림 5-28**, **표 5-6**). '**관상요소(tracheary element)**'라는 용어는 양쪽 모두를 가리키는 말이다. 어린 세포가 관상요소로 성숙함에 있어서

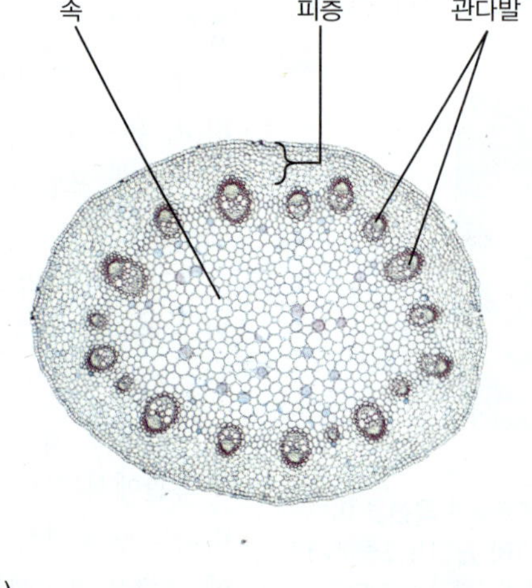

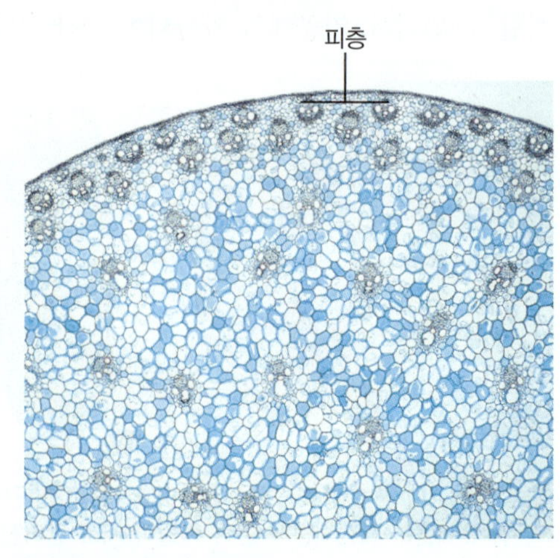

그림 5-27 **(A)** 이 미나리아재비속(*Ranunculus*) 줄기의 피층은 표피와 관다발 사이에 있는 좁은 세포 띠이다(× 20). **(B)** 이 옥수수 줄기의 피층은 더욱 좁아서, 어느 부분에서는 폭이 2 또는 3개의 세포일 따름이다(× 20).

대 안

박스 5-3 단순한 식물들

세 집단의 식물이 5장에서 설명한 식물들보다 훨씬 단순한 몸을 갖고 있다. 뿔이끼식물문(Anthocerotophyta), 즉 **뿔이끼류(hornworts)**는 몸이 작은 조각의 초록색 셀로판 같은 아주 작은 희귀한 집단이고, 지름은 2~5 mm를 넘지 않으며, 두께도 몇 개의 세포에 불과하다. 뿔이끼류는 표피, 기공, 엽록조직, 후벽조직, 피층, 속, 물관부 그리고 체관부 모두가 없다. 대신에 작은 리본 모양 또는 판 모양의 종잇장 같은 유세포를 갖고 있는데, 대부분의 이들 세포에는 하나의 엽록체가 들어 있다. 각각의 세포가 물과 무기질을 흡수하여 자체의 광합성을 수행하며, 비교적 자립적이다. 식물이 번식할 때에는 뿔처럼 생긴 구조가 위쪽으로 자라고, 터져서 열린 다음 포자를 방출한다(꽃은 없다). 이 과정에서 영양소가 엽록체가 들어 있는 세포로부터 포자를 생성하는 세포로 수송되지만, 이는 세포질연락사의 도움을 받을 따름이고 체관부를 통하지 않는다.

많은 우산이끼문(Hepatophyta), 즉 **우산이끼류(liverworts)**도 뿔이끼류만큼 단순하다. 미역이끼속(*Pallavicinia*), 스파이로카르포스(*Sphaerocarpos*)와 물긴가지이끼(*Riccia*) 식물체도 작은 녹색 리본 또는 판 모양의 엽록세포들로만 구성된다. 비늘우산대이끼속(*Fossombronia*)과 페탈로필룸(*Petallophyllum*)의 몸은 잎이 많고 보다 복잡하게 보이지만, 실제로 그 몸은 가장자리가 잔주름이 잡힌 리본일 뿐이다. 이들 식물체가 지닌 약간의 복잡성은 리본의 중심 부분이 다층의 세포로 되었다는 점뿐이고, 가장자리는 단층(unistratose)이다. 뿔이끼류와 마찬가지로 표피도 없고 관다발조직도 없다.

꽃잎우산이끼속(*Asterella*)과 우산이끼속(*Marchantia*) 같은 다른 우산이끼류는 보다 두껍고 훨씬 복잡한 몸을 갖는다. 토양에 면한 배쪽(ventral)은 엽록체가 거의 없는 몇 층의 조밀한 유조직이고, 공기에 면한 등쪽(dorsal)의 세포들은 교차하여 기실을 형성한다(맥주 6개를 드는 종이상자를 만들 때의 교차하는 판지와 비슷하다). 표면의 세포에 '표피'라는 용어를 사용하고, 등쪽 표피는 기공처럼 생긴 기실공(air pore)을 갖는다. 배쪽 표피는 몸을 토양이나 나무껍질에 부착시키는 모상체를 갖는데, 이를 헛뿌리(가근, rhizoid)라고 부른다. 가장 복잡한 우산이끼류는 '잎'을 갖고 있어서 엽상(leafy) 우산이끼류라고 부르지만, 이들의 몸은 오직 유조직으로만 구성된다. 뿔이끼류에서처럼 우산이끼류는 번식을 할 때 영양소를 엽록세포들로부터 세포질연락사를 통해 포자를 형성하는 조직으로 전달한다. 우산이끼류는 관다발조직이 없다. 비록 단순하지만 모든 우산이끼류는 조직화된 정단분열조직을 이용하여 생장한다.

선태식물문(Bryophyta), 즉 **이끼류(mosses)**는 뿔이끼류나 우산이끼류보다 약간 더 복잡하다. 이끼류는 항상 잎이 달린 줄기를 갖고, 줄기가 길거나 잎이 큰 이끼류에서는 일부 세포의 벽이 두꺼워져서 후벽조직의 섬유와 비슷하다. 그렇지만 이들 벽에는 목질소가 들어 있지 않고 독립적인 진화기원을 갖는 것으로 추정되므로, 혼란을 피하기 위해 이들을 섬유라는 용어 대신에 후벽섬유(stereide)라고 부른다. 많은 이끼류는 물을 나르지만, 체내의 물관부를 통하는 것이 아니라 몸 바깥을 따라 운반된다. 이끼류의 많은 잎들이 아주 작고, 줄기의 아주 가까운 곳에서 모세관 공극(capillary space)을 형성하여 심지(wick)처럼 작용한다. 얼마간의 이끼류가 녹색의 엽상 줄기에 통도세포의 내부 체계를 갖는다. 수관(hydroid)이라고 부르는 세포가 물을 운반하고, 렙토이드(leptoid)라는 세포가 탄수화물과 그 밖의 영양소를 수송한다. 그럼에도 불구하고 이들을 결코 '물관부'나 '체관부'라고 부르지 않는데, 이는 이끼류의 이런 세포들이 관다발의 조직들과 상당히 다르기 때문이다.

그토록 단순한 몸을 갖는 결과는 무엇일까? 뿔이끼류와 우산이끼류 그리고 이끼류의 간단함은 일부 서식지에서 생존할 능력을 제한한다. 통도조직이 없으므로 이들의 몸은 짧거나 얇거나 또는 엎드린 상태를 유지해야 하고, 대부분은 메마른 공기 속에서 빨리 죽어버린다. 반면에 바로 이런 단순함 때문에 이들 식물은 많은 서식지에서 생존할 수 있는데, 그것은 서늘하고 축축한 날씨가 몇 주만 지속되어도 이들의 포자가 발아하여 작지만 성숙한 식물로 자라는 데 충분하기 때문이다. 관다발식물은 그들의 크고 훨씬 복잡한 몸을 만드는 데 필요한 모든 탄수화물을 만들기 위해 오랫동안 광합성을 해야 하지만, 이들 이끼식물들은 그럴 필요가 없다. 사막이라 할지라도 비가 내리는 시기가 있고 몇 주 간 축축한 상태를 유지하는 그늘진 장소가 있게 마련인데, 그러한 장소에는 어김없이 그런 곳에서 잘 자라는 비관다발식물이 나타난다.

그림 B5-3A 마당뿔이끼(*Phaeoceros*) 식물체. 몸은 얇고 종잇장 같은 녹색 유조직이다. 기둥처럼 보이는 '뿔'은 생식구조이다.

그림 B5-3B 이 물긴가지이끼(*Riccia fluitans*) 식물체는 잔잔한 시냇물에서 자란다. 각 지상부는 두께가 1 mm 미만이고 유세포로 구성된다. 각각은 정단분열조직으로부터 자라는데, 때때로 둘로 갈라진다.

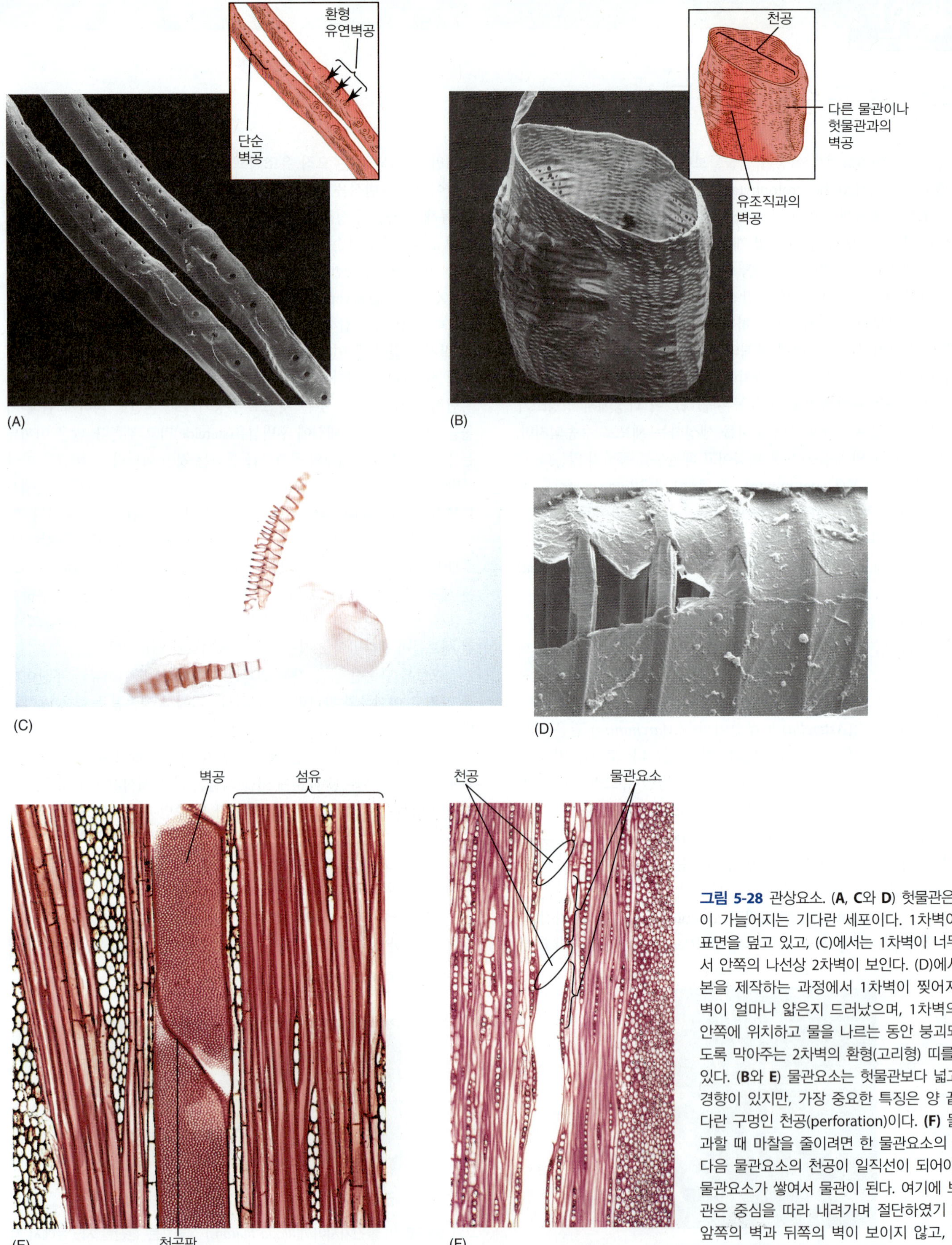

Part A and B (photos): Courtesy of N.C. Brown Center for Ultrastructure Studies, SUNY-Environmental Science and Forestry, Syracuse, NY 13210; Part D: Courtesy of D. Romanovicz and J. D. Mauseth, University of Texas, Austin

그림 5-28 관상요소. (**A**, **C**와 **D**) 헛물관은 양 끝이 가늘어지는 기다란 세포이다. 1차벽이 전체 표면을 덮고 있고, (C)에서는 1차벽이 너무 얇아서 안쪽의 나선상 2차벽이 보인다. (D)에서는 표본을 제작하는 과정에서 1차벽이 찢어져서 그 벽이 얼마나 얇은지 드러났으며, 1차벽의 바로 안쪽에 위치하고 물을 나르는 동안 붕괴되지 않도록 막아주는 2차벽의 환형(고리형) 띠를 볼 수 있다. (**B**와 **E**) 물관요소는 헛물관보다 넓고 짧은 경향이 있지만, 가장 중요한 특징은 양 끝의 커다란 구멍인 천공(perforation)이다. **(F)** 물이 통과할 때 마찰을 줄이려면 한 물관요소의 천공과 다음 물관요소의 천공이 일직선이 되어야 한다. 물관요소가 쌓여서 물관이 된다. 여기에 보인 물관은 중심을 따라 내려가며 절단하였기 때문에 앞쪽의 벽과 뒤쪽의 벽이 보이지 않고, 물관은 빈 공간으로 나타난다. (A) ×600 (B) ×270 (C) ×100 (D) ×1000 (E) ×200 (F) 50.

표 5-6 관상요소 (통도 후벽조직)

	헛물관	물관요소
모양	길고 좁음	짧고 넓음
	양 끝이 뾰족해짐	양 끝은 대체로 편평함
2차벽	환상	환상
	나선형	나선형
	계문상	계문상
	망상	망상
	환형 유연벽공	환형 유연벽공
천공	없음	각 격벽에 하나씩 보통 2개; 말단에서는 오직 1개

맨 먼저 세포주기 정지에 들어가 분열을 정지해야 한다. 처음에는 얇은 1차벽만을 가진 작은 유세포이지만, 세포는 차츰 길어지고 좁아지며, 이어서 1차벽을 강화하는 2차벽이 침적된다. 그러고 나서 세포는 죽고, 그 원형질체는 분해되어 속이 비어 있는 관 모양의 벽이 남는다(**그림 5-29**).

2차벽은 물을 투과시키지 않는다. 따라서 물이 세포로 들어오거나 세포로부터 나가려면 물을 투과시키는 1차벽의 구역들이 덮이지 않아야 한다. 관상요소의 가장 단순한 유형은 소량의 2차벽이 1차벽의 안쪽 면에서 일련의 고리 모양 구조로 나타나는 **환상 비후(annular thickening)**이나(그림 5-29E). 이러한 배열은 세포로 들어오고 나가는 물의 이동에 있어서 넓은 표면적을 제공하기는 하지만, 그다지 많은 힘을 보태지는 못한다. 물의 이동은 1차벽을 안쪽으로 붕괴시키려는 경향이 있기 때문에 1차벽은 반드시 지지되어야 한다(**그림 5-30**). **나선형 비후(helical thickening)**에서는 2차벽이 1차벽의 안쪽에 1개에서 3개의 나선으로 존재한다(그림 5-29F). **계문상 비후(scalariform thickening)**는 훨씬 높은 강도를 제공하는데, 그것은 2차벽이 1차벽의 안쪽 표면 대부분을 덮고 상당히 폭넓게 나타나기 때문이다. 섬유와 보강세포에서처럼 2차벽이 없는 구역을 벽공(pit)이라고 부른다(**그림 5-31A**). **망상 비후(reticulate thickening)**를 갖는 관상요소는 2차벽이 그물 모양으로 침착된다. 가장 파생되고(derived) 가장 튼튼한 관상요소는 **환형 유연벽공(circular bordered pit)**을 갖는 관상요소이다(**그림 5-31B**, **그림 5-32**). 그런 관상요소에서는 사실상 모든 1차벽의 안쪽이 2차벽으로 채워져 있다. 물의 이동이 가능한 벽공은 벽의 약한 지점이지만, 벽공 주위에 벽 물질이 추가된 **연변부(border)**에 의해 약점이 줄어든다.

환상 비후를 갖는 관상요소는 약하지만, 그 1차벽의 대부분에 2차벽이 없어서 물의 이동이 가능해진다(**그림 5-33**). 이와 정반대로 공문상(pitted) 관상요소는 몹시 튼튼하지만, 그 표면의 대부분은 물의 출입이 느린 목질화된 2차벽이 안쪽을 메우고 있다. 각각은 어떤 조건 하에서 선택적 이익이 되고, 다른 조건에서는 선택적 불이익이 된다. 만약 어떤 종이 일 년 내내 젖은 땅에서 자라

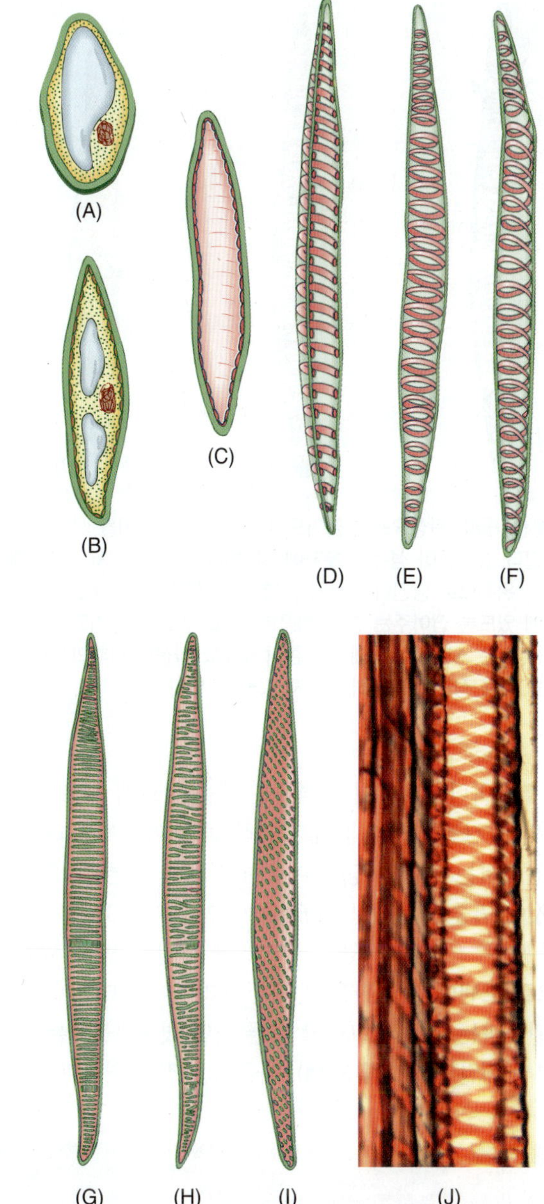

그림 5-29 헛물관. **(A~D)** 세포질이 들어 있는 어린 세포가 헛물관으로 자라는 과정. 세포가 성숙한 크기에 거의 도달하고 나서 1차벽의 안쪽에 2차벽이 쌓인다**(C)**. 2차벽이 완성되고 나면 원형질이 죽고 분해되며, 1차벽과 2차벽만 남는다. **(D)** 나선형 비후 형태의 2차벽을 보여주는 잘려진 헛물관. **(E)** 1차벽이 얇아서 안쪽의 환상 2차벽이 보이는 전체 세포. **(F)** 나선형 2차벽을 갖는 전체 세포. **(G)** 계문상 2차벽. **(H)** 망상 2차벽. **(I)** 공문상 2차벽. **(J)** 나선형 2차벽을 가진 헛물관의 광학현미경 사진(×500).

고 물이 쉽게 이동한다면 그 세포는 붕괴될 위험이 없고, 따라서 환상 비후나 나선형 비후의 2차벽을 가진 관상요소가 이익이 될 것이다. 그것은 한편으로 1차벽의 넓게 트인 부위를 통해 물이 빠르게 지나갈 수 있을 뿐만 아니라, 다른 한편으로 식물이 2차벽을 만드는 데 필요한 당을 거의 이용하지 않기 때문이다. 그런데 토양이 조금이라도 건조해지면 물이 더 많은 힘으로 당겨지고 관상요소의 벽 안쪽으로 견인력이 가해진다. 관상요소가 계속 열려 있으려면 보다 튼튼한 계문상 비후, 망상 비후 또는 환형 유연벽공

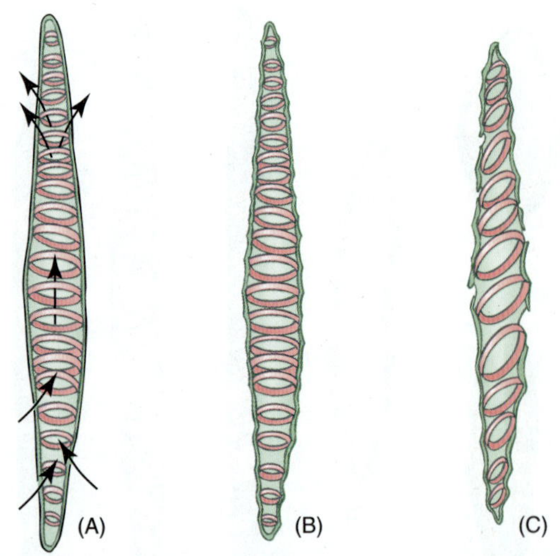

그림 5-30 **(A)** 물이 관상요소로 들어오면 물은 2차벽 부위들 사이의 1차벽을 통해 지나간다. **(B)** 물이 섬유소 분자에 부착하고, 물관부에서 상승함에 따라 벽을 안쪽과 위쪽으로 당긴다. 1차벽은 붕괴될 경향이 있지만 2차벽은 1차벽이 제자리에 있도록 잡아주는 힘을 제공한다. **(C)** 건조한 공기와 건조한 토양 같은 혹독한 수분 스트레스 하에서는 환상 비후와 나선형 비후의 2차벽이 1차벽의 붕괴를 막을 정도로 충분히 강하지 않을 수 있다.

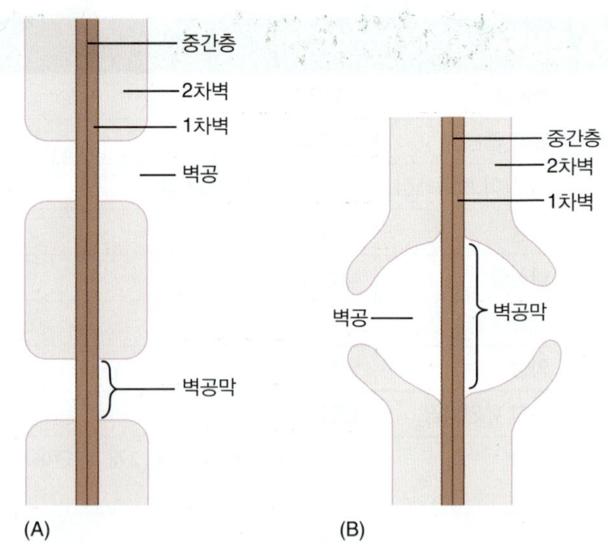

그림 5-31 **(A)** 2등분한 벽공의 측면관. 보강세포나 섬유에서는 2차벽이 훨씬 두꺼울 수 있고, 벽공은 보다 좁고 깊어진다. 벽공의 지름은 다양하여, 그림 5-10D처럼 넓거나 그림 5-12처럼 좁다. **(B)** 유연벽공은 추가의 벽 물질로 된 가장자리를 갖는데, 이 연변부는 벽공이 벽에서 취약한 곳이 되지 않게 해 준다. 연변부가 있어서 관상요소에서 관상요소로 물이 빠르게 흐를 수 있게끔 벽공이 넓어질 수 있지만, 해로울 정도로 약하지 않다. 유연벽공은 관상요소에서만 나타나고, 섬유나 보강세포에는 없다.

의 벽이 필요하다. 비록 이런 벽들은 물을 빠르게 나르지는 못하지만, 토양이 건조하기 때문에 자연히 물의 이동이 느려진다. 건조한 조건에서는 추가의 당을 이용하여 보다 튼튼한 2차벽을 구축하는 것이 귀중한 투자일 수 있다.

헛물관은 그 아래에 있는 헛물관에서 물을 받아 위에 있는 헛물관으로 보낸다. 헛물관은 반드시 무리지어 나타나야 하며, 어떤 헛물관들과는 나란히 그리고 다른 어떤 헛물관들과는 양 끝이 겹쳐지면서 배열된다(그림 5-34). 아울러 인접한 헛물관들의 벽공이 서로 일직선이 되어야 물이 통과할 수 있다. 벽공이 나란히 정렬된 세트가 벽공쌍(pit-pair)이고, 이들 사이에 있는 1차벽과 중간층의 세트를 **벽공막(pit membrane)**이라고 하는데, 이는 섬유와 보강세포의 경우와 같다(그림 5-31). ['벽공막'은 오래된 용어이고, 원형질막의 지질/단백질 막과 혼동하지 말아야 한다.] 벽공막은 물을 아주 잘 통과시키지만 1차벽으로 되어 있으므로 약간의 저항성을 제공한다. 만약 각 헛물관의 길이가 1 mm이라면, 높

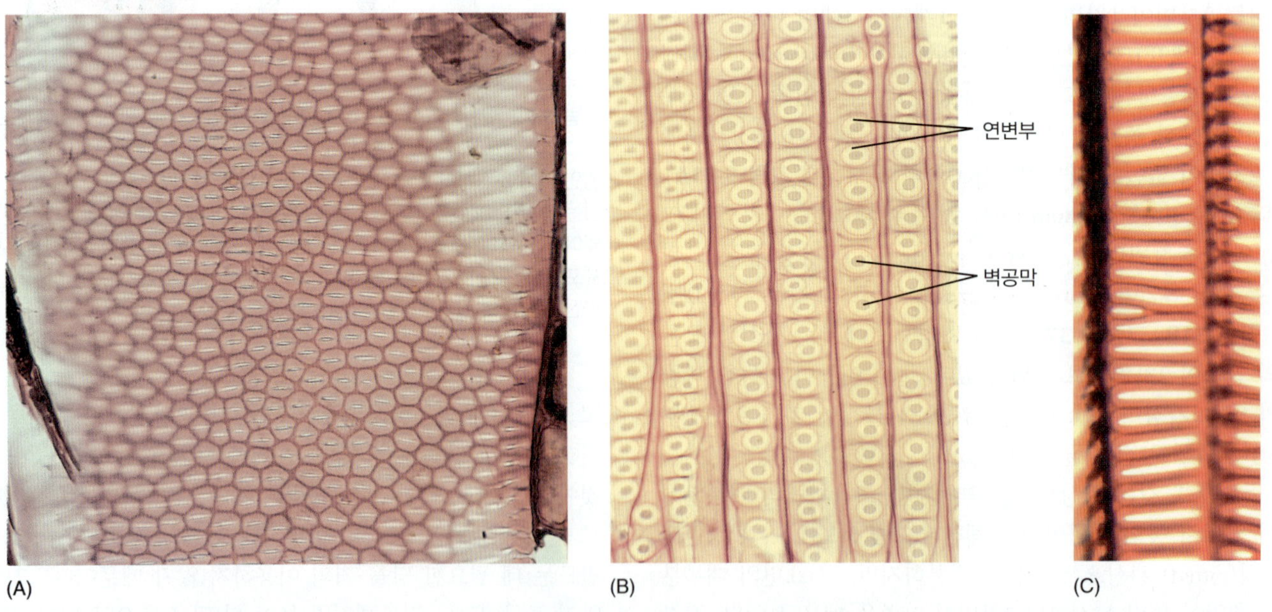

그림 5-32 **(A)** 물관요소의 앞벽 정면에서 관찰한 유연벽공. 좁고 기다란 흰색 틈이 벽공의 실제 구멍이고, 각 흰색 부위 주변의 분홍색을 띤 구역은 연변부이며, 진홍색 6각형은 1차벽에 2차벽이 더해진 부위이다(×400). **(B)** 소나무 헛물관의 앞벽 정면에서 관찰한 유연벽공. 이 현미경 사진은 (A)와 동일한 배율이다. 헛물관은 물관요소보다 훨씬 좁고, 소나무의 벽공은 매우 크다. **(C)** 계문상 유연벽공(×700).

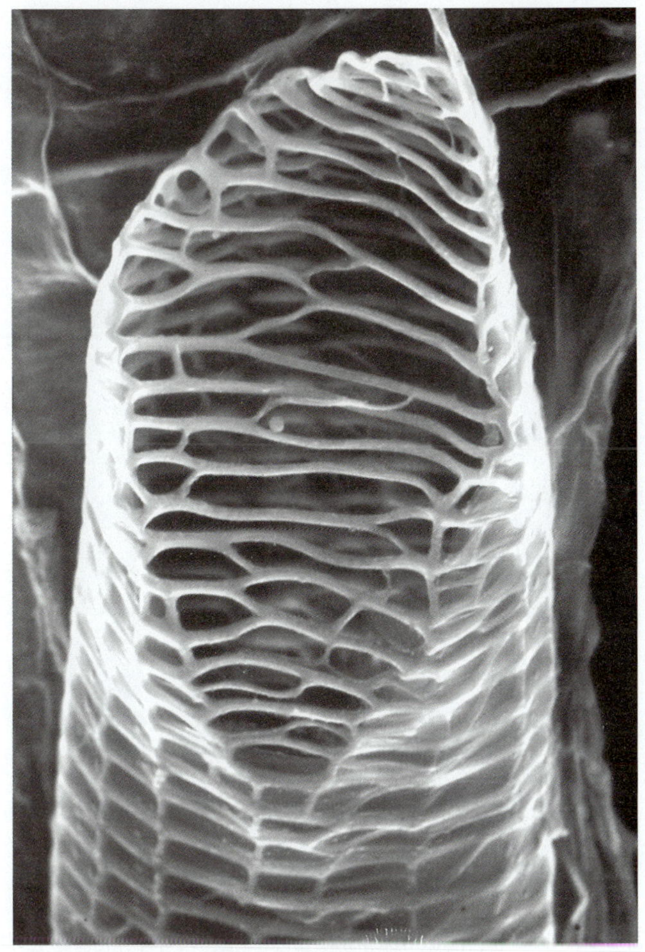

Courtesy of E. Schneider, University of Minnesota and S. Carlquist, Rancho Santa Ana Botanic Garden

그림 5-33 이 물관요소는 중간층을 제거한 조직에서 분리하였다. 세포가 죽기 전에 1차벽이 분해되었기 때문에 끝에서 2차벽(세포의 끝과 측면의 망)이 선명하게 보인다. 벌어져 있는 구멍이 천공을 구성한다. 세포의 측면에 있는 얇고 거의 투명한 외피는 분해되지 않은 1차벽이다. 식물에서는 다른 물관요소가 이 물관요소의 위에 포개질 수 있고, 그들의 천공이 나란히 되면서 물이 흘러가게 된다(× 1,000).

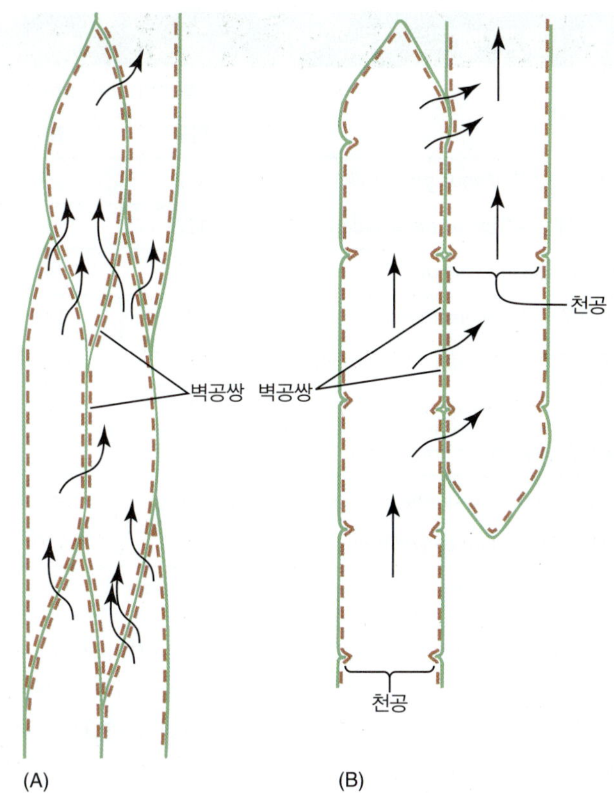

그림 5-34 **(A)** 헛물관 사이에서는 벽공쌍을 통해서만 물이 지나간다. 너무 작아서 물의 통도에서 중요하지 않은 세포질연락사 외에 헛물관의 1차벽에는 그 어떤 구멍도 없다. **(B)** 물은 천공을 통해 물관요소들 사이를 지날 수 있지만, 한 물관에서 다른 물관으로 물이 통과할 때에는 오직 벽공쌍을 통해서만 가능하다. 물관이 아무리 길어도 전체 식물만큼 길지 않기 때문에, 뿌리에서 줄기로 그리고 잎으로 위쪽을 향해 물이 이동할 때에는 한 물관에서 다른 물관을 지나가야 한다. 녹색 = 1차벽; 갈색 = 2차벽.

이가 1 m(1,000 mm)인 작은 나무에서조차 뿌리로부터 잎으로 지나가는 각 물 분자는 1,000개의 벽공막을 통과해야 한다. 마찰(friction)도 추가된다.

물관요소는 헛물관보다 마찰을 줄이면서 물이 통과하는 방편을 제공한다. 헛물관처럼 물관요소의 각 세포는 성숙하여 죽기 전에 1차벽과 2차벽 모두를 만든다. 그렇지만 물관요소에서는 1차벽과 2차벽의 모든 부위가 사라진다. 분화의 최종 단계에서 1차벽의 특정한 자리가 분해되고 흔히 격벽 전체가 제거되면서 **천공(perforation)**이라 부르는 커다란 구멍이 만들어진다(그림 5-28, 5-33, 5-35). 인접한 물관요소들의 천공은 일직선이 되어야 하고, 각 요소는 양 끝에 하나씩 최소한 2개의 천공을 가져야 한다. 물이 헛물관으로 들어가거나 헛물관에서 나올 때마다 반드시 벽공막을 통과해야 하는 반면, 한 물관요소에서 다음 물관요소로 물이 통과할 때 천공을 지나간다. 천공은 넓고 1차벽이 전혀 없으므로 천공에서는 마찰이 거의 생기지 않는다.

물관요소가 쌓인 전체 더미가 **물관(도관, vessel)**이다. 물관의 각 끝에 있는 물관요소는 오직 하나의 천공을 갖는다. 개개의 세포인 물관요소의 길이가 고작해야 50~100 μm인 반면, 물관의 길이는 뿌리의 끝으로부터 지상부의 끝 부분에 걸쳐 몇 m가 되기도 하지만, 경우에 따라서는 몇 cm가 되기도 한다(**표 5-7**).

물관은 유세포나 헛물관 또는 다른 물관으로부터 물을 흡수해야 하고, 반드시 다음으로 넘겨야 한다. 이들의 측벽에는 이러한 측면 전달을 위한 벽공들이 있으며(그림 5-34), 앞서 언급한 헛물관 벽 비후의 모든 유형들이 물관요소에서도 나타난다. 유일한 차이점이라면 물관요소가 완벽한 구멍인 천공을 갖는 반면, 헛물관은 벽공만을 갖는 것이다(표 5-6). 천공은 마찰을 현저하게 줄이고, 물은 헛물관 세트를 지나는 것보다 훨씬 더 쉽게 물관 세트를 통과한다. 헛물관과 물관요소 모두 1차벽에 세포질연락사를 갖고 있지만, 이들은 너무 좁아서 장거리에 걸친 물의 통도에서 중요하지 않다. 전형적인 지름을 비교하면 세포질연락사가 0.04 μm, 벽공이 1~2 μm 그리고 천공은 20~50 μm이다.

사람의 순환계에서는 모든 동맥과 모세혈관 그리고 정맥이 같은 내강(lumen)을 공유한다. 물 분자나 적혈구는 사람의 혈관 계통의 모든 부분을 순환할 수 있으며 결코 장애물을 만나지 않는다. 이와는 대조적으로 식물에서 물 분자는 헛물관이나 물관에

표 5-7 나무줄기에 있는 물관의 길이

종	물관의 길이 (cm)	
	평균	최대
미국너도밤나무(*Fagus grandifolia*)	302	556
미국사시나무(*Populus tremuloides*)	122	132
루테아자작(*Betula lutea*)	119	142
루고사오리나무(*Alnus rugosa*)	105	122
미국물푸레나무(*Fraxinus americana*)	97.1	1,829
루브라참나무(*Quercus rubra*)	94.8	1,524
미국느릅나무(*Ulmus americana*)	94.6	853
설탕단풍(*Acer saccharum*)	15	32
블루베리(*Vaccinium corymbosum*)	11	120

들어가거나 나올 때마다 벽공막을 가로질러 지나가야 한다. 그 결과, 식물의 계통에서는 인간의 순환계보다 많은 마찰이 생기고, 고체 입자들은 식물에서 수송될 수 없다. 그렇지만 사람의 순환계통에 구멍이 나거나 틈이 생기면 모든 혈액이 새어 나올 수 있어서 가끔 죽기도 하는 반면에 식물계통에서의 구멍은 오직 하나의 헛물관이나 물관에만 영향을 끼칠 뿐이고 전체 계통에는 영향을 미치지 않으므로 결코 치명적이지 않다.

헛물관은 적어도 4억 2천만 년 전에 진화하였고, 사실상 모든 관다발식물이 헛물관을 갖는다. 물관은 보다 최근에 진화하였고 거의 전적으로 꽃식물에서 나타나는데, 이들 식물에서는 뿌리와 줄기에서 장거리에 걸친 물의 수송이 일어난다. 꽃식물에서 헛물관은 주로 잎의 가느다란 잎맥에서 나타나지만, 일부 종에서는 목부에서 발견되기도 한다. 소나무와 미국삼나무 같은 침엽수는 전적으로 헛물관으로 구성된 목부를 가진다. 최근까지 고사리류에도 헛물관만 들어 있다고 여겼는데, 고사리류는 적어도 부분적으로 벽공막을 분해시키고 벽공쌍을 천공 세트로 전환시킬 수 있다(**그림 5-35**).

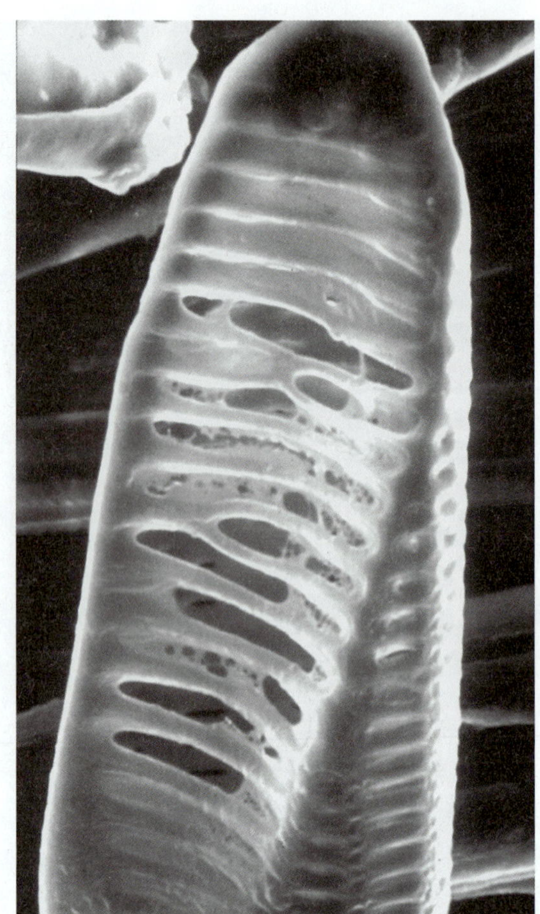

그림 5-35 이 고사리식물(*Astrolepis*)의 관상요소는 1차벽의 부분들을 분해하여 몇몇 벽공을 만들었고, 이들을 투박한 천공으로 전환시켰다. 속씨식물에서는 벽을 분해하는 메커니즘이 개선되어 1차벽을 보다 완전하게 제거한다.

체관부

물관부처럼, 체관부에는 **체세포(sieve cell)**와 **체관요소(sieve tube member)**라는 두 가지의 통도세포가 있고, '**체요소(sieve element)**'라는 용어는 양쪽 모두를 가리키는 말이다(**그림 5-36**). 체요소는 관상요소와 매우 다르다. 체요소들은 1차벽만을 갖는 유세포이고, 통도하기 위해서 반드시 살아 있는 상태이어야 한다. 어린 체요소들이 분화하기 시작하면서 세포질연락사가 확대되어 지름이 1 μm 이상이 되는데, 이를 **체공(sieve pore)**이라 부른다. 세포질연락사가 무리지어 나타나고[이를 1차벽공역(primary pit field)이라 함], 따라서 체공들도 떼를 지어 나타나는데 이를 **체역(sieve area)**이라 부른다. 체요소는 분화하는 동안 살아 있고, 세포질연락사 안쪽의 원형질막은 계속 체공의 안을 싸고 있다(**그림 5-37**). 체공의 안에 있는 세포질의 양도 증가하고, 세포에서 세포로 신속한 대량 이동이 가능해진다. 체관액(phloem sap)이 통과하려면 인접한 체공들은 나란히 정렬해야 한다.

두 가지 종류의 체요소는 모양과 체역의 배치가 서로 다르다(그림 5-36). 만약 세포가 헛물관처럼 가늘면서 기다란 방추(spindle) 모양이고 체역이 표면 전체에 걸쳐 분포한다면, 그 세포는 체세포이다(**표 5-8**). 이 유형이 먼저 진화하였는데, 오래된 화석과 속씨식물 이외의 관다발식물에서 발견된다. 그러나 체관부가 주로 세로로 통도하기 때문에 세포의 양 끝에 있는 체역들은 특히 크고 매우 넓은 체공을 가지는 반면, 세포의 측면에 있는 체역은 다소 작은 것이 가장 효율적이다. 바로 이런 세포가 체관요소이며, 커다란 체역들이 나란히 정렬하고 끝과 끝이 포개지면서 **체관(sieve tube)**을 형성한다. 격벽에서 커다란 체공을 가진 체역이 **체판(sieve plate)**이다. 물관과 마찬가지로 체관은 식물체보다 짧고, 측면에 있는 작은 체역들이 체관에서 체관으로 체관액(phloem sap)을 수송하는 데 있어서 중요하다. 체관요소는 꽃과 동일한 시기에 진화하였음이 분명하다. 모든 속씨식물은 체관요소를 갖고 있지만, 속씨식물 이외의 식물에서는 체관요소가 나타나지 않는다.

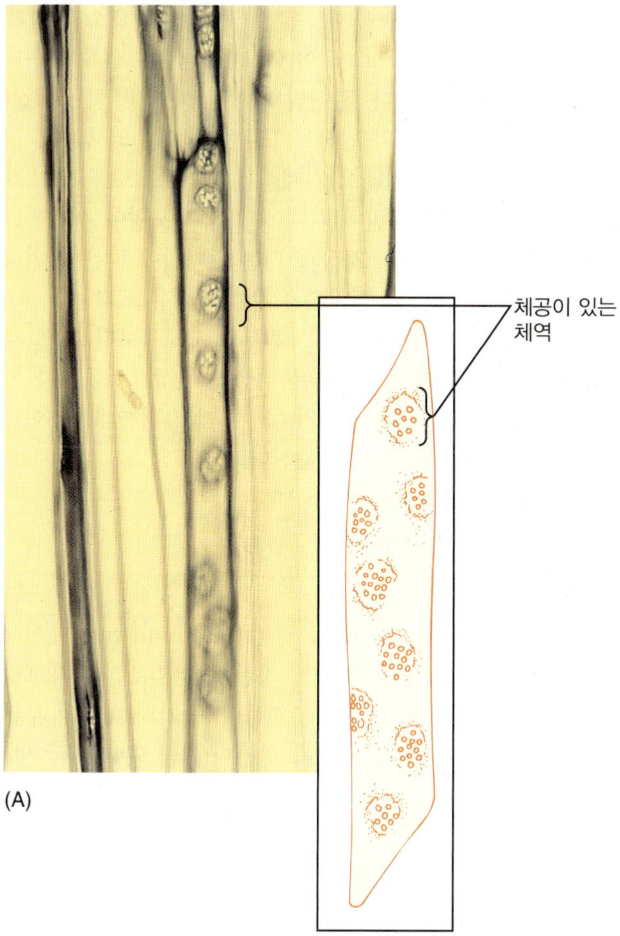

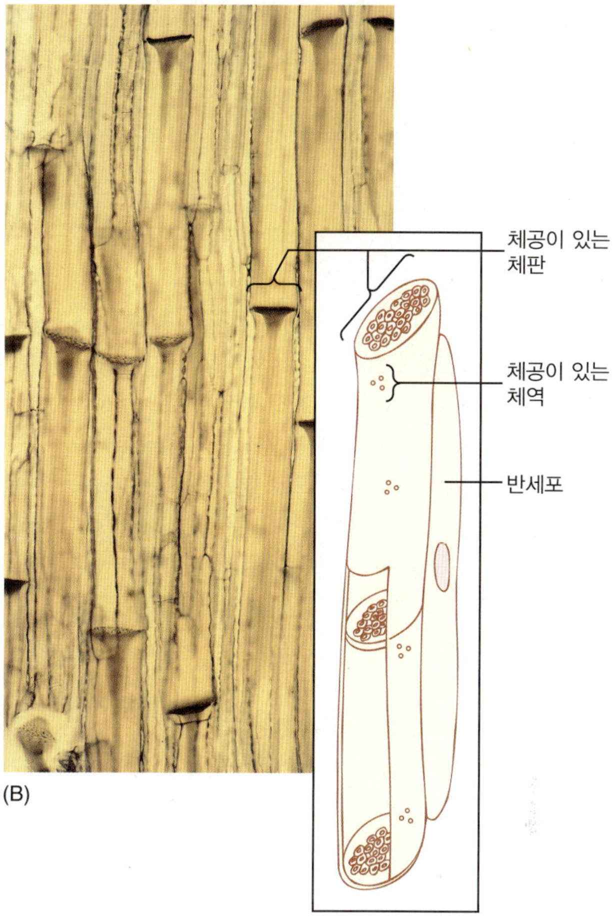

(A)

(B)

그림 5-36 **(A)** 체세포는 헛물관과 비슷한 모양을 갖고 있고, 표면의 많은 부분에서 체공이 있는 체역이 나타난다(×250). **(B)** 체관요소는 커다란 체공이 있는 편평한 격벽(체판)을 갖고 있다. 측벽에는 아주 좁은 체공을 가진 몇 개의 작은 체역이 있다(×60). 체세포의 현미경 사진은 배율이 훨씬 높고, 체세포는 (B)의 체관보다 훨씬 좁다.

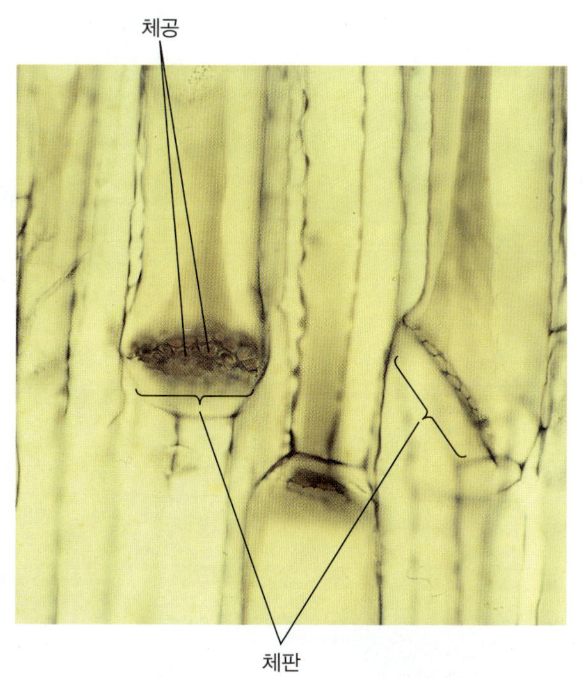

그림 5-37 체관요소의 체판에 있는 커다란 체역. 체관액은 튜브 같은 한 체관요소에서 다음 체관요소로 넓은 체공을 통해 흐른다(×300).

체요소의 특이한 점은 그 핵이 붕괴되지만 세포는 죽지 않고 살아 있다는 점이다. 세포질은 핵이 없으면 복잡한 대사를 수행할 수 없고, 체관부에서는 통도세포와 밀접하게 관련된 세포에 의해 필요한 핵 조절이 이루어진다. 체세포는 **단백세포(albuminous cell)**와 관련되고, 체관요소는 **반세포(companion cell)**의 조절을 받는다(**그림 5-38**). 이들 세포는 동반하는 통도세포에 비해 보통

표 5-8 체요소

	체세포	**체관요소**
모양	길고 좁음	짧고 넓음
	양 끝이 뾰족해짐	양 끝은 보통 편평함
체역	작고, 모든 세포 표면에 걸쳐 위치함	측벽에 있는 체역은 작고, 격벽에 위치한 매우 큰 체역은 체판임
연합세포	단백세포	반세포
식물의 문	속씨식물 이외의 모든 관다발식물	속씨식물에서만 나타남

작고, 눈에 잘 띄는 핵과 리보솜으로 가득 찬 조밀한 세포질을 갖고 있다. 통도세포와 이를 조절하는 세포 간의 벽에는 많은 복잡한 통로가 있는데, 통도세포 쪽에는 체역이 있고 조절하는 세포 쪽에는 커다란 세포질연락사가 있다. 반세포의 다른 중요한 역할은 체관요소 안팎으로 당을 적재하는 것이다.

관다발

물관부와 체관부는 함께 피층의 바로 안쪽에서 **관다발(vascular bundle)**로 나타난다(**그림 5-39**). 기초속씨식물과 진정쌍떡잎식물에서는 관다발이 피층과 유사한 유조직 부위인 **속(수, pith)**을 에워싸는 하나의 고리로 배열된다. 외떡잎식물에서는 관다발이 줄기의 안쪽 부분 도처에서 복잡한 망으로 분포하고, 관다발들 간에는 유세포들이 있다. 외떡잎식물의 관다발은 흔히 '산재하다(scattered)'라고 묘사되는데, 이는 관다발이 무작위로 나타난다고 시사하는 것이다. 그러나 실제로 외떡잎식물의 관다발은 정확한 특정 패턴을 갖고 있으며, 그 패턴이 너무 복잡하여 쉽게 알아볼 수 없다.

모든 관다발은 **병립(collateral)**한다. 즉, 각 관다발은 물관부 가닥과 체관부 가닥이 서로 나란히 뻗어 있다(그림 5-39). 관다발의 물관부는 1기 식물체의 일부이므로 **1기 물관부(primary xylem)**이다. 통도 기능을 하는 헛물관과 물관요소와 함께 많은 부분은 물관부 유조직으로 되어 있으며, 물관부 섬유의 형태로 기계적인 후벽조직도 있다. 관다발의 체관부는 **1기 체관부(primary phloem)**이고, 체요소와 반세포 또는 단백세포와 함께 저장유조직과 체관부 섬유의 형태로 기계적인 후벽조직도 있으며, 체관부 보강세포도 나타난다. 관다발 내에서 각 세포형이 차지하는 상대적인 양은 각기 다르다. 저장 줄기는 관다발에 많은 양의 유조직을 갖고 있지만, 넝쿨과 덩굴손은 추가의 섬유를 갖는다.

1기 물관부의 세포는 1기 체관부의 세포들보다 크고, 각 관다발의 안쪽에 있는 관상요소들은 바깥쪽 관상요소들보다 훨씬 작다(그림 5-39). 모든 줄기의 1기 물관부가 그러한데, 그 이유는 지상부의 생장을 살펴보면 명백해진다.

줄기의 생장과 분화

줄기는 그 끝에 있는 **정단분열조직(apical meristem)**에서 새로운 세포들이 만들어짐에 따라 길게 자란다. 분열조직의 세포들은 유사분열과 세포질분열에 의해 분열하여, 줄기의 나머지 부분에 대한 전구세포(progenitor cell)를 만든다(**그림 5-40**). 각 세포들이 분열하면 두 딸세포의 크기가 모세포의 절반에 불과하지만, 곧 자

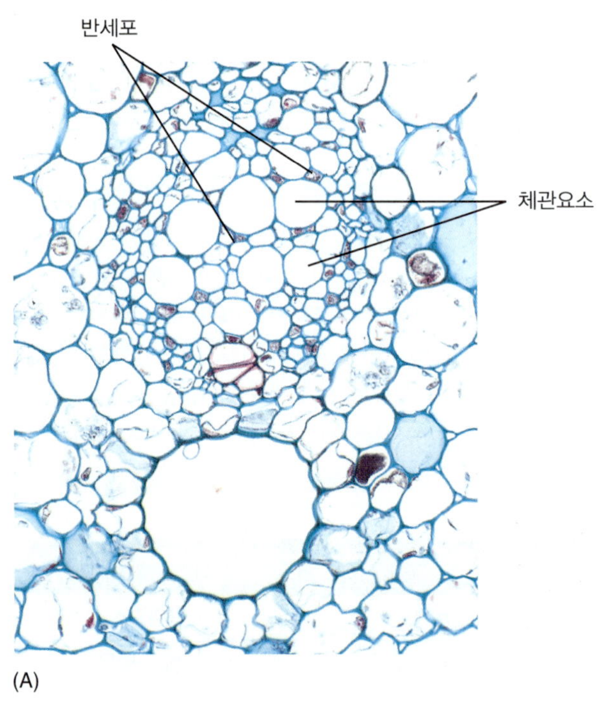

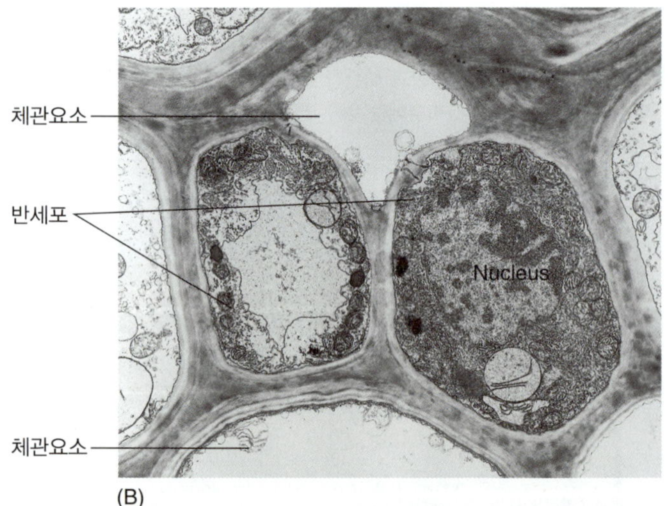

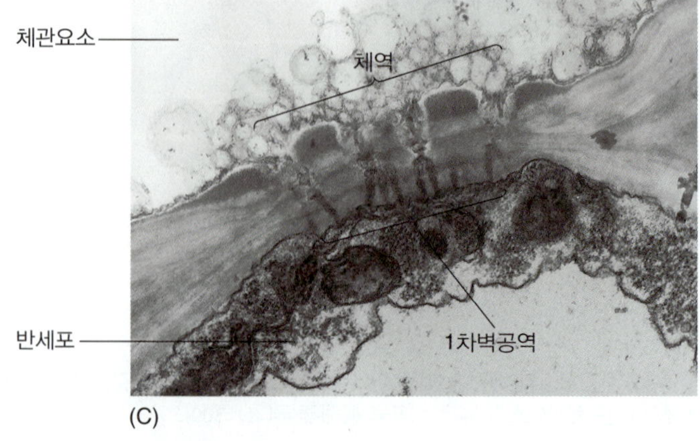

Parts B and C: Courtesy of Robert Warmbrodt, National Agricultural Library, Agricultural Research Service, USDA

그림 5-38 **(A)** 관다발에서 체관요소와 반세포는 함께 나타난다. 반세포는 작고 세포질이 풍부하며, 체관요소는 크고 속이 빈 것처럼 보이는데, 그것은 현미경 사진 관찰을 위해 표본을 제작하는 과정에서 대부분의 체관액이 사라졌기 때문이다(× 150). **(B)** 2개의 반세포와 2개의 체관요소를 보여주는 전자현미경 사진. **(C)** 반세포와 체관요소 간의 연결은 반세포(아래) 쪽에서는 세포질연락사를 갖는 1차벽공역이지만, 체관요소(위) 쪽은 체공을 갖는 체역이다(× 45,000).

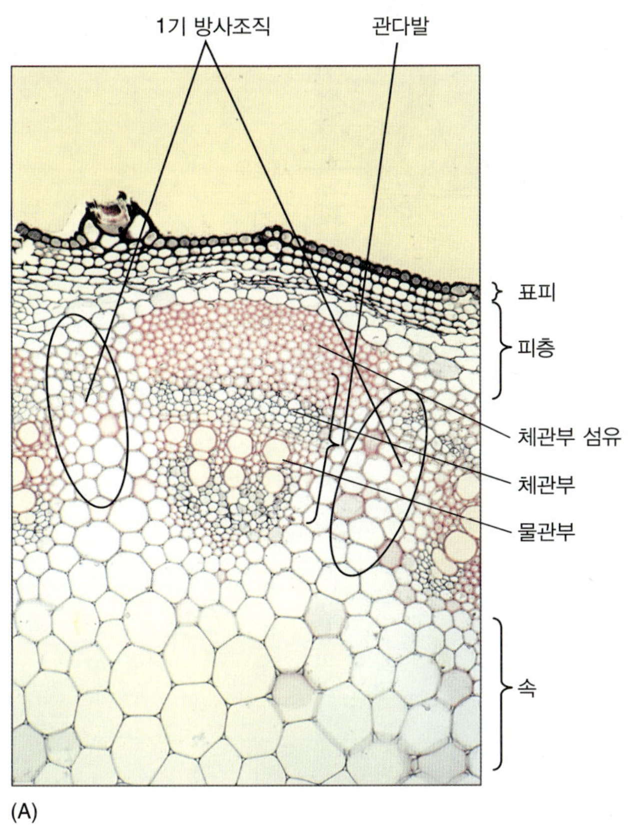

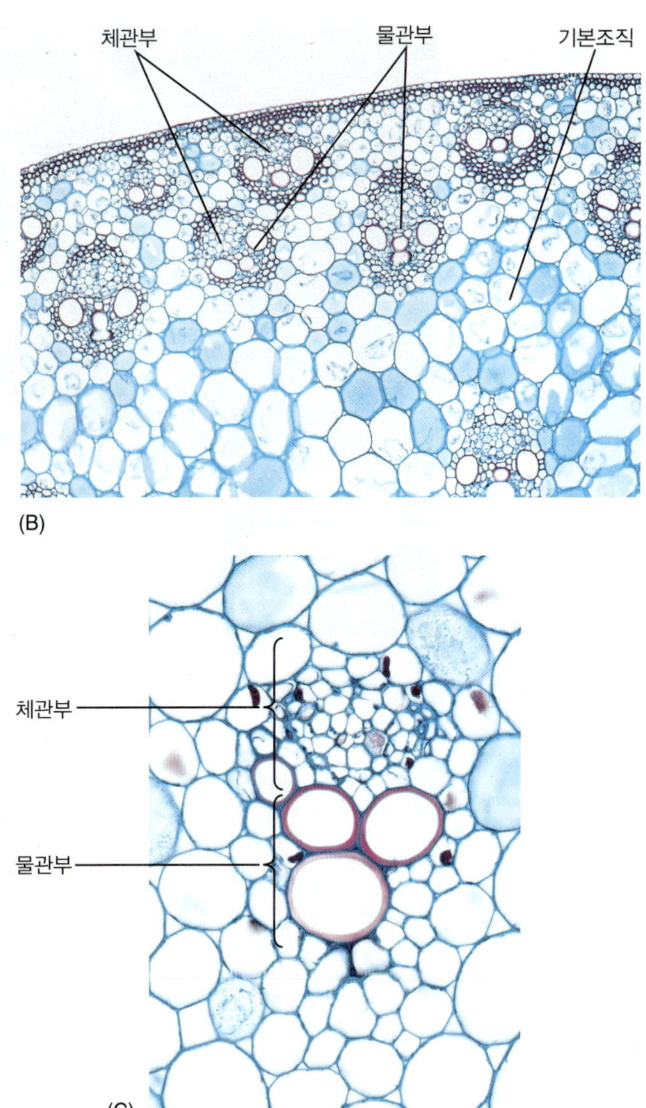

그림 5-39 **(A)** 해바라기(*Helianthus*)의 이 관다발에서 물관부는 물관부 유조직의 줄과 번갈아 나오는 물관의 줄들을 포함한다. 체관부는 체관요소와 반세포로 구성된다. 모자 같은 후벽조직의 체관부 섬유도 있다(×60). **(B)** 외떡잎식물의 관다발은 보다 복잡한 배열을 갖는다. 이 옥수수 줄기에서는 많은 커다란 관다발이 피층 부근에 위치하고, 보다 작은 관다발이 기본조직에 다소 적게 있다(×50). **(C)** 1기 물관부와 1기 체관부를 보여주는 고배율의 옥수수 관다발(×250).

라서 원래의 크기로 돌아간다. 이들이 확대되면서 세포들은 분열조직을 위쪽으로 밀고, 아래쪽 세포들은 어린 줄기의 부분으로 남게 된다. 정단분열조직 바로 아래의 부위가 **아정단분열조직(subapical meristem)**이고, 이 세포들도 분열하고 자라서 그 아래 부위의 세포들을 생성한다.

아정단분열조직에서는 가시적인 분화가 시작된다. 어떤 세포는 분열을 멈추고 길어지기 시작하여 관다발의 첫 번째 헛물관이나 물관요소로 분화한다(그림 5-39, **5-41**). 이들이 처음으로 나타나는 최초의 물관부를 구성하기 때문에, 이들을 **원생물관부(protoxylem)**라고 부른다. 이들 주위의 세포들이 계속 자라고 확대되지만, 곧 그들의 바로 바깥쪽 세포들도 분화하기 시작한다. 바깥의 세포들이 더 오랜 시간 동안 확대되었기 때문에 이들은 첫 물관부보다도 더욱 커다란 관상요소로 발달한다. 이 과정은 마지막 세포가 성숙할 때까지 지속되고, 줄기의 이 부분은 신장을 멈춘다. 분화하기 전에 이 세포들이 가장 오랜 시간 동안 생장하였기 때문에 이들은 모든 관상요소 가운데 가장 큰 관상요소로 발달하는데, 이를 **후생물관부(metaxylem)**라고 부른다.

원생물관부와 후생물관부의 관상요소 간에서는 크기가 유일한 차이점이 아니다. 원생물관부요소는 주위의 세포들이 신장을 계속하는 동안에 분화하기 때문에, 이들은 늘어날 수 있어야 하고, 따라서 환상 비후 또는 나선형 비후 중 하나의 2차벽을 가져야 한다. 원생물관부 세포들은 성숙하면 죽지만 그래도 늘어나는데, 이는 이들의 1차벽이 그 주위에서 길게 늘어나는 살아 있는 세포들과 중간층에 의해 단단히 붙어 있기 때문이다. 만약 원생물관부가 계문상 비후나 망상 비후 또는 공문상(pitted) 2차벽을 갖는다면(원생물관부는 결코 이들을 갖지 않음), 세포들이 늘어날 수 없어서 주변의 세포들이 자라지 못하게 하거나 아니면 중간층이 깨지고 세포들이 서로 뜯겨 나갈 것이다. 그렇지만 후생물관부에서는 이런 일이 문제가 되지 않는다. 왜냐하면 그 세포들은 주변의 모든 줄기 조직들이 신장을 멈춘 다음에야 비로소 분화하기 때문이다. 후생물관부 세포들은 확장할 필요가 없기 때문에 그 어떤 유형의 2차벽도 가능하다.

이와 비슷한 과정이 각 관다발의 바깥 부분에서 일어난다. 외부 세포들은 **원생체관부(protophloem)**로 성숙하고, 후생물관부와

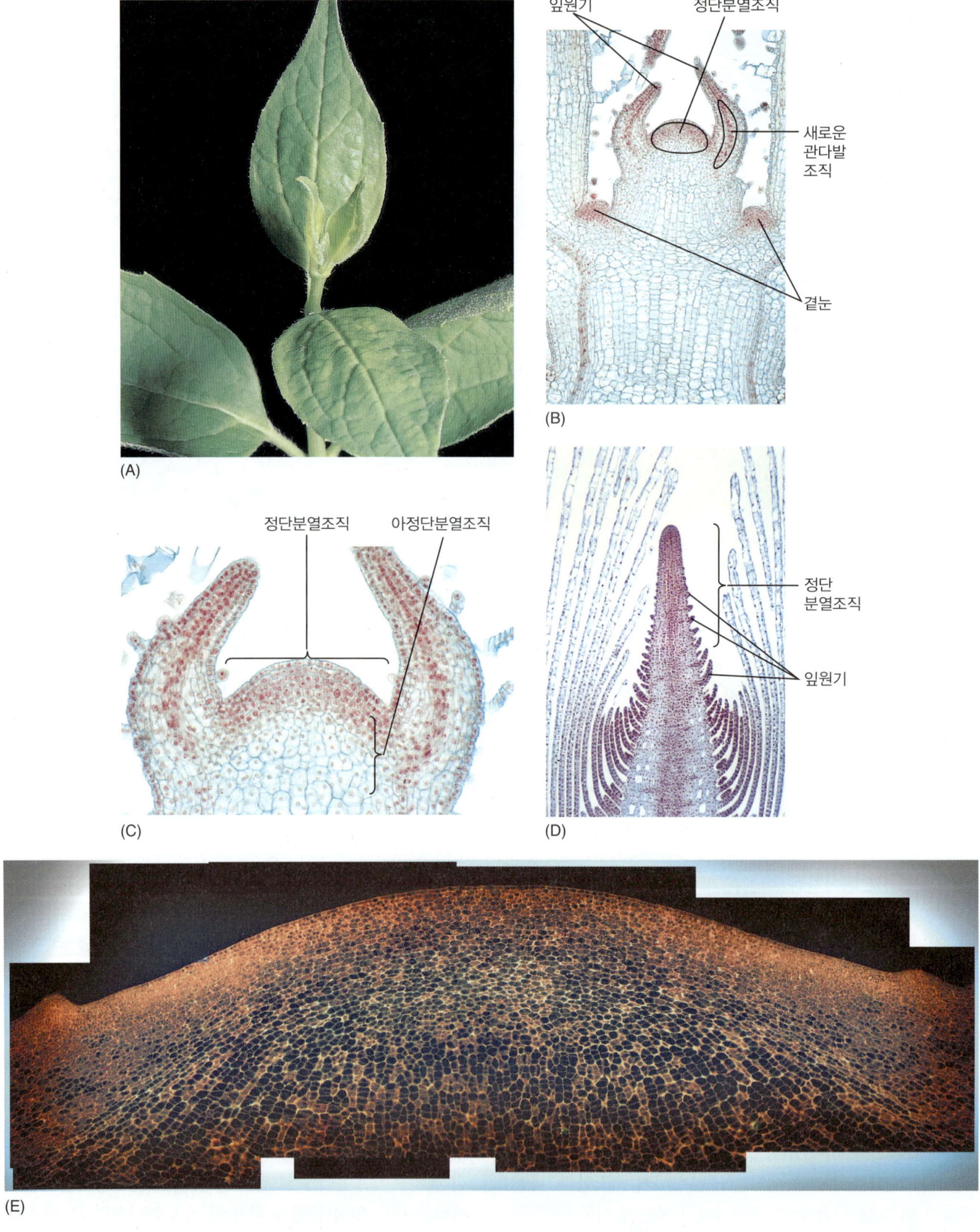

그림 5-40 **(A)** 이 줄기 끝에는 완전히 펼쳐진 몇 개의 잎과 한 세트의 작은 잎, 그리고 더 작은 어린잎들의 세트가 있다. 절개해 보면 더욱 많은 어린잎들이 나타나게 될 것이다. **(B)** 정단분열조직과 연령이 다양한 잎원기들을 보여주는 콜레우스(*Coleus*) 줄기 끝의 종단면. 2개의 곁눈은 작은 돌출로 겨우 인식된다(×100). **(C)** 콜레우스 줄기 정단분열조직의 고배율. 각 잎원기의 중심에서 관다발조직이 분화하고 있다(×200). **(D)** 엘로데아(*Elodea*)의 이 정단분열조직은 (C)의 콜레우스 줄기 정단분열조직보다 더 높고 좁으며, 훨씬 많은 잎원기들을 갖는다(×50). **(E)** 이 사진은 황금술통선인장(*Echinocactus grusonii*)의 거대한 줄기 정단분열조직이다. 분열조직이 너무 커서 대략 15개의 작은 이미지들을 합성한 콜라주(collage)로 사진을 찍었다. 이 이미지는 지름이 1.5 mm인 실제 분열조직의 약 100배 정도로 출력하였다. 세포벽과 핵이 눈에 잘 보이도록 색을 변경하였다(×100).

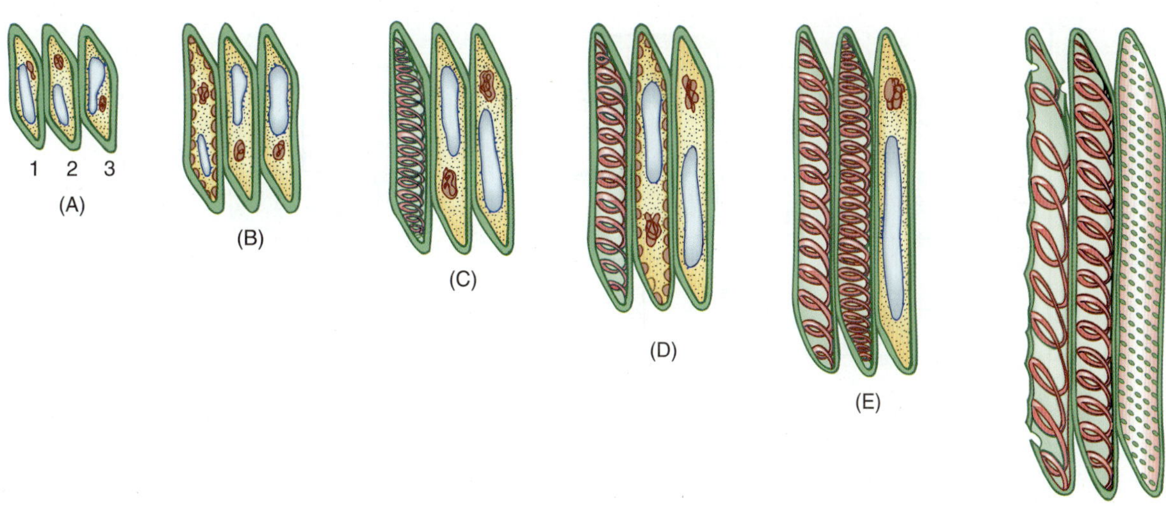

그림 5-41 세 가지 관상요소의 발생. **(A)** 모든 세포들이 어리고, 작고, 세포질을 갖는다. **(B)** 모든 세포들이 아직 작을 때 첫 원생물관부 요소가 생긴다. 세포 1에 2차벽(빨간 점)이 만들어지기 시작하였다. **(C)** 세포 2와 세포 3이 생장을 계속하면서 죽은 세포 1이 늘어나게 만든다. **(D**와 **E)** 세포 2는 성숙한 반면, 세포 3이 계속 자라면서 세포 1과 세포 2를 당긴다. 세포 1은 너무 많이 늘어나서 가장자리가 찢어지기 시작한다. **(F)** 모든 신장이 멈추고, 세포 3은 공문상 요소로 분화하였다. 세포 1의 1차벽은 찢어져서 더 이상 통도를 수행하지 않는다. 세포 2는 여전히 물을 나를 수 있을 것이다. 줄기에서 이들 세 가지 세포는 많은 세포들로 둘러싸인다.

가장 가까운 세포들은 **후생체관부(metaphloem)**가 된다. 체요소들은 2차벽을 갖지 않으므로 원생체관부의 벽과 후생체관부의 벽은 같다. 그렇지만 체요소들은 늘어지는 것에 대해 매우 민감하여 스트레스를 많이 받게 되면 죽는다. 그러므로 원생체관부 세포들은 아주 짧게 살고, 보통 하루 정도만 기능을 한다. 어쩌면 이들이 너무 일시적이기 때문에 원생체관부 세포들이 제대로 분화되는 경우는 전혀 없다. 그 체역은 작고 가장 기본적이며, 많은 세포들이 반세포를 갖지 않는다. 후생체관부의 체요소는 나중에 주변의 모든 세포들이 확장을 멈춘 다음에야 비로소 분화한다. 후생체관부는 커다란 체역과 눈에 잘 띄는 반세포를 가지면서 완전히 분화한다.

후생체관부 세포들이 후생물관부 세포들처럼 아주 커다랄 것으로 예상되고, 분화하기 전에 장기간 확장함에도 불구하고, 후생체관부 세포들은 훨씬 작다. 이 부위의 원생물관부의 기능을 하는 죽은 세포이건, 죽어서 기능을 하지 않는 원생체관부 세포이건, 또는 분화하지 않은 살아 있는 후생물관부와 후생체관부 세포이건 간에 모든 세포들은 확대된다. 어떤 세포에서는 세포분열이 일어나지만 다른 세포에서는 그렇지 않으므로 세포의 크기는 다르다. 물관부에서는 모든 세포들이 분열을 멈추고, 원생물관부 세포들은 늘어나며, 곧 후생물관부가 될 세포들은 자체의 생장에 의해 세포들이 차츰 커지면서 조직이 확대된다. 원생체관부 세포들은 분열을 멈추고 분화하는데, 다른 체관부 세포들은 분열을 계속하기 때문에 원생체관부 세포들은 작은 상태로 남게 된다.

다른 조직들도 꼭대기 밑에서 분화한다. 표피에서는 모상체 돌출의 첫 단계가 정단분열조직과 가장 가까운 아주 어린 마디사이에서 관찰되기도 한다. 그 아래의 오래된 마디사이에서는 모상체들이 더욱 성숙하고, 공변세포와 기공개구부가 형성될 수 있다. 각피는 정단분열조직에서 극히 얇지만 아정단 부위에서 두꺼워지기 시작하여 줄기 끝에서 몇 마디사이 내려오면 완벽하게 두꺼워진다. 속(수)의 분화에서는 대체로 확연히 드러나는 변화가 거의 없다. 세포는 약간 커지고, 세포간극은 확장되지만 꽤 작은 채로 남고, 세포벽은 얇고 번경되지 않은 상태를 계속 유지한다. 모든 변화는 세포들이 아정단분열조직에 있거나 그 바로 밑에 있는 동안에 대개 빨리 완료된다. 이와 비슷한 변화가 피층에서도 나타나지만, 여기서는 색소체들이 엽록체로 발달한다. 세포들이 정단분열조직과 가까이 있는 동안 원생물관부와 원생체관부가 빠르게 발달하지만, 후생물관부와 후생체관부는 마디와 마디사이의 신장이 끝날 때까지 분화를 시작하지 않는다.

'표피', '피층', '체관부', '물관부' 및 '속'이라는 용어들은 보통 성숙한 세포와 조직을 가리키기 때문에 이런 용어들을 분화하는 동안의 발생 중인 어린 세포들에 적용하면 혼란스럽다. 오해를 막기 위해 특별한 용어들을 사용하자는 데 합의가 이루어졌다. **원표피(protoderm)**는 분화의 초기 단계에 있는 표피 세포들을 가리킨다. 물관부와 체관부의 어린 세포들은 **원시관다발조직(provascular tissue)**이고, 속과 피층의 초기 단계는 **기본분열조직(ground meristem)**이라 부른다(**그림 5-42**). 따라서 아정단분열조직은 원표피, 기본분열조직, 원시관다발조직 그리고 더 많은 기본분열조직들로 이루어진다. 성숙되는 속도는 종마다 크게 다르고 같은 식물에서도 한 줄기와 다른 줄기에서 엄청나게 달라진다. 넝쿨식물처럼 마디사이가 긴 줄기에서는 성숙이 더디고, 줄기 정단분열조직의 훨씬 아래에서는 성숙하지 않은 조직들이 발견되기도 한다. 비늘줄기와 상추 같이 마디사이가 짧은 줄기에서는 분화가 신속하게 완료될 수 있고, 모든 조직들은 줄기 꼭대기의 아주 가까이에서 성숙한다.

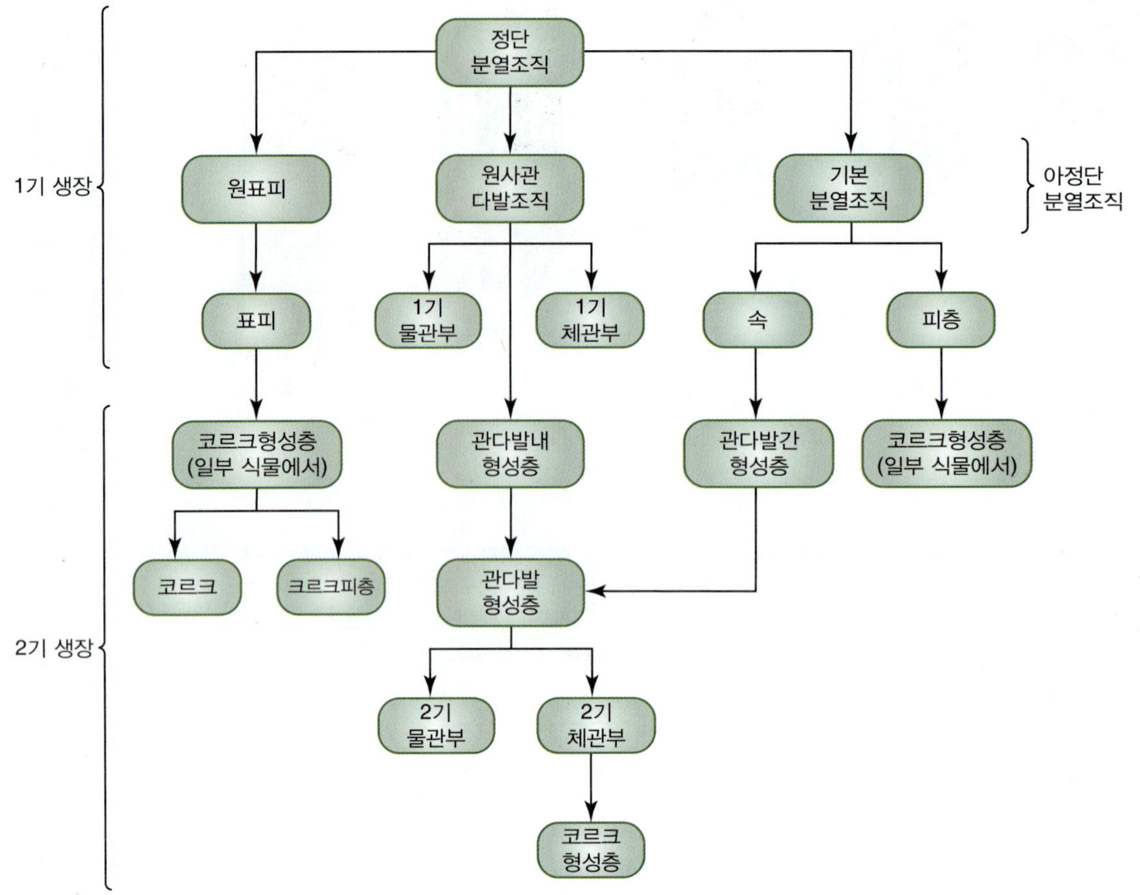

그림 5-42 정단분열조직의 세포들은 세 가지 종류의 아정단 세포들을 만들어 내고, 이들은 차례로 성숙한 1기 조직의 특정한 유형들이 생기게 한다. 표피는 오직 원표피에서만 발달하고, 원시관다발조직이나 기본분열조직에서는 생기지 않는다. 1기 식물체의 다른 세포계보들 역시 매우 단순하고 직선 모양이다.

이제 이 장을 마치면서 두 가지 개념을 정확하게 정의할 수 있게 되었다. **1기 조직(primary tissue)**은 정단분열조직에서 만들어지는 조직이고, **1기 생장(primary growth)**은 정단분열조직의 활동에 기인하는 생장과 조직의 형성이다. 2기 조직(목부와 나무껍질)은 관다발형성층과 코르크형성층이라는 다른 종류의 분열조직에 의해 생기고, 이 내용은 다른 부분에서 다루게 된다.

박스 5-4 식물과 사람은 서로 다르게 자란다

여러분이 태어난 날에 부모님이 한 그루의 나무를 심었다고 상상해 보자. 여러분의 키가 더 이상 커지지 않을 때에도 그 나무는 여전히 자라고 있을 것이다. 사람은 보통 18세가 되면 키가 최고에 달하지만 나무는 높이가 계속 증가한다. 잔가지의 끝은 해마다 몇 인치 길어지고 새로운 잎과 꽃을 만든다. 나무는 얼마나 커질까? 우리가 나무를 잘 보살피고, 비료와 물, 햇빛을 제공하고, 질병과 폭풍으로부터 보호해 준다면, 나무는 결코 생장을 멈추지 않을 것이다. 그렇지만 사람의 키는 정해져 있다. 아무리 비타민을 섭취하고 영양가 높은 식사를 하더라도 사람의 키는 7피트나 8피트가 되지 못할 것이다.

우리 같은 동물은 **유한생장(determinate growth)**을 하지만, 식물은 **무한생장(indeterminate growth)**을 한다. 동물이 갖는 기관들의 크기와 수는 어버이로부터 물려받은 유전자들에 의해 결정된다. 영양실조는 우리가 제대로 생장하지 못하게 할 수 있지만, 아무리 건강하고 영양상태가 좋더라도 우리가 유전적 잠재력을 초과할 수는 없다. 많은 식물의 크기는 그들의 유전자에 의해 결정되지 않는다. 비록 식물이 잘 자라지 못하는 유전자를 물려받았다 하더라도, 대단히 오랜 시간 동안 산다면 식물은 엄청나게 커질 수 있다.

동물의 유한생장은 특정한 수의 기관을 갖는 몸의 정확하고 변치 않는 형체와 관련이 있다. 사람은 1개의 머리, 1개의 몸통, 2개의 팔과 2개의 다리를 갖고, 우리의 척추는 33개의 척추뼈와 12쌍의 갈비뼈를 포함하며, 이들 모두는 우리가 태어날 때부터 있던 것들이다. 태어난 다음에 새로 추가된 것들은 전혀 없다. 동물은 **유한기관형성(determinate organogenesis)**을 한다. 식물의 몸은 그렇게 정확하게 조직화되지 않는다. 식물이 발아하여 유식물이 될 때 그 잎과 뿌리의 대부분은 아직 나타나지 않고, 가지나 꽃 또는 열매의 그 어느 것도 달리지 않는다. 이들 모두는 살아가는 동안 몇 년에 걸쳐 만들어지며, 이들 기관의 정해진 개수도 없다. 그 식물이 모든 잎을 갖는 시기도 결코 없는데, 이는 잎의 일부가 이미 떨어졌기 때문이다. 다른 기관들은 아직 생기지도 않았다. 식물은 **무한기관형성(indeterminate organogenesis)**을 한다.

식물은 지상부와 뿌리의 끝에 있는 특별한 세포집단에 의해 생장한다. 이들 세포가 분열하면 새로 생긴 세포의 대략 절반은 성숙하여 줄기, 새로운 잎, 꽃 등등의 기능적 세포들로 분화하지만, 다른 세포들은 원래의 크기로 회복한 다음 다시 분열한다. 또 다시 새로운 세포의 약 절반은 성숙하고, 나머지 절반은 분열할 수 있는 세포가 된다. 지상부의 끝에는 항상 새로운 세포를 만들 수 있는 세포들이 있다. 이들 세포가 다 떨어질 일은 전혀 없다. 몸의 생장을 위해 새로운 세포와 기관을 항상 만들 수 있는 식물의 세포들과 비슷한 세포집단을 동물은 갖지 않는다.

그렇다고 해서 식물과 동물의 생장이 전적으로 다른 것은 아니다. 사람의 피부는 무한생장을 한다. 기저층(stratum basale)이라고 부르는 피부의 가장 안쪽 층은 결코 분열을 멈추지 않는 세포들로 구성된다. 매번 분열이 끝나면 어느 딸세포는 성숙하여 피부 세포가 되고 다른 딸세포는 분열을 계속한다. 사람은 끊임없이 피부를 교체한다. 햇볕에 심하게 타면 피부의 일부가 벗겨지지만 기저층이 새로운 피부를 만들어 이들을 대체한다. 이는 식물이 생장하는 방법이다. 사람의 머리카락, 손톱, 그리고 혈액도 일생을 통하여 분열하고 새로운 세포를 제공하는 세포집단으로부터 계속해서 자란다. 근육이 발달하거나 점점 뚱뚱해지는 것은 다르다. 이런 일들은 기존의 세포들이 커지는 것과 관련이 있고, 세포의 수가 증가되는 것은 아니다.

식물에서 잎은 유한생장을 한다. 잎이 작을 때에는 잎의 모든 세포들이 되풀이하여 분열한다. 그러고 나서 어느 순간에는 모두 분화하고 성숙하며, 새로운 잎 세포를 만들 수 있는 세포가 없게 된다. 개개의 세포가 내부의 중심액포를 확대시킴에 따라 잎이 완전한 크기로 확장된다. 잎의 최대 크기는 식물의 유전자에 의해 결정된다. 꽃도 마찬가지다. 식물을 잘 보살피면 식물은 많은 꽃을 필 수 있지만 훨씬 큰 꽃을 만들지는 않는다.

물론 예외도 있다. 촌충류(tapeworms)는 무한생장을 한다. 촌충류는 숙주의 장을 공격하는 '머리(두절, head)'와 끊임없이 분열하는 세포집단인 '목(경부, neck)'을 갖고 있다. 새로운 세포가 충분하게 있으면 일부는 기관들이 완비된 체절(분절)로 자신들을 구조화한다. 분열하는 목세포는 또 다른 체절을 위한 세포들을 계속 만든다. 촌충류는 체절의 수가 정해져 있지 않으며, 가늠할 수 없는 길이로 자란다. 알이 가득 찬 오래된 체절은 분리되고 숙주의 배설물에서 끝나지만, '목'은 새로 대체하는 체절들을 만든다. 다른 동물과 달리 촌충류는 머리 하나와 목 하나를 제외한 다른 부분들의 수는 정해져 있지 않다. 촌충류의 식물 같은 무한생장은 식물처럼 영구히 분열하는 세포집단을 갖고 있다는 점과 식물과 비슷하게 몸의 정확한 양상이 없다는 점에 근거한다.

예외적인 식물이 **1년생 식물(annual plant)**이다. 딱 1년만 사는 1년생 식물은 동물처럼 유한생장을 한다. 이들 식물도 꼭대기에서 자라지만, 어떤 까닭인지 몇 주나 몇 달 후에는 세포들이 분열을 멈추고 식물의 기관 형성을 끝낸다. 그러고 나서 식물은 꽃을 피우고 열매와 씨앗을 만든 다음 죽는다. 2년 동안 사는 **2년생 식물(biennial plant)**은 첫 해에 많은 잎을 만들고, 다음해에 개화와 생식이 일어난 다음 죽는다. 1년생 식물과 2년생 식물의 생명은 그들의 유전자에 의해 프로그램이 되어 있다. 제 아무리 많은 관심을 베풀고 많은 비료를 주더라도 더 오래 살아 있게 하거나 무한히 자라게 할 수는 없다.

다음 단계에서는

1. **지상부의 극도의 변형.** 모든 종자식물의 지상부는 동일한 기본 체제로 이루어져 있지만, 일부에서는 다양한 조직들이 몹시 변형된다. 선인장이 예외적인 것처럼 보이지만, 선인장은 이 장에서 나타낸 정상적인 부분들을 모두 갖고 있다. 전적으로 숙주의 체내에서 사는 기생식물은 몸이 매우 변형되어 어떤 기관과 조직이 없거나 간신히 알아볼 수 있을 정도이다. 유익한 종들로는 자이언트라플레시아(*Rafflesia arnoldii*), 트리스테릭스 아필루스(*Tristerix aphyllus*), 겨우살이의 일종(*Viscum minimum*) 그리고 히드노라 아프리카나(*Hydnora africana*) 등이 있다. 더 상세한 내용을 알기 원한다면 포도스테뭄과(Podostemaceae; 때때로 'Podostemonaceae'라고도 나타냄)를 검색해 보기 바란다. 이들은 구조의 거의 모든 측면이 비정상적인 꽃식물이다.
2. **물관부의 진화와 생태.** 모든 생물은 물을 얻고 수송하고 보존해야 한다. 식물이 그 서식지에 적응하는 데 있어서 물관부 세포의 선택 가능한 유형이 어떻게 영향을 미치는지를 분석하는 많은 연구가 이루어졌다. 한편 초기 식물에 들어 있는 소수의 단순한 헛물관에서 오늘날의 속씨식물 물관부에 존재하는 많은 다양한 종류의 세포들에 이르는 물관부의 진화도 광범위하게 연구되었고 관련 증거가 많다. 키워드로 '물관부 진화(xylem evolution)' 그리고 '물관부 생태(xylem ecology)'로 검색하면 많은 정보를 얻게 될 것이다.
3. **개미식물(*myrmecophyte*).** 놀라울 정도로 많은 식물의 줄기가 변형되었는데, 그 한 예로 지상부 표면과 터널로 이어지는 속이 비어있는 방은 개미와 진드기 같은 동물들에게 은신처와 주거지를 제공한다. 이런 구조를 소혈(domatia; 단수형 domatium)이라 부르고, 이런 곳을 차지하는 곤충들은 일반적으로 식물에게 어느 정도의 이익을 제공한다. 예를 들면, 개미들은 자주 식물을 순찰하면서 식물을 공격할 수 있는 다른 곤충들을 죽이고, 경우에 따라서는 식물에서 곰팡이를 제거해 준다. 한편 많은 개미들은 소혈의 특수한 방에서 대소변을 보고, 이는 식물에게 질소 비료로 제공된다. 키워드로 개미식물(ant plant), 개미식물(myrmecophyte), 소혈(domatium), 히드노피툼(*Hydnophytum*), 미르메코디아(*Myrmecodia*), 솔라노프테리스(*Solanopteris*)로 검색하면 많은 정보를 얻게 될 것이다(그리고 이 책의 찾아보기에서도 살펴보라).

요약

1. 세포는 능률적으로 기능하기 위해서 적절한 양식으로 적절한 연관성을 가지며 배열되어야 한다.
2. 모든 속씨식물은 뿌리와 줄기 및 잎을 갖지만, 이들 각각은 특정 환경에서 상당히 변형될 수 있다.
3. 거의 모든 줄기는 잎을 만들고 지지하며, 잎과 눈 및 뿌리 간에서 물과 무기질 그리고 당을 수송하는 기능을 한다. 어떤 줄기는 저장, 생식, 파종 및 스트레스에서 살아남는 데 관련된다.
4. 모든 줄기는 마디와 마디사이로 구성되고, 잎과 곁눈을 갖는다. 수많은 종류의 줄기가 있는데, 대부분의 식물체는 둘 또는 3종류의 지상부를 갖는다.
5. 세포벽에 근거한 식물세포의 세 가지 기본형은 대부분의 대사에 책임이 있는 유세포, 가소성 지지의 기능을 하는 후각세포 그리고 탄성지지 역할을 하는 후벽세포이다.
6. 관다발조직은 물관부와 체관부이다. 관상요소는 천공이 있는 물관요소와 천공이 없는 헛물관으로 구성된다. 체요소는 작은 체공이 있는 체세포와 격벽에 커다란 체공이 있는 체관요소로 이루어진다.
7. 모든 속씨식물의 줄기는 표피와 피층 그리고 병립관다발을 갖는다. 기초속씨식물과 진정쌍떡잎식물에서는 관다발이 속(수)을 둘러싸는 고리로 나타나는 반면, 외떡잎식물에서는 산재유조직(conjunctive tissue)에서 복잡하게 분포한다.
8. 원생물관부와 원생체관부는 기관이 신장하는 동안 형성되므로 늘어날 수 있어야 한다. 후생물관부와 후생체관부는 신장이 끝난 다음에 형성된다.
9. 1기 물관부와 1기 체관부는 통도세포만이 아닌 다양한 세포형을 갖는 복잡한 조직이다.

중요한 용어

1기 생장(primary growth)
1기 조직(primary tissues)
각피(cuticle)
곁눈(액아; axillary bud)
공변세포(guard cells)
관다발(vascular bundles)

관상요소(tracheary element)
기공(stoma)
기본분열조직(ground meristem)
기초속씨식물(basal angiosperms)
덩이줄기(괴경; tubers)
둥근줄기(구경; corms)
마디(nodes)
마디사이(절간; internodes)
모상체(trichomes)
물관(도관; vessel)
물관부(xylem)
물관요소(vessel elements)
반세포(companion cells)
벽공(pits)
벽공막(pit membrane)
벽공쌍(pit-pair)
보강세포(sclereids)
비늘줄기(인경; bulbs)
뿌리줄기(근경; rhizomes)
섬유(fibers)
속(수; pith)
속씨식물(angiosperms)
외떡잎식물(monocots)
원생물관부(protoxylem)
원생체관부(protophloem)
원시관다발조직(provascular tissues)
원표피(protoderm)
유조직(parenchyma)
잎차례(엽서; phyllotaxy)
정단분열조직(apical meristem)
진정쌍떡잎식물(eudicots)
천공(perforation)
체공(sieve pores)
체관(sieve tube)
체관부(phloem)
체관요소(sieve tube members)
체세포(sieve cells)
체역(sieve areas)
체판(sieve plates)
표피(epidermis)
피층(cortex)
헛물관(가도관; tracheids)
환형 유연벽공(circular bordered pits)
후각세포(collenchyma cells)
후벽조직(sclerenchyma)
후생물관부(metaxylem)
후생체관부(metaphloem)

복습 문제

1. 초본의 몸은 세 가지의 기본적 부분만을 포함한다. 그것들은 무엇인가?
2. 첫 육상식물의 줄기는 주로 수송과 지지를 위한 구조로 기능하였다. 현대의 줄기도 이들 기능을 하지만, 몇 가지가 추가되었다. 추가된 기능들을 설명하시오.
3. 수년 간 꽃식물에 대해 여러 다른 명칭들이 사용되어 왔다. 여기서 다루는 꽃식물들은 공식적으로 ______________문으로 분류하지만, 이들은 일상적으로 ______________이라고 부른다. 이 집단에는 약 _________종의 꽃식물이 포함된다.
4. 초기의 속씨식물은 오늘날 ____________, ____________ 및 ____________로 알려진 몇 집단으로 분기되었다. 각 진화계열에 해당하는 식물의 예를 세 가지씩 들어보자.
5. 초본은 오직 1기 식물체만 갖는다. 이는 초본이 뿌리와 줄기 그리고 잎을 갖지만, 전혀 ________________이 되거나 ________________로 덮이지 않는 식물이라는 의미이다.
6. 대체로 동물은 기관의 수와 크기가 고정된 ____________ 생장을 하지만, 식물은 기관의 크기와 수가 정해져 있지 않은 ____________생장을 한다. 사람의 몸에서 어느 부분이 식물처럼 계속해서 생장하는가? 식물의 어느 부분이 크기가 고정되어 있어서 아무리 식물을 잘 보살펴도 그 기관이 더 커지지 않는 부분은 어디인가? 딱 1년만 사는 식물의 이름은 무엇인가? 딱 2년만 사는 식물의 이름은?
7. 유세포와 후각세포 및 후벽세포 간의 중요한 차이점은 무엇인가?
8. 그림 5-6A와 5-6B를 검토해 보자. 그림 5-6A에 보인 대부분의 유세포에는 핵이 없는데, 그림 5-6B에 보인 대부분의 유세포에서 핵이 보이는 이유는 무엇일까? 그림 5-6A의 제라늄에서 실제의 세포에 핵이 없는 것일까, 아니면 현미경 슬라이드를 제작하는 과정에서 조직이 절단될 때 핵에 무슨 일이 생긴 것일까?
9. 광합성을 하는 유세포의 특별한 명칭은 무엇인가? 이 세포들이 풍부하게 들어 있는 세포소기관은 무엇인가? 벽이 얇으면 이산화탄소와 빛에 어떤 영향을 미칠까?
10. 앞에서 유세포가 만들어지는 데에는 비교적 경비가 적게 든다고 언급하였다. 그건 무슨 뜻일까? 이것과 대부분의 잎이 부드러운 것은 어떻게 관련되나?
11. 점토처럼 후각세포의 벽은 가소성(plasticity)을 나타낸다. 이는 늘어날 수 있다는 것일까, 아니면 늘어날 수 없다는 것일까? 만약 어떤 조직이 후각조직에 의해 지지된다면 그 조직은 자랄 수 있을까?
12. 후각조직은 어떻게 조직을 지탱할까? 만약 조직에 유조직이 없어도 후각조직이 일할 수 있을까? 만약 조직이 팽윤(turgid)되지 않으면, 즉, 조직이 충분한 물을 갖지 않으면 어떻게 될까?
13. 후각조직은 가소성을 나타내지만, 후벽조직은 탄력성이 있다. '탄력성(elastic)'이란 무엇을 의미하나? 만약 탄력성이 있는 물체를 당기거나 변형시키면, 그 물체가 새로운 형태를 유지할까, 아니면 원래의 모습으로 튀어 돌아갈까? 기관이 생장하면서 그 모양이 변하지만, 성숙한 크기와 모양을 갖춘 다음에는 어떤 것들이 그 기관을 변형시킬까? 성숙한 기관이 가소성의 특성을 가져야 할까, 아니면 탄력적인 특성을 가져야 할까? (예를 들어, 눈의 무거운 무게 때문에 가지가 아래로 굽어졌다면, 눈이 녹았을 때 가지가 구부린 채로 있어야 할까,

아니면 눈이 오기 전의 모습으로 돌아가야 할까?)

14. 기계적인 비통도(nonconducting) 후벽세포의 두 가지 종류는 무엇인가(힌트: 표 5-3)? 어느 것이 유연하고 목부에서 유용한 경향이 있을까? 어느 것이 쉽게 부러지고 신축성이 없으며, 종자를 보호하는 '씨(pit 또는 stone)'에 쓸모가 있을까?
15. 섬유와 보강세포는 2차벽을 갖고 있는데, 이 벽이 너무 두껍고 강인해서 세포가 자랄 수 없다. 만약 그렇다면 어떻게 섬유와 보강세포가 성숙한 크기와 모양으로 자랄 수 있을까? 이들 세포는 어린 세포일 때에도 2차벽을 갖고 있을까?
16. 야자나무의 잎을 상상해 보자. 잎이 완전히 자랐을 때 잎은 그 크기와 무게를 지탱하기 위해 후벽조직을 가져야 한다. 잎이 아주 작고 막 자라기 시작할 때 그 어떤 후벽조직을 가질 것이라고 생각하는가? 잎이 중간 크기이고 아직도 계속해서 자라고 있을 때 후각조직을 가질 것이라고 예상하는가?
17. 엄밀히 말하면 ____________________는 축(axis)인 반면에, ____________________는 ____________________에 달릴 수 있는 모든 잎이나 꽃 또는 싹을 더한 것이다.
18. 잎이 줄기에 달리는 부위를 ____________________라고 부른다. 이 지점의 바로 위에 ____________________눈이 있다.
19. 그림 5-13A는 두 가지 종류의 눈을 보여준다. 그 두 가지는 무엇이고, 이들은 어떻게 다른가?
20. 잎이 줄기에서 떨어진 다음, 곁눈 바로 밑에 ____________이 남는다.
21. 잎차례(엽서)가 무엇인가? 옥수수와 붓꽃에서는 잎이 두 줄로 배열된다. 이것을 ____________________ 잎차례라고 한다.
22. 양배추나 상추의 윗부분을 바라보면 무엇이 보이나? 어느 곳이 줄기인가? 양파를 볼 때에는 어떤가? 여러분이 보는 것은 무엇이고, 양파의 줄기는 어디에 있나?
23. 다음과 같은 종류의 특수한 지상부 각각을 설명하시오. 잎과 마디사이 그리고 생장 방향의 변형을 반드시 설명하시오. 기는줄기(stolon), 뿌리줄기(rhizome), 덩이줄기(tuber), 비늘줄기(bulb), 둥근줄기(corm)와 덩굴손(tendril). 이들 각각은 식물에게 선택적 이익을 제공한다. 특수한 지상부 각각의 적응적 가치는 무엇인가?
24. 많은 과학 단어들이 일상적인 영어 단어이다. 여러분이 만약 어느 식물이 비늘줄기(bulb)나 덩이줄기(tuber)를 갖는다고 읽는다면 그 식물구조가 무엇인지 언제나 확신할 수 있을까?
25. 초본의 줄기에서 가장 바깥쪽 표면은 무엇인가? 이 층의 바깥쪽 벽은 물이 벽에 스며들지 못하게 만드는 지방질로 이루어진 화학물질로 덮여 있다. 그 물질의 이름은 무엇이고, 그 층의 이름은 무엇인가?
26. 기공은 이산화탄소가 표피를 지나가게 해 준다. 기공이 열리고 닫히는 것을 조절하는 두 세포의 이름은 무엇인가? 이산화탄소가 통과하는 구멍 자체의 이름은 무엇인가?
27. 식물의 털을 가리키는 전문 용어는 무엇인가? 식물의 털은 동물이 어떤 일을 하기 어렵게 만든다. 털이 많은 잎 때문에 동물이 힘들어 하는 세 가지 활동을 설명하시오.
28. 줄기의 표피와 관다발 세트 사이에 있는 세포 부위의 이름은 무엇인가? 이 부위는 몹시 치밀한 유조직이지만, 호수나 바다의 물속에서 자라는 일부 수생 속씨식물에서는 이 부위에서 어떤 종류의 특수한 변형이 나타나는가? 선인장 같은 사막식물이나 다육질의 저수조직을 갖는 식물에서 이 부위가 특히 두껍거나 얇을 것이라는 가설을 세울 수 있을까? (이 책에 해답이 없으므로 여러분이 짐작해야 한다.)
29. 모든 꽃식물은 두 가지 종류의 관다발조직을 갖는다. ____________________________는 물과 무기질을 수송하고, ____________________________는 당과 무기질을 분배한다. 식물의 관다발계가 동물의 혈관계와 비슷한가, 아니면 다른가? 그 유사점이나 차이점을 설명하시오.
30. 어린 세포가 관상요소로 성숙함에 있어서 맨 먼저 ________에 들어가 ____________________을 정지해야 한다. 처음에는 작은 ____________________이지만, 세포가 완전한 크기와 모양을 갖추게 되면 ____________________벽을 강화하는 ____________________벽이 침적된다. 물관부 세포는 ____________________, 그 원형질체는 ____________________, ____________________ 벽이 남는다.
31. 관상요소에서 나타나는 2차벽의 다섯 가지 유형을 열거하시오. 원생물관부에서 가장 특징적인 두 가지는 무엇인가? 헛물관보다 물관요소가 선택적으로 유리한 점은 무엇인가?
32. 환상 비후(환상 2차벽)를 갖는 관상요소와 공문상 벽을 갖는 관상요소를 생각해 보자. 어느 쪽이 더 약한가? 2차벽이 없어서 물의 수송이 가능한 1차벽이 대부분인 것은 어느 쪽인가? 어느 한쪽이 언제나 다른 쪽보다 선택적으로 더욱 유리한가? 모든 조건에서 그러한가? 설명해 보시오.
33. 헛물관은 그 아래에 있는 ____________________에서 물을 받아 위에 있는 ____________________으로 보낸다. 물이 헛물관으로 들어가거나 헛물관에서 나올 때, 물은 ________을 통과한다. ____________________에 있는 1차벽과 중간층의 세트를 ____________________이라고 한다.
34. 만약 각 헛물관의 길이가 1 mm이라면, 물 분자가 높이 1 m인 식물을 통과하려면 얼마나 많은 벽공막을 통과해야 하는가? 이는 과연 많은 정도의 마찰(friction)인가?
35. 물관요소의 천공(perforation)이란 무엇인가? 한 물관요소에서 다른 물관요소로 물이 통과할 때 천공은 어떻게 마찰을 줄일까? 물 분자가 물관의 끝에 도달하면 어떻게 다른 물관으로 물이 지나갈까? (이는 물관에 관해 질문하는 것이고, 물관요소에 관한 것은 아니다) 34번 문제에서 헛물관의 길이를 1 mm로 추정하였다. 만약 물관요소의 길이도 1 mm로 추정한다면(물관요소는 보통 짧지만 편의상 1 mm로 추정한다), 미국너도밤나무(표 5-7)의 평균 물관에는 얼마나 많은 물관요소가 있을까? (표 5-7의 길이는 cm이다) 34번 문제에서 식물의 높이를 1 m라고 하였다. 미국너도밤나무의 평균 물관

이 이 높이의 식물에 들어맞을까? 만약 높이가 1 m인 식물이 1 m 길이의 물관을 갖는다면, 물 분자가 뿌리 끝에서 지상부 끝까지 수송되는 동안 얼마나 많은 벽공막을 통과해야 하는가? 이는 34번 문제의 해답보다 많은가, 아니면 적은가?

36. 헛물관과 물관요소 가운데 어느 것이 보다 최근에 진화하였나? 침엽수나 고사리류 같이 속씨식물이 아닌 식물이 물관요소를 가질까? 꽃식물(속씨식물)이 헛물관을 가질까? 물관요소를 가질까?

37. 물관부처럼, 체관부에는 ____________와 ____________라는 두 가지의 통도세포가 있고, ______________라는 용어는 양쪽 모두를 가리키는 말이다. 통도하기 위해서 이들 세포는 관상요소처럼 죽을까, 아니면 살아 있는 상태를 유지할까?

38. 체관부의 통도세포를 서로 연결하는 구멍의 명칭은 무엇이고, 이들 구멍의 무리를 무엇이라 하는가?

39. 체관요소는 격벽에 매우 커다란 체공을 갖고, 이는 세포의 측면에 있는 체공들보다 훨씬 크다는 점에서 체세포와 다르다. 커다란 체공이 있는 격벽의 체역을 무엇이라 하는가?

40. 체요소(체세포와 체관요소)는 발생 과정에서 그 핵이 붕괴되지만 세포는 죽지 않고 살아 있다. 체세포와 밀접하게 관련된 세포의 이름은 무엇인가? 체관요소와 관련된 세포의 이름은 무엇인가?

41. 어린 세포가 체관요소로 분화하는 동안에 세포벽과 세포질에서 나타나는 변화는 무엇인가? 체관요소는 성숙한 다음 얼마나 오래 살까?

42. 세포질연락사, 벽공, 천공 그리고 체공을 설명하시오. 살아 있는 세포들을 연결하는 것은 어느 것인가? 살아 있지 않은 세포들을 연결하는 것은 어느 것인가? 어느 것이 2차벽에서 나타날까?

43. 모든 관다발은 ___________________한다. 즉, 각 관다발은 물관부와 체관부 모두를 포함한다. 관다발의 물관부는 1기 식물체의 일부이므로 ___________________물관부이고, 체관부는 ___________________체관부이다.

44. 줄기는 그 끝에 있는 _____________________에서 새로운 세포들이 만들어지면서 길게 자란다. 이 조직 바로 아래의 아정단분열조직에서 가장 먼저 만들어지는 첫 번째 물관부를 ___________________라고 하고, 더욱 커진 다음에 얼마 있다가 물관부로 분화하는 세포들을 ___________________라고 한다.

45. 정단 부위와 그 밑의 아정단 부위에는 나중에 표피와 그 밖의 조직을 생기게 할 세포들이 있지만, 이 세포들은 아직 표피 등등으로 부를 수 있을 만큼 충분히 성숙하지 않았다. 다음과 같은 세포들을 가리키는 용어는 무엇인가?

   a. 아직 분열 능력을 갖는 표피세포
   b. 물관부와 체관부의 어린 세포
   c. 속과 피층의 어린 세포

46. 줄기의 단면에서 보이는 조직들의 배열을 외떡잎식물과 기타 속씨식물을 구분하여 설명하시오. 기는줄기의 조직 배열은 뿌리줄기나 덩이줄기 또는 둥근줄기의 배열과 다를까?

47. 그림 5-42를 보시오. 꼭대기의 세 줄 옆에는 '1기 생장'이라고 적혀 있는데, 왜냐하면 이들은 초본의 몸인 1기 식물체에서 발견되기 때문이다. 그림의 세 번째 줄에는 1기 식물체에서 발견되는 5종류의 성숙한 조직을 나타내는 5개의 박스가 있다. 그 5가지 조직은 무엇인가?

48. 만약 여러분이 100세까지 산다면 여러분은 평생 동안 얼마나 많은 세트의 기관을 갖게 될까? 심장과 위 그리고 간은 몇 개를 가질까? 만약 식물이 100년 동안 산다면 얼마나 많은 세트의 잎을 갖게 될까? 만약 식물의 나이 10세부터 개화한다면 얼마나 많은 세트의 꽃을 피울까? 만일 여러분의 나이가 70세라면 남은 여생 30년 동안 여러분에게 에너지를 공급해 줄 소화계에 의존하게 될텐데, 그 기관의 나이는 어떻게 되나? 70년이 된 나무에서 에너지를 공급해 주는 잎의 세포들은 나이가 어떻게 되나?

CHAPTER 6

잎

학습 목표

이 장을 읽은 다음, 학생들이 할 수 있는 것은;

- 잎의 세 가지 기능을 열거한다.
- 잎의 부분들을 알아본다.
- 홑잎을 겹잎과 비교한다.
- 표피, 잎살, 관다발조직과 잎자루를 설명한다.
- 잎이 발생하는 단계의 이름을 댄다.
- 외떡잎식물 잎과 진정쌍떡잎식물 잎의 발생을 비교한다.
- 잎의 여러 종류인 다육엽, 경엽성 보통잎, 침엽수의 잎, 눈비늘, 엽침, 잎덩굴손, 크란츠구조를 갖는 잎과 포충엽에 대해 논한다.

알고 있나요?

- 상추와 양배추 같은 어떤 식물은 짧은 줄기와 약간의 뿌리가 있을 뿐, 거의 전적으로 잎으로 이루어져 있다.
- 많은 보통잎이 얇고 편평한 것은 햇빛과 이산화탄소의 흡수를 가능하게 하는 적응이다.
- 모든 보통잎은 엽록소를 갖는데, 일부 식물은 엽록소를 가리는 빨간 색소가 너무 많아서 빨갛거나 자주색인 보통잎이 달린다.
- 관다발이 빽빽하게 그물을 이루고 있는 잎에서는 잎의 모든 세포가 물관부와 체관부 세포들과 가까이 있다.

개요

- 개념
- 보통잎의 외부 구조
- 보통잎의 내부 구조
  - 표피
  - 잎살
  - 관다발조직
  - 잎자루
- 잎의 형성과 발생
  - 기초속씨식물과 진정쌍떡잎식물
  - 외떡잎식물
- 다른 유형 잎의 형태와 구조
  - 다육엽
  - 경엽성 보통잎
  - 침엽수의 잎
  - 눈비늘
  - 가시
  - 덩굴손
  - 크란츠구조를 갖는 잎
  - 포충엽

박스 6-1 식물과 인간: 잎, 식량 그리고 죽음

박스 6-2 식물학과 그 너머: 층층이 쌓인 잎의 구조

박스 6-3 대안: 광합성을 하지 않는 잎

장의 첫 이미지: 보통잎은 광합성을 수행하고, 이를 위해서 잎은 햇빛에 드러나야 한다. 그러나 여기에 보인 덩굴당단풍(*Acer circinatum*)은 우거진 숲에서 커다란 나무의 그늘에 살도록 적응되었다. 이 사진에서 대부분의 잎은 희미한 빛을 받을 뿐이고, 어떤 잎들은 빛을 거의 받지 못한다. 그에 반해서 이 단풍나무를 그늘지게 하는 더 큰 나무의 잎은 강렬한 햇빛에 노출된다. 서로 다른 종의 잎들은 극도로 다양한 서식지에 적응하게끔 진화하였다.

개념

'잎(leaf)'이라는 용어는 광합성에 관여하는 크고 편평한 녹색 구조인 보통잎(foliage leaf)을 떠올리게 한다. 그렇지만 자연선택의 결과로 보호하고(눈비늘, 엽침), 지지하고(잎덩굴손), 저장하고(비늘줄기의 다육질 잎), 심지어 질소를 조달하는(포충엽) 다양한 유형의 잎들이 선택이익을 갖게 되었다. 눈(bud)이 얼거나 마르지 않게 보호하는 것은 광합성을 하는 것과 매우 다르기 때문에, 눈비늘(bud scale)에게 선택적으로 이로운 잎의 구조와 대사는 보통잎에게 선택이익이 되는 구조나 대사와는 다르다. 이 원칙은 모든 종류의 잎에 적용된다. 개개의 기능에 있어서 어떤 변형은 이로운 반면, 다른 어떤 변형은 그렇지 않다. 잎의 다양한 유형과 잎의 변형 그리고 식물의 생명작용에서 잎이 맡는 역할을 익히면, 구조와 대사 그리고 기능이 어떻게 관련되는지를 이해하게 된다.

줄기와 잎 모두를 포함하는 지상계(shoot system)는 뚜렷이 다른 기관들의 분업과 통합을 동시에 보여준다. 식물이 생존하고 번식하려면 줄기와 잎은 반드시 함께 기능해야 하지만, 각 기관의 최적의 특성은 매우 다르다. 잎은 빛과 이산화탄소의 흡수를 최대로 흡수하기 위해 얇고 편평해야 하고, 그 조직의 대부분은 반드시 실아서 광합성을 수행하기 위해 엽록소가 풍부한 엽록조직으로 분화해야 한다. 줄기는 잎을 들어 올리고 물질을 통도한다. 줄기를 만드는 데 드는 비용은 최소화하면서 통도와 지지를 최대화하려면 줄기는 원통 모양이어야 하고, 줄기의 많은 부분인 관상요소 모두와 대부분의 섬유는 반드시 죽어야 기능을 한다. 목본에서는 매년 새로운 세포들이 줄기의 물관부와 체관부에 추가되면서, 거대한 목부와 나무껍질을 만들고, 점점 더 튼튼해지고 더욱 전도성인 줄기를 만든다. 해마다 잎에 새로운 세포가 축적된다는 것은 실현성이 없다. 잎은 보통 몇 달 동안만 살고, 좀 가볍게 만들어진다. 그런데 훤히 트이고 햇볕이 잘 드는 서식지에서는 흔히 높은 줄기가 필요하지 않고, 식물은 거의 전적으로 잎과 뿌리로 구성되기도 한다. 상추와 양배추에서는 잎이 오래가지 못하고 연약하지만, 용설란과 유카(*Yucca*)에서는 잎이 길이가 2 m 이상으로 육중하고 두껍고 오래 지속된다(그림 6-4A 참조). 거의 모든 잎에는 1기 조직만 들어 있고, 잎에서 목부와 나무껍질의 2기 생산은 극히 드물다.

이 장에서는 먼저 보통잎에 초점을 두고서 논의하는데, 이는 보통잎이 가장 익숙하기 때문이다. 그러고 나서 다른 유형의 잎들을 설명하고 분석한다. 이런 잎들이 어떻게 보통잎과 다르게 기능을 하는지 고려함으로써 잎의 구조에 중요한 환경요인을 알아낼 수 있고 자연선택이 다양한 종류의 잎을 어떻게 만들었는지 밝힐 수 있다.

보통잎의 외부 구조

보통잎의 가장 분명한 기능은 광합성이지만, 종종 대수롭지 않게 여겼던 다른 기능들도 그만큼 중요하다. 잎은 과도한 양의 물을 잃지 말아야 한다. 잎은 곰팡이나 세균이나 또는 표엽성(epifoliar) 조류가 들어오지 못하게 해야 한다. 골칫거리가 될 만큼 동물에게 영양가 높고 맛있는 잎이 되어서도 안 된다. 약한 바람에도 식물이 날아갈 정도로 잎이 효과적인 돛(sail)이 되어서도 안 되고, 광합성에 의해 충당되는 양보다 훨씬 적은 양의 탄수화물을 소비하여 잎을 만들 정도로 경제적이어야 한다. 보통잎이 이들 측면 가운데 어느 하나라도 실패한다면 식물은 죽게 되고 잎의 광합성은 쓸모가 없게 된다. 잎이 방수가 되고 병원체를 막는 등등의 기능을 하기 위한 잎의 여러 구조적 및 생리적 측면들은 어떤 점에서는 광합성에 지장을 초래한다. 우리는 보통잎이 가장 효과적으로 광합성에 적응하였다고 추정하지만, 이들 다른 요인들도 잎의 생명 작용에 영향을 주고 있으므로 반드시 고려해야 한다.

광합성 과정에서 잎은 이산화탄소를 흡수하고 빛에너지를 이용하여 이산화탄소를 탄수화물로 전환한다. 햇빛은 한 번에 한 방향에서 오기 때문에, 빛에 최대로 노출되면서 이산화탄소 흡수를 위한 최대의 표면적을 갖기 위해서는 평평하고 넓은 잎이 가장 좋다(**그림 6-1**). 엽록소가 햇빛을 효율적으로 흡수하므로 빛은 짧은 거리만 투과하고, 따라서 잎은 아주 얇을 수 있다. 두꺼운 엽록조직층에서 가장 아래에 있는 세포들은 빛을 거의 받지 못해 광합성을 할 수 없게 된다. 빛을 수확하는 평평한 부분이 **잎몸(엽신, leaf blade)**이고, 이를 **잎새(lamina)**라고도 한다. 잎몸의 아래

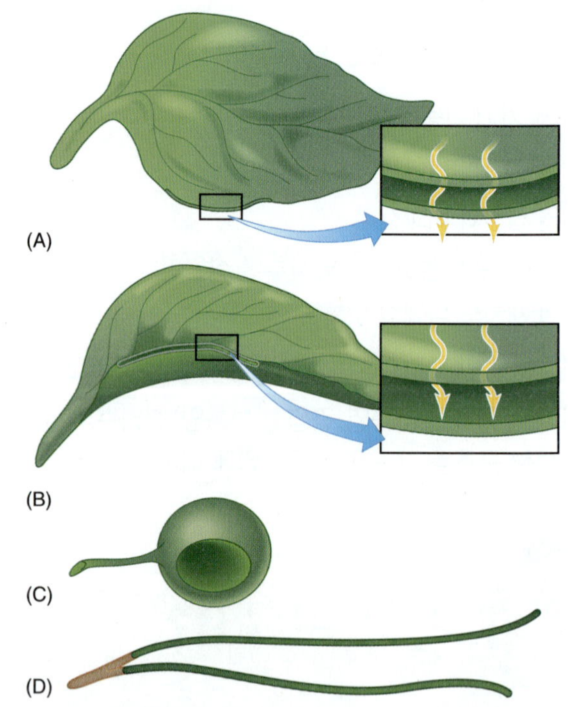

그림 6-1 잎의 가능한 몇 가지 형태. 이들의 부피는 모두 똑같다. **(A)** 얇고 편평한 잎몸을 갖는 가장 보편적인 종류. 모든 세포가 빛에 노출되고, 이산화탄소 흡수를 위한 넓은 표면적이 있으며, 기다란 잎맥은 없다. **(B)** 두꺼운 잎에서는 빛이 잎의 바닥까지 투과할 수 없고, 아래쪽 세포들은 광합성을 할 수 없다. 부피에 비례하여 이산화탄소 흡수를 위한 표면적은 좁지만, 물을 보존하는 데에는 도움이 된다. **(C)** 구형 잎은 내부의 자기그늘짐(self-shading)이 최대가 되고, 세포의 일부분만이 광합성을 위한 충분한 빛을 받는다. 가스교환을 위한 표면적은 최소가 된다. **(D)** 원주형 잎은 (A)에서와 같이 표면적이 넓고 자기그늘짐도 없다. 그렇지만 (A)와 같은 부피를 갖고 있으므로 잎이 아주 길어지고 잎맥을 통한 통도가 어려워질 수 있다.

쪽을 **등쪽면(dorsal surface)** 또는 **배축면(abaxial side)**이라 하고 큰 잎맥이 등뼈처럼 튀어 나온다. 잎몸의 위쪽을 **배쪽면(ventral surface)** 또는 **향축면(adaxial side)**이라 하고 보통 매끈하다.

대부분의 잎은 빛을 향해 뻗은 잎몸을 붙잡는 **잎자루(엽병, petiole)**를 갖고 있다(**그림 6-2**). 잎자루는 위쪽의 잎몸들에 의해 잎몸이 그늘지지 않도록 해 주는데, 자기그늘짐(self-shading)은 잎의 기본적 유용성을 무산시킬 수 있다. 잎자루는 다른 중요성도 갖는다. 길고 얇은 유연한 잎자루는 잎몸이 바람에 펄럭이게 해 줌으로써 잎을 서늘하게 하고 신선한 공기를 그 표면에 가져오게 한다. 잎과 공기가 정지해 있다면 이산화탄소가 잎 주위로 확산되어 오는 것보다 훨씬 빠르게 잎 주변에서 이산화탄소를 흡수하게 되므로, 이산화탄소가 대폭 감소하고 광합성이 줄어든다(**표 6-1**). 한편 잎이 펄럭이면 곤충들이 잎에 내려앉기 어렵고, 이미 내려앉은 곤충들의 일부도 떨어뜨릴 수 있다.

잎이 작거나 아주 길고 가늘다면 자기그늘짐이 문제가 되지 않고 잎자루가 없기도 한데, 이런 잎은 **자루달린(petiolate)** 잎이 아니라 **자루없는 잎(sessile leaf)**이라고 부른다. 이를테면 아이오니움속(*Aeonium*)은 메마르고 햇살이 내리쬐는 지역에서 자라고, 그 다육질 잎은 빽빽하게 싸여 있다(**그림 6-3**). 햇빛이 너무 강렬하기 때문에 잎들이 서로 가린다 하더라도 잎은 광합성을 하는 데 충분한 빛을 받게 된다. 이렇게 잎이 조밀하게 포개지면 물 분자를 잡는 데 도움이 되고 물이 식물체를 빠져나가지 못하게 막는다.

벼과 초본, 붓꽃, 백합, 용설란과 유카 같은 많은 외떡잎식물에서는 보통잎이 아주 길고 점점 가늘어지는 경향이 있으며, 자기그늘짐은 맨 아래 부분에서만 나타날 뿐이고 잎몸의 대부분은 빛에 잘 드러난다(**그림 6-4**, 그림 6-15 참조). 한편 외떡잎식물의 잎은 보통 잎자루가 없는 대신에 잎의 맨 아래 부분이 줄기 주위를 둘러싸서 **잎집잎밑(엽초엽저, sheathing leaf base)**을 형성한다. 잎몸은 잎자루가 없더라도 구부러지고 팔랑거릴 수 있다. 모든 외떡잎식물이 풀 같은 직선 모양의 잎을 갖는 것은 아니다. 야자나무, 몬스테라속(*Monstera*)과 필로덴드론속(*Philodendron*) 같은 천남성과 식물, 그리고 극락조화(bird-of-paradise) 식물들은 잎자루와 잎새처럼 생긴 것을 갖지만, 이 종들의 잎은 풀 같은 잎에서 진화한 것으로 여겨지며, '잎자루'는 실제로는 잎새의 변형된 부분이다(**그림 6-5**).

잎몸은 홑잎이거나 겹잎일 수 있다. **홑잎(단엽, simple leaf)**은 오직 한 부분으로 된 잎몸을 갖는 반면(**그림 6-6**), **겹잎(복엽, compound leaf)**은 개개의 몇 부분들로 갈라진 잎몸을 갖는다(**그림 6-7**과 **그림 6-8**). 이런 구조가 바람에 어떻게 영향을 받는지 생각해 보자. 잎몸이 크거나 얇다면 비틀어지고 구부러져서 찢어질 수 있다. 잎을 작게 만들거나 강인하게 만들거나 또는 겹잎처럼 이미 갈라져 있으면 잎이 찢어지는 것을 막을 수 있다. 겹잎은 많은 작은 잎몸인 **작은잎(소엽, leaflet)**을 갖고, 이들 각각은 **작은잎자루(소엽병, petiolule)**에 의해 잎자루가 연장된 **잎축(엽축, rachis)**에 붙는다. 잎은 모든 작은잎들이 같은 지점에 붙는 장상겹잎(palmately compound)이거나, 작은잎들이 잎축을 따라 각각 따로

그림 6-2 은백양(*Populus alba*)에 달리는 잎의 잎자루는 길어서 잎들을 서로 가리지 않고, 모든 잎들이 완전히 빛에 노출된다. 각 잎몸의 아래쪽(배축면)은 흰색의 죽은 모상체로 덮이고, 위쪽(향축면) 표면은 털이 없고 녹색이다.

표 6-1 이산화탄소의 이동

30°C에서 분자의 평균 속도	381 m/s
1기압에서의 평균자유행로(분자가 다른 분자와 충돌하지 않고 움직이는 평균 거리)	39 nm
1기압에서 한 분자가 부딪치는 횟수	초당 94억 번 충돌

분자가 확산하면서 다른 분자와 충돌하고 운동 방향을 바꾼다. 공기는 거의 전적으로 빈 공간이지만, 이산화탄소 분자는 초당 94억 번 충돌하고, 매번 0.039 μm 만큼 움직인다.

그림 6-3 아이오니움 타불리포르메(*Aeonium tabuliforme*)와 그 친척들은 햇빛이 강렬한 지역에서 자라고, 자기그늘짐은 문제가 되지 않지만 물을 보존하는 것이 문제가 된다. 잎들이 빽빽하게 포개져서 기공으로부터 빠져나가는 물을 최소화한다.

그림 6-4 **(A)** 햇볕이 강렬한 지역에 사는 많은 외떡잎식물은 길고 가느다란 잎이 보편적이다. 그늘짐은 문제가 되지 않지만, 잎의 맨 아래 부분(잎밑)은 최대 효율로 광합성을 하지 않는 것으로 보인다. 사진은 유카와 비슷한 다실리시온속(*Dasylision*)이다. **(B)** 미국 남부산 벼과식물인 스테노타프룸속(*Stenotaphrum*)의 잎이다. 잎몸은 수평으로 돌출되고, 잎집잎밑에 의해 줄기에 부착한다. **(C)** 부들속(*Typha*)에서 잎집잎밑은 길이가 0.5 m에 이르기도 하고, 단단하면서도 유연하게 잎이 줄기에 붙도록 해 준다.

그림 6-5 흔히 실내에서 키우는 화초인 마란타(*Maranta*)는 넓은 잎을 가진 외떡잎식물이다.

그림 6-6 홑잎은 모양이 다양하고, 일부는 깊게 갈라져서 마치도 겹잎처럼 보인다. 포플러**(A)**와 참나무**(C)**는 하나의 주된 중앙맥이 있고, 여기에서 옆으로 관다발이 뻗어 나온다. 아주까리**(B)**에서는 잎자루의 잎맥이 여러 개의 주맥으로 갈라진다.

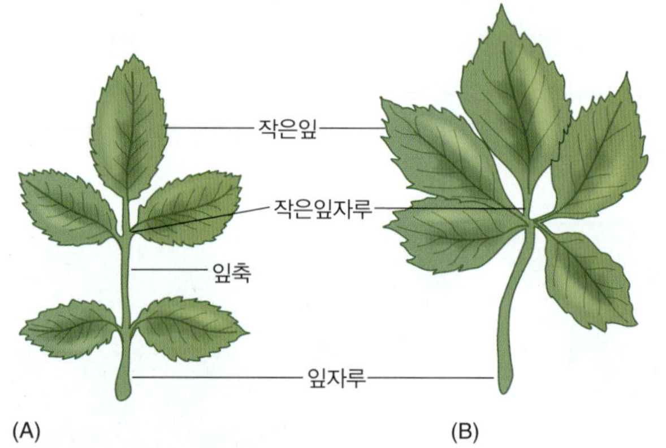

그림 6-7 겹잎의 작은잎들은 홑잎과 동일한 구조와 대사를 갖는다. 깃꼴겹잎의 작은잎(장미, A)에서 작은잎의 작은잎자루들은 잎축에 붙지만, 장상겹잎(아메리카담쟁이덩굴, B)에서는 작은잎자루들이 잎자루 끝에 붙는다. 어느 쪽이든 어떤 작은잎이 손상되거나 떨어지더라도 잎의 나머지에는 영향을 미치지 않는다.

그림 6-8 미모사의 어느 2중겹잎(doubly compound leaf)의 일부이다. 중앙의 잎축(중앙맥)에는 많은 작은잎들이 달리지만, 각각의 작은잎 자체는 장상겹잎이다.

박스 6-1 잎, 식량 그리고 죽음

잎은 우리들의 삶에 날마다 영향을 미친다. 선뜻 떠올려지는 예로는 아티초크(*Cynara scolymus*), 양배추(*Brassica oleracea* variety *capitata*), 셀러리(잎자루; *Apium graveolens*), 상추(*Lactuca sativa*), 양파(*Allium cepa*)와 시금치(*Spinacia oleracea*) 같은 엽채류들이다. 바질(*Ocimum basilicum*), 월계수 잎(*Laurus nobilis*), 마조람(*Origanum majorana*), 오레가노(*Origanum vulgare*), 파슬리(*Petroselinum crispum*), 세이지(*Salvia officinalis*), 타라곤(*Artemisia dracunculus*), 타임(*Thymus vulgaris*), 그리고 향료인 박하[박하속(*Mentha*)의 몇 종], 스피어민트(*Mentha spicata*)와 페퍼민트(*Mentha piperita*) 등의 수많은 허브와 향신료도 중요하다(**그림 B6-1A~C**). 이들 식물의 향과 매운 맛은 잎 자체에 들어 있거나 잎 표피의 모상체에 들어 있는 화학물질에 기인한다. 이들 화학물질의 대부분은 초식동물에 대항하는 방어물질의 역할을 하는 것으로 추정되며, 사람 이외의 동물들이 식물을 회피하게 만든다. 맛과 향 같이 아주 미미한 효과를 나타내는 화학물질로부터 알칼로이드(alkaloid)처럼 훨씬 더 강력한 화학물질에 이르기까지 많은 종류의 항초식동물(antiherbivore) 화학물질이 진화해 왔다. 특히 많은 알칼로이드는 소량으로도 독성을 나타내며 빠르게 죽인다. 독미나리(poison hemlock)와 나도여로(death camas)에 들어 있는 알칼로이드는 특히 효과적이다.

특히 어떤 식물의 잎에 들어 있는, 매우 치명적이지만 느리게 작용하는 알칼로이드가 우리들의 관심을 끈다. 그것은 바로 담배(*Nicotiana tabacum*)의 잎에 있는 니코틴(nicotine)이다(**그림 B6-1D**). 담배의 잎을 먹으면 구토와 설사가 일어나고, 심지어는 호흡부전으로 사망하기도 하는데, 그럼에도 불구하고 많은 담배의 잎을 피운다. 미국인들은 1963년에 1인당 사상 최고치인 4,345개비의 담배를 피웠다. 그 이후에 백인 남성의 담배 소비는 줄었지만, 최근에 다른 집단에서 증가 추세를 보였다. 담배의 잎은 0.6%에서 9.0%에 이르는 니코틴을 함유하고 있고, 보통의 필터 담배에는 20~30 mg의 알칼로이드가 들어 있는데, 이 가운데 10%가 폐에서 흡수된다. 니코틴은 우리들의 점막으로 쉽사리 용해되어 빠르게 혈류로 들어간다. 니코틴이 태반을 가로질러 전달되기 때문에, 여성이 임신 중에 흡연하면 니코틴에 중독된 아기를 낳을 수 있다. 혈액을 따라 운반되는 니코틴은 심장에도 영향을 미쳐서 관상 혈관에 문제를 일으킨다. 하루에 한 갑 또는 그 이상의 담배를 피우는 사람은 심장병으로 죽을 확률이 비흡연자보다 3배 이상 높다. 니코틴이 흡연자의 입과 허파의 세포에 들어가면 특히 폐에서 그리고 목구멍과 후두 및 입에서도 암을 유발할 수 있다. 조기에 발견하면 니코틴에 의해 생긴 폐암은 수술과 화학 요법으로 치유할 수 있지만, 암이 림프계에 퍼진 다음에는 예후가 좋지 못하다. 미국에서는 해마다 폐암으로 40만 명 이상이 사망한다.

(A)

(B)

(C)

(D)

그림 B6-1 **(A)** 바질(점들은 향을 내는 샘이다). **(B)** 스피어민트. **(C)** 로즈마리. **(D)** 담배.

붙는 깃꼴겹잎(pinnately compound)일 수 있다(그림 6-7). 큰 겹잎도 자그마한 작은잎들만 갖는데, 이들 모두는 찢어지지 않으면서 개별적으로 구부러질 수 있다. 흐르는 물은 부는 바람보다 밀도가 높다. 개울에서 자라는 침수식물은 전형적으로 실 같은 작은잎이 달리는 겹잎을 갖는다(**그림 6-9**).

겹잎은 또 다른 이점이 있다. 똑같은 크기의 홑잎과 겹잎 위로 미풍이 불면, 홑잎 위에서는 바람이 부드럽게 지나가지만, 겹잎의 보다 복잡한 표면 위에서는 난기류를 일으키면서 지나가는 경향이 있다. 난기류는 이산화탄소를 가져다주고 과도한 열을 제거해 준다. 뿐만 아니라 홑잎에서는 잎몸의 매끄러운 가장자리를 따라 비교적 쉽게 곤충이 기어가거나 곰팡이가 퍼질 수 있지만, 작은잎의 가장자리와 작은 잎자루는 잎의 나머지에 대해 막아주거나 최소한 천천히 움직이게 만드는 장애물로 작용한다. 일부 식물에서는 병원체가 잎에 심각하게 손상시켰을 때 병원체와 함께 그 잎을 떨어뜨려서 건강한 잎들이 해를 입지 않도록 도와준다.

겹잎을 갖는 식물들이 홑잎을 갖는 식물들보다 더 잘 적응한다는 결론을 내리는 것이 타당할까? 그렇다면 홑잎이 있는 이유는 무엇일까? 대부분의 아주 큰 나무들은 겹잎을 갖고 있는데, 이는 유일하게 실현 가능한 건축양식이다. 야자나무와 바나나의 커다란 잎은 크고 단일한 잎새로 되어 있지만, 그 잎에는 특별히 약한 선들이 무수하게 많고 바람에 의해 쉽게 갈라져서 '겹잎' 같은 상태가 된다. 가장 큰 홑잎인 빅토리아수련(Victoria water lily)의 잎은 물 위에 떠 있어서 지지를 위한 많은 양의 후벽조직을 가질 필요가 없고, 수면에 들러붙어서 바람에 의한 손상을 막을 수 있다. 중간 크기와 작은 잎들 중에서는 홑잎이 보편적인데, 이는 아마도 홑잎에는 광합성 세포들이 많은 비율로 들어 있기 때문일 것이다. 이와는 대조적으로 겹잎에는 광합성을 하지 않는 잎축(rachis)과 작은잎자루(petiolule) 그리고 가장자리가 다량 들어 있다.

그림 6-9 미국물수세미(*Myriophyllum heterophyllum*)는 개울에서 자라는 침수식물이다. 그 잎은 매우 연약하고 실 같은 작은잎(작은잎에는 잎새가 없음)들을 갖는 깃꼴겹잎이다. 개울이 잠잠하면 일부 줄기가 공기 중으로 나와 두껍고 강인한 잎(여기에는 보이지 않음)을 만들기 때문에, 종명이 'heterophyllum' [역자 주: '다른 잎'이라는 뜻]이다.

많은 깃꼴겹잎들은 쉽게 알아볼 수 있는 잎이지만, 어떤 잎들은 줄기에 홑잎이 달린 것으로 오해할 때가 있다. 면밀히 조사하면 작은잎들이 매달린 작은잎자루의 겨드랑이에 눈이 생기지 않고, 잎축의 끝에 끝눈이 없다. 작은잎들은 항상 두 줄로 배열되며, 나선(spiral) 잎차례나 돌려나기(whorled) 잎차례 또는 십자대생(decussate) 잎차례로 배열되는 법이 없다.

잎과 작은잎의 엄청나게 다양한 모양 가운데 일부를 **그림 6-10**에 나타내었다. 어떻게 다른 잎의 모양이 적응적인지에 대한 가설은 있지만 완전한 합의에 도달하지는 못했다. 많은 생물학자들은 잎의 모든 형태가 잘 기능하고 있어서 선택적으로 분명히 우수하거나 몹시 불리한 것은 없다고 믿고 있다. 그렇지만 많은 종들은 몇 가지 유형의 잎을 갖는다(**그림 6-11A**). 가장 간단한

그림 6-10 네 가지의 보편적인 잎의 모양. 그밖에도 다른 종류가 엄청나게 많다.

그림 6-11 **(A)** 콩은 두 가지 잎을 갖는다. 유식물에서 맨 처음에 만들어지는 잎은 홑잎이지만(오른쪽), 나중에 만들어지는 잎들은 모두 겹잎이다(왼쪽). **(B)** 이 아자라 랑케올라타(*Azara lanceolata*)의 지상부는 두 가지의 잎을 갖는 것으로 보인다. 큰 잎들은 진정한 잎이지만 작은 잎들은 실제로는 턱잎(stipule)이 확장된 것이다.

경우로, 처음에 유식물에 생기는 몇 개 잎들은 나중에 만들어지는 모든 잎들과 분명히 다르다. 만약 유식물의 잎이 단지 크기만 작을 따름이라면, 유식물은 성숙한 식물이 만들 수 있는 커다란 잎을 만들 수 있는 충분한 에너지 자원을 갖지 못한다고 주장할 수 있다. 그러나 많은 경우에 어린 식물의 잎은 성체의 잎과 비교하여 크기뿐만 아니라 모양과 감촉 그리고 심지어는 홑잎 구조 대 겹잎 구조에 이르기까지 다르다. 담쟁이덩굴이나 감귤류 같은 종들에서는 식물의 개화가 시작되는 10년 이상의 기간까지도 어린 잎에서 성숙한 잎으로의 이행이 일어나지 않는다. 이러한 사실로 미루어 볼 때, 유식물의 어린잎은 유식물이 위치한 지표 부근의 미소서식지(microhabitat)에 적응한 반면에 성숙한 식물의 잎은 오래되고 커진 식물이 서식하는, 대기에 더 많이 노출되는 미소서식지에 적응한다는 가설을 세우는 것이 타당한 것으로 여겨진다.

어떤 종들은 동시에 두 종류의 잎을 만드는데(**그림 6-11B**), 보통 한 종류는 장지(long shoot)에 달리고 다른 종류는 짧은 단지(spur shoot)에 달린다. 선인장에서는 가시가 단지의 잎인 반면에, 장지의 잎은 녹색의 다육질이고 대부분의 종에서 현미경적 크기이다. 일부 경우에는 잎의 모양과 크기가 동일한 줄기에서조차 불규칙하게 변한다. 이는 잎이 처음 생기고 확장할 시점에 나타난 환경조건에 의해 영향을 받고, 햇빛과 무기질의 양이 가장 중요한 요인일 것이다.

같은 종 내에서도 변이의 가능성이 엄청나게 많지만, 잎의 모양은 식물을 동정하는 데 있어서 중요한 수단이 된다. 잎의 기부와 꼭대기를 포함한 잎의 전반적인 모양도 중요하고 잎의 가장자리도 마찬가지다. 가장자리는 온전하고 매끈하거나, 이빨 모양이거나 또는 갈라질 수 있고, 여러 가지로 변형된다(**그림 6-12**).

잎 안쪽에는 관다발조직의 다발인 **잎맥(엽맥, vein)**이 있다. 잎맥은 줄기에서 잎으로 물을 분배해 주고, 이와 동시에 광합성으

그림 6-12 잎가의 몇 가지 보편적 유형. 사실상 수백 가지가 존재하고, 많은 유형은 둘 또는 그 이상의 다른 유형들의 중간형이다.

그림 6-13 무화과나무속(*Ficus*)의 잎을 빛에 비추어 보면 5개의 두드러진 주맥과 수많은 잎맥 그리고 더 작은 잎맥들의 그물맥계가 드러난다. 잎에서 잎맥이 없는 부분은 없다.

로 만들어진 당을 수집하여 다른 곳에서 이용하고 저장하기 위해 당을 줄기로 나른다. 기초속씨식물과 진정쌍떡잎식물에서는 잎맥이 그물 같은 양식으로 나타나는데, 이를 **그물맥계(망상맥계, reticulate venation)**라고 부른다(**그림 6-13**과 **그림 6-14**). 길고 끈 모양의 잎을 갖는 외떡잎식물에서는 보다 큰 잎맥들이 서로 거의 연결되지 않으면서 나란히 뻗어 있다. 이는 **나란히맥계(평행맥계, parallel venation)**이다(**그림 6-15**와 **그림 6-16**).

잎의 기부에는, 대개 잎자루에 잎자루와 수직 방향으로 **탈리대(abscission zone)**가 있다. 탈리대의 세포들은 잎이 더 이상 쓸모가 없게 되었을 때 잎을 떨어뜨리는 데 관여한다(**그림 6-17**). 가을에 낙엽성 잎이 죽기 시작하면 탈리대 세포들은 그 벽을 약하게 만드는 효소를 배출한다. 잎이 바람에 비틀리면 세포벽이 깨지고 잎이 떨어진다. 손상되지 않은 인접한 세포들이 팽창하여 차츰 코르크 같이 되고, 상처를 가로지르는 보호성 반흔조직인 **잎자국(leaf scar)**을 형성한다. 탈리대가 없다면 죽은 잎들이 불규칙하게 떨어져 나갈 것이고, 그렇게 생긴 개방된 상처들은 병원체에 취약할 수 있다. 많은 외떡잎식물과 고사리류 그리고 소철류에서는 탈리대가 만들어지지 않는 대신에 방어적 코르크층이 살아 있는 줄기 조직을 보호하지만, 죽은 잎들은 서서히 분해될 때까지 식물체에 붙어 있다(**그림 6-18**).

보통잎의 내부 구조

표피

빛을 가로채는 데 최적인 평평하고 얇은 보통잎은 넓은 표면적을 갖지만, 이를 통해 물을 잃을 수 있다. 표피를 통한 물의 손실

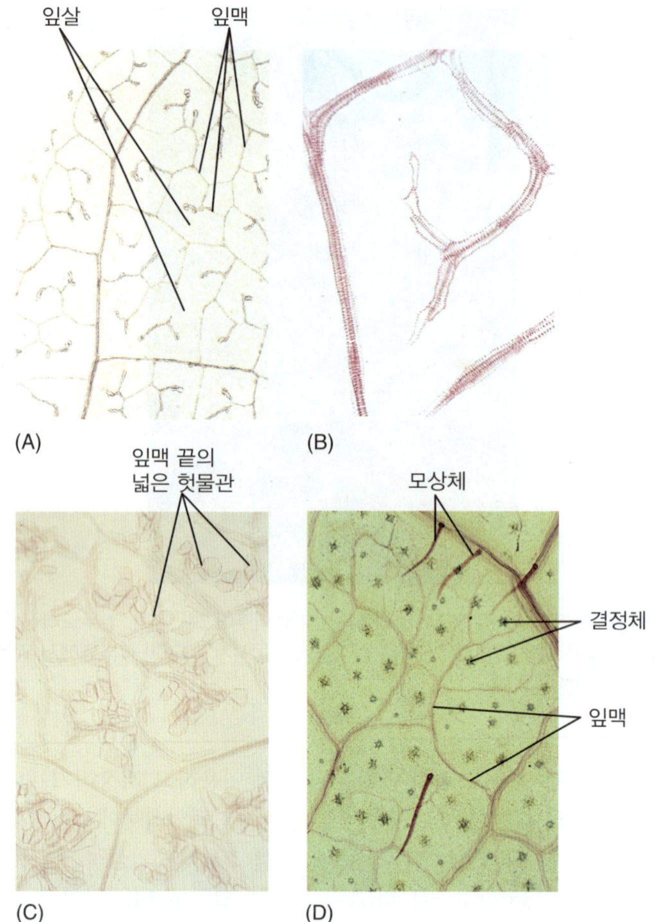

그림 6-14 여기에 보인 잎들은 세포를 투명하게 처리한 다음, 잎맥이 보이게끔 물관부를 염색하였다. **(A)** 시계꽃속(*Passiflora*)의 잎에서는 잎맥이 좁고 가지를 많이 친다. 이 배율(×40)에서는 사진의 높이가 1 mm이고, 잎맥들이 바싹 붙어서 나타난다. 대체로 잎맥은 사람의 뼈와 힘줄 그리고 연골에 있는 모세혈관보다도 더욱 가깝게 붙어 있다. **(B)** 쥐똥나무 잎의 고배율. 어느 지점에서나 세맥(minor vein)의 폭은 2 또는 3개의 관상요소에 불과하다(×150). **(C)** 사막에서 자라는 가시나무인 꽃기린(*Euphorbia millii*)의 수관(crown)에 있는 세맥들은 폭이 넓고 그 끝에 넓은 헛물관이 많이 나타난다(×50). **(D)** 깨풀속(*Acalypha*)은 잎 안에 많은 결정체들이 있고, 잎의 표면에는 모상체들이 달린다(×80).

그림 6-15 큰잎부들(*Typha latifolia*)은 외떡잎식물에서 흔히 볼 수 있는 길고 끈 같은 잎을 갖는다. 관다발은 잎의 기부에서 끝까지 나란히 뻗어 있다.

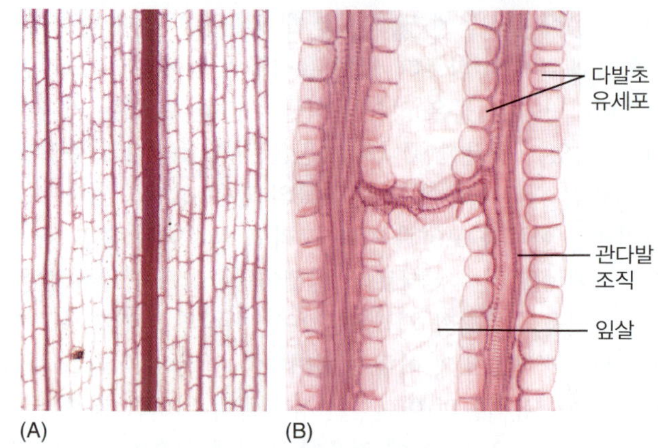

그림 6-16 **(A)** 외떡잎식물인 옥수수(*Zea*) 잎의 투명화(leaf clearing; 그림 3-34 참조). 크기가 여러 가지인 세로의 나란히맥을 볼 수 있다. 만약 곤충에 의한 피해나 그 밖의 문제로 세로맥이 망가지면 미세한 가로맥에 의해 손상지점을 돌아 우회하는 통도가 이루어진다(×50). **(B)** 옥수수 잎의 관다발을 둘러싸고 있는 유세포들을 보여주는 고배율(×250).

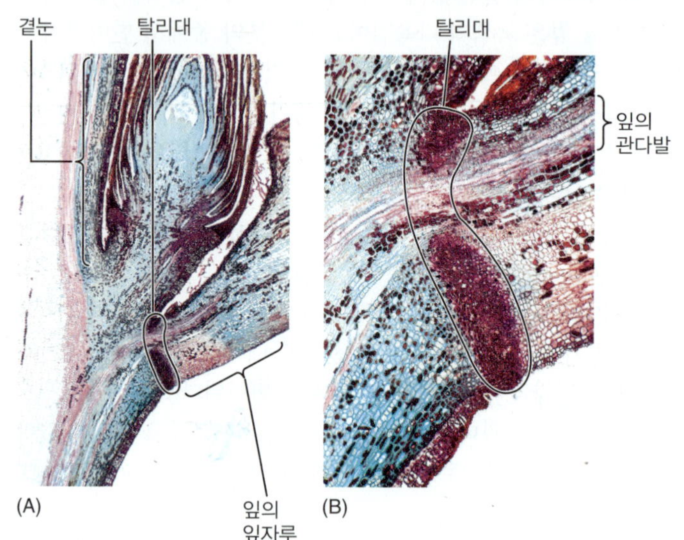

그림 6-17 **(A)** 잎겨드랑이를 지나는 종단면. 잎자루의 탈리대와 바로 그 위에 있는 곁눈을 보여준다(×15). **(B)** 잎이 아직 건강할 때의 탈리대를 확대한 사진. 잎이 실제로 떨어져 나갈 때까지 물관부와 체관부는 방해를 받지 않는다(×80).

을 **증산(transpiration)**이라 부르고, 만약 토양이 건조해서 잃어버린 물을 뿌리가 대체할 수 없다면 증산작용은 심각한 문제가 된다. 표피는 상당히 방수가 되어야 하지만 동시에 반투명(translucent)이어야 하고, 이산화탄소가 들어올 수 있어야 한다. 잎의 표피는 줄기의 표피와 근본적으로 비슷하며, 평평하고, 포장용 돌 같은 판상(tabular)인 보통의 표피세포들이 대부분을 이루고, 공변세포와 모상체(샘돌기 또는 민샘돌기)도 풍부하게 나타날 수 있다. 그렇지만 잎의 등배성(dorsiventral) 본질 때문에 상면표피와 하면표피는 크게 차이가 나는 미기후(microclimate)에 적응해야 한다. 햇살이 밝게 비치는 날에는 대체로 잎이 주변의 공기보다 더 따뜻하고, 이에 따라 잎은 공기를 따뜻하게 만들고 잎에서 대류(convection current)가 생긴다. 만일 상면표피의 기공이 열려

그림 6-18 조슈아트리(단엽유카, *Yucca brevifolia*)의 잎이 나이가 들면서 잎은 아래로 구부러지지만 떨어지지 않는다. 그 결과 억센 섬유질의 죽은 잎들이 싸개를 형성하고, 날카로운 가시들이 쥐와 생쥐 그리고 그 밖의 작은 동물들이 식물체를 타고 올라와 어린잎과 싹을 먹지 못하게 한다.

서 물을 잃는다면, 물 분자는 이 대류에 의해 휩쓸릴 것이다. 그렇지만 잎의 아래쪽에서는 공기가 갇히는 경향이 있고, 따라서 잎의 밑면에서 기공을 통한 물의 손실은 그다지 많지 않다. 물 분자는 잠잠한 공기에 갇혔다가 기공으로 다시 확산될 수 있다. 대부분의 잎에서 평방 센티미터당 기공의 수는 상면표피보다 하면표피에서 훨씬 더 많고, 많은 종에서는 상면표피에서 기공이 전혀 나타나지 않는다(**표 6-2**).

이렇게 기공이 한쪽에 분포하면 다른 유익한 결과를 가져

표 6-2 잎의 상면표피와 하면표피에 있는 기공의 빈도

		cm^2 당 기공의 수	
종명	**보통명(국명)**	**상면표피**	**하면표피**
Tilia europea	린덴	—	37,000
Allium cepa	양파	17,500	17,500
Helianthus annuus	해바라기	12,000	17,500
Pinus sylvestris	구주소나무	12,000	12,000
Zea mays	옥수수	9,800	10,800
Vicia faba	잠두	6,500	7,500
Sedum spectabilis	꿩의비름	2,800	3,500
Larix decidua	유럽잎갈나무	1,400	1,600

온다. 공기에 들어 있는 곰팡이와 세균의 포자들은 끊임없이 잎에 내려앉는다. 예를 들어, 호밀의 잎에는 보통 평방 센티미터당 10,000개의 곰팡이 포자가 있지만, 대부분은 기공의 밀도가 낮은 위쪽 표면에 있기 때문에 잎에 침투하는 곰팡이는 거의 없다.

잎의 기공은 흔히 표피가 움푹 패여 강(cavity)이 되므로 공기가 움직이지 않는 작은 부위가 생긴다. 협죽도의 잎에는 표피가 잎 안으로 밀려들어간 굴(crypt)이 하면표피에 많이 있고, 풍부한 기공과 모상체들이 그 굴의 안을 싸고 있다(**그림 6-19**). 굴이 오목하고 모상체가 존재하기 때문에 굴의 공기가 몹시 고요하게 유지된다. 열린 기공개구부에서 확산되어 나간 많은 물 분자들이 굴 주위에서 산란하다가 날아가지 않고 기공으로 다시 들어온다.

대체로 잎의 표피에는 두드러지게 털이 많고, 모상체는 잎의 생명 작용에 여러 가지 면에서 영향을 미친다. 잎이 모상체를 갖는 결과들은 무엇일까? 모상체는 잎의 위쪽 표면에 다소나마 그늘을 형성하여 과도한 햇빛을 피하는데, 이는 사막식물에서 흔히

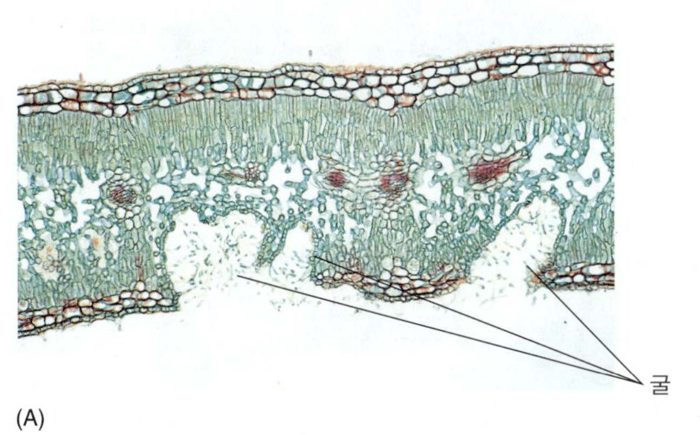

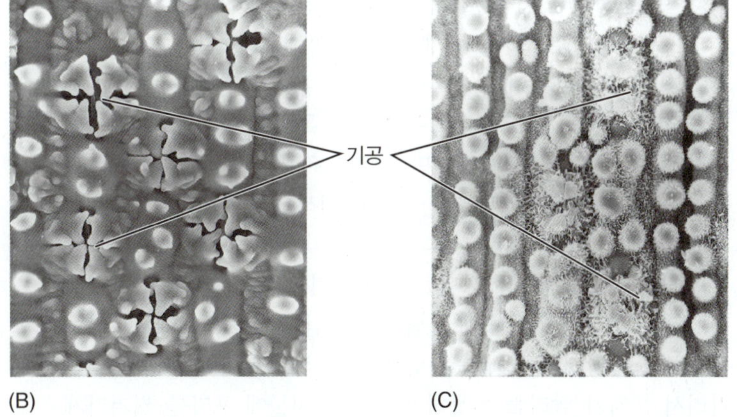

Parts B and C: Courtesy of L. G. Clark, Iowa State University, and X. Londono, Columbian Bamboo Society

그림 6-19 **(A)** 협죽도(*Nerium oleander*)의 잎은 모상체와 기공이 가득한 기공굴(stomatal crypt)을 갖고 있다. 이 굴은 기공 부근에서 공기의 움직임을 최소화하고, 잎에서 확산되어 나간 물 분자들이 무작위적 움직임에 의해 다시 들어올 수 있게 해 준다. 굴은 하면표피에서만 나타난다(×80). **(B)** 이 벼과초본(*Elytrostrachys*)의 기공 각각은 주위의 세포들에서 나온 4개의 돌출부(protrusion)들이 기공의 위에 아치를 만든다. 이 구조는 기공 부근의 공기 움직임을 줄여준다(×940). **(C)** 이 대나무(*Chusqua*)에서 기공은 돌출부와 밀랍봉(wax rod)들의 보호를 받는다(×940). 세 가지 사례 모두에서 모상체와 밀랍은 물방울이 기공개구부를 막지 못하게 한다.

(A)

(B)

그림 6-20 **(A)** 석잠풀속(*Stachys*)의 잎은 털이 빽빽하게 덮여 있어서 흔히 하얗게 보인다. 털은 잎이 햇빛으로부터 흡수하는 열의 양을 줄여준다. **(B)** 상록바위솔속(*Sempervivum*)의 식물들은 자외선이 강한 고산지대에 자생한다. 잎 표피의 털은 식물에 도달하는 자외선의 일부를 반사시킨다.

볼 수 있는 적응이다(**그림 6-20**). 아래쪽 표면에서는 털들이 공기가 빠르게 움직이지 않게 하고 기공을 통한 물의 손실을 둔화시킨다(그림 6-2). 어느 위치에서나 모상체들은 곤충이 걸어 다니거나 물어뜯기 어렵게 만들고, 많은 샘돌기들은 따끔거리는 효과적인 화합물을 분비함으로써 더 큰 동물들이 잎을 먹지 못하게 만든다. 잎을 신경 쓰지 않거나 그 위를 천천히 걸어야 하는 곤충들은 그들 자체의 포식자들에게 더욱 취약해진다. 정반대로, 털은 적당한 크기의 곤충이 털어버리는 데 대항하는 훌륭한 거점이 되기도 한다. 쐐기풀과 그 밖의 종에 있는 독성이 있는 샘돌기는 잎 조직을 먹는 포유동물은 막지만, 한편으로 잎에 살면서 찌르는 모상체들 사이에서 걷고 먹고 안전하게 번식할 정도의 작은 곤충들은 보호한다.

줄기의 표피와 마찬가지로 잎의 표피세포는 각피질을 포함하고, 아울러 그 바깥쪽 벽에 밀랍도 나타난다. 이들 성분은 수분을 유지하고 곰팡이의 분해를 어렵게 만든다. 표면이 매끈하고 미끈거려서 포자가 달라붙지 못하게 하거나 빗물에 포자를 씻겨가게 만든다.

이슬과 안개가 잦은 지역에서는 작은 물방울이 표피의 표면이 아니라 모상체에 응결된다. 이는 기공개구부를 가로지르는 수막이 형성되지 못하게 하는 효과를 갖는데, 만약 수막이 형성되면 물이 증발할 때까지 이산화탄소와 산소의 이동이 막히게 된다.

잎살

잎 표피의 내부에 있는 기본조직을 통틀어 **잎살(엽육, mesophyll)**이라고 부른다(**그림 6-21**과 **그림 6-22**). 많은 잎에서는 위쪽 표면을 따라 **울타리유조직(palisade parenchyma)** 또는 울타리잎살조직(책상엽육조직, palisade mesophyll)이라고 부르는 한 층의 세포가 나타나는데, 이는 많은 식물의 주된 광합성 조직이다. 울타리조직 세포들은 약간 떨어져 있어서 각 세포들의 표면 대부분은 세포간극(intercellular space)에 노출되어 있다. 이산화탄소가 세포질에 서서히 용해되기 때문에 커다란 표면적은 용해를 위한 최대의 면적을 제공하게 되고, 빽빽이 들어찬 세포들은 효과적인 광합성을 위한 이산화탄소를 충분하게 흡수하지 못할 수 있다(그림 6-22). 울타리유조직은 보통 한 층의 세포들이지만, 햇빛이 강렬하고 속속들이 파고드는 지역에서는 서너 층의 두께를 갖기도 한다(**그림 6-23**).

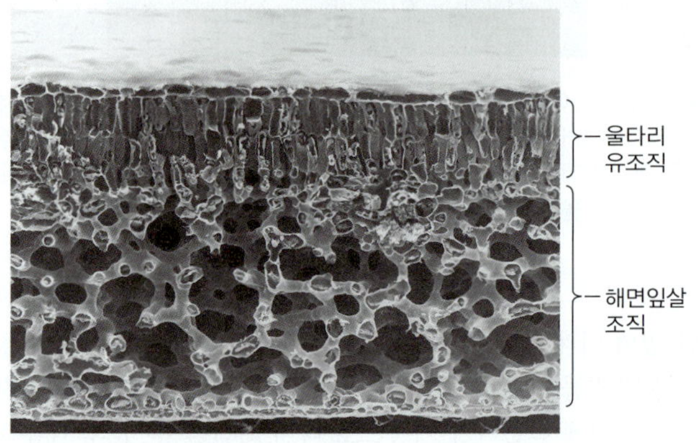

Courtesy of G. Montenegro, Universidad Católica, Santiago, Chile

그림 6-21 라우렐리아(*Laurelia*)의 이 잎은 두 줄의 세포로 된 한 층의 울타리유조직을 가지며, 해면잎살조직은 광범위한 통기조직이다(× 180).

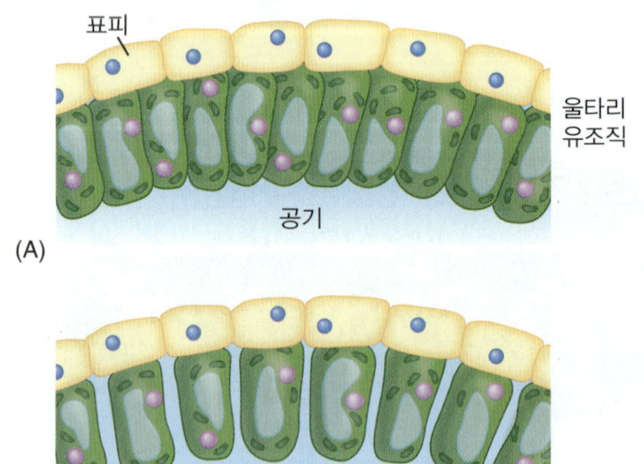

그림 6-22 **(A)** 울타리 세포들이 서로 틈이 없이 빽빽하게 들어차 있으면 세포의 바닥만 해면잎살조직의 이산화탄소에 노출된다. **(B)** 세포들이 약간 떨어져 있으면 울타리조직의 용적은 변함없지만 이용할 수 있는 표면적이 엄청나게 늘어나서 이산화탄소가 훨씬 더 빠르게 흡수될 수 있다. 울타리유조직의 세포가 20 × 20 × 100 μm의 직사각형 기둥이라고 가정하고, 그림 (A)와 그림 (B)처럼 배열된 100개의 세포에서 이산화탄소에 노출되는 표면적을 계산하시오.

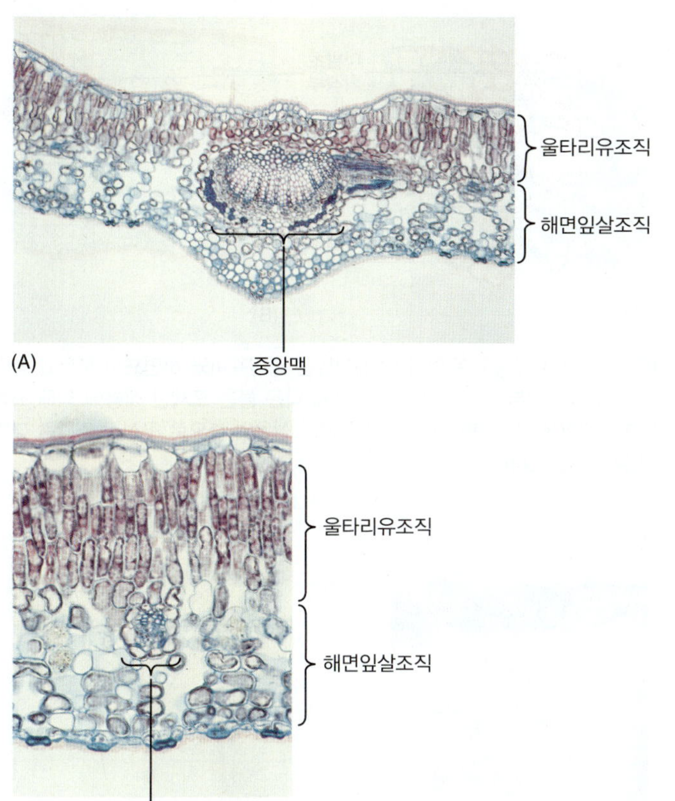

그림 6-23 **(A)**와 **(B)** 감탕나무(*Ilex*)의 잎은 최소한 3층의 원주상 세포들로 구성된 몹시 두꺼운 울타리유조직을 갖는다. 울타리유조직의 가장 낮은 층의 세포들은 비교적 넓게 떨어져 있어서 해면잎살조직으로부터 위쪽의 울타리조직으로 이산화탄소가 빠르게 확산되도록 한다. (A) ×50; (B) ×150.

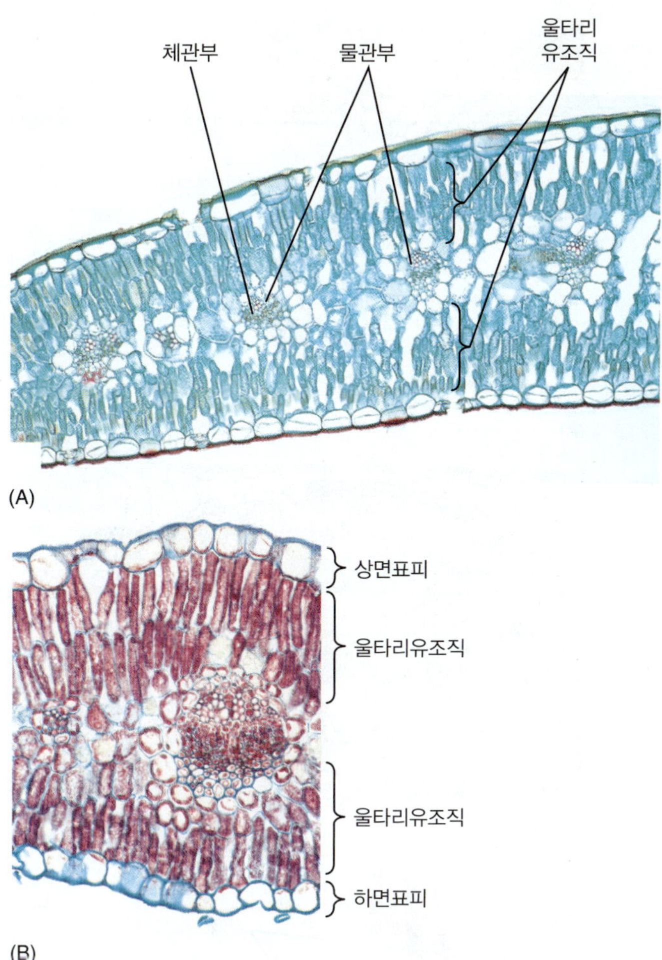

그림 6-24 카네이션**(A)**과 남가새과의 상록 관목**(B)**의 잎은 모두 양면에 울타리유조직이 있다. 약간의 해면잎살조직이 잎의 중앙에서 나타난다. (A) ×75; (B) ×150.

잎의 아래쪽 부분에는 **해면잎살조직(해면엽육조직, spongy mesophyll)**이 있다. 툭 트이고 촘촘하지 않은 이 통기조직은 기공으로부터 이산화탄소가 잎 내부의 모든 부분으로 빠르게 확산될 수 있게 해 준다(그림 6-21, 6-23). 만약 기공이 빽빽이 들어찬 세포들로 둘러싸인다면 이산화탄소 분자는 그냥 세포에 부딪쳐 튕겨 나와 기공개구부로 빠져 나갈 수 있다.

이와 같은 배열이 가장 보편적이지만, 어떤 식물은 울타리유조직이 잎의 양쪽 표면을 따라 나타나고, 해면잎살조직이 중심에서 나타나거나 아예 없기도 한다(**그림 6-24**). 잎의 위치와 태양과의 관계가 중요하다. 대부분의 잎처럼 수평으로 달리는 잎들은 대체로 해가 머리 위에 있으므로, 울타리유조직이 위쪽 표면 부근에 있으면 빛의 흡수와 광합성이 최대가 된다. 붓꽃과 글라디올러스 및 유칼립투스처럼 잎이 수직으로 달리면 양쪽 면이 똑같이 빛을 받고 울타리유조직은 양쪽 면에서 동일하게 작용한다.

관다발조직

울타리유조직과 해면잎살조직 사이에 관다발조직이 있다. 진정쌍떡잎식물의 잎에는 보통 하나의 커다란 **중앙맥(midrib** 또는 **midvein)**이 있고, 여기에서 나온 **결맥(lateral vein)**이 갈라져서 좁은 **세맥(minor vein)**이 된다(그림 6-13과 6-14 참조). 세맥은 물관부에서 물이 빠져 나오고 체관부에 당이 적재되는 데 있어서 가장 중요한 반면, 중앙맥과 결맥은 주로 통도에 관여한다. 잎맥의 구조는 크기에 따라 달라진다. 중앙맥과 결맥은 항상 위쪽의 1기 물관부와 아래쪽의 1기 체관부로 구성된다(**그림 6-25**). 이들 모두가 통도하고 잎몸을 지탱하기 때문에 많은 섬유들이 관다발조직 주변에서 **다발초(유관속초, bundle sheath)**라고 부르는 싸개를 형성한다(**그림 6-26**). 다발초 역시 곤충들이 관다발을 물어뜯기 어렵게 만든다. 점액세포나 타닌세포 또는 녹말을 저장하는 세포 같은 다른 많은 유형의 비통도세포들이 보다 큰 잎맥에 나타나기도 한다. 한편 세맥은 잎살의 나머지와 물질을 교환하는 부위이고, 울타리유조직이나 해면잎살조직과 접촉하는 넓은 표면적을 가져야 한다. 따라서 세맥은 이와 같은 접촉을 가로막는 섬유나 그 밖의 비통도세포들을 포함하지 않는다(**그림 6-27**). 어떤 종에서는 세맥의 말단이 오직 물관부로만 구성되고 다른 말단은 오로지 체관부로만 구성되지만, 보통 물관부와 체관부 모두를 포함한다.

잎맥, 특히 커다란 잎맥은 종종 위쪽이나 아래쪽 또는 양쪽에 섬유 덩이를 갖는데, 이를 **다발초확장부(bundle sheath extension)**라고 한다(그림 6-26). 그런 섬유들은 잎몸을 단단하게 만드

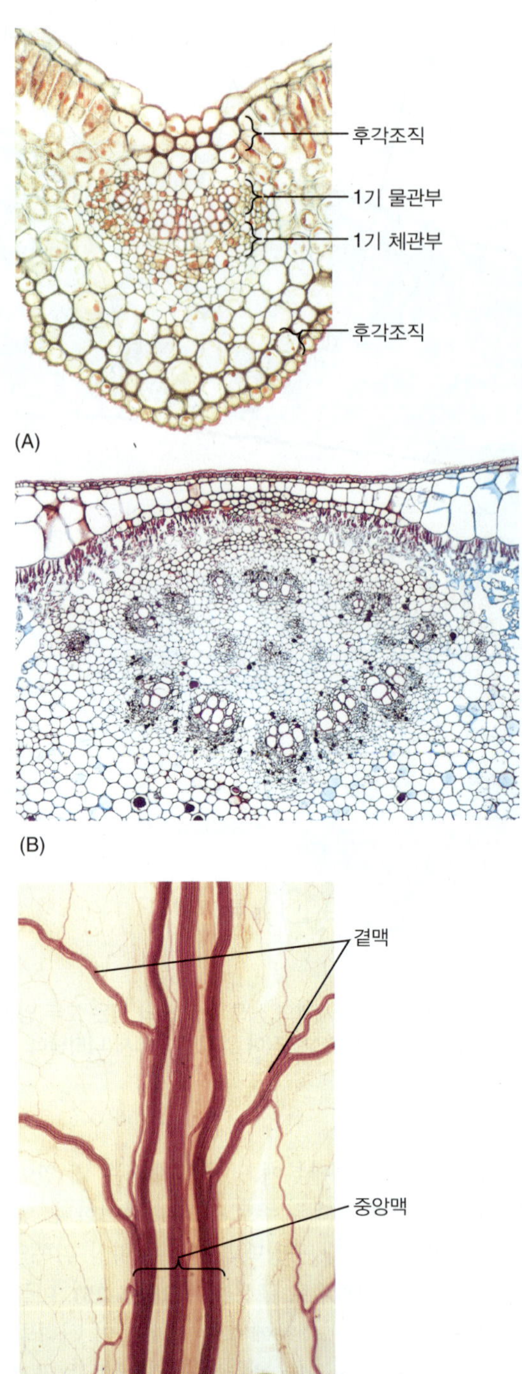

그림 6-25 잎의 중앙맥을 지나는 횡단면. **(A)** 쥐똥나무속(*Ligustrum*)의 이 중앙맥은 비교적 단순하고, 단일한 관다발을 포함한다. 물관부는 위쪽을 따라 나타나고 체관부는 아래쪽을 따라 나타난다. 소량의 후각조직이 중앙맥의 꼭대기와 바닥에서 나타난다(×150). **(B)** 고무나무의 이 중앙맥에는 따로 떨어진 많은 관다발들이 잎살의 거대한 덩어리에 박혀 있다(×50). **(C)** 그림 6-14에 보인 것처럼 잎을 투명하게 처리한 중앙맥이다. 이 부위에서는 뚜렷이 구별되는 3개의 관다발이 서로 연결되지 않고, 각각은 잎몸의 특정 부분을 오가며 수송한다(×15).

는 데 도움이 되고, 물이 관다발에서 빠져나와 잎살로 이동하는 추가의 수단을 제공한다고 믿어진다. 물은 섬유를 관통하는 것보다 섬유 주위를 모세관 작용에 의해 이동한다.

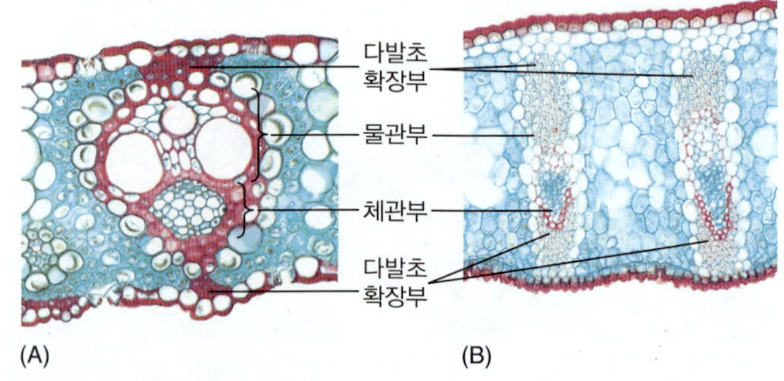

그림 6-26 **(A)** 사탕수수 잎의 이 관다발은 상면표피와 하면표피 모두와 연결되는 다발초확장부를 갖는다. 물관부에서 나온 물은 모세관 작용에 의해 표피로 분산된다(×100). **(B)** 아마의 잎은 많은 섬유의 층으로 구성된 커다란 다발초확장부를 갖는다(×45).

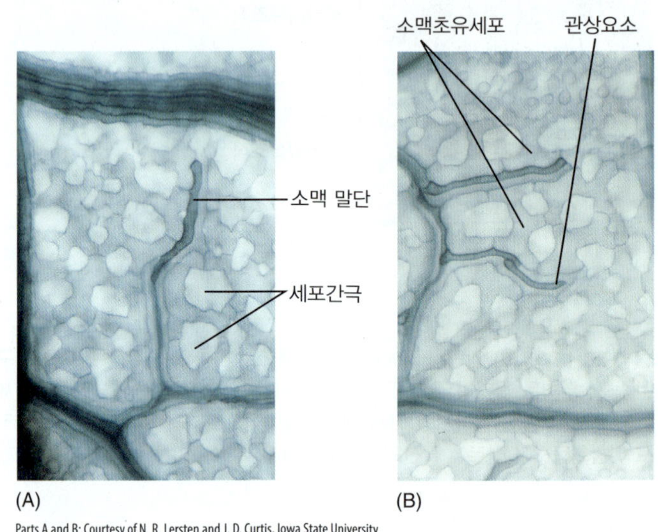

Parts A and B: Courtesy of N. R. Lersten and J. D. Curtis, Iowa State University

그림 6-27 **(A)**와 **(B)** 이들은 소맥이고, 개개의 세포가 드러나도록 처리하였다. 길고 짙은 세포가 관상요소이고, 체관부는 초점이 맞지 않고 물관부와 일렬로 맞춰져 있다. 소맥이 얼마나 좁은지 주목하라. 물관부는 그 폭이 한 요소에 불과하므로 잎살로 물을 내보내는 표면적이 최대가 된다. 이 종에서는 각 소맥이 해면잎살조직으로 뻗어 나가는 유세포들에 싸여 있다(×250).

잎자루

아주 작은 잎자루(엽병, petiole)도 있지만, 야자나무, 대황, 셀러리와 수련 같은 식물에서는 잎자루가 엄청나게 크다. 잎자루는 잎의 일부로 간주되며, 줄기와 잎새 사이의 전이(transition) 부위이다. 따라서 조직의 배열은 양쪽 끝이 서로 다르다. 표피는 잎새의 표피와 비슷하기도 하지만, 흔히 기공과 모상체가 적게 들어 있다. 잎자루의 잎살은 피층과 상당히 비슷하여 어느 정도 치밀하고, 통기조직 같은 특징을 보이지 않는다. 만약 잎자루가 무거운 잎새를 지지한다면 상당히 많은 후각조직이 나타난다. 관다발조직은 변이가 심하여, **잎다발(엽적, leaf trace)**이라고 부르는 하나, 셋, 다섯 또는 그 이상의 관다발이 줄기의 관다발에서 갈라지고 잎자루를 향해 분기된다(**그림 6-28A**). 이들 관다발은 별개의 상태로 남기도 하지만, 잎자루에서 또는 그 부근에서 단일한 다발로 합쳐지기도 한다. 일부 종에서는 많은 다발로 나눠져서 10개 또는 20

박스 6-2 층층이 쌓인 잎의 구조

일반적인 잎의 내부 체제는 아주 복잡하지 않지만, 횡단면만 보면 마음속으로 그리기가 어려울 수 있다. 쥐똥나무속(*Ligustrum*) 잎을 절단한 일련의 단면을 여기에 제시하였다. 이 단면들은 병피절편(paradermal section), 즉 표피와 평행하게 자른 절편이다. 처음은 울타리유조직층의 단면이고, 개개의 연속적인 단면은 잎에서 차츰 깊어지는 층의 단면이다. 이산화탄소 분자의 시각에서 잎의 모습을 상상하도록 하시오.

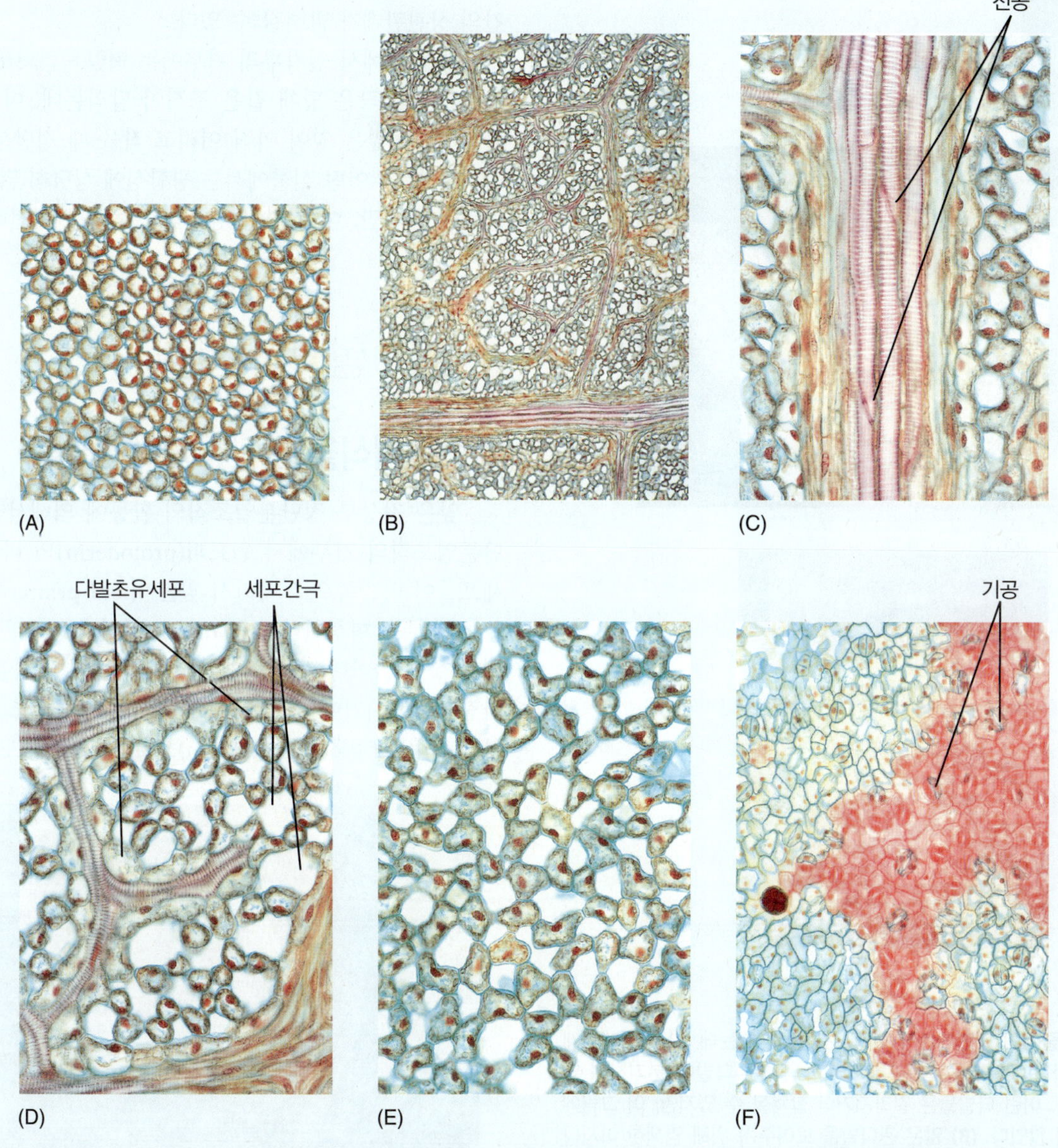

그림 B6-2 (A) 울타리유조직(×250). 세포는 원주형이고 빽빽하게 들어차 있지 않다. 이산화탄소가 이 층의 곳곳으로 쉽게 확산되고, 넓은 표면적을 통해 세포 내부로 흡수된다. **(B)** 잎맥(×50). 울타리유조직의 바로 밑에 잎맥의 망상구조가 놓여 있다. 보다 큰 잎맥에서 갈라져 나오는 작은 곁맥은 다시 더 작은 소맥들로 갈라진다. **(C)** 큰 곁맥의 고배율(×250). 잎맥의 물관부를 관통한 이 단면에서 천공이 보인다. 따라서 이는 헛물관이 아닌 물관요소이다. 이 물관요소는 나선형 비후를 가지며, 잎이 아직 작을 때 분화하였다가 잎이 차츰 팽창할 때 늘어나서 계속 물을 나르는 것으로 보인다. **(D)** 소맥의 고배율(×250). 모든 잎살세포들이 이런저런 소맥에 가까이 있다. 당이 광합성에 의해 만들어진 다음, 멀리 확산되지 않고 체관요소에 들어가서 줄기로 수송된다. **(E)** 해면잎살조직(×250). 많은 잎에서 해면잎살조직의 절반 이상이 세포간극으로 이루어진다. 이는 이산화탄소 분자가 기공을 떠나 잎의 내부로 빠르게 확산되도록 한다. 만약 해면잎살조직이 더욱 치밀하다면 이산화탄소 분자들이 기공 부근에 갇힐 수 있고, 따라서 엽록조직의 세포들에 의해 흡수되기도 전에 이산화탄소 분자들이 잎을 다시 빠져 나갈 것이다. **(F)** 하면표피(×150). 표피는 다소 물결 모양이고, 이 절편이 만들어질 때 어떤 구역(녹색)에서는 칼날이 세포의 중심을 지나갔고, 다른 구역(빨간색)에서는 칼날이 세포의 외벽과 각피를 관통하였다. 기공은 풍부하지만 실제의 기공개구부는 짧고 좁다. 기공개구부 각각은 이산화탄소가 들어갈 수 있을 정도로 작은 구멍이다.

개(커다란 야자나무 잎에서는 수백 개)가 잎자루에서 발견되기도 한다(**그림 6-28B**). 관다발들은 잎자루 안에서 서로 합쳐지거나 더 욱 갈라지기도 하며, 고리 모양이나 판 모양 또는 많은 다른 양상으로 배열된다. 잎새에 튼튼한 중앙맥이 있다면 잎자루 관다발의 대부분이 함께 합쳐져서 중앙맥을 형성하지만, 다른 관다발들은 작은 곁맥으로 잎새에 들어가기도 한다.

(A)

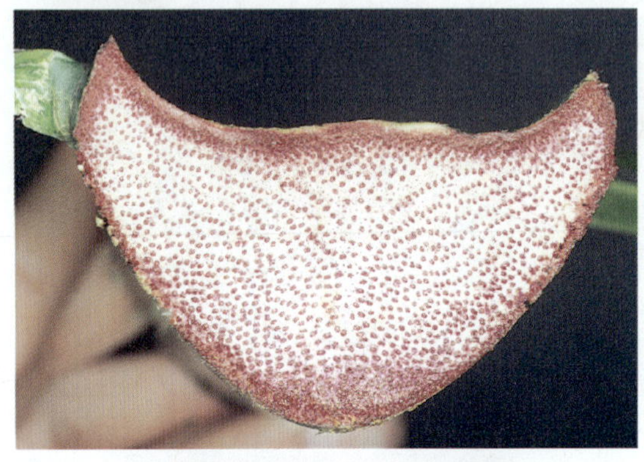
(B)

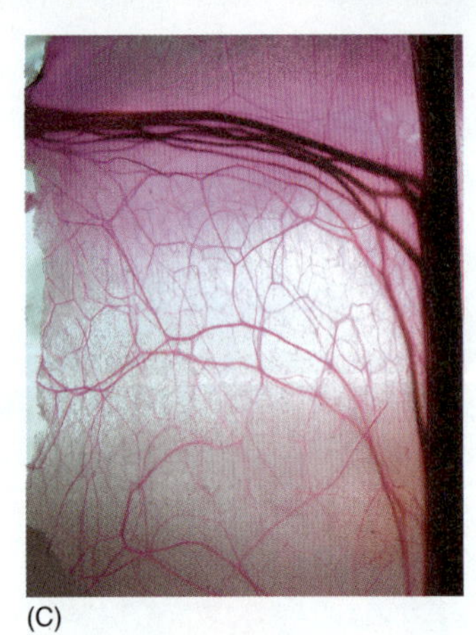
(C)

그림 6-28 (A) 이 줄기의 단면에는 11개의 관다발이 있는데, 그 가운데 3개가 잎자루로 들어가는 잎다발을 만든다. 그러고 나서 잎다발이 분기하여 잎몸 전체로 펼쳐진다. 이런 다발들은 갈라지거나 합쳐질 수 있지만, 이 그림에서는 그렇게 그리지 않았다. **(B)** 많은 관다발을 보여주기 위해 염색한 야자나무(*Attalea*) 잎자루의 단면. 관다발이 얼마나 많은지 그림 6-25의 잎과 비교해 보자. 다른 많은 야자나무의 잎과 비슷하게 이 잎은 매우 크고 거대한 통도계를 가져야만 한다. **(C)** 선인장에서 잎과 곁눈으로 들어가는 잎다발은 복잡한데, 그것은 부분적으로 피층이 너무 두꺼워서 잎다발이 길어야 하기 때문이고, 일부 원인은 잎과 가지의 잎다발들이 갈라지고 두 갈래로 나뉘어 두꺼운 다육질의 피층을 지나가는 광범위한 피층 관다발을 형성하기 때문이다. 선인장의 중앙에 있는 중심주는 사진 오른쪽에서 진하게 보이는 부분이고, 사진의 위쪽에 있는 두꺼운 다발은 잎의 다발과 꽃으로 이어지는 눈의 다발이다(×3). 용과(*Hylocereus undatus*).

잎자루에서 나타나는 모든 관다발 양식의 중요성은 아직 명확하지 않다. 어떤 양상은 특히 커다란 잎에서 잎새의 여러 부분으로부터 당을 적절하게 분배하여 줄기의 여러 관다발로 내보내도록 한다. 그렇지만 거의 모든 양상들이 기능을 잘 할 수 있고, 따라서 새로운 양상을 야기하는 돌연변이는 선택적 불이익이 아니다. 다른 한편으로, 향후의 연구를 통해 잎새와 잎자루 및 줄기 간의 상관관계가 밝혀질 수 있다.

많은 종에서 잎자루의 기부에는 **턱잎(탁엽, stipule)**이라고 부르는 2개의 작은 덮개 같은 조직이 달리는데, 이는 다양한 기능을 한다. 턱잎은 잎이 아직 어리고 작을 때 정단분열조직을 보호하기도 한다. 어떤 식물에서는 광합성에 상당히 많이 기여할 만큼 턱잎이 크지만, 대개 잎이 성숙해도 턱잎은 여전히 작고 일찍 죽는다.

잎의 형성과 발생

기초속씨식물과 진정쌍떡잎식물

잎은 지상부 정단분열조직의 활동에 의해서만 생겨난다. 정단분열조직의 기부에서 원표피(protoderm)의 바로 안쪽에 있는 세포들이 바깥쪽으로 자라서 **잎원기(leaf primordium)**라고 부르는 돌출부를 형성한다(**그림 6-29**). 잎원기는 좁은 원뿔 모양으로 위를 향해 늘어나고, 빠르게 자라서 지상부 정단분열조직보다 높아진다. 이 시기에 잎원기는 잎원표피(leaf protoderm)와 잎기본분열조직(leaf ground meristem)으로 구성되고, 모든 세포들이 분

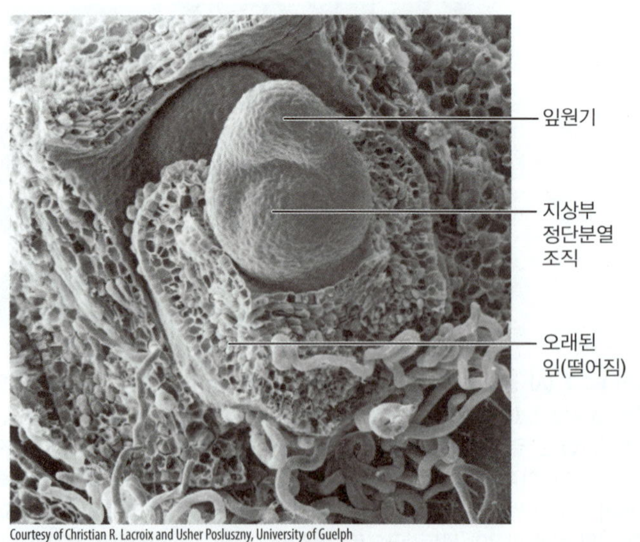

그림 6-29 포도(*Vitis riparia*) 지상부의 정단분열조직은 주사전자현미경 사진에서 입체적으로 볼 수 있다. 커다란 잎원기가 있고, 오래된 잎원기는 제거되었으며, 맨 꼭대기에서 잎차례가 확립되었다(×200).

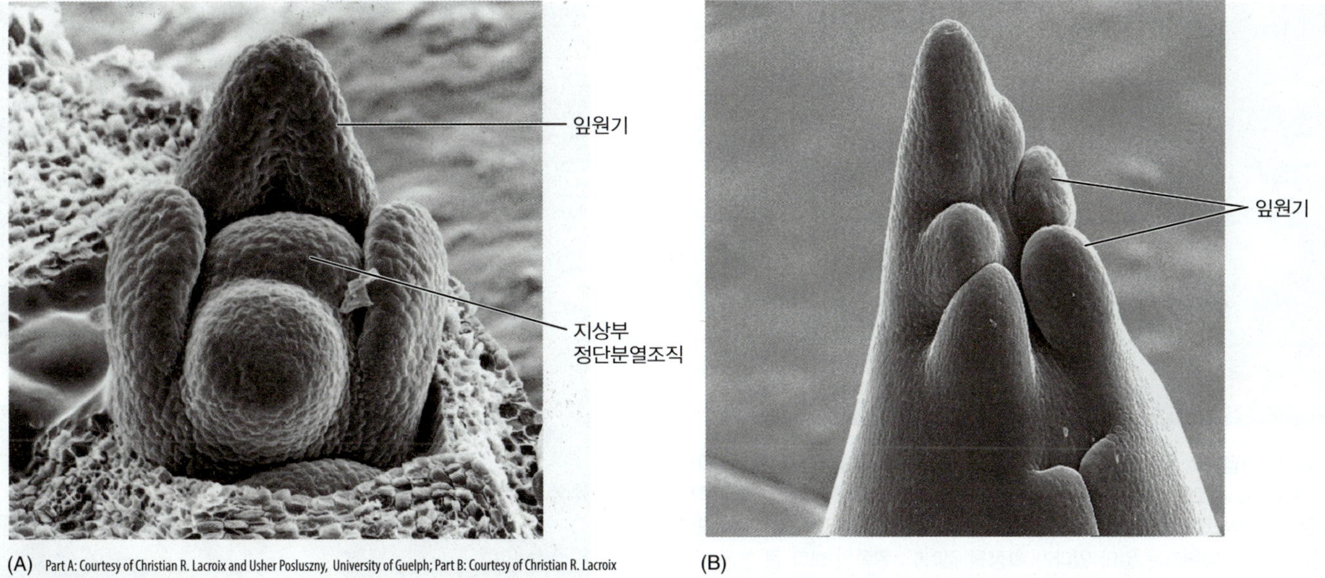

그림 6-30 (A) 가장 위에 있는 잎원기가 가장 오래된 것이고, 그 측면에서 포도 홑잎의 잎새가 자라나오기 시작한다(× 270). **(B)** 이 겹잎에서는 잎새를 형성하는 대신에 6개의 작은잎원기가 만들어졌다(× 150).

열 능력을 가지며, 조밀한 세포질과 작은 액포를 갖는다. 중앙에 있는 세포들의 가닥이 원시관다발조직(provascular tissue)으로 분화하고 나서 1기 물관부와 1기 체관부로 분화하고, 줄기의 어린 관다발과 연결을 구축한다.

잎원기가 위쪽으로 자라면서 두께가 늘어나고 중앙맥의 대부분이 확립된다. 원기의 양쪽 가장자리에 한 줄로 늘어선 세포들이 바깥쪽으로 자라면서 잎새가 생기기 시작한다(**그림 6-30**). 이들 활동의 결과로 어린잎은 중앙맥과 2개의 작고 얇은 날개로 구성된다. 날개에 있는 모든 세포는 분열조직이고, 이들이 분열하고 확대되면서 잎새가 빠르게 커진다(**그림 6-31**). 겹잎에서는 두 줄의 발생자리(loci)에서 작은잎이 생기기 시작하고, 이들은 곧 홑잎처럼 자란다. 잎새가 확장하는 동안 기공과 모상체 및 관다발이 분화하고, 잎자루가 중앙맥과 구별되기 시작한다. 전체 양상은 잎이 그 성숙한 크기의 1/10도 채 되지 않을 정도로 아주 작을 때 완성된다.

많은 다년생 식물에서는 여름이나 가을에 잎이 생기기 시작

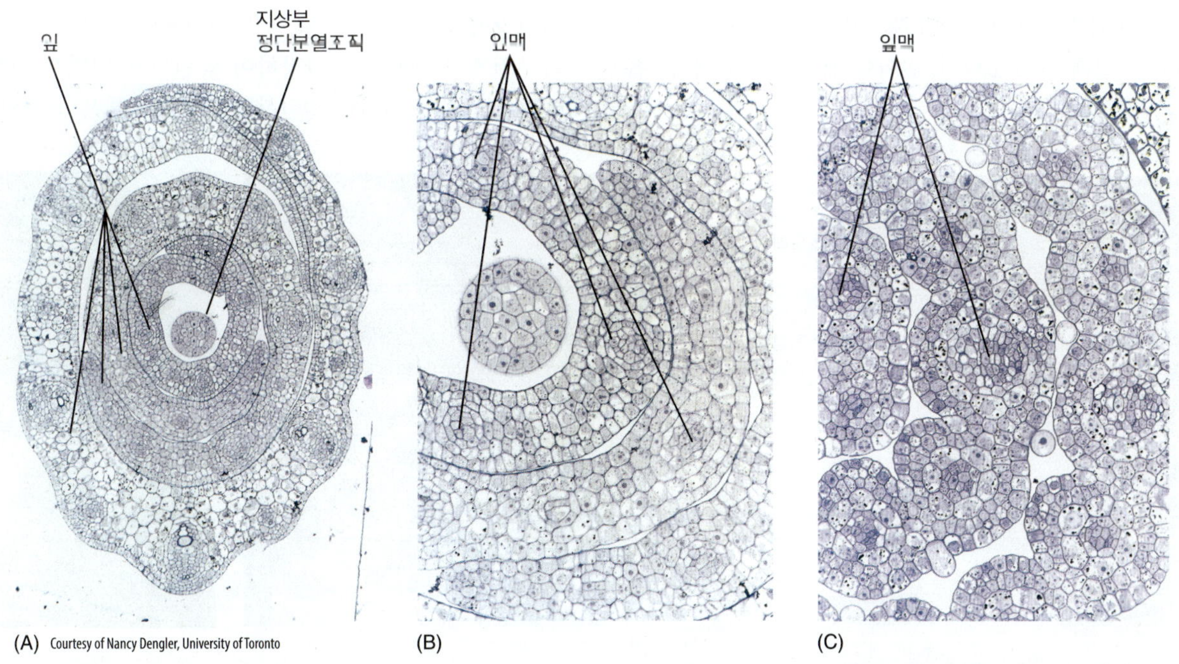

그림 6-31 (A) 벼과 초본인 기장속의 일종(*Panicum effusum*)의 발생 중인 어린잎의 저배율 횡단면. 중앙의 둥근 구조는 지상부 정단분열조직의 단면이고, 잎들이 이를 둘러싸고 있다(벼과 초본은 잎집잎밑을 갖는다)(× 200). **(B)** 고배율에서는 잎의 모든 세포들이 여전히 작고 세포질을 볼 수 있으며, 중심액포도 작다. 이 시기에 모든 세포는 유사분열과 세포질분열을 수행한다. 잎맥이 분화하기 시작한다(× 500). **(C)** 더 오래된 시기에는 잎맥이 더욱 뚜렷해진다. 일부 잎맥에서 첫 번째 원생물관부 관상요소가 성숙하였지만, 관상요소로 분화하게 될 대부분의 세포는 아직도 확장하고 있다(× 500).

그림 6-32 칠엽수의 일종(*Aesculus arguta*)의 눈은 봄에 벌어진다. 눈비늘이 뒤로 제쳐지고 새로운 보통잎이 팽창하면서 눈비늘은 탈락한다. 오른쪽의 작은 눈은 오직 잎만 포함하고 있는데, 그 정단분열조직에서 새로운 잎원기가 만들어질 수 있고, 잎원기는 얼마 있다가 확장될 것이다. 왼쪽의 보다 큰 눈은 새잎과 함께 꽃원기(작은 공 모양 구조)를 갖고 있다.

한다. 잎이 앞에서 설명한 발생 상태에 도달하면 잎은 휴면하는 끝눈이나 곁눈의 일부가 된다. 다음의 생장기에, 보통 다음해 봄에 눈이 열리고, 각 세포가 물을 흡수하여 액포가 팽창하면서 원기의 잎은 빠르게 확장된다(**그림 6-32**). 유사분열이나 세포분열은 거의 또는 전혀 일어나지 않고 오로지 성숙하기만 하는데, 특히 엽록소와 각피질 그리고 밀랍이 생성된다. 잎이 차츰 확장됨에 따라 미성숙하고 노출된 표피가 매우 취약하게 되고, 특히 곤충의 피해를 입기 쉬워진다(**그림 6-33**). 1년생 식물의 많은 종에서도 과정이 비슷하여, 씨앗의 배는 다년생 식물의 눈과 비슷한 행동을 취한다. 씨가 휴면기에 들어가고 건조해지기 전에 잎이 생기기 시작하여 발달하는 열매 안에 있다가, 발아할 때 이들 잎은 물을 흡수하고 빠르게 팽창한다.

그림 6-33 진딧물과 그 밖의 흡즙곤충은 일반적으로 관다발 주위에 어떤 보호 후벽조직이 채 발달하지 않은 어린잎과 어린 줄기를 공격한다.

외떡잎식물

진정쌍떡잎식물의 잎처럼, 외떡잎식물의 잎은 지상부의 일부 정단분열조직 세포들이 확장하여 잎원기가 되면서 시작된다(**그림 6-34**). 원기에 인접한 정단분열조직 세포들은 원기와 함께 위쪽

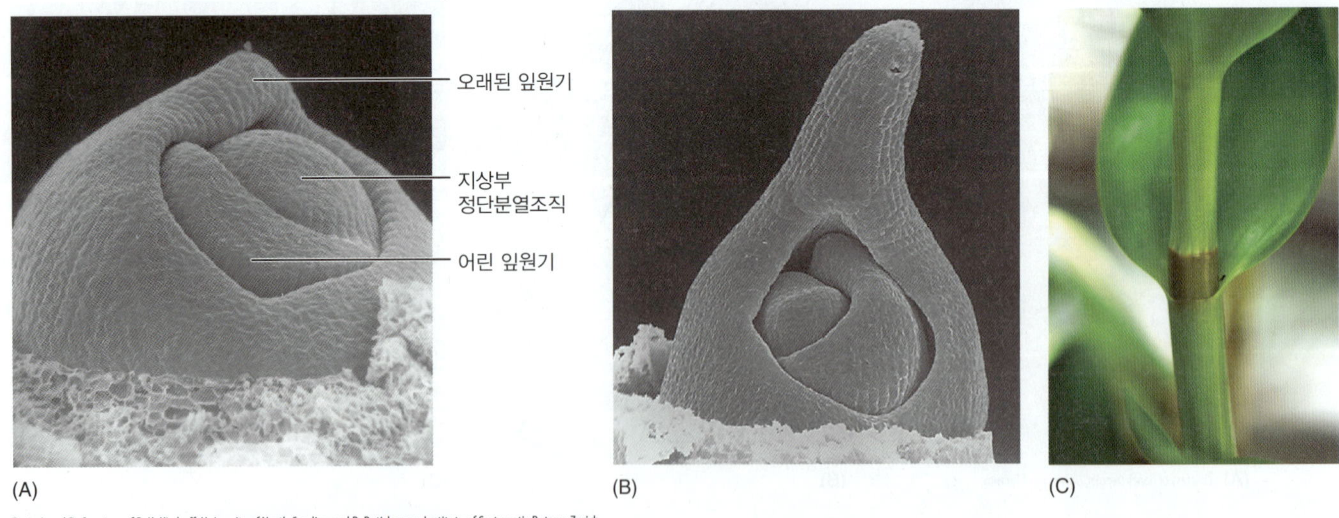

Parts A and B: Courtesy of B. K. Kirchoff, University of North Carolina and R. Rutishauser, Institute of Systematic Botany, Zurich

그림 6-34 외떡잎식물에서 잎원기의 중심이 생긴 다음에**(A)** 지상부 정단분열조직에 인접한 부위들이 활성화되어 원기에 기여한다. 그 결과, 줄기를 둘러싸는 잎밑이 생기고**(B)**, 그 주위에 잎집이 형성된다. (A) ×150; (B) ×120. **(C)** 이 석곡속(*Dendrobium*) 난초의 잎몸은 (B)의 끝과 비슷한 잎원기 끝에서 발달하고, 잎집잎밑은 (B)에서 볼 수 있는 잎원기의 작은 것이 길게 늘어나면서 발달한다.

대안

박스 6-3 광합성을 하지 않는 잎

보통잎의 잎살 외의 조직, 예를 들면, 줄기의 피층과 나무껍질에서도 광합성이 일어날 수 있다. 이들 대체 부위에서 광합성을 수행하면 특정한 결과를 갖게 된다.

나무껍질. 소수의 나무들은 엽록소를 갖고 광합성을 하는 녹색의 나무껍질을 만든다. 이런 나무들은 드물어서 거의 전부 사막에 적응한 나무들에서 나타나는데, 건조한 기간 동안은 잎을 탈락시킨 다음에 당의 생산을 전적으로 나무껍질에 의존한다. 흔히 팔로 베르데(palo verde)라고 부르는 나무는 모든 나무들이 그러하듯 그 나무껍질에 코르크세포를 만들지만, 한편으로는 코르크피층(phelloderm)이라는 세포들도 만드는데, 여기에 엽록체가 들어 있다(**그림 B6-3A**). 코르크피층은 대체로 세포간극이 거의 없이 조밀하며 세포벽의 아주 조금만이 자유표면(free surface)인데, 자유표면이란 세포간극에 면하고 이산화탄소를 흡수할 수 있는 표면을 가리킨다. 결과적으로 이산화탄소는 코르크피층 사이를 빠르게 확산하지도 않고 빠르게 흡수되지도 않는다. 뿐만 아니라 코르크피층의 세포층을 몇 층의 코르크세포들이 덮고 있고, 이들 세포는 기체를 투과시키지 않으므로 이산화탄소의 흡수를 차단한다. 이런 나무의 녹색 나무껍질은 추정하건데 광합성의 '재순환(recycling)'을 수행하는 것으로 보인다. 나무의 줄기와 가지의 살아 있는 모든 세포는 호흡을 하고 동물이 하는 것과 똑같이 이산화탄소를 내보내고, 녹색 나무껍질은 이를 다시 붙잡아 탄수화물로 전환시킨다. 광합성을 하지 않는 나무껍질을 가진 나무들에서는 그 이산화탄소들이 나무껍질 틈으로 빠져 나가서 사라져버린다.

피층. 거의 모든 식물의 어린 줄기는 엽록소를 함유한 피층을 갖는다. 대부분의 줄기는 너무 가늘어서 많은 표면적을 갖지 못하고, 따라서 빛을 별로 흡수하지 못한다. 보통잎의 표피에는 실제로 기공이 항상 나타나지만, 줄기의 표피에서는 기공이 없기도 하고, 혹시 있다고 하더라도 이산화탄소를 거의 흡수하지 못한다. 기공이 나타난다고 하더라도 코르크피층과 비슷하게 줄기의 피층은 대체로 잎살보다 훨씬 치밀하므로 이산화탄소가 빠르게 확산되거나 흡수되지 못한다.

다육줄기식물. 많은 사막식물들은 엽록소를 함유한 확대된 줄기에 물을 저장한다. 다육줄기식물(stem-succulent plant)은 사막의 짧은 습한 기간 동안에 얇고 커다란 보통잎을 만들었다가 가뭄이 시작될 때 잎을 떨어뜨리거나[이들은 가뭄낙엽성(drought-deciduous) 식물임], 극히 작은 잎만 만들기도 한다[이들을 종종 무엽성(leafless)이라고 부정확하게 부른다]. 어느 쪽이든 다육줄기식물은 대체로 광합성의 대부분 또는 전부를 엽록소가 들어 있는 피층에 의존하고, 보통 이들의 피층은 잎과 유사한 특징을 많이 갖는다. 이들 식물의 줄기에는 기공이 높은 밀도로 분포하고, 때로는 평방 센티미터당 기공의 수가 잎의 표피만큼 되기도 한다. 피층 세포의 가장 바깥쪽 층 또는 두 층은 통기조직일 수 있고, 해면잎살조직과 유사한 조직을 만들어 이산화탄소가 기공으로부터 피층 깊숙이 빠르게 확산되도록 한다. 엽록소를 포함한 피층은 종종 울타리잎살조직과 비슷하여 기다란 원주상 세포들로 구성된다. 울타리잎살조직은 세포층의 두께가 한 층 또는 두 층을 넘는 경우가 아주 드물지만, 다육줄기식물의 경우 울타리피층의 세포층은 종종 5층에서 10층이고, 그 두께가 1.0 mm에서 1.5 mm에 달한다(전형적인 보통잎의 전체 두께보다 3배에서 5배 가량 두껍다).

광합성 조직은 반드시 관다발이 잘 발달되어야 하지만, 피층에는 보통 자체적인 관다발 세트가 들어 있지 않다. 이러한 관다발 병목현상은 몇 가지 대체적인 배열로 극복할 수 있다. 만일 피층이 좁으면 그 엽록조직 세포들이 줄기의 관다발에 가까이 있게 된다. 만약 줄기가 짧은 마디사이를 갖는다면, 잎다발들 역시 서로 가까워서 다소나마 피층에서 잎자루의 기부로 가는 관다발의 기능을 한다. 선인장의 피층은 피층관다발(cortical bundle)이라 부르는 자체의 특별한 관다발계를 갖는다는 점에서 예외적이다. 피층관다발은 갈라지고 합쳐져서 입체적 그물맥계를 형성하는 병립관다발(collateral vascular bundle)의 망상 구조이다. 선인장의 피층에는 관다발이 잘 발달되어 있고, 아무리 빠르게 광합성을 하더라도 가까이 있는 체관부 세포들이 빠르게 당을 적

(A)

(B)

그림 B6-3 **(A)** 팔로 베르데(*Cercidium floridum*)라고 부르는 나무의 줄기와 가지는 녹색인데, 그것은 나무껍질에 엽록소를 포함하는 세포들이 있기 때문이다. 기공은 없고, 따라서 공기로부터 이산화탄소를 새로 흡수할 수 없다. **(B)** 사와로(saguaro) 선인장의 줄기와 가지는 녹색인데, 그것은 표피가 투명하여 안쪽에 있는 피층세포의 녹색을 볼 수 있기 때문이다. 기공이 있고, 변경주선인장(*Carnegiea gigantea*)은 공기로부터 이산화탄소를 들여와 이를 탄수화물로 전환한다. 비가 내린 다음 선인장이 물을 흡수하면 그 유세포들이 부풀고 줄기 전체가 팽창하면서 골(rib)이 차츰 평평해지지만 표피는 찢어지지 않는다. 여러 달 동안 비가 내리지 않으면 선인장은 서서히 물을 잃게 되며, 각피와 밀랍이 있더라도 줄어든다. 골 역시 줄어들어 차츰 좁아진다(공기를 내보낸 아코디언을 연상하자). 이렇게 골이 진 몸은 표면적의 변화 없이 부피를 변화시킬 수 있다.

재하고 이를 수송한다.

폭이 넓은 다육줄기는 물을 저장하는데, 이는 보통잎이 좀처럼 직면하지 않는 문제를 야기한다. 즉, 표면적은 일정한데 어떻게 부피를 늘릴 수 있을까? 우리 같은 동물은 언제 어디서나 새로운 피부를 생성하는데, 이는 체중이 늘어날 때 다행이다. 우리의 체적이 증가하고 표면적도 늘어나면 피부가 찢어져서 내부가 드러나는 대신에 피부가 자란다. 그렇지만 식물은 지상부와 뿌리의 꼭대기 그리고 자라는 잎과 꽃에서 새로운 표피를 생성할 따름이다. 다육줄기는 아코디언과 비슷하게 주름 잡힌 표면[그 주름을 골(rib)이라고 부름]을 가짐으로써 이 문제를 해결한다. 물을 저장하고 부피가 늘어나면 골이 차츰 넓어지고, 물을 잃게 되면 골은 점점 좁아진다. 체적은 극적으로 변화하지만, 표면적은 변하지 않는다(**그림 B6-3B**).

이와 같은 대안적 광합성 체계에서 물의 보존은 중요한 요인이므로, 이들 대안의 그 어느 것도 평범한 보통잎 만큼 광합성을 할 때 효율적이 되게끔 자유로이 진화한 것은 없다. 물의 보존을 증대시키는 대부분의 변형은 광합성을 감소시키고, 그 반대도 마찬가지다. 습기가 많은 서식지에서 물의 보존은 별로 중요하지 않으므로, 광합성을 증가시키는 변형은 비록 그런 변형이 식물체로 하여금 훨씬 빨리 물을 잃게 하더라도 식물의 생존을 증가시키게 된다. 반면에 건조한 서식지에서 물을 보존하는 변형은 광합성을 극대화하는 변형보다 훨씬 소중하다. 물론 사막식물은 광합성을 전혀 하지 못하는 단계까지 물의 보존을 극대화할 수 없다.

으로 자라서 원기의 일부가 되고 모자 같은 모양이 된다. 더 많은 정단분열조직 세포들이 참여하여 원기는 정단분열조직을 완전히 또는 거의 완전하게 둘러싸는 원통이 된다. 이 튜브 모양의 부분이 위쪽으로 자라서 잎집잎밑(sheathing leaf base)을 형성하고, 튜브 꼭대기의 한쪽에 위치하게 된 원래의 원뿔 모양 원기에서는 잎새(lamina)가 생긴다. 튜브의 바깥쪽 표면은 배축면표피(abaxial epidermis)이고, 안쪽의 표면은 향축면표피(adaxial epidermis)이다. 그 동안에 지상부의 끝이 확대되어 새로운 줄기 조직을 형성하고 다음의 잎원기를 만드는데, 그 원기는 먼젓번 잎의 잎집잎밑 안쪽에서 튜브처럼 발달한다. 첫 번째 잎이 완전한 크기로 자라고 나면, 먼젓번 잎의 관 모양 잎집잎밑 꼭대기에 있는 구멍을 통해 다음 잎이 계속 신장하고 모습을 드러낸다. 나중에 또 다른 더 어린잎이 나오고, 이렇게 계속 반복된다.

어떤 외떡잎식물에서는 잎새가 넓어져서 진정쌍떡잎식물의 잎새처럼 확장하기도 하지만, 벼과 초본과 백합 그리고 다른 많은 외떡잎식물들은 끈 같은 선형 잎을 갖는데, 이는 이미 결정된 크기가 없이 연속적으로 자란다. 잎집잎밑의 꼭대기에 부착된 잎새의 기부에 있는 분열조직에 의해 잎새가 생장한다. 잎새의 분열조직 세포들은 활발하게 유사분열을 하여 새로운 세포를 만들어 잎을 길게 만든다. 동물이 뜯어 먹거나, 불이 나거나 또는 잔디 깎는 기계에 의해 잎의 대부분이 없어진다 하더라도 분열조직은 더 많은 잎새를 만든다. 이런 유형의 재생은 대부분의 잎에서는 불가능한 것이다.

외떡잎식물의 잎에서 기부가 끊임없이 확장하는 것은 기저분열조직(basal meristem)에서 원생물관부와 원생체관부가 계속해서 늘어나고 붕괴된다는 것을 의미한다. 통도가 결코 중단되지 않게끔 새로운 물관요소와 체관요소들이 빠르게 분화한다. 기저분열조직 바로 위에는 조직이 분화하는 부위가 있다. 더 많은 1기 물관부와 1기 체관부가 만들어지고, 기공과 다른 형질들도 생기기 시작한다. 기저분열조직에서 더 위쪽으로 가면 조직들이 성숙하고, 분화는 줄기의 분화와 비슷하지만, 외떡잎식물의 잎에서는 그 방향이 거꾸로 뒤집힌다.

다른 유형 잎의 형태와 구조

다육엽

수많은 적응이 식물로 하여금 사막 서식지에서 생존하게 만들었는데, 그 가운데 가장 보편적인 적응은 다육엽(succulent leaf)을 만드는 것이다(**그림 6-35**). 다육엽은 많은 식물 가운데 특히 칼랑코에속(*Kalanchoe*)과 돌나물속(*Sedum*)을 포함하는 돌나물과(Crassulaceae), 쇠비름속(*Portulaca*) 및 레위시아속(*Lewisia*)을 포함하는 쇠비름과(Portulaceae)와 번행초과(Aizoaceae)에 속하는 종들의 특징이다. 다육엽은 두껍고 다육질이며, 표면대 용적비(surface-to-volume ratio)를 줄이고 물의 보존에 유리한 모양을 갖는다. 어떤 잎은 원통형이거나 심지어 구형인데, 후자는 최적의 표면대 용적비를 지닌 모양이다. 표면적이 줄어들면 물을 간직하는 데 유리하지만, 한편으로 이산화탄소를 흡수하는 능력이 감소된다.

잎의 내부에 있는 잎살은 통기간극(air space)이 거의 없기에 내부에서 증산하는 표면적을 줄이고 나아가서 기공을 통한 물의 손실을 줄인다. 한편 비눗방울이나 거품보다 순수한 물이 더욱 투명한 것과 마찬가지로 통기간극이 없으면 잎살이 더욱 투명해지고 빛이 잎의 내부로 더 깊이 뚫고 들어갈 수 있다. 앞에서 설명한 보통잎에서 일어나는 광합성보다 훨씬 깊숙한 곳에서도 광합성이 일어난다. 리토프스속(*Lithops*)과 프리티아속(*Frithia*)의 일부 종류는 반투명해서 광섬유처럼 작용한다. 이들의 잎은 거의 전적으로 지하에 자리 잡고 있는데, 이곳은 서늘하고 비교적 축축한 곳이다(**그림 6-36**). 노출된 잎의 끝이 충분한 빛을 받아들이고 이를 지하의 엽록조직으로 전도한다. 이들 식물은 마다가스카르와 남아프리카의 황량한 사막에 살고 있지만, 광합성은 실제로 다소 온화한 미기후에서 일어난다.

경엽성 보통잎

보통잎은 그들의 몸을 만들고 물질대사에 이용되는 당보다 훨씬

(A)

(B)

(C)

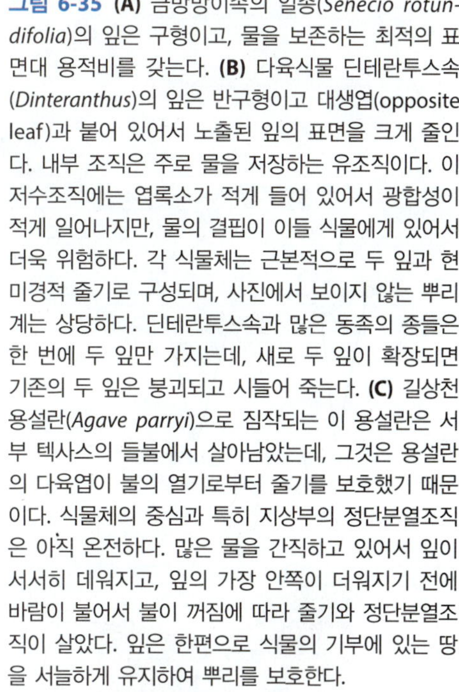

그림 6-35 **(A)** 금방망이속의 일종(*Senecio rotundifolia*)의 잎은 구형이고, 물을 보존하는 최적의 표면대 용적비를 갖는다. **(B)** 다육식물 딘테란투스속(*Dinteranthus*)의 잎은 반구형이고 대생엽(opposite leaf)과 붙어 있어서 노출된 잎의 표면을 크게 줄인다. 내부 조직은 주로 물을 저장하는 유조직이다. 이 저수조직에는 엽록소가 적게 들어 있어서 광합성이 적게 일어나지만, 물의 결핍이 이들 식물에게 있어서 더욱 위험하다. 각 식물체는 근본적으로 두 잎과 현미경적 줄기로 구성되며, 사진에서 보이지 않는 뿌리계는 상당하다. 딘테란투스속과 많은 동족의 종들은 한 번에 두 잎만 가지는데, 새로 두 잎이 확장되면 기존의 두 잎은 붕괴되고 시들어 죽는다. **(C)** 길상천용설란(*Agave parryi*)으로 짐작되는 이 용설란은 서부 텍사스의 들불에서 살아남았는데, 그것은 용설란의 다육엽이 불의 열기로부터 줄기를 보호했기 때문이다. 식물체의 중심과 특히 지상부의 정단분열조직은 아직 온전하다. 많은 물을 간직하고 있어서 잎이 서서히 데워지고, 잎의 가장 안쪽이 더워지기 전에 바람이 불어서 불이 꺼짐에 따라 줄기와 정단분열조직이 살았다. 잎은 한편으로 식물의 기부에 있는 땅을 서늘하게 유지하여 뿌리를 보호한다.

그림 6-36 리토프스속(*Lithops*)은 딘테란투스속(*Dinteranthus*)의 가까운 친척이며, 이들 모두 번행초과(Aizoaceae)에 속한다. 리토프스속은 두 잎만 갖고 있는데, 잎들이 거의 전적으로 지하에 위치한다. 편평하고 반투명한 끝 부분이 땅 위로 돌출하여 빛을 지하의 엽록조직으로 전도한다.

많은 당을 광합성으로 만들어야 하며, 그렇게 하지 못하면 식물은 잎을 만들 때마다 에너지를 잃게 될 것이다. 이는 보통잎에 들어 있는 후벽조직의 양을 제한하게 되고, 따라서 대부분의 잎은 부드럽고 먹을 수 있으며 유연한 경향이 있다.

매자나무, 호랑가시나무, 용설란과 유카 같은 일부 종에서는 잎이 2년 또는 그 이상 붙어 있는 다년생으로 진화하였다(**그림 6-37**). 이렇게 수명이 길어지고 생산력이 연장되면서 후벽조직의 잎이 가능해졌고, 그들의 단단한 잎은 동물, 곰팡이, 결빙온도와 자외선에 더욱 잘 견디게 되었다. 이와 같은 식물이 경엽식물(sclerophyllous plant)이고, 이러한 잎이 경엽(sclerophyll)이다. 후벽조직은 종종 표피의 바로 밑과 다발초에서 한 층으로 나타나지만, 표피 자체가 두꺼운 벽을 가진 세포들로 구성되기도 한다(**그림 6-38**). 많은 경엽식물 종의 잎에서 각피는 대체로 매우 두껍고

그림 6-37 매자나무속(*Berberis*)의 잎은 억세고 단단하다. 잎은 곤충이 물어뜯거나 그 위에 알을 낳기 어렵다. 그렇지만 식물은 후벽세포의 2차벽을 만들기 위해 상당히 많은 포도당을 투자해야 하고, 따라서 잎은 그들의 손익 분기점에 도달하기까지 오랫동안 광합성을 해야 한다.

밀랍이 풍부하게 나타난다.

침엽수의 잎

구과식물의 거의 모든 종은 잎이 경엽이다. 즉, 침엽수의 잎은 각

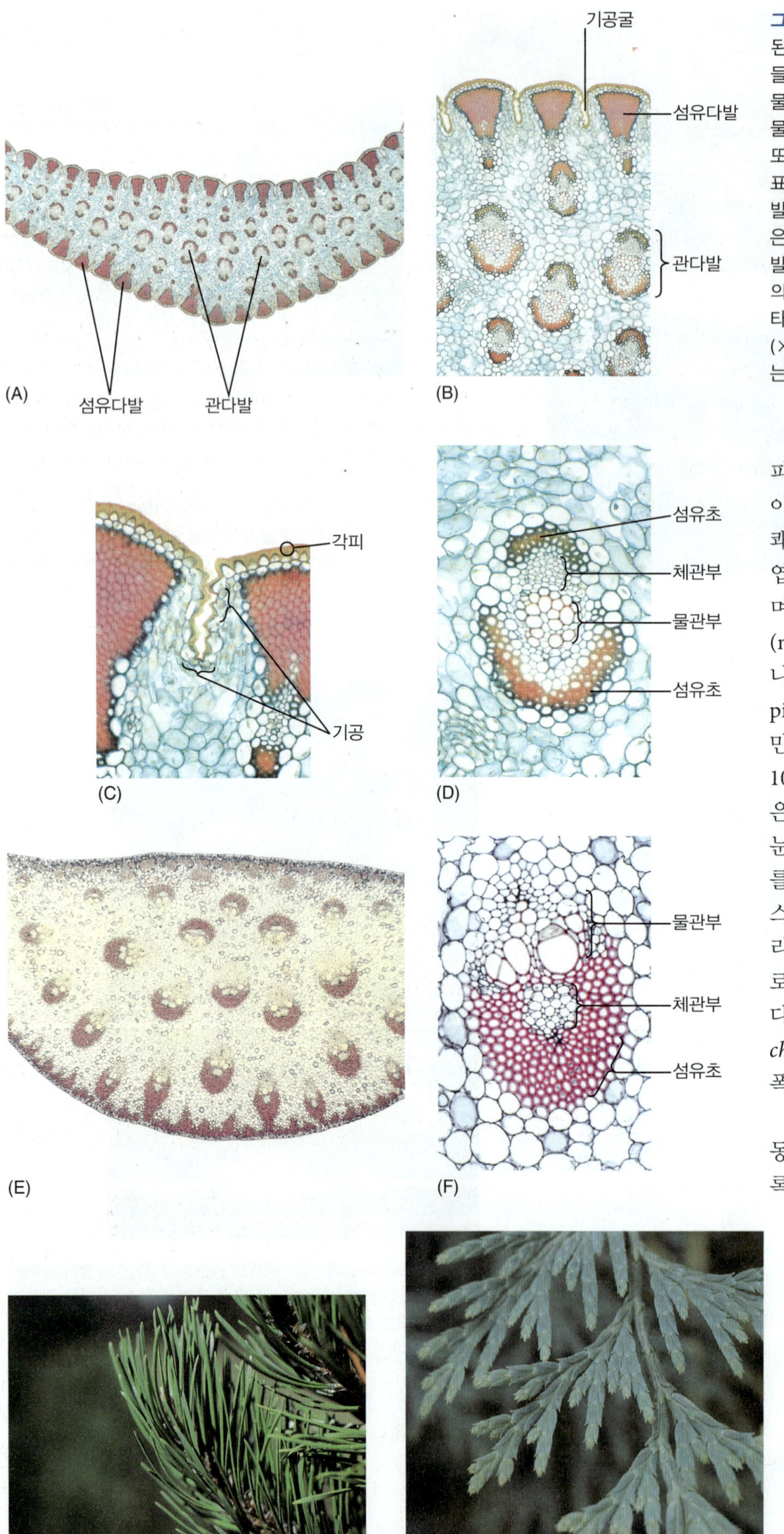

그림 6-38 **(A)** 유카(*Yucca*)의 잎은 경엽의 매우 좋은 예가 된다. 잎은 억세고 섬유질이며, 각피는 두껍다. 이런 특징들 때문에 엽록조직에 도달하는 빛의 양이 감소하지만, 식물의 생장이 제한되는 것은 광합성이 줄어들어서라기보다 물이 부족하기 때문일 것이다. 이들의 잎은 5년에서 10년 또는 그 이상 기능을 할 수 있다(× 15). **(B)** 섬유의 다발이 표피의 바로 안쪽에서 나타나고, 두꺼운 잎살이 많은 관다발을 에워싼다(× 50). **(C)** 섬유 다발 사이에 놓인 길고 얕은 홈에서 기공이 나타난다(× 150). **(D)** 이들 경엽의 관다발도 섬유초를 갖는다(× 150). **(E)** 드라세나속(*Dracaena*)의 경엽은 매우 두껍고, 보통의 잎에서 잎맥이 한 줄로 나타나는 것과 달리 잎살의 전반에 걸쳐 잎맥이 나타난다(× 15). **(F)** 드라세나속의 잎맥은 매우 두꺼운 섬유초를 갖는다(× 150).

피가 두껍고, 표피와 하피(hypodermis)의 세포들이 두꺼운 벽을 갖는다. 많은 침엽수의 잎에는 불쾌하고 입에 안 맞는 화학물질이 들어 있다. 침엽수의 잎은 항상 홑잎이고, 겹잎은 전혀 없으며, 몇 가지 유형만 있을 뿐이다. 짧거나 긴 침엽(needle)이 모든 소나무와 전나무 그리고 가문비나무에서 나타난다(**그림 6-39**). 대왕송(longleaf pine)의 침엽은 길이가 40 cm에 달하기도 하지만, 소나무의 다른 대부분의 종들은 길이가 약 10 cm인 침엽을 갖는다. 작고 편평하며 비늘 같은 잎들이 노간주나무, 사이프러스(*Cupressus*), 눈측백속(*Thuja*) 등의 줄기에서 방패 같은 외피를 형성한다. 남반구에 분포하는 속들인 아가티스속(*Agathis*)과 아라우카리아속(*Araucaria*) 그리고 나한송속(*Podocarpus*)들에서는 잎이 줄기로부터 떨어져 붙어 있는 약간 크고 넓은 비늘이다(**그림 6-40**). 나한송의 일종(*Podocarpus wallichianus*)에서는 잎의 길이가 12.5 cm에 달하고 폭이 3.5 cm로 측정되었다.

침엽수의 잎은 대부분 다년생이고, 여러 해 동안 줄기에 남아 있다. 따라서 이들 식물은 상록수이다. 브리슬콘 파인(bristlecone pine)의 침

그림 6-39 **(A)** 이 콘토르타소나무(*Pinus contorta*) 같은 많은 구과식물은 침 모양의 잎을 갖는다. **(B)** 리보케드루스속(*Libocedrus*)과 다른 많은 구과식물은 비늘 모양의 잎을 갖는다.

그림 6-40 칠레삼나무(*Araucaria araucana*)의 비늘처럼 생긴 잎은 매우 크고 지속적이며, 가지가 커지고 목본이 되어도 몇 년간 달려 있다.

그림 6-42 **(A)** 진달래속(*Rhododendron*)의 눈비늘은 겨우내 단단히 서로 맞물려 있어서, 눈비늘이 에워싸고 있는 정단분열조직과 어린잎과 꽃을 보호한다. **(B)** 목련속(*Magnolia*)의 눈비늘은 털이 빽빽하게 나있다. 이 털들은 단열을 향상시킨다.

엽은 최소한 5년 동안 산다. 이 침엽의 관다발은 해마다 새로운 체관부를 만들 수 있지만 새로운 물관부는 만들지 않는다(**그림 6-41**). 노간주나무의 작은 비늘잎도 오래 지속되고 여러 해 동안 활발하게 광합성을 하며, 아가티스속과 아라우카리아속의 잎들은 아주 오래된 나무의 줄기에도 달려 있다. 세 종류의 구과식물이 매년 가을에 잎이 떨어지는 1년생 잎을 갖는데, 잎갈나무속(*Larix*)과 낙우송속(*Taxodium*) 그리고 메타세쿼이아속(*Metasequoia*)은 모두 낙엽수이다.

눈비늘

잎의 가장 보편적 변형 가운데 하나는 진화적으로 잎이 **눈비늘(아린, bud scale)**로 전환된 것이다(**그림 6-42**). 다년생 식물에서 지상부의 휴면 정단분열조직은 눈비늘에 의해 겨우내 낮은 온도와 바람에 의한 건조로부터 보호를 받는데, 눈비늘은 줄기의 끝 주위에서 빽빽하게 층을 형성한다. 눈비늘의 역할이 광합성을 하는 것이 아니라 주로 보호하는 것이기 때문에 눈비늘의 구조는 보통잎의 구조와 다르다. 눈비늘은 작고 좀처럼 겹잎이 아니므로 바람에 의한 기계적 손상은 눈비늘에게 위험이 되지 않는다. 눈비늘은 줄기에 바싹 붙어야 하고 그 위에서 접혀야 하기 때문에 잎자루는 짧거나 없다. 보호성이 되기 위해 눈비늘은 보통의 잎보다 훨씬 어세고 더 많은 밀랍을 포함해야 한다. 최소한 노출된 부분에서 눈비늘은 흔히 얇은 층의 코르크 같은 껍질을 만드는데, 이 껍질은 보통잎의 단순한 표피보다 더욱 강력한 보호를 제공한다.

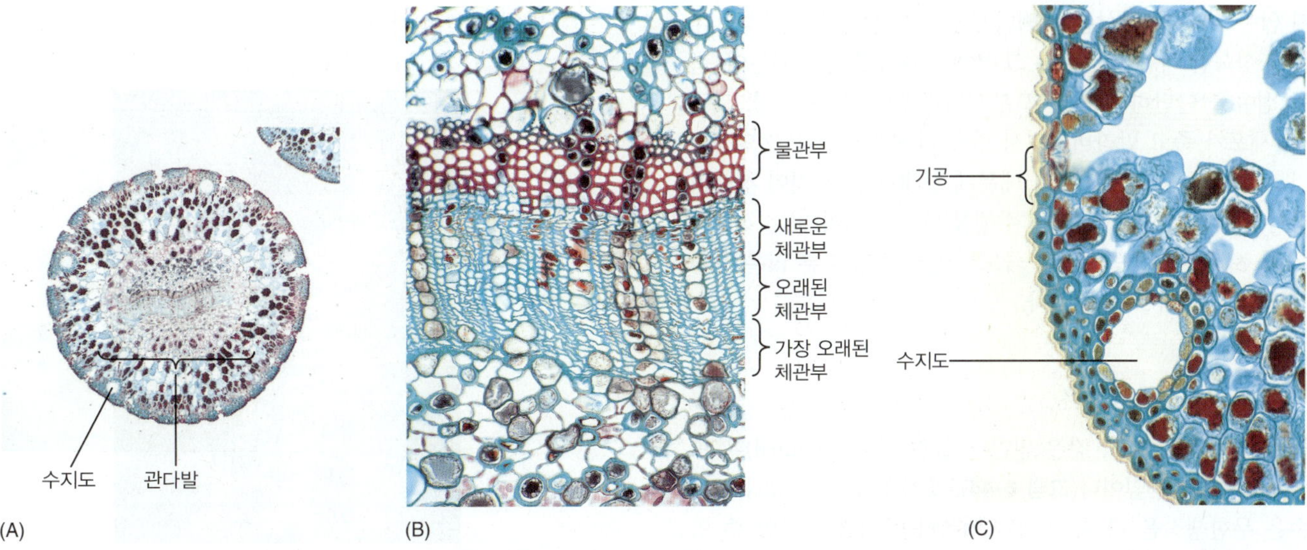

그림 6-41 **(A)** 소나무 침엽의 횡단면은 둥글다(×15). **(B)** 침엽은 여러 해 동안 지속되며, 해마다 더 많은 체관부를 만든다(×150). **(C)** 침엽은 경엽이다. 잎은 두꺼운 각피를 갖고 벽은 두꺼운 표피세포를 가진다. 한편 잎에는 수지도가 있다(×150).

(A)

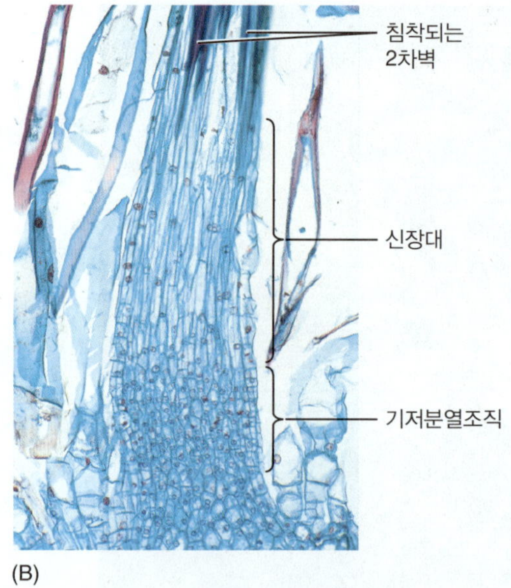

(B)

그림 6-43 **(A)** 페로칵투스속(*Ferocactus*) 선인장의 이 가시는 변형된 잎이다. 가시들의 무리는 실제로는 완전한 곁눈이다. **(B)** 선인장의 가시에는 기저분열조직(basal meristem)이 있어서 새로운 세포가 만들어지면 오래된 세포들이 위쪽으로 밀려 올라간다. 세포들이 분열조직으로부터 나가면 중심액포에 물이 채워지고 신장한 다음에 두꺼운 2차벽이 만들어지고 섬유 세포로 분화한다(× 50).

가시

선인장은 두 가지의 잎을 가진다. 녹색의 선인장 몸은 현미경적 녹색 잎을 갖고, 무리를 이루는 가시(spine)는 잎의 곁눈이다. 선인장의 가시는 곁눈의 변형된 잎이다. 보호해 주는 가시가 없다면 물이 많고 촉촉한 선인장의 몸은 동물들의 훌륭한 물 공급원이 될 것이다(**그림 6-43**). 눈비늘과 함께 가시는 그 기능과 관련하여 분명한 구조를 갖는다. 광합성을 하는 부드럽고 유연한 잎몸은 초식동물에 대항하는 보호장치로서 쓸모가 없지만, 가시는 잎몸이 없고 바늘처럼 생겼다. 잎새의 형성을 저해하는 돌연변이가 선택적으로 유리하게 작용하였다. 잎살유조직이나 관다발조직이 나타나지 않는 대신에, 잎살은 빽빽하게 들어찬 섬유들로 구성된다. 섬유들이 성숙한 다음에 섬유는 그 벽에 목질소를 침착하는데, 목질소는 섬유를 단단하게 만들고 부식되지 않도록 해 준다. 그러고 나서 세포가 죽고 말라버리면서 한층 더 단단해진다. 선인장은 줄기의 피층에서 광합성을 하기 때문에 잎새가 없는 것이 선택적 불이익이 되지 않지만, 광합성을 수행할 다른 조직이 없는 식물에게 잎새가 사라지는 돌연변이는 극도로 불리하다. 다른 많은 종들의 가시도 비슷한 구조를 갖는다.

덩굴손

완두와 오이 그리고 호박 같은 많은 식물의 덩굴손(tendril)은 또 다른 유형의 변형된 잎이다(**그림 6-44**). 광합성을 하는 잎과 달리 덩굴손은 무한생장을 하며, 물체와 접촉하면 이를 감지할 수 있는 세포들을 포함한다. 덩굴손이 어떤 것에 닿게 되면 물체에 면한 쪽은 생장을 멈추지만 다른 쪽은 계속 신장하여 덩굴손이 물체 주위를 감아 이를 지지하는 데 이용한다. 잎새는 해로울 수 있어서 만들어지지 않는다. 많은 보통잎들이 햇빛의 방향을 감지하여 광합성을 극대화하게끔 잎새의 방향을 변화시키는 반면에 덩굴손은 단단한 물체를 감지하여 그를 빙 돌며 자란다.

크란츠구조를 갖는 잎

C_4광합성이라고 부르는 특수한 대사를 갖는 식물에서는 독특한 유형의 잎 구조가 나타난다. 이들의 잎은 울타리유조직과 해면잎살조직이 없는 대신, 엽록소가 들어 있는 커다란 세포들로 구성되는 두드러진 다발초(bundle sheath)를 갖는다. 각 다발초 주위에는 관다발에서 뻗어 나가는 것처럼 보이는 잎살세포의 고리가 나

그림 6-44 이 덩굴손은 고도로 변형된 잎이다. 덩굴손은 잎몸이 없고, 보통잎들이 특정한 크기에 도달하면 생장을 멈추는 반면에 이 덩굴손은 계속 자란다.

타난다. 이런 독특한 구조를 **크란츠구조(Kranz anatomy)**라고 부르며, 이 구조를 갖는 식물들은 건조한 환경에 C_4식물을 적응시키는 이산화탄소 수송메커니즘을 갖는다. (C_4광합성과 크란츠구조와의 관계는 10장에서 상세하게 다룬다.)

포충엽

곤충을 잡아서 소화하는 능력이 몇 종류의 식물에서 진화하였다. 식물의 벌레잡이는 질산염과 암모니아가 부족한 서식지에서 자라는 식물들에서 진화하였다. 곤충을 분해함으로써 식물은 자신의 아미노산과 뉴클레오티드에 필요한 질소를 얻게 된다. 포충엽(trap leaf)은 잡는 동안에 움직이는 능동적 포충엽과 움직일 수 없는 수동적 포충엽으로 구분할 수 있다. 벌레잡이풀속(*Nepenthes*)과 달링토니아속(*Darlingtonia*) 그리고 사라세니아속(*Sarracenia*)의 포충엽들은 가장 널리 알려진 수동적 포충엽들이다(**그림 6-45A**). 잎이 몹시 변형된 것처럼 보이지만, 포충엽은 많은 보통잎과 사실상 비슷하다. 포충엽은 광합성을 할 수 있는 얇은 유조직들이다. 많은 기공과 관다발이 있으며, 통기조직과 엽록조직을 포함하는 잎살도 있다. 가장 중요한 차이는 잎새가 편평하기보다는 관 모양이고, 물 같은 소화액을 분비한다는 점이다. 소화하는 부위의 표피는 불투과성이 아니라 흡수성이어야 한다. 아울러 포충엽의 목 부분에는 액체로 향하는 수많은 모상체들이 있어서 곤충이 모상체 방향으로 걸어가서 죽게 된다.

끈끈이주걱속(*Drosera*)의 잎(**그림 6-45B**)은 능동적 포충엽이다. 이 잎들도 보통잎들과 많은 공통적 특징들이 있지만, 위쪽 표면이 끈적거리는 소화액을 분비하는 샘돌기들로 덮여 있다. 어느 한 모상체에 곤충이 잡히면 인접한 모상체들이 곤충 쪽으로 굽어지고 소화액을 희생물 위에 묻힌다. 잎몸 전체가 곤충 주위에 동그랗게 말려서 더 많은 모상체들이 곤충에 닿게 된다. 이들 잎의 변형은 구조적 변형이라기보다는 주로 대사적인 변형이다. 모상체와 잎새는 곤충의 존재를 감지하고 반응할 수 있어야 하고, 분비와 흡수가 가능해야 하며, 소화가 끝난 다음에 완전히 펼쳐질 수 있어야 한다.

파리지옥(*Dionaea muscipula*)은 많은 보통잎들과 비슷하게 평평하게 펼쳐진 잎을 갖지만, 파리지옥에서는 중앙맥의 위쪽 면에 있는 기동세포(motor cell)들이 극도로 부풀고 팽창할 때에만 이 자세가 유지된다(**그림 6-45C**). 곤충이 덫을 가로질러 걸어가면 자극털에 살짝 닿는다. 이 털 가운데 2개가 자극을 받으면 중앙맥의 기동세포들에서 물이 빠르게 빠져 나가고, 덫이 순식간에 닫히면서 잎새의 두 반쪽이 위쪽으로 움직인다. 가장자리에는 길고 서로 맞물리는 가시 같은 긴 털이 있어서 곤충을 가두고, 짧은 샘들에서는 소화액을 분비하기 시작한다. 소화와 흡수가 끝나면 중앙맥의 기동세포들이 물로 채워지고 부풀어 덫이 열리면서 새로운 먹이를 잡을 준비를 한다.

(A)

(B)

(C)

그림 6-45 **(A)** 벌레잡이풀속(*Nepenthes*)은 정교한 포충엽을 갖는다. 이 잎에는 보통의 잎자루와 잎새가 있지만, 잎의 끝은 길고 좁으며 펜던트(pendant)이다. 그 맨 끝은 똑바로 세워져 있고, 소화혼합물과 질소를 흡수할 수 있는 표피를 포함하는 움푹 꺼진 항아리로 발달한다. 잎의 꼭대기 부분에는 빗물이 항아리 안으로 떨어져서 소화액을 희석시키지 못하게 하는 넓고 평평한 뚜껑이 있다. **(B)** 끈끈이주걱의 잎은 여러 가지의 모양을 갖는다. 케이프끈끈이주걱(*Drosera capensis*)의 잎은 길고 좁다. 곤충이 잡힌 직후에 잎이 오므라들어 수많은 샘돌기가 곤충에 닿게 한다. 각 샘의 끝에 있는 방울은 끈끈한 소화액이다. 소화가 끝나면 잎은 다시 펼쳐지고 다음의 식사 준비를 한다. **(C)** 파리지옥 잎의 잎몸 각각의 반에는 털들이 있는데, 만약 곤충이 3개의 털 중 2개의 털에 닿게 되면 덫이 닫힌다.

다음 단계에서는

1. **보통잎의 생태적 변형.** 얇고 편평한 보통잎은 햇빛과 이산화탄소를 흡수하고 물을 잃는다. 이런 모양은 환경과 접하는 넓은 면적을 식물에 제공한다. 잎의 크기와 모양, 잎의 체적, 그리고 표면적은 모두 식물의 서식지에 적응할 수 있어야 한다. 특정한 서식지의 많은 식물들에서는 일습의 형질들을 흔히 볼 수 있다. 예를 들면, 추운 높은 산의 강한 바람에 노출되어 있는 서식지에서는 특정한 잎의 형질을 발견할 것으로 예상되고, 덥고 비가 많이 오는 서식지에서는 다른 형질을 보게 될 것이다. 탐구할 주제들은 길쭉한 잎의 뾰족한 끝 부분, 다육엽, 경엽, 가시 그리고 벌레잡이식물이다.
2. **잎의 진화.** 보통잎은 이끼류에서, 석송류에서, 그리고 종자식물과 고사리류에서의 최소한 세 번에 걸쳐 진화하였다. 우리는 잎 진화의 어떤 측면은 많이 알고 있지만, 다른 측면에 대해서는 훨씬 덜 알고 있다. 소형엽(microphyll), 석송엽(lycophyll), 대엽(megaphyll), 진성엽(euphyll), 텔롬설(telome theory), 그리고 이입조직(transfusion tissue)의 주제들을 탐구해 보자.
3. **탈리(*abscission*).** 어떤 종의 잎은 죽은 다음에도 식물에 남아 있지만, 다른 종의 잎은 탈리대(abscission zone)를 갖고 있고, 너무 오래 되었거나 압박이 지나쳐서 더 이상 광합성을 할 수 없을 때 스스로 식물체로부터 잘려 나간다. 탈리대는 꽃, 열매, 꽃차례와 가지에도 존재하고 중요하다. 낙우송(*Taxodium distichum*)에서는 잎이 가지에 달려 있지만 전체 가지가 잎들과 함께 떨어진다. 탈리대는 구조와 배치가 서로 다르고, 기관이 탈락하게끔 언제 활성화될지 조절하는 요인들 역시 각양각색이다.

요약

1. 자연선택의 결과로 광합성, 보호, 지지, 물과 양분의 저장 그리고 질소 흡수에 관여하는 다양한 유형의 잎들이 진화하였다.
2. 보통잎은 병원체와 압박을 견뎌야 하고, 자신을 만드는 데 쓰이는 당보다 많은 당을 생성해야 하며, 돛처럼 작용하지 말아야 한다. 이들 기능과 연관된 변형들은 자칫 보통잎이 광합성에 최적으로 적응하지 못하게 할 수도 있다.
3. 보통잎은 잎자루가 있거나 또는 없는 잎몸으로 구성되고, 잎몸은 홑잎이거나 깃꼴겹잎 또는 장상겹잎이다.
4. 잎은 어린잎과 성숙한 잎이 구별되고 장지에 달리는 잎과 단지에 달리는 잎이 뚜렷이 다른 변이를 보이기도 한다.
5. 탈리대는 일반적으로 코르크 같은 잎자국을 만드는 세포들인 보호층과 세포벽이 깨지는 이층(separation layer)을 포함한다.
6. 많은 보통잎은 내부적으로 엽록소가 풍부하게 들어 있는 위쪽의 울타리유조직과 기체의 순환을 가능하게 하는 아래쪽의 해면잎살조직을 갖는다. 1기 물관부와 1기 체관부로 구성되는 관다발은 대체로 기초속씨식물과 진정쌍떡잎식물에서 그물맥계로, 그리고 외떡잎식물에서는 나란히맥계로 배열한다. 세맥은 당을 적재하고 물을 내려놓는다.
7. 잎은 지상부의 정단분열조직에서만 생기고, 작은 원뿔 모양의 잎원기로 시작한다. 진정쌍떡잎식물의 잎은 보통 모든 부분에서 일제히 확산생장을 하지만, 많은 외떡잎식물의 잎몸은 기저분열조직으로부터 자란다.

중요한 용어

겹잎(복엽; compound leaf)
그물맥계(망상맥계; reticulate venation)
나란히맥계(평행맥계; parallel venation)
눈비늘(아린; bud scale)
다발초(유관속초; bundle sheath)
세맥(minor vein)
울타리유조직(palisade parenchyma)
잎다발(엽적; leaf trace)
잎몸(엽신; leaf blade)
잎살(엽육; mesophyll)
잎새(lamina)
잎원기(leaf primordium)
잎자국(leaf scar)
잎자루(엽병; petiole)
잎축(엽축; rachis)
자루없는 잎(sessile leaf)
작은잎(소엽; leaflet)
중앙맥(midrib)
탈리대(abscission zone)
턱잎(탁엽; stipule)
해면잎살조직(해면엽육조직; spongy mesophyll)
홑잎(단엽; simple leaf)

복습 문제

1. 잎은 식물의 삶에서 많은 역할을 수행한다. 다음의 일을 하는 잎의 예를 드시오.
   a. 보호
   b. 지지
   c. 저장
   d. 질소 획득

   이들 기능 중 어느 한 가지에 선택이익이 되는 잎의 구조와 대사가 다른 모든 기능들에도 선택적으로 이익이 될까?
2. 보통잎의 가장 분명한 기능은 무엇인가? 종종 대수롭지 않게 여겼던 보통잎의 다른 기능들은 무엇인가?
3. 대부분의 잎은 아주 얇다. 그 이유는 무엇인가? 두꺼운 잎에서 아래쪽 층은 어떤 상태인가?
4. 잎이 달리는 대(줄기)를 무엇이라고 부르는가? 잎의 넓고 편평하며 얇은 부분은 무엇이라 하는가?
5. 박스 6-1 '식물과 인간: 잎, 식량 그리고 죽음'에서는 잎이 동물에 미치는 몇 가지 효과를 설명하였다. 독미나리(poison hemlock)와 나도여로(death camas)에 들어 있는 독성 화학물질의 이름은 무엇인가? 담배의 잎에 들어 있는 화학물질의 이름은 무엇인가? 이 독성물질이 점막에서 흡수될 수 있을까? 이 독소가 태반을 가로질러 아직 태어나지 않은 아기에게 전달될 수 있을까? 이 화학물질은 우리들 몸의 어떤 부분에서 암을 유발할 수 있을까?
6. 벼과 초본과 붓꽃 같은 많은 외떡잎식물의 보통잎은 진정쌍떡잎식물의 보통잎과 매우 다르다. 그 모양은 어떤 경향이 있는가? (정답 2개에 동그라미를 치시오: 길다, 짧다, 점점 가늘어진다, 넓다). 이들은 보통 잎자루가 없는 대신에 줄기 주위를 둘러싸는 ____________________을 갖는다. 잎자루와 잎새처럼 생긴 것을 갖는다는 점에서 특이한 잎을 갖는 외떡잎식물 세 종류의 이름을 대시오.
7. 만약 오직 한 부분의 조직으로 된 잎몸을 갖는다면 그 잎은 __________________이라고 부른다. 그렇지만 잎몸이 여러 부분으로 갈라졌다면, 그 잎은 __________________이라고 한다. 그림 6-7에 보인 장미의 잎은 어떤 유형인가? 아메리카 담쟁이덩굴의 잎은 어떤 유형인가?
8. 겹잎과 여러 홑잎이 달린 잔가지를 어떻게 구별할 수 있을까? 홑잎과 겹잎이 모두 동일한 질감을 갖는다고 가정하면 곤충의 애벌레는 어느 잎을 더 쉽게 먹을 수 있을까?
9. 식물이 전 생애 동안 오직 한 가지의 잎만 만들까, 아니면 일부 식물은 일생 동안 다양한 종류의 잎을 만들까(힌트: 그림 6-11)? 설명하시오.
10. 꽃식물의 잎에서는 두 가지의 맥계(venation)가 나타난다. 진정쌍떡잎식물의 잎에서 발견되는 맥계를 설명하고, 외떡잎식물의 잎에서 나타나는 맥계를 설명하시오.
11. 잎의 탈리대는 어떤 일을 할까? 꽃과 열매에 탈리대가 있을까, 아니면 없을까?
12. 잎의 상면표피는 하면표피와 어떤 점에서 다를까? 이들 구조적 차이는 어떤 점에서 적응적인가?
13. 이 페이지는 폭이 22 cm이고 높이가 27 cm이다. 이 페이지의 표면적을 계산하시오(잎과 똑같이 페이지도 앞면과 뒷면이 있다는 점을 잊지 마시오). 만약 이 페이지가 해바라기의 잎과 동일한 밀도로 기공을 갖는 잎이라면(표 6-2 참조), 페이지의 위쪽 면에는 얼마나 많은 기공이 있고, 아래쪽 면에는 기공이 얼마나 많을까?
14. 잎의 내부 조직을 잎살(엽육)이라고 부른다. 대부분의 잎에서 위쪽 부분에는 ______________________________ 이라고 부르는 원주상 세포들이 있고 잎의 아래쪽 부분에는 ________________________이라고 부르는 툭 트이고 촘촘하지 않은 통기조직이 있다. 박스 6-2 '식물학과 그 너머: 층층이 쌓인 잎의 구조'에서 그림 (A)는 원주형 세포의 위쪽 층을 보여주지만, 세포들이 둥근 기둥처럼 보이지 않는다. 왜 그럴까? 박스의 그림 (E)에서는 아래쪽의 통기조직층을 보여준다. 이 2차원적 현미경 사진으로부터 세포간극의 모양을 설명할 수 있는가(질문에 답을 하기 전에 그림 6-21을 보시오)?
15. 많은 잎은 중심을 지나가는 크고 분명한 잎맥이 있고, 이로부터 많은 잎맥들이 갈라져 나온다. 커다란 잎맥을 무엇이라고 부르나? 잎은 이런 큰 잎맥을 여러 개 가질 수 있을까(그림 6-2 참조)? 큰 잎맥에서 나오는 작은 잎맥은 무엇이라고 부르나? 잎에서 가장 작은 잎맥은 무엇이라고 부르나? 가장 큰 잎맥과 가장 작은 잎맥 가운데 어떤 잎맥이 잎살세포에 직접 물을 공급할까?
16. 잎의 다발초(bundle sheath)는 무엇인가?
17. 보통잎의 단면을 그리고, 각 부분의 이름을 붙이시오. 그림을 그릴 때 관다발조직의 모든 종류가 나타나게끔 유의하시오.
18. 덩굴손, 가시, 눈비늘, 비늘줄기의 비늘잎 그리고 사막식물 다육엽의 각각은 17번 문제의 잎에서 어떤 부분이 강조되고 어떤 부분이 축소되었나?
19. 많은 잎자루는 작지만, 잎자루가 엄청나게 크거나 몹시 길 수도 있다. 몹시 커다란 잎자루의 예를 몇 가지 드시오.
20. 지상부의 정단분열조직은 위쪽으로 돌출하여 잎으로 발달하는 작은 무리의 세포를 만든다. 세포들의 이런 작은 돌출부를 무엇이라고 부르는가?
21. 그림 6-31A에서 '잎'이라고 표시된 잎원기의 단면을 살펴보자. 각각은 지상부 정단분열조직 주위를 완전히 둘러싸고 있다. 개개의 잎원기가 왜 분열조직을 감싸고 있는지 설명할 수 있는가(힌트: 이 사진은 외떡잎식물인 벼과 초본의 현미경 사진이므로 그림 6-4B와 6-4C의 잎과 비슷한 잎을 갖는다)?
22. 진정쌍떡잎식물의 잎과 벼과 초본의 잎의 생장이 어떻게 다른가? 어떤 종류의 잎이 잎을 먹는 곤충이나 풀을 뜯어먹는

사슴의 공격으로부터 더 잘 회복할 수 있을까?

23. 겨울철의 잔가지에 있는 끝눈과 곁눈 같은 휴면눈은 눈비늘과 어린잎 그리고 잎원기로 구성된다. 이 가운데 어느 것이 정단분열조직에서 가장 먼저 형성되고, 어느 것이 마지막에 생기나?
24. 그림 6-36은 사막식물인 리토프스속(*Lithops*)의 여러 식물체를 보여준다. 각 식물은 몇 개의 잎을 갖는가? (그런데 아무리 이상적인 조건에서 키우더라도 이 식물은 그 숫자 이상의 잎을 갖지 않는다.)
25. 호랑가시나무, 매자나무(그림 6-37)와 유카(그림 6-38)에서 볼 수 있는 경엽성 보통잎은 여러 특이한 특징을 갖는다. 이들 식물이 1년생일까, 아니면 그 이상 살 수 있을까? 이들은 잎을 먹고자 하는 동물들에 더욱 잘 견딘다. 그 이유는 무엇일까? 대부분의 잎에는 들어 있지 않지만 이들의 잎에 있는 세포의 유형은 무엇인가?
26. 구과식물의 잎은 다년생이다. 브리슬콘 파인(bristlecone pine)의 침엽은 최소한 ______년 동안 살고, 관다발은 해마다 새로운 ____________________를 만든다. 많은 침엽수가 바늘 모양의 잎을 갖지만, 리보케드루스속(*Libocedrus*)의 잎은 ____________________ 모양이다(그림 6-39B 참조).
27. 선인장의 가시는 변형된 잎이고, 눈비늘과 함께 가시는 그 기능과 관련하여 분명한 구조를 갖는다. 광합성을 하는 잎의 잎몸은 왜 보호장치로 쓸모가 없을까? 선인장의 가시는 잎살유조직이나 관다발조직이 없다. 대신에 잎살은 ____________ ____________________________들로 구성된다. 가시 세포는 그 벽에 어떤 화학물질이 들어 있을까? 가시 세포가 유조직인가, 후각조직인가, 아니면 후벽조직인가? 가시 세포가 성숙한 다음에 세포들이 살아 있는 채로 남아 있을까? 이 문제의 모든 대답을 바탕으로 다음과 같은 질문에 대해 고려해 보자: 이 변형된 잎이 보통잎과 많은 공통점을 갖고 있는가?
28. 선인장은 ____________________ 가지의 잎을 가진다. 녹색의 선인장 몸은 __________________________ 녹색 잎을 갖고, 무리를 이루는 가시는 ___________________________이다. 선인장의 가시는 곁눈의 변형된 잎이다.
29. 몇 종류의 식물은 곤충을 잡아서 분해하고 그 몸에서 질소비료를 얻는 잎을 가진다. 벌레잡이풀속(*Nepenthes*)의 포충엽, *끈끈*이주걱의 *끈끈*이 잎 그리고 파리지옥의 덫의 각각은 어떻게 기능을 하는지 설명하시오. 어떤 포충엽이 능동적이고, 어떤 포충엽이 수동적인가?

CHAPTER 7

뿌리

학습 목표

이 장을 읽은 다음, 학생들이 할 수 있는 것은;

- 뿌리의 세 가지 기능을 열거한다.
- 원뿌리와 곁뿌리 그리고 수염뿌리계의 특성과 생물학적 결과를 설명한다.
- 각 뿌리의 구조를 설명한다.
- 뿌리의 내부 구조를 이루는 요소들의 이름을 댄다.
- 곁뿌리의 발생과 지상부에서 눈의 형성을 비교한다.
- 뿌리의 여러 종류인 저장근, 지주뿌리, 공기뿌리, 수축근, 균근, 뿌리혹, 기생근 그리고 기생 무화과나무의 뿌리에 대해 논한다.

알고 있나요?

- 뿌리가 땅속에 숨겨져 있기 때문에 우리는 뿌리에 대해 거의 알지 못하고, 뿌리가 활동적인지 아니면 휴면 상태인지, 심지어 죽었는지조차 쉽게 볼 수 없다.
- 뿌리의 체제는 지상부의 체제와 비슷하여 뿌리는 표피, 피층, 체관부와 물관부를 갖지만 속은 없다.
- 뿌리 끝의 특정 세포는 세포의 바닥으로 가라앉는 조밀한 녹말립을 갖고 있는데, 이는 세포에게 어느 방향이 아래인지를 가리킨다.
- 해변을 따라 자라는 맹그로브 같은 일부 식물은 위쪽으로 자라는 뿌리를 갖고 있어서 물에 잠긴 뿌리에 산소를 공급한다.

개요

장의 첫 이미지: 뿌리는 식물의 삶에서 많은 역할을 하지만, 공통적 기능은 고착과 안정이다. 여기에 보인 뿌리는 오래된 목본성이지만, 나무가 어린나무였을 때 생기기 시작하였다. 뿌리는 쓰러진 나무 옆에 떨어진 씨앗으로부터 자라나서, 어린뿌리는 고사목의 나무줄기 위로 1 m 이상 자란 다음에야 땅에 도달하였다. 쓰러진 나무는 수십 년 동안에 완전히 분해될 것이고, 그러고 나면 뿌리는 그 사이에 공기만 있는 지상 1 m 위에서 나무의 줄기를 떠받치게 될 것이다.

개념

대부분의 뿌리는 세 가지의 기능을 한다: (1) 식물체를 기층에 단단하게 고정하고, (2) 물과 무기질을 흡수하며, (3) 호르몬을 생성한다. 단단한 고정은 안정을 제공해 주고, 따라서 사실상 모든 식물에 중요하다. 그러고 나서 줄기, 잎, 꽃과 열매가 태양과 꽃가루매개동물 또는 열매를 퍼뜨리는 동물을 향해 적절하게 자리를 잡을 수 있다. 뿌리가 제대로 부착하지 못하면 나무와 관목들이 똑바로 설 수 없고, 착생식물들이 숲지붕의 보금자리를 마련하지 못할 것이다. 몹시 분지한 근상(rhizomatous) 또는 기는줄기의(stoloniferous) 식물은 뿌리 없이도 바람에 날려가지 않을 수 있지만, 이들 식물의 수평줄기는 보통 너무 유연하여 공기 중의 구조를 안정화시키려면 뿌리가 필요하다.

잎과 마찬가지로 뿌리도 흡수의 기능을 하지만, 두 기관은 완전히 다른 모양을 갖는다. 햇볕은 항상 위에서 내리쬐지만, 물과 무기질은 뿌리의 사방에 분포한다. 뿌리의 원주형 모양은 어떤 방향이든 동일한 흡수 능력을 갖게 한다. 부피가 같은 잎과 얇은 뿌리계(root system)를 고려해 볼 때, 뿌리계는 표면적대 용적비(surface-to-volume ratio)가 훨씬 높아서 흡수에 이상적이다. 잎의 낮은 표면적대 용적비는 이산화탄소의 흡수 능력을 감소시키지만 빛의 흡수를 감소시키지 않고, 실제로 물을 보존하는 데 유리하다. 뿌리는 빛을 흡수하도록 적응할 필요가 없고, 물을 보존하는 것보다 물을 흡수한다. 한편으로 뿌리의 원통형 모양은 의심할 여지없이 반고체의 저항하는 매질을 지나는 뿌리의 생장과 관련된다. 비록 부드러운 다공성 토양이라 할지라도 얇은 시트보다는 좁은 원통이 보다 쉽게 그리고 철저하게 뚫고 들어갈 수 있다. 따라서 잎과 뿌리 모두 흡수의 기능을 갖기는 하지만, 이들이 서로 다른 모양을 갖는 것이 선택이익이 되었다.

뿌리는 몇몇 호르몬을 아주 활발하게 생산한다. 지상부의 생장과 발생은 뿌리에서 가져오는 호르몬인 시토키닌(cytokinin)과 지베렐린(gibberellin)에 의존한다. 이와 같이 뿌리에서 만들어진 호르몬에 지상부가 의존하는 것은 두 체계의 생장을 통합하는 방편일 수 있다. 잎의 증산이 뿌리의 흡수를 초과하지 않게끔 식물이 지상부의 크기를 조절하는 것이 선택이익이고, 식물은 그 지상부가 필요로 하는 것보다 훨씬 커다란 뿌리계를 만드느라 탄수화물을 낭비하지 말아야 한다. 추가의 탄수화물은 잎이나 생식에 사용될 수 있다(**그림 7-1**).

많은 경우 뿌리는 고정과 흡수 및 호르몬 생산의 기능 외에 또는 그 대신에 다른 기능을 한다. 당근, 사탕무, 그리고 무의 뿌리 같이 다육질의 **원뿌리(주근, taproot)**는 식물이 겨우내 탄수화물을 저장하는 주된 자리이다. 버드나무와 수영(sorrel) 따위의 식물의 뿌리는 수평으로 뻗으면서, 자라 나와 새로운 식물체의 역할을 하는 눈을 만든다. 이러한 영양생식 방법은 줄기가 아니라 뿌리가 관련된다는 점을 제외하면 기는줄기 또는 근상 식물의 영양생식 방법과 아주 흡사하다. 일부 야자나무(*Crysophila*와 *Mauritia*)에서는 나무줄기에서 뿌리가 자라 나온 다음에 날카로운 가시로 굳어진다. 담쟁이덩굴 그리고 다른 많은 넝쿨식물은 부착기로 작용하는 변형된 뿌리를 갖고 바위나 벽돌에 달라붙는다. 마지막으로 많은 기생 꽃식물(겨우살이와 실새삼)은 다른 식물을 공격하여 변형된 뿌리를 통해 그 식물로부터 물과 양분을 빼낸다.

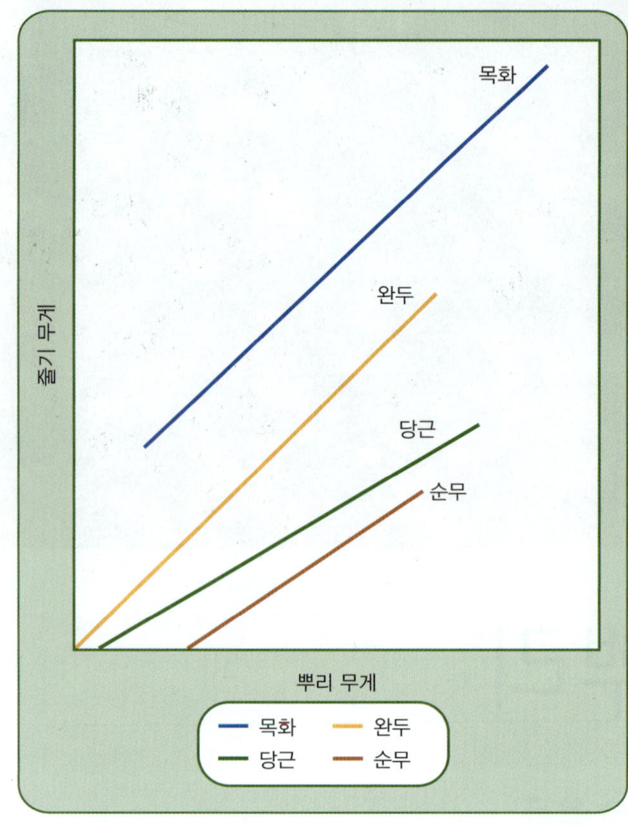

그림 7-1 지상계와 뿌리계의 비율은 매우 중요하다. 각 종마다 뿌리계가 차츰 많아지면 지상계도 따라서 늘어난다. 그렇지만 그 관계는 종마다 서로 다르다. 특정한 양의 순무 뿌리에는 상대적으로 지상부가 거의 없지만, 같은 양의 완두 뿌리에서는 보다 많은 지상부가 나타나고, 목화에서는 훨씬 더 많이 나타난다.

뿌리의 상이한 기능에 적응하는 뚜렷이 구별되는 일련의 특징들이 있다. 뿌리가 특수화되고 특정한 일에 점차 효율적이 됨에 따라 다른 일에는 점점 적응하지 못하게 되고, 따라서 분업의 결과로 한 식물에서 몇 가지 유형의 뿌리가 나타날 수 있다. 이를테면 당근과 사탕무는 커다란 저장근에 덧붙여 미세한 흡수뿌리를 갖고 있고, 담쟁이덩굴은 부착기와 흡수뿌리 모두를 갖는다. 각각의 구조와 대사의 특징적 유형은 특정 뿌리의 기능 면에서 분석해야 한다.

뿌리의 외부 구조

뿌리계의 체제

뿌리는 엄청난 흡수표면을 가져야 한다. 하나의 뿌리가 가지를 치지 않고 충분한 표면적을 갖기 위해서는 그 길이가 수백 미터에 달해야 하는데, 이렇게 긴 뿌리에서는 통도가 불가능하다(**표 7-1**).

표 7-1 발아한지 4주가 된 보리(*Hordeum vulgare*) 뿌리계의 치수

원뿌리의 수	
씨뿌리	6.5
막뿌리	19.2
원뿌리의 전체 길이	800 cm
곁뿌리의 수	2,000
곁뿌리의 전체 길이	4,900 cm
지름	
원뿌리	0.6 mm
1차곁뿌리	0.2 mm
2차곁뿌리	<0.1 mm

대신에 식물을 고도로 분지한 뿌리계를 갖는다(**그림 7-2**). 대부분의 종자식물은 모든 나머지 뿌리들보다 훨씬 크고 두드러진 하나의 원뿌리를 갖고, 이로부터 많고 작은 **곁뿌리(측근, lateral root)** 또는 **분지근(branch root)**이 나온다(**그림 7-3**). 이 원뿌리는 종자

그림 7-3 **(A)** 이 담배(*Nicotiana tabacum*) 유식물의 원뿌리는 분명히 곁뿌리보다 크지만, 더욱 중요한 점은 원뿌리가 배에서 직접 발생한다는 점이다. 상대적 크기는 중요한 요인이 아니고, 많은 종에서 곁뿌리가 점점 팽창하기도 한다. **(B)** 무의 뿌리는 명백한 원뿌리이다.

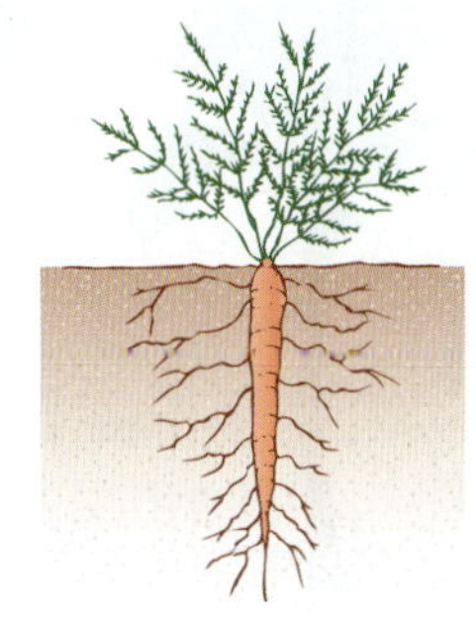

(A)

(B)

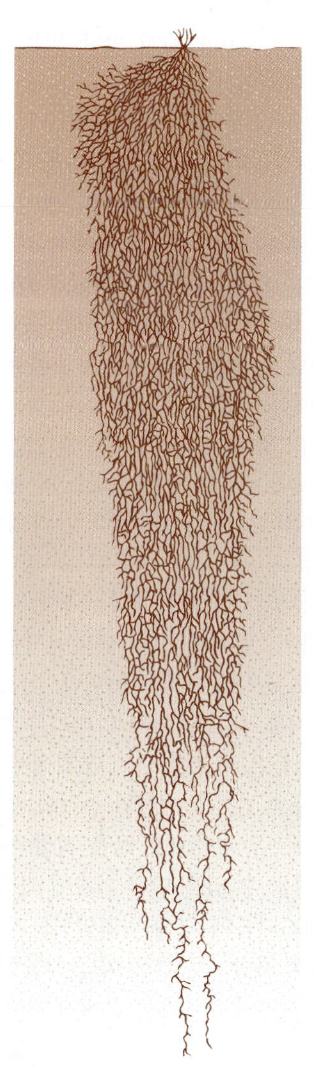

(C)

그림 7-2 당근**(A)** 같은 어떤 원뿌리는 엄청나게 부풀어서 수많은 곁뿌리보다 훨씬 커지는 반면, 해바라기**(B)** 같은 어떤 종에서는 원뿌리가 곁뿌리와 크기가 거의 같다. 중요한 기준은 원뿌리가 배에 들어 있는 뿌리인 배뿌리에서 발생한다는 것이다. **(C)** 이 가을밀(winter wheat)에서와 같은 수염뿌리계는 많은 뿌리들로 구성되지만 배뿌리는 전혀 없다. 대신에 모든 원뿌리는 줄기 조직에서 기원된 곁뿌리들이다.

의 배에 들어 있는 뿌리인 **배뿌리(radicle)**로부터 발달한다. 발아한 다음 배뿌리가 광범위하게 자라고 보통 가장 큰 뿌리가 된다. 시장에서 파는 당근, 사탕무, 순무와 그 밖의 원뿌리들은 자라면서 수십 개의 가는 곁뿌리를 갖지만, 이 곁뿌리들은 시장에 내다 팔기 전에 제거된다.

한편 곁뿌리들은 더 많은 곁뿌리들을 만들 수 있고, 결과적으로 많은 식물의 몹시 가지를 친 지상계와 비슷하게 대단히 분기한 뿌리의 세트가 만들어진다. 고구마와 열대의 식용 카사바에서 볼 수 있듯이 곁뿌리가 원뿌리처럼 두드러지게 부풀어질 수도 있다. 그 밖에도 다년생 식물과 목본에서는 뿌리에서 2기 생장이 일어나고 목부와 나무껍질이 만들어진다.

대부분의 외떡잎식물과 일부 진정쌍떡잎식물에서는 크기가 비슷한 많은 뿌리들의 덩어리가 **수염뿌리계(수근계, fibrous root system)**를 구성한다(**그림 7-4**). 이는 배뿌리가 발아하는 동안 또는 발아한 직후에 죽기 때문에 생기며, 배뿌리의 기부에 있는 뿌리원기(root primordium)가 자라서 수염뿌리계의 첫 단계를 형성한다. 시간이 흐르면서 줄기 조직에서 더 많은 뿌리원기들이 생겨난다. 이들 뿌리는 기존의 뿌리에서 생기지 않았고, 이들은 배뿌리가 아니기 때문에, 이들을 **막뿌리(부정근, adventitious root)**라고 한다. 막뿌리는 뿌리계의 흡수능력과 수송능력을 증대시킨다.

원뿌리계 대 수염뿌리계의 기능적 중요성은 진정쌍떡잎식물과 외떡잎식물의 일반적 생장형을 고려해 보면 분명해진다. 많은 진정쌍떡잎식물은 다년생이고 2기 생장을 하며, 그 결과 나무줄기와 뿌리 모두에서 건강하고 기능적인 목부(물관부)의 양이 늘어난다(**그림 7-5A**, **7-5B**). 이렇게 통도 능력이 향상되면서 잎들과 고운 흡수뿌리들의 수가 늘어난다. 이런 현상은 구과식물과 소철류 같은 종자식물의 다른 집단에서도 일어난다.

대부분의 외떡잎식물은 2기 생장을 할 수 없다. 줄기가 만들어지고 나면 관다발과 관상요소 및 체관의 수가 결정되고, 통도 능력이 늘어날 수 없다. 추가되는 잎들에 물이 공급될 수 없고, 그 당도 수송될 수 없다(**그림 7-5C**, **7-5D**). 그런 지상부는 항상 늘어나는 원뿌리계에 당을 공급해 줄 수 없다. 그렇지만 일부 외떡잎식물은 기는줄기나 뿌리줄기의 도움으로 크기를 늘린다. 이들의 수평으로 난 지상부가 가지를 치고 이어서 막뿌리를 생성한다(**그림 7-5E**). 이런 뿌리들은 새로운 줄기 조직에서 생겨났기 때문에 오래된 지상부 부분의 제한된 능력의 제약을 받지 않고도 지상부의 새로운 부분으로 물을 직접 수송한다. 새로운 막뿌리들을 만들 수 있을 만큼 기층에 가깝게 위치하기만 하면 이런 메커니즘에 의해 외떡잎식물의 지상부는 분지하고 더욱 크게 자랄 수 있다. 이들 식물에게는 수염뿌리계가 기능적이지만 원뿌리계는 그렇지 않다.

막뿌리를 생성하는 능력은 외떡잎식물에만 국한된 것이 아니다. 많은 근상(rhizomatous) 또는 기는줄기의

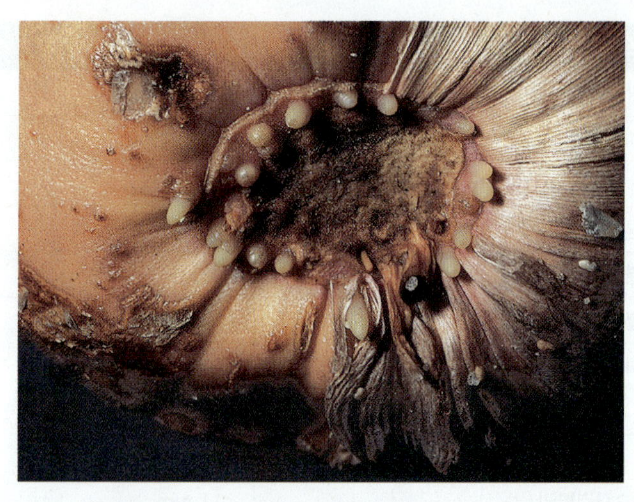

그림 7-4 다른 외떡잎식물과 비슷하게 글라디올러스의 둥근줄기는 수염뿌리계를 갖는다. 배뿌리는 발아 직후에 죽어서, 이 사진에는 배뿌리로부터 발달한 뿌리가 없다. 글라디올러스가 계속 자라면서 많은 뿌리를 만들지만, 각각은 서로 별개이다.

그림 7-5 **(A)** 목본의 유식물은 약간의 잎과 작은 뿌리계를 갖는다. 몇 안 되는 관다발을 가진 좁은 나무줄기는 잎과 뿌리 사이에서 물과 영양소를 나를 수 있다. **(B)** 오래된 목본은 더 많은 잎과 더 커진 뿌리계를 갖는다. 더 많은 목부와 나무껍질을 갖는 줄기는 물과 당의 통도 능력을 증대시킨다. 대부분의 외떡잎식물은 2기 생장을 하지 않기 때문에 노성한 외떡잎식물**(D)**의 줄기는 어린 식물**(C)**의 줄기보다 굵지 않고, 통도 능력이 늘어나지 않는다. 결과적으로 노성한 식물은 어린 식물보다 잎이나 뿌리가 많지 않다. **(E)** 만약 식물이 막뿌리를 만들 수 있다면 외떡잎식물 줄기의 병목현상은 문제가 되지 않는다. 공기뿌리 부근에서 새로운 뿌리들이 생겨나서 직접 통도하기 때문에 뿌리줄기에서는 장거리에 걸친 통도가 거의 없거나 일어나지 않는다. 목본의 나무줄기와는 달리, 외떡잎식물 줄기의 부분들은 모든 물을 모든 뿌리로부터 모든 잎과 꽃으로 통도할 필요가 없다.

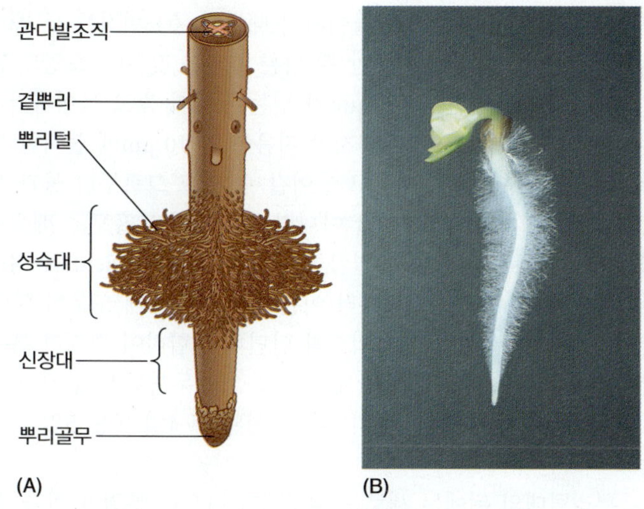

그림 7-6 (A) 뿌리의 끝은 뿌리골무, 근단분열조직, 신장생장대 그리고 뿌리털이 생성되는 부위로 구성된다. **(B)** 무의 이 유식물은 발아한지 3일 되었는데 풍부한 뿌리털을 갖고 있다. 뿌리의 끝에 가까운 뿌리털들은 짧은데, 그것은 지상부 부근의 뿌리털보다 최근에 생겨서 어리기 때문이다.

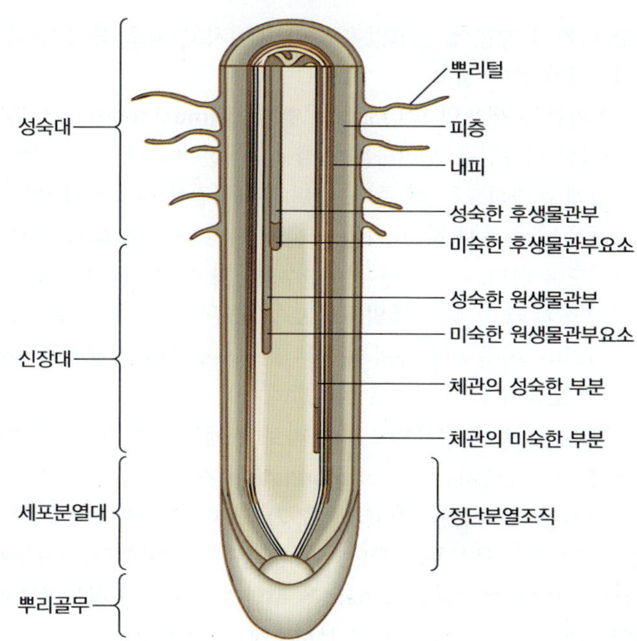

그림 7-7 뿌리의 외부는 꽤 균일하게 보이지만, 내부적으로는 분화된 몇 개의 뚜렷한 띠가 존재한다. 뿌리털은 신장대 위에서만 형성되고, 내피와 첫 관다발조직은 뿌리털이 나타나기 전에 생긴다.

(stoloniferous) 진정쌍떡잎식물 역시 이렇게 저절로 자란다. 뿐만 아니라 자연에서 결코 막뿌리를 만들지 않는 많은 진정쌍떡잎식물은 잘렸을 때 막뿌리를 만든다. 이는 꺾꽂이(cutting)에 의한 무성번식 과정에서 중요하다.

뿌리의 구조

개개의 뿌리는 상당히 단순하다. 뿌리는 잎이나 잎자국이 없기 때문에 잎겨드랑이도 없고 곁눈도 없다(그림 7-6과 7-7). 지상부의 끝처럼 뿌리의 끝은 길이의 생장이 일어나는 부위이다. 뿌리에서는 별개의 정단분열조직에 의한 생장이 실행 가능한 신장생장의 유일한 유형이다. 대부분의 동물에서는 몸의 모든 부분이 동시에 자라지만[분산생장(diffuse growth)], 뿌리와 줄기는 작은 분열조직 부위에서만 신장된다[국소생장(localized growth)]. 뿌리가 단단한 토양에 박혀 있기 때문에 모든 부분이 동시에 확장하는 것은 불가능하고, 전체 뿌리는 토양의 사이를 미끄러지듯이 움직여야 할 것이다. 정단생장을 하면서 오로지 맨 끝이 토양 사이로 밀고 나간다.

지상부의 정단분열조직은 눈비늘이나 아직 피지 않은 어린 잎으로 보호를 받지만, 근단분열조직(root apical meristem)은 세포들의 두꺼운 층인 **뿌리골무(근관, root cap)**가 보호해 준다(그림 7-7과 그림 7-8). 어떤 토양은 부드럽고 쉽게 뚫고 들어갈 수 있는 것처럼 보이지만, 미시적인 규모에서 모든 토양은 모래알, 결정체 그리고 연약한 정단분열조직과 뿌리골무에 손상을 줄 수 있는 다른 성분들이 들어 있다. 뿌리골무는 뿌리의 앞에서 토양 사이를

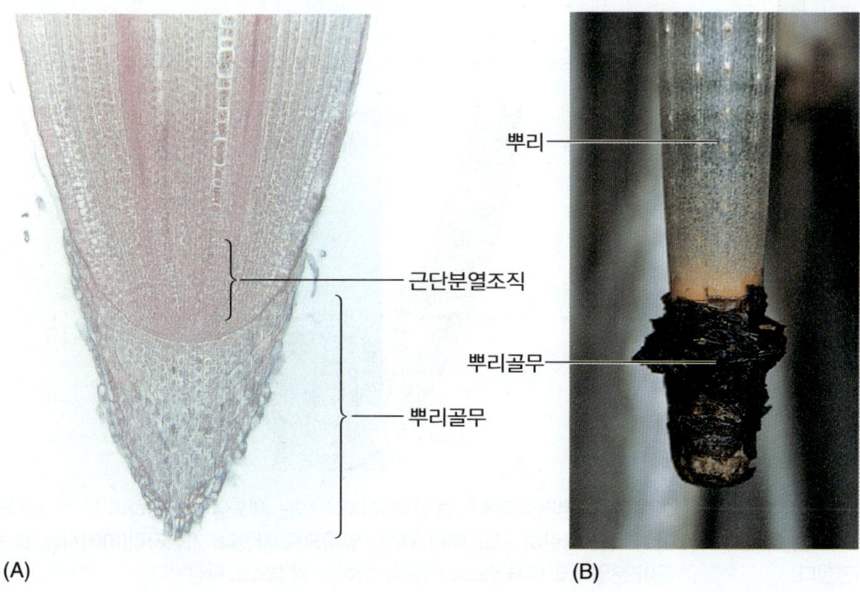

그림 7-8 (A) 뿌리골무는 엄밀한 의미의 뿌리와 구별된다. 근단분열조직은 뿌리의 꼭대기에 위치하지만 뿌리골무의 아래에 파묻혀 있다. 잎이나 잎다발이나 또는 가지가 없기 때문에, 세포들은 규칙적인 줄을 지어 질서 정연하게 발달한다. 이들 세포들이 분열조직에서 직접 유래되었음을 쉽게 볼 수 있고, 따라서 이들은 1기 조직을 이룬다(×150). **(B)** 판다누스속(*Pandanus*)의 거대한 공기뿌리에서는 뿌리골무를 쉽게 볼 수 있다. 뿌리골무의 세포들이 죽어서 벗겨졌다.

뚫고 나가기 때문에 끊임없이 닳아 없어지고 세포 증식에 의해 갱신되어야 한다.

뿌리골무 세포의 딕티오솜은 **뿌리점질(mucigel)**이라고 부르는 복잡한 다당류를 분비하는데, 뿌리점질은 뿌리가 토양 사이를 매끄럽게 통과하도록 해 준다. 한편 뿌리점질은 토양에서 영양소 이온들을 방출하게 하고 이들 이온이 뿌리 쪽으로 더욱 빠르게 확산되도록 한다. 뿌리점질에는 탄수화물과 아미노산이 풍부하게 들어 있어서 뿌리 끝의 주위에서 토양 세균이 빠르게 생장하게끔 촉진시킨다. 이들 미생물의 대사는 토양으로부터 영양소가 방출되는 데 도움이 되는 것으로 여겨진다.

뿌리골무와 근단분열조직의 바로 뒤에는 길이가 몇 밀리미터에 불과한 **신장대(zone of elongation)**가 있고, 그 안에서 세포들이 분열과 확장을 한다(그림 7-7). 그 바로 뒤에는 많은 표피세포들이 좁은 모상체로 뻗어 나오는 부위인 **뿌리털대(root hair zone)**가 있다. **뿌리털(root hair)**은 뿌리의 늘어나지 않는 부분에서만 형성되고, 그렇지 않으면 부러지게 될 것이다.

뿌리털은 뿌리의 표면적을 크게 늘린다. 호밀을 대상으로 연구한 결과에서 한 식물체가 1,300만 개의 곁뿌리를 갖고, 뿌리의 길이가 500 km 그리고 표면적이 200 m^2인 것으로 나타났다. 그런데 뿌리털이 풍부하게 만들어지기 때문에 총표면적은 두 배가 된다. 뿌리털은 간과해서는 안 될 다른 효과를 갖는다. 토양의 많은 구멍은 보통 지름이 100 μm가 넘는 뿌리가 뚫고 들어가기에는 너무 좁다(**그림 7-9**). 그렇지만 지름이 약 10 μm에 불과한 뿌리털은 어떤 틈이라도 비집고 들어갈 수 있고 그로부터 물과 무기질을 추출할 수 있다. 뿐만 아니라 뿌리털의 호흡으로 배출된 이산화탄소가 토양의 물과 결합하여 탄산(carbonic acid)을 형성하는데, 탄산은 토양기질로부터 이온이 방출되는 데 도움이 된다. 산이 없다면 이온들이 토양입자와 단단히 결합하여 뿌리가 흡수할 수 없게 된다. 뿌리털은 단세포이고, 결코 두꺼운 벽을 갖지 않으며, 수명이 아주 짧다. 뿌리털은 형성된 후 4일 또는 5일 안에 죽고 퇴화한다.

뿌리털대의 뒤에는 새로운 곁뿌리가 나오는 부위가 있다. 곁뿌리는 줄을 지어 나타나거나 어버이 뿌리(parent root)에 무작위로 분포하며 나타나기도 한다. 곁뿌리가 돌출되는 것은 종종 토양의 미세환경에 좌우된다. 만약 어버이 뿌리가 기름지고 축축한 토양의 구역으로 자란다면 수많은 곁뿌리들이 만들어지고 구멍들마다 이용될 것이다. 만약 토양이 메마르거나 굳거나 건조하다면 곁뿌리는 거의 나오지 않는다.

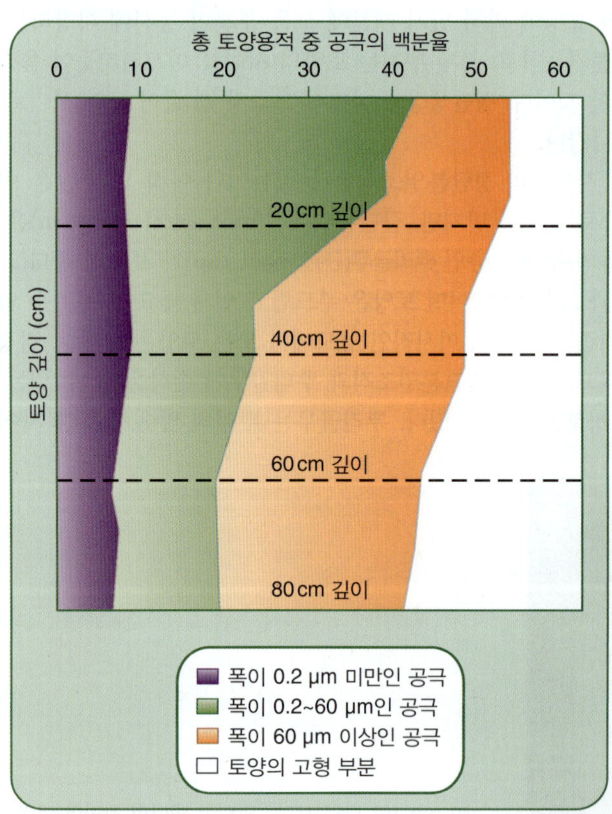

그림 7-9 토양의 대부분은 토양입자들 간의 공간으로 구성된다. 가장 위의 20 cm(가장 위의 점선) 내의 토양은 사양토(sandy loam)로 구성되고, 토양의 54%는 공극(pore space)이다. 이 가운데 9%는 폭이 0.2 μm 미만의 아주 미세한 공간으로 구성되고(자주색), 33%는 0.2~60 μm 범위의 공간(녹색), 그리고 12%는 60 μm 이상의 폭을 가진 커다란 공간이다(주황색). 보다 깊은 곳에서는 토양이 훨씬 조밀해서 약 42%의 공극으로 구성된다(그래프의 맨 아래). 이러한 감소는 주로 중간 크기 공간의 치밀화(compaction)에 기인한다.

뿌리의 내부 구조

뿌리골무

근단분열조직이 그대로 유지되고 분열조직을 효과적으로 보호하기 위해서 뿌리골무는 특수한 구조와 생장양식을 가져야 한다. 뿌리의 분열조직에 가장 가까운 층의 세포들도 분열능력을 갖고 있고, 가로벽을 만들며 세포가 분열하여 앞으로 밀어붙이는 세포들의 줄을 형성한다(**그림 7-10**). 이와 동시에 이 무리의 가장자리에 있는 세포들은 옆쪽으로 자라고 증식한다. 뿌리의 측면을 따라 세포들이 확장하는 것처럼 보이지만, 뿌리는 실제로 뿌리골무의 가

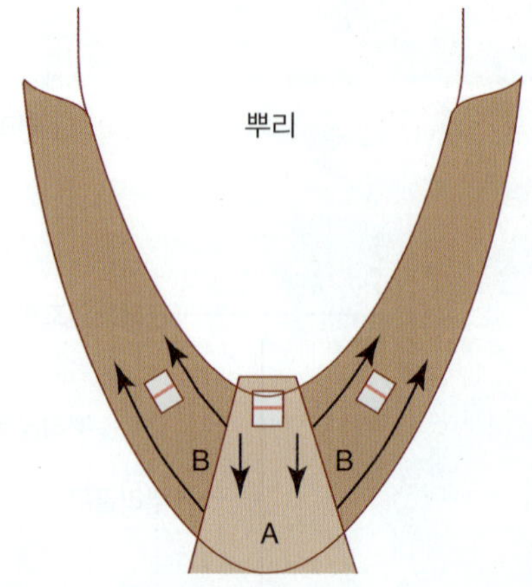

그림 7-10 뿌리골무에서 중심 부분**(A)**에 있는 세포들이 분열하여 두 딸세포들이 뿌리와 나란히 되고 뿌리골무는 앞쪽으로 자란다. 가장자리**(B)**에서는 세포들이 분열하고 방사상으로 밖으로 향하는 방법으로 확장된다.

장자리를 통해 생장한다.

뿌리골무의 기부에서 처음 만들어지면 세포들이 작고 분열능력을 지니지만, 세포들이 앞으로 밀려 나가면서 조밀한 녹말립이 만들어지고 소포체가 차츰 세포의 앞쪽 끝으로 옮겨진다. 이들 세포는 조밀한 녹말립이 세포의 아래쪽에 가라앉기 때문에 중력을 감지한다.

세포들이 뿌리골무의 가장자리에 가깝게 밀려가면서 세포의 구조와 대사가 극적으로 변화한다. 소포체는 점점 눈에 잘 띄지 않게 되고, 녹말립은 분해되며, 세포의 딕티오솜은 엄청난 양의 뿌리점질을 세포외 배출작용에 의해 분비한다. 이와 동시에 중간층이 허물어지고 세포들이 떨어져 나가는데, 이 세포들은 보통 뿌리가 확장되면서 으스러진다. 뿌리골무에서 세포가 만들어져서 떨어져 나갈 때까지 고작 4일이나 5일이 걸리는 것으로 추정된다. 따라서 뿌리골무는 끊임없이 스스로 재생된다. 이러한 두 과정들 간에는 동적 평형이 유지되어야 한다.

근단분열조직

근단분열조직(root apical meristem)을 분열조직에서 만들어지는 뿌리 조직과 관련지어 살펴보면, 규칙적인 세포의 줄(종렬)이 분열조직에서 비롯되어 성숙한 뿌리 조직의 부위로 이어지는 것을 볼 수 있다(그림 7-8). 뿌리는 지상부보다 훨씬 질서 정연한데, 그것은 잎원기나 잎다발 또는 곁눈 때문에 생기는 방해를 받지 않기 때문이다. 세포의 종렬이 거의 모두 분열조직의 중심으로 이어지므로 분열조직의 어디에서나 세포분열이 일어날 것이라고 생각할 수 있다. 그렇지만 3중수소티미딘(3중수소는 수소의 방사성 동위원소임) 같은 DNA의 방사성 전구물질을 이용하면 중심의 세포들에서는 DNA가 합성되지 않는 것으로 나타난다. 중심의 세포들은 티미딘을 받아들이지 않아 방사능을 띠지 않는다(**그림 7-11**). 이렇게 유사분열이 비활성 상태에 있는 중심 부위를 **분열정지중심(quiescent center)**이라고 한다. 이들 세포는 방사선과 독성 화학물질 같은 다양한 유형의 유해한 물질에 보다 잘 견디며, 주로 건강한 세포들을 비축해 두는 역할을 하는 것으로 여겨진다. 근단분열조직이나 뿌리골무의 일부가 손상되면 분열정지중심의 세포들이 활성화되고 새로운 근단분열조직이 형성된다. 새로운 분열조직이 확립된 다음에는 그 중심의 세포들이 비활성 상태가 되고 분열정지중심이 새롭게 형성된다. 이러한 대체 메커니즘은 매우 중요한데, 왜냐하면 뿌리의 끝은 날카로운 물건, 천공동물, 선형동물 그리고 병원성 균류 등의 다양한 요소들에 의해 빈번하게 손상을 입을 수 있기 때문이다.

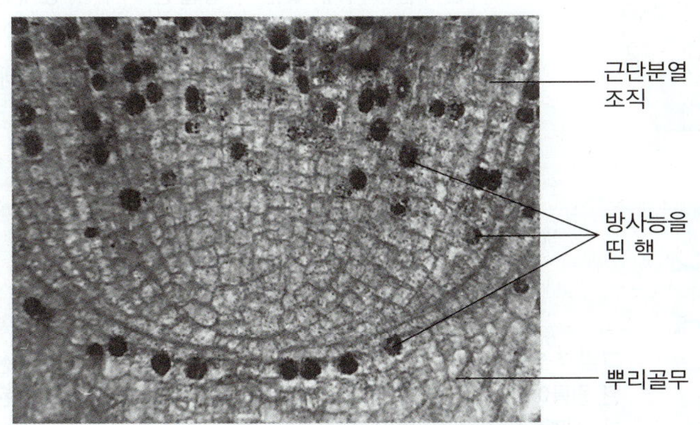

그림 7-11 이 뿌리는 DNA의 방사성 전구물질인 3중수소티미딘 용액에서 잠시 키웠다. 세포주기를 겪는 세포에서는 S기 동안에 방사성 티미딘이 핵과 결합한다. 몇 시간이 지난 다음에 뿌리를 죽이고 박편으로 잘라 어둠 속에서 사진필름 위에 두었다. 방사능을 띤 핵은 핵 바로 옆의 필름에 검은 점이 생기게 한다. 그러고 나서 세포와 핵의 윤곽이 어렴풋이 보이도록 슬라이드를 짧은 시간 동안 빛에 노출시켰다(빛을 과다하게 쪼이면 방사능에 의한 검은 점이 흐려질 수 있다). 분열정지중심은 그 어떤 핵도 방사능을 띠지 않은 부위이다. 3중수소티미딘의 이용 가능한 시기에 이 부위의 어떤 세포도 S기를 거치지 않았음이 명백하다. 이들 세포는 세포주기 정지(cell cycle arrest) 상태에 있다.

신장대

근단분열조직의 바로 뒤에는 세포들이 크게 확장되는 부위가 있다. 세포들의 일부는 계속 분열능력을 갖지만, 대체로 세포들이 확대된다. 이 신장대(zone of elongation)는 지상부의 아정단분열조직 부위와 유사하다. 세포들의 가시적인 분화가 시작되는데, 그 어떤 세포도 성숙하지 않는다. 가장 바깥쪽 세포들이 원표피이고 이들이 표피로 분화한다. 중심에는 1기 물관부와 1기 체관부로 발달하는 세포들인 원시관다발조직이 있다. 줄기에서처럼 가장 빨리 만들어지는 원생물관부와 원생체관부가 분열조직에 가장 가깝게 놓인다. 뿌리의 끝에서 더 멀리 떨어진 오래되고 커진 세포들은 후생물관부와 후생체관부로 발달한다. 원시관다발조직과 원표피의 사이에는 기본조직이 있는데, 상당히 균일한 유세포들이 뿌리의 피층으로 분화한다.

신장대에서는 조직들이 모두 투과성을 띤다. 얇고 완전히 수화된 어린 세포벽과 세포간극을 따라 확산되면서 무기질은 전세포벽(apoplast) 경로를 따라 뿌리 깊숙이 침투한다. 이 신장대는 너무 짧아서 여기에서는 실제적인 흡수가 거의 일어나지 않고, 흡수된 대부분은 뿌리 자체의 생장에 직접 이용되는 것으로 여겨진다.

성숙대/뿌리털대

성숙대(maturation zone)에서는(**그림 7-12**) 몇몇 중요한 과정들이 거의 동시에 일어난다. 뿌리털이 바깥쪽으로 자라면서 물과 무기질의 흡수를 크게 증가시킨다. 일부 전자현미경 사진에서는 얇은 각피가 뿌리의 표피세포에 존재하는 것으로 나타나지만, 이는 단지 지방(fat)의 층일 것이다. 신장대는 성숙대와 서서히 병합된다. 세포들의 분화가 서서히 계속되기 때문에 이들 간에는 뚜렷한 경계가 나타나지 않는다.

피층세포들이 계속 확장하지만, 이들의 가장 중요한 활동은 표피로부터 관다발조직으로 무기질을 수송하는 것이다. 이러한 수송은 세포벽과 세포간극을 통한 확산에 의하거나[전세포벽 수송(apoplastic transport)] 피층세포의 세포질에 흡수되었다가 아마도 세포질연락사를 통해 세포에서 세포로 이동하면서 가능해진다[전원형질 수송(symplastic transport)](**그림 7-13**). 한편 피층의 세포간극은 토양이나 줄기로부터 산소를 뿌리 도처에 확산시키는 통기조직으로도 중요하다.

성숙대에서는 피층세포의 가장 안쪽 층이 **내피(endodermis)** 라고 부르는 원통으로 분화되기 때문에 무기질이 관다발조직으로 자유롭게 접근할 수 없다(그림 7-13A). 내피의 세포들에서 관다발조직이나 피층에 가장 가까운 접선벽(tangential wall)은 보통의 얇은 1차벽이다. 그렇지만 위쪽과 아래쪽 그리고 측면의 벽, 즉 다른 내피세포와 접촉하는 모든 벽인 방사벽(radial wall)은 목질소(lignin)와 코르크질(suberin)로 덮여 있어서 이 벽으로는 물이 통과하지 못한다. **카스파리띠(Casparian strip)**라고 부르는 변모된 벽의 띠는 물관부의 물의 흐름으로 들어가는 무기질의 종류를 조절하는 데 관여한다. 피층세포는 세포간극에서 이동하는 무기질에 대하여 그 어떤 조절도 행사할 수 없다. 내피가 없다면 무기질은 어떤 종류이건 간에 토양으로부터 세포간극을 거쳐 물관부로 들어가고 이어서 식물 전체로 이동할 수 있다. 그러나 카스파리띠는 불투과성이기 때문에 내피의 원형질체가 피층의 세포간극이나 피층세포로부터 무기질을 흡수하고 나서 이들을 관다발조직으로 배출하는 경우에만 무기질이 내피를 통과할 수 있다(그림 7-13B). 유해한 많은 무기질은 내피에 의해 차단될 수 있다. 내피가 채 성숙하지 않은 신장대에서는 무기질들이 자유롭게 원생물관부로 접근할 수 있기 때문에 내피가 제어되지 않는 전세포벽 수송에 대한 완벽한 장벽이 되지 못하지만, 그런 무절제한 수송은 소량에 불과하다. 많은 샘(gland)과 분비강(secretory cavity) 역시 카스파리띠를 갖고 있는데, 이는 샘의 분비물이 주변 조직으로 들어가는 것을 막아준다.

관다발조직에 있는 후생물관부와 후생체관부의 보다 커진 많은 세포들은 성숙대에서 완전히 분화하고 기능적이 된다. 이들 조직의 배

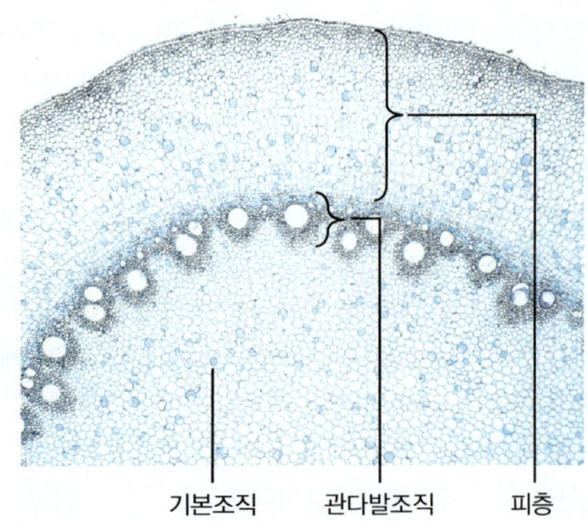

그림 7-12 많은 뿌리에서 피층은 폭이 넓을 수 있고, 그 안쪽의 경계는 내피이다(×15).

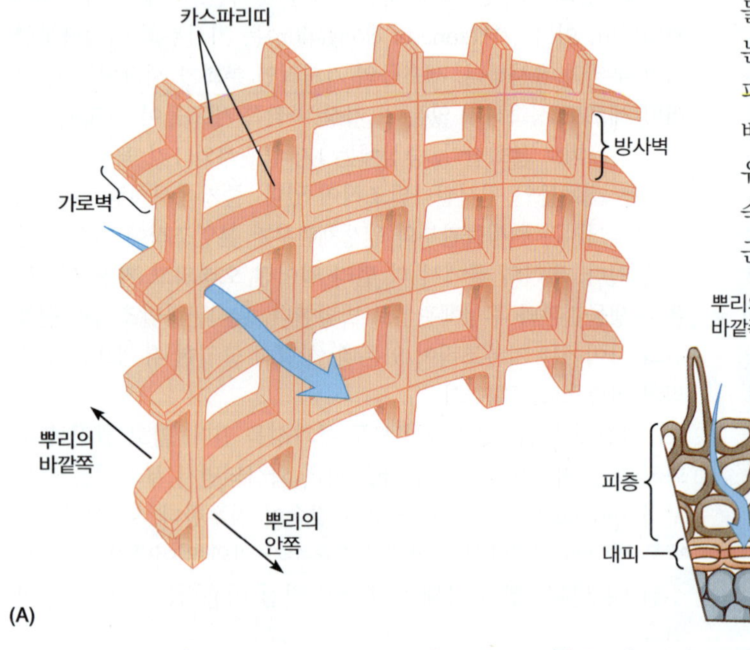

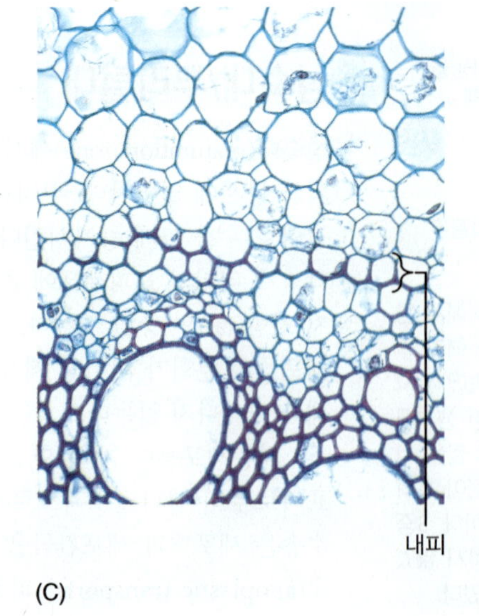

그림 7-13 **(A)** 내피는 한 층의 카스파리띠를 갖는 세포들로 구성된 원통이다. 벽돌 한 장 두께로 쌓은 원통 굴뚝이 좋은 비유가 된다. 시멘트는 카스파리띠와 유사하다. **(B)** 내피를 가로지르는 전세포벽 수송은 일어나지 않는다. 전세포벽 경로로 이동한 물질은 막히고(1), 내피의 원형질막이 물질을 받아들일 때에만 계속 나아갈 수 있다(2). 전원형질 수송은 영향을 받지 않는다(3). 특정한 유형의 분자에 대해 불투과성인 원형질막은 내피를 통과하는 그런 분자들을 막는다. **(C)** 이 옥수수의 내피는 비교적 뚜렷이 눈에 보인다. 모든 세포에서 카스파리띠는 방사벽에서 빨간색 선으로 보인다. 몇몇 세포에서는 카스파리띠만 나타나지만, 많은 세포에서 방사벽과 안쪽의 접선벽이 비후되기 시작하였다. 이러한 발생이 그처럼 일찍 시작되는 것은 흔치 않다(×200).

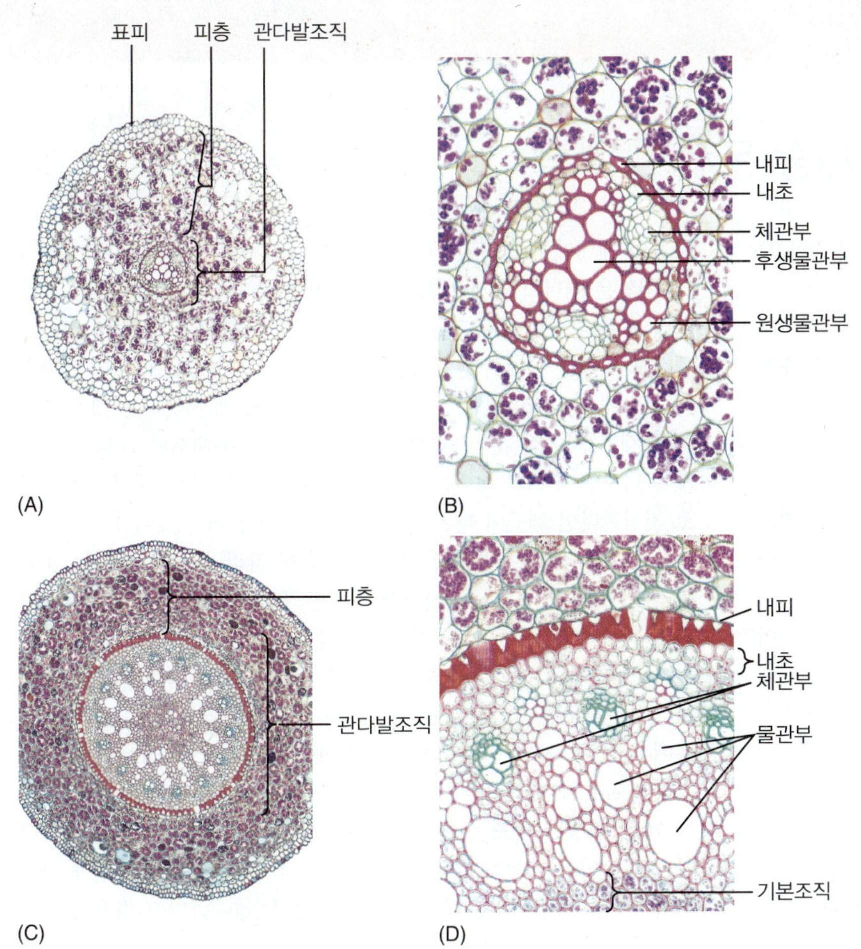

그림 7-14 폭이 넓은 피층과 작은 관다발조직의 세트를 보여주는 진정쌍떡잎식물[미나리아재비속(*Ranunculus*)] 뿌리 횡단면의 고배율**(A)**과 저배율**(B)**의 현미경 관찰. 물관부는 각 팔의 끝에 있는 좁은 세포들인 원생물관부의 3세트를 갖는다(B). 중심의 커다란 물관부 세포는 후생물관부이다. 체관부의 세 덩어리도 보이므로, 이 관다발은 3원형(triarch) 뿌리이다. 내초는 내피와 관다발의 세포들 사이에 있는 한 세트의 세포들이다; (A) ×50; (B) ×250. 외떡잎식물[청미래덩굴속(*Smilax*)] 뿌리 횡단면의 고배율**(C)**과 저배율**(D)**의 현미경 관찰. 관다발조직은 많은 커다란 물관과 별개의 묶음인 체관부로 구성된다. 내피는 아주 쉽게 볼 수 있다; (C) ×15; (D) ×150.

열은 줄기에서의 배열과 다르다. 물관부와 체관부를 포함하는 병립다발(collateral bundle)을 형성하지 않고, 일부 외떡잎식물을 제외한 거의 모든 식물의 물관부는 중심에서 단단한 더미를 이루고, 그 주위를 체관부의 다발이 둘러싸고 있으며, 속은 없다(**그림 7-14A**와 **7-14B**). 많은 외떡잎식물의 뿌리에서 물관부와 체관부의 다발들은 기본조직에 분포한다(**그림 7-14C**와 **7-14D**). 물관부 내에서 안쪽의 폭이 넓은 세포들은 후생물관부이고 바깥쪽의 좁은 세포들은 원생물관부이다. 원생물관부의 무리가 둘에서 넷 또는 그 이상으로 나타나기도 하는데, 그 수는 물관부 더미의 폭이 넓은 커다란 뿌리를 갖는 종에서 늘어난다(**그림 7-15**). 체관부 다발의 수는 원생물관부 다발의 수와 같다. 체관부 다발 내에서 원생체관부는 바깥쪽에서 나타나고 후생체관부는 안쪽에서 나타난다. 이와 같은 배치를 제외하면 뿌리의 관다발조직은 줄기와 잎의 관다발조직과 비슷하다. 처음에 만들어지는 조직은 아주 좁고 잘 늘어날 수 있지만, 그들 주위의 세포들이 계속 신장하고 확장함에 따라 결국에는 보통 찢어진다. 인접한 세포들이 확장을 멈춘 다음에 형성되는 세포들은 훨씬 크고, 물관부에서는 종종 유연벽공(bordered pit)이 있는 두꺼운 벽을 갖는다.

관다발조직과 내피 사이에는 유세포들이 있는데, 이들은 **내초(pericycle)**라고 부르는 고르지 못한 부위를 이룬다(그림 7-14와 7-15). 곁뿌리는 내초에서 비롯되어 만들어진다.

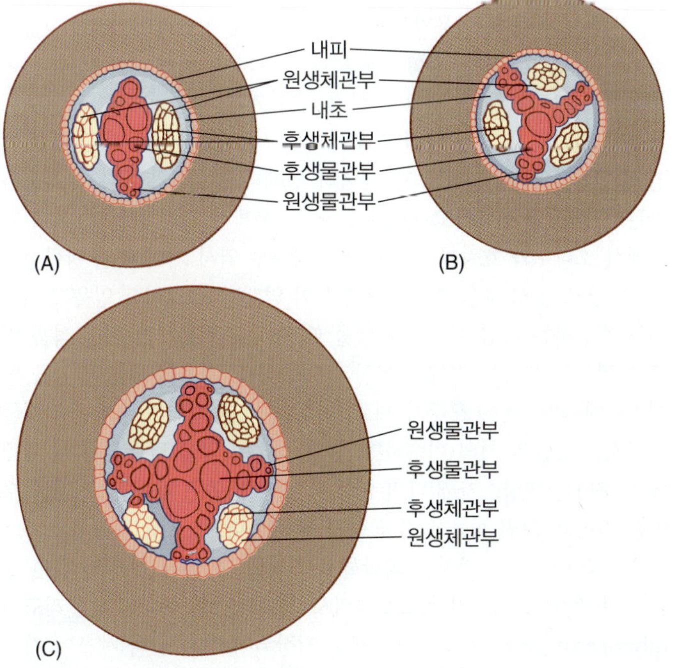

그림 7-15 뿌리에서 원생물관부 가닥의 수는 종마다 서로 다르고 한 식물에서도 뿌리마다 달라진다. 대체로 폭이 넓고 훨씬 탄탄한 뿌리들은 더 많은 원생물관부 더미를 갖는다. 두 덩어리의 원생물관부(와 두 덩어리의 체관부)를 가지면 2원형이다**(A)**. 더미가 셋이면 3원형이고**(B)**, 넷이면 4원형이다**(C)**. 이 그림들은 한 뿌리의 어린 단계와 노성한 단계를 보여주는 것이 아니라 3개의 서로 다른 뿌리를 나타낸다. 2원형 뿌리가 자란다고 해서 3원형이 되고 이어서 4원형 뿌리가 되는 것이 아니다.

식물은 다르다

박스 7-1 식물과 사람 그리고 체중 문제

우리들의 대부분은 굶어 죽지 않을까 염려하느라 너무 많은 시간을 보내지는 않을 것이다. 그렇지만 많은 문명의 역사를 통해 사람들은 겨울을 지낼 뿐만 아니라 봄까지 버틸 수 있도록 충분한 식량을 저장하는 데에 주의를 기울여야 했다. 정원에서 감자, 콩, 밀과 그 밖의 주식들이 공급될 때까지 식량을 비축해야만 했다. 식료품점은 최근에 생긴 사치이다. 사람은 어떻게 식량을 저장할까? 밀과 콩 같이 마른 씨앗을 습기가 없는 곳에서 보관하면 이들은 오랫동안 변치 않는다. 포도와 우유는 건조하지 않지만 포도를 와인으로 바꾸고 우유를 치즈로 변모시키면 보존이 가능하다. 고기와 생선은 말리거나 훈제하거나 또는 소금에 절이면 장기간 저장이 가능하다.

어느 특별한 식품저장 방식이 사람들 간에서 특히 일반적이고, 이는 대부분의 동물이 이용할 수 있는 유일한 수단이다. 먹을 수 있을 때마다 음식을 먹고, 이를 지방(fat)의 형태로 체내에 저장하는 것이다. 콩은 곰팡이가 필 수 있다. 우리가 저장한 말린 고기를 쥐들이 찾아낼 수 있지만, 우리 몸의 지방조직에 있는 지방은 안전하다. 겨울잠을 자는 동물이 가을에 뚱뚱해지는 것은 겨우내 살아남는 유일한 방법이다. 우리는 추수감사절에 과식하였다고 후회하기도 하지만, 순례자(필그림)들은 그렇지 않았다. 포식은 먹지 않았다면 겨울에 상할지도 모르는 음식을 저장하는 방법이었다.

식물도 식품의 이용가능성이나 부족함에 적응해야 한다. 식물에 있어서 '식품(food)'은 광합성에 의해 공급되고, 이는 오로지 빛과 이산화탄소 그리고 물만 필요로 한다. 온도가 언제나 온화하고 가뭄이 사실상 일어나지 않는 열대 기후에서는 식물에 연중 잎이 달리고 매일 광합성을 하며, 필요로 할 때마다 언제나 필요한 모든 탄수화물을 만든다. 식품을 비축하고 저장하는 것은 문제가 되지 않는다. 온대 기후에서 소나무와 호랑가시나무 같은 상록수 역시 거의 매일 광합성을 할 수 있고, 몹시 추울 때에만 광합성이 억제된다. 그러나 잎을 떨어뜨리고 휴면하는 낙엽수는 잎이 없을 때 대사를 지속하기 위한 식품 비축을 필요로 한다는 점에서 동물과 비슷하다. 가을에 식물이 잎을 떨어뜨리게 되면, 봄에 모두가 새로 자라기를 기대하면서 소화관 전체를 내던지는 동물과 거의 비슷하다. 만약 식물이 잎을 탈락시킬 때 체내에 비축하는 영양소가 없다면 이듬해 봄에 새로운 잎을 결코 만들 수 없을 것이다. 그런 식물은 결국 죽게 될 것이다.

비축 에너지는 다양한 화합물로 저장될 수 있다. 우리와 같은 동물은 비축 에너지를 지방으로 격리시킨다. 약간의 에너지가 글리코겐(glycogen)이라고 부르는 중합체로 저장되어 간과 근육 세포에 자리 잡지만, 달리는 사람이나 자전거를 타는 사람들에서는 몇 시간 동안만 지속될 뿐이다. 사실상 식물은 지방을 저장하지 않고, 대신에 녹말에 의존한다. 왜 식물과 동물은 그토록 간단한 특징이 다를까? 대체 가능한 각 저장분자의 결과에 대해 살펴보기로 하자.

에너지 저장분자가 너무 무거우면 안 되고, 이 분자는 식물이나 동물의 체내에서 변질되거나 상하지 않도록 충분히 안정적이어야 한다. 지방은 에너지를 저장하는 가장 가벼운 수단이다. 라드(lard), 기름, 버터 또는 마가린이든 간에 1파운드의 지방은 1파운드의 녹말이나 단백질보다 많은 에너지를 저장한다. 이동할 필요가 있는 생물이 에너지를 지방에 저장한다면 같은 양의 에너지를 녹말에 저장하는 경우에 비해 문제가 적어질 것이다. 체중계에서 원하는 무게보다 10파운드 더 많이 나오면 우리가 녹말을 저장하지 않음을 기뻐하자. 에너지를 녹말로 저장한다면 체중이 더 나가고 엉덩이는 훨씬 커질 것이다.

그런데 식물은 많이 움직이지 않음에 따라 무게를 줄이는 것이 불가피한 일이 아니다. 식물에게는 지방의 가벼움보다는 녹말의 장기적 안정성이 더 좋다. 어떤 식물은 에너지를 몇 달만 저장하는 것이 아니라 몇 년간 저장하는데, 녹말은 식물의 체내에서 그토록 오래 지속된다. 예를 들면, 용설란(century plants)은 10년에서 15년간 자란 다음에야 한 번 꽃을 피우고[용설란의 영어가 'century plants'라고 해서 1세기(century)만에 꽃이 피는 것은 아니다], 공작야자(fishtail palms)는 70년 이상 자라도 꽃이 피지 않을 수 있다. 이런 식물들은 해마다 약간의 녹말을 저장하고 나서 꽃이 활짝 필 때 이들을 한꺼번에 사용한다. 지방은 이토록 오래 지속되지 못한다. 왜냐하면 지방은 산소에 노출되면 산패(rancid)되는데, 식물체는 모든 부분에 공기가 통하기 때문이다.

꽃가루와 씨앗은 예외이다. 많은 꽃은 녹말의 알갱이 대신에 기름방울을 가진 꽃가루를 만드는데, 그런 꽃가루는 훨씬 가벼워서 바람이나 곤충에 의해 꽃가루가 다른 꽃으로 운반되기가 훨씬 쉬워진다. 땅콩, 캐슈(cashew) 그리고 참깨는 기름을 저장하므로 훨씬 가벼워지고 작아지며, 동물에 의해 쉽게 옮겨진다. 아보카도는 기름이 매우 풍부하게 들어 있지만, 에너지를 저장하는 메커니즘이라기보다는 동물을 유인하여 열매를 먹은 다음 어딘가에 씨앗을 내뱉게 하는 데 따른 보상이다. 그렇게 함으로써 식물의 씨앗은 넓은 지역에 걸쳐 흩어진다.

한편 식물은 몸의 여기저기에 약간의 녹말을 저장하는데, 일부는 피층 세포에, 일부는 속의 세포에, 그리고 심지어는 목부도 다소나마 저장할 수 있다. 그렇지만 많은 녹말을 저장할 필요가 있을 때 식물은 거의 언제나 뿌리에 의존한다. 사탕무, 당근, 무, 고구마 그리고 이들과 비슷한 식물들의 커진 뿌리는 녹말로 채워져 있다. 저장기관으로 뿌리를 이용함으로써 식물은 굶주린 동물에게 보이지 않는 지하에 비축물을 두게 된다. 아울러 토양은 한결 안정된 환경으로, 낮에 덥지 않고 밤에 춥지 않으며, 공기도 훨씬 균일한 습도를 유지한다. 뿌리의 저장조직은 대체로 물관부의 일종인 목부이므로, 동물의 지방조직에서와 마찬가지로 뿌리의 저장조직도 관다발이 잘 발달되어 있다.

비록 식물과 동물이 서로 다르게 에너지를 저장한다 할지라도 각 대안의 결과를 고려해 보면 그 이유가 분명해진다. 식물은 안정성을 선호한다. 동물은 운동성을 필요로 한다.

뿌리의 다 자란 부분

뿌리털은 고작 며칠간 기능을 하고, 그 후에는 죽고 퇴화한다. 그러고 나면 이 구역에서 물과 무기질의 흡수가 점차 감소하는데, 그렇다고 해서 완전히 멈추는 것은 아니다. 내피의 안에서는 세포들이 불변인 채로 있기도 하지만, 대체로 계속 성숙하여 방사단면(radial surface) 전체와 안쪽의 접선면(tangential face) 그리고 때로는 바깥쪽의 접선면까지도 코르크질층이 생긴다. 그 다음에 목질소층이 추가되고 이어서 코르크질이 더해지기도 한다(그림 7-14D). 이는 고르지 못한 과정이며, 어떤 세포는 다른 세포보다 일찍 과정을 끝낸다. 그러므로 뿌리의 꽤 성숙한 부분에서 가끔 카스파리띠만 갖는 세포를 찾을 수 있다. 이러한 세포를 **통과세포(passage cell)**라고 부르는데, 그것은 한때 이들 세포가 무기질의 흡수를 위한 통로가 된다고 여겼기 때문이다. 그런데 지금은 그 세포들의 발달이 느린 것은 아닌가 하고 의심하고 있다.

내피가 계속하여 성숙하면 결과적으로 관다발조직 주위에 물이 새지 않는 다발초가 형성된다. 뿌리의 노성한 부분에서는 그 기능이 물을 안쪽에 보존하는 것이다. 뿌리털대에서 무기질이 흡수되면 물의 강력한 흡수를 야기하고, **근압(뿌리압, root pressure)**이라고 부르는 수압이 생긴다. 만일 성숙한 내피가 없다면 근압은 물을 지상부로 올려 보내는 대신에 뿌리의 오래된 부분의 피층으로 새어 나가게 만들었을 것이다. 뿌리줄기와 기는줄기의 내피도 같은 기능을 할 것이다. 만약 줄기의 피층으로 물이 새어 나가고 세포간극에 물이 채워진다면 산소의 확산을 막아서 조직들이 질식하게 될 것이다.

많은 중요한 사건들이 내피에서 일어난다. 뿌리털 말고도 피층과 표피가 더 이상 필요치 않을 수 있는데, 그것은 뿌리털이 죽자마자 그 밑에 있는 피층과 표피도 죽어서 뿌리에서 떨어져 나가기 때문이다. 그렇게 되면 나무껍질이 생길 때까지 내피가 뿌리의 표면이 된다. 이런 일은 수년 간 지속되는 다년생 뿌리에서 주로 일어난다. 사과나무에서 뿌리털이 죽은 다음 1주일 만에 피층이 떨어지는데, 경우에 따라서는 4주까지 지속될 수 있고, 오로지 뿌리의 끝에만 피층이 있다. 많은 외떡잎식물의 커다란 수염뿌리는 엄격히 1년생이고, 이들은 새로운 뿌리줄기나 기는줄기에서 형성되는 새로운 막뿌리들로 대체된다. 이들 식물에서는 뿌리 전체가 죽는다.

곁뿌리의 기원과 발생

곁뿌리(lateral root)는 내초(pericycle)의 세포분열에 의해 생겨난다. 일부 세포가 차츰 액포가 작아지고 세포질이 더욱 치밀해지면서 유사분열 활성이 재개된다. 이 활성은 몇 세포에만 국한되고, 이들로부터 작은 뿌리원기가 만들어져서 뿌리의 정단분열조직으로 구조화되어 바깥쪽으로 밀고 나간다. 뿌리원기가 피층 안으로 팽창되면서 내피는 찢어지거나 쭈그러지거나 또는 세포분열을 수행하여 원기 위를 덮는 얇은 층을 형성한다. 원기가 바깥쪽으로 밀고 나가면서 새로운 곁뿌리는 나아가는 방향에 놓여 있는 피층과 표피의 세포들을 파괴한다(**그림 7-16**). 곁눈이 모습을 드러낼 무렵에 곁눈에는 뿌리골무가 형성되고 첫 번째 원생물관부와 원생체관부 요소들이 분화하기 시작하여 어버이 뿌리의 관다발조직과 연결시킨다.

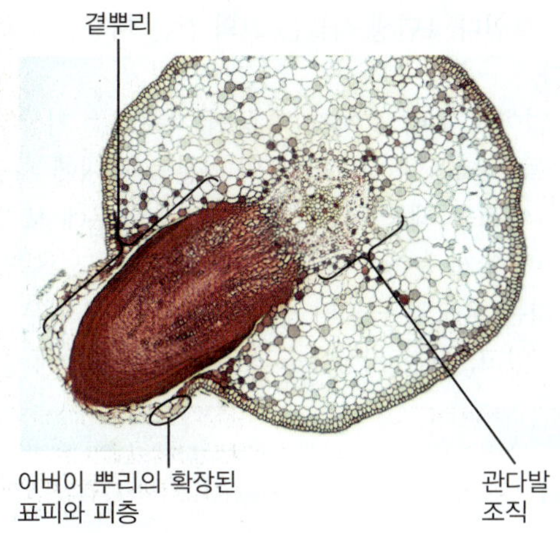

그림 7-16 버드나무속(*Salix*)의 이 어린 곁뿌리는 원생물관부 더미 바로 옆의 내초에서 시작되었다. 곁뿌리가 자라면서 어버이 뿌리의 피층에 상당한 피해를 입혀, 표면을 부수고 나온다. 곁뿌리가 나오면서 찢어진 곳 주위에 상처수피(wound bark)를 형성하여 병원체가 들어오지 못하게 막는다(×50).

이러한 과정이 지상부에 있는 눈의 형성과 어떻게 다른지 주목해서 보자. 곁눈은 표면에서 생기는데[표재성 기원(superficial origin)], 이와는 달리 곁뿌리는 뿌리 안쪽의 깊숙한 곳에서 시작된다[내생적 기원(endogenous origin)]. 곁뿌리는 정단분열조직의 기부에서 형성되지 않고 뿌리의 성숙한 부위에서 형성되며, 당연히 꽃으로 발달하지 않는다.

다른 유형의 뿌리와 뿌리의 변형

지금까지 설명한 뿌리의 유형은 가장 흔하고 일반적인 유형이고, 대부분의 식물에서 일부 또는 모든 뿌리를 구성한다. 다른 종들에서는 어떤 뿌리가 변형되고 식물의 생존에서 다른 역할을 수행한다. 다양한 구조와 체제는 다양한 기능에 대해 선택적 이익이 된다.

저장근

흔히 뿌리는 여름의 광합성에서 축적된 탄수화물을 장기간 저장하는 데 이용된다. 2년간 사는 사탕무와 당근 및 셀러리 같은 2년생 식물과 독말풀속(*Datura*)과 풀협죽도속(*Phlox*) 그리고 많은 데이지 등의 다년생 식물은 뿌리가 유일한 영구기관이다. 가을에 지하에 있는 뿌리 꼭대기의 몇 마디만 남기고 줄기의 대부분이 죽는다. 뿌리에 저장된 탄수화물은 봄에 새로운 지상부를 만들 때 이용되는데, 이때에는 잎이 없기 때문에 광합성을 하지 못한다. 이들 종에서는 뿌리에 저장된 양분을 이용하여 지상부를 대체하는 것보다 지상부가 겨울을 나도록 채비를 하는 것이 덜 경제적인 것처럼 보인다. 1년생 식물은 그와 같은 저장능력 없이도 생존할 수 있다.

죽어서 없어지지 않고 여러 해 동안 지속되는 지상부를 갖는 다년생 식물들도 겨울에 상당한 양의 양분을 체내에 저장하지만, 뿌리는 어떤 이점을 제공한다. 땅속에 있기 때문에 불룩하고 영양가가 높으며 쉽게 눈에 띄는 줄기에 비해 식품으로 덜 이용된다. 한편 뿌리는 온도와 습도의 변화가 덜 극심한 매우 안정적인 환경을 갖고 있고, 이는 저장유조직 세포들의 생존에 중요할 수 있다.

지주뿌리

토양까지 뻗는 막뿌리를 만들 수 있다면 외떡잎식물의 줄기는 관다발이 많아지면서 폭이 더 넓어질 수 있다. 어떤 경우에 뿌리는 공기 중에서 아주 길게 자랄 수 있다. 많은 야자나무는 공기 중에 드러난 뿌리의 길이가 20 cm에서 50 cm까지 달한다(그림 7-17A). 외떡잎식물 판다누스속(*Pandanus*)에서는 공기뿌리의 길이가 종종 3 m 또는 4 m가 되고, 뿌리는 땅에 닿을 때까지 몇 달 동안 공기 중에서 자랄 수 있다(그림 7-17B~D). 이보다 덜 극적인 예가 옥수수와 그 밖의 많은 벼과 초본의 기부에서 나타난다. **지주뿌리(지주근, prop root)**가 땅에 닿게 되면 지주뿌리는 추가의 영양소와 물을 줄기로 수송한다. 또한 매우 중요한 점은 지주뿌리가 약간 수축하고 줄기에 약한 장력을 둠으로써 기다란 텔레비전 안테나의 당김줄과 아주 비슷한 안정 장치로 작용한다는 것이다.

(A) © sarayuth3390/ShutterStock, Inc.

(B) © blickwinkel/Alamy Stock Photo

(C)

(D) © blickwinkel/Alamy Stock Photo

그림 7-17 **(A)** 이 작은 프티코스퍼마속(*Ptychosperma*) 야자나무와 같은 많은 외떡잎식물은 줄기의 기부 부근에서 막뿌리를 생성한다. 이들 막뿌리는 추가의 흡수 능력과 추가의 안정성 모두를 제공한다. (**B**와 **C**) 판다누스속(*Pandanus*)은 아주 기다란 부정의 지주뿌리를 만드는데, 이 뿌리는 크고 무거운 나무줄기를 안정시킬 뿐만 아니라 물과 무기질을 줄기로 수송해 준다. **(D)** 판다누스속의 노성한 식물체에서는 가지들조차 막뿌리를 만든다. 이 막뿌리는 관다발의 통도가 풀가동 중인 나무줄기를 우회하여 물과 무기질을 가지에 공급한다.

(A) © Dhoxax/iStock

(C) © Audrey Schwinn

(B)

그림 7-18 **(A)** 진정쌍떡잎식물 벵골보리수(반얀나무)는 막뿌리를 만드는데, 이 막뿌리는 외떡잎식물에서처럼 지지와 흡수 능력을 증대시킨다. 뿌리의 거대한 가지들이 그들의 전체 길이를 따라 지지되기 때문에 나무줄기에 붙어 있는 지점에서만 지탱되는 가지들보다 훨씬 크고 훨씬 더 넓어질 수 있다. **(B)** 무화과나무속의 일종(*Ficus subcordata*)의 판 모양의 판근. **(C)** 이 뿌리들은 플로리다 주의 에버글레이드(Everglades) 국립공원에서 자라는 맹그로브(*Rhizophora mangle*) 줄기의 기저 부분에서 나왔다. 맹그로브는 조석 현상에 의한 고조(high tide)와 저조(low tide) 사이의 해안지대인 조간대에 산다. 고조 때에는 뿌리들이 바닷물에 잠긴다. 바닷물은 염분의 농도가 높아서 육상에 사는 대부분의 식물과 동물로부터 물이 빠져 나가고(이는 우리가 바닷물을 마시지 못하는 이유가 된다), 물에 잠긴 뿌리는 산소가 부족하게 된다. 맹그로브 뿌리는 연약한 세포들을 뿌리의 안쪽에 두고 표면의 조직들이 바닷물을 막아 주기 때문에 이러한 조건에서 생존하며, 지상부로부터 뿌리로 산소를 확산시키는 통기조직을 갖고 있다.

만약 뿌리가 2기 생장을 하여 목본이 되면 지주뿌리는 매우 강력한 버팀대가 될 수 있어서, 뿌리의 가지들이 부러지거나 축 처지지 않고도 나무줄기로부터 더욱 멀리까지 뻗어 나갈 수 있게 한다(**그림 7-18A**). 진정쌍떡잎식물 무화과나무속(*Ficus*)의 벵골보리수(반얀나무)에서는 지주뿌리와 그 가지들이 펼쳐져서 몇 미터의 지름을 갖는 육중한 나무가 되기도 한다. 어떤 열대 나무의 뿌리는 커다란 판 모양의 **판근(buttress root)**이 된다. 판근의 위쪽은 뿌리의 다른 부분들보다 매우 빠르게 자란다. 판근은 바람에 날려 넘어지지 않도록 나무줄기를 떠받친다(**그림 7-18B**).

맹그로브(mangrove)도 지주뿌리를 갖지만, 이들은 다른 이유로 선택이익을 갖는다(**그림 7-18C**). 맹그로브는 조간대의 습지에서 살고, 폭풍이 칠 때 강력한 해류에 직면하고 심지어는 보통의 조석 변화에도 영향을 받는데, 버팀대처럼 생긴 지주뿌리는 원뿌리계보다 훨씬 높은 안정성을 제공한다. 뿐만 아니라 지주뿌리의 공기 중에 있는 부분은 수많은 기실(air chamber)인 껍질눈(lenticel)으로 덮여 있고, 그 피층은 폭이 넓은 통기조직이다. 뿌리의 땅속에 있는 부분은 산소가 거의 없거나 전혀 없는 고여 있는 흙에서 자란다. 통기조직이 공기 중에 있는 껍질눈으로부터 산소를 지하의 뿌리 조직으로 빠르게 확산시켜 주기 때문에 지하의 조직이 호흡할 수 있다. 만약 맹그로브의 뿌리 전체가 지하에 있다면 호흡은 극도로 감소할 것이다. 조간대에 적응한 식물은 거의 없다. 바다의 해변은 수십억 년 간 존재해 왔지만 맹그로브가 조간대에 적응하게 된 것은 지난 수백만 년에 불과하다. 약 3,500만 년보다 오래된 맹그로브식물의 화석은 없다.

난초의 공기뿌리

많은 난초는 나무의 가지에 붙어사는 착생식물이다. 난초의 뿌리는 나무껍질의 표면을 따라 퍼지며, 종종 공기 중에서 자유롭게 매달린다. 이들 식물은 우림에 살지만, 난초는 사실상 건조한 조건에 적응하였다. 비가 그친 뒤 몇 시간이 지나면 공기와 나무껍질이 차츰 건조해지고, 난초에 물을 보존하는 메커니즘이 없다면 난초의 뿌리에서 쉽게 물이 빠져 나갈 것이다. 난초 뿌리의 표피는 몇 층의 하얗게 보이는 큰 죽은 세포들로 구성되는데, 이를 근피(velamen)라고 부른다(**그림 7-19**). 근피는 뿌리에서 물이 빠져나가지 못하게 하는 방수 장벽으로 기능을 한다.

그림 7-19 나무껍질의 표면을 따라 자라는 난초의 공기뿌리는 흰색의 근피로 덮여 있는데, 이는 녹색의 뿌리 끝에서 흡수한 물을 보유하는 데 이바지한다. 이 공기뿌리는 아래쪽으로 자라지 않고 나무껍질을 따라 자란다.

수축근

괭이밥속(*Oxalis*), 글라디올러스속(*Gladiolus*), 문주란속(*Crinum*)과 비늘줄기를 갖는 그 밖의 많은 식물에서 뿌리는 지주뿌리가 하는 것보다 더 심하게 수축을 한다. 토양 사이로 뻗은 후 단단히 고정된 다음에 가장 위쪽 부분이 서서히 수축한다(**그림 7-20**). 뿌리가 토양에 단단히 고정되었기 때문에 줄기가 아래쪽으로 당겨져서 지상부의 맨 아래 부분이 토양층에 유지되거나 비늘줄기의 경우에는 사실상 더 깊이 묻히게 된다. 수축은 피층 세포 모양의 변화에 기인한다. 피층 세포들이 일제히 짧아지고 방사상으로 확장되면서 그 높이가 1/2에서 2/3까지 줄어든다. 관다발조직은 찌그러지고 파도 모양이 되지만 통도를 계속할 수 있다.

Courtesy of Judy Jernstedt, University of California, Davis.

그림 7-20 이 히아신스의 뿌리는 수축되어 그 표면에 구김살이 생겼다.

수축근(contractile root)은 대부분의 사람들이 알고 있는 것보다 훨씬 더 흔하다. 많은 씨앗은 토양의 표면이나 그 부근에서 발아하고, 뿌리의 수축은 지상부를 토양에 고정시키는 수단이 될 수 있다. 비늘줄기, 둥근줄기, 뿌리줄기 그리고 그 밖의 땅속줄기에서 수축근은 줄기를 적절한 깊이에 유지시키는 데 중요할 수 있다.

균근

종자식물 가운데 적어도 80%에 이르는 많은 종의 뿌리는 토양 균류와 양쪽이 모두 이로운 공생관계를 갖는다. 이 연합을 **균근(mycorrhizae**; 단수형 **mycorrhiza**)이라 부르고, 두 가지의 주된 관계가 알려져 있다. 거의 모든 목본성 산림식물에서는 곰팡이의 균사(가늘고 실 같은 세포)가 가장 바깥쪽의 뿌리 피층 세포로 침투하지만 세포 자체에는 결코 침입하지 않는 **외생균근 관계(ectomycorrhizal relationship)**가 나타난다. 초본식물은 **내생균근 연합(endomycorrhizal association)**을 갖는데, 균사가 뿌리의 피층을 지나 내피에까지 침투하고, 피층 세포의 벽을 지나가지만 카스파리띠를 통과하지는 못한다(**그림 7-21**). 균사가 세포에 침투해도 숙주의 원형질막이나 액포막을 부수지는 않는다. 세포의 안쪽에서 균사들이 되풀이하여 갈라져서 수지상체(arbuscule)라고 부르는 작은 구조를 형성한다. 수지상체는 인(P)의 입자들로 채워져 있고, 나중에 사라지면 인은 식물에 의해 흡수된다. 다른 균사는 막성 소포들로 채워진다. 식물 세포에는 녹말립이 없는데, 이는 당이 곰팡이로 전달되었기 때문으로 추정된다. 곰팡이는 식물로부터 당을 얻지 못하면 살 수 없고, 많은 경우에 곰팡이가 죽게 되면 식물은 생장이 심하게 저해된다. 분명히 균근은 뿌리가 인을 흡수하는 중요한 수단이고, 균근균류(mycorrhizal fungi)는 뿌리털보다도 훨씬 더 효율적이다.

지금까지 언급한 모든 변형뿌리들, 즉 저장근, 지주뿌리, 수축근, 난초의 공기뿌리와 균근연관 뿌리들은 앞에서 설명한 보편적인 고정하고 흡수하는 뿌리들의 구조와 사실상 동일한 구조를 갖는다. 이들 모두 정단분열조직에 의해 자라고, 각각의 성숙한 부위를 잘라보면 표피, 피층, 내피, 내초 및 관다발조직이 드러난다. 그렇지만 질소를 고정하는 뿌리혹과 기생근은 구조가 몹시 변형되어 있다.

뿌리혹과 질소고정

많은 식물에 있어서 토양의 질소화합물 결핍은 생장을 제한하는 중요한 요인의 하나가 된다. 질소는 공기 중에 풍부하지만(대기의

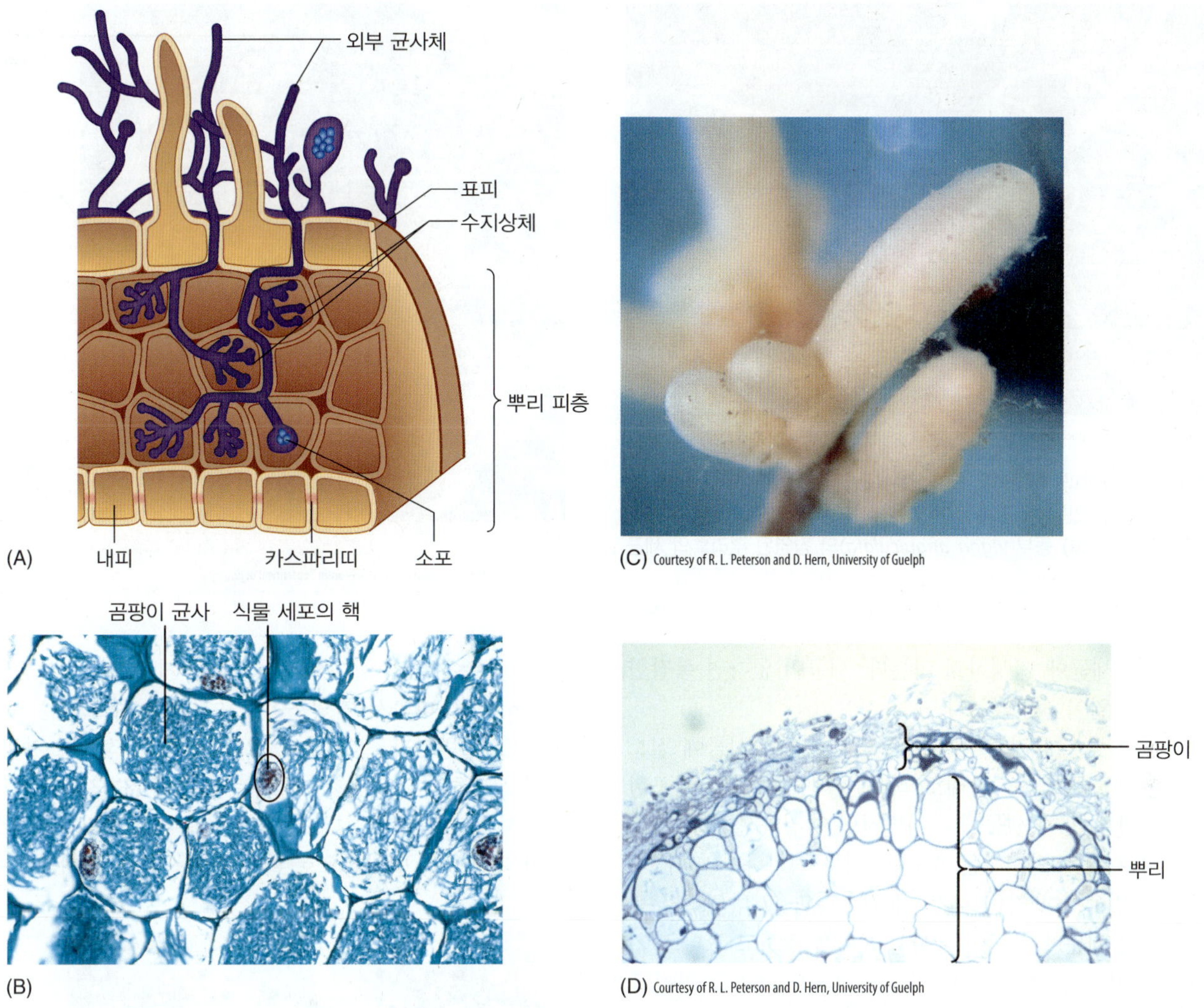

그림 7-21 **(A)** 뿌리의 피층에 침투하여 수지상체와 소포를 형성한 균사를 보여주는 내생균근의 그림. **(B)** 수지상체의 형태를 갖는 곰팡이 균사들로 채워진 뿌리 세포. 식물 세포가 온전하고 정상적인 큰 핵을 갖고 있기 때문에 이 균류가 병원성 균류가 아니라 공생균류라고 말할 수 있다(×220). **(C)** 외생균근으로 둘러싸인 너도밤나무의 뿌리. 곰팡이의 존재는 뿌리가 짧아지고 넓어지게끔 자극한다. **(D)** 뿌리의 가장 바깥쪽 부분에만 국한되는 곰팡이 균사를 보여주는 외생균근의 횡단면. 균사는 피층에 침투하지 않는다.

78%가 N_2), 식물은 대기 중의 질소를 이용할 수 있는 효소체계가 없다. 오직 일부 원핵생물들만이 분자상 질소(N_2)를 이용할 수 있어서 체내의 아미노산과 뉴클레오티드를 만들고, 이들 생물이 죽고 분해될 때 질소를 함유하는 화합물이 식물에 이용된다. 대기 중의 질소가 사용 가능한 화합물로 화학적으로 전환되는 것을 **질소고정(nitrogen fixation)**이라고 한다.

소수의 식물들, 특히 콩과 식물(legumes)에서 질소를 고정하는 세균인 리조비움속(*Rhizobium*)과의 공생관계가 진화되어 왔다. 토양에 자유로이 존재하는 세균이 물질을 분비하고, 이는 뿌리털을 동그랗게 감기도록 만들고, 이어서 세균이 뿌리털의 볼록한 면에 부착한 다음, 식물 세포벽의 튜브 같은 함입(invagination)에 의해 세포 안으로 밀고 들어간다. 이 튜브가 **감염사(infection thread)**이고, 그 안에 세균이 들어 있다. 세포에 차례차례 침투하는 감염사는 뿌리의 안쪽 피층으로 완전히 확장하고, 인접한 피층 세포들이 유사분열을 하여 뿌리혹(root nodule)을 형성한다 (**그림 7-22**). 세균이 감염사로부터 나와 식물 세포의 세포질로 들어가고, 여기에서 급속히 증식하여 식물 세포는 세균 세포들[이를 박테로이드(bacteroid)라고 한다]로 채워진다. 이 세균 세포들은 분자상 질소를 식물 세포로 방출되는 질소함유화합물로 전환시킬 수 있다. 이 과정에 필요한 에너지는 콩과 식물의 뿌리 세포의 당으로부터 공급되며, 따라서 리조비움속과 콩과 식물 모두에게 이익이 된다.

뿌리혹은 약간 단순한 채로 남아 있기도 하고, 아니면 분열조직 부위와 관다발조직 그리고 내피와 덩어리를 만들기도 한다. 그러한 뿌리혹은 오랜 시간 동안 기능을 한다. 많은 대사변화도 진화되어 왔다. 중요한 세균효소가 산소에 민감하여 극미량의 유리산소가 있어도 즉각 해를 입는다. 그런데 세균이 아니라 식물이 산소와 결합하여 세균효소를 보호하는 특별한 화학물질인 레그헤모글로빈(leghemoglobin)을 생성한다. 뿌리혹은 식물과 세균 모두에게 이익이 되는 공생관계를 나타낸다. 세균은 식물에 해를 주

(A) © inga spence/Alamy Stock Photo

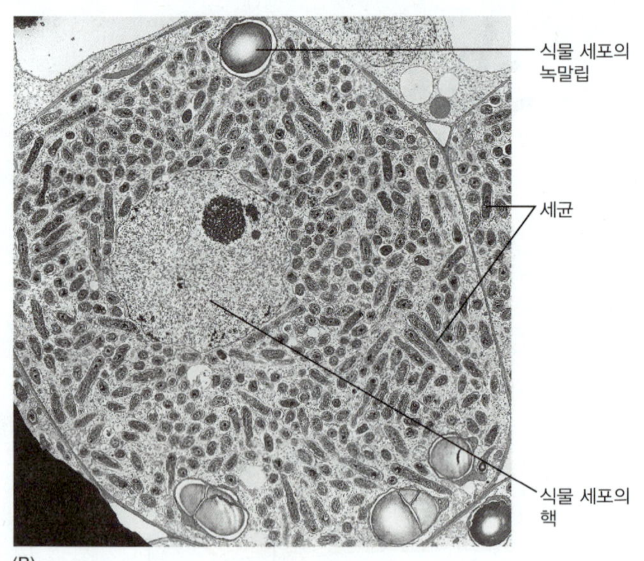

(B)

Courtesy of E. H. Newcomb, University of of Wisconsin Department of Botany

그림 7-22 **(A)** 이 알팔파 뿌리의 뿌리혹에는 대기질소를 흡수하고 이를 암모니아로 전환시킬 수 있는 세균이 들어 있는데, 식물은 암모니아를 이용하여 아미노산을 만든다. **(B)** 동부(*Vigna unguiculata*)의 감염된 뿌리혹의 세균 (× 5,900).

지 않고, 식물도 세균에 기생하지 않는다. 세균이 없다면 복잡한 뿌리혹의 발달은 일어나지 않는다.

이 과정은 종종 다음과 같이 서술된다: "세균은 식물에 질소함유화합물을 제공하고, 그 답례로 식물은 세균에 당을 제공한다." 이러한 설명은 양쪽 생물에서 자발적인 행위와 선택과 결정이 이루어졌다는 것을 암시하는 것인데, 이는 정확하지 않다. 대신에 자연선택 면에서 생각해 보자: 세균이 당과 그 밖의 양분을 식물로부터 받기 때문에 세균이 식물을 보다 건강하고 보다 활기차게 만드는 어떤 유전적 돌연변이가 세균에게도 유익할 것이고, 반면에 예를 들면, 질소함유화합물이 식물로 이동하지 못하게 하는 세균의 원형질막 같이 식물에 해가 되는 어떤 돌연변이는 세균에게도 해로울 것이다. 같은 원리가 식물에 적용된다. 세균을 돕는 유전적 돌연변이는 궁극적으로 식물에게도 유익하다. 이들 생물이 공진화를 계속하여 보다 완벽하게 상호 적응하게 될 것이라는 가설을 세우지만, 이 가설은 지금으로부터 수백만 년이 지난 다음에 누군가가 검증해야 할 것이다.

과거로 돌아가서, 함께 일을 잘 하지는 못하지만 돌연변이가 일어나고 자연선택에 의해 생존하면서 현재의 상태가 된 덜 정교한 콩과 식물과 리조비움속 세균을 상상할 수 있다. 어떤 중대한 돌연변이는 틀림없이 드물었거나, 아마도 몇 차례의 특이한 돌연변이가 식물과 세균에서 거의 동시에 일어났을 것이다. 이 가설은 비록 이러한 공생이 사실상 모든 식물종에 유익하지만 실제로는 소수의 종만이 공생을 한다는 관찰에 근거한 것이다.

기생 꽃식물의 기생근

많은 속씨식물이 다른 식물에 기생한다. 그들의 기질이 다른 식물의 몸체이기 때문에 정상적인 뿌리계로는 숙주에 침투하거나 물질을 효과적으로 흡수할 수 없다. 그러므로 기생식물의 뿌리는 몹시 변형되어 있고, 이를 **기생근(haustoria)**이라고 한다(**그림 7-23**). 많은 경우에 뿌리 같이 생긴 구조는 거의 없다. 기생은 몇 차례 진화하였고, 따라서 기생근이라고 일컫는 구조들은 서로 연관성이 없고 일반화가 쉽지 않다. 그렇지만 전형적으로 기생근은 접착제를 분비하거나 작은 가지 또는 뿌리 주위에서 자라면서 숙주에 단단히 들러붙어야 한다. 세포축이 숙주의 표피계를 밀고 들어가거나 기생근을 방사상으로 확장하여 숙주의 표피를 부수면서 체

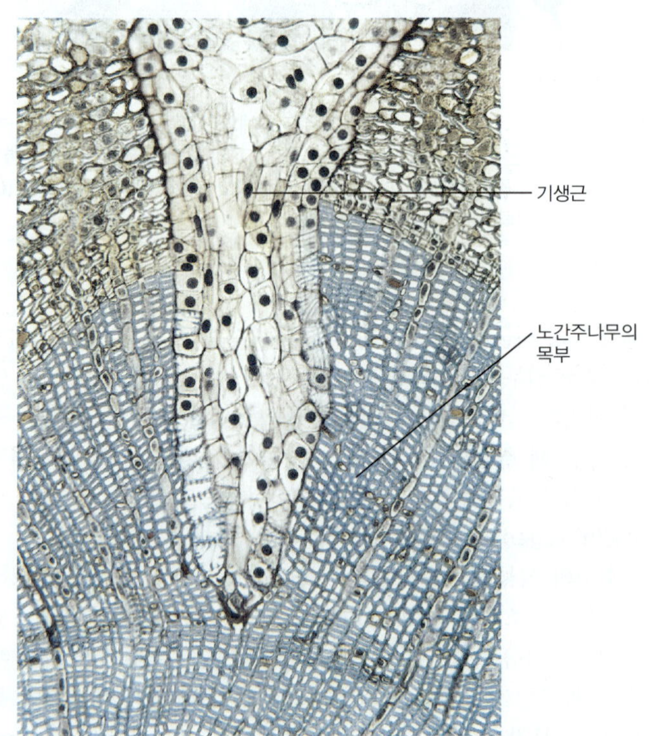

Courtesy of C.L. Calvin, Rancho Santa Ana Bot. Garden

그림 7-23 겨우살이(*Phoradendron*)의 변형된 뿌리인 기생근이 침투한 노간주나무 가지의 횡단면. 숙주인 노간주나무의 목부는 파란색으로 염색하였고 나무껍질은 황갈색이다. 기생근은 숙주의 관다발조직으로부터 물과 양분을 뽑아낼 수 있다.

내로 침입한다. 침투한 다음에는 기생식물의 세포가 숙주의 물관부와 접촉한다. 많은 경우에 숙주와 기생식물의 세포들 모두 분열하여 불규칙한 유세포 더미로 증식하고 나서 세포의 기둥이 일련의 물관요소로 분화한다. 그 결과 숙주에서 기생식물로 계속 이어지는, 양쪽의 세포들로 만들어진 물관이 만들어진다. 놀랍게도 많은 기생식물이 물관부에만 침투한다. 이들은 숙주로부터 당을 뽑아내지 않고 그들 스스로 광합성을 수행한다. 다른 어떤 기생식물은 물관부와 체관부 모두에 접촉하고 광합성을 거의 또는 전혀 하지 않는다. 그러한 기생식물에게는 잎이나 영양줄기의 상실을 야기하는 돌연변이가 불이익이 되지 않았다.

트리스테릭스속(*Tristerix*)이라는 기생식물은 숙주식물인 선인장의 체내에서 자라면서 분산된 뿌리계인 기생근의 형태로 대부분의 삶을 보낸다. 꽃을 피울 때를 제외하고 트리스테릭스속의 몸은 줄기, 잎, 표피, 피층 또는 관다발조직이 없는 유세포들의 망에 불과하다.

뿌리의 전형적인 체제는 기생근에서 비기능적일 수 있다. 뿌리골무, 근단분열조직 그리고 피층의 모두는 기생식물의 관다발조직이 적절한 숙주 조직과 접촉하는 데 장애가 될 수 있다. 정반대로 아무리 토양이 비옥하고 축축하다 할지라도 기생근은 토양에서 자라는 데 전적으로 부적당하다. 기질마다 그리고 미소서식지마다 특별한 적응이 선택적 이익이 된다.

기생 무화과나무의 뿌리

무화과나무속(*Ficus*)의 몇 종인 기생 무화과나무(strangler fig: '목조르는 무화과' 또는 '교살자 무화과'라고도 부른다)의 식물체가 아직 어릴 때에는 숙주식물의 가지에 앉아 있는 착생식물로 자란다. 새들이 기생 무화과나무(**그림 7-24**)의 열매를 먹고 나서 씨앗을 다른 나무의 가지에 놓는다. 기생 무화과나무의 씨앗이 발아하면 그 뿌리가 숙주식물 가지의 나무껍질에 달라붙고 나서 아래쪽으로 빠르게 자라고 숙주식물의 나무줄기를 감싼다. 몇 달 간 또는 심지어 몇 년 간 뿌리는 토양에 닿지 않고, 따라서 이 기생식물은 숙주식물의 나무줄기를 따라 흐르는 빗물로부터 양분을 흡수해야 한다. 마침내 기생 무화과나무의 뿌리가 땅에 도달하고, 이어서 빠르게 증식하여 엄청나게 갈라진다. 뿌리의 위쪽 부분이 커지고 차츰 목질이 된다. 기생 무화과나무의 뿌리는 다양한 각도로 갈라지고 자라서 숙주 나무의 줄기를 둘러싸고 뿌리들이 만나는 곳마다 서로 융합된다. 오래지 않아 숙주 나무의 줄기는 기생 무화과나무의 수많은 뿌리들로 둘러싸인다. 보통 숙주 나무는 결국 죽고 썩어 없어지며, 공중에 뿌리-지상부 연접이 있는 자립 가능한 기생 무화과나무가 남는다.

기생 무화과나무 뿌리의 촘촘한 망이 숙주 식물이 두껍게 자라지 못하게 막아서 기생 무화과나무가 숙주 식물을 '교살(strangling)'시켜 죽인다고 믿고 있었다. 이는 어떤 경우에 맞을 수 있지만, 무화과나무가 잎이 무성한 가지들을 너무 많이 만들어서 숙주 나무들이 광합성을 할 수 없을 만큼 그늘이 지는 경우가 좀 더 자주 있는 것 같고, 이 경우 숙주 식물은 빛이 부족하여 죽게 된다.

그림 7-24 에버글레이드(Everglades) 국립공원에 있는 이 나무는 기생 무화과나무의 뿌리로 둘러싸여 있다. 왼쪽 상단에 있는 무화과나무의 커다란 '가지'는 실제로는 기생 무화과나무의 줄기이고, 씨앗이 발아한 지점이다. 그 아래의 모든 부분은 무화과나무의 뿌리이다. 기생 무화과나무가 넝쿨식물이고 숙주 나무를 감싸는 부분이 무화과나무의 줄기라고 잘못 추정할 수 있지만, 면밀히 해부해 보면 가지가 아니라 뿌리임을 알 수 있다. 만약 이 식물이 진정한 넝쿨식물이라면 이 사진의 여러 곳에서 잎이 무성한 가지들이 나오는 것을 보게 될 것이다.

다음 단계에서는

1. **변형된 뿌리.** 7장에서는 뿌리혹과 질소를 고정하는 세균에 대하여 그리고 균근연관 뿌리와 인을 흡수하는 균류에 관하여 간략히 언급하였다. 이 두 가지 주제 모두 많은 사실이 알려져 있으며, 여러분 스스로 탐구하면 얻는 것이 많을 것이다. 그 밖에 여러분이 조사할 변형뿌리들은 질소를 고정하는 남세균이 들어 있는 소철의 산호형(coralloid) 뿌리와 무기질이 풍부한 토양의 포켓에 들어가면 엄청나게 갈라지는 프로테오이드(proteoid) 뿌리이다. 많은 착생식물의 뿌리는 그들의 생장이 중력에 의해 조절되는 것이 아니라 숙주식물의 나무껍질과의 접촉에 의해 유도되도록 변형되었다.
2. **뿌리의 생태.** 뿌리계는 크기, 분지, 방위 등등이 상당히 다양하다. 어떤 뿌리는 표토(겉흙)에서 수평으로 퍼지고, 다른 어떤

(다음 페이지에 계속)

뿌리는 아래쪽으로 30 m 또는 그 이상 자란다. 어떤 식물은 지상부의 뭉치보다 훨씬 많은 뿌리 뭉치를 갖는 반면에, 어떤 커다란 공 모양의 선인장은 약간의 비쩍 마른 실 같은 뿌리만 갖는다. 우리는 뿌리의 생장에 영향을 미치는 요인들을 이해하기 시작하였으며, 이는 여러분들이 풍부하게 탐구할 수 있는 분야이다. 북아메리카 대초원 벼과 초본의 엄청난 뿌리계는 특히 중요하다.

3. **통기조직과 홍수.** 많은 강의 유역은 봄철에 범람하여 뿌리들이 며칠간 또는 몇 주 동안 물에 잠긴다. 뿌리가 침수되면 이용 가능한 산소의 양이 감소하고 질식의 위험이 증가한다. 일부 뿌리와 줄기는 그러한 조건하에서 통기조직을 만들어 조금이라도 남아 있는 산소가 빠르게 확산되도록 한다. 맹그로브(*Avicennia germinans*)와 낙우송(*Taxodium distichum*) 등의 습지식물들은 무릎 같이 생긴 변형된 통기조직의 뿌리[이를 통기근(pneumatophore)이라고 부른다]를 만들어 위쪽의 공중으로 자란다.

요약

1. 많은 뿌리는 고정과 흡수 및 호르몬 생산을 포함하여 다양한 기능을 한다. 어떤 뿌리들은 양분의 저장, 영양생식, 또는 혹독한 조건하의 생존을 위하여 특수화되기도 하고, 다른 어떤 뿌리는 가시로 변형되기도 한다.
2. 뿌리는 뿌리골무를 갖지만, 잎, 마디, 마디사이 또는 눈에 해당하는 어떤 구조도 없다.
3. 막뿌리는 다른 뿌리나 배 이외의 기관에서 생기며, 기는줄기와 뿌리줄기를 갖는 식물에서 특히 중요하다.
4. 지상부처럼 뿌리는 정단분열조직의 국소생장에 의해 신장된다. 뿌리 끝과 신장대는 토양 입자들 사이를 미끄러지듯 움직여야 한다.
5. 뿌리털은 뿌리계의 흡수표면적을 크게 증가시키고, 뿌리털의 호흡으로 생기는 탄산은 토양입자로부터 무기질이 방출되는 데 기여한다.
6. 카스파리띠를 갖는 내피는 토양용액으로부터 물관부로 이동하는 무기질을 막는다. 물관부로 들어가려면 무기질은 반드시 원형질막의 어떤 지점을 통과해야 한다.
7. 줄기의 가장 바깥쪽 조직에서 생기는 곁눈과 달리, 곁뿌리는 뿌리 안쪽의 깊숙한 곳에 있는 내초에서 생긴다.
8. 지주뿌리는 줄기가 좁은 일부 식물에게 추가의 안정성과 수송을 제공한다. 수축근은 비늘줄기, 둥근줄기 및 뿌리줄기들이 더 깊이 묻히도록 도와준다. 기생근은 숙주식물의 조직에 침투하는 변형뿌리이다.
9. 많은 식물은 토양에서 그리고 뿌리의 피층에서 광범위한 망을 형성하는 균근균류로부터 필요로 하는 인의 대부분을 흡수한다.
10. 소수의 식물종은 질소를 고정하는 원핵생물과 공생관계를 이룬다. 세균이나 남세균은 보통 뿌리혹에 살고, 질소화합물을 식물에 전달하고 탄수화물과 무기질을 받는다.

중요한 용어

감염사(infection thread)
곁뿌리(측근, lateral root)
균근(mycorrhiza)
근단분열조직(root apical meristem)
기생근(haustoria)
내생균근 연합(endomycorrhizal association)
내초(pericycle)
내피(endodermis)
막뿌리(부정근, adventitious root)
배뿌리(radicle)
분열정지중심(quiescent center)
분지근(branch root)
뿌리골무(근관, root cap)
뿌리털(root hair)
뿌리혹(root nodule)
수염뿌리계(수근계, fibrous root system)
신장대(zone of elongation)
외생균근 관계(ectomycorrhizal relationship)
원뿌리(주근, taproot)
지주뿌리(지주근, prop root)
질소고정(nitrogen fixation)
카스파리띠(Casparian strip)
판근(buttress root)

복습 문제

1. 이 장의 '개념' 부분에서 대부분의 뿌리가 세 가지의 기능을 갖는다고 설명하였다. 그 세 가지는 무엇인가? 어떤 뿌리는 그 세 가지 기능 외에 또는 그 대신에 다른 기능을 한다. 다음과 같은 기능을 하는 뿌리를 갖는 최소한 한 종의 이름을 대시오.
   a. 겨울철에 탄수화물 저장
   b. 새로운 식물체처럼 작용할 수 있는 지상부 눈의 생성
   c. 나무줄기에서 자라 나와 가시로 굳어짐

d. 부착기처럼 행동

e. 다른 식물을 공격하여 그 식물에서 물과 양분을 추출

2. 뿌리계의 두 가지 종류는 무엇인가? 각 유형을 갖는 식물의 예를 몇 가지 제시하시오. 어떤 유형이 당근과 사탕무 같은 2년생 식물의 양분 저장과 관련이 있을까? 어떤 유형이 뿌리줄기와 기는줄기와 관련이 있을까?
3. 뿌리는 반드시 엄청난 표면적을 가져야 한다. 식물이 하나의 기다란 뿌리보다 몹시 갈라진 뿌리계를 갖는 이유는 무엇인가?
4. 씨앗은 발아하기 전에도 이미 뿌리를 갖고 있다. 배에 있는 이 뿌리의 이름은 무엇인가? 진정쌍떡잎식물에서 이 배뿌리는 보통 무엇으로 발달하나? 많은 외떡잎식물에서 이 배뿌리는 발아하는 동안에 또는 발아한 직후에 이상한 일을 한다. 그 배뿌리가 하는 일은 무엇인가?
5. 막뿌리는 무엇인가? 붓꽃과 대나무 같은 외떡잎식물의 뿌리줄기에서 막뿌리가 흔할까, 아니면 드물까? 만약 대나무의 뿌리줄기가 땅속에서 100피트 자라고 나서 공중으로 가지를 올려 보낸다면, 그 가지는 어디에서 물을 얻을까? 100피트 떨어진 뿌리에서일까, 아니면 바로 그 기부에 있는 막뿌리에서 일까(힌트: 그림 7-5E와 22번 문제)?
6. 뿌리골무는 어떤 일을 하는가? 만일 뿌리가 흙에서 자라지 않고 지상부가 그러하듯 뿌리 모두가 공중에서 자랐다면 뿌리골무가 진화하였을 것이라고 생각하는가?
7. 뿌리는 국소생장을 한다. 뿌리에서 자츰 길어지는 부분은 근단분열조직과 __________의 __________뿐인데, 몇 밀리미터에 불과한 이 부위에서 세포들이 분열하고 확장한다.
8. 뿌리털이 신장대에서 형성된다면 뿌리털에 어떤 일이 생길까? 만약 뿌리가 공중에서 자라거나 물속에서 자랄 때에도 이런 일이 일어날까?
9. 뿌리털은 뿌리의 표면적을 몹시 증가시킨다. 호밀에서 한 식물체가 _____개의 곁뿌리를 갖고, 뿌리의 길이가 _____ km 그리고 표면적이 ________ m^2인 것으로 나타났다. 길이를 마일로 변환하고(1마일 = 1.6 km), 면적을 평방피트로 변환하시오(1피트 = 0.3 m).
10. 뿌리털은 뿌리보다 좁다. 뿌리는 보통 지름이 ________ mm가 넘지만, 뿌리털의 지름은 약 ________ μm에 불과하다. 그림 7-9를 살펴보자. 뿌리 또는 뿌리털이 차트에서 붉은색 부분으로 나타낸 구멍에 들어갈 수 있을까? 둘 중 하나, 아니면 양쪽 모두 회색 부분에 들어갈 수 있을까? 흰색 부분에는? 대부분의 뿌리는 토양 표면 부근의 위쪽 20 cm에서 자라는데, 이곳은 많은 토양공극(soil pore)의 폭이 0.2~60 μm인 곳이다. 만약 뿌리가 전혀 뿌리털을 만들지 않는다면 이들 풍부하고 좁은 공극으로부터 물과 무기질을 추출할 수 있을까?
11. 뿌리의 어떤 부분이 중력을 감지하나? 어느 세포소기관이 이런 일을 가능하게 하나?
12. DNA의 방사성 전구물질을 이용하면 근단분열조직 중심의 세포들에서는 DNA가 합성되지 않는 것으로 나타난다. 이렇게 유사분열이 비활성 상태에 있는 중심 부위를 __________이라고 한다. 이들 세포는 주로 __________________들을 비축해 두는 역할을 하는 것으로 여겨진다.
13. 뿌리의 신장대를 자른 횡단면에서 그 어떤 성숙한 세포라도 찾을 수 있을까? 그곳에 완전히 분화된 표피세포나 관다발조직이 있을까? 가장 바깥쪽 세포들이 표피가 아니라면 그들을 무엇이라고 부르나? 신장대의 중심에서, 나중에 물관부와 체관부로 분화하게 될 조직은 무엇인가?
14. 그림 7-13을 보시오. 분자들이 뿌리의 표피에서 피층을 지나갈 수 있는 네 가지 확산 경로는 무엇인가? 이 도표가 왜 내피에서 멈추었을까? 내피에서는 어떤 일이 일어날까?
15. 내피의 형태를 설명하시오. 내피가 평면인가, 원통인가, 아니면 세포들의 고리인가? 카스파리띠는 무엇이며, 그 세포벽에 쌓인 것은 무엇인가?
16. 뿌리의 3단계 구조인 성숙대, 뿌리털대 및 신장대를 보여주는 뿌리의 단면을 그리시오. 어떤 단계에서 내피에 카스파리띠가 갖춰지나?
17. 카스파리띠가 불투과성이기 때문에 내피의 ___________가 피층의 세포간극이나 피층세포로부터 무기질을 흡수해야만 무기질이 내피를 통과할 수 있다. 많은 ____________ 무기질은 내피에 의해 차단될 수 있다.
18. 그림 7-14를 살펴보자. 진정쌍떡잎식물의 뿌리는 횡단면에 있어서 외떡잎식물의 뿌리와 보통 두드러지게 차이가 난다. 어느 뿌리가 비교적 넓은 관다발조직 세트를 갖는가? 어떤 뿌리가 벽이 매우 두꺼운 내피 세포를 갖는가? 기본조직이 중심에 있는 것은 무엇이고, 후생물관부가 중심에 있는 것은 무엇인가?
19. 뿌리의 어떤 부분에서 곁뿌리의 원기가 만들어지나? 곁뿌리의 관다발조직은 어버이 뿌리의 관다발조직과 어떻게 연결되나?
20. 일부 다년생 식물들은 겨울에 상당한 양의 양분을 체내에 저장하지만, 뿌리는 어떤 이점을 제공한다. 이러한 이점의 두 가지를 설명하시오.
21. 일반적으로 동물은 장기적인 에너지 저장을 위해 지방조직의 지방을 이용하지만, 식물은 뿌리의 녹말을 이용한다. 동물이 지방을 이용하는 데 따른 이점은 무엇인가? 식물이 녹말을 이용하면서 얻는 혜택은 무엇인가? 여러 해 동안 에너지를 저장하는 식물 두 종류의 이름을 대시오. 이런 식물에서 장기적 저장은 몇 년인가? 식물에서 지방을 저장하는 두 부분은 무엇이며 그 이유는 무엇인가? 확대된 뿌리의 저장조직에는 관다발이 잘 발달되어 있는데, 이는 식물에게 어떻게 중요한가?
22. 그림 7-17D에 있는 외떡잎식물 판다누스속의 지주뿌리를 살펴보자. 가지들이 그들 자체의 막뿌리(지주뿌리)를 만들기 때

문에, 이 가지들이 나무줄기의 물관부에 의존하지 않고도 물과 무기질을 얻을 수 있을까(5번 문제에 관해 생각하시오)?

23. 그림 7-18에 있는 벵골보리수(반얀나무)의 지주뿌리를 살펴보자. 이 지주뿌리들은 가지에 물을 추가로 공급하는데, 그 밖에 어떻게 가지에 도움을 주나?
24. 수축근은 무엇인가? 수축근은 어떤 종류의 지상부(예를 들면, 뿌리줄기나 넝쿨)를 갖는 식물에서 특히 흔하게 나타날까?
25. 균근 연합(mycorrhizal association)이란 무엇인가? 이 연합을 통해 식물은 어떤 혜택을 받을까?
26. 질소를 고정하는 뿌리혹을 특히 식물의 관다발조직과의 관계를 고려하여 설명하시오.
27. 뿌리혹은 식물과 세균 모두에게 이익이 되는 ____________ 관계를 나타낸다. 세균은 식물에 ______________ 주지 않고, 식물도 세균에 ______________하지 않는다.
28. 많은 식물이 다른 식물에 기생한다. 이들 기생식물의 뿌리는 몹시 변형되어 있으며, 이를 __________________이라고 한다. 기생하는 이 뿌리가 숙주의 줄기나 뿌리에 침투하는 방법 몇 가지를 설명하시오. 이 기생뿌리들이 뿌리골무나 근단분열조직 또는 피층을 갖고 있을까?
29. 꽃을 피울 때를 제외하고, 트리스테릭스속(*Tristerix*)의 몸은 어떠한가? 꽃을 피울 때를 제외하고, 이 식물체에 없는 조직들은 어떤 것들인가?
30. 각각의 길이가 1 cm인 뿌리 10개를 가진 식물을 상상해 보자. 이 뿌리계의 총 길이는 어떻게 되나? 각 뿌리마다 끝에 길이가 각각 1 cm인 곁뿌리 10개가 있다고 상상해 보자. 이제 이 뿌리계의 총 길이는 어떻게 되나? 가장 멀리 떨어진 뿌리 끝으로부터 지상부의 기저부까지 물 분자가 이동해야 하는 최대 거리는 어떠한가? 이동하는 거리는 간단한 덧셈으로 증가하지만, 총 흡수능력은 기하급수적으로 증가한다. 이동하는 거리가 왜 중요할까? 헛물관과 물관요소를 통해 이동하는 마찰을 고려해 보자.

CHAPTER 8

목본의 구조

학습 목표

이 장을 읽은 다음, 학생들이 할 수 있는 것은;

- 2기 생장의 장점과 단점을 설명한다.
- 관다발형성층과 방추형 시원세포 및 방사조직 시원세포를 정의한다.
- 형성층 세포의 배열을 설명한다.
- 목부의 주축계를 논한다.
- 생장테의 부분들을 식별한다.
- 심재와 변재 및 이상재를 정의한다.
- 2기 체관부와 2기 물관부를 비교한다.
- 코르크형성층과 관다발형성층을 대조한다.
- 껍질눈의 기능을 설명한다.
- 뿌리의 2기 생장을 논한다.
- 이상 2기 생장의 세 가지 예의 이름을 댄다.
- 확립생장의 예를 댄다.

알고 있나요?

- 목본은 보통 쉽게 알아볼 수 있어서, 만약 여러분이 수목이나 관목을 목본이라고 생각한다면 아마 정확할 것이다.
- 단지 몇 식물만이 여러분을 속일 텐데, 야자나무와 대나무는 목부가 없고, 초본처럼 보이는 많은 식물들(몇 달 만에 죽고 겨울에 분해되는 식물들)은 소량의 여린 목부를 갖는다.
- 대부분의 목본은 해마다 그 나무줄기와 가지 그리고 뿌리의 둘레에 새로운 목부층(생장테)을 추가한다.
- 식물이 얼마나 오래 살 수 있고 얼마나 폭이 넓어질 수 있는지에 대한 이론적 한계는 없어서, 멕시코 오악사카(Oaxaca)의 사이프러스는 지름이 11.6 m (38피트)이다.

개요

장의 첫 이미지: 이미지: 사진에 보이는 비교적 작은 미국삼나무(*Thuja plicata*)의 나무줄기는 세월이 가면서 점점 더 엄청나게 커진다. 해마다 나무줄기와 가지 그리고 뿌리에 목부와 나무껍질의 새로운 층이 더해지면서 이 나무는 더욱 튼튼해지고, 물과 무기질 및 당의 통도가 향상된다. 그에 힘입어 나무는 키가 작은 나무들의 잎보다 훨씬 위쪽에 잎이 달릴 수 있게끔 높이 자랄 뿐만 아니라, 생식구과(reproductive cone)를 보다 높이 올려서 꽃가루들이 각 나무에서 다른 나무로 바람을 타고 운반될 기회를 늘려 준다.

개념

정단분열조직에 의한 생장은 앞에서 설명하였다. 분열조직으로부터 유래되는 조직들은 표피, 피층, 관다발, 속 및 잎들이다. 이 **1기 조직(primary tissue)**들이 1기 식물체를 함께 이룬다. 초본이라고 알려진 식물에서는 1기 식물체가 유일한 몸이 된다. 그러나 목본에서는 다른 분열조직인 관다발형성층과 코르크형성층으로부터 줄기와 뿌리에 추가의 조직이 만들어진다. 새로운 조직들은 목부(2기 물관부)와 나무껍질(2기 체관부와 코르크)인데, 이들을 **2기 조직(secondary tissue)**이라고 하며 이들이 식물의 2기 식물체를 구성한다. 목본의 예는 엄청나게 많다. 플라타너스단풍(sycamore), 밤나무, 소나무와 전나무 같은 수목은 목본이고, 장미, 협죽도와 진달래 같은 관목도 목본이다.

2기 생장을 하고 목본 식물체를 만드는 능력은 많은 중요한 결과를 갖는다. 초본의 경우, 줄기나 뿌리 부분이 성숙한 다음에는 그 통도 능력이 정해진다. 모든 원시관다발세포들은 1기 물관부나 1기 체관부로 분화된다. 이 능력은 잎과 뿌리의 요구와 연관성이 있다. 만약 식물이 너무 많은 잎을 만들어서 줄기의 물관부가 나를 수 있는 것보다 빠르게 물을 잃게 된다면 잎의 일부 또는 전부가 물 부족으로 죽게 될 것이다. 이와 비슷하게 식물이 너무 많은 잎을 만들어서 체관부가 뿌리나 꽃눈 또는 익어가는 열매로 당을 나를 수 있는 것보다 빠르게 당을 만드는 것은 선택이익이 되지 못할 것이다.

그렇지만 많은 초본이 여러 해 동안 산다. 이들 식물은 1년차 줄기가 갖는 제한된 통도 능력의 병목현상에 어떻게 대응할까? 어떤 식물에서는 첫 해의 잎들이 겨울에 죽고, 두 번째 해에는 첫 해에 달렸던 만큼의 잎들만 만든다. 다른 종들에서는 새롭게 생긴 줄기 부분으로 직접 통도할 수 있는 막뿌리들을 만들어 줄기의 오래된 부분들을 우회한다. 이들 식물의 대부분은 막뿌리들이 땅에 닿을 수 있을 정도로 낮아야 한다. 붓꽃, 대나무와 고사리류 같은 이들 식물은 보통 근상(rhizomatous)이다.

목본은 정단분열조직에 의한 생장을 통해 훨씬 커질 뿐만 아니라 목부(목재)와 나무껍질의 축적을 통해 훨씬 폭이 넓어진다. 목부와 **나무껍질(수피, bark)**은 통도조직을 포함하고 있으므로, 이들이 축적되면 물과 무기질을 위쪽으로 나르고 탄수화물을 아래쪽으로 수송하는 능력이 향상된다. 식물이 지원할 수 있는 잎과 뿌리의 수가 늘어나고, 광합성 능력도 증가한다.

예를 들어, 나무줄기의 반지름이 10.5 cm인 나무에서(**그림 8-1**) 전년도에 0.5 cm 두께의 목부층을 만들었다고 상상해 보자. 그 결과로 그 나무는 뿌리로부터 잎으로 물을 나르는 32.2 cm^2의 새로운 목부가 생겼다. 개개의 잎이 목부 0.1 cm^2의 통도 능력과 동일한 속도로 물을 잃는다고 가정하면, 이 식물은 이 나무줄기를 통해 322개의 잎을 지원할 수 있을 만큼의 물을 나를 수 있다. 만약 이 나무가 올해 또 다시 0.5 cm 두께의 목부를 만든다면 새로운 목부의 테(ring)는 33.8 cm^2의 단면적을 갖게 된다. 이 면적은 전년도의 목부 테보다 넓고, 지난해보다 많은 338개의 잎으로 물

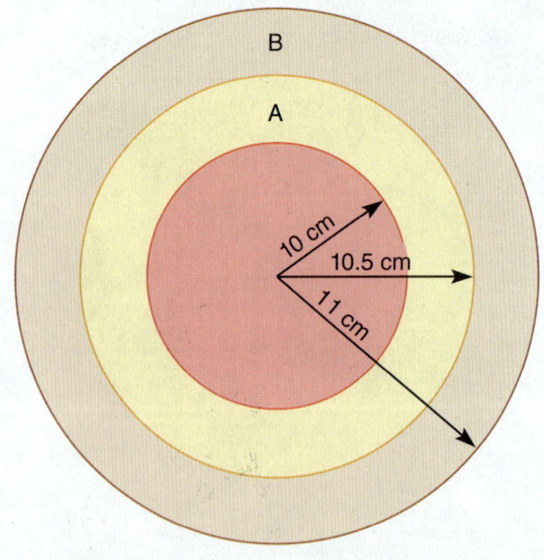

그림 8-1 목부의 테의 단면적은 외부 반지름의 제곱에서 내부 반지름의 제곱을 빼고 파이(π)를 곱하여 계산된다. 각 나이테의 폭이 0.5 cm이라면, 목부의 반지름이 10.5 cm일 때 새로운 테의 단면적은 32.2 cm^2가 된다. 다음해의 테는 33.8 cm^2로 커지고, 이는 (33.8 − 32.2)/32.2 = 1.6/32.2 × 100% = 5% 증가한 것이다(실제 비율에 따라 그린 것이 아님).

을 나를 수 있게 된다. 목부의 테가 고작 1년 동안만 통도한다 하더라도 식물체는 해마다 더 많은 수의 잎을 만들 수 있고, 따라서 연간 광합성능은 항상 증가한다. 이렇게 계속 증가하는 능력의 결과로서 종자와 방어화학물질의 연간 생산량도 증가한다.

적합한 자리에서 발아한 씨앗들만이 성체로 생장하고 번식할 수 있다. 목본의 다년생 식물의 씨앗이 발아하고 자리를 잡은 다음에는 그 적합한 자리를 매년 차지한다. 다른 씨앗들은 적합한 자리를 만나지 못해 발아하지 못할 수 있다. 봄철에는 예전에 초본들이 차지했던 모든 자리들이 비어 있어서 1년생 초본의 씨앗과 다년생 목본의 씨앗들 모두가 이용할 수 있지만, 지난해에 다년생 식물이 차지했던 사실상 모든 자리는 그 식물들이 계속 점유하게 된다. 많은 소나무, 참나무 그리고 그 밖의 수명이 긴 나무들은 지구상에서 똑같은 자리에 600년 정도에서 몇몇은 3,000년까지 서 있으며, 심지어 어떤 나무는 5,000년 동안 살고 있다. 그 오랜 세월 동안 나무들은 씨앗을 만들었고, 그들의 경쟁자 씨앗들이 그 자리에서 자라지 못하게 막았다. 1년생 초본들은 그들이 죽고 나면 그 자리를 포기하고, 그 씨앗들은 해마다 새로운 자리를 두고 경쟁해야 한다.

한편 2기 생장은 불리한 점도 있다. 5,000년 된 식물은 4월에 발아하여 6개월 동안 살고 씨앗을 만든 다음 9월에 죽는 초본보다 10,000배 정도 나이가 많다. 곤충과 곰팡이 그리고 혹독한 환경과 10,000배 더 길게 투쟁해야 했고, 엄청난 크기 때문에 병원체들이 쉽게 발견할 수 있는 표적이 된다. 다년생 식물은 1년생 식물들보다 화학적 및 구조적 방어의 필요성이 훨씬 크며, 이들이 만일 온대 기후에 산다면 월동 준비를 갖추기 위해 에너지와 양분 자원의 일부를 반드시 이용해야 한다. 목부와 나무껍질을 만드는 것도 대사적으로 경비가 많이 든다. 나무가 불에 잘 타는 것도 나무에 에너지가 풍부하게 들어 있다는 것을 보여주는 것이다. 만

약 2기 생장이 일어나지 않았다면 이 에너지는 생식을 위해 즉시 사용되었을 것이다. 사실상 많은 목본들은 나무의 나이가 몇 년이 되도록 번식을 하지 않는다. 만일 목본이 번식하기 전에 질병이나 환경 스트레스로 죽게 된다면 모든 생장과 발생이 물거품이 된다.

진화에 의해 2기 생장이 생겨난 것은 어려운 일이었음이 틀림없다. 관다발식물이 존재한 4억 2천만 년의 기간에서 2기 생장은 고작 세 차례 생겨났고, 이들 진화계열 가운데 둘은 나중에 사라져 버렸다. 오늘날 살아 있는 모든 수목과 관목은 약 3억 7천만 년 전에 생긴 한 무리의 목본 조상의 후손들이다. 이 집단은 매우 성공적이어서, 많은 종으로 진화하였고 지구의 거의 모든 지역을 장악하였으며, 여기에는 모든 종자식물이 포함된다. 꽃식물 내부에서 초본성(herbaceousness)이 새로운 현상으로 나타났다. 초기의 모든 속씨식물은 다년생 목본이었지만 많은 식물들이 초본으로 진화하였다. 오늘날 진정한 2기 생장은 많은 진정쌍떡잎식물, 대부분의 기초속씨식물 그리고 모든 겉씨식물에서 나타나지만, 고사리류나 외떡잎식물에서는 나타나지 않는다(**표 8-1**).

여러분은 목본이 1기 조직과 2기 조직의 조합이라는 점을 잊지 말아야 한다. 줄기와 뿌리의 끝 그리고 잎, 꽃과 열매는 초본이고 1기 조직이다. 줄기와 뿌리의 부분들이 점차 나이가 들어감에 따라 2기 생장을 수행하기 시작하고 차츰 목본이 된다.

표 8-1 2기 생장의 존재

현대 고사리류	모든 종에서 나타나지 않음
겉씨식물	모든 종에서 나타남
기초속씨식물	많은 종에서 나타나지만, 다른 많은 종들이 초본임
진정쌍떡잎식물	많은 종에서 나타나지만, 다른 많은 종들이 초본임
외떡잎식물	모든 종에서 보통의 2기 생장은 나타나지 않지만, 일부 종에서는 이상 2기 생장이 나타남

관다발형성층

관다발형성층의 개시

관다발형성층(vascular cambium)은 2기 식물체를 만드는 분열조직의 하나이다(**그림 8-2**). 초본의 식물에서는 관다발의 후생물관부와 후생체관부 사이에 위치한 세포들이 궁극적으로 분열을 멈추고 통도조직으로 분화한다. 그러나 목본의 식물에서는 이 위치에 있는 세포들이 결코 세포주기 정지(cell cycle arrest)에 놓이지 않으며, 성숙하지 않고 분열을 계속하여 **관다발내 형성층(fascicular**

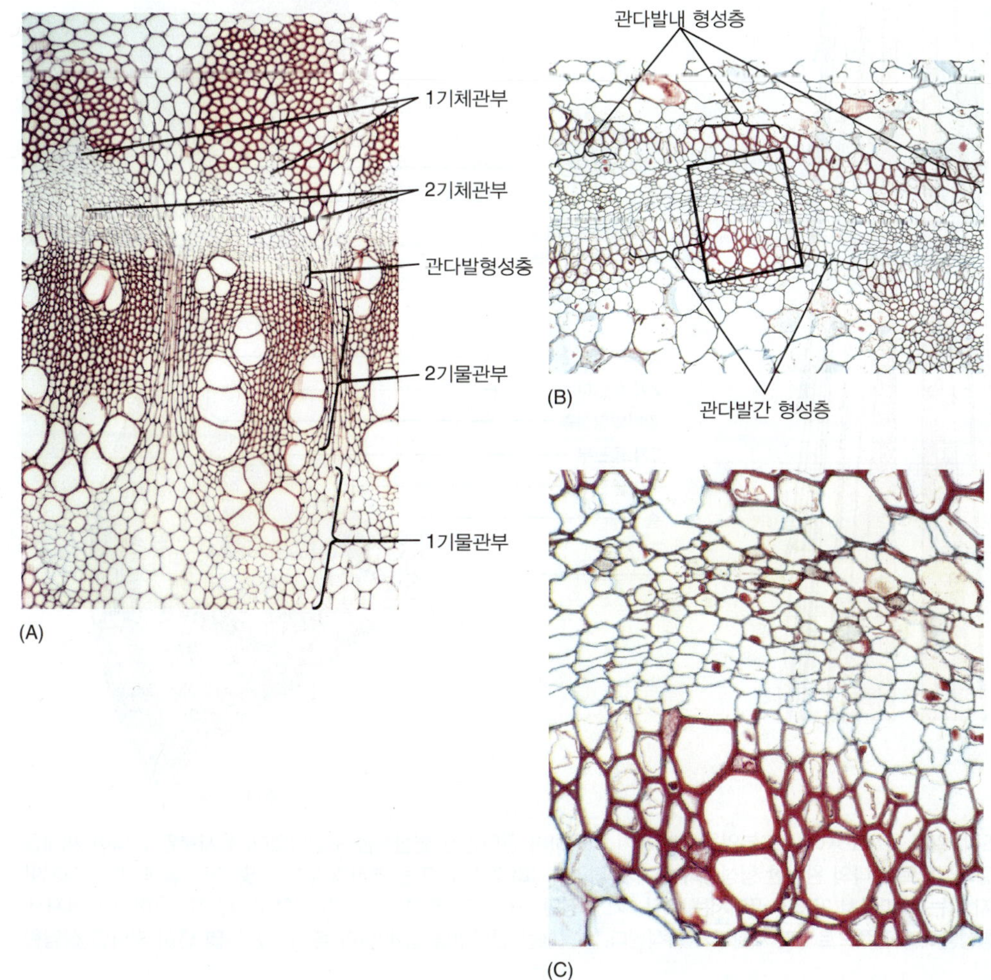

그림 8-2 **(A)** 이 보코니아속(*Bocconia*) 줄기에서 관다발형성층이 최근에 만들어졌다. 관다발내 형성층은 비교적 분명하지만, 관다발간 형성층은 찾기 어렵다. 이 형성층에서는 2기 체관부보다 2기 물관부가 더 많이 만들어진다(×180). **(B)**와 **(C)** 이 형성층은 최근에 만들어졌고, 두세 층의 2기 물관부와 한두 층의 2기 체관부가 생성되었다. 1기 물관부의 세 무리를 볼 수 있으므로, 어디에서 관다발내 형성층이 생기고 어디에서 관다발간 형성층이 생겼는지 알 수 있다. (C)는 (B)의 박스 부분을 확대한 것이다; (B) ×50; (C) ×250.

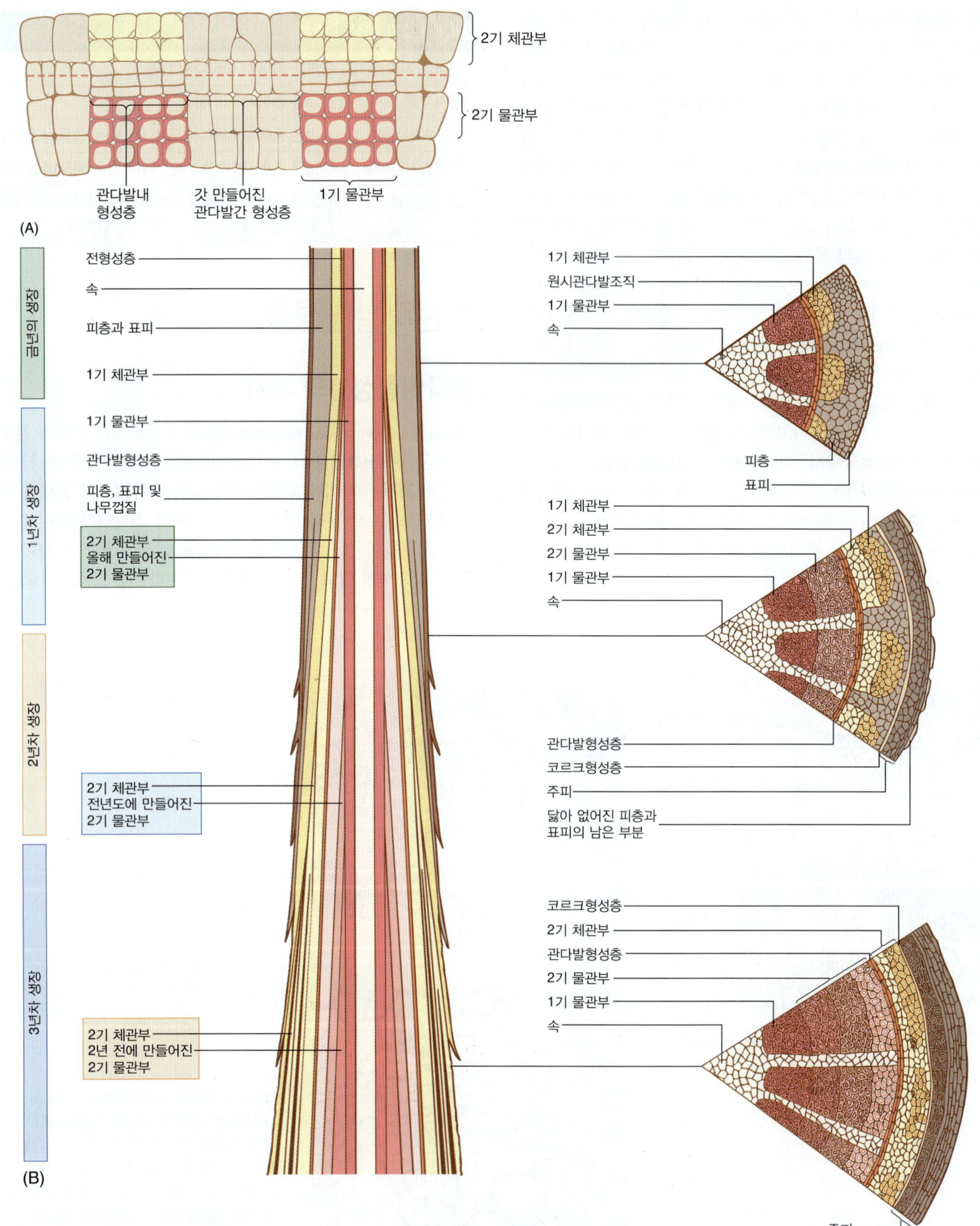

그림 8-3 **(A)** 두 관다발과 그들 사이에 위치한 유조직. 일부 유세포들이 세포분열을 재개하기 시작하여 관다발간 형성층을 구성하였다. 유사분열 능력이 재개된 이 구역이 두 관다발내 형성층 사이에 위치하므로, 결과적으로 하나의 완전한 형성층이 생기게 되었다. **(B)** 지상부 또는 뿌리의 부분이 몇 주가 될 때까지, 심지어는 몇 달이 되도록 관다발형성층은 대부분 만들어지지 않는다. 따라서 가지의 끝에서는 오직 1기 생장만 나타난다. 적절한 시기가 오면 관다발형성층이 만들어져서, 형성층의 안쪽으로 2기 물관부가 쌓이기 시작하고 형성층의 바깥쪽으로 2기 체관부가 축적된다. 처음에는 관다발을 쉽게 알아 볼 수 있다. 몇 년이 지나면 상당한 양의 2기 물관부와 2기 체관부가 누적된다.

cambium; 'fascicle'은 '다발'의 오래된 용어이다)을 구성한다(**그림 8-3A**). 이에 덧붙여 관다발 사이에 있는 성숙한 일부 유세포들이 세포주기 정지에서 빠져 나와 유사분열을 재개하여 관다발내 형성층의 양쪽을 연결하는 **관다발간 형성층(interfascicular cambium)**을 이룬다. 이렇게 되면 관다발형성층은 완전한 원통이 된다. '관다발내(fascicular)'와 '관다발간(interfascicular)'이라는 용어들은 형성층이 어릴 때에만 사용되고, 2년 또는 3년이 경과하면 두 구역들은 서로 구분할 수 없어서 단지 '관다발형성층'이라는 용어만 사용된다.

관다발형성층은 해마다 확장되어야 한다. 뿌리와 줄기의 끝은 처음에 1기 조직만 포함하지만, 후생물관부와 후생체관부가 성숙한 다음 어느 시점이 되면 관다발형성층이 생겨나서 뿌리나 줄기의 그 부분은 1기 조직과 2기 조직 모두를 포함하게 된다(**그림 8-3B**). 다음 생육기 동안에 정단분열조직은 이 지점 너머로 축을 확장하고, 이 안에서 관다발형성층의 새로운 부분이 만들어지며, 그 기부가 지난 생육기에 형성된 관다발형성층의 꼭대기와 연결된다. 나무의 관다발형성층은 서로 나이가 다른 부분들로 구성되고, 바닥 가까이에 있는 관다발형성층은 가장 오래된 것이고 축의 꼭대기에 가까울수록 최근에 형성된 것들이다.

매우 드물게 여러 해 동안 나무에 달려 있는 잎에 관다발형성층이 만들어진다. 그렇지만 아주 적은 양의 2기 조직(보통 2기 물관부 없이 2기 체관부만)이 중앙맥에 형성되고, 다른 잎맥에는 오로지 1기 조직만 포함한다. 관다발형성층은 꽃이나 열매 또는 씨앗에서는 전혀 나타나지 않는다.

관다발형성층이 정단분열조직과 많은 특징을 공유하기는 하지만, 어떤 측면에서는 독특하다. 관다발형성층은 **방추형 시원세포(fusiform initial)**와 **방사조직 시원세포(ray initial)**라는 두 가지의 세포만 갖는다는 점에서 상당히 단순한 분열조직이다(**그림 8-4, 8-5**).

방추형 시원세포

방추형 시원세포는 끝이 뾰족하고 기다란 세포이다. 전형적인 방추형 시원세포의 길이는 쌍떡잎식물에서 140~462 μm이고, 구과식물에서는 700 μm에서 8,700 μm(거의 1 cm)까지이다. 방추형 시원세포가 형성층의 둘레와 평행한 벽[**병층벽(periclinal wall)**]을 따라 세로로 분열하면 2개의 길게 늘어난 세포들이 만들어진다(**그림 8-6**). 그 중 한 세포는 계속 방추형 시원세포가 되고, 다른 하나는 2기 물관부 또는 2기 체관부로 분화한다. 만약 바깥쪽의 딸세포가 형성층 세포로 남는다면 안쪽의 세포는 2기 물관부로 발달한다. 그러나 만일 안쪽의 딸세포가 형성층으로 남게 되면 바깥쪽 세포가 2기 체관부로 분화하고 성숙한다. 이러한 방향성은 변하지 않는다. 목부는 결코 관다발형성층의 바깥쪽에 만들어지지 않고, 나무껍질은 그 안쪽에 형성되지 않는다. 어떤 세포가 분화하는지에 상관없이 그 중 하나는 항상 형성층으로 남는다. 어떤 세포가 형성층으로 남고 어떤 세포가 분화할 것인가를 결정짓는 요인이 무엇인지는 알려져 있지 않지만, 여느 해라도 물관부

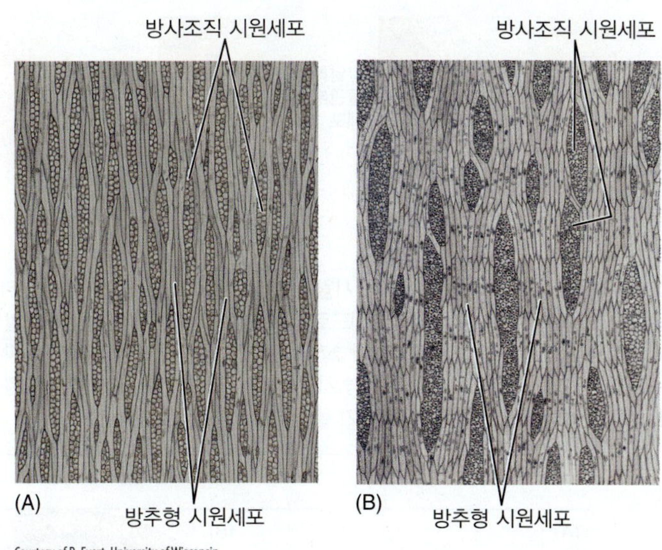

그림 8-4 사과(*Malus sylvestris*)의 비층상(non-storied) 관다발형성층**(A)**과 아까시나무(*Robinia pseudoacacia*)의 계층(storied) 관다발형성층**(B)**의 접선단면. 비층상 방추형 시원세포는 몹시 길고, 끝이 나란하지 않다. 계층 형성층에서는 방추형 시원세포가 훨씬 짧고 수평의 열로 나타난다.

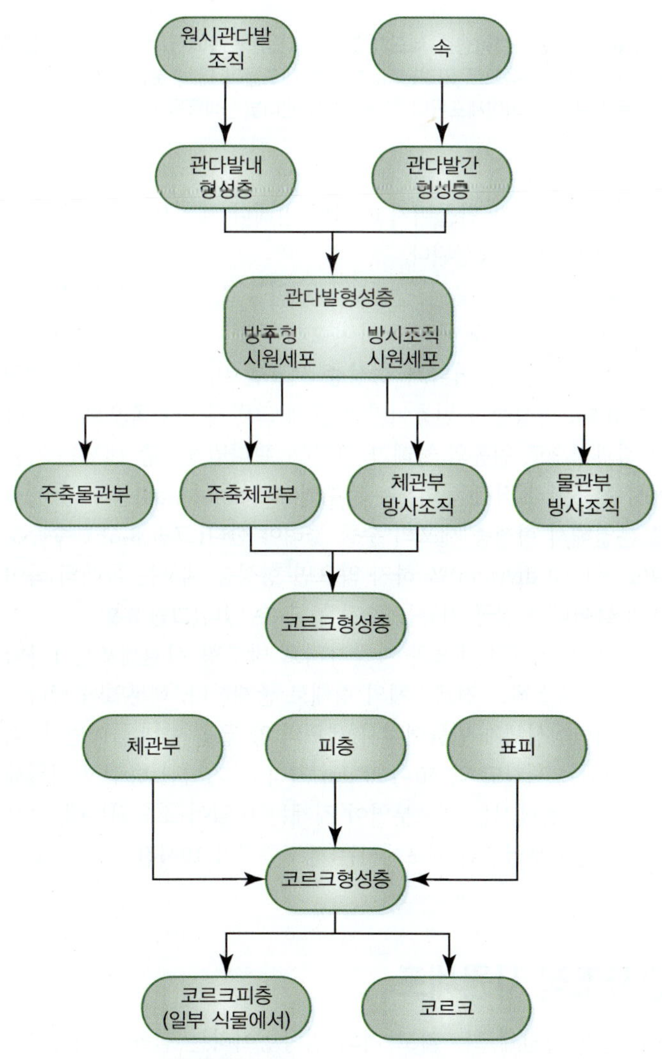

그림 8-5 2기 생장 동안의 세포 계보.

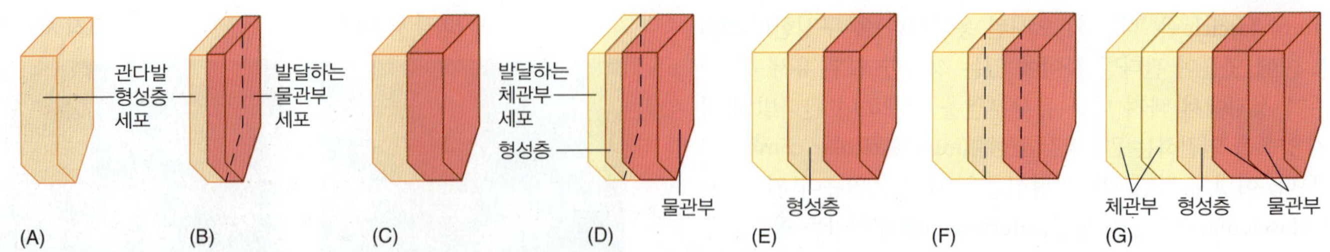

그림 8-6 (A) 분열하기 전의 방추형 시원세포의 하반부(그림을 단순화하기 위해 상반부는 그리지 않았음). **(B)** 병층벽을 따라 분열하여 2개의 얇은 세포들이 만들어졌다. 바깥쪽 세포는 방추형 시원세포로 남고 안쪽 세포는 2기 물관부로 발달한다. **(C)** 두 세포 모두 원래 세포의 크기로 확대되었다. **(D)** 방추형 시원세포가 다시 분열한다. 이번에는 바깥쪽 세포가 2기 체관부로 성숙하고 안쪽 세포는 방추형 시원세포로 남았다. **(E)** 세포들이 원래의 크기로 자랐다. **(F)** 방추형 시원세포가 수층벽을 따라 분열하여 2개의 방추형 시원세포가 되었다. **(G)** (F)의 방사분열(radial division) 후에 두 번 세포분열을 한 결과, (F)에서 형성된 새로운 형성층 세포에 의해 만들어진 새로운 세포열이 2기 물관부와 2기 체관부에 생겼다.

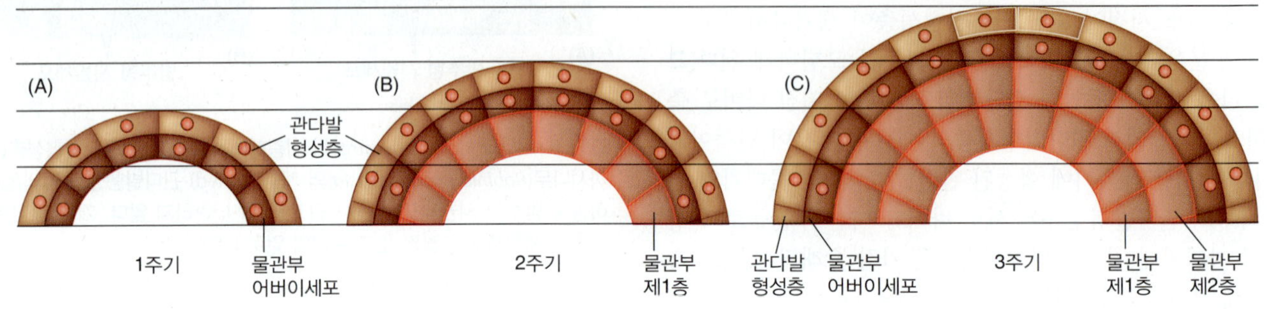

그림 8-7 (A) 관다발형성층 세포가 분열한 다음, 안쪽에 있는 자손세포들은 물관부 어버이세포가 된다. **(B)** 모든 세포들이 그들의 성숙한 크기로 확대되면서 형성층 세포들이 바깥쪽으로 밀려난다. 형성층 세포들이 다시 분열하고, 이제 막 만들어진 물관부(물관부 제1층)의 외부에 새로운 물관부 어버이세포층이 쌓인다. **(C)** 새로운 물관부 어버이세포들이 확대되면서 관다발형성층을 더 바깥쪽으로 민다. 형성층 세포들이 다시 분열한다. 각 물관부 세포는 제자리에서 형성되고, 안쪽으로 밀리지 않는다.

와 체관부 모두가 만들어지고 거의 언제나 체관부보다는 물관부가 훨씬 더 많이 생성된다.

형성층 세포는 좁은 딸세포들을 만들고, 이들 모두는 분화하면서 확대된다. 안쪽에 위치하여 2기 물관부로 성숙하는 딸세포는 지름이 크게 늘어나서 형성층 세포를 바깥쪽으로 민다(**그림 8-7, 8-8**). 형성층이 원통이기 때문에 그렇게 바깥쪽으로 이동하면 결과적으로 원통의 둘레가 커진다. 관다발형성층 세포는 가끔 형성층 표면과 직각을 이루는 **수층벽(anticlinal wall)**을 따라 세로로 분열해서 형성층 세포의 수를 늘려야 한다(그림 8-6F). 수층분열(anticlinal division)을 하지 않으면 형성층 세포는 둘레의 폭이 넓게 늘어나서 결국 기능을 하지 못할 수 있다(**그림 8-9**).

정단분열조직 세포와 마찬가지로 방추형 시원세포는 1차벽이 얇고, 색소체는 전색소체의 형태로 존재한다. 핵분열이 끝나고 나면 격벽형성체가 만들어져서 세포의 양 끝을 향해 늘어난다. 격벽형성체는 시간당 약 50~100 μm 자라고, 기다란 방추형 시원세포를 갖는 종에서는 세포분열이 길게는 10일이 소요되는데, 같은 식물의 정단분열조직 세포에서는 세포주기가 19시간 정도로 짧을 수 있다.

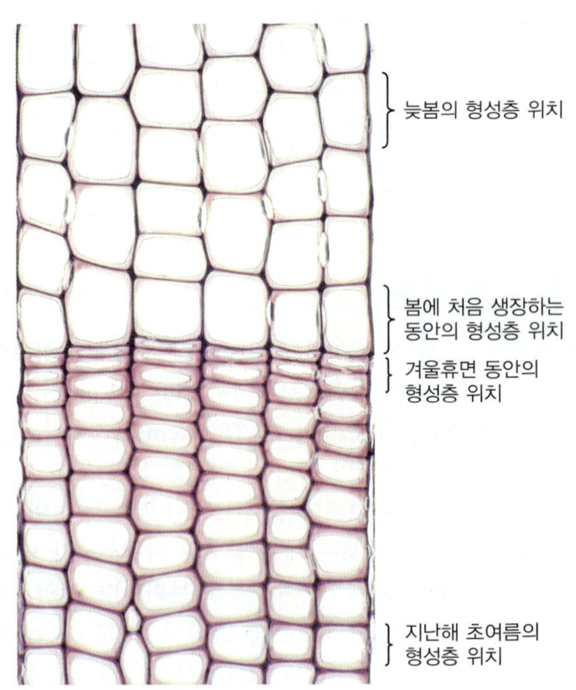

그림 8-8 소나무 줄기의 이 횡단면에서 6줄의 목부 세포들을 볼 수 있다. 각 줄의 모든 세포는 단일한 관다발형성층 세포로부터 만들어졌다. 따라서 이 현미경 사진에서 볼 수 있는 모든 목부는 단지 6개의 형성층 세포에 의해 생성된 것이다. 사진의 맨 아래에 있는 세포들은 형성층 세포들이 그 자리에 위치할 때 만들어졌고, 사진의 가운데에 있는 세포들은 사진의 맨 아래에 있는 세포들이 만들어지면서 바깥쪽으로 밀려난 형성층이 그 자리에 있을 때 만들어진 것이다(×150).

방사조직 시원세포

방사조직 시원세포는 짧고 거의 입방형이라는 점을 제외하고는 방추형 시원세포와 비슷하다. 방사조직 시원세포도 병층세포분열

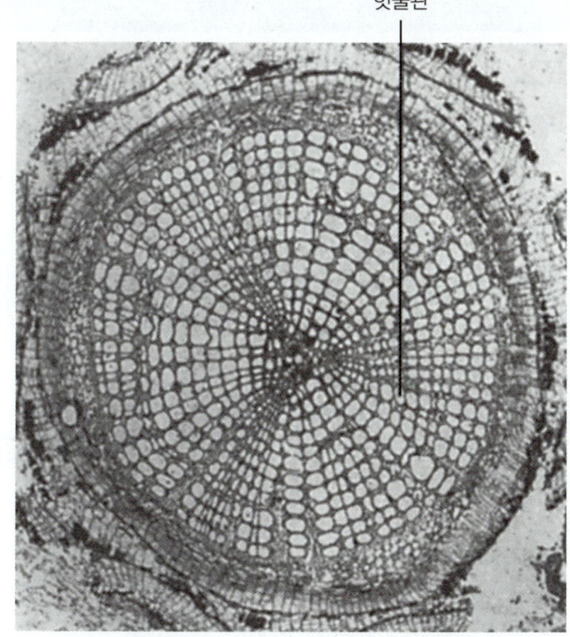

그림 8-9 많은 멸종된 유절식물(arthrophytes)은 커다란 헛물관의 목부를 갖는다는 점에서 나무와 비슷하지만, 이들 식물의 방추형 시원세포는 세로의 방사분열을 하지 못하므로 새로운 방추형 시원세포가 만들어지지 못하고, 이에 따라 2기 생장이 제한된다.

을 하고, 딸세포 중 하나는 형성층의 방사조직 시원세포로 남는데, 다른 하나가 만약 안쪽 세포라면 물관부유조직으로 분화하고 만일 바깥쪽 세포라면 체관부유조직으로 분화한다. 방사조직 시원세포와 방추형 시원세포 간의 가장 중요한 차이의 하나는 기다란 방추형 시원세포가 목부의 긴 세포들(헛물관, 물관요소 및 섬유)과 체관부의 길쭉한 세포들(체세포, 체관요소, 반세포 및 섬유)을 만든다는 점이다. 방사조직 시원세포는 주로 저장유조직인 짧은 세포들을 만들고, 겉씨식물에서는 단백세포(albuminous cell)를 만든다.

형성층 세포의 배열

방사조직 시원세포와 방추형 시원세포는 특정한 양식으로 배열된다. 일반적으로 방사조직 시원세포는 함께 짧은 수직의 열로 무리를 짓는데, 이 열은 하나의 세포[단열(uniseriate)], 2개의 세포[2열(biseriate)] 또는 많은 세포[다열(multiseriate)]로 이루어진다(그림 8-4 참조). 방추형 시원세포는 규칙적인 수평의 열로 나타나거나[**계층 형성층(storied cambium)**], 불규칙하게 어떤 수평적 양식도 없이 나타나기도 한다[**비층상 형성층(nonstoried cambium)**]. 계층 형성층은 비층상 형성층보다 훨씬 최근에 진화하였고, 박태기나무와 감나무 같은 몇몇 진화한 진정쌍떡잎식물에서만 나타난다. 계층 형성층의 방추형 시원세포는 길이가 200 μm 미만으로 짧은 경향이 있다. 계층 구조의 선택이익은 알려져 있지 않다.

일반적으로 관다발형성층은 방추형 시원세포로만 되거나 또는 방사조직 시원세포로만 된 커다란 부위를 결코 갖지 않는다.

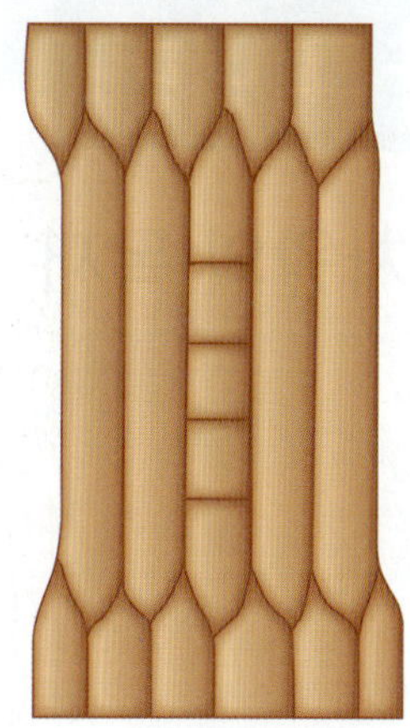

그림 8-10 방추형 시원세포는 가로로 분열해서 방사조직 시원세포의 열이 될 수 있고, 그런 다음 그 파생세포들은 모두 방사조직세포로 분화된다.

수층분열의 결과로 많은 방추형 시원세포가 나란히 만들어지면 중심의 세포가 가로로 분열하여 방사조직 시원세포의 세트로 변형될 수 있다(**그림 8-10**). 이와 비슷하게 방사조직 시원세포의 무리가 몹시 넓어지면 중심에 있는 하나 이상의 세포들이 길어져서 방추형 시원세포로 전환될 수 있다. 같은 종에서 방사조직 시원세포에 대한 방추형 시원세포의 비율은 상당히 일정하고, 정밀한 발생조절을 따르는 것으로 보인다.

요약하자면, 하나의 수목이나 관목은 하나의 관다발형성층을 갖는데, 세포 하나 두께의 원통 모양인 관다발형성층은 나무줄기 위쪽으로 늘어나고 가지의 바깥쪽으로 뻗어 각 가지의 거의 맨 끝까지 연장되며, 뿌리의 아래쪽으로 뻗어 거의 뿌리 끝까지 늘어난다. 관다발형성층의 각 구획은 좁은 원통이지만, 그 안쪽 표면에 목부 세포를 만들어서 원통을 바깥쪽으로 밀어낸다.

2기 물관부

목부 세포의 유형

관다발형성층의 안쪽으로 만들어지는 모든 세포는 **2기 물관부(secondary xylem)**로 발달하는데, 이를 **목부(목재, wood)**라고 한다. 2기 물관부는 1기 물관부에서 나타나는 모든 유형의 세포들을 포함하고, 새로운 세포형은 없다. 목부는 헛물관, 물관요소, 섬유, 보강세포와 유세포를 포함한다. 1기 물관부와 2기 물관부 간의 유일한 차이는 세포의 기원과 배열이다. 2기 물관부 세포의 배열은 방사조직 시원세포와 방추형 시원세포의 배열을 반영한다. **주축계(axial system)**는 방추형 시원세포에서 유래되고, **방사계(radial system)**는 방사조직 시원세포로부터 발달한다(**그림 8-11**; **박스 8-1** 식물학과 그 너머: 3차원의 목재).

주축계는 목부를 통해 물을 세로로 통도시키는 관상요소(헛물관이나 물관요소 또는 둘 다)를 항상 포함한다(**그림 8-12**). 목본 속씨식물의 많은 종에서는 목부에 내구력과 유연성을 가져다

박스 8-1 3차원의 목재

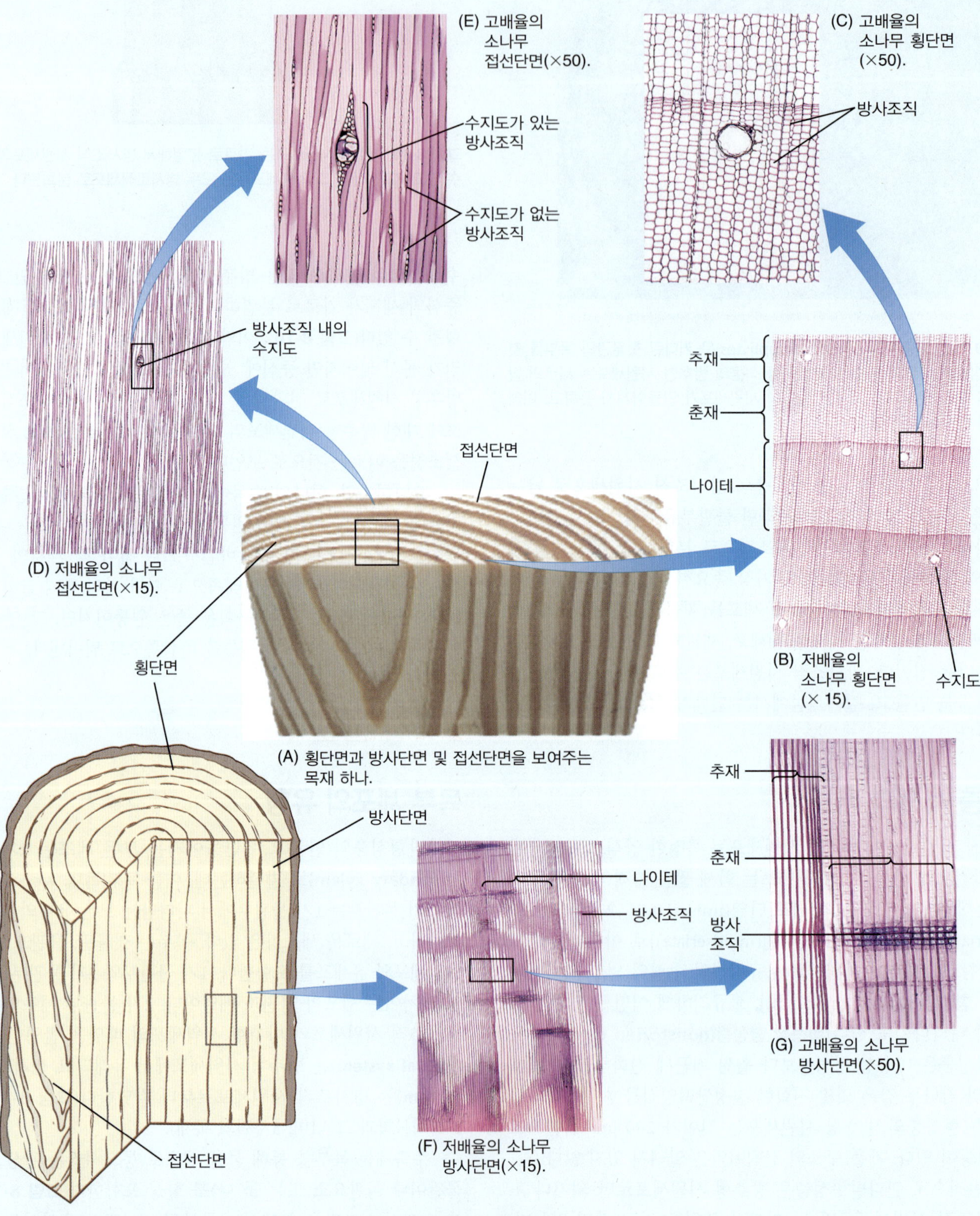

(E) 고배율의 소나무 접선단면(×50).
수지도가 있는 방사조직
수지도가 없는 방사조직
(C) 고배율의 소나무 횡단면 (×50).
방사조직
방사조직 내의 수지도
추재
춘재
나이테
접선단면
(D) 저배율의 소나무 접선단면(×15).
횡단면
(B) 저배율의 소나무 횡단면 (× 15).
수지도
(A) 횡단면과 방사단면 및 접선단면을 보여주는 목재 하나.
추재
방사단면
나이테
방사조직
춘재
방사 조직
(G) 고배율의 소나무 방사단면(×50).
접선단면
(F) 저배율의 소나무 방사단면(×15).

목재를 입체적으로 이해하는 것은 중요하지만, 그다지 수월한 일은 아니다. 이 그림들을 잘 살핀 다음, 관다발형성층에 의해 세포들이 어떻게 형성되는지 생각해 보자. 아울러 다양한 세포들이 입체적으로 어떻게 서로 접촉하고, 어떤 세포가 물을 나르고, 어떤 세포가 물과 양분을 저장하는지 등등을 마음속으로 그려보자. 소나무의 목부는 주축계에 헛물관만 들어 있어서 조금 단순하므로, 주로 헛물관과 방사조직에 대해 생각할 필요가 있다. 참나무는 보다 복잡해서, 물관과 섬유 그리고 주축유조직 모두가 어디에선가 서로 닿아 있다. 3차원의 물체를 마음속에 그려 보는 연습을 하고, 하나의 접선면에 존재하는 관다발형성층을 상상해 보자. 새로운 세포들이 해마다 어떻게 생성되는가?

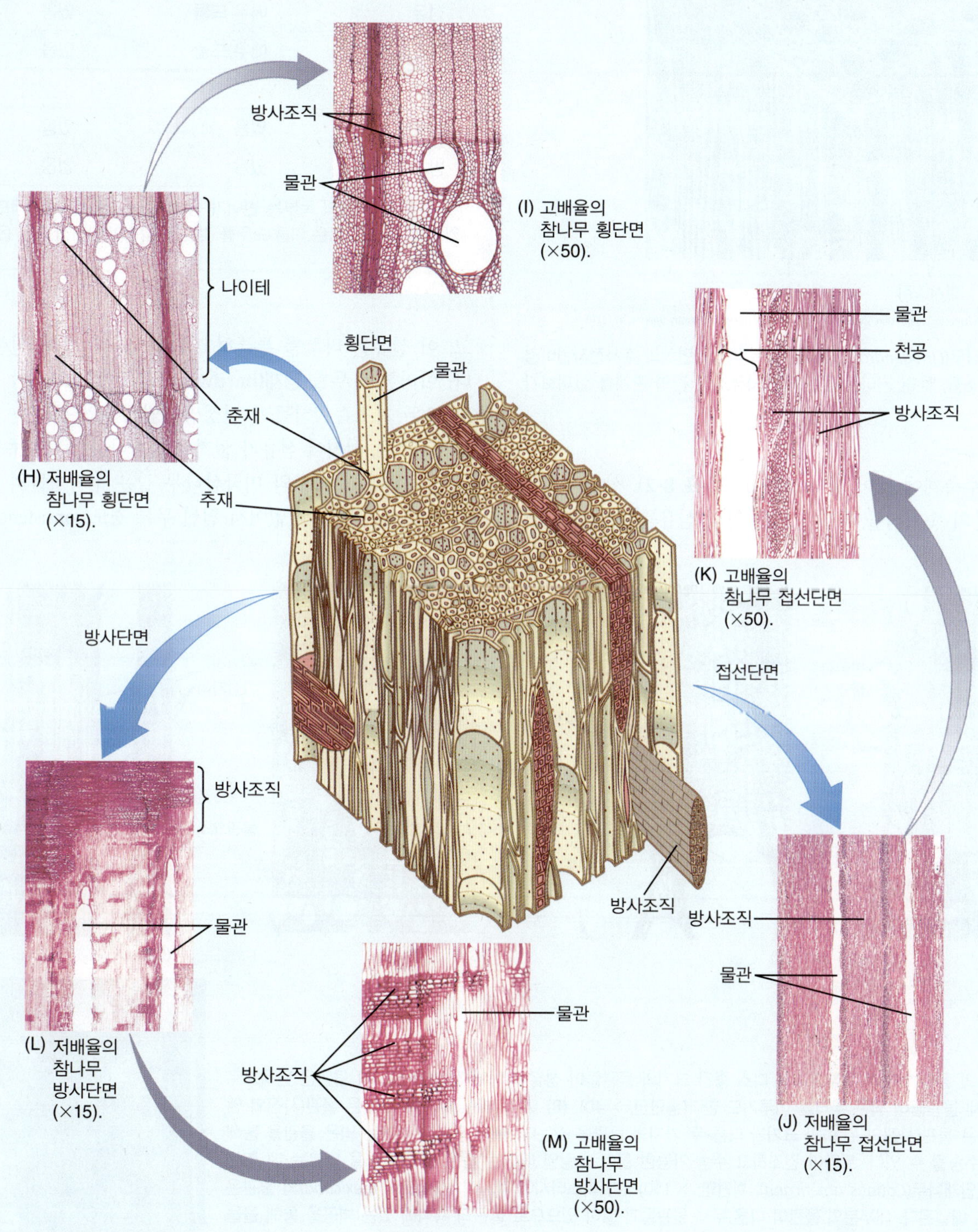

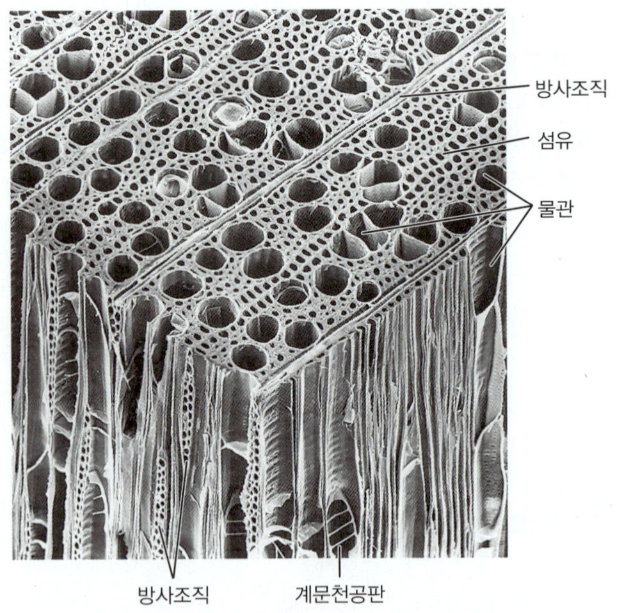

Courtesy of N.C. Brown Center for Ultrastructure Studies, SUNY-Environmental Science and Forestry, Syracuse, NY 13210

그림 8-11 백합나무(*Liriodendron tulipifera*) 목부 정육면체의 주사전자현미경 사진. 다양한 요소들, 특히 커다란 물관과 방사유조직 간의 관계를 살펴보자 (×110).

표 8-2 목부에서 나타나는 세포형

	구과식물	진정쌍떡잎식물*
주축계		
헛물관	있음	있음
물관	없음	있음
섬유	매우 드묾	있음
유조직	매우 드묾	있음
방사계		
방사유조직	있음	있음
방사헛물관	있음	없음

*진정쌍떡잎식물의 목부는 변이가 심해서, 어떤 종은 이들 세포형의 일부가 없고, 다른 어떤 종은 이들 모두를 갖는다. 각각의 상대적 양은 몹시 변한다.

주는 섬유도 주축계에 들어 있다(**그림 8-13**, **표 8-2**). 상업적으로 중요한 대부분의 속씨식물 목재는 많은 양의 섬유를 포함하고 있고, 이 섬유는 나무를 튼튼하고 단단하게 만들어 건설에 쓸모 있다. 이러한 나무를 **경재(hardwood)**라고 부르며, 이 용어는 오늘날 모든 기초속씨식물과 진정쌍떡잎식물의 목재를 가리키는 데 사용되는데, 심지어 섬유가 없거나 발사나무처럼 아주 연한 목재에도 사용된다. 소나무와 미국삼나무 같은 구과식물의 목재는 섬유가 거의 없거나 전혀 없어서 훨씬 무른 경도(consistency)를 갖는다.

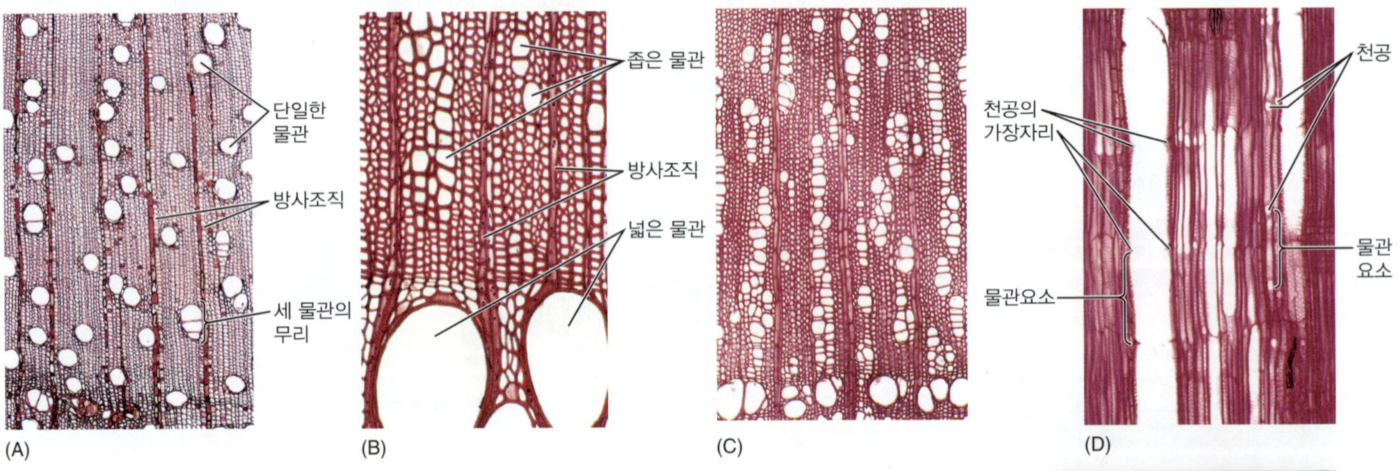

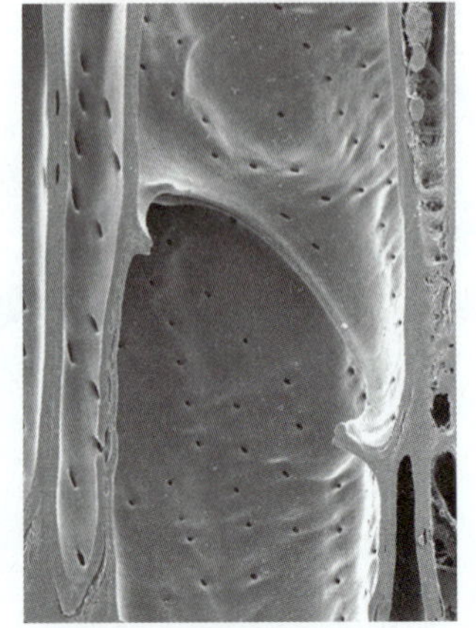

(E) Courtesy of Yuzou Sano, Laboratory of Woody Plant Biology, Hokkaido University

그림 8-12 목부의 물관. **(A)** 이 목부에서는 다소 중간 크기의 물관들이 섬유 더미에서 나타난다. 각 물관은 단독으로 나거나 또는 두세 물관들이 작은 무리를 이루기도 한다(횡단면; ×40). **(B)** 이 목부는 폭이 매우 넓은 물관(사진의 맨 아래)과 아주 좁은 물관(사진의 위쪽)의 크기가 다른 두 가지의 물관을 갖는다. 물이 풍부할 때에는 넓은 물관을 통해 물이 다량으로 수송될 수 있다. 토양이 건조하고 수송 가능한 물이 소량일 때에는 좁은 물관이 물을 나르는 데 훨씬 효과적이다[미국안개나무(*Cotinus americana*), 횡단면; ×150). **(C)** 피스타시아 멕시카나(*Pistasia mexicana*)의 물관은 긴 방사집단으로 배열된다. 대부분의 물관이 다른 두세 물관들과 닿아 있으므로 물관의 측벽에 있는 벽공을 통해 물을 공유할 수 있다(횡단면; ×50). **(D)** 이 종단면은 물관 중 하나의 내강(lumen)을 지나갔다. 물관요소의 앞쪽 벽과 뒤쪽 벽은 표본제작 과정에서 잘려 나갔기 때문에 물관이 비어 있는 것처럼 보인다. 천공은 내강을 향한 작은 돌기로 나타난다(방사단면; ×150). **(E)** 두 물관요소 간의 단천공(simple perforation). 각각의 앞쪽 부분이 잘려 나갔고, 두 물관요소의 뒤쪽 절반이 보인다. 물은 아래쪽 세포로부터 커다란 구멍인 천공을 통해 위쪽 세포로 이동할 수 있다. 측벽에는 작은 벽공들이 많이 있다(×3,000).

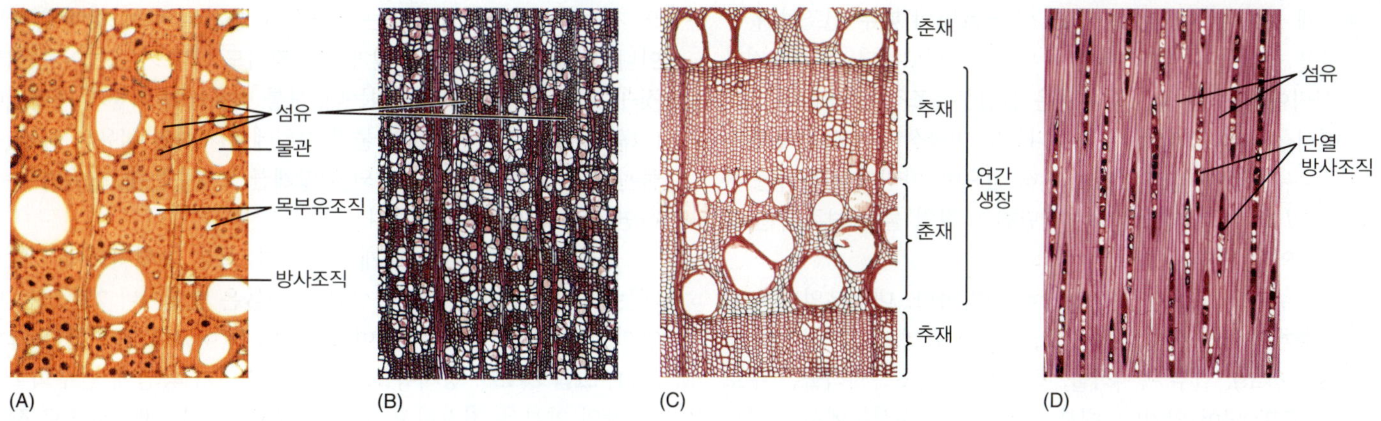

그림 8-13 목부 섬유. **(A)** 이 목부의 섬유들은 몹시 두꺼운 벽을 갖고 있다. 섬유가 풍부하기 때문에 이 목부는 매우 단단하다(횡단면; ×150). **(B)** 물관이 이 목부 용적의 절반 이상을 차지하고 있어서 섬유는 그다지 많지 않다. 뿐만 아니라 섬유의 세포벽은 비교적 얇아서, 이 목부는 단단하지 못하다(횡단면; ×40). **(C)** 이 목부에서, 커다란 물관이 많고 섬유가 거의 없는 구역(춘재)과 섬유가 많고 약간의 좁은 물관을 갖는 구역(추재)이 번갈아 나온다. 춘재는 통도 능력이 최고인 반면에, 추재는 강도를 제공한다(횡단면; ×50). **(D)** 섬유가 풍부한 추재의 종단면. 모든 섬유 세포는 길고 좁으며 두꺼운 벽을 갖는다(접선단면; ×50).

이러한 나무를 **연재(softwood)**라고 하며, 낙우송속(*Taxodium*)을 포함하여 많은 경우의 목재들은 경재보다 훨씬 단단하기도 하다.

관상요소와 섬유는 이들을 만드는 방추형 시원세포와 마찬가지로 가늘고 길지만, 많은 종에서 일부 미성숙한 세포들이 가로로 분열하여 물관부유조직 기둥으로 분화한다(**그림 8-14**). 이 기둥이 주축물관부유조직(axial xylem parenchyma)이고, 이는 일시적으로 물을 저장하는 데 중요하다. 구름이 끼거나 습한 낮에 그리고 잎에서 물이 거의 빠져나가지 않는 밤에는 목부의 통도 능력을 일시적으로 초과하여, 물은 뿌리에서 목부의 유조직으로 이동하고 그곳에 저장된다. 나중에 날씨가 덥고 건조해지면 잎에서 매

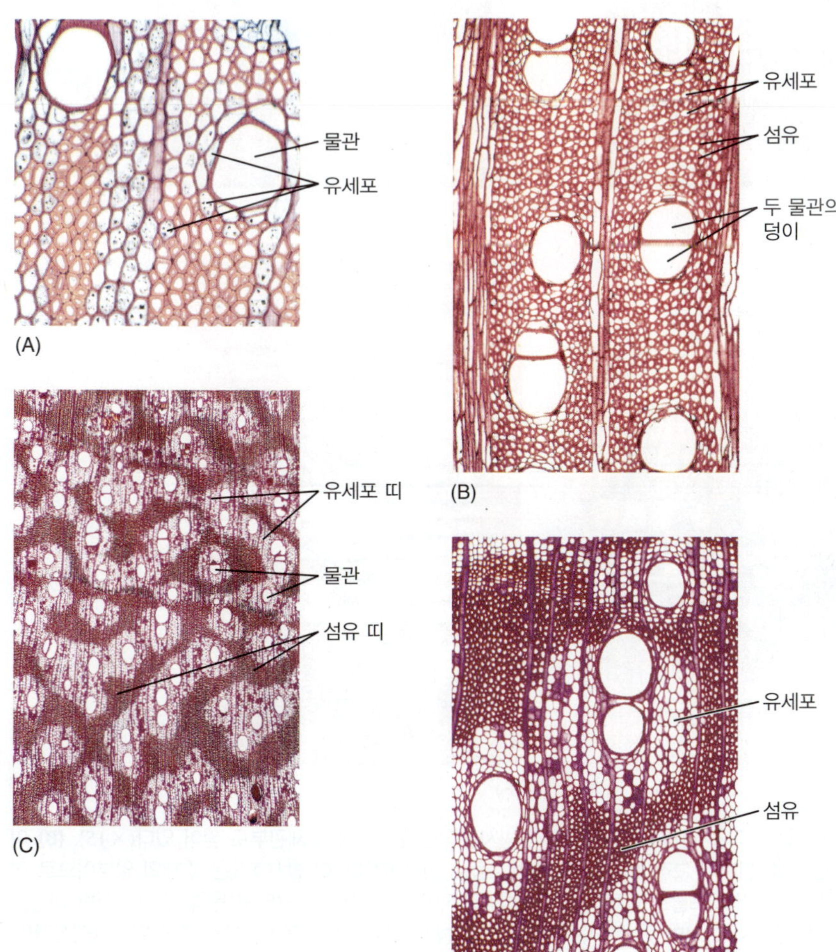

그림 8-14 목부의 주축유조직. **(A)** 목부를 현미경으로 관찰하려면 박편으로 자를 수 있게끔 보통 목부를 끓이는데, 이렇게 하면 불행하게도 유세포의 원형질이 파괴된다. 이 목부는 가열 처리를 하지 않았기 때문에 녹말로 채워진 유세포를 쉽게 볼 수 있다. 물관을 둘러싸는 큰 세포들도 유세포이고, 일시적으로 토양이 건조해지는 것 같이 물이 부족할 때 이 세포들은 물관으로 물을 방출할 수 있다(횡단면; ×150). **(B)** 이 목부는 벽이 얇은 작은 세포들인 주축유조직이 풍부하다. 벽이 두꺼운 작은 세포들은 섬유세포이다. 이 목부는 가열 처리하였기 때문에 어떤 세포가 유세포인지 확신하기 어렵다(횡단면; ×50). **(C)**와 **(D)** 이 목부의 주축유조직은 커다란 띠를 형성하였다. 유세포들에 둘러싸인 모든 물관은 이 띠에서 나타나고, 섬유더미에서는 나타나지 않는다. 물관 주위에서 이 유세포들은 잎을 통한 물의 손실이 적을 때(서늘한 밤) 과도한 물을 흡수하고 물이 빠르게 빠져 나갈 때(더운 낮) 물을 방출하는 '물 재킷(water jacket)'의 역할을 할 수 있다(횡단면; (C) ×15; (D) ×50).

우 빠르게 물이 빠져나갈 수 있고, 만약 토양이 너무 건조하여 충분한 물을 공급할 수 없게 되면 목부유조직으로부터 물이 빠져나온다. 사막에 적응한 많은 나무들은 물관부유조직이 풍부하다. 그에 반해서 소나무, 삼나무, 노간주나무와 미국삼나무 같은 침엽수에는 주축유조직이 거의 없거나 전혀 없으며, 따라서 저장하는 물이 거의 없다. 이런 식물에게는 단단한 납질의 물을 보존하는 잎이 선택이익이 된다.

목부 주축계의 복잡성은 상당히 다양하다. 대부분의 침엽수에는 주축계에 헛물관만 들어 있고, 섬유와 유세포는 드물거나 없다(표 8-2 참조). 일부 속씨식물, 특히 일부 기초속씨식물은 주로 헛물관으로만 되어 있지만, 대부분의 목본 속씨식물에서는 가능한 모든 유형의 세포들이 존재하고, 세포와 세포 간의 많은 관계도 가능하다. 물을 저장하는 유세포는 물관의 바로 옆에 있거나 아니면 물관과 전혀 닿지 않게 배열되기도 한다. 섬유들이 무리를 짓게 되면 강도가 최대가 되는데, 보통 섬유들이 이렇게 배열된다(그림 8-14D). 만약 섬유가 물관 주위에 위치하면 섬유의 2차벽이 물관의 벽을 보강하여 붕괴되지 않게끔 도와주는데, 섬유가 존재하면서 유세포들이 밀려난다.

물관부의 방사계는 대개 단순하다. 목본 속씨식물에서 방사계는 오로지 유세포로만 구성되고, 이들은 단열이나 2열 또는 다열의 더미로 구성되는데, 이를 **방사조직(ray)**이라고 한다(그림 8-11, **그림 8-15**). 방사유조직세포는 휴면기 동안에 탄수화물과 그 밖의 양분을 저장하고 목부 내에서 물질을 방사상으로 짧은 거리에 통도한다. 기본적인 방사유조직세포는 **직립세포(upright**

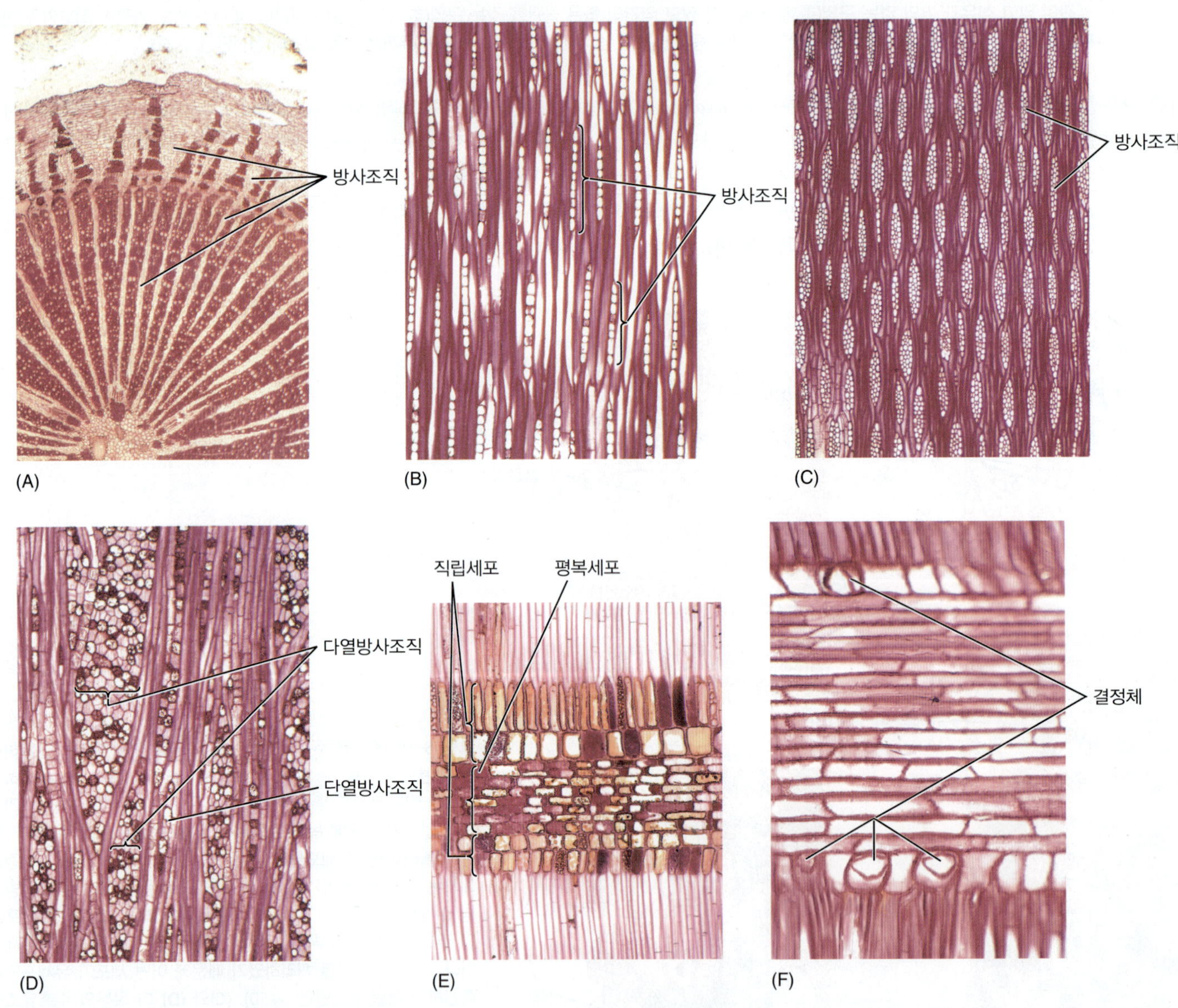

그림 8-15 목부의 방사조직. **(A)** 이 목부의 방사조직은 매우 두꺼워서 방사조직을 쉽게 볼 수 있다. 각 방사조직은 물관부에서 체관부로 뻗어 있다(×15). **(B)** 이들 방사조직은 한 세포들로 이루어진 단열방사조직이다. 이 방사조직은 다소 짧아서 고작 10개 내외의 세포들로 이루어진다. 이 방사조직은 추재의 일부이므로 이 절편에서는 물관이 나타나지 않는다(접선단면; ×50). **(C)** 이들 방사조직은 여러 세포들로 이루어진 다열방사조직이다. 목부의 이 구역의 용적 가운데 절반 이상이 저장유조직이고, 운반하는 관상요소나 튼튼하게 하는 섬유는 없다(접선단면; ×40). **(D)** 이 목부는 거대한 다열방사조직과 작은 단열방사조직을 갖는다(접선단면; ×50). **(E)** 이 방사조직은 중앙부에 평복세포를 갖고 가장자리를 따라 직립세포가 나타난다(방사단면; ×50). **(F)** 방사조직 세포는 보통 저장물질의 결정체를 포함한다. 여기에서는 주변부의 세포들에서 4개의 결정체가 보인다. 평복세포에는 결정체가 나타나지 않는다(방사단면; ×150).

cell)와 **평복세포(procumbent cell)**의 두 가지이다(그림 8-15). 일부 식물에서는 평복방사조직세포가 축세포와 직접 관계가 없지만, 직립세포는 직접적인 관계가 있다. 방사조직세포와 축세포 간의 경계면은 여러 가지 유형으로 나타난다. 만약 직립방사조직유세포가 주축유조직세포와 인접해 있으면 세포질연락사가 나타난다. 만일 방사유조직세포가 주축헛물관이나 물관요소와 가까이에 있으면, 관상요소는 2차벽에 벽공이 있고 방사조직세포는 벽공을 마주보는 아주 얇은 세포벽을 갖는다. 이른 봄철에 단풍나무 같은 나무들이 저장된 양분을 뽑아낼 때 먼저 직립세포에 저장되었던 녹말들이 당으로 분해되고 주축관상요소로 전달하여, 새로이 확장하는 눈과 잎 그리고 꽃으로 수송된다. 평복세포의 녹말은 늦게까지 분해되지 않고, 주축통도세포로 전달하기 위해서는 먼저 직립세포로 보내야 하는 것으로 추정된다.

침엽수에서는 물관부방사조직이 거의 대부분 단열이고, 수지도(resin canal)를 포함할 때에만 다열이다(**그림 8-16A**). 방사유조직세포에 덧붙여 물관부방사조직은 **방사헛물관(ray tracheid)**을 포함하기도 한다. 방사헛물관은 어느 정도 유조직세포와 비슷하게 수평의 직사각형 세포이지만, 2차벽과 환형 유연벽공 그리고 2차벽이 완결된 다음 빠르게 분해되는 원형질체를 갖는다(**그림 8-16B**).

생장테

계절에 따른 기후의 변화가 심한 지역에서는 겨울 추위나 여름 가뭄의 압박을 받는 시기에 관다발형성층의 활동이 잠잠해지지만, 정지 상태가 중단되면 관다발형성층이 활성화되고 세포분열이 시작된다. 이와 동시에 새로이 펼쳐지는 잎들은 얇고 연약하며, 각피는 두껍지도 않고 완전히 중합되지도 않는다. 이런 잎들은 빠른 속도로 물을 잃게 되므로, 이 시기에 나무는 대용량의 통도를 필요로 한다. 처음 만들어지는 목부를 **춘재(early wood** 또는 spring wood)라고 부르고, 이 목부는 폭이 넓은 물관(**그림 8-17A**, **8-17B**) 또는 침엽수의 경우 넓은 헛물관(**그림 8-17D**)을 높은 비율로 가져야 한다. 나중에 각피가 두꺼워지고, 증산이 적어지며, 새로 형성된 상당수의 물관이 빠르게 물을 나른다. 이 시기에 형성되는 목부를 **추재(late wood** 또는 summer wood)라고 부르는데, 이 목부는 물관의 비율이 낮아도 된다. 그러나 나무의 나이가 한 살 더 먹었고, 훨씬 커지고 무거워졌으며, 늘어난 잎들과 커진 가지들을 떠받치기 위해 보다 높은 기계적 강도를 필요로 하게 된다. 추재에 많은 섬유들이 포함되거나, 침엽수의 경우 좁고 벽이 두꺼운 헛물관이 들어 있으면 추재가 더욱 튼튼해진다. 마침내 생육기가 끝나면 형성층은 다시 휴지기에 들어간다. 대개 마지막 세포들은 특히 두꺼운 2차벽을 갖는 두꺼운 섬유로만 발달한다. 지금까지 설명한 목부를 갖는 나무에서는 춘재와 추재를 쉽게 볼 수 있고, 이 두 부분이 함께 1년간의 생장인 **나이테(annual ring)**를 이룬다. 그런데 만약 여름이 평소와 달리 춥게 되면 나무는 생장하지 못하고 고리를 만들지 못하게 되므로, 가끔 진정한 나이테가 형성되지 못한다. 어떤 사람들은 **생장테(growth ring)**라는 용어를 선호한다.

이와 다른 배열도 나타난다. 어떤 종에서는 생육기 내내 물관이 만들어진다. 봄에 형성되는 물관이 여름에 만들어지는 물관에 비해 더 풍부하지도 않고 분명하게 넓지도 않게 된다. 생장테의 목부에 물관이 도처에 위치하기 때문에 이를 **산공(diffuse porous)**재라고 부르고(**그림 8-17C**), 물관들이 주로 춘재에 한정되면 **환공(ring porous)**재라고 한다. 산공재를 갖는 나무로는 북미산 자작나무, 사시나무, 사탕단풍과 호랑가시나무 등이 있고, 환공재의 나무로는 붉가시나무(red oak), 사사프라스(sassafras)와 주엽나무(honey locust) 등이 있다. 온화한 열대 기후에서는 형성층이 거의 끊임없이 활성 상태에 있어서 어느 해의 목부를 다른 해의 목부와 구별하기 어렵고, 생장테가 불분명하다.

심재와 변재

통나무의 중심부는 바깥쪽의 목재에 비해 거의 언제나 색이 짙고, 대체로 더욱 말라 있으며 훨씬 향긋하다(**그림 8-18**). 색이 짙은 목부를 **심재(heartwood)**라 하고 색이 옅은 바깥쪽의 더 촉촉한 부위를 **변재(sapwood)**라고 한다. 이렇게 서로 다른 부위가 나

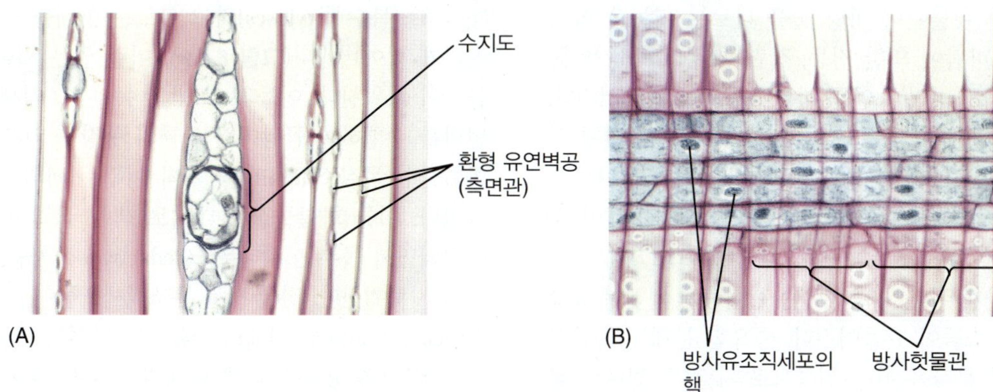

그림 8-16 (A) 침엽수의 방사조직은 흔히 수지(송진)를 생성하는 분비도(secretory canal)를 포함한다. 수지는 나무속으로 파고드는 곤충을 막는 데 중요하다(접선단면; ×150). **(B)** 중앙의 방사조직세포는 검게 염색된 큰 핵을 갖는 살아 있는 방사유조직세포이다. 방사조직의 꼭대기와 맨 아래에 있는 평복세포는 환형 유연벽공을 갖지만 성숙하면 원형질이 없는 방사헛물관이다(방사단면; ×150).

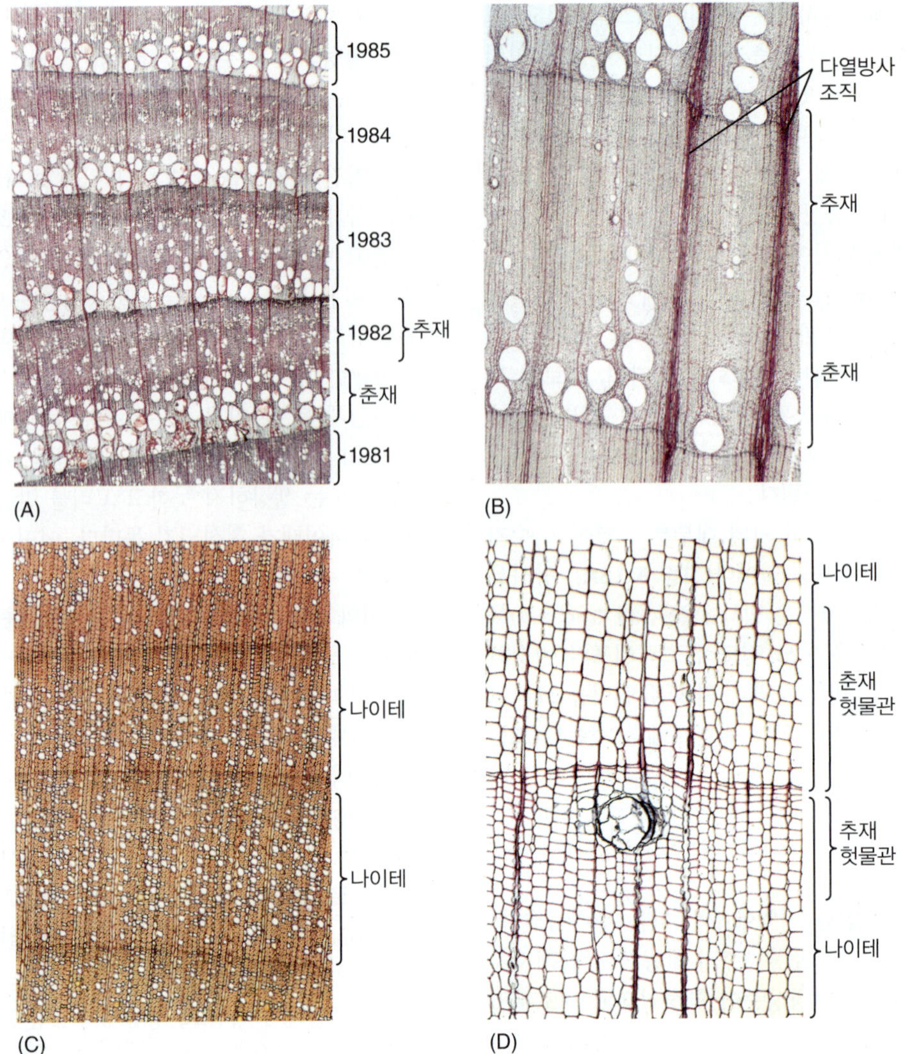

그림 8-17 **(A)** 이 횡단절편에서는 5개의 생장테 부분이 보인다. 맨 아래쪽 생장테가 가장 오래되었고, 그 다음의 위쪽 테는 맨 아래의 테가 형성되고 나서 1년 후에 형성되었다. 관다발형성층은 사진의 꼭대기 너머에 위치하고 있다. 목부는 환공재이며, 물관이 풍부한 춘재는 섬유가 많은 추재와 쉽게 구별된다(횡단면; ×50). **(B)** 이 목부는 매우 분명한 환공재이다. 형성층이 처음 활성화되었을 때에만 커다란 물관이 만들어졌다. 나중에는 매우 드물게 아주 좁은 물관이 만들어진 경우를 제외하고는 형성층이 오로지 섬유를 생성하였다. 2개의 큰 다열방사조직이 보이지만, 대부분의 방사조직은 좁고 단열이다(횡단면; ×15). **(C)** 이 목부는 물관이 춘재와 추재 모두에서 비교적 균등하게 나타나는 산공재이다. 생장테는 환공재의 경우처럼 뚜렷하지 않다(횡단면; ×40). **(D)** 대부분의 침엽수는 주축계에 오직 헛물관만 있지만, 그래도 춘재(폭이 넓은 헛물관)와 추재(좁은 헛물관)를 볼 수 있다(횡단면; ×50).

타나는 이유는 물관과 헛물관이 마냥 물을 나르는 기능을 하지 않기 때문이다. 동결, 바람에 의한 진동, 장력, 나무에 구멍을 뚫고 들어가는 곤충들과 그 밖의 요인들 때문에 물기둥이 부서진다. 물기둥이 부서지고 나면 물을 위쪽으로 끌어올릴 방법이 없게 된다. 물기둥이 나타났던 물관과 헛물관은 보통 물을 다시 나르지 못하게 된다. 약간의 물기둥은 언제라도 부서지지만, 몇 년이 지나고 나면 한 생장테에 있는 모든 물기둥이 끊어지고 그 테는 더 이상 물을 나르지 못하게 된다. 다음해에는 형성층에 의해서 물로 채워진 새로운 관상요소들이 만들어진다. 중요한 문제는 물관의 폭이 넓어서 곰팡이가 물관을 따라 위쪽으로 자랄 수 있다는 점이다. 통도를 하지 않는 물관요소에게는 물관을 봉쇄하는 메커니즘이 선택적 이익이 된다. 물관에 인접한 목부유조직세포들이 벽공을 통해 물관의 안쪽으로 거품 같이 원형질을 밀어 넣어 **전충체**(**tylosis**; 복수형 tyloses)라고 부르는 마개를 형성하고 물관을 완전하게 막아버린다(**그림 8-19**). 이런 일은 되풀이하여 일어나고 물관이 채워진다. 이들과 그 밖의 목부유조직세포들이 많은 대사변화를 수행하여 곰팡이와 세균의 생장을 억제하는 다량의 페놀화합물인 목질소(lignin)와 기타 어두운 색의 방향족화합물을 생성한다. 이들 화학물질은 대체로 색이 짙고 향긋하며, 물질들이 축적되면서 목부는 시더우드(cedar wood)처럼 점점 짙어지고 더욱 향기로워진다. 결국 모든 유조직세포들이 죽고, 변재가 내부식성(decay-resistant) 심재로 전환되는 과정이 완결된다.

관다발형성층에 의해 변재의 새로운 층이 해마다 만들어지고, 평균적으로 매년 나이테 하나가 심재로 전환된다. 따라서 심재는 해를 거듭할수록 점점 두꺼워지는 반면에 변재는 어느 정도 일정한 두께를 갖는다(**표 8-3**). 물론 어린 줄기와 뿌리에서는 그

박스 8-2 일생 동안 여러 몸을 갖는다

목본은 두 가지의 몸을 갖는다. 목본의 1기 식물체가 나이가 들면서 그 내부에 관다발형성층이 생겨나고, 완전히 새로운 몸인 목부와 2기 체관부가 기존의 식물체 안에서 만들어진다. 이 두 가지 몸이 어떻게 다른지 생각해 보자. 1기 식물체는 잎과 곁눈, 꽃, 열매 그리고 씨앗을 갖는다. 1기 체(primary body)는 뿌리털을 갖고 물과 영양소를 흡수한다. 2기 식물체는 단지 목부와 나무껍질뿐이다. 여기에는 잎도 없고 눈도 없으며 꽃도 없고 등등이다. 대체로 2기 체(secondary body)는 계속 늘어나는 관다발/골격계에 지나지 않는다. 이들 두 가지의 몸은 완전히 다르게 보이고, 뚜렷이 구별되는 기능을 갖는다. 2기 체가 생장하면서 1기 식물체의 1기 체관부와 피층 그리고 표피를 찢어 버리고 파괴하며, 이들의 죽은 잔여물들이 식물의 첫 나무껍질의 일부로 떨어진다. 지상부의 끝과 뿌리의 끝에서는 끊임없이 1기 체 부분들이 만들어지지만, 이들 역시 그 내부에서 형성되는 더 많은 2기 체들에 의해 파괴되고 만다. 하나의 생물이 뚜렷이 다른 두 가지의 몸을 갖고, 어느 한 몸이 다른 몸의 안쪽에서 생기면서 첫 번째 몸을 파괴하는 것은 극적이다. 이런 일이 동물에서 일어날까? 우리들 몸에서도 일어날까? 그렇다. 게다가 더욱 극적인 양식으로 일어난다.

사람은 체내에서 온건한 변화가 일어난다. 사람은 대여섯 살쯤 젖니 아래에 새로운 영구치 세트가 만들어지면서 젖니가 떨어져 나간다. 영구치가 생기고 커지면서 젖니를 밀어버리고 떨어뜨린다. 우리 신체의 일부가 되는 혈관과 신경과 살아 있는 세포를 갖는 젖니가 마치 나무에서 나무껍질이 떨어져 나가듯이 탈락하고 만다. 나중에 사춘기에 접어들면 다른 변화가 일어난다. 소년들은 모낭이 자극 활성화되고 어린이들이 갖는 털보다 훨씬 두꺼운 털을 만들기 시작한다. 소녀들은 가슴에 샘조직과 지방조직이 발달한다. 그렇지만 이런저런 변화는 어린이에 이미 존재하던 기존 조직들의 변형일 따름이다. 형성층과 완전히 새로운 세포들의 형성에 상당하는 것은 없다.

그런데 우리들의 사춘기는 뱀장어류(eels)에 비하면 무색하다. 뱀장어의 유생은 아주 작고 납작한 동전 모양의 해산 어류이며, 잎과 비슷하게 보인다. 어린 물고기들이 성어로 탈바꿈하면서 몸이 아주 기다란 원통형 모양으로 발달하고, 담수 어류로 전환되어 강을 거슬러 올라가 알을 낳는다. 치어와 성어가 너무 다른 몸을 갖고 있어서 뱀장어류의 어린 물고기들은 오랫동안 완전히 다른 종류의 어류로 간주되어 왔다. 사람의 청소년과 성인은 분명히 같은 종이다. 사람은 사춘기 동안에 그토록 변화하지 않는다.

다른 어떤 동물들은 더 중요한 신체적 변화를 거친다. 게와 바닷가재 그리고 딱정벌레는 외부에 커지지 못하게 단단한 외골격(exoskeleton)을 갖는다. 이들 동물은 주기적으로 새롭고 연한 외골격을 만든 다음, 피부와 외골격을 떨어뜨리는 탈피(molt)를 하고 새로운 외골격이 굳어져서 추가 생장을 막기 전에 새로운 크기로 매우 빠르게 자란다. 일정 시간이 지난 후 동물들은 이 과정을 반복하여 조금 더 크게 자라게 된다. 뱀도 정기적으로 낡은 껍질을 벗고 새로운 껍질로 대체한다. 이들 사례에서 복잡한 조직의 전체가 떨어져 나가고 새로운 신체 부분들이 만들어진다.

의심할 여지없이 뚜렷이 구별되는 2개의 몸을 갖는 개체들의 가장 극단적인 예는 완전탈바꿈(complete metamorphosis)이라고 부르는 과정을 거치는 곤충들이다. 이들 유충의 몸은 성체와 비슷한 구석이 전혀 없다. 나방이나 나비로 탈바꿈하는 털애벌레(caterpillar)와 파리로 탈바꿈하는 구더기(maggot)가 그 예가 된다. 유충의 몸은 먹고 자라는 데 특화되었고, 그 어떤 종류의 날개나 생식기관을 갖지 않는다. 그에 반해서 성체는 날개와 생식기관을 갖고 있어서 날아다니고 짝을 찾아서 유성생식을 수행하고 자손을 퍼뜨린다. 어떤 경우에 성체는 짝짓기를 한 후에 수컷의 경우 죽거나 암컷의 경우 수정된 알을 낳기까지 단지 하루나 이틀 동안만 생존하기도 한다. 이러한 성체들은 소화계가 전혀 없거나 고작해야 꽃꿀의 설탕물을 흡수할 수 있을 만큼의 단순한 소화계를 갖는다. 털애벌레의 완전탈바꿈에서, 털애벌레는 자신의 둘레에 고치를 틀고 나서 성충판(imaginal disc)이라고 부르는 특별한 세포 세트를 제외하고 자신의 몸을 거의 용해한다. 성충판은 분열조직처럼 작용하고, 유충의 몸에서 용해된 영양소를 이용하여 성체의 세포와 조직과 기관을 만든다. 탈바꿈이 끝날 무렵이면 몸은 완전히 재배열된다. 유충의 몸에서 재순환되고 폐기되지 않은 분자들을 제외하고는 기존에 존재하던 그 어떤 것들도 거의 남지 않게 된다.

특정한 종의 털애벌레와 나비의 몸이 서로 다르듯이 식물의 1기 체는 그 식물의 2기 체와 크게 다르다. 만약 식물이 털애벌레가 하는 것처럼 그들의 1기 체를 분해하여 그 산물을 재조립할 수 있다면 식물의 변형은 동물의 탈바꿈만큼 극적일 것이다. 그렇지만 식물은 고치를 틀지 않고 자가소화를 수행하지도 않으며, 따라서 완전히 새로운 2기 체의 생성에서 관다발형성층과 코르크형성층의 활동이 특별한 것 없는 것처럼 보인다. 식물이 약간의 새로운 조직을 추가하는 것에 불과한 것 같지만, 실제로 그 변화는 훨씬 더 근본적이다.

우리 자신들만 사려해 보면 개개의 식물과 동물이 여러 다른 몸을 갖는다는 발상이 믿기지 않을 수 있지만, 알고 보면 생물의 생명활동에서 구별되는 단계들을 수행할 수 있도록 각각의 몸을 갖는 것은 흔히 있는 일이다.

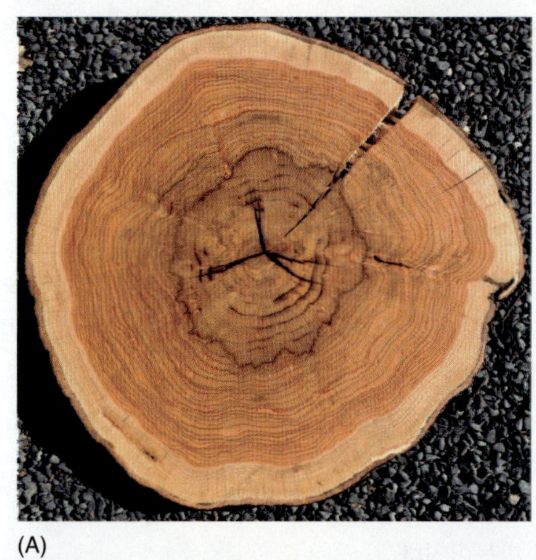

(A)

(B)

그림 8-18 (A) 미국물참나무(*Quercus nigra*)의 횡단면. 가장 바깥쪽의 얇은 갈색 띠가 나무껍질이다. 누르스름한 조직의 넓은 띠와 가장 안쪽에 있는 갈색 조직의 띠는 목부이다. 누르스름한 목부(변재)는 어리고, 많은 세포들이 아직 살아 있으며, 많은 물관들도 나무가 잘려질 때 여전히 물을 나르고 있었다. 갈색을 띤 목부(심재)는 오래되었고, 모든 세포들이 죽었으며, 모든 물관에 공간이 형성되었다. 목부에 있는 세포의 대부분은 몹시 목질화된 두꺼운 2차벽을 갖고 있어서 목부세포는 서서히 분해된다. 많은 나무들이 수백 년간 살고, 따라서 나무가 포착하여 격리시키고 목부를 만드는 데 이용했던 이산화탄소는 수백 년간 대기에 들어가지 않았다. 한편 나무는 공기 중의 특이한 화학물질을 흡수하여 이들을 나이테에 고정시켰다. 조심스럽게 나이테 조금을 잘라내면 과거에 존재하였던 환경의 많은 측면을 분석할 수 있다. **(B)** (A)에서 나타난 관다발형성층과 변재 그리고 심재 바깥쪽을 고배율로 관찰한 사진. 물관이 넓어서 식별할 수 있다. 두 사진 모두 미국물참나무(*Quercus nigra*)이다.

표 8-3 진정쌍떡잎식물 나무의 변재 두께	
	변재의 나이테 수
미국개오동(*Catalpa speciosa*)	1~2
아까시나무(*Robinia pseudoacacia*)	2~3
키네레아가래나무(*Juglans cinerea*)	5~6
마클루라 포미페라(*Maclura pomifera*)	5~10
사사프라스 오피키날레(*Sassafras officinale*)	7~8
칠엽수(*Aesculus glabra*)	10~12
흑호두나무(*Juglans nigra*)	10~20
세로티나벚나무(*Prunus serotina*)	10~12
미국주엽나무(*Gleditsia triacanthos*)	10~12

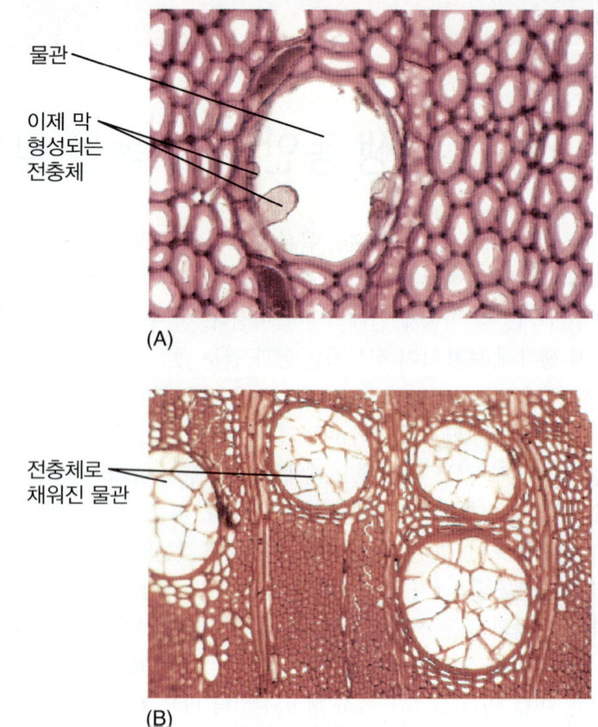

그림 8-19 (A) 주변의 유조직세포들이 물관의 안쪽으로 원형질을 밀어 넣어 전충체를 형성한다. 이 사진은 현미경 관찰을 위해 나무를 잘랐을 때 전충체가 막 형성되기 시작한 모습이다. 가열처리하면 원형질이 파괴된다(횡단면; ×250). **(B)** 이 목부의 물관은 전충체에 의해 완전히 막혔다. 이 재료는 심재한 조각으로부터 취한 것이다(×50).

렇지 않다. 흑호두나무(black walnut)의 목부는 심재로 전환되기까지 보통 10년간 기능을 한다. 유식물이나 9년이 된 가지에서는 심재가 나타나지 않는다.

이상재

수직이 아닌 가지나 나무줄기에서는 중력이 측면에 압박을 가하기 때문에, 이에 대응하지 않으면 가지가 아래로 처지게 된다. 이와 같은 압박에 대응하여 대부분의 식물은 **이상재(reaction wood)**를 형성한다. 속씨식물에서는 이상재가 주로 가지의 위쪽 면에서 나타나며, 이를 인장이상재(tension wood)라고 부른다. 그런 가지의 단면에서는 생장테가 특이해서, 가지의 맨 위가 훨씬 넓다. 인장이상재는 세포벽에 섬유소가 풍부하지만 목질소가 거의 없거나 전혀 없는 특별한 교질섬유(gelatinous fiber)를 많이 포함하고 있다. 이들 교질섬유는 가지에 장력(tension)을 가하여 가지가 아래로 처지지 않게 하거나, 인장이상재가 수축할 수 있어서 가지를 서서히 들어 올려 다소 수직의 방향이 되도록 한다. 침엽수는 가지의 아랫면에 위치한 이상재를 형성하는데, 이를 압축재(compression wood)라고 부른다. 압축재는 목질소가 풍부하지만 섬유소는 적게 들어 있고, 생장테는 나뭇가지의 아랫면에서 특히 넓다.

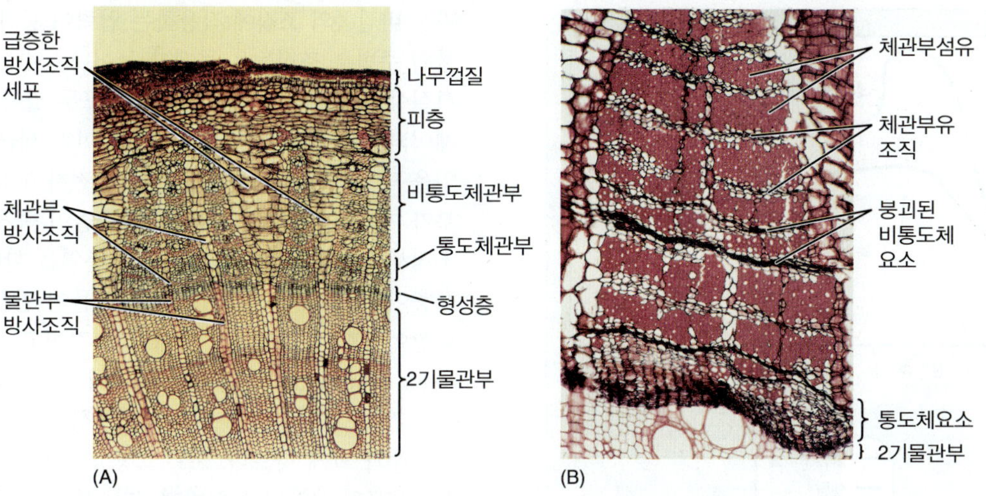

그림 8-20 **(A)** 이 줄기의 횡단면에는 맨 아래부터 2기 물관부, 관다발형성층 부위, 2기 체관부 그리고 피층과 꼭대기에 나무껍질이 있다. 물관부방사조직과 체관부방사조직이 형성층에서 만난다. 일부 방사조직의 유조직세포는 세포분열과 확장을 통해 수가 급증하여 나무껍질이 찢어지지 않도록 막아준다(×40). **(B)** 아르타보트리스(*Artabotrys*)의 이 2기 체관부에서는 맨 밑의 가장 어린 주축체관부만이 기능적인 체관요소를 포함한다. 가장 어린 체관부와 관다발형성층은 너무 연해서 나무로부터 시료를 취하려 할 때 종종 손상을 입는다. 이 사진에서 이들 부위가 부분적으로 찌그러진 것은 바로 그 때문이다. 보다 오래된 체관부는 섬유가 풍부하게 들어 있고, 체관부유조직과 붕괴된 체관요소의 띠들과 번갈아 나온다(×50).

2기 체관부

2기 물관부와 마찬가지로 **2기 체관부(secondary phloem)**가 관다발형성층에서 만들어지기 때문에 2기 체관부 역시 주축계와 방사계를 갖는다(**그림 8-20**). 주축계는 줄기나 뿌리의 아래위로 통도하는 데 책임이 있고, 속씨식물에는 체관요소와 반세포 그리고 침엽수에는 체세포가 들어 있다. 이들 식물집단 모두에서 섬유와 비통도유조직도 대체로 주축계의 2기 체관부에서 나타난다. 어떤 종에서는 체관요소의 띠와 섬유의 띠가 번갈아 나오기도 하지만, 보통 나이테는 없고, 다른 종들에서는 또 다른 많은 양상을 볼 수 있다. 주축계의 2기 물관부에서는 대응하는 세포들이 춘재와 추재로 배열하고 환공재나 산공재로 배열하는 반면, 2기 체관부에서는 이와 유사한 배열이 나타나지 않는다. 2기 물관부의 관상요소들은 심재로 전환되기 전까지 여러 해 동안 기능을 할 수 있지만, 체관요소와 체세포는 보통 1년도 안 된 기간에만 통도하고, 체관부의 가장 안쪽의 층만 기능을 한다.

체관부방사조직과 물관부방사조직은 크기와 모양 그리고 수가 일치하는데, 이는 이들 모두 같은 방사조직시원세포에 의해 만들어지기 때문이다(**그림 8-21**). 체관부방사조직은 물관부방사조직과 마찬가지로 저장에 이용되는 유조직세포들로만 구성되지만, 이 기능에는 체관부방사조직이 더욱 중요한 것으로 보인다(**그림 8-22**). 구과식물에서는 단백세포들이 방사조직세포들이다.

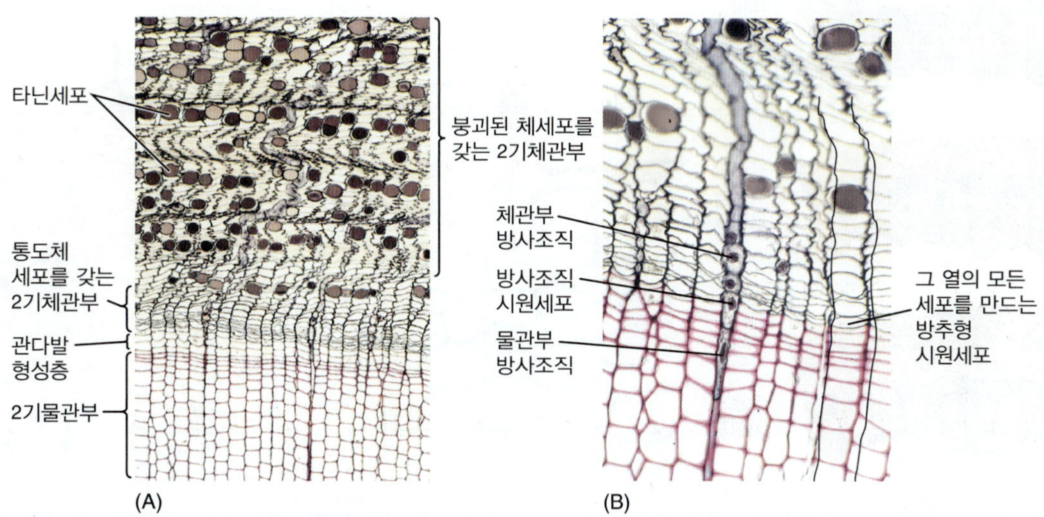

그림 8-21 **(A)**와 **(B)** 소나무의 가장 바깥쪽에 있는 가장 어린 목부와 나무껍질. 체세포들이 기능을 멈추고 붕괴되면서 체관부가 오그라지고 차츰 파도 모양을 이룬다. 이에 따라서 방사조직은 물결 모양이 된다. 체관부방사조직과 물관부방사조직은 방사조직시원세포에서 만난다. 체세포의 각 열은 상응하는 헛물관의 열을 만드는 동일한 방추형 시원세포에서 만들어진다(횡단면; (A) ×50; (B) ×150).

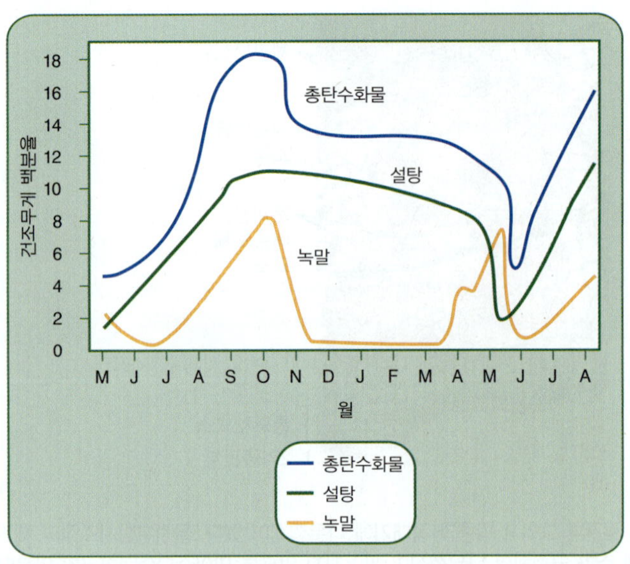

그림 8-22 탄수화물은 잎이 아직 붙어 있고 광합성을 하는 초여름에 줄기와 뿌리의 나무껍질에 축적된다. 탄수화물의 축적은 9월과 10월에 피크를 이루고 나서 감소하여 겨우내(12월에서 4월까지) 안정된 상태를 유지한다. 탄수화물은 봄(4월과 5월)의 생육기에 방출된다. 이 결과는 봄이 늦게 찾아오는 캐나다 오타와 부근의 아까시나무를 대상으로 얻은 자료이다. 이보다 더 멀리 남쪽에서 자라는 식물들에서는 봄의 탄수화물 방출이 훨씬 일찍 나타난다.

외수피

코르크와 코르크형성층

2기 물관부세포들이 만들어지고 분화하면서 관다발형성층과 2기 체관부는 바깥쪽으로 밀려난다. 체관부의 가장 안쪽에서 어린 세포들이 만들어지고 성숙함에 따라, 줄기나 뿌리의 지름이 커지고 가장 바깥쪽의 조직에 작용하는 압력이 증가한다. 이렇게 되면 식물의 주변부 조직들은 둘레가 늘어나거나 아니면 찢어지게 된다. 사실상 조직에서는 이 두 가지가 모두 일어나지만, 그 두 가지는 제어되어야 한다(그림 8-20). 곰팡이와 세균 그리고 곤충들의 침입을 막으려면 식물체의 표면이 온전하게 유지되어야 한다. 주변부가 계속 늘어나고 오래된 체요소들이 죽게 되면서 일부 저장유조직세포들이 재활성화되고 세포분열을 한다. 이는 관다발간 형성층이 형성되는 동안 유조직세포들이 활성화되는 것과 비슷한 현상이 2기 체관부에서 나타나는 것이고, 그 결과 **코르크형성층**(**cork cambium** 또는 **phellogen**)이 생긴다(**그림 8-23**).

코르크형성층은 구조와 형태형성 활성 모두에 있어서 관다발형성층과 크게 다르다. 코르크형성층의 모든 세포들은 방사조직 시원세포와 유사하게 입방형이다. 분열이 끝날 때마다 안쪽의 세포는 항상 코르크형성층으로 남는 반면, 바깥쪽 세포는 **코르크조직세포(phellem cell)**라고도 부르는 **코르크세포(cork cell)**로 분화된다. 어떤 종에서는 코르크형성층이 안쪽으로 하나 또는 두 세포를 만들고, 이 세포들이 **코르크피층(phelloderm)**이라는 한 층의 유조직으로 성숙한다. 코르크형성층과 코르크세포층 그리고 (만약에 있다면) 코르크피층의 모두를 **주피(periderm)**라고 부른다. 성숙한 코르크세포는 부피가 약간 증가하고 나서 얇은 1차벽이 코르크질(suberin)로 덮여서 벽이 방수가 되고 화학적으로 불활성 상태가 된 다음 죽게 된다. 세포사(cell death)는 성숙의 대단히 중요한 일부로 여겨지는데, 그것은 동물이 먹어서 소화하거나 영양가 높은 그 어떤 것도 남기지 않고 원형질이 분해되기 때문이다. 많은 종에서 어떤 세포들은 2차벽이 쌓이고 목질화된 후벽세포로 성숙한다. 이들은 보통 코르크와 번갈아 나오는 층으로 나타나고, 그 결과 침투할 수 없고 단단한 주피가 생긴다(**그림 8-24**). 주피가 너무나 불투과성 장벽이기 때문에 표피와 피층 그

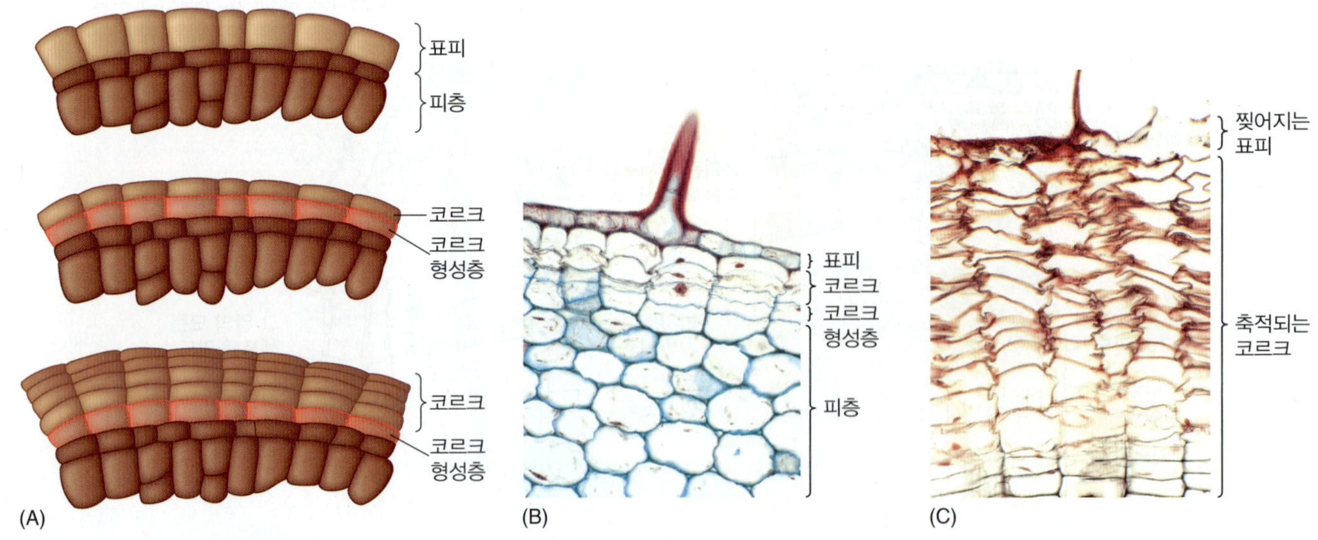

그림 8-23 **(A)** 첫 번째 코르크형성층은 유사분열 활성을 재개한 표피세포들로 구성될 수 있다. 모든 분열은 병층벽을 따라 일어나고, 안쪽 세포는 코르크형성층으로 남지만 바깥쪽 세포는 코르크로 분화한다. **(B)** 하피세포가 세포분열을 시작하고, 그 결과 코르크형성층이 만들어진다. 이 사진은 제라늄의 어린 줄기이고, 모상체의 기부가 보인다(×150). **(C)** 제라늄의 오래된 줄기에서는 코르크형성층의 활성으로 말미암아 많은 코르크세포층이 축적되었다. 코르크세포들은 죽어서 속이 비어 있다. 여기에도 모상체가 있었는데, 나무껍질이 형성되면서 양분이 모상체와 그 밖의 표피세포들에 전달되지 못하여 죽고 말았다(×150).

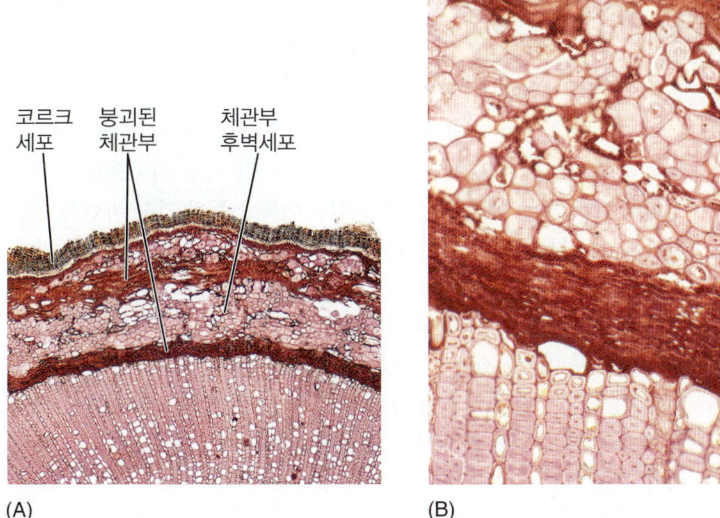

그림 8-24 **(A)** 이 줄기에는 두꺼운 층의 붕괴되지 않은 코르크세포들이 있다. 피층과 2기 체관부의 많은 유세포들이 후벽세포**(B)**로 전환되어 나무껍질을 보다 튼튼하고 방어적으로 만들었다. 다음의 코르크형성층은 많은 유세포들이 유사분열을 다시 활발하게 수행할 수 있는 2기 체관부의 깊숙한 곳에서 만들어질 것이다. 후벽세포들은 세포분열을 재개할 수 없다[횡단면; (A) ×40; (B) ×150].

리고 오래된 2기 체관부 같이 주피의 외부에 있는 모든 부분들은 물과 양분이 부족해서 죽게 된다.

뿌리나 줄기의 주피 내부가 계속해서 자라면서 주피를 밖으로 밀고 환상으로 늘이기 때문에 주피는 보통 일시적인 보호 기능을 한다. 관다발형성층과는 달리 코르크형성층은 일반적으로 수명이 짧다. 코르크형성층은 단지 몇 주 동안만 세포를 만들고, 그 다음에는 코르크세포로 분화되고 죽는다. 코르크세포의 층은 둘레가 크게 확장될 수 없고, 1년 또는 몇 년이 지난 다음 관다발형성층에 근접한 어린 2기 체관부에서 새로운 코르크형성층이 만들어져야 한다. 이들 새로운 코르크세포들은 추가의 장벽으로 기능을 하는 한편, 코르크형성층의 층들 간에 위치한 그 어떤 2기 체관부세포들에 도달하는 물과 양분을 차단한다. 이런 식으로 몇 층의 코르크가 형성될 수 있다.

가장 안쪽 코르크형성층의 외부에 있는 모든 조직은 **외수피(outer bark)**를 구성한다(**그림 8-25**). 관다발형성층과 가장 안쪽 코르크형성층 사이에 있는 모든 2기 체관부는 **내수피(inner bark)**

그림 8-25 **(A)** 이 소나무의 줄기는 지름이 늘어나면서 나무껍질이 늘어나고 결국 갈라졌다. 아직 갈색을 띠고 있는 가장 깊숙한 곳의 나무껍질이 가장 어리고 표면의 나무껍질이 가장 오래 되었다. 숲에 있는 소나무들의 나무껍질 가장 바깥쪽 층은 불에 탄 것처럼 까맣게 보이는데, 이는 모든 나무의 가장 바깥쪽 층과 마찬가지로 이미 죽은 조직이다. 나무껍질은 단열 작용을 하여 불이 났을 때 나무껍질의 내부에 있는 살아 있는 조직들이 피해를 입지 않게 해 준다. **(B)** 단풍나무의 나무껍질은 크고 얇은 종잇장처럼 떨어져 나가는데, 이는 수많은 코르크형성층이 밀집해서 만들어지고 각각이 종잇장 같기 때문이다. **(C)** 플라타너스단풍(sycamore)의 코르크세포는 많은 화학물질을 함유한다. 나무껍질의 바깥쪽 부분이 떨어져 나가면 신선한 안쪽 부분이 드러난다. 이들의 색소가 산화되면 나무껍질은 회색으로 변한다. 각 코르크형성층이 작은 조각처럼 형성되고, 코르크형성층의 크기와 모양이 나무껍질의 성질에 영향을 미친다. **(D)** 코르크참나무(*Quercus suber*)의 나무껍질은 매우 두꺼워지고, 후벽세포는 거의 없이 주로 코르크조직으로 구성된다. 스페인과 포르투갈에서 자라는 코르크참나무들은 병마개로 사용되는 상업적 코르크의 대부분을 생산한다. 나무껍질이 충분히 두꺼워지면 외수피를 벗겨낸다. 몇 년이 지나면 수확할 만큼 두꺼운 나무껍질이 다시 만들어진다. **(E)** 계피나무의 이 껍질은 갈아서 그 가루를 향신료로 이용한다. 이 계피는 몇 안 되는 식용 나무껍질 중 하나이다.

박스 8-3 나이테를 분석하는 연륜연대학

관다발형성층에 의해 만들어지는 목부의 양은 기후와 밀접한 상관관계가 있다. 매우 혹독한 기후에서 나타나는 종들은 목부를 거의 만들지 않고, 해마다 보통 한 층의 물관만 만든다. 이와 같이 느린 생장은 고도가 높거나 위도가 높은 한대 지방 또는 덥고 건조한 사막지역에서 나타난다. 그렇지만 열대 지방에서는 연간 생장하는 양이 커질 수 있고, 각각의 생장테는 폭이 몇 밀리미터에 달하고 50~100층의 새로운 세포들로 이루어진다. 한 식물체 안에서도 관다발형성층은 온도가 좋지 않거나 비가 거의 내리지 않은 해보다 최적의 해에 더 많은 목부를 만든다. 이는 나이테에서 폭이 변하는 것으로 쉽게 알 수 있다(**그림 B8-3**).

생장테가 기후를 정확하게 반영하기 때문에 대단히 중요한 많은 연구에서 생장테가 이용된다. 가장 최근에 형성된 가장 바깥쪽 테부터 시작하여 나무의 중심을 향해 세면 오래되고 더욱 오래된 테들을 만나게 된다. 나무의 나이를 알아낼 수 있을 뿐만 아니라 생장테의 폭으로부터 기후의 변동을 추론할 수 있다. 어느 지역에서 가장 오래된 살아 있는 나무를 대상으로 나무의 일생에서 일어났던 기후의 변화를 연구할 수 있는데, 어떤 경우에는 나이가 5,000년이 넘는 나무들도 있다.

그림 B8-3 이 나무의 어떤 생장테는 다른 테보다 폭이 훨씬 넓다. 가장 안쪽의 '좋은 해'라고 표시한 생장테는 매우 넓어서, 춘재(밝은 안쪽 부분)는 물론이고 추재(어두운 바깥쪽 부분)도 풍부하다. 그 연도에는 조건들이 나무에게 아주 좋았음이 분명하다. 여름에 온도나 비가 최적의 조건이었을 것이다. 만일 재배되는 나무였다면, 그 해에 비료를 주었거나 아니면 이 나무를 그늘지게 했던 주변의 나무들이 죽었거나 베어졌을 것이다. '좋지 못한 해'라고 표시한 그 다음의 두 생장테들은 나무가 많은 목부를 만들 만큼 활발하지 못할 때 형성된 것들이다.

그렇지만 살아 있는 가장 오래된 나무의 나이보다 훨씬 이전의 기후도 분석할 수 있다. 사적지나 유적지에는 커다란 나무 기둥으로 세워진 집이나 다리 또는 배들이 있을 것이다. 이들 기둥의 가장 바깥쪽 테는 살아 있는 나무들에서 나타나는 안쪽 생장테의 양식과 맞을 수 있다. 살아 있는 나무에서 나이를 세어 그 부분의 생장테 나이를 파악하면 나무 기둥이 얼마나 오래 되었는지 알 수 있고, 따라서 집이나 배 또는 다리가 언제 만들어졌는지를 알 수 있다. 이 기술은 고대 주거지의 연대를 결정하는 데 있어서 중요한 역할을 할 뿐만 아니라 사람들이 기후가 좋을 때 살았는지 아니면 좋지 않을 때 살았는지를 밝히는 데 있어서 귀중하다.

여러 다른 나무의 많은 자료들로부터 나이테의 순서를 파악한 다음에는 그 나이테의 정확한 연대를 알아내는 것이 중요하다. 북아메리카와 대부분의 유럽에는 수천 년 또는 그 이상 거슬러 올라가 나이테의 순서를 분석할 수 있을 만큼 오래된 나무들로 가득한 넓은 숲들이 있다. 비교적 최근의 유적지에서 발굴되는 나무들의 시료는 살아 있는 나무의 중심 부분과 부합될 수 있고, 이를 바탕으로 그 이전의 연대까지도 정확하게 측정할 수 있다. 그보다 더욱 오래된 유적지에서 나오는 시료로부터 나이테의 순서를 연결하면 각 나이테가 언제 만들어졌는지 정확한 연대를 측정할 수 있다. 고대의 건축물이나 선박에서 사용된 나무 기둥을 발견한다면 그 나무의 나이테 순서를 이미 우리가 알고 있는 순서에 부합시킬 수 있고, 언제 나무가 살았는지 그리고 언제 그 나무가 베어져서 기둥으로 사용되는지를 정확하게 알아낼 수 있다.

이집트와 바빌론 그리고 수메르 같이 역사적으로 매우 중요한 문명이 번창하였던 중동 지역에서는 현재로부터 서력기원(CE; Common Era) 362년까지만 나이테 순서를 파악할 수 있고, 필요한 고고학적 나무 시료를 그 이상 얻을 수 없다. 많은 비잔틴 건물들이 정확하게 언제 세워졌는지를 서기 4세기까지만 거슬러 올라가 알 수 있을 따름이고, 그보다 이전에 대해서는 알 수 없다. 중동 지역의 또 다른 훌륭한 나이테 순서가 있기는 하지만, 이는 '유동적(floating)' 연륜연대학(dendrochronology)이다. 다른 나이테들과 겹치는 고고학적 나무 시료들이 있고 충분히 입증된 순서들과 부합되는 시료들도 있지만, 서기 362년보다 이전의 것은 없다. 어떤 테가 어느 해에 정확하게 일치하는지 우리가 알고 있는 순서와 부합하는 순서가 없다. 대신에 유동적인 순서가 1,503년간에 걸쳐 있음을 알 수 있고, 이는 서력기원전(BCE; Before the Common Era) 2200년보다 이전의 어딘가에서 시작되었음이 분명하다. 그것은 고대의 나무가 나온 몇몇 사원과 궁전의 대략적인 연대를 우리가 알고 있기 때문이다.

유동적 순서들에 대한 절대적 시간을 확립할 수도 있다. 북아메리카와 유럽에서는 기원전 1628년에 아주 이상한 나이테가 형성되었다. 화산 분출로 인해 많은 먼지가 발생하여 세계 각지에서 햇빛을 차단하였고, 여름이 너무 서늘해서 많은 나무들이 서리 피해를 입었다고 믿어진다. 연륜연대학자들은 중동의 유동적 순서에도 이와 부합되는 것처럼 보이는 특이한 생장테가 있음을 발견하였다. 그런데 유동적 순서의 이상한 테는 서리의 피해가 아니라 추가로 생장한 테이다. 이 시기에 중동 지역에서는 너무 덥고 건조하였음에도 불구하고 화산의 먼지 구름에 의한 냉각으로 인해 많은 비가 내렸고, 서리 대신에 오히려 최적의 생장 조건이 마련되었을 수 있다.

충분히 입증된 순서에 있는 이상한 테와 동일한 연도에 유동적 순서에서 이상한 테가 나타났다는 그 학자들의 가설이 정확하다면 다양한 나무 시료들이 나오는 건물과 조각상 그리고 선박에 대해 정확한 연도를 부여할 수 있을 것이다.

이다. 수피, 즉 나무껍질의 양은 종에 따라 매우 달라진다. 일부 종에서는 소량의 코르크만 형성되어 나무껍질이 얇고 주로 죽은 2기 체관부로 구성된다. 다른 종들에서는 코르크가 다량으로 만들어져서 그 두께가 3~4 cm에 달한다. 나무껍질은 끊임없이 나무에서 떨어지지만 바람과 물에 휩쓸어 가기 때문에 나무 밑에 쌓이지 않는다.

껍질눈과 산소 확산

코르크의 불투과성은 유리한 결과뿐만 아니라 부정적인 결과를 초래한다. 코르크가 병원균을 막아주고 물을 보유하게 해 주지만 산소의 흡수도 차단해서 변재와 관다발형성층 및 내수피의 호흡에 지장을 준다. 코르크형성층이 성숙하면서 둥글게 되는 코르크 세포를 만들 때 나무껍질은 산소를 투과하게 된다. 둥근 세포들은 서로 단단히 들어맞지 않기 때문에 세포간극이 코르크층으로 침투하여 산소가 확산되는 경로가 마련된다. 코르크의 통기조직 부위가 **껍질눈(피목, lenticel)**이다(**그림 8-26**). 새로운 코르크형성층이 어떤 껍질눈의 안쪽에서 생기면 코르크형성층은 같은 장소에 껍질눈을 만들고, 바깥쪽과 안쪽의 껍질눈들이 나란하게 되어 산소가 코르크의 모든 층을 침투할 수 있게 된다. 코르크형성층에서

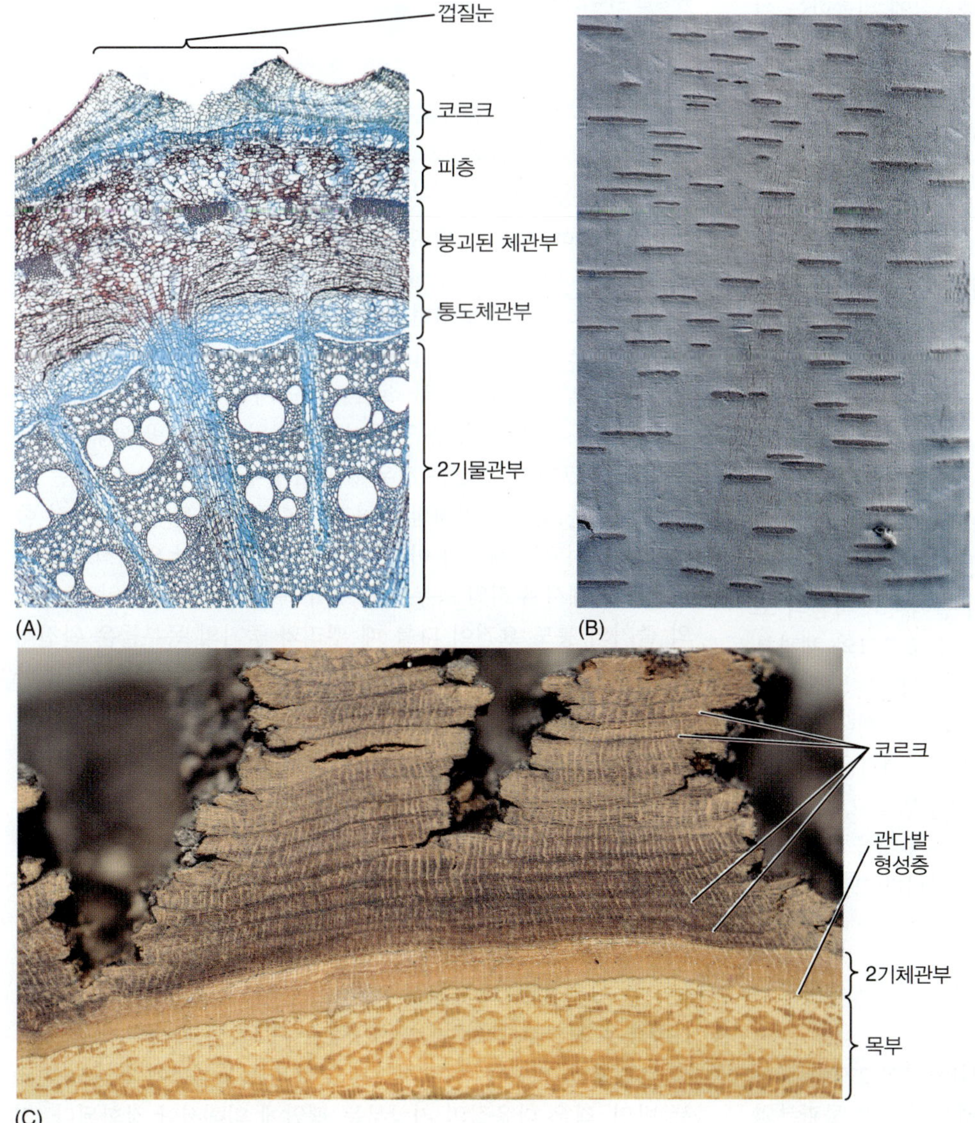

그림 8-26 **(A)** 커다란 껍질눈이 있는 쥐방울덩굴속(*Aristolochia*) 줄기의 저배율. 코르크세포가 빠르게 만들어지면서 표피가 파열된다. 여기에서는 볼 수 없지만 작은 세포간극들이 껍질눈을 통해 산소가 나무줄기나 뿌리로 확산될 수 있게끔 한다(×15). **(B)** 자작나무속(*Betula*) 나무줄기의 둘레가 늘어나면서 껍질눈이 넓어진다. 가끔 중심의 코르크형성층 세포들이 통기조직의 코르크를 만들지 않고 치밀한 코르크를 만들기 시작할 때 껍질눈은 2개의 껍질눈으로 갈라진다. **(C)** 가시가 있는 콩과의 관목(*Prosopis glandulosa*)의 이 나무껍질에는 작은 코르크 조각들이 많이 있는데, 각 코르크 조각은 2기 체관부에 있는 유세포들에서 생겨난 코르크형성층에 의해 만들어지고, 몇 층의 코르크를 만들고 나서 기능을 멈춘다. 각 코르크 조각은 2기 체관부에 의해 둘러싸이고, 코르크의 바깥쪽 부분은 안쪽 부분보다 오래된 것이다. 껍질눈은 보이지 않지만 각 틈새의 가장 깊은 곳에 위치하기도 한다.

껍질눈을 만드는 부위는 보통의 불투과성 코르크만 만드는 인접 부위보다 훨씬 활발하다. 그 결과 껍질눈은 더욱 많은 층의 세포들을 포함하고 바깥쪽으로 돌출된다. 매끈한 나무껍질을 갖는 종에서는 작은 껍질눈이라도 쉽게 확인할 수 있다. 두껍고 고르지 않은 나무껍질을 갖는 식물에서는 껍질눈을 보기가 거의 불가능하지만, 일반적으로 껍질눈은 나무껍질의 갈라진 틈의 맨 아래 부분에 위치한다. 코르크참나무의 나무껍질로 병마개를 만들 때 코르크의 위에서 밑에까지 껍질눈이 지나가지 않도록 잘라야 한다.

코르크형성층의 개시

첫 번째 코르크형성층이 개시되는 시점은 관다발형성층이 개시되는 시점보다 훨씬 더 가변적이다. 어떤 종에서는 가지나 뿌리가 채 1년이 되기도 전에 첫 번째 코르크형성층이 생겨난다. 줄기에서 이를 종종 탐지할 수 있는데, 표면의 색깔이 녹색에서 황갈색으로 변한다. 다른 종에서는 가지나 뿌리가 몇 년이 되어야 비로소 첫 번째 코르크형성층이 생기고, 그때까지도 표피와 피층이 유지된다. 심지어 40년 이상 오래된 표피도 보고된 바 있다. 선인장이 그러하듯 광합성의 대부분을 피층의 엽록조직에 의존하는 식물들에서는 보통 나무껍질이 늦게 형성된다. 첫 번째 코르크형성층은 표피, 피층, 1기 체관부 또는 2기 체관부 따위의 많은 조직에서 생길 수 있다. 그 다음의 코르크형성층은 곧 이어 생기기도 하고, 때로는 동일한 계절에 생기기도 하지만, 대체로 한두 해 지난 다음에 만들어진다. 만약 지름이 천천히 늘어난다면 새로운 코르크형성층은 10년 정도의 간격으로 생길 수 있다. 이렇게 나중에 만들어지는 코르크형성층은 보통 2기 체관부의 깊은 곳에서 형성된다.

어린 줄기에서 처음 만들어지는 나무껍질은 줄기가 오래되었을 때 생기는 나무껍질과는 대개 다르다. 만약 첫 번째 코르크형성층이 표피세포의 재활성화에 의해 생겼다면, 첫 번째 외수피는 주피와 각피로만 구성되고 매우 매끈하다. 만일 첫 번째 코르크형성층이 피층에서 생겼다면, 첫 번째 외수피는 주피와 피층 그리고 표피를 포함하며, 이 외수피 역시 매끈하고 피층에 들어 있던 분비세포들도 포함한다. 첫 번째 나무껍질이 떨어지고 다음의 코르크형성층들이 2기 체관부에서 만들어지면서 코르크와 체관부만 포함하는 외수피가 생성된다. 이렇게 나중에 생기는 나무껍질들의 성질은 갇힌 2기 체관부에 존재하는 세포의 유형에 따라서 크게 좌우된다. 섬유세포는 섬유질의 실 같은 나무껍질을 만들고, 후벽세포로 채워진 체관부는 단단한 나무껍질을 만들고, ... 등등이다. 어린 나무의 나무껍질이 나중에 오래된 나무에서 만들어지는 나무껍질과 현저하게 다른 것은 드문 일이 아니다(**그림 8-27**).

그림 8-27 카수아리나속(*Casuarina*)의 이 나무줄기에는 아직 첫 번째 나무껍질의 조각들이 달려 있지만, 밑에 있는 새로운 나무껍질도 보인다. 어린 가지는 첫 번째 유형의 나무껍질만 갖고, 나무줄기의 오래된 부분에서는 두 번째 유형만 나타난다.

뿌리의 2기 생장

침엽수와 목본 속씨식물의 뿌리는 줄기에서와 같이 2기 생장을 한다. 원생물관부 부근의 내초세포가 그러하듯이, 1기 물관부와 1기 체관부 사이의 유세포들이 활발하게 유사분열을 할 때 관다발형성층은 마치 관다발간 형성층처럼 생긴다(**그림 8-28**). 새로운 관다발형성층은 1기 물관부와 같이 별 모양을 하지만, 1기 물관부의 공동(sinus)에 있는 형성층이 원생물관부 팔 부근의 형성층 부위에서보다 더 많은 2기 물관부를 만들면서 곧 모양이 둥글어진다. 그 결과, 형성층의 어떤 부분들은 다른 부분들보다 훨씬 빠르게 바깥쪽으로 밀고 나간다. 형성층이 원형이 되면 부등생장을 멈추고 모든 부분들이 비슷한 속도로 자라게 된다.

뿌리의 관다발형성층은 방사조직시원세포와 방추형 시원세포 모두를 포함하며, 많은 경우에 뿌리에서 만들어지는 목부는 변재와 심재를 갖고 줄기처럼 산공재나 환공재가 된다는 점에서 줄기에서 형성되는 목부와 아주 유사하다. 그렇지만 일반적으로 같은 식물체에서 뿌리의 목부는 줄기의 목부와 동일하지 않고, 뿌리와 줄기의 통도 요건이 다를 때 뿌리와 줄기의 목부들은 완전히 달라질 수 있다. 예를 들면, 많은 선인장의 뿌리는 매우 길고, 다육질이 아닌 케이블 같은 구조이다. 비가 잠깐 내린 다음에 수많은 뿌리끝들이 포층토의 넓은 구역에서 물을 흡수한다. 그렇게 잠시 비가 내린 다음에는 몇 시간 안에 토양이 말라버릴 수 있기 때문에 신속하게 물을 통도하여 다량의 물을 저장 가능한 다육질의 선인장 줄기에 보내야 한다. 그런데 일단 줄기에 물이 들어오면 통도의 요건이 완전히 달라진다. 지상부는 아주 작기도 하고, 주로 유조직으로 구성되어 있으며, 목부는 거의 없고 소수의 좁은 물관만 있을 따름이다. 물이 매우 효과적으로 저장되므로 통도의 대부분은 물관부에 의하지 않고 세포질을 통한 확산에 의한 것으로 추정된다. 더구나 좁은 뿌리는 수많은 목부섬유에 의해 강화되는 반면, 작은 다육질의 지상부는 팽압에 의해서만 강화된다. 지

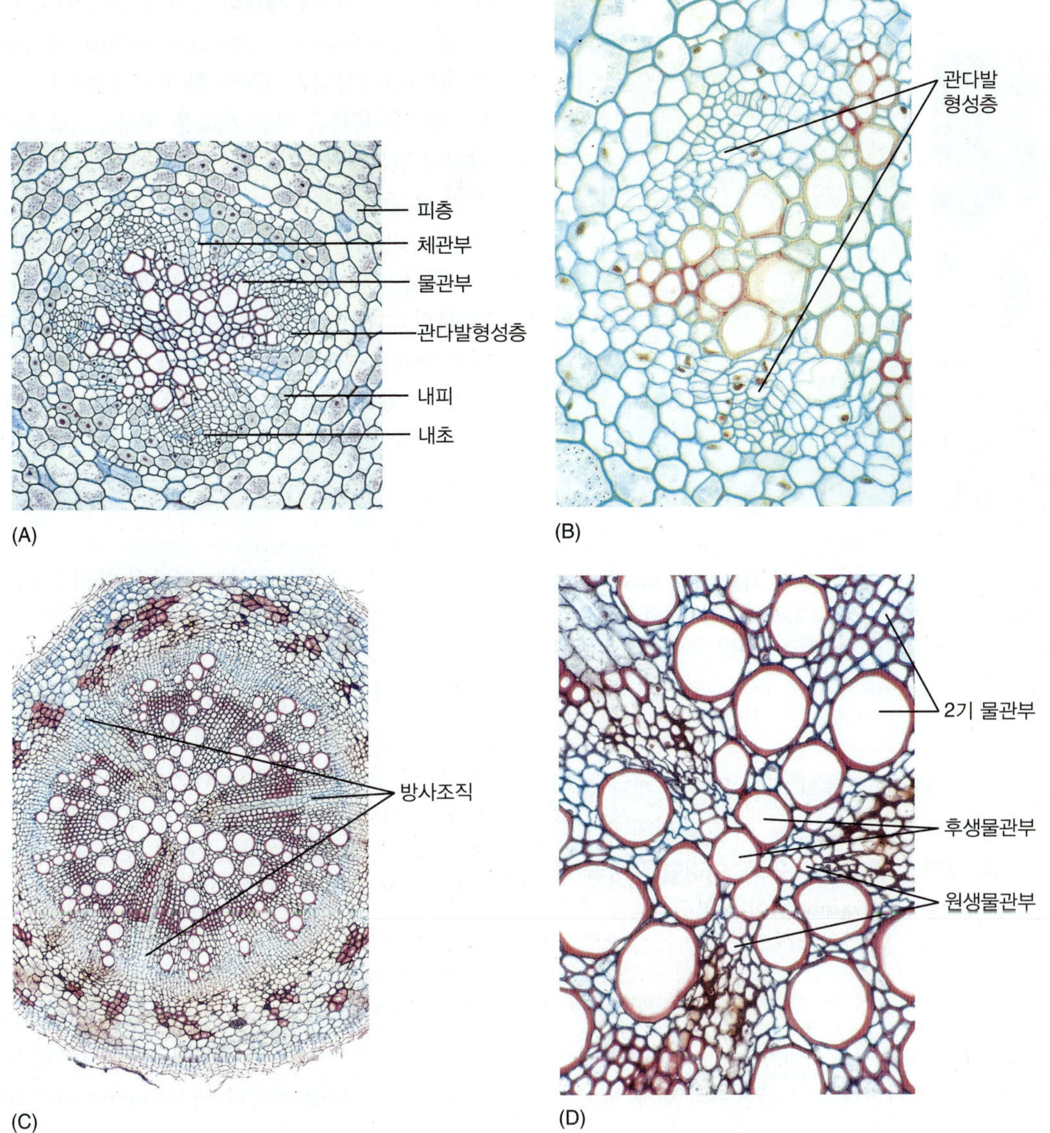

그림 8-28 **(A)**와 **(B)** 어린뿌리. 이 노루삼(baneberry) 같은 뿌리의 관다발형성층은 체관부 안쪽의 물관부 주위에서 물결 모양의 원통형으로 생긴다; (A) ×50; (B) ×150. **(C)**와 **(D)** 오래된 뿌리. 뿌리 목부의 체제는 줄기 목부의 체제와 비슷하게 주축계와 방사조직의 세트를 갖는다. (C)에서는 3개의 커다란 방사조직이 있고, (D)의 고배율에서는 1기 물관부의 원생물관부와 나란히 배열된 방사조직을 보여준다; (C) ×40; (D) ×150.

상부의 물관부방사조직과 체관부방사조직은 거대하고, 물을 저장하는 커다란 부위가 된다. 물을 저장하지 않는 뿌리에서는 방사조직들이 작고 좁으며 주로 후벽조직으로 구성된다.

다년생 뿌리 역시 나무껍질을 형성한다. 첫 번째 코르크형성층은 대개 내초에서 생기고, 내피와 피층 및 표피를 떨어뜨린다. 코르크형성층은 바깥쪽으로 코르크세포를 만들어 보호층을 형성하고, 일부 종에서는 한두 층의 코르크피층도 만든다. 껍질눈도 나타나는데, 특히 곁뿌리 부근에서 두드러진다. 같은 식물에서 뿌리의 나무껍질은 줄기의 나무껍질과 비슷하기도 하지만, 어떤 종에서는 중요한 차이를 나타내는데, 이는 두 기관의 대사와 미소서식지가 다른 것과 관련이 있다.

목본 뿌리의 저장능력이 증대될 수 있는 몇 가지 메커니즘이 있다. 2기 물관부의 방사유조직은 상당한 부피를 제공하고, 만일 방사조직이 차츰 커지면 저장능이 증가한다. 목부의 주축유조직도 이용될 수 있는데, 많은 저장근에서 목부는 거의 대부분이 유조직이다(**그림 8-29**). 이를테면 우리가 먹는 당근 뿌리의 주황색 부분은 주로 목부 유조직과 약간의 물관으로 구성되는 목부이다. 우리가 당근의 껍질을 벗길 때 얇은 나무껍질과 모든 2기 체관부를 제거하는 것이다.

비정상적 생장형

이상 2기 생장

침엽수와 대부분의 목본 속씨식물에서 관다발형성층의 발생과 세포배열 그리고 활성은 매우 비슷하다. 그렇지만 형성층의 구조와

그림 8-29 우리가 먹는 당근**(A)**이나 무**(B)**의 부분은 저장뿌리의 목부이다. 언뜻 보기에는 목부처럼 보이지 않지만, 이는 주로 유조직이고 약간의 물관은 있지만 섬유는 없다. 이러한 목부는 장기간 저장하는 조직을 빨리 만들게끔 잘 적응되었다(×40).

활성이 다른 유형이 있고, 다양한 종류의 배열에 따른 결과를 분석하여 2기 생장에 대한 많은 것이 드러났다. 다른 유형의 형성층은 일반적인 종류와 다른 2기 체를 형성하므로, 이러한 생장을 **이상 2기 생장(anomalous secondary growth)**이라 부른다.

고구마의 뿌리

고구마(*Ipomoea batatas*)에서 저장유조직의 양은 2기 생장의 이례적인 방법에 의해 극적으로 증가한다. 1기 물관부의 전체 덩어리 주위에서가 아니라 개개의 물관 또는 물관의 무리 둘레에서 수많은 관다발형성층이 생긴다(그림 8-29B). 형성층은 정상적으로 작동하지만, 생성되는 물관부와 체관부는 거의 전적으로 유조직이다. 새로운 물관은 다른 새로운 형성층으로 둘러싸일 수 있고, 이 과정이 반복된다. 고구마가 매우 커지게 되면 연령이 다양한 수백 개의 형성층이 포함되기도 하고, 2기 조직들은 유조직, 몇몇의 체관, 약간의 물관 그리고 관다발형성층이 복잡하게 얽힌다.

하나가 아니라 그토록 많은 관다발형성층을 만드는 선택이익은 무엇일까? 세포가 만들어지는 속도가 중요할 수 있다. 뿌리는 매우 빠르게 커져야 하므로 고작 하나의 형성층을 갖는다면 너무 느릴 수 있다. 많은 형성층이 동시에 기능을 하면 저장능의 생산을 더 빠르게 할 수 있다.

유도체관부

일부 진정쌍떡잎식물에서는 일반적 유형의 관다발형성층이 생기고 보통의 2기 물관부와 2기 체관부가 만들어진다. 그렇지만 시간이 좀 지나면 형성층세포가 분열을 멈추고 물관부로 분화한다. 그렇게 되면 더 이상 형성층이 아니다. 가장 바깥쪽에 있는 가장 오래된 2기 체관부의 세포들이 다시 활성화되어 처음에 만들어졌던 관다발형성층과 똑같이 작용하는 새로운 관다발형성층으로 분화하고 보통의 2기 물관부와 2기 체관부를 만든 다음에 분화되고 없어진다. **그림 8-30**을 살펴보면 두 번째 형성층이 가장 바깥쪽 체관부에서 생겼기 때문에 여기서 생성되는 물관부는 첫 번째 형성층의 체관부 외부에 위치하게 된다. 내부에서 외부로 1기 물관부, 1기 체관부, 2기 물관부 그리고 2기 체관부가 놓인다. 그러고 나서 새로운 관다발형성층이 가장 바깥쪽의 2기 체관부에서 생기고, 이렇게 반복된다. 두 물관부 띠의 사이에 위치하는 이러한 유형의 2기 체관부를 **유도체관부(induced phloem)**이라고 한다. 하

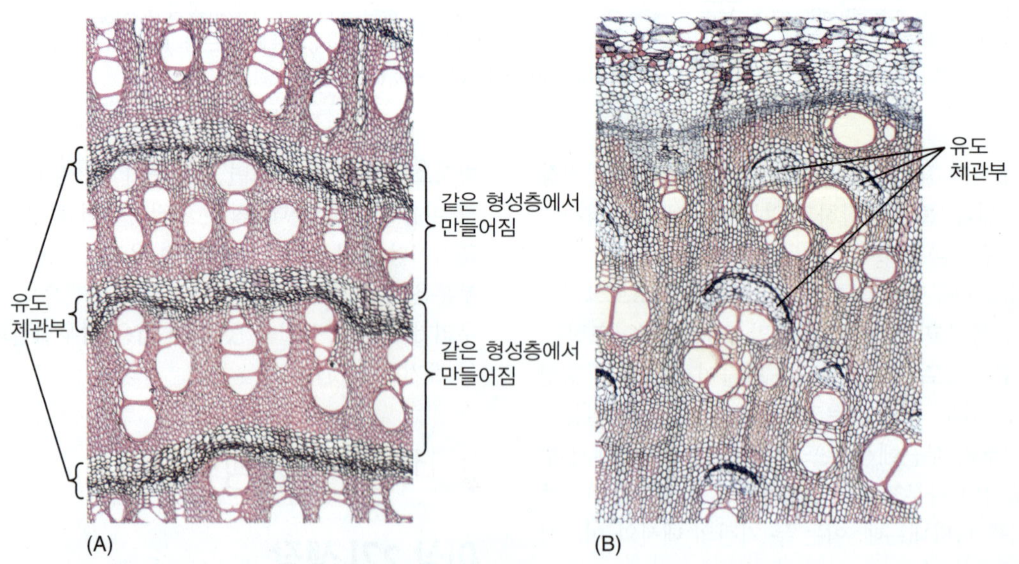

그림 8-30 **(A)** 이레시네속(*Iresine*)의 이 줄기에서는 2기 물관부의 띠가 유도체관부의 띠와 번갈아 나온다. 물관부와 체관부의 각 띠는 한 형성층에 의해 만들어진 곳의 바로 바깥쪽에 있고, 그 다음의 물관부와 체관부 세트는 다른 형성층에 의해 만들어진 것이다(×40). **(B)** 보우가인빌레아속(*Bougainvillea*)도 유도체관부를 갖지만, 완전한 띠가 아니라 조각으로 나타난다(×40).

나에서 여러 층의 목부를 가짐으로써 곤충과 그 밖의 해충으로부터 보호를 받을 수 있다는 점이 선택이익이다. 한편 물관부와 유도체관부 조직 간의 관계는 물관부와 보통의 체관부 간의 관계와 다르지만, 그 선택적 이익에 대해서는 잘 알려져 있지 않다.

관다발형성층의 부등활성

보통의 생장에서는 관다발형성층의 모든 구역이 거의 같은 활성을 갖고, 따라서 줄기나 뿌리는 단면이 둥글다. 그렇지만 바우히니아속(*Bauhinia*)의 몇 종류와 다른 어떤 목본 넝쿨식물에서는 형성층의 두 구역이 매우 활발한 반면에 두 구역은 거의 완전히 비활동적이다(**그림 8-31**). 줄기는 두 방향으로 바깥쪽으로 자라지만 다른 두 방향에서는 얇게 유지되고, 곧 줄기는 얇고 편평한 목질의 리본이 된다. 이러한 선택이익은 유연성과 관련될 수 있다. 보통의 둥근 줄기가 모든 방향으로 차츰 두꺼워지면 그 통도 능력은 증가하지만 그 유연성은 떨어진다. 바우히니아속의 줄기가 점점 넓어지면 그 통도 능력은 감소하지만 그 유연성은 거의 동일하게 유지된다. 많은 넝쿨식물에서 유연성은 선택이익이 되고, 이러한 유형의 이상생장이 적응적이다.

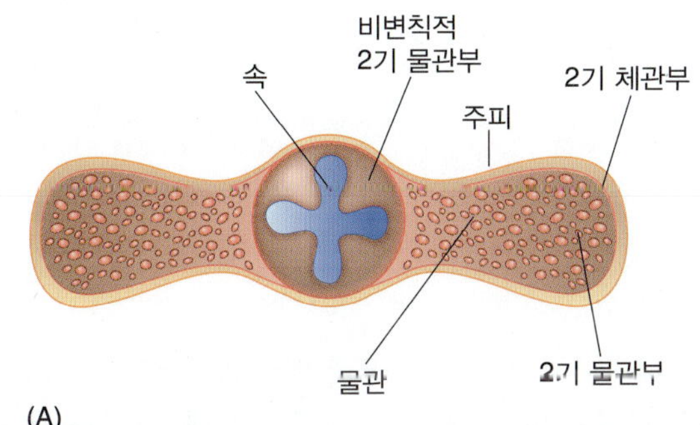

그림 8-31 **(A)** 이 바우히니아속(*Bauhinia*)의 두 맞은편에 있는 형성층은 세포를 빠르게 생성하고, 그 가운데 많은 세포들이 넓은 물관요소로 분화한다. 형성층의 번갈아 나오는 부분은 세포를 아주 드물게 만들고, 이들 모두 그다지 확대되지 않으면서 성숙한다. **(B)** 산쑥(*Artemisia tridentata*)의 관다발형성층 띠는 그 주위의 형성층 부위가 살아 있는 동안에 주기적으로 죽는다. 그 결과 나무줄기와 가지에 깊은 틈이 생기고, 형성층의 첫 번째 띠가 죽은 다음에는 완전한 생장테가 나타나지 않는다.

외떡잎식물의 2기 생장

그 어떤 외떡잎식물도 겉씨식물과 기초속씨식물 및 진정쌍떡잎식물에서 볼 수 있는 2기 생장을 하지 않지만, 조슈아트리(Joshua tree)와 용혈수(dragon tree) 그리고 야자나무 같은 일부 외떡잎식물은 목본처럼 되고 '목질(woody)'이 된다. 조슈아트리와 용혈수는 이상 2기 생장 과정을 거치고, 야자나무는 특이한 유형의 1기 생장을 한다.

유카속(*Yucca*)의 몇 종류인 조슈아트리(**그림 8-32**)와 드라세나속(*Dracaena*)의 용혈수에서는 가장 바깥쪽 관다발의 바로 외부에서 일종의 관다발형성층이 생긴다(**그림 8-33**). 이는 진정쌍떡잎식물에서 관다발간 형성층이 생기는 것과 마찬가지로 피층세포에서 기원한다. 그렇지만 이 형성층은 오로지 유조직만 만들고, 통도세포는 전혀 없다. 일부 유세포들의 기둥이 빠르게 분열하여 좁은 세포를 만들고 이 세포들이 물관부와 체관부를 포함하는 **2기 관다발(secondary vascular bundle)**로 분화된다. 각 다발의 가장 바깥쪽 세포들이 두꺼운 2차벽을 갖는 섬유로 발달한다. 이와 같이 분열하지 않는 유세포들은 2기 기본조직을 형성하는데, 그 배열은 1기 조직의 배열과 거의 동일하다. 이들 식물은 섬유 때문에 나무 같고, 해마다 통도 능력이 커지고 견고성이 더해져서 분지가 가능해진다.

특이한 1기 생장

야자나무는 그 나무줄기가 진정쌍떡잎식물이나 침엽수처럼 끝이 점점 가늘어지지 않고 가지를 치지 않는다는 점에서 특이하다. 야자나무의 줄기는 모두 1기 조직이고, 기본조직에 고루 분포하는 관다발들을 포함한다. 각 관다발은 1기 물관부와 1기 체관부로만 구성되고, 모두 지상부 정단분열조직에서 유래된다(**그림 8-34**). 관다발형성층은 전혀 발달하지 않고, 진정한 목부와 2기 체관부

그림 8-32 조슈아트리인 단엽유카(*Yucca brevifolia*)는 백합과의 수지상(arborescent) 외떡잎식물이다. 비록 특이한 유형이기는 하지만 이 식물은 2기 생장을 하기 때문에 나무줄기의 통도 능력이 증가하고, 판다누스(screwpine)에 필요한 막뿌리가 없어도 가지를 치고 잎의 수를 늘릴 수 있다.

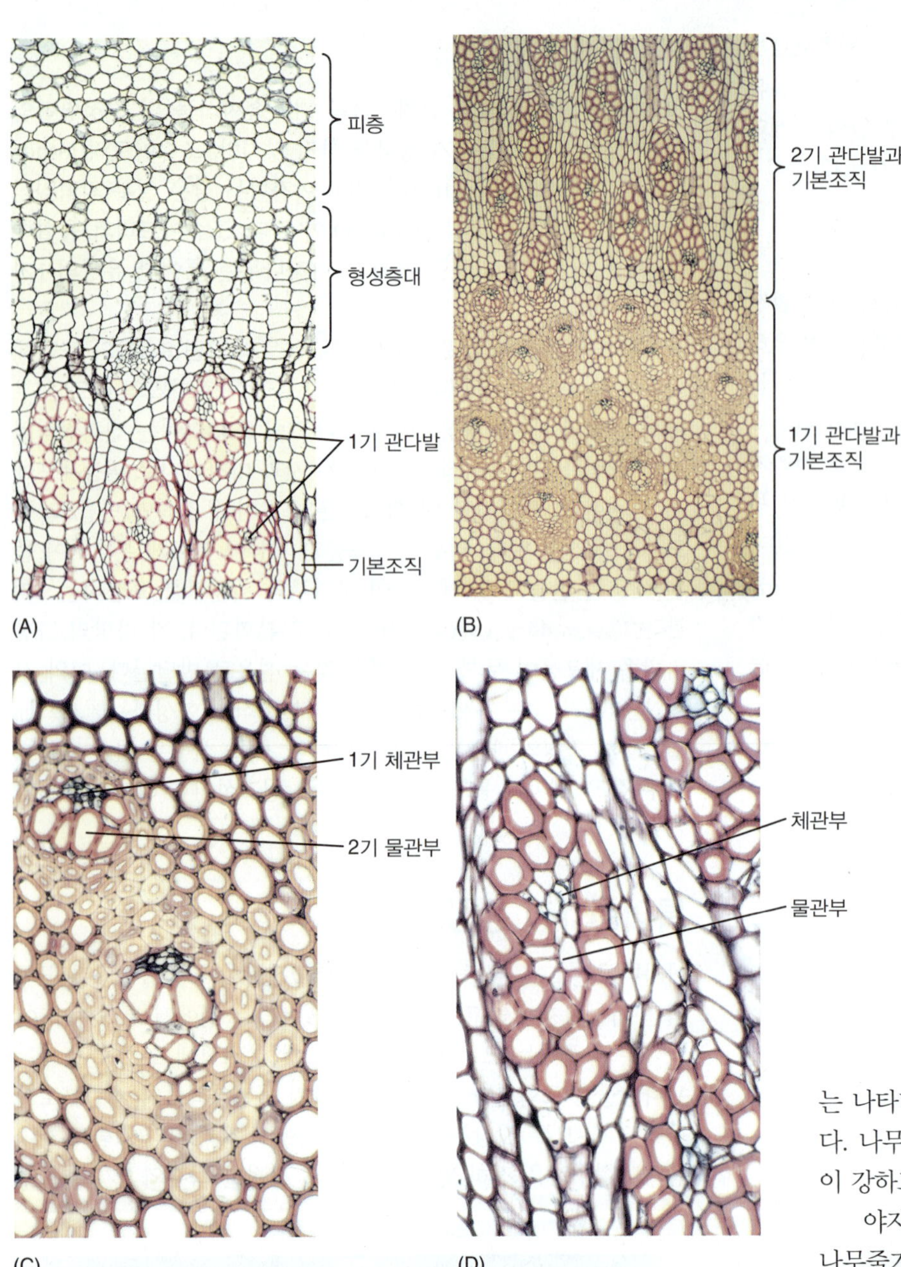

그림 8-33 수지상 외떡잎식물의 2기 생장. **(A)** 관다발 형성층 부위의 넓은 띠와 미성숙한 2기 기본조직들을 볼 수 있다. 관다발은 2기 관다발이고, 2기 피층도 형성되었다(×50). **(B)** 줄기의 안쪽 부분. 1기 관다발과 1기 기본조직이 아래에 있고 2기 관다발이 위쪽에 있다(×15). **(C)** 1기 관다발(×50). **(D)** 2기 관다발(×50).

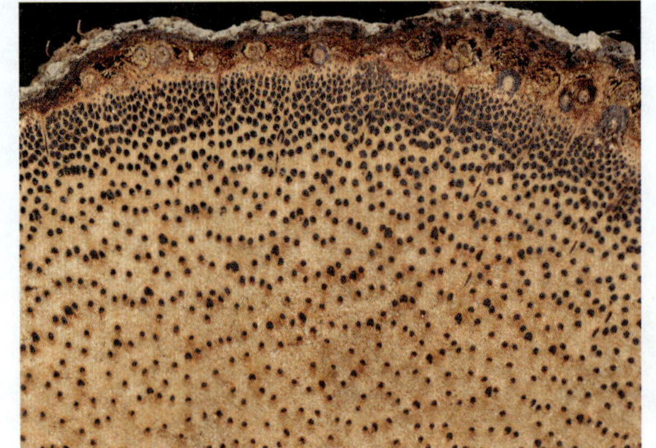

그림 8-34 야자나무는 외떡잎식물이므로 목부보다는 관다발을 많이 갖고 있다. 이 커다란 야자나무 줄기는 수백 개의 관다발을 갖는데, 가장 바깥쪽의 매우 진한 관다발은 섬유로만 구성되고 물관부나 체관부가 없다. 이 사진은 수명의 약 1/4인 크기이다.

는 나타나지 않으며, 나무줄기는 방사상으로 자라지 않는다. 나무줄기는 단단하고 나무 같은데, 그것은 각 관다발이 강하고 굵은 섬유의 다발초로 둘러싸이기 때문이다.

야자나무의 유식물은 잎이 완전히 달리지 않고 넓은 나무줄기를 갖지도 않는다. 그 생애의 처음 몇 년 동안에 야자나무의 줄기가 차츰 굵어지고 잎의 수가 늘어난다. 이러한 일은 2기 생장 없이 일어나는데, 왜냐하면 유식물의 시기에 야자나무는 짧은 줄기의 기부에서 많은 막뿌리들을 만들기 때문이다. 각 뿌리는 추가의 관다발을 더해주고, 각각의 새로운 뿌리의 위에 있는 줄기 부분은 그 뿌리가 달린 아래 부분보다도 훨씬 많은 관다발을 가질 수 있게 된다. 예를 들어, 줄기의 어느 지점에 100개의 관다발이 있고, 이 지점의 바로 위에 각각 8개의 다발을 갖는 막뿌리가 5개 만들어진다면, 그 뿌리의 위쪽 줄기는 140개의 관다발을 갖는 셈이 된다. 이렇게 야자나무에서 너비가 증가하고 막뿌리들이 추가되는 과정을 **확립생장(establishment growth)**이라고 부르며, 이는 1기 생장의 일종이다. 어떤 지점에서 이러한 과정이 멈추게 된다. 더 이상 새로운 막뿌리들이 생기지 않고, 통도 능력은 식물의 수명 동안 고정된다. 이와 동일한 유형의 1기 생장이 둥근줄기와 비늘줄기 같이 매우 넓은 줄기를 갖는 다른 외떡잎식물에서도 나타난다.

박스 8-4 목재의 생장에 대한 생각

나무들과 그 목재의 생장은 어쩌면 여러분이 이해하기 어려운 가장 복잡한 유형의 생장일 수 있지만, 실제로는 그렇게 어렵지 않다. 복잡한 물체를 입체적으로 그리는 상상력을 이용하고, 그 물체가 자라는 것을 관찰한다고 상상해 보자. 먼저 그 어떤 잎이나 꽃이나 열매가 없는 나무를 마음속으로 그려 보자. 이제 모든 목질부에서 나무껍질을 제거하고 나서 모든 목부, 즉 표피가 있는 가지나 뿌리끝을 제외한 일체의 나무줄기와 가지 그리고 뿌리에 페인트를 칠한다고 상상하자. 만약 여러분이 이를 제대로 상상하였다면 여러분 앞에는 어디가 관다발형성층인지 나타내는, 페인트가 계속 이어지는 하나의 코트가 놓여 있을 것이고, 각각 정단분열조직을 갖는 수천 개의 가지끝과 뿌리끝이 있을 것이다. 나무에서 활성을 띠는 모든 분열조직이 이제 여러분의 상상 속에 있게 된다. 곁눈과 뿌리원기는 비활성이지만 여러분의 머리에서 이들 역시 활성을 띤다고 생각하자. 그렇지만 이들은 오로지 가지와 뿌리끝에만 있고, 목질부분에는 없다는 점을 잊지 말자.

그 이미지를 마음에 품고, 이제는 여러분이 빵을 만든다고 상상하고 효모세포를 물과 밀가루와 혼합한 다음 효모세포가 반죽에 고루 섞일 때까지 치댄다고 생각해 보자. 각 효모세포가 물과 영양소를 흡수하고 나면 팽창하고 분열하며, 각 딸세포는 이 과정을 반복한다. 반죽의 모든 부분에 살아 있는 세포들이 고루 들어 있고 이들 모두 같은 속도로 생장한다. 이는 분산생장(diffuse growth)이며, 만약 중력이 없는 우주정거장에서 이렇게 빵을 만든다면 반죽의 공은 완전한 구체로 자라서 모든 방향으로 동일하게 커질 것이다.

식물은 국소생장(localized growth)을 하며, 모든 살아 있는 가지와 뿌리의 끝에 분열하는 세포들의 작은 더미인 줄기정단분열조직과 근단분열조직이 있다. 이들 분열조직은 국소생장을 한다. 만일 분열조직이 모든 방향으로 똑같이 자라는 빵 반죽처럼 자란다면 줄기와 뿌리는 결국 막대사탕 같이 될 것이다. 그러나 기존의 줄기나 뿌리조직 바로 옆에 있는 모든 분열조직세포들은 다른 분열조직세포들과 전혀 다르게 행동한다. 이들 세포는 분열하면서 점점 작아지고 마침내 분열을 정지하여 분열조직의 일부로 계속되는 것이 아니라 새로운 줄기나 뿌리의 부분이 된다. 만약 모든 분열조직세포들이 분열속도가 느려져서 줄기나 뿌리의 세포들이 된다면 줄기 또는 뿌리는 생장을 멈추고 무한생장을 하지 않게 된다. 어떤 분열조직세포들은 생장하는 줄기나 뿌리에 추가되는 반면, 이와 동시에 어떤 분열조직세포들은 계속 분열조직세포로 남게 되는 것이 중요하다.

다행스럽게도 우리들 자신의 털(머리카락), 손발톱 그리고 피부는 이와 비슷하게 국소생장을 한다. 그 한 예로 우리의 머리카락 한 올의 생장을 생각해 보자. 털주머니(모낭)의 기부에 있는 작은 모세혈관이 털세포들이 살아 있고 분열하는 구역인 털줄기(모축)의 기부에 물과 양분을 가져다준다. 털의 '분열조직' 세포들이 영양소를 흡수하여 자라고 분열한 다음, 다시 이 과정을 반복한다. 털줄기에 가장 가까이 있는 분열하는 세포들(과 모세혈관에서 가장 멀리 떨어져 있는 세포들)은 서서히 분열을 멈추고, 대신에 죽은 털세포로 분화한다. 시간이 지나면서 털의 분열조직세포들이 털줄기의 기부에 추가되고 원래의 세포들은 위쪽으로 밀려간다. 우리들의 털 각각은 그 맨 아래 부분에서 자라고 털주머니의 바깥쪽으로 밀려 올라간다. 개개 털의 가장 바깥쪽 끝은 가장 오래된 부분이고, 따라서 대부분 끝이 갈라지며, 털의 맨 아래 부분은 가장 최근에 만들어진 것이다. 우리들의 털은 나무 목재에서 볼 수 있는 생장테를 갖지 않지만, 각 털의 바깥쪽 끝은 오래되었고 안쪽 끝은 훨씬 어린 것이다. 머리를 염색하거나 탈색한 사람들이 겪는 문제를 생각해 보라.

분산생장이 아니라 국소생장이라면 분열조직의 위치가 중요하다. 뿌리와 줄기에서는 분열조직이 가장 바깥쪽 부분인 끝에 위치하므로, 분열조직이 생성하는 뿌리나 줄기에 의해 정단분열조직은 식물체로부터 밀려난다. 그러나 사람의 털은 분열하는 세포들이 털의 맨 아래 부분에 위치하고, 이들은 기저분열조직(basal meristem)이면서 계속 같은 장소에 있고, 새로운 세포들이 첨가됨에 따라 움직이게끔 강요당하는 것은 털 그 자체이다. 우리들의 피부와 손톱도 마찬가지다. 피부는 가장 안쪽의 기저층이 살아서 분열하는 세포들을 포함하는 반면에 우리가 볼 수 있는 바깥쪽은 죽은 세포들이다. 손톱의 경우, 우리가 볼 수 있는 것은 오로지 죽은 손톱세포들인데, 매니큐어를 바른 다음에 손톱의 기부로부터 밀려나오는 새롭고 신선하며 매니큐어를 칠하지 않은 죽은 손톱세포들이 손톱의 맨 아래 부분으로부터 밀려 올라가는 것을 관찰하면 실제로 손톱 밑의 '생살(quick)'인 기부로부터 밀려나가는 세포들을 볼 수 있다.

이 책의 주제 가운데 하나가 대안과 결과에 관해 생각하는 것임을 상기하자. 저자는 지금부터 존재하지 않는 대안적 생장 방법에 대해 설명하고자 한다. 이는 이론적 대안일 뿐이고, 우리가 아는 한 결코 진화하지 않은 방법이다. 서로 등을 맞대고 있고 진정한 관다발형성층의 모양과 비슷하게 속이 빈 원통처럼 생긴 2개의 관다발형성층을 갖고 있는 어떤 나무를 상상해 보자. 안쪽의 형성층은 '목부형성층(wood cambium)'일 수 있다. 그 세포들이 분열하고, 기존의 목부에 가장 가까운 안쪽 세포들은 새로운 목부세포로 분화하게 된다. 이 목부형성층을 정단분열조직이라고 말할 수 있는데, 그것은 형성층이 생성되는 목부의 꼭대기에 있고, 그 안쪽에 목부가 축적되면서 바깥쪽으로 밀려가기 때문이다. 이 목부형성층은 아주 작은 점 대신에 원통이 된다는 점을 제외하면 줄기정단분열조직과 아주 비슷하고, 나무 전체로 볼 때 첫 단락에서 우리가 상상한 페인트의 모양을 갖게 된다. 목부형성층의 바깥쪽에는 바로 우리의 가상적인 '체관부형성층(phloem cambium)'이 있다. 그 모든 세포들이 생장하고 분열하며, 성숙한 체관부에 가장 인접한 세포들은 새로운 체관부세포로 분화되고, 체관부형성층의 나머지 세포들은 체관부형성층으로 계속 남는다. 우리들의 피부와 손톱 그리고 털을 만드는 세포와 비슷하게 분열조직의 세포들은 깊숙이 밀려들어갈 수 없고, 대신에 새로운 조직들이 밀려나간다. 따라서 우리들의 가상적인 체관부형성층은 기저분열조직이고, 마치 우리들의 머리카락과 손톱이 바깥쪽으로 밀려나가듯이 새로운 체관부들이 바깥쪽으로 밀려간다. 가상적이고 존재하지도 않는 이 모델에서 나무는 '정단(apical)' 목부형성층 때문에 폭이 넓어지면서 생장하고, 그 '기저(basal)' 체관부형성층은 서로 등을 맞대고 놓여 있다.

사소한 문제는 새로운 세포들이 목부에 추가됨에 따라 목부가 점점 두꺼워지고, 따라서 그 둘레도 늘어나고 표면적이 증가하는 것이다. '목부형성층'과 '체관부형성층'이 목부의 표면에 있기 때문에 이들 두 형성층도 반드시 커져야 한다. 이를 이해할 수 있는 비근한 예가 있다. 신생아 주변에서는 극도로 조심해야 하는데, 그것은 아기의 머리뼈(두개골)를 이루는 5개의 뼈판(bony plate)이 아직 단단하게 굳지 않았기 때문이다. 이 뼈판들은 각 뼈 조각들이 인접한 뼈와 만나는 가장자리인 봉합(suture)에서 계속 자란다. 아기의 뇌가 자라면서 머리뼈도 커지고, 각 뼈판 사이의 봉합에서 새로운 세포들이 뼈판의 가장자리에 추가된다. 각 뼈판의 가장자리를 따라 분열하는 세포들의 '분열조직'에서 새로운 세포들을 각 판에 추가하면서 아기 머리뼈의 뼈들은 점점 커진다. 그리고 각각의 판이 차츰 커짐에 따라서 그 둘레도 점점 커지는데, 가장자리의 '분열조직'은 반드시 커지고 반드시 길어져야 한다. 이는 자라는 원통의 표면을 덮는 분열조직에서도 마찬가지다. 각 뼈판 테두리의 모든 부분이 분열하는 세포들로 완전히 덮이고 따라서 각 뼈판이 가장자리를 따라 어디나 생장할 수 있도록 아기의 머리뼈는 새로운 '분열조직'을 충분히 제공한다.

이제 다시 나무로 돌아가 보자. 서로 등을 맞대고 있는 2개 분열조직이 아니라 오직 한 층의 세포들이 1개의 분열조직인 관다발형성층을 이루고 있다. 그 세포들이 분열하면서 안쪽의 세포들은 때때로 분열을 멈추고 목부로 분화하며, 바깥쪽의 세포들도 가끔 분열을 멈추고 체관부가 된다. 두 가지 상황에서 어떤 세포들은 분열을 계속하여 분열조직세포로 작용한다는 점이 매우 중요하다. 새로운 세포들이 목부에 추가되면 목부 표면의 둘레가 증가하기 때문에 그리고 형성층이 목부를 꽉 누르고 있기 때문에 형성층의 둘레도 반드시 늘어나야 한다. 형성층에게는 두 가지 선택이 있다. 형성층의 세포가 가끔 형성층 내에서 나란히 놓이는 두 딸세포가 만들어지게끔 분열하고, 이 딸세포들은 목부나 체관부로 바뀌지 않는다. 이 경우, 형성층 자체가 자라고 보다 많은 세포를 갖게 된다. 매우 빈번하게 이렇게 함으로써 아무리 목부원통(wood cylinder)의 폭이 넓어져도 그리고 제아무리 그 둘레가 늘어나도 형성층은 목부원통을 완전히 덮는 충분한 세포를 갖게 된다. 그렇지 않으면 새로운 형성층세포를 만들게끔 분열하지 않고 형성층세포가 확대되어 점점 커다란 세포가 된다. 그러나 나무가 계속 자라면 형성층세포도 자랄 필요가 있고, 어느 시점에는 살아서 분열하는 세포로 남기에는 너무나도 커다란 크기에 도달하게 될 것이다. 그 시점이 되면 세포분열이 멈추게 되고, 그 이후에는 나무의 너비가 더 이상 증가하지 않는다. 이러한 유형의 형성층이 실제로 식물의 일군인 봉인목(*Sigillaria*)의 종들에서 나타났으며, 봉인목 나무줄기의 폭은 매우 넓지 않았다.

요약하자면, 목본의 지상부와 뿌리는 국소생장의 일종인 정단생장에 의해 새로운 세포들이 그 끝에 추가되면서 차츰 길어진다. 목질의 지상부와 뿌리는 오직 한 층의 세포들인 단일한 관다발형성층의 작용을 통해 점점 폭이 넓어지고, 그 형성층은 안쪽에 물관부를 그리고 바깥쪽에 체관부를 만들며, 아울러 새로운 형성층세포들도 만든다. 해마다 나무줄기나 가지 또는 뿌리가 차츰 길어지면서 관다발형성층의 새로운 구획들이 분화되어야 하며, 새로운 형성층은 기존의 형성층에 들러붙고, 다음해에는 이런 과정이 반복된다. 어떤 시간에서도 나무는 오직 하나의 형성층을 갖는다.

나무들이 어떻게 자라는지를 이해하려고 할 때 우리들의 뼈와 너무 많이 비교하지 않는 것이 중요하다. 우리는 목부를 나무의 '뼈대(skeleton)'라고 간주하거나, 사람의 뼈가 인체를 지지하고 강화하는 것처럼 목부가 나무를 지지한다고 여긴다. 그러나 사람의 뼈는 살아 있는 세포들로 구성되고, 그 대부분은 인산칼슘의 층으로 둘러싸여 있다. 목화된 2차벽을 가진 목부세포 같을 수 있겠지만, 뼈세포는 살아 있고 자신을 개조할 수 있으며, 뼈는 특정한 곳으로부터 끊임없이 어떤 세포들을 받아들이고, 다른 곳으로 다른 세포들을 추가하며, 특히 여성의 경우에서는 칼슘을 개조한다. 우리들의 몸이 세포들과 인산칼슘을 재조정할 수 있기 때문에 부러진 뼈를 이어 맞추면 치유될 수 있지만, 꺾어진 가지의 목부는 결코 치유되지 않는다. 형성층이 살아 있다면 일부 새로운 목부가 그 주변에 쌓이기도 하지만, 부러진 조각들은 결코 치유되지 않는다. 아울러 사람의 키가 커지는 것과 나무의 높이가 증가하는 것을 비교하지 말자. 사람의 키가 점점 커지면 뼈의 끝이 끊임없이 재성형되고 개조된다. 뼈의 끝에 새로운 세포들이 추가되고 오래된 세포들은 제거된다. 이런 일이 식물에서는 결코 일어나지 않는다. 이미 존재하는 목부의 위쪽 끝이나 아래쪽 끝에 새로운 목부세포가 결코 추가되지 않는다. 대신에 목부는 관다발형성층을 통해 폭이 늘어나면서 자랄 따름이다. 가지나 나무줄기는 단지 정단분열조직이 가지의 새로운 구획을 만들기 때문에 점점 길어지는 것이고, 어느 시점에 새로운 목부를 만들기 시작하려는 형성층의 새 부분이 만들어지며, 이 새로운 형성층은 오래된 형성층의 끝에 들러붙는다.

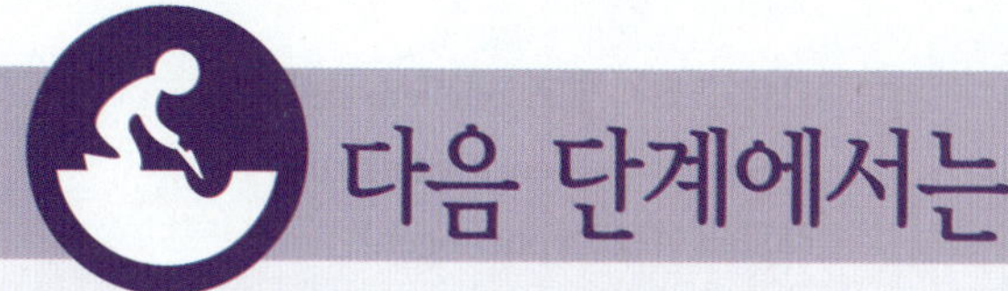

다음 단계에서는

1. **목재의 생태.** 물관의 지름과 수, 섬유벽의 두께와 목질화, 헛물관의 존재 여부, 그리고 천공판의 변형에서 나타나는 변화에 의해 여러 다른 유형의 목재가 진화하였다. 이들 요인의 각각은 식물이 특정 생태계에 적응하는 방식에 영향을 미친다. 저자는 칼퀴스트(S. Carlquist)의 『목재 진화의 생태적 전략(*Ecological Strategies of Xylem Evolution*)』(1975년, University of California Press)을 추천한다.
2. **목재의 아름다움.** 예술가들이 그릇, 쟁반, 상자 및 가구 같이 아름다운 물건을 만드는 데 많은 종류의 목재가 이용되었다. 인터넷으로 검색하면 많은 흥미로운 품목들을 볼 수 있다. 저자는 미지의 목재 시료를 식별하려는 사람들을 위한 훌륭한 안내서로 브루스 호들리(R. Bruce Hoadley)의 『간단한 도구로 정확한 결과를 얻는 목재의 식별(*Identifying Wood: Accurate Results with Simple Tools*)』(1990년, Taunton Press)을 추천한다. 아울러 이 책에는 많은 장인들의 목재도 묘사되어 있다. 두 번째로 추천할 책은 슈바인그르베르 등(F. H. Schweingruber, A. Börner, and E.-D. Schulze)의 『목본 줄기의 도해서: 진화, 구조 및 환경변형(*Atlas of Woody Plants Stems: Evolution, Structure, and Environmental Modifications*)』(2011년, Springer Verlag)이다. 이 책에는 목재의 구조와 목재를 만드는 식물에 대한 수백 장의 확대사진과 현미경사진들이 수록되어 있다. 대단히 훌륭하다. 거의 모든 공예전시회에서는 사람들이 아름다운 목재로 제작된 물품들을 팔고 있다. 그런 물품들을 만드는 데 이용된 목재를 식별할 수 있는지 면밀히 살펴보고, 알 수 없다면 공예가에게 물어보자.
3. **재목과 화학물질의 원천인 목재.** 목재는 재목, 종이, 그리고 수지(resin)와 테레빈유(turpentine) 같은 화학물질의 원천으로 대단히 유용하다. 목재는 피아노와 바이올린 등의 악기의 소리에 필수적이다. 목재는 톱으로 켜고, 깎아 내고, 잘라서 톱밥을 만들고, 붙이고, 구부리고, 그 밖에 많은 방법으로 취급할 수 있다. 이들 과정의 일부는 현대적이고, 다른 과정들은 아주 오래 되었지만, 이들 모두 목재를 보다 깊게 이해하는 데 도움이 된다. 거의 모든 경우에 있어서 나무 조각의 구조는 그 조각이 특정한 물건을 만드는 데 있어서 적합한지 아니면 쓸모가 없는지를 결정한다.

요약

1. 정단분열조직에 의해 생성되는 세포와 조직은 1기 조직이고, 관다발형성층과 코르크형성층에 의해 만들어지는 세포와 조직은 2기 조직이다.
2. 관다발형성층은 2기 물관부와 2기 체관부의 길쭉한 세포들을 만드는 방추형 시원세포와 방사조직세포를 만드는 방사조직 시원세포를 포함한다.
3. 2기 물관부는 1기 물관부와 동일한 유형의 세포들을 포함하지만, 그 배열이 다르다. 춘재와 추재의 생장테가 대개 나타난다.
4. 오래된 나무줄기나 가지 또는 뿌리에서는 중심의 물관부가 말라 있고 유조직이 죽은 심재이다. 바깥쪽의 어린 물관부는 물을 나르는 데 관여하고 그 유조직이 살아 있는 변재이다.
5. 코르크형성층은 내성이 강한 코르크세포를 만들며, 코르크와 모든 외부의 조직들은 방어용 외수피이다. 껍질눈은 산소가 기관들에 확산되도록 도와준다.
6. 야자나무는 수많은 관다발에 많은 섬유들이 들어 있기 때문에 목본처럼 보인다. 다른 어떤 외떡잎식물들은 관다발형성층이 2기 관다발을 만드는 이상 2기 생장을 한다.

중요한 용어

1기 조직(primary tissue)
2기 관다발(secondary vascular bundle)
2기 물관부(secondary xylem)
2기 조직(secondary tissue)
2기 체관부(secondary phloem)
경재(hardwood)
계층 형성층(storied cambium)
관다발형성층(vascular cambium)
껍질눈(피목, lenticel)
나무껍질(수피, bark)
나이테(annual ring)
목부(목재, wood)
방사계(radial system)
방사조직(ray)
방사조직 시원세포(ray initial)
방사헛물관(ray tracheid)
방추형 시원세포(fusiform initial)
변재(sapwood)
병층벽(periclinal wall)
비층상 형성층(nonstoried cambium)
산공[재](diffuse porous)

생장테(growth ring)
수층벽(anticlinal wall)
심재(heartwood)
연재(softwood)
유도체관부(induced phloem)
이상재(reaction wood)
전충체(tylosis)
주축계(axial system)
주피(periderm)
추재(late wood)
춘재(early wood)
코르크세포(cork cell)
코르크조직세포(phellem cell)
코르크형성층(cork cambium)
코르크형성층(phellogen)
확립생장(establishment growth)
환공[재](ring porous)

복습 문제

1. 정단분열조직에 의한 생장은 앞에서 설명하였다. 목본에서는 2개의 다른 분열조직인 ______________과 ______________으로부터 줄기와 뿌리에 추가의 조직이 만들어진다. 새로운 조직들은 ______________(______________)와 ______________(______________와 ______________)이다. 이들은 2기 조직이며, 이들이 식물의 2기 식물체를 구성한다.
2. 목본 가운데 수목(tree)과 관목(shrub)의 예를 최소한 세 가지씩 이름을 대시오.
3. 많은 초본이 여러 해 동안 산다. 이들 식물은 1년차 줄기가 갖는 제한된 통도 능력의 병목현상에 어떻게 대응할까?
4. 2기 생장은 어떤 식물집단에서 나타났는가? 2기 생장이 나타나지 않은 식물집단은?
5. 나무줄기의 반지름이 20 cm인 나무에서 0.5 cm 두께의 새로운 목부층을 만들었다고 상상해 보자(새로운 목부의 외부 반지름이 20.5 cm이고, 내부 반지름이 20 cm이다). 새롭게 생긴 목부층의 단면적은 어떻게 되나(단면적 = 파이 × 반지름^2)? 개개의 잎이 목부 0.1 cm^2의 통도 능력을 필요로 한다고 가정하면, 이 나무는 몇 개의 잎을 가질 수 있나? 만약 이 나무가 다음해에 또 다시 0.5 cm 두께의 목부를 만든다면, 다음해에는 얼마나 많은 잎을 가질 수 있게 될까(목부가 물을 2년이 아니라 단지 1년 동안만 통도한다고 가정하자)?
6. 목본은 거의 언제나 다년생 식물이고 보통 여러 해 동안 산다. 이들이 갖는 이점을 적합한 자리를 차지한 식물의 능력과 관련하여 설명하시오. 이들의 불리한 점을 오랜 기간 병원체와 혹독한 환경에서의 생존과 관련하여 설명하시오.
7. 진화에 의해 2기 생장이 생겨난 것은 어려운 일이었음이 틀림없다. 관다발식물이 존재한 4억 2천만 년의 기간에서 2기 생장은 몇 차례 생겨났을까? 이들 진화계열 가운데 몇 집단이 멸종되었을까?
8. 관다발 안에서 생기는 관다발형성층의 이름은 무엇인가? 관다발 사이에서 생기는 관다발형성층의 이름은? 이 두 가지가 형성된 다음, 관다발형성층의 모양은 어떻게 될까? 나무줄기나 뿌리의 아래위로 나란히 정렬한 일련의 띠가 될까, 아니면 완전한 원통이 될까?
9. 봄철에 생장하는 나무를 상상해 보자. 지난해에 존재한 모든 목질부는 관다발형성층을 가졌지만, 새로 생긴 모든 가지는 관다발을 갖고 1기 생장만을 하였다. 이들 가지에는 언제 관다발형성층이 만들어질까? 이 관다발형성층은 오래전에 생긴 관다발형성층과 연결될까, 아니면 분리된 채로 남을까? 어떤 일이 일어날지 설명하시오.
10. 그림 8-3은 복잡하게 보이지만 쉽게 이해할 수 있다. 그림 8-3B는 나무줄기를 보여주고, 금년이 4년차 생장이 된다. 그림 8-3B 맨 아래 부분의 횡단면에서 몇 층(생장테)의 목부를 볼 수 있을까(정답 하나에 동그라미를 치시오: 1, 2, 3, 4)? 그림 8-3B 꼭대기 부분의 횡단면에서 금년에 생긴 목부의 테를 볼 수 있을까? 다음해 연말에 목부의 한 층이 나타날까? 속(pith)과 1기 물관부가 나타나지 않는 횡단면이 있을까, 즉 목부의 형성에 의해 속과 1기 물관부가 사라지거나 파괴될까? 그림 8-3B 꼭대기 부분의 오른쪽에서 오렌지색 층을 '원시관다발조직'이라고 표시하였는데, 중앙의 오른쪽과 맨 아래의 오른쪽 그림에서는 이 층을 무엇이라고 표시하였나?
11. 관다발형성층에 있는 세포들의 두 가지 유형은 무엇인가? 어느 한 유형이 다른 유형으로 전환될 수 있을까?
12. 그림 8-6을 살펴보자. 그림 (A)는 방추형 시원세포의 하반부를 보여주고(사실상 대부분의 방추형 시원세포는 이 그림보다 훨씬 크다), 그림 (B)는 같은 세포가 분열한 다음에 딸세포 중 하나가 물관부세포로 발달한 것을 보여준다. 그림 (A)에서 그림 (B)로 넘어갈 때 방추형 시원세포가 병층벽을 따라 분열하였나, 아니면 수층벽을 따라 분열하였나? 그림 (D)는 동일한 방추형 시원세포가 분열하여 이번에는 두 번째 세포가 체관부세포로 발달한 것을 나타낸다. 여기서 만들어진 체관부세포는 방추형 시원세포의 병층분열에 의한 것인가, 아니면 수층분열에 의한 것인가? 그림 (F)는 방추형 시원세포가 분열하여 두 번째 방추형 시원세포가 만들어지는 것을 나타낸다. 이 분열은 수층벽을 따라 일어난 것인가, 아니면 병층벽을 따라 일어난 것인가?
13. 방추형 시원세포는 유세포인가, 후각세포인가, 아니면 후벽세포인가? 이 세포에 들어 있는 것은 엽록체인가, 잡색체인가, 아니면 전색소체인가?
14. 그림 8-8을 살펴보자. 여기에는 관다발형성층이 보이지 않는

다. 관다발형성층은 현미경 사진의 맨 위보다 더 위쪽에 있고, 여러분은 오직 6줄의 목부 세포들을 볼 수 있다. 이 사진에서 볼 수 있는 목부를 만드는 데 얼마나 많은 방추형 시원세포가 관여하였을까? 어느 한 줄에 있는 모든 세포를 살펴보자. 그 줄의 모든 세포가 하나의 방추형 시원세포의 분열에 의해 만들어졌을까, 아니면 여러 다른 방추형 시원세포의 분열에 의해 만들어졌을까?

15. 방추형 시원세포와 비교하여 방사조직 시원세포가 보다 길까, 아니면 짧을까? 방사조직 시원세포가 병층분열과 수층분열을 모두 할 수 있을까, 아니면 병층분열만을 할까, 아니면 수층분열만을 할까?
16. 방사조직 시원세포는 함께 짧은 수직의 열로 무리를 짓는데, 이 열은 하나의 세포(______________________________), 2개의 세포(______________________________) 또는 많은 세포(____________________________)로 이루어진다.
17. 맞는가 틀리는가?: 일반적으로 관다발형성층은 방추형 시원세포로만 되거나 또는 방사조직 시원세포로만 된 커다란 부위를 결코 갖지 않는다.
18. 관다발형성층의 내부에 만들어지는 세포 중 얼마가 목부라고 부르는 2기 물관부로 발달할까, 모든 세포의 절반 미만일까, 정확히 절반일까, 아니면 절반 이상일까?
19. 크리스마스트리 같은 침엽수의 겉씨식물에서, 방추형 시원세포에 의해 만들어지는 세포들인 주축계에는 어떤 종류의 세포들이 나타나고, 어떤 세포들이 매우 드물게 나타날까(힌트: 표 8-2)? 구과식물의 목재에는 특정한 유형의 세포가 들어 있지 않기 때문에 그 목재를 ____________________라고 부른다. 그 세포들은 무엇인가?
20. 기초속씨식물과 진정쌍떡잎식물에서, 어떤 종류의 세포들이 주축계에서 나타날까? 진정쌍떡잎식물의 방사조직에 들어 있는 유일한 종류의 세포들은 무엇인가? 진정쌍떡잎식물의 목재는 구과식물에 없는 유형의 세포가 들어 있기 때문에 그 목재를 ________________라고 부른다. 그 세포들은 무엇인가?
21. 어떤 종류의 세포들이 방추형 시원세포에서 유래되나? 방사조직 시원세포에서 파생되는 세포들은 어떤 종류들인가? 방사조직 시원세포가 없거나 방추형 시원세포가 없는 관다발형성층이 이론적으로 가능한가?
22. 그림 8-13에 있는 목재를 살펴보자. 그림 (B)에서는 모든 물관이 거의 같은 지름을 갖고 좁은데, 그림 (C)의 목부에서는 일부의 아주 넓은 물관(춘재)과 일부의 좁은 물관(추재)이 나타난다(이 두 가지는 같은 해에 만들어졌다). 정답이 책에 나와 있지 않지만, 이 두 종의 식물은 물의 통도 필요성이 다를 것이라고 생각하는가? 어느 종은 봄철에 비가 많이 내리는 지역에 살고, 다른 종은 연중 비교적 건조한 지역에서 사는 것일까?
23. 생장테란 무엇인가? 춘재와 추재는 어떻게 다른가? 목본의 모든 종이 생장테의 이들 두 단계 간에서 큰 차이를 나타내나?
24. 어떤 사람들은 '나이테'라는 용어 대신에 '생장테'라는 용어를 선호하는데, 그 이유는 무엇인가? 만약 여름이 평소와 달리 춥게 되면 어떤 일이 생길 수 있을까? 그런 일이 캘리포니아 또는 알래스카 중 어디에서 더 자주 일어날 것이라고 생각하는가?
25. 만약 생육기의 초기에 특히 넓은 물관이 만들어지고 나중에는 단지 좁은 물관이 드물게 생긴다면 이를 ________________재라고 부르고, 만일 생장테의 목부에 비슷하게 생긴 물관이 도처에 위치하면 이를 ________________재라고 한다. 각 유형의 세 가지 예를 드시오.
26. 변재가 심재로 전환되면 어떤 변화가 나타날까?
27. 전충체란 무엇인가? 전충체가 형성되면 어떻게 목부에서 곰팡이의 확산을 더디게 하는가? 물을 계속 나르고 있는 물관에는 왜 전충체가 생기지 않을까?
28. 변재의 두께는 목부의 생장테가 과연 얼마나 오래 기능을 할 수 있는지를 암시해 준다. 표 8-3을 살펴보자. 미국개오동의 목부는 얼마나 오래 기능을 할까? 세로티나벚나무와 미국주엽나무의 목부는 어떨까?
29. 2기 물관부와 마찬가지로 2기 체관부가 관다발형성층에서 만들어지기 때문에, 2기 체관부 역시 ____________________계와 ____________________계를 갖는다. 체관부방사조직과 물관부 방사조직은 크기와 모양 그리고 수가 일치하는데, 그 이유는?
30. 나무의 횡단면에서, 가장 오래된 생장테는 바깥쪽 부위인가, 아니면 속(수)에 가까운 부위인가? 가장 오래된 체관부는 나무의 바깥쪽에 가까운 곳인가, 아니면 형성층에 가까운 곳인가?
31. 목질의 줄기나 뿌리의 가장 바깥쪽 조직들이 바깥쪽으로 밀려나고 확장되는 이유는?
32. 코르크세포를 만드는 세포층을 가리키는 전문적인 용어와 일상적 용어가 있다. 그 각각의 이름을 대시오.
33. 주피는 최소한 두 종류의 세포로 구성되고, 때때로 세 번째 종류의 세포가 나타난다. 이들 세 가지 종류의 세포들은 무엇인가?
34. 주피의 층은 왜 일시적으로만 보호 기능을 하나? 식물이 새로운 층의 코르크형성층을 만들 때, 이 새로운 층이 약해진 주피의 바깥쪽에 놓일까, 아니면 그 안쪽의 2기 체관부 깊숙이 만들어질까?
35. 어느 조직에서 첫 번째 코르크형성층이 만들어지나? 보통 언제 이 형성층이 생기나? 어느 조직에서 나중에 코르크형성층이 생길까?
36. 제라늄은 초본인가, 아니면 목본인가? 제라늄은 나무껍질을 전혀 만들지 않을까(힌트: 그림 8-23)?
37. 와인 병마개와 코르크판에 이용되는 코르크를 생산하는 식물은 소나무, 참나무, 단풍나무, 유칼리나무 중 어느 것인가, 아니면 이들 외의 다른 나무인가(힌트: 그림 8-25)?
38. 껍질눈의 기능은 무엇인가? 세포간극은 이 기능에서 어떤 중

요성을 갖는가?

39. 뿌리가 목부와 나무껍질을 만드나, 아니면 이들 2기 조직은 줄기에만 있는 것인가?
40. 고구마 뿌리의 이상 2기 생장을 설명하시오. 이와 같은 2기 생장의 이례적인 방법이 갖는 선택이익은 무엇인가?
41. 유도체관부의 형성을 설명하시오. 그림 8-30A에 있는 이레시네속(*Iresine*)의 유도체관부가 어떻게 물관부에 의해 둘러싸이게 되었나?
42. 조슈아트리(Joshua tree)와 용혈수(dragon tree) 같은 외떡잎식물의 2기 생장을 설명하시오. 2기 관다발은 무엇인가?
43. 야자나무 유식물의 생장을 설명하시오. 그 생애의 처음 몇 년 동안은 야자나무의 줄기가 차츰 굵어지지만 이러한 일은 2기 생장 없이 일어나는데, 이런 일이 어떻게 가능할까? 개개의 막뿌리들이 무엇인가를 추가한다. 그것은 무엇인가? 만약 야자나무 줄기가 100개의 관다발을 갖고, 각각 8개의 다발을 갖는 막뿌리가 새로 5개 만들어진다면, 그 막뿌리의 위쪽 줄기는 얼마나 많은 관다발을 갖게 될까? 이들 막뿌리보다 위쪽의 줄기는 더 넓을까, 아니면 더 좁을까?
44. 붓꽃 같은 외떡잎식물이 어떻게 갈라지고 잎의 수가 늘어날 수 있을까? 지상부가 막뿌리를 갖는 뿌리줄기라는 사실이 중요할까? 이 지상부의 한쪽 끝에서 다른 쪽 끝으로 물이 운반될까?
45. 나이테를 분석하는 학문을 무엇이라 부르는가? 이 분야가 과거의 기후를 연구하는 데 어떻게 이용될까? 고대의 건축물이 언제 세워지고 고대의 배들이 언제 만들어졌는지 연대를 측정하는 데 어떻게 이용될까?
46. 나이테 분석에서, 유동적 순서란 무엇인가? 북아메리카와 유럽에서는 나이테의 정확한 연대를 측정할 수 있는데, 중동 지역의 나이테 순서는 왜 유동적인가? 기원전 1628년에 일어난 화산 분출이 왜 그토록 중요한가? 여러분은 북아메리카 나이테 순서 중의 이상한 나이테가 북아메리카의 화산 분출에 의해 생겼고, 중동 지역의 이상한 나이테는 다른 연도에 다른 현상에 의해 야기된 것일 가능성이 있다고 생각하는가? 만약 그렇다면, 유동적 순서는 신빙성이 있는 것인가?

CHAPTER 9

꽃과 생식

학습 목표

이 장을 읽은 다음, 학생들이 할 수 있는 것은;

- 식물 무성생식의 장점과 단점을 논한다.
- 무성생식의 한 가지 방법을 설명한다.
- 식물 유성생식 주기에서 나타나는 구조들을 식별한다.
- 꽃의 네 가지 부속체를 열거한다.
- 소배우지체와 대배우지체를 설명한다.
- 배젖의 발생을 논한다.
- 배발생 단계의 이름을 댄다.
- 타가수분, 자가수분, 풍매수분과 동물에 의한 수분을 대조한다.
- 꽃차례의 장점과 단점을 설명한다.
- 열매를 분류하는 방법을 설명한다.

알고 있나요?

- 꽃에는 속씨식물이 유성생식을 하는 데 필요한 기관과 조직들이 들어 있고, 침엽수의 구과는 이에 상당하는 구조이다.
- 유성생식에 덧붙여 많은 식물들이 무성생식을 하여 자신의 클론인 자손을 만든다.
- 씨는 언제나 열매나 구과 안에서 만들어지고 예외는 없다(황갈색으로 보이는 딸기의 '씨'는 각각 하나의 진정한 씨가 들어 있는 열매이고, 빨갛고 달콤한 조직은 '헛열매'이다).
- 꽃가루립은 완전한 식물이다. 세포는 십여 개 미만이고, 잎도 없고, 뿌리도 없고, 줄기도 없지만, 꽃가루립은 사실상 완전한 식물이다.

개요

장의 첫 이미지: 작은 야생 겨자의 건과인 꼬투리이다. 겨자에서는 개개의 열매가 얇은 격벽을 갖고, 씨는 가장자리를 따라 붙는다. 여기에서는 꼬투리가 벌어져서 씨들이 자유롭게 되었는데, 아직도 일부는 날아가지 않았다. 원반 같은 모양을 하고 있어서 씨는 물에 뜰 수 있고, 빗물이 씨들을 어버이 식물로부터 멀리 보내게 된다. 갈색을 띠는 몇몇의 작은 씨 같은 구조는 씨로 발생하기 시작하다가 어떤 이유로 멈춘 것들이다.

개념

생식은 두 가지의 매우 다른 기능을 한다. (1) 어버이 유전자의 동일한 복사본을 갖는 자손을 만들고, (2) 어버이와 유전적으로 다른 새로운 개체를 만든다. 어떤 환경조건에서는 유전적으로 다양한 종들이 유전적으로 동질적인 종들보다 잘 생존하지만, 다른 어떤 조건에서는 정반대가 된다(유전적으로 다양한 종에서는 사람이 그러하듯이 개체들마다 조금씩 서로 다르다). 생식적으로 성숙할 때까지 생존하고 생장할 수 있는 식물은 그 위치에 비교적 잘 적응한 것이므로, 그 식물과 유전적으로 동일한 자손들도 그 식물처럼 잘 적응하게 된다. 어버이와 유전적으로 동일하지 않은 자손들은 어버이가 적응한 조건에 잘 적응할 수 있지만 적응하지 못할 수도 있다.

만약 여러 세대에 걸치는 동안 환경이 안정적이라면 무성적으로 눈접(budding)하거나 기는줄기를 내보내 비슷하게 적응하는 새로운 개체를 만드는 것이 생물에게 선택이익이 된다. 그렇지만 환경이 안정적이지 않으면 그런 자손들은 환경조건에 잘 적응하지 못할 수 있고, 만일 모두가 동일하다면 모두 죽을 수도 있다. 환경의 불안정은 많은 요인들로부터 생길 수 있다. 예를 들면, 산사태와 눈사태 그리고 숲의 도로건설은 기존의 식생을 파괴하여 햇볕이 잘 드는 새로운 자리가 만들어지는데, 이런 곳은 신속하게 자라고 햇빛을 좋아하는 잡초들에게 적합하다. 이례적으로 극심한 추위, 가뭄, 홍수 또는 허리케인도 식물군집을 교란시킨다. 만약 어느 종의 모든 구성원이 낮은 온도에 똑같이 민감하다면 드물게 찾아오는 한파에 모두 죽을 수 있지만, 만일 종이 유전적으로 다양하다면 일부 개체들은 생존할 수 있다. 대부분 죽더라도, 소수의 생존자들이 충분히 그 자리를 다시 메울 수 있다(**표 9-1**). 인간이 대기 중으로 너무 많은 이산화탄소를 추가하여 많은 식물과 동물 종들이 적응하지 못할 정도로 빠르게 기후를 변화시킨다고 많은 사람들이 우려하고 있다.

표 9-1 유성생식과 무성생식

유성생식
• 자손은 유전적으로 다양하다. • 일부는 어버이보다 덜 적응하지만 다른 자손들은 어버이보다 훨씬 잘 적응한다. • 모든 자손들이 새로운 자리에 적응하지 않았기 때문에 자손들이 새로운 자리에서 빠르게 번식할 수 없지만, 일부 자손은 어버이들에게는 적합하지 않았던 특징을 갖는 다른 자리에서 증식할 수 있다. • 서식지가 변화하면 일부 자손에게는 나쁜 영향을 미칠 수 있지만, 다른 자손들은 새로운 환경에 적응할 수 있다. • 격리된 개체들은 번식할 수 없다.
무성생식
• 모든 자손은 어버이와 그리고 서로 유전적으로 동일하다. • 모든 자손은 어버이만큼 적응하지만 더 잘 적응하는 후손은 없다. • 새로운 자리를 빠르게 개척할 수 있다. • 서식지가 약간만 변화해도 모든 자손들에게 나쁜 영향을 미칠 수 있다. • 격리된 개체들도 번식할 수 있다.

무성생식을 하게 되면 자손들이 어버이보다 잘 적응할 수 없지만, 유성생식을 통해서 어느 식물의 성세포가 하나 이상의 다른 성세포와 결합하고, 결과적으로 많은 새로운 유전자 조합이 생겨난다. 성세포는 아주 작아서 한 식물로부터 많은 성세포가 만들어지고, 많은 새로운 유전적 조합들은 비교적 값싸게 '검증'할 수 있다. 예를 들어, 하나의 커다란 나무는 수천 송이의 꽃과 유전적으로 각자 고유한 수백만의 꽃가루립을 생산할 수 있는데, 나무는 이들을 만드는 데 고작 몇 그램의 탄수화물과 단백질 그리고 무기질을 이용할 따름이다(**그림 9-1**). 이와 비슷하게 단지 소량의 자원을 이용하여 수천 개의 알세포를 만들 수 있다. 어느 식물의 꽃가루가 바람에 날리거나 꽃가루매개자의 의해 다른 식물의 수백 또는 수천 송이의 꽃에 옮겨질 수 있고, 한 식물은 많은 다른 개체들로부터 꽃가루를 받을 수 있다. 유성생식을 하는 식물에서 만들어지는 수천 개의 씨는 자연에서 일어나는 수천 가지의 유전적 실험을 반영하는 것이다. 씨와 열매의 성숙 과정에서 몹시 조화롭지

(A) © Alexandra Draghici/iStock

(B)

그림 9-1 (A) 이 사과 열매들은 꽃으로부터 발달하였고, 열매 안의 씨는 꽃 내부의 알세포로부터 발달하였다. 이 나무에서 만들어지는 모든 알세포들은 비슷한 유전자를 갖고 있지만, 알이 수정되기 위해서는 정세포가 필요하고, 벌들이 여러 다른 사과나무로부터 많은 종류의 정세포를 날라다 준다. 이 사진의 모든 씨는 어버이 중 같은 모계(사진에 있는 나무)를 갖지만, 모든 씨는 서로 다른 부계의 어버이를 가질 수 있다. 씨는 유전적으로 동일하지 않다. **(B)** 백합속(*Lilium*)의 이들 꽃밥은 각각 수천 개의 꽃가루립을 방출한다. 이들 꽃가루립은 교차가 일어나는 감수분열에 의해 생성되었기 때문에 각각의 꽃가루립은 같은 식물체에서 만들어진 다른 꽃가루립들과 유전적으로 다소 차이를 나타낸다.

못한 유전자를 지닌 배는 발생이 중단되고 더 이상 자원을 이용하지 않는다. 최종적으로 나무는 수백 또는 수천 개의 열매와 씨를 만든다. 번식에 기울인 모든 노력이 나무의 자원을 엄청나게 고갈시킨다고 볼 수 있지만, 나무는 많은 배를 생성하였고, 그 배의 대부분은 최소한 나무만큼 유전적으로 적합하고 어쩌면 한층 더 적응하게 된다. 안정된 환경과 변화하는 환경 모두에서 유성생식은 적어도 일부는 잘 적응하는 다양한 자손들을 생산한다.

또 하나의 예로, 사람의 유성생식을 생각해 보자. 어느 부부 사이에서 태어난 아이들은 변화가 심하고, 서로 같지 않거나 부모와도 다르다. 어떤 아이들은 특히 유리한 유전적 조합을 갖고, 부모보다 더욱 건강하거나 한층 똑똑하거나 운동을 잘 하거나 또는 훨씬 창의적이다. 다른 아이들은 선천적으로 문제를 일으키는 유전적 조합을 갖기도 하여, 의학적 도움을 받아야 생존하기도 한다. 대부분의 자식들은 정도의 차이는 있어도 부모와 같다. 다양성이 중요하다.

한편 유성생식은 부정적인 면도 있다. 반드시 두 개체가 필요하고, 한 식물로부터 다른 식물로 성세포가 옮겨져야 한다. 종자식물에서 꽃가루는 바람과 곤충 그리고 새들에 의해 운반되지만, 결과적으로 많은 꽃가루들이 손실되며, 꽃꿀을 만들 필요가 있다. 나아가서 잠재적인 생식 파트너들이 널리 산재해 있기도 하다. 이를테면 나무 개체군에서 고도가 높은 곳에서 자라는 몇 안 되는 개체들은 인근에 나무가 없는 경우도 있지만, 고도가 낮은 지대에 사는 나무들은 많은 이웃들과 살기도 한다. 고도가 높은 곳에서 자라는 나무들의 꽃은 꽃가루를 받지 못하여 여러 해 동안 씨를 만들지 못하기도 한다. 그에 반해서 무성적으로 증식하는 식물들은 언제나 번식할 수 있고, 심지어 완전히 격리된 때에도 가능하다. 일부 꽃식물들은 자가번식을 하고 자가수분(제꽃가루받이)이 가능하지만, 다른 식물로부터 새로운 유전자를 받는 혜택을 잃게 된다.

어떤 식물은 유성생식과 무성생식 모두를 한다(**그림 9-2**). 딸기는 꽃이 있고 유전적으로 다양한 배와 씨가 수반되는 유성생식을 하지만, 기는줄기에 의해 빠르게 무성적으로 뻗어 나가기도 한다. 대나무는 아주 가끔씩 (어떤 종은 80년마다) 꽃이 피는 다년생 초본이지만, 뿌리줄기가 왕성하게 자라서 많은 새로운 식물체를 무성적으로 세운다. 칼랑코에속(*Kalanchoe*)은 매년 많은 씨를 만드는데, 한편으로는 잎의 가장자리를 따라 아주 많은 소식물

그림 9-2 **(A)** 칼랑코에속(*Kalanchoe*) 식물은 잎의 가장자리를 따라 줄기와 잎 그리고 뿌리가 완전하게 달린 소식물들을 만들기 때문에 임부식물(maternity plant)이라고 불린다. 비록 소식물들이 수백 개 만들어질 수 있지만, 모든 핵분열이 유사분열에 의한 복제분열(duplication division)이고, 따라서 모든 소식물들은 어버이와 유전적으로 동일하며 어버이보다 우세한 것은 하나도 없다. **(B)** 선인장속(*Opuntia*)의 일종은 가지들이 몸통에 약하게 붙어 있다. 만약 동물이 가지를 살짝 스치면 가시들이 동물에 박혀서 가지들이 식물로부터 떨어진다. 동물이 가지를 털어버리면 그 가지는 뿌리를 내리고 새로운 식물로 자란다. 씨앗이 멀리 퍼지는 것만큼 광범위하게 멀리까지 전파된다. **(C)** 나무껍질이 흰색이고 겨울철에 잎이 떨어진 나무들은 모두 미국사시나무(*Populus tremuloides*)이다. 거의 확실히 이들 모두 한 식물의 부분들인데, 각각은 넓게 퍼진 뿌리계에서 위로 올라온 막눈(부정아)이 자란 것이다. 어떤 미국사시나무 클론들은 계곡이나 산비탈을 완전히 덮는다. **(D)** 와인을 만드는 모든 포도는 같은 종(*Vitis vinifera*)이지만 수백 가지의 변종이 있고, 이들 변종 각각은 정확하게 같은 향을 내는 포도를 만들기 위해 반드시 영양번식을 해야 한다. 사진에 보이는 포도밭에는 오로지 꺾꽂이(cutting)만 심어져 있다. 각 식물체는 클론이고, 각각은 서로 유전적으로 동일하다. **(E)** 이 선인장의 일종(*Opuntia schottii*)에서는 클론의 본질을 쉽게 볼 수 있다. 식물의 가장 오래된 부분은 중심에 위치하고 가지들이 바깥쪽으로 자라기 시작한다. 오래된 중심부는 죽었지만, 어린 새로운 가지들이 가장자리에서 계속 바깥쪽으로 자라서 고리가 차츰 커진다.

(plantlet)을 만들고, 이 소식물은 자연과 온실 모두에서 성체로 자랄 수 있다(그림 9-2A).

유성생식에 의해 생기는 **씨(종자, seed)**는 보통 장거리 분산의 수단으로 이용된다. 딸기가 먹히면 나중에 씨가 배설되고, 대나무의 열매와 씨는 바람에 날린다. 그 결과로 씨는 널리 흩어질 수 있고 많은 다양한 자리에서 발아할 수 있는데, 각각의 자리는 미기후, 토양 조건, 그리고 포식자와 병원체에 대한 노출에 있어서 제각기 다르다. 건조한 곳에서의 생장이 선택이익이 되는 유전자들의 조합을 갖는 배를 나르는 씨가 만약 습한 곳에 자리 잡게 된다면 살아남지 못하겠지만, 엄청나게 많은 씨가 만들어지므로 씨의 일부가 그들에게 알맞은 곳에 자리 잡는 것은 통계적으로 가능하다.

그에 반해서 무성적으로 증식된 새로운 식물은 대체로 장거리에 걸친 분산이 불가능하다. 기는줄기와 뿌리줄기 그리고 소식물은 그들의 어버이와 같은 미기후에 자리 잡는 새로운 식물을 만든다. 어떤 식물이 적합한 곳에 자리 잡은 다음에는 무성생식에 의해 자신과 마찬가지로 알맞은 복제물들로 신속하게 그 일대를 덮어버린다.

무성생식

속씨식물에서는 많은 방법의 무성생식이 진화하였다. 그 가운데 가장 흔한 방법은 **분절증식(fragmentation)**이다. 커다랗게 펼쳐지거나 넝쿨을 이루는 식물이 몇 미터 길이로 자라고, 개개의 부분들이 막뿌리를 만들면서 자급자족할 수 있게 된다. 만약 중앙의 부분이 죽게 되면 양 끝이 분리되어 독립된 개체처럼 작용한다. 어떤 변형이 분절증식의 효율을 향상시킨다. 많은 선인장에서는 가지들이 몸통에 약하게 붙어 있고, 이 부분은 쉽게 떨어져 나간다. 떨어진 부분에서 뿌리가 생기고 독립적으로 자란다(그림 9-2B). 범위귀속(saxifrage), 벼과 초본, 그리고 파인애플과의 몇 종류에서는 꽃이 예상되는 자리에 소식물이 달리고, 이는 마치 작은 망울(bulb)처럼 보이며 살눈(bulbil)이라고 부른다.

버드나무와 많은 엉겅퀴에서는 뿌리에 지상부의 막눈(부정아)이 생기고 나서 식물체로 자란다. 어버이식물이 살아 있을 때라도 막눈이 자랄 수 있고, 나무들의 작은 무리는 사실상 단일한 개체로 이루어질 수 있다. 유타 주의 몇 에이커에 걸친 사시나무 숲은 단일한 식물인 것으로 밝혀졌다(그림 9-2C).

유성생식

속씨식물의 유성생식에는 꽃이 수반되고, 꽃은 필요한 세포들과 구조들을 만든다. 꽃의 구조를 이해하려면 먼저 식물의 생활주기(life cycle)를 이해해야 한다.

식물의 생활주기

사람 같은 포유동물의 생활주기는 단순하다. 2배체의 성체는 감수분열로 **정자(sperm)** 또는 **알(egg)**인 반수체 성세포를 만드는데, 이들을 **배우자(gamete)**라고 부른다. 정자를 만드는 개체가 수컷(웅성, male)이고, 알을 만드는 개체가 암컷(자성, female)이다. 하나의 정자가 하나의 알과 합쳐져서 하나의 새로운 2배체 세포인 수정란 또는 **접합자(zygote)**를 형성하는데, 이 접합자는 2배체이며 그 어버이와 비슷한 새로운 개체가 된다.

식물의 생활주기는 훨씬 복잡하다. 우리와 친숙한 식물들인 수목과 관목 그리고 초본은 모두 식물의 생활주기 중 한 단계인 **포자체시기(sporophyte phase)** 또는 **포자체세대(sporophyte genetation)**이다. 중요한 요소는 **포자체(sporophyte)**가 대부분의 성체 동물처럼 항상 2배체이고, 감수분열을 할 수 있는 세포들이 포함된 기관(속씨식물에서는 꽃에 위치)을 갖는다는 점이다. 동물에서는 감수분열의 결과로 반수체의 배우자가 생기지만, 식물에서는 감수분열의 결과로 반수체 **포자(spore)**가 만들어진다(**그림 9-3**). 배우자와 포자 간의 차이는 엄청나다. 배우자는 다른 배우자와 **배우자합체(syngamy)** 또는 **수정(fertilization)**이라는 과정으로 결합할 수 있고, 그렇게 함으로써 2배체의 접합자를 생성한다. 배우자합체를 하지 않는 배우자는 홀로 살 수 없고 대체로 새로운 반수체 개체로 자랄 수 없기 때문에 죽게 된다. 극히 예외적으로 벌 같은 어떤 곤충의 미수정란은 불임의 일꾼으로 자란다.

식물의 포자는 정반대이다. 포자는 배우자합체를 할 수 없지만, 각각 유사분열을 하여 완전히 새로운 반수체 식물로 자라는데, 이를 **배우자체(gametophyte)**라고 한다. 이 식물이 배우자를 만들기 때문에 이 시기를 배우자체라고 부르는 것이다. 유성생식 과정에서 포자체가 생식을 할 때 포자체는 자신과 비슷한 새로운 2배체 식물을 만들지 않고 반수체 식물을 만든다. 뿔이끼류와 우산이끼류 및 이끼류 같은 단순한 식물들은 배우자체이다. 뿐만 아니라 모든 관다발식물에서 반수체의 배우자체는 2배체의 포자체와 조금도 비슷하지 않다. 배우자체는 뿌리나 줄기나 잎이나 또는 관다발이 없는 아주 작은 세포더미이지만, 그래도 배우자체는 완전한 식물이다(**그림 9-4**). 배우자는 반수체 식물에서 감수분열이 아닌 유사분열에 의해 생성된다. 그러고 나서 배우자는 배우자합체를 하고 접합자를 형성하여 새로운 2배체의 포자체로 자라고 생활주기를 마친다(**그림 9-5**).

포유류의 배우자는 유영하는 작은 정세포[**소배우자(microgamete)**]와 유영하지 않는 커다란 알[**대배우자(megagamete)**]의 두 가지가 있다. 이는 많은 식물에서도 마찬가지이고, 이를 난접합(oogamy)이라고 한다. 난접합을 하는 동물에서와 똑같이 난접합을 하는 식물에서는 정자가 한 종류의 개체에서 만들어지고 알은 다른 종류의 개체에서 만들어지며, 이런 이유에서 이들 개체는 각각 '수배우자체' 또는 **소배우자체(microgametophyte)** 그리고 '암배우자체' 또는 **대배우자체(megagametophyte)**이다(그림 9-4). 두 가지 종류의 배우자체는 두 가지의 포자로부터 자라는데, 소배우자체는 **소포자(microspore)**로부터 자라고, 대배우자체는 **대포자(megaspore)**로부터 자란다. 두 가지 종류의 포자를 갖는 것을 이형포자성(heterospory)이라고 한다. 일반적으로 오직 한 가지의

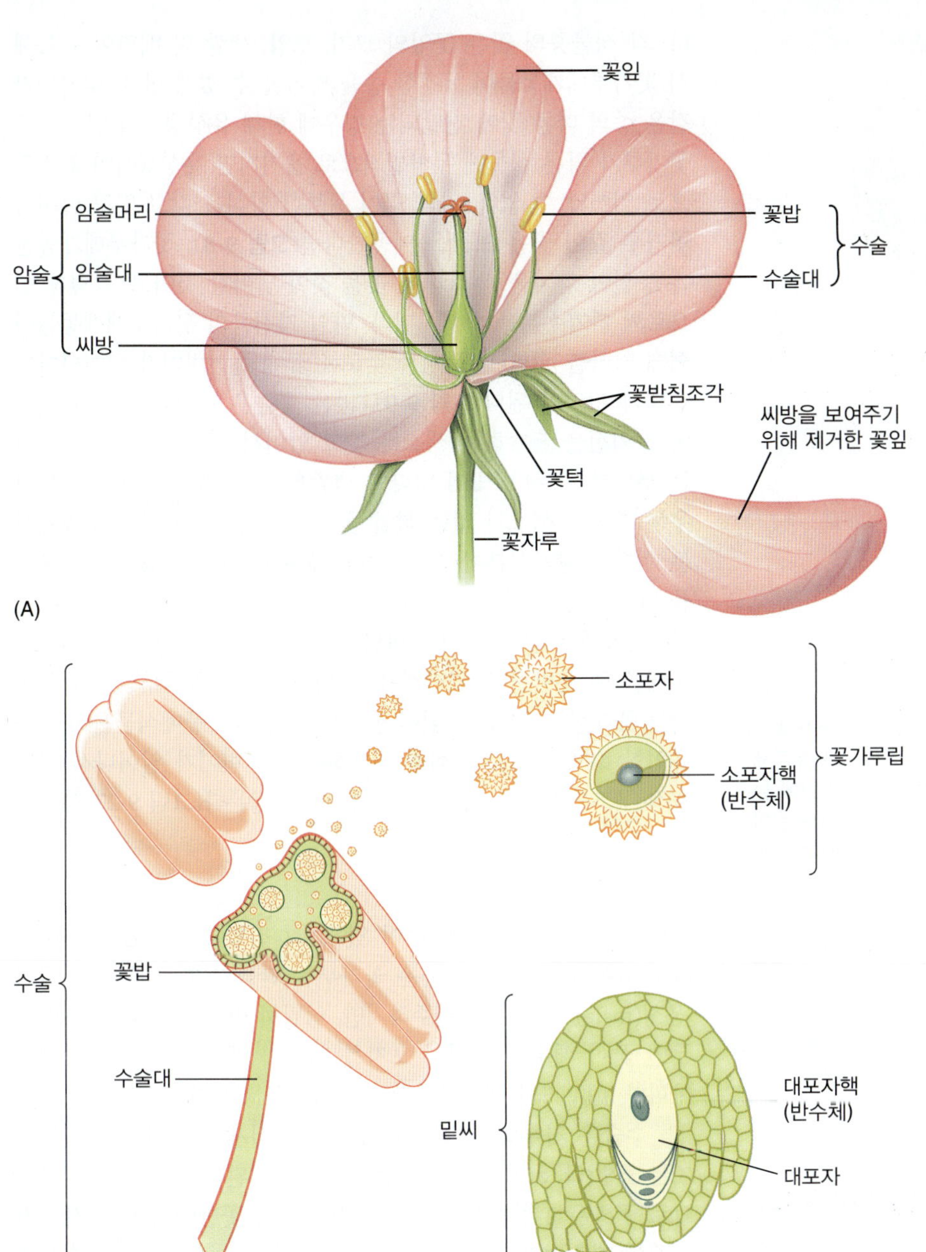

그림 9-3 **(A)** 대부분의 꽃은 꽃받침조각, 꽃잎, 수술 및 암술의 네 가지 구조를 갖는다. 여기에 보인 암술은 실제로는 하나의 구조를 이루는 심피라는 다섯 부분으로 구성된다. **(B)** 수술의 꽃밥에서 중심세포가 감수분열을 하여 각각 4개의 딸세포를 만드는데, 이들을 소포자 또는 꽃가루립이라 부른다. **(C)** 심피의 중심에는 밑씨가 있고, 각 밑씨에는 감수분열을 수행하는 단 하나의 세포가 들어 있는데, 보통 딸세포 중 3세포가 죽고 남은 한 세포가 대포자가 된다.

포자체가 생활주기에서 나타나고, 이 포자체가 소포자와 대포자 모두를 생산한다.

이와 같이 포자체와 배우자체의 두 세대를 갖는 생활주기를 **세대교번(alternation of generation)**이라고 한다(그림 9-5). 배우자체가 포자체와 전혀 비슷하지 않기 때문에 이는 **이형세대(heteromorphic generation)** 교번이다. 이는 최소한 세 가지의 뚜렷이 구별되는 식물들(하나의 포자체와 두 배우자체)이 나타나는 복잡한 생활주기이다. 사람의 생활주기는 다른 모든 동물들과 마찬가지로 반수체 세대에 해당하는 어떤 것도 갖지 않는다.

꽃의 구조

꽃은 근본적으로 잎 같은 구조들이 달린 줄기이므로, 영양지(vegetative shoot)에 대해 논의한 거의 모든 것이 꽃에도 적용된다. 꽃은 목질이 되는 경우가 없고, 꽃에서는 2기 생장이 일어나지 않는다.

꽃이 달리는 줄기가 **꽃자루(화병, pedicel)**이고, 꽃의 다른 부분들이 붙는 축의 가장 끝은 **꽃턱(화탁, receptacle)**이다(그림 9-3). 꽃의 네 가지 부속체는 꽃받침조각, 꽃잎, 수술 및 심피이다. 대부분의 꽃은 이들 네 가지를 모두 갖는 **갖춘꽃(complete flower)**이다. 갖춘꽃은 보통 각 종류의 부속체를 셋, 넷, 다섯, 또는 그 이상 갖는다. 예를 들면, 백합은 3꽃받침조각, 3꽃잎, 3수술 그리고 3심피의 꽃을 갖는다. 어떤 종의 꽃이 네 가지 기본적인 부속체 가운데 하나 또는 두 가지가 결핍되는 것은 흔히 있는 일이고, 이를 **안갖춘꽃(incomplete flower)**이라고 한다. 베고니아속(*Begonia*)의 꽃은(**그림 9-6**) 안갖춘꽃이고, 꽃잎이 없지만 수술이나 심피 중 하나를 갖는다. 명아주는 꽃잎을 제외한 다른 모든 부분을 갖는다.

꽃받침조각

꽃받침조각(악편, sepal)은 꽃의 네 가지 부속체 가운데 맨 아래와 가장 바깥쪽에 있다. 꽃받침조각은 꽃의 다른 부분들이 성숙해 갈 때 이들을 둘러싸고 에워싸는 변형된 잎이다. 꽃받침조각은 꽃의 부분들 가운데 보통 가장 두껍고, 가장 억세며, 가장 밀랍 같은 부분이다. 꽃받침조각은 꽃눈이 발달하는 동안 이를 보호하고, 세균과 곰팡이 포자들로부터 지켜주며, 꽃눈 내부의 높은 습도를 유지

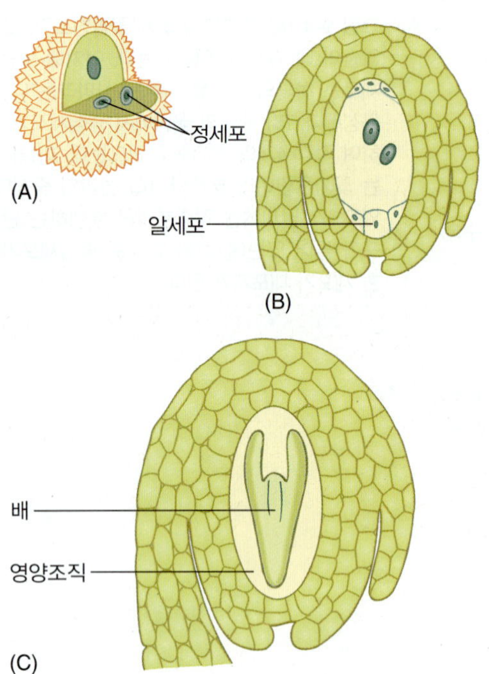

그림 9-4 모든 종자식물은 두 가지 종류의 배우자를 만든다. **(A)** 소포자(꽃가루립)는 소배우자체(이 또한 꽃가루립이라고 부른다)로 발달한다. 소배우자체의 몸은 너무 작아서 단지 3개 세포로만 구성되고 꽃가루의 세포벽 안에 들어간다. 속씨식물에서는 꽃밥이 벌어지고 꽃가루가 흩어지기 전에 꽃가루립이 소배우자체로 바뀐다. 소배우자체는 그 원형질 내에 2개 정세포를 만든다. **(B)** 대포자는 대배우자체로 발달한다. 대배우자체는 소배우자체보다 약간 크고 7개 세포로 구성되는데, 그 중 한 세포가 2개의 핵을 갖는다. 세포들 가운데 하나는 알이다. 대포자와 대배우자체는 어버이 포자체의 꽃으로부터 결코 방출되지 않는다. 따라서 이들은 오직 포자체의 조직일 뿐이고, 다른 식물의 안에서 자라는 식물이 아니다. **(C)** 하나의 정세포가 알세포와 수정하면 새로운 알세포의 핵은 2배체이고 그 세포는 접합자이다. 접합자가 유사분열에 의해 새로운 포자체로 발달하는데, 여기에서는 설익은 씨에 있는 배를 나타내었다. 바깥쪽의 밑씨가 씨로 발달하고, 씨방은 열매가 된다.

시켜 주고, 곤충들이 갉아먹지 못하게 막아준다(**그림 9-7A**, **9-7B**). 한편 꽃받침조각은 꿀을 훔쳐 먹는 곤충과 새들로부터 꽃을 보호해 준다. 만약 꽃눈이 가시가 있는 덮개의 아래처럼 보호를 받는 위치에 달리거나 정상적인 잎과 가지들로 둘러싸인다면 꽃받침조각의 보호 필요성이 줄어들어서 꽃받침조각이 작거나 없을 수도 있다. 꽃받침조각의 색깔이 다채로운 것은 흔히 있는 일이고, 꽃가루매개동물을 유인하는 데 도움이 된다. 꽃받침조각의 집합체를 **꽃받침(악, calyx)**이라고 한다.

꽃잎

꽃턱의 꽃받침조각 위에는 **꽃잎(화판, petal)**이 있고, 그 집합체를 **꽃부리(화관, corolla)**라고 한다. 꽃받침조각과 꽃잎이 합쳐서 **꽃덮개(화피, perianth)**를 이룬다. 꽃잎도 넓고 편평하며 얇아서 '잎 같이' 보이지만, 꽃잎은 엽록소가 아닌 색소가 들어 있고, 섬유가 거의 없거나 전혀 없으며, 훨씬 얇고 더욱 정교하게 만들어지는 경향이 있다(**그림 9-7C**, **9-7D**). 꽃잎은 꽃가루매개동물을 유인할 뿐만 아니라 정확한 꽃가루매개동물을 유인한다는 점에서 중요하다. 각 식물종의 꽃은 꽃잎의 크기, 모양, 색깔 및 배열이 독특해서 꽃가루매개동물이 특정한 종을 알아볼 수 있게 한다. 꽃가루가 같은 종의 다른 꽃에 전달되는 경우에 한해 유성생식이 일어나고, 꽃가루가 다른 식물에 무차별적으로 옮겨지면 유성생식이 효과적으로 일어날 수 없다. 만약 꽃이 독특한 양식을 갖고 있고 꿀이나 꽃가루 같이 좋은 보상을 제공한다면(**그림 9-8**), 꽃가루매개동물은 동일한 양식을 갖는 다른 꽃을 찾아 날아갈 것이고, 그렇게 함으로써 타가수분을 향상시킨다. 만일 자신들의 꽃가루매개동물이 쉽게 알아볼 수 있는 특징을 갖도록 꽃에 돌연변이가 일어난다면 선택적 이익이 된다(**그림 9-9**). 많은 꽃들은 가시적인 색에 덧붙여 자외선을 흡수하는 색소를 갖고 있어서 곤충들만이 볼 수 있는 무늬를 만든다. 빛이 없다면 색깔을 볼 수 없고, 밤에 꽃을 피우는 종들은 색소가 없는 하얀 꽃을 갖는다. 그런 꽃의 꽃잎에서는 휘발성 향기성분이 만들어지고, 곤충과 박쥐가 향기의 기울기를 따라 꽃을 찾는다.

꽃가루는 많은 종에서 바람에 의해 운반되고, 몇몇 종에서는 물에 의해 운반된다. 일반적으로 바람에 의해 꽃가루받이가 일어나는 풍매식물에서는 꽃잎이 발달하지 않는다. 풍매식물은 바람을 유인할 수 없으므로 분화를 저해하는 돌연변이가 일어나서 비기능적 구조를 만드는 데 자원을 낭비하지 않는다(그림 9-27 참조).

수술

꽃잎 위에는 **수술(stamen)**이 있고, 그 집합체를 **수술군(androecium)**이라고 한다. 수술은 꽃가루를 만들기 때문에 흔히 꽃의 '웅성(male)' 부분으로 간주하지만, 엄밀히 말하면 포자체의 한 부분인 꽃이 배우자가 아닌 포자를 만들기 때문에 수술은 웅성이 아니다. 배우자와 배우자체만이 성(sex)을 갖는다.

수술은 자루인 **수술대(filament)**와 실제로 꽃가루가 만들어지는 **꽃밥(약, anther)**의 두 부분으로 구성된다. 포자체의 일부이므로 꽃밥은 2배체 세포들로 구성되고, 각 꽃밥에서 일부 세포가 커짐에 따라 4개의 기다란 조직 기둥이 뚜렷해지면서 감수분열을 준비한다(**그림 9-10A**). 이들 **소포자모세포(microspore mother cell** 또는 **microsporocyte)**가 계속 커지고 나서 감수분열을 하여 4개의 소포자를 만든다(**그림 9-10B**, **표 9-2**). **융단조직(tapetum)**이라고 부르는 층에 있는 인접한 꽃밥세포는 영양세포로 작용하여 소포자의 발생과 성숙에 기여한다. 소포자는 처음에 4분자(tetrad)로 함께 붙어 있지만, 나중에 분리되어 특징적인 모양으로 확장하며, 내성이 강한 벽을 형성한다. 이렇게 된 소포자를 **꽃가루(화분, pollen)**라고 부른다. 꽃밥은 약한 선을 따라 열리고[열개(dehiscence)], 꽃가루가 방출된다.

꽃가루립(화분립, pollen grain)의 벽은 세포벽이지만, 이는 구조적으로 매우 복잡하다. 이 벽은 섬유소로 구성된 안쪽 층[내벽(intine)]과 중합체 스포로폴레닌(sporopollenin)으로 구성된 바깥쪽 층[외벽(exine)]을 갖는다. 이 벽에는 1개 또는 몇 개의 약한 점인 발아공(germination pore)이 있고, 다른 꽃의 암술머리에 옮겨진 다음 발아공에서 꽃가루가 벌어진다. 스포로폴레닌은 몹

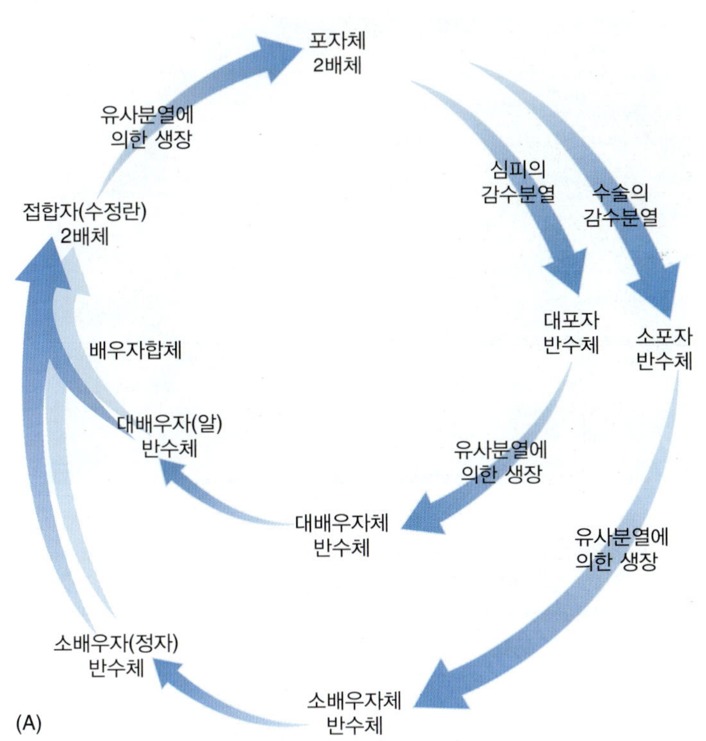

시 방수가 되고 거의 모든 화학물질에 내성을 갖는다. 스포로폴레닌은 꽃가루립을 보호하고, 바람이나 동물에 의해 옮겨지는 동안 꽃가루립이 마르지 않게 해준다. 외벽은 융기, 돌기, 가시, 그리고 그 밖의 많은 특징을 갖는데, 이들이 매우 독특해서 종마다 고유한 양식을 갖는다(**그림 9-11**). 많은 경우에, 단일한 꽃가루립을 관찰하여 그 꽃가루립이 어떤 종의 식물에서 만들어졌는지 정확하게 알 수 있다. 스포로폴레닌은 저항력이 있어서 꽃가루립과 그 특징적인 양식이 화석으로 잘 보존된다. 오래된 토양의 시료를 조사하여 식물학자들은 과거의 특정 시점에 그 지역에서 어떤 식물이 자랐는지 정확하게 알아낼 수 있다.

심피

심피(carpel)는 **암술군(gynoecium)**을 이루며, 꽃턱의 가장 높은 곳에 위치한다(**그림 9-12A**). 심피는 꽃가루를 잡는 **암술머리(stigma)**, 암술머리를 쓸모 있는 위치로 올리는 **암술대(style)**, 그리고 대포자가 만들어지는 **씨방(자방, ovary)**의 세 가지 주요 부분으로 구성된다. 심피가 없는 꽃(불완전꽃)으로부터 많은 심피를 갖는 꽃에 이르기까지 심피의 수는 다양하며, 대체로 심피는 한데 합

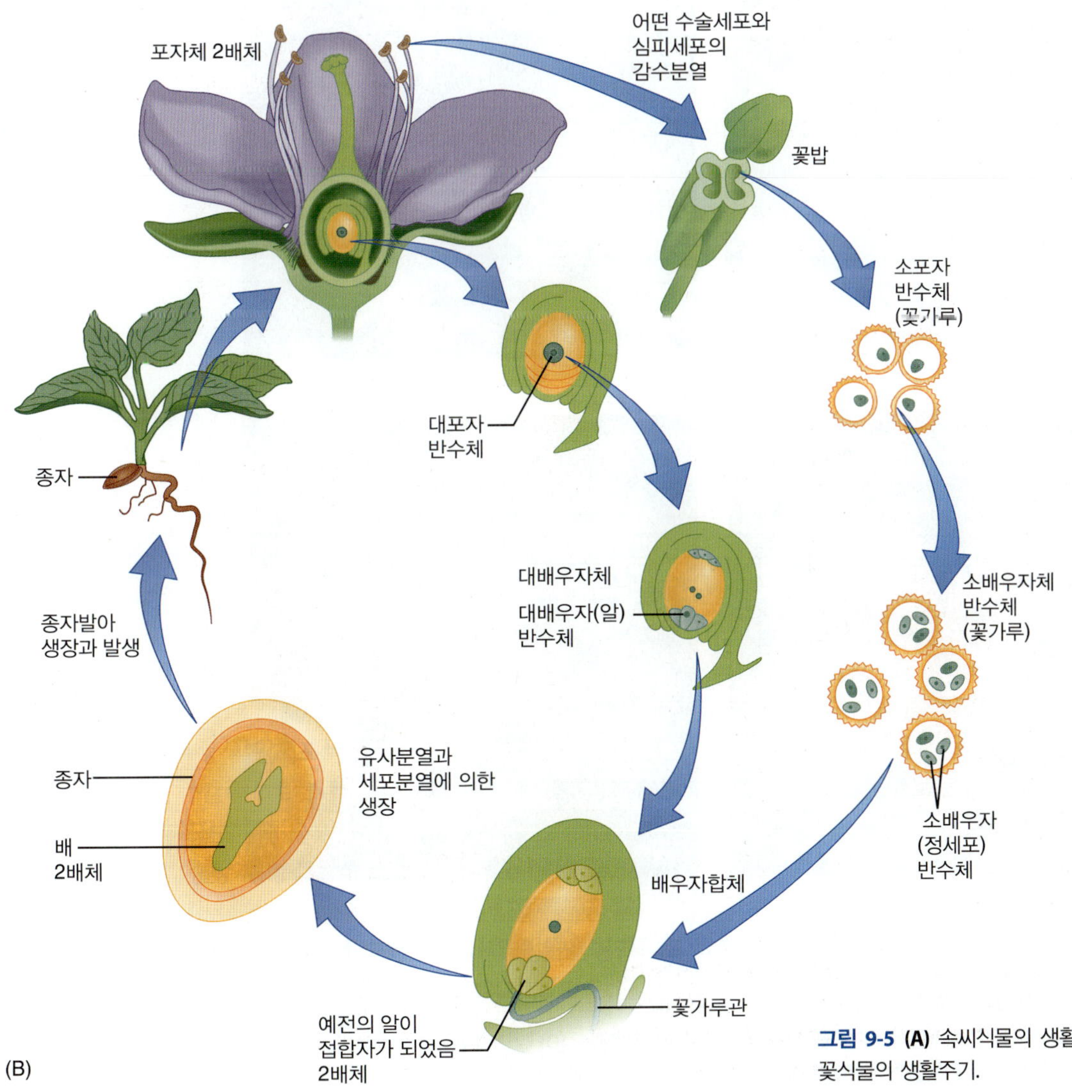

그림 9-5 **(A)** 속씨식물의 생활주기. **(B)** 관련된 실제 구조를 보여주는 꽃식물의 생활주기.

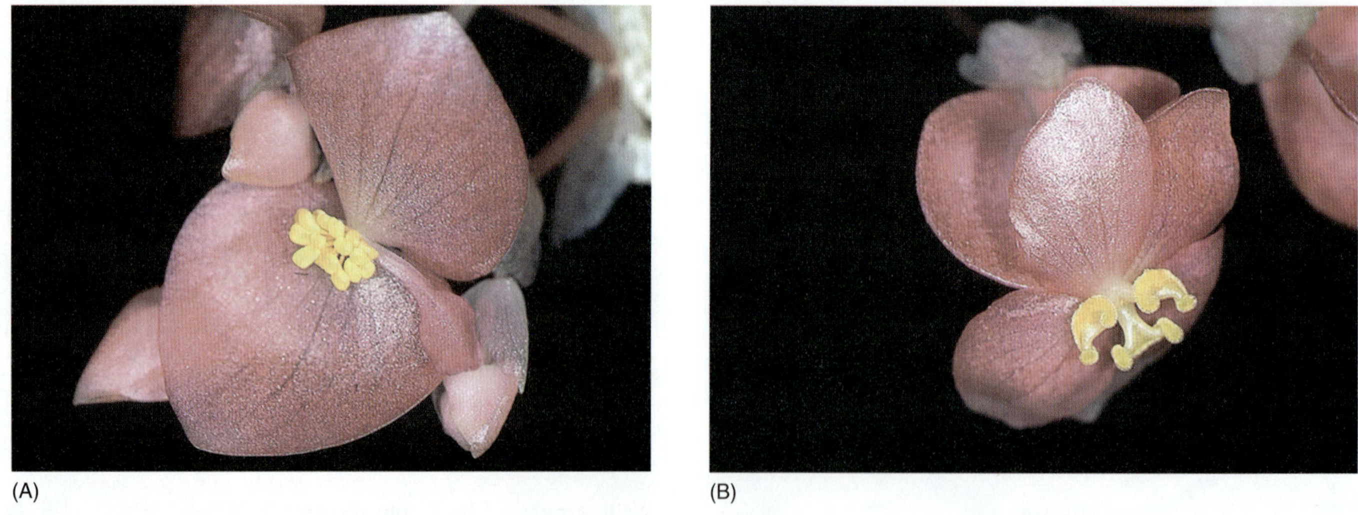
(A) (B)

그림 9-6 꽃식물의 대부분의 종에서 수술과 심피는 같은 식물에서 만들어지지만, 이 베고니아속(*Begonia*) 같은 몇몇 종에서는 수술이 심피가 없는 꽃에서 나타나고**(A)**, 반면에 심피는 수술이 없는 꽃에서 나타난다**(B)**. 수술이 없는 꽃이 어느 식물에서 나타나고 심피가 없는 꽃은 다른 식물에서 나타나는 종에서 이 두 가지의 식물이 너무나도 비슷하여, 포유류와는 대조적으로 꽃을 살펴보지 않고는 대체로 어느 식물이 암꽃(carpellate)식물이고 어느 식물이 수꽃(staminate)식물인지 구별할 수 없다. 여기에 보인 베고니아의 두 가지 꽃 모두에서 분홍색 구조가 꽃잎처럼 보이지만 실제로 이 구조는 변형된 꽃받침조각들이고, 진정한 꽃잎은 없다.

(A) (B) (C) (D)

그림 9-7 **(A)** 이 장미의 꽃받침조각들은 꽃의 발생과정에서 꽃의 나머지 부분을 단단히 감싸서 안쪽 부분들을 보호해 준다. 소포자(꽃가루)와 밑씨에 있는 대포자가 준비가 되면 꽃받침조각은 바깥쪽으로 구부러지고 꽃이 핀다. **(B)** 해바라기와 데이지는 하나의 꽃처럼 보이지만 실제로는 많은 작은 꽃들의 더미이다. 이 경우, 전체의 무리꽃송이는 꽃받침조각과 비슷하고 그처럼 기능을 하는 일련의 포엽(bract)들에 의해 보호를 받는다. 개개의 꽃이 보호성 꽃받침조각을 가질 필요가 없다. **(C)** 이 아욱의 경우와 같이 꽃잎은 얇고 평평해서 잎과 비슷하지만, 꽃받침조각보다는 덜 잎 같다. **(D)** 딸기나무속(*Arbutus*)의 잎과 꽃잎을 비교할 수 있다. 이들 꽃잎은 몹시 변형되었고, 각 꽃의 다섯 장의 꽃잎은 서로 융합하여 관끌화관(tubular corolla)을 형성한다.

그림 9-8 어떤 꽃은 꿀을 만들지 않는다. 대신에 꽃가루매개동물은 수술의 일부와 꽃가루를 먹는다. 꽃가루는 단백질이 풍부하기 때문에 식물의 입장에서 보면 대사적으로 훨씬 비용이 많이 드는 반면에 꿀은 탄수화물로 구성된다. 포환나무(*Couroupita*)의 이 꽃에서 아래쪽 수술은 먹을 수 있도록 변형되었다. 이들은 크고 현란하며 꽃가루를 거의 만들지 않거나 전혀 만들지 않는다. 꽃가루를 만드는 수술은 작고 눈에 잘 띄지 않으며, 꽃가루매개동물이 못 보고 넘어간다.

그림 9-9 이와 같은 독특한 양식은 꿀샘안내(nectar guides)로 알려져 있다. 이 무늬는 꽃가루매개동물에게 꿀샘을 안내해 주고 꽃가루를 묻히게끔 자리 잡도록 한다.

쳐서 단일한 복합구조인 암술(pistil)을 이룬다. 씨방의 내부에는 **밑씨(배주, ovule)**라고 부르는 작은 구조를 지니는 조직 부위인 **태좌**(**placentae**; 단수형 placenta)가 있다(**그림 9-12B**). 밑씨는 짧은 자루인 주병(funiculus)을 갖는데, 주병은 작은 관다발의 도움으로 태좌로부터 물과 양분을 밑씨에 운반하는 역할을 한다. 밑씨의 중심에는 유조직 더미인 **주심(nucellus)**이 있다. 주심의 둘레에 두 층의 얇은 세포박층인 주피(integument)가 있는데, 주피는 맨 위의 작은 구멍인 주공(micropyle)을 제외하고 주심의 전체 표면을 거의 덮는다(**그림 9-12C**). 꽃밥에서와 마찬가지로 일부 주심세포(각 밑씨에서 보통 한 세포)는 감수분열에 대비하여 기지는데, 이들이 **대포자모세포**(**megaspore mother cell** 또는 **megasporocyte**)이다. 감수분열 후에는 대체로 4개의 대포자 가운데 3개가 퇴화하고, 오직 하나만이 살아남아 다른 3개 세포의 원형질을 흡수하면서 매우 커진다. 밑씨와 심피가 터져 벌어지지 않고 대포자가 심피 안에 둘러싸인다는 점에서 대포자는 소포자(꽃가루)와 다르다.

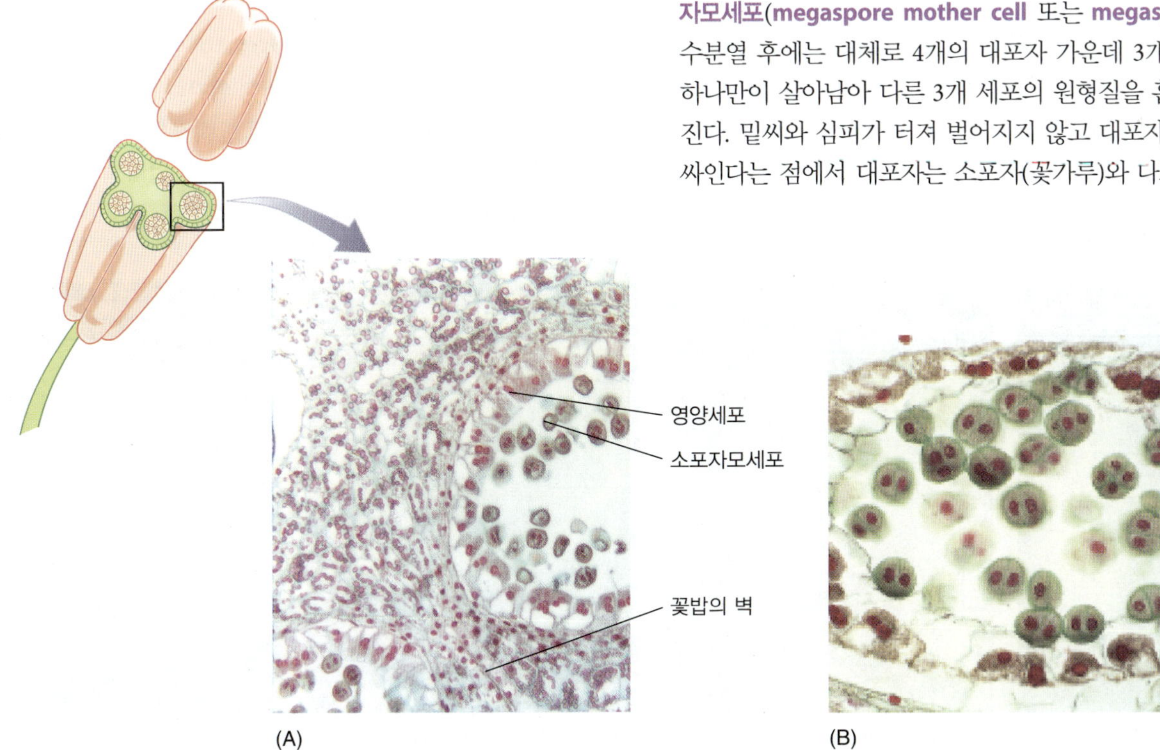

그림 9-10 **(A)** 백합의 꽃밥을 자른 횡단면. 감수분열로 반수체의 소포자가 만들어질 소포자모세포가 보인다. 둘러싸는 세포들이 융단조직을 이루고 꽃가루립의 성숙을 도와준다(× 200). **(B)** 감수분열이 끝나면 4개의 소포자들이 일시적으로 서로 붙어 있지만, 꽃가루의 특수한 세포벽이 만들어지면서 이들은 보통 서로 떨어진다(× 200).

표 9-2 수술과 심피의 구조

- 수술
  - 수술대
  - 꽃밥
    - 융단조직
    - 소포자모세포
- 심피
  - 암술머리
  - 암술대
  - 씨방
    - 씨방벽
    - 태좌
    - 밑씨
      - 주병
      - 주피와 주공
      - 주심
        - 대포자모세포

알이 수정된 후 밑씨는 씨가 되고, 그 주위의 씨방은 열매로 발달한다. 각 씨방은 하나 이상의 태좌를 가질 수 있고, 각 태좌는 하나 이상의 밑씨를 포함한다. 아보카도나 복숭아처럼 밑씨가 하나뿐인 씨방은 하나의 씨를 갖는 열매가 된다. 토마토와 멜론의 일종인 캔털루프(cantaloupe) 그리고 호박 같이 씨가 많은 열매는 많은 태좌를 갖고 이들 각각은 여러 밑씨를 갖는다. 난초의 암술은 항상 3개의 심피로 구성되고, 이들 각각 수만 개의 밑씨를 가지며, 일부 난초의 열매는 백만 개의 아주 작은 씨를 포함하는 것으로 추정된다.

밑씨를 가진다는 것을 제외하면 심피의 나머지는 최소한 어느 정도는 잎과 비슷하다. 그림 9-12A는 하나의 암술로 융합된 3개의 심피를 보여준다. 가장 바깥쪽 층은 근본적으로 잎의 하면표피이고 전형적으로 기공을 갖는다. 가장 안쪽 층은 상면표피이고, 모든 중간층은 잎살과 관다발이다.

배우자체

소배우자체

소포자는 소배우자체로 발달한다. 모든 속씨식물에서 개개의 소배우자체는 아주 작고 단순하여 꽃가루 세포벽 안에 위치한 기껏해야 3개의 세포로 구성된다(**그림 9-13**). 소포자의 핵이 꽃가루립의 측면으로 이동하여 벽 옆에 놓인다. 그곳에서 핵이 유사분열을 하여 커다란 **영양세포(vegetative cell)**와 작은 렌즈 모양의 **생식세포(generative cell)**를 만들고, 생식세포는 다시 분열하여 2개의 정세포(sperm cell)를 형성한다. 소배우자체 전체는 영양세포와 두 정세포(소배우자)로 구성된다. 비록 극히 단순하지만 소배우자체는 완전히 갖춰진 식물이다. 20장과 21장에는 속씨식물의 소배우자체보다 훨씬 복잡하고 확실히 완전한 식물인 배우자체의 예가 나와 있다.

속씨식물 종의 약 30%에서는 꽃가루가 꽃밥 안에 있는 동안에 정세포가 만들어진다. 그러나 다수의 속씨식물 종에서는 영양세포가 만들어지는 것과 거의 같은 시간에 꽃가루가 꽃밥에서 방출되고, 꽃가루가 암술머리에 운반된 다음까지도 정세포는 생성되지 않는다.

꽃가루립은 암술머리에 닿은 다음에 발아하여 **꽃가루관(pollen tube)**을 만들고 암술머리의 성긴 조직 안으로 뚫고 들어간다(**그림 9-14**). 꽃가루관은 암술머리에서 영양소를 흡수하고 암술대를 지나 씨방을 향하여 아래쪽으로 자란다. 소배우자체(꽃가루관)는 암술대 조직에 의해 보호를 받고 영양분을 공급 받는다. 꽃가루관이 아래쪽으로 자라면서 정세포를 밑씨로 운반한다. 꽃가루 세포질의 거의 대부분은 꽃가루관의 끝에 위치하고, 관의 나머지와 꽃가루립은 거대한 액포로 채워진다. 꽃가루립은 너무 작아서 많은 양의 녹말이나 지방 또는 단백질을 저장할 수 없다. 만약 이들이 암술대로부터 양분을 흡수할 수 없다면 꽃가루관은 밑씨까지 도달하게끔 길게 자라지 못할 것이다.

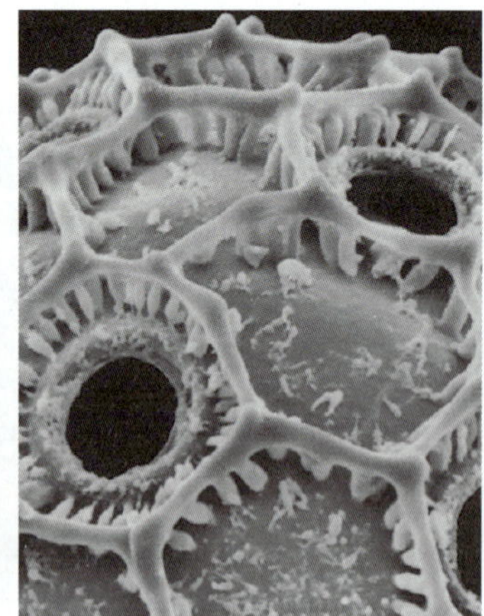

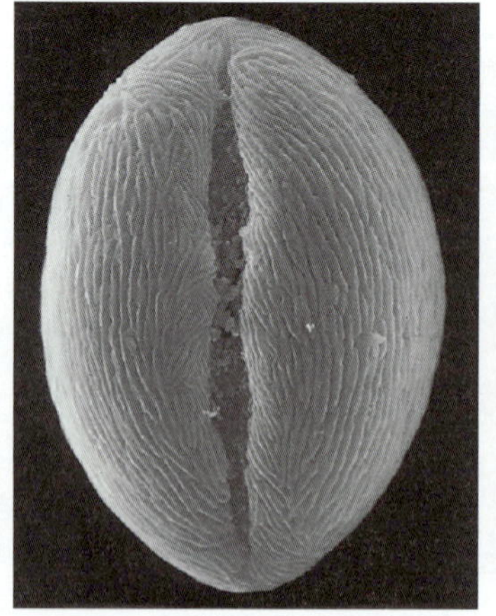

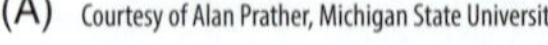

(A) Courtesy of Alan Prather, Michigan State University

Courtesy of Alan Prather, Michigan State University

(B) Courtesy of Beryl Simpson, University of Texas

(C) Courtesy of Beryl Simpson, University of Texas

그림 9-11 **(A)** 6각형의 융기를 형성한 꽃가루벽을 지닌 멕시칸 아이비(*Cobaea*)의 꽃가루립. 많은 구멍들은 꽃가루가 암술머리에 닿은 다음 꽃가루관이 나오는 발아공이다(× 2,000). **(B)** 구기자나무속(*Lycium*)의 꽃가루는 꽃가루관이 나오는 하나의 기다란 홈을 갖는다(× 4,000). **(C)** 마크로로비움속(*Macrolobium*)의 꽃가루는 3개의 발아홈을 갖는다(× 4,000).

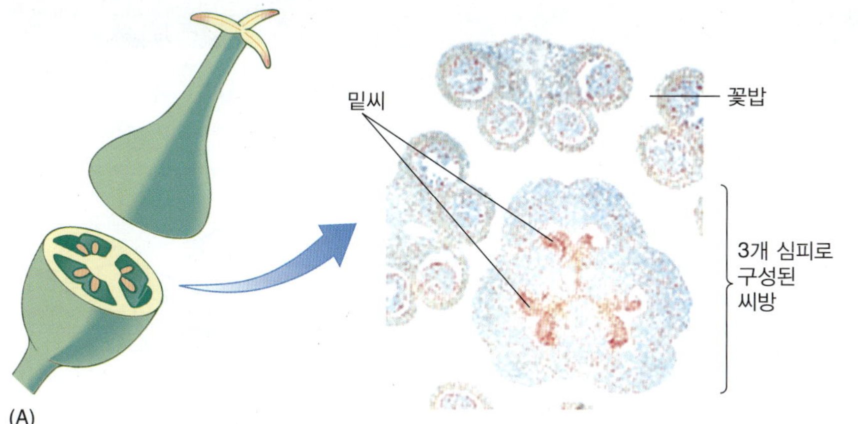

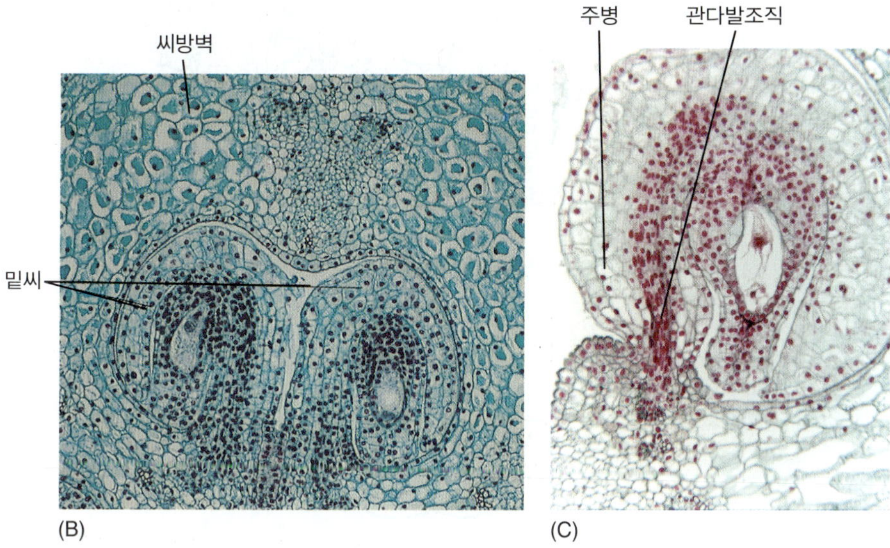

그림 9-12 **(A)** 백합에서 암술은 서로 합쳐진 3개의 심피로 구성된다. 이 씨방은 3개의 작은 씨방실(locule 또는 chamber)을 드러내 보이기 위해 가운데로 지나가도록 절단하였다. 각 씨방실마다 2개의 밑씨를 볼 수 있다(×15). **(B)** 밑씨는 주병에 의해 태좌에 붙고, 주병은 물관부와 체관부 모두를 포함한다. 많은 소포자모세포를 갖는 꽃밥과는 달리, 밑씨의 중심부에는 보통 하나의 대포자모세포를 갖는 주심이 있다(×50). **(C)** 단일한 밑씨를 확대한 사진. 주심의 주위에는 주피가 있다. 밑씨는 유사분열에 의해 생장하지만, 하나의 세포인 대포자모세포는 감수분열을 수행한다(×120).

Courtesy of S. Muccifora

그림 9-13 자라고 있는 꽃가루관의 끝이다. 핵이 형광을 내도록 처리하였기 때문에 아주 작지만 핵을 쉽게 볼 수 있다. 가장 아래쪽 핵은 꽃가루관핵으로 추정되고, 위쪽의 두 핵은 아마 각각 정세포 안에 자리 잡고 있는 정핵들일 것이다. 두 정세포들 자체는 꽃가루관의 원형질 내에 위치한다(×5,000).

대배우자체

밑씨 안에서 살아남은 대포자는 대배우자체로 발달한다. 발생의 한 유형으로, 분리되지 않은 하나의 세포 안에서 핵이 세 번의 유사분열을 거듭하여 2개, 4개 그러고 나서 8개의 반수체 핵이 만들어진다(**그림 9-15**). 다핵성 대배우자체의 전문적 용어는 **배낭(embryo sac)**이다. 핵들은 미세소관에 의해 당겨지면서 세포질에서 이동하여, 3개 핵은 양 끝에 그리고 2개의 핵은 중심에 놓인다. 그러고 나서 핵들의 주위에 벽이 생기고, 커다란 8핵의 대포자는 7개 세포를 갖는 대배우자체가 되는데, 이들 세포 가운데 하나는 2핵성이다. 7개 세포는 2개의 **극핵(polar nucleus)**을 갖는 하나의 큰 **중심세포(central cell)**, 3개의 작은 **반족세포(antipodal cell)**, 그리고 2개의 **조세포(synergid)**와 알(대배우자)로 구성되는 **알장치(egg apparatus)**이다(**표 9-3**). 소배우자체와 비슷하게 대배우자체 역시 분명한 식물이다. 꽃가루가 그러하듯이 대배우자체도 필요한 양분을 모두 어버이 포자체로부터 얻는다.

수정

정자와 알의 배우자합체는 배우자들의 원형질체가 융합하는 **원형질융합(plasmogamy)**과 핵들이 결합하는 **핵융합(karyogamy)** 모

박스 9-1 꽃, 열매, 씨앗 그리고 문명

꽃과 꽃에서 만들어지는 열매와 씨는 인류에게 항상 중요했었다. 우리의 진화계열에 있는 최초 사람류의 하나인 골세형원인(*Australopithecus africanus*)의 3백만 년 된 화석에서 그 이빨은 식물을 먹게끔 적응된 것으로 밝혀졌다. 하빌리스인(*Homo habilis*)은 불과 180만 년 전에 살았고, 그들의 음식은 똑같이 식물에 크게 의존하였다. 현존하는 인류인 사람(*Homo sapiens*)은 진화적으로 약 50만 년 전에 출현하였고, 사냥을 하고 열매와 씨앗 그리고 식용 뿌리들을 채집하면서 살아왔다.

약 11,000년 전에 중대한 변화가 나타났다. 인류의 일부 집단이 식물을 채집하는 대신에 식물을 재배하기 시작하였다(**표 B9-1**). 이러한 일은 오늘날의 이란, 이라크 그리고 시리아에 걸친 중동 지역에서 일어났는데, 이 지역은 비옥한 초승달 지대(Fertile Crescent)로 알려져 있다. 재배식물은 밀, 보리, 완두 및 렌즈콩 같이 흔한 야생종이었다. 농사를 짓기 시작하면서 인간사회에서는 중요한 변화가 나타났다. 사람들이 사냥감의 떼를 좇아다니지 않고 농작물을 기르고 보호하기 위해 한 곳에 머물러야 했다. 영구적인 마을이 필수적이었고, 사람들이 아주 근접하여 함께 살 때 필요한 규칙과 규정들도 필연적이었다. 토지와 오두막 그리고 수확물은 도둑의 표적이 되기 쉬웠고, 따라서 개인과 집단 모두의 방어가 불가피해지면서 국가가 세워져야 했다.

문명이 급속히 발전하였다. 신석기 시대의 농업사회는 기원전 6000년에 널리 퍼졌고, 소가 끄는 쟁기가 이미 기원전 4500년에 사용되었다. 올리브, 대추야자(**그림 B9-1**), 그리고 먹고 와인을 만드는 포도 같은 새로운 식물들도 재배되었다. 이와는 별도로 동남아시아 사람들은 벼와 콩을 재배하였고, 잉카와 마야 그리고 아즈텍의 신세계에서는 감자, 옥수수, 토마토, 콩, 호박, 코코아, 파인애플 그리고 땅콩을 재배하였다.

표 B9-1 식물이 재배된 지역

지역	식물
아프리카	커피, 멜론, 오크라(okra), 수수, 수박
중앙아메리카와 멕시코	콩, 코코아(초콜릿), 옥수수, 고추(칠리페퍼), 호박, 고구마, 토마토, 바닐라
유럽	사탕무, 당근, 딜(dill), 박하(페퍼민트, 스피어민트), 겨자, 오레가노(oregano), 로즈메리, 백리향
비옥한 초승달 지대(근동)	대추야자, 보리, 무화과, 아마, 포도, 올리브, 양파, 양귀비, 완두, 밀
극동 지역	살구, 그레이프프루트, 오렌지, 복숭아, 벼, 콩, 차
남아메리카	콩, 코카나무(코카인), 고추(칠리페퍼), 땅콩, 피마면(pima cotton), 파인애플, 감자, 유카(카사바)
동남아시아	바나나, 후추, 계피, 코코넛, 오이, 가지, 망고, 사탕수수

그림 B9-1 고대 수메르 사람들의 유적에는 이와 비슷한 그림들이 자주 등장한다. 이 사람은 제사장이거나 왕이고, 그가 마주한 물체는 매우 이상한 식물이다. 초기의 묘사에서는 식물이 대추야자인 것으로 인식되었지만, 시간이 흐르면서 귀중한 식량이 되는 이 나무가 생명 그 자체의 상징이 되었고, 예술가들은 이 나무를 보다 양식화하고 신령스러운 상징들을 그 주위에 그려 놓았다. 이 사람은 한 손에 솔방울 같은 물체를 들고 있고, 다른 손에는 통을 들고 있다. 대추야자는 암꽃식물과 수꽃식물로 자란다. 보다 풍성한 수확을 위해 꽃가루를 통에 수집하고 나서 꽃가루받이의 효율을 높이고 열매 생산을 증진시키기 위해 이 꽃가루를 암꽃식물에 발라주는 것으로 보인다. 기원전 2000년 이전에 새겨진 이 장면은 최초의 농경사회가 식물학의 정교한 측면을 이미 이해하였음을 보여준다.

개인과 인간사회 모두의 생존에서 열매와 씨앗이 얼마나 중요한지는 초기 미술에서 열매나 씨앗이 눈에 띄는 곳에 자리 잡고 있음을 보면 알 수 있다. 고대 이집트 사람들은 기원전 3000년에 대추야자, 보리 그리고 밀의 화상(likeness)을 조각하였고, 크레타 섬에서는 기원전 1800년에 미노스 화가들이 앞서 언급한 식물들에 덧붙여 무화과, 샤프란, 석류 그리고 루핀(lupine)을 그렸다. 한편 그들은 오로지 장식용으로만 기르는 백합, 도금양(myrtle), 수선화 및 장미의 그림도 그렸다.

사회가 차츰 부유해지면서 시간과 자원을 여가와 쾌락 추구에 이용할 수 있게 되었다. 식용 작물이나 약용식물이 아니라 아름답고 향기로운 꽃을 위한 정원들이 일찍이 만들어졌다. 이국적인 관상용 식물을 찾는 탐험이 역사상 가장 오래된 서사시인 수메르의 길가메시

(Gilgamesh) 서사시에 등장하고, 고대 이집트 유적인 팔레르모 석(Palermo Stone)에는 기원전 2900년에 스네프루(Snefru) 왕이 식물을 채집하는 탐험이 기록되어 있다. 작성된 목록에는 광범위한 식물채집 여정과 람세스(Ramses) 3세의 정원들이 열거되어 있다.

예쁜 꽃을 키우고 이국적 과일을 즐기는 일은 인기가 결코 시들지 않았다. 스페인 사람들이 아메리카 대륙을 발견하고 나서 초기에는 금과 은을 착취하였지만, 바로 이어서 오로지 식물, 특히 관상용 식물을 채집하는 탐사들이 뒤를 이었다. 미국에 보내진 많은 유명한 식물탐험가들 중에는 1820년대에 런던의 원예학회를 위해 태평양 연안 북서부를 탐험한 더글러스(David Douglas)와 1785년에 프랑스 정부가 파견한 미쇼 부자(André and François-André Michaux) 조사팀이 있다.

오늘날에도 취미로 정원을 가꾸고 꽃을 키우는 일은 많은 사람들이 인간 문명에서 필수적인 부분이라고 간주한다. 꽃을 재배하거나 하다못해 화분에 심은 식물을 창턱에 놓는 일은 우리의 과거와 연락을 유지하는 것과 같다.

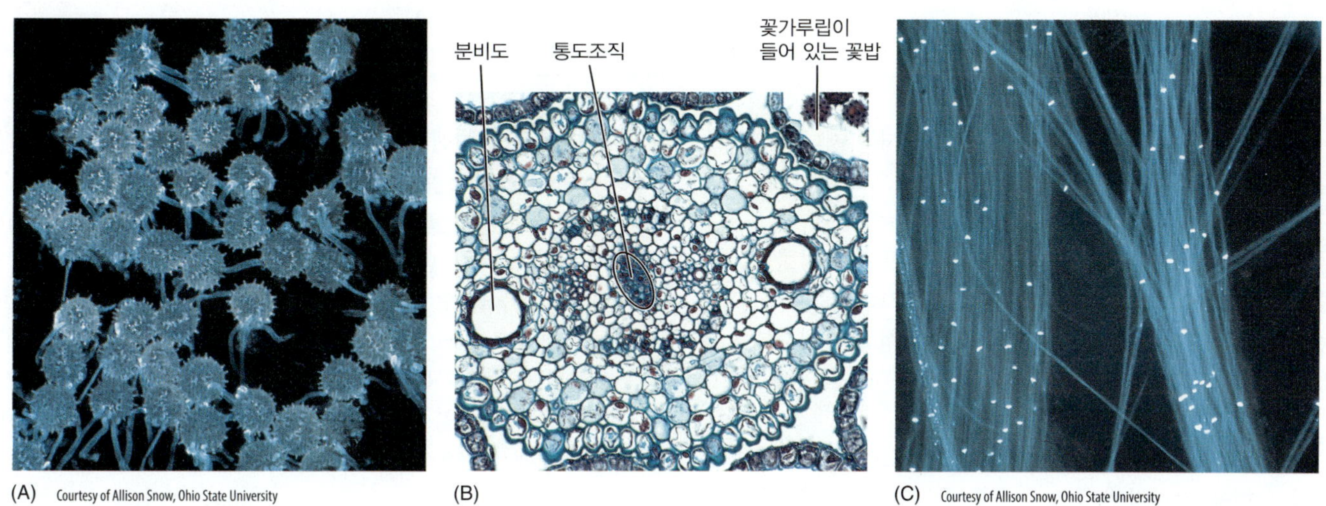

그림 9-14 (A) 올바른 종의 암술머리에 내려앉은 직후, 꽃가루립은 벽에서 꽃가루관이 나오면서 발아한다. 꽃가루관은 암술머리와 암술대의 성긴 조직 안으로 뚫고 들어간다. 이 사진은 형광을 내고 빛나게 하는 자외선으로 꽃가루의 벽과 칼로오스(callose)를 촬영하였다(×50). **(B)** 꽃가루관은 자라면서 암술대 조직을 쉽게 통과한다. 어떤 암술대는 속이 비었고 양분이 풍부한 통도조직(transmitting tissue)이 안을 대고 있고, 다른 어떤 암술대는 속이 꽉 찼지만 역시 통도조직을 갖고 있다. 사진은 해바라기의 암술대이다(×80). **(C)** 이 꽃가루관은 암술대 깊숙이 침투하였다. 밝은 점들은 꽃가루관의 끝에서 원형질을 봉쇄하는 칼로오스 마개(callose plug)들이다(×200).

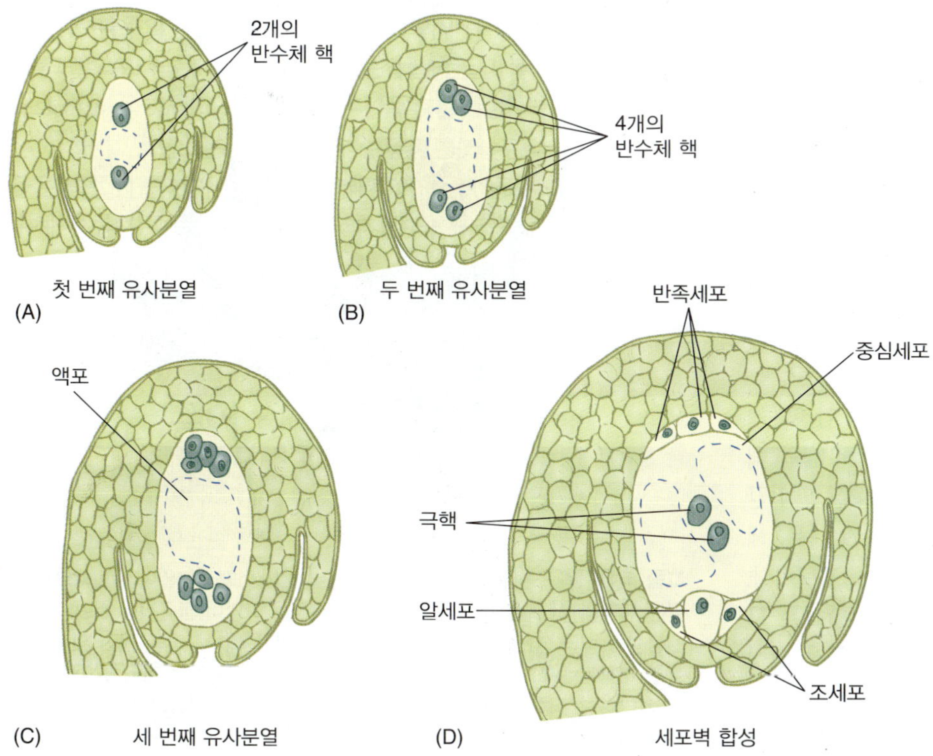

그림 9-15 대포자가 대배우자체로 발달하면서 세포질분열 없이 **(A)**부터 **(C)**까지 세 번 연속으로 유사분열을 한다. 따라서 대배우자체는 일시적으로 8개의 핵을 가진 다핵체가 된다. 그리고 나서 각 핵의 주위에 세포질이 축적되고 벽이 세워진다**(D)**. 알의 대부분은 벽으로 덮이지 않는다. 중심세포는 2핵성이고, 대부분이 액포이다.

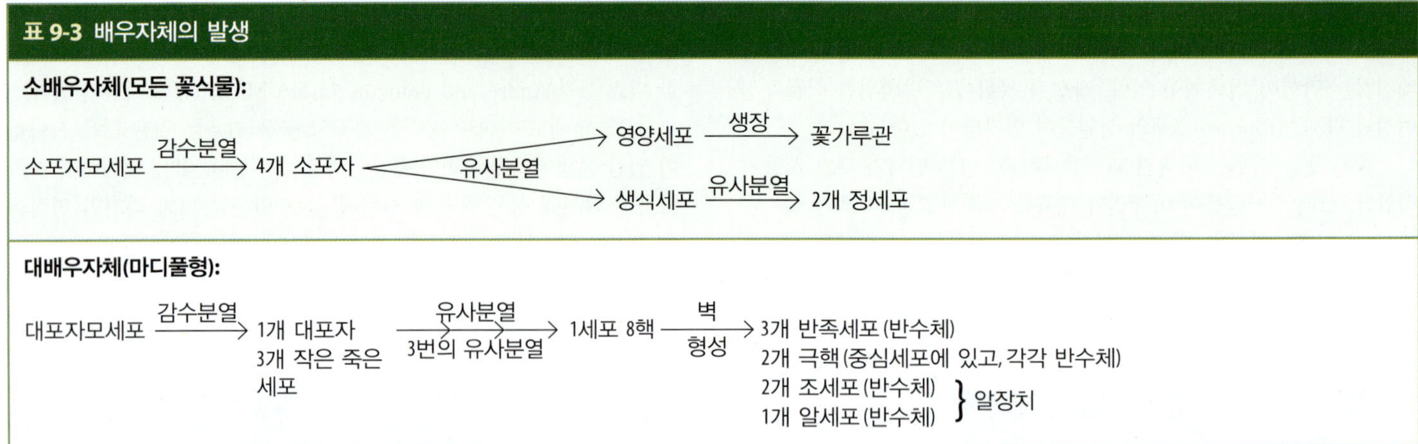
표 9-3 배우자체의 발생

소배우자체(모든 꽃식물):

소포자모세포 —감수분열→ 4개 소포자 —유사분열→ 영양세포 —생장→ 꽃가루관
생식세포 —유사분열→ 2개 정세포

대배우자체(마디풀형):

대포자모세포 —감수분열→ 1개 대포자, 3개 작은 죽은 세포 —유사분열, 3번의 유사분열→ 1세포 8핵 —벽 형성→ 3개 반족세포(반수체)
2개 극핵(중심세포에 있고, 각각 반수체)
2개 조세포(반수체), 1개 알세포(반수체) } 알장치

두가 수반된다. 꽃가루관이 밑씨를 향해 암술대를 지나 아래쪽으로 자라면서 어떻게든 밑씨의 주공(micropyle)으로 가야 한다. 꽃가루관은 주심을 뚫고 들어가서 알장치에 닿은 다음에 한 조세포에 들어간다. 꽃가루관의 끝이 터지고 두 정세포가 방출되는데, 그 중 하나는 조세포의 원형질을 지나 알 쪽으로 이동한다. 그러는 동안 정세포의 원형질막이 붕괴되고 그 원형질의 대부분을 잃는다. 정핵은 알에 들어간 다음, 난핵으로 이동하여 결합하고 2배체의 접합자 핵이 된다.

정자가 조세포를 지나는 동안 원형질이 떨어져 나갔기 때문에 정자는 핵융합 과정에서 오직 핵의 유전자 세트만 제공한다. 정자는 미토콘드리아나 색소체를 알에 운반하지 않으므로, 꽃가루가 나온 어버이의 세포소기관 유전자들은 접합자에 좀처럼 전달되지 않는다. 대신에 배의 미토콘드리아와 색소체 유전자들은 밑씨의 어버이로부터 물려받는다. 구과식물은 다르다. 구과식물의 정세포는 미토콘드리아가 파괴되는 동안에도 색소체는 보유한다. 접합자는 알로부터 미토콘드리아와 핵을 물려받고, 정세포로부터 핵과 색소체를 물려받는다.

오로지 속씨식물에서는 꽃가루관에서 방출된 두 번째 정핵이 조세포로부터 중심세포로 들어간다. 이 정핵은 두 극핵과 핵융합을 하여 커다란 **배젖핵(endosperm nucleus)**이 되는데, 이 핵은 유전자의 완전한 3세트가 들어 있는 3배체(triploid)이다. 정핵 가운데 하나는 난핵과 융합하고 다른 하나는 극핵들과 융합하기 때문에 이 과정을 **중복수정(double fertilization)**이라고 부른다. 배젖핵은 엄청나게 활동적이고 매우 빠르게 유사분열로 분열하기 시작하여 불과 몇 시간 내에 세포주기를 끝낸다.

배젖핵은 세포질을 역동적으로 만들어 중심세포가 엄청나게 커지고, 보통 세포분열을 하지 않으면서 수백 또는 수천 개의 핵을 갖는 거대한 세포가 된다(**그림 9-16** 참조). 마침내 핵분열이 끝나고 핵들 주위에 조밀한 세포질이 모인다. 벽이 세워진 다음, 세포들이 형성된다. 그 본보기가 '밀크(과즙)'로 가득 찬 코코넛이다. 코코넛의 비어 있는 중심은 하나의 단일한 세포이고, 밀크는 그 원형질이다. 흰색의 코코넛 '과육(meat)'은 핵들이 세포들을 형성한 부위이다. 녹색의 덜 익은 코코넛은 밀크로 가득 차 있지만 과육은 거의 없다. 코코넛이 익어가면서 다핵성 밀크가 두꺼운 층의 세포성 과육으로 전환된다. 다핵성과 세포성 조직들 모두를 **배젖(endosperm)**이라 부르며, 이 배젖은 접합자의 발생 과정에서 영양분을 공급한다. 코코넛만큼 많은 배젖을 형성하는 다른 대배우자체는 없다. 보다 전형적인 사례로는 밀, 쌀, 귀리와 옥수수 같은 곡립(grain)을 들 수 있는데, 이런 곡식의 낟알 대부분이 배젖이다. 이들의 배젖도 밀크 단계를 거치지만, 수확할 시점이 되면 배젖은 세포성의 녹말이 가득 찬 상태가 되고, 건조해서 굳어진다. 그러나 만약 옥수숫대에 붙어 있는 옥수수를 떼어낸다면 이는 배젖이 다핵성 상태에서 세포성 상태로 전환되는 시점에 따는 것이다.

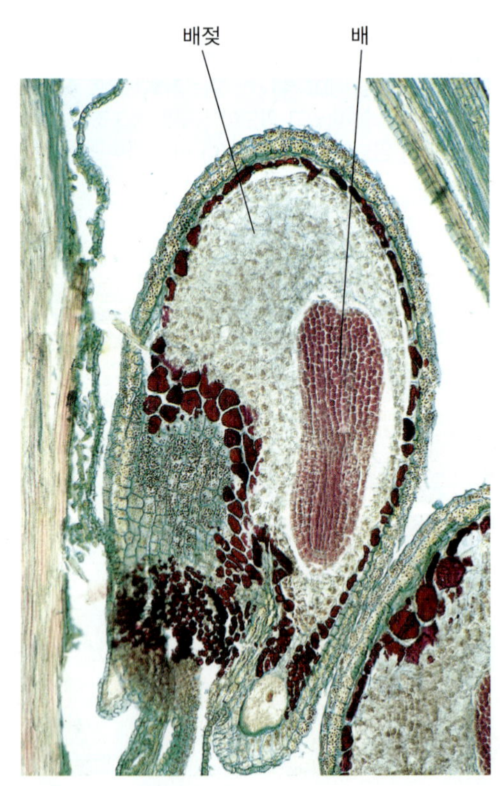

그림 9-16 많은 종에서 배젖의 발생에는 약간의 세포질분열이 수반되므로 배젖은 다핵의 '세포들' 더미가 되고, 이들 각각은 모양이 불규칙할 뿐만 아니라 원형질과 핵의 양은 변동이 심하다. 배젖은 핵분열과 세포질분열이 제대로 조화를 이루지 못하는 유일한 식물조직인데, 이는 배젖이 종자가 발아하기 전이나 발아한 직후에 배에 의해 소비되는 일시적인 조직이기 때문일 수 있다 (×180).

배와 종자 발생

배젖의 핵이 급증하면 접합자도 자라기 시작하지만, 이는 항상 핵분열과 세포질분열 모두에 의한 것이고, 배에서 다핵성 시기는 결코 일어나지 않는다. 접합자는 작은 세포집단으로 자라고, 그 중 일부는 나중에 진배(embryo proper)가 되고 다른 부분들은 짧은 자루 같은 구조인 **배자루(배병, suspensor)**가 되며, 배자루는 배를 배젖 깊숙이 밀어 넣는다(**그림 9-17**). 배자루는 속씨식물에서 보통 연약하고 수명이 짧다. 나중에 배가 자라면서 배자루는 쭈그러지고, 성숙한 씨에서는 배자루를 쉽게 발견할 수 없다.

배자루의 한쪽 끝에 있는 세포들은 유사분열로 계속 분열하여 배(embryo)가 된다. 세포들이 처음에 작은 공처럼 배열하는 시기가 구형기(globular stage)이다. 기초속씨식물과 콩과 땅콩 같은 진정쌍떡잎식물에서는 2개의 **떡잎(자엽, cotyledon)**으로 자라는 2개의 원기가 배자루로부터 멀리 떨어진 배의 끝에 생긴다(**그림 9-18, 9-19**). 어린 시기에는 떡잎원기 때문에 배가 심장 모양이 되는데, 이 시기가 심장기(heart stage)이다. 옥수수 같은 외떡잎식물에서는 오직 하나의 떡잎원기가 자란다. 'dicot'는 배가 두 떡잎을 갖는 식물인 'dicotyledon(쌍떡잎식물)'의 줄인 말이다. 'monocot'는 배에 오직 하나의 떡잎이 있는 식물인 'monocotyledon (외떡잎식물)'이다. 소나무 같은 구과식물은 많은 떡잎을 갖는다.

나중에 어뢰형기(torpedo stage)에서는 배가 긴 원통 모양이 되면서, 배의 뿌리인 **배뿌리(radicle)**, 배의 줄기인 **상배축(epicotyl)**, 그리고 뿌리와 줄기의 접합부인 **하배축(hypocotyl)**으로 구성되는 짧은 축이 확립된다. 마지막으로 배 안에서 관다발조직이 분화된다. 상배축에는 소수의 작은 잎이 달리기도 하고, 배뿌리는 보통 몇몇 곁뿌리의 원기들이 내초에 포함된다. 성숙한 다음에는 배가 휴지기에 들어가고 부분적으로 탈수가 되며, 주병이 파괴되면서 작은 자국인 배꼽(제, hilum)을 남기기도 한다. 청완두(green pea)에서는 완두의 두 반쪽이 두 떡잎이고, 각 완두가 꼬투리(열매)에 붙는 자루가 주병이다.

대부분의 기초속씨식물과 진정쌍떡잎식물에서는 떡잎이 발아하는 동안과 발아 후에 이용되는 양분을 저장한다. 배발생 중에는 떡잎이 차츰 두꺼워지면서 녹말이나 기름 또는 단백질로 채워지는 반면에, 양분을 공급하는 배젖은 오그라진다. 씨가 여물면 떡잎은 커지고 배젖은 완전히 바닥나기도 한다. 콩, 완두, 땅콩, 아몬드, 피칸, 그리고 그 밖에 두 반쪽으로 쉽게 분리되는 씨를 먹을 때 우리는 주로 떡잎을 먹는 것이다.

외떡잎식물에서는 한 장의 떡잎이 대체로 두꺼워지거나 통통해지지 않는 대신에 배젖이 그대로 유지되고 성숙한 씨에서도 나타난다. 밀, 쌀, 귀리 그리고 옥수수 같은 곡류를 먹을 때 우리는 거의 순전히 배젖을 먹는 것이다. 발아하는 동안 떡잎은 소화/흡수조직의 기능을 하며, 배젖의 영양소를 배에 전달한다. 일부 진정쌍떡잎식물은 중간이다. 떡잎이 일부 녹말과 단백질을 저장하지만 상당히 많은 배젖이 씨에 남아 있고, 발아하는 동안 영양의 양쪽 방법을 이용한다. 배젖이 제법 풍부한 성숙한 종자를 **유배유**

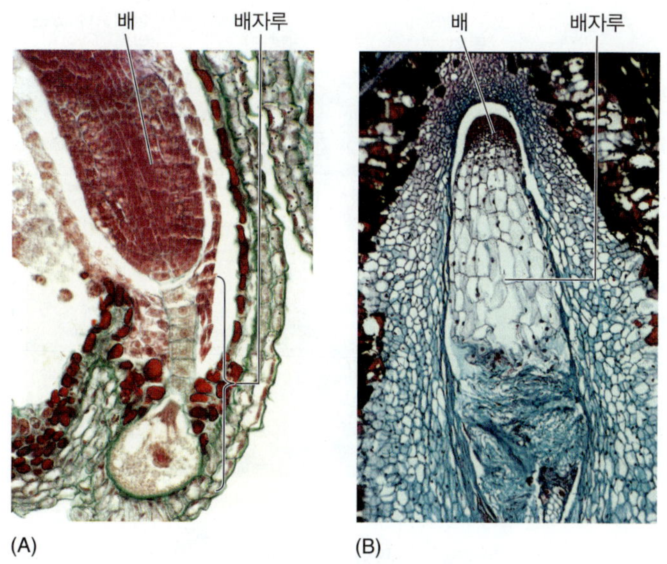

그림 9-17 **(A)**와 **(B)** 접합자는 작은 세포집단으로 자라고, 그 중 일부는 나중에 진배가 되고 다른 부분들은 짧은 자루 같은 구조인 배자루가 되며, 배자루는 배를 배젖 깊숙이 밀어 넣는다(×180).

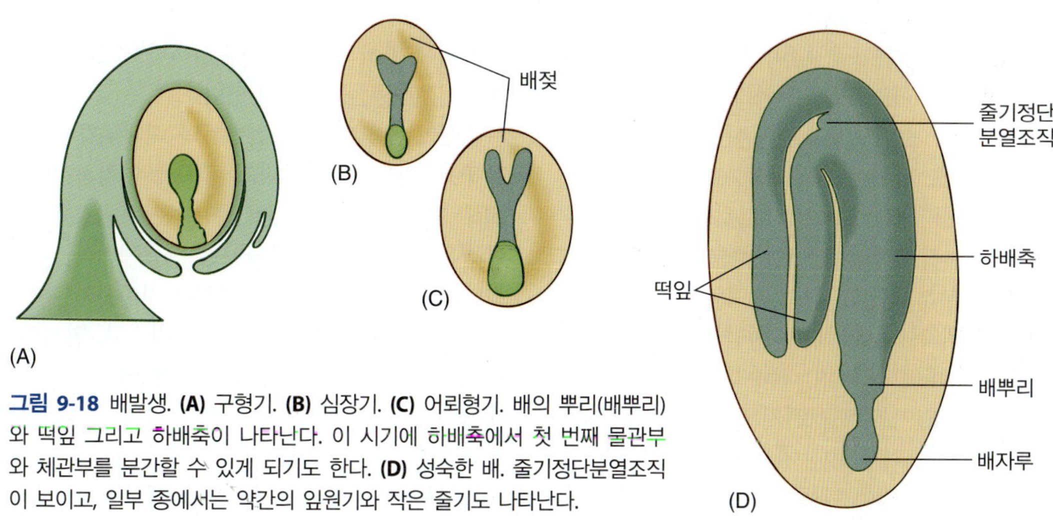

그림 9-18 배발생. **(A)** 구형기. **(B)** 심장기. **(C)** 어뢰형기. 배의 뿌리(배뿌리)와 떡잎 그리고 하배축이 나타난다. 이 시기에 하배축에서 첫 번째 물관부와 체관부를 분간할 수 있게 되기도 한다. **(D)** 성숙한 배. 줄기정단분열조직이 보이고, 일부 종에서는 약간의 잎원기와 작은 줄기도 나타난다.

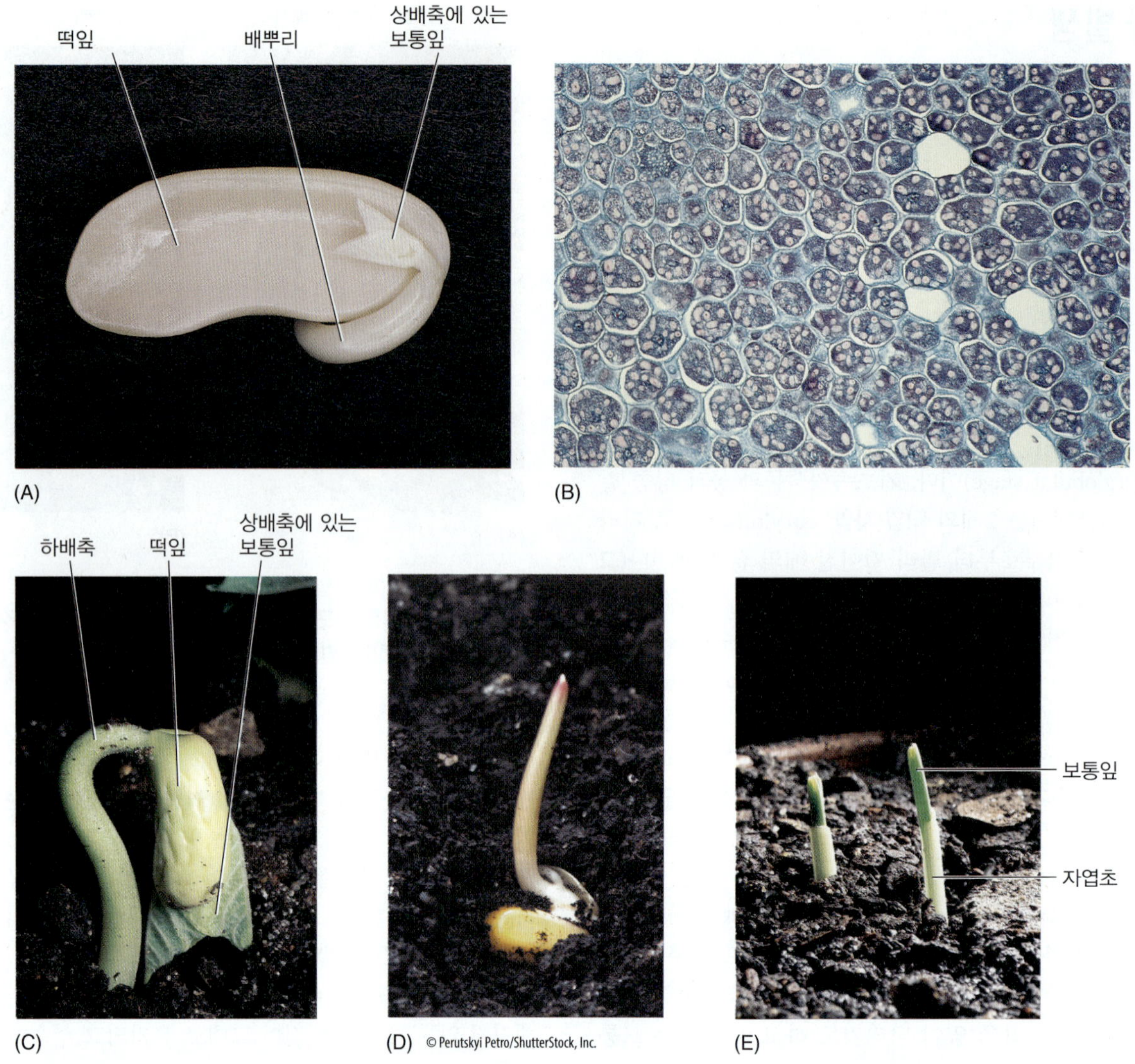

그림 9-19 **(A)** 이 콩의 씨앗은 발아하기 시작하였다. 배뿌리가 뻗어 나오고 장차 원뿌리가 될 것이다. 두 장의 떡잎(한 장은 제거하였음)은 탄수화물과 단백질을 분해하고 양분을 뿌리와 줄기의 정단분열조직으로 수송한다. 콩은 잘 발달된 상배축을 갖고, 여기에는 부분적으로 펼쳐진 몇 잎이 달리는데, 그 중 하나가 여기에 보인다. **(B)** 콩의 떡잎 세포들은 녹말(분홍색으로 염색됨)과 저장단백질(파란색으로 염색됨)로 가득 차 있다(×100). **(C)** 상배축에 있는 작은 잎이 발아하면서 벌어진다. 이 잎들은 배가 휴지기에 들어가기 전에 어느 정도 완전하게 형성되었기 때문에 잎은 빠르게 성숙할 수 있고 발아가 끝날 무렵이면 광합성을 시작할 수 있다. 하배축은 굽어졌는데, 이로 인해 떡잎의 보호를 받으면서 잎이 토양을 지나 위로 부드럽게 끌려 올라갈 수 있다. **(D)** 콩 씨앗의 대부분은 배젖이고, 배는 씨 부피의 절반이 되지 않는다. 발아하는 동안에 떡잎에서는 소화효소가 배젖으로 분비되고, 분해된 단량체들을 흡수한다. **(E)** 옥수수 씨앗도 휴지기에 들어가기 전에 많은 작은 잎들을 만들고, 이 잎들도 발아한 직후에 광합성을 시작할 수 있다. 잎은 토양에서 자엽초(coleoptile)라고 부르는 관꼴 껍질(초)에 의해 보호를 받는다.

종자(albuminous seed)라고 한다(그림 9-19). 만약 배젖이 드물거나 없다면 **무배유(exalbuminous)**종자라고 한다.

휴지기가 시작되기 전에 배의 생장과 발생이 일어나는 정도는 매우 변동이 심하다. 난초, 파인애플과 식물, 그리고 그 밖의 몇 종은 작은 먼지 같은 씨를 갖고, 그 안의 배는 떡잎이나 배뿌리 또는 관다발조직이 없는 작은 공의 세포일 따름이다. 많은 속씨식물 종의 씨에는 모든 부분들이 존재하고, 떡잎에 덧붙여 둘 또는 세 장의 어린잎이 상배축에 들어 있다. 이들 잎은 발아하자마자 광합성을 시작할 수 있다(그림 9-19). 옥수수에서는 배가 더욱 진전되어, 씨앗 안에 어린잎이 여섯 장까지도 들어 있다. 완전히 성숙한 옥수수 식물의 잎은 겨우 10장에서 12장일 따름이다. 새로운 포자체에서 절반 이상의 잎이 만들어지는 것은 어버이 배우자체에 박혀 있는 동안에 일어나고, 그 어버이 배우자체 자체는 예전의 포자체에 파묻혀 있다.

배와 배젖은 각각 접합자와 대배우자체의 중심세포로부터 발달하고, 이들 모두 밑씨의 주심에 위치하고 있다. 수정이 일어난 직후 또는 직전에 조세포와 반족세포들은 많은 종에서 붕괴된다. 주심은 어느 정도 확장되지만 나중에 배와 배젖이 확대되면서 쭈그러지고, 보통 성숙한 씨에서는 찾아보기 어렵다.

주심을 에워싸는 주피는 확대되고, 밑씨의 나머지 부분이 자라면서 주피는 **씨껍질(종피, seed coat 또는 testa)**이 된다. 종자 성숙의 최종 단계에서 씨껍질은 점점 후벽조직으로 가득차고 단단해지기도 한다(**그림 9-20**). 검정콩, 팥, 그리고 강낭콩을 서로 구별하는 것은 바로 씨껍질의 색깔에 의한 것이다.

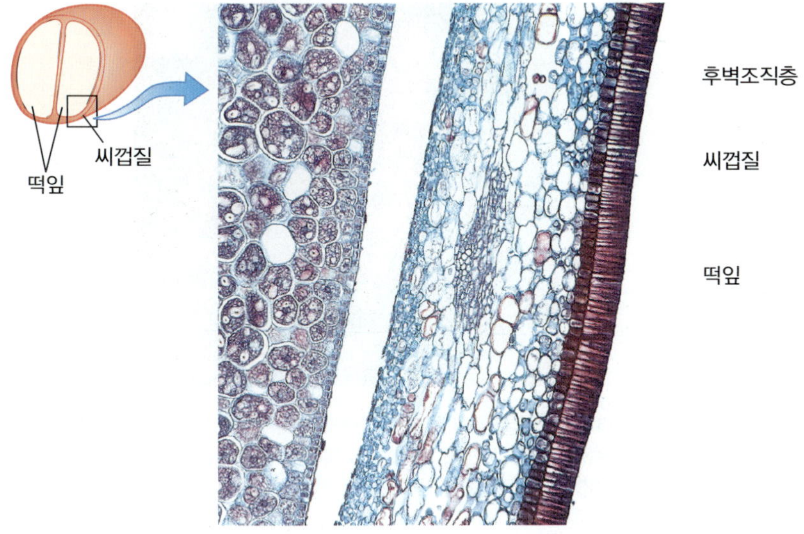

그림 9-20 콩의 이 씨껍질은 후벽조직의 외층과 유조직의 내층을 갖는다. 떡잎은 배의 일부이고, 떡잎과 씨껍질 사이에서 배젖이나 주심을 관찰할 수 있으리라 예상하겠지만, 이들은 종자 발생의 최종단계에서 쭈그러졌다(×200).

의 전체 벽을 **과피(pericarp)**라고 한다.

다음으로 넘어가기 전에 꽃들이 활짝 핀 어떤 복숭아나무를 생각해 보자. 이 나무에는 수천 송이의 꽃이 피었고, 각각은 수술과 심피가 달려 있다. 꽃가루와 대포자가 만들어지면 엄밀히 말해 자신들의 생식을 끝낸 것이고, 이제는 소배우자체(꽃가루립)와 대배우자체(각 심피의 각 밑씨의 안쪽)의 형태로 수만 개의 자식들이 생겼다. 벌이 다른 복숭아나무로부터 꽃가루를 가져와 이 나무의 암술머리로 옮겨주고, 오래지 않아 그 암술대 안쪽으로 수천 개의 꽃가루관들이 자라게 된다. 여러분의 눈에는 한 그루의 2배체 나무가 보이지만, 그 안에는 수천 개의 반수체 꽃가루관(이 또한 복숭아나무임)과 대배우자체들(이 역시 복숭아나무임)이 들어 있다. 이들 수천 식물들 모두가 존속하는 데 필요한 모든 물과 무기질 및 광합성산물들은 2배체 복숭아나무의 잎, 뿌리, 물관부 그리고 체관부로부터 공급된다. 그렇다고 해서 반수체 식물들이 나무에 기생한다고 말할

열매 발생

밑씨가 씨로 발달함에 따라 씨방은 여물어 **열매(과실, fruit)**가 된다. 열매의 발생은 심피의 성질에 따라 다를 뿐만 아니라 성숙한 열매의 성질에 따라서도 달라진다. 대체로 암술머리와 암술대는 시들어 사라지고, 꽃받침조각과 꽃잎 그리고 수술도 마찬가지지만, 이들은 없어지지 않고 최소한 일시적으로나마 지속되기도 한다(**그림 9-21**). 흔히 생장 과정에서 뚜렷이 다른 세 층을 구별할 수 있다. **외과피(exocarp)**는 바깥층의 껍질이고, 중간층의 **중과피(mesocarp)**는 열매살, 즉 과육이며, 가장 안쪽의 층인 **내과피(endocarp)**는 체리의 씨나 핵처럼 단단하기도 하지만 아주 얇을 수도 있다(**그림 9-22**). 이들 층의 상대적인 두께와 다육성(fleshiness)은 열매의 종류마다 다르고, 한 층이나 두 층이 없을 수도 있다. 한 층이건, 두 층이건, 아니면 이들 모든 세 층이건 간에 열매

그림 9-21 사과는 꽃가루받이가 끝나면 꽃잎이 죽어서 떨어진다. 수술과 꽃받침조각은 말라 죽어 버리지만 떨어지지 않고 남아 있는 반면에, 심피와 꽃턱은 열매로 발달한다. 대부분의 종에서 꽃가루받이가 끝나면 꽃받침조각과 꽃잎 그리고 수술은 모두 이탈한다.

(A)

(B)

그림 9-22 **(A)** 피칸(pecan nut)은 씨앗과 열매 가운데 가장 안쪽 부분(내과피)이다. 외과피(이 사진의 녹색 부분)와 중과피(갈색 부분)는 단단한 섬유질의 먹지 못하는 부분이다. 열매는 나무에 달려 있을 때 열려서 내과피와 씨앗이 떨어지게 된다. **(B)** 상점에서 파는 코코넛은 보통 내과피와 씨앗이다. 자연에서는 이들 부분이 두꺼운 섬유질의 부력이 있는 중과피와 얇은 외과피로 둘러싸여 있다. 내과피에 있는 검은 점(눈, eye)은 발아할 때 유식물의 뿌리와 지상부가 나오는 곳이다.

수는 없는데, 그것은 이들이 종자 생성에 필수적이기 때문이다. 수정이 일어난 다음, 수백 개의 접합자들이 배로 발달하고, 각각의 배는 소배우자체와 대배우자체의 자식(offspring)들이고 복숭아나무 자체로 보면 '손자(grand-offspring)'인 셈이다. 이 나무에는 다른 복숭아나무로부터 운반된 꽃가루들이 만든 다른 '손자'들도 있다. 이 나무는 그 안에서 생긴 씨앗의 밑씨 어버이이고, 다른 많은 나무들에서 생긴 수천 종자들의 꽃가루 어버이가 된다.

꽃의 구조와 타가수분

포자, 배우자, 접합자 그리고 종자의 생성과 발생은 복잡하고 정교한 과정이지만, 이런 것들이 꽃의 유일한 기능은 아니다. 꽃은 한편으로 꽃가루와 씨의 효과적 분산에 관여한다. 많은 메커니즘들이 이들 과정을 수행하기 때문에 많은 종류의 꽃과 열매들이 존재한다.

타가수분

타가수분(다른꽃가루받이, cross-pollination)은 다른 개체의 꽃가루에 의한 심피의 가루받이이고, **자가수분(제꽃가루받이, self-pollination)**은 동일한 꽃이나 동일한 식물에 있는 다른 꽃의 꽃가루에 의해 심피가 수분되는 것이다. 어떤 식물개체군이건 유전적 다양성이 존재하기 마련이다. 무작위적 돌연변이(random mutation)는 적응도를 증진시키는 어떤 새로운 버전의 유전자들[각 버전을 대립유전자(allele)라고 함]을 만들기도 하지만, 다른 어떤 해로운 버전도 만든다. 예를 들어, 푸른 눈을 가진 사람은 갈색 눈을 가진 사람과 눈 색깔에 대해 동일한 유전자들을 갖지만, 눈 색깔 유전자의 다른 버전, 즉 다른 대립유전자를 가질 따름이다. 타가수분에서는 서로 다른 식물들의 정세포와 난세포가 융합하여 새로운 유전자 조합이 생기는데, 이 가운데 적어도 몇 조합은 어버이 중 어느 하나보다 훨씬 잘 적응할 수 있게 한다. 그러나 자가수분은 무성생식과 거의 동일한 결과를 얻게 되는데, 그것은 모든 유전자, 즉 모든 대립유전자들이 동일한 어버이로부터 나오기 때문이다. 어버이로부터 물려받은 것보다 적응도를 높일 수 있는 새로운 대립유전자가 생길 가능성은 전혀 없다. 그렇지만 만약 식물이 잠재적인 타가수분 파트너들과 멀리 떨어져 있거나 꽃가루매개자가 없어서 격리되어 있다면, 식물이 죽어서 유전자들을 잃는 것보다는 자가수분을 통해 씨를 만들고 그들의 유전자들을 퍼뜨리도록 한다.

자가수분의 가능성을 줄일 뿐만 아니라 타가수분의 기회를 높이고 그에 따른 유전적 다양성을 증진시키는 많은 메커니즘들이 진화하였다.

수술과 암술대 성숙시기

수술과 심피가 함께 있는 꽃에서는 수술과 암술머리가 서로 다른 시기에 성숙하면 자가수분이 방지된다(**그림 9-23**). 많은 종에서 꽃밥은 암술머리의 조직들이 설익어 수용력이 미처 없을 때 꽃가루를 방출한다. 암술대가 아직 길게 늘어나지 않았을 수도 있고, 수술대가 길어지면서 위로 올린 꽃밥이 맨 위에 있을 때 암술머리는 꽃의 바닥 부근에 머물러 있기도 한다. 밖으로 나온 꽃가루는 아주 잠시 동안만 사는데, 메마른 공기에서 말라버리기 쉽고 자외선에 의해 DNA가 손상을 입기 쉽기 때문이다. 암술머리와 암술대가 익었을 때 그 꽃 안에는 살아 있는 꽃가루가 남아 있지 않을 수 있다. 따라서 모든 꽃가루받이는 꽃밥이 막 열린 어린 꽃들에 의해 영향을 받는다.

그림 9-23 이 선인장 꽃의 수술은 성숙하여 꽃가루를 떨어뜨렸지만, 암술머리들(녹색)은 서로 납작하게 눌려 있고 수용력이 없다. 나중에 수술이 지고 암술머리가 벌어지면 다른 꽃으로부터 꽃가루를 받을 태세를 갖춘다.

그렇지만 이는 타가수분을 보장해 주는 아주 효과적인 방법은 아니다. 많은 꽃이 달리는 식물에서 꽃들은 한꺼번에 피지 않고, 오래 전에 핀 꽃은 동일한 식물에서 방금 핀 꽃에 의해 자가수분이 일어날 수 있다. 꽃가루가 다른 식물로부터 온다 하더라도 부근에 있는 많은 이웃들은 서로 밀접한 관계를 가질 수 있는데, 이는 그 식물에서 생긴 많은 씨들이 떨어져서 그 식물 부근에서 발아하여 마치 사촌처럼 매우 밀접한 식물 집단을 형성하기 때문이다.

암술머리와 꽃가루 부적합성

많은 종, 특히 많은 중요한 농작물 종에서는 꽃가루의 생장을 막는 꽃가루와 심피 간의 화학반응인 **적합성 장벽(compatibility barrier)**에 의해 자가수분이 억제된다. 어느 한 부적합성(incompatibility) 체제에서는 꽃가루관이 자랄 때 암술머리와 암술대가 꽃가루관의 표면에 있는 단백질을 검사한다. 만약 이들 단백질 가운데 어느 하나라도 심피가 달린 식물의 부적합성 유전자와 맞는 유전자에 의해 합성되었다면 암술머리와 암술대는 더 이상 꽃가루관이 자라지 못하게 막는다. 타가수분에서는 꽃가루관의 모든 유전자들이 암술머리와 암술대의 유전자들과 맞아서 저해가 일어난다. 식물은 스스로 가루받이를 할 수 없다(**그림 9-24**).

다른 보편적 체제로는 꽃밥의 융단조직에 의해 발달하는 꽃가루립의 바깥쪽 표면에 중요한 단백질이 침적된다. 부적합성 유전자에 의해 만들어진 어떤 단백질이라도 맞게 되면 꽃가루립의 발아가 저해된다. 첫 번째 체제인 꽃가루관과 암술대 간의 상호작용에는 반수체 유전체(꽃가루관)와 2배체 유전체(심피)가 관여하는 반면에, 두 번째 체제에서는 두 2배체 유전체들(꽃밥과 심피)이 참여한다. 2배체/2배체 체제는 두 배나 많은 유전자들이 관여하기 때문에 꽃가루를 거부할 가능성이 훨씬 커진다. 2배체/2배체 체제를 이용하여 자가수분이 저해될 뿐만 아니라 가까운 친척들 간의 근친교배(inbreeding)도 차단된다.

암수한몸과 암수딴몸의 종들

안갖춘꽃(incomplete flower) 중에는 꽃받침조각이나 꽃잎이 없는 꽃들과 수술이나 심피가 없는 꽃들 간에 중요한 차이가 있다. 수술과 심피는 매우 중요한 포자들을 만들기 때문에 **필수기관(essential organ)**이라고 한다. 만약 이들 중 어느 한 기관이라도 없으면 유성생식은 상당히 영향을 받는다. 이들 필수기관 중 어느 하나 또는 모두 결여된 꽃은 안갖춘꽃일 뿐만 아니라 **불완전꽃(imperfect flower)**이다(그림 9-6 참조). 만일 두 가지 필수기관을 모두 갖고 있으면 꽃받침조각이나 꽃잎 중 어느 하나 또는 모두 없더라도 **완전꽃(perfect flower)**이라고 한다. 꽃받침조각과 꽃잎은 포자를 만들지 않아서 **비필수기관(nonessential organ)**이라고 한다.

개개의 꽃도 중요하지만 전체 식물과 전체의 종을 고려하는 것이 필요하다. 수술은 꽃밥을 형성하여 정자를 생산하고, 심피는 알의 생산에 관여한다. 따라서 어떤 종이건 반드시 두 가지 기관을 모두 가져야 한다. 완전꽃을 갖는 식물들은 이 필요조건을 충족시킨다. 그러나 만약 종의 어떤 꽃들이, 예를 들어 수술이 없는 불완전꽃이라면, 다른 꽃들은 완전꽃이거나 아니면 심피가 없는 불완전꽃의 형태로 수술을 반드시 가져야 한다. 여기에는 많은 조합이 가능하다. 종은 오직 수꽃(staminate flower)만 만드는 개체와 암꽃(carpellate flower)만을 만드는 개체들을 갖기도 하는데, 이를 **암수이주성(dioecy)**이라고 하고, 그 종(꽃이나 식물이 아님)을 **암수딴몸(암수이주, dioecious)**이라고 한다. 암수딴몸 종의 예로는 마리화나, 버드나무 그리고 파파야 등이 있다. 암수딴몸 종에서 생활주기는 사실상 (1) 소배우자체, (2) 대배우자체, (3) 수꽃포자체, 그리고 (4) 암꽃포자체의 4가지 식물로 구성된다.

암수동주성(monoecy)은 암꽃과 같은 식물에 위치하는 수꽃을 갖는 상태를 가리키며, **암수한몸(암수동주, monoecious)** 종의 예로는 부들과 옥수수를 들 수 있는데, 암꽃이삭(ear)은 수정된 암꽃의 집단이고, 수꽃이삭(tassel)에는 많은 수꽃이 달려 있다(**그림 9-25**). 멜론과 호박을 포함하는 오이 계통의 일부 집단에서는 만들어지는 꽃의 유형이 변한다. 어린 식물과 열악한 환경에서 자란 식물은 수꽃을 생성하지만, 오래된 식물과 좋은 환경에서 자란 식물은 완전꽃이나 암꽃을 만든다. 수정이 일어나면 심피는 커다란 열매가 되고, 건강하고 탄탄한 식물만이 이런 일을 감당할 수 있다. 어린 식물이나 잘 자라지 못한 식물은 열매의 발달을 위한 탄수화물과 단백질을 충분히 공급할 수 없지만, 꽃가루는 넉넉하게 공급할 수 있다.

암수이주성은 타가수분을 보장하는 극단적인 적응이다. 오직 한 가지의 포자만을 만드는 식물은 스스로 가루받이할 수 없다. 이는 포유동물에서 성별이 구별되는 것과 비슷하며, 포유류는 어떤 개체도 스스로 수정할 수 없다. 두 가지 상태 모두 유전적으로 동일하지 않은 성세포에 의한 수정을 보장해 주는 것이고, 그렇게 함으로써 자손들의 유전적 다양성을 증가시킨다.

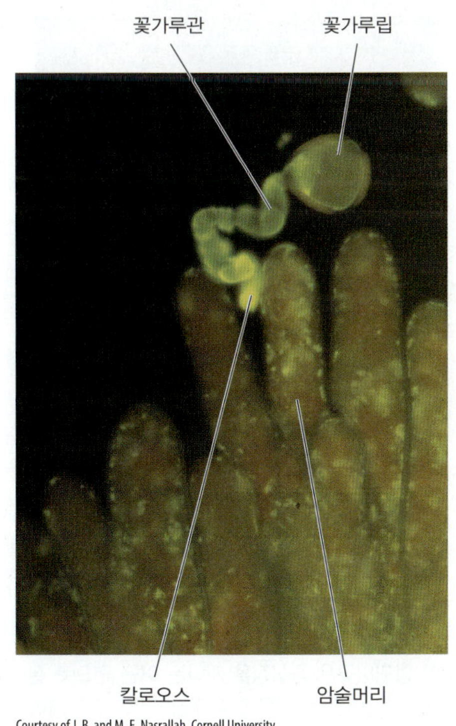

그림 9-24 이 꽃가루립은 불화합성 암술머리에서 자라기 시작하였지만, 암술머리가 이를 차단하여 칼로오스가 형성되었다. 칼로오스는 자외선을 받으면 형광을 내고, 따라서 이 사진에서 밝게 빛난다(×200).

동물매개성 식물

동물매개성 꽃가루받이의 진화는 꽃식물의 진화에 크나큰 영향을 미쳤다. 바람에 의해 수분이 이루어지는 구과식물에서는 선명한 색의 꽃잎과 향기 그리고 꿀 같은 것들이 자원과 에너지를 낭비하는 것이다. 그러나 곤충이 초기의 속씨식물을 방문하고 나서 색소나 향기 또는 당이 풍부한 분비물이 만들어지는 돌연변이가 차츰 적응적이 되었다. 바람에 운반되는 꽃가루는 실제로 암술머리에 도달할 확률이 매우 낮지만, 만약 이 꽃 저 꽃으로 날아다니는 곤충이 꽃가루를 운반해 준다면 꽃가루립이 암술머리에 도달할 확률은 크게 개선된다.

곤충과 꽃의 연합이 약 1억 2천만 년 전에 시작하였을 때 곤충이나 꽃의 어느 쪽도 특별히 정교하지 않았다. 추정컨대 곤충은 각각 다른 종이라고 인식하지 않은 채 모든 종류의 꽃을 찾아다녔을 것이다. 그 결과, 꽃가루는 종종 엉뚱한 종의 암술머리에 도달하였을 텐데, 그런 곳에서는 꽃가루가 쓸모없었을 것이다. 식물의 특수성인 꽃의 색, 크기, 모양, 향기 등등 같이 곤충이 쉽게 알아볼 수 있는 가능성을 증진시키는 식물의 돌연변이가 선택적 이익이 되었다. 달콤한 꿀이나 단백질이 풍부한 꽃가루와 수술처럼

(A) © BKPrimus/iStock

(B) © mrhighsky/iStock

그림 9-25 **(A)** 옥수수의 암꽃이삭(ear)은 보호성 잎 같은 포엽(껍질)으로 둘러싸인 암꽃의 커다란 더미이다. 옥수수의 '수염(silk)'은 기다란 암술대이다. **(B)** 옥수수의 수꽃이삭(tassel)은 수꽃의 꽃차례이다. 옥수수는 한 식물에 암꽃 이삭과 수꽃 이삭 모두를 만드는 암수한몸 종이다.

곤충을 위한 보상이 유익했다. 곤충의 입장에서는 꿀이나 꽃가루를 풍부하게 제공하는 식물을 식별할 수 있는 곤충의 능력이 향상되는 돌연변이가 적응적이었다. 곤충이 날아다니려면 많은 에너지를 쏟아야 하므로 비행하는 중에 멀리서 가장 영양 많은 꽃을 인식하는 능력이 유리하였다. 그 결과, 곤충과 꽃의 많은 계열에서 **공진화(coevolution)**가 일어났는데, 꽃은 특정한 곤충이 찾아오도록 적응하기 시작하였고, 곤충은 보다 효율적으로 획득하게끔 적응하게 되었다. 공진화는 꽃과 새 그리고 꽃과 박쥐 간에서도 일어났다.

꽃가루매개자가 실제로 접촉하는 것이 꽃이므로, 꽃의 모양이 특히 중요하다. 많은 꽃들이 방사대칭(radial symmetry)인데, 이는 중심점을 지나는 어떤 면으로 잘라도 서로 똑같은 2개의 거울상(mirror image)을 만드는 것이다. 이와 같은 꽃(과 줄기와 뿌리)을 **방사대칭(actinomorphic)** 또는 **정제(바른모양, regular)**라고 한다(**그림 9-26**). 그러나 모든 곤충과 새 그리고 박쥐는 좌우대칭(bilateral symmetry)인데, 이는 한 종주면에 의해서만 서로 똑같은 2개의 거울상이 만들어지는 것이다. 많은 종에서 꽃과 가루매개자가 공진화하였으며, 이와 같은 좌우대칭의 꽃을 **좌우상칭(zygomorphic)**이라고 부른다(그림 9-26). 꽃가루매개동물이 좌우상칭꽃에 접근할 때 오로지 한 방향만 편안하게 내려앉을 수 있고, 정렬상태가 올바르지 않으면 매개동물의 머리나 몸이 꽃의 독특한 모양과 맞지 않게 된다. 결과적으로 매개동물이 꽃에서 먹이를 얻는 동안, 꽃가루는 동물의 예측할 수 있는 곳에 묻게 된다. 이 동물이 그 다음 꽃으로 옮겨갈 때 꽃가루는 암술머리에 직접 발라진다. 적절한 꽃으로 꽃가루가 옮겨질 뿐만 아니라 암술머리에 꽃가루가 직접 운반된다. 이와는 대조적으로 방사대칭꽃에는 가루매개동물이 어느 방향으로나 접근할 수 있어서 꽃가루는 몸의 어느 부분에나 발라질 수 있다. 이 동물이 그 다음 꽃으로 이동할 때 꽃가루가 묻힌 부분이 암술머리에 닿지 않아 타가수분이 일어나지 않을 수 있다.

(A)

(B) © kmartin457/iStock

그림 9-26 **(A)** 이 양귀비꽃은 중심점을 지나는 어떤 면으로 잘라도 서로 똑같은 2개의 거울상이 만들어진다. 이를 방사대칭이라고 한다. **(B)** 이 펜스테몬속(*Penstemon*) 꽃들은 위에서 아래까지 잘라야만 서로 똑같은 2개의 거울상이 만들어지는 좌우상칭꽃이다. 꽃과 마찬가지로 좌우대칭인 꽃가루매개동물은 꽃에 올바르게 접근해야 꽃에 들어맞는다. 꽃밥은 각 꽃의 구멍(throat)에 있고, 벌의 등에만 꽃가루를 묻힌다.

많은 식물/동물 관계는 전쟁이다. 동물들은 식물을 먹으려고 하고, 그 위에 알을 낳거나 그 밖의 다른 해로운 일들을 한다. 식물들은 독성물질, 가시 그리고 보강세포의 장벽 등으로 자신들을 방어한다. 식물을 보다 효율적으로 동물을 제지하게끔 만드는 돌연변이는 식물에게는 이익이 되지만 유해동물에게는 그렇지 못하다. 그러나 꽃가루받이 관계에 있어서는 식물과 동물 모두 혜택을 입는 경향이 있어서 공진화가 가능했다. 식물을 꽃가루매개동물이 훨씬 쉽게 알아볼 수 있고 보다 접근이 편리하게끔 만들어 주는 돌연변이는 식물과 동물 모두에게 도움이 되고, 마찬가지로 매개동물의 특정한 돌연변이도 양자에게 모두 이익이 된다. 그러나 그 어느 쪽도 해야 할 그 이상의 것을 주지 않는다. 어떤 벌들은 꽃에서 꿀을 취할 수 있지만 꽃가루를 전혀 운반하지 않아서 '꽃꿀도둑(nectar robber)'이라고 부른다. 한편으로 이를테면 킬로글로티스속(*Chiloglottis*) 같은 일부 난초들은 말벌을 속여서 공짜로 꽃가루를 가져 오게 한다. 이들 난초는 모양과 냄새 그리고 촉감이 마치도 암컷 말벌과 같아서 수컷 말벌들이 짝짓기를 하려고 시도한다. 말벌들은 다음 난초꽃으로 그리고 또 그 다음으로 날아다니면서 각 난초들 간에 꽃가루를 전달해 준다. 난초는 꿀을 마련하지도 않고 꽃가루받이를 하였고, 말벌은 즐거운 시간 외에는 얻은 것이 없다.

풍매식물

바람에 의해 꽃가루받이가 매개되는 종에서는 전혀 다른 일련의 변형들이 적응적이다. 매개동물을 유인할 필요가 없으므로 꽃잎이 형성되지 못하게 하는 돌연변이가 선택이익이 되고, 절약한 에너지는 식물의 다른 곳에서 이용할 수 있다. 꽃받침조각도 흔히 축소되거나 없으며, 씨방은 특별한 보호를 필요로 하지 않는다. 따라서 전체 꽃은 아주 작기도 하다. 좌우상칭꽃은 선택이익이 없다. 꽃가루가 바람에 날리면 특정 꽃가루립이 화합성 암술머리에 안착할 가능성이 너무 적으므로 엄청난 수의 꽃가루립을 만들어야 한다. 크고 깃털 같은 암술머리는 꽃가루립을 잡을 수 있는 면적을 늘려 주기 때문에 적응적이다(**그림 9-27**). 바람에 의해 꽃가루받이가 매개되는 개체들은 보통 수천 개까지 작은 꽃들을 만들지만, 개개의 꽃은 아주 작고 전체 식물은 엄청난 표면적의 암술머리를 갖는다.

꽃가루받이는 식물개체군의 생장 양식에 따른다. 벼과 초본, 참나무, 히코리 그리고 모든 침엽수 같은 풍매식물은 가까이에 있는 육지나 숲에서 조밀한 개체군으로 자란다. 1 km^2 내에서 수천 식물을 발견할 수 있고, 더 중요한 것은 그 안에서 수백만 암술머리를 볼 수 있다는 점이다. 이와는 달리 널리 분산되고 드문 개체들은 동물에 의한 꽃가루받이에 의존해야 한다.

씨방의 위치

씨방과 밑씨는 가루매개동물로부터 잘 보호되어야 한다. 역설적이지만 꽃은 효과적인 꽃가루받이를 위하여 단백질이 풍부한 밑씨의 몇 밀리미터까지 굶주린 동물을 데려와야 한다. 암술대와 수술대를 길게 만드는 것이 분리를 극대화하는 한 가지 적응이다. 씨방을 꽃 깊숙이 파묻는 것도 또 다른 보호 전략이다. 어떤 종에서는 꽃턱의 꼭대기에서 모든 꽃기관의 원기들이 개시된 다음에(처음 만들어지면 모든 부분들이 현미경으로 봐야만 보일 정도로 작다), 원기들이 함께 모이고, 수술과 꽃잎 그리고 꽃받침조각의 맨 아래 부분들이 융합하고 씨방 주위에 보호조직의 두꺼운 층을 형성하여, 씨방이 다른 기관들의 아래에 있는 것으로 나타난다(그림 9-21 참조, **그림 9-28A**, **9-28B**). 이를 나타내는 두 용어가 있는데, 씨방을 **하위씨방(inferior ovary)**이라고 부르거나 꽃의 다른 부분들을 **씨방하위(epigynous)**라고 한다. 하위씨방은 꽃턱 조직이 씨방 주위에서 위쪽으로 자란 결과로서 생길 수도 있다(**그림 9-28C**). 이보다 더 보편적인 배열은 씨방에서 융합이 일어나지 않고 씨방이 다른 꽃기관들의 위에 있는 것으로, 이를 **상위씨방(superior ovary)** 또는 **씨방상위(hypogynous)**라고 부른다. 그 중간의 부분적으로 파묻힌 씨방은 **씨방중위(perigynous)**의 꽃기관들을 갖는 **반하위씨방(중위씨방, half-inferior)**이다.

그림 9-27 바람에 의해 꽃가루받이가 매개되는 많은 나무들은 사람들이 꽃식물인지를 전혀 알아차리지 못할 정도로 아주 작은 꽃들을 갖는다. 이 사진은 사시나무속(*Populus*)의 꽃 전체 세트인 꽃차례이고, 각 꽃은 많은 수술로만 구성된다.

꽃차례와 꽃가루받이

개개의 식물에 꽃이 어떻게 자리를 잡느냐가 중요하다. 식물 중에 오직 하나의 꽃이 달리는 종은 많지 않다. 그 대신 어느 해에 또는 여러 해 동안 많은 꽃들이 생긴다. 커다란 마가목(mountain ash)이나 벚나무에서는 백 년이 족히 넘는 기간 동안 해마다 수천 송이의 꽃이 핀다. 꽃가루매개동물들이 꽃을 찾고 방문할 것인지를 결정짓는 많은 중요한 요인들이 있는데, 이를테면 다른 꽃과 잎 그리고 나무줄기에 관한 꽃의 위치, 지면으로부터의 높이, 그리고 꽃가루매개동물이 다니는 훤히 트이고 깔끔한 비행경로로부터의 거리 등이다(**그림 9-29**).

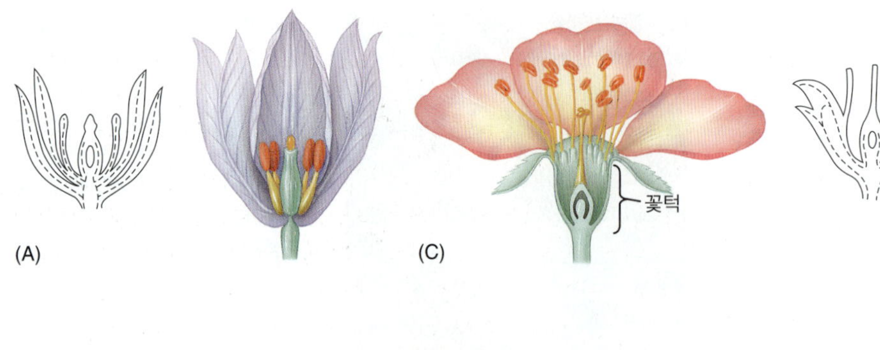

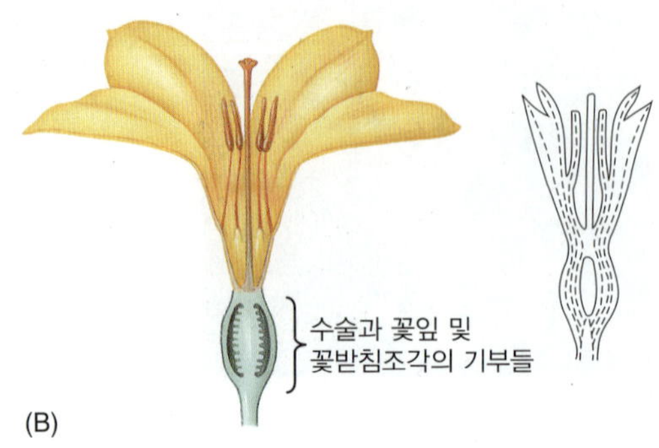

그림 9-28 **(A)** 상위씨방의 꽃에서는 심피가 다른 기관들보다 위에 있는데, 이는 꽃의 정단분열조직에 의해 생겼기 때문이다. **(B)** 꽃받침조각과 꽃잎 그리고 수술의 맨 아래 부분들이 심피의 기부와 융합한 결과인 하위씨방이다. 관여하는 4개의 꽃 부속체들에는 파선(dashed line)으로 표시한 관다발이 아직 뚜렷하게 남아 있다. **(C)** 일부 종에서는 모든 부속체 원기들이 생긴 다음에 꽃턱 조직이 위쪽으로 자라 씨방을 감싼다. 씨방 주위의 관다발이 부속체의 관다발이 아니라 꽃턱의 관다발이라는 점에서 이를 알 수 있다.

번식성공도(reproductive success)는 건강하고 생존 가능한 유식물의 수로 측정한다. 이를 위한 중요한 요인의 하나는 꽃가루받이이다. 꽃가루매개동물이 쉽게 볼 수 있게끔 큰 꽃을 갖는 것이 최선이라고 보일 수도 있다. 그렇지만 그렇게 되면 불행하게도 초식동물의 눈에도 잘 띌 수 있고, 밑씨와 꽃가루가 단백질이 풍부하기 때문에 해충의 좋은 먹이원이 된다. 꽃자루, 꽃턱, 꽃받침조각 및 꽃잎을 만드는 것은 비용이 들어가는 포장과 광고라고 생각할 수 있다. 꽃이 커지면 커질수록 비용이 많이 든다. 이러한 지출을 보다 적응적으로 만들 수 있는, 즉 선택적으로 불리한 점을 줄일 수 있는 방법은 꽃에 있는 밑씨(잠재적 씨)의 수를 증가시키는 것이다. 큰 꽃들은 밑씨가 많고 작은 꽃들은 밑씨를 적게 갖는 경향이 있다. 작은 꽃들이 존재하는 이유는 작은 식물들이 커다란 꽃과 그에 수반되는 커다란 씨를 감당할 수 없기 때문인데, 이런 것들은 많은 경비가 든다. 한편 많은 밑씨가 들어 있는 큰 꽃은 커다란 위험이다. 만약 커다란 꽃이 발견되어 먹힌다면 중대한 생식적 투자를 날리는 것이지만, 약간의 밑씨를 포함하는 작은 꽃은 피해를 입어도 덜 중요하다. 아울러 만일 많은 꽃들이 무리를 지어 **꽃차례(화서, inflorescence)**를 형성하면 집단으로 꽃가루매개동물에게 시각 신호를 보내는 것이다. 하나의 작은 꽃은 지나칠 수 있지만, 무리를 이룬 많은 꽃들을 못 보고 넘어갈 수는 없다(**그림 9-30**). 더구나 꽃차례에서는 식물이 언제 꽃눈을 형성하고 성숙하여 개화할 것인지 시기를 정확하게 조절할 수 있다. 그 결과, 개개의 꽃이 하루나 이틀 만에 지더라도 식물은 몇 주 동안 꽃을 피우고 꽃가루매개동물의 도움을 받을 수 있다.

큰 꽃은 작은 꽃보다 많은 꿀을 만들 수 있지만, 이는 꿀만 가져가고 꽃가루를 운반하지 않는 꽃꿀도둑에게 더욱 먹음직스러

(A)

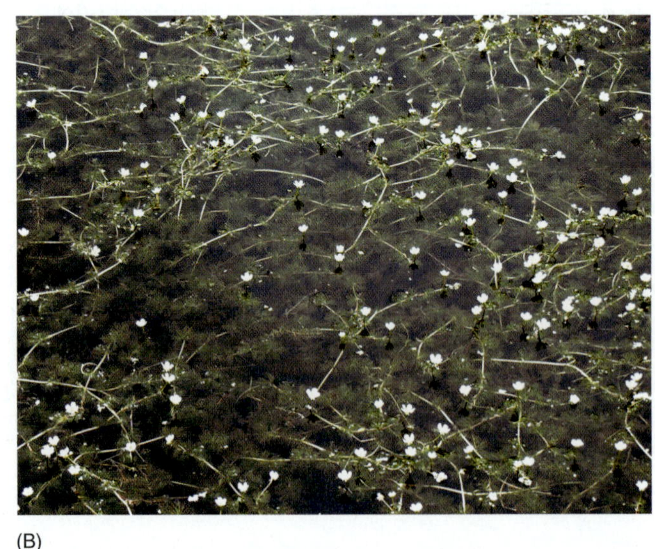
(B)

그림 9-29 **(A)** 소시지 나무(sausage tree)라고도 부르는 키겔리아속(*Kigelia*)의 꽃들은 박쥐들에 의해 꽃가루받이가 일어난다. 박쥐는 어수선한 잎들 사이로 날아다니는 것을 좋아하지 않는데, 그것은 박쥐의 음파가 그런 잎들에서는 잘 작동하지 않기 때문이다. 박쥐들이 자유롭게 접근할 수 있도록 나무는 긴 자루를 만들어서 공중에 꽃이 매달리게 하였다. **(B)** 하천과 호수의 물속에서 자라는 속씨식물들은 대체로 꽃을 수면 위로 튀어나오게 하여 날아다니는 꽃가루매개동물이 접근할 수 있도록 한다. 이 식물은 미나리아재비속의 일종(*Ranunculus aquatilis*)이다.

(A) (B)

그림 9-30 **(A)** 야자나무의 꽃들은 작고 눈에 잘 안 띄지만, 꽃들이 함께 무리를 지으면 그 꽃차례는 단일한 큰 꽃보다 훨씬 큰 효과를 갖는다. 극히 작은 수천 개의 꽃들이 여기에 있지만, 각각의 꽃이 너무 작아서 이 정도로 확대해도 보기 어렵다. **(B)** 콤브레툼속(*Combretum*)의 꽃차례는 개개의 꽃보다 더욱 놀랍다. 꽃들이 어떻게 연속하여 성숙하고 피는지 주목해 보자.

운 표적이 된다. 더구나 꽃은 정당한 매개동물이라 할지라도 다른 꽃을 찾아갈 의욕이 남지 않을 수 있기 때문에 꽃가루매개동물을 완전히 만족시킬 만큼의 충분한 꿀을 만들지 말아야 한다. 매개동물이 다른 꽃들을 찾아다니는 데 흥미를 가지게끔 해 주는 것이 좋다.

꽃의 수와 크기뿐만 아니라 한 꽃에 들어 있는 밑씨의 수가 갖는 상대적인 선택이익 또는 선택적 불이익에 영향을 미치는 다른 많은 요인들이 있다. 수많은 종류의 식물과 꽃가루매개동물 그리고 환경이 존재한다는 점을 감안하면 꽃과 꽃차례의 유형이 다양한 것은 놀라운 일이 아니다. 가장 단순한 배열로 꽃은 잎겨드랑이에서 각각 따로 나오거나 줄기 끝의 변형으로 나타난다. 꽃차례는 기본적으로 **유한꽃차례(determinate inflorescence)**와 **무한꽃차례(indeterminate inflorescence)**의 두 가지로 분류된다.

유한꽃차례는 꽃차례의 끝이 꽃으로 전환되어 계속 자랄 수 있는 가능성이 끝났기 때문에 제한된 생장 잠재력을 갖는다(**그림 9-31A**, **9-31B**). 언제나 그런 것은 아니지만 일반적으로 끝에 있는 정생꽃(terminal flower)이 먼저 피고 나서 연속적으로 아래쪽 꽃들이 핀다. 가장 단순한 유형에서, 정생꽃은 액생꽃(axillary flower)을 지닌 포엽(bract)이고, 그 액생꽃 역시 포엽과 액생꽃을 가지기도 하는 등등이다.

무한꽃차례는 가장 아래쪽이나 가장 바깥쪽의 꽃들이 먼저 피고, 그 꽃들이 아직 피어 있을 때 꼭대기에서 새로운 꽃들이 계속 생긴다. 총상꽃차례(raceme)는 중심축이 있고, 길이가 거의 같은 꽃자루에 꽃들이 달린다(**그림 9-31C**). 미상꽃차례(catkin)는 총상꽃차례와 비슷한데, 꽃들이 수꽃이나(그림 9-27) 암꽃 중 한 가지로만 이루어진 불완전꽃들이고, 단일한 꽃차례의 모든 꽃들이 동일하므로 각 종은 수꽃미상꽃차례와 암꽃미상꽃차례를 모두 가져야만 한다. 미상꽃차례는 거의 언제나 아주 작고 바람에 의해 가루받이가 매개되는 꽃들을 포함한다. 수상꽃차례(spike)는 이삭꽃차례라고도 하며, 꽃들이 꽃자루가 없다는 점을 제외하면 총상꽃차례와 비슷하다(**그림 9-31D**). 육수꽃차례(spadix; 복수형 spadices)는 불완전꽃들이 달리고 수상꽃차례와 비슷한 꽃차례이지만, 두 가지 종류의 꽃들이 같은 꽃차례에서 나타나고, 대부분 수꽃들이 꽃차례의 위쪽 부분에 위치하고 암꽃들이 아래쪽 부분에 위치하지만 섞이기도 한다. 꽃이 달리는 주축은 두껍고 다육질이며 극히 작은 꽃들이 파묻혀 있고, 전체 꽃차례는 꽃잎처럼 생긴 포엽인 불염포(spathe)로 둘러싸여 있다. 원추꽃차례(panicle)는 분시한 총상꽃차례이고, 가지마다 몇 개의 꽃이 달린다.

몇 가지 유형의 무한꽃차례는 우세한 중심축을 갖지 않는다.

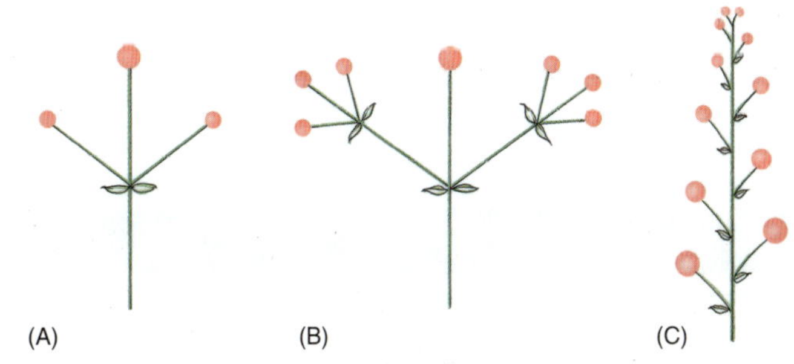

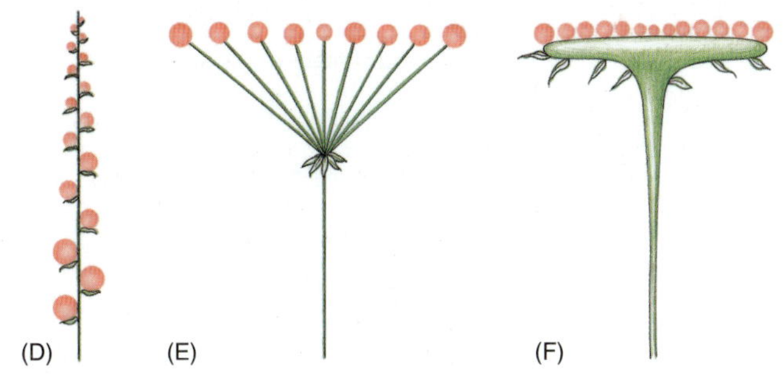

그림 9-31 꽃차례의 유형. **(A)** 단순유한꽃차례. **(B)** 복합유한꽃차례. **(C)** 총상꽃차례. **(D)** 수상꽃차례. **(E)** 산형꽃차례. **(F)** 두상꽃차례. 큰 원들은 작은 원으로 묘사한 꽃들보다 일찍 핀 꽃들을 나타낸다.

산형꽃차례(umbel)는 꽃줄기의 끝이 작고 둥근 부분으로 끝나고, 여기에서 많은 꽃들이 생긴다(**그림 9-31E**). 꽃자루들은 길고 모든 꽃들이 같은 높이에 있는 것처럼 배열하며, 꽃들은 평평한 원반을 이룬다. 두상꽃차례(head)는 산형꽃차례와 비슷하지만, 꽃들이 자루가 없고 꽃줄기의 넓게 확대된 부분에 붙는다(**그림 9-31F**). 발생 과정에서 많은 포엽들이 꽃차례를 에워싸기도 한다. 두상꽃차례는 국화과와 거의 동의어로 여겨지는데, 해바라기와 민들레가 쉽게 알아볼 수 있는 예가 된다. 이 무리에서는 꽃차례가 너무 촘촘하고 고도로 조직적이어서 단일한 꽃처럼 보인다. 꽃잎처럼 보이는 것은 실제로 완전한 꽃인 주변화(혀꽃, ray flower)들이며, 꽃잎들이 아주 크고 함께 융합되어 있다. 꽃차례의 중심은 다른 종류의 꽃인 중심화(통꽃, disk flower)로 구성되며, 꽃부리들이 짧고 눈에 잘 띄지 않는다.

열매의 유형과 종자의 분산

열매는 씨를 보호하고 널리 퍼지게 하는 적응이다. 여러 다른 작용인자들이 열매와 그 안의 씨를 전파시키는데, 그 가운데 중력, 바람, 물 그리고 동물이 가장 보편적이다(**표 9-4**). 열매의 기능과 관련된 원칙들은 어느 정도 서로 정반대다. 피칸, 호두, 브라질너트와 코코넛처럼 단단하고 섬유나 후벽조직으로 가득 찬 열매는 최대의 보호를 제공하지만 무겁고 대사적으로 비용이 많이 든다. 한편 보호된 씨는 발아하기 위해서 반드시 껍질을 깰 수 있어야 하는데, 이를 위해서는 보다 부서지기 쉬운 열매들이 훨씬 좋다. 만약 동물이 씨를 퍼뜨린다면 열매의 일부는 먹을 수 있거나 그렇지 않으면 매력적이어야 하고, 반면에 씨와 배는 소화 과정에서 보호를 받아야 한다. 종종 역할 분담이 나타난다. 즉, 어떤 부분은 보호하고, 다른 부분은 매력적이며, 또 다른 부분은 발아를 가능하게 한다.

표 9-4 분산의 작용인자들

작용인자	설명적인 용어
동물	동물매개분산(zoochory)
동물에 부착	동물체부착전파(epizoochory)
동물에 먹힘	동물체내경유분산(endozoochory)
새	조류매개분산(ornithochory)
포유동물	포유류매개분산(mammaliochory)
박쥐	박쥐매개분산(chiropterochory)
개미	개미매개분산(myrmecochory)
바람	풍매분산(anemochory)
물	수산포성(hydrochory)
식물 자체에 의한 분산	자동산포(autochory)

씨, 열매 그리고 무성적 번식체들은 여러 가지 방법으로 분산될 수 있다. 여기에는 가장 보편적인 유형들을 소개하였다.

진과와 부과

'과피(pericarp)'라는 용어는 그 기원과는 무관하게 열매의 조직을 가리킨다. 많은 경우에 이는 씨방의 벽이지만, 많은 종, 특히 하위씨방을 갖는 종에서는 꽃턱 조직이나 꽃받침조각, 꽃잎, 그리고 수술의 조직들도 열매와 관련될 수 있다. '과피'라는 용어와 '열매(과실, fruit)'라는 용어는 열매의 두 가지 유형 모두에게 적용되므로, 지금은 씨방 조직만을 함유하는 열매를 가리키는 용어로 **진과(true fruit)**를 사용하고, 씨방이 아닌 조직이 들어 있으면 **부과(accessory fruit)** 또는 위과(헛열매, false fruit)라고 부른다(**그림 9-32**). 사과는 하위씨방에서 발달하고, 열매의 대부분은 꽃받침조각과 꽃잎의 기부들이 확장된 것이며, 가장 안쪽 부분만이 심피에서 유래된 진과이다(그림 9-21 참조).

(A) © Alexander Chernyakov/iStock

(B) © DustyPixel/iStock

그림 9-32 **(A)** 딸기의 빨갛고 먹을 수 있는 과육은 심피의 조직이 아니라 실제로는 꽃턱 조직이다. 따라서 이 열매는 부과이다. '씨'는 진과이고, 각 씨는 꽃의 한 심피로부터 생긴다. **(B)** 파인애플은 한 꽃차례의 많은 진과들이 합착(coalescence)되어 생겼으므로 이들은 복합과이다. 이에 덧붙여 심피가 아닌 다른 많은 조직들도 관련되었기 때문에 이는 한편으로 부과이다. 여기에서는 포(bract)들을 볼 수 있다.

심피의 융합도 열매의 유형에 영향을 미친다. 열매가 단일한 씨방에서 발달하거나 한 꽃의 씨방들이 융합하여 생겼다면, 이는 가장 흔한 유형인 **단과(홑열매, simple fruit)**이다. 만약 한 암술군의 서로 다른 심피들이 발생과정에서 융합하였다면, 이는 산딸기 같은 **집합과(aggregate fruit)**가 된다. 만약 발생하는 동안 한 꽃차례의 열매 각각이 모두 융합하여 하나의 열매가 되었다면, 이는 무화과, 오디 그리고 파인애플 같은 **복합과(multiple fruit)**이다(그림 9-32B). 한편 이들은 크게 보면 대체로 부과인데, 그것은 씨방 조직 외에도 꽃차례의 축, 포 그리고 꽃의 다양한 부분들이 성숙한 열매에 기여하기 때문이다.

열매 유형의 분류

열매를 나누거나 분류하는 여러 가지 방법이 있다. 그 중 한 방법은 열매가 건조한지 아니면 육질인지에 역점을 두어 **건과(dry fruit)** 또는 **육질과(fleshy fruit)**로 구분하는 것이다. 건과는 자연에서 종자를 분산시키는 동물들이 좀처럼 먹지 않는 열매이고, 육질과는 자연의 종자 산포과정을 통해 동물이 먹는 열매이다.

건과는 열매가 벌어지는 점을 강조하여 세분화하는데, **열개과(dehiscent fruit)**는 껍질이 터져서 씨가 방출되는 반면에, **폐과(indehiscent fruit)**는 벌어지지 않는다(**표 9-5**). 육질과는 대개 폐과이다. 동물이 열매를 씹거나 분해시켜 열매를 벌리고, 동물에게 먹히지 않은 열매는 썩어서 씨가 드러난다. 많은 건과들은 껍질이 벌어지지만, 어떤 건과는 반드시 열매가 썩거나 씨 자체가 열매를 터뜨려야만 한다.

아마도 가장 단순한 열매는 벼과 초본의 열매(옥수수와 밀 같은 모든 곡류)일 것이다. 각 열매는 하나의 밑씨가 들어 있는 하나의 심피로부터 발달한다. 익는 동안에 씨앗이 열매를 메우고 과벽(fruit wall)과 융합하는데, 과벽은 얇은 상태를 유지한다. 옥수수와 밀의 '씨앗'은 사실상 열매와 그 단일한 씨이고, 이들이 하나의 구조로 합쳐진 것이다. 이 씨앗은 거의 보호를 받지 못하고 동물에게 매력적이지도 않다. 열매/씨앗이 떨어져서 어버이 포자체 부근에서 싹이 튼다. 열매는 폐과(閉果)이고, 발아하는 동안 배가 물을 흡수하고 부풀어서 약한 열매가 터진다. 이들 열매는 영과(caryopsis; 복수형 caryopses)이다.

콩과 완두는 하나의 심피로부터 만들어진다. 협과(legume)라

표 9-5 열매의 유형

			유형	특징
육질과(fleshy fruit)			장과(berry)	내과피, 중과피 그리고 외과피의 세 층 모두 부드러운 육질과(포도, 토마토)
			이과(pome)	장과와 비슷하지만, 내과피가 종이 같거나 가죽 같음(사과)
			핵과(drupe)	장과와 비슷하지만, 내과피가 단단한 후벽조직(견고한 핵을 갖는 복숭아, 체리, 자두, 살구)
			박과(pepo)	외과피가 단단하고 딱딱한 껍질인 육질과; 안쪽의 부드러운 조직은 뚜렷한 두 층으로 분화되지 않을 수 있음[호박, 캔털루프(cantaloupe)]
			감과(hesperidium)	외과피가 가죽 같음[귤속(*Citrus*)]
건과(dry fruit)	폐과(indehiscent fruit)	단일 심피에서 발달	영과(caryopsis)	단순하고 작으며, 오직 하나의 씨앗만을 포함하고, 성숙 과정에서 씨껍질(종피)이 과벽과 합쳐짐(벼과 초본; 밀, 옥수수, 귀리)
			수과(achene)	영과와 비슷하지만, 씨와 열매가 뚜렷이 남아 있음. 과벽은 얇고 종이 같음(해바라기)
			익과(samara)	씨방벽이 날개 모양으로 뻗어 나가고 씨가 하나인 열매(단풍나무, 오리나무, 서양물푸레나무)
		복합 암술군(암술)에서 발달	견과(nut)	원래 암술군이 여러 심피와 밑씨들로 구성되었지만 발생 과정에서 한 밑씨를 빼고 모두 퇴화됨. 성숙하면 과피가 단단해짐(호두)
	열개과(dehiscent fruit)	단일 심피에서 발달	협과(legume)	열매가 양쪽을 따라 벌어짐(콩, 완두)
			골돌과(follicle)	열매가 한쪽에서만 벌어짐(매발톱꽃, 박주가리)
		복합 암술군에서 발달	삭과(capsule)	여러 가지 방법으로 열림: • 봉선을 따라 갈라짐[물레나물속(*Hyperium*)] • 봉선 사이에서 갈라짐[붓꽃속(*Iris*)] • 위와 아래의 반쪽으로 갈라짐(앵초) • 작은 구멍에 의해 열림(양귀비)
			분리과(schizocarp)	겹씨방(compound ovary)이 갈라져서 분열과(mericarp)라고 부르는 개개의 심피가 됨
복과(compound fruit)			집합과(aggregate fruit)	꽃의 심피들이 융합하는 것이 아니라 열매가 성숙하는 동안 함께 자람(산딸기)
			다화과(multiple fruit)	열매가 성숙하는 동안 꽃차례의 모든 열매가 함께 자람(파인애플)

고 부르는 열매는 영과처럼 건조하고 먹을 수 없지만[깍지완두(snowpea)와 껍질콩(green bean) 같이 어리고 녹색일 때 먹을 수 있는 열매를 제외하고], 씨앗과 합쳐지지 않는다. 성숙하면 열매의 두 반쪽이 비틀리고 약한 2개의 특수한 선을 따라 벌어진다(**그림 9-33**). 꼬투리에 떨어져 나온 다음, 씨앗을 작은 동물과 곰팡이로부터 보호해 주는 것은 오로지 씨껍질(종피)뿐이다.

바람에 의해 운반되는 열매나 씨는 가벼워야만 하고, 이들은 가능한 한 오래 공중에 떠 있기 위해서 종종 날개(단풍나무) 또는 낙하산을 닮은 관모(민들레)를 갖는다. 그런 열매들은 건조하고 무게가 1그램이 채 되지 않는다. 물(해류와 개울 및 홍수)에 의해 운반되는 열매와 씨는 보다 크고 무거울 수 있지만, 이들은 반드시 부력을 지녀야 하고 곰팡이와 부식을 견뎌야 한다. 그 좋은 예가 섬에서 섬으로 떠다니는 코코넛이다.

동물은 다양한 방법으로 열매를 운반한다. 갈고리나 스티커가 달린 마른 열매는 동물의 털이나 깃털에 걸리고, 끈적거리는 열매는 스스로 동물에 달라붙고, 달콤하고 형형색색인 육질의 열매는 먹힌다. 식용 열매는 특정한 분화를 필요로 하는데, 왜냐하면 열매는 소비되어야 하지만 씨는 피해를 입지 않아야 한다. 씨는 이빨이나 모래주머니에 의해 으깨지지 않아야 하고 소화되지 않아야 한다. 설익은 열매는 익지 않은 사과나 바나나처럼 단단하거나 쓰거나 신 맛을 내어 과식동물(frugivore)을 단념시킨다. 성숙하면 열매는 부드럽고 달콤하며 풍미 있고, 보통 색깔이 두드러지게 달라진다. 그 안에 들어 있는 씨는 종종 단단한 씨껍질이나 내과피(복숭아와 체리)를 가져 동물의 체내를 무사히 지나갈 수 있게 해준다(그림 9-22 참조). 공룡은 종자 산포의 역할을 거의 하지 못했을 것이다. 공룡은 갈고리가 얽힐 수 있는 털이 없고, 씨가 생존하지 못할 정도로 소화관이 보통 너무 길고 뜨겁고 발효성이었다.

포도와 토마토는 육질로 된 단과이고, 이들은 열매의 모든 부분이 부드럽고 먹을 수 있는 장과(berry)이다(표 9-5). 씹는 동안에 으깨지지 않도록 씨껍질이 약간의 보호를 제공하기는 하지만, 이보다 더욱 중요한 것은 아마도 씨의 크기와 미끈거리는 씨껍질인데, 이런 점들 때문에 씨들은 우리 어금니들 사이에서 빠져 나간다. 사과와 배 같은 이과(pome)는 두 가지 방법에서 장과와 다르다. 먼저 이과는 하위씨방에서 발달하고, 따라서 내부 조직은 진과이고 외부 조직은 부과이다. 다음으로 가장 안쪽의 열매조직인 속(core)은 맛이 쓰고 단단해서 씨가 보호를 받는다. 가장 정교한 육질과는 복숭아와 체리 같은 핵과(drupe)인데, 열매의 가장 안쪽 조직인 내과피(endocarp)는 후벽조직으로 가득 차서 아주 딱딱하고 전혀 먹을 수 없다. 중과피(mesocarp)는 두꺼워지고, 육질이며, 과즙이 많고, 달콤하며, 외과피(exocarp)는 껍질을 형성하는데, 그 색깔로 열매가 익었는지를 과식동물에게 알려준다. 핵과의 내과피는 씨(pit)라고 알려져 있고 이를 종종 씨(seed)라고 잘못 알고 있지만, 진정한 씨와 그 씨껍질은 그 안쪽에 위치한다. 핵과는 씨에 대한 위험을 최소화하면서 동물에게 최대로 매력적이다.

열매를 먹는 과식동물이 씨에 중대한 위험이 되기 때문에 먹을 수 있는 열매가 어떻게 진화하였는지를 생각할 필요가 있다. 여기에는 위험보다 더 중대한 장점이 있어야 한다. 동물은 예측 가능한 습관과 이동 패턴을 갖고 있다. 개미와 새 그리고 포유동물은 어디에서 먹이를 먹고 둥지를 틀며 잠을 잘 것인지 신중하게 자리를 고른다. 그러므로 씨들은 마구잡이로 흩어지는 것이 아니라 환경을 거쳐 특정한 자리로 이동하는 것이다. 그 한 예가 겨

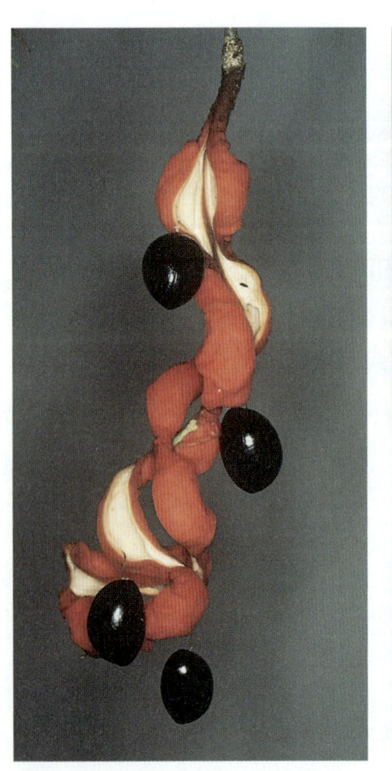
(A)

(B)

(C)

그림 9-33 **(A)** 성숙하면 이 건과의 서로 다른 층들이 반대 방향으로 수축하여 꼬투리가 비틀리고 벌어져 열린다. **(B)** 이 단풍나무의 열매가 떨어지면 날개가 회전하고 떠올라 공중에서 뜬 채로 바람을 타고 멀리 날아간다. **(C)** 이 제라늄 열매의 털이 많이 난 나선형 꼬리는 열매를 공중에 뜨게 하여 바람을 타고 멀리 날아가게 한다.

우살이이다. 겨우살이의 씨는 끈적거리고 새가 열매를 먹을 때 새의 부리에 들러붙는다. 새는 아마도 같은 종의 나무에서 먹이를 먹고 몸을 닦을 것이고, 따라서 부리에서 문질러 떨어진 씨들은 적절한 나무에 떨어지게 된다. 바람이나 물에 의해 운반되는 경우처럼 땅에 떨어져서 분실될 씨도 별로 없고 엉뚱한 나무에 놓일 씨도 거의 없을 것이다. 습지식물의 열매와 씨도 그만큼 효율적으로 분산된다. 습지에 사는 새와 동물은 보통 다른 서식지에서는 거의 또는 전혀 시간을 보내지 않는다. 따라서 이들 동물에 의해 운반된 씨는 거의 확실히 유리한 자리에 산포된다.

동물에 의해 전파되는 씨의 특별한 혜택은 동물의 몸을 빠져나온 씨들이 작은 (또는 큰) 더미의 '유기질 비료'에 놓일 수 있다는 점이다(**그림 9-34**). 동물의 소화관을 통과하게끔 적응된 씨는 소화효소에 잘 견디고 대변 속의 높은 암모니아 농도에도 내성을 가질 수 있다. 식물의 많은 씨들이 이와 같은 두 가지 요인들을 견디지 못하기 때문에, 적응된 씨들은 영양소가 풍부할 뿐만 아니라 경쟁자도 별로 없는 미세환경에서 살 수 있게 된다.

그림 9-34 이 유식물은 몇 달 동안 이용할 충분한 비료가 있어서 만조 때의 대합처럼 행복하다(as happy as a clam at high tide). 많은 경쟁자들은 이미 소화되어 버렸고, 다른 경쟁자들은 질식해서 죽었다.

다음 단계에서는

1. **수분증후군(*pollination syndrome*).** 수분매개체(pollination agent)의 각 유형은 그 매개체가 꽃가루받이를 하는 꽃들의 진화에 영향을 미친다. 바람에 의해 꽃가루받이가 매개되는 꽃들은 내개 꽃받침조각과 꽃잎이 없이 진화되었다. 벌새는 긴 관 모양의 빨간 꽃을 선호한다. 밤에 날아다니는 박쥐가 가루받이를 하는 꽃들은 해가 지고 나서 피도록 진화하였고, 강한 향을 내며, 심지어 어둠 속에서 꽃을 쉽게 찾도록 음파를 박쥐에 반사하도록 진화하였다. 그 밖에도 많은 수분증후군이 있으며, 이들은 식물과 동물 간의 공진화에 대한 놀랄 만한 예가 된다. 말벌과 난초 간의 의사교접(pseudo-copulation)도 잊지 말고 검색해 보자.
2. **과식동물과 씨 분산.** 식물과 동물 간에는 씨가 마구잡이로 퍼지지 않고 선호하는 자리에 산포되도록 공진화가 일어났다. 예를 들어, 착생식물과 기생식물의 씨는 적절한 숙주나무의 새로운 가지로 옮겨져야 하고, 보통 새가 열매를 먹고 씨가 손상을 입지 않도록 한다. 꽃가루받이와 마찬가지로 많은 수분증후군이 진화하였고, 일부는 열매를 분산에 대한 보상으로 이용하며, 다른 증후군에서는 씨 자체의 엘라이오솜(elaiosome), 가종피(aril)와 씨혹(caruncle) 같은 잎끝먹이창고(food body)가 포함된다. 특별히 흥미로운 것은 식물의 몇 종이 먹을 수 있는 열매를 만들지만 그 열매를 먹는 동물을 우리가 전혀 찾지 못한다는 점이다. 그에 대한 한 가설은 그런 동물이 최근에 멸종되었지만 식물은 그 씨가 효율적으로 분산되지 못할지라도 사라지지 않고 지속되었다는 것이다(아메리카 대륙에 사냥꾼들이 등장한 직후에 많은 동물이 멸종되었다). '멸종된 종자분산동물'도 잊지 말고 검색해 보자.
3. **꽃의 진화.** 많은 꽃에서 수술과 심피가 한 꽃에 있다. 우리 주변에는 완전꽃이 흔하고, 증거들에 따르면 최초의 꽃들은 완전꽃들이었다. 그러나 다른 모든 종자식물에서는 수구과(pollen cone)와 암구과(seed cone)가 항상 따로 떨어져 있고, 꽃가루를 만드는 구조는 밑씨를 만드는 구조와 함께 나타나는 법이 없다. 따라서 우리가 초기의 꽃과 초기의 속씨식물 그리고 그들의 조상들이 진화된 단계들에 대해 아직 확신이 서지 않지만, 이는 대단히 흥미로운 분야이다. 여기에는 상충되는 이론들이 있고 상반되는 증거들이 있다. 이는 어느 누구에게나, 특히 식물학을 시작하는 학생들에게 도전해 볼 만한 주제이면서 매우 보람 있는 일이다.
4. **추천할 도서.** 식물학자와 시각 예술가 팀이 식물의 생식에 관한 3권의 훌륭한 책을 만들었다. 이 책들은 삽화가 많이 실린 커다란 차 탁자용 책(coffee-table book)들이고, 각 이미지는 꽃가루나 열매나 또는 씨의 사진 또는 주사전자현미경 사진들이다. 주사전자현미경 사진들은 당연히 흑백이지만, 제작팀은 어떤 특징들을 높여서 여러 부분들을 보다 쉽게 이해할 수 있게끔 이미지에 색채를 입혔다. 각 이미지에는 독자들을 압도하지 않으면서 생명 작용을 충분히 설명할 수 있는 정도의 본문이 첨부되어 있다. 저자는 이 책들을 강력히 추천한다.

케셀러(Rob Kesseler)와 할리(Madeline Harley)의 『꽃의 숨겨진 성인 꽃가루(*Pollen: The Hidden Sexuality of Flowers*)』(2006년, Firefly Books).

스튜피(Wolfgang Stuppy)와 케셀러(Rob Kesseler)의 『먹을 수 있고, 못 먹고, 믿기 힘든 열매들(*Fruit: Edible, Inedible, Incredible*)』(2008년, Firefly Books).

케셀러(Rob Kesseler)와 스튜피(Wolfgang Stuppy)의 『생명의 타임캡슐인 씨(*Seeds: Time Capsules of Life*)』(2012년, Earth Aware Editions).

요약

1. 무성생식은 어버이와 유전적으로 동일한 새로운 개체들을 낳는다. 어버이와 모든 자손은 서식지에 똑같이 적응한다.
2. 유성생식은 유전적으로 서로 다른 자손들이 생기게 한다. 이들 간에는 다양한 적응도가 나타나고, 어떤 자손은 어버이보다도 더 잘 적응할 수 있게 해 주는 모계와 부계 유전자들의 조합을 갖기도 한다.
3. 모든 종자식물은 이형세대교번의 생활주기를 갖는다. 소포자와 대포자로부터 생기는 소배우자체와 대배우자체에서 소배우자와 대배우자가 생성된다. 많은 종들은 소포자와 대포자 모두를 생산할 수 있는 오직 한 가지 종류의 포자체를 갖는다. 암수딴몸 종은 두 가지 종류의 포자체를 갖는데, 한 포자체는 소포자를 만들고 다른 포자체는 대포자를 만든다.
4. 꽃은 꽃자루, 꽃턱, 꽃받침조각과 꽃잎의 비필수기관과 수술과 심피의 필수기관을 모두 또는 그 중 일부를 포함한다.
5. 꽃식물에서 소배우자체는 처음에 영양세포와 생식세포로 구성되지만, 생식세포는 나중에 2개의 정세포로 분열한다. 대배우자체는 알세포, 2개의 조세포, 2핵성 중심세포 그리고 3개의 반족세포로 구성된다.
6. 수정이 끝나면 접합자인 수정란은 배로 자란다. 극핵들은 두 번째 정핵과 융합하여 배젖핵과 배젖을 만들고, 주피는 씨껍질로 발달한다. 이 전체 구조가 씨(종자)이다. 씨방은 열매가 된다.
7. 꽃차례는 많은 꽃들의 무리이다. 꽃차례는 유한꽃차례이거나 무한꽃차례이고, 몇 가지 종류의 특수화된 꽃들이 달리기도 한다.
8. 열매는 발생하는 동안 씨를 보호하고 씨의 분산과 성숙을 도와주기도 한다. 열매는 건조하고 먹을 수 없으며 벌어지거나 열리지 않고, 또는 먹을 수 있는 육질의 폐과이다.

중요한 용어

갖춘꽃(complete flower)
공진화(coevolution)
꽃가루(화분, pollen)
꽃가루관(pollen tube)
꽃받침조각(악편, sepal)
꽃밥(약, anther)
꽃잎(화판, petal)
꽃자루(화병, pedicel)
꽃차례(화서, inflorescence)
꽃턱(화탁, receptacle)
떡잎(자엽, cotyledon)
밑씨(배주, ovule)
배낭(embryo sac)
배뿌리(radicle)
배우자(gamete)
배우자체(gametophyte)
배우자합체(syngamy)
배젖(endosperm)
불완전꽃(imperfect flower)
상배축(epicotyl)
세대교번(alternation of generation)
수술(stamen)
심피(carpel)
씨(종자, seed)
씨껍질(종피, seed coat)
씨방(자방, ovary)
안갖춘꽃(incomplete flower)
암술대(style)
암술머리(stigma)
열매(과실, fruit)
완전꽃(perfect flower)
원형질융합(plasmogamy)
이형세대(heteromorphic generation)
적합성 장벽(compatibility barrier)
접합자(zygote)
중복수정(double fertilization)
타가수분(다른꽃가루받이, cross-pollination)
포자(spore)
포자체(sporophyte)
하배축(hypocotyl)
핵융합(karyogamy)

복습 문제

1. 생식은 두 가지의 매우 다른 기능을 할 수 있는데, 그것들은 무엇인가?
2. 식물이 자신과 동일한 자손을 만드는 것이 선택이익이 되는 것은 어떤 환경조건에서인가?
3. 어느 식물이 특정 환경에 잘 적응하였다고 상상하자. 그 식물은 오직 무성적으로만 번식하였고, 따라서 그 모든 자손들은 어버이와 똑같다. 만일 기후나 그 밖의 환경조건이 변하여 그 식물이 새로운 조건에서 더 이상 생존할 수 없게 되었다면, 그 모든 자손들은 어떻게 될까? 그 이유는?
4. 무성생식을 하면 자손들이 늘 적응하고, 어버이보다 더 잘 적응하게 될까?
5. 그림 9-1a에 있는 사과를 보자. 이 사과 열매들은 모두 같은 나무에서 자란다. 이 사진에 있는 사과의 모든 씨는 어버이 중 같은 모계를 갖는가? 모든 씨는 동일한 부계의 어버이를 갖는가?
6. 유성생식에서는 서로 같지 않거나 또는 어버이와도 다른 자손들이 만들어진다. 일부 자손은 대개 어버이보다 더 잘 적응하게 된다. 어떤 자손은 잘 적응하지 못하고, 대부분은 거의

비슷하게 적응한다. 이러한 다양성이 갖는 유익한 측면은 무엇인가?

7. 안정적인 개체군에서는 개체의 풍부도(abundance)가 늘어나지도 않고 줄어들지도 않는다. 이를테면 현재 백만 그루의 나무가 있다면, 지금으로부터 천 년 후에도 백만 그루의 나무가 있을 것이다. 얼마나 많은 씨들이 생존하고 성숙기로 자라서 그 나무가 죽었을 때 대체할 수 있을까? 만약 식물이 일생 동안 10만 개의 씨를 만든다면, 얼마나 많은 씨가 살아남지 못하고 자라지 못하며 그 식물이 죽었을 때 대체하지 못하게 될까? (힌트: 우리 인간은 안정적인 개체군이 아니고 증가하는 개체군이므로, 사람을 생각하면 안 된다. 우리들의 아기들은 거의 모두 살아남지만, 다른 종에서는 절대 그렇지 않다.)
8. 우리 인간의 생활주기를 설명해 보자. 우리 몸을 구성하는 조직과 기관들이 2배체 세포들로 구성되는가, 아니면 반수체 세포들로 구성되는가? 사람의 생식기관은 남성의 경우 정세포를 만들고 여성은 알세포를 만든다. 이는 유사분열에 의한 것인가, 아니면 감수분열에 의한 것인가? 우리 몸이 배우자를 만들 때, 우리 몸의 모든 세포들이 정세포나 알세포가 되는가, 아니면 우리들의 생식기관에 있는 일부 세포들만이 이렇게 되는가? 우리들의 반수체 정세포와 알세포들이 유사분열을 하여 우리와 비슷하지만 반수체로 된 새로운 동물로 자랄 수 있을까? (벌은 반수체 알이 자라서 수컷이 된다.) 수정란인 접합자가 형성되면 이는 2배체인가, 아니면 반수체인가? 이 접합자가 즉시 감수분열을 하여 4개의 새로운 정세포나 알세포를 만들 수 있을까, 아니면 유사분열로 다른 사람으로 자란 다음에야 그것이 가능해질까?
9. 우리가 익숙한 식물들은 포자체 또는 배우자체라고 불린다. 이들 식물의 몸은 2배체 세포들로 구성되는가, 아니면 반수체 세포들로 구성되는가? 잎, 줄기, 수술, 뿌리, 심피 또는 꽃잎 중 어떤 기관에서 감수분열이 일어나나(정답은 2개임)? 식물이 감수분열을 할 때 식물의 모든 세포들에서 감수분열이 일어나나? 모든 세포들이 반수체로 되는가, 아니면 꽃의 일부분에 있는 몇 세포에서만 감수분열이 일어나는가?
10. 동물은 감수분열로 배우자(정세포와 알세포)를 만들지만, 식물에서는 그렇지 않다. 포자체 세포들의 일부가 감수분열을 할 때 어떤 유형의 세포들이 만들어지나? 이들은 자라서 무엇이 되나?
11. 배우자체란 무엇인가? 식물의 생활주기에서는 얼마나 많은 유형의 배우자체가 나타나나? 이들은 무엇처럼 보이나(힌트: 그림 9-5b 참조)? 종자식물의 포자체와 배우자체는 서로 비슷한가?
12. 꽃식물의 소배우자체의 그림을 그리고 각 부분의 명칭을 적어 보자. 어떤 종류의 배우자가 만들어지나? 꽃식물의 대배우자체의 그림을 그리고 각 부분의 명칭을 적어 보자. 어떤 종류의 배우자가 만들어지나?
13. 꽃은 보통 많은 부분을 갖고 있지만, 어떤 꽃은 일반적인 부분들 가운데 일부가 빠지기도 한다. 다음과 같은 부분의 명칭은 무엇인가?
    a. 꽃이 달리는 대(자루)
    b. 꽃의 다른 부분들이 붙는 자루의 끝
    c. 대체로 녹색이고 발달하면서 꽃눈을 보호하는 부분
    d. 꽃가루매개동물을 유인하는 부분
    e. 꽃가루를 만드는 부분
    f. 꽃가루를 받고 밑씨가 들어 있는 부분
14. 만약 어떤 꽃이 13번 문제의 c, d, e 그리고 f를 모두 갖는다면, 그 꽃은 ____________꽃이라고 한다. 이들 부분 가운데 어느 하나라도 빠지면 그 꽃은 ________________꽃이라고 한다. e와 f의 부분들은 특히 중요한데, 이는 그 부분들이 생식세포인 포자를 만들기 때문이다. 만약 어떤 꽃이 13번 문제의 e와 f를 모두 갖는다면, 그 꽃은 ________________꽃이다. e 또는 f 중 어느 하나가 없거나 또는 모두 없다면, 그 꽃은 ________________꽃이다.
15. 바람이나 물에 의해 꽃가루받이가 매개되는 꽃에서는 보통 13번 문제의 어느 부분이 없을까?
16. 완전꽃과 불완전꽃 간의 차이는 무엇인가? 갖춘꽃과 안갖춘꽃의 차이는 무엇인가?
17. 수술은 대체로 두 부분으로 구성된다. 자루는 ___________라고 부르고, 위쪽 부분인 ______________________에서는 꽃가루가 만들어진다. 위쪽 부분에 있는 세포들의 일부만이 감수분열을 하여 꽃가루립(소포자)이 되는데, 그 세포를 ____________모세포라고 부른다. _____________이라고 부르는 층에 있는 인접한 꽃밥세포는 영양세포로 작용한다.
18. 일반적으로 심피는 꽃가루립을 잡는 _________________, 그 부분을 위쪽으로 올리는 __________________, 그리고 대포자가 만들어지는 __________________의 세 부분으로 구성된다. 가장 마지막 부분의 내부에는 ____________라고 부르는 작은 구조를 지니는 조직 부위인 태좌가 있다. 이들 각각은 짧은 자루인 주병과 유조직 더미인 주심이 있다. 주심의 한 세포는 __________________모세포가 된다.
19. 대부분의 꽃식물에 있는 대포자는 자라서 7개의 세포와 8개의 핵을 갖는 대배우자체가 된다. 7개 세포의 이름을 대고 각각을 설명해 보자.
20. 꽃가루가 암술머리에 도달하면 알(대배우자)이 들어 있는 대배우자체의 밑씨와는 너무 멀리 떨어져 있다. 두 정세포들은 어떻게 암술머리에서 알까지 운반될까?
21. 속씨식물에서는 정세포가 알에 들어갈 때 ____________과 ____________을 잃기 때문에 오직 정세포의 핵만이 새로운 접합자에 DNA를 기부한다. 그렇지만 겉씨식물에서는 정세포가 ______________만을 잃기 때문에 접합자는 정세포로부터 핵과 색소체를 물려받는다.
22. 정세포가 조세포에 들어가고 나면 한 정세포와 알은 2단계의 과정으로 수정이 일어난다. 먼저 정세포의 원형질이 알의 원

형질과 융합하는데, 이 과정을 ____________________이라고 부른다. 다음으로 정세포의 핵이 알세포의 핵과 융합하고, 이 두 번째 과정을 ____________________이라고 부른다.

23. 알세포와 수정하지 않은 두 번째 정세포 핵에서는 어떤 일이 생기나? 이 두 번째 '수정'의 결과로 생기는 조직은 무엇인가? 이와 관련하여 코코넛은 어떠한가?
24. 많은 진정쌍떡잎식물의 씨에서 배(embryo)의 부분들은 아주 쉽게 볼 수 있다. 이들 부분의 각각을 설명하시오.
    a. 떡잎
    b. 배뿌리
    c. 하배축
    d. 상배축
    e. 추가적인 부분: 만약 여러분이 원뿌리계와 수염뿌리계와 관련된 배뿌리에 대해 읽었다면 다음 질문에 답하시오. 배뿌리가 뿌리계의 이들 유형들과 어떻게 관련되나?
25. 유배유종자와 무배유종자란 무엇인가? 옥수수, 완두와 콩은 각각 이들 중 어느 것인가?
26. 꽃가루받이와 수정이 끝나면 밑씨는 씨로 발달하고 씨방은 여물어 ____________________가 된다. 이들의 대부분은 세 부분을 갖는다. ____________________는 껍질이다. ____________________는 열매살이고, 가장 안쪽 층인 ____________________는 체리의 씨처럼 단단할 수 있다.
27. 자가수분과 타가수분의 차이는 무엇인가? 만약 어느 꽃의 수술로부터 꽃가루가 바로 그 꽃에 있는 암술머리로 운반되었다면 이는 타가수분일까, 아니면 자가수분일까? 만일 한 꽃의 수술에서 꽃가루가 똑같은 식물에 있는 다른 꽃의 암술머리로 옮겨졌다면? 만약 어느 꽃의 수술로부터 다른 식물이지만 처음 식물의 클론인 식물의 다른 꽃에 있는 암술머리로 꽃가루가 운반되었다면? 동물은 당연히 꽃가루가 없지만, 많은 동물들이 이에 상당하는 자가수정의 문제를 걱정하지 않는 이유는 무엇인가? 대부분의 동물은 왜 스스로 수정할 수 없을까?
28. 암수딴몸인 종에 대해 설명해 보자. 그 예를 몇 가지 들어 보자(힌트: 그림 9-6 참조). 암수딴몸 종에서 유성생식이 일어나려면 얼마나 많은 별개의 식물들이 포함되어야 하나? 그들의 이름을 대시오.
29. 암수한몸 종에 대해 설명하고, 그 예를 몇 가지 들어 보자.
30. 식물과 동물 사이의 짝을 이루는 몇 종에서, 식물은 그 동물 파트너만 꽃가루받이를 할 수 있도록 변형되고, 동물은 그들의 식물 파트너들을 수분시키는 데 특별히 잘 적응하도록 변형되었다. 이렇게 두 가지 생물이 서로에게 특별히 적응하고 의존적이 되는 진화의 유형을 무엇이라고 하는가?
31. 하위씨방, 상위씨방, 방사대칭꽃, 그리고 좌우상칭꽃의 용어들을 설명해 보자. 이들 변형은 각각 어떤 선택이익을 갖는가?
32. 꽃차례란 무엇인가? 소시지 나무(그림 9-29)의 꽃차례는 나무의 훨씬 아래에 매달려 있다. 이런 것이 박쥐들에게 어떻게 유리한가? 콤브레툼속(*Combretum*)의 꽃차례(그림 9-30B)가 개개의 꽃보다 가루매개동물들에게 매력적일 수 있는 이유는 무엇인가?
33. 꽃가루받이가 일어나고 나서 수정이 끝나면 암술머리, 암술대, 심피, 밑씨, 주피 그리고 접합자들에서는 대개 어떤 일이 일어나나?
34. 열매는 보통 건과 또는 육질과로 분류된다. 그 차이는 무엇인가? 이들 중 어느 것이 열개과이고, 어느 것이 폐과인가?
35. 일상적인 영어에서 달콤하고 즙이 많은 어떤 것을 의미할 때 우리는 열매(fruit)라는 단어를 사용하지만, 땅콩껍질, 완두꼬투리, 피망 그리고 칠리페퍼도 열매이다. 달콤하지 않은 이들을 우리가 열매라고 규정하는 특징은 무엇인가? 그에 반해서 바나나는 그런 특징을 갖지 않는 열매이다. 바나나는 불임(sterile)이고, 새로운 식물은 반드시 식물의 기부 부근에 있는 싹으로부터 자라야 한다.
36. 우리가 열매라고 부르는 어떤 것은 진과가 아닌 부과 또는 위과이다. 딸기의 빨간색 부분은 무엇이고, 딸기의 진과는 어떤 부분인가(힌트: 그림 9-32A 참조)? 사과에서 우리가 먹는 육질부는 무엇이고, 우리가 내뱉는 속(core)은 무엇인가?

PART 2

식물의 생리와 발생

2부의 첫 이미지: 식물은 종종 놀랍도록 다양한 방법으로 발달한다. 여기에 보이는 주된 가지는 수평으로 자라지만, 그 가지에서 나오는 모든 가지들은 위쪽으로 자란다. 아울러 수평으로 난 가지의 위쪽 표면에 달린 곁눈만이 자라는 반면, 측면과 아래쪽 표면의 곁눈들은 모두 휴면 상태를 유지한다. 직립하는 가지의 곁눈들은 모두 휴면눈이다. 이 가지들이 자라면서 식물체 주위의 조건들을 감지하고 반응한다. 거의 확실히 환경의 중요한 개시신호는 위로부터 오는 햇빛이거나 아래로부터 물체를 끌어당기는 중력이다. 여러분은 이들 가지의 생리를 조절하는 요인을 밝히는 실험을 설계할 수 있겠는가? 사진은 아라우카리아 수불라타(*Araucaria subulata*)이다.

우리가 식물의 구조를 연구할 때 종종 맨눈으로 물체를 직접 볼 수도 있지만, 어떤 구조를 보려면 광학현미경이나 전자현미경이 필수적일 때가 있다. 그렇지만 식물의 생리와 발생에서 우리들이 연구하는 대상인 화학반응과 대사경로는 전혀 볼 수 없다. 대신에 실험하고 측정하고 분석한 결과들을 배우고, 가상적인 반응과 경로들을 종이에 적는다. 이들로부터 예측을 하고 가설을 검증하기 위한 새로운 관찰을 계획한다. 생리적 조절메커니즘의 대사경로와 화학식 그리고 도표들을 결코 본 적이 없거나 볼 수 없다고 하더라도 우리들이 이들을 배우고 암기하는 것은 어렵지 않다. 그 어느 것이나 이용 가능한 자료들의 대부분과 일치하고 논리적으로나 내면적으로 일관된 이론 모델이다.

경험이 풍부한 해부학자가 특이한 구조를 보았을 때 해부학자들은 그 구조가 과학계에 새로운 것이거나 아니면 적어도 중요한 변형이라고 즉각 알아볼 수 있을 것이다. 그러나 그런 것이 생리학자들에게는 그렇게 쉬운 일이 아니다. 만약 광합성에 관한 실험 결과가 예상과 다르게 나왔다면, 이는 새로운 유형의 광합성이 발견된 것일 수도 있고, 광합성에 관한 현재의 이론이 완전히 정확하지 않아서 잘못된 예측을 내린 것일 수도 있고, 아니면 실험적으로 오류가 생긴 것일 수도 있다. 어떤 식물에서 일어나는 반응을 정확히 나타내는 특정한 이론적 대사경로를 확립하게 위해 수행해야 하는 엄청난 양의 세심한 창의적 작업들을 학생들이 인식하기는 쉽지 않다. 많은 종류의 잎, 줄기, 뿌리, 꽃, 물관부, 체관부 등등의 진화에 미친 자연선택을 알아내기는 비교적 쉽지만, 그들의 생리에 끼친 선택을 밝히기는 훨씬 어렵다. 미소서식지, 물의 이용 가능성, 더위, 추위, 토양, 해충 그리고 식물병 등에서 나타나는 많은 차이가 다양한 조건 하에서 선택적으로 유리한 여러 가지의 구조를 야기하였다. 이는 대사에도 똑같이 적용된다고 예상하는 것이 타당하다. 우리는 광합성과 호흡에 다소의 변이가 있음을 알고 있고, 아직 발견하지 못한 다른 변이도 있을 것이다.

여러분이 이 부분의 내용을 배우면서 구조와 마찬가지로 체제가 대사에 본질적으로 중요하다는 점을 명심하기 바란다. 식물의 대사를 이루는 화학반응과 물리적 반응들은 절대로 무작위가 아니고 고도로 질서 정연하다. 이러한 질서 정연함은 환경에서 식물로 운반되는 물질(12장과 13장 참조)에 영향을 주는 에너지 입력(10장과 11장 참조)에 의해 유지된다. 여러 종류의 정연함이 있고, 적절한 물질에 작용하는 적절한 반응을 일으키는 데 필요한 정보는 핵의 유전자와 색소체 및 미토콘드리아에 들어 있는 유전자에 저장되어 있다. 유전자가 에너지와 물질의 상호작용을 조절하여 특정한 종의 식물을 야기하는 메커니즘은 14장과 15장에서 다루게 된다.

CHAPTER 10

에너지 대사: 광합성

학습 목표

이 장을 읽은 다음, 학생들이 할 수 있는 것은;

- 활성화된 색소로부터 지유에너지증가반응으로 에너지가 전달되는 방법을 기억해 낸다.
- 식물이 왜 환원력을 필요로 하는지 설명한다.
- 광합성 화합물로 이산화탄소와 물의 네 가지 특성을 열거한다.
- (이론상으로) 이상적인 광합성색소를 설명한다.
- 그 이상적 색소와 엽록소 *a*를 비교한다.
- 보조색소의 기능을 요약한다.
- 광의존성 반응과 스트로마반응이 함께 기능을 하는 방법을 설명한다.
- 광합성이 지구의 기후에 영향을 미치는 방법을 설명한다.

알고 있나요?

- 광합성색소인 엽록소는 적색광과 청색광을 주로 흡수하지만 녹색광은 거의 흡수하지 않는다. 녹색광은 산란하고, 따라서 잎이 녹색으로 보인다.
- 동물과 곰팡이 그리고 다른 모두가 이용하는 거의 모든 에너지는 식물과 조류 및 남세균에 의해 포착된 햇빛의 에너지이다.
- 빛의 세기는 적당해야 한다. 사막과 산꼭대기처럼 햇빛이 너무 강렬한 서식지에서는 식물이 보통 털이나 가시를 지니고서 식물을 그늘지게 하지만, 그늘이 드리워진 숲이나 바닷속 깊은 곳처럼 빛이 너무 흐릿하면 생명을 유지하는 데 필요한 에너지가 충분하지 않다.

개요

장의 첫 이미지: 이 송전선을 따라 흐르는 고에너지 전자는 위험하고 자칫 사람을 죽일 수도 있다. 광합성 역시 고에너지 전자들의 이동이 수반되는데, 만약 이들이 적절하게 제어되지 않으면 엽록체와 심지어는 전체 식물에 피해를 줄 수 있다. 송전선이 처음 세워질 때에는 전류가 흐르지 않지만, 식물의 광합성색소는 합성되자마자 활성화되며, 가을에 엽록체들이 분해될 때에도 위험하다. 빛이 엽록소에 부딪치면 극히 중요하지만 위험한 과정이 시작된다.

개념

세포와 생명 그 자체의 모든 것과 관련한 가장 중요한 개념은 생물이 몹시 정연하며 고도의 구조적 체계라는 사실일 것이다. 우주는 그 전체로서 끊임없이 덜 정돈된 상태가 되고, 그 무질서인 **엔트로피(entropy)**가 증가한다. 그렇지만 원핵생물, 원생생물, 균류, 식물 및 동물은 입자들이 보다 정돈된 상태가 되는 현상을 나타낸다. 식물은 널리 분산되어 있는 이산화탄소와 물 그리고 무기질 분자들을 흡수하여 이들을 유기분자, 세포, 조직 및 기관으로 구조화한다. 개개의 식물이 이를 너무나 정확하게 수행하므로 식물의 각 종은 다른 종들과 쉽게 구별된다. 식물이 죽고 나면 부패되는데, 이는 생물의 분자들이 차츰 덜 정돈되고 흩어지는 과정이며, 그 엔트로피는 증가한다.

생물이 물리와 화학의 법칙들로 설명되는 자연계의 일부이기 때문에 생물의 엔트로피 감소는 물리법칙에 따라야 한다. 이는 생명계에 에너지를 투입해서 완수되는데, 그 에너지의 원천은 햇빛이다. 정확히 말하자면 우리는 태양과 생명을 함께 고려해야 한다. 햇빛을 발생시키는 원자핵 반응은 생물에서 질서를 유발하는 햇빛보다 훨씬 큰 무질서를 태양에서 일으킨다. 전체 시스템(태양 + 생명)은 차츰 더 무질서해진다. 생물이 죽은 다음에는 사체에 에너지를 투입할 방법이 없기 때문에 엔트로피의 증가를 막을 수 없다.

햇빛은 (1) 직접적으로 복잡한 유기화합물을 생산하는 광합성 과정으로, 그리고 (2) 간접적으로 생물 그 자체나 그 생물을 먹는 다른 생물에 의한 이들 유기화합물의 호흡이라는 두 가지 방법으로 생명을 유지하고 그 질서 정연함을 증가시킨다. 에너지를 공급하고 정연함을 유지하는 이들 두 방법, 즉 광합성과 호흡은 다양한 유형의 생물을 구별하는 주요한 근본적인 근거가 된다. **광독립영양생물(photoautotroph)**은 빛에서 직접 에너지를 수집하고 이를 이용하여 작은 무기분자들을 자신의 조직으로 동화하는 생물이다. 광독립영양생물에는 모든 녹색식물과 모든 남세균 그리고 광합성을 할 수 있는 약간의 세균이 포함된다. **종속영양생물(heterotroph)**은 그런 일을 할 수 없는 대신에 유기분자를 섭취하고 이를 분해하여 그 안에 들어 있는 에너지를 얻는 생물이다. 종속영양생물에는 모든 동물, 모든 완전기생식물(**그림 10-1**), 모든 균류 및 광합성을 하지 않는 원핵생물이 포함된다. 유기물질을 받아들여 에너지를 얻게 되면 그 물질의 일부를 연료 대신에 몸을 구성하는 물질로 이용할 수 있다는 이점이 있다. 먹이에 포함된 아미노산과 지방산 그리고 당의 일부는 생물 자체의 중합체가 될 수 있고, 나머지는 에너지를 위해 호흡에 사용된다. 광독립영양생물은 오로지 이산화탄소와 물 그리고 다양한 질산염, 황산염 그리고 그 밖의 무기질을 이용하여 그들 자신의 모든 물질을 만들어야 한다.

광독립영양생물과 종속영양생물의 에너지와 조성물질의 자원이 다르다는 사실로부터 대단히 중요한 결과가 뒤따른다(**표 10-1**). 햇빛과 이산화탄소는 몰래 접근하여 사냥하고 포획할 필요가 없기 때문에 동물에서 볼 수 있는 감각기관, 근육 및 중추신경계가 불필요하다. 정반대로 바다는 미세한 식량으로 가득 차 있고, 해면동물과 산호 같은 동물들은 식물이 이산화탄소를 수집하는 방법으로 먹이를 얻을 수 있다. 영양방식은 식물 및 동물의 몸과 대사에 다른 무엇보다 더 중요한 영향을 미쳤다.

조직과 기관들 역시 광독립영양이거나 종속영양이다. 엽록소를 포함하는 잎과 줄기는 광독립영양인 반면, 뿌리와 목부 그리고 꽃은 종속영양이며 체관부를 통해 받아들인 탄수화물에 의존한다. 겨울에 모든 잎이 떨어지면 전체 식물은 종속영양의 조직들로 구성되고, 저장녹말을 호흡함으로써 그 대사를 지속한다.

(A)

(B)

그림 10-1 **(A)** 모든 생물은 그들의 대사를 추진하는 데 필요한 에너지를 얻어야 한다. 대부분의 식물은 녹색 색소인 엽록소를 이용하여 광합성을 통해 에너지를 획득한다. 모든 동물과 균류는 식물을 먹거나 식물을 먹는 동물을 먹음으로써 에너지를 얻는다. 완전기생생물(holoparasite)이라고 부르는 이 실새삼(*Cuscuta*) 같은 일부 식물은 광합성을 하지 않는다. 그 대신에 보통의 광합성을 하는 녹색식물의 몸에 기생근[(B)의 짧은 집게 같은 구조]이라는 특수화된 뿌리를 내보내서 그 식물로부터 당과 물 그리고 무기질을 추출하고, 당을 자신들이 필요로 하는 유기화합물로 전환한다. **(B)** 기생근이 숙주의 잎에 침투한 모습을 근접 촬영한 사진.

표 10-1 광독립영양생물과 종속영양생물 간의 차이

	광독립영양생물	종속영양생물
에너지원	햇빛	먹이: 탄수화물, 단백질, 지방
조성물질의 자원	이산화탄소	먹이
생물	광합성식물 조류 남세균 광합성세균	동물, 원생동물 보통의 식물에서 광합성을 하지 않는 부분들인 목부, 뿌리, 나무껍질 완전기생식물 곰팡이 대부분의 세균

조직들은 종종 대사의 유형을 변화시킨다. 어린 유식물은 땅속에서 발아할 때 흰색의 종속영양을 하고, 떡잎이나 배젖에 저장된 양분에 의존하여 산다. 유식물이 땅에서 나와 햇빛을 받은 후에야 광독립영양이 된다. 설익은 열매는 녹색이고 광합성을 할 수 있다. 그러나 성숙의 최종 단계에서 엽록체가 잡색체(chromoplast)로 변하고 나서 대사는 외부에서 들여오거나 저장된 양분에 의존하게 된다(잡색체는 엽록소가 아닌 색소들을 다량으로 포함한다). 어린 잎원기는 녹색이지만, 그 자체의 광합성이 허용하는 것보다 훨씬 빠르게 생장한다. 여기에서는 광합성뿐만 아니라 다른 곳에서 들여온 탄수화물에 의존하는 혼합된 대사를 수행한다.

광합성은 이산화탄소가 탄수화물로 전환되는 복잡한 과정이다. 이 과정에는 아데노신3인산(ATP)에 의해 구동되는 자유에너지증가반응이 수반되고, 환원형 니코틴아미드아데닌디뉴클레오티드인산(NADPH)에 의해 반응에 전달된 전자들로 채워진 새로운 결합성 궤도(bonding orbital)를 필요로 한다. 이런 일이 일어나려면 그 전에 ATP와 NADPH 자체가 빛에너지에 의해 추진되는 고도의 자유에너지증가반응에서 생성되어야 한다. 이를 이해하려면 여러분은 환원력의 개념에 덧붙여 빛과 색소의 성질을 먼저 이해해야 한다.

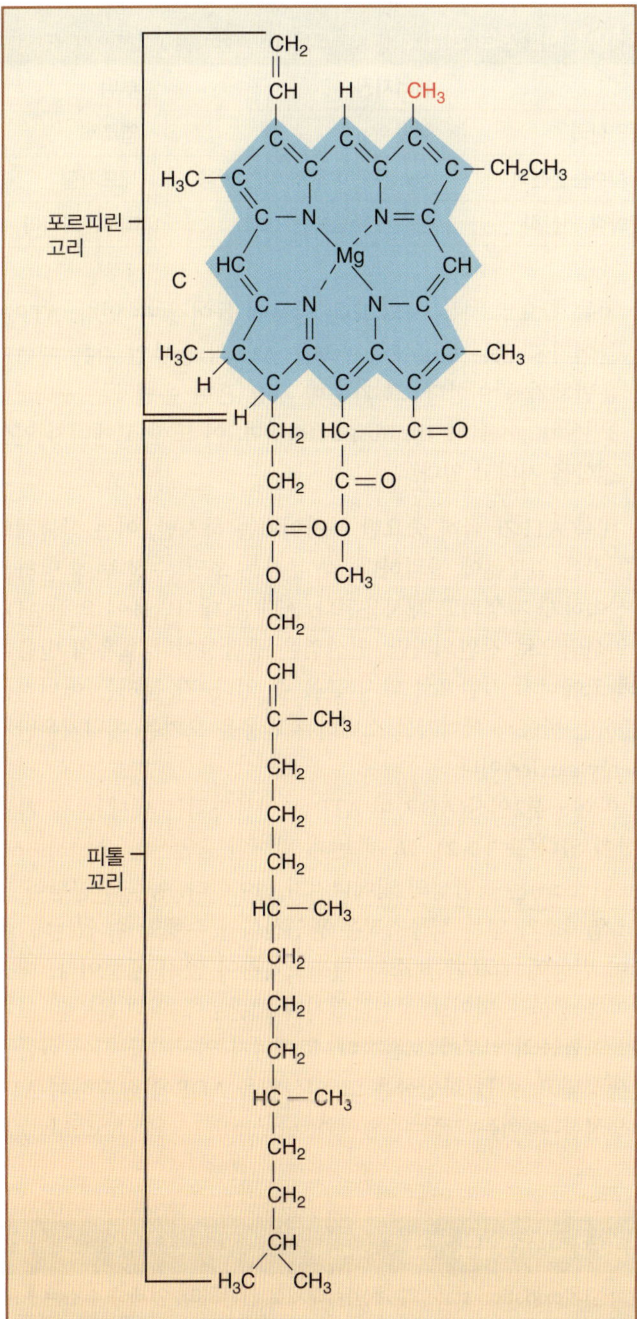

그림 10-2 엽록소 *a*의 꼬리에는 오로지 수소와 메틸작용기만 들어 있어서 이 부분은 소수성이고, 엽록체의 막지질에 녹아 엽록소를 고정시킨다. 2중결합과 단일결합이 번갈아 나오는 포르피린고리 체계는 빛에너지를 포착하는 안테나로 작용한다. 마그네슘 원자는 광합성에 관여하는 전자를 운반한다. 색이 칠해진 메틸기가 알데히드기(-CHO)라면 그 색소는 엽록소 *b*이다.

에너지와 환원력

에너지운반체

에너지는 빛에너지를 화학에너지로 전환하는 과정인 광합성을 통해 생물계로 들어온다. 태양의 빛은 화학반응에서 에너지를 이용하는 특정한 식물색소에 의해 포착된다. 식물은 대사에서 수천 가지의 반응을 갖지만, 활성화된 색소는 오직 두 가지 화학반응에만 들어간다. 활성화된 색소로부터 에너지가 자유에너지증가반응으로 운반되는 데에는 몇 가지 이론적 방법이 있다.

1. 필요한 모든 반응으로 색소가 들어갈 수 있게 하는 방법이다. 문제는 활성화된 색소가 커다란 분자라는 점이고, 따라서 이들 색소는 이동성이 뛰어나지 않고 결코 막을 가로질러 움직이지 않는다(**그림 10-2**). 뿐만 아니라 이들 역시 활동적이므로 거의 모든 것과 반응할 수 있어서 제어되기가 어렵다.
2. 활성화된 색소가 이동할 수 있고 쉽게 제어할 수 있는 하나 이상의 작고 덜 활동적인 중간물질을 만들게 하는 방법이다. 바로 이 방법이 진화하여, 광합성 반응은 보기 드문 놀라운 분자인 ATP를 생성한다. ATP의 고에너지 인산결합은 거의 모든 반응을 진행하게 만드는 충분한 에너지를 지니고, 에너

표 10-2 ATP 생성 방법

	에너지원	부위
광인산화	햇빛	엽록체
기질수준인산화	산소가 관여하지 않는 반응	세포기질
산화적 인산화	산소가 수반되는 산화	미토콘드리아

지를 필요로 하는 거의 모든 반응에 들어갈 수 있다. ATP가 들어가지 않는 반응에서는 보통 ATP의 동류인 다른 에너지 운반체가 관여한다. 그 가운데 가장 흔한 운반체는 **구아노신3인산(guanosine triphosphate)**이며, 이 또한 고에너지 인산결합을 지니고 있다.

비록 ATP가 극히 중요한 분자이기는 하지만, 이는 식물체의 아주 작은 일부분에 불과하다. 각 분자는 초당 수천 번에 달하도록 신속하게 재생되고 재사용된다. ATP는 대사반응에 의해 ADP와 인산염으로 전환되지만, 인산염은 광합성이나 호흡의 반응에 의해 고에너지 결합으로 다시 붙을 수 있다. 각 분자는 에너지를 방출하는 반응과 에너지를 소비하는 반응을 오가는 에너지운반체(energy carrier)이다.

아데노신2인산(ADP)이 ATP로 인산화되는 데에는 세 가지 방법이 있다(**표 10-2**). 그 첫 번째 방법인 **광인산화(photophosphorylation)**는 광합성의 빛에너지가 관여한다. 동물과 곰팡이 그리고 엽록소가 없는 식물조직은 광인산화를 수행할 수 없는데, 이는 이 반응에 필요한 색소와 세포소기관이 없기 때문이다. 대신에 이들 생물은 먹이로 섭취하였거나 체관부에 의해 운반된 고에너지 화합물의 일부를 호흡한다. 고에너지 인산기를 지닌 화합물이 생성되고, 이들 화합물은 그 인산염을 ADP에 탑재하여 ATP를 생성한다. 이는 **기질수준인산화(substrate-level phosphorylation)**이다. 호흡의 최종 단계에서 ADP는 **산화적 인산화(oxidative phosphorylation)**에 의해 ATP로 인산화된다. 각 과정은 세포 내의 뚜렷한 자리에서 일어나며, 각각은 서로 다른 종류의 자유에너지감소반응으로부터 에너지를 포착한다. 광인산화는 빛을 받는 엽록체에서만 일어나지만, 기질수준인산화와 산화적 인산화는 식물의 모든 부분에서 언제나 일어난다.

환원력

지구의 대기에는 약 21%의 산소가 들어 있기 때문에 많은 화합물은 산화된 형태로 발견된다. 예를 들면, 탄소는 이산화탄소(CO_2)로, 황은 황산염(SO^{2-}_4)으로, 질소는 질산염(NO_3^-)으로 등등이다. '**산화형(oxidized)**'은 원자가 지닐 수 있는 만큼의 전자를 채우지 못한 것을 의미한다. 이산화탄소에서 각 산소는 탄소로부터 2개의 전자를 거의 완전히 떼어 낸 것으로 간주하며, 탄소는 +4의 **산화상태(oxidation state)**에 있다고 말한다. 비유적으로 말하자면, 전자들은 탄소나 황 또는 질소 부근에서 머무는 것보다 산소 가까이에서 보다 많은 시간을 보내지만, 그렇다고 해서 완전히 떨어져 나온 것은 아니다. 그 결합은 이온결합이 아니라 공유결합이다(**표 10-3**).

전자가 어느 원자에 추가되면 그 원자는 **환원형(reduced)**이 된다. **환원반응(reduction reaction)**은 원자의 양전하를 감소시키는 반응이고, **산화반응(oxidation reaction)**은 양전하를 증가시키는 반응이다(**표 10-4**). 어림잡아 말하면, 언제나 그렇지는 않지만 **산화형 화합물(oxidized compound)**은 흔히 다량의 산소를 포함하는 반면에, **환원형 화합물(reduced compound)**은 수소를 포함한다. 산소는 원자로부터 전자들을 떼어 내려는 경향이 강하고 원자의 부분양전하(partial positive charge)를 증가시키지만, 수소는 전자를 잃어서 더욱 안정적이 되고 짝의 부분양전하를 감소시

표 10-3 산화상태의 계산

산화상태(oxidation state)의 계산은 대체로 간단하다. 언제나 수소는 +1로, 그리고 산소는 −2로 추정한다. 탄소와 황 그리고 질소는 가변적인데, 그것은 이들이 비교적 쉽게 전자를 잃거나 추가될 수 있기 때문이다. 이산화탄소와 탄수화물은 중성분자이므로 탄소의 산화상태는 결합된 다른 모든 산화상태와 정반대이면서 같아야 한다. 탄소는 이산화탄소에서 +4이고, 탄수화물에서 +0이다. 광합성 과정에서 탄수화물의 결합성 궤도(bonding orbital)가 존재할 수 있으려면 이산화탄소의 각 탄소에 4개의 전자가 추가되어야 하고, 이는 산화상태를 +4에서 0으로 낮춘다. 말산에서는 산소 5개 때문에 −10이 되고, 6개의 수소가 +6을 추가하므로, 탄소 4개가 4의 +전하를 차지하게 된다. 4의 +전하를 4개의 탄소로 나누면 탄소마다 1의 +전하가 된다. 말산의 탄소는 +1의 산화상태에 있고, 탄수화물의 탄소만큼 줄어들지 않는다.

CO_2 (이산화탄소)	O −2	O −2	C +4	
CH_2O (탄수화물)	O −2	H +1	H +1	C 0
COOH | H—C—H (말산) | H—C—OH | COOH	5 × O 5 × −2 = −10	6 × H 6 × +1 = +6	4 × C 4 × +1 = +4	

표 10-4 환원과 산화

	산화상태
환원	
$X + e^- \rightarrow X^-$	$0 \rightarrow -1$
$X^{+2} + e^- \rightarrow X^+$	$+2 \rightarrow +1$
$X^- + e^- \rightarrow X^{-2}$	$-1 \rightarrow -2$
산화	
$X \rightarrow X^+ + e^-$	$0 \rightarrow +1$
$X^+ \rightarrow X^{+2} + e^-$	$+1 \rightarrow +2$
$X^{-2} \rightarrow X^- + e^-$	$-2 \rightarrow -1$

킨다. 전자들은 원자나 분자들 간에서만 운반될 수 있으므로 표 10-4에 있는 각 반응은 '반쪽반응(half-reaction)'이다. 모든 산화와 환원은 동시에 일어난다. 완전한 반응을 '산화환원반응(oxidation-reduction reaction 또는 redox reaction)'이라고 한다.

지구의 대기는 산소가 풍부하기 때문에 환경의 화합물들은 주로 산화형태이지만, 생물에 포함된 대부분의 화합물은 환원형태이다. 탄소는 보통 탄수화물의 형태이고, 그 산화상태는 +0이다. 질소는 흔히 아미노기 $NH_3(N^{3-}\ H^{1+}\ H^{1+}\ H^{1+})$로 나타나고, 황은 $SH_2(S^{2-}\ H^{1+}\ H^{1+})$로 존재한다. 그러므로 생물은 에너지를 필요로 할 뿐만 아니라 화합물에 전자를 제공할 수 있는 능력인 **환원력(reducing power)**을 필요로 한다. 환원력은 특히 식물에서 중요한데, 그것은 식물이 탄소와 수소의 가장 고도로 산화된 유형인 이산화탄소와 물을 받아들이고 나서 이들을 탄수화물과 지방 그리고 매우 환원된 다른 화합물들로 전환하기 때문이다. 종속영양생물은 별 문제가 없다. 종속영양생물이 식물을 섭취할 때 이들은 이미 환원된 화합물을 소비하는 것이다. 그렇지만 이들 종속영양생물들도 지방산 같이 매우 환원된 화합물을 합성할 때에는 약간의 환원력을 필요로 한다.

에너지에서와 마찬가지로 환원력, 즉 전자를 움직이고 처리하는 최적의 해결책은 다소 안정적이면서 이동성인 작은 분자를 이용하는 것이다. 가장 자주 사용되는 두 분자는 니코틴아미드아데닌디뉴클레오티드(nicotinamide adenine dinucleotide, NAD^+; **그림 10-3**)와 이와 밀접한 관계가 있는 니코틴아미드아데닌디뉴클레오티드인산(nicotinamide adenine dinucleotide phosphate, $NADP^+$)이다. 이 두 가지 모두 한 쌍의 전자와 양성자를 받을 수 있고, 그렇게 함으로써 NADH와 NADPH로 환원된다. 이들이 전자를 화합물에 옮겨 주고 화합물을 환원시키면 양성자가 떨어져 나가고 NAD^+와 $NADP^+$가 다시 만들어진다. 세포는 다수의 운반체 분자들을 갖지 않고 각 분자를 재활용하면서 이를 1초에 수천 번 사용하여 전자생성반응과 전자소비반응 사이를 왕복한다.

NAD^+와 $NADP^+$가 다른 분자로부터 전자를 떼어내기 때문에 이들은 이들과 반응하는 다른 물질을 산화시키는 **산화제(oxidizing agent)**이다. 물질이 NAD^+나 $NADP^+$를 환원시켰다고 표현할 수도 있다. 그 과정에서 두 가지의 강력한 **환원제(reducing agent)**인 NADH와 NADPH가 생성된다. 이들 환원제는 다른 분자에 전자를 부여하는 강력한 성향을 갖고 있어서, 그 분자들을 환원시키고 자신은 산화된다(그림 10-3B). 전자를 받거나 제공하는 경향은 상당히 다양한데, 이를 그 분자의 **산화환원전위(redox potential)**라고 한다(**표 10-5**). 세포는 전자를 수용하거나 공여하는 성향이 다른 전자운반체들을 다양하게 포함한다.

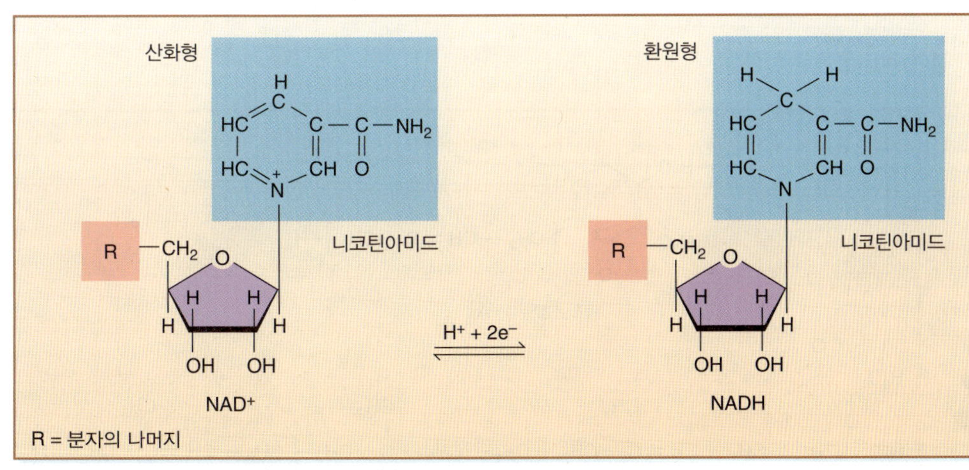

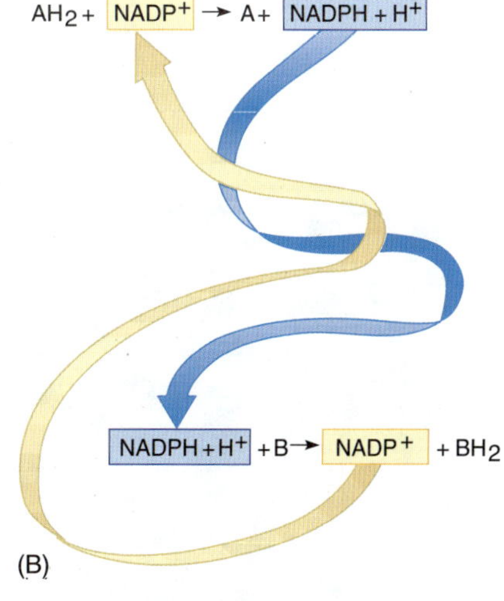

그림 10-3 **(A)** 여기에는 전자를 운반하는 데 관여하는 NAD^+의 일부만을 나타내었다. 산화된 상태(NAD^+와 $NADP^+$)는 질소에 부분양전하와 고리에 3개의 2중결합을 갖고 있다. 산화형이 2개의 전자에 의해 환원되면 질소에서 양전하가 사라지고, 고리 안의 많은 결합성 궤도들이 변하며, 꼭대기의 탄소가 양성자를 취하게 된다. NAD^+와 전자공여체 간에는 결합성 궤도가 없으므로 전자를 받은 다음 NADH는 자유롭게 떨어져 나간다. 마찬가지로 NADH가 어떤 기질에 전자를 공여하게 되면 고리의 결합성 궤도가 다시 NAD^+ 형태로 되돌아가고, 어떤 것도 기질과 결합하지 않아 NAD^+가 분산된다. $NADP^+$도 마찬가지다. **(B)** 위쪽의 반응에서 가상적인 분자 AH_2로부터 2개의 전자가 $NADP^+$로 이동하였다. AH_2는 A로 산화되고, $NADP^+$는 NADPH + H^+로 환원되었다. NADPH는 다른 자리로 떨어져 나가고, 여기에서 2개의 전자를 가상적인 분자 B에 전달하여 B를 BH_2로 환원시키고, 자신은 산화되어 다시 $NADP^+$로 돌아간다.

표 10-5 전자운반체의 산화환원전위

산화형	환원형	운반되는 전자의 수	산화환원전위 (volts)
$X(Fe_4S_4)$	X^-	1	−0.73
페레독신(산화형)	페레독신(환원형)	1	−0.43
Q	Q^-	1	−0.35
$NADP^+$	$NADPH + H^+$	2	−0.32
NAD^+	$NADH + H^+$	2	−0.32
FAD	$FADH_2$	2	−0.22
FMN	$FMNH_2$	2	−0.22
cyt b^{+3}	cyt b^{+2}	1	−0.00
유비퀴논	유비퀴논-H_2	2	+0.10
cyt ${c_1}^{+3}$	cyt ${c_1}^{+2}$	1	+0.22
cyt c^{+3}	cyt c^{+2}	1	+0.25
cyt a^{+3}	cyt a^{+2}	1	+0.25
cyt f^{+3}	cyt f^{+2}	1	+0.36
플라스토시아닌 (산화형)	플라스토시아닌 (환원형)	1	+0.37
cyt ${a_3}^{+3}$		1	+0.38
$1/2O_2 + 2H^+$		2	+0.82

목록의 위쪽에 있는 높은 음성 산화환원전위를 갖는 화합물들은 전자를 공여하고 산화형으로 존재하는 경향이 있다: X, 페레독신, $NADP^+$, FAD. 목록의 아래쪽에 있는 높은 양성 산화환원전위를 갖는 화합물들은 전자를 받고 환원형으로 존재하는 경향이 있다: Cyt ${a_3}^{+2}$, H_2O.

기타 전자운반체

시토크롬

시토크롬(cytochrome)은 보조인자 헴(heme)을 포함한 작은 단백질이고, 헴은 철 원자와 결합한다(**그림 10-4**). 철은 전자를 운반하고, +2와 +3의 산화상태를 순환한다. 시토크롬은 내재성 막단백질이다. 시토크롬은 엽록체 틸라코이드막의 필수적인 부분이고, 막을 파괴하지 않는 한 제거할 수 없다. 따라서 시토크롬은 NADPH처럼 스트로마 전반에 걸쳐 분산되지 않고 막 내의 매우 가까운 자리들 간에서만 전자를 운반한다.

플라스토퀴논

플라스토퀴논(plastoquinone)은 시토크롬과 비슷하게 막 내의 짧은 거리에서만 전자를 수송한다(그림 10-4B). 플라스토퀴논은 2개의 전자를 받은 다음에 2개의 양성자와도 결합한다. 플라스토퀴논은 긴 탄화수소 꼬리 때문에 소수성이 되고, 따라서 엽록체막의 지질성분에 쉽게 용해된다.

플라스토시아닌

플라스토시아닌(plastocyanin)은 시토크롬과 비슷하게 금속 원자에 전자를 운반하는 작은 단백질인데, 이 경우에는 구리이다. 산화가 되면 구리 이온은 +2의 산화상태에 있지만, 전자를 받고 나면 +1의 산화상태로 한 단계 환원된다. 플라스토시아닌은 엽록체막과 느슨하게 결합되어 있어서 표면을 따라 짧은 거리를 움직일 수 있지만 멀리 가지는 않는다.

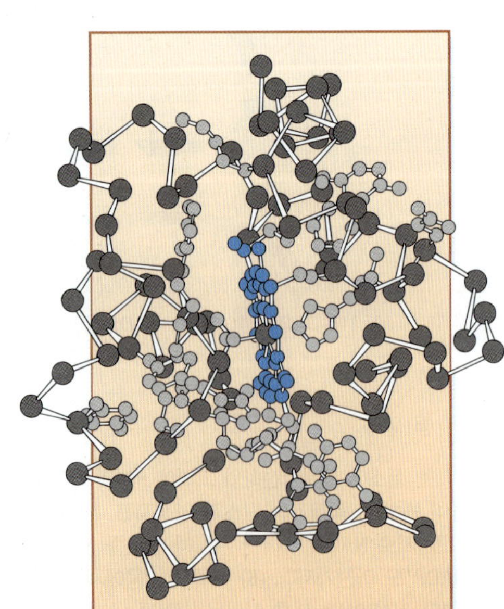

(A)

플라스토퀴논 A_{45}

플라스토퀴논 C

(B)

그림 10-4 (A) 시토크롬에서 철은 그 어떤 아미노산과도 직접 결합하지 않는다. 그 대신, 마그네슘 이온과 결합하는 엽록소 부분과 비슷한 박스형 포르피린고리인 헴과 결합한다. **(B)** 퀴논형 전자운반체의 두드러진 특징은 각각 탄소 원자들이 고리 구조의 일부인 케톤기(2중결합한 산소)를 갖는다는 점이다.

광합성

광합성은 그 이름에서 알 수 있듯이 빛에너지를 이용하여 어떤 것을 만드는 것이다. 이 용어가 너무 일반적이어서 여러 다른 종류의 반응들에 적용할 수 있지만, 식물학자들이 '광합성(photosynthesis)'이라는 용어를 사용할 때는 언제든지 이산화탄소와 물을 조합하여 탄수화물을 만드는 반응을 가리킨다(**그림 10-5**). 이들 특정 성분이 왜 광합성의 일부가 되는지 생각해 보자. 먼저 이산화탄소와 물은 풍부하고 쉽게 구할 수 있으며, 거의 어디에서나 다량으로 나타난다. 그 예외는 사하라 사막 같이 물이 결핍된 일부 사막인데, 이런 곳에서는 순전히 물의 부족 때문에 생명이 거의 존재하지 않는다. 풍부한 화합물에 기반을 둔 대사를 갖는 것이 중요하다. 한편 원료를 쉽게 구할 수 있어야 한다. 즉, 식물이 많은 에너지를 소비하지 않고도 원료를 얻을 수 있어야 한다. 물과 이산화탄소는 토양이나 공기 또는 물로부터 식물로 자동적으로 분산되기 때문에 훌륭하다.

이산화탄소와 물의 또 다른 중요한 가치는 이들이 매우 안정적이고 화학에너지가 거의 들어 있지 않아서 이들에 다량의 에너지를 맡길 수 있다는 점이다. 이들이 만드는 탄수화물은 에너지를 저장하는 훌륭한 수단이 되는데, 그것은 탄수화물의 분해를 이끄는 모든 반응이 높은 활성화에너지 장벽을 갖기 때문이다. 에너지가 풍부함에도 불구하고 탄수화물은 안정적이고 화학반응을 일으키지 않는다.

마지막으로 광합성의 반응물과 생성물 모두 독성이 없어서, 이산화탄소와 물을 다량으로 흡수하고 탄수화물을 높은 농도로 저장해도 안전하다. 염소, 나트륨, 암모늄, 그리고 많은 비타민 같이 생명에 필수적인 많은 물질들은 조금이라도 농축되면 엄청나게 독성을 띤다.

광합성 과정에서 이산화탄소의 탄소는 환원되고 에너지가 공급되어 탄소가 탄수화물로 전환된다(그림 10-5). 이산화탄소의 탄소원자는 +4의 산화상태에 있는 반면에, 탄수화물의 탄소원자는 보통 0의 산화상태에 있다. 따라서 환원되기 위해서는 4개의 전자들이 탄소원자 주위의 새로운 결합성 궤도에 놓여야 한다. 그런데 탄소는 환원된 상태보다 산화상태에서 더욱 안정적이기 때문에 이는 쉬운 일이 아니다. 목재나 당 같은 탄수화물은 연소될 수 있고 에너지를 방출하지만, 이산화탄소는 그렇지 않다. 그러므로 광합성에 있어서는 전자의 원천과 에너지원이 필수적이다. 전자의 근원은 물이고, 에너지원은 빛이다. 그렇지만 물과 빛은 이산화탄소에 직접 작용하지 않는다. 대신에 이들은 **광의존성 반응(light-dependent reaction)** 또는 틸라코이드반응(thylakoid reaction)이라 부르는 과정에 의해 중간물질인 ATP와 NADPH를 생성한다. 이와는 별개의 반응으로 예전에 암반응(dark reaction)으로 알려져 있었던 **스트로마반응(stroma reaction)**에서 ATP와 NADPH가 이산화탄소와 상호작용하여 실제로 탄수화물을 만든다(**그림 10-6**).

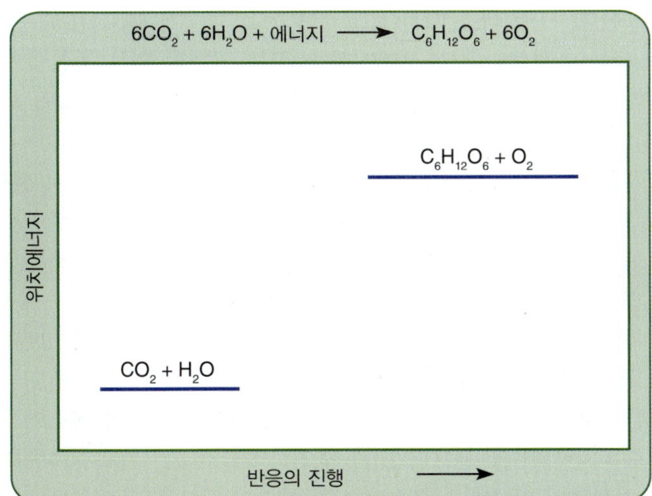

그림 10-5 이 화학방정식이 광합성을 간결하게 요약하지만, 이 방정식은 반응의 메커니즘 또는 관여하는 많은 운반체와 효소들에 대해서는 전혀 드러내 보이지 않는다. 이산화탄소 6분자와 물 6분자의 직접적인 상호작용에 의해 광합성이 일어나는 것이 아니기 때문에 반응경로도를 그릴 수는 없어도 상대적 위치에너지를 그릴 수는 있는데, 이는 이 반응이 자유에너지증가반응임을 나타낸다.

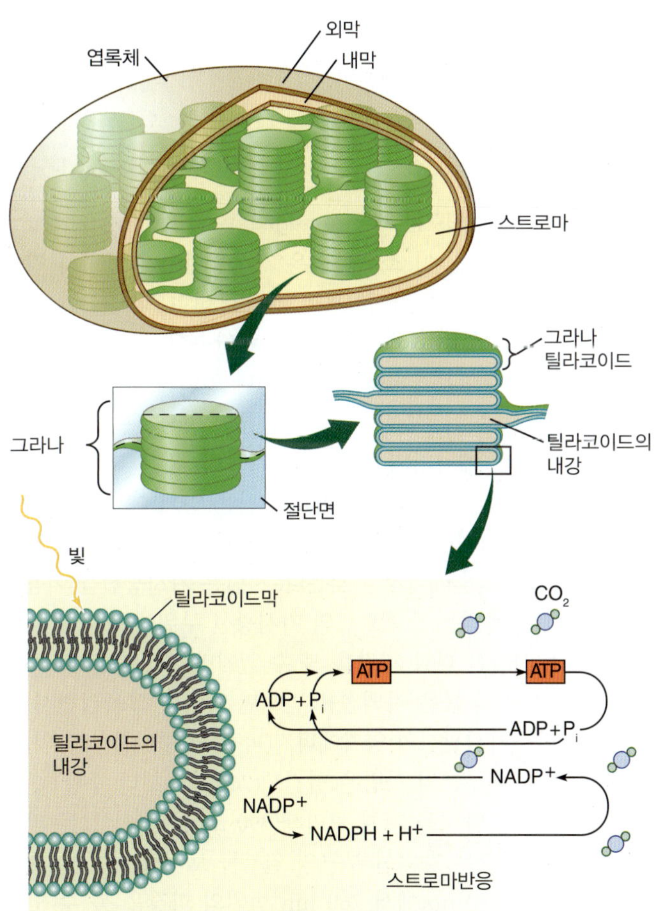

그림 10-6 광합성의 광의존성 반응은 막결합운반체의 도움으로 일어나지만, 실제로 탄수화물의 생성은 엽록체의 액상 부분인 스트로마에서 일어난다. ATP-ADP 그리고 $NADP^+$-NADPH는 두 구역 사이에서 분산된다. 엽록체의 어떤 부위도 막에서 멀리 떨어져 있지 않으므로 이동하는 거리는 고작해야 분자 지름의 몇 백배이다.

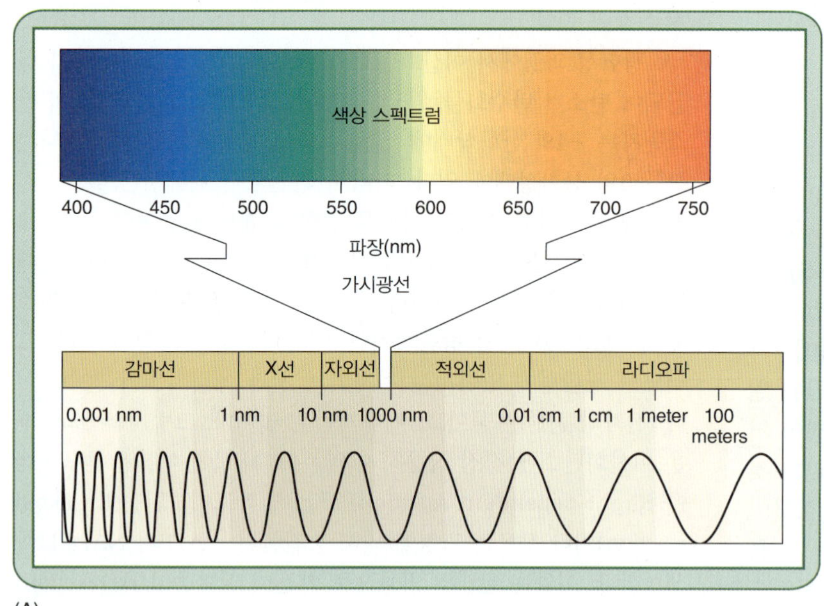

(A)

(B)

그림 10-7 (A) 이 전자기방사선스펙트럼의 왼쪽 끝에는 감마선이 있다. 만일 복사를 파동이라고 간주한다면 감마선은 1 nm 미만의 극히 짧은 파장을 갖는다. 만약 입자라고 간주한다면 각 양자는 에너지가 매우 높을 것이다. 오른쪽으로 가면서 파장은 차츰 길어지고 양자의 에너지는 점점 줄어든다. 우리의 눈이 반응하는 가시광선 부위를 확대하였다. **(B)** 이들 사과는 빨강을 제외한 모든 색을 흡수하는 색소들을 풍부하게 포함한다. 설익었을 때에는 열매가 엽록소를 포함하고 있는데, 엽록소는 빨간색과 파란색은 강하게 흡수하지만 녹색은 반사한다.

광의존성 반응

빛의 성질

빛은 **전자기방사선스펙트럼(electromagnetic radiation spectrum)**의 한 작은 부분인데, 이 스펙트럼은 가시광선뿐만 아니라 감마선, X선, 자외선, 적외선, 마이크로파 그리고 라디오파를 포함한다(**그림 10-7**). 방사선(복사)은 **양자**(**quanta**; 단수형 **quantum**)나 **광자(photon)**라고 부르는 일련의 입자이거나 일련의 파동이라고 생각되고 물리적으로 취급한다. 다양한 종류의 방사선은 그 파장과 포함된 각 양자의 에너지의 양이 서로 다르다. 짧은 파장(우주선, 감마선 및 자외선)은 각 양자에 비교적 많은 양의 에너지가 들어 있는 반면에, 긴 파장(적외선, 마이크로파, 레이더파 및 라디오파)은 비교적 적은 양의 에너지를 갖는다. 사람은 가시광선을 이용하여 보기 때문에 우리는 스펙트럼의 가시광선 부위에 보다 민감하고 친숙하다. 사람은 다른 파장을 볼 수 없지만, 적외선은 열로 느낄 수 있고, 우리의 몸은 자외선을 받으면 타거나 그을리면서 반응한다. 우리는 가시광선의 양자에너지(파장)의 차이를 색깔의 차이로 구별한다. 대부분의 사람은 빨간색(760 nm)부터 주황색, 노란색, 녹색, 청색, 남색을 거쳐 보라색(390 nm)까지의 모든 파장을 본다. 어떤 곤충은 자외선 부근의 일부를 보기도 하지만, 대체로 모든 동물은 350 nm에서 760 nm 범위의 파장을 볼 수 있는데, 이 범위는 한편으로 식물이 광합성에 이용하는 복사이다.

색소의 성질

많은 물질은 다른 파장들보다 어느 특정한 파장을 더 많이 흡수한다. 만약 어떤 물질이 빨강을 제외한 모든 파장을 흡수하고 적색광은 산란하거나 통과시킨다면, 그 물체는 우리에게 빨갛게 보일 것이다. 특정 파장을 특별히 흡수하여 독특한 색을 띠는 물질이 **색소(pigment)**이지만, 우리는 보통 색소를 생물학적 기능의 일부로 빛을 흡수하는 물질이라고 간주한다. 우리 피부의 색소인 멜라닌 같은 일부 색소는 빛을 흡수하고 그렇게 함으로써 빛에 민감한 다른 물질들을 보호한다. 꽃이나 열매 또는 동물의 피부에 있는 다른 색소들은 그들이 흡수하지 않는 빛이 있다는 점에서 중요한데, 그런 색소 때문에 고유한 색을 지니게 되고 이 때문에 그 생물이 짝이나 꽃가루매개동물 또는 열매를 먹는 동물을 유인하거나 포식자들이 찾지 못하게 숨는 데 도움이 된다(그림 10-7B).

광합성색소들은 흡수한 빛에너지를 전자에 전달하고, 이 전자들은 화학반응에 들어간다. 오직 흡수한 에너지만 이용할 수 있으므로 이론적으로 이상적인 색소는 검은색일 것이다. 검은색은 모든 빛을 흡수하여 이용할 것이고, 그 어느 것도 빠져 나가지 못하게 할 것이다. 색소는 비교적 약한 가시광선보다는 적어도 고에너지 복사(자외선과 감마선)를 흡수해야 한다. 그런데 놀랍게도 중요한 색소인 **엽록소 *a*(chlorophyll *a*)**는 이런 이상적인 색소와 조금도 비슷하지 않다(그림 10-2 참조). 엽록소 *a*는 적색광의 일부와 청색광의 일부만을 흡수하고, 나머지의 대부분, 특히 고에너지 복사는 그대로 통과시킨다. 일반적으로 식물은 식물체에 도달하는 전자기방사선에서 이용할 수 있는 에너지의 약 5%만 포착한다. 엽록소 *a*는 이상적인 색소가 지닐 특징들을 왜 갖지 않을까?

먼저, 엽록소는 다른 모든 생체색소와 비슷하게 고에너지 양자를 이용하지 않는데, 그것은 엽록소 역시 많은 에너지를 갖고

박스 10-1 광합성, 지구온난화 그리고 지구기후변화

우리의 대기는 지구상의 생명에 아주 중요하면서, 아이러니하게도 대기의 조성은 바로 그 생명의 산물이다. 우리가 호흡하는 유리산소(O_2)는 오로지 산소를 생성하는 광합성에 의해 만들어질 뿐, 다른 원천은 없다. 산소생성광합성은 28억 년 전에 비롯되었다. 우리가 이를 알고 있는 것은 수백만 년 동안 새로 생성된 산소가 철과 반응하여 전 세계적인 고대 암석의 녹슨 층을 형성하였기 때문이다. 모든 철이 산화된 후에 유리산소가 대기에 축적되기 시작하였고, 그 이후로 산소의 농도는 줄곧 증가해 왔다. 이와 동시에 광합성은 대기로부터 이산화탄소를 뽑아내어 이를 먼저 3-포스포글리세르알데히드(3-phosphoglyceraldehyde)로 전환한 다음, 존재하는 다른 모든 유기화합물로 전환하였다. 모든 유기화합물은 리불로오스 2인산 카르복실화효소(RuBP carboxylase)에 의해 잡힌 이산화탄소로부터 시작된다. 대부분의 유기분자들은 호기성 생물의 소화와 호흡에 의해 분해되며, 이 과정에서 이산화탄소는 신속하게 대기로 돌아간다. 그러나 수백만 톤의 나무들이 죽어서 고여 있는 늪으로 떨어졌지만, 산소가 결핍된 이런 습지에서 나무들은 부식되지 않았다. 나무의 탄소들, 즉 모든 섬유소(셀룰로오스), 헤미셀룰로오스 및 목질소(리그닌)들은 석탄으로 전환되고 대기로 돌아가지 않았다. 석유 역시 광합성에 의해 고정된 이산화탄소로부터 유래되었을 것이다. 요점은 호흡이 모든 탄소를 다시 대기로 방출하지 않았다는 것이다. 따라서 광합성은 대기 중의 이산화탄소 농도를 서서히 감소시켰다.

세 가지 생물집단인 원석조류와 연체동물 및 사람이 대기 중의 이산화탄소에 특히 중요하게 작용하였다. 원석조류(coccoliths)는 연체동물처럼 탄산칼슘으로 된 껍질을 만드는 미세조류이다. 이들 조류가 죽으면 그 껍질과 조류에 포함된 탄소가 해저로 가라앉아 매우 느리게 분해된다. 모든 석회석과 대양저의 어마어마한 탄산염 퇴적물들은 조개와 따개비 그리고 상상도 할 수 없는 많은 조류들에 의해 대기로부터 제거된 수백만 톤의 이산화탄소를 대변하는 것이다.

우리 인류는 어떻게 불을 사용하는가라는 운명적인 발견을 하기 전까지는 다른 모든 호기성 생물과 다를 바가 없었다. 사람이 불을 사용하기 시작한 이래 우리 몸의 미토콘드리아에서 식품을 산화시킬 뿐만 아니라 나무, 석탄, 석유와 가스를 산화시켜 이산화탄소를 대기로 되돌려 보내고 그 농도를 주목할 만큼 끌어올렸다.

대기 중의 이산화탄소 농도가 왜 문제가 되는 것일까? 이산화탄소를 색소라고 생각해 보자. 그 흡수스펙트럼은 가시광선에서 낮지만 적외선 파장에서는 높다. 태양으로부터 오는 가시광선은 대기를 쉽게 통과한다. 빛은 질소나 산소 또는 이산화탄소에 의해 흡수되지 않는다. 빛이 지구의 표면에 도달하면 일부는 반사되어 우주로 다시 돌아가고, 소량은 잎의 엽록소나 눈의 로돕신 같은 생체색소에 의해 흡수되어 광합성이나 시각을 일으킨다. 그런데 대부분의 가시광선은 바위와 토양 그리고 물을 데우는 것 외에는 아무 효과도 없고, 이들로부터 여분의 에너지가 장파장의 적외선 형태로 방출된다. 이들 적외선의 양자의 대부분은 대기를 지날 때 이산화탄소의 농도가 공기의 0.03%로 아주 낮기 때문에 이산화탄소와 충돌하지 않으면서 대기를 통과하여 우주로 돌아가지만, 많은 양자들이 대기 중의 이산화탄소 분자에 의해 흡수되어 대기를 데운다. 이 에너지가 지구/대기 체계에 갇혀서 우리의 세상을 따뜻하게 하는 것이다. 이를 **온실효과(greenhouse effect)**라고 하는데, 왜냐하면 주차된 자동차의 유리가 그러하듯이 온실의 유리도 같은 방법으로 작용하기 때문이다. 이산화탄소는 **온실가스(greenhouse gas)**이다.

대기 중의 이산화탄소 농도와 생명 간에는 중요한 균형이 존재한다. 이산화탄소가 적으면 보다 많은 열을 잃게 되고 지구는 화성처럼 얼어붙을 것이다. 이산화탄소가 많으면 보다 많은 열이 갇혀서 우리 세계는 800°C의 금성처럼 뜨거워져서 납이 끓는 호수가 될 것이다. 산업시대를 거치는 동안 인류는 석유와 가스 및 석탄을 연소시켜 대기에 이산화탄소를 추가하는 한편, 광합성에 의해 이산화탄소를 제거할 수 있는 숲의 나무들을 베어버렸다. 이산화탄소의 농도는 대기에서 증가하고 있고, 평균온도 역시 올라가고 있다. 이것이 **지구온난화(global warming)**이고, 이는 다음 세기에 평균온도가 2°C 또는 3°C(3°F 또는 4°F) 증가할 수 있음을 의미한다.

지구온난화는 수많은 결과를 가져온다. 먼저 대양의 표층수가 따뜻해지고, 따라서 훨씬 많은 물이 공기 중으로 증발한다. 북아메리카 날씨의 대부분은 북태평양을 가로질러 동쪽으로 불어오는 바람에 좌우된다. 바닷물은 차갑고, 공기는 단지 태평양 연안 북서부를 적실 정도의 습기만을 바다로부터 취한다. 이들 공기가 대평원 지대의 주들을 지날 때에는 남아 있는 수분이 거의 없어서 나무는 자라지 못하고 풀들만 살아남는다. 그러나 태평양의 표층수가 조금이라도 따뜻해지면 엄청나게 많은 수분이 증발하고, 이 바람은 미시시피 유역까지도 운반된다. 이렇게 비가 많이 내리면 대평원 지대의 농업 상황을 개선시킬 수 있고, 경우에 따라서는 도시들이 세워진 많은 강 유역에서 큰 재앙이 되는 홍수가 일어날 수 있다. 엘니뇨가 발생한 해에는 해양의 오직 한 구역이 약간 따뜻해진 결과로 인해서 엄청난 홍수가 발생하였음을 알 수 있다.

지구온난화는 한편으로 고산지대의 눈과 빙하 그리고 북극과 남극의 만년설을 빠르게 녹인다. 이해하기 어렵겠지만, 남극은 눈이 1마일에서 2마일 두께로 덮인 커다란 대륙이다. 지구의 빙원이 녹게 되면 녹은 물이 바다로 들어가고 그 부피가 늘어나 수면이 상승하게 된다. 한편 바닷물이 따뜻해지면서 해수가 팽창하기 때문에 해수면은 더욱 상승하게 된다. 연안의 도시들이 물에 잠기고, 오리와 거위 그리고 수백 가지의 다른 종들이 사는 연안의 습지도 잠기게 될 것이다.

만년설이 녹고 강이 범람하면서 담수가 추가로 유입되는 것도 또 다른 영향이다. 민물은 가볍고 바닷물보다 부력이 더 크다. 민물은 하구로부터 덮개처럼 바닷물 위에서 바깥쪽으로 확산되며, 파도가 이 둘을 휘저을 때에만 서서히 해수와 혼합된다. 홍수가 심해지면 이 민물 덮개는 더욱 넓어진다. 바닷물이 민물로 변한 층에서는 해조류가 살지 못하고, 따라서 해조류는 더욱 깊고 어두운 물로 내려갈 수밖에 없는데, 이런 깊은 수심에서는 광합성을 원활하게 할 수 없다. 민물이 바닷물과 혼합되면 해수의 영양소가 희석되는 한편 조류(algae)의 생장도 저조해지는데, 두말할 나위 없이 조류는 해양의 전체 먹이그물의 기반이 된다. 바다의 모든 생명은 궁극적으로 조류에 의존한다.

지구온난화의 또 다른 결과는 모든 구역이 고르게 영향을 받지 않는다는 점이다. 바람의 패턴이 변하면서 어떤 지역은 따뜻해지고 다른 지역은 서늘해지며, 어떤 지역은 습해지고 다른 지역은 건조해진다. 이것이 **지구기후변화(global climate change)**이다. 만약 멕시코만류 같은 해류의 순환이 변하게 되면 지구상에서 광대한 지역의 기후가 극적으로 변하게 된다. 기후 패턴이 정말 변했고 잦은 홍수 때문에 어떤 도시를 포기할 것인지를 어떤 시점에 결정할 수 있을까? 일부 농업지역은 농사를 짓기에 너무 건조해져서 수확량의 감소와 함께 농민들의 시름이 커지고, 경우에 따라서는 심각한 기아에 허덕일 수 있다. 물론 새로운 지역이 농사를 짓기에 적합할 수 있겠지만, 미지의 지역에서 다시 농사를 시작하는 위험을 안고 있는 사람들에게 새로운 기후 패턴이 충분히 안정적이라고 확신시키려면 엄청난 노력을 기울여야 한다. 수백만의 생명이 현재 방해를 받고 있고 앞으로 교란될 것이다. 지구기후변화가 우리에게 야기하는 문제에 덧붙여 우리들 역시 지구에 함께 사는 다른 생물들에게 변화를 주고 있으며, 우리가 가하는 손상에 대한 아무런 책임도 지지 않는다.

교토의정서(Kyoto Protocol)는 온실가스의 생산을 감축하기 위한 조약이다. 166개국이 서명하고 1994년에 발효되었지만, 이산화탄소의 최대 배출국가인 미국은 조약에 서명하지 않았다. 일부의 사람들은 우리가 단호히 행동하지 않으면 온실가스가 빠르게 축적될 것이라고 주장한다. 다른 사람들은 합치면 인구가 거의 20억이 되는 중국과 인도가 너무 빠르게 현대화되어 곧 미국보다 많이 이산화탄소를 배출할 것이라고 지적한다. 그들은 석탄과 석유가 이용 가능하고 사람들이 에너지를 필요로 하는 한 온실가스가 배출될 것이라고 결론을 내린다.

인간과 대기와의 어느 상호작용이 성공적으로 잘 되어 가는 것으로 보인다. 대기는 고에너지의 우주선과 X선 그리고 자외선을 흡수함으로써 우주로부터 오는 해로운 방사선으로부터 우리를 보호해 준다. 지면에 도달하는 이들 파장은 아주 조금이다. 만약 대기에 수분이 없다면 우주선과 X선은 사람을 즉사시킬 것이다. 자외선은 사람의 DNA에 돌연변이를 유발할 수 있고 피부암과 실명을 초래할 수 있지만, 산소생성광합성에 의해 만들어진 대기 중의 산소가 약하게나마 자외선의 일부를 차단해 준다. 다행히도 이들이 흡수한 고에너지 양자의 부산물은 산소로부터 전환된 **오존(ozone)**인데($3O_2 \rightarrow 2O_3$), 오존은 자외선을 차단하는 데 더욱 효과적이다. 다른 산물들 가운데 에어컨 그리고 헤어스프레이와 냄새제거제의 분무기에서 나오는 인공적인 염화불화탄소(chlorofluorocarbon)는 대기 중으로 흩어져서 오존을 파괴하여 우리들에게 도달하는 자외선의 양을 증가시킨다. 전 세계적으로 염화불화탄소의 생산을 줄이려는 노력을 기울인 결과로 대기에서 그 농도가 떨어지고 있으며, 오존이 다시 대기 중에 축적되기 시작해서 계속하여 우리를 보호해 준다. 이것이 바로 우리가 환경을 보호하는 힘을 갖고 있고, 환경이 우리를 지켜준다는 하나의 성공적인 사례이다.

그림 B10-1A 체인 톱(chain saw)에 의해 이 나무가 죽고 나면 나무는 광합성을 멈추고 대기로부터 이산화탄소를 제거하지 않는다. 재목으로 바뀌고 집을 짓는 재료로 이용된다 하더라도 결국 부식되어 썩거나 아니면 연소되어 이산화탄소로 산화되고 이로 인해 대기 중의 CO_2 양이 증가한다.

그림 B10-1B 열대우림만이 손상되는 유일한 숲이 아니다. 이와 같은 개벌(clear-cutting)을 미국과 캐나다에서 흔히 볼 수 있다.

있기 때문이다. 각각은 매우 강력해서 전자를 색소로부터 완전히 튕겨내게 할 수 있고, 결합성 궤도를 교란시켜 분자를 쪼갤 수 있다. 그림 10-2에서 엽록소 고리 체계의 모든 결합은 2중결합과 단일결합이 번갈아 나오는 짝2중결합(conjugated double bond)임에 주목하자. 이런 결합체계는 양자를 흡수하는 데 최적이지만, 단 하나의 전자라도 튕겨나가면 전체 구조는 쓸모가 없게 된다. 광합성색소를 만드는 식물에 있어서 흡수한 빛에 의해 그 색소가 파괴되는 것은 선택적 불이익이다. 분자가 쪼개지고, 이를 만드느라 앞서 소비하였던 모든 ATP가 낭비될 수 있다. 다행스럽게도 대기의 오존층이 고에너지 복사를 흡수하지 않게끔 보호해 준다.

적외선과 마이크로파 같은 장파장의 복사는 양자에 들어 있는 에너지가 거의 없어서 전자의 에너지를 눈에 띄게 밀어 올릴 수 없다. 그 대신에 이들 장파장 복사는 전자레인지에서처럼 색소분자를 따뜻하게 만들지만, 이는 화학합성에 그다지 유용하지 못하다. 가시광선은 양자마다 딱 적당한 만큼의 에너지가 들어 있다. 이들 양자 중 어느 하나가 색소에 흡수되면 전자는 **활성화(activated)**되고, 전자가 보다 에너지가 높은 위치에 자리를 옮기게 된다. 우리는 이를 전자와 분자가 **바닥상태(ground state)**에서 **들뜬상태(excited state)**가 된다고 말한다(**그림 10-8**). 바른 상태에서는 이 고에너지의 들뜬 전자가 화학반응에 이용될 수 있다. 만약 이용되지 않는다면 원래의 안정된 바닥상태로 돌아가면서 전자는 새로운 양자를 발산하는데, 이는 처음에 흡수한 것보다 파장이 길고 에너지가 적다. 색소가 빛을 내는 것을 **형광(fluorescence)**이라고 한다(그림 10-8C).

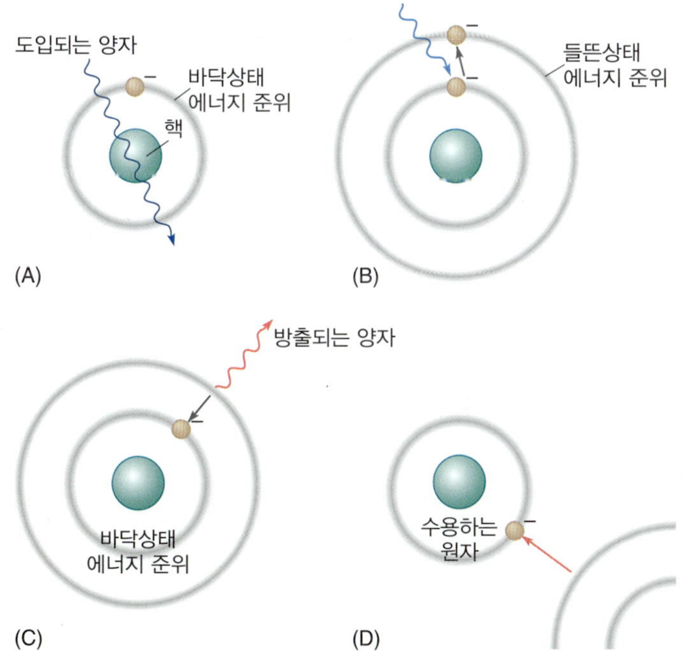

그림 10-8 **(A)** 만약 양자가 그 색소에 부적절한 파장을 갖는다면 양자는 흡수되지 않고 색소의 결합성 궤도를 지나친다. 엽록소가 녹색으로 보이는 것은 대부분의 녹색광이 빠져 나가기 때문이다. **(B)** 만약 양자가 적절한 파장과 적절한 양의 에너지를 갖는다면 흡수되고, 에너지 준위가 전자의 새로운 에너지 부하에 부합하는 새로운 궤도로 전자가 이동해야 한다. **(C)** 들뜬상태는 불안정해서 전자가 에너지를 방출해서, 즉 형광을 내고 원래의 바닥상태 에너지 준위로 돌아감으로써 그 자체가 안정되기도 한다. **(D)** 한편 전자는 전혀 다른 원자의 보다 안정된 궤도로 이동함으로써 안정되기도 한다. 이것이 광합성의 대단히 중요한 과정인데, 이 단계가 없다면 생명은 존재하지 못하였을 것이다.

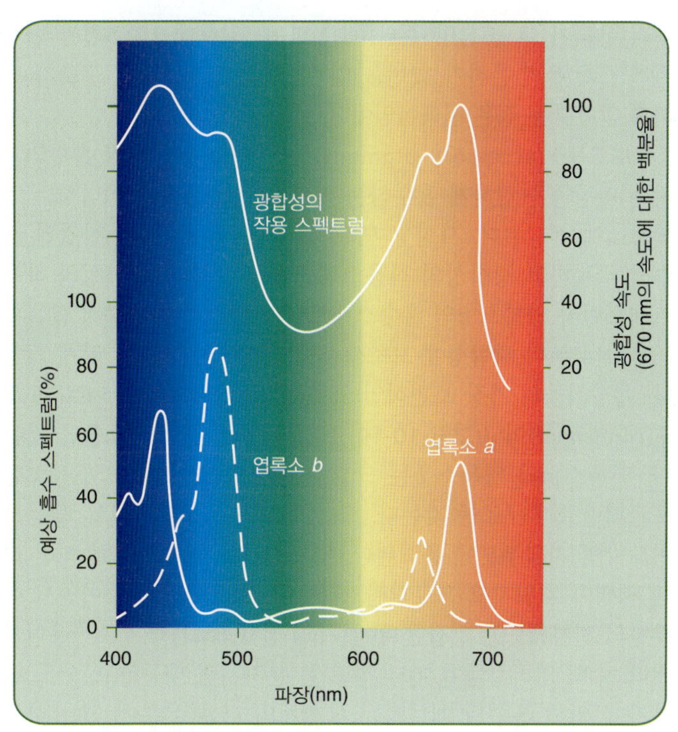

그림 10-9 엽록소 *a*와 엽록소 *b*의 흡수스펙트럼과 광합성의 작용스펙트럼. 맨 아래 축은 빛의 파장으로, 짧은 청색 파장이 왼쪽에 그리고 긴 적색 파장이 오른쪽에 있다. 흡수스펙트럼의 수직축은 색소에 의해 흡수되는 빛의 양이고(비율이 왼쪽에 있음), 작용스펙트럼의 수직축은 수행된 광합성의 양이다(비율이 오른쪽에 있음). 엽록소는 400 nm의 아주 짧은 파장은 거의 흡수하지 않고, 광합성도 거의 일어나지 않는다. 그렇지만 이보다 파장이 약간 긴 약 425 nm의 빛은 엽록소 *a*에 의해 잘 흡수되고 광합성이 진행된다. 중간 파장의 양자들은 색소를 통과해 버리고 광합성이 적게 일어나지만, 650 nm에서 680 nm 범위의 적색광에서는 상당한 흡수가 일어난다. 엽록소 *a*와 엽록소 *b*의 흡수스펙트럼들이 다르기 때문에 보다 많은 파장들이 포착된다. 만약 두 흡수스펙트럼이 완전히 똑같다면 엽록소 *b*는 쓸모가 없을 것이다.

광화학 과정에 관한 가장 유용한 정보 두 가지는 그 작용스펙트럼과 그 색소의 흡수스펙트럼이다(**그림 10-9**). **흡수스펙트럼(absorption spectrum)**은 색소가 어떤 파장을 가장 강하게 흡수하는지를 보여주는 그래프인 반면에, **작용스펙트럼(action spectrum)**은 광화학 과정을 작동시키는 데 있어서 어떤 파장이 가장 효과적인지를 보여준다. 광화학 과정을 일으키려면 먼저 빛이 흡수되어야 한다. 그러므로 이 과정의 작용스펙트럼은 과정을 책임지고 있는 색소의 흡수스펙트럼과 일치해야 한다. 엽록소 *a*의 흡수스펙트럼은 적색광(특히 660 nm)과 청색광(440 nm)을 가장 잘 흡수하고, 다른 파장은 약간만 흡수하는 것으로 나타난다. 더 많은 파장들을 흡수하면 좋겠지만 실은 그렇지 않다. 엽록소 *a*는 모든 식물과 조류 및 남세균의 필수적인 광합성색소이고, 약 30억 년 동안의 진화에도 계속 변하지 않았다. 넓은 시각에서 본다면 우리 은하가 그 중심의 주위를 한 바퀴 도는 데 2억 5천만 년이 걸리므로, 우리 은하가 12번을 일주하도록 엽록소 *a*의 구조가 변하지 않았다는 점은 선택이익이다.

보조색소(accessory pigment)는 엽록소 *a*에 의해 흡수되지 않는 파장들을 강하게 흡수하는 분자들이다. 흡수된 에너지는 엽록소 *a*에 전달된다. 사실상 보조색소들은 엽록소 *a*의 한정된 흡수를 극복하고 광합성의 작용스펙트럼을 넓힌다. 광합성의 작용스펙트럼이 엽록소 *a*의 흡수스펙트럼과 완전히 일치하지 않는다는 사실로부터 광합성에 보조색소들이 관여하는 것을 알게 되었다. 육상식물의 가장 보편적인 보조색소는 **엽록소 *b***와 **카로티노이드**(*carotenoid*)이고(**그림 10-10**), 조류는 다른 보조색소들을 갖는다. 엽록소 *a*와 엽록소 *b*는 크고 평평한 구조이고, 거의 동일한 포르피린고리 구조를 갖는다. 그 피톨꼬리는 소수성이고, 틸라코이드막의 지질부분에 용해된다. 엽록소들은 피톨꼬리에 의해 막에 빽빽이 채워지고 포르피린고리들이 서로 나란히 놓이면서 한 분자의 전자궤도는 인접한 두 분자의 전자궤도들과 상호작용하게 된다. 수백 엽록소들이 어느 정도 한 분자처럼 행동하고, 어느 한 분자에 의해 흡수된 에너지는 복합체의 다른 부분에 있는 다른 분자에 빠르게 전달될 수 있다. **공명(resonance)**이라 부르는 이 전달을 통해 엽록소 *a*가 포착하지 않은 파장을 엽록소 *b*가 흡수하고 나서 화학반응에 쓰이게끔 에너지를 엽록소 *a*에 전달한다. 카로티노이드는 이러한 유형의 공명을 잘 하지 않아서 그 에너지의 약 10%만을 전달할 따름이다. 카로티노이드는 과다한 빛을 흡수하여 엽록소를 보호하는 중요한 역할을 하는 것으로 보인다.

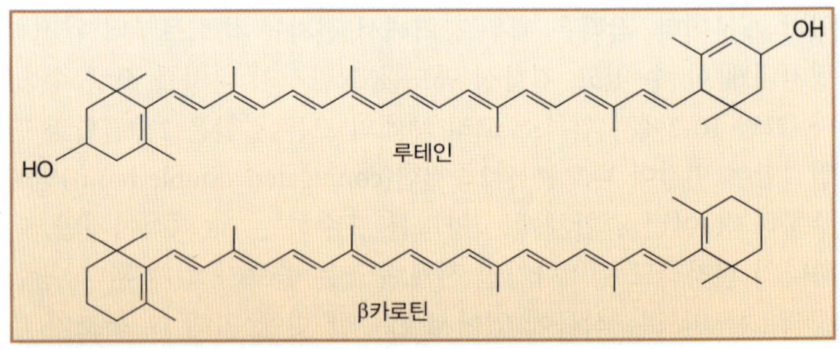

(A)

(B)

그림 10-10 (A) 카로티노이드는 두 가지 종류가 있다. 카로틴(carotene)은 산소가 없지만, 루테인(lutein) 같은 엽황소(xanthophyll)는 산소를 포함한다. 이들 모두 과다한 햇빛으로부터 엽록소를 보호한다. **(B)** 카로티노이드는 언제나 잎에 들어 있는데, 보통 풍부한 엽록소들이 이들의 존재를 덮어버린다. 가을에는 엽록소가 파괴되어 우리가 카로티노이드를 볼 수 있게 된다.

색소들은 마구잡이로 나타나지 않고 틸라코이드막에 박혀 있는 집광복합체단백질(light-harvesting complex protein)이라 부르는 단백질에 의해 제 위치에 고정된다. 이를테면 어떤 단백질은 14분자의 엽록소 *a*와 *b*뿐만 아니라 4분자의 카로티노이드와 결합하고 있는 것으로 밝혀졌다. 300개의 엽록소, 카로티노이드 및 그들의 단백질로 이루어진 완전한 세트를 **안테나복합체(antenna complex)**라고 부른다. 빛이 안테나복합체의 그 어떤 색소라도 때리면 에너지가 **반응중심(reaction center)**으로 전달되는데, 이 구조는 복합체를 구성하는 다른 엽록소 *a*들과는 성질이 다른 한 쌍의 특별한 엽록소 *a* 분자들로 구성된다(**그림 10-11**). 반응중심에 있는 한 쌍의 엽록소 *a* 분자들은 들뜬 전자를 전자수용체분자로 제공할 수 있는 유일한 분자이다.

엽록소 분자의 이곳에서 저곳으로 에너지를 전달하는 것이 이상하게 보이겠지만, 엽록소는 빛을 잘 흡수하지 못하기 때문에 이는 필수적이다. 밝은 햇살이라 할지라도 특정 엽록소 분자는 1초에 몇 양자만을 흡수할 따름이다. 이 정도로는 광합성의 다음

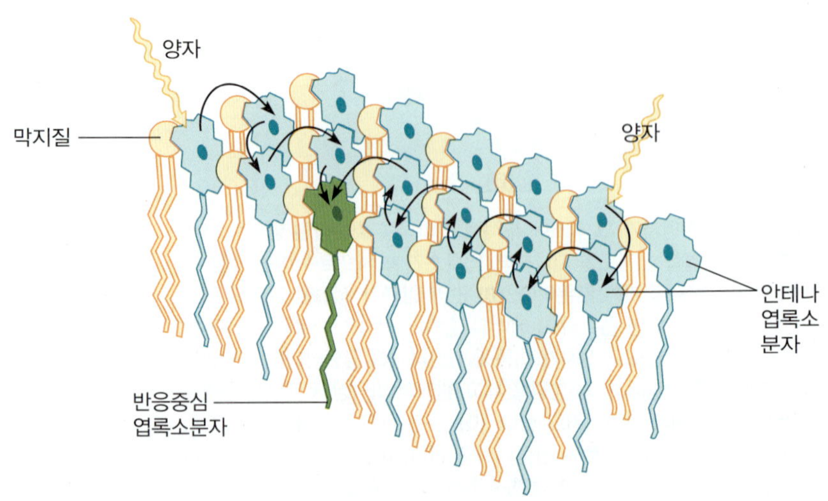

그림 10-11 특별한 엽록소 *a* 분자들인 반응중심만이 광합성의 초기 광화학반응을 일으키지만, 반응중심은 보조색소들뿐만 아니라 다른 엽록소 *a* 분자들에 둘러싸인다. 어떤 색소가 빛을 흡수지와는 상관없이 에너지는 반응중심으로 전달된다.

단계를 원활하게 작동시키기에는 너무 느리다. 하지만 안테나복합체를 가짐으로써 수백 개의 색소 분자들이 그들의 에너지를 모두 하나의 반응중심에 전달하고, 따라서 반응중심은 마치 1초에 수천 개의 양자를 흡수한 것처럼 행동할 수 있게 된다. 뿐만 아니라 이와 같은 체제는 모든 전자운반체와 그 밖의 중요한 분자들이 모든 광합성색소들 사이에서 흩어져 있는 것보다 반응중심 엽록소 *a* 2합체 주위에 바로 모이게 해 준다.

빛에너지가 엽록소 *a*의 반응중심에 도달할 때, 전자가 너무 불안정하여 거의 모든 것과 반응하거나 아니면 형광을 내면서 에너지를 허비한다. 엽록소의 전자는 반드시 적절한 분자와 반응해야 하고, 그 분자는 형광이 나타나기 전에 반응이 즉각 일어날 수 있게끔 바싹 붙어 있어야 한다. 모든 색소 그리고 함께 작동하는 모든 운반체들은 묶여서 **광합성단위(photosynthetic unit)**라고 부르는 알갱이를 이루고, 틸라코이드막은 수백만 개의 이들 과립상 배열로 채워진다(**그림 10-12**). 각 광합성단위는 안테나복합체와 반응중심을 포함하지만, 어떤 광합성단위에는 엽록소 *b*가 풍부하게 들어 있고, 또 다른 광합성단위에서는 엽록소 *b*가 덜 풍부하다. 엽록소 *b*가 적게 들어 있는 광합성단위를 **제1광계(광계I, photosystem I)**라고 부르고, 엽록소 *b*가 엽록소 *a*와 거의 같은 수준으로 들어 있는 광합성단위를 **제2광계(광계II, photosystem II)**라고 한다. 제1광계는 다음과 같은 반응들에 관여한다.

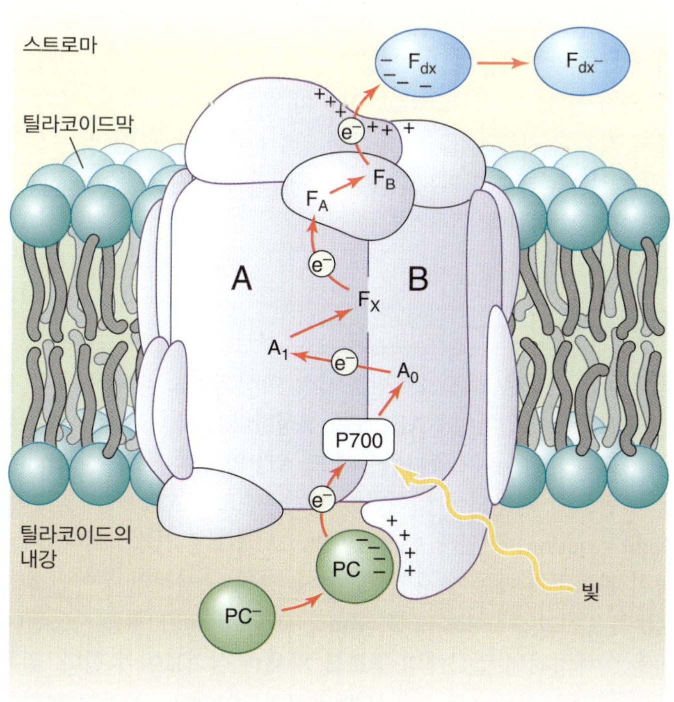

그림 10-12 제1광계의 반응중심. A와 B는 엽록소와 결합하는 2개의 주단백질이다. 다른 많은 요소들은 이들 단백질 주위에서 무리를 이룬다. PC = 플라스토시아닌(plastocyanin); F_{dx} = 페레독신; A_0, A_1, F_X, F_A, 그리고 F_B는 전자운반체들이다.

제1광계

제1광계 반응중심의 엽록소 쌍에는 **제1광계중심색소(P700)**라는 특별한 이름이 주어지는데, 그것은 이들 엽록소가 700 nm의 적색광을 가장 효율적으로 흡수하기 때문이다. 에너지는 P700의 전자를 들뜨게 하고, 이는 다시 'F_X'라고 알려진 막결합 전자수용체에 흡수된다. 이는 전자의 전달이고, 결합성 궤도는 형성되지 않는다. F_X의 정확한 화학적 구조는 알려지지 않았지만 철과 황을 포함하고, 때로는 'Fe_4S_4'로 표기하기도 한다. X가 P700으로부터 전자를 흡수하면 이는 산화환원전위가 −0.73 V인 강력한 환원제가 된다(표 10-5). 전달된 전자는 여전히 극도로 불안정하며, 환원형 F_X는 즉시 이를 **페레독신(ferredoxin)**에 건네주는데, 이 페레독신 역시 틸라코이드막에 위치하고 있다(**그림 10-13**). 페레독신은 10,500~11,000달톤[달톤(dalton)은 한 수소원자의 무게임]의 작은 단백질이고, 2개의 황원자와 결합한 2개의 철원자로 구성된 활성부위를 갖는다. 환원형 페레독신 역시 강력한 환원제이고, 그 산화환원전위는 −0.43 V이다. 전자는 페레독신에서 효소인 **페레독신-$NADP^+$환원효소(ferredoxin-$NADP^+$ reductase)**로 전달하는데, 이는 그 이름이 나타내듯이 $NADP^+$를 환원시켜 NADPH로 전환한다. 페레독신은 오직 하나의 전자를 나르지만, $NADP^+$를 환원시키려면 2개의 전자가 동시에 필요하다. 페레독신-$NADP^+$환원효소는 2개의 전자를 나르지만, 한 번에 하나의 전자를 환원시킬 수 있다. 따라서 이는 이들 두 전자를 함께 $NADP^+$로 전달한다. 비록 NADPH도 강력한 환원제이지만, 앞의 전자운반체들이 그랬던 것처럼 닥치는 대로 환원시킬 위험이 없이 안전하게 막을 떠날 정도로 안정적이다.

제2광계

제1광계가 NADPH를 효과적으로 생성하지만, 그 과정에서 반응중심 P700 엽록소 *a*는 전자를 잃는다. 이렇게 산화된 상태에서는

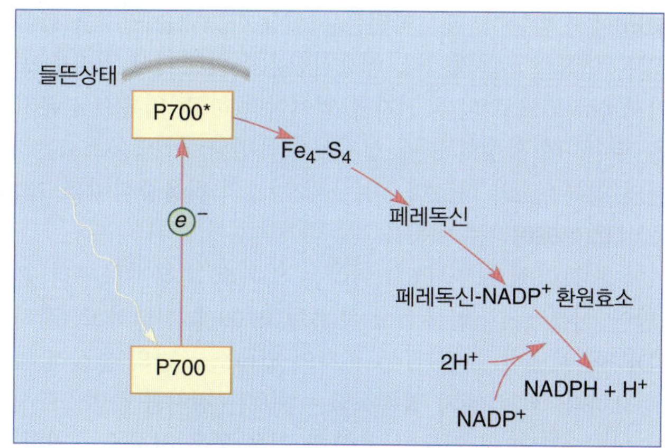

그림 10-13 제1광계에서 에너지는 한 쌍의 P700 엽록소 *a* 분자들에 의해 흡수되어 2개의 전자가 들뜬상태로 올라간다. 이로부터 전자들은 Fe_4–S_4('F_X')를 거쳐 페레독신으로, 그리고 마지막으로 페레독신-$NADP^+$환원효소로 전달된다. 2개의 전자가 페레독신-$NADP^+$환원효소를 환원시킨 다음, 이들은 동시에 $NADP^+$로 전달되어 이를 NADPH + H^+로 환원시킨다.

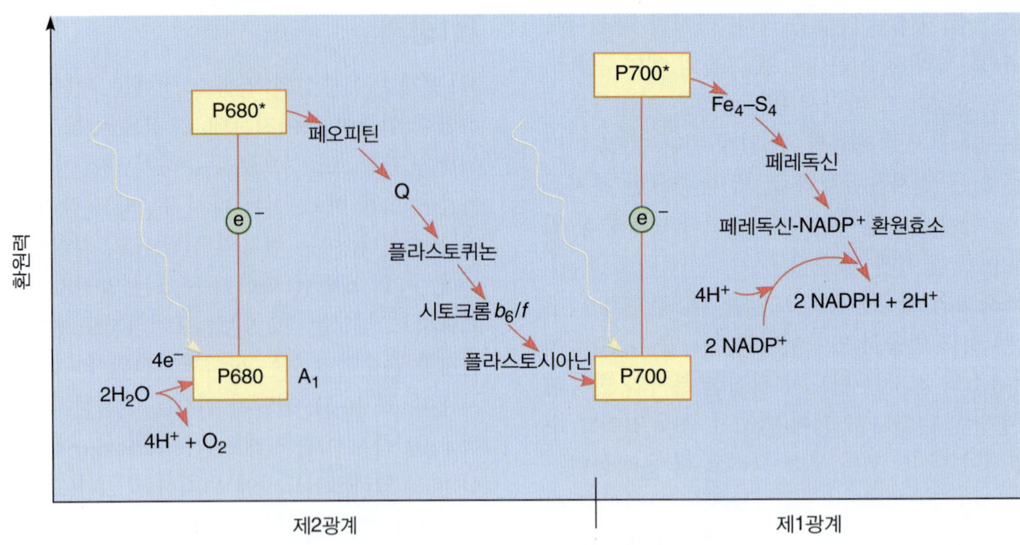

그림 10-14 두 광계가 함께 작동하여 물로부터 NADPH로 전자를 운반한다. 왼쪽의 범위는 환원력인 산화환원전위를 나타낸다(표 10-5 참조). 도표에서 분자가 위쪽에 있을수록 다른 분자에 전자를 실을 수 있는 능력이 커진다. 이 모양 때문에 이 도표를 **Z체계(Z scheme)**라고 부른다.

결합성 궤도가 쉽게 재배열할 수 있어서 분자가 분해되고 파괴된다. 따라서 전자를 P700으로 다시 돌려보내서 이를 환원시키고 되풀이하여 일할 수 있는 메커니즘이 필요하다.

P700을 환원시키는 메커니즘이 제2광계이다(**그림 10-14**). 제2광계를 이해하기 위해 제1광계부터 뒤로 거슬러 올라가 보자. 구리를 함유하는 **플라스토시아닌(plastocyanin)** 분자가 제1광계 반응중심의 엽록소 *a*에 전자를 제공한다. 플라스토시아닌은 이제 산화되었고 전자를 잃었다. 전자 하나만을 공여하고 다시 일할 수 없게 되기에는 너무나도 값진 분자이므로 플라스토시아닌은 전자를 다시 획득해야 한다. 플라스토시아닌은 **시토크롬 b6-f 복합체(cytochrome b6/f complex)**라고 부르는 시토크롬 분자들의 복합체로부터 새로운 전자를 얻고, 이 복합체는 플라스토퀴논 분자로부터 전자를 획득한다. 플라스토퀴논은 퀴논 분자인 **Q**라는 다른 운반체에서 전자를 받고, 이는 차례로 전자를 **페오피틴(phaeophytin)**에서 받는다. 페오피틴은 사실상 마그네슘 원자를 함유하지 않은 엽록소 *a* 분자이다. 페오피틴은 운반체 Q에 전자를 공여하면서 산화되므로 다른 전자를 얻어야만 하고, 엽록소 *a* 분자가 빛을 흡수하여 활성화될 때 전자를 획득한다. 이 엽록소 *a*는 제1광계의 엽록소 *a*와 다르다. 이는 제2광계의 반응중심이고, **제2광계중심색소(P680)**라는 이름을 갖는다.

이를 정리해 보면 P680이라는 엽록소 *a* 분자로부터 전자를 받아 이를 다른 엽록소 *a* 분자인 P700에 전달하고, 전자를 $NADP^+$에 보냈다. 그런데 두 분자의 엽록소 *a* 간의 물질적 차이가 중요하다. 제2광계의 엽록소 *a*는 새로운 전자를 플라스토시아닌이 아닌 물로부터 얻는다. 중요한 것은 물은 전자를 제거한 다음에 그냥 버려도 아깝지 않다는 점이다. 물은 식물이 이용하는 양성자(H^+)와 식물이 버리는 산소(O_2)로 분해된다. 모든 전자운반체들이 식물 스스로 만들어야 하는 크고 값진 분자들인 반면에, 물은 그저 들여오면 된다. 전자는 벗겨 내고, 양성자는 이용하며, 산소는 기공을 통해 버린다. 물 한 분자를 분해하는 데 10 양자가 필요하다.

제1광계와 제2광계는 효과적인 체계를 함께 이룬다. 전자는 빛에너지에 힘입어 물로부터 제2광계의 P680에 전달되고, 다양한 전자운반체들인 **전자전달사슬(electron transport chain)**을 통해 이동한 다음, 제1광계의 P700에 전달된다. 다시 한 번 빛에너지에 힘입어 짧은 두 번째 전자전달사슬을 거쳐 $NADP^+$로 전달되고, 이를 NADPH로 환원시킨다. 이 최종 단계에서 양성자가 $NADP^+$에 첨가되어야 하는데, 이 양성자는 막을 둘러싸는 물에 존재한다(물은 항상 H_2O, H^+ 그리고 OH^-의 혼합물이다). 제1광계가 물에서 직접 전자를 받을 수 있다면 간단하겠지만, 그런 일은 일어나지 않는다. 게다가 P680과 P700 사이의 전자전달사슬이 ATP의 합성에 필수적이다.

ATP의 합성

광의존성 반응은 스트로마반응에서 이산화탄소의 탄소에 전자를 공여하는 환원제인 NADPH를 생성한다. 그러나 스트로마반응은 고도의 자유에너지증가반응이고, ATP의 자유에너지감소성 분할과 반드시 연관되어 일어나야 한다. 필요한 ATP 역시 명반응(light reaction)에 의해 합성되지만, 그 과정은 간접적이다. 이는 빛이 관여하기 때문에 광인산화인데, 보다 구체적인 용어인 **화학삼투적 인산화(chemiosmotic phosphorylation)**가 종종 사용된다. 이를 이해하려면 엽록체의 구조를 자세히 살펴보아야 한다. 엽록체의 내막은 안쪽으로 접혀서 틸라코이드(thylakoid)라는 납작한 주머니를 형성한다(**그림 10-15**). 어떤 부위에서는 틸라코이드가 다소 부풀어 둥근 소포를 이룬다. 어느 한 부위에 있는 모든 틸라코이드가 같은 곳에서 소포들을 형성하고, 이렇게 세트를 이루며 나타나는 틸라코이드를 **그라나(grana**; 단수형 granum)라고 한다.

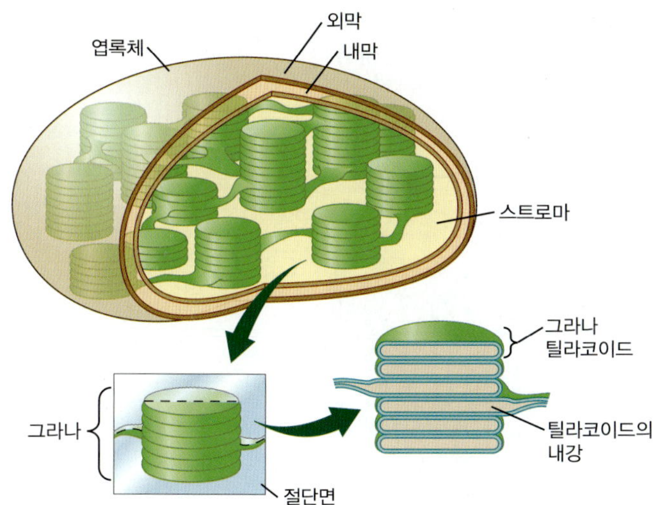

그림 10-15 그라나는 서로 압축된 작은 틸라코이드 소포들의 더미이다. 프렛(fret)은 한 그라나와 다른 그라나가 연결되는 틸라코이드 부위이다. 틸라코이드 부위의 내강은 프렛 부위의 내강과 연관되어 있다. 모든 틸라코이드를 둘러싸는 액체는 스트로마이다.

그라나와 그라나의 사이에 놓인 틸라코이드는 **프렛(fret)**이다. 틸라코이드 체계를 둘러싸는 액체를 **스트로마(stroma)**라고 하지만, 또 다른 구획인 **틸라코이드내강(thylakoid lumen)**에 특히 주목해야 한다.

틸라코이드의 내강은 매우 중요한 구획이다. 효소의 일부와 광계의 전자운반체들이 내강에 면한 막층에 파묻혀 있는 반면, 어떤 효소들은 스트로마를 면해 있는 막층에 있다(**그림 10-16**). 물이 분해되어 산소와 양성자가 생성되는 반응은 그라나 구역에서 틸라코이드막의 내강 쪽에서 일어난다. 이 막은 양성자를 투과시키지 않는다. 그러므로 명반응이 작동함에 따라 틸라코이드의 내부에는 양성자가 축적되어 농도가 증가한다. NADPH를 생성하는 페레독신-NADP환원효소 분자들이 스트로마를 면해 있는 막의 다른 쪽에 위치한다. $NADP^+$에 붙는 양성자는 물의 자연적 분해($H_2O \longrightarrow H^+ + OH^-$)의 결과로 생긴 것이다. 양성자들이 흡수되면서 스트로마의 양성자 농도가 줄어든다. 더욱이 P680과 P700 간의 전자전달 과정에서 전자운반체 플라스토퀴논이 페오피틴과 시토크롬b_6/f복합체 간에서 전자를 운반할 때마다 양성자를 스트로마로부터 틸라코이드의 내강으로 운반한다. 이 또한 틸라코이드의 내강에서 양성자의 농도가 증가하고 스트로마에서 양성자의 농도가 감소하는 원인이 된다.

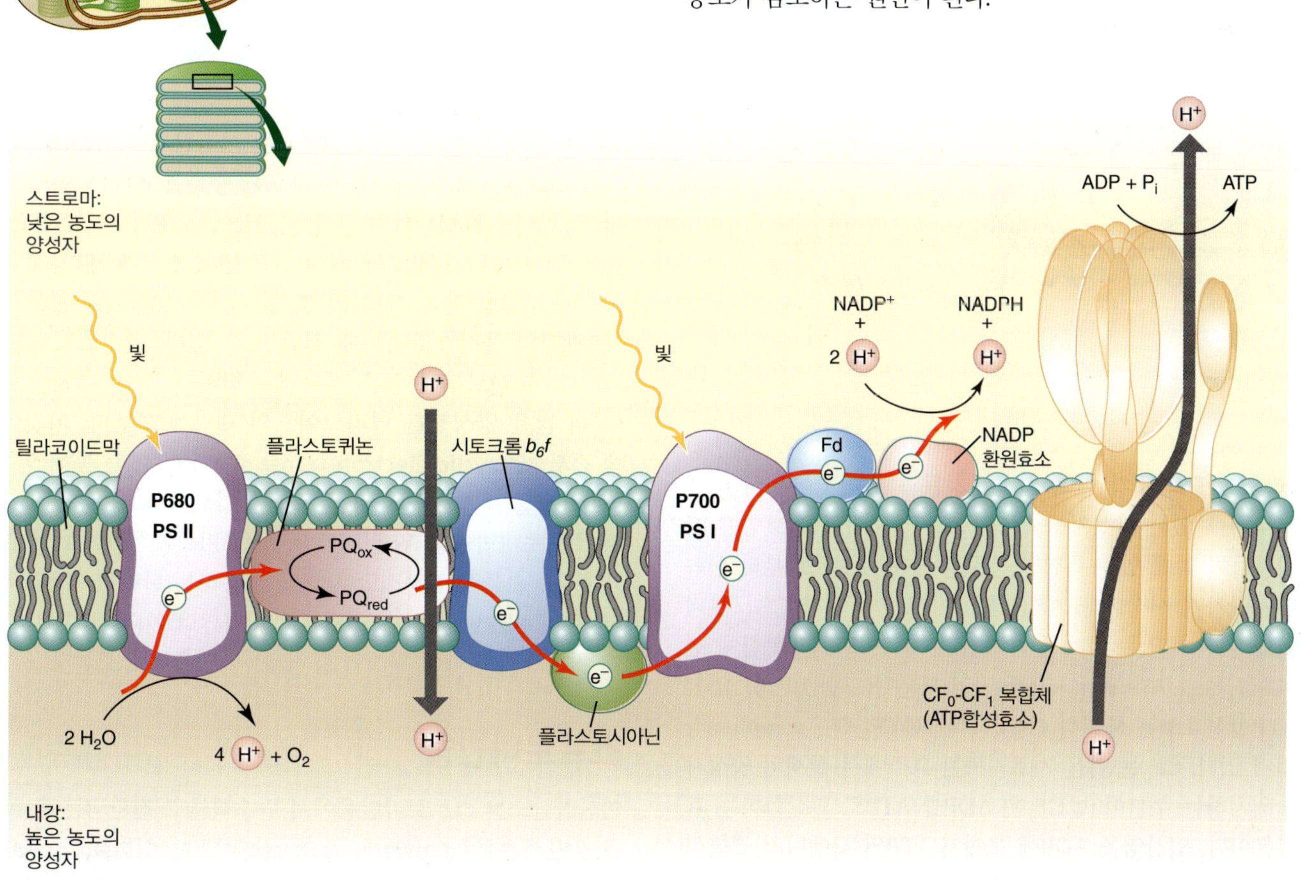

그림 10-16 제2광계에서 물이 분할하여 양성자가 생성되는 반응은 틸라코이드막의 내강 쪽에서 일어난다. 플라스토퀴논은 전자를 받아들일 때 양성자도 받는다는 점에서 $NADP^+$와 비슷하다. 플라스토퀴논은 막의 스트로마 쪽에 위치하지만, 환원형 플라스토퀴논은 전자를 시토크롬b_6/f복합체로 전달해 주기 위해 막의 다른 쪽으로 확산되어야 한다. 그러고 나서 양성자는 해리되고 내강에 쌓이면서 양성자풀이 점점 커진다. NADPH가 형성되면 이는 스트로마에서 양성자를 취하고, 플라스토퀴논의 펌프 때문에 스트로마에서 양성자가 결핍된다. 양성자는 ATP합성효소를 거쳐 지나가면서 스트로마로 돌아간다. 그 통과는 자유에너지감소성이고, ADP를 인산화시켜 ATP가 합성된다.

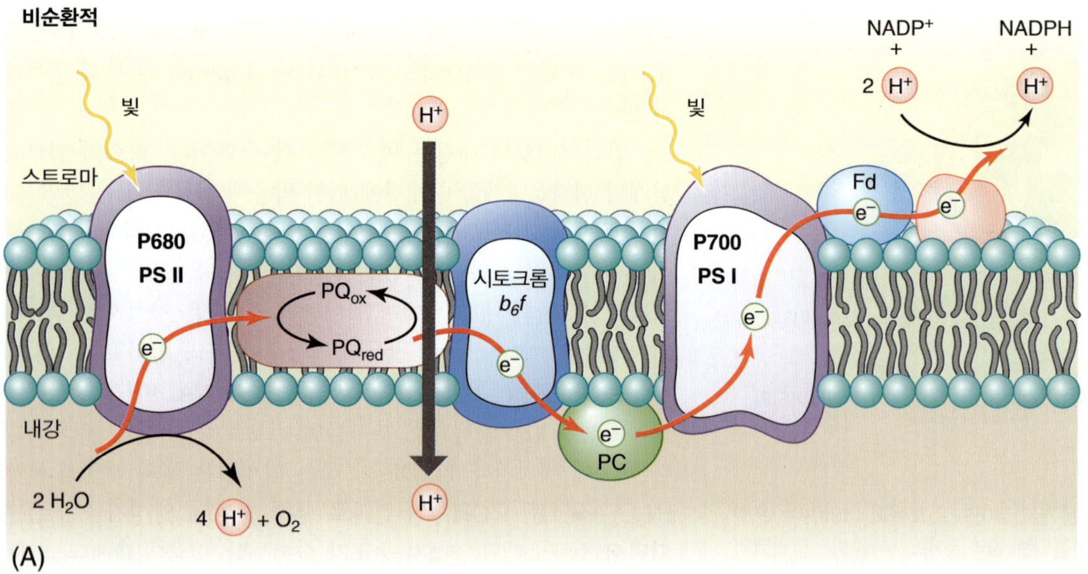

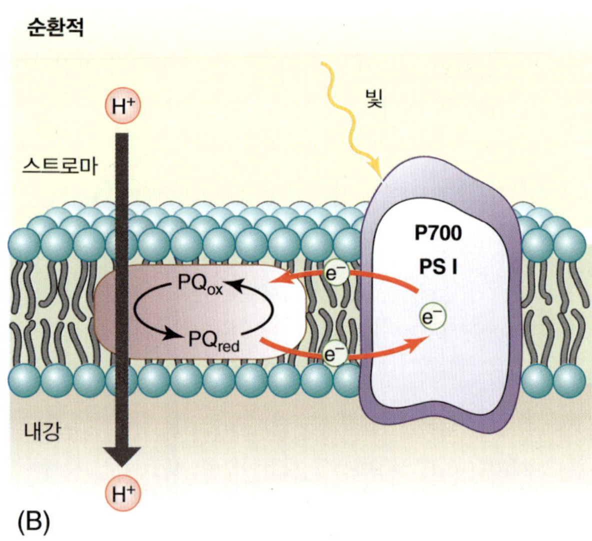

그림 10-17 **(A)** 비순환적 전자전달에서는 전자가 물에서 NADPH로 Z체계를 통해 흐른다. **(B)** 순환적 전자전달은 훨씬 단순하다. 전자가 P700에서 플라스토퀴논으로 흐르고, 플라스토퀴논은 양성자를 내강으로 운반하고 전자를 P700에 돌려보낸다.

틸라코이드의 내강 안쪽의 양성자들과 틸라코이드의 바깥쪽 스트로마에 있는 양성자들 간의 농도가 큰 차이를 보임에 따라 양성자들이 막에 있는 특별한 통로를 거쳐 내강으로부터 신속하게 빠져나가기 시작한다. 이들 통로는 ADP와 인산염으로부터 ATP를 합성할 수 있는 효소들의 복잡한 세트이고, 그 복합체 전체를 **ATP합성효소(ATP synthetase)**라고 부른다(그림 10-16). 엽록체의 ATP합성효소는 특별히 **CF_0-CF_1복합체(CF_0-CF_1 complex)**라고 알려져 있다. CF_0는 막을 가로지르는 효소에서 실제의 양성자 통로가 위치하는 부분이고, CF_1은 ADP를 ATP로 인산화하는 효소의 부분이다. 인산염을 ADP에 붙여서 ATP의 고에너지 결합성 궤도를 확립하는 데 필요한 힘은 ATP합성효소의 통로를 지나는 양성자의 흐름에서 나온다. 자동차 배터리에서는 전선을 통한 전자의 흐름이 시동장치를 작동시키지만, 엽록체에서는 ATP합성효소의 통로를 지나는 양성자의 흐름이 ADP에서 ATP로의 인산화 반응을 작동시킨다.

전자들이 물로부터 NADPH로 순조롭게 흘러가는 과정을 **비순환적 전자전달(noncyclic electron transport)**이라고 부른다(그림 10-14 참조; **그림 10-17**). 형성되는 화학삼투전위(chemiosmotic potential)는 스트로마반응에 필요한 충분한 ATP를 만들지 않는다. 생성되는 NADPH의 양과 비교하여 ATP가 너무 적다. 이 문제는 전자의 다른 경로에 의해 극복된다. 전자가 제1광계의 페레독신에 도달한 다음, NADPH를 만드는 데 이용되지 않고 대신에 제2광계의 플라스토퀴논에 전달될 수 있다. 플라스토퀴논은 전자를 마치 Q로부터 얻은 것처럼 운반하고, 그 에너지를 이용하여 더 많은 양성자를 틸라코이드의 내강에 보낸다. 이것이 **순환적 전자전달(cyclic electron transport)**이고, 이를 통해 엽록체는 NADPH를 추가로 만들지 않으면서 가외의 ATP를 만들고, 따라서 스트로마반응을 위한 ATP와 NADPH를 적절한 비율로 만들게 된다. 순환적 전자전달은 빛을 이용하는 단순한 양성자펌프이고, 이와 비슷한 유형이 세균에서 나타난다. 이것이 수십억 년 전에 처음으로 진화한 원래의 동력계통이었을지도 모른다.

스트로마반응

이산화탄소는 스트로마반응에서 탄수화물로 전환되는데, 이 반응은 **캘빈-벤슨회로(Calvin/Benson cycle)** 또는 **C_3회로(C_3 cycle)**라고도 부른다(**그림 10-18**). 이 반응은 스트로마에서 일어나고 틸라코이드막에 결합되지 않은 효소들이 촉매한다(그림 10-6 참조). 그 첫 단계에서 **수용체분자(acceptor molecule)**인 **리불로오스-1,5-2인산(ribulose-1,5-bisphosphate, RuBP)**이 이산화탄소 분자와 반응한다. RuBP는 5개의 탄소로 구성되고 이산화탄소로부터 1개를

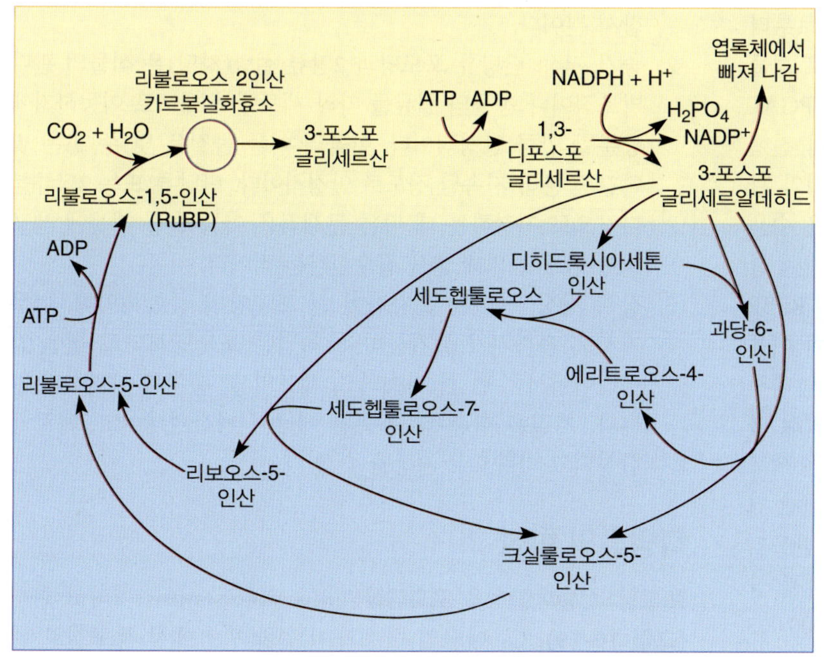

(A)

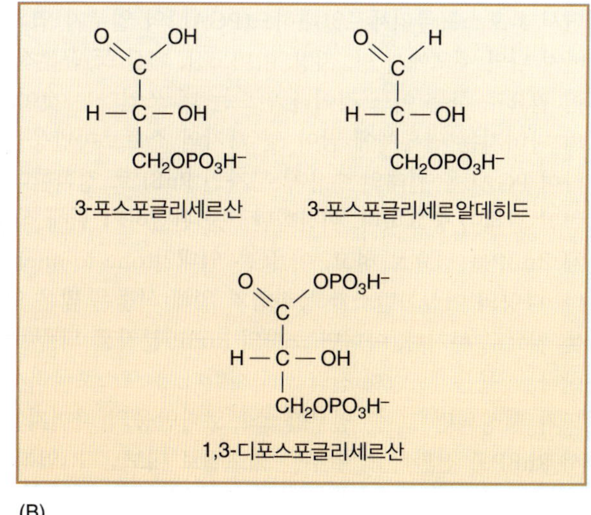

(B)

그림 10-18 **(A)** 노란색 구역은 C_3회로라고도 부르는 스트로마반응의 맨 첫 단계이다. 생성물은 두 분자의 3-포스포글리세르알데히드이다. 이 가운데 일부는 엽록체를 빠져 나가고, 나머지는 반응(파란색 구역)을 계속하여 수용체 RuBP의 새로운 분자를 생성한다. **(B)** 여러 경우에 포스포글리세르산과 말산(malate) 같은 산(acid)들을 'phosphoglyceric acid'와 'malic acid'로 표기하였다. '-ic acid'라는 어미는 온전한 산을 나타낸다. '-ate'라는 어미는 산의 음이온(anion), 즉 양성자가 해리된 후 남은 음전하의 부분을 나타낸다. 원형질에서는 대부분의 산이 유리된 음이온으로 나타나고, 여전히 그 양성자를 잡고 있는 중성의 온전한 산으로 나타나지 않는다.

더 받았기 때문에, 이 반응의 생성물은 6개의 탄소로 구성될 것이라고 예상할지도 모른다. 그렇지만 새로운 분자는 효소에 있는 동안 즉시 쪼개진다. 너무 많은 산소원자들이 존재하고 산소원자들이 전자를 당기면서 6개의 모든 탄소원자들 간에서는 안정된 결합성 궤도가 형성될 수 없다. 대신에 궤도가 재배열되고 각각 3개의 탄소를 포함하는 2개의 동일한 분자들인 **3-포스포글리세르산(3-phosphoglycerate)**이 형성되고, 이 때문에 C_3회로라는 이름이 붙여졌다. 3-포스포글리세르산의 약어로 PGA가 종종 사용된다.

이 반응을 수행하는 효소는 많은 명칭을 갖고 있는데, 그 중 가장 널리 사용되는 이름은 **리불로오스2인산카르복실화효소(RuBP carboxylase, RUBISCO)**이다. 이 효소는 지금까지 알려진 효소들 가운데 가장 크고 가장 복잡한 효소의 하나이고, 두 가지의 단백질소단위체(protein subunit)를 갖는 거대한 복합체이다. 각각 분자량 14,000~15,000달톤의 작은 단백질 8개와 각각 분자량 53,000~55,000달톤의 큰 단백질 8개로 구성된다. 효소 전체의 분자량은 약 480,000 달톤이다. 각 단백질소단위체의 3차구조가 중요할 뿐만 아니라, 복합체로서의 4차구조가 매우 중요하다. 8개의 모든 소단위체들이 적절히 모이면 큰 소단위체들은 기능적 활성부위를 형성한다. 리불로오스2인산카르복실화효소는 잎에 들어있는 단백질의 30%까지 차지할 수 있으므로, 지구상에서 가장 풍부한 단백질이 된다. 산소를 생성하는 모든 광합성은 이 효소가 촉매하고, 만약 이 효소가 없다면 어떤 생명도 존재할 수 없을 것이다. 몇몇 광합성세균들은 작은 소단위체들 없이 오로지 큰 소단위체들로만 구성되는 효소를 이용한다. 리불로오스2인산카르복실화효소는 식품(먹이)의 생산에 필수적이며, 이 효소가 없다면 종속영양생물은 굶어 죽게 될 것이다.

엽록소 *a*와 비슷하게 리불로오스2인산카르복실화효소는 결코 이상적이 아니다. 그 효소의 활성부위는 이산화탄소를 인식하고 결합하는 데 있어서 취약하며, 기질특이성(substrate specificity)이 낮아서 걸핏하면 이산화탄소 대신에 산소를 리불로오스2인산에 붙인다. 그렇지만 진화적으로 볼 때 이 효소는 고도로 보존적이다. 모든 식물에서 리불로오스2인산카르복실화효소의 아미노산순서는 사실상 동일하다. 구조의 변화를 야기하는 모든 돌연변이는 미미하나마 활성부위를 건드렸고, 이는 선택적 불이익이 되었다.

스트로마반응의 맨 첫 단계는 오직 카르복실화반응(carboxylation)이라는 점을 깨닫는 것이 중요하다. 그 다음의 두 단계에서 전자와 에너지가 추가된다. ATP는 고에너지 인산기를 3-포스포글리세르산에 제공하여 이를 **1,3-디포스포글리세르산(1,3-diphosphoglycerate)**으로 전환하고, 이는 다시 NADPH에 의해 **3-포스포글리세르알데히드(3-phosphoglyceraldehyde**; PGAL)로 환원된다. 이 단계에서 인산염이 떨어진다. 이제 탄소는 환원되고 에너지를 얻었다.

스트로마반응의 나머지는 복잡하지만, 요점은 반응이 작동되면서 3-포스포글리세르알데히드(PGAL)의 일부가 엽록체로부터 빠져 나와 세포에서 당, 지방, 아미노산, 핵산 등 근본적으로 식물이 필요로 하는 어느 것이나 만드는 데 쓰인다는 것이다. PGAL의 나머지는 엽록체에 남아 몇 가지의 스트로마반응을 더 진행하여 PGAL을 원래의 수용체 분자인 RuBP로 전환한다. 이와 관련된 원칙이 중요하다. 이산화탄소를 편입하기 위해 식물은 수용체 RuBP를 필요로 하고, 이 둘은 일대일(one-to-one)로 반응한다. 다량의 이산화탄소를 동화하기 위해 식물은 많은 양의 RuBP를 필요로 하거나, 아니면 소량의 RuBP 분자를 되풀이하여 이용한다. 식물은 두 번째 전략을 구사한다. 3-포스포글리세르알데히드가 형성되면 그 중 일부를 스트로마반응의 나머지에 의해 다시 RuBP로 전환하고, 일부를 세포질로 내보낸다. 엽록체는 세포의 나머지로부터 다량의 RuBP를 들여올 필요가 없고, 자체에 있는 소량의 RuBP를 재활용할 따름이다. 그 안에 스트로마반응의 다양한 중간물질이 들어 있는, 1,000,000 탄소원자의 엽록체를 상상해 보자. 3분자의 이산화탄소가 동화되면 엽록체에는 1,000,003 탄소원자가 있게 된다. 한 분자의 3-포스포글리세르알데히드를 내보내면 탄소의 풀(pool)은 다시 1,000,000이 되고, 정상상태가 유지된다. 계속 자라는 엽록체를 지닌 아주 어린잎에서는 내보낼 3-포스포글리세르알데히드가 거의 없거나 전혀 없어서 그대로 간직되고, C_3 대사물질의 풀은 분자의 수가 늘어난다.

동화대사

3-포스포글리세르알데히드는 놀랄 만큼 다재다능한 분자이다. 식물이 이를 이용하고, 물, 질산염, 황산염 그리고 무기질을 더하면 식물 내부의 모든 것을 스스로 만들 수 있다. 생물의 전체 구조를 합성할 수 있다. 한편으로 이는 모든 동물 대사의 기반이 되는데, 그것은 동물이 식물을 먹거나 아니면 식물을 먹는 다른 동물을 먹기 때문이다.

대부분의 생체분자들은 3-포스포글리세르알데히드보다 크기 때문에 보다 크고 복잡한 분자를 만들기 위해서는 3-포스포글리세르알데히드가 반드시 재정렬되고 변해야 한다. 이러한 건설적인 대사를 **동화(anabolism)**라고 부르며, 이는 **동화반응(anabolic reaction)**들로 이루어진다.

동화경로는 다양하지만 에너지 대사와 관련하여 두 가지가 매우 중요한데, 그것은 에너지와 탄소의 저장 형태인 다당류와 지방의 합성경로이다. 물론 광합성에서 생성되는 NADPH와 ATP가 훌륭한 에너지원이지만, 이들은 잠시 동안이라도 저장할 수 없다. 이들은 너무나도 반응적이고 불안정하여 쉽게 분해된다. 식물은 광합성이 불가능한 시기에 살아남기 위해 이들을 비축할 수 없을 뿐만 아니라 장거리에 걸쳐 수송할 수도 없다. 그러므로 잎에 이들이 풍부하게 들어 있다 하더라도 뿌리에는 없을 수도 있다.

이러한 문제를 해결하기 위해 몇 가지 유형의 저장 화합물이 진화되었다.

1. 단기 저장: ATP와 NADPH는 세포 내에서 이용될 수 있지만 잠시 뿐이다.
2. 중기 저장: 단당류 포도당과 2당류 설탕(자당)은 식물의 관다발조직이나 동물의 혈류를 따라 세포에서 세포로 이동하기에 충분할 만큼 안정적이다. 아울러 이들 물질은 몇 주 또는 몇 달간 충분히 지속될 정도로 안정적이다. 단당류 또는 2당류를 다량으로 저장하는 데 따른 문제점은 이들 물질 때문에 세포들이 삼투에 의해 물을 흡수한다는 점이다.
3. 장기 저장: 녹말은 분자량이 큰 포도당의 중합체인데, 너무 커서 수송하기가 불가능하다. 녹말은 포도당보다도 훨씬 안정적이어서 수년 간 지속되고, 세포의 물 흡수를 야기하지 않는다. 지질은 한층 더 농축된 에너지 저장형태이고, 빠르게 합성되고 다량으로 저장될 수 있다.

다당류의 합성

포도당의 동화합성을 **포도당신생(gluconeogenesis)**이라고 한다 (**그림 10-19**). C_3 대사의 반응과 비슷한 반응에서 세포질로 나간 PGAL의 일부가 **디히드록시아세톤인산(dihydroxyacetone phosphate)**으로 전환되고, 그 한 분자가 전환되지 않은 3-포스포글리세르알데히드 한 분자와 압축되어 당인 **과당-1,6-2인산(fructose-1,6-bisphosphate)**을 형성한다. 이는 인산염을 잃고 **과당-6-인산(fructose-6-phosphate)**이 되고, 이 가운데 일부가 재배열되어 **포도당-6-인산(glucose-6-phosphate)**이 된다. 과당-6-인산과 포도당-6-인산 모두는 많은 대사경로에 들어가는 다재다능하고 유용한 분자들이다. 식물에서 포도당-6-인산은 중합되어 아밀로오스(amylose)나 아밀로펙틴(amylopectin) 또는 섬유소(cellulose) 등의 다당류가 된다.

아밀로오스와 아밀로펙틴 모두 녹말의 성분이다. 아밀로오스는 포도당의 분지하지 않는 중합체로, 500~20,000개의 포도당 잔기들을 포함한다. 아밀로펙틴 역시 포도당의 중합체이지만, 많은 곁사슬을 갖고 엄청나게 커질 수 있어서 한 분자에 1백만 개에 달하는 포도당 잔기들을 포함하기도 한다. 아밀로오스와 아밀로펙틴에 포도당을 첨가하는 효소는 분자의 양 끝에서만 작용할 수 있는데, 아밀로오스는 끝이 하나 밖에 없어서 느리게 합성되지만, 아밀로펙틴은 수천 개의 가지에 수천 개의 효소들이 포도당을 동시에 추가할 수 있다. 이와 유사하게 아밀로펙틴은 아밀로오스보다 훨씬 더 빠르게 포도당 단위체들로 분해될 수 있다.

녹말의 분해 속도는 식물뿐만 아니라 우리 같은 동물들에게도 중요하다. 우리들이 먹는 대부분의 식품은 많은 녹말을 포함하고, 침에 타액아밀라아제가 들어 있기 때문에 음식을 삼키기 전부터 소화가 시작된다. 녹말의 아밀로펙틴 부분은 빠르게 소화되고, 포도당이 신속하게 혈류에 들어간다[그런 음식은 혈당지수(glycemic index)가 높다]. 그에 반해서 녹말의 아밀로오스 부분은 훨씬 느리게 소화된다.

식물은 엽록체와 녹말체(amyloplast) 모두에 녹말을 저장한다. 약간의 드문 예외를 제외하면 동물은 결코 녹말을 합성하지 않고, 대신에 포도당을 글리코겐으로 저장한다. 낮 시간 동안 광

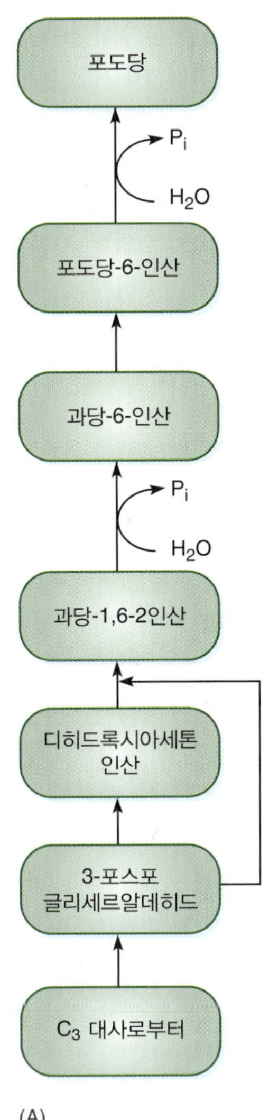

(A)

(B)

(C)

(D)

그림 10-19 (A) 포도당신생(gluconeogenesis)는 작은 분자로부터 큰 분자가 형성되는 동화경로이다. 이 과정은 엽록체나 녹말체 또는 세포기질에서 일어날 수 있다. **(B)** 우리가 먹고 마시는 당(설탕)의 대부분은 사탕수수에서 나오는데, 사탕수수는 높이가 2 m가 넘는 굵은 줄기를 갖는 벼과 식물의 일종이다. 이 수확용 기계는 지상부를 지면 높이에서 자르고 줄기를 여러 토막으로 자른 다음, 트랙터 뒤에 있는 카트에 싣는다. 잎의 조각들은 가벼워서 날려 보낸다. **(C)** 사탕수수 줄기의 이 토막들을 제당소에 보내서 즙액을 짜내고, 18시간 내에 원당(raw sugar)으로 정제한다. 농장에서 줄기가 잘려진 직후에 효소들이 2당류 설탕을 단당류인 포도당과 과당으로 전환하기 시작하는데, 이들 단당류는 설탕보다 가치가 덜하다. **(D)** 사탕수수의 즙액을 가열하여 설탕이 농축되어 결정이 될 때까지 가열하여 설탕을 얻는다. 원심분리기로 결정을 추출한 다음, 여기 보이는 것처럼 원당의 거대한 더미로 저장한다. 원당을 다시 녹이고 재가열하여 다시 결정으로 만들어 거르면 정제설탕(백설탕)이 만들어진다. 건조하게 유지된다면 이 창고에 있는 원당은 무기한 지속된다.

합성이 일어나면 3-포스포글리세르알데히드의 대부분은 엽록체에 유지되고, 포도당신생과정이 이를 포도당으로 전환한다. 포도당은 엽록체 안에서 녹말로 중합되고, 오후가 되면 커다란 녹말립 때문에 엽록체가 보통 팽창한다. 밤에는 녹말이 탈중합되어 다시 포도당이 되고, 포도당은 엽록체에서 세포기질로 수송된다. 그러고 나서 많은 포도당은 설탕으로 전환되어 체관부에 실려서 탄수화물을 필요로 하는 식물의 다양한 부분으로 수송된다. 아침이 되면 대부분의 엽록체에는 녹말이 거의 없거나 전혀 남아 있지 않게 된다. 감자의 덩이줄기(괴경) 그리고 밀과 쌀 등의 녹말씨 같이 녹말의 장기 저장에 관여하는 기관에서는 당이 체관부로부터 유조직세포로 이동한 다음, 녹말체로 들어가서 다시 녹말로 중합된다.

환경요인과 내부요인

식물의 광합성은 그 환경에 의해 여러모로 영향을 받는다.

빛

식물의 관점에서 보면 빛은 (1) 질, (2) 양, 그리고 (3) 지속기간의 세 가지 중요한 특성을 갖는다.

햇빛의 질(quality of sunlight)은 햇빛의 색깔이나 파장을 나타낸다. 햇빛은 가시스펙트럼 전체를 포함하고 있기 때문에 새하얗다. 해가 뜨거나 질 무렵에는 햇빛이 대기를 접선으로 통과하면서 청색광의 많은 부분이 위쪽으로 방향을 바꾸고, 따라서 지면 높이의 빛은 적색광이 풍부하여 우리 눈에 쉽게 보인다. 그런데 붉은 색이 풍부한 빛이 비추는 기간은 고작 몇 분에 불과하므로, 광합성에는 별 영향을 미치지 않을 것이다. 정오에는 햇빛이 거의 수직으로 대기를 통과하고 훨씬 많은 청색광이 투과된다. 한낮의 푸른 하늘을 보면 모든 적색과 녹색 그리고 노란색이 차단되는 것처럼 보이겠지만, 사실은 이런 모든 파장의 충분한 양이 지구의 표면에 도달하여 광합성을 효과적으로 일으킨다. 이는 사막과 풀밭 그리고 숲의 맨 위층인 숲지붕(canopy)의 어디서나 마찬가지이지만, 숲의 토양층 부근에서 자라는 초본과 관목은 하층식물(understory plant)이고, 이들 하층식생이 받는 빛은 숲지붕의 잎들을 이미 통과한 빛이다(**그림 10-20**). 빛이 위층의 잎을 투과하면서 청색광과 적색광은 엽록소에 의해 흡수되고, 하층식물에 도달하는 희미한 빛에는 이들 중요한 파장이 특히 격감되었다. 하층식물에게는 어스레한 빛에서 이용 가능한 파장들을 수집하여 그 에너지를 엽록소 *a*에 전달할 수 있는 보조색소들을 과다하게 갖는 것이 선택이익이다. 이와 비슷하게 호수나 바다의 표층에서 자라는 조류들은 완전한 빛을 받지만, 물이 적색과 보라색을 흡수한다. 수심이 깊은 곳에 있는 조류들은 주로 녹색과 청색광을 받고 이들 파장을 효과적으로 흡수할 수 있는 특별한 보조색소를 가져야 한다(**그림 10-21**).

빛의 양(quantity of light)은 빛의 세기 또는 밝기를 나타내며, 여러 요인들의 영향을 받는다. 흐린 날보다 맑은 날에 광합성에 이용할 수 있는 빛이 많아지고, 하층식물은 희미한 빛을 받으며, 같은 식물에서도 아래쪽 가지들과 그늘진 쪽의 가지들은 빛을 적게 받는다(그림 10-20B). 높은 산의 그늘이나 깊은 협곡에서 자라는 식물은 해가 비치는 경사지에서 자라는 식물들보다 빛을 훨씬 적게 받는다. 적도 부근에서 자라는 식물은 정오에 태양이 거의 똑바로 머리 위에 있기 때문에 강렬한 빛을 받는 반면에, 극지방 부근의 식물은 빛을 거의 받지 못한다. 여름이라 할지라도 정오에 태양이 낮게 뜨고, 빛은 대기에 의해 산란된다.

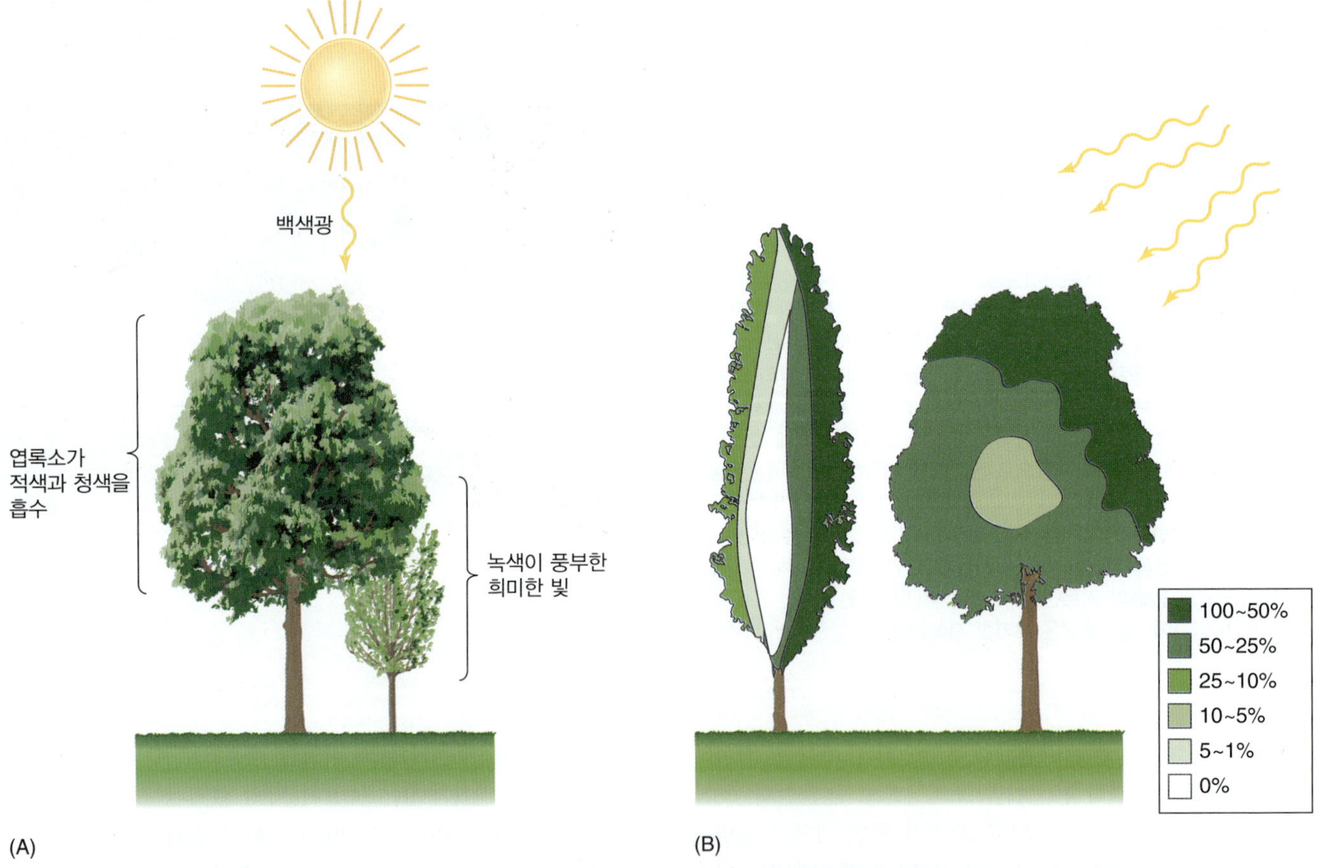

그림 10-20 **(A)** 다른 식물의 그늘에서 자라는 식물은 희미한 빛을 받을 뿐만 아니라 적색과 청색이 결여된 빛을 받는다. **(B)** 나무의 모든 잎이 동일한 양의 빛을 받지 않는다. 자기그늘짐(self-shading)은 적도에서 멀어질수록 더욱 심해진다. 여러 색깔은 화창한 햇볕 가운데 나무의 다양한 부분들에 도달하는 백분율을 가리킨다.

그림 10-21 깊은 바닷물에서 자라는 많은 대형갈조(kelp)는 주로 녹색과 청색광을 받는다. 이 갈조류들의 보조색소는 이들 파장을 흡수하므로, 우리 눈에는 노란 빛이 도는 갈색으로 보인다.

햇빛의 세기가 낮 동안 어떻게 바뀌고 광합성에 어떻게 영향을 미치는지 생각해 보자. **그림 10-22**에서 '300 ppm CO_2'라고 적힌 실선을 검토해 보자. 이 그래프는 빛의 세기는 다양하지만 모두 공기 중의 이산화탄소 농도가 300 ppm에서 자란 식물들을 대상으로 광합성 속도를 측정한 많은 실험들로부터 얻은 결과이다. 왼쪽의 단계 (*a*) 부근에서는 희미한 빛을 받은 식물들이 이산화탄소를 거의 흡수하지 않은 반면에 밝은 빛에서 자란 식물은 보다 많은 이산화탄소를 흡수하였다. 이렇게 이산화탄소의 농도가 정상적인 수준에서는 빛이 한정요인(limiting factor)이 된다. 흐리고 구름이 뒤덮인 날에는 광합성이 느리고, 밝은 날에는 속도가 빨라진다. 그래프의 (*b*) 단계에서는 보다 많은 빛을 받은 식물이 빛을 다소 적게 받은 식물보다 광합성을 빠르게 하지 않는다. 곡선이 평탄해지면 광합성 과정을 포화시킬 만큼 빛이 풍부하다. 이런 조건에서는 이산화탄소의 결핍이 제약이 된다. 이용 가능한 이산화탄소가 훨씬 많은 실험에서는(파란색 선, 1000 ppm CO_2) 광합성이 빠르게 진행되었다. 따라서 (*b*) 단계에서는 이산화탄소가 광합성속도를 제한하는 요인이다.

물과 빛 그리고 비료가 알맞은 조건에서는 이산화탄소의 농도가 증가함에 따라 전체 식물의 광합성 속도가 증가하여, 600~750 ppm의 농도에서는 30% 빨라진다. 그런데 그림 10-22의 실험들이 1970년대에 수행되었다는 사실에 주목할 필요가 있고, 2015년에는 대기 중의 이산화탄소가 이미 400 ppm을 넘어섰다.

단계 (*c*)에서는 빛이 너무 강렬하여 식물이 과열되고 색소가 탈색되면서 빛이 식물에 피해를 입힌다.

단계 (*a*)에서, 만일 빛의 결핍이 빠르게 진행되고 있던 광합성을 방지하려면 반드시 적절한 양의 이산화탄소가 있어야 한다. ATP와 NADPH는 생성되자마자 스트로마로 이동하고, 그곳에서 기다리고 있는 효소와 이산화탄소에 의해 이용되고 나서 ADP와 $NADP^+$가 틸라코이드막으로 돌아와 다른 양자를 기다린다. 정반대로, 빛이 밝고 낮은 농도의 이산화탄소가 광합성 속도를 제한하는 단계 (*b*)에서는 빛이 너무 많아서 ADP와 $NADP^+$가 가능한

(A)

(B)

그림 10-22 **(A)** 빛과 광합성. 상세한 내용은 본문에 나와 있다. 단위 ppm은 백만분율(parts per million)이다. 300 ppm은 공기 1백만 리터 가운데 이산화탄소가 300리터 들어 있음을 가리킨다. **(B)** 이들 포도덩굴은 햇빛과 물 그리고 비료를 풍부하게 받는다. 이 포도덩굴은 이산화탄소가 더 있어야만 보다 빠르게 광합성을 하게 될 것이다.

(A)

(B)

(C)

그림 10-23 **(A)** 쑥초의 일종인 백묘국(dusty miller)의 잎은 어릴 때 완전히 모상체로 덮여서 강한 햇빛과 곤충으로부터 잎을 보호한다. **(B)** 선인장 에피테란타속(*Epithelantha*)은 햇빛이 몹시 강렬한 환경에서 산다. 이 선인장은 가시가 많고 다닥다닥 붙어 있어서 가시들이 줄기를 가리고 엽록소가 손상되지 않도록 막아준다. **(C)** 다육식물 선녀배(*Dudleya brittonii*) 식물체는 백랍(white wax)의 두꺼운 층에 의해 지나친 햇빛과 수분손실로부터 보호를 받는다. 이 특별한 밀랍은 자외선을 강하게 반사한다.

한 빨리 틸라코이드로 돌아오고, 즉시 ATP와 NADPH가 재생된다. 그러고 나서 이들은 스트로마로 이동하여 그곳에서 이산화탄소 분자를 기다려야 한다.

그래프에서 **광보상점(light compensation point)**의 왼쪽에서는 비록 약간의 희미한 빛이 주어진다 하더라도 광합성을 하지 않는 것으로 나타난다. 사실상 문제는 광합성을 측정하는 기술에 있다. 흡수된 이산화탄소의 양이나 방출된 산소의 양을 측정해야 하는데, 이들 기체는 모두 광합성뿐만 아니라 호흡에도 관여한다. 광보상점의 왼쪽에서는 호흡이 이산화탄소를 방출하는 것보다 훨씬 느리게 광합성이 이산화탄소를 흡수한다. 그래서 광합성이 전혀 일어나지 않는 것으로 보이는 것이다. 우리가 호흡을 측정할 때에도 같은 문제가 생긴다. 광합성이 측정을 왜곡하지만, 빛을 차단시키면 광합성이 중단된다. 광보상점은 광합성이 호흡과 일치하는 빛의 수준이다. 오랫동안 광보상점보다 빛이 적은 조건에서 자란 식물은 광합성을 하는 것보다 빠르게 호흡하여, 저장된 탄수화물과 지방을 서서히 소비하고 결국 죽게 된다. 광보상점보다 밝은 빛에서 자란 식물은 광합성이 호흡을 넘어서고, 그 결과 생긴 추가의 당이 생장과 생식에 이용될 수 있다.

빛의 양이 미치는 효과를 고려할 때 우리는 식물의 모양과 체제를 사려해 볼 필요가 있다. 많은 보통의 잎에서 광합성은 구름이 뒤덮인 날에도 포화된다. 보통의 햇빛 가운데 1/4에서 절반 정도를 거의 모든 잎이 이용할 수 있다. 그에 반해서 나무와 관목의 아래쪽에 있는 많은 잎들은 위쪽의 잎들에 의해 그늘이 지고, 잎의 표면 위로 불규칙하게 움직이는 햇살 무늬에 노출될 따름이다. 비록 화창한 날이라 할지라도 아래쪽의 많은 잎들은 광합성을 최대로 할 수 있는 충분한 빛을 받지 않는다. 그 결과, 상부의 잎들이 부분적인 햇빛에 포화될 수 있는 반면에 대부분의 식물은 그렇지 않다. 빛의 세기가 증가함에 따라 보다 많은 하부의 잎들이 빠르게 광합성을 하여 전체 식물의 총광합성이 늘어나는 것이다.

가장 밝은 조건에서는 공기가 너무 깨끗하여 여름철에 종종 햇빛이 너무 강렬하다. 방어적 적응이 필요하고, 많은 종에서 그늘을 제공하는 메커니즘이 진화하였다. 일반적인 방법은 식물의 털인 죽은 모상체(trichome)의 두꺼운 층을 만드는 것이다(**그림 10-23**). 두꺼운 밀랍(왁스)의 외피도 빛을 반사시킬 수 있고, 각피질(cutin)은 유해한 짧은 파장의 흡수에 특히 좋다. 카로티노이드와 그 밖의 보조색소들이 지닌 가치의 일부는 이들이 엽록소를 가려서 많은 해로운 파장의 일부를 흡수하는 데 있다.

빛의 세기, 즉 단위시간당 특정한 면적(예를 들면, 1 cm^2/s)에 부딪치는 양자의 실제 수는 태양이 직접 머리 위에 있는 한여름의 정오에 가장 높고, 아침과 저녁 그리고 겨울 같이 해가 낮게 뜰 때는 언제든지 낮다. 한편 빛은 한낮에 너무 강렬하지만 해가 낮아지면 최적이 될 수 있어서, 붓꽃과 유칼립투스 같은 몇 종은 수직의 잎을 가지고 있어 이런 빛 조건에 적응한다. 아침과 오후에는 잎새의 표면이 완전히 드러나지만, 정오에는 잎 가장자리만 노출된다. 다른 어떤 식물에서는 스트레스를 받을 때 잎이 저절로 수직 방향이 되고, 시들어 늘어진다.

숲의 하층식물들은 약한 빛에 적응되어 있다. 만약 숲에 도로가 생기고 도로 부근의 식물들이 갑자기 화창한 햇빛에 노출된다면 그 충격으로 식물들이 시들어 죽을 수도 있다. 폭풍이나 홍수 또는 사태로 인해 나무들이 쓰러져서 그 주변의 식물들이 드러날 때에도 같은 현상이 나타난다.

햇빛의 지속기간(duration of sunlight)은 하루에 햇빛을 이용할 수 있는 시간의 수를 가리킨다. 적도에서는 1년 내내 낮의 길이가 12시간이다. 남쪽이나 북쪽으로 갈수록 여름에 낮이 점점 길어져서 극지방 부근에서는 낮의 길이가 최대가 된다. 극지에서는 한여름에 낮의 길이가 24시간이고, 한겨울에는 밤만 나타난다. 중위도에서는 겨울에 낮이 짧고, 태양이 낮게 뜨기 때문에 햇빛이 약하다. 이런 조건에서는 상록식물이라 할지라도 광합성을 아주 잘 할 수 없지만, 온도가 낮아서 식물들이 거의 자라지 않고 호흡

(A)

(B)

(C)

그림 10-24 **(A)** 아프리카의 사막에 사는 이 리토프스속(*Lithops*)은 여러 가지 방법으로 물을 보존한다. 이 식물은 한 번에 오직 두 장의 잎을 갖고, 두 장의 잎이 새로 형성되면 오래된 두 장의 잎은 죽는다. 네 장의 잎을 감당하기에는 물이 넉넉하지 않기 때문이다. 잎은 다육질이고 한데 모여서, 물이 빠져 나갈 수 있는 표면적을 최소화하는 원통을 이룬다. **(B)** 이 식물은 하워티아 쿠페리(*Haworthia cooperi*)이다. 그 짧은 줄기는 지하 몇 센티미터에 위치하고 있고, 지표에 닿을 만큼의 길이를 가진 많은 원통형 잎을 만든다. 여기에 보이는 잎의 끝은 투명한 표피를 갖고, 세포간극이 없기 때문에 잎살도 투명하다. 결과적으로 빛이 창문의 역할을 하는 끝을 통해 들어온 다음, 엽록체를 가진 세포들이 위치하는 지하에 있는 잎의 나머지 부분으로 깊숙이 투과한다. 광합성은 실제로 땅속에서 일어난다. 각 잎의 대부분이 지하에 있기 때문에 여름에 시원하고, 동물의 눈에 덜 띄며, 토양의 공기는 지상의 공기보다 이산화탄소가 풍부하다. **(C)** 알로에 베라(*Aloe vera*) 잎의 이 횡단절편은 너무나도 투명해서 이를 통해 글자를 읽을 수 있다. 이는 잎의 지하에 있는 부분으로 빛이 투과하는 데 탁월하다.

의 속도가 느리다. 낙엽수와 2년생 식물들조차 저장된 양분의 도움으로 생존할 수 있다.

여름에는 낮이 길어지고 해가 하늘 높이 뜨기 때문에 빛이 밝아진다. 광합성에 의해 획득한 에너지의 양은 호흡과 생장에 의해 소비된 에너지의 양을 쉽게 넘어선다. 낮 시간이 길어서 많은 식물들이 보다 많이 광합성을 하지만, 어떤 식물들은 빛이 있어도 엽록체에 녹말이 가득 차서 광합성이 중단된다. 밤에 녹말이 당으로 전환되고, 이 당이 엽록체로부터 빠져 나가서 생장에 이용되거나 덩이줄기나 둥근줄기 또는 그런 다른 기관들에 있는 녹말체에 저장된다. 아침이 되면 잎의 엽록체들이 광합성을 다시 시작할 수 있다.

잎의 구조

많은 온대식물과 열대식물의 잎 구조는 매우 일반적이다. 즉, 위쪽에 울타리유조직(palisade parenchyma)이 있고, 아래쪽에 해면잎살조직(spongy mesophyll)이 있다. 이 구조는 이산화탄소를 흡수하는 데에는 훌륭하지만 물을 보존하는 데에는 비효율적이다. 만약 덥고 건조한 서식지의 식물이 잎의 이런 양식을 갖는다면 너무 오랜 시간 기공을 닫아야 하므로 죽을 수도 있을 것이다. 대신에 잎의 세포들은 세포간극이 없이 치밀하게 배열한다. 내부의 좁은 표면적이 물의 증발을 저해하여 수분의 손실이 줄어들지만, 표면적이 너무 좁아서 이산화탄소가 공기로부터 세포질로 용해되기가 어렵다. 이는 광합성을 지연시키지만, 느린 생장 대 물의 보존이라는 이러한 균형은 분명한 선택이익이다.

광합성을 유지하면서 수분손실을 최소화하는 다른 방법은 원통형의 잎을 가짐으로써 외부의 표면을 줄이는 것이다. 기공의 수가 적기 때문에 내부의 통기간극(air space)으로부터 외부 공기로의 수분 이동이 최소화한다(**그림 10-24**). 광합성은 줄어드는데, 그것은 이산화탄소의 흡수가 느려지기 때문이다.

물

이용 가능한 물의 양은 광합성에 크게 영향을 미친다. 대부분의 식물은 낮에 기공이 열려 있는 상태를 유지하지만, 이렇게 되면 불가피하게 물이 빠져 나간다. 밤에는 이산화탄소를 이용할 수 없고, 기공을 닫아서 식물체 안의 물을 간직한다. 만약 토양이 메말라서 물을 쉽게 얻을 수 없게 되면, 식물은 낮에도 기공을 닫은 상태를 유

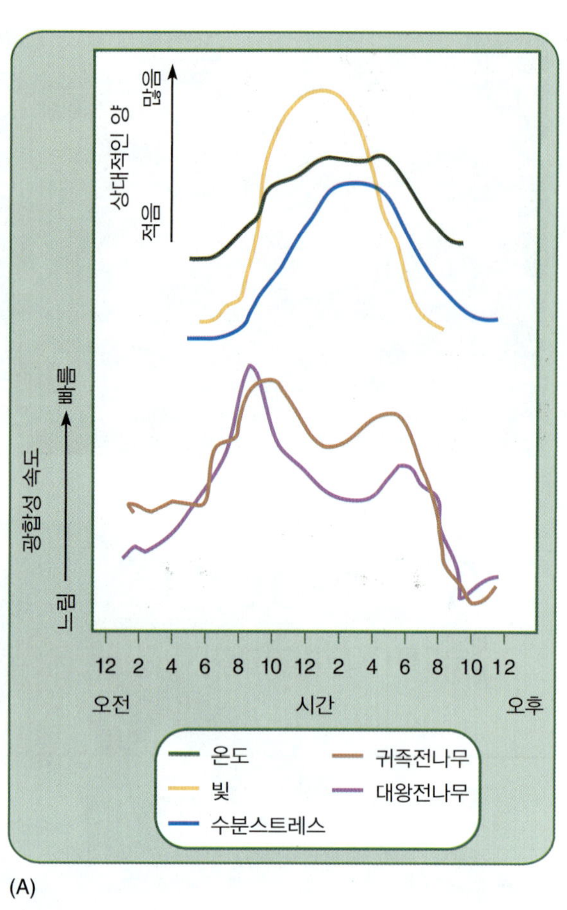

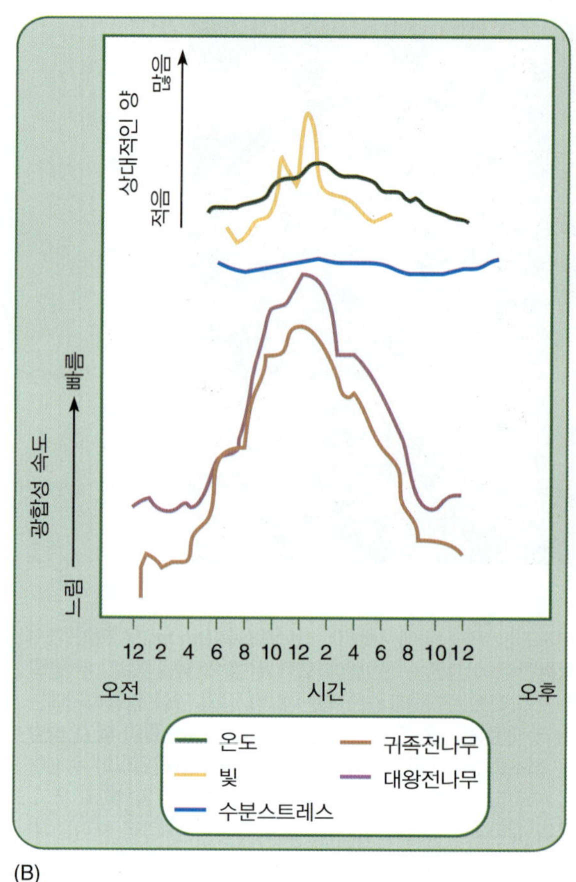

그림 10-25 **(A)** 오전 6시가 지나자마자 빛의 세기는 이들 나무의 광보상점을 넘었고, 광합성이 빠르게 증가하였다. 그렇지만 이른 오후에 빛과 온도가 적합함에도 불구하고 광합성이 감소하였다. 문제는 물 부족(수분스트레스)이었고, 기공이 정오께쯤에 닫히기 시작하였을 것이다. **(B)** 흐린 날에는 수분스트레스가 결코 문제가 되지 않고, 항상 기공이 열려 있다. 빛의 총량은 (A)의 경우보다 적지만 그날은 더 많이 광합성을 하였다.

지하므로 이산화탄소가 들어올 수 없게 된다(**그림 10-25**). 잎의 호흡으로 생기는 적은 양의 이산화탄소가 광합성으로 재사용될 수 있지만, 이는 극히 소량에 불과하다. 수분을 보존하는 많은 구조적 변형에 덧붙여 대사적 적응도 존재하는데, 그 가운데 중요한 두 가지는 C_4 대사와 다육식물유기산대사(CAM)이다.

C_4 대사

식물에 있어서 중요한 요소는 흡수한 이산화탄소의 각 분자당 소모되는 물의 양이다. 이 비율을 식물의 물이용효율(water use efficiency)이라고 부른다. 이상적으로 이 효율은 낮다. 공기의 이산화탄소 농도가 높거나 잎의 원형질 내부의 이산화탄소 농도가 낮다면 이산화탄소는 잎 내부로 빠르게 확산된다. 식물은 외부 공기의 이산화탄소 수준에 대해 할 수 있는 것이 아무 것도 없을 뿐만 아니라, 많은 식물은 원형질의 이산화탄소 농도에 대해 거의 조절을 하지 못한다. 리불로오스2인산카르복실화효소(RuBP carboxylase)는 이산화탄소에 대한 친화력이 낮아서 이산화탄소 농도가 감소하면 효소-기질의 결합이 느려진다. 원형질에 이산화탄소가 비교적 풍부하게 들어 있더라도 이 효소는 매우 드물게 이산화탄소와 결합할 따름이다. 이렇게 비교적 높은 농도에도 불구하고 이산화탄소는 잎으로 느리게 확산되고, 반면에 수분의 손실은 높을 수 있다. 정상적인 조건에서 RuBP카르복실화효소의 각 분자는 1초에 이산화탄소 한 분자에서 12분자까지와 결합할 따름이다. 이는 극도로 낮은 것으로, 대부분의 효소는 초당 수천 반응을 촉매한다.

RuBP카르복실화효소는 가끔 이산화탄소 대신에 산소와 결합하여 산소화효소(oxygenase)로 작용하고, 한 분자의 3-포스포글리세르산(3-phosphoglycerate)과 한 분자의 포스포글리콜산염(phosphoglycolate)을 생성한다. 포스포글리콜산 분자는 엽록체에서 페르옥시솜과 미토콘드리아로 수송되고, 그곳에서 분자의 일부가 유용한 아미노산인 글리신과 세린으로 전환된다. 그러나 대부분의 포스포글리콜산은 두 분자의 이산화탄소로 쪼개진다(**그림 10-26**). 이와 같은 분해가 **광호흡(photorespiration)**이고, 에너지가 낭비되는 과정이다. 포스포글리콜산의 2개 환원형 탄소를 만드는 데 이용된 에너지와 환원력은 완전히 잃어버렸다. 광호흡은 극도의 자유에너지감소반응이지만, 자유에너지증가반응에 동력을 제공하는 데 이용되지 않는다. 포스포글리콜산이 독성을 띠고 있으므로, RuBP카르복실화효소가 산소와 결합할 때마다 광호흡이 식물을 보호한다. 그렇지만 이는 매우 소모적인 방어인데, 그것은

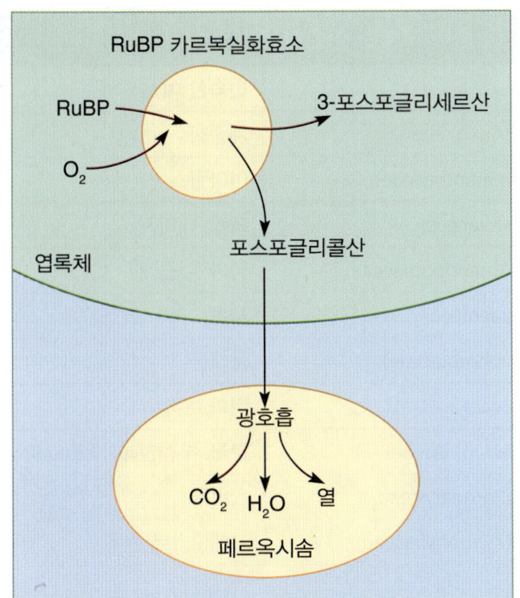

그림 10-26 만약 RuBP카르복실화효소가 RuBP에 산소를 붙이면 그 생성물 중 하나는 포스포글리콜산이 되고, 이는 페르옥시솜으로 수송되어 광호흡 동안에 분해된다. 포스포글리콜산에 들어 있던 모든 에너지는 낭비되었다. 미토콘드리아도 관여한다.

엽록체에서 생성된 모든 ATP와 NADPH의 30%까지가 광호흡으로 즉시 사라질 수 있기 때문이다.

RuBP카르복실화효소가 상당히 개선될 수는 없을 것이다. 진화에 의해 RuBP카르복실화효소가 비롯될 시기에는 대기 중에 유리산소가 전혀 없었고, 이산화탄소 농도는 매우 높았다. RuBP카르복실화효소는 그런 환경에 잘 적응하였다. 첫 번째 유형의 광합성이 진화하여 공기로부터 이산화탄소를 제거하기 시작하였지만, 그 어떤 산소도 생성하지 않았고(**박스 10-2** 참조), 따라서 환경은 여전히 RuBP카르복실화효소에게 적합하였다. 산소를 생성하는 광합성이 약 28억 년 전에 남세균에서 비롯되었고, 그 이후로 줄곧 지구의 대기는 RuBP카르복실화효소가 제대로 기능을 하지 않게끔 서서히 변화하였다. 즉, 산소는 증가하고 이산화탄소는 감소하였다. 가끔 엄청난 화산분출로 공기 중의 이산화탄소 농도가 증가하기도 하였지만, RuBP카르복실화효소가 이산화탄소를 한 분자 한 분자 제거하면서 그 환경을 스스로에게 해롭게 변모시켰다. RuBP카르복실화효소는 수십 억 년 동안 존재하여 왔고 지금 남아 있는 구조적 돌연변이도 사실상 없으며, 이보다 더 우수한 버전의 효소를 만들지 말아야 한다.

대안은 RuBP카르복실화효소의 작업 조건을 개선하는 것이다. 이산화탄소 농도는 높고 산소 농도는 낮은 부위로 RuBP카르복실화효소를 분리시키는 것이다. 바로 이런 현상이 일부 식물 집단에서 진화하였고, 이를 **C_4 대사(C_4 metabolism)** 또는 **C_4 광합성(C_4 photosynthesis)**이라고 부른다. 근본적으로 C_4 대사는 이산화탄소는 잎에서 흡수되고 잎 사이를 지나 잎에 농축되는 반면에, 산소는 RuBP카르복실화효소에 가까이 하지 않는 것이다.

C_4 대사는 크란츠구조(Kranz anatomy)를 갖는 잎에서 나타난다(**그림 10-27**). 그런 잎에서는 잎살(엽육)이 울타리유조직과 해면유조직으로 나눠지지 않는다. 그 대신, 각 관다발은 엽록소가 현저한 세포초(cell sheath)를 갖고, 그 초 주위에 잎살세포들이 있다. 잎살세포에는 효소 **PEP** (포스포에놀피루브산) **카르복실화효소** [**PEP** (phosphoenolpyruvate) **carboxylase**]가 들어 있는데, 이 효소는 이산화탄소와의 친화력이 매우 높다. RuBP카르복실화효소와는 달리, 이산화탄소 농도가 점점 떨어지면 PEP카르복실화효소는 빠르고 단단하게 이산화탄소와 계속 결합한다. 잎 내부의 이산화탄소 농도는 아주 낮게 유지되고, 이산화탄소는 기공이 열릴 때는 언제든지 안쪽으로 신속하게 확산된다. 이산화탄소의 흡수에 대한 수분 손실의 비율은 상당히 낮다. 한편 PEP카르복실화효소는 이산화탄소에 대한 친화력이 높고, 산소와는 전혀 결합하지 않는다. PEP카르복실화효소는 3-포스포글리세르산을 야기하는

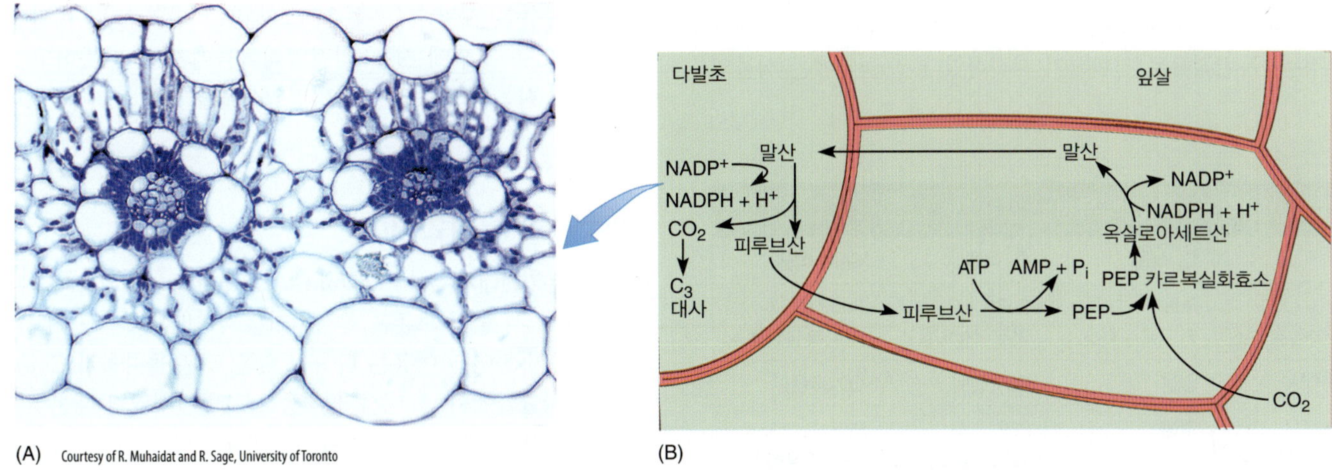

그림 10-27 (A) 크란츠구조를 갖는 잎에서는 모든 잎맥을 둘러싸는 다발초가 뚜렷하고 엽록체가 풍부하게 들어 있다. 다발초의 엽록체는 가능한 한 관다발조직과 근접하게 위치한다. 잎살세포는 다발초 주위를 싸는 칼집처럼 배열한다(×250). **(B)** C_4 대사의 반응들을 안다고 해서 C_4 대사를 이해하기에는 충분하지 않다. 일부 반응들이 분리된 구획에서 일어난다는 점만 이해하면 된다.

중요한 반응을 수행하지 않는다는 것을 제외하면 이상적인 효소이다. 그 결점에도 불구하고 RuBP카르복실화효소는 여전히 필수적 반응을 수행하는 유일한 효소이다.

PEP카르복실화효소는 PEP(포스포에놀피루브산)에 이산화탄소를 첨가하여 옥살로아세트산(oxaloacetate)을 만드는데, 이 옥살로아세트산이 4개의 탄소를 갖기 때문에 C_4 대사라는 이름이 붙었다. 옥살로아세트산은 한 분자의 NADPH에 의해 말산(malate)이 되고, 어떤 종에서는 반응이 더 지속되기도 한다. 말산이 잎살에서 다발초로 이동하고 이산화탄소를 방출하면서 피루브산(pyruvate)이 된다(그림 10-27B). 이 반응은 새로운 분자의 NADPH를 만들 만큼 강력하고, 그 과정에서 이산화탄소와 환원력이 생긴다. 부피가 큰 잎살에서 온 말산이 부피가 작은 다발초에서 모두 탈이산화탄소가 되기 때문에 다발초의 이산화탄소 농도가 매우 높아진다. 일반적으로 다발초세포의 이산화탄소 농도는 공기 중의 농도보다 10배 높다. 뿐만 아니라 다발초세포에서 특이한 방법으로 NADPH가 생성되기 때문에 다발초의 엽록체는 순환적 전자전달을 수행하여 양성자를 내보내고 ATP를 생성한다. 비순환적 전자전달을 하지 않으므로 물이 분해되지 않고 산소도 만들어지지 않는다. 오로지 다발초의 엽록체에 자리 잡고 있는 RuBP카르복실화효소는 이상적인 조건, 즉 높은 이산화탄소 농도와 산소가 거의 없거나 전혀 없는 조건에 놓여 있고, 포스포글리콜산을 적게 만들면서 효율적인 C_3 스트로마반응을 수행한다. C_4 식물은 광호흡을 거의 하지 않는다(**표 10-6**).

다른 모든 운반체와 마찬가지로 말산은 재충전하는 곳인 잎살로 복귀해야 한다. 다발초에서는 말산이 피루브산으로 전환되면서 이산화탄소를 방출하였다. 피루브산은 잎살로 다시 이동하여 ATP로부터 인산기를 받고, 피루브산을 PEP로 전환시킨다.

C_4 대사의 선택이익은 환경에 좌우된다. 약 5천만 년 전에 대기 중의 이산화탄소 농도는 심각한 수준으로 떨어졌고 전 세계의 온도가 감소하였다. 2천만 년 후에 지구는 플라이스토세(Pleistocene)의 빙하시대로 접어들었고, 그 이후로 줄곧 건조하고 이산화탄소는 적었다. 이와 같은 조건들은 물이용효율이 증가하는 C_4 대사를 선호하였고, 여러 차례(무려 62번이나 되는 것으로 추정됨) 독립적으로 진화하기 시작하였다. 오늘날에는 식물의 19개 과에서 C_4 대사가 나타난다. 온도가 높아지면 광호흡이 늘어나므로 더운 기후에서는 더욱 큰 문제가 된다. 따뜻하고 건조한 기후에서는 C_3 대사보다 이산화탄소를 흡수하는 동안 물의 손실은 훨씬 적은 C_4 대사가 강력한 선택이익을 갖는다. 뿐만 아니라 풍부한 빛은 피루브산을 PEP로 전환시키는 데 필요한 ATP를 추가로 만들게 해 준다. PEP를 만드는 데 ATP가 사용되므로 C_4 대사는 그냥 생기는 반응이 아니다. 서늘한 조건에서는 광호흡이 느려져서 C_4 대사보다 훨씬 적게 에너지를 잃을 수 있다. 더구나 많은 서늘한 서식지들은 한편으로 촉촉하므로 기공의 닫힘에 의해 물을 보존하는 문제가 별로 중요하지 않다. C_3 대사보다 C_4 대사가 선택적으로 훨씬 이익이 되는 임계온도는 종에 따라 다르지만 평균적으로 약 25°C이다. 대개 C_3 광합성의 최적온도 범위는 20~25°C(68~77°F)이고, C_4 광합성의 최적온도 범위는 25~30°C(77~86°F)이다.

C_4 대사와 크란츠구조는 여러 차례 진화하였다. 많은 C_4 식물들은 옥수수, 사탕수수, 수수, 그리고 그 밖의 몇몇 벼과 초본들 같이 더운 기후에 사는 외떡잎식물들이지만, 따뜻하고 건조한 지역에 사는 상당수의 진정쌍떡잎식물들 역시 C_4 식물이다(**표 10-7**).

표 10-6 이산화탄소 가공의 유형

	C_3 식물	C_4 식물	CAM 식물
최종 카르복실화효소	RuBP 카르복실화효소	RuBP 카르복실화효소	RuBP 카르복실화효소
부가 대사	없음	CO_2 전달	CO_2 저장
부가 카르복실화효소	없음	PEP 카르복실화효소	PEP 카르복실화효소
광호흡	높음	낮음	중간
기공 열림	낮	낮	밤

표 10-7 C_4 종이 포함된 식물의 과

과	친숙한 예
번행초과(Aizoaceae)	채송화
비름과(Amaranthaceae)	아마란스
국화과(Asteraceae)	과꽃, 데이지
명아주과(Chenopodiaceae)	명아주, 근대
사초과(Cyperaceae)	사초
대극과(Euphorbiaceae)	등대풀
벼과(Poaceae)	벼과 초본
분꽃과(Nyctaginaceae)	분꽃, 부겐빌레아(bougainvillea)
쇠비름과(Portulacaceae)	쇠비름
남가새과(Zygophyllaceae)	크레오소트 관목

다육식물유기산대사

다육식물유기산대사(crassulacean acid metabolism, CAM)는 광합성을 하면서 물의 보존을 향상시키는 두 번째 대사적 적응이다. 이런 이름이 붙여진 이유는 다육성 잎을 갖는 돌나물과(Crassulaceae)의 식물들에서 그 대사가 처음으로 발견되었기 때문이다(**그림 10-28**, **표 10-8**). 다육식물유기산대사는 C_4 식물의 대사와 대동소이하다. PEP가 카르복실화되어 옥살로아세트산을 만들고, 이는 말산이나 다른 산으로 환원된다. 이들 산은 수송되지 않고 그냥 축적되며, 사실상 이산화탄소가 저장되는 것이다. 이런 일은

그림 10-28 **(A)** 돌나물과의 일종인 거미바위솔(*Sempervivum arachnoideum*). 사막의 많은 다육식물처럼 이 식물은 수분을 보존하는 여러 적응을 가질 뿐만 아니라 CAM 대사를 한다. **(B)** 이 페로칵투스속(*Ferocactus*)은 CAM 식물이다. **(C)** CAM 식물의 광합성세포에는 C_4 산들을 축적할 수 있는 커다란 액포가 들어 있다. 여기에 보이는 세포들은 말뚝 울타리처럼 배열된 피층 세포들인데, 이는 잎의 울타리잎살조직과 비슷하다(× 250).

밤에 일어난다. 이들 식물이 C_3 식물 및 C_4 식물과 다른 점은 기공이 가장 더운 시기에 닫히고 서늘한 밤에만 열린다는 것이다. 시원하기 때문에 증산작용이 줄어들고, 대개 공기는 밤에 더 잔잔해진다. 따라서 기공 부근의 물 분자는 즉각 날아가지 않고 식물로 다시 확산될 수 있다. 밤에 기공이 열리는 것은 수분을 보존하는 데 효과적이지만, 빛에너지가 없어서 광합성을 하는 데에는 문제가 있다. 식물은 밤에 이용하기 위해 낮에 ATP와 NADPH를 저장할 수 없다. 이들 분자는 안정적이지 않고, 개개의 세포에는 너무 적게 들어 있다. 이런 이유로 이산화탄소는 낮까지 산에 저장되었다가, 낮에 기공을 닫고 말산이나 다른 산을 분해하여 C_3 대사를 위한 이산화탄소를 방출한다. 방출된 이산화탄소는 새벽에 기공이 닫혀 있어서 나갈 수 없다.

다육식물유기산대사는 특별히 효율적이지 않다. 이산화탄소의 총량이 너무 적어서 햇빛에 몇 시간만 쬐고 나면 C_3 대사에 완전히 쓰일 수 있다. 더구나 RuBP카르복실화효소는 내부의 이산화탄소 농도가 높은 아침에만 광호흡으로부터 보호를 받는다. 아침이 지나고 나면 광호흡이 높아지기도 하지만 포스포글리콜산의 분해로 방출된 이산화탄소는 잡혀서 다시 고정된다.

다육식물유기산대사는 빠른 생장보다 생존 자체가 매우 중요한, 덥고 매우 건조한 기후에서 선택이익이 된다. 이런 서식지에서는 아무 도움을 받지 않는 C_3 대사는 수분의 낭비가 너무 심해서 C_3 식물이 살아남을 수 없다. 많은 건조한 지역에서는 C_4 식물

대 안

박스 10-2 세균과 남세균의 광합성

복잡한 과정인 광합성은 많은 단계를 거쳐 진화해야 했고, 광합성의 많은 초기 유형이 세균과 남세균에 존재한다. 이들의 광합성을 살펴봄으로써 우리는 식물의 광합성을 보다 완전히 이해할 수 있다.

남세균의 광합성은 식물의 광합성과 가장 비슷하다. 이는 놀라운 일이 아닌데, 그것은 엽록체가 초기 진핵세포의 내부에 사는 세포 내 공생 남세균(endosymbiotic cyanobacteria)에서 비롯되었기 때문이다. 남세균의 명반응은 엽록소 *a*를 갖지만 엽록소 *b*가 결여된 엽록체의 광합성과 거의 동일하다. 남세균의 보조색소는 열린 사슬 테트라피롤(tetrapyrrole) 고리인 피코빌린(phycobilin)이고(**그림 B10-2A**), 카로티노이드처럼 작용하는 피코빌린은 엽록소가 흡수하지 못하는 파장을 흡수하고 나서 에너지를 엽록소에 전달하여 전자를 들뜨게 한다. 피코빌린의 한 종류인 남조소(phycocyanin)는 대략 620~640 nm에서 가장 강하게 흡수하기에 파란색이며, 다른 종류인 홍조소(phycoerythrin)는 550 nm에서 최대로 흡수하기 때문에 빨간색이다. 이 두 가지는 단백질과 결합하고 응집하여 전자현미경에서 볼 수 있는 작은 결절인 색소단백질체(phycobilisome)를 형성한다. 남세균의 광합성에서 나타나는 대부분의 다른 측면은 식물의 광합성과 동일하다. 물에서 나온 전자가 제2광계(PS II)에서 제1광계(PS I)를 지나고 나서 $NADP^+$가 NADPH로 환원되는 데 이용된다. 식물에서처럼 산소가 노폐물 같이 방출되므로 식물과 남세균 모두 **산소생성광합성(oxygenic photosynthesis)**을 한다. 남세균은 엽록체를 갖지 않지만 대규모로 접힌 원형질막 시트를 갖고 있고, 그 안에 색소와 전자운반체들이 들어 있다. 접힌 막은 양성자가 축적되는 공간을 형성하고 화학삼투기울기를 생성한다.

자색세균(purple bacteria)과 녹색세균(green bacteria)은 엽록소 *a*나 엽록소 *b*를 갖지 않는 대신에 **세균엽록소(bacteriochlorophyll)**를 갖는다(**그림 B10-2B**). 엽록소와 비슷하게 세균엽록소는 긴 꼬리를 갖는 닫힌 테트라피롤이지만, 이들은 엽록소에는 없는 특정한 측쇄군(side group)을 갖는다. 엽록체에서처럼 카로티노이드 보조색소가 존재한다. 제1광계는 작동하지만, 전자를 다시 세균엽록소로 돌려주는 제2광계는 없다. 대신에 최초의 전자는 일련의 운반체들을 거쳐 돌아오고, 따라서 그 전자흐름은 식물의 광합성과 비슷한 순환적이다(**그림 B10-2C**; 그림 10-17과 비교). 한 운반체는 퀴논이고, 양성자는 광합성막을 가로질러 펌프하여 진핵생물 엽록체에서와 같이 강력한 화학삼투기울기를 일으켜서 ATP가 합성된다. 제2광계가 없기 때문에 산소는 만들어지지 않는다. 이는 **산소비생성광합성(anoxygenic photosynthesis)**이다. 자색세균의 광합성기구는 원형질막과 연결된 막들의 광범위한 배열로 구성된다. 녹색세균에서는 광합성막이 원통형 소낭이고, 다른 '막'으로 둘러싸인 무리로 나타난다. 전자현미경 사진에서 보면 에워싸는 막은 전형적인 2중층 막으로 보이지 않을 뿐만 아니라 생리학적으로 다른 것으로 추정된다.

세균의 광합성은 근본적으로 빛에 의해 작동되는 양성자펌프일 따름이다. 이는 매우 단순하고 그다지 효율적이 아니다. 세균엽록소

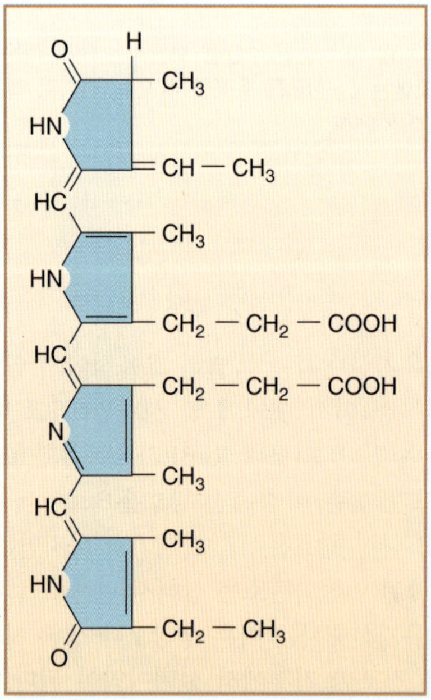

그림 B10-2A 4개의 피롤 고리인 테트라피롤을 함유하는 전형적인 피코빌린. 피롤의 양쪽 끝은 엽록소와 달리 서로 붙어 있지 않는다.

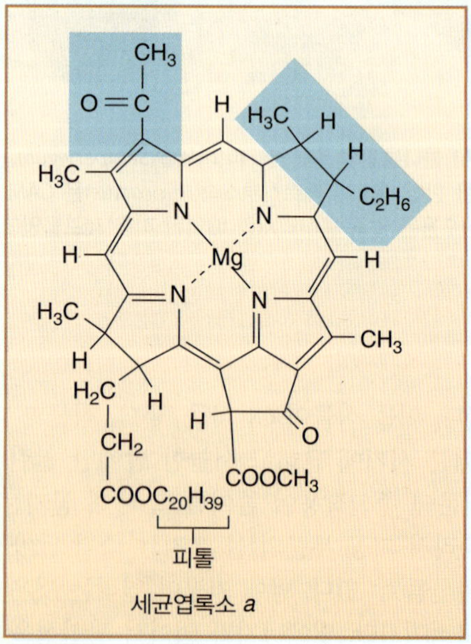

그림 B10-2B 세균엽록소 *a*는 엽록소 *a*와 비슷한데, 다만 색깔로 나타낸 자리만 다르다. 이런 유사성이 과연 진화의 두 독자적 계열의 산물인 상사적(analogous)일까, 아니면 어느 색소의 유전자가 다른 색소의 유전자로부터 진화된 상동적(homologous)일까? 이들 두 분자는 입증할 증거가 불충분하지만, 우리는 모든 광합성색소들이 진화적으로 밀접한 관계를 갖고 있다고 거의 확신하고 있다.

는 전자를 활성화하여 전자가 $NADP^+$로 이동할 수 있게끔 충분한 빛 에너지를 포획하지 않는다. 대신에 전자는 되풀이하여 순환해야 하며, 서서히 화학삼투기울기를 증강하여 최종적으로 NADPH를 생성한다. 그에 반해서 엽록소는 충분한 에너지를 획득하여 두 단계에서 $NADP^+$를 환원한다. 한편 식물과 남세균은 필요한 모든 전자를 물에서 얻는데, 생물이 사는 곳이면 어디든지 항상 물은 존재한다. 자색세균과 녹색세균은 양성자를 내보내면서 끊임없이 전자를 재순환하지만, $NADP^+$를 환원하는 데 쓰이는 전자는 황과 수소 같은 다른 물질로부터 얻어야 하는데, 이런 물질은 항상 확실하게 존재하지 않는다.

물론 식물의 광합성이 복잡하지만, 이를 단순한 펌프들과 순환적 전자흐름 그리고 화학삼투적 합성경로로 비롯된 여러 부분들이 모여 구성된 것이라고 생각해 보자. 각각은 단순한 대사기능을 갖고 유래된 다음, 진화를 거치는 동안 보다 복잡해졌다. 서서히 어느 부분이 다른 부분에 추가되고 나서 또 다른 부분이 추가되고, 마지막으로 엽록소에 기반을 둔 산소생성광합성이 생겨났다.

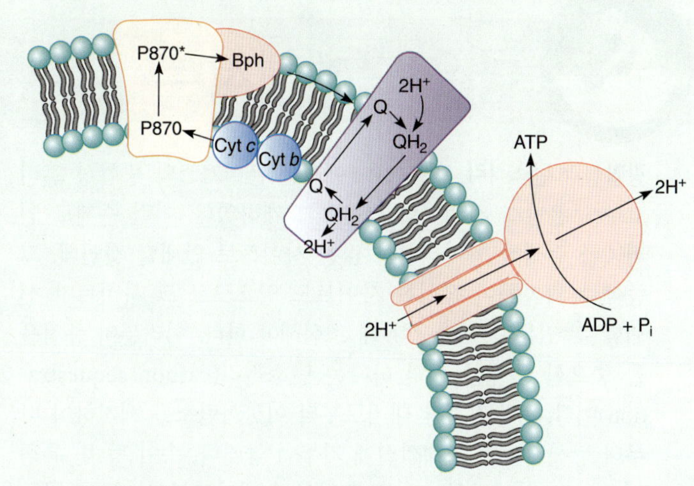

그림 B10-2C 활성화된 세균엽록소 *a*로부터 퀴논 운반체를 거쳐 양성자가 펌프되는 순환적 전자흐름. 이는 화학삼투기울기를 생성하여 ATP가 합성된다. Bph = 박테리오페오피틴(bacteriopheophytin).

표 10-8 CAM 종이 포함된 식물의 과

과	친숙한 예
용설란과(Agavaceae)	용설란, 유카
번행초과(Aizoaceae)	채송화
박주가리과(Asclepiadaceae)	박주가리과 식물
국화과(Asteraceae)	과꽃, 데이지
파인애플과(Bromeliaceae)	파인애플과 식물
선인장과(Cactaceae)	선인장
돌나물과(Crassulaceae)	꿩의비름, 돌나물
박과(Cucurbitaceae)	조롱박, 호박
용수과(Didiereaceae)	(흔하고 친숙한 예가 없음)
대극과(Euphorbiaceae)	등대풀
쥐손이풀과(Geraniaceae)	제라늄
꿀풀과(Lamiaceae)	박하
백합과(Liliaceae)	백합
난초과(Orchidaceae)	난초
괭이밥과(Oxalidaceae)	괭이밥
후추과(Piperaceae)	후추, 페페로미아속(*Peperomia*)
고란초과(Polypodiaceae)	(고사리류)
쇠비름과(Portulaceae)	쇠비름
포도과(Vitaceae)	포도
웰위치아과(Welwitschiaceae)	(겉씨식물)

이 일시적인 하천과 연못 같이 압박이 다소 덜한 미소서식지에서 자라거나, 아니면 겨울과 봄의 서늘하고 습한 계절에 빠르게 생장하여 꽃을 피우고 나서 여름에 죽고 씨앗으로만 생존하면서 간신히 그럭저럭 살아간다. 이런 조건에서는 CAM 식물이 무성하게 자라지는 않지만 C_3 식물이나 C_4 식물보다 훨씬 성공적으로 자라고 번식하면서 선택이익을 갖는다.

보다 온화하고 보다 촉촉한 조건에서는 다육식물유기산대사가 선택적으로 이익이 되지 않는다. 수분의 보존은 별로 혜택이 없고, 이산화탄소를 흡수하고 저장하는 데 있어서 제한된 능력은 확실하게 불리하다. C_3 식물과 C_4 식물은 아침부터 저녁까지 광합성을 하지만, CAM 식물은 정오가 되기 전에 광합성이 중단되기도 한다.

다육식물유기산대사는 몇 번에 걸쳐 진화하였고, 지금도 선인장과의 식물들, 많은 난초, 파인애플과의 식물들, 백합 그리고 등대풀에서 나타난다. 이들 모두 물을 저장하는 유조직으로 채워지고 두꺼운 각피와 밀랍층을 갖는 단단한 표피로 덮인 다육성의 몸과 같이, 물을 보존하는 다른 대사적 및 구조적 적응을 갖는다.

다음 단계에서는

1. **광합성과 탄소격리.** 박스 10-1에서는 온실가스와 광합성 그리고 지구온난화 간의 상호작용을 소개하였다. 이런 주제로 인터넷을 검색하면 여러분을 많은 사이트로 안내할 것인데, 그 중에는 괴짜들이 작성한 사이트도 있으므로 그 사이트가 신뢰할 수 있는지를 판단할 때 조심해야 한다. 여러분이 중점을 둘 중요한 주제들 중의 하나는 탄소격리(carbon sequestration)이다. 탄소격리란 대기로부터 이산화탄소를 제거하여 나무나 탄산칼슘의 조개껍질에 가두어 놓거나, 속이 텅 빈 유정(oil well)에 이산화탄소를 주입하여 대기로부터 격리시키는 것이다. 또 다른 중요한 주제는 대기 중의 이산화탄소 농도가 증가하면 광합성이 저절로 속도를 높일 것인가 하는 것이다. 그런데 이산화탄소의 현재 수준은 이제까지 나타났던 것 가운데 가장 낮은 수준이고, 식물은 과거보다도 훨씬 더 느리게 자랄 수 있다. 그러나 우리는 이 점에 관하여 확신이 서지 않고, 현재 연구가 진행 중이다.
2. **광합성과 생물연료.** 많은 사람들은 옥수수와 사탕수수 같은 식물을 재배하고 나서 옥수수와 당을 발효시켜 알코올을 만들어 석유 대용품으로 이용하자고 제안한다. 광합성에 의해 만들어지는 연료가 생물연료(biofuel)이다. 문제는 이들 작물을 생산하려면 트랙터로 갈고, 심고, 수확하고, 끌고, 옥수수와 당을 정제하는 데 휘발유와 디젤이 필요하다는 점이다. 더 많은 에너지를 들여 얻어내려 한다면 시간 낭비일 뿐만 아니라 상황을 악화시키는 것이다. 생물연료에 관해 연구하고 생각하는 것은 여러분이 한 단계 업그레이드하여 생각할 수 있는 중요한 주제이다.
3. **엽록체 구조와 반응중심.** 광합성의 생화학과 생물물리학에 관한 우리들의 이해는 빠르게 늘어나고 있다. 식물생리학의 전공서적들은 여러분들에게 광합성에 관해 정연한 설명을 제공할 것이고, 이 장에서 얻은 정보는 좋은 토대가 될 것이다. 책이나 총설은 반드시 최근에 나온 것이어야 한다. 연구의 진척이 너무나 빨라서 광합성에 관한 10년이 지난 책은 시대에 뒤떨어져서 쓸모가 없게 된다. 집광복합체(light harvesting complex)가 특히 중요하다.
4. **지구온난화.** 지구온난화가 인간의 화석연료 연소에 기인한다는 설득력 있는 증거가 있다. 여러분에게 있어서 중요한 걸음은 과연 지구온난화가 좋은지 아니면 나쁜지에 관해 생각하는 것이다. 우리는 현재 빙하시대의 간빙기에 있다. 지구는 지금보다 추울 때가 가끔 있었지만, 좀 더 자주 지금보다 훨씬 덥고 대기 중에 더욱 많은 이산화탄소가 있었다. 날씨가 따뜻해지면 어떤 효과가 있을까? 어떤 종은 멸종하겠지만, 새로운 종이 나타날 수 있고, 다른 어떤 종들은 번창할 것이다. 다음을 잊지 말자. 과학적 방법은 우리들에게 이에 관한 사실을 제공해 줄 수 있지만, 과연 그것이 좋은지 아니면 나쁜지를 결정하려면 여러분 자신의 윤리 기준을 이용해야 한다.

요약

1. 모든 물리적 체계는 덜 정돈된 상태가 되고 엔트로피가 증가하는 경향이 있다. 생물은 고도의 질서와 규칙성을 갖는데, 이는 에너지 입력에 의해 유지되고, 궁극적인 에너지원은 태양이다.
2. 광합성을 하는 모든 식물은 독립영양생물이지만, 일부 기생식물과 식물의 많은 조직들은 종속영양성이다.
3. 전자가 어느 원자에서 다른 원자로 전달되면 받은 원자는 환원되고 제공한 원자는 산화된다. 식물을 구성하는 물질의 대부분은 몹시 산화되어 있고, 동화될 때 반드시 환원되어야 한다.
4. 광합성색소는 하나 또는 두 에너지 준위로 전자를 올리기에 충분한 에너지를 갖는 빛의 양자에 반응한다.
5. 보조색소는 엽록소 *a*의 흡수스펙트럼과 다른 흡수스펙트럼을 갖고, 따라서 보조색소는 다른 파장을 흡수하여 그 에너지를 엽록소 *a*에 전달한다.
6. 제1광계와 제2광계는 함께 작동하여 에너지를 물에서 NADPH로 전달한다. 전자의 에너지는 두 번 들뜨는데, P680에서 한 차례 들뜨고, P700에서 다시 올린다.
7. 광의존성 반응의 결과로 화학삼투기울기가 생성된다. 양성자는 농도 차이에 의해 틸라코이드의 내강에서 ATP합성효소의 통로를 통해 스트로마로 흐르면서 ADP를 ATP로 인산화한다.
8. 순환적 전자전달은 NADPH를 만들지 않고 유리산소를 생성하지도 않으면서 가외의 ATP를 만든다. 비순환적 전자전달의 결과로 ATP와 NADPH 모두가 만들어지지만, ATP의 양은 스트로마반응에는 충분하지 않다.
9. 광합성을 하는 모든 식물은 RuBP카르복실화효소가 촉매하는 C_3 스트로마반응을 이용한다. RuBP 한 분자가 카르복실화되고, 에너지를 얻고 환원되어 두 분자의 3-포스포글리세르알데히드가 만들어진다.
10. C_4 대사는 C_3 대사의 부속이고, 대체하는 것이 아니다. 최초의 카르복실화효소로 작용하는 PEP카르복실화효소는 이산화

탄소에 대한 친화력이 높다.

11. 다육식물유기산대사는 C_4 대사와 비슷한데, 기공이 열려 있는 밤에 이산화탄소를 축적하고 저장하며, 기공이 닫힌 낮에 이산화탄소를 방출한다는 점이 다르다.

중요한 용어

3-포스포글리세르알데히드 (3-phosphoglyceraldehyde)
ATP합성효소(ATP synthetase)
C_3 (캘빈-벤슨) 회로[C_3 (Calvin/Benson) cycle]
C_4 대사 (C_4 광합성) [C_4 metabolism (C_4 photosynthesis)]
Z체계(Z scheme)
광독립영양생물(photoautotroph)
광보상점(light compensation point)
광의존성 반응(light-dependent reaction)
광인산화(photophosphorylation)
광호흡(photorespiration)
그라나(granum)
기질수준인산화(substrate-level phosphorylation)
다육식물유기산대사(Crassulacean acid metabolism, CAM))
동화반응(anabolic reaction)
리불로오스-1,5-2인산 (ribulose-1,5-bisphosphate; RuBP)
리불로오스2인산카르복실화효소 (RuBP carboxylase; RUBISCO)
반응중심(reaction center)
비순환적 전자전달(noncyclic electron transport)
산소비생성광합성(anoxygenic photosynthesis)
산소생성광합성(oxygenic photosynthesis)
산화상태(oxidation state)
산화적 인산화(oxidative phosphorylation)
산화형 화합물(oxidized compound)
색소(pigment)
세균엽록소bacteriochlorophyll)
순환적 전자전달(cyclic electron transport)
스트로마(stroma)
스트로마반응(stroma reaction)
시토크롬(cytochrome)
안테나복합체(antenna complex)
양자(quantum)
엔트로피(entropy)
엽록소 *a*(chlorohyll *a*)
오존(ozone)
온실효과(greenhouse effect)
작용스펙트럼(action spectrum)
전자전달사슬(electron transport chain)
제1광계(광계I, photosystem I)
제2광계(광계II, photosystem II)
종속영양생물(heterotroph)
지구온난화(global warming)
틸라코이드내강(thylakoid lumen)
포도당신생(gluconeogenesis)
플라스토시아닌(plastocyanin)
플라스토퀴논(plastoquinone)
햇빛의 질(quality of sunlight)
화학삼투적 인산화(chemiosmotic phosphorylation)
환원력(reducing power)
환원형 화합물(reduced compound)
흡수스펙트럼(absorption spectrum)

복습 문제

1. 엔트로피라는 단어의 의미는 무엇인가? 식물이 살아 있을 때 식물의 엔트로피는 증가할까, 아니면 감소할까? 식물이 죽은 다음에는 어떻게 될까?
2. 광독립영양생물의 몇 가지 예와 종속영양생물의 몇 가지 예의 이름을 대시오. 광독립영양생물은 에너지를 어떻게 얻는가? 식물이 유식물일 때 종속영양을 하고, 오래 되면 광독립영양이 되는가?
3. ATP는 식물과 동물의 많은 대사반응에 관여하는 중요한 화학물질이다. 그렇지만 어떤 식물이건 소량의 ATP만을 갖는다. 그 이유를 설명할 수 있는가? ATP가 반응에 들어가 반응이 진행되면 ATP는 무엇으로 전환되는가? 그 분자에는 어떤 일이 일어날까?
4. 인산화의 세 가지 방법의 이름을 대시오.
5. 환원반응은 무엇인가? 환원반응은 왜 항상 산화반응과 동시에 일어나나?
6. 유기분자에서 탄소의 산화상태는 각 산소가 ____________의 산화상태에 있다고 가정하여 계산한다. 각 수소의 산화상태는 ____________이다. 다음의 각각에 있는 탄소의 산화상태를 계산하시오: CO_2, CH_2O 그리고 말산(malic acid).
7. 다음 중 두 가지는 산화제이고, 두 가지는 환원제이다. 어떤 것이 어떤 것인가: NAD^+, $NADP^+$, NADH 그리고 NADPH?
8. 광합성에서 전자의 궁극적 원천은 무엇인가? 그 독성과 식물이 전자를 얻는 경비 측면에서 이 분자가 갖는 이점은 무엇인가?
9. 엽록소의 흡수스펙트럼을 설명하시오. 이 흡수스펙트럼이 광합성의 작용스펙트럼과 일치하는 이유는 무엇인가?
10. 엽록소는 고에너지의 양자를 이용하지 않는다. 그 이유는 무엇인가? 만약 엽록소가 고에너지의 양자를 이용한다면 어떤 일이 일어날까? 한편 엽록소는 장파장의 복사도 이용하지 않는다. 그 이유는?
11. 육상식물의 가장 보편적인 보조색소는 엽록소 ____________와 ____________________이다. 수심이 깊은 물에 사는 조류는 다른 보조색소를 갖는데, 그것은 단지 ________________과 ________________광만이 물속 깊이 투과하기 때문이다.

12. 제2광계에서 제1광계로 전자를 수송하는 전자운반체의 이름을 대시오. 어느 것이 금속원자를 함유하고, 어느 것이 그렇지 않은가?
13. 제1광계에서 NADPH를 생성할 때 그 반응중심의 P700 엽록소 *a*는 전자를 잃는다. 제2광계에서 새로운 전자를 P700에 제공하지 않는다면 어떻게 될까?
14. 물에서 전자가 제거될 때 양성자가 방출된다. 이는 스트로마에서 일어나는가, 아니면 틸라코이드의 내강 안에서 일어나나? 양성자가 직접 막을 가로질러 이동할 수 있을까? 엽록체에서 ATP합성효소의 화학삼투 메커니즘을 설명하시오.
15. 반응중심 엽록소에 의해 ADP가 직접 ATP로 전환되는가? ATP를 합성하는 효소는 필요한 에너지를 반응중심 엽록소와 직접 상호작용하여 획득하는가?
16. C_3 회로에서 이산화탄소의 수용체는 어떤 화학물질인가? 어떤 효소가 이 반응을 촉매하고, 그 생성물은 무엇인가?
17. 리불로오스2인산카르복실화효소는 결코 이상적인 효소가 아니다. 그 활성부위와 그 기질특이성과 관련한 문제들을 설명하시오. 다른 많은 종들로부터 이 효소의 아미노산순서를 비교하면 거의 동일한 것으로 나타난다. 이런 획일성이 갖는 중요한 의미는 무엇인가?
18. 어떤 화학물질이 에너지를 단기간 저장하는 데 유용한가? 에너지의 중기 저장과 장기 저장에는 어떤 화학물질이 이용될까?
19. 빛의 '질(quality)'이란 무엇인가? 사막과 풀밭 그리고 숲지붕에 있는 식물과 하층식물을 비교해 볼 때 빛의 질은 어떻게 달라지나? 호수나 바다의 표층에서 자라는 조류와 수심이 깊은 곳에 사는 조류들 간에서는 빛의 질이 어떻게 달라질까?
20. 빛의 양은 적도나 극지방과 관련하여 식물이 자리 잡고 있는 위치에 따라 어떻게 영향을 받을까? 산의 한쪽과 다른 쪽에서는 어떻게 다른가? 계곡의 한쪽과 다른 쪽에서는?
21. 빛은 밝지만 공기에 이산화탄소가 없는 환경의 잎을 상상해 보자. 과연 RuBP카르복실화효소가 기능을 할 것인가? NADP는 환원형으로 존재할까, 아니면 산화형일까?
22. 가장 밝은 환경 몇 가지의 이름을 대시오. 식물이 스스로 그늘지게 하는 몇 가지 방어적 적응을 설명하시오.
23. 식물에 있어서 중요한 요소는 흡수한 이산화탄소의 각 분자당 소모되는 물의 양이다. 각 이산화탄소 분자당 많은 물을 잃게 되면, 즉 그 비율이 높다면 식물은 어떻게 해를 입을까? 비가 많이 오는 서식지의 식물이나 사막에 사는 식물에게 이것이 더욱 중요할까?
24. C_4 식물에서는 PEP카르복실화효소가 어디에 있을까? RuBP카르복실화효소는 어디에 있을까?
25. CAM 식물에서 기공은 낮에 열릴까, 아니면 밤에 열릴까? 이는 기공이 열려 있을 때 식물이 잃는 물의 양에 어떤 영향을 미칠까?
26. CAM 식물이 밤에 산(acid)을 만들어 저장하면 식물의 산도, 즉 식물의 pH에 어떤 영향을 미칠까? 여러분의 혈액의 산도에 대해 생각해 보자. 혈액의 산도가 크게 변화할 것이라고 생각하는가?
27. 수분의 보존이 특히 필요하지 않은 서식지에서 CAM 대사가 C_3 대사나 C_4 대사보다 다소나마 유리할까? 그 이유는?
28. 지구온난화란 무엇인가? 지구온난화를 일으키는 주된 가스는 무엇인가? 지구의 대기가 현재의 CO_2 농도보다 낮은 농도를 갖게 된다면 어떤 일이 일어날까? 지금보다 CO_2 농도가 높아지면 어떻게 될까?
29. 교토의정서(Kyoto Protocol)란 무엇인가? 몇 개국이 이 조약에 서명하였나? 조약에 서명하지 않은 국가는 어느 나라인가? 미국(과 다른 모든 국가)에서 연소하여 이산화탄소가 만들어지는 두 가지 물질은 무엇인가? 인구가 많고 곧 미국보다 많이 온실가스를 배출할 것으로 예상되는 두 나라는 어디인가?

CHAPTER 11

에너지 대사: 호흡

학습 목표

이 장을 읽은 다음, 학생들이 할 수 있는 것은;

- 광합성에서 생성된 과다한 에너지가 무엇이 되는지 설명한다.
- 유기호흡과 무기호흡을 비교한다.
- 유기호흡의 세 부분을 열거한다.
- 열발생호흡의 혜택을 확인한다.
- 5탄당인산경로의 가치를 설명한다.
- 온도와 호흡률 간의 관계를 설명한다.
- 무기호흡보다 유기호흡이 어떻게 훨씬 더 효율적인지 설명한다.
- 호흡률의 정의를 내린다.
- 맥주와 와인 및 증류주의 발효과정을 비교한다.

알고 있나요?

- 포도당 분자는 많은 화학반응에 이용되기에는 너무 많은 에너지를 갖고 있다. 호흡은 그 에너지를 36개의 작은 '조각(piece)'으로 쪼개는데, 이 각각이 ATP 분자이다.
- 호흡은 모든 대사 가운데 아주 오래된 대사의 하나이다. 거의 모든 생물은 거의 동일한 대사경로에 의해 호흡한다.
- 유기호흡은 산소가 필요하고, 각 포도당 분자의 호흡에서 많은 ATP 분자가 생성된다.
- 무기호흡은 산소를 필요로 하지 않지만, 각 포도당 분자에서 훨씬 적은 ATP 분자가 생성된다.
- 여러분이 달리거나, 자전거를 타거나 또는 운동을 너무 격하게 하면 여러분의 혈액이 근육이 필요로 하는 만큼 빠르게 산소를 운반해 주지 못하기에, 에어로빅 또는 '유산소운동(aerobic exercise)'은 사실상 무산소성 운동이다.

개요

장의 첫 이미지: 식물의 조직은 동물과 똑같이 유기호흡을 수행하므로, 만약 물에 잠기면 익사한다. 이 낙우송(*Taxodium distichum*)의 뿌리는 잔잔한 물 밑의 진흙에서 자라는데, 이 구역은 산소가 거의 없는 곳이다(어쩌다 확산되어 온 산소는 세균이 모두 이용한다). 그러나 낙우송의 뿌리는 수천 개의 공기통로를 가진 무릎 모양의 공기뿌리를 위로 올려, 산소가 공기로부터 아래의 뿌리로 확산된다. 공기뿌리가 수면 위에 있는 한, 뿌리는 충분한 산소를 얻게 된다.

개념

광합성의 광의존성 반응은 과다한 에너지와 환원력을 생성하는데, 이 두 가지는 포도당과 녹말로 저장된다. 중요한 필연적인 결과는 에너지를 회수하고 탄소를 환원하는 능력이어야 한다. 에너지의 회수는 밤이나 식물의 잎이 떨어진 겨울과 같이 광합성이 불가능할 때는 나중에 일어날 수 있다. 한편 에너지 회수는 광합성이 일어난 곳과 다른 자리에서 일어날 수 있다. 포도당이 설탕(자당)으로 전환되어 정단분열조직이나 관다발형성층 또는 그 밖의 종속영양조직으로 수송된 후에 분해되면 에너지가 회수된다(**그림 11-1**).

호흡(respiration)은 복잡한 탄소화합물을 단순한 분자들로 분해하고, 그와 동시에 다른 대사과정들을 작동하는 데 이용되는 아데노신3인산(ATP)을 생성하는 것이다(**그림 11-2**). 호흡 과정에서 탄소가 산화된다. 그 산화상태는 NAD^+에 의해 전자가 제거되면서 +0에서 +4로 올라가고, 이 과정에서 NAD^+는 NADH로 전환된다. 이는 근본적으로 광합성의 정반대인데, 광합성에서는 NADPH가 전자를 탄소에 운반해서 탄소를 환원시켰다.

호흡에 의해 생성되는 NADH는 훌륭한 환원제이지만, 건설적인 환원반응에 필요한 양보다 훨씬 많은 양이 만들어진다. 식물은 환원에서 NADH가 아닌 광합성에서 생성된 NADPH를 주로 이용하며, 동물과 곰팡이가 소비하는 화합물의 대부분은 이미 환원된 것이다. NADH에는 엄청나게 많은 양의 에너지가 들어 있기 때문에, 이를 산화하여 더 많은 ATP를 생성할 수 있는 생물에게는 선택이익이 된다.

NADH가 NAD^+로 산화하려면 전자를 다른 것에 전달해야 한다. 이상적인 수용체는 풍부하고 저렴하며, 사용한 다음 독성이 없어야 한다(**그림 11-3**). 이는 한편으로 광합성에서 전자의 원천이 지닐 세 가지의 이상적인 특징이고, 광합성과 호흡의 양쪽 과정에서 이용되는 물질은 바로 물이다. 알고 보면 호흡의 결과는 광합성의 정반대이다. 전자는 환원형 NADH의 도움을 받아 탄수화물의 탄소로부터 이동하고, NADH는 전자를 전자전달사슬로 전달하며, 차례차례로 전자를 산소에 공급하여 이를 환원시킨다. 전자가 추가되면서 양성자를 끌어들인 후 결합하면 산소가 물로 전환된다. 이와 같은 정반대의 유사성이 한 단계 더 진척된다면 전자전달사슬은 빛을 발할 수도 있겠지만, 이렇게 되면 에너지의 완전한 낭비가 될 수 있다. 그 대신에 전자전달사슬은 에너지를 ATP의 고에너지 인산결합궤도로 에너지를 아낀다.

한편 호흡은 식물에게 중요한데, 왜냐하면 그 많은 단계들의 수많은 중간화합물들이 여러 동화경로의 개시물질로 유용하게 쓰이기 때문이다. 호흡경로에 들어갔지만 이산화탄소와 물로 분해되기 전의 포도당 한 분자는 호흡에 이용되지 않는 효소에 의해 중간물질의 형태로 발탁되기도 하는데, 이 효소는 아미노산, 지방, 핵산, 목질소 그리고 그 밖의 다른 분자를 만드는 경로로 포도당을 돌린다.

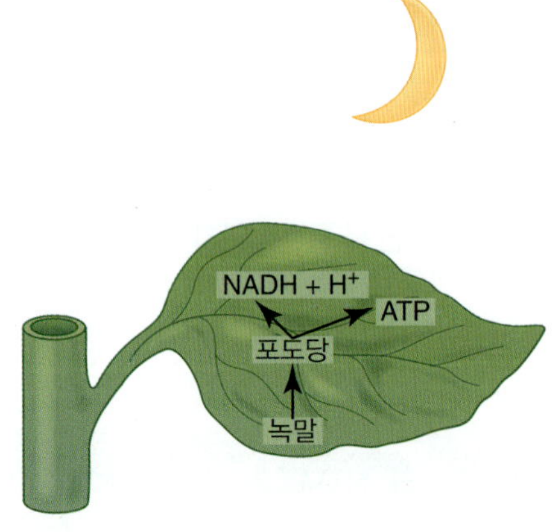

그림 11-1 **(A)** 빛을 이용할 수 있을 때, 독립영양조직은 세포의 대사에 필요한 것보다 많은 ATP와 NADPH를 생성한다. 포도당이 만들어지면, 그 중 일부는 잎에서 녹말로 저장되며, 일부는 설탕으로 전환되어 완전히 종속영양인 구역이나 스스로 광합성을 해서 공급할 수 있는 것 이상으로 훨씬 빠르게 자라는 구역으로 수송된다. 설탕은 다시 포도당으로 전환되어 호흡하거나(R) 아니면 섬유소, 목질소, 아미노산 및 핵산 같은 세포 구조의 구축(C)에 이용된다. 뿌리, 나무줄기, 열매 그리고 씨에서는 일부 포도당이 녹말로 중합되어 여러 달 또는 여러 해 동안 저장(S)된다. **(B)** 독립영양조직이라 할지라도 밤에는 종속영양이 되며, 저장된 녹말을 호흡하여 생존한다.

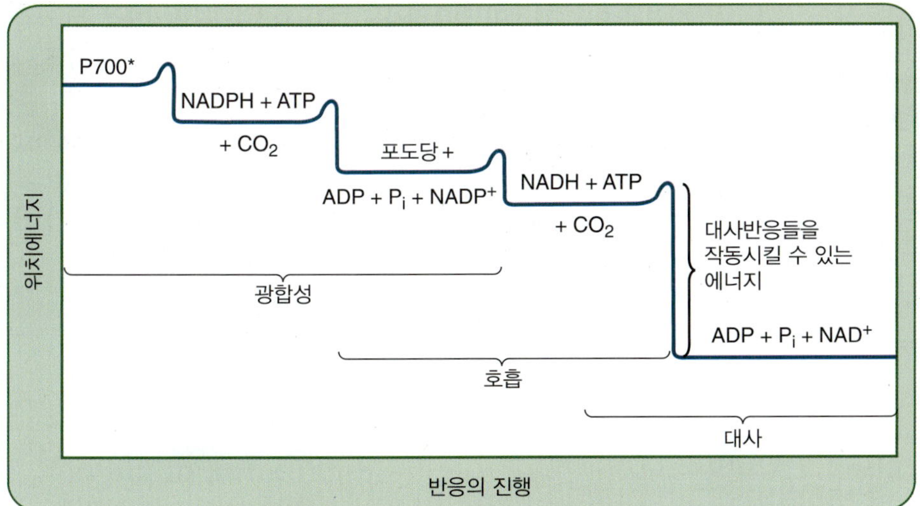

그림 11-2 이 가상적인 반응도표는 광합성과 호흡에서 나타나는 주요 화합물이 지닌 위치에너지의 상대적인 수준을 보여준다. 활성화된 P700의 위치에너지가 가장 크고, 그 대부분은 ATP와 NADPH의 형성에 이용된다. 이들이 이산화탄소를 환원하여 포도당을 만들면 많은 에너지가 보존된다. 호흡은 에너지를 ATP와 NADH에 전달한다. 다른 대사반응을 통해 ATP와 NADH가 분해되고 많은 양의 에너지를 방출한다. 대사경로에 따라 이 에너지의 일부는 간직되고 일부는 잃는다.

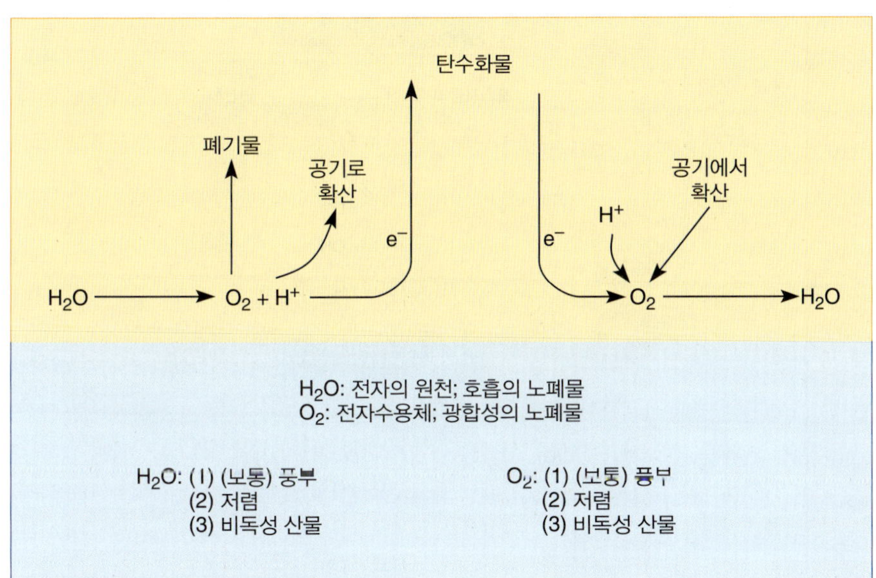

그림 11-3 생물의 대사가 풍부하고 저렴하며 독성이 없는 노폐물을 만드는 원료에 바탕을 둔다면 선택적으로 이익이 될 것이다. 돌연변이가 일어나서 개체가 드물거나 비용이 많이 드는 화합물을 요구하거나 또는 분해되어 독성을 띠는 산물을 만드는 화합물을 요구하게 된다면, 그런 돌연변이는 선택적으로 불이익이 될 것이다.

호흡의 유형

세포호흡은 유기호흡과 무기호흡의 두 가지 범주에 속한다. 최종 전자수용체로 산소를 요구하는 호흡이 **유기호흡(aerobic respiration)**이다. 어떤 조건에서는 산소를 이용할 수 없어서 다른 전자수용체를 이용해야 한다. 산소가 필요 없는 호흡이 **무기호흡(무산소 호흡, anaerobic respiration)**이고, 이는 종종 **발효(fermentation)**라고 부른다. 동물과 식물이 호흡하기 위해서는 반드시 산소가 있어야 하므로, 이들은 **절대호기성 생물(obligate aerobe 또는 strict aerobe)**로 알려져 있다(**표 11-1**). 정반대의 경우는 **절대혐기성 생물(obligate anaerobe)**이라고 부르는 세균인데, 이들은 전적으로 무기호흡을 수행하며, 그런 세균들은 산소가 존재하면 실제로 죽는다. 많은 곰팡이와 동물의 어떤 조직 그리고 일부 식물들은 **조건호기성(facultatively aerobic)** 또는 **조건혐기성(facultatively anaerobic)**이다. 만약 산소가 존재하면 이들 생물은 유기호흡을 하지만, 산소가 없거나 충분하지 못하면 이들은 무기호흡으로 바꾼다. 많은 곰팡이, 특히 효모들은 산소가 없어도 무기한으로 살 수 있지만, 식물과 동물의 조직은 잠깐 동안만 생존할 수 있다. 이들은 결국 산소를 획득하여 다시 유기호흡으로 돌려야 하며, 그렇지 못하면 죽게 된다.

표 11-1 생물의 종류와 산소의 존재 유무 간의 관계

	산소 있음	산소 없음
절대호기성 생물	유기호흡; 생존 가능	호흡 못함; 사멸
절대혐기성 생물	산소가 생명 유지에 필수적인 어떤 막을 파괴; 사멸	발효; 생존 가능
조건적 생물	유기호흡; 생존 가능	발효; 생존 가능

무기호흡

무기호흡을 거치는 동안 포도당은 **해당과정(glycolysis)** 또는 **엠덴-마이어호프경로(Embden-Meyerhoff pathway)**라고 부르는 대사경로에 의해 분해된다. 해당과정과 포도당신생과정은 기본적으로 동일한 경로인데, 반응이 서로 반대 방향으로 진행된다(**그림 11-4**). 모든 중간물질이 같고 많은 효소도 동일하지만, 이 두 과정은 어떤 중요한 단계에서 서로 다른 효소를 이용한다. 이는 세포로 하여금 어느 과정이 멈추더라도 다른 과정은 진행되게끔 두 과정을 조절할 수 있게 해 준다. 한 세포 내에서 두 경로가 동시에 작동되는 것은 소용없는 일이다.

해당과정에서는 ATP가 포도당을 포도당 6-인산(glucose 6-phosphate)으로 인산화하고, 포도당 6-인산은 과당 6-인산(fructose 6-phosphate)으로 전환된다. 이를 ATP의 두 번째 분자가 인

포도당

(A) ATP → ADP 헥소키나아제

포도당 6-인산

(B) 포도당인산이성질화효소

과당 6-인산

(C) ATP → ADP 포스포프룩토인산화효소

과당 1,6-2인산

(D) 알도라제

이성질화효소

디히드록시아세톤인산

3-포스포글리세르알데히드

해당과정에서는 2분자의 ATP가 생성된다.
과정을 거치는 동안 4분자의 ATP가 만들어지고 2분자의 ATP가 소비되었다.

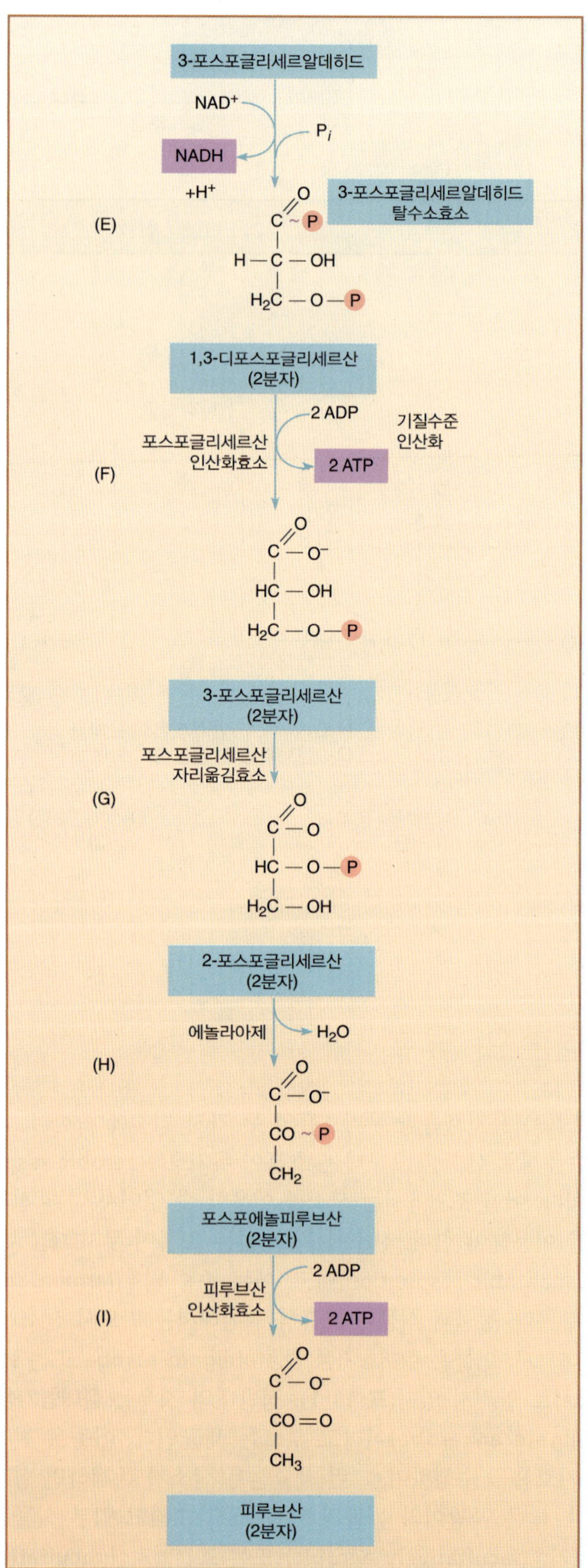

그림 11-4 엠덴-마이어호프경로라고도 부르는 해당과정은 무기호흡의 주요 부분을 이루는 한편, 유기호흡의 첫 부분이다.

산화하여 과당 1,6-2인산(fructose 1,6-bisphosphate)이 되고, 이는 3-포스포글리세르알데히드(3-phosphoglyceraldehyde)와 디히드록시아세톤인산(dihydroxyacetone phosphate)으로 쪼개진다. 후자는 3-포스포글리세르알데히드의 두 번째 분자로 전환될 수 있고, 둘 다 1,3-디포스포글리세르산(1,3-diphosphoglycerate)으로 산화될 수 있다. 이 산화단계에서 3-포스포글리세르알데히드의 탄소로부터 전자가 NAD^+로 전달되고, NAD^+는 NADH로 전환된다(NADPH의 경우와 마찬가지로, 정확하게 방정식의 균형을 맞춘다면 NADH는 양성자와 관련시켜 생각해야 한다: NADH + H^+). 고에너지 결합을 갖고 있는 1,3-디포스포글리세르산이 그 인산기의 하나를 ADP에 전달하여 이를 ATP로 전환시키면 3-포스포글리세르산(3-phosphoglycerate)이 되는데, 이 과정을 **기질수준인산화(substrate level phosphorylation)**라고 부른다. 그 효소는 포스포글리세르산인산화효소(phosphoglycerate kinase)인데, 인산화효소(kinase)들은 기질로부터 인산기를 제거하는 많은 효소들을 일컫는다. 가인산분해효소(phosphorylase)는 정반대로 기질에 인산염을 첨가한다.

이는 근본적으로 스트로마반응의 정반대이지만, 그 다음에 리불로오스-1,5-2인산이 나타나지 않는다. 대신에 3-포스포글리세르산은 처음에 2-포스포글리세르산으로 바뀌고 나서 포스포에놀피루브산(phosphoenolpyruvate, PEP)이 되는데, PEP는 C_4 대사와 다육식물유기산대사(CAM)의 이산화탄소 수용체와 동일한 대사물질이다. 한편 고에너지 결합을 갖고 있는 PEP는 그 인산기를 ADP에 전달하여 이를 ATP로 전환시키고, 탈인산화된 PEP는 피루브산이 된다.

만약 산소가 없으면 무기호흡은 이제 가능한 모든 에너지를 제거한다. 한 분자의 포도당으로부터 4분자의 ATP가 생성되고 2분자가 소비되었으므로, 순생산은 ATP 2분자이나. 가끔 세포는 포도당 6-인산에서 시작하고 ATP 한 분자 적게 시작하기도 한다. 무기호흡에서 생성되는 ATP는 단백질 합성, 핵산 복제, 미세소관 조립 및 철의 수송 같은 다른 대사반응에 이용된다. 이러한 대사경로들이 호흡을 하는 이유이고, 이들이 생성하는 ADP는 해당과정의 자리로 되돌아가서 다시 인산화되어 ATP가 된다.

해당과정에서 NAD^+가 NADH로 환원되는 것이 문제이다. 만약 세포가 환원력을 필요로 한다면 NADH가 이용될 수 있고, 해당과정이 계속 가동되는 데 필요한 NAD^+가 다시 생성된다. 예를 들면, 뿌리가 흡수하는 질산염과 황산염은 반드시 환원되어야 하며, 지방산의 합성 과정에서 다량의 환원력이 필요하다. 이러한 환원의 대부분은 이 추가의 NADH에 의해 수행될 수 있지만(**그림 11-5**), 보통 세포는 호흡에서 ATP가 합성되는 동안 만들어지는 만큼의 많은 환원력을 필요로 하지 않는다. 그 결과 NADH가 축적되고, 모든 NAD^+가 소비되어 해당과정은 NAD^+의 결핍으로 중단된다. 해당과정이 계속 일어나지 않으면 더 이상 ATP가 합성되지 못하여 죽을 수 있다. 그 전자를 뭔가에 떠넘겨서 NADH를 NAD^+로 되돌리는 것이 중대한 문제이다. 무산소 상태에 있는 동물조직에서는 전자수용체가 피루브산이다. NADH가 피루브산과 반응하여 **젖산염(lactate)**이 되는데, 이는 **젖산(lactic acid)**의 음이온이다(**그림 11-6**). 식물과 곰팡이에서는 피루브산이 먼저 **아세트알데히드(acetaldehyde)**로 전환되고 나서 NADH가 아세트알데

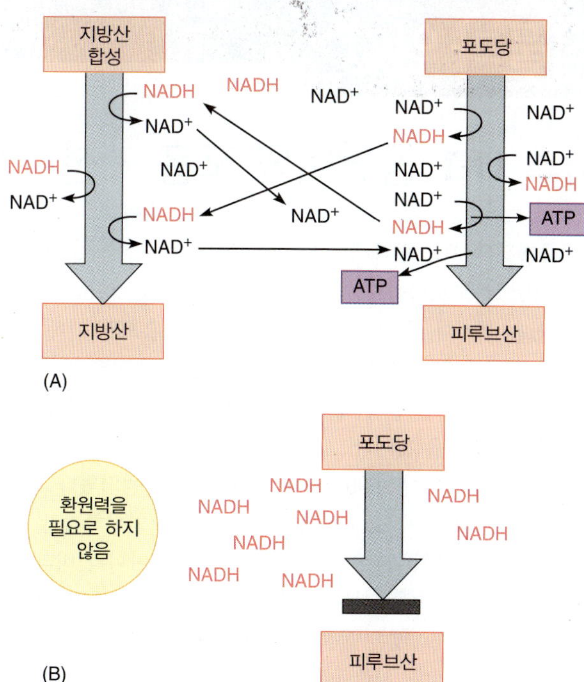

그림 11-5 **(A)** 지방산의 합성에서와 같이 세포가 환원력을 필요로 한다면 그 반응은 사실상 전자를 수용하는 반응이 되고 NAD^+가 다시 생성되는데, NAD^+는 세포의 다른 부분들로 확산되어 해당과정에 의해 ATP가 계속 만들어지도록 한다. **(B)** 만약 환원력을 필요로 하지 않는다면 NAD^+/NADH는 NADH로 축적된다. NAD^+가 없으면 해당과정이 중단된다. 3-포스포글리세르알데히드가 1,3-디포스포글리세르산으로 산화되지 못하고, ATP는 합성되지 못한다.

(A) (해당과정에서 온) 피루브산염 —(NADH + H^+ → NAD^+)→ 젖산염

(B) (해당과정에서 온) 피루브산염 —(CO_2)→ 아세트알데히드 —(NADH + H^+ → NAD^+)→ 에탄올

그림 11-6 **(A)** 혈액 순환이 따라갈 수 있을 만큼 천천히 운동을 하면 우리의 모든 근육활동에 산소가 공급되지만, 운동을 빠르고 강렬하게 그리고 오래 지속하면 혈액이 충분한 산소를 혈액에 제공하지 못하고 젖산발효가 시작된다. 젖산이 축적되면 쥐가 나고 근육통이 생긴다. **(B)** 알코올발효에서는 피루브산이 NADH + H^+에 의해 환원되기 전에 아세트알데히드로 전환된다. 예를 들어, 어떤 금붕어는 호수 표면의 얼음 때문에 산소가 물에 용해되지 못할 때 포도당을 호흡함으로써 에탄올로 만들어 낮은 농도의 산소에서도 생존한다.

식물과 인간

박스 11-1 곰팡이의 호흡—선사 시대의 산업혁명

많은 대학생들은 발효에 관해 어느 정도 알고 있다. 여러분이 엠덴-마이어호프경로는 모르더라도 맥주와 와인이 발효된 것이라는 것은 이미 알고 있을 것이다. 효모라는 곰팡이의 유기호흡으로 인해 빵이 부풀고 스위스 치즈에 구멍이 생긴다는 것도 이미 알고 있겠지만, 이러한 발효의 이용이 수천 년 전에 생명을 구하는 과정으로 시작되었다는 사실은 깨닫지 못했을 것이다.

기원전 2000년에서 3000년 사이에 농업이 기원되었다고 생각할 때 우리는 종종 밀과 벼 그리고 옥수수의 재배를 연상하지만, 열매와 동물의 산물을 이용하는 것은 식품의 다양성뿐만 아니라 비타민과 필수영양소의 다양성을 위해서도 필연적이었다. 기원전 3000년의 생활을 생각해 보자. 슈퍼마켓은 물론 없고, 통조림 식품이나 냉동 식품 또는 냉장 식품도 없었다. 사람들은 자신이 먹을 음식을 재배하거나 채집하거나 또는 교환하였다.

가을에 찬바람이 불고 비가 내렸다고 상상해 보자. 겨우내 살아남기 위해 여름의 풍성한 음식을 어떻게 보존할 것인가? 곡식을 심으려면 그리고 포도덩굴의 휴면눈이 벌어져 새로운 잎과 꽃이 나오려면 기나긴 일곱 달을 기다려야 한다. 봄이 된다 하더라도 첫 수확은 빨라야 5월이나 6월이 되어야 한다. 암소가 새끼를 낳고 우유가 나오기만을 기대할 따름이다(암소는 송아지가 너무 어려서 풀을 먹지 못할 때에만 젖이 나온다). 겨울을 나기 위해서는 음식을 어떻게 보존해야 할까?

밀 같은 곡물은 수확 직전에 자연적으로 건조해져서 저장하기가 비교적 쉽다. 이런 곡류는 너무 말라 있어서 미생물이 잘 자랄 수 없다. 한 가지 문제는 곡식이 젖지 않게 해 주어야 하는 것인데, 겨울철의 습기뿐만 아니라 자체의 느린 호흡에서 생기는 물로부터도 보호해야 한다.

열매도 말릴 수 있지만, 셀로판 봉지나 비닐 봉지가 없으면 확실하게 건조 상태를 유지할 수 없다. 고대의 저장방법으로는 말린 열매가 종종 겨울의 습한 공기로부터 수분을 흡수하여 곰팡이와 세균이 자라는 것을 막을 수 없었을 것이다. 미생물의 생장을 막을 한 가지 방법이 일찍 발견되었는데, 그것이 발효이다. 달콤한 열매를 밀봉된 병(무산소 조건)에서 부분적으로 호흡시키면 에탄올이 생성되어 모든 미생물이 죽고 열매가 살균된다. 병이 봉해져 있는 동안은 열매와 과즙이 안전하고, 그 무기질, 비타민, 아미노산 등등이 모두 안전하다. 맥주는 가장 보편적으로 보리를 발효시킨 것으로, 보리는 서늘하고 축축한 북반구 기후에서 가장 잘 자라는데, 이런 곳은 곡식을 건조한 상태로 유지하기가 아주 어려운 곳이다.

저온 살균을 하지 않은 자연적인 우유는 실온에서 세균이 빠르게 자라면서 이틀이나 사흘 안에 상했지만(기원전 3000년에는 물론 모든 온도가 실온이었음), 적절한 곰팡이가 첨가되면 우유가 부분적으로만 분해되고, 그 결과 생기는 치즈는 세균의 생장을 멈출 수 있을 정도로 건조하고 안정적이다. 공기 중의 세균으로부터 보호하기 위해 왁스 층으로 씌우면 몇 년 동안 지속될 수 있다.

효모를 이용하여 부풀어 올라 스펀지 같이 되도록 빵을 발효시키는 것은 근본적으로 반대의 효과이다. 밀을 갈아서 가루낸 후에 물과 섞은 다음 굽게 되면, 그 결과 얻게 되는 빵이 매우 단단하고 건조하여 아주 오랜 시간 지속될 수 있다. 입에서 딱딱한 빵을 씹는 일은 큰 시련이다. 그런데 효모의 유기호흡에서 생기는 이산화탄소가 빵의 반죽에 잡혀서 빵의 식감이 부드러워지고 보다 잘 벌어진다. 이런 빵은 잘 보존할 수 없지만 훨씬 먹기가 좋다.

히드와 반응하여 **에탄올(ethanol)**, 즉 **에틸알코올(ethyl alcohol)**을 형성한다(**그림 11-7A**). 무산소 상태는 잔잔한 물, 특히 늪과 습지 밑의 진흙에서 자라는 식물과 곰팡이에서 나타난다(**그림 11-7B**). 볍씨는 지상부가 산소가 포함된 물을 만날 때까지 무산소 상태에서 발아하고 자란다(**그림 11-8**).

에탄올과 젖산염은 NADH가 축적되는 문제에 대한 특히 좋은 해결책은 아니다. 물론 해당과정 자체가 피루브산을 생성하기 때문에 피루브산은 항상 적절한 양으로 존재하지만, 그렇다고 해서 그다지 저렴한 것은 아닌데, 그 이유는 많은 결합성 궤도에 고에너지 전자들이 있기 때문이다. 뿐만 아니라 피루브산은 많은 유형의 합성에서 단위체로 이용될 수 있다. 산소의 결핍은 세포로 하여금 매우 귀중한 분자를 전자폐기장으로 이용하게 만든다. 심지어 더 나쁜 것은 젖산이건 알코올이건 간에 그 산물이 독성을 띤다는 것이다. 젖산이나 알코올이 조직이나 환경에 축적되면 이들을 생성한 세포에 해를 입히고 심지어는 세포들을 죽인다(**표 11-2**).

표 11-2 전자수용체
피루브산염 1. 필요로 할 때 풍부함 2. 비쌈 3. 독성 산물 (젖산염)
아세트알데히드 1. 필요로 할 때 풍부함 2. 비쌈 3. 독성 산물 (에탄올)
산소 1. 필요로 할 때 대개 풍부함 2. 저렴함 3. 비독성 산물 (물)

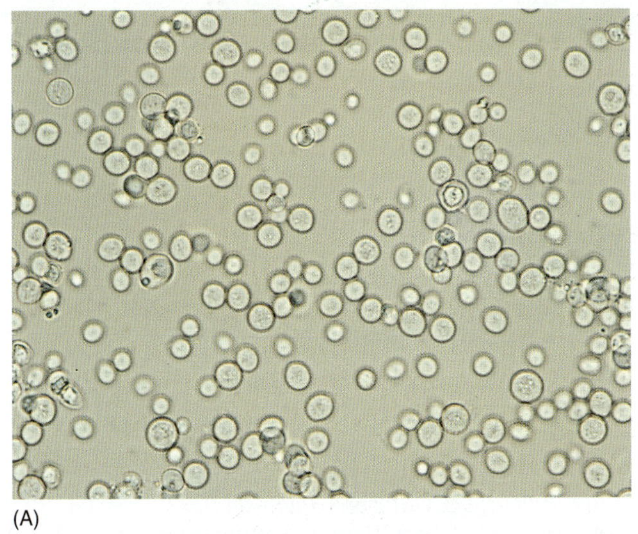
(A)

(B) © OlegAlbinsky/iStock

그림 11-7 (A) 포도주의 양조에서 효모 사카로미세스속(*Saccharomyces*) 세포는 포도에 들어 있는 포도당을 발효하고, 노폐물로 에탄올을 분비한다. 자연적으로 발효된 와인은 알코올의 최대 함유량이 14%이고, 이 농도에서는 노폐물이 효모를 죽인다. 맥주의 알코올 농도는 이보다 낮은 5.5%인데, 이는 그 효모가 에탄올에 훨씬 예민하기 때문이 아니라 법정 한도 때문이다. 인위적으로 발효를 중단시켜야 하는데, 대체로 맥주를 데워서 효모를 죽인다. 알코올 함유량이 14%보다 높은 알코올 음료는 가외의 알코올을 추가하거나 물의 일부를 제거하는 것이다(×430). **(B)** 이들 습지식물의 잎과 직립줄기는 산소가 풍부한 환경에 존재하지만, 뿌리줄기와 뿌리는 산소가 없는 흙 속에 있다. 줄기의 통기조직이 잎으로부터 뿌리줄기와 뿌리로 약간의 산소를 확산시키지만, 무기호흡도 조금 일어날 수 있다. 뒤에 있는 나무들은 토양에 적절한 산소가 있는 곳에서만 자랄 수 있다.

무기호흡의 부정적인 면을 고려한다면 자연선택이 어떻게 그토록 비효율적인 것을 만들었을까? 생명이 생겨나고 호흡경로들이 진화한 시기에 지구의 대기는 수소가 풍부한 환원형 화합물들을 포함하였지만 산소는 없었다. 그 결과, 피루브산과 아세트알데히드를 전자수용체로 이용하여야 했다. 오랜 세월이 경과한 후, 엽록소 *a*에 기반을 둔 광합성이 진화하고 물 분해의 결과로 환경에 산소가 방출되었다. 유리산소가 비교적 풍부해진 다음, 유기호흡을 하는 돌연변이들이 선택적으로 이익이 되기 시작하였다. 해당과정은 모든 대사과정 가운데 가장 오래된 대사의 하나로, 이는

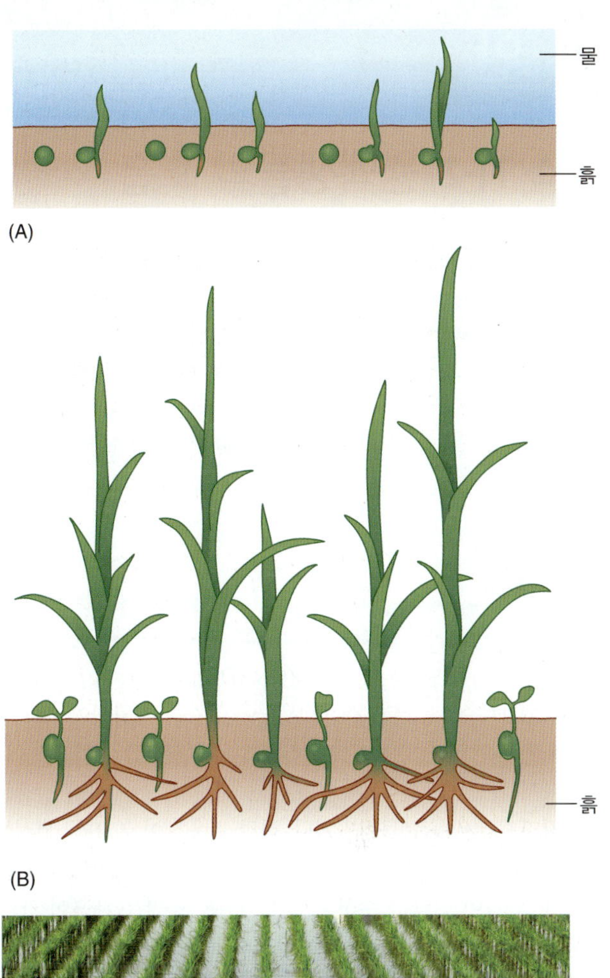

(C)

그림 11-8 (A) 물에 잠겨 무산소성 조건이 되더라도 볍씨는 발아하여 자라기 시작하는데, 그것은 볍씨의 배가 조건적 무기호흡을 수행하기 때문이다. 동그랗게 나타낸 다른 씨들은 발효를 할 수 없기 때문에 휴면상태로 남아 있다. 휴면상태에서는 대사속도가 느리고 소량 존재하는 산소가 바로 죽지 않게 해 준다. **(B)** 물이 빠지면 산소를 이용할 수 있고, 벼 외의 종자들이 발아한다. 그렇지만 벼가 다른 식물들을 그늘지게 하고, 토양도 이미 벼의 뿌리들로 가득 차 있다. 벼 식물은 커다란 장점을 갖는다. **(C)** 여전히 물에 잠겨 있는 벼의 모.

예외 없이 모든 생물에서 나타난다.

산소가 풍부한 대기와 유기호흡의 존재에도 불구하고 무기호흡은 여전히 어떤 선택이익을 갖는다. 비록 방법이 이상과는 너무 멀지만 무기호흡은 어떤 생물로 하여금 특정한 환경에서 생존하도록 해 준다. 이를테면 벼의 유식물은 무기호흡을 할 수 있기 때문에 물에 잠겨 다른 식물체와 유식물들이 질식사할 때에도 발아

대 안

박스 11-2 원핵생물의 호흡

기본적 반응

모든 식물, 동물, 균류, 남세균 그리고 대부분의 세균과 고세균에서 호흡에 이용되는 화합물은 당, 지방, 아미노산 등등의 유기화합물이다. 그렇지만 어떤 원핵생물[**무기영양생물(lithotroph)**]은 무기화합물을 대사하고, 수소, 황, 철 및 질소 등으로부터 에너지를 추출한다.

전자공여체

수소의 호흡이 이해하기 쉽다. $2H_2 + O_2 \longrightarrow 2H_2O$의 반응에서 2개의 전자가 유리되어 방출되고, 전자가 NAD^+에 전달되어 NADH가 생성된다. NADH는 보통의 전자전달사슬에 전자를 제공하여 ATP가 만들어진다. 황화수소(H_2S)와 티오황산염($S_2O_3^{-2}$)은 모두 황(S^0)으로 전환되고 나서 황산염(SO_4^{-2})이 된다. 이들 반응은 에너지를 방출하고, 전자는 전자전달사슬로 들어가거나 직접 반응하여 ATP를 생성한다. 최종산물인 황산은 식물과 효모의 발효에서 생성되는 에탄올처럼 독성이 있다. 환경이 산을 흡수하여 희석시키는 동안은 세균이 해를 입지 않는다. 티오바실러스 티오옥시던스(*Thiobacillus thiooxidans*)는 pH 2에서도 잘 자란다. 2가철이온(Fe^{+2})이 3가철이온(Fe^{+3})으로 산화되면 전자가 방출되고, 이 전자는 한 분자의 ATP를 형성하는 데 이용될 수 있다(**그림 B11-2A**, **B11-2B**). 마찬가지로, 암모늄(NH^{+4})은 아질산염(NO_2^-)으로 산화되었다가 질산염(NO_3^-)이 될 수 있고, 이 과정에서 ATP합성에 이용될 수 있는 6개의 고에너지 전자들이 방출된다.

전자수용체

다양한 원핵생물들이 환원된 다양한 화합물을 전자와 에너지의 원천으로 이용하듯이, 다른 어떤 원핵생물들은 몹시 산화된 다양한 화합물을 전자수용체로 이용한다. 가장 보편적인 전자수용체는 질산염(NO_3^-)인데, 이는 아질산염이나 질소로 전환된다. 황산염도 전자수용체로 작용하고, 황화수소로 전환된다. 이들 과정은 앞에서 설명한 과정과 정반대인데, 같은 화합물들이 호흡의 기질로 이용되었다. 이들이 어떻게 어떤 때에는 전자공여체로 작용하지만, 딴 때에는 전자수용체로 작용할 수 있을까? 그 실마리는 산소의 존재 유무이다. 산소는 전자를 흡수하려는 경향이 강해서 산소가 존재하면 황화수소와 황산염 간의 균형이 황산염 쪽으로 옮겨간다. 산소가 없으면 그 균형은 반대로 이동된다.

어떤 유기화합물은 산소가 없을 때 전자수용체로 작용하는데, 이 과정이 발효이다. 세균은 수많은 당과 유기산 같은 다양한 기질들을 발효하여 에탄올, 젖산, 프로피온산, 아세트산, 아세톤, 메탄올과 이산화탄소 같은 산물을 만든다. 아미노산(예를 들어, 세균은 동물의 몸을 분해함)과 질소나 황을 포함하는 다른 화합물의 발효를 종종 부패(putrefaction)라고 부르고, 황화수소(썩은 달걀 냄새), 이소부티르산, 카다베린(리신에서), 푸트레신(오르니틴에서) 그리고 암모니아 등의 냄새나는 화합물이 생성된다. 연구자들은 섬유소와 목질소를 연료로 이용하는 에탄올이나 메탄으로의 발효를 증가시키는 방법들을 실험하고 있지만, 여러분도 잘 알다시피 섬유소와 목질소는 고도로 불활성인 비반응 화합물이다.

그림 B11-2A 콜로라도의 이 하천은 깨끗한 물이 흐르는 자연 조건이다.

그림 B11-2B 이 하천은 다른 하천과 불과 몇 마일 떨어져 있지만 광산폐기물의 유출로 오염되었다. 철산화세균이 2가철이온을 기질로 이용하여 3가철이온으로 전환하고 ATP를 생성한다. 이토록 오염된 조건에서는 다른 어떤 생명도 나타나지 않는다.

통합대사

광합성과 호흡 그리고 탄소 간의 관계는 단순하지만 중요하다. 모든 광합성식물은 독립영양생물이다. 광합성식물은 이산화탄소를 받아들여 이를 광합성(탄소고정)에 의해 탄수화물로 환원하고, 식물의 다른 부분으로 수송하고 나서 그 대부분을 구조를 만드는 데 이용한다. 나머지는 호흡을 통해 ATP를 생성한다. 모든 동물은 종속영양생물이다. 동물의 먹이는 환원된 탄소화합물로 구성되고, 소량이 동물의 조직을 구성하는 데 이용된다. 그렇지만 대부분은 에너지원으로 호흡에 이용된다. 모든 동물은 캘빈회로를 갖지 않으며, 그 어떤 동물도 이산화탄소를 고정할 수 없다.

원핵생물에서는 비슷한 관계가 유지되지만 다른 관계도 나타난다. 녹색세균, 남세균 그리고 일부 자색세균은 광합성을 하고[광영양(phototrophic)], 캘빈회로를 갖는다. 즉, 이들 세균은 이산화탄소를 고정할 수 있고, 독립영양이다. 따라서 이들 세균은 식물처럼 **광독립영양생물(photoautotroph)**이다. 대부분의 다른 세균들은 동물 같이 유기물을 섭취하여 이들을 ATP를 생성하고 중합체를 구축하는 데 이용한다. 이런 세균들은 **통상종속영양생물(conventional heterotroph)**이다. 그렇지만 광합성을 하는 세균은 흔히 먹이와 빛을 이용할 수 있고, 대부분의 자색세균과 녹색세균은 **광종속영양생물(photoheterotroph)**이다. 광종속영양생물은 유기탄소를 흡수하여 구조를 만드는 데 이용하고, 광합성을 이용하여 거의 전적으로 ATP를 생성한다. NADP$^+$를 NADPH로 환원하는 데 있어서 광합성의 에너지를 거의 또는 전혀 이용하지 않는데, 이는 먹이에 탄수화물이 존재한다면 캘빈회로가 불필요하므로 NADPH의 수요가 많지 않기 때문이다.

무기영양생물은 주된 탄소원으로 이산화탄소를 이용하는 **무기영양독립영양생물(lithotrophic autotroph)**이다. 그 예로는 광합성을 하지 않는 무색황세균, 수소세균, 질화세균 그리고 철세균이 있다. 이들 세균이 수소, 황, 철 따위를 산화하면 에너지가 ATP를 만드는 데 이용되고, 그 중 일부는 규칙적인 대사에 이용되고, 일부는 양성자를 퍼내고 NADP$^+$를 NADPH로 환원하는 데 이용될 수 있는 pH 기울기를 조성한다. 이들의 에너지 대사는 어느 정도 세균의 광합성과 흡사하다. 그 어떤 대사도 활성화된 엽록소만큼 고에너지의 화합물을 만들 수 없다.

베기아토아속(*Beggiatoa*), 티오바실루스속(*Thiobacillus*) 그리고 몇몇 다른 세균 같은 극히 소수의 세균은 **무기영양종속영양생물(lithotrophic heterotroph)**이다. 이들 세균은 황화합물을 산화하여 에너지를 얻고, 유기화합물을 섭취하여 구조를 만드는 데 이용한다. 이들 세균은 이산화탄소를 이용하지 않으며, 캘빈회로를 갖지 않는다.

종속영양생물로 살 수 있는 능력은 엄청난 이점을 제공한다. 탄소를 환원된 형태로 섭취함으로써 종속영양생물은 그들의 호흡이나 발효에서 생기는 모든 에너지를 생장과 생식에 이용한다. 이산화탄소를 환원하는 데 에너지를 이용해야 하는 독립영양생물은 불리한 입장에 있는 것으로 보인다. 한 가지 이점은 독립영양생물이 굶어 죽을 일은 거의 없다는 점이다. 항상 풍부한 이산화탄소는 독립영양생물의 생명을 지속시키기에 충분하다. 그러나 종속영양생물의 먹이 공급은 그 먹이가 유기물이건 아니건 간에 그렇지 않다. 기근은 동물과 곰팡이뿐만 아니라 세균에 있어서도 일상적인 일이다.

하고 자리를 잡는다(그림 11-8). 산소가 없는 조건에서 무기호흡의 대안은 죽음뿐이다(표 11-1 참조). 벼에게는 이 대사가 비용이 드는 일이지만 물이 빠질 시기에 벼 식물은 뿌리가 이미 잘 발달하였고, 몇 장의 잎이 달리면서 씨가 이제 막 발아하려는 다른 종들과의 경쟁에서 훨씬 유리하다.

유기호흡

산소가 존재하면 피루브산이나 아세트알데히드를 이용하는 문제가 해결된다. 즉, 산소가 흡수되어 최종전자수용체로 작용한다. 산소가 흡수되고 분자 확산에 의해 분배될 때 능동수송을 필요로 하지 않고 ATP도 소비하지 않으므로 산소는 경제적이다. 산소는 대부분의 환경에서 풍부하게 환원되어진 생성물이 물인데, 물은 독성이 없을 뿐만 아니라 실제로 유익하다. 식물에서 일어나는 유기호흡은 동물의 유기호흡과 거의 동일하지만, 식물과 우리 자신을 비교할 때 주의해야 한다. 우리들의 세포는 거의 전적으로 원형질로 구성된 반면, 식물의 세포는 주로 커다란 중심액포를 갖고 있다. 예를 들어, 1킬로그램의 근육은 1킬로그램의 유조직보다 대사적으로 훨씬 더 활동적인 원형질을 포함한다. 따라서 1킬로그램의 식물조직은 1킬로그램의 동물조직보다 훨씬 적은 산소를 필요로 한다. 현재 지구의 대기에는 21%의 산소가 있지만, 대부분의 식물은 산소의 농도를 인위적으로 5%까지 낮추더라도 아무 문제없이 생존한다. 많은 식물은 심지어 2%의 산소에서도 잘 자란다. 보통의 상황에서 초본, 관목 그리고 수목은 완전한 유기호흡에 필요한 것보다 250배나 많은 산소가 포함된 공기 중에서도 자란다.

유기호흡은 (1) 해당과정, (2) 시트르산회로, 그리고 (3) 전자전달사슬의 산화적 인산화의 세 부분으로 이루어진다.

해당과정

무기호흡과 유기호흡의 초기 단계는 동일한데, 엠덴-마이어호프 경로에 의해 피루브산이 되는 해당과정이다(그림 11-4). 해당과정에서는 ATP와 NADH가 생성되지만, 산소가 존재하면 NADH는 전자운반체로 이동하여 NAD$^+$로 다시 산화시켜서 해당과정이 계속된다. 해당과정은 세포기질과 색소체에서 일어난다.

시트르산회로

피루브산은 전자수용체로서 필요치 않으므로 많은 대사경로에 이용될 수 있다. 주된 경로 중 하나는 피루브산에 남아 있는 다량의 에너지를 이용하는 것인데, 구조를 만드는 데 사용하지 않고 피루브산을 분해하여 보다 많은 ATP를 생성한다. 이 경로는 **시트르산**

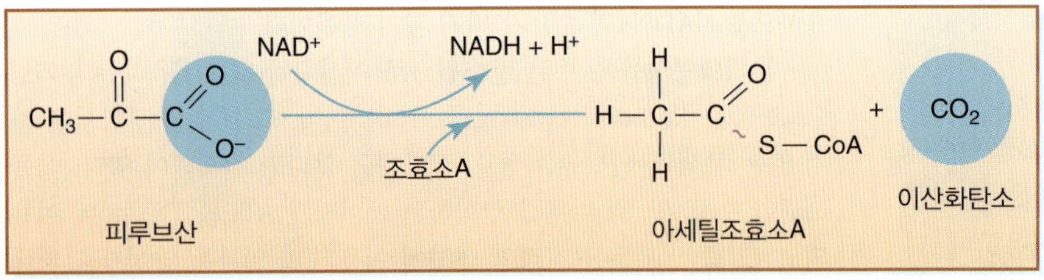

그림 11-9 피루브산이 조효소A에 부착하여 이산화탄소 분자가 방출되고 NADH가 생성되는 과정. 이 단계는 무기호흡 과정에서는 일어나지 않는다. 이 과정은 전자수용체로 피루브산을 소비할 뿐만 아니라 더 많은 NADH를 생성한다. 이런 결과들은 무산소 조건에서는 해로울 수 있지만, 산소가 존재하면 이 결과들이 이익이 된다.

회로(citric acid cycle), **크레브스회로(Krebs cycle)** 또는 **트리카르복시산회로(tricarboxylic acid cycle)**의 세 가지 이름을 갖는다. 이 이름들은 회로에 관한 서로 다른 사실을 나타낸다. 중간물질의 하나가 시트르산염(citrate)인데, 이는 시트르산의 음이온이다. 이 대사에 관한 많은 선구자적 업적은 크레브스(Hans Krebs)에 의해 수행되었다. 마지막으로 몇몇 중간물질이 각각 3개의 카르복실기(-COOH)를 갖는 트리카르복시산이다.

시트르산회로에서 피루브산은 해당과정이 일어나는 세포기질로부터 미토콘드리아의 막을 지나 미토콘드리아 기질로 이동한다. 이 기질에서 피루브산은 산화되고 이산화탄소가 떨어져 나간다. 전자가 NAD^+로 수송되면 결합성 궤도가 마지막의 COO^-를 잡아 재배치하고 이산화탄소가 방출된다. 2-탄소 절편인 **아세틸(acetyl)**에 덧붙여 이산화탄소와 NADH가 만들어진다(**그림 11-9**). 이산화탄소와 NADH는 기질 용액에 유리된 상태로 남아 있지만, 아세틸은 운반체 분자인 **조효소A(coenzyme A, CoA)**에 부착하여 **아세틸조효소A(acetyl CoA)**가 된다. 아세틸조효소A는 피루브산처럼 많은 합성경로에 이용될 수 있지만, 우리는 여기서 아세틸기를 4-탄소 화합물의 수용체 분자인 옥살로아세트산(oxaloacetate)에 전달하고 시트르산회로에 들어가는 일에 관심이 있다(**그림 11-10**). 옥살로아세트산은 6-탄소 화합물인 **시트르산(citrate)**이 되고, 이는 다시 **시스-아코니트산(cis-aconitate)**으로 재정렬되었다가 **이소시트르산(isocitrate)**으로 변형된다(그림 11-10, 단계 A, B, C와 D). 다음 단계에서 이소시트르산의 탄소 하나가 전자를 NAD^+에 건네주고 NADH를 만들면서 산화된다. 산화된 탄소는 이산화탄소로 떨어져 나가고, 5개의 탄소를 갖는 **α-케토글루타르산(α-ketoglutarate)**이 남는다(단계 E). 이 역시 NAD^+에 의해 산화되고 또 다른 이산화탄소를 방출하며, 4-탄소의 남은 부분은 새로운 분자의 조효소A에 붙어서 **숙시닐조효소A(succinyl CoA)**를 이룬다(단계 F). 분해되어 조효소A가 유리되면서 에너지가 방출되고, 떨어진 숙신산(succinate)은 ADP를 ATP로 인산화할 수 있다(단계 G). 숙신산에는 여전히 상당한 에너지가 들어 있고, 전자와 양성자가 **플라빈아데닌디뉴클레오티드(flavin adenine dinucleotide, FAD)**로 전달되어 이를 $FADH_2$로 환원시키면서 숙신산은 **푸마르산(fumarate)**으로 산화된다(**그림 11-11**). 물론 이 단계에서 분자는 산화된 상태가 되지만 이산화탄소를 잃지 않았고, 푸마르산 역시 4-탄소 화합물이다. 푸마르산은 물 분자와 반응하여 **말산(malate)**이 되고, 말산이 전자의 최종 세트를 NAD^+에 전달하고 원래의 수용체 분자인 옥살로아세트산이 된다(단계 H, I와 J). [역자 주: 이 책의 본문과 그림에서는 시트르산회로의 화합물들이 시트르산염, 푸마르산염, 말산염 등과 같이 모두 음이온으로 표기되어 있지만, 이 회로와 관련한 국내의 거의 모든 자료에서 그냥 '산'으로만 소개되어 있기에 이 역서의 본문과 그림에서도 편의상 '염'을 생략하였다.]

시트르산회로의 이득이 보다 많은 ATP의 생성이라고 앞에서 언급하였지만, 오직 한 단계에서만 ATP가 만들어졌다. 대신에 네 단계에서 NAD^+가 NADH로 환원되었고, 한 단계에서 FAD가 $FADH_2$로 환원되었다. 과도한 NADH와 이와 관련한 NAD^+의 결핍은 무기호흡의 문제라고 보이고, 따라서 시트르산회로가 모순이라고 여길지도 모른다. 그렇지만 다음 단계인 전자전달사슬에서 NADH와 $FADH_2$의 에너지가 ATP합성을 추진하고, 이와 동시에 NADH는 다시 NAD^+로 산화된다.

미토콘드리아의 전자전달사슬: 화학삼투적 인산화

미토콘드리아의 내막은 엽록체의 내막처럼 전자를 운반할 수 있는 일련의 화합물들을 포함한다(**그림 11-12**). 이 두 세포소기관에서 나타나는 실제의 전자운반체들은 많이 다르지만, 전자전달의 원리는 같다. NADH 또는 산소와 반응하는 운반체들은 크리스타의 막에 정확하게 그리고 비대칭적으로 놓이며, 기질 쪽에서만 나타난다(**그림 11-13**). 식물의 미토콘드리아에 있는 운반체들의 정확한 순서는 복잡하고, 많은 유형이 존재한다. 여기에서는 그 가운데 가장 잘 알려진 순서를 나타낸다.

NADH가 막으로 확산되고, 보조인자로 **플라빈모노뉴클레오티드(flavin mononucleotide, FMN)**가 결합된 단백질에 전자를 전달한다. FMN이 환원되고, 이와 동시에 NADH가 NAD^+로 산화되는데, NAD^+는 시트르산회로의 자리로 돌아갈 수 있다. 환원형 FMN($FMNH_2$)은 일련의 철과 황을 포함하는 단백질성 전자운반체로 전자를 전달하고, 이 전자운반체는 전자를 하나 이상의 퀴논으로 전달하는데, 그 가운데 하나가 조효소Q(coenzyme Q)라고도 부르는 **유비퀴논(ubiquinone)**이다(**그림 11-14**). 퀴논의 풀로부터 전자가 시토크롬 *b*에 전달된다. 그 다음의 운반체들은 차례로 많은 퀴논들, 그러고 나서 시토크롬 c_1, 시토크롬 *c*, 시토크롬 *a*, 그리고 시토크롬 a_3이다. 시토크롬 *a*와 시토크롬 a_3는 **시토크롬산화효소(cytochrome oxidase)**로 알려진 커다란 효소복합체의 일부인데, 이 효소복합체는 몇몇 단백질 그리고 시토크롬의 철에서 산소로의 전자 운반을 중재하는 2개의 철 이온을 포함한다. 산소가 산화되면 산소는 2개의 양성자를 취하여 물이 된다.

만약 이와 같은 전자전달이 전자전달사슬에서 일어나는 유일한 것이라면 무기호흡보다 더 좋을 수 있는데, 그것은 세포가 피

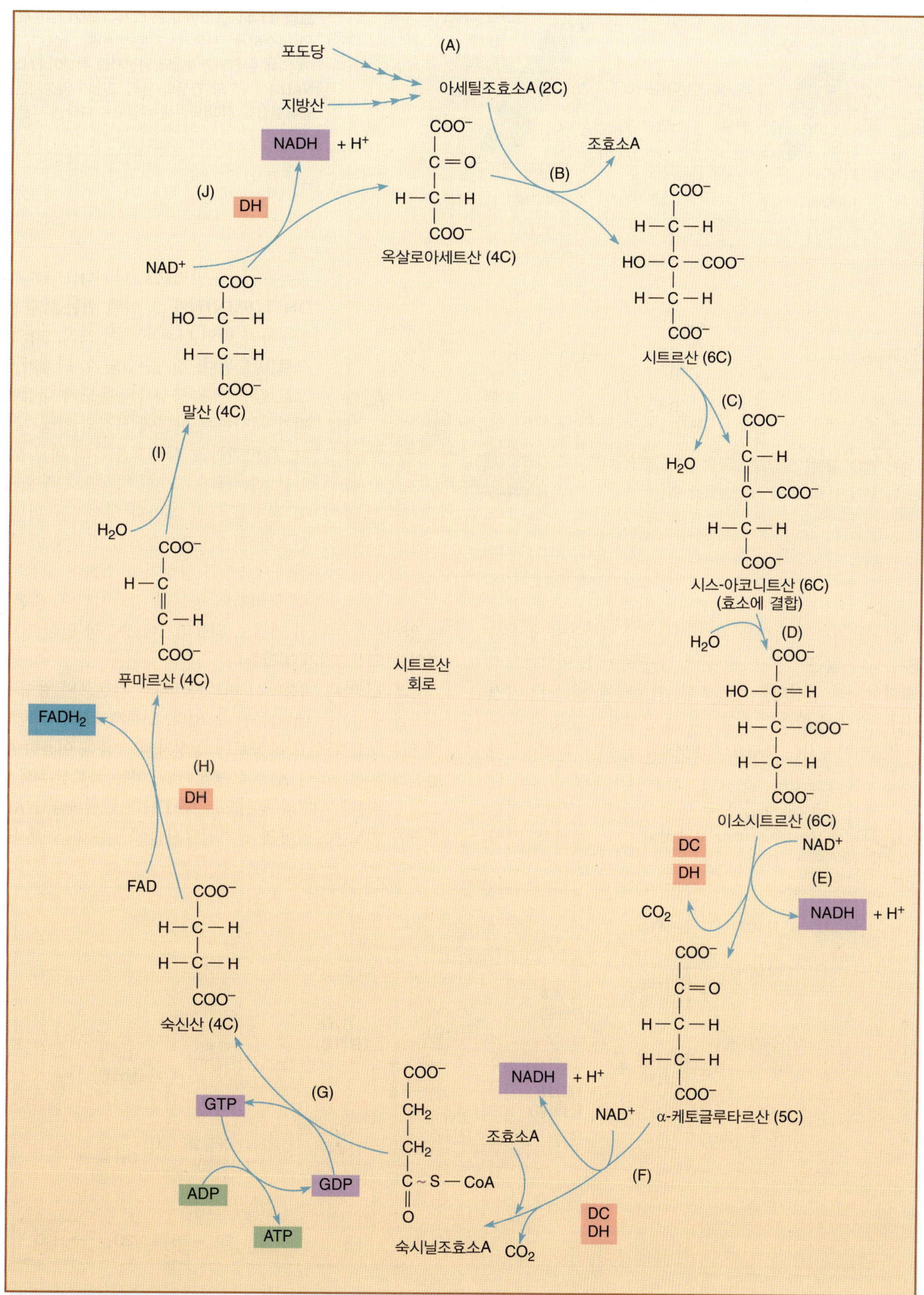

그림 11-10 시트르산회로의 단계들. 이 회로는 산소를 소비하지 않고 오직 한 분자의 ATP만 직접 생성하지만 유기호흡의 중요한 부분이 된다. DH = 탈수소화반응(dehydrogenation); DC = 탈카르복실화반응(decarboxylation).

그림 11-11 플라빈아데닌디뉴클레오티드(FAD)는 NAD^+와 비슷하게 큰 유기전자운반체이다. FAD가 2개의 전자에 의해 환원되면 2개의 양성자를 취하여 $FADH_2$가 된다. $NADH + H^+$의 경우와 달리, 2개의 양성자는 $FADH_2$와 공유결합을 한다(파란색 음영으로 나타낸 부분).

루브산의 낭비를 피하고 독성을 지닌 젖산이나 에탄올을 합성하지 않으면서 보다 많은 것을 이룰 수 있기 때문이다. 미토콘드리아 역시 화학삼투적 인산화를 수행한다. 엽록체에서와 마찬가지로 전자전달사슬에서 방출되고 흡수되는 양성자의 운명이 중요하다. 미토콘드리아에서는 NADH가 FMN과 반응할 때 전자들과 함께 두 양성자가 전달된다. 한 양성자는 NADH로부터 오고 다른 하나는 물에서 오는데, 이들 모두 막의 기질 쪽에 있다. 물은 광합성의 제2광계에서처럼 특별히 쪼개지지 않고, 여러 물 분자들은 항상 자발적으로 나뉜다[$H_2O \rightarrow H^+ + OH^-$]. $FMNH_2$가 그 어떤 퀴논을 환원하면 두 양성자가 막의 다른 쪽에서 크리스타의 내강 쪽으로 방출된다. 전자전달의 이 단계가 양성자펌프로 작용한다. 양성자의 농도가 내강에서 높아지기 시작하는 반면에 기질의 양성자는 줄어든다. 유비퀴논과 시토크롬 c_1의 바로 앞에 있는 다른 퀴논들이 비슷한 방식으로 작용하여 이들이 전자를 나를 때마다 양성자를 퍼낸다. 한편 산소가 전자전달사슬에서 전자를 받게 되면 기질에서 2개의 양성자를 취하여 물을 형성하면서 양성자의 농도를 감소시킨다. 짧은 시간 내에 양성자들을 다시 기질로 되돌리기에 충분할 만큼 강력한 양성자의 농도기울기가 발달한다.

크리스타의 내강에서 미토콘드리아 기질로의 양성자 흐름은 ATP를 합성하는 데 이용될 수 있다. 엽록체에서와 마찬가지로 막에 있는 ATP합성효소 통로는 양성자의 흐름을 이용하여 ADP에 인산기를 첨가하여 ATP를 생성한다. 이는 화학삼투적 인산화이고, 이 때문에 ATP의 원천으로 NADH가 탁월하다. NADH의 각 분자가 미토콘드리아의 전자전달사슬에 기여하는 전자는 3분자

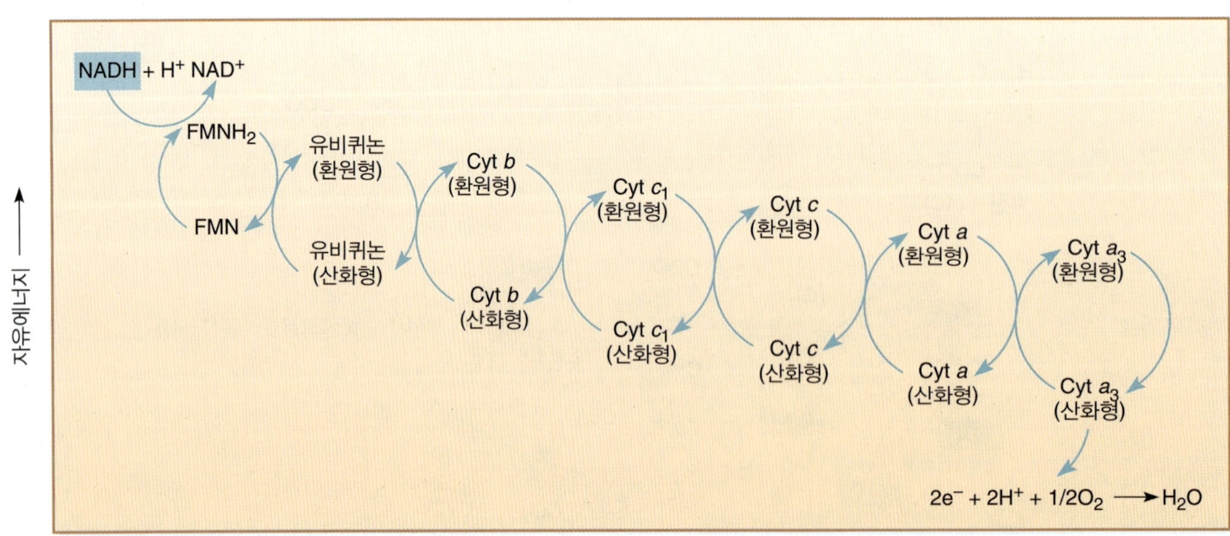

그림 11-12 미토콘드리아 전자전달사슬의 막결합성 전자운반체들. 엽록체에서와 같이 운반체들의 위치와 운동이 중요하다(그림 11-13 참조). 기질에서 만들어지는 NADH와 $FADH_2$ 같은 이동성 운반체가 전자를 막결합운반체에 가져다 준다.

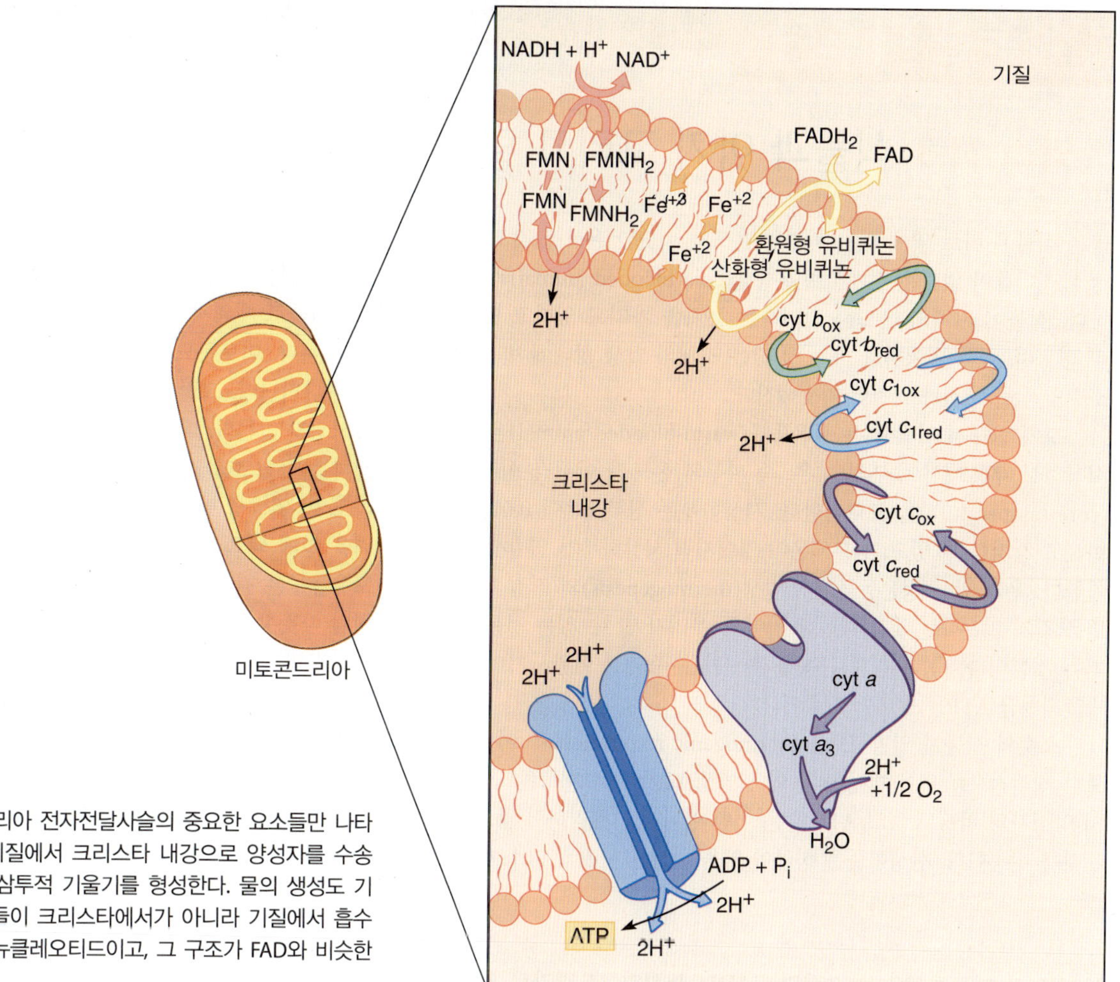

그림 11-13 이 그림에는 미토콘드리아 전자전달사슬의 중요한 요소들만 나타내었다. 엽록체의 경우와 똑같이 기질에서 크리스타 내강으로 양성자를 수송하는 단계는 양성자/히드록실 화학삼투적 기울기를 형성한다. 물의 생성도 기울기에 기여하는데, 그것은 양성자들이 크리스타에서가 아니라 기질에서 흡수되기 때문이다. FMN은 플라빈모노뉴클레오티드이고, 그 구조가 FAD와 비슷한 전자운반체이다.

산화형:

$$H_3C-O-C_6(=O)_2(-H_3C-O)(-CH_3)-(CH_2-CH=C(CH_3)-CH_2)_nH$$

$$-2e^-\ \uparrow\downarrow\ +2e^-$$
$$-2H^+\ \uparrow\downarrow\ +2H^+$$

환원형:

$$H_3C-O-C_6(OH)_2(-H_3C-O)(-CH_3)-(CH_2-CH=C(CH_3)-CH_2)_nH$$

그림 11-14 유비퀴논(조효소Q)은 2개의 전자와 2개의 양성자를 동시에 나를 수 있는 퀴논이다.

의 ATP를 합성할 만큼의 강력한 힘을 제공한다.

$FADH_2$ 역시 미토콘드리아의 전자전달사슬에 그 전자를 넘겨주지만 FMN 대신에 유비퀴논과 반응하므로, 양성자펌프의 첫 번째 단계에서는 이들 전자를 이용하지 않는다. 그러므로 $FADH_2$는 양성자기울기에 기여하는 정도가 NADH보다는 덜하며, 3분자의 ATP가 아니라 2분자의 ATP를 합성할 만큼의 힘을 제공한다.

NADH 왕복수송

해당과정에서 만들어지는 NADH는 미토콘드리아의 내막을 가로지를 수 없고 전자전달사슬에 전자를 직접 제공할 수 없는데, 그것은 내막이 그 정도로 커다란 분자는 투과시키지 않기 때문이다. 대신에 일련의 화학반응이 막을 가로질러 환원력을 운반(왕복수송)한다(**그림 11-15**). 몇 가지의 왕복수송(shuttle) 메커니즘이 나타난다. 말산-아스파르트산 왕복수송(malate-aspartate shuttle)에서는 세포기질의 NADH가 옥살로아세트산을 말산으로 전환시키고, 말산이 미토콘드리아의 기질을 지나 새로운 분자의 NADH를 형성하게 한다. 말산은 아스파르트산으로 전환되어 미토콘드리아 바깥으로 되돌아 나가며, 여기에서 다시 옥살로아세트산으로 전환되어 주기를 반복할 수 있다. 이 왕복수송에서는 세포기질의 각

식물은 다르다

박스 11-3 식물과 아기 그리고 열

많은 식물은 바로 옆에 있는 환경의 온도와 비슷한 온도를 갖고 열발생 메커니즘이 없다는 점에서 변온동물(cold-blooded animal)과 비슷하다. 식물이 자체의 온도를 감지하는 능력을 가지고 있다고 알려진 바 없으며, 꽃이 벌어지려 하는 것 같은 자체의 발생 상태에 반응하여 소수의 식물 조직과 기관이 따뜻해진다.

그에 반해서 사람 같은 정온동물(warm-blooded animal)은 뇌의 시상하부 부분에서 내부의 체온, 즉 피부의 온도가 아니라 심부체온(core temperature)을 모니터한다. 시상하부는 심부체온이 0.01°C 변화해도 감지할 수 있고, 심부체온이 떨어지면 시상하부가 열발생을 야기한다. 우리 같은 정온동물이 열발생(thermogenesis)의 직접적인 방법을 갖지 않는다는 것은 이상한 일이다. 우리가 할 수 있는 것은 몸을 떠는 것뿐이다. 즉, 우리의 근육을 빠르게 수축하고 이완시키며 열이 방출되게끔 ATP를 낭비할 따름이다.

소수의 식물이 열발생호흡(thermogenic respiration)을 이용하여 보다 직접적으로 열을 발생한다. 이 열발생호흡에서는 미토콘드리아에서 양성자의 펌핑도 없고 ATP 같은 어떤 에너지도 절약하지 않으면서 전자를 수송한다. 신생아들은 식물이 열을 발생하는 것과 다소 비슷한 열발생 메커니즘을 갖는다. 신생아들은 갈색지방(brown fat)이라고 부르는 특별한 종류의 지방을 갖고 있는데, 그 세포들은 수많은 미토콘드리아들로 채워져 있지만 그 미토콘드리아의 막은 양성자에 투과성을 갖는다. 미토콘드리아의 전자전달이 일어나면서 양성자의 펌핑도 함께 나타난다. 그렇지만 화학삼투적 기울기는 조성되지 않고, ATP는 합성되지 않는다. 따라서 모든 에너지는 열로 전환된다. 이는 열을 발생하는 극히 효율적인 방법이지만, 어떤 까닭인지 아기가 몇 달만 자라도 이 열발생 메커니즘이 사라진다. 사람은 아기일 때 몸을 떠는 능력을 얻게 되고 체내의 모든 갈색지방이 없어진다. 그렇지만 동면하는 포유동물은 갈색지방의 열발생을 유지한다. 동면하는 곰은 인간 아기처럼 따뜻함을 유지하고, 식물과 거의 비슷하다.

갈색지방 세포와 식물의 열발생호흡은 열을 발생한다는 점에서 비슷한 결과를 갖는다. 어느 것이 동물에 보다 어울리고 다른 것이 식물에 더 적합한지는 알려져 있지 않다. 아마도 동물에서는 양성자를 투과시키는 막의 돌연변이가 다른 운반체에 대한 유전자의 돌연변이보다 먼저 일어났을 것이고, 식물에서는 정반대로 나타난 것으로 추정된다.

NADH가 미토콘드리아 기질의 NADH 생성과 그 결과로 일어나는 ADP 3분자의 ATP 3분자로의 산화적 인산화를 추진한다.

두 번째 유형의 왕복수송인 글리세롤인산왕복수송(glycerol phosphate shuttle)에서는 세포기질의 NADH가 디히드록시아세톤인산(dihydroxyacetone phosphate)을 글리세롤인산으로 환원하고, 글리세롤인산이 내막을 가로질러 기질로 수송된다. 기질에서 글리세롤인산은 다시 디히드록시아세톤인산으로 전환되고, 그 과정에서 FAD가 $FADH_2$로 환원된다. 세포기질의 각 NADH는 하나의 기질 $FADH_2$를 형성하고, 이는 단지 2개의 ATP 생성을 추진할 수 있으므로, 이 왕복수송에서는 그렇게 많은 에너지가 보존되지 않는다.

어떤 식물에서는 NADH가 미토콘드리아의 외막을 횡단하여 내막의 바깥쪽 표면에 있는 유비퀴논과 직접 반응할 수 있다. 왕복수송 메커니즘이 필요하지 않지만, FMN에 의해 양성자를 퍼내는 단계를 건너뛰었기 때문에 생성될 수 있는 ATP의 양이 줄어든다.

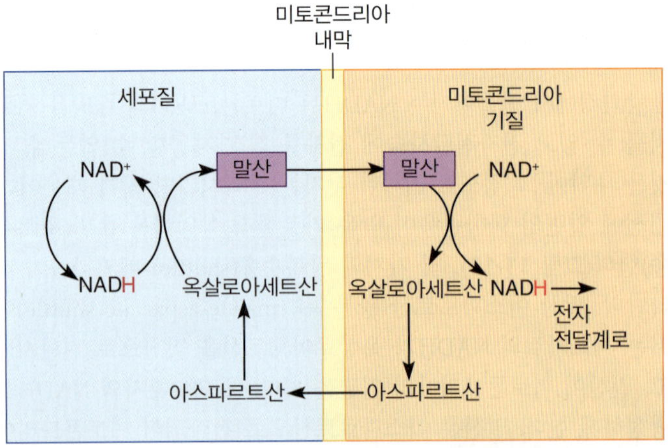

그림 11-15 말산-아스파르트산 왕복수송은 NADH 자체가 미토콘드리아의 막을 가로지를 수 없을 때 환원력을 미토콘드리아 안으로 전달할 수 있게 해 준다.

열발생호흡

해당과정과 시트르산회로 그리고 미토콘드리아의 전자전달을 거치는 동안 ATP의 합성으로 많은 에너지가 보존되지만, 각 단계에서 소량의 에너지를 잃게 된다(그림 11-2 참조). 모든 생성물(ATP, 이산화탄소 및 물)의 총화학에너지는 모든 반응물(포도당-6-인산과 산소)의 총화학에너지보다 적다. 그 차이는 열과 증가된 엔트로피(무질서)로 상실된 것이다. 이를테면 퇴비더미(compost pile)는 따뜻해지는데, 그것은 퇴비를 분해하는 곰팡이와 세균의 호흡 과정에서 열이 소실되기 때문이다. 열손실(heat loss)은 대체로 호흡의 비효율적인 측면이다. 대개의 경우, 식물에게는 각 분자의 포도당을 호흡하여 보다 많은 ATP를 생성하고 환경으로 상실하는 열을 줄이는 것이 선택이익이 된다.

© tacojim/iStock

그림 11-16 앉은부채(*Symplocarpus foetidus*)는 내부에서 열을 발생시킴으로써 눈이 덮고 있을 때에도 활발하게 대사를 수행하도록 높은 온도를 유지한다. 눈 위로 나올 무렵에는 더 많은 열을 발생하여 눈을 녹여서 꽃을 꽃가루매개동물에 드러내 보인다.

정온동물이 호흡하는 동안 열을 상실하는 것은 체온을 유지하는 데 지극히 필수적이며, 몸이 차가워지면 사람은 몸을 떨어서 보다 많은 양의 열을 발생시켜야만 한다. 우리들의 근육이 빠르게 수축하고 이완하여 많은 양의 ATP를 분해하고 저장된 에너지를 열로 방출한다.

일부 식물 역시 많은 양의 열을 발생한다. 천남성과의 식물인 사우로마툼 구타툼(*Sauromatum guttatum*)에서는 꽃차례의 부분들이 주변 공기보다 훨씬 따뜻해지면서 아민(amine)과 그 밖의 화학물질을 증발시키고 확산시켜 꽃가루매개동물을 유인한다. 천남성과의 다른 식물인 앉은부채(*Symplocarpus foetidus*)는 눈으로 덮여 있는 동안 흔히 꽃발생이 시작되어, 덮여 있는 눈을 녹이고 다량의 열을 발생시켜 꽃이 드러난다(**그림 11-16**). 이들과 그 밖의 식물들은 사람보다 훨씬 더 효율적으로 열을 발생한다. 이들 식물은 미토콘드리아에서 전자를 전달하는 과정에 양성자를 퍼내지 않는 대체전자운반체(alternative electron carrier)를 갖는다. 그 결과, 양성자 기울기도 없고, ATP의 화학삼투적 생성도 없다. NADH의 에너지는 완전히 열로 전환되고, 조직은 아주 따뜻해진다(**그림 11-17**).

보통의 미토콘드리아에서는 시안화물(CN^-), 아지드(N_3^-), 그리고 일산화탄소(CO)가 최종 전자운반체인 시토크롬산화효소(cytochrome oxidase)를 간섭한다. 이들이 존재하면 전자는 시토크롬 *c*에서 산소로 전달될 수 없고, 전자의 흐름과 그 결과인 ATP의 생성이 없다면 동물과 식물 모두 무기호흡을 할 수 없는 한 죽게 된다. 열을 발생하는 식물에서는 대체전자운반체가 시안화물이나 아지드 또는 일산화탄소와 상호작용하지 않는데, 비록 이들 화학물질이 존재하더라도 열이 발생한다. 그러므로 열을 발생하는 호흡은 시안화물로 정상적인 유기호흡에 영향을 주어 연구할 수 있고, 따라서 열을 발생하는 호흡을 대개 **시안내성호흡(cyanide-resistant respiration)**이라고 부른다. 이보다 좋은 이름은 **열발생호흡(thermogenic respiration)**이다.

'시안내성호흡'이라는 용어는 다소 오해의 소지가 있는데, 왜냐하면 이 이름은 식물이 시안화물 독성의 영향을 받지 않을 수 있음을 시사하기 때문이다. 무산소 상태에서 세포가 생존하도록 하는 것이 무기호흡임을 유추해 볼 때, 시안내성호흡이 시안화물의 존재에서 세포가 반드시 생존하도록 해 준다는 것은 사실이 아니다. 식물은 자연 상태에서 높은 농도의 시안화물을 결코 접하지 않는다. 만약 높은 농도의 시안화물에 직면한다면 유기호흡의 ATP 생성이 차단되기 때문에 식물은 죽게 될 것이다. 그보다는 '열발생호흡'과 '열생성호흡'이 덜 혼란스러운 용어들이다.

열발생호흡의 많은 측면이 아직도 알려지지 않았다. 대체운반체는 모든 미토콘드리아에 존재하는 것으로 밝혀졌고, 이들은 추위나 건조 같이 스트레스가 많은 조건에 내성을 갖는 것으로 보인다. 한 가설은 스트레스를 받는 동안 양성자를 퍼내는 보

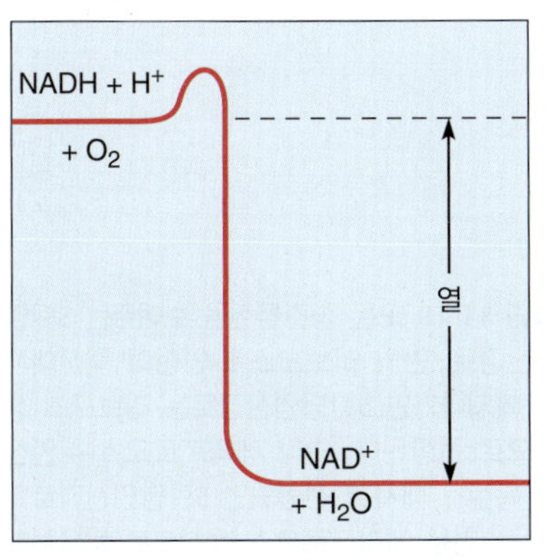

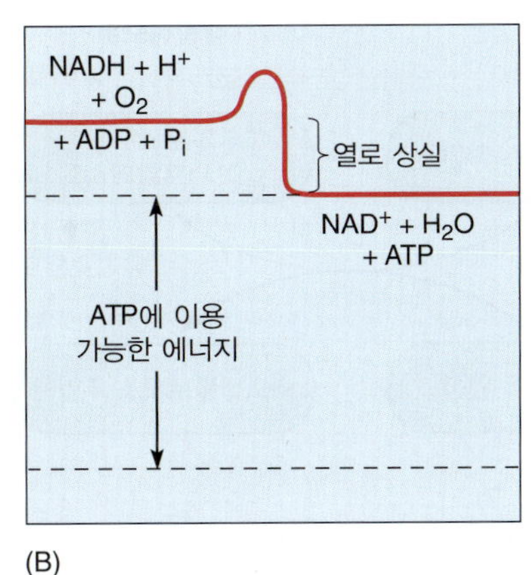

그림 11-17 NADH가 NAD^+로 분해되면 다량의 에너지가 유리된다. **(A)** 이 강력한 자유에너지감소반응이 그 어떤 자유에너지증가반응과도 연결되지 않는다면 모든 에너지는 열로 전환된다. **(B)** ADP에서 ATP가 합성되는 자유에너지증가반응과 연결되면 에너지의 대부분은 보존되고, 열로 전환되는 것은 거의 없다.

통의 운반체들이 제대로 기능을 하지 못하기 때문에 ATP의 생성이 줄어들지만, 대체운반체들이 계속 전자를 수송하여 NADH가 NAD^+로 다시 전환될 수 있게 하고, 이 NAD^+가 해당과정을 계속 진행시켜서 ATP가 만들어지게 된다. 만약 이 가설이 옳다면 일반적으로 열발생호흡은 매우 드물게 기능을 하고 식물이 압박을 받는 조건에서의 생존을 도와주는 대사이며, 실제로 소수의 종에서 열을 발생하게끔 적응되었다.

5탄당인산경로

모든 호흡경로의 중간물질은 다른 경로에서 다양한 화합물을 만드는 데 이용될 수 있고, 이들이 이산화탄소와 물로 완전히 산화되는 것은 불가피한 것이 아니다. 인산화 5탄당(pentose)의 몇 중간물질이 포함되는 **5탄당인산경로(pentose phosphate pathway)**는 많은 핵심적인 화합물들의 중요한 원천이다. 호흡을 논의할 때 5탄당인산경로가 흔히 포함되는 것은 이 경로가 포도당-6-인산에서 시작하여 이산화탄소를 내보내고 NADPH를 생성하는 산화를 포함하기 때문이다(**그림 11-18**). 그렇지만 에너지원으로서의 그 중요성은 합성경로로서의 역할만큼 중요하지는 않다. 5탄당인산경로는 포도당을 많은 대사경로의 필수적 단위체인 4탄당[에리트로오스(erythrose)]과 5탄당(리보오스)으로 전환한다. 생성되는 리보오스-5-인산(ribose-5-phosphate)은 핵산대사에 삽입될 수 있어서 RNA(*ribo*nucleic acid)와 DNA(deoxy*ribo*nucleic acid)의 단위체인 뉴클레오티드의 기초를 이룬다. 분열조직 세포에서는 짧은 세포주기의 S기 동안에 다량의 DNA가 합성되어야 한다. 이들 세포에서는 5탄당인산경로가 극히 중요한 부분이다.

4탄당 에리트로오스-4-인산(erythrose-4-phosphate)은 많은 화합물의 합성에서 개시물질이 된다. 두 가지의 중요한 종류는 목질소(리그닌)와 안토시아닌 색소이다. 목부와 섬유 그리고 보강세포 등의 조직에는 발생 과정에서 그 2차벽에 다량의 목질소가 침적되고, 에리트로오스-4-인산은 수요가 대단히 많다. 분화를 하는 동안 이들 세포는 5탄당인산경로를 이용하지만 리보오스-5-인산이 아닌 에리트로오스-4-인산을 빼낸다. 꽃잎과 선명한 색깔의 열매는 이들의 색소가 합성되는 동안 5탄당인산경로에서 에리트로오스-4-인산을 안토시아닌 생성으로 변환한다. 5탄당인산경로는 색소체에서도 일어나는데, 여기에서는 티로신, 페닐알라닌과 트립토판 같은 아미노산의 합성에 에리트로오스-4-인산을 공급한다.

이러한 4탄당과 5탄당에 덧붙여 5탄당인산경로는 다른 한편으로 NADPH를 생성한다. 비록 세포질의 많은 동화적 환원(anabolic reduction)에서 NADPH 대신에 NADH가 이용되지만, 질산염(NO_3^-)이 아미노산(NH_3^+)으로 환원되는 데에는 NADPH에 의해서만 일어날 수 있고, 이는 5탄당인산경로에 의해서 생성될 수 있다.

5탄당인산경로의 많은 반응물들은 해당과정의 반응물들과 동일하고, 두 경로 모두 세포기질과 색소체에서 일어난다. 이 두 경로가 상호 연결되고 동시에 일어나는 경로라고 이해하면 된다. 분열조직 세포에서는 5탄당인산경로가 활발하고 리보오스 생산으로 전향한다. 목부 세포에서도 5탄당인산경로가 활발하지만 에리트로오스를 생성한다. 다른 세포에서는 5탄당인산경로가 훨씬 덜 활발하고 해당과정이 우세하기도 하여, 미토콘드리아에서 ATP를

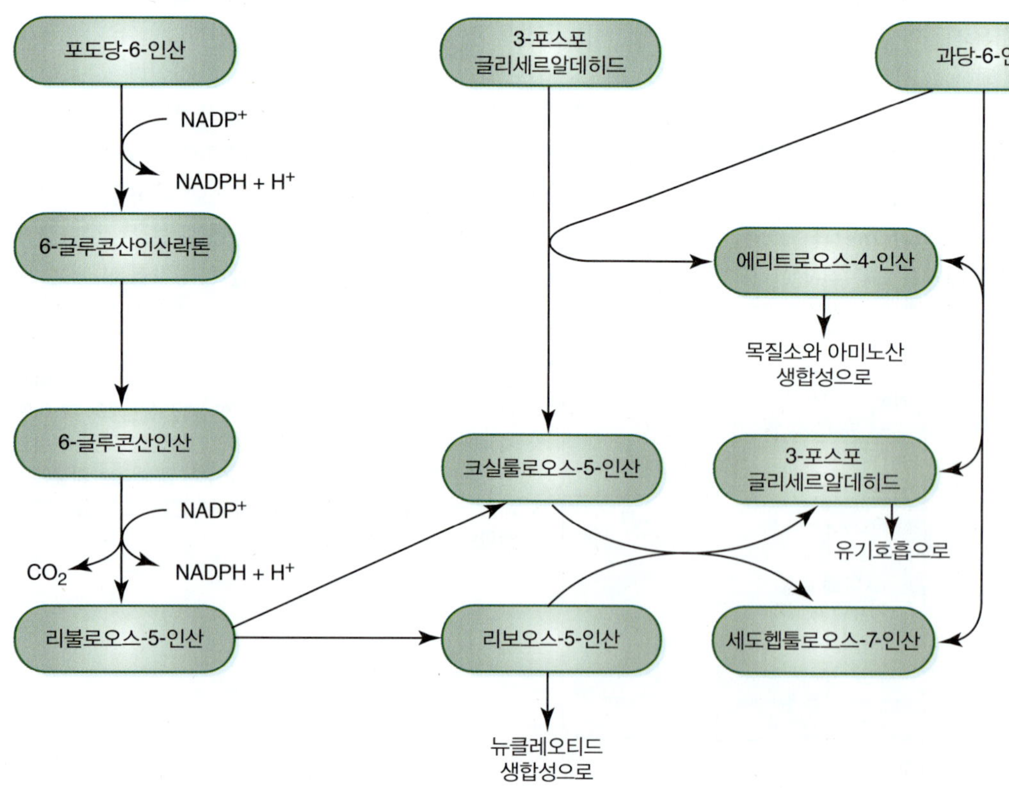

그림 11-18 모든 중간물질을 보여주는 5탄당인산경로. 만약 리보오스-5-인산이 핵산대사로 빠져나가면 5탄당인산경로는 리보오스 생산으로 전향된다. 만약 에리트로오스-4-인산이 목질소 대사로 전환되면 5탄당인산경로의 반응평형은 에리트로오스 생산으로 치우치게 된다.

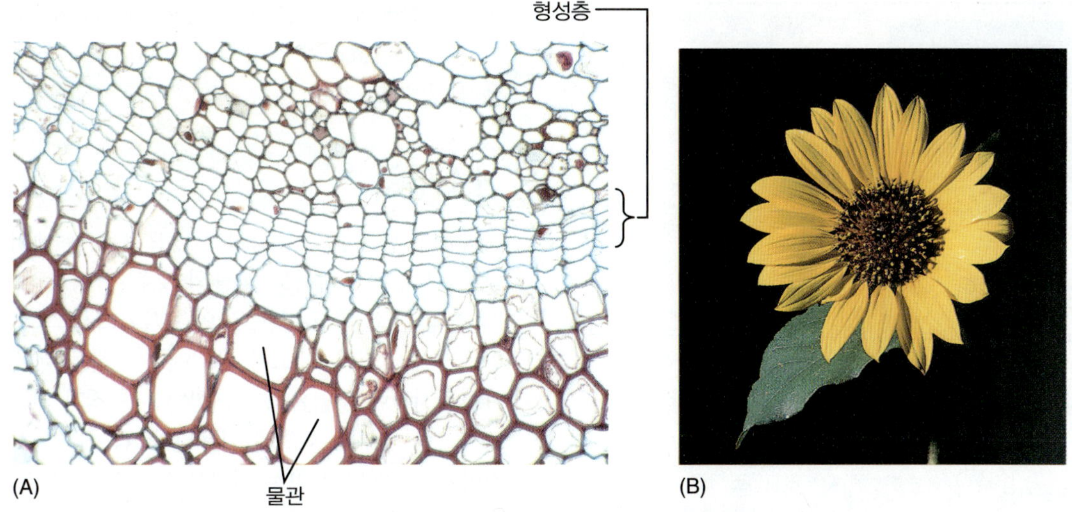

그림 11-19 **(A)** 형성층에서는 5탄당인산경로가 리보오스-5-인산을 형성할 수 있지만, 분화하는 물관에서는 5탄당인산경로가 에리트로오스-4-인산을 만든다. 모든 세포에서 해당과정과 유기호흡의 나머지가 5탄당인산경로와 동시에 일어난다(×400). **(B)** 꽃잎에서는 색소의 생성에 이용되는 에리트로오스-4-인산이 5탄당인산경로에 의해 생성된다.

생산하도록 하는 NADH를 만든다. 어떤 세포가 관다발형성층(핵산을 필요로 하는 분열조직)에서 만들어지고 나서 목질화된 목부유조직(목질소를 필요로 함)으로 분화되었다가, 벽이 성숙해진 다음 여름에 녹말을 저장하고 봄에 녹말을 내보내는 역할을 맡았다고 상상해 보자(**그림 11-19**). 에너지 대사는 각 단계에서 중대하게 조정되고, 반응속도의 작은 변화는 그날그날 일어날 수 있다

포도당
과당-1,6-2인산
시스테인
글리신
세린
3-포스포글리세르산
에리트로오스-4-인산
페닐알라닌
티로신
트립토판
포스포에놀피루브산
피루브산
알라닌
류신
발린
아세틸조효소A
아스파르트산
아스파라긴
리신
트레오닌
메티오닌
이소류신
옥살로아세트산
시트르산
말산
시트르산 회로
이소시트르산
푸마르산
옥살로숙신산
숙신산
α-케토글루타르산
글루탐산
프롤린
글루타민
히스티딘
아르기닌

그림 11-20 20개의 모든 아미노산들이 호흡의 중간물질에서 만들어진다. 비록 많은 당은 우리의 건강에 해가 되지만, 식물은 포도당과 약간의 무기질로부터 모든 것을 구성한다.

(**그림 11-20**).

지질의 호흡

일부 조직, 특히 기름기가 함유된 씨와 휴면 중인 정단분열조직은 보통 트리글리세리드(triglyceride)나 인지질의 형태로 다량의 지질을 저장한다. 발아하거나 휴면 상태에서 벗어나면 지질은 이화작용을 통해 글리세롤과 3개의 지방산(트리글리세리드) 또는 글리세롤인산과 2개의 지방산(인지질)으로 분해된다. 그러고 나서 지방산은 더욱 쪼개져서 2-탄소 단위인 아세틸조효소A가 되는데, 세포기질이나 글리옥시솜(glyoxysome)이라 부르는 미소체에서 일어나는 이 과정을 **β-산화(β-oxidation)**라고 한다. 예를 들어, 18-탄소의 지방산은 9개의 아세틸조효소A 단위들로 전환될 수 있다. 개개의 아세틸조효소A가 형성되면서 하나의 FAD가 $FADH_2$로 환원되고, 하나의 NAD^+는 NADH로 환원되는데, 이들 모두 전자를 미토콘드리아로 운반하여 전자전달사슬에 의해 ATP가 만들어지도록 할 수 있다(**그림 11-21**). 아세틸조효소A는 탄수화물과 그 밖의 화합물을 합성하는 데 이용되거나 시트르산회로에 들어가서 호흡에 관여할 수 있다.

광호흡

광호흡은 RuBP카르복실화효소가 이산화탄소 대신에 산소를 리불로오스-1,5-2인산에 첨가할 때에만 일어나고, 그 결과 한 분자의 3-포스포글리세르산과 한 분자의 포스포글리콜산이 만들어진다. 포스포글리콜산은 탈인산화되어 글리콜산이 되고 나서 페르옥시솜(peroxisome)이라 부르는 미소체로 운반된다. 글리콜산은 페르옥시솜에서 글리신으로 전환될 수 있고, 글리신은 미토콘드리아로 운반되어 그곳에서 이산화탄소와 물로 분해되는데, 이 경우 ATP나 NADH의 형태로 에너지가 보존되지 않는다. 따라서

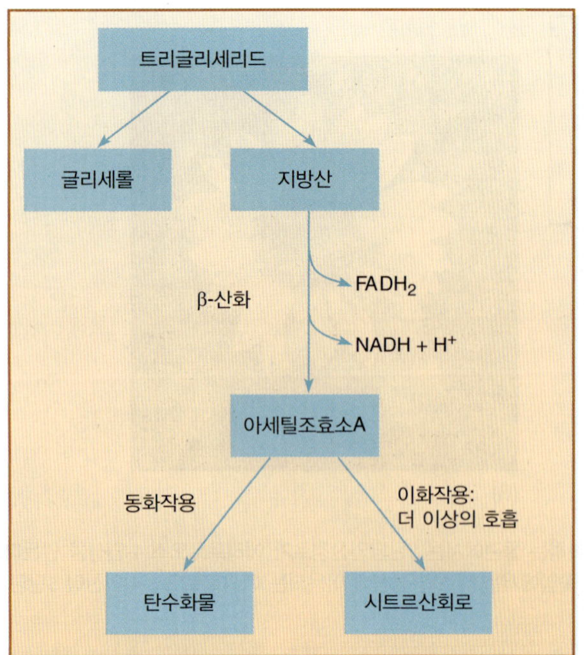

그림 11-21 지질의 호흡 과정에서 지방산은 글리세롤에서 떨어져서 β-산화를 통해 아세틸조효소A 단위가 되고, $FADH_2$와 NADH가 생성된다. 발아하는 씨에서는 아세틸조효소A의 대부분이 포도당신생과정에 의해 포도당과 과당으로 전환된다. 설탕(자당)은 떡잎으로부터 체관부에 의해 배의 분열조직으로 수송되고, 여기에서 구성하는 데 이용되거나 에너지를 위해 호흡을 한다.

모든 에너지가 낭비되는 것이다. 경우에 따라서는 글리신의 일부가 세린으로 전환될 수 있고, 이들 모두는 유용한 아미노산들이다. 다른 메커니즘도 이들 아미노산을 만들지만, 직접 측정한 결과에 의하면 많은 C_3 식물에서 광호흡은 광합성에 의해 포획된 에너지의 30%까지 낭비하는 것으로 나타났다.

환경요인과 내부요인

광합성의 경우와 마찬가지로 수많은 환경요인들이 호흡의 속도에 영향을 미친다. 호흡과 관련된 대사경로뿐만 아니라 식물의 생명작용에 호흡을 통합하여 고려하는 것이 필요하다.

온도

온도는 자연 상태의 식물 생장에서 호흡에 크게 영향을 미친다. 모든 환경에서 공기 중에 있는 지상부는 땅 속에 있는 뿌리보다 많이 다른 온도에 처해 있다. 지상부는 밤낮으로 온도의 큰 변화에 직면하며, 그 변화의 폭은 종종 20°C를 넘기도 한다.

많은 조직에서, 5°C와 25°C의 범위 내에서 온도가 10°C 증가하면 호흡의 속도는 두 배가 되며, 이는 효소가 촉매하는 많은 반응에서 볼 수 있는 증가의 규모이다. 5°C 이하에서는 호흡이 크게 감소한다(**그림 11-22**). 30°C가 넘으면 호흡이 증가하지만 그다지 빠르게 증가하지 않는다. 그렇게 높은 온도에서는 조직이 산소를 이용하는 만큼 빠르게 산소가 조직 내로 확산되지 못할 것이다. 40°C 이상에서는 다른 많은 과정들과 비슷하게 크게 감소하는데, 이는 아마도 효소가 손상되거나 세포소기관의 막이 파열되기 때문일 것이다.

산소부족

식물은 동물처럼 활동적이지 않으므로 1%에서 2% 가량의 매우 낮은 산소 농도에서도 식물의 호흡이 정상적으로 유지된다. 대기 중의 산소 농도는 매우 안정적이어서 산소가 호흡의 변화를 일으키지 않지만, 세포가 산소에 접근하는 데에는 변화가 나타난다. 낮 시간에는 엽록소를 포함하는 조직과 기관이 산소를 생성하고, 그 중 일부가 호흡에 이용된다. 밤에는 산소가 만들어지지 않지만, 산소가 닫혀 있는 기공을 뚫고 들어갈 수 있다면 식물의 커다란 세포간극으로 확산될 수 있다. 각피가 산소에 대해 전적으로 불투과성이 아니기 때문에 그리고 대기에는 높은 농도로 산소가 들어 있기 때문에 산소는 비교적 잘 확산되며, 닫혀 있는 기공개구부(stomatal pore)에도 침투한다. 산소가 줄어들 수 있지만 온도가 낮아짐에 따라서 산소의 요구가 감소된다.

산소의 이용 가능성은 뿌리에서 훨씬 더 변동이 심하다. 배수가 잘 되는 토양에서는 토양입자들 간에 위치한 다량의 기체들에서 뿌리, 곰팡이, 세균, 원생생물 그리고 토양동물에 의한 호흡으로 산소가 크게 줄어든다. 비가 내리거나 그친 다음, 토양의 공기는 물로 대체되므로 뿌리가 이용할 수 있는 산소의 양은 아주 적거나[저산소증(hypoxia)] 전혀 없다[무산소증(anoxia)]. 무기호흡으로 뿌리가 단기간 생존할 수 있지만, 뿌리의 생장과 정상적인 대사에는 충분하지 않다. 계속 물에 잠기면 거의 모든 종의 뿌리는 죽게 된다. 이런 환경에서 생존하는 종들은 수련과 부들의 잎자루에서와 같이 피층이나 속(수)에 있는 통기조직의 통로를 통해 줄기로부터 산소가 확산된다. 지상부나 나무줄기의 맨 아래 부분이 물에 잠긴채로 며칠이 지나면 특히 피해를 입는다. 장기간 동안 산소가 없어도 정상적으로 자랄 수 있는 특정한 식물의 예로는 어린 벼(모)를 들 수 있다.

두툼한 덩이줄기(감자)나 부피가 큰 뿌리(사탕무, 당근)에서

그림 11-22 추운 겨울날씨의 나무가 반드시 휴면하는 것은 아니다. 대사가 일어나기에 충분할 만큼 햇살이 나무를 따뜻하게 한다. 비록 호흡의 속도는 느리지만 중대한 대사반응을 위한 충분한 에너지를 제공한다. 침엽수에는 여전히 엽록소가 존재하므로 광합성도 일어날 수 있다.

는 호흡이 전적으로 무기호흡인지 아니면 적어도 부분적으로 무기호흡을 하는지가 제대로 확립되지 않았다. 보통 그런 기관들은 산소가 확산될 수 있는 상당히 많은 세포간극을 갖고 있지만, 산소의 농도가 매우 낮다. 마찬가지로 두꺼운 나무껍질을 갖는 나무의 변재와 형성층은 저산소증일 수 있다. 비록 껍질눈이 있기는 하지만 확산되는 행로가 길고, 치밀한 내수피와 형성층 그리고 변재에는 세포간극이 없다. 커다란 씨와 열매 안에서 발생 중인 배는 무기호흡을 한다고 보고되었다.

내부조절

다른 모든 과정과 같이 호흡은 특정한 대사조절의 지배를 받는다. 단백질을 분비하는 샘이나 밀랍을 분비하는 표피세포와 같이 활발한 대사를 갖는 세포들은 높은 수준의 유기호흡을 하는 반면에, 분열조직 세포들은 5탄당인산경로에 의해 리보오스를 생성한다. 해면잎살조직이나 후각조직의 인근 세포들은 호흡률이 훨씬 느릴 수 있다(**그림 11-23**). 열매가 익는 동안에는 열매가 완전히 익기 직전까지 호흡이 안정된 상태를 유지하거나 서서히 증가하다가, 완전히 성숙하면 내생호르몬(endogenous hormone)에 의해 갑작스럽게 폭발적인 호흡이 촉발된다. 반대로, 배가 성숙한 다음 씨의 내부에서는 호흡이 너무나도 극적으로 감소하여 호흡을 측정하기가 어렵고, 씨는 휴면 상태가 된다. 진정한 휴면기에 있는 씨에서는 아무리 배를 잘라서 제거하고 물과 온기 그리고 산소를 제공해 주어도 사실상 호흡이 전혀 일어나지 않는다. 이는 대사를 억제하는 인자가 호흡을 억누르기 때문이다. 엽록체는 광합성을 하는 동안 많은 양의 ATP를 생성하지만 그 어떤 것도 세포질로 나가지 않는다. 엽록체를 제외한 세포의 모든 부분에 있어서 ATP의 원천은 호흡이다.

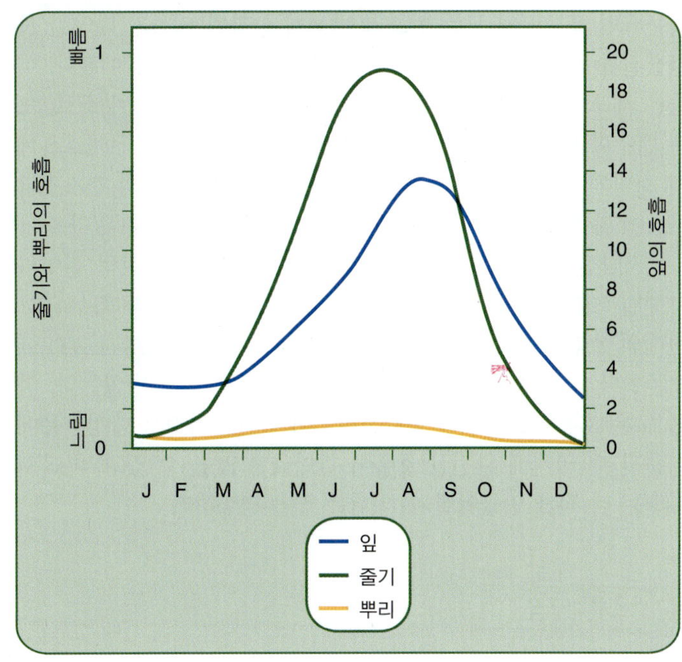

그림 11-23 14년된 조림지에 있는 테다소나무(loblolly pine tree)의 여러 부분에서 측정한 호흡률. 모든 기관에서 겨울보다 여름에 호흡이 훨씬 빠르며, 잎은 호흡률이 가장 높아서 다른 기관들의 20배가 된다. 호흡률은 '시간당 토양표면 1평방 미터당 배출된 이산화탄소의 그램'으로 나타내었다. 이런 종류의 측정은 세포생리학자들보다는 산림관리인들에게 더욱 유용하다. 학자들에 따라서 또는 연구에 따라서 같은 기능을 측정하는 다양한 유형을 필요로 한다. 세포생리학자들은 호흡을 '시간당 세포당 배출된 이산화탄소의 그램'이나 '시간당 단백질 그램당 배출된 이산화탄소의 그램' 또는 '시간당 조직 그램당 배출된 이산화탄소의 그램'으로 표현할 것이다. 이들 각각은 서로 다른 결과를 나타낸다. 잎은 세포벽이 얇은 작은 세포이고, 따라서 잎 조직의 1그램에는 많은 단백질과 많은 세포들이 포함되겠지만, 목질의 줄기나 가지의 1그램에는 대부분 불활성인 비호흡성 섬유소 벽을 갖는 적은 수의 세포들과 단백질이 별로 없는 원형질이 들어 있다. 호흡률을 말하는 적절한 기준을 선정하는 것은 어려우며, 서로 다른 기준을 이용한 연구들을 비교하는 것은 쉽지 않다.

호흡의 총에너지 수율

무산소성 해당과정에서 4분자의 ATP가 합성되지만, 처음의 기질이 포도당인지 아니면 포도당-6-인산인지에 따라 한 분자 또는 두 분자의 ATP가 과정을 개시하기 위해 이용되어야 한다. 생성되는 NADH + H^+는 에너지로 이용될 수 없고, 따라서 발효되는 포도당의 각 분자당 두 분자의 ATP가 순수하게 생긴다(**표 11-3**).

유기호흡 과정에서 해당과정은 두 분자의 ATP를 직접 생산하고, 이에 덧붙여 두 분자의 NADH가 미토콘드리아로 수송될 수 있으며, 그 전자는 미토콘드리아에서 둘 또는 세 분자의 ATP를 더 만들도록 한다. 피루브산이 아세틸조효소A로 전환되면서 또 다른 NADH가 생성된다. 처음의 포도당으로부터 두 분자의 피루브산이 만들어졌으므로 한 분자의 포도당에서 6개의 ATP가 추가로 만들어졌다. 시트르산회로에서는 처음의 포도당 분자마다 2분자의 ATP, 6분자의 NADH 그리고 2분자의 $FADH_2$가 생성되었고, 그 합계는 24분자의 ATP이다. 유기호흡은 많게는 38분자의 ATP를 생성할 수 있는데, 이는 무기호흡보다 대단히 효율적이다.

5탄당인산경로는 만일 리불로오스-5-인산이나 에리트로오스-4-인산이 동화적 대사를 위해 빠져 나간다면 포도당-6-인산마다 오직 두 분자의 NADPH만 생성된다. 만약 이들이 제거되지

표 11-3 다양한 유형의 호흡에 의한 ATP의 생산

무기호흡	2 ATP ⟶ 2 ATP
유기호흡	
해당과정	2 ATP ⟶ 2 ATP 2 NADH ⟶ 4 또는 6 ATP ⟶ 4 또는 6 ATP
피루브산/아세틸 조효소A	1 NADH ⟶ 3 ATP (×2) ⟶ 6 ATP
시트르산회로	1 ATP (×2) ⟶ 2 ATP 3 NADH ⟶ 9 ATP (×2) ⟶ 18 ATP 1 $FADH_2$ ⟶ 2 ATP (×2) ⟶ 4 ATP
5탄당인산경로	2~6 NADPH ⟶ 0~12 ATP
열발생호흡	없음
지질호흡	다양함
광호흡	없음

않는다면 포도당의 모든 탄소가 완전히 산화될 때까지 다양한 중간물질들이 계속 주기를 돌아 6분자의 NADPH가 만들어진다. 이들은 세포에서 질산염이 아미노산으로, 황산염이 황화수소로, 또는 탄수화물이 지방으로 환원되는 데 이용될 수 있다. 무기호흡에서 소비되지 않은 NADPH는 양성자를 미토콘드리아의 전자전달사슬에 제공하여 간접적으로 두 분자의 ATP를 만들 수 있다.

지방산 호흡에 의해 생성되는 ATP의 양은 지방산의 길이와 아세틸조효소A가 시트르산회로에 들어가는지에 따라 좌우된다. 최대의 호흡에서 지방산에 함유된 총에너지의 40%까지 ATP에 보존된다. 열발생호흡과 광호흡은 전혀 ATP를 만들지 않는다. 한편 모든 호흡경로로부터 중간물질들이 전환되어져서 합성반응에 이용될 수 있기에 완전한 호흡이 일어나지 않을 수 있고, 따라서 ATP는 더 적게 만들어질 수 있다는 점을 명심하자.

호흡률

작용스펙트럼은 광합성처럼 빛이 매개하는 현상을 연구하는 데 있어서 중요한 수단이 된다. 호흡에 있어서는 이와 비슷한 유형의 정보가 도움이 된다. 각 종류의 호흡기질마다 소비되는 산소의 양을 이론적으로 계산할 수 있다. 예를 들면, 포도당이 완전하게 유기호흡을 하면 6분자의 산소가 소비되고 6분자의 이산화탄소가 만들어진다(**표 11-4**). 소비되는 산소에 대하여 배출되는 이산화탄소의 비를 **호흡률(respiratory quotient, RQ)**이라고 한다. 포도당의 호흡률은 1.0이다. 산(acid)은 시트르산회로에 들어가서 이산화탄소로 산화될 수 있고, 미토콘드리아의 전자전달사슬을 위한 NADH를 생성한다. 산은 그 분자구조에 비교적 많은 양의 산소를 포함하기 때문에 이들을 이산화탄소와 물로 전환할 필요가 적어지고, 따라서 호흡률이 1.0 이상으로 높다. 반면에 지방산은 산소를 사실상 포함하지 않으므로 지방산이 호흡될 때 각 탄소뿐만 아니라 각 수소까지도 산화하기 위해서는 많은 산소가 소비되어야 한다. 따라서 호흡률은 0.7 가량으로 낮다. 물론 무기호흡은 산소를 소비하지 않음에도 불구하고 아주 많은 양의 이산화탄소를 생성한다.

표 11-4 다양한 화합물의 호흡률

RQ = 배출된 이산화탄소/소비된 산소
포도당 $C_6H_{12}O_6 + 6O_2 \longrightarrow 6CO_2 + 6H_2O$ $RQ = 6CO_2/6O_2 = 1.0$
지질 $C_{18}H_{34}O_2 + 25.5O_2 \longrightarrow 18CO_2 + 17H_2O$ $RQ = 18CO_2/25.5O_2 = 0.7$
발효 $C_6H_{12}O_6 \longrightarrow$ 알코올 + CO_2 산소의 소비 없음
시트르산 $C_6H_8O_7 + 4.5O_2 \longrightarrow 6CO_2 + 4H_2O$ $RQ = 6CO_2/4.5O_2 = 1.33$

호흡률을 계산하고 나면 호흡에서 교환되는 기체들의 양을 측정하기가 비교적 쉬워지고, 따라서 호흡대사에 관한 정보를 얻을 수 있게 된다. 이를테면 땅콩 종자는 지질과 기름이 풍부하다. 이 종자가 발아하면 유식물의 호흡률이 처음에는 낮은데, 이는 지질이 호흡되고 있음을 가리킨다. 유식물을 계속 어두운 곳에 두면 유식물이 저장된 양분을 다 써 버리고 죽을 때까지 호흡률이 낮게 유지된다. 그러나 유식물을 햇빛에서 발아시키면 광합성에 의해 호흡에 필요한 포도당이 만들어지기 시작하면서 호흡률은 서서히 증가하여 1.0까지 된다(**그림 11-24**). 그 증가가 즉각적이지 않은 것은 광합성에서 생성되는 최초산물의 대부분이 잎의 세포를 구성하는 동화반응에 쓰이기 때문이며, 따라서 호흡률이 증가한다는 것은 잎의 광합성이 동화작용의 요구를 충족시키고서 호흡을 위한 여분을 만든다는 사실을 나타내는 것이다.

알코올 음료의 발효

알코올 음료의 에탄올은 항상 효모에 의한 발효(무기호흡)로 만들어진다. 열매에 들어 있는 당은 즉시 발효될 수 있지만, 씨와 덩이줄기에 들어 있는 녹말은 발효가 일어나기 전에 포도당으로 탈중합되어야 한다. 발효에 의해 생성된 에탄올은 그 농도가 약 18%로 올라가면 효모를 죽인다. 보다 높은 농도의 알코올 음료를 얻으려면 발효된 혼합물을 증류해야 하는데, 이 과정은 혼합물을 가열하여 알코올을 농축시키는 반면에 물의 일부는 제거하는 것이다. 그렇지 않으면 증류하지 않고 음료에 추가로 알코올을 넣을 수 있다. 이런저런 요인들을 종합하면 알코올 음료는 세 가지 기

그림 11-24 해바라기의 씨는 떡잎에 기름을 저장한다. 씨가 발아할 때 기름을 호흡하기 때문에 호흡률은 낮게 나타난다. 이 씨의 떡잎은 여전히 열매로 둘러싸여 있지만 녹색으로 변하여 광합성을 수행하고, 따라서 기름과 당 모두가 호흡에 이용된다. 며칠이 지나면 모든 기름이 바닥나고, 그러고 나면 광합성에 의해 생성된 당만이 이용 가능해진다. 유식물의 호흡률은 높아져서 1.0 가까이 된다.

본적 유형으로 구분되는데, 그것은 녹말씨를 부분적으로 발효시켜 얻는 맥주, 달콤한 열매를 보다 완전하게 발효시켜 만드는 와인, 그리고 증류시키거나 알코올을 추가하여 에탄올 농도를 증가시킨 증류주이다.

맥주

맥주는 탄수화물이 많은 곡물, 특히 보리, 밀, 옥수수 또는 쌀을 발효시켜 만든다. 보리로 만든 맥주가 가장 흔한 종류이고, 만약 다른 곡물을 이용하였다면 그 곡물이 명시된다. 이를테면 밀로 만든 맥주가 차츰 인기를 얻고 있는데, 이런 맥주는 항상 '위트비어(밀맥주, wheat beer)'라고 부른다. 곡물이 발효될 수 있기 전에 적어도 그 녹말의 일부가 포도당으로 전환되어야 한다. 이는 곡물을 촉촉하게 해서 발아가 일어나게 해 주는 것이다. 촉촉해진 배에서는 배젖에 있는 녹말을 분해하는 효소가 분비된다. 보리는 가장 많은 효소를 갖고 있고, 다른 어떤 곡물보다도 훨씬 빠르게 녹말을 당으로 전환한다. 일단 유식물의 뿌리가 보이면 충분히 싹틔우고, 더 이상 효소반응이 일어나지 않도록 곡물을 건조시킨다. 싹틔워 건조시킨 보리 낟알을 맥아(엿기름, malt)라고 부른다(이는 한편으로 맥아로 만든 밀크셰이크의 맥아이다). 맥주를 제조하려면 큰 통에서 맥아를 물과 혼합하는데, 그 혼합물을 맥아즙(mash)이라고 부른다. 만약 맥아가 주된 성분이라면 맥주는 강한 향을 갖게 되며, 보리를 싹틔우고 볶는 과정이 매우 중요하다. 그런데 가끔, 적어도 미국에서는 싹틔우지 않은 곡물이나 심지이 옥수수 시럽 또는 감자를 첨가하기도 한다. 이들은 맥아에 있는 효소가 작용할 수 있는 여분의 녹말로써 아주 값싼 원천들이다. 이런 부가물들을 첨가하게 되면 맥주는 좀 더 싸지고 보통 향이 덜해진다.

홉(hop)은 마리화나인 삼속(*Cannabis*)과 매우 밀접한 관계가 있는 큰 덩굴식물인 호프(*Humulus lupulus*)의 암꽃차례이다. 홉은 씁쓰레한 맛과 향을 갖고 맥주가 너무 달아지지 않도록 첨가한다. 맥주는 홉의 양이 많을수록 쓴맛이 더욱 강해진다.

모든 재료가 준비되면 맥아즙을 68~73°C로 끓여주고 다양한 효소들이 활성화되도록 몇 시간을 방치한다. 겉껍질과 고형물질을 걸러낸 다음, 맥즙(wort)이라 부르는 당이 풍부한 액체를 가열해서 효소를 불활성화시키고 미생물들을 죽인다. 이를 식힌 다음 효모를 첨가한다. 에일(ale)이나 비터(bitter) 또는 흑맥주(stout)가 될 맥주에는 에일효모(*Saccharomyces cerevisiae*)가 사용되지만, 라거(lager)와 필스너(pilsner)의 경우에는 라거효모(*Saccharomyces uvarum*)를 이용한다. 미국은 대부분의 맥주가 라거맥주이다. 1주에서 12일간 효모가 맥즙을 발효하도록 한다. 맥주를 여과하고 더 이상 발효되지 않게끔 저온 살균한 다음, 2주에서 3주간 숙성시킨다. 발효에서 만들어지는 이산화탄소는 양조 과정에서 날아가게끔 방치하고, 병에 담기 직전에 인위적으로 맥주에 새로운 이산화탄소를 첨가해서 맥주를 따랐을 때 거품이 생기도록 한다.

맥아 제조 과정의 조절, 부가물과 홉, 그리고 사용되는 효모의 종류에 따라 다양한 종류의 맥주가 만들어진다. 에일을 만드는 데 이용되는 효모인 에일효모(*S. cerevisiae*)는 발효액의 표면에 뜨고[이를 상면발효(top fermentation)라고 함], 따뜻한 온도에서 가장 잘 발효한다. 이런 종류의 효모는 에스테르(ester)라고 부르는 화합물을 만들기에, 순하고 과일 같은 향이 나는 맥주가 된다. 에일의 흔한 종류로는 브라운 에일(brown ale), 페일 에일(pale ale), 포터(porter) 또는 여분의 홉과 캐러멜 맥아를 더 넣어 만든 흑맥주(stout)가 있다. 라거 맥주를 만드는 데 이용되는 라거효모(*S. uvarum*)는 발효액의 바닥에 가라앉으며[이를 하면발효(bottom fermentation)라고 함], 서늘한 온도에서 제기능을 한다. 서늘한 하면발효는 에스테르를 생성하지 않으므로 라거 맥주는 깨끗하고 부드러운 향이 난다. 미국에서 소비되는 맥주의 대부분은 알코올 함유량이 3%에서 6%인 페일 라거(pale lager)이다. 알코올의 농도는 발효된 당으로 전환된 녹말의 양과 특정 시점에 인위적으로 발효를 중단시켰는지에 따라 좌우된다. 녹말이 당으로 많이 전환될수록 그리고 발효가 길어질수록 알코올의 농도는 증가한다.

순한 맥주(light beer)는 보통의 맥주보다 칼로리가 훨씬 적다. 이는 두 가지 방법 중 하나로 만들어진다. 그 하나는 탄수화물이 적게 들어 있는 맥아즙을 양조하여 시작하는 것이다. 맥주 양조를 중단하면 정상적인 맥주에는 녹말과 발효되지 않은 당이 많이 남아 있지만, 순한 맥주에는 그런 것들이 훨씬 적게 들어 있다. 그래서 맥주의 칼로리가 적게 된다. 많은 사람들은 맥주 칼로리의 대부분이 알코올 때문인 것으로 알고 있는데, 순한 맥주의 경우에는 그렇지만 정상적인 맥주는 그렇지 않고, 흑맥주는 더욱 아니다. 이런 맥주들은 상당히 많은 양의 녹말과 당을 갖고 있어서 맥주에 강한 향과 깊은 맛을 가져다준다. 순한 맥주를 만드는 두 번째 방법은 그 녹말을 더 많이 당으로 전환시키는 것이다. 이렇게 발효시키면 맥주의 알코올 농도는 증가하지만 녹말은 적어진다. 마지막에 물을 첨가하여 알코올 함유량을 정상적인 3%에서 6%로 낮추지만, 한편으로는 향도 희석된다.

사케(정종, sake)는 쌀을 발효시킨 것이다. 이는 보통 청주(rice wine)라고 부르지만, 쌀이 곡류이므로 엄밀히 따지면 사케는 맥주로 분류되어야 한다. 그런데 사케는 맥주 양조와는 다른 독특한 과정으로 만들어진다. 쌀을 모든 열매와 씨껍질이 제거되도록 정미한 다음, 쪄서 마치 씹은 것처럼 녹말립을 부드럽게 해준다. 누룩곰팡이(*Aspergillus oryzae*)로 접종한 다음 며칠간 방치한다. 누룩곰팡이에서 나온 효소들이 녹말을 발효성 당으로 탈중합시킨다. 쌀에서 뚜렷한 곰팡내가 난 다음, 따뜻한 물과 혼합하고 나서 에일 효모(*S. cerevisiae*)를 첨가한다. 맥주를 양조할 때 첨가하는 홉이나 부가물을 넣지 않으며, 맥주는 단지 1주일 간 발효시키는 대신에 사케는 거의 한 달간 발효시킨다. 이 기간 동안에 누룩곰팡이의 효소들이 더 많은 녹말을 당으로 계속 전환하고, 효모는 이를 에탄올로 발효한다. 마지막에 천으로 여과하여 고형물과 사케를 분리하고, 에탄올을 추가로 넣어 최종 농도가 20%에서 22%가 되도록 한다. 따라서 사케는 맥주보다 훨씬 독하며, 따뜻하게 마신다.

박스 11-4 호흡

대개의 경우 사람들은 식물의 호흡에 큰 영향을 미치지 않고, 식물의 호흡은 사람들에게 큰 영향을 주지 않는다. 식품의 저장은 식물과 사람이 서로에게 영향을 미치는 호흡의 한 측면이다. 저장된 열매와 채소는 살아 있다면 호흡을 하고, 신선한 감자, 당근, 복숭아, 그리고 상추처럼 수분이 많은 경우에 이들은 특히 빠르게 호흡한다. 심지어 콩, 렌즈콩, 밀, 그리고 쌀 같은 마른 식품들도 호흡을 하지만, 이들의 호흡은 매우 느리다. 냉동식품과 통조림식품은 죽었기 때문에 호흡을 하지 않는다.

마른 식품의 호흡은 생성되는 수분 때문에 중요하다. 호흡의 화학식이 $C_6H_{12}O_6 + 6O_2 \longrightarrow 6CO_2 + 6H_2O$ 임을 기억하자. 이 물은 미토콘드리아에서 빠져 나와 세포의 원형질을 촉촉하게 하여, 식품이 젖고 따라서 곰팡이의 공격을 받기 쉬워진다. 곰팡이의 공격을 받지 않더라도 가외의 수분 때문에 세포가 대사적으로 활발해지게 되고, 심지어 저장 중인 종자가 발아할 수도 있다. 밀과 옥수수 그리고 그와 비슷한 식품들을 건조한 상태로 보존하려면 저장 컨테이너에 공기를 불어넣어 호흡으로 생긴 수분을 제거해 주어야 한다(**그림 B11-4A**).

수분이 많은 저장식품에서는 호흡으로 생긴 가외의 수분이 큰 문제가 되지 않는다. 신선한 수박은 이미 많은 물을 갖고 있어서 호흡으로 조금 더 생기는 물이 대수롭지 않다. 그 대신, 문제는 호흡이 탄수화물의 일부를 써버린다는 점인데, 그 탄수화물은 바로 우리가 수박을 재배하고 수확하는 이유이다. 이런 식물을 오래 저장하면 할수록 우리가 먹었을 때 이용할 수 있는 탄수화물은 점점 줄어든다. 신선한 감자는 녹말로 가득한 반면, 몇 달 동안 저장한 감자는 녹말의 대부분을 호흡으로 써버려서 사람에게는 영양가가 별로 없다. 그런 식품은 서늘하게 보관함으로써 호흡을 최소화할 수 있다. 낮은 온도는 대사를 느리게 하므로 탄수화물이 호흡으로 없어지는 것을 더디게 할 수 있다.

때때로 우리는 깨닫지도 못한 채 간접적으로 식물의 호흡에 해를 끼친다. 사람은 강과 호수를 비료로 오염시키는데, 이런 일은 우리가 하수를 강에 버릴 때 생긴다. 수세식 변기를 씻어 내린 오수는 다양한 세균의 먹이가 되고, 그런 세균들은 빠르게 자라고 빠르게 호흡한다. 인간의 비료가 충분하면 세균이 번창해서, 물이나 진흙 또는 호수와 강의 바닥에서 이용할 수 있는 산소의 대부분을 고갈시킨다. 그렇게 되면 그런 지역에서 자라는 식물의 뿌리는 산소가 적은 저산소증이나 전혀 없는 무산소증으로 고통을 받게 되고, 만일 뿌리가 죽으면 식물도 죽게 된다. 물론 물고기는 식물의 뿌리보다 더 많은 산소를 필요로 하고, 따라서 세균의 과다한 생장으로 야기되는 저산소증은 물고기를 죽게 할 수 있다. 최근의 문제는 미시시피 강이 사람의 분뇨뿐만 아니라 소와 돼지 그리고 닭 같은 가축에서 나오는 폐기물을 엄청나게 실어 나른다는 사실이다. 게다가 이 강은 비가 내려 밭에서 씻겨 나온 농업용 비료로 오염되었다. 미시시피 강의 물이 멕시코 만에 도달하면 그 만의 세균들에게 비료가 된다. 세균들이 자라면서 너무 많은 산소를 이용하기 때문에 물고기나 조류가 살 수 없게 된다. 인간의 오염이 멕시코 만의 거대한 **죽음의 해역(무생물역, dead zone)**을 만들었다(**그림 B11-4B**). 이와 비슷한 죽음의 해역이 농장과 도시로부터 비료가 풍부한 강물이 흘러 들어간 다른 해역에서도 나타난다.

그림 B11-4A 밀과 쌀 그리고 옥수수 같은 곡류는 몇 달 또는 몇 년 동안 이와 같은 '대형곡물창고(elevator)'에 저장할 수 있지만, 이들을 건조한 상태로 유지시켜야 가능하다. 곡류가 완전히 마를 때까지 수확하거나 창고에 저장하면 안 된다(우기에 수확하지 말아야 한다). 그렇다 할지라도 개개의 낟알에서 일어나는 매우 느린 호흡은 아주 소량의 물을 형성하고, 이 물이 축적되면 곰팡이가 자라서 곡물을 썩힐 수 있다. 대형곡물창고에는 곡물 사이로 공기를 불어넣는 커다란 송풍기가 있다.

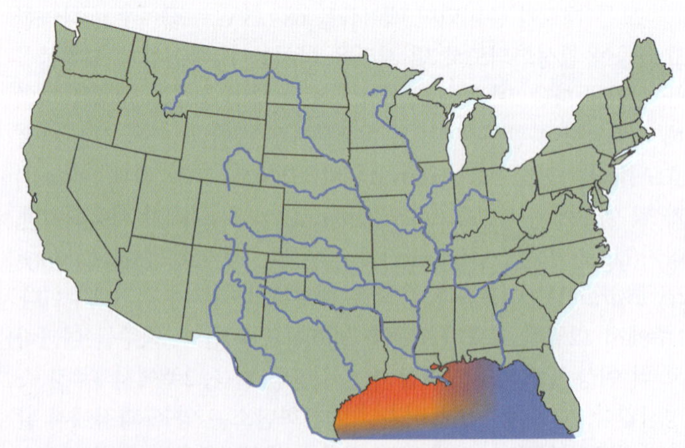

그림 B11-4B 멕시코 만의 죽음의 해역은 세균의 빠른 생장과 호흡으로 인해 생겼는데, 미시시피 강과 그 지류를 오염시킨 비료가 세균에 영양분을 공급하였기 때문이다.

와인

와인(포도주, wine)은 당이 풍부한 과즙을 발효시킨 것이다. 오로지 '와인'이라는 명칭만을 사용한다면, 이는 포도(*Vitis vinifera*)라는 종에서 수확한 포도를 발효시킨 것을 가리킨다. 만약 다른 열매가 이용되었다면, 엘더베리 와인(elderberry wine) 또는 복숭아 와인(peach wine)처럼 그 열매의 이름을 붙인다. 와인을 사거나 선택해 본 경험이 있는 사람들은 알겠지만, 샤르도네(Chardonnay), 피노 누아(Pinot Noir), 카베르네 소비뇽(Cabernet Sauvignon)과 메를로(Merlot)와 같이 엄청나게 다양한 종류의 와인이 있다. 이는 수많은 종의 포도를 나타내는 것으로 보이지만, 이들 모두는 사실상 한 종인 포도(*V. vinifera*)의 변종들이다. 와인은 기원전 6000년 무렵에 처음으로 만들어졌고, 그 이후에 농부들은 수많은 변종들을 선발하여 왔다(현재 15,000변종). 이들은 고유하고 특별한 맛과 향 그리고 색을 갖지만, 항상 포도(*V. vinifera*)로부터 재배된다. 포도속(*Vitis*)에 60종의 포도가 있음을 감안할 때 이는 조금 놀라운 일이다. 다른 포도들은 대체로 잼, 젤리, 주스 또는 건포도를 만드는 데 쓰이거나 또는 그냥 먹지만[생식용 포도는 미국종 포도(*Vitis labrusca*)임], 이들을 와인을 만드는 데 이용되지 않는다.

포도는 제대로 익었을 때 그리고 당의 함량이 적합할 때 수확한다. 포도를 딸 때 보통 포도 무게의 20%에서 30%가 당(주로 포도당과 과당)이다. 포도를 씻고 나서 으깨어 즙을 얻는다. 화이트 와인(백포도수)의 경우에는 껍질(외과피)을 제거하지만, 레드 와인(적포도주)과 로제 와인(rosé wine)을 만들 때에는 껍질을 즙과 혼합한다. 포도껍질은 레드 와인의 색깔을 제공할 뿐만 아니라 다양한 맛과 향을 생성한다. 효모가 껍질에 침범하면 화학물질인 레스베라트롤(resveratrol)이 생성된다. 레스베라트롤이 혈압을 낮추고, 수명을 연장하며, 항암 활성을 갖는다는 주장이 있지만, 사람에서 분명히 입증된 것은 전혀 없다. 효모를 즙에 첨가하고, 그 혼합물을 약간 식힌다. 화이트 와인은 10~15°C(50~59°F)에서 발효하고, 레드 와인은 약간 따뜻하게 25~30°C(77~86°F)에서 발효한다.

발효통에는 산소를 들여보내지 않으면서 이산화탄소를 내보내는 밸브가 있다. 만약 산소가 탱크 안에 들어가게 되면 특정 세균이 에탄올을 아세트산으로 전환하기도 하는데, 이 아세트산은 와인을 식초로 바꾼다. 약 10일이 경과한 다음 껍질을 제거하고, 한 달 가량 더 발효시킨다. 발효하는 동안에 죽은 효모 세포와 그 밖의 입자들이 발효탱크의 바닥에 가라앉고, 타르타르(주석)의 크림인 타르타르산(tartaric acid)의 결정들도 밑바닥에 침전한다. 침전물이 있는 와인은 매력이 없으므로 앙금을 휘젓지 않으면서 조심스레 와인을 탱크에서 빼낸다. 타르타르산 결정은 포도 발효의 특징이고, 고고학자들은 오래된 통에서 이 결정을 찾아 어떤 시기나 장소에서 어떤 사람들이 와인을 만들었는지를 밝힌다.

당이 존재하는 한 발효를 계속하고 에탄올 농도는 치사농도(18~20%)에 도달하지 않는다. 모든 당이 발효되면 와인은 단맛이 없는 드라이 와인(dry wine)이 되지만, 당이 조금이라도 남아 있으면 달콤한 스위트 와인(sweet wine)이 된다. 미국에서 생산되는 많은 와인의 알코올 함유량은 12%에서 14% 사이이고, 약간의 당이 남아 있어서 발효를 인위적으로 중단시켜야 한다. 이때 보통 미세필터(microfilter)로 모든 효모를 제거하며, 효모가 죽게끔 와인을 가열(저온살균)하는 방법도 있지만 그렇게 하면 향이 훼손된다.

이 시점에 와인은 숙성과정을 시작한다. 화이트 와인은 12개월에서 18개월까지 간단히 숙성시키지만, 레드 와인은 5년까지도 숙성시킨다. 대체로 와인은 커다란 참나무통에 넣어 숙성시키는데, 이 통 안에서 와인의 화학물질이 참나무의 심재에 있는 화합물과 상호작용한다. 이 반응이 와인의 맛과 향을 바꾸고, 심지어 와인이 보다 점성을 띠고 입에서 묵직한 느낌이 들게 하는 새로운 종류의 긴 사슬 알코올이 만들어지게 한다. 와인 마스터가 완성되었다고 결정하면 와인을 병에 옮겨 시장으로 보내거나 한쪽으로 치워 놓고 병에서 더욱 숙성시킨다.

샴페인(champagne)과 스파클링 와인(발포성 포도주, sparkling wine)은 아직 살아 있는 약간의 효모 세포가 들어 있는 와인병에 당분을 첨가하여 만든다. 그러면 와인이 발효를 계속하지만, 모든 이산화탄소가 병 안에 갇혀 있게 되어 압력이 형성된다. 병의 코르크 마개를 뽑을 때 이산화탄소가 거품을 만들고 와인에서 거품이 넘쳐흐르게 된다(제대로 따지 못하면 와인이 사방으로 퍼진다). '샴페인'이라는 명칭을 사용하려면 반드시 프랑스의 샹파뉴(Champagne) 지역에서 생산된 와인이어야 한다. 거품이 이는 다른 모든 와인은 '스파클링 와인'인데, 이탈리아에서는 보통 프로세코(prosecco)라고 부른다. 저렴한 스파클링 와인은 탄산이 든 청량음료와 같은 방법으로 화이트 와인에 탄산을 넣어 간단히 만든다.

가외의 에탄올을 와인에 첨가하면 강화 와인(fortified wine)이 된다. 그 예로는 셰리주(sherry), 포트 와인(port), 그리고 마데이라 와인(Madeira)이 있다. 이런 와인들은 산소에 노출시키지 않고 병 안에서 숙성시키거나 약간의 산화와 증발이 가능한 참나무 술통에서 숙성시켜서 와인이 입에서 진한 느낌을 갖도록 한다. 이를테면 타우니 포트(tawny port)는 포도의 당 절반이 아직 남아 있을 때 발효를 중단시켜 만든다. 증류주를 넣어 알코올 농도를 20%로 올리고 나서 참나무 술통에서 와인을 10년 동안 숙성시키면 극히 소량의 산소가 혼합물에 작용하여 와인이 포트 와인으로 전환된다. 이 기간 동안에 포도껍질의 선명한 붉은 색소가 황갈색으로 바뀐다.

지구기후변화가 포도밭과 와인 생산을 황폐하게 할 수 있다. 관개와 햇살은 물론, 날씨도 포도의 질에 결정적인 역할을 한다. 포도밭은 대체로 가장 비용이 많이 드는 농지의 일부이고, 모든 생산시설이 대부분 포도밭 가까이에 위치한다. 즙을 좀처럼 몇 마일 이상 옮기지 않는다. 또는 지역의 기후가 약간 따뜻해지거나 다소 습해진다면, 만약 봄의 마지막 서리일이 바뀐다면, 또는 비가 다른 시기에 내린다면 와인 포도는 쓸모가 없게 될 수 있다.

대부분의 현존하는 포도밭은 특정한 변종의 포도를 재배하는 데 적합하도록 그리고 특정한 종류의 와인을 만드는 데 적합하게끔 이미 신중하게 선정되었기 때문에, 날씨와 기후가 조금이라도 변화한다면 수확량에서 거의 확실히 피해를 볼 것이다.

증류주

증류주(스피리츠, spirit)는 에탄올 함량이 20% 이상인 알코올 음료이다. 발효로 알코올이 생성되고 그 농도가 20%가 되면 그 용액은 효모에 독성을 띠어 효모를 죽게 한다. 그보다 높은 알코올 농도를 얻으려면 강한 알코올(항상 에탄올)을 첨가하거나 아니면 용액을 증류해야 한다. 증류 과정에서 용액을 가열하면 주로 알코올이 증발되고, 그와 함께 약간의 물과 향을 내는 약간의 화합물들이 증발한다. 증류가 가능한 것은 상이한 액체들이 서로 다른 온도에서 끓기 때문이고, 에탄올은 78°C(173°F)에서 끓는데, 이는 물의 끓는점(비점)인 100°C(212°F)보다 훨씬 낮다. 혼합물을 78°C에서 100°C 이하로 유지하면 에탄올과 특정 향이 증발하고 대부분의 물이 남는다. 증기를 차게 식힌 관으로 보내면 증기는 식어서 새로운 액체로 응결되는데, 이 액체는 알코올의 농도가 높고 물은 적어지며 향이 독특하다. 알코올 함량을 더 높이고 색다른 향을 갖게끔 이 두 번째 액체를 다시 증류할 수도 있다. 증류를 통해 올릴 수 있는 알코올 도수는 95.6%까지이고, 이를 191 프루프(proof)라고 말하는데, 여기서 '프루프'는 알코올 함량의 2배를 가리킨다.

증류로부터 생기는 증류주의 종류는 처음에 발효시킨 물질에 좌우된다. 곡류에 의거한 발효를 증류하면 위스키(whiskey)와 보드카(vodka) 그리고 진(gin)이 만들어진다. 예를 들어, 스카치 위스키와 아이리시 위스키는 주로 또는 오직 맥아보리(malted barley)를 이용하지만, 아메리칸 위스키는 80%까지의 옥수수를 이용하고, 호밀과 밀을 첨가하기도 한다. 진 역시 맥아보리, 옥수수 그리고 호밀의 발효에서 시작하지만, 발효 과정에서 향을 얻기 위해 주니퍼베리(juniper berry)를 첨가한다. 보드카는 근본적으로 순수한 알코올과 물뿐이다. 증류하는 목적은 에탄올의 농도를 높이고 모든 풍미를 제거하기 위함이다. 따라서 보드카를 만드는 최초의 발효는 무엇이든 값싼 탄수화물로 이루어지는데, 밀, 옥수수, 감자 그리고 심지어는 사탕무까지도 이용된다. 브랜디(brandy)는 포도주를 증류하여 만든다. 만일 과실주(fruit wine)를 증류하였다면 프루츠 브랜디(fruit brandy)가 만들어진다. 발효시킨 당밀을 증류하면 럼주(rum)가 생기고, 용설란을 발효시킨 즙을 증류하면 테킬라(tequila)와 메스칼주(mescal)가 만들어진다. 테킬라는 테킬라 용설란(*Agave tequilana*)을 이용하고, 메스칼주는 용설란(*Agave americana*)에서 만들어진다. 이 두 가지 종의 용설란은 그 탄수화물을 대부분의 식물처럼 포도당의 중합체인 녹말로 저장하지 않고, 대신에 과당의 중합체인 이눌린(inulin)으로 저장한다는 점에서 특이하다. 용설란은 발효를 시작하기 전에 이눌린을 단당류로 분해시키는 작업을 해야 한다. 테킬라 용설란은 증기로 찌고, 메스칼주를 만드는 용설란은 서서히 굽는다(**그림 11-25**). 메스칼주라고 해서 흥분제인 메스칼린(mescaline)이 들어 있는 것은 아니다.

경고

식물의 물질을 발효하면 언제나 에틸알코올(에탄올)이 만들어지며, 이는 억제제(depressant)로 분류된다. 가볍게 술을 마시면 사

그림 11-25 메스칼주는 용설란(*Agave americana*)에서 만들어지는데, 용설란은 길고 가시가 있는 잎을 갖지만 그 탄수화물을 넓고 짧은 줄기에 저장한다. 여기에 보이는 줄기[몸통(heart)]만을 남기고 잎은 잘라낸다. 몸통은 트럭으로 운반하여 가장자리가 돌로 된 구덩이에 넣는다. 타는 숯을 넣고 구덩이 전체를 덮으면 몸통이 서서히 구워지고, 그 안의 탄수화물이 발효될 수 있는 단당류로 전환된다.

람들이 보다 생기 넘치고 덜 거리끼므로 언뜻 납득이 잘 안 될 수도 있지만, 적당히 술을 마신다 하더라도 사람들이 주의를 집중하는 능력이 떨어지고 반응하는 속도가 느려진다.

에탄올을 마시면 이로운 영향과 해로운 영향 모두가 나타난다. 하루에 두 잔(맥주 두 병이나 와인 두 잔이나 증류주 2온스) 가량 적당히 마시면 심장병의 위험이 낮아진다. 레드 와인이 가장 이로운 것처럼 보이는데, 그것은 레드 와인에 레스베라트롤(resveratrol)이 들어 있기 때문이다(앞의 [와인] 부분 참조). 그에 반해서 술에 취해 운전하는 음주운전을 포함하여 에탄올과 관련된 사망은 북아메리카의 사람들이 사망하는 주된 원인의 다섯 번째이다. 더구나 음주운전자는 자신만 죽일 뿐만 아니라 아무 잘못이 없는 행인들을 죽이고 불구로 만든다. 에탄올이 많은 사람들에게 중독성이 있는 것은 아니지만, 일부 사람들에게는 중독성이 있고 결과적으로 알코올 중독(alcoholism)이 된다. 에탄올은 어머니로부터 태반을 통해 태아로 쉽게 전달되고, 만약 임신한 여성이 너무 많은 에탄올을 마시면 태아알코올증후군(fetal alcohol syndrome)이 나타날 수 있다. 에탄올이 사람들에 미치는 영향은 몸에 비례해서 마시는 양에 좌우되고, 몸의 크기는 얼마나 많은 에탄올이 사람의 혈액으로 들어가는지를 결정한다. 우리 혈액의 에탄올 농도[혈중알코올농도(blood alcohol content, BAC)]가 0.02%가 되면 우리 신체의 조정과 반응시간 모두에 지장을 주기 시작하며, 충동적인 행동을 일으킬 수 있다. 0.15%의 혈중알코올농도에서는 사람들이 취하고, 걷거나 다른 간단한 일을 하는 데 곤란을 겪는다. 혈중알코올농도가 0.4%가 되면 대개 치명적이다. 미국에서 0.08% 또는 그 이상의 혈중알코올농도에서 운전하는 것은 위법이다. 대체로 사람은 한 잔의 표준음료 크기에 들어 있는 에탄올을 약 60분에서 90분 안에 대사할 수 있다. 이보다 더 빠르게 마시면 취할 가능성이 있다.

에탄올은 많은 종류의 알코올 가운데 하나일 뿐이다. 우리가 흔히 접하는 다른 종류로는 소독용 알코올로 이용되는 이소프로필알코올[이소프로판올(isopropanol)]과 메틸알코올[메탄올(methanol)]이 있다. 모든 알코올이 독성이 있지만, 아주 소량만 마시면 우리 몸은 에탄올의 독성을 없앨 수 있다. 많이 마시면 숙취(hangover)가 생기고, 더 많이 마시면 죽게 된다. 해마다 한 명에서 여러 명의 대학생들이 에탄올(보통 독한 술)을 너무 많이 마셔서 세포막의 지질이 붕괴되어 사망한다. 생물학자들이 식물과 동물의 표본을 에틸알코올과 포름알데히드(formaldehyde)의 혼합물에 넣어 죽이고 보존한다는 점을 상기하자. 메틸알코올은 그 자체로도 독성이 매우 강하지만, 사람의 간은 이를 더욱 독성을 갖는 물질인 포름알데히드와 포름산(formic acid)으로 전환한다. 아주 조금만 복용해도 사망에 이르고, 메틸알코올은 눈을 멀게 한다. 이소프로필알코올은 몸 안에서 아세톤(acetone)으로 전환되는데, 아세톤은 매니큐어 제거제로서 우리와 친숙하다.

다음 단계에서는

1. **호흡의 생태.** 호흡에 관여하는 효소들은 온도에 반응을 보이는데, 온도가 따뜻해지면 호흡이 보다 빨라지고 온도가 내려가면 호흡이 느려진다. 식물은 의외로 호흡을 아주 잘 조절하는 것으로 보이지 않는데, 따스한 밤에는 식물이 필요로 하는 것보다 더 많이 호흡하여 ATP를 필요 이상으로 만들어서 낭비한다. 온실과 묘목장에서는 온도를 서늘하게 유지하여 지나친 호흡을 방지하는데, 이는 열매와 채소를 냉장하는 것과 같은 이유이다. 지구온난화가 진행되면 앞으로 식물은 현재보다 더 많은 호흡을 할 것이고, 그렇게 되면 식물의 적응도(fitness)가 영향을 받게 될 것이다. 이것이 새로운 관심사이고 여러분은 이에 관한 많은 정보를 얻는 데 어려움을 겪겠지만, 고생할 가치는 있을 것이다.
2. **미토콘드리아의 생명작용.** 미토콘드리아는 광학현미경으로 거의 볼 수 없고 색소나 입자를 함유하지 않기 때문에 미토콘드리아의 생명활동을 이해하는 것은 색소체의 생명작용을 파악하는 것보다 훨씬 어렵다. 그러나 우리는 마치 세포가 분열하고 자라듯이 미토콘드리아가 분열하고 증식한다는 점을 알고 있다. 일부 조류에서는 세포가 분열하기 전에 모든 미토콘드리아들이 하나의 미토콘드리아로 합쳐지고 나서 세포가 분열할 때 둘로 분열하고, 그 후에 각각의 딸 미토콘드리아가 수많은 작은 미토콘드리아들로 쪼개진다. 식물의 미토콘드리아 DNA의 염기순서를 분석하는 연구 프로젝트는 많지 않았지만, 우리는 미토콘드리아와 그 유전체의 진화와 발생 그리고 기능에 관해 많은 것을 알아내고 있다. 미토콘드리아의 전자운반체와 막에 관한 지식은 불과 몇 년 전보다 엄청나게 풍부해졌다.
3. **대기 중의 이산화탄소 농도가 높아지면 호흡을 억제할까?** 현재 대기 중의 이산화탄소 농도는 400 ppm이고 금세기말에는 700 ppm에 도달할 것으로 예상된다. 화학반응의 속도는 반응물과 생성물의 농도에 의해 영향을 받으므로, 이산화탄소의 농도가 증가하면 호흡이 억제될 것으로 예상될 수 있다. 연구실의 실험에서는 효과가 거의 없는 것으로 나타났지만, 커다란 시험구의 공기 중 이산화탄소를 변화시킨 현장실험에서는 식물들이 이산화탄소 농도의 증가에 반응하는 것으로 나타났다. 무슨 일이 일어나고 있는지 잘 알 수는 없지만, 이산화탄소가 증가하면 세포질의 산도(acidity)도 함께 변하는데, 이 분야는 여러분 스스로가 더 파헤치는 것도 괜찮을 것이다.

요약

1. 호흡은 다양한 대사경로에 중요한 ATP와 작은 탄소화합물 모두를 세포에 제공한다.
2. 세포가 수행하는 호흡의 유형은 환경요인과 세포의 분화 상태에 따라 좌우된다.
3. 무기호흡, 즉 발효는 한 분자의 포도당이 호흡될 때 오직 두 분자의 ATP만 생성되기 때문에 비효율적이지만, 무산소 조건에서 그의 대안인 죽음보다는 선택적으로 훨씬 유리하다.
4. 일부 식물과 동물의 조직은 조건혐기성이지만, 유기호흡을 하지 않고서 오랜 기간 살 수 있는 큰 식물과 동물은 없다.
5. 세 가지의 보편적인 전자수용체는 산소, 식물의 아세트알데히드 그리고 동물의 피루브산이다. 그 가운데 산소만이 풍부하고 저렴하며 무해한 폐기물인 물이 된다.
6. 포도당의 완전한 유기호흡을 통해 전자가 제거되고 궁극적으로 산소에 수송된다. 산소가 전자를 받아들이면 양성자를 취하여 물이 만들어진다.
7. 유기호흡은 해당과정, 시트르산회로 그리고 미토콘드리아의 전자전달사슬을 통한 산화적 인산화로 구성된다. 전자전달사슬을 통해 전자가 통과하면 양성자와 수산화이온의 화학삼투적 기울기가 형성된다.
8. 일부 식물의 어떤 조직은 양성자를 퍼내지 않는 다른 세트의 전자운반체로 전자를 운반하여 열을 발생시킨다. ATP가 생성되지 않으므로 NADH의 모든 에너지는 열로 방출된다.
9. 5탄당인산경로는 목질소의 에리트로오스나 뉴클레오티드의 리보오스 또는 환원력을 위한 NADPH를 만들 수 있는 대사물질들의 복잡한 상호작용이다.
10. 대략 5°C에서 25°C의 범위에서는 온도가 증가하면 호흡도 증가한다. 따뜻한 낮과 밤에는 서늘한 시기에 비해 호흡이 훨씬 더 빨라진다.

중요한 용어

5탄당인산경로(pentose phosphate pathway)
무기호흡 (무산소호흡, anaerobic respiration)
발효(fermentation)
시안내성호흡(cyanide-resistant respiration)
시토크롬산화효소(cytochrome oxidase)
시트르산회로(citric acid cycle)
아세틸조효소A(acetyl CoA)
에탄올 (에틸알코올) [ethanol (ethyl alcohol)]
엠덴-마이어호프 경로(Embden-Meyerhoff pathway)
열발생호흡(thermogenic respiration)
유기호흡(aerobic respiration)
이소시트르산(염, isocitrate)
절대혐기성 생물(obligate anaerobe)
절대호기성 생물(obligate aerobe, strict aerobe)
젖산염 (젖산) [lactate (lactic acid)]
조건혐기성(facultatively anaerobic)
조건호기성(facultatively aerobic)
죽음의 해역 (무생물역, dead zone)
크레브스회로(Krebs cycle)
트리카르복시산회로(tricarboxylic acid cycle)
푸마르산(염) (fumarate)
플라빈모노뉴클레오티드 (flavin mononucleotide, FMN)
플라빈아데닌디뉴클레오티드(flavin adenine dinucleotide, FAD)
해당과정(glycolysis)
호흡(respiration)
호흡률(respiratory quotient, RQ)

복습 문제

1. 대부분의 식물은 광합성에서 생긴 과다한 에너지를 저장한다. 저장된 에너지의 회수가 일어날 수 있는 시기가 언제인가? 에너지 회수는 항상 광합성이 일어난 곳과 같은 자리에서 일어나는가?
2. 휴면기가 끝나 저장기관이 활성화되고 그 저장된 물질이 가동화될 때, 수송을 위해 녹말이 보통 설탕(자당)으로 전환된다. 왜 녹말이 수송되지 않을까?
3. NADH가 NAD^+로 산화하려면 전자를 다른 것에 전달해야 한다. 이상적인 수용체가 갖는 특징들은 무엇인가? 실제로 사용되는 수용체는 무엇인가? 전자가 추가되면 이 물질은 무엇으로 전환될까?
4. 세포호흡은 두 가지 범주에 속한다. 그 두 가지 범주는 무엇인가? 각각은 언제 이용될까?
5. 절대호기성 생물과 절대혐기성 생물, 그리고 조건호기성 생물을 정의하시오. 각각의 예가 되는 생물의 몇 종류를 대시오.
6. 식물조직은 어떤 조건에서 산소 결핍을 겪게 될까? 산소가 없으면 ATP가 포도당으로부터 어떻게 만들어질까?
7. 해당과정은 ________를 이용할 수 있을 때에만 진행될 수 있다. 만약 이것이 NADH로부터 재생될 수 없다면 이용 가능한 포도당을 갖고 있다 하더라도 생물은 죽게 될 것이다.
8. 해당과정에서 NAD^+가 NADH로 환원되는 것이 문제이다. 만약 뿌리가 질산염과 황산염을 흡수하거나 식물이 지방산을 합성한다면 왜 문젯거리가 덜 될까?

9. 무기호흡과 유기호흡은 각 과정에서 궁극적인 전자수용체가 다르다. 각각의 전자수용체는 무엇인가? 이들 각각의 장점과 단점은 무엇인가?
10. 산소가 존재하면 NAD^+가 다시 생성되어 해당과정이 계속될 뿐만 아니라 더 많은 _______가 재생과정에서 형성된다.
11. 동물의 무기호흡에서는 전자수용체가 피루브산이다. 어떤 산(또는 어떤 산의 음이온)이 생성될까? 격렬하고 빠르게 운동을 하면 우리의 근육에서 그 산이 형성될 것이다. 그러면 어떤 느낌이 들까?
12. 식물은 11번 문제에서 언급한 산을 만들지 않는다. 대신에 식물이 무기호흡에서 만드는 것은 무엇인가? 피루브산은 _______로 전환되고 나서 NADH가 이와 반응하여 _______을 형성한다.
13. 무기호흡의 부정적인 면을 고려한다면 자연선택이 어떻게 그토록 비효율적인 것을 만들었을까?
14. 유기호흡의 기본적인 세 부분은 무엇인가? 어느 단계가 미토콘드리아에서 일어나고, 어느 단계가 세포기질에서 나타나나?
15. 유기호흡과 무기호흡의 초기 단계는 동일한가, 아니면 다른가?
16. 시트르산회로가 일어나려면 피루브산은 해당과정이 일어나는 _______로부터 _______을 가로질러 _______로 수송되어야 한다. 이는 아세틸이라고 부르는 2-탄소 절편으로 수송된다. 아세틸을 수송하는 운반체의 이름은 무엇인가?
17. 책에서는 시트르산회로의 이득이 보다 많은 ATP의 생성이라고 언급하였지만, 오직 한 단계에서만 ATP가 만들어졌다. 시트르산회로은 어떻게 해서 그보다 많은 ATP 생산에 관여하는가(힌트: NADH와 $FADH_2$의 운명은 어떻게 되나)?
18. 그림 11-13을 살펴보자. 미토콘드리아 전자전달사슬의 전자운반체가 위치하는 곳은 기질과 막 그리고 크리스타 내강 중 어디인가? 이들이 전자를 나르면 일부 전자운반체는 양성자(H^+)를 축적한다. 이들 양성자는 기질과 크리스타 내강 중 어디에 축적될까?
19. 미토콘드리아의 화학삼투전위(chemiosmotic potential)란 무엇인가?
20. 크리스타의 내강으로부터 미토콘드리아 기질로의 양성자 흐름은 ATP의 합성에 이용될 수 있다. 이런 일이 어떻게 일어나는지 설명하시오.
21. 해당과정 동안에 포도당의 모든 에너지가 ATP로 전환될까? 퇴비더미가 왜 따뜻해지나?
22. 어떤 식물은 다량의 열을 발생한다. 그 두 가지 예의 이름을 대시오. 열의 발생이 이들 식물 각각에 어떻게 이로운가? 이렇게 열을 내는 호흡의 명칭은 무엇인가?
23. 모든 호흡경로의 중간물질은 다양한 화합물을 만드는 데 있어서 _______를 이용할 수 있다. 이는 이산화탄소와 물로 완전히 산화되는 _______이 아니다.
24. 5탄당인산경로는 5탄당인 몇 가지 중간물질을 갖는다. 5탄당(pentose)이란 무엇인가? 핵산 대사에 들어가는 5탄당의 이름을 대시오.
25. 4탄당 에리트로오스-4-인산(erythrose-4-phosphate)은 많은 화합물의 합성에서 개시물질이 된다. 두 가지 중요한 종류의 이름을 대시오.
26. 유사분열을 준비하고 있는 분열조직 세포와 섬유나 관상요소로 분화하는 어린 물관 세포를 고려해 보자. 각각은 5탄당인산경로를 이용하지만, 생성물이 서로 다르다. 그 이유를 설명하시오.
27. 내부분의 조직에서 만약 온도가 10°C 상승한다면 호흡률은 얼마나 증가할까?
28. 호흡의 총에너지 수율은 호흡된 포도당 분자당 합성된 ATP 분자의 수에 결부된다. 무기호흡과 유기호흡의 수율은 각각 얼마인가? 열발생호흡의 경우는?
29. 호흡률(respiratory quotient, RQ)의 정의는 무엇인가? 포도당이 완전하게 유기호흡을 하면 6분자의 산소가 소비되고 6분자의 이산화탄소가 만들어진다. 이 과정의 호흡률은 얼마인가? 식물의 호흡률을 측정한 결과에서 호흡률이 0.7로 나타났다면, 그 식물이 지질을 호흡하였다고 생각하는가, 아니면 시트르산을 호흡하였다고 여기는가?

CHAPTER 12

수송과정

학습 목표

이 장을 읽은 다음, 학생들이 할 수 있는 것은;

- 확산, 삼투 그리고 능동수송을 정의한다.
- 막의 세 가지 유형을 생각해 낸다.
- 수분퍼텐셜방정식의 요소들을 설명한다.
- 물의 운동과 관련하여 세 가지 중요한 점을 말한다.
- 세포가 수용액에 있을 때 삼투퍼텐셜과 압력퍼텐셜의 차이를 설명한다.
- 한계원형질분리의 중요성을 다시 언급한다.
- 공변세포, 인접세포, 칼륨 그리고 수분퍼텐셜 간의 관계를 요약한다.
- 압류가설을 설명한다.
- 응집-장력가설을 논의한다.
- 다양한 환경에서 물 이용가능성의 차이를 설명한다.

알고 있나요?

- 공기는 대체로 너무 건조해서 식물로부터 물을 뽑아낼 수 있는데, 이는 공기가 우리의 피부를 건조하게 만들고 입술을 트게 하는 것과 똑같다.
- 물은 식물체를 따라 위쪽으로 당겨지는데, 이는 맨 위에서 올리면 전체 고드름이 따라 올라가는 것과 비슷하다.
- 그에 반해서 땀샘을 통해 땀이 밀려나오듯이 달콤한 시럽은 체관부를 통해 밀려나온다.
- 늦겨울과 이른 봄에는 단풍나무가 당을 체관부가 아닌 물관부를 통해 통도하며, 메이플 시럽은 당이 농축된 물관액이다.

개요

장의 첫 이미지: 동백나무속(*Camellia*)의 이들 잎은 장거리에 걸쳐 물이 수송되지 못하여 햇볕에 탔다. 가뭄이 오래 계속되면 토양이 너무 건조해져서 뿌리가 토양으로부터 물을 뽑아내지 못하고, 따라서 충분한 물을 잎으로 공급할 수 없게 된다. 잎의 공변세포들이 닫히고 물이 보존되도록 도와주지만, 이는 우리 몸이 탈수되고 땀이 멎는 것과 비슷하다. 기공이 닫혀서 수분이 증발되지 못하므로 기관들이 더 이상 서늘한 상태를 유지할 수 없다. 잎이 과열되고 조직이 죽는다. 다행스럽게도 눈(bud)은 눈비늘에 의해 잘 보호돼서, 이윽고 건조가 끝나면 눈은 새로운 잎을 만든다.

개념

생명 그 자체의 기본적 측면 가운데 하나는 그냥 두면 확산될 방향과 반대로 분자를 움직여서 특정 물질을 특정한 자리로 이동시키는 능력이다. 죽은 다음에는 원자와 이온 그리고 분자들이 농도가 높은 부위에서 낮은 부위로 확산되어 성분의 무질서가 증가한다. 한편 확산은 평생 동안 나타나지만, 식물체나 동물체 내에서 질서를 증가시키는 경향이 있는 조절되고 방향이 정해진 수송과 정보다 훨씬 느리게 진행된다. 수송과정은 에너지를 소비하며, 많은 과정은 ATP의 고에너지 인산결합성 궤도가 깨지는 자유에너지감소반응으로 작동된다.

생물학적 체제의 모든 체제에서 특정한 수송이 나타난다. 효소는 전자와 양성자 그리고 아세틸기를 수송한다. 막은 그 자체를 가로질러 물질을 수송한다. 세포는 그 안팎으로 물질을 수송할 뿐만 아니라 원형질 내에서 물질을 순환시킨다. 전체 생물은 한 기관에서 다른 기관으로, 예를 들면, 뿌리, 잎, 꽃 그리고 열매 간에서 물, 탄수화물, 무기질 그리고 그 밖의 영양소들을 수송한다.

식물은 몇몇 기초적 유형의 수송과정만을 가지므로, 기본적 원리를 쉽게 이해할 수 있다. 여기에서는 이들을 몇 세포 직경 또는 그 이하의 거리만이 관련되는 **단거리 수송(short-distance transport)**과 가까운 이웃이 아닌 세포들 간의 **장거리 수송(long-distance transport)**으로 분류하기로 한다.

많은 종류의 단거리 수송에는 어느 세포로부터 그 세포와 직접 접촉하지는 않지만 영양소를 필요로 하는 다른 세포로 필수영양소를 전달하는 과정이 포함된다. 초기의 생물이 환경과 접촉하지 않은 내부 세포들을 가지면서 진화할 때 그러한 수송의 필요가 생겼다. 단거리 수송은 점차적으로 내부 세포들의 생존에 꼭 필요하게 되었다.

장거리 수송이 큰 식물을 구축하는 데 있어서 절대적으로 필요한 것은 아니다. 많은 거대한 조류들에서는 장거리 수송이 나타나지 않고, 해면동물이나 산호 또는 그와 비슷한 동물에서도 전혀 나타나지 않는다. 그렇지만 먼 거리에 걸쳐 통도하는 능력은 특히 육상식물에 있어서 분명히 적응적이다(**그림 12-1**). 물관부와 체관부가 진화하기 전에는 식물의 흡수하는 세포들이 땅 속으로 깊이 파고 들어가지 못했는데, 이는 이들 세포가 광합성을 하는 세포로부터 너무 멀리 떨어져서 양분을 공급받지 못해 죽을 수 있기 때문이며, 흡수한 영양소를 위쪽으로 아주 멀리 수송하지도 못했기 때문이다. 토양의 가장 위에 있는 1~2밀리미터에 뿌리가 국한된다는 것은 흡수세포들이 영양소가 더 많고 항상 축축한 깊은 토양에 닿을 수 없음을 의미한다. 토양의 최상위층은 빨리 마를 뿐만 아니라 비가 내리면 유리 영양소들이 빠져 나가버린다. 물관부와 체관부를 갖게 되면서 깊숙이 침투하는 뿌리들이 살아 있을 수 있게 되고, 뿌리가 수집한 영양소들을 지상부로 나를 수 있게 되었다.

관다발조직은 지상부가 꼿꼿하게 자라는 데 있어서 선택이익이 되었고, 햇빛을 향하여 잎을 경쟁식물보다 위로 올릴 수 있게 되었다. 광합성에서 만들어진 당을 식물의 다른 아래쪽 부분으로 수송할 수 있기 때문에 이렇게 올릴 수 있게 되었다. 키가 큰 식물에서 이처럼 광합성조직들이 위쪽으로 올라가게 되면 생식조직들도 덩달아 높이 올라가게 되어 포자나 꽃가루를 바람에 멀리 분산시킬 수 있게 된다. 충매수분이 진화한 후에는 곤충에게 잘 보일 수 있는 높은 위치의 꽃을 갖는 것이 유리해졌다. 수송과정의 진화는 식물 생명활동의 모든 측면에 영향을 주었고, 나중에 많은 새로운 유형의 식물 체제가 진화하도록 하였다.

관다발조직은 한편으로 영양소를 특정한 자리로 보내서 결과적으로 그 자리가 빠르게 생장하고 발생하는 메커니즘으로 작용한다(**그림 12-2**). 어떤 시기에는 영양소가 정단분열조직으로 수송되어 생장과 잎원기의 시작을 촉진하고, 다른 어떤 시기에는 영양소가 꽃눈이나 어린 열매로 향하며, 또 다른 어떤 시기에는 목부와 나무껍질의 생성을 지원한다. 단거리 수송과 장거리 수송의 조합으로 말미암아 일부 식물은 가뭄거나 덥거나 또는 병원체의 공격 같이 일시적으로 불리한 조건에서도 충분히 생존할 수 있도록 크고 복잡하게 자라는 능력을 갖게 된다.

식물(또는 동물)에 의해 수송되는 거의 모든 것이 물에 용해되기 때문에 물이 식물 도처로 움직이는 능력은 중요하다. 물은 특이한 액체이다. 물은 무겁고 점성이 있으며, 세포의 성분뿐만 아니라 토양에도 들러붙어, 수송과정에 영향을 미치는 요인이다.

물질의 이동을 저해하는 **격리메커니즘(isolation mechanism)**은 수송과정과 관련이 있다. 식물은 다양한 물질에 대해 불투과

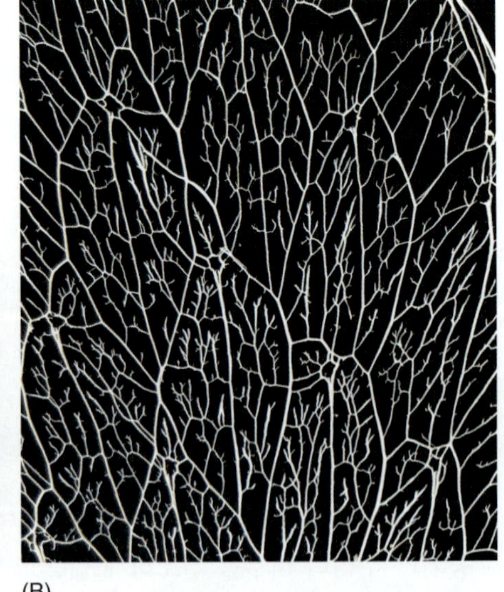

(A) (B)

그림 12-1 **(A)** 이 선인장속(*Opuntia*)은 납작한 줄기와 곧 떨어지게 될 아주 작은 잎을 갖고 있다. 물관부와 체관부가 그물 같은 양식으로 배열하고, 그물의 꼭짓점마다 잎이 위치한다. 물관부는 장거리 수송의 방편이 되어 식물의 긴 뿌리의 끝으로부터 위쪽으로 그리고 줄기의 도처에 물을 나른다. 물이 물관부를 나가고 나서 표피에 도달할 때까지 세포에서 세포로 단거리 수송이 일어난다. **(B)** 이것은 (A)와 같은 선인장속의 물관부이다. 피층과 속의 부드러운 유조직은 썩어 없어지고 표피가 줄어들어 목질화된 관다발만이 남았다.

성의 유기중합체를 합성하는 데 있어서 능숙하다. 각피질(cutin)로 덮인 벽을 가진 표피세포는 물관부에 의해 지상부까지 수송된 물이 빠져 나가지 않도록 한다(**그림 12-3**). 내피의 카스파리띠(Casparian strip)는 뿌리의 어느 부분에서 다른 부분으로 무기질이 확산되지 않도록 막는다. 격리메커니즘은 수송을 쓸모 있게 만드는 데 있어서 극히 중요하다.

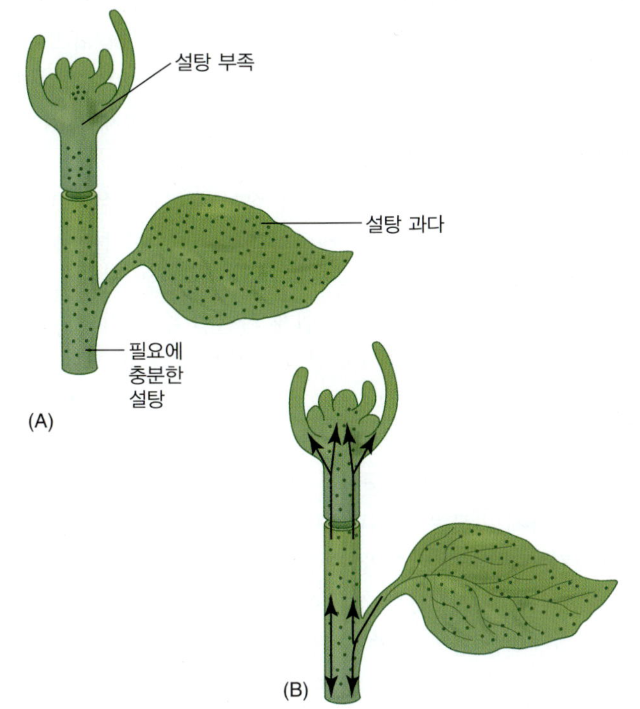

그림 12-2 **(A)** 관다발조직이 없는 속씨식물을 상상해 보자. 위에서 많은 양의 포도당이 만들어지겠지만, 먼 거리에 걸친 확산은 느리기 때문에 당은 매우 느리게 그리고 소량만이 잎을 빠져 나갈 것이다. 줄기의 꼭대기에는 엽록소가 거의 없어서, 만약 전적으로 자체의 광합성에 의존해야 한다면 생장과 잎의 개시 그리고 잎의 확장이 극히 느리게 나타날 것이다. **(B)** 관다발조직이 있다면 포도당은 과다한 부위로부터 필요로 하는 부위로 수송될 수 있고, 그렇게 함으로써 정단분열조직과 잎원기는 매우 빠르게 생장할 수 있다. 한편 관다발조직은 대규모의 뿌리계에서 수집한 무기질을 필요로 하는 부위로 수송할 수 있다.

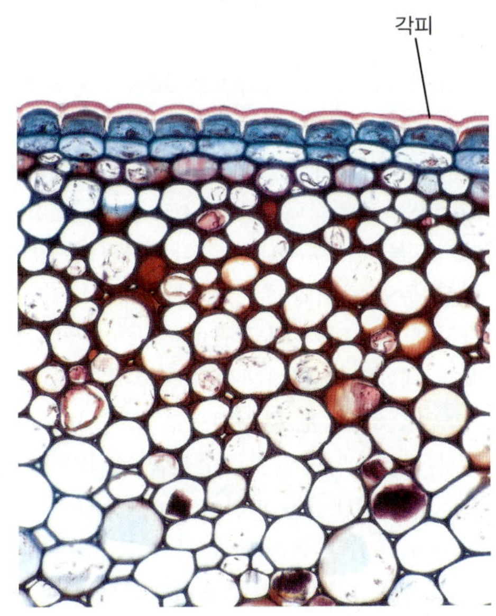

그림 12-3 각피질로 구성된 각피(분홍색)는 식물체 내부의 물을 간직하고 병원체를 막아주는 격리메커니즘의 역할을 하는 방수성 표피층이다(×80).

확산, 삼투 및 능동수송

처음으로 고려해야 할 점은 물질이 용액을 통해 이동하고 막을 통과하는 메커니즘이다. 가장 단순한 방법은 **확산(diffusion)**으로, 용액에 들어 있는 입자들이 마구잡이로 운동하여 상대적으로 농도가 높은 구역에서 농도가 낮은 구역으로 이동하는 것이다. 막을 통한 확산을 **삼투(osmosis)**라고 한다.

막에는 세 가지 종류가 있다. **전투과성(freely permeable)** 막은 모든 용질을 확산시키고 생물학적으로 중요성이 거의 없다. **완전불투과성(completely impermeable)** 막은 그 어떤 것도 통과시키지 않고 격리장벽으로 나타난다. **차등투과성 막(differentially permeable membrane)** 또는 **선택적 투과성 막(selectively permeable membrane)**은 특정한 물질만 통과시킨다. 모든 지질/단백질 세포막은 차등투과성이다. 소수성 분자들은 어떤 세포막이라도 쉽게 확산되는 반면, 극성의 친수성 분자들은 분자들이 확산될 수 있는 특별한 단백질통로가 막에 있는 경우에만 차등투과성 막을 통과할 수 있다. 물 분자는 고도로 극성임에도 불구하고 모든 막을 통과하지만, 막에 **아쿠아포린(aquaporin)**이라는 단백질통로가 있으면 훨씬 빠르게 이동한다.

한편 대부분의 막에는 ATP의 에너지를 이용하여 막을 가로질러 분자를 통과시키는 막결합 **분자펌프(molecular pump)**가 있는데, 그 종류의 분자가 받는 쪽에서 몹시 농축되어 있더라도 통과시킨다. 이것이 **능동수송(active transport)**이다. 단백질로 된 분자펌프는 막과 ATP 모두와 결합한다. ATP가 ADP와 인산염으로 나뉘면 에너지가 펌프로 전달되고 형태가 변하면서 막을 관통하여 분자를 나른 다음 놓아 준다. 분자펌프가 없다면 막은 분자에 극히 불투과성이거나 다시 누출될 것이다. 광합성과 호흡의 양성자펌프는 능동수송의 예이다.

모든 세포막은 수송과정에서 중요하고, 원형질막은 세포 안팎으로 물질이 이동하는 것을 통제한다. 물질은 삼투현상이나 능동수송에 의해 액포(vacuole)의 막을 통과하여 이동할 수 있다. 액포는 당, 색소, 결정 그리고 다른 많은 성분들이 축적되는 공간으로서의 역할을 한다(**그림 12-4**). 소포체와 딕티오솜은 물질을 수송하고 나서 소포(vesicle)에 축적된다. 이들 소포는 다소 영구적일 수 있어서 오랜 기간 동안 세포에 머무를 수 있거나, 아니면 소포가 세포질 사이로 이동하여 다른 세포소기관과 융합하는 **세포내 수송(intracellular transport)**의 방편이 되기도 한다. 융합하면서 막들이 합쳐지고 소포의 내용물은 세포소기관 내부로 전달된다. 이것이 소포체로부터 딕티오솜으로 물질이 이동하거나 또는 이들 세포소기관 중 어느 하나로부터 원형질막의 융합에 의해 세포 외부로 물질이 이동하는 보편적인 수단이 된다. 세포분열 과정에서 새로운 세포판(2개의 1차벽과 중간층)은 양쪽의 소포체와 딕티오솜에서 오는 소포들이 합쳐져서 생긴다.

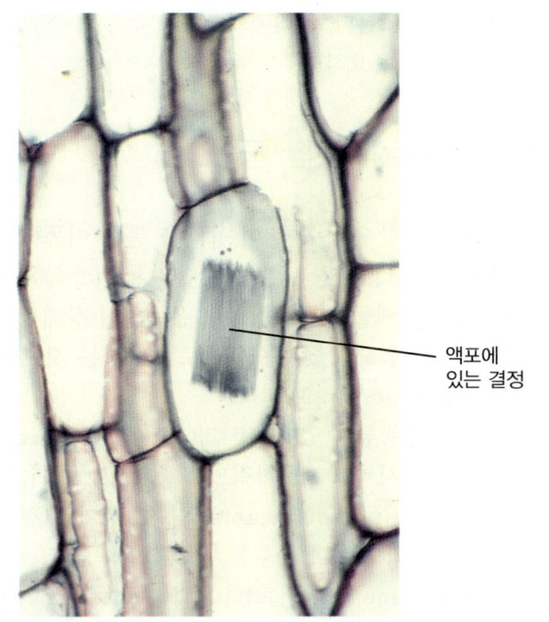

그림 12-4 이들 결정은 세포의 액포에 위치한다. 칼슘과 옥살산이 분자펌프에 의해 액포막을 가로질러 수송되면 이들은 바늘처럼 생긴 침상결정(raphide)이 될 때까지 농축된다.

수분퍼텐셜

다른 어떤 화학물질과 마찬가지로, 물은 일을 하는 능력인 자유에너지(free energy)를 갖는다. 많은 화학물질에서 이 에너지를 그 화학퍼텐셜(*chemical potential*)이라고 부른다. 물은 식물학에서 매우 중요하기 때문에 그 화학퍼텐셜을 보통 **수분퍼텐셜(water potential)**이라고 일컫고, 부호 ψ('사이'라고 발음함)로 나타낸다. 물의 자유에너지인 수분퍼텐셜은 물을 가열하거나 압력을 가하거나 또는 상승하는 등의 여러 방법으로 증가될 수 있다. 물의 에너지는 냉각시키거나 또는 압력을 줄이거나 낮추면 감소할 수 있다.

한편으로 물의 일을 하는 능력도 여러 가지 방법으로 변할 수 있다. 물이 어떤 물질에 들러붙으면 이들 물 분자는 그 물질과 수소결합을 형성하고, 다른 물 분자와 달리 자유로이 확산되지 않는다. 이렇게 되면 일을 하는 능력은 줄어든다. 작은 비커의 물을 생각해 보자. 이 물이 순수한 물이라면 물은 흐르고 움직이며 물질을 녹이고 물질을 수화시킬 수 있지만, 만약 스펀지가 첨가되면 물 분자는 스펀지 물질에 들러붙어 더 이상 흐르거나 쉽게 물질을 녹일 수 없게 된다. 스펀지 대신에 다량의 당을 첨가해도 결과는 마찬가지다. 시럽은 설탕용액이지만, 시럽의 물 분자는 순수한 물의 물 분자보다 일을 하는 능력이 떨어진다.

수분퍼텐셜은 세 가지 요소를 갖는다.

$$\psi = \psi_\pi + \psi_p + \psi_m$$

이 등식에서 ψ_p는 압력이 수분퍼텐셜에 미치는 효과인 **압력퍼텐셜(pressure potential)**이다. 물이 압력을 받으면 압력퍼텐셜이 증가하고, 따라서 수분퍼텐셜이 증가한다. 만약 압력이 줄어들면 압력퍼텐셜과 수분퍼텐셜도 감소한다. 압력은 양(positive)이거나(뭔가가 압축될 때) 음(negative)일 수 있다(뭔가가 늘어날 때). 많은 액체는 아주 많이 늘어날 수 없지만, 물이 응집력이 있기 때문에 상당한 장력(tension)에 저항할 수 있다. 물이 장력 하에 놓이면 압력퍼텐셜은 0보다 작은 음수가 된다. 퍼텐셜은 압력의 단위들로 측정하는데, 보통 **메가파스칼(megapascal, MPa)** 또는 **바(bar)**로 나타낸다. 1메가파스칼은 대략 10바 또는 10대기압이다. 1대기압(atmosphere of pressure)의 순수한 물은 0(제로)의 수분퍼텐셜을 갖는 것으로 정의한다.

ψ_π('사이 파이'라고 발음함)는 용질이 수분퍼텐셜에 미치는 효과인 **삼투퍼텐셜(osmotic potential)**이다. 순수한 물에서는 용질이 존재하지 않고 삼투퍼텐셜은 0.0 MPa의 값을 갖는다. 물 분자는 용질 분자와 상호작용하여 쉽게 확산될 수 없기 때문에 용질의 첨가는 물의 자유에너지를 감소시킬 수 있다. 따라서 삼투퍼텐셜은 항상 음(negative)이다. 만약 물 분자가 첨가되는 분자들과 상호작용하지 않으면 물질은 용해되지 않는다.

여기서 주의하는 것이 중요하다. 산을 물에 첨가하는 것은 물을 더 활발하게 만드는 것처럼 보일 뿐이다. 용액이 물보다 많은 자유에너지를 가질 수 있지만, 순수한 물과 원래의 농축된 산보다 더 많은 자유에너지를 갖는 것은 아니다.

삼투퍼텐셜은 용액에 존재하는 **입자의 수**와 관련이 있다. 즉, 물 100 mL에 2 g의 포도당이 들어 있는 용액은 물 100 mL에 오직 1 g의 포도당이 들어 있는 용액보다 음으로 두 배의 삼투퍼텐셜을 갖는다. 이는 다소 예기치 못한 결과이다. 만약 1,000 포도당 단위를 포함하는 녹말 분자가 1,000개의 유리된 포도당 분자들로 가수분해되었다면 용액의 삼투퍼텐셜은 훨씬 더 음의 값을 갖게 되는데, 이는 이전과 비교하여 용액에 999개의 입자가 더 생겼기 때문이다. 0보다 작은 음수를 다룰 때 '증가한다', '감소한다', '훨씬 크다' 그리고 '훨씬 작다' 같은 용어를 사용하는 것이 혼란스러울 수 있다. 만약 삼투퍼텐셜이 −0.01에서 −0.1 MPa가 되었다면, 이는 증가한 것일까, 아니면 감소한 것일까? 이런 경우에 '음의 값이 커진다', '양의 값이 적어진다' 등등으로 표현하면 혼동을 줄일 수 있을 것이다.

ψ_m은 세포벽, 막 그리고 토양입자 같이 용해되지 않는 구조에 물이 부착하는 **매트릭퍼텐셜(matric potential)**이다. 부착(adhesion)은 오직 물의 자유에너지를 감소시킬 수 있으므로 매트릭퍼텐셜은 항상 음의 값이다. 토양에서는 대부분의 토양수가 토양입자와 단단하게 결합하기 때문에 매트릭퍼텐셜이 중요하지만, 생체 세포에서는 대개 매트릭퍼텐셜이 삼투퍼텐셜이나 압력퍼텐셜보다 훨씬 덜 중요하고, 보통 전적으로 무시된다. 생체 세포의 수분퍼텐셜 등식은 보통 $\psi = \psi_\pi + \psi_p$로 간주된다(**표 12-1**).

물의 이동은 수분퍼텐셜과 관련이 있다. 물질은 그 농도가 높은 부위로부터 농도가 낮은 부위로 확산된다. 물의 경우, 이를 보다 정확하게 말할 수 있다. 물은 수분퍼텐셜이 상대적으로 양의 값을 갖는 부위로부터 상대적으로 보다 음의 값을 갖는 부위로 이동한다(**그림 12-5**). 이는 몇 가지 중요한 점을 담고 있다.

표 12-1 수분퍼텐셜 요소의 가능한 값	
$\psi =$	$\psi_\pi + \psi_p + \psi_m$
ψ_π	순수한 물은 0.0, 모든 용액은 음의 값
ψ_p	음이거나 양일 수 있음
ψ_m	항상 음수이고, 비교적 건조한 물질을 제외하고 보통 대수롭지 않음
ψ	생체 세포에서 항상 0.0 또는 음의 값

1. 물은 물덩어리(수괴) 내에서 수분퍼텐셜의 차이가 있을 때에는 언제든지 이동한다. 모든 원형질체는 서로 연결되어 있고 세포벽의 대부분은 완전히 수화되어 있다. 따라서 근본적으로 모든 식물체는 하나의 물덩어리이고, 부위들의 수분퍼텐셜이 같지 않다면 물은 식물의 부위들 간에서 이동할 수 있다(**그림 12-6A**). 그 결과, 식물의 다양한 부분들이 수분을 잃거나 얻게 되면서 어느 특정한 세포의 수분퍼텐셜은 하루에도 몇 번이고 변할 수 있다(**그림 12-7**).
2. 만약 어느 두 부위의 수분퍼텐셜이 동일하다면 그 부위들은 평형상태(equilibrium)에 있고, 물의 순이동은 없다. 물이 왔다갔다 하면서 확산되지만, 평균적으로 동일한 수의 물 분자들이 어느 곳의 안팎으로 확산된다(**그림 12-6B**). 얼지만 않는다면 물은 언제나 움직이고, 물이 풍부하거나 압력을 받는 구역으로부터 물이 드물거나 장력을 받는 구역으로 움직인다.
3. 수분퍼텐셜은 항상 둘씩 짝을 지어 또는 떼를 지어 고려해야 한다. 물이 어느 곳에서 다른 곳으로 움직이기 때문에 두 곳의 수분퍼텐셜이 중요하다. 어느 한쪽의 수분퍼텐셜을 안다고 해서 그 물이 움직일 것인지를 예측할 수는 없다(**그림 12-6C**).

비교하고자 하는 용액들이 동일한 온도에 있다고 가정하기 때문에 온도는 중요한 요소가 아니다. 잎과 뿌리의 수분퍼텐셜을 비교할 경우 이 설명이 엄밀하게는 정확하지 않지만, 그 차이는 중요하지 않다.

(A)

(B)

(C)

그림 12-5 **(A)** 왼쪽의 물질은 수산화칼륨이고, 오른쪽은 녹말이다. 이들은 공기에 노출된 직후 아직 말라 있을 때 찍은 사진이다. **(B)** 습한 공기에서 한 시간이 경과한 후 찍은 사진이다. 수분은 보다 농축된 곳(공기)으로부터 덜 농축된 곳으로 이동하였다. 수산화칼륨은 수분을 머금고 음(−)의 삼투퍼텐셜을 갖는 용액을 형성하였다. 물은 녹말의 긴 다당류 분자에 들러붙었다. 비록 녹말에서 물기를 볼 수는 없지만 포장을 벗긴 짭짤한 크래커를 생각해 보자. **(C)** 가지에 소금을 뿌리면 조직으로부터 물이 빠져나와 가지를 요리하기가 쉬워진다.

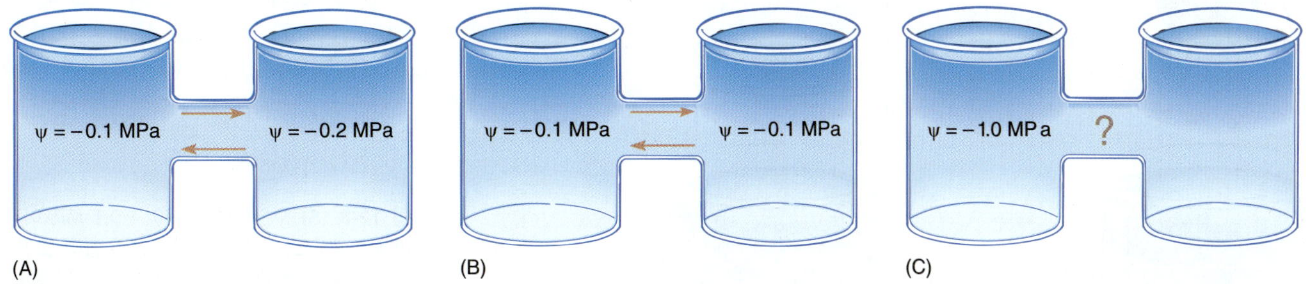

그림 12-6 **(A)** 수분퍼텐셜이 −0.1 MPa인 용액이 수분퍼텐셜이 −0.2 MPa인 용액과 연결되면 이 두 용액은 평형이 아니다. 물은 상대적으로 양(+)의 수분퍼텐셜을 갖는 부위로부터 수분퍼텐셜이 보다 음(−)인 부위로 이동한다. 물 분자들은 양쪽 방향으로 움직이지만, 어떤 특정한 순간에 오른쪽으로 훨씬 많이 이동한다. 양쪽의 비커에는 용질들이 용해되어 있어야 하고(만약 그렇지 않으면 각각은 0.0 MPa의 수분퍼텐셜을 가짐), −0.2 MPa인 용액은 두 배 많은 용질을 가져야 한다. 왼쪽 비커에 들어 있는 용질 분자의 농도가 낮기 때문에, 이들은 오른쪽 비커의 용질 분자들보다 물 분자의 이동을 덜 제한하게 된다. **(B)** 두 용액의 수분퍼텐셜이 동일하다면 이 두 용액은 평형상태에 있고, 물의 순이동은 일어나지 않는다. 언제나 동일한 수의 물 분자들이 오른쪽과 왼쪽을 왔다갔다 이동한다. **(C)** ψ = −1.0 MPa의 용액은 매우 음성이고 물을 흡수하려는 경향이 강하지만, 이 경우에 물이 움직일 것인지를 확신할 수 없다. 오른쪽 비커에 수분퍼텐셜이 −1.1 MPa인 용액이 담길 수도 있다.

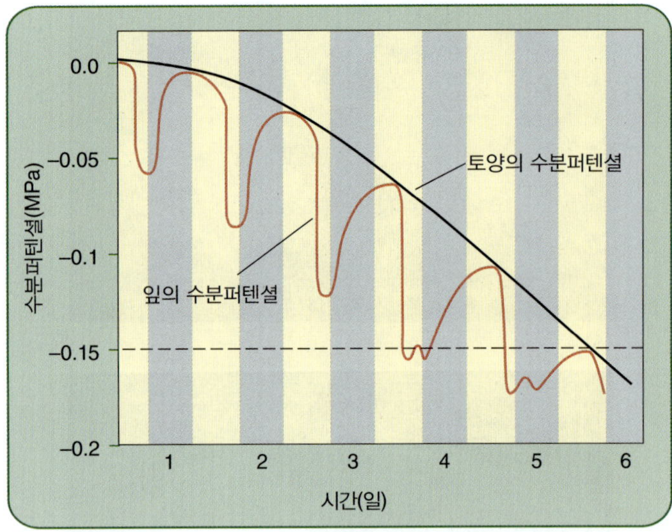

그림 12-7 토양에 물을 주고 나서 며칠 동안 마르게 두면 토양용액의 수분퍼텐셜은 서서히 그리고 순탄하게 음의 값을 갖게 된다. 낮에는(노란색 막대) 잎이 물관부가 물을 대체하는 것보다 빠르게 물을 잃고, 따라서 잎은 약간 마르고 잎의 수분퍼텐셜은 점점 더 음의 값을 띤다. 밤에는(어두운 막대) 기공이 닫히고 물관부의 수송이 잎 조직을 다시 수화하지만, 각 주기에서 잎은 그 전날 밤보다 더 건조해진다. 주간에 잎의 수분퍼텐셜이 시듦점(wilting point; 파선)보다 더 음수가 될 때까지 이는 매우 심각하지 않다. 잎이 시들면 많은 대사과정들에 나쁜 영향을 미친다. 시듦점은 종마다 다르고, 중습성(mesic) 식물보다 건생식물(xerophyte)에서 더욱 큰 음의 값을 가진다. 토양이 극히 건조해진 다음에는 야간의 재수화작용(rehydration)조차도 시듦점보다 위로 잎의 수분퍼텐셜을 끌어 올리지 못한다. 영구시듦점(permanent wilting point)에서는 심각한 피해가 나타날 수 있다. 모든 생장이 멈추고 잎과 발생 중인 꽃눈이나 열매는 죽어서 떨어질 수 있다.

세포와 물의 운동

몇 가지 예를 들면, 도움이 될 것이다. 수분퍼텐셜이 −0.1 MPa인 세포를 상상해 보자. 이 세포에는 삼투퍼텐셜을 미지의 음의 값으로 만드는 용질이 들어 있다. 세포는 팽창하고 세포벽을 향해 밀지만, 세포벽 또한 똑같이 도로 밀고 세포에 압력을 유발하여 압력퍼텐셜이 미지의 양의 값을 갖게 된다. 매트릭퍼텐셜은 그 값이 너무 작기 때문에 무시해도 된다. 그것이 무엇이든지 간에 삼투퍼텐셜과 압력퍼텐셜을 합치면 −0.1 MPa이 된다(**그림 12-8A**). 이제 수분퍼텐셜이 역시 −0.1 MPa인 용액이 담긴 비커에 세포가 놓였다고 상상해 보자. 양쪽의 수분퍼텐셜이 동일하고, 세포와 용액은 평형상태에 있으며, 물의 순이동은 나타나지 않는다. 즉, 세포는 위축되지도 않고 팽창되지도 않는다. 물 분자들이 세포와 용액 간에서 이동하지만, 대략 동일한 수가 각 방향으로 매순간 이동한다(**그림 12-8B**).

이제는 같은 세포가 수분퍼텐셜이 −0.3 MPa인 용액에 놓였다고 상상해 보자(**그림 12-8C**). 수분퍼텐셜이 동일하지 않고, 용액의 수분퍼텐셜은 세포의 수분퍼텐셜보다 훨씬 음의 값을 가지며(즉, 용질이 더 많고), 따라서 물은 세포로부터 용액 쪽으로 이동한다. 얼마나 많은 물이 움직일까? 세포에서 물이 나감에 따라 원형질에 남아 있는 용질은 차츰 농축된다. 물의 단위당 존재하는 용질이 많기 때문에 삼투퍼텐셜은 더욱 음의 값을 갖게 된다. 물이 빠져나가면서 원형질의 용적이 차츰 작아지고, 따라서 원형질체가 벽으로 미는 압력이 적어지고, 세포벽이 도로 미는 힘도 적어진다. 그러므로 압력퍼텐셜은 줄어든다. 삼투퍼텐셜과 압력퍼텐셜 모두가 감소하므로(더욱 음의 값을 띠므로), 세포의 수분퍼텐셜도 감소한다. 어느 순간에 세포의 수분퍼텐셜($\psi_{세포}$)이 −0.3 MPa에 도달하고 용액과 평형상태가 된다. 그러고 나면 물의 순이동은 멈춘다(**그림 12-8D**). 물론 물이 세포에서 비커의 실험용액으로 빠져나감에 따라 용액이 차츰 희석되고 그 삼투퍼텐셜과 수분퍼텐셜의 음의 값이 덜해지지만, 열려 있는 비커에서 압력이 강화될 수 없기 때문에 용액의 압력퍼텐셜은 변하지 않는다. 그러므로 실제로 평형은 −0.3 MPa보다 약간 위에서 나타나지만, 대부분의

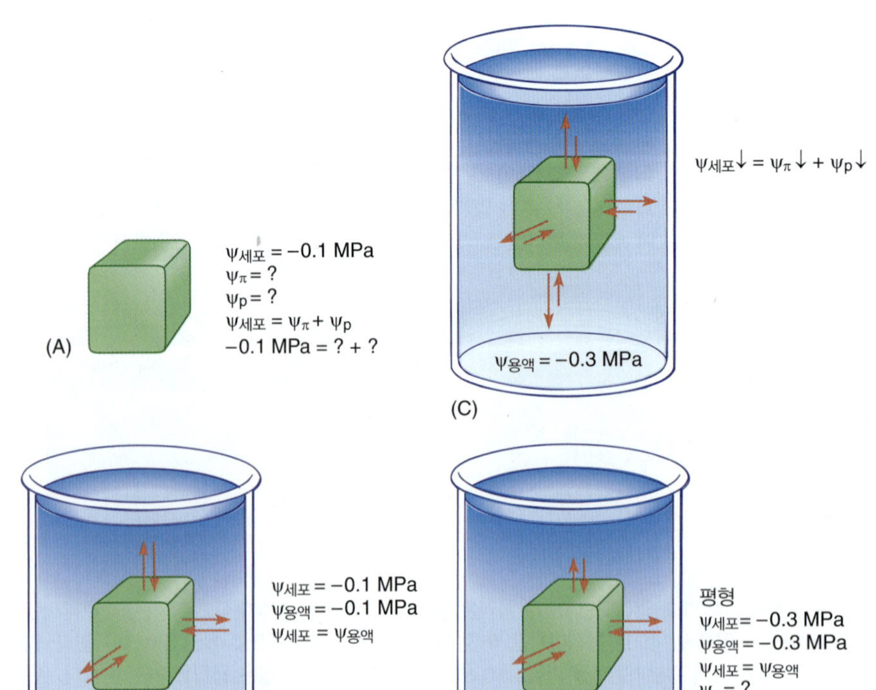

그림 12-8 **(A)** 수분퍼텐셜(ψ)이 −0.1 MPa이지만, 삼투퍼텐셜(ψ_π) 또는 압력퍼텐셜(ψ_p)의 값이 알려지지 않은 세포. **(B)** 수분퍼텐셜이 −0.1 MPa인 용액에 세포가 놓이면 세포는 용액과 평형이 되고 물의 순이동은 일어나지 않는다. **(C)** 세포가 수분퍼텐셜이 −0.3 MPa인 용액에 놓이면, 세포의 수분퍼텐셜도 −0.3 MPa이 될 때까지**(D)** 물의 손실로 죽게 되더라도 세포에서 용액으로 물이 빠져나간다. 세포의 수분퍼텐셜이 차츰 음수가 된다는 사실은 삼투퍼텐셜이나 압력퍼텐셜 또는 두 가지 모두가 더욱 음수가 된다는 것을 의미한다.

그림 12-9 **(A)** 이 탁자 맨 위에 있는 분자들은 중력에 대항하여 위쪽으로 압력을 가한다. 탁자 윗면에서는 아래쪽이나 위쪽으로의 운동이 없고, 따라서 힘은 평형을 이룬다. **(B)** 몇 권의 책을 올려놓으면 중력이 증가하지만 실제의 움직임은 나타나지 않는다. 탁자의 윗면이 약간 휘고 그 분자들이 늘어지지만, 새로운 힘에 대응할 만큼 저항할 수 있다. **(C)** 더 많은 힘이 가해져도 탁자 윗면에 의해 완벽하게 균형이 유지된다. 만약 책을 제거하면 윗면의 늘어남이 멈춰지고, 분자들은 자체의 중량에 대응할 정도의 압력만을 가하게 되며, 탁자가 위쪽으로 날아가지 않는다.

비커가 대부분의 세포보다 훨씬 크기 때문에 이동하는 물의 양은 비커의 용액보다는 세포에게 있어서 훨씬 더 중요하다.

이 예에서 삼투퍼텐셜과 압력퍼텐셜의 상대적 중요성을 고려해 보자. 삼투퍼텐셜이 음(−)으로 두 배가 되려면(이를테면 −0.15에서 −0.3 MPa으로), 세포는 물의 절반을 잃거나 용질입자의 수가 두 배가 되어야 한다. 이 두 가지의 작용 모두 극단적이어서, 만약 세포가 물의 절반을 잃게 되면 거의 모든 세포가 죽고, 따라서 삼투퍼텐셜은 보통 극히 소수의 메가파스칼보다 많이 증가하거나 줄어들지 않는다. 압력퍼텐셜은 엄청나게 변할 수 있지만, 대체로 소량의 물만 이동할 뿐이다. 탁자의 맨 위를 고려해 보자. 그 분자들은 중력이 이들을 아래쪽으로 끌어당기는 중력과 정확하게 같은 힘으로 위쪽으로 압력을 가한다. 탁자에 책을 올려놓으면 결합성 궤도가 늘어나면서 탁자의 분자들이 위쪽으로 더 많은 압력을 행사한다(**그림 12-9**). 탁자는 형태가 거의 변하지 않으면서 위쪽을 향해 가할 수 있는 압력의 양을 변화시킨다.

이와 비슷한 과정이 세포벽에서 나타난다. 앞에서처럼 수분퍼텐셜이 −0.3 MPa이 된 세포를 이제는 순수한 물이 담긴 비커에 넣었다고 상상해 보자. 약간의 물이 세포 내부로 들어와 용질을 희석시키고 삼투퍼텐셜이 덜 음의 값을 갖게 하지만 그 변화는 중요하지 않다. 그런데 추가되는 물의 용적이 원형질체가 팽창하게끔 만들고 더 많은 힘으로 벽에 압력을 가한다. 비록 소량의 물만이 안쪽으로 이동할지라도 세포벽은 같은 힘으로 반대로 밀고 압력퍼텐셜은 빠르게 올라간다(**그림 12-10**). 얼마나 높이 올라갈까? 그 값을 예측할 수는 없지만, 삼투퍼텐셜과 압력퍼텐셜을 더하면 0(제로)이 될 만큼 높아지고, 세포는 순수한 물과 평형상태가 된다.

과연 세포가 파열될 정도로 물을 많이 흡수할 수 있을까? 동물의 세포는 순수한 물에 넣었을 때 종종 터지고, 이 과정을 **용해(lysis)**라고 부르지만, 식물 세포는 터지지 않는다(**그림 12-11**). 1차벽이건 2차벽이건 간에 세포벽은 언제나 물의 흡수에 의한 파손에 견딜 만큼 튼튼하다. 가장 얇고 가장 연약한 성숙한 유세포의 벽조차도 삼투퍼텐셜과 균형을 잡아 주기에 충분할 정도의 높은 압력퍼텐셜로 원형질체에 압력을 가할 수 있다.

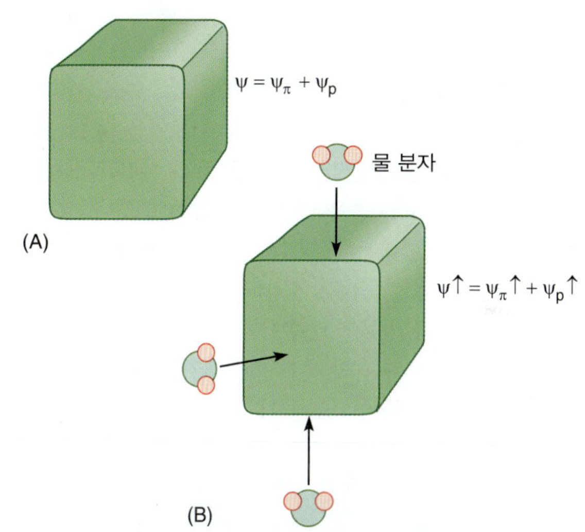

그림 12-10 **(A)** 팽창하고 물과 원형질로 가득한 건강한 세포. 이 세포는 시들지 않은 세포들처럼 부풀고 튼튼하다. 그 벽은 늘어나 있고, 벽을 향해 압력을 가하는 원형질에 대항하여 역으로 압력을 행사한다. **(B)** 소량의 물이 세포로 들어오면 부피가 약간 늘어나면서 벽이 늘어나고 저항하여 세포 내부에 압력이 형성된다. 결과적으로 압력퍼텐셜(ψ_p)은 훨씬 더 양성이 되고, 세포의 수분퍼텐셜도 마찬가지다. 세포에서 물의 양이 약간 증가하였기 때문에 염류, 당, 아미노산 그리고 그 밖의 모든 용질들이 약간 희석되었다. 따라서 삼투퍼텐셜(ψ_π)도 다소나마 덜 음성이 되지만, 이러한 변화는 압력퍼텐셜의 변화와 비교하면 중요하지 않다.

성숙하지 않은 생장 중인 세포는 변형 가능한 약한 벽을 갖고 있고, 물의 흡수를 멈출 만큼의 충분한 압력을 형성할 수 없다. 세포는 터지지 않고 자란다. 그런 조건에서는 세포의 크기가 몹시 커질 수 있다. 물이 많이 유입되면 세포에 들어 있는 용질들이 현저하게 희석될 수 있다. 삼투퍼텐셜과 압력퍼텐셜의 음수는 적어지고, 세포는 주변 세포들과 수압이 평형상태에 도달하고 생장이 멈춘다. 그렇지만 줄기와 뿌리의 끝처럼 그리고 확장하는 잎 같이 생장하고 있는 부위에서는 물의 유입에도 불구하고 세포들이 원형질막을 통해 용질을 능동적으로 퍼내거나 또는 거대한 녹말 분자가 수천 개의 포도당 분자로 가수분해되면서 세포들의 삼투퍼텐셜과 수분퍼텐셜이 음성을 나타낸다. 적절한 크기에 도달하면

박스 12-1 물과 생태

물은 생존에 필수적이다. 세계에서 물이 없는 지역에는 생명이 없는 반면, 아주 조금이라도 물이 있는 곳에는 최소한 몇몇 생물이 출현한다. 우리들 인간이 물을 이용할 수 있는 다양한 방법을 생각해 보고, 우리가 이미 알고 있는 세계의 측면들을 생각해 보자. 두 가지의 분석적 질문을 이용해 보자. 물이 있는 곳에서 다른 방도는 무엇인가? 각 대안의 결과는 무엇인가?

물에서 이용할 수 있는 물

대부분의 세계는 물로 덮여 있다. 바다, 호수, 늪, 연못, 강, 만년설원 그리고 빙하는 지구에서 육지보다 훨씬 넓은 표면을 덮고 있다. 어찌 보면 물에는 엄청나게 많은 물만 있는 것으로 보이지만, 물에는 민물, 짠물, 기수(brackish water) 등등 여러 가지 유형이 있다. 호수와 강은 담수(fresh water)를 포함하는데, 담수란 그 안에 용질이 극히 적게 녹아 있는 물이다. 담수는 빗물에서 시작되는데, 이 물은 구름이 응결된 것이고 근본적으로 증류된 물인 순수한 물이다. 빗물이 하천과 호수와 강에서 모이면서 이 '물'은 거의 순수한 상태가 지속된다. 산골짜기의 시냇물은 너무나도 순수하여 조류들이 그 안에서 자랄 수 없기 때문에 맑고 깨끗하다. 큰 강의 물은 덜 순수한데, 이는 강이 비료를 준 밭과 잔디밭 그리고 골프장에서 유출되는 물을 받고 도시에서는 하수를 강에 버리기 때문이다. 하수에는 용존 무기질과 유기화학물질이 항상 풍부하게 들어 있고, 강물은 종종 물과 무기질의 균형이 잡히면서 풍부한 생명을 지원한다. 조류가 지나치게 자라서 강을 저하시킨다. 조류들이 죽으면서 사체가 가라앉고 세균에 의해 분해되는데, 이 과정에서 너무 많은 산소가 소비되면 물고기들이 질식사할 수 있다. 이러한 과정을 **부영양화(eutrophication)**라고 하지만, 여러분은 아마도 부영양화된 강을 결코 본 적이 없을 것이다. 1960년대에 우리들은 우리 자신의 하수와 농업에서 발생하는 유출수 모두를 강으로 흘려보내지 않을 수는 없더라도 최소한 인산염(phosphate)의 농도를 낮게 유지시킨다면 부영양화를 막을 수 있을 것이라는 점을 깨달았다. 인산염이 없다면 조류들이 자랄 수 없다. 대부분의 인 오염은 세탁용 세제에 기인하므로, 1960년대 이후 인산염이 들어 있지 않은 대체 세제로 전환하였다.

바다에는 소금물이 들어 있다. 강이 바다로 물과 희석된 염류를 날라다주지만, 물이 증발하여 구름을 이루고 나서 다시 빗물로 떨어지고 바다로 흘러 들어오면서 또 다시 희석된 염류를 가져다준다. 이것이 육지에서 바다로 염류를 옮기고 농축하는 메커니즘이다. 바닷물의 염류가 너무 농축되어 있어서 육상의 식물과 동물은 그 물로 자신을 수화시키지 못한다. 바닷물을 주고 식물을 기르면 식물이 죽는 것과

그림 B12-1A 요세미티(Yosemite) 국립공원의 이 작은 부분에는 물의 이용가능성이 다른 미소서식지들이 많이 있다. 폭포는 하천이 흐를 때에는 풍부한 물을 갖지만, 때로는 마르거나 얼어버린다. 물보라가 튀는 구역에는 약간의 물이 공급되지만, 절벽은 비가 내릴 때에만 물에 적시고 수분을 보유하는 능력이 없다. 나무들은 절벽보다는 수분을 오래 간직하는 토양에서 자라는데, 어떤 구역은 햇빛이 완전히 들고, 어떤 곳은 그늘이 진다. 그러므로 증산에 의해 물이 소실되는 비율이 다르다.

그림 B12-1B 이 선인장의 일종(*Armatocereus procerus*)은 페루 연안의 몹시 건조한 지역에서 자란다. 이 선인장은 물이 부족하여 쪼글쪼글해지고 햇볕에 탔다. 이 지역은 10년에서 15년마다 한 번씩 엘니뇨가 발생한 해에만 비가 내리는 것으로 나타났다. 이 선인장은 일상적으로 10년 또는 그 이상 빗물 없이 지내야만 한다.

마찬가지로 사람이 바닷물을 마시면서 살겠다고 시도한다면 죽게 될 것이다. 해양생물은 세포가 적절하게 필요한 만큼을 유지하면서 원형질의 내부나 외부로 염류를 이동시킬 수 있는 원형질막과 액포막을 갖고 있다. 갈매기는 해수를 정화하고 염류를 버리는 샘을 갖고 있지만, 우리 같은 육상생물은 그렇게 할 수 없다.

바닷물의 염류 대 물의 비율은 많은 요인들 때문에 변한다. 강이 바다로 흘러감에 따라 부력이 있는 민물을 바다로 보내는데, 민물은 바닷물 위의 모자처럼 뜬다(해수의 염류 때문에 해수는 담수보다 밀도가 높다). 해조류는 위쪽의 민물에서 살 수 없고 깊은 바닷물에 남아 있어야 하는데, 그곳은 광합성을 하기에 충분한 빛이 도달하지 않는 곳이다. 강의 민물이 널리 퍼짐에 따라 그 층의 두께가 줄어들고, 어디선가 파도의 작용으로 민물과 바닷물이 함께 섞인다. 강의 하구는 민물과 바닷물이 복잡한 변화도를 나타낸다.

강어귀에서의 복잡한 혼합은 많은 종류의 생물을 위해 수많은 서식지를 제공하는 풍부한 환경이다. 불행하게도 인간은 이들 생태계에 크게 지장을 주었다. 이해하기 가장 쉬운 사례는 멕시코 만에 유입되는 리오그란데 강(Rio Grande)과 코르테즈 해로 흘러들어가는 콜로라도 강(Colorado River)이다. 미국과 멕시코 모두 식수와 제조업 그리고 관개를 위해 너무 많은 강물을 사용함에 따라 이들 두 장대한 강은 간신히 해안에 도달하는 시냇물에 불과하게 되었다. 이 강들은 연안생태계를 유지할 수 있는 수백만 갤런의 민물을 더 이상 공급하지 못하고, 민물이 바깥쪽으로 흐르지 못하게 되어 짠 바닷물이 하구까지 접근한다. 만조(고조) 때 불어나는 기수로 인해 담수의 습지가 파괴되고 있다.

해수 중 염류와 물의 농도 역시 남극과 북극에서 극심하게 변화한다. 북극에 가까운 북극해(Arctic Ocean)는 꽁꽁 얼어 얼음장으로 덮여 있고, 남극에서는 남극 대륙(Antarctica)이 설원과 빙하로 덮여 있다. 얼음과 물은 순수한 물이고, 여름에 이들이 녹으면서 바닷물의 염류를 희석시킨다. 그런 곳들은 북극의 몇 마리 북극곰과 남극의 펭귄을 제외하고 생물이 살 수 없는 추운 곳이라고 여겨질지 모르지만, 이는 사실이 아니다. 극지방의 해수는 현미경적 크기의 조류와 동물들이 바글거리고 지구 전체에서 가장 생물로 가득 찬 서식지 중 하나이다. 여름에 빙하와 빙산이 녹으면서 첨가되는 민물은 이들 생물이 적응해야 하는 문제가 된다. 겨울에는 그 반대의 문제에 봉착한다. 물이 얼어 얼음이 되면 염류만 남게 되므로, 겨울에 극지방에 많은 얼음이 생길수록 남은 물의 염도는 더욱 높아지고, 그 안에 사는 생물들은 또 다른 딜레마에 빠진다. 더욱 심각한 문제는 염도의 증가에 따라 밀도가 높아져서 차가운 짠 물은 가라앉는다. 물고기와 바다표범은 쉽게 위쪽으로 헤엄쳐서 안전하게 머물 수 있지만, 조류와 미세한 동물들은 캄캄한 아래쪽으로 옮겨지고, 그곳에서 해저에 사는 저서생물의 먹이가 된다.

고조와 저조의 조위 사이에 걸친 연안역인 조간대(intertidal zone)는 이용 가능한 물이 몹시 그리고 빠르게 변하는 구역이다. 바닷물이 빠지면 말미잘과 따개비 그리고 조류는 처음에 바닷물로 적셔지지만 그들의 표면에 있는 물이 증발하면서 염류의 농도가 증가한다. 오래 드러날수록 몸이 마를 뿐만 아니라 염류로 덮이게 되고, 이들 생물은 표면의 삼투적으로 건조한 염류에 대항하여 체내의 물을 계속 간직해야 한다. 그에 반해서 소나기가 내리면 몸이 민물로 흠뻑 적셔지고, 이번에는 무기질이 몸에서 빠져나가지 않도록 투쟁해야 한다.

공기에서 이용할 수 있는 물

공기는 비, 안개, 이슬, 서리, 눈, 우박 그리고 심지어는 습기의 형태로 육상식물에 물을 공급한다. 한편 공기는 식물에서 물을 빼내는데, 이는 증산의 원동력이 된다. 수분이용능(water availability)은 1평방마일당 1년에 내리는 빗물의 양보다 훨씬 복잡하다. 또한 중요한 것은 강수(precipitation)의 시기와 규칙성이고, 비가 내리고 다음에 비가 내릴 때까지 물을 잃는 속도도 중요하다. 페루와 칠레의 아타카마(Atacama) 사막 같은 일부 사막지역은 비가 전혀 내리지 않는 것으로 믿어진다. 범위의 다른 한쪽 끝에는 운무림(cloud forest)이 있는데, 이 지역은 거의 내내 공기가 포화되어 있다. 식물은 흠뻑 젖어 물이 뚝뚝 떨어지고, 토양은 언제나 촉촉하다. 이상적인 서식지와는 거리가 먼 운무림에는 왜소한 나무들만 가득한데, 그것은 습도가 증산을 막고 뿌리에서 위쪽으로 무기질이 수송되지 못하게 하기 때문이다. 육상의 많은 서식지는 보다 일상적으로 비 오는 날과 맑은 날이 교차하지만, 비 오는 날에 대한 맑은 날의 비율, 매번 내리는 빗물의 양, 비가 내리는 계절, 비와 비 사이에 공기의 건조함 등등에 있어서 엄청난 다양성이 존재한다. 워싱턴 주의 시애틀(Seattle)과 텍사스 주의 오스틴(Austin)에 사실상 동일한 양의 비가 내린다고 누가 짐작이나 할까? 이 두 도시에는 1년에 약 35인치의 비가 내리지만, 시애틀에서는 매주 조금씩 내리는 반면에 오스틴에서는 두 달에 한 번 정도 0.6에서 6인치의 비가 내린다. 비가 내리고 다음에 비가 내릴 때까지 시애틀은 서늘하고 구름이 끼며 식물은 약간 증산을 하지만, 오스틴에서는 비가 내리지 않는 동안 줄곧 습도가 낮고 햇빛이 강렬하다. 따라서 식물은 빠르게 증산을 한다. 워싱턴 주가 있는 태평양 연안 북서부의 토양은 두껍고 유기질(organic)이며 여러 날 동안 빗물이 제자리에 지속되지만, 오스틴 지역의 토양은 보통 두께가 0.5인치 미만이고, 토양이 다공성 석회암 위에 놓여 있다. 따라서 빗물은 즉시 빠진다.

물은 물이지만, 물이 식물과 동물 그리고 그 밖의 생물에 이용 가능한 방식은 많다. 마찬가지로, 생물이 이 필수적인 자원을 이용할 수 있게끔 적응해 온 방식은 훨씬 다양하다.

그림 B12-1C 선인장만이 다육질의 몸에 물을 저장하여 가뭄에서 살아남는 유일한 식물은 아니다. 아프리카와 중동 지역의 사막에는 다른 많은 다육식물이 자란다. 이 식물은 박주가리과의 후에르니아 레콘디타(*Huernia recondita*)이고, 한편으로 제라늄과 민들레와 관계가 있는 다육식물도 있다.

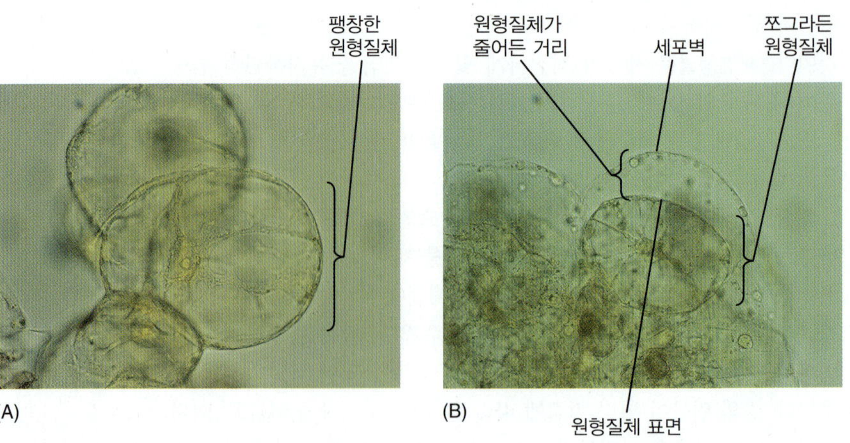

그림 12-11 생명공학 과정의 일부 측면에서는 세포벽을 섬유소분해효소로 분해시켜 벽이 없어진 원형질체를 필요로 한다. 세포벽을 분해시키는 혼합물에는 세포에서 물이 빠져나가 원형질체가 벽으로부터 분리되도록 용질(보통 설탕이나 당알코올의 일종인 만니톨)이 충분히 들어 있어야 한다. 그렇지 않으면 벽이 제거될 때 원형질체가 파열된다. 용질의 농도는 주의하여 조절해야 한다. 만약 너무 진하면 너무 많은 물이 세포에서 빠져나가고 세포는 죽게 된다. **(A)** 처리하기 전의 현탁배양 중인 세포. **(B)** 6% 만니톨에서 원형질체가 벽으로부터 막 분리되고 있는 세포(A와 B 모두 ×500).

벽을 보강함으로써 벽이 더 많은 압력을 가하여 압력퍼텐셜이 증가하게 하거나 아니면 용질의 유입을 멈추거나 녹말의 가수분해를 멈춰서 삼투퍼텐셜이 증가하도록 함으로써 생장을 정지시킬 수 있다. 압력퍼텐셜의 상승이건 삼투퍼텐셜의 증가이건 어느 쪽이든 세포의 수분퍼텐셜이 증가하고 주변의 세포들과 평형상태에 도달하게 함으로써 물의 순유입이 정지된다.

식물 세포는 터질 만큼 많은 물을 흡수하지 않지만, 수분의 손실은 심각한 문제가 될 수 있다. 앞에서 예로 들었던 순수한 물에 있고 수분퍼텐셜이 0.0 MPa인 세포를 이제는 수분퍼텐셜이 −2.0 MPa의 진한 설탕 용액에 넣었다고 상상해 보자. 세포에서 물이 빠져나가고, 삼투퍼텐셜은 약간 더 음의 값을 갖게 되며, 압력퍼텐셜은 급격하게 떨어진다. 이렇게 진한 용액에서는 세포가 평형에 도달하기 훨씬 전에 너무 많은 물을 잃어서 원형질체의 부피가 줄어들고 더 이상 벽 쪽으로 밀어붙이지 않는다. 식물이 세포가 터질 정도로 많은 물을 흡수하지 않지만 자주 많은 물을 잃어 시드는데, 이는 그 원형질체가 세포벽을 향해 확고히 밀지 않기 때문이다. 벽이 늘어나지 않고 되받아 어떤 압력도 가하지 않으므로 압력퍼텐셜은 0.0 MPa로 떨어진다. 원형질체에서 물이 스며나가고 세포벽으로부터 약간 분리되는 시점을 **한계원형질분리(incipient plasmolysis)**라고 부르고, 이는 매우 중요하다(**그림 12-12**, **12-13**). 그 시점까지 세포는 아주 약간의 물을 잃어서 그 용적의 변화와 삼투퍼텐셜의 변화가 크지 않았지만, 이제 압력퍼텐셜이 0(제로)이 되었기 때문에 수분퍼텐셜은 다음과 같게 된다.

$$\psi = \psi_\pi + 0$$

만약 세포가 한계원형질분리의 시점에 평형에 도달하지 않았다면 물이 계속 빠져나가고, 원형질체는 세포벽으로부터 완전히 떨어져서 오그라진다. 세포의 이런 상태를 **원형질분리(plasmolysis)**라고 한다. 수분퍼텐셜은 더욱 음의 값을 갖게 되는데, 이는 전적으로 용질이 더욱 농축되는 데 따른 삼투퍼텐셜 때문이다. 많

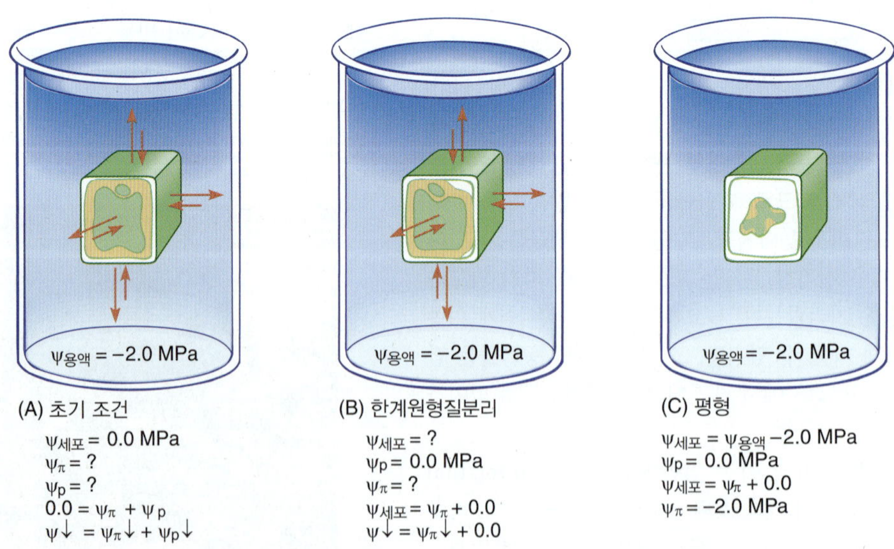

그림 12-12 **(A)** 음의 값이 높은 수분퍼텐셜의 용액에 놓이면 세포는 빠르게 물을 잃고 세포용적은 감소한다. 압력퍼텐셜의 양(+)의 값은 적어지고, 세포의 수분퍼텐셜은 더욱 음(−)의 값을 갖게 된다. 삼투퍼텐셜은 조금만 변한다. **(B)** 한계원형질분리는 원형질체가 세포벽에서 분리되는 시점이므로 압력퍼텐셜은 0이고, 세포의 수분퍼텐셜은 삼투퍼텐셜과 같아진다. **(C)** 만약 세포가 한계원형질분리에서 평형상태에 도달하지 않으면 물이 계속 빠져나가고, 세포의 수분퍼텐셜은 −2.0 MPa이 될 때까지 계속 음성이 된다. 여기서 압력퍼텐셜이 음수가 될 수 없으므로 수분퍼텐셜의 변화는 삼투퍼텐셜의 변화에 기인한다. 원형질분리가 일어나면 세포가 많은 물을 잃어서 용질의 농도가 크게 변한다.

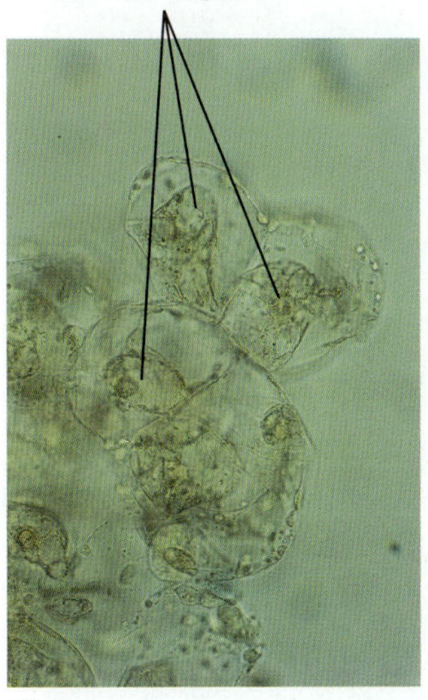

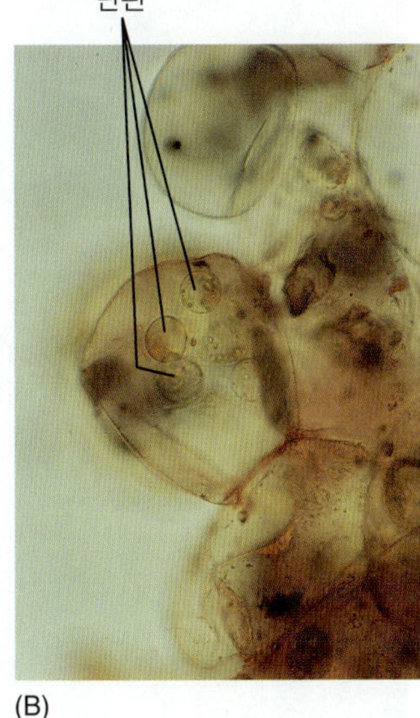

그림 12-13 (A) 배양된 이들 세포를 12% 만니톨 용액에 몇 시간 동안 두었더니 원형질이 심하게 분리되었다(그림 12-11과 비교). **(B)** 원형질분리가 일어나고 나서 며칠 후에 세포가 죽었다(A와 B 모두 ×500).

은 식물은 −2.0 MPa의 평형점(equilibrium point)에 이르르면 심각한 수분 손실로 인하여 죽게 된다.

그와 같은 극심한 탈수가 많은 세포들을 죽이지만, 일부 세포들은 그런 조건에서도 잘 생존한다. 많은 씨앗의 배는 매우 건조하고, −20 MPa의 매우 낮은 수분퍼텐셜을 갖는다. 이보다는 덜하지만 건조한 토양에 사는 사막 떨기나무의 잎은 −2.0에서 −6.0 MPa의 낮은 수분퍼텐셜을 갖는다(**표 12-2**). 온대 기후의 많은 식물에서는 잎의 수분퍼텐셜이 −1.0 MPa 미만이면 잎의 생장이 정지되지만, 그런 탈수 상태에서 잎은 며칠 또는 몇 주 동안 생존할 수 있다.

표 12-2 특정 조건에서 다양한 조직들의 수분퍼텐셜

메가파스칼(Megapascal)	
0.0	완전한 팽압 상태의 잎
−0.05	비료 용액
−0.2	건조한 토양의 많은 뿌리들
−0.5	물을 잘 준 토양의 식물 잎; 잎의 생장이 좋음
−1.0	건조한 토양에 뿌리 내린 식물의 잎; 잎의 생장이 느림
−2.5	바닷물
−2.7	1몰의 설탕 또는 만니톨
−3.0	매우 건조한 토양에 뿌리 내린 식물의 잎; 많은 식물에서 생장이 느리거나 정지됨. 일부 식물은 죽는다.
−6.0	매우 건조한 토양에 사는 사막 떨기나무의 잎과 가지
−20	발아할 수 있는 건조하고 생존 가능한 씨앗

단거리 세포간 수송

많은 식물 세포들은 적어도 물, 당, 무기질 그리고 호르몬을 전달하면서 인접한 세포들과 연락을 한다. 이러한 이동은 다양한 메커니즘에 의해 일어난다. 먼저 살아 있는 모든 세포들은 1차벽을 관통하는 가느다란 세포질 통로인 세포질연락사(plasmodesmata)에 의해 서로 연결되어 있다. 한 식물체 내에 있는 모든 원형질은 하나의 연속적인 집단으로 간주되고, 이를 **전원형질(symplast)**이라고 부른다.

아울러 물질들도 원형질막을 가로지르는 수송에 의해 한 세포에서 다른 세포로 전달된다. 그 방법으로는 삼투현상, 원형질막 자체의 분자펌프, 또는 수송소포와 원형질막 간의 융합이 포함된다. 원형질막을 통과하면 분자는 처음에 세포벽에 위치한다. 벽은 대체로 얇고 투과성이며, 분자는 벽을 쉽게 관통하여 세포간극으로 또는 이를 통해 좌우로 확산되고 세포 표면을 따라 퍼진다(**그림 12-14**). 대부분의 작은 분자들은 세포벽과 세포간극 모두 쉽게 이동할 수 있는데, 세포간극과 세포벽을 합친 것이 식물의 **전세포벽(apoplast)**이다.

샘(gland)에서는 전세포벽이 주로 샘의 표면을 향해 분자들이 쉽게 이동하는 세포간극이다. 샘 이외의 부위에서 전세포벽은 주로 세포벽이다. 분비된 분자들은 그 분자를 분비한 세포에 인접한 세포에 의해 흡수된다. 많은 유조직 세포는 1차벽이 얇고(두께가 1 μm 미만), 두 세포 간의 접촉면이 아주 넓어서(10~20 μm^2), 분자가 다음의 세포로 거의 직접 확산되거나 분자가 나왔던 세포로 다시 들어갈 가능성이 매우 커진다. 분자가 원래 능동수송에 의해 분비되었다면 원래의 세포막은 이 분자에 대해 불투과성일 것이고, 따라서 원래 세포로 돌아가는 것은 대체로 가능하지 않다. 이것이 피층이나 속 또는 잎살 내의 유세포들 간에서 물과 당 그리고 그 밖의 영양소들이 이동하는 가장 보편적인 메커니즘일 것이다.

공변세포

기공개구부(stomatal pore)의 열림과 닫힘은 단거리 세포간 수송에 근거한다. 다육식물유기산대사(CAM)를 하는 식물을 제외하고 기공이 닫히는 밤에는 공변세포들이 약간 쪼그라들고 내부의 압력은 거의 없게 된다. 공변세포들은 주변의 세포들과 수압이 평형 상태에 놓인다. 즉, 대략 같은 속도로 물이 공변세포에 들어오고 나가며, 물의 양에 있어서 순변화는 나타나지 않는다. 해가 뜬 직후처럼 공변세포가 열려야 할 때에는 칼륨이온(K^+)이 주위의 세포들에서 공변세포로 능동적으로 수송된다(**그림 12-15**). 원형질막이 칼륨에 대해 불투과성이기 때문에 공변세포 내부로 들어오면 칼륨은 나가지 못한다. 즉, 칼륨펌프는 가능하지만 확산은 불가능하다. 칼륨의 손실은 인접한 세포들의 수분퍼텐셜을 덜 음성이 되게 하지만, 공변세포에서는 칼륨이 흡수되면서 수분퍼텐셜이 더욱 음성이 된다. 인접세포와 공변세포 간의 수압평형은 칼륨

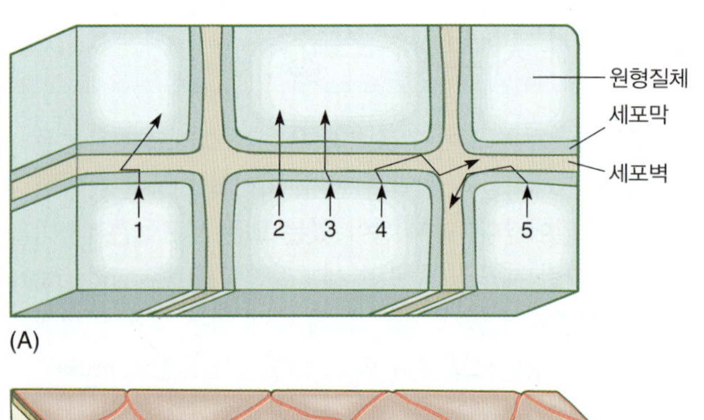

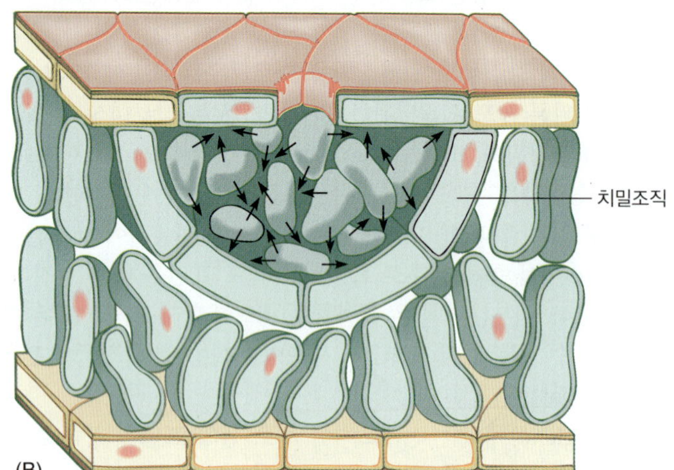

그림 12-14 (A) 분자는 세포로부터 방출된 다음, 다른 분자들과 충돌하고 튕겨 나오는 일련의 짧은 경로들로 확산된다. 이웃 세포로 들어갈 확률이 높지만(분자 1, 2 및 3), 한편으로는 벽을 따라 측면으로 확산될 수도 있다(분자 4와 5). **(B)** 많은 샘에서는 전세포벽이 커서 세포간 이동이 세포내 이동보다 훨씬 빠르고 용이할 수 있다. 그런 샘의 내벽에는 샘과 격리된 조밀한 조직들이 있어서 분비된 물질이 내부로 스며들지 못하도록 한다. **(C)** 해안에서 자라는 시오트(sea oats; *Uniola paniculata*)의 이 잎끝에서는 (B)의 샘과 비슷한 샘으로부터 물이 분비된다.

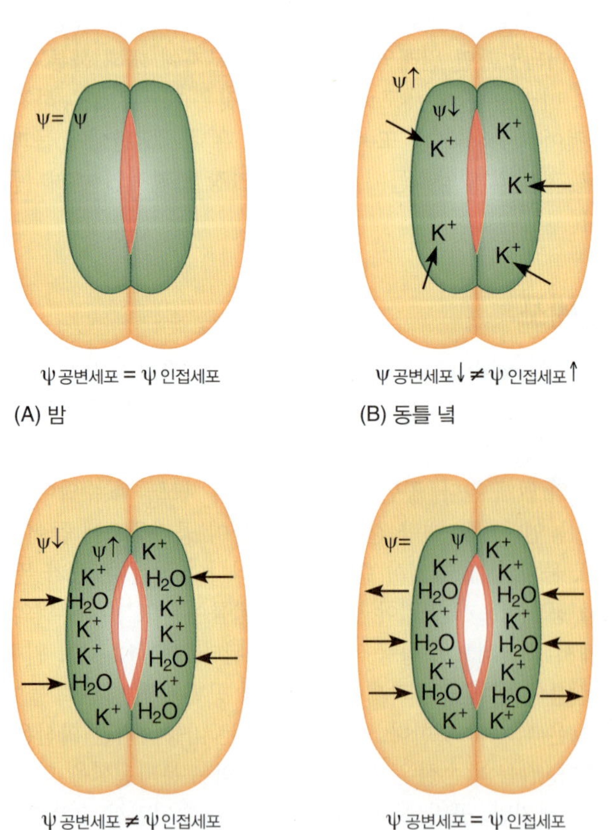

그림 12-15 밤에는 공변세포와 인접세포들의 수압이 평형을 이루지만**(A)**, 해가 뜨면 칼륨이 공변세포로 밀려들어와 용질의 농도가 높아진다**(B)**. 삼투퍼텐셜과 수분퍼텐셜이 더욱 음의 값을 갖게 되고, 물이 흘러 들어와서**(C)** 공변세포가 부풀고 기공이 열린다. 압력이 생성되고 압력퍼텐셜이 상승하여 떨어진 삼투퍼텐셜과 대항한다. 이에 따라 공변세포의 수분퍼텐셜이 올라가고 인접한 세포와 평형상태로 되돌아가지만, 이런 일이 일어나는 시점에는 기공이 열려 있다**(D)**. 기공이 반드시 닫혀야 하는 밤에는 모든 단계들이 반대가 된다.

펌프에 의해 깨지고, 물이 주위의 세포로부터 원형질막을 가로질러 확산되어 나오며, 2개의 1차벽과 중간층을 지나 원형질막을 통해 공변세포 내부로 들어간다. 가외의 물과 칼륨 때문에 공변세포들은 부풀고 구부러지며 떠밀어져서 기공개구부가 열린다. 기공개구부가 열린 다음에는 칼륨펌프가 중단된다. 물의 이동으로 인해 공변세포와 인접세포의 수분퍼텐셜이 다시 평형상태가 되고, 물의 순이동은 멈춘다. 공변세포가 닫혀야 할 때에는 이 과정이 반대로 된다. 즉, 칼륨은 공변세포에서 주변의 세포들로 퍼져나가고 물이 따라간다. 기공이 완전히 열리고 완전히 닫힐 때 공변세포와 인접세포는 평형상태가 된다.

기공이 완전히 열린 공변세포들과 기공이 완전히 닫힌 공변세포들은 내부의 조건들이 서로 다름에도 불구하고 이들 모두 인근 세포들과 평형을 이루고, 따라서 서로 평형상태에 있음에 주목할 필요가 있다. 기공이 열려 있을 때 공변세포의 풍부한 칼륨은

박스 12-2 '황무지'의 영농

높은 농도의 염류에 잘 견디는 식물을 개발하고, 이를 민물이 부족한 곳인 건조한 불모의 '황무지(wasteland)'에서 작물로 이용하자는 제안이 있었다. 어쩌면 이는 두 가지 점에서 가능할지 모른다. 사막에 적응하는 식물을 조사하여 영양가 높은 씨앗이나 의약품 또는 유용한 섬유같이 쓸모 있는 특성을 갖고 있는 식물이 있는지 살펴볼 수 있다. 아니면, 사막에 적응한 식물을 연구하여 그들의 특징 가운데 과연 어떤 특성 때문에 그 식물들이 내건성을 갖게 되었는지를 밝힌 다음, 해당하는 유전자를 동정하고 클로닝하여 지금은 건조에 내성을 갖지 않은 농작물 중 일부에 주입하는 것도 한 가지 방법일 것이다. 만약 이런 종류의 식물 중 어느 하나가 가능한 것으로 밝혀진다면 약간의 해수나 기수를 끌어들여 반사막(semidesert) 지역이나 심지어 사막에서조차 기를 수 있을 것이다.

이런 개념은 많은 문제가 있다. 그 첫 번째로 1년간의 실험을 통해 건조에 내성을 가지거나 해수로 키울 때 염류에 내성을 갖는 식물을 찾는 일과 매년 바닷물로 관개하는 일은 별개의 것이다. 건조한 지역은 비가 거의 내리지 않기 때문에 대부분의 건조한 지역에는 깍아내도 효과적인 배수로를 만들 수 없는 작고 일시적인 강이 있을 따름이다. 보통 이런 작은 강은 마른 호수에서 끝나고 배출구가 없다. 비가 내리고 나면 몇 주일 동안 물이 존재하지만, 곧 증발하여 그 무기질만 남는다. 미국의 동부와 그 밖의 습한 지역의 강들은 끊임없이 무기질을 바다로 흘려보내지만, 건조한 지역의 강은 그렇지 못하다. 만약 건조한 지역을 관개하는 데 해수가 이용된다면 물이 증발함에 따라 엄청난 양의 염류가 퇴적될 것이다. 이런 일이 매년 반복된다면 염류의 농도가 너무 높아져서 유타 주의 그레이트솔트 호(Great Salt Lake), 중동의 사해(Dead Sea) 또는 축적된 염류가 너무 많아서 2~3피트 높이의 결정을 형성한 데스밸리(Death Valley)의 악마의 골프장(Devil's Golf Course)에서 나타나는 것처럼 염류사막(salt desert)이 형성될 것이다. 그 어떤 것도 자랄 수 없어서, 새로운 작물도 안 되고, 유전자조작 식물도 안 되며, 프로젝트를 시작하면서 그 지역을 갈아엎을 때 모두 파괴되었던 원래의 식물도 물론 못 자랄 것이다. 바닷물 대신에 민물을 사용한다 하더라도 염류가 서서히 축적되는데, 캘리포니아 주의 센트럴밸리(Central Valley)는 토양에서 염류가 축적되는 심각한 문제에 이미 직면하였다.

이런 유형의 프로젝트가 안고 있는 또 다른 문제점은 사막과 반사막이 '개발'되고 '개선'되어야 할 황무지라고 생각하는 것이다. 비록 한때 그런 생각이 보편적이었지만, 지금은 많은 사람들이 그런 개념에 동의하지 않고 있다. 그와 같은 지역들은 그들의 자연적인 상태에서 고유의 가치를 지니고 있다. 그런 지역들은 많은 수의 식물, 동물, 곰팡이, 그리고 그 밖의 종들의 서식지이다. 이런 '황무지'의 종 가운데 의약품이나 그 밖의 유용한 특징을 갖고 있는 종이 전혀 발견되지 않았다고 해서 이들을 몰살시킬 권리가 우리에게 주어졌을까? 많은 미국인들이 과체중이 되거나 특별히 칼로리를 제거하여 가공한 식품을 먹을 때, 더 많은 땅을 농지로 전환하는 것이 반드시 필요할까?

(A)

(B)

그림 B12-2 **(A)** 어떤 사람들은 이 사막을 '황무지'라고 간주하겠지만, 이곳은 드물고 특이한 많은 식물들이 사는 곳이다. 이 지역은 생물다양성이 높을 뿐만 아니라(그곳에는 많은 종류의 식물, 동물, 곰팡이 그리고 다른 많은 생물들이 있다), 평화, 고요, 아름다움, 그리고 사람들을 자연과 다시 연결하는 기회가 있다. 녹색 문어가 뒤집힌 것처럼 보이는 식물은 오코틸로(*Fouquieria splendens*)이다. 다행스럽게도 이 '황무지'는 '개발업자'들로부터 보호를 받았다. 이 '황무지'는 빅 벤드(Big Bend) 국립공원**(B)**의 일부이다.

(A)

(B)

그림 12-16 **(A)** 괭이밥속(*Oxalis*)의 겹잎에 있는 각 작은잎(소엽)은 기동세포에 의해 잎자루와 이어져 있다. 이 사진은 서늘하고 햇빛이 강렬하지 않은 아침에 촬영한 것이다. 기동세포들이 팽창되고, 작은잎들이 햇빛을 받는 위치에 놓인다. **(B)** 화창하고 강렬한 햇빛을 받는 괭이밥속 식물들. 기동세포가 칼륨과 물을 잃어서 팽창한 상태가 아니다. 작은잎들이 늘어져서 햇빛에 대한 노출을 최소화한다. 오후 늦게 햇빛이 너무 강렬하지 않거나 나무의 그늘이 식물을 덮게 되면 기동세포가 칼륨을 흡수하고 물을 흡수하여 작은잎들을 다시 일으켜 세운다.

공변세포를 매우 음성의 삼투퍼텐셜을 갖게 하고, 이에 맞서는 팽압에 의해 압력퍼텐셜이 커진다. 그 결과 수분퍼텐셜은 약한 음성을 띤다. 기공이 닫혀 있을 때 공변세포에는 칼륨이 거의 없고, 따라서 약간의 음(−)의 삼투퍼텐셜을 갖는다. 이는 대항하는 팽압이 약하므로 압력퍼텐셜은 약한 양성이다. 이들 세포 역시 아주 약한 음성의 수분퍼텐셜을 갖는다. 두 세포들의 내부 조건들이 매우 다름에도 불구하고 이들은 동일한 수분퍼텐셜을 갖고 수압이 평형을 이룬다.

기동세포

미모사(*Mimosa pudica*)와 괭이밥속(*Oxalis*) 그리고 다른 많은 종들의 잎은 다양한 자극에 대응하여 휘고 접히면서 천천히 움직이고 스스로 방향을 전환한다(**그림 12-16**). 굴곡(flexure)이 일어나는 위치는 전체 중앙맥(midrib) 또는 잎새나 줄기에 부착하는 잎자루이다. 이들 '관절(joint)'에 있는 세포인 **기동세포(motor cell)**는 공변세포와 비슷하다. 기동세포는 칼륨을 축적하거나 배출할 수 있고, 따라서 세포의 수분퍼텐셜과 팽만(turgidity)을 조절한다.

파리지옥풀에서는 잎이 1초도 안 되는 시간 내에 빠르게 닫힐 수 있지만, 다시 열리려면 몇 시간이 걸린다. 기동세포는 중앙맥을 따라 위치하고, 이들이 쪼그라들면 다른 중앙맥 세포들의 압력이 잎몸의 두 반쪽을 바싹 밀어붙이게 하여 덫이 닫힌다. 기동세포에 의해 칼륨이 천천히 축적되고 물이 확산되어 들어오면, 기동세포가 차츰 팽창되면서 덫이 열린다. 덫이 닫히는 것은 기동세포의 칼륨 배출에 기인하지 않는다. 그렇게 되면 닫히는 속도가 너무 느릴 것이다. 대신에 막이 갑자기 칼륨에 대해 전투과성이 되고, 칼륨은 즉시 분출된다. 수분평형이 빠르게 변화하고, 물이 엄청나게 빠져나가 기동세포가 사실상 붕괴되면 곤충을 잡을 만큼 신속하게 덫이 닫힌다.

수송세포

물질이 능동적으로 수송될 수 있는 속도는 존재하는 분자펌프의 수에 의존하고, 이는 원형질막의 표면적에 좌우된다. 막이 넓을수록 막이 수용할 수 있는 분자펌프가 많아진다. 어떤 특수화된 **수송세포(transfer cell)**에서는 벽이 외부 표면에서는 매끈하지만 내부 표면에는 손가락처럼 생기고 융기 같은 돌출이 많이 있다. 원형질막이 모든 주름에 단단하게 밀착되어 있고, 따라서 벽이 평평한 경우의 원형질막보다 훨씬 넓은 표면적을 갖게 된다. 결과적으로 분자펌프가 자리 잡을 공간이 많아지고, 이러한 수송세포를 통해 다량의 수송이 가능해진다. 수송세포는 단거리 수송이 빠르게 나타날 것으로 예상되는 구역, 이를테면 염을 분비하는 샘에서, 영양소를 배에 전달하는 구역에서, 그리고 당이 체관부에 실리거나 나오는 부위에서 발견된다.

장거리 수송: 체관부

물과 영양소가 체관부를 통해 이동하는 정확한 메커니즘은 알려지지 않았지만, 많은 증거가 **압류가설(pressure flow hypothesis)**을 뒷받침한다. 막결합성 분자펌프와 능동수송이 중요한 추진력 역할을 한다고 상정한다.

물과 영양소가 수송되는 출처가 **공급원(source)**이다. 봄과 여름에는 잎들이 우세한 공급원이고, 잎에서 광합성에 의해 생성된 당이 식물의 나머지 부분들로 수송된다. 초봄 같은 다른 시기에 낙엽수로부터 새로운 잎들이 만들어지기 전에는 덩이줄기, 둥근줄기, 목부와 나무껍질의 유조직 그리고 육질의 원뿌리 같은 저장 부위가 공급원이 된다. 떡잎과 배젖은 발아하는 동안 배의 공급원이다. 많은 종의 공급원 내에서 당은 **능동수송(active transport)**에 의해 체요소(sieve element)로 운반되는데, 속씨식물에서는 체관요소 그리고 속씨식물 이외의 식물에서는 체세포가 체요소이다. 다른 종에서는 **중합체포획메커니즘(polymer trap mechanism)**에 의해 체관부에 실린다. 통도세포의 원형질막은 단당류와 2당류에 대해서는 투과성이지만, 다당류는 그렇지 않다. 단당류는 쉽게 통도세포 안으로 확산되고 나서, 다시 확산되어 나올 수 없는 다당류로 중합된다. 이 두 가지 탑재메커니즘 모두에서 체요소를 둘러싸는 반세포와 그 밖의 체관부 유세포 모두가 체관부의 적재에서 중요한 역할을 하고, 많은 세포들이 수송세포이다. 이제는 흔히 통도세포와 하나 이상의 반세포들로 구성되는 기능적 단위로 생각하고 있으며, 이 단위를 **체관요소-반세포복합체(STM/CC complex)**라고 부른다.

당이 체요소에 축적됨에 따라 체요소의 원형질은 점점 더 농축된다(**그림 12-17A**). 결과적으로 그 삼투퍼텐셜과 수분퍼텐셜 모두 음의 값이 더욱 커진다. 이는 체요소와 인접세포들 간에서 수압의 비평형을 초래하고, 물은 체요소로 확산되어 들어간다. 다른 세포에서는 당과 물의 용적이 증가함에 따라 원형질체가 확장되고 세포벽을 향해 밀지만, 체요소는 독특하게 그 벽에 비교적 커다란 구멍을 가진 살아 있는 세포이고, 오이와 호박의 경우 그 구멍의 폭은 14 μm에 달한다. 이들 세포에 압력이 생기기 시작하면 체공(sieve pore)을 통해 '원형질'을 다음 세포로 밀어 넣는다. 체요소의 원형질은 많은 세포의 원형질과 같지 않다. 액포막(tonoplast)이 붕괴되고 액포의 물이 세포질의 일부와 혼합되어 극도로 물과 같은 점성이 없는 물질인 체관액(phloem sap)이 만들어진다. 원형질의 대부분은 아마도 미세소관이나 미세섬유에 의해 벽에 단단히 고정되어 있어서, 중심부를 지나는 물 같은 체관액이 휩쓸고 가지 않는다.

공급원에서는 잎의 가느다란 잎맥, 덩이줄기와 둥근줄기에 있는 관다발의 그물, 그리고 저장 역할을 하는 뿌리와 줄기의 내수피 같은 많은 관다발을 따라 체관부적재(phloem loading)가 나타난다. 이렇게 다량으로 적재되면 빠르게 압력이 상승하고, 다량의 물질이 공급원으로부터 흐른다. 일부 체관에서는 2.4 MPa의 높은 압력이 측정되기도 한다(사람의 혈관은 약 0.016 MPa이다). 수송 속도는 매우 빨라서, 옥수수 잎에서는 시속 660 cm까지도 측정되었다(**표 12-3**). 한 시간에 체관부에 의해 수송되는 당과 기타 영양소(물은 제외)의 실제의 양을 **물질전달(mass transfer)**이라고 부른다. 관다발은 체관부가 물질을 전달하는 속도가 다를 뿐만 아니라 존재하는 체관부의 양도 달라진다. 공급원에서 나가는 관다발의 수 역시 중요하다. 비교를 조금 더 쉽게 하기 위하여 물질전달을 체관부의 단면적으로 나눠서 **물질전달비(specific mass transfer)**를 구할 수도 있다(**표 12-4**).

수용부(sink)는 수송된 체관액을 받는 곳이고, 이는 매우 다양하다. 다년생 식물에서는 여름에 저장기관이 중요하지만, 한편으로는 분열조직, 뿌리끝, 잎원기, 자라는 꽃, 열매 그리고 씨도 중요하다. 작은 나무라 할지라도 수천 군데에 수용부가 있을 수 있고, 이들 각각은 양분을 받는다. 모든 수용부가 일제히 활성을 띠는 것은 아니다. 많은 식물은 꽃과 잎을 동시에 만들지 않고, 열매는 꽃이 피고 나서야 발달한다. 수용부 내에서 당은 체요소로부터 능동적으로 빠져나와 인근 세포들로 들어간다. 당의 손실 때문에 체관액은 보다 희석되고, 그 삼투퍼텐셜과 수분퍼텐셜은 음의 값이 적어지게 된다. 따라서 물이 주변 세포들로 확산되어 나간다(**그림 12-17B**). 그 결과, 체관액이 빠르게 수용부로 흘러감에도 불구하고 체관부의 종말세포는 팽창하지 않는다. 공급부에서 체

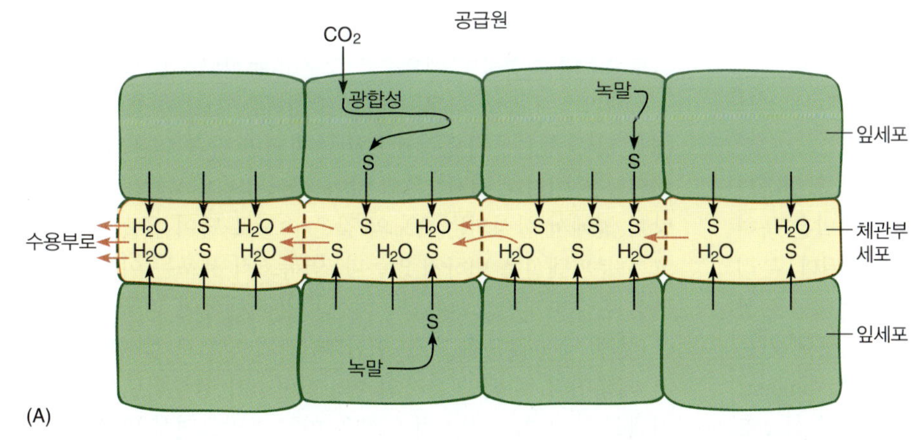

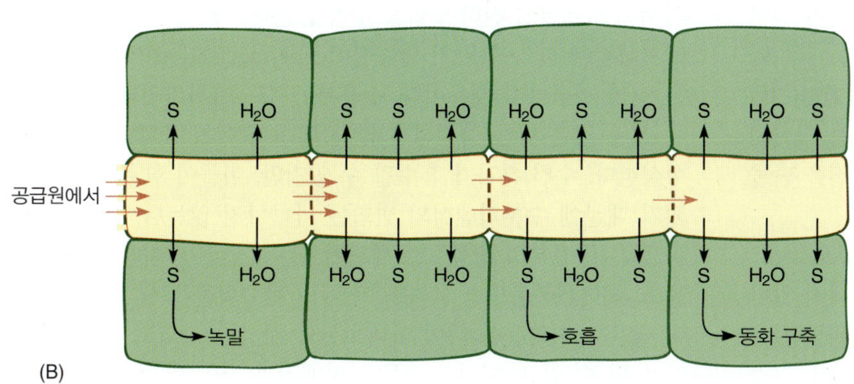

그림 12-17 **(A)** 설탕(S)이 체요소로 능동적으로 수송되면 압력퍼텐셜과 세포의 수분퍼텐셜은 음의 값이 커지고, 반세포와 기타 인접세포와의 평형이 깨진다. 물이 체요소로 이동하고, 체공을 통해 체관액을 짜낸다. 설탕이 든 액이 체공을 통해 빠져나가기 때문에 물의 유입을 멈출 만큼 높은 압력이 형성되지 않는다. 설탕이 펌핑되는 한 체요소와 주변세포의 수분퍼텐셜은 결코 평형에 도달하지 않는다. **(B)** 수용부에서는 체요소로부터 설탕이 능동적으로 빠져나가고, 모든 과정은 공급원과 비교하여 거꾸로 일어난다.

표 12-3 체관액 이동의 속도

	최고 속도 (cm/hr)
가문비나무속(*Picea*) 줄기	13.2
소나무속(*Pinus*) 줄기	48
물푸레나무속(*Fraxinus*) 줄기	48
미국나팔꽃속(*Ipomoea*) 줄기	72
느릅나무속(*Ulmus*) 줄기	120
밀속(*Triticum*) 잎	168
어수리속(*Heracleum*) 줄기	210
해바라기속(*Helianthus*) 줄기	240
옥수수속(*Zea*) 잎	660

표 12-4 물질전달비(specific mass transfer)

잎	최대물질전달비 (체관부의 cm^2당 g/hr)
바랭이속(*Digitaria*)	4.7
우산잔디속(*Cynodon*)	6.6
참새피속(*Paspalum*)	12.7
코코스속(*Cocos*)	32
밀속(*Triticum*)	180
피마자속(*Ricinus*)	252

관부로 영양소가 적재되는 만큼 수용부에서 영양소가 체관부로부터 빠르게 빠져나간다.

체관액이 압력을 받고 있기 때문에 만약 체관부가 잘린다면 억제가 안 되는 '출액(bleeding)'의 위험에 처한다. 관다발은 특히 씹는 곤충과 커다란 동물에 의해 자주 부서져 열리게 된다. 부러진 체요소를 봉하는 두 가지 메커니즘이 있다. 그 첫 번째는 부상을 입지 않은 체요소의 원형질막 안쪽 표면과 가까운 곳에 가는 그물처럼 존재하는 **P-단백질(P-protein)**이다(여기서 'P'는 'phloem'을 가리킴). 체관부가 파열되면 처음에 체관액이 잘려진 틈으로 밀려든다. 이렇게 빠른 이동 때문에 P-단백질이 세포의 중심으로 휩쓸려가고, 세포 중심에서 서로 얽힌 덩어리가 된다. 이 덩어리가 체역이나 체판으로 운반되면 P-단백질의 덩어리는 너무 커서 통과할 수 없고 **P-단백질마개(P-protein plug)**를 형성한다(**그림 12-18**). P-단백질은 모든 진정쌍떡잎식물 그리고 전부는 아니지만 많은 외떡잎식물에 들어 있지만, 구과식물은 P-단백질을 만들지 않는다.

손상을 입지 않은 체관부 내에는 다른 중합체인 **칼로오스(callose)**도 있다. 압력을 받을 때에는 칼로오스가 용해 상태에 있다가, 손상을 입어 압력이 떨어지면 칼로오스가 응결되어 양털 같은 덩어리가 되고 P-단백질과 함께 가까운 체역으로 운반된다. 그곳

그림 12-18 호박속(*Cucurbita*)의 이 재료가 현미경 관찰을 위한 표본으로 제작될 때 잘려지면서 체관액이 단면으로 밀려나오고, P-단백질이 휩쓸려 나와 짙은 갈색 덩어리로 나타난 P-단백질마개를 형성하였다. 한편 체판의 체공도 볼 수 있다(×500).

에서 칼로오스는 마개를 형성하여 누출을 막는다.

야자나무와 조슈아 트리(Joshua tree)처럼 오래 지속되는 줄기를 갖는 외떡잎식물에서는 체관요소가 살아 있고 여러 해 동안 심지어는 수백 년 동안 기능을 하지만, 다른 모든 식물에서는 개개의 체요소들이 몇 달이나 몇 주의 수명을 갖는다. 수명을 다한 체요소는 수송을 중단하고 원시관다발조직이나 관다발형성층에서 만들어진 새로운 체관부 세포로 교체된다. 기능을 멈춘 후에는 칼로오스의 침착물이 체요소를 영구히 봉한다.

체관부 수송의 다른 측면을 고려하는 것도 중요하다. 공급원에서 당이 체관부에 능동적으로 수송되면 당을 잃은 세포의 수분퍼텐셜은 어떻게 될까? 음의 값이 적어지지 않을까? 그렇지 않다. 당이 잎에서 합성되는 속도와 같은 속도로 당이 유출되기 때문에 그 수분퍼텐셜은 변하지 않는다. 엽록조직 세포는 이산화탄소 분자를 흡수하지만, 그렇다고 해서 수분퍼텐셜이 더욱 큰 음의 값을 갖게 되지 않는데, 이는 이산화탄소가 당으로 합성되고 유출되기 때문이다. 수백만 분자의 이산화탄소가 삼투퍼텐셜이나 수분퍼텐셜에 그 어떤 장기적 영향을 미치지 않으면서 엽록조직 세포를 통과한다. 덩이줄기 같은 공급원에서는 당의 유출이 저장세포의 수분퍼텐셜에 전혀 영향을 주지 않는데, 왜냐하면 당이 빠르게 빠져나감에 따라 녹말의 탈중합(depolymerization)에 의해 새로운 당이 나타나기 때문이다. 수용부에서도 마찬가지다. 저장세포는 설탕 같은 당을 축적하지 않는 대신에 이를 중합하여 녹말을 형성한다. 수천 분자가 흡수될 수 있지만, 이들이 한 분자로 중합되기 때문에 수분퍼텐셜의 변화는 나타나지 않는다. 분열조직과 눈 같은 수용부의 생장하는 세포에서는 유입된 당이 중합하여 섬유소, 헤미셀룰로오스 그리고 그 밖의 탄수화물을 생성한다. 한편 이 당은 대사작용을 하여 아미노산과 지방산 그리고 뉴클레오티드가 될 수 있고, 이어서 이들은 단백질과 지방 및 핵산으로 중합

되므로, 삼투퍼텐셜과 수분퍼텐셜의 변화는 거의 없거나 전혀 없다. 모든 세포에서 유입된 당의 일부가 호흡에 쓰이지만 이는 이산화탄소로 전환되어 배출되기 때문에, 이들 역시 삼투 효과는 없다.

식물은 체관액 흐름의 방향과 속도를 조절한다. 늦겨울과 초봄의 휴면기에는 눈(bud)이 체관액을 거의 받지 않다가, 눈이 활성화되고 나면 체관부 수송이 크게 증가한다. 모든 눈이 똑같이 영향을 받는 것은 아니다. 일부는 빠르게 자라는데, 다른 눈들은 매우 가깝게 위치하고 있음에도 불구하고 사실상 아무 영향도 받지 않는다. 꽃이 벌어질 때에는 체관부 수송이 느리지만, 수정된 다음 씨방이 열매로 발달하기 시작하면 수송이 증가한다.

한편 수송의 방향도 변화할 수 있다. 잎원기와 확장하는 어린잎은 수용부이다. 이들 부위가 전적으로 독립영양에 의해 발달하는 것과 비교해서 이들 부위에 당이 유입되면 훨씬 더 빠르게 발달할 수 있다(그림 12-2 참조). 더구나 이들은 다량의 질소, 황, 칼륨 그리고 기타 무기질을 필요로 한다. 잎이 임계 크기에 도달하고 나면 잎은 자립이 가능해지고, 잎 자체의 모든 요구를 충족시킬 만큼 빠르게 광합성을 할 수 있다(**그림 12-19**). 이들은 곧 공급원이 되어 물질을 내보낸다. 잎과 잎자루에서 체관부 수송이 반대로 뒤바뀐다. 이제 분자펌프는 체관부로부터 내리는 것이 아니라 체관부에 적재해야 한다. 원형질막이 변화하거나 아니면 한 세트의 체요소가 기능을 멈추고 완전히 새로운 세포들의 세트로 대체될 수 있다. 초기의 1기 체관부는 보통 몇 주 동안만 산다.

그림 12-19 이 콩은 2개의 눈에 잘 띄는 공급원인 떡잎을 갖고 있고, 떡잎은 유식물의 나머지에 당, 아미노산, 그리고 무기질을 공급한다. 분열조직과 잎원기가 있는 지상부 꼭대기는 수용부이고, 뿌리도 마찬가지다. 두 장의 제1엽이 펼쳐졌고, 이제 이 잎들은 공급원이겠지만, 발생 과정에서는 그 잎들이 수용부였다.

잎은 자급자족이 가능해지고, 성숙한 개체 크기의 약 1/4까지 자라면 당의 유입이 중단된다. 그 시점에는 세맥(minor vein)이 아직 형성되지 않았으므로, 체관부에서 당을 내리는 일은 세맥이 아니라 그보다 차수가 높은 잎맥에서 일어나야 한다. 잎이 계속 성숙해지면서 세맥들이 최종적으로 확립되고, 세맥 안의 체관부는 이제 잎으로부터 물질을 내보내는 데 이용된다.

줄기의 끝에 가깝게 달린 잎들은 위쪽의 지상부 정단분열조직로 물질을 보내는 반면, 좀 더 뒤에 있는 잎들은 줄기와 뿌리를 향해 유출한다. 지상부의 꼭대기가 자람에 따라 꼭대기 부근에 있었던 잎들은 뒤에 남게 되고, 이제 이들의 수송은 위쪽에서 아래쪽으로 방향을 바꾼다. 만약 꼭대기에서 꽃이 피고 이어서 열매가 달리면, 수송의 방향은 다시 바뀌어 모든 잎들이 당을 위쪽으로 보낸다.

장거리 수송: 물관부

물의 특성

체관부를 통한 물의 이동은 물과 용액의 몇 가지 간단한 특성에 바탕을 둔다. 그 중 한 가지 특성은 물 분자들이 다른 물 분자들과 강하게 상호작용을 하여 서로 약하게 결합한 것처럼 행동하는 것이다. 얼어붙으면 분자들이 서로 강하게 결합한다. 이 때문에 액체 형태의 물을 **응집성(cohesive)**이라고 말하며, 한 분자에 가해지는 힘은 한편으로 인접한 모든 분자에 작용한다.

물의 다른 특성은 그 분자가 다른 많은 물질들과 상호작용하는 것인데, 이를 **부착성(adhesive)**이라고 한다. 식물에 들어 있는 물질 가운데 지질을 제외한 거의 모든 물질은 물과 상호작용한다. 섬유소, 효소, DNA, 당 등등은 이들과 꽤 단단하게 결합한 물 분자의 껍질(수화껍질, hydration shell)을 갖고 있다. 가끔 이들 껍질 중 하나로부터 물 분자가 빠져 나오고 다른 물 분자로 대체되지만, 대개 부착성 때문에 이들 물 분자들은 다른 물 분자들보다 여기저기로 이동하는 것이 덜 자유롭다.

한편 물은 토양 입자에 단단하게 부착한다. 토양이 상당히 촉촉하면 뿌리는 토양입자들 사이에서 매여 있지 않은 물 분자들을 흡수할 수 있지만, 토양이 건조해지면서 남아 있는 물들이 토양에 단단히 부착하여 쉽게 흡수할 수 없게 된다(**그림 12-20**). 비록 토양이 상당한 물을 함유할 수 있음에도 불구하고, 식물이 이를 이용할 수 없다. 바닷물도 마찬가지다. 물 분자들이 염류 분자들과 강하게 상호작용하고 있어서 육상식물은 물을 떼어놓을 수 없다.

또 다른 물의 특성은 무겁다는 것이며, 물을 나무 꼭대기로 올리려면 많은 에너지가 필요하다. 만약 물이 가볍다면 훨씬 적은 에너지가 수반될 것이다.

물관부를 통한 물의 수송

물관부와 식물 전체의 물의 이동은 앞에서 설명한 수분생리 원칙

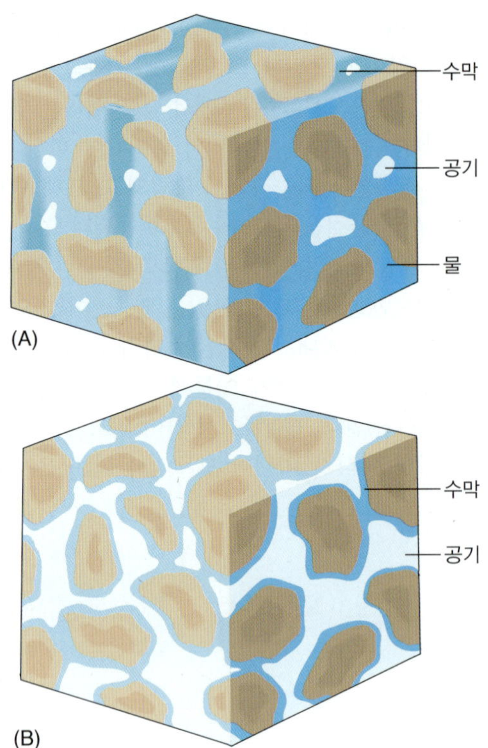

그림 12-20 촉촉한 토양은 두 가지 유형의 물을 함유하는데, 그 하나는 토양입자의 모든 표면을 덮고 있는 수막이고, 다른 하나는 토양입자와 닿는 곳에 형성된 모세관 공간에 잡힌 작은 더미이다**(A)**. 후자는 약하게 붙들려 있어서 뿌리가 이들을 쉽게 흡수할 수 있다. **(B)** 건조한 토양에는 단단히 결합한 수막만 들어 있다. 이 부착은 매트릭퍼텐셜(ψ_m)에 의해 측정되는데, 매트릭퍼텐셜은 음의 값이 너무 클 수 있어서 토양의 수분퍼텐셜 역시 음의 값이 커질 수 있다. 이러한 물은 많은 식물들의 뿌리가 흡수하지 못한다.

의 지배를 받는다. **응집-장력가설(cohesion-tension hypothesis)**은 이 과정의 가장 널리 인정받는 모델이다. 기공개구부가 열려 있으면 불가피하게 물이 빠져 나간다. 해면잎살조직과 울타리유조직의 전세포벽 공간은 습기로 가득한 공기로 채워져 있어서 물 분자들이 세포간극으로부터 대기로 확산되려는 강한 경향이 있다. 비교적 습한 공기라 할지라도 물을 흡수하는 엄청난 능력을 갖는다. 상대습도(relative humidity)가 50%인 따뜻한 공기는 −50.0 MPa의 수분퍼텐셜을 갖기도 한다. 이러한 수분손실을 **기공증산(transstomatal transpiration)**이라고 한다. 표피의 표면에 있는 각피와 밀랍은 소수성이고 이들을 통해 물이 거의 통과하지 못한다는 점에서는 꽤 효율적인 격리메커니즘이지만, **각피증산(transcuticular transpiration)**에 의해 약간의 물을 각피를 통해 잃는다(**표 12-5**).

이른 아침의 잎을 고려해 보자. 기공은 닫혔고, 공기는 서늘하며, 상대습도는 높다. 공기는 밤중에 충분히 서늘해져서 이슬이 맺혔다. 잎의 세포들은 팽창하고, 서로 평형을 이룰 것이며, 세포들 모두 0.0에서 −1.0 MPa 사이의 수분퍼텐셜을 갖는다(그림 12-7 참조). 해가 뜨면서 기공이 열리고 물을 잃기 시작한다. 공기는 따뜻해지고 그 상대습도는 감소한다. 증산 때문에 기공 가까이에 있는 표피세포와 잎살세포들에서 물이 빠져나가고, 그들의 수

표 12-5 기공증산과 각피증산*

	기공증산	각피증산
초본식물		
코로닐라 바리아(*Coronilla varia*)	1,810	190
스타키스 렉타(*Stachys recta*)	1,620	180
옥시트로피스 필로사(*Oxytropis pilosa*)	1,600	100
목본식물		
처진자작나무(*Betula pendula*)	685	95
고산애기만병초(*Rhododendron ferrugineum*)	540	60
구주소나무(*Pinus sylvestris*)	527	13
독일가문비나무(*Picea abies*)	465	15
유럽너도밤나무(*Fagus sylvatica*)	330	90

*속도는 mg $H_2O/dm^2/hour$(dm은 데시미터; 1 dm = 10 cm). 표면적은 잎의 양면이 포함된다.

분퍼텐셜이 차츰 음의 값이 커지면서 주변 세포들과의 평형이 깨진다. 이러한 불균형은 심각하지 않은데, 왜냐하면 다른 세포들과 잎 내부의 깊은 곳에 있는 전세포벽 공간으로부터 이들 세포로 물이 확산되기 때문이다. 그러나 깊은 곳의 잎살세포로부터 물이 빠져나오면 그들의 수분퍼텐셜이 더욱 음의 값을 띠게 되고 더 깊은 곳의 세포들과의 평형이 깨지게 된다(**그림 12-21**).

마지막으로 수분퍼텐셜의 이와 같은 기울기는 헛물관이나 물관요소까지 미친다. 물 분자들이 관상요소(tracheary element)에서 빠져나와 잎살유조직의 세포로 들어가면 물관부 물기둥(water column)의 수분퍼텐셜은 음의 값이 더욱 커진다. 용질이 처음에는 아주 묽어서 관상요소의 물 손실은 물관부의 삼투퍼텐셜에 별로 영향을 미치지 않는다. 여기에서는 물의 응집성 특성이 더욱 중요하다. 물 분자가 물관부를 떠날 때 구멍을 남기고 떠나는 것이 아니라, 그와 함께 다른 물 분자를 끌고 간다. 식물의 모든 물 분자들은 수소결합으로 서로 결합되어 있지만, 물관부 안의 물 분자들은 가장 쉽게 위쪽으로 이동할 수 있다. 그 물은 가장 순수하고, 단백질과 섬유소에 묶여 있지 않으며, 용질 주위의 수화껍질에 가둬 있지도 않는다. 잎에서 물 분자들이 물관부로부터 확산되어 나감에 따라 응집력(cohesive force)이 뿌리에서 쭉 물관부를 통해 위쪽으로 물을 끌어당긴다(표 12-5, **표 12-6**). 고드름을 생각해 보자. 만약 꼭대기의 분자가 위쪽으로 당겨지면 전체 고드름 덩어리가 위로 올라간다.

물은 무겁고, 가장 위쪽의 관상요소에 있는 물 분자들은 전체 물기둥의 무게를 들어 올려야 한다. 물 분자에는 끌어당기는 장력(tension)이 있고, 결과적으로 압력퍼텐셜은 음의 수가 된다. 잎의 잎살로 물이 이동함에 따라 압력퍼텐셜의 음의 값이 커지기 때문에 물관부의 수분퍼텐셜은 한층 더 음의 값을 갖게 된다. 수직의 줄기에서는 물이 물관부에서 바로 위쪽으로 이동해야 하므로, 물의 무게가 중대한 고려 사항이다. 앞서 논의한 사례에서 물은 세

대 안

박스 12-3 사막식물의 생명작용

많은 서식지의 식물들은 과잉의 물을 갖는다. 잎은 시들지 않고, 물이 부족할 때 생기는 꽃과 열매의 발육부전도 없다. 그런데 사막에 적응한 식물들은 수분이 너무 드물어서 흡수한 물보다 더 많은 물을 잃게 되는 기간에도 생존해야 한다. 과연 어떤 대안들이 이렇게 건조한 지역에서 생명이 살 수 있게 만들었으며, 각 대안의 결과는 무엇인가?

'사막(desert)'과 '건조환경(dry environment)'은 무슨 뜻일까? 건조(dryness)는 강수(비, 눈, 이슬 등등)와 증발 그리고 토성에 기인한다. 강수(precipitation)는 1년 내내 고르게 내리기도 하고, 아니면 겨울의 눈이나 여름의 천둥을 동반한 소나기처럼 계절에 따라 다르게 내리기도 한다. 어떤 서식지에서는 며칠간 또는 몇 주 동안 비가 보슬보슬 내리고 흐리고 서늘한 날씨가 동반된다. 다른 서식지에서는 비가 마구 쏟아져서 하루에 2인치에서 8인치까지도 내린 다음, 눈부시게 화창한 날씨가 이어진다. 강수와 강수 사이의 기간은 고작 몇 주 동안이기도 하지만, 미국 남서부의 치와와(Chihuahua), 소노라(Sonora) 그리고 모하비(Mohave) 사막들에서는 비가 오지 않는 기간이 몇 달 동안 지속되는 것이 드물지 않다.

증발(evaporation)은 공기의 상대습도와 관련이 있다. 더운 공기는 엄청난 양의 수증기를 수용할 수 있고, 서늘한 공기는 이보다 수증기를 적게 수용한다. 공기가 너무 서늘해져서 수분을 수용할 수 있는 능력이 실제 수분함량 아래로 떨어지면 강수가 일어난다. 과도한 수증기는 응결되어 안개, 이슬, 비 또는 눈이 되는데, 서늘한 공기도 건조할 수 있고(겨울에 입술이 트고 피부가 건조해짐을 생각하자), 더운 공기도 습할 수 있다(후텁지근한 여름날을 생각하자). 강수량이 적은 기간이 공기가 건조한 시기와 동시에 발생하면 식물은 물 문제에 직면하게 된다.

토성(soil texture)은 강수를 저장하는 토양의 능력이다. 돌투성이의 사토(모래흙), 특히 비탈에 있는 사토는 물을 거의 보유하지 않아 큰비가 내리고 나서 며칠만 지나면 말라버린다. 하와이의 새로 생긴 용암류(lava flow)는 거의 매일 비를 맞더라도 사막이다. 이와는 달리 약간의 점토(찰흙)와 부식질이 포함된 고운 흙은 몇 달 동안 다량의 물을 간직한다. 뿌리는 물을 뽑아내는 꾸준한 공급원을 갖고 있지만, 이조차도 식물에게는 미묘한 복잡성이 있다. 모래투성이의 사막 토양은 비가 조금 내려도 뿌리 구역까지 침투하기 때문에 실제로는 이롭다. 만약 사막이 점토와 부식질이 포함된 기름진 땅으로 되어 있다면 비가 약간 내릴 때 가장 위쪽 층에만 머물고, 뿌리는 말라 있을 것이다.

사막과 사막에 적응한 식물을 이해함에 있어서 평균은 큰 도움이 되지 않고, 연변화가 중요하다. 사막의 식생은 평년의 가뭄뿐만 아니라 지난 몇 년 동안에 드물게 오래 계속된 가뭄에서 생존한 결과이다. 예를 들어, 선인장이 멕시코와 미국 남서부의 사막들에서 가장 두드러지는데, 그것은 평년의 가뭄에만 견딜 수 있는 다른 식물들을 내내적으로 죽이는 유난히 긴 가뭄으로부터 선인장이 살아남았기 때문이다. 만약 매년이 '평년'이었다면, 다른 식물들이 풍부해지고 이들이 선인장보다 크게 자라나 선인장에 빛이 닿지 않게 가리고, 결국 선인장을 죽게 만들었을 것이다.

식물이 건조한 서식지에 적응하는 두 가지 선택은 **가뭄회피(drought avoidance)**와 **내건성(drought tolerance)**이다. 많은 사막은 습한 짧은 기간을 갖거나 물이 모이는 작은 구역을 갖고 있다. 가뭄을 회피하는 많은 식물은 사막단명식물(desert ephemeral)로 알려져 있는데, 여기서 단명식물은 수명이 짧은 식물을 뜻한다. 사막단명식물은 불과 한두 달 안에 생활주기를 끝내는 작은 식물들이다. 비가 내리거나 눈이 녹은 다음에 땅이 촉촉할 때 몇 주 안에 씨가 발아하고, 유식물이 자라고, 꽃을 피우고, 새로운 열매와 씨를 만든다. 가뭄이 찾아오면 식물은 죽지만 그 씨들이 다음번의 습한 계절을 위해 준비한다. 이들 식물은 건조한 조건을 회피한다. 그 두 가지 결과는 이들 식물이 (1) 사막에서 살 수 있고, (2) 크거나 다년생이 될 수 없다는 것이다.

내건성 식물은 식물이 얻는 것보다 훨씬 빠르게 물을 잃으면서 건기 동안에 살아간다. 많은 식물은 다육질(succulent)이 되면서 이렇게 산다. 식물의 몸에서 물을 저장하는 세포들이 높은 비율로 나타난다. 선인장, 대극(euphorbia) 및 스타펠리아(stapelia) 같은 다육경(succulent stem) 식물은 속과 피층에 물을 저장한다. 용설란, 유카, 에케베리아(echeveria) 및 리포프스(lithops) 등의 다육엽(succulent leaf) 식물은 매우 두꺼운 잎을 갖는다. 사막에 적응한 구근(bulbs)은 다육엽인데, 각 잎의 윗부분은 땅 위까지 연장되며 얇고 광합성을 하는 반면에, 땅속에 있는 각 잎의 아래 부분은 두껍고 육질이며, 불리한 기간 동안 물과 영양소를 저장할 수 있다. 사막에 적응한 구근은 휴면 상태로 몇 년 동안 생존하면서 수분이 충분할 때까지 어떤 기중엽(aerial leaf)도 만들지 않는다. 다육근(succulent root) 식물은 훨씬 덜 흔하지만, 참마(*Dioscorea*) 같은 식물들이 포함된다. 다육근 식물은 보통 건조한 기간에 비다육성인 지상부와 잎이 죽어 없어지고, 다음의 우기에 뿌리 꼭대기에 위치한 지상부 조각인 '관근(root crown)'에서 생기는 새로운 지상부들로 대체된다. 다육질의 목본은 물을 저장하는 유세포들이나 일종의 섬유의 비율이 높은 목부를 만드는데, 그 예로는 바오밥나무(*Adansonia grandidieri*), 관봉옥(*Idria columnaris*)과 코끼리나무(*Bursera microphylla*)가 있다.

이러한 대안들 각각은 특정한 결과를 갖는다. 목부에 저장된 물은 물관 가까이 있고, 강소형성(cavitation)에 특히 효율적일 수 있지만, 사막에 살지 않는 식물의 경우와 마찬가지로 잎과 꽃으로 운반되어야 한다. 다육엽은 광합성조직 가까이에 물을 저장하여 광합성조직에 수분을 공급하고 매우 건조한 시기에도 광합성을 하도록 해 준다. 다육경 식물은 평범한 얇고 평평한 보통잎을 갖기도 하는데, 이 잎들은 수명이 짧고 건기가 시작되면 탈락하기 때문에 그 이후에는 줄기가 모든 광합성을 수행해야 한다. 선인장 같은 다른 다육경 식물은 결코 커다란 보통잎을 갖지 않고, 전적으로 줄기의 광합성에 의존한다. 그런 식물은 물을 보존하는 데에는 좋지만, 가끔씩 찾아오는 우기를 충분히 이용하지 못한다.

가뭄을 견디는 완전히 다른 방식은 원형질의 건조를 견뎌내는 능력이다. 사막에 사는 많은 이끼류는 물을 저장하는 능력이 없지만, 이들은 일시적이 아니라 다년생이다. 서식지가 차츰 건조해지면 원형질도 건조해지고 몇 달 동안 휴면 상태가 된다. 이들 세포의 수분퍼텐셜은 대부분의 식물을 죽일 만큼 음의 값이 매우 높아지지만, 이들 세포는 죽지 않고 불활성일 따름이다. 충분한 이슬이나 안개 또는 보슬비를 만나면 한 시간 내에 이끼류는 원상으로 돌아가고, 광합성과 생장 및 발생을 포함한 일상적인 대사를 빠르게 재개한다. 이런 활성은 환경이 습한 동안은 지속되지만, 그런 환경은 고작 몇 시간에 불과하다. 환경의 수분에 따라 물 함량이 변하는 몸을 갖는 것을 **변수성(poikilohydry)**이라고 부른다[냉혈동물은 변온성(poikilothermic)이다]. 변수성은 일부 우산이끼류, '부활초(resurrection plant)'라고도 부르는 부처손속(*Selaginella*)의 몇 종, 아주 작은 선인장인 블로스펠디아속(*Blossfeldia*), 그리고 몇몇 다른 관다발식물에서도 나타난다. 지의류(lichens)는 햇볕이 내리쬐는 더운 여름날에 바위에서 자란다 하더라도 죽지 않고 몇 달 동안 수분함량이 매우 낮은 건조에도 견딜 수 있다는 점에서 변수성의 최상의 본보기인 것은 거의 틀림없다.

표 12-6 물관액 이동의 속도

	최고 속도 (cm/hr)
상록침엽수	120
경엽(sclerophyllous)식물	150
산공재(diffuse-porous)식물	600
환공재(ring-porous)식물	4,400
초본	6,000
넝쿨식물	15,000 (0.6마일/시간)

포와 비커 사이에서 좌우로 이동할 수 있으므로, 위쪽으로 들어올리는 일은 관여하지 않았다. 수직의 물관부에서 물의 무게는 수분퍼텐셜이 더 큰 음의 값을 갖는 구역으로 물이 상승하려는 성향과 대응한다. 따라서 만약 잎 물관부의 수분퍼텐셜이 뿌리 물관부의 수분퍼텐셜보다 아주 조금만 더 음성이라면 물은 움직이지 않는다. 10미터 높이마다 잎의 수분퍼텐셜은 뿌리의 수분퍼텐셜보다 적어도 0.1 MPa 더 음수여야만 한다(**그림 12-22**). 높이가 보통 30미터 이상인 느릅나무와 플라타너스단풍(sycamore) 같은 나무에서 물의 무게를 극복하려면 잎의 수분퍼텐셜이 뿌리의 수분퍼텐셜보다 최소한 0.3 MPa 더 음수여야만 한다. 이는 자동으로 이루어진다. 아침에 기공이 열리면 잎의 세포는 물을 잃고, 그 수분퍼텐셜이 한층 더 음의 값을 갖게 되지만, 건조해져서 잎 세포의 수분퍼텐셜이 더욱 음수가 될 때까지 물은 물관부를 따라 위로 올라가지 않는다. 기는줄기, 뿌리줄기 그리고 수평의 덩굴은 그런 문제가 없다. 장거리 수송이 수평적이고 들어 올릴 일이 없으므로 중력은 요인이 되지 않는다. 몇몇 식물은 늘어뜨려진 착생식물로 자라고, 그 줄기는 숙주식물의 가지로부터 아래로 매달린다. 그 줄기와 잎은 뿌리보다 아래에 있고, 중력이 물의 이동에 도움이 된다(**그림 12-23**).

물은 극도로 부착하고, 그 분자는 헛물관과 물관요소의 세포벽에 있는 중합체와 강력히 상호작용한다. 벽에 인접한 물 분자들은 벽에 고정되어 있으려는 경향이 있고, 한편으로 인접한 물 분자들이 증산/응집에 의해 위쪽으로 당겨지는 것을 막는 경향이

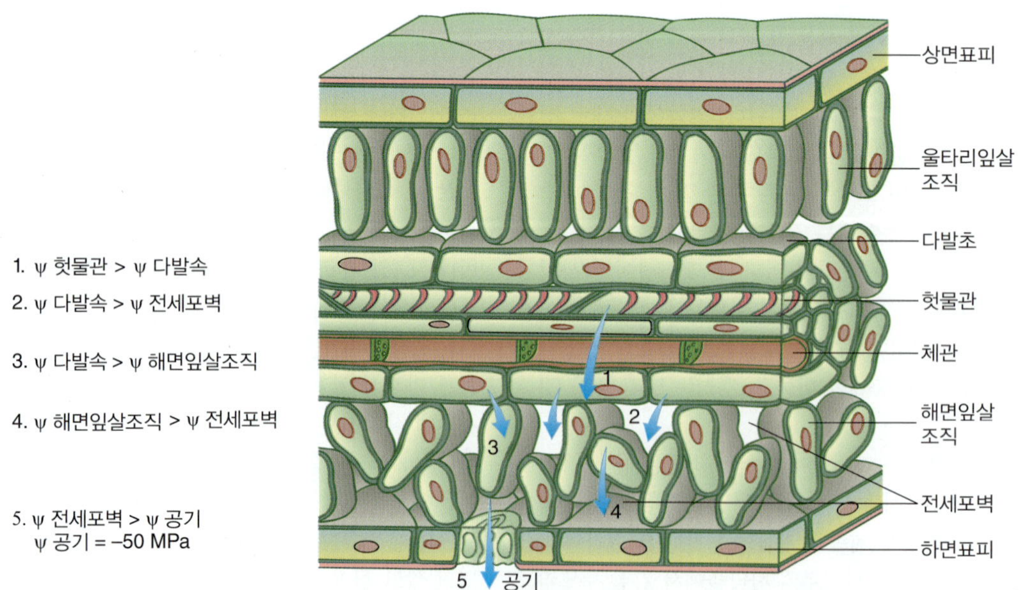

그림 12-21 물이 잎에서 공기로 빠져나가면 조직이 건조해지고 수분퍼텐셜(ψ) 기울기가 차츰 확립된다. 물은 수분퍼텐셜의 음(−)의 값이 가장 작은 물관부로부터 수분퍼텐셜의 음의 값이 가장 큰 공기를 향하여 흐른다.

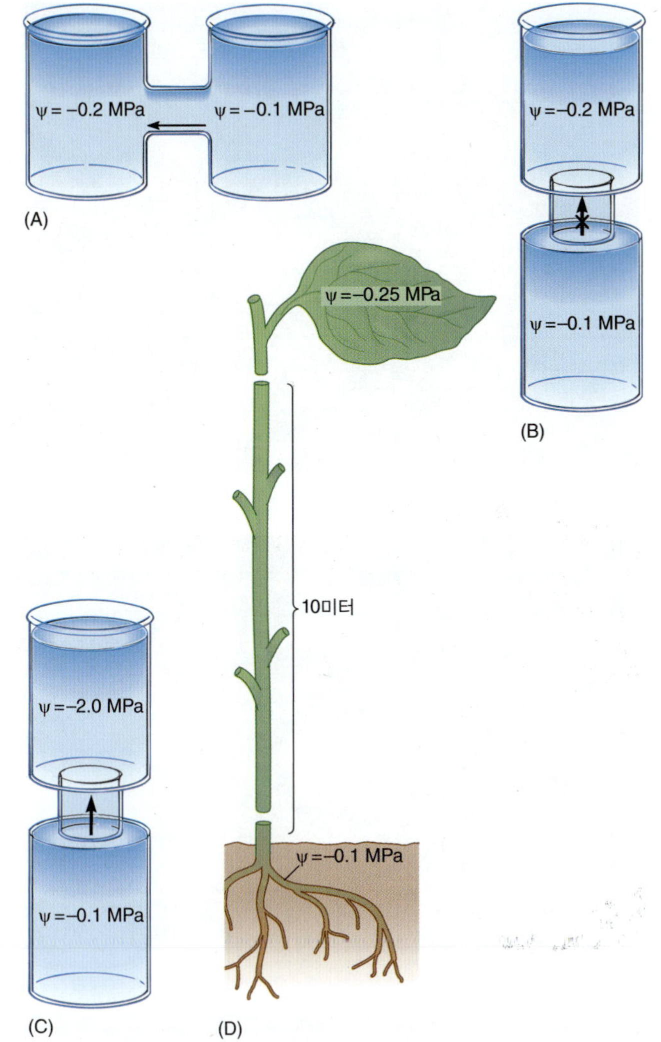

그림 12-22 **(A)** 물이 두 용액 사이에서 좌우로 이동할 수 있다면 위쪽으로 들어 올리는 일은 관여하지 않는다. 수분퍼텐셜의 아주 경미한 차이가 물의 이동을 일으킨다. **(B)** 만약 물이 중력을 거슬러 위쪽으로 이동해야 한다면 힘이 작용해야 한다. 수분퍼텐셜의 경미한 차이는 물의 이동을 일으키기에 충분하지 않고, **(C)**와 같이 차이가 크면 물이 이동한다. **(D)** 중력과 마찰을 극복하려면 물을 받는 식물조직의 수분퍼텐셜이 뿌리의 수분퍼텐셜보다 10미터 높이마다 최소한 0.2 MPa 이상의 음수여야만 한다. 여기에 나타낸 경우에서는 차이가 0.15 MPa이므로 물은 올라가지 않는다. 잎의 수분퍼텐셜은 0.5 MPa 이상의 음수여야만 한다.

있다. 그 결과, 쉽게 이동하지 않는 불가동(immobile) 수분층이 생긴다. 폭이 좁은 헛물관과 물관요소에서는 움직이지 않는 이 물이 물기둥의 중요한 부분이다. 그 결과 생기는 마찰이 물의 이동을 저해하고, 잎의 수분퍼텐셜이 뿌리보다 훨씬 음수가 되더라도 물이 움직이지 않게끔 한다. 고드름을 끌어 올린다고 상상해 보자. 고드름의 무게와 튜브(세포벽)에 있는 고드름의 마찰에 맞서 잡아 당겨야 하지만, 고드름의 꼭대기를 끌어 올리면 전체 물기둥은 상승한다. 대충 어림짐작을 하면, 마찰을 극복하기 위해서는 잎의 수분퍼텐셜이 뿌리의 수분퍼텐셜보다 10미터 높이마다 적어도 0.1 MPa 이상 음의 값을 가져야 한다. 따라서 마찰과 중력 모두를 고려해 볼 때 10미터 높이마다 0.2 MPa의 차이가 필요하다.

그림 12-23 식물에 착생하는 선인장인 이 립살리스속(*Rhipsalis*)은 거꾸로 자란다. 선인장의 뿌리는 열대우림 나무의 커다란 가지의 나무껍질에 달라붙고, 그 가느다란 줄기는 아래로 대롱대롱 매달린다. 이 선인장의 증산표면이 그 뿌리보다 아래에 있기 때문에 물은 뿌리에서 아래로 흐르고, 대부분의 식물에서 중력이 물관부의 통도를 저해하는 것과 달리 중력이 물의 이동을 돕는다.

폭이 넓은 물관이 많은 식물에서는 마찰이 적어서 0.2 MPa 미만의 차이라도 가능하지만, 폭이 좁은 관상요소를 가진 식물에서는 0.2 MPa 이상의 차이를 필요로 한다. 한편 헛물관만 있는 식물에서는 물 분자들이 개개의 헛물관을 드나들 때 벽공막(pit membrane)을 통해 당겨져야 하므로 마찰이 커진다.

우리들이 예로 든 식물로 다시 돌아가 보자. 증산 때문에 잎의 세포에서 물이 빠져 나가고, 그 세포의 수분퍼텐셜이 차츰 음의 값을 갖게 된다. 관상요소로부터 물이 세포로 들어오고, 장력이 물관부에 있는 물 분자들을 끌어당긴다. 가장 위쪽에 있는 관상요소의 수분퍼텐셜이 아래쪽 관상요소의 수분퍼텐셜보다 음의 값이 충분히 커지면 마찰과 중력이 극복되고 물은 위쪽으로 올라간다. 이렇게 되면 가장 아래쪽의 물관부 세포가 뿌리의 피층으로부터 물을 당기고, 이는 차례로 뿌리 표피로부터 물을 끌어당긴다. 뿌리의 표피와 뿌리털의 수분퍼텐셜은 토양의 수분퍼텐셜보다 훨씬 음의 값을 가지므로 물은 자동적으로 뿌리의 안쪽으로 이동한다.

표 12-7 토양의 수분퍼텐셜

	수분퍼텐셜(MPa)	
토양의 유형	10% 수분	30% 수분
모래	−0.05	−0.001
양토	−0.5	−0.005
점토	−10.0	−0.1

토양이 충분히 습하다면 물의 장거리 수송은 이런 식으로 일어난다. 30%의 수분을 갖는 사토(모래흙, sandy soil)의 수분퍼텐셜은 약 −0.001 MPa인데, 이는 순수한 물의 수분퍼텐셜과 거의 동일하다(**표 12-7**). 물은 토양에서 응집과 부착에 의해 토양입자들 사이에서 쐐기 모양의 물방울로 존재하고, 사토에서는 뿌리털이 촉촉한 토양으로부터 물을 쉽게 뽑아낼 수 있다. 한편 중력과 증발이 사토에 있는 작은 방울들로부터 물을 떼어내고, 따라서 이런 토양은 비가 내린 다음 빨리 말라버린다. 토양이 마르면서 가장 쉽게 이동하는 분자들이 제거되고, 토양입자에 단단히 결합된 분자들은 남게 된다(그림 12-20). 건조한 토양에서는 물이 적게 존재할 뿐만 아니라 그 물이 비교적 움직이지 않는다. 점토(찰흙, clay soil)는 표면대 용적비가 높은 얇은 조각들로 구성된다. 습하면 다량의 물을 간직하지만, 이들은 수화층(hydration layer)으로 단단히 결합되어 있다. 약간 건조한 점토라 할지라도 이 토양에서 물을 빼낼 수 있는 뿌리는 없다. 양토(loam soil)는 모래, 미사(가는모래) 그리고 점토로 구성되고, 토양공극(soil pore)의 크기가 다양하다. 비가 내릴 때 양토는 많은 양의 물을 흡수하고 나서 비가 그친 다음에도 몇 주 동안 그 물을 보존한다. 공극 크기의 다양성은 뿌리털이 물을 흡수하게 하지만 중력이 물을 뿌리가 도달할 수 없는 땅속 깊이 끌고 가지 못하게 막아준다.

많은 뿌리들은 그 수분퍼텐셜이 −2.0 MPa 가량으로 낮아도 활성을 유지하고, 매우 건조한 토양에서도 물을 흡수한다(**그림 12-24**; 표 12-2 참조). 그러나 만약 식물의 높이가 10미터라면 마찰과 중력을 극복하기 위해 잎은 적어도 −2.2 MPa보다 약간 더 음의 값인 수분퍼텐셜을 가져야 한다. 일부 종에서는 이런 일이 가능하지만, 일반적으로 잎은 휴면상태가 되거나 떨어질 준비를 한다.

토양과 공기가 모두 건조할 때 식물은 대단히 스트레스를 받는다. 기공이 닫혀 있더라도 최소한 각피를 통해 증산이 계속된다. 잎의 수분퍼텐셜은 훨씬 더 음의 값을 갖게 되지만, 토양이 너무 말라 있기 때문에 물이 쉽게 위쪽으로 올라갈 수 없다. 물기둥에 미치는 장력이 증가하고, 어느 순간에 응집을 극복한다. 넓은 부위에 걸쳐 수소결합이 깨지고 물기둥이 끊어진다. 이러한 끊김을 **강소형성(cavitation)** 또는 공동현상이라고 부르고, 물기둥이 끊어진 케이블처럼 행동한다. 강소형성 지점보다 위쪽의 분자들은 그 아래 물의 무게로부터 자유로워졌기 때문에 빠르게 위쪽으로 끌려간다. 강소형성 아래쪽의 물 분자들은 그 무게를 지탱해 주는 것이 아무 것도 없어서 아래쪽으로 급속히 움직인다. 두

(A)

(B) © Blickwinkel/Alamy Stock Photo

(C)

그림 12-24 **(A)** 사막의 많은 관목들은 극심한 건조를 견뎌낸다. 그 수분퍼텐셜이 극도로 음의 값을 갖게 되더라도, 세포가 차츰 활동을 하지 않기는 하지만 세포는 생존한다. 조슈아트리(Joshua Tree) 국립공원의 이 놀리나 파리이(*Nolina parryi*)는 매우 건조한 서식지에서도 꽃들이 만개했다. **(B)** 개울에 떠서 사는 수생식물인 이 여뀌바늘속(*Ludwigia*) 같은 식물은 수분스트레스를 전혀 견디지 못한다. 만약 그 수분퍼텐셜이 −0.2 MPa 아래로 훨씬 떨어지면 이 식물은 급속히 죽는다. **(C)** 비가 한 방울 내리지 않는 가뭄이 8개월간 지속되어, 이 사진을 촬영하였을 때 땅이 너무나도 말라서 대나무들이 죽었다. 그렇지만 배경에 있는 나무들은 여전히 건강하며, 죽은 대나무를 감고 올라가는 일부 넝쿨식물은 살아 있을 뿐만 아니라 실제로 자라고 있다.

부분 사이의 공간을 **관다발막힘(embolism)**이라 부르고, 종종 기포(air bubble)라고도 하며, 그 표면이 벽공막 같이 단단한 장벽에 맞닥뜨릴 때까지 확장된다. 물/관다발막힘 표면은 벽공막을 관통할 수 없지만, 열려 있는 구멍인 천공(perforation)은 통과해서 지나갈 수 있다(**그림 12-25**). 헛물관에서 관다발막힘이 형성되면 그 헛물관만 물을 잃게 되지만, 관다발막힘이 물관요소에서 형성되면 천공과 천공을 거쳐 확장되어 전체 물관이 텅 빌 수도 있다.

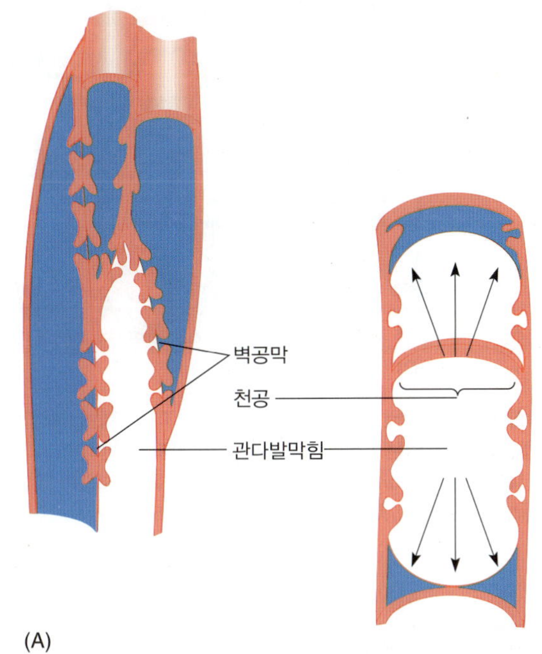

그림 12-25 (A) 극심한 장력은 물 분자의 응집을 극복할 수 있고, 관다발막힘의 형성이 일어나 빠르게 확장된다. 관다발막힘은 천공 같은 구멍을 통과해서 지나갈 수 있지만 벽공막에서는 멈춘다. 만약 관다발막힘이 헛물관에서 생기면 그 헛물관을 지나 관다발막힘이 확산될 수 없지만, 만약 물관요소에서 관다발이 막히면 관다발막힘은 전체 물관을 따라 퍼진다. **(B)** 이것은 미국물참나무(*Quercus nigra*)의 커다란 나무줄기를 자른 것이다. 전기톱이 물관부를 가르면 물관의 물에서 강소가 형성되고 목부 안에서 물을 잡아주는 수소결합이 없어진다. 목부로부터 방울방울 흘러내리는 것이 아니라 물이 쏟아져 나오고, 거의 1분 동안 계속된다. 만약 이 목재가 헛물관으로 구성되었다면 물은 거의 흘러나오지 않을 것이다.

강소형성이 일어난 헛물관이나 물관은 보통 물을 다시 나르지 않는다. 잎의 증산으로 물을 위쪽으로 잡아당기게 하였던 점착성 결합이 붕괴되었기 때문이다. 그런데 특이한 조건에서는 관다발막힘이 가끔 '치유(healed)'되기도 한다. 만약 주변의 모든 세포들이 물로 가득 차고 만약 밤이 서늘하고 습해서 증산이 멈춘다면, 충분한 물이 관다발막힘으로 침투하여 채워서 연속적인 물기둥이 다시 확립된다. 이보다는 더 자주 물이 관상요소의 측면을 따라 스며들기도 하지만, 이 경우 관다발막힘이 채워지지 않는다.

강소형성이 전체 물관이나 헛물관의 유용성을 떨어뜨리기 때문에 그리고 식물이 관상요소를 만드는 데 상당한 에너지와 환원된 탄소를 쏟아 부었기 때문에 강소형성을 최소화하는 특징은 선택이익이 된다. 물과 세포벽 간의 부착이 바로 그런 특징이고, 물기둥에 추가의 강도를 제공함으로써 쉽게 강소형성이 일어나지 않게 한다. 이는 폭이 좁은 관상요소에서 가장 효과적인데, 여기에서는 강화(reinforcement)가 심지어 중심에 있는 물 분자에 이르기까지 모든 물 분자에 영향을 미친다. 폭이 넓은 관상요소에서는 중심의 분자들이 자유롭게 움직이고, 순수한 물처럼 다소 쉽게 강소형성이 일어난다. 명백하게 설명하자면, 강소형성은 물의 수소결합을 깨뜨리지만 세포벽에는 전혀 손상을 주지 않는다(관상요소가 통도할 때에는 죽어 있음을 상기하자). 심재의 모든 관상요소들에서 강소형성이 일어났지만, 그럼에도 불구하고 목부는 강하다.

이렇게 벽에 의해 유도되는 물기둥의 강화는 식물을 그토록 높이 자랄 수 있게 만든 특징이라고 믿어진다. 캘리포니아 주 북부와 오리건 주 남부의 미국삼나무는 알려진 식물 가운데 가장 키가 크다. 이 나무는 100미터 높이까지 자라고[지금까지의 기록은 히페리온(Hyperion)이라는 이름이 붙여진 나무로 115미터(379 피트)임], 물은 전체 거리에 걸친 관상요소를 통해 위쪽으로 당겨진다. 이는 유리나 금속의 모세관으로는 똑같이 반복할 수 없다. 물기둥이 끊어지기 쉬워서 세포벽에서 제공되는 강화가 없다면 그 자신의 무게를 지탱하지 못한다. 100미터는 물관부의 한계인 것 같다. 강화의 도움을 받는다 하더라도 물기둥 꼭대기의 응집력은 100미터에 거친 물의 무게를 지탱할 수 없다.

목부는 다양한 조건에 잘 적응하도록 매우 정교한 유형들로 진화되었다. 습한 열대 지방에서는 물이 항상 풍부하다. 따라서 토양은 결코 마르지 않고, 물은 언제나 쉽게 이동한다. 강화는 불필요하고, 목부는 넓은 물관들로 가득하다(**그림 12-26**). 보다 건조한 온대 지방, 특히 바위투성이의 비탈에서는 흔히 물이 귀하고 수분스트레스가 보편적이다. 이런 환경에서는 폭이 좁은 물관을 갖는 식물 또는 침엽수처럼 헛물관으로만 된 목부를 갖는 식물들이 선택이익이 된다. 꽤 많은 비가 내리는 온대 지방에서는 식물들이 촉촉한 봄에는 커다란 물관이 있는 춘재를 만들고, 건조한 여름에는 좁은 물관이나 헛물관만 있는 추재를 형성한다. 여름 동안에 춘재의 넓은 물관에서 강소형성이 나타나고, 통도는 주로 또는 전적으로 추재에서 일어난다(**그림 12-27**).

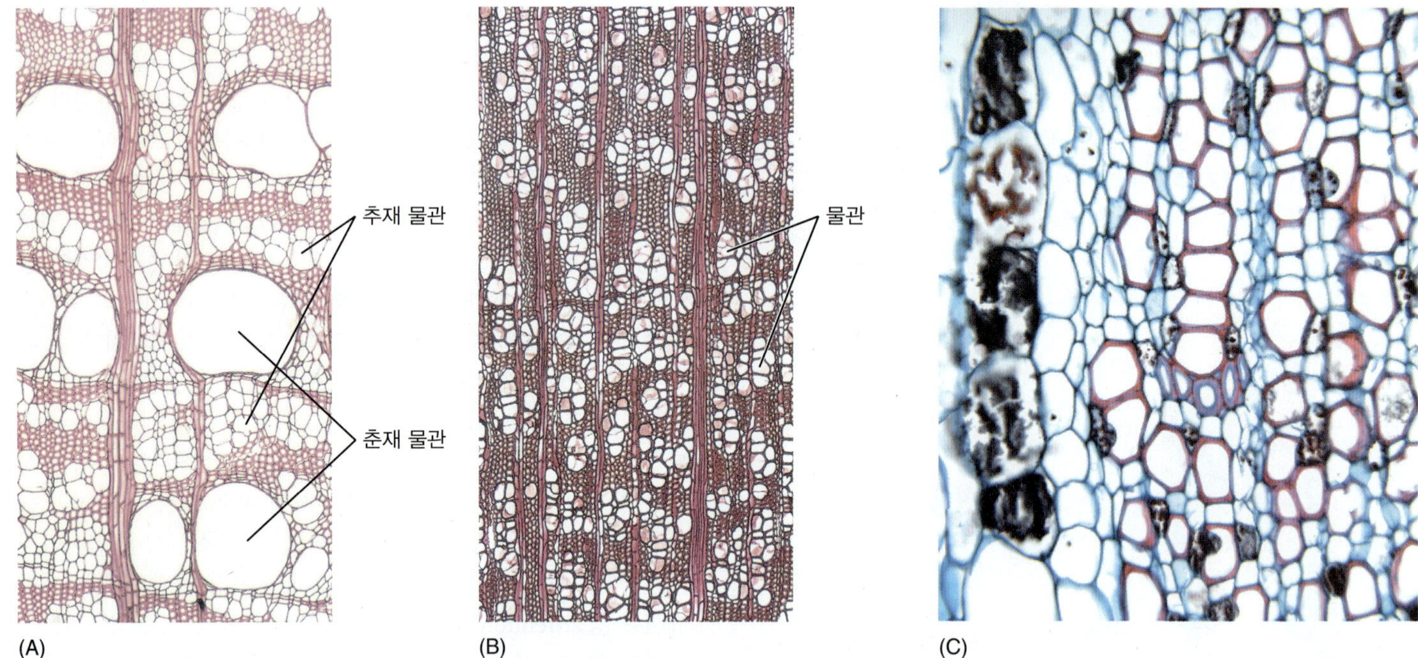

그림 12-26 **(A)** 전형적인 나무의 목부. 춘재에는 넓은 물관이 많이 들어 있고 이들 각각은 촉촉한 토양으로부터 빠르게 물을 나를 수 있다. 추재는 이보다 좁은 물관을 갖는다(×100). **(B)** 물관이 좁고 풍부한 이 목부는 온대 기후의 나무에서 나왔다. 개개의 물관이 아주 많은 양의 물을 나를 수는 없지만, 만약 어느 한 물관에서 강소형성이 일어난다 하더라도 목부의 통도용량 가운데 극히 일부만 잃을 따름이다(×100). **(C)** 제라늄(*Pelargonium carnosum*)의 다육질 친척의 목부이다. 폭이 넓고 막혀 있지 않은 세포들은 물관이다. 폭이 좁고 빨간 세포는 섬유이고(5군데에서만 나타남), 얇고 파란 1차벽을 갖는 모든 세포는 목부유조직세포들이다. 이 식물은 목부에 물을 저장하여 강소형성의 기회를 최소화한다(×200).

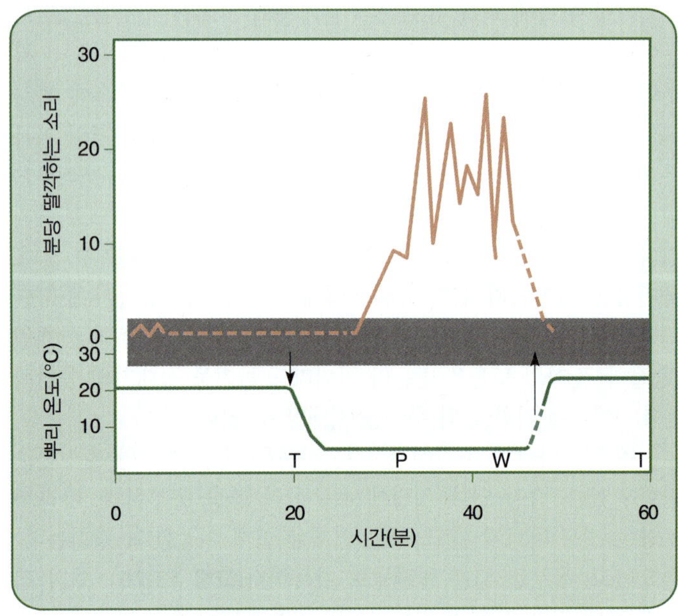

그림 12-27 물관과 헛물관의 강소형성은 감지형 마이크(sensitive microphone)로 들을 수 있는 딸깍하는 소리를 낸다. 이 그래프는 피마자 물관부에서 강소형성을 유발한 실험을 보여준다. 이 식물을 증산손실과 맞먹게 물을 흡수하도록 수용액에서 길렀을 때에는 물관부 물기둥에 장력이 거의 없고 강소형성이 일어나지 않는다. 그러고 나서 뿌리를 5°C로 식혀서(왼쪽 화살표) 뿌리가 물을 흡수하지 못하게 하되, 지상부는 계속 증산을 하도록 따뜻하게 유지하였다. 물기둥이 당겨지고 바로 끊어지기 시작하였다. 20분 후에는 1분에 거의 30군데에서 관다발막힘이 생기고 식물은 시들었다. 45분 후에 뿌리의 용액을 따뜻하게 하여 물을 흡수하도록 하였고, 강소형성은 빠르게 중단되었다.

결국 모든 물관과 헛물관에서 강소형성이 나타난다. 여름의 건조한 조건은 많은 강소형성을 야기하고, 겨울의 결빙, 바람의 흔들림, 그리고 굴을 파는 곤충에 의한 피해 역시 마찬가지다. 관상요소에서 강소형성이 나타난 다음, 이를 둘러싸는 유세포들이 전충체(tylose)로 또는 고무나 수지를 분비하여 이를 막아버린다. 더욱 많은 목부 구역에서 강소형성이 일어나면 인접한 유세포들이 항미생물성 화합물을 합성하고 나서 죽고, 그 부분들은 심재의 일부가 된다.

공변세포에 의한 물 수송의 조절

물관부를 통한 물의 대량 이동은 주로 대기로 빠져나가는 수분손실의 영향을 받고 작동된다. 비록 각피를 통한 수분손실도 중요하지만, 기공개구부가 열려 있을 때는 언제나 기공증산이 훨씬 더 중요하다. 열린 기공은 이산화탄소 흡수와 수분손실 간의 균형을 나타낸다. 토양의 수분공급이 적당할 때에는 언제든지 수분의 손실이 실제로 이롭다. 물의 이동은 뿌리로부터 위쪽의 지상부로 무기질이 이동하는 가장 중요한 수단이고, 증산의 결과인 증발냉각(evaporative cooling)은 잎과 어린 줄기의 열스트레스를 방지할 수 있다. 그렇지만 만약 토양이 너무 건조해서 물을 공급할 수 없다면 건조로 인해 증산은 즉각적이고 치명적인 위협이 된다. 기공의 개폐를 조절하는 많은 메커니즘이 진화하였다. 각 메커니즘은 특정 환경요인에 적합하고, 이들의 상호작용은 서식지의 잠재적

스트레스에 대한 대단한 민감도를 나타낸다.

만약 잎에 적당하게 수분이 들어 있다면 빛과 이산화탄소가 정상적인 조절요인이 된다. 대부분의 건강하고 팽창한 식물에서는 빛이 공변세포의 수분 관련성을 가장 자주 조절한다. 청색광이 방아쇠 역할을 하는 중요한 파장이고, 구멍의 작용스펙트럼은 플라빈(flavin)이나 플라빈단백질의 흡수스펙트럼과 거의 들어맞는다. 색소에 의한 빛의 흡수가 칼륨펌프를 어떻게 유도하는지는 아직 알려져 있지 않다.

빛의 존재 역시 광합성에 의한 이산화탄소 고정을 유도하고, 내부의 이산화탄소 농도가 감소해도 기공이 열릴 수 있다. 이용가능한 이산화탄소의 양을 인위적으로 조작하면 밝거나 어두울 때 기공이 열리거나 닫히도록 공변세포를 자극할 수 있다. 광합성을 하지 않는 밤에는 이산화탄소 농도가 높고 아마도 기공이 닫히는 원인이 될 것이다.

건강한 식물의 이런 모든 메커니즘은 수분스트레스 때문에 유발되는 더욱 강력한 메커니즘에 의해 완전히 무시될 수 있다. 잎에서 수분이 제거되기 시작하면 잎은 호르몬 아브시스산(abscisic acid)을 방출한다. 이 호르몬은 즉각 공변세포에 작용하여 청색광이 존재하고 이산화탄소의 농도가 낮더라도 기공개구부가 닫히게끔 유도하는데, 그렇지 않은 경우에는 이런 요인들은 기공이 열리도록 촉진한다. 수분스트레스에 의해 기공이 닫히는 것이 뿌리의 흡수와 물관부의 통도가 증산을 따라가지 못하는 경우가 따뜻하고 건조한 날 이른 오후에 종종 나타난다. 기공이 닫히면 빛을 이용할 수 있음에도 불구하고 이산화탄소의 흡수를 막아 광합성이 중단된다.

다육식물유기산대사(CAM)를 하는 식물에서는 기공이 밤에 열리고 아침에 닫힌다. 이런 식물에서는 온도가 특히 중요하다. 만약 밤에 온도가 너무 높은 경우에는 연이어 며칠간 또는 몇 주 동안 기공이 닫힌 채로 있기도 한다. 사막 서식지에서 전형적으로 나타나는 밤의 낮은 온도는 기공이 열리고 이산화탄소를 흡수하는 데 필수적이다. 봄비가 내린 후와 같이 날씨가 포근하고 조직에 수분에 풍부한 조건에서는 CAM 식물이 아침에 기공을 열고 이산화탄소를 받아들여 리불로오스2인산카르복실화효소(RuBP carboxylase)와 직접 반응시키는 C_3 대사로 전환한다. 여러 날 동안 토양이 건조하면 이들 식물은 다시 CAM으로 되돌아가고 밤에 기공이 열린다.

다음 단계에서는

1. **젖은 식물이 마른 씨를 만든다.** 젖은 세포와 조직에서 마른 구조가 만들어지는 많은 사례가 있다. 어떤 과정은 제대로 이해되고 있지만, 다른 과정들은 그렇지 않다. 포도당이 녹말립으로 중합되면서 물이 빠져나가고, 축축한 세포에서 건조한 녹말이 만들어진다. 그러나 보다 큰 과정들에 대해서는 잘 이해하지 못하고 있다. 예를 들면, 식물은 하루 또는 이틀 동안 꽃이 핀 다음에 꽃잎과 수술이 아직 온전함에도 불구하고 이들로 가는 물의 흐름을 차단하지만, 이와 동시에 심피와 밑씨 그리고 발생 중인 씨로 흘러들어가는 물을 그대로 유지한다. 나중에 씨와 열매가 달리는 가지에는 물이 풍족함에도 불구하고 씨와 일부 열매는 몹시 건조해진다. 무엇이 이들 과정을 조절하는지는 알려져 있지 않지만, 아마도 전충체(tylose)가 물관부를 차단하고 전충체와 유사한 전충양체(tylosoid)가 체관부를 막는 것으로 보인다. 여기에는 물관부와 체관부의 유세포들이 관여할 것이다.
2. **풀케를 만들기 위한 용설란 수액의 채취.** 알코올 음료인 **풀케**(*pulque*)는 몇 종의 용설란에서 수액을 받아 이를 발효시켜 만든다. 용설란은 사막에 사는 커다란 외떡잎식물이고, 거대하고 날카로운 잎들이 짧은 줄기의 주위에 무리를 짓는다. 수액을 얻기 위해서는 식물에서 꽃대가 올라오기를 기다렸다가 눈을 잘라버리고 오목하게 중심부를 파낸다. 식물은 계속 살아 있고 하루에 5리터에서 8리터 가량 풍부한 수액[이를 아구아미엘(aguamiel)이라 함]을 만든다. 수액은 여러 날 배어나오고, 간혹 예외적으로 1년 가까이 나오기도 하는데, 매일 수액을 퍼 담아 이를 발효시킨다. 이는 장거리 수송체계가 손상을 입은 데 대해 식물이 조절하지 못하는 특이한 사례이다. 추정컨대 체관부가 P-단백질과 칼로오스를 충분히 만들지 않거나, 아마도 수액이 물관액일 것이다.
3. **강소형성 후 빈 물관을 다시 채우기.** 물관에서 강소형성이 일어나면 물관에는 공기만 들어 있고 통도의 기능을 하지 못한다. 식물은 많은 잎과 꽃을 가진다는 점에서 중복적인 것과 같은 방식으로, 하나 또는 2개의 물관을 갖는 것이 아니라 수많은 물관을 갖는다는 점에서 중복성이 매우 높다. 그러나 최근 우리는 모두 그런 것은 아니지만 일부 식물이 어떻게든 강소형성이 일어난 물관에 다시 물을 채운다는 사실을 알게 되었다. 이는 식물에 가외의 물이 있고 물기둥에 강력한 장력이 없는 밤에 또는 습한 날씨에 일어나는 것으로 추정된다. 강소형성의 메커니즘, 관다발막힘의 확산 및 물관의 리필에 관한 많은 연구와 일부 논란이 있다. 속씨식물 목부의 반관주축유조직(paratracheal parenchyma)의 반복된 진화가 중요할 수 있다.

요약

1. 생물은 단거리(세포소기관과 세포의 내부) 또는 장거리(가까운 이웃이 아닌 세포들 사이)에 걸쳐 물질을 수송한다.
2. 능동수송은 물질이 상대적으로 농축되지 않은 구역으로부터 그 물질이 훨씬 농축된 구역으로 물질을 강제로 퍼내는 작용으로, 에너지를 소비하는 과정이다.
3. 수분퍼텐셜(ψ)을 통해 물의 일을 하는 능력을 측정하는데, 세포에서는 삼투퍼텐셜(ψ_π)과 압력퍼텐셜(ψ_P)의 두 가지 중요한 요소를 갖는다. 토양과 비교적 건조한 물질에서는 세 번째 요소인 매트릭퍼텐셜(ψ_m)이 중요해진다.
4. 물은 상대적으로 농축된 구역(순수한 물과 비슷하고, 수분퍼텐셜이 0에 가까움)에서 덜 농축된 구역(순수한 물과 다르고, 수분퍼텐셜이 훨씬 음의 값을 가짐)으로 이동한다.
5. 세포의 수분퍼텐셜은 칼륨이온과 설탕 같은 용질이 펌프되어 들어오거나 중합체가 단위체로, 특히 녹말이 포도당으로 탈중합되면 더욱 음의 값을 갖게 된다. 이들 과정이 정반대로 뒤바뀌면 세포가 물을 잃는 경향이 증가한다.
6. 만약 세포벽이 너무 약해서 물이 세포 내부로 들어오려는 추세에 대응하지 못하면 그 세포는 자라난다. 세포의 수분퍼텐셜을 충분히 높게 올릴 만큼 압력퍼텐셜이 상승할 수 없고, 세포는 그 환경과 평형을 이루게 된다.
7. 한계원형질분리는 원형질체가 물을 많이 잃어서 더 이상 벽을 향해 밀지 못하는 시점이고 수분퍼텐셜은 0(제로)과 같다. 만약 세포가 계속 물을 잃게 되면 세포에서는 원형질분리가 일어난다.
8. 능동수송에 의해 공변세포와 기동세포 및 체요소에 강제적으로 용질이 적재되면 이들 세포의 수분퍼텐셜은 더욱 음의 값을 갖게 된다. 물이 세포 안으로 흘러 들어오고, 공변세포와 기동세포가 팽창하게 되지만, 체관액은 체요소로부터 체공을 통해 빠져나간다.
9. 지상부에서 물이 공기로 빠져나가는 한편, 뿌리로부터 물을 끌어당기고 중력과 마찰의 효과를 극복하기에 충분할 만큼 수분퍼텐셜이 음의 값을 갖게 될 때 물은 뿌리에서 지상부로 흐르기 시작한다.
10. 공기와 토양이 모두 건조해짐에 따라서 물관부의 물기둥에 미치는 장력이 증가한다. 어느 순간에 응집을 극복하고, 일부 물기둥에서 강소형성이 일어나며 관다발막힘이 생긴다.
11. 관상요소의 측면에 물이 부착함으로써 관다발막힘을 방지하는 데 도움이 된다. 물관과 대조적으로 헛물관이 존재하면 관다발막힘이 발생하더라도 손상된 규모를 줄일 수 있다.
12. 다육식물유기산대사(CAM)를 하지 않는 식물에서는 수분이 적합할 경우에 빛과 낮은 이산화탄소 농도가 기공이 열리도록 자극한다. 수분스트레스는 다른 모든 조절보다 우선하고 기공이 닫히는 원인이 된다.

중요한 용어

P-단백질(P-protein)
P-단백질마개(P-protein plug)
강소형성(cavitation)
공급원(source)
관다발막힘(embolism)
능동수송(active transport)
단거리 수송(short-distance transport)
매트릭퍼텐셜(matric potential)
메가파스칼(megapascal, MPa)
변수성(poikilohydry)
부영양화(eutrophication)
부착성(adhesive)
분자펌프(molecular pump)
삼투(osmosis)
삼투퍼텐셜(osmotic potential)
선택적 투과성 막(selectively permeable membrane)
수분퍼텐셜(water potential)
수용부(sink)
아쿠아포린(aquaporin)
압력퍼텐셜(pressure potential)
압류가설(pressure flow hypothesis)
원형질분리(plasmolysis)
응집성(cohesive)
응집-장력가설(cohesion-tension hypothesis)
장거리 수송(long-distance transport)
전세포벽(apoplast)
전원형질(symplast)
체관요소-반세포복합체(STM/CC complex)
칼로오스(callose)
한계원형질분리(incipient plasmolysis)
확산(diffusion)

복습 문제

1. 식물은 단거리 수송과 장거리 수송 모두를 갖는다. 이들 각각이 관여하는 거리는 얼마나 될까?
2. 식물은 격리메커니즘으로 작용하는 몇몇 조직을 갖고 있다. 이 가운데 두 가지의 이름을 대시오.
3. 확산을 정의해 보자. 확산은 삼투와 어떻게 다른가?
4. 전투과성 막이란 무엇인가? 이 막은 완전불투과성 막이나 차

등투과성 막과 어떻게 다를까?

5. 식물 세포의 막은 전투과성 막인가, 완전불투과성 막인가, 아니면 차등투과성 막인가?
6. 만약 분자펌프가 전투과성 막에 자리 잡는다면 능동수송이 가능할까?
7. 다른 모든 화학물질과 비슷하게 물은 그 수분퍼텐셜로 측정되는 자유에너지를 갖고 있다. 수분퍼텐셜을 증가시킬 수 있는 세 가지 간단한 방법을 대시오.
8. 수분퍼텐셜의 세 가지 요소는 무엇인가? 이들 요소 가운데 물과 용존물질과의 상호작용인 요소는 무엇인가?
9. 물의 압력퍼텐셜은 압력이 물에 미치는 효과이다. 만약 세포에 세포벽이 없다면 그 세포는 압력퍼텐셜을 가질까?
10. 얼지만 않는다면 물은 언제나 ________________, 물이 풍부하거나 압력을 받는 구역으로부터 드물거나 장력을 받는 구역으로 ________________.
11 포도당이 물에 녹은 두 용액이 있다고 상상해 보자. 그 중 한 용액은 물 100 mL에 포도당이 1 g 들어 있다. 다른 용액은 100 mL에 10 g의 포도당이 들어 있다. 어느 용액의 삼투퍼텐셜이 더욱 큰 음의 값을 갖는가?
12. 순수한 물이 담긴 비커에서 수분퍼텐셜은 어떠한가? 이 비커에 용질을 첨가한다면 수분퍼텐셜이 더욱 양(+)의 값을 갖게 될까, 아니면 더욱 음(−)의 값을 갖게 될까? 여기에 압력을 가하면 어떻게 될까? 건조한 점토를 첨가하면? 산(acid)을 첨가하면? 이 각각의 경우에서 수분퍼텐셜의 어떤 요소가 변하게 되나?
13. 가지(eggplant)에 소금을 뿌리면 조직에서 물을 뽑아낼 수 있다. 가지와 소금결정 가운데 어느 쪽의 수분퍼텐셜이 더욱 음의 값을 갖는가?
14. 두 용액의(또는 용액과 세포의, 또는 두 세포의) 수분퍼텐셜이 평형상태에 있다는 의미는 무엇인가? 평형상태에서 물의 순이동이 일어날까?
15. 다음과 같이 짝지어진 각각에서 수분퍼텐셜이 한층 더 음의 값을 가질 것으로 예상되는 것을 고르시오: 시든 잎의 세포—팽창한 잎의 세포; 열린 기공의 공변세포—보통의 표피세포; 닫힌 기공의 공변세포—보통의 표피세포; 뿌리의 피층세포—촉촉한 토양; 설탕이 실리고 있는 체관부 세포—잎의 엽록조직 세포; 설탕을 내리고 있는 체관부 세포—녹말이 저장되는 덩이줄기 세포; 10%의 수분을 함유한 점토—10%의 수분을 함유한 가는모래(미사).
16. 수분퍼텐셜이 −0.1 MPa인 세포가 수분퍼텐셜이 역시 −0.1 MPa인 용액이 담긴 비커에 놓였다고 상상해 보자. 세포와 용액 사이에서 이동하는 물 분자가 있을까? 물의 순이동이 나타날까? 이제 촉촉한 토양에 있는 뿌리를 떠 올려 보고서, 뿌리 피층세포의 수분퍼텐셜이 −0.1 MPa이고, 토양액의 수분퍼텐셜 역시 −0.1 MPa라고 상상해 보자. 뿌리 안으로 물의 순이동이 일어날까?
17. 16번 문제와 동일한 뿌리가 이제는 토양수가 거의 없이 말라 있고 수분퍼텐셜이 −1.0 MPa인 토양에 놓였다고 상상해 보자. 물이 토양에서 뿌리 안으로 이동할까, 아니면 뿌리에서 토양으로 물이 빠져 나갈까?
18. 정답에 동그라미를 치시오.
    a. 만약 세포가 물을 (흡수하면, 잃게 되면) 그 세포는 팽창한다.
    b. 만약 세포가 물을 (흡수하면, 잃게 되면) 그 세포의 원형질이 분리된다.
    c. 만약 세포가 물을 (흡수하고, 잃고) 매우 (약한, 강한) 벽을 가진다면 그 세포는 자란다.
19. 식물은 세포가 ________________ 정도로 많은 물을 흡수하지 않지만 자주 많은 물을 잃어 ________________, 그것은 그 원형질체가 ________________을 향해 확고히 밀지 않기 때문이다.
20. 한 식물체 내에 있는 모든 원형질은 하나의 연속적인 집단으로 간주되는데, 이를 ________________이라고 일컫는다. 세포간극과 세포벽을 합친 것이 식물의 ________________ 이다.
21. 샘(gland)에서는 전세포벽이 주로 ________________이다. 샘 이외의 부위에서는 전세포벽이 주로 ________________ 이다.
22. 기공개구부가 열리고 닫히는 것이 단거리 수송에 의한 것인가, 아니면 장거리 수송에 의한 것인가? 삼투현상이나 능동수송이 기공의 개폐와 관련이 있을까? 특히 중요한 이온은 무엇인가?
23. 기동세포란 무엇인가? 기동세포를 갖는 식물 두 가지의 이름을 대시오. 기동세포가 잎의 위치를 어떻게 조정하는지를 설명하시오.
24. 체관부 수송에서 물과 영양소가 수송되는 출처가 ________ 이고, 수송된 체관액을 받는 곳은 ________________이다.
25. 봄과 여름에는 어떤 기관들이 당의 우세한 공급원이 되나? 덩이줄기나 육질의 원뿌리가 중요한 공급원이 되는 시기는 언제인가?
26. 당이 체요소로 펌프되어 들어가면 물이 따라 들어간다. 어떤 일이 생길까? 체요소는 그저 팽창하게 될까?
27. 체관액은 압력을 받는다. 이와 관련된 위험은 무엇인가? 이러한 위험에 대응하기 위해 P-단백질과 칼로오스가 어떻게 관여할까?
28. 공급원에서 당이 체관부로 능동적으로 수송되면 당을 잃은 세포의 수분퍼텐셜은 어떻게 될까? 음의 값이 적어질까?
29. 체관부 수송의 압류(pressure flow) 모델을 사려해 보자. 공급원에서 당과 물이 어떻게 체관부로 들어갈까? 한 체관부 세포에서 다른 체관부 세포로 물과 당은 어떻게 이동할까?
30. 체관부 수송의 방향이 변할 수 있을까? 체관부는 언제든 물질을 잎으로 수송할까?

31. 물은 응집성과 부착성의 성질 모두를 갖는다. 이들 단어의 의미는 무엇이며, 이들 성질이 식물에서 일어나는 물의 이동에 어떻게 영향을 미치나?
32. 물의 이동에 영향을 미치는 조건과 관련하여 이른 아침의 잎은 어떠한가? 해가 뜬 다음에는 어떤 일이 생기는지 설명해 보자.
33. 환공재의 나무에서 물관액 이동의 속도는 어떠할까?
34. 물관부에서 압력퍼텐셜은 음(−)의 값을 갖는다. 그 이유는 무엇인가? 물의 무게는 이에 어떤 영향을 미칠까? 기는줄기, 뿌리줄기 그리고 수평의 덩굴은 물의 무게와 관련하여 문제가 없다. 왜 그럴까? 식물에 착생하는 선인장인 립살리스속(*Rhipsalis*)에서는 물의 무게가 실제로 통도를 더욱 쉽게 해준다. 그 이유는?
35. 많은 뿌리들은 그 수분퍼텐셜이 ______________ 가량으로 낮아도 활성을 유지한다.
36. 고드름을 끌어 올린다고 상상해 보자. 고드름의 _________와 튜브(세포벽)에 있는 고드름의 __________________에 맞서 잡아 당겨야 하지만, 고드름의 꼭대기를 끌어 올리면 전체 ________________은 상승한다.
37. 물관부를 통한 물 이동의 응집-장력 모델을 설명하시오. 수직의 나무나 기는줄기에서 물의 무게가 더욱 문제가 될까? 그 이유는?
38. 물기둥의 끊어짐을 ____________이라고 한다. 무엇이 끊어지는 것일까? 물의 수소결합인가, 아니면 관상요소의 세포벽인가?
39. 물기둥이 끊어지면 기포가 발생한다. 이를 전문적으로 ____________________________이라고 한다.
40. 습한 열대 지방과 건조한 온대 지방 가운데 어느 쪽 서식지에서 강소형성이 더 많이 일어날까? 어느 지방의 목부가 넓은 물관들로 가득할 것으로 예상되고, 어떤 지방의 목부에 좁은 물관이나 헛물관만 있을 것으로 예상하는가?
41. 물관에 강소가 형성되고 공기로 가득 차면, 이 물관에 다시 물로 채워질 수 있을까?

CHAPTER 13

토양과 무기영양

학습 목표

이 장을 읽은 다음, 학생들이 할 수 있는 것은;

- 토양의 세 가지 중요한 기능을 서술한다.
- 필수원소의 세 가지 기본적인 기준을 생각해 낸다.
- 다량영양소와 미량영양소들의 이름을 댄다.
- 토양의 무기질결핍증의 가장 중요한 (보편적) 원인을 알아본다.
- 가동성 원소와 불가동 원소가 식물의 건강에 어떻게 영향을 미치는지 비교한다.
- 바위가 어떻게 토양이 되는지를 설명한다.
- 토양산도에 영향을 미치는 가장 중요한 요인의 이름을 나열한다.
- 질소대사과정의 세 가지 중요한 요소들을 종합한다.

알고 있나요?

- 식물에는 소량의 무기질만이 들어 있다. 식물체 또는 나무 조각이 불에 타고 남은 재는 모두 그 무기질들이다.
- 상업적이건 아니면 음식물 찌꺼기의 퇴비이건 간에 비료는 무기질을 이용할 수 있기 때문에 효과적이다.
- 상업적인 무기질 비료를 만약 높은 농도로 주면 식물이 탈 수 있다(개들의 직접적인 소변도 많은 식물들에게 너무 강하다).
- 도시의 하수는 농장에서 유출되는 비료와 더불어 강과 호수의 영양과다를 초래하고, 조류와 세균의 과다한 생장을 유발한다[이를 부영양화(eutrophication)라고 한다].

개요

장의 첫 이미지: 식물, 동물, 토양, 물, 공기(와 미생물은 우리가 볼 수 없다)의 모두는 무기질과 물 그리고 에너지가 지구의 표면에서 이동하는 정교한 생명유지 네트워크를 구성하는 요소들이다. 바위가 풍화되어 토양이 되고, 뿌리는 무기질을 흡수하고 이를 이용하여 탄수화물에 덧붙여 자신의 몸을 만든다. 동물은 식물을 먹고, 무기질과 에너지 그리고 유기화합물의 일부를 자신의 조직으로 바꾸고, 나머지는 몸 밖으로 내보낸다. 미생물들이 이런저런 물질을 소비하고 복잡한 화합물을 분해하여 무기질을 방출함으로써 뿌리가 다시 이들을 이용할 수 있게 된다. 빗물이 무기질들을 물에 씻어 내리고 멀리까지 운반하며, 바람이 이곳저곳으로 먼지를 실어 나른다. 모든 유형의 생명에 필수적인 질소는 모두 궁극적으로 대기로부터 온다. 사진은 캐나다기러기(*Branta canadensis*)이다.

개념

모든 생물은 질소, 인, 칼슘, 마그네슘과 황 같은 원소들을 필요로 한다. 식물은 이들 원소를 토양에서 흡수해야 하고, 이들 원소와 엽록체의 글리세르알데히드-3-인산을 이용하여 모든 화학성분들을 만든다. 이는 중요한 개념으로, 식물의 대사는 햇빛뿐만 아니라 물과 공기 및 토양에 존재하는 화학물질에 의거한다. 단지 무기질과 한 가지 단순한 탄수화물에 의존하여 생존할 수 있는 동물은 없다. 동물은 그들의 먹이에서 무기질과 복잡한 유기화합물을 섭취해야 한다.

식물의 생장과 발생에 필수적인 많은 원소들은 광물질의 규칙적으로 배열된 결정 형태로 존재한다. 암석이 풍화되고 쪼개져서 토양이 형성되면 뿌리가 원소들을 이용할 수 있게 된다. 토양의 형성과정에서 암석은 용해성 이온과 무기화합물로 서서히 전환된다. 이들이 암석의 광물질(무기질)에서 유래되었기 때문에 식물의 영양에서 이들의 역할을 **무기영양(mineral nutrition)**이라고 부른다.

'무기영양'이라는 용어는 식물대사의 다양한 유형을 포함한다. 일부 원소의 경우, 토양으로부터 무기질이 흡수되면 그 상태로 즉시 이용될 수 있다. 그 예가 칼륨인데, 이는 공변세포 같은 세포에 의해 팽압과 수분관계를 조정하는 데 이용된다. 단순한 칼륨 이온은 충분하다. 철과 마그네슘 같은 무기원소들은 보다 복잡한데, 그것은 이들이 이용되기 전에 시토크롬이나 엽록소 분자 같은 화합물과 결합해야 하기 때문이다. 질소는 더욱 복잡하여, 탄소처럼 그 산화상태가 중요하다. 따라서 질소는 반드시 환원되어야 하고, 이를 유용한 형태로 전환하는 데에는 정교한 전자전달사슬이 필요하다.

'토양(soil)'이라는 용어는 매우 다양한 물질을 포함한다. 다양한 토양은 식물에 무기질을 공급하고 질소고정세균들의 보금자리가 되어줄 뿐만 아니라, 물을 수용하고, 뿌리에 공기를 제공하며, 뿌리를 안정시키는 기반으로 작용하여 바람에 날려가지 않도록 해 준다는 점에서 중요하다. 토양에 어떤 무기원소가 존재할 것인지를 결정짓는 토양의 화학적 성질과, 토양의 공극률(porosity)과 토성 및 밀도를 반영하는 토양의 물리적 성질, 그리고 흙속에서 살고 호흡하며 먹이를 얻는 작은 동물, 곰팡이, 원생생물과 원핵생물의 미세식물상(microflora)과 미세동물상(microfauna)이 토양의 중요한 측면이다.

토양의 미세식물상과 미세동물상은 특기할 만하다. 단지 화학적 특징과 물리적 특징 면에서 토양을 생각하는 것이 쉽겠지만, 이는 토양의 불완전한 개념이 될 수 있다. 대부분의 토양에는 식물에 극히 중요한 많은 양의 미생물과 아주 작은 동물들이 들어있다(**표 13-1**). 현미경으로 봐야만 우리 눈에 겨우 보이기는 하지만, 이들 생물은 뿌리와 뿌리털과 거의 같은 크기이며, 뿌리계와 광범위하게 상호작용을 한다. 예를 들면, 많은 토양미생물은 식물에 질소를 공급한다. 질소는 모암에서 발견되지 않고, 따라서 토양이 형성되더라도 식물이 이용할 수 있는 질소가 만들어지지 않는다. 그 대신에 질소의 중요한 공급원은 대기 중의 분자상 질소(N_2)이지만, 일부 세균과 남세균이 분자상 질소를 대사에 유용한 형태로 전환시키는 효소를 갖고 있을 따름이다. 이들 미생물이 죽고 부패되면서 유기질소화합물들이 토양으로 방출되어 식물이 이를 이용할 수 있게 된다.

표 13-1 토양에 있는 생물의 수

곤충	670,000,000/헥타르*
절지동물	1,880,000,000/헥타르
세균	1,000,000,000/g 토양
조류	100,000~800,000/g 토양
지렁이류	1,800,000/헥타르
지렁이 무게	990 kg
지렁이 똥	396,800 kg

*1헥타르 = 10,000 m^2 = 2.45에이커. 미식축구경기장은 5,390 m^2.

동물의 먹이가 다양할 뿐만 아니라 토양은 존재하는 무기질의 양, 토성 그리고 존재하는 생물 역시 다양하다. 한편 식물은 필요로 하는 무기질의 양과 무기질을 흡수하고 처리하는 능력이 다르다. 이런 모든 요인들이 식물의 건강에 영향을 미치고, 주로 특정 구역에 존재하는 식물의 종류를 결정한다.

필수원소

무기영양에 관한 많은 연구에서는 어떤 단일한 원소를 식물에 과다하게 공급하거나 주지 않는 실험이 수반된다. 이런 실험은 화학조성이 신중하게 조절되는 **수경액(hydroponic solution)**에서 식물을 재배하면서 수행하게 된다. 수경재배 실험은 1860년에 삭스(Julius von Sachs)에 의해 형식을 갖추고 널리 이용되었다. 이와 같은 실험에서는 식물의 생장을 지원하는 용액들이 개발된다. 처음에는 수많은 화학물질을 용액에 첨가하여 식물이 생존하는지를 관찰하면서 시행착오를 겪어야만 했다. 많은 검사가 필수적인데, 왜냐하면 일부 화학물질은 비록 낮은 농도라 할지라도 식물에 독성이 있을 수 있기 때문이다. 식물이 필요로 하는 다른 어떤 화학물질은 너무 높은 농도일 때 유해하다. 아울러 화학물질이 존재하는 형태에 따라 차이가 난다. 질소는 중요하지만, 식물이 이용하는 질산염과 암모니아 외에도 식물이 이용하지 않는 다른 질소화합물들이 존재한다. 뿐만 아니라 같은 용액에 많은 화합물들을 첨가하게 되면 예상치 않은 반응이 일어날 수 있어서 유독한 화합물이 만들어지거나 유용한 화합물이 쓸모없는 화합물로 전환될 수 있다.

그 조성을 알고 있고 식물의 생장을 지원하는 용액이 발견된 다음에는 어느 한 성분만 제외한 동일한 용액을 준비한다(**그림 13-1**). 만약 그 성분이 식물의 생장에 필요하지 않다면, 다시 말해서 필수적(essential)이 아니라면 식물은 정상적으로 자란다. 그

Courtesy of Johannes A. Postma MSc., Penn State University

그림 13-1 펜실베이니아 주립대학교에서 수행하고 있는 이 실험처럼 수경재배 실험에서는 붕소를 함유하지 않는 유리병에 수용액만 넣은 시험용액을 보통 사용한다. 뿌리가 호흡할 수 있도록 용액에 공기를 주입해야 한다(투명한 플라스틱 튜브). 병은 포일로 감싸거나 검게 칠하여 빛이 스며들지 않도록 함으로써 토양환경과 보다 비슷하게 해 주고, 조류의 생장을 막는다.

러나 배제한 원소가 필수적이라면 식물은 제대로 자라지 못할 수 있다. 이를테면 실험용액에 니켈이 들어 있는데, 두 번째 용액에서 니켈을 뺐더니 식물이 잘 자라고 첫 번째 용액에서보다 오히려 더 잘 자랐다면, 니켈은 필수원소가 아니다. 이제는 두 번째 용액이 주된 시험용액이 된다. 세 번째 용액도 두 번째와 비슷하게 준비하되, 예를 들어, 칼륨을 제외했는데 살아남은 식물이 없었다면 칼륨은 필수적인 원소이므로 항상 칼륨을 포함시켜야 한다(**그림 13-2**). 이러한 수경재배 기법을 이용하여 삭스는 식물의 생장을 지원하는 최소배양액을 확립하였는데, 여기에는 질산칼슘, 질

© Holt Studios International Ltd/Alamy Images

그림 13-2 이들 식물은 마그네슘의 한 가지 원소를 제외하고 모든 알려진 필수원소들이 포함된 수경액에서 키운 것이다. 질소와 황 그리고 그 밖의 원소들이 풍부함에도 불구하고 이들 원소는 어느 한 필수원소가 빠지면 식물에 별로 소용이 없다. 생장과 생식은 가장 풍부한 요인에 의한 것이 아니라 가장 적은 요인에 의해 좌우된다.

산칼륨, 인산칼륨과 황산마그네슘이 포함된다. 현재 많은 식물의 생장을 적정하게 지원하는 몇 가지 용액이 알려져 있는데, 그 가운데 두 가지는 호글랜드액(Hoagland's solution)과 에반변액(Evan's modified Shive's solution)이다. 많은 실험들은 이들 중 어느 한 가지로부터 시작한다.

식물체를 갈아 부수고 나서 그 안에 들어 있는 모든 화학원소들을 추출하여 측정하는 것이 훨씬 쉬운 것처럼 보이지만, 식물은 실제로 그들이 필요로 하지 않는 많은 원소들을 흡수하며, 내피(endodermis)는 이런 원소들을 완벽하게 차단하지 못한다. 살아 있는 식물은 원소가 식물에 필수적이든 아니든 간에 대체로 토양에 존재하는 모든 원소들을 최소한 미량이라도 포함한다.

삭스에 의해 발견된 **필수원소(essential element)**들은 식물이 많은 양으로 요구하기 때문에 **다량필수원소(major essential element 또는 macro essential element)**라고 부른다(**표 13-2**). 건조한 식물체를 분석해 보면 칼슘, 질소, 칼륨, 인, 마그네슘 및 황이

표 13-2 대부분의 식물에 필수적인 원소들

원소	기능
다량영양소	
탄소	유기화합물
산소	유기화합물
수소	유기화합물
질소	아미노산; 핵산; 엽록소
칼륨	아미노산; 삼투평형; 효소활성제; 공변세포와 기동세포의 운동
칼슘	많은 효소의 활성 조절; 중간층의 성분; 막의 특성에 영향
인	ATP, 디시의 인산화 당, 핵산, 인지질, 조효소
마그네슘	엽록소; 많은 효소의 활성화
황	조효소A; 일부 아미노산
미량영양소	
철	시토크롬; 질소고정효소; 엽록소 합성
염소	알려지지 않음; 아마도 산소를 방출하는 광합성 반응에 관여할 것임
구리	플라스토시아닌
망간	엽록소 합성; 많은 효소의 활성에 필수적임
아연	많은 효소의 활성화
몰리브덴	질소환원
붕소	알려지지 않음

붕소를 제외한 이들 모든 원소들은 우리 인간에게도 필수적이다. 그러나 식물과는 달리 우리의 음식물에는 불소, 요오드, 코발트, 셀레늄, 크롬 그리고 나트륨도 들어 있어야 한다. 우리는 음용수에 불소를 넣어[불소첨가(fluoridation)] 불소를 얻고, 소금에 요오드를 첨가하거나 다량의 해산물을 섭취함으로써 요오드를 공급받는다. 우리의 삶은 나트륨에 의존하므로, 만약 땀을 흘려서 많은 양을 잃게 되면 죽을 수 있다. 대부분의 식물은 나트륨을 전혀 필요로 하지 않는다. C_4 식물과 CAM 식물은 예외인데, 이들 식물은 미량이나마 나트륨을 필요로 한다.

식물 건조무게의 0.1%에서 3.0% 범위의 농도로 들어 있다. 비록 초기의 수경재배 실험이 잘 돌아갔지만, 식물학자들은 당시에 사용된 화학물질이 순수하지 못하고 다른 원소들이 미량 존재하였음을 알아차렸다. 최선의 노력에도 불구하고 초기의 연구자들은 구리나 아연 또는 다른 많은 원소들이 전혀 없는 배양액을 만들 수가 없었다. 따라서 어떤 특정 원소가 필수적이 아니라는 결론을 내릴 수가 없었고, 다만 많은 화학원소들을 상대적으로 많이 필요로 하지 않는다는 사실만 알아낼 수 있었다.

화학적 방법들이 향상되면서 보다 순수한 화합물들이 제조되었고, 무기영양 실험은 시험의 대상이 되는 원소가 거의 완벽하게 배제되었다는 더 큰 확신을 갖고 반복할 수 있게 되었다. 이렇게 개선된 화학물질을 이용하여 **미량원소(trace element)**라고도 부르는 일군의 **미량필수원소(minor essential element 또는 micro essential element)**들이 존재함을 알게 되었다. 식물은 극히 적은 농도의 철, 붕소, 염소, 구리, 망간, 몰리브덴 그리고 아연을 필요로 한다. 철은 예외인데, 다량원소와 미량원소의 중간적인 양을 요구한다.

물론 오늘날의 시약들이 100년 전과 비교하여 훨씬 순수해지기는 했지만 9가지의 다량원소들과 7가지의 미량원소들만 전적으로 포함하는 용액을 만드는 것은 아직도 불가능하다. 우리들이 이용할 수 있는 순수한 물조차도 미량이나마 많은 오염물들을 갖고 있고, 최상의 유리병들도 규소와 붕소를 용액에 유출하며, 모든 종류의 화학시약들에는 미량의 오염물들이 들어 있다. 염소는 최소한 일부 식물에서 필수적인 것으로 최근에서야 비로소 발견되었다. 염소는 시험용액을 순수하게 만든다 하더라도 사람의 손가락 끝에는 식물 전체에 충분한 염소가 있기 때문에 과학자가 식물을 만질 경우 실험식물은 충분한 염소를 받는다는 사실을 알아차리기 전까지는 필수원소라는 점을 알 수 없었다. 보통의 수경재배 실험에서는 무염소 용액에서 식물이 자랄 수 있는 것으로 나타나지만, 실험자들이 비닐장갑을 끼고 연구를 계속하면 식물은 살아남지 못한다. 이토록 적은 양의 염소로도 충분하기 때문에 다른 원소들도 혹시 이와 비슷하게 미량을 필요로 하는지 의심해 보아야 한다. 한층 더 순수한 시약들이 만들어질 때마다 시험은 계속될 것이다.

필수의 기준

원소가 필수적인 것으로 간주되려면 세 가지의 기본적인 조건을 충족해야 한다.

1. 원소는 생활주기 전체에 걸쳐 식물의 완전하고 정상적인 발달에 필수적이어야 한다. 만약 식물의 생장, 분화, 생식 또는 생존의 어떤 측면에서 특정 원소를 필요로 한다면 그 원소는 필수적이다. 그런데 이 논리적이고 필연적인 기준을 시험하는 것은 어려울 수 있다. 수경재배 실험에서 용액과 식물이 무기질로 가득한 먼지와 곤충에 의해 오염되지 않도록 주의해야 한다. 실험은 반드시 실험실이나 생육상(growth chamber) 또는 특별히 통제되는 온실에서 수행하여야 한다. 실험실의 조건은 자연환경과 같지 않지만, 식물의 일부 생존 능력은 스트레스(추위, 열, 가뭄 및 병원체)에 대한 반응에 의해 좌우된다. 특이한 조건에서만 필요한 어떤 원소는 생육상에서의 실험에서 필요하지 않을 수 있다.

    커다란 나무를 온실이나 생육상에서 연구하는 것은 나무의 크기 때문에 그리고 생활주기를 끝마치려면 너무 많은 기간이 소요되기 때문에 실현 가능하지 않다. 그런 종을 시험한다는 것이 사실상 불가능하므로 현실적으로 많은 작은 초본을 대상으로 시험해서 필수적이라고 밝혀진 다량원소들과 대부분의 미량원소들이 모든 식물에 필수적이라고 가정한다. 만약 그 원소의 역할이 알려져 있다면 이것은 안전한 추정이다. 이를테면 질소는 아미노산과 핵산에 들어 있고, 이들 없이는 어떤 생물도 살 수 없으므로 질소는 필수적이다. 철(시토크롬), 칼슘(중간층, 효소 조절) 등도 마찬가지다. 최근에 염소는 광합성의 물분해 반응(water-splitting reaction)에 관여한다고 알려졌지만, 붕소의 역할은 아직 확실하게 알려진 바 없으므로 모든 식물이 붕소를 필요로 한다는 확신을 갖고서 추정할 수 없다. 이뿐만 아니라 일부 사막식물은 그 표피의 세포벽에 다량의 규소가 들어 있는데, 규소는 이들에게는 필수원소이지만 대부분의 식물은 규소를 전혀 요구하지 않는 것으로 나타났다.
2. 원소 자체가 필수적이어야 하고, 그 어떤 대체물(substitute)도 효과적일 수 없어야 한다. 이 기준은 비교적 간단명료하다. 만일 어떤 필수원소가 없다면 화학적으로 동류의 원소가 있다 하더라도 대부분의 경우에 식물은 살지 못한다. 경우에 따라서는 시험관 내에서(*in vitro*) 연구할 때 특별한 효소반응이나 수송과정에서 원소들이 대체될 수 있지만, 그렇다 하더라도 식물 전체가 그 대체원소만으로 살 수는 없다. 염소를 필요로 하는 일부 식물은 다량의 브롬을 주었을 때 살 수 있지만, 현실적으로 그토록 높은 농도의 브롬은 나타나지 않으므로 이와 같은 대체는 실험실에서만 가능하다.
3. 원소는 식물체 바깥에서가 아니라 식물체 내에서 작용해야 한다. 시험용액이 복잡하면 많은 경우에 그 결과를 분석하기가 어려워진다. 철은 필수원소이지만, 극히 한정된 범위의 산도에서만 용해된다. 철을 적정한 양으로 첨가할 수는 있지만 종종 다른 화학성분과 반응하여 불용성 침전물을 형성한다. 침전된 철 화합물을 시험 화학물질로 분해하고 가용성 철 화합물을 형성할 수 있다. 시험원소가 필요하지 않거나 흡수되거나에 상관없이 철을 다시 이용할 수 있기 때문에 식물은 잘 자라게 된다. 세심하게 분석하지 않으면 시험원소가 식물체 내에서 이용되지 않더라도 그 원소가 필수적인 것으로 나타날 수 있다.

이 기준은 흥미로운 파문을 몰고 온다. 대부분의 식물은 인을 잘 흡수하지 못하므로, 인을 흡수하여 식물에 전달하는 토양균류와의 상호작용에 의존한다. 토양균류가 죽게 되면 식물의 생장은 저조해진다. 만약 원소가 균류에 필수적이라면 그 원소는 식물이 직접 이용하지 못하더라도 식물에게도 필수적이 될까? 이는 해결되지 않은 채 끝없이 토론되는 주제 가운데 하나이므로, 그 정의에 이의를 제기하는 것보다 생명 작용을 이해하는 것이 바람직하다.

무기질 결핍증

결핍증의 원인

사실상 모든 유형의 토양에는 모든 필수원소들이 최소한 소량이라도 들어 있다. 자연 조건에서는 무기원소들이 너무 적거나 또는 너무 많아서 식물의 생장과 발생에 심각하게 지장을 주는 경우가 거의 없다. 특정한 무기질의 과잉으로 인해 악화된 식물을 발견하는 것은 특히 드물다. 많은 경우에 불필요한 이온들은 뿌리에 의해 흡수되지도 않는다. 혹시 흡수가 되면 과다한 무기질의 어떤 종류는 결정의 형태로 액포에 침전되기도 한다. 세포가 다량의 무기질을 함유할 수 있지만, 실제로 용해된 상태의 이온들만이 대사에서 어떤 중요한 효과를 갖는다.

사막의 토양에는 이용할 수 있는 모든 무기질들이 흔히 지나치게 많이 들어 있는데, 왜냐하면 지하수가 위쪽으로 이동하면서 용해된 무기질들을 함께 나르기 때문이다. 그 결과 농도가 너무 높아져서 토양 용액의 수분퍼텐셜이 극도로 음의 값을 갖게 되고, 뿌리는 토양 용액에서 물을 뽑아낼 수 없게 된다. 식물은 무기질의 독성 때문만이 아니라 삼투성 가뭄(osmotic drought) 때문에라도 자랄 수 없게 된다(**그림 13-3**). 어떤 종은 소금기가 그다지 많지 않은 지역에 적응한다. 갯능쟁이속(*Atriplex*)은 물과 염류 모두를 흡수하지만, 염류는 몸을 그대로 통과시키고 잎에 있는 소금샘(salt gland)에서 염류를 분비한다. 이렇게 형성되는 소금결정체의 피복(coating)은 선택적 이익인 것으로 여겨진다(**그림 13-4**).

그림 13-3 토양에서 수분이 증발함에 따라 많은 물들이 위로 올라오고, 이와 함께 운반된 용해된 무기질들은 물이 증발하면서 결정체를 이룬다. 토양수가 존재하면 그 삼투퍼텐셜은 극도로 음의 값을 갖게 되고, 그 수분퍼텐셜도 마찬가지다(압력퍼텐셜은 0이다). 이렇게 삼투적으로 건조한 토양에서는 뿌리가 물을 뽑아낼 수 없고, 수분퍼텐셜이 적정한 음의 값이 되기 전에 식물은 죽을 수 있다. 물의 증발로 침전된 염분으로 뒤덮인 솔트 플랫(salt flat)의 가장자리는 염분의 농도가 비교적 낮고, 갯능쟁이속(*Atriplex*)과 나문재속(*Suaeda*) 같은 식물과 많은 벼과 초본들이 나타난다.

염은 지나친 햇빛의 일부를 반사해 버린다. 이는 한편으로 이 관목들을 받아들일 수 없는 먹을거리로 만들어 주는데, 왜냐하면 사막에 서식하는 동물들은 염류와 물 섭취의 균형을 유지하기 위해 소금기가 많은 먹이를 피해야 하기 때문이다.

단일한 무기질의 높은 농도에 기인하는 독성 효과의 가장 널리 퍼진 사례의 하나는 산성 토양의 알루미늄 독성이다. 이 독성은 산성 토양에서 농작물 생산이 저해되는 주된 원인의 하나이고, 이는 비가 많이 내리고 식물들이 부패되는 열대 지방에서 종종 나타난다. 광산에서 광물을 뽑아내기 위해 돌을 잘게 부수고 광물은 가려낸 후에 버려진 돌가루인 광미사(mine tailing)는 보통 중금속의 농도가 너무 높아 광미사에서는 식물이 거의 자라지 않거나 전혀 자라지 않는다.

무기질 결핍증(mineral-deficiency disease)은 자연개체군에서는 보편적이지 않은 것으로 보인다. 그런데 일부 토양에서는 특정 필수원소의 농도가 너무 낮을 수 있으며, 어떤 종들은 그런 토양에서는 살지 못한다. 예를 들어, 사문석토양(serpentine soil)이라고 부르는 토양의 한 유형은 칼슘이 극히 결핍되어 있어서 여기에서 자랄 수 있는 식물이 거의 없다. 일부 종들은 다른 종들보다 필수원소의 낮은 농도에 더욱 민

(A) Courtesy of Matthew Godfrey

(B) Courtesy of Dr. H. J. Arnott, University of Texas, Arlington

그림 13-4 **(A)** 간석지(tidal marsh)에 사는 맹그로브의 일종(*Avicennia*)은 특수한 샘을 통해 염을 배출한다. 다량의 소금을 조작하고 수송하는 데에는 엄청나게 많은 에너지가 소요되지만, 염류의 분비는 염분이 함유된 서식지에서 생장할 수 있도록 해 줄 뿐만 아니라 초식동물로부터의 보호도 제공해 준다. **(B)** 대부분의 식물은 이들과 같은 결정으로 침전시킴으로써 과도한 염류를 중화시킨다.

Courtesy of CIAT from the files of Howard F. Schwartz, Colorado State University, Bugwood.org

그림 13-5 콩은 아연의 결핍에 특히 민감하다. 아연이 적은 토양에서는 많은 식물들이 잘 자라고 건강하지만, 콩의 잎에서는 황백화현상(chlorosis)과 세포들이 죽은 갈색점 무늬가 나타난다.

감하다(**그림 13-5**). 다른 식물과의 경쟁과 병원체로 인해 감수성 식물은 약해지고 일찍 죽을 것이며, 성공적으로 번식하지 못한다. 결과적으로 특정한 결핍에 대해서 특별히 민감한 종들은 그 원소가 결핍된 토양에서 자라는 식물군집에서는 보통 나타나지 않는다.

결핍증은 토종이 아닌 작물이나 관상용 식물에서 가장 흔히 나타난다. 농작물은 특히 사람의 인위선택(자연선택이 아님)을 겪으면서 빠른 생장 그리고 과일이나 종자의 높은 수확량 같은 형질들이 선택되었는데, 이는 다량의 질소와 무기영양소를 필요로 한다. 비료를 주지 않으면 이들 식물은 제대로 자라지 못하고 결핍증의 증상이 나타난다. **표 13-3**에 보인 바와 같이 숲 전체에도 비료를 줄 수 있다. 이들 자료는 테네시 주의 숲에 헥타르당 335 kg의 고정질소와 함께 인을 주거나 아니면 인을 뺀 비료를 준 결과이다. 사실상 모든 토양에 고정질소가 결핍되어 있으므로 질소를 추가하면 언제나 유익했지만, 인을 첨가하면 질소만 주었을 때보다 나무의 생장이 자주 향상되지 않았다. 토양에는 숲의 많은 종들에 대한 충분한 인이 들어 있다.

작물을 수확하는 바로 그 행위가 토양의 무기질 고갈로 이어진다. 열매, 씨앗, 덩이줄기 그리고 저장뿌리들은 식물에서 무기질이 가장 많은 부분들이다. 이들을 수확한다는 것은 그 구역으로부터 무기질을 제거하는 것이고, 식물체의 나머지 부분은 무기질이 상대적으로 적어서 제자리에 갈아 묻는다 하더라도 토양이 다시 풍요로워 질리가 없다. 사람들이 작물을 식량으로 소비하는 곳과 식물이 자란 곳은 수천 마일 떨어져 있기도 하고, 심지어 더 나쁜 것은 가공과정의 폐기물이 강에 버려져서 강물에 실려 나가, 다시 토양으로 돌아가지 않는다는 것이다. 자연 조건에서는 무기질이 보통 먹이를 섭취한 곳으로 거름(manure)의 형태로 돌아간다. 가장 광범위한 농작물 제거는 목재 채취를 위해 숲을 베어내는 것이지만(**표 13-4**), 나무의 모든 부분을 제거하는 것과 전지(trimming)와 박피(debarking) 등 몇 가지 방법으로써 수확이 가능한데, 후자의 경우는 작은 가지와 잎 그리고 나무껍질이 생태계에 남아 있게 한다.

표 13-3 숲에 비료를 주기

	생장의 증가(%)	
	질소 단독	질소 + 인
히코리	261	172
북미산 참나무	167	100
목련속의 교목	107	207
떡갈밤나무	61	70
블랙체리	52	71
튜울립나무	48	69
층층나무	36	173

결핍증의 증상

무기질 결핍증의 특정한 증상은 식물의 종과 관련되기보다는 결핍된 특정한 원소와 더욱 밀접하게 관련되어 있다. 대개 특정한 필수원소의 부족에 시달리는 모든 식물은 같은 증상을 나타낸다. 보편적인 증상의 하나는 **황백화현상(chlorosis)**인데, 잎은 엽록소가 없고, 노랗게 되는 경향이 있으며, 흔히 잘 부러지고 종잇장처럼 된다. 질소 또는 인의 결핍은 또 다른 보편적인 증상을 야기하고, 안토시아닌(anthocyanin) 색소가 축적되어 잎이 어두운 색 또는 자주색을 띠게 한다. 어떤 원소의 결핍은 조직의 일부분이 죽는 **괴사(necrosis)**를 일으킨다(괴사는 한편으로 세균과 바이러스 및 곰팡이의 감염에 의해 유발될 수 있다). 괴사성 반점(necrotic spot)의 위치는 특정한 원소에 의해 좌우된다. 칼륨이 결핍되면 잎의 끝과 가장자리가 죽는 반면에, 망간이 결핍되면 비록 잎맥은 살아 있고 녹색이지만 잎맥들 간의 잎조직들이 죽게 된다.

가동성 원소와 불가동 원소

결핍증의 증상이 어린잎이나 오래된 잎 중 어디에서 나타나는지가 중요한 진단적 측면이 된다. 이는 필수원소의 가동성(*mobility*)과 관련이 있다. 붕소와 칼슘 그리고 철은 **불가동 원소(immobile element)**들이다. 이들 원소가 식물조직에 포함된 후에도 그대로

표 13-4 작물 제거에 따른 무기질 손실

	숲에서 제거된 무기질(연간 헥타르당 kg)				
수확 방법	N	P	K	Ca	Mg
뿌리까지 완전한 제거	17.6	2.3	12.6	12.8	3.6
뿌리를 남기고 지상부의 완전한 제거	16.1	1.9	10.3	11.7	2.9
나무껍질, 작은 가지 및 뿌리를 남기고 목부만 제거	4.6	0.8	3.8	4.3	1.3

식물은 다르다

박스 13-1 식물은 흙을 먹고 동물은 원형질을 먹는다

가장 근본적인 차원에서 식물의 영양은 동물의 영양과 거의 똑같고, 사실상 구분이 안 된다. 모든 세포는 동일한 아미노산, 핵산, 당, 그리고 몇 가지 예외가 있지만 동일한 지질(식물은 콜레스테롤을 전혀 이용하지 않음)에 의존한다. ATP 같은 작은 분자들과 티아민, 리보플라빈과 엽산 같은 비타민들은 식물과 동물 모두에서 정확하게 동일한 기능을 수행한다. 그와 동시에 이들 두 가지 생물들은 현저하게 다른 점을 거의 보이지 않는다. 물론 어떤 생물도 무기원소를 합성할 수 없으므로 식물과 동물 모두는 분명히 유사성이 있지만, 생물이 어떻게 유기분자를 얻는가를 고려하면 차이점이 아주 많다. 식물이 매우 수월하기 때문에 먼저 식물에 관해 설명하고자 한다. 식물은 전적으로 체내에서 유기적인 모든 분자를 스스로 만든다. 동물학자, 의대생, 그리고 영양사들은 이 요점을 파악하는 데 다소 어려움이 따를 수 있다. 모든 식물은 그 몸 안에서 발견되는 모든 유기분자를 스스로 만든다. 식물을 위한 균형 잡힌 식사는 흙(dirt)과 흙 그리고 더 많은 흙과 함께, 아침 점심 저녁 내내 온통 이산화탄소와 물이다. 광합성이 이산화탄소와 물을 글리세르알데히드-3-인산으로 전환하고, 바로 이 간단한 작은 분자와 일부 무기질로부터 시작하여 식물은 자신이 일생 동안 이용하는 모든 것을 만든다.

동물은 이 합성경로 가운데 많은 경로가 없고, 따라서 동물은 먹이로부터 많은 유기화합물을 얻어야 한다. 사람은 다른 모든 생물과 마찬가지로 몸 안의 단백질을 만드는 데 보편적인 20종류의 아미노산을 이용하지만, 그 가운데 9종류는 우리들 스스로 만들 수 없다. 사람은 이들 9가지를 우리가 먹는 음식물을 통해 얻어야 하며, 그렇지 않으면 우리는 병들거나 심지어 죽을 수 있다. 일부 지방산은 우리 몸 안의 그 어떤 조직이나 세포 또는 세포소기관에서도 합성될 수 없다. 필수영양소의 목록은 비타민에서 특히 극적이다. 이 유기분자들은 소량이라 할지라도 근본적으로 중요하기 때문에 필수적인 식단요인으로 밝혀진 첫 번째 화학물질이다. 지금까지 필수적이라고 지정을 받은 비타민은 13종류이고, 향후의 연구를 통해 다른 분자들이 이 목록에 추가된다 하더라도 놀랄 사람은 없을 것이다. 모든 식물은 그들 자체의 비타민을 모두 만드는 반면에 사람은 음식에서 우리의 비타민 대부분을 얻어야 한다. 만약 어느 유기분자가 확실하게 동물의 먹이 안에 항상 들어 있다면, 그 분자의 합성을 저해하는 돌연변이가 사실상 이롭다. 동물이 식사를 통해 어떻게든지 화합물을 얻을 수 있다면 그 화합물을 합성하지 않음으로써 에너지를 절약하고, 그 에너지를 다른 생명활동을 수행하는 데 이용할 수 있다. 어떤 비타민이 항상 음식에 들어 있다면, 동물이 그 비타민을 또 합성하는 것은 불필요할 것이다.

식물과 동물에 의해 이용되는 영양 자원의 차이 또한 매우 크다. 식물은 원소의 형태로 또는 환경에 존재하는 단순한 화합물(예를 들면, CO_2, H_2O, K^+, Mg^{2+}, SO_4^{2-} 등등)에서 영양소를 획득한다. 동물은 입 안의 음식으로부터 시작하는데, 영양소들은 음식물의 복잡한 중합체에 있는 단위체로 존재하고, 그 중합체들은 세포구조의 일부이다. 무기질들은 유기분자들이 소화되면서 떨어져 나와야 한다. 이를테면 철은 혈류에 흡수되기 전에 헤모글로빈과 미오글로빈으로부터 소화되어 나와야 한다. 비록 동물은 많은 분자들을 합성할 필요가 없어서 에너지를 절약하지만, 먹잇감을 얻고 그 먹이를 흡수할 수 있는 형태로 전환하기 위해 훨씬 많은 애를 써야 한다. 더구나 보통 동물의 먹이에는 소화시킬 수 없는 털, 깃털, 뼈, 이빨, 그리고 먼지들도 함께 들어 있다. 식물은 그런 잔해들을 결코 흡수하지 않는다.

식물이 영양적으로 완전히 자급자족할 수 있는 것은 아니다. 대부분의 식물은 대기 중의 질소 가스(N_2)를 식물과 동물이 이용할 수 있는 질산염(NO_4^{2-})이나 암모늄(NH_4^+) 같은 화학적 형태로 전환하는 세균에 의존한다. 어떤 식물은 이들 세균을 실제로 식물체 내에서 배양할 만큼 적극적이다. 그런 사례로는 알팔파의 뿌리에서 질소를 고정하는 뿌리혹과 우산이끼류의 특수한 방을 들 수 있다. 식물이 스스로 토양으로부터 인을 흡수할 수 있지만, 식물보다 훨씬 인을 잘 찾아서 얻는 어떤 토양균류와 공생관계[이를 균근연합(mycorrhizal association)이라고 함]를 형성하면 더욱 효율적으로 인을 얻을 수 있다. 어떤 식물들은 다른 식물에 기생을 하거나 또는 동물을 잡아서 소비하여 영양을 얻기도 한다.

유지된다. 이들 원소는 체관부로 돌아가지 않고 식물의 어린 부분들로 옮겨갈 수 없다. 붕소나 칼슘 또는 철이 부족한 토양에서 자라는 식물은 드물지만 이용 가능한 이온들을 흡수할 때까지 비교적 잘 자랄 수 있다. 토양에서 원소가 고갈될 때까지 정상적으로 생장하는데, 이후의 생장은 무기질의 결핍을 겪게 되고 새로 형성되는 조직들이 영향을 받는다(**그림 13-6A**).

염소, 마그네슘, 질소, 인, 칼륨 그리고 황은 **가동성 원소(mobile element)**들이다. 이들 원소는 조직에 편입된 후에도 어린 조직들로 자리를 옮길 수 있다. 이들 원소 가운데 어느 한 가지가 토양에서 고갈되고 나면 식물은 노성한 잎을 희생시키고, 가동성 원소를 건져내어 생장부위로 이동시킨다(**그림 13-6B**). 이의 적응적 가치는 쉽게 이해할 수 있다. 잎은 처음 펼쳐진 직후에 가장 효과적으로 광합성을 하고, 시간이 지나면서 그 효율이 차츰 떨어진다. 식물은 오래된 비효율적인 잎을 희생시키고 그 무기질을 이용하여 효율적인 새로운 잎을 만드는 데 이용함으로써 전반적인 광합성률을 증가시킨다.

붕소, 칼슘 그리고 철 같은 이온들은 당초 뿌리로부터 위쪽의 줄기와 꽃 그리고 열매로 이동하였으므로 이들의 수송 메커니즘이 존재하는데, 이런 이온들이 왜 이동하지 않는지는 이해하기 어렵다. 오래된 잎에서 시토크롬을 분해하고 철을 회수하는 돌연변

(A) © blickwinkel/Alamy Images

(B) © Holt Studios International Ltd/Alamy Images

그림 13-6 **(A)** 이 장미 잎은 철 결핍증을 겪고 있다. 철이 불가동 원소이기 때문에 적게 들어 있는 철이 오래된 잎으로부터 어린잎으로 전달될 수 없다. 따라서 어린잎에서 결핍증의 증상이 나타난다. 잎맥 부근의 세포들은 엽록소를 갖고 있지만, 잎맥에서 멀리 떨어진 세포들에는 황백화현상이 나타난다. **(B)** 이 성숙한 토마토 잎은 인 결핍증을 겪고 있다. 이 원소가 가동성 원소이므로, 식물체는 인의 원자를 오래된 잎에서 어린잎으로 전달할 수 있다.

이라면 당연히 선택이익이 될 것이다. 동물 역시 무기질을 회수하는 데 어려움을 겪는다. 예를 들어, 사람은 죽은 적혈구 세포에서 다량의 철을 재순환하지 않으며, 빈혈이 생길지언정 죽은 적혈구는 그냥 폐기한다.

토양과 무기질 이용 가능성

토양은 **풍화작용(weathering)**의 과정을 통해 암석에서 유래된다. 처음의 암석은 화산암(화강암, 현무암), 변성암(대리석, 점판암), 퇴적암(사암, 석회암) 또는 그 밖의 유형일 수 있는데, 두 가지가 중요하다. 즉, 암석은 크리스털 같은 구조를 갖는데, 그 구조 안에 수많은 종류의 이온들과 원소들이 갇혀 있다(**그림 13-7**). 그 결정 구조 때문에 바위는 식물의 생장에 적합한 기질이 되지 못한다.

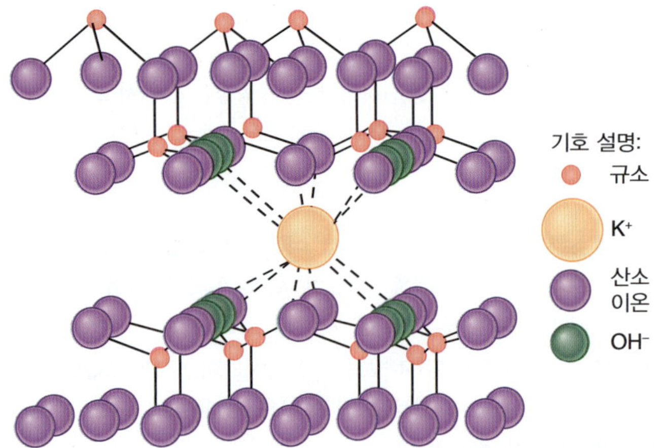

그림 13-7 암석은 많은 원소들이 들어 있는 복잡한 결정이다. 암석이 풍화하면서 서서히 쪼개지고 토양이 된다. 암석의 결정 구조 내에서 서로 다른 많은 원소들의 원자들이 수없이 많이 나타난다. 바위가 벌어지면서 그 표면에 있는 원자들이 토양용액으로 유출된다. 이 그림은 점토의 일종인 질석(vermiculite)에 갇혀 있는 칼륨이다.

그 안에 많은 필수원소들이 들어 있을 수 있지만, 이 원소들이 결정 구조의 일부이거나 그 안에 갇혀 있는 한, 식물은 이들을 흡수하고 이용할 수 없다. 한편 결정 구조의 일부로 암석과 결합한 그 어떤 물 또한 식물이 이용할 수 없다.

풍화작용의 두 가지 기본적인 과정인 **물리적 풍화(physical weathering)**와 **화학적 풍화(chemical weathering)**가 암석을 토양으로 전환한다. 그 이름이 암시하듯이 물리적 풍화는 바람, 물의 운동 그리고 온도의 변화 같은 물리적인 힘에 의해 바위가 부서지는 것이다. 얼음이 중요한 작용을 한다. 겨울 동안 빗물이나 눈 녹은 물이 바위 내부의 모세관 공극(capillary space)에 침투한다. 밤에 온도가 영하로 내려가면 물이 얼음이 되면서 팽창하고, 그 결과 틈이 벌어진다. 바위는 작은 조각에서 큰 조각에 이르는 다양한 크기의 부분들로 갈라진다. 이는 느린 과정이지만, 서서히 암석의 평균 입자크기가 줄어든다.

폭풍우와 사태 그리고 그와 비슷한 힘에 의해 바위의 조각들과 조약돌이 하천과 강으로 씻겨 내려가고, 그곳에서 물리적 풍화는 가속화된다. 물살이 빠른 하천에서는 물에 떠 있는 모래입자들이 빠른 유속으로 바위를 문질러 닳고, 바위와 둥근 돌은 하류로 실려 가면서 서로 비벼대고 강바닥과 부딪친다. 바람에 날린 모래는 침식을 일으키는 강력한 힘이 되고, 주기적인 빙하 시대에 아주 넓게 형성된 빙하도 마찬가지다.

물리적 풍화는 다양한 크기의 토양입자를 생성하는데, 그 중 가장 큰 입자는 크기가 2.0 mm에서 0.2 mm의 범위인 '조립사'라고도 부르는 **왕모래(coarse sand)**의 입자들이다. 이보다 1/10의 크기(0.2~0.02 mm)를 갖는 입자들은 '세사'라고도 부르는 **잔모래(fine sand)**이고, 이의 1/10(0.02~0.002 mm)의 크기를 갖는 입자들은 '미사', 즉 **가는모래(silt)**이다. 지름이 0.002 mm보다 작은 가장 고운 입자는 **점토입자(clay particle)**이고, 이를 기술적으로 '미결정' 또는 **미셀(micelle)**이라고 한다(**그림 13-8**).

입자의 다양한 크기는 토성(soil texture)과 공극률(porosity)

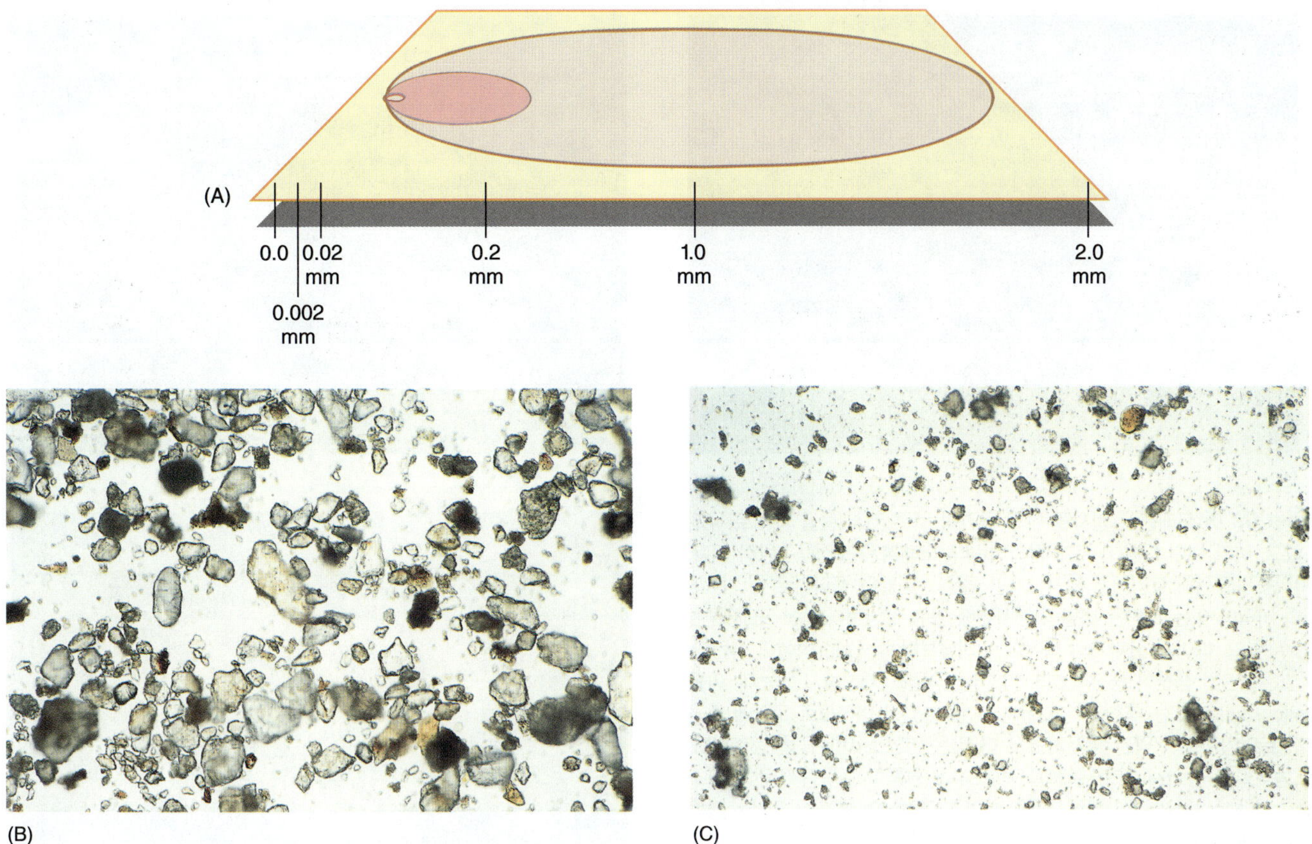

그림 13-8 **(A)** 토양 입자들의 상대적 크기. 0.2 mm에서 2.0 mm가 왕모래이고, 그 다음 작은 입자가 잔모래이고, 기타 등등이다. 표면적, 암석의 용적, 그리고 오로지 한 가지 입자들로 구성된 토양의 공기/물 공간의 용적은 비교적 쉽게 계산할 수 있다. 순수한 왕모래 1 cm^3가 있다고 가정해 보자. 그 안에 들어 있는 입자의 수는 1 cm^3를 각 면이 2.0 mm인 정육면체의 부피(입자의 부피에 그 입자를 둘러싸는 공기/물 공간을 더한 것)로 나누어 계산한다. 다음으로 입자의 수에 반지름이 1.0 mm인 구(sphere)의 부피를 곱한다(각 구의 지름은 2.0 mm). 이렇게 하면 토양 1 cm^3에 있는 암석의 총용적을 구할 수 있다. 이를 1 cm^3에서 빼서 토양이 유지할 수 있는 공기나 물의 용적을 구한다. 마지막으로 각 구의 표면적을 계산하고 그 값을 입자의 수에 곱하여 1 cm^3의 토양으로 무기질을 방출하는 총표면적을 구한다. 이런 방법으로 잔모래와 가는모래 그리고 점토에 대해 계산한다. 어떤 토양의 표면적이 최대인가? 공기와 물의 양이 최대인 토양은? **(B)** 광학현미경으로 관찰한 잔모래의 입자들(×60). **(C)** 가는모래와 점토 미셀의 입자들(×60).

에 영향을 미친다. 모래에서는 입자들이 크고 서로 맞물려지지 않아서 입자들 사이에 많은 공간이 존재한다. 이 공간에서는 기체가 빠르게 확산될 수 있고, 모래흙에 있는 뿌리는 보통 산소가 고갈될 염려가 없다. 비가 내리면 이 공간에 물이 가득 차지만, 모세관으로 작용하기에는 이 공간이 너무 커서 대체로 중력에 거슬러 물을 수용할 수 없다. 비가 그친 다음에는 대부분의 물이 아래쪽으로 빠져서 대수층(aquifer)으로 들어가고, 땅속에서 흘러 우물과 샘 그리고 개울로 간다. 토양에 남아 있는 물은 모세관의 부착/응집에 의해 유지되는데(**그림 13-9**), 이를 토양의 **포장용수량(field capacity)**이라고 한다. 이 물의 대부분은 뿌리가 이용할 수 있다.

화학적 풍화에는 화학반응들이 수반되며, 가장 중요한 작용인자는 부패하는 사체, 특히 식물과 곰팡이의 몸이 썩으면서 생성되는 산(acid)이다. 뿐만 아니라 많은 생물은 살아 있을 때 산을 분비하며, 호흡 과정에서 생기는 이산화탄소는 물과 반응하여 탄산을 형성한다. 산이 물에 용해되면 양성자와 음이온으로 분리되고, 이 두 가지 모두 바위의 결정 구조와 그 안에 갇혀 있는 원소들과 화학적으로 상호작용한다. 열대 지방과 같이 무덥고 습하며 부패하는 식생이 풍부한 지역에서는 화학적 풍화가 극히 빠르게 일어날 수 있고, 단시일에 두꺼운 토양이 축적된다. 온대의 높은 산 그리고 북아메리카와 캐나다의 대초원지대 같이 식생이 적고 겨울이 길며 춥고 건조한 지역에서는 이용할 수 있는 산이 훨씬 적고 화학적 풍화는 느리게 일어난다. 1 cm의 토양이 형성되려면 1000만 년이 걸리기도 한다. 만약 암석이 물리적 풍화에 의해 모래와 가는모래로 이미 줄어들었다면, 이들은 산이 공격할 수 있는 커다란 표면적을 갖고 있으므로 화학적 풍화는 크게 증가한다.

화학적 풍화는 토양의 입자 크기를 줄이지만, 더 중요한 것은 화학적 풍화가 토양의 화학적 성질을 변모시키는 것이다. 결정 구조가 분해되면서 그 안에 있던 원소들을 식물이 이용할 수 있게 되고, 갇혀 있던 원소들이 해리된다. 결정 구조가 쪼개지면서 양전하를 가지고 있는 양이온들이 빠져나오고, 따라서 용해되지 않고 남아 있는 바탕은 음전하를 갖게 된다(**그림 13-10**). 모래와 가는모래처럼 굵은 입자들은 표면대 용적비가 너무 작아서 전하가 중요하지 않지만, 점토 미셀에서는 단위 토양용적당 전체 표면이 커진다. 입자들이 음전하를 띠기 때문에 K^+, Ca^{2+}, Mg^{2+}, 그리고 Cu^{2-} 같은 양이온들은 입자의 표면 가까이에 위치한다. 이들의 결합은 결정 구조의 결합보다 훨씬 약하고, 따라서 뿌리는 양이온

(A)

(B)

(C)

그림 13-9 **(A)** 이 모래흙은 입자들 간의 공간이 너무 커서 물을 제대로 유지할 수 없고, 비가 내린 다음 빠르게 말라버린다. 모래흙은 포장용수량이 적다. **(B)** 물이 중력에 의해 토양에서 빠져나가면 물은 스며들어 골짜기로 내려간다. 골짜기의 바닥에 있는 토양은 비탈의 경사면에 있는 토양보다 더욱 오래 물을 이용할 수 있고, 따라서 골짜기의 바닥에는 비탈보다 더 많은 식생이 자란다. **(C)** 이 밭은 1년간 생산이 중단되었다. 그 어떤 작물도 재배하지 않는데, 이를 '묵밭(fallow field)' 또는 휴한지라고 한다. 묵밭이 되면 여러모로 토양에 도움이 된다. 토양입자들이 약간 부서지면서 더 많은 영양소 이온들을 방출한다. 전년도 농작물의 짚(straw)이 분해되어 세포벽과 원형질에 묶여 있던 영양소들이 배출된다. 살아 있는 식물들이 없으면 이를 공격하여 병을 일으키는 많은 생물들이 죽게 된다.

들을 흡수할 수 있다. 이렇게 양이온들이 미셀의 표면으로 끌어당겨지는 것은 유익한데, 그렇지 않다면 많은 중요한 양이온들이 지나가는 빗물과 함께 토양 깊숙이 씻겨내려 갈 것이다.

양이온 교환

양이온들이 미셀의 표면에 느슨하게 결합되어 있기 때문에 뿌리는 이들을 곧바로 흡수할 수 없다. 그 대신에 양이온들은 먼저 토양용액에서 자유롭게 용해되어야 한다. 이는 **양이온 교환(cation exchange)**에 의해 일어난다. 뿌리와 뿌리털은 호흡을 하고, 이산화탄소를 내보낸다. 이산화탄소가 토양용액에 용해되면 일부는 물과 화학적으로 반응하여 탄산(H_2CO_3)을 형성한다. 탄산은 양성자와 중탄산염 이온으로 쪼개지고(**그림 13-11**), 후자는 두 번째 양성자와 탄산염 이온으로 더욱 해리될 수 있다. 양성자가 존재하면 뿌리와 뿌리털에 인접한 토양용액을 산성으로 만들고, 양성자들이 확산되면서 미셀 표면에 있는 결합양이온에 가까이 간다. 양성자는 양전하를 띠고 있고, 이는 양이온의 전기적 인력을 방해하므로, 양이온을 방출하고 양성자를 잡는다. 양성자가 쓸모없어진 이산화탄소로부터 유래하기 때문에 그 손실은 식물에게 해롭지 않다. 배출된 양이온은 뿌리가 있는 방향으로 확산되고 흡수되어 물관부를 따라 위쪽으로 수송되거나, 뿌리로부터 멀어지는 방향으로 확산되거나, 또는 다른 미셀과 부딪쳐서 양성자나 다른 양이온 중 하나를 방출한다. 그렇지만 시간이 흐르면서 엄청난 양의 양이온들이 흡수된다. 산도(acidity)는 세균과 곰팡이에 의한 산의 분비에 기인하고, 부식질의 분해에 의하며, 양이온의 배출에 의해 생긴 산성비에 기인한다.

토양입자들이 양이온을 붙잡는 유일한 구조는 아니다. 부패하는 유기물들도 음전하를 띠는 구조를 이룬다. 멀치(피복, mulch)와 부식질의 세포벽의 섬유소 결정체는 암석의 풍화로 방출된 양이온을 잡을 뿐만 아니라 원형질의 부패로 방출되는 필수원소들을 간직한다는 점에서 매우 가치가 있다. 이러한 유기물은 한편으로 물을 머금어서 어떤 종류이건 간에 토양의 질을 크게 향상시킨다.

토양산도

토양용액에 있는 유리양성자의 농도인 토양의 pH는 폭우가 내리는 동안 토양의 양이온 교환과 양이온의 체류에 있어서 중요하다. 산도가 증가하면, 즉 pH가 낮아지면 양성자의 농도가 높아져서 보다 많은 양이온들이 토양의 미셀로부터 방출되고, 이들은 뿌리에 흡수되거나 지하수에 씻겨 내려간다. 극도로 산성인 토양(pH 4.0~5.0)은 양이온을 몹시 빨리 잃고 상당히 메마른 땅이 되는 경향이 있다. 다른 한편으로, 건조한 기후에서 흔히 나타나는, 고도로 알칼리성인 토양(pH 9.0~10.0)은 양이온이 방출되기에는 양성자들이 너무 적게 들어 있고 무기질의 농도는 극도로 높아질 수

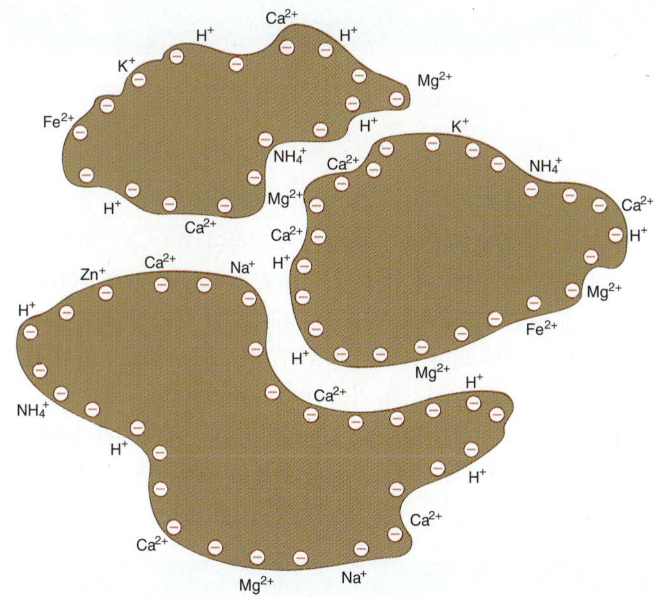

그림 13-10 암석이 풍화하면 음전하를 띤 성분들이 가장 크게 저항성을 나타내어 암석조각의 표면은 음전하를 갖게 된다. 이 때문에 풍화에 의해 유리된 양이온들이 암석을 완전히 떠나지 않고, 매우 약한 전기적 인력에 의해 표면 가까이에 위치한다.

있다.

토양의 pH는 일부 원소의 화학적 형태에 영향을 미치고, 원소의 용해도를 변화시킨다. 산성 토양에서는 알루미늄과 망간이 유해한 수준에 이를 정도로 용해성이 증가한다. 알칼리성 토양에서는 철과 아연이 몹시 불용성이 되어 식물이 이용할 수 없게 되지만, 몰리브덴은 높은 pH에서 용해도가 증가한다. 대체로 6.5에서 7.0 사이의 pH가 많은 원소들, 특히 철, 아연 및 인에 가장 좋다.

원래 암석의 화학적 성질 같은 많은 요인들이 토양의 산도에 영향을 미치지만, 아마도 가장 중요한 요인은 빗물일 것이다. 우량이 많은 지역에서는 호흡과 배출 및 부식으로 산을 생성하는 식생들이 풍부한 경향이 있다. 비가 적게 내리는 곳에서는 식생이 빈약할 뿐만 아니라 토양에서 씻겨 나갈 것도 별로 없다. 양이온들이 축적되고, 수산화이온들이 늘어나면서 토양의 알칼리도가 증가한다. 산이 해리되면 양성자와 음이온이 생성되듯이 염기가 해리되면 수산화이온과 양이온이 생성된다:

$$NaOH \rightarrow Na^+ + OH^-$$

어떤 토양은 다른 토양보다 훨씬 산성이기 때문에 식물은 필수원소를 이용하는 가능성의 차이에 적응해 왔다(**표 13-5**). 자연선택은 사막식물이 알칼리성 토양에 잘 대응하는 돌연변이를 선호한 반면, 습지의 식물은 산성 토양에 적응해야만 했다. 예를 들어, 진달래, 동백나무, 치자나무 그리고 철쭉은 절대적으로 산성토양을 가져야 한다. 만약 알칼리성 토양에 심게 되면 이들 식물은 즉각적으로 스트레스 징후를 나타내고, 종종 철의 결핍증을 겪을 뿐만 아니라 전반적으로 상태가 좋지 않게 된다(**그림 13-12**). 알팔파, 사과, 브로콜리 그리고 수국은 알칼리성 토양을 요구하지만, 대부분의 식물은 토양의 pH가 6.0에서 6.5 부근일 때 가장 좋다. 일부 식물은 광범위한 토양산도에 내성을 갖는데, 일반적으로 식물은 최적 pH의 토양에서만 가장 건강하고 활기를 띤다.

표 13-5 산성 토양, 중성 토양 및 알칼리성 토양에 적응한 종들

산성(pH 4.5~5.5)	중성(pH 5.5~6.5)	알칼리성(pH 6.5~7.5)
철쭉	당근	사과
블루베리	쑥갓	아스파라거스
동백나무	옥수수	사탕무
덩굴월귤(cranberry)	오이	양배추
회향(fennel)	완두	꽃양배추
치자나무	포인세티아	상추
감자	무	양파
진달래	딸기	콩
고구마	토마토	시금치

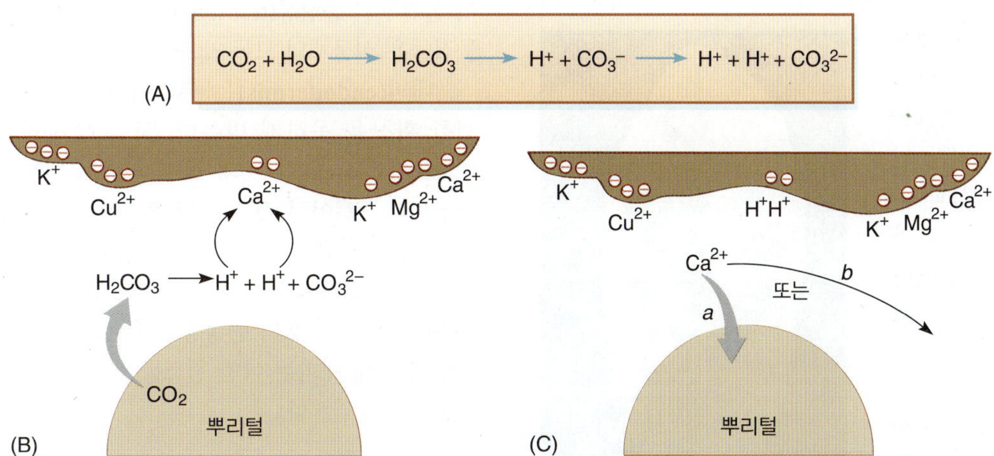

그림 13-11 (A) 물과 이산화탄소가 반응하여 탄산(H_2CO_3)이 생기고, 이 가운데 대부분은 양성자와 중탄산염 음이온으로 해리된다. 중탄산염의 일부는 더욱 해리되어 또 다른 양성자와 탄산염 이온을 방출한다. **(B)** 탄산에서 나온 양성자는 양이온에 가까이 확산되어 양이온이 토양의 미셀에 끌림을 방해하여 양이온이 방출된다. **(C)** 양이온은 토양 내에서 확산되다가 뿌리를 만날 수 있고(화살표 a) 아니면 만나지 않을 수 있다(화살표 b).

박스 13-2 산성비

산성비는 전 세계에 걸쳐 숲과 하천과 호수를 파괴하는 소리 없는 킬러이다. 발전소에서 사용하는 대부분의 석탄처럼 황이 풍부하게 포함된 연료를 태우면 황이 연소하여 이산화황이 되고, 발전소의 높은 굴뚝을 통해 배출된다. 대기 중에서 이산화황은 물과 반응하여 황산을 형성하고, 이는 구름의 물방울에 녹아든다. 물방울이 비나 눈 또는 진눈깨비가 되어 내리면 그와 함께 황산을 실어 나르는데, 이를 **산성비(acid rain)** 또는 산성강수(acid precipitation)라고 부른다. 이산화황 가스는 그 자체로 기공에 들어가서 잎의 내부에서 세포벽과 세포질에 용해되면서 황산으로 전환된다.

산성강수는 여러모로 식물에 피해를 준다. 각피(cuticle)가 전혀 불투과성이 아니기 때문에 일부 산은 식물조직 내로 서서히 스며들어 잎, 꽃, 열매 그리고 구과에 손상을 준다. 이보다 더욱 중요한 것은 대부분의 산이 토양에 들어가서 양이온 교환을 가속화하고, 이로 인해 양전하를 가진 이온들이 토양입자로부터 해리되어 씻겨 내려가는 것이다. 토양은 무기질이 고갈되고, 식물은 무기질 결핍증을 겪게 된다. 독일의 심하게 오염된 공업단지로부터 바람 부는 방향의 전체 삼림이 죽어가고 있거나 이미 죽었다. 미국과 캐나다의 오염은 북아메리카 삼림에 심각한 피해를 입히고 있다.

산성비가 양이온 교환을 가속화하면서 무기질들이 토양에서 씻겨 내려가 하천으로 흘러 들어가고, 이는 사실상 하천에 비료를 주는 셈이 되어 조류의 빠른 생장을 야기한다. 조류의 양이 많지 않다면 물고기와 거북 그리고 기타 수생동물들에게 보다 많은 먹이를 제공하는 것이지만, 많은 경우에 조류가 과다하게 생장하여 호수나 느리게 움직이는 강의 표면에서 눈앞이 안 보일 정도로 거대한 층을 형성한다. 조류들이 죽게 되면 그 사체가 가라앉아 대부분이 세균인 분해자의 공격을 받는다. 세균에 의한 분해는 산소가 필요하고, 오래지 않아 호수나 잔잔한 강의 바닥은 산소가 거의 바닥나서 그 어떤 동물도 부양할 수 없는 무산소성 무생물역(dead zone)이 된다. 이 과정을 **부영양화(eutrophication)**라고 부르며, 그 결과 표층의 조류 매트 외에는 생명체를 거의 찾아볼 수 없는 근본적으로 죽은 호수 또는 강이 된다.

그림 B13-2 이 침엽수들은 산성비에 의해 피해를 입었다. 산성비가 항상 숲을 파괴하는 것은 아니지만, 그 대신 종의 조성과 다양성을 변모시킬 수 있다.

내피와 물질의 선택적 흡수

토양 용액에 들어 있는 원소들은 필수원소이건 아니건 간에 뿌리에 들어가서 원형질막을 통과하여 식물의 전원형질(symplastic) 경로를 지나거나 아니면 세포벽과 세포간극을 따라 확산되어 전세포벽(apoplastic) 경로를 지나게 된다. 전자의 경우, 원형질막의 선택적 투과성과 분자 펌프의 존재 유무가 이온과 분자의 진입을 조절하여, 어떤 물질은 배제되지만 다른 어떤 물질은 능동적으로 수송된다.

그림 13-12 이 잎은 알칼리성 토양에서 자란 진달래의 잎이다. 진달래는 산성 토양을 필요로 하기에, 알칼리성 토양에서는 철 결핍증을 겪는다.

그렇지만 물질은 세포벽과 세포간극의 물을 통해 뿌리의 표피와 피층으로 침투할 수 있다. 이 경우에는 대사에 의한 조절이 나타나지 않고, 해로운 물질이라 할지라도 들어오게 된다. 일단 물질이 물관부의 증산류(transpiration stream)에 들어갈 수 있다면, 그 물질들은 식물체의 모든 세포에 다다를 수 있다.

내피(endodermis)는 뿌리에서 전세포벽 경로에 의한 무절제한 확산을 못하게 막는다. 모든 방사벽에 있는 카스파리띠(Casparian strip)는 물과 물에 의해 운반되는 용질에 대해 불투과성이다. 그 어떤 것도 그냥 확산에 의해 카스파리띠를 통과할 수 없다(그림 13-13). 물질이 뿌리의 피층 너머로 침투하려면, 물질이 먼저 뿌리의 표피나 피층이나 또는 내피 세포의 원형질막을 통과하고 내피세포의 원형질로 들어가야 한다. 고도의 선택적 투과성에 의해 내피는 어떤 원소를 물관부의 증산류에 들어가게 할 것인지를 조절한다.

균근과 인의 흡수

식물 종의 약 90%는 뿌리가 토양균류와 공생연관을 이루고 있으

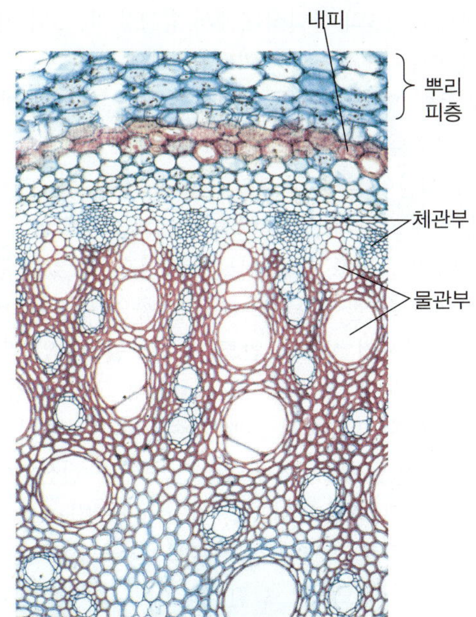

그림 13-13 뿌리의 내피는 무기질이 물관부로 무절제하게 확산되지 못하게 막는다(×50).

며, 이러한 관계를 **균근(mycorrhiza)**이라고 부른다. 이 공생은 식물이 효율적으로 인을 흡수할 수 있게 해 준다. 가장 보편적인 유형인 소낭수지상균근(vesicular/arbuscular mycorrhiza)에서는 곰팡이 균사의 일부가 뿌리의 피층세포에 침투한 후에 엄청나게 갈라져서 세포 안에서 작은 나무처럼 생긴 수지상체(arbuscule)를 형성한다. 다른 균사들은 팽창하여 풍선 같은 소낭(vesicle)이 된다. 균류는 토양으로부터 인을 모아서 이를 수지상체에 수송하는데, 여기에서 인은 과립으로 축적된다. 수지상체가 인으로 가득 찬 다음, 인이 뿌리세포의 원형질로 수송되면서 과립은 서서히 사라진다. 수송이 완결되면 수지상체는 붕괴되고 뿌리세포는 정상으로 돌아간다. 많은 식물에서 이러한 균근공생은 필수적이다. 토양에 충분한 양의 인이 들어 있다 하더라도 살균한 토양에서는 식물이 제대로 자라지 않고 인 결핍증의 징후를 나타낸다. 인의 농도가 매우 높은 토양에서는 균근이 그다지 중요하지 않다.

질소대사

질소는 바위의 결정 구조를 이루는 성분으로 나타나지 않고 그 안에 갇혀 있는 이물질로도 나타나지 않는다. 질소의 가장 풍부한 원천은 공기 중에 있는 질소 가스(N_2)이다. 이 질소는 비교적 화학적으로 불활성이고 거의 모든 생물에게 쓸모가 없으며, 화학적으로 활성인 형태로 전환되어야 한다. **질소대사(nitrogen metabolism)**라고 부르는 이 과정은 (1) 질소고정, (2) 질소환원, 그리고 (3) 질소동화로 이루어진다.

질소고정

질소고정(nitrogen fixation)은 N_2 가스가 질산염(nitrate), 아질산염(nitrite) 또는 암모늄(ammonium)으로 전환되는 것이고, 이들 모두 다양한 효소들의 기질이 된다. 질소고정의 한 수단은 사람이 제조하는 것이다. 비료산업은 공기 중에 있는 질소로부터 질산염이나 암모늄을 합성하는데, 이 공정은 엄청나게 경비가 많이 들고 많은 에너지를 소비한다. 해마다 약 1억 1000만 톤의 질소비료가 생산된다. 농업에 이용되는 모든 에너지의 절반 이상이 질소비료를 생산하고 배부하고 뿌리는 데에 소비된다.

자연적인 과정에 의해 연간 1억 9000만 톤 이상의 질소가 고정된다. 먼저 번개가 중요한데, 대기를 통과하는 번개의 에너지가 질소 원소를 유용한 형태로 전환하고, 이들이 빗물에 용해되어 땅에 떨어진다. 그렇지만 질소를 고정하는 세균과 남세균이 공기 중에 있는 질소를 고정하는 가장 중요한 수단이며, 해마다 1억 3000만 톤의 질소를 식물과 동물이 이용할 수 있는 형태로 전환시킨다. 이들 생물은 N_2를 기질로 이용하는 효소인 **질소고정효소(nitrogenase)**를 갖고 있다. 이 효소는 질소에 전자와 양성자를 공급하여 그 산화상태를 +0에서 −3으로 낮춘다(**표 13-6**). 암모니아(NH_3)가 그 생성물이고, 이는 즉시 세포의 물에 용해되고 양성자를 취하여 암모늄 이온(NH_4^+)이 된다. 암모니아는 비이온화(nonionized) 형태이고, 암모늄은 용해성 이온화(ionized) 형태이며, 이들 모두에서 질소의 산화상태는 −3이다. 질소고정효소는 4개의 단백질로 구성된 2니트로게나아제(dinitrogenase)와 2개의 단백질로 구성된 2니트로게나아제환원효소(dinitrogenase reductase)의 뚜렷이 구별되는 2개의 효소들로 이루어진다. 질소고정효소의 분자량은 300,000달톤이고, 철, 몰리브덴 그리고 종에 따라 때때로 바나듐의 많은 원자들이 들어 있다. 질소고정효소는 산소에 극도로 민감하여 산소가 완전히 배제된 상태에서만 작용을 한다. 리불로오스2인산카르복실화효소(RuBP carboxylase)처럼 질소고정효소는 매우 느린 효소이고, 1초에 겨우 5분자 가량의 N_2와 결합하여 환원시킨다.

질소를 고정하는 일부 미생물은 토양에서 자유로이 생활하며, 그 예로는 뿌리혹박테리아속(*Azotobacter*), 클로스트리디움속(*Clostridium*), 클렙시엘라속(*Klebsiella*)과 구슬말속(*Nostoc*)이 있다(**그림 13-14**). 이들 미생물이 고정하는 질소는 그 자체의 대사에 이용되고, 이들이 죽어서 몸이 부패될 때에만 식물과 균류가 이용할 수 있게 된다. 질소를 고정하는 다른 생물들은 공생적으

표 13-6 질소화합물의 산화상태

질산염	NO_3^-	N = +5
아질산염	NO_2^-	N = +3
암모니아	NH_3	N = −3
암모늄	NH_4^+	N = −3
아미노산의 아미노기	$-NH_2$	N = −3

탄소처럼 질소는 어느 정도 안정적인 결합성 궤도에 다양한 수의 전자를 잡을 수 있다. 질소의 부분전하는 양성자(+1)와 산소(−2)의 부분전하를 더하여 계산할 수 있다. 질산염을 아질산염으로 환원하는 데에는 2개의 전자가 필요하고, 아질산염을 암모니아로 환원하는 데에는 6개의 전자가 필요하다.

로 생활하고, 숙주격인 고사리류와 종자식물의 조직 내에서 자란다(**표 13-7**, **그림 13-15**). 가장 널리 알려진 사례는 알팔파 같은 콩과 식물의 뿌리혹(root nodule)이다. 뿌리혹은 세포에 리조비움속(*Rhizobium*)의 세균이 들어 있는 뿌리 조직이 자란 것이다. 오리나무속(*Alnus*), 소귀나무속의 일종(*Myrica gale*) 그리고 목마황(*Casuarina equisetifolia*) 같은 식물들은 늪지와 사구 그리고 빙하가 남기고 간 잔해처럼 척박하고 질소가 결핍된 토양에서 가장 먼저 자라는 선구식물(pioneer plant)들이다. 이들 종은 원핵생물 프랑키아속(*Frankia*)과 공생을 하면서 필요한 질소를 얻는다. 공생하는 세균의 세포는 고정한 질소의 일부를 자신의 생장과 생식에 이용하지만, 한편으로는 세균을 둘러싸고 있는 뿌리 세포의 원형질로 많은 양의 질소가 새어 나간다. 공생하는 질소고정세균은 자유롭게 생활하는 세균보다 훨씬 빠른 속도로 고정질소를 만드는데, 이는 세균들이 식물의 에너지원을 이용하기 때문인 것으로 추정된다.

식물과 원핵생물의 공생에서 질소가 고정되는 비율은 식물의 발생 단계에 따라 크게 영향을 받는다. 콩이 단백질이 풍부하게 들어 있는 종자(알려진 종자 가운데 가장 많은 40%의 단백질)를 만들기 시작할 때 뿌리의 질소고정은 크게 증가한다. 모든 질소고정의 90% 정도가 종자의 발생단계에서 일어나고, 10%만이 종자가 발생하기 이전의 영양생장 시기에 나타난다. 뿐만 아니라 콩과 식물의 농작물에 높은 농도의 질소비료를 주면 아직 뿌리혹이 생기지 않은 식물은 뿌리혹을 만들지 않고, 박테로이드(bacteroid)가 가득한 뿌리혹이 이미 형성된 식물은 고정하는 질소의 양이 감소하며, 뿌리혹의 노화도 일어난다. 이용 가능한 질소가 환경에 충분하다면 세균으로 포도당이 넘어가지 않는 것이 선택이익이 된다.

질소환원

질소환원(nitrogen reduction)은 질산염 이온(NO_3^-)의 질소가 환원되는 과정으로, +5의 산화상태에서 암모늄의 −3의 산화상태가 되는 것이며, 이는 한편으로 아미노산, 핵산 그리고 다른 많은 생체화합물에 들어 있는 질소의 산화상태이다(표 13-6 참조). 질소고정효소는 질소를 고정하는 과정을 통해 자동적으로 질소를 환원하고, 만약 식물이 환원된 형태의 질소를 흡수할 수 있다면 더 이상의 환원은 필요하지 않다. 아울러 유기물이 토양에서 부식되면서 암모늄이 방출되고 이를 식물이 이용할 수 있게 된다. 식물에 있어서 암모늄은 불행하게도 수많은 종의 세균이 '먹이'로 이용하고 이를 산화시켜 ATP를 만드는 극히 활동적인 화합물이다. 이 과정에서 암모늄은 질산염으로 전환된다. 그런 토양세균이 너무 많아서 암모늄은 토양에서 오래 지속되지 못하기에, 식물의 뿌리가 이용할 수 있는 질소의 두드러진 형태는 질산염이다. 토양 미생물과의 경쟁 그리고 비 내리는 동안의 용탈(leaching) 때문에 밭에 뿌리는 인조비료의 절반 정도만이 농작물에 흡수된다.

질산염을 다시 암모늄으로 환원하려면 각 질소원자마다 8개의 전자가 필요하고 많은 에너지가 소요된다. 그 첫 단계에서 2개의 전자가 첨가되어 질소의 산화상태가 +5에서 +3으로 줄어들고 아질산염(NO_2^-)이 생성된다. 효소는 질산환원효소(nitrate reductase)이고, 이 효소는 몰리브덴 원자의 도움으로 전자를 운반한다(**그림 13-16**). 광합성이나 호흡의 전자운반체처럼, 질산환원효소가 질산염을 환원할 때 이는 산화되어 많은 전자를 받아야 한다. 질산환원효소는 환원형 플라빈아데닌디뉴클레오티드($FADH_2$)와 환원형 니코틴아미드아데닌디뉴클레오티드(NADH)로부터 전자를 얻는다. 에너지와 전자의 궁극적인 원천은 호흡이다.

다음 단계에서 아질산환원효소(nitrite reductase)가 아질산염에 6개의 전자를 첨가하여 아질산염을 암모늄으로 환원한다. 이 과정은 잘 알려지지 않았지만 매우 강력한 환원제를 필요로 한다. 잎에서의 아질산염 환원은 엽록체의 명반응에서 나오는 환원형 페레독신에 의해 작동되는 것처럼 보이지만, 뿌리가 아질산염 환

그림 13-14 남세균은 많은 토양에 흔히 들어 있지만 보통 눈에 잘 띄지 않는다. 이 사진들은 남세균 구슬말속(*Nostoc*)의 집락(colony)들이다. **(A)** 습할 때에는 집락이 불룩해지고 빠르게 질소를 고정하는데, **(B)** 건조할 때에는 집락이 활동을 중단하고 빳빳해진다. 매우 건조해져서 엄청나게 음(−)의 수분퍼텐셜을 갖는다 하더라도 세포들은 살아 있고, 물을 얻으면 순식간에 활기를 되찾는다. **(C)** 이 구슬말속 세포들 가운데 커다란 세포들이 질소고정을 수행하는 이질세포(heterocyst)이다(×300).

표 13-7 질소를 고정하는 원핵생물과 연관을 맺는 식물들

원핵생물	식물
남세균	
아나베나속(*Anabaena*)	고사리류: 물개구리밥속(*Azolla*)
구슬말속(*Nostoc*)	뿔이끼류, 우산이끼류, 소철류
방선균류	
프랑키아속(*Frankia*)	속씨식물
	자작나무과(Betulaceae)
	카수아리나과(Casuarinaceae)
	보리수나무과(Elaeagnaceae)
	소귀나무과(Myricaceae)
	갈매나무과(Rhamnaceae)
	장미과(Rosaceae)
진정세균	
리조비움속(*Rhizobium*)	속씨식물
	콩과(Fabaceae)
	느릅나무과(Ulmaceae)

원의 더 중요한 부위인데 뿌리에서는 당연히 명반응이 일어나지 않는다. 대신에 뿌리는 5탄당인산경로에서 생성되는 한원형 니코틴아미드아데닌디뉴클레오티드인산(NADPH)을 이용한다. 질소환원 과정에서 비록 ATP가 소비되지는 않지만, NADH, NADPH,

그림 13-15 이 알팔파(자주개자리, *Medicago sativa*) 식물은 소와 말 그리고 그 밖의 가축을 먹이는 데 이용된다. 콩과(Fabaceae)의 많은 종들처럼 알팔파는 질소를 고정하는 세균인 리조비움속(*Rhizobium*)이 들어 있는 뿌리혹을 갖고 있다. 그 결과, 알팔파 식물은 메마른 땅에서도 잘 자랄 수 있고 단백질이 풍부한 잎을 만드는데, 이 잎은 특히 동물의 사료로서 영양가가 높다.

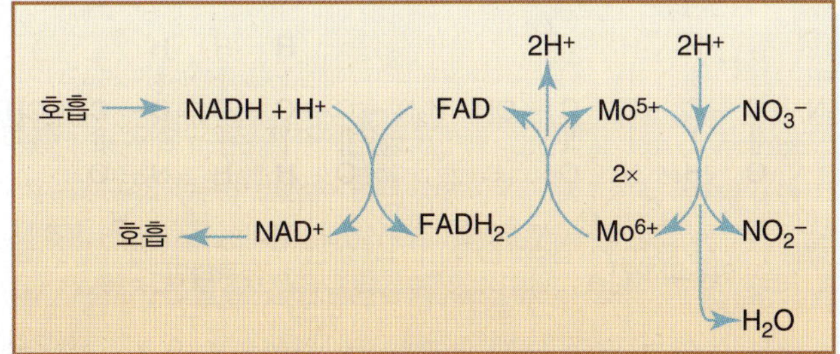

그림 13-16 질산염을 아질산염으로 환원하는 전자들은 짧은 전자전달사슬에 의해 제공된다. FAD와 몰리브덴이 질산환원효소에 결합하지만, NADH와 NAD^+가 효소와 호흡이 일어나는 부위 사이에서 확산된다.

그리고 페레독신이 미토콘드리아 전자전달사슬의 ATP합성에 더 이상 이용될 수 없기 때문에 이 과정은 에너지 측면에서 비용이 많이 드는 것이다.

잎에서는 질산염과 아질산염이 정상적인 대사 과정에서 아미노산과 핵산 그리고 그 밖의 질소함유화합물이 분해된 결과로 존재한다. 질소환원은 질소를 재순환하고 식물체 내에서 질소를 보존한다.

질소동화

질소동화(nitrogen assimilation)는 암모늄이 식물체의 유기분자에 실제로 편입되는 것이다. 이 과정은 전자전달사슬과 비슷하다. 되풀이하여 기능을 하지만 결국에는 변하지 않는 일련의 운반체들을 거쳐 환원된 질소가 통과한다.

수용체 분자는 글루탐산(glutamic acid)의 이온화된 형태인 글루탐산염(glutamate)이다. 이는 암모늄과 ATP와 반응하여 글루타민과 ADP를 생성한다(**그림 13-17**, **13-18**). 글루타민은 암모늄[이제는 **아미노기(amino group)**라고 지칭함]을 α-케토글루타르산염(α-ketoglutarate)에 전달하여 두 분자를 글루탐산염으로 전환한다. 원래의 수용체가 다시 생성되었고, 글루탐산염 분자가 추

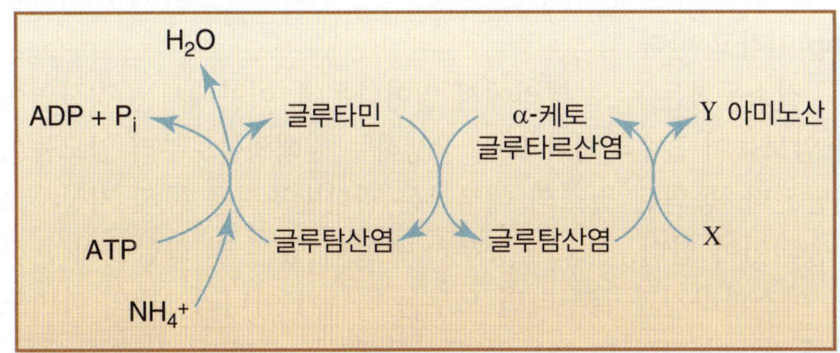

그림 13-17 질소동화는 '아미노기전달사슬(amino transport chain)'의 도움으로 일어난다. 수용체 분자는 글루탐산염인데, 이는 하나의 아미노기를 가진 아미노산이다. 글루탐산염이 암모니아를 취하면 2개의 아미노기를 가진 아민(amine)인 글루타민이 된다. 한 아미노기가 α-케토글루타르산염에 전달되어 수용체 글루탐산염이 다시 만들어지고 새로운 운반체가 생성된다. 그 다음 단계는 가변적이다. X에서 다양한 산을 이용하여 세포는 Y에서 여러 가지의 아미노산을 만든다. 만약 옥살로아세트산이 이용되었다면 아미노산 아스파르트산이 만들어진다.

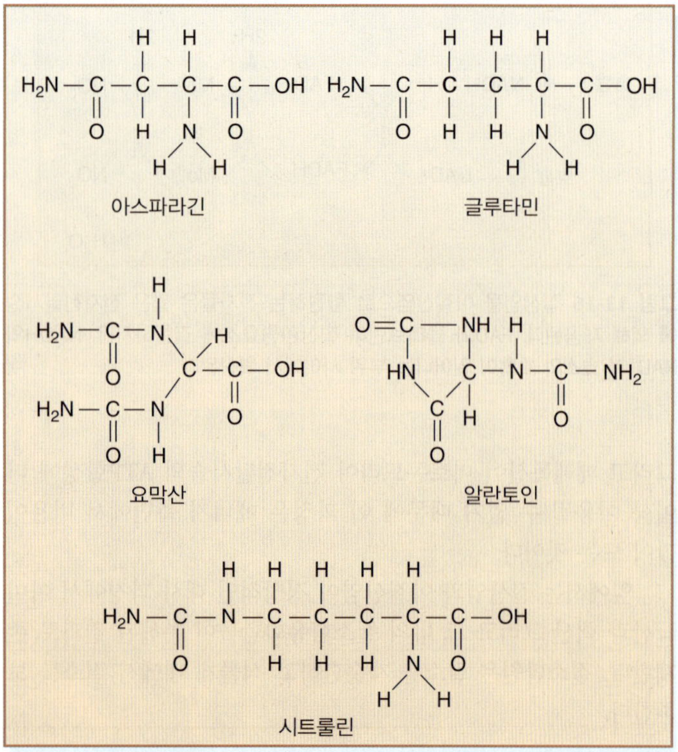

아스파라긴

글루타민

요막산

알란토인

시트룰린

그림 13-18 이들 화학물질 각각은 질소대 탄소비(nitrogen-to-carbon ratio)가 높고 환원된 질소가 수송되는 형태이다. 체관부를 통해 질소 수용부로 이동하면 화합물은 분해되고, 아미노기는 아미노산, 핵산 그리고 그 밖의 화합물을 합성하는 데 이용된다.

가로 만들어지면서 차례로 그 아미노기를 다른 분자에 전달할 수 있게 된다. 만약 아미노기를 받는 분자의 다음의 분자가 옥살로아세트산이라면 아미노산 아스파르트산(aspartate)이 만들어진다. 만일 피루브산이 아미노기를 받게 되면 아미노산 알라닌(alanine)이 생성된다.

이렇게 글루탐산염이 매개하는 아미노기의 전달은 질소가 식물의 대사로 편입되고, 아미노산, 뉴클레오티드, 엽록소 그리고 다른 많은 화합물 모두가 합성되는 기초가 된다. 아미노기가 한 분자로부터 다른 분자로 전달되는 것을 **아미노기전달(transamination)**이라고 한다.

질소동화는 주로 뿌리에서 일어나는데, 이곳에서는 질산염이나 암모늄이 흡수되거나 또는 공생하는 원핵생물로부터 암모늄이 전달된다. 동화된 질소의 대부분은 관다발조직을 통해 지상부로 수송되어야 한다. 질소가 풍부하게 들어 있는 몇 화합물이 흔하다. 아스파라긴과 글루타민 모두는 하나가 아니라 2개의 아미노기를 갖는다(그림 13-18). 콩과 식물에서는 요막산(allantoic acid)과 알란토인(allantoin)이 보편적으로 수송되는 형태이고, 오리나무에서는 뿌리로부터 시트룰린(citrulline)의 형태로 질소가 운반된다.

원핵생물과 질소의 다른 측면

어떤 세균은 질소를 환원하고 고정하는 반면, 다른 세균은 질소를 산화하여 식물에 악영향을 미친다. 생물이 죽고 부패되면 사체의 질소를 함유한 화합물들이 살아 있는 식물의 뿌리에 이용될 수 있다. 그렇지만 이들 화합물이 몹시 환원되어 있기 때문에 산소를 이용할 수 있을 때에만 에너지원으로 이용할 수 있다. 일부 토양 세균은 **질화세균(nitrifying bacteria)**이다. 이들 가운데 어떤 세균들은 암모늄을 아질산염으로 산화하고(*Nitrosomonas*, *Nitrosococcus*), 다른 세균들은 아질산염을 질산염으로 산화한다(*Nitrobacter*, *Nitrococcus*). 전체 과정을 **질소화 반응(nitrification)**이라고 부른다. 질화세균의 두 가지 종류 모두가 흔해서 아질산염은 토양에 축적되지 않는다. 질소화 반응은 생태적으로 중요한 결과를 갖는다. 비록 식물이 질산염을 흡수하고 이용할 수 있지만, 질산염이 음전하를 갖고 용액에 남아 있기 때문에 질산염은 토양에서 쉽게 씻겨 나가는 반면, 암모늄은 양전하를 갖고 토양 입자에 결합되어 있다. 한편 암모늄이 식물에 의해 흡수될 때 질소는 이미 환원되어 있다. 그렇지만 질산염이 흡수될 때에는 질산염이 아미노산, 뉴클레오티드, 기타 등등에 편입되기 전에 질산염을 환원하는 데 다량의 ATP가 소비되어야 한다.

탈질소반응(denitrification)은 일부 세균(*Hyphomicrobium*, *Pseudomonas*)이 질산염을 질소 가스(N_2)로 환원하는 과정이다. 질산염이나 아질산염은 에너지를 생산하는 과정에서 전자수용체로 이용된다. 질소화 반응의 결과로 식물이 암모늄처럼 쉽게 이용할 수 없는 질산염이 만들어지는 반면에, 탈질소반응의 결과로 식물이 전혀 이용할 수 없는 질소 가스가 만들어진다.

동물에서 질소 얻기

질화세균(nitrifying bacteria)과 탈질소세균(denitrifying bacteria) 때문에 늪과 습지의 토양에는 이용할 수 있는 질소가 거의 없다. 습지에 적응한 많은 식물들은 동물을 잡아서 환원된 질소의 중요한 부분을 얻는다. 이런 식물을 **벌레잡이식물(carnivorous plant)**이라고 한다. 육식성(carnivory)은 많은 다양한 무리의 식물에서 여러 번 비롯되었고, 따라서 동물을 덫으로 잡아 소화하는 메커니즘이 여러 가지가 있다. 포충잎(trap leaf)이 곤충을 잡고 분해하여 흡수할 뿐만 아니라 광합성도 한다는 점을 언급하는 것이 중요하다. 벌레잡이식물은 그들이 잡는 동물의 지방이나 탄수화물 또는 단백질에서 에너지를 획득하는 것이 아니라 광합성을 통해 에너지를 얻는다.

개미식물(ant-plant)은 역시 동물로부터 환원된 질소를 얻는 꽃식물과 고사리류이고, 미르메코디아속(*Myrmecodia*), 히드노피툼속(*Hydnophytum*) 그리고 솔라노프테리스속(*Solanopteris*)이 그 예가 된다(그림 13-19, 13-20). 개미식물은 뿌리가 나무의 줄기나 가지에 부착하여 다른 식물에 착생하며, 나무껍질은 영양소가 빈약한 '토양'이 된다. 개미식물의 줄기는 볼록하고 개미가 생활하는 공간과 화장실과 죽은 개미의 묘지로 이용하는 속이 빈 방이 있다. 폐기물과 개미 사체가 분해되면 개미식물은 방의 벽에 있는 흡수구역을 이용하거나 폐기물이 가득한 방으로 자라는 막

박스 13-3 풍요의 신으로부터 비료까지

무기영양(mineral nutrition) 분야는 생물학적 사고의 발달을 연구하기에 아주 좋다. 사람들이 질소와 칼륨과 인 그리고 기타 원소들의 중요성을 명쾌하게 연구하지는 않았더라도 그 원소들의 중요성을 언제나 이해하고 있었다고 추측하기 쉽다. 어쨌든 인간은 수천 년간 농사를 지었지만, 오늘날 우리가 사물을 생각하는 방식은 세계를 이해하는 다른 접근법과는 다르다. 수메르, 이집트, 인도와 중국의 최초의 농업사회는 풍요의 신(fertility god)에 관하여 생각했다. 신의 중재(divine intervention)의 변덕에 따라 식물이 잘 자라거나 좋지 못하게 자란다고 믿었다.

식물의 생장을 신비롭지 않은 방식으로 가장 먼저 이해한 사람들은 고대 그리스인들이다. 그들의 생각은 흔히 "식물은 흙을 먹는다(Plants eat dirt)"라는 말로 요약된다. 이는 들리는 것처럼 단순하지 않다. 그리스인들은 우주가 땅, 물, 불 그리고 공기의 오로지 4가지의 '원소(element)'를 포함한다고 믿었다. 식물과 동물을 포함하여 만물은 이들 4원소의 다양한 조합으로 이루어진다. 그런 세계에서는 식물이 땅을 변화시킨다는 발상이 이치에 맞는다. 식물은 뿌리가 흙에 있지 않으면 자라지 않고, 물을 가져야만 하고, 물론 불에 탈 수 있으므로 불이라는 원소도 함께 들어 있어야 한다.

이 개념은 1600년대까지 근본적으로 변하지 않았다. 그때까지 '원소'의 개념이 명확하지는 않았지만 많은 원소들이 있다고 알려졌다. 멘델레예프(Mendeleev) 이전에는 원소의 주기율표가 알려지지 않았고, 납을 금으로 바꿀 수 있다고 믿고 있었다. 1644년에 헬몬트(J. B. van Helmont)가 중요한 실험결과를 발표하였다. 그는 버드나무의 가지를 잘라 뿌리가 생기게 하였다. 나뭇가지의 무게가 5파운드일 때 그는 정확하게 200파운드의 흙이 담긴 용기에 나뭇가지를 심었다. 버드나무에 물을 주고 5년간 키우고 나서 뽑아내어 흙 한 줌도 없어지지 않도록 조심스럽게 뿌리를 털어 내었다. 식물은 무게가 169파운드로 늘어났지만, 흙은 없어진 게 거의 없어서 무게는 199파운드 14온스였다[1파운드(pound) = 16온스(ounce)]. 식물이 주로 변형된 흙으로 이루어지지 않았다는 사실이 명백했다. 헬몬트는 물이 중요한 변형된 원소라고 결론을 내렸다(그 당시에는 이산화탄소의 존재가 알려지지 않았다).

이는 두 가지 이유에서 엄청난 진보였다. 먼저 만약 물이 식물질(vegetable matter)로 바뀔 수 있다면, 물은 원소가 아니라 화합물이어야 한다. 두 번째 이유는 실험의 개념에 있다. 그리스인들의 과학은 생각과 추리 그리고 논리와 결합된 관찰에 의거하지만 실험은 하지 않았다. 헬몬트의 실험은 그리스인의 결론이 정확하지 않을 뿐만 아니라 실험이 없는 그리스인들의 연구방법이 불충분하다는 점을 보여주었다.

헬몬트의 연구에 이어 우드워드(John Woodward)는 토양 없이 빗물과 개울물 및 진흙 웅덩이의 물 등 다양한 종류의 물을 시험하였다. 우드워드는 가장 순수한 형태의 물이라고 알려진 빗물이 식물의 생장을 촉진하는 데에는 가장 효과적이지 못하다는 사실을 발견하였다. 당시의 화학적 방법은 진흙 웅덩이의 물이 왜 식물의 생장에 가장 좋은지를 분석할 만큼 발달하지 않았다. 물론 오늘날 우리는 진흙 웅덩이의 물이 식물 생장에 필수적인 무기질이 풍부한 반면, 빗물에는 무기질이 거의 들어 있지 않다는 사실을 잘 알고 있다.

식물과 동물의 연구를 어렵게 만드는 문제는 생물에 생명력(vital force)이 들어 있다는 신념인데, 이 생명력 또는 활력은 물리적이거나 화학적이지 않고, 연구의 대상이 아닌 것으로 추정되었다. 생물이 죽고 부패하면 그 생명력이 토양의 일부가 되어 토양을 기름지게 한다고 믿어졌다. 메이플라워호를 타고 미국으로 간 필그림(Pilgrim) 등이 플리머스의 바위(Plymouth Rock)에 도착한지 얼마 되지 않은 1700년의 누군가를 생각해 보자. 여러분은 골분(bonemeal), 거름, 어박(fish scrap) 또는 퇴비를 주면 땅이 비옥해진다고 알고 있을 것이다(**표 B13-3**). 이들 모두가 살아 있는 것이고, 아마도 토양에 생명력을 불어넣었을 수 있다.

그 시기에 2명의 과학자인 그루(Nehemiah Grew)와 말피기(Marcello Malpighi)는 처음으로 현미경을 이용하여 식물과 동물의 구조를 연구하였다. 불행하게도 초기의 관찰 가운데 일부는 잘못 이해되어 오히려 생명력이 존재한다는 개념을 강화시켜 주었다. 예를 들어, 다양한 종류의 세포에 아주 미세한 구멍들이 존재하는 것을 보고 사람들을 여과(filtration)에 관해 생각하게 되었다. 뿌리는 물과 생명 유지에 필수적인 생명체액(vital humour)을 식물체로 전달하는 반면에 영양가가 없는 토양액을 차단하는 미세한 구멍들을 포함하고 있다고 상정하였다. 뿌리의 여과에 의해 부분적으로 정화된 다음에 흙에서 온 생명체액은 위쪽으로 올라가면서 물관부 세포의 구멍들과 천공들을 거치면서 더욱 여과된다고 여겨졌다. 이러한 여과는 생명력을 정화하여 식

표 B13-3 유기질소의 천연공급원

공급원	질소 백분율
건조한 혈액	12
페루 새똥석(guano)	12
말린 생선가루	10
땅콩 깻묵	7
목화씨 가루	7
하수처리장의 오니(sludge)	6
가금류의 거름	5
뼛가루	4
소의 거름	2

이들 유기질 비료에는 질소가 풍부하게 들어 있는데, 그 유용성은 시행착오를 겪고 이들이 생명력을 함유한다고 추정되었기 때문에 밝혀진 것이지, 화학분석에 의해 알려진 것이 아니다.

물 세포 안으로 변화되어 들어가는 것으로 짐작하였다. 이 부정확한 가설은 과학자들을 호도하고, 무기질이 너무나도 단순하여 생명에 매우 중요할 리가 없다고 판단을 내려 무기질의 역할에 대해 거의 생각하지 않았다.

식물과 동물의 무기영양에 대한 현대의 분석은 또 다른 부정확한 개념인 자연발생설(spontaneous generation)에 의해 더욱 지장을 받았다. 죽은 식물과 동물의 생명력이 식물의 뿌리에 의해 흡수되지 않는다면 스스로 변형되어 직접 식물과 동물이 된다고 믿었기 때문이다. 생명력이 흙 속에 충분히 모이면 벌레, 개미, 버섯과 고사리가 저절로 생기게 된다고 생각하였다. 이를테면 죽은 동물의 생명력은 구더기의 자연발생을 야기하고, 죽은 나무는 버섯을 만든다고 믿었다. 현미경을 이용한 연구조차도 구더기가 파리의 알에서 생기고 버섯이 균사로 구성된다는 것을 밝히지 못했다.

1800년대에 몇 가지 중요한 발견들이 화학적 및 물리적 원리에 근거한 현대 생물학 연구의 기초를 확립하였다. 그 첫 번째 돌파구는 1804년에 소쉬르(N. T. de Saussure)의 업적에 의해 마련되었다. 그 때에는 많은 화학 화합물들을 꽤 순수하고 명확한 상태로 만들거나 구입할 수 있었다. 소쉬르는 잘 계획된 수경재배 실험을 설계하고 수행하여 식물의 생장과 발달에 질소가 필수적임을 입증하였다. 그 뒤를 이은 삭스(Julius Sachs)의 실험을 통해 식물 무기영양의 기본개념이 확립되었다. 우리가 이와 같은 식물학적 발견들이 얼마나 중요한지 진가를 인정하기는 어렵겠지만, 흙이나 그 밖의 천연물을 이용하지 않고도 실험실에서 식물이 성숙할 수 있었기에 19세기의 과학자들에 미친 영향을 상상해 보라. 용기와 용액, 심지어는 새로 발견된 전등 불빛까지 모두 사람이 만들었고 사람이 조절하였다. 수경재배 실험은 식물의 생명을 예로 들어서 생명이 형이상학(metaphysics)에 의해서가 아니라 물리학과 화학의 법칙들에 의해 묘사된다는 사실을 확고히 하였다. 나아가서 삭스의 연구와 동시대에 세포는 오로지 이전부터 존재하던 세포에서만 생긴다는 학설이 만들어졌고, 1800년대 말에 파스퇴르(Louis Pasteur)는 생명력이 존재하지 않고 자연발생은 일어나지 않는다는 점을 입증하였다. 이와 거의 같은 시기에 생체화합물인 요소(urea)가 최초로 인공적으로 합성되었는데, 이는 원형질의 물질을 구성하는 데 있어서 생명력이 불필요함을 입증한 것이다. 1800년대는 과학철학과 우리와 자연과의 관계에 있어서 흥미로운 시기였다. 대사의 연구는 완전히 화학과 물리학 및 수학에 의거한 과학이 되었고, 형이상학과 신비주의(mysticism)는 제거되었다.

뿌리의 도움으로 질소함유화합물을 흡수한다. 개미를 덫으로 잡거나 해를 끼치는 것이 아니라 식물이 개미에게 거주공간을 마련해 주는 것이므로 이 관계는 서로에게 이익이 되고, 이를 **상리공생(mutualism)**이라고 부른다. 식물에 의해 형성되고 흔히 개미가 생활공간으로 이용하는 방을 **소혈(domatium**; 복수형 domatia)이라고 한다.

식물체 내의 무기질 저장

일생을 통하여 필수무기질을 확실하게 적절한 양을 이용할 수 있는 식물이나 동물은 없다. 동물은 최소한 일부 원소의 큰 저장고를 갖는 경향이 있다. 근육에 있는 엄청난 양의 단백질은 아미노산으로 쪼개지고 나서 질소를 공급하는 아미노기를 제공한다. 뼈와 이빨은 칼슘과 인을 저장한다. 비록 식물의 무기질 필요조건이 크게 변하더라도, 어떤 까닭인지 식물은 좀처럼 무기질이나 질소를 동물이 하는 것처럼 결정화하거나 중합하여 저장하지 않는다. 꽃눈이 형성되고 나서, 특히 열매와 씨가 성숙하는 동안에 질소, 인, 칼륨, 그리고 기타 필수원소들의 필요성이 크게 증가하는 반면, 목부의 생성은 엄청난 양의 탄수화물을 요구할 수 있지만 무기질 자원은 거의 요구하지 않는다. 이른 봄에 꽃을 피우고 나서 열매와 잎이 동시에 만들어지는 벚나무 같은 나무는 연초에 필수원소들을 많이 요구하지만 여름에는 아주 조금만을 필요로 한다.

식물의 씨를 제외한 모든 부분은 무기질을 세포의 중심액포에 가용성 형태로 저장하는 것 같다. 질소는 아스파라긴, 시트룰린 등과 같이 다중 아미노기를 갖는 화합물로 전환되면서 약간 농축될 수 있는데, 이들 화합물은 질소 수송에서 이용되는 것과 같은 화합물이다. 인산염, 황산염 그리고 기타 무기영양소는 세포에 의해 대사과정에서 이용되는 것과 동일한 형태로 중심액포에 그냥 격리되는 것 같다. 이러한 방법으로는 농도가 높을 때 위험할 수 있으므로 무기질을 다량으로 저장할 수 없지만, 식물 세포는 매우 큰 액포를 갖고 있고 액포막과 세포막 사이에 끼어 있는 아주 적은 양의 세포질을 갖는다는 점에서 사람의 세포와는 다르다. 이와 똑같이 식물조직은 동물과 비교하여 극히 소량의 무기질만을 필요로 한다.

그에 반해서 씨는 무기질을 저장한다. 씨는 가벼워야할 뿐만 아니라 유식물이 빠르게 확립되기 위하여 충분한 자원들로 꽉 차 있어야 한다. 아미노산은 단백질의 입자들로 저장되는데, 단백질들이 너무나도 빽빽이 차 있어서 단백체(protein body)라고 부르는 구조로 결정체를 이룬다. 많은 씨에서는 단백체 안에 또 다른 결정체가 들어 있는데, 이는 피틴(phytin) 또는 기술적으로 미오이노시톨6인산(myo-inositol-hexaphosphate)이라고 부르는 물질의 결정체들이다. 미오이노시톨6인산은 각각 인산염이 결합된 6개의 수산기를 갖는 6탄당이다. 산이기 때문에 미오이노시톨6인산은 물에 용해되면 이온화하고 양성자(H^+)를 잃는다. 그러나 발생 중인 씨가 미오이노시톨6인산을 농축하고 이를 단백체 내에 침강시킬 때에는 양이온을 첨가하는데, 이때 사용되는 양이온들은 Mg^{2+}, Ca^{2+}, Zn^{2+} 그리고 K^+들이다. 이렇게 무기질이 붙은 형태가 피틴이고, 이는 단백체가 아미노산과 인산염을 저장하게 할 뿐만 아니라 다른 필수원소들도 모두 저장되도록 해 준다.

그림 13-19 (A) 덩이줄기 모양으로 크게 확대된 하배축(hypocotyl)을 지닌 재배된 개미식물 히드노피툼속(*Hydnophytum*). 표면에 보이는 구멍은 자연적으로 만들어졌고, 개미들이 하배축 안에 있는 방으로 들어갈 수 있게 한다. **(B)** 하배축 안에서 자연적으로 발달하는 방들을 보여주기 위하여 히드노피툼속의 어린 식물을 세로로 잘랐다. 이 식물은 곤충과 그 밖의 작은 동물들을 제어하는 온실에서 재배되었기 때문에 이들 방 안에 사는 개미는 없다. **(C)** 또 다른 개미식물인 미르메코디아속(*Myrmecodia*)의 크게 확장된 하배축. 안으로 들어가는 작은 구멍들을 많이 볼 수 있다. **(D)** 고사리의 일종인 레카노프테리스 카르노사(*Lecanopteris carnosa*) 역시 개미식물이고, 그 부어오른 줄기에 속이 빈 방들이 있다.

그림 13-20 (A) 디스키디아 마요르(*Dischidia major*) 역시 개미식물이다. 이 식물은 두 가지 종류의 잎을 만드는데, 어떤 잎은 컵처럼 생겨서 나무줄기나 가지를 움켜잡고, 다른 잎들은 속이 빈 풍선 모양이다. 개미는 양쪽 잎 모두에 살고 잔해들이 쌓인다. 디스키디아속 식물의 줄기는 잎에 쌓인 잔해들로 막뿌리**(B)**를 보내서 그것으로부터 영양소를 흡수한다. 이 식물은 온실에서 자랐기 때문에 너무 깨끗해서 개미를 볼 수 없다.

박스 13-4 비료, 오염 그리고 한정요인

대체로 자연에 있는 식물은 잠재적으로 자랄 수 있을 만큼 활발하게 자라지 않는다. 이를테면 사막의 식물은 가외의 물을 주면 보통 더 빠르게 자라고, 그늘진 지역의 식물에 조금 더 빛을 주면 더 잘 자라며, 이미 충분한 빛과 물을 갖는 초원의 풀에 추가로 질소비료를 주면 유익하다. 식물은 너무 적은 물이나 빛이나 또는 질소비료 같은 어떤 요인에 의해 제한을 받기 때문에 특정한 속도와 활력으로 자란다. 여기서 중요한 개념은 어떤 식물이건 어느 순간에 오직 하나의 단일한 한정요인(limiting factor)이 있다는 것이다. 사막의 식물에 빛이나 비료를 더 많이 준다고 해서 더 빠르게 자라지 않는다. 여기서 한정요인은 물이다. 그런데 사막식물에 물을 추가로 준다면 어떤 다른 요인, 추정컨대 질소의 부족이 제한할 때까지 생장률은 증가한다. 천천히 자라는 동안에는 식물이 충분히 빨리 질소를 얻을 수 있지만, 더 빠르게 생장할 때에는 토양으로부터 질소를 얻는 능력이 한정요인이 된다. 만약 식물에게 물과 질소비료 모두를 준다면 훨씬 더 빠르게 자랄 수 있겠지만, 이제는 또 다른 요인이 한정요인이 될 것이다. 많은 농장에서는 식물에 물을 대고 비료를 주고 식물을 서로 충분히 떨어뜨려 심어서 서로 그늘지지 않고 뿌리들이 서로 방해하지 않게 해 준다. 그런 식물들은 자연에서 자라는 것보다 훨씬 더 빠르게 자라지만, 이 경우에는 그 자체의 유전적 측면, 즉 그 식물들의 선천적 대사능력에 의해 또 제한을 받게 된다. 한정요인은 항상 있게 마련이다.

한정요인의 개념은 오염의 결과로 생긴 피해를 줄이는 기술을 이해하는 데 있어서 중요하다. 자연 조건에서 강과 호수의 물은 영양소가 너무 적어서 조류들이 느리게 자라고, 조류들이 희박한 탓에 물은 파란색을 띤다. 20세기 중반에 농장과 도시에서 비롯된 오염물질들이 강과 호수로 유입되면서 조류들이 왕성하게 자라게 되었다. 빗물이 들판, 잔디밭, 정원과 골프장을 적시고 흘러 나가면서 농작물과 꽃 그리고 풀들의 생장을 촉진하기 위해 뿌렸던 비료들의 대부분을 실어 날랐다. 게다가 화장실 변기를 씻어 내린 대부분의 생활폐기물은 훌륭한 유기비료가 되었다. 이런 모든 영양소들이 가외로 투입되면서 조류의 개체군이 너무 조밀해져서 강과 호수의 표면 부근에 '조류거품(pond scum)'들이 떠다니고, 현미경적인 조류들이 풍부해서 물은 녹색을 띠게 되었다(**그림 B13-4A**).

모든 오염을 중단시키기는 어렵지만, 한정요인이 되는 하나의 단일한 오염 물질을 조절하기만 하면 된다. 무엇보다도 인산염이 그 목표로 선정되었다. 인은 필수원소이고, 순수한 물에서는 원래 농도가 낮다. 세탁용 세제와 설거지용 비누로부터 나오는 다량의 인산염이 강을 오염시켜왔다. 작은 노력으로 인산염이 들어 있지 않은 세제가 개발되었고, 이제 거의 전 세계적으로 이러한 세제가 이용되면서 인산염 오염은 예전보다 훨씬 줄어들었다. 강의 인산염 농도가 감소하여 조류들이 더 이상 번창할 수 없게 됨에 따라, 그 개체군은 정상적인 수준으로 떨어졌다. 질산염과 황산염 그리고 기타 영양소들로 물이 여전히 심하게 오염되어 있다 하더라도, 인산염이 생장을 제한할 정도로 낮게 유지되는 한 조류는 다른 영양소들을 이용할 수 없게 된다. 만약 농장과 잔디밭에서 유출되는 인산염까지 줄일 수 있다면 조류의 농도는 더욱 감소하고 강과 호수는 훨씬 깨끗해질 것이다(**그림 B13-4B**). 모든 종류의 오염 물질을 제어하고 줄인다면 좋겠지만, 어느 한 가지를 한정된 수준으로 유지함으로써 오염으로 인한 피해의 일부를 최소화할 수 있다.

(A)

(B)

그림 B13-4 **(A)** 텍사스 주 동부의 아주 넓은 농업지역을 관통하여 흐르는 이 강은 밭의 비료와 가축의 거름으로 인해 오염되었다. 강물에 많은 영양소들이 들어 있어서 조류와 세균들이 번창하고 물은 갈색을 띤다. **(B)** 노스캐롤라이나 주의 이 하천은 농사를 짓지 않는 산림지대를 통과하므로 (A)의 강처럼 많이 오염되지 않았다. 이 강을 따라 많은 마을과 집들이 있지만, 현대의 세제에는 인산염이 들어 있지 않고 이 강으로 버려지는 폐수에 인산염이 거의 없기 때문에 조류와 그 밖의 미생물들이 자랄 수 없고 강물은 맑고 파란색을 띤다.

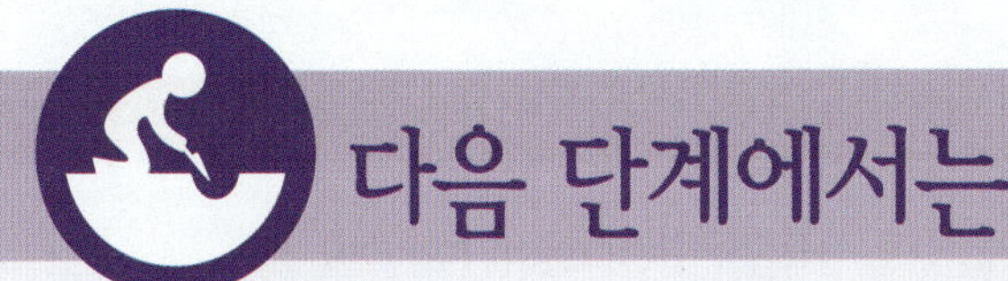

다음 단계에서는

1. **퇴비화 처리.** 많은 사람들이 지구상의 다른 생물들과 더욱 조화롭게 살고자 노력하고 사람이 끼치는 해를 줄이려고 애쓰고 있다. 이 중 한 가지 측면은 시판하는 인공적인 무기질 비료 대신에 자연적인 유기질 비료를 사용하는 것이다. 많은 유기물은 이용되기 전에 반드시 퇴비화가 되어야 한다. 퇴비화 처리(composting)에서는 재료를 커다란 더미(최소한 5~10 m^3)로 모은 다음에 몇 주 또는 몇 달 동안 '발효'시켜야 한다. 효소와 미생물들이 복잡한 분자들을 분해하여 무기질을 해리시킨다. 발효 과정에서 퇴비 더미는 유해한 세균을 죽일 만큼 뜨거워지는데, 만약 퇴비가 동물의 배설물로 만든 거름이나 동물의 부분들을 포함한다면 이 과정은 중요하다. 퇴비화 처리의 과정은 쉬워서 집에서 할 수 있고, 이 과정은 복잡한 생명 작용을 수반하므로 다음 단계에서 독자적으로 연구할 훌륭한 주제가 된다.
2. **무기영양과 기후변화.** 온실가스의 증가로 말미암아 육지는 물론 바다도 차츰 따뜻해지고 있다. 이로 인해 바닷물은 더 많이 증발하고 나중에 비로 내리게 된다. 빗물이 개울과 강으로 흘러들어갈 때마다 빗물은 토양에서 씻겨낸 무기질들을 실어 나른다. 만약 어느 지역에 죽은 식물체들, 예를 들어, 부엽(leaf litter)이나 부식질(humus)이 다량 있다면 무기질을 계속 간직하기에 좋겠지만, 사막 지역에는 토양에 유기물이 거의 없으므로, 사막에 비가 내리면 많은 무기질을 잃게 된다. 지구가 따뜻해지고 비가 많이 내리면서 토양의 용탈(leaching)도 증가하여 토양의 비옥함과 지역의 생태에 영향을 미친다. 키워드는 생물지구화학(biogeochemistry)이다.
3. **수경재배.** 수경재배(hydroponics)는 흙을 사용하지 않고 식물을 재배하는 기법이다. 원래는 식물을 뿌리와 함께 비료를 희석시킨 수용액에서 길렀지만, 최근의 일부 기법에서는 주기적으로 뿌리에 분무기로 물을 뿌려서 촉촉한 상태를 유지시키고 영양분을 공급한다. 식물을 수경재배로 기르면서 우리는 물과 비료를 정확히 조절할 수 있고, 선충류(nematodes) 같은 토양과 관련된 해충을 없앨 수 있다. 우주탐험에서도 분무하는 수경재배를 이용하면 물이나 흙을 담을 탱크 없이 식물을 재배할 수 있다. 이런 실험이 현재 국제우주정거장에서 수행되고 있다. 유인우주선을 화성에 보내고 신선한 식품을 기를 뿐만 아니라 물을 재순환하고 사람의 대소변을 퇴비화하여 재사용해야 할 때 수경재배는 특히 중요하다. 이런 문제의 일부를 로치(Mary Roach)의 『화성 가는 짐 꾸리기: 허공의 생명에 대한 별난 과학(*Packing for Mars: The Curious Science of Life in the Void*)』(2010년, WW Norton)에서 다루고 있다. 저자는 이 책을 극미중력(microgravity)에서 일어나는 생명 작용의 문제에 대해 즐겁고 유머러스하며 유익한 정보를 주는 안내서로 강력히 추천한다.

요약

1. 식물은 탄수화물과 약간의 필수원소만을 이용하여 몸의 모든 물질을 합성한다.
2. 원소가 필수적인 것으로 간주되려면 세 가지의 기본적인 조건을 충족해야 한다: (1) 원소가 생활주기 전체를 완료하는 데 필수적이어야 하고, (2) 원소가 화학적으로 유사한 어떤 원소로도 대체될 수 없으며, (3) 원소가 식물체 내에서 작용해야 한다.
3. 다량필수원소는 비교적 많은 양을 요구하는 반면, 미량필수원소는 극히 적은 양만 필요로 한다.
4. 무기질 결핍증은 자연에서는 드물게 나타나는데, 이는 무기질 결핍에 민감한 식물들이 내성을 갖는 식물과의 경쟁에서 밀리기 때문인 것으로 추정된다. 그렇지만 결핍증의 증상은 적절하게 비료를 주지 않은 작물이나 관상용 식물에서 흔히 나타난다.
5. 불가동 원소가 결핍되면 어린잎과 눈에서 증상이 생기는 반면, 가동성 원소의 결핍은 오래된 기관에서 증상이 나타난다.
6. 뿌리와 토양에 사는 생물의 호흡의 결과로 생긴 양성자가 양이온의 전기적 인력을 방해하면 토양 입자의 표면으로부터 양이온이 방출된다.
7. 균근은 대부분의 식물이 인을 흡수하는 주된 방편이다.
8. 질소대사는 질소의 고정, 환원 및 동화로 구성된다.
9. 질소는 공기로부터 얻어야 하지만, 일부는 독립적으로 살고 다른 종류는 공생을 하는 어떤 원핵생물들만이 필요한 효소인 질소고정효소를 갖고 있다.
10. 많은 식물들은 질산염을 흡수하는데, 이 질산염은 다량의 NADH, NADPH와 페레독신을 이용하여 식물에 의해 환원되어야 한다.
11. 암모늄이 식물세포 내에서 만들어지면 암모늄은 아미노기전달에 의해 동화되어 글루탐산염으로부터 다양한 아미노산들로 전달된다.

중요한 용어

가동성 원소(mobile element)
괴사(necrosis)
다량필수원소[major (macro) essential element]
무기영양(mineral nutrition)
미량원소(trace element)
미량필수원소[minor (micro) essential element]
미셀(micelle)
벌레잡이식물(carnivorous plant)
부영양화(eutrophication)
불가동 원소(immobile element)
산성비(acid rain)
소혈(domatium)
수경액(hydroponic solution)
아미노기(amino group)
아미노기전달(transamination)
양이온 교환(cation exchange)
질소고정(nitrogen fixation)
질소동화(nitrogen assimilation)
질소환원(nitrogen reduction)
질화세균(nitrifying bacteria)
탈질소세균(denitrifying bacteria)
포장용수량(field capacity)
풍화작용(weathering)
필수원소(essential element)
황백화현상(chlorosis)

복습 문제

1. 식물의 생장에 필수적인 많은 원소들은 ________ ________ ________ ________ 형태로 존재한다. 이 원소들을 어떻게 이용할 수 있을까?
2. 토양의 미세식물상(microflora)과 미세동물상(microfauna)은 무엇을 의미하는가? 이들은 왜 중요한가?
3. 토양 1그램에는 보통 얼마나 많은 세균이 들어 있을까?
4. 수경액이란 무엇인가? 식물의 생장을 지원하는 용액의 조성이 밝혀진 다음, 용액 속의 모든 화학물질이 식물의 생장에 필요한지의 여부를 어떻게 검사할 수 있을까?
5. 식물체를 갈아 부수고 나서 그 안에 들어 있는 모든 화학원소들을 추출하여 측정하면 간단할 테지만, 이렇게 하면 어떤 원소가 필수적인지를 알 수 없게 된다. 그 이유는?
6. 다량필수원소의 목록을 대시오. 이 원소들을 그렇게 부르는 이유는 무엇인가?
7. 미량필수원소의 목록을 대시오. 이 원소들을 그렇게 부르는 이유는 무엇인가?
8. 우리가 이용하는 현대의 시약들이 순수해서 9가지의 다량필수원소들과 7가지의 미량필수원소들만 전적으로 포함하고 다른 것들은 전혀 없는 용액을 만들 수 있을까? 우리는 모든 미량필수원소들을 발견했다고 확신할 수 있을까?
9. 원소가 필수적인 것으로 간주되려면 반드시 충족해야 할 세 가지의 기본적인 조건은 무엇인가?
10. 미국 삼나무의 전체 생활주기를 조사하는 무기영양 실험을 누군가가 수행하였을 것이라고 생각하는가? 거대한 선인장은? 참나무에 기생하는 겨우살이는? 이와 관련된 문제는 무엇인가?
11. 원소가 필수적이 되려면 식물체 바깥이 아니라 식물의 체내에서 작용해야 한다. 이는 무슨 의미인가? 원소가 식물에게 필수적인지를 결정하는 데 있어서 철과 인의 역할을 논하시오.
12. 사람은 다른 모든 생물과 마찬가지로 몸 안의 단백질을 만드는 데 보편적인 20종류의 아미노산을 이용하지만, 그 가운데 __________는 우리들 스스로 만들 수 없다. 식물이 만들지 못하는 아미노산은 몇 가지인가? 식물은 얼마나 많은 아미노산을 뿌리로부터 흡수해야 하나?
13. 식물과 동물에 의해 이용되는 영양 자원의 차이 또한 매우 크다. 식물은 ______________의 형태로 또는 환경에 존재하는 단순한 ______________에서 영양소를 획득한다. 동물은 입 안의 음식부터 시작하는데, 영양소들은 음식물의 복잡한 ____________에 있는 ____________로 존재하고, 그들은 ____________________의 일부이다.
14. 다음의 각 과정에 관여하는 필수원소의 이름을 대시오: 공변세포가 팽창하고 줄어들 때 삼투퍼텐셜을 변화시키고, 모든 뉴클레오티드와 아미노산에 존재하며, 엽록소에서 전자를 운반하고, 시토크롬에 들어 있고, 플라스토시아닌에 들어 있고, 질소대사에 관여하며, 제2광계에 들어 있고, ATP에서 나타나며, 중간층에서 나타나고, 많은 효소의 활성을 조절하는 데 있어서 중요하다.
15. 자연 조건에서 무기질 원소가 희박하거나 과다하여 생장이 방해를 받는 식물을 접하는 것이 드문 일일까 아니면 흔한 일일까? 무기질 원소가 종종 과다한 양으로 나타나는 두 가지 서식지를 설명하시오(힌트: 본 책의 본문은 물론이고 그림도 공부하시오).
16. 15번 문제는 자연 조건을 명시하였다. 토종이 아닌 작물이나 관상용 식물에서는 어떠한가? 이들 식물도 자주 무기질 결핍증을 겪게 될까?
17. 무기질 결핍증의 두 가지 보편적 증상의 이름을 대고 설명하시오.
18. 가동성 원소와 불가동 원소의 차이는 무엇인가? 이들 각각의 첫 결핍증 증상은 무엇인가? 어떤 원소가 불가동 원소인가?
19. 특정한 원소가 식물에서 왜 움직이지 않는지를 우리가 이해하고 있는가? 우리 몸 안에서 좀처럼 재사용하지 않는 필수

원소는 무엇인가?

20. 암석이 토양으로 변환하는 풍화의 두 가지 근본적 과정은 무엇인가?

21. 왕모래, 잔모래, 가는모래, 그리고 미셀이라고도 부르는 점토 입자의 크기는 각각 어느 범위인가? 비가 내리는 동안 왕모래는 다량의 물을 흡수할 수 있는데, 비가 그친 다음에는 물이 어떻게 될까? 만약 토양이 왕모래 대신에 미셀 점토로 구성된다면 어떻게 될까?

22. 화학적 풍화는 암석의 결정 구조 표면을 용해시킨다. 결정 구조가 분해되면 양전하를 갖는 양이온과 음전하를 띤 음이온 가운데 무엇이 빠져나오는가? 그 결과 용해되지 않고 남아 있는 바탕은 어떤 전하를 갖게 되는가?

23. 많은 요인들이 토양의 산도에 영향을 미치지만, 아마도 가장 중요한 요인은 ____________________일 것이다. 이 요인이 어떻게 영향을 미치는지 설명하시오.

24. 대부분의 토양은 ____________에서 ___________ 산성이다. 부엽(leaf litter)이나 그 밖의 유기물이 거의 없는 사막의 토양은 보통 ____________ (____________)이다.

25. 양이온 교환을 설명하시오. 멀치(mulch)와 부식질(humus)의 분해는 양이온 교환에 어떤 영향을 미치는가? 산성비가 왜 피해를 주는가?

26. 많은 식물의 뿌리는 토양균류와 공생연관을 이루고 있다. 이 연합의 이름은 무엇이고, 이를 통해 식물에 공급되는 원소는 무엇인가?

27. 바위의 결정 구조를 이루는 성분으로 나타나지 않고 그 안에 갇혀 있는 이물질로도 나타나지 않는 필수원소는 무엇인가? 이 원소가 공기 중에 풍부하지만 이를 공기로부터 흡수하고 이용할 수 있는 식물이나 동물은 없다. 그 이유는 무엇인가?

28. 질소 가스가 식물의 일부가 되는 유기질소로 전환되는 세 가지 단계의 이름을 대시오. 어떤 종류의 생물이 이들 각 단계를 수행할 수 있는가?

29. 질소고정효소란 무엇인가? 어떤 화학물질이 기질로 이용되는가? 이 효소는 ____________________에 극도로 민감하여 ______________가 완전히 배제된 상태에서만 작용을 한다.

30. 질산염을 아질산염으로 환원하는 전자들은 $FADH_2$와 NADH가 수반되는 짧은 전자전달사슬에 의해 제공된다(그림 13-16 참조). 이 두 가지 전자운반체가 나타나는 다른 반응은 어떤 것인가?

31. 질소환원은 스트로마반응의 탄소고정에 어떻게 영향을 미치나? 얼마나 많은 분자의 NADPH가 한 경로에서 다른 경로로 전환되어야 할까? 호흡은 어떤 영향을 받을까?

32. 질소동화란 무엇인가? 수용체 분자는 무엇인가? 이는 어떻게 반응을 할까? 그 생성물은 무엇인가?

33. 아미노기전달이란 무엇인가? 만약 아미노기를 받는 분자가 옥살로아세트산이라면 어떤 아미노산이 만들어질까? 만일 피루브산이 아미노기를 받게 되면 어떤 아미노산이 만들어질까?

34. 그림 13-18은 뿌리로부터 위쪽에 있는 식물의 나머지로 질소를 운반하는 몇 가지 화학물질을 보여준다. 이들 물질의 어떤 특이한 점이 이들을 훌륭한 운반체로 만들었을까?

CHAPTER 14

발생과 형태형성

학습 목표

이 장을 읽은 다음, 학생들이 할 수 있는 것은;

- 식물의 생장에서 세포간 연락과 조정에 관해 논한다.
- 식물이 환경에 반응하는 세 가지 원칙을 상기한다.
- 식물의 발생에 미치는 빛, 중력, 접촉, 온도, 물, 그리고 손상의 효과를 요약한다.
- 환경의 자극에 대한 식물 반응의 네 가지 종류를 열거한다.
- 자극억시와 억치가 어떻게 식물의 생장에 영향을 미치는지 언급한다.
- 가장 널리 연구된 호르몬의 이름과 기능을 상기한다.
- 옥신에 대한 세 가지 세포반응을 열거한다.
- 호르몬들이 환경변화에 대해 소통하는 두 가지 사례를 제시한다.
- 광주기의 변화가 식물의 생장과 개화에 어떻게 영향을 미치는지 요약한다.
- 내인성 리듬이 식물의 개화에 어떻게 영향을 미치는지 설명한다.
- 꽃기관 형성의 ABC 모형을 설명한다.

알고 있나요?

- 모든 생물은 구형의 수정란으로 생명을 시작하며, 유전자, 유전자 발현, 생장 및 형태형성의 차이가 서로 다른 모든 종류의 개체들을 만든다.
- 생장과 발생 과정에서 식물의 다양한 부분들이 화학적 메시지를 다른 부분들로 보내서 발생이 조정된다.
- 생물은 그들의 환경으로부터 정보를 얻는다. 빛을 계속 받고 온도가 변하지 않은 상태로 자라면 식물은 제대로 발달하지 않는다.
- 국제우주정거장의 극미중력에서 기른 식물은 꽃을 피우고 씨를 만들 수 있지만, 중력의 결핍에 기인하여 종종 이상한 모양을 갖는다.

개요

장의 첫 이미지: 이 담장에 있는 모든 잎들은 같은 방향을 향하고 있고, 각각의 잎은 최대로 빛을 받게 돌아간다. 이는 우연의 일치가 아니고, 각 잎몸이 빛의 양이 최적인 방향을 감지하고 나서 그 정보를 잎자루의 세포에 전달하여 일부는 부풀게 하고 일부는 줄어들게 함으로써, 잎몸이 회전하여 최적의 조도를 받게끔 한다. 환경정보를 인지하고 전달하여 반응을 일으킨다. 이와 유사하게, 지상부에서와 같이 한 식물의 다양한 부분들이 신호를 발생하여 뿌리 같은 다른 부분으로 신호를 보내서, 물이 더 필요한지(주로 봄철에) 아니면 적게 필요한지를(가을에 잎이 떨어질 때처럼) 알린다.

개념

모든 식물은 접합자(zygote)로부터 시작하며, 이 단세포가 커지고 세포가 분열 후 생장하여 각각의 식물로 발달한다. 접합자는 식물과 그 다양한 기관들의 모양이 생기는 **형태형성(morphogenesis)**과 세포들이 서로 달라지면서 복잡성이 증가하는 **분화(differentiation)**를 겪는다. 접합자는 분열하여 기저세포(basal cell)와 정단세포(apical cell)가 된다. 이는 **극성(polarity)**을 확립하여 뿌리/지상부의 축이 형성된다. 한편 접합자의 구형 **대칭성(symmetry)**은 배의 방사대칭으로 바뀐다. 뿌리와 줄기에서는 방사대칭이 가장 중요한 특징이며, 보통 잎과 꽃받침조각 그리고 꽃의 다른 부분들은 좌우대칭이다.

세포분화는 첫 번째 세포분열과 함께 나타난다. 기저세포와 정단세포는 서로 다른 크기와 모양 그리고 대사를 가지면서 발달한다. 표면의 세포는 나중에 공변세포와 모상체를 포함하여 표피세포로 분화하고, 안쪽의 세포는 피층, 체관부, 물관부 그리고 속으로 분화한다. 이와 같은 분화가 일어나려면 각 세포가 다른 세포에 대한 상대적인 위치를 확인할 수 있어야 하고, 이들이 겪는 발생적 변화와 형태형성적 변화의 유형을 다른 세포들에게 알려 줄 수 있어야 한다. 이를테면 표피세포로 분화하게 될 세포들은 반드시 그 세포들이 식물의 표면에 있음을 먼저 감지해야 한다. 한편 뿌리의 표면에 있는 세포들은 포장세포(pavement cell)와 뿌리털로만 구성되는 표피조직으로 발달해야 하지만, 같은 식물의 줄기의 표면에 있는 세포들은 포장세포와 모상체 그리고 공변세포를 갖는 표피로 발달한다. 꽃잎의 표면에 있는 세포는 포장세포들로만 발달하지만, 색소로 가득 차게 된다. 제대로 발달하기 위해서는 전표피세포(pre-epidermis cell)가 표면에 있는 세포라는 사실을 감지해야 할 뿐만 아니라 그 세포가 어떤 기관의 일부인지를 알아채야 한다.

공변세포의 분화도 고려해 보자. 공변세포들은 반드시 둘씩 짝을 지어 나타나고(어떤 종에서는 자매세포이지만, 다른 종에서는 별개의 모세포들에서 유래됨), 이들은 기공개구부가 형성되는 곳에서 조절되어야 한다. 이들이 공변세포로 발달하게끔 활성화되었지만, 만약 이들 각각이 다른 공변세포에 면하지 않은 반대편에 구멍을 만들려고 한다면 쓸모가 없게 될 것이다. 더욱이 공변세포들의 쌍은 줄기와 잎에서 마구잡이로 나타나지도 않고 무리지어 나타나지도 않는다. 여기에는 다른 표피세포와의 상대적인 위치를 각 세포에 알려주는 **패턴확립메커니즘(pattern establishment mechanism)**이 존재한다. 어느 세포가 공변세포의 모세포로 분화하기 시작한 다음, 이 세포는 어떤 물질을 만들고 이 물질이 인근의 세포들에 옮겨져서 그 세포들이 공변세포의 모세포로 분화하려는 것을 저해한다. 억제제가 확산됨에 따라 그 농도는 차츰 희석되서 멀리 떨어져 있는 세포가 공변세포 모세포로 분화하는 것을 더 이상 저해하지 못하게 된다. 지금 우리는 그 억제제가 *EPIDERMAL PATTERNING FACTOR-LIKE*(*EPFL*)라고 부르는 유전자에 의해 생성된 펩티드(매우 짧은 단백질)라는 사실을 알고 있다. 펩티드는 공변세포 모세포로부터 분비되어 인접한 어린 표피세포들로 확산되어 간다(**그림 14-1**). 여기에서 펩티드는 *ERECTA*라고 부르는 유전자에 의해 합성된 다른 단백질과 상호작용을 하고, 펩티드와 단백질의 조합이 인근의 세포들이 새로운 공변세포로 분화되지 않게 막는다. 이 펩티드는 아주 멀리 확산될 수 없고, 따라서 분화하는 공변세포로부터 제법 멀리 떨어져 있는 어린 표피세포들은 펩티드의 저해를 받지 않는다. 결과적으로 기공은 그들 사이에 명확한 간격을 갖고서 형성된다. 드물게 일이 잘못되면 억제가 너무 커지고, 기공들이 너무 멀리 떨어지기도 한다. 식물학자들은 애기장대(*Arabidopsis thaliana*)에서 패턴확립메커니즘이 올바로 작동하지 않고 공변세포들 사이에 포장세포가 거의 없거나 전혀 없이 기공들이 나란히 형성되는 *too many mouth* (*tmm*)라고 부르는 돌연변이를 만들었다. 추가의 조절메커니즘도 존재한다. 예를 들어, 만약 표면 아래의 세포들이 섬유로 분화한다면, 이 세포들은 인접한 표면세포들이 공변세포로 형태형성을 하지 못하게 저해한다.

지상부의 어린 부위에 있는 안쪽의 세포들은 그들의 위치를 감지해야 하고 그에 맞춰서 분화해야 한다. 일반적으로 정단분열조직 아래의 첫 번째 세포는 원생체관부의 체관요소로 분화한다. 이들은 줄기의 표피와 중심 사이에 위치하고, 각각은 새롭게 만들어지는 다른 체관요소와 몇 마이크로미터 떨어져서 발달한다. 공변세포 모세포의 경우와 마찬가지로, 체관부로 분화되기 시작하는 각 부위는 인접한 부위도 체관부로 분화하지 못하게 억제하며, 그 결과 많은 종자식물에서는 관다발들의 고리 패턴이 확립되고, 외떡잎식물에서는 많은 관다발이 생긴다. 한편 관다발에는 항상 체관부의 바로 안쪽에 위치하는 물관부의 가닥이 포함되며, 따라서 첫 번째 체관요소는 또 다른 패턴인 물관부형성을 자극할 수 있다. 그렇지만 이 패턴은 모든 세포에 똑같이 영향을 미치지 않는다. 체관부와 속(수) 사이에 위치하는 세포들만이 물관부형성(xylogeneis)을 겪도록 자극하는 반면, 체관부와 표피 사이에 위치하는 세포들은 반응을 나타내지 않는다.

공변세포의 형태형성에는 2개 세포의 조화를 이루는 분화가 요구되지만, 물관의 형태형성은 수천 개 세포의 조정을 필요로 한다. 어린 아정단(subapical) 유조직세포로부터 각각의 새로운 물관요소가 분화되면서 그 위에서 역시 물관요소로 분화하게 될 다음 세포를 뽑아야 하고, 따라서 물관은 위쪽을 향해 늘어난다. 아울러 각 물관요소는 그 아래쪽의 약간 오래되고 더욱 성숙한 물관요소의 천공(perforation)과 그 위쪽의 다소 어린 물관요소의 천공과 나란하게 천공을 만들어야 한다. 계속적으로 새로 모집한 각각의 세포는 물관의 일부가 될 그 다음 세포를 뽑아야 한다. 체관의 분화는 지상부의 새로 발생하는 관다발에서 위쪽으로 체관요소를 꾸준히 뽑아야 할 뿐만 아니라 각 체관요소에 대한 반세포의 조화를 이루는 분화를 필요로 한다.

대부분의 경우에 세포가 화학물질을 분비하여 인접한 세포의 활성을 억제하거나 촉진한다고 추정하지만, 일부 세포가 확대

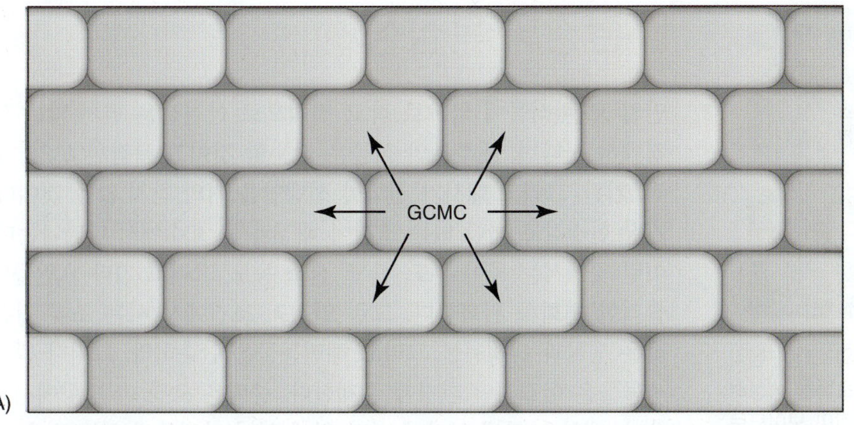

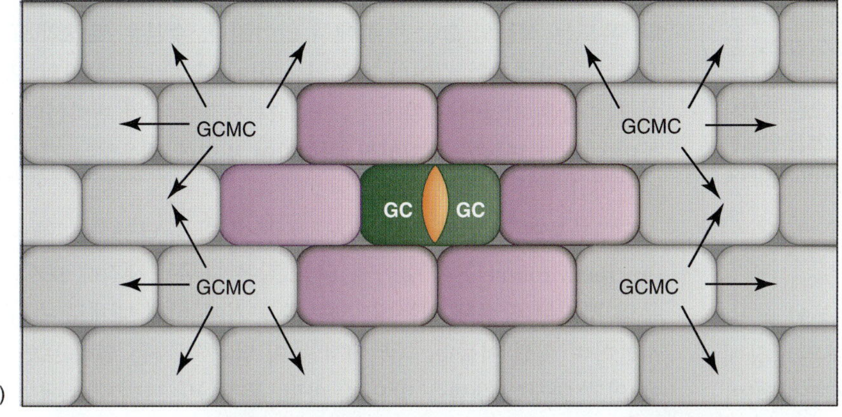

(C)

GC = 공변세포(Guard Cell)
GCMC = 공변세포 모세포(Guard Cell Mother Cell)
주황색 = 기공개구부

그림 14-1 **(A)** 세포가 공변세포 모세포(GCMC)가 되기 시작하고 억제펩티드인 EPFL을 내보낸다. 펩티드는 인접한 세포에 들어가서 다른 유전자인 *ERECTA*에 의해 합성된 단백질과 반응을 한다. 펩티드와 단백질의 조합[**(B)**에서 자주색으로 표시]은 이 세포들이 공변세포의 모세포가 되지 못하게 억제하지만, 멀리 떨어져 있는 세포들은 펩티드를 받지 않으므로 저해를 받지 않는다. 공변세포 모세포로 나타낸 4개의 세포가 이제 인근의 세포들을 억제한다. **(C)** 드물게 억제가 되지 않아 적절한 패턴이 형성되지 않았고, 여기서는 너무 많은 세포들이 공변세포로 발달하였다. 이러한 돌연변이 유전자를 *too many mouths*라고 부른다.

되거나 확대되지 않으면 조직의 물리적 스트레스를 야기할 수 있다. 압축이나 신장 역시 세포와 조직의 패턴이 확립되는 데 있어서 중요할 수 있다.

발생과 형태형성은 기관들과 전체 식물의 수준에서도 나타난다(**그림 14-2**). 종자식물의 배는 아직 작을 때 지상부의 정단분열조직과 뿌리의 정단분열조직을 만든다. 지상부 정단분열조직은 분열조직 자체를 위한 새로운 세포들을 만들고 신장하는 줄기를 위한 새로운 세포들을 생성한다. 아울러 특징적인 잎차례 패턴을 갖는 잎원기를 확립하고, 이 잎원기는 곁눈을 이루게 된다. 물론 각 곁눈은 그 자체의 정단분열조직을 형성하지만, 줄기의 정단분열조직에서 오는 화학신호전달물질(호르몬)이 줄기에 있는 곁눈의 대부분을 억제하여 분열을 중단시킴으로써 분지의 양상과 식물체의 모양이 조절된다. 관다발은 지상부 꼭대기를 향하여 위쪽으로 분화하고 적절한 곳에서 갈라져서 줄기의 관다발계가 잎과 꽃과 가지의 관다발계와 서로 연결되도록 한다.

식물의 몸은 동물의 몸에 비해 훨씬 단순한 경향이 있지만, 그렇다고 해서 식물의 생장과 발생이 사소한 것은 아니다. 극성과 대칭이 확립되고, 이어서 세포와 조직과 기관의 양상을 이룩하는 데에는 많은 정보를 필요로 한다. 아울러 개개의 양상을 실제의 세포와 조직과 기관으로 전환하는 분화와 형태형성은 더 많은 정보를 필요로 한다. 식물의 발생에 필요한 사실상의 모든 정보는 핵과 색소체 그리고 미토콘드리아에 있는 유전자에 저장되어 있다. 배가 발생하고 나중에 씨가 발아하면서 그 자체의 자족적인(self-contained) 정보와 부분들 간의 상호 연락에 전적으로 의존하면서 완전한 식물로 발달한다.

그러나 식물은 빛, 중력, 물, 온도, 계절, 그리고 다른 생물 같은 환경요인을 갖는 서식지에서 산다. 모든 식물은 적어도 일부 환경요인들을 감지하고 그들의 발생과 형태형성을 적합한 방법으로 바꾸는 능력을 갖게끔 진화되었다. 이는 중요한 개념이다. 즉, 식물은 그들이 출현하는 서식지에서 특정한 환경 신호에 대해 보다 잘 생존하고 성공적으로 번식하는 방식으로 대응한다. 이를테면 모든 살아 있는 줄기와 잎의 표피세포들은 약간의 각피(cuticle)를 합성하고, 살아 있다면 각피질(cutin)을 생성한다. 그러나 많은 식물들은 환경의 수분을 감지할 수 있고, 만약 환경의 조건이 건조하다면 보다 두껍고 훨씬 효과적인 각피를 만들고, 만일 환경이 습하다면 훨씬 얇고 비용이 적게 드는 각피를 만들어 적응적으로 대응한다. 이와 유사하게 물과 따뜻한 온도가 주어진다면 씨가 발아하고 자라지만, 씨가 발아할 때 몇 센티미터의 땅속에 묻혀 있다면 씨는 중력을 감지하고 적응적으로 대응한다. 지상

그림 14-2 씨가 이제 막 발아하고, 현미경적인 지상부 정단분열조직이 짐작컨대 첫 번째 잎원기를 만들고 마디와 마디사이의 첫 번째 세포들을 생성하기 시작하였다. 많은 진정쌍떡잎식물의 유식물들이 바로 이와 같이 보이므로 이 시점에서는 이 종이 어떤 종이라고 말할 수 없다. 그러나 새로운 세포들이 생겨나고 이들 각각은 그 유전자와 호르몬의 안내를 받아 특수한 방법으로 분화하여 잎들이 특징적인 형질을 갖게 되고, 마디와 마디사이와 곁눈도 그러하며, 나중에 꽃과 열매도 특징적인 형질을 갖게 된다. 궁극적으로 모든 유전자가 작용하여 특정한 종으로 쉽게 인식될 수 있는 식물체로 발달하게끔 안내한다. 이것이 바로 이 14장에서 설명하는 차등적 유전자발현(differential gene expression)의 결과이다.

부는 위쪽으로 자라 결국 빛을 보게 되지만, 뿌리는 수분이 더 많을 수 있는 깊은 땅속을 향해 아래쪽으로 자란다. 중력은 생장에 있어서 필수적은 아니지만, 빛과 습한 토양 면에서 유식물이 어디에 위치할 것인지에 관한 정보원으로 작용한다.

이들 경우와 다른 많은 사례에서 환경은 식물이 어떻게든 일어나게 될 발생과 형태형성의 측면을 바꿀 수 있도록 정보를 제공한다. 어떤 경우에서 식물이 그 발생을 근본적으로 변화시키고 그 생활주기를 마치려면 환경의 신호를 필요로 한다. 많은 식물들이 밤의 길이를 측정하여 계절(봄, 여름 그리고 가을)을 감지하고, 이는 1년 중 적절한 시기에 꽃을 만들거나, 생장을 제한하여 겨울을 위한 준비를 개시하는 적응적 반응을 촉진한다. 이런 환경의 정보가 없다면 식물은 꽃을 전혀 만들지 않거나 추위에 잘 견디는 휴면눈을 만들지 않은 채 영양생장을 계속하게 될 것이다. 여기서 꽃이나 내한성 휴면눈을 만드는 데 필요한 사실상의 모든 정보가 식물의 유전자에 들어 있다는 점에도 주목해야 한다. 환경의 신호에 의해 촉발될 때까지 식물 자체는 이들 유전자를 활성화시킬 수 없다.

적응반응(adaptive response)과 환경스트레스의 단순한 결과를 구별하는 것이 중요하다. 불이 식물을 태울 때, 식물의 죽음은 몹시 불리한 조건의 결과이다. 이와 비슷하게 봄의 늦서리는 발생 중인 잎에서 기형을 유발할 수 있다. 그 결과 나타나는 모양은 적응적이 아니며, 이는 단지 서리가 잎의 형태형성을 파괴적으로 교란시킨 것이다.

이 14장에서는 식물이 감지하는 몇몇 환경의 단서와 식물의 부분들이 서로 연락하는 데 이용되는 화학신호, 그리고 발생과 형태형성의 광범위한 유형들을 설명한다. 이어지는 그 다음의 장들에서는 유전자와 그 정보에 접근하여 이용하는 메커니즘을 설명한다.

환경의 복잡성

만일 모든 식물이 극도로 작고 전적으로 한결같은 변치 않는 환경에서 산다면, 대부분의 식물은 단순할 것이고 복잡한 모양, 조직, 기관, 그리고 대사가 진화할 선택압을 거의 받지 않을 것이다. 가장 한결같고 변함 없는 조건이 해양과 큰 호수에서 나타나는데, 이런 곳에서는 물이 온도, 산도, 산소 농도, 그리고 기타 요인들의 급격한 변화를 완화한다. 그런 안정적 조건에서 사는 조류 같은 작은 생물과 원생동물 그리고 해면동물은 단순하다. 그러나 많은 생물들은 이질적인 환경에 존재한다. 중력은 오직 한 방향에서만 온다. 태양은 옆에 있거나 머리 위에 있지 아래쪽에 있는 법은 없다. 온도는 식물의 그늘진 쪽에서 낮아진다. 수분은 토양의 표면으로부터 아래쪽의 깊이나 위쪽의 높이에 좌우된다. 환경의 모자이크는 짧은 시간에 걸쳐 또는 아주 긴 시간에 걸쳐 변화한다. 식물이 이러한 변화를 탐지하고 변모하여 변화에 대응하는 것이 선택이익이 된다.

대부분의 식물은 너무 커서 그 몸이 많은 다양한 미세환경(microenvironment)에 놓이게 된다. 작은 나무를 생각해 보자. 나무의 뿌리는 땅속에 있는데, 그곳은 공기에 비해 대체로 습하고 서늘하며 훨씬 어둡다. 나무에서 높이 달린 가지는 훤히 트인 곳에 있고 화창한 햇볕을 받으며, 바람, 폭풍, 비, 그리고 눈에 온전히 노출된다. 나무줄기의 기부와 밑가지들은 중간적인 환경에 놓이면서, 토양보다는 덜 안정적이고 외기보다는 덜 가변적이고 극심하지 않다. 수직의 나무줄기는 중력인력에 가장 잘 저항하는 방향으로 배치되는 반면에, 수평줄기는 중력에 의해 한쪽 방향으로 고도의 압박을 받는다.

봄철에 토양은 아직도 차갑거나 얼어 있지만, 지상부는 활발한 대사로 인해 따뜻해질 수 있다. 식물의 부분들은 서로 연락을 해야 하고, 그렇지 않으면 뿌리가 새로운 잎으로 물을 운반할 수 있게 되기도 전에 지상부의 눈이 활성화되고 벌어지게 된다. 가을에 밤의 길이가 길어지고 기온이 낮아지면 겨울이 임박했으므로 휴면기에 들어갈 필요가 있다는 신호를 보낸다. 뿌리는 지상부로부터 오는 화학신호에 의해 계절의 변화에 관한 통지를 받는다.

상호연락(intercommunication)과 조정(coordination)의 필요성은 식물체의 제한된 부위 내에서도 존재한다. 예를 들어, 잎의 부분들은 발생하는 동안 조화로운 방식으로 작용하여, 잎자루는 잎몸이 요구하는 수송을 가능하게 하기 위한 물관부와 체관부를 충분히 가져야 한다. 통도조직이 너무 적으면 잎몸이 수분스트레스를 겪거나 당을 내보내지 못하는 결과를 야기할 수 있다. 통도조직이 너무 많으면 에너지와 물질의 낭비가 된다. 세포내 수준에서조차 세포소기관들의 대사가 서로 밀접한 관계에 있으므로 세포소기관들은 서로 연락해야 한다.

모든 수준의 연락은 근본적 메커니즘을 공통적으로 지닌다. 먼저 환경이나 기관의 대사 상태에 관한 정보가 인지되어야 한다. 식물은 온도나 수분 또는 낮의 길이 같은 환경의 신호를 감지해야 하고, 핵은 주변 세포질의 조건이 변화하는지 화학신호를 감지해야 한다. 다음으로 정보는 작용하거나 수송될 수 있는 형태로 전달되거나 변화되어야 한다. 마지막으로 반응해야 한다. 식물은 반드시 휴면기에 들어가고, 꽃을 피우고, 잎 생성의 유형을 바꾸는 등등을 해야 한다(**그림 14-3**). 이들 단계 중 어느 하나라도 누락되면 식물은 환경에 반응할 수 없다. 이러한 원리는 모든 생물에 적용되고, 당연히 복잡한 동물은 가장 정교한 메커니즘을 갖는다. 동물의 시각, 미각, 촉각, 청각과 후각의 복잡한 감각기관은 외부의 환경을 감지한다. 이들 감각기관들은 인지된 정보를 신경충격이나 혈류로 분비되는 호르몬 같이 수송 가능한 유형으로 변환시킨다. 동물의 반응은 보통 고도로 정교하여, 기관들의 정확히 조절되는 운동과 증가된 활성이 수반된다.

식물의 감각계와 반응메커니즘은 단순한 경향이 있고 신호전달은 대체로 느리며, 피층의 유조직이나 체관부를 통한 이동이 수반된다. 그렇다고 해서 동물의 체계가 식물의 체계보다 뛰어나다는 것을 의미하는 것은 아니다. "우수하다(superior)"라는 것은 의미가 없다. "무엇이 보다 적응적이고, 어느 것이 훨씬 선택이익인가?"가 적절한 질문이다. 진화와 자연선택 면에서, 동물의 체계는 먹이를 발견하고 그 먹잇감을 잡기 위해 움직이거나 포식자를 발견해서 잡아먹히지 않게 움직이는 동물들이 성공적으로 적응하였다. 인지(perception)와 전달(transduction) 및 반응(response)이라는 식물형 메커니즘을 지닌 동물은 곧 굶어 죽거나 먹혔을 것이다.

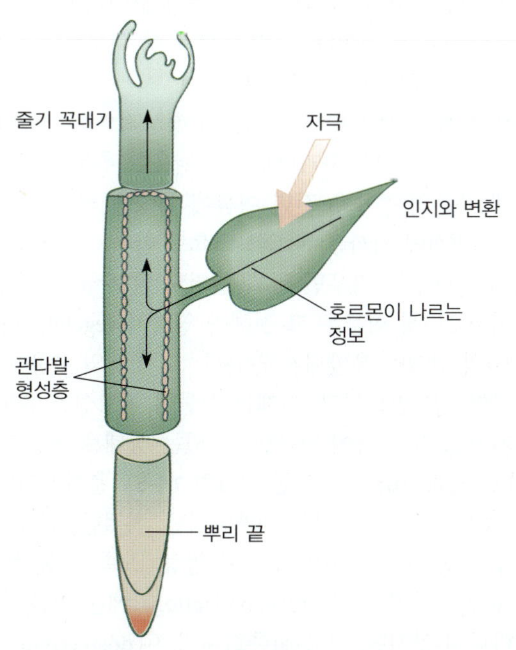

그림 14-3 휴면과 월동 준비를 위한 신호는 잎에서 감지되는 가을의 짧은 낮(긴 밤)이다. 잎으로부터 수송되는 화학신호전달물질은 줄기 꼭대기에서 잎 대신에 눈비늘의 형성을 야기한다. 관다발형성층은 작은 많은 액포들로 채워지고, 유사분열과 세포질분열을 멈춘다. 어린 물관부 모세포는 예정된 정지점(stopping point)까지 분화하고 나서 휴면 상태가 된다. 뿌리는 그 생장을 대단히 둔화시키지만, 보통 완전히 멈추지는 않는다. 뿌리와 형성층 부위는 그들 스스로 겨울이 다가오고 있음을 인지할 수 없어서 이를 감지하는 곳인 잎에 의존한다. 줄기의 꼭대기는 자체적으로 이를 감지할 수 있음에도 불구하고, 식물 전체는 잎에 의한 신호에 의해 전체적으로 통합된다.

다른 한편으로 신속한 반응메커니즘은 식물에 적응적이 아닐 수 있다. 그런 메커니즘은 갖추고 유지하는 데 많은 경비가 소요될 뿐만 아니라, 식물에 중요한 많은 환경조건들은 느리게 변화하므로 빠르게 반응하는 메커니즘이 불필요하다. 식물이 이산화탄소, 물, 무기질 또는 빛을 흡수하거나 가을을 인지하여 동면을 준비하는 데 있어서 눈, 신경, 근육 또는 부신은 필요하지 않다. 유성생식에 있어서 동물매개성 식물은 정교한 인지 및 반응메커니즘을 필요로 하지만, 근본적으로 이들 식물은 꽃꿀이나 그 밖의 사례를 지불하면서 매개동물을 그냥 빌리는 것이다. 마지막으로, 동물의 매우 정교한 감각/반응계는 불, 홍수, 한파 그리고 포식자 같은 위험을 회피하는 데 있어서 동물을 더욱 취약하고, 훨씬 잘 부상을 입고, 더욱 의존적으로 만든다. 식물은 동물보다 훨씬 더 탄력적이고 회복력이 있어서, 불이 나더라도 두꺼운 나무껍질 덕분에 또는 뿌리줄기와 비늘줄기에서 다시 싹이 남으로써 살아남을 수 있고, 많은 식물은 강인하거나 유연하므로 홍수를 견뎌 낸다. 포식자들은 실제로 식물을 죽이지 않으면서 식물의 많은 잎이나 목재 또는 뿌리를 소비할 수 있다.

빛

광합성을 위한 에너지 외에도 빛은 환경에 관한 두 가지의 중요한 정보를 제공한다. 그 첫째는 빛의 방향(direction) 더 정확히 말하면 빛의 기울기(gradient)이다. 이는 식물로 하여금 빛이 밝은 곳을 향해 자라게 하거나 그 잎들의 방향을 맞춰서 광합성에 이용되는 빛을 증가시키는 것이다. 두 번째로 빛의 지속기간(duration), 즉 낮의 길이는 연중 시기에 관한 정보를 제공한다. 이와 관련하여 기온은 적합하지 않은데, 왜냐하면 서늘한 가을 기온에 이어서 비로 매서운 추위가 찾아오기도 하므로 식물이 휴면기에 접어들 충분한 시간을 갖지 못하기 때문이다. 그러나 낮의 길이는 항상 틀림없는 계절의 지표이다.

중력

식물이 스스로를 또는 그 몸의 일부를 중력과 관련해 방향을 맞추는 것이 많은 식물에게 선택적인 이익이 된다. 어떤 경우에 중력은 무게스트레스를 유발하기 때문에 중력 자체가 중요하다. 수직의 줄기는 제멋대로 자라는 그와 비슷한 줄기보다 더 많은 무게를 떠받친다. 홍수가 나거나 산사태가 나서 식물이 구부러지거나 기울어질 때면 언제든지 식물은 수직 방향으로 돌아가도록 생장을 변화시켜야 한다. 만약 식물이 계속 비스듬히 자란다면 그 무게를 지탱하기 위해 훨씬 많은 섬유를 만들 필요가 있을 것이다. 어떤 상황에서는 중력의 방향이 다른 중요한 요인에 대한 지표를 대신하기도 한다. 아래쪽으로 자라는 뿌리는 물과 무기질을 접할 가능성이 더 커진다. 위쪽으로 자라는 지상부는 다른 식물 위로 자라서 광합성과 꽃가루받이와 종자산포에 더 좋은 조건을 접하게 된다. 정상적으로 줄기는 빛이 가장 밝은 곳을 향해 개방된 공간으로 자라면서 그렇게 일을 하지만, 땅속 깊은 곳의 씨에서 발아하는 줄기는 어둠 속에서 어느 쪽이 위쪽인지를 알아내야 한다. 중력의 방향은 식물이 믿을 수 있는 유일한 지표가 된다. 대부분의 좌우대칭 꽃들은 몸의 대칭과 꽃가루매개동물의 비행패턴에 맞춰 조정되어야 한다. 곤충과 새들이 거꾸로 날거나 옆으로 날지 않기 때문에 그런 꽃들은 수직으로 좌우대칭이고 수평으로 돌출되어야 한다. 꽃들은 매개동물이 이용하는 환경기울기, 즉 상하의 중력기울기와 같은 기울기를 따라 놓여야 한다(**그림 14-4A**).

시간이 흐르면서 중력이 변하지는 않지만, 기관이 떠받치는 무게가 변하면서 중력이 특정 기관에 가하는 힘은 변화한다. 사과나무 꽃의 꽃자루가 지탱하는 무게는 거의 없지만, 동일한 꽃자루가 나중에 완전히 익은 열매를 떠받쳐야 한다(**그림 14-4B**). 가외의 섬유는 필요할 때까지 만들어지지 않는다. 이와 유사하게 어린 가지는 소량의 무게만을 감당하기에 충분하지만, 큰 가지는 더 많은 무게를 지탱한다.

(A)

(B)

그림 14-4 **(A)** 이 펜스테몬속(*Penstemon*)의 꽃은 두 가지 방법으로 중력을 감지하고 그에 반응한다. 먼저 꽃들이 제멋대로 달리거나 해가 비치는 쪽으로 달리지 않고 모두 수평으로 돌출된다. 두 번째로 꽃들은 좌우대칭이고(꽃의 오른쪽은 왼쪽의 거울상이다), 대칭면은 수직이다. 따라서 꽃의 대칭은 벌의 대칭과 일치하고, 꽃의 돌출부는 벌이 쉽게 내려앉도록 도와준다. **(B)** 무게는 식물에 미치는 중력인력에 대응하는 데 필요한 후각조직이나 후벽조직의 양에 관해 식물에 정보를 제공하는 원천이 된다. 처음에 꽃자루는 꽃의 무게만 지탱할 정도로 강하지만, 중력을 감지하고 그에 반응하면서 이제는 사과의 무게를 떠받칠 만큼 강해졌다.

접촉

비록 식물은 동물처럼 여기저기로 움직이지 않지만, 식물의 부분들은 자주 물체에 기대어 자라고 그 접촉에 반응을 한다. 예를 들어, 뿌리가 돌에 가까이 자라거나 가지가 다른 가지에 닿아 쓸리는 것 같은 어떤 유형의 접촉은 해롭다. 이러한 경우에는 두꺼운 나무껍질이 보호층으로 적합한데, 이는 필요할 때에만 접촉되는 구역에서만 형성된다. 다른 유형의 접촉은 이롭다. 덩굴손(tendril)이 물체에 닿은 다음, 덩굴손은 물체 주위를 돌며 자라고 그 물체를 버팀대로 이용한다. 파리가 파리지옥의 민감한 자극털(trigger hair)을 건드리면 덫이 닫히고 곤충은 잡혀서 갇힌 채로 소화된다. 어떤 경우에 2개의 생장하는 원기(primordium) 사이에서 접촉이 일어나는데, 이는 정상적인 발생의 특징이다. 많은 꽃은 별개의 원기로 시작하여 함께 자라서 합쳐지는 융합된 꽃잎이나 심피를 갖고 있고, 이들은 발생 과정에서 하나의 단위처럼 행동한다(**그림 14-5**). 각각의 경우에서 접촉의 물리적 행동은 비슷하지만, 각 기관은 그 식물에 적응적인 별개의 방식으로 반응한다. 각 반응이 다른 곳에서 일어났다면 적절치 않을 수 있다.

온도

온도는 매일 그리고 매년 예측 가능한 패턴으로 변화한다. 온도의 변화는 특정한 많은 유형의 식물발생을 유발할 수 있다. 대부분의 식물이 겨울에 잠잠하고 거의 죽은 듯이 보이지만, 상당한 양의 매우 중요한 대사가 일어나고 있다. 보통 이 대사는 온도가 1°C에서 7°C 이상이 되면 진행되지 않는다.

2년생 식물과 많은 다년생 식물이 정상적으로 개화하려면 낮은 온도를 필요로 한다. 사과나무처럼 겨울이 추운 서식지에 적응한 다년생 목본의 종들은 전년 여름에 형성된 꽃눈의 휴면을 깨는 데 보통 빙점에 가까운 온도를 필요로 한다. 만일 겨울이 따뜻한 지역에서 나무를 키우면 결코 열리지 않는 꽃이 만들어진다. 그에 반해서 2년생 식물은 그 첫해를 영양기(vegetative phase)로 보내고, 꽃의 형성이 유발되지 않는다. 그 첫해의 추운 겨울이 식물에 춘화현상을 일으키고, 이제는 식물이 꽃형성을 유도하는 자극을 감지하고 그 자극에 반응할 수 있는 상태로 전환한다. 이를 **춘화처리(vernalization)**라고 한다(**그림 14-6**). 춘화처리된 겨울이 지난 다음해에 식물은 생장을 재개하지만, 적절한 자극(대체로 초여름의 짧은 밤)에 노출되면 꽃눈이 형성되도록 반응한다. 2년생 식물의 첫해[춘화처리 전(prevernalization)]에는 여름에 아무 효과가 나타나지 않지만, 다음해[춘화처리 후(postvernalization)]에는 여름이 개화를 유도한다. 춘화처리가 되지 않으면 꽃이 만들어지지 않는다.

온대 지방의 수목과 관목에서 깊은 휴면을 유도하는 데에는 낮은 온도가 필요하다. 가을의 짧은 낮은 식물로 하여금 겨울준비에 착수하도록 유도하고 가벼운 휴면 상태에 접어들게 하지만, 식물이 1주일이나 2주일 동안 서늘한 날씨를 경험해야 가장 잘 견디는 단계에 들어간다. 그에 반해서 서늘한 온도는 많은 종자의

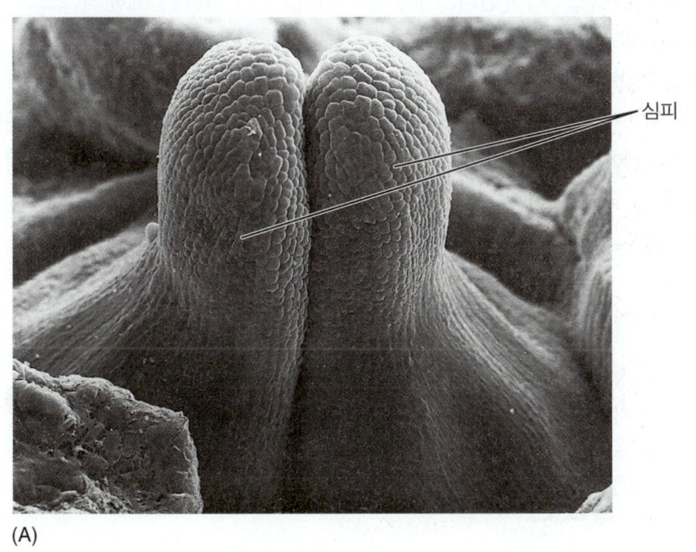

(A)

Courtesy of Judith Verbeke

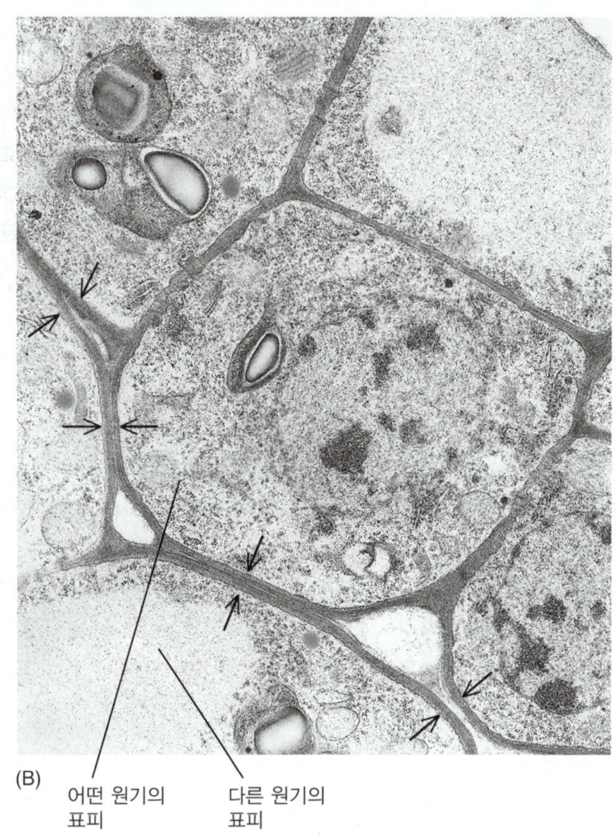

(B)

그림 14-5 **(A)** 일일초(*Catharanthus roseus*)의 심피들은 따로따로 개시되고 원표피와 기본분열조직으로 구성되지만, 곧 서로에게 밀려들어 하나의 합생심피암술군(syncarpelous gynoecium)으로 융합된다(× 70). **(B)** 접촉하는 지점(화살표)에서 원표피는 표피 대신에 잎살로 변한다(× 6,000).

휴면을 깨는 데 필요하고, 그 서식지가 따뜻하고 습해질 때 발아하게 된다.

물

물이 생명을 위한 절대적 전제조건이기는 하지만, 물의 존재는 다른 요인들이 하는 것처럼 신호로 작용하지 않는 듯하다. 만약 충분한 물을 이용할 수 있으면 식물은 자라지만, 그렇지 않다면 식

(A)

(B)

그림 14-6 **(A)** 그 첫해에 2년생 식물은 모든 잎이 서로 가까이 붙는 매우 짧은 줄기만 갖고 있고, 꽃을 피우지 않는다. **(B)** 두 번째 해에 2년생 식물은 큰 송이의 꽃을 만들고, 꽃들은 거의 언제나 높은 자루에 달린다. 열매와 씨가 성숙한 다음, 전체 식물은 죽는다. 이 식물은 우단담배풀(*Verbascum thapsus*)이다.

물은 시들고 죽을 수도 있다. 비록 뿌리가 물을 향해 자라는 것처럼 보이기도 하지만, 뿌리는 사실상 모든 방향으로 자라고, 우연히 물 쪽으로 자란 뿌리가 더 빠르게 자란 것은 그 뿌리가 적합한 환경에 있기 때문이다. 물과 떨어져 자라는 뿌리는 느리게 자라지만, 이는 오로지 너무 건조해서 생장에 부적합한 환경에 들어가기 때문이다. 뿌리는 중력을 향해 방향을 돌려 자라는 것처럼 물을 향해 돌아서 자라지 않는다.

물의 부족은 특정한 적응반응을 촉발시킨다. 가장 먼저 일어나는 반응의 하나는 호르몬 아브시스산(abscisic acid)의 생산인데, 이 호르몬은 공변세포가 칼륨을 잃고 기공개구부가 닫히게 한다. 이는 많은 식물에서 세포들이 기본적인 대사를 수행하기에 충분한 물을 갖고 있을 때라도 일어난다. 만약 수분스트레스가 계속되거나 더 심해지면 새로운 반응들이 촉발되어 새 잎의 생성을 저해하거나, 기존의 잎에 있는 각피를 증가시키거나, 또는 심지어 잎의 탈리를 개시하기도 한다.

유해생물과 손상

식물은 유해생물(pest)에 의해 공격을 받거나 물리적으로 손상을 입고 있을 때 이를 감지해야 한다. 세균, 곰팡이, 그리고 곤충 같은 유해생물들은 독소와 소화효소로 식물을 화학적으로 공격한다. 한편 식물은 큰 동물이 몸을 짓밟거나 잎과 잔가지를 씹을 때 물리적 손상을 겪는다. 식물은 그러한 상해를 감지하는 메커니즘을 적어도 두 가지를 갖고 있다. 첫째로 순전히 물리적인 손상은 식물의 세포벽에 있는 분자들을 깨뜨려 섬유소(cellulose)와 헤미셀룰로오스(hemicellulose)의 단편들을 만든다. 세포벽은 많은 방식에 의해 물리적으로 깨어질 수 있지만, 대부분의 절편들은 어떤 물리적 및 화학적 양식을 갖게 되는데, 이를테면 소량의 섬유소 분자들이 헤미셀룰로오스가 부착된 부분들과 함께 가장자리로부터 튀어나온다. 이들을 손상관련분자패턴(damage-associated molecular patterns) 또는 흔히 댐프(DAMPs)라고 부르며, 단편들이 안쪽에 있는 세포의 원형질막으로 확산되면 탐지단백질들이 이들과 결합하는데, 그것은 이들 단백질이 섬유소와 헤미셀룰로오스의 이런저런 단편들과 들어맞기 때문이다. 그런 단백질들을 패턴인식수용체단백질(pattern recognition receptor protein)이라고 부른다. 패턴인식수용체단백질이 세포벽의 단편들과 결합하면 세포질 내에서 신호를 일으켜 그 벽이 손상을 입었다고 세포에 알린다.

두 번째로 병원성의 균류와 세균은 미생물 세포가 세포벽을 침투할 수 있도록 소화효소를 갖고 식물을 공격한다. 그런 공격은 흔히 세포에 위험을 알리는 손상관련분자패턴을 만들기도 하지만, 그에 못지않게 중요한 것은 미생물들이 식물이 인지할 수 있는 자체적인 화학물질을 갖는다는 점이다. 균류의 세포벽은 키틴(chitin)을 포함하고 있고, 키틴의 절편은 미생물관련분자패턴(microbe-associated molecular patterns, MAMPs)이라고 부르는 독특한 패턴을 갖고 있다. 식물 세포의 원형질막은 그 모양이 키틴의 미생물관련분자패턴에 들어맞는 패턴인식수용체단백질을 갖고 있고, 단백질이 키틴의 절편과 결합할 때마다 균류가 침입하고 있음을 식물에 알린다. 키틴의 절편은 작고, 따라서 이 절편들은 곰팡이가 자랄 수 있는 것보다 더 빠르게 식물 세포의 원형질막 쪽으로 확산된다. 이와 유사하게 많은 식물은 세균의 조그마한 편모를 인지하는 패턴인식수용체단백질을 갖고 있다. 식물의 자기방어 메커니즘의 일환으로 패턴인식수용체단백질이 진화한 것은 키틴, 편모, 섬유소 및 헤미셀룰로오스의 오래된 기원 때문에 가능하다. 이들은 수억 년 동안 변함없이 믿을 만한 손상의 지표가 되어 왔다.

환경 자극에 대한 반응

환경에 존재하는 다양한 유형의 정보에 대한 식물의 반응은 네 가지로 간단하게 정리될 수 있다(**표 14-1**).

굴성반응

굴성반응(tropic response)은 자극과 관련하여 지향하는 생장반응이다. 예를 들어, 밝은 빛을 향한 생장은 굴광성 반응(phototropic response)이다(**그림 14-7**, **표 14-2**). 양성굴성(positive tropism)은 자극을 향한 생장이고, 음성굴성(negative tropism)은 자극으로부터 멀어지는 생장이며, **경사굴성(plagiotropism)**은 비스듬히 자라는 것이다(**그림 14-8**). 대부분의 원뿌리는 양성의 굴중성(gravitropism)으로 중력에 응하여 아래쪽으로 자라는 반면, 지상부는 음성굴중성으로 중력에 대응하여 위쪽으로 자란다. 가지와 2차뿌리는 수평으로 자라거나 비스듬히 자라는 경사굴중성(plagiogravitropism)을 나타낸다.

접촉이 자극일 때 그 반응을 **굴촉성(thigmotropism)**이라 한다. 덩굴손이 물체와 접촉하면 양성굴촉성이 나타나서, 물체를 향해 자라고 그 주위를 둘러싼다. 완두의 덩굴손은 접촉에 극히 민감하다. 잠시 동안 가벼운 실로 문지르면, 그 물체가 사라진 후라할지라도 덩굴손은 자극된 쪽으로 휘감는다.

꽃식물의 꽃가루관은 밑씨(아마도 조세포)에서 방출되는 화학물질의 기울기를 따라 암술대를 따라 씨방까지 자라는 양성의 **굴화성(chemotropism)**을 보인다고 추정하는 사람들이 있다. 그렇지만 이는 아직 불확실하고, 원인이 되는 화학물질은 밝혀지지 않았으며, 꽃가루관은 그 농도의 극히 미세한 변화에도 민감해야만 할 것이다.

굴성반응은 흔히 생장하는 방향의 변화가 수반된다. 덩굴손

표 14-1 자극에 대한 식물반응의 유형

반응	메커니즘	지향적
굴성(tropism)	생장	○
감성(nasty)	팽압 변화	×
형태형성(morphogenesis)	기본적 대사의 변화	×
주성(taxis)	유영	○

(A)

(B) © fotokostic/iStock

그림 14-7 **(A)** 현관 계단의 공사 때문에 이들 식물이 갇혔지만, 빛을 향해 자라면서(양성 굴광성) 지상부의 꼭대기가 판자 사이의 틈을 찾아내고, 부적당한 어두운 환경으로부터 훨씬 적합한 화창한 환경으로 나왔다. **(B)** 해바라기(*Helianthus annuus*)는 특이한 유형의 굴광성을 나타낸다. 해바라기의 '꽃'(이는 사실상 일습의 많은 작은 꽃들임)은 온종일 태양을 따르고, 몇 주 동안 매일 동서로 돌리다가 결국 자루가 단단해지고 목질이 되면서 움직이지 않게 된다. 모든 해바라기 꽃들이 거의 똑바로 태양을 향해 같은 방향을 보고 있다.

표 14-2 자극에 대한 접두사

자극	접두사
빛	photo-
중력	gravi- (예전에는 geo-)
접촉	thigmo-
화학물질	chemo-

은 회선운동(circumnutation)이라고 부르는 나선형으로 느리게 자라다가, 덩굴손이 물체에 닿게 되면 지향하는 생장으로 변한다. 방향의 변화에는 **차등생장(differential growth)**이 수반된다. 덩굴손의 한쪽이 다른 쪽보다 더욱 생장해야 한다. 이는 (1) 접촉한 쪽의 생장이 더디거나, (2) 반대쪽의 생장이 가속화되거나, 또는 (3) 둘 다에 의해서 일어날 수 있다. 덩굴손이 차등생장을 시작한

그림 14-8 이 나무의 중심에 있는 줄기는 수직으로 자라는데, 이는 아마도 양성 굴광성과 음성 굴중성 때문일 것이다. 그러나 가지들은 수직에 대하여 비스듬히 자라는 경사굴성을 나타낸다.

다음, 몇 시간 또는 며칠 후에 성숙해질 때까지 차등생장을 계속한다. 그에 반해서 식물을 기울이면 그 지상부는 다시 올바른 방향이 될 때까지 차등생장을 하고, 그러고 나서 모든 면에서 균등생장을 하여 똑바로 자란다.

감성반응

감성반응(nastic response)은 자극에 관해 방향을 돌리지 않는 틀에 박힌 비생장 반응이다. 이를테면 파리지옥의 포충잎은 6개의 민감한 큰 모상체를 갖고 있다. 파리 또는 그 밖의 곤충이 이들 모상체 가운데 어느 2개를 건드리면 덫이 닫힌다. 파리가 북쪽이나 남쪽 또는 위쪽이나 아래쪽에서 왔는지 여부는 중요하지 않으며, 덫은 이 감촉성(thigmonasty) 반응으로 언제나 마찬가지로 닫힌다. 더욱이 덫이 자라서 닫히는 것이 아니라, 위쪽의 중앙맥에 있는 기동세포가 갑자기 팽압을 잃으면서 닫히는 것이다. 이 반응이 자극과 관련하여 지향하지 않으므로 '양성'과 '음성'이라는 표현은 사용하지 않는다.

많은 꽃가루매개동물들이 밤에만 또는 낮에만 활동을 하고, 이들이 꽃가루받이를 하는 꽃들은 적절한 시간에만 핀다. 낮 시간에 활발한 **주행성(diurnal)** 종은 해가 뜰 때 꽃받침조각과 꽃잎이 벌어져서 열리고, 밤에 활발한 **야행성(nocturnal)** 종은 해가 질 때 꽃이 핀다. 물론 꽃가루받이에 있어서 꽃가루매개동물의 존재가 중요한 요인이지만, 개화를 자극하는 신호는 꽃가루매개동물의 존재 여부가 아니라 빛의 유무이다. 빛을 인위적으로 서쪽, 북쪽이나 남쪽 또는 위쪽이나 아래쪽에서 주는가에 상관없이 꽃

의 개폐는 언제나 동일한 방법으로 일어난다. 이 반응은 **감광성(photonasty)**이다.

감성반응은 생장에 의하지 않고 팽압의 변화에 근거한다. 따라서 운동이 반복될 수 있다. 잎몸을 낮에 들어 올리고 밤에 내리는 **수면운동(sleep movement)**을 하는 많은 잎에서 감성반응이 나타난다. 그런 잎들은 종종 잎자루의 기부에 확장된 구역인 엽침(pulvinus; 복수형 pulvini)이 있고, 이 엽침에는 부어오르고 축 늘어진 상태의 주기를 반복하는 기동세포가 들어 있다.

형태형성반응

형태형성반응(morphogenic response 또는 **morphogenetic response)**은 식물에서 '질(quality)'의 변화를 일으킨다. 다르게 말하면 조직과 심지어 전체 식물에서 근본적인 변화가 일어난다. 일장, 즉 낮의 길이가 계절에 대한 그런 훌륭한 지표이기 때문에 광형태형성반응(photomorphogenic response)은 수없이 많다. 꽃을 형성하도록 유도하고(꽃은 나중에 감광성반응으로 열림; **그림 14-9**), 휴면하는 종자가 발아하게 유도하며(**그림 14-10**), 눈(bud)을 휴면기로 유도하는 것 등이 그 사례이다. 줄기나 가지가 기울어져서 중력에 의해 스트레스를 받을 때 섬유성 목부가 만들어지는 것은 중력형태형성반응(gravimorphogenic response)의 예가 된다. 접촉형태형성반응(thigmomorphogenic response)에는 가지가 물체와 닿는 곳에서 가외의 나무껍질이 형성되는 것과, 꽃잎이나 심피의 원기가 서로를 향해 자랄 때 봉합선이 생기는 것 등이 포함된다(그림 14-5 참조).

주성

주성(taxis)은 세포가 자극을 향하거나(양성 주성) 자극에서 멀어지며(음성 주성) 유영하는 반응이다. 이끼류, 고사리류, 소철류, 그리고 은행나무 같은 식물에서도 정세포가 화학적 기울기를 따라 알세포로 유영한다[주화성(chemotaxis)]. 조류에서도 주화성은 생식에 있어서 중요한데, 많은 종에서는 광합성을 위해 빛을 향해 헤엄치거나 빛이 너무 강하면 반대쪽으로 유영하는 주광성(phototaxis)이 나타난다.

식물체 내의 연락

인지와 전달

아마도 거의 모든 반응은 자극을 감지하는 부위가 아닌 다른 조직이나 기관에서 나타난다. 인지(perception)와 반응이 일어나는 부위가 서로 다르므로 이들 간에 연락의 수단이 존재해야 한다. 식물에서 인지와 반응이 일어나는 많은 곳들은 그런 기능을 위해 특수화되지 않은 보통의 세포들이다. 낮의 길이는 아마도 살아 있는 잎의 모든 세포들이 감지할 것이며, 세포에서 어떤 특수화된 부분도 찾아볼 수 없다. 춘화처리를 위한 낮은 온도는 눈(bud)에 의해 감지되는 것으로 나타나지만, 눈에서는 온도의 인지에 특수화된 특정한 세포군이 들어 있지 않다. 뿌리골무에서는 **평형세포(statocyte)**라고 부르는 어떤 세포들에 큰 녹말과립인 **평형석(statolith)**이 들어 있고, 이 평형석이 중력에 반응하여 가라앉는다. 평형석은 너무나도 조밀하여 세포질에 떠 있을 수 없고, 세포의 바닥에 항상 가라앉아 있어서 '위쪽'과 '아래쪽'을 구별한다(**그림 14-11**). 이것이 우리가 알고 있는 특수화된 인지세포의 대표적인 예이다. 파리지옥의 잎에 있는 자극털에서도 별개의 인지메커니즘이 나타나지만, 자극털 가운데 어떤 세포가 그 책임을 맡고 있는지는 알려지지 않았다.

인지되는 부위가 전달(transduction)되는 부위라고 잠정 추정되며, 여기에서 자극은 전달이 가능하고 반응부위에서 반응을 유발할 수 있는 형태로 전환된다(그림 14-3 참조). 전달은 식물의 거의 모든 반응에서 완벽한 수수께끼로 남아 있다. 온도, 빛, 무

그림 14-9 영양 상태에서 개화 상태로의 전환은 흔한 광형태형성 반응이다. 이 상업 온실에서는 모든 포인세티아가 크리스마스에 일제히 꽃을 피우도록 일장을 조절한다. 재배자들이 미국의 독립기념일인 7월 4일에 꽃이 피게 하려면 낮과 밤의 길이만 조절해 주면 된다.

그림 14-10 이들 씨와 많은 다른 씨앗들에서는 2부로 이루어진 메커니즘이 휴면기를 끝낸다. 추운 겨울의 온도와 비가 발아를 억제하는 화학물질을 파괴하거나 씻어낸 다음, 빛이 발아를 유발한다. 광의존성 메커니즘 때문에 씨앗이 부엽과 토양 아래 깊이 묻혀 있는 동안에는 발아하지 않는다. 적색광은 발아를 유도하지만, 근적외광은 발아하지 못하게 한다.

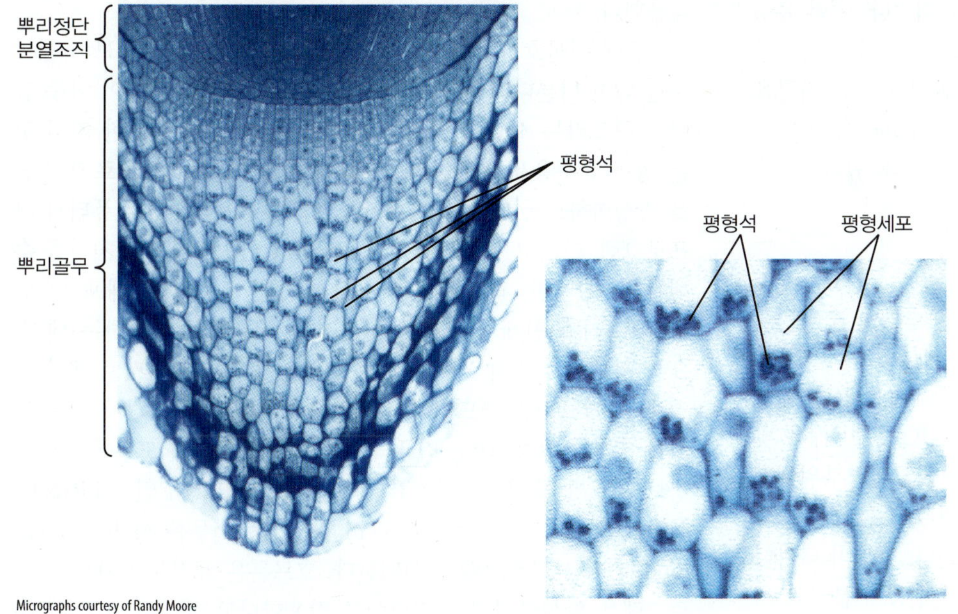

그림 14-11 이 뿌리골무의 중심에 있는 세포들은 평형세포들이고, 그 녹말립은 평형석이다. 위치가 수직이냐 수평이냐에 상관없이 평형석은 중력에 의해 아래쪽에 위치한다. 중력을 감지하는 체계에서는 중력적인 바닥인지 형태적인 바닥인지를 구별하는 것이 필수적이다.

게, 또는 습도의 변화가 어떻게 화학신호로 전환되는지 알려지지 않았다.

인지와 전달에서는 자극역시와 역치의 두 가지 요인이 중요하다. **자극역시(presentation time)**는 인지하는 세포가 반응하여 완전히 전달하도록 자극이 지속되어야 하는 시간이다. 뿌리의 굴중성에 대한 자극역시가 이해하기 쉽다. 뿌리는 평형석이 세포의 새로운 바닥에 가라앉을 때까지 옆쪽으로 뉘어져 있어야 한다. 평형석이 바닥에 닿기도 전에 뿌리가 다시 수직으로 돌아오면 인지는 일어나지 않는다. 많은 굴성반응에서 살짝 건드리거나 한쪽에서 빛을 주기만 해도 굴곡을 일으키기에 충분하다. 보통 자극역시는 몇 초면 된다.

자극역시를 충족시킬 만큼 자극이 충분히 작용하고 나면 비록 자극이 제거된다 하더라도 반응이 일어난다. 예를 들어, 많은 2년생 식물의 춘화처리는 하루나 며칠이면 되고, 그 후에는 식물을 따뜻한 비춘화형 조건에 두어도 때가 되면 개화한다. 완두의 덩굴손은 어둠 속에서 굴촉성에 의해 굽어지지 않지만, 이들의 자극역시인 몇 초만 문지르면 더 이상 접촉하지 않더라도 밝은 곳에서 구부러진다.

역치(threshold)는 자극역시 동안에 인지와 전달을 일으키는 데 필요한 자극의 세기이다. 굴광성의 경우, 어두운 환경에 있는 식물은 한쪽에서 비추는 아주 흐릿한 빛에 극도로 민감하고, 굴곡의 역치는 낮다. 밝은 조건에서는 역치가 높아지고 굴곡을 일으키려면 한쪽 방향의 빛이 더욱 강렬해져야 한다. 파리지옥에서 잎을 닫히게 하는 역치는 중간 정도이다. 자극털은 단단히 구부러져야 한다. 이는 바람이나 비에 의해 덫이 닫히는 것을 방지하는 데 유리하다. 적정한 역치는 덫이 닫힐 때마다 그 안에 곤충이 들어 있음을 거의 확실하게 한다(**그림 14-12**).

자극의 정도에 관한 반응의 정도는 역치와 관련이 있는데, 그 하나는 실무반응이고 다른 하나는 용량의존반응이다. **실무반응(all-or-none response)**에서는 역치와 자극역시의 필요조건이 충족되고 나면 자극은 더 이상 중요하지 않고, 반응은 이제 완전히 내부적이다. 자극이 짧았는지 아니면 오래 지속되었는지에 상관없이, 받은 자극이 강하건 약하건 간에 개체들은 똑같이 반응한다. 예를 들어, 많은 종은 환경요인에 의해 개화가 유도된다. 역치와 자극역시의 최소 필요조건이 충족되고 나면 식물은 꽃을 활짝 피우는데, 이를 제한하는 요인들은 일반적인 건강과 활력 그리고 저장 양분 뿐이다. 적절한 자극을 받기 전까지 식물은 꽃을 만들지 않는다. 식물의 개화는 전부냐 아니냐(all-or-none)의 원리에 따른다. 포인세티아, 국화, 무궁화(*Hibiscus syriacus*), 그리고 귀리가 이에 속한다.

용량의존반응(dosage-dependent response)에서는 자극의 양

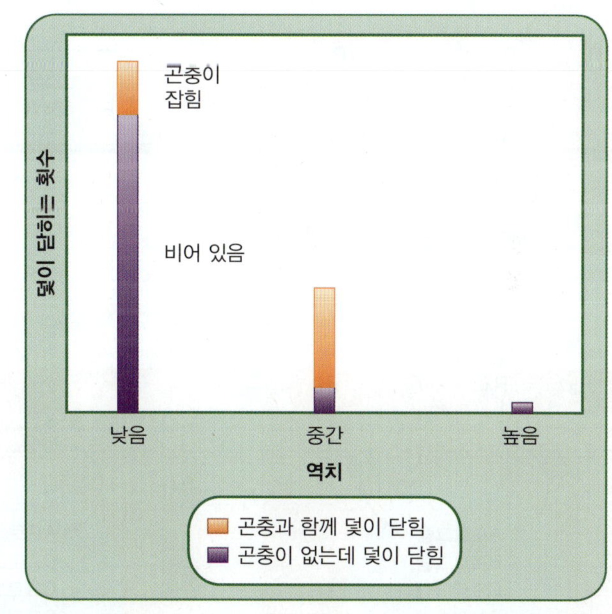

그림 14-12 역치는 자극이 야기할 수 있는 변화의 양에 적절해야 한다. 만약 파리지옥의 털이 극히 낮은 (즉, 민감한) 역치를 갖는다면 곤충마다 감지하여 잡을 수 있겠지만, 바람과 비 때문에 걸핏하면 쓸데없이 닫혀서, 불필요하게 닫히는 동안 오히려 곤충을 놓쳐버릴 수 있게 된다. 중간 정도의 역치에서는 많은 시간 동안 잎이 열려서 준비하고 있기 때문에 보다 많은 곤충을 잡게 된다. 역치를 충족시키지 못하면 자극털이 굽어질 수 없기 때문에 작은 곤충들은 도망갈 수도 있다. 만약 역치가 너무 높으면 그 어떤 자극도 털을 굽힐 수 없으므로 곤충은 잡히지 않는다. 파리지옥의 덫은 훨씬 큰 동물이 스칠 때에만 오므라들겠지만, 이런 동물들은 너무 커서 덫에 갇히지 않는다. 따라서 아무리 닫아 본들 소용이 없게 된다. 우리는 자연선택의 결과로 곤충이 가장 많이 잡히는 정도의 적절한 역치가 생겼다고 가설을 세울 수 있다.

이나 지속기간이 반응의 양이나 기간에 영향을 미친다. 이런 유형의 종들에서는 비록 식물이 매우 건강하더라도 최소한의 자극만 받은 개체들은 개화가 저조하고, 자극을 오래 받거나 강한 자극을 받은 개체들은 더 많은 꽃을 만든다. 순무, 삼(*Cannabis sativa*), 그리고 목화와 감자의 일부 변종에서 이런 반응을 볼 수 있다.

화학신호전달물질

식물에서 일어나는 연락은 식물을 관통하여 호르몬이 수송되는 느린 메커니즘에 의한다. **호르몬(hormone)**은 식물의 어느 한 부분에서 생성되어 다른 부분으로 수송되고, 그곳에서 반응을 일으키는 유기화학물질이다. 여기서 중요한 측면은 호르몬이 매우 낮은 농도에서 작용한다는 점이다. 호르몬은 자극의 전달부위에서 합성되거나 저장되고, 적절한 자극이 일어나면 호르몬이 방출되어 체관부 또는 잎살과 피층세포를 통해 수송된다. 반응이 나타나는 부위에서는 호르몬이 보통 원형질막에 있는 수용체 분자와 결합하고, 그렇게 함으로써 반응을 촉발시킨다. 호르몬은 보편적인 순환으로 방출되는 것으로 보이며, 특별히 표적으로 운반되지 않는다. 표적부위가 아닌 많은 부위들이 호르몬에 노출되지만, 그런 부위에는 적절한 수용체 분자가 없기 때문에 반응을 나타내지 않는다. 어떤 경우에는 식물호르몬이 바로 그 호르몬을 만든 세포에 작용한다.

한때 식물호르몬이 그 구조 안에 반응에 필요한 정보의 대부분을 담아 나른다고 믿었었다. 지금 우리는 식물호르몬이 아주 간단한 구조라는 사실을 알고 있다. 적절한 반응에 필요한 거의 모든 정보가 수용세포와 그 핵에 들어 있고, 호르몬은 오로지 반응을 활성화하도록 기여할 따름이다. 이와 비슷한 것이 컴퓨터와 그 프로그램, 그리고 명령어들이다. 컴퓨터는 많은 기능과 처리를 수행할 수 있지만, 적절하게 제어될 때에만 가능하다. 세포, 조직, 기관, 그리고 전체 식물도 마찬가지다. 컴퓨터를 작동하는 데 필요한 정보가 컴퓨터 프로그램에 들어 있듯이, 마찬가지로 핵과 색소체, 그리고 미토콘드리아의 유전자에는 세포를 움직이는 데 필요한 정보가 들어 있다. 컴퓨터 프로그램과 유전체 모두에는 많은 정보 세트가 들어 있다. 컴퓨터에서 열기(OPEN), 인쇄(PRINT), 저장(SAVE), 그리고 복사(COPY) 같은 명령어들은 서브루틴(subroutine)이나 프로그램을 선택한다. 호르몬은 표적세포 내에서 프로그램을 활성화시키는 명령어로 작용한다고 생각된다(**그림 14-13A**, **14-13B**).

고등동물에서는 너무 많은 체계와 반응들이 활성화되어야 하므로, 뚜렷이 구별되는 많은 호르몬들이 필요하다. 식물은 훨씬 단순하기 때문에 식물의 반응은 고등동물보다 훨씬 적은 호르몬들에 의해 조절될 수 있다. 그렇기는 하지만 알려진 몇 안 되는 식물호르몬들은 불충분한 것으로 보이고, 아직도 많은 식물호르몬이 밝혀지지 않았을 가능성이 크다. 뿐만 아니라 많은 반응들이 어느 한 호르몬에 의한 것이 아니라 여러 호르몬의 조합이나 일련의 연속적인 작용에 의해 활성화되거나(**그림 14-13C**), 어떤 호르몬은 농도가 달라지면 다른 반응을 끌어낸다. 가장 많이 연구된 호르몬들의 사례를 살펴보기로 하자.

h = 호르몬
R = 수용체

(A)

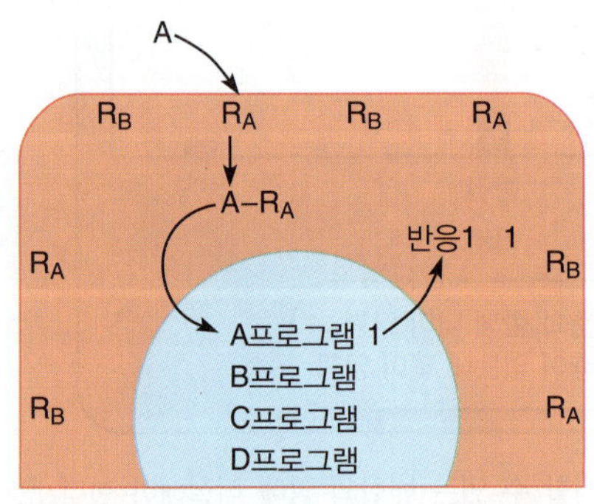

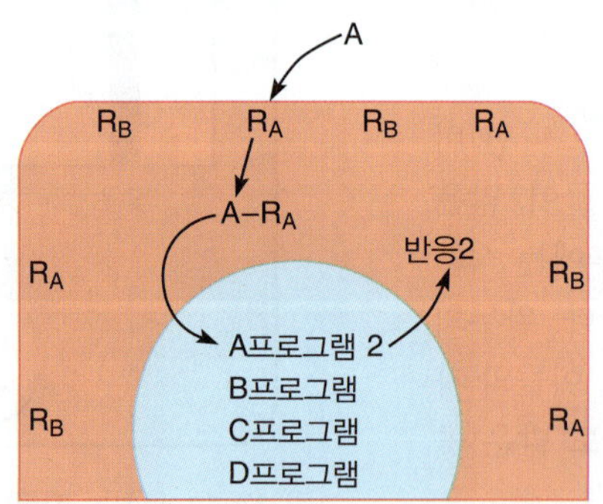

(B)

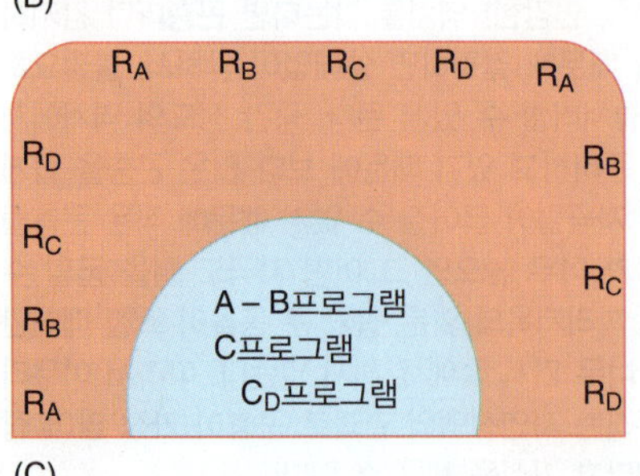

(C)

그림 14-13 세포는 호르몬의 수용체를 갖고 있을 때에만 그 호르몬에 반응을 한다. **(A)** 일부 수용체(R)는 원형질막에 있고, 다른 수용체들은 소포체 같은 막에 있음을 보여주는 증거가 있다. 호르몬이 수용체와 결합하면 호르몬-수용체 복합체(h-R)는 핵 같은 다른 자리로 이동할 수 있다. **(B)** 많은 반응에서 핵에 있는 일부 유전자들은 활성화되고 다른 유전자들은 억제된다. 세포는 몇 호르몬에 대한 수용체(R_A와 R_B)를 갖기도 한다. 만약 호르몬 A가 존재하면 이 호르몬은 수용체와 결합하여 A프로그램을 활성화시키거나 억제시킨다. 다른 프로그램들은 변하지 않는다. A프로그램의 결과 가운데 하나는 A 또는 B의 수용체를 막에서 철수시키거나 C 또는 D의 수용체를 추가하는 것일 수 있고, 따라서 감수성과 반응의 유형을 변화시킬 수 있다. 오른쪽에 있는 두 번째 세포는 호르몬 A에 의해 활성화되는 다른 프로그램(A프로그램의 2)을 갖기도 한다. 반응은 호르몬 특이적일 뿐만이 아니라 세포 특이적이다. **(C)** 호르몬의 효과는 호르몬을 단독으로 가할 때와 다른 호르몬과 함께 제공되거나 다른 호르몬을 준 다음에 줄 때가 대개 아주 다르다. 이 가상적 세포에서는 호르몬 A와 B를 동시에 가하거나 호르몬 C를 준 다음에 호르몬 D가 주어질 때에만 발생이 일어난다.

옥신

처음 발견된 식물호르몬은 **옥신(auxin)**이다. 1926년에 옥신은 귀리 유식물의 양성 굴광성에 관여하는 화학신호전달물질(chemical messenger)로 밝혀졌다. 옥신은 너무 낮은 농도로 들어 있기 때문에 그 당시에는 화학적으로 옥신을 확인하기가 불가능하였다. 유식물 잎의 끝 부분에서 작은 한천덩어리에 옥신이 확산되도록 하고 나서 이 덩어리를 소량의 옥신으로 사용하는 실험을 수행하였다(그림 14-25G와 14-25H 참조). 옥신은 나중에 **인돌아세트산(indoleacetic acid, IAA)**으로 확인되었다. IAA는 인공적으로 합성할 수 있고, 다양한 조건에서 식물에 가하여 IAA가 중재하거나 억제하는 다른 반응을 찾는 데 이용되었다(**그림 14-14**). 그 연구는 성공적이어서 수십 가지의 반응이 발견되었다(**표 14-3**). IAA와 화학적으로 관련 있는 많은 화합물들 역시 효과적이거나 더욱 그러한 것으로 확인되었다. IAA가 많은 천연옥신 가운데 하나일 따름이고, 각각은 고유한 효과와 기능을 갖는다는 가설이 제기되었지만, 더 많은 발견들은 그 가설과 일치하지 않았다. IAA 대사를 분석한 결과, 화합물들이 식물의 효소에 의해 IAA로 전환되는 것으로 나타났다.

많은 합성화합물들이 옥신이나 기타 호르몬의 효과를 모방하지만, 명확하게 하기 위해 천연물만을 '호르몬'이라고 부른다. '식물생장물질(plant growth substance)'이라는 용어는 천연적이건 인공적이건 간에 호르몬과 유사한 모든 화합물에 사용된다(그림 14-14). 인공화합물인 나프탈렌아세트산(naphthaleneacetic acid)은 식물에서 IAA의 효과와 거의 구분이 안 되는 효과를 낳는다. 2,4-디클로로페녹시아세트산(2,4-dichlorophenoxyacetic acid, 2,4-D)은 옥신과 유사하지만 너무 강력해서 낮은 농도에서도 정상적인 많은 생장과 발생을 방해하고, 제초제로 중요하게 쓰인다.

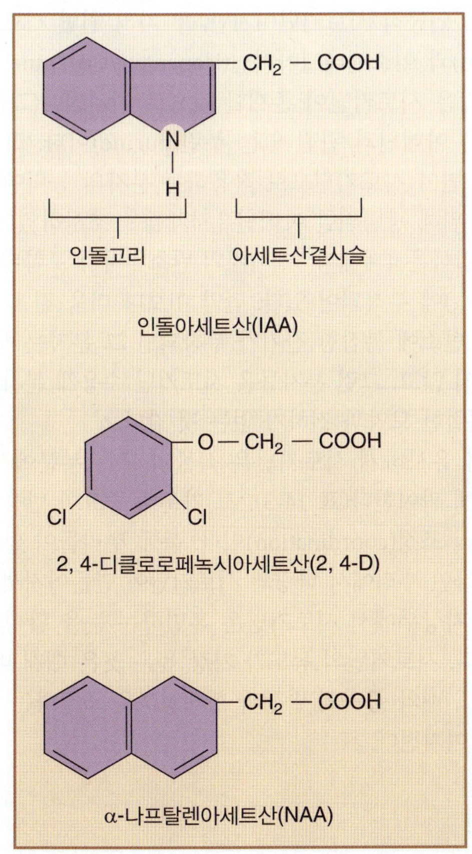

그림 14-14 IAA는 천연호르몬 옥신이고, 나머지는 합성화합물이다. 이들을 식물생장물질이라고 부른다.

표 14-3 호르몬과 관련된 반응의 예

호르몬	반응
옥신(auxin)	탈리(이층현상) 억제; 정아 우성; 세포 신장; 꺾꽂이에서 뿌리 형성; 열매 성숙; 굴성; 물관부 분화
시토키닌 (cytokinin)	눈의 활성화; 세포분열; 열매와 배의 발생; 여러 가지 경우에 피토크롬과 적색광의 효과 모방; 잎의 노화 예방
지베렐린 (gibberellin)	일부 식물에서 유생상태를 성체상태로 전환; 어떤 종에서는 성체를 유생상태로 전환; 개화에 관여; 일부 씨와 눈에서 휴면의 해제; 줄기 신장; 꽃가루관 생장 촉진
아브시스산 (abscisic acid)	휴면 개시; 스트레스 조건에 대한 내성; 매우 낮은 용량에서 생장 촉진; 기공 폐쇄; 탈리에는 관여하지 않는 것으로 여겨짐
에틸렌(ethylene)	침수된 뿌리와 줄기에서 통기조직의 형성; 열매의 성숙과 탈리; 뿌리털의 개시; 유액(latex) 생성
덜 알려진 호르몬들	
브라시노스테로이드 (brassinosteroid)	잎의 형태형성; 뿌리와 줄기의 생장; 관다발 분화
재스몬산 (jasmonic acid)	동물과 균류에 대한 방어; 잎과 꽃의 노화
살리실산 (salicylic acid)	병원체와 스트레스에 대한 저항성; 잎의 노화
스트리고락톤 (strigolactone)	뿌리와 균근균류 간의 공생관계 촉진; 관다발형성층과 2기 생장의 활성에 관여
펩티드(peptide)	표피의 패턴형성; 지상부 정단분열조직 내의 패턴을 형성

IAA는 아미노산 트립토판과 관계가 있고, 지금까지 트립토판이 IAA로 전환되는 것으로 알려진 경로가 적어도 네 가지가 있다. 옥수수 같은 일부 식물에서는 발생의 여러 단계에서 서로 다른 경로에 의해 IAA가 합성되고, 각 경로는 고유의 특징적 조절 세트를 갖는다. 옥신이 합성되는 가장 활발한 중심은 지상부의 정단분열조직과 어린 잎, 그리고 열매이다. IAA는 뿌리의 끝에도 존재하지만, 그곳에서 합성되는 것이 아니라 지상부로부터 그곳으로 수송되는 것으로 여겨진다.

호르몬처럼 매우 효과적인 물질의 농도는 합성에 의해서 조절될 수 있지만, 한편으로는 파괴에 의해서 그리고 불활성인 저장형으로의 전환에 의해서도 조절될 수 있다. IAA의 파괴는 곁사슬이 제거되고 5각형 고리가 산화되는 두 가지 경로가 알려져 있다. IAA는 다른 화합물에 부착하는 **접합(conjugating)**에 의해 불활성형으로 전환된다. 복합형(conjugated form)이 되면 IAA는 파괴될 염려가 없다. 복합형 IAA는 씨에서 무기한 저장될 수 있고, 발아할 때 떡잎에서 상배축(epicotyl)으로 수송될 수 있다. 접합 덕분에 유리 IAA 농도의 빠른 조절이 가능하다. 귀리의 씨에서는 IAA의 80%까지가 복합형이지만 이들은 탈접합(deconjugation)이 가능해서, 발아할 때에는 합성되는 것보다 훨씬 빠르게 유리 IAA를 방출한다.

체관부에 의한 호르몬의 수송에 덧붙여 옥신만을 위한 두 번째 수송 메커니즘인 **극성이동(polar transport)**이 존재한다. 줄기와 잎에서는 향기부성(basipetal)으로 식물의 꼭대기에서 기부 쪽으로 옥신이 이동하고, 뿌리에서는 향정단성(acropetal)으로 뿌리의 끝을 향하여 수송된다. 조직이 수직이건 수평이건 아니면 위아래가 뒤바뀌건과 상관없이 한 시간에 11 mm 가량 이동한다. 탄수화물과 무기질이 공급원과 수용부에서 변화되면서 야기되는 체관부 수송과는 관계없이 극성이동 체계의 도움으로 옥신의 이동이 식물 전반에 걸쳐 유지될 수 있다.

시토키닌

시토키닌(cytokinin)은 옥신과 당이 포함된 조직배양액에 이를 첨가하면 세포분열, 즉 세포질분열(cytokinesis)을 촉진한다는 사실로부터 이름이 붙여졌다(**그림 14-15**). 가장 먼저 발견된 키네틴

(A) Courtesy of Sima Tokajian, Ph.D., Lebanese American University

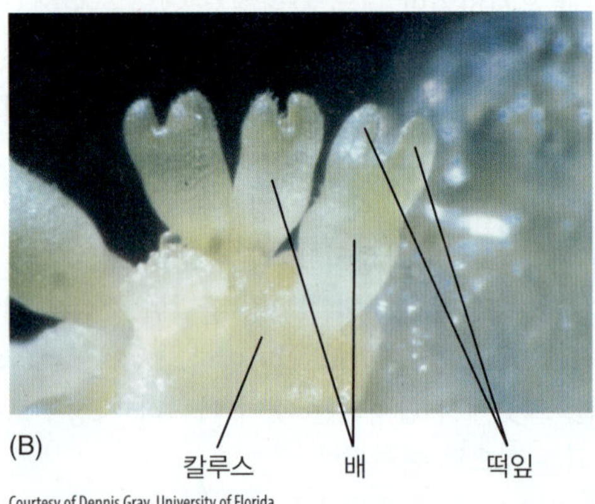

(B) Courtesy of Dennis Gray, University of Florida

그림 14-15 이 담배 같은 많은 쌍떡잎식물의 세포는 옥신, 시토키닌, 일부 비타민, 무기질, 그리고 당이 제공되면 배양을 통해서도 잘 자란다. 이때 옥신대 시토키닌의 비율이 중요하며, 이들의 절대 농도 역시 중요하다. **(A)** 어떤 비율에서는 세포들이 증식하여 유세포들로 구성된 칼루스(callus)가 된다. **(B)** 옥신대 시토키닌의 비율이 달라지면 칼루스에서 싹이 생기고 나서 배로 생장한다.

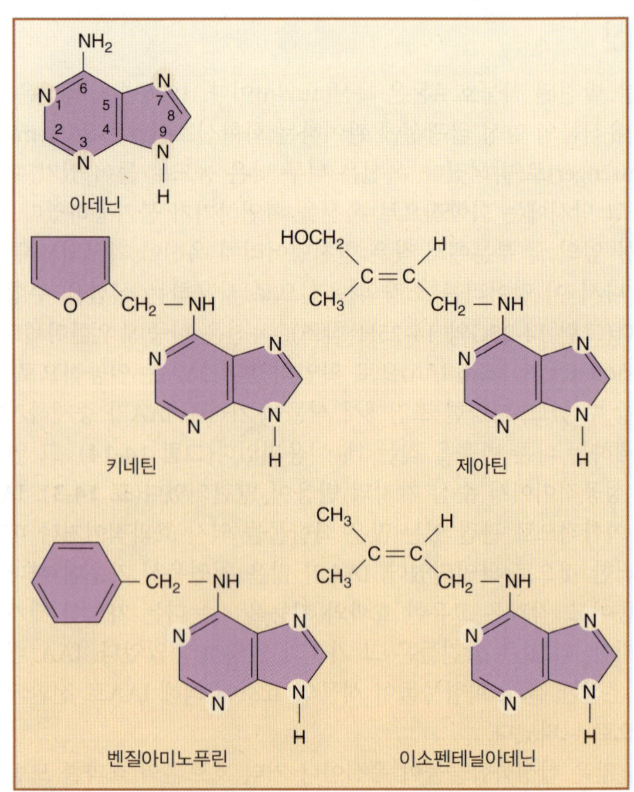

그림 14-16 천연 시토키닌과 인공 시토키닌 모두 화학적으로 아데닌과 관련이 있다. 6번 탄소(C_6)에 있는 곁사슬의 크기와 화학적 성질이 중요하다.

(kinetin)은 인공적 시토키닌이지만, 두 가지 천연 시토키닌인 제아틴(zeatin)과 이소펜테닐아데닌(isopentenyl adenine)이 발견되었고, 더 많은 시토키닌이 존재할 것으로 여겨진다(**그림 14-16**). 시토키닌은 아데닌과 관련 있는 푸린(purine)이다. 그 화학구조의 어떤 측면이 시토키닌으로 작용하는 분자의 능력에 중요한지를 밝히기 위해 광범위한 아데닌유사체들을 조사하였다. 가장 활성적인 화합물은 4개에서 6개까지의 탄소원자가 포함된 곁사슬이 6번 탄소(C_6)에 부착되어 있다. 만약 이보다 더욱 긴 곁사슬이 붙거나 다른 탄소에 복잡한 잔기가 부착되면 그 분자는 시토키닌처럼 작용하지 않고, 그런 분자들은 시토키닌 수용체 분자와 결합할 수 있는 적절한 모양과 전하가 없는 것 같다.

옥신과 유사하게 시토키닌은 식물의 모든 부분에서 수십 가지의 반응에 관여한다(표 14-3). 그 가운데 중요한 반응이 뿌리와 지상부 간의 조정(coordination)이다. 봄에 뿌리들이 활발하게 자라기 시작하면 뿌리에서 다량의 시토키닌이 만들어져서 지상부로 수송되고, 지상부에서 시토키닌은 휴면하는 눈을 활성화시켜 벌어지게 한다. 시토키닌의 농도가 가장 높은 곳은 대개 배젖(endosperm)이고, 배와 종자의 발생과 형태형성을 조절하는 데 관여하는 것으로 여겨진다.

지베렐린

적어도 125종류의 **지베렐린(gibberellin)**이 알려져 있고, 이들 각각은 이름을 붙이는 대신에 GA_1, GA_2,…GA_{125} 같이 번호를 매

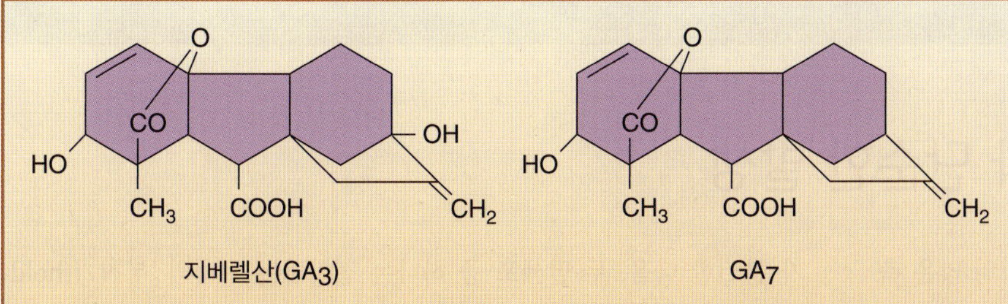

그림 14-17 모든 지베렐린은 지베렐란(gibberellane)에 바탕을 두는데, 가장 보편적인 유형은 GA_3 그리고 GA_7이다. 125종류의 지베렐린 모두가 식물에서 나타나는 것은 아니고, 적어도 15종류는 곰팡이에서만 발견된다.

긴다(**그림 14-17**). GA_3는 지베렐산(gibberellic acid)이라는 이름을 갖고 있는데, 곰팡이로부터 쉽게 얻을 수 있고 실험에 사용되었기 때문에 처음에 가장 많이 연구되었지만, 지금은 GA_1과 GA_{19}가 더욱 활동적이고 식물에서 중요한 것으로 밝혀졌다. 지베렐린은 다양한 기능을 갖고 있지만, 이들을 통합시키는 구조는 지베렐란 고리계(gibberellane ring system)이다. 따라서 이 부류의 호르몬은 구조에 의해 규정되고, 만약 지베렐란 고리계를 갖지 않는다면 그 화합물은 지베렐린이 될 수 없다.

지베렐린의 대사는 복잡하다. 몇 가지의 지베렐린만이 호르몬의 활성을 갖고, 다른 지베렐린들은 어느 활성형이 다른 형태로 변환되는 과정의 전구물질이나 중간물질들이다. 다양한 지베렐린의 상대농도는 환경의 신호에 대응하여 변화한다. 시금치를 여름의 장일조건에 노출시키면 GA_{19}의 농도가 5배로 줄어들고, GA_{20}과 GA_{29}는 급격하게 증가하지만, GA_{17}과 GA_{44}는 변하지 않는다. 이들 변화의 결과로 시금치의 줄기는 길게 늘어나기 시작한다. 여기서 장일은 자극이고, 줄기의 신장은 반응이며, 지베렐린 농도의 변화는 그 둘을 연결하는 메커니즘이다. 지베렐린 대사는 식물의 모든 부분에서 나타나는 것처럼 보이지만, 씨와 뿌리 그리고 잎이 특히 중요하다. 방사능을 띤 합성 지베렐린을 식물에 주고 나서 방사능의 이동을 추적하여 지베렐린 수송을 연구하였다. 물관액과 체관액 모두에서 방사능이 검출되었고, 따라서 활발한 뿌리 끝에 의해 만들어진 다량의 지베렐린이 물관부에 실린 것으로 믿어진다. 잎과 씨앗으로부터의 지베렐린 이동은 체관액의 동태와 더욱 밀접한 연관을 갖는 것으로 나타났다. 다른 모든 호르몬과 마찬가지로 지베렐린은 많은 반응에 관여한다(**그림 14-18**).

그림 14-18 많은 2년생 식물들은 생육 첫해에 로제트형(rosette)으로 자라고 나서 두 번째 해에 빠르게 신장하여[이를 추태(bolting)라고 함] 많은 꽃이 달리는 긴 꽃줄기를 만든다. 추태는 지베렐산에 의해 조절되고, 만약 지베렐산이 없으면 식물체는 짧은 채로 남는다. 여기에 보인 애기장대(*Arabidopsis thaliana*)는 이 주기를 2년이 아닌 불과 몇 달 안에 끝마친다. 그 모든 큰 잎들이 지면 높이에서 로제트형으로 배열하고, 몇 달이 지나면 추태가 일어나서 마디사이가 긴 꽃줄기가 만들어진다.

아브시스산

이 범주에는 한 가지 화합물인 **아브시스산(abscisic acid, ABA)**이 포함된다(**그림 14-19**). '낙엽산'이라고도 부르는 아브시스산은 그 이름이 암시하듯이 열매와 잎, 그리고 꽃의 탈리(abscission)에서 역할을 한다고 생각하였지만, 지금 우리는 과연 많은 종에서 그렇게 되는지 아니면 이 화합물이 처음 발견된 종인 플라타너스단풍(sycamore)에서만 그런 것인지 알지 못한다. ABA는 생장억제제로 널리 간주되고, 눈과 씨에서 휴면을 유도하는 데 관여하는 것으로 여겨진다. 그렇지만 휴면은 생장의 억제만이 아니고, 불리한 조건에 대해 식물이나 종자가 준비하는 복잡한 변화의 세트이다.

특히 ABA는 많은 종류의 스트레스 내성에 관여하는 것으로

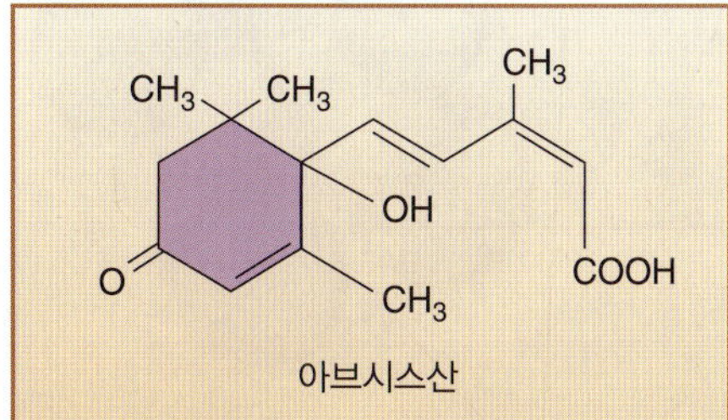

그림 14-19 ABA는 세포들 사이에서 그리고 체관부를 통해 빠르게 수송된다. 따라서 어느 조직에 ABA가 존재한다고 해서 ABA가 그곳에서 생성되었다는 증거는 아니다. ABA는 다양한 종의 뿌리, 줄기, 잎, 열매, 그리고 종자에서 메발론산(mevalonic acid)으로부터 합성될 수 있다.

대 안

박스 14-1 조류의 간단한 몸과 단순한 발생

속씨식물은 복잡한 몸을 갖고 있고, 이런 복잡한 몸은 발생의 많은 측면을 조절해야 하지만, 대안도 있다. 녹조류는 훨씬 간단한 몸을 갖는다. 클라미도모나스속(*Chlamydomonas*) 같은 **단세포조류(unicellular algae)**는 몸이 오직 하나의 세포로만 구성된다. 세포분열 과정에서 중간층(middle lamella)이 형성되지 않으므로 두 딸세포를 함께 붙잡을 것이 없고, 편모를 지닌 딸세포들은 유영하여 떨어져 나간다. 각 개체는 몸(단세포)을 갖지만, 조직이나 기관은 없다. 개체들은 유영할 때 앞쪽을 향하는 전단(front end)과 후미(rear end)가 생기는 극성(polarity)이 발달한다.

군체성 녹조류(colonial green algae)는 조금 더 복잡하다. 이들 세포 역시 중간층은 없지만, 대신에 세포들을 서로 가까이 붙잡는 점액질을 만든다. 접합자가 분열하고 증식하면서 모든 딸세포들은 느슨하게 서로 붙어 있게 된다. 이들 간에는 상호연결과 상호의존이 거의 없어서 각 군체(colony)는 단일한 개체의 몸이라기보다는 개체들의 집단으로 간주된다. 넷중심말속(*Gonium*)에서 각 군체는 단지 몇 세포(4, 8, 16 또는 32)들을 포함하고, 체제의 유일한 징후는 모든 편모들이 조화를 이루며 움직인다는 점이다. 오디말속(*Pandorina*)은 약간 더 파생적(derived)인데, 그것은 이 조류가 분화의 기미를 보이기 때문이다. 군체는 한쪽 방향으로 유영하고 앞쪽의 세포들은 뒤쪽의 세포들과 약간 다르다. 좁쌀공말속(*Volvox*) 군체는 50,000개까지의 클라미도모나스처럼 생긴 세포들로 구성되고, 현미경이 없어도 쉽게 관찰된다(**그림 B14-1A**). 군체의 후반부에 있는 50개에 달하는 세포들이 오직 생식을 위해 특수화된다는 점에서 약간의 분화가 존재한다.

중간층을 만드는 녹조류에서는 딸세포들이 서로 붙어 있고 다세포로 된 하나의 통합적인 개체를 이룬다. 초록실속(*Ulothrix*)의 접합자가 분열한 다음, 두 딸세포 중 하나는 접착하는 무색의 '부착기(holdfast)' 세포가 되어 돌이나 조개껍데기에 단단히 붙는다. 다른 딸세포는 접착제를 만들지 않고, 색소체가 엽록체로 발달한다. 몸은 이미 극성을 갖고 있고, 두 가지 세포형으로 분화가 이루어졌으며, 어떤 세포가 단단한 기층에 접촉할 것인지 알아낼 수 있다. 엽록소를 지닌 엽록세포들이 계속 분열하지만, 항상 서로 평행하게 나있는 격벽(cross wall)을 갖고, 따라서 몸은 한 세포씩 여러 세포가 길게 연결되는 방사대칭의 **사상체(filamentous body)**로 자란다. 이는 세포분열의 방향을 정확하게 조절하는 형태형성 메커니즘을 필요로 한다. 사상체로 된 일부 종에서는 소수의 세포들이 세로로 분열하고 나서 두 딸세포 중 하나가 사상의 '가지(branch)'로 자란다. 갈파래속(*Ulva*; **그림 B14-1B**)의 몸 같은 **층상체(laminar body)**는 약간 더 복잡하다. 세포가 정착하면 초록실속 같은 사상체로 자라지만, 세포들이 양방향으로 분열하고 따라서 종잇장처럼 생긴 세포들의 박층(sheet)을 형성한다. 그러고 나서 모든 세포들이 세 번째 방향으로 한 번 분열한다. 그 결과, 세포박층의 두께는 두 층이 된다. 사상체와 층상체 모두는 세포 분화에 관해서 단순하고, 부착세포들과 엽록세포들로만 이루어진다. 한편 이들의 몸은 부드럽고 유연하며, 물에 의해 지지되고 움직이므로, 이들은 굴광성이나 굴중성을 갖지 않는다.

일부 집단의 녹조류는 **유조직체(parenchymatous body)**를 갖는다. 쇠뜨기말속(*Chara*)은 줄기 같은 몸이 '마디(node)'와 '마디사이(internode)'로 구분되며 1미터까지 길게 자라고, 마디사이에서 윤생지(whorl branch)가 정확한 양식으로 달린다. 몸은 몇 세포의 두께로 되어 있고, 각 마디사이의 중심에는 큰 다핵세포가 있으며, 이보다 작은 단핵세포들이 다핵세포를 둘러쌀 뿐만 아니라 마디와 가지를 구성한

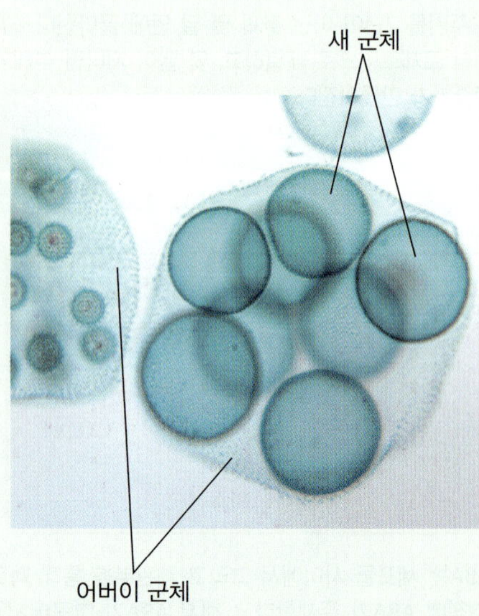

그림 B14-1A 좁쌀공말속(*Volvox*)의 군체. 모든 세포들은 거의 동일하고, 소수의 세포들이 생식을 위해 특수화되었다. 분화는 거의 나타나지 않는다.

그림 B14-1B 두 세포층으로 이루어진 층상의 갈파래속(*Ulva*)의 개체들. 여기서 부착기는 보이지 않는다.

다. 모든 세포들은 진정한 유조직을 구성하는데, 그것은 이들이 모든 세 방향으로 분열하는 두드러진 정단세포를 포함하는 정단분열조직에서 유래되었기 때문이다. 쇠뜨기말속의 생식이 중요하다. 그 정세포는 진정한 다세포 구조인 배우자낭(gametangium)에서 만들어지는데, 배우자낭의 외부세포들은 불임성이고, 오로지 내부세포들에서 정세포가 생긴다(**그림 B14-1C**). 성숙하면 외부세포들이 약간 갈라지고, 그 틈으로 운동성 정세포들이 헤엄쳐 나간다. 알은 3세포 길이의 짧은 사상체의 말단세포에서 생기지만, 말단세포의 밑에 있는 세포(아말단세포)들이 더 작게 나뉘고 이들 세포들이 위쪽으로 자라서 알을 둘러싸게 되어, 여러 특수화된 세포들로 분화한다. 수정이 일어난 다음, 수정란을 둘러싸는 불임세포(sterile cell)들은 접합자에 인접한 안쪽 벽을 두껍게 만든다. 따라서 휴면구조는 두꺼운 벽의 접합자뿐만 아니라 방어적인 불임세포들로 구성된다. 정자와 알 모두 불임세포와 임성세포(fertile cell)들로 된 두 가지의 조직으로 구성된다. 즉, 생식은 몇 가지 세포들의 통합적인 작동을 필요로 한다. 이는 기관 수준의 분화이다. 뿐만 아니라 접합자의 발아는 낮은 온도에 의해 그리고 적색광에 의해 촉진된다고 보고되었다. 즉, 발생은 환경의 신호에 대응한다.

비록 모든 조류가 진정한 식물보다 훨씬 단순하지만, 이들 모두는 최소한 약간의 발생과 형태형성을 치르고, 쇠뜨기말속과 그 친척들은 많은 정교한 발생적 메커니즘을 갖는다.

그림 B14-1C 쇠뜨기말속(*Chara*)의 몸은 몇 세포 두께이고, 정단분열조직에서 형성된 진정한 유조직으로 되어 있다. 선명한 주황색의 둥근 구조는 막 정자를 방출하려는 참이고, 긴 노란색 구조에는 알이 들어 있다. 이들 배우자낭 각각은 몇 가지의 불임세포(sterile cell)들이 둘러싸고 있는 약간의 임성세포(fertile cell)들로 구성된다. 쇠뜨기말속의 개체들에서는 상당한 분화가 일어난다.

밝혀졌다. 잎의 가열, 뿌리의 침수, 냉기, 그리고 높은 염도는 모두 ABA의 급격한 증가를 야기한다. 건강한 식물을 ABA로 미리 처리하면, 이 식물은 스트레스가 많은 조건에 훨씬 내성을 갖게 된다. 식물이 시들기 시작하면 잎 세포의 ABA 농도는 약 20 μg/kg 생중량(fresh weight)에서 500 μg/kg으로 갑자기 증가하고, 공변세포는 기공개구부를 닫는다. 시듦(wilt)에 의해 유도된 ABA의 생산은 다른 모든 기공의 조절보다 중요하다. ABA가 존재하면 정상적으로 기공을 열게 하는 다른 메커니즘들이 효과적이지 못하다. ABA를 만들게 하는 자극은 토양의 건조이고, 이는 뿌리에 의해 감지된다. 토양이 어느 임계수준까지 건조해지면 ABA 생산이 급격히 증가하고, ABA는 물관부를 통해 위쪽의 잎으로 이동하여 기공이 닫히도록 한다.

ABA는 파세인산(phaseic acid)으로 전환하여 제거할 수 있는데, 파세인산의 호르몬 활성은 알려져 있지 않다.

에틸렌

에틸렌(ethylene)은 식물호르몬 가운데 유일한 기체이고 가장 구조가 간단하다(**그림 14-20**). 열매의 발달 과정에서 나타나는 것으로 널리 연구되었다. 사과, 아보카도, 바나나, 망고, 그리고 토마토 같은 열매들은 클라이맥테릭형 과실(climacteric fruit)이다. 이들은 성숙하면서 천천히 숙성하지만, 마지막 단계에서 많은 발생적 변화들이 빠르게 나타난다. 녹말은 당으로 전환되고, 세포벽은 부서지고 부드러워진다. 풍미와 향기가 생기고, 색깔이 변한다. 에틸렌이 이런 변화들을 촉진하지만, 처음에는 에틸렌이 너무

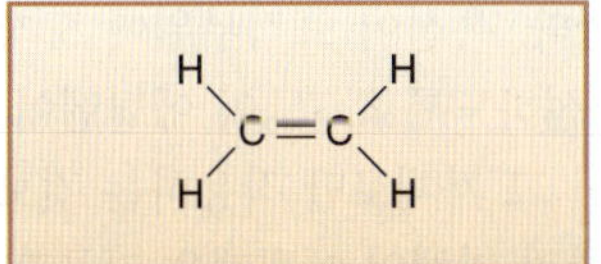

(A)

(B) © Susan_Elle/iStock

그림 14-20 **(A)** 에틸렌은 간단한 작은 분자이다. 에틸렌의 많은 효과들이 이산화탄소에 의해 방해를 받는데, 이는 이산화탄소와 에틸렌의 크기와 형태가 비슷하여 이산화탄소가 에틸렌의 수용체와 결합할 수 있고, 따라서 에틸렌의 정상적인 반응을 차단하기 때문이다. **(B)** 바나나는 숙성하면서 다량의 에틸렌을 생성한다. 이 에틸렌이 확산되면 다른 종류의 열매(이를 클라이맥테릭형 과실이라고 부름)가 빠르게 숙성되도록 촉진한다. 사람들은 종종 바나나, 또는 심지어 바나나 껍질을 다른 과일들과 함께 비닐봉지에 담는다. 그렇게 되면 비닐봉지에 에틸렌이 잡히고, 이 에틸렌은 다른 과일들이 빠르게 그리고 완전히 익도록 만든다. 이와 유사하게, 사과에 솔질을 하면 다량의 에틸렌이 생기고, 이 에틸렌이 다른 사과들을 지나치게 익게 만든다. 그래서 "썩은 사과 하나가 한 통의 사과를 망친다(One bad apple spoils the barrel)"라는 속담이 있다.

적어서 변화가 느리게 나타난다. 그렇지만 이들 열매에서 에틸렌의 효과 중 하나는 더 많은 에틸렌을 만드는 것이고, 이는 **양성되먹임계(positive feedback system)**에 해당한다. 시간이 지나면 농도가 기하급수적으로 빠르게 증가한다. 에틸렌이 급증하고 열매의 숙성이 빠르게 완료되는 것을 **클라이맥테릭형(climacteric)**이라고 한다. 이때 에틸렌 생산은 320 nL/g/hr까지 상승하기도 한다[1 nL = 1나노리터(nanoliter) = 10억 분의 1리터]. 버찌, 레몬, 그리고 오렌지 같은 비클라이맥테릭형 과실(nonclimacteric fruit)에서는 에틸렌이 자체의 생산을 촉진하지 않고, 따라서 에틸렌 농도는 안정적이고 성숙할 때까지 급작스런 변화는 일어나지 않는다.

우리들이 먹는 많은 중요한 과일들의 숙성을 에틸렌이 조절하기 때문에, 이는 상업적으로 중요하다. 버찌와 목화 그리고 호두를 수확할 때 획일적인 탈리를 일으키는 데 에틸렌이 사용된다. 한편 에틸렌은 파인애플의 개화와 결과(fruiting)를 동시에 발생하게 함으로써 쉽게 수확할 수 있게 한다. 부분 진공 상태에서 과일을 저장하거나 운반하면 설익은 열매로부터 에틸렌을 뽑아낼 수 있다. 과일이 시장에 도착할 때 기압을 정상으로 회복시키면 에틸렌이 축적되고 숙성이 일어난다. 열매에 2-클로로에틸포스폰산[2-chloro-ethylphosphonic acid; 상품명은 에스렐(Ethrel)]을 처리하면 분해되어 에틸렌이 방출된다.

기체이기 때문에 에틸렌은 특정한 수송메커니즘에 의하지 않고 확산에 의해 조직 사이를 빠르게 이동한다. 많은 경우에 에틸렌은 옥신의 최종수용체로 작용한다. 옥신이 표적부위에 도착하면 종종 그 자리에서 에틸렌을 생성하도록 하고, 이 에틸렌이 빠르게 확산되어 인근 구역에서 옥신 그 자체로만 작용하는 것보다 훨씬 빠르게 반응을 촉발시킨다. 한편 기체인 에틸렌은 기공과 껍질눈을 통해 식물체로부터 빠져나갈 수 있고, 이는 홍수를 감지하는 방편이 된다. 강에 홍수가 나면 에틸렌이 침수된 줄기에 쌓이고 일부 종에서는 통기조직의 형성을 유도한다.

기타 호르몬

그 밖의 몇몇 화합물들이 호르몬 같은 활성을 보이지만, 이들은 모든 식물에 존재하지 않거나 연구가 별로 이루어지지 않았다.

브라시노스테로이드(brassinosteroid)는 잎의 형태형성, 뿌리와 줄기의 생장, 그리고 관다발의 분화에 관여하는 복잡한 화합물이다. 애기장대(*Arabidopsis thaliana*) 식물에 인공적으로 돌연변이를 일으켜 브라시노스테로이드 합성을 방해하면, 식물체는 비정상적으로 발달하지만 소량의 브라시노스테로이드를 주입하면 구제될 수 있다.

재스몬산(jasmonic acid)은 동물과 곰팡이에 대한 방어에 관여한다. 동물이 식물체를 물어뜯으면 막의 지질들이 방출되고, 그 중 하나인 리놀렌산(linolenic acid)이 재스몬산으로 전환된다. 이 재스몬산이 건강한 세포들로 이동하고, 이들 세포에서 단백질소화효소를 억제하는 화학물질과 알칼로이드를 합성하는 데 필요한 유전자들이 활성화되게끔 유도한다. 이렇게 해서 합성된 물질들은 동물의 먹고 소화하는 능력을 방해한다. 곰팡이가 식물을 공격하면 식물은 약간의 펩티드와 올리고당을 분비하고, 이들 중 일부는 어떻게든 재스몬산이 생성되도록 한다. 그렇게 되면 재스몬산은 식물세포가 항진균화합물을 만들도록 자극한다. 식물은 메틸기를 재스몬산에 붙여서 메틸재스모네이트(methyl jasmonate)를 만들 수 있고, 이 메틸재스모네이트가 식물에서 확산되어 나와 인근의 식물들이 병원체에 저항하도록 자극한다.

아스피린, 즉 아세틸살리실산(acetyl salicylic acid)과 관련된 **살리실산(salicylic acid)**은 병원체, 특히 바이러스에 대한 저항에 관여한다. 인위적으로 잎에 바이러스를 주입하면 살리실산의 농도가 증가하고, 이는 내병성(disease resistance) 유전자들을 활성화시킨다. 살리실산에 의해 매개되는 내성은 바이러스가 침투한 자리에만 국한되지 않고, 식물의 모든 부분들이 내성을 갖게 된다. 이는 전신획득저항성(systemic acquired resistance)이라고 알려져 있다. 메틸재스모네이트의 경우처럼, 살리실산메틸(methyl salicylate)은 휘발성이어서 바람을 따라 다른 식물에 옮겨져서 그 지역에 병원체가 존재한다고 다른 식물들에 경보를 발한다. 이 두 가지 화학물질은 식물들이 서로 연락하는 방법의 일부이다. 한편 천남성과인 사우로마툼속(*Sauromatum*)의 수꽃은 살리실산을 만들고, 이는 굵은 꽃대의 축을 따라 아래로 이동하여 맨 아래 부분에 도달한다. 그곳에서 살리실산은 특정 세포가 열발생호흡(thermogenic respiration)을 하고 따뜻해져서 꽃가루매개동물을 유인하는 냄새가 역겨운 향을 내도록 유도한다.

신호증폭연쇄반응

많은 화학신호전달물질은 그들이 생성된 조직으로부터 이들에 의해 조절을 받게 될 조직으로 특별히 수송되지 않는다. 대신에, 화학신호전달물질을 합성한 세포들은 세포질연락사에 의해 세포에서 세포로 이동하는 전원형질(symplast) 경로나 세포벽 사이를 지나는 전세포벽(apoplast) 경로 또는 체관부를 따라 이동하도록 이들 물질을 방출한다. 따라서 공급원에서 꽤 많이 제공한다 해도 식물체 전반에 걸쳐 호르몬이 확산되면서 농도는 감소하고, 표적세포에서는 아주 적은 호르몬 분자만이 수용체 분자와 실제로 결합하게 된다. 신호는 아주 약하므로 표적세포에서 증폭시켜야 한다.

많은 식물과 동물들은 2배체이므로 대부분의 핵은 각 유전자의 두 사본을 갖고 있다. 가령 세포 생장을 위한 특정 유전자를 활성화하는 데 필요한 호르몬이 있다고 상상해 보자. 각각의 2배체 핵은 대략 60,000개 유전자(각각 30,000개의 두 세트)와 수십억 뉴클레오티드를 갖는다. 호르몬과 수용체의 몇 안 되는 복합체가 원형질막에서 핵으로 확산되고 어떻게든 정확한 유전자를 만나게 될 가능성이 매우 적다. 일부는 세포질에서 쪼개지거나 액포에 흡수되거나 아니면 이 유전자에서 다른 유전자로 돌아다니느라 여러 날을 보내다가 정확한 유전자를 찾지 못할 가능성이 더 크다.

지금까지 연구된 모든 경우에서 이렇게 약한 신호는 표적세포에 의해 증폭되었다. 호르몬이 수용체와 결합하면 흔히 수용체의 형태가 변하고 활성효소가 되는데, 일반적으로 인산화효소(kinase)인 이 효소는 ATP의 인산기를 다른 분자에 전달해 준다. 호르몬-수용체 복합체가 효소이기 때문에 이는 되풀이하여 기능을 한다. 어느 호르몬이 그 수용체 분자와 한 번만 결합해도 증폭되어 수백 분자들이 인산화된다. 두 번째로 새로이 인산화된 분자는 무엇을 할까, 분자들이 핵으로 가서 DNA와 결합할까? 아니다. 보통 이들 분자 역시 활성을 갖는 인산화효소가 되고, 따라서 세 번째 유형의 수천 분자들을 인산화함으로써 신호를 더욱 증폭시킨다. 이제 이 시점에 원래의 하나 또는 둘 또는 셋이 아닌 수천 개의 전령분자(messenger molecule)들이 생겼으므로, 많은 분자들이 핵으로 들어가고 그 중 일부가 적절한 유전자를 빠르게 만날 가능성이 매우 커졌다. 이를 **신호증폭연쇄반응(signal amplification cascade)**이라고 한다.

이해를 돕기 위해 예를 들어, 보자. 가장 중요한 신호증폭연쇄반응 가운데 하나는 MAP인산화효소연쇄반응(MAP kinase cascade)이다. 이 반응은 식물과 동물의 많은 유형의 발생에서 신호의 증폭에 중요한 역할을 하고, 이는 진핵생물의 진화에서 가장 초기에 생긴 것으로 믿어진다(MAP, 즉 미세소관결합단백질은 유사분열에 관여한다). 호르몬과 결합한 수용체는 MAP인산화효소인산화효소인산화효소(MAP kinase kinase kinase, MAP 3K)라고 부르는 인산화효소로 전환된다. 이런 이상한 이름은 이 신호증폭연쇄반응에 세 단계가 있음을 의미하는 것이다. MAP 3K는 수백 분자의 MAP인산화효소인산화효소(MAP kinase kinase, MAP 2K)를 인산화하고 활성화하며, MAP 2K 각각은 수천 분자의 MAP인산화효소(MAP kinase, MAPK)를 인산화한다. MAPK는 표적세포의 유전자 발현과 발생을 조절하는 데 필요한 여러 인자들을 찾아 활성화시킨다. 이 연쇄반응은 한 호르몬 분자만으로도 몇과 몇 조 또는 몇 분 안에 수천 가지 중요한 조절분자들의 활성화를 촉발할 수 있게 해 준다. 한편 MAP 3K는 MAP 2K뿐만 아니라 여러 요인들을 인산화하고, 이와 유사하게 MAP 2K는 MAPK 외에도 많은 다양한 요인들을 활성화하는 것으로 나타났다. 각 단계마다 점점 더 많은 종류의 반응인자들이 활성화된다.

다른 많은 신호증폭연쇄반응들이 존재하는데, 그 중 일부는 특정한 호르몬에 의해 촉발되고, 다른 어떤 연쇄반응들은 특정한 유형의 반응에서만 발견된다. 어떤 상황에서는 다양한 연쇄반응들이 상호작용을 한다. 이를테면 두 호르몬이 모두 동일한 연쇄반응을 활성화하여 두 호르몬이 서로의 효과를 강화한다. 이와는 대조적으로 어느 한 연쇄반응의 효과는 다른 연쇄반응을 정지시키거나 조절할 수 있어서, 어느 하나가 다른 연쇄반응을 억제하거나 변화시킨다.

옥신에 의한 어린싹의 활성화와 억제

옥신은 종종 생장호르몬으로 묘사되는 반면에 ABA는 흔히 억제제로 간주되지만, 유감스럽게도 그런 묘사는 옳지 않다. 호르몬은 그냥 특정 부위의 상황에 관한 정보를 나를 뿐이다. 유도된 반응이 억제인지 아니면 활성화인지의 여부는 반응이 일어나는 자리에 따라서 좌우된다. 복잡한 특징의 예를 지상부의 끝에서 찾을 수 있다.

지상부의 정단분열조직이 생장하고 지상부와 잎 원기들의 새로운 세포들이 생성되면서, 그와 함께 옥신인 IAA가 만들어진다. 어린잎 역시 이 호르몬의 풍부한 원천이다. 옥신의 생산이 개시되도록 인지되는 외부의 신호는 없다. 그 대신에 이는 일반적인 생장 과정에서 식물을 통합시키는 방편이다. 다량의 옥신은 지상부가 신장되고 있고 새 잎을 만들고 있음을 세포들에게 시사한다. 인지도 나타나지 않고 전달도 나타나지 않지만 수송은 일어난다. 줄기에서는 한 시간에 5~20 mm의 속도로 향기부성 극성이동(polar transport)이 일어나는데, 이는 원형질막의 분자펌프에 의한 것으로 추정된다. 이렇게 아래쪽으로 내려가는 옥신의 흐름은 모든 줄기 세포들을 둘러싸고 있고, 적어도 세 가지의 세포형이 옥신에 반응하도록 예정되어 있으며, 각 반응은 특정한 세포형에서 나타난다.

세포 신장

정단분열조직의 바로 밑에 있는 어린 마디줄기의 세포들에서 옥신은 세포의 신장을 촉발시킨다. IAA가 생장을 준비하고 있는 이들 반응세포에 닿으면 IAA는 수용체와 결합하는데, 이 수용체는 옥신결합단백질 *ABP1*(*Auxin Binding Protein 1*)이라고 부르는 작은 단백질로 여겨진다. 세포는 원형질막을 가로질러 바깥으로 양성자들을 능동적으로 수송하기 시작한다(**그림 14-21**). 이는 세포벽을 산성화하는 효과를 갖는다. 양성자들이 섬유소 미세원섬유들을 서로 붙잡는 화학결합의 일부를 깨뜨리고 다른 결합들을 약화시키는 효소들을 활성화시킴으로써 세포벽이 약해지기 시작한다. 만약 원형질체가 팽만하고 벽을 향해 압력을 가한다면 약해진 벽이 늘어나기에 충분한 압력을 행사하게 되고, 그 결과 생장이 일어난다. 미숙한 세포들은 옥신이 없다면 양성자를 배출하지도 않고 자라지도 않는다. 그 아래쪽 마디사이의 완전히 자란 성숙한 세포에는 적절한 옥신 수용체가 없는 것처럼 보이는데, 왜냐하면 옥신은 이들 세포에서 양성자를 배출하게 하지도 않고 세포가 자라게 하지도 않기 때문이다.

정아우성

꼭대기에서 생성되는 옥신에 반응하는 두 번째 자리는 잎겨드랑이에 있는 눈이다. 그 반응은 세포의 신장이 아니라 생장의 억제이다. 꼭대기에서 생성된 옥신은 곁눈의 휴면을 유도하고, 그 결과 각 줄기의 끝에는 오직 하나의 활발한 정단분열조직만 있게 되는데, 이 현상을 **정아우성(apical dominance)**이라고 한다(**그림 14-22**). 이는 역치반응이다. 줄기의 꼭대기에 있는 정단분열조직이 자라면서 올라갈수록 곁눈 주위의 옥신 농도는 차츰 감소하여 어느 시점에는 옥신의 농도가 역치 아래로 떨어진다. 그렇게 되면 더 이상 억제되지 못하고, 곁눈이 차츰 활발해져서 가지나 꽃으로

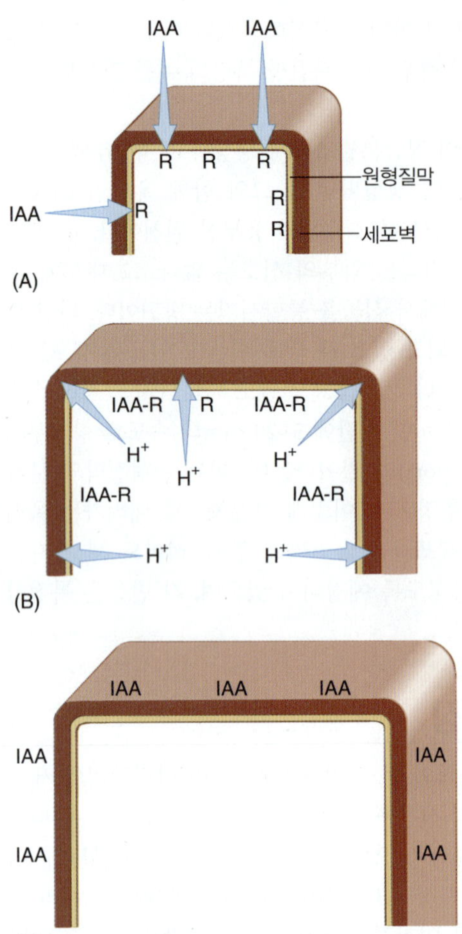

그림 14-21 아정단(subapical) 부위의 세포들은 옥신의 수용체(R)를 갖고 있다. 꼭대기에서 생장이 일어나고 옥신이 생성되면 IAA가 막의 수용체와 결합하게 된다**(A)**. 옥신과의 결합에 의해 자극이 일어나면 원형질막은 세포질로부터 세포벽으로 양성자를 퍼내고**(B)**, 벽을 약화시켜 팽압이 세포벽을 늘이게 만든다. **(C)** 세포가 최대 크기에 도달하면 세포 신장은 멈추고, 아무리 옥신을 추가로 제공해도 더 이상 신장되지 않는데, 이는 막에서 수용체들이 제거되었기 때문일 것이다.

자라게 된다. 곁눈이 자라게 되면 그 또한 옥신을 생성하는데, 이 옥신은 그로부터 새로 형성되는 곁눈들 모두를 억제하게 된다.

관다발조직의 분화

줄기의 꼭대기에서 생성되는 옥신에 반응하는 세 번째 자리는 관다발형성층이고, 그 반응은 세포분열과 형태형성이다. 봄철에 기온이 올라가고 눈이 점점 활발해지면서 옥신이 기부를 향해 이동하고 휴면하는 관다발형성층을 활성화시킨다. 옥신은 유사분열과 세포질분열을 시작하도록 형성층 세포를 자극할 뿐만 아니라 새로 만들어진 딸세포가 물관부 세포로 분화되도록 한다. 이를테면 곤충이나 늦서리에 의해 정단분열조직이 파괴되면 옥신의 향기부성 흐름이 멈추고, 관다발의 분화가 중단되며, 마디사이의 신장이 끝나고, 정아우성은 깨진다. 이제 정아우성으로부터 자유롭게 된 일부 곁눈들이 활발해지면서 옥신의 흐름을 다시 확립하여 관다발형성층을 유지하고 다른 세포들은 다시 그에 의존하게 된다.

그림 14-22 **(A)** 산분꽃나무속(*Viburnum*)의 이 잔가지는 사진을 찍기 두 달 전에 가지치기를 하였다. 가지치기를 하던 시점에는 곁눈이 줄기의 정단분열조직에 의해 완전히 억제되었지만, 가지치기를 하면서 줄기의 꼭대기로부터 내려오던 옥신의 흐름이 멈추고 나서 양쪽의 곁눈들이 모두 활발해졌다. **(B)** 옥신의 농도는 줄기 꼭대기에서 가장 높고 아래쪽으로 갈수록 낮아진다. 옥신의 농도가 역치 수준 아래로 떨어지는 부위에서는 더 이상 곁눈을 억제할 수 없고, 1개 또는 여러 곁눈들이 활발해진다. 가장 아래에 있는 곁눈의 옥신 농도가 충분히 낮음에도 불구하고 가장 아래의 곁눈이 항상 가장 먼저 활발해지는 것은 아니기 때문에 다른 요인들이 관여함이 분명하다.

세 가지의 서로 다른 표적조직들은 세 가지의 뚜렷이 다른 반응을 나타낸다. 그것은 별개의 세 가지 화학신호전달물질이 있기 때문이 아니라(오직 옥신뿐임), 이전에 일어난 분화의 일부가 특수한 방법으로 옥신에 반응하도록 준비하였기 때문이다. 줄기

식물학과 그 너머

박스 14-2 유전자의 이름

애기장대(*Arabidopsis thaliana*)를 연구하는 식물학자들은 많은 자연개체군에서 발견되는 유형인 야생형 유전자는 반드시 **이탤릭체 대문자**로 표기하고, 돌연변이체 대립유전자는 **이탤릭체 소문자**로 표기하기로 동의하였다. 만약 단백질 자체를 논의할 때에는 일상적인 글꼴(폰트)로 나타낸다. 흔히 돌연변이를 유발하는 화학물질에 수천 개의 씨를 노출시킨 다음에 씨를 심어서 흥미로운 형질을 지닌 특이한 식물을 찾아 유전자들을 발견한다. 그런 절차를 거쳐서 애기장대의 어느 식물이 전형적인 식물들보다 아주 많은 기공을 갖게 되었고, 돌연변이형 유전자가 유지되도록 그 식물을 재배하였다. 그 유전자는 돌연변이형의 이름을 따서 *TOO MANY MOUTHS*(*TMM*)로 명명되었다(대문자는 이것이 야생형 대립유전자임을 가리키고, 이탤릭체는 이것이 단백질이 아니라 유전자임을 나타냄). 새로 만들어진 대립유전자는 *too many mouths*이고(소문자는 이것이 새로운 돌연변이체 대립유전자라는 사실을 나타냄), 야생형 유전자에 의해 암호화된 단백질은 TOO MANY MOUTHS, 그리고 돌연변이체 대립유전자에 의해 생성되는 단백질은 too many mouths이다.

이 시스템의 괴괴망측한 것은 유전자가 돌연변이체의 특이한 형질을 따라 명명되었다는 점이다. 야생형의 일상적인 *TMM*형 유전자는 올바른 수의 기공을 생성하는데, 그 이름은 그 유전자가 너무 많이 만든다는 점을 시사한다.

표 B14-2 유전자의 이름

유전자	단백질
TOO MANY MOUTHS	TOO MANY MOUTHS
too many mouths	too many mouths

만일 *TMM* 대립유전자의 염기순서를 알게 된다면 금어초(*Antirrhinum majus*)와 담배(*Nicotiana tabacum*) 그리고 발생학 연구에서 널리 이용되는 그 밖의 식물들처럼 그 발생과 유전체가 잘 알려져 있는 다른 식물들을 대상으로 동등한 유전자들을 검색할 수 있을 것이다. 만약 그런 유전자가 발견된다면, 종의 머리글자를 이용하여 *atTMM*, *amTMM*, *ntTMM*과 같이 이들을 구별하게 된다. 이들 세 유전자는 모두 조상형 *TMM*유전자로부터 유래된 것이다.

의 끝이 건강하고 활발하다는 점을 제외한 그 어떤 정보도 옥신은 나르지 않는다는 점을 깨닫는 것이 중요하다. 개개의 표적조직들은 IAA와 상호작용하고 따라서 그 존재 여부를 탐지하는 수용체 분자를 갖고 있어야 한다. 세 가지의 모든 표적들이 동일한 수용체를 갖고 있는지 아니면 각각의 표적이 독특한 수용체를 갖고 있는지 알려지지 않았을 뿐만 아니라, IAA와 수용체의 상호작용이 어떻게 반응을 촉발하는지도 알려져 있지 않다.

줄기의 호르몬 상호작용

일부 종에서는 정아우성이 오로지 옥신의 유무에 의해 좌우되지만, 어떤 종에서는 둘 또는 세 호르몬의 상호작용으로 정아우성이 나타난다. 활발한 뿌리는 시토키닌을 합성하여 지상부로 수송하고 곁눈을 자극한다. 곁눈이 활발해질 것인지 아니면 휴면을 유지할 것인지는 두 호르몬의 상대적 양에 좌우된다. 만약 식물이 활기차게 자란다면 그 뿌리가 활발하고 시토키닌 농도가 높아지며, 지상부의 정단분열조직으로부터 멀리 떨어진 많은 눈은 옥신 대 시토키닌의 비율이 낮아지면서 활발해진다. 식물이 잘 자란다면 보다 많은 휴면눈의 활성화가 새잎이 만들어지는 속도를 증가시키는 것이기 때문에 이러한 메커니즘은 선택이익이 된다. 정아우성에서 ABA의 역할은 불확실하다. ABA가 휴면 중인 눈에 존재하기는 하지만, 눈이 활발해지기 직전이나 눈이 활발해져서 자라나올 때에 그 농도가 줄어들지 않는다.

회색곰선인장이라고도 부르는 수라도선인장(*Opuntia polyacantha*)의 정아우성은 보다 정교하다. 가시뭉치(spine cluster)는 짧은 줄기이고, 가시들은 몹시 변형된 잎들이다. 가시뭉치를 절제하여 시토키닌이 포함된 조직배양에 두면 휴면 중인 짧은 줄기정단분열조직이 긴 줄기처럼 자라는데, 이는 정상적인 가지와 비슷한 새 '패드(pad)'이다. 만약 배지에 시토키닌 대신에 지베렐린이 포함되면 짧은 줄기정단분열조직이 많은 가시를 만들어 마치 짧은 줄기가 회춘한 것처럼 작용한다.

어떤 호르몬과 펩티드들이 상호작용하여 줄기의 정단분열조직을 조절하는지를 이해하는 연구는 최근 몇 년 동안 큰 진전을 보였다. 분열조직 자체의 세포는 분열하고 생장하여 줄기를 위한 더 많은 세포를 만든다. 새로운 세포들이 생성되는 속도는 일부 세포들이 분열을 멈추고 표피, 피층, 물관부 등등의 성숙한 세포로 분화하는 속도와 일치해야 한다. 만일 너무 적은 세포들이 분화한다면 분열조직은 팽창할 것이고, 너무 많이 분화한다면 분열조직은 줄어들 것이다.

지상부 정단분열조직의 중심에서 어떤 세포들은 *WUSCHEL*(*WUS*)라는 이름의 유전자가 발현하는데, 이는 분열조직 세포들의 생장과 분열을 촉진하는 단백질을 생성한다(**박스 14-2**). 만약 *WUS*만이 활성화된다면 분열조직은 끊임없이 자라서 커질 것이다. 그러나 다른 무리의 세포들에서는 유전자 *CLAVATA3*

(*CLV3*)이 발현되고, 이는 분열조직의 크기를 제한한다. 이 두 유전자들이 음성되먹임고리(negative feedback loop)를 이루는데, 한쪽이 다른 쪽에 영향을 미쳐서 *WUS*는 *CLV3*을 활성화하고, *CLV3*은 *WUS*를 억제한다. 만약 *WUS*가 너무 활발해지면 이는 *CLV3*을 자극하고, *CLV3*은 *WUS*를 억제한다. 그러나 만일 *CLV3*이 지나치게 활성화되면 *WUS*는 지나치게 잠잠해지고 세포는 *CLV3*을 만들도록 자극받지 않는다. 비록 다른 유전자들과 그 펩티드 산물들도 관여하지만, *WUS*와 *CLV3*의 상호작용은 분화와 형태형성의 많은 측면을 조절하는 보편적 유형의 되먹임고리가 된다.

*WUS*와 *CLV3*의 상호작용은 각 식물의 발생 과정에서 변하고 진화 과정에서도 변화한다. 많은 종에서 발아하는 종자의 줄기 정단분열조직은 아주 작지만, 점점 자라서 커진 다음에 안정된다. 어떤 알려지지 않은 메커니즘에 의해 유식물의 *WUS*유전자는 일시적으로 그 효과를 확대할 수 있고, *CLV3*유전자가 억제하도록 자극하지 않으면서 다수의 세포들이 분열능력을 유지하도록 한다. 적절한 성체 크기에 도달할 때 *WUS*와 *CLV3*은 서로 균형을 이루고 분열조직은 확장을 멈춘다(**그림 14-23**).

종마다 줄기 정단분열조직의 전형적인 크기는 다르다. 애기장대 줄기의 정단분열조직은 지름이 일반적으로 약 80 μm이지만, 어떤 종에서는 분열조직이 50 μm로 좁기도 하고, 속씨식물 가운데 가장 보편적인 지름은 200 μm일 것이다. 몇 종의 소철과 선인장[특히 암선인장(*Echinocactus platyacanthus*)과 금호선인장(*Echinocactus grusonii*)]은 지름이 2500 μm(= 2.5 mm; 육안으로도 볼 수 있음)에 달하는 거대한 줄기 정단분열조직을 갖는다. 이러한 사실은 이들 종의 진화과정에서 *WUS*유전자가 *CLV3*유전자의 억제에 덜 민감하도록 진화하였거나, 아니면 *WUS*유전자의 자극에 *CLV3*유전자가 덜 민감하게끔 진화하였음을 의미할 수 있다. 물론 잘 알려지지 않은 다른 요인이 관여할 가능성도 배제할 수 없다.

그림 14-23 선인장에 있는 각 가시뭉치는 곁눈이고, 따라서 보통잎이 너무 작아서 볼 수 없더라도 가시뭉치는 줄기 정단분열조직에 의해 잎이 생겨난 패턴을 보여준다. 사와로선인장이라고도 부르는 이 변경주선인장(*Carnegiea gigantea*)이 아주 어렸을 때 그 줄기의 정단분열조직은 너무 작고 좁아서 분열조직의 잎이 개시되는 구역에는 몇 줄의 잎원기들만 들어갈 수 있었다. 결과적으로 줄기의 기부에는 몇 줄의 가시뭉치들만 있다. 그러나 줄기가 차츰 노성해지고 커짐에 따라 분열조직은 더 많은 줄의 잎원기들이 들어갈 정도로 지름이 늘어났다. 화살표들은 새로 생겨난 줄을 가리킨다. 미래의 어느 시점에서는 줄기의 정단분열조직이 확장을 멈추게 될 것이고, 그 이후에는 능선의 수가 일정하게 유지될 것이다.

호르몬의 두 번째 상호작용은 관다발형성층에서 나타난다. 옥신 단독으로 형성층을 활성화하고 물관부의 분화를 이끌어내지만, 지베렐린도 건강한 줄기에 존재하고 새로운 세포의 일부가 체관부로 분화하도록 야기한다. 옥신과 지베렐린의 상호작용이 없다면 정상적이고 기능적인 관다발계가 생길 수 없을 것이다.

환경요인의 신호인 호르몬

낙엽

지상부와 뿌리의 정상적인 생장은 옥신과 지베렐린 각각의 많은 흐름의 결과이지만, 환경요인 또한 호르몬의 농도에 영향을 미친다. 호르몬은 특정한 부분이 환경의 변화에 맞닥뜨렸다는 정보를 식물의 다양한 부분들에 연락한다. 시든 잎에서 ABA가 방출된다는 점은 앞에서 이미 언급하였고, 다른 사례로는 잎과 열매의 탈리(abscission)를 들 수 있다. 덜 성숙한 잎에서는 다량의 옥신이 생성되는데, 성숙한 잎에서는 옥신의 생산이 낮지만 일정한 수준으로 떨어진다. 잎자루를 통해 옥신이 흘러가는 동안은 탈리대(abscission zone)의 활동이 저해된다(**그림 14-24**). 만약 동물의 섭식이나 수분스트레스에 의해 잎이 손상되면 옥신의 생산은 아주 낮은 수준으로 떨어져서 잎자루가 탈리대의 휴지 상태를 더 이상 지속시킬 수 없게 된다. 이 경우의 인지와 전달은 단순하여, 곤충이나 시듦(wilt)에 의한 훼손이 손상된 잎으로 하여금 탈리를 억제할 만큼 충분히 옥신을 만들지 못하게 만든다. 오래된 잎에서도 충분한 옥신이 없는 결과가 나타날 수 있지만, 가을의 조건이 에틸렌 생산을 촉진하고, 이 에틸렌이 겨울이 오기 전의 잎이 떨어지는 시기에 옥신의 생산과 수송을 억제한다는 증거가 있다.

열매에 충분한 양의 옥신이 존재하고 꽃자루(pedicel)를 통해 옥신이 방출되면 열매는 너무 이르게 떨어지지 않는다. 적어도 식용 육질과(fleshy fruit)의 경우, 열매의 숙성은 옥신과 에틸렌 모두의 지배를 받는다. 씨방벽이 처음에 열매로 전환되는 것은 발달하는 배에서 합성되어 씨방벽으로 수송된 옥신에 대한 반응이다. 옥신은 많은 변화를 자극하는데, 이 가운데 세포의 신장과 분화가 포함된다. 열매가 형성되는 과정에, 심지어 큰 열매가 만들어지는 동안에도 놀랍게도 세포분열은 거의 일어나지 않는다. 옥신의 효과 중 하나는 열매가 발달하면서 에틸렌을 방출하는 것이고, 이는 클라이맥테릭형 과실과 비클라이맥테릭형 과실 모두에서 숙성의 다른 측면들을 유도한다. 열매가 숙성하면 높은 농도의 에틸렌이 옥신의 존재를 무시하고 꽃자루의 탈리를 촉진한다.

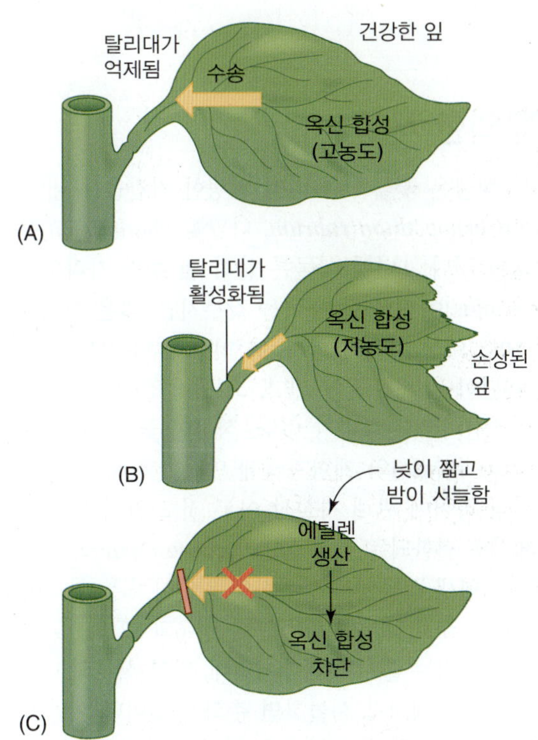

그림 14-24 **(A)** 건강한 잎은 탈리대의 활동을 억제하기에 충분한 옥신을 만들고 수송한다. **(B)** 손상된 잎에서는 옥신의 생산이 줄어들고, 이는 탈리를 막기에 불충분하다. **(C)** 옥신은 에틸렌의 생산을 야기할 수 있고, 에틸렌은 옥신의 합성과 수송을 억제한다. 다른 가설은 가을의 조건이 곧바로 옥신의 합성을 억제하고 에틸렌은 불필요한 것으로 상정한다.

굴성

빛은 굴광성을 일으키는 자극이다. 따라서 색소가 필요하고, 그 흡수스펙트럼은 작용스펙트럼과 일치해야 한다(엽록소와 광합성의 스펙트럼들이 서로 맞아야 하는 것과 똑같다). 작용스펙트럼에서 굴광성을 일으키는 가장 효과적인 파장은 청색으로 나타나고, 그 흡수스펙트럼에 맞는 색소는 작은 단백질이다. 이 단백질을 포토트로핀(phototropin)이라고 부르며, 2개의 플라빈모노뉴클레오티드(flavin mononucleotide)가 색소포(chromophore)로 붙어 있다. 포토트로핀은 세포 원형질막의 성분이고 청색광을 받으면 인산화된다. 한편 청색광은 식물 발생의 다른 측면들도 자극한다. 청색광은 유식물이 땅속에서 나올 때 하배축의 신장을 억제하고, 엽록소와 카로티노이드 합성을 촉진하며, 동이 틀 무렵에 기공이 열리도록 하는데, 이런저런 측면들을 **청색광반응(blue-light response)**이라고 부른다.

귀리의 유식물은 굴광성을 연구하는 데 흔히 이용된다. 귀리를 어두운 데에서 기르고(배젖에 의존하여 생존함), 어느 한쪽에서 잠시 동안 청색광을 비추면 그쪽을 향해 굽힌다. 어둠 속에서 자란 식물은 엽록소를 갖지 않으므로, 흡수스펙트럼과 작용스펙트럼을 연구하거나 빛의 자극역시와 그 양의 역치를 연구할 색소가 존재하지 않는다. 귀리의 유식물을 둘러싸는 가장 바깥쪽의 보호성 잎을 **자엽초(coleoptile)**라고 부르며, 이는 강력한 양성 굴광성을 나타낸다. 귀리 자엽초는 가장 자주 연구되는 기관이다.

청색광을 인지하는 부위는 자엽초의 끝 부분인데, 만약 이 부분을 불투명한 씌우개로 덮어버리면 빛이 쪼이는 방향을 감지하지 못한다. 이와 유사하게, 만일 한쪽에서 빛을 비추기 전에 자엽초의 끝 부분을 잘라버린다면 자엽초의 나머지 부분은 빛을 인지하지 않는다. 전달의 단계들은 잘 알려져 있지 않지만, 그 결과는 비대칭적인 옥신의 재분배이다. 옥신은 자엽초의 한쪽에서 다른 쪽으로 이동한다. 이 과정에서 옥신은 합성되지도 않고 파괴되지도 않는다. 옥신이 차등적으로 재분배되면 자엽초 또는 다른 식물의 줄기에서 어두운 쪽은 가외의 옥신을 받게 되고, 따라서 보다 빠르게 자라서 빛을 향해 굽혀진다. 자엽초나 줄기가 빛에 똑바로 향하게 되면 더 밝은 쪽도 없게 되고 더 어두운 쪽도 없게 된다. 그 결과 차등적 옥신 수송은 멈추고, 기관은 똑바로 자란다. 차등생장의 결과로 휘어진 곳인 반응부위는 자엽초 끝에서 약 5 mm 아래쪽이다(**그림 14-25**).

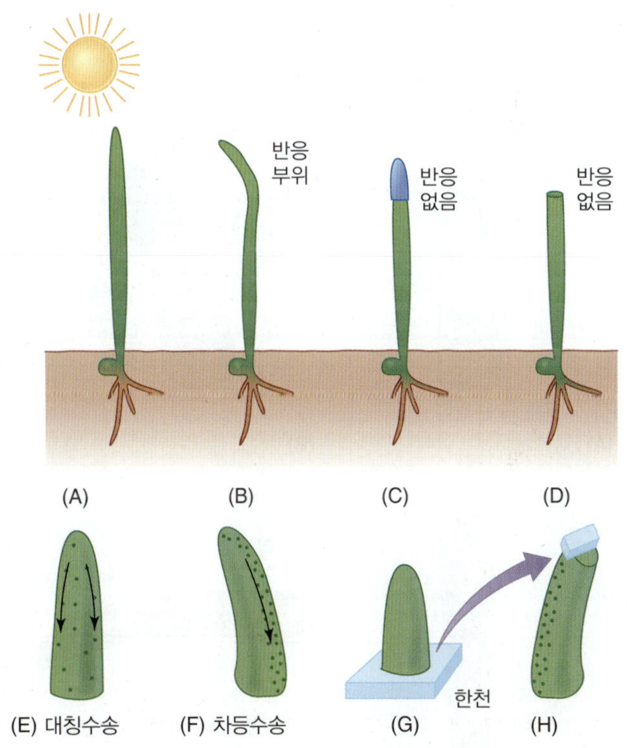

그림 14-25 **(A)** 바로 위에서 비추면 귀리의 유식물은 위쪽으로 자란다. **(B)** 어린 귀리 유식물에 한쪽에서 빛을 비추면 가장 바깥쪽 잎인 자엽초가 휘어지고 빛을 향해 자란다. 만약 자엽초 끝 부분을 덮거나**(C)** 또는 잘라버리면**(D)** 한쪽에서 오는 빛에 반응하지 않으므로, 인지가 일어나는 부분이 끝 부분임을 알 수 있다. 반응이 일어나는 부분을 덮어도 휘어지므로, 반응이 나타나는 부위는 인지와 전혀 무관하다. **(E)** 어두운 조건이나 바로 위에서 빛을 비추면 옥신은 대칭적으로 자엽초 아래로 수송되어, 어느 곳에서나 똑같이 자라게 된다. 한쪽에서 빛을 주면**(F)**, 옥신이 재분배되어 어두운 쪽은 빛을 받는 쪽보다 많은 옥신을 받게 된다. 따라서 어두운 쪽이 빨리 자라고, 그 결과 휘어지게 된다. **(G)** 와 **(H)** 옥신을 작은 한천 조각이나 기타 흡수성 물질에 모아서 끝을 자른 자엽초에 비대칭적으로 올려놓으면 옥신을 받는 쪽은 자라지만 다른 쪽은 자라지 않는다.

뿌리의 양성 굴중성에서는 뿌리골무가 인지하는 기관으로 작용한다(그림 14-11 참조). 뿌리에서 어느 쪽이 아래인지 감지된 다음, 생장억제제가 뿌리골무의 아래쪽으로 수송되고 이어서 뿌리로 수송되면, 그곳에서 아래쪽의 생장을 더디게 한다. 우리는 평형석의 위치가 어떻게 바뀌는지에 대해 거의 아무 것도 알지 못하고, 생장억제제를 확신하지도 못한다. 많은 정황 증거는 그 물질이 옥신이라고 시사한다. 자엽초와 줄기에서 생장을 자극하는 옥신이 어떻게 뿌리에서는 억제제가 될까? 이는 농도와 조직의 감수성(sensitivity)에 좌우된다. 소량의 옥신은 생장을 촉진하지만, 옥신의 양이 많아지면 생장을 저해한다(**그림 14-26**). 자엽초와 줄기는 일반적으로 최적 상태에 못 미치는 양을 가지므로, 옥신이 재분배되면서 보다 많은 옥신을 받게 되는 쪽은 보다 최적의 수준에 가까이 가게 되므로 그쪽이 훨씬 빠르게 자라게 된다. 뿌리는 옥신에 더욱 민감하고 보통 최적 또는 과다한 양을 갖고 있고, 따라서 재분배의 결과로 더 많은 옥신을 받는 쪽은 과다한 옥신 때문에 생장이 억제된다.

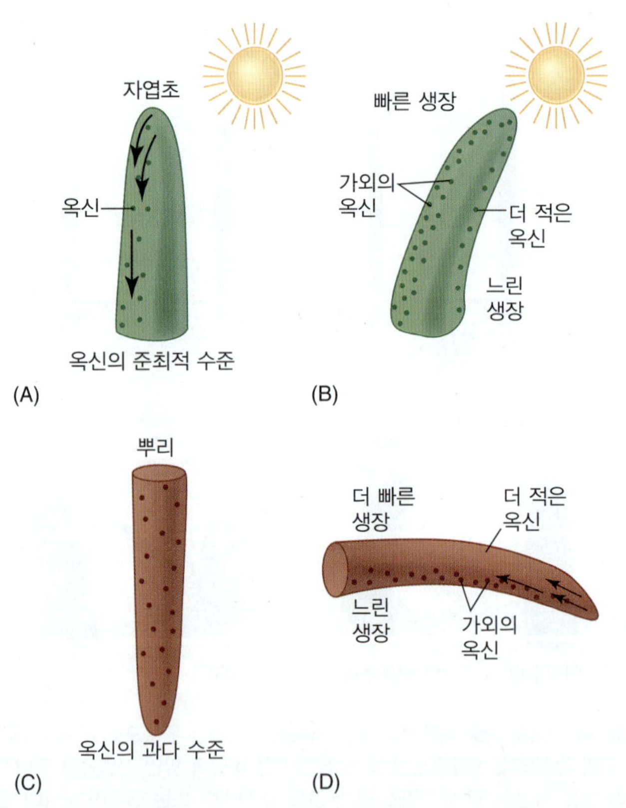

그림 14-26 **(A)**와 **(B)** 줄기에는 가장 빠른 생장을 위한 양보다 다소 적은 양으로 옥신이 들어 있다. 따라서 한쪽에서 비추는 빛 때문에 자엽초 끝에서 옥신이 재분배되면, 옥신이 많아지는 쪽은 최적에 근접하는 수준이 되지만, 옥신을 적게 받는 다른 쪽은 전보다도 생장이 더 나빠진다. **(C)**와 **(D)** 뿌리에는 가장 빠른 생장을 위한 양보다 약간 많은 양의 옥신이 들어 있기도 한다. 뿌리의 양성 굴중성에서, 뿌리골무가 수평으로 놓이면 평형석들이 평형세포의 측면으로 떨어져서 옥신의 하향 재분배가 일어난다. 아래쪽은 가외의 옥신을 받고 생장이 더욱 저해되지만, 옥신을 받지 않는 쪽은 최적에 가까워지고 빠르게 자란다.

개화

성숙에 의한 개화

거의 모든 식물은 꽃을 피우려면 일정한 기간을 보내야 하는데, 소수의 종(*Chenopodium rubrum*, 나팔꽃 *Pharbitis nil*)은 유식물에서도 꽃이 핀다. 1년생 식물은 불과 몇 주만 자라도 개화자극(floral stimulus)에 반응할 능력을 갖추지만, 많은 다년생 식물은 5년에서 10년 이상 자라야 한다. 유럽너도밤나무(*Fagus sylvatica*)는 대략 40년이 넘어야 꽃이 핀다. 그 시기 전에는 아무리 개화를 유도하는 조건이라도 효과가 없다. 식물이 꽃을 피울 수 없는 **유생기(juvenile phase)**와 개화자극에 민감한 **성체기(adult phase)** 간의 대사의 차이에 관해 사실상 아무 것도 알지 못한다. 유생기에서 성체기로 전환되는 것을 **상변화(phase change)**라고 한다.

저온은 2년생 식물에서 상변화의 원인이 되는 자극이고, 과정은 춘화처리(vernalization)이다(그림 14-6과 그림 14-18A 참조). 자극의 인지 부위는 줄기의 꼭대기인데, 만약 식물의 나머지 부분이 따뜻하지만 꼭대기가 서늘하면 춘화가 일어나는 반면, 식물의 다른 부분들이 서늘하더라도 작은 히터로 꼭대기를 따뜻하게 유지시키면 춘화가 일어나지 않는다. 일부 식물에서 자극역시는 하루에 불과하다. 전달 과정에는 산소와 함께 에너지원으로 탄수화물이 필요하다고 알려져 있으며, 최적온도는 빙점 바로 위인 1°C에서 7°C 사이이다. 춘화처리는 안정적 변화를 가져온다. 만약 식물을 따뜻한 조건으로 회복시키더라도 낮이 짧고 밤이 긴 개화자극을 주지 않는다면 여러 해 동안 꽃을 피우지 않은 채 영양생장을 계속한다. 그러나 그 식물은 춘화처리를 간직하고 있고, 마침내 개화자극을 줄 때는 언제든지 꽃을 피운다.

다년생 식물에서 무엇이 상변화를 자극하는지에 관해 우리는 잘 알지 못한다. 종종 개화가 가능한 나무가 꽃을 피우지 못하는 나무와 똑같이 보이기도 한다. 잎, 잔가지, 잎차례, 그리고 나무껍질 모두 비슷하게 보인다. 아이비(*Hedera helix*)는 유생기와 성체기의 형태가 뚜렷이 구별되는 흔한 식물이다. 유생기의 아이비는 장상천열(palmately lobed)의 잎을 갖고서 타고 오르지만(이것이 벽에서 보이는 형태임), 성체기의 아이비는 온전한(entire) 난형 잎을 갖고, 타고 오르지 않는 직립줄기를 갖는다. 아이비는 여러 해 동안 유생기의 상태를 유지할 수 있는데, 담과 울타리에서 광범위하게 자라고 나서 각 가지들이 상변화를 겪고 꽃을 피우기 시작하기도 하지만, 인접한 가지들은 꽃이 피지 않는 유생기를 계속 유지한다.

몇 속의 선인장들은 유생기와 성체기 간에서 훨씬 더 확연한 차이를 나타낸다. 멜로칵투스속(*Melocactus*)과 바케베르기아속(*Backebergia*)의 모든 종들은 유생기의 여러 해 동안에는 보통의 몸으로 자라지만, 상변화를 겪게 되면 성체의 줄기는 속과 피층이 좁아지고, 피층은 녹색이 아니고 광합성을 하지 않으며, 다른 종류의 목부가 생성되고, 잎차례가 변하며, 표피는 나무껍질로 즉시 대체되고, 가시의 크기와 모양과 수가 달라진다. 성체기는 유생기

그림 14-27 이 멜로칵투스속(*Melocactus*)의 녹색 아랫부분은 유생기이고, 빨간 꼭대기는 성체기이다. 이 둘은 오로지 하나의 정단분열조직에 의해 생성된 단일한 지상부의 부분들이다. 어릴 때에는 식물이 몇 년 동안 유생기로 자라고, 몸은 많은 선인장의 몸과 유사하지만 꽃을 피우지는 못한다. 일정 시간이 지나 노성해지면 식물은 상변화를 겪게 되고, 정단분열조직은 이제 좁고 가시가 촘촘한 성체기[이를 꽃자리(cephalium)라고 함]를 만들도록 바뀌는데, 여기에서 꽃이 열린다. 성체는 가시가 빽빽하게 덮고 있어서 광합성을 하지 못한다. 이 식물은 남은 평생 동안 성체로 계속 자라면서 꽃자리는 차츰 커지고 유생기의 아랫부분은 처음 그대로 유지되며, 새로운 광합성조직은 형성되지 않는다.

와 너무나도 차이가 나서 한 식물이지만 전혀 다른 두 식물을 서로 접목한 것처럼 보인다(**그림 14-27**). 에스포스토아속(*Espostoa*)과 파케이로아속(*Facheiroa*)에서는 상변화가 나타날 때 지상부의 좁고 가느다란 띠(등줄기)에만 효과가 미친다. 정단분열조직이 기능을 계속하면서 지상부의 한쪽에서 만들어지는 것은 멜로칵투스속(*Melocactus*)의 성체와 비슷한 특징을 갖는 성체여서 꽃을 피울 수 있지만, 동일한 지상부의 다른 쪽은 유생기에 해당하고 꽃을 피우지 못한다(**그림 14-28**).

그림 14-28 이 에스포스토아속(*Espostoa*)의 녹색 부분은 유생기의 몸이고, 갈색의 띠(등줄기, strip)는 성체기의 몸이다. 어렸을 때에는 약 20개의 가지를 갖는 유생체로 자라지만, 각 가지들이 어느 정도 시간이 지나면 각각 상변화를 겪게 된다. 그렇지만 각 가지의 띠만이 성체가 되고, 가지의 나머지 부분들은 계속 유생기의 특징을 가지면서 계속 발달한다. 꽃은 갈색의 성체 구역에서만 생긴다. 멜로칵투스속(*Melocactus*)과는 달리, 이 에스포스토아속에서는 새로운 광합성 조직들이 해마다 생성된다.

광주기에 의한 개화 유도

식물의 성체가 영양상태에서 꽃이 피는 상태로 전환되는 것은 모든 형태형성 과정 가운데 가장 복잡한 과정일 수 있다. 이는 단일한 과정이 아니고, 여러 다른 종에서 상이한 메커니즘이 존재한다. 어떤 1년생 종에서는 오로지 크기가 중요한 요인이 된다. 완두와 옥수수는 환경조건에 상관없이 잎이 특정한 수가 되면 저절로 꽃이 생긴다. 이 경우, 개화는 내부의 메커니즘에 의해 조절된다. 많은 종, 어쩌면 대부분의 종에서는 꽃 피는 상태로의 이행이 계절의 지표로 작용하는 **광주기(photoperiod)**, 즉 일장(day length)에 의해 촉발된다(**표 14-4**). 이런 식물들 가운데 한 범주는 봄이나 가을에 낮이 짧을 때 꽃이 피는 **단일식물(short-day**

표 14-4 광주기성 종들*

장야식물(단일식물)	단야식물(장일식물)	중일식물
국화(*Chrysanthemum*)	보리(*Hordeum vulgare*)	봉선화(*Impatiens balsamina*)
도꼬마리(*Xanthium strumarium*)	배추(*Brassica* sp.)	강낭콩(*Phaseolus*)
나팔꽃(*Pharbitis nil*)	붉은토끼풀(*Trifolium pratense*)	옥수수(*Zea mays*)
칼랑코에(*Kalanchoe blossfeldiana*)	무궁화(*Hibiscus syriacus*)	목화(*Gossypium hirsutum*)
포인세티아(*Euphorbia pulcherrima*)	페튜니아(*Petunia* sp.)	유럽호랑가시나무(*Ilex aquifolium*)
딸기(*Fragaria chiloensis*)	무(*Raphanus sativus*)	진달래(*Rhododendron* sp.)
종지나물(*Viola papilionacea*)	밀(*Triticum aestivum*)	토마토(*Lycopersicon esculentum*)

*모든 식물은 이들 세 가지의 광주기 범주에 속한다; 이 표에는 우리와 친숙한 몇몇 사례만 실었다.

표 14-5 피토크롬이 광수용체가 되는 광형태형성 반응
마디사이 신장의 억제
잎 모양의 적절한 발달
잎의 기공 개수 증가
엽록소의 양 증가
정아우성 감소; 몹시 가지를 친 무성한 식물 형성
토마토 열매에서 카로티노이드 색소의 축적 증가
덩이줄기와 비늘줄기 같은 저장기관의 형성 개시
목본에서 휴면 개시
딸기의 기는줄기의 형성이나 칼랑코에속(*Kalanchoe*)의 소식물(plantlet)의 형성 같은 영양생식 개시

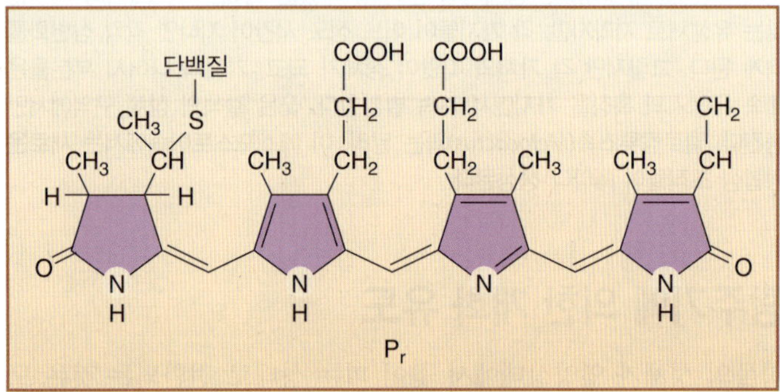

그림 14-29 어떤 피토크롬의 색소포 또는 빛을 감지하는 부분. 분자의 나머지는 단백질이다. 두 부분이 황 원자에 의해 연결되어 있다. 적어도 다섯 군(family)의 밀접한 관련이 있는 피토크롬이 있다고 알려져 있는데, 일부는 중복되는 기능을 갖고, 일부는 뚜렷이 구별되는 기능을 갖는다. 많은 세부사항들은 현재 연구가 진행되고 있다.

plant)이다. 다른 범주인 **장일식물(long-day plant)**은 여름에 낮이 길 때 꽃이 핀다. 낮의 길이에 반응을 하지 않는 식물은 **중일식물(day-neutral plant)**이다.

식물이 어떻게 낮의 길이를 측정하는지에 대해 우리는 잘 알고 있다. 먼저 색소인 **피토크롬(phytochrome)**이 빛의 유무를 감지한다(**표 14-5**, **그림 14-29**). 피토크롬은 약 125,000 달톤의 작은 단백질에 부착된 빛을 흡수하는 부위[색소포(chromophore)]를 갖고 있다. 피토크롬은 세포에서 2합체(dimer)로 나타난다. 피토크롬이 약 660 nm의 적색광을 흡수하면 색소포의 모양이 변하고, 이는 단백질의 접힘을 변화하게 만든다. 이렇게 되면 그 특성의 많은 부분에 효과를 미치는데, 그 가운데 하나가 소수성(hydrophobicity)이다. 다시 접힌 상태에서는 더욱 소수성이 되고 막과 결합한다. 두 번째로 변화된 특성은 그 흡수스펙트럼이다. 이제는 660 nm를 흡수하지 않고 730 nm의 근적외선(거의 적외선) 부위에서 흡수가 일어난다. 그렇지만 이 형태가 근적외선을 흡수하면 다시 접혀져서 적색광을 흡수하는 형태로 돌아가고 막에서 떨어져 나간다. 이 두 가지 형태를 적색광흡수형 **P_r**과 근적외흡수형 **P_{fr}**이라고 부른다. 한편 P_{fr}은 어둠 속에서 P_r로 되돌아간다. P_r은 대사적으로 불활성이지만, 적색광을 흡수하여 P_{fr}로 전환되면 형태형성적으로 활성을 갖고 영향을 미친다. P_{fr}은 활성형이고 대사반응들을 일으킨다. P_{fr}은 핵으로 수송되고 하나 이상의 단백질과 결합하며, 이 둘의 조합이 특정 유전자를 활성화하는 것으로 보인다. 식물에 적색광을 비추면 피토크롬이 활성형인 P_{fr}로 전환되고, 근적외선에 노출되면 피토크롬이 다시 불활성형인 P_r로 돌아간다. 만약 적색광을 비춘 직후에 바로 근적외선을 비추면 피토크롬이 세포 대사에 영향을 미칠 충분한 시간을 갖지 못하고 아무 효과도 나타나지 않는다. 그러나 적색광의 자극역시를 충분히 채운 다음에 근적외선을 비추면 P_{fr}은 변환과정을 끝마칠 수 있고 근적외선은 적색광의 자극을 더 이상 취소할 수 없다(그림 14-10 참조).

자연에서 짧은 낮을 겪는 식물은 자동적으로 긴 밤을 맞게 된다(**그림 14-30**). 이와 유사하게 낮이 길면 밤이 짧게 마련이다. 사실상 밤의 길이가 중요한 요인이 된다. 장일식물(long-day plant)은 실제로는 단야식물(short-night plant)이다. 식물을 생육상(growth chamber)에 넣고 인공적으로 긴 낮과 긴 밤, 이를테면 16시간 동안 빛을 비추고 16시간 어둡게 하여 '하루'가 32시

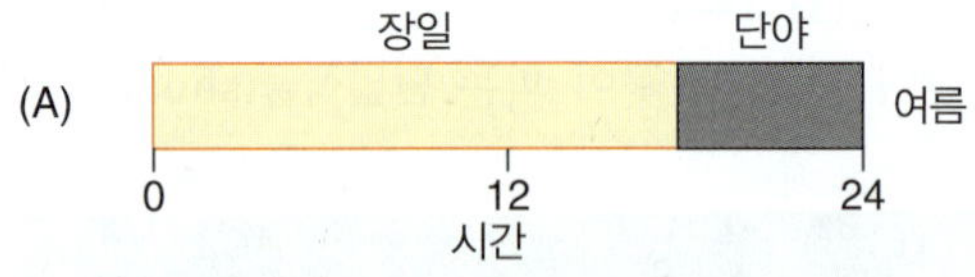

(B) 단일 장야 겨울 0 12 24 시간

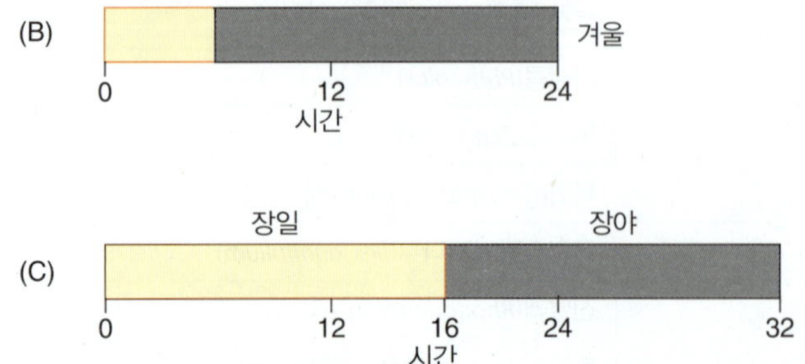

그림 14-30 (A)와 **(B)** 자연의 24시간 명암 주기에서 여름 같이 낮이 길면 반드시 밤이 짧고, 겨울처럼 낮이 짧으면 밤이 길다. 그러므로 식물이 낮 또는 밤을 재면 계절을 알아낼 수 있다. 광주기가 처음 발견되었을 때에는 낮의 길이가 중요하다고 추정하였고, 따라서 모든 용어는 낮의 길이에 기반을 두었다. **(C)** 전등빛을 이용하면 낮이 길고 밤도 긴 광주기(이 경우 32시간) 조건을 만들 수 있다. 이런 조건에서 단일식물(장야식물)은 꽃을 피우지만, 장일식물(단야식물)에서는 꽃이 피지 않는다.

간인 조건을 부여한다고 가정해 보자. 만약 낮의 길이가 중요한 요인이라면 낮이 길기 때문에 식물은 꽃을 피울 것이고, 만일 밤이 중요한 요인이라면 밤의 길이가 짧지 않아서 식물은 개화하지 않을 것이다. 이 실험을 수행한다면 장일식물은 꽃을 피우지 않고, 이는 낮의 길이가 중요한 것이 아니라 밤의 길이가 중요하다는 사실을 나타낸다. 이와 유사한 실험에서는 단일식물(short-day plant)이 실제로는 장야식물(long-night plant)이라고 밝혀졌다. 만약 16시간 주기(명기 8시간/암기 8시간; 낮과 밤 모두 짧은 조건)에 놓이면 식물은 꽃이 피지 않지만, 밤을 길게 해주면, 심지어는 그 후에 낮을 길게 해 주어도 식물은 꽃을 피우도록 유도된다.

각 종은 종마다 밤이 길거나 짧은 독특한 필요조건을 갖고 있다. 즉, '긴 밤'이라고 해서 모두 시간이 동일한 것은 아니다. 대신에 각각의 종은 **임계암장(critical night length)**을 갖고 있다. 단야식물은 이 임계암장보다 밤이 짧으면 꽃이 피지만, 장야식물은 자신의 임계암장보다 밤이 길어야 개화한다. 임계암장이 종마다 다르기 때문에, 만약 단야식물의 임계암장이 장야식물의 임계암장보다 길다면 동일한 조건에서 장야식물과 단야식물이 동시에 꽃이 필 수 있다(**표 14-6**).

낮의 길이와 밤의 길이가 개화를 조절하고 휴면의 시작이나 끝 같은 그 밖의 과정들을 조절하는 현상은 적도에서 멀리 떨어진 지역에서 더욱 흔하게 나타난다. 적도에서 멀어지면 겨울에서 여름으로 갈수록 밤은 계속해서 짧아지고, 그 다음에 여름에서 겨울로 가면서 밤이 꾸준히 길어지게 된다. 적도로부터 거리가 멀어질수록 겨울밤의 길이는 길어지고 여름밤의 길이는 짧아진다. 따라서 만약 5월 1일 직후에 꽃이 피려면 미국 남부나 멕시코에 있는 종은 미국 북부나 캐나다의 종보다 임계암장이 짧아야 한다.

자극역시는 상당히 다양하다. 어떤 나팔꽃에서는 적절한 길이의 한 광주기만으로 개화가 유도되지만, 다른 종에서는 적절한 광주기가 1주나 2주 동안 지속되어야 한다. 밤의 길이를 잴 수 있는 정확도는 다양하지만, 가장 정확한 것으로 알려진 종은 장일식물, 즉 단야식물인 사리풀(*Hyoscyamus niger*)이다. 사리풀은 13시간 40분보다 밤이 짧아야 한다. 예를 들어, 밤이 20분 길어져서 14시간이 되어도 사리풀은 꽃이 피지 않는다.

피토크롬이 밤의 길이를 재는 데 책임이 있다고 발견되었을 때, 대부분의 피토크롬은 낮이 끝날 무렵 P_{fr}로 전환되고 나서 밤에 서서히 P_r로 돌아간다고 가정하였다. 이튿날 아침에 먼동이 트기 전인 밤 동안에 완전히 P_r로 되돌아가면 대사적 변화가 유발될 것이라고 상정하였다. 그렇지만 사실상 모든 P_{fr}은 3시간이나 4시간 내에 P_r로 돌아가고, 그것만으로 밤을 재는 시계가 되기에는 이 시간이 너무 짧다. 대신에 식물 세포에서 일어나는 다른 유형의 시계(곧 설명하게 될 하루주기 리듬)와 반드시 상호작용해야 한다.

표 14-6 장일식물과 단일식물의 동시의 개화

종	임계암장	반응
도꼬마리 (*Xanthium strumarium*)	8.4시간	밤이 8.4시간보다 길면 개화
사리풀 (*Hyoscyamus niger*)	13.6시간	밤이 13.6시간보다 짧으면 개화

도꼬마리는 단일식물이고 사리풀은 장일식물이지만, 낮의 길이가 14시간에서 12시간이 되면 둘 다 꽃이 핀다. 그런 낮의 조건이라면 밤은 10시간에서 12시간이 되고, 도꼬마리의 임계암장인 8.4시간보다 길지만, 사리풀의 임계암장인 13.6시간보다 짧다.

밤의 길이를 인지하는 부위는 어린잎이다. 스포트라이트를 비추어 잎 한 장을 자극하면 식물 전체의 개화를 유도할 수 있고, 반응이 일어나는 부위인 정단분열조직에 빛을 비추지 않더라도 가능하다(**그림 14-31**). 인지 부위가 반응 부위가 아니기 때문에 이들 간에서 화학신호전달물질이 전달되어야 한다. 잎이 빛에 의해 유도되고 나서 즉시 식물체에서 잘려지면 개화는 일어나지 않는다. 잎이 몇 시간 동안 식물체에 붙어 있도록 하면 개화 자극이 만들어지고 잎으로부터 운반되어 나온다. 그런 다음에는 잎을 잘라버려도 식물은 꽃을 피운다. 당연한 실험은 밤의 길이를 적절하게 제공하여 잎을 자극하고, 그런 다음에 잎자루를 통해 운반되는 액체를 모아 정단분열조직에 작용하는 호르몬을 분석하는 것이다. 지금까지 많은 사람들이 이 실험을 수백 차례 수행하였지만 성공을 거듭한 적이 없었고, 이 과정은 언뜻 생각하는 것처럼 단순하지 않다.

광주기의 필요조건이 서로 다른 식물들을 함께 접목하여 매우 흥미로운 결과를 얻었다. 담배의 일종인 실베스트리스담배(*Nicotiana silvestris*)의 개체들은 장일식물이다. 담배(*Nicotiana tabacum*)에는 두 가지 종류가 있는데, 한 재배종(cv. Trabezond)의 개체들은 중일식물들이고, 다른 재배종(cv. Maryland Mammoth)의 개체들은 단일식물이다. 장일식물과 중일식물을 함께 접목하고 낮의 길이를 길게 하면 중일식물에서도 개화가 유도되는데, 이는 접목접착부를 통해 이동한 개화자극에 의한 것으로 추정된다. 이와 비슷하게, 중일식물을 단일식물과 접목시키고 낮을 짧

(A)

(B)

그림 14-31 단야식물에 긴 밤의 조건을 주면 식물은 꽃이 피지 않지만, 어둑한 적색광을 15분간 비춰주면 개화를 유도할 수 있다. 식물은 마치 15분간에 의해 분리된 두 짧은 밤을 겪은 것처럼 행동을 취한다. **(A)** 이와 같은 적색광의 '광중단(night break)'을 식물 전체에 줄 필요가 없다. 적색광의 좁은 불빛을 한 장의 잎에 비추면 식물의 나머지 모두를 어둡게 해도 식물은 개화한다 **(B)**.

게 하면 중일식물에서 꽃이 핀다. 한 중일식물과 다른 중일식물을 접목하면 개화가 증가하지 않으므로, 중일식물끼리의 접목은 효과가 없다.

중일식물에 접목한 단일식물의 조합에 낮의 길이를 길게 해 주면 단일식물은 예상대로 꽃을 피우지 않았고, 그 짝인 중일식물은 그 어떤 것과도 접목하지 않았을 때와 같은 시간에 개화하였다. 그렇지만 중일식물에 접목한 장일식물을 무유도성(noninductive) 짧은 낮 조건에 노출시키면 장일식물이 꽃을 피우지 않았을 뿐만 아니라 중일식물 역시 개화가 억제되었다. 무유도성 조건에서는 장일식물이 실제로 개화 억제제를 만드는 것 같다. 장일식물 담배의 개화는 억제제 생산에서 촉진제 생산으로의 전환에 의해 조절되는 것으로 보이는 반면, 단일식물 담배의 개화는 촉진제의 유무에 의해서만 개화가 조절되는 것 같다. 촉진제는 물론이고 억제제도 분리되지 않았지만, 지베렐린이 촉진제의 합성이나 활성화에 관여하는 것으로 예상된다.

잎에 적절한 일장을 제공하면 *FT*라고 부르는 유전자가 활성화된다는 사실을 발견하면서 개화의 조절에 관한 우리의 이해가 새로운 진전을 맞게 되었다. 이 유전자는 체관부를 통해 정단분열조직으로 운반되는 FT라는 단백질을 암호화한다. 이는 흥미진진한 돌파구이지만, 개화의 조절은 복잡하고 *FT*뿐만이 아닌 수많은 유전자들이 관여하는 많은 변이들과 함께 다른 많은 단계들이 밝혀져야 할 것으로 예상해야 한다.

내인성 리듬과 개화

식물에는 **내인성 리듬(endogenous rhythm)**이 들어 있다. 내인성 리듬이란 대사의 어떤 측면이 두 상태 사이를 되풀이하여 순환하고, 그 순환은 내부 요인인 내부의 시계에 의해 조절되는 것이다. 내인성 리듬의 가장 명백한 예는 괭이밥속(*Oxalis*) 같은 식물의 잎에서 나타나는 '수면운동(sleep movement)'이다. 저녁에는 작은잎(leaflet)들이 아래로 처지고 아침에는 기동세포가 팽압을 증가시키면서 작은잎들이 수평의 위치로 올라온다. 이 운동이 감광반응(photonastic response)이라고 추정하기 쉽지만, 식물을 계속 어두운 곳에 두어도 작은잎들의 위치는 변화를 거듭한다. 작은잎들은 약 24시간마다 위쪽 위치로 돌아오고, 약 12시간 후에 아래로 늘어지는데, 이는 새벽이나 땅거미에 의한 것이 아니라 자체의 내부시계에 의한 것이다. 많은 꽃에서 꽃꿀과 향기의 생성도 내인성 리듬에 의해 조절되고 심지어 장기에 걸친 어두운 조건에서도 주기적으로 나타난다.

시계가 되는 근본 메커니즘은 제대로 이해하지 못하지만, **음성되먹임고리(negative feedback loop)**가 수반되는 것으로 알려졌다. A와 B의 두 가지 단백질이 있고, A는 B를 활성화하는데, B는 A를 억제한다고 상상해 보자. A가 작동하면 B는 차츰 활발해져서 A를 억제하지만, A가 차츰 억제되면서 더 이상 B를 활성화하지 못한다. 결과적으로 B의 활성이 떨어지고, 이는 A의 활성을 증가시킨다. 이 시스템은 리드미컬하게 무기한 반복할 수 있다(클라이맥테릭형 과실에서 나타나는 에틸렌의 양성되먹임계와 비교해 보자). 애기장대에서는 음성되먹임고리에 두 가지가 아닌 최소한 세 유전자들이 관여한다. *TOC1*(과 빛)은 *LHY*와 *CCA1*을 활성화하지만, *LHY*와 *CCA1*의 효과 중 하나는 *TOC1*을 억제하는 것이다.

온도를 일정하게 유지하고 항상 어둡게 하거나 항상 빛을 비추는 균일한 조건에 두면 내인성 주기는 대체로 24시간으로부터 약간 달라져서, 조금 길어지거나 짧아진다(**그림 14-32**). 그렇지만 자연에서는 리듬이 정확하게 24시간의 길이를 갖게 되는데, 그것은 빛이 리듬을 **동조(entrain)**, 즉 재조정(reset)할 수 있기 때문이다. 동조를 위해 빛을 감지하는 색소는 피토크롬이다. 아침마다 뜨는 해의 적색광이 리듬을 재조정함으로써 외인성 명암주기와의

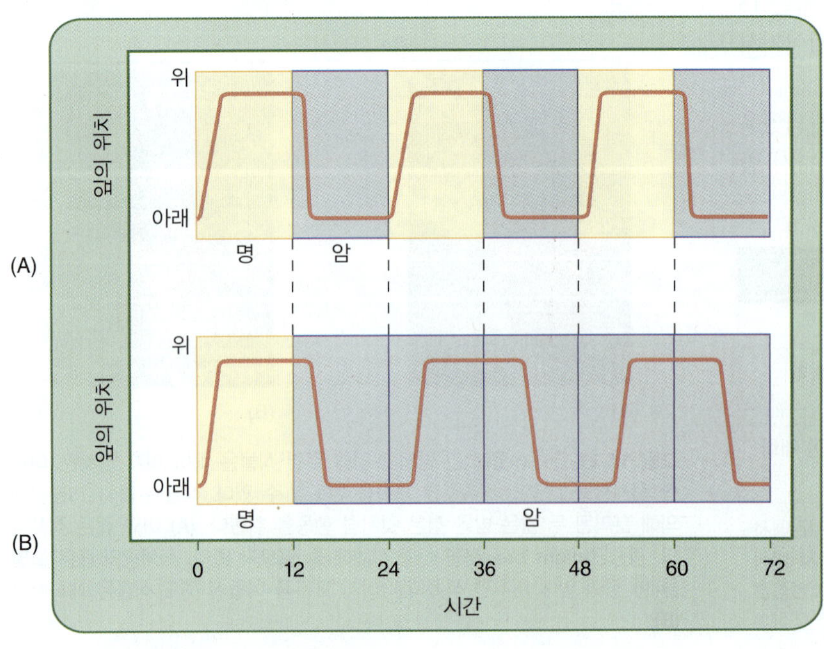

그림 14-32 **(A)** 자연조건에서는 하루주기리듬이 명암주기와 일치하고 정확하게 24시간의 길이가 된다. **(B)** 계속 어두운 조건에서는 대부분의 하루주기리듬 기간이 24시간보다 약간 길어진다. 자연에서는 아침에 뜨는 해가 피토크롬에 작용하여 아침마다 시계를 재조정한다.

표 14-7 식물에서 내인성 리듬을 겪는 대사과정
CAM식물의 대사물질 축적
잎 위치의 변화
줄기와 뿌리의 생장률
유사분열
기공의 개폐
효소활성의 속도
호흡과 기타 물질대사
뿌리의 무기질 흡수

동시화(synchronization)에서 결코 벗어날 수 없게 된다.

내인성 리듬의 많은 유형은 24시간의 길이가 아닌 기간을 갖는다. 세포질 유동 그리고 신장하는 줄기 끝의 나선형 운동은 고작 몇 분에서 몇 시간의 기간을 갖는 하루이내리듬(ultradian rhythm)이다. 그 기간이 대략 24시간이 되면 가장 보편적인 **하루주기리듬(circadian rhythm)**이다(**표 14-7**). 갈조류의 배우자 방출은 28일의 월주기리듬(lunar rhythm)에 의해 조절된다. 어떤 씨앗은 발아력(germinability)의 연주기리듬(annual rhythm)을 갖는다. 균일한 조건에서 저장하고 주기적으로 수분과 온기를 공급하면 씨앗은 리듬에서 봄철에 해당하는 시기에만 발아한다.

암기중단(dark interruption) 실험을 통해 개화에 내인성 하루주기리듬이 관여한다는 사실이 발견되었다. 단일(장야)식물은 긴 밤 시간 동안 15분 정도 잠시 적색광을 비추면 개화를 방지할 수 있다. 피토크롬이 적색광을 감지하고, 식물은 마치 15분간의 낮으로 분리된 두 짧은 밤을 겪은 것처럼 행동한다. 계속 어두운 매우 긴 밤 조건에 있는 단일식물은 광중단(light break)에 민감한 내인성 리듬을 갖는다. 암기에 6시간 동안 광중단을 주거나, 30시간(24 + 6), 54시간(24 + 24 + 6) 등등을 주면 광중단이 개화를 방지한다(**그림 14-33**). 이런 시간들은 정상적인 환경의 암기에 해당한다. 그러나 만약 내인성 리듬이 정상적인 일광 조건으로 '예상하는' 시간에 광중단을 주면[예를 들어, 암처리가 시작한 후에 16시간, 40시간(24 + 16), 또는 64시간(24 + 24 + 16) 동안], 광중단이 개화를 멈출 수 없다. 식물을 균일한 어두운 조건에 두면 임계암기의 적색광중단에 대해 예민하고 무감각한 내인성 주기를 갖게 된다. 어떻게 내인성 리듬과 임계암기가 공조하여 개화를 자극하는지는 알려지지 않았다.

광수용체의 간략한 설명을 **표 14-8**에 나타내었다.

꽃기관 형성의 ABC모형

모든 꽃은 동일한 기본적 발생체제를 갖는다. 대부분의 꽃은 네

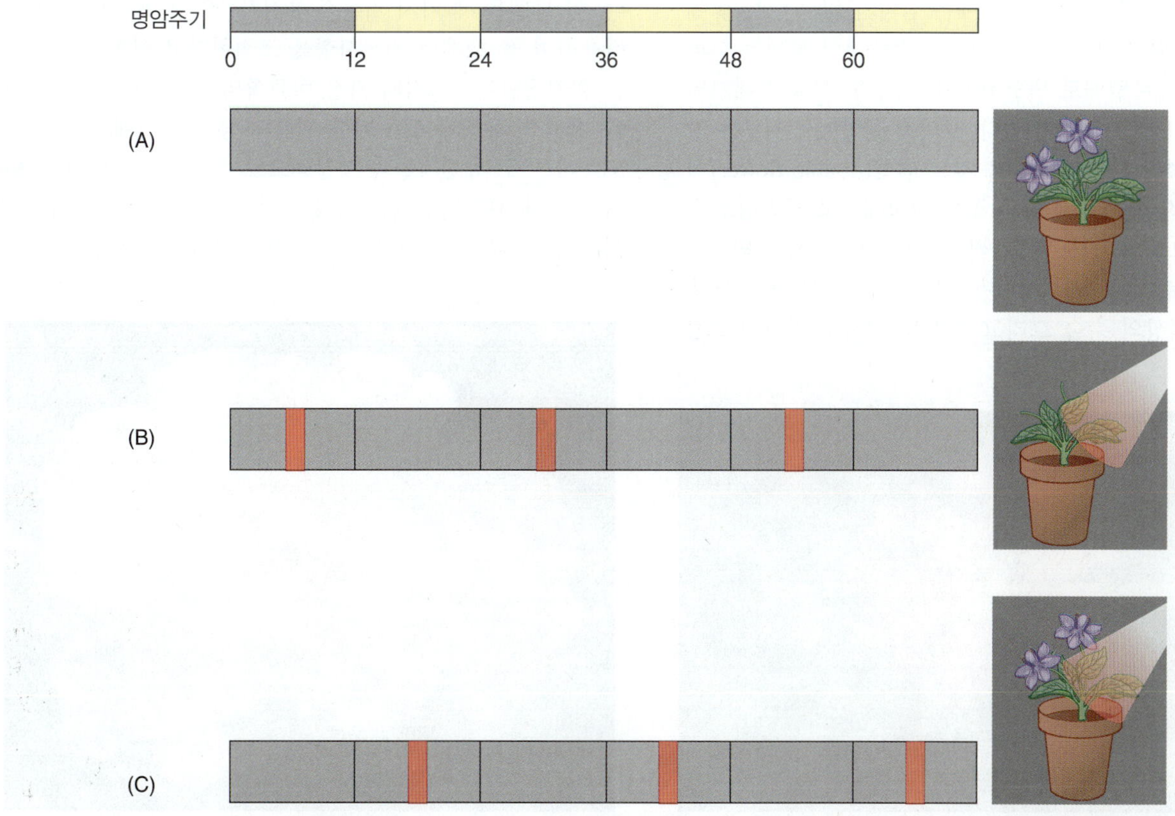

그림 14-33 **(A)** 계속 어두운 곳에 단일(장야)식물을 두면 이 식물은 꽃을 피운다. **(B)** 잠시 적색광을 비추면 이 식물은 꽃을 피우지 않지만, 이는 내인성 리듬에서 이 식물이 밤이라고 '예상하는' 시간대에 비춰야만 효과가 있다. **(C)** 만약 식물이 내인성 리듬에서 낮이라고 '예상하는' 시간대에 광중단을 주면 효과가 없고 식물은 꽃을 피운다. 오래 계속되는 어둠에서 적색광 중단이 언제든지 나타나는 것이 아니라 주기적으로 나타나며, 이는 내부의 시계에 의해 조절된다.

표 14-8 광수용체

식물은 수많은 광수용체를 포함하고 빛의 다양한 파장에 반응한다. 여기에서는 그 가운데 몇 가지를 간략하게 소개한다. 많은 광수용체들이 최근에야 발견되었고, 그 중 몇몇은 아직까지 알려진 바가 거의 없다. 많은 광수용체들은 식물 발생의 수많은 측면에 영향을 미치고, 일부는 상호작용하여 단일한 측면의 발생이 여러 광수용체들에 의해 영향을 받는다. UVR8을 제외한 모든 광수용체들은 색소포에 덧붙여 단백질 부분을 갖는다.

수용체	파장	효과와 주석
피토크롬(phytochrome)	적색광과 근적외선	피토크롬은 한 조상유전자로부터 진화된 여러 동족유전자들의 패밀리에 의해 만들어진다. 속씨식물에서는 적어도 다섯 유전자들이 나타나고, 애기장대에서는 다섯 유전자들이 모두 발현하며, 벼에서는 세 유전자가 발현된다. 피토크롬은 일장의 측정, 종자 발아와 유식물 발생, 그리고 엽록소 합성에 관여한다. 피토크롬의 색소포는 색소체 안에서 합성된다.
크립토크롬(cryptochrome)	UV-A와 청색광	크립토크롬은 동물과 식물 모두에서 나타나며, 광형태형성과 하루주기리듬에 관여한다. 최소한 세 가지 유형이 존재하는데, cry1과 cry2는 핵에서 나타나고, cry3은 색소체와 미토콘드리아에서 나타난다.
포토트로핀(phototropin)	UV-A와 청색광	포토트로핀은 빛에 관하여 굽어지는 굴광성, 엽록체 이동, 기공의 열림 그리고 잎의 팽창에 관여한다. 포토트로핀은 광합성을 극대화하도록 잎이 이산화탄소와 빛을 효율적으로 받아들이는 데 관여하는 것으로 보인다.
자이틀루프(Zeitlupe, ZTL; 독일어로 슬로모션)	UV-A와 청색광	ZTL은 하루주기리듬과 광주기에 의해 조절되는 개화에 관여한다.
UVR8(UV-B Resistance 8)	UV-B	이 광수용체는 자외선 복사의 유해한 수준을 감지하고 식물을 보호하는 스트레스 반응을 개시한다.

가지 종류의 꽃기관을 갖는다. 가장 바깥쪽에 꽃받침조각이 있고, 이어서 꽃잎과 수술이 있으며, 마지막으로 중심에 심피가 있다. 그런데 여기에는 많은 변이가 있다. 풍매화는 보통 꽃받침조각과 꽃잎이 없으며, 많은 종에서 어떤 꽃에는 심피가 없고 다른 꽃에는 수술이 없다. 예를 들어, 옥수수에서 옥수숫대의 꽃에는 심피가 있고 우리가 먹는 열매로 발달하지만, 옥수수 식물 꼭대기의 수꽃이삭은 수술만 있고 심피가 없다. 우리가 꽃밭에서 기르는 많은 꽃들은 수술 없이 가외의 꽃잎을 갖는 겹꽃(double flower)이다(**그림 14-34**). 진정쌍떡잎식물의 꽃은 전형적으로 꽃받침조각, 꽃잎, 수술 그리고 심피가 모두 5개씩으로 이루어져 있고 외떡잎식물은 일반적으로 각각 3개씩이지만, 어떤 꽃은 수십 장의 꽃잎, 100개 또는 그 이상의 수술 그리고 수많은 심피를 갖는다(**그림 14-35**).

다양성에도 불구하고 많은 꽃의 기본 체제는 **ABC모형(ABC model)**이라고 부르는 가설에 의해 설명될 수 있는 것처럼 보인다. 이 모델은 세 가지 기본적 유전자들인 *A*, *B*, 그리고 *C*가 상호작용하여 꽃 체제의 기본사항을 조절한다고 상정한다. 유전자 *A*는 화기정단분열조직의 가장 바깥쪽의 가장 아래쪽 부위에 영향을 미치고, 유전자 *C*는 가장 위쪽의 중심 부위에, 그리고 유전자 *B*는 다른 두 유전자들과 부분적으로 중복된다(**그림 14-36A**). 오직 유전자 *A*만 발현되는 가장 바깥쪽의 가장 아래쪽의 도넛처럼 생긴 부위에서는 영양체의 줄기정단분열조직에 있는 잎원기와 비

(A)

(B)

그림 14-34 **(A)** 몇 장의 꽃잎만 달리는 이 야생 장미는 '홑꽃(single flower)'이다. **(B)** 재배하는 많은 장미들은 수술이 달리는 위치에 가외로 꽃잎이 생기는 돌연변이인 '겹꽃(double flower)'을 갖는다.

(A)

(B)

그림 14-35 **(A)** 이 그랍토페탈룸속(*Graptopetalum*)의 꽃은 흔히 전형적인 진정쌍떡잎식물의 꽃으로 여겨진다. 이 꽃은 꽃받침조각, 꽃잎, 수술 그리고 심피가 모두 5개씩으로 이루어져 있다. 다만 수술은 실제로는 10개인데, 이것이 아주 흔하다. **(B)** 선인장과에 속하는 에피필룸속(*Epiphyllum*)의 이 꽃은 수십 장의 꽃잎(여기서는 36장이 보임), 약 100개의 수술(대부분은 너무 짧아서 여기서는 볼 수 없음), 그리고 11개의 심피를 갖는다는 점에서 전형적인 진정쌍떡잎식물의 꽃과 다르다. 대부분의 종에서는 각 화기정단분열조직에서 소수의 원기들이 만들어지지만, 선인장의 화기정단분열조직에서는 수백 개의 원기들이 형성된다.

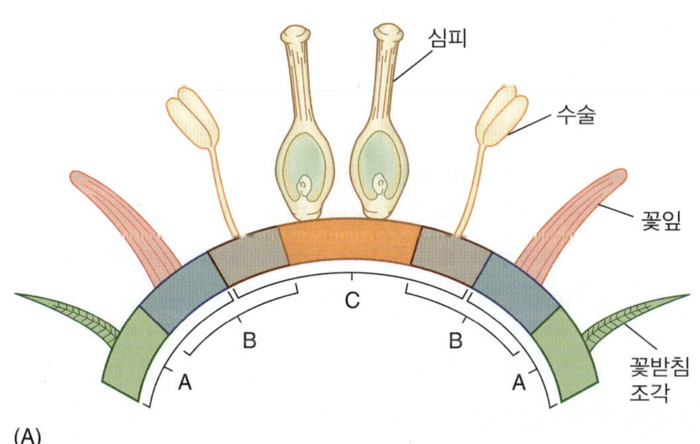

(A)

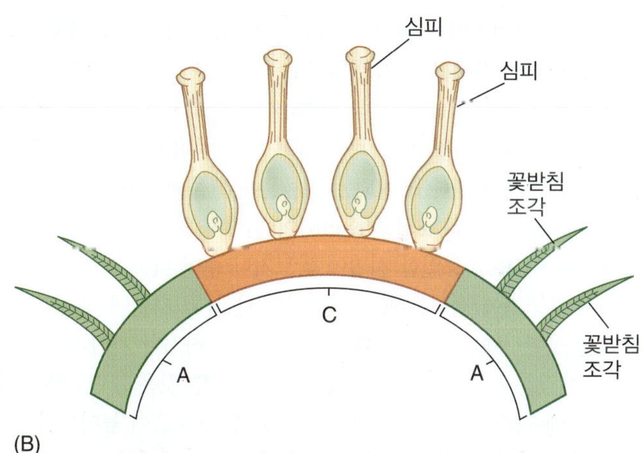

(B)

그림 14-36 **(A)** ABC모형에 따르면 화기정단분열조직의 바깥쪽은 유전자 *A*에 의해 조절되고, 중심 부분은 유전자 *C*의 영향을 받으며, 유전자 *B*는 다른 두 유전자들과 중복된다. 가장 바깥쪽 구역은 오로지 유전자 *A*에 의해 조절되어 꽃받침조각이 만들어진다. 가장 안쪽은 오직 유전자 *C*의 영향을 받아 심피가 생긴다. 꽃잎은 유전자 *A*와 유전자 *B* 모두 활성화되는 곳에서 만들어지고, 수술은 유전자 *B*와 *C*가 모두 활성화되는 곳에서 나타난다. **(B)** 만약 돌연변이가 일어나 유전자 *B*가 불활성화되면 화경정(floral apex)은 오직 두 구역만 나타나는데, 한 구역은 유전자 *A*의 영향을 받아 꽃받침조각의 두 윤생체가 만들어지고, 다른 한 구역은 유전자 *C*에 의해 조절되어 심피의 두 윤생체가 생긴다. 유전자 *B*가 불활성화되면 화경정에는 꽃잎이나 수술이 생기지 않는다.

슷한 원기들이 발달하여 꽃받침조각의 윤생체(whorl)가 된다(잎은 나선형으로 달리지만, 꽃기관들은 일반적으로 돌려난다). 위쪽과 안쪽의 다음 구역에 있는 원기들은 유전자 *A*와 유전자 *B* 모두에 의해 영향을 받고 꽃잎으로 발달한다. 유전자 *B*와 *C*의 조합에서 수술이 생기고, 오로지 유전자 *C*만 발현되는 꽃의 중심에서는 원기가 심피가 된다.

이 모델은 많은 종류의 비정상형(aberrant) 꽃들에 의해 뒷받침되었다. 이를테면 유전자 *B*가 돌연변이를 일으켜 기능을 하지 못하면 꽃의 바깥쪽 부분에서 꽃받침조각이 발달하고 그 안쪽을 심피가 차지한다. 꽃잎이나 수술은 생기지 않는다. 더 중요한 것은, 이런 꽃을 자세히 살펴보면 바깥쪽에 정상적인 꽃받침조각의 윤생체가 있고, 그 안쪽의 꽃잎이 달려야 할 곳에 꽃받침조각의 윤생체가 생긴다. 그러고 나서 수술이 나올 곳으로 예상하는 부위에 심피의 윤생체가 나타난다. 마지막으로 가장 안쪽에는 정상적인 심피가 있다. 그런 꽃은 꽃받침조각과 심피의 단지 두 종류의 꽃기관만 갖지만, 이들은 4개의 윤생체로 배열된다. 중요한 점은 정상적인 꽃기관들이 '잘못된(wrong)' 부위에서 생긴다는 점이다(꽃받침조각이 꽃잎 부위에서 나오고 심피가 수술 부위에서 생김;

식물과 인간

박스 14-3 환경 자극과 지구기후변화

지구기후변화는 전 세계를 급속히 따뜻하고 습하게 만드는 원인이 되지만, 환경 자극을 감지하고 반응하는 식물의 메커니즘은 훨씬 느리게 변화한다. 인간이 석유와 석탄과 천연가스를 태우면서 그리고 숲을 베어 소를 기르는 목장으로 만들면서 대기 중의 온실가스의 양을 증가시키는데, 이는 대기, 토양, 호수, 그리고 바다를 차츰 따뜻해지게 만든다. 해수의 온도가 상승하면 표층수는 더욱 빠르게 증발하며, 대기를 더 습하게 만들고 비와 눈의 양도 증가시키며 나중에 이들은 땅으로 떨어진다. 온도는 모든 곳에서 균등하게 상승하지 않는다. 대신에 대기와 해양의 순환양식이 영향을 받음에 따라 어떤 지역은 차츰 더워지지만 다른 지역은 서늘해지고, 어떤 지역은 습해지지만 다른 지역은 건조해진다.

변화하는 기후는 모든 식물에 지대한 영향을 미치는데, 온도에 반응하는 식물은 물론이거니와 일장에 의해 조절되는 식물에도 영향을 미친다. 상승하는 온도는 온대식물에 있어 매우 중요한 두 가지 사건에 영향을 미쳐서, 봄에 마지막으로 서리가 내리는 날짜가 빨라지고 가을의 첫 서리일이 늦어진다. 많은 지역에서 서리가 내리지 않는 생육기가 빨리 시작하고 늦게 끝나므로 식물의 생육기간이 길어진다.

오로지 온도에 근거하여 발아하거나 순이 나는 식물들은 이토록 길어지는 생육기간을 이용할 수 있고 많은 종류가 번창할 수도 있다. 그러나 광주기에 의해 조절되는 식물들은 그들에게 중요한 밤의 길이, 즉 임계암장(critical night length)이 변하지 않으므로, 수 세기 동안 그래 왔듯이 봄의 동일한 시기에 싹트거나 순이 나고 가을의 전형적인 시기에 휴면기에 접어든다. 이런 식물들은 봄과 가을에 추가되는 따뜻한 날들을 이용할 수 없고, 대신에 광합성을 하거나 자라거나 또는 번식할 수 있는 시기에 휴면한다. 그리고 더 나쁜 것은 그런 식물이 환경의 온도에 지배를 받기 때문에 휴면하는 동안 호흡이 높아진다는 것이다. 광합성에 의해 당을 만들지 못할 뿐만 아니라 호흡을 통해 탄수화물을 더욱 빠르게 소비하여, 봄철에 생장을 재개할 때 이용할 수 있는 저장양분이 훨씬 적어지게 된다.

이제 광주기식물과 온도에 의해 조절되는 식물의 상호작용을 고려해 보자. 이들 식물은 같은 서식지에서 함께 나타나고, 물, 무기질, 뿌리 내릴 자리 등등을 놓고 서로 경쟁한다. 봄에 따뜻한 온도가 보다 일찍 나타나면서 온도조절식물이 광주기조절식물보다 유리한 출발을 하고, 가을에도 마찬가지다. 광주기조절식물은 이 경쟁에서 뒤처질 확률이 크고, 생태계에서 이들 두 가지 유형 식물의 비율이 변하게 될 것이다.

온도가 전체적으로 상승함에 따라 고산지대의 눈 없는 서식가능구역이 고도가 높은 곳으로 점차 올라가게 된다. 이와 비슷하게 서식가능지대는 북반구에서 북쪽으로 확장하고 남반구에서는 남쪽으로 확장하며, 북극과 남극에 가까운 지역들이 생육하기에 알맞게 된다. 다시 한 번 온도조절식물은 이 변화로 득을 볼지 모른다. 이 식물들의 씨앗이 새로운 따뜻한 지역에서 나타난다면 이 식물은 잘 생장하고 번식할 것이다. 그러나 광주기의 조절을 받는 식물은 단지 일부만이 그렇게 될 것이다. 그런 식물은 이미 출현하고 있는 산의 더 높은 지대에서도 살 수 있어야 한다. 광주기에서 임계암장은 산의 위아래에서 같기 때문이다. 그러나 극지방에 가까울수록 하지(6월 20일 또는 21일)를 전후하여 며칠은 24시간 햇빛이 비친다. 이 며칠 동안은 전혀 밤이 없다. 그리고 동지(12월 20일 또는 21일)를 전후하여 며칠은 전혀 햇빛을 볼 수 없다. 초겨울에서 초여름까지 낮의 길이는 0시간에서 24시간까지 증가한다. 적도에서는 1년 내내 낮이 12시간이고 밤도 12시간이다. 이들 양 극단 사이에서 위도가 낮아질수록 낮은 날마다 조금씩 길어지고 고위도에서는 훨씬 더 길어진다. 낮이 매우 길어야 꽃이 피는 식물(예를 들면, 17시간의 낮과 7시간의 밤)은 미국의 북부와 남부 캐나다에서 5월이나 6월에 꽃이 피지만 북쪽의 알래스카와 캐나다에서는 3월에 나타난다. 만약 더 길어진 생육기간 덕분에 그 종이 더 북쪽에서 자란다면 광주기에서 임계암장이 아주 이른 3월에 나타나겠지만, 이 시기는 이 종이 유식물일 때이다. 이런 식물은 새로운 서식지에서 자랄 수는 있어도 번식할 수는 없다.

식물과 식물의 조절메커니즘이 진화한다는 점이 중요하다. 서로 다른 수백 종의 식물들은 광주기에서 임계암장이 서로 다르고, 이러한 변이는 자연선택에 의한 진화를 통해 생겨났다. 변화하는 기후에 식물이 적응할 수 있게끔 그런 메커니즘이 빠르게 진화할 것인지가 중요한 문제이다. 우리는 그 답을 알지 못하지만, 대개 그런 진화는 더디고 인간은 기후의 빠른 변화를 야기하고 있다.

그림 14-36B). 뜻밖의 자리에서 기관이 발달하도록 야기하는 돌연변이를 **체절돌연변이(homeotic mutation)**라고 한다. 유전자 *A*의 돌연변이는 제1윤생체(꽃받침조각으로 예상되는 곳)에서 심피가 생기고 제2윤생체(꽃잎으로 예상되는 곳)에서 수술이 생긴다.

ABC모형은 성공적이어서 현재 많은 실험의 기초가 되고 있다. 많은 식물유전학자들은 애기장대(*Arabidopsis thaliana*)와 금어초(*Antirrhinum majus*) 같이 많은 연구가 이루어진 종들에서 돌연변이를 유발하여, 이 유전자들을 조절하는 방법과 이들이 어떻게 함께 작동하는지에 관해 자세히 연구하고 있다. 아주 많은 종류의 꽃이 있기 때문에 유전자 *A*, *B* 그리고 *C*의 많은 버전뿐만 아니라 유전자 *A*, *B* 및 *C*에 미묘하게 또는 극적으로 영향을 미치는 다른 많은 유전자들을 찾게 될 것으로 예상하고 있다. 그 발생이 아직 밝혀지지 않은 변형된 꽃의 예는 다른 어떤 꽃기관도 없이 오로지 수술이나 심피로만 구성된 꽃들이다(**그림 14-37**).

(A)

(B)

그림 14-37 **(A)** 길게 늘어진 이 가느다란 대에 있는 각 송이는 수술만으로 구성된 참나무속(*Quercus*)의 꽃이다. 봄철에 나무에서 떨어져 인도와 도로 그리고 자동차의 여기저기에 널리어 있는 이 수꽃(staminate flower)을 보았을 것이다. 참나무의 다른 곳에는 오로지 심피만으로 이루어진 꽃들이 있다. **(B)** 부들속(*Typha*)은 두 가지의 극도로 축소된 꽃을 만든다. 꼭대기에는 오직 수술만으로 이루어진 수천 개의 꽃이 있고, 밑에는 오로지 심피만으로 구성된 꽃들이 있다. 두 가지의 꽃 모두 극히 단순하여, 꽃받침조각이나 꽃잎은 없고 주로 수술이나 심피로 구성된다. 약간의 털이 달리기도 한다. 이 사진에서는 암꽃(carpellate flower)들에서 꽃가루받이가 일어나 열매로 발달하였다. 절개하지 않는 한, 잎의 위쪽으로 모습을 드러내기 전까지는 부들의 암꽃을 볼 수 없을 것이다.

다음 단계에서는

1. **조절연쇄반응.** 호르몬이 수용체와 결합할 때 첫 번째 반응은 흔히 인산기의 첨가나 제거에 의해 하나 이상의 효소가 활성화되는 것이다. 이들 효소는 다른 효소들을 활성화하고, 그 효소들은 또 다른 효소들을 활성화한다. 조절적인 연쇄반응을 통해 호르몬 결합이라는 한 가지 사건이 세포 발생의 많은 다양한 측면에 영향을 미친다. 조절연쇄반응(control cascade 또는 regulatory cascade)에 관한 많은 것이 알려져 있지만, 우리가 알지 못하는 것이 훨씬 많다. 이는 독자적으로 연구하기에는 복잡한 주제이므로, 관심이 있는 어느 특정한 호르몬이나 어떤 특정한 발생경로를 찾아서 그 주제에 집중하는 것이 가장 좋다.
2. **환경신호의 인지.** 여러 해 동안 좌절을 겪은 다음, 우리는 결국 식물의 신호인지의 많은 유형에 대한 분명하고 확실한 모델을 구축하였다. 우리가 실험적으로 색(파장)과 세기를 조절할 수 있고 그 빛이 색소에 의해 감지된다는 점을 알고 있기 때문에 빛의 신호(적색광, 근적외선, 청색광)는 유용하게 사용된다. 저자는 빛의 인지를 독자적인 연구의 주제로 추천하지만, 신호인지의 그 어떤 측면도 보람이 있을 것이다. 다만 명심할 점은 이 분야가 매우 활발한 연구 분야이고 틈이 많으며, 그 결과가 명쾌하게 이해되지 않는 많은 실험들이 있다는 것이다.
3. **애기장대 자료.** 미국식물학자협회(The American Society of Plant Biologists)는 모형생물인 애기장대(*Arabidopsis thaliana*)에 관한 정보를 온라인으로 편찬하여 모든 식물학자들과 그 밖의 생물학자들에게 무료로 제공하고 있다(www.arabidopsisbook.org). 이 사이트에서는 그림, 총설, 요약, 에세이, 그리고 연구논문들을 제공한다. 이 사이트는 정기적으로 업데이트하고 있으므로, 자주 방문할 가치가 있다.
4. **개화 개시의 조절.** 거의 100년 동안 미지의 개화신호전달물질을 가리키는 암호로 개화호르몬(florigen)이라는 용어가 사용되었다. 낮의 길이에 의해 개화가 조절되는 식물에 있어서 자극은 잎에 주어져야 하지만, 지상부의 정단분열조직이 잎을 만들다가 꽃을 만들게끔 유도함으로써 반응이 일어나게 된다고 알고 있었다. '개화호르몬'은 화학물질들의 혼합물이라고 추정되었는데, 그것은 자극에 유도된 잎에서 추출한 그 어떤 단일한 화학물질도 지상부의 정단분열조직에 처리하였을 때 원하던 효과를 얻지 못하였기 때문이다. 지난 몇 년 간 *FLOWERING LOCUS*(줄여서 *FT*)라고 부르는 유전자의 전령 RNA가 개화의 신호이거나 여러 화학물질의 복합체 가운데 우세한 부분이라는 사실이 밝혀졌다. 이는 생식에 있어서 결정적인 단계이므로 독자적으로 연구할 가치가 있다.

요약

1. 생물이 환경의 중요한 측면과 변화를 탐지하고 대응하는 것이 선택이익이 된다.
2. 생물체 부분들 간의 연락은 생물의 대사와 발생을 통합하고 조정하는 데 있어서 필수적이다. 어떤 부분들은 그들 스스로 감지할 수 없는 환경 변화나 대사 변화에 반응할 필요가 있다.
3. 식물은 중요한 환경정보를 인지하고, 이를 연락 가능한 방식으로 전달하며, 전달된 정보에 대응해야 한다.
4. 식물이 자극에 반응하는 네 가지 방법은 굴성반응(지향 생장), 감성반응(정형화된 팽압 변화), 형태형성반응(질적 변화) 및 주성(지향하는 유영)이다.
5. 대개 인지 부위는 반응 부위가 아니고 이들은 연락 수단에 의해 연결되어야 한다. 자극역시와 역치는 인지의 중요한 요소이다. 대부분의 연락은 호르몬에 의해 일어난다.
6. 현재까지 알려진 식물호르몬들은 옥신, 시토키닌, 지베렐린, 아브시스산, 에틸렌, 재스몬산 그리고 그 밖의 몇 가지들이다.
7. 호르몬에 대한 반응은 어떤 호르몬이 작용하는지, 반응하는 세포가 준비되었는지 그리고 다른 호르몬들이 같이 존재하는지 아니면 순차적으로 존재하는지에 좌우된다.
8. 꽃이 피려면 수용능(competence)의 유발, 유도조건들의 출현, 꽃을 만들기에 충분하도록 건강한 상태, 그리고 나중에 꽃이 벌어지도록 유도하는 자극의 단계들이 수반되기도 한다.
9. 개화와 많은 다양한 계절적 반응들은 많은 종에서 밤의 길이에 의해 조절된다. 피토크롬은 밤의 길이를 측정하는 데 관여한다.
10. 식물에는 대사의 어떤 측면이 주기적으로 변하는 내인성 리듬이 들어 있다. 가장 흔한 리듬은 대략 24시간의 기간을 갖는 하루주기리듬이다. 이들 리듬은 식물 대사의 많은 측면에 영향을 미친다.

중요한 용어

(꽃의) ABC모형[ABC model (of flower)]
감성반응(nastic response)
광주기(photoperiod)
굴성반응(tropic response)
극성(polarity)
(옥신의) 극성이동[polar transport (of auxin)]
내인성 리듬(endogenous rhythm)
단일식물(short-day plant)
대칭성(symmetry)
분화(differentiation)
상변화(phase change)
성체기(adult phase)
시토키닌(cytokinin)
신호증폭연쇄반응(signal amplification cascade)
실무반응(all-or-none response)
아브시스산(abscisic acid, ABA)
양성되먹임계(positive feedback system)
에틸렌(ethylene)
(자극의) 역치[threshold (for a stimulus)]
옥신(auxin)
용량의존반응(dosage-dependent response)
유생기(juvenile phase)
음성되먹임고리(negative feedback loop)
인돌아세트산(indoleacetic acid, IAA)
임계암장(critical night length)
자극 인지(perception of a stimulus)
자극 전달(transduction of a stimulus)
자극에 대한 반응(response to a stimulus)
자극역시(presentation time)
장일식물(long-day plant)
정아우성(apical dominance)
주성(taxis)
중일식물(day-neutral plant)
지베렐린(gibberellin)
차등생장(differential growth)
청색광반응(blue-light response)
체절돌연변이(homeotic mutation)
춘화처리(vernalization)
클라이맥테릭형(climacteric)
패턴확립메커니즘(pattern establishment mechanism)
평형석(statolith)
평형세포(statocyte)
피토크롬(phytochrome)
하루주기리듬(circadian rhythm)
형태형성반응[morphogenic (morphogenetic) response]
호르몬(hormone)

복습 문제

1. 대부분의 식물은 너무 커서 그 몸이 많은 다양한 환경에 놓이게 된다. 이는 무슨 뜻일까? 한 식물체를 대상으로 그 예를 들어 보자.
2. 자극이 식물의 대사 또는 발생에 변화를 일으키려면 세 가지 작용인 ____________, ____________, 그리고 ____________이 있어야 한다.
3. 식물이 환경요인에 반응할 수 있으려면 먼저 인지해야 한다. 식물이 인지하는 환경신호의 몇 가지 예를 들어 보자.
4. 식물이 자극을 인지하고 나서 반응하기 전에 ____________ ____________이라는 다른 단계를 거쳐야 한다.

이 단계에서는 어떤 일이 일어날까?

5. 식물이 자극으로 감지하는 5가지 환경요인의 이름을 대시오. 각 경우에서 어떤 종류의 정보들이 식물에 제공될까?
6. 다양한 자극들에 대하여 서로 다른 접두사들이 사용된다. 다음의 자극에 대한 접두사는 각각 무엇인가:
   a. 빛
   b. 중력
   c. 접촉
   d. 화학물질
7. 양성 굴성과 음성 굴성은 어떻게 다른가? 경사굴성은 무엇인가?
8. 감성반응은 굴성반응과 어떻게 다른가? 형태형성반응은 무엇인가?
9. 자극의 인지에 있어서 자극역시와 역치는 무엇인가?
10. 자극의 정도에 관한 반응의 정도는 역치와 관련이 있는데, 그 하나는 ___________이고 다른 하나는 ___________이다.
11. 실무반응(all-or-none response)이란 무엇인가? 실무반응에 의해 꽃이 피는 식물의 예를 들어 보자.
12. 용량의존반응(dosage-dependent response)이란 무엇인가? 그런 방법으로 꽃이 피는 몇몇 식물의 이름을 대시오.
13. 식물이 자극에 반응하는 네 가지 방법은 무엇인가? 어떤 반응은 '양성', '음성' 또는 '경사'로 구분하는 반면, 다른 반응은 그렇지 않는 이유는 무엇인가?
14. 거의 모든 식물의 연락은 느린 메커니즘에 의한다. 그 메커니즘은 무엇인가?
15. 지금까지 알려진 식물호르몬들의 이름을 대시오. 식물호르몬의 특징은 무엇인가?
16. 천연옥신 한 가지의 이름을 대시오: ___________________.
17. 호르몬처럼 매우 효과적인 물질의 농도는 식물에서 세 가지 방법에 의해 조절될 수 있다. 그 세 가지 방법은 무엇인가?
18. 많은 물질처럼 옥신은 체관부를 통해 수송될 수 있다. 그렇지만 옥신의 수송만을 위한 두 번째 메커니즘이 존재한다. 그것은 무엇인가?
19. 옥신과 유사하게 시토키닌은 식물의 모든 부분에서 수십 가지의 반응에 관여한다. 그 가운데 중요한 반응 한 가지의 이름을 대시오.
20. 얼마나 많은 종류의 지베렐린이 있다고 알려졌는가? 이들 모두 활성형 호르몬들인가?
21. 식물호르몬 가운데 유일한 기체는 무엇인가? 이 호르몬은 열매의 숙성에 어떻게 관여하는가?
22. 정아우성(apical dominance)이란 무엇인가? 옥신은 정아우성에 어떻게 관여하는가?
23. 옥신이 잎의 탈리를 조절하는 메커니즘을 설명하시오.
24. 식물의 부분이 자극을 향해 굽어지거나 또는 자극의 반대 방향으로 굽어지려면 ____________________이 필요하다.
25. 귀리의 유식물에서 굴광성을 연구하는 데 흔히 이용되는 부분은 어느 곳인가?
26. 다음 문장이 맞는가, 틀리는가? 수년간의 철저한 연구에도 불구하고 식물이 꽃을 만들기 시작하도록 야기하는 메커니즘의 윤곽조차도 아직 모르고 있다.
27. 거의 모든 식물은 꽃을 피우려면 일정한 기간을 보내야 한다. 그 시기 전을 ____________________기라고 한다. 나중에 개화자극에 민감한 시기를 ____________________기라고 한다.
28. 빛은 종종 식물의 개화를 유도하는 중요한 환경요인이지만, 빛의 세기가 중요한 것이 아니다. 빛의 중요한 측면은 무엇인가?
29. 장일식물은 무엇인가? 단일식물과 중일식물은 무엇인가? 임계암장(critical night length)은 무엇인가?
30. 빛의 존재 유무를 감지하는 데 관여하는 색소는 무엇인가? 그 두 가지 형태는 무엇인가?
31. 단일식물은 정말로 짧은 낮이 필요한 것이 아니라 사실상 긴 밤이 필요하다는 것을 알고 있다. 이를 증명할 실험을 설명하시오. 밤 시간 동안에 빛을 주는 조치일까, 아니면 낮 시간에 일정한 어둠의 기간을 주는 실험일까?
32. 내인성 리듬(endogenous rhythm)과 외인성 리듬(exogenous rhythm)의 차이는 무엇인가? 각 유형의 사례를 들고, 각 유형에 짧은 기간의 리듬이나 긴 기간의 리듬이 포함되도록 하자.
33. 식물에서 내인성 리듬을 겪는 8가지 대사과정을 열거하시오.
34. 내인성 리듬이 약 24시간의 기간을 갖는다면, 이를 ________ ____________리듬이라고 한다.
35. 단일식물(사실은 장야식물)을 계속 어두운 곳에 두었다고 상상해 보자. 이 식물의 내인성 리듬이 낮이라고 '예상하는' 시간에 적색광을 비추면 적색광이 개화를 억제할까? 이 식물의 내인성 리듬이 긴 밤이라고 '예상하는' 시간에 적색광을 비추면 어떻게 될까?

CHAPTER 15

유전자와 대사 및 발생의 유전적 기초

학습 목표

이 장을 읽은 다음, 학생들이 할 수 있는 것은;

- 유전자의 차등적 활성화를 설명한다.
- DNA가 안전하고 정확하게 저장되는 세 가지 방법을 상기한다.
- 식물 유전자의 구조와 전사 과정을 요약한다.
- 리보솜과 tRNA의 기능을 논의한다.
- mRNA의 번역을 개시부터 종결 단계까지 요약한다.
- 전사인자가 유전자 활성을 조절하는 과정을 다시 언급한다.
- 유전자를 분석하는 다양한 방법을 설명한다.
- DNA클로닝을 이용하는 한 가지를 말한다.
- DNA염기순서결정의 두 가지 방법을 상기한다.
- 식물유전공학의 한 가지 어려움을 말한다.
- 식물유전공학에서 바이러스를 벡터로 이용하는 과정을 논의한다.

알고 있나요?

- 우리들의 유전자는 필요로 하는 대사경로가 기능적이 되게끔 효소를 합성하도록 하여 발생을 어느 정도 조절한다.
- 어떤 유전자들은 구조단백질들을 생산하게 함으로써 세포의 모양을 변화시킨다.
- 극히 소수의 유전자는 갈색 눈 대 파란색 눈 같이 오직 한 형질을 암호화한다.
- 대부분의 유전자들은 하나 이상의 대사경로의 부분들에 영향을 미치므로, 이들 유전자에 돌연변이가 일어나면 다수의 경로와 형질에도 영향을 미친다.

개요

장의 첫 이미지: 이 옥수수(*Zea mays*) 잎의 각 세포는 여기에 있는 다른 모든 세포들과 동일한 유전자를 갖고 있으며, 핵과 미토콘드리아 그리고 색소체의 유전자도 마찬가지다. 같은 유전자를 갖고 있음에도 불구하고 어떤 유전자는 활성화하고 다른 유전자들은 억제하기 때문에 다양한 세포들은 특정한 형질을 갖게 된다. 이를테면 표피의 세포들은 각피질과 밀랍의 형성을 인도하는 유전자들을 발현하지만, 다른 세포들은 그 유전자들을 억제한다. 물관부의 세포들은 목질소의 유전자를 활성화하지만, 다른 세포들은 그렇지 않다.

개념

식물은 많은 종류의 세포들로 구성된다. 각 종류의 세포들은 효소와 미세소관, 그리고 막단백질 같은 단백질에 크게 좌우되는 별개의 대사를 갖기 때문에 각 세포형은 독특하다. 모든 세포들이 호흡, 아미노산 합성 등등이 수반되는 근본적인 대사를 수행하지만, 각 세포 유형의 반응 가운데 일부는 다른 세포형의 반응과 다르다. 각각은 특징적인 종류의 효소나 그 밖의 단백질을 하나 이상 갖기도 한다. 예를 들면, 꽃의 색을 결정짓는 색소의 합성에 관여하는 효소는 꽃잎 세포에는 들어 있지만 뿌리와 목부 그리고 나무껍질에는 들어 있지 않다(**그림 15-1A**). 그리고 후벽세포에는 2차벽을 만들고 목질화하는 데 필요한 모든 효소들이 포함되어 있지만, 이들 효소와 대사경로는 유조직세포에는 들어 있지 않다(**그림 15-1B~D**).

한편 세포들은 모양이 서로 다른데, 이 또한 단백질의 차이에 따라 크게 좌우된다. 모든 헛물관과 물관요소는 2차벽의 침적을 위한 동일한 효소와 대사를 갖겠지만, 벽이 침착되는 양식은 각기 다르고, 이는 원형질에 들어 있는 단백질 미세소관의 패턴에 따른다(**그림 15-1E**). 이와 비슷하게 세포분열은 정확한 양식으로 일어나고, 그 결과 유사분열방추사가 적절하게 정렬되도록 세포에는 근원적 패턴이 있어야 한다.

각 유형의 단백질을 구성하는 데 필요한 정보는 유전자에 저장되지만, 생물은 유사분열, 즉 복제분열(duplication division)에 의해 생장하기 때문에 그 세포들은 모두 동일한 유전자 세트를 갖게 된다. 개개의 세포가 분화하고 단백질의 독특한 묶음으로 발달하는 근원적인 발생과정은 **유전자의 차등적 활성화(differential activation of gene)**이다. 성숙하는 표피에서는 각피질을 합성하는 효소를 암호화하는 유전자들이 켜진(on) 상태가 되지만, 다른 세포들에서는 그런 유전자들이 꺼진(off) 상태를 유지한다(**그림 15-2**). 다른 한편으로, 체관부 세포를 제외하고 다른 모든 세포들

(A)

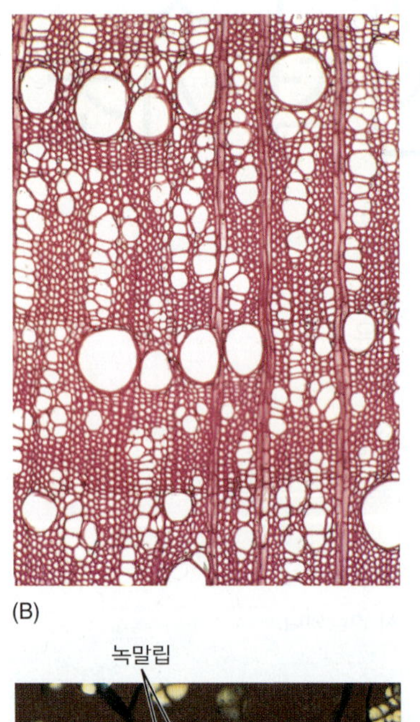

(B)

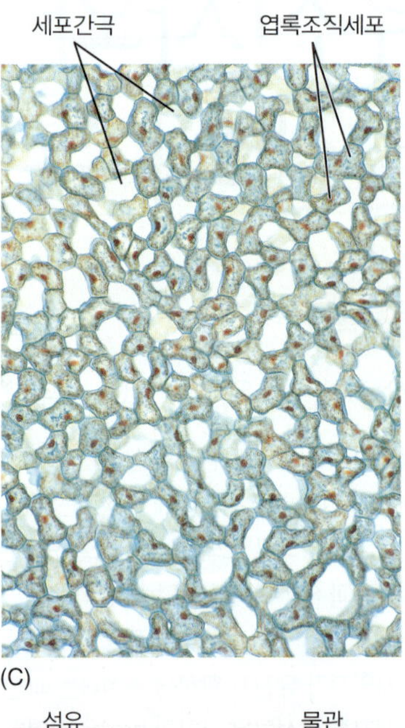

(C)

(D)

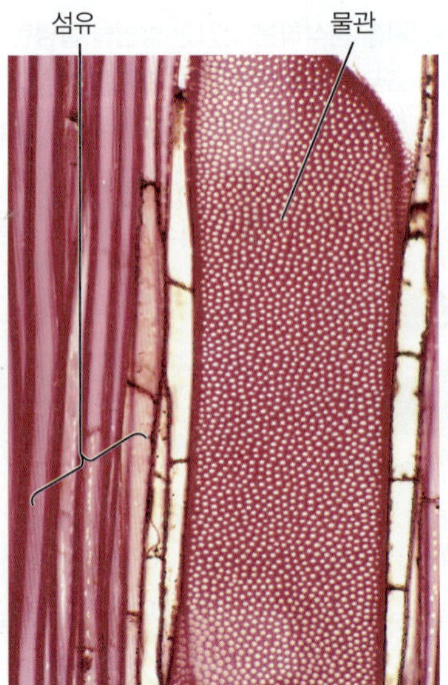

(E)

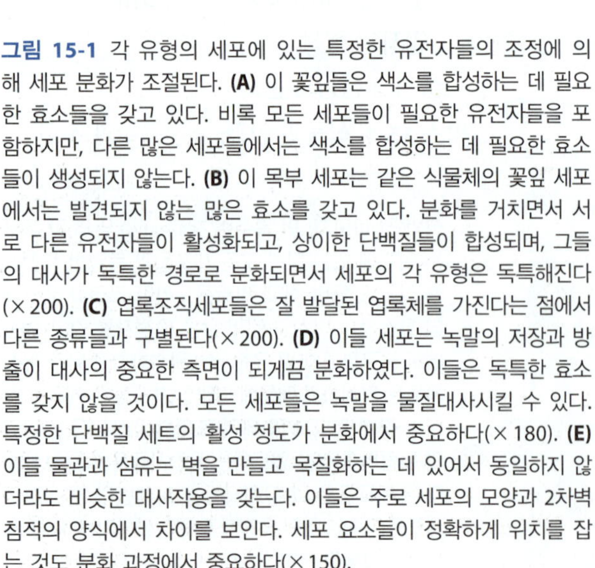

그림 15-1 각 유형의 세포에 있는 특정한 유전자들의 조정에 의해 세포 분화가 조절된다. **(A)** 이 꽃잎들은 색소를 합성하는 데 필요한 효소들을 갖고 있다. 비록 모든 세포들이 필요한 유전자들을 포함하지만, 다른 많은 세포들에서는 색소를 합성하는 데 필요한 효소들이 생성되지 않는다. **(B)** 이 목부 세포는 같은 식물체의 꽃잎 세포에서는 발견되지 않는 많은 효소를 갖고 있다. 분화를 거치면서 서로 다른 유전자들이 활성화되고, 상이한 단백질들이 합성되며, 그들의 대사가 독특한 경로로 분화되면서 세포의 각 유형은 독특해진다(×200). **(C)** 엽록조직세포들은 잘 발달된 엽록체를 가진다는 점에서 다른 종류들과 구별된다(×200). **(D)** 이들 세포는 녹말의 저장과 방출이 대사의 중요한 측면이 되게끔 분화하였다. 이들은 독특한 효소를 갖지 않을 것이다. 모든 세포들은 녹말을 물질대사시킬 수 있다. 특정한 단백질 세트의 활성 정도가 분화에서 중요하다(×180). **(E)** 이들 물관과 섬유는 벽을 만들고 목질화하는 데 있어서 동일하지 않더라도 비슷한 대사작용을 갖는다. 이들은 주로 세포의 모양과 2차벽 침적의 양식에서 차이를 보인다. 세포 요소들이 정확하게 위치를 잡는 것도 분화 과정에서 중요하다(×150).

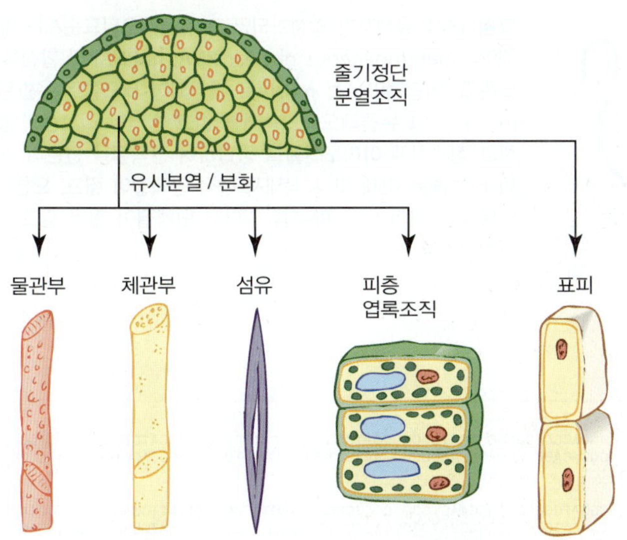

그림 15-2 몸을 구성하는 모든 세포들이 유사분열에 의해 생성되기 때문에 세포들은 모두 동일한 유전자들을 갖는다. 어떤 기초대사 유전자들인 '항존유전자(housekeeping gene)'들은 모든 세포에서 활성화되겠지만, 특정한 경로는 분화 과정에서 활성화되는데, 이는 그런 경로의 효소들을 암호화하는 유전자들이 활성화되기 때문일 것이다. 세포가 성숙하고 나면 세포들은 다시 기초대사로 돌아갈 수 있다. 표피세포들은 흔히 분화하는 동안에만 각피질을 만들고, 성숙한 다음에는 각피질을 생성하지 않는다. 체요소들은 성숙의 일환으로 핵을 상실하고, 관상요소들은 원형질 모두가 소화되어 없어진다. 이들은 모두 성숙하면 물질대사를 하지 않는다.

에서는 P-단백질의 유전자들이 정지 상태에 있다. 발생과 형태형성의 연구에서는 어떤 유전자들이 활성화되고 어떤 유전자들이 억제되는지를 조사한다.

단백질 합성과정에서 정확한 아미노산들이 적절한 배열순서로 편입되어야 하는데, 그것은 그 순서가 단백질의 구조뿐만 아니라 단백질의 다른 모든 특성을 결정하기 때문이다. 세포는 모든 단백질의 서열정보를 보유하는 정보원을 포함해야 하고, 이 정보의 보관소가 **DNA**, 즉 **디옥시리보핵산(deoxyribonucleic acid)**이다. DNA는 대체로 A, T, G, 그리고 C로 줄여 쓰는 네 가지 종류의 디옥시뉴클레오티드(deoxynucleotide) 단위체들로 구성되는 직선 모양의 비분기형 중합체이다(**표 15-1**). 각 뉴클레오티드 단위체들이 DNA로 중합되고 나면 뉴클레오티드의 염기 부분이 측쇄군(side group)으로 돌출된다. 단백질을 정확하게 합성하는 데 필요한 정보는 바로 이 뉴클레오티드 측쇄군의 순서이다. **유전자(gene)**는 특정 단백질의 아미노산순서를 암호화하는 DNA의 각 구역이다. 단백질의 각 종류는 그 자체의 유전자를 갖는다.

환경과 원형질에도 식물의 생장과 형태형성 및 생존에 아주 중요한 정보가 들어 있다. 환경은 계절, 수분의 이용가능성, 종자 발아의 시기, 개화 시기, 그리고 중력의 방향에 관한 유익한 단서를 제공한다. 이들 환경신호와 대사신호들은 핵에 들어가서 유전자와 상호작용하는 화학신호전달물질로 전환되어야 한다. 만약 신호가 가리키는 것이 세포가 물관요소로 분화하는 것이라면, 2차벽의 합성과 목질화에 필요한 효소들을 만드는 모든 유전자들의 위치를 찾아내고 활성화시켜야 한다. 2차벽이 침적되는 특정

표 15-1 뉴클레오티드

기호	염기	뉴클레오시드	리보뉴클레오티드	디옥시리보 뉴클레오티드
T	티민	티미딘	—	dTTP
A	아데닌	아데노신	ATP	dATP
G	구아닌	구아노신	GTP	dGTP
C	시토신	시티딘	CTP	dCTP
U	우라실	우리딘	UTP	—

핵산은 T, A, G, C, 그리고 U로 줄여 쓰는 5가지 염기를 포함한다. 염기에 5탄당이 붙으면 뉴클레오시드(nucleoside)가 되고, 여기에 인산염이 추가되면 뉴클레오티드(nucleotide)가 된다.

염기 + 당 = 뉴클레오시드

염기 + 당 + 인산염 = 뉴클레오티드

DNA가 합성될 때에는 당으로 디옥시리보오스(deoxyribose)를 포함하는 디옥시리보뉴클레오티드(deoxyribonucleotide)가 이용되고, RNA가 만들어질 때에는 리보오스(ribose)를 포함하는 리보뉴클레오티드(ribonucleotide)가 이용된다. 우라실은 DNA에서 나타나지 않고, 티민은 RNA에 없다.

한 양식을 인도하는 단백질들을 암호화하는 유전자들도 기능을 작동해야 한다. 정반대로, 세포는 더 이상 세포분열을 하지 않도록 억제되어야 한다. 유사분열과 세포질분열에 관여하는 유전자들은 억제되어야 한다.

식물학자들은 몇 가지 기법들을 이용하여 많은 유전자들의 위치를 찾아내고 나서 유전자들을 분리하여 시험관 내에서 복제하고, 그 뉴클레오티드순서를 밝힌다. 현재 우리들의 지식은 아직도 부족하지만, **DNA염기순서분석(DNA sequence analysis)**의 이런 기법들이 매우 효과적이어서 엄청나게 빠른 진전을 보이고 있다. 유사한 기법들을 이용하면 DNA염기순서를 변화시키고, 그 다음에 식물세포에 유전자를 다시 삽입할 수 있다. 세포가 생장하고 분열하며 분화하면서 변화된 DNA는 만약 암호부위가 바뀌었다면 바뀐 단백질을 만들 것이고, 조절부위가 바뀌었다면 특이한 시간이나 자리에서 단백질을 만들 것이다. 이러한 **재조합DNA기법(recombinant DNA technique)**은 가끔 **유전공학(genetic engineering)**이라고도 부르며, 자극의 인지와 그 자극에 대한 식물의 반응 사이에서 나타나는 과정들을 이해하는 데 도움이 된다. 더욱이 재조합DNA기법으로 식물의 특징들을 변화시킬 수 있는데, 이를테면 곤충에 대한 내성을 갖게 하거나 사람들에게 더욱 영양가 높은 씨와 열매를 만들도록 할 수 있다.

유전정보의 저장

유전자의 보호

DNA의 정보가 오랫동안 정확하게 저장되는 것이 매우 중요하다. 만약 안전하게 저장되지 못하면 DNA에 의해 만들어진 정보가 부정확하게 될 것이고, 어쩌면 쓸모없거나 심지어 해로울 수도

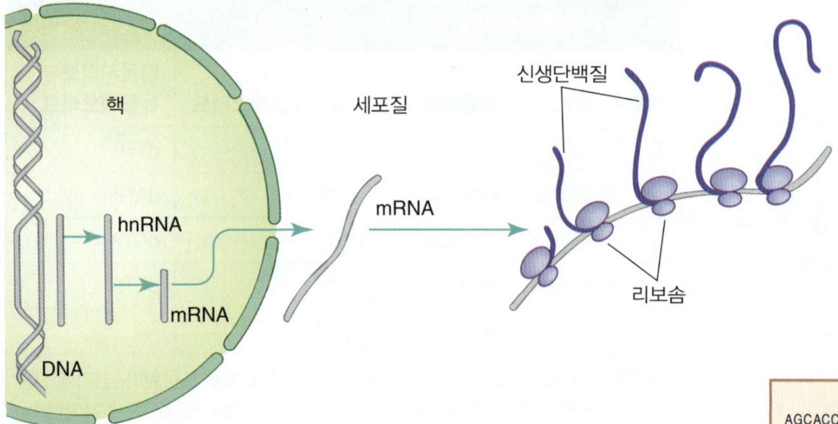

그림 15-3 유전자가 활성화되면 그 뉴클레오티드순서는 '이형핵RNA(heterogeneous nuclear RNA, hnRNA)'의 합성을 유도하고, 이형핵RNA는 mRNA로 변형되어 세포질로 운반된다. mRNA는 그 뉴클레오티드순서를 읽고 번역할 리보솜과 결합하고 정연하게 아미노산들을 중합하여 단백질을 만든다. 왼쪽의 리보솜은 이제 막 시작해서 아직 단백질이 짧고, 오른쪽의 리보솜은 거의 모든 RNA를 읽어서 단백질이 훨씬 길고 거의 완성되었다.

있다. DNA가 비교적 비활성 상태를 유지하고 안전하게 저장되는 몇 가지 방법이 있다.

1. DNA는 단백질 합성에 직접 참여하지 않는다. 대신에 DNA는 전령분자인 **전령RNA(messenger RNA, mRNA)**를 만들고, 이 전령RNA가 DNA로부터 단백질이 합성되는 부위로 정보를 운반한다. DNA가 아니라 RNA가 많은 효소, 기질, 활성제, 그리고 단백질합성의 조절인자들에 노출되는 것이다(**그림 15-3**). 만약 mRNA가 손상을 입으면 mRNA의 많은 복사본으로 대체할 수 있다. 한 세포 내에서는 수천 분자의 특정한 효소들이 필요할 수 있다. 만일 DNA 자체가 각 단백질 분자의 합성을 지휘해야 한다면 단백질들이 충분히 합성되기 전에 DNA는 손상을 입게 될 것이다. 그 대신에 DNA는 mRNA의 여러 복사본을 만들도록 하고, 이들 mRNA 각각이 수백 분자의 단백질을 만들도록 총괄한다.
2. 대부분의 DNA는 핵에 저장되고 핵막에 의해 세포질로부터 보호된다. 간기에 핵의 외부 경계에 핵막이 형성되어 대부분의 세포질 성분과 격리되면서 내부의 핵 물질이 보호된다. 색소체와 미토콘드리아의 DNA는 색소체와 미토콘드리아 자체 내에 위치함으로써 세포질의 효소들로부터 지킨다. 식물의 핵에 있는 유전자들은 약 20,000~40,000 단백질 종류의 정보를 저장하지만, 색소체 DNA는 약 50~100 유전자들만을 암호화하고, 미토콘드리아 DNA는 40 유전자 미만을 지정한다.
3. 히스톤 단백질은 대부분의 핵 DNA를 불활성의 저항성 형태로 유지한다. 히스톤은 모든 진핵생물(식물, 동물, 곰팡이, 조류, 그리고 원생동물)에서 발견되는 특별한 종류의 단백질이다. 히스톤은 H1, H2A, H2B, H3, 그리고 H4의 5종류가 있다. H1을 제외한 나머지 히스톤들은 지금까지 알려진 단백질 가운데 가장 잘 보존된(conserved) 단백질들이다. 즉, 어느 생물의 히스톤 아미노산순서는 다른 어떤 생물의 순서와 거의 동일하다. 이를테면 H4 히스톤은 103개 아미노산을 포함하는데, 암소 같은 고등동물의 아미노산순서는 완두 같은 고등식물의 그 순서와 오직 두 군데에서만 차이를 보인다(**그림 15-4**). 히스톤 단백질들은 몹시 중요하기 때문에 그 아미노산순

```
                                                         -200
AGCACCCTCCCACCTCATCCCACCCTTCTGATCTCAATCCAACGTCGCATCTCCACCGTCTCG
GCCACAGCTCTGACCCAGCCCGCCAAACCACCGGTCCAATCTCTCGGCCACGTCACCGATCCG

                                            -150
CGGATCGACCCAGCGAAGTCCCTCCCGCCCCCAAAGTCCCCCAAATCTTGCAGTTCCCTCCTA
CGGCATCTCTCCCCCGGATCGCCGTCTCGACCGTCCACTCCATCCGCATCCAACGGCAGCCAC

                               -100
AATCCTCCCCATATAAACCAACCCCCCGCCCTCAGATCCCTAATCCCATCGCAAGCATCAGAC
ACGCCTCCTCCAACCTCTCGACCCCTTTAAGACGCCCTTCGCCCCACCCAGCAAATCACAGCA

            -50
TCCCTCCAAAGCAGGCAGCAGCTCCTCTTCTTCCTAATCACACTATCTCGGAGAGGAGCGGCC
CCAGACGCCACCCACCACCGTTCCTCCCATCCCACACTCGCTCGCAGCTCGAGATCGTCGGCC

+1
ATG  TCT  GGG  CGC  GAC  AAG  GGC  GGC  AAG  GGG  CTG  GGC  AAG  GGC  GGC  GCC
---  --C  ---  ---  -G-  ---  --A  ---  ---  --C  --A  ---  ---  ---  ---  ---
     Ser  Gly  Arg  Asp  Lys  Gly  Gly  Lys  Gly  Leu  Gly  Lys  Gly  Gly  Ala
                    Gly

+50
AAG  CGG  CAC  CGG  AAG  GTC  CTC  CGC  GAC  AAC  ATC  CAG  GGC  ATC  ACC  AAG
---  --C  ---  ---  ---  ---  ---  ---  --T  ---  ---  ---  ---  ---  ---  ---
Lys  Arg  His  Arg  Lys  Val  Leu  Arg  Asp  Asn  Ile  Gln  Gly  Ile  Thr  Lys

    +100
CCG  GCG  ATC  CGG  AGG  CTG  GCC  AGG  AGG  GGC  GGC  GTG  AAG  CGC  ATC  TCC
---  ---  ---  ---  C--  ---  --G  C--  C--  ---  ---  ---  ---  ---  ---  --G
Pro  Ala  Ile  Arg  Arg  Leu  Ala  Arg  Arg  Gly  Gly  Val  Lys  Arg  Ile  Ser

      +150
GGC  CTC  ATC  TAC  GAG  GAG  ACC  CGC  GGC  GTC  CTC  AAG  ATC  TTC  CTC  GAG
--G  ---  ---  ---  ---  ---  ---  ---  ---  --G  ---  ---  ---  ---  ---  ---
Gly  Leu  Ile  Tyr  Glu  Glu  Thr  Arg  Gly  Val  Leu  Lys  Ile  Phe  Leu  Glu

          +200
AAC  GTC  ATC  CGC  GAC  GCC  GTC  ACC  TAC  ACC  GAG  CAC  GCC  CGC  CGC  AAA
---  ---  ---  ---  --T  ---  ---  ---  ---  ---  ---  ---  ---  ---  ---  --G
Asn  Val  Ile  Arg  Asp  Ala  Val  Thr  Tyr  Thr  Glu  His  Ala  Arg  Arg  Lys

               +250
ACC  GTC  ACC  GCC  ATG  GAC  GTC  GTC  TAC  GCG  CTC  AAG  CGC  CAG  GGC  CGC
---  ---  ---  ---  ---  ---  ---  ---  ---  ---  ---  ---  ---  ---  ---  ---
Thr  Val  Thr  Ala  Met  Asp  Val  Val  Tyr  Ala  Leu  Lys  Arg  Gln  Gly  Arg

                 +300
ACC  CTC  TAC  GGC  TTC  GGA  GGC  TAG  ATTTGTGTGGTGAAGCAACTTCCTCGTTTGC
---  ---  ---  ---  ---  --C  ---  --A  GGGCCGGCCGGCCGACGGGAGTCACTCTTTG
Thr  Leu  Tyr  Gly  Phe  Gly  Gly

      +350                                                 +400
TCTGTGATCTGTGCTGTCGTAGATGAGATTTACTGATTTGGCGTGCGCCGGTTGTATTCTGTC
TCGCCGCCTGCAGATTCCAGAAGCCTGATGAAGCCCCGACTTGTTTAGTTCGCTATTTCCTCT
```

Sequence data obtained by T. Tabata and M. Iwabuchi

그림 15-4 라인의 각 세트에서 위의 행(row)에는 밀의 히스톤 H4 유전자의 뉴클레오티드순서를 나타내었다. 다음 행에는 다른 종류의 밀의 동일한 유전자의 뉴클레오티드순서를 나타내었다. 두 유전자들이 동일한 곳에서는 2번째 유전자를 대시 기호(-)로만 표시하였다. 단백질을 암호화하는 유전자 부위는 5번째 라인(+1로 표시)에서 시작하고, 라인 각 세트의 세 번째 행에는 단백질의 1차구조인 아미노산순서를 나타내었다. 두 번째 유전자에 돌연변이가 일어나서 첫 번째 유전자와 다른 아미노산을 암호화한 곳에서는 그 아미노산을 4번째 행에 표시하였다. 18군데에서 돌연변이가 일어났음에도 불구하고 그 결과 생긴 아미노산들은 한 군데(+1 개시점부터 4번째 아미노산)를 제외하고는 변함이 없었다. 이러한 돌연변이의 대부분은 유전암호의 중복 때문에 효과가 없는데, 이 15장의 뒷부분에서 보다 상세하게 다룰 예정이다. 유전자의 비번역부위(처음부터 +1까지, 그리고 +309에서 끝까지)들은 고도로 보전적이 아니어서, 이들 부위에서는 두 유전자들이 몹시 달라진다.

서에 조금이라도 변화가 생기면 생물이 죽거나 적어도 번식하지 못하게 된다.

히스톤이 집합체를 형성하고 DNA가 그 주위를 둘러싸서 **뉴클레오솜(nucleosome)**이라는 공 모양 구조를 이룬다. 그러고 나서 히스톤 H1은 뉴클레오솜을 묶어서 단단히 감긴 형태로 만든다. 이러한 방식에서 DNA/단백질 구조인 **염색질(chromatin)**은 몹시 빽빽하여 효소가 침투할 수 없고 DNA는 비교적 불활성이다. DNA를 분해하는 효소인 **DNA분해효소**(**DNase**; **DNAase**라고도 씀)에 직접 노출되더라도 히스톤과 결합한 DNA는 손상을 입지 않는다. 그렇지만 염색질은 조절분자들에 민감하고, mRNA 합성을 준비하거나 세포주기의 S기 동안에 DNA의 복제를 준비하기 위해 풀어질 수 있다.

색소체와 미토콘드리아 그리고 원핵생물의 히스톤이나 뉴클레오솜을 갖지 않으며, 그 DNA들은 나출되어 있다.

유전암호

단백질을 합성하는 데에는 20종류의 아미노산들이 이용되지만, DNA 또는 mRNA에는 4종류의 상이한 뉴클레오티드가 있을 따름이다. 따라서 한 뉴클레오티드가 어느 한 아미노산을 지정할 수 없는데, 이는 16종류의 아미노산을 암호화하는 뉴클레오티드가 없기 때문이다. 이와 유사하게, 이를테면 AU는 이소류신을 그리고 CC는 프롤린을 지정하듯이 뉴클레오티드가 둘씩 짝을 지어도 오직 16쌍이 가능하기 때문에 이 또한 이용할 수 없다. 뉴클레오티드를 3개씩 무리지어 읽게 되면 64가지의 트리플렛(triplet)이 가능하고, 이를 **코돈(codon)**이라고 한다. **표 15-2**는 각 코돈이 지정하는 아미노산들을 보여준다. 이 코돈은 DNA의 트리플렛이 아니라 mRNA의 트리플렛을 나타낸다는 점에 주목하자.

64가지의 가능한 트리플렛이라면 각 아미노산이 코돈과 짝을 이루고 나서 44개의 코돈이 남게 된다. UAA, UAG, 그리고 UGA의 세 코돈은 **종결코돈(stop codon)**이다. 종결코돈은 리보솜이 단백질 합성을 중지하라는 신호가 된다. AUG는 mRNA에서 단백질 합성의 시작점을 가리키는 **개시코돈(start codon)**이다. 나머지 40개의 코돈 역시 아미노산의 암호가 되므로, 대부분의 아미노산은 둘 또는 세 코돈을 갖게 된다. 예를 들면, UUU와 UUC는 모두 페닐알라닌의 암호이고, CAU와 CAC는 히스티딘의 암호이다. 대부분의 아미노산에 대해 여러 코돈이 존재하기 때문에 유전암호는 **축중(degenerate)**되었다고 한다. 축중은 한편으로 DNA를 보호한다. 이를테면 돌연변이가 일어나서 mRNA의 코돈이 UUU에서 UUC로 바뀔 수 있지만, 이 두 코돈이 모두 페닐알라닌의 암호이기 때문에 이 돌연변이가 일어나기 이전과 이후에 같은 아미노산이 만들어진다.

유전암호는 거의 완벽하게 공통적(universal)이다. 모든 생물과 유전체계는 하나 빼고는 표 15-2와 같은 유전암호를 공유한다. 바이러스, 원핵생물, 곰팡이, 동물, 그리고 식물은 모두 특정 아미노산을 지정하는 데 있어 동일한 암호를 사용하고, 색소체 DNA의 경우도 마찬가지다. 다만 미토콘드리아에서는 몇 개 코돈이 달라진다. 이토록 유전암호가 보편적 공통성을 갖는다는 사실은 지구상에서 생명이 오직 한 차례 생겨났고 모든 생물은 한 공통조상으로부터 진화되었다는 점에 대한 강력한 증거의 하나가 된다.

표 15-2 mRNA의 암호

첫 번째 염기	두 번째 염기				세 번째 염기
	U	C	A	G	
U	UUU 페닐알라닌	UCU 세린	UAU 티로신	UGU 시스테인	U
	UUC 페닐알라닌	UCC 세린	UAC 티로신	UGC 시스테인	C
	UUA 류신	UCA 세린	UAA 종결	UGA 종결	A
	UUG 류신	UCG 세린	UAG 종결	UGG 트립토판	G
C	CUU 류신	CCU 프롤린	CAU 히스티딘	CGU 아르기닌	U
	CUC 류신	CCC 프롤린	CAC 히스티딘	CGC 아르기닌	C
	CUA 류신	CCA 프롤린	CAA 글루타민	CGA 아르기닌	A
	CUG 류신	CCG 프롤린	CAG 글루타민	CGG 아르기닌	G
A	AUU 이소류신	ACU 트레오닌	AAU 아스파라긴	AGU 세린	U
	AUC 이소류신	ACC 트레오닌	AAC 아스파라긴	AGC 세린	C
	AUA 이소류신	ACA 트레오닌	AAA 리신	AGA 아르기닌	A
	AUG (개시) 메티오닌	ACG 트레오닌	AAG 리신	AGG 아르기닌	G
G	GUU 발린	GCU 알라닌	GAU 아스파르트산	GGU 글리신	U
	GUC 발린	GCC 알라닌	GAC 아스파르트산	GGC 글리신	C
	GUA 발린	GCA 알라닌	GAA 글루탐산	GGA 글리신	A
	GUG 발린	GCG 알라닌	GAG 글루탐산	GGG 글리신	G

mRNA의 트리플렛은 코돈이고, 유전자 자체의 DNA 트리플렛은 이와 상보적이다. 코돈의 첫 번째 염기는 왼쪽에 있고, 두 번째 염기는 맨 위에 있다. 각각의 큰 박스 안에는 네 가지의 가능한 세 번째 염기들이 있고, 이들 각각 아미노산을 지정한다.

유전자의 구조

어떤 세포이건 90%에 달하는 대부분의 유전자는 많은 시간을 휴

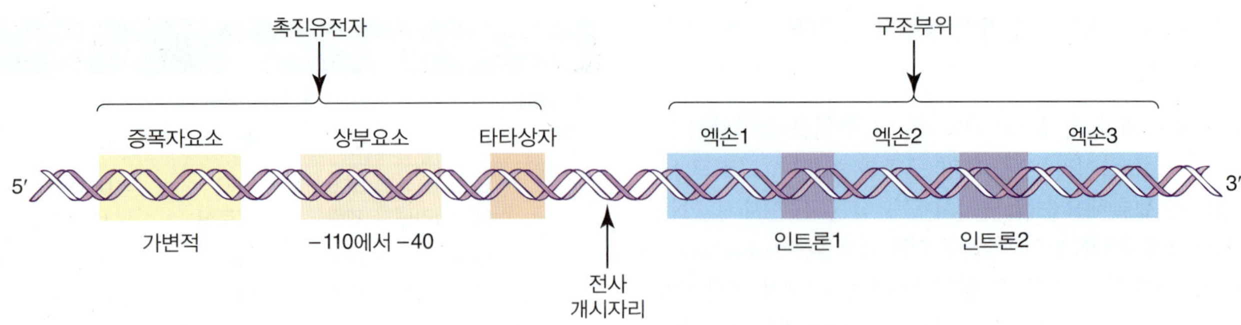

그림 15-5 리보오스와 디옥시리보오스의 탄소들은 1′부터 5′까지 번호를 붙인다. 인산염은 5′ 탄소에 부착하고, 중합에 쓰이는 수산기는 3′ 탄소에 부착한다. 어떤 핵산이라도 5′ 말단과 3′ 말단을 갖는다. 유전자는 항상 5′ 말단에서 읽혀지고, 따라서 촉진유전자는 왼쪽에 있다. 뉴클레오티드는 구조부위의 왼쪽 경계부터 시작하여 번호가 붙여진다. 이보다 왼쪽에 있는 뉴클레오티드에는 음수가 매겨지고 상부(*upstream*)라고 한다. DNA가 2중가닥이기 때문에 그 길이는 뉴클레오티드쌍 또는 염기쌍의 수로 잰다. 반면에 RNA는 외가닥이므로 그 길이는 뉴클레오티드 또는 염기의 수로 측정한다.

지 상태에 있다가 세포가 특정 효소를 필요로 할 때에만 효소의 유전자들이 활성화되고 번역된다. 각 유전자는 조절물질들이 유전자와 결합하여 적절한 시기에 유전자를 활성화할 수 있도록 유전자를 인식하는 구조를 갖추어야 한다.

유전자들은 아미노산순서를 실제로 암호화하는 **구조부위(structural region)**와 구조부위로부터의 mRNA 합성을 조절하는 데 관여하는 조절부위인 **촉진유전자(promoter)**로 구성된다(**그림 15-5**). 촉진유전자는 구조부위로부터 '상부(upstream)'인 5′ 말단 쪽에 위치한다. 유전자들마다 그 길이는 다르지만 수백 뉴클레오티드의 길이를 갖기도 한다. 어떤 부위는 특히 중요한데, 그 중 하나인 **타타상자(TATA box)**는 주로 A와 T로 구성된 6~8 염기쌍의 짧은 서열이다. 만일 돌연변이나 실험적 처리에 의해 타타상자가 손상되면 RNA를 합성하는 효소인 **RNA중합효소II(RNA polymerase II)**가 제대로 결합하지 못한다. 대부분의 진핵유전자들은 **증폭자요소(enhancer element)**라는 다른 촉진유전자 순서를 갖고 있는데, 이는 유전자의 구조부위에서 무려 수백 염기쌍이나 떨어진 더욱 상부에 위치한다. 호르몬이 세포의 대사를 변화시킬 때 **촉진유전자부위(promoter region)**와 직접적인 결합에 의해 또는 단백질과 결합한 후 촉진유전자와의 상호작용에 의해 유전자를 활성화시키는 세포내 화학신호전달물질을 생성함으로써 대사를 변경한다. 활성제가 촉진유전자와 결합하고 나면 RNA중합효소II가 결합할 수 있다.

RNA중합효소II가 촉진유전자에 결합한 다음, RNA중합효소II는 구조부위를 향해 하부(DNA가닥의 3′ 말단 쪽)로 이동한다. 그렇지만 타타상자 아래의 대략 20~30 뉴클레오티드까지는 어떤 RNA도 만들지 않는다. RNA중합효소가 mRNA의 AUG 개시코돈에 상당하는 DNA를 찾을 것이라고 기대하겠지만, 그렇지 않다. 만일 타타상자와 정상적인 개시점 사이의 DNA 일부를 인위적으로 제거하면 RNA중합효소는 정상보다 더 하부에서 RNA 합성을 시작한다.

원핵생물의 유전자와 마찬가지로 색소체와 미토콘드리아의 유전자들은 하나만이 아니라 보통 여러 촉진유전자들을 갖는다. 색소체는 두 종류의

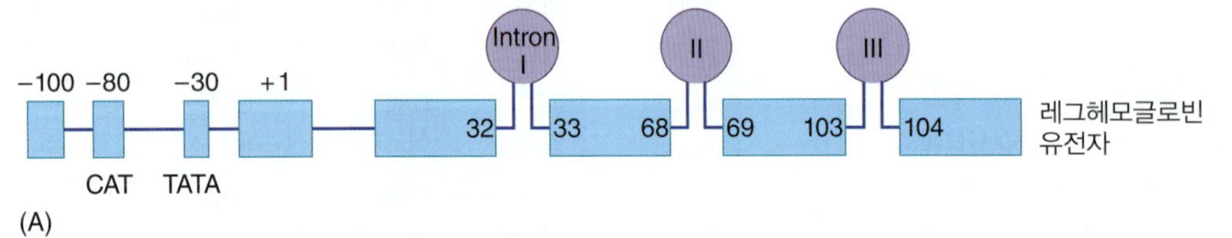

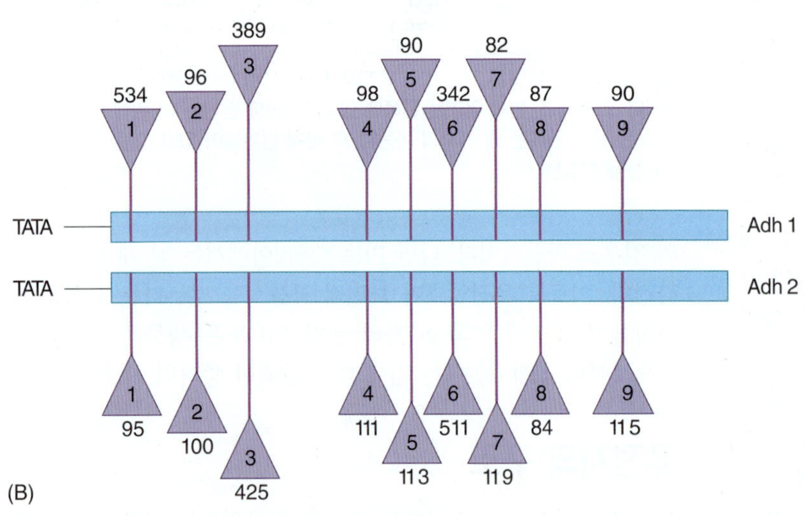

Adapted from Llewellyn, et al. *Molecular Form and Function of the Plant Genome*. Plenum Press, 1985.

그림 15-6 유전자의 지도에서 인트론과 엑손을 보여주는 두 가지 방법. **(A)** 콩과 식물의 레그헤모글로빈(leghemoglobin) 유전자는 3개의 인트론을 갖는다. 인트론1은 완성된 mRNA의 32번 염기와 33번 염기 사이에서 나타나고, 인트론2는 68번과 69번 염기들 사이에서 나타난다. **(B)** 옥수수의 두 유전자들은 비슷한 두 효소를 만드는데, 이들 모두 알코올탈수소효소(alcohol dehydrogenase)이고, Adh1과 Adh2로 구별 짓는다. 삼각형의 위와 아래의 숫자는 각 인트론에 존재하는 염기의 수를 가리킨다. 두 유전자들은 비슷하고, 같은 자리에 위치하는 9개의 인트론을 갖는다. Adh1과 Adh2의 상응하는 엑손들은 길이가 같지만, 상응하는 인트론들은 매우 다를 수 있다. 인트론1의 길이는 Adh1에서 534개 염기이지만, Adh2에서는 단지 95개 염기에 불과하다.

RNA중합효소를 이용하는데, 하나는 핵에서 받은 것이고, 다른 하나는 자체적으로 만든 중합효소로, 이는 세균인 대장균(*Escherichia coli*)의 RNA중합효소와 놀랄 만큼 비슷하다.

유전자의 구조부위는 뚜렷이 구별되는 두 구역인 엑손과 인트론을 포함한다. **엑손(발현부위, exon)**은 단백질의 아미노산순서로 발현하게 될 코돈들의 뉴클레오티드순서이고, **인트론(비발현부위, intron)**은 발현하지 않으면서 엑손들 사이에 끼어든 뉴클레오티드순서이다(그림 15-5, **그림 15-6**). 리불로오스2인산카르복실화효소(RuBP carboxylase)의 유전자와 콩과 식물 떡잎의 저장단백질인 글리시닌(glycinin)과 파세올린(phaseolin)의 유전자들 같은 일부 식물의 유전자들은 단지 2개나 3개의 인트론만을 갖는다. 피토크롬의 단백질 부분을 암호화하는 유전자는 5개의 인트론을 갖고, 그 중 하나의 길이는 1,500 염기쌍이다. 25개의 인트론을 갖는 유전자도 있지만, 인트론이 전혀 없는 유전자도 있다. 유전자의 구조부위에서 엑손이 절반에도 훨씬 못 미치는 경우가 매우 흔하다.

유전자의 전사

RNA중합효소가 결합하고 개시신호를 만나고 나면 RNA중합효소는 실제로 RNA를 만들기 시작하는데, 이 과정을 **전사(transcription)**라고 부른다. DNA의 두 가닥이 짧은 거리에 걸쳐 서로 떨어지고, 유리상태의 리보뉴클레오티드들이 이 구역으로 확산된다(**그림 15-7**). 만일 시토신을 함유한 리보뉴클레오티드가 구아닌을 함유한 DNA 뉴클레오티드에 접근하면 이 둘은 3개의 수소결합을 형성하고 일시적으로나마 함께 남게 된다. T를 포함한 DNA에는 자유로운 A가 2개의 수소결합으로 결합할 수 있고, 이와 비슷하게 유리된 U는 DNA의 A와 2개의 수소결합을 형성하며, G와 C도 마찬가지다. RNA중합효소가 유리상태의 리보뉴클레오티드를 묶어서 붙잡고 공유결합의 형성을 촉매하여 RNA를 형성한다. 개개의 공유결합이 형성되면 2개의 고에너지 인산염 결합성 궤도가 깨진다. 따라서 중합(polymerization)은 쉽게 역전시킬 수 없는 고도의 자유에너지감소과정이다. 유리상태의 리보뉴클레오티드들은 DNA의 양쪽 가닥으로 확산되어 짝을 이루지만, RNA중합효소는 유전자를 갖는 가닥만을 찾아내고 상보가닥은 읽지 않는다.

전사는 빠르게 진행되어 이동하는 효소 앞의 DNA 2중나선을 풀어가면서 초당 약 30개의 리보뉴클레오티드들을 결합시킨다. RNA중합효소가 촉진유전자/개시점 구역을 벗어나면 RNA중합효소의 새로운 분자가 결합하고 다른 RNA 분자의 합성을 시작한다(**그림 15-8**). DNA는 두 분자가 서로 둘러싸서 2중나선이 되

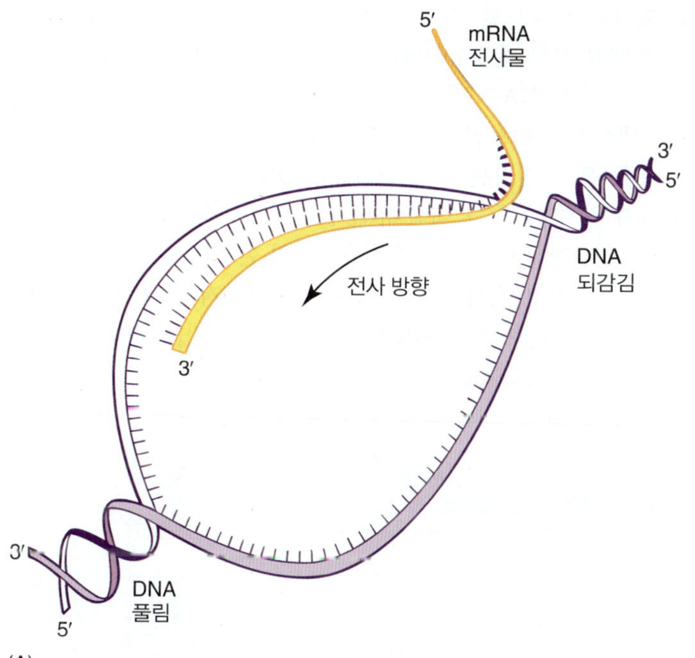

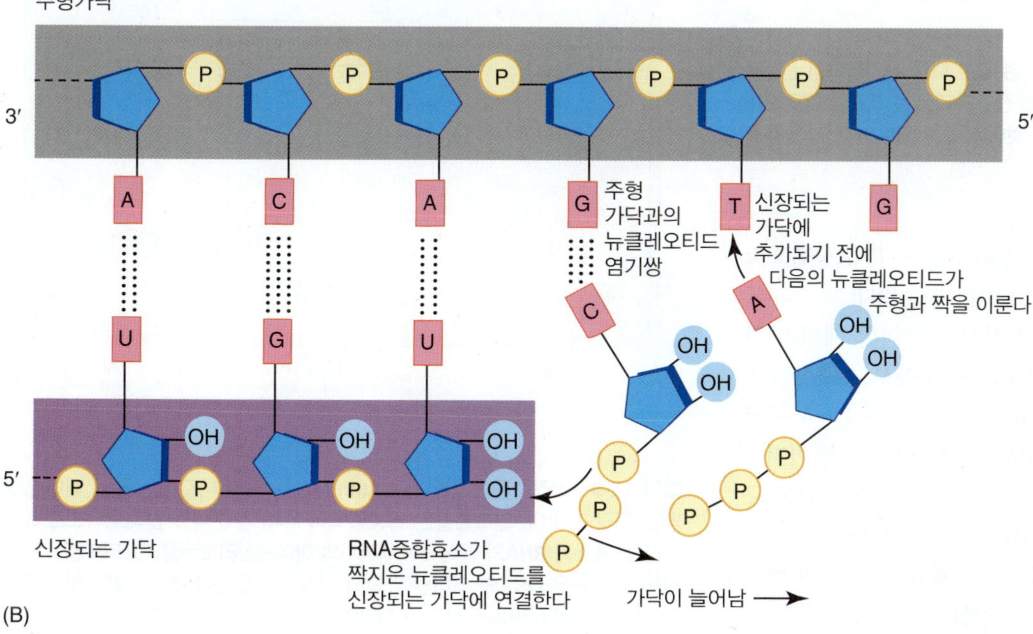

그림 15-7 유전자가 활성화될 때 DNA의 2중나선은 짧은 구역에 걸쳐 떨어진다**(A)**. 유리 리보뉴클레오티드들이 일시적으로 외가닥이 된 DNA 구역으로 확산되어 짝을 이룬다**(B)**. DNA의 디옥시리보뉴클레오티드와 유리 리보뉴클레오티드 사이에서 2개 또는 3개의 수소결합이 형성되면 DNA 염기순서가 만들어지는 RNA의 염기순서를 조절하게 된다.

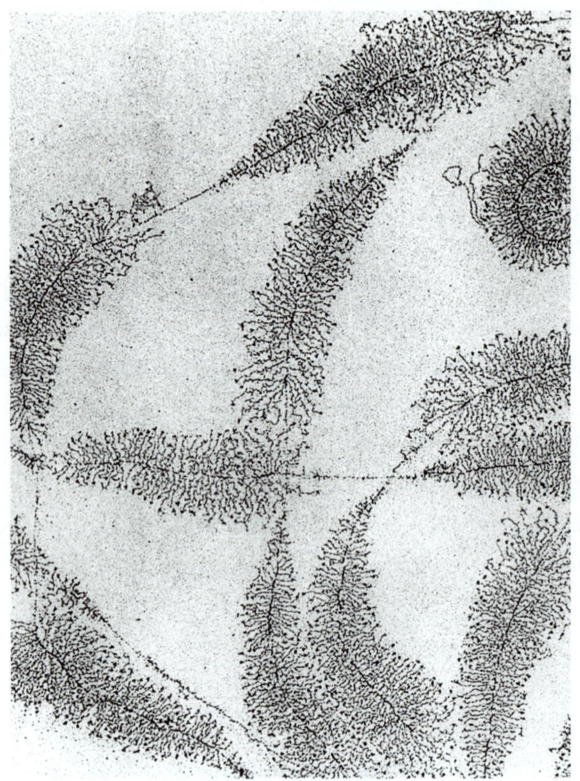

(A) © Dr. Donald Fawcett, O.L. Miller, B.R. Beatty/Visuals Unlimited, Inc.

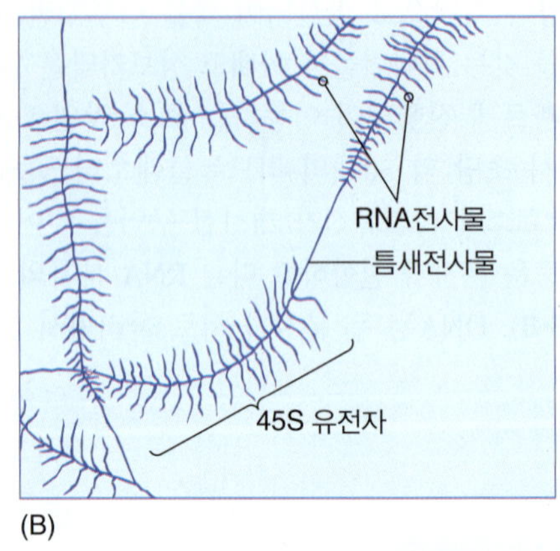

(B)

그림 15-8 DNA를 핵에서 조심스럽게 추출하여 펼친 다음 전자현미경 관찰을 위해 준비할 수 있다**(A)**. 이 재료는 긴 RNA로 전사되고 있는 리보솜 유전자이고, 이는 나중에 잘려져서 3개의 rRNA가 될 것이다. 도해 **(B)**는 각 선의 유형을 설명한다.

지만, RNA/DNA 2중가닥(duplex)은 그렇지 않다. RNA중합효소로부터 생겨나는 RNA 중합체는 DNA로부터 방출된다.

RNA중합효소는 DNA에서 전사정지신호를 접할 때까지 활동을 계속한다. 일부 유전자의 정지신호는 두 부분으로 구성된다. 첫 번째는 자기상보적(self-complementary)인 짤막한 DNA 뉴클레오티드이다. 즉, 이로부터 전사된 RNA는 한번 꺾어 접어지고 자체의 다른 부분과 수소결합을 형성할 수 있다. 그 결과 작고 구부러진 **머리핀고리(hairpin loop)**가 되는데, 이는 RNA중합효소에 영향을 미치는 것으로 믿어지고 있다. DNA에서 이 구역의 바로 하부에는 긴 일련의 아데닌들이 있다. 다양한 단백질 인자들도 관여하는데, 만일 이들이 없다면 RNA중합효소는 때때로 전사를 계속하여 DNA의 다음 구역을 마치 유전자의 다른 부분처럼 읽게 된다.

RNA중합효소는 인트론과 엑손 모두를 **이형핵RNA(heterogeneous nuclear RNA, hnRNA)**의 큰 분자로 전사하고, 이형핵RNA는 핵의 효소들에 의해 빠르게 가공된다. 인트론이 인식되면 잘려지고 분해되어 유리상태의 뉴클레오티드로 돌아간다. 엑손은 서로 이어 맞춰져서 모두 아미노산을 암호화하는 RNA 분자가 된다. mRNA가 될 운명인 모든 RNA는 RNA에 결합하여 3′ 말단에 일련의 아데노신리보뉴클레오티드(adenosine ribonucleotide)를 붙이는 효소에 의해 인식되어 약 200 염기의 길이인 **폴리A꼬리[poly(A) tail]**를 형성하는데, 히스톤 단백질의 mRNA는 예외이다(**그림 15-9**). 정보를 가공하는 다른 단계는 첫 번째 뉴클레오티드를 7-메틸구아노신(7-methyl guanosine)으로 교체하는 것이다. 결국 완전한 mRNA가 만들어지고 핵으로부터 세포질로 수송된다.

색소체와 미토콘드리아의 유전체는 원핵성 체제를 갖고 있다. 이들의 유전자는 길이가 긴 사이DNA(spacer DNA)에 의해 떨어져 있지 않고, 그 대신 유전자들이 세트로 나타나며, 바로 옆에 이어서 계속 나타난다. 축진유전자의 한 세트는 RNA중합효소가 한 유전자만 전사하지 않고 떨어져 나가기 전에 여러 유전자들을 전사하도록 한다. 이렇게 기다란 다유전자(multigene) 전사물은 나중에 이형핵RNA와는 별도로 가공된다.

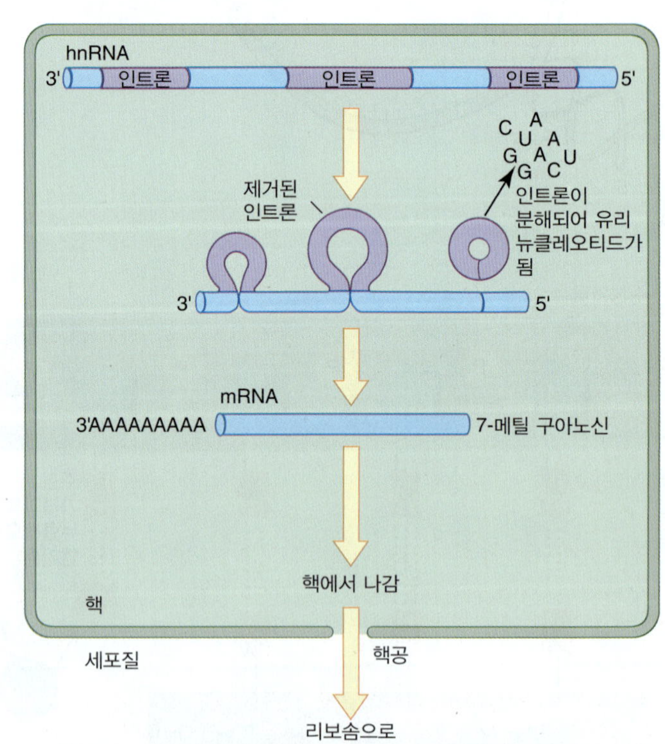

그림 15-9 1차전사물인 이형핵RNA(hnRNA)는 잘려 나갈 인트론과 이어 맞출 엑손을 갖고 있다. 인트론들은 탈중합되어 유리 상태의 뉴클레오티드로 되돌아간다. 효소가 RNA의 끝에 200개까지의 아데노신리보뉴클레오티드들을 추가하는데, 이들은 DNA의 티미딘에 의해 지정되지 않는다. 5′ 말단의 첫 뉴클레오티드는 7-메틸구아노신으로 교체되었다.

단백질 합성

단백질을 합성하는 과정에서 리보솜이 mRNA에 결합하여 그 코돈을 읽어나간다. mRNA의 뉴클레오티드순서에 있는 정보의 안내를 받아 리보솜은 mRNA가 전사된 유전자가 지정하는 순서대로 아미노산들이 중합되도록 촉진한다.

리보솜

리보솜(ribosome)은 mRNA의 유전정보를 읽고, 그 정보가 이끄는 대로 단백질을 합성하는 작은 입자이다. 각 리보솜은 2개의 소단위(subunit)로 구성되는데, 한 소단위는 다른 소단위보다 크며, 각각은 단백질과 **리보솜RNA(ribosomal RNA, rRNA)**으로 구성된다(**그림 15-10**, **표 15-3**). 작은 소단위는 한 분자의 rRNA를 포함하고, 큰 소단위는 세 종류의 rRNA를 각각 한 분자씩 포함한다. 진핵세포의 리보솜에 존재하는 단백질의 수는 80 이상인 것으로 알려졌다. 진핵생물의 세포질에서 발견되는 리보솜은 **80S**라고 일컫는데, 이는 이 리보솜들이 비교적 크고 조밀함을 의미한다. 색소체, 미토콘드리아, 그리고 원핵생물의 리보솜들은 작고 가벼운 **70S 리보솜(70S ribosome)**이다. 여기서 S는 원심분리기에서 입자들의 침강 속도를 나타내는 스베드베리 단위(Svedberg unit)이다.

80S 리보솜의 가장 큰 세 가지 rRNA에 대한 핵유전자가 특이한데, 그것은 이들이 빽빽하게 무리지어 함께 나타나고 오직 하나의 촉진유전자를 갖는 단일한 유전자처럼 행동하기 때문이나(**그림 15-11**). 인(nucleolus)에 위치한 이 유전자군의 전사로 긴 RNA 분자가 만들어지고, 이 RNA 분자는 나중에 3개의 조각으로 잘려진다(그림 15-8). 이들 조각의 양 끝에 있는 짧은 구역들이 분해되어 결과적으로 3개의 rRNA 분자들이 만들어진다. 가장 작은 rRNA 분자(5S RNA)의 유전자는 인에 있지 않고 단백질을 암호화하는 유전자들과 함께 염색질에 있다. 이 유전자들은 mRNA로 전사되지 않고 rRNA로 전사되며, 이들은 단백질을 암호화하지 않는다.

전사가 이루어진 rRNA 분자들은 인에 있는 리보솜 단백질들과 결합하여 큰 입자를 형성한 다음, 둘로 쪼개져서 리보솜의 큰 소단위와 작은 소단위가 된다. 이들 소단위들은 인에서 나와 핵을 거쳐 세포질로 이동한다.

모든 세포는 대단히 많은 리보솜을 필요로 한다. 2배체의 핵에 존재하는 대부분의 유전자들은 단지 2개 복사본뿐인데, 필요로 하는 방대한 수의 rRNA를 만드는 데에는 이 2개의 복사본으로는 충분하지 않다. 대신에, rRNA 유전자들은 고도로 증폭된다. 즉, 각각의 많은 복사본들이 존재한다. 아마(flax) 식물에서는 각 핵에 작은 rRNA의 유전자가 많게는 120,000 복사본까지 들어 있고, 3종류의 큰 rRNA 분자들에 대한 유전자군에는 2,700 복사본이 포함된다.

표 15-3 80S 세포질 리보솜의 성분

	RNA 분자의 크기	단백질의 수
작은 소단위	18S	약 33?
큰 소단위	28S 5.8S 5S	약 49?
	4분자	약 84

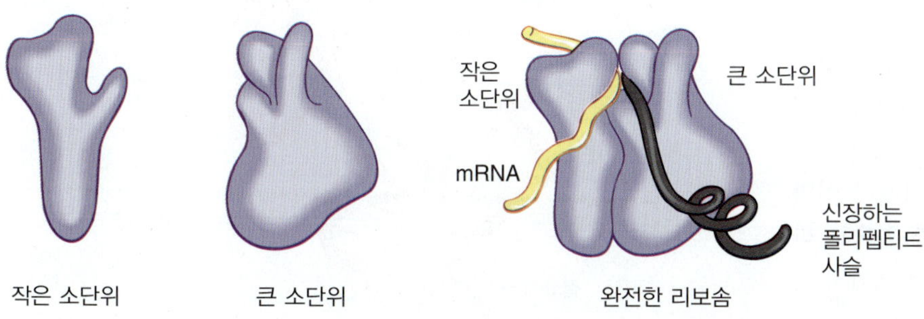

그림 15-10 리보솜은 크고 작은 두 소단위들을 갖는다. 소단위들이 합쳐지면 mRNA가 통과하는 홈이 생기는데, 신장하는 단백질이 이를 통해 나오고, 아미노산 운반체들이 이 홈으로 들어간다.

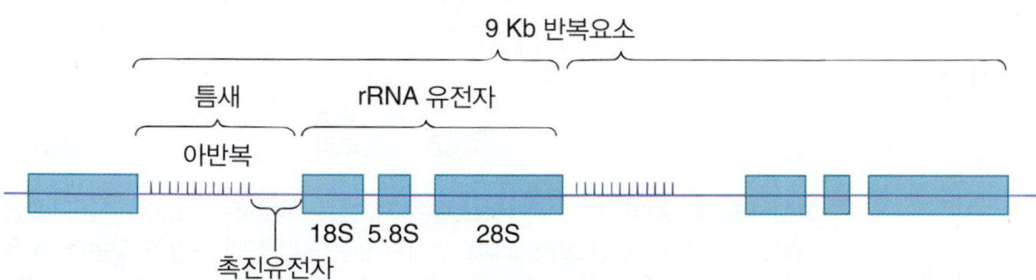

그림 15-11 18S, 5.8S, 그리고 28S rRNA의 유전자들은 함께 군을 형성하며, 사이DNA(틈새)의 짧은 구역들에 의해 떨어져 있다. 3개의 모든 유전자들은 틈새를 포함하여 단지 한 분자의 RNA로 전사된다. 틈새RNA가 잘려져 나가고, 결과적으로 3개의 개별적인 rRNA 분자가 된다. 18S 유전자의 상부에는 촉진유전자가 있고, 이어서 약 135 염기쌍 길이의 짧은 서열이 10~15개 복사본으로 된 구역이 있는데, 이를 아반복(subrepeat)이라고 부르며, 이들은 전사되지 않는다. rRNA 유전자군의 양쪽에는 많게는 2,700의 많은 rRNA 유전자군들이 있으며, 이들 모두 끝과 끝을 잇는 유전자군(gene family)으로 나타난다. 'Kb'는 천염기(kilobase)이다; 1 Kb = 1,000 염기.

tRNA

단백질을 합성하는 과정에서 아미노산은 **운반RNA(transfer RNA, tRNA)**라고 부르는 리보핵산에 의해 운반된다. 코돈이 직접 아미노산과 상호작용을 할 수 없으므로 tRNA가 필요하다. 유전암호는 3개의 뉴클레오티드순서인 **역코돈(anticodon)**을 가진 리보핵산에 의해서만 읽혀질 수 있다. 역코돈은 코돈과 상보적이며 수소결합을 한다. 예를 들면, UUU와 UUC는 모두 페닐알라닌에 대한 코돈인데, 페닐알라닌을 운반하는 tRNA들은 AAA 또는 GAA의 상보적인 역코돈을 갖고 있다. UUC와 결합할 역코돈으로 GAA는 거꾸로 봐야 하는데, 관례상 뉴클레오티드순서는 5′에서 3′ 방향으로 쓰기 때문이다. 그 대안으로는 코돈과 쉽게 비교하기 위해 3′-AAG-5′과 같이 숫자를 써서 거꾸로 썼다고 나타낼 수도 있다.

아미노산을 지정하는 코돈만큼 많은 종류의 tRNA들이 있지만, 종결코돈은 tRNA를 갖지 않는다. 모든 tRNA들은 역코돈 그리고 3′ 말단이 CCA의 서열로 구성된 **아미노산결합부위(amino acid attachment site)**를 공통적으로 갖는다(**그림 15-12**). 특별한 종류의 효소가 각 tRNA를 인식하고 그에 맞는 아미노산을 붙인다. **아미노산활성화(amino acid activation)**라고 부르는 이 단계는 정확해야 한다. 만약 tRNA에 다른 아미노산이 놓인 경우에도 마치 정확한 아미노산인 것처럼 단백질에 편입될 것이고, 그렇게 되면 단백질은 잘못된 구조를 갖게 될 것이다.

운반RNA들은 다른 뉴클레오티드들에서는 나타나지 않는 염기들을 포함한다. tRNA들은 tRNA 유전자로부터 전사되고, 모든 리보핵산과 마찬가지로 A, U, G, 그리고 C의 보편적 염기들을 갖고 있다. 그렇지만 이들이 tRNA로 중합된 다음에 효소들이 일부 염기를 특이한 유형으로 변형시킨다(그림 15-12A).

각 tRNA는 오직 잠시 동안만 아미노산을 나른다. 활성화되고 나면 tRNA는 그 역코돈에 상보적인 코돈을 읽는 리보솜과 신속하게 만난다. 운반한 아미노산을 떨어뜨린 후 다시 세포질로 돌아가서 재활성화된다. 개개의 tRNA는 1초에도 몇 차례나 이와 같이 순환할 수 있지만, 각 세포는 수백만의 tRNA를 필요로 하고, 핵에는 각 tRNA 유전자의 복사본이 수백에서 수천 개까지 존재하기도 한다.

핵에는 세포질 tRNA의 모든 61 종류에 대한 유전자들이 들어 있지만, 식물의 미토콘드리아는 단지 소수의 tRNA에 대한 유전자들만 갖고 있으므로 세포질로부터 나머지를 받아야 한다. 색소체는 약 30종류의 tRNA 유전자들을 갖고 있다.

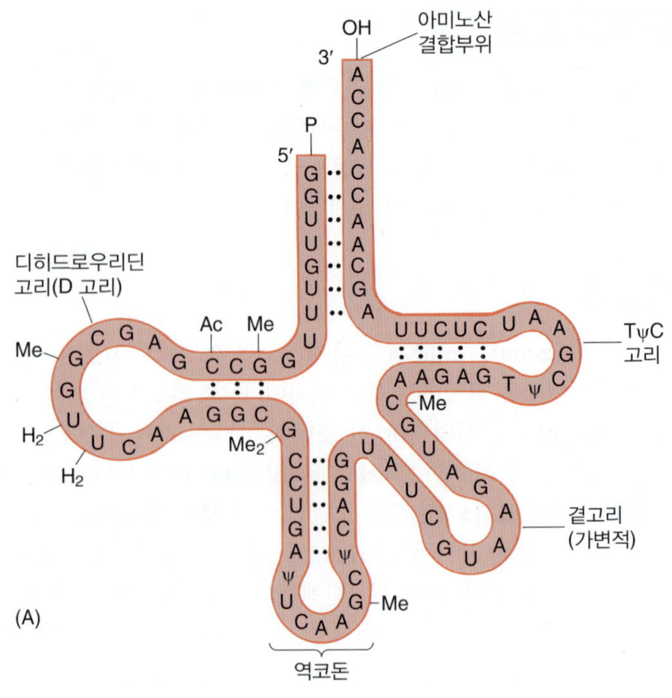

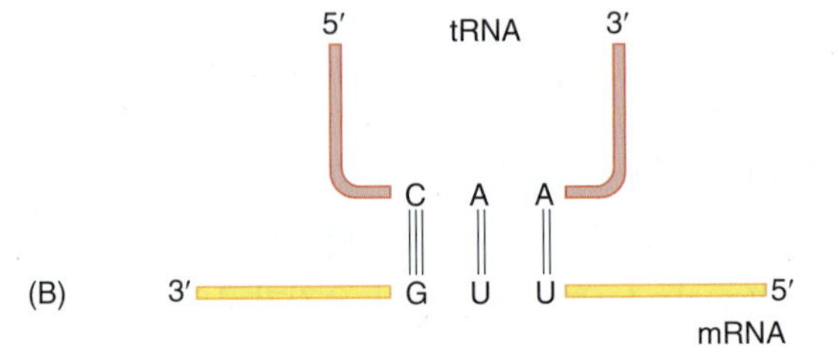

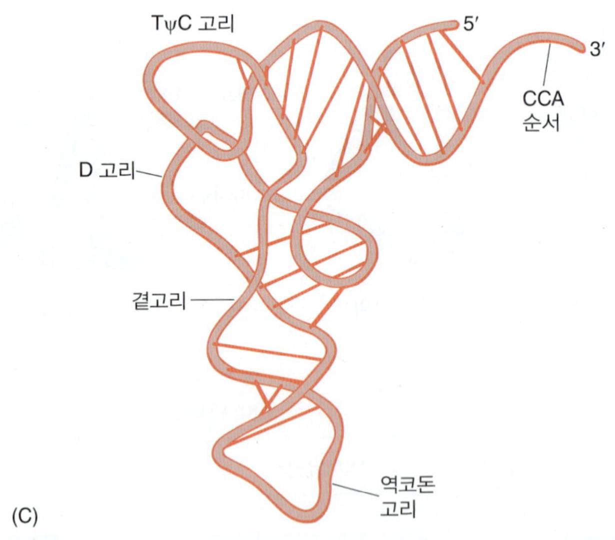

그림 15-12 **(A)**와 **(B)** 모든 tRNA들은 자기상보적(self-complementary) 염기짝짓기에 의해 생긴 고리가 최소 3개가 있는 일반적인 모양을 갖는다. 작은 4번째 고리는 일부에서만 나타난다. 역코돈은 중앙의 고리에 있고, 아미노산은 3′ 말단의 CCA에 부착한다. 이 그림은 류신을 운반하는 6개 tRNA 가운데 하나이고, 이 tRNA는 3′-GUU-5′(보통 UUG로 씀) 코돈을 인식하는 역코돈 CAA를 갖고 있다. 특이한 부호들(Ac, Me, ψ)은 특이한 유형으로 화학적으로 변형된 염기들을 가리킨다. **(C)** tRNA는 평평하게 놓이지 않고 L자 모양으로 접힌다.

mRNA의 번역

번역의 개시

mRNA의 안내로 리보솜에 의해 단백질 분자가 합성되는 과정을 **번역(translation)**이라고 한다. 단백질의 합성은 개시코돈인 AUG가 수반되는 복잡한 **개시(initiation)** 과정과 함께 시작된다. 개

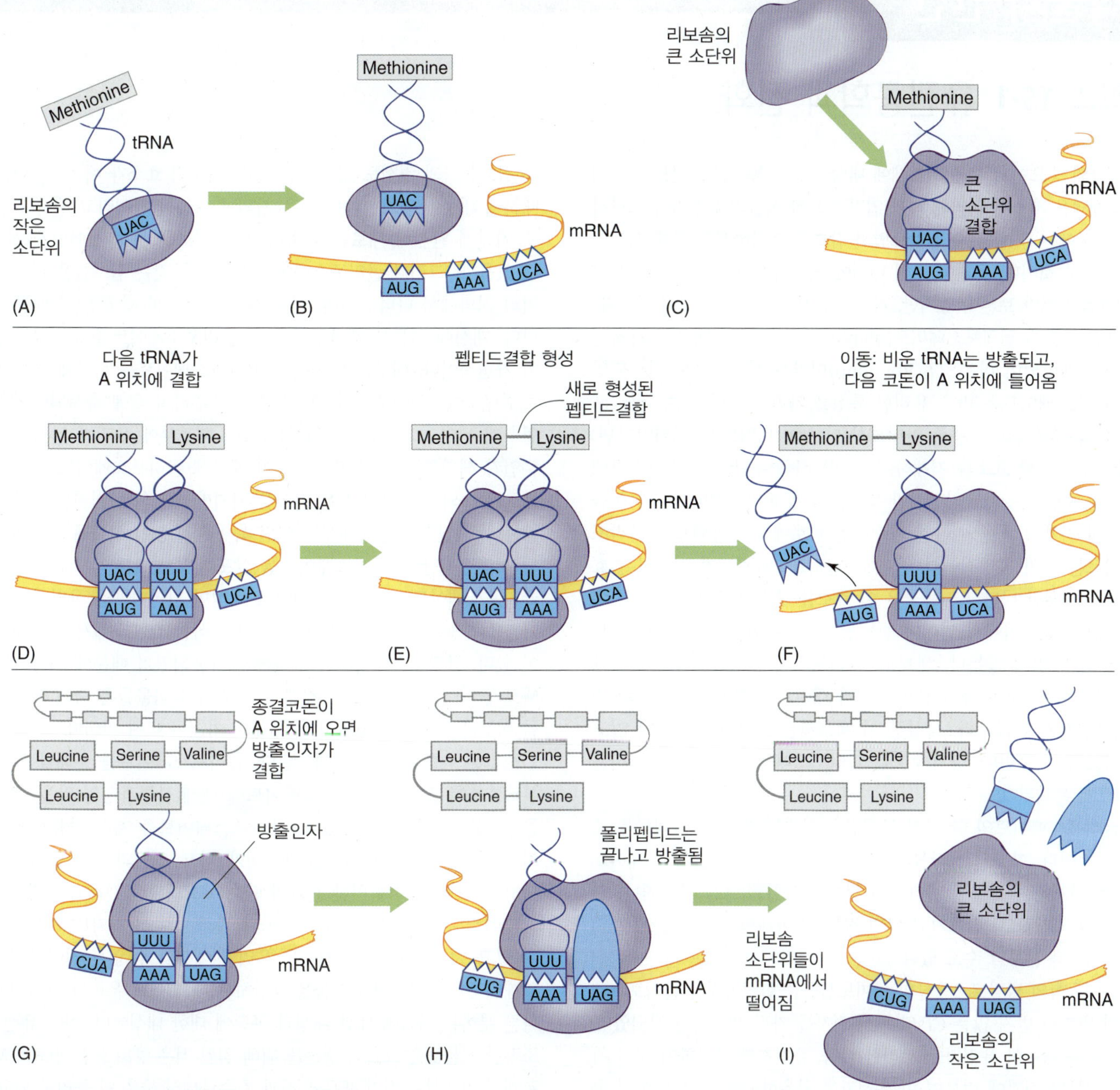

그림 15-13 **(A~I)** 단백질 합성; 단계의 설명은 본문에 있다.

시코돈 AUG는 아미노산 메티오닌을 암호화하지만, 두 종류의 tRNA가 메티오닌을 나르고 이들은 서로 다른 특성을 갖는다. 그 중 하나는 개시tRNA(initiator tRNA)라고 불리며, mRNA가 출현하기도 전에 리보솜의 작은 소단위와 결합한다(**그림 15-13**). 몇몇 개시인자(initiation factor)들도 작은 소단위와 결합하는데, 그 중 대부분은 **진핵개시인자(eukaryotic initiation factors, eIFs)**라고 불리는 단백질들이다. 이런 상황에서 복합체는 mRNA와 결합할 수 있고, 이후 리보솜의 큰 소단위가 복합체에 결합하고 개시인자들은 떨어져 나간다. mRNA를 어떻게 인식하는지는 알려지지 않았지만, 개시코돈 AUG를 찾고 작은 소단위를 배치하는 데 있어서 개시tRNA가 중요하다.

뉴클레오티드순서가 아무렇게나 3개씩 세트로 읽혀질 수 있기 때문에 리보솜이 mRNA 상에 올바로 놓이는 것이 매우 중요하다. CUUGCACAG의 순서는 CUU GCA CAG로 읽혀질 수 있고, 류신 알라닌 글루타민의 암호가 된다(**그림 15-14**). 그러나 리보솜이 부정확하게 결합한다면, 예를 들어, 뉴클레오티드가 하나씩 하부로 옮겨져서 mRNA는 _ _C UUG CAC AG_로 읽혀지고, 페닐알라닌 히스티딘 그리고 다음에 오는 뉴클레오티드에 따라 세린이나 아르기닌의 암호가 된다. 잘못된 3개의 뉴클레오티드 세트를 읽는 것을 **번역틀오류(frameshift error)**라고 하며, 사실상 모든 코돈을 잘못 읽었기 때문에 보통 번역틀오류는 완전히 쓸모없는 단백질을 만든다.

박스 15-1 유전공학과 진화

유전공학의 중요한 부분은 제초제에 내성을 갖는 농작물을 만드는 것이다. 그 개념은 제초제에 의해 해를 입지 않도록 식물의 유전자를 조작하여, 농작물에는 피해를 주지 않으면서 잡초를 제거하게끔 밭에 제초제를 뿌리자는 것이다. 유기농 재배 대신에 제초제를 사용하자는 기본 관념에 대해서 찬반 토론이 있지만, 지금은 유전공학 측면만 고려해 보자.

1970년대에 **글리포스페이트(glyphosphate)**라는 매우 효과적인 제초제가 개발되어 라운드업(Roundup)이라는 상품명으로 시판되었다. 글리포스페이트는 많은 유리한 특징을 가지고 있다. 첫째, 글리포스페이트는 3종류의 방향족 아미노산(티로신, 트립토판, 페닐알라닌)의 합성에 필요한 효소를 저해하여, 아미노산의 누락에 기인하여 단백질합성을 차단함으로써 치명적인 특성을 갖게 한다. 뿐만 아니라 이들 아미노산 자체는 식물의 다른 필수적인 경로에도 이용되므로 글리포스페이트는 특히 치명적이다. 둘째로, 글리포스페이트가 저해하는 효소는 식물에서만 나타나고 동물은 이 효소를 갖지 않으므로(동물은 이 아미노산들을 먹이에서 얻어야 함), 글리포스페이트에 노출되더라도 동물은 해를 입지 않는다. 셋째로, 글리포스페이트는 토양과 강하게 결합함에 따라 지하수나 하천으로 씻겨 내려가지 않기 때문에 좀처럼 물을 오염시키지 않는다. 사실상 이 제초제는 토양과 혼합하지 않고 분무기로 잎에 뿌린다. 마지막으로, 글리포스페이트는 해가 없는 산물로 빠르게 분해된다.

글리포스페이트의 한 가지 문제점은 이 제초제가 모든 식물을 죽인다는 것이다. 따라서 농작물의 씨가 발아하기 전에 글리포스페이트를 밭에 살포하여 작물이 나타나기 전에 발아한 잡초를 죽이거나, 만일 작물의 키가 크고 잡초가 작다면 작물 잎 아래의 잡초들 잎에 글리포스페이트를 분무할 수도 있다.

유전공학의 발달로 3종류의 아미노산들을 합성하지만 글리포스페이트의 영향을 받지 않는 *CP4*라는 유전자를 가진 세균이 발견되었다. 식물과학자들은 이 유전자를 분리한 다음, 유전자를 조작하여 콩이 자연적인 식물유전자에 덧붙여 이 유전자를 사용하도록 하였다. 이런 콩은 글리포스페이트를 살포하여도 죽지 않는다. 콩밭에 아무 때나 제초제를 뿌려도 작물에 피해를 주지 않으면서 잡초를 죽일 수 있게 되었다. 현재 유전공학에 의해 글리포스페이트에 내성을 갖는 알팔파, 캐놀라, 목화, 옥수수, 그리고 사탕무들이 만들어졌고, 이런 식물들을 흔히 **유전자변형(genetically modified, GM)** 식물이라고 부른다. 많은 농부들은 다른 제초제의 사용을 중단하고 오로지 글리포스페이트에 의존하게 되었다. 추가적인 이점은 심기 전에 밭을 쟁기로 갈 필요가 없다는 점이다. 쟁기질을 하면 잡초들의 씨를 깊게 파묻어 잡초가 자라지 못하지만, 토양을 느슨하게 하여 침식을 크게 증가시킬 뿐만 아니라 많은 양의 연료를 필요로 한다.

이런 강력한 제초제의 광범위한 사용은 다른 식물들 간의 내성에 강한 선택압을 만들었다. 글리포스페이트에 내성을 갖는 돌연변이를 가진 잡초는 비료와 관개 그리고 농약을 준 밭에서 살아남게 되고, 다른 잡초들과의 경쟁도 없다. 사람들은 식물의 효소가 매우 본질적이기 때문에 내성이 진화한다는 것은 거의 불가능할 것이라고 생각한다. 짧은 기간에 완전히 새로운 효소나 아주 새로운 경로가 어떻게 진화할 수 있을까? 그러나 글리포스페이트에 내성을 갖는 잡초들은 이미 세계 여러 지역에서 나타났는데, 이는 새로운 효소를 갖고 있기 때문이 아니다. 대신에 식물은 체관부를 통해 글리포스페이트를 수송하는 능력이 가변적이다. 대부분의 식물은 글리포스페이트를 식물체 전반에 걸쳐 수송하고, 글리포스페이트가 줄기와 뿌리의 끝에 축적되어 생장이 멈추게 된다. 그러나 소수의 식물들은 체관부에 우리가 알지 못하는 무언가 색다른 것을 갖고 있고, 이 때문에 글리포스페이트가 잎의 끝으로 수송되어도 잎의 끝은 손상을 입지만 식물의 나머지는 해를 입지 않는다. 자연적인 환경에서는 이런 특이한 수송이 식물에 전혀 도움이 되지 않겠지만, 글리포스페이트를 살포한 밭에서는 극도로 유익하다. 글리포스페이트는 글리포스페이트 내성이 나타나게끔 유발하지 않았다. 이 특성은 자연적으로 변동이 심한 식물 개체군에서 이미 존재하여 왔다. 글리포스페이트가 환경에서 사용되었기 때문에 이들 식물이 빠르게 더 잘 적응하게 된 것뿐이다. 민감한 식물들은 죽게 되므로 이들 식물은 그 개체군에서 많은 부분을 차지하게 될 것이다.

다른 유형의 내성도 예상된다. 글리포스페이트를 분해할 수 있는 분해효소를 갖거나 글리포스페이트에 대해 불투과성인 막을 갖는 식물이 이미 존재할 수도 있다. 글리포스페이트를 계속 사용하게 되면 이런 식물들에게 선택이익을 제공하게 되고, 그들의 수가 늘어날 것이다. 이는 자연선택에 의한 진화의 단순하고 명확한 사례가 된다.

이런 경험은 우리들에게 식물과 진화가 여러 가지 면에서 대응할 수 있고, 그 가운데 많은 것들은 우리가 예상할 수 없는 것이라는 점을 일깨워준다. 유전자변형작물을 생산하는 데 있어서 우리가 조심해야 할 다른 분야는 가뭄에 대한 내성과 곤충에 대한 내성이다. 이미 유전자를 조작한 식물들은 그들의 생존을 위해 훨씬 적은 양의 물을 필요로 한다. 관개의 필요성이 적기 때문에 강과 호수로부터 물을 덜 돌려도 되고, 강과 호수는 자연적인 상태를 많이 유지하게 된다. 내건성 작물의 씨앗들이 자연적인 건조한 지역에 들어가서 자연식생을 몰아내는 침입종이 될 수 있을까? 곤충을 죽이는 강력한 단백질이 세균 바실러스 투링기엔시스(*Bacillus thuringiensis*)에 의해 생성된다. 그 유전자를 식물에 삽입하여 곤충에 저항성을 갖는 식물을 만드는 것은 쉽다. 그렇지만 그 유전자는 유전자변형식물의 꽃가루에서도 발현되어 유독성 꽃가루들이 옥수수 밭으로부터 바람에 날려서 다른 식물의 잎에 떨어지고, 그 잎을 모든 종류의 곤충에 해를 줄 수 있는 유독한 가루로 온통 덮어버린다.

대부분 그렇듯이 기술의 진보는 혜택과 위험 모두를 수반한다. 그 장단점에 대한 각 기회의 분석을 통해, 환경에 해를 끼치지 않으면서 우리의 삶의 질을 향상시킬 수 있겠지만, 한편으로는 인간이 변화시킨 조건에서 진화하고 반응할 수 있는 생물들을 대하고 있다는 사실을 항상 잊지 말아야 한다.

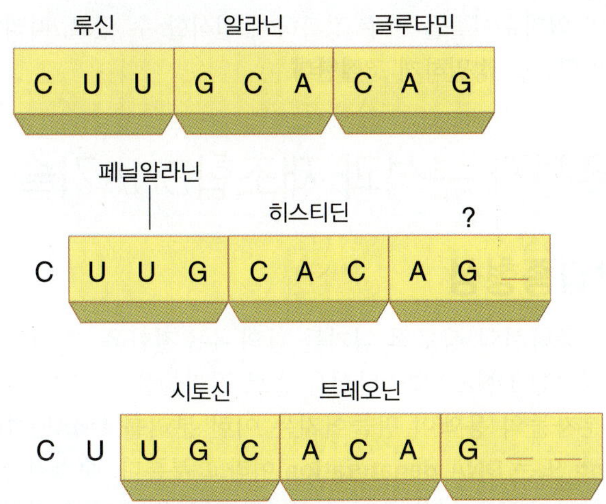

그림 15-14 코돈들 사이에는 간격이 없기 때문에 리보뉴클레오티드들은 세 가지 방법으로 읽혀질 수 있다. 이들 각각은 완전히 다른 단백질을 만들게 되고, 이 가운데 한 가지만 올바른 1차구조를 갖게 된다.

단백질 사슬의 신장

mRNA는 리보솜의 두 소단위들 사이의 통로에 놓인다. mRNA 통로로부터 바깥쪽으로 2개의 홈이 뻗어 있는데, 각각의 홈은 tRNA가 들어갈 정도로 넓어서 tRNA의 역코돈이 mRNA의 코돈에 닿을 수 있다. 두 통로에 활성화된 tRNA들이 들어 있으면 인접한 코돈이 읽혀진다(그림 15-13).

처음 결합하는 시점에 작은 소단위는 **P통로(P channel**; P는 단백질)에 이미 개시tRNA를 포함하고 있다. 인접한 **A통로(A channel**; A는 아미노산)는 비어 있지만 많은 분자들이 마구잡이로 통로에 들어온다. 그 중 일부는 활성화 tRNA인데, 만일 tRNA의 역코돈이 A통로의 바닥에 있는 코돈과 상보적이 아니라면 그 tRNA들은 확산되어 나간다. 올바른 상보적 역코돈을 가진 tRNA가 들어오면 코돈과 역코돈 사이에서 수소결합이 형성된다. 이 결합은 더 안정적인 결합이 나타나도록 tRNA를 충분히 잡아둔다. 리보솜의 큰 소단위에 위치한 효소들은 메티오닌과 P통로에 있는 tRNA 사이의 결합을 깨뜨리는 동시에, 메티오닌을 A통로에 있는 아미노산의 아미노기와 결합시킨다. 이 반응은 외부로부터의 힘을 필요로 하지 않는다. 깨진 결합은 고에너지결합인 반면에, 새로 형성된 펩티드결합은 저에너지결합일 따름이다.

메티오닌을 떨어뜨린 tRNA는 P통로에서 벗어나고, 3개 뉴클레오티드의 거리만큼 mRNA를 따라 움직인다. 이 이동은 GTP에 의해 움직이고 큰 소단위에 있는 단백질에 의해 수행되는 것으로 여겨진다. 리보솜이 mRNA를 따라 미끄러지듯 움직이면서 A통로는 다음 코돈으로 들어가고, 결합된 2개 아미노산이 붙은 tRNA는 A통로가 아니라 P통로에 의해 둘러싸인다. 적절한 활성화 tRNA가 A통로에 확산되어 들어오고 코돈과 역코돈 사이에 수소결합이 형성되면 큰 소단위의 효소는 P통로에 있는 tRNA로부터 2개 아미노산 길이의 짧은 단백질사슬을 떨어뜨리고 이를 A통로에 들어온 tRNA의 아미노산과 결합시켜서 3개 아미노산 길이의 단백질을 만든다. 이 과정은 리보솜이 종결코돈에 도달할 때까지 반복된다.

번역의 종결

종결코돈이 A통로에 들어오면 종결코돈과 상보적인 역코돈을 가진 tRNA가 없으므로 정상적인 신장이 일어날 수 없다. 대신에 방출인자(release factor)가 통로에 들어오고 정상적인 반응을 개시하도록 큰 소단위의 효소들을 자극한다. P통로에 있는 tRNA와 단백질 간의 고에너지결합이 깨지고 물과 새로운 결합을 형성하여 단백질이 tRNA와 리보솜으로부터 떨어진다. tRNA가 방출되고, 작은 소단위가 큰 소단위로부터 해리되며, mRNA가 떨어져 나간다. 모든 구성요소들이 분산되지만, 작은 소단위가 개시tRNA와 그 밖의 개시인자들을 만나면 바로 다른 mRNA와 결합하여 새로운 과정이 다시 시작된다.

요약하면, 단백질합성에는 다음과 같은 단계들이 수반된다. DNA에 있는 뉴클레오티드순서의 인도를 받아 RNA중합효소가 이형핵RNA를 전사한다. 인트론이 잘려 나가고 엑손이 서로 이어 맞춰지면서 이형핵RNA는 mRNA로 가공된다. 핵에서 세포질로 이동하고 나서 mRNA는 리보솜과 결합하고, tRNA가 리보솜-mRNA복합체로 아미노산을 운반한다. 리보솜이 mRNA의 코돈을 하나하나씩 번역하고, tRNA는 그 역코돈이 A통로의 코돈과 상보적일 때에만 리보솜에 들어온다. 단백질이 완성된 다음, 단백질은 방출되고 리보솜의 소단위들은 mRNA로부터 분리된다. 모든 구성요소들이 서로 떨어져 나가지만, 리보솜 소단위들이 다음의 mRNA를 만나게 되면 그 mRNA를 번역할 수 있다. mRNA는 다른 리보솜에 의해 다시 번역될 수 있다.

단백질 수준의 조절

세포들이 분화와 형태형성을 겪으면서 그 세포의 유형에 독특한 단백질, 특히 효소의 존재 때문에 대사와 구조는 세포들 간에서 서로 달라진다. 발생생물학의 핵심 질문은 뚜렷이 다른 세포형들이 적절하게 분화되고 올바른 단백질 세트를 얻게 되게끔 어떤 메커니즘으로 유전자의 활성을 조절하는가 하는 것이다. 이론적으로 단백질의 합성과 활성을 조절할 수 있는 몇 군데는 다음과 같다: 유전자가 전사될 수 있도록 물리적으로 만들기, 촉진유전자 부위의 성질, 이형핵RNA의 mRNA로의 가공, 핵에서 세포질로 mRNA의 수송, mRNA와 리보솜의 작은 소단위와의 결합, 단백질의 가공과 단백질의 활성화 또는 불활성화.

많은 효소와 구조단백질들은 세포 내에서 불활성형으로 존재한다. 튜불린(tubulin)이 좋은 예가 된다. 세포에는 많은 튜불린 단위체들이 들어 있고, 특정한 시간에 이 단위체들이 합쳐져 미세소관(microtubule)이 된다. 유전자가 활성화되거나 단백질을 합성할 필요 없이 미세소관이 신속히 나타날 수 있다. 이와 비슷하게, 보통 효소들은 인산화효소(kinase)라는 효소의 1군(class)에 의해 인산기가 첨가될 때까지 완전히 불활성이고, 인산화효소 그 자체는 호르몬이 도착하면서 활성화된다. 호르몬이 원형질막에 도착하고 수용체와 결합하면 수용체는 세포에 들어가는 2차신호전달자를 합성한다. 이들 2차신호전달자는 인산화효소를 활성화시키고, 이는 차례로 불활성 상태의 효소들을 활성화하여 세포의 대사에서 중요한 변화를 일으킨다. 이는 분화의 메커니즘이라기보다 주로 활성화 메커니즘이고, 이들 세포들은 고도로 특정한 반응에 대해 이미 준비가 되어 있다.

단지 조금만 필요할 때 세포가 가진 모든 유전자를 전사하고 세포가 만들 수 있는 모든 단백질을 합성한다면 극히 비효율적일 것이다. 효율을 극대화하려면 세포가 단백질을 필요로 하지 않을 때 그 mRNA조차도 합성하지 않아야 한다. 형태형성을 조절하는 가장 근본적인 수준은 전사의 수준에서 나타나는 것으로 예상된다.

진핵생물, 특히 식물에서 나타나는 전사의 조절에 관해서는 알려진 바가 거의 없지만, 많은 내용이 속속 알려지고 있다. 대부분의 경우, 유전자의 활성은 촉진유전자 부위나 증폭자 부위에 결합하여 유전자를 활성화하는 단백질들인 **전사인자(transcription factor)**에 의해 조절된다. 많은 전사인자들은 DNA 2중나선의 큰 홈에 꼭 들어맞는 아미노산의 순서를 갖고 있고, 뉴클레오티드 염기의 특정 순서를 인식한다. 흥미롭게도 대부분의 전사인자들은 2합체(dimer)로 작용해야 한다. 먼저 비슷한 두 인자들이 서로 인식하고 나서야 비로소 적절한 촉진유전자와 결합할 수 있게 된다. 2합체로 작용하면 적당한 수의 전사인자로도 아주 많은 유전자들을 조절할 수 있게 된다. 예를 들어, A, B, 그리고 C의 3개 단백질은 AA, AB, AC, BB, BC, 그리고 CC의 6개 2합체를 형성할 수 있다. 전사인자가 DNA에 결합하면 RNA중합효소가 결합할 수 있는 구조가 만들어진다. 많은 전사인자들은 그 전체 구조에 근거하여 구분될 수 있다. '나선대 나선 연결구조(helix-turn-helix)' 전사인자들은 단백질의 고리부위로 연결된 2개의 α나선(2차구조의 일부)을 갖고 있고, '염기성 류신지퍼(basic leucine zipper)' 전사인자에서는 2합체의 두 부분들이 표면에 있는 류신 아미노산들의 상호작용에 의해 서로 붙어 있다.

전사인자들이 어딘가 다른 곳에서 와서 DNA와 결합하기 때문에 **타부위작용인자(trans-acting factor)**라고 하며, 촉진유전자와 증폭자 그리고 타타상자들은 유전자 자체의 일부이므로 **시스작용인자(cis-acting factor)**라고 한다.

한편으로 유전자 발현은 **미소RNA(micro-RNA)**라고 부르는 짧은 RNA분자들의 군에 의해서도 조절된다. 현재 많은 종류의 미소RNA들이 알려졌고 많은 명칭들이 알려져 있지만, 각 명칭이 '-RNA'로 끝나므로 쉽게 알아볼 수 있다. 이 짧은 RNA조각들은 많은 방식으로 작용하는데, 일부는 DNA 자체의 부위들을 인식하여 그 자리에 결합하고, 다른 일부는 hnRNA 또는 mRNA의 부위들을 인식하여 그 분자들에 결합한다. 대부분의 경우, 미소RNA들과 결합하면 유전자의 발현이나 mRNA의 번역이 저해된다. RNA가 뉴클레오티드들로 이루어지기 때문에 RNA는 DNA와 RNA의 염기순서들을 아주 정확하게 인식할 수 있고, 따라서 유전자의 활동을 정밀하게 조절한다.

유전자 분석과 재조합DNA기술

핵산잡종형성

DNA 2중나선의 상보적 염기들 간의 수소결합을 깰 만큼만 가열 처리하면 DNA의 2중나선을 둘로 갈라놓을 수 있다. 외가닥 DNA분자들의 용액이 만들어지는 이런 분리를 **DNA변성(DNA melting** 또는 **DNA denaturation)**이라고 부른다. 수소결합이 다시 형성될 정도의 낮은 온도로 외가닥 DNA의 용액을 천천히 냉각하면 상보적 염기순서를 지닌 두 분자들은 수소결합을 형성하고 부딪칠 때마다 서로 결합한다. 한 조각의 두 반쪽이 서로 만난다면 비교적 높은 온도에서도 모든 염기들이 짝을 짓고 단단하게 들러붙는다(**그림 15-15A**, **B**와 **C**). 그러나 많은 조각들은 상보적인 짧은 순서를 갖는 반면에 대부분의 순서는 그렇지 않다. 이들이 서로 만나게 되면 단지 소수의 수소결합만 형성되고, 만일 혼합물을 서서히 냉각시키면 다시 떨어질 수 있다(그림 15-15A, B와 **그림 15-15D**). 상보성의 정도가 감소함에 따라 염기짝짓기의 안정성이 줄어든다.

외가닥 DNA의 용액의 온도를 낮춰서 2중가닥 DNA로 재구성하는 것을 **DNA잡종화(DNA hybridization)**와 **DNA복원(DNA reannealing)**이라고 하는데, 이는 2가지 종류의 DNA의 관련성을 결정하는 데 이용된다. 예를 들면, 두 생물로부터 DNA를 추출하여 작은 조각들로 절단하고 나선을 풀 수 있다. 한 생물의 시료를 필터(filter)에 붙이고, 잡종화가 가능한 온도에서 그 위에 방사능(또는 형광)으로 처리한 다른 시료를 붓는다. 만약 두 생물이 밀접한 관련이 있다면 필터의 DNA와 방사능을 띤 DNA 사이에서 많은 수소결합이 형성되어, 필터는 방사능이 높아지게 된다. 만일 두 생물이 밀접하게 관련되지 않았다면 공통적인 순서가 별로 없어서 수소결합이 거의 형성되지 않고, 대부분의 방사능을 띤 DNA는 필터를 통과하게 되므로 필터는 방사능을 띠지 않는다.

이 방법은 한편으로 핵 안에서 나타나는 유전자의 복사본 수를 결정하는 데에도 사용된다. 2배체 핵에는 각 유전자의 2개 복사본이 들어 있는데, 그 중 하나는 부계이고 다른 하나는 모계에서 물려받은 상동염색체에 있다. 만일 그런 DNA를 작은 조각들로 절단한 후 나선을 풀어서 냉각시키면 복원이 극도로 느려진다. 수십만의 조각들 가운데 각각은 오직 하나, 즉 상동염색체에서 나선이 풀린 자체의 짝과 짝지을 수 있을 따름이다. 따라서 각 조각이 그 상보성 조각을 만나 안정된 복원이 이루어지려면 수천 번의 충돌을 겪게 된다. 비록 대부분의 유전자들이 이런 방법으로 작용하고 복원이 극히 느리지만, 어떤 부분은 마치 동일한 유전자가 수천 개 있는 것처럼 쉽게 상보성 조각을 만나 아주 빠르게 복원된다. 이들은 rRNA와 tRNA의 유전자들이고, 각 핵에 수천 개의 복사본이 있다.

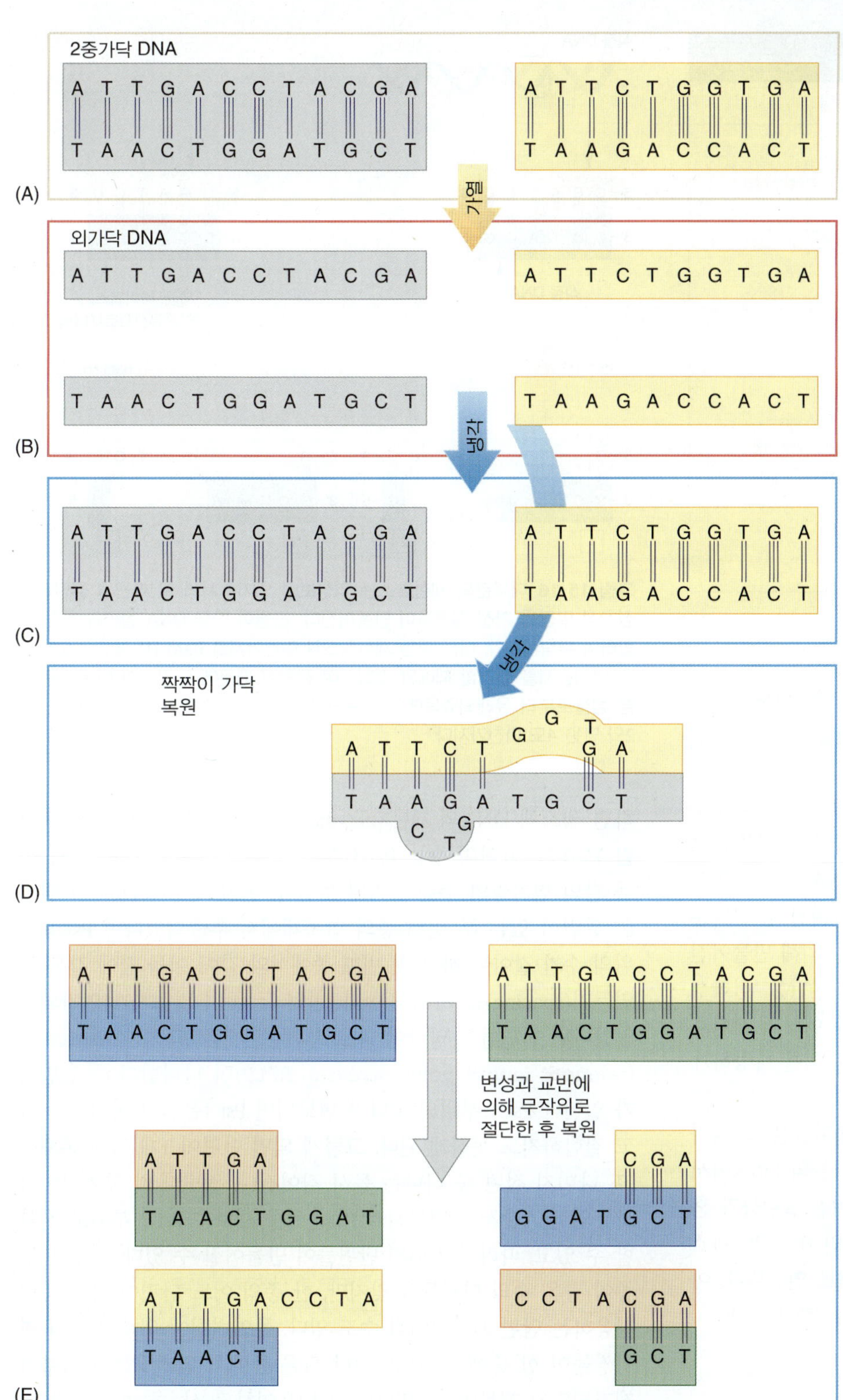

그림 15-15 **(A)**와 **(B)** DNA를 열처리하면 수소결합이 교란되어 두 가닥의 DNA가 외가닥의 분자들로 떨어진다. (B)와 **(C)** 이들을 식히면 복원된다. (B)와 **(D)** 한 DNA 분자의 수백만 뉴클레오티드에서 짧은 염기순서들은 우연히 여러 번 나타나고, 따라서 거의 모든 조각들은 소수의 짧은 상보적 염기순서를 갖게 된다. 그렇지만 염기순서의 대부분은 짝짝이(mismatch)이고 서로 결합하지 않는다. 용액이 따뜻할 때 형편없이 결합된 DNA 2중가닥들은 떨어지고, 각 조각은 진정한 상보적 짝을 만날 다른 기회가 주어진다. **(E)** 만일 동일한 DNA의 조각들이 무작위로 쪼개진다면 각각은 정확하게 상보적인 가닥들이 만들어지겠지만, 조각들의 길이가 같지 않기 때문에 복원 후에도 많은 외가닥 DNA들이 남게 된다.

제한효소

정상적인 DNA는 쉽게 다룰 수 없는 긴 분자이다. 하지만 이를 화학적으로 처리하거나 용액을 격렬하게 휘저으면 작은 조각들로 쪼갤 수 있다(**그림 15-15E**). 조작이 가능한 크기로 DNA를 쪼갤 때, 처음의 실험과 똑같은 절편을 반복실험을 통해 만들어 낼 수 있도록 알고 있는 특정 부위를 절단하는 것이 매우 중요하다. 1970년대 이전에는 이런 일이 불가능하였다. 화학적으로 처리하고 휘저으면 DNA는 무작위로 잘렸고, 어떤 두 가지 실험에서도 동일한 조각의 DNA가 얻어지지 않았다. 그러다가 1군의 세균효소인 **제한효소(제한핵산중간가수분해효소, restriction endonuclease)**들이 발견되었다. 각 제한효소는 DNA에 있는 뉴클레오티드의 특정 순서를 인식하여 결합하고 나서 DNA를 쪼갠다(**표 15-4**). 이러한 특성 때문에 특정 제한효소에 의해 DNA의 어디에서

표 15-4 제한효소에 의해 인식되는 부위들

제한효소(핵산내부가수분해효소)	인식부위
EcoR1	5′-G▼AATTC-3′ 3′-CTTAA▲G-5′
BamH1	5′-G▼GATCC-3′ 3′-CCTAG▲G-5′
HindIII	5′-A▼AGTTC-3′ 3′-TTCGA▲A-5′
HpaI	5′-GTT▼AAC-3′ 3′-CAA▲TTG-5′
PstI	5′-CTGCA▼G-3′ 3′-G▲ACGTC-5′

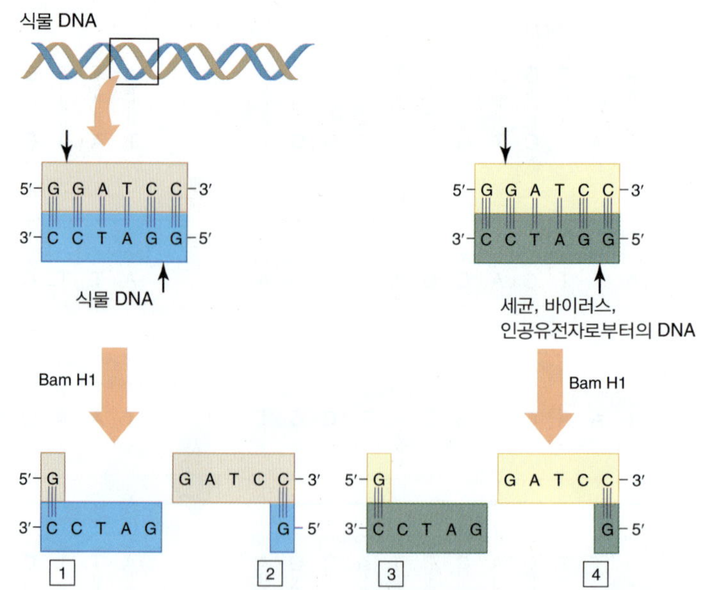

그림 15-16 대부분의 제한효소는 역상보성 염기순서의 끝 부근을 절단하여 점착성 말단을 가진 절편들이 만들어진다. 근원이 다른 DNA 절편과 함께 혼합하여 부착시킨다. 다른 모든 제한효소와 마찬가지로 Bam H1 제한효소가 특정 염기순서를 발견할 때에만 결합하여 잘랐기 때문에 단편 1과 단편 3은 다른 생물로부터 유래되었음에도 불구하고 그들 말단의 염기순서는 같다. 단편 2와 단편 4도 마찬가지다.

절단될지를 정확하게 알게 되었고, DNA의 동일한 두 회분(batch)을 같은 제한효소로 처리하면 언제나 동일한 절편들이 얻어진다.

제한효소가 인식하는 순서는 양쪽 가닥에서 서로 반대 방향으로 나타나며, 그런 순서를 **역상보성 염기순서(회문구조, palindrome)**라고 한다. 염기순서는 가닥에 따라 '앞쪽'이나 '뒤쪽'으로 읽혀질 수 있다. 아울러 많은 제한효소들이 각 DNA 가닥을 역상보성 염기순서의 끝 부근에서 절단하기 때문에 잘려진 두 가닥은 정렬되지 않는다. 각 말단은 그 종류의 제한효소에 의해 만들어진 다른 말단과 상보적이며 짝지을 수 있는데, 그런 말단을 '점착성(sticky)'이라고 한다(**그림 15-16**). 현재 3,000종류 이상의 제한효소들이 발견되었고, 600종류가 시판되므로 절단부위를 다양하게 선택할 수 있다.

특정한 제한효소군에 의해 만들어진 모든 절편들은 그 외가닥 말단에 있는 염기순서가 똑같다. 따라서 한 생물의 DNA에서 만들어진 절편들을 다른 생물의 DNA에서 만들어진 절편들과 혼합하면 절편들이 서로 결합한다. DNA수선효소인 **DNA연결효소(DNA ligase)**를 혼합물에 첨가하면 두 절편이 서로 연결된다. 이 방법으로 마련된 DNA가 **재조합DNA(recombinant DNA)**이다.

DNA 절편의 감식

진화적 연구

제한효소가 기능을 한 다음에 DNA 절편을 식별(감식)하고 이용할 수 있다. 가장 간단한 방법으로 절편을 DNA의 진화를 연구하는 데 직접 이용한다. 예를 들면, 색소체 DNA는 60,000~80,000 염기쌍으로만 구성된 작은 분자이다. Pst I 제한효소로 처리하면 약 10개에서 30개까지의 단편이 만들어진다. 겔전기영동(gel electrophoresis)으로 이들 단편을 분리한 다음, 알아볼 수 있게 염색하면 색소체 DNA의 **제한지도(restriction map)**가 만들어진다(**그림 15-17**). 단편의 수는 Pst I 부위의 수와 색소체 DNA에서 이들 간의 염기쌍의 수를 드러내 보인다. 만일 색소체 DNA가 밀접한 관련이 있는 두 번째 종의 엽록체에서 추출되었다면 Pst I 부위의 수가 같아야 하고 첫 번째 종에서와 같이 이들 간에 같은 거리두기(spacing)를 가져야 한다. 만약 두 종이 밀접하게 연관되지 않았다면 단편들의 양상이 다르고, **제한단편길이다형성(restriction fragment length polymorphism, RFLP)**이 나타난다. 돌연변이가 일어나 Pst I 부위의 하나가 변모되면 Pst I은 인식하지도 못하고 결합하지도 못하게 된다. 그렇게 되면 단편이 1개 적게 존재하고, 나머지 절편 중 하나는 몹시 길어진다. 정반대로, 돌연변이가 보통의 염기순서를 변모시켜 이 순서를 새로운 Pst I 부위로 전환할 수 있고, 따라서 가외의 단편들이 만들어질 수 있다. 그밖에 두 종이 같은 수의 단편들을 갖지만, 한 종의 어느 단편이 다른 종의 상응하는 단편보다 길어질 수도 있다. 돌연변이에 의해 가외의 염기쌍들이 한 종에 추가되었거나 다른 종에서 염기쌍들의 일부가 제거되었기 때문이다. RFLP분석은 용이하고 신속하며 경비가 적게 든다. 이 분석은 다양한 제한효소를 이용하여 수행되는데, 이들 각각은 DNA에서 얼마나 많은 변화가 나타났는지에 관한 정보를 제공해 준다.

추가의 분석을 위해 일부 또는 모든 단편들의 염기순서를 결정할 수 있다. 즉, 나중에 설명되는 기법에 따라 모든 뉴클레오티드의 정체를 확인할 수 있다. 미토콘드리아 DNA를 대상으로 이와 비슷한 분석을 수행할 수 있지만, 미토콘드리아는 동물과 균류의 연구에서 더 자주 이용된다. 식물의 연구에서는 색소체의

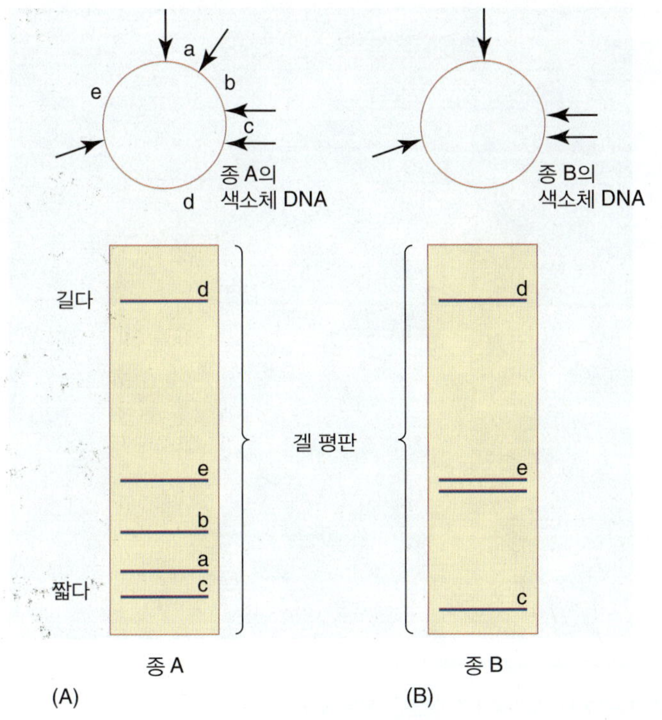

그림 15-17 **(A)** 종 A의 색소체 DNA를 특정 제한효소로 절단하면 여러 절편들이 만들어지고, 겔전기영동으로 이들을 식별할 수 있다. 효소에 의해 잘려진 절편들을 겔 평판에 놓고 전류를 흘려준다. 뉴클레오티드의 인산기는 절편들을 전기장에서 움직이게 하고, 가장 짧은 DNA 절편이 겔의 기질을 따라 빠르게 미끄러져서 가장 멀리 이동한다. 가장 큰 DNA 절편은 겔을 따라 거의 이동하지 못하고, 따라서 이들은 꼭대기에 머무르게 된다. 겔을 염색하고 나면 절편의 수와 길이가 드러난다. 여기에서는 겔 상의 어떤 띠가 색소체 DNA고리의 각 위치에 해당하는지를 나타내었지만, 여러분은 이런 종류의 실험에서 그런 사실을 모를 수도 있다. **(B)** 밀접한 관련이 있는 가상적인 종 B에서는 돌연변이가 a와 b 사이의 뉴클레오티드를 변화시켜서 그 부위가 효소를 위한 적절한 염기순서를 갖지 못하게 되었고, 따라서 제한효소에 의해 잘려지지 않았다. 전기영동의 결과, 두 종에서는 3개의 띠가 공통적으로 나타났고, 종 B는 빠진 두 절편의 길이를 합친 것만큼의 띠 하나를 가진다.

RFLP분석이 훨씬 편리하다. 핵의 DNA는 너무 많아서 쉽게 이용할 수 없다. 핵DNA는 수천 개의 단편을 만들기에 몇 개가 추가되거나 상실되었는지 알아낼 수 없다.

생리적 연구

대부분의 경우, 실험의 목적은 특정 유전자를 포함하는 단편 같은 어느 특정한 단편을 찾고 분리하는 것이다. 예를 들어, 콩과 대두 같은 콩과 식물의 발생 중인 떡잎은 저장단백질인 파세올린(phaseolin)과 글리시닌(glycinin)을 다량 생성하는데, 이처럼 만일 어느 세포가 많은 양의 단백질을 생성한다면 다음과 같은 방법이 이용될 수 있다. 세포가 활발하게 단백질을 할 때 세포로부터 리보솜을 추출하여 mRNA를 얻는다. mRNA를 **역전사효소(reverse transcriptase)**와 혼합할 수 있는데, 이 효소는 RNA를 주형(template)으로 이용하여 DNA를 합성하는 바이러스 효소이다(**그림 15-18**). 이 **상보성 DNA(complementary DNA, cDNA)**는 유전자의 엑손들과 상보적이다. 형광 뉴클레오티드를 이용하여 상보성 DNA를 합성하고, 그런 다음 핵의 염색질을 제한효소로 처리한 다양한 DNA 단편들에 놓는다. cDNA는 어느 것이든 유전자가 포함된 단편들과 수소결합을 형성하고, 이런 결합은 형광으로 알아낼 수 있다. 유전자 자체는 제한효소절단자리(restriction site)를 포함할 수 있어서 둘로 잘라지고 2개의 단편으로 떨어진다. 형

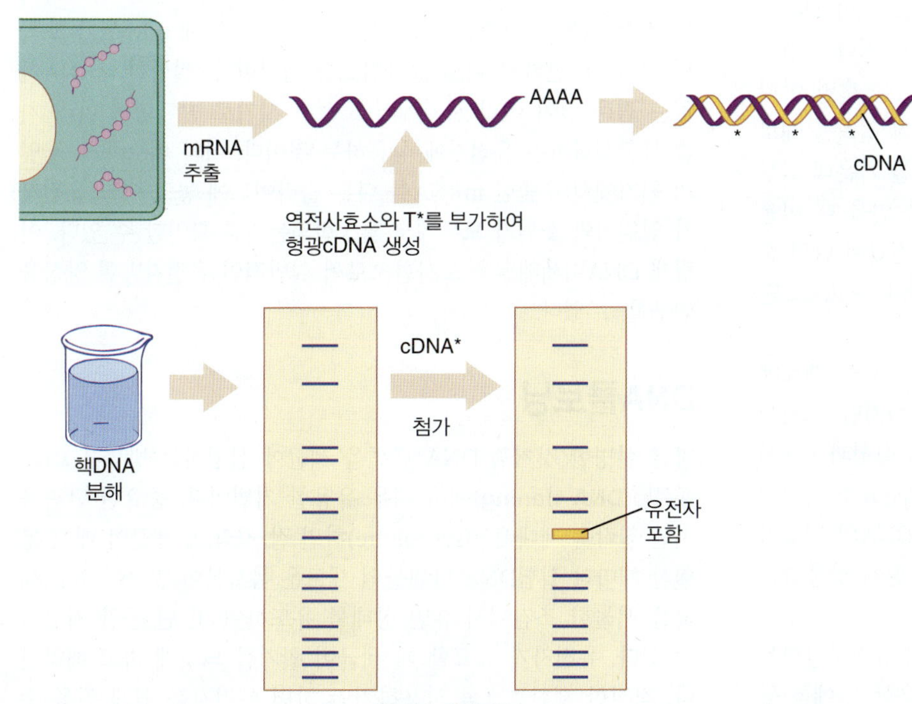

그림 15-18 관심이 있는 유전자를 포함한 DNA의 특정 절편을 분리하는 방법. T*는 형광티미딘을 나타낸다. 겔 평판에는 핵DNA를 제한효소로 처리하여 만들어진 절편들이 들어 있다. 상세한 방법은 본문에 있다.

광cDNA탐침은 이 단편들을 혼성화한다. 이러한 일이 발생할 경우, 유전자 내부를 쪼개지 않는 다른 제한효소들을 가지고 실험을 반복하기도 한다. 최선의 효소는 오로지 시행착오를 거쳐야만 찾을 수 있다. 식물에서 떡잎에 있는 세포를 제외하고 오직 한 종류의 단백질을 대량 생산하는 세포는 거의 없다. 결과적으로 대부분의 세포에는 수백 종류의 mRNA들이 들어 있고, 그 가운데 어느 mRNA가 관심이 있는 단백질을 암호화하는지 알 수 없다. 그런데 종자의 저장단백질들은 우리들의 가장 중요한 식품의 일부이고, 콩, 밀, 옥수수, 그리고 대두의 형태로 저장단백질을 구입하는 데 해마다 수천억 달러가 든다. 이들 중요한 단백질들은 자세한 연구와 유전자조작의 목표가 된다.

mRNA를 얻기는 어렵지만 단백질의 아미노산순서를 어느 정도, 하다못해 아주 조금이라도 순서를 알고 있다면 두 번째 방법을 사용할 수 있다. 5개에서 10개까지의 아미노산순서를 알고 있다면, 표 15-2의 유전암호를 이용하여 상응하는 엑손의 가능한 뉴클레오티드순서를 추측할 수 있다. 예를 들어, 알고 있는 단백질의 아미노산순서에 페닐알라닌이 포함된다면 엑손은 UUU 또는 UUC가 될 것이다. 가능성 있는 뉴클레오티드순서를 둘 또는 셋 선정한 다음, 방사성 탐침의 형태로 DNA를 만드는 기계로 이들을 합성할 수 있다. 이는 상보성 순서를 포함하고 있는 단편을 찾는 데 이용된다.

어떤 방법으로도 가능하지 않다면, 식물로부터 얻은 모든 제한효소 단편들을 수식하고 세균과 혼합시킨다. 세균이 단편들을 받아들이지만, 일부 세균은 다량 받아들이고, 어떤 세균은 1개를, 그리고 다른 세균들은 전혀 받아들이지 않는다. 많은 경우에 식물의 DNA는 세균 자체의 제한효소에 의해 소화되지만, 보통 식물 DNA가 세균의 DNA에 통합되고 복제된다. 세균을 여러 페트리접시(Petri dish)에 도말하면 각 세균이 작은 집락(colony)으로 자란다. 관심의 대상이 되는 단백질이 만들어졌는지 각 집락을 검사한다. 단백질을 만든 집락은 그 유전자를 복제하였을 뿐만 아니라 그 유전자를 전사하고 번역하였음이 분명하다. 그 집락을 새로운 페트리접시에 옮기고 배양한다. 그러고 나서 그들 가운데 일부로부터 DNA를 추출하고 처음에 식물에서 단편을 얻을 때 이용했던 것과 동일한 제한효소로 처리한다. 세균에서 절단된 단편 중 하나는 식물로부터 절단된 단편과 그 크기가 맞아야 하고, 그 단편은 유전자를 포함하는 것이다.

세균에서 절단된 수십 개의 단편 각각을 원래의 식물 재료에서 얻은 수만 개의 단편들과 비교하는 것은 불가능하지만, 그것은 이제 문제가 아니다. 유전자변형세균을 이용하고, 실험과정에서 외래DNA를 획득하지 않았다면, 세균의 DNA를 제한효소로 처리하여 절단한 모든 종류의 단편을 알고 있다. 세균DNA의 지도와 맞지 않는 단편이 있다면 이는 도입된 식물의 단편에 상응하는 것이다.

발현분석(expression profiling)은 발생 과정의 유전자발현을 검사하거나 종마다 발생을 비교할 때 cDNA를 이용한다. 예를 들어, 어린 잎원기로부터 모든 mRNA를 추출하여 cDNA로 전환하고 나서 cDNA의 각 종류를 서로 분리시킨다. 많은 현미경 슬라이드유리의 정돈된 매트릭스에 cDNA의 각 종류를 붙이는데, 이를 **DNA미세배열(DNA microarray)**이라고 한다. 각 슬라이드는 수천 개의 현미경적인 점들을 갖게 되고, 각 점은 서로 다른 cDNA이고 각각의 슬라이드는 다른 모든 슬라이드와 동일하다(**그림 15-19**). 그러고 나서 오래된 잎원기로부터 mRNA를 추출하고 슬라이드에 올려놓으면 각 mRNA가 그 cDNA를 갖고 있는 점을 찾아 결합한다. 지나친 mRNA는 씻어내고 화학물질을 첨가하여 DNA/RNA쌍을 검출한다. 그런 다음에 어느 점에 mRNA가 포착되었는지 확인하기 위해 슬라이드를 검사한다. 결합한 mRNA가 없는 점은 잎이 어린 시기에서 노성한 시기로 발달함에 따라 차츰 불활성화하는 유전자에 상응하는 것이다. 이와 비슷하게, 꽃잎의 원기에서 추출한 mRNA를 다른 슬라이드에 놓고 어느 유전자가 잎원기와 꽃원기 모두에서 활성화되는지를 확인할 수 있다. 이렇게 DNA미세배열을 조사함으로써 일반적인 유전자발현 양상을 연구할 수 있다.

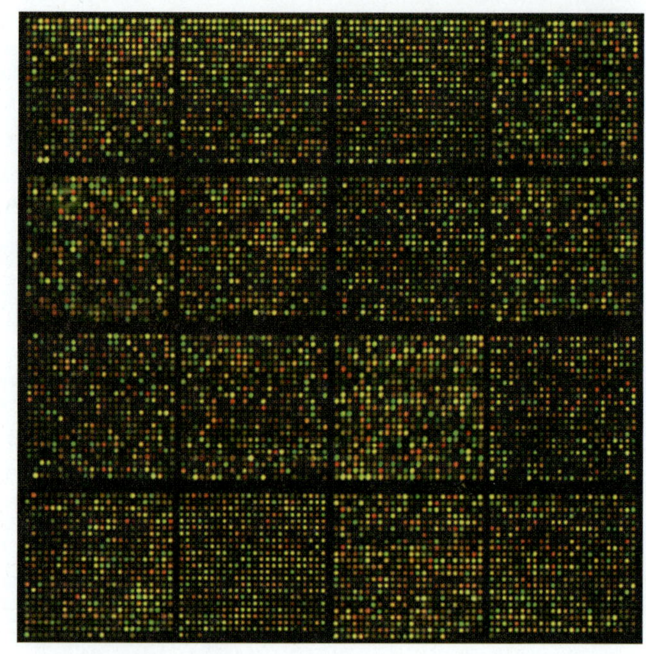

Courtesy of Dr. Jason Kang/National Cancer Institute

그림 15-19 DNA미세배열. 설명은 본문에 있다.

DNA클로닝

방금 설명한 것처럼 DNA 단편을 세균에 삽입하는 방법은 **DNA 클로닝(DNA cloning)**에서 매우 유용한 기법이다. 중요한 단편을 지닌 집락을 계대배양(subculture)하면 잘 자라고, 세균이 매번 분열할 때마다 실험DNA 단편들의 새로운 복사본이 만들어진다. 세균을 서늘한 조건에서 휴면 상태를 유도하여 몇 년 동안 저장할 수 있다. 유전자가 필요할 때 세균이 활기를 되찾게 하고 배양한다. 적절한 제한효소를 사용하기만 하면 유전자를 쉽게 얻을 수 있다.

원래의 식물DNA의 단편을 세균에 넣는 것은 예상보다 훨씬 쉽다. 단편들을 그냥 세균들과 섞는 것이 아니라 보통 플라스미드나 바이러스DNA와 혼합시킨다. **플라스미드(plasmid)**는 세균에서 나타나고 작은 세균염색체처럼 작용하는 짧은 환형의 DNA 조각이다. 플라스미드는 한 세균에서 다른 세균으로 이동할 수 있고, 세균에 의해 용액으로부터 쉽게 받아들여진다. 앞서 설명하였듯이 많은 제한효소들은 역상보성 염기순서(회문구조) 말단 부근의 DNA를 절단하고, 결과적으로 점착성 말단이 생긴다. 식물에서 DNA 단편을 추출할 때 이용한 효소와 동일한 효소로 플라스미드나 바이러스DNA를 절단하고 나서 DNA의 두 회분(batch)을 혼합하면 식물DNA의 일부가 그들의 상보성 말단의 도움으로 플라스미드DNA에 들러붙는다. 그런 다음에 DNA연결효소를 첨가하여 조각들을 공유결합으로 하나의 연속적인 2중나선이 되도록 한다(**그림 15-20**).

pBR322 같은 일부 플라스미드는 유전자조작으로 DNA단편의 이상적인 **벡터(vector)** 또는 운반체(carrier)가 되었다. 이 플라스미드는 오늘날 고도로 변형되어 세균에 쉽게 들어가서 복제할 수 있는 요인들을 갖추었다. 이들은 항생물질내성유전자를 갖고 있고, 몇몇 제한효소들이 인식하는 단일한 부위들이 있어서 정확하게 알고 있는 위치에 단편들이 삽입된다. 단편이 첨가된 다음, 플라스미드를 세균과 혼합하여 플라스미드가 흡수되도록 한다. 몇 시간 후에 모든 세균을 적절한 항생물질로 처리하면 플라스미드를 흡수하지 않은 세균은 죽는다. 살아남은 세균은 플라스미드를 가진 것들이고, 따라서 제한효소에 의해 원래의 식물에서 절단된 DNA 단편이 포함된 것들이다.

일부 바이러스들도 플라스미드처럼 이용된다. 바이러스들은 짧은 DNA 절편을 갖고 있고 세균에 침투하고 나서 복제될 수 있다. 플라스미드와 같이, 특정 바이러스들은 유전공학을 위한 고도의 효율적 벡터로 변형되었다.

유전자변형세균은 배양하기 쉽고 실험실에서 다루기 용이하지만, 그 유전체들이 짧은 원을 이루고 있기 때문에 클로닝을 위한 긴 DNA 절편을 받아들일 수 없다. 대부분의 식물 염색체들은 전형적인 세균보다 수백 배 크고, 따라서 식물의 핵에 있는 짧은 염색체라 할지라도 세균에서 클로닝을 하려면 수천 개의 단편들로 쪼개져야 한다. 그 대신에 **효모인공염색체(yeast artificial chromosomes, YACs)**를 사용할 수 있다. 효모인공염색체는 효모 염색체의 필수적 부분들(말단소체, 동원체, 복제기점)에 덧붙여 약물내성유전자와 적절한 제한효소에 의해 절단된 실험DNA 단편을 받아들일 수 있는 플라스미드 부분들을 갖고 있다. 그러한 효모인공염색체는 아주 작고, 따라서 1백만 염기쌍까지의 매우 큰 DNA를 클로닝할 수 있는 공간을 갖추고 있다. 실험DNA를 삽입한 다음에 효모인공염색체를 효모 세포에 주입하는데, 효모 세포는 세균 세포보다 훨씬 커서 훨씬 더 많은 DNA를 수용할 수 있다. 그런 다음에 효모 세포를 배양하여 생장하고 증대시킨다. 효모 세포가 자체의 염색체들을 복제할 때마다 인공염색체들도 함께 복제된다. 효모가 수십억 세포(그리고 수십억 인공염색체)가 될 때까지 배양하고 나서 그 가운데 일부는 DNA클론을 얻는 데 이용하고 나머지는 나중에 사용할 수 있도록 냉동 보관한다.

중합효소연쇄반응

DNA클로닝을 위한 강력한 기술은 살아 있는 세균이나 효모를 이용하지 않고 오로지 효소가 이용되는 **중합효소연쇄반응(polymerase chain reaction, PCR)**이다. 증폭할 염기순서에 열을 가해 나선의 2중가닥을 분리하고, 식힌 다음 DNA중합효소(DNA polymerase)를 첨가하여 DNA의 양쪽 가닥을 복제한다. 이 효소는 기존의 핵산에만 뉴클레오티드를 추가할 수 있다. 그러므로 복

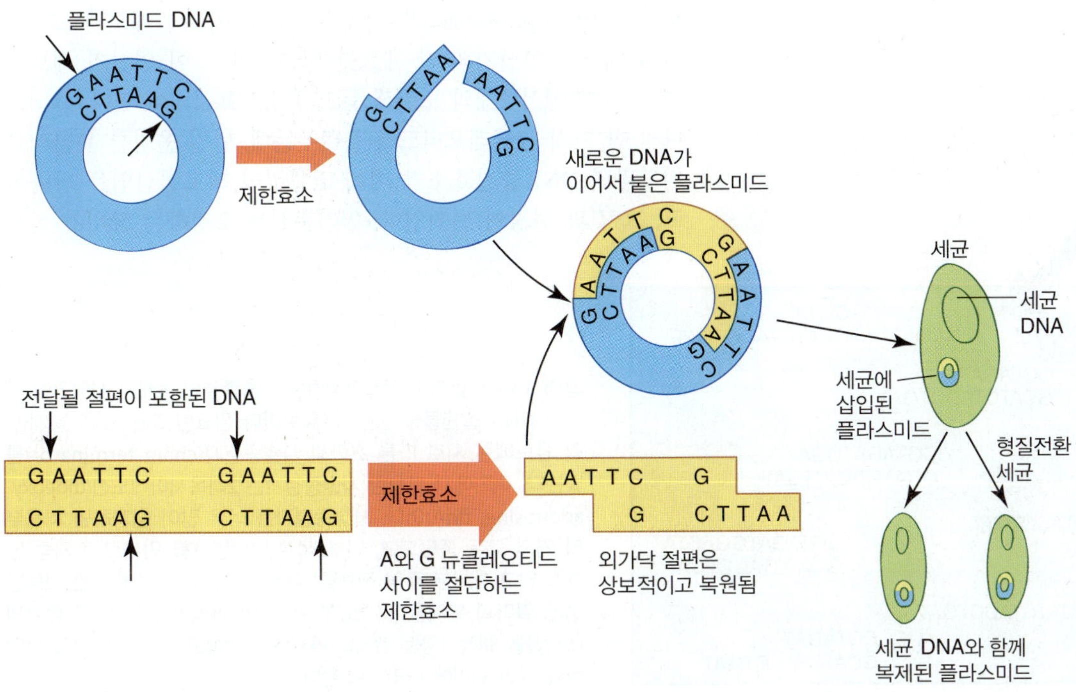

그림 15-20 클로닝을 위해 플라스미드를 이용하여 세균에 식물DNA를 삽입하는 방법. 플라스미드 대신에 바이러스를 이용할 수도 있다. 방법은 본문에 설명되어 있다.

제가 시작되기 전에 증폭시키려 할 순서 양쪽 끝의 짧은 부위와 각각 상보적인 두 가지의 시발체 DNA(primer DNA)를 넣어 주어야 한다. 만일 밀접한 관계가 있는 유전자들이 연구된다면 말단의 순서들을 알고 있지만, 보통 뉴클레오티드순서는 알지 못한다. 그런 경우에는 대체로 AAAAAA 같이 짧은 순서의 인공DNA(artificial DNA)를 양 끝에 화학적으로 첨가한다. 그러면 시발체인 TTTTTT가 효과적이 된다.

시발체가 염기순서와 수소결합을 형성한 다음, DNA중합효소 분자가 붙어서 다른 쪽 말단을 향해 합성을 시작한다. 복제가 완료되면 혼합물을 일시적으로 가열하여 두 가닥을 분리하고 나서 과정을 반복한다. 온천세균에서 추출하여 열에 안정적인 Taq 중합효소(Taq polymerase)를 이용하는데, 이는 이 효소가 열을 처리하여도 변성되지 않기 때문이다.

한 번의 가열/복제주기가 끝나면 증폭시키려 할 순서의 복사본들이 두 배가 된다. 그 결과, 극히 소량의 DNA를 매우 신속하게 복제할 수 있으며, PCR은 DNA의 희소 복사본에 이용된다. 그 예로는 몇 개 세포의 mRNA로부터 만들어진 소량의 cDNA, 바이러스 감염 초기에 존재하는 DNA[후천성면역결핍증후군(AIDS)을 야기하는 사람면역결핍바이러스(HIV)는 조기에 PCR로 발견됨], 또는 머리카락, 피 한 방울이나 범죄 현장에서 발견된 한 점의 피부 등이다.

DNA염기순서결정

오늘날 DNA의 염기순서를 결정하는 데에는 다양한 방법들이 이용된다. **사슬종결법(chain termination method)**에서는 염기순서를 결정할 DNA를 먼저 많은 양으로 복제하고 나서 이들을 4개의 회분(batch)으로 나눈다. 각 회분, 즉 반응튜브에 DNA 복제를 수행하는 데 필요한 모든 효소와 유리상태의 뉴클레오티드들을 넣어준다. 한 튜브에는 소량의 2디옥시아데노신(dideoxyadenosine)도 첨가해 준다. 합성이 진행되어 신장되는 DNA에 2디옥시뉴클레오티드(dideoxynucleotide)를 넣어줄 수 있지만, 더 이상 반응을 할 수 없고 DNA의 신장은 중단된다. 뉴클레오티드는 넣어줄 수 없다. 2디옥시아데노신을 넣은 튜브에서는 DNA가 주형으로 작용하고 복제가 시작된다. 주형 분자에서 T에 다다르면 몇몇이 2디옥시아데노신과 결합하고 멈춘다. 대부분의 신장되는 DNA 가닥들은 정상적인 A와 결합하고 계속 길어지다가 다음의 T에서 일부가 중단되고, 그 다음에 또 일부가 정지되고, 이런 과정이 반복된다. 반응이 완결되면 튜브에는 크기가 수백 가지인 수천 개의 DNA 분자들이 들어 있게 되지만, 각각의 크기는 분석하고자 하는 주형 DNA에서 T가 나타나는 위치에 해당한다. 이와 비슷하게 두 번째 튜브에는 소량의 2디옥시T, 세 번째에는 2디옥시C, 그리고 네 번째 튜브에는 2디옥시G를 따로 따로 넣어 준다(**그림 15-21**).

몇 년 전 까지만 해도, 그 결과를 분석하는 방법은 다음과 같았다. 4개의 모든 튜브에서 반응이 종결되면 그 반응물들을 겔전기영동 장치의 서로 다른 레인에 로딩한 후 분리한다(그림 15-17, **그림 15-22**). 각각의 레인에는 DNA분자의 크기에 상응하는 띠들이 나타난다. 예를 들어, DNA의 3번, 7번, 8번, 그리고 15번째 염기가 T인 경우, 2디옥시아데노신이 로딩된 레인에는 3, 7, 8, 그리고 15 뉴클레오티드 길이의 DNA에 해당하는 띠들이 나타난다. DNA염기순서는 즉시 읽을 수 있다(그림 15-22). 현재는 겔(gel)이 거의 사용되지 않고, 대신에 자동화된 기기에서 DNA 시료의 모든 처리를 진행하고 있다. 염기순서를 읽고 곧장 자료은행(database)으로 넘긴다. 2016년 현재 겔전기영동은 훨씬 빠른 방법으로 교체되었다.

피로인산염기순서결정법(pyrosequencing method)에서는 복제를 위한 모든 효소들과 함께 DNA를 용액에 첨가한다. 이에 덧붙여 피로인산염이 존재할 때 빛을 내는 다른 효소를 넣는다. 피로인산염(pyrophosphate)은 길어지는 DNA에 뉴클레오티드가 추가될 때 2개 인산기의 한 세트를 떨어뜨리고, 이 인산기 세트는 그림 15-7B에서 2개의 노란색 동그라미로 표시되어 있다. 그러고 나서 한 가지 뉴클레오티드를 흘려주는데, 만일 올바른 뉴클레오티드라면 DNA중합효소가 이에 결합하여 피로인산염을 방출하고, 그 결과 섬광이 번쩍인다. 염기순서를 결정하는 장비가 섬광

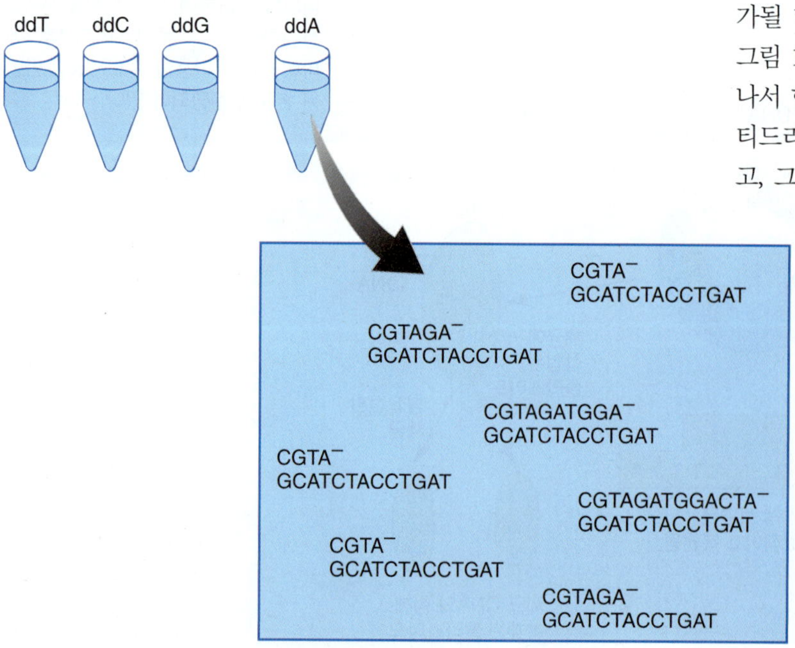

ddT ddC ddG ddA

CGTA⁻
GCATCTACCTGAT

CGTAGA⁻
GCATCTACCTGAT

CGTAGATGGA⁻
GCATCTACCTGAT

CGTA⁻
GCATCTACCTGAT

CGTAGATGGACTA⁻
GCATCTACCTGAT

CGTA⁻
GCATCTACCTGAT

CGTAGA⁻
GCATCTACCTGAT

그림 15-21 염기순서를 결정하는 사슬종결법. 4개의 시험관에 동일한 DNA 절편들을 넣는다. 튜브마다 필요한 모든 것을 넣지만, 각 튜브에는 서로 다른 소량의 사슬종결자(chain terminator)를 넣는다. 여기에서 묘사한 사슬종결자는 2디옥시아데노신(dideoxyadenosine, ddA)이다. 사슬종결자를 너무 많이 첨가하면 처음부터 거의 모두 중단되고, 너무 적게 넣으면 T를 만나도 좀처럼 멈추질 않고 대부분 주형 전체를 끝낸다. 적정량을 넣게 되면 가능한 모든 길이의 복제들이 나오게 된다. 이 과정이 끝나면 각 튜브의 내용물을 겔전기영동 장치의 레인에 올려놓고, 그림 15-22에 보인 바와 같이 길이에 따라 분리한다.

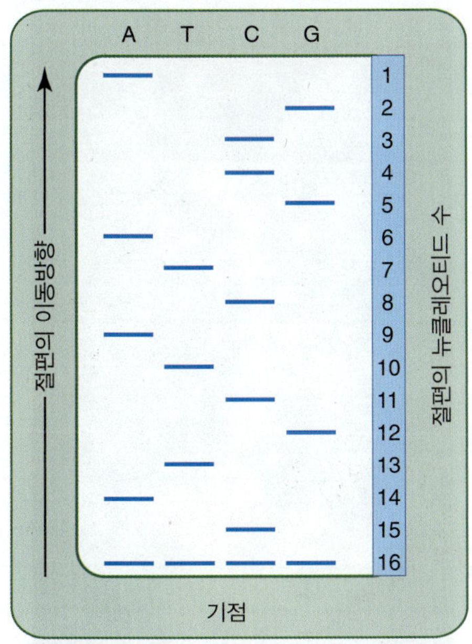

그림 15-22 DNA 절편의 겔(gel) 모식도. A, T, C, 또는 G로 표시한 각각의 레인은 그림 15-21의 시험관 중 하나에 해당한다. 길이가 가장 짧아서 가장 빨리 이동한 꼭대기의 뉴클레오티드부터 시작하여 뉴클레오티드 순서를 읽을 수 있다. 실제의 겔은 이보다 훨씬 길어서 수백 개의 띠가 나타난다.

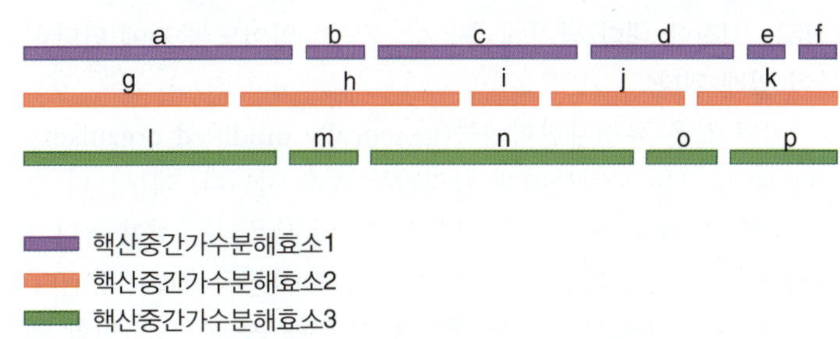

그림 15-23 매우 긴 DNA 절편은 DNA를 복제하고 이를 여러 동일한 회분들로 나눈 다음에 각 회분을 제한핵산중간가수분해효소로 절단하여 염기순서 분석을 한다. 만일 핵산중간가수분해효소1만 사용하였다면 a부터 f까지의 절편들을 얻겠지만, 그 올바른 순서는 알 수 없다. 두 번째 핵산중간가수분해효소로 절단된 단편들과 비교하면 절편 a, g, 그리고 i의 왼쪽 말단이 같다는 점을 알 수 있다. 절편 h는 a의 오른쪽 말단, 모든 b, 그리고 c의 왼쪽 말단과 일치하며, 절편 j는 c와 d의 일부와 맞는 것 등이다.

을 발한 뉴클레오티드를 기록하고, 이어서 다른 뉴클레오티드를 흘려주어 과정을 계속한다. 잘못된 뉴클레오티드가 도입되면 빛을 내지 않고, 이를 씻어낸 다음 다른 뉴클레오티드를 주입한다. 이 절차는 주형DNA가 복제되면서 수천 번 반복된다. 최신 기술은 일루미나(Illumina)사에 의해 2015년에 개발된 HiSeq X 10이다. 전하는 바에 따르면, 이 기술로 사람의 전체 유전체 염기순서를 결정하는 데에 고작 3일에 1,000달러 밖에 들지 않는다.

컴퓨터 프로그램은 촉진유전자나 증폭자가 될 부위, 타타상자, AUG 개시점, 그리고 엑손과 인트론 사이의 경계가 될 구역들을 찾아 염기순서를 결정한다. 이러한 유전자 같은 특성을 가진 것으로 나타나는 부위를 **열린 번역틀(open-reading frame, ORF)**이라고 부른다. 이 부위가 실제로 유전자인지를 밝히기 위해 자료은행을 검색하여 알려진 염기순서와 ORF가 서로 맞는지를 확인한다. 만일 일치하는 순서가 없다면 ORF라고 부른다. 대체로 일부 염기순서는 같은 생물이나 다른 생물에서 알려진 유전자와 유사성을 나타낸다. 유사성이 많다면, 즉 90% 또는 그 이상의 염기들이 같다면 이 ORF는 아마도 알려진 유전자와 같은 기능을 하는 유전자이겠지만, 유사성이 적다면 확신할 수 없다. 이 ORF는 실제 유전자일 수도 있고, 돌연변이가 일어난 유전자일 수도 있고, 불용DNA(junk DNA)로 진화한 고대의 중복유전자이거나 그냥 유전자를 닮은 마구잡이 염기순서일 수도 있다.

유전체 전체의 염기순서결정

지금까지 설명한 염기순서결정은 염기의 길이가 수백 개 미만인 단편들에서만 효과적이다. 색소체나 미토콘드리아 유전체의 염기순서를 분석하려면 이들 세포소기관을 세포로부터 추출하여야 한다. DNA의 고리들을 분리하고 나서 복제하여 여러 회분(batch)으로 나눈다. DNA를 절편들로 자르고 각 회분을 서로 다른 제한효소로 절단한 다음, 각 회분에 있는 각 절편의 염기순서를 결정한다. 첫 번째 회분에는 수백 개의 단편들이 포함될 수 있고 이들 모두 완벽하게 염기순서를 결정할 수 있지만, 단편들의 차례는 알 수 없다. 두 번째 회분도 마찬가지지만, 여기에 있는 각 단편은 첫 번째 회분의 단편들과 하나 이상 일치하는 위치들을 갖게 된다. 두 회분에서 상응하는 부위들을 정렬하면 모든 단편들을 올바른 순서대로 정렬할 수 있다. 세 번째 회분에서 얻은 염기순서는 검증하는 역할을 한다(**그림 15-23**). 핵에 들어 있는 어마어마한 유전체의 염기순서를 결정하려면 각 염색체들을 서로 분리하여 각각 동일한 방법으로 분석한다.

식물의 유전공학

식물학자들은 재조합DNA기술을 이용하여 많은 유전자를 확인하고 분리하여 구조와 활성을 연구할 수 있게 되었다. 뿐만 아니라 재조합DNA기술 덕분에 식물학자들이 정상적으로는 들어 있지 않은 유전자를 식물에 주입할 수 있게 되었다. 예를 들어, 목화는 세균 바실러스 투링기엔시스(*Bacillus thuringiensis*)로부터 애벌레에게는 독성이 있지만 다른 곤충이나 사람을 포함하여 포유류에게는 해가 되지 않는 단백질을 암호화하는 유전자를 받는다. 만일 그 유전자가 식물을 방어하게 된다면 이는 해마다 1억 달러에 달하는 작물 손실을 방지할 수 있을 것이다. 식물학자들은 사막의 페튜니아(petunia)로부터 정상적인 페튜니아에 유전자를 전달하여 40% 적게 물을 필요로 하는 식물을 만들었다. 그러한 내건성(drought resistance) 유전자를 농작물에 이입할 수 있다면 관개에 필요한 물의 양이 크게 줄어든다. 토마토의 맛과 향이 생기는 데 관여하는 다른 효소들은 억제하지 않으면서 흐물흐물해지게 만드는 효소를 저해하도록 토마토의 유전자를 변형시켰다. 토마토는 시장에 내다 팔기에 충분할 정도로 익어도 줄기에 단단히 붙어 있게 된다.

이와 같은 유전자변형생물(genetically modified organisms, GMOs)이 모든 사람들에게 환영받는 것은 아니다. 대부분의 경우, 유전자변형생물이 기아를 방지하는 데 사용되는 것이 아니라 기업식 농업이 더 많은 이윤을 얻기 위해 이용된다고 주장된다. 유전자변형 토마토를 시장에 내다 팔기 위해 녹색이고 단단할 때 수확하는 것보다 현지에서 유기농으로 재배한 토마토를 맛이 최고조일 때 따는 것이 더 낫지 않느냐고 논쟁을 지속한다. 이를테면 황금쌀(Golden Rice)은 비타민A의 전구물질인 베타카로틴을 더 많이 생성하도록 유전공학으로 개발되었다. 동남아시아의 많은 사람들은 주로 쌀에 의존하는 식사를 하고, 보통의 쌀을 먹는 많은 사람들이 비타민A 결핍증에 시달리고 있다. 황금쌀은 이들에게 더 많은 비타민A를 제공하므로 좋지만, 이는 가난한 농부의 식사이며, 대안이 될 다른 해결책이 있다고 반론을 제기한다. 즉, 이들에게 더 많은 신선한 채소를 공급하여 쌀에 대한 의존도를 줄이자는 것이다. 오로지 비타민A에만 집중하지 말고 사람의 영양에 관한 많은 측면을 증진시키자는 것이다.

일부 유전자를 얻는 것은 어렵지 않지만, 현재로서는 그 유전자를 핵의 DNA에서 전사와 번역이 일어날 수 있게끔 핵의 DNA에 적절하게 주입하는 것이 쉽지 않다. 유전자는 영양가 높고 향상된 단백질을 암호화할 수 있고 종자가 형성되는 과정에 떡잎에서 발현되어야 하는데, 이 유전자를 뿌리나 줄기 또는 목부의 특징을 암호화하는 핵DNA에 삽입한다면 조작된 유전자는 활성화되지 않을 수 있거나 또는 엉뚱한 곳에서 활성화되기도 한다. 촉진유전자자리의 성질 그리고 이들과 화학신호전달물질과의 상호작용에 관한 연구들이 특히 집중적으로 이루어지고 있다. 많은 유전자들은 떡잎, 목부, 엽록조직 또는 표피처럼 특정한 조직에서만 발현되도록 위치한다. 이들의 촉진유전자들이 가치가 있는데, 그것은 유전자가 DNA의 어느 곳에 삽입되는가에 상관없이 떡잎의 촉진유전자가 외래유전자에 부착하여 유전자가 적절한 화학신호전달물질에 반응하게 될 가능성을 증진시키기 때문이다(**그림 15-24**).

유전자와 촉진유전자가 준비된 다음에 이들을 삽입벡터(insertion vector)에 붙이는데, 벡터로는 대개 토양세균인 근두암종균(*Agrobacterium tumefaciens*)의 **종양유발플라스미드(ti plasmid**; tumor-inducing plasmid)를 이용한다(**그림 15-25**). 이 플라스미드는 식물학자들에 의해 항생물질내성 유전자들이 첨가되어 변형되었다. 모든 것이 갖춰진 플라스미드-촉진유전자-유전자를 조직배양에서 식물 세포와 혼합하고, 키운 다음에 항생물질[보통 히그로마이신(hygromycin)]로 처리한다. 플라스미드를 도입하지 않은 세포들 그리고 플라스미드를 받아들였지만 발현되지 않은 세포들은 제초제에 의해 죽는다. 플라스미드를 도입하고 유전자를 전사하여 mRNA를 단백질로 번역한 세포들은 제초제에 내성을 갖고 살아남는다. 이 세포들을 더 키운다. 살아남은 세포들이 새로운 식물체를 형성하고, 많은 경우에 이들 식물은 유전자를 운반하고 발현할 뿐만 아니라 유성생식을 통해 그들의 자손들에게도 그 유전자를 물려준다.

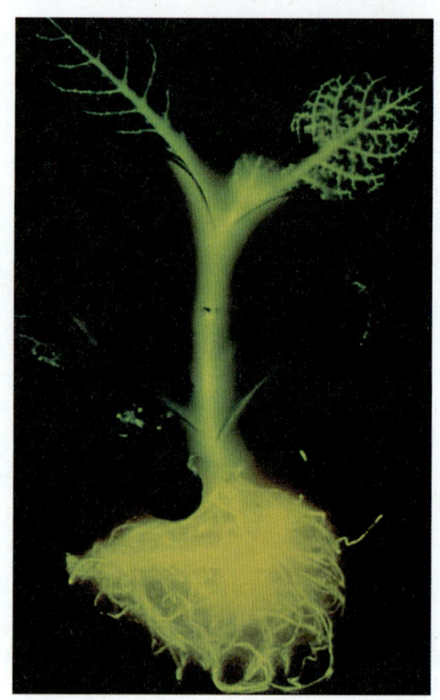

Reproduced from DeLuca, M. 1986. *Science*. 234: 856-859. © 1986 AAAS.

그림 15-24 반딧불이의 발광단백질 유전자를 조직배양에서 식물세포에 도입한 다음, 세포들이 완전한 식물체로 생장하도록 유도하였다. 모든 세포에서 빛이 나므로, 이 유전자는 모든 세포에서 정상적으로 활성화되는 촉진유전자를 가진 것으로 보인다. 유전자를 조작하기 전에 이 유전자에 다른 촉진유전자를 붙이면 언제 어디서 촉진유전자가 정상적으로 활성화되는지 연구할 수 있다. 생물학자들은 촉진유전자가 이 유전자에 결합할 때 특정한 세포나 조직에서만 빛을 발하는 촉진유전자를 찾기를 희망한다. 그렇게 된다면 그 촉진유전자는 세포나 조직의 유형에 특별히 영향을 주고 싶을 때마다 이용할 수 있을 것이다.

바이러스

과거에 식물의 바이러스 연구는 작물에 바이러스병이 확산되는 것을 막는 데 많은 중점을 두었다. 지금은 많은 바이러스가 식물 유전공학을 위한 가능한 벡터로 특별히 관심을 받고 있다. 한편으로 대부분의 바이러스가 RNA바이러스이기 때문에 이들 바이러스에는 핵산의 실험조작에 유용한 많은 특이한 효소들이 들어 있다.

바이러스의 구조

바이러스는 대개 단백질과 핵산만을 포함하는 극히 작은 입자이다. 바이러스는 병을 일으키는 인자로 1892년에 처음 발견되었지만, 너무 작아서 현미경으로 볼 수 없었고 세균이 걸릴 만큼 미세한 구멍의 필터를 쉽게 통과하였다. 바이러스는 전자현미경이 개발되기 전에는 결코 볼 수 없었다(**그림 15-26**). 처음에는 바이러스를 아주 작은 세포라고 여겼지만, 지금은 세포가 아니라는 점을

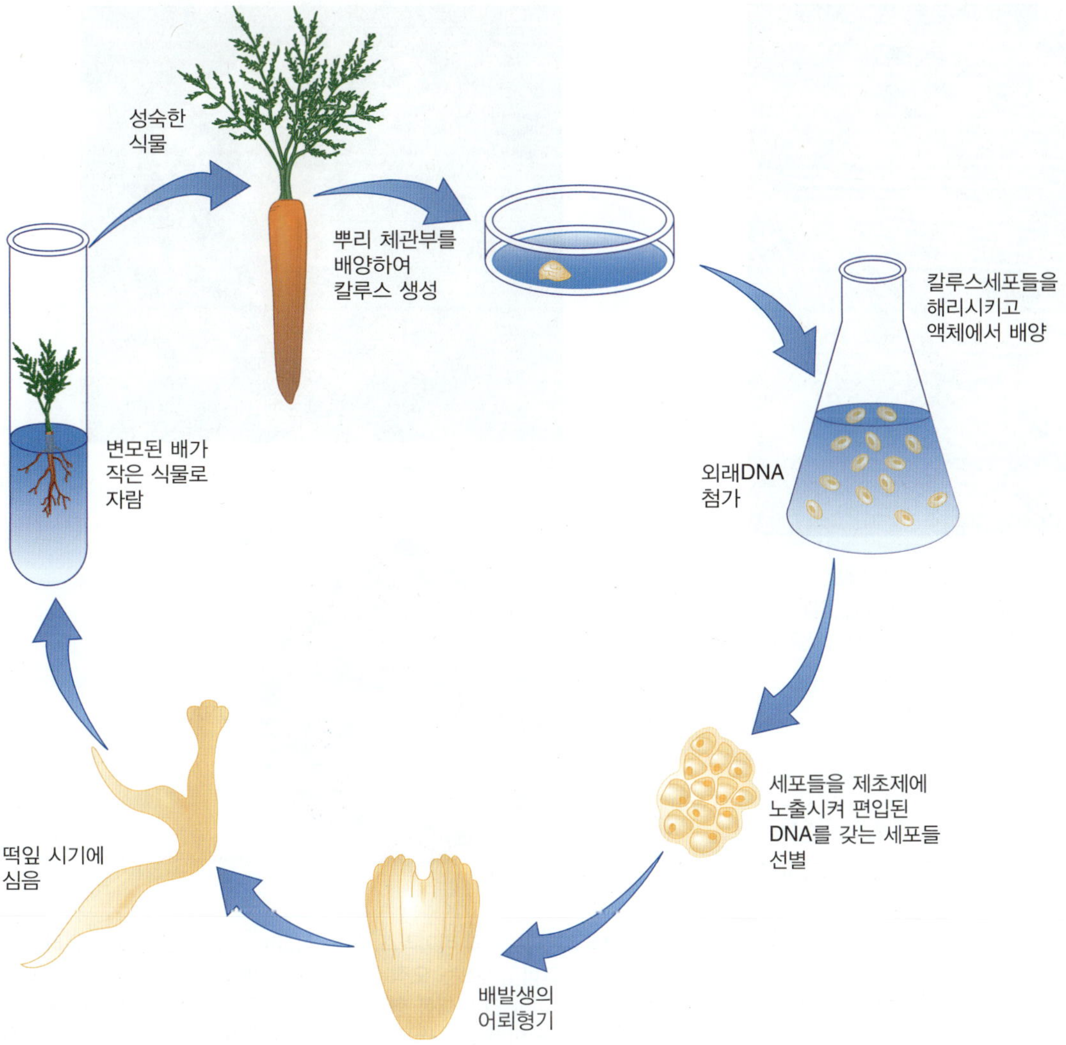

성숙한
식물

뿌리 체관부를
배양하여
칼루스 생성

칼루스세포들을
해리시키고
액체에서 배양

외래DNA
첨가

세포들을 제초제에
노출시켜 편입된
DNA를 갖는 세포들
선별

배발생의
어뢰형기

떡잎 시기에
심음

변모된 배가
작은 식물로
자람

(A)

(B) Courtesy of M. Bonness and T.J. Mabry, University of Texas, Austin

(C) Courtesy of Dennis Gray, University of Florida

그림 15-25 **(A)** 재조합DNA기법을 이용하여 식물을 유전적으로 변모시키는 방법을 나타내는 모식도. 상세한 방법은 본문에 설명되어 있다. **(B)** 조직배양 실험의 구성요소. 원래의 식물인 옹환선인장(*Cephalocereus senilis*), 사진 전면의 한천배지에 있는 칼루스(callus)배양, 플라스크에 있는 액체배양. 빨간색 액체배양은 색소를 형성하도록 실험적으로 유도되었다. 한쪽으로 기울어진 플라스크는 이들 세포들이 너무 활발하게 자라서 모든 액체배지를 소비하고 단단한 세포덩어리를 형성하였음을 보여준다. **(C)** 한편 조직배양 실험을 통해 배(embryo)를 형성할 수 있다. 유전자조작이 이루어졌다면 이들 배는 변모된 식물로 자란다.

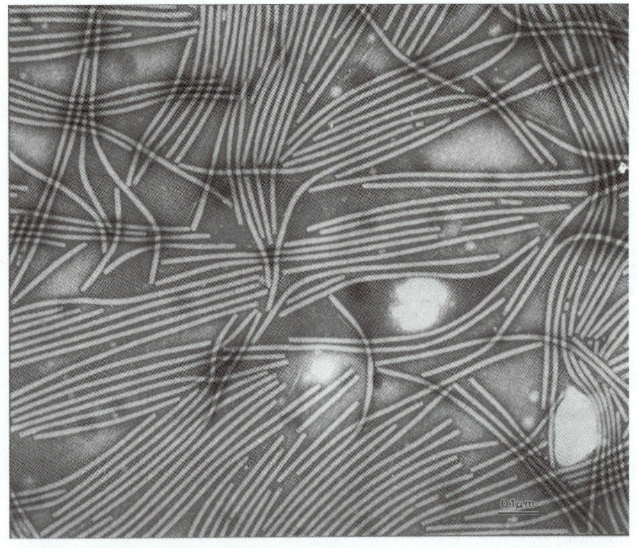

Courtesy of Elliot W. Kitajima, Ph.D., University of São Paulo, Brazil

그림 15-26 무모자이크바이러스(turnip mosaic virus) 입자들은 길고 가는 사상체이다. 이 시료에서는 식물세포로부터 바이러스들을 추출하여 전자현미경으로 관찰이 가능하도록 중금속으로 처리하였다(×180,000).

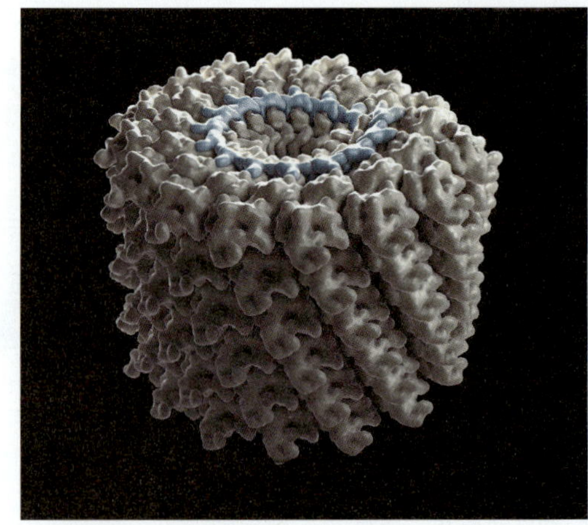

(A) © Science Picture Co/Science Source

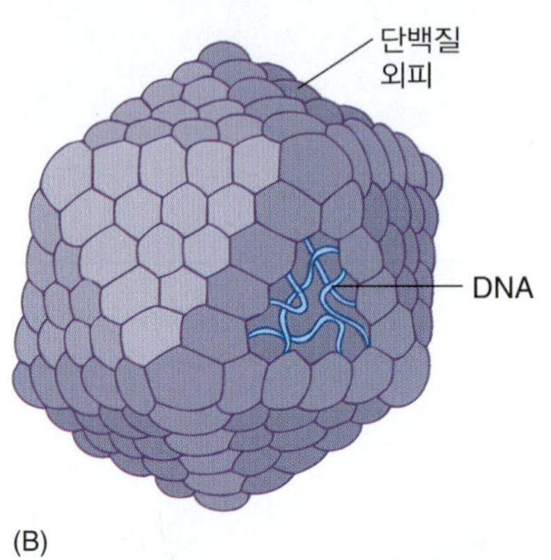

(B)

그림 15-27 대부분의 바이러스, 특히 식물바이러스들은 극히 단순하다. **(A)** 담배모자이크바이러스는 오직 한 종류의 단백질만 포함하고, 이 단백질은 DNA와 결합하여 긴 막대를 형성한다. 이런 형태로 DNA는 잘 보호된다. **(B)** 여기에 보인 바이러스에서는 단백질이 핵산에 단단히 결합하지 않는 대신에 핵산 주위에 외피(coat)를 형성하였는데, 이를 보통 껍질 또는 캡시드(capsid)라고 부른다.

우리는 알고 있다. 바이러스는 원형질이 없고, 세포소기관도 없으며, 막도 없다. 바이러스는 독자적으로 자체의 고유한 대사를 수행할 수 없고, 어떤 종류의 세포들에 항상 기생을 해야 한다. 대부분의 바이러스, 특히 식물에 침범하는 바이러스는 하나 또는 여러 종류의 단백질과 소량의 핵산만으로 구성된다(**그림 15-27**).

식물바이러스는 언제나 단순한 형태를 갖는데, 길거나 짧은 막대 또는 둥근 입자 모양이다. 담배모자이크바이러스(tobacco mosaic virus)는 15 × 300 nm의 막대 모양인 반면에, 감귤트리스테자바이러스(citrus tristeza virus)는 길이가 2,000 nm까지 이르는 막대이다. 구형 또는 다면체(polyhedral)인 바이러스들도 보편적이며, 보통 약 60 nm의 지름을 갖는다.

식물바이러스의 핵산은 엄청나게 다양하다. 알려진 바이러스 가운데 가장 많은 수(400)가 외가닥 RNA를 포함하는 **레트로바이러스(retrovirus)**들이다. 레트로바이러스는 cDNA를 만드는 데 필요한 역전사효소(reverse transcriptase)의 원천이 된다. 사람의 암을 유발하는 많은 바이러스들은 동물바이러스들이다. 알려진 12개의 식물바이러스는 2중가닥DNA를 갖고 있고, 특이한 유형의 두 집단이 있는데, 10개는 2중가닥RNA를 갖고, 15개는 외가닥 DNA를 갖는다. 뿐만 아니라 많은 식물바이러스는 모든 핵산이 한 입자에 묶이지 않는 **분할유전체바이러스(split genome virus)**들이다. 대신에 바이러스는 2개의 다른 입자들로 구성되는데, 바이러스의 대사가 일어나기 위해서는 두 입자 모두가 새로운 숙주세포로 전달되어야 한다. 알팔파모자이크바이러스(alfalfa mosaic virus)는 4개의 뚜렷이 다른 입자들로 구성된다.

많은 식물바이러스들은 아주 작은 수의 단백질을 암호화하는 핵산을 갖고 있다. 담배모자이크바이러스는 6,400 뉴클레오티드만 포함하고, 그 하나의 유일한 외피단백질(coat protein)은 158개 아미노산을 포함하며, 따라서 그 외피단백질은 적어도 158 × 3 = 474 뉴클레오티드를 필요로 한다. 이 바이러스에는 3개의 다른 유전자들이 있는데, 2개의 큰 유전자는 복제효소(replicase)를 암호화하고, 1개의 작은 유전자는 세포들 간에서 바이러스의 확산을 중재하는 것으로 여겨지는 단백질을 암호화한다. 대부분의 다른 식물바이러스들도 비슷하게 작다.

바이러스의 대사

바이러스는 번식을 위해 항상 살아 있는 세포에 침범해야 한다. 식물, 동물, 균류, 원생동물, 조류 및 원핵생물의 모든 생물들은 바이러스의 공격을 받는다. 세균에 감염하는 바이러스를 **박테리오파지(bacteriophage)** 또는 파지(phage)라고 부르지만, 이들은 다른 바이러스와 똑같은 바이러스들이다. 세균과 동물을 공격하는 바이러스들은 대개 극도로 특이적이다. 즉, 특정 종류의 바이러스는 특정한 종의 숙주만을 침범할 수 있다. 많은 식물바이러스도 마찬가지지만, 어떤 바이러스들은 관련된 많은 식물종에 침범할 수 있다. 균류와 조류의 바이러스들은 잘 알려져 있지 않다.

바이러스가 식물에 침입하려면 진딧물의 활동이나 씹는 곤충 또는 가지치기를 하거나 부러진 다음에 남은 열린 상처를 통하는 것처럼 살아 있는 세포의 손상에 의존한다. 곤충이 바이러스에 감염된 식물을 씹거나 빨아 먹으면 바이러스입자들이 곤충의 구기(mouth part)와 발에 들러붙는다. 만일 이들이 숙주세포를 뚫고 들어가면 일부 바이러스입자들이 전달되고, 세포벽을 완전히 우회하여 직접 원형질로 들어간다. 바이러스의 활동을 실험적으로 연구할 때에는 먼저 사포(sandpaper)로 건전한 식물의 표피를 벗겨서 세포에 미세한 구멍을 만든 다음에 그 상처부위를 감염된 식물에서 추출한 바이러스입자의 용액을 바르거나, 아니면 갓 부순 감염된 잎을 긁힌 부분에 문지른다.

바이러스가 적절한 숙주세포의 내부에 들어가면 외피의 단백질분자들은 서로 떨어져 나가고 바이러스의 핵산이 방출된다. 만일 그 바이러스가 DNA바이러스라면, 떨어져 나온 DNA가 식물 자체의 RNA중합효소에 의해 인식되어 바이러스 유전자의 mRNA로의 전사가 시작된다. 이 mRNA들은 식물의 리보솜에 의해 번역되며, 감염되고 나서 불과 몇 분 만에 세포에는 새로운 바이러스의 단백질들이 나타난다. 일부 바이러스의 전사와 번역은 상당히 느려서 바이러스가 거의 해를 미치지 않는 경우도 있다. 다른 어떤 종류에서는 바이러스의 mRNA들이 리보솜들을 장악하여 식물의 단백질합성 기구가 완전히 전복된다. RNA중합효소가 바이러스의 DNA를 전사하는 것과 동시에 DNA복제효소들이 결합하고 DNA를 복제하여 새로운 바이러스의 2중나선들을 만든다. 바이러스 DNA분자들의 수가 증가함에 따라 바이러스의 전사와 번역의 속도도 빨라지나, 결국 식물세포의 모든 대사는 바이러스의 대사로 전용되고 만다.

RNA는 있지만 DNA가 없는 레트로바이러스는 mRNA처럼 행동할 수 있고, 식물의 리보솜에 붙어서 번역되기도 한다. 처음 만들어지는 단백질 가운데 하나는 대개 역전사효소인데, 이 효소는 RNA와 결합하여 DNA의 상보적 분자를 합성한다. 다른 효소들이 DNA의 다른 반쪽을 합성하고, 나머지 단계들은 DNA바이러스의 경우와 같다. 일부 레트로바이러스에는 외투의 일부가 되는 역전사효소의 분자들이 포함되어 있으므로, 역전사(reverse transcription)는 첫걸음이다.

바이러스의 구성요소들이 풍부해지면서 바이러스의 핵산은 세포질연락사를 통해 그리고 한편으로는 추정컨대 벽을 관통하여 인근의 세포로 이동한다. 체관부에 들어간 바이러스의 핵산은 신속하게 확산되고, 다소 안전한 유일한 조직은 체관부가 없는 뿌리와 줄기의 정단분열조직이다. 심하게 감염된 식물에서도 줄기의 끝은 바이러스가 없는 채로 남아 있다.

바이러스가 숙주세포의 대사를 인수하는 속도는 가변적이고, 많은 식물에서 그 속도는 느리고 바이러스는 결코 풍부해지지 않는다. 그런 식물에서는 바이러스의 병징(disease symptom)이 거의 나타나지 않고, 바이러스의 존재는 전자현미경에 의해서만 탐지된다. 많은 작물에서는 이런 종류의 바이러스가 보편적이다. 만일 바이러스가 빠르게 증식하고 세포를 장악한다면 황백화(chlorosis), 괴저(necrosis) 그리고 잎말림병(leaf curling)이 나타날 수 있다(**그림 15-28**, **15-29**). 그런 바이러스는 **병독성(virulent)**이다.

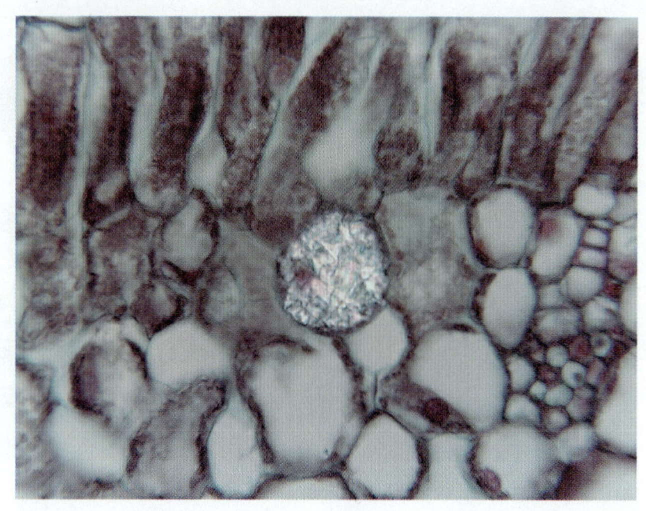

그림 15-28 담뱃잎의 이들 세포는 담배모자이크바이러스에 감염되었다. 세포질은 바이러스입자들로 거의 채워졌지만 인접한 세포들은 건강하게 보이고, 액포에는 바이러스가 없다(×400).

외투단백질에서 벗어나면 일부 바이러스는 바이러스의 DNA를 숙수의 DNA에 수입한다. 이 과정에 대해서는 거의 알려진 바 없지만, 바이러스DNA가 숙주DNA 바로 옆에 놓인 다음 양쪽 분자에 틈이 생기는 것으로 나타난다. 양끝이 합쳐지고 틈은 DNA연결효소에 의해 메워진다. 그런 바이러스DNA는 보통 잠복해 있는데, 그것은 아마도 어느 특정한 세포에서 진핵DNA가 거의 발현하지 않기 때문일 것이다. 그렇지만 바이러스의 삽입이 어린 식물조직에서 일어난다면 바이러스DNA는 매 세포주기마다 S기 동안에 식물DNA와 함께 복제되고, 딸세포들 모두 유사분열을 통해 감염된 DNA를 받게 된다. 그런 바이러스를 **용원성(temperate)**이라고 부르며, 전혀 증상이 나타나지 않을 수 있다. 용원성 바이러스는 마냥 잠복한 채로 지내다가 식물이 죽을 때 같이 죽는다. 그런데 일부 바이러스는 활성화되어 병독성 바이러스처럼 증식한다. 용원성에서 병독성으로의 전환을 유도하는 요인은 알려져 있지 않다. 아마도 삽입된 바이러스DNA 자체가 유전자의 촉진유전자부위로부터 하부로 진행되어 세포분화의 일부로서 활성화되었을 것이다. 촉진유전자부위에 RNA중합효소가 결합하여 전사한 다음 바이러스DNA도 함께 전사될 것이다. 하지만 이 가설은 입증되지 않았고, 다른 요인이 중요할 수도 있다.

새로운 바이러스 입자의 형성

어느 순간에 바이러스의 구성요소들이 새로운 입자로 조립된다(그림 15-27). 담배모자이크바이러스 같은 많은 바이러스의 경우, 이는 자기조립(self-assembly) 과정이다. 바이러스의 외투단백질은

(A) Courtesy of Dr. Thomas Isakeit, Texas A&M University

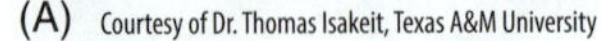

(B) Courtesy of Dr. Thomas Isakeit, Texas A&M University

그림 15-29 호박모자이크바이러스(squash mosaic virus)는 호박뿐만 아니라 수박처럼 밀접한 관련이 있는 식물에도 영향을 미친다. 증상이 잎**(A)**과 열매**(B)** 모두에서 나타난다.

바이러스DNA와 결합하는 3차구조를 갖고 있다. 이 결합은 더 많은 바이러스단백질들을 유인하고 부착시킴으로써 새로운 단백질/DNA 바이러스입자가 빠르게 조립된다. 단백질 단위체들끼리는 서로 부착하지 않고, 바이러스DNA가 반드시 존재해야 한다. 다른 요소들은 필요하지 않고, 시험관에서조차 이 두 가지 요소들은 감염성 바이러스입자들로 스스로 조립된다.

많은 종류의 동물바이러스와 박테리오파지에서는 마지막에 만들어지는 단백질의 하나가 숙주세포를 파괴하는 효소이고, 이로 인해 숙주세포가 용해되고(lyse) 바이러스입자들이 환경으로 방출된다. 이러한 용해가 식물바이러스에서는 일어나지 않는데, 이는 아마도 세포벽이 너무 거대해서 분해되지 않는 것으로 보인다. 그 대신에 곤충이나 큰 동물에 의해 세포가 깨지고 열릴 때까지 바이러스입자들은 세포에 머문다. 만일 바이러스에 감염된 잎이 먹히지 않는 대신에 가을에 탈리되면 잎이 분해되면서 바이러스입자들이 방출되고, 이 역시 동물에 의해 확산될 수 있다.

바이러스의 기원

대다수는 아닐지라도 많은 바이러스들은 실제로 숙주의 종 또는 숙주와 매우 밀접한 관계에 있는 종이 갖는 유전자의 일부이다. 생물이 손상을 입거나 죽어서 부패되면 그 핵들은 나머지 세포물질과 함께 분해된다. 가끔 염색체의 단편이 대충의 외투로 스스로 조립될 수 있고 약간의 감염 가능성을 가진 단백질을 암호화하는 경우가 있을 수 있다. 그러한 단편은 바이러스의 전신으로 작용할 가능성을 지니고 있고, 그 단편은 다른 어떤 유전체계처럼 진화할 수 있기 때문에 그러한 단편은 필요한 자격을 다 갖춘 바이러스와 같이 효율적일 필요가 없다. 오랜 기간에 걸쳐 이 DNA 단편의 생존율이 증진되는 돌연변이가 자연선택에서 유리하였을 것이다.

다른 가설은 바이러스가 고도로 진화된 극히 효율적인 기생생물이라고 상정한다. 생물이 환경에서 필요한 화합물을 얻을 수 있을 때에는 언제든지 그 화합물을 합성하느라 에너지를 낭비하지 않는 것이 선택적으로 이익이 되지만, 가장 축소된 단순한 기생생물일지라도 바이러스보다는 훨씬 더 복잡하다. 과연 바이러스가 축소된 기생세균일까? 그렇다면 식물바이러스와 동물바이러스의 대사가 세균의 대사와 유사해야 하지만, 대부분의 바이러스에서는 그 대사가 식물이나 동물의 대사와 일치하기 때문에 이 가설은 의문스럽다.

바이러스에 의한 식물병

식물들은 바이러스에 기인하는 적어도 1,000가지 종류의 병에 시달린다. 그 증상이 무기질의 결핍에 따른 증상이나 그 밖에 환경적으로 기인하는 문제에 의한 증상과 비슷해서 탐지가 어려울 수 있다(그림 15-29). 바이러스에 감염된 식물을 효과적으로 치료하는 방법은 거의 없다. 우리는 바이러스병에 걸린 작물 전체를 치료하려고 시도하지 않는 대신에 바이러스가 없는 씨앗이나 꺾꽂이를 위해 건전하고 감염되지 않은 원종을 유지하려고 노력한다. 열처리(heat treatment)는 일부 바이러스를 불활성화한다. 전체 식물을 35°C에서 40°C의 더운 생육상(growth chamber)이나 온실에서 몇 주에서 몇 달 동안 유지시키면 그 식물은 바이러스가 없는 상태가 될 수 있다. 그렇지만 이 기법은 대부분의 식물에서 그리고 많은 바이러스병에 대해 효과적이지 못하며, 최선의 방책은 무바이러스식물(virus-free plant)을 이용하고 이들이 감염되지 않도록 방어하는 것이다. 무바이러스식물은 줄기정단분열조직의 배양을 통해 얻고, 만일 바이러스입자가 식물에 감염할 수 있는 것보다 훨씬 빠르게 수술과 심피가 자라서 씨를 맺는다면 때때로 종자의 정상적인 유성생식에 의해서도 얻을 수 있다.

다음 단계에서는

1. **DNA복제 중의 교정과 오류수정.** 효소가 DNA를 복제하면서 때때로 효소는 틀린 염기를 넣거나 몇몇 염기를 건너뛰고 복제하지 않는 실수를 저지른다. 모든 오류는 돌연변이이다. 오류를 탐지하고 수정하는 많은 방법들이 진화하였다. 식물은 줄기와 뿌리의 정단분열조직에서 국소생장(localized growth)에 의해 자라기 때문에 분열조직세포들이 가능한 한 많은 돌연변이를 찾아 교정하는 것이 매우 중요하다. 이 주제를 연구할 때 만일 생물이 완벽하게 DNA를 복제하여 어떤 오류도 생기지 않도록 진화되었거나 아니면 만일 모든 오류를 찾아 교정될 수 있다면 결과가 무엇일지를 스스로에게 질문해 보라. 생물의 향후 진화에는 어떻게 영향을 미치게 될까?
2. **염색체 구조.** 이 과목 같은 입문강좌에서는 염색체를 다음과 같이 기본적인 수준에서 설명한다. 즉, 염색체는 동원체와 2개의 말단소체를 갖는 단일한 DNA2중가닥(2중나선에서 2개의 완전한 DNA분자가 서로를 둘러쌈)이다. 그러나 여러분이 짐작하듯이 염색체는 훨씬 더 복잡하다. DNA의 극히 작은 부위만이 유전자로 구성되고, 다른 부분들은 조절인자나 활성화인자 또는 억제인자가 붙는 조절부위이다. DNA가 염색체의 구조단백질과 결합하거나 핵막의 골격단백질과 결합할 수 있는 등등의 부위가 있다. DNA의 이런 모든 측면이 유전자의 발현에 영향을 미치는데, 이들 모두 식물의 발생에서 중요하다.
3. **DNA메틸화와 DNA각인.** 많은 형질에서 유전자의 대립유전자 중 어느 것을 어머니로부터 물려받고 어느 것을 아버지로부터 받든 아무 상관없다. 식물도 마찬가지다. 그러나 소수의 형질에서는 어느 대립유전자가 양친의 어느 쪽에서 왔는지가 대단히 중요하다. 식물과 동물 모두에서 밝혀진 것처럼 알세포는 메틸기를 염기의 일부에 첨가함으로써 유전자의 일부를 종종 수식하는 반면에 정세포는 그렇지 않다. 결합하여 접합자가 되면 모계유전자는 부계유전자보다 더 큰 영향을 끼친다. 이것의 결과와 혜택은 아직 확실히 이해되지 않았고, 최근에는 사람에서 아버지 역시 그 유전자의 일부에 표시한다는 사실이 밝혀졌다. DNA각인(DNA imprinting)은 앞으로 몇 년 간 발생생물학에서 가장 중요한 주제가 될 것이다.
4. **조직배양과 배발생을 통한 식물의 클로닝.** 어떤 요소를 삭제하거나 새로운 부분을 첨가함으로써 DNA를 변형시키는 것은 이제 매우 쉽다. 대부분의 경우, 새로운 DNA를 식물세포에 삽입하고 그 세포가 새로운 식물로 자라게 하는 것은 어려운 점이다. 대체로 세포들은 조직배양에서 불규칙한 덩어리의 칼루스로만 자랄 따름이다. 많은 연구는 변모된 세포를 쉽게 그리고 확실히 식물체로 자랄 수 있도록 조직배양 기법을 발달시키는 데 목표를 두고 있다. 그 목적이 아직 달성되지는 않았지만, 해마다 약간의 진전이 이루어지고 있다. 만일 변형된 세포를 접합자처럼 행동하게 할 수 있다면 그 과정은 어디에서나 효과적이 될 것이다.

요약

1. 단백질의 1차구조인 아미노산순서를 지정하는 데 필요한 정보는 DNA에 디옥시리보뉴클레오티드의 순서로 저장된다.
2. 세포의 분화는 유전자의 차등적 활성화와 mRNA가 되는 이형핵RNA 가공의 조절에 주로 좌우된다.
3. 식물호르몬이 핵의 유전자나 세포소기관 유전자의 차등적 활성화를 유도하는 메커니즘의 정확한 세부 사항은 알려지지 않았다. 호르몬과 그 수용체와의 결합으로 DNA 촉진유전자부위와 결합하는 전사인자가 생성된다.
4. 유전암호는 뉴클레오티드의 트리플렛으로 구성되고, 각 트리플렛은 한 종류의 아미노산이나 개시(START) 또는 종결(STOP)을 암호화한다. 유전암호는 축중되었고, 각 아미노산은 여러 코돈들에 의해 암호화된다.
5. 유전자는 증폭자 요소를 포함하는 촉진유전자부위와 보통 엑손과 인트론 모두를 포함하는 구조부위로 구성된다.
6. 전사에서 RNA중합효소는 촉진유전자부위에 부착하여 개시점으로 이동한 다음에 외가닥 DNA에 있는 짧은 부위의 염기쌍의 인도를 받아 RNA를 중합한다. 엑손과 인트론 모두 전사된다.
7. 이형핵RNA는 mRNA로 가공되고 나서 세포질로 수송되어 리보솜과 결합한다. 각 리보솜은 큰 소단위와 작은 소단위, 4종류의 rRNA 분자, 그리고 약 80개의 단백질을 갖는다.
8. 아미노산은 활성화 tRNA의 일부로 리보솜에 운반되고, tRNA 각각은 자신이 운반하는 아미노산의 코돈과 상보적인 역코돈을 갖는다. 모든 tRNA는 구조가 비슷하다.
9. 제한효소는 특정 순서에서 DNA를 절단하고, 그 결과로 생긴 조각들은 외가닥 상태로 용합된다. 근원이 다른 외가닥 핵산들을 혼합하고 잡종화함으로써 그 혈연도의 척도나 새로운 DNA 분자를 구성하는 일부로 이용한다.

10. DNA의 특정 순서는 한 복제를 벡터에 포함시킨 다음에 벡터를 세균에 주입하여 인공적으로 합성할 수 있다. 세균이 증식하면서 DNA 순서도 함께 복제된다.
11. 대부분의 바이러스는 정상적인 숙주 유전자와 밀접한 관계가 있는 소수의 유전자를 포함하는 DNA 또는 RNA의 짧은 조각이다. 대부분의 식물바이러스는 DNA가 아닌 RNA와 오직 한 종류의 단백질로 된 외투를 갖는다.
12. 바이러스는 상처를 통해 식물에 감염되고 나서 식물의 핵산대사와 단백질합성대사를 더 많은 바이러스분자들이 합성되도록 전환시키고, 그 다음에 완전한 바이러스입자로 자기조립된다.

중요한 용어

DNA미세배열(DNA microarray)
DNA변성(DNA denaturation)
DNA연결효소(DNA ligase)
DNA잡종화(DNA hybridization)
DNA클로닝(DNA cloning)
개시코돈(start codon)
(유전자의) 구조부위[structural region (of a gene)]
레트로바이러스(retrovirus)
리보솜(ribosome)
리보솜RNA(ribosomal RNA, rRNA)
박테리오파지(bacteriophage)
발현분석(expression profiling)
상보성 DNA(complementary DNA, cDNA)
엑손(발현부위, exon)
역상보성 염기순서(회문구조, palindrome)
역전사효소(reverse transcriptase)
역코돈(anticodon)
염색질(chromatin)
운반RNA(transfer RNA, tRNA)
유전자(gene)
유전자의 차등적 활성화(differential activation of gene)
인트론(비발현부위, intron)
재조합DNA기법(recombinant DNA technique)
전령RNA(messenger RNA, mRNA)
전사(transcription)
제한지도(restriction map)
제한효소(제한핵산중간가수분해효소, restriction endonuclease)
종결코돈(stop codon)
중합효소연쇄반응(polymerase chain reaction, PCR)
진핵개시인자(eukaryotic initiation factors, eIFs)
촉진유전자부위[promoter region (of a gene)]
코돈(codon)
효모인공염색체(yeast artificial chromosome, YAC)

복습 문제

1. 식물은 많은 종류의 세포들로 구성되고, 각 종류의 세포들은 별개의 대사를 갖기 때문에 각 세포형은 독특하다. 이들 대사는 무엇에 좌우되는가?
2. 각 유형의 단백질을 구성하는 데 필요한 정보는 __________에 저장된다.
3. 생물은 유사분열, 즉 복제분열(duplication division)에 의해 생장하기 때문에 그 세포들은 모두 (정답 하나를 고르시오: 동일한, 독특한) 유전자들을 갖게 된다.
4. 유전자의 차등적 활성화라는 것은 무엇을 뜻하는가? 유전자의 차등적 활성화가 각피질과 P-단백질의 합성에 어떻게 영향을 미치는지 설명하시오.
5. 각피질과 목질소 그리고 엽록소는 단백질이 아니다. 유전자들이 이들 중합체의 합성을 어떻게 조절할 수 있을까?
6. 유전자는 (정답 하나를 고르시오: RNA, 단백질, DNA, 탄수화물)로 구성된다.
7. 다음과 같은 기호의 각각에 대하여 염기와 뉴클레오시드의 전체 명칭을 쓰시오. 어느 것이 DNA의 요소이고 어느 것이 RNA의 요소인지 나타내시오.
   a. T
   b. A
   c. G
   d. C
   e. U
8. 세포가 그들의 유전자를 보호하는 세 가지 중요한 방법이 본문에 설명되어 있다. 이들 방법을 열거하시오.
9. DNA는 단백질의 합성에 직접 참여하지 않는다. 어떤 분자가 DNA의 정보를 단백질합성 부위로 전달하는가?
10. 히스톤은 핵에 들어 있는 단백질이고, DNA가 히스톤 주위를 감싸서 공 모양의 구조를 이룬다. 그 구조의 이름은 무엇인가?
11. DNA를 분해하는 효소의 이름은 무엇인가?
12. 코돈이란 무엇인가? 코돈은 얼마나 많이 존재하는가? 유전암호가 축중되었다고 설명하는 이유는 왜일까?
13. 표 15-2를 살펴보자. 다음과 같은 코돈들은 각각 어떤 아미노산을 암호화하는가? [힌트: 아래 나열된 각 코돈의 첫 번째 염기(글자)는 표에서 가장 왼쪽 세로 줄의 '첫 번째 염기'에서 찾고, 각 코돈의 두 번째 염기는 꼭대기의 가로 칸에서 찾

고, 세 번째 염기는 페이지의 오른쪽에 있는 세로 줄에서 찾는다.]

a. UUU
b. UCU
c. UAU
d. UGC
e. CUU
f. CGA
g. CGG
h. AAA
i. AAG
j. GAG
k. GGU
l. GGC
m. GGA
n. GGG

14. 문제 13k, 13l, 13m, 그리고 13n의 답이 특이한 점은 무엇인가? 대부분의 아미노산에 대해 복수의 코돈이 존재하기 때문에 유전암호를 ___________되었다고 말한다.
15. 표 15-2를 살펴보자. 다음과 같은 코돈은 무엇을 지정하는가?
    a. UAA
    b. UGA
    c. UAG
    리보솜이 이들 코돈 가운데 하나를 만나면 어떻게 되는가?
16. 표 15-2를 살펴보자. 코돈 AUG는 아미노산 메티오닌의 암호이면서 아울러 '개시(start)'의 암호이다. '개시'란 무슨 의미인가?
17. 유전자의 두 부분은 무엇인가? 어느 부위가 실제로 아미노산 순서를 암호화하는가?
18. 핵유전자의 촉진유전자와 구조부위를 설명하시오. 타타상자란 무엇인가? 엑손과 인트론은 무엇인가?
19. 유전자의 구조부위는 뚜렷이 구별되는 두 구역인 엑손과 인트론을 포함한다. 어느 구역이 단백질의 아미노산순서로 번역될 코돈들을 포함하고, 어느 구역이 발현하지 않는 코돈들로 구성되는가?
20. RNA중합효소가 DNA에 결합한 다음, 효소는 mRNA를 만들기 시작한다. 이 과정의 명칭은 무엇인가?
21. 세포질에서 mRNA를 단백질로 번역하는 입자의 이름은 무엇인가? 어떤 종류의 RNA가 아미노산을 이 입자로 운반하는가? 이 RNA에는 역코돈이라 부르는 부위가 있다. 역코돈은 어떤 일을 하는가?
22. mRNA에서 아미노산 페닐알라닌을 지정하는 코돈의 하나가 UUC이다. 페닐알라닌을 운반하는 tRNA에 있는 역코돈은 무엇인가?
23. 번역틀오류(frameshift error)란 무엇인가? 메티오닌 tRNA를 작은 소단위에 결합시키면 번역틀오류를 줄이는 데 도움이 될까? 만일 그렇다면 어떻게 도움이 되나?
24. 만약 mRNA 분자가 다음과 같은 순서를 갖는다면 mRNA를 암호화하는 유전자의 순서는 어떻게 될까? 어떤 아미노산들이 단백질로 편입될까?
    유전자: 3′-______________________________-5′
    mRNA: 5′-UCGAACAAUUGUCCCGGCCUC-3′
    단백질:
25. 리보솜에 의해 폴리펩티드가 신장되는 단계를 설명하시오.
26. 종결코돈이 리보솜의 A통로에 들어오면 어떤 일이 일어날까? 종결코돈과 상보적인 역코돈을 가진 tRNA는 없을까?
27. 단백질합성에 관여하는 세 가지 종류의 RNA는 __________ RNA, ___________ RNA, 그리고 ___________ RNA이다.
28. DNA변성(DNA melting)과 DNA복원(DNA reannealing)을 설명하시오.
29. 제한효소(제한핵산중간가수분해효소, restriction endonuclease)란 무엇인가?
30. 역상보성 염기순서(회문구조, palindrome)란 무엇이며, 이들은 제한효소와 어떻게 관련되는가? DNA의 한 단편을 다른 단편에 삽입할 때 이 회문구조가 왜 유용한가?
31. DNA 절편을 식별할 수 있다. 예를 들면, 색소체 DNA를 Pst I 제한효소로 처리하면 약 10개에서 20개까지의 단편이 만들어진다. 겔전기영동으로 이들 단편을 분리한 다음, 알아볼 수 있게 염색하면 색소체 DNA의 ___________가 만들어진다.
32. 제한지도를 작성하기 위해 종 A의 색소체 DNA를 제한효소로 처리하였다고 상상해 보자. 종 B는 종 A와 밀접한 관련이 없지만, 종 C는 종 A와 밀접하게 연관되었다고 가정해 보자. 만일 종 A에 사용한 제한효소와 동일한 제한효소로 종 B와 종 C의 색소체 DNA를 처리하였다면, 종 B 또는 종 C의 제한지도가 종 A의 제한지도와 비슷할 것인가?
33. 식물에서 추출한 mRNA를 역전사효소와 혼합하면 어떤 이름의 DNA가 만들어질까? 만일 방사성 뉴클레오티드로 이를 합성하였다면 이를 이용하여 어떤 일을 할 수 있을까?
34. DNA의 조각이 세균을 이용하여 어떻게 복제될 수 있는지 간략하게 설명하시오. 준비단계에서 사용한 동일한 종류의 제한효소를 수확단계에서 사용하는 것이 왜 중요할까? DNA가 복제된 다음 어떻게 그 염기순서를 분석할 수 있을까?
35. PCR을 이용하여 어떻게 DNA 조각을 복제할 수 있는지 간략하게 설명하시오.
36. 식물의 유전공학에서, 유전자와 촉진유전자가 마련되면 이들을 삽입벡터에 붙여 식물에 주입해야 한다. 매우 중요한 벡터는 근두암종균(*Agrobacterium tumefaciens*)에서 얻는다. 그 벡터의 이름은 무엇인가? 벡터와 유전자-촉진유전자를 식물에 넣은 다음, 식물을 제초제로 처리한다. 그 이유는? 어떤 식물이 살아남을까?
37. 옥수수는 세균 바실러스 투링기엔시스(*Bacillus thuringiensis*)

의 곤충을 죽이는 독성물질을 생산하게끔 유전자가 조작되었다. 이 유전자변형의 혜택은 무엇인가? 위험 요소는 어떤 것들인가?

38. 바이러스는 대개 ________________과 ________________만을 포함하는 극히 작은 입자이다.

39. 식물바이러스의 핵산은 엄청나게 다양하다. 어느 군의 바이러스가 외가닥 RNA를 포함하는가? 이들 바이러스는 어떤 중요한 효소의 원천이 되는가(힌트: 이 효소는 cDNA를 만드는데 필요한 효소이다)?

40. 바이러스의 기원에 관한 세 가지의 가설이 있다. 각 가설을 간략히 설명하시오.

41. 대략 얼마나 많은 식물병이 바이러스에 의해 유발되는가?

PART 3

유전과 진화

3부의 첫 이미지: 콩과 식물은 단백질이 풍부하고 수천 년 간 인류의 식사에서 중요한 부분이 되어 왔다. 그 기간 동안 사람들은 수확한 씨앗의 차이에 주목하였는데, 일부는 더 맛있고, 일부는 매력적인 색을 갖고 있으며, 일부는 더 오래 허기를 충족시켜 주었다. 나아가서 사람들은 새로운 종류의 콩, 완두, 그리고 렌즈콩을 발견하기를 희망하면서 콩과 식물처럼 보이는 식물들을 찾아보았다. 이들 초기 인류는 가장 좋아하는 씨앗을 재배하고 다른 씨앗들은 버렸다. 매우 다양한 콩과 식물들이 서서히 우리 식단으로 들어왔다. 사람들이 수행한 이와 같은 선택은 인위선택인 반면, 자연에서 일어나는 선택은 자연선택이다. 이 두 가지 모두 진화적 변화를 일으킨다.

3부의 초점은 어떤 메커니즘에 의해 DNA와 그 정보가 어버이로부터 자손에 전달되고, 그 DNA가 시간이 흐르면서 어떻게 변화하여 새로운 종류의 생물이 생겨나며, 환경과 자연선택이 어떻게 상호작용하여 엄청나게 많은 종의 원핵생물, 조류, 동물, 그리고 균류가 생겼는가 하는 것이다.

DNA는 환경정보 및 자원과 상호작용하면서 생물체, 즉 그 구조와 대사 및 생명작용을 만드는 정보의 기록보관소 역할을 한다. 한편 DNA는 더 많은 DNA를 만드는 데 필요한 정보를 운반함으로써, 세포의 증식을 통해 또는 전체 생물의 번식을 거쳐 각 자손은 DNA의 복사본과 그 안에 포함된 정보를 받는다. 때때로 오류가 나타나고, DNA 분자들이 완벽하게 복제되지 않는다. 이런 버전(version)들은 약간 다른 효소를 암호화하거나 어떤 경우에는 어버이나 형제자매와 약간 다른 생물이 생길 수 있다. 세상이 완전히 한결같다면, 돌연변이로 말미암아 새로운 종류의 개체가 생길 때마다 새로운 종류나 원래의 종류 가운데 한 가지만 자연선택에 의해 살아남게 될 것으로 예상된다. 보다 유리한 대사나 구조는 어디서나 유리할 것이다.

그렇지만 우리들의 세상은 복잡하고, 물과 육지의 환경을 포함하며, 온화한 온도의 지역이 있는가 하면 극단적인 온도를 나타내는 곳도 있고, 강수, 토양형, 병원체, 꽃가루매개동물 등등이 매우 다양하다. 결과적으로, 조건이 달라지면 다른 생명작용이 선택적으로 훨씬 더 이익이 될 수 있다. 환경의 다양성과 풍부함은 생물의 다양성과 풍부도를 낳는다.

CHAPTER 16

유전

학습 목표

이 장을 읽은 다음, 학생들이 할 수 있는 것은;

- 무성생식보다 유성생식이 유리한 점을 설명한다.
- DNA복제를 논의한다.
- DNA돌연변이에서 전이인자의 중요성을 말한다.
- DNA수선 메커니즘이 왜 필요한지를 상기한다.
- 자가수정으로 단성잡종교배를 실시하고 분석하는 과정을 설명한다.
- 푸네트정방형의 목적을 설명한다.
- 검정교배가 어떻게 식물의 유전자형을 드러내 보일 수 있는지를 논의한다.
- 양성잡종교배를 시행하는 문제를 설명한다.
- 독립분리를 연관유전자와 비교한다.
- 상위의 사례를 제시한다.
- 양친유전을 모계유전과 비교한다.
- 3배체와 4배체의 세포들을 논의한다.

알고 있나요?

- 식물은 꽃가루의 정세포를 통해 한 세트의 염색체를 물려받고 밑씨의 알세포를 통해 한 세트의 염색체를 물려받는다.
- 식물은 문란하다. 각 식물은 수백 또는 수천 송이의 꽃을 갖고, 꽃가루매개동물이 엄청나게 많은 다른 식물들로부터 꽃가루들을 가져올 수 있어서 각각의 씨는 서로 다른 '아비(father)'를 갖게 된다.
- 한 식물에서 만들어지는 모든 씨는 그 식물 자체인 같은 '어미(mother)'를 갖는다.
- 재배하는 작물은 수천 년 동안 서로 종간 교배되어 왔지만, 대부분은 작물과 상호 교배가 가능한 야생의 친척이 아직도 존재한다.

개요

장의 첫 이미지: 이 벌이 놀리나 파리이(*Nolina parryi*)의 꽃들에서 꿀과 꽃가루를 수집하는 동안 수천 번의 유전 실험을 하게 된다. 벌은 한 식물로부터 꽃가루립(각각 2개의 정세포를 가짐)을 몸에 묻혀서 다른 식물에 있는 심피(각각 알세포를 가짐)에 꽃가루립을 내려놓는다. 감수분열에서 교차가 일어나기 때문에 이들이 운반하는 대립유전자들이 서로 같은 정세포는 없고, 각각의 알세포 역시 서로 다르다. 그러므로 벌의 활동으로 생긴 각각의 씨는 다른 모든 종자와 유전적으로 다르고, 어떤 씨는 다른 종자들보다 환경에 더욱 잘 적응하게 된다. 보다 잘 적응하는 씨는 제대로 적응하지 못하는 씨보다 잘 자라고 번식할 가능성이 있다.

개념

유전학(genetics)은 유전을 연구하는 학문이다. 유전의 화학적 기초는 유전자이고, 유전자는 RNA와 단백질의 합성을 안내할 뿐만 아니라 유전자 자체의 더욱 많은 복제를 조절하는 DNA의 뉴클레오티드순서이다. 만일 어느 종의 모든 식물이 그들의 DNA에 있어서 정확히 동일한 뉴클레오티드를 갖는다면 이들 식물 모두는 동일하겠지만, 사실상 모든 유전자들은 **대립유전자(allele)**라는 복수의 형태로 나타나고, 특정 유전자의 대립유전자들은 뉴클레오티드순서가 서로 다르다.

대립유전자들은 돌연변이로 생긴다. 만일 어떤 식으로든 뉴클레오티드순서가 바뀌면, 즉 돌연변이가 일어나면, 새로운 순서는 새로운 대립유전자가 된다. 돌연변이는 어느 개체의 어느 유전자에서나 일어날 수 있고, 따라서 식물의 개체군은 서서히 다양한 대립유전자들을 갖게 된다. 한 개체가 갖는 대립유전자의 종류를 **유전자형(genotype)**이라 하고, 이들 유전자형이 개체의 크기와 모양 또는 대사에서 발현되는 것을 **표현형(phenotype)**이라고 한다(**그림 16-1**). 돌연변이의 결과로 개체군들은 다양한 유전자형과 표현형을 갖게 된다. 사람에서 분명히 나타나듯이 식물의 개체군들은 동일하지 않다.

유전의 중요한 개념은 생식의 선택이익(selective advantage)이고, 생식은 유성적이거나 무성적일 수 있다. 무성생식(asexual reproduction)에서는 각 자손이 그 어버이와 형제자매와 똑같고 정확하게 같은 DNA를 갖고 있으며 동일한 대립유전자를 갖는다. 무성생식이 많은 자손을 만들어 어버이의 유전자를 다음 세대로 물려주는 가장 안전하고 가장 효율적인 메커니즘이라고 보일지도 모르지만, 어버이보다 더 잘 적응하는 자손이 없고, 어버이가 살던 환경이 아닌 다른 환경에 적응하는 자손도 없다. 가물었을 때 수분스트레스에 견디는 능력이 떨어지는 식물들은 수분스트레스에 대해 우세한 내성을 갖춘 식물과의 경쟁에서 밀리게 된다. 병원성 균류가 만연할 때 면역성을 주는 대립유전자가 없는 개체들은 말살된다. 이 두 가지 스트레스에 내성을 갖는 개체는 없을 것이다(**그림 16-2**).

그림 16-1 분꽃(*Mirabilis jalapa*)의 꽃색은 두 대립유전자를 갖는 유전자에 의해 어느 정도 좌우된다. 한 대립유전자의 DNA염기순서에 의해 생성된 단백질의 1차구조와 3차구조에 의해 빨간 색소가 합성된다. 다른 대립유전자의 DNA염기순서는 그 3차구조를 잘못 만드는 단백질을 암호화한다. 효소의 활성이 없고 색소가 만들어지지 않아서, 결과적으로 꽃은 흰색을 띤다. 만일 소량의 색소가 만들어진다면 꽃은 분홍색이 된다. 꽃의 색깔은 식물의 표현형이고, 들어 있는 대립유전자의 유형은 유전자형이다.

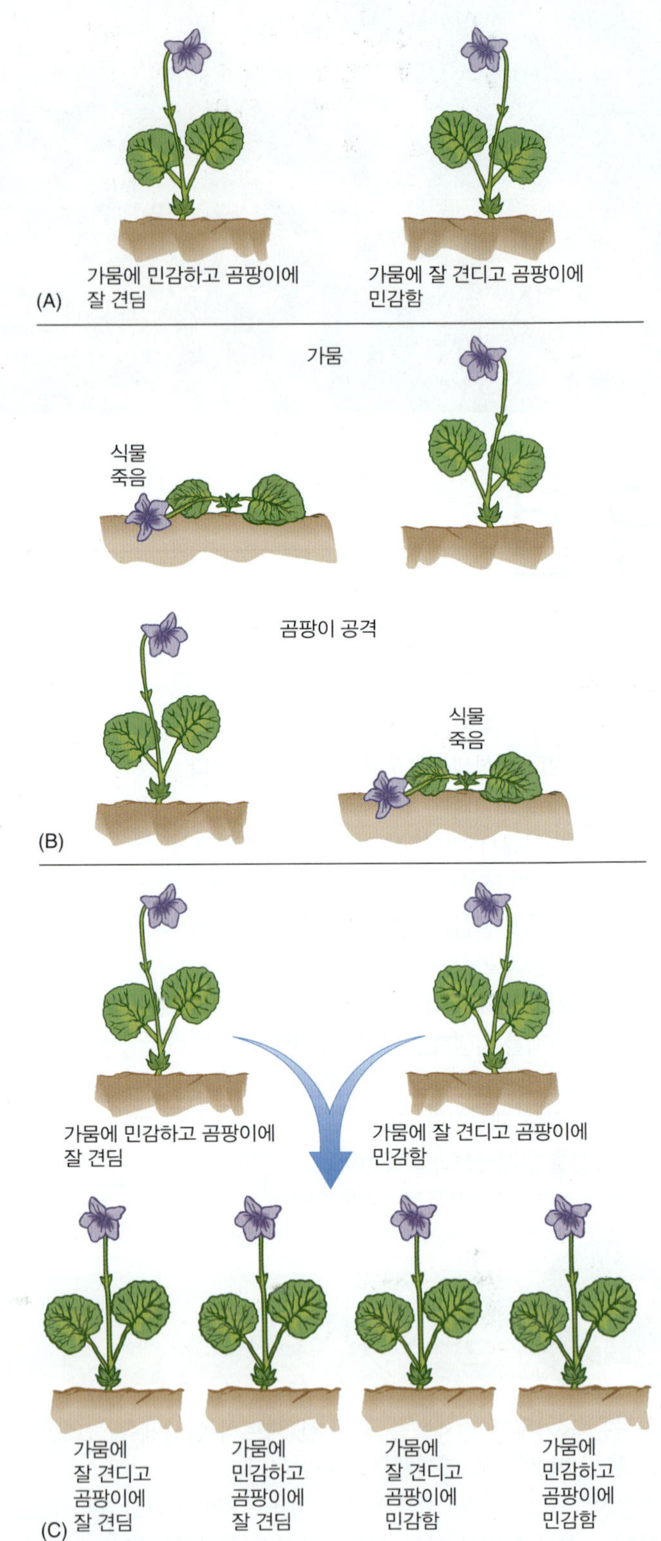

그림 16-2 **(A)** 한 개체군에는 다양한 유전자형과 표현형이 들어 있을 것이다. **(B)** 유성생식을 하지 않으면, 한 개체의 선택적 이익이 되는 대립유전자가 다른 개체의 대립유전자와 결합할 수 없고, 많은 스트레스로 인해 모두 죽을 수도 있다. **(C)** 유성생식을 하게 되면, 한 개체의 형질이 다른 개체의 형질과 융합하고, 흔히 어떤 어버이보다도 더욱 잘 적응하는 개체가 만들어진다.

유성생식은 생물이 그 대립유전자를 다른 생물, 어쩌면 보다 잘 적응하는 다른 개체의 대립유전자와 결합하고, 그렇게 함으로써 자신의 대립유전자 복사본이 생존할 가능성을 높여주는 메커니즘이다. 만일 어떤 식물이 가뭄에 민감하다면, 그 성세포의 일부가 내건성(drought-resistant) 식물의 성세포와 융합할 수 있기 때문에 유성생식이 유리하다. 만일 그렇다면, 새로운 접합자는 수분스트레스에 잘 견디는 개체로 자라게 되고, 따라서 예민한 어버이로부터 유래된 대립유전자는 다소나마 보호를 받게 된다. 원래의 식물은 가뭄 동안에 죽게 되지만, 그 대립유전자의 복사본은 그들의 자손에서 살아남고, 저항성 어버이로부터 유래된 대립유전자에 의해 보호된다(그림 16-2). 모든 속성에서 우세할 수 없으므로, 두 번째 어버이도 유용할 때가 있다. 가뭄에 민감한 어버이는 곰팡이의 공격에 잘 견디는 대립유전자를 지닐 수 있고, 곰팡이가 공격할 때 자손에 들어 있는 어버이의 내건성 대립유전자를 보호함으로써, 이 유성생식의 결과로 곰팡이와 수분스트레스 모두에 잘 견디는 자손이 생길 수 있다.

유성생식은 광범위한 기회와 위험이 수반된다. 적응도와 생존능력은 한두 개의 유전자에 의한 것이 아니라, 막의 적절한 구성, 세포소기관의 기능, 호르몬의 생산과 수송 등등에 책임이 있는 유전자들을 포함하여 거의 모든 유전자들에 의해 좌우된다. 어느 측면이 사소하고 문제가 되지 않는다고 말할 수 없고, 따라서 성세포에 한두 가지 특정한 대립유전자의 존재보다는 모든 대립유전자의 조합이 주요한 특징이다. 감수분열의 접합(synapsis)과 교차(crossing-over) 때문에 각 식물은 수천 가지 종류의 성세포를 만들고, 이들 각각은 독특한 유전자형을 가지며, 이들 세포는 다른 많은 개체들의 성세포와 융합한다. 예를 들어, 식물이 꽃을 피울 때 수천 또는 수백만 꽃가루립을 만들고, 이들이 운반되어 다른 많은 식물의 밑씨를 수정시킨다. 이와 동시에 자신의 밑씨는 수많은 식물에서 온 꽃가루를 받는다(**그림 16-3**). 그 결과, 이 식물의 대립유전자들이 관련되는 수천 번의 수정이 일어날 수 있다. 많은 경우에는 좀처럼 살아남지 못할 대립유전자의 조합이 생길 수 있지만, 적어도 일부는 양친의 가장 좋은 속성을 갖게 되고, 모든 스트레스에 살아남을 가능성이 높은 건전하고 유전적으로 이상 없는 식물을 만들게 된다. 모든 자손들이 살아남을 필요가 없고, 가장 적합한 자손만 생존하면 된다. 오늘날 우리 주변에 있는 식물과 동물들은 진화적 실험의 성공적 생존자들이다.

그림 16-3 이 가는잎미선콩속(*Lupinus*) 식물은 대부분의 식물처럼 2배체이므로, 염색체 중 한 세트는 부계이고, 다른 한 세트는 모계이다. 그러나 각 꽃가루립과 각 밑씨가 형성되기 전에 감수분열이 일어나서 서로 다른 많은 배우자들이 만들어진다. 곤충들이 다른 많은 가는잎미선콩속 식물로부터 꽃가루를 날라 오고, 그 가운데 일부는 이 식물보다도 훨씬 잘 적응할 수도 있다.

DNA의 복제

세포가 유사분열이건 아니면 감수분열이건 간에 핵이 분열하기 전에 DNA는 세포주기의 S기 동안에 복제된다. 복제는 DNA의 양을 두 배로 만들고, 각 유전자는 적어도 2개의 복사본으로 존재하는데, 두 염색분체 각각에 하나씩 담긴 복사본들은 후기 동안에 각 딸핵으로 들어간다.

DNA의 복제가 시작되면 처음에 염색질이 덜 촘촘해지고 필요한 복제인자들이 들어올 수 있도록 벌어진다. DNA는 히스톤으로부터 벗어나지 않고, 뉴클레오솜 구조가 온전히 남는다. 다음으로 DNA의 한 가닥이 절단되고, 짧은 부위에서 두 가닥이 서로 떨어져서 **복제단위(replicon)**라고 부르는 작은 '거품(bubble)'을 형성한다(**그림 16-4**, **16-5**). 벌어진 2중가닥에 유리상태의 뉴클레오티드들이 외가닥DNA 부위에 확산되고 양쪽 가닥을 따라 염기들과 짝을 이룬다. 이는 디옥시리보뉴클레오티드(deoxyribonucleotide)가 아니라 리보뉴클레오티드(ribonucleotide)이고, 길이가 약 10 뉴클레오티드인 **시발체RNA(primer RNA)**의 짧은 단편으로 중합된다. 그러고 나서 시발체RNA는 DNA를 합성하는 효소인 **DNA중합효소(DNA polymerase)**의 기질로 행동한다. DNA중합효소가 들어오고 열린 DNA를 지침으로 이용하여 시발체RNA의 말단에 디옥시리보뉴클레오티드들을 추가한다. DNA의 각 가닥이 상보적 가닥을 만드는 주형으로 작용하는 이런 방법의 복제가 **반보존적 복제(semiconservative replication)**인데, 그것은 이렇게 만들어진 2중나선이 하나의 새로운 분자를 포함하고 보존된 원래의 가닥을 갖기 때문이다.

DNA중합효소는 늘어나는 핵산의 3′ 말단에만 디옥시리보뉴클레오티드를 추가하므로, 열린 DNA의 한 가닥은 한쪽 방향으로 복제되고 다른 가닥은 반대 방향으로 복제된다(그림 16-5: 위

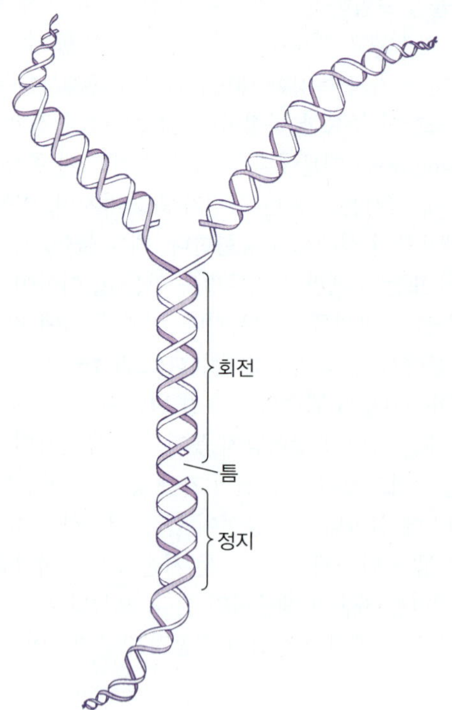

그림 16-4 DNA를 해체하려면 한 가닥을 절단해야 한다. 그렇지 않으면 복제되지 않은 부분 전체가 빠르게 돌아야 하는데, 이는 불가능하다. 복제효소와 절단부 사이의 부위가 회전해야 한다.

의 가닥은 왼쪽으로, 그리고 아래 가닥은 오른쪽으로; 양쪽 모두 실제로는 5′ ⟶ 3′). DNA가 계속 풀리고 양쪽 방향으로 열리면서 새로운 시발체RNA 조각들이 만들어지고, 이로부터 기존의 단편을 향해 새로운 DNA 조각들이 자라는데, 이를 오카자키단편(Okazaki fragment)이라고 한다. 원래의 시발체RNA들은 탈중합되고, 새로운 오카자키단편들이 첫 번째와 연결된다. 각 가닥의 반대쪽 끝에서는 복제가 계속되고, 원래의 시발체RNA로부터 하나의 긴 사슬이 형성된다.

각 염색체는 단일한 DNA2중나선을 포함하고, 각 염색체에는 복제가 개시되는 곳이 수백 또는 수천 군데가 있다. DNA의 나선이 풀리고 나서 분리되면 Y자 모양을 하게 되는데, 이렇게 갈라진 부위를 **복제분기점(replication fork)**이라고 한다. DNA가 계속 풀리고 열리면서 복제단위마다 각 끝에 있는 복제분기점이 DNA를 따라 이동한다. 마침내 각 복제분기점이 인접한 복제단위를 만나게 되고, 그렇게 되면 DNA의 모든 새로운 조각들이 공유결합에 의해 서로 붙어서 **연결(ligation)**되고 2개의 새롭고 완전한 분자들이 된다. 복제개시점이 많은 탓에 많은 DNA중합효소들이 동시에 작동할 수 있다. 각 효소는 매 초마다 약 1,000 뉴클레오티드를 자라나는 DNA절편에 편입시킬 수 있고, 복제단위는 1분에 약 0.5 μm의 속도로 연장된다. 각 복제단위는 대략 45,000에서 180,000 염기쌍(45~180 kbp)의 길이이고, 약 1시간에서 3시간이면 복제될 수 있다. 세포주기에서 S기의 기간이 3시간에서 10시간이므로, 어느 특정 시점에 복제단위 가운데 약 1/3에서 1/10이 활동을 한다. 만일 각 염색체상에서 단 하나의 DNA중합효소만이 작동한다면 S기는 40일에서 60일이 걸릴 것이다(**표 16-1**).

복제분기점이 진행하면서 DNA는 히스톤 8합체(octamer)로부터 부분적으로 해리되지만, 모든 효소들이 앞으로 이동하고 2개의 새로운 DNA2중나선이 완성되면서 이들은 즉시 히스톤과 다시 연합하여 완전한 뉴클레오솜을 이룬다. 오래된 히스톤 8합체 가운데 일부는 한 2중나선으로 가고 일부는 다른 나선으로 가며, 새로운 히스톤 8합체들이 양쪽에 추가된다. 어느 DNA 조각들이 묶여지지 않은 채 남아있는 것은 아주 잠시 동안이다.

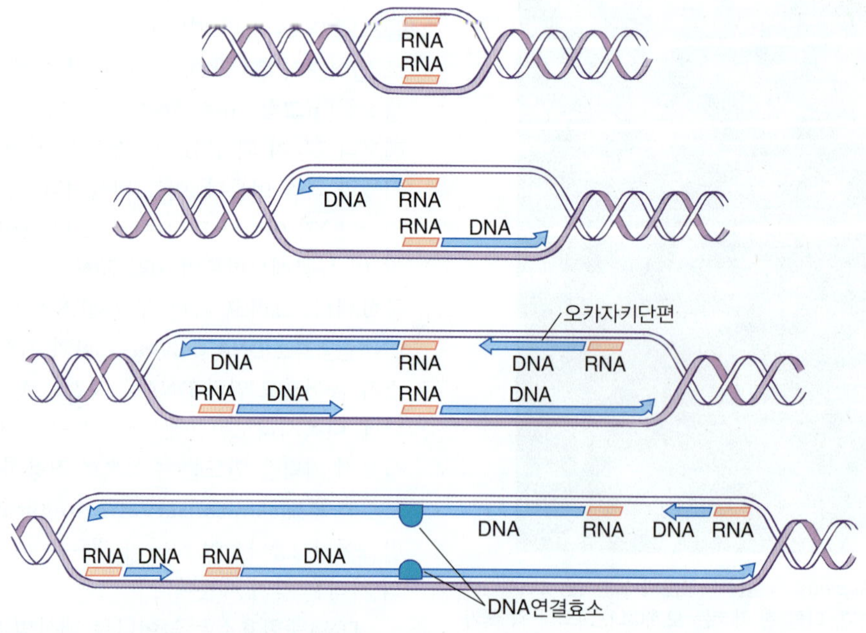

그림 16-5 복제단위가 열린 다음에 두 조각의 시발체RNA가 형성된다. 그러고 나서 DNA중합효소는 시발체의 3′ 말단에 새로운 DNA를 추가하고, 복제단위가 양끝을 풀어감에 따라 양쪽의 가닥은 신장된다. 복제단위가 계속 풀어가면서 주기적으로 오카자키단편들이 생긴다. 하부의 단편으로 자라고, DNA연결효소가 이들을 하나의 분자로 연결한다.

표 16-1 염색체의 반수체 세트당 DNA의 양

	뉴클레오티드쌍(10억)	DNA의 미터
애기장대(*Arabidopsis thaliana*)	0.12	0.043
비트(*Beta vulgaris*)	1.2	0.41
옥수수(*Zea mays*)	2.3	0.78
완두(*Pisum sativum*)	4.7	1.62
잠두(*Vicia fava*)	14	4.8
양파(*Allium cepa*)	16.3	5.62
백합속(*Lilium*)	31.7	10.9

현재까지 몇 종에서만 수치들이 알려졌지만, 많은 종을 대상으로 연구가 진행되고 있다. 2배체 핵들은 이 표에 나타낸 수치의 두 배를 갖는다.

돌연변이

돌연변이(mutation)는 크건 작건 간에 DNA에서 일어나는 변화이다. DNA의 가장 적은 양에 영향을 미치는 가장 작은 돌연변이는 **점돌연변이(point mutation)**로, 이는 여러 가지 방법에 의해 하나의 염기가 다른 염기로 전환되는 것이다(**그림 16-6**). 만일 DNA의 조각이 분실되면 그 돌연변이는 **결실(deletion)**이고, 가외의 DNA가 추가되면 **삽입(insertion)**이다. 어떤 조건하에서는 DNA 조각이 얽히고 깨지며 수선하는 동안에 거꾸로 끼워지는데, 이를 **역위(inversion)**라고 한다.

돌연변이의 원인

돌연변이를 일으키는 어떤 것을 **돌연변이원(mutagen)**이라고 한다. 중요한 돌연변이원으로는 특정한 화학물질, 자외선, X선, 그리고 방사성 물질에서 나오는 방사선을 들 수 있다. 돌연변이를 유발하는 많은 화학물질은 사람이 만들었고 우리 주변에서 증가하고 있다. 돌연변이원의 하나인 아질산(nitrous acid)은 시토신(C)과 반응하여 이를 우라실(U)로 전환하고, DNA의 G-C염기쌍 자리에 G-U염기쌍을 갖게 한다(**그림 16-7**). DNA를 수선하는 많은 효소들이 존재하고, 그 가운데 하나가 G-U염기쌍을 비정상적인 것으로 인식하여 이를 다시 G-C쌍으로 변화시킨다. 그렇지만 DNA를 복제하는 분열조직 세포들에서는 수선효소들에 앞서 DNA중합효소가 도착할 수 있고, 만일 그렇다면 새로운 한 가닥은 U에 상보적인 A를 갖고서 만들어진다. 이 복제에서는 A가 티민(T)과의 병합을 인도하고, 원래의 G-C염기쌍이 A-T염기쌍으로 된다.

결실은 여러 방법으로 유발될 수 있고, 그 중 한 방법은 자기상보적(self-complementary) 염기순서의 짧은 부위에 기인한다. DNA중합효소 앞에서 DNA가 풀리면서 자기상보적 순서를 갖는 어떤 가닥이 작은 고리(loop)를 형성하기도 한다. 그렇게 되면 DNA중합효소가 고리 안의 어떤 염기도 읽지 않은 채 고리를 그냥 넘어갈 수 있다. 고리에 있는 염기들과 상보적인 염기들은 새로운 DNA분자에서 빠지게 되고, 따라서 이 DNA분자는 정상보

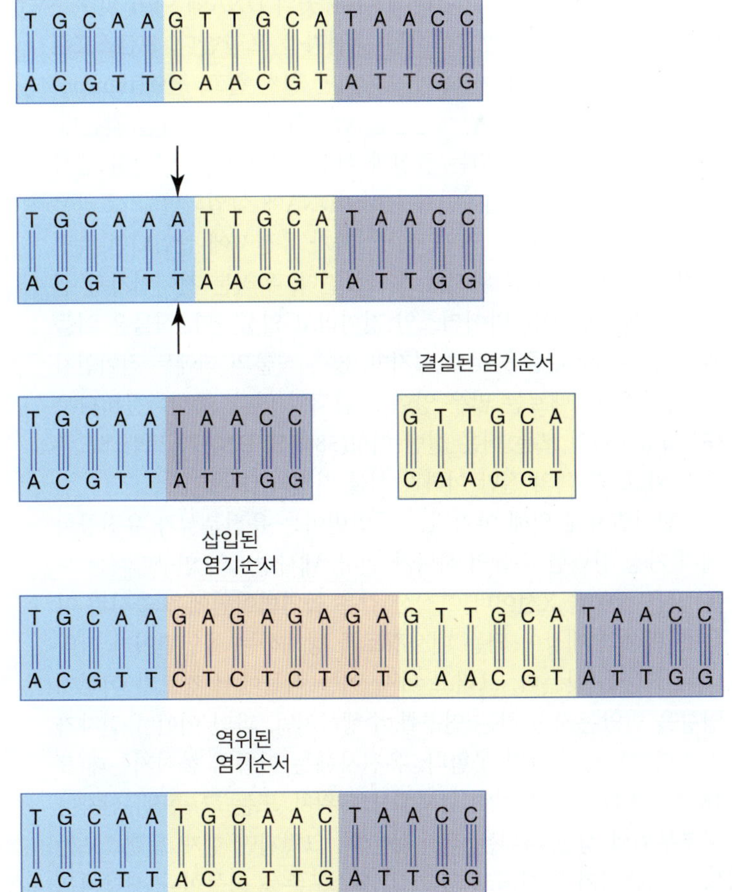

그림 16-6 (A) DNA의 초기 염기순서에 대해 생각해 보자. 그림에서 박스는 중요하지 않다. **(B)** 점돌연변이는 단 하나의 염기쌍이 변화하는 것으로, 여기서는 G-C가 A-T로 바뀌었다. 이 염기순서가 사이DNA(spacer DNA)가 아니라 유전자의 부분이라면, 이 변화로 말미암아 새로운 종류의 유전자가 생기고, 새로운 대립유전자가 생긴다. **(C)** 초기 염기순서의 노란색 박스에 있는 6개 염기쌍이 삭제되었다. 결실은 보통 수백 염기쌍이 삭제되기도 한다. 위쪽 가닥에서 결실된 오른쪽 경계에서는 C와 A가 제거되고 T가 남아서, 결과적으로 원래의 CAT가 AAT로 바뀌었다. mRNA의 AUG 개시코돈은 DNA의 트리플렛 CAT에 의해 암호화된다. 그러므로 이는 개시코돈을 없애는 중요한 돌연변이가 될 수 있지만 트리플렛이 되지 않을 수 있고, GCA TAA 또는 TGC ATA가 실제의 트리플렛일 수 있다. 이 도표에서 제공되는 정보는 너무 간단하여 돌연변이의 중요성을 예측하기가 어렵다. **(D)** 삽입은 하나 이상의 염기쌍이 추가되는 것이다. **(E)** 이 역위에서는 DNA가 두 지점에서 잘려진 다음에 확 뒤집혀서 다시 삽입되었다. 원래의 위쪽 가닥은 이제 아래쪽 가닥이 되었다.

그림 16-7 아질산은 시토신을 우라실로 전환한다. 이 가닥에서는 돌연변이가 일어났고, 이 가닥으로부터 유래되는 모든 가닥들에서도 돌연변이가 일어나게 된다. 구아닌은 영향을 받지 않아서 원래의 대립유전자를 만든다. 하나의 새로운 대립유전자가 생겨난다.

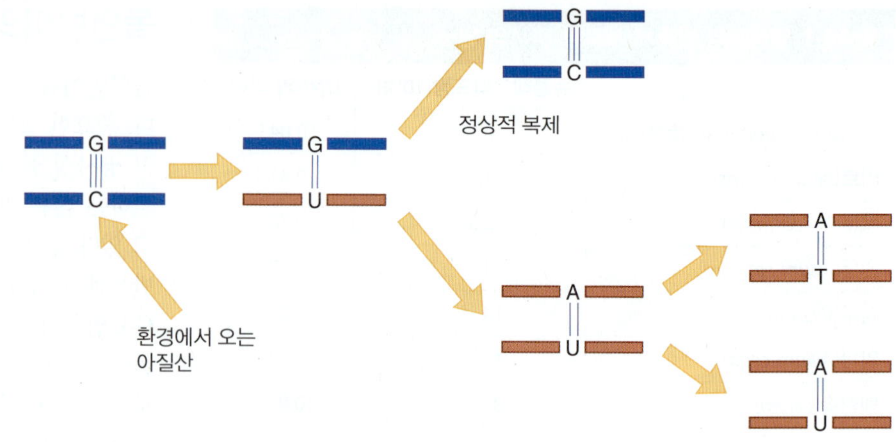

다 짧아진다.

삽입 돌연변이는 여러 방법에 의해 일어날 수 있는데, 그것은 수선 과정에서 다양한 효소들이 DNA를 절단하고 다시 결합하기 때문이다. 잘려진 다음에 만일 작은 조각의 외래DNA가 있다면, 이는 뜻하지 않게 DNA연결효소에 의해 염색체DNA로 편입될 수 있다.

전이인자(*transposable element*)는 삽입과 결실 돌연변이를 일으키는 가장 흥미롭고 유용한 원인의 하나이다. 전이인자는 한 염색체에서 다른 염색체로 쉽게 위치를 바꾸는 DNA조각이다. 전이인자는 삽입순서와 트랜스포존의 두 가지 기본형이 있다. **삽입순서(insertion sequence)**는 길이가 수천 염기쌍에 불과하고, 삽입순서를 잘라내고 이를 어딘가 다른 곳의 DNA에 이어 맞추는 데 관여하는 효소를 암호화하는 유전자를 포함한다. **트랜스포존(transposon)**은 삽입순서와 비슷하지만 훨씬 길고, 전이(transposition)와 관련이 없는 단백질들을 암호화하는 유전자를 갖는다. 전이인자에 의해 야기되는 결실과 삽입 돌연변이는 다양한 심각성을 나타낸다. 만일 전이인자가 사이DNA에 삽입되면 그 효과는 그리 중요하지 않지만, 만약 전이인자가 유전자에 삽입되면 촉진유전자나 구조부위를 완전히 붕괴시킨다. 우리는 전이인자가 실제로 병을 일으키는 바이러스일 것이라고 의심한다. 식물은 이들과 싸우는 메커니즘을 갖고 있지만, 많은 식물의 핵에는 전이인자가 들어 있고, 때로는 많은 양이 포함되어 있다. 독일가문비나무(*Picea abies*)의 모든 핵은 절반 이상(58%)의 DNA가 트랜스포존 DNA이고, 각 핵의 절반 이하가 식물 자체의 DNA이다.

전이인자에 의해 야기되는 돌연변이는 유전분석과 유전공학에서 가장 강력한 수단의 하나가 된다. 대사경로의 연구에서는 보통 많은 식물을 X선이나 아질산 같은 돌연변이원에 노출시킨 다음에 관심의 대상이 되는 대사경로를 방해하는 돌연변이가 나타나는 식물을 찾는다. 그러고 나서 이들 식물에서 경로가 어떻게 영향을 받았는지 밝히는 연구를 수행하지만, 과연 어떤 유전자가 붕괴되었는지는 알지 못한다. 유전자에는 이름이 붙여지는데(**표 16-2**), 그 DNA염기순서, 염색체상의 위치, 또는 그 촉진유전자나 구조부위의 성질 따위는 알지 못한다. 그렇지만 현재 트랜스포존의 염기순서가 분석되고 있고, 트랜스포존을 식물이나 배양세포에 도입시키고, 그곳에서 삽입 돌연변이를 일으키도록 유전자조작에 의해 표지(marker)를 포함시키는 연구가 진행되고 있다. 관심의 대상이 되는 돌연변이체의 위치를 찾고(**그림 16-8**), 돌연변이체의 DNA를 제한효소를 이용하여 조각들로 절단하여 변성시키고 트랜스포존과 상보적인 방사성 DNA와 결합시킨다. 조각들이 발견되면 그 염기순서를 결정할 수 있다. 트랜스포존의 염기순서를 이미 알고 있기 때문에 트랜스포존의 어느 한쪽 DNA는 관심의 대상이 되는 유전자임에 분명하다. 트랜스포존의 돌연변이 유발(mutagenesis)은 대사경로, 단백질, 유전자, 그리고 심지어는

표 16-2 완두의 유전자 이름

유전자	기호	표현형
엽록소 합성	*alb, alt, au, auv, ch_1, ch_2, cov, cvit, lum, pa, py, vac, xu_1, xul, yy*	각각 엽록소 합성에 영향을 미쳐서, 색을 녹색에서 짙은 청록색으로 바꿈
잎 구조		
반점(aeromaculata)	f_1	표피와 울타리유조직 사이에 통기간극이 거의 없음
기공	sa_1, sa_2, sa_3	야생형보다 잎에 기공이 훨씬 적음
잎 발생		
무엽(afila)	*af*	작은잎이 덩굴손으로 발달
클라비큘라(clavicula)	t_1	덩굴손이 작은잎으로 발달
단엽병(unipetiole)	*up*	잎에 한 쌍의 작은잎만 있음
유니폴라타(unifollata)	*uni*	작은잎들이 한 장의 잎으로 전환됨
	cri, crif, cris	접히고 오글쪼글한 잎
	cont, lat, st, x	유별난 크기의 잎

식물에는 수천 가지의 대립유전자들이 있지만, 그 가운데 소수만이 명백하게 드러나고 그 중 일부가 연구되어 이름이 붙여졌다. 이 표의 내용들은 완두속(*Pisum*)에서 이름이 붙여진 대립유전자의 일부이다.

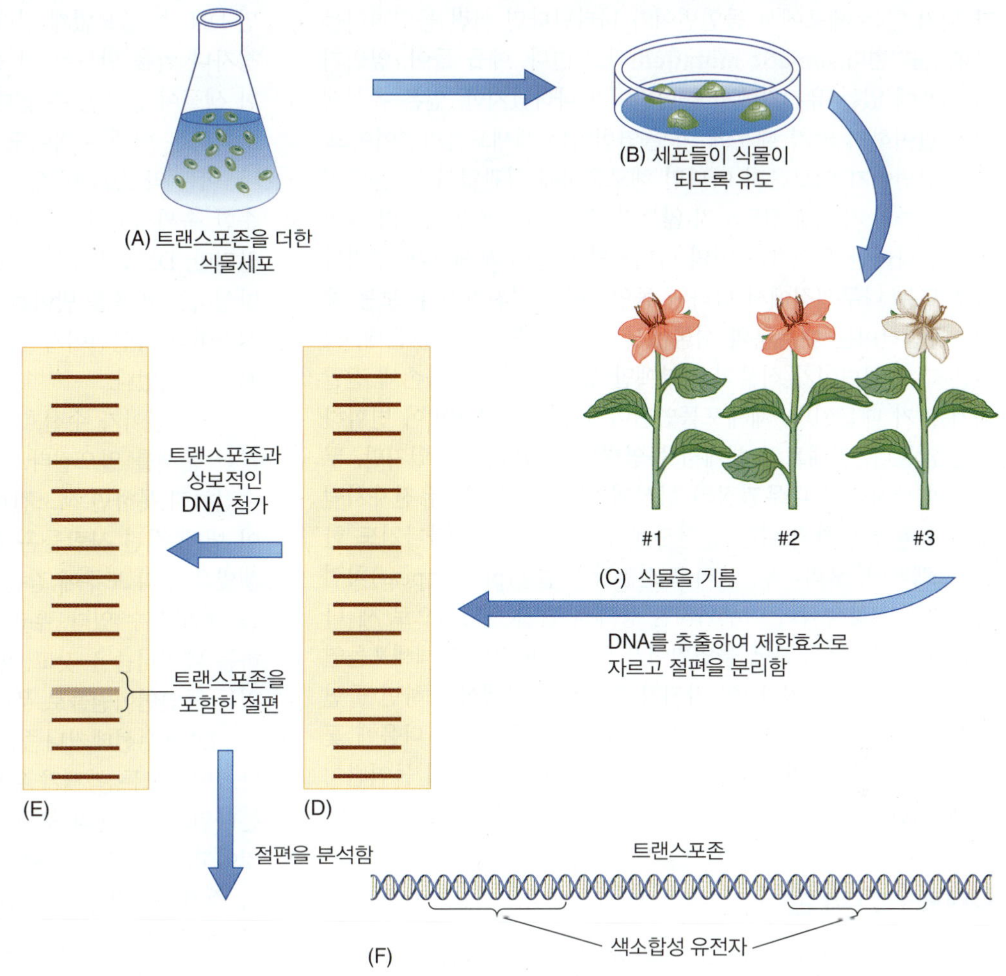

그림 16-8 트랜스포존의 돌연변이유발. 상세한 방법은 본문에 있다. 이 경우에는 꽃의 색소합성이 관심의 대상이 된다. 식물 #1은 정상적인 식물이다. 식물 #2는 잎의 모양에서 돌연변이가 일어났지만, 이는 우리의 목표가 아니다. 식물 #3은 흰색 꽃을 갖고 있으므로, 색소합성에 필요한 어떤 유전자에서 돌연변이가 유발되었다.

생물이 사실상 모든 측면에 대한 촉진유전자의 연관성을 보여 주는 가능성을 제공한다.

돌연변이의 영향

돌연변이의 영향과 중요성은 돌연변이의 성질과 위치 그리고 돌연변이가 일어난 규모에 좌우된다. 만일 돌연변이가 두 유전자 간의 사이DNA에서 나타났다면 전혀 영향이 없을 것이다. 또한 점돌연변이와 인트론에서 일어나는 작은 삽입과 결실은 일반적으로 중요하지 않은 것으로 나타난다. 이들은 mRNA에 포함되지 않는 hnRNA의 일부를 변화시키기 때문이다. 엑손 내에서 작은 돌연변이가 나타나고 어떤 코돈이 다른 코돈으로 변하였지만, 만약 그 코돈이 같은 아미노산이나 유사한 아미노산을 지정한다면 그런 작은 돌연변이는 중요하지 않을 수 있다. 코돈이 아주 다른 아미노산을 지정하는 코돈으로 바뀌는 경우에도, 만일 그 아미노산이 단백질이 기능을 하는 데 있어서 중요하지 않은 부분에 위치하고 있다면 그런 돌연변이도 별 문제가 되지 않는다.

반면에, 엑손에서 나타나는 돌연변이는 활성부위가 붕괴된 단백질을 암호화하는 유전자를 만들 수 있고, 그로 인해 생긴 단백질은 기능을 하지 못하게 된다(그림 16-6). 삽입 돌연변이의 결과로 너무 길어서 제대로 접힐 수 없는 단백질을 암호화하는 유전자가 만들어지기도 한다. 또한 촉진유전자부위에서 나타나는 돌연변이는 유전자를 완전히 불활성화하거나 아니면 잘못된 시간이나 장소에서 활동하게 만들기도 한다. 심지어 점돌연변이조차도 엄청난 영향을 끼칠 수 있다. 예를 들어, 아질산은 G-C염기쌍을 A-T염기쌍으로 전환하는데, 이로 인해 새로운 개시코돈이 형성될 수 있다. 그 밖에 간단한 변화라 할지라도 개시코돈, 엑손과 인트론의 경계를 구별 짓는 인식부위, 타타상자 등을 제거할 수 있다. 돌연변이가 나타난 부위가 커질수록 DNA의 중요한 부분이 영향을 받을 가능성이 높아지게 된다.

통계상으로 돌연변이는 거의 언제나 해롭다. 효소는 대략 300에서 400개 아미노산의 길이를 갖고 있으므로, 헤아릴 수 없이 많은 단백질이 존재할 것이다. 그런데 그 중 일부만이 생물에 유용하다. 단백질이나 rRNA 또는 tRNA의 구조를 변화시키는 돌연변이는 이들을 더욱 유용한 형태로 만들기보다는 더 쓸모없는 유형으로 만들 가능성이 크다. 대부분은 해롭고, 일부만이 유익하다. 자연선택은 해로운 돌연변이를 제거하고 유익한 돌연변이를 보존한다.

체세포돌연변이

돌연변이는 언제 어느 세포에서나 나타날 수 있지만, 결코 성세포가 되지 않는 세포에서 돌연변이가 나타난다면 이런 돌연변이를 **체세포돌연변이(somatic mutation)**라고 한다. 예를 들어, 잎원기의 세포에 있는 유전자에서 돌연변이가 나타났지만, 잎은 유성생식에 관여하지 않기 때문에 이 돌연변이는 체세포돌연변이이고, 그 돌연변이가 이로운지 아니면 해로운지에 상관없이 그 돌연변이는 식물의 자손에 전달되지 않는다. 잎이 가을에 떨어지면 돌연변이가 나타난 유전자는 잎의 나머지와 더불어 분해된다. 뿌리나 목부 또는 나무껍질에서 나타난 돌연변이도 마찬가지다. 보통 체세포돌연변이는 대부분의 식물에서 그다지 중요하지 않은데, 그것은 그 돌연변이가 식물의 일부에만 영향을 미치고 자손에 전달되지 않기 때문이다. 체세포돌연변이의 결과로 표현형이 변화하지는 않는다. 잎세포의 핵에서 돌연변이가 나타날 수 있지만, 뿌리털의 생장이나 나무껍질의 형성에 영향을 미치는 유전자처럼 잎에서 활동을 하지 않는 유전자에서 돌연변이가 나타나기도 한다. 블랙베리, 오리나무, 그리고 선인장의 일종(prickly pear)처럼 광범위한 영양생식이 이루어지는 종에서 만일 영양적으로 새 나뭇가지가 생기는 부분에 돌연변이가 영향을 미친다면 체세포돌연변이가 중요할 수 있다. 이 가지가 자라서 영양생식을 하면 돌연변이세포들의 부분이 마침내 곁눈을 만들게 되고, 그런 다음에 꽃과 그 성세포들에 영향을 미칠 수 있다. 그렇게 되면 이 돌연변이는 성적(sexual) 돌연변이가 된다.

DNA수선과정

대부분의 돌연변이가 해롭고 심각한 문제가 될 만큼 자주 일어나기 때문에 돌연변이를 인식하고 제거하는 DNA수선메커니즘을 갖춘 생물이 선택적으로 이익이 된다. 일부 메커니즘은 짝짝이(mismatch), 고리(loop), 또는 기타 문제들을 인식한다. 어떤 효소들은 처음에 나타나는 오류의 수를 줄여준다.

DNA의 수선율(repair rate)은 너무 효율적이어도 안 되고 너무 효과가 없어도 안 된다. 원핵생물과 어쩌면 조류와 원생동물같이 아주 짧은 유전체를 지닌 생물들에서는 DNA중합효소가 완전한 유전체를 오류 없이 복제할 수 있다. 복제가 언제나 완벽하게 일어나는 것은 아니지만, 때로는 돌연변이가 없이 복제될 수도 있다. 보다 파생된(derived) 동물과 식물의 큰 유전체의 경우, 수선메커니즘이 존재하지 않는다면 그 어떤 염색체세트도 돌연변이가 없이 복제될 수 없다. DNA중합효소는 1백만 뉴클레오티드마다 오직 한 번꼴로 오류를 범하지만, 유전체가 수십억 염기쌍의 길이라면 복제할 때마다 엄청난 오류가 발생한다. 대부분의 속씨식물은 염색체의 반수체 세트당 약 100억에서 1,000억 염기쌍을 갖는다(사람은 30억 염기쌍을 갖는다). 가장 적은 수를 가진 것들 중 하나인 애기장대는 약 1억 2,000만 염기쌍을 갖고(25,000 유전자를 갖는 것으로 추정됨), 유사분열이나 감수분열을 하기 전에 복제할 때마다 매번 약 120개의 오류가 발생한다(표 16-1).

접합자가 성체로 생장하면서 세포주기를 거듭할 때마다 새로운 돌연변이가 생기고, 성체가 되면 그 어떤 두 핵도 동일하지 않게 된다. 세포주기를 몇 차례 거친 다음에 수선메커니즘이 없다면 DNA는 쓸모없게 된다. 광범위하게 돌연변이가 일어나지 않은 정자나 알을 만드는 건 불가능할 것이고, 이런 상황에서는 복잡한 생물이 존재할 수 없다. 꽃식물이 필요로 하는 모든 정보를 암호화하는 데에는 적어도 15,000 유전자가 필요한 것으로 추정된다. 이는 약 2,000만 염기쌍이고, 따라서 DNA중합효소는 가장 단순한 속씨식물이라 할지라도 오류 없이 복제할 만큼 정확하지는 않지만, DNA의 교정(proofreading)과 수선(repair) 체계는 오류가 발생하는 비율을 받아들일 수 있는 수준으로 낮춘다. 500,000 유전자마다 돌연변이가 한 번 나타날 정도의 낮은 비율이 옥수수에서 측정되었다.

돌연변이가 수선효소를 암호화하는 유전자에서 나타나면 심각한 문제를 일으킨다. 사람에서는 자외선으로 인한 돌연변이를 수선하지 못하면 색소건피증(xeroderma pigmentosum)이 생긴다. 이 병에 걸린 사람들은 햇빛에 민감하고 피부암이 쉽게 생긴다. 햇빛은 우리 모두에 같은 영향을 미치지만, 우리의 대부분은 손상을 수리할 수 있다. 우리의 몸은 다른 종류의 돌연변이들도 수리하는 메커니즘을 갖고 있지만, 현대 사회는 그런 수선메커니즘이 없는 돌연변이원들로 우리의 환경을 오염시키고 있다.

DNA수선메커니즘은 완벽하거나 극히 효율적이 되면 안 된다. 만일 모든 복제가 완벽하고 만약 돌연변이가 전혀 생기지 않는다면, 한 개체의 모든 세포들은 전적으로 동일한 핵을 갖게 될 것이고, 모든 정자와 알세포도 그렇게 될 것이다. 한 종의 모든 알과 정자들이 똑같은 유전자를 운반하기 때문에 유성생식은 쓸모가 없게 될 것이다. 돌연변이가 모든 개체들을 위태롭게 만들지 않을 정도의 낮은 비율로 나타나야 하지만, 환경이 변화함에 따라 종이 진화할 만큼 빠르게 돌연변이가 일어나야 한다. 변이가 없다면 자연선택이 작용할 차이가 없게 되고, 모두 동일하다면 그 어떤 것도 선택이익을 갖지 않게 된다.

단성잡종교배

두 개체 간의 유성생식을 **교배(cross)**라고 부른다. 교배에 앞서 일어나는 감수분열은 세포당 염색체세트의 수를 2배수(diploid number)에서 반수(haploid number)로 줄인다. 결과적으로 각각의 성세포, 즉 각 정세포와 알세포에는 유전자의 완전한 한 세트가 들어 있게 된다. 뿐만 아니라 각 정세포에는 새로운 식물을 만드는 데 필요한 모든 유전자들이 포함되어 있고, 각 알세포도 마찬가지다. 수정된 알인 접합자는 유전자의 완전한 두 세트를 갖게 된다.

개체군 내에서 돌연변이는 새로운 대립유전자를 만드므로, 개체군 내에서 개체들의 유전자형은 다르다. 같은 지역에서 자라고 성적으로 교류할 수 있는 식물 가운데 다수는 특정 유전자의 같은 대립유전자를 가질 수 있지만, 어떤 개체들은 유전자의 다른 버전인 다른 대립유전자를 갖기도 한다. 따라서 특정한 정세포가 운반하는 대립유전자들은 정세포가 수정시키는 알세포의 상동대립유전자들과 같거나 같지 않을 수 있다.

불완전우성의 단성잡종교배

단성잡종교배(monohybrid cross)에서는 오로지 한 가지 형질만 분석하고 연구하며, 다른 형질들의 유전은 고려하지 않는다. 예를 들어, 빨간 꽃이 피는 식물을 하얀 꽃이 만들어지는 식물과 교배할 수 있는데, 이 경우에는 꽃색 형질의 유전만을 연구한다. 꽃의 모양, 잎의 구조, 그리고 광합성 효율도 동시에 유전되지만, 단성잡종교배에서는 오직 한 가지만 연구한다. 이렇게 하면 결과를 분석하고 이해하기가 훨씬 단순해진다. 특정 형질의 기본 원칙을 알고 나면, 다음에는 이 형질과 다른 요인[양성잡종교배(dihybrid cross)] 또는 두 가지 다른 요인들[3성잡종교배(trihybrid cross)]과의 상호작용을 연구할 수 있다. 멘델(Mendel)은 이해하기 쉬운 단성잡종교배에 주목하였는데, 그에 앞선 연구자들은 한 번에 여러 특징을 분석하였고 결과를 이해하는 데 몹시 혼란스러워 했다.

방금 언급한 빨간 꽃이 피는 식물과 하얀 꽃이 피는 식물과의 교배를 생각해 보자. 어느 꽃이 꽃가루를 만들고 어느 꽃이 밑씨를 만드는지는 상관없다. 교배가 이루어지면 씨와 열매가 생긴다. 씨를 심어서 재배하면 새로운 식물이 어떤 꽃색을 갖는지 조사할 수 있다. 이 새로운 세대에서 모든 식물의 꽃이 분홍색인데, 꽃색이 각 어버이와 어느 정도 비슷하지만 그 어느 쪽과도 정확히 같지 않다(**그림 16-9**). 어버이들을 **어버이세대(parental generation)**라 부르고, 어버이들의 교배육종(crossbreeding)에서 생긴 자손을 **F_1 세대(F_1 generation)** 또는 **잡종제1대(first filial generation)**라 하며, 만일 이들끼리 상호교배하면 그 자손은 F_2 세대(F_2 generation)이다.

이 꽃색 교배의 단성잡종은 분자생물학적으로 쉽게 이해된다. 각 어버이는 2배체이고, 따라서 관련된 유전자의 두 복사본을 갖는다. 빨간 꽃이 피는 어버이에서는 대립유전자들 모두가 빨간 색소의 합성에 관여하는 기능적인 효소로 번역되는 mRNA를 만들었다. 하얀 꽃이 피는 식물에서는 두 대립유전자들이 결함이 있다. 각 어버이가 mRNA를 만들기는 하지만 번역될 때 필요한 반응을 제대로 수행하지 못하는 단백질이 만들어질 수 있거나, 아니면 촉진유전자부위에 돌연변이가 나타나서 더 이상 화학신호전달물질과 상호작용하지 못할 수도 있다. 원인이 무엇이든지 색소가 없고, 따라서 꽃이 하얗다.

유전자기호를 이용하면, 빨간 꽃이 피는 어버이는 *RR*이고 하얀 꽃이 피는 어버이는 *rr*이다(그림 16-9). 각 어버이는 이 유전자에 대해 똑같은 두 대립유전자를 갖기 때문에 각 어버이를 **동형접합성(homozygous)**이라고 부른다. 분홍 꽃의 F_1은 한 어버이로부터 대립유전자 *R*을 받고 다른 어버이로부터 대립유전자 *r*을 받아서 그 유전자형이 *Rr*이다. 분홍 꽃의 F_1은 꽃색 유전자에 대해 2개의 다른 대립유전자를 갖고 있으므로 이를 **이형접합성(heterozygous)**이라고 한다. 유전자를 결코 분리하지 못하였거나 그 뉴클레오티드순서를 분석하지 못하였더라도 우리는 이런 유전자기호를 사용하며, *R*과 *r*은 단순히 표지(label)이다. 대부분의 유전자들은 그 표현형만 알고 있고, 유전학자들이 표현형에 이름을 붙인다(표 16-2). *Rr*의 유전자형을 갖는 식물이 mRNA를 만드는데, 그 가운데 절반은 결손된 유전자를 운반하고 따라서 효소는 정상적인 양의 절반만이 생성된다. 그 결과 색소가 훨씬 적게 만들어져서 꽃은 빨강이 아니라 분홍으로 보인다. 어버이 형질의 그 어느 것도 다른 형질을 지배하지 못하였고, 이런 대립유전자의 짝들은 **불완전우성(incomplete dominance)**을 나타낸다. 이형접합성 표현형은 양쪽 동형접합성 표현형 모두와 다르다.

교배와 육종의 가능한 결과를 분석할 때 관련된 배우자들의 종류와 양을 이해해야 한다. 우리가 고려하는 모든 식물은 2배체이고 감수분열에 의해 반수체의 포자가 만들어진다. 어버이 *RR*은 그림 16-9B에 보인 바와 같은 염색체를 갖고 있고, 감수분열 동안에 어떻게 염색체들이 분리되는지에 상관없이 모든 포자들은 대립유전자 *R*을 받게 된다. 어버이 *rr*에서는 모든 포자들이 대립유전자 *r*을 받는다. 포자는 성세포가 아니지만, 포자가 배우자체로 발달하면서 유사분열(복제분열)을 하여 소배우자체(꽃가루)의 모든 세포들은 같은 대립유전자를 갖게 되고, 대배우자체(밑씨의 내부)의 모든 세포들도 마찬가지다. 어버이 *RR*은 오로지 포자 *R*만 생성하기 때문에 이 또한 성세포 *R*만을 만들고, 이들이 전형적인 양성꽃에 있는 정자와 알이다. 이와 비슷하게, 어버이 *rr*에서는 오로지 배우자 *r*만을 생산된다. 이 두 식물이 서로 교배하면 배우자 *R*이 배우자 *r*과 융합하여 이형접합성(*Rr*) 접합자가 생기고, 이는 유사분열에 의해 이형접합성 성체로 자란다. 가능한 다른 결과는 없다. 어떤 배우자가 어떤 대립유전자인지는 아무 상관없고, 정자 *R*과 알 *r*이 수정하여 생기는 접합자는 정자 *r*과 알 *R*이 융합하여 생기는 접합자와 똑같다.

이형접합체가 성숙하여 꽃을 피울 때 각 포자모세포는 동형접합체에서 한 가지를 만드는 것과 달리 두 종류의 포자를 만든다(**그림 16-10**). 각 포자모세포가 대립유전자 *R*과 대립유전자 *r*을 갖고 있으므로, 감수제1분열 동안에 한 딸세포는 *R*을 받고 다른 딸세포는 *r*을 받는다. 감수제2분열의 결과로 2개의 포자 *R*과 2개의 포자 *r*이 생긴다. 만일 이와 같은 일이 꽃밥에서 일어난다면 정자의 절반은 *R*을 갖고 나머지 절반은 *r*을 갖게 된다. 많은 식물의 주심(nucellus)에서는 오직 하나의 대포자가 살아남는다. 만일 이 유전자가 포자의 대사에 아무런 영향을 미치지 않는다면(그리고 꽃색의 유전자는 포자에서 불활성일 것임), 절반 가까운 세포 *R*이 살아남고 또한 절반 가까운 세포 *r*이 살아남는다. 이형접합성 어버이에서는 2종류의 정자와 알이 동일한 숫자로 만들어진다.

이형접합체들 간의 교배

식물에서 자신의 꽃가루가 자신의 알과 수정하면 이 교배는 **자가수정(selfing)**이다. 한편 식물은 정확히 동일한 유전자형을 갖는 다른 식물과 교배함으로써 자가수정이 될 수 있다. 자가수정에 의한 이형접합체는 흥미롭고 유익한 결과를 갖는다. 모든 정자와 알의 50%(평균적으로)는 대립유전자 *R*을 갖고 50%는 *r*을 갖게 된다(그림 16-10). 모든 접합자들의 유전자형이 같지는 않다. 일부는 정자 *R*과 알 *R*이 융합한 결과인 *RR*이고, 일부는 정자 *r*과 알 *r*

그림 16-9 **(A)** 꽃색 형질을 분석하는 단성잡종교배. 상세한 내용은 본문에 설명되어 있다. **(B)** 어버이, 배우자, 그리고 자손의 표현형.

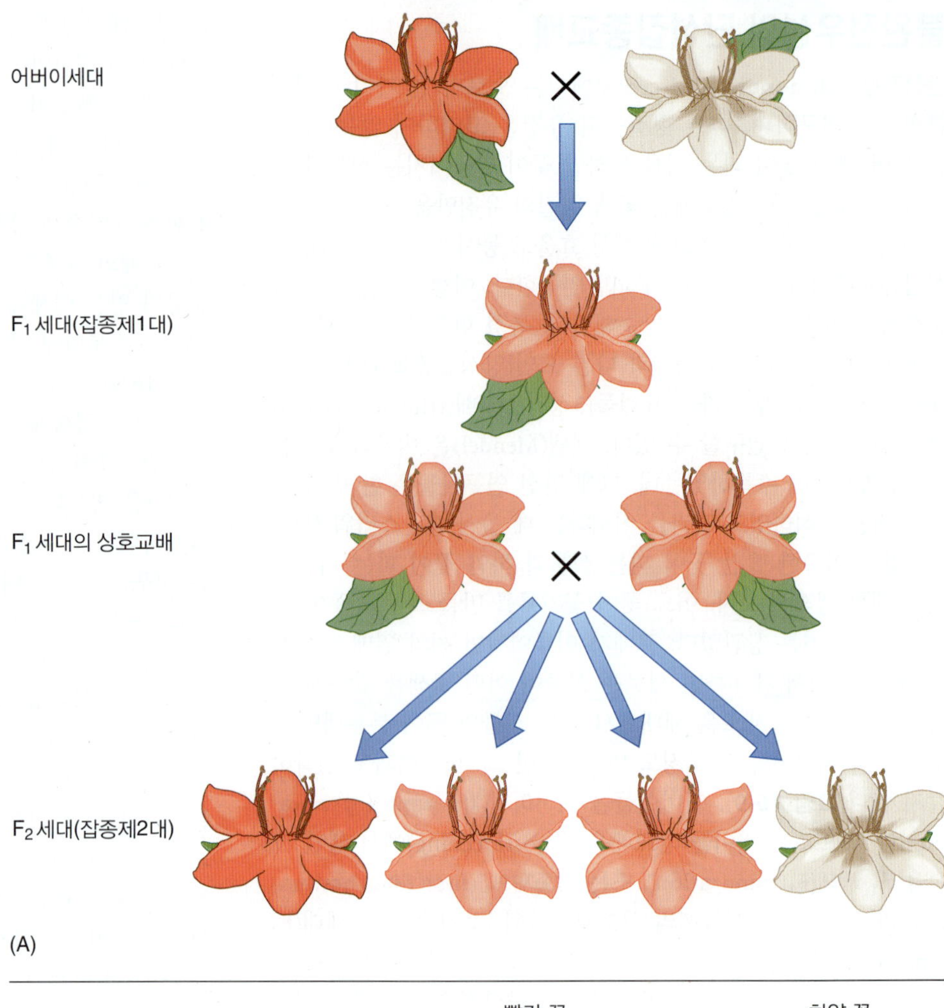

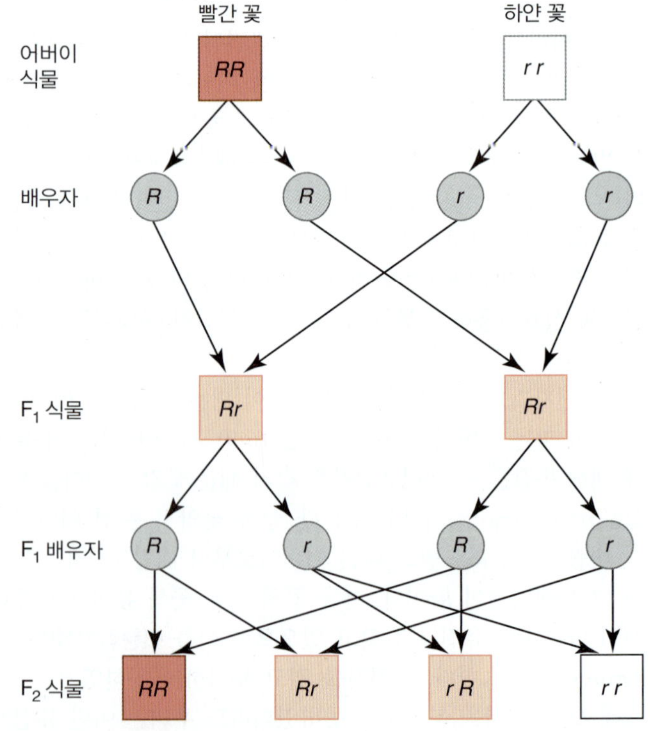

이 만나 *rr*이 되며, 또 다른 일부는 정자 *R*과 알 *r* 또는 정자 *r*과 알 *R*이 융합한 결과로 *Rr*이 된다. 이형접합체를 자가수정시키면 3종류의 F_1이 만들어지는데, 그 가운데 일부(*Rr*)는 어버이와 비슷하고 다른 F_1들(*RR*과 *rr*)은 조부모와 비슷하다. 이 결과를 분석하려면 접합자에서 배가 발달하기를 기다려야 하고, 그러고 나서 씨를 심어 새로운 식물로 자라 꽃이 필 때까지 기다려야 한다. 각 유전자형은 뚜렷이 구별되는 표현형을 만들기 때문에 각 식물의 유전자형은 꽃을 보면 쉽게 알 수 있게 된다. 만일 상당수의 이형

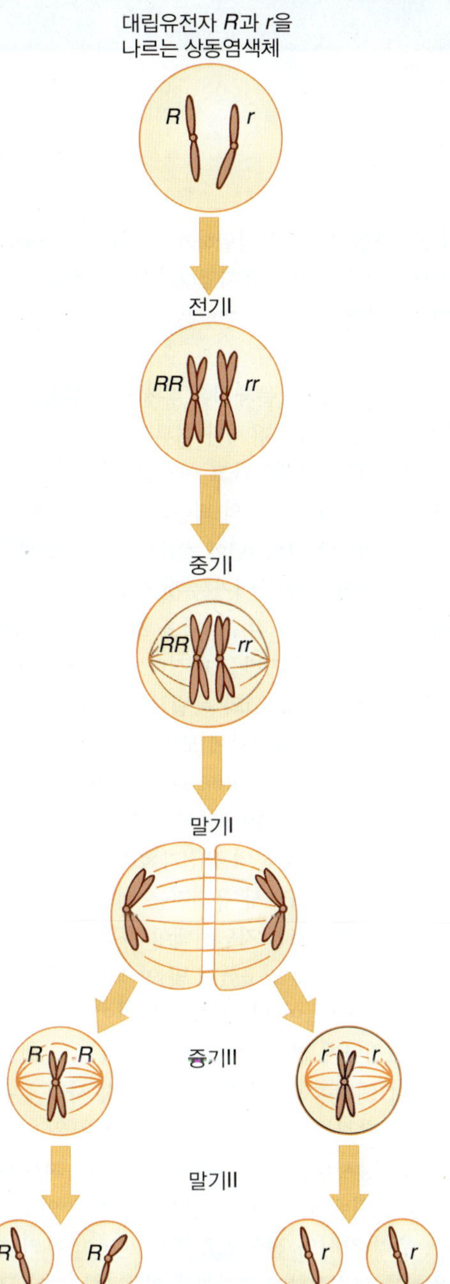

그림 16-10 이형접합체에서 감수분열에 의한 반수체 세포의 생성. 상동염색체는 중기I 동안에 접합을 한 다음, 후기II 동안에 부계 염색체와 모계 염색체가 떨어진다. 한 종류의 대립유전자는 다른 종류와 분리된다. 자매염색분체들은 중기 II가 끝나면 떨어지고, 각 딸핵은 동일한 대립유전자를 받는다.

접합체(분홍 꽃의 식물)가 자가수정을 하고 대단히 많은 수의 F_1 식물을 길렀다면, 대략 1/4은 빨강(*RR*), 절반은 분홍(*Rr*), 그리고 1/4은 하얀(*rr*) 꽃들이 된다. 일반적으로 1:2:1로 표시되는 이 비율은 중요하며, 반드시 암기해야 한다.

이들 유전자형의 비율에 대한 이유를 **그림 16-11**에서 설명하였다. **푸네트정방형(Punnett square)**은 정사각형의 꼭대기에 가령 알 같은 한 가지 배우자의 모든 종류를 배열하고, 다른 배우자의 모든 종류를 왼쪽에 배열하여 만든다. 그런 다음에 박스의 위와

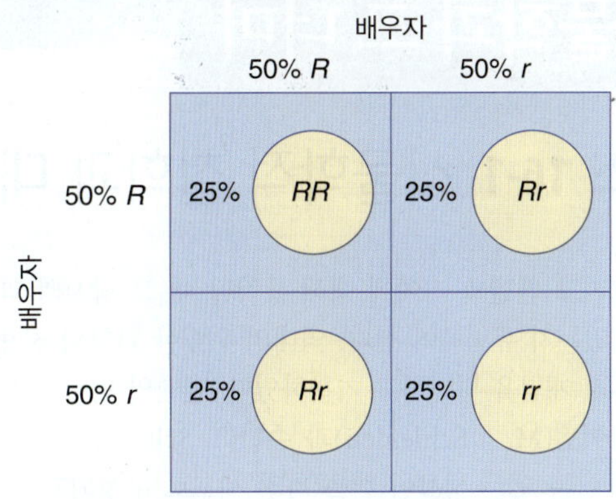

그림 16-11 푸네트정방형은 교배의 결과를 쉽게 분석하고 이해하게 해 준다. 한 어버이에서 나온 배우자들을 꼭대기에 배열하고, 다른 어버이의 배우자들을 왼쪽에 배열한다.

왼쪽에 있는 대립유전자의 기호로 채운다. 1 *R*:1 *r*의 비율로 배우자들이 만들어지므로 그림 16-11처럼 칸을 채워나가면 자동적으로 자연에서 나타나는 이들의 상대적 수를 나타내게 된다.

푸네트정방형이 모든 교배의 결과를 나타내는 것은 아니다. 만일 단일한 이형접합성 꽃이 자가수정을 하였다면 오직 한두 가지의 씨만 생길 것이다. 한 알의 씨를 심으면 1/4의 확률로 빨간 꽃이 생길 것이고, 2/4의 확률로 분홍, 그리고 1/4의 확률로 하얀 꽃이 필 것이다.

1:2:1의 비율은 완두를 이용하여 실험을 한 오스트리아의 수도사 멘델(Gregor Mendel: 1822-1884)의 위대한 발견 중 하나다. 멘델의 교배육종 실험은 현대 유전학의 기초가 되었다. 멘델은 이런 종류의 자가수정에서 어버이의 유형이 회복되는 것은 유선물질이 입자(particle)로 구성되어 있음을 의미하고, 이형접합체 *Rr*에서 *R*의 유전물질이 *r*의 유전물질과 분리될 것이라는 점을 발견하였다. 멘델 이전의 연구에서는 유전물질이 유체(fluid)라고 여겼다. 두 종류의 유체는 혼합되면 다시 완벽하게 분리될 수 없다. 1:2:1 비율의 불변성은 어떤 교배라도 상관없이 결코 정체성을 잃지 않는 입자로서 유전자에 관해서 더욱 논리적으로 생각하게 하였다.

뿐만 아니라, 1:2:1 비율은 각 개체의 식물이 2개의 복사본을 갖는 2배체이고 각 성세포는 한 복사본을 갖는 반수체라는 면에서 현실적으로 해석될 수 있다. 만일 각각의 식물이 오직 한 복사본을 갖는다면 분홍 꽃의 이형접합체는 불가능할 것이고, 반면에 각 식물이 3개의 복사본을 갖는다면 진한 분홍(*RRr*)과 연한 분홍(*Rrr*) 같은 표현형도 나타날 것이다. 멘델이 연구하던 1865년 당시의 과학 지식이 어떤 상태였는지 생각해 보자. 모든 생물이 핵을 가진 세포로 구성된다는 개념은 제안된 지 얼마 되지 않았고, 유사분열과 세포분열은 거의 알려지지 않았으며, 감수분열은 23년이 지난 후에야 발견되었다. 염색체와 상동염색체쌍의 개념은 20세기에야 확립되었고, mRNA의 존재는 1960년대 중반까지도 확인되지 않았다(**박스 16-1**).

박스 16-1 식물학적 철학과 대중문화

유전학 그리고 멘델의 기여에 대해 생각할 때 그 당시의 과학 지식이 어떤 상태였는지 유념해야 한다. 역대의 위대한 과학의 천재들은 생물학의 기본적 개념을 발견하고 기록하였다. 멘델의 연구보다 불과 27년 앞서 슐라이덴(M. J. Schleiden)과 슈반(T. Schwann)은 세포설을 제안하였다. 이는 모든 생물이 핵을 가진 세포로 구성되고, 현존하는 모든 세포는 기존의 세포로부터 생긴다는 개념이다. 오늘날 우리는 이를 당연시하는데, 세포설은 모든 생물이 근본적으로 동일하고, 생명은 한 번만 생겨났으며, 모든 세포는 그런 처음 세포의 자손이라는 점을 의미하는 것이다. 1849년에 호프마이스터(Wilhelm Hofmeister)는 식물의 생식과정에서 꽃가루관으로부터 어떤 '영향(influence)'을 받은 다음에 주로 알에서 새로운 배가 발생한다는 사실을 입증하였다. 이는 실로 획기적이었는데, 왜냐하면 그때까지는 식물과 동물 모두에서 새로운 배는 정세포로부터 생기고 모계 어버이는 영양분과 보호를 제공하지만 새로운 세대는 부계 어버이의 진정한 연속이라고 누구나 굳게 믿고 있었기 때문이다(이러한 믿음이 자연의 관찰에 근거한 것이 아니라 남성들이 군림하는 사회와 역사에 바탕을 둔 것은 아닐까?). 모계 어버이 역시 새로운 자손에 기여한다는 호프마이스터의 결론은 충격적이었고, 한편으로는 유전자가 양친으로부터 동등하게 전달된다는 멘델의 관찰에 있어 매우 중요하였다.

1859년에 다윈(Charles Darwin)은 『자연선택에 의한 종의 기원(*Origin of Species by Natural Selection*)』을 출판하였는데, 여기에서 다윈은 생물이 변함없는 것이 아니라 시간을 거치면서 변화한다고 상정하였다[월리스(A. R. Wallace)도 동일한 시기에 같은 결론에 도달하였다]. 자연선택에 의한 진화의 발견은 멘델을 곤경에 빠지게 하였다. 자연선택은 다양성과 변화를 요구하는 반면, 멘델의 유전에 관한 이론은 표현형의 차이가 변함없는 유전자의 혼합과 분리에 기인한다는 사실을 나타낸다. 진화에 관한 생각은 진화를 지지하는 사람들과 성서의 창조를 지지하는 사람들 간의 대단한 논쟁과 심각한 철학적 다툼을 불러일으켰다. 이 다툼은 6년간 격렬하게 지속되었고, 바로 그때 당시 수도승이었던 멘델의 논문이 발표되었다. 만일 멘델이 10년 전에 결과를 발표하였다면 즉각적인 동의를 얻었을 것이고, 다윈은 더욱 힘든 시간을 보냈을 것이다.

그런데 유전학의 다른 문제점은 유전자가 유체가 아니라 입자라고 가정한 것이다. 당시에는 유체가 대부분의 생명현상의 기반을 이루는 것으로 간주되었고, 존재한다고 여겼던 다양한 유체들을 분리하는 필터로 체관부의 체공과 물관부의 벽공과 천공이 효과적으로 작용한다고 여겼다. 다행스럽게도 1879년에 폴(H. Fol)이 속씨식물의 생식 과정에서 입자인 정핵이 알에 들어가는 것을 밝혔고, 1888년에는 슈트라스부르거(E. Strasburger)가 감수분열을 서술하면서 유전자가 입자성 물질이라는 개념의 확고한 기반을 다졌다. 만일 유전자가 염록체 상에 있다면 멘델비(Mendel's ratio)와 독립분리가 어떻게 나타날 수 있는지 알 수 있게 된다. 이는 1915년에 모건(T. H. Morgan)이 발간한 『멘델유전의 메커니즘(*The Mechanism of Mendelian Heredity*)』에 요약되어 있다. 마침내 1927년과 1928년에 멀러(H. J. Muller)와 스태들러(L. J. Stadler)는 X선을 이용하여 유전자를 인위적으로 변화(돌연변이)시킬 수 있음을 밝혔다. 따라서 유전자는 멘델유전이 작동할 수 있게끔 안정적이지만, 한편으로는 자연선택이 가동할 수 있을 만큼 가변적이다. 이 몇 사람이 당시에 연구했던 몇 안 되는 생물학자들이 아니며, 또한 이들이 밝힌 사실들이 몇 안 되는 발견이 아니라는 점을 유념해야 한다. 그간 엄청나게 많은 정보들이 생겨났고, 그런 정보들의 대부분은 특이하거나 예외적이거나 또는 비정상적 사례에 관한 것들이며, 따라서 근본적인 발견들을 중요하게 인식하는 것을 더욱 어렵게 만들기도 한다. 한편, 당시의 일반적 철학, 즉 남성이 지배하는 사회가 만든 생물학의 웅성 지배이론이 미친 심각한 영향을 인식하도록 항상 노력해야 한다. 우리 자신의 진심으로 믿는 신념이 우리 자신의 생물학적 관찰의 일부를 부적절하게 평가하게 만들 가능성이 크다.

완전우성의 단성잡종교배

위에서 설명한 빨간 색소의 경우와 같이 효소의 많은 생성물 가운데 절반만 이형접합체에서 생산되는 상황은 일반적이지 않다. 어떤 종에서 또는 다른 형질에서는 세포질의 조절메커니즘이 특정한 양의 산물이 합성될 때까지 효소가 기능을 하도록 야기한다. 효소는 더 빠르게 또는 더 오래 작동해야 할 수도 있지만, 식물이 2개의 기능적 대립유전자를 갖거나 또는 오직 하나를 갖거나에 상관없이 최종적으로 만들어지는 양은 똑같다. 다른 상황에서는 효소의 양을 모니터하여 이형접합체에서 돌연변이가 나타나지 않은 mRNA가 더욱 빈번하게 또는 더 빠르게 번역되도록 한다.

어떠한 경우에도, 이형접합체의 표현형은 2개의 유효적 대립유전자를 갖는 어버이의 표현형과 비슷하다. 그 형질을 **우성(dominant)**이라 하고, 이의 지배를 당한 다른 버전의 형질을 **열성(recessive)**이라고 한다. 그 한 예는 높이(키)이다. 유전자형이 *TT*인 키가 큰 식물은 모두 *T*의 성세포를 만든다. 유전자형이 *tt*인 키가 작은 식물은 오로지 *t*의 성세포를 만든다(그림 16-12). 키가 큰 식물을 키가 작은 식물과 교배하면 모든 F_1 자손은 *Tt*의 유전자형을 갖지만 모두 키가 큰 표현형을 갖고, 동형접합성 우성 어버이의 *TT*와 구분이 안 된다. 대립유전자 *T*에 의해 어떤 단백질이 생성되는지는 모르지만, 단 하나의 기능적 대립유전자만으로

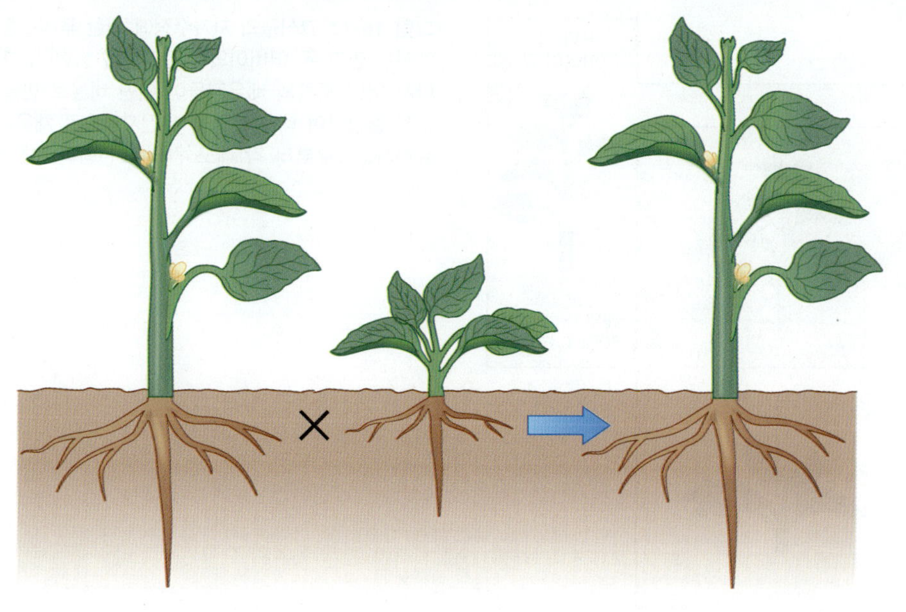

표현형: 크다
유전자형: TT
배우자: T

표현형: 작다
유전자형: tt
배우자: t

표현형: 크다
유전자형: Tt
배우자: T, t

(A)

(B)

(C)

그림 16-12 **(A)** 이 단성잡종교배에서 '키가 큰(tall)' 형질은 '키가 작은(dwarf)' 형질에 대해 완정우성을 나타낸다. *Tt*의 핵에서 대립유전자 *T*는 *TT*의 핵에 있는 대립유전자 *T*보다 두 배 많이 전사될 수 있다. 그 결과 생긴 mRNA는 두 배 많이 번역되거나 아니면 단백질이 두 배로 오랫동안 또는 두 배 빠르게 일할 수 있다. *TT*식물은 반응성의 역치를 훨씬 초과하는 *T*단백질의 수준이 포함될 수 있다. **(B)** 이 밭에 있는 밀의 대부분은 쓰러져서 땅에 누워 있다[이런 경우를 밀이 도복(lodged)되었다고 한다]. 이 밀은 키가 큰 변종인데, 그 줄기가 너무 길고 가늘어서 몸을 곧게 세울 수 없다. 수확하는 기계[콤바인(combine)]가 밀을 거의 땅까지 낮게 베야 하므로 흙과 돌이 기계에 들어가서 피해를 주기도 한다. 한편 베기 전에 비가 내리면 땅에 가까이 누워 있는 줄기가 썩을 수 있다. **(C)** 이 밭에 있는 모든 밀은 곧바로 서 있어서 수확하기 쉽다. 도복된 밀은 전혀 없다. 이 밀은 키가 작은 왜소한 변종이다. 식물유전학자들은 왜소하고 강한 줄기를 갖는 식물들을 교배하여 이 씨앗을 얻었다. 이 밭은 쉽게 수확하고, 수확기 전에 비가 내려도 밀이 썩는 법이 거의 없다.

도 정상적인 생장을 가능하게 하는 충분한 단백질이 만들어진다. *Tt*식물은 키가 크고, 큰 형질이 '왜소한(dwarf)' 형질을 완전히 지배하였다.

유전체계의 분자생물학을 이해하면 이형접합체가 자가수정할 때 2종류의 정세포(*T*와 *t*)와 2종류의 알(*T*와 *t*)이 만들어지는 것을 예측할 수 있다. 교배의 푸네트정방형은 **그림 16-13**과 같고, 유전자형의 비율은 1 *TT*:2 *Tt*: 1 *tt*로 예상된다. 이 예측은 옳지만, 표현형비는 어떻게 될까? 1/4의 식물은 유전자형 *TT*에 기인하여 키가 클 것이고, 2/4는 유전자형 *Tt* 때문에 키가 클 것이다. 따라서 3/4은 키가 큰 표현형을 갖고, 1/4은 키가 작은 표현형을 갖게 된다. 교배가 이루어지고 표현형비가 3:1로 나타날 때는 언제든지 그 어버이가 이형접합체이고 형질이 완전우성을 보인다고 의심해야 한다.

검정교배

우리는 오로지 생물의 표현형만 볼 수 있다는 사실을 명심하자. 그 유전자형을 밝히려면 교배를 해야 하는데, 그 중에서도 검정교배가 가장 유용하다. 불완전우성인 형질을 연구할 때 식물의 유전자형은 그 표현형으로부터 쉽게 결정된다. 만일 형질이 **완전우성(complete dominance)**이라면, 식물이 열성 형질을 나타내지 않는 한 어떤 특정 식물의 유전자형이 무엇인지 알기 어렵다. 여러분이 식물의 높음(tallness), 즉 키를 연구한다고 가정해 보자. 여러분은 일부 이형접합체들을 자가수정시키고, 그렇게 해서 생긴

그림 16-13 *Tt*식물의 자가수정에 대한 푸네트정방형에서는 먼저 두 어버이의 유전자형을 밝힌다. 그러고 나서 어떤 종류의 배우자들이 어떤 비율로 만들어지는지 결정하여 네모 칸들을 유전자형으로 채운다. 이 유전자형으로부터 각 네모 칸의 표현형이 결정될 수 있다.

씨앗들을 심는다. 온실이나 정원에서 자란 수백 포기의 식물 가운데, 약 75%는 키가 크고 25%는 키가 작다. 여러분은 키가 작은 식물이 *tt*임을 알고 있으므로, 실험을 하는 데 유전자형 *tt*의 식물이 필요하다면 그 작은 식물을 선택하면 된다. 그런데 만일 여러분이 실험에 유전자형 *TT*의 식물이 필요하다면 어떤 식물이 그런 유전자형이라고 어떻게 말할 수 있을까? 키가 큰 식물을 마구잡이로 고르면 *TT*보다는 *Tt*의 식물일 가능성이 더 많은데, 이는 *TT*의 큰 식물보다 *Tt*의 식물이 두 배 많기 때문이다.

유전자형은 **검정교배(test cross)**를 통해 드러날 수 있다. 검정교배는 검정하고자 하는 문제의 식물을 연구하는 형질의 동형접합성 열성의 식물과 교배하는 것이다. 동형접합성 열성의 어버이에서 만들어진 모든 배우자들은 열성 대립유전자를 갖고, 이 대립유전자는 F_1 접합자에서 상동대립유전자를 가릴 수 없다. 만일 검정하고자 하는 큰 식물이 실제로 동형접합성 우성(*TT*)이라면, 자손의 100%가 이형접합체(*Tt*)이고 키가 클 것이다(**그림 16-14**). 만약 키가 큰 식물이 이형접합체라면, 검정교배에서 그 자손의 절반은 키가 크고(*Tt*) 절반은 작을(*tt*) 것이다. 교배를 통해 수천 개의 씨가 생겼다면 그 많은 씨를 모두 심지 않고 일부만 심고 싶을 것이고, 많은 씨가 자랐다면 뜻하지 않게 *Tt*의 씨를 고르지 않을 가능성이 매우 낮을 것이며, F_1 식물의 어느 하나가 작다면 검정교배에 사용된 어버이는 *Tt*임이 분명하다.

식물의 실제 유전자형을 알게 되면 우성의 동형접합체들을 수집하여 특별한 구역에 심고, 자연적 꽃가루매개동물의 접근을 막아 그들끼리만 교배하도록 한다. 이들의 모든 자손은 동형접합성 우성 개체들이고 교배 실험에서 사용될 수 있다. 동형접합성 열성 식물체들 역시 특별한 계통으로 관리될 수 있어서, 자가수정을 하면서 순수하게 유지시킨다. 그런 집단들이 **순계(pure-bred line)**이고, 이들은 유용하면서 가치가 크다. 이형접합체들은 같은 특질의 자손을 낳지 않기 때문에 이와 같이 지속시킬 수 없다. 즉, 이형접합체들의 자손은 어버이들과 정확하게 같지 않다. 1/4은 동형접합성 열성이지만 1/4은 동형접합성 우성인데, 이 동형접합성 우성 개체들은 절반에 달하는 이형접합체와 시각적으로 구별할 수 없다.

지금까지 우리는 오직 한 가지 형질인 높이(키)에 대해서 고려하였지만, 중요한 농작물이나 원예작물이 되는 식물에서는 형질의 목록이 무려 수십 또는 심지어 수백에 달한다. 종묘회사는 옥수수를 예로 들어 볼 때 계통마다 많은 형질들의 유전자형을 알고 있는 수백 계통을 유지 관리하고 있다(**그림 16-15**). 여러 차례 야생식물을 수집하지만, 겉으로 보이는 표현형을 제외하고는 그 유전자형을 알 수 없다. 그런데 수집한 소수의 식물체를 육안으로 보아도 어떤 형질이 우성이고 어떤 형질이 열성인지 알 도리가 없다. 따라서 주도면밀하게 조절하여 교배시키고 기록해야 한다.

1년생 식물을 대상으로 검정교배를 하면 보통 그 결과는 식물이 죽을 때까지 알 수 없다. 그런 다음에 그 유전자형을 안다고 하더라도 식물을 실험이나 교배에 사용하지 못할 수도 있다. 그런 경우에는 어떤 식물이 수행하는 실험의 정확한 유전자형을 가졌는지 모른 채로 검정교배와 실험교배를 동시에 수행할 필요가 있다. 검정교배의 결과가 완료된 다음, 적절한 유전자형을 가진 어버이를 선별하고 이들이 관련된 실험교배를 분석하게 된다.

복대립유전자

각 유전자는 지금까지 논의한 사례처럼 둘(*T*와 *t*, *R*과 *r*)이 아니라 많은 대립유전자를 갖기도 한다. 평균 크기의 단백질은 약 300개의 아미노산으로 구성되고, 따라서 그 mRNA의 암호부위는 약 300개의 코돈을 가져야 하며, 이들 각각은 3개의 뉴클레오티드들을 포함한다. 그러므로 유전자는 인트론과 촉진유전자를 제외하

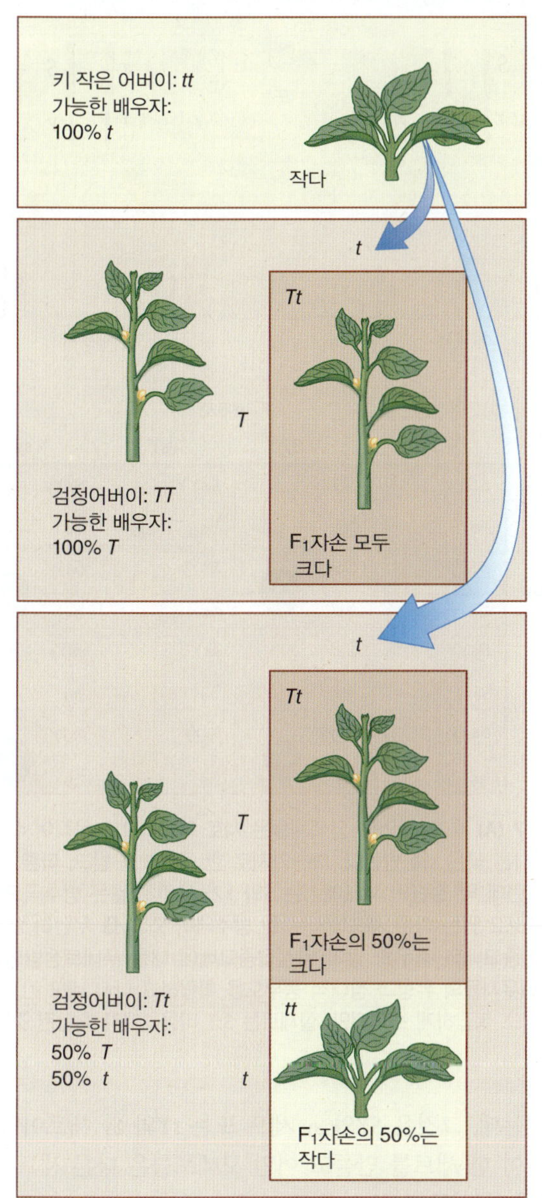

그림 16-14 검정교배는 우성 표현형을 나타내는 식물이 동형접합체인지 아니면 이형접합체인지를 밝혀준다. 이 도표의 자료에서, 여러분은 검정교배를 수행하기 전에 검정에 사용된 어버이의 유전자형을 모를 수 있고, 여러분은 그런 자료들을 밝히고자 시도하는 것이다. 만일 하나의 동형접합체나 이형접합체만을 찾기 원한다면 한 식물이나 몇몇 식물만을 대상으로 검정교배를 수행하면 된다. 그렇지만 만일 여러분이 3:1의 비율을 나타내는 형질의 실험교배를 수행하였다면, 그 실험을 확실하게 하기 위해 우성 표현형을 나타내는 많은 자손식물을 대상으로 검정교배를 수행할 필요가 있다.

고 최소한 900 뉴클레오티드의 길이가 된다. 점돌연변이가 나타날 수 있는 곳이 적어도 900 자리가 되고, 당연히 여러 뉴클레오티드들이 관여하는 돌연변이도 나타날 수 있다. 그 결과, 유전자들은 여러 가지 형태로 나타나기도 하는데, 이들을 **복대립유전자(multiple allele)**라고 부른다. 만일 유전자가 복대립유전자를 갖는 다형성(polymorphic)이면, 대문자와 소문자 대신에 X_1, X_2, X_3, X_4 등등과 같이 숫자를 사용한다. 어떤 돌연변이는 정상적 염기순서를 갖는 단백질을 만들기도 하지만, 대부분의 돌연변이는 단

그림 16-15 다년생 식물의 순계를 지속시키는 것은 비교적 쉽다. 식물이 생장하고 나면 실험하는 데 필요한 꽃가루나 밑씨를 여러 해 동안 만들 수 있다. 1년생 식물은 해마다 꽃가루받이를 하고 종자를 수집하고 심어서 기록을 해야 하므로 훨씬 더 어렵다. 여기서는 밀의 종자를 액체질소에서 얼렸다. 여러 해가 지난 다음에 그 중 일부를 해동하여 심는다. 그 씨앗들을 얼려서 또 저장한다.

백질 구조를 변화시킨다. 이런 단백질들 가운데 일부는 원래의 단백질과 비슷하고, 아마도 비슷하거나 동일한 효소활성을 가질 것이다. 그러나 구조가 변한 많은 단백질들은 적절한 반응을 매우 느리게 수행하거나 세포질에서 조절메커니즘에 의해 정확하게 조절되지 않고, 정상적인 야생형 표현형이 나타나지 않기도 한다. 복대립유전자의 경우, 우성의 개념이 더욱 복잡해진다. 어느 대립유전자는 적절한 양의 기능적 단백질을 만들기도 하지만, 다른 대립유전자는 그 단백질을 더 많이 생산하고, 또 다른 대립유전자는 더 적게, 그리고 네 번째 대립유전자는 바뀐 활성을 갖는 단백질을 만들 수 있다. 따라서 여러 다른 표현형들이 가능하다.

식물의 개체군 내에서, 만들어지는 배우자의 종류가 많을수록 대립유전자의 종류가 많아진다. 이형접합성 X_1X_2식물을 이형접합성 X_3X_4식물과 교배시키면, X_1X_3, X_1X_4, X_2X_3, 그리고 X_2X_4의 자손이 생긴다(**그림 16-16**). 4종류의 구별되는 F_1 식물들이 만들어지고, 그 어느 자손도 어버이의 그 어떤 유전자형을 갖지 않는다.

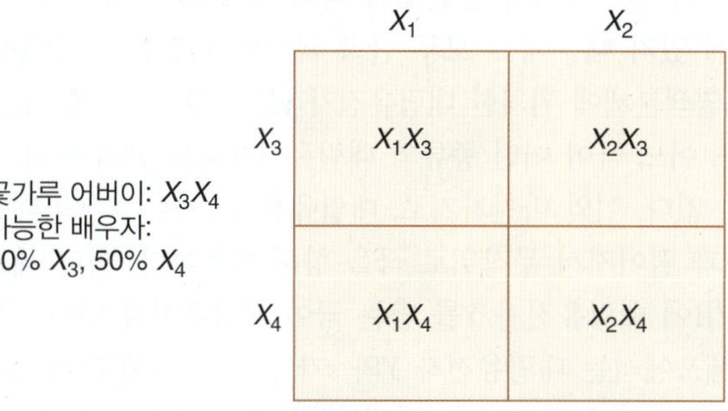

그림 16-16 단일한 형질의 복대립유전자에서는 여러 종류의 교배가 가능하지만, 어버이의 유전자형으로부터 가능한 모든 유전자들을 밝히고 나서 평소대로 푸네트정방형을 만든다.

양성잡종교배

양성잡종교배(dihybrid cross)는 한 유전자를 연구하는 단성잡종교배와 달리 두 유전자를 동시에 연구하고 분석하는 교배이다. 모든 교배는 생물에 있는 모든 유전자들이 관련되지만, '단성잡종'과 '양성잡종'이라는 용어는 분석하는 유전자의 수에 적용된다.

두 유전자를 연구할 때 교배의 결과는 염색체에 있는 유전자의 위치에 좌우된다. 두 유전자가 서로 다른 염색체에 있다면 한 유전자의 대립유전자들은 다른 유전자의 대립유전자들과 관계없이 움직인다. 그렇지만 두 유전자가 같은 염색체 상에서 가까이 있으면 한 유전자의 대립유전자들은 다른 유전자의 대립유전자들과 화학적으로 묶여서 함께 움직인다. 유전자가 서로 다른 염색체에 있는 상황이 이해하기 쉽고, 이를 먼저 설명하기로 한다.

별개의 염색체에 있는 유전자: 독립분리

예컨대 씨껍질의 질감과 색깔의 두 가지 형질에 대해 이형접합성인 식물을 생각해 보자. 질감의 경우, 매끄러운 씨껍질(*S*)은 주름진 씨껍질(*s*)에 대해 완전우성이고, 색깔은 노란색 씨껍질(*Y*)이 녹색 씨껍질(*y*)에 대해 우성이다. 이 식물의 유전자형은 *SsYy*이고, 표현형은 매끄러운 노란색 씨앗이다. 만일 색깔의 유전자만 고려한다면 식물이 2종류의 배우자를 거의 같은 수로 만들고, 일부는 *Y*를 그리고 일부는 *y*를 나른다는 사실을 우리는 알고 있다. 한편 씨껍질의 질감만 고려한다면, 절반은 *S*를 그리고 절반은 *s*를 운반한다. 두 유전자의 대립유전자들이 어떻게 서로 연관되어 있을까? 단성잡종교배에서와 마찬가지로, 형성되는 배우자의 종류를 아는 것이 유전의 양상을 이해하는 지름길이다.

만일 두 유전자가 별개의 염색체에 있다면, 한 유전자의 대립유전자들은 다른 유전자의 대립유전자들과 관계없이 움직이고, 이를 **독립분리(independent assortment)**라고 한다. 염색체는 S기 동안에 복제되고, 각각의 염색체는 각 대립유전자의 두 복사본을 갖게 된다(**그림 16-17A**). 중기I 동안에 모든 염색체들이 중기판(metaphase plate)에 정렬하고, 이때 상동염색체들도 서로 짝을 짓는다. 중기판에는 *Y*, *y*, *S*, 그리고 *s*의 대립유전자들이 모두 2개씩 있다. 후기I 동안에 상동염색체들이 서로 떨어지고, 대립유전자 *Y*는 한 염색체에서 동원체에 의해 함께 붙어 있는 두 염색분체 상에 있기 때문에 *Y* 모두 한쪽 극으로 이동한다. 상동염색체의 두 염색분체에 위치한 대립유전자 *y*는 모두 다른 쪽 극으로 이동한다. 어느 극이 어떤 종류의 대립유전자들을 받게 될지 예측할 방법은 없다. 이와 마찬가지로, 대립유전자 *S*들은 2개의 대립유전자 *s*들과 떨어져서 무작위로 극을 향해 이동한다. 어떤 세포에서는 후기I에 대립유전자 *Y*를 받는 극이 대립유전자 *S*들도 받지만, 다른 세포에서는 대립유전자 *Y*와 *s*가 끝까지 함께 간다. 감수제2분열에서는 각 염색체의 두 염색분체들이 서로 떨어지고 4종류의 반수체 세포들(*SY*, *sY*, *Sy*, 그리고 *sy*)이 동등한 수로 생긴다. 각 소포자모세포 또는 대포자모세포에서는 2종류의 반수체 세포만

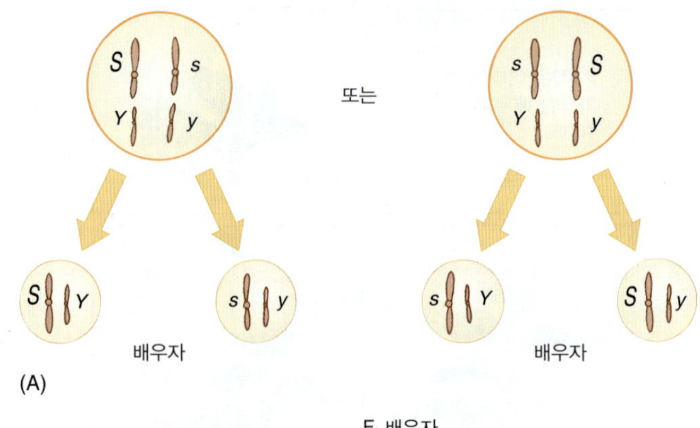

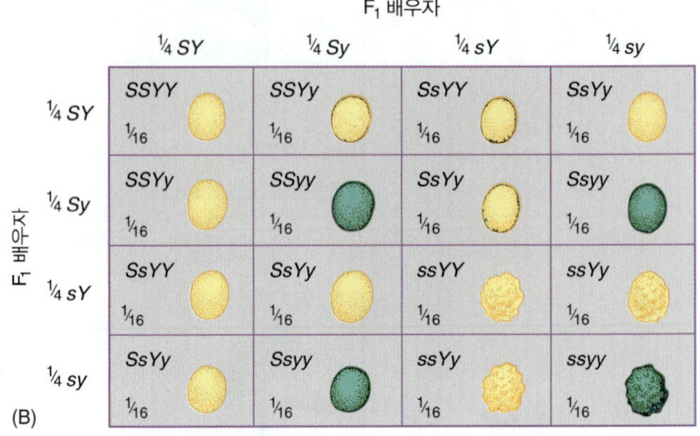

	¼ *SY*	¼ *Sy*	¼ *sY*	¼ *sy*
¼ *SY*	*SSYY* 1/16	*SSYy* 1/16	*SsYY* 1/16	*SsYy* 1/16
¼ *Sy*	*SSYy* 1/16	*SSyy* 1/16	*SsYy* 1/16	*Ssyy* 1/16
¼ *sY*	*SsYY* 1/16	*SsYy* 1/16	*ssYY* 1/16	*ssYy* 1/16
¼ *sy*	*SsYy* 1/16	*Ssyy* 1/16	*ssYy* 1/16	*ssyy* 1/16

그림 16-17 **(A)** 후기I 동안에 염색체들은 서로 독립적으로 움직여서, 한 극은 *S*를 받고 다른 극은 *s*를 받는다. 마찬가지로 한 극은 *Y*를 받고, 다른 극은 *y*를 받는다. 그런데 약 절반의 세포에서는 *S*와 *Y*가 우연히 같은 방추극으로 이동하고, 분열하고 있는 다른 세포에서는 한 방추극이 *S*와 *y*를 우연히 받게 된다. **(B)** 단성잡종교배의 경우와 같이 양성잡종교배에 대한 푸네트정방형을 만들 수 있다. 배우자들의 유형과 상대적 풍부도를 확립하고 나서 네모 칸들을 채운다. 표가 다소 복잡하게 보이지만, 실제로는 3:1 비율 2개가 혼합된 것이다.

만들어지는데, 그것은 *SY*와 *sy* 세트 또는 *sY*와 *Sy* 세트이다. 어떤 모세포들이 한 세트를 만들고 어떤 모세포들은 다른 세트를 만들기 때문에 한 식물에서는 4종류 모두가 생성된다.

가능한 모든 종류의 배우자를 알고 나면 **그림 16-17B**와 같은 푸네트정방형을 만들 수 있다. 한 정세포와 한 알세포의 배우자합체의 결과로 수정이 한 번만 일어나면, 그림 16-17B에 나타낸 16가지의 가능한 접합자 유전자형 가운데 오직 하나만 만들어진다. 수정이 많이 일어나야 16종류의 모든 접합자가 생긴다. 정확한 비율을 얻으려면 수백 개체에 달하는 자손을 분석해야 한다. 식물에서는 꽃가루와 밑씨가 대량으로 만들어지기 때문에 상당수의 수정을 얻기가 대체로 쉽다. 꽃가루받이가 일어난 다음, 대부분의 식물은 수십에서 경우에 따라서는 수천 개에 이르는 씨들이 만들어져서 16가지의 접합자 유전자형 모두가 거의 예상되는 비율로 나타나게 된다. 그러나 포유류 같이 큰 동물에서는 생식이 자주 일어나지 않고 해마다 한두 자손만 낳는다. 양성잡종교배의 결과를 확인하려면 충분한 자손을 얻을 수 있도록 많은 노력이 필요하다.

두 이형접합성 유전자의 독립분리가 수반된 양성잡종교배에서는 각 유전자가 완전우성을 나타내고, 단성잡종교배의 3:1 비율

표 16-3 양성잡종교배의 유전자형비와 표현형비*

표현형	비율	유전자형
매끄러운 노랑	9/16	1/16*SSYY* : 2/16*SSYy* : 2/16*SsYY* : 4/16*SsYy* 또는 *S_Y_*†
매끄러운 녹색	3/16	1/16*SSyy* : 2/16*Ssyy* 또는 *S_yy*
주름진 노랑	3/16	2/16*ssYy* : 1/16*ssYY* 또는 *ssY_*
주름진 녹색	1/16	1/16*ssyy* 반드시 *ssyy*이어야 함

*두 개체는 완전우성과 독립분리를 나타내는 두 형질에 대해 이형접합체이다.
†기호 _는 두 가지 중 어느 대립유전자도 나타날 수 있음을 가리킨다. 예를 들어, *S_yy*는 *SSyy*일 수도 있고 *Ssyy*일 수도 있는데, 이들 모두 매끄러운 녹색 표현형을 만든다.

처럼 특유의 표현형비인 9:3:3:1이 나타난다. 자손 가운데 9/16는 두 가지의 형질 모두 우성의 표현형(앞의 예에서는 매끄러운 노란색 씨껍질)을 갖는 식물들이고, 3/16은 첫 번째 형질의 우성 표현형과 두 번째 형질의 열성 표현형(매끄러운 녹색 씨껍질), 3/16은 첫 번째 형질의 열성 표현형과 두 번째 형질의 우성 표현형(주름진 노란색 씨껍질), 그리고 1/16은 두 형질 모두 열성의 표현형(주름진 녹색 씨껍질)을 나타낸다(**표 16-3**). 모든 4종류의 배우자들이 동등한 수로 만들어지고 생식에 참여하는 기회가 똑같을 때에만 9:3:3:1의 비율이 나타난다. 대립유전자 *Y*와 *y*는 감수제1분열 동안에 대립유전자 *S*와 *s*와는 독립적이어야 하는데, 만일 이 대립유전자들이 별개의 염색체 상에 위치한다면 자동으로 그렇게 된다.

오직 한 형질만 고려한다면 그 형질은 단성잡종교배에서처럼 행동한다는 점에 주목하자. 매끄러운 씨를 갖는 식물은 주름진 씨의 식물보다 3:1의 비율로 수가 더 많고, 노란색 씨를 갖는 식물은 녹색 씨의 식물보다 3배 많았다. 마찬가지로, 단성잡종의 유전자형비도 1 *SS*:2 *Ss*:1 *ss*와 1 *YY*:2 *Yy*:1 *yy*로 나타난다. 두 가지 유전자를 동시에 고려해도 그들의 유전에 전혀 영향을 미치지 않았다.

교차

만일 두 유전자들이 동일한 염색체 상에서 멀리 떨어져 위치해서, 상동염색체들이 짝을 짓고 접합복합체(synaptonemal complex)가 형성된 다음 전기I 동안에 이들 사이에서 교차가 일어나면 독립분리가 나타날 수 있다. 교차가 특별히 일어나는 자리는 존재하지 않는 것으로 여겨지고, 따라서 두 유전자들이 멀리 떨어질수록 이들 사이에서 교차가 일어날 가능성은 커진다. 대부분의 식물 염색체들은 아주 길어서 각 전기I 동안에 각 염색체 내에서는 몇 차례 교차가 일어난다. 결과적으로 양쪽 끝은 독립된 존재처럼 행동한다. 만약 씨껍질의 색깔 유전자가 염색체의 한쪽 끝에 있고 씨껍질의 질감 유전자가 다른 쪽 끝에 있다면, 이 유전자들은 독립분리를 하게 될 것이다. 그렇지만 두 유전자가 한 염색체 상에서 서로 가까이 있으면 교차가 일어나지 않을 수 있고, 두 대립유전자들은 다음에 설명하는 바와 같이 감수제1분열 동안에 함께 움직인다.

같은 염색체에 있는 유전자: 연관

두 유전자가 같은 염색체 상에서 가까이 있으면 이들은 보통 감수제1분열 동안에 독립분리를 하지 않고, 대신에 두 **유전자(gene)**는 **연관(linkage)**되었다라고 한다. 씨껍질에 대한 두 형질이 이형접합체인 식물을 다시 생각해 보자. 그런데 이번에는 유전자들이 염색체에서 서로 가깝게 위치한다고 가정하자. 감수분열 동안에 *S* 또는 *s*, *Y* 또는 *y*의 반수체 세포들이 만들어지지만, 새로운 복잡성이 생긴다. 유전자들이 연관되어 있기 때문에 몇 종류의 이형접합체들이 가능해진다. *SsYy* 개체는 한 염색체에 *S*와 *Y*의 대립유전자를 갖고 상동염색체에 *s*와 *y*의 대립유전자를 가질 수 있지만, *SsYy* 개체는 *s*와 *Y*가 연관되고 *S*와 *y*가 연관될 수 있다(**그림**

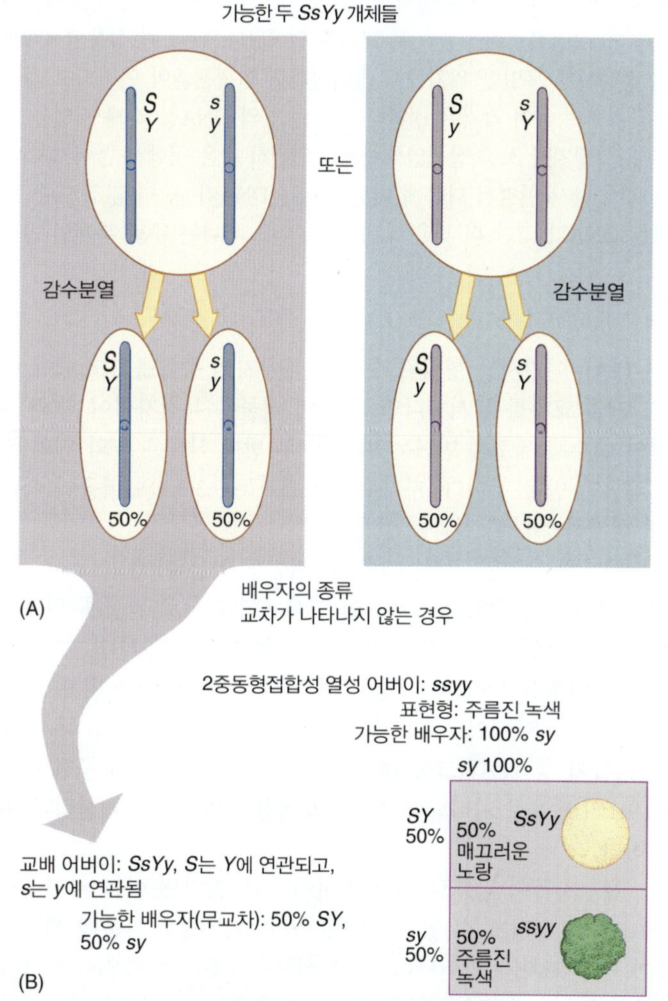

그림 16-18 (A) 두 *SsYy* 개체들이 가능하지만, 대부분의 경우 그들의 표현형이 같다. 오로지 유전검사만이 어느 것이 어느 것인지를 구별할 수 있고, 이는 각각에서 만들어지는 특유의 배우자들에 의거한다. **(B)** 이 검정교배에서는 (A)의 왼쪽에 있는 식물이 교배 어버이가 되었다. (A)의 오른쪽에 있는 식물의 검정교배 결과를 푸네트정방형으로 만들어 보자. 가까이 연관된 두 유전자들의 검정교배 결과는 독립적으로 분리하지만 연관되지 않은 유전자들이 관여하는 검정교배의 결과와 매우 다르다. 만일 *S*와 *Y*, *s*와 *y*가 연관되지 않았다면 푸네트정방형은 어떻게 될까?

박스 16-2 누구의 유전자를 갖고 있나?

여러분은 유전자의 절반을 아버지로부터 그리고 다른 절반을 어머니로부터 받았다. 따라서 여러분이 단세포인 접합자였을 때 DNA의 반은 아버지 그리고 반은 어머니의 것이었다. 그런데 그 너머에는? 여러분의 유전자 중 1/4은 친할아버지로부터 나왔고, 1/4은 친할머니로부터 물려받았으며, 외조부모로부터도 마찬가지다. 그렇다면 여러분의 DNA의 1/4을 조부모 각각으로부터 물려받았다고 말할 수 있을까? 그것은 쉬운 일이 아니다. 아버지의 정소에 있는 많은 세포 가운데 특정한 한 세포가 감수분열을 하여 4개의 정세포를 만들었고, 그 중 하나로부터 여러분이 생겼다. 감수분열의 전기I 동안에 여러분의 아버지가 친할아버지로부터 받은 염색체들이 친할머니로부터 받은 염색체들과 짝을 짓고(접합), 이들 간에서 교차가 일어났다. 만일 각 상동염색체들이 정확하게 동일한 위치에서 끊어졌다면 염색체들이 연결되고 감수분열을 계속하여 각각은 정확하게 같은 양의 DNA를 갖게 되었을 것이다. 그렇지만 보통 상동염색체들은 완전히 같은 곳에서 끊어지지 않으므로, 다시 연결된 다음에 어느 하나는 DNA가 좀 더 많고 다른 하나는 DNA가 약간 더 적을 수 있으며, 어느 하나는 주로 부계인 반면 다른 하나는 대부분 모계일 수도 있다. 지나치게 불균형하지만 않으면 염색체들은 기능적이 된다. 그러나 바로 이 점 때문에 여러분의 DNA의 정확하게 1/4이 각 조부모로부터 왔다고 말할 수 없는 것이다. 조부모 가운데 어떤 분은 여러분에게 조금 더 많이, 그리고 다른 어떤 분은 약간 적게 주셨을 것이다.

세대를 거슬러 올라갈 때마다 조상의 수는 두 배가 되고 각 조상으로부터 물려받은 유전자의 수는 절반으로 감소한다. 15세대까지 거슬러 올라가면 선조의 수는 32,768(2^{15})이고, 각각은 우리 유전자의 1/32,768을 기여하였다. 그런데 사람의 유전자는 30,000에서 35,000가량일 뿐이다. 어떤 사람은 아이를 일찍 낳고 어떤 사람은 늦게 낳지만, 각 세대를 약 20년으로 추산하면 이 15세대가 살았던 시기는 약 300년 이전인 1700년경으로, 현미경이 최초로 발명되고 얼마 되지 않았을 무렵이다. 물론 우리들 각각은 그 세대보다 앞선 훨씬 더 많은 세대의 자손이지만, 그 먼 조상들의 그 어떤 DNA도 실제로 갖고 있지 않을 수 있다.

16-18A). 여기서는 형성될 수 있는 배우자의 종류를 고려해야 한다. 만일 교차를 무시한다면, 처음의 식물은 유전자형이 *SY*와 *sy* 뿐인 반수체 세포를 만드는 반면에, 두 번째 식물은 *sY*와 *Sy*의 배우자들만 만들 것이다. 자가수정의 결과는 9:3:3:1의 비율이 아니고, 현저하게 다른 결과를 얻게 된다.

대단히 유익한 교배는 2중동형접합성 열성 어버이(*ssyy*)를 이용한 검정교배이다. 유전자들이 염색체에서 서로 가깝게 위치한다고 가정하였으니 교차가 일어나지 않는다고 간주하면, 첫 번째 유형의 이형접합체로부터 생긴 배우자들은 *SY*와 *sy*가 되고, 동형접합성 열성 어버이로부터 생긴 배우자들은 모두 *sy*이다. 두 종류의 F_1들이 생기는데(**그림 16-18B**), 매끄러운 노랑과 주름진 녹색이 1:1의 비율로 나타난다. 이 두 표현형은 어버이의 표현형과 비슷하다.

유전자들이 극도로 서로 가까이 있지 않다면 이들 사이에서는 교차가 일어날 수 있다. 감수분열을 하는 세포 가운데 예컨대 10%에서 교차가 일어난다면, 그 식물은 4종류의 배우자를 만들기는 하지만 배우자들의 수가 같지 않게 된다. 첫 번째 이형접합체의 배우자 가운데 47.5%가 *SY*, 47.5%가 *sy*, 2.5%가 *sY*, 그리고 2.5%가 *Sy*가 될 수 있다(**그림 16-19A**). 마지막의 두 가지는 상동염색체의 교차와 대립유전자의 재조합에 의해 생긴 **재조합염색체(recombinant chromosome)**들이다. 처음의 두 가지는 **양친형 염색체(parental type chromosome)**들이다. 대부분의 세포들에서는 *Y*가 아직도 *S*와 연관되어 있고 *y*가 *s*와 연관되어 있지만, 일부 세포에서는 *Y*가 *s*와 연관되고 *y*가 *S*와 연관된다. 푸네트정방형만으로는 자손의 상대적 비율을 나타내기에 충분하지 않으므로 배우자들의 백분율도 추가해야 한다. 이제 검정교배의 결과는 F_1 자손의 47.5%가 매끄러운 노랑, 47.5%가 주름진 녹색, 2.5%가 주름진 노랑, 그리고 2.5%가 매끄러운 녹색이다(**그림 16-19B**). 처음의 2종류는 어버이와 비슷하지만, 마지막의 2종류는 교차가 일어난 것과 같은 백분율로 생긴 재조합형이다. 현미경으로 교차를 실제로 볼 수는 없지만, F_1 자손의 5%가 재조합형이 표현형이므로 5%의 염색분체에서 교차가 일어났을 것으로 추측할 수 있다.

교차의 비율은 염색체에 있는 유전자들 간의 상대적 거리에 정비례한다. F_1 자손의 6%에서 재조합형이 생기는 두 유전자들은 10%의 재조합형 F_1 자손이 만들어지는 두 유전자들보다 가까이 위치한다. 가능한 많은 돌연변이 대립유전자들을 분석하면 이들 간의 '거리(space)'를 재조합 백분율로 측정할 수 있고, 각 1%를 1 **지도단위(map unit)** 또는 1**센티모건(centimorgan)**이라고 부른다. 평균적으로 1지도단위는 대략 1백만 염기쌍이다. 이 방법으로 유전자지도(genetic map)를 작성할 수 있다. 많은 유전자들의 지도가 작성되면 예컨대 A가 B와 연관되고, B가 C와 연관됨을 알 수 있게 된다. 비록 A와 C가 멀리 떨어져 있어서 이들이 독립적으로 분리된다 하더라도, 이들 모두 공통적으로 유전자 B와 연관되어 있음을 안다면 이들 세 가지가 모두 같은 염색체에 있음을 알게 된다. 반면에, A와 B 그리고 C가 다른 유전자인 F와 연관되지 않는다고 해서 F가 다른 염색체에 있음을 의미하는 것은 아니고, 그

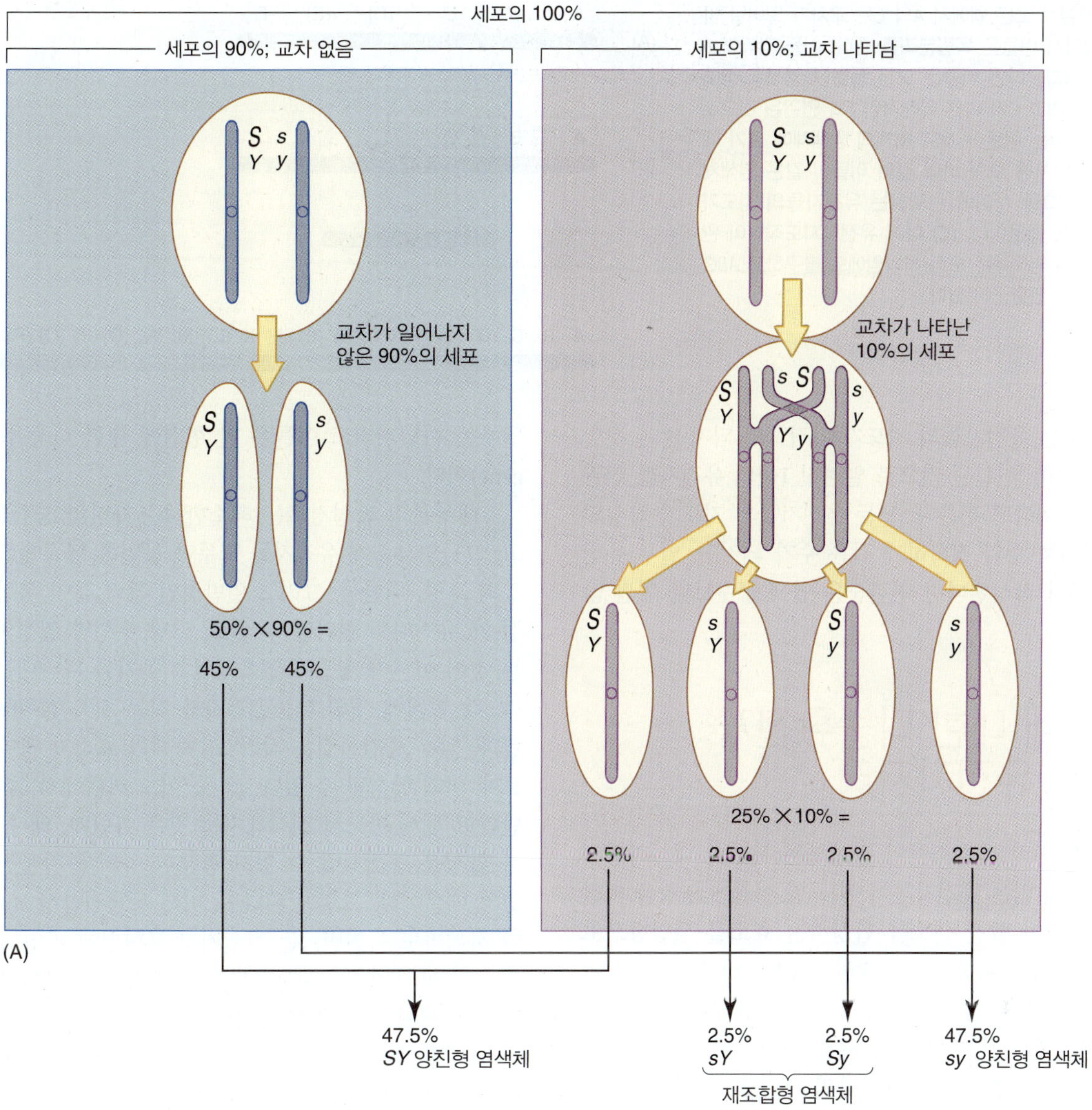

세포의 100%
세포의 90%; 교차 없음
세포의 10%; 교차 나타남
S s
Y y
교차가 일어나지
않은 90%의 세포
교차가 나타난
10%의 세포
50% × 90% =
45% 45%
25% × 10% =
2.5% 2.5% 2.5% 2.5%
47.5%
SY 양친형 염색체
2.5%
sY
2.5%
Sy
재조합형 염색체
47.5%
sy 양친형 염색체

(A)

2중동형접합성 열성 어버이: ssyy
표현형: 주름진 녹색
가능한 배우자: 100% sy
sy 100%
교배 어버이: SsYy, S는 Y에 연관되고,
s는 y에 연관됨
표현형: 매끄러운 노랑
5% 교차에서 가능한 배우자:
47.5% SY, 47.5% sy
2.5% sY, 2.5% Sy
SY 47.5% SsYy
sy 47.5% ssyy
sY 2.5% ssYy
Sy 2.5% Ssyy
95% 양친형 표현형
5% 재조합형 표현형

(B)

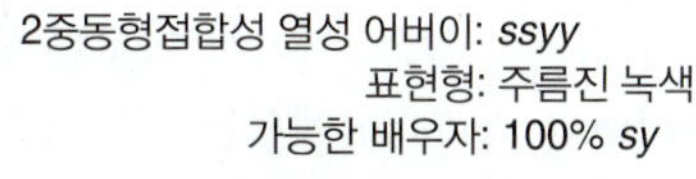

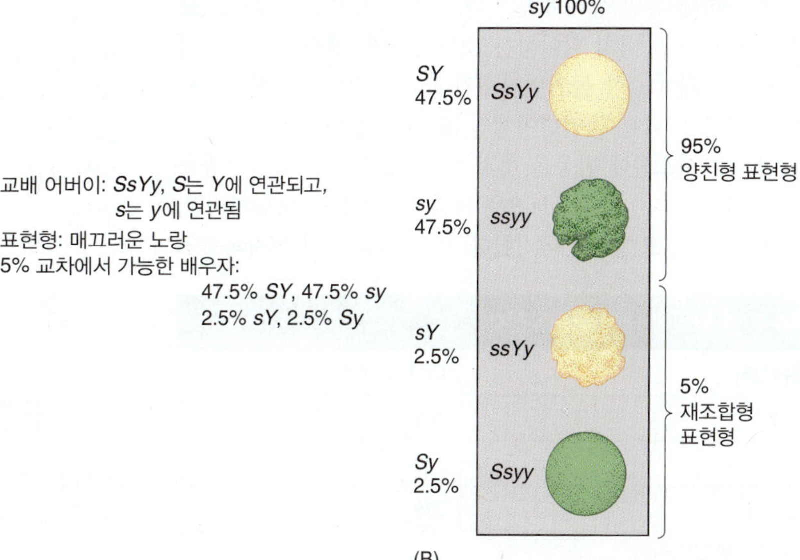

그림 16-19 **(A)** 연관이 나타나면 4종류의 반수체 유전자형이 만들어질 수 있지만 그 수는 똑같지 않다. 재조합형은 양친형보다 훨씬 적고, 이 경우에는 재조합형 염색체가 5%, 양친형이 95%이다. 이들 두 유전자는 5지도단위 떨어져 있다. **(B)** 이 검정교배에서는 그림 16-18B의 경우와 달리 4종류의 자손이 만들어지는데, 둘은 양친형이고 둘은 재조합형이다. 대립유전자 *S*와 *Y*는 독립분리가 아니라 연관을 나타낸다.

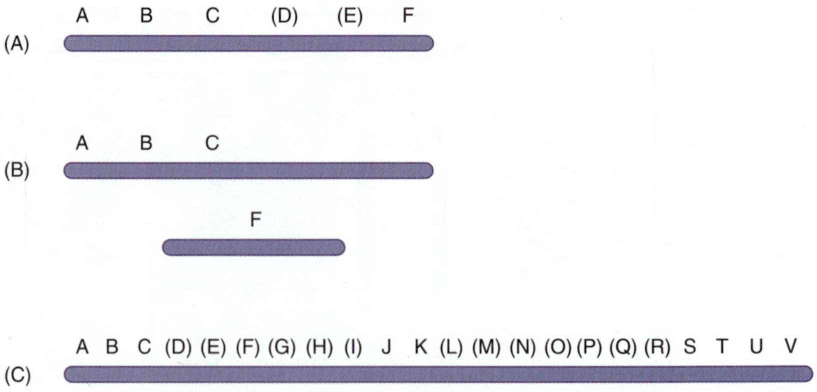

그림 16-20 (A) 사실상 모든 핵에서 *A*와 *C*는 교차가 일어날 만큼 멀리 떨어져 있어서 이들은 독립분리를 한다. 이들 각각이 *B*와 연관된 것으로 나타난다면 이들은 모두 동일한 염색체 상에 있어야 한다. *A*, *B* 그리고 *C*가 다른 유전자인 *F*와 연관된 것으로 나타나지 않는다면, 이는 이들이 서로 별개의 염색체에 있기 때문이거나**(B)**, 아니면 (A)에 보인 바와 같이 이들이 같은 염색체 상에 있기는 하지만 그들 사이에 존재하는 유전자들의 지도가 아직 작성되지 않았기 때문이다. **(C)** 아직 유전자지도작성이 완결되지 않았기 때문에 염색체는 오직 하나임에도 불구하고 *ABC*, *JK*, 그리고 *STUV*의 세 연관군이 있다.

(A) A B C (D) (E) F

(B) A B C

F

(C) A B C (D) (E) (F) (G) (H) (I) J K (L) (M) (N) (O) (P) (Q) (R) S T U V

들 사이에 존재하는 유전자들의 지도가 아직 작성되지 않은 것일 수 있다(**그림 16-20**). 연관된 것으로 알려진 1군의 유전자를 연관군(linkage group)이라고 부른다. 모든 유전자들의 지도가 작성되면 연관군은 염색체 수와 정확하게 같은 수가 되지만, 일부 유전자들만으로 지도가 작성된다면 연관군은 염색체 수보다 훨씬 많을 수 있다.

한 형질에 대한 다중유전자: 양적형질유전자자리

개개의 표현형질은 많은 효소들이 관여하는 복잡한 대사과정의 결과이므로, 별개의 많은 유전자들이 어느 한 형질에 영향을 미칠 수 있다. 유전자 *R*이 빨간 색소를 합성하는 효소를 생성함으로써 꽃의 색깔에 영향을 미친다고 설명하였지만, 효소는 적절한 기질을 필요로 하고, 그 기질은 별도의 유전자에 의해 조절되는 다른 효소에 의해서 합성될 때에만 존재한다. 만일 이 유전자가 효과적이지 못한 대립유전자로 존재한다면, 처음의 꽃색유전자가 대립유전자 *R*로 존재하건 아니면 대립유전자 *r*로 존재하건 상관없이 기질이 생기지 않고, 따라서 아무런 색소도 없게 된다. 애기장대(*Arabidopsis thaliana*)에서는 아브시스산(ABA)이 발생 중인 종자가 성숙하면 휴면 상태로 만든다. 일부 돌연변이체에서는(**표 16-4**), 성숙한 배가 마치 발아하는 것처럼 계속 생장하고 휴면기에 들어가지 않는다. 한 돌연변이체인 *aba*는 충분한 아브시스산을 만들 수 없다. 다른 돌연변이체인 *abi-3*은 많은 아브시스산을 만들지만 아브시스산에 반응을 하지 않는데, 그 수용체가 영향을 받은 것으로 보인다. *aba*와 *abi-3*은 다른 유전자들을 포함하지만, 이들은 모두 같은 표현형을 야기한다. 비록 이들이 한 대사과정의 일부는 아닐지라도 이들은 한 형질에 대한 다중유전자(multiple gene)이다.

표 16-4 한 형질에 대한 다중유전자

대립유전자	아브시스산*
야생형	169
aba	10
abi-3	279

*씨 조직의 생중량(ng/g)

대부분의 합성경로는 최소한 4~5가지의 중간물질이 수반되고, 그들의 4~5개 유전자들 모두가 동일한 형질에 영향을 미친다. 잎의 모양, 내한성, 그리고 일반적인 활력 같이 복잡한 형질은 수십 개 유전자의 결과일 수 있고, 그냥 우성과 열성의 표현형을 갖는 것이 아니라 형질이 연속적인 기울기를 나타내는 값을 나타낸다. 각 형질에 대해 다중유전자를 갖는 것을 **상위(epistasis)**라고 한다. 일부 중간물질은 각각 그 자체의 효소가 촉매하는 여러 경로에 의해 합성될 수 있다. 그 중 어느 하나에서 돌연변이가 일어난다고 해서 반드시 심각해지는 것은 아닌데, 왜냐하면 대체경로가 활성을 증대시킬 수 있고 충분한 양의 중간물질을 생성할 수 있기 때문이다. 그렇게 된다면, 비록 동형접합성 조건으로 존재한다 하더라도 돌연변이는 감춰지고 표현형에 반영되지 않는다. 특정 표현형의 어떤 부분이 특정 유전자와 관련이 있는지를 결정하기 위해서는 수백 또는 수천 자손들이 수반되는 극도로 복잡한 교배를 수행할 필요가 있다. 그런 형질과 관련된 유전자 또는 DNA의 부분이 **양적형질유전자자리(quantitative trait loci)**이다. 정반대로, 중간물질이 여러 대사경로의 일부이고 오직 한 효소에 의해서 만들어질 때에는 그 효소의 유전자에서 나타나는 돌연변이가 경로 전체에 영향을 미치고 일부 형질들을 변모시킨다. 한 돌연변이가 복수의 표현형에 미치는 효과를 **다형질발현효과(pleiotropic effect)**라고 부른다. 예를 들면, 피토크롬의 단백질 부분에 영향을 미치는 돌연변이는 피토크롬에 의해 조절되는 모든 발생과정에 영향을 미치고, 피루브산염의 수준을 변화시키는 돌연변이는 시트르산회로, 아미노산합성, 그리고 C_4 대사에 영향을 미친다.

유전의 다른 측면

모계유전

앞에서 설명한 교배에서는 두 어버이의 대립유전자들이 자손에 동등하게 전해졌는데, 이런 상황을 **양친유전(biparental inheritance)**이라고 부른다. 핵에 있는 모든 유전자들은 양친유전을 수행한다. 식물과 동물 모두에서 예상 밖의 특색은 수정하는 동안에 정세포가 그 세포질의 대부분을 잃고 오직 정핵만 알에 들어가는 것이다. 결과적으로, 접합자는 그 색소체와 미토콘드리아의 유전체 모두를 모친에서 받는데, 이는 **단친유전(uniparental inheritance)**이고, 보다 구체적으로 말하면 **모계유전(maternal inheritance)**이다.

미토콘드리아의 유전은 몇 가지 이유로 연구하기가 어렵다. 첫째로, 각 세포는 수백 개에 달하는 많은 미토콘드리아를 갖고 있고, 각 미토콘드리아는 몇 개의 DNA고리를 갖는다. 각 세포는 각 미토콘드리아 유전자의 많은 복사본을 가지며, 모친으로부터 다양한 유형의 대립유전자들을 받는다. 단순한 멘델비는 나타나지 않는다. 둘째로, 미토콘드리아DNA의 많은 돌연변이체들이 존재하면서 쉽게 인식할 수 있는 표현형이 생기지 않는다. 식물은 대체로 어느 정도 느리게 생장하고, 만일 돌연변이가 심각한 영향을 미친다면 배(embryo)에서 죽었을 것이다. 결과적으로, 미토콘드리아 돌연변이체의 존재는 조사를 해도 찾아내지 못할 수 있다.

대립유전자들이 엽록소 합성에 영향을 미치는 대립유전자를 연구한다면 색소체 유전이 다소 쉽다. DNA에 돌연변이가 일어나서 색소체가 더 이상 엽록소를 만들지 못하는 색소체를 생각해 보자. 엽록소가 더 이상 카로티노이드를 가리지 않기 때문에 이 색소체는 빨간색 또는 주황색이 되거나, 색소가 전혀 만들어지지 않는다면 흰색이 될 것이다. 접합자가 이와 같은 색소체만을 받는다면 배와 유식물은 빨간색, 주황색 또는 흰색이 된다. 그런 유식물은 보기 드물지만, 수백만 포기의 유식물을 기르는 큰 상업적 묘포에서는 그런 식물이 가끔 나타난다. 이런 식물을 정상적인 식물에 접붙이기를 하여 이들에게 탄수화물을 공급하게 해 주면 살 수 있다(**그림 16-21**). 그러고 나서 접붙이기를 한 식물은 유전실험에 사용될 수 있다.

그림 16-21 선인장 김노칼리시움속(*Gymnocalycium*)에서는 색소체의 돌연변이가 보편적인 것으로 보이며, 선인장을 기르는 상업적 묘포에서는 빨간색이나 주황색의 유식물이 흔히 나타난다. 여기에는 엽록소가 없지만, 당을 공급해 주는 녹색의 선인장과 접붙이기를 하면 살 수 있다. 콜레우스속(*Coleus*)과 단풍나무 같은 많은 식물들은 선명한 적색의 잎들을 갖는데, 그런 잎들은 엽록소를 갖고 있지만 다량의 다른 색소들에 의해 가려진다.

엽록소가 없는 식물을 엽록소를 가진 녹색의 식물과 교배하면 그 결과는 어느 식물이 **꽃가루어버이(pollen parent)**이고 어느 식물이 **밑씨어버이(ovule parent)**인가에 따라 결정된다. 만일 무엽록소(achlorophyllous) 어버이가 꽃가루를 제공한다면 접합자는 정상적인 식물로부터 알을 거쳐 모든 색소체를 받기 때문에 접합자의 100%가 녹색이 된다. 모든 돌연변이 색소체들은 정자의 분화와 배우자합체 동안에 파괴된다. 그런데 만약 무엽록소식물이 밑씨어버이라면 모든 자손 역시 돌연변이 색소체를 갖고 엽록소가 없는 식물이 된다. 어떤 이유에선지, 모든 식물 가운데 침엽수는 예외이다. 즉, 침엽수의 알은 색소체를 파괴하지만 정자는 그렇지 않다. 그러므로 침엽수에서는 색소체 유전자들이 부계유전을 하고, 미토콘드리아 유전자들은 모계유전을 하며, 핵유전자들은 양친유전을 한다.

한편, 색소체 유전은 식물에서 나타나는 어떤 종류의 **얼룩이(variegation)**의 원인이 되는데, 무늬형성이라고도 하는 얼룩이는 식물에서 본래 녹색이어야 할 곳에 흰색, 빨간색, 또는 주황색의 반점이나 부채꼴이 나타나는 것이다(그림 16-22). 식물세포는 많은 색소체를 갖기 때문에, 그림 16-21의 선인장에서와 같이 오직 한 유형의 어버이인 경우를 제외하고, 알의 모든 색소체들이 동일한 대립유전자를 갖는 것은 매우 드물다. 더 빈번하게 각 세포에서는 색소체 종류들이 혼합된다. 세포가 분열하는 동안에 일부 색소체들은 분열 중인 세포의 양끝으로 이동하고, 보통 우연의 결과로 각 딸세포는 두 가지 종류의 색소체 일부를 받게 된다(그림 16-22A). 그렇지만, 가끔 한 딸세포는 우연히 돌연변이 색소체만 받는다. 그 세포는 흰색이거나 빨간색 또는 주황색을 띠게 되고, 주변의 정상세포들이 당을 공급해 주기 때문에 살 수 있다. 이런 일이 잎원기나 어린 마디사이에서 일어나면 세포는 주위의 세포들과 함께 생장과 분열을 계속하여 엽록소가 없는 세포들의 조각이 생긴다(그림 16-22A). 만약 이런 일이 아주 어린잎에서 나타나면 세포들은 많은 양으로 자라서 커다란 반점이 생기고, 거의 전체 크기에 도달한 오래된 잎에서 이런 일이 생기면 작은 조각이 만들어진다.

얼룩이가 줄기에 영향을 미칠 때, 엽록소가 없는 조각에는 곁눈이 포함되기도 한다. 만일 그렇다면, 전체의 눈과 이로부터 자라는 가지들은 모두 무엽록소성이 된다. 여기에서 생기는 꽃들의 꽃가루나 밑씨는 유전실험에 사용될 수 있다. 옥수수와 나팔꽃을 대상으로 수행한 실험 모두에서 무엽록소성 형질이 모계유전을 하는 것으로 나타났다. 따라서 이는 방금 설명한 대로 색소체 DNA의 특징이다. 재조합DNA기술은 색소체와 미토콘드리아의 유전을 이해하는 우리들의 노력을 가속화시키고 있다. 이 두 가지의 세포소기관에서 DNA는 환형의 2중나선이고, 그 한쪽 끝은 다른 쪽 끝과 붙어 있으며, 히스톤은 없다. 색소체에는 많은 고리가 들어 있어서, 시금치의 각 색소체에는 200개 그리고 밀의 색소체 각각에는 1,000개의 고리가 있으므로, 반수체 또는 2배체라기보다는 밀의 색소체는 1,000배체인 셈이다. 세포의 총 DNA 함량에서 색소체DNA는 21%까지 차지하기도 한다. 속씨식물에서는 색

그림 16-22 (A) 싱고니움(*Syngonium podophyllum*)의 무늬식물(variegated plant). 녹색 부위의 각 세포는 정상적인 엽록체와 엽록소합성을 저해하는 돌연변이가 나타난 색소체가 혼합된 것으로 보인다. 흰색 부위의 세포들은 오로지 돌연변이 색소체만을 갖는다. (B와 C) 세포들은 보통 많은 색소체와 미토콘드리아를 갖고, 세포소기관들이 마구잡이로 분포하기 때문에 양쪽 세포들은 그 중 일부를 받게 된다**(B)**. 만약 돌연변이 색소체가 존재하면 세포질분열이 일어날 때 가끔 세포의 한쪽 끝은 오로지 돌연변이 색소체만 받기도 한다**(C)**. 대부분의 세포들은 두 세트의 염색체를 갖고, 따라서 각 딸세포가 완벽한 한 세트를 받기 위한 정교한 유사분열 메커니즘이 필요하다.

(A)

(B)

(C)

소체DNA가 약 150 kbp(천염기쌍)가 되는 경향이 있다. 식물에서 미토콘드리아DNA의 고리는 아주 크고, 200 kbp를 훨씬 초과하여 2,400 kbp에 달하며, 동물의 미토콘드리아DNA보다 100배 이상 크다.

색소체의 유전체에는 다양한 효소의 유전자뿐만 아니라 색소체 리보솜RNA들과 30가지 운반RNA의 완전한 세트의 유전자들이 들어 있다. 현재 80~100개 효소와 막단백질들이 색소체DNA에 의해 암호화되는 것으로 추정되며, 그 가운데 리불로오스2인산카르복실화효소의 큰 소단위, 양성자통로/ATP합성효소복합체의 성분들, 시토크롬, 엽록소 *a*와 결합하는 단백질 등 다수가 필수적이다(**그림 16-23**). 한편 미토콘드리아DNA에는 리보솜RNA와 운반RNA의 유전자뿐만 아니라 ATP합성효소복합체, 전자전달 및 NADH탈수소효소복합체에 관련된 단백질들을 암호화하는 유전자들이 들어 있다. 대부분의 경우, 이들 세포소기관의 유전자들은 핵의 유전자와 협동 관계를 유지해야 한다. 한 세포에 들어 있는 이들 세 유전체들의 상호작용은 현재 매우 활발하게 연구가 수행되는 분야이다.

16장의 처음에 언급하였듯이, 감수분열과 유성생식이 일어나는 동안의 유전자재조합은 엄청난 유전적 다양성을 창조하고, 이는 자연선택의 소재가 된다. 유성생식은 훨씬 빠른 진화를 초래한다. 그러나 세포내 공생을 하는 원핵생물에서 유래된 색소체와 미토콘드리아는 성(sex)이 없고 유전적 재조합도 일어나지 않는다. 그렇지만 세포소기관에서 핵으로 유전자를 전달하여 핵유전자가 되는 메커니즘이 있다. 이런 일은 수백만 년에 한번 꼴로 매우 드물게 일어났다고 생각되지만, 색소체와 미토콘드리아의 원핵생물 조상 유전자들의 대부분은 이제 핵에 자리 잡고 있고(이들은 인트론이 없고 그 밖의 진핵생물 유전자 특징을 갖지 않기 때문에 DNA염기순서 분석을 통해 알 수 있다), 세포소기관 자체 내의 DNA고리에는 소수의 유전자들만 남아 있을 따름이다. 지금은 핵에 위치하고 있지만 세포소기관에서 유래된 유전자들은 핵유전자의 혜택을 모두 받게 된다. 이 유전자들은 정세포가 성숙하여도 파괴되지 않고, 정자와 알의 배우자합체에 따라 서로 다른 대립유전자를 가질 것으로 추측되는 두 유전자세트가 함께 하나의 핵에 들어가고, 그런 다음에 감수분열을 통해 상동염색체들이 짝을 짓고 교차가 일어나서 유전적 다양성이 생긴다. 이런 유전자들은 빠르게 진화할 수 있지만, 세포소기관에 계속 남아 있는 유전자들은 훨씬 느리게 진화한다.

치사대립형질

돌연변이의 표현형 결과는 거의 감지할 수 없는 수준에서 식물을 죽일 수 있는 **치사(lethal)**의 수준에 이르기까지 그 심각도가 다양하다. 유전되는 치사돌연변이는 대부분 열성이고, 동형접합 상태일 때에만 치명적이다. 대부분의 치사돌연변이가 열성의 성질을 갖는 이유는 간단하다. 우성의 치사돌연변이는 이형접합인 상태에서도 식물이 죽게 되므로, 어떤 자손에게도 전해질 리가 없다.

치사대립형질(lethal allele)의 존재는 그 효과가 조기에 나타날 경우 감지하기 어려울 수 있다. 만약 치사대립형질이 호흡, DNA 복제, 섬유소합성 또는 히스톤구조 같은 기본적 대사기능에 영향을 미친다면 대립유전자가 동형접합인 식물은 아주 어릴 때라도 죽게 될 것이고, 경우에 따라서는 배우자들이 수정도 하기 전에 죽게 될 것이다. 발생을 끝마친 종자들은 이형접합체이거나 우성 동형접합체들뿐이다. 이는 유전자형과 표현형의 비율에 있어서 흔치 않은 결과를 초래하게 된다. 치사대립형질에 대한 이형접합체(*Ll*)를 자가수정하면 전형적인 1 *LL*:2 *Ll*: 1*ll*의 유전자형을 갖는 접합자들이 만들어지지만, *ll* 접합자는 죽는다. 살아남은 종자와 식물의 유전자형은 1 *LL*:2 *Ll*이 되고, 따라서 그런 비율이 나타나면 언제나 열성의 치사대립형질을 갖는 것으로 의심하게 된다.

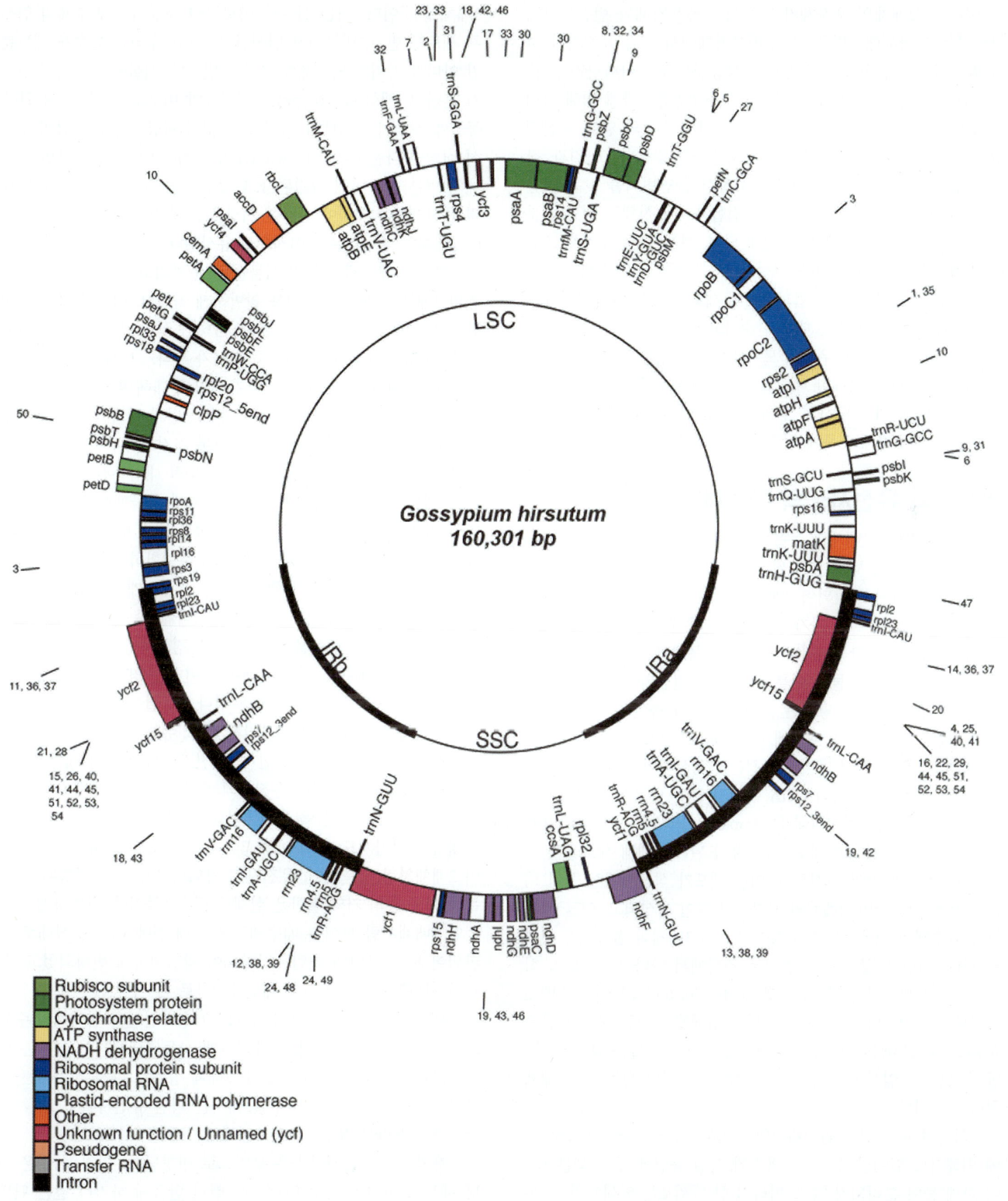

Reproduced from: Lee, S., Kaittanis, C., Jansen, R., Hostetler, J., Tallon, L., Town, C., & Daniell, H. (n.d.). He complete chloroplast genome sequence of Gossypium hirsutum: Organization and phylogenetic relationships to other angiosperms. BMC Genomics, 7(61). doi:10.1186/1471-2164-7-61

그림 16-23 목화(*Gossypium hirsutum*)의 색소체 유전체지도. 먼저 중앙에 있는 작은 고리를 보자. 이 고리는 Large Single Copy(LSC), Small Single Copy(SSC), Inverted Repeat a(IRa) 및 Inverted Repeat b(IRb)의 네 영역을 갖는다. IRa와 IRb는 서로의 중복이지만, 그 중 하나의 유전자들은 다른 쪽의 유전자들과 반대 방향으로 배열하는 역반복순서이다. 2개의 single copy 구역은 서로 중복되거나 반복하지 않는다. 큰 바깥쪽 고리는 모든 유전자들의 위치를 나타낸다. 수백 종의 색소체 유전체들의 염기순서가 결정되었고, 다양한 종의 지도를 서로 비교하면 어떤 종들이 밀접하게 관련되고 어떤 종들이 먼 관계인지 말할 수 있다.

식물은 2배체의 포자체가 반수체의 배우자체와 번갈아가며 나타나는 이형세대교번을 한다. 배우자체에서는 각 유전자가 하나의 대립유전자 형태로 존재한다. 상동염색체는 나타나지 않고, 열성인 치사대립유전자들은 우성의 상동대립유전자에 의해 가려지지 않는다. 동물에서는 이 반수체 시기가 정자와 알에 국한되고, 이들은 단순하며 많은 불활성의 유전자를 갖는다. 그 결과, 잠시 동안의 반수체 상태 동안에는 유해한 돌연변이를 갖는 많은 유전자들이 활성화 상태가 아니고, 접합자에서 성체로 생장과 분화를 거치는 동안에만 활성을 띠게 되며, 성체에서는 2배체 조건에 의해 그 효과가 완화된다. 그렇지만 식물에서는 반수체 시기가 3개의 세포를 갖는 꽃가루립과 7개의 세포를 갖는 대배우자체로 구성된다. 물론 이 시기는 매우 단순하고 대부분의 유전자들이 불활성이지만, 두 가지 배우자체 모두에서 많은 유형의 중요한 대사가 일어나고, 매우 유해한 대립유전자는 배우자체의 발생을 저조하게 하거나 전혀 발달하지 않게 만든다. 만일 정자나 알을 생산하지 않고 배우자체가 죽게 되면 그 대립유전자는 제거된다.

염색체와 유전자군의 다중세트

대부분의 동물이 2배체의 몸을 이루는 세포들과 반수체의 배우자들을 갖는 반면, 식물은 훨씬 더 다양하다. 드물게 감수분열을 하지 않고 포자가 형성되어 2배체의 배우자체와 2배체의 배우자가 생긴다. 만일 이 배우자가 정상적인 반수체 배우자와 수정하면 3배체의 접합자가 만들어진다. 대부분의 동물에서는 이런 경우에 즉시 죽게 되지만, 식물은 이를 잘 견디고 접합자로부터 3배체의 포자체가 발달한다. 그렇지만 3배체는 전기I 동안에 상동염색체들의 접합을 할 수 없기 때문에 불임(sterile)이다. 염색체들은 3개씩 모이고, 감수분열의 나머지 과정은 비정상적이 된다.

가끔 세포들이 S기의 DNA 복제가 끝난 다음에 유사분열을 수행하지 않아 세포들이 4배체(tetraploid)가 되며, 만일 배우자체에서 이런 일이 생기면 세포는 2배체가 된다. 4배체 세포들은 대체로 더할 나위 없이 건전하다. 이들 세포가 식물체에서 꽃이 되는 부분을 만든다면, 2배체의 꽃가루와 알이 생성되고, 이들 배우자가 반수체의 배우자들과 수정하게 되면 3배체의 접합자가 생기게 된다. 이런 과정은 사실상 모든 조합에서 나타날 수 있고, 식물은 3n(세 세트의 염색체인 3배체), 4n, 5n, 6n, 등등에서 수백 n까지도 보편적이다. 두 세트보다 많은 염색체를 갖는 모든 식물은 **배수체(polyploid)**이다. 짝수의 배수성인 모든 식물은 감수분열을 할 수 있어서 임성(fertile)이고, 홀수의 배수성인 식물들은 3배체처럼 불임이다.

식물의 핵에 있는 염색체수의 변화는 **비분리(nondisjunction)**에 의해서도 일어날 수 있다. 감수제2분열 동안에 두 염색분체들이 함께 붙어 분리되지 않고, 따라서 한 딸세포는 염색체의 두 복사본(두 염색분체)을 모두 받는 반면에 다른 딸세포는 아무 것도 받지 않는다. 염색체를 추가로 가진 세포는 잘 생존할 것이고, 기능적인 정세포나 알세포를 만들게 된다. 한 염색체가 2배체인 이 배우자가 수정에 관여하게 되면 새로운 접합자는 그 염색체가 3배체일 것이다. 이는 한 어버이로부터 정상적인 반수체의 염색체 세트를 받고, 비분리가 일어난 어버이로부터는 반수체 세트뿐만 아니라 가외의 염색체를 추가로 받는다. 식물에서는 이런 상태가 흔하고, 핵형(karyotype)을 연구해야 비로소 알 수 있게 된다. 동물에서는 이런 상태가 거의 예외 없이 치명적이다. 사람의 선천성 질병인 다운증후군(Down syndrome)은 아주 작은 21번 염색체의 비분리에 의해 야기된다. 다운증후군 환자는 3배체이고, 몇몇 유전자들이 대사에 심각한 지장을 초래한다. 보다 긴 염색체들이 3배체인 태아들은 자연적으로 유산된다.

짝수의 배수체 수준인 식물들은 잘 자라고 번식하며, 흔히 그 종의 2배체 개체들보다 더욱 활발하게 자란다. 이들의 유전은 복잡하다. 예를 들어, 4배체는 빨간 꽃/하얀 꽃의 유전자형이 *RRRR*, *RRRr*, *RRrr*, *Rrrr* 또는 *rrrr* 중 하나가 된다. 그 배우자는 *RR*, *Rr* 또는 *rr*이 된다. 배수체들은 각 유전자에 대해 필요 이상의 복사본을 갖게 된다. 모든 2배체 식물에서는 단지 하나의 기능적 대립유전자를 갖는 이형접합체조차도 보통 건전하다. 비필수유전자의 경우, *rr*이 하얀 꽃을 만들 때처럼 기능적 대립유전자가 전혀 없어도 해롭지 않을 수 있다. 따라서 4배체 식물에서 각 유전자에 대한 가외의 2~3 복사본은 잉여의 DNA이다. 4배체의 4개 대립유전자 가운데 어느 하나를 완벽하게 무력화하는 돌연변이는 대체로 유해하지 않은데, 각 핵에는 1, 2 또는 3개의 기능적 대립유전자가 남아 있기 때문이다. 배수체 식물에서는 유해한 돌연변이가 표현형에 거의 영향을 미치지 않는 경향이 있다. 그러므로 유해돌연변이가 배수체 식물의 생존에 미치는 영향은 반수체 세포나 2배체 식물의 경우보다 훨씬 적다. 그 결과, 유해돌연변이는 자연선택에 의해 빠르게 제거되지 않고, 유전자의 추가 사본들은 신속히 비기능적이 되기도 한다. 유전자들이 야생형 대립유전자와 너무 비슷해서 야생형 유전자의 중복으로 비롯된 것으로 간주될 수 있는 경우, 이들을 **유사유전자(paralogs)**라고 부른다. 여러 세대가 지나가기도 전에 아주 많은 유전자들이 변하고 배수체들이 2배체처럼 작용하여, 유전자의 가외의 사본들은 변형된다. 모든 꽃식물 종의 거의 절반은 실제로 배수체들이다. 완벽하게 정상적인 2배체처럼 보이는 배수체들은 오래 전에 배수체 상태로 전환되어 모든 가외의 대립유전자들이 광범위하게 변형되었고, 여전히 기능적인 유전자들의 대립유전자로 더 이상 간주될 수 없게 된 것으로 여겨진다. 비분리, 삽입, 그리고 결실은 염색체의 수와 크기를 몹시 변화시켜서, 원래의 4개 상동염색체들이 이제는 단지 상이한 두 쌍이 되기도 한다. 2배체 상태로 다시 전환되는 것은 불균등한 과정이고, 일부 종에서는 어떤 유전자들이 2배체로 작용하지만 다른 유전자들은 4배체로 행동한다.

가외의 대립유전자들은 무엇으로 변형될까? 먼저, 이들은 그냥 세포로 하여금 특정 단백질을 빨리 만들게 하거나 같은 단백질의 약간 다른 형태를 만들게 하기도 한다. 이를테면 뉴클레오솜을 구성하는 5 히스톤 단백질들은 많은 형질에서 단지 둘만 필요로 하는 것과 달리 600개에 달하는 유사유전자들을 필요로 한다. 이런 많은 복사본들은 **유전자군(gene family)**을 이룬다(**그림**

그림 16-24 옥수수 씨앗이 성숙하면서 씨는 저장단백질인 제인(zein)으로 가득 찬다. 각 핵은 두 제인유전자군을 갖고, 각각은 약 25개의 유전자 복사본를 가지므로, 제인의 mRNA는 매우 빠르게 만들어질 수 있다. 모든 제인분자들이 반드시 동일한 아미노산순서를 가질 필요는 없다. 이 분자들은 씨앗이 발아할 때 배(embryo)에 의해 소화될 따름이다. 따라서 제인의 유사유전자들은 서로 독립적으로 진화하였지만, 각각은 아직도 유전자군의 다른 유전자들에 의해 생성되는 제인단백질과 90% 동일한 제인단백질을 만든다.

16-24). 이와 비슷하게 피토크롬 유전자에는 적어도 5가지의 다른 형태가 있는데, 이들 모두 밀접한 관계가 있는 뉴클레오티드순서를 갖고 있어서 이들이 한 조상유전자로부터 진화한 유전자군이라고 확신한다. 수용체유사인산화효소(receptor-like kinases, RLKs)는 이미 알려진 종류와 아직 밝혀지지 않은 것으로 짐작되는 종류를 합쳐 수십 가지로 이루어진 아주 큰 유전자군이다. 각 유사유전자는 서로 독립적으로 진화하고, 일부는 결국 결함이 있는 단백질을 만들기도 하지만, 일부는 적절한 단백질을 만들게끔 계속한다. 촉진유전자부위의 돌연변이는 이들의 활성화를 저해하기도 하고, 이들을 사이DNA(spacer DNA)에 지나지 않는 '불용(junk)' 상태로 바꿔버린다. 결실과 역위 그리고 트랜스포존에 의한 이동이 이들을 분해하기도 한다. DNA염기순서결정에 의해 유용한 단백질을 암호화하는 한 유전자를 갖는 큰 유전자군이 밝혀지는 반면에, 다른 유전자들은 유용한 유전자와 분명히 관련이 있지만 불활성이고 아무 것도 암호화하지 않는 뉴클레오티드순서를 갖는 것으로 드러나고 있다. 예를 들어, 애기장대의 유전체는 단백질을 암호화하는 27,416개의 유전자와 4,827개의 '위유전자(pseudogene)'를 포함하는데, 위유전자는 유전자와 관련이 있지만 이제는 몹시 변화하여 mRNA로 전사되지 않고 따라서 그들의 정보가 더 이상 단백질로 번역될 수 없다.

이러한 여분의 DNA는 실제로 매우 소중한데, 이는 새로운 유전자로 진화하는 원료가 된다. 일부는 돌연변이를 일으켜 대립유전자의 원형에 의해 암호화되는 것과 거의 동일한 효소를 생산하는 유전자로 변하기도 한다. 원래의 효소가 낮은 온도에서 가장 활발하게 작용한다면, 새로운 효소는 보다 높은 최적온도를 가질 수 있게 된다. 그렇게 되면 식물은 이제 두 종류의 효소를 만들어 따뜻하고 서늘한 날씨 모두에서 제대로 기능을 하거나, 종이 범위를 확장할 수 있어서 새로운 효소는 식물을 더운 사막에서도 살 수 있게 만들고 원래의 효소는 원래의 서식지에서 살 수 있게 한다(**그림 16-25**). 촉진유전자부위에서 일어나는 돌연변이는 구조부위로 하여금 원래의 유전자와 동일한 단백질을 만들게 하지만, 대신에 다른 화학신호전달물질에 반응하여 다른 시기에 또는 다른 장소에서 만들게 된다.

다른 경우에, 가외의 DNA에서 일어나는 돌연변이는 원래의 유전자로부터 만들어지는 단백질과는 전혀 관계가 없는 기능을 하는 단백질을 만드는 완전히 새로운 유전자가 되기도 한다. 이끼류, 고사리류, 구과식물, 그리고 꽃식물은 녹조류로부터 진화하였다. 조류는 꽃색, 목질소 합성 등등의 유전자를 갖지 않기 때문에 이들 종의 진화는 완전히 새로운 대사경로의 진화가 수반되었다. 이러한 유전자들 모두는 잉여의 대립유전자들이 유용한 단백질을 암호화하는 뉴클레오티드순서로 바뀌는 점진적인 돌연변이에 의해 생겨났다.

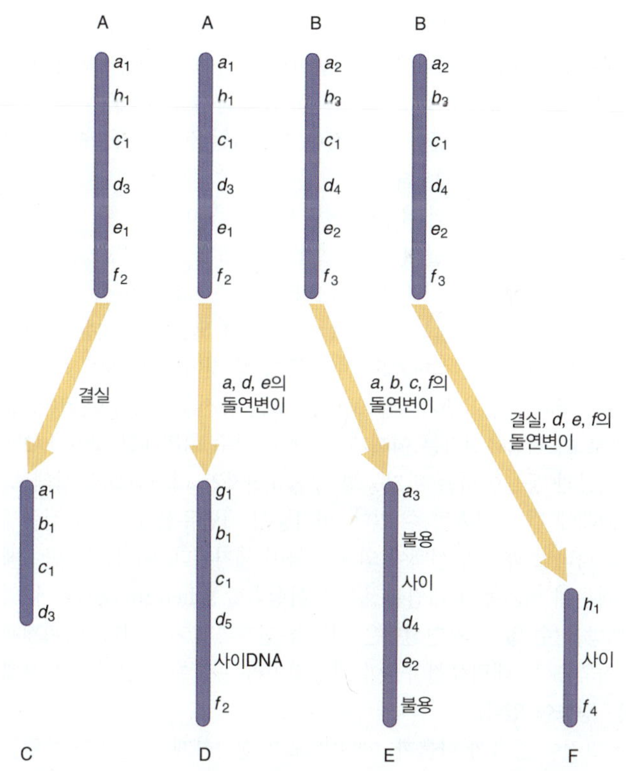

그림 16-25 식물이 4배체가 된 다음에 유전자의 잉여 복사본에서 일어나는 돌연변이는 (1) 적어도 한 대립유전자가 기능적으로 남아 있고, (2) 잉여 복사본이 치사대립유전자로 변하지 않는 한 웬만큼 괜찮다. 이 예에서 두 염색체는 형태가 변하여 점점 짧아졌고, 부등교차(unequal crossing-over)에 의해 DNA 절편을 받아들여 길어질 수 있다. 일부 복사본은 사이(spacer)DNA로 변형되었고, 일부는 기능적 대립유전자와 상동인 많은 순서를 여전히 갖고 있는 불용(junk)DNA로 변하였다. 다른 복사본은 원래의 유전자에서 새로운 대립유전자로 진화하였고(d_3은 d_5로; a_2는 a_3으로; f_3은 f_4로), 일부는 완전히 새로운 유전자로 진화하였다(a_1은 g_1로; d_4는 h_1로).

대 안

박스 16-3 반수체 식물의 유전

이 16장에서는 반수체 정자와 반수체 알이 융합하는 배우자합체(syngamy)에 의해 형성되는 2배체의 접합자에 대해 다루었다. 각 접합자는 그 핵의 유전자마다 적어도 하나의 기능적인 대립유전자를 얻는 두 가지 가능성이 있다. 만일 어느 배우자가 특정 유전자에 대해 비기능성 대립유전자를 제공하게 된다면, 접합자는 다른 배우자로부터 기능적인 대립유전자를 제공받아 생존하게 될 것이다. 그 유전자에 대해 접합자는 이형접합체이지만, 보통 하나의 기능적 복사본만으로도 충분하다. 우리에게 친숙한 거의 모든 식물은 각 핵에 두 세트의 유전자를 갖는다는 안전망으로부터 혜택을 입는다.

그렇지만 반수체 식물도 존재한다. 각 식물의 어버이는 둘이 아닌 하나이고, 따라서 각 핵은 두 세트가 아니라 오직 한 세트의 염색체를 갖는다. 이끼류(mosses)가 대표적인 예가 된다. 각각의 이끼식물은 반수체 포자가 발아하고 자라면서 시작된다. 포자는 유사분열을 수행할 수 있지만 다른 세포와 융합할 수 없다는 점에서 배우자와 다르다. 반면에 배우자는 다른 배우자와 융합하는 배우자합체를 할 수 있지만 생장하거나 분열하지 못한다(벌의 미수정란은 예외적이고 반수체 일벌로 자란다). 반수체 이끼 포자가 발아하면 녹색 유조직세포의 분기한 그물망으로 자라다가, 나중에 일부 세포가 줄기정단세포의 모양을 띠고 수직으로 녹색의 잎이 달린 작은 이끼식물을 만든다. 모든 이끼식물의 모든 핵은 반수체이다.

이것이 이끼식물의 유전에 어떻게 영향을 미칠까? 두 대립유전자 *A*와 *a*를 갖는 유전자를 상상해 보자. 이끼개체군의 어떤 식물은 *A*일 것이고 다른 식물은 *a*이겠지만, *AA*나 *Aa* 또는 *aa*인 식물은 전혀 없을 것이다. 만약 *a*가 비기능적 효소를 만든다면 모든 *a* 이끼류가 위험에 처하게 될 것이고 번식하기도 전에 죽게 될 것이다. 이들이 죽어서 분해되면 핵과 대립유전자 *a*를 포함한 모든 유전자들이 붕괴된다. 결과적으로 이 대립유전자는 이끼개체군에서 아주 희귀해질 것이다. 2배체의 식물과 동물에서는 비기능성 대립유전자가 이형접합체 상태로 여러 세대에 걸쳐 지속될 수 있다. 비기능성 대립유전자가 동형접합체인 *aa*로 나타날 때 자연선택에 의해 이들이 제거된다. 이끼류는 반수체이기 때문에 비기능적 대립유전자가 이형접합성(heterozygosis)에 의해 보호받을 수 없고, 자연선택은 이들을 신속하게 제거한다. 이끼개체군은 거의 모든 대립유전자들이 기능적이라는 면에서 건전한 유전체를 갖는 경향이 있다.

그것이 좋을까 나쁠까, 아니면 보다 정확하게, 돌연변이 대립유전자를 신속하게 제거하는 결과는 무엇인가? 자연선택에 의한 진화는 유전적 다양성이 존재라는 경우에만 작동한다. 돌연변이는 유전자의 새로운 버전(version)을 만들고, 이 버전들은 흔히 원형보다 덜 기능적이지만, 건조하거나 습하거나, 덥거나 춥거나, 또는 다른 동물과 곰팡이가 존재하는 다른 서식지에서 보다 잘 적응할 수 있다. 만약 식물개체군이 원형과 새로운 대립유전자 모두를 갖는다면, 광범위한 서식지에 적응하게 되거나, 기후가 변화할 때 여러 유전자들의 다양한 조합 덕분에 새로운 기후조건에 개체군이 빨리 적응할 수 있게 된다. 어떤 2배체 식물에서 새로운 대립유전자가 생겼다고 가정해 보자. 만약 이런 일이 체세포에서 일어났다면 다른 개체에게 전해질 수 없겠지만, 만일 돌연변이가 성세포에서 나타난다면 새로운 대립유전자의 복사본은 정자와 알의 일부에 포함되었다가 접합자로 들어간다. 거의 확실히, 2배체의 접합자는 다른 어버이로부터 기능적인 대립유전자를 받고, 따라서 접합자는 이형접합체가 되어 살아남게 되며, 새로운 대립유전자도 존속하게 된다. 이 식물이 번식할 때마다 대립유전자의 많은 복사본들이 복제되어 전해진다. 어느 순간에 이 대립유전자를 간직한 씨앗이 이 대립유전자가 쓸모없는 것이 아니라 적응적인 미소서식지에 내려앉을 수 있고, 그렇게 되면 이 대립유전자는 개체군이 보다 넓은 범위의 서식지에 적응하도록 도와주게 된다.

그럼 이제는 반수체 식물에서 돌연변이에 의해 비슷한 대립유전자가 생겼다고 생각해 보자. 다시 한 번, 만일 이 대립유전자가 체세포에서 생겼다면 문제가 되지 않는다. 그런데 만약 그 대립유전자가 포자에서 생겼다면 이 반수체 식물에서 그 대립유전자는 유전자의 유일한 대립유전자가 되고, 거의 확실히 식물은 기능적인 야생형 대립유전자를 갖지 않기 때문에 피해를 입게 될 것이다. 아주 운이 좋으면 이 대립유전자를 지닌 포자가 그 대립유전자가 잘 적응할 수 있는 서식지에 내려앉을 수 있고, 그렇게 된다면 유익할 것이다. 그러나 새로운 돌연변이 대립유전자가 포함된 포자가 적합한 구역에 내려앉을 가능성은 낮다. 그보다는 포자가 어버이에 가까운 곳에 떨어질 가능성이 높고, 이 서식지는 어버이의 서식지와 비슷하여 돌연변이 대립유전자를 포함한 포자는 제대로 발달하지 못하거나 죽게 될 것이고, 형성된 지며칠 또는 몇 주 안에 그 대립유전자는 제거된다. 이끼개체군의 유전자풀은 돌연변이가 일어나기 전과 같은 상태로 회복되고, 새로운 조건이나 변화하는 조건에 적응하는 데 도움이 될 만한 새로운 유전적 자원은 없어진다.

그림 B16-3 이 개울 옆에 있는 모든 짧은 식물은 이끼류이고, 이들 모두 반수체이다. 각 식물은 반수체 포자로부터 자라고, 씨의 2배체의 배로부터 생기지 않는다.

다음 단계에서는

1. **유전자군.** 종의 완전한 유전체 염기순서결정은 이제 매우 빠르고 쉽고 비용이 적게 들어서 이미 수십 종의 완벽한 유전체가 분석되었다. 때때로 뉴클레오티드 하나하나의 순서를 결정하느라 애쓰지 않고, 말단소체와 동원체 그리고 짧은연속반복순서처럼 분석이 어려운 부위는 무시하면서 분석의 속도를 높인다. 한편 모든 유전체의 순서결정보다 사람들은 어느 특정한 유전자에 종종 초점을 맞춘다. 예를 들어, 피토크롬의 단백질 부분을 암호화하는 유전자는 몇 가지 형태로 존재하고, 모든 종의 진화에 관심이 있듯이 피토크롬 유전자의 진화에 흥미를 갖는다. 피토크롬 유전자 가운데 알려진 어느 한 염기순서를 다른 종의 관련된 유전자들을 찾는 탐침(probe)으로 이용할 수 있다. 지금 우리는 많은 유전자의 진화역사를 알고 있으며, 이들 가운데 중복과 다양화가 수반된 다수가 유전자군이다. 피토크롬 유전자군은 잘 알려지고 중요하며 유익하다. 여러분은 피토크롬 유전자군을 상세하게 연구할 수 있으며, 그런 다음에는 다른 유전자군의 정보를 검색하기 바란다.
2. **전체 유전체의 배가.** 식물의 진화역사에서 어떤 계통의 조상들은 전체 유전체를 배가(doubling)시켰다. 그 식물과 그 직계자손은 4배체이고, 여분의 유전자들은 빠르게 변형되어 새로운 기능을 갖도록 진화하였다. 가외의 유전자들이 진화하여 점점 더 새로운 기능을 갖게 되면서 단계통군(clade)은 마치도 2배체인 것처럼 행동하기 시작하였고, 충분한 유전자전환(gene conversion)이 이루어진 다음에 마침내 진정한 2배체가 되었다. 그러나 그 이후에도 유전체의 배가는 또 일어날 수 있다. 속씨식물의 어떤 종류들은 그 역사에서 전체 유전체의 배가가 여러 차례 일어났다. 유전체 배가의 결과는 중요하고 흥미롭다.
3. **추천도서.** 식물유전학은 너무나 중요하고 방대한 주제이고, 상세하게 다룬 고급 교재가 여럿 있다. 만일 여러분이 혼자 이 분야를 더 공부하고 싶다면 그런 교재 중 하나를 이용하여 중요한 정보를 제공 받고 통합적으로 접근하는 것이 최선이다. 저자는 아쿼아(George Acquaah)가 편집한『식물의 유전과 육종의 원리(*Principles of Plant Genetics and Breeding*), 재판』(2012년, Wiley-Blackwell)을 추천한다.

요약

1. 대부분의 유전자들은 약간 다른 형태인 대립유전자로 나타나고, 대립유전자들은 DNA염기순서가 서로 다르다. 대립유전자들은 돌연변이에 의해 생긴다.
2. 어느 생물의 물리적 및 생리적 특성은 그 표현형을 이루고, 대립유전자들의 모음은 유전자형이다.
3. 유성생식을 통해 모계와 부계의 대립유전자 두 세트는 한 세포로 합쳐진다. 감수분열의 전기I 동안에 상동염색체의 대립유전자들이 재배열하여 새로운 염색체가 된다.
4. 돌연변이는 DNA의 뉴클레오티드순서에서 나타나는 변화이다. 작은 돌연변이보다 큰 돌연변이가 보통 더 중요하지만, 그 어떤 유형의 돌연변이라도 표현형에 잠재적으로 영향을 미칠 수 있다. 돌연변이의 대부분은 선택적으로 불이익이 된다.
5. DNA를 교정하고 수선하는 효소들은 복잡한 생물이 살아갈 수 있게끔 돌연변이율을 충분히 낮추지만, 그 효소들은 불완전하여 매우 낮은 비율로 돌연변이가 나타나고, 이에 따라 자연선택에 의한 진화가 가능해진다.
6. 만약 2배체 생물이 어느 유전자에 대해 동일한 두 대립유전자를 갖는다면, 그 생물은 그 유전자에 대해 동형접합성이다. 만일 두 대립유전자가 서로 다르다면 그 생물은 그 유전자에 관해 이형접합성이다. 이형접합체의 표현형이 동형접합체의 표현형과 구분이 안 되면 그 형질은 완전우성을 나타낸다. 만약 이형접합체의 표현형이 양쪽의 동형접합체와 다르다면 그 형질은 불완전우성을 나타낸다.
7. 완전우성을 나타내는 이형접합체가 자가수정을 하면 F_1 세대는 우성과 열성이 3:1인 표현형비를 갖게 되고, 유전자형은 동형접합 우성 1: 이형접합체 2: 동형접합 열성 1의 비율로 나타난다.
8. 검정교배는 관심의 대상이 되는 형질이 동형접합 열성이라고 알려진 한 어버이와 교배하는 것이다. 이 검정교배를 통해 다른 어버이의 표현형이 모든 자손에서 발현되고, 따라서 그 어버이의 유전자형이 밝혀지게 된다.
9. 거의 모든 유전자는 복대립유전자를 갖는다. 즉, 유전자의 많은 돌연변이형이 존재한다. 어느 특정 표현형은 많은 효소들이나 단백질들이 작용한 결과일 것이고, 이들 모든 유전자들의 대립유전자들이 표현형의 발현에 영향을 미칠 수 있다.
10. 양성잡종교배는 두 가지의 형질을 동시에 연구하는 방법이다. 만약 관련된 유전자들이 별개의 염색체에 있거나 같은 염

색체에서 멀리 떨어져 있다면 이들은 독립분리를 나타낸다.

11. 두 유전자가 같은 염색체 상에서 가까이 있으면 연관된다. 전기I 동안에 일어나는 교차가 연관군을 부순다.
12. 식물과 동물 모두의 정세포에서 세포소기관이 파괴되므로 정자는 미토콘드리아나 색소체의 유전자를 기여하지 않는다. 모든 세포소기관의 유전자들은 알에서 제공되고, 양친유전이 아니라 모계유전을 나타낸다.
13. 치사유전자는 대사의 극심한 교란을 야기하여 개체를 죽게 만든다. 많은 치사유전자들은 생식적으로 성숙하기 전에 생물을 죽이므로 자손에게는 매우 드물게 전해지며, 이형접합 상태에서는 가려지게 된다.

중요한 용어

DNA중합효소(DNA polymerase)
F_1 세대(잡종제1대)[F_1 (first filial) generation]
검정교배(test cross)
단성잡종교배(monohybrid cross)
대립유전자(allele)
독립분리(independent assortment)
돌연변이(mutation)
돌연변이원(mutagen)
동형접합성(homozygous)
모계유전(단친유전)[maternal (uniparental) inheritance]
반보존적 복제(semiconservative replication)
배수체(polyploid)
불완전우성(incomplete dominance)
순계(pure-bred line)
양성잡종교배(dihybrid cross)
양적형질유전자자리(quantitative trait loci)
양친유전(biparental inheritance)
어버이세대(parental generation)
연관유전자(linked gene)
열성(대립유전자)[recessive (allele)]
완전우성(complete dominance)
우성(대립유전자)[dominant (allele)]
유사유전자(paralogs)
유전자군(gene family)
유전자형(genotype)
이형접합성(heterozygous)
자가수정[selfing (self-fertilization)]
재조합염색체(recombinant chromosome)
지도단위(map unit)
체세포돌연변이(somatic mutation)
치사대립형질(lethal allele)
트랜스포존(transposon)
표현형(phenotype)
푸네트정방형(Punnett square)

복습 문제

1. 대립유전자란 무엇인가? 모든 유전자들이 한 가지 형태로만 나타나 그 유전자를 갖는 모든 식물이 정확하게 동일한 뉴클레오티드순서를 가질까? **그림 16-26**의 유전자를 보시오. 다양한 대립유전자들이 어떻게 서로 다른가?
2. 식물의 표현형은 무엇인가? 여러분은 표현형을 볼 수 있을까? 측정할 수 있을까? 설명해 보시오. (힌트: 여러분은 단풍나무와 구별할 수 있게끔 제라늄의 표현형을 설명할 수 있을까?) 식물의 유전자형은 무엇인가?
3. DNA의 복제가 시작되면서 염색질이 덜 조밀해진다. 그 이유는?
4. RNA중합효소가 DNA를 읽으면 mRNA가 만들어진다. DNA를 읽고 더 많은 DNA를 만드는 효소의 이름은 무엇인가?
5. DNA 복제를 설명하시오. 오카자키단편은 무엇인가? 각 염색체에 복제개시점이 하나가 아니라 수천 개가 있는 이유는 무엇인가?
6. 나타날 수 있는 돌연변이 유형의 이름을 대고, 그 중 일부가 어떻게 생기는지 설명하시오. 자외선이 유발하는 돌연변이에 관해서 대부분의 잎이 고작 몇 달만 지속하고 나서 이듬 해 봄에 새로운 잎으로 대치된다는 사실을 생각해 보시오. 여러분이 다음에 선탠을 할 때 여러분의 진피(dermis)는 평생 지속된다는 점을 상기하시오.
7. 통계적으로 돌연변이는 거의 언제나 이로울까 해로울까? 그 이유는?
8. 성세포로 결코 이어지지 않는 세포에서 일어나는 돌연변이의 이름은 무엇인가? 이 종류의 돌연변이가 배우자에 영향을 미치는 돌연변이보다 덜 중요한 이유는 무엇인가?
9. 잎이 자라면서 그 세포의 하나가 자외선을 받아 꽃의 색소를 만드는 데 관여하는 유전자에서 돌연변이가 일어났다고 가정하자. 이는 중요한 돌연변이가 될까? 이는 실제로 꽃의 색깔에 영향을 미치게 될까? 가을에 잎이 떨어질 때 그 유전자는 전사되어 mRNA가 만들어질까?
10. 표 16-1에서 백합의 수치를 살펴보자. 2배체의 핵에 몇 십억 쌍의 뉴클레오티드가 있는가? DNA중합효소가 아주 정확하고 DNA수선메커니즘이 너무 훌륭해서 천만 개의 뉴클레오티드마다 한 번 오류가 나타난다면, 백합의 핵이 복제할 때마다 평균적으로 얼마나 많은 오류가 발생할까? 1미터가 39인치라면 백합의 각 체세포에 있는 2배체 핵에는 몇 인치의 DNA가 있을까?
11. 한 염색체에서 다른 염색체로 쉽게 위치를 바꾸는 DNA 조각이 있다. 이를 ______________________________ ______________________________라고 부른다. 이들 가운데 하나가 새로운 위치로 이동하면 유전자

```
                                                       -200
AGCACCCTCCCACCTCATCCCACCCTTCTGATCTCAATCCAACGTCGCATCTCCACCGTCTCG
GCCACAGCTCTGACCCAGCCCGCCAAACCACCGGTCCAATCTCTCGGCCACGTCACCGATCCG

                                           -150
CGGATCGACCCAGCGAAGTCCCTCCCGCCCCCAAAGTCCCCCAAATCTTGCAGTTCCCTCCTA
CGGCATCTCTCCCCCGGATCGCCGTCTCGACCGTCCACTCCATCCGCATCCAACGGCAGCCAC

                             -100
AATCCTCCCCATATAAACCAACCCCCCGCCCTCAGATCCCTAATCCCATCGCAAGCATCAGAC
ACGCCTCCTCCAACCTCTCGACCCCTTTAAGACGCCCTTCGCCCCACCCAGCAAATCACAGCA

              -50
TCCCTCCAAAGCAGGCAGCAGCTCCTCTTCTTCCTAATCACACTATCTCGGAGAGGAGCGGCC
CCAGACGCCACCCACCACCGTTCCTCCCATCCCACACTCGCTCGCAGCTCGAGATCGTCGGCC

+1
ATG  TCT  GGG  CGC  GAC  AAG  GGC  GGC  AAG  GGG  CTG  GGC  AAG  GGC  GGC  GCC
---  --C  ---  ---  -G-  ---  --A  ---  ---  --C  --A  ---  ---  ---  ---  ---
     Ser  Gly  Arg  Asp  Lys  Gly  Gly  Lys  Gly  Leu  Gly  Lys  Gly  Gly  Ala
                    Gly

+50
AAG  CGG  CAC  CGG  AAG  GTC  CTC  CGC  GAC  AAC  ATC  CAG  GGC  ATC  ACC  AAG
---  --C  ---  ---  ---  ---  ---  ---  --T  ---  ---  ---  ---  ---  ---  ---
Lys  Arg  His  Arg  Lys  Val  Leu  Arg  Asp  Asn  Ile  Gln  Gly  Ile  Thr  Lys

     +100
CCG  GCG  ATC  CGG  AGG  CTG  GCC  AGG  AGG  GGC  GGC  GTG  AAG  CGC  ATC  TCC
---  ---  ---  ---  C--  ---  --G  C--  C--  ---  ---  ---  ---  ---  ---  --G
Pro  Ala  Ile  Arg  Arg  Leu  Ala  Arg  Arg  Gly  Gly  Val  Lys  Arg  Ile  Ser

     +150
GGC  CTC  ATC  TAC  GAG  GAG  ACC  CGC  GGC  GTC  CTC  AAG  ATC  TTC  CTC  GAG
--G  ---  ---  ---  ---  ---  ---  ---  ---  --G  ---  ---  ---  ---  ---  ---
Gly  Leu  Ile  Tyr  Glu  Glu  Thr  Arg  Gly  Val  Leu  Lys  Ile  Phe  Leu  Glu

          +200
AAC  GTC  ATC  CGC  GAC  GCC  GTC  ACC  TAC  ACC  GAG  CAC  GCC  CGC  CGC  AAA
---  ---  ---  ---  --T  ---  ---  ---  ---  ---  ---  ---  ---  ---  ---  --G
Asn  Val  Ile  Arg  Asp  Ala  Val  Thr  Tyr  Thr  Glu  His  Ala  Arg  Arg  Lys

               +250
ACC  GTC  ACC  GCC  ATG  GAC  GTC  GTC  TAC  GCG  CTC  AAG  CGC  CAG  GGC  CGC
---  ---  ---  ---  ---  ---  ---  ---  ---  ---  ---  ---  ---  ---  ---  ---
Thr  Val  Thr  Ala  Met  Asp  Val  Val  Tyr  Ala  Leu  Lys  Arg  Gln  Gly  Arg

               +300
ACC  CTC  TAC  GGC  TTC  GGA  GGC  TAG  ATTTGTGTGGTGAAGCAACTTCCTCGTTTGC
---  ---  ---  ---  ---  --C  ---  --A  GGGCCGGCCGGCCGACGGGAGTCACTCTTTG
Thr  Leu  Tyr  Gly  Phe  Gly  Gly

      +350                                               +400
TCTGTGATCTGTGCTGTCGTAGATGAGATTTACTGATTTGGCGTGCGCCGGTTGTATTCTGTC
TCGCCGCCTGCAGATTCCAGAAGCCTGATGAAGCCCCGACTTGTTTAGTTCGCTATTTCCTCT
```

그림 16-26

에 들어가서 돌연변이를 일으킬 수 있다. 이 돌연변이가 유전 분석과 유전공학에서 가장 강력한 수단의 하나가 되는 이유를 설명하시오.

12. 단성잡종교배란 무엇인가? 어느 한 형질만 실제로 관여하는 교배가 가능한가, 아니면 한 가지 형질만 분석하고 다른 형질들은 무시하는 것인가?
13. 빨간 꽃의 식물을 하얀 꽃의 식물과 교배하여 열매가 만들어졌을 때 씨를 받아 새로운 식물로 키웠다고 상상해 보자. 충분히 자란 새로운 식물에서는 분홍색의 꽃만 피었다. 어떤 식물이 어버이세대인가? 잡종제1대는 어떤 식물인가? 만일 분홍 꽃의 식물을 서로 교배하여 생긴 씨를 심었다면 그 다음 세대를 무엇이라 부르는가?
14. 13번 문제의 식물들이 그림 16-9의 식물과 같다고 추정해 보자. 빨간 꽃을 가진 식물의 유전자형은 무엇인가? 하얀 꽃을 가진 식물의 유전자형은 무엇인가? 분홍 꽃의 식물은? 빨간 꽃의 식물이 꽃가루립을 만들 때, 이들 모두 대립유전자 *R*을 지닐까? 대립유전자 *r*을 갖는 꽃가루립이 있을까? 아니면 절반은 *R*을 갖고 절반은 *r*을 갖게 될까? *Rr*인 꽃가루립이 있을까? 정답을 풀이하시오.
15. 13번과 14번 문제에서와 같이 빨간 꽃, 분홍 꽃 그리고 하얀 꽃을 가진 식물에서 꽃의 색깔이 완전우성을 나타낼까 아니면 불완전우성을 나타낼까?
16. 동형접합성과 이형접합성은 무엇을 의미하나? 13번과 14번 문제의 식물에서 어떤 식물이 어느 것인가?
17. 유전자형이 *Tt*인 식물과 유전자형이 *tt*인 식물을 교배한다고 상상해 보자. *Tt* 식물이 만들어질 수 있는 배우자들의 두 가지 유전자형은 무엇인가? *tt* 식물이 생길 수 있는 배우자들의 한 가지 유전자형은 무엇인가? 이 교배의 결과를 분석하는 푸네트정방형을 만들어 보자. 푸네트정방형을 만드는 데 4개의 박스가 필요할까 아니면 2개만 있으면 될까? 만일 *TT* 식물을 *tt* 식물과 교배한다면, 푸네트정방형에 몇 개의 박스가 필요할까?
18. 키가 큰 두 식물을 받았는데, 그들의 유전자형을 모른다고 상상해 보자(그림 16-12 참조). 세 가지 가능성이 있는데, (1) 두 식물 모두 *TT*이거나, (2) 모두 *Tt*이거나, 아니면 (3) 하나는 *TT*이고 다른 하나는 *Tt*일 것이다. 두 식물을 교배하여 씨가 만들어질 때까지 기다렸다가 씨를 심었다고 상상해 보자. 그렇게 해서 만들어진 모든 식물이 키가 크다면 두 어버이의 유전자형은 무엇이라고 결정할 수 있을까? 만일 대략 절반이 키가 크고 약 절반이 작다면 어버이들의 유전자형을 어떻게 알아낼 수 있을까?
19. 밭에 있는 같은 식물 가운데 일부는 잎이 길고, 일부는 짧은 잎을 가지며, 일부는 잎의 길이가 중간인 3종류를 발견하였다고 가정하자. 여러분은 이들 각각의 유전자형이 무엇이라고 추정하는가? 수백 개체의 식물을 측정하였더니 약 절반이 중간 길이를 갖는 반면, 1/4은 잎이 길고 1/4은 잎이 짧았다. 이 결과는 여러분이 추정한 유전자형을 뒷받침하는가? 시험을 계속한다면 어떤 종류의 교배를 수행해야 할까? 이 각각의 교배에서 각 어버이가 만드는 배우자의 종류는 무엇이고, 그 비율은 어떻게 될까?
20. 검정교배란 무엇인가? 우리가 검정교배를 하는 이유는 무엇인가? 식물을 보면 그 유전자형을 볼 수 있을까? 우리는 그 표현형을 볼 수 있을까?
21. 형질이 완전우성을 나타낼 때, 그 유전자형은 검정교배를 통해 밝힐 수 있다. 키가 크고 작은 식물의 예에서(그림 16-14), 키 작은 식물을 이용해야 하는 이유는 무엇인가? 대개 동형접합 열성인 어버이를 이용해야 하는 이유는 무엇인가?
22. '복대립유전자(multiple allele)'라는 용어는 무슨 뜻인가? 많은 다양한 색깔을 가진 장미 같은 꽃을 생각해 보자. 장미의 꽃색유전자가 복대립유전자를 가질 것이라고 생각하는가? 모든 리불로오스2인산카르복실화효소(RuBP carboxylase) 분자들이 똑같은 아미노산순서를 갖는 리불로오스2인산카르복실화효소 같은 단백질을 생각해 보자. 우리는 이 단백질을 거의

모든 식물에서 추출할 수 있고, 그 구조는 항상 똑같다. 여러분은 리불로오스2인산카르복실화효소에 복대립유전자가 있을 것이라고 생각하는가?

23. 같은 염색체 상에서 서로 가까이 있는 유전자들을 연관되었다고 말한다. 이는 무슨 뜻인가? 2배체의 핵에서 한 염색체는 대립유전자 *R*을 갖고, 같은 염색체의 바로 옆에 다른 유전자의 대립유전자 *T*가 있다고 추정해 보자. 이들은 연관되었나? 상동염색체에서 *r* 바로 옆에 *t*가 있다고 상상해 보자. 만일 이 세포가 감수분열을 하지 않는다면 전혀 문제가 되지 않을까? 만약 이 세포가 감수분열을 한다면 배우자들이 가질 가능성이 높은 두 유전자형은 무엇인가? 도움이 필요하면 그림 16-17을 보기 바란다.
24. 23번 문제에서, 한 염색체가 *R*과 *T*를 갖고, 상동염색체 역시 *R*과 *T*를 갖는다면 연관이 문제가 될까? 이 식물이 배우자에서 만들 수 있는 유일한 유전자형은 무엇인가?
25. 23번 문제에서, 만일 *R*과 *T*가 염색체 상에서 아주 멀리 떨어져 있다면 정답이 달라질 것이다. 그리고 만일 그렇다면 자동적으로 *r*과 *t*도 염색체 상에서 아주 멀리 떨어져 있게 된다. 만약 감수분열이 일어난다면, 만들어질 수 있는 유전자형은 두 가지가 아니라 네 가지가 된다. 그 이유는 무엇인가? 네 가지 유전자형은 무엇인가? 어떤 것이 재조합 염색체를 나타내나? 어떤 유전자형이 양친형 염색체를 나타내나? 도움이 필요하면 그림 16-18을 보기 바란다.
26. 23번 문제에서 언급한 두 유전자(*R*과 *T*)가 *R*과 *r* 그리고 *T*와 *t*의 이형접합 상태로 나타난다고 생각해 보자. 꽃색의 유전자(대립유전자 *R*과 *r*)는 높이(키)의 유전자(대립유전자 *T*와 *t*)와 동일한 염색체 상에 있지 않다고 상상해 보자. 이 두 유전자들이 별개의 염색체에 있으므로 이들은 독립분리를 나타낸다. 이는 무슨 의미인가? 이 핵이 감수분열을 할 때 4가지의 상이한 유전자형을 가진 배우자들이 만들어질 수 있다. 그 이유는? 여기서 4가지의 유전자형이 거의 동일한 수로 형성된다는 점이 매우 중요한 측면이다. 그 이유는 무엇인가?
27. 그림 16-17은 양성잡종교배를 보여주지만, 매끄러운 씨껍질(*S*)과 주름진 씨껍질(*s*)이 1:2:1의 비율로 완전우성을 하는 단성잡종교배로 분석될 수 있다. 그림 16-17을 검토하고 이들 결과를 찾아보자. 이와 비슷하게, 이 양성잡종교배 결과는 노란색 씨껍질과 녹색 씨껍질의 단성잡종교배로 분석될 수 있다. 예상되는 비율을 찾을 수 있겠는가?
28. 모계유전이란 무엇인가? 어떤 형질들이 이 종류의 유전을 나타내나?
29. 미토콘드리아의 유전보다 색소체의 유전을 연구하는 것이 쉬운 이유는 무엇인가? 이들의 색다른 점은 무엇인가? 색소체와 미토콘드리아가 유성생식을 하는가? 배우자합체를 하는가?
30. 엽록소가 없는 식물을 연구한다고 가정하자. 이 식물은 색소체 유전자의 돌연변이 때문에 완전히 흰색이다. 이 식물을 보통의 녹색 식물과 교배한다고 상상해 보자. 처음 교배에서는 흰색 식물에서 꽃가루를 받아 녹색 식물의 암술머리에 옮긴다. 씨가 생긴 다음에 이를 받아 심었다면, 유식물은 흰색이나 녹색 또는 연한 녹색 가운데 어떤 색을 띨 것으로 예상되는가? 처음의 교배와 같은 시기에 한편으로 녹색 식물의 꽃가루를 흰색 식물의 암술머리에 옮겼다. 씨를 받아 심었을 때 그 유식물은 어떤 색을 가질 것으로 생각되는가? 처음 교배와 같은 결과를 얻게 될까? 그 이유를 설명하시오.
31. 치사대립형질은 무엇인가? 대부분의 치사대립형질이 열성(즉, *ll*만이 치명적)일 것이라고 예상하는가, 아니면 이들 대부분이 우성(*LL*과 *Ll* 모두 치명적)일 것이라고 예상하는가? 우성 치사대립형질을 지닌 식물이 아주 오래 살 것이라고 생각하는가? 그런 식물이 개체군에서 풍부해질 것이라고 생각하는가?
32. 세포에 한 세트의 염색체가 들어 있다면 이를 반수체라고 한다. 만일 두 세트가 들어 있다면 2배체라고 부른다. 만일 세 세트를 갖고 있다면 어떤 용어를 사용할까? 다수의 세트를 가진다면?
33. 다수의 염색체 세트를 가진 식물(배수체 식물)은 식물이 필요로 하는 것보다 많은 염색체 세트를 갖고 있다. 이들은 종종 건강하고 활기차다. 오랜 시간에 걸쳐 이들 여분의 염색체와 유전자에서는 어떤 일이 일어날 수 있을까?

CHAPTER 17

개체군의 유전과 진화

학습 목표

이 장을 읽은 다음, 학생들이 할 수 있는 것은;

- 지질학적 진화의 발견이 우리가 지구를 이해하는 데 어떻게 영향을 미쳤는지 설명한다.
- 집단유전학의 정의를 내린다.
- 유전자풀과 유성생식의 관계를 논의한다.
- 유전자풀의 변화를 유발하는 네 가지 요인을 열거한다.
- 자연선택이 일어나기 위해 반드시 충족되어야 하는 두 가지 조건을 설명한다.
- 계통적 종분화와 분기적 종분화를 비교한다.
- 유전자확산이 일어나는 세 가지 방법을 열거한다.
- 생식적 격리의 두 가지 근본원인을 식별한다.
- 생물학적 생식장벽의 예를 든다.
- 수렴진화를 설명한다.
- 지구에서 생명의 출현을 가능케 한 조건을 종합한다.

알고 있나요?

- 사람들은 모든 수소원자가 동일한 것처럼 종이 획일적인 개체들의 집합이라고 생각한다.
- 그러나 우리는 모든 사람들이 동일한 종(*Homo sapiens*)임에도 불구하고 개체들마다 가변성이 있음을 잘 알고 있고, 이는 식물에서도 마찬가지다. 한 종의 개체들은 동일하지도 않고 수소원자처럼 교체할 수도 없다.
- 돌연변이는 포자나 배우자를 만드는 세포에 영향을 미쳐서 돌연변이가 후속 세대에 전달될 수 있는 경우에만 중요하다.
- 한 종의 개체들은 수천 평방킬로미터에 걸쳐서 분포할 수 있고, 돌연변이가 이롭든 해롭든지 간에 어느 한 구역의 돌연변이는 그로부터 멀리 떨어진 개체들에게 아무런 즉각적인 영향을 미치지 않는다.

개요

- 개념
- 집단유전학
  - 유전자풀의 변화를 일으키는 요인들
  - 자연선택이 작동하지 않는 상황
  - 다중선택압
- 진화의 속도
- 종분화
  - 계통적 종분화
  - 분기적 종분화
  - 수렴진화
- 진화와 생명의 기원
  - 생명의 기원 이전의 지구의 상태
  - 화학합성적으로 만들어지는 화학물질
  - 중합체의 형성
  - 응집과 조직화
  - 초기의 대사
  - 산소
  - 생명의 출현

박스 17-1 식물학과 그 너머: 종은 표준형이 아니라 집단이다

박스 17-2 식물과 인간: 동물원과 식물원 그리고 유전적 부동

장의 첫 이미지: 이 작은 구역에는 노란 꽃이 피는 십자화과 식물(*Physaria fendleri*) 수천 개체가 자라고 있고, 미국 남서부에는 수백만 개체들이 분포한다. 각각은 다른 많은 개체들과 매우 유사하지만, 그 어느 것도 서로 같지 않다. 그 가운데 어느 한 개체를 대표적인 개체로 선택할 수는 있지만, 그렇다고 해서 그 개체가 더 크거나 더 작은 개체들, 또는 잎이 더 두껍거나 더 얇은 개체들, 또는 색깔을 달리하는 개체들을 대표하지는 못한다. 각 개체는 형질의 특정한 조합을 갖지만, 종은 현재 살고 있고, 이전에 살았고, 미래에도 살게 될 모든 개체의 모든 특징을 갖는다.

개념

진화는 어느 종이 다른 새로운 종으로 또는 경우에 따라 여러 새로운 종으로 서서히 전환되는 것이다. 진화는 대개 자연선택에 의해 일어난다. 돌연변이에 의해 개체의 적응도에 영향을 미치는 새로운 대립유전자나 새로운 유전자가 생기고, 그런 개체들은 새로운 대립유전자나 유전자가 없는 다른 개체들보다 환경에 더욱 잘 적응하거나 아니면 훨씬 적응하지 못하게 된다. 만일 돌연변이가 유해하다면 개체들은 생장과 생식이 느려지거나 또는 번식하기도 전에 일찍 죽게 된다. 어느 쪽이든, 새로운 대립유전자는 개체군에서 늘어날 기회가 줄어들고 그 대립유전자를 지닌 개체가 죽으면서 제거될 가능성이 많다. 그렇지만 만약 돌연변이가 이롭다면 그 개체는 다른 개체들보다 생장과 생식이 더 좋아지고, 많은 수의 배우자를 만들어 결국 다른 개체들보다 훨씬 많은 씨를 만들게 된다. 새로운 대립유전자의 풍부도는 원래의 대립유전자와 비교하여 증가하게 된다(**그림 17-1**). 자연선택에 의한 진화가 계속되면서 종에 존재하는 대립유전자의 유형과 풍부도가 변하고, 따라서 표현형 역시 변화한다.

진화는 극도로 느린 과정이고, 종에서 명백한 변화가 나타나려면 수천 세대와 수백만 년의 기간이 필요하기도 한다. 이는 사람의 일생과 비교하여 너무나도 느린 과정이기 때문에, 대륙이동과 조산운동 및 침식에 의한 계곡 형성이 세인의 주목을 받지 못했던 것처럼 최근까지도 진화를 감지하지 못하였음은 쉽게 이해할 만하다. 사람의 일생은 이런 과정의 변화를 인지하기에는 너무 짧다. 정확하게 관찰하고 상세하게 기록하여 보존한 모든 역사를 통틀어도 고대의 중국, 수메르 그리고 이집트 사람들의 시대 이후에 대륙들이 서로 가깝게 이동하고, 산악은 더 높이 상승하고, 식물과 동물의 종들이 변화한 사실들을 인지하기에는 충분하지 않다. 사람들이 특정한 산맥, 강, 호수, 대륙, 식물 그리고 동물로 구성되는 한결같고 변함없는 세상이라고 생각하는 것도 그다지 놀랄 일이 아니다.

콜럼버스(Columbus) 시대를 전후하여 아프리카, 아메리카, 그리고 오스트레일리아 대륙들을 탐험하면서 많은 식물과 동물들이 발견됨으로써 사람들은 많은 종들 간의 놀랄 만한 유사성에 주목하지 않을 수 없었다. 다양한 종류의 장미들은 다른 식물과 비슷한 점보다 훨씬 더 서로 닮았고, 많은 새로운 종류의 백합, 난초, 등등도 마찬가지였다. 사람들은 나일 강, 갠지스 강, 그리고 미시시피 강 하구의 삼각주 같은 퇴적물의 거대한 유역은 전체 산맥에서 나온 침식물질들로 채워져 있다는 사실을 깨닫기 시작하였고, 자연경관이 변화한다는 지질학적 진화(geological evolution)의 개념이 전개되기 시작하였다(**그림 17-2**). 중요한 필연적 결과는 그렇게 많은 퇴적물이 형성되기 위해서는 지구의 역사가 구약성서의 창세기를 연구하여 계산한 것처럼 단지 6,000년이 아니라 수백만 년(실제로는 수십억 년)이어야 한다는 점을 인식한 것이다. 이는 사람들이 저평가하고 있는 여러 발견 중의 하나이다. 퇴적물의 양은 지구가 오랜 역사를 지녔거나 아니면 신(God)이 퇴적물을 창조하였거나 둘 중의 하나인 것으로 드러났다. 이로 인해 신학자들은 어려운 딜레마에 봉착하게 되었고, 많은 사람들이 자연현상에 대한 사제의 해석에 더욱 의심을 갖게 되었다. 의문을 갖는 분야 중의 하나는 모든 종이 한꺼번에 창조되었다는 생각이다. 모든 사람들은 지구가 우주의 중심에 있고 태양과 행성과 별 모두 지구를 중심으로 돌아간다고 주장하면서 교회가 갈릴레오(Galileo)를 비난하는 크나큰 잘못을 저질렀음을 이미 생생하게 알고 있다(**그림 17-3**).

르네상스 이후에 자연을 주의 깊게 관찰하는 것이 보편화되고 과학적 방법이 분석의 정확한 방법임이 입증되면서, 종의 진화에 대한 개념이 널리 퍼지게 되었다. 과학자들은 진화가 일어나는 메커니즘을 탐구하였다. 마침내 1800년대 중반에 윌리스(Alfred

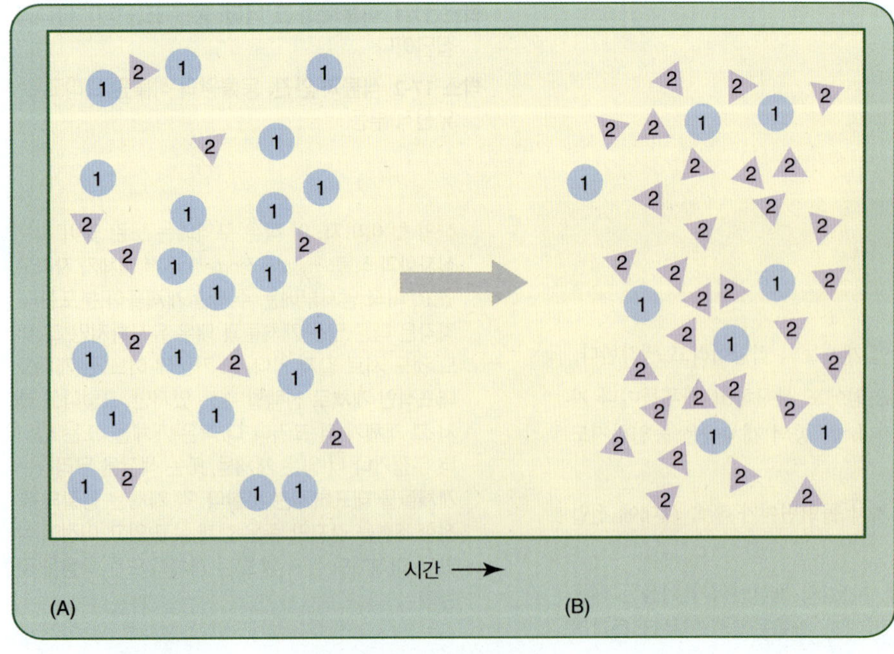

그림 17-1 **(A)** 이 도표의 개체군은 원래 29개체들로 구성되었으며, 그 가운데 20개체는 대립유전자 1을 그리고 9개체는 대립유전자 2를 지녔다. 대립유전자 2는 개체를 더욱 활발하게 만들었고, 따라서 원래 9/29(31%)였던 대립유전자 2는 다음 세대**(B)**에서 30/38(78.9%)로 증가하였다. 대립유전자 2는 대립유전자 1의 표현형(원형)과 다른 표현형(삼각형)을 만들고, 따라서 개체군의 대립유전자 빈도가 변함에 따라 표현형도 변화하게 된다. 이 도표에서는 대립유전자 2에 의한 추가의 활력 덕분에 개체군 전체가 29개체에서 38개체로 늘어났는데, 이는 아마도 다른 종을 밀어냈거나 아니면 새로운 서식지에 들어갔기 때문이다.

그림 17-2 지질과학이 발전함에 따라 이 사진에 보인 미시시피 강의 삼각주처럼, 강의 삼각주는 엄청나게 많은 퇴적물을 포함하고 있는데, 이는 경관의 변형을 나타내는 것이고 이에 산맥들이 침식되어 이제는 존재하지 않는다는 점을 알게 되었다. 이는 세상이 한결같은 것이 아니라 세상은 변화하고 진화한다는 것을 의미하는 것이다.

그림 17-3 종교재판에 선 갈릴레오. 케플러(Kepler)와 뉴턴(Newton) 그리고 갈릴레오(Galileo)는 태양이 태양계의 중심이라고 입증하였지만 교회의 교리는 이를 이단으로 간주하였다. 하나님의 형상대로 창조된 생물이 사는 곳이므로 지구는 우주의 중심이어야 한다는 것이다. 종교재판은 갈릴레오로 하여금 태양 중심의 태양계에 관한 그의 믿음을 철회하도록 강요하였고, 그를 평생토록 가택 연금에 처하였다. 그의 모든 책은 불태워져서, 단지 몇 권만이 남았다. 덜 유명한 과학자들은 더욱 심한 처벌을 받았다. 종교의 교의에 의한 물질적 세계의 잘못된 해석은 종교의 근본적 측면이 아니라 확인도 하지 않은 채 어림짐작으로 관찰과 실험을 거부하는 것이다.

Russel Wallace)와 다윈(Charles Darwin)이 독자적으로 진화의 기초가 되는 자연선택(natural selection)을 발견하였고, 다윈은 1859년에 『종의 기원(*Origin of Species*)』에서 이에 관한 상세한 설명을 제시하였다. 자연선택의 개념이 되는 적자생존(survival of the fittest)은 모든 생물학자들을 흥분시켰고 사고의 모든 측면에서 혁명을 이끌었다. 많은 관찰에 합리적인 설명이 따르게 되었고, 모든 형질은 그 형질이 과연 종을 환경에 보다 잘 적응하게 하는지 아니면 덜 적응하게 하는지에 관해서 해석하게 되었다. 그리고 많은 환경이 존재하기 때문에 많은 종류의 식물과 동물도 함께 존재하고, 이들 각각은 자신의 환경에 특별히 적응하게 하는 유전자형과 표현형을 갖고 있을 것으로 기대하는 것이 당연하였다. 자연선택이 발견되기 전에는 꽃이 사람의 눈과 코를 즐겁게 해 주기 위해 신에 의해 창조되었다고 여겼다. 그 철학은 좌우대칭꽃, 하위씨방 또는 풍매수분을 거의 설명하지 못했다. 신의 마음 그리고 아담과 이브의 후손들을 먹이고 입히고 살 곳을 주기 위해 창조되었다는 측면에서 세상을 해석하려는 시도로 인해서 과학은 크게 방해를 받아왔다.

다행히도 자연선택에 의한 진화의 발견은 다른 중요한 발견들과 거의 동시에 일어났는데, 유전자와 염색체의 발견, 세포설, 자연발생이 일어나지 않는다는 입증, 식물의 정교한 수경재배, 효소의 발견과 살아 있는 세포 없이 시험관에서 몇몇 대사단계의 수행, 그리고 생체화합물의 인공합성 등이 그런 발견들이다. 이들 모두가 결합하여 생물학을 형이상학/신학의 영역에서 벗어나 과학적인 분석과 해석의 영역으로 들어가게 하였다.

여러분 가운데 자연선택에 의한 진화보다는 신의 창조를 믿는 학생들이 있다면, 우리들의 모든 경험에 따르면 물리적/생물학적 세계의 본질을 이해하고 예측하는 데 있어서 성서의 신학적 해석보다 과학적 방법이 대단히 우수한 것으로 나타났다는 점을 명심하기 바란다. 마찬가지로 중요한 것은 윤리적/철학적 체계가 우리들로 하여금 오로지 도덕적 문제를 이해하고 해결하게 해주는데, 과학은 그렇지 못하다는 점이다. 어떤 종류의 발견이 다른 발견들만큼 관련 증거가 많음에도 불구하고 사람이 과학의 어떤 발견(광합성, DNA, 호흡, 물관, 체관)은 받아들이지만 다른 발견(진화)을 거부하는 것은 한결같지 않고 사리에도 맞지 않는 것이다.

집단유전학

이 17장에서는 한 종의 개체들 집단의 유전을 다루게 된다. **집단유전학(population genetics)**은 집단, 즉 개체군(population) 내에서 상이한 대립유전자들의 풍부도(수도)와 시간이 흐름에 따라 특정 대립유전자의 풍부도가 증가하거나 감소하거나 또는 그대로 유지하는 지에 관한 방식을 다룬다. 유성생식 과정에서 나타나는 유전적 재조합은 두 성적 파트너들이 서로 다른 유전자형을 가질 때에만 중요하다. $A_1A_1B_1B_1$ 식물과 $A_2A_2B_2B_2$ 식물을 교배하면 $A_1A_2B_1B_2$의 유전자형을 갖는 자손이 만들어지고, 이는 그 어

식물학과 그 너머

박스 17-1 종은 표준형이 아니라 집단이다

종(species)이란 무엇인가에 관한 우리들의 개념은 중대한 변화를 겪고 있다. 현재 우리는 종을 서로 교배가 가능한 모든 개체들이라고 생각하고 있다. 그 예로 우리들 자신의 종인 사람(*Homo sapiens*)을 생각해 보자. 사람은 지구상에 살고 있는 모든 개인들로 구성된다. 만약 기회가 주어진다면 우리 모두는 상호 교배할 수 있고, 서로 유전자를 교환할 수 있다. 다른 사람들보다 좀 더 인간적인 사람은 없다. 그럼 최근에 살고 있는 모든 사람과 한 세기 전에 살았던 사람들을 생각해 보자. 우리는 모두가 서로 비슷하고, 우리들 모두 한 종(*Homo sapiens*)을 이룬다.

우리 종의 특징은 무엇인가? 각 형질마다 우리는 값의 범위를 주고 있다. 어른의 키는 1 m에서 2.5 m. 피부색은 흰색, 갈색, 검은색, 노란색 등등. 혈액형은 A, B, AB, O형. 비슷한 범위의 변이가 모든 종에서 나타나고, 이는 사람의 경우와 똑같이 식물도 마찬가지다. 이는 **집단종개념(population concept of species)**이다.

1800년대 후반까지 종의 개념은 표준형(type)에 근거하는 **표준형 종개념(type concept of species)**이었다. 생물학자들과 그 밖의 사람들은 하나의 이상적인 표본인 표준형이 그 종을 대표한다고 생각하였다. 이 개념은 몇몇 토대를 갖고 있다. 그 가운데 하나는 구약성서 창세기에 있는 창조이야기인데, 창세기에는 하나님이 모든 종류의 생물을 창조했다고 서술되어 있다. 다른 기반은 지구상에 있는 모든 종류의 물체는 완벽한 이상형의 불완전한 징후라는 플라톤(Plato)의 개념이다. 이를테면 우리는 완벽한 직선을 그릴 수 없지만 가상적인 선이 완벽한 직선이라고 상상할 수 있다. 우리가 그리는 모든 직선은 이상적인 선의 변형이다. 세 번째 토대는 요약하고 일반화하며 평균을 대표라고 생각하는 우리들의 경향성이다. 옷, 자동차, 자전거, 그리고 컴퓨터 키보드는 모두 평균 치수의 사람을 위해 디자인되었다.

중세의 암흑시대가 끝난 다음, 박물학자들은 자연을 열렬히 연구하기 시작하였다. 학자들은 식물, 동물, 버섯, 암석, 그리고 거의 모든 것을 채집하고 이름을 지었다. 그런데 양귀비에서 나타나는 약간의 변화마다 일일이 별개의 이름을 붙일 수 없었고, 따라서 각 명칭은 이상형을 대표하지만 다양한 종들에게 붙여졌다. 이러한 변이는 골치 아픈 문제였다. 어떤 사람들은 신이 다양한 종을 창조하였다고 상정하였다. 다른 사람들은 신이 변치 않는 종을 창조하였지만 변이가 나타나도록 허용하였다고 생각하였다. 또 어떤 사람들은 변이가 이상적인 세계의 완벽한 본질이 아니라 물질계의 불완전한 본질에 기인한다고 믿었다.

만일 그렇다면 화학원소들과 화합물들은 왜 변치 않는 것일까? 양귀비는 변이가 심하지만 염화나트륨은 그렇지 않다. 이러한 변이는 심지어 멘델(Gregor Mendel)과 다윈(Charles Darwin)조차 혼란스럽게 만들었다. 멘델의 유전실험은 유성생식을 하는 동안 유전자들이 변하지 않음을 나타내고, 따라서 생물은 시간이 흘러도 변하지 않는다는 것을 시사하였다. 그러나 다윈의 자연선택설은 변이와 변화를 필요로 한다.

생물학자들이 멘델의 이론과 다윈의 학설 간의 갈등을 연구하면서 답이 명확해졌다. 유전자는 멘델이 상정한 것처럼 거의 안정적이지만, 유전자에서는 때때로 돌연변이가 나타나고, 이와 같은 돌연변이는 다윈의 자연선택이 요구하는 변이를 만든다. 아울러 처음에 사람들이 인식했던 것보다 엄청나게 많은 유전자들이 있다. 만일 각 개체가 수천 개 유전자의 산물이고, 각 유전자가 여러 대립유전자를 갖는다면, 종은 극도로 가변적일 수 있다. 이뿐만 아니라 더 중요한 점은 이런 변이 모두를 가진 각각의 개체가 중요하고, 각 개체는 다른 개체처럼 대표된다는 점이다. 따라서 이상형도 없고 표준형도 없다. 이와 같은 집단종개념을 이용하면 수백만 개체 가운데 일부가 어떻게 다른 개체들보다 좀 더 잘 생존하면서 종이 진화하였는지 쉽게 알 수 있게 된다. 진화적 변화는 점진적이다. 이와는 대조적으로 표준형 종개념에서는 각 종이 다른 모든 종과는 명확하게 구별되는 별개의 독립체로 묘사되고, 따라서 어느 종이 다른 종으로 진화하거나 여러 다른 종들로 진화하려면 많은 형질들에서 갑자기 큰 변화가 나타나는 급작스러운 도약을 필요로 한다.

종개념이 표준형에서 집단으로 변화하면서 생물학의 모든 측면에 영향을 미쳤다. 이전의 사람들은 유전자와 효소에 있어서 별개로 생각하였는데, 이를테면 아밀라아제의 유전자는 오직 한 유형만 있다고 생각하였다. 그러나 지금은 유전자들이 갖는 상이한 대립유전자 때문에 그리고 이들이 조상유전자로부터 진화한 유전자군에서 나타나기 때문에 유전자들은 변이가 심하다는 것을 알고 있다. 이와 유사하게, 헛물관은 길이와 폭, 그리고 벽의 두께가 다양하고, 물관도 마찬가지며, 일부 헛물관이 어떻게 물관요소로 진화할 수 있었는지 쉽게 알 수 있다. 그러나 만일 모든 식물에서 모든 헛물관이 완전히 똑같다면, 그리고 이들 모두 가상적인 이상적 헛물관과 정확히 동일하다면, 그 가운데 일부가 변하거나 진화하여 물관요소가 생길 수 있었는지 파악하기가 어려울 것이다.

떤 어버이와도 다르게 된다. 교차 역시 개체군에서 유전적 다양성을 증가시킨다.

어느 개체군에 속한 모든 개체의 모든 성세포에 있는 대립유전자의 총수가 그 개체군의 **유전자풀(gene pool)**을 이룬다. 유전자 A가 A_1, A_2, A_3, 그리고 A_4의 네 대립유전자를 갖는다고 가정하자. 만일 개체군이 1백만 개체의 식물로 구성되고, 각 개체에는 100송이의 꽃이 피고, 각 꽃에서 평균 100개의 성세포(정세포와 알세포)가 만들어진다면, 유전자풀은 100억 반수체 성세포들을 포함한다. 대립유전자들은 동일한 수로 나타나지 않을 것인데, 이를 테면 배우자 가운데 60%가 A_1, 20%가 A_2, 15%가 A_3, 그리고

5%가 A_4일 수 있다. 이 비율이 개체군에서 내년에 또는 다음 세대에서도 똑같이 나타날까? 20세기 초에 2명의 생물학자인 하디(G. H. Hardy)와 바인베르크(G. Weinberg)는 단지 유성생식만 고려한다면 시간이 흘러도 그 비율은 일정하게 유지된다고 수학적으로 입증하였다. 개체나 배우자의 총수가 증가하거나 감소하더라도 그 비율은 변하지 않는다. 유성생식 단독으로는 개체군의 유전자풀이 변화하지 않는다. 다른 요인들이 관여하지 않는 한 유전자풀은 영원히 일정하게 유지될 것이다.

유전자풀의 변화를 일으키는 요인들

이론적으로 유전자풀은 일정하게 유지될 수 있지만, 실제로는 개체군이 유성생식 이외의 요인들에 의해 항상 영향을 받기 때문에 대립유전자 빈도는 변한다.

돌연변이

모든 유전체는 돌연변이를 일으키는 요인들에 직면하고, 돌연변이가 끊임없이 일어난다. 돌연변이로 인해 기존의 대립유전자들은 빈도가 감소하고, 새로운 대립유전자들이 증가한다. 돌연변이가 중요한지의 여부는 개체군의 크기에 의해 어느 정도 좌우된다. 앞에서 설명한 개체군에서는 유전자 A가 100억 복사본이 있고, 그 가운데 대립유전자 A_1은 60%였다. 따라서 A_1의 복사본은 60억(10,000,000,000 × 0.6 = 6,000,000,000)이다. 이 가운데 하나에서 돌연변이가 일어나 새로운 대립유전자 A_5가 된다면, A_1의 빈도는 5,999,999,999로 줄어들지만, 이는 여전히 60%인 셈이다. A_5는 100억 가운데 하나이고, 따라서 그 빈도는 극도로 낮다. 그렇지만 한 복사본이 존재한다는 사실은 제로의 복사본에 비해 무한히 증가한 것이므로, 단 하나의 복사본이라도 그 존재를 무시하지 말아야 한다.

사고

사고(accident)는 큰 운석이 지구와 충돌하는 것처럼 생물이 적응할 수 없는 사건을 가리킨다. 충분한 크기의 운석이 땅에 떨어지면 지구 표면의 넓은 면적이 파괴되고, 그 구역의 모든 생물이 죽게 된다. 모든 생물은 그 모든 대립유전자들과 함께 제거된다. 우연히 그 파괴된 지역에 돌연변이에 의해 새로운 대립유전자 A_5가 생긴 개체가 포함되어 있었다면, 대립유전자 A_5는 더 이상 존재하지 못하게 된다. 만일 영향을 입은 지역의 개체군이 보통 개체군과 같은 유전자 빈도를 가졌다면, 대립유전자들은 일반적으로 존재하는 것과 같은 비율로 제거되고, 대립유전자 빈도에는 전혀 변화가 일어나지 않게 된다. 그러나 만약 충격을 받은 구역에서 가령 A_3 같이 특정한 대립유전자가 특이하게 높은 수치로 나타났다면 A_3은 다른 대립유전자들보다 더 큰 영향을 받게 되고, 따라서 생존한 개체들의 유전자풀에서 대립유전자 빈도는 변화한다. 그렇지만 대립유전자 빈도의 이러한 변화가 그 종으로 하여금 운석이 또 충돌하였을 때, 보다 잘 살아남게 해 주는 것은 아니다.

많은 현상들이 사고에 해당한다. 화산 폭발은 유독한 가스와 녹은 암석을 분출하여 제한된 구역 내의 모든 것을 파괴한다. 어쩌다 일어나는 홍수, 우박을 동반한 폭풍 또는 가뭄은 너무 작고 연약해서 그런 사건들에 적응할 수 없는 식물들에게 사고로 작용할 수 있고, 영향을 받은 구역 내의 모든 개체들이 죽게 된다. 몸이 큰 식물들로 구성되는 다른 종들에게는 그런 자연현상이 약하고 제대로 적응하지 못하는 개체들은 제거되지만 보다 잘 적응하는 구성원들에게는 영향을 주지 않는 선택압으로 작용한다(**그림 17-4**). 남극 대륙이 온대 지역에서 남극 쪽으로 이동한 것은 그 대륙에 살던 모든 식물에게 사고였다. 남극 대륙이 온대의 위도에 위치했을 때에는 많은 식물들이 자라는 풍부한 식물상이 나타났

(A)

(B)

그림 17-4 2011년에 텍사스 전역에 밀어닥친 가뭄과 열 때문에 주 전체에서 많은 들불이 일어났다. **(A)** 텍사스 동부 배스트롭(Bastrop) 마을 부근의 소나무 숲에서 일어난 불은 거의 모든 나무를 죽였고, 화재에 생존하게끔 적응된 식물은 없는 것으로 나타났다. 모든 나무가 죽었기 때문에 이 불은 선택압이 아니고, 차등적 생존은 없다. **(B)** 텍사스 서부 포트 데이비스(Fort Davis) 마을 부근에서 발생한 불은 많은 수목과 관목, 그리고 다육식물들에 피해를 입혔지만 실제로 죽은 식물은 얼마 되지 않은 것으로 나타났다. 잎이 긴 이 식물은 sotol(*Dasylirion leiophyllum*)이고, 극심한 피해를 입었음에도 불구하고 실제로 많은 개체들이 살아남았다. 그러나 다른 개체들은 완전히 죽었다. 만일 생존한 개체들이 죽은 개체들과 유전적으로 다르다면(아마도 이들 식물은 보다 두꺼운 나무껍질 유전자나 보다 내열성인 기관의 유전자를 가졌을 것임), 화재는 선택압으로 작용한 것이다. 화재 이후의 유전자풀은 불이 나기 전의 유전자풀과 달라진다.

Courtesy of Dr. Thomas N. Taylor, University of Kansas

그림 17-5 예전엔 남극 대륙이 온대의 위도에 위치했고, 이 글로소프테리스(*Glossopteris*) 같은 많은 식물들을 부양하였다. 대륙이동은 남극 대륙을 남극 쪽으로 이동시켰고, 남극의 조건에 적응된 표현형을 만들 수 있는 대립유전자는 없었다. 모든 식물이 절멸하였다.

지만, 대륙이 남쪽으로 이동하면서 몹시 춥고 혹독하여 어떤 식물도 생존할 수 없는 지역으로 들어갔다. 모든 개체와 그 대립유전자들이 제거되었다(**그림 17-5**).

사고는 큰 사건일 뿐만 아니라 작은 사건일 수 있다. 예를 들어, A_5 같은 대립유전자가 형성된 후, 그 대립유전자는 유성생식에 이용되면서 그 수가 증가하기도 한다. 몇 년 후에는 대립유전자 A_5를 가진 개체가 10개체로 늘어날 수 있다. 이 개체들은 밀접한 관계에 있고, 대부분의 씨가 멀리 이동하지 않기 때문에 서로 가까이 위치하게 될 것이다. 눈사태가 일어나거나, 방목 가축 떼가 지나가거나 또는 고속도로가 건설되는 것 같은 국지적 교란은 이들 모든 10개체를 제거할 수도 있다.

인위선택

인위선택(artificial selection)은 사람이 의도적으로 유전자풀의 대립유전자 빈도를 변화시키는 과정이다. 가장 명백한 예는 농작물과 가축의 선발육종(selective breeding)이다(**그림 17-6**). 식물육종가는 야생의 개체군과 재배식물의 밭 모두를 끊임없이 살피고, 질병에 대한 저항성, 종자의 증가된 단백질 함량, 그리고 물이나 비료를 적게 주어도 살 수 있는 능력 같이 바람직한 특징을 갖춘 개체들을 찾는다. 유익한 특징을 갖는 식물이 발견되면 그 식물을 채집하여 향후의 작물을 위한 종자를 만드는 육종프로그램에 사용한다. 밀과 벼, 그리고 옥수수만을 생각해 보자. 전 세계적으로

(A) © mschowe/iStock

(B) © DLeonis/iStock

(C) © SlobodanMiljevic/iStock

(D) © swisoot/iStock

그림 17-6 농작물 육종가에 의한 인위선택의 결과로 어떤 대립유전자의 빈도는 증가하지만 다른 어떤 대립유전자는 제거된다. 농부가 어느 변종을 심을 것인지 아니면 다른 변종을 심을 것인지 결정하는 데 따라 개체군의 대립유전자 빈도는 매년 극적으로 변한다. 양배추**(A)**, 브로콜리**(B)**, 그리고 콜리플라워**(C)**는 방울다다기양배추(brussels sprout)와 함께 모두 같은 종이고, 모두 동일한 종에서 진화하였다. 그렇지만 그들의 진화는 각 변종에서 어떤 형질을 인위적으로 선택하였는지에 의해 조절되었다. 최근에 인위선택의 결과로 다량의 색소를 저장하는 변종(Violet Queen)이 만들어졌다 **(D)**.

이들 3종의 거의 모든 개체군은 재배식물로 구성되고, 극히 소수만의 자연조상들만이 아직 야생으로 존재한다. 따라서 이들 각각의 유전자풀은 거의 전적으로 수천 년 동안 인위적으로 선택된 대립유전자들로 이루어진다.

한편, 인위선택은 더욱 풍성하게 꽃이 피거나 더 오래 꽃이 피는 관상용 식물을 만드는 데에 이용된다. 또한 인위선택은 꽃의 색과 크기를 바꾸는 데에도 이용되고, 자랄 수 없는 지역에서도 자라게끔 식물을 강인하게 만드는 데에도 이용된다. 목재와 종이를 위해 재배하는 나무들 역시 인위선택을 거친 나무들이다.

인위선택은 흔히 인공돌연변이(artificial mutation)와 함께 수행된다. 새롭게 나타나는 대립유전자의 수를 증가시키기 위해 식물을 아크리딘염료(acridine dye) 또는 자외선이나 감마선 조사 같은 돌연변이유발원에 노출시킨다. 식물을 키우면서 새로운 대립유전자들이 표현형에 어떤 영향을 미치는지 살펴보고, 바람직한 표현형 형질을 갖춘 식물을 선발육종 프로그램에 이용한다.

자연선택

유전자풀의 변화를 일으키는 가장 중요한 요인인 **자연선택(natural selection)**은 대개 적자생존(survival of the fittest)으로 설명된다. 환경에 가장 잘 적응하는 개체들은 살아남지만, 덜 적응하는 개체들은 생존하지 못한다. 자연선택은 진화의 중요한 요인이지만 세심한 주의를 기울여야 한다. 자연선택이 일어나려면 두 가지 조건이 충족되어야 한다.

1. 개체군은 그 서식지에서 자라서 성숙할 때까지 생존할 수 있는 것보다 훨씬 많은 자손을 만들어야 한다. 이 조건은 지구상의 어떤 곳에 있는 식물이건 거의 항상 유효하다. 대부분의 식물은 수백 개의 씨를 만들고, 이 씨들은 보통 어버이식물 가까이에서 발아한다(**그림 17-7**). 단풍나무나 박주가리과 식물(milkweed)처럼 바람에 의해 분산되는 종들에서도 대부분의 씨앗들이 아주 멀리 가지 않는다. 그 결과, 땅바닥에는 서로 밀집한 수백 유식물들로 덮일 수 있는데, 유식물들이 자라면서 생기는 많은 식물의 엄청난 규모를 수용할 수 있는 충분한 공간은 없다.

   제한된 자원 외에도 특정 서식지에서 생존할 수 있는 개체들의 수는 포식동물, 병원체, 그리고 경쟁자들에 의해 영향을 받는다. 모든 식물은 거의 현미경으로 봐야만 보이는 응애류(mites)와 선충류(nematodes)에서부터 훨씬 큰 딱정벌레, 파충류, 새, 그리고 포유류에 이르는 다양한 초식동물의 공격에 직면한다. 동물은 식물을 먹을 뿐만 아니라 식물에 알을 낳고, 둥지를 틀기 위해 나무껍질에 구멍을 뚫으며, 그 위를 걸어 다니고, 꽃가루받이를 하지도 않으면서 꽃의 꿀을 도둑질하기도 한다. 병원성 균류와 세균도 이와 비슷하게 해롭다. 경쟁자들은 식물이 생존하는 데 필요한 자원을 같이 이용하는 다른 생물들이다. 뿌리계들이 함께 자라면서 두 식물은 동일한 수분과 영양소를 두고서 경쟁을 한다. 만약 두 종이 같은 종의 곤충이나 새에 의해 꽃가루받이를 한다면 이들 식물은 꽃가루매개동물의 주목을 끌기 위해 경쟁해야 한다. 숲에서는 식물이 빛을 두고 경쟁을 한다. 가장 높이 자랄 수 있는 식물들은 빛을 가장 많이 받고, 키 작은 식물들은 희미한 빛만 받게 된다. 이들 활동 모두 식물의 번식능력에 악영향을 미치고 식물을 죽게 만들기도 한다.

2. 자연선택이 일어나는 데 필요한 두 번째 조건은 자손이 대립유전자의 유형에 있어서 서로 달라야 한다는 것이다(**그림 17-8**). 이들이 모두 동일하다면 역경에 처했을 때 같은 방법으로

그림 17-7 동물들이 이 레드엘더베리(*Sambucus racemosa*)의 많은 열매를 가져가버리더라도, 대부분의 열매는 떨어져서 바로 이웃에서 발아함으로써 제한된 공간에 들어맞기에는 너무 많은 유식물이 자란다. 더구나 이 나무는 매년 엄청나게 많은 씨를 만들 것이다.

그림 17-8 1988년 여름에 옥수수의 주요 재배지역인 미국 중서부에서 지금까지 기록 중에 가장 심각한 가뭄이 들었다. 자연 상태에서는 그런 가뭄의 결과로 내건성(drought-resistance) 식물의 자연선택이 일어난다. 자연 상태라면 1989년에 자란 모든 옥수수 식물은 살아남은 내건성 식물의 자손들일 것이고, 그 식물들 모두 가뭄에 저항하는 대립유전자를 지녔을 것이다. 그렇지만 자연선택은 일어나지 않았는데, 그것은 옥수수 식물들 간에 유전적 다양성이 없기 때문이다. 옥수수는 사람이 고도로 동계교배(inbred)시킨 작물 중 하나이고, 모든 종자용 옥수수는 완벽히 균일한 어버이의 세심한 교배에 의해 만들어진다. 따라서 가뭄의 영향을 받는 엄청난 양의 식물 가운데 다른 식물보다 조금이라도 더 잘 견디는 식물은 없다. 혹시 생존한 식물이 있다면 그것은 유전에 의한 것이 아니라, 우연히 그런 것이다. 즉, 약간이나마 추가로 비를 맞았거나, 아니면 그 식물이 여분의 물이 고이는 골짜기에 있었을 것이다.

그리고 같은 정도로 전체가 영향을 받는다. 밀집된 상태에서는 모두 생장이 저해를 받아 제대로 자라지 못하고, 결국 생식적으로 성숙한 단계에 도달하는 식물은 없을 것이다. 만약 어느 종의 모든 개체들이 병원성 균류에 똑같이 민감하다면, 생존가능성의 증가는 없고 균류 공격의 결과로 적응도가 나타난다. 비록 일부가 생존하고 생식을 한다 하더라도, 이 개체들은 죽은 개체들과 유전적으로 동일하므로 대립유전자 빈도는 변하지 않고, 자연선택은 일어나지 않는다.

개체들 간에서 유전적 다양성이 존재한다면 생존에서 차이가 나타날 수 있다. 만일 개체군의 일부 구성원이 곰팡이에 대한 식물의 저항성을 증진시켜 주는 대립유전자를 가졌다면, 곰팡이가 발병할 때 이들 식물은 그 대립유전자가 없는 식물보다 훨씬 잘 견딜 수 있다. 만약 곰팡이의 독성이 몹시 강해서 공격하는 식물을 종종 죽인다면, 공격이 끝난 다음 개체군의 대립유전자 빈도는 근본적으로 변해서 저항성 대립유전자는 유전자풀에서 훨씬 높은 비율을 차지하게 된다. 곰팡이가 식물을 약화시키지만 식물을 즉각 죽이지 않는 경우라 할지라도 자연선택은 작동한다. 약해진 식물은 내성을 가진 건강한 식물보다 씨를 훨씬 적게 만들게 된다.

빽빽한 뿌리계 사이에서 물과 영양소를 두고 경쟁하는 것 역시 선택압으로 작용한다. 뿌리가 물과 양분을 훨씬 효과적으로 흡수하게 하는 대립유전자가 이익이 된다. 토양의 수분퍼텐셜이 −0.8 MPa가 되면 대부분의 뿌리가 더 이상 물을 흡수할 수 없을 때, 만약 −1.0 MPa의 수분퍼텐셜에서도 물을 추출할 수 있도록 뿌리의 대사를 변화시키는 대립유전자를 지닌 식물이 있다면 다른 식물이 자라지 못할 때에도 그 식물은 자랄 수 있다. 돌연변이는 선택이익(selective advantage)을 갖고, 식물은 밀집된 조건에 더욱 잘 적응하게 된다.

자연선택은 서로 다른 표현형을 갖는 개체들 간에서 생존의 차이를 나타낸다. 자연선택은 오직 기존의 대립유전자에만 작용하고, 돌연변이를 유발하지 않는다. 곰팡이의 존재가 식물이 저항성을 갖게끔 야기하는 것은 아니다. 만일 이전에 어떤 식물도 내성을 갖지 않았다면 모든 개체들이 악영향을 받을 것이다. 먼저 이로운 대립유전자가 존재해야 한다. 만일 내성을 갖는 대립유전자가 존재한다면, 자연선택이 개체가 내성을 갖도록 야기할 수 없을지라도, 내성을 갖는 개체들이 선택적으로 살아남아 개체군이 저항성을 갖게끔 초래할 수는 있다. 개체군이나 종은 진화하지만, 개체는 그렇지 않다. 마찬가지로 개체군은 차츰 적응되기도 하지만, 단일한 개체는 변하지 않는다. 개체는 일생 동안 더욱 잘 적응하게 될 수 없다. 곰팡이에 의한 공격은 항진균화학물질을 만드는 유전자를 활성화하도록 식물을 자극하기도 하지만, 이는 식물이 이미 지니고 있는 유전자를 발현하도록 야기하는 경우이지, 새로운 유전자나 대립유전자를 창조하는 것은 아니다.

자연선택이 항상 생물의 외부에 있는 인자의 작용에 기인하는 것은 아니다. 비록 병원성 균류와 덥고 건조한 기후 같은 많은 선택압은 외부에서 작용하지만, 어느 식물이 다른 식물보다 많은 자손을 만들게 하는 요인은 선택적 요인이다(**그림 17-9**). 만일 어

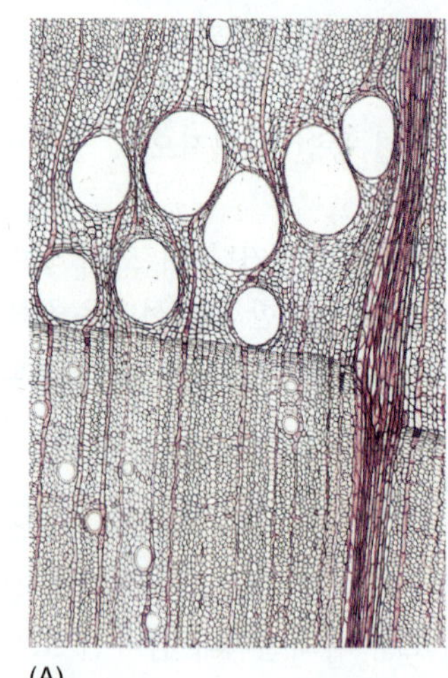

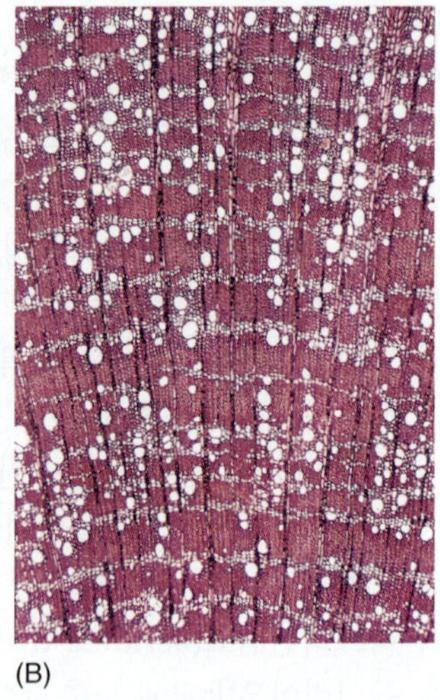

(A) (B)

그림 17-9 (A) 이 참나무에는 폭이 넓은 물관이 들어있는데, 물관이 넓으면 상대적으로 마찰이 거의 없이 물을 통도할 수 있지만 강소가 쉽게 형성될 수 있다(× 80). **(B)** 이 카수아리나속(*Casuarina*) 목부는 물관이 매우 좁아서 물관 내의 물은 단단하게 보강되며, 자연조건에서 강소형성(cavitation)은 거의 불가능하다. 비록 물관이 전적으로 내부에 있기는 하지만, 물관은 그 환경과 관련하여 식물의 생존에 영향을 미친다(× 80).

느 대립유전자가 엽록체가 더 효율적으로 광합성을 하게끔 야기한다면, 그 대립유전자를 갖는 식물은 그 대립유전자가 없는 식물보다 훨씬 빠르게 탄수화물을 만들 수 있어서 더 빨리 자라고 더 많은 씨를 만들며, 적어도 그런 식물의 절반은 이로운 대립유전자를 나른다.

자연선택의 일부가 아닌 요인들

어떤 요인이 자연선택의 일부가 아닌지를 깨닫는다면 자연선택을 보다 또렷하게 그리고 정확히 이해할 수 있게 된다. 자연선택은 **목적(purpose)**, **의향(intention)**, **계획(planning)** 또는 **자발적 의사결정(voluntary decision making)**을 포함하지 않는다. 우리가 "______하기 위해 식물이 어떤 일을 한다"라고 말할 때마다 우리는 식물이 활동을 계획할 수 있고 목적을 갖는 것처럼 암시하는데, 이는 사실이 아니다. 어떤 식물이 곰팡이로부터 자신을 지키기 위해 내병성(disease-resistance) 유전자를 갖는다고 말하는 것은 옳지 않다. 식물의 개체군이 곰팡이에 대해 내성을 갖는 것은 그 식물의 조상이 저항성 대립유전자를 가졌지만 경쟁식물들은 그렇지 않았기 때문에 식물의 조상이 선택적으로 생존한 결과에 불과하다. 곰팡이가 존재할 때 이 대립유전자를 갖는 식물이 선택이익을 갖기는 하지만, 식물이 자신을 보호하기 위해 그 대립유전자를 갖는 것은 아니다. 마찬가지로 식물은 꽃가루매개동물을 끌어들이기 위해 꿀을 만들지 않는다. 과거에 꿀을 만든 식물이 꿀을 만들지 않는 식물에 비하여 훨씬 자주 꽃가루받이가 일어나게 되었고, 따라서 꿀을 만드는 대립유전자가 개체군에서 증가하게 되었다. 오늘날 꽃가루매개동물이 꿀을 분비하는 식물을 방문한다고 해서 식물의 목적이나 의향 또는 계획에 따른 것은 아니다. 오로지 사람과 그 밖의 영장류만이 의도와 목적을 갖고 행동하고,

이는 우리들의 자발적 행동에 국한된다. 사람들조차도 에너지를 공급받기 위해 음식물을 소화하지 않는다. 우리들의 자율신경계와 세포대사가 작은창자에 있는 음식물의 존재에 자동으로 반응하여 소화액을 분비하게 만들고, 단량체들을 흡수하며, 간문맥계(hepatic portal system)에 걸쳐 이들을 분배하고, 세포질과 미토콘드리아에 의해 단량체들의 호흡이 일어나도록 한다. 우리들의 진화역사에서 이런 결과를 통제하지 않았다. 우리가 의미하는 바가 무엇인지를 누구나 알고 있으므로 이것은 의미의 사소한 문제에 불과할 수 있지만, 진술은 대충하면 안 되고 정확해야 한다. 우리들의 생각을 표현하는 데 있어서 꼼꼼하지 않으면 어떻게 생각하는가에 있어서 세심하지 못하게 되고, 중요한 세부 정보를 놓치게 된다.

자연선택이 작동하지 않는 상황

자연선택이 작동하지 않는 몇 가지 경우를 고려한다면 자연선택을 보다 잘 이해할 수 있게 된다. 앞에서 언급하였듯이, 개체군의 모든 개체들이 유전적으로 동일하거나 어떤 조건에 적응하기가 불가능하다면 자연선택은 작동할 수 없다. 모든 개체들의 생장과 생식을 지원할 수 있는 서식지에서는 경쟁이 일어나지 않는다. 만약 생존이 보편적이면 자연선택이 일어나지 않는다. 이와 같은 상황은 경작한 밭의 경우처럼 새롭게 형성된 서식지에서 나타난다. 씨앗들이 경쟁에 잘 적응하지 못한다 하더라도 그곳의 모든 씨앗들은 발아하여 왕성하게 자랄 수 있다. 모두가 살아남기 때문에 자연선택은 나타나지 않는다. 다른 예로는 새로 길을 낸 양편, 최근에 불이 난 곳 또는 최근에 홍수가 나서 퇴적물이 쌓인 곳 등을 들 수 있다. 여기서 세심한 주의를 기울여야 한다. 빽빽하고 어두운 숲에 길을 냈다면 새로 드러난 양편은 숲의 음지에 적응한 식물의 유식물에게는 너무 밝고 드러나 있다. 이 경우에, 환경은 화창한 햇볕에 견디는 식물을 선호하고 그늘을 필요로 하는 식물은 억제하게 된다. 많은 선택압이 제거되었지만 전부 다 그런 것은 아니고, 어떤 자연선택은 여전히 나타날 수 있다.

다중선택압

대부분의 경우, 개체가 줄어들고 생식이 감소하는 것은 병원균 같은 단일한 요인에 기인하지 않는다. 대신에 식물은 곤충의 공격, 가뭄, 추위, 꽃가루받이의 필요성과 종자를 분산시키는 메커니즘의 필요성뿐만 아니라, 막이 이온을 퍼내는 능력, 질소를 환원하는 능력 또는 낭비적이고 쓸모없이 초과하지 않으면서 체관부에서 딱 적당한 P단백질을 만드는 효율 같은 자체적인 대사의 효율에 의해서도 영향을 받는다.

적응도(fitness)를 향상시킬 수 있는 대립유전자가 생기는 돌연변이는 선택적으로 이익이 될 가능성이 있지만, 그 대립유전자가 식물이나 종의 적응도를 향상시킬 기회가 전혀 없기도 한다. 내한성(cold hardiness)을 증진시키는 돌연변이가 나타났다고 하더라도, 새로운 대립유전자를 지닌 개체가 곰팡이나 가뭄 때문에 죽거나 꽃가루매개동물에 대한 경쟁에서 뒤처져서 번식을 할 수 없다면 그런 돌연변이는 유전자풀에서 제거되기도 한다. 이 대립유전자가 그렇게 사라지는 것은 단순히 사고이다.

그렇지만 만일 새로운 내한성 대립유전자가 제거되지 않고 존속한다면 그 대립유전자는 종을 개선시키기도 한다. 만일 추운 겨울이 흔하다면 이 대립유전자는 적응도를 크게 향상시키고 그 빈도는 빠르게 증가할 수 있다. 그러나 추운 겨울이 잦지 않다면 겨울이 강한 선택압을 가하지 않고, 그 대립유전자는 적응도를 크게 향상시키지 않으며, 혹독한 겨울이 나타날 때까지 그 빈도는 몇 해 동안 낮게 유지되기도 한다. 그때까지 대립유전자 빈도는 몇 가지 요인들에 의해 결정된다. 이는 중요한 조건에 대해 매우 이로운 대립유전자와 밀접하게 연결되기도 한다. 예를 들면, 내한성 대립유전자는 곰팡이에 내성을 갖는 대립유전자와 같은 염색체에 있을 수 있다. 만약 두 유전자가 동일한 염색체 상에 아주 가까이 있어서 전기I 동안에 이들 간에서 교차가 전혀 일어나지 않는다면, 단지 우연에 의해 곰팡이의 존재는 항진균성 대립유전자뿐만 아니라 내한성 대립유전자도 선택한다.

내한성 대립유전자는 추위를 견디는 능력 외에도 여러모로 식물에 영향을 미칠 수 있다. 다시 말하면 다형질발현성(pleiotropic) 효과가 작동할 수 있다. 만일 이들이 보통의 조건 하에서도 이롭다면 대립유전자는 빈도가 증가하지만, 흔히 많은 '부작용(side effect)'들이 이롭지 못하다. 표현형의 많은 개선은 적어도 비용 면에서 다소 부정적인 측면을 갖는다. 내한성이 증가하는 것은 두꺼운 왁스층을 지닌, 보다 두툼하고 후벽화된 눈비늘 때문일 것이다. 이런 눈비늘을 만들려면 보다 많은 씨를 만드는 데 쓰일 수 있는 다량의 영양소와 에너지를 필요로 한다. 따라서 이 대립유전자가 추운 겨울이 빈번한 환경에서 대단히 유리하기도 하지만, 겨울이 언제나 온화한 환경에서는 이 대립유전자가 불리할 수도 있다. 특정 대립유전자가 이로운지 아닌지의 여부는 전적으로 서식지에 달려 있고, 이는 시간이 흐르면서 변화하기도 한다. 환경이 변함에 따라 선택압이 변하고 어떤 형질은 이로워지거나 불리해진다.

진화의 속도

앞에서 제시한 예를 보면 개체군의 대립유전자 조성이 불과 몇 세대 이내에서 빠르게 변하는 것처럼 보이지만, 보통은 그렇지 않다. 대부분의 개체군들은 그들의 서식지에 비교적 잘 적응하고, 그렇지 않으면 존재하지 않는다. 극히 소수의 돌연변이가 아주 우수한 새로운 표현형을 만들어 개체군의 다른 모든 구성원들을 경쟁에서 즉각 물리친다. 극단적으로는, 새로운 종으로 분기되지 않으면서 수천만 년 동안 지속되어 온 많은 종류의 무종자식물[석송류(lycopods), 속새속(*Equisetum*), 고사리류]들이 있다(**그림 17-10**). 그에 반해서, 매우 빠른 종분화가 하와이의 국화과 무리에서 나타났다. 카우아이(Kauai) 섬이 520만 년 전에 형성된 직후, 국화과 식물의 씨가 도착하여 번창한 후 번식하여 온 섬에 빠르게

그림 17-10 속새속(*Equisetum*) 식물은 마디로 된 줄기를 갖고, 각 마디마다 보통 가지들이 윤생한다. 속새속 식물은 쉽게 알아볼 수 있고, 화석으로도 나타난다. 이 무리는 수백만 년 전에 생겨나서 한때 많은 종이 있었지만 그 대부분은 멸종되었다. 지금은 단지 15종만이 있고, 많은 종류가 넓은 지역에 잘 적응하면서 광범위하게 분포하지만, 이들은 신종으로 진화하지 않는 것으로 나타났다.

퍼졌다. 그 후손들은 뚜렷이 구별되는 3개의 속으로 다양화하고, 각 속은 많은 종으로 구성되며, 이 무리에서는 평균적으로 50만 년에 한 번꼴로 신종이 생긴다.

특정 대립유전자가 표현형에 쉽게 알아볼 수 있는 결과를 초래하지 않으면 개체군에서 특정한 대립유전자의 존재를 확인하기 어렵다. 따라서 진화 연구의 대부분은 꽃, 잎, 열매, 줄기, 그리고 모상체와 같은 거시 구조의 변화에 관심을 가졌다. 그러나 이런 복잡한 구조들은 많은 유전자들이 발생 과정에서 상호작용을 한 산물이다. 어떤 새로운 돌연변이는 새로운 대립유전자의 효과가 심각하게 지장을 주는 효과를 일으키지 않으면서 기존의 고도로 통합적인 형태형성 메커니즘에 꼭 들어맞을 때에만 보다 적응적 구조를 낳게 된다. 체계가 더욱 복잡해지면 임의의 변화가 이로워질 가능성은 줄어든다.

어느 구조나 대사의 상실을 초래하는 진화적 변화는 빠르게 일어날 수 있다. 어떤 형질이 선택적 불이익이 된다면 그 형질의 발생을 방해하는 많은 돌연변이들이 선택이익이 된다. 지장을 주는 돌연변이가 건설적인 돌연변이보다 수적으로 우세하기 때문에 상실은 비교적 빠르게 나타날 수 있다. 이를테면 선인장의 조상은 차츰 계속해서 건조해지는 서식지에 살았다. 크고 얇은 잎은 광합성을 수행하기 때문에 이롭지만, 너무 많은 물이 증산에 의해 손실되므로 불이익이 된다(**그림 17-11**). 잎새의 형성을 방해하는 돌연변이가 선택이익이 되고, 선인장은 1000만 년이라는 짧은 시간 안에 잎을 잃었을 것으로 추정되는데, 종자식물에서 잎이 진화적

(A)

(B)

그림 17-11 (A) 선인장의 조상들은 보통의 쌍떡잎식물 같은 잎을 지닌 큰 목본이었다. 선인장과 식물의 일종인 페레스키아속(*Pereskia*)은 여기에 보인 것처럼 아직도 조상과 매우 비슷한 종류를 포함하고 있다. 페레스키아속이 출현한 시점에는 유전자들이 거의 변형되지 않은 것으로 보인다. **(B)** 김노칼리시움속(*Gymnocalycium*) 역시 선인장이지만, 그 표현형은 조상의 상태와 현저하게 다르다. 잎 형성에 관여하는 중요한 유전자들에서 많은 돌연변이가 일어나서 잎이 기능을 하지 않게 되었거나 사라진 것으로 보인다. 줄기의 신장에 관련된 유전자들은 이제 짧은 줄기를 만들고, 이 종은 다육질(succulence)의 유전자를 포함하는데 이는 조상의 페레스키아속 같은 종에서는 없었던 것이다. 그런 새로운 유전자들은 4배체 조상이 지녔던 여분의 유전자들에서 고도의 돌연변이가 일어난 결과이거나 아니면 유전자중복의 다른 방법에 의해 생겼을 것으로 짐작된다.

으로 형성되는 데에는 2억 년 이상의 기간이 걸렸다. 그렇지만 사실상 광합성을 하는 표면적이 남지 않게 되므로 잎은 아주 빨리 사라질 수 없다. 줄기가 녹색을 유지하고 광합성을 하도록 하고, 불투명한 나무껍질의 초기 형성을 방해하며, 줄어든 광합성에 맞는 수준으로 식물의 대사를 느리게 하는 다른 돌연변이들이 나타나기 전까지는 잎의 완벽한 부재를 야기하는 돌연변이가 선택이익이 될 수 없다. 줄기가 이렇게 변형되는 것과 동시에 또는 그런 후에만 잎의 상실이 일어날 수 있다.

종분화

여러 세대 동안 개체군에 자연선택이 작동하면서 개체군의 다양한 유전자형의 빈도가 변하고 그 결과로 표현형이 변하게 된다. 그러다 보면 어느 시점에는 너무나도 많은 변화가 생겨서 지금의 개체군을 처음에 존재했던 종과 뚜렷이 구별되는 새로운 종으로 간주해야 한다. 자연선택은 새로운 종, 즉 신종이 진화하도록 야기하는데, 그 과정을 **종분화(speciation)**라고 한다.

어느 시점에 신종이 존재한다고 결론을 내릴 수 있을까? 언제나 타당하고 정확한 종의 정의를 내리기는 어렵지만, 대개 두 생물을 교배했을 때 이들이 생식력 있는, 즉 임성(fertile)의 자손을 만들지 않으면 이 생물들을 별개의 종으로 간주한다. 그렇지만 여기에는 많은 예외가 존재한다. 미국 서부의 단풍나무 개체들은 미국 동부의 단풍나무 개체들과 자연적으로 유성생식을 할 수 없는데, 이는 단지 꽃가루가 그렇게 멀리까지 이동할 수 없기 때문이다. 만일 인위적으로 동부의 식물을 서부의 식물 가까이로 가져오면 이 식물들은 타가수정을 할 수 있고, 따라서 이들을 동일한 종으로 간주할 수 있다. 반면에 난초의 많은 종들은 자연에서 잡종을 만들지 않고 함께 자라지만, 인공적 교배육종으로 건강한 임성 잡종을 만들기도 한다. 그렇기는 하지만 이들을 뚜렷이 구별되는 종이라고 간주하는 이유는 이들이 서로 다르게 보이기 때문이다. 따라서 자연에서 두 식물이 자유롭게 상호 교배하면 이들은 같은 종의 구성원이고, 손으로 타가수분을 시켜도 서로 교배하지 않으면 이들은 별개의 종이며, 만일 자연에서는 상호 교배하지 않지만 인위적으로 그렇게 한다면 그 식물을 연구하고 그 식물을 가장 잘 아는 과학자들의 개인적 판단에 따른 결정에 따른다.

종분화는 두 가지 기본적인 방법으로 나타날 수 있다. 먼저 **계통적 종분화(phyletic speciation)**는 한 종이 점진적으로 많이 변화하여 신종으로 간주해야 하는 것이고(**그림 17-12A**와 **B**), **분기적 종분화(divergent speciation)**는 한 종의 일부 개체군이 새로운 두 번째 종으로 진화하는 반면에 다른 개체군들은 원래의 어버이 종처럼 거의 변하지 않는 상태를 유지하거나 다른 새로운 세 번째 종으로 진화하는 것이다(**그림 17-12C**와 **D**).

계통적 종분화

종이 새로운 종으로 진화하려면 보통 수백만 년의 기간을 필요로 한다. 중대한 특징은 새로운 유익한 대립유전자가 생기고 선택되면서 그 유전자들이 개체군 전체로 퍼진다는 점이다. 유전자들의 이러한 공간이동을 **유전자확산(gene flow)**이라고 하며, 꽃가루전달, 종자분산, 그리고 영양번식과 같이 많은 방법으로 나타난다.

꽃가루전달

꽃가루립(pollen grain)은 각각 하나의 완전한 반수체 유전체를

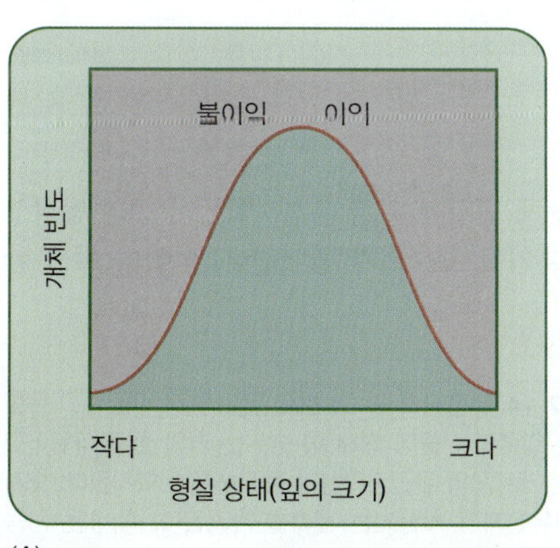

(A)

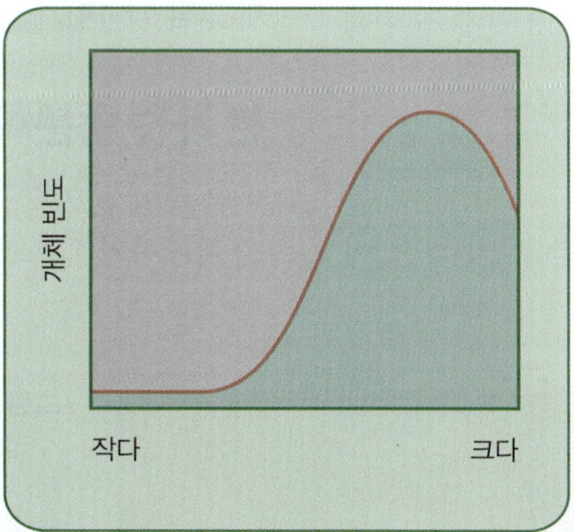

(B)

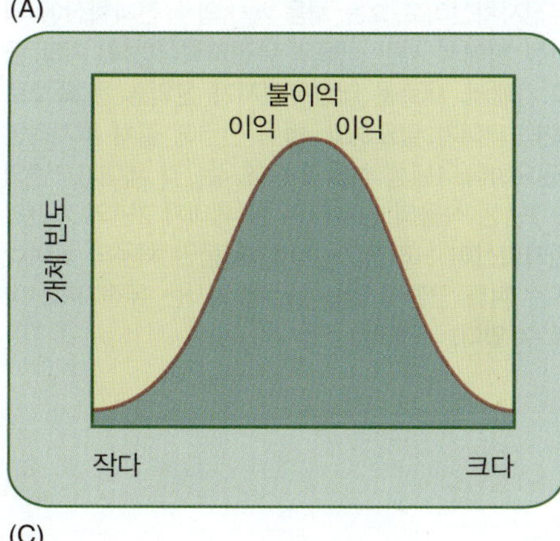

(C)

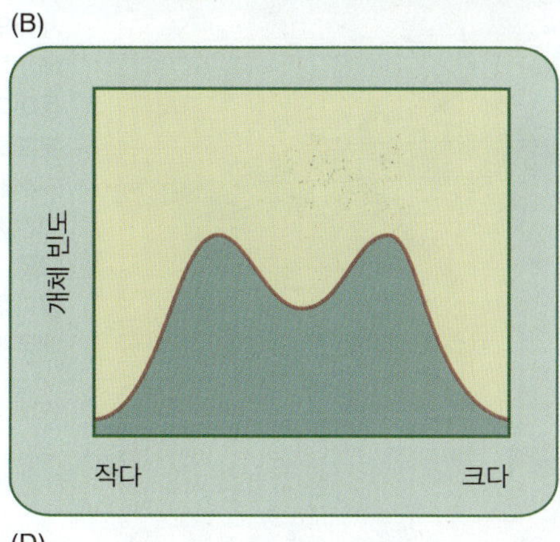

(D)

그림 17-12 **(A)**와 **(B)** 계통적 종분화에서는 형질의 어느 특정한 측면이 모든 개체들에게 이익이 되기 때문에 종의 모든 개체들이 서서히 변한다. 여기에서는 모든 잎들이 커졌는데, 짐작컨대 기후가 차츰 습해졌을 것이고 초식동물은 문젯거리가 덜 되었을 것이다. **(C)**와 **(D)** 분기적 종분화의 이 경우에서는 조건의 양 극단이 중간의 값보다 더 이익이 된다. 어떤 지역에서는 기후가 차츰 건조해져서 작은 잎을 선호하였지만, 다른 지역에서는 훨씬 습해져서 잎이 큰 식물이 유리해졌다.

나르며, 식물의 모든 대립유전자들이 이 꽃가루립에 들어 있다. 돼지풀, 벼과 초본 그리고 침엽수의 꽃가루처럼 바람에 의해 분산되는 꽃가루들은 꽤 먼 거리를 이동할 수 있다. 만일 새로운 대립유전자가 꽃가루립의 일부에 의해 운반된다면 이 유전자는 아주 멀리 떨어진 식물로 이동할 수 있게 된다. 꽃가루립의 정세포가 알을 수정시키면 배(embryo)에 새로운 대립유전자가 들어 있는 새로운 씨가 만들어지게 된다.

동물이 매개하는 꽃가루받이 역시 유전자확산에 기여한다. 새와 곤충 모두는 대부분의 시간을 좁은 지역 내에서 보내는 경향이 있다. 그러므로 새들이 먼 거리를 비행할 수 있음에도 불구하고 새들은 대개 작은 지역 내에서 꽃가루를 퍼뜨린다. 그렇기는 하지만 유전자의 이동은 빠를 수 있다.

종자분산

일부 식물의 열매와 씨는 어버이 가까운 곳에 떨어지지만, 많은 종은 먼 거리에 걸쳐 분산시키는 메커니즘을 갖고 있다. 씨와 열매는 바람, 홍수, 그리고 하천을 흐르는 물에 의해 운반될 수 있다. 이들이 물 위에 떠있는 엉클어진 부유쓰레기에 붙으면 마치 래프팅을 하듯이 섬들로 운반될 수 있다. 가시가 있거나 끈끈한 씨나 열매는 동물의 털이나 깃털에 달라붙고, 이주하는 동물은 종자를 분산하는 데 있어서 특히 중요할 수 있다(**그림 17-13**). 대부분의 새들은 이주하기 전에 붙어 있는 모든 씨들을 깃털고르기(preening)하여 털어내 체중을 줄이지만, 단 하나의 씨라도 남아 있게 되면 그 유전자는 운반된다. 씨가 발아하여 새로운 식물로 자라고 번식하면 새로운 유전자는 새로운 장소에서 퍼질 수 있게 된다.

영양번식

만일 종이 영양적으로 번식하는 작은 이동성 조각을 만든다면, 이

그림 17-13 이 도꼬마리 열매의 갈고리가 동물의 털이나 깃털에 엉키면, 열매는 어버이 식물로부터 멀리 떨어진 곳으로 운반된다. 그 안에 있는 씨가 발아하고 새로운 식물로 자랄 때 그 유전자는 새로운 장소에 있는 다른 도꼬마리의 유전자들과 합쳐질 수 있다.

들 역시 유전자확산에 기여하게 된다.

이와 같은 다양한 메커니즘에 의해 종이 분포하는 범위의 한 부분에서 생긴 대립유전자들이 다른 모든 부분으로 운반될 수 있다면, 종 전체가 새로운 종으로 진화하더라도 종은 비교적 동질성을 유지한다. 다양한 지리적 장소에서 생긴 대립유전자들은 궁극적으로 유전자확산에 의해 합쳐진다. 그러고 나서 감수분열, 교차, 그리고 유전적 재조합이 이들을 수천 가지의 조합으로 재배열한다(**그림 17-14**).

분기적 종분화

만일 종이 분포하는 전체 범위에 걸쳐 유전자확산이 종의 동질성을 유지하지 않으면 분기적 종분화가 일어난다. 범위의 어느 한

그림 17-14 유전자확산. 그 위로 꽃가루와 씨들이 이동할 수 없는 일련의 산들에 의해 이 범위는 거의 둘로 나뉘어졌다. 이는 개체군의 유전자확산과 동질화를 둔화시킨다. 숫자는 대립유전자가 확산되는 세대를 가리킨다. 즉, 1은 처음 세대의 유전자확산이고, 2는 처음 세대의 유전자확산에 의해 만들어진 씨에서 자란 식물의 유전자확산이며, 기타 등등이다. 여기에서, 새로운 대립유전자가 산의 낮은 쪽으로 분포하려면 3세대가 필요하고, 범위 전역에 걸쳐 퍼지려면 7세대가 필요하다. 1년생 식물의 종에서는 각 세대가 1년의 기간이고, 2년생 식물의 경우라면 한 세대가 2년의 기간이므로 유전자확산이 느려진다. 여러 해 동안 처음의 꽃이나 꽃가루 또는 씨를 만들지 않는 나무들에서는 유전자확산이 매우 느릴 수 있다.

부분에서 생긴 대립유전자가 다른 부분에 있는 개체들에 도달하지 않는다면, 두 구역에서는 **생식적 격리(reproductive isolation)**가 나타난다.

생식적 격리는 여러 방법으로 나타날 수 있지만, 두 가지 근본 원인은 비생물적 생식장벽과 생물학적 생식장벽이다.

비생물적 생식장벽

두 개체군 간의 유전자 교환을 방해하는 그 어떤 물리적인 비생명적 특징이 **비생물적 생식장벽(abiological reproductive barrier)**이다. 원래의 종이 서로 교배가 불가능한 2개 이상의 개체군들로 물리적으로 나뉘고, 그 결과 종분화가 일어났다면 이는 **이소적 종분화(allopatric speciation)** 또는 **지리적 종분화(geographic speciation)**라고 부른다. 산맥은 자주 생식장벽이 되는데, 이는 꽃가루매개동물이 꽃가루를 먹거나 모을 때 온 산맥을 가로질러 비행하지 않기 때문이다. 새들이나 포유류에 의해 씨앗이 가끔 산맥을 넘어 운반되기도 하지만, 아마도 이는 드물어서 그다지 중요하지 않을 것이다. 작은 동물에게는 흔히 강이 좋은 장벽이 되지만, 강이 종자분산에 의한 식물의 유전자확산을 방해하는 경우는 거의 없다. 사막과 해양은 효과적인 장벽이다. 산꼭대기의 혹독한 조건에 적응한 식물은 인접한 산꼭대기의 식물과 그 사이에 있는 골짜기에 의해 생식적으로 격리되어 있는데, 그것은 꽃가루매개동물과 종자를 분산시키는 동물들이 보통 이 산에서 저 산으로 이동하지 않기 때문이다(**그림 17-15**). 계곡에 떨어진 씨앗들은 저지대 식물과 경쟁이 되지 않아 죽기도 한다. 자외선과 건조한 공기는 바람에 실려 아주 먼 거리에 분산되는 꽃가루에게 장벽이 된다. 바람을 타고 나는 동안 꽃가루는 자외선과 건조한 공기에 의해 피해를 입고, 멀기 가기도 전에 죽을 수 있다.

생물학적 생식장벽

성공적인 유전자확산을 저해하는 어떤 생물학적 현상이 **생물학적 생식장벽(biological reproductive barrier)**이다. 만일 종이 구별할 줄 아는 동물에 의해 꽃가루받이가 된다면, 꽃의 색깔, 모양 또는 향기의 차이가 효과적인 장벽이 될 수 있다. 색소합성을 저해하고 식물이 정상적인 색깔이 아닌 하얀 꽃을 갖게 만드는 돌연변이는 꽃가루매개동물이 꽃을 인식하지 못하게 만들 수 있다. 매개동물이 꽃을 방문하지 않고, 비록 개체들이 함께 자라더라도 돌연변이 식물과 종의 나머지 식물들 간에서는 더 이상 유전자확산이 나타나지 않게 된다. 꽃이 피는 시기도 중요할 수 있다. 어떤 꽃들이 저녁에 핀다면 이 꽃들은 아침에 피는 꽃들과 상호 교배할 수 없을 것이다. 꽃이 피는 날짜의 차이가 중요한데, 그것은 꽃밥을 떠난 꽃가루의 짧은 생존력 때문이다. 비록 같이 자라지만 두 집단이 생식적으로 격리되었을 때, 그 결과는 **동소적 종분화(sympatric speciation)**이다.

예를 들면, 물꽈리아재비의 일종인 루이스미물러스(*Mimulus lewisii*)는 넓은 분홍 꽃과 소량의 농축된 꿀을 갖는데, 이런 특징은 호박벌에게 이상적이다. 이와 매우 가까운 종인 카르데날리스 미물러스(*Mimulus cardenalis*)의 꽃은 좁고 진한 붉은 색이며 다량의 묽은 꿀을 갖는데, 이는 벌새의 수분 신드롬(pollination syndrome)이다. 두 종은 함께 살지만 호박벌은 벌새의 꽃을 방문하지 않고(심지어는 그 꽃에 들어맞지도 않음) 그 반대도 마찬가지이기 때문에 두 종은 잡종을 형성하지 않는다. 그러나 이들 두 종은 인위적으로 교배시켜 건강한 잡종을 만들 수 있다. 아주 조금의 꽃유전자가 미물러스속에 큰 영향을 미친 것으로 보이며, 소수의 돌연변이의 결과로 꽃이 두드러지게 달라지고 꽃가루매개동물이 완전히 달라졌으며, 따라서 생물학적으로 격리되었다.

꽃가루매개동물의 진화적 변화 역시 식물에 있어서 생식적 격리로 작용할 수 있다. 식물개체군이 넓은 지역에 분포한다면, 그 범위의 일부분은 고도와 온도 그리고 습도와 같은 특징이 다른 부분들과 다를 수 있다. 이러한 변이가 식물에게 중요하지 않더라도 꽃가루받이를 매개하는 동물과 종자를 분산시켜 주는 동

(A)

(B) © tbkmedia.de/Alamy Stock Photo

그림 17-15 **(A)** 꽃피는 작은 초본인 동의나물속(*Caltha*)과 관목인 버드나무속(*Salix*)의 식물들은 고산지대의 눈에 가까운 서식지에서 자란다. 와이오밍 주의 티톤(Teton) 산맥**(B)** 같은 산맥은 산꼭대기 부근에 많은 소삭(patch)의 석냥한 서식지들을 마련하지만, 각 조각들은 따뜻한 골짜기나 너무 건조한 봉우리들에 의해 다른 서식지 조각들과 떨어져 있다. 씨앗은 한 조각에서 다른 조각으로 매우 드물게 운반되므로 유전자확산은 제약을 받는다. 이 사진의 동의나물속 식물들은 상호 교배가 가능한 작은 개체군의 일부이지만, 이 산맥의 다른 봉우리에 있는 다른 개체군들과는 비교적 격리되어 있다.

물에게는 중요할 수 있다. 만일 그렇다면 동물은 진화적으로 별개의 종으로 분기될 수 있고, 이들 종 각각은 식물이 분포하는 범위 가운데 작은 부분에 국한된다. 꽃가루매개동물과 종자산포동물의 이동이 한정되기 때문에 식물의 유전자확산은 거의 일어나지 않거나 전혀 일어나지 않게 된다. 생물학적 생식장벽의 이러한 예는 한 식물에서 다른 식물로 꽃가루의 이동을 저해하고, 따라서 꽃가루받이도 일어나지 않고 수정도 되지 않게 된다. 따라서 이들을 **접합전 격리메커니즘(prezygotic isolation mechanism)**이라 부르고, 이 메커니즘은 접합자가 형성되기 전에 작동한다.

넓은 지리적 분포범위에서 환경의 다양성은 곧바로 식물 자체의 분기를 유도할 수 있다. 비록 식물의 종이 광범위하고 이질적인 범위에서 나타나지만, 그 분포범위 가운데 특정한 구역의 어떤 양상에 특히 적응적인 돌연변이들이 서서히 나타나게 된다. 이런 새로운 대립유전자가 유전자확산에 의해 분포범위의 그 구역에 도달하면 유전자 빈도는 자연선택에 의해 증가하게 된다. 그런 유전자들이 분포범위의 다른 부분에 도달할 때, 만일 그 유전자들이 도달한 구역의 조건에 중립적이거나 선택적으로 불이익이 된다면 그 유전자의 빈도는 낮은 상태를 유지하거나 제거될 것이다(**그림 17-16**). 활발한 유전자확산과 상호교배에도 불구하고 식물종에서 서로 다른 아개체군(subpopulation)들이 생기고, 각각은 전체 범위에서 그들만의 특정한 부분에 적응하게 된다. 이 과정이 계속됨에 따라 각 아개체군은 서서히 더 뚜렷이 구별되고, 그 차이를 인식할 수 있게 되면 아종(subspecies)으로 불리게 된다. 마침내 많은 수의 독특하고 특징적인 대립유전자들 때문에 이들 각각은 표현형이 완전히 달라질 수 있고, 두 아개체군들은 더 이상 서로 교배하지 못하게 될 수 있다. 이들의 유전체들이 너무 달라졌다. 이 시점은 **접합후 내부격리장벽(postzygotic internal isolation barrier)**이 준비가 된 상태이고, 이제 두 아개체군은 별개의 종으로 간주해야 한다.

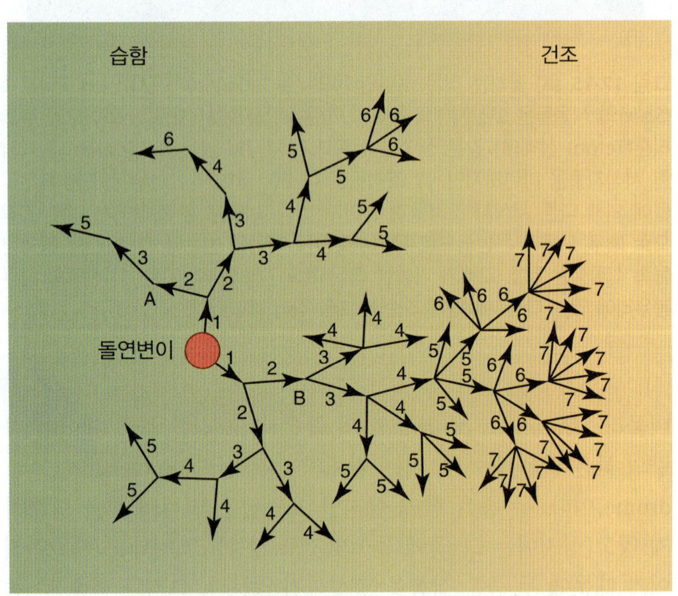

그림 17-16 돌연변이에 의해 분포범위의 건조한 부분에서는 고도로 적응적이지만 습한 부분에서는 중립이거나 유해한 대립유전자가 생겼다. 이 유전자가 최적보다 못한 환경에서 비롯되었기 때문에 제1세대에서는 오직 두 개체의 자손만이 생존하였다. 제2세대에서는 이들 각각 생존한 두 개체를 만들었는데, 그 하나는 습한 서식지**(A)**이고, 다른 하나는 건조한 부분**(B)**이었다. 이 대립유전자는 A에서 유해하여 오직 한 자손만이 제3세대에서 생존하였다. B에서는 둘이 살아남았는데, 이들 모두 건조한 서식지이고, 제4세대에서는 각각 3개체의 자손을 만들었다. 유전자가 확산되다가 우연히 보다 최적의 조건인 더 건조한 지역으로 들어가면 번식성공도는 더욱 높아지고, 유전자의 빈도는 증가한다. 유전자가 확산되다가 우연히 부적합한 서식지에 들어가면 번식성공도는 낮아지고, 대립유전자는 다시 풍부해지지 않는다.

가장 빠른 접합후 장벽의 하나는 **잡종불임성(hybrid sterility)**이 생기는 것이다. 두 개체군들이 때때로 서로 교배하거나 인공적 타가수분에 의해 생육 가능한 종자가 만들어지지만, 그 종자는 불임(sterile) 식물로 자란다. 불임잡종의 꽃밥과 밑씨에 있는 포자모세포들은 접합(synapsis)의 실패 때문에 감수분열을 끝마칠 수 없다. '상동(homologous)'의 염색체들이 더 이상 진정한 상동이 아니므로 전기I 동안에 짝을 이루지 못하고 접합복합체(synaptonemal complex)를 형성하지 못한다. 생식력 있는 꽃가루나 밑씨가 없으므로 씨가 생기지 않고, 잡종식물이 죽을 때 두 유전체의 혼합도 끝나버린다. 두 개체군들은 분기를 계속하여 점점 더 뚜렷하게 차이가 나는 종이 된다. 만일 타가수분이 일어난다면, 한 어버이의 대립유전자에 의해 암호화되는 단백질이 다른 어버이의 대립유전자에 의해 암호화되는 단백질과 서로 맞지 않아 불임의 자손조차 생기지 않고, 접합자 또는 배는 발생의 초기단계에서 죽는다. 이를 **잡종생존불능(hybrid inviability)**이라고 한다.

내부의 격리장벽이 확립되고 나면 새로운 대립유전자들을 공유할 수 없기 때문에 진화적 분기는 훨씬 더 빨라지고, 두 집단 간의 유전자확산은 끝난다. 자매종에는 없는 새로운 형질들이 각 집단에서 진화하면서 각각의 종은 더욱 쉽게 식별할 수 있게 된다. 두 종이 처음에는 매우 유사하여 이들은 확실히 관련되어 있고, 그렇게 밀접하게 관련된 종들은 분류학자들에 의해 속(genus)으로 묶여진다.

분기진화(divergent evolution)의 결과로 많은 종류의 신종이 생길 수 있다. 어떤 경우에는 어떤 아개체군이 새로운 종으로 변하는 반면, 개체군의 남은 부분들은 원래의 종에서 비교적 변하지 않은 채 지속되기도 한다. 다른 경우에는 아개체군 모두 몹시 변화하여 두 신종이 생기고 원래의 종은 더 이상 존재하지 않는다. 원래의 종이 사라지기는 하였지만, 그 종은 두 신종의 구성원을 구성하는 많은 자손들을 갖는 것이다.

적응방산

적응방산(adaptive radiation)은 분기진화의 특수한 경우로, 고작 수백만 년 같이 극히 짧은 기간 동안에 종이 빠르게 많은 신종으로 분기되는 것이다. 적응방산은 종이 경쟁이나 환경압박이 거의 없거나 전혀 없는 새로운 서식지에 들어갈 때 보통 일어난다. 가장 좋은 예는 하와이(Hawaii) 제도나 갈라파고스(Galapagos) 제도와 같이 새로 형성된 대양도(oceanic island)에 정착하는 것이다. 화산의 활동으로 만들어진 다음, 이 섬들에는 처음에 그 어떤 식물이나 동물의 생명체가 없었지만, 결국 새, 바람 또는 해류에 의해 운반된 씨앗이 도착한다. 씨가 발아하고 자라기 시작하면 초식동물, 곰팡이, 세균의 위험이나 다른 식물과의 경쟁이 없게 된다. 토양과 강우 양상, 그리고 열과 추위의 변동에 비교적 잘 적응해야 하지만, 그 외의 위험으로부터는 현저하게 자유로워진다. 만일 이 식물이 자가수정을 하거나 영양적으로 잘 번식한다면 이 식물은 성공적으로 그 지역에 대량 서식하게 된다.

최초의 유전자풀이 극히 작기 때문에 모든 자손은 처음으로 도착한 **창시자개체(founder individual)**와 매우 유사하다. 만일 오직 하나의 씨앗이 **창시자(founder)**라면 최초의 유전자풀은 그 씨에 있는 두 세트의 대립유전자들로 구성된다. 이 동질성은 아주 잠시 동안만 지속되는데, 왜냐하면 경쟁이 없는 상태에서 병원체와 초식동물 등이 선택적 작용인자로 영향을 미치기 때문이다. 따라서 본토에 있는 어버이 개체군에서 일어날 수 있는 것보다 훨씬 더 빠르게 새로운 대립유전자들이 개체군 내에서 형성된다(**그림 17-17**). 비록 개체군은 작지만 훨씬 더 다양한 사고를 당하게 되고, 따라서 유전자풀은 신속하고 이상하게 변화할 수 있다. 이 것이 **유전적 부동(genetic drift)**이고, 섬개체군은 곧 이질적으로 된다. 토양형, 배수, 기후에 대한 적응과 대사에 대한 자연선택도 작동되고, 그 결과 분기는 환경의 물리적 요인들에 의해 크게 좌우된다.

하와이 제도가 그러하듯이 만일 섬들이 종자의 원천(본토 또는 다른 섬들)에서 아주 멀리 떨어져 있다면, 같은 종이나 다른 종의 더 많은 씨들이 도달하려면 수백 년의 세월이 걸리기도 한다. 갈라파고스 제도처럼 본토와 비교적 가깝다 하더라도 씨앗은 매우 드물게 도착한다. 수천 년의 기간 동안에 유일한 동물은 새 또는 공기 중에 떠 있는 거미 같은 곤충일 것이다. 육상 파충류(도마뱀)와 포유류(쥐)가 래프팅에 의해 도착하기도 하지만, 이는 극히 희귀한 경우이다.

만일 환경이 갑자기 변하고 그 지역에서 우위를 차지하던 종들이 제거된다면 본토의 개체군에서도 적응방산이 일어날 수 있다. 우점종들이 사라지면서 경쟁이 변하고, 이전에는 잘 경쟁할 수 없었던 다른 종이 새로운 지역을 차지할 수 있게 된다. 수는 많지 않지만 이들 종에서는 유전적 부동이 일어나서 많은 특이한 유전자형을 빠르게 만든다. 짧은 기간 내에 많은 새로운 종이 식별되고, 적응방산이 일어난다.

© 7Michael/iStock

그림 17-17 하와이 제도에 도착하여 대량 서식한 선구식물(pioneer plant) 중 하나는 민들레와 친척인 국화과 식물이었다. 경쟁의 정도가 낮고 처음에 존재하던 개체들이 거의 없었기 때문에 개개의 돌연변이는 그 복사본이 단지 하나 또는 몇 개만 존재하더라도 유전자풀에서 중요한 부분이 되었다. 따라서 유전적 부동이 빠르게 일어났다. 은검초(*Argyroxyphium*)는 근본적으로 거대한 다년생 민들레이다. 그 잎은 로제트(rosette)로 자라고, 많은 '꽃'은 민들레의 '꽃'과 비슷하지만, 실제로는 아주 작은 꽃들의 무리이다. 은검초는 오늘날 하와이의 하와이국립공원에서만 자란다. 그 공원이 세워지기 전에는 염소들이 은검초를 먹어서 거의 멸종될 위기에 처했었다.

수렴진화

만약 별개의 관련 없는 두 종이 같거나 비슷한 서식지를 차지한다면 자연선택은 각 종에서 동일한 표현형을 선호하게 된다. 그 결과, 이 둘은 서로 많이 닮는 단계로 진화하기도 하는데, 이를 **수렴진화(convergent evolution)**라고 한다. 가장 놀라운 보기는 선인장과 대극의 진화적 수렴이다(그림 17-11 참조, **그림 17-18**과 **그림 17-19**). 선인장은 아메리카 대륙의 잎을 가진 나무에서 진화하였다. 사막이 형성되면서 잎의 형성을 저해하는 돌연변이가 선택이익이 되었는데, 그것은 그 돌연변이가 증산을 줄이기 때문이다. 선택적으로 이익이 되는 다른 돌연변이들은 저수능력을 증가시키고(다육질의 나무줄기) 물을 찾는 동물에 대한 방어를 증대시키는 것이다(가시). 아프리카에서도 사막이 형성되면서 이와 비슷한 표현형이 선호되었고, 대극과(Euphorbiaceae) 식물이 그런 방법의 의해 적응하였다. 결과적으로 다육질의 대극과 식물은 다육질의 선인장과 놀라울 정도로 비슷해졌지만, 대극의 조상은 선인장의 조상과 매우 다르다. 이 두 집단은 같은 종을 만드는 단계로까지 수렴하지는 못하였다. 단지 표현형만 수렴되었고, 유전자형은 그렇지 않았다. 예를 들면, 선인장의 가시는 변형된 잎인 반면, 대극의 가시는 변형된 줄기이다.

진화와 생명의 기원

오늘날 출현하는 종들은 과거에 존재하던 종들에서 진화하였고, 그 종들은 그들보다 앞서 존재하였던 종들로부터 진화한 것이다. 이제 어떻게 생명이 생겨났고 처음에는 어떤 모습이었는지에 대해 살펴보기로 하자.

지구상의 생명의 기원에 관해 가장 진지하게 고려되는 가설은 **화학합성(chemosynthesis)**가설이다. 기본적으로 화학합성가설은 신의 중재(divine intervention)의 모든 흔적을 배제하고 오로지 알려진 화학적 과정과 물리적 과정을 이용하여 생명의 기원을 모형화하도록 시도한다. 이 가설은 1924년에 러시아의 과학자인 오파린(A. Oparin)이 처음으로 제안하였고, 이어서 영국의 할

식물과 인간

박스 17-2 동물원과 식물원 그리고 유전적 부동

유전적 부동, 작은 개체군의 적응방산, 그리고 인위선택은 멸종위기종(endangered species)의 보존에 있어서 중요한 요인이다. 동물원, 식물원, 그리고 국립공원에서 유지되고 있는 적은 수의 개체들과 포획된 동물과 채집된 식물의 유전자풀이 너무 작아서 빠른 변동과 부동은 이들이 빠르게 진화하도록 야기할 수 있다. 가둬서 보호하는 멸종위기종은 상실될 염려가 있는데, 그 이유는 이들이 고도로 인공적이고 사람이 유지하는 조건에 적응된 종으로 진화하였기 때문이다. 겉으로 보면 처음에 동물원에 들어온 조상종과 아직 비슷하지만, 사실상 이들은 감염, 기생충, 그리고 포식동물에 대한 저항성이 다르고, 교배 상호작용(mating interaction)을 이해하고 수행하는 능력도 조상들과 다르다. 이제 대부분의 동물학자들은 서식지 보존(habitat preservation)이 멸종위기에 처한 동물종을 유지하는 유일하고 진정한 방법이라고 믿고 있다. 동물원은 필요한 개체수를 위한 충분한 공간을 제공할 수 없고, 인위선택이 아닌 자연선택의 작용인자로 작동되는 현실적인 서식지를 제공할 수 없다. 동물원에서 태어난 자손의 대부분은 야생으로 생존하는 데 있어서 제대로 적응하지 못할 수 있다. 만일 이들이 항생물질과 특별식을 제공 받으며 지냈다면, 유익하지 않은 대립유전자의 존재가 개체군에서 사라지지 않고 유지된다. 자연개체군에서는 유생기에 엄청난 사망률이 나타나는데, 이는 자연선택의 필수적 요인이다. 동물원에서는 사망률이 현저하게 줄어들면서 포획된 개체군의 유전자풀은 자연개체군의 유전자풀로부터 빠르게 분기되고, 유해한 돌연변이가 대단히 풍부해진다. 동물원의 개체군은 사람이 돌보지 않으면 생존이 불가능해질 수 있다. 식물원에서 유지되는 식물종에서도 마찬가지다. 식물원에서는 가장 특이한 변종에 자주 특별한 관심을 기울이게 되고, 자연조건에서는 선택적으로 불이익이 될 만한 외래(exotic) 대립유전자들의 존재가 증가하게 된다. 인위선택과 자연선택은 크게 다른 유전자풀을 야기한다. 그렇다고 해서 식물원이나 동물원을 비난하는 것은 아니다. 식물원과 동물원은 많은 종을 멸종으로부터 구하는 필수적인 서비스를 제공했고, 현재로서는 그런 생물들을 위한 유일한 대안이 될 수 있지만, 야생의 종들은 그 개체들로만 구성되는 것이 아니라 그 환경과 상호작용하는 유전적 다양성으로 이루어진다는 점을 결코 잊지 말아야 한다.

멸종위기종에게 정말로 안전한 보호구역을 제공하기 위해서는 유전적 부동에 맞서 안정적이 될 만큼 충분한 크기의 개체군을 아우를 수 있도록 공원이나 서식지 보호구가 확장되어야 한다. 옐로스톤(Yellowstone) 국립공원조차도 유전적으로 안정적인 회색곰(grizzly bear) 개체군을 유지하기에는 충분히 넓지 않지만, 버펄로(buffalo)에게는 잘 되고 있는 것으로 보인다. 식물종의 많은 개체들은 작은 면적에서도 생존할 수 있어서, 이론적 기반에서 1평방킬로미터에는 유전적 다양성을 위한 충분한 개체들이 수용될 수 있을 것이다. 그렇지만 중요한 측면은 꽃가루매개동물과 종자분산동물을 유지하는 충분한 서식지도 함께 보존되어야 한다는 것이다. 한편으로 서식지는 병원체, 초식동물 등을 포함하여 현실적인 선택압들이 충분히 들어있도록 다양해야 한다. 불충분한 서식지 보존 때문에 만약 이들이 제거된다면 식물종은 비정상적인 선택을 경험하게 된다. 최근의 산불이 좋은 예가 된다. 불은 많은 생태계의 자연적 부분이고 많은 특징에 대한 자연선택의 작용인자가 된다. 만약 불을 진압하면 저항력이 없는 개체들이 생존하고 개체군의 대립유전자 빈도가 변하게 된다.

물론 인위선택이 우리들의 재배식물들을 개선시켰지만, 자연개체군에는 처참한 결과를 초래할 수 있다. 많은 종에서, 특별히 아름다운 모양이나 꽃을 지닌 난초, 브로멜리아류(bromeliads), 그리고 선인장 같은 표본형 화초(specimen plant)들이 상업적으로 가치가 크다. 대부분의 경우, 이들을 원예식물 재배장에서 키우는 것보다 자연개체군에서 이들 식물을 채집하는 것이 훨씬 쉽고 경비가 적게 든다. 식물을 대규모로 채취하면 실제로 일부 종을 멸종시킬 우려가 있으며, 이러한 행위는 개체군으로부터 대부분의 건강한 식물들을 제거해서 아주 심각한 영향을 미치게 된다. 남겨진 식물들은 약하거나, 건강하지 못하거나 또는 모양이 정상이 아닌 식물들이기에, 남아 있는 개체군에서는 건강하지 못하고 잘 적응하지 못하는 식물들을 만드는 대립유전자의 빈도가 증가하게 된다. 채집하는 사람이 전체 개체군을 말살하지 않는다 하더라도 채집 행위 자체가 개체군의 유전자원에 중대한 피해를 입힐 수 있다. 우리는 앵무새, 큰부리새(toucan), 그리고 열대어에게 이미 이와 같은 괴로움을 안겨 주었다.

데인(J. B. S. Haldane)이 제안하였다. 이 과학자들은 생명이 비롯되기 전의 지구의 표면은 지금의 상태와는 다르고, 그 당시 존재하던 화학물질들은 자연적으로 반응하여 보다 복잡한 화학물질을 만들고, 그렇게 생긴 화학물질들이 계속 반응할 수 있었다고 상정하였다. 수백만 년에 걸친 반응들의 결과로 생명에 필수적인 모든 분자들이 만들어졌을 것이고, 이 분자들이 응집하여 초기의 원시세포(protocell)가 되었을 것이다. 이 원시세포로부터 자연선택은 진정한 살아있는 세포로의 진화를 이끌었을 것이다. 생명이 화학합성적으로 기원하는 데에는 4가지 조건이 필수적이었을 것이다. 즉, 원시 지구는 (1) 올바른 무기화학물질, (2) 적절한 에너지원, (3) 많은 시간, 그리고 (4) 산소의 파괴적 분자형태(O_2)의 부재라는 4가지 조건을 갖추었을 것이다.

(A)

(B) Courtesy of G. Ardisson, Université de Nice

그림 17-18 선인장과 대극은 수렴진화의 좋은 예가 된다. 많은 초기 대극과 식물들은 초기의 선인장처럼(그림 17-11A 참조) 잎이 달린 나무**(A)**였다. 그러나 일부는 많은 선인장처럼 다육질**(B)**로 진화하였다. (A) 오구나무(*Sapium sebiferum*)와 (B) 에우포르비아 김노칼리치오이데스(*Euphorbia gymnocalycioides*) 모두 대극과(Euphorbiaceae)에 속하는 종들이다.

그림 17-19 선인장과 대극 모두에는 뚜렷이 다른 종류의 겨우살이들이 기생하는데, 이 겨우살이들 역시 수렴진화를 거쳤다. 여기에 보인 겨우살이의 일종(*Viscum minimum*)의 꽃눈은 에우포르비아 락테아(*Euphorbia lactea*)의 몸에서 모습을 드러냈다. 또 다른 겨우살이인 트리스테릭스 아필루스(*Tristerix aphyllus*)는 트리코케레우스 킬렌시스(*Trichocereus chilensis*)라는 선인장(박스 2-2 참조)에 기생한다. 이들 겨우살이 모두는 왜소한 식물이고, 다육질로 된 숙주의 몸 안에 깊이 파묻혀 수명의 대부분을 보낸다.

생명의 기원 이전의 지구의 상태

대기 중의 화학물질

지구는 약 46억 년 전에 가스와 먼지로부터 응축되었다. 지구는 처음에 뜨겁고 바위투성이였으며, 대부분 수소로 구성된 대기를 가졌다. 수소는 가벼운 기체이므로 초기 대기의 대부분은 우주로 흩어져 없어졌다. 초기의 대기는 지구를 구성하는 모암에서 방출되는 가스와 운석에 의한 격렬한 충격에서 생기는 가스들에 이해 형성된 **2차대기(second atmosphere)**로 대체되었다. 이 두 가지의 원천은 황화수소(H_2S), 암모니아(NH_3), 메탄(CH_4), 그리고 물 등의 가스를 제공하였을 것이다. 이들 모두는 화산 가스에서 발견되고, 아직도 지구에 떨어지는 운석에서도 발견된다. 분자상 산소는 존재하지 않았다. 이는 이미 다른 원소들과 결합하여 물과 규산염 같은 화합물이 되었다. 초기의 2차대기는 분자상 산소의 결핍과 강력한 환원제의 존재로 인해 **환원성 대기(reducing atmosphere)**였다(**그림 17-20**).

에너지원

초기의 2차대기는 강력한 에너지원에 노출되었기 때문에 대기가 복잡한 화학적 성질을 가졌음에 틀림없다. 가장 중요한 에너지는 태양으로부터 오는 자외선과 감마선이었다. 이들 복사(radiation)는 활발한 양자를 갖고 고도로 반응을 하는 자유라디칼을 생성하였다. 암모니아의 일부는 수소와 질소로 분해되고, 메탄의 일부는 일산화탄소와 이산화탄소로 전환되면서 대기의 복잡성이 증가하였다.

열은 반응을 일으키는 또 다른 에너지원이다. 열의 원천 가운데 하나는 지구를 형성하는 가스와 먼지의 융합이었다. 입자들이 중력의 중심을 향하여 떨어지면서 이들은 가속화되고 이어서 충

Courtesy of NASA/JPL/Space Science Institute

그림 17-20 명왕성을 제외하고 외행성(outer planet)들은 엄청나게 커서 그 중력은 원래의 수소대기를 간직하고 있다. 이에 덧붙여 유성의 충돌과 그 밖의 활동은 암모니아, 메탄, 그리고 기타 성분을 추가하여 지구의 초기 2차대기와 비슷한 대기를 만든다. 대기의 반응들은 유기화합물을 생성할 수도 있다.

© ARCTIC IMAGES/Alamy Stock Photo

그림 17-21 화산이 분출하는 동안 가스가 빠르게 이동하면서 번개를 일으키는 데 필요한 전위를 발생시킨다. 화산 가스를 통과하는 방전은 유기화합물을 생성한다.

돌하여 운동에너지를 열로 전환시켰다. 열의 두 번째 원천은 우라늄과 라듐 같은 중원소(heavy element)의 방사성 붕괴였는데, 이 붕괴는 45억 년 전에 극심하였다. 오늘날에도 엄청난 방사성 붕괴 덕분에 지구의 핵이 용해된 상태를 유지하고 있다. 초기의 2차대기에 존재한 화학물질들은 바닷물에도 용해되었고, 뜨겁거나 용해된 암석과 접촉할 때는 언제든지 자유에너지증가반응이 일어나서 더 복잡한 화합물들이 생겨났다.

전기는 대대적 규모로 풍부하였다. 대기와 행성 표면의 높은 온도 때문에 지구의 많은 물은 당초 대기 속에 떠 있었다. 행성이 냉각하면서 비가 내렸지만, 빗물은 뜨거운 표면을 때리자마자 증발하였다. 어마어마한 폭풍우가 수천 년 동안 지속되면서 엄청난 양의 번개를 일으켰다. 번갯불이 번쩍이면서 대기를 통과할 때 번개는 더 많은 화학반응을 촉발하고, 그 결과 생긴 산물이 비에 씻겨 내렸다. 뜨거운 표면에서 이들이 가열되어 더 많은 화학반응을 일으켰다. 행성이 더욱 냉각하여 표면의 온도가 100°C 아래로 떨어졌고, 액체 상태의 물은 하천, 호수 그리고 해양에 모이기 시작하였다.

화산 역시 이들이 분출하면서 그 분화구 주위에 번개를 일으킨다(**그림 17-21**). 엄청난 양의 화산활동을 감안하면 이 번개는 상당히 많은 에너지를 공급하게 될 것이다. 또한 화산활동에 의한 번개는 분출되는 가스의 구름을 통과하는데, 이 가스구름에는 황화수소, 메탄, 암모니아, 그리고 물이 주로 농축되어 있다.

생명의 기원을 위한 시간

생명의 화학합성적 기원을 위한 시간은 유리된 분자상 산소의 부재 때문에 근본적으로 제한이 없다. 산소가 없으면 생성된 화학물질을 분해시킬 동인이 존재하지 않는다. 분자상 산소가 존재한다면 화학물질이 형성되지 않거나 또는 형성되자마자 바로 산화될 것이고, 산소가 없다면 이들은 수백만 년 동안 축적될 것이다. 그 당시의 해양은 물, 염류, 그리고 시간이 지남에 따라 점점 더 복잡해지는 수많은 유기화합물들이 들어 있는 '희석수프(dilute soup)' 또는 '원시수프(primordial soup)'라고 부른다. 지구가 굳어지고 나서 생명이 생길 때까지 11억 년의 시간이 경과되었을 것이다.

화학합성적으로 만들어지는 화학물질

오파린과 할데인의 발표 이후, 1953년에 시카고 대학의 대학원생인 밀러(S. Miller)가 이 화학합성가설을 처음 실험적으로 시험하였다. 밀러는 바닥에 끓는 물이 있고 꼭대기에 환원성 대기가 들어 있으며, 번개의 효과를 얻기 위해 전극에서 방전을 일으키는 장치를 고안하였다. 물을 가열하면 수증기가 올라가서 대기와 혼합하고 전기 스파크의 효과를 받은 다음, 응결되어 다시 물에 떨어지면서 순환을 반복한다(**그림 17-22**). 밀러는 1주일 동안 계속

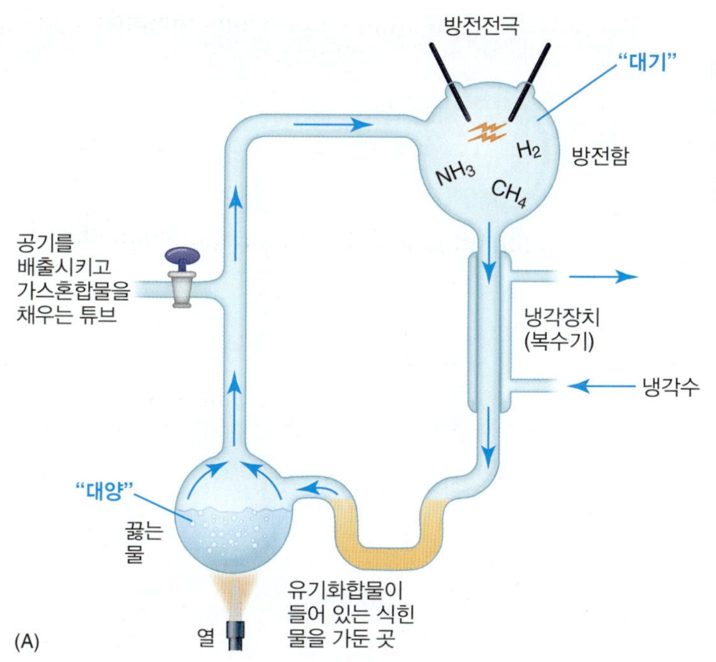

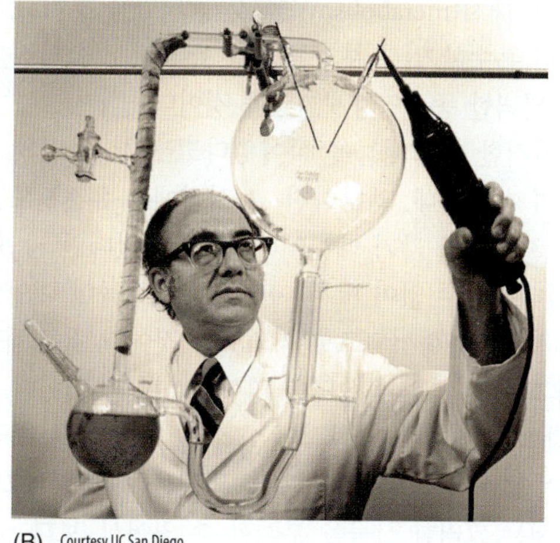

그림 17-22 생명의 화학합성적 기원의 첫 번째 단계가 가능한지를 밝히기 위해 밀러가 사용한 장치의 도해**(A)**와 사진**(B)**.

순환을 시키고 나서, 새로 생긴 복잡한 유기화합물들이 축적되어 용액이 짙은 색을 띠고 있음에 주목하였다. 용액의 조성을 분석하였더니 아미노산을 포함하여 많은 다양한 물질들이 포함된 것으로 나타났다. 그 이후에 다양한 대기 조성의 효과를 시험하고, 여러 종류의 에너지원을 이용하거나 물에 금속 이온을 포함시키면서 이런 유형의 실험이 수없이 되풀이되었다. 아미노산, 당, 지질, 질소를 함유한 염기 등과 같이 생명에 필수적인 거의 모든 작은 분자들이 이와 같이 형성될 수 있다.

이런 실험들은 우리에게 무엇이 이론상 가능한지를 알려준다. 운석과 달의 시료를 분석하면 비생물적 환경에서 실제로 어떤 일이 일어나는지 밝혀진다. 아폴로(Apollo) 우주선의 비행사가 달에서 가져온 바위 시료에는 아미노산을 포함하여 다양한 유기화합물들이 들어 있다. 대기를 지나 떨어지면서 또는 땅에 닿은 오염되지 않은 운석의 내부는 알코올, 당, 아미노산, 그리고 핵산에서 나타나는 질소함유염기를 함유하고 있다. 단량체(monomer)의 형성에 관해서 화학합성가설은 타당한 모델이 된다.

중합체의 형성

생명이 출현하기 위해서는 초기 대양에 존재한 단량체들이 중합되어야 하지만, 중합(polymerization)은 고농도의 단량체들을 필요로 한다. 충분히 시간을 주면 대양은 희석된 수프에서 농축된 수프로 바뀌겠지만, 아마도 그럴 필요는 없었을 것이다. 수많은 메커니즘에 의해 고도로 농축된 반응물들의 풀(pool)이 만들어졌을 것이다.

농축되는 분명한 방법은 만조 때 해변에 풀이 만들어졌다가 썰물이 빠진 다음 증발되는 것이다. 강렬한 햇빛을 받아 풀이 따뜻해지고, 심지어는 뜨거워지면서 중합반응이 일어날 수 있다. 만조 때 물이 차면서 중합체들은 바다로 씻겨나가서 쌓인다. 연못과 해변의 풀이 얼 때에도 단량체들이 축적될 수 있다. 얼음은 비교적 순수한 물이고, 물이 아직 꽁꽁 얼지 않았더라도 단량체들은 점점 농축된다. 이는 높은 온도에서 증발에 의해 형성되는 중합체와는 완전히 다른 클래스의 중합체들을 만든다.

점토입자에 의한 흡수는 단량체들을 농축시킬 수 있으며, 점토는 지금 많은 관심을 받고 있다. 점토입자들이 암석의 아주 작은 조각이기 때문에 이 입자들은 규칙적인 크리스털 같은 표면을 갖는다. 유기분자들은 이 표면에 그냥 무작위로 들러붙는 것이 아니라 특정한 방향으로 부착한다. 따라서 점토입자에 결합하는 것은 효소와 결합하는 것과 비슷하다. 더구나 점토의 결정매트릭스는 철, 마그네슘, 칼슘, 인산염의 이온들 그리고 효소의 활성부위에서 전형적으로 나타나는 결합기들을 함유한다. 점토가 단량체들을 농축시키고 최초의 원시적 촉매제로 작용하였는지를 밝히기 위한 많은 실험들이 진행되고 있다.

응집과 조직화

생명의 가능한 화학진화에서 다음 단계는 화학성분들이 어떤 구조와 대사를 갖는 덩어리로 응집되는 것일 것이다. 지방질의 소수성 물질들은 마치 잔잔한 물에서 기름이 막을 형성하듯이 또는 물을 휘저었을 때 기름방울이 생기듯이 저절로 응집된다. 지방산이 가장 바깥쪽에 자리 잡고, 소수성 부위와 친수성 부위를 갖는 단백질 같은 다른 분자들이 동반된다. 내부는 주로 친수성 분자들이지만, 소수성 외부와 친수성 내부를 갖는 단백질들이 복잡성을 가중시킨다. 어떤 종류의 단백질들은 응집하여 친수성 자리의 큰 부위를 차지하기도 한다.

이러한 최초의 응집체(aggregate)는 근본적으로 상대적 용해도에 의해서만 조절되며 무작위로 형성되었을 것이다. 단백질의 일부가 우연히 어떤 효소의 활성을 갖게 되었다면 응집체는 어떤 단순한 '대사(metabolism)'를 갖게 되었을 것이고, 짐작컨대 바다로부터 흡수한 일부 분자를 다른 분자로 전환시켰을 것이다. 응집체는 완벽한 종속영양체이었을 것이다.

이러한 응집체들을 살아있다고 또는 생명의 초기 단계라고 상정하지 않는데, 왜냐하면 그 시점에는 유전정보를 저장하는 방법이 존재하지 않기 때문이다. 유전이 없다면 자연선택이 나타날 수 없다. 셀 수 없이 많은 이러한 응집체들이 대양의 전역에서 수백만 년 동안 형성되고 분리되었을 것이다. 응집체들의 존재는 대양의 화학적 성질에 상당한 영향을 미쳤을 것이다. 일부에서는 어떤 단백질이 매우 활성적인 효소가 되어 아주 복잡한 산물을 만들 수 있는 적절한 상태가 마련되었을 수 있다. 그렇지만 다른 경우에서는 그러한 산물을 분해할 수 있어서, 보다 정교한 분자들과 중합체들의 형성과 분해 간에서 평형을 이루게 되었을 것이다.

어떤 시점에 응집체에게 있어서 유용한 산물을 합성하도록 안내할 수 있는 유전 가능한 정보분자를 갖는 응집체가 형성되었을 것으로 추정된다. 여기서 '유용하다(useful)'라는 말은 파도의 작용으로 부서지지 않으면서 또는 확산에 의해 소멸되지 않으면서 산물이 응집체를 더 오래 지속되도록 도와주는 것을 의미한다. 이는 응집체가 자라도록 도와주었을 수 있고, 심지어는 유전분자의 복제를 도와주었을 수 있다. 유전의 존재로 모든 것이 변화하였다. 보다 효율적이고 보다 유리한 효소나 구조단백질의 생산을 야기하는 어떤 돌연변이는 강력한 선택이익을 제공하였고 응집체의 자손에게 전달될 수 있었다. 현재 유전 가능한 최초의 정보분자로 RNA에 관심이 집중되고 있다. 짐작컨대, 주로 대양으로부터 물질을 흡수하여 응집체의 크기가 증가하면서 그 정보분자는 복제되었을 것이다. 만일 파도의 작용이나 표면 장력에 의해 응집체가 둘로 쪼개졌다면, 그리고 만약 이 반쪽 각각에 정보분자가 들어 있다면 생식이 일어난 것이다.

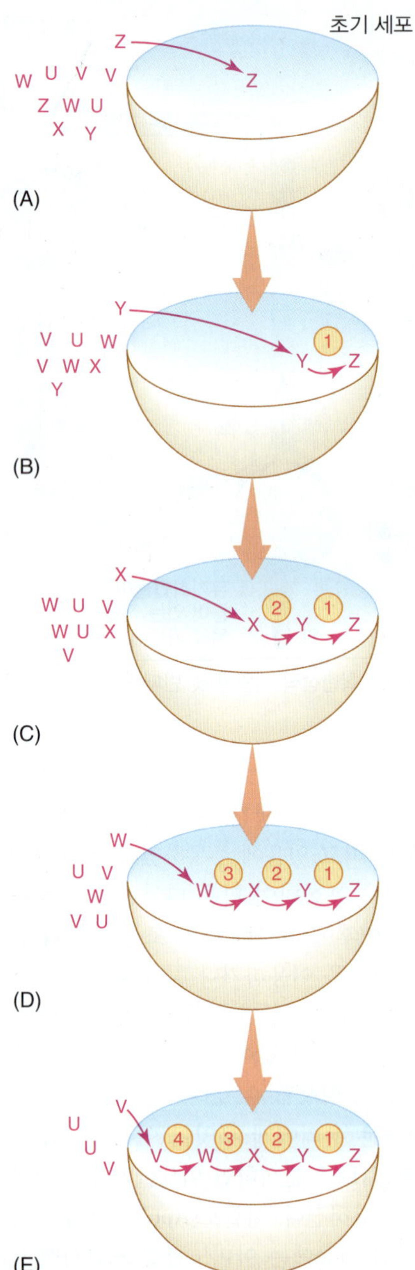

그림 17-23 **(A)~(E)** 우리는 환경에서 원료가 부족해지면서 많은 대사경로들이 퇴행 진화(backward evolution)하였다고 믿고 있다. 오늘날 광합성의 경로는 갈 수 있는 데까지 가서 오로지 물과 이산화탄소만을 필요로 한다.

초기의 대사

응집체는 모든 물질을 대양으로부터 흡수하고 소수의 분자만을 변형시키는 완전한 종속영양체였을 것이다. 그렇지만 응집체들이 어떤 영양소들을 계속하여 소비함에 따라 그 영양소들이 부족해졌다. 여전히 대양에서 풍부하게 이용할 수 있는 분자로부터 부족해진 분자를 합성할 수 있는 기능을 갖춘 효소를 만들 수 있는 응집체들이 강력한 선택이익을 갖게 되었을 것이다. 이로써, 2개의 효소가 관여하는 2단계의 대사경로가 생겼을 수 있다(**그림 17-23**). 풍부한 분자로부터 부족해진 소중한 분자를 합성할 수 있게 되면서, 자유롭게 된 응집체는 다른 응집체들에 대해 커다란 이점을 갖게 되었고, 이는 더 빠른 대사를 갖게 되고 더 빨리 생장하고 생식을 하게 되었을 것이다.

그 응집체와 그 자손들이 차츰 풍부해지고 결국에는 너무 많아지면서 화학합성적으로 만들 수 있는 정도보다 훨씬 빠르게 두 번째 화학물질을 이용하게 되었고, 부족 현상이 다시 나타나게 되었을 것이다. 풍부한 전구물질을 이용할 수 있게끔 대사경로의 다른 단계가 확장될 수 있는 어떤 유전체계를 자연선택이 다시 한 번 선호하게 되었을 것이다. 현대의 식물의 광합성에서 환경으로부터 뽑아낼 필요가 있는 전구물질이 물과 이산화탄소의 두 가지뿐이고, 이들 모두 풍부하고 경비가 들지 않는다는 점을 상기하자. 대사경로가 길게 확장되고 여러 갈래로 퍼져서 탄소를 함유하는 모든 화합물들이 이 두 가지로부터 유래된다. 기존의 유기물질은 필요하지 않다.

에너지대사 역시 중요했을 것이고 해당과정은 초기에 진화해야만 했는데, 이는 사실상 모든 생물에서 해당과정이 나타나기 때문이다. 응집체와 최초의 세포는 수백만 년 동안 약간의 ATP를 흡수하고 해당과정과 발효를 통해 더 많은 ATP를 생성하였을 것이다. 어떤 시점에 전자전달사슬과 수소이온 펌프체계가 진화되었을 것이다. 전자전달사슬은 빛에 의해 구동되고, 초기 형태의 광합성이 진화하였다. 고등식물의 광합성은 정교하지만, 그보다 훨씬 단순한 유형의 광합성이 오늘날에도 일부 광합성세균에서 나타난다. 광합성의 진화는 엽록체만큼 복잡하거나 어렵지 않았을 것으로 믿어진다. 유리된 분자상 산소가 여전히 존재하지 않기 때문에 미토콘드리아에서 나타나는 것 같은 산화적 전자전달은 진화할 수 없었을 것이다.

산소

엽록소 *a*와 산소를 방출하는 광합성의 진화는 두 가지의 엄청난 결과를 가져 왔는데, (1) 온 세상이 녹슬고, (2) 유기호흡이 진화할 수 있는 조건이 마련되었다. 그때까지, 광합성은 세균의 색소인 세균엽록소(bacteriochlorophyll)가 수반되었고, 이는 물로부터 산소를 방출하지 않고 황화수소로부터 황을 방출하였다. 지구는 환원성 대기를 유지하였고, 복잡한 전구분자들의 화학합성도 계속될 수 있었다. 그렇지만 엽록소 *a*가 진화한 다음에는 광합성의 원료가 물이 되었고, 유리된 분자상 산소(O_2)가 노폐물로 방출되었다. 이러한 진화적 단계가 28억 년 전에 일어났는데, 그것은 산소가 빠르게 철과 결합하여 산화 제2철(ferric oxide), 즉 녹(rust)이 형성되었기 때문이다. 이 시기의 퇴적암은 녹의 두꺼운 붉은 층을 포함하고 있고, 이는 산소를 방출하는 광합성이 언제 도래하였는지 그리고 산소와 철의 반응이 얼마나 오래 계속되었는지를 나타낸다. 지구의 대양에 있는 유리 상태의 철들이 모두 산화된 후에야 비로소 산소가 대기에 축적되기 시작하였다. 오늘날 존재하는 대기는 광합성에서 비롯된 산소들이 이렇게 추가되면서 초기의 2차대기로부터 유래되었다. 이를 **산화성 대기(oxidizing atmosphere)**라고 한다.

녹이 스는 기간은 모든 생명에 있어서 매우 중요하였는데, 그것은 이 기간 동안 유리 산소의 농도가 매우 낮게 유지되었기 때문이다. 절대호기성(obligate aerobic) 동물인 우리는 유리 산소가 얼마나 독성이 강한지 이해하기가 어려울 수 있다. 우리는 살기 위해서 산소가 필요하지만, 우리의 몸은 산소를 제어하고 산소가 우리 몸에서 제멋대로 반응하지 못하도록 막는 다양한 메커니즘을 갖추고 있다. 식물, 곰팡이, 조류, 그리고 많은 세균도 마찬가지다. 철이 존재하지 않았더라면 물과 공기에서 유리 산소의 농도가 빠르게 증가하여 모든 것을 죽일 수 있었을 것이다. 어쩌면 살아남은 것이 전혀 없었을지도 모른다. 그렇지만 철이 있었기 때문에 산소의 농도는 수백만 년 동안 낮게 유지되었다. 산소는 환경에 위협이 되었지만, 즉각 보편적으로 치명적이지는 않았다. 산소의 독성을 없앨 수 있는 메커니즘이 생기도록 한 돌연변이들은 엄청난 선택이익을 받았다. 물론 최상의 방법은 산소에 2개의 전자를 첨가하고 2개의 양성자를 얻도록 하여 물로 변환시키는 것인데, 이는 정확히 시토크롬산화효소(cytochrome oxidase)가 하는 일이다. 시토크롬산화효소는 미토콘드리아의 전자전달사슬에서 최종 전자운반체이고, 그 진화와 함께 유기호흡이 가능해졌다. 산소는 위험한 오염물질에서 귀중한 자원으로 탈바꿈하였다. 유기호흡의 진화는 미토콘드리아에서 일어난 것이 아니라 세균에서 일어났고, 일부 세균은 극히 초기의 버전을 아직도 간직하고 있는 것으로 보인다.

대기에 산소가 쌓이면서 다른 중요한 결과를 가져왔다. 자외선의 영향을 받아 산소가 오존(O_3)으로 변형된 것이다. 오존은 자외선에 대해 극히 불투명하고, 따라서 자외선의 대부분이 대기로 깊이 투과하여 지표에 닿지 못하도록 한다. 이로 인해 자외선은 에너지원에서 즉시 제거되었고, 유기분자의 화학합성적 형성이 극히 둔화되었다. 이제 생물학적 광합성이 생명계에 에너지를 가져다주는 가장 중요한 수단이 되었다. 자외선이 사라지면서 지구의 표면은 살기에 더 안전한 장소가 되었다. 자외선복사(UV radiation)는 핵산에 손상을 주며, 대기에 오존이 없었을 때에는 대양이나 육지의 표면에서 아무 것도 살 수 없었을 것이다. 오존의 방패 덕분에 생물은 대양에서 보다 위쪽으로 그리고 해안의 갯벌로 올라올 수 있었다. 육상생물로의 이행이 가능해진 것이다.

생명의 출현

화학합성설은 완전한 무기화합물에서 살아 있는 세균으로 오랜 기간에 걸쳐 점진적으로 변화하였다고 상정한다. 어떤 단계에 생명이 나타났다고 말할 수 있을까? 이는 대답하기 어려운 질문인데, 왜냐하면 이 이론은 살아 있는 물체와 생명력이 없는 물체 사이의 분명한 경계를 그리지 않기 때문이다(**그림 17-24**). 생명체의 화학적 성질은 생명력이 없는 물체의 화학적 성질보다 훨씬 복잡하지만, 그렇다고 해서 생명체가 그 어떤 독특한 특성을 지닌 것은 아니다. 생명계와 무생물계의 물리적 성질은 똑같다. 생명계에서 흔히 볼 수 있듯이, 단순히 2개의 서로 배타적인 대안이 아니라 이 문제는 연속체(continuum)로 대해야 한다. 경계를 찾는다는 것은 지나치게 단순한 것이다. 우리에게 중요한 것은 그 복잡성의 과정들을 이해하는 것이다.

Courtesy of Doctor William Schopf, Professor of Paleobiology & Director of IGPP CSEOL, University of California

그림 17-24 약 35억 년 전에 살았던 초기 원핵생물 화석의 유물.

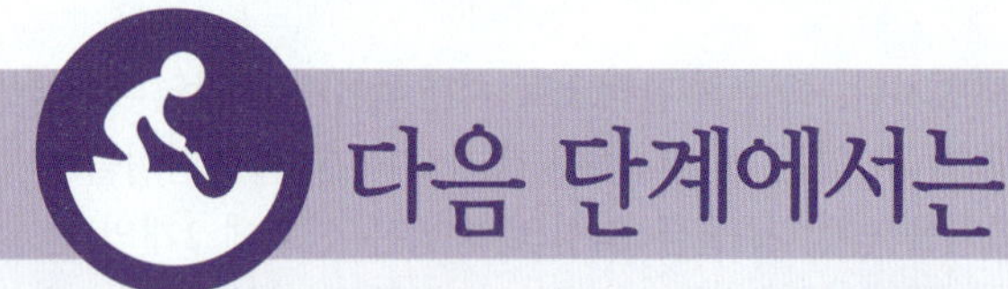

다음 단계에서는

1. **격리장벽.** 이 17장에서는 비생물적 생식장벽과 생물학적 생식장벽의 개념을 소개하였다. 그 개념은 단순하다. 즉, 같은 종의 두 구성원이 서로 교배하지 못하게 만드는 것이 생식장벽(격리장벽)이다. 그런데 이에 관해 잠시 생각해 보자. 수많은 현상들이 두 개체의 생식을 방해할 수 있는데, 이러한 현상들은 오래 사는 식물과 동물 사이에서 다를 수 있고, 성긴(sparse) 개체군에서 사는 개체와 조밀한 개체군에 사는 개체 사이에서 다를 수 있으며, 동물매개성 식물과 풍매식물 사이에서 다를 수 있다. 격리장벽에 관한 다양한 문헌들이 있으므로, 식물과 관련된 격리장벽에 중점을 두도록 주의하기 바란다.
2. **생존지역.** 가끔 조건이 변하여 종의 많은 개체들이 죽거나 하다못해 번식을 하지 못하게 된다. 기후의 변화, 가뭄 또는 새로운 진균성 병원체나 해충의 발발 등이 바로 그것이다. 이렇게 조건이 변화하는 동안에 개체들 가운데 일부 작은 무리가 몇몇 안전한 장소에 위치할 수 있는데, 이런 곳을 생존지역(refugia; 단수형 refugium)이라고 부른다. 생존지역에서는 변화하는 환경으로부터 개체들이 보호를 받는다. 개체들의 이 집단은 진균성 질병이 사라질 때까지 몇 년 동안만 생존지역에서 격리되기도 하지만, 빙하시대 동안에 10만 년 동안이나 격리되기도 한다. 어느 쪽이든, 유해한 조건이 일단 끝나면 이 종은 생존지역에서 나와 퍼지고 생존할 수 있다. 여기서 중요한 개념은 생존지역에 있던 구성원들의 유전적 다양성을 제외하고 종의 유전적 다양성의 대부분이 사라졌다는 점이다. 따라서 종이 생존지역으로부터 퍼져 나가면서 그 종은 유해한 조건이 시작되기 전과는 유전적으로 매우 다르게 될 것이다. 경우에 따라서는 급속한 진화를 이끌 수 있지만, 다른 경우에는 멸종의 결과를 가져올 수 있다.
3. **분자시계와 진화율.** 특정 생물이 언제 진화하였는지 또는 특정한 구조나 생리적 현상이 언제 나타났는지 궁금해 하는 것이 당연하다. 경우에 따라서는 어떤 단서를 제공해 주는 화석을 운 좋게 찾을 수도 있지만, 대부분의 경우에는 적절한 화석이 없어서 다른 증거들로부터 추정해야 한다. 많은 사람들은 유전자들 사이의 인트론과 사이DNA 같이 DNA의 어떤 염기순서들은 아무런 기능을 갖지 않는다고 추정한다. 만일 그것이 사실이라면 이들 부위에서 일어나는 돌연변이는 이롭지도 않고 해롭지도 않으며, 이런 돌연변이는 일군의 생물이 더 빠르게 진화하거나 더 느리게 진화하도록 유발하지도 않을 것이다. 이 돌연변이는 그저 중립적인 비율로만 생길 것이다. 따라서 오래된 염기순서들은 어린 염기순서들에 비하여 더 많은 돌연변이를 가질 것이고, 서로 다른 종의 관련된 비번역(non-coding) 염기순서들을 비교하면 어떤 종이 보다 젊고 어떤 종이 보다 오래 되었는지를 알 수 있게 된다. 이를 분자시계(molecular clock) 염기순서라고 부르며, 어떤 사람은 분자시계 염기순서를 크게 신뢰하고 있지만, 다른 사람들은 많은 심각한 문제들을 보고 있다.

요약

1. 전체 개체군의 번식노력(reproductive effort)을 고려할 때, 각 유전자의 가능한 모든 대립유전자들, 유전자풀에서 대립유전자들의 상대빈도, 그리고 번식성공도에 미치는 그 효과를 사려하는 것이 중요하다.
2. 유성생식만으로는 유전자풀에서 대립유전자의 상대적 풍부도가 변하지 않는다. 돌연변이는 새로운 대립유전자를 야기하지만 대립유전자 빈도에 크게 영향을 미치지 않는다.
3. 인위선택과 자연선택 모두 어떤 개체들이 교배하여 그들의 유전자를 다음 세대로 물려주지 못하게 함으로써 그 서식지에 대한 개체군의 적응도를 증가시킨다. 인위선택은 인공적 서식지에 대한 식물의 적응도를 종종 증가시킨다.
4. 자연선택이 작동하기 위해서는 개체군이 환경에서 생존할 수 있는 것보다 더 많은 자손을 만들어야 하고, 자손들은 유전적으로 다양해야만 한다. 이 두 가지 조건은 언제나 자연에서 거의 어디서든 나타난다.
5. 자연선택은 이미 존재하는 대립유전자의 표현형에만 작동한다.
6. 식물과 다른 많은 생물들은 결코 목적이나 의향을 갖는 일을 하지 않는다. 오직 사람과 그 밖의 영장류만이 목적, 의도, 그리고 의지를 가질 뿐이고, 이는 자발적 행동에만 국한된다.
7. 생물은 다중선택압에 직면하며, 그들이 사는 환경의 모든 측면에 적응해야 한다. 어떤 측면은 다른 측면보다 더 중요하고, 다른 요인보다 어떤 요인에 제대로 적응하지 못하는 것이 덜 위험할 수도 있다.
8. 대부분의 적응은 유익한 결과뿐만 아니라 부정적인 결과를 초래한다. 유전자풀에서 이들 대립유전자들이 유지되거나 상실되는 것은 적응의 상대적 편익(benefit) 대 비용(cost)과 관련이 있다.
9. 계통적 종분화에서는 종의 모든 것이 새로운 종으로 진화한다. 분기적 종분화에서는 종의 일부가 새로운 종으로 진화하

는 반면에, 개체군의 나머지는 원래의 종으로 남거나 다른 새로운 종으로 진화한다.

10. 유전자확산은 생식장벽에 의해 저해되거나 완전히 방지되는데, 이 생식장벽은 환경의 비생물적 측면일 수도 있고, 생물 자체의 생물학적 측면 또는 식물의 꽃가루매개동물과 종자분산동물의 생물학적 측면일 수도 있다.

11. 생명은 지구에서 화학합성의 과정에 의해 기원된 것으로 믿어진다. 이 가설은 지구의 초기 2차대기에 있던 무기화합물들이 반응한 결과로 유기화합물들이 생성되고, 이들이 합쳐져 가장 기본적인 대사를 갖춘 단순한 응집체가 되었다고 상정한다. 유전체계가 발달한 다음, 자연선택에 의한 진화는 이들 응집체로부터 진정한 살아있는 세포가 출현하게 만들었을 것이다.

중요한 용어

계통적 종분화(phyletic speciation)
동소적 종분화(sympatric speciation)
분기적 종분화(divergent speciation)
비생물적 생식장벽(abiological reproductive barrier)
생물학적 생식장벽(biological reproductive barrier)
수렴진화(convergent evolution)
유전자풀(gene pool)
유전자확산(gene flow)
유전적 부동(genetic drift)
이소적 (지리적) 종분화[allopatric (geographic) speciation]
인위선택(artificial selection)
자연선택(natural selection)
잡종불임성(hybrid sterility)
잡종생존불능(hybrid inviability)
적응방산(adaptive radiation)
종분화(speciation)
집단유전학(population genetics)
창시자(founder)
화학합성(chemosynthesis)
환원성 대기(reducing atmosphere)

복습 문제

1. 진화는 한 종이 다른 새로운 종으로 또는 여러 새로운 종으로 서서히 전환되는 것이다. 진화는 대개 ______________에 의해 일어난다. 돌연변이에 의해 새로운 ______________나 새로운 ________________________가 생기고, 이는 개체의 ________________________에 영향을 미친다.
2. 사람의 일생과 비교해 볼 때 진화는 매우 느린 과정인가, 아니면 매우 빨라서 우리가 쉽게 볼 수 있는가?
3. 지질학적 진화의 개념이 전개되면서 이는 생물학적 사고에 영향을 미쳤다. 그 영향을 설명하시오. 강 하구의 삼각주가 갖는 중요성은 무엇인가?
4. 자연선택에 의한 진화는 다른 중요한 발견들과 거의 같은 시기에 발견되었다. 다른 중요한 세 가지의 발견은 무엇인가? 이들이 어떻게 생물학적 사고에 영향을 미쳤는지 설명할 수 있는가?
5. 유전자와 유전은 어버이와 그 자손들인 F_1 세대와 F_2 세대의 삶에 영향을 미친다. 집단유전학은 유전학을 다루기는 하지만, 다른 방법으로 다룬다. 집단유전학의 정의는 무엇인가? 개체군의 개체와 비교하여 개체군의 대립유전자 빈도가 어떻게 다를 수 있는가? (힌트: 개체군의 표현형은 개체의 표현형과 어떻게 다른가? 개체군이 빨간 꽃, 분홍 꽃, 그리고 하얀 꽃을 가질 수 있는가? 어느 한 개체가 이 3가지 종류의 꽃을 모두 가질 수 있는가?)
6. 종의 유전자풀은 무엇인가? 일부 대립유전자들이 다른 대립유전자보다 더 흔한 이유는 무엇인가?
7. 많은 돌연변이는 DNA를 교정하고 수선하는 효소들에 의해 교정될 수 있다. 만일 완벽하게 수선하는 메커니즘이 발달하여 교정되지 않은 채 넘어가는 돌연변이가 없다면 종의 향후 진화에서는 어떤 일이 일어날까?
8. 사고(accident)는 자연선택과 어떻게 다른가? 50년 동안 비가 한 방울도 내리지 않은 극심한 가뭄은 선택적 힘일까, 아니면 비선택적인 파괴적 힘일까?
9. 인위선택은 자연선택과 어떻게 다른가? 상추의 조상이 그토록 부드럽고 쓰지 않은 잎을 가졌다고 생각하는가? 오늘날의 상추 식물이 자연조건에서 생존할 수 있었을까?
10. 자연선택이 일어나기 전에 필요한 조건 중의 하나는 개체군이 그 서식지에서 자라서 성숙할 때까지 생존할 수 있는 것보다 훨씬 많은 자손을 만들어야 한다는 것이다. 여러분은 이것이 대부분의 식물과 대부분의 동물에 해당한다고 생각하는가? (사람에 관해서는 생각하지 말자. 우리들은 예외적인 경우이다.) 캠퍼스의 나무나 집 부근의 나무에 대해 생각해 보자. 그 나무가 해마다 만드는 씨의 수를 추정하고, 그 씨가 자라서 살 수 있는 햇수를 추산해 보자. 일생 동안 얼마나 많은 씨(자손)가 나무에서 만들어질까? 이들 모두가 발아하고 자라서 생식을 할 수 있을 것이라고 생각하는가?
11. 자연선택이 일어나기 위해 필요한 또 다른 조건은 대립유전자의 종류에 있어서 자손들이 서로 달라야 한다는 것이다. 여러분은 이것이 대부분의 식물이나 동물에 적용된다고 생각하는가? 우리와 친숙한 일부 농작물에 대해서는 주의하자. 바

나나는 씨가 없다. 바나나는 식물체의 밑동에 있는 눈을 잘라 번식시켜야 한다. 상점에서 파는 모든 바나나는 클론(clone), 즉 모두 동일한 식물이다. 자연선택이 이들 바나나에 효과를 미칠 수 있을까? 대부분의 사과 변종들도 역시 클론이다. 이들은 자연선택의 영향을 받을까?

12. 많은 사람들은 자연선택이 환경에서 식물에 영향을 미치는 식물 외부의 조건에 좌우된다고 추정하는데, 이는 사실인가? 목부는 언제나 식물의 내부에 있다. 목부는 결코 환경과 접촉하지 않는다. 목부의 표현형이 식물의 적응도에 효과를 미칠 수 있을까? 식물의 생존에는 영향을 미칠 수 있을까(힌트: 그림 17-9)? 만일 돌연변이가 일어나서 식물이 목부 내에 물관이나 헛물관을 만들지 못하고 오로지 섬유만 만들 수 있게 되었다면, 개체군의 다른 모든 나무들과 비교하여 나무의 적응도에 영향을 줄 것이라고 생각하는가?
13. 자연선택의 일부가 아닌 몇몇 요인들의 이름을 대시오.
14. 다음의 각 문장을 올바른 문장으로 바꾸시오. (a) 식물은 보다 많은 물을 흡수하기 위해 뿌리털을 만든다. (b) 식물은 물을 보존하기 위해 밤에 기공을 닫는다. (c) DNA는 리보솜과 잠재적으로 유해한 고에너지 효소들로부터 떨어져 있기 위해 mRNA를 만든다. (d) 줄기와 뿌리는 병원체가 들어오지 못하도록 나무껍질을 만든다. (e) 선인장과 대극은 물을 저장하기 위해 다육질의 몸을 갖는다. (f) 어떤 식물은 광호흡을 줄이기 위해 C_4 대사를 갖는다. (g) 일부 식물은 이상 기후의 따뜻한 봄에 너무 일찍 꽃이 피면서 생기는 피해를 방지하기 위해 개화시기를 밤의 길이에 맞춘다.
15. 식물은 한 번에 오직 한 종류의 선택에 직면하는가, 아니면 복수의 선택압이 식물에 영향을 미치는가? 내한성(cold hardiness)을 증진시키지만 유익함에도 불구하고 유전자풀에서 제거될 수 있는 돌연변이의 사례를 본문에서 제시하였다. 이 돌연변이가 왜 제거되었나?
16. 구조나 대사가 상실되는 결과를 초래하는 진화적 변화가 빠르게 일어날 수 있는 이유는 무엇인가?
17. 오늘날의 선인장은 잎을 가진 나무였던 조상으로부터 진화하였고(그림 17-11), 선인장 진화의 초기 단계에서 잎이 사라졌다. 그렇지만 잎을 만드는 능력은 빨리 없어지지 않았다. 그 이유는?
18. 그림 17-11의 두 선인장을 살펴보자. (A)의 잎을 가진 페레스키아속(*Pereskia*)과 (B)의 김노칼리시움속(*Gymnocalycium*) 모두 동일한 조상, 즉 그 자체는 선인장이 아닌 잎을 가진 나무에서 진화하였다. 페레스키아속과 김노칼리시움속 가운데 어느 속에서 자연선택이 돌연변이에 의해 생긴 새로운 대립유전자를 더욱 선호하였나? 어떤 속에서 자연선택이 더 많은 원래의 대립유전자를 유지하게 하고 돌연변이에 의해 생긴 새로운 대립유전자의 거의 모두를 제거하였나?
19. 계통적 종분화란 무엇인가? 분기적 종분화는 무엇인가?
20. 유전자확산이란 무엇인가? 유전자확산은 어떻게 일어나나?
21. 하와이 제도는 수중 화산이 너무 높아져서 대양의 표면 위로 솟아올라 형성되었다. 용융 암석에서 형성되었기 때문에 처음에는 완벽한 불모지였지만, 지금은 많은 종류의 식물과 동물이 사는 보금자리가 되었다. 식물과 동물의 조상이 어떻게 하와이 제도에 당도하였을까? 이것이 유전자확산의 일종인가?
22. 비생물적 생식장벽이란 무엇인가? 몇 가지의 이름을 대시오. 식물에게 비생물적 생식장벽이 되는 어떤 것이 동물에게도 필연적으로 비생물적 생식장벽이 될까? 작은 초본들이 새들보다 더 많은 비생물적 생식장벽을 가질 것이라고 생각하는가?
23. 꽃의 색깔, 모양 또는 향기의 차이가 생물학적 생식장벽의 목록에 포함될 수 있다. 이런 요인들이 풍매식물에서도 중요할 것이라고 생각하는가? 만일 식물종이 몇 가지의 꽃색(예: 빨강, 하양, 분홍)을 갖는다면, 식물 자체에서 일어나는 돌연변이가 아니라 식물의 꽃가루매개동물에서 일어나는 돌연변이가 생물학적 생식장벽이 될 수 있을까? 그 한 예로, 빨간색을 볼 수 없게 만드는 돌연변이는?
24. 가장 빠른 접합후 장벽의 하나는 잡종불임성이 생기는 것이다. 두 식물이 교배할 수 있지만, 그 결과 생긴 씨는 번식할 수 없는 불임식물로 자란다. 이것이 동물에서처럼 식물에서도 중요할까(힌트: 잡종 동물과 비교하여 얼마나 많은 종류의 잡종 꽃과 열매가 있나)?
25. 유전적 부동이란 무엇인가? 창시자는 무엇인가? 이들이 큰 개체군에서 중요할까, 아니면 작은 개체군에서 중요할까? 우리가 멸종위기종을 보호하는 국립공원과 보호구역을 조성할 때 이런 현상들이 어떻게 중요할까?
26. 수렴진화란 무엇인가? 대극과 선인장은 수렴진화의 예로 종종 이용된다. 이들의 유전자형이 수렴되었나? 이들의 표현형이 수렴되었나? 둘 다 가시를 갖고 있지만, 잘 살펴보면 선인장의 가시는 ________________________에서 진화하였고, 대극의 가시는 ________________________로부터 진화하였다고 말할 수 있다. 이들이 수렴되기는 하였지만, 이들을 서로 구별할 수 없을 정도는 아니다.
27. 화학합성설이란 무엇인가?
28. 초기 2차대기의 시기에 지구에 존재하던 상태를 설명하시오. 어떤 화학물질들과 에너지원들이 있었나? 특히 어떤 화학물질이 없었나? 만일 감수분열, 교차, 그리고 유성생식이 전혀 진화하지 않았다면 오늘날 지구의 상태가 어떻게 되었을지 추측할 수 있겠는가?
29. 생명은 지구상에서 오래 전에 기원되어 암석의 침식과 풍화와 변성이 과정에서 나타나는 흔적의 대부분을 파괴하였지만, 산소는 흥미로운 예외였다. 우리의 대기에 있는 모든 산소의 원천은 무엇인가? 처음 생성된 산소에 어떤 일이 일어났나? 이것이 다른 모든 생명의 생존에 중요한 이유는 무엇인가?

CHAPTER 18

분류와 계통학

학습 목표

이 장을 읽은 다음, 학생들이 할 수 있는 것은;

- 자연분류체계의 단계(분류군)를 정리한다.
- 공동파생형질과 진화적 상동을 설명한다.
- 분기도가 진화양상을 나타내는 방법을 종합한다.
- 측계통군과 다계통군을 정의한다.
- 인위분류체계의 두 가지 이용을 상기한다.
- 새로운 식물종으로 공표하는 절차를 종합한다.
- 부기준표본의 중요성을 다시 언급한다.
- 생물의 3역의 이름을 말한다.
- 식물계 내에서 분기한 주요 진화계열을 열거한다.

알고 있나요?

- 모든 식물은 한 무리의 조상식물로부터 진화하였고, 따라서 모든 식물은 서로 밀접한 관계를 맺고 한 공통조상을 갖는다.
- 1800년대까지만 해도 누구든지 식물이나 동물에 이름을 붙일 수 있어서 생물의 이름이 대단히 혼란스러웠다.
- 1800년대 중반에 다양한 과학단체들이 린네가 제창한 오직 한 세트의 이름만 수용하기로 결정하였다.
- 수메르 사람들의 설형 문자와 이집트 사람들의 상형 문자로 된 고대의 문서에는 많은 식물의 이름이 있지만, 그림이 없기 때문에 그 이름들이 어느 식물을 나타내는지 알 수 없다.

개요

장의 첫 이미지: 예전에 이런 식물을 본 적이 없었다 하더라도, 이들 식물이 야자나무라고 알아보는 데에는 아마도 문제가 없을 것이다. 이 식물은 캘리포니아 주 사막의 침투호와 자분정에 자생하는 필리페라워싱턴야자(*Washingtonia filifera*)이다. 이들을 야자나무라고 알아볼 수 있는 것은 이 식물이 우리에게 이미 잘 알려진 야자나무와 연관되는 많은 특징을 갖기 때문이다. 즉, 가지가 없는 단 하나의 나무줄기 맨 위에 많은 큰 잎들이 있다. 이들은 야자과의 진화 초기에 생겼고, 그 이후로 줄곧 세대를 거듭하면서 그 특징을 물려받았기 때문에 대부분의 야자나무들이 이런 특징을 갖는다. 그러나 서식지의 변동이 심하고 식물들이 다양화되면서 일부 야자나무들은 키가 작아지고, 다른 일부는 무리를 이루며 자라고, 또 다른 일부는 잎이 작아졌다. 가지가 없는 단 하나의 나무줄기 같은 특징이 다른 과에서도 진화하였다. 이를테면 많은 사람들은 소철을 키 작고 뚱뚱한 야자라고 추정한다. 우리가 생물의 분류를 시도할 때 비슷한 특징을 갖는 생물들을 함께 묶는데, 이는 이들이 밀접한 관계를 갖기 때문이며, 서로 다른 무리에서 두세 차례 진화한 형질에 속지 않기 위해 노력한다.

개념

대략 4억 년 전부터 시작하여 오랜 기간 동안에 걸친 돌연변이와 자연선택에 의해 오늘날 살아 있는 식물들이 생기게 되었다. 그 기간 동안에 진화계열이 진행되고 다양화하면서 점점 더 많은 진화의 계열들로 갈라졌다. 그간 수천 계열들이 사라져서 오직 화석으로만 알려져 있고, 다른 수천 계열들이 약 28만 종의 살아 있는 식물에 의해 대표된다. 어떤 생물집단의 유전적 관계는 그 **계통발생(phylogeny)**을 이루며, 이는 근본적으로 집단을 이루는 각 구성원의 진화역사이다. 어떤 계통발생적 연구는 매우 큰 집단의 진화적 유연관계(evolutionary relationship)의 모델을 만들고자 시도하는데, 이를테면 초기의 조상으로부터 진화한 식물, 동물, 그리고 균류가 포함되는 단계가 그것이다. 다른 연구에서는 콩과 식물(예: 완두, 콩, 렌즈콩)의 종들 같이 보다 작은 집단의 유연관계에 초점을 맞춘다. 현대의 식물 **계통분류학(systematics)**의 목표는 이러한 진화계열의 각각을 이해하고 그들의 유연관계를 정확하게 반영하는 명명체계[**명명법(nomenclature)**]를 갖는 것이다.

과거에는 약용식물, 농작물, 유독식물 등등에 관해 사람들이 알릴 수 있게끔 식물에 이름이 주어졌다. 분류학자(taxonomist)들의 과제는 새로운 종을 발견하고 동정하며 그 식물에 독특한 이름을 붙이는 것이지만, 자연선택에 의한 진화가 발견되면서 식물을 명명하는 기준이 갑자기 바뀌었다. 자연선택은 모든 생물이 유전적으로 서로 관련이 있고, 이 모두는 커다란 계통발생의 부분임을 보여 준다. 분류와 명명을 전문적으로 다루는 과학자인 분류학자[계통분류학자(systematist)라고도 부름]들은 종에 이름을 부여하는 가장 과학적이고 타당한 체계가 진화적 변화를 반영하는 방법이 될 것이라는 점을 즉시 깨달았다. 19세기의 말에 분류학자들은 (1) 밀접한 관계가 있는 생물들을 함께 분류하는 체계인 **자연분류체계(natural system of classification)**를 개발하고, (2) 진화적 유연관계에 근거하여 식물에 이름을 부여한다는 목표를 채택하였다. 명명법은 자연분류체계를 반영할 수 있다. 생물은 밀접한 관계부터 먼 친척에 이르기까지 다양하므로, 분류학자들은 여러 단계를 갖는 분류와 명명법을 고안하였다. 이 체계에서는 밀접한 관계가 있는 종들을 속에 할당하고, 밀접한 연관이 있는 속들을 과로 함께 묶고, 기타 등등이다.

전처럼 오늘날에도 지구에는 충분히 답사하지 못한 곳들이 많다. 그런 곳들에는 채집이나 명명 또는 연구가 전혀 이루어지지 않은 수천 종의 식물이 있을 것이다. 식물계통분류학자들은 신종을 찾아 이를 이용하여 식물 진화의 보다 정확한 모델을 구축한다는 목표를 아직도 갖고 있다. 진화적 다양화의 양상, 즉 계통발생이 현실임을 잊지 않는 것이 중요하다. 우리의 분류체계는 어디까지나 추정이고, 진화를 보여주도록 시도하는 모델이다. 우리들의 지식이 불완전하고 불충분하기 때문에, 현재의 분류체계는 근사치일 뿐이다. 아마도 대부분의 분류체계는 매우 근접해서 중대한 변화가 없을 것이라고 기대하지만, 앞으로 여러 해 동안 수많은 작은 변화가 가해질 것으로 예상된다.

분류범주의 계급

식물은 다양한 관련성(relatedness)을 갖고 있으며, 자연분류체계는 이를 여러 계급에서 반영한다.

분류의 가장 기본적인 단계는 **종(species)**이고, 이상적으로 그리고 이론상 종은 공통조상에서 유래되어 밀접한 관계가 있는 일련의 개체들이다. ['species'라는 단어는 단수형과 복수형이 같다; 'specie'는 돈을 나타낸다.] 한 종을 구성하는 개체들은 성공적으로 상호 교배가 가능하지만, 다른 종의 개체들과는 서로 교배할 수 없다(**표 18-1**). 그런데 어떤 종은 예측하기가 어렵다. 즉, 밀접한 관계가 있는 종과 서로 교배하지 못하지만, 때로는 타가수분을 하여 생식력 있는 성체로 자라는 생육 가능한 종자가 생긴다. 이런 일이 자주 일어난다면 두 식물 집단을 그 종의 아종(subspecies)으로 간주하는 것이 최상일 수 있다. 두 아종은 유전적으로 매우 유사하여 두 어버이들의 염색체들이 같은 핵에서 기능을 할 수 있어야 하고, 식물이 성숙했을 때 포자모세포들이 감수분열을 성공적으로 수행할 수 있어야 한다. 이 모든 것이 일어나기 위해서는 생물들이 극히 밀접한 관계이어야 하고, 공통조상으로부터의 분기진화가 최근에야 일어나서 분기된 이후 축적된 돌연변이가 거의 없어야 한다. 그러나 각 아종에서 돌연변이가 축적되어 마침내 두 아종이 교배하였을 때 생육 가능한 종자가 생기지 않게 되거나 종자가 불임식물로 자라게 된다. 이러한 경우에 이 둘은 별개의 종으로 간주해야 한다.

밀접한 관계가 있는 종들을 **속(genera**; 단수형 **genus)**으로 함께 묶는다. 어떤 종들이 같은 속에 합칠 만큼 밀접한 관계에 있는지를 결정하는 것은 어렵다. 객관적인 기준은 아무 것도 없다. 그 결정은 전적으로 주관적이고, 그러다 보니 종종 많은 논란을 초래한다. 흔히 '병합파 학자(lumper)'라고 부르는 일부 분류

표 18-1 분류범주

	예	
	진정쌍떡잎식물	**외떡잎식물**
계	식물계(Plantae)	식물계(Plantae)
문	속씨식물문(Magnoliophyta)	속씨식물문(Magnoliophyta)
강	쌍떡잎식물강(Magnoliopsida)	외떡잎식물강(Liliopsida)
목	콩목(Fabales)	백합목(Liliales)
과	콩과(Fabaceae; Leguminosae)	백합과(Liliaceae)
속	가는잎미선콩속(*Lupinus*)	히메노칼리스속(*Hymenocallis*)
종	*Lupinus texensis*	*Hymenocallis caribaea*
보통명	Texas bluebonnet	Spider lily

종의 학명은 언제나 속과 종으로 구성되는 2명식(binomial)이다. 종소명은 종종 서술적이다. 텍센시스러피너스(*Lupinus texensis*)는 텍사스 주에서 나타난다. 그 밖의 흔한 종소명들은 'longifolia', 'gradiflora', 'vulgare'(흔한), 'acaulis'(줄기가 없는 로제트), 기타 등등이다.

박스 18-1 진화와 분류에 관한 개념의 형성

우리들의 현대 분류는 고대 그리스에 그 기원이 있다. 플라톤(Plato)과 아리스토텔레스(Aristotle)의 제자인 테오프라스토스(Theophrastus)는 기원전 300년 경에 식물에 관해 광범위하게 글을 쓰고 많은 중요한 개념을 확립하였다. 그는 꽃이 피는 식물과 꽃을 피우지 않는 식물을 구별하고, 식물의 성별을 인식하고, 열매가 심피에서 생기는 것을 이해하였다. 테오프라스토스는 거의 500종을 서술하였는데, 오늘날 우리가 사용하는 속명 가운데 비짜루속(*Asparagus*), 수선화속(*Narcissus*), 그리고 당근속(*Daucus*)은 그 기원이 테오프라스토스에까지 거슬러 올라간다. 로마의 법률가이자 박물학자인 플리니우스(Pliny the Elder; Gaius Plinius Secundus; 서기 23-79년)는 거의 모든 주제에 대한 방대한 책을 저술하였다. 그의 뛰어난 업적인 『자연사(*Natural History*)』는 세계의 모든 것을 설명하려는 시도였다. 비록 설화에만 근거한 상상의 생물이 많이 포함되어 있기는 하지만, 이 책은 1,000년이 넘도록 대부분의 주제에 대한 정보의 명확하고 권위 있는 원천의 역할을 하였다. 고대의 식물 분류에 관한 가장 중요한 책은 디오스코리데스(Dioscorides)의 『약물학(*Materia Medica*)』이다. 서기 1세기경에 저술한 이 책에서는 600종의 식물이 기재되어 있고, 병을 치료하는 데 이 식물들을 어떻게 이용할 수 있는지 설명되어 있다. 이 책은 생약의 제조에 관한 최상이고 종종 유일한 정보원이었다. 『약물학』은 마침내 르네상스(문예부흥기) 시대에 들어와서 보다 정확한 업적으로 대체되었지만, 초기 그리스 과학에 대한 직접적인 관련으로 그 책이 지닌 엄청난 역사적 가치 때문에 오늘날에도 여전히 발간되고 있다.

디오스코리데스의 시대와 르네상스 사이에 자연사에서 매우 가치 있는 작품은 나타나지 않았다. 15세기에 변화가 나타나기 시작하여 유럽은 대항해 시대에 들어갔다. 포르투갈의 엔히크(Prince Henry)는 선박을 보내 아프리카 서해안을 따라 내려가며 탐험하였고, 탐험가들은 새로운 식물과 동물뿐만 아니라 새로운 땅과 사람들에 관한 지식을 갖고 돌아왔다. 동시에 물리학, 화학, 천문학, 그리고 지질학의 탐구가 시작되었다. 이러한 탐사의 중요한 결과는 플리니우스와 그 밖의 고대 권위자들이 많은 주제에서 잘못되었다는 점을 발견한 것이다. 그때까지 사람들은 고대 그리스 사람들과 로마 사람들이 황금기를 구사하고 기본적으로 항상 틀림없다고 생각하였다. 이들 고대인들이 과오를 범하였다고 깨닫는 것은 곧 세계에 관한 질문의 대답을 고대의 책에서 찾을 것이 아니라 세계 그 자체에서 찾아야 한다는 것을 의미한다. 지리적인 탐험뿐만 아니라 과학과 철학, 그리고 종교적 탐구가 집착의 대상이 되었다.

식물학에서 이런 새로운 독립사상은 약초의학서(herbal)라고 부르는 의학적으로 지향된 식물도서들이 출판되면서 처음으로 명백해졌다. 16세기 중반에 이런 도서들에는 디오스코리데스의 『약물학』을 다른 말로 바꾸어 표현하지 않고, 식물을 직접 관찰한 내용에 근거한 식물의 기재가 포함되기 시작하였다. 대부분의 약초의학서는 1,000종류 미만의 식물을 포함하였고, 따라서 꽤 훌륭한 식물학자들은 이 모든 식물을 익히 알 수 있었다. 그렇지만 탐사가 계속되면서, 특히 아메리카 대륙이 발견된 이후 식물종의 수가 이렇게 처리하기에는 너무 많아졌다. 사람들이 익숙지 않은 표본을 동정하는 수단을 갖고, 끊임없이 두꺼워지는 약초의학서에서 그 식물을 찾을 수 있는 분류체계의 개발이 필요하게 되었다.

이 시기에 몇 가지 중요한 아이디어들이 전개되었다. 그 가운데 하나는 바우힌(Gaspard Bauhin; 1560~1624년)에 의해 설정된 개념으로, 유사한 종들의 집단을 속으로 하자는 것이다. 이는 명백한 개념으로 보일 수도 있지만, 당시에는 중대한 돌파구였다. 종의 개념은 쉬웠다. 즉, 신이 모든 종류의 생물을 창조하였다고 믿었는데, 그것이 곧 종이다. 그러나 이 개념은 속의 개념이 시사하는 것처럼 왜 종을 그룹으로 나누어야 하는지 설명하지 않았다. 신은 왜 여러 종류의 장미를 창조하였으며, 왜 여러 종류의 박하를 창조하였을까? 이는 당시에 하찮은 질문이 아니었다. 자연선택에 의한 진화의 이론이 나타날 때까지 이 세계는 세상을 창조한 신의 마음을 반영하는 것이라고 여겼다. 만일 초본이 수천 종이지만 부들은 단지 3종이라면, 이는 신이 어떻게 생각하는지를 어느 정도 드러내는 것일 수 있다. 식물과 동물의 종수가 점점 늘어나는 것을 익히 아는 사람들에게서 어떤 종들이 서로 매우 비슷하다는 것이 명백해졌다. 그 이유는 무엇인가?

우리의 명명하는 체계인 **학명(scientific name)**은 18세기 중엽과 후반에 스웨덴의 웁살라(Uppsala) 대학의 자연사 교수였던 린네

그림 B18-1A 르네상스 이전에 대부분의 유럽 식물학자들은 식물 자체보다 고대 서적이 더 좋은 지식의 원천이라고 간주하였다. 따라서 학자들은 기존의 책에서 그림을 베꼈고, 그림들 각각은 정확도가 떨어지고 쓸모없게 되었다. 왼쪽: 칼더먼(cardamon), 오른쪽: 카파리스속(*Capparis*), 아래: 카시아 리그네아(cassia lignea).

(Carolus Linnaeus)로 직접 거슬러 올라갈 수 있다. 린네는 바우힌의 속 체계를 취하고, 많은 수의 속을 만들어 모든 종을 이 속 또는 다른 속에 할당하였다. 모든 종이 속명(genus name)과 종소명(species epithet)의 두 이름을 갖게 되는데, 이것이 현재의 **2명법(binomial system of nomenclature)**이다. 린네 이전에는 이름이 아니라 식물의 특징을 길게 단락으로 기술하였는데, 이는 명백히 길고 복잡하였다. 린네 이후에는 각 식물이 단지 두 단어로 된 이름을 갖게 되었다.

1753년에 린네는 당시 세계에 알려진 모든 종을 다룬 『식물의 종(*Species Plantarum*)』을 발간하였다. 이 책에서는 표본들을 빠르게 확인할 수 있었기 때문에 모든 종류의 식물학적 연구를 훨씬 쉽게 만들었다. 그렇지만 이 체계에서는 아무 관련이 없는 종들이 상사적 특징에 의거하여 종종 같은 속에 포함되었다.

종이 진화한다는 생각이 오랜 세월에 걸쳐 서서히 전개되었다. 이 아이디어는 다윈과 월리스에 의해 시작된 것이 결코 아니다. 바우힌은 일찍이 유사성을 인식하였고, 프랑스의 파리식물원(Jardin des Plantes)에서 유사성의 생각이 확장되었다. 파리식물원의 식물학 교수였던 쥐시외(Antoine-Laurent de Jussieu)는 서로 비슷한 식물들을 함께 심는 논리적인 방식으로 식물원을 체계화하길 희망하였다(이 식물원은 아직도 존재하고, 여러분은 방문할 수 있다). 그는 이러한 결과를 1789년 『식물의 속(*Genera Plantarum*)』에서 정리하였다. 이는 자연분류체계에 관한 최초의 중대한 시도였다. 사람들은 각 속의 일부 종들이 다른 종에서 진화하지 않았는지 궁금해 하지 않을 수 없었다. 어쩌면 비슷한 속들이 변화하고 진화하였을 것이다. 그러나 어떻게 그랬을까? 과학은 여전히 신에 의해 유형이 창조되었다는 생각이 지배적이었다.

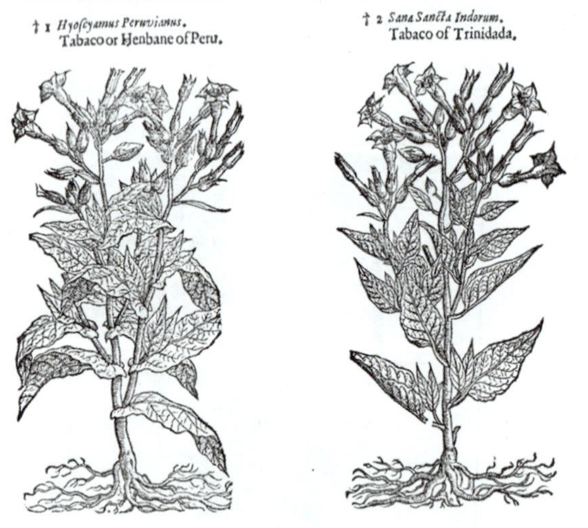

그림 B18-1B 르네상스 동안과 그 이후에 사람들은 식물 그 자체를 조사해야만 정확한 그림을 만들 수 있고 식물을 연구할 수 있다고 깨달았다. 훨씬 더 사실적인 그림들이 만들어졌다. 이들은 담배식물의 그림들이다.

불행하게도 이 시기에 라마르크(J. B. P. de Lamarck)는 **획득형질유전(inheritance of acquired characteristics)**에 의한 진화의 이론을 제시하였다. 몸의 모든 세포에서 만들어진 유체가 생식기관(genitalia)으로 확산되고, 여기에서 유체가 농축되어 포자세포나 알세포가 만들어진다는 그의 생각은 잘못된 생각이다. 개체가 변하면서 분비된 유체들이 변할 수 있고 그 때문에 배우자에 의해 운반되는 특징들이 변하게 된다. 기린의 진화에 대한 그의 생각은 다음과 같다. 기린의 조상은 짧은 목을 지니고 태어났지만 높은 나무의 잎에 닿기 위해 목을 뻗으면서 기린의 목이 길어졌고(성체의 긴 목은 획득형질일 수 있다), 나중에 유전액(genetic fluid)이 긴 목에 대한 정보를 배우자로 운반한다. 결과적으로 그들의 자손은 긴 목을 갖게 되었다. 멘델은 유전자가 가변적인 액체가 아니라 불변의 입자이기 때문에 라마르크의 생각이 옳지 않음을 밝혔다. 자연선택에 의한 진화는 기린의 초기 조상 가운데 목의 길이에서 변이성(variability)이 나타났다고 상정하면서 기린을 설명한다. 일부 기린의 대립유전자는 짧은 목을 만들고, 다른 기린에서는 조금 더 긴 목이 만들어진다. 목이 긴 기린은 더 많은 잎에 닿을 수 있고, 따라서 그런 기린은 잘 생존하고 번식성공도가 높아진다. 수백만 년이 흐르면서 다양한 돌연변이들이 조금 더 긴 목을 낳도록 하는 새로운 대립유전자를 만들고, 이 새로운 대립유전자들이 자연선택에 의해 늘어났다. 라마르크에 의한 획득형질유전의 이론은 널리 받아들여지지 않았고, 여러 해 동안 진화는 나쁜 평판을 받았다.

1859년에 다윈(Charles Darwin)과 월리스(Alfred Wallace)가 각각 자연선택에 의한 진화설을 제기하였고, 이는 자연분류체계에 즉각적인 정당성을 부여하였다. 분류학자들은 한 속의 일부 종들이 서로 매우 비슷한 이유를 곧 이해하게 되었다. 이 종들은 공통조상의 자손들이고 진화에 의해 친척 관계가 된 것이다. 마찬가지로 밀접한 관계가 있는 속들은 과를 이룬다.

자연선택에 의한 진화설은 일반적으로 받아들여졌고, 독일의 식물학자들인 엥글러(A. Engler)와 프란틀(K. Prantl)이 전 세계 모든 식물의 기념비적인 분류에 착수하여 1915년에 『*Die Natürlichen Pflanzenfamilien*』을 발간하였다. 이 책에는 엥글러와 프란틀이 이해한 계통발생적이고 자연적인 기준에 의해 종이 정리되어 있다. 진화연구의 초기에는 생물이 단순한 것에서 복잡한 것으로(아메바에서 사람으로) 진화하였다고 추정하였다. 그러므로 꽃식물에서 꽃받침조각과 꽃잎이 없고 바람에 의해 수분되는 종이 앞에 나오고, 꽃의 구조가 복잡한 해바라기는 훨씬 고등한 것으로 여겨졌다. 그러나 단순함은 진화적 간소화의 결과일 수 있다는 사실을 곧 알게 되었다. 단순한 것과 하등한 것 사이에 또는 복잡하고 고등한 것 사이에 자동 상관관계가 존재하지 않기 때문에 엥글러와 프란틀의 분류는 오류가 많지만, 정보의 지침서로서 이 책은 아직도 필적할 수 없는 중요한 자원이 되고 있다. 그 밖에 네브래스카(Nebraska) 대학의 벳세이(C. E. Bessey; 1900년대 초), 러시아의 타크타잔(A. Takhtajan), 그리고 뉴욕식물원의 크론퀴스트(A. Cronquist; 1980년대) 등에 의해 중요한 분류체계가 제기되었다.

학자들은 상당히 먼 친척까지도 큰 속에 함께 묶어야 한다고 믿는다. '세분파 학자(splitter)'라고 부르는 다른 분류학자들은 많은 작은 속들을 선호하며, 각 속에는 극히 밀접한 관계가 있는 소수의 종들만 포함되도록 한다. 예를 들면, 일부 분류학자들은 덩굴월귤(cranberry)과 블루베리가 유사하므로 이들은 산앵도나무속(*Vaccinium*)에 함께 포함되어야 한다고 믿는다. 다른 학자들은 덩굴월귤이 옥시코쿠스속(*Oxycoccus*)이라는 별개의 속으로 분리되기에 충분할 만큼 뚜렷이 다르고, 이것이 진화적 현실을 보다 정확하게 반영하는 것이라고 생각한다. 두 집단의 분류학자들 모두 두 종이 밀접한 관계에 있다는 점에는 동의하지만, 가장 최근의 공통조상의 시기 이후에 얼마나 많은 진화가 일어났는지에 대해서는 이견이 있다. 가장 중요한 것은 속이 자연적이고, 속에 포함된 모든 종들은 공통조상에 의해 서로 관련이 있고, 그 공통조상의 모든 자손들은 같은 속에 있다는 점이다. 그런 집단이 **단계통군(monophyletic group)**이다. 자연스러운 것이 아닌 **다계통군(polyphyletic group)**에서는 구성원들이 여러 다른 조상으로부터 진화하여 오로지 수렴진화의 결과에 의해서 서로 비슷할 수도 있다. 계통분류학자들이 뜻하지 않게 관련이 없는 식물들을 부자연스런 다계통군에 함께 분류하였음을 발견할 때마다 학자들은 즉각 오직 단계통군들만으로 구성되는 보다 정확한 분류를 모색한다.

속의 위에 있는 계급은 **과(family)**이고, 각각의 과는 하나, 여럿, 또는 많은 속들로 구성된다. 대부분의 과는 명확해서, 어떤 종과 속들이 특정한 과에 속하는지에 대해 광범위한 일치를 보고 있다. 예를 들어, 선인장, 난초, 데이지, 야자나무, 벼과 초본 등의 과들을 알아보는 것이 얼마나 쉬운지 생각해 부자. 그 이유는 대부분의 과가 만들어진지 오래 되었기 때문일 것이다. 여러 속 그리고 많은 종으로 다양화하려면 진화의 계열은 아주 오래 되어야 한다(보통 적어도 수천만 년 동안). 매우 밀접한 관계가 있는 과들조차도 최소한 2천만 년이나 3천만 년 동안 그리고 흔히 5천만 년 동안에 별개의 진화계열이 되었다. 공통조상과 가장 초기의 많은 종들은 아마도 멸종되었을 것이다. 따라서 두 과가 많은 특징을 공유하더라도 각 과에 독특한 충분한 형질들이 이들을 서로 구별할 수 있게 만든다.

과보다 상위의 계급은 **목(order)**, **강(class)**, **문(division)**, 그리고 **계(kingdom)**이다. 계의 수준에 관해서 일반적으로 의견이 일치될 것이라고 기대하겠지만, 식물의 계인 식물계(Kingdom Plantae)의 경계조차 논란이 벌어지고 있다. 어떤 학자들은 녹조류가 식물계에 포함되어야 한다고 믿는데, 이는 녹조류가 관다발식물과 생화학적으로 거의 동일하기 때문이다. 다른 학자들은 녹조류가 형태학적으로 그리고 해부학적으로 너무 다르기 때문에 생화학적 유사성에도 불구하고 녹조류를 제외해야 한다고 믿는다.

계, 속, 그리고 종을 제외하고, 이름은 분류계급을 나타낼 수 있도록 특정한 어미(ending)를 가져야 한다. 예를 들면, Chlorophyta(녹조식물문; 녹조류), Coniferophyta(구과식물문; 구과식물), 그리고 Magnoliophyta(속씨식물문; 꽃식물)와 같이 문의 이름은 '*-phyta*'로 끝나야 한다(표 8-1). 강의 이름은 '*-opsida*'로 끝나고, 목의 이름은 '*-ales*', 그리고 과의 이름은 '*-aceae*'로 끝난다. 속과 종의 이름은 표준 어미를 갖지 않는다. 종의 학명은 그 속과 종의 명칭을 함께 사용하고, 밑줄을 긋거나 이탤릭체로 쓴다. 예를 들면, 토마토의 학명은 *Lycopersicon esculentum*이다. 여기서 종의 이름은 'esculentum'이 아니라 '*Lycopersicon esculentum*'인 점에 주목하자. 'esculentum'은 **종소명(species epithet)**이고, 이는 이 종을 토마토속(*Lycopersicon*)의 다른 종들과 구별 짓는 단어이다. 우리는 토마토를 'esculentum'이라고 할 수 없는데, 왜냐하면 종소명이 다른 속의 많은 다양한 종에서도 사용되기 때문이다. 이를테면 메밀의 학명은 '*Fagopyrum esculentum*'이고, 토란의 학명은 '*Colocasia esculenta*'이다.

일부의 과는 2개의 이름을 갖는다. 위에서 언급한 규칙은 과에 속하는 속 가운데 한 속의 이름을 따고 '*-aceae*'의 접미사를 이용하여 각 과의 이름을 정형화하는 것이다. 장미의 과는 장미속(*Rosa*)에 근거하여 장미과(Rosaceae)라는 이름이 지어졌다. 이런 원칙은 대부분의 과에서 잘 지켜졌지만, 일부에서는 오래된 명칭이 너무나도 잘 알려지고 익숙하여 이들도 함께 이용되고 있다. 그 예로는 국화과(Asteraceae = Compositae; 데이지, 과꽃, 해바라기), 콩과(Fabaceae = Leguminosae; 콩, 완두, 땅콩), 야자나무과(Araceae = Palmae; 야자나무), 벼과(Poaceae = Gramineae; 밀, 벼, 옥수수), 십자화과(Brassicaceae = Cruciferae; 겨자), 그리고 산형과(Apiaceae = Umbelliferae; 셀러리, 딜) 등이 있다.

'**분류군(taxon**; 복수형 taxa)'이라는 단어는 위에서 언급한 분류계급들을 일반적으로 가리킬 때 이용된다. 예를 들어, 일부 계통분류학자들은 종과 속 같이 하위의 분류군들을 연구하고, 다른 학자들은 목과 문처럼 상위의 분류군들에 관심을 갖는다.

분지분석

계통발생의 연구는 한 종과 다른 종의 유사도를 살피는 데 초점을 맞춘다. 종은 서로 다른 개체군들이 별개의 대립유전자들을 축적함에 따라 2개의 종으로 진화하는데, 뚜렷이 다른 종이 될 만큼 충분한 분기가 일어나더라도 이 둘은 여전히 비슷한 점이 매우 많을 수 있다. 이들이 진화를 계속하면서 각각에서 고유한 돌연변이들이 일어나고, 서로 교배할 수 없기 때문에 이들은 새로운 대립유전자를 공유할 수 없게 된다. 그러므로 시간이 경과함에 따라 이들은 서로 더욱 달라진다. 유연관계가 먼 식물들은 수백만 년 동안 별개의 진화계열 상에 있게 되고, 엄청나게 많은 돌연변이가 축적되어 이들은 아주 조금만 서로 비슷하게 된다. **분지분석(cladistics)**은 이들의 계통발생적인 진화적 관계를 분석하는 방법이다.

분지분석 연구는 (1) 식물이 공통조상의 자손이고, (2) 식물이 수렴진화를 겪는다는 2가지의 명백한 이유로 서로 비슷할 수 있다는 사실 때문에 복잡하다. 공통조상의 특징에서 내려왔기 때문에 서로 비슷한 특징이 **공동파생형질(synapomorphy)** 또는 **상**

(A)

(B) © AnnSteer/iStock

그림 18-1 천남성과(Araceae)에 속하는 종류들은 **(A)** 아모르포팔루스속(*Amorphophallus*)과 **(B)** 안수리움속(*Anthurium*)처럼 모두 불염포(넓은 잎 모양의 포)와 육수꽃차례(중심의 기둥)를 갖는다. 현존하는 모든 종에서, 이들 구조의 형성을 조절하는 유전자들은 원래 조상종의 유전자들에서 물려받은 것이다. 오늘날 존재하는 유전자들은 식물의 생장, 교차, 배우자합체가 일어나는 동안 수천 차례에 걸쳐 DNA가 복제되고, 접합자가 생장하면서 그보다 더 많은 차례에 걸쳐 DNA가 복제된 결과이다. 불염포와 육수꽃차례가 수백만 년 전에 처음 진화한 이래, 이런 과정이 수백만 번이 넘게 반복되었다. 이런 모든 일이 일어나는 동안, 돌연변이와 자연선택에 의해 누가 봐도 분명한 불염포와 육수꽃차례의 변이들이 생겼지만, 기본적 관련성인 상동은 여전히 명백하다.

동형질(homologous feature)이다. 예를 들어, 천남성과에 속하는 거의 모든 종류는 불염포(spathe)와 육수꽃차례(spadix)를 갖기 때문에 이들을 쉽게 알아볼 수 있다(**그림 18-1**). 이들 모두 공통 조상으로부터 꽃차례 유전자들을 물려받았으므로 모든 종류가 이런 구조를 갖고 있다. 불염포와 육수꽃차례는 안수리움속(*Anthurium*)의 모든 종에서 상동이다. 상동형질은 분류학적으로 비교하는 데 있어서 매우 중요한 형질이고, 종들이 관련되었다고 결론을 내리는 데 이용할 수 있는 유일한 형질이다.

유사성의 두 번째 원인이 되는 수렴진화는 뚜렷이 다른 두 진화계열의 식물들이 비슷한 환경과 선택압에 반응한 결과로 일어난다. 이런 조건 하에서는 자연선택이 각 계열에서 비슷한 표현형이 만들어지는 돌연변이를 선호할 수 있다. 이와 같은 형질이 **진화적 상동성(homoplasy)** 또는 **상사형질(analogous feature)**이고, 식물들이 밀접한 관계에 있다는 결론을 내리는 데 있어서 결코 이용되지 않아야 한다. 두드러진 예가 선인장과 다육질의 대극에서 나타나는 수렴진화이다. 두 가지 식물 모두 물을 저장하는 다육질의 몸이 유리한 사막에서 나타나고, 가시는 물을 얻기 위해 식물을 먹는 동물들을 단념시킨다는 점에서 선택이익이 된다. 그렇지만 두 가지 식물의 과는 가시와 다육질에 근거하여 밀접한 관계가 있다고 간주하지 않는데, 그것은 이들 형질이 같은 공통조상을 갖지 않기 때문이다. 이들은 유사한 선택압 때문에 진화적으로 수렴된 것이다.

유사성이 상동(공통조상)에 의한 것인지 아니면 상사(수렴진화)에 의한 것인지를 결정하는 것은 극도로 어려울 수 있다. 가시의 경우는 쉽다. 선인장의 가시는 변형된 잎이고, 이는 항상 매끈하고 갈라지지 않으며, 극히 짧은 줄기에서 무리지어 나타난다(**그림 18-2**). 대극속(*Euphorbia*)의 가시는 갈라진 변형줄기이고, 작은 비늘 같은 잎을 갖는다. 변형된 줄기이므로 이들은 잎의 겨드랑이에서 단독으로 나고, 결코 무리를 짓지 않는다. 상사적 유사성을 벗어나 관찰해 보면 다른 형질들은 극적이다. 선인장의 꽃은 크고 많은 부분을 갖는 반면, 대극의 꽃은 작고 암꽃 아니면 수꽃의 단성(unisexual)이다. 선인장의 목부는 유조직으로 되어 있고 섬유가 거의 없는 반면에, 대극의 목부는 섬유성이고 단단하다. 가장 중요한 것은 다육질의 대극과 상동형질에 있어서 가장 많이 닮은 식물은 아프리카 대륙의 비다육질성(nonsucculent) 대극식물이다. 다육질의 선인장은 완전히 다른 일련의 식물과 비슷한데, 그것은 아메리카 대륙의 열대 지방에 있는 비다육질성 선인장이다. 따라서 가시와 다육질의 진화는 각 집단에서 독립적으로 나타났다.

비슷한 식물들이 밀접한 관계가 있다는 가정의 필연적인 결과는 비슷하지 않은 식물들이 밀접하게 관련되지 않아야 한다는 가정이다. 유사성의 결핍을 연구하는 것도 어려울 수 있는데, 왜냐하면 어떤 경우에는 작은 유전적 변화가 극적인 표현형 변화를 초래하기 때문이다(**그림 18-3**). 호르몬의 생성과 분배 및 감수성에 영향을 미치는 돌연변이가 일어나면 밀접한 관계에 있는 두 종 사이에서 표현형의 큰 변화를 야기한다. 아울러 배(embryo) 또는 눈(bud)의 분열조직 같이 초기 발생단계에 영향을 주는 돌연변이는 밀접한 관계에 있는 종들을 닮지 않은 것처럼 보이게 만들 수도 있다. 많은 진화계열에서 큰 목본의 종들이 초본으로 진화하였다. 이와 관련된 중요한 전이는 일찍 개화하고 나서 혹독한 겨울에 살지 않는 것이다. 이런 일이 여러 번 일어났기 때문에 이는 소수의 유전자가 관여하는 단순한 진화과정임에 틀림없다. 예를 들면, 제비꽃과(Violaceae)에 속하는 종들 가운데 거의 절반이 제비꽃속(*Viola*; 제비꽃과 팬지)의 초본들이지만, 이 과의 초기 종들은 목질의 나무였고, 이는 잔존의 열대 속인 리노레아속(*Rinorea*)도 마찬가지다. 배추과(Brassicaceae)에서는 사람에 의한 인위선택의 결과로 한 종이 극적으로 다른 유형들을 갖게 되었다. 브로콜리, 방울다다기양배추, 양배추, 그리고 콜리플라워(꽃양배추)는 모두 단일한 종인 브라시카 올레라케아(*Brassica oleracea*)의 아종(또는 변종)들이다.

분류학적 연구에서는 증거의 모자이크를 이용하게 되는데, 그 증거들의 일부는 유효하고 쓸모 있지만 일부는 오해를 불러일으킬 수 있다. 계통분류학자들은 유효한 증거들이 호도하는 증거들보다 많다는 가정 하에 가능한 많은 특징들을 살피려고 시도한다. 한편 어떤 특징들은 더욱 중요한 것으로 간주된다. 수많은 대사적 상호작용과 많은 유전자의 영향이 원인이 되는 특징은 한두 유전자에 의해서만 조절되는 단순한 대사를 갖는 특징에 비해 훨씬 느리게 변하는 경향이 있다. 풍매화에서 꽃받침조각과 꽃잎이 상실되는 것처럼 특징이 사라지는 것은 종종 빠르게 일어나는

그림 18-2 **(A)** 선인장의 가시는 변형된 눈비늘(bud scale)이고, 이들이 변형된 잎으로 된다. 가시는 모든 눈비늘이 그렇듯이 무리를 지어 나타나고, 결코 갈라지지 않는다. 사진은 디스코칵투스속(*Discocactus*)이다. **(B)** 대극속(*Euphorbia*)의 가시는 변형된 가지이다. 여기에는 작은 잎이 달리고, 이 잎 자체가 곁눈을 갖기도 한다. 따라서 대극속의 일종인 이 에우포르비아 멜로포르미스(*Euphorbia meloformis*)처럼 가시가 갈라지기도 한다. 선인장과 대극의 가시들을 종종 진화적 상동(homoplasy)이라고 부르기도 하지만, 이들은 너무 달라서 이 둘을 혼동하기가 어렵다. **(C)** 진화적 상동과 대조적으로, 구조가 너무 많이 변해서 거의 알아볼 수 없을 때에는 다른 문제가 생긴다. 많은 연구를 통해 선인장의 가시가 변형된 잎이라고 확신하였고, 이들은 계속하여 진화하고 있다. 이 평평하고 얇은 구조는 테프로칵투스 파피라칸투스(*Tephrocactus papyracanthus*)의 가시이다. 이 가시는 위장을 하여 선인장을 보호한다. 이 종은 풀들 사이에서 자라고, 꽃이 필 때를 제외하면 선인장을 찾기가 거의 불가능하다. **(D)** 이 테프로칵투스 스트로빌리포르미스(*Tephrocactus strobiliformis*)의 가시는 꽃외 꿀샘(extrafloral nectary)으로 진화하였다. 개개의 작은 방울은 개미를 식물로 유인하는 묽은 설탕물이 분비된 것이다. 개미가 그들의 먹이원을 방어하면서 이들 개미는 식물을 보호한다.

그림 18-3 이 작고 잎이 없는 관목(**A**; 아카시아 아필라 *Acacia aphylla*)은 첫눈에 잎이 달린 큰 나무(**B**; 아카시아 드레파놀로비움 *Acacia drepanolobium*)와 공통점이 많은 것으로 보이지 않을 수 있다. 그러나 세심하게 검토해 보면 꽃과 줄기의 많은 중요한 특징에서 상동적 유사성이 나타난다. 따라서 이들을 같은 속인 아카시아속(*Acacia*)에 배정한다. 이 경우에 꽃과 줄기의 형태형성을 조절하는 유전자들은 진화를 거치는 동안 거의 변하지 않았다. 반면에 줄기의 신장 생장, 잎원기의 형성, 그리고 나무껍질의 형성을 조절하는 유전자들은 극적으로 변하였다.

데, 그것은 유해한 돌연변이가 흔하게 일어나기 때문이다. 이런 돌연변이를 제거하기 위해 충매수분의 자연선택이 일어나지 않으면서 이들은 유지되고 꽃덮개(perianth)가 사라졌다. 그 유전자들에서 돌연변이가 일어나 꽃받침조각과 꽃잎이 상실된 후, 새로운 유전자들의 진화는 느리고 어려워졌다.

현재 분류학자들은 매우 다양한 수단을 이용하여 식물의 사실상 모든 측면을 연구한다. 주요 부분들에 대한 단순한 관찰도 중요하지만, 주사전자현미경을 이용하여 털, 기공, 각피, 그리고 밀랍을 연구한다. 내부 구조는 광학현미경과 투과전자현미경으로 연구하고, 체관부에 있는 색소체의 본질은 매우 중요한 특징으로 발견되었다. 꽃의 색소 유형으로부터 다육식물유기산대사(CAM)와 C_4 대사의 존재 그리고 특수화된 방어적 항포식성(antipredator) 화합물에 이르는 다양한 측면의 대사가 중요하다.

DNA염기순서결정은 진화적 유연관계를 분석하는 새로운 수단이다. 두 식물은 중요한 유전양식을 달리할 때에만 별개의 종으로 간주하므로, 각 종의 DNA에 있는 뉴클레오티드의 순서는 다른 모든 종의 DNA 뉴클레오티드순서와 달라야 한다. 식물의 표현형을 연구할 때 실제의 목적은 유전자형의 차이를 알아내는 것이다. 과거에는 표현형적 특징의 조사만으로 유전자형의 차이를 파악하고자 하였다. 이제는 DNA를 직접 검사할 수 있고, 비록 돌연변이가 표현형에서 탐지할 수 있는 그 어떤 변화를 일으키지 않더라도 돌연변이를 확인할 수 있다(**표 18-2**).

전통적인 분류학적 자료와 마찬가지로 DNA염기순서 자료는 그 나름대로의 애매모호함과 제약을 갖고 있다. 어느 두 종이 밀접한 관계에 있다 하더라도, 그 종들은 DNA의 많은 지점(뉴클레오티드쌍)에서 차이가 난다. 단순히 염기순서 차이의 수를 세는 것만으로는 충분하지 않은데, 그것은 매우 일정하고 동질적인 종의 개체들조차도 표현형에 영향을 미치지 않는 숨겨진 돌연변이들을 가질 수 있기 때문이다. 뿐만 아니라 같은 과의 어느 두 종은 DNA염기순서의 대부분을 똑같은 유형으로 공유하는데, 다만 소수의 유전자들에서만 돌연변이가 일어났을 것이다. 두 유전체가 별개의 두 종을 나타낸다고 결론을 내리려면 얼마나 많은 차이가 필요할까? 이에 대한 간단한 답은 없다.

DNA염기순서결정은 DNA 자체의 진화라는 새로운 유형의 연구를 가능하게 한다. 염기순서결정은 분류군의 진화를 연구할 뿐만 아니라 동원체, 말단소체, DNA복제개시점, 증폭자요소, 인

표 18-2 계통발생적 연구에서 이용되는 DNA염기순서

색소체DNA	
모든 식물은 색소체를 갖고 있고, 보통 잎 조직을 갈아서 다량의 엽록체를 얻으며, 이들 각각은 DNA의 많은 고리를 갖고 있다. 색소체 유전체는 작고, 각각 100개 이하의 유전자를 포함한다. 따라서 연구하려는 유전자는 DNA시료에서 상당한 비율을 차지한다. 색소체는 알을 통해 모계유전을 하고, 정세포는 색소체를 갖지 않는다. 색소체 유전자는 감수분열재조합(meiotic recombination)을 하지 않는다.	
rbcL	이 유전자는 광합성효소인 루비스코(RUBISCO)의 큰 소단위를 암호화한다. 이는 식물에서 보편적으로 존재하고(일부 비광합성 기생식물을 제외하고) 상당히 길어서(1,428 염기쌍) 연구할 자리가 많다. 어떤 부위는 고도로 보존되어 있고, 따라서 다양한 종들의 염기순서는 이들 부위를 이용하여 정렬할 수 있다. 그러고 나서 가변부위를 비교한다. 이 유전자가 안정적이고 어떤 부위는 매우 느리게 변하기 때문에 *rbcL*은 과의 큰 집단을 연구하거나 속씨식물과 다른 식물 집단과의 관계를 연구하는 데 이용된다.
ndhF 및 *matK*	이들 유전자는 NADP탈수소효소의 F소단위(*ndhF*)와 성숙화효소(*matK*; 그 단백질은 인트론을 적절히 제거하는 데 도움이 된다)를 암호화한다. 이 두 가지 모두 *rbcL*보다 짧고, 훨씬 빠르게 진화한다. 이 유전자들은 과 내의 유연관계를 연구하는 데 이용된다.
trnL 및 *trnF*	이들은 사이DNA이고, 어떤 단백질이나 기능성 RNA를 암호화하지 않는다. 돌연변이에 대한 선택압이 거의 없어서 극도로 변이가 심하며, 밀접한 관계가 있는 종들을 연구하는 데 이용될 수 있다.
미토콘드리아 유전자	
미토콘드리아 유전자는 동물의 계통발생을 연구하는 데 자주 이용되지만, 식물에서는 좀처럼 이용되지 않는다. 어떤 이유에선지 식물의 미토콘드리아 DNA 고리는 쉽게 재배열되고, 따라서 유전자의 순서가 빠르게 변한다. 때로는 한 세포조차도 다양한 버전의 미토콘드리아 DNA를 포함한다. 미토콘드리아 DNA는 너무 변이가 심해서 대부분의 계통발생적 연구에서 이용되지 않는다.	
핵 유전자	
조직을 갈아서 수천 개의 핵을 추출한 다음, 이를 파열시켜 다량의 DNA를 얻는 것은 어렵지 않다. 각 2배체 핵에는 수십억 염기쌍과 수천 개의 유전자가 들어 있지만, 대부분의 유전자들은 단지 2개의 복사본을 갖는다. 관심의 대상이 되는 유전자는 극히 드물고 찾기 어려울 수 있다. 그렇지만 각 핵에는 리보솜 유전자들이 수천 개의 복사본으로 존재하고, 집합체들로 무리 짓는다. 각 집합체 내의 유전자들은 ITS(internal transcribed spacer)에 의해 분리되고, 세트들은 IGS(intergenic spacer)에 의해 분리된다.	
18S와 26S 리보솜 유전자	이 유전자들은 길고(각각 1,800 염기쌍과 2,600 염기쌍), 모든 진핵생물에 존재하는 보존부위와 가변부위를 갖는 안정된 유전자들이다. 보존부위들은 정렬할 수 있다. 가변부위는 느리게 변하여 식물을 조류, 균류 및 동물과 비교하는 데 이용될 뿐만 아니라, 식물계 내의 큰 집단의 계통발생을 연구하는 데에도 이용된다.
ITS	핵의 리보솜 유전자에 있는 ITS(internal transcribed spacer)는 속과 종의 수준에서 이용된다.
단백질 암호화 유전자	단백질을 암호화하는 몇 가지 유전자들은 어렵기는 하지만 널리 이용되고 있다. 특히 피토크롬 유전자들은 중요한 사실들을 보여주었다. 대부분의 속씨식물들은 4가지의 피토크롬 유전자(*A*, *B*, *C*, 및 *E*)를 갖고 있고, 이들은 모두 종자식물의 조상에서 중복된 단일한 조상 유전자에서 내려왔다. 중복유전자 중 하나는 *A*와 *C*로 분기되고, 다른 중복유전자는 *B*와 *E*가 되었다. (피토크롬 *D*는 겨자류에서만 나타나고, 최근에 *B*에서 진화하였다.) 피토크롬 유전자의 어떤 버전에 대해 염기순서를 결정할 것인지 확실히 해야 하며, 이 세트는 많은 귀중한 자료를 제공한다.
전체 유전체	2009년까지 속씨식물 4종(애기장대, 미루나무, 포도, 벼)의 전체 유전체의 순서가 밝혀졌다. 그런 과업은 극도로 어렵지만, 엄청나게 다양한 연구에 막대한 양의 정보를 제공해 준다. 지금은 해마다 한두 종 식물의 완전한 유전체 분석이 끝나고 있다. 2008년에 '1000 Plant Genome Project'가 시작되었다. 이 프로젝트의 목표는 1,000종의 전체 유전체를 분석할 뿐만 아니라 단백질을 암호화하는 모든 유전자(이들 유전자는 mRNA를 만들기 때문에 찾기가 쉽다)의 염기순서를 결정하는 것이다. 개념은 이들 유전자가 특히 중요하다는 것인데, 그 이유는 이들이 효소와 구조단백질을 암호화하기 때문이고 그 염기순서가 분지분석을 위한 자료를 제공하기 때문이다. 2015년까지 분석이 완료된 식물이 100종을 넘어섰다.

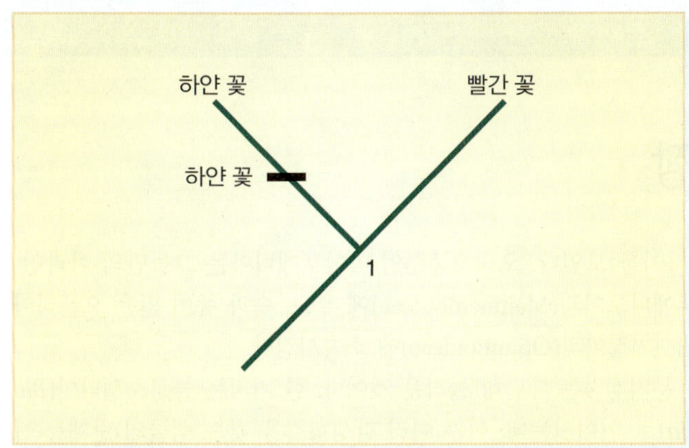

그림 18-4 분기점 1의 조상집단과 그 자손들 간의 계통적 유연관계를 보여주는 단순한 분기도. 조상상태는 빨간 꽃을 갖는 것이다. 이 집단은 둘로 분기되었고, 한 집단은 하얀 꽃(파생형질)을 갖게 되었지만 다른 집단은 여전히 빨간 꽃을 갖는다. 이 분기도가 극히 적은 정보만으로 그려졌다는 점에 유의하자. 두 종과 그 조상종을 다루는 것인지 아니면 두 속이나 두 과를 비교하는 것인지를 나타내지 않는다.

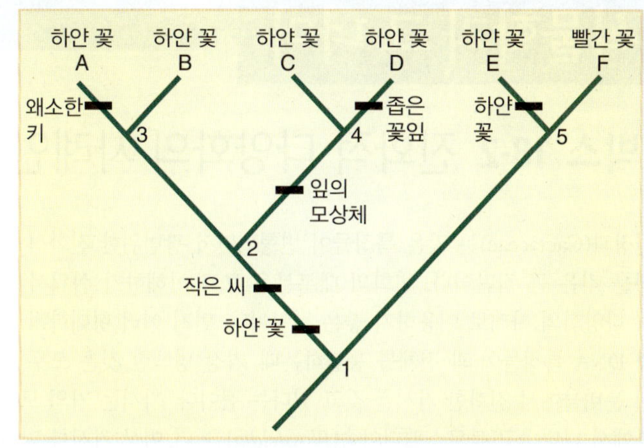

그림 18-5 보다 많은 분류군과 특징들을 갖는 보다 복잡한 분기도. 우리는 다음과 같은 특징들에 대한 자료를 갖고 있다: 꽃(하양 또는 빨강), 씨(크거나 작음), 잎(모상체가 있거나 없음), 식물의 키(높거나 왜소함), 그리고 꽃잎(넓거나 좁음). 모든 분류군에서 열매는 장과이다. 조상집단이 빨간 꽃, 큰 씨, 모상체가 없는 잎, 높은 줄기, 그리고 넓은 꽃잎을 가졌다고 상상해 보자(우리는 전에 미리 이런 특징들을 알지 못할 수 있고, 분기도가 조상이 어떠했는지를 알아내는 데 도움을 준다). 상세한 내용은 본문에 있다.

트론과 엑손 간의 경계 등등의 진화도 연구할 수 있게 한다.

분기도의 이해

분기도(cladogram)는 일련의 가지를 이용하여 진화의 양상을 보여주는 그림이다. 분기도에서 갈라지는 각 지점을 **분기점(node)**이라고 부르며, 한 분류군이 둘로 분기된 것을 나타낸다. 어느 특정한 지점에서 뻗어나간 모든 가지는 원래 집단의 자손들을 나타낸다. 그 조상이 자손들의 **공통조상(common ancestor)**이다(**그림 18-4**). 모든 조상(분기점)과 여기에서 이어지는 모두 가지가 **단계통군(clade)**을 이룬다[그래서 이 그림을 'cladogram'이라고 한다]. 각 분기점은 둘로 갈라지는 분류군을 나타내기 때문에 이는 한편으로 새로운 무리가 만들어지는 탐지할 수 있는 어떤 변화를 나타낸다. 분기된 다음, 한 분류군은 다른 분류군과 달라진다. 예를 들어, 빨간 꽃을 가진 종의 식물에서 하얀 꽃이 생기는 돌연변이가 일어났다. 두 식물이 상호교배를 할 수 있는 한, 이는 별 문제가 되지 않는다. 그렇지만 꽃의 색이 변화하면서 방문하는 꽃가루 매개동물이 달라질 수 있고, 이 때문에 빨간 꽃을 가진 조상과 생식적으로 격리될 수 있다. 만일 하얀 꽃의 개체들이 잘 자라서 많아지지만 빨간 꽃의 개체들과 서로 교배할 수 없게 된다면 이는 새로운 종이고, 분기는 분기점과 여기에서 나오는 두 가지로 나타낸다. 이 경우에 하얀 꽃은 파생된 상태인 **파생형질(apomorphy)**이고, 빨간 꽃은 **조상상태(ancestral condition)**이다.

두 개체군들이 모두 진화를 계속하고 분기하여 **그림 18-5**에 보인 것과 같은 계통발생이 생길 수 있다. 분기점 1은 그림 18-4의 분기점 1에서와 같은 분류군을 나타내지만, 더 많은 시간이 지나면서 두 계통이 모두 분기되었다. 분기점 5에서는 계속 빨간 꽃을 가진 일부가 두 집단으로 갈라졌는데, 한 집단은 계속하여 빨간 꽃을 갖고 다른 집단에서는 돌연변이가 일어나 하얀 꽃을 갖게 되었다. 이제 하얀 꽃들이 두 차례에 걸쳐 기원되었다. 색소가 합성되려면 많은 단계와 많은 효소가 필요하고, 이들 유전자 중 어느 하나라도 동일한 표현형을 야기할 수 있다. 하얀 꽃의 두 세트가 갖는 유전자형은 거의 확실히 다르다. 이는 진화적 상동성(homoplasy)이다. 원래의 하얀 꽃 계통은 두 번에 걸쳐 분기되었다. 분기점 2 이후에 한 집단은 잎이 모상체를 갖게 되었고, 다른 집단은 계속 매끈한 잎을 가졌다. 분기점 3에서 한 계통에서는 왜소형이 생겼고, 분기점 4에서는 한 집단에 돌연변이가 일어나 꽃잎이 좁아졌다.

여기에 여러 단계통군이 있다고 말할 수 있다. 여기에서 묘사한 모든 종들은 분기점 1의 공통조상까지 합쳐서 하나의 단계통군을 이룬다. 종 E와 종 F는 분기점 5와 함께 하나의 작은 단계통군이고, 분기점 2에서 내려온 A부터 D까지의 4종도 작은 단계통군이다. 무엇이 단계통군이 아닌지를 의식하는 것이 특히 중요하다. 5종(A, B, C, D, E)이 하얀 꽃을 갖고 있지만, 종 E를 다른 종들과 함께 분류할 수 없고, 이 종들은 단계통군을 이루지 않는다. 하얀 꽃을 갖는 모든 종들의 **최근공통조상(most recent common ancestor)**은 분기점 1이고, 자연발생적인 단계통군은 공통조상과 그 모든 자손을 포함한다. 만일 하얀 꽃을 갖는 A부터 E까지의 종을 한 집단으로 분류하고 종 F를 배제시킨다면, 이는 최근공통조상의 모든 자손들이 포함되지 않는 **측계통군(paraphyletic group)**이 만들어지는 것이다(**표 18-3**).

계통분류학자들이 직면한 문제를 생각해 보자. 6종 가운데, 일부는 하얀 꽃을 가졌고, 일부는 잎에 모상체가 달렸으며, 일부는 키가 왜소하고, 일부는 꽃잎이 좁다. 분기도를 그릴 때 우리는 공동파생형질을 찾는다. 종 C와 종 D는 모두 잎이 모상체를 갖고 있지만, 다른 종들은 모상체를 갖지 않는다. 따라서 이는 C와 D의 두 종이 밀접한 관계에 있음을 보여주는 것이다. 단계통군 A~D는 작은 씨를 갖는다는 공동파생형질을 공유한다. 종 A는

박스 18-2 진화적 다양화의 사례인 선인장

선인장과(Cactaceae)는 많은 특징들이 변형되면서 광범위한 진화적 다양화를 겪은 큰 집단이다. 변화의 대부분은 보고 이해하기 쉬워서 진화적 다양화의 사례로 이용하기 좋은 집단이다. 먼저 여러 형태학적 특징과 DNA 특징들이 과 전체를 통합하는데, 가장 명백한 것은 모두 변형된 눈비늘에서 진화한 가시를 갖고 있다는 점이다. 가시는 거의 모든 종류에서 나타나고[블로스펠디아속(*Blossfeldia*)은 더 이상 가시를 만들지 않는다], 다른 모든 과는 이런 식으로 가시를 만들지 않는다.

분기점 1(그림 B18-2O 참조)의 첫 분기에서 페레스키아(*Pereskia*)라고 분류된 하나의 단계통군과 다른 모든 선인장들로 이어지는 다른 단계통군이 만들어졌다. 페레스키아 단계통군은 사실상 여러 속으로 갈라졌고(이 분기도에서는 나타나지 않음), 이들은 모두 많은 파생형질을 갖지 않는다. 이 단계통군은 보통의 넓고 얇은 광합성을 하는 잎과 단단한 목질의 나무줄기를 갖고 다육질의 조직이 없는 큰 나무들이다. 이런 특징은 보통의 진정쌍떡잎식물 나무들에서 예상되는 것들이다. 따라서 우리는 이들 특징의 대부분이 파생형질이 아닌 원시공통형질이라고 생각한다. 페레스키아 단계통군은 서로 매우 비슷하고 다른 선인장들과는 대단히 달라서 이들은 아과(subfamily)인 나무선인장아과(Pereskioideae)로 묶여진다.

분기점 2와 3에서는 마이후에니아(*Maihuenia*) 단계통군과 오푼티아(*Opuntia*) 단계통군으로 이어졌다. 이들 단계통군의 식물들은 페레스키아 단계통군과 매우 비슷하지만, 각각은 몇몇의 파생형질을 갖는다. 이 두 단계통군의 식물들은 모두 작은 목질의 관목이고, 잎새(lamina) 없이 중앙맥(midrib)만으로 구성되는 것처럼 보이는 작은 원통 모양의 잎이 달린다. 페레스키아 단계통군과 비교하여 피층은 두껍고 물을 저장하는 유조직이 더 많다. 오푼티아 단계통군은 수백 개의 아주 작은 억센 털 같은 가시[갈고리털(glochid)이라고 부름]를 갖는다는 점에서 마이후에니아 단계통군과 다른 모든 선인장과 구별되는데, 이 가시는 모든 오푼티아를 다른 모든 선인장들과 구별 짓는 공동파생형질이다. 마이후에니아는 페레스키아 및 오푼티아와 DNA염기순서에서 차이를 보인다. 오직 2종뿐인 마이후에니아는 그들만의 아과인 마이후에니오아과(Maihuenioideae)에 두고, 속과 종이 많은 오푼티아는 부채선인장아과(Opuntioideae)에 소속시킨다.

그림 B18-2A 페레스키아 사카로사(*Pereskia sacharosa*) 식물체.

분기점 4는 대단히 놀라운 것이다. 한 가지는 블로스펠디아(*Blossfeldia*)로 이어지는데, 이는 여러 파생형질을 갖는 식물의 단계통속[오직 한 종인 블로스펠디아 릴리푸타나(*Blossfeldia liliputana*)가 있음]이다. 이들은 성숙해도 약 1 cm인 왜소한 식물이다. 보통잎은 잎원기로 줄어들었다. 줄기의 표피에 기공이 있고, 목부는 특이한 종류의 헛물관을 갖지만 물관부 섬유는 없다. 최근까지 블로스펠디아 릴리푸타나는 고도의 파생형질을 갖는 비슷한 다른 속들과 함께 분기점 10까지 올라가서 놓였었지만, 여러 학자들에 의한 DNA염기순서 분석결과에 따르면 블로스펠디아 릴리푸타나는 분기점 5에서 파생되는 모든 선인장들과 자매 관계인 것으로 나타났다.

그림 B18-2B 페레스키아 사카로사의 가시는 변형된 눈비늘이다. 큰 녹색의 보통잎이 보인다.

그림 B18-2C 마이후에니아 포에피기(*Maihuenia poeppigii*). 이는 방석식물(cushion plant)이고, 높이가 약 20 cm인 작고 촘촘한 나무이다. 이런 특징은 춥고 바람이 많이 부는 고산서식지에 적응한 것이다. 노란색 구조는 열매이다.

분기점 5에서 유도되는 선인장들은 극도로 변이가 심하지만, 페레스키아와 마이후에니아보다는 선인장과 훨씬 비슷하다. 이들은 실제로 선인장처럼 보이는데, 다육질이며, 물을 보존하고 저장하는 전략을 갖추고 있다. 분기점 8의 종류들[렙토세레우스속(*Leptocereus*), 파키세레우스속(*Pachycereus*), 그리고 그들의 친척들]은 여전히 많은 조상형질을 간직하는데, 특히 이들은 사막생활에 적응하는 데 그다지 도움이 되지 않는 단단한 섬유성 목부를 갖는다. 분기점 6에서 나간 분류군들은 조상형질이 훨씬 적고 극도로 파생적이다. 이 분류군들은 공 모양이거나 짧은 원통형 몸을 갖는 경향이 있는데, 이런 모양은 표면적대용적비가 낮아서 증산에 의한 물의 손실을 줄이는 데 도움이 된다. 많은 종류가 몸을 그늘지게 하고, 몸을 위장하며, 꿀을 분비하는 특수화된 가시를 갖는다. 아울러 이 단계통군은 남아메리카가 아닌 북아메리카에서만 출현하므로, 지리적 분포가 종종 중요한 특성이 된다(밀접한

그림 B18-2F 블로스펠디아 릴리푸타나(*Blossfeldia liliputana*). 이는 성숙하고 완전히 자란 식물로, 높이가 약 1 cm이다.

그림 B18-2D 마이후에니아 포에피기(*Maihuenia poeppigii*)의 작지만 분명한 보통잎들.

그림 B18-2G 마밀라리아 라시아칸타(*Mammillaria lasiacantha*)와 그 친척의 대부분은 작고, 선인장에서만 나타나는 많은 파생형질을 갖고 사막에 적응한 식물이다.

그림 B18-2E 아우스트로키린드로푼티아 스카페리(*Austrocylindropuntia schaferi*)는 잎새가 없는 잎을 갖는다. 그 목부는 단단하고 섬유상이며, 다육질로 된 조직은 거의 없다.

그림 B18-2H 태평환선인장(*Echinocactus horizonthalonius*)은 북아메리카에서 자라는 많은 종의 원통선인장(barrel cactus) 중 하나이다.

관계가 있는 종들은 전 세계에 걸쳐 분산되지 않고 같은 지역에서 발견되는 경향이 있다).

분기점 9에서 이어지는 모든 단계통군들은 주로 남아메리카에서 자라고, 몇 종들만이 카리브해 지역, 플로리다 주, 중앙아메리카 또는 멕시코에 퍼져 있다. 하티오라속(*Hatiora*)과 그 친척들은 다른 식물에 기생을 하고, 우리가 선인장과 관련시켜 생각하는 서식지에 나타나지 않고 열대우림에서만 산다. 나머지 단계통군 가운데 파로디아속(*Parodia*), 김노칼리시움속(*Gymnocalycium*), 그리고 그 친척들은 남아메리카의 작은 구형 선인장이고, 분기점 6의 북아메리카 선인장들과 매우 흡사하다. 사실 초기 분류학자들은 이들을 종종 함께 분류하였다. 이들이 뚜렷이 다르다고 간주한 원래의 이유 가운데 하나는 두 단계통군(분기점 6과 분기점 10)이 수천 마일에 걸친 해양과 아마존 우림(이 두 가지 모두 중요한 격리장벽이다)에 의해 서로 멀리 떨어져서 나타난다는 점이다. 나중에 꽃, 열매, 그리고 씨의 일부 차이점들이 주목을 받았고, 최근 들어서 DNA염기순서 자료들도 북아메리카의 작은 선인장과 남아메리카의 작은 선인장들은 동일한 과 내에서 일어난 수렴진화의 놀라운 경우라는 생각을 뒷받침하였다. 분기점 6과 분기점 10의 최근공통조상은 분기점 5이고, 이 분기점의 식물들은 많은 파생형질을 갖지 않는 반면에 여러 잔존형질(관목, 단단한 나무, 다육질이 거의 없음)을 가졌음이 분명하다.

선인장과는 엄청난 다양성을 갖는다. 이 과에는 수목, 관목, 그리고 왜소관목이 포함되지만 초본은 없고, 모든 선인장이 아주 조금이나마 목부를 형성한다. 다육식물도 있지만 다육질이 아닌 식물도 있고, 식물은 사막, 우림, 초지, 그리고 고산지대에 적응한다(일부는 눈더미 바로 옆에서 자란다). 꽃가루받이는 곤충, 박쥐, 그리고 벌새에 의한다. 그렇지만 과의 단계통성(monophyly)은 의심할 여지가 없다. 모든 선인장은 과 수준의 동일한 단계통군에 속한다고 일반적으로 받아들여지고 있다.

그림 B18-2I 렙토세레우스 웨잉가르티아누스(*Leptocereus weingartianus*)는 무성한 관목상 선인장이고 덤불이 제멋대로 뻗어 나간다. 그 줄기는 좁고, 조직에는 다육질이 거의 없으며, 선인장이 아닌 보통의 덤불처럼 몹시 가지를 친다. 키가 크고 꼿꼿한 선인장은 필로소세레우스 폴리고누스(*Pilosocereus polygonus*)이다.

그림 B18-2J 무륜주선인장(*Pachycereus pringlei*)은 피층이 매우 두껍고, 다량의 물을 저장할 수 있다. 그렇지만 그 목부는 페레스키아속(*Pereskia*)의 목부와 비슷하게 섬유성이고 튼튼해서 엄청난 무게를 지탱할 수 있다.

그림 B18-2K 하티오라 살리코르니오이데스(*Hatiora salicornioides*)는 아주 작고 좁은 줄기를 갖는 기생선인장이다. 이 선인장은 결코 큰 식물이 되지 않는다.

그림 B18-2L 파로디아 마아시(*Parodia maassii*)는 작은 구형의 남아메리카 선인장이고, 몸의 크기와 모양은 수렴진화 때문에 마밀라리아속(*Mammillaria*)과 비슷하다.

그림 B18-2M 김노칼리시움 호르스티(*Gymnocalycium horstii*)는 페레스키아속(*Pereskia*)과 비슷한 조상으로부터 명백하게 분기되었다.

그림 B18-2N 오레오세레우스 켈시아누스(*Oreocereus celsianus*)는 볼리비아와 아르헨티나의 국경에 있는 높고 추운 고산지대의 조건에 적응하였다.

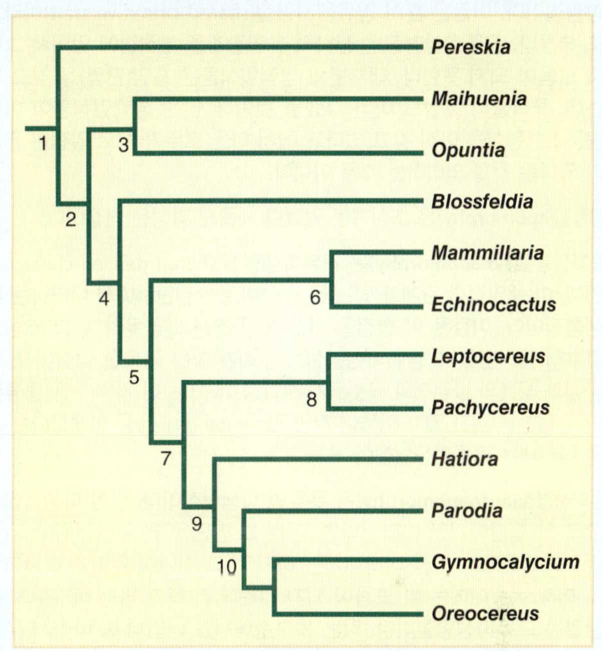

그림 B18-2O 선인장과(Cactaceae)의 몇 단계통군에 대한 단순화된 분기도.

유일하게 왜소한 종이다. 다른 종들은 이 특징을 갖지 않으므로, 이는 계통발생을 이해하는 데 있어서 우리에게 도움을 주지 않고, 따라서 이는 **비정보성(uninformative)**이다. 모든 종들이 장과(berry)의 열매를 만든다. 이는 어디에서도 변하지 않았고, 이 공유조상상태는 **공통조상형질(symplesiomorphy)**이며, 이 또한 이 종들을 정리하는 데 있어서 충분한 정보를 담고 있지 않는다.

이들 6종과 이들 특징을 고려하여 계통분류학자들은 얼마든지 분기도를 그릴 수 있다. 분기점 1과 종 A 사이에서 꽃의 색이 하양에서 파랑이 되었다가 노랑이 되고 다시 하양으로 돌아갔으며, 파란 종류와 노란 종류는 사라졌다는 여러 단계를 상상할 수 있다. 이런 일이 일어났을지도 모른다. 우리는 현존하는 6종과 그들의 특징을 볼 수 있지만, 그 조상들은 오래 전에 죽었기 때문에 전혀 볼 수 없고, 조상의 다른 자손들이 있었겠지만 그들 역시 죽어서 분기도에 포함시킬 수 없다. 우리가 가진 정보를 고려하여 **간결(parsimony)**이라고 부르는 원칙을 사용한다. 우리는 가장 단순하고 가능한 가설을 선호하고, 필요 이상으로 복잡한 가설을 만들지 않는다. 간결원칙은 생물학의 모든 분야에서 이용된다. 관다발식물에서 물의 이동에 대해 가장 널리 인정받는 이론은 물관부를 통해 물이 위로 올라가는 것이다. 우리는 온갖 종류의 훨씬 더 복잡한 메커니즘을 생각할 수 있지만 가장 단순한 메커니즘에 치중하고, 이 단순한 가설이 정확하지 않다고 자료들이 가리킬 때에만 비로소 보다 복잡한 가설로 넘어간다.

분기도를 작성할 때에는 그림 18-5에 보인 것보다 훨씬 더 많은 자료들이 이용된다. 살아 있는 종들에 대해서는 각 염기쌍이 데이터 포인트(data point)가 되는 DNA염기순서를 갖고 있으므로, 6종을 비교할 때 유용한 정보를 주는 수백 또는 수천 개의 염기순서의 차이들을 갖게 된다. 그렇지만 컴퓨터 프로그램이 자료를 이용하여 분기도를 작성할 때, 거의 언제나 똑같이 단순하지만(equally parsimonious) 따로 배열되는 분류군을 가진 몇 가지를 제시한다. 이런 일이 생기면 다양한 분기도를 분석하여 어떤 단계통군이 되풀이하여 나타나는지를 조사한다. 만일 그렇다면 그 특정 단계통군이 계통발생의 정확한 묘사일 것이라고 신뢰한다. 때

표 18-3 분지분석

그림 18-5와 그림 18-6의 가지 친 나무는 연구의 대상이 되는 종이나 속의 진화적 계열과 유연관계를 나타내는 분기도이다. 분기도에서 갈라진 점은 한 집단이 뚜렷이 구별되는 두 집단으로 진화한 시점을 나타내며, 보통 한 갈래에서는 새로운 형질이 나타나고 다른 갈래에서는 조상의 형질이 나타난다. 많은, 어쩌면 대부분의 진화연구는 오늘날 분기도를 이용하고 있고, 그 특징을 설명하는 일련의 중요한 용어들이 있다.

원시공통형질(plesiomorphy)은 그 무리의 조상에 존재하던 형질이다. 그 형질은 잔존형질이거나 원시형질이다. 이를테면 일부 선인장들은 그들의 조상처럼 아직도 잎을 갖고 있다. 잎의 존재는 선인장에 있어서 원시공통형질이다.

공통조상형질(symplesiomorphy)은 둘 이상의 현대집단들이 공유하는 조상형질이다. 이들은 흔히 공유원시형질(shared primitive trait)이라고도 부른다. 공통조상형질은 진화적 유연관계를 분석함에 있어서 그다지 도움이 되지 못한다. 대부분의 쌍떡잎식물은 홑잎(단엽)을 갖고 있는데, 꽃식물의 조상도 아마 그랬을 것이다. 많은 쌍떡잎식물이 이런 공통조상형질을 아직 갖고 있다고 해서 이들 모두가 서로 밀접한 관계가 있다는 것을 의미하는 것은 아니다.

파생형질(apomorphy)은 조상에는 없었던 새롭게 파생된 형질이다.

공동파생형질(synapomorphy)은 공유파생형질(shared derived character)인데, 이는 밀접한 관계가 있는 둘 이상의 현대집단들에서 나타나는 파생형질이다. 이들은 이 형질을 가진 최근 조상과 공유하고, 그 조상으로부터 물려받았다. 공동파생형질은 우리가 찾는 중요한 형질이다. 천남성과 식물의 불염포와 육수꽃차례(그림 18-1)는 이 과의 모든 종류들이 밀접한 관계가 있고 이들이 자연군(natural group)을 형성한다는 것을 나타내는 공동파생형질이다.

고유파생형질(autoapomorphy)은 특유의 파생형질이다. 만일 파생형질이 오직 한 집단에서만 나타난다면, 이는 그 집단을 한 구성단위(unit)로 간주해야 한다는 것을 나타내기는 하지만, 그 집단이 무엇과 관련되는지 이해하는 데에는 별 도움이 되지 않는다. 우리가 먹는 옥수수의 큰 낟알은 고유파생형질이다. 이는 옥수수에서만 나타나고, 따라서 우리가 옥수수(*Zea mays*)를 다른 몇 종과 함께 결합시키면 실수를 저지르는 것이다. 옥수수는 다른 많은 친척들과 함께 벼과 초본이고, 만약 어느 다른 종이 역시 큰 낟알을 갖는다면 그 두 종이 밀접한 관계가 있다고 추정할 수 있다. 옥수수의 낟알은 독특하다.

진화적 상동성(homoplasy)은 수렴진화의 결과이다. 이는 둘 이상의 집단에서 같은 것처럼 보이지만, 사실은 동일한 조상형질에서 진화하지 않은 형질이다. 대극속(*Euphorbia*)의 식물들은 선인장과 유사하지만, 선인장과 밀접한 관계가 없다. 선인장과 대극을 조사할 때 우리를 기만하는 유사성은 진화적 상동성이다. 진화적 상동성과 공동파생형질을 구별하려는 시도가 진화연구의 한결같은 관심사이다. 만일 우리가 진화적 상동성을 공동파생형질로 착각하여 서로 관계가 없는 두 집단을 뜻하지 않게 함께 분류하였다면, 우리는 자연스런 것이 아닌 다계통군을 만든 것이다.

로는 자료가 충분하지 못할 수 있고, 그럴 때에는 보통 다양한 종들이 동일한 분기점에서 나오는 것으로 나타난다. 이것이 **미해결 여러갈래분지(unresolved polychotomy)**이다. 이는 보다 집중적으로 연구할 대상이 된다.

분기도를 연구할 때 이 분기도는 어디까지나 가정이라는 점을 명심하자. 각 분기도는 일부 증거에 의해 뒷받침되는 모델이지만, 우리는 살아 있거나 멸종된 모든 종에 관한 가능한 정보를 모두 갖고 있지 않다. DNA염기순서를 분석하는 프로젝트가 매우 빠르게 진척되고 있고, 방대한 양의 자료를 제공하고 있다. 그 자료들을 형태학적, 해부학적, 그리고 생리학적 자료들과 결합시켜 분기도를 개선하고, 나아가서 분류군들이 어떻게 서로 관계가 있는지를 이해할 뿐만 아니라 특징 자체가 어떻게 진화하였는지를 이해하게 된다.

분기도와 분류범주

분기도에 이름과 분류계급을 어떻게 부여할까? 객관적 정의를 갖는 유일한 분류학적 단위는 종(species)이고, 이들은 서로 교배할 수 있는 개체들이다. 그러나 속이나 과 또는 기타 등등에 대한 그런 객관적 정의는 없다. 분기도의 모든 분기점과 모든 단계통군들에 대해 이름을 붙이자는 제안이 있었지만, 그렇게 되면 받아들이기 어려울 정도로 많은 이름들이 생기게 될 것이다. 게다가 대부분의 분기도는 아직도 안정적이지 않아서 새로운 종과 자료들이 추가될 때마다 바뀐다. 많은 계통분류학자들은 분명히 다계통군이거나 측계통군이라고 밝혀지지 않는 한, 속, 과 그리고 목의 오래된 이름을 계속 사용하자는 결정을 내렸다. 그 결과, 우리에게 잘 알려진 몇몇 과들이 하나로 합쳐지거나 둘로 나뉘어졌다. 어떤 집단은 우리가 그 계통발생을 정확히 이해한다고 보다 많은 확신을 가질 때까지 일상적인 비공식 명칭을 임시로 사용한다. 우리에게 특히 중요한 예에 속씨식물이 포함된다. 최근까지도 우리는 모든 속씨식물이 외떡잎식물 또는 쌍떡잎식물 중 하나이고, '외떡잎/쌍떡잎'의 분기가 극히 오래 전에 일어났다고 믿어왔다(그림 18-6). 그렇지만 지금은 그런 일이 생기기 전에 초기 속씨식물이 여러 단계통군들로 분기되었다는 강력한 증거가 있고, 초기에 분기된 단계통군의 현존하는 자손들은 더 이상 쌍떡잎식물이라고 부르지 않는다. 이들은 단지 **기초속씨식물(basal angiosperms)**이라고 불리며, 공식적인 분류학적 명칭이 주어지지 않았다. 쌍떡잎식물의 나머지는 **진정쌍떡잎식물(eudicots)**이라고 불리지만 이 또한 정식 이름이 아니다. 오래된 용어인 '쌍떡잎식물(dicot)'은 폐기해야 하는데, 이는 이 집단이 측계통군인 것으로 밝혀졌기 때문이다. '쌍떡잎식물'에는 기초속씨식물과 진정쌍떡잎식물이 포함되지만 외떡잎식물은 빠지는데, 외떡잎식물은 진정쌍떡잎식물과 공통조상을 공유한다.

분류체계의 다른 종류

인위분류체계

분류된 생물의 진화역사를 따르려고 시도하는 자연분류체계는 여러 종류의 분류체계 가운데 하나일 뿐이다. 다른 기본 유형은 대체로 아주 쉽게 관찰되는 몇몇 검색형질(key character)을 분류의 기준으로 선정하는 **인위분류체계(artificial classification system)**이다. 국립공원과 주립공원의 식물, 새, 그리고 포유류의 그림이

식물과 인간

박스 18-3 혈통 대 단계통군: 가족사는 단계통군의 정반대

분지분석을 혈통(가계)과 혼동하기 쉽다. 가계도를 따라가면 여러분의 부모, 그분들의 부모, 그리고 그분들의 부모 등등으로 여러분을 과거로 안내한다. 여러분은 과거 친척들의 위치를 찾아내려고 시도하겠지만, 가계도의 진정한 요점은 여러분의 유전체에 대립유전자를 기여했을 수 있는 모든 사람을 배치하는 것이다. 여러분은 여러분의 모든 대립유전자를 부모로부터 받았지만, 그 대립유전자들은 4분의 조부모로부터, 8분의 증조부모로부터, 그리고 그 조상의 조상에 이르는 선대로부터 물려받은 것이다. 각 세대마다 새로운 대립유전자들이 도입되었을 것이고, 그때마다 조상의 수는 2배가 된다. 여러분의 가계도는 과거로 거슬러 올라가면서 점점 넓어지게 된다.

분기도는 그 정반대이다. 우리는 한 세트의 조상이나 창시자 개체들에 관심이 있고, 시간이 흐름에 따라 그 자손들이 어떻게 변하는지에 관심을 갖는다. **조상군(ancestral group)**은 다른 집단과 유전적으로 격리되어 있고(동일한 종의 구성원들만이 상호 교배할 수 있음을 상기하자), 따라서 새로운 대립유전자의 유일한 원천은 자손들에서 나타나는 돌연변이이다. 분기도는 새로운 대립유전자가 언제 기원되었는지 또는 표현형의 탐지 가능한 변화를 일으키는 대립유전자의 중요하고 새로운 조합이 언제 만들어졌는지를 나타낸다.

혈통은 많은 조상으로부터 한 자손으로 몇 세대에 걸친 형질들의 유전적 수렴을 보여준다. 계통발생은 수천 또는 수백만 세대에 걸친 형질과 자손의 진화적 분기를 보여준다.

나 사진이 첨부된 안내서가 좋은 예이다. 이런 가이드의 식물학적 분류는 주로 꽃의 색에 기초를 두고 있다. 하얀 꽃을 가진 모든 식물을 함께 묶고, 빨간 꽃을 가진 식물도 함께 묶는 등이다. 각 범주 내에서 다음의 분류범주는 식물의 습성(habit)일 수 있는데, 수목을 그룹화하고, 관목, 초본, 넝쿨식물 등등을 묶는다. 이런 체계를 인위적이라고 서술한 이유는 한 범주의 많은 식물들이 공통 조상에서 유래되어 서로 밀접한 관계에 있는 것이 아니라는 것이다. 더구나 이들은 꽃의 색이나 습성이 다르다는 이유만으로 매우 가까운 자연의 친척들과 다른 범주로 분리된다.

인위분류체계는 꽃의 색이나 식물의 습성 같이 분명한 특징을 이용하여 식물을 쉽게 동정하는 목표를 가지고 있다. 그렇지 않으면, 인위분류체계는 경제적으로 또는 과학적으로 중요한 형질을 갖는 식물들을 분류하고자 만들어지기도 한다. 현실적인 관점에서 목수와 목세공인은 나무의 계통발생보다는 나무의 색, 질

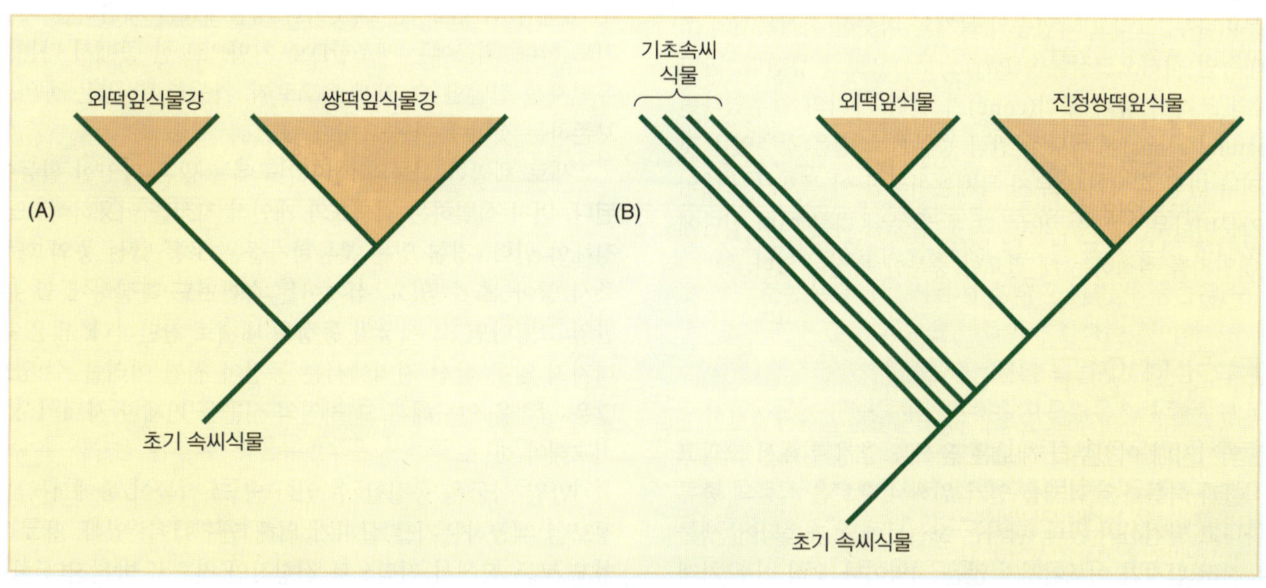

그림 18-6 **(A)** 모든 속씨식물이 외떡잎식물 아니면 쌍떡잎식물 중 하나라는 역사적 관점을 나타내는 분기도. 이 분기도에서는 강의 공식적 분류계급이 나오는데, 어떤 책에서는 'Monocotyledonae'와 'Dicotyledonae'로, 그리고 다른 책에서는 'Liliopsida'와 'Magnoliopsida'로 표기된다(표 18-1). **(B)** 매우 단순화시킨 이 분기도는 속씨식물의 진화적 유연관계에 대한 최근의 가설들을 요약하였다. '기초속씨식물'은 외떡잎/쌍떡잎의 분할 이전에 초기 속씨식물로부터 분기되었다. 모든 진정쌍떡잎식물과 마찬가지로 모든 기초속씨식물은 쌍떡잎식물로 알려져 왔다. 그렇지만 쌍떡잎식물에 대한 그런 개념은 초기 속씨식물의 일부 자손(외떡잎식물)을 고려하지 않은 측계통군일 것이다. 우리는 측계통적 단계통군을 이용하지 않으므로 기초속씨식물(이들은 그냥 'basal angiosperms'라고 부른다)과 외떡잎식물의 오른쪽에 있는 진정쌍떡잎식물(이들은 지금 'eudicots'라고 부른다)에 대한 새로운 이름이 필요하다.

감, 결, 그리고 단단함에 더 많은 관심을 갖고 있다. 정원사는 식물이 그늘, 충분한 햇볕, 서리 또는 알칼리성 토양에 견디는 능력에 따라 식물을 분류하길 원할지도 모른다.

인위분류는 자연분류체계에 대한 부속으로만 이용된다. 생리학자들이 C_4 대사를 갖는 모든 종의 계통발생을 조사하면서 C_4 대사가 몇 차례 진화되었음을 발견하였다. 따라서 모든 C_4 대사가 동일한 것으로 기대되지 않는다. 이와 비슷하게, 꽃잎 착색(pigmentation)의 대사를 연구하는 학자는 색깔에 따라 꽃을 인위적으로 분류하면서 빨간 색소의 합성을 먼저 연구하기로 결정할 수 있다. 그러나 빨간 색소는 대부분의 속씨식물에서 나타나는 안토시아닌(anthocyanin)과 당근이나 선인장 등의 석죽목(Caryophyllales)에서 나타나는 베타레인(betalain)는 크게 다른 두 종류가 있다. 만약 어떤 과학자들이 빨간 장미꽃을 연구하고 다른 학자들이 홍당무를 연구한다면, 뭐라고 설명할 수는 없지만 학자들은 색소 합성에 관여하는 효소들과 경로에 관하여 상충되는 결과를 얻게 될 것이다.

화석의 분류체계

분류의 세 번째 유형은 화석생물에 이용되며, 자연분류체계와 인위분류체계의 특징을 결합한다. 목표는 화석의 진화를 이해하고 그 조상들과 나중에 다른 종으로 진화하였을 그 자손들을 확인하는 것이다. 이를 위해서는 자연적 체계가 필요하다. 그런데 일반적으로 우리는 화석에 대해 잘 알지 못한다. 따라서 편의상 표면적으로 비슷한 화석들을 함께 묶는데, 이는 기본적으로 인위적 체계이다. 이런 그룹이 **형태속(form genera)**이고, 동일한 기본형이나 구조를 갖는 모든 화석을 함께 분류한다. 예를 들면, 현대의 소나무, 가문비나무, 그리고 낙엽송의 목재와 비슷한 화석목재의 조각을 형태속인 피티오크실론속(*Pityoxylon*)으로 분류한다. 만약 화석목재의 조각이 잎과 구과(cone)가 달린 가지의 일부였다면 자연속(natural genus)에 할당할 만큼 충분한 특징을 갖추었을 것이다. 그러나 만일 화석이 오로지 목재뿐이라면 이 목재가 고대의 소나무, 가문비나무, 낙엽송, 또는 그 후 멸종된 다른 어떤 집단에서 나온 것인지를 결정하는 데 필요한 충분한 특징이 없다.

분류학적 연구

사람들은 역사시대 이전부터 새로운 음식을 얻기 위해서 그리고 관상용 식물과 아름다운 목재를 얻기 위해서 새로운 식물의 종류를 찾아다니고 발견하여 왔다. 탐사는 오늘날에도 계속되어, 생물학자들은 전혀 탐사가 이루어지지 않은 지역이나 오직 한두 차례 방문했던 지역으로 들어간다. 브라질, 중앙아메리카, 그리고 동남아시아의 열대우림들은 이제껏 제대로 답사되지 못하였기 때문에 탐험대는 예전에 알려지지 않았던 많은 식물과 동물을 채집하여 돌아온다. 어떤 식물은 완전히 자랐음에도 높이가 채 1 cm가 되지 않고 극도로 한정된 범위만 갖고 있어서, 유심히 관찰하지 않는다면 그냥 지나치기 쉽다(**그림 18-7**). 반면에 어떤 식물은 너무 커서 못 보고 넘어갈 수 없지만, 아주 작은 지역에서만 자라기 때문에 연구자들이 쉽게 놓칠 수 있다. 마지막으로 어떤 종은 다른 종과 매우 비슷하여 과학자들이 이미 알고 있는 종일 것이라고 생각하여 무시할 수도 있다. 새로운 종이라는 사실은 특정 세부사항들을 면밀하게 연구해야만 드러날 수 있다.

그림 18-7 이 리판테스속(*Lipanthes*) 난초는 완전히 자란 것이다. 꽃이 활짝 피었음에도 못 보고 넘어갈 수 있다. 사진은 실물 크기의 2배이다.

한편, 식물 탐사는 이미 알고 있는 종에 관해 새로운 사실을 발견하는 데 관심을 갖기도 한다. 전적으로 동일한 개체들로 이루어진 종은 없다. 따라서 지리적 분포범위와 생태적 범위뿐만 아니라 형질의 변이성에 관한 정보를 얻기 위해서는 수많은 표본을 채집해야 한다. 연구나 원예 또는 식량을 위해 식물을 번식시킬 수 있게끔 탐사에서는 씨앗이나 생물재료를 채집하는 데 전념하기도 한다. 최근에는 재조합DNA기법으로 한 종에서 다른 종으로 유전자를 전달할 수 있게 됨으로써, 가능한 한 많은 종의 생체를 보존하는 것이 특히 중요하다.

새로 채집한 식물의 예비 연구에는 많은 다양한 활동이 포함된다. 먼저 식별하는 검색표와 개인적 지식을 이용하여 표본을 동정해야 한다. 경험 있는 분류학자들은 보통 낯선 종의 과를 거의 즉시 알아 볼 수 있고, 심지어는 속까지도 확실하게 알 수 있다. 만일 그렇다면 그 이상의 동정은 대체로 간단하다. 많은 종이 알려지지 않은 낯선 지역에서는 동정이 훨씬 어려울 수 있으므로, 많은 형질을 연구해서 그 지역의 식물을 기재한 자료의 형질들과 비교해야 한다.

만일 식물을 동정할 수 있다면, 그 식물이 종에 관한 새로운 정보를 제공하는지를 살피기 위해 연구할 수 있다. 새로운 점이 없고 모든 점에서 전적으로 전형적인 것으로 밝혀진다 하더라도, 이 역시 중요하다. 만일 표본을 동정할 수 없거나(**박스 18-4**), 그 어떤 기재(description)와도 일치하지 않는다면, 분류학자들은 그 표본을 신종이라고 의심할 수 있다. 그렇다면 일반적으로 표본과 가장 밀접한 관계가 있는 종에 대해 경험이 많은 전문가에게 표본을 보낸다.

식물이 신종이라고 발표하는 일은 쉽지만, 이를 입증하고 적절히 기재하는 일은 어렵다. 비록 그 식물이 명백히 신종이 아닐지라도, 누구나 어느 식물이 신종이라고 발표하고, 이름을 붙이고, 그 식물에 관해 논문을 발표할 수 있지만, 그렇게 되면 무수한 문제가 발생한다. 이런 문제를 극복하기 위해 전 세계의 분류학자들이 신종을 명명하는 데 필요한 단계를 자세하게 설명한 국제식물명명규약(*International Code of Botanical Nomenclature*)을 제정하였다. 예전에 결코 사용되지 않은 합법적인 이름으로 공표해야 하고, 라틴어와 함께 보통 영어, 프랑스어, 독일어, 스페인어, 또는 러시아어로 쓰인 종의 상세한 기재문이 따라야 한다. 신종의 학명과 기재는 반드시 널리 보급된 학술지에 논문으로 발표해야 하는데, 이 절차는 많은 문제를 방지한다. 이 종이 지금까지 알려지지 않은 종이고 그 이름이 예전에 결코 사용되지 않았음을 확인하도록 학술지의 편집자들은 최소한 2명의 독자적인 전문가에게 기재문이 포함된 원고를 보낸다. 한편, 기재문에는 반드시 **기준표본(type specimen)**의 지정이 포함되어야 한다. 기준표본은 연구자가 학명을 지을 때 기준으로 삼는 표본이고, 기재할 때 지정한 유일한 표본이다.

신종의 이름이 지어질 때에는 그 종에 관해 거의 알려진 바가 없다. 그 후 몇 년 동안 많은 연구가 수행되면서 다른 새로운 종이라는 인식을 타당하게 만드는 충분한 변이가 발견될 수 있다. 이를테면 잎 크기의 범위, 모상체의 유형, 그리고 꿀샘의 유형이 2~3종으로 분류하는 것을 정당하게 만들 수 있다. 잎 크기, 모상체 그리고 꿀샘의 어떤 유형이 첫 번째 이름에 해당하는지는 원래의 기준표본이 결정한다. 어떤 유형의 식물이 어떤 이름을 갖는지 의문이 생길 때에는 기준표본을 확인해야 한다. 기준표본은 보통 내화성 캐비닛에 보관하고 식물표본관 외부로 반출하지 않는다. 제2차 세계대전 중에 연합군의 폭격으로 베를린 식물원이 파괴되어 수천 점의 기준표본들이 잿더미로 변하였다. 독일인들은 20세기 초반과 19세기의 대부분 동안에 매우 활발한 식물탐사를 전개하였기에, 이들 기준표본의 소실은 엄청난 문제를 야기하였다. 이러한 참사의 재발을 방지하게 위해 가능한 한 기준표본과 비슷한 다른 표본들을 전 세계의 많은 식물표본관으로 보내는데, 이것이 **동기준표본(isotype)**이다.

진화의 주요 계열

모든 생물은 세균역(남세균 포함), 고세균역, 그리고 진핵생물역의 3역(domain)으로 분류된다(**그림 18-8**). 진화에 있어서 가장 중요한 사건은 대략 35억 년 전에 생명 자체가 기원된 것이다. 최초의 생물은 단순하고, 세포막과 원형질로 구성되었으며, RNA로 추정되는 유전의 어떤 수단을 갖추고 있었다. 거의 확실히 그 생물은 뚜렷한 핵이나 그 밖에 막으로 둘러싸인 세포소기관을 갖지 않았다. 그러한 생물은 살아있건 아니면 멸종되었건 간에 모두 원핵이다. 이 진화의 계열은 수천 가지의 현존하는 세균과 남세균 및 고세균의 종들이 보여 주듯이 수많은 단계통군들로 빠르게 다

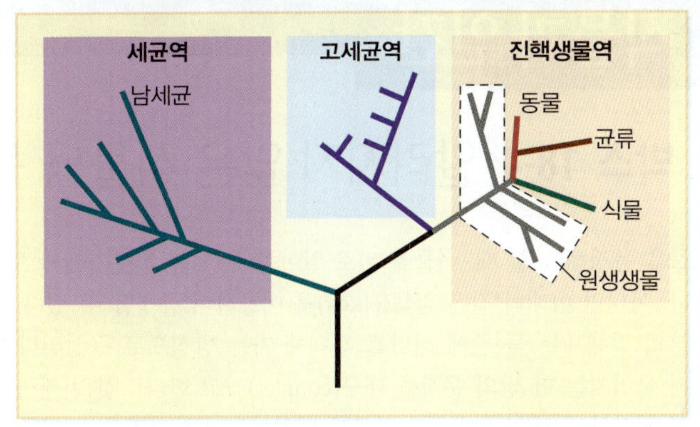

그림 18-8 이 분기도는 3역인 세균역, 고세균역 및 진핵생물역의 상호유연관계에 관한 최근의 가설을 나타낸다.

양화되었다. 원핵생물 진화의 중요한 단계는 산소를 방출하고 엽록소 *a*에 근거하는 광합성의 한 유형이 발달한 것이다. 세균 가운데 어떤 종에서 이런 일이 일어났는지 정확히 알지 못하지만, 그 자손은 세균역의 한 단계통군인 남세균(cyanobacteria)으로 알려져 있으며, 이는 엽록체의 조상이었다.

다음으로 중요한 진화적 사건은 원핵생물이 막으로 둘러싸인 핵을 갖는 진핵생물로 변환된 것이다. 이는 많은 중간단계를 갖는 극도로 점진적인 절차였음이 분명한데, 왜냐하면 현존하는 많은 종이 원핵생물과 진핵생물 사이의 중간적인 특징들을 아직도 갖고 있기 때문이다. 중요한 양상은 미토콘드리아의 기원이다. 이는 초기 진핵생물의 내부에서 유기호흡이 가능한 세균이 살기 시작하고 초기 진핵생물 자체의 유기호흡 능력은 정교함이 떨어지는 점진적 과정이다. 2종류의 생물 모두 유대를 통해 혜택을 입고, 따라서 이는 기생이 아니라 공생이며, 한쪽이 다른 쪽의 내부에 살기 때문에 이는 세포내 공생(endosymbiosis)이다. 이것이 미토콘드리아의 세포내 공생 기원에 관한 가설이고, 이를 뒷받침하는 많은 증거가 있다. 미토콘드리아의 DNA와 유전자 그리고 효소들은 이들이 자리 잡고 있는 세포의 핵보다는 특정 세균의 그것들과 더욱 유사하다. 미토콘드리아 유전자의 가장 간결하고 단순한 분기도는 세균 유전자가 초기의 조상유전자가 되는 분기도이다. 미토콘드리아의 유전자 계통수에 진핵생물의 유전자를 포함시키려 한다면 훨씬 많은 분기점과 단계들이 필요하며 훨씬 더 복잡해진다(단순성이 떨어진다).

초기 진핵생물의 체제와 비슷한 체제를 갖는 생물들을 예전에는 '원생생물계(kingdom Protista)'로 분류하였지만, 원생생물계에는 극도로 다양하고 명백하게 서로 밀접한 관계가 없는 종류들이 포함되기 때문에 그런 분류는 결코 만족스럽지 못하다. 생물을 원생생물계로 분류하는 기준은 단순히 이들이 진핵생물이지만 식물이나 동물 또는 균류의 파생형질을 갖지 않는다는 점이다. 그렇지만 분류는 공유파생형질(공동파생형질)에 근거하는 것이지 공유파생형질의 결핍에 기반을 두는 것이 아니다. 실제로 원생생물의 예전 분류는 단계통군의 분류와 대조적인 **진화등급분류(grade classification)**였다. '원생생물'들은 진화적 진보의 낮은 수

박스 18-4 알려지지 않은 식물의 동정

식물을 동정해야 할 때, 식물을 바로 알아볼 수 있는 전문가에게 보내거나, 아니면 아래와 같은 **검색표(key)**를 이용하여 동정할 수 있다. 대부분의 검색표는 둘 중에 하나를 선택해 가는 방식으로 구성된다[여기서 묶어지는 한 쌍의 문장을 대구(couplet)라고 한다]. 첫 번째 선택에서 시작하여 기술한 내용이 식물과 일치하는지를 결정한다. 각 줄의 끝에는 종의 이름이나 다음번의 대구를 가리키는 숫자가 있다. 최초의 선택은 식물이 목본인지 아니면 초본인지처럼 보통 아주 일반적이고 쉬운 내용이다. 이는 식물을 완전히 인위적인 두 범주로 구분한다. 검색표는 분류를 위한 것이 아니라 동정하는 데에만 이용되기 때문에 이런 인위적 방식도 받아들여진다. 검색표에서 대구의 선택들을 계속 따라가면 결국 어떤 이름을 만나게 되는데, 이는 여러분이 가진 식물이 잠정적으로 동정되었음을 의미한다. 검색표는 모든 종의 기술이 포함되어야 하고, 그림이나 사진이 첨부되면 좋다. 검색표에서 이름을 찾게 되면 그 종의 기재를 검토하여 과연 일치하는지를 살펴야 한다.

이 검색표에는 식료품점에서 볼 수 있는 아주 흔한 식물들만 포함시켰는데, 이 검색표에 없는 식물도 동정을 시도할 수 있다. 만일 식물이 이 검색표에 있는 어떤 식물과도 비슷하지 않다면 양쪽 설명이 모두 적합하지 않은 대구로 옮겨가야 한다. 실생활에서 이는 신종을 발견하였거나 아니면 예전에는 나타나지 않던 종이 그 지역에서 자라는 것임을 의미할 수 있다. 그러나 불행하게도 이런 경우의 대부분은 검색하는 과정의 어디에선가 실수를 저질렀기 때문이다.

식물상(flora)이나 종속지(monograph)의 검색표는 보통 단계적으로 구성된다. 예비의 소규모 검색표는 식물을 과 또는 속으로 분류하고, 이어지는 검색표에서 세부적으로 종까지 동정하게 된다. 새로운 검색표에 들어가면서 과연 그 지점까지 진행된 검색작업이 정확한지를 살피기 위해 과 또는 속의 기재를 확인할 수 있다. 어느 지역의 식물에 대해 약간의 경험과 지식을 갖추었다면 대부분의 사람들은 그 식물의 과 그리고 어쩌면 속도 즉시 알아볼 수 있을 것이다. 그렇다면 처음의 검색표를 건너뛰고 해당하는 적절한 검색표로 바로 들어갈 수 있다. 여기에 있는 검색표는 실제로 3개의 검색표이다. 처음의 검색표에서 과일과 채소를 구별하고, 이어서 과일과 채소를 각각 구별한다. 여러분 대부분은 검색표를 통하지 않고도 식료품점에서 고른 품목이 과일인지 아니면 채소인지를 구별할 수 있어야 한다. 그런데 문제는 버섯이다. 여러분은 저자가 어떻게 버섯을 처리하게 될지 알 수 없을 것이다. 버섯은 과일처럼 생식구조이지만, 씨방 또는 그와 관련된 구조로부터 발달하지 않았다. 이처럼 기이한 표본은 첫 번째 검색표를 이용해야 한다.

여러분이 이 식료품점에 없는 식물을 고를 수 있다면 그 식물은 이 검색표에 포함되지 않았다는 점을 명심하기 바란다.

식료품점에서 흔하게 발견되는 과일과 채소의 검색표

1. 품목이 열매도 아니고 헛열매(위과)도 아니며, 줄기, 꽃, 잎자루, 뿌리 또는 버섯일 수 있고, 야채이다 2
1. 품목이 열매 또는 헛열매이고, 씨방 또는 그와 관련된 구조로부터 발달하였다 18

채소

2. 채소는 균류이다 .... 버섯
2. 채소는 균류가 아니다 3
  3. 채소는 뿌리다 4
  3. 채소는 뿌리가 아니다 7
    4. 채소는 폭보다 훨씬 길고, 점점 끝이 가늘어지며, 주황색이다 .... 당근 (*Daucus carota*)
    4. 채소는 폭과 길이가 비슷하고 주황색이 아니다 5
      5. 채소는 작고, 지름이 약 2 cm이며, 지름이 4 cm를 넘지 않고, 빨갛다 .... 무 (*Raphanus sativas*)
      5. 채소는 빨갛지 않고, 지름이 2 cm 이상이다 6
        6. 채소는 짙은 자주색이거나 붉은 빛을 띤 자주색이고, 지름은 약 6 cm이다 .... 비트 (*Beta vulgaris*)
        6. 채소는 흰색 또는 황백색이지만, 자주색이나 빨간색은 아니고, 지름은 약 6 cm이다 .... 순무 (*Beta rapa*)
    7. 채소는 빽빽하게 밀집한 꽃들의 무리이며, 녹색이거나 흰색이다 8
    7. 채소는 꽃의 무리가 아니고, 줄기 또는 잎자루이다 9
      8. 채소는 흰색 꽃의 밀집된 무리와 자루이고, 완벽한 꽃차례이다 .... 콜리플라워 (*Brassica oleracea* variety *botrytis*)

8. 채소는 위와 같지만, 녹색이다 ························ 브로콜리
(*Brassica oleracea* variety *italica*)
9. 채소는 줄기다 ························ 10
9. 채소는 잎자루 또는 잎자루의 무리이다 ························ 17
10. 줄기는 비늘줄기이고, 흰색, 황백색, 자주색 또는 황갈색이며, 가장 바깥의 잎은 마르고 종이 같다 ························ 11
10. 줄기는 비늘줄기가 아니고, 흰색이 아니며, 대부분이 잎이거나 대부분이 잎자루이거나 대부분이 줄기로 구성된다 ························ 12
11. 채소는 작고 하얀 비늘줄기의 무리이고, 가장 바깥의 잎은 마르고, 종이 같고, 육질의 자극적인 잎을 둘러싼다 ························ 마늘
(*Allium sativum*)
11. 채소는 단일한 비늘줄기이고, 위보다 크고, 대부분의 잎은 육질인데 한두 장의 잎은 종이 같다 ························ 양파
(*Allium cepa*)
12. 채소는 거의 전적으로 잎몸으로 구성되고, 줄기와 잎자루 모두 아주 짧다 ························ 13
12. 채소는 주로 줄기로 구성되거나 주로 잎자루로 구성된다 ························ 15
13. 잎은 관 모양이고, 식물의 기부에는 수많은 뿌리가 있고 흰색이다 ························ 양파
(*Allium cepa*)
13. 잎은 평평하고, 관 모양이 아니며, 판매할 때 뿌리가 없다 ························ 14
14. 잎은 얇고 평평하며, 느슨하거나 다소 조밀한 덩어리를 이룬다 ························ 상추
(*Lactuca sativa*)
14. 잎은 보다 두껍고, 육질이며, 매우 치밀한 덩어리를 이루고 결코 느슨하지 않다 ························ 양배추
(*Brassica oleracea* variety *capitata*)
15. 채소는 주로 줄기로 구성되고, 작은 비늘이 있거나 없다 ························ 16
15. 채소는 주로 잎자루로 구성된다 ························ 17
16. 줄기는 녹색이고, 작은 비늘이 있으며, 땅 위에서 자란다 ························ 아스파라거스
(*Asparagus officinalis*)
16. 줄기는 갈색 또는 황갈색 또는 불그스름하고, 지하에서 자란다 ························ 감자
[만일 주황색 육질이라면 이는 뿌리인 참마(*yam*)이다]
(*Solanum tuberosum*)
17. 채소는 거의 전적으로 두꺼운 녹색 잎자루이고, 소량의 잎새는 몹시 전열되어 있다 ························ 셀러리
(*Apium graveolens*)
17. 채소는 주로 흰색이고 일부가 녹색인 잎자루이고, 잎새는 매끈하다 ························ 청경채
(*Brassica chinensis*)

헛열매(위과)를 포함한 열매

18. 열매는 비전문가들조차도 열매로 여기고, 대부분 달콤하고 생으로 먹을 수 있으며, 일부는 시큼하고 매우 시다 ························ 19
18. 열매는 달지 않고, 비전문가들은 흔히 야채로 여긴다 ························ 34
19. 열매는 시큼하고 매우 시큼털털하다 ························ 20
19. 열매는 신선할 때 먹을 수 있지만, 요리에도 이용되고, 대부분 매우 달콤하다 ························ 22
20. 열매는 헛열매이고, 많은 비늘이 있는 황갈색이며, 흔히 꼭대기에 잎이 달린 채로 판매한다 ························ 파인애플
(*Ananas comosus*)
20. 열매는 단과(홑열매)이고, 복합과가 아니고, 헛열매도 아니다 ························ 21
21. 열매는 노란색이다 ························ 레몬
(*Citrus limon*)
21. 열매는 녹색이다 ························ 라임
(*Citrus aurantifolia*)
22. 열매는 내과피를 먹기 전에 반드시 벗겨야 할 못 먹는 껍질을 갖고 있다 ························ 23
22. 열매는 보통 전체를 먹지만, 어떤 사람들은 열매의 일부를 벗기기도 한다 ························ 29
23. 열매는 작고, 각 열매를 보통 한 사람이 먹는다 ························ 24
23. 열매는 보다 크고, 보통 한 사람이 먹을 수 없다 ························ 26
24. 열매는 폭보다 길고, 약간 굽은 노란 원통형이다 ························ 바나나
(*Musa paradisiaca*)
24. 열매는 구형이거나 다소 납작하다 ························ 25
25. 열매는 주황색이다 ························ 오렌지
(*Citrus sinensis*)
25. 열매는 짧은 갈색 털을 갖고 있다 ························ 키위
(*Actinidia chinensis*)

26. 껍질은 바위 같이 극도로 단단하다 ······ 코코넛 (*Cocos nucifera*)

26. 껍질은 그렇게 단단하지 않고, 칼로 자를 수 있다. ······ 27

27. 열매는 매우 크고, 폭보다 길며, 과육은 까만 씨가 있는 빨간색이다 ······ 수박 (*Citrullus vulgaris*)

27. 열매는 보다 작고, 다소 구형이며, 과육은 결코 빨갛지 않다 ······ 28

28. 껍질은 매끈하고, 과육은 녹색이다 ······ 멜론 (*Cucumis melo*)

28. 껍질은 그물 모양이고, 과육은 주황색이다 ······ 캔털루프 (*Cucumis melo* var. *cantalupensis*)

29. 열매는 열매차례(infructescence) 자루에 붙은 열매들의 송이로 판매한다 ······ 포도 (*Vitis vinifera*)

29. 열매는 판매할 때 서로 붙어 있지 않다 ······ 30

30. 열매는 파랗고, 작고, 둥글다 ······ 블루베리 (*Vaccinium corymbosum*)

30. 열매는 위와 같지 않다 ······ 31

31. 열매는 바깥쪽 표면에 '씨'가 있는 빨간 헛열매이다 ······ 딸기 (*Fragaria chiloensis*)

31. 열매는 위와 같지 않다 ······ 32

32. 열매는 빨갛고, 연하며, 즙이 많고, 달콤하지 않고, 씨가 많다 ······ 토마토 (*Lycopersicon esculentum*)

32. 열매는 위와 같지 않다 ······ 33

33. 열매는 변이가 심하고, 보통 노란색/갈색이며, 서양배 모양이지만, 녹색을 띠거나 둥글기도 하고, 항상 과육에 모래 같은 질감을 주는 석세포의 작은 집들이 있다 ······ 배 (*Pyrus communis*)

33. 열매는 변이가 심하고, 대체로 위와 비슷하지만, 서양배 모양이 아니고, 석세포의 작은 집들이 없으며, 열매의 꼭대기(열매줄기의 다른 쪽)는 보통 5장의 꽃받침조각 끝 부분이 존속하고, 시든 수술도 흔히 남아 있다 ······ 사과 (*Malus sylvestris*)

34. 열매는 폭보다 아주 길지 않고, 구형이거나 타원형이다 ······ 35

34. 열매는 폭보다 3배 이상 길다 ······ 38

35. 열매는 속이 비었다 ······ 피망 (*Capsicum annuum*)

35. 열매는 속이 비어 있지 않다. ······ 36

36. 열매는 녹색이고, 단단하며, 하나의 큰 갈색 씨가 있고, 기름기가 많다 ······ 아보카도 (*Persea americana*)

36. 열매는 위와 같지 않고, 빨간색 또는 자주색이다 ······ 7

37. 열매는 빨간색이다 ······ 토마토 (*Lycopersicon esculentum*)

37. 열매는 자주색이다 ······ 가지 (*Solanum melongena* var. *esculentum*)

38. 열매는 많고 두드러진 알곡들과 속 부분(cob)을 갖고 있다 ······ 수수 (*Zea mays*)

38. 열매는 속 부분이 없다 ······ 39

39. 열매는 좁고, 납작하며, 폭이 1 cm 미만이다 ······ 강낭콩 (*Phaseolus vulgaris*)

39. 열매는 폭이 1 cm 이상이다 ······ 40

40. 열매는 노란색이다 ······ 페포호박 (*Cucurbita pepo* var. *melopepo*)

40. 열매는 노란색이 아니다 ······ 41

41. 열매는 작고 하얀 돌기가 있고, 열매줄기는 지름이 0.5 cm 미만이다 ······ 오이 (*Cucumis sativus*)

41. 열매는 매끈하고 녹색과 노란색의 깝질을 갖고, 돌기가 없으며, 열매줄기의 지름은 적어도 1 cm이다 ······ 주키니 (*Cucurbita pepo* var. *medullosa*)

준(낮은 등급)을 가졌기 때문에 함께 묶였다. 이와 비슷하게, 고사리류와 종자 없이 번식하는 다른 식물들은 진화등급 '은화식물군(Cryptogamae)'으로 함께 분류되곤 했다. 우리는 형질의 결여에 근거한 분류를 더 이상 사용하지 않지만, 오래된 이름이 대체로 편리하다. 따라서 그런 이름을 비공식으로 사용하고, 결코 대문자로 시작하지 않으며, '원생생물'이 단계통군을 이루지 않는다는 점을 강조하기 위해 때때로 따옴표(' 또는 " ")로 표시한다.

진핵생물이 미토콘드리아와 소포체 그리고 진정한 핵을 갖는 단계로 진화한 다음, 수많은 진화계열이 생겨났다. 한 단계통군은 나중에 동물과 균류로 분기될 생물을 포함하였다. 놀랍게도 DNA 연구결과는 운동성의 결핍과 포자에 의한 번식 같은 피상적인 유사성에도 불구하고 균류가 식물보다는 오히려 동물과 훨씬 밀접한 관계에 있다는 가설과 일치한다. 다른 초기 단계통군은 남세균과 세포내 공생관계를 확립하였고, 이는 나중에 엽록체로 진화하여 최초의 조류세포가 생겨났다. 미토콘드리아 유전자의 경우와 마찬가지로 색소체 유전자의 계통발생은 핵유전자를 포함시키는 대신에 남세균 유전자로 되돌아간다면 가장 간결해진다. 초기 조류는 다양화를 계속하여 약 4억 년 전에 일부가 육상생활에 적응하기 시작하여 진정한 식물의 단계통군인 **식물계(kingdom Plantae)**가 확립되었다. 이러한 초기 선구종들로부터 분기된 주요 진화계열은 종자도 없고 관다발조직도 없는 단순한 식물(이끼류, 우산이끼류, 그리고 뿔이끼류), 종자를 만들지 않지만 물관부와 체관부를 갖는 식물(고사리류 및 그와 비슷한 식물들), 그리고 종자를 갖는 식물(겉씨식물과 속씨식물)이다. 오늘날 우리 주변에 있는 식물들은 초기 육상식물로부터 갈라진 수천 가지의 진화계열을 나타내고, 그 초기 육상식물은 조류에서 유래되었다. 우리의 분류체계는 아직 모든 단계가 확인되지 않았고, 모든 유연관계가 명확하게 이해되지는 않았다. 그렇지만 중요한 특징은 자료들과 일치하는 것으로 나타났고, 우리들의 지식이 늘어남에 따라 상대적으로 약간의 변화만 가해질 것으로 예상된다.

다음 단계에서는

1. **분기도에 특징을 넣기.** 종, 속, 그리고 기타 분류군 간의 진화적 유연관계를 나타내기 위해 분기도를 작성하는 것은 극도로 유익하다. 그러나 많은 사람들은 이를 첫 번째 단계로 여긴다. 분기도는 그런 분류군들의 특징의 진화를 연구하는 지도로 이용된다. 예를 들어, 각 종의 꽃가루매개동물을 분기도에서 각 종의 줄에 나열하면 벌새에 의해 꽃가루받이가 일어나는 종들은 서로 가깝게 묶어질 것으로 예상할 수 있고(이는 그 종들이 밀접한 관계가 있음을 나타낸다), 박쥐, 바람, 나비, 기타 등등에 의해 수분되는 종들도 마찬가지다. 이렇게 했을 때 만일 박쥐에 의해 매개되는 종들 사이에서 벌새에 의해 꽃가루받이가 일어나는 종이 있음을 발견하게 된다면 곤란한 문제가 생긴다. 박쥐에 의해 매개되는 어느 한 종이 벌새에 의해 매개되는 종으로 진화하였고(크고, 하얗고, 펼쳐진, 밤에 피는 박쥐의 꽃이 작고, 빨갛고, 관 모양의 낮에 피는 벌새의 꽃으로 진화했을 가능성은 거의 없어 보인다), 그렇다면 처음에 작성한 분기도는 잘못된 것이고, 그에 맞춰 수정할 필요가 있다. 생리, 생장형, 지리적 위치 등을 포함하여 많은 특징들이 분기도에 삽입될 수 있다.
2. **다음 단계의 분지분석.** 표본으로부터 DNA를 추출하고 나서 그 염기순서를 결정하고 분기도를 작성하는 일은 이제 아주 쉽고 경비도 적게 든다. 이 18장에서는 기본적인 단계들만 설명하였다. 염기순서를 알게 되면 그 순서들을 서로 비교하는 한편, 자국과 외국의 온라인 정보은행에 보관된 관련된 염기순서들과 비교하면 된다. 예전에는, 불과 30년 전만 하더라도 사람(대개 대학원생)이 앉아서 종이에 출력된 염기순서들을 놓고 직감과 추측을 이용하여 A, T, G, 그리고 C들을 서로 비교해야 했다. 지금은 이런 작업을 컴퓨터 프로그램을 이용하여 수행하고 있으며, 어떤 사람들이 만든 프로그램들은 자료와 진화율에 관한 추정을 제시하고 다른 사람이 만든 어떤 프로그램은 이에 대한 또 다른 추정을 내놓는다. 모든 프로그램들은 오류가 존재할 통계적 가능성에 근거하여 조정되었다. 분지분석에 관한 많은 총설들은 처음 몇 페이지에서 여러분을 압도하겠지만, 다른 총설들은 중간 수준의 독자를 목표로 하였으므로 여러분에게 적절할 것이며, 이를 연구함으로써 여러분은 생물학과 데이터 처리에 관해 많은 것을 얻게 될 것이다. 그렇다고 해서 많은 자료를 갖고 있는 것과 답을 가지고 있는 것은 동일한 것이 아니다.
3. **수평유전자전달.** 최근에 발견된 현상이 수평유전자전달(horizontal gene transfer)인데, 이는 종이 유성생식을 통하지 않으면서 관계나 상관이 없는 종으로부터 유전자를 취하는 것이다. 아마도 그 전달은 어느 생물에 감염된 바이러스에 의해 야기될 것이고, 그러고 나서 그 자손의 일부가 유전자를 간직한 채 다른 자손을 감염시킨다. 어떤 경우에는 식물이 이들과 함께 사는 곰팡이로부터 유전자를 취하기도 한다. 현재 우리는 수평유전자전달에 관하여 아는 바가 거의 없고, 이 현상이 드문 것인지 아니면 흔한 것인지조차 모르고 있다. 만일 이 현상이 보편적이라면, 그리고 정말로 곰팡이에서 식물로 유전자가 어떻게든 전달될 수 있다면, 우리를 둘러싸고 있는 세상에서 유전적으로 어떤 일이 일어날지에 대해 훨씬 더 열린 사고를 가져야 한다. 회의론(skepticism)이 과학적 방법의 중요한 원리 중 하나라는 점을 잊지 말자. 열린 마음을 갖고 흔쾌히 새로운 자료를 받아들여야 한다.

요약

1. 분류와 명명의 목표 가운데 하나는 개개의 종에 하나의 고유한 이름을 부여하는 것이다.
2. 오늘날 이용하는 분류체계는 자연분류체계이고, 이는 모든 종의 사실상의 진화적 유연관계인 계통발생을 반영하고자 시도하는 것이다.
3. 인위분류체계는 오늘날 식물을 동정하거나 유용한 특징을 범주에 넣을 때에만 이용되고, 식물을 명명하는 기준으로는 결코 이용하지 않는다.
4. 매우 밀접한 관계가 있는 종들을 속으로 분류하고, 관련된 속들을 과로 묶고, 이렇게 하여 목, 강, 문, 그리고 계를 형성한다.
5. 각 분류범주 내의 모든 생물은 같은 조상집단에서 진화된 단계통이어야 한다. 둘 이상의 명백히 다른 기원을 갖는 것으로 나타난 분류군들은 수렴진화의 결과이다. 이런 집단들은 다계통군이고, 그 범주는 자연적이지 않으므로, 그런 종류들은 단계통적인 군들로 다시 분류해야 한다.
6. 상동형질(공동파생형질)은 지금 그 형질이 서로 비슷하건 아니건 관계없이 같은 조상형질에서 진화된 형질이고, 계통발생의 지표로 이용되며, 자연분류체계를 구축하는 데 이용될 수 있다.
7. 상사형질(진화적 상동성)은 서로 닮았지만 독립적으로 생긴 형질이고, 수렴진화의 일부이며, 상동형질처럼 보이기 때문에 종종 혼란을 초래하고 잘못된 분류를 유발한다.
8. 신종을 발표할 때에는 예전에 전혀 사용되지 않은 이름을 부여해야 하고, 기준표본을 지정해야 하며, 널리 보급된 학술지에 완벽한 라틴어 기재를 발표해야 한다. 종종 국제적인 규약을 따르지 않는데, 이는 정당하지 않은 이름이다.
9. 모든 생물은 세균역, 고세균역, 또는 진핵생물역으로 분류된다.

중요한 용어

2명법(binomial system of nomenclature)
간결(parsimony)
강(class)
검색표(key)
계(kingdom)
계통발생(phylogeny)
계통분류학(systematics)
공동파생형질(synapomorphy)
공통조상(common ancestor)
공통조상형질(symplesiomorphy)
과(family)
기준표본(type specimen)
기초속씨식물(basal angiosperms)
다계통군(polyphyletic group)
단계통군(clade)
단계통군(monophyletic group)
동기준표본(isotype)
똑같이 단순한(equally parsimonious)
명명(nomenclature)
목(order)
문(division)
미해결 여러갈래분지(unresolved polychotomy)
분기도(cladogram)
분기점(node)
분류군(taxon)
분지분석(cladistics)
비정보성(uninformative)
상동형질(homologous feature)
상사형질(analogous feature)
속(genus)
인위분류체계(artificial classification system)
자연분류체계(natural system of classification)
조상상태(ancestral condition)
종(species)
종소명(species epithet)
진정쌍떡잎식물(eudicots)
진화등급분류(grade classification)
진화적 상동성(homoplasy)
측계통군(paraphyletic group)
파생형질(apomorphy)
학명(scientific name)
형태속(form genera)
획득형질유전(inheritance of acquired characteristics)

복습 문제

1. 생물에 이름을 부여하는 학문의 이름은 무엇인가?
2. 생물학적 명명의 중요한 목표 중 하나는 각 종에 ________을 부여하는 것이다. 자연선택에 의한 진화가 발견된 이후, 분류학자들은 각 종에 가장 과학적이고 타당한 이름을 부여하는 것이 ____________________를 반영하는 것임을 깨달았다.
3. 전혀 다른 과에 속하는 아무 관계가 없는 두 종이 뜻하지 않게 같은 이름을 가졌다고 상상해 보자. 이는 어떤 종류의 혼란을 초래할까? 두 종이 제각기 학술연구의 대상이 되어 과명을 언급하지 않은 채로 연구결과가 논문으로 발표되었다면 어떻게 될까? 어떤 연구가 어떤 종에 관련된 것인지를 어떻게 알 수 있을까?
4. 19세기가 끝날 무렵에 분류학자들은 자연분류체계를 개발하자는 목표를 설정하였다. 자연적인 체계에서는 어떤 종류의

생물들이 함께 분류되는가?

5. 원래 분류학자들의 주된 과제는 신종을 발견하고 그 종에 독특한 이름을 붙이는 것이었다. 자연분류체계에서는 그들이 발견한 종의 진화적 유연관계도 밝혀야 한다. 원래의 과제와 오늘날의 과업 중 어느 것이 더 어렵다고 생각하는가? 왜 더 어려운지 그 이유를 몇 가지로 설명하시오.
6. 대로변의 식물을 안내하는 자료를 이용하여 여러분이 사는 지역에 분포하는 식물의 동정을 시도한다고 상상해 보자. 그런 종류의 분류체계는 자연적인 체계가 아니다. 그 대신, 이는 ________________________________분류체계이다.
7. 화석의 경우, 우리는 인위분류체계와 자연분류체계를 결합해서 이용해야 한다. 형태속이란 무엇인가? 여러분이 화석목재의 표본을 발견했는데, 발견한 화석이 단지 목재일 뿐이고 잎이나 구과 또는 나무껍질이 전혀 없으며 오늘날의 소나무 목재와 비슷하다면, 여러분은 그 화석을 어느 속으로 분류할 것인가?
8. 테오프라스토스(Theophrastus)는 종종 식물학의 아버지라고 불린다. 그는 어느 시기에 살았나? 테오프라스토스는 매우 유명한 2명의 스승을 두었다. 그들은 누구인가?
9. 『자연사(*Natural History*)』는 어떤 책인가? 누가 언제 저술하였나? 그 책에는 어떤 종류의 정보들이 들어 있는가?
10. 14세기와 15세기에 탐험가들은 아프리카, 아메리카, 그리고 아시아로부터 정보와 표본을 유럽에 가져왔고, 이러한 탐사의 결과로 플리니우스와 그 밖의 고대 권위자들이 많은 주제에서 잘못되었다는 점을 깨닫게 되었다. 그것이 왜 중요한가? 그런 깨달음은 무엇을 야기하였나?
11. 린네는 2명법을 고안한 것으로 유명하다. 이 체계에서 각 종은 ______________명과 ______________명을 갖는다.
12. 모든 분류범주 가운데 오직 종만이 객관적 정의를 갖는 유일한 분류학적 단위이다. 그 정의는 무엇인가?
13. 매우 밀접한 관계가 있는 종들은 함께 속으로 묶어지는데, 속은 영어로 복수형은 ________________, 그리고 단수형은 ________________라고 한다. 그렇다면 영어로 종(species)의 단수형은 무엇인가?
14. 표 18-1을 공부한 다음, 표를 보지 말고 모든 범주를 순서대로 적어라. 그러고 나서 텍사스 블루보닛(Texas bluebonnet)과 석산(spider lily)의 모든 분류범주를 적어라. 텍사스 블루보닛과 같은 속에 다른 블루보닛인 치소스(Chisos) 블루보닛(*Lupinus harvardii*)이 있다. 이 종의 모든 분류범주를 적어라. 치소스 블루보닛과 텍사스 블루보닛은 한 단어만 다르다.
15. 계통분류학의 주요 관심사는 속이 ________________이고, 속의 모든 종이 공통조상에 의해 서로 연관되어 있으며, 그 공통조상이 (정답 하나에 동그라미를 치시오: 모든, 대부분의, 최소한 절반의) 자손이 같은 속에 있는 것이다. 그런 속은 (정답 하나에 동그라미를 치시오: 다계통적, 단계통적)이다.
16. 자연스런 것이 아닌 ________________________군에서는 구성원들이 여러 다른 조상으로부터 진화하여 오로지 수렴진화의 결과에 의해서 서로 비슷할 수도 있다.
17. 공동파생형질(synapomorphy), 공통조상형질(symplesiomorphy), 그리고 진화적 상동성(homoplasy)의 정의를 내리시오.
18. 때로는 서로 밀접한 관계가 있어서가 아니라 수렴진화 때문에 두 종이 비슷하게 보이기도 한다. 대체로 두 식물이 서로 비슷하지 않으면 두 식물은 밀접한 관계가 없다고 추정하는 것이 안심이 된다. 그런데 항상 안심할 수 있을까? 서로 밀접한 관계가 있는 두 식물이 아주 다르게 보일 수 있을까(힌트: 그림 18-3)?
19. 우리가 먹는 사과를 생각해 보자. 사과는 사과나무속(*Malus*)에 속하고, 사과나무속은 장미, 복숭아, 버찌, 그리고 딸기뿐만 아니라 다른 많은 친숙한 식물들과 더불어 장미과(Rosaceae)에 속한다. 장미과의 거의 모든 종류는 수목이거나 관목이고, 그 공통조상 역시 수목이었다고 확신한다. 우리의 생각이 맞는다면 장미과에서 목질(woodiness)이 파생형질인가, 아니면 원시공통형질인가? 이 과에서 식물이 초본성(herbaceous)이 되는 것은 새로운 것이고 드물다. 이 형질은 원시공통형질인가, 아니면 파생형질인가? 사과, 딸기, 그리고 대부분의 다른 장미과 식물들은 벽공(pit)을 갖지 않지만, 복수아와 버찌는 벽공이 있다. 우리는 이 형질이 단 한 번만 비롯된 새로운 형질이고, 모든 장미과의 조상에서 생긴 것이 아니라 복숭아, 버찌, 살구, 그리고 자두의 조상에서만 생겼다고 생각하고 있다. 만일 우리의 생각이 맞는다면 벽공을 갖는 것이 공통조상형질인가, 공동파생형질인가, 아니면 진화적 상동성일까? 장미 덤불은 가시가 있고 선인장도 가시가 있지만, 장미와 선인장의 두 과는 밀접한 관계가 없다. 장미의 가시는 선인장의 가시가 진화한 동일한 조상구조에서 진화하지 않았다. 이 두 과의 가시들은 ______________________이고, 이 과들이 서로 연관되었음을 나타내지 않는다.
20. 박스 18-4「식물과 인간」을 이용하여 식물을 동정해 본 적이 있는가? 대구(couplet) 6번은 비트와 순무를 구별하는 데 쓰이고 아주 쉽게 평가하는 형질에 의거한다. 그 형질은 무엇인가? 대구 4번에서는 당근만 언급하였지만, 무, 비트, 그리고 순무를 구별 짓는다. 만일 식물이 비트라고 동정되었다면, 대구 4번과 그 다음 단계에서 무엇을 해야 할 필요가 있을까? 양파는 대구 11번에서 한 번 나오고 대구 13번에서 또 나왔다. 양파가 검색표의 두 군데에서 나올 만큼 혼란스러운 것은 무엇 때문일까?
21. 기준표본은 무엇인가? 기준표본이 왜 중요한가?
22. 종속지(monograph)는 무엇인가?

CHAPTER 19

조류와 진핵세포의 기원

학습 목표

이 장을 읽은 다음, 학생들이 할 수 있는 것은;

- 조류 진화의 기본적 단계들을 요약한다.
- 원핵생물과 진핵생물 간의 3가지 차이점을 말한다.
- 세포공생기원설을 설명한다.
- 다양한 조류들이 어떻게 1차 세포내 공생과 2차 세포내 공생에 의해 진화하였는지 설명한다.
- 녹조류의 3가지 중요한 특성을 열거한다.
- 운동성 단세포로부터 비롯되는 6가지의 진화가능성을 상기한다.
- 녹조류의 생식에 관하여 감수분열과 배우자합체를 요약한다.
- 다음과 같은 유형의 조류들 각각의 예를 든다: 단세포성, 운동성 군체성, 사상, 엽상, 다핵성 및 유조직성.
- 홍조류를 어떤 점에서 다른 조류들과 구별하는지 상기한다.
- 갈조류의 3가지 특징을 열거한다.
- 갈조류와 녹색생물을 비교한다.
- 돌말류의 형태를 설명한다.
- 와편모조류의 3가지 독특한 특징을 제시한다.

알고 있나요?

- 호수와 하천의 많은 조류를 잘못 알고서 이끼류라고 부른다.
- 많은 조류가 토양에 살고, 더 많은 조류들이 민물에 살며, 많은 조류들이 바다에 살지만, 햇빛이 투과하지 않는 수심에서 사는 조류는 없다.
- 조류는 녹조류, 홍조류, 갈조류 등과 같이 흔히 그 색깔에 따라 이름을 붙이는데, 이들은 색소가 다를 뿐만 아니라 기본적 구조와 생식에서도 차이를 나타낸다.

개요

- 개념
- 진핵세포의 기원
  - DNA 구조
  - 핵의 구조와 분열
  - 세포소기관
  - 미토콘드리아와 색소체의 기원: 세포공생기원설
- 다양한 조류 집단의 특징
- 녹조류
  - 녹조류의 체제
  - 녹조류의 생활주기
  - 녹조류의 대표적인 속
  - 녹조류와 유배식물
- 홍조류
- 갈조류와 그 친척들: 부등편모조류
  - 갈조류
  - 돌말류
  - 황록조류
  - 황갈조류
- 와편모조류
  - 난균류
- 유글레나류

장의 첫 이미지: 고래와 조류가 무슨 관계가 있을까? 고래는 현미경으로 보아야 겨우 보이는 작은 동물인 크릴새우를 먹고, 크릴새우는 조류를 먹는다. 조류가 없다면 고래가 있을 리 없고, 그 점에 있어서 어떤 해양동물도 살 수 없을 것이다. 조류는 대부분의 강과 호수뿐만 아니라 대양에서 먹이사슬의 기초가 된다. 조류의 몸은 식물의 몸과 다르게 구성되어 있고, 따라서 조류는 식물과 가까운 친척이기는 하지만 사실상 식물로 간주하지는 않는다. 식물과 비슷하게 거의 모든 조류는 광합성을 하고(기생하는 조류도 있다), 우리가 호흡하는 산소의 상당량을 생산한다. 조류는 모든 해양동물의 궁극적인 먹이가 된다. 많은 조류들이 단세포이거나 매우 단순한 다세포의 몸을 갖고 있고, 그 체제는 수백만 년 동안 거의 변하지 않았다. 따라서 조류를 흔히 '원시적(primitive)'이라고 간주한다. 그러나 진정한 식물은 4억 2천만 년 동안 존재하였고, 조류처럼 대양에서 사는 데 있어 잘 적응한 식물은 없다.

개념

생명은 30억 년 이전에 단순한 원핵생물로 비롯되었다(**그림 19-1**). 그로부터 추정컨대 10억 년 가까운 시간이 흐른 다음에 진핵세포가 출현하였다. 초기의 진핵세포들은 극도로 단순하여, 막으로 둘러싸인 핵, 소포체, 미세소관 등의 원기(rudiment)들을 가졌을 것으로 추정되지만, 미토콘드리아나 색소체를 갖지 않았고 적어도 처음에는 없었다. 초기의 진핵세포가 유기호흡을 할 수 있는 세균을 삼켰지만 이를 소화하지 않으면서 미토콘드리아가 먼저 생겼다. 2종류의 생물이 함께 살고, 한 생물이 다른 생물의 내부에 살면서 모두에게 이익이 되었다. 이것이 **세포내 공생(endosymbiosis)**이다. 수억 년 동안에 이들은 진정한 미토콘드리아를 갖는 진핵세포의 보다 정교한 유형으로 서서히 진화하였고, 그렇게 하면서 많은 종으로 분기되었다. 이들 종의 일부는 빠르게 사라졌지만, 다른 종들은 더욱 성공적으로 지속되면서 더 많은 유형으로 다양해졌다. 오늘날 흔히 **원생동물(protozoans)**과 **조류(algae**; **그림 19-2**)라고 부르는 다양한 무리의 생물이 있는데, 이들이 바로 진핵생물 진화의 초기 단계로부터 비롯된 단계통군들의 살아 있는 자손들이다. 결국 이들의 일부가 단계통군을 확립하고 훨씬 뒤에 이 단계통군으로부터 동물과 균류가 분기되었는데, 이들은 핵과 미토콘드리아는 가졌지만 색소체가 없는 다세포 생물들이다(**그림 19-3**).

이미 미토콘드리아를 가진 초기 진핵생물의 다른 계열은 또 다른 세포내 공생에 들어갔는데, 이번에는 광합성을 하는 남세균과 공생을 하였고, 이는 나중에 엽록체로 진화하였다. 이 계열에서 조류가 생겼고, 그 가운데 녹조류로부터 진정한 식물인 **유배식물(embryophytes)**이 생겨났다. 여러분이 상상할 수 있다시피, 소화되지 않은 남세균이 속씨식물 잎의 엽록체로 전환되기 위해서는 엄청난 변형이 필요하다. 다행스럽게도, 이런 오랜 과정을 거치는 동안, 일부 단계통군들은 아직도 원핵생물의 많은 특징을 지닌 색소체가 들어 있는 현존하는 종들을 포함하고 있다. 특히 홍조류의 엽록체는 남세균과 흡사하다.

많은 생물이 초기 진핵생물에 있었을 것으로 믿고 있는 형질인 조상형질을 많이 간직한 채 아직 존재하고 있다. 그런 생물들은 거의 항상 단세포이며, 과거에는 '원생생물(Protista)'이라고 부르는 계에 이들을 함께 분류하였지만, 이는 분류의 진화등급(grade)이다. 이들을 함께 묶었던 이유는 이들이 진화의 낮은 수준인 낮은 진화등급을 나타낸다고 간주되었기 때문이고, 이들은 식물과 동물 그리고 균류의 파생형질을 갖지 않는다. 이제 우리는 더 이상 무엇이 결여되었다는 기준에 따라 생물을 분류하지 않으며, 따라서 대문자로 시작하는 공식명칭이었던 'Protista'는 이제 비공식명칭인 'protista'가 되었다. 그렇지만 더욱 중요한 것은 전자현미경과 그 밖의 기법에 의해 제공되는 정보와 함께 DNA염기순서 분석은 이들 생물의 계통적 유연관계를 밝히고 있다는 것이다(그림 19-3).

이 19장에서는 광합성 진핵세포의 기원과 다양화에 초점을 맞춘다. 여기에는 다양한 유형의 조류들이 포함되지만, 특히 녹조류는 진정한 식물인 유배식물의 조상과 밀접한 관계가 있다. 생식구조들은 조류를 식물과 구별 짓는 중요한 요소이다. 조류는 광합성을 하는 개체들이고, 그 생식구조는 완전히 포자 또는 배우자로 전환되며, 이들이 방출되었을 때 빈 벽을 제외하고 생식구조의 아무 것도 남지 않는 생물이라고 정의한다(**그림 19-4**). 식물에서는 생식구조가 항상 복잡하고 다세포성이며, 안쪽 세포의 일부만이 생식세포가 된다. 바깥쪽 세포들은 보호층을 이루고, 생식세포들이 방출된 후에도 지속된다. 이는 하찮은 것으로 보일 수 있지만, 조류의 생식방법은 세포성 과정이고, 이는 대부분의 종이 몸 전체에 걸쳐 지니고 있는 단순한 세포성 수준의 체제를 반영하는 것이다. 식물의 생식구조는 생식과 불임의 2가지 조직이 포함되며, 이들이 함께 기관으로서의 기능을 한다. 이는 전체 몸에서 더욱 복잡한 기관 수준의 통합을 반영하는 것이다.

진핵세포의 기원

원핵생물과 진핵생물 간의 차이는 많은 기본적 대사과정과 세포체제가 관련되는 뿌리 깊은 것이다(**표 19-1**).

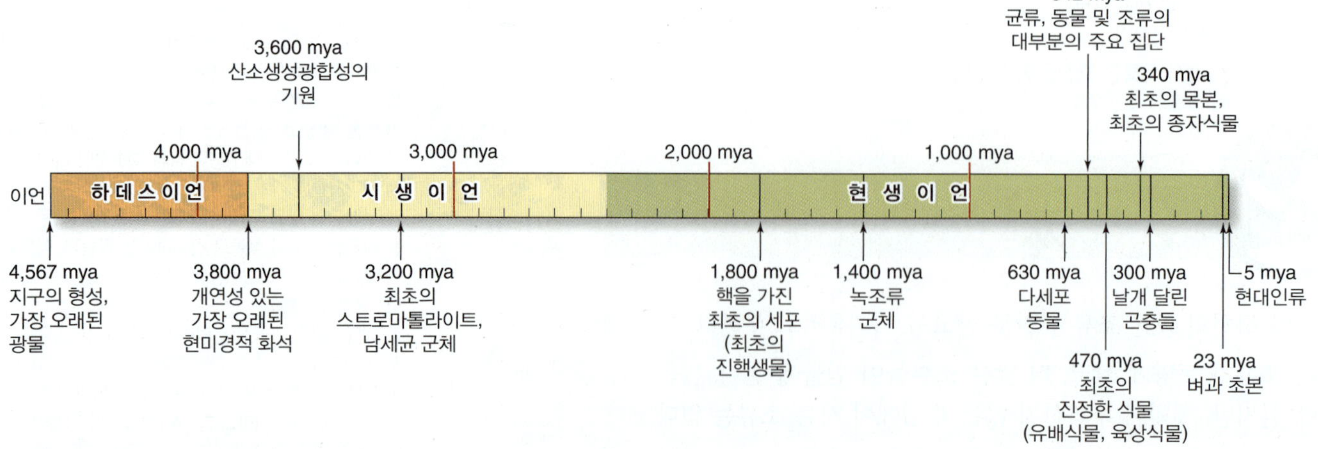

그림 19-1 지질학자들은 지구의 역사를 하데스이언(Hadean Eon), 시생이언(Archaean Eon), 그리고 현생이언(Phanerozoic Eon)의 3개의 이언(eon)으로 구분한다. 중요한 사건들을 나타내었다. (mya = 백만 년 전)

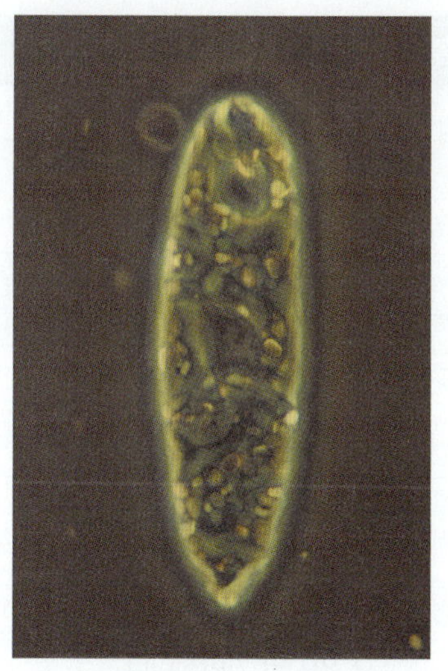

(A) © Biophoto Associates/Science Source

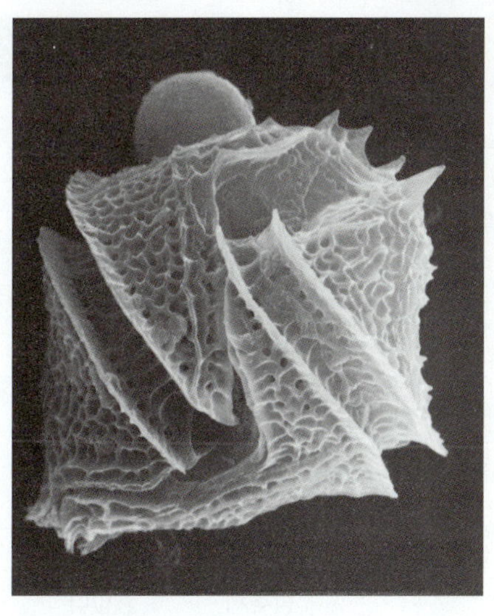

(B) © Biophoto Associates/Science Source

(C)

(D) © Gerd Guenther/Science Source

(E) © Gerd Guenther/Getty Images

(F)

(G)

(H)

그림 19-2 **(A)** 유글레나조류. **(B)** 와편모조류. **(C)** 중심돌말류. **(D)** 황갈조류. **(E)** 황록조류. **(F)** 녹조류. **(G)** 갈조류. **(H)** 홍조류.

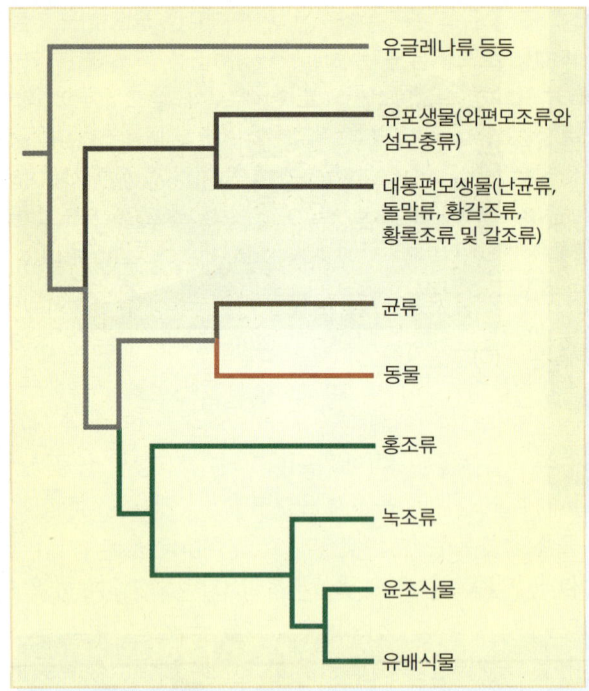

그림 19-3 최근에 제안된 조류 계통발생의 분기도. 우리가 조류라고 부르는 생물들은 수많은 단계통군들의 일부이지만, 이들은 단계통적인 단일한 단계통군을 형성하지 않는다. 모든 조류의 공통적인 조상은 한편으로 동물, 균류 및 식물의 공통적인 조상이고, 모든 진핵생물의 조상이다. 따라서 우리는 '조류(algae)'를 비공식적인 용어로 사용한다.

표 19-1 원핵생물과 진핵생물의 차이점

특징	원핵생물	진핵생물
DNA		
유형	작은 고리	염색체
인트론	드물다	흔하다
히스톤	없다	있다
핵		
핵막	없다	있다
인	없다	있다
진정한 핵	없다	있다
유사분열		
방추체	없다	있지만 가변적이다
동원체	없다	있다
감수분열	하지 않는다	대부분 한다
유전자교환	접합 또는 없다	대부분 유성적
막성 세포 소기관	없거나 일부에서 층판	색소체, 미토콘드리아, 소포체, 딕티오솜, 액포
리보솜	70S	세포질에서 80S, 세포소기관에서 70S
편모	9 + 2가 아님	9 + 2

DNA 구조

원핵생물에서 DNA는 단백질과 복합체를 형성하지 않고[이를 '나출된(naked)' 상태라고 표현한다], 대신에 그 많은 음전하들은 칼슘 이온에 의해 중화된다. 각 유전체는 DNA의 작은 고리일 따름이고, 보통 약 3,000개의 유전자만을 포함한다. 원핵생물의 DNA에는 인트론이 거의 없고, mRNA 가공은 비교적 단순하다.

진핵생물에서는 DNA가 훨씬 정교하게 꾸려져서 히스톤과 뉴클레오솜을 이루고 염색체를 형성한다. 각 DNA분자는 길고, 수천 개의 유전자를 지닐 수 있다. 그렇기는 하지만 어떤 유전체도 단일한 DNA분자로 구성되지 않고, 반수체 세트마다 적어도 2개가 나타나며, 10개에서 20개가 보통이다. 많은 진핵생물 유전자는 인트론을 포함하고, DNA의 큰 부분은 어떤 종류의 RNA도 암호화하지 않는다.

핵의 구조와 분열

원핵생물의 DNA는 바로 세포질에 있고, 핵은 존재하지 않는다. 원핵세포가 자라면서 원형질막이 확장하고, 막에 붙어 있는 DNA 고리들이 세포의 생장에 의해 서로 떨어지게 된다. 그러고 나서 세포는 조여져서 둘로 쪼개진다.

식물의 핵은 그 구조, 대사, 유사분열 및 감수분열에 있어서 동물과 균류의 핵과 사실상 동일하다. 이들 3 단계통군들은 진핵생물과 그 핵이 정교해진 다음에야 비로소 분기된 것으로 보인다. 그렇지만 핵은 복잡한 세포소기관이고, 유사분열과 감수분열은 많은 단계를 갖는 복잡한 과정이다. 분명히 식물의 핵과 동물의 핵은 원핵세포의 핵양체(nucleoid)로부터 빠른 기간 내에 생겨날 수 없었고, 수억 년에 걸쳐 이어진 많은 중간 단계들이 수반되었음이 분명하다.

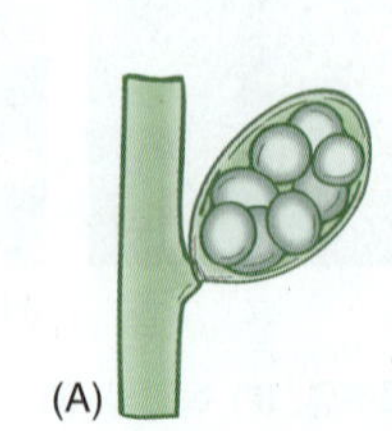

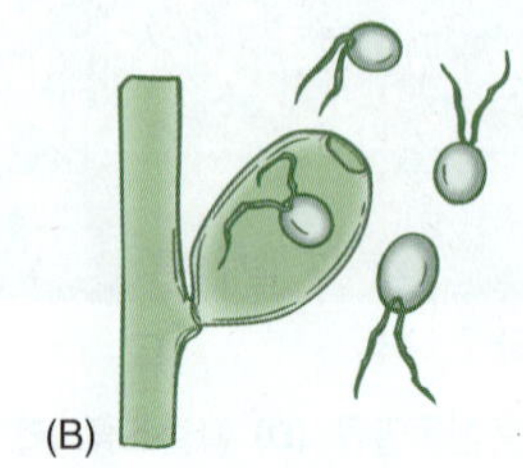

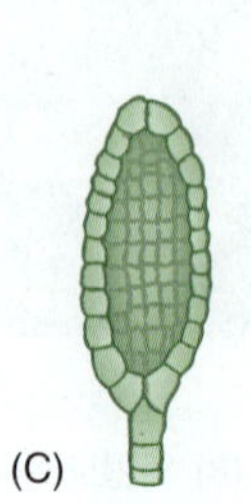

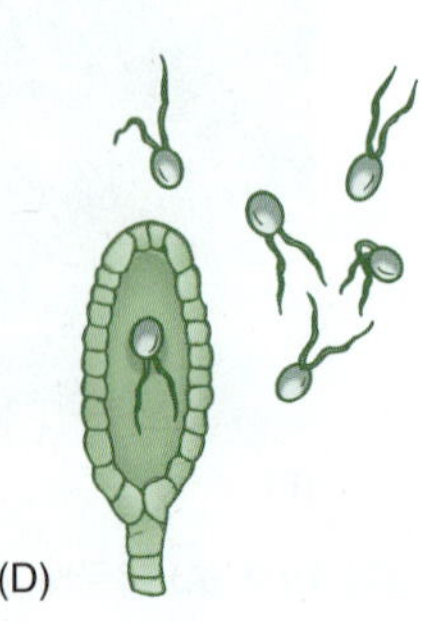

그림 19-4 조류는 주로 생식구조의 성질로 식물(유배식물)과 구별한다. **(A)**와 **(B)** 조류에서는 포자낭이나 배우자낭이 여기에 보인 것처럼 하나의 큰 세포이거나 다세포성이지만, 모든 세포가 생식세포로 전환된다. 생식세포가 방출되면(B), 원래 세포의 벽만 남는다. **(C)**와 **(D)** 식물의 포자낭과 배우자낭은 항상 다세포성이고, 내부의 세포들만이 포자나 배우자로 분화된다. 이들이 방출된 다음(D), 불임세포로 된 바깥쪽 층은 남는다.

진핵생물에서 대부분의 DNA는 핵(nucleus) 안에 자리 잡고 있고, 핵공을 갖고 있는 2겹의 핵막에 의해 세포질과 분리되어 있다. 바로 이 점이 진핵생물이라는 이름을 갖게 된 근원이다['eukaryotes' = 진정한 핵]. 인(nucleolus)도 존재한다. 진핵생물의 핵은 전형적으로 반수체 또는 2배체이고, 이들은 하나 또는 두 복사본의 다양한 염색체들을 갖는다. 그러므로 원핵생물에서 일어나는 다소 무질서한 막의 확장으로는 안정적인 분열이 실행되기 어렵다. 대신에 유사분열은 각 자손세포가 각기 다른 종류의 염색체를 하나씩 받게끔 보장해 준다. 거의 모든 진핵생물에서 핵의 감수분열은 유성생식의 일부로 나타난다. 여기서 중요한 현상은 부계 및 모계 상동염색체들이 짝을 지은 다음 교차와 유전적 재조합이 일어난다는 점이다. 이 복잡한 절차의 결과로 대립유전자들이 서로 교환되고 엄청나게 다양한 포자 또는 배우자가 만들어진다.

특이한 핵의 특징을 가진 몇 집단의 생물이 진핵생물의 역사에서 식물과 동물보다 일찍 진화의 계열로 나타났다. 일부는 핵내 방추체와 핵외 방추체 모두를 갖고, 일부는 핵막과 인이 전혀 사라지지 않거나 유사분열의 늦은 시기에만 사라진다. 핵막에 틈이 생기기도 하고, 미세소관의 다발이 핵을 완전히 통과한다.

와편모조류의 핵은 히스톤을 갖지 않는다. 이 핵에서는 염색체로 보이는 구조가 나타나지만 그 구조는 항상 응축된 상태를 유지하고, 간기에 약간 풀릴 따름이다.

세포소기관

원핵생물은 막으로 둘러싸인 세포소기관이 없다. 원핵생물의 세포질은 비교적 균일하고, 리보솜과 저장입자들만이 들어 있다. 소수의 종은 가스포(gas vacuole)를 갖고, 광합성 종은 세포의 내부로 뻗는 접힌 막들이 있다. 모든 진핵생물은 핵과 미토콘드리아를 가지며, 식물과 조류는 색소체도 갖는다. 이에 덧붙여 딕티오솜, 소포체, 액포와 소포들은 진핵세포 내막계의 구성요소들이다. 이들 막은 결과적으로 세포를 많은 구획들로 구분함으로써, 같은 세포 안에서 여러 종류의 고도로 특수한 대사들이 나타나게 해 준다. 원핵생물의 리보솜은 70S인데, 이는 진핵생물의 세포질에 있는 80S 리보솜보다 작고 조밀하다. 색소체와 미토콘드리아는 80S 리보솜 대신에 70S 리보솜을 갖는다.

편모와 섬모는 진핵생물에서 몹시 획일적이고, 미세소관의 9 + 2 배열로 이루어진다. 원핵생물에서는 극히 일부만 편모를 갖고, 그 내부구조는 9 + 2 배열이 아닌 전혀 다른 유형의 체제가 나타난다. 원핵생물의 편모는 미세소관이나 튜불린으로 구성되지 않는다.

미토콘드리아와 색소체의 기원: 세포공생기원설

원핵생물은 생물 가운데 처음 생긴 종류에 해당한다. 1970년대 초까지만 하더라도 원핵생물의 일부가 서서히 복잡해지고 내막계가 발달하면서 그 일부가 마침내 특수화되어 미토콘드리아와 색소체를 갖는 진핵생물이 생겼다고 추정하였다. 이것이 **자생설(autogenous theory)**이다.

1960년대에 **세포공생기원설(endosymbiont theory)**이 부활하였다. 일찍이 1905년에 메레쉬코브스키(K. C. Mereschkowsky)는 색소체와 미토콘드리아가 진핵세포 내부에서 사는 원핵생물일 것으로 추측하였다. 그 당시에는 그런 생각을 입증할 방법이 없었지만, 1960년대 후반에 색소체와 미토콘드리아가 고유한 DNA와 리보솜을 갖고 있고, 이들 모두 원핵생물의 특징을 갖고 있다는 사실이 발견되었다. 게다가 이들 세포소기관은 원핵생물과 비슷한 분열방식으로 분열하고, 미세소관도 없다. 오래지 않아 원핵생물의 다른 형질들이 발견되었다. 이들의 DNA는 히스톤이 없는 닫힌 고리형이고, 세포소기관의 유전자들은 원핵생물의 유전자와 같은 구조로 정리되어 있다. 이들이 갖는 리보솜은 원핵생물의 리보솜에 해를 주는 항생물질에 동일하게 민감하다.

미토콘드리아의 기원

세포공생기원설은 원핵세포가 80S 리보솜과 핵막 같은 어떤 진핵세포의 특징을 갖는 시점으로 진화하였다고 가정한다(**그림 19-5**). 이는 다른 세포를 완전히 에워싸서 소화시키며 사는 종속영양일 것이다. 이와 같은 초기의 진핵세포 중 하나가 세균의 일종을 집어삼켰지만 그 세균이 소화되지 않았는데, 이는 아마도 큰 세포가 갖고 있는 소화효소들이 비효율적이었거나, 아니면 삼켜진 세포가 보다 저항성인 막을 가졌기 때문이었을 것이다. 그러한 유대가 양쪽에 이익이 될 수 있었다. 삼켜진 세포는 유기호흡을 효율적으로 할 수 있었지만 영양소를 얻는 데에는 미흡할 수 있었다. 그런 세포가 만일 보다 큰 세포로부터 당을 얻게 되고 큰 세포로 ATP가 새어 나가게 된다면, 이 두 세포는 형편이 예전보다 더 나아질 것이다. 각 종은 각 파트너들이 독자적으로 살 때보다 세포내 공생을 할 때 훨씬 더욱 잘 생존하게 될 것이다. 그러한 세포내 공생은 두 세포들 사이의 화합성(compatibility)을 증가시키고 생장과 발생 및 생식을 조정하는 등의 극복해야 할 많은 장애가 있지만, 삼켜진 생물의 자손들은 미토콘드리아로 진화하는 잠재력을 지녔다. DNA염기순서를 분석한 결과, 미토콘드리아가 가변세균(proteobacteria)이라고 알려진 세균과 가장 밀접한 관계가 있고, 세포내 공생은 약 20억 년 전에 일어난 것으로 나타났다. 현존하는 모든 알려진 진핵생물은 미토콘드리아를 갖고 있으며, 미토콘드리아가 없는 원시적인 진핵생물은 없다.

색소체의 기원

만약 삼켜진 파트너가 광합성을 한다면 이와 비슷하게 색소체가 생겨났을 것이다(그림 19-5). 모든 엽록체가 엽록소 *a*를 갖고 있고 산소를 생성하지만 그 어떤 엽록체도 세균엽록소를 갖지 않기 때문에, 남세균(cyanobacteria)이 엽록체의 조상인 것으로 여기고 있다. 녹색세균(green bacteria)과 자색세균(purple bacteria)이라고 부르는 두 집단은 가능성이 큰 집단일 것 같지 않은데, 왜냐하면 이들 세균은 전혀 다른 색소를 갖고 있고 광합성을 할

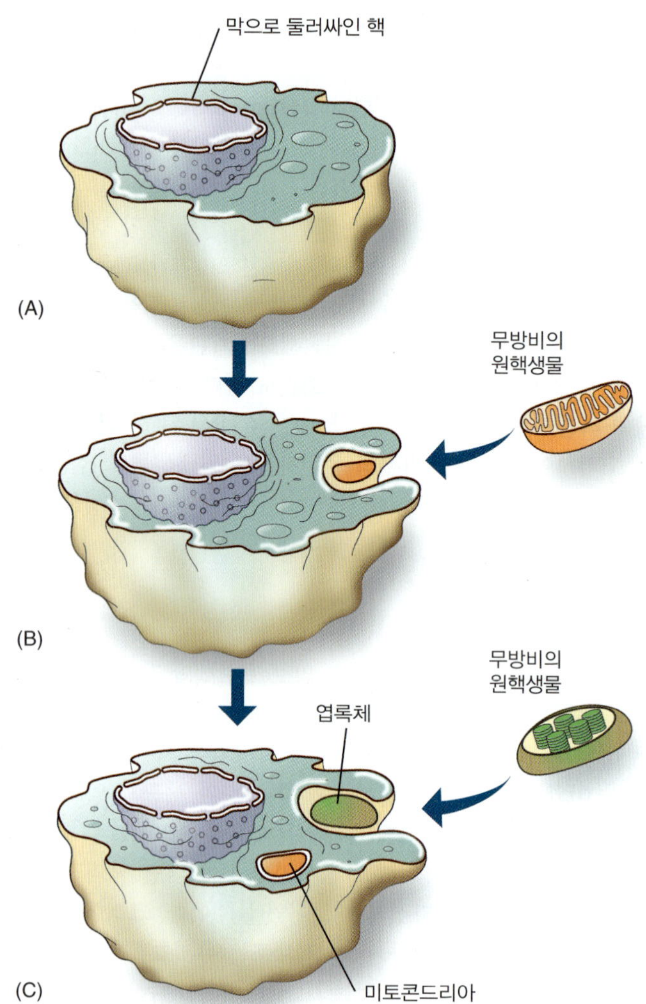

그림 19-5 세포공생기원설은 원핵생물**(A)**이 막으로 둘러싸인 핵을 갖는 수준으로 진화하였다고 상정한다. 이는 진화의 초기 단계였음이 분명한데, 왜냐하면 모든 진핵생물이 핵막을 갖고 있고 모두 구조가 비교적 한결같기 때문이다. **(B)** 초기 진핵생물이 원핵생물을 완전히 에워쌌지만 소화시키지 않았고, 그러고 나서 원핵생물은 미토콘드리아로 진화하였다. **(C)** 마침내 그 초기 진핵생물의 자손 가운데 일부가 남세균의 일종인 원녹조류를 삼켰지만 소화시키지 않았고, 이 원녹조류가 색소체로 진화하였을 것이다.

때 산소를 방출하지 않기 때문이다. 남세균의 일종인 원녹조류(prochlorophytes)는 엽록소 *a*와 *b*를 모두 갖고 있고 일부는 피코빌린(phycobilin) 색소가 없기 때문에 큰 관심을 끌고 있다. 처음 발견된 원녹조류인 프로클로론속(*Prochloron*)은 생화학적으로 엽록체와 비슷할 뿐만 아니라 흰덩이멍게과 해초류(didemnid ascidians)라고 부르는 해양무척추동물의 체내에 사는 절대공생생물이고, 해초류가 햇볕이 드는 곳에 있을 때마다 해초류에게 탄수화물을 공급한다. 두 번째로 발견된 원녹조류인 프로클로로트릭스속(*Prochlorothrix*)은 네덜란드의 호수에서 독립생활을 하면서 자라는 것으로 밝혀졌다. 16S rRNA염기순서를 분석한 결과, 엽록체와 프로클로로트릭스속 그리고 프로클로론속은 모두 분명히 밀접한 관계가 있지만, 그 어떤 남세균도 엽록체의 직속조상은 아닌 것으로 나타났다. 대신에 이들 3가지 모두 공통조상을 공유한다.

엽록체는 몇 차례 기원되었지만, 우리가 예측하였던 방식은 아니다. 녹조류, 홍조류, 갈조류, 그리고 그 밖의 조류들에 있는 엽록체들은 여러 측면에서 서로 달라서 우리는 다양한 종류의 남세균과 초기 진핵생물이 원엽록체(protochloroplast)의 세포내 공생을 형성하였을 것이라고 예상하였었다. 그렇지만 DNA염기순서, 전자현미경, 그리고 생화학 연구를 통해 축적되는 자료들은 1차 세포내 공생이 한 번 일어난 다음에 여러 번의 2차 세포내 공생이 나타났다는 다른 가설과 일치하였다. **1차 세포내 공생(primary endosymbiosis)**으로 홍조류, 녹조류, 그리고 회조류(glaucophytes)라고 부르는 작은 집단을 포함하는 단계통군이 생겼다(그림 19-3). 회조류 엽록체의 1가지 특징은 자신과 세포 사이에 얇은 펩티드의 남세균벽을 실제로 만든다는 점이다. 홍조류의 엽록체는 엽록소 *a*(엽록소 *b*는 없음)와 남세균의 색소인 피코빌린을 갖고, 이들은 색소단백질체(phycobilisome)라고 부르는 입자로 구조화된다(**그림 19-6**). 녹조류의 엽록체는 세균의 벽이나 피코빌린 같은 조상의 자취를 갖지 않고, 대신에 엽록소 *a*와 *b* 그리고 카로티노이드 보조색소를 갖는데, 이들 모두 진정한 식물(유배식물)에 있는 엽록체와 비슷하다. 회조류는 그저 작은 집단의 조류이다. 홍조류는 훨씬 크고 보다 다양한 집단이다. 녹조류는 극도로 많고, 일부는 유배식물과 자매군이다. 육상식물은 녹조류의 매우 변형된 자손이고, 그 녹조류는 원래의 1차 엽록체 세포내 공생을 한 진핵생물에서 유래되었다.

2차 세포내 공생(secondary endosymbiosis)의 여러 사건들이 다른 계열의 조류를 만들었다. 초기 진핵생물이 녹조 세포 전체를 완전히 에워싼 다음 유글레나류(euglenoids)가 생겼다. 진핵

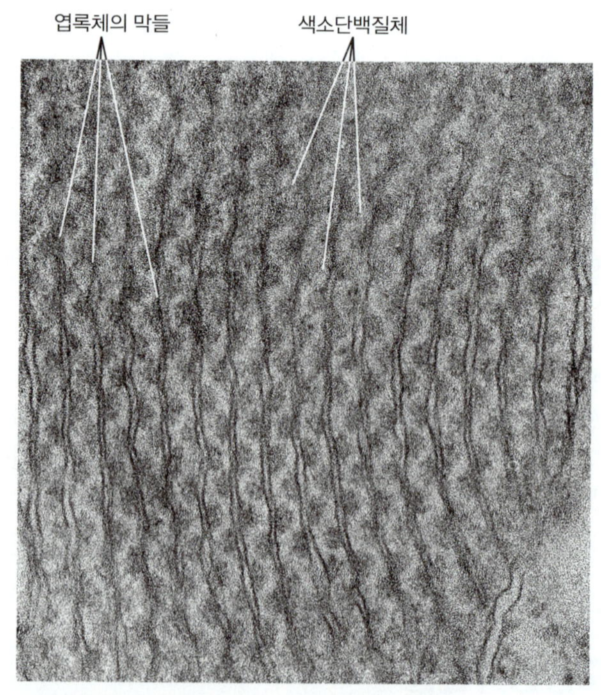

Courtesy of E. Gantt

그림 19-6 홍조류 엽록체의 내막은 녹색식물의 엽록체처럼 막들이 포개져 그라나를 이루지 않는다. 막에 부착되어 있는 색소단백질체가 보인다. 피떡말속(*Porphyridium*)의 사진이다(× 115,000).

생물이 다른 진핵생물을 삼킨 것이다. 그런 다음에 녹조의 세포는 매우 줄어들어 녹조의 엽록체만이 남게 되었다.

홍조류 전체 세포가 한번 또는 여러 차례 세포내 공생에 관여하면서 초기 진핵생물의 또 다른 무리인 **부등편모조류(heterokonts)** 또는 대롱편모생물(stramenopiles)이 생겼고, 이로부터 갈조류, 황갈조류, 황록조류, 그리고 돌말류가 생겼다. 부등편모조류는 이형편모조류라고도 하며, 모든 조류가 형태가 다른 2개의 편모를 갖는다는 사실에서 이름이 붙여졌다. 하나의 편모는 매끈하고, 다른 편모는 털을 갖는다(**그림 19-7**). 모든 부등편모조류가 이러한 편모의 이형성(heteromorphy)을 갖고 있고, 따라서 이들은 단계통군을 형성하는 것으로 보이지만 모두 엽록체를 갖는 것은 아니다. 부등편모조류가 어느 정도 다양화되고 나서 일부가 2차 세포내 공생에 들어가 광합성을 하는 조류가 되었지만, 다른 조류들은 그렇지 않았을 것이라고 생각한다. 이들 부등편모조류에 엽록체가 결여되었다는 점은 조상상태이다. 2차 세포내 공생이 여러 번 일어나서 색소를 지닌 부등편모조류가 만들어졌는지의 여부는 아직 확실하지 않다. 홍조 공생체가 여러 계열에서 여러 가지로 변형되면서 현존하는 엽록체의 구조와 생화학적 특성이 매우 다양해졌다(**그림 19-8**). 대부분은 엽록소 *a*와 *c*(엽록소 *b*와 피코빌린은 없음)를 갖는다는 점에서 비슷하고, 대부분의 엽록체 막은 홍조류, 녹조류, 회조류, 그리고 진정한 식물에서처럼 2겹(안쪽과 바깥쪽)이 아니라 4겹이다. 4겹의 엽록체막 가운데 가장 안쪽에 있는 2겹의 막은 홍조 엽록체가 원래 지니고 있던 내막과 외막에 해당하고, 세 번째 막은 이들을 에워싸며 홍조의 원형질막과 일치하고, 가장 바깥쪽의 네 번째 막은 부등편모조류 세포의 소포체[엽록체피막소포체(chloroplast ER, cER; **그림 19-9**)라고 부른

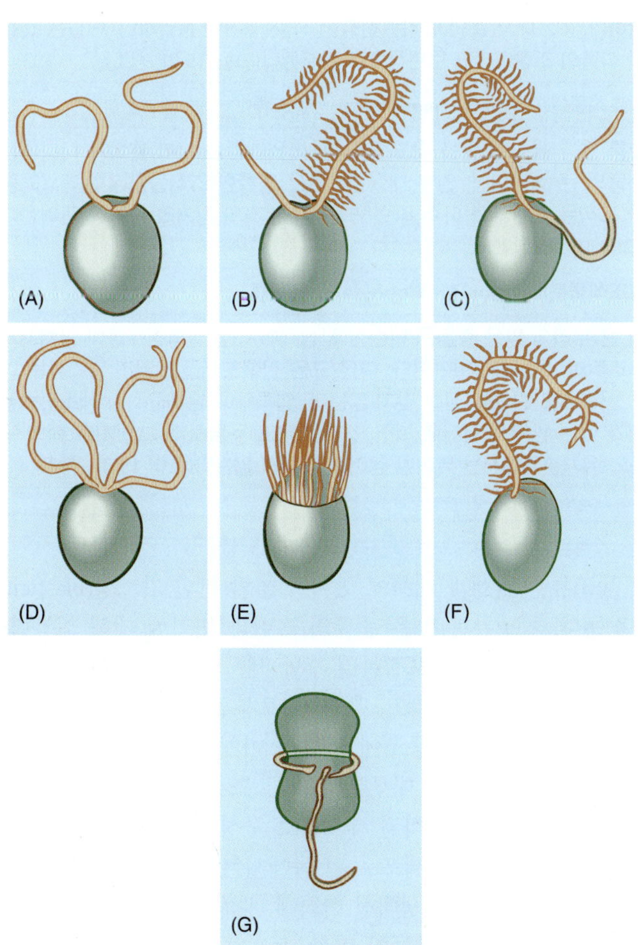

그림 19-7 조류 편모에서 가장 보편적으로 나타나는 배열. **(A)** 2개의 동일한 채찍꼴(whiplash). **(B)** 하나의 짧은 채찍꼴과 하나의 긴 깃꼴(tinsel). **(C)** 2개의 똑같이 긴, 채찍꼴과 깃꼴. **(D)** 4개의 채찍꼴. **(E)** 고리를 이루는 많은 편모(희귀함). **(F)** 하나의 깃꼴 편모(주로 일부 갈조류에서만 나타남). **(G)** 하나는 끌리고, 다른 하나는 가로홈에 있음(와편모조류).

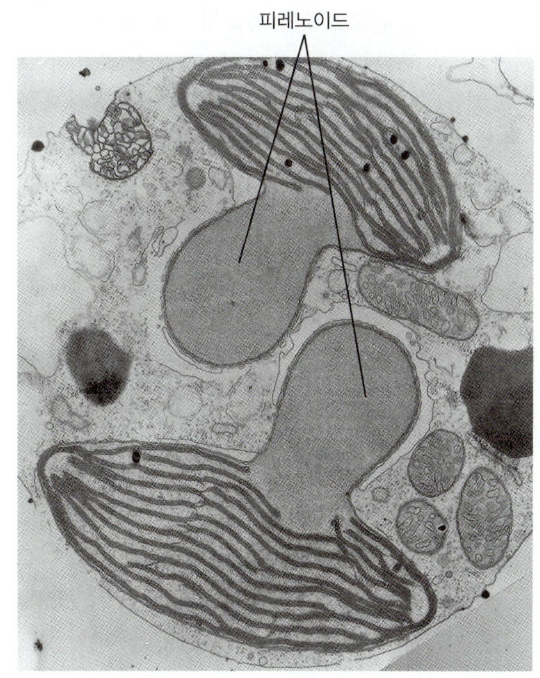

그림 19-8 갈조류의 엽록체막은 3겹씩 또는 덜 빈번하게 2겹씩 포개져 더미를 이룬다. 크고 투명한 구조는 당을 다당류로 중합시키는 데 관여하는 피레노이드이다.

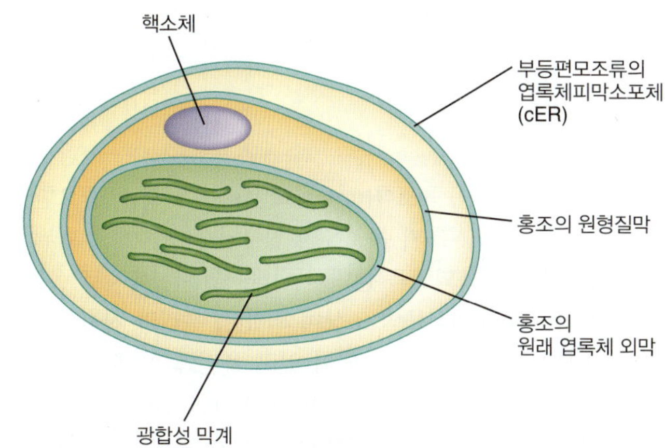

그림 19-9 많은 부등편모조류의 엽록체는 4겹의 막을 갖는다. 가장 바깥쪽은 엽록체피막소포체(cER)의 막이고, 그 안쪽 막은 홍조공생체의 원형질막과 일치하며, 가장 안쪽에 있는 2겹의 막은 홍조 엽록체의 막들에 해당한다. 가장 안쪽의 광합성막은 한편으로 원래 남세균의 막에 상응한다. 이 전체 구조는 부등편모조류 세포의 세포질 내에 위치한다.

다]와 부합한다. 부등편모조류의 엽록체는 홍조 세포벽의 흔적을 갖지 않지만, 일부 조류는 핵소체(nucleomorph)라고 부르는 아주 조금의 홍조핵을 갖고, 여기에는 핵막과 소수의 유전자들이 들어 있다. 이들 세포는 4종류의 DNA를 갖는데, 부등편모조류의 진핵성 핵, 홍조류의 진핵성 핵, 엽록체의 원핵성 DNA고리, 그리고 미토콘드리아의 원핵성 DNA고리가 그것이다.

세포질분열의 유형

조류에서는 몇 가지 유형의 세포질분열이 일어난다. 단세포 조류의 많은 무리는 세포벽이 없고, 원형질막이 세포의 가장 바깥쪽에 있는 표면이 된다. 세포가 분열하는 동안, 원형질막이 조여지고 난할구(cleavage furrow)처럼 안쪽으로 당겨지는데, 이 과정은 동물의 세포질분열과 상당히 비슷하다.

세포벽을 가진 조류의 거의 모두에서는 세포분열이 식물의 세포분열과 유사하다. 이 세포분열에는 격벽형성체(phragmoplast)가 관여하는데, 이는 방추체 미세소관과 평행하게 배열되는 짧은 미세소관들로 구성된다. 일부 녹조류에서는 세포질분열이 **조판형성체(phycoplast)**에 의해 일어난다. 조판형성체에서는 새로운 벽이 형성될 판과 평행하게 미세소관들이 배열하며, 이는 방추사의 방향과는 수직이 된다. 조판형성체는 만입(furrowing)에 의한 분열 또는 세포판(cell plate) 형성에 의한 분열과 관련될 수 있다. 유배식물은 조판형성체가 아니라 격벽형성체로 분열하는 녹조류에서 기원하였다.

다양한 조류 집단의 특징

조류에 관한 서술은 녹조류부터 시작하는데, 이는 녹조류가 유배식물의 조상일 뿐만 아니라 엽록체의 기원이 되는 1차 세포내 공생을 망라하는 단계통군에 있기 때문이다. 녹조류에 이어 홍조류를 설명하고, 그런 다음에 색소체의 2차 세포내 공생에서 비롯된 계열들로 관심을 돌리려고 한다.

녹조류

진화적 견지에서 보면, **녹조류(green algae)**는 극도로 중요한 집단을 이룬다(**표 19-2**). 초기 녹조류의 일부가 복잡하게 분화된 다세포의 몸으로 구조화되었을 뿐만 아니라, 일부는 육지로 올라가서 진정한 식물인 유배식물의 조상이 되었다. 우리와 친숙한 식물과 동물의 대부분이 다세포로 되어 있고 육지에 살고 있기 때문에 이 현상이 얼마나 복잡한 것인지 그 진가를 알아보지 못하는 경향이 있다. 생물이 단세포 체제의 수준으로 무려 10억 년 동안이나 지냈음을 사려해 보자(그림 19-1). 그런 다음에야 비로소 조류들 간에서 몇 차례에 걸쳐 진정한 다세포성이 진화하였다. 육지에서 생활할 수 있고 광합성을 하는 복잡한 몸을 갖도록 이행하는 것은 매우 어렵기에, 이는 오직 한 번만 일어난 것으로 보인다.

표 19-2 조류의 문

유글레나식물문(Division Euglenophyta)—유글레나류
엽록체가 없는 유글레나류가 많고, 동물학자들은 이 무리를 원생동물문(phylum Protozoa)의 일종으로 분류한다. 광합성을 하는 종들은 녹조류의 색소체와 비슷한 색소체를 갖는다. 유글레나류는 수억 년 전에 진화한 것과 비슷한 세포 체제를 갖고 있어서 극도로 원시적인 것으로 보인다(그림 19-2A 참조).
황적조식물문(Division Pyrrhophyta)—와편모조류
이들 조류는 히스톤이 없고, 간기에도 응축된 상태를 유지하는 염색체를 가지고 핵내 유사분열을 한다. 오늘날 많은 식물학자들은 이 집단이 진핵세포의 진화에서 아주 초기에 기원된 격리된 계열로 간주한다(그림 19-2B 참조).
황갈조식물문(Division Chrysophyta)—돌말류, 황갈조류, 황록조류
이들 조류는 매우 다양한 집단이고, 때로는 여러 개의 독립된 문들로 나누고, 때로는 갈조류에 포함시킨다. 이 무리와 갈조류는 생화학적으로 매우 비슷하고, 특히 광합성색소(엽록소 *a*와 *c*)와 독특한 저장산물이 유사하다(그림 19-2C, D 및 E 참조).
녹조식물문(Division Chlorophyta)—녹조류
녹조류는 구조적으로 극히 다양하지만 생화학적으로 매우 동질적이고 명확하다. 기초대사 측면에서는 진정한 식물과 거의 동일하다. 이들은 진정한 식물의 조상이라고 보편적으로 간주된다(그림 19-2F 참조).
갈조식물문(Division Phaeophyta)—갈조류
보통 크고 복잡한 몸을 갖고 있으며, 바위해안을 따라 흔하게 나타나는 종들의 큰 집단이다. 일부 대형갈조들은 명확한 조직들을 갖는데, 그 중 한 조직은 체관부와 아주 비슷하며 유기분자의 장거리 수송에 관여한다(그림 19-2G 참조).
홍조식물문(Division Rhodophyta)—홍조류
이 큰 무리의 많은 종들은 단순한 사상체이지만, 필라멘트들이 합쳐져서 유조직과 비슷해지기도 한다. 다른 모든 진핵조류들과 달리 홍조류는 어느 시기에도 편모를 전혀 갖지 않는다. 엽록체에 남세균처럼 색소단백질체가 있는 원핵성 체제로 되어 있다는 점도 독특하다. 그렇지만 핵의 구조와 유사분열에서는 특이한 점이 나타나지 않는다(그림 19-2H 참조).

녹조류는 발생과 대사에 있어서 놀랄 만한 가소성(plasticity)을 갖는다. 녹조류는 많은 종류의 교란과 변화에 대해 회복력이 있어서 살아남는다. 세포질분열 후에 세포의 부착을 야기하는 돌연변이는 치명적이지 않고, 유영, 세포분열의 방향정위, 또는 핵분열과 세포질분열의 동조에 영향을 미치는 많은 돌연변이들도 치명적이 아니다. 몸은 대부분의 다른 조류집단에서는 진화하지 않은 여러 가지의 특수화된 세포들로 구성된다. 갈조류와 홍조류 가운데 어떤 종류의 다세포로 된 몸에서는 상당한 정교함이 나타나기도 하지만, 그들은 생태적 변화에 대해 대사적으로 내성을 갖지 못한다. 많은 녹조류들이 민물, 토양, 공기 또는 동물의 체내에서 살 수 있지만, 그렇게 살 수 있는 다른 조류집단들은 거의 없다.

녹조류의 다양성은 엄청나다. 녹조류의 다양성을 검토해 본다면 생물들 간에서 나타날 수 있는 다양성을 이해하는 기반이 마련되고 사람과 꽃식물의 대사와 체제가 생물학적 문제의 유일한 해결책이 결코 아님을 인식하게 될 것이다.

녹조류의 체제

가장 단순한 몸은 아마도 운동성 단세포일 것이다. 많은 녹조류가 단세포성이다. 이로부터 많은 진화적 가능성이 존재한다.

1. **운동성 군체(motile colony; 그림 19-10A**, 그림 19-18): 만일 세포들이 느슨하게 들러붙으면 결과적으로 형성되는 구조가 개개의 생물이 아니라 **군체(colony)**이다. 모든 세포들이 비슷하고, 그 어떤 세포도 특별하게 특수화되지 않는다. 어쩌다 2~3종류의 약간 다른 세포형으로 분화되기도 한다.
2. **비운동성 군체(nonmotile colony)**는 세포들이 편모를 잃거나 또는 편모가 형성되지 않을 때 나타난다(**그림 19-10B**). 비운동성 세포는 편모가 달린 세포보다 단순함에도 불구하고 편모를 가진 형태가 조상형으로 믿어지는데, 그것은 모든 운동성 조류들이 9+2 미세소관 배열의 동일한 유형의 편모를 갖기 때문이다.
3. **사상체(filamentous body)**는 세포들이 중간층(middle lamella)에 의해 단단히 붙어 있고 모든 세포들이 가로로 분열할 때 생긴다(**그림 19-11A**와 **B**, 그림 19-19). 세포가 어쩌다 세로로 분열하게 되면 사상체는 갈라진다. 때로는 몸의 어느 부분이 다른 부분과 다르게 된다. 이를테면 몸의 한쪽 끝이 사상체가 바위에 들러붙는 수단으로 이용되기도 하고[이를 **부착기(holdfast)**라고 한다], 다른 어떤 부분에서는 포자나 배우자가 만들어지기도 한다.
4. **막상체(membranous body)**는 세포분열의 방향이 정확하게 조절되어 모든 새로운 세포벽이 오로지 평면적으로 나타날 때 생긴다(**그림 19-11C**). 그 결과로 생기는 세포의 박층은 더욱 확장될 수 있지만 얇은 상태를 유지한다. 막상체는 해류와 파랑 작용에 의한 영향을 강하게 받으며, 사상체보다 좀 더 찢어질 가능성이 더 많다.
5. 만일 규칙적으로 세포분열이 입체적으로 일어난다면 결과적으로 부피가 큰 3차원의 **유조직체(parenchymatous body)**가 만들어진다(**그림 19-11D**, 그림 19-22). 모든 세포들은 세포질연락사에 의해 서로 연결되고, 진정한 유조직이 만들어진다.
6. **다핵체(coenocytic body)** 또는 **관상체(siphonous body)**는 세포질분열 없이 핵분열이 일어날 때 생기며, 그 결과로 거대한 다핵세포가 만들어진다(**그림 19-12**, 그림 19-21). 세포들은 지름이 몇 센티미터까지 자랄 수 있지만, 그러한 크기에도 불구하고 세포들은 대체로 상당히 단순한 형태를 유지한다. 삿갓말속(*Acetabularia*) 같은 일부 다핵체는 놀랄 만큼 복잡하기도 한다(**그림 19-13**).

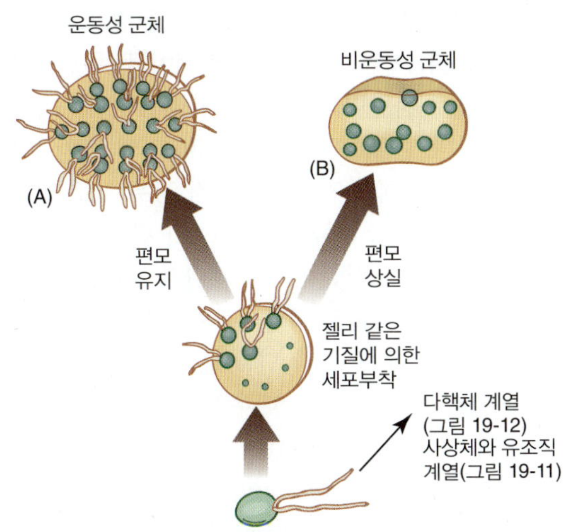

그림 19-10 녹조류에서 군체형의 진화. 세포들의 연합은 조절되며, 마구잡이가 아니다. 종에 따라 각 군체는 특정한 수의 세포들을 지니며, 세포들은 구체, 평판, 또는 곡면판 같은 특정한 형태로 유지된다. 무작위로 분열하는 세포들은 없다.

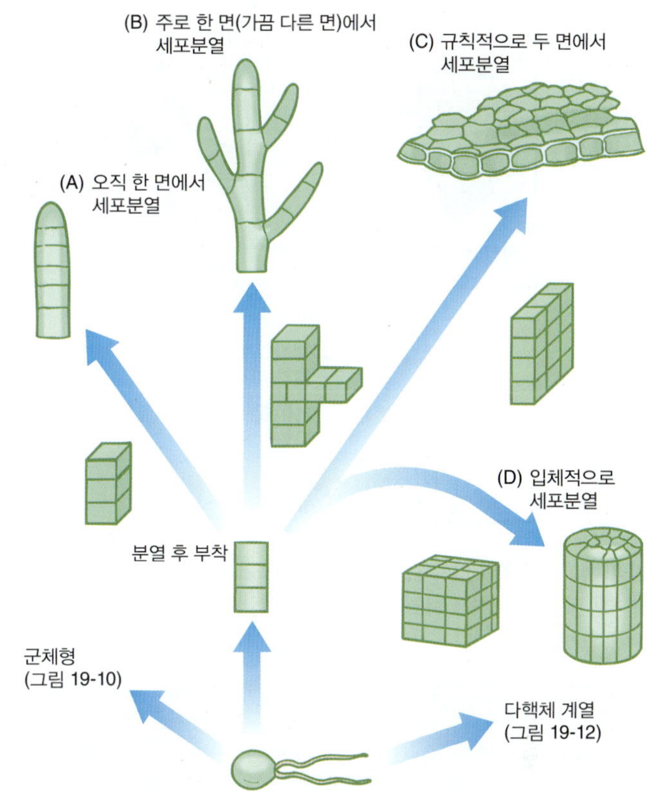

그림 19-11 녹조류에서 사상, 막상, 그리고 유조직 체형의 진화. 다세포의 몸이 형성되기 위해서는 세포분열의 시기와 위치 및 방위가 조절되어야 하고, 중간층에 의해 중재되는 세포 세포 부착에 대한 조절을 필요로 한다. **(A)** 모든 세포들이 한 면으로만 분열하면 단열사상체가 만들어진다. **(B)** 만약 세포들이 가끔 다른 면에서 분열하면 사상체는 갈라진다. **(C)** 만일 세포들이 규칙적으로 평면적으로 분열하면 2차원의 세포박층이 생긴다. **(D)** 만일 세포들이 규칙적으로 입체적으로 분열하면 3차원의 몸이 만들어진다. 모든 세포들은 인접한 모든 세포들과 세포질연락사를 공유한다. 이것이 진정한 유조직이다.

세포분열의 방위와 부착을 조절하는 진화적 발생은 쉽지 않았음이 분명하다. 화석기록에 의하면 관상체로 생장하는 능력은 가장 단순한 사상체를 조직하는 능력보다 2억 3천만 년 일찍 생겨났다.

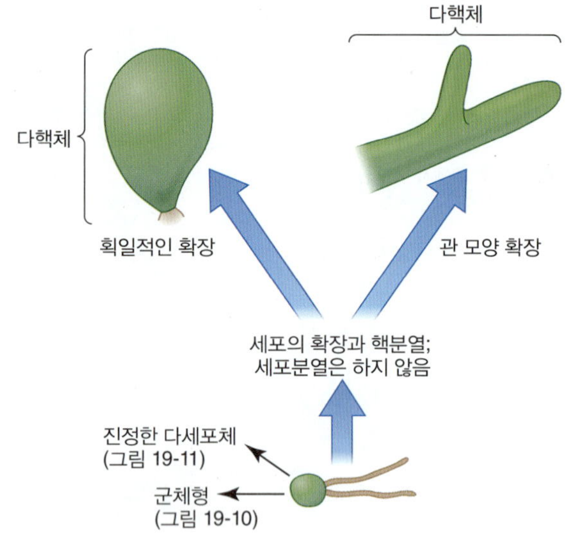

그림 19-12 녹조류의 다핵체는 거의 등경성(isodiametric), 즉 구형이거나 가지를 치거나 거지를 치지 않는 긴 튜브일 수 있다. 튜브처럼 생긴 유형을 관상형(siphonous form)이라고 부른다.

© Roberto Nistri/Alamy Stock Photo

그림 19-13 삿갓말속(*Acetabularia*)의 개체들은 거대한 하나의 세포라는 점에서 특이하지만, 심지어 더 주목할 일은 개체가 단핵(uninucleate)이라는 점이다. 개개의 갓(cap)은 세포질과 액포의 관들로 구성되고, 생식의 시점이 되면 유일한 핵이 빠르게 유사분열을 거듭하여 수백 개 또는 수천 개의 핵이 만들어진다. 세포질유동은 이들 핵을 위쪽에 있는 갓의 살(마디)로 운반한다. 각 살에 수백 개의 핵이 들어가면 휴면포낭이 되어 방출되거나 수백 개의 배우자가 만들어진다.

녹조류의 생활주기

속씨식물의 생활주기인 이형세대교번(alternation of heteromorphic generations)은 녹조류에까지 거슬러 올라갈 수 있으므로, 생활주기(life cycle)의 이론을 여기에서 설명하고자 한다. 유글레나류처럼 유성생식을 하지 않는 단세포 조류에서는 생활주기가 바로 세포주기이고, 유사분열과 세포질분열이 생식을 이룬다. 그렇지만 성(sex)의 진화와 더불어 두 과정이 중요해졌는데, 그 하나인 감수분열(meiosis)은 염색체의 반수체 세트들이 분리되는 것이고, 다른 하나인 배우자합체(syngamy)는 두 세트가 다시 합쳐지는 것이다.

유성생식이 진화한 다음, 모든 생물들이 여전히 단세포일 때 가장 단순한 생활주기는 다음과 같았을 것이다. 2배체의 세포가 감수분열을 하여 생성된 개개의 세포는 반수체 개체로 존재하며, 유사분열을 수행할 수 있다(**그림 19-14**). 이 개체가 단세포 생물이기 때문에 세포분열이 곧 '생장(growth)'이고 무성생식이다. 한편 이들 세포의 일부는 배우자로 작용하여 합쳐질 수 있고, 그 결과 생긴 2배체의 접합자 역시 유사분열에 의해 무성적으로 증식할 수 있으며, 이와 동시에 생장할 수 있다. 마침내 언젠가 이들 가운데 일부가 다시 감수분열을 한다. 배우자, 접합자, 그리고 개체 간의 차이는 거의 없고, 그 어느 것도 매우 특수화되지 않는다. 반수체 세포와 2배체 세포 모두 생장과 분열과 생식이 가능하다. 그런 종을 **복상생활성(dibiontic)**이라고 하는데, 이는 반수체 세대와 2배체 세대의 교번을 의미한다.

단상생활성(monobiontic) 종에서는 오직 하나만 존재하는 독립생활성(free-living) 세대에서 특수화가 나타난다. 일부 단상생활성 종에서는 반수체 시기가 개체이고, 유일한 2배체 세포는 접합자인데, 이 접합자는 오직 감수분열만 할 수 있고, 생장이나 유사분열을 하지 않는다(그림 19-14A와 B). 반수체의 몸은 단세포 또는 다세포이고 광합성과 생장을 수행한다. 다른 단상생활성 종에서는 2배체 시기가 영양생장 단계의 개체가 된다. 유일한 반수체 세포는 배우자인데, 이 배우자는 오직 배우자합체만을 할 수 있다(그림 19-14C와 D).

양쪽 세대가 다세포인 복상생활성 종에서는 배우자체(반수체)와 포자체(2배체)가 서로 매우 비슷한 **동형세대교번(alternation of isomorphic generation)**이 나타나거나(**그림 19-15A**), 아니면 두 세대의 모양과 구조가 아주 다른 **이형세대교번(alternation of heteromorphic generation)**이 나타날 수 있는데, 이는 마치 이들이 두 종인 것처럼 상이한 생태적 지위를 차지할 수 있게 해 주며, 배우자체는 포자체와 직접 경쟁하지 않는다(**그림 19-15B**).

조류와 유배식물 모두에서 모든 포자체는 감수분열에 의해 포자를 생산하지만, 많은 조류의 포자체는 한편으로 유사분열에 의해 포자를 만든다. 이런 포자들은 2배체이고, 무성생식의 형태로 새로운 포자체로 자란다. 일부 조류의 배우자체는 유사분열에 의해 포자를 만든다. 이들 포자는 반수체이고 이 또한 무성생식의 형태로 새로운 배우자체로 자란다. 2가지 경우 모두 일부 식물에서 잎 가장자리를 따라 소식물체(plantlet)가 만들어져서 비늘눈을 벌충하거나 선인장의 한 부분이 떨어져나가 뿌리가 생기는데, 새로운 식물이 되는 속씨식물의 무성생식과 기본적으로 비슷하다.

유성생식의 진화에서 초기 단계에서는 배우자들이 똑같은 **동형접합성(isogamous)**이었고, 배우자들이 약간 다른 **이형접합(anisogamy)**과 **난접합(oogamy)**은 나중에 진화하였다(**그림 19-16**). 배우자들은 **배우자낭(gametangia)**에서 만들어진다. 정세포 또는 소배우자는 소배우자낭(microgametangia)에서 형성되고, 알세포 또는 대배우자는 대배우자낭(megagametangia)에서 만들어진다. 포자는 **포자낭(sporangia)**에서 만들어지는데, 포자낭은 포자의 크기에 따라 대포자낭 또는 소포자낭으로 구분한다. 조류를

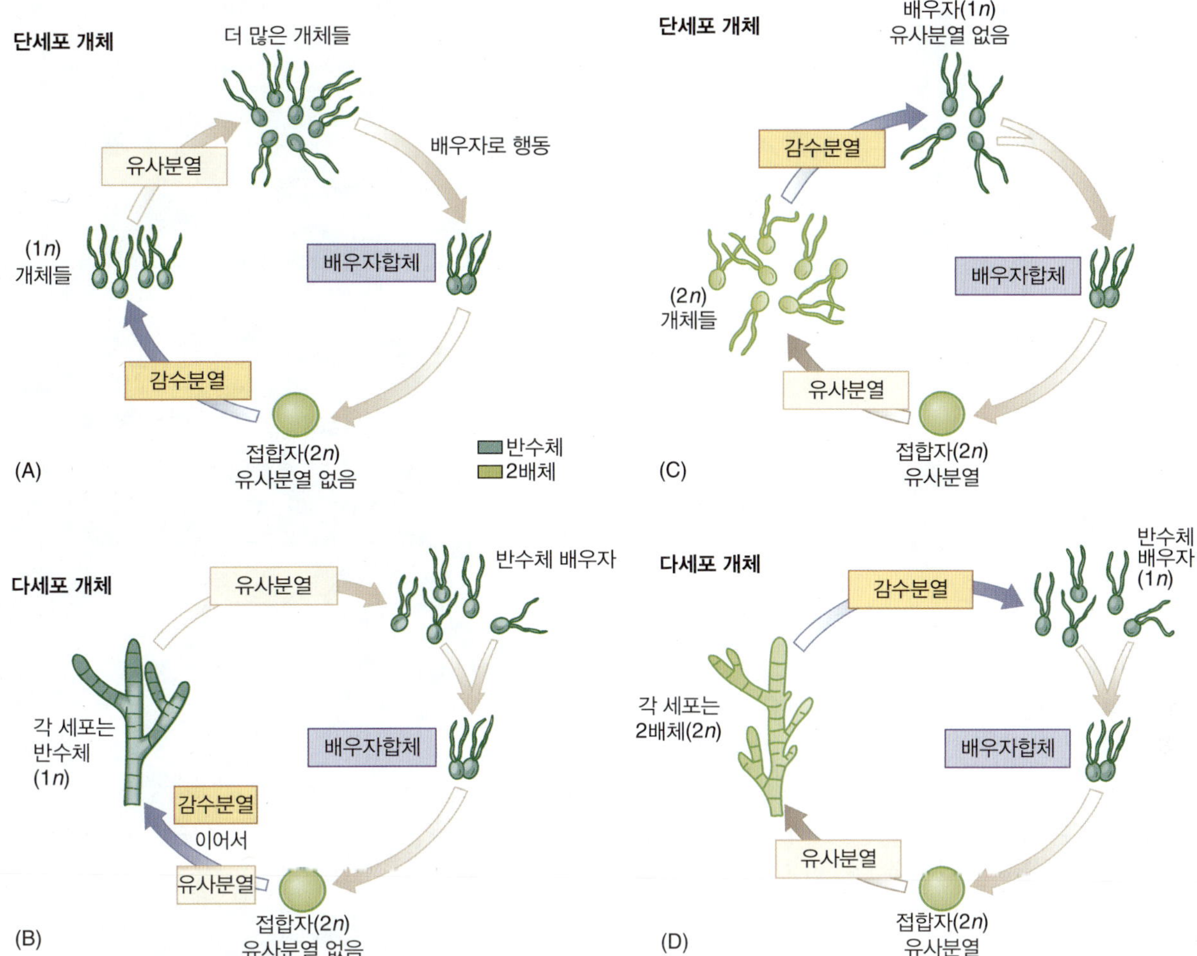

그림 19-14 단상생활성 생활주기에서는 오직 한 세대, 즉 한 시기만이 유사분열을 할 수 있다. **(A)**와 **(B)** 대부분의 조류에서는 반수체 시기가 지배적이고, 유사분열에 의해 더 많은 단세포의 개체들 또는 다세포의 개체가 만들어진다. 유일한 2배체 세포는 접합자인데, 접합자는 유사분열을 할 수 없고, 더 많은 2배체 세포들을 만들 수도 없다. **(C)**와 **(D)** 약간의 조류와 모든 동물에서는 단상생활성 생활주기에서 2배체 시기가 압도적이고, 유일한 반수체 세포는 배우자이다.

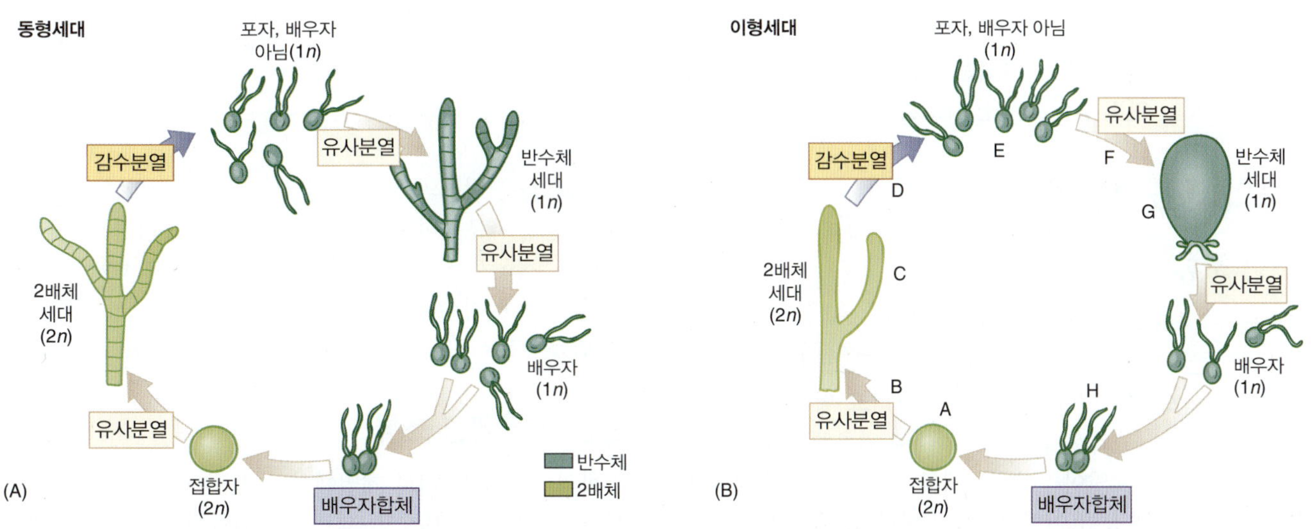

그림 19-15 복상생활성 생활주기는 동형세대교번**(A)** 또는 이형세대교번**(B)**이 포함된다. 동형세대교번의 경우에는 체형이 너무 비슷할 수 있어서 그 개체가 배우자체인지 아니면 포자체인지 알기가 매우 어렵다. (B) 이형세대교번을 하는 복상생활성 조류의 경우에는 2종류의 개체들을 혼동할 리가 없다. 꽃식물의 경우에는 B의 유사분열이 배의 발생으로 참나무나 백합 같은 포자체 식물이 되는 것을 가리키고, D의 감수분열은 꽃밥과 밑씨의 포자형성세포들에서만 나타난다. F의 유사분열은 꽃가루관핵과 생식핵, 그리고 꽃가루의 정핵이 형성되고, 대포자가 자라서 대배우자체의 반족세포, 중심세포, 조세포 및 알세포가 되는 것이다. H의 배우자합체는 한 정핵과 알의 융합이다. 꽃식물에서는 휴지기를 거치지 않고 바로 생장이 시작되며, 편모는 어떤 단계에서도 만들어지지 않는다.

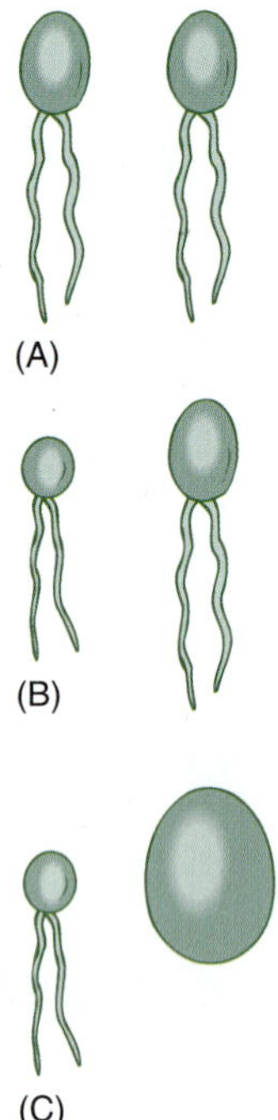

그림 19-16 **(A)** 동형배우자(isogamete)들은 똑같이 생긴 배우자들이다. 이론적으로 배우자들은 운동성이거나 비운동성이지만, 실제로는 지금까지 알려진 모든 동형배우자들이 편모를 갖고 있다. **(B)** 만일 배우자들이 어떤 가시적인 차이를 나타내지만 그럼에도 불구하고 서로 비슷하다면, 이들은 이형배우자(anisogamete)들이다. **(C)** 난배우자(oogamete)들은 크기가 확연하게 다르고, 대배우자는 사실상 언제나 비운동성이다. 대부분의 조류와 식물에서 소배우자는 편모를 갖는다. 꽃식물과 구과식물 그리고 일부 조류에서는 소배우자들도 비운동성이다.

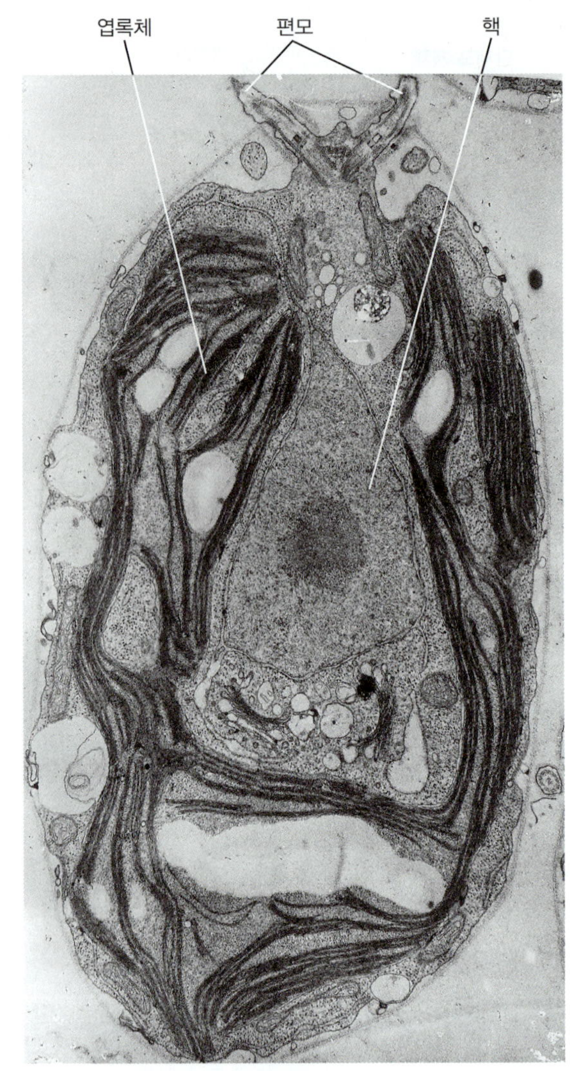

Courtesy of Dr. Ursula Goodenough, Washington University in St. Louis

그림 19-17 클라미도모나스속(*Chlamydomonas*). 핵과 엽록체, 그리고 피레노이드를 볼 수 있지만, 2개의 편모는 기부만이 보인다. 편모는 앞쪽 끝에 있다. 즉, 편모는 세포를 미는 것이 아니라 세포를 앞쪽으로 당긴다. 몇몇 녹말립들이 존재한다.

유배식물과 구분 짓는 중요한 특징은 조류의 배우자낭과 포자낭이 세포 수준에서 조직되는 것이다. 개개의 세포들이 배우자 또는 포자로 발달하고, 이들이 방출된 다음 배우자낭이나 포자낭은 세포벽 외에는 아무 것도 없게 된다. 그에 반해서 유배식물의 배우자낭과 포자낭은 언제나 바깥에 한두 층의 보호세포들을 갖는데, 그 세포들은 배우자나 포자가 되지 않는다. 생식세포들이 방출되고 나면 한 층 또는 여러 층의 완전한 세포들이 남는다.

녹조류의 대표적인 속

단세포성 조류

클라미도모나스속(*Chlamydomonas*)은 가장 단순한 녹조식물 가운데 하나다. 클라미도모나스속은 단세포성이고, 모든 녹조류와 마찬가지로 엽록소 *a*와 *b*, 카로티노이드, 그리고 엽황소를 갖는다. 녹말은 진정한 식물의 경우와 마찬가지로 엽록체에서 합성된다(**그림 19-17**). 서로 모양이 비슷한 2개의 편모가 앞쪽에 달리므로, 갈조류와 그 친척 같이 이형편모성이 아니다. 대부분의 운동성 녹조류처럼 보통의 유사분열, 감수분열, 그리고 배우자합체를 한다. 반수체 세포는 편모를 다시 흡수하고 유사분열에 의해 분열하여, 새롭게 편모가 생기는 2개, 4개, 8개 또는 16개의 새로운 세포를 형성하고, 이들 각각은 화합성 세포를 만날 때까지 유영한다. 세포들은 편모의 끝에서 일어나는 반응에 의해 서로를 인식한다. 화합성 세포들이 원형질융합과 핵융합을 하면 큰 접합자가 형성되고, 접합자는 편모를 떨어뜨리고 바닥에 가라앉아 휴지상태에 들어간다. 감수분열로 발아하면 4개의 2편모성 반수체 개체들이 만들어지는데, 접합자는 유일한 2배체 세포이다.

운동성 군체성 조류

진화의 운동성 군체성 계열에서는 접합자가 분열할 때 클라미도모나스속과 매우 비슷한 세포들이 만들어지지만, 분열의 결과로 생긴 세포들은 점액질의 기질에 의해 함께 뭉쳐진다(**그림 19-18**). 넷중심말속(*Gonium*)에서는 각 군체에 소수의 세포들(4, 8, 16, 또는 32)이 포함되고, 조직화의 유일한 징후는 모든 편모들이 조화롭게 운동을 한다는 것이다. 오디말속(*Pandorina*)은 넷중심말속

Courtesy of Great Lakes, EPA

그림 19-18 유도리나 엘레간스(*Eudorina elegans*)는 작은 운동성 군체의 녹조류이다. 각 종은 세포들의 수와 공간배열이 일정하다. 세포분열의 횟수와 방향이 조절된다.

과 거의 동일한 크기이지만 약간 더 파생적(derived)인데, 그 이유는 오디말속이 분화의 기미를 보이기 때문이다. 군체는 한 방향으로 헤엄치며, 앞쪽의 세포들은 뒤쪽 세포들과 약간 다르다. 좁쌀공말속(*Volvox*)은 이 계열의 굉장히 멋진 결말이다. 그 군체는 클라미도모나스속처럼 생긴 50,000개까지의 세포들을 포함하고, 현미경 없이도 쉽게 볼 수 있다. 군체의 전반부에 있는 50개에 달하는 세포들이 오로지 생식에 특화되어 있다는 점에서 분화가 존재한다.

사상 조류

초록실속(*Ulothrix*)의 조류들은 사상(filamentous) 녹조류의 단순한 종류들이다(**그림 19-19A**). 초록실속의 생활주기는 단상생활성으로 오직 하나의 독립생활성 다세포 세대가 수반되고, 그 세대는 반수체이다. 독립생활성 조류는 맨 아래의 세포를 제외하고 모두 비슷하게 생긴 단열의(uniseriate) 세포들로 구성되지만, 기저세포는 부착기(holdfast)로 변형된다. 사상 세포에서는 유사분열에 의해 무성포자인 유주자가 만들어지기도 한다. 유주자는 4개의 편모를 갖고 잠시 헤엄친 후 정착하여 새로운 사상체로 자란다. 유성생식에서는 일부 세포에서 배우자가 형성되는데, 배우자들은 4개가 아닌 2개의 편모를 갖기 때문에 쉽게 알아볼 수 있다. 초록실속은 동형세대교번을 하고, 클라미도모나스속의 세포처럼 생긴 배우자들이 짝을 이루고 융합한다. 접합자는 감수분열에 의해 발아하여 4개의 반수체 **유주자(zoospore)**를 만들고, 유주자 각각은 한동안 헤엄치고 나서 기질에 부착하여 새로운 사상체로 자란다.

해캄속(*Spirogyra*)은 북아메리카 전역의 하천과 연못에서 매우 흔하게 발견되는 담수 사상 녹조이다(**그림 19-19**). 그 세포에는 아름다운 나선형의 띠 모양 엽록체가 들어 있는데, 엽록체는 원형질막 바로 아래에서 세포를 감싼다. 유영하는 배우자는 만들어지지 않고, 대신에 사상체는 **접합(conjugation)**을 한다. 각 사상체는 반수체이고, + 또는 −교배형(mating type) 중 하나다. 만약 화합성 사상체들이 서로 가까이 놓이게 되면 세포들 사이에서 접합관(conjugation tube)이 형성되고, −원형질체가 접합관을 통해 이동하여 +원형질체와 합쳐진다. 이어서 핵융합이 일어나지만, 핵이 합쳐지는 데에는 무려 30일이 걸리기도 한다. 세포는 저항성

그림 19-19 **(A)** 초록실속(*Ulothrix*)의 조류들은 반수체 세포들이 단열의 사상체를 형성하고 가지를 치지 않는다(×80). **(B)** 나선형의 띠 모양 엽록체를 보여주는 해캄속(*Spirogyra*)의 세포들. **(C)** 배양하면서 해캄속의 화합성 사상체들을 서로 가까이 두면 접합을 한다. 이런 유형의 원형질융합은 조류에서 흔치 않다. **(D)** 노란색의 물체는 바위 표면에서 지의류와 이끼류와 함께 자라는 녹조 오랑캐꽃말속(*Trentopohlia*)이다. 건조한 지역의 바위 표면은 조류의 전형적 서식지가 아니지만, 오랑캐꽃말속은 적응하여 잘 자랄 뿐만 아니라 쉽게 눈에 띌 정도로 크게 자란다. 이 조류의 녹색 엽록체는 풍부한 노란색 색소들에 의해 가려졌다.

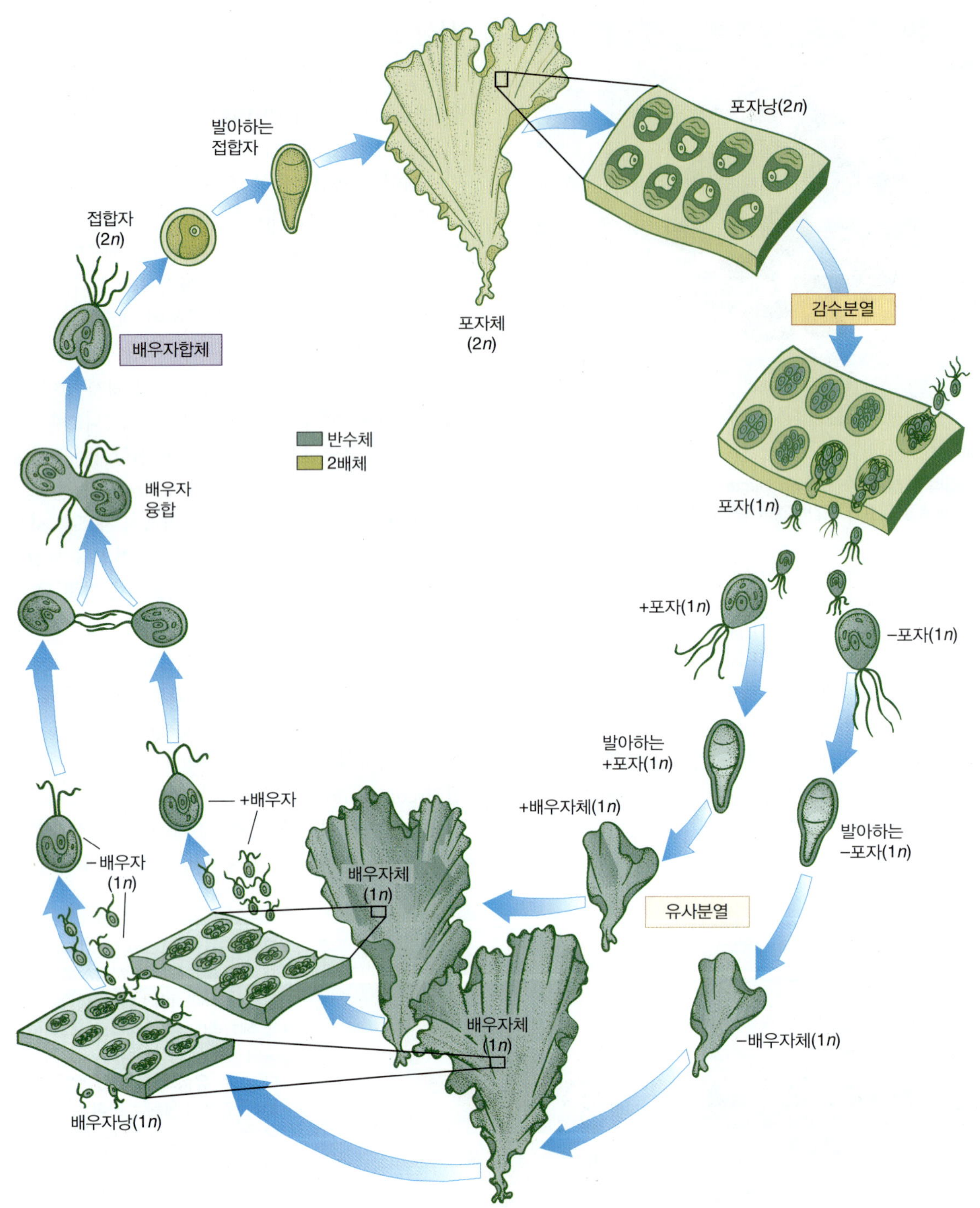

그림 19-20 갈파래속(*Ulva*)의 생활주기. 상세한 설명은 본문에 있다. 2종류의 다세포성 동형세대들이 나타난다. 생식구조의 유형과 핵의 크기는 포자체와 배우자체를 구별하는 기준이 된다.

의 두꺼운 벽으로 둘러싸여 휴지기에 들어갔다가 나중에 발아하여 새로운 사상체로 발달한다. 핵융합 후에 바로 감수분열이 일어나므로, 포자는 반수체이다.

엽상 조류

갈파래속(*Ulva*)은 초록실속보다 약간 더 복잡하지만, 많은 단계가 거의 비슷하다. 4편모의(quadriflagellate) 반수체 유주자가 정착하면 초록실속처럼 생긴 사상체로 자란다. 세포는 2차원적으로 분열하기 때문에 종잇장 같은 세포박층이 되고, 모든 세포들이 세 번째 방향으로 한 번 분열하여 박층은 2층의 두께가 된다. 갈파래속은 동형세대교번을 하는 복상생활성 생활주기를 갖는다(그림 19-15A 참조, **그림 19-20**). 유성생식에서는 배우자체에서 2편모의(biflagellate) 이형배우자들이 만들어지는데, 작은 배우자가 어느 한 배우자체에서 형성되고 큰 배우자는 다른 배우자체에서 만들어진다. 한 세대에 2가지의 다른 개체들을 갖는 암수딴몸(dioecy)이고, 이는 꽃식물의 경우와 같다. 접합자는 사상체로 자라고 나서 배우자체와 마찬가지로 2층의 세포박층이 된다.

다핵 조류

이형세대교번을 하는 복상생활성 생활주기는 그 생활주기가 발견된 엉킨실속(*Derbesia*)에서 볼 수 있다(그림 19-15B 참조, **그림 19-21**). 생활주기를 상세하게 보기 전에 생물들이 어떻게 연구되었는지 잠시 생각해 보자. 생물학자들은 종종 현장답사를 가서, 식물, 곤충, 그리고 새 등 무엇이든 채집하고, 생물을 말려서 보존하거나 포름알데히드에 고정한다. 살아 있는 상태로 채집한 생물을 유지하는 것은 쉽지 않다. 100년 전에 이렇게 생물을 채집했다고 상상해 보자. 교통수단은 느리고, 실험실에는 인공적으로 빛이나 온도를 조절할 수 있는 좋은 장비도 없고, 배양액을 만드는 데 필요한 순수한 화학약품을 구하기도 어려웠을 것이다. 생활주기를 연구하기 위해 조류를 배양하는 것은 예나 지금이나 매우 어렵다.

1938년에 조류학자인 코른만(P. Kornmann)은 거대한 다핵세포로 구성되고 가지를 치는 사상 조류인 초록엉킨실(*Derbesia marina*)로부터 유주자를 얻는 데 성공하였다(그림 19-21). 유주자를 정성 들여 유지한 결과, 엉킨실속 같은 개체로 자랄 것이라는 기대와는 달리 유주자는 완전히 다른 속인 할리키스티스 오발리스(*Halicystis ovalis*)의 개체로 자랐다(그림 19-21). 할리키스티스속의 종류들은 엉킨실속과는 전혀 다르게 보이고, 작은 부착기에 의해 기질에 들러붙는 하나의 큰 구형 다핵세포로 이루어진다. 전체 용적은 하나의 거대한 액포가 거의 다 차지하고, 벽 바로 옆에 원형질의 아주 얇은 층이 있다. 성숙하면 배우자체 단계인 할리키스티스속의 개체들은 수배우자 또는 암배우자의 이형배우자(anisogamete)들을 만들고, 배우자합체가 이루어지면 접합자가 형성된다. 발아한 다음, 접합자는 엉킨실속의 포자체로 자란다. 생활주기의 다른 시기를 다른 속으로 분류하는 것은 명백히 옳지 않으므로, 할리키스티스 오발리스(*Halicystis ovalis*)라는 이름이 삭제되었다. 꽃식물도 이형세대교번을 하지만 배우자체는 포자체 내부에서 자라고, 따라서 어느 것이 어디에 속하는지에 관한 문제는 쉽게 풀린다.

유조직 조류

녹조류의 일부 집단은 진정한 유조직 생장을 하고, 이는 유배식물 유조직의 기반이 된다. 한 집단인 녹조식물(chlorophytes)은 조판형성체에 의하여 분열하는데, 이는 식물에서 결코 나타나지 않으므로 이 집단은 가능성이 희박하다. 다른 집단인 **윤조식물(charophytes)**은 식물 세포가 분열하는 것처럼 격벽형성체에 의해 세포

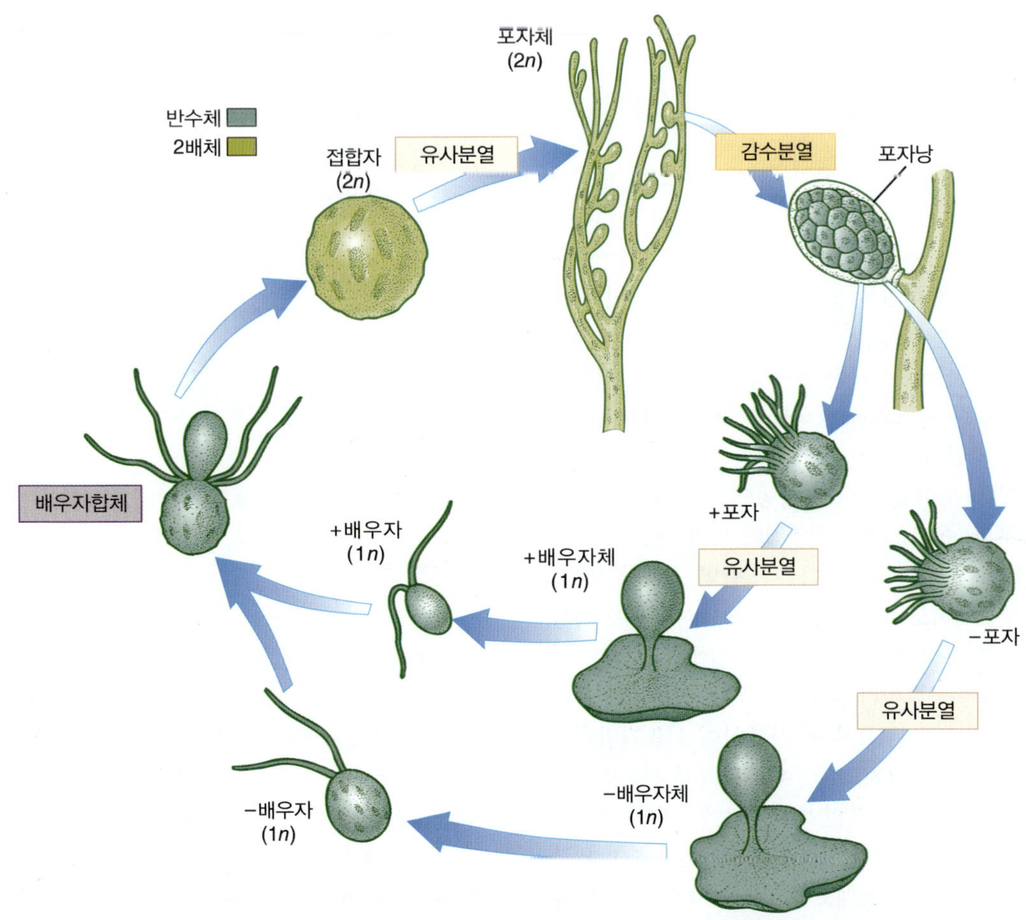

그림 19-21 엉킨실속(*Derbesia*)은 이형세대교번을 하는 복상생활성 생활주기를 갖는다. 녹조류는 대략 450속과 7,500종의 큰 집단이고, 모든 생활주기가 알려지지 않았다. 따라서 이런 유형의 놀라운 일이 우리를 기다리고 있을 것이다. 종의 모든 단계를 길러야 그 생활주기를 알 수 있게 된다.

(A)

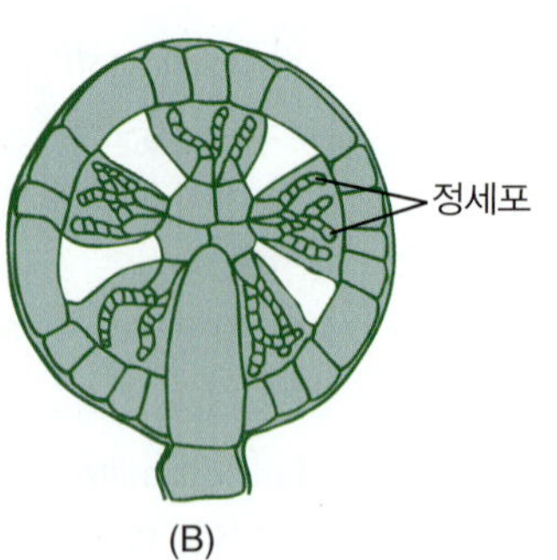

(B)

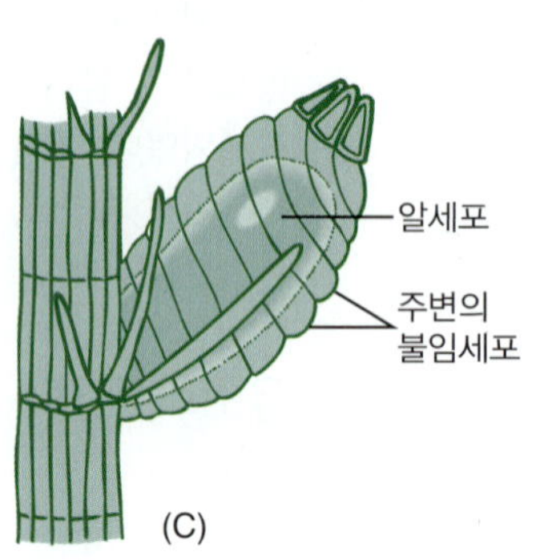

(C)

그림 19-22 **(A)** 유조직으로 된 몸과 소배우자낭(구형) 그리고 대배우자낭(타원형)이 달린 쇠뜨기말속(*Chara*)의 개체. **(B)** 쇠뜨기말속의 소배우자낭은 불임세포들의 바깥층을 갖는다. 내부의 일부 세포들이 정세포로 성숙하지만, 다른 세포들은 불임 상태를 유지하고 간격을 띄우는 역할을 한다. **(C)** 대배우자낭은 성숙하면 다세포이지만, 처음에는 그렇지 않다. 알을 둘러싸는 불임세포들은 알의 자매세포가 아니고 알의 밑에 있는 세포가 자란 사상체이다. 이 구조는 다세포의 배우자낭이지만, 유조직이 아니고 사상체이다.

분열을 한다. 녹조식물에서는 편모를 세포에 고정시키는 편모뿌리장치(flagellar root apparatus)가 열십자로 배열하는 4개의 띠로 구성되지만, 이런 유형의 뿌리장치를 갖는 진정한 식물은 없다. 윤조식물의 편모뿌리복합체는 진정한 식물에서 나타나는 운동성 세포의 뿌리장치와 비슷하다. 즉, 미세소관의 주된 띠가 기저체로부터 세포질을 향해 아래로 확장된다. 이에 따라 윤조식물이 크게 주목을 받고 있다.

흥미로운 예가 쇠뜨기말속(*Chara*)인데(**그림 19-22**), 줄기처럼 생긴 몸은 마디사이와 마디로 나뉘고, 마디사이에서 돌려나기로 가지들이 나온다. 몸은 두드러진 정단세포가 들어 있는 정단분열조직에서 기원하고 입체적인 세포분열로 생기는 진정한 유조직으로 구성된다. 비록 이런 특징들이 꽃식물의 특징들과 일치하는 것처럼 보이지만, 사실상 이런 모든 유사성은 겉으로만 그럴싸한 것으로, 관다발을 가진 최초의 육상식물은 마디, 마디사이 또는 가지 따위를 갖지 않았다. 만약 쇠뜨기말속이 유배식물 단계통군의 자매군이라면 상사형질이 아닌 상동이 될 수 있는 유일한 특징은 유조직으로 된 몸과 정단분열조직에 의한 생장이다. 유조직으로 된 단순한 몸이 윤조식물의 다른 집단인 초록방석말속(*Coleochaete*)의 종류들에서도 나타나는데, 초록방석말속은 육상식물의 가능성 있는 가까운 친척으로서 연구가 진행되고 있다.

쇠뜨기말속의 생식은 중요하다. 유배식물은 불임세포를 포함하는 다세포의 생식구조를 갖는데, 이에 근거하여 쇠뜨기말속을 조류가 아닌 식물로 분류해야 할지도 모른다. 그 정세포는 바깥쪽 세포들이 불임세포인 진정한 다세포의 배우자낭에서 만들어지고, 안쪽의 세포들만이 정세포로 바뀐다(그림 19-22B). 성숙하면 외부 세포들이 약간 벌어지고 운동성 정세포들이 헤엄치며 나간다. 알은 3개의 세포로 된 짧은 사상체의 말단세포로 형성되지만, 아말단(subterminal) 세포들이 다시 나뉘고 이 세포들이 위쪽으로 자라서 알을 감싼다(그림 19-22C). 수정이 이루어진 다음, 수정란을 둘러싸고 있는 불임세포들의 접합자와 인접한 안쪽 벽이 두꺼워진다. 따라서 휴면구조는 두꺼운 벽의 접합자뿐만 아니라 방어적 불임세포들로 구성된다. 휴면세포가 발아하면 반수체 사상체가 자라서 나오고, 이는 곧 정단분열조직과 유조직 생장을 확립한다.

녹조류와 유배식물

그림 19-3은 윤조식물과 유배식물이 공통조상을 공유하는 자매군임을 보여준다. 이와 같이 윤조식물과 유배식물은 단계통군을 이루고, 어떤 사람들은 이 단계통군의 명칭을 **난접합식물(streptophytes)**로 제안하거나, 하다못해 유배식물의 정의를 확대하여 윤조식물이 조류가 아닌 진정한 식물로 간주해야 한다고 제안하였다. 그렇지만 아직도 많은 사람들은 단계통군과 분기점을 갖춘 새로운 공식 분류체계를 확립하는 데 주저하고 있으며, 윤조식물 + 유배식물 단계통군을 비공식적 명칭인 난접합식물로 부른다.

한편, 그림 19-3에 묘사한 계통발생의 가설에서는 홍조류 + 녹조류 + 유배식물로 구성되는 단계통군도 제안되고 있으며, 여기에는 회조류도 추가될 수 있다. 이 집단의 명칭도 제안되었는데, 그 명칭들은 **원시색소체생물(archaeplastids**; 이 단계통군이 원래의 색소체 세포내 공생에 근거하기 때문이다) 또는 **원시식물(primoplantae)**이다. 그러나 지금까지 이런 이름들은 자주 사용되지 않는다.

홍조류

홍조류(red algae)는 특히 뚜렷이 구별되고 매혹적인 조류들의 큰 무리(약 400속, 3,900종)로 구성된다(그림 19-2H 참조, **그림 19-23**, **그림 19-24**). 많은 구조적, 생화학적 및 생식적 특징들이 이들을 다른 조류들 그리고 유배식물과 구별한다. 가장 중요한 생화학적 차이 중의 하나는 남세균과 마찬가지로 홍조류가 피코빌린(phycobilin) 보조색소를 갖고 이들이 색소단백질체로 응집한다는 점이다(그림 19-6 참조). 홍조류의 빨간색은 홍조소(phycoerythrin)가 존재하기 때문이다. 그렇지만 홍조류에는 남세균처럼 남조소(phycocyanin)가 추가로 들어 있기 때문에 몸의 색이 종종 자주

© Biophoto Associates/Science Source

그림 19-23 많은 홍조류는 가지를 매우 많이 내는 사상체이다. 사진은 붉은실속(*Polysiphonia*)이다(× 20).

색, 갈색, 또는 검은색을 띤다. 카로티노이드 보조색소도 있고, 엽록소 *a*도 존재한다. 색소 각 종류의 실제 양은 수심에 따라 변한다. 표면의 밝은 수역에서 자라는 조류들은 비교적 강한 빛에 적합한 색소의 배열을 갖는다. 반면에, 수심이 깊은 곳에서 자라는 조류들은 이와 양상이 다른 색소 복합체를 갖는데, 이는 희미한 빛에 적합할 뿐만 아니라 수중에서 빛이 파장별로 나르게 흡수되면서 나타나는 변화된 스펙트럼에 잘 적응한다.

과도한 광합성산물은 **홍조녹말(floridean starch)**로 저장되는데, 이는 글리코겐과 다소 비슷한 포도당의 가지 친 중합체이다. 홍조녹말은 엽록체에서는 나타나지 않고 과립의 형태로 세포질에서 나타난다. 플로리도시드(floridoside)와 이소플로리도시드(isofloridoside) 같은 특이한 당을 함유하는 다른 저장산물도 나타나는데, 이는 홍조류의 탄수화물 대사가 식물과 공유하지 않는 특징을 갖고 있음을 나타내는 것이다.

홍조류의 세포벽은 섬유소의 얇은 층에 덧붙여 황산화갈락탄(sulfated galactan)이라고 부르는 끈적끈적한 점액질의 두꺼운 층이 포함된다. 황산화갈락탄은 상업적으로 푸딩, 아이스크림, 치즈, 그리고 샐러드드레싱을 만드는 농조화제, 서스펜션화제 또는 안정화제로 중요하게 이용된다. **한천(agar)** 배지도 황산화갈락탄에서 추출한다. 섬유소층에 점액질이 더해진 완전한 벽은 아주 두꺼워서, 보통 그 폭이 원형질체만큼 두껍다. 거의 모든 홍조류는 다세포이고, 따라서 개체의 용적 가운데 많은 부분을 이 전세포벽(apoplastic) 공간이 차지한다. 그 결과, 모든 세포들은 가장 안쪽에 있는 세포들조차 주변의 물과 비교적 직접 접촉하게 된다. 홍조류 가운데 가장 큰 과인 산호말과(Corallinaceae)의 산호말류(coralline algae)에서는 다량의 탄산칼슘이 벽에 침적되어 벽이

© B. Mete Uz/Alamy Stock Photo

그림 19-24 산호말류는 탄산칼슘이 심하게 침적된 벽을 갖고 있어서 몸이 단단하고 잘 부러진다.

바위와 같이 된다(그림 19-24). 1837년이 되어서야 비로소 산호말류가 산호(coral)가 아니라 조류라고 인식되었다.

홍조류의 세포벽에는 식물에서 나타나는 유형의 세포질연락사가 없지만, 홍조류는 독특한 **벽공연결(pit connection)**을 갖는다. 세포가 분열할 때 새로운 벽이 원래의 세포벽에서 안쪽으로 자라는 고리처럼 형성된다. 격벽이 완전해지기 전에 격벽의 생장이 중단되면서 중심에 구멍이 남게 된다. 그 다음에 소포들이 구멍에 침전물질을 쌓아 렌즈 모양의 벽공마개(pit plug)를 형성한다. 이 벽공마개가 세포간 수송이나 연락의 수단인지의 여부는 알려지지 않았지만, 별개의 두 사상체들이 접촉하면 사상체들 간에서 '2차벽공연결(secondary pit connection)'이 형성되기도 한다.

홍조류는 보통 다세포이고, 지금까지 극히 소수의 단세포 종들[피떡말속(*Porphyridium*), 로도스포라속(*Rhodospora*)]이 발견되었다. 대부분의 홍조류는 대체로 눈에 잘 띄고 보통 아름다운 개체들이며, 사상이거나 막상이거나 또는 엽상(foliaceous)이다. 진정한 유조직체는 김파래속(*Bangia*)과 김속(*Porphyra*) 같이 몇 종류에서만 나타나는 것으로 보고되었다. 일반적으로 홍조류는 갈조류에 비해 작고 덜 복잡하다.

홍조류의 몸이 제법 큰 규모에 이를지라도 세포들 간에서는 분화 또는 특수화가 거의 나타나지 않는다. 최상의 분화는 세포의 크기와 색소에서 볼 수 있다. 바깥쪽 세포들은 작고 엽록체들이 많이 나타나지만, 안쪽의 세포들은 보다 크고 엽록체들은 적고 훨씬 작다. 대부분의 종들은 헛뿌리(rhizoid)로 바위, 조개껍질, 조류 또는 잘피류(sea grasses)에 부착한다. 40속 이상의 많은 홍조류들이 기생조류인데, 보통 다른 홍조류에 기생한다. 기생홍조류의 기저세포가 숙주 내부로 침투하여 숙주의 세포들과 2차벽공연결을 형성한다.

대부분의 홍조류는 생활주기가 잘 알려지지 않았지만, 지금까지 밝혀진 일부 홍조류들의 생활주기는 모두 복잡하고, 거의 모두 최소한 하나의 다세포기를 갖지만, 그 어떤 경우에도 운동성 세포는 나타나지 않는다. 편모와 중심립은 어떤 종의 어떤 시기에도 없다. 많은 변이가 나타나고, 홍조류의 '전형적인' 생활주기

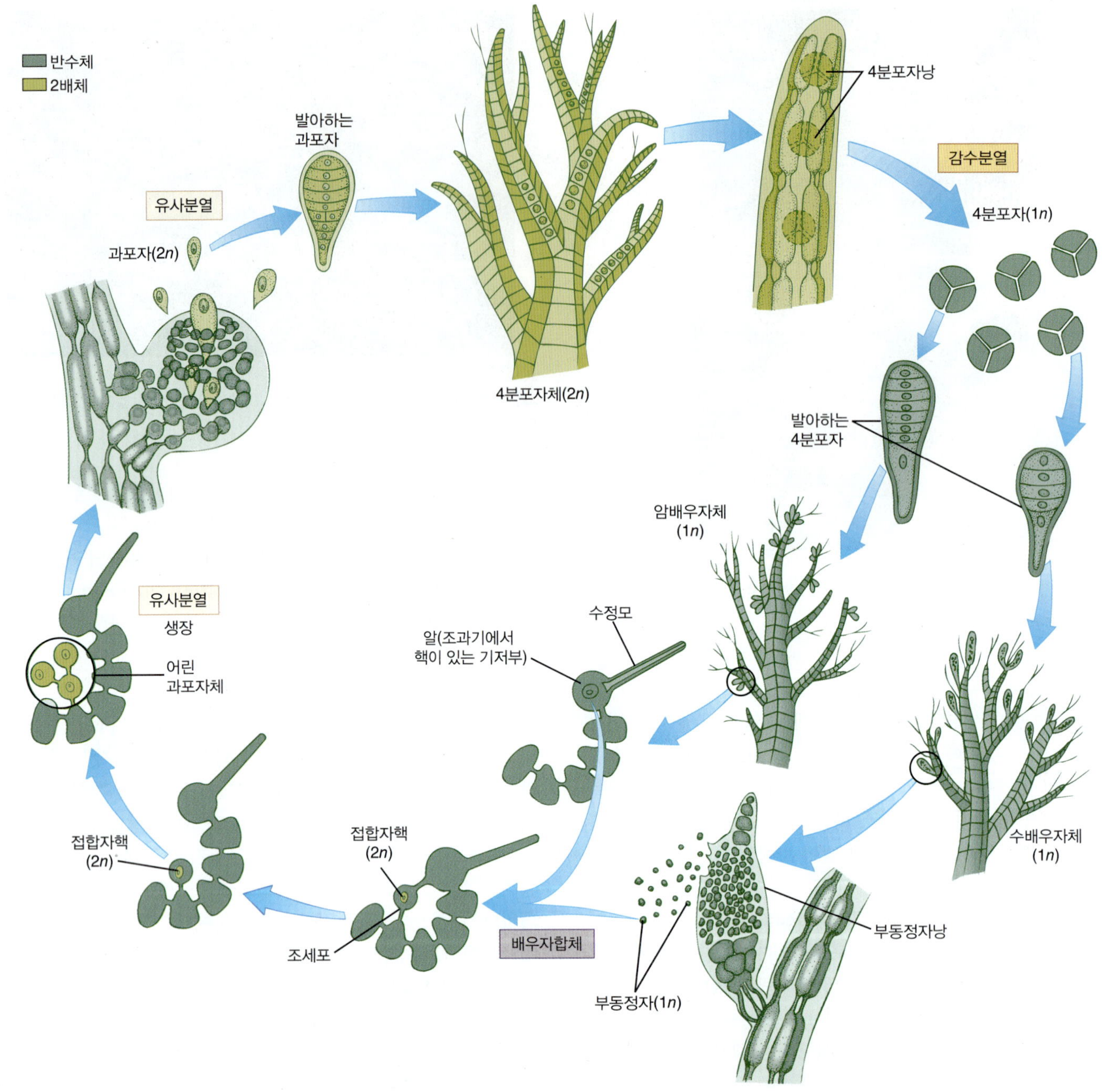

그림 19-25 홍조류의 생활주기. 상세한 설명은 본문에 있다. 유영하는 세포가 없고, 세 가지 세대(하나는 반수체, 둘은 2배체)가 나타남에 주목하자.

는 없지만, **그림 19-25**는 '일반적인' 생활주기이다. 배우자체에는 비운동성 정세포인 부동정자(spermatium)와 알 같은 세포인 조과기(carpogonium)를 만드는 배우자낭이 달린다. 조과기는 표류하는 부동정자의 수용기 역할을 하는 긴 관 모양의 확장부가 있는 큰 세포이다. 이 돌기[그림 19-25의 수정모(trichogyne)]에 부동정자가 닿게 되면 원형질융합이 일어나고 핵이 조과기 기부로 이동하여, 여기에서 핵융합이 일어난다. 어떤 홍조류에서는 이 세포가 접합자가 된 다음 생장하거나 포자를 생성한다. 그렇지만 많은 홍조류에서는 수정된 조과기에서 또 다른 긴 사상체가 생기고, 이를 통해 2배체 핵이 조과기 바깥의 다른 세포인 조세포(auxiliary cell)로 이동하며, 여기에서 유사분열이 시작되어 세포의 덩어리가 만들어진다. 이 세포더미가 새로운 세대인 과포자체(carposporophyte)이고, 과포자체는 유사분열에 의해 2배체의 과포자(carpospore)를 만든다. 과포자체는 다른 어떤 조류나 식물에서도 동등한 세대를 찾아볼 수 없는 완전히 별개의 세대이다. 과포자가 방출되면 떠다니다가 정착하고 나서 발아하여 2배체의 개체로 자라는데, 이를 4분포자체(tetrasporophyte)라고 부르며 이는 보통의 포자체에 해당한다. 4분포자체의 포자낭에서 감수분열이 일어나고, 반수체의 4분포자(tetraspore)가 만들어진 다음 이 포자가 배우자체로 자란다.

그림 19-26 푸쿠스속(*Fucus*)은 서늘한 바위해안의 고조선 바로 아래에서 쉽게 볼 수 있는 갈조류의 일종이다. 푸쿠스속의 두꺼운 세포벽은 고도로 친수성이고 물의 증발을 둔화시키기 때문에 푸쿠스속은 물이 빠져서 몇 시간 동안 공기에 노출되어도 잘 견딘다.

갈조류와 그 친척들: 부등편모조류

갈조류

갈조류(brown algae)는 거의 전적으로 바다에 자라나고, 민물에는 극히 소수의 종만이 알려져 있다(그림 19-2G 참조, **그림 19-26**). 갈조류는 매우 요동치고 통기가 잘 되는 차가운 바다에서 잘 자란다. 갈조류는 만조와 간조 사이의 구역인 **연안대(littoral zone)**의 바위해안에서 아주 쉽게 볼 수 있으며, 조간대(intertidal zone)라고도 부르는 연안대에서 갈조류는 공기와 하창한 햇볕에 주기적으로 노출된다. 1,500종 이상이 알려져 있으며, 약 250속으로 분류된다. 해부학적으로 그리고 형태학적으로 갈조류는 조류 가운데 가장 복잡한 몸을 갖는다. 일부 갈조류는 이끼류나 우산이끼류 같은 식물보다도 훨씬 더 복잡하다. 생화학적으로 그리고 생태적으로 갈조류는 유배식물과 매우 다름에도 불구하고, 이 두 집단에서 진화한 체형과 생활주기는 주목할 만한 유사점이 있다.

갈조류와 녹색생물(녹조류와 식물) 간의 차이는 명백하다. 갈조류는 엽록소 *a*와 *c*를 갖고, 엽황소(xanthophyll) 계열의 갈조소(fucoxanthin), 비올라크산틴(violaxanthin), 그리고 다이아토크산틴(diatoxanthin) 같은 다양한 색소들을 다량 함유한다. 카로틴도 존재한다. 색소들의 그런 묶음은 대양의 다양한 수심에서 갈조류가 광합성을 할 수 있게 해 준다. 태양 광선은 수심에 따라 세기도 변하지만 질도 달라진다. 표층에서는 완전한 스펙트럼의 백색광을 받지만, 50미터 아래의 수심에는 주로 청록색만이 도달한다. 갈조류 엽록체의 막들은 식물의 엽록체에서 볼 수 있은 그라나 같은 더미를 이루지만, 그 더미는 항상 작고 2~3겹의 막으로 이루어진다(그림 19-8 참조).

갈조류의 저장산물은 포도당의 중합체인 라미나린(laminarin), 만니톨(mannitol), 또는 지방이고, 녹말은 만들지 않는다. 라미나린은 일부 갈조류에서 몸무게의 34%까지 차지한다. 대부분의 다른 조류들, 특히 해산종들은 빛, 온도, 그리고 영양소에 관하여 매우 안정된 환경에서 자라므로 광합성과 호흡이 거의 연속적으로 일어나고, 따라서 많은 양의 저장산물이 불필요하다. 그렇지만 많은 갈조류들은 계절에 따라 다른 서식지에서 자라고 이들은 에너지 비축이 필요하다. 이를테면 대형갈조(kelp)의 큰 몸은 부착기(holdfast)와 다년생(일부는 적어도 17년을 산다) 줄기부(stipe 또는 stalk), 그리고 광합성을 하는 1년생 엽상부(blade)의 세 부분으로 이루어진다(**그림 19-27**). 엽상부가 빈사 상태가 되고 분해되고 나면 부착기와 줄기는 봄에 새로운 엽상부가 다시 생성되어 광합성을 개시할 때까지 저장된 양분으로 연명해야 한다.

갈조류의 세포벽은 섬유소와 알긴산(alginic acid)을 함유하는데, 알긴산은 다른 조류에서 볼 수 없는 D-만누론산(D-mannuronic acid)과 L-굴루론산(L-guluronic acid)의 특이한 중합체이다. 벽의 알긴산 성분은 점착성이거나 점액성이어서 세포들의 필라멘트를 들러붙게 하여 촘촘한 몸을 만든다. 아스코필룸속(*Ascophyllum*)은 알긴산이 몸의 건조무게에서 24%까지 차지하므로 알긴산은 밝혀지지 않은 다른 기능을 가질 가능성이 있다.

갈조류의 주목할만한 특징은 이들이 모두 다세포라는 점이다. 단세포의 종은 존재하지 않고, 대형갈조의 많은 종들은 개체들이 거대하고 복잡해진다. 가장 단순한 갈조류의 하나는 솜털속(*Ectocarpus*)이다. 이 갈조는 동형세대교번을 하고, 배우자체 세대와 포자체 세대가 모두 단열의 분지사상체로 이루어지며, 이 사상체는 바위나 조개껍질 또는 다른 큰 조류에 부착하는 포복분지계로부터 생긴다. 2배체의 포자체에서 작은 곁가지의 말단세포들이 크게 확대되어 포자낭이 된다. 핵이 계속 분열하고 나서 32개 또는 64개의 유주자가 방출된다. 처음의 핵분열은 감수분열이고, 따라서 포자는 반수체이다. 유주자는 일시적으로 헤엄친

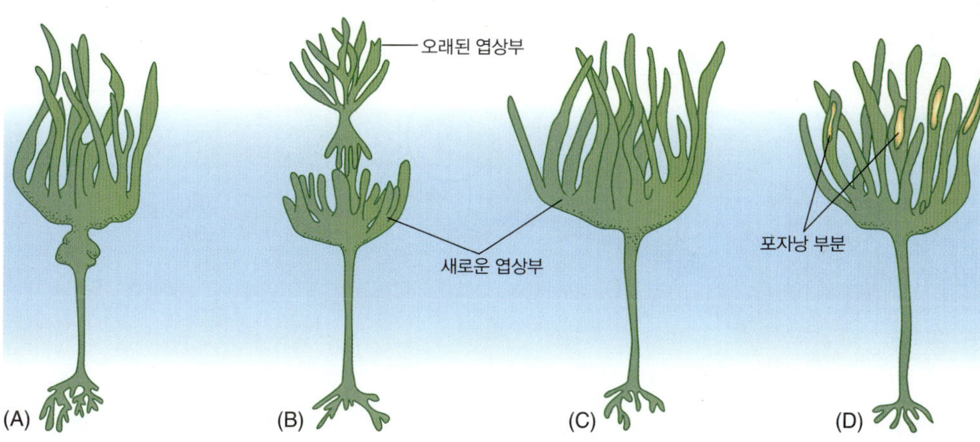

그림 19-27 (A)~(D) 많은 대형갈조에서 엽상부는 1년생이지만 줄기부와 부착기는 다년생이다. 매년 새로운 엽상부가 만들어진다. 만약 오래된 엽상부가 파랑작용에 의해 완전히 파괴되지 않으면 그 부위는 벗겨진다.

다음 정착하여 배우자체로 자라는데, 이 배우자체는 포자체와 거의 동일하다. 주된 차이는 배우자체 가지의 끝에는 다세포의 배우자낭이 달리고, 포자체에는 단세포의 포자낭이 달린다는 점이다. 배우자들은 이형배우자이다. 일부 배우자는 정착하고 성호르몬인 엑토카르펜(ectocarpene)을 분비하여 다른 배우자를 유인한다. 수정이 이루어지면 접합자는 새로운 포자체로 자란다.

보다 복잡한 갈조는 조간대의 바위에서 흔히 볼 수 있는 푸쿠스속(*Fucus*)이다(그림 19-26 참조, **그림 19-28**). 2배체의 개체는 저조시에 노출되고, 차상분지(양갈래분지)하며 2미터까지 자라는 큰 몸은 부착기에 의해 바위에 들러붙는다. 조직학적으로 복잡한 몸은 표피, 피층, 그리고 중심부로 구성된다. 가지의 말단은 **생식가지(receptacle)**라고 부르고, 친수성 화합물이 다량 침착되어 부어오른다. 생식가지 표면에 미세한 구멍들이 산재해 있고, 이 구멍들은 작은 공간(강)인 **생식기집(conceptacle)**으로 이어진다. 일부 생식기집 세포들이 감수분열을 하여 큰 알 또는 작은 정자를 생성한다. 바닷물이 빠지면 개체들은 공기 중에 노출되고 생식기집이 수축되면서 배우자들을 내보낸다. 물이 다시 올라오면 배우자들이 씻겨 나가 물속에서 수정을 한다. 수정란은 바닥에 자리를 잡고 자라서 새로운 2배체 개체가 된다. 독립생활성 반수체 세대는 나타나지 않으며, 푸쿠스속은 단상생활성이다.

대형갈조 네레오키스티스속(*Nereocystis*)은 대부분의 나무보다 큰 45 m까지 자라는 개체들을 종종 볼 수 있지만, 몸집이 크지 않아서 두께는 5 cm 미만이다. 조류가 축구장의 절반만큼 길게 자라려면 몸에 특별한 부위들이 있어야 한다. 대형갈조의 부착기는 어둡고 통기가 잘 되지 않는 깊은 물에 위치하는 반면, 엽상부는 밝은 빛을 받고 통기가 잘 되는 표층수에 있다. 파랑작용에 의한 피해를 입지 않으려면 몸이 단단하고 탄력이 있으면서 두꺼워야 한다. 그렇다고 해서 몸이 너무 두꺼워지면 확산만 고려해 볼 때 기체와 영양소 그리고 노폐물의 교환을 중재하기가 어려워진다. 어떤 종은 표피 같은 외피인 표피분열조직(meristoderm)

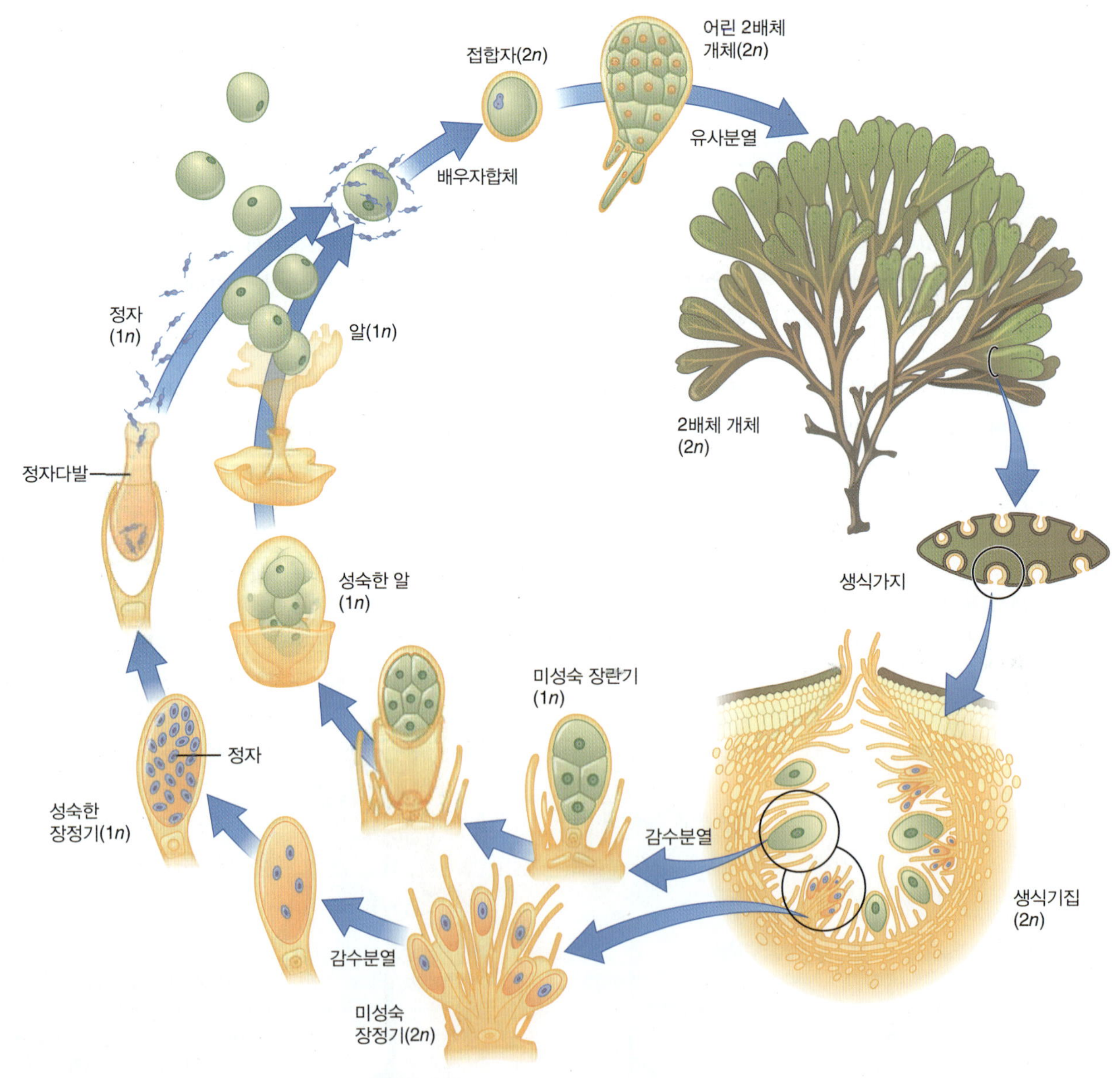

그림 19-28 푸쿠스속(*Fucus*)의 생활주기. 상세한 설명은 본문에 있다.

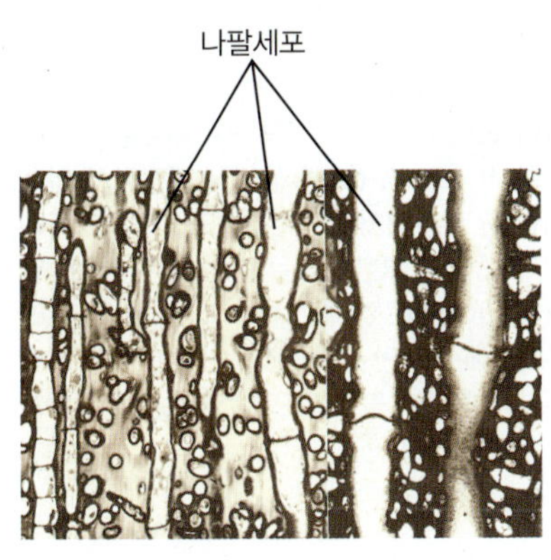

(A) Courtesy of M. L. Shih, J.-Y. Floch, and L. M. Srivastava, Simon Fraser University

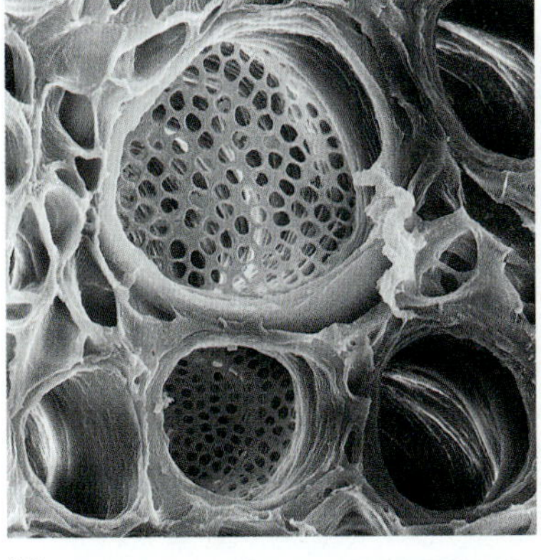

(B) Courtesy of M. L. Shih, J.-Y. Floch, and L. M. Srivastava, Simon Fraser University

그림 19-29 **(A)** 대형갈조 마크로키스티스속(*Macrocystis*)의 줄기부의 종단면. 중심에 많은 나팔세포들이 있다(× 290). **(B)** 구멍들이 생긴 격벽을 보여주는 어린 나팔세포(× 500).

을 갖고 있고, 이 분열조직이 표면에 새로운 층을 추가한다. 표피분열조직의 안쪽에는 식물의 피층과 유사한 유조직성 중간조직이 있고, 중심에는 체관요소와 비슷한 **나팔세포(trumpet cell)**의 원기둥이 있다(**그림 19-29**). 나팔세포는 몸 전체에 걸친 탄수화물의 장거리 수송을 수행한다. 나팔세포는 길고, 격벽에 체(sieve)처럼 배열된 큰 구멍들이 있으며, 구멍의 안쪽에는 칼로오스(callose)가 있다. 엽상부에 방사성 이산화탄소를 주면 머지않아 줄기부의 나팔세포에서 방사능 광합성산물이 탐지된다. 유속은 시간당 65에서 78 cm 정도로 빠르다. 체관요소와 비슷하게 나팔세포는 일시적으로만 기능을 하고, 그 다음에 피층세포로부터 분화되는 새로운 나팔세포로 대체된다.

나팔세포와 체관요소가 구조적으로나 대사적으로나 몹시 비슷하지만, 이들은 전혀 상동구조가 아니다. 갈조류와 속씨식물이 공유하는 최근공통조상은 나팔세포나 체관부를 가질 수 없는 광합성을 하지 않는 단세포 원생생물이었을 것이다. 이는 조직의 수렴진화를 보여주는 두드러진 사례가 된다.

기낭(pneumatocyst)과 엽상부를 연결하는 곳에 장기적 생장이 가능한 개재분열조직(intercalary meristem)이 있고, 여기에서 몇 미터 길이의 엽상부가 만들어진다. 생장은 매우 빨라서 하루에 6 cm까지 자라기도 한다. 엽상부는 개재분열조직에 의해 형성된 다음 한동안 광합성을 하고 영양생장을 하지만, 그 다음에 생식단계에 접어들어 감수분열에 의해 반수체 유주자를 생성한다. 유도성 조건 하에서는 포자낭이 군데군데 생기거나 엽상부 전체 표면에 걸쳐 형성된다. 마크로키스티스속(*Macrocystis*)에서는 어떤 엽상부는 영양적으로 남고 다른 엽상부는 특수화되어 포자낭이 만들어진다. 마크로키스티스속의 생식엽상부 표면에서 많게는 76,000 포자/분/cm^2까지도 방출되고, 장기간에 걸친 평균 방출속도는 5,000 포자/분/cm^2이다. 포자들은 솜털속의 작은 식물과 약간 비슷한 아주 작은 사상 배우자체로 자라고, 따라서 이 조류는 이형세대교번을 한다. 배우자체는 난배우자(oogamete)들을 만들고, 수정이 일어난 다음 새로운 포자체가 만들어진다.

돌말류

부등편모조류의 이 단계통군은 약 200속과 5,000종이 포함된다. **돌말류(diatoms)**는 그 독특한 형태 때문에 쉽게 알아볼 수 있다. 각 세포는 페트리접시와 그 뚜껑처럼 서로 잘 맞는 2개의 반쪽인 돌말껍질(frustule)들로 이루어진다(그림 19-2C 참조, **그림 19-30**). 각 돌말껍질은 규산질로 덮여 있고, 돌말류가 죽어 원형질이 분해되면 규산질로 된 돌말껍질이 바다 밑에 가라앉아 축적된다. 그런 퇴적물을 **규조토(diatomaceous earth)**라고 부르며, 두께가 수백 미터에 이르고 몇 평방킬로미터의 넓은 면적을 덮기도 한다. 이렇게 막대한 양이 축적될 수 있는 이유는 돌말류가 해양에서 가장 풍부한 생물이고 해수 1리터에 1백만 개체가 넘는 돌말류가 흔히 포함되기 때문이다.

단일한 세포로 구성된 생물은 아주 복잡할 수 없고 5,000종이나 인식될 만큼의 충분한 구조를 갖추지 못할 것이라고 생각할 수 있지만, 돌말껍질은 극도로 복잡하다. 두 돌말껍질이 만나는 곳에서 뚜껑들은 둘레띠(girdle band)에 의해 고정되고, 각각의 종은 특징적인 복잡한 양상의 돌기, 틈, 그리고 구멍을 갖는다. 세포는 뚜껑면에서 보았을 때 둥글거나[중심돌말류(centric diatoms)] 아니면 길쭉하다[깃돌말류(pennate diatoms)].

돌말류가 유사분열과 세포질분열을 할 때 각 딸세포는 어버이세포로부터 돌말껍질 중 하나를 받고, 그 뚜껑을 바깥쪽 껍질(윗덮개)로 이용하고 새로운 안쪽 껍질(아래덮개)을 합성한다. 어버이의 안쪽 껍질을 받은 모든 세포들은 자연히 어버이세포보다 작은 세포로 성숙하게 되고, 따라서 각 세포주기를 거칠 때마다 평균 세포크기는 감소한다. 명백히 이런 추세가 무한정 계속될 수 없고, 세포가 작은 임계크기에 도달하면 유성생식이 일어난다. 세포가 감수분열을 하고, 일부 세포에서는 4개, 8개, 또는 16개의 정세포를 생성되며, 다른 세포에서는 하나 또는 2개의 알세포가 생성된다. 수정이 일어나면 접합자는 큰 세포로 자라난 후에 영양세포의 벽과는 다른 벽으로 둘러싸여서 휴지기에 들어간다. 마침내

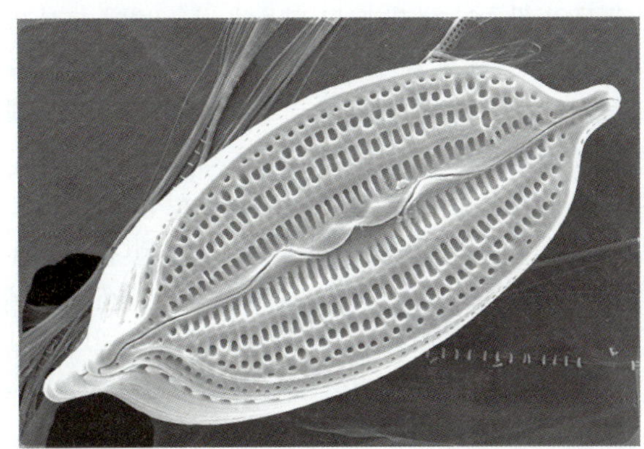

Courtesy of Elizabeth Ruck, University of Texas, Austin

그림 19-30 깃돌말류는 길쭉하고 좌우대칭이다. 돌말류의 껍질에 있는 수많은 구멍들은 해수로부터 영양소를 받아들이고 노폐물을 내보내는 역할을 한다(× 4,500).

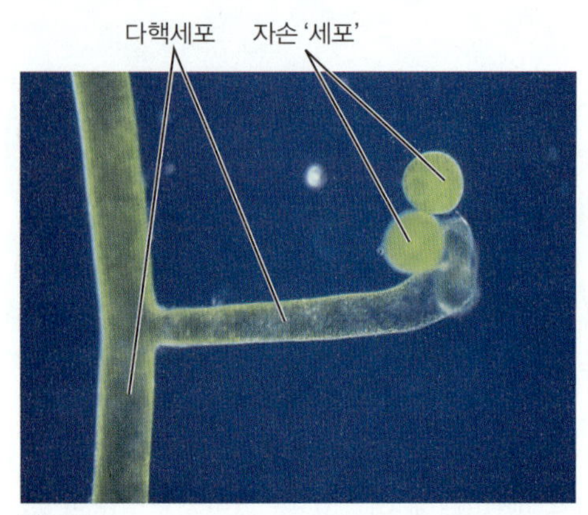

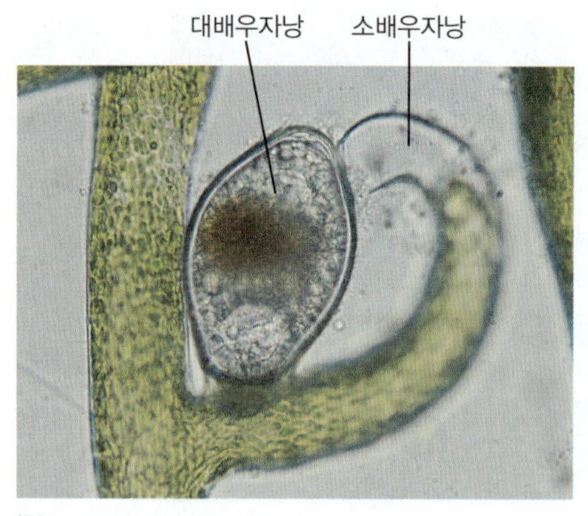

그림 19-31 **(A)** 무체벽속(*Vaucheria*)에서는 가끔 다핵체의 끝에 벽이 형성되고, 각 핵 부근에서 편모들이 생긴다. 벽이 부서지면 '세포'들이 헤엄쳐 나가고 정착하여 새로운 개체로 자란다(×100). **(B)** 유성생식 과정에서 다핵체의 한 부분에서는 많은 2편모성 정세포들이 생기고, 다른 부분에서는 하나의 큰 단핵성 알이 만들어진다. 정세포들이 헤엄쳐 나가면 배우자낭에는 벽만 남게 된다. 진정한 식물의 배우자낭과 달리 불임세포의 보호층은 존재하지 않는다(×200).

접합자는 핵분열과 세포분열을 하면서 발아하고, 세포의 크기가 줄어드는 과정을 다시 시작한다.

황록조류

황록조류(yellow-green algae)는 주로 민물에서 나타나는데, 이 조류에서 엽록소 *c*가 발견되기 전까지는 그 대부분이 녹조류라고 생각하였다(그림 19-2E 참조). 황록조류는 어느 정도 다양해서 일부는 단세포이고, 일부는 사상체이며, 일부는 거대한 다핵세포를 이룬다. 트리보네마속(*Tribonema*) 같은 사상 황록조류는 돌말류의 돌말껍질과 비슷한 벽들을 갖는다. 각 세포는 2개의 반쪽 벽(half-wall)을 갖지만, 돌말껍질 같은 이들 벽 각각은 이웃 세포의 인접한 반쪽 벽과 단단히 결합한다. 세포분열 후에도 딸세포들이 함께 남아 있기는 하지만, 넓은 의미에서만 이들을 다세포라고 부를 수 있는데, 이는 그 어떤 부분에서도 분화 또는 특수화가 나타나지 않기 때문이다. 사상체는 사실상 우연히 함께 있게 된 개체들의 군체일 따름이다.

무체벽속(*Vaucheria*) 같은 일부 황록조류는 하나의 큰 중심 액포와 그 주변의 얇은 세포질층 그리고 수천 개의 핵을 갖는 긴 관 모양의 다핵체로 구성되는 특이한 몸을 갖는다. 무성생식 과정에서 관의 끝에 있는 세포질이 가로벽에 의해 격리되고, 각 핵 부근에서 편모의 쌍들이 생긴다. 그 다음에 낡은 벽이 부서지고 다수의 편모를 가진 '세포'들이 천천히 헤엄쳐 나간다(**그림 19-31**). 이 세포들에서 편모는 곧 사라지고 양 끝에서 생장이 시작되어 새로운 관을 형성한다. 유성생식 과정은 상당히 복잡하다. 세포질 덩어리가 벽에 의해 구분되고 편모들이 형성되지만, 각 핵은 그 주변에 원형질을 구조화하여 개개의 세포가 된다. 원래의 벽이 허물어지면 수많은 2편모성 정세포들이 헤엄쳐 나간다. 알세포는 관에서 돌출한 작은 다핵성 부분에서 형성되는데, 격벽이 생기고 하나의 핵을 제외한 모든 핵들이 이동해 나가면서 하나의 큰 단핵성 세포가 된다. 수정이 이루어지면 접합자는 두꺼운 벽을 형성하고, 어버이 가지로부터 떨어진다. 휴면기를 거친 다음에 접합자는 감수분열을 하고 발아하여 반수체 핵들로 가득 찬 새로운 관을 형성한다.

황갈조류

황갈조류(golden-brown algae)는 약 70속과 325종으로 구성된다. 황갈조류는 아주 작은 많은 규산질 비늘로 덮인 단세포들이고, 그 비늘은 소포체의 특수한 소포들 안에서 만들어진다(그림 19-2D 참조, **그림 19-32**). 세포는 1편모성 아니면 2편모성이고, 드물지만 편모가 없는 대신에 아메바 운동으로 기어가는 조류도 있다. 엽록체를 갖고 있어서 광독립영양성이지만, 식작용(phagocytosis)으로 세균을 섭식할 수도 있다.

황갈조류는 그들의 과거 생명활동 때문에 특히 중요하다. 살아 있는 세포들은 돌말류처럼 따뜻하고 햇살이 내리쬐는 표층수에서 떠다니지만, 이들이 죽으면 유영운동을 하지 않기 때문에 밀도가 높은 비늘이나 세포껍질들이 바다 밑에 가라앉아 축적되어 백악(chalk; 칠판의 분필은 흔히 백악으로부터 만들었다)이 되었다. 돌말류 그리고 황갈조류 가운데 특히 **원석조류(coccolithophorids**; 보통 'coccoliths'라고도 함)라고 알려진 무리의 잔해들은 비교적 불활성이고 분해되지 않는다. 주상시추기를 이용하여 해저의 퇴적물에서 시료를 채취하면 돌말류와 원석조류 잔존물의 양

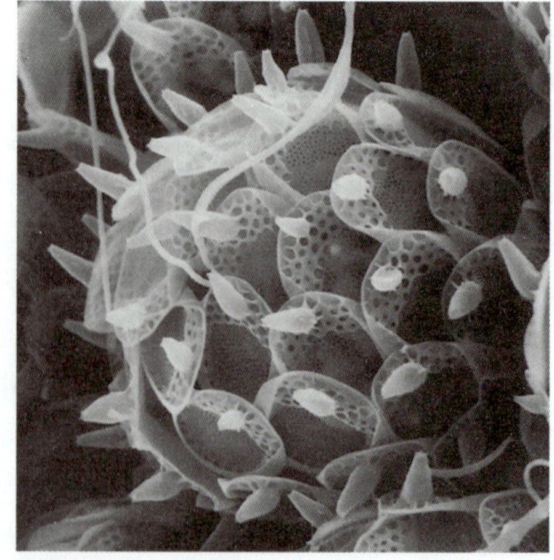

Courtesy of the Provasoli-Guillard National Center for Marine Algae and Microbiota (NCMA)

그림 19-32 황갈조류의 각 세포는 소포체의 소포 내에서 형성되는 많은 미세한 비늘들로 덮인다. 각 비늘의 양식은 종마다 일정하지만, 그 패턴이 어떻게 조절되는지는 알려지지 않았다. 사진은 시누라 우벨라(*Synura uvella*)이다(×5,000).

을 분석할 수 있고 이들의 축적된 비율을 추정할 수 있다. 이를 바탕으로 과거의 기후를 재구성할 수 있다. 바닷물이 따뜻하고 광합성을 위한 이산화탄소가 풍부할 때에는 축적이 빨랐고, 기후가 서늘하거나 이산화탄소의 농도가 낮았을 때에는 느리게 축적되었다. 수심이 얕은 연해는 외해보다 따뜻해지는 경향이 있고, 이 또한 원석조류의 생장과 생식에 영향을 미친다. 한편, 온도의 영향을 받지만 이산화탄소의 영향을 받지 않는 화석동물들을 분석하여 과거의 기후와 대양분지의 지질학적 역사를 정확히 재현할 수 있다.

와편모조류

와편모조류(dinoflagellates)는 많은 독특한 특징들을 갖는다(그림 19-2B 참조, **그림 19-33**). 와편모조류의 핵막과 인은 유사분열 내내 지속되고, 전형적인 방추체는 형성되지 않는다. 대신에 핵에 통로가 열리고 미세소관의 큰 다발이 그 통로를 지난다. 동원체를 갖지 않고 영구히 응축되어 있는 염색체들은 핵막에 부착하고, 핵막이 확장되면서 염색체들이 분열된다. 핵에는 히스톤이 없다.

와편모조류는 거의 전적으로 운동성이고 단세포이다. 고니아울락스 모닐라타(*Gonyaulax monilata*) 같은 몇 종만이 분화하지 않는 비슷한 세포들끼리 사슬을 이룬다. 와편모조류에서 편모는 눈에 띄게 특징적인 배열을 한다. 하나의 긴 편모는 세로홈에 놓이고, 그 말단은 매여 있지 않아서 헤엄치는 기능을 한다. 다른 편모는 평평하고 리본 모양이며, 세포를 둘러싸는 가로홈 안에 완전히 놓여 있다. 이들은 깃꼴 편모를 갖지 않는다는 점에서 부등편모조류와 구별된다. 대부분의 종이 광합성을 하지만, 많은 종은 완전한 종속영양을 한다. 와편모조류는 엽록소 *a*와 *b*가 아니라 *a*와 *c*를 갖고 있으며, 이들 조류의 카로티노이드 색소는 매우 특이하다. 와편모조류는 β카로틴에 덧붙여 페리디닌(peridinin)과 디노크산틴(dinoxanthin) 같은 몇 종류의 독특한 엽황소를 함유한다. 저장산물은 녹말이나 기름이다. 와편모조류는 세포벽이 없거나 섬유소 판으로 구성된 벽을 갖는데, 그 판의 배열과 수는 속과 종을 동정하는 데 있어서 유용하다.

와편모조류의 유성생식에서는 영양세포가 작고 벽이 없는 세포를 방출하고, 이 세포가 배우자로 작용한다. 배우자융합의 초기에는 잠잠하다가 곧 유영을 재개하는데, 접합자는 12일에서 13일 동안 운동성을 유지한다. 그러고 나서 벽이 두꺼워지고 약 2개월간 휴지기에 들어간다. 발아할 때에는 감수분열을 하고 단일한 반수체의 영양세포가 나온 다음, 새로운 개체가 자라고 유사분열에 의해 증식한다.

많은 잔존형질을 갖는 생물은 제대로 적응하지 못한다고 간주하여 어떤 특별하게 보호된 환경에서만 생존할 것이라고 여기지만, 와편모조류는 대양 전역에 걸쳐서 풍부하게 나타난다. 이상적인 온도와 영양소 조건 하에서 일부 와편모조류, 특히 고니아울락스속(*Gonyaulax*)과 김노디니움속(*Gymnodinium*)의 개체군들은 폭발적으로 증가한다. 불과 며칠 안에 개체수가 너무 많아져서 조류의 몸통들로 인해 실제로 물의 색이 적갈색으로 변하는데, 이를 **적조(red tide)**라고 한다(**그림 19-34**). 와편모조류의 밀도는 해수 밀리리터당 30,000 세포까지 높아진다. 적조는 멕시코만(the Gulf of Mexico)에서 점점 더 빈번해지지만, 현재로서는 그 현상이 설명되지 않고 있다. 대단히 흥미로운 이 생물학적 광경은 한편으로 위험하다. 왜냐하면 와편모조류가 독소를 생성하고, 그 높은 농도로 인해서 물고기를 죽이며, 다른 해양생물들을 사람에게 유독하도록 만들기 때문이다. 이를테면 고니아울락스 카테넬라(*Gonyaulax catenella*) 같은 많은 종의 독소는 강한 신경독(neurotoxin)으로, 사람의 신경막을 가로지르는 나트륨이온의 이동을 방해한다.

난균류

이들 원생생물은 여러 해 동안 균류로 여겨왔다. 이들은 엽록체가 없어서 균류와 마찬가지로 광합성을 하지 않는다. 뿐만 아니라 이들 가운데 많은 종류는 격벽이 없이 길고 가는 다핵체로 구성되

© David M. Phillips/Science Source, Colorization by: Mary Madsen

그림 19-33 와편모조류는 2개의 편모를 갖는데, 그 중 하나는 세포를 둘러싸는 홈 안에 놓여 있다(× 10,000).

© Julian Nieman/Alamy Stock Photo

그림 19-34 와편모조류의 개체군 밀도가 매우 높게 올라가서 물의 색을 바꾸고 적조를 일으킨다. 불과 몇 센티미터만 나가면 밀도가 매우 낮아져서 물은 정상으로 나타난다.

어 있는데, 이는 균류의 전형적인 체제이다. 그렇지만 이들이 지닌 많은 특징이 조류와 식물의 특징과 더 비슷하고 진정한 균류와는 다르다. 예를 들어, 난균류는 섬유소로 된 세포벽을 갖지만 모든 진균류의 세포벽은 동물에서 나타나는 것처럼 키틴(chitin)이라는 중합체에 기반을 둔다. 더구나 난균류는 깃꼴 편모를 갖고 있고, 염색체는 상당히 크다(균류의 염색체는 극도로 아주 작다). 오늘날 DNA염기순서 분석결과는 이들 집단이 부등편모성 원생생물에 포함되는 것을 강력히 뒷받침한다.

난균류(oomycetes)는 구조와 영양방식이 다양하다. 엽록체가 없어서 난균류는 기생을 하거나 부생(saprophytic)을 해야 한다. 물곰팡이속(*Saprolegnia*)과 솜곰팡이속(*Achlya*) 같은 대부분의 난균류는 물에 사는데, '물곰팡이(water molds)'라고 부른다. 다른 난균류들은 잎의 표면이나 내부처럼 마른 서식지에 산다. 아주 작은 수생동물인 윤충류(rotifers) 안에 기생하면서 사는 단세포 종류도 있다. 그렇지만 많은 난균류는 가느다란 관 모양 세포들의 광범위한 네트워크를 형성한다.

유성생식은 대부분의 난균류에서 나타난다. 세포가 확장하여 둥글납작한 장란기(oogonium)가 되고, 그 안에 있는 하나 또는 여러 2배체 핵들이 감수분열을 한 다음, 이들 각각 원형질 더미를 갖게 된다(**그림 19-35**). 인접한 세포가 길어져서 장정기(antheridium)가 되고 장란기와 접촉한다. 구멍이 생기고, 소배우자들이 구멍을 통해 장란기에 들어가서 대배우자를 수정시킨다. 그 결과 생긴 난포자(oospore)들은 2배체이며 사실상 접합자이다.

장정기

장란기

난포자

Photo by James Richardson

그림 19-35 물곰팡이속(*Saprolegnia*). 장정기는 장란기에 닿은 후 소배우자를 옮겨서 난포자가 만들어졌다. 이 상황은 난접합의 일종이다(× 3,500).

난포자 각각은 두꺼운 섬유소 벽을 갖는 휴면포자로 성숙한다. 이 휴면포자는 아무리 건조하고 불리한 조건이라 할지라도 몇 달 동안 생존 가능한 상태가 된다. 적합한 조건이 되면 휴면포자는 발아하여 2배체의 관 모양 세포가 된다.

난균류 가운데 노균병균(*Plasmopara viticola*)과 감자역병균(*Phytophthora infestans*)의 2종류는 심각한 식물병원균들이다. 포도에 피해를 입히는 노균병균은 1870년대 말에 미국에서 프랑스로 유입되었다. 노균병균은 프랑스 도처에 있는 포도밭에 막대한 피해를 입혔는데, 지나가는 사람들이 포도를 훔치지 못하도록 식물에 석회와 황산구리의 혼합물을 발라 놓은 길가의 포도들은 피해를 입지 않았다. 이렇게 하면 포도식물에 해를 주지 않으면서 병원균을 억제한다는 것을 인식한 후에는 전체 포도밭이 이런 조치를 취하고 있다.

감자에 피해를 주는 감자역병균은 1846~1847년에 아일랜드에서 엄청난 감자마름병(potato blight)과 심각한 기근을 유발하였다. 그 당시 아일랜드는 인구 과잉이었고, 대부분의 사람들에게 있어서 감자가 거의 유일한 식량이었다. 감자역병균의 감염이 매우 빠르게 그리고 강렬하게 전파되어 나라의 전체 식량작물이 사실상 파괴되었다. 이듬해 겨울에 80만 명에 달하는 사람들이 굶어 죽었고, 1백만 명 이상의 사람들이 주로 미국으로 이주하였다. 감자역병균은 여전히 심각한 병원균인데, 서늘하고 습한 기후에서는 주기적으로 살조제(algicide)를 뿌려 주어야만 방제가 된다.

역모균강(Hypochytridiomycetes)은 예전에 균류로 여겨졌던 비광합성 원생생물과 동족의 집단이다.

유글레나류

800종이 넘는 **유글레나류(euglenoids)**가 발견되어 명명되었고 36속으로 분류되었다(그림 19-2A 참조, **그림 19-36**). 이들 가운데 대부분인 25속은 엽록체를 전혀 갖지 않지만, 11속은 녹조와의 2차 세포내 공생을 통해 유래된 엽록체를 갖는다. 대부분의 유글레나류는 단세포이지만, 일부 종에서는 세포분열 후에 몇몇 세포가

© blickwinkel/Alamy Stock Photo

그림 19-36 유글레나속(*Euglena*). 최근에 종종 주변세포질이라고 부르는 박막은 세포벽이 아니고, 원형질막 바로 아래에 축적되는 탄력성 단백질의 두꺼운 층이다(× 11,700).

함께 붙어 있다.

광합성을 하는 녹색 유글레나류는 녹조류와 마찬가지로 엽록소 *a*와 *b*를 갖지만, 탄수화물은 녹말로 저장되지 않고 포도당 중합체인 파라밀론(paramylon)으로 저장된다. 유글레나류의 엽록체는 70S 리보솜을 저해하는 항생물질에 극도로 민감하고, 스트렙토마이신에 노출되면 엽록체가 소실된다. 무색의 '표백(bleached)' 개체들을 이렇게 처리하여 만들 수 있다. 자연적이거나 표백된 많은 무색의 개체들은 모두 먹이를 집어삼키는 식작용(phagocytosis)에 의해 먹이입자를 섭취하고, 대부분은 원형질막을 통해 당과 심지어 단백질까지도 흡수한다. 엽록소를 가진 종조차도 유기화합물이 공급되는 빛 조건에서 더욱 빠르게 자라고, 모두 환경으로부터 비타민 B를 섭취해야 한다.

유글레나류는 세포의 앞쪽 끝에 위치한 2개의 편모로 활발하게 헤엄치는데, 한쪽 편모는 짧고 다른 쪽 편모는 아주 길다. 유글레나류는 중요한 형질에서 기타 원생생물이나 식물과 다르다. 즉, 유글레나류는 섬유소로 된 벽을 결코 갖지 않는다. 대신에 유글레나류의 표면은 탄력성 단백질의 층인 박막(pellicle)으로 구성되고, 최근에 주변세포질(periplast)이라고도 부르는 박막은 원형질막 아래에 위치하며 세포가 다소나마 단단해지고 모양을 갖추도록 한다.

유글레나속(*Euglena*)은 대표적인 예이다. 개체들은 긴 세포이고, 박막 때문에 다소 난형이 되기도 하지만 유영할 때에는 풀어진다. 앞쪽 끝에는 함몰된 구멍(세포구)이 있다. 2개의 편모는 구멍의 기부에 부착하여 위쪽으로 뻗지만, 오직 한 편모만이 구멍의 바깥으로 나와 유영하는 데 이용된다. 편모 기부 부근의 구멍 측면에 안점(eyespot)이 있는데, 안점은 카로티노이드의 많고 작은 주황색 방울들로 구성된다. 세포에는 많은 원반 모양의 엽록체가 있고, 각 엽록체에는 피레노이드(pyrenoid)라고 부르는 부위가 있다. 대부분의 조류에서 피레노이드는 당을 저장중합체로 중합하는 데 관여한다. 물론 유글레나속도 그럴 수 있겠지만, 저장산물인 파라밀론은 피레노이드를 떠나서 엽록체 바깥에 축적된다.

유글레나류는 거의 변화를 겪지 않은 특징을 많이 갖고 있는데, 아마도 그 특징들은 초기 진핵생물에 존재하던 특징과 비슷할 것이다. 유사분열을 하는 동안 핵막과 인은 사라지지 않고, 방추사는 핵 안에서 형성된다. 염색체들은 다른 진핵생물들처럼 옆으로 정렬하지 않고 방추사를 따라 세로로 길게 정렬하며, 각 염색분체는 4개의 동원체미세소관과 8개에서 12개의 보다 긴 미세소관들로 구성되는 자체적인 미소방추체(minispindle)를 갖는 것으로 나타났다. 세포분열은 격벽형성체나 조판형성체에 의하지 않고 세로로 갈라지며, 염색체는 응축된 상태를 유지한다. 그 어떤 유글레나류에서도 감수분열이나 유성생식은 발견되지 않는다. 유글레나류 단계통군이 나머지 초기 진핵생물들과 생식적으로 격리되기 시작할 때까지 식물과 동물에서 나타나는 보통의 유사분열과 감수분열이 지닌 많은 특징들은 생기지 않았음이 분명하다.

다음 단계에서는

1. **조류의 복잡한 다세포체.** 홍조류와 갈조류는 모두 몇 가지의 뚜렷한 조직들로 구성되는 복잡한 몸을 갖고 있다. 홍조류와 갈조류는 각각 따로따로 진화하였고(이들끼리 별도로 진화하였고, 진정한 식물과도 별도로 진화하였다), 따라서 각각은 복잡한 고착성(sessile) 몸, 즉 기질에 부착하여 이동할 수 없는 몸을 구성하는 많은 새로운 대안을 나타낸다. 이들 모두 복잡한 분열조직과 생식조직을 갖고 있으며, 갈조류는 체관부와 비슷한 조직을 통해 당을 나르지만 이들은 따로 기원되었다. 이는 체관부와 수렴진화한 결과이다. 이렇게 복잡한 조류의 몸을 연구하면 진정한 식물의 몸을 한층 더 깊이 인식하게 될 것이다.
2. **적조.** 대부분의 경우, 생물이 보다 잘 적응하며 진화함에 따라서 생물은 점점 더 복잡해진다. 그러나 이는 언제나 맞는 것은 아니다. 많은 단세포 조류들이 해양 시식지에 너무 잘 적응하여 이들보다 우세한 조류들이 없고, 조건이 적당할 때 단세포 조류들이 몹시 풍부해져서 적조를 일으게 된다. 적조의 원인이 되는 와편모조류의 일부는 독이 있고 그 지역의 동물을 죽여서 군집의 생명활동을 변모시킨다. 인간이 많은 하수와 비료를 바다로 흐르는 강에 흘려보내고, 지구의 온도가 상승함에 따라 적조는 더욱 빈번해지고 연안생태계에 영구적으로 영향을 미치게 될지도 모른다.
3. **삿갓말속: 단일한 핵을 지닌 복잡하고 거대한 세포.** 많은 조류들이 단세포의 몸을 갖지만, 삿갓말속(*Acetabularia*)의 종들은 극적이다. 개개의 세포는 거대하고, 길이가 약 1 cm이며, 대체로 자루와 갓 또는 손가락 같은 확장부를 갖는데, 이러한 세포의 복잡성에도 불구하고 이들은 오직 하나의 핵을 갖는다. 발생생물학의 초창기(1900년대 중반)에 많은 기발한 실험들이 수행되어 어떤 모양을 가진 세포의 핵을 다른 모양을 갖는 세포의 핵을 제거한 몸에 이식하였다. 짧은 복구 기간이 지난 다음, 세포는 새로운 핵의 지시에 따라 그 모양이 변하였다. 현재는 그런 일을 당연하게 여기지만, 그 당시에는 핵의 중요성을 입증하는 놀라운 실험이었다. 삿갓말속을 대상으로 수행된 연구를 접한다면 오늘날 우리가 믿고 있는 사실들을 발견하는 데 필요한 창의력과 재능을 인식하게 될 것이다.

요약

1. 식물과 동물 그리고 균류의 단계통군들이 생겨나기 훨씬 전에 초기 진핵생물에서 몇 가지 중요한 진화적 분기가 일어났다. 유글레나류는 감수분열을 하지 않고 유성생식도 하지 않는다. 와편모조류는 히스톤과 보통의 유사분열이 없고, 일부 집단은 섬유소가 없는 외피를 갖거나 식물에서는 찾아볼 수 없는 화학물질과 결합한 섬유소의 벽을 갖는다.
2. 1차 세포내 공생의 결과로 회조류, 홍조류, 녹조류 그리고 식물의 엽록체가 생겨났다. 홍조류나 녹조류 전체의 2차 세포내 공생에 의해 다른 원생생물의 엽록체가 만들어졌다.
3. 조류는 임성세포들이 불임세포들의 층으로 둘러싸여 보호 받지 않는 배우자낭이나 포자낭을 갖는다는 점에서 식물(유배식물)과 차이가 난다.
4. 단세포 조류에서는 세포가 분열하는 동안 원형질막이 조여지고 난할구처럼 안쪽으로 당겨진다. 일부 녹조류에서는 조판형성체에 의해 세포가 분열한다. 대부분의 다세포 조류에서는 세포분열이 격벽형성체에 의해 일어나고 세포판이 밖을 향해 자라지만, 홍조류에서는 벽이 기존의 측벽으로부터 안쪽으로 자란다.
5. 윤조식물은 미세소관들이 하나의 큰 띠를 이루는 편모뿌리복합체를 갖는데, 이는 식물의 뿌리장치와 비슷하다. 다른 녹조류들은 식물의 경우와 달리 미세소관들이 4개의 띠로 된 뿌리복합체를 갖는다.
6. 녹조류에서는 단세포의 형태로부터 운동성 및 비운동성 군체, 분지 및 비분지 사상체, 다핵체, 막상체, 그리고 진정한 유조직의 여러 가지 체형이 진화하였다.
7. 몇 가지의 생활주기가 나타나는데, 복상생활성 생활주기에서는 2배체 세대와 반수체 세대 모두가 나타나고, 단상생활성 생활주기에서는 오직 한 세대만이 유사분열을 할 수 있다.
8. 복상생활성 생활주기는 동형세대교번이나 이형세대교번으로 구성된다. 모든 식물은 이형세대교번을 한다.
9. 녹조류에서는 몇 종류의 진화적 단계통군들이 분명히 드러나지만, 윤조식물 단계통군은 유배식물과 가장 유사한 단계통군이다.
10. 갈조류와 그 친척들은 부등편모조류 단계통군을 이루고, 하나의 깃꼴 편모와 하나의 채찍꼴 편모를 갖는 파생형질을 공유한다.

중요한 용어

갈조류(brown algae)
군체(colony)
기낭(pneumatocyst)
나팔세포(trumpet cell)
난균류(oomycetes)
난접합(oogamy)
난접합식물(streptophytes)
녹조류(green algae)
다핵(관상)체[coenocytic (siphonous) body]
단상생활성 종(monobiontic species)
돌말류(diatoms)
동형세대교번(alternation of isomorphic generation)
동형접합성(isogamous)
라미나린(laminarin)
막상체(membranous body)
배우자낭(gametangia)
벽공연결(pit connection)
복상생활성 종(dibiontic species)
부등편모조류(heterokonts)
부착기(holdfast)
사상체(filamentous body)
생식가지(receptacle)
생식기집(conceptacle)
세포공생기원설(endosymbiont theory)
연안대(조간대)[littoral zone]
와편모조류(dinoflagellates)
원석조류(coccolithophorids)
원시색소체생물(단계통군)[archaeplastid (clade)]
원시식물(primoplantae)
유글레나류(euglenoids)
유배식물(embryophytes)
유조직체(parenchymatous body)
유주자(zoospore)
윤조식물(charophytes)
이형세대교번(alternation of heteromorphic generation)
이형접합(anisogamy)
자생설(autogenous theory)
적조(red tide)
접합(conjugation)
조판형성체(phycoplast)
포자낭(sporangia)
한천(agar)
홍조녹말(floridean starch)
홍조류(red algae)
황갈조류(golden-brown algae)
황록조류(yellow-green algae)

복습 문제

1. 모든 생물은 3개의 역으로 분류된다. 이 3역의 이름을 대고, 각 역에 속하는 생물들을 설명하시오.
2. 생식구조는 조류를 식물계의 진정한 식물과 구분 짓는 중요한 요인이다. 조류와 식물의 생식구조에서 나타나는 근본적

인 차이는 무엇인가?

3. 진정한 식물의 조상과 가장 밀접한 관계가 있는 것으로 밝혀진 조류는 어떤 집단인가? 어떤 형질이 상동으로 나타날까?
4. 색소체의 기원에 관한 세포공생기원설을 설명하시오. 엽록체는 몇 차례 생겨났을까?
5. 세포공생기원설과 대조를 이루는 것이 자생설이다. 자생설의 기본 이념을 설명하시오. 색소체와 미토콘드리아가 DNA와 70S 리보솜을 갖는다는 사실을 자생설로 예측할 수 있다고 생각하는가?
6. 1차 세포내 공생에서 엽록체의 조상을 녹색세균이나 자색세균이 아니라 남세균이라고 생각하는 이유는 무엇인가? 어떤 남세균이 엽록체와 가장 유사한가? 2차 세포내 공생에는 어떤 조류들이 관여하나?
7. 6번 문제에서는 엽록체가 세포내 공생의 별개의 사건으로 여러 번에 걸쳐 생겼음을 내비친다. 그게 사실이라면 '색소체'라는 용어는 공통조상에서 유래된 세포소기관의 자연군(natural group)을 나타내는 것일까? 서로 다른 세 가지 구조에 대해 3개의 이름을 사용하는 것이 무방할까?
8. 홍조류의 엽록체에서 나타나는 남세균의 독특한 특징 몇 가지를 설명하시오.
9. 조류의 세포분열과 유사분열을 설명하시오. 홍조류의 격벽 형성은 식물의 격벽 형성과 어떻게 다른가?
10. 만일 세포가 분열한 다음 서로 느슨하게 들러붙으면 결과적으로 형성되는 구조가 개개의 생물이 아니라 _________이다. 그런 구조에서는 많은 종류의 서로 다른 세포들이 있을까, 아니면 모든 세포들이 어느 정도 서로 비슷할까?
11. 녹조류에서 나타나는 6가지 체제의 이름을 대고 각각 설명하시오. 이들 체제에서 중간층이 하는 역할은 무엇인가? 세포분열의 방향이 조절되는 중요성은 무엇인가? 어떤 체형이 다른 집단의 조류에서도 나타날까?
12. 단상생활성 생활주기와 복상생활성 생활주기를 설명하시오. 생활주기의 가능한 모든 유형을 거론하시오. 포자와 배우자의 차이는 무엇인가? 포자와 접합자의 차이는 무엇인가?
13. 동형세대교번은 무엇인가? 이형세대교번은 무엇인가? 만일 여러분이 꽃식물의 생활주기를 배웠다면, 꽃식물은 동형세대교번을 할까, 아니면 이형세대교번을 할까?
14. 이형세대교번이 나타나는 생활주기를 갖는 녹조류를 설명하시오. 두 세대를 서로 다른 종으로 명명했던 이유는 무엇인가?
15. 좁쌀공말속(*Volvox*)은 여러분이 아마도 생물학 실험이나 식물학 실험에서 관찰한 녹조일 것이다. 좁쌀공말속은 사상인가, 막상인가, 아니면 군체성인가? 그 모양은 어떠한가?
16. 해캄속(*Spirogyra*)은 여러분이 아마도 생물학 실험이나 식물학 실험에서 관찰한 또 다른 녹조일 것이다. 해캄속의 특이한 점은 무엇인가? 무엇 때문에 그런 이름이 붙었을까?
17. 쇠뜨기말속(*Chara*)은 독특한 조류이다. 윤조강(Charophyceae)의 조류가 세포분열을 할 때 조판형성체에 의한 분열과 격벽형성체에 의한 분열 가운데 어떤 유형으로 분열할까? 이들 조류의 편모는 왜 중요할까? 진정한 식물, 특히 물관부와 체관부를 갖는 식물이 편모를 가질까? (힌트: 고사리류와 소철류의 정자를 생각해 보자.)
18. 홍조류는 여러모로 독특하지만, 특히 중요한 형질은 엽록체에 들어 있는 보조색소의 종류이다. 홍조류는 어떤 색소를 갖는가? 이들 보조색소가 모인 구조를 무엇이라고 부르는가?
19. 많은 홍조류는 다량의 탄산칼슘이 침적되어 잘 부러지는 세포벽을 갖는다. 이러한 홍조류를 무엇이라고 부르는가?
20. 갈조류의 나팔세포는 무엇인가? 이 세포는 진정한 식물에서 나타나는 세포 유형 가운데 어떤 종류와 비슷한가? 갈조류에 나팔세포가 있다는 사실이 진정한 식물의 조상과 관련된 것일까, 아니면 단지 수렴진화의 놀라운 사례일 뿐일까?
21. 바위해안에 가면 2가지의 갈조류인 대형갈조와 푸쿠스속(*Fucus*)을 보게 될 것이다(이들은 모래사장에서는 결코 나타나지 않는다). 이들 보편적 해조류의 몸을 간략하게 설명하시오.
22. 와편모조류는 많은 독특한 형질을 갖는 풍부한 조류이다. 이들의 편모는 특징적으로 배열한다. 전형적인 와편모조류의 편모를 설명하시오.
23. 이상적인 조건에서는 와편모조류가 매우 빠르게 번식하여 바닷물이 뚜렷이 다른 색을 띠게 된다. 이런 현상을 무엇이라고 부르는가? 이는 물고기와 사람에게 안전할까?
24. 돌말류의 세포벽에는 어떤 화학물질이 들어 있을까? 세포가 죽고 원형질이 분해되면 그 벽들이 바다 밑에 가라앉아 _______라고 부르는 거대한 퇴적물의 일부가 된다. 이들은 막대한 양으로 축적될 수 있는데, 이는 돌말류가 매우 풍부하여 해수 1리터에 _______ 개체가 넘는 돌말류가 들어 있기 때문이다.
25. 와편모조류, 유글레나류, 돌말류, 녹조류, 홍조류, 그리고 진정한 식물의 세포벽 또는 세포외피를 설명하고 비교해 보자.
26. 사람들이 난균류를 균류라고 믿었던 특징을 설명하시오(이들을 진화적 상동이라고 여긴다). 이제는 난균류를 부등편모조류라고 간주하는 특징을 설명하시오(이들을 공동파생형질이라고 여긴다).

CHAPTER 20

비관다발식물: 이끼류, 우산이끼류 및 뿔이끼류

개요

- 개념
- 비관다발식물의 특징
- 비관다발식물의 분류
- 선태식물문: 이끼류
  - 배우자체 세대
  - 포자체 세대
  - 대사 및 생태
- 우산이끼식물문: 우산이끼류
  - 배우자체 세대
  - 포자체 세대
- 뿔이끼식물문: 뿔이끼류
  - 배우자체 세대
  - 포자체 세대

학습 목표

이 장을 읽은 다음, 학생들이 할 수 있는 것은;

- 비관다발식물의 진화를 가능하게 한 변화와 적응을 요약한다.
- 비관다발식물의 4가지 특징을 열거한다.
- 이끼류의 형태, 물 수송, 발생 및 생식을 설명한다.
- 물의 이용가능성과 체류가 어떻게 이끼류의 지속가능성에 영향을 미치는지 상기한다.
- 우산이끼류의 배우자낭병을 설명한다.
- 우산이끼류의 포자체와 이끼류의 포자체를 비교한다.
- 뿔이끼류의 4가지 특징을 상기한다.
- 뿔이끼류의 포자체가 우산이끼류와 이끼류의 포자체들과 어떻게 다른지 주목한다.

알고 있나요?

- 이끼류와 우산이끼류의 많은 종들은 확대경을 이용하면 들꽃처럼 쉽게 알아볼 수 있다.
- 우리 눈에 보이는 녹색의 이끼식물은 반수체이고, 여기에 달리는 황갈색이나 갈색의 작은 깍지와 자루는 2배체이다.
- 많은 이끼류들이 사막에 적응하였으며, 서늘한 아침에 이끼류 끝에 이슬이 맺히면 이끼류 표면을 따라 아래쪽으로 흐른다.
- 뿔이끼류와 일부 우산이끼류의 많은 특징은 최초의 진정한 식물의 특징과 매우 비슷하다.

장의 첫 이미지: 이것이 식물일까, 조류일까? 이것은 첫 눈에 녹조처럼 보이지만, 이것이 식물이라는 암시는 대부분의 조류들은 세포마다 1~2개의 엽록체를 갖는 반면에 이것은 세포에 작고 많은 엽록체가 들어 있다는 점이다. 이끼류와 우산이끼류 그리고 뿔이끼류의 포자들이 발아하여 처음에 자라서 나오는 세포들은 사상 녹조류와 매우 흡사하다. 이는 초기의 식물학자들로 하여금 녹조류가 진정한 식물의 가장 가까운 친척일 것이 아닐까하고 의심하게 만든 특징이다. 이 이끼류가 조금 크게 자란 다음, 꼭대기 세포의 일부가 역피라미드의 모양으로 바뀐다. 그 후에는 줄기와 잎이 달리면서 모든 생장이 식물과 분명하게 비슷해진다.

▌개념

표 20-1 식물의 주요 집단		
	관다발조직	종자
비관다발식물 이끼류, 우산이끼류, 뿔이끼류	없음	없음
무종자관다발식물 석송류, 속새류, 고사리류	있음	없음
종자식물 소철류, 구과식물, 속씨식물	있음	있음

20장에서는 진정한 식물인 유배식물의 기원과 진화적 다양화를 논할 것이다. 진정식물의 역사에서 몇 가지 중요한 사건들이 나타났다. 즉, 진정한 식물은 녹조류에서 기원하여, 육상서식지에 적응하고, 관다발조직인 물관부와 체관부가 생겼으며, 종자와 잎 그리고 목부생장이 나타났다. 전통적으로 식물은 (1) 관다발조직도 없고 종자도 없는 **비관다발식물(nonvascular plants)**[이들을 종종 선태식물(bryophytes)이라고 부른다], (2) 관다발조직은 있지만 종자가 없는 **관다발은화식물(vascular cryptogams)**, 그리고 (3) 관다발조직과 종자를 모두 갖는 **종자식물(spermatophytes)**로 나뉜다(**그림 20-1**, **표 20-1**). 비관다발식물이 처음에 생겼고, 나중에 나타난 일부 종류들이 관다발식물의 조상이 되었다. 식물 생명현상의 많은 근본적 양상들이 초기의 육상식물에서 확립되었다.

4억 5천만 년 이전의 어떤 시점부터 윤조식물(charophytes)이라고 부르는 어떤 녹조류들이 육지의 생활에 적응하기 시작하였다. 이 조류들은 그들이 사는 하천이나 작은 호수 그리고 바닷가의 개펄이 가끔씩 말라버려도 생존하도록 진화하였다. 장기간 건조했다가 장기간 축축해짐을 반복하는 환경에서는 내건성 휴면포자를 만드는 것이 최적의 생존전략이겠지만, 포자의 형성에는 중대한 대사전환이 필요하다. 만일 건기가 잠시 동안이라면 물을 보존하고 건조를 회피하면서 대사를 활발하게 유지하는 능력이 보다 이익이 될 것이다(**표 20-2**). 크고 조밀하며 다세포로 된 몸은 표면대용적비가 낮아서 단세포나 사상의 작은 몸보다 물을 더 잘 보존할 수 있다. 게다가 방수의 각피는 선택이익이 될 수 있다. 정자가 유영해야 하므로 축축해지는 시기에 맞춰 배우자를 생산하도록 생식도 변해야 했다. 한편, 배우자와 포자의 모세포들은 건조로부터 보호받기 위해 그들을 에워싸는 한 층 또는 여러 층의 세포로 된 덮개를 가져야 했다(**그림 20-2**, **그림 20-3**). 그와 같은 생식적 변형의 결과로 배우자와 포자의 모세포들이 집단을 이루어 보호를 받으면서 모든 유배식물의 특징인 포자낭과 배우자낭이 생겼는데, 이는 조류의 포자낭과 배우자낭보다 훨씬 거대하고 불임세포의 층으로 보호된다.

이와 같이 단순한 변형은 아마도 식물의 조상인 조류가 짧은 건조한 기간 동안에 생존할 뿐만 아니라 활발한 대사를 가능하게 했을 것이다. 그렇지만 자동으로 따라오는 더 큰 이익은 조

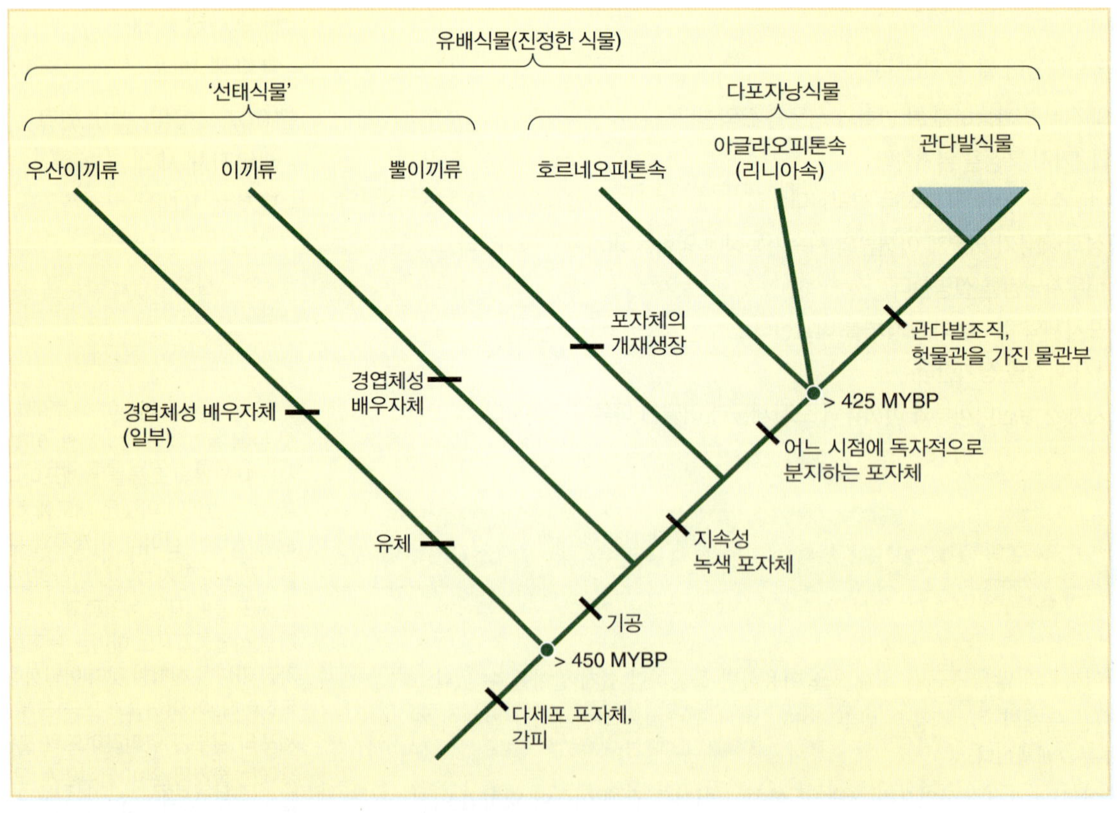

그림 20-1 최근에 제안된 진정한 식물의 계통발생. (MYBP = 백만 년 전)

표 20-2 건조한 시기에 대처하는 방법	
대응하지 않음	비용이 가장 적게 드는 방법으로 생물은 그냥 죽는다. 해양, 큰 강이나 호수, 또는 우림처럼 영구히 습한 환경에 살지 않는 한 생물은 빠르게 멸종된다.
내건성	많은 이끼류, 우산이끼류, 그리고 지의류와 일부 육상 조류는 몸이 다량의 물을 잃더라도 생존하는 능력을 갖고 있다. 이들 생물은 모두 계속 습한 환경에서도 느리게 생장하기 때문에 메커니즘에 많은 비용이 드는 것처럼 보인다. 아마도 내건성의 막과 단백질 그리고 세포소기관은 빠른 대사가 허용되지 않는 특성을 가질 것이다.
포자형성	많은 생물은 스트레스를 받는 기간 동안에 몸의 대부분이 죽더라도 일부 세포(포자)를 스트레스에 내성을 지니게 하는 전략을 갖고 있다. 몸 전체가 아니라 몇 세포만 변형시키는 데 필요한 에너지와 영양소는 훨씬 적게 든다. 몸은 살아 있는 동안 빠른 대사가 가능하다. 이 방법의 불리한 점은 포자가 발아할 때 몸 전체를 새롭게 만들어야 하는 것이다. 습한 기간이 잠깐 동안이라면 포자발아체가 충분히 자라나 새로운 포자를 형성하기도 전에 다시 건기가 찾아와 포자발아체를 죽일 수 있다.
건조회피	생물은 몸 안에 물을 간직하거나 또는 안전하고 비교적 영구적인 물 공급원으로부터 물을 공급받아 건조한 상태를 모면한다. 이 방법은 일부 대사를 항상 가능하게 하고, 생장과 생식이 건조주기와 어느 정도 무관하게 일어날 수 있게 한다. 이러한 생존전략이 관다발식물로 이어졌다. 즉, 각피는 물을 보존하고, 큰 몸은 표면대용적비를 낮추며, 나중에 생겨난 뿌리는 훨씬 영구적으로 습한 경향이 있는 토양의 깊은 구역으로 침투한다.

류가 물 바깥에 있는 동안 포식자로부터 안전하다는 점이다. 돌연변이에서 기인한 엄청난 선택이익은 조류로 하여금 보다 오랜 기간 동안에도 물 밖에서 활성을 띠게 하였다. 이와 같은 돌연변이

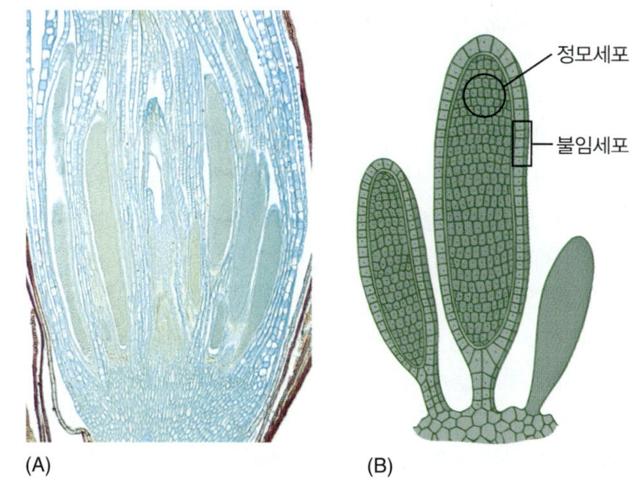

그림 20-2 진정한 식물에서는 항상 배우자낭과 포자낭의 바깥쪽에 배우자 또는 포자로 되지 않는 세포들이 층을 이룬다. 이끼류의 이 소배우자낭에서는 불임세포층이 오직 한 세포의 두께이고, 각 소배우자낭에서는 많은 정세포들이 만들어진다(×25). 이 소배우자낭을 조류의 배우자낭과 비교해 보자.

의 결과로 몸이 커지고 각피의 불투과성이 증가하였겠지만, 그와 동시에 기공개구부와 공변세포의 진화가 필수적이었는데, 왜냐하면 보호성 각피가 늘어남에 따라 이산화탄소의 유입이 방해를 받았기 때문이다.

진정한 육상식물이 점점 성공적이 되면서 개펄과 개울둑은 차츰 붐비기 시작했고, 일부 식물은 다른 식물보다 위로 자라서 그들을 그늘지게 했어야만 했다. 그러한 그늘짐(shading) 때문에 환경은 보다 밝은 빛을 향해 자랄 수 있도록 꼿꼿한 몸을 만드는 돌연변이가 선택적이 되었다. 비관다발식물은 주로 팽창된 유세포를 이용하므로 매우 높게 자랄 수 없지만, 나중에 관다발식물이 될 식물 집단에서 진화된 보강물질이 물관부였고, 이는 한편으로 물을 나르기에도 적합하였다. 체관부가 진화함에 따라 그늘진 곳에 남아 있는 식물의 기저부에도 양분이 공급될 수 있게 되었다.

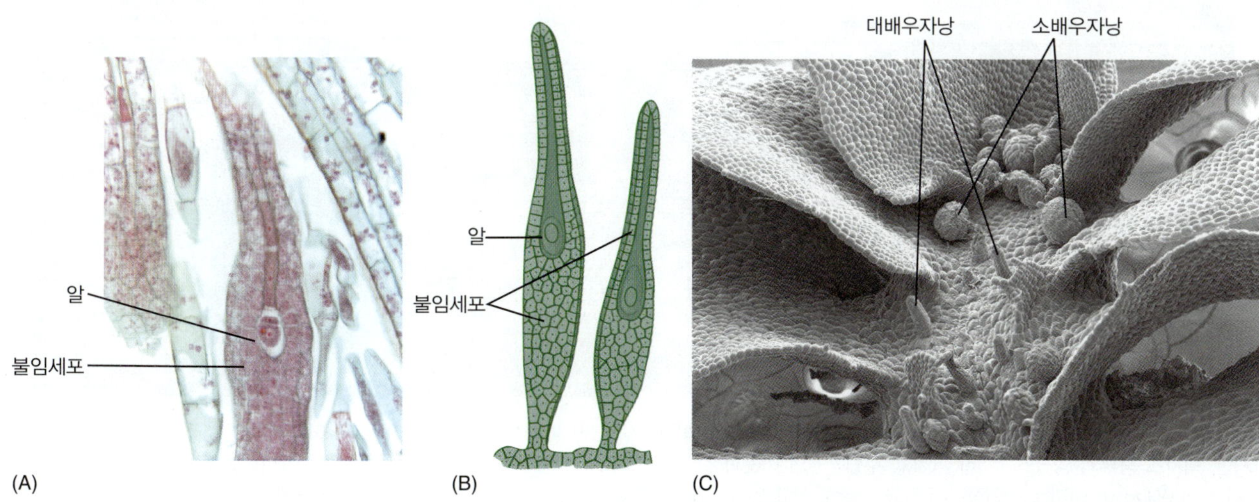

그림 20-3 이끼류의 이들 대배우자낭**(A)** 같은 진정식물의 대배우자낭도 한 층의 불임세포 덮개**(B)**를 갖지만, 각 대배우자낭은 4개가 아니라 오직 1개의 알을 만든다(×25). **(C)** 이 주사전자현미경 사진은 선태식물의 배우자낭을 보여준다(이 사진은 우산이끼류의 배우자낭이지만, 이끼류의 배우자낭도 비슷하다). 구체는 정세포가 생성되는 소배우자낭이고, 관 모양 구조는 대배우자낭인데, 각각 1개의 알이 안에 들어 있다. 넓고 평평한 세포층은 경엽체성 우산이끼류(*Fossombronia*)의 잎이다(×50).

체관부는 뿌리를 어두운 토양으로 깊게 뻗어가게 하였고, 물관부는 그 뿌리가 맞닥뜨린 물과 영양소를 위쪽으로 수송하였다. 물관부와 체관부 그리고 뿌리의 존재는 엄청난 결과를 가져왔다. 이들은 진흙탕의 서식지로부터 식물에 영양분이 제공되고 수분만 공급된다면 어디에서나 식물이 자라도록 하였다. 물관부와 체관부는 불과 몇 센티미터 높이의 개체에도 필수적이지만, 이들 관다발조직의 존재는 식물이 100미터 높이까지 자라고, 가지를 치고, 잎을 만들고, 포자낭을 공중에 높이 매달아 포자가 아주 멀리 날아가게 하였고, 엄청난 면적에 식물의 유전자를 나르고, 멀리 떨어진 서식지에 정착할 수 있는 가능성을 제공해 주었다.

한편으로 관다발조직, 특히 체관부는 진정한 종속영양 조직들인 뿌리와 분열조직 그리고 기관 원기들의 진화를 가능하게 만들었다. 체관부가 없다면 식물의 각 부분은 그 광합성이 허용하는 만큼만 자라고 발달할 수 있지만, 체관부는 몸 전체에 걸쳐 당과 무기질 및 호르몬을 날라다 주고, 줄기의 정단분열조직이나 포자낭 무리에 이들을 전달해 줌으로써 보다 활기차고 건강하게 생장할 수 있게 한다.

육지를 완전하게 침범하는 데 있어서 1가지 장애물은 식물이 여전히 생식적으로 양서성(amphibious)이라는 점이다. 식물은 육상에 적응한 몸을 지녔지만, 수중에서 헤엄치는 정자로 생식을 한다. 생활주기의 어떤 시점에 정자가 한 배우자체에서 다른 배우자체로 유영할 수 있게끔 환경이 습해져야 한다. 이 필요조건은 불리한 조건이지만, 극복할 수 없는 조건은 아니다. 모든 식물은 생장을 위해 물을 필요로 하고, 비, 안개 또는 이슬이 전혀 없는 곳에서 사는 식물은 없다(**그림 20-4**).

꽃가루와 종자의 생성은 생식을 위한 환경의 물을 필요 없게 만들었다. 종자가 진화하는 데에는 어떤 변화가 일어났어야만 했을까? 포자의 벽 안에서 배우자체가 완전히 성숙하게끔 배우자체가 몹시 축소되어야 했다(**그림 20-5**). 이런 일이 생긴 후에는 어버이 포자체 내에 대포자와 대배우자체의 잔류가 가능해졌다. 배우자체는 기본적으로 포자체의 조직처럼 기능을 하고 육상의 적응에서 득을 보는데, 이는 종자식물의 밑씨에서 나타난다. 소포자(종자식물에서는 꽃가루) 내에 있는 소배우자체는 바람을 타고 대포자낭 부근으로 운반될 수 있고, 여기에서 그 정자를 대포자체에 의해 분비되는 액체에 방출한다. 정자는 이 아주 작은 인공연못에서 헤엄치고 수정을 일으키는데, 생식의 이 최종단계는 여전히 전적으로 물과 관련된다. 대부분의 종자식물에서는 꽃가루관이 비운동성 정자를 더 멀리 있는 알까지 운반한다.

예를 들면, 모든 비관다발식물의 배우자체 같이 일부 배우자체들은 어버이 포자체에 의한 어떤 보호도 필요로 하지 않는다. 이끼류, 우산이끼류, 그리고 뿔이끼류에서는 배우자체가 생활주기에서 주된 광합성시기이기는 하지만(**그림 20-6**), 이들 배우자체는 다소 작고 연약하여 전체 식물이 그들 자신에 알맞은 온화한 환경에 국한된다(식물은 전체 생활주기의 모든 필수적인 측면에 적합한 환경에서만 살고 번식할 수 있다). 식물은 배우자체가 포자체만큼 크고 강인하고 목질이며, 배우자체가 나무껍질, 잎, 뿌리 등도 갖는 생활주기를 발달시킬 수 있어야 하지만, 이런 일은 결코 일어나지 않는다. 일부 초기의 육상식물은 이렇게 큰 배우자체

그림 20-4 이 바위는 이끼(*Grimmia laevigata*; 사진의 회녹색 부분)와 지의류(회색을 띤 파란색 부분)로 덮여 있다. 이끼류는 전형적으로 촉촉하고 그늘진 서식지에서 자라지만, 텍사스 중부의 잉크스 호(Inks Lake) 주립공원의 이곳과 같이 건조하고 햇살이 내리쬐는 조건에 적응한 이끼류도 많다. 이글이글 타는 태양과 이따금 비가 내리는 이곳에서 이 이끼는 선인장과 유카와 나란히 살고 있다. 그러나 중요한 것은 어떤 곳에만 비가 내리고 어떤 시기에만 이슬이나 안개가 낀다는 점이며, 이는 식물이 자라는 모든 장소에서 분명한 사실이다. 액체의 물이 전혀 없는 곳에서 자라는 식물은 없다. 이끼류는 항상 작고 단순한 몸을 갖는데, 이는 불리한 조건이라기보다는 큰 나무를 부양하기에 턱없이 부족한 물만 어쩌다 내리는 작은 바위에서도 살 수 있는 적응이 된다. 이끼류가 촉촉한 장소에 국한되는 이유는 정세포가 한 식물에서 다른 식물로 헤엄쳐야 하기 때문이다. 물론 정자가 헤엄을 치지만, 언젠가는 액체의 물이 있게 마련이고, 따라서 유성생식이 가능해진다. 식물 특유의 특징과 서식지를 배우는 것도 중요하지만, 대안이 되는 적응과 그 결과를 인식하는 것도 중요하다.

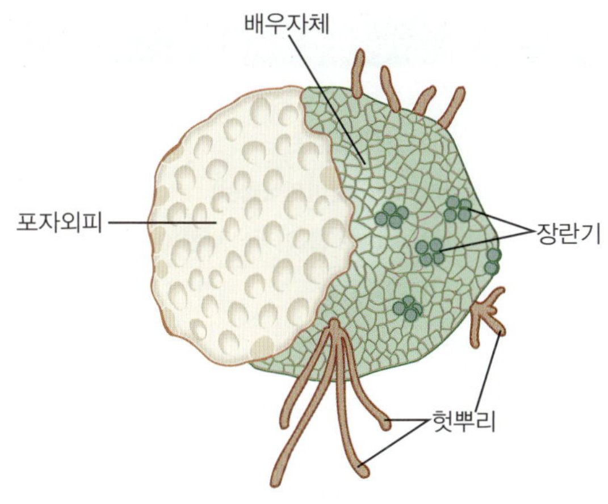

그림 20-5 부처손속(*Selaginella*)의 대배우자체는 거의 완전히 대포자의 원래의 벽 안에서 발달한다. 이는 종자식물의 일부가 아니라 종자 진화의 필수적인 첫 단계이다. 작은 대배우자체는 어버이 포자체에 의해 보호되고 양분을 공급받을 수 있다. 그렇게 함으로써 배우자체 세대는 포자체를 육상의 생활에 적응하게 만든 모든 돌연변이로부터 혜택을 입는다.

그림 20-7 비록 덥고 건조한 지역에서도 이끼류가 나타나기는 하지만, 이끼류는 서늘하고 습한 지역에서 가장 풍부하게 나타난다. 여러분이 전형적인 이끼식물이라고 생각하는 것들, 즉 녹색이나 회색을 띤 녹색이고 잎이 달리는 것들은 배우자체의 덩어리이고, 가느다란 대와 깍지들은 포자체이다.

를 가졌었지만, 모든 진화의 계열에서 배우자체는 차츰 단순해지고 작아졌다.

비관다발식물의 특징

이끼류(mosses)가 잘 알려져 있기 때문에 대부분의 사람들은 최소한 어느 정도는 비관다발식물과 친숙하고, 많은 사람들은 우산이끼류(liverworts)를 들어 보았을 것이다(**그림 20-7**, **그림 20-8**). 세 번째 무리인 뿔이끼류(hornworts)는 상대적으로 익숙지 않고, 심지어는 식물학자들에게도 낯설다(그림 20-6, **그림 20-9**). 따라서 어떤 것이 비관다발식물이 아닌지 명확하게 이해하는 것이 중요하다. 미국 남동부의 스패니시모스(Spanish moss)는 이끼류가 아니라 파인애플과의 꽃식물인 틸란드시아 우스네오이데스(*Tillandsia usneoides*)이다. 석송류(club mosses)는 이끼류가 아니라 석송식물(lycophytes)이고, 연못과 유속이 느린 하천에서 밝은 녹색을 띠는 끈적끈적한 '이끼류'는 주로 해캄속(*Spirogyra*)의 녹조류이다. 일부 지의류, 특히 알렉토리아속(*Alectoria*), 브리오니아속(*Bryonia*), 우스네아속(*Usnea*), 그리고 꽃이끼(reindeer moss) 같은 지의류들은 빈번하게 이끼류나 우산이끼류로 잘못 생각되어지고 있다.

엄밀히 말하면 비관다발식물은 관다발조직이 없는 유배식물이다. 비관다발식물은 유배식물이므로 다세포의 포자낭과 배우자낭을 가진다. 생식세포들은 언제나 한 층 또는 여러 층의 불임세포들로 둘러싸인다(그림 20-2, 그림 20-3). 비관다발식물의 몸은 많은 조류에서처럼 사상체로 구성되지 않고 보통 정단분열조직으로부터 3차원 생장에서 유래되는 진정한 유조직으로 이루어진다. 모든 이끼류와 많은 우산이끼류는 잎이 달리는 줄기를 갖는데, 이는 꽃식물의 축소판처럼 보인다. 비관다발식물은 거의 전적으로 육지에서 나고, 몸의 대부분을 각피가 덮고 있으며, 많은 종류가 기공을 갖는다.

그림 20-6 잎이 달린 아주 작은 줄기들은 작은 이끼의 배우자체이다. 많은 판 모양의 구조는 뿔이끼인 마당뿔이끼속(*Phaeoceros*)의 배우자체이다. 2가지 식물은 모두 작고 얇으며, 불과 몇 세포의 두께로 이루어지고, 결코 정교하지 않다.

그림 20-8 온실에서 볼 수 있는 가장 풍부한 우산이끼류인 우산이끼속(*Marchantia*). 이끼류의 경우와 마찬가지로 큰 녹색의 식물은 포자체가 아니라 배우자체이다. 컵 모양의 구조에는 비가 내릴 때 튀어나가 새로운 식물로 자랄 수 있는 세포들의 무리가 들어 있다.

그림 20-9 이 마당뿔이끼속(*Phaeoceros*) 같은 뿔이끼류는 매우 희귀하여, 한 번이라도 본 적이 있는 사람이 별로 없다. 뿔이끼류는 높게 달리는 '뿔'인 포자체가 존재하지 않는다면 우산이끼류와 혼동되기 쉽다.

모든 식물과 마찬가지로 비관다발식물은 이형세대교번을 하는 생활주기를 갖는다. 포자체와 배우자체는 구조적으로 서로 다르다. 꽃식물의 경우, 포자체는 잎과 뿌리가 있는 큰 식물인 반면에 배우자체는 아주 작고 꽃가루립과 밑씨 안에서 나타난다. 반면에 비관다발식물에서는 배우자체가 크고 훨씬 눈에 잘 띄는 세대이고, 포자체는 훨씬 작고, 보다 일시적이며, 종종 눈에 잘 띄지 않는다. 여러분에게 친숙한 녹색의 이끼 식물들은 반수체 시기인 배우자체인데, 배우자체는 광합성을 하고 다년생이며 무기질 영양소를 흡수한다. 배우자체는 무성생식에 의해 빠르게 퍼져 나갈 수 있다. 배우자체에서 생기는 포자체는 보통 아주 작다. 포자체는 배우자체로부터 무기질을 흡수하고 언제나 배우자체에 붙어 있다. 포자체는 광합성을 거의 하지 않아서 자체의 생장과 포자형성을 뒷받침할 수 없다. 모든 종류의 비관다발식물에서 나타나는 독특한 포자체 특징은 배우자체로부터 독립적이지 않고, 가지를 치지 않으며, 잎이 달리지 않는다는 점이다. 여러분이 이끼류를 자세히 관찰할 때에만 포자체를 보게 될 것이다. 포자체는 녹색의 배우자체에서 위쪽으로 일어서는 녹색이나 갈색의 '털'처럼 보인다. 그러나 포자체는 해마다 특정한 시기에만 출현한다.

비관다발식물은 결코 크게 자랄 수 없지만, 작고 단순하다는 점은 특정한 서식지에서 대단한 선택이익이 된다. 이끼류와 우산이끼류는 아주 작은 유조직의 몸을 갖고 있어서 이들보다 크고 훨씬 복잡한 관다발식물에게는 턱없이 부족한 물이나 토양을 갖는 돌담, 울타리, 그리고 맨 바위 같은 미소서식지에서도 살 수 있다.

비관다발식물의 분류

이끼류, 우산이끼류, 그리고 뿔이끼류가 어떻게 밀접한 관계가 있는지는 알려지지 않았다(그림 20-1). 이들은 공통되는 특징이 많지만 중요한 측면에서 차이를 보인다. 이들은 보통 이끼류의 선태식물문(Bryophyta), 우산이끼류의 우산이끼식물문(Hepatophyta), 그리고 뿔이끼류의 뿔이끼식물문(Anthoceratophyta)의 뚜렷이 구별되는 3개의 문(division)으로 분류한다(**표 20-3**). 예전에는 이들 3가지 모두를 선태식물문(Bryophyta)으로 묶고, 이끼류는 선강(Musci), 우산이끼류는 태강(Hepaticae), 그리고 뿔이끼류는 뿔이끼강(Anthocerotae)으로 분류하였다. 오늘날에도 이들을 비공식으로 '선태식물(bryophytes)'이라고 부른다. 여기서는 이들 3가지를 문으로 처리하고, 일반 용어인 'bryophyte'는 오로지 이끼류를 지칭하는 용어로 사용한다. 이들 모두를 '비관다발식물'이라고 부른다.

표 20-3 비관다발식물을 분류하는 방법들*
A. Kingdom Plantae (식물계)
Division Bryophyta (선태식물문)
Division Hepatophyta (우산이끼식물문)
Division Anthoceratophyta (뿔이끼식물문)
B. Kingdom Plantae (식물계)
Division Bryophyta (선태식물문)
Class Musci (선강)
Class Hepaticae (태강)
Class Anthocerotae (뿔이끼강)

*A 분류체계는 B 분류체계보다 이들 식물이 덜 밀접한 관계에 있다고 추정한다.

선태식물문: 이끼류

배우자체 세대

이끼류(mosses)는 광포성(ubiquitous)으로, 어디에서나 아주 흔히 볼 수 있고 거의 모든 환경에서 나타난다(**표 20-4**). 이끼류는 다년생이고 도시 내의 많은 장소에서도 산다[벽에는 토르툴라속(*Tortula*), 흙에는 초롱이끼속(*Mnium*)].

표 20-4 선태식물문(Bryophyta)의 분류	
Class Sphagnopsida (물이끼강)	*Sphagnum*(물이끼속)
Class Andreaeopsida (검정이끼강)	*Andreaea*(검정이끼속), *Neuroloma*(뉴롤로마속)
Class Bryopsida (선류강)	*Atrichum*(주름솔이끼속), *Bryum*(철사이끼속), *Buxbaumia*(담뱃대이끼속), *Dicranum*(꼬리이끼속), *Fissidens*(봉황이끼속), *Funaria*(표주박이끼속), *Grimmia*(고깔바위이끼속), *Mnium*(초롱이끼속), *Physcomitrium*(풍경이끼속), *Polytrichum*(솔이끼속)

그림 20-10 이끼의 개개의 지상부는 꽃식물의 지상부와 표면적으로 비슷하며, 줄기, 잎, 마디와 마디사이, 그리고 심지어 눈을 갖는다. 이들 구조의 그 어느 것도 꽃식물의 상당하는 기관과 상동이 아니지만, 양쪽 집단에서 같은 이름들이 사용된다. 진한 녹색은 반수체 조직이고, 옅은 녹색은 2배체 조직이다.

형태

많은 이끼식물에서 잎이 달리는 줄기를 전문적으로 **배우자낭병(gametophore)**이라 부르고(이를 '배우자체'라고도 한다), 이들 줄기가 바싹 붙어 자라면서 단단히 들러붙고 빽빽한 더미를 형성한다[고깔바위이끼속(*Grimmia*), 수세미이끼속(*Pohlia*)]. 다른 종, 특히 서늘하고 습한 지역에 분포하는 종에서는 식물체가 벌어지고 느슨하다[아나콜리아속(*Anacolia*), 나무이끼속(*Climacium*), 겉산주목이끼속(*Platygyrium*); 그림 20-7 참조]. 스코울레리아속(*Scouleria*)의 배우자낭병은 15 cm에 달하는 리본처럼 자라고, 빠르게 흐르는 물에 잠긴다. 모든 이끼류의 줄기에는 잎이 달리지만(**그림 20-10**), 이들이 포자체가 아니라 배우자체의 일부이기 때문에 이들은 관다발식물의 잎과 상동이 아니다. 다시 말해서 이끼류의 잎은 관다발식물의 줄기와 잎이 진화한 같은 구조에서 진화하지 않았다.

이끼의 배우자낭병은 두드러진 정단세포가 들어 있는 정단분열조직으로부터 자란다(**그림 20-11**). 파생된 세포들은 다시 나뉘어, 다소 정확하게 배열되는 줄기와 잎의 조직들을 만든다. 잎은 적어도 어릴 때에는 3줄로 나란하게 정렬하고, 대부분은 중앙맥(잎맥)을 갖는다. 거의 모든 이끼류의 잎은 중앙맥과 가장자리를 제외하고 오직 한 층의 세포로 이루어진다(**그림 20-12A**). 미국 북부의 수풀이 우거진 지역의 길가에 흔하게 자라는 솔이끼과(Polytrichaceae) 가운데 솔이끼속(*Polytrichum*)과 주름솔이끼속(*Atrichum*) 같은 속들은 잎의 상부 표면에 얇은 박막층(lamella)을 갖고 있어서 광합성조직을 크게 증가시킨다(**그림 20-12B**). 각피(cuticle)는 대부분의 이끼 잎의 상부 표면에서만 나타나고, 각피화되지 않는 하부는 빗물, 이슬 그리고 안개로부터 직접 물을 흡수할 수 있다. 각피가 없다는 사실은 이끼류가 건조로부터 거의 보호 받지 못한다는 것을 의미한다. 미소서식지가 말라버리면 잎도 마른다. 이끼의 잎에는 기공이 없고, 잎이 단층(unistratose)이기 때문에 기공은 쓸모가 없을 것이다.

이끼의 줄기는 항상 가늘고 조직의 분화가 거의 없다(**그림 20-13**). 표면층은 기껏해야 밑에 있는 층과 약간만 다를 뿐이고, 표면층을 표피(epidermis)라고 부르지 않는다. 줄기의 조직은 모두 피층(cortex)이라고 부르는데, 모든 부분에서 획일적이거나 바깥쪽 세포들이

(A) Courtesy of R. Fulginiti, University of Texas, Austin (B) 정단세포 (C) 정단세포 1 2

그림 20-11 (A)와 **(B)** 서양배풍경이끼(*Physcomitrium pyriforme*) 지상부 꼭대기의 횡단면. 정단세포가 중앙에 있고, 가장 최근에 만들어진 딸세포가 왼쪽에 있다(1). 그 다음으로 오래된 세포(2)가 다시 나뉘어 점점 오래된 파생세포들(3, 4, 그리고 5)이 된다(×2,400). **(C)** 정단세포는 역피라미드 같은 모양을 한다.

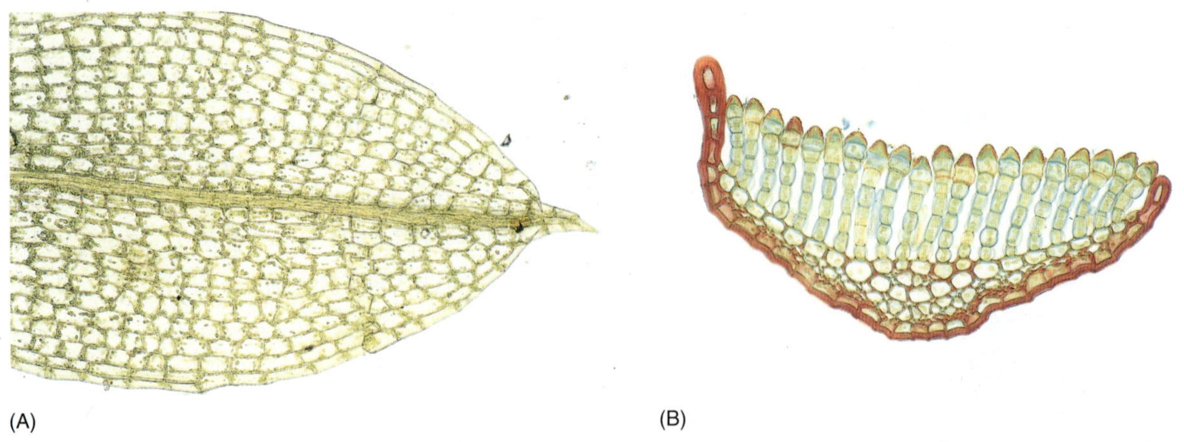

그림 20-12 **(A)** 많은 이끼의 잎은 오직 한 층의 세포이지만, 잎의 '중앙맥'은 두껍고 진정한 유조직이다. **(B)** 솔이끼과(Polytrichaceae)에서는 잎의 상부 표면에 긴 종잇장 같은 세포들이 놓인다. 이는 광합성조직의 용적을 크게 증가시키는 것이지만, 높은 표면대용적비가 줄어드는 것은 아니다(×200).

벽이 다소 두꺼워지면서 약간 좁아지기도 한다. 안쪽 세포들은 크고 유조직성이며 엽록소를 포함하고 있다. 이끼류의 몇 종에서는 줄기에 털이 달리지만 기공은 나타나지 않는다.

물 수송

주로 솔이끼과(Polytrichaceae)인 일부 이끼류에서는 가장 안쪽의 피층이 물과 용존무기질을 나르는 **수관(hydroid)**이라는 세포들로 구성된다. 수관은 긴 세포이고, 성숙하면 세포질이 사라진다(**그림 20-14**). 그 격벽은 부분적으로 없어지지만 완전하게 제거되지는 않는다. 개개의 수관은 그 위쪽과 아래쪽의 수관들과 나란하게 정렬한다. 일반적으로 수관을 갖는 종은 체세포와 비슷한 **렙토이드(leptoid)**도 함께 갖는다(그림 20-14B). 렙토이드는 가늘고 길며, 인접한 세포와 비교적 뚜렷한 상호연결이 나타나고, 성숙하면 핵이 없어지지만 세포질은 남아 있다. 인접한 유세포들은 반세포와 마찬가지로 특이한 세포질에 효소들이 풍부하게 들어 있다.

대다수의 이끼류는 수관과 렙토이드가 없다. 물은 모세관작용에 의해 줄기의 외부를 따라 통도된다. 잎과 줄기는 작아서 모세관통로로 작용할 만큼 충분히 좁은 공간을 형성하고 물을 수송한다. 표주박이끼속(*Funaria*) 같은 일부 종에서는 잎이 동그랗게 감기고 잎이 마를 때 줄기에 바싹 들러붙게 된다. 비가 내리거나 이슬이 맺힐 때, 말라버린 식물은 잎이 줄기로부터 떨어져 있는 수화된 조건에서보다 훨씬 더 많은 모세관공간을 갖게 된다. 렙토이드가 없는 이끼류에서는 당이 더딘 수송에 의해 유세포들 사이를 그냥 간단히 이동한다.

줄기의 맨 아래 부분에는 기질의 표면에 침투하는 작은 다세포의 모상체 같은 구조인 **헛뿌리(rhizoid)**가 있다. 헛뿌리는 줄기를 고정시킬 따름이고, 물이나 무기질을 흡수하지 않는다. 헛뿌리

그림 20-13 대부분의 이끼 줄기가 관다발조직을 갖지 않지만, 줄기는 지상부를 지탱하고, 대부분은 한 층 또는 두 층의 두꺼운 벽을 갖는 세포들(여기에서 빨갛게 착색됨)을 갖는다. 당과 무기질은 잎으로부터 지상부의 정단, 배우자낭 그리고 포자체로 수송되어야 한다. 따라서 유세포들이 필수적이다(×40).

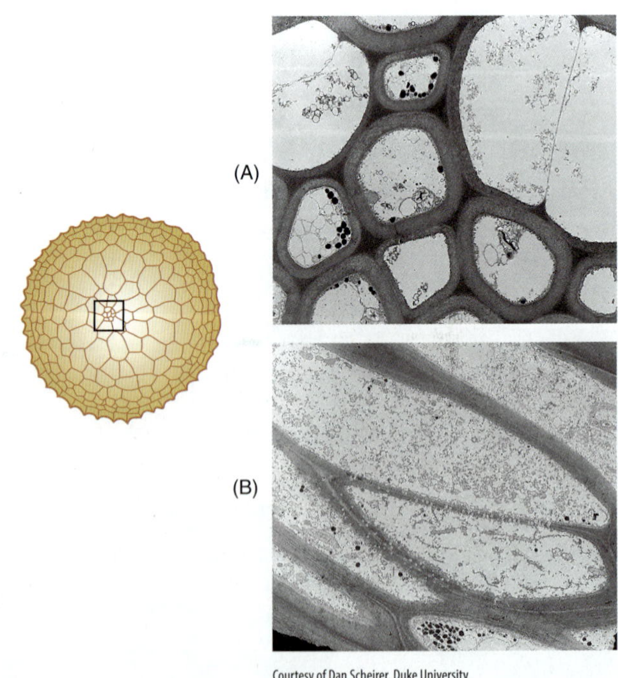

Courtesy of Dan Scheirer, Duke University

그림 20-14 **(A)** 수관은 헛물관이나 물관요소가 그렇듯이 성숙하면 세포질이 사라진다. 그렇지만 수관은 특수화된 2차벽을 갖지 않는다. **(B)** 렙토이드는 체관요소보다 단순한 체관부세포인 체세포와 유사하다. 모든 구멍들은 작고, 세포는 성숙해도 살아 있다.

는 엽록체가 없고 불그스름한 벽을 갖는다.

발생

포자가 발아하고 엽록소를 함유하는 가늘고 긴 세포를 내보내면서 배우자낭병의 생장이 시작된다. 이 세포는 유사분열을 하여 비슷한 세포들의 분지계를 형성하는데, 그물처럼 얽힌 이 전체 구조를 **원사체(protonema**; 복수형 protonemata)라고 한다(**그림 20-15**, **그림 20-16**). 원사체는 외견상 사상 녹조와 비슷하지만, 각 세포에 들어 있는 많고 작은 엽록체에 의해 구별할 수 있다. 조류의 세포에는 1~2개의 큰 엽록체만이 들어 있다. 마침내 원사체에 작은 세포들의 혹이 생기고 정단세포가 구조화된 다음, 잎이 달린 줄기인 배우자낭병이 똑바로 자란다. 원사체는 다년생이고 널리 자랄 수 있으며 많은 싹을 만든다. 이끼류를 채집할 때 사상 세포들이 보통 끊어지고, 따라서 사실상 단일한 원사체로부터 모두 생겼다면 배우자낭병의 다발이 독립적인 식물로 나타난다.

생식

배우자낭병은 어느 시점에 배우자낭을 만든다. 모든 이끼류는 난접합성(oogamous)이다. 즉, 모든 종은 2개의 편모를 가진 작은 정세포와 큰 비운동성 알세포를 갖는다. 정자는 **장정기(antheridia**; 단수형 antheridium)라고 부르는 소배우자낭에서 생성된다. 장정기는 짧은 자루, 가장 바깥쪽의 불임세포층, 그리고 정세포로 분화되는 안쪽의 세포더미로 구성된다(그림 20-2 참조). 알은 **장란기(archegonia**; 단수형 archegonium)라고 부르는 대배우자낭에서 나타난다. 각 장란기는 목(경부)이 긴 꽃병 모양을 한다(그림 20-3 참조). 성숙하면 목 부분의 속이 비고, 단일한 알이 그 기부에 위치한다.

장정기와 장란기는 표주박이끼속(*Funaria*)과 침꼬마이끼속(*Pottia*) 등의 양성종에서는 동일한 배우자낭병에서 나타난다. 반면에 꼬인이끼속(*Barbula*), 솔이끼속(*Polytrichum*), 서리이끼속(*Rhacomitrium*) 같은 다른 종들에서는 수배우자낭병과 암배우자낭병을 모두 갖는다. 종에 따라 배우자낭은 배우자낭병 줄기를 따라 잎과 섞여 나타나기도 하고, 아니면 줄기의 끝에서 무리를 이루며 특별한 컵 모양의 윤생엽들로 둘러싸이기도 한다(**그림 20-17**). 빗물이 컵에 직접 떨어지면 정자들이 튀어나가 50 cm까지도 운반된다. 이런 메커니즘이 없다면 정자는 장란기로 헤엄쳐 가야 한다(**그림 20-18**).

그림 20-15 이끼 포자가 발아하여 이와 같은 세포 사상체로 자라서 원사체를 이룬다. 나중에 일부 세포는 분열하여 배우자낭병으로 자라게 될 정단분열조직이 된다. 비록 이 원사체는 녹조처럼 보이지만, 조류는 각 세포에 많은 엽록체를 갖지 않는다(×250).

정세포들이 성숙하면 장정기가 깨지면서 열리고, 바깥쪽 불임세포들의 수축에 의해 또는 정자 아래에 축적되는 액체가 정자를 밖으로 밀어냄으로써 정세포들이 방출된다. 장란기에서 분비되는 설탕의 인도에 따라 정자들이 장란기로 헤엄쳐 간 다음, 목 부분을 통해 알로 내려가고 한 정세포가 수정을 일으킨다.

포자체 세대

모든 유배식물에서는 대배우자와 그 뒤에 생기는 접합자가 배우자체에 계속 유지된다. 그렇지만 이끼류의 대배우자체와는 달리 관다발식물의 대배우자체는 작고 배의 포자체에 양분이나 보호를 거의 제공하지 않는다. 꽃식물의 대배우자체는 일반적으로 알 외에 6개의 세포를 갖고, 알이 수정된 직후 조세포와 반족세포 모두는 보통 퇴화한다. 접합자를 위한 모든 영양분은 조부모세대인 포자체로부터 배젖 형성을 거쳐 공급된다. 그에 반해서 이끼 배우자체는 크고 광합성을 하며, 일생 동안 포자체를 뒷받침한다. 이끼 포자체는 결코 독자적인 독립생활성 식물이 아니다(그림 20-16).

이끼의 접합자는 가로로 분열하고 장란기의 바닥에 위치하는 기부세포는 작고 둥글납작한 조직인 **족부(foot)**가 된다. 족부는 배우자낭병과 접속하며, 배우자낭병으로부터 당, 무기질, 그리고 물을 흡수한다. 그 세포는 많은 종에서 수송세포(transfer cell)이다. 위쪽 세포는 세포분열과 확장에 의해 생장하여 **깍지(삭, capsule)**라고 부르는 꼭대기에 있는 단순한 포자낭이 된다. 깍지는 바깥쪽의 불임세포층과 안쪽의 불임세포 기둥인 삭축(columella)으로 구성된다. 고리를 이루는 포자형성세포들이 감수분열을 하여 반수체 포자들을 만든다(**그림 20-19**). 족부와 포자낭 사이에 좁은 자루인 **삭병(seta**; 복수형 setae)이 있다. 모든 이끼 포자체는 이런 기본적인 단순한 구조를 갖고, 그 어떤 포자체도 가지를 치거나 어떤 종류의 잎이나 포 또는 싹도 갖지 않는다.

형태적으로는 단순하지만 포자체는 구조적으로 상당히 복잡하다. 포자체는 적어도 포자낭의 기부에 기공이 있는 진정한 표피를 갖는다. 포자낭의 열개(dehiscence)는 배우자낭이 열리는 것보다 훨씬 정교하다. 포자낭의 꼭대기는 모자 같은 뚜껑인 **삭개(operculum)**로 분화하고, 세포들이 찢어지면서 삭개는 포자낭의 나머지와 분리된다. 세포의 절단은 정교하고 정확하며, 그 결과 한 줄 또는 두 줄의 아름답고 정교한 이빨인 **삭치(peristome teeth)**가 된다(그림 20-19). 이 치상돌기는 습도에 반응을 보이고, 공기가 건조할 때에는 바깥쪽으로 구부러지고 포자낭이 열리며, 공기가 습할 때에는 안쪽으로 구부러져서 포자들을 가둔다.

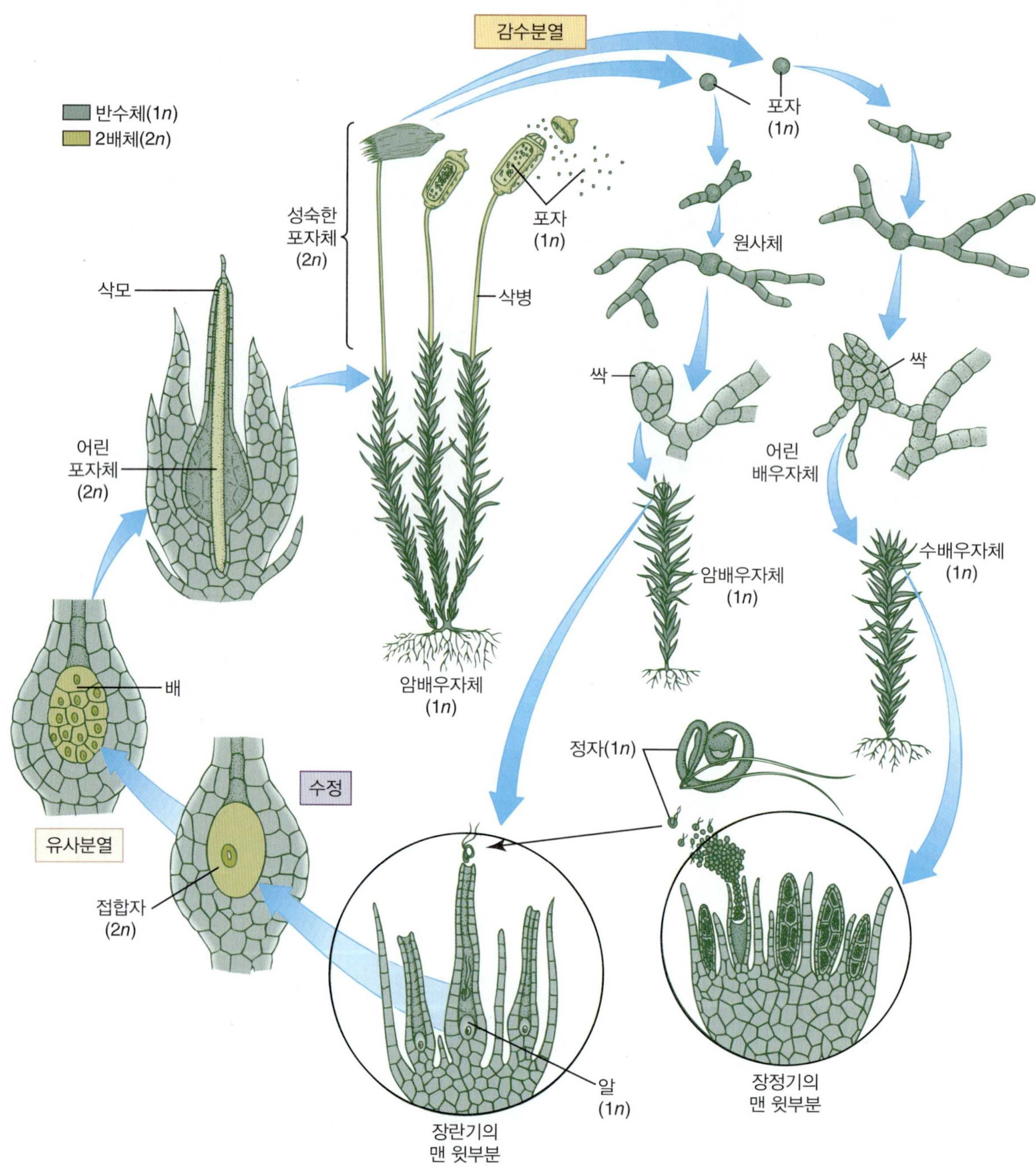

그림 20-16 이끼의 생활주기. 상세한 내용은 본문에 있다.

포자들이 가볍고 건조하며 늘러 붙지 않고 기류에 의해 쉽게 운반될 때 포자들이 방출된다. 많은 종에서 포자낭의 꼭대기는 **삭모(calyptra)**로 덮여 있는데, 삭모는 장란기의 목 부분에서 파생된 세포층이다. 배가 생장하기 시작하면서 목의 세포들도 증식한다. 처음에는 포자체의 생장과 보조를 맞추지만 나중에는 생장이 훨씬 느려지고 배우자낭병으로부터 찢겨 나간다.

사실상 모든 이끼류는 동형포자성(homosporous)이다. 즉, 모든 포자는 크기가 같고 동일하게 나타난다. 긴금털이끼속(*Macromitrium*)과 숲로테이미아속(*Schlotheimia*)의 몇 종은 각 깍지에서 2종류의 포자가 만들어진다. 큰 포자는 장란기가 달리는 큰 배우자체로 자라고, 작은 포자는 암배우자체에 기생을 하며 사는 왜소한 수배우자체로 자란다(그림 20-17B).

대사 및 생태

이끼류의 대사와 생태에서 2가지 중요한 요인은 크기가 작고 통도조직이 없다는 점이다. 관다발식물은 큰 경향이 있고, 그들의 큰 규모는 대기 중의 습도와 수분의 이용가능성이 단기적으로 변동되더라도 식물을 보호해 준다. 공기가 몇 시간 동안 건조해진다면 물관부를 통해 뿌리로부터 물을 공급받지 못한다 하더라도 대부분의 종자식물의 잎과 줄기는 죽지 않을 것이다. 수목과 다육식물 같이 아주 큰 식물은 치명적인 양의 물을 잃기 전까지 몇 주,

그림 20-17 **(A)** 이 이끼에서는 배우자낭병 꼭대기에 장정기들이 무리를 지어 나타난다. 다른 종에서는 장정기들이 줄기를 따라 위치하기도 한다. **(B)** 왜소한 수배우자체가 나타나는 현상은 많은 식물과 동물, 그리고 조류에서 흔하게 볼 수 있다. 각각의 정세포는 훨씬 작아서 개개의 알을 만드는 것보다 비용이 적게 들지만, 대체로 많은 정세포들이 알로 운반되지 않는다. 따라서 대단히 많은 정세포들이 생성되어야 한다. 만약 정자의 전달이 보장될 수만 있다면 생성되는 정자의 수를 줄일 수 있고, 심지어 작은 왜소한 수배우자체라 할지라도 충분한 수를 만들 수 있다. 만일 수배우자체가 암배우자체에 기생식물로 자란다면 정자의 전달이 보장될 수 있다.

몇 달, 또는 심지어 몇 년까지도 건조한 조건을 견뎌 낼 수 있다. 그렇지만 이끼 배우자낭병의 잎은 얇고 불완전한 각피만을 갖는다. 만약 몇 분 동안 건조한 공기에 노출된다면 식물은 말라버린다. 관다발조직이 없으므로, 비록 헛뿌리가 촉촉한 흙이나 수목의 나무껍질과 접촉하고 있더라도 줄기와 잎은 생기를 잃을 수 있다.

이끼류가 물을 보유할 수 없음을 보상하는 몇 가지 메커니즘이 있다. 이끼류의 많은 종이 우림, 운무림, 그리고 폭포의 물보라가 튀는 곳처럼 영구적으로 촉촉한 미소서식지에서 자란다. 항상 습하지 않은 서식지라 할지라도 계속적으로 촉촉한 미소서식지가 있을 수 있다. 바위 절벽의 맨 아래 부분은 이슬과 엷은 안개가 농축되어 절벽을 따라 흐르기 때문에 대체로 축축하다. 바위나 토양에서 낮게 패인 부분들은 수분을 머금고 있어서 바람에 의한 건조로부터 보호된다. 이런 장소들은 아주 협소하지만, 그 안에서 사는 이끼류도 작다.

다른 어떤 이끼류들은 건조에 대한 내성을 갖는다. 대부분의 관다발식물과 조류들이 건조에 견디듯이 이런 이끼류들은 건조에 의해 피해를 입지 않는다. 지의류처럼 많은 이끼류들은 죽지 않거나 심지어 손상을 입지 않으면서 체내에 있는 물의 대부분을 상당히 빠르게 잃을 수 있다. 물이 무게의 약 30%를 차지하는 동안은 이끼류가 휴면 상태를 유지하지만 그래도 살아 있다. 만일 비가 내리거나 이슬이 맺히면 물이 빠르게 흡수되고, 몇 분 이내에 호흡과 광합성이 정상 수준으로 나타난다. 온화한 온대지역에서는 여름철의 특정 시기를 제외하고는 이끼류가 촉촉한 상태를 유지하고 대사적으로 활발할 수 있다. 반면에 사막과 건조한 구역에서는 이끼류가 주로 겨울에 불어난다. 봄부터 가을까지는 이끼류가 마르고 매일 불활성 상태가 되지만, 어느 날 밤에 충분한 이슬을 받게 된다면 이른 아침에 몇 시간 동안 대사적으로 활발해질 수 있다.

말라버린 이끼류는 높거나 낮은 온도와 강렬한 자외선에 대해 내성을 두드러지게 나타낸다. 흔한 이끼인 토르툴라 루랄리스

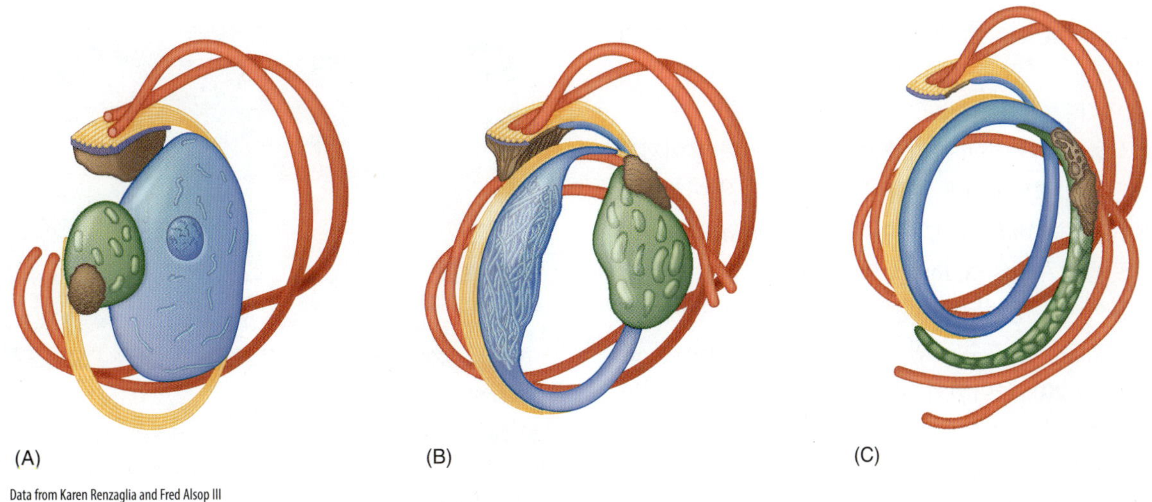

Data from Karen Renzaglia and Fred Alsop III

그림 20-18 **(A)** 어린 정세포의 세포소기관은 비교적 전형적인 형태를 갖는다(파란색은 핵, 녹색은 엽록체, 빨간색은 편모와 기저체, 갈색은 미토콘드리아, 노란색은 편모를 고정시키는 미세소관). (**B**와 **C**) 분화가 이루어지면서 세포소기관들이 차츰 변형되어, 성숙하였을 때 정교한 나선 모양의 정세포가 된다**(C)**. 세포기질과 세포막은 나타내지 않았다.

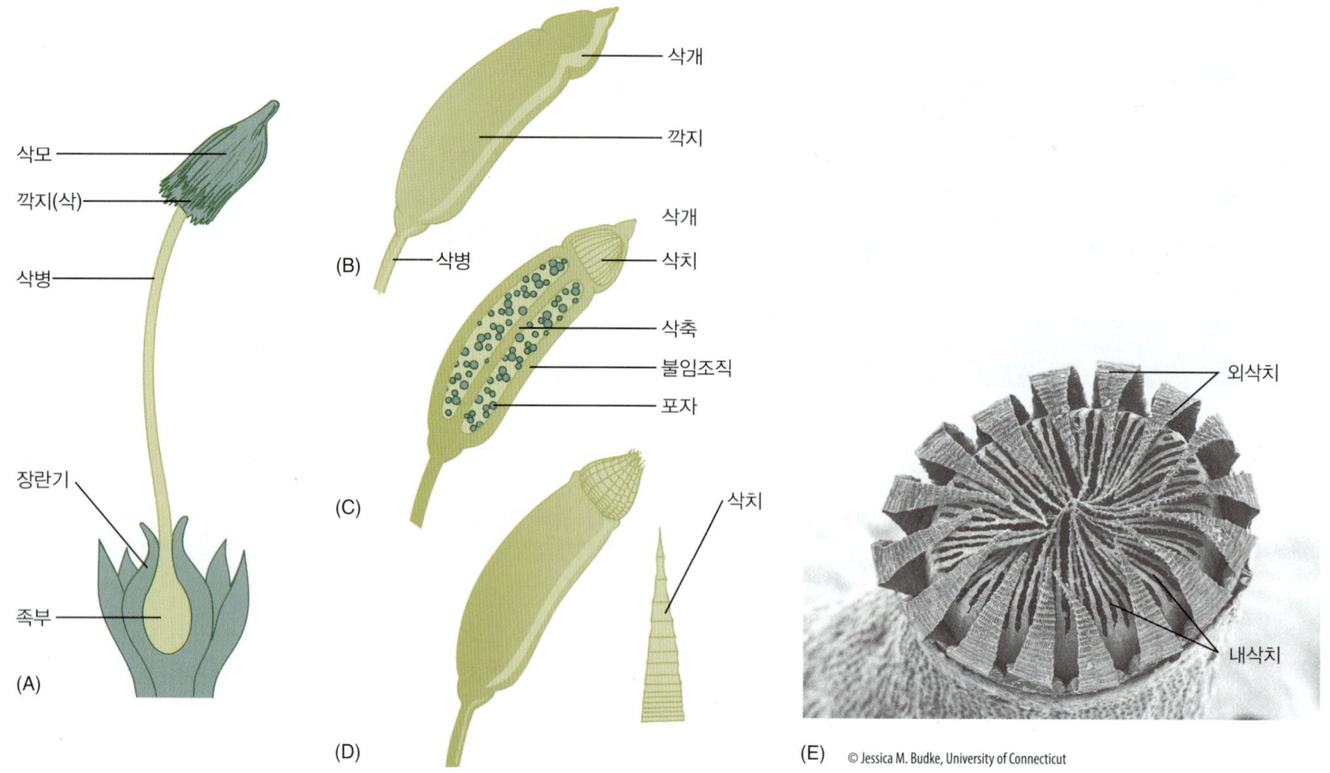

그림 20-19 이끼 포자체의 측면들. **(A)** 족부는 장란기의 남은 부분에 박혀 있다. **(B)** 삭개가 제자리에서 아직 삭치를 덮고 있는 깍지(포자낭)의 외관. **(C)** 삭축과 포자를 보여주는 정중단면. **(D)** 삭개가 떨어져 나간 다음의 외관. 삭치가 다시 구부러질 때 포자들이 떨어져 나갈 수 있다. **(E)** 삭치의 주사전자현미경 사진.

(*Tortula ruralis*)는 말랐을 때 액체질소(−196°C)에서도 안전하게 냉동될 수 있고, +100°C의 높은 온도에 잠깐 동안 노출되어도 견딜 수 있다. 자외선에 대한 내성은 산에 있는 바위의 표면이나 높은 고도에서 강한 빛을 받으며 자라는 종에게 중요한데, 그런 곳들은 대기의 층이 너무 얇아서 자외선을 제대로 차단하지 못한다.

많은 이끼 종들이 0°C 부근이나 그 아래의 낮은 온도에서도 잘 자란다. 큰 관다발식물이 겨울에 죽거나 잎이 떨어지면 이끼류가 자라는 토양의 표면이나 수목의 나무껍질에 보다 많은 햇빛이 도달한다. 눈 또는 겨울비는 풍부한 수분을 제공한다. 차가운 겨울 온도에서 대사를 수행할 수 있는 이끼류들은 풍부한 빛과 수분을 이용할 수 있다.

기질을 뚫고 들어가야 하는 뿌리가 없기 때문에 어떤 이끼류들은 단단한 불침투성 표면에서도 자랄 수 있다. 따라서 이끼류들은 맨 바위[검정이끼속(*Andreaea*), 톳이끼속(*Hedwigia*)], 벽돌이나 모르타르[토르툴라 무랄리스(*Tortula muralis*)], 그리고 나무껍질뿐만 아니라 흙에서도 발견된다. 다른 쪽 극단으로는 물이끼속(*Sphagnum*)의 이끼류들이 호수와 연못 가장자리의 잔잔한 물 표면에서 산다(**그림 20-20**). 물이끼의 잎과 줄기는 물에 뜰 수 있고 두꺼운 매트가 형성된다.

이끼류들은 거의 모든 환경에서 다른 종, 특히 관다발식물이 나중에 정착하는 데 있어서 중요하다. 지의류와 마찬가지로 이끼류들은 아무 것도 없는 표면에 대량 서식할 수 있고 세포로부터 누출되는 산(acid)으로 바위를 용해시킨다. 배우자낭병의 잎과 줄기는 먼지입자들을 잡고 붙들어 관다발식물의 포자와 씨앗이 정착할 수 있는 작은 포켓의 토양을 조성한다. 이와 비슷한 과정이 땅바닥에서도 일어난다. 숲이나 풀밭에서는 토양의 이끼층이 촉촉하고 바람이 잘 통하는 모판(seed bed)으로 작용할 만큼 충분히 두꺼워지기도 한다. 이끼층은 토양보다도 물을 더 잘 간직할 수 있고, 따라서 유식물의 미소서식지를 향상시킨다.

© Mps197/Shutterstock

그림 20-20 물이끼속(*Sphagnum*)의 이끼는 물의 운동이 거의 없는 곳인 하천이나 연못의 가장자리에서 자란다. 식물이 점점 커지고 엉켜서 동물의 무게를 지탱할 만큼 충분히 단단한 매트를 조성한다. 그런 매트를 출렁습원(quaking bogs)이라고 부르는데, 그것은 걸음을 옮길 때마다 매트가 마구 흔들리고 파도 모양을 이루기 때문이다. 충분히 시간을 주면 관다발식물의 씨가 발아하고, 잎과 잔해가 습지로 날려가서 분해되어 습원을 기름진 땅으로 서서히 바꾼다.

우산이끼식물문: 우산이끼류

이끼류와 마찬가지로 **우산이끼류(liverworts)**는 이형세대교번을 하는 작은 식물이다(**표 20-5**). 겉게발이끼속(*Cephaloziella*)의 가장 작은 개체는 크기가 폭 150 μm에 길이가 2,000 μm에 불과하다. 식물이 크게 자라는 종은 거의 없고, 가장 큰 모노클레아속(*Monoclea*)의 크기는 대략 폭 5 cm에 길이가 20 cm이다. 어떤 종은 잎이 달리고 이끼류와 매우 유사하고(**그림 20-21A**), 다른 어떤 종들은 작고 단단한 리본 같은 배우자체를 만든다(그림 20-8 참조, **그림 20-21B**). 포자체는 이끼류에서보다 눈에 잘 띄지 않고 배우자체에 완전히 의존한다.

표 20-5 우산이끼식물문(Hepatophyta)의 분류

Class Hepatopsida (우산이끼강)	
Order Marchantiales (우산이끼목)	*Conocephalum*(패랭이우산이끼속), *Marchantia*(우산이끼속), *Reboulia*(삿갓우산이끼속), *Riccia*(둥근이끼속), *Ricciocarpus*(은행이끼속)
Order Sphaerocarpales (스파이로카르포스목)	*Riella*(리엘라속), *Sphaeocarpos*(스파이로카르포스속)
Order Monocleales (모노클레아목)	*Monoclea*(모노클레아속)
Order Metzgeriales (리본이끼목)	*Fossombronia*(비늘우산대이끼속), *Pallavicinia*(미역이끼속), *Pellia*(물우산대이끼속)
Order Jungermanniales (망울이끼목)	*Cephaloziella*(겉게발이끼속), *Frullania*(지네이끼속), *Jungermannia*(망울이끼속), *Porella*(세줄이끼속)
Order Haplomitriales (하플로미트리움목)	*Haplomitrium*(하플로미트리움속)

배우자체 세대

우산이끼류의 배우자체는 **경엽체성 우산이끼류[leafy liverworts**; 망울이끼목(Jungermanniales)과 하플로미트리움목(Haplomitriales)]과 **엽상체성 우산이끼류(thallose liverworts)**의 2가지 기본적 집단으로 구분한다(그림 20-21, **그림 20-22**). 이들 모두 포자가 발아하여 작고 일시적인 원사체 시기가 확립되면서 배우자체 시기가 시작된다. 우산이끼류의 원사체는 광범위하지 않고 가지를 내지 않으며 이끼류의 원사체처럼 오래 살지도 않는다. 대신에 몇 세포만 만들어진 다음, 정단세포가 확립되고 배우자낭병의 생장이 시작된다.

경엽체성 우산이끼류의 배우자낭병은 가느다란 줄기에 얇은 잎이 달리고, 이끼의 배우자낭병과 매우 유사하다. 그렇지만 우산이끼의 잎은 중앙맥이 없고 통도조직이 없는 2개의 둥근 열편

(A) Courtesy of Dr. Andrew Spink (www.andrewspink.nl)

(B)

(C)

그림 20-21 **(A)** 이 두끝벼슬이끼속(*Lophocolea*) 같은 경엽체성 우산이끼류는 이끼류와 쉽게 혼동된다. 우산이끼류의 두드러지는 특징(이런 저배율에서는 보이지 않음)은 두 징딘짐에서 자라는 친열엽(lobed leaf)과 기부의 주머니이다. 이끼의 잎은 결코 그와 같지 않다. **(B)** 엽상체성 우산이끼류는 꽤 두꺼운 몸을 갖고 있어서 좀처럼 이끼류와 혼동되지 않는다. 촉촉하고 활발한 이 옥시미트라 인크랏사타(*Oxymitra incrassata*)에는 종이 같이 얇고 건조한 인편(scale)이 달린다. 하얀 점은 기실공(air pore)이고, 갈라진 중열(틈, cleft)에는 배우자낭이 있다. 어릴 때 배우자체는 하나의 정단분열조직과 하나의 중열(왼쪽 상단)을 갖고, 그 다음에 꼭대기가 두 갈래로 갈라져서 2개의 꼭짓점과 2개의 중열이 생긴다. 각각은 다시 분열할 수 있다. **(C)** 건조한 계절에는 옥시미트라속(*Oxymitra*) 식물체가 마르고 안쪽을 향해 접혀지면서 인편이 몸을 감싸 식물체를 보호해 준다. 극심한 열과 건조에도 몇 달 동안 생존하게 된다.

그림 20-22 우산이끼속(*Marchantia*)의 생활주기. 상세한 내용은 본문에 서술되어 있다.

(lobe)을 갖는 반면에, 이끼의 잎은 끝이 뾰족하고 보통 중앙맥을 갖는다. 우산이끼의 잎은 또렷한 3개의 열(row)로 배열하고, 그 가운데 2열의 잎들은 세 번째 열의 잎보다 훨씬 크다. 지상부가 기질에 딱 붙어서 자라는 포복성 우산이끼류에서는 밑에 있는 열의 잎이 축소되어 완전히 억눌리거나 헛뿌리로 대체되기도 한다.

배우자낭병 줄기는 3, 4 또는 5쪽의 정단세포에 의해 자라고, 가장 위쪽과 다른 쪽들은 줄기에 박힌다. 줄기의 조직은 단순한 유조직이고, 대부분의 종에서 두꺼운 벽을 지닌 세포와 통도세포는 나타나지 않는다. 사실상 모든 우산이끼류의 일부 세포 또는 많은 세포는 특징적인 유체(oil body)를 포함한다.

엽상체성 우산이끼류는 이끼류와 덜 비슷하다. 우산이끼류는 결코 잎처럼 생기지 않고, 대신에 평평하고 리본 모양이거나 하트 모양이며 좌우대칭이다. 그 몸을 때때로 **엽상체(thallus**; 복수형 thalli)라고 하는데, 이는 뿌리와 줄기 그리고 잎이 없는 몸을 가리킨다. 최근에는 '엽상체'보다 '몸(body)'이라는 용어를 흔히 사용한다. 엽상체성 우산이끼류의 몸은 다층(stratified)이고, 경엽체성 우산이끼류와 이끼류의 몸보다 훨씬 두꺼운 경향이 있다. 기질 바로 옆의 쪽에는 단세포의 헛뿌리가 달리고, 많은 세포들에 큰 기름방울이 들어 있다. 기질에서 멀리 떨어진 쪽의 세포들은 기름이 없지만 엽록소가 풍부하게 들어 있다. 세포들은 느슨하게 배열하여 큰 기실(air chamber)을 갖는 통기조직을 이루고, 기실은 커다란 **기실공(air pore)**에 의해 외부와 연결된다(**그림 20-23**). 기실공은 기공이 아니고, 공변세포가 없고 닫힐 수 없다.

일부 종은 아주 단순하다. 스파이로카르포스 텍사누스(*Sphaerocarpos texanus*)는 작고, 중심부는 몇 세포가 층을 이루는 얇은 리본인데, 몸의 나머지는 한 층의 세포 두께이다. 바닥에 단순한 헛뿌리가 있지만, 내부의 기실은 없고 비늘이나 다른 어떤 유형의 영양체 분화도 없다. 이들 식물은 녹조 갈파래속(*Ulva*)이나 윤조식물 초록방석말속(*Coleochaete*)과 비슷하게 단순하다. 미역이끼속(*Pallavicinia*)과 물우산대이끼속(*Pellia*)의 우산이끼류도

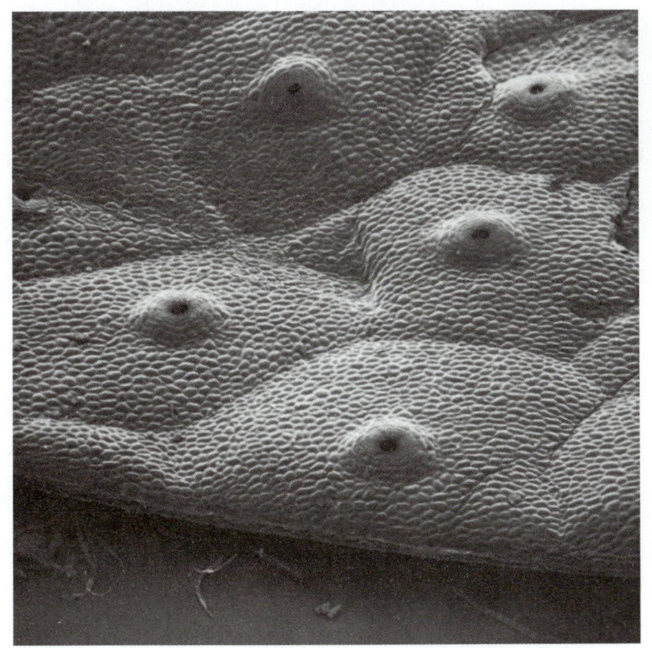

© Biophoto Associates/Science Source

그림 20-23 엽상체성 우산이끼류의 배우자체가 몇 mm까지 매우 두꺼워지기도 하지만, 속이 꽉 차지는 않는다. 엽상체성 우산이끼류는 많은 방(chamber)들을 갖고 있고, 이산화탄소와 수증기가 그 안으로 쉽게 확산될 수 있다(×425).

이처럼 단순하다.

우산이끼류의 배우자낭병은 종에 따라 장정기와 장란기 모두를 만드는 양성적(bisexual)이거나 단성적(unisexual)이다. 경엽체성 우산이끼류는 배우자낭이 보통의 잎과 섞여 달기기도 하고, 변형된 잎으로 둘러싸여 특수한 곁가지에 위치하기도 한다. 엽상체성 우산이끼류 종에서는 장정기와 장란기가 무리를 짓고 엽록소를 함유하는 세포들의 튜브에 의해 둘러싸이기도 한다. 온실의 촉촉한 흙에서 잘 자라는 우산이끼속(*Marchantia*)은 가장 친숙한 우산이끼일 것이다. 그 배우자낭의 생성은 특히 정교하다. 우산이끼속의 수배우자체는 우산 모양으로 돌출한 **장정기병(antheridiophore)**을 만든다(**그림 20-24**). 장정기병에는 몇 mm 길이의 자루가 달리고, 그 위쪽 표면에서 수십 개의 장정기가 자라고, 각각은 불임세포들의 테두리로 둘러싸인다. **장란기병(archegoniophore)**에도 자루가 있지만 그 꼭대기는 방사형 손가락 모양이고, 밖을 향해 돌출되다가 아래로 처진다. 아래쪽에는 많은 장란기가 있다(**그림 20-25**). 우산이끼속에서 장정기병과 장란기병은 서로 다른 식물체에서 나타나고, 장정기와 장란기는 같은 배우자체에서 생기지 않는다.

빗물이 튀어 정세포가 장란기병으로 운반되면 정세포는 장란기의 목 부분으로 유영하고 알을 수정시킨다. 접합자는 그 자리에서 작은 포자체로 자란다(**그림 20-26**). 에워싸는 배우자낭병 조직은 일시적으로 포자체와 함께 팽창하여 보호껍질을 형성하고, 장란기의 목은 확장되어 삭모가 된다. 우산이끼속에서는 포자체가 아주 작아서 각 장란기병이 많은 포자체를 부양한다.

포자체 세대

대부분의 우산이끼 포자체에서는 변이가 거의 나타나지 않고, 그 기본 형태는 이끼류의 기본 형태와 비슷하다. 그렇지만 기본적인 구조는 두 집단이 크게 차이를 보인다. 대부분의 우산이끼 포자체는 족부(foot)와 삭병(seta) 그리고 삭모(calyptra)로 덮인 포자낭을 갖지만, 삭병은 극히 연약하고 빨리 붕괴되는 투명하고 벽이 얇은 세포들로 구성된다. 우산이끼목(Marchantiales)의 많은 종류는 전혀 삭병을 갖지 않는다. 포자낭은 구형이고 어릴 때에는 밝은 녹색을 띠고 엽록소를 포함하지만, 기공은 없다. 불임세포들의 바깥층은 이끼류 포자낭보다 훨씬 얇고, 보통 한 층의 세포 두께이다. 이끼류에서 발견되는 중심의 불임세포 덩어리인 삭축(columella)이 우산이끼의 포자낭에는 없다. 포자낭의 열개는 삭개(operculum)에 의하지 않고 4개의 세로틈새에 의해 벌어져서 열리고, 삭치는 없다. 포자낭 안에서 일부 세포들은 감수분열을 하지 않고 **탄사(elater)**로 분화되는데, 탄사는 스프링 모양의 벽을 갖는 단일한 긴 세포이다. 포자낭이 열릴 때 탄사들이 풀려서 포

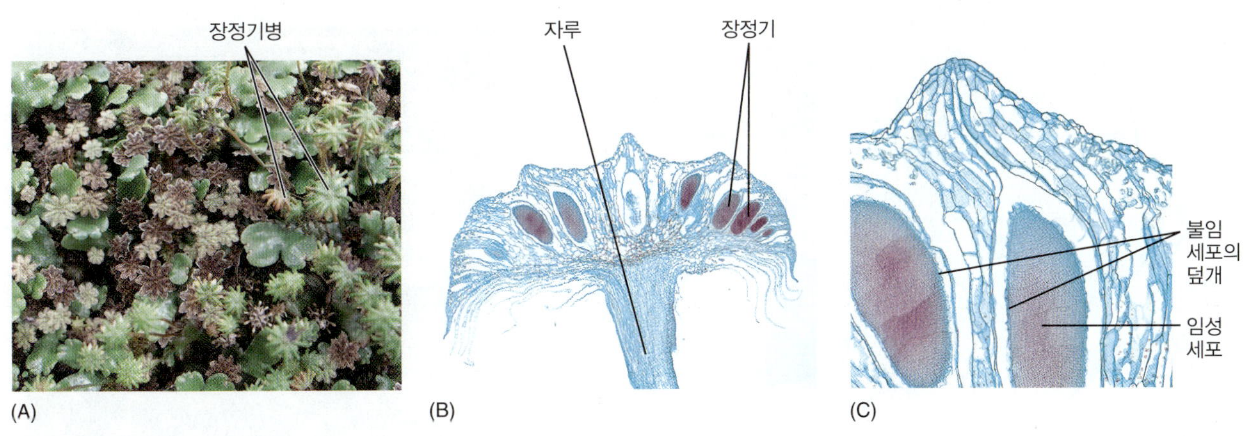

Courtesy of Chrissen Gemmil, Centre of Biodiversity and Ecology Research, University of Waikato

그림 20-24 **(A)** 우산이끼속(*Marchantia*)의 장정기병에는 그 이름이 가리키듯이 장정기가 달린다. 장정기병은 배우자체 조직이고, 장정기는 위쪽 표면 안에 숨겨져 있다(4개의 장란기병도 존재한다). **(B)** 장정기가 있는 장정기병을 저배율로 확대한 모습(×8). **(C)** 이끼류와 다른 모든 유배식물의 장정기와 마찬가지로 우산이끼류의 장정기는 정자로 분화되는 임성세포를 둘러싸는 불임세포의 덮개로 이루어진다(×32).

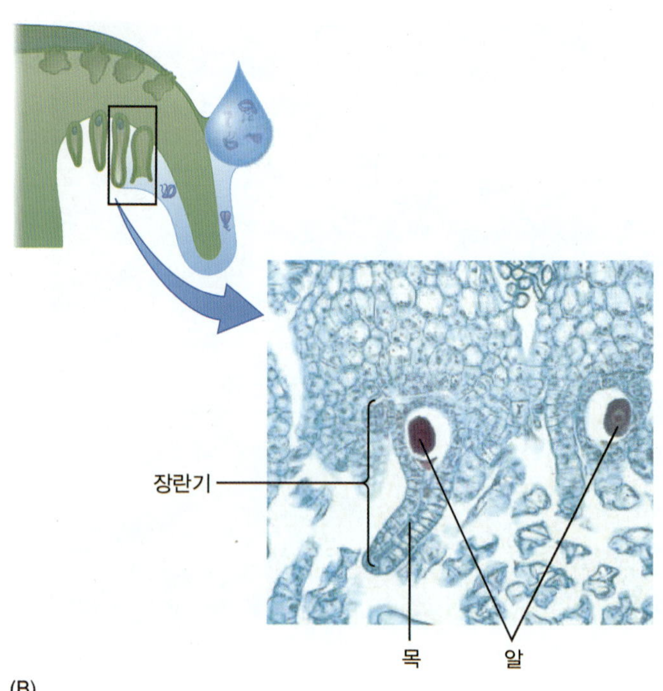

(A) (B)

그림 20-25 **(A)** 우산이끼속(*Marchantia*)의 장란기병은 자루에서 사방으로 퍼지는 손가락 같은 부분을 갖고 있어서 쉽게 알아볼 수 있다. 장란기는 아래쪽에 있다(×3). **(B)** 각 장란기는 긴 튜브 모양의 목과 약간 부어오른 기부로 구성되는데, 이들 모두 한 세포층이다. 각각의 장란기에는 오직 하나의 알이 들어 있다(×160).

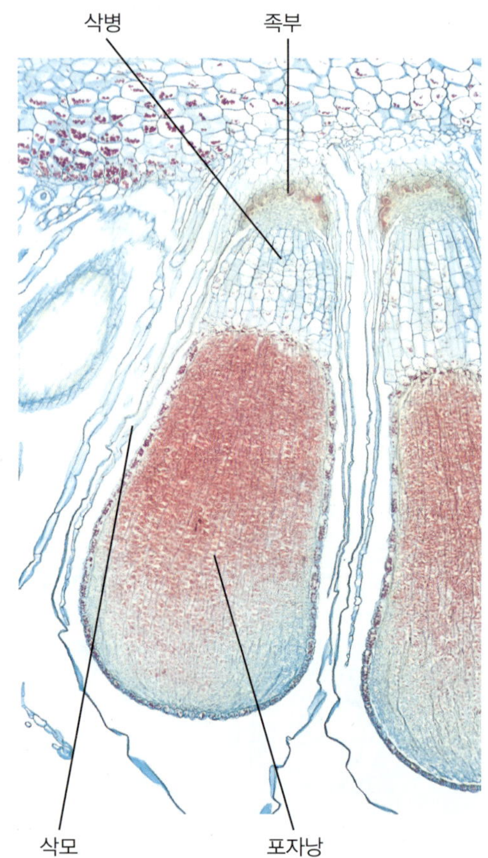

그림 20-26 우산이끼의 포자체는 족부와 삭병 그리고 깍지(포자낭)로 구성되지만, 이끼류에서와 같은 정교한 세트의 삭치는 없다. 대신에 꼭대기가 갈라져서 몇 개의 조각이 되고 이들 조각 모두 뒤로 감기며 포자를 방출한다(×20).

자를 밖으로 밀어낸다(**그림 20-27**). 모든 우산이끼류는 동형포자성(homosporous)이다.

둥근이끼속(*Riccia*)과 은행이끼속(*Ricciocarpus*)에서는 눈에 띄게 단순한 포자체가 만들어진다. 접합자는 배우자낭병 몸의 장란기 안에서 구 모양의 덩어리로 자란다. 족부나 삭병은 없고, 대신에 이 덩어리 안쪽 세포들이 감수분열을 하여 포자를 만든다. 둘러싸고 있는 배우자낭병과 포자체 조직들이 노성하고, 죽고, 분해되어 포자들이 마침내 방출된다.

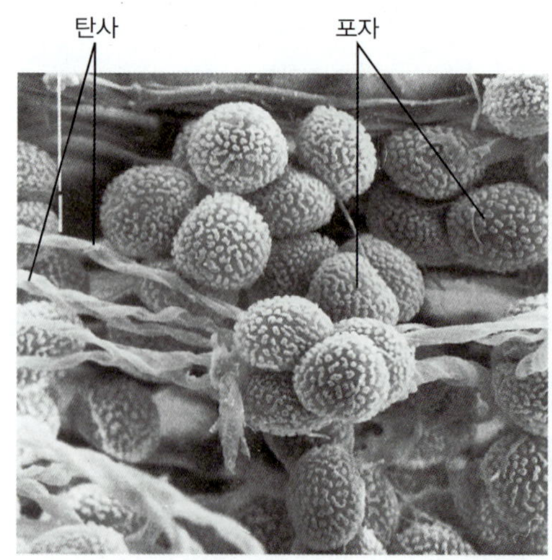

Courtesy of Sharon Bartholomew-Began, West Chester University

그림 20-27 우산이끼 하플로미트리움 후커리(*Haplomitrium hookeri*)의 포자와 탄사.

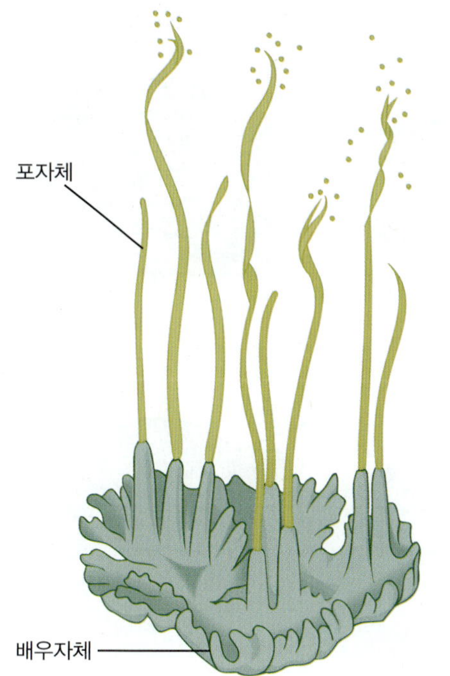

그림 20-28 뿔이끼의 '뿔'은 기저분열조직에서 끊임없이 자라는 포자체이다. 포자체의 아래 부분은 배우자체 조직으로 둘러싸인다.

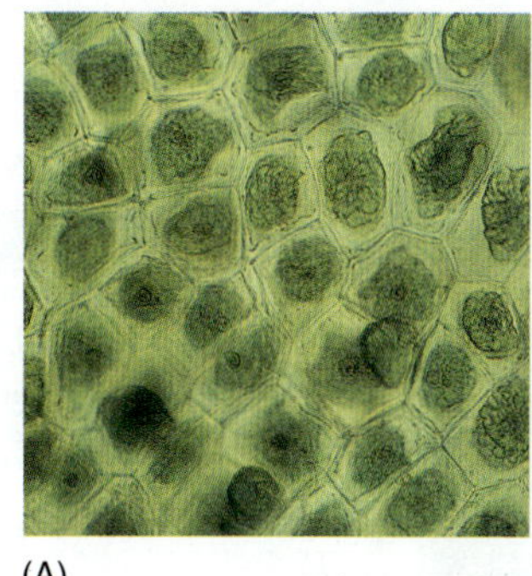
(A)

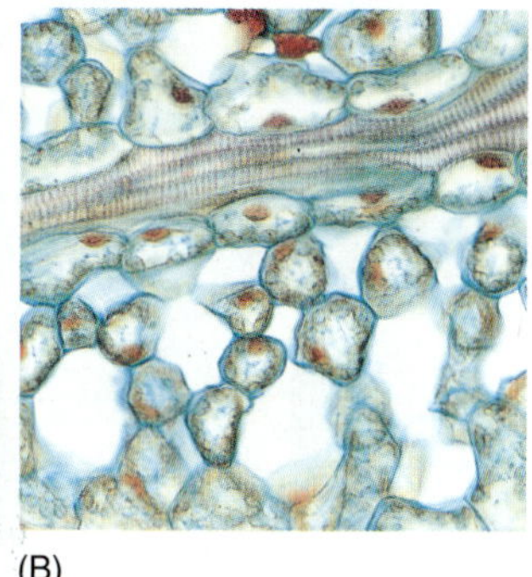
(B)

그림 20-29 **(A)** 뿔이끼류 세포는 유배식물 가운데 독특하게 각 세포에 오직 1개의 색소체만이 들어 있다. 뿔이끼류 이외의 생물에서 이런 특징은 조류에서만 나타난다. 비록 사소하게 보일 수도 있지만, 이는 매우 중요한 세포/색소체 관계를 나타낸다. 색소체의 증식은 세포의 증식과 신중하게 조화를 이루어야 하고, 양쪽 자손세포들이 각각 하나씩 받게 하기 위한 특별한 메커니즘이 필요하다(×60). **(B)** 각각 많은 엽록체가 들어 있는 쥐똥나무 잎의 세포(×60).

뿔이끼식물문: 뿔이끼류

뿔이끼류(hornworts)는 작고 눈에 잘 안 띄는 엽상체형 식물의 무리이고, 축축한 흙에서 자라는 뿔이끼류는 벼과 초본이나 그 밖의 초본들에 의해 가려져 있다(그림 20-6과 20-9 참조, **그림 20-28**, **표 20-6**). 뿔이끼류는 수목의 나무껍질이나 맨 바위에 좀처럼 살지 않기 때문에 이들을 특별히 찾지 않으면 보통 접할 수 없다. 노변의 절개지와 그늘의 침식된 흙은 뿔이끼류가 살기에 적합하다. 뿔이끼류는 5 또는 6속의 대략 100~150종이 알려져 있으며, 뿔이끼속(*Anthoceros*)과 마당뿔이끼속(*Phaeoceros*)이 흔한 예가 된다. 많은 종의 이름들이 아마 동종이명(synonym)일 것이다. 다시 말해서 많은 뿔이끼류들의 개체들이 다양한 조건에서 몹시 다른 생장형을 갖기 때문에 같은 종에 여러 이름들이 붙여졌다.

뿔이끼류는 표면적으로 엽상체성 우산이끼류와 비슷하고, 많은 종의 배우자낭병은 리본 모양이며 가늘고, 뚜렷한 줄기나 잎을 갖지 않는다. 그렇지만 뿔이끼류는 결코 유체를 포함하지 않는 반면에 우산이끼류는 항상 유체를 갖는다. 다른 모든 유배식물에서와 같이 이형세대교번이 일어나고, 포자체가 훨씬 크고 광합성을 하는 배우자체에 의존한다. 그러나 뿔이끼류는 그 밖의 비관다발식물을 포함하여 다른 모든 유배식물과 아주 분명히 다르다. 가장 두드러진 특징 가운데 하나는 조류 이외의 다른 모든 식물에서 각 세포에 많고 작은 색소체들이 들어 있는 것과 대조적으로 뿔이끼류는 세포마다 하나의 큰 엽록체가 존재한다는 점이다(**그림 20-29**). 세포당 하나의 엽록체는 많은 조류의 특징이고 놀랍게도 뿔이끼류의 특징이 된다. 이뿐만 아니라 뿔이끼류의 엽록체는 피레노이드를 갖고 있는데, 이는 다른 모든 유배식물에는 없는 조류의 특징이다. 뿔이끼류의 엽록체는 아마 모든 유배식물 조상의 상태를 대표할 것이다. 불행하게도 최초 식물의 엽록체가 그 어떤 화석에서도 보존되지 않았기 때문에 우리는 초기 식물의 엽록체가 어떠했는지를 알지 못한다.

표 20-6 뿔이끼식물문(Anthocerotophyta)의 분류	
Class Anthoceratopsida (뿔이끼강)	
Order Anthocerotales (뿔이끼목)	*Anthoceros*(뿔이끼속), *Dendroceros*(덴드로케로스속), *Megaceros*(메가케로스속), *Notothylos* (노토틸로스속), *Phaeoceros*(마당뿔이끼속)

배우자체 세대

많은 종에서 배우자낭병 단계가 확립되기 전에 고작 3~4개의 원사체 세포들만이 만들어진다. 배우자낭병은 적어도 가장자리를 따라 항상 가늘고, 중심에서만 4 또는 5개 세포 이상으로 두꺼워진다. 배우자낭병은 리본 모양 또는 하트 모양이거나, 불규칙하게 바깥쪽으로 자라서 원판을 이루기도 한다. 많은 종에서 상부 표면은 매끈하지만, 어떤 종에서는 엽록소를 포함하는 얇은 라멜라가 위쪽으로 자란다. 배우자체는 유조직으로 되어 있고, 꽤 다육성이지만 잘 부러진다. 건조에 대한 내성을 갖지 않고, 뿔이끼류의 배우자낭병은 온대 기후에서 보통 1년 미만을 산다. 뿔이끼류는 월동1년생식물(winter annual)처럼 행동하고, 서늘하고 축축한 가을에 나타나서 겨울에 자라고 봄에 포자체를 만들어 여름이 오기 전에 죽는다. 일부 종에서는 안쪽 세포들이 기름으로 채워지고 다른 세포들은 죽어서 기름이 풍부한 '덩이(tuber)'가 만들어지고, 한 엽상체에서 여러 개의 덩이가 형성될 수 있다.

내부적으로 뿔이끼류 배우자체는 많은 공간들을 갖는다. 어린 식물은 세포들이 분해되고 그 내용물이 화학적으로 점액으로

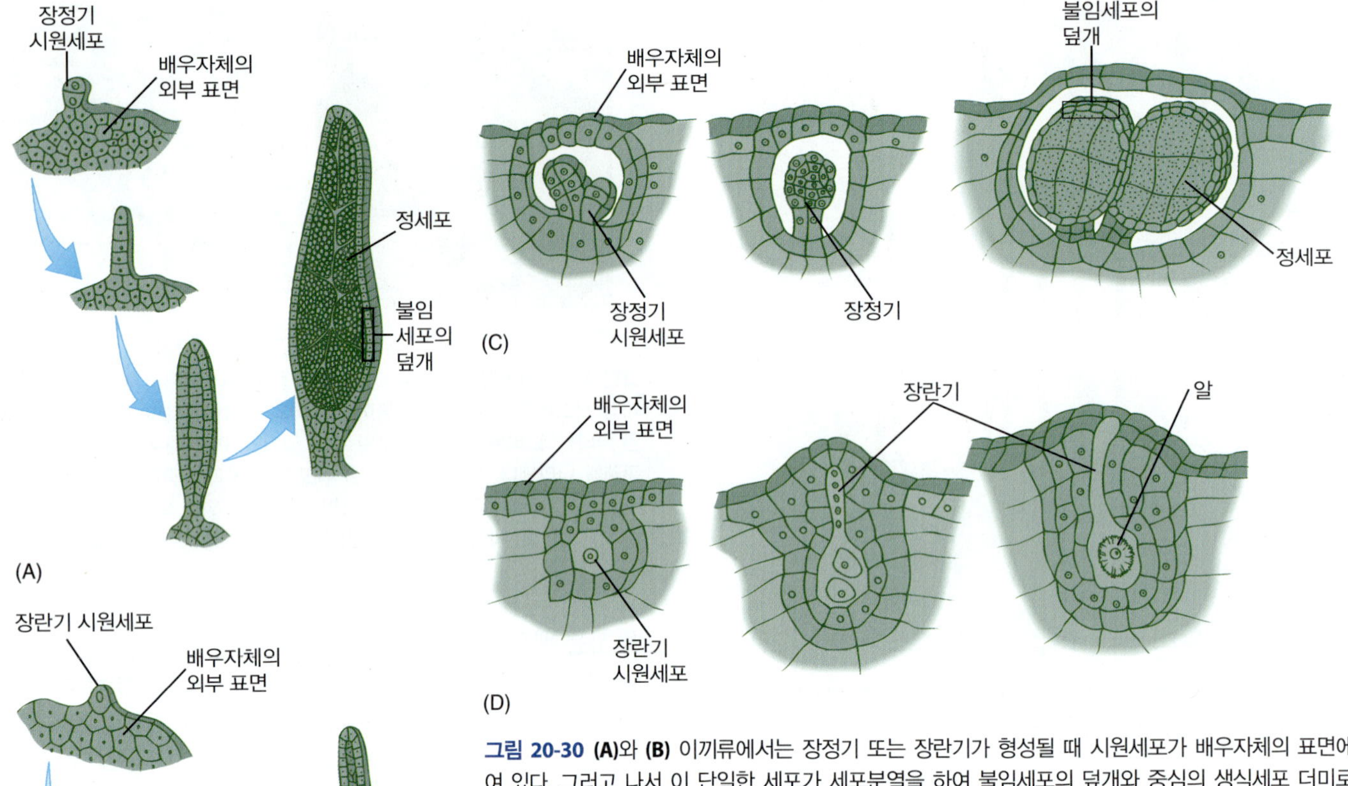

그림 20-30 (A)와 **(B)** 이끼류에서는 장정기 또는 장란기가 형성될 때 시원세포가 배우자체의 표면에 놓여 있다. 그러고 나서 이 단일한 세포가 세포분열을 하여 불임세포의 덮개와 중심의 생식세포 더미로 바뀐다. 이런 양상은 모든 이끼류, 우산이끼류, 그리고 관다발식물에서 나타난다. 꽃식물의 배우자체는 몹시 축소되어 있어서 이 양상이 명백하지는 않다. (C)와 (D) 뿔이끼류의 배우자낭은 독특하다. 장정기**(C)**는 배우자체의 진정한 표면에서 만들어지지 않고, 알**(D)**은 별개의 장란기 세포들로 둘러싸이지 않는다.

변모되어 형성되는 점액실(mucilage chamber)을 갖는다. 이 공간에 남세균 구슬말속(*Nostoc*)이 침입한다. 모든 뿔이끼류는 이러한 공생을 이루며, 추정하건데 구슬말속으로부터 질소화합물을 받아 혜택을 입는다.

뿔이끼류의 배우자낭 형성은 독특하다(**그림 20-30**). 다른 모든 유배식물과는 달리, 장정기 시원세포들은 뿔이끼 배우자체의 표면세포가 아니다. 그 대신, 윗면 가까이 특별한 점액실이 생기고 난 후에 그 방의 내벽을 이루는 세포들이 공간으로 자라서 장정기가 된다. 장정기가 자라면서 방은 확장되고, 마침내 그 천장이 갈라지면서 장정기가 환경으로 나온다. 정세포가 성숙함에 따라 장정기 바깥쪽의 불임세포들은 그 엽록체가 잡색체(chromoplast)로 변형되고 주황색이나 노란색이 된다.

장란기는 표면의 세포들에서 만들어지지만, 다른 유배식물의 플라스크 모양을 하는 장란기와는 달리 장란기가 알을 완전히 둘러싸지 않는다. 알이 짧은 목과 경구(neck canal) 아래에 놓이기는 하지만, 알은 영양엽상체 세포들로 둘러싸인다. 목세포들은 보통의 엽상체 유세포들과 뚜렷이 다르지 않아 구별하기가 어렵다.

수정이 일어난 다음 접합자는 세로로 분열하는데, 이끼류와 우산이끼류에서는 접합자가 가로로 분열한다.

포자체 세대

뿔이끼류의 포자체와 이끼류나 우산이끼류의 포자체 간에서 유사점을 찾기는 쉽지 않다. 뿔이끼류는 배우자낭병 조직에 박혀 있는 족부를 갖지만, 삭병이나 별개의 포자낭은 없다(그림 20-28 참조, **그림 20-31**, **그림 20-32**). 대신에 새로운 포자낭 조직을 끊임없이 만드는 분열조직이 족부 바로 위에 있다. 새로 만들어진 세포들이 위쪽으로 밀리면서 생장하고 분화하고 성숙하고 죽는다. 이와 동시에 이들 세포는 기저분열조직에서 올라오는 많은 세포들로 대체된다. 결과적으로 포자낭은 길고 뿔 같은 원통이 되는데, 그 길이는 뿔이끼속(*Anthoceros*)과 마당뿔이끼속(*Phaeoceros*)에서 보통 1 또는 2 cm이지만 어떤 종에서는 12 cm까지도 나타난다. 꼭대기에서 포자낭이 성숙하고 두 갈래로 갈라지면서 벌어진다. 바깥쪽의 불임세포층은 두껍고 많게는 6개 세포로 되어 있으며, 엽록소가 들어 있다. 뿔이끼속과 마당뿔이끼속은 기공을 갖지만, 노토

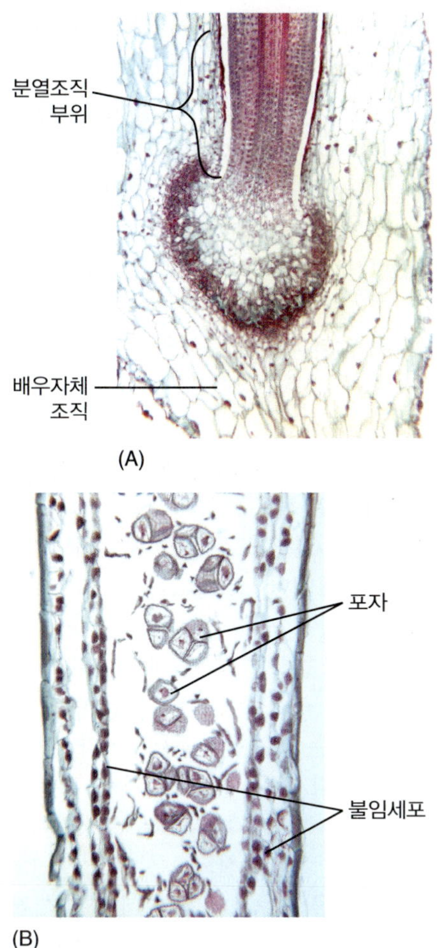

그림 20-31 **(A)** 포자체의 맨 아래 부분은 배우자체에 파묻혀 있는 족부와 비슷하고, 수송세포가 최근에 발견되었다. 따라서 포자체로 활발한 영양소 수송이 일어나게 된다. 분열조직 부위가 족부 바로 위에 있다. **(B)** 보다 높은 위치의 그림 20-32C에 해당하는 곳에서는 포자들이 성숙한다.

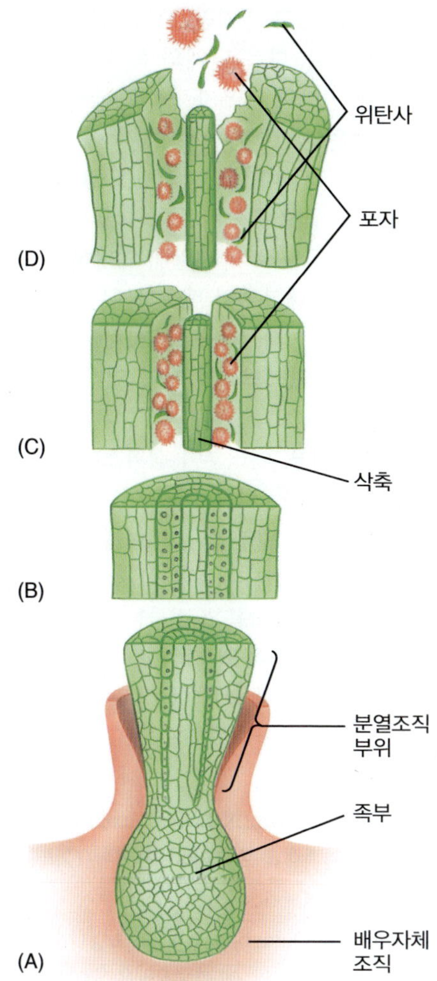

그림 20-32 포자체의 종단면. 맨 아래 부분에 분열조직 부위가 있다**(A)**. 기저분열조직 위의 높은 곳에서는 포자모세포가 감수분열을 한다**(B)**. 더 위쪽에서는 포자가 성숙하고**(C)**, 그러고 나서 포자가 방출된다**(D)**. 이런 유형의 연속적 감수분열은 뿔이끼류 이외의 다른 식물에서는 알려지지 않았다.

틸로스속(*Notothylos*), 덴드로케로스속(*Dendroceros*), 그리고 메가케로스속(*Megaceros*)은 기공이 없다. 포자는 녹색, 황록색, 갈색, 또는 검은색이고, 일부 종에서는 방출될 준비가 되어 있을 때 다세포로 된다. 뿔이끼류는 이끼류에서처럼 삭축(columella)을 갖는데, 우산이끼류의 탄사(elater)와는 달리 뿔이끼류의 탄사[종종 이를 위탄사(pseudoelater)라고 부름]는 다세포이고 나선형으로 비후된 벽을 갖지 않는다. 기저분열조직은 수분 이용가능성과 온도에 따라 오랜 기간에 걸쳐 활발하고, 각 포자체에서는 다수의 포자가 만들어질 수 있다. 포자체를 배우자체로부터 절제하여 실험실 조건에서 포자체를 기르려고 몇 차례 시도하였지만, 엽록체를 갖고 있음에도 불구하고 포자체는 죽었다. 포자체의 죽음이 무기질의 결핍이나 불충분한 광합성에 의한 것인지, 아니면 배우자체로부터 오는 생장인자나 비타민 또는 호르몬의 결핍 때문인지는 알려지지 않았다.

다음 단계에서는

1. **복잡한 식물인 배우자체.** 모든 속씨식물은 2종류의 매우 단순한 배우자체를 갖는다. 그 하나는 수배우자체(꽃가루)이고, 다른 하나는 암배우자체(밑씨의 내부에서 살고, 8개의 핵과 7개의 세포를 갖는 배낭)이다. 선태식물의 배우자체는 훨씬 더 복잡하고, 잎과 줄기, 그리고 헛뿌리를 갖지만, 뿌리는 결코 갖지 않는다. 거의 모든 식물의 생명작용이 포자체(수목,

관목 등)에 중점을 두고 있지만, 모든 식물은 예외 없이 배우자체 시기를 갖는다. 다음 단계의 독자적인 연구로, 저자는 모든 주요 식물 집단의 배우자체에 관한 책을 읽을 것을 권장하며, 가장 좋은 출발점은 이 책에서 이어지는 장들과 9장(꽃과 생식)이다. 그런 다음에 인터넷을 검색하거나 식물형태학에 관한 책들을 참고하기 바란다. 대부분의 배우자체를 직접 연구하는 것은 극도로 어려운데, 왜냐하면 고사리류의 배우자체를 제외하고 대부분의 배우자체는 작고, 잠시 동안만 살며, 희귀하기 때문이다. 자연에서 배우자체를 찾을 수 있도록 도와줄 수 있는 지역의 전문가가 있다면 좋은 경험이 될 것이다.

2. **들꽃으로서의 선태식물.** 여러분이 캠퍼스나 집 근처의 식물에 관심을 갖게 되기를 바란다. 아마도 여러분은 몇몇 나무와 조경식물 그리고 어쩌면 일부 들꽃의 이름들을 알고 있을 것이다. 사람들이 종종 이끼류에 주목하지만, 그 이름을 알기란 쉽지 않을 것이다. 야생화를 동정하는 많은 책에도 고작해야 2~3종류의 이끼류만 수록되어 있고, 중요한 세부사항을 볼 수 있는 사진도 명확하지 않다. 초심자들을 대상으로 쓰여진 몇몇 훌륭한 선태식물 안내책자가 있으며, 그 중에서 다음과 같이 추천하고자 한다.
   1. 말콤 등(Bill Malcolm, Nancy Malcolm, Jim Shevock, and Dan Norris)의 『캘리포니아의 이끼류(*California Mosses*)』(2009년, Micro-Optics Press)
   2. 데이비슨(Paul Davison)과 피스트랑(Mark J. Pistrang)의 『체로키 국유림의 이끼류와 우산이끼류의 안내서(*A Trailside Guide to Mosses and Liverworts of the Cherokee National Forest*)』(2008년, Blurb)
   3. 맥나이트 등(Karl B. McKnight, Joseph R. Rohrer, Kirsten McKnight Ward, and Warren J. Perdrizet)의 『북동부와 애팔래치아 산맥에서 흔히 볼 수 있는 이끼류(*Common Mosses of the Northeast and Appalachians*)』(2013년, Princeton University Press)

   비록 여러분이 이들 안내서에서 구체적으로 명시된 지역에 살지 않더라도, 대부분의 이끼류와 우산이끼류들이 널리 분포하므로 이러한 책들은 많은 지역에서 유용할 것이다.

3. **무성생식.** 선태식물은 무성생식에 뛰어나다. 많은 종에서 배우자체 조직의 어떤 작은 조각이라도 떨어져 나가 적합한 자리에 자리 잡게 되면 새로운 식물체로 자란다. 더구나 많은 선태식물에서는 무성아(gemmae; 단수형 gemma)라고 부르는 작은 세포 무리가 만들어지는데, 무성아는 빗물, 바람 또는 동물에 의해 식물체로부터 쉽게 떨어지고 나서 원래 식물의 클론인 새로운 식물로 자란다. 다른 어떤 종에서는 잎이 떨어져 나가 자라는 가지가 만들어지거나, 가지 자체가 조각나서 자라기도 한다. 모든 경우에 무성아 또는 단편들은 아주 작고 가볍기 때문에 수백 마일이나 날아갈 수 있고, 식물이 아주 넓은 지역에 걸쳐 분산되도록 한다. 일반적으로 선태식물 종들은 종자식물 종들보다 훨씬 더 널리 퍼진다. 무성아와 무성생식은 종자와 유성생식에 대한 중요한 대안이다.

요약

1. 진정한 식물은 녹조류 조상으로부터 진화하여 약 4억 5천만 년 전에 처음 기원하였다. 이 변형에서는 물을 보존하는 방법들이 필수적이었는데, 그 전략에는 낮은 표면대용적비, 조밀한 몸, 각피, 그리고 생식을 물의 출현에 맞추는 조정이 포함된다.
2. 식물이 육지에 출현하면서 육지를 서식지로 변모시켰다. 식물이 번창함에 따라 빛에 대한 경쟁이 중요해졌고, 수직으로 자라는 습성이 선택이익이 되었다.
3. 관다발조직의 진화는 상당히 강한 수직의 줄기를 지탱할 수 있는 엄청난 결과를 가져왔다. 커다란 식물체가 통합적이 될 수 있었고, 부분들은 분화되고 특수화될 수 있었다.
4. 비관다발식물을 그들의 차이점과 별개의 진화적 기원을 강조하여 이끼류의 선태식물문(Bryophyta), 우산이끼류의 우산이끼식물문(Hepatophyta), 그리고 뿔이끼류의 뿔이끼식물문(Anthoceratophyta)의 3개의 문으로 분류한다.
5. 비관다발식물의 모든 세 집단은 유배식물이다. 이들은 모두 내부의 세포들만이 배우자나 포자로 분화하는 배우자낭과 포자낭을 갖고, 불임세포의 덮개가 항상 존재한다.
6. 비관다발식물의 모든 세 집단에서 생활주기는 이형세대교번으로 이루어진다. 배우자체는 크고 더욱 지속되며 광합성이 활발한 단계이다. 포자체는 탄소와 에너지, 그리고 무기질을 거의 전적으로 배우자체에 의존한다.
7. 일부 이끼류의 삭병, 줄기, 그리고 중앙맥에는 장거리 통도를 가능하게 하는 세포들이 들어 있다. 렙토이드는 당을 수송하고, 수관은 물을 수송한다. 이들이 물관부 및 체관부와 상동인지 아니면 그냥 유사한 것인지는 알려지지 않았다.
8. 장란기와 장정기는 같은 배우자낭병에 달리거나, 아니면 뚜렷이 구별되는 단성의 배우자낭병에 달릴 수도 있다.
9. 알이나 접합자 모두 방출되지 않는다. 새로운 포자체는 처음에 장란기 내에서 발달한다. 포자체가 완전히 성숙하면 족부와 포자낭이 생기고, 많은 종류가 삭병을 갖는다.
10. 이끼류 포자는 사상의 원사체로 자라고, 원사체에서 만들어지는 싹은 유조직으로 된 두꺼운 배우자낭병이 되는데, 배우자낭병에는 줄기와 잎 그리고 헛뿌리가 달린다.
11. 우산이끼류는 경엽체성이거나 엽상체성이다. 우산이끼류는

기름방울을 포함하고, 2개의 둥근 열편을 갖는 잎을 가지며, 두꺼운 잎의 중앙맥은 없고, 포자낭에 삭축이 없고, 삭개나 삭치가 없다.

12. 뿔이끼류의 포자체는 다른 모든 식물의 포자체와 다르다. 뿔이끼류는 족부와 기저분열조직을 갖고, 따라서 포자형성 조직은 끊임없이 만들어진다.

13. 뿔이끼류의 장정기는 표면의 세포에서 생기지 않고, 알은 별개의 장란기 조직에 의해 완전히 둘러싸이지 않는다.

중요한 용어

기실공(air pore)
깍지(삭)[capsule]
배우자낭병(gametophore)
뿔이끼류(hornworts)
삭개(operculum)
삭모(calyptra)
삭병(seta)
삭치(peristome teeth)
엽상체(thallus)
우산이끼류(liverworts)
원사체(protonema)
이끼류(mosses)
장란기[archegonium (복수형: archegonia)]
장란기병(archegoniophore)
장정기[antheridium (복수형: antheridia)]
장정기병(antheridiophore)
족부(foot)
탄사(elater)
헛뿌리(rhizoid)

복습 문제

1. 일부 관다발식물은 종자를 만들고, 다른 어떤 관다발식물은 종자를 만들지 않는다. 종자를 만들지 않는 관다발식물을 ________________이라 하고, 종자를 만드는 관다발식물을 ________________이라고 부른다. 종자를 만들지만 관다발조직이 없는 식물이 있을까?
2. 조류가 육지에 살게끔 진화적으로 적응하려면 어떤 변형이 필수적일까? 1가지 변형만으로도 충분할까, 아니면 여러 가지의 변형이 필요할까?
3. 진화계열이 극도로 불침투성인 각피를 발달시키기 전에 기공과 공변세포를 먼저 발달시킨 이유는 무엇인가? 뿌리와 활발한 정단분열조직의 진화에 앞서서 관다발조직이 발달한 이유는 무엇인가?
4. 다음과 같은 식물들을 종종 'mosses(이끼류)'라고 부르지만, 사실상 이들은 이끼류와는 전혀 밀접한 관계가 없다. 이들은 실제로 어떤 식물 집단에 속하는가?
   a. Spanish moss
   b. Club moss
   c. 연못과 유속이 느린 하천에서 밝은 녹색을 띠는 끈적끈적한 'mosses'
   d. 'Reindeer moss'
5. 비관다발식물의 세 집단은 무엇인가? 미지의 표본이 관다발식물인지 아닌지를 어떻게 결정할까?
6. 20장의 비관다발식물은 고사리류, 구과식물 및 꽃식물과 마찬가지로 진정한 식물이라고 여겨진다. 그렇지만 비관다발식물은 두 조직을 갖지 않는다. 그 두 조직은 무엇인가?
7. 이끼류의 렙토이드(leptoid)가 P-단백질을 암호화하는 유전자와 동일한 뉴클레오티드 순서를 갖는 유전자의 단백질을 포함하는 것으로 밝혀진다면, 렙토이드와 체세포의 상동이나 상사에 관한 중대한 증거가 될 수 있을까?
8. 여러분이 이끼류를 자세히 관찰할 때에만 포자체를 보게 될 것이다. 포자체는 녹색의 배우자체에서 위쪽으로 일어서는 녹색이나 갈색의 '____________'처럼 보인다. 그러나 포자체는 (다음 중 하나를 고르시오: 거의 항상 존재한다, 해마다 특정한 시기에만 출현한다).
9. 이끼류가 동형세대교번을 할까, 아니면 이형세대교번을 할까? 다르게 말하면 이끼의 배우자체를 이끼의 포자체와 구별할 수 있을까? 잎처럼 생긴 녹색의 이끼 식물체를 볼 때, 우리가 보는 것이 배우자체인가, 아니면 포자체인가? 꽃식물에서 그에 상응하는 시기가 식물인가, 아니면 꽃가루립과 대배우자체인가?
10. 우리에게 친숙한 녹색의 잎이 달린 이끼식물은 반수체 식물인 배우자체이다. 이 식물은 꽃식물 및 그 밖의 종자식물과 매우 다르다. 잎이 달린 녹색의 이끼식물이 포자 또는 수정된 알에서 자라는가? 이끼식물이 부계와 모계의 어버이 모두를 갖는가?
11. 그림 20-10에 있는 것과 비슷한 이끼식물을 그려보자. 배우자체와 포자체가 나타나게끔 주의하자. 이제 포자체가 없고 배우자체만 있는 이끼식물을 그려보자. 포자체는 보통 수명이 아주 짧고, 포자를 방출하고 나면 배우자체가 포자체를 죽도록 방치한다.
12. 이끼류의 생활주기를 그림으로 그리고 각 시기에 이름을 붙여보자. 여기서 배우자낭과 포자낭이 나타나게끔 유의하자. 어떤 부분이 반수체이고, 어떤 부분이 2배체인가? 언제 어디서 감수분열이 일어나나? 원형질융합인가, 아니면 핵융합인가?
13. 수관과 렙토이드가 없는 대다수의 이끼류에서 물은 _______

작용에 의해 오로지 식물의 ____________를 따라 통도된다.

14. 잎이 달린 녹색의 이끼식물은 배우자체이고, 배우자를 만드는 구조인 배우자낭을 갖는다. 정세포를 만드는 배우자낭의 이름은 무엇인가? 알세포를 만드는 배우자낭의 이름은? 어느 한 이끼 배우자체가 이들 모두를 가질 수 있을까? 오직 정세포만을 만드는 식물을 갖는 종이 있을까? 다른 식물은 오로지 알세포만을 만들까?
15. 이끼의 포자체는 ____________________이라고 부르는 좁은 자루와 ____________________라고 부르는 꼭대기의 단순한 포자낭을 갖는다.
16. 많은 사람들은 이끼류가 비가 많이 오고 보통 촉촉한 지역에 적응한 식물이라고 생각한다. 사막에 적응한 이끼류는 없을까? 심기 직전의 씨앗이 하는 방법처럼 대부분의 물을 잃고 살아남는 이끼류가 있을까?
17. 우산이끼속(*Marchantia*)은 가장 크고 가장 흔한 우산이끼류 중 하나다. 축축한 곳에서 잘 찾아보면 우산이끼속을 발견하게 될 것이다(어쩌면 여러 곳을 찾아야 할지도 모른다). 우산이끼속은 경엽체성 우산이끼류인가, 엽상체성 우산이끼류인가? 그 표면의 감촉을 설명하시오(그림 20-8 참조). 만일 행운이 따른다면 장란기병과 장정기병도 함께 발견할 수 있을 것이다. 이들 구조는 무엇이고, 이들을 어떻게 알아볼 수 있을까(이들은 무엇처럼 생겼나)?
18. 우산이끼속(*Marchantia*)과는 달리 일부 우산이끼류는 아주 단순하다. 스파이로카르포스 텍사누스(*Sphaerocarpos texanus*)의 몸을 설명해 보자. 이 식물을 보았을 때, 이 식물이 조류가 아니라고 어떻게 확신할 수 있을까(힌트: 거의 불가능하고, 다만 책에서 언급하지 않은 1가지 방법이 있다. 조류는 각 세포에 오직 1개의 엽록체를 갖는 경향이 있고, 스파이로카르포스 텍사누스를 포함하여 진정한 식물은 뿔이끼류를 제외하고는 세포마다 항상 많은 엽록체를 갖는다)? 이 질문의 요점은 일부 조류와 일부 진정식물 간에 차이가 거의 없음을 생각하자는 것이다.
19. 우산이끼류가 이끼류와 다른 점은 무엇인가? 뿔이끼류는 이들과 어떻게 다른가? 3가지 모두 비슷한 생활주기를 가질까?
20. 뿔이끼류의 '뿔'은 무엇인가? 뿔에서는 무엇이 만들어지나? 뿔이끼류는 분열조직을 갖고 있다. 분열조직은 어디에 위치하나?
21. 어떤 생물이건 진화에서 중요한 고려사항은 유전자확산(gene flow)이다. 비관다발식물에서는 어떤 메커니즘에 의해 서식지들 간에서 유전자들이 이동하였나? 울창하고 서늘한 숲에서 풍류(wind current)는 얼마나 센가? 숲의 바람이 포자들을 아주 멀리 운반할 수 있을까? 정자는 얼마나 멀리까지 헤엄칠 수 있을까? 빗방울에 의해 튕기면 정자나 포자가 얼마나 멀리 갈 수 있을까?

CHAPTER 21

무종자관다발식물

학습 목표

이 장을 읽은 다음, 학생들이 할 수 있는 것은;

- 내삽가설을 변형설과 비교한다.
- 리니아식물의 중요성을 말한다.
- 대상원시관다발식물을 리니아식물과 구별하는 특징들을 열거한다.
- 석송식물 5속의 이름을 댄다.
- 3지원시관다발식물이 리니아식물과 어떻게 다른지 설명한다.
- 텔롬설을 요약한다.
- 고사리류의 특징을 설명한다.
- 일부 학자들이 고사리류와 고사리 동류를 가리키는 말로 관다발 은화식물이라는 용어를 사용하는 이유를 설명한다.

알고 있나요?

- 이 21장의 식물 대부분은 고사리류이다.
- 고사리류는 꽃, 씨앗, 열매 또는 목부를 결코 만들지 않는다.
- 일부 고사리류는 백합처럼 행동한다. 스트레스를 받는 계절에는 잎이 져서 땅 속의 줄기만 살아남고, 조건이 개선되면 다시 자라기 시작한다.
- 고사리류는 극히 다양한 계통군이고, 그늘진 숲, 햇빛이 완전히 드는 사막, 높은 산, 그리고 호수처럼 다양한 서식지에서 자란다.

개요

장의 첫 이미지: 동지파초일엽(*Asplenium nidus*) 잎의 이 아래쪽은 줄줄이 늘어선 포자낭들로 덮여 있다. 각 포자낭 안에서 일부 세포가 감수분열을 하여 반수체의 포자를 생성한다. 선태식물의 경우와 마찬가지로 이들 반수체 포자들은 방출되고 스스로 배우자체로 자라야 한다. 종자식물에서는 이들 포자들이 하다못해 일시적이라도 잎에 머무르고, 잎으로부터 양분을 공급받으면서 배우자체로의 발생을 시작한다. 종자식물에서는 대포자들이 완전히 종자로 발달할 때까지 유지되지만, 은화식물(고사리류, 선태식물 및 관련된 식물들)에서는 결코 그런 일이 일어나지 않는다. 여기에 보인 잎은 바람을 타고 아주 멀리 퍼질 수 있는 수만 개의 포자를 만들게 된다.

개념

초기의 관다발식물은 어땠었을까? 초기 관다발식물은 어떤 특징을 가졌었고, 어떤 변화가 나타나서 그들이 다양해지고 오늘날 살아 있는 많은 종류의 식물로 진화하였을까? 그 식물들은 일부 우산이끼류와 뿔이끼류처럼 단순하였고, 그 이후에 서서히 보다 복잡해졌을까? 아니면 그 식물들이 완전히 달라서, 일부는 점점 복잡해지면서 관다발식물이 생겨난 반면에, 다른 일부는 차츰 단순해지면서 비관다발식물이 생겨났을까? 오늘날 존재하는 모든 살아 있는 식물에 최초의 유배식물이 나타난 시기(적어도 4억 5천만 년 전)의 화석을 더하여 고려해 볼 때, 초기 유배식물에 대해 어떤 논리적인 가설을 제시할 수 있을까?

먼저 모든 현존하는 식물(과 알려진 모든 화석식물)은 **복상생활성 생활주기(dibiontic life cycle)**를 갖는다. 각 종은 다세포의 배우자체와 역시 다세포인 포자체를 갖는다. 식물의 조상으로 여겨지는 일부 조류, 특히 초록방석말속(*Coleochaete*)은 오직 하나의 다세포 세대를 갖는 **단상생활성(monobiontic)**이다. 오직 접합자만 감수분열을 하여 새로운 배우자체로 자라는 많은 포자를 만든다. 접합자는 유사분열을 할 수 없고 포자체로 자라지 못한다. 따라서 유배식물 진화에 있어서 중요한 조치는 단상생활성 조상이 복상생활성 식물로 전환되는 것이다. 포자체 세대가 생겨야 한다. 한 가설인 **내삽가설(interpolation hypothesis)**은 접합자가 감수분열을 하지 않고 유사분열로 발아하여 작은 포자체가 생겨났다고 상정한다(**그림 21-1**). 배우자체 세대는 작은 상태를 유지하는 반면에 포자체 세대의 복잡성이 서서히 진화하였을 것이다. 포자체 세대가 단상생활성 생활주기로 삽입(내삽)되었다. 이 가설에 따르면 일부 우산이끼류 같은 비관다발식물이 녹조류에서 관다발식물로 진행되는 중간단계일 수 있다. 예를 들면, 둥근이끼속(*Riccia*)과 은행이끼속(*Ricciocarpus*)의 우산이끼류는 단순하고 거의 조류 같은 배우자체를 갖고, 그들의 포자체는 족부(foot)나 삭병(seta)이 없는 작은 구형의 포자낭일 따름이다. 접합자는 여러 차례에 걸쳐 유사분열을 하고, 그런 다음에 일부 세포가 감수분열을 한다. 접합자가 그저 감수분열을 하던 조상으로부터 그토록 단순한 포자체가 생기는 데에는 아주 약간의 진화적 변형만을 겪었을 것이다. 만일 그렇다면 이 포자체가 조상의 단상생활성 생활주기로 삽입되었다. 둥근이끼속 같은 상태로부터 포자체가 족부와 삭병을 갖춘 보다 정교한 몸으로 진화하고, 그러고 나서 나중에 정단분열조직에 의해 자라게끔 진화하여, 가지를 치고, 배우자체와는 독립적으로 살도록 진화하였을 것이다. 이것이 관다발식물 포자체의 조상일지도 모른다. 이 가설은 진정한 식물의 진화에서 가장 초기에 최소한 하나의 비관다발 계통군이 기원하였음을 필요로 한다.

대안이 될 가설인 **변형설(transformation theory)**은 복상생활성 생활주기가 비롯된 다음, 동형세대교번을 하는 생활주기에서 배우자체와 포자체 모두가 점점 커졌고, 더욱 복잡해졌으며, 관다발조직이 생겨났다고 상정한다(**그림 21-2**). 배우자체가 포자체와 비슷하게 보이는 현존하는 식물은 없지만, 많은 조류들은 그러하고, 일부 화석식물도 그러했다. 초기 관다발식물의 일부 화석에는 배우자낭이 달리고 포자낭을 갖는 다른 비슷한 식물들 틈에서 자랐다. 변형설은 이러한 초기 조상들이 두 단계통군으로 분기하였다고 상정하는데, 그 한 단계통군은 포자체가 점점 단순해져서 배우자체에 의존하는 비관다발식물이고, 다른 하나는 포자체가 점점 더 정교해지는 반면에 배우자체는 매우 축소되어 가는 관다발식물이다.

현재 해결된 1가지 사안은 현존하는 모든 식물과 대부분의 화석식물이 포자체와 배우자체의 이형세대교번을 하는 복상생활성이라는 점이다. 일부 우산이끼류나 뿔이끼류가 매우 초기의 비관다발 조상으로부터 비교적 변하지 않은 채 내려온 자손인지, 아니면 보다 복잡하고 관다발을 가진 조상에서 나중에 진화한 이후 점점 단순해졌는지에 대해서 우리는 알지 못한다. 이 문제는 초기 관다발식물을 설명한 다음에 다시 논하고자 한다.

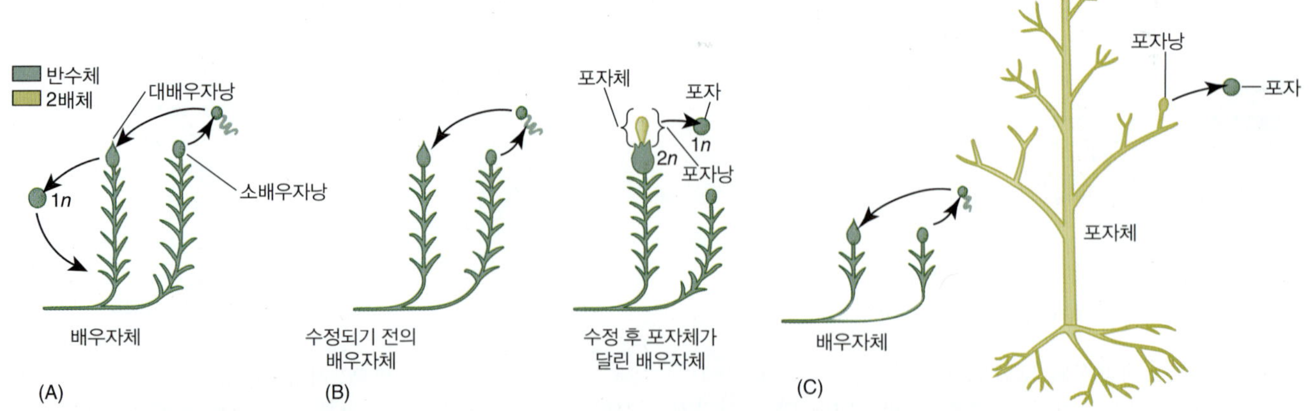

그림 21-1 내삽가설. **(A)** 매우 초기의 육상식물은 포자체를 갖지 않았다고 상정한다. 대신에 접합자가 감수분열에 의해 '발아하여' 새로운 배우자체로 자라는 반수체 포자를 만들었다. **(B)** 진화의 나중 단계에서 접합자가 유사분열로 발아하고 단순한 포자체를 만들었는데, 초기 단계에는 포자낭으로 구성되었을 것이고 족부도 가졌을 것이다. 이는 우산이끼류 포자체와 비슷했을 것이다. **(C)** 진화가 계속되면서 포자체는 점진적으로 더욱 정교해진 반면에 배우자체는 점점 단순해졌다.

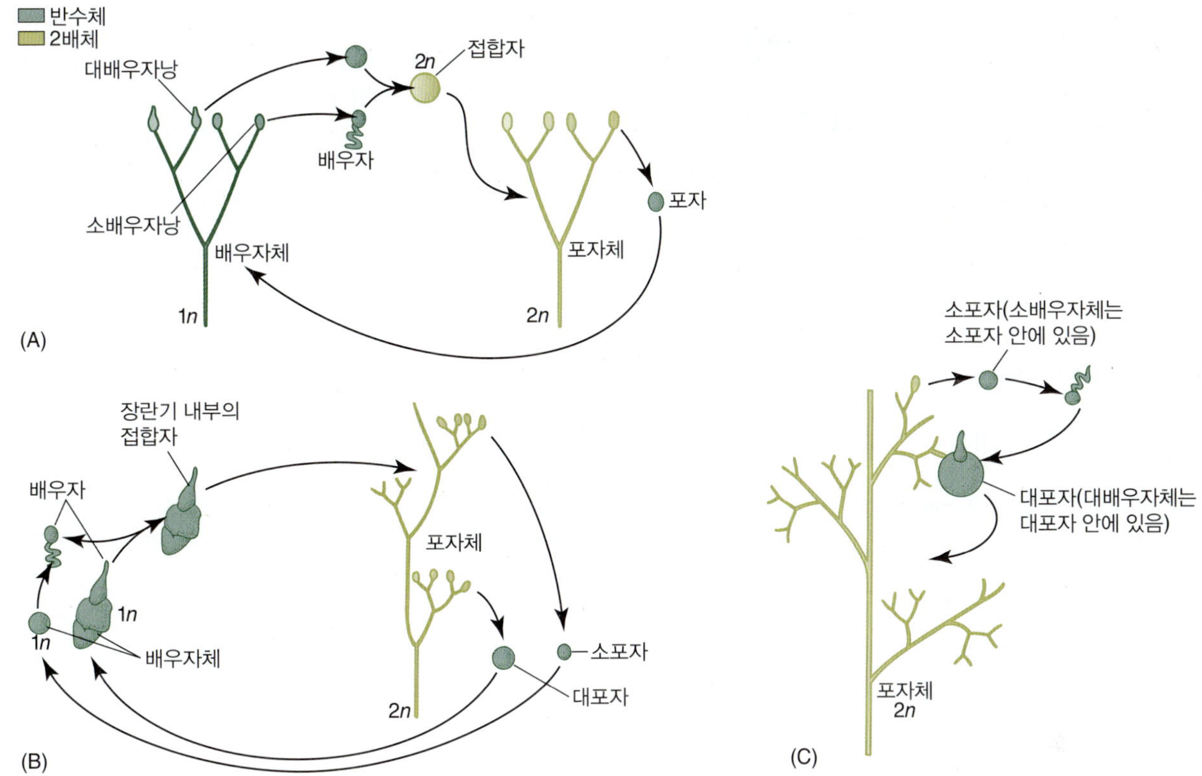

그림 21-2 관다발식물 생활주기의 기원에 대한 변형설은 초기의 육상식물**(A)**에서 배우자체가 직립하고 차상으로 분지하였으며, 포자체와 마찬가지로 표피, 각피, 그리고 관다발조직을 가졌다고 상정한다. **(B)** 시간이 흐르면서 포자체가 점차 커지고 더욱 복잡해졌으며, 배우자체는 점차적으로 단순해졌다. 여기에 나타낸 종에서는 배우자체가 너무 작아서 포자벽 내에서 소배우자체가 발달하였고, 대배우자체는 포자로부터 아주 약간 돌출되었다. **(C)** 계속 축소되면서 대포자와 대배우자체가 대포자낭 내부에 유지되고 어버이 포자체에 존속하는 것이 가능해졌으며, 이는 종자의 진화 과정에서 중요한 단계이다.

조기 관다발식물

리니아식물

분명히 관다발을 가진 육상식물의 최초 화석은 멸종된 식물인 쿡소니아속(*Cooksonia*)에 속한다(**그림 21-3**). 쿡소니아는 잎이 없고 [이를 '나출형 줄기(naked stem)'라고 부름], 단순한 몇 cm 길이의 짧은 원통인 직립 줄기를 가졌다. 쿡소니아는 두 갈래의 가지가 모두 동일한 크기와 생장력을 갖는 **등차상분지(equal dichotomous branching)**를 한다(**그림 21-4**). 쿡소니아 식물체는 각피를 가진 표피, 유조직성 피층, 그리고 환상(annular) 2차벽을 갖는 헛물관으로 구성된 단순한 물관부 다발을 가졌다. 가지의 꼭지는 부풀어지고, 몇 층의 불임세포들로 둘러싸인 큰 다세포의 포자형성조직 덩이가 들어 있다. 모든 식물에서처럼 한가운데의 세포들만이 포자를 형성하며, 포자가 방출되려면 포자낭이 열려야 한다. 쿡소니아 식물체는 동형포자성(homosporous)으로, 별개의 소포자와 대포자가 없다. 이러한 일반적 특징을 갖는 화석을 **리니아식물(rhyniophytes)**이라고 부른다.

리니아속(*Rhynia*)과 아글라오피톤속(*Aglaophyton*)은 다른 리니아식물로, 쿡소니아와 유사한 초기 관다발식물이다(**그림 21-5**). 이들은 포복성 뿌리줄기(rhizome), 직립하는 나출형 줄기, 그리고 정단의 포자낭을 가졌다. 기공과 공변세포가 표피에서 나타나고, 각피로 보이는 층이 있다.

리니아속과 아글라오피톤속이 발견된 동일한 바위에 유사한

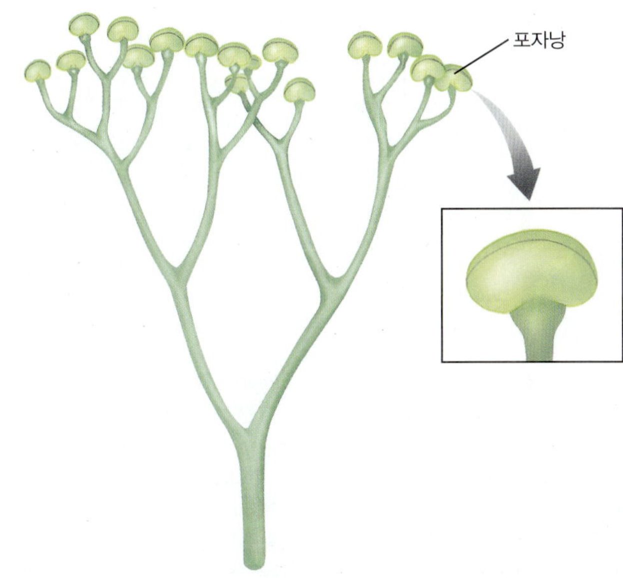

그림 21-3 환상 2차벽을 갖는 헛물관으로 구성된 물관부를 가진 최초의 식물이라고 알려진 쿡소니아 칼레도니카(*Cooksonia caledonica*)의 재구성. 가지의 끝에 있는 포자낭, 잎이 없음, 그리고 차상분지가 중요한 특징이다.

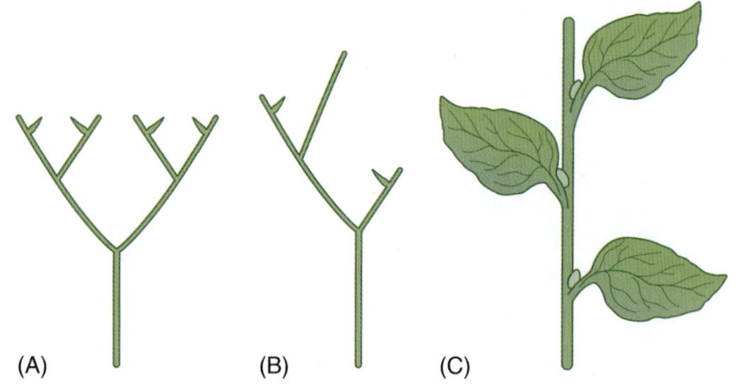

그림 21-4 분지양상. **(A)** 줄기가 갈라져서 2개의 동일한 줄기가 되면, 이는 양갈래분지(dichotomy) 또는 차상분지(dichotomous branching)이다. **(B)** 한 줄기가 확실히 크고 몸통을 이루는 경향이 있으면, 이는 위단축분지(pseudo-monopodial branching)이다. **(C)** 만일 한 줄기가 체제를 완전히 압도하면, 이는 대부분의 종자식물에서처럼 단축분지(monopodial branching)이다.

식물의 화석이 있다. 리오노피톤속(*Lyonophyton*)과 스키아도피톤속(*Sciadophyton*)의 2종류는 포자체가 아니라 배우자체이다. 이들 모두 줄기의 끝에는 납작한 컵 모양의 부위가 있는데, 여기에는 장정기와 장란기의 배우자낭이 들어 있지만 포자낭은 없다. 이들 식물은 직립하는 차상분지의 줄기, 관다발조직, 기공, 그리고 각피를 가졌다. 이들은 현존하는 그 어떤 이끼류, 우산이끼류 또는 뿔이끼류의 배우자체보다 훨씬 크고 더 복잡했다. 리니아형 포자체가 스키아도피톤형 배우자체와 같이 나타나기 때문에 이들이 동일한 종의 다른 시기일 것이라고 의심할 수 있다. 만약 사실이라면 이들 식물은 동형세대교번을 했고(그림 21-2A), 나중에 종자식물로 진화하면서 배우자체는 단지 몇 개의 세포들로 축소되고 포자체는 훨씬 복잡한 식물로 정교해졌다. 배우자체와 포자체 모두 퇴화하면서 비관다발식물이 생겨났을 수 있다.

동일한 시기의 다른 화석인 호르네오피톤속(*Horneophyton*)은 차상분지하는 나출형 축이 있는 포자체를 갖고 있었으며, 그 높이가 20 cm에 달하였다(그림 21-5C). 호르네오피톤속은 기공과 정단 포자낭을 가졌다. 각 포자낭은 뿔이끼류와 마찬가지로 짧은 삭축(columella)을 갖고, 포자형성조직이 사방에서 그리고 꼭대기에서 삭축을 둘러싼다. 줄기의 기부는 뿔이끼의 족부와 비슷하게 부풀어졌지만, 뿔이끼류와는 달리 기부에 헛뿌리가 달린다. 뿔이끼속(*Anthoceros*)과 마당뿔이끼속(*Phaeoceros*)의 뿔이끼류와 호르네오피톤속 간의 유사성은 관다발식물이 뿔이끼와 유사한 조상에서 생겨났을 가능성을 제기하였다(그림 21-5D, 왼쪽에서 오른쪽으로). 그러나 한편으로는 이러한 이행이 호르네오피톤속 같은 종으로부터 배우자체가 복잡해지고 포자체가 퇴화하면서 뿔이

(A)

(B)

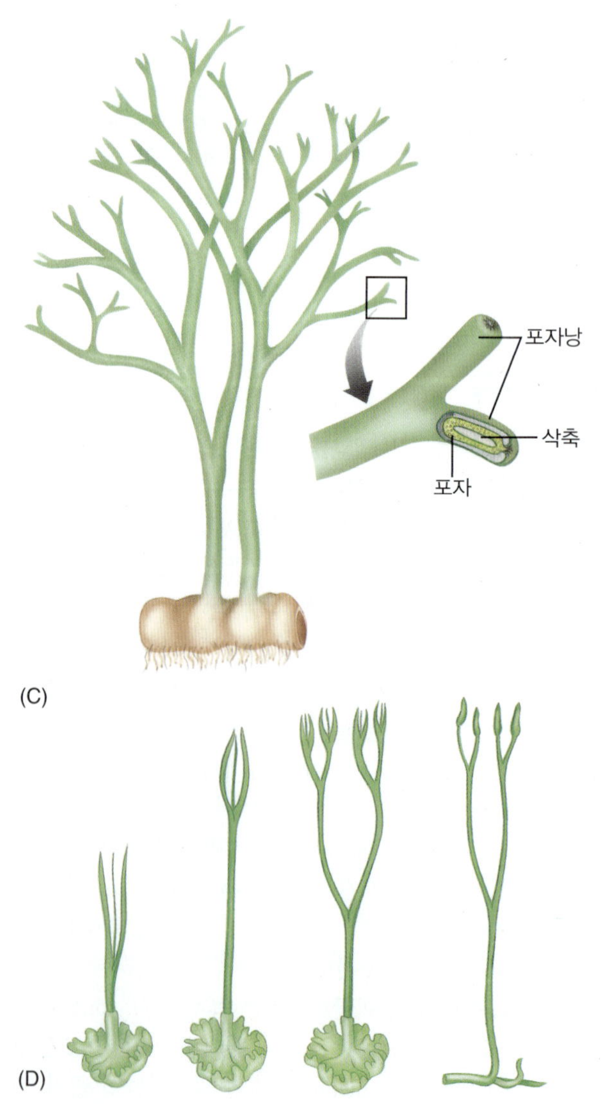

그림 21-5 예전에 리니아 마요르(*Rhynia major*)라고 알려졌던 아글라오피톤 마요르(*Aglaophyton major*: 그림 **A**)와 리니아 그윈-보니(*Rhynia gwynne-vaughanii*: 그림 **B**)의 재구성. 이들은 쿡소니아속과 매우 비슷하고, 확실히 뿌리줄기, 직립줄기, 그리고 헛뿌리를 가졌다. 삽도는 포자를 드러내 보이기 위해 절단한 포자낭을 보여준다. **(C)** 멸종된 식물인 호르네오피톤속(*Horneophyton*)과 그 정단 포자낭의 재구성. **(D)** 처음에는 배우자체가 우세한 생활주기를 갖고 포자체는 작고 배우자체에 의존하는 반기생성인 진정한 식물이 조류로부터 생겨났다고 상정하였다(그림의 왼쪽). 이 식물이 진화하여 포자체가 더욱 커지고 보다 정교해진 반면, 배우자체는 점점 축소되었다고 상정했다(그림의 오른쪽). 그러나 뿔이끼류는 역과정에 의한 진화가 가능했을 것인데, 이 계열을 오른쪽에서 왼쪽으로 읽으면 된다.

그림 21-6 초기의 관다발식물은 그 줄기에 2종류의 물관부 체제를 가졌다. 2가지 모두에서 한가운데는 속이 없는 단단한 물관부 덩이인데, 이것이 원생중심주이다. **(A)** 내원형 원생중심주에서는 원생물관부가 중앙에 위치하고 후생물관부가 주변부에 있다. 내원형 원생중심주는 리니아식물에서 나타난다. **(B)** 외원형 원생중심주에서는 후생물관부가 물관부의 내부에 위치하고 가장자리에 있는 원생물관부는 체관부 바로 옆에서 몇 개의 무리로 나타난다. 외원형 원생중심주는 대상원시관다발식물의 줄기 화석에서 발견된다.

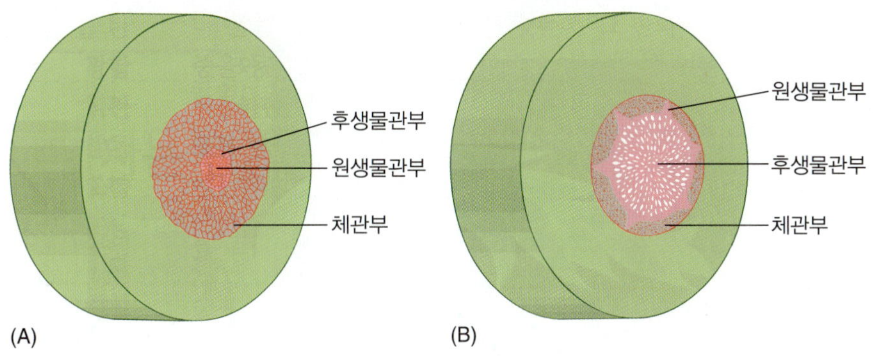

끼류가 진화하였다고 역으로 생각할 수 있다(그림 21-5D, 오른쪽에서 왼쪽으로).

초기 관다발식물의 물관부 구조

초기의 관다발식물은 2종류의 물관부 체제를 가졌다. 2가지 모두에서 한가운데는 속(pith)이 없는 단단한 물관부 덩이인데, 이것이 **원생중심주(protostele)**이다. **내원형 원생중심주(endarch protostele)**에서는 원생물관부(protoxylem)가 중심에 위치하고 후생물관부(metaxylem)가 물관부 덩이의 바깥쪽 가장자리에서 분화한다(**그림 21-6A**). 원생물관부는 세포들이 작고 좁을 때 분화하는 물관부이고, 후생물관부는 세포들이 몇 시간 더 또는 며칠 더 확장한 다음 커졌을 때 분화한다. 초기 관다발식물에 존재하는 다른 유형의 중심주는 **외원형 원생중심주(exarch protostele)**인데, 이는 후생물관부가 물관부 덩이의 중앙에 위치하며 가장자리에 있는 원생물관부는 체관부 바로 옆에서 몇 개의 무리로 나타난다(**그림 21-6B**). 그 뒤까지 진화하지 않은 또 다른 유형의 중심주는 **관상중심주(siphonostele)**로서, 고사리류와 **종자식물(seed plants)**의 줄기에서 나타나는 것처럼 속(수)이 중심에 있는 중심주이다(그림 21-29 참조). 물관부는 자주 화석으로 잘 보존되기 때문에 내원형/외원형 그리고 원생중심주/관상중심주의 특징들은 연구에 이용될 수 있다.

리니아속과 아글라오피톤속의 많은 표본에서 물관부가 잘 보존되어 있다. 물관부는 속이 없는 둥근 원기둥이지만, 원생물관부가 중앙에 있고 후생물관부가 바깥쪽에 있는 내원형 원생중심주이다. 모든 물관부 세포는 환상비후(annular thickening)를 갖는 헛물관이다. 물관부 주위에는 한 층의 체관부 같은 세포들이 있고, 그 다음에 유조직의 피층과 표피가 있다.

대상원시관다발식물

초기 관다발식물의 다른 집단은 주요한 속인 조스테로필룸속(*Zosterophyllum*)의 이름을 딴 **대상원시관다발식물(zosterophyllophytes)**이다(**그림 21-7A**). 이들은 2기 생장을 하지 않는 작은 초본이다. 이들의 많은 특징이 리니아식물의 특징과 비슷하지만, 3가지 특징 때문에 이들을 별개의 무리로 생각하게 만든다. 대상원시관다발식물의 포자낭은 꼭대기가 아니라 측면에 달리고, 포자낭은 맨 위의 가장자리를 따라 가로로 열리며(**그림 21-7B**), 물관부는 원생물관부가 바깥의 가장자리에 있고 후생물관부가 중앙에 있는 외원형 원생중심주이다(그림 21-6 참조, **표 21-1**).

이러한 차이가 별로 중요하지 않게 보일 수 있지만, 큰 잎을 가진 보다 최근의 모든 식물들(진엽식물: 고사리류, 구과식물, 꽃식물)에서 포자낭은 측면이 아니라 꼭대기에 달린다. 따라서 리니아속 같은 식물이 조류와 나중에 생긴 종자식물 간에서 전이(transition)가 될 수 있어도 조스테로필룸속은 그렇지 않다. 대신에 현존하는 가장 단순한 관다발식물의 일부인 석송식물(lycophytes)은 측면 포자낭을 갖고 있는데, 석송류는 조스테로필룸속과 유사한 조상에 근거하는 진화계열을 나타낼 수 있다(**그림 21-8**).

모두 멸종된 조스테로필룸속 식물은 작은 다발로 자랐고, 그 높이는 대략 15 cm이다. 줄기의 윗부분에는 각피, 보통의 표피세포, 그리고 기공이 있었지만 아래 부분에는 없었는데, 그것은 추정컨대 이들이 늪 같은 축축한 곳에서 자랐기 때문일 것이다. 조

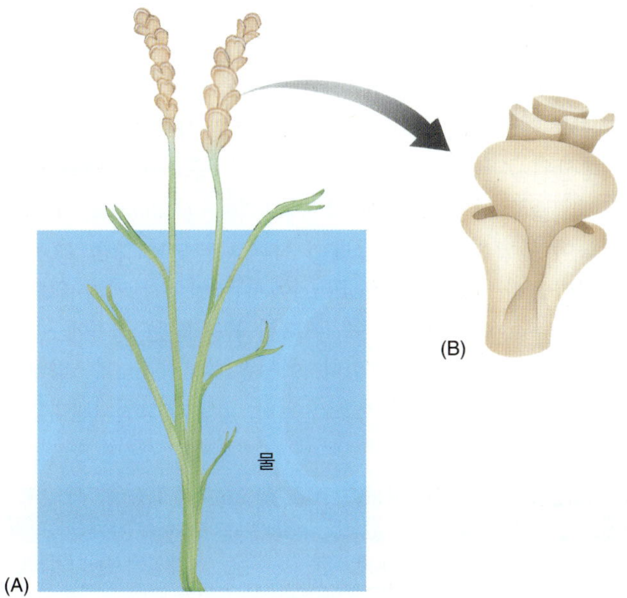

그림 21-7 **(A)** 조스테로필룸 레헤나눔(*Zosterophyllum rehenanum*) 식물체는 리니아식물의 식물체와 매우 비슷하지만, 임성(fertile) 가지의 끝에 단일한 정단 포자낭이 아니라 많은 포자낭이 측면에 달린다. 한편, 포자낭**(B)**은 측면을 따라 올라가는 것이 아니라 포자낭의 꼭대기를 지나는 봉합선(suture)에 의해 열린다.

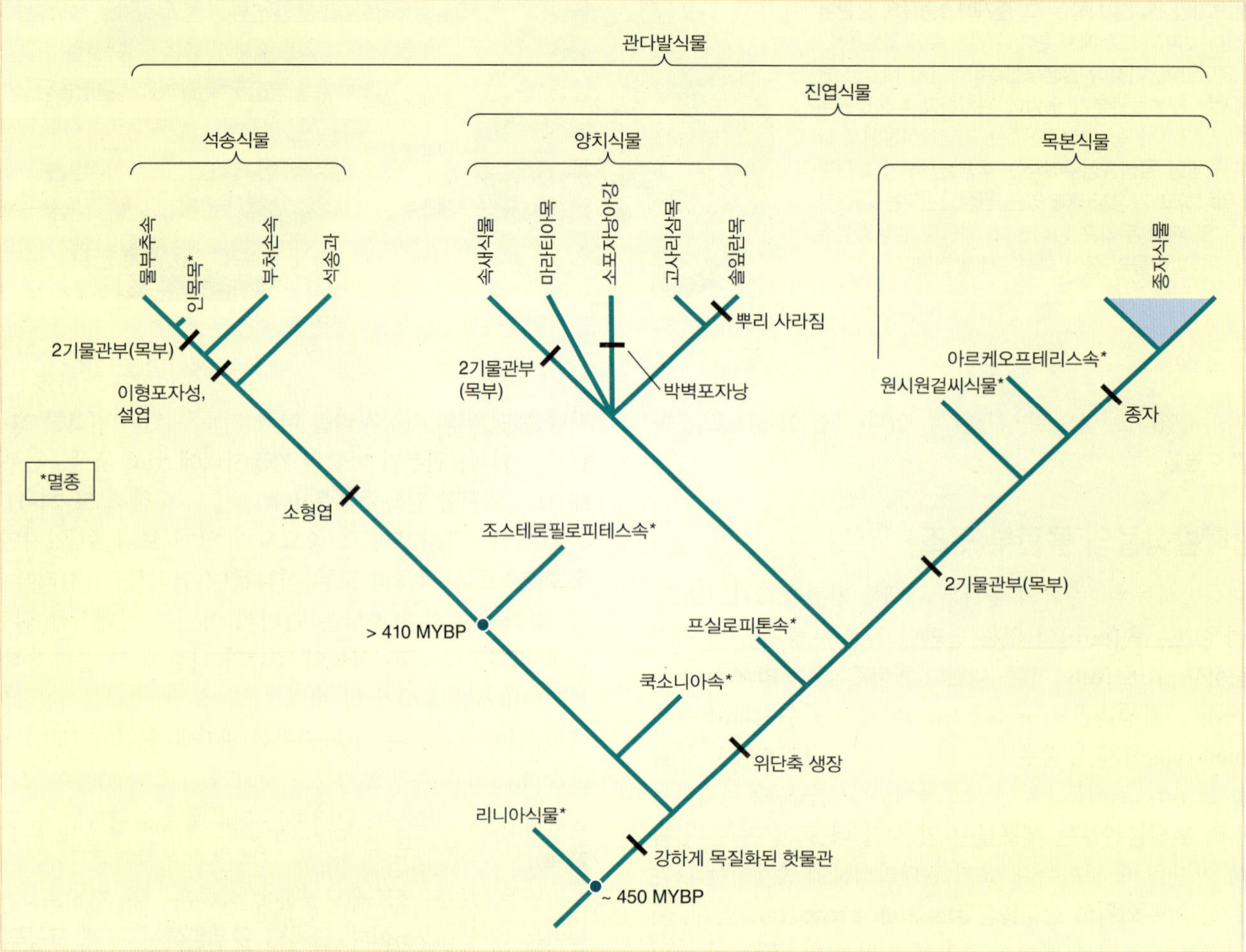

그림 21-8 종자가 없는 관다발식물에 대해 제안된 계통발생. (MYBP = 백만 년 전)

스테로필룸의 줄기는 나출되고(매끈하고), 차상분지하며, 환상(annular) 및 계문상(scalariform) 2차벽을 갖는 헛물관으로 구성되는 소량의 물관부가 들어 있다. 포자낭 벽은 몇 층의 두께이고, 모든 포자는 크기가 같다. 따라서 이들은 동형포자성이었다.

대상원시관다발식물의 다른 속들은 중요한 형태적 변화가 빠르게 진화하였음을 보여준다. 레부키아속(*Rebuchia*)에서는 포자낭들이 특별한 가지의 끝에서 함께 나타난다(**그림 21-9**). 크레나티카울리스속(*Crenaticaulis*)에서는 일부 분지가 위단축성(pseudomonopodial)이다. 즉, 커다란 몸통 같은 줄기에 보다 작고 짧은 측면의 가지가 달린다. 이들은 구과(cone)와 나무줄기(trunk)를 만드는 형태적 기초가 된다. 몇몇 대상원시관다발식물

표 21-1 리니아식물과 대상원시관다발식물의 특징

	리니아식물	대상원시관다발식물
포자낭		
위치	정단	측면
열개	측면을 따라	맨 위를 가로질러
원생물관부	내원형	외원형

그림 21-9 대상원시관다발식물인 레부키아 오바타(*Rebuchia ovata*)의 재구성에서는 몸의 구조에 있어서 몇 가지 중요한 진전을 보여준다. 포자낭이 달리는 줄기는 특수화되어 포자낭들이 가까이 위치하도록 하고 바람을 탈 수 있도록 높이 올린다. 다른 줄기들은 여러 차례 분지하여 커다란 광합성 표면을 형성한다. 어떤 가지는 다른 가지보다 크고, 따라서 분지는 이제 더 이상 정확하게 등차상이 아니다.

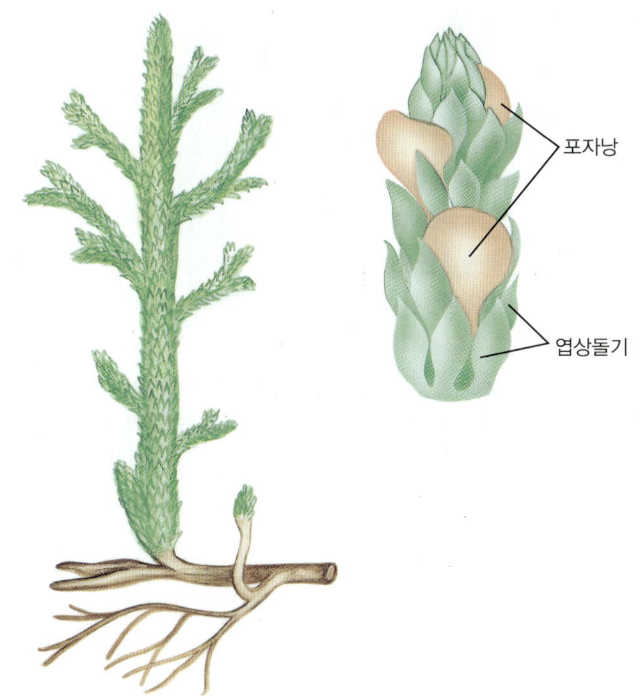

그림 21-10 초기 석송식물인 아스테록실론속(*Asteroxylon*)의 재구성. 광합성 조직의 작은 자락인 엽상돌기가 표면을 덮고 있다. 엽상돌기가 없는 종에서는 줄기가 둥글고 방향이 수직이어서 햇빛을 모으는 데 썩 좋지 않았다.

은 표면이 매끈하지만(그림 21-7 참조), 다른 일부는 매우 작은 것에서 길고 가는 비늘(인편)에 이르는 **엽상돌기(enation)**라고 부르는 돌출을 갖는다. '가엽'이라고도 하는 엽상돌기는 식물체의 광합성을 하는 표면적을 증가시키고, 아스테록실론속(*Asteroxylon*)에서는 기공과 중심주로부터 피층을 거쳐 엽상돌기의 기부로 연결되는 관다발조직의 작은 다발이 들어 있다(**그림 21-10**).

진화의 소엽 계열: 석송식물

석송식물(lycophytes)은 대상원시관다발식물과 유사한 초기 육상식물에서 갈라진 뚜렷이 구별되는 진화계열을 나타낸다. 석송식물은 측면 포자낭과 외원형 원생중심주를 가졌고, 따라서 조스테로필룸형의 조상에서 비롯되었을 것이다(그림 21-8, **표 21-2**).

형태

최초의 석송식물은 드레파노피쿠스속(*Drepanophycus*)과 바라과나티아속(*Baragwanathia*)의 종류들이다(**그림 21-11A**). 이들은 조상으로 추정되는 대상원시관다발식물과 비슷하지만 중요한 차이가 있다. 엽상돌기는 크고 길이가 4 cm에 달하며, 잘 발달된 관다발조직의 다발을 포함한다. 그와 같은 엽상돌기는 광합성을 증가시키고, 잎이라고 부를 수 있지만, '잎'이란 애매모호한 용어이기에, 석송식물문(Lycophyta)의 엽상돌기를 명확하게 하기 위해 소형엽 또는 **소엽(microphyll)**이라고 부른다[**그림 21-11B-E**; 최근에 '석송엽(lycophyll)'이라는 용어가 제안되었음]. 여기서 'micro-'는 실제 크기를 가리키는 것이 아니라 그들이 작은 엽상돌기로부터 진화하였음을 나타낸다. 일부 식물에서는 그 길이가 78 cm에 이르기도 한다. 이는 고사리류와 종자식물로 이어지는 진화계열이 아닐 뿐 아니라, 소엽은 여러분이 잘 알고 있는 잎과 같은 것이 아니다.

또 다른 중요한 진전은 석송식물의 포자체를 단단하게 고정시키고 효과적으로 흡수하게 하는 진정한 뿌리가 진화하였다는 점이고, 이로 인해 거대한 크기로 자라게 되었다.

인목속(*Lepidodendron*), 봉인목속(*Sigillaria*)과 스티그마리아속(*Stigmaria*) 같이 멸종된 많은 석송식물은 관다발형성층을 갖고 2기 생장을 하였다(**그림 21-12**에서 **그림 21-14**). 이들의 목부는 속, 방사조직, 그리고 긴 헛물관을 갖는다는 점에서 소나무와 그 밖의 현존하는 침엽수들의 2기 물관부와 매우 비슷하게 보인다. 그렇지만 관다발형성층은 1가지 중요한 결함을 안고 있다. 그 세포들은 방사상 종분열을 할 수 없고, 따라서 새로운 방추형 시

표 21-2 석송식물문(Lycophyta)의 분류

분류군	속
Order Asteroxylales* (아스테록실론목)	
Family Asteroxylaceae (아스테록실론과)	*Asteroxylon*(아스테록실론속)
Order Protolepidodendrales* (원인목목)	
Family Protolepidodendraceae (원인목과)	*Baragwanathia*(바라과나티아속), *Leclercqia*(레클레르키아속), *Protolepidodendron*(프로톨레피도덴드론속)
Order Lycopodiales (석송목)	
Family Lycopodiaceae (석송과)	*Lycopodium*(석송속), *Phylloglossum*(필로글로숨속), *Lycopodites**(리코포디테스속)
Order Lepidodendrales* (인목목)	
Family Lepidodendraceae (인목과)	*Lepidodendron*(인목속), *Lepidophloios*(레피도플로이오스속), *Lepidostrobus*(레피도스트로부스속), *Sigillaria*(봉인목속), *Stigmaria*(스티그마리아속)
Order Selaginellales (부처손목)	
Family Selaginellaceae (부처손과)	*Selaginella*(부처손속), *Selaginellites**(셀라기넬리테스속)
Order Isoetales (물부추목)	
Family Isoetaceae (물부추과)	*Isoetes*(물부추속), *Stylites*(스틸리테스속), *Isoetites**(이소에티테스속)
Order Pleuromeiales* (플류로메이아목)	
Family Pleuromeiaceae (플류로메이아과)	*Pleuromeia*(플류로메이아속)

*이 무리의 모든 종은 멸종되었음.

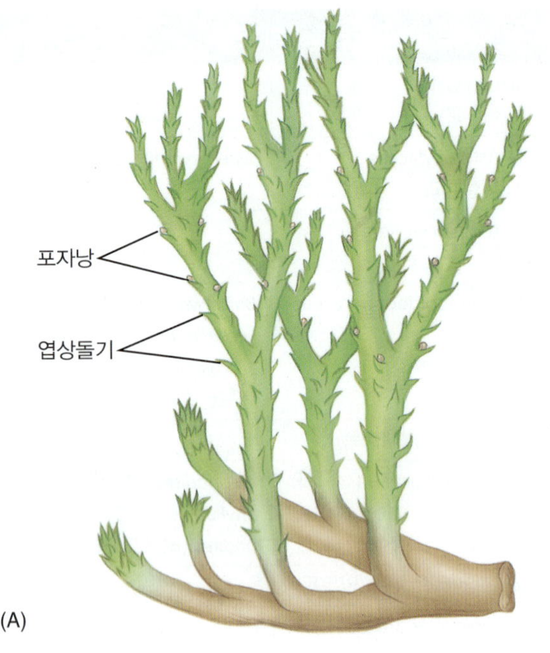

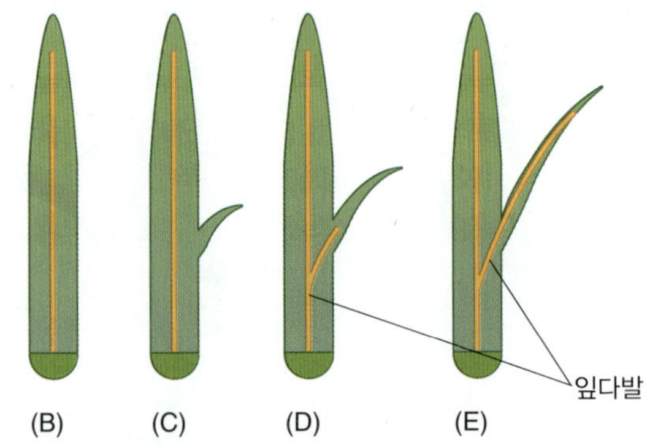

그림 21-11 **(A)** 드레파노피쿠스속(*Drepanophycus*)은 여전히 작고 단순한 초기의 석송식물이었다. **(B)~(E)** 석송식물의 소엽은 엽상돌기로 진화한 것으로 여겨진다. 원래 이들은 광합성조직의 단순한 작은 자락이었다(C). 나중에 이들이 점점 커지고(D) 관다발이 생겼다(E). 대엽의 진화는 그림 21-20을 참고하기 바란다.

원세포가 만들어질 수 없다. 나무가 자라서 둘레가 커지면 형성층 세포는 접선 방향으로 점점 폭이 넓어진다(그림 21-14B). 그 어떤 화석도 나무의 굵기가 약 10 cm를 넘지 않는다. 2기 생장을 많이 하고 나면 형성층 세포가 너무 늘어져서 더 이상 기능을 할 수 없게 되었다.

이형포자성

멸종되었거나 현존하는 많은 석송식물에서 포자낭은 함께 무리를 이루어 **구과(cone)** 또는 **포자낭수(strobili**; 단수형 strobilus)라고 부르는 조밀한 그룹을 형성하는데, 이는 석송식물을 보호한다(**그림 21-15**). 비록 많은 종이 동형포자성이지만, 일부 종은 소포자(microspore)와 대포자(megaspore)를 만들고 이들이 발아하여 각각 별개의 소배우자체(microgametophyte)와 대배우자체(megagametophyte)가 생기는 이형포자성이 된다. 이형포자성(heterospory)은 종자의 진화에 필요한 전제 조건이다(그림 21-2 참조). 석송식물 레피도스트로부스속(*Lepidostrobus*)과 레피도플로이오스속(*Lepidophloios*)에서는 대포자가 확대되지 않고 대배우자체로 발달하였다. 대배우자체는 전적으로 원래의 대포자 벽 안에서 존재하는데, 대포자의 길이는 10 mm에 달하였다. 뿐만 아니라 어떤 종의 대포자는 포자낭의 벽이 두꺼운 세포들에 의해 보호되는 포자엽(sporophyll) 안에서 유지되었다. 이는 종자식물의 밑씨와 종자와 몹시 유사하고, 가장 중요한 차이는 이들 석송식물에서 (현대의 꽃밥이 하는 것과 매우 비슷하게) 포자낭이 벌어져서 열리고, 대포자의 벽이 깨져서 장란기가 노출되었다. 정세포는 수정 과정에서 알을 향해 헤엄칠 수 있었고, 꽃가루관은 불필요하였다.

석송식물은 종자식물과는 별개의 고대 진화계열을 나타내지만, 잎, 뿌리, 2기 생장, 그리고 거의 종자까지 몇몇 특징에서 수렴진화를 보인다는 점이 주목할 만하다. 데본기와 석탄기에는 석

그림 21-12 석탄기 동안에 지구의 식생은 큰 석송식물 나무들의 광대한 숲이 지배하였다. 오늘날의 미국 삼나무, 참나무 그리고 느릅나무 같은 육중한 나무는 전혀 없었지만 숲은 울창하고 수직으로 층을 이루었다. 날 수 있는 곤충들이 있었고, 초기 파충류들이 막 나타나기 시작하였으며, 양서류가 우세한 육상동물이었다.

송식물의 큰 나무들이 울창한 숲을 이루어 지구의 늪지대를 덮었지만(그림 21-12) 대부분은 멸종되었고, 오늘날에는 석송속(*Lycopodium*), 필로글로숨속(*Phylloglossum*), 부처손속(*Selaginella*), 물부추속(*Isoetes*), 그리고 스틸리테스속(*Stylites*)의 5개 속만이 전체 문을 이루고 있다.

그림 21-13 **(A)** 단축생장의 결과인 하나의 뚜렷한 나무줄기와 잘 발달된 뿌리계를 보여주는 인목속(*Lepidodendron*)의 재구성. 잎(소엽)은 정교하고, 포자낭은 별개의 포자낭수(구과)에서 나타난다. **(B)** 봉인목속(*Sigillaria*)은 잎의 길이가 보통 1 m를 넘는 큰 석송식물 나무였다. 왼쪽 가지에는 포자낭의 구과를 드러내 보이기 위해 잎의 일부를 그리지 않았다.

현존하는 속들

석송속(*Lycopodium*)은 'ground pine' 또는 'club moss'의 보통명을 갖고, 열대지방에서 극지방에 이르는 숲에서 상당히 흔하다(그림 21-15). 약 200종의 현존하는 모든 종은 작은 초본이고, 포복성 뿌리줄기에 진정한 뿌리와 짧은 직립가지가 달린다. 소엽은 줄기에서 나선상으로 배열하고 2기 생장은 나타나지 않는다. 포자낭은 구과로 배열하거나 지상부를 따라 분포하기도 한다(*L. lucidulum*). 석송속의 모든 종은 동형포자성인데, 이는 원시공통형질(잔존형질)이다. 포자는 발아하여 장정기와 장란기 모두를 만드는 양성(bisexual) 배우자체로 자란다. 어떤 종에서는 배우자체가 녹색이고 광합성을 하지만, 다른 어떤 종에서는 배우자체가 땅속에 있고 곰팡이에 의해 양분을 공급받는 종속영양을 한다.

부처손속(*Selaginella*)은 온대 북아메리카에서 덜 흔하고, 그 식물체는 작아서 못 보고 넘어가기 쉽거나 이끼류라고 잘못 생각하기도 한다(**그림 21-16**). 아마도 가장 널리 알려진 종은 부활초(*Selaginella lepidophylla*)일 것이며, 건조하면 동그랗게 밀리고 갈색으로 변해서 죽은 것처럼 보이지만 물기를 머금으면 풀리고 다시 녹색이 된다. 석송속과는 달리 부처손속은 이형포자성의 파

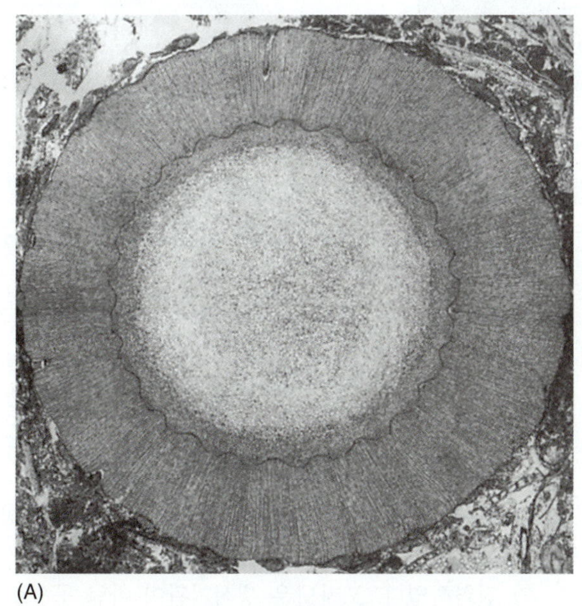

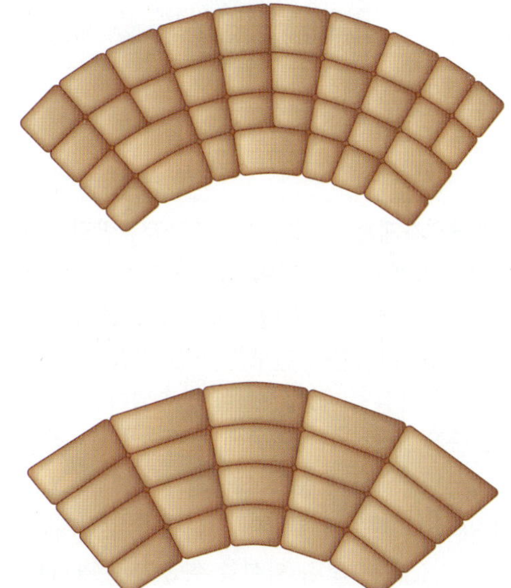

그림 21-14 **(A)** 봉인목속(*Sigillaria*)의 목부는 커다란 헛물관들로 구성되고, 피상적으로는 현대 침엽수의 목부와 유사하다. 그렇지만 봉인목의 목부에서는 벽공과 그 밖의 2차벽 특징들이 파생되지 않았고, 목부는 새로운 방추형 시원세포를 만들 수 없는 관다발형성층에 의해 형성되었다(×80). **(B)** 위쪽 그림에 나타낸 종자식물의 관다발형성층은 새로운 2기 물관부가 축적됨에 따라 형성층이 바깥으로 밀리면서 그 둘레가 늘어나지만, 방추형 시원세포가 방사벽에 의해 분열하여 새로운 방추형 시원세포가 만들어진다. 오래된 형성층은 어린 형성층보다 더 많은 세포들을 갖는다. 아래쪽 그림에 나타낸 나무 모양의 석송식물에서는 형성층 세포가 이와 같이 분열할 수 없고, 따라서 오래된 형성층이라 할지라도 어린 형성층보다 세포가 많지 않다. 노성한 세포는 차츰 둘레가 늘어나서 결국 더 이상 기능을 하지 못하게 되고, 그 다음에는 2기 생장이 멈춘다.

그림 21-15 **(A)** 물석송(*Lycopodium cernuum*)은 엽록소가 들어 있는 지상부를 가진 흔한 종으로, 포자낭은 무리지어 구과를 이룬다. 이들 지상부는 주변의 초본과 관목에 기대어 지지된다. **(B)** 가지 꼭대기에 포자낭이 무리지어 구과를 이룬 만년석송(*Lycopodium obscurum*). **(C)**와 **(D)** 이 석송의 일종(*Lycopodium lucidulum*)은 포자낭이 잎 전체에 흩어져 있다.

생형질을 갖고, 대배우자체는 대포자의 벽 안에서 발달한다(**그림 21-17A**). 대포자는 포자체에 계속 남아 있지 않지만, 종자와는 다르다. 소배우자체도 포자벽 안에서 발달하고 단일한 영양세포와 장정기로 구성된다(**그림 21-17B**). 편모를 가진 많은 정자들이 만들어진 다음, 포자벽이 파열될 때 정자들이 방출된다.

부처손속 식물들은 잎의 위쪽 표면에 조직의 작은 조각인 **설엽(ligule)**을 갖는다는 점에서 석송속 식물과 구별할 수 있다. 설엽이 단순한 구조이고 그 적응의 이점이 알려지지 않았지만, 설엽은 원시형질이고 부처손속의 초기 화석을 석송속의 화석과 구별하는 데 이용될 수 있다.

물부추속(*Isoetes*)은 'quillworts'의 보통명을 갖는 작고 흔치 않은 약 60종의 속이다. 물부추류는 가끔 마르는 축축한 진흙투성이 지역에서 자란다(**그림 21-18**). 몸은 작은 둥근줄기(corm) 같은 줄기로 구성되며, 아래에 뿌리가 붙고 위에 잎이 달린다. 물부추속은 부처손속과 마찬가지로 이형포자성이고, 거의 모든 잎에 포자낭이 있다. 이 속의 소엽도 설엽을 갖는다. 형성층이 약하게 생장한 결과로 바깥쪽으로 피층 유조직이 추가되고 안쪽으로 일종의 관다발조직이 형성된다. 관다발조직은 헛물관, 체요소, 그리고 유조직이 혼합되어 있다. 스틸리테스속(*Stylites*) 식물들은 물부추속의 식물들과 매우 유사하며, 일부 식물학자들은 스틸리테스속의 2종이 실제로 물부추속의 극단적인 형태라고 주장한다.

석송식물의 화석에 보존된 구조와 형태는 많은 경우에서 종자식물과의 수렴진화를 나타낸다. 석송식물 계열과 종자식물 계열 모두에서 정교하고 효율적인 잎, 목부, 나무껍질, 그리고 뿌리가 진화하였다. 포자낭은 생식기관이 아닌 곳으로부터 분리되고 무리를 지어 포자낭수가 되었다. 석송식물과 종자식물 모두에서 이형포자성이 진화하였고, 대배우자체의 내생포자성(endosporial) 발생도 진화하였다. 종자식물에서는 대포자가 대포자낭 안에 남아 있고 종자로 진화하였다. 이러한 현상은 멸종된 어떤 석송식물에서 거의 일어났다. 특수한 대사의 수렴진화도 일어났는지 그

(A)

(B)

(C)

그림 21-16 **(A)** 셀라기넬라 빌데나우이(*Selaginella willdenowii*) 식물체는 크고 습한 서식지에서 나타난다. **(B)** 부활초(*S. lepidophylla*) 식물체도 크지만, 습하다가 심하게 건조해지는 주기를 갖는 서식지에서 나타난다. 건조할 때에는 여기에 보인 것처럼 식물에서 물이 빠지고 동그랗게 말리면서 휴면 상태가 되고, 잎의 아래쪽은 모두 갈색이 되지만 잎의 위쪽은 건조한 상태에서도 녹색을 띤다. 빗물이나 이슬에 젖으면 식물체는 빠르게 물을 빨아들여 다시 풀리면서 활성을 띠게 된다. **(C)** 셀라기넬라 라이티(*S. wrightii*) 식물체는 작고 빽빽한 경향이 있고, 자주 이끼류라고 오해한다. 이 식물은 사막에 적응하였고, 미국 서부의 건조한 지역에서 밝은 태양 아래 맨 바위에서 자란다.

화석을 통해 알 수는 없지만, 물부추속은 다육식물유기산대사(CAM)의 광합성을 한다. 아울러 물부추속 식물은 뿌리를 통해 흙이나 진흙에서 흡수하여 이산화탄소를 얻는 독특한 수단을 이용한다. 그 잎은 두꺼운 각피를 갖고 기공이 없다. 우리는 멸종된 나무 같은 석송식물들의 대사가 무엇과 같았었는지 그냥 궁금할 따름이다. 너무 많은 석송식물들이 사라져 버린 것은 불행한 일이다. 석송식물들은 최상의 많은 적응을 갖춘 복잡하고 정교한 식물이었다. 석송식물들은 아마도 계절의 변화에 대해 흥미로운 반응을 나타냈을 것이며, 수많은 종류의 병원성 세균, 곰팡이, 그리고 곤충에 대해 내성을 가졌음이 분명하다. 멸종된 석송식물의 생명현상 가운데 그러한 측면은 영원히 미지의 상태로 남을 것이다.

접합자
장란기
헛뿌리
배
대배우자체
포자벽

(A)

포자
포자벽
배우자체
정세포

(B)

그림 21-17 **(A)** 일부 부처손속의 대배우자체는 거의 전적으로 대포자의 벽 내에서 발달한다. 포자가 갈라져서 열리면 장란기(대배우자낭)가 드러나서 유영하는 정세포와 수정이 가능해진다. **(B)** 부처손속의 소배우자체는 소포자의 벽 안에서 발달하고, 그 다음에 운동성 정자를 방출한다.

Courtesy of U.S. Fish and Wildlife Services.

그림 21-18 물부추속(*Isoetes*)은 작은 식물이지만, 그 기부의 짧은 둥근줄기 같은 줄기는 소규모로 2기 생장을 한다.

진화의 대엽 계열: 진엽식물

3지원시관다발식물

3지원시관다발식물문(Trimerophytophyta)은 멸종된 식물의 3속(*Trimerophyton, Psilophyton, Pertica*)을 대상으로 1968년에 제안되었다. 이들 화석은 측면에서 벌어지는 정단의 포자낭, 동형포자성, 차상분지, 그리고 헛물관의 내원형 관다발원통을 갖는다는 점에서 리니아식물의 화석과 매우 비슷하다. 그렇지만 3지원시관다발식물(trimerophytes)은 여러 특별한 형질 때문에 리니아식물로부터 뚜렷하게 진보되어 나온 것으로 간주된다. 가장 중요한 특징은 **주축형성(overtopping)**의 추세이다. 3지원시관다발식물은 한 줄기가 더욱 활발하게 자라는 독특한 분지를 한다(그림 21-4B 참조). 나중에 출현한 종에서는 불균등의 추세가 너무나도 확연해져서 주된 줄기와 측면의 줄기를 쉽게 구별할 수 있었다. 마침내 페르티카속(*Pertica*)에서는 일련의 양갈래분지가 아니라 하나의 주축을 갖는 **위단축분지(pseudomonopodial branching)**가 나타났다(**그림 21-19**). 식물들은 작은 곁가지들을 가졌는데, 그 중 일부는 임성이고 포자낭이 달렸으며, 다른 곁가지는 불임이고 잎처럼 행동하였다.

동시에 가지가 달리는 위치가 차츰 규칙적이 되고 조정되었다. 리니아식물에서는 차상분지의 지점이 고르지 못하고 예측할 수 없었지만, 3지원시관다발식물의 일부 종에서는 곁가지들이 규칙적인 나선(spiral) 잎차례로 배열되었다. 그밖에도 어긋나기(alternate), 마주보는 잎들이 4줄로 배열되는 십자대생(decussate), 2줄로 배열되는 2방향호생(distichous), 어긋나는 잎들이 4줄로 배열되는 4열성(tetrastichous) 잎차례와 심지어 돌려나기(whorled) 잎차례에 이르는 다양한 유형들이 나타났다. 위단축성 생장 습성의 진화와 많은 광합성 곁가지의 존재가 연관성을 보이면서 식물의 생장력과 강인성이 증가하였다. 페르티카 콰드리파리아(*Pertica quadrifaria*)의 개체들은 높이가 약 1 m이고 굵기가 1.5 cm인 줄기를 가졌다. 반면에 페르티카 달하우지(*Pertica dalhousii*)의 개체들은 높이가 오늘날의 큰 관목의 높이에 해당하는 3 m에 달했던 것으로 추정된다. 비록 페르티카 달하우지의 빽빽한 임분(stand)을 숲이라고 부를 수는 없더라도, 지붕처럼 우거진 덮개 안에서는 빛, 공기의 움직임, 그리고 습도의 수직적 성층이 나타났다.

3지원시관다발식물은 전기 데본기(Lower Devonian)에 리니아식물과 갈라져서 후기 데본기(Upper Devonian)까지 출현하였고, 그 이후 멸종되면서 종말을 고한 것이 아니라 고사리류와 종자식물의 조상으로 진화하였다.

그림 21-19 페르티카 콰드리파리아(*Pertica quadrifaria*)에서는 한 주된 줄기로부터 작은 가지들이 자라서 나왔다. 가장 작은 잔가지는 여전히 차상분지를 나타내지만, 보다 큰 줄기들은 위단축분지를 한다. 이러한 분지양식은 석송식물에서도 별도로 진화하였지만, 여기에 나타낸 3지원시관다발식물의 이 유형이 종자식물의 줄기 구조의 조상이다. 공 모양의 구조는 포자낭의 무리이다.

대엽(진성엽)의 기원

잎(leaf)이라고 부르는 적어도 3종류의 뚜렷이 다른 상사성(homoplasic) 구조가 식물에서 나타난다. 그것은 (1) 비관다발식물의 배우자체에 있는 잎, (2) 대상원시관다발식물과 석송식물의 엽상돌기(enation)/소엽(microphyll), 그리고 (3) 분지계에서 진화하고 모든 종자식물, 고사리류, 그리고 속새식물에서 나타나는 잎인 **대엽(megaphyll)**이다. 대엽의 진화는 **텔롬설(telome theory)**로 요약된다. 주된 줄기와 매끈한 원통형의 차상분지를 하는 측생 줄기로 구성되는 페르티카속(*Pertica*) 같은 식물을 상상해 보자(그림 21-19). 양갈래분지의 끝에 있는 최종적인 잔가지를 **텔롬(telome)**이라고 한다. 이제 곁가지의 모든 세분한 부분들을 동일 평면상에 정렬하고[**평면화(planation)**; **그림 21-20**], 텔롬과 그 아래의 가지들 사이에서 유조직이 발달했다고 상상해 보자[**물갈퀴형성(webbing)**]. 이것이 잎은 아니지만, 잎의 조상이 되는 적합한 특징을 갖는다. 나아가서 속씨식물의 나무와 초본에서 우리가 보는 잎은 약 3억 년에 걸쳐 진화적으로 개선된 결과이다. 만일 이런 진화에 관련된 분지계가 포자낭을 만들었다면, 그 결과 생긴 구조는 그냥 잎이 아니라 포자낭이 달린 잎 같은 구조인 **포자엽(sporophyll)**일 것이다. 이런저런 이유로 이런 체제를 갖춘 식물들은 소엽을 지닌 석송식물보다 경쟁에서 유리하였다. 대엽을 가진 체제 그 자체가 그들이 성공한 주된 이유였다고 말하려는 것은 아니지만, 오늘날 대엽성(megaphyllous) 식물들이 단연코 훨씬 보편적이다. 우리는 모든 대엽성 식물들이 단계통군을 형성한다고 믿고 있으며, 이 단계통군을 **진엽식물(euphyllophytes)**이라고 부른다.

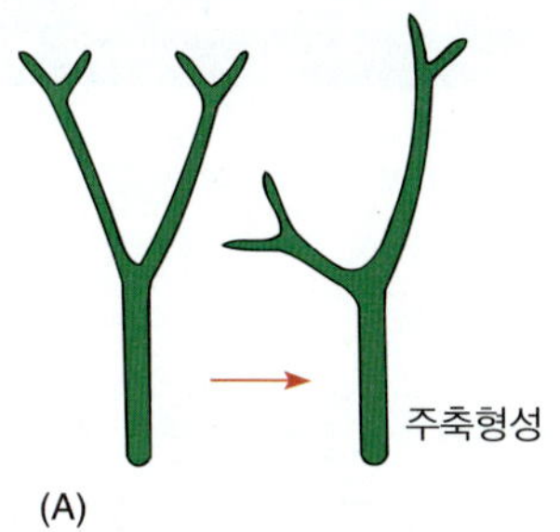

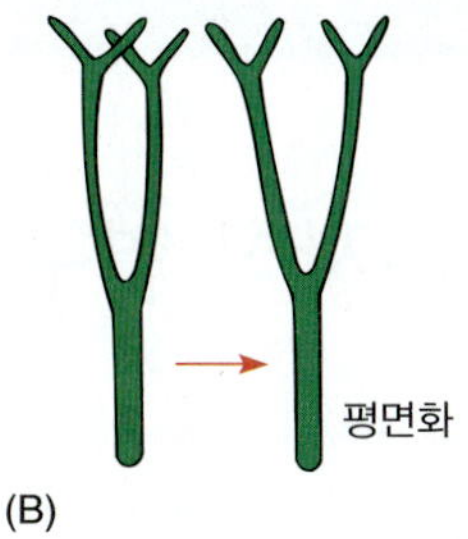

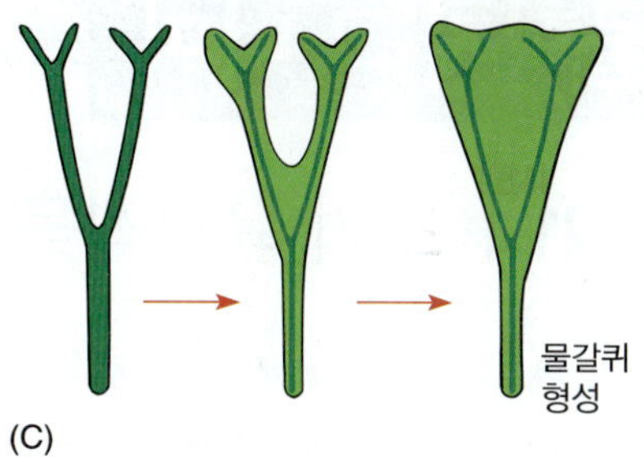

그림 21-20 고사리류, 속새속(*Equisetum*), 그리고 종자식물의 잎은 줄기의 진화적 변형에 의해 생긴 대엽(진성엽)이다. **(A)** 첫 단계에서 1가지(주축)가 다른 가지의 위에 높이 솟고, 다른 가지는 작은 채로 옆에 남는다. **(B)** 다음으로 곁가지에서 갈라진 모든 부분들이 동일 평면상에 정렬하고(평면화), 입체적인 분지계의 생성을 중단한다. **(C)** 마지막으로 가까운 가지들 사이의 공간에 엽록소를 포함하는 얇은 층이 발달한다(물갈퀴 형성).

양치식물

최근의 여러 연구들은 대엽성 식물인 진엽식물이 (1) 뿌리가 외원형(exarch) 물관부를 갖고, (2) 대엽을 가지며, 그리고 (3) 색소체 DNA의 큰 단수 부위에 30 kb의 역위(inversion)를 갖는(**박스 21-1**) 3가지의 공동파생형질에 의해 통합됨을 시사하고 있다. 그림 21-8에 나타낸 바와 같이 진엽식물은 **양치식물(monilophytes)**과 **목본식물(lignophytes)**의 두 자매단계통군들로 구성된다. 많은 양치식물들은 우리가 고사리류(ferns)라고 알고 있는 식물들이고[소포자낭아강(Leptosporangiatae), 마라티아목(Marattiales), 고사리삼목(Ophioglossales)], 일부는 '고사리 동류(fern allies)'라고 부르는 식물들이다[속새식물(equisetophytes), 솔잎란목(Psilotales)]. 만일 '고사리류'라는 용어를 단계통적 자연군의 의미로 사용하고 싶다면 속새식물과 솔잎란목도 고사리류라고 불러야 한다. 이는 경험이 풍부한 많은 식물학사들에게는 이상하게 들릴 것인데, 왜냐하면 속새류가 많은 점에서 다른 모든 고사리류와 다르기 때문이다. 그림 21-8은 어디까지나 모델이고 가설이라는 점을 잊지 말자. 몇 년 안에 새로운 자료가 속새식물이 고사리류의 일부가 아니라 고사리류의 자매인 단계통군을 형성한다고 시사하여도 놀라운 일이 아닐 것이다. 이 책에서는 속새속(*Equisetum*)과 그 단계통군을 고사리류의 자매단계통군으로 간주할 것이다.

속새식물

속새식물은 유절식물문(Arthrophyta) 또는 속새식물문(Sphenophyta)으로 분류되어 왔다. 속새식물은 몇 속의 멸종된 식물들과 **속새류(horsetails 또는 scouring rushes)**라고 알려진 현존하는 15종의 단일속인 속새속(*Equisetum*)으로 이루어진다(**표 21-3**). 살아 있는 식물들은 모두 2기 생장을 전혀 하지 않는 초본들이고, 어떤 종은 높이가 10 m에 달하기도 하지만 보통 높이가 1 m 미만이다(**그림 21-21**). 공기 중의 줄기는 특징적인 관절 구조를 갖

표 21-3 유절식물문(Arthrophyta)의 분류

Order Hyeniales* (히에니아목)	
Family Hyeniaceae (히에니아과)	*Hyenia*(히에니아속)
Order Calamitales* (노목목)	
Family Calamitaceae (노목과)	*Arthropitys*(아르드로피디스속), *Asterophyllites*(아스테로필리테스속), *Calamites*(노목속)
Order Sphenophyllales* (설엽목)	
Family Sphenophyllaceae (설엽과)	*Sphenophyllum*(설엽속)
Order Equisetales (속새목)	
Family Equisetaceae (속새과)	*Equisetum*(속새속), *Equisetites** (에퀴세티테스속)

*이 무리의 모든 종은 멸종되었음.

그림 21-21 속새속(*Equisetum*) 식물은 보통 작고, 땅속의 몹시 가지를 친 뿌리줄기로부터 생긴 직립성 지상부를 갖는다. 그림 **(A)**의 속새(*E. hyemale*) 같은 일부 종에서는 개개의 지상부가 광합성과 생식을 하고, 그림 **(B)**의 쇠뜨기(*E. arvense*) 같은 다른 종들에서 어떤 지상부는 이 사진에 보인 것처럼 영양줄기이고, 별도의 생식줄기는 다른 시기에 만들어진다. **(C)** 이 사진은 유난히 크게 자라는 큰속새(*E. giganteum*)이다.

(A)

(B)

(C)

식물학과 그 너머

박스 21-1 초기 육상식물 진화의 분자적 연구

초기 육상식물의 진화적 유연관계는 아직도 명쾌하게 알려지지 않았다. 이끼류, 우산이끼류, 리니아속(*Rhynia*), 그리고 석송류 같은 식물들은 매우 단순하여 비교할 특징이 별로 없다. 게다가 두 집단이 서로 닮았으면, 공통의 형질이 같은 조상형질에서 유래된 상동형질인지, 아니면 서로 다른 조상형질에서 유래되고 수렴진화의 결과로 서로 비슷하게 된 상사형질인지를 언제나 확신할 수 없다.

어떤 초기 육상식물들이 서로 관련되어 있는지를 밝히는 데 있어서 엽록체의 유전자 배열 분석이 이용되고 있다. 엽록체의 환형 DNA를 많은 식물들에서 추출하고 나서 DNA제한효소를 이용하여 유전자들이 나타나는 순서를 분석한다. 최근에 많은 집단이 연구되었고, 그 결과 이끼류, 우산이끼류, 그리고 석송식물들은 같은 배열을 갖는 반면에 진엽식물(euphyllophytes)은 모두 다른 배열을 갖는 것으로 나타났다.

여러 종류의 식물을 대상으로 수행된 많은 연구를 통해 엽록체의 유전체는 매우 안정적이고 이런 종류의 재배열(rearrangement)은 드물다는 결론이 내려졌다. 이 유형의 재배열이 또 나타나서 비슷한 유전자 배열을 갖는 세 번째 집단이 만들어질 것 같지는 않다. 따라서 모든 진엽식물에 재배열이 존재한다는 것은 이들 모두가 단계통군을 이룬다는 증거가 되고, 양치식물(monilophytes)과 초기 목본, 그리고 현대의 종자식물 모두가 공통조상을 공유한다는 강력한 증거가 된다.

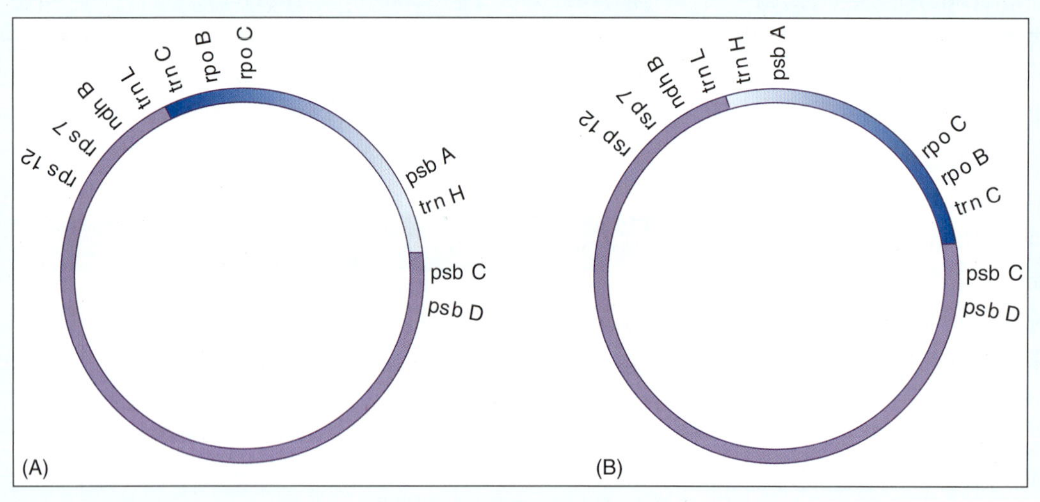

그림 B21-1 우산이끼류, 이끼류, 그리고 석송식물 색소체의 환형 DNA상의 유전자 순서**(A)**와 종자식물의 유전자 순서**(B)**. 파란색으로 나타낸 부위는 진엽식물에서 거꾸로 된다.

고 있으며, 융합한 잎들이 마디에서 돌려난다. 잎은 작고 한 가닥의 관다발조직을 갖지만, 이들은 소엽이 아니라 작은 대엽이다. 가지를 친다면 잎겨드랑이에 위치하지 않고 잎과 어긋나기를 한다. 직립하는 공기 중의 줄기는 땅속의 깊은 뿌리줄기(rhizome)로부터 생긴다. 혹독한 서식지에서는 겨울에 지상부가 죽지만, 뿌리줄기는 지속되고 식물은 왕성하게 퍼져 나갈 수 있다. 진정한 뿌리가 존재하고, 뿌리줄기의 마디에서 생긴다.

내부 구조는 외부 형태만큼이나 특징적이다(**그림 21-22**). 줄기는 속(pith)을 갖고 있고, 따라서 줄기는 지금까지 살펴본 다른 모든 식물에서처럼 원생중심주(protostele)가 아니라 관상중심주(siphonostele)이다(그림 21-22를 그림 21-6과 비교). 원생물관부는 속의 바로 옆에 후생물관부의 안쪽에 형성되므로 이는 내원형(endarch)이고, 이와 같은 리니아식물/3지원시관다발식물의 특징은 대상원시관다발식물의 외원형(exarch) 원생물관부와 뚜렷하게 차이가 난다. 꽃식물 외에서는 물관이 드문데, 오로지 부처손속(*Selaginella*), 몇몇 고사리류, 겉씨식물의 3속, 그리고 속새속(*Equisetum*)에서만 나타난다. 줄기가 길어짐에 따라 일부 세포들이 늘어나고 찢어지면서 관(canal)이 형성되었다. 속새속의 피층은 커다란 세포들로 구성되고, 바깥쪽 세포들은 엽록소를 포함하고 있다. 공기의 관들이 바깥쪽 피층에 위치하기도 한다. 표피에는 기공개구부와 공변세포가 들어 있으며, 상당히 많은 양의 규소를 함유하고 있어서 줄기가 강인하고 단단하다.

속새속의 생식구조는 특수화되었다. 포자낭은 언제나 5개에서 10개가 무리를 지어 우산처럼 생긴 **포자낭자루(sporangiophore)**에서 나타난다(**그림 21-23**). 포자낭자루는 짧은 대(stalk)와 평평한 우산 모양의 머리(head) 부분을 갖고, 머리에서 포자낭자루의 대와 평행하게 포자낭이 돌출된다. 포자낭자루는 항상 빽빽하게 나선형으로 배열하여 포자낭수(strobilus)를 이룬다. 속새속은 동형포자성이고, 따라서 모든 식물은 오직 한 종류의 포자낭자루와 포자낭수를 갖는다. 일부 종들에서는 포자낭수가 녹색의 광합성줄기의 끝에서 나타나는 반면에 다른 종들에서는 포자낭수가 특별한 무색의 생식줄기에 달린다.

그림 21-22 속새속(*Equisetum*)의 줄기에는 많은 관들이 있다. 관상중심주(siphonostele)를 갖는 이 식물에서 속(pith)의 중심이 찢어져서 중심관(central canal) 또는 수관(pith canal)이 형성되는데, 속의 남은 부분 주위는 원생물관부의 파열로 생기는 용골관(carinal canal)이다. 용골관의 바로 바깥쪽에는 후생물관부와 체관부가 있고, 관다발은 내원형이다. 피층에는 용골관과 번갈아가며 나타나는 피층관(cortical canal)이 들어 있으며, 각 피층관은 줄기 표면의 고랑(furrow) 부근에 위치한다. 이와 같이 몹시 특징적인 구조는 속새속의 화석을 동정하는 데 도움이 된다.

그림 21-23 속새속(*Equisetum*)의 포자낭은 5개에서 10개가 무리를 지어 포자낭자루에서 나타난다. 포자낭자루가 모여 포자낭수가 된다.

포자가 방출되고 나면 포자는 촉촉한 흙에서 발아하고 가로 1 mm의 작은 녹색 배우자체로 발달한다. 배우자체는 관다발조직이 없고, 표피나 기공이 없다. 몸은 유조직의 작은 덩어리에 불과하다. 속새속의 배우자체는 수배우자체이거나 양성배우자체이다. 장정기는 많은 다편모(multiflagellate) 정자를 방출하고, 정자는 장란기와 알을 향해 헤엄친다. 대배우자와 접합자는 방출되지 않고 그대로 유지되며, 배우자체에 의해 영양분을 공급받는다.

유절식물의 진화계열은 3지원시관다발식물을 거쳐 리니아식물로 거슬러 올라갈 수 있다. 초기 유절식물의 두 집단인 설엽목(Sphenophyllales)과 노목목(Calamitales)에서 관다발형성층이 2기 목부를 만들었다. 추정컨대 2기 체관부도 만들었겠지만, 화석의 보존 상태가 이를 확신하기에 충분하지 못하다(**그림 21-24**). 이들 식물은 차츰 큰 나무가 되어 굵기가 30 cm에 달하고 높이가 20 m 이상이 되었다. 이 나무들은 나무줄기, 곁가지, 진정한 잎, 그리고 진정한 뿌리를 갖춘 진정한 **단축생장(monopodial growth)**을 하였다.

속새식물의 관다발형성층은 석송식물의 관다발형성층과 관계없이 진화하였는데, 이들의 관다발형성층은 여전히 같은 결함

그림 21-24 노목속(*Calamites*)은 관절 구조의 줄기를 갖고 잎이나 가지가 각 마디에서 돌려난다는 점에서 현존하는 속새류와 밀접한 관계가 있다. 이와 같은 식물은 높이가 약 10 m인 작은 수목이다.

그림 21-25 속새속(*Equisetum*)이 많은 파생형질을 갖지는 않지만, 그렇다고 해서 속새류가 원시적이거나 잘 적응하지 못하는 것은 아니다. 이 사진에는 곡류 작물과 이를 경작하는 농부 모두와 경쟁하는 성공적인 잡초가 있다.

을 가졌다. 즉, 방추형 시원세포가 방사상 종분열을 할 수 없어서 새로운 방추형 시원세포가 만들어질 수 없었다. 목부가 축적되고 형성층이 바깥쪽으로 밀리면서 유절식물의 방추형 시원세포는 너무 커져서 기능을 할 수 없게 됨으로써 2기 생장이 중단된다.

비록 속새식물이 소수의 현생종을 갖는 고대의 계통군이기는 하지만, 속새식물은 결코 원시적이거나, 잘 적응하지 못하거나 또는 드물지 않다. 속새식물은 전 세계의 습한 서식지에서 나타나고, 경작지의 잡초로 왕성하게 자란다(**그림 21-25**).

고사리류

3지원시관다발식물에서 속새식물이 나온 진화계열 외에 다른 두 계열이 갈라져 나와 오늘날의 지구를 덮고 있는데, 그 중 하나의 진화계열은 고사리류(**표 21-4**)이고 다른 계열은 거의 모두가 종자식물인 목본식물(lignophytes)이다.

초기 고사리류는 데본기에 처음 나타나고 나서 매우 다양해졌다(**그림 21-26**, **그림 21-27**). 속새식물의 현존하는 식물이 고작 15종인 반면에, 나머지 양치식물(monilophytes)은 12,000종이 넘고, 이들 거의 모두가 여러분과 친숙한 고사리류인 **박벽포자낭 고사리류(leptosporangiate ferns)**이다. 양치식물의 다른 세 집단인 마라티아목(Marattiales), 고사리삼목(Ophioglossales), 그리고 솔잎란목(Psilotales)은 모두 합쳐도 현생종이 300종 미만이고, 이들 식물을 잘 아는 사람은 많지 않다.

고사리류는 거의 어디서나 발견된다. 습하고 그늘진 숲과 호숫가를 '전형적인' 고사리류 서식지라고 종종 여기지만, 우드풀속(*Woodsia*)과 개부싯깃고사리속(*Cheilanthes*)의 종들은 건조하고 더운 사막에서 나타나고, 생이가래속(*Salvinia*)과 물개구리밥속(*Azolla*)은 물에 떠서 자라며, 물고사리속(*Ceratopteris*)은 물속

표 21-4 양치식물문(Pteridophyta)의 분류

Class Cladoxylopsida*	
Class Coenopteridopsida*	
Class Ophioglossopsida (고사리삼강)	
Order Ophioglossales (고사리삼목)	
Family Ophioglossaceae (고사리삼과)	*Ophioglossum*(나도고사리삼속), *Botrychium*(백두산고사리삼속)
Class Marattiopsida (마라티아강)	
Order Marattiales (마라티아목)	
Family Marattiaceae (용비늘고사리과)	*Marattia*(마라티아속), *Angiopteris*(용비늘고사리속), *Psaronius**(프사로니우스속)
Class Filicopsida (고사리강)	
Order Filicales (고사리목)	
Family Schizaeaceae (실고사리과)	*Schizaea*(실고사리속)
Family Gleicheniaceae (풀고사리과)	*Gleichenia*(풀고사리속)
Family Osmundaceae (고비과)	*Osmunda*(고비속)
Family Matoniaceae (마토니아과)	*Matonia*(마토니아속)
Family Polypodiaceae† (고란초과)	*Adiantum*(공작고사리속), *Asplenium*(꼬리고사리속), *Blechnum*(블레크눔속), *Cheilanthes*(개부싯깃고사리속), *Dryopteris*(관중속), *Pellaea*(펠래아속), *Platycerium*(박쥐란속), *Polypodium*(미역고사리속), *Polystichum*(나도히초미속), *Pteridium*(고사리속), *Woodsia*(우드풀속)
Family Cyatheaceae (키아테아과)	*Cnemidaria*(크네미다리아속), *Cyathea*(키아테아속)
Family Hymenophyllaceae (처녀이끼과)	*Trichomanes*(처녀이끼속)
Order Marsileales (네가래목)	
Family Marsileaceae (네가래과)	*Marsilea*(네가래속), *Regnellidium*(레그넬리디움속)
Order Salviniales (생이가래목)	
Family Salviniaceae (생이가래과)	*Azolla*(물개구리밥속), *Salvinia*(생이가래속)

*이 무리의 모든 종은 멸종되었음.
†이 과에는 고사리류의 거의 모든 현생종이 들어 있음.

그림 21-26 고사리의 조상인 라코피톤속(*Rhacophyton*)의 재구성. 잎이라고 부르는 시점까지 거의 진화한 나선상으로 배열된 분지계를 보여준다. 일부는 포자낭을 갖춘 임성이고, 다른 일부는 불임이며, 전자는 포자엽으로 진화하고, 후자는 보통잎으로 진화하였다.

그림 21-27 트라이아스기부터 나타난 고사리인 플레보프테리스속(*Phlebopteris*). 트라이아스기가 2억 3천만 년 전부터 1억 9천만 년 전까지이지만, 이 식물은 현대의 많은 특징들을 갖고 진화하였으며, 일반적인 고사리의 조상이라기보다는 현존하는 고사리류의 특정 과인 마토니아과(Matoniaceae)의 조상으로 여겨진다.

에 잠겨 산다(**그림 21-28**). 그밖에도 착생식물인 미역고사리속(*Polypodium*)과 넝쿨식물인 실고사리속(*Lygodium*)도 있다. 모든 고사리류는 다년생이고 초본성이며 목본은 없다. 그렇지만 용비늘고사리속(*Angiopteris*), 키아테아속(*Cyathea*), 크네미다리아속(*Cnemidaria*)과 그 밖의 일부 고사리류는 작은 수목의 높이를 갖는 나무고사리류(tree ferns)이다. 이들을 나무고사리류라고 부르기는 하지만, 이들은 결코 2기 물관부를 갖지 않는다.

(A)

(B)

(C)

(D)

그림 21-28 (A) 많은 고사리류는 비가 거의 내리지 않는 덥고 건조한 기후에서 자란다. 고사리류가 전형적으로 나타난다고 알려진 서늘하고 축축하고 그늘진 서식지로 이식하면 이들은 며칠 내로 죽게 될 것이다. 그림 **(B)**의 물개구리밥속(*Azolla*)과 그림 **(C)**의 생이가래속(*Salvinia*)은 언뜻 보기에는 고사리류 같아 보이지 않지만, 이들의 잎과 포자낭의 구조는 이들이 고사리류임을 나타낸다. **(D)** 이 키아테아속(*Cyathea*) 같은 고사리류의 일부 속은 매우 긴 줄기와 엄청난 엽상체를 갖고 있어서 나무고사리류(tree ferns)라고 부른다. 그렇지만 나무와는 달리 이들은 2기 생장을 하지 않는데, 실제로 이들은 거대한 초본이다.

그림 21-29 고사리 줄기의 내부 구조는 종에 따라 다를 뿐만 아니라 같은 식물체 안에서도 차이를 나타낸다. **(A)** 이 잔고사리속(*Dennstaedtia*)과 다른 많은 고사리류에서는 물관부가 횡단면에서 완전한 고리를 형성한다. **(B)** 고사리류에서 체관부는 물관부의 안쪽과 바깥쪽 모두에서 나타난다. 물관부의 안쪽에 있는 체관부는 종자식물에서 극히 드물다(×20). **(C)** 이 공작고사리속(*Adiantum*)에서 관다발조직은 거의 완전한 원통을 이룬다. 관다발조직이 잎으로 이어지는 부분에 엽극이 나타난다. 엽극은 고사리류의 특징이고, 진화의 소엽계열(석송식물)에서는 나타나지 않는다. **(D)** 이 개석송(*Lycopodium annotinum*) 같은 진화의 소엽계열 종류들은 속(pith)을 갖지 않는다(×20).

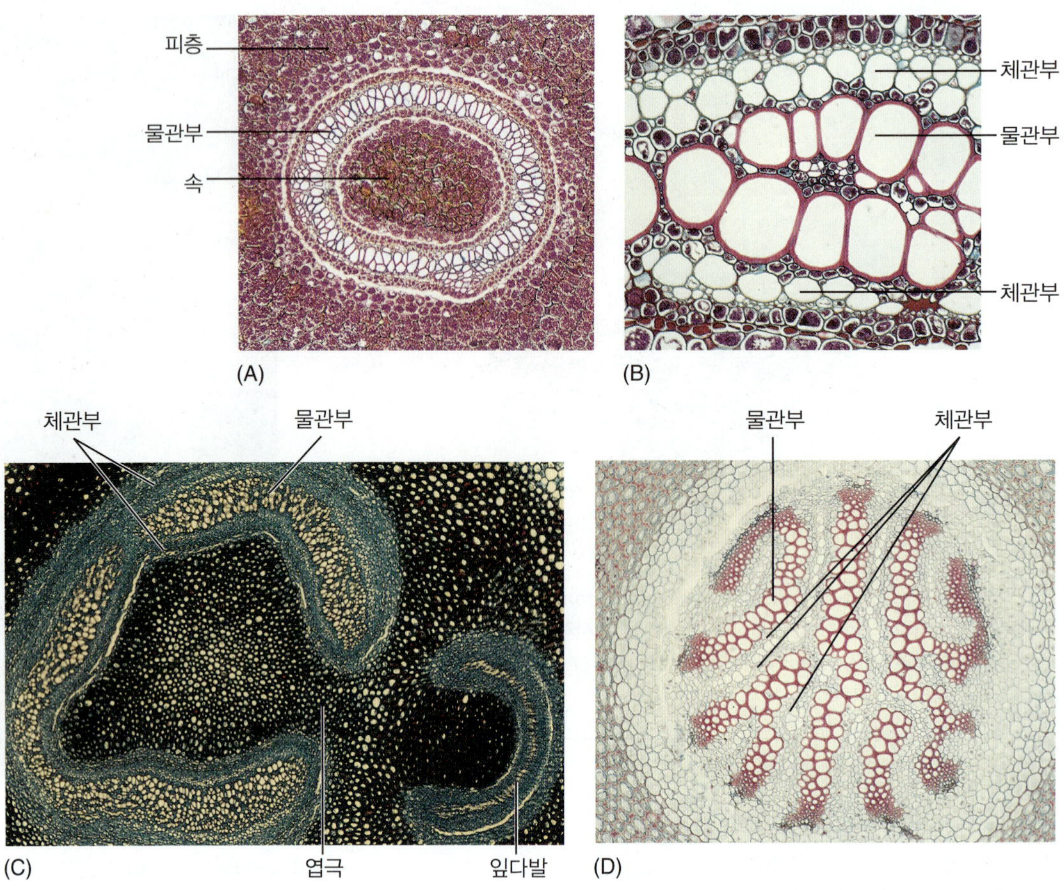

고사리의 포자체는 수직의 지상부 또는 수평의 뿌리줄기의 단일한 축으로 구성되고, 여기에 진정한 뿌리와 대엽성(megaphyllous) 잎이 달린다. 줄기의 관다발계는 내원형 관상중심주이고, 이는 속새식물과 종자식물에도 존재하는 파생형질이다(**그림 21-29**). 각 마디마다 '엽적'이라고도 부르는 **잎다발(leaf trace)**이 관상중심주로부터 갈라지고, 유조직뿐인 관다발원통의 작은 조각을 남기는데, 이 부위가 **엽극(leaf gap)**이다. 관다발형성층은 백두산고사리삼속(*Botrychium*)의 한 종류에서 나타나는 것으로 보고되었다.

고사리류의 잎은 가죽 같거나 연약하고, 처녀이끼과 고사리류(filmy ferns)에서는 잎이 단세포층이지만 대부분의 고사리류는 두께가 여러 층이다. 잎의 상층에는 울타리유조직이 있고, 아래쪽에는 해면잎살조직이 있다. 잎은 처녀이끼속(*Trichomanes*)처럼 작기도 하고 나무고사리류처럼 길이가 몇 m에 달하기도 하지만, 잎은 거의 언제나 잎축(rachis)과 소엽(leaflet)을 갖는 겹잎이다(**그림 21-30**). 박쥐란속(*Platycerium*)과 꼬리고사리속(*Asplenium*)은

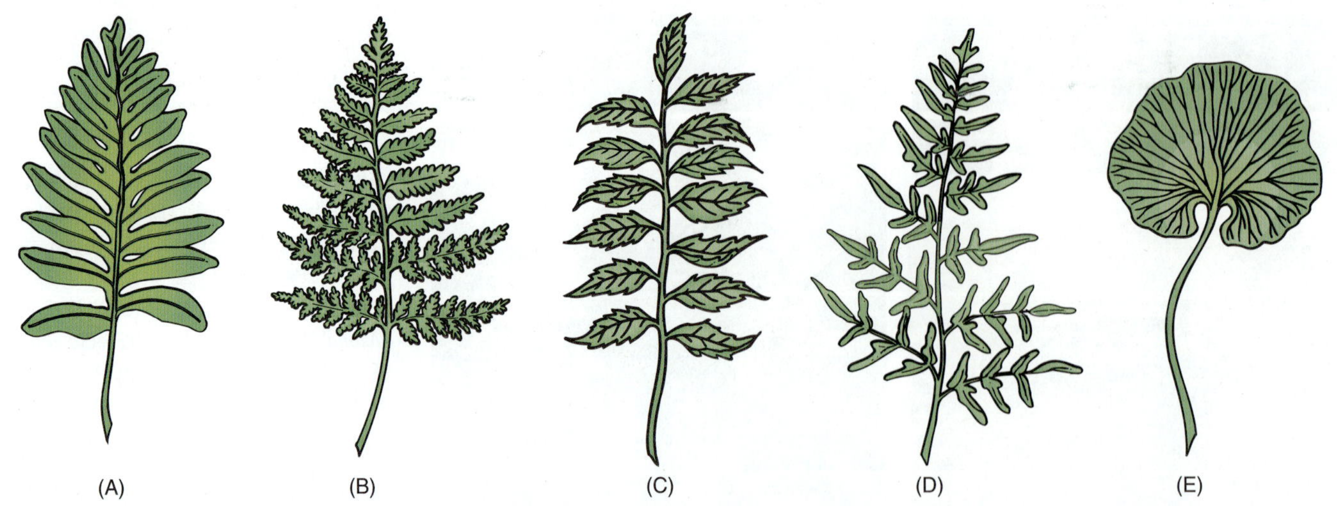

그림 21-30 **(A)~(E)** 고사리의 잎(양치엽)은 잎자루(petiole)와 잎새(lamina)를 갖는데, 잎새는 거의 언제나 우상복엽이다. 중앙맥은 잎축(rachis)이고, 작은잎들도 겹잎이다.

식물학과 그 너머

박스 21-2 형태속

스키아도피톤속(*Sciadophyton*) 같은 식물이 리니아속(*Rhynia*)이나 쿡소니아속(*Cooksonia*) 같은 식물의 배우자체였다고 확신할 수 있을지 몰라도, 우리는 결코 확실하게 알지 못할 수 있다. 포자, 잎, 열매, 줄기, 그리고 뿌리의 개개의 화석들이 식물체의 조각들이었던 것처럼, 이들 화석은 생활주기 가운데 별개의 부분들이었다. 어떤 화석의 조각들이 같은 종에서 나왔는지 어떻게 알 수 있을까? 식물이 죽게 되면 보통 잎과 꽃이 떨어지고, 따라서 우리는 헐벗은 줄기들의 나머지들과 섞여 있는 수많은 잎들과 꽃들의 화석을 보게 된다. 예나 지금이나 전체가 오로지 한 종으로만 이루어진 풀밭이나 숲은 찾기 어렵고, 대체로 많은 종들이 함께 섞여 자란다. 우리가 발견하는 많은 종류의 화석잎은 화석이 된 많은 종류의 줄기, 꽃, 목부, 그리고 그 밖의 식물체 부분들과 혼합되어 있다. 만일 잎이나 꽃이 아직도 붙어 있는 가지를 발견한다면, 즉 기관들이 연결되어 있다면 우리는 어떤 기관이 어느 식물의 부분인지를 알 수 있게 된다.

어떤 부분이 동일한 종의 일부인지를 알게 되기 전까지는 **형태속(form genera)**을 사용해야 하는데, 이는 분리된 기관, 조직, 포자 또는 꽃가루의 유형을 위해 만들어진다. 만약 다른 모든 것들과 뚜렷이 다르게 보이는 화석잎을 발견하였다면 잎의 새로운 형태속으로 명명한다. 동일한 연대의 바위에서 더 많은 화석잎들이 발견되면서 그 가운데 일부가 처음의 것과 밀접한 관계가 있는 것으로 밝혀지면 그 형태속에 할당한다. 잔가지나 나무의 큰 조각이 잎과 섞여 있을 수 있다. 동일한 연대와 동일한 장소에서 함께 출현하는 연관성에 근거하여 그 잎들이 그 가지에서 만들어졌다고 거의 확신할 수 있다. 그렇지만 잎이 여전히 가지에 붙어 있는 화석을 실제로 찾게 되기까지 잎은 목부의 형태속에 할당할 수 없다. 기관들의 연결이 확인될 때에만 두 형태속을 결합할 수 있다. 포자나 꽃가루의 경우에는 유기적 연결이 나타날 수 없지만, 채 벌어지지 않은 포자낭이나 꽃밥이 가끔 발견된다. 그렇다면 포자 또는 꽃가루는 이들 포자낭이나 꽃밥과 결부 지을 수 있다. 두 형태속이 동일한 종의 부분들이라고 밝혀진다 하더라도 형태속의 이름들을 계속 사용하는 것이 보다 간단하다.

홑잎을 갖는다. 종자식물의 잎과 달리 고사리류의 잎원기는 뚜렷한 정단세포를 갖고, 원기가 생장하면서 안쪽으로 곡선을 이루어 바이올린머리(fiddlehead) 모양으로 단단히 감긴 어린잎을 만든다(그림 21-31). 잎이 확장되면서 똘똘 말린 어린잎은 풀리고 차츰 평평해진다. 고사리의 잎, 특히 큰 잎에는 대체로 상당히 많은 관다발조직이 들어 있다. 잎맥은 보통 차상분지를 한다.

예를 들어, 스피칸트새깃아재비(*Blechnum spicant*)와 꿩고비(*Osmunda cinnamomea*) 같은 일부 종에서 어떤 잎은 오로지 광합성을 하고 다른 어떤 잎은 단지 포자엽의 기능만을 한다. 그렇지만 대부분의 고사리류에서는 개개의 잎이 2가지 기능을 모두 한다(그림 21-32). 잎의 아래쪽에는 **포자낭군(sori; 단수형 sorus)**이 있는데, 이는 감수분열이 일어나는 포자낭의 무리이다(그림 21-33). 대부분의 고사리류는 동형포자성이고, 물에 사는 네가래과(Marsileaceae)와 생이가래과(Salviniaceae)의 두 집단만이 이형

(A) © KMac05/iStock Photo

(B) Courtesy of Tommy R. Navarre

그림 21-31 (A) 속새식물의 잎과는 달리 고사리류의 잎은 매우 특징적인 발생을 한다. 어린잎은 단단히 감겨 있다가 확장하면서 풀린다. 이는 잎축은 물론이고 작은잎들도 마찬가지다. 이를 권상개엽(circinate vernation)이라고 한다. **(B)** 이와 같이 어릴 때에는 바이올린 머리 모양으로 돌돌 말린 어린잎(fiddlehead)을 식용으로 이용하고 채소처럼 요리한다. 일단 성숙해지면 고사리의 잎은 먹지 못한다.

그림 21-32 **(A)** 이 꿩고비(*Osmunda cinnamomea*)는 포자낭이 없는 보통잎과 포자낭이 달리는 매우 뚜렷한 포자엽이 모두 있다. **(B)** 많은 고사리류는 오직 한 유형의 잎을 갖는다. 소엽의 넓고 얇은 모양은 광합성에 선택이익이 되고, 아래쪽에는 포자낭의 무리인 포자낭군이 달린다. 이들 포자낭군은 나출되어 있고, 덮개가 없다. **(C)** 이 공작고사리속(*Adiantum*)의 포자낭은 소엽의 가장자리 부근에서 나타나고, 포막(indusium)이라고 부르는 조직의 잘게 의해 보호된다.

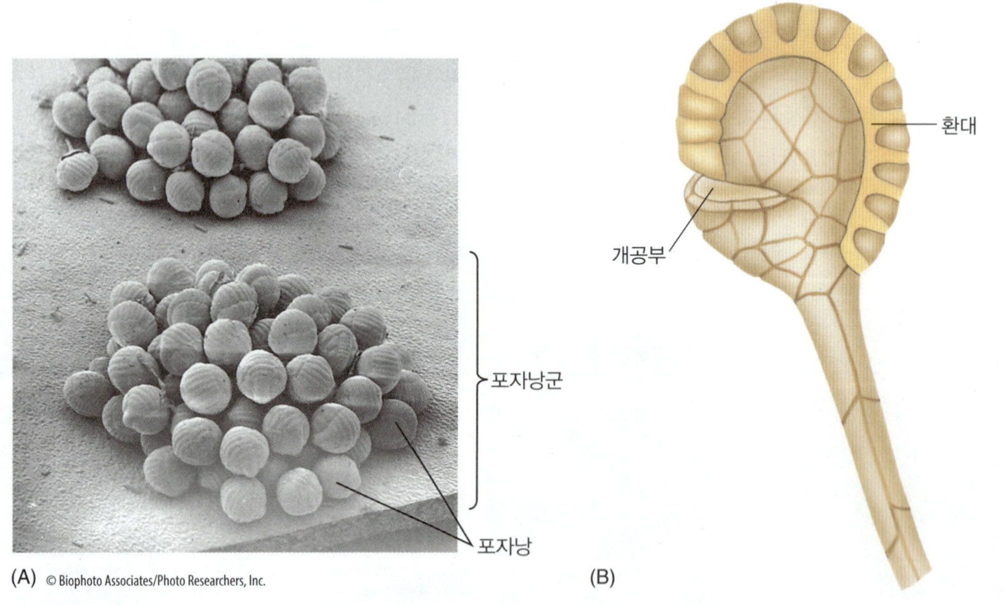

그림 21-33 **(A)** 포자낭군에는 많은 포자낭들이 들어 있고, 이들 각각은 자루와 감수분열이 일어나는 포자낭으로 구성된다. **(B)** 환대(annulus)의 특수한 세포가 탈수되면 포자낭이 갑자기 벌어지면서 빠르게 확장하여 포자들을 내던진다.

포자성이다.

고사리 포자가 발아하면 작고 단순한 하트 모양 또는 리본 모양의 광합성을 하는 배우자체로 자라는데, 배우자체는 아래쪽 표면에 단세포의 헛뿌리가 있지만 관다발조직이 없고 표피도 없다(**그림 21-34**). 각 배우자체에는 보통 장정기와 장란기 모두가 생긴다. 장정기가 먼저 발달하고, 헛뿌리들 사이에서 나타나기 때

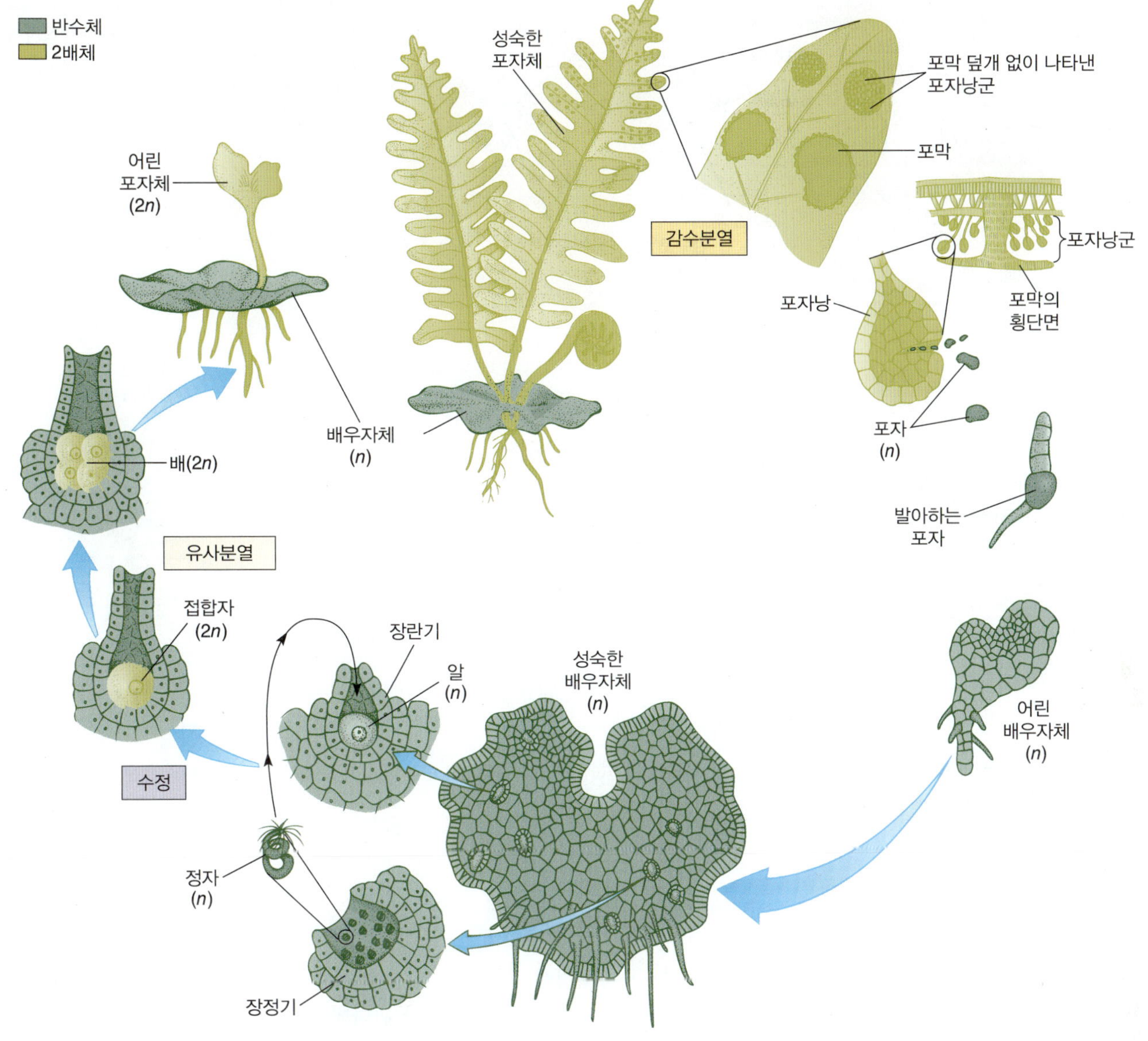

(A)

(B) Courtesy of Dr. Shu-Chuan Hsiao, National Chunghsing University

그림 21-34 **(A)** 고사리의 생활주기. 상세한 설명은 본문에 있다. **(B)** 고사리 배우자체. 일부는 어린 포자체의 제1엽(first leaf)을 함께 갖고 있다.

문에 장정기를 찾는 것은 어려울 수 있다. 장란기는 나중에 발달하고, 배우자체 꼭대기에 가까이 생긴다. 환경이 충분히 습하면 장정기는 운동성 정자를 방출한다. 이 정자는 색소체가 없다는 점을 제외하면 단세포 녹조류로 쉽게 착각할 수 있다. 정자는 장란기로 헤엄쳐 가서 알을 수정시킨다. 속새속(*Equisetum*)의 경우와 같이 고사리의 접합자는 영양분을 공급하는 배우자체에 유지된다. 그렇지만 어린 포자체는 곧 제1엽(first leaf)과 뿌리를 생성하고 독립적이 된다. 포자체가 생장을 계속하면 결국 작은 배우자체는 파괴된다.

진정포자낭과 박벽포자낭

고사리류는 발생의 기본적인 측면을 달리하는 2종류의 포자낭을 포함한다. **진정포자낭(eusporangium)**은 몇 개의 표면세포들이 병

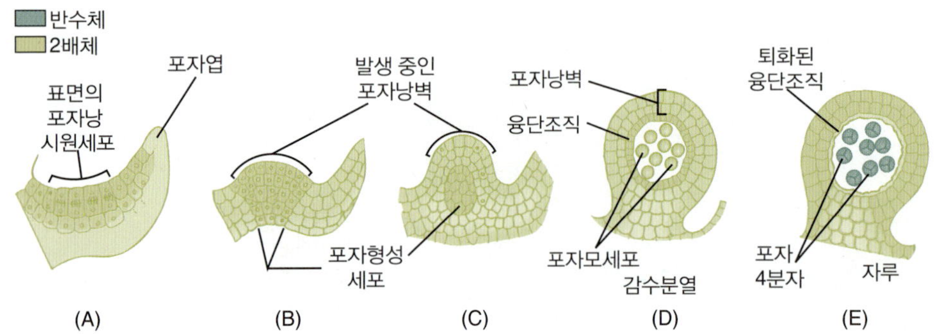

그림 21-35 진정포자낭의 발생. **(A)** 표면의 세포들이 분열하고 안쪽의 딸세포들이 포자를 형성하게 된다. **(B)~(E)** 분열을 계속하여 많은 수의 포자들과 두꺼운 포자낭벽이 생긴다.

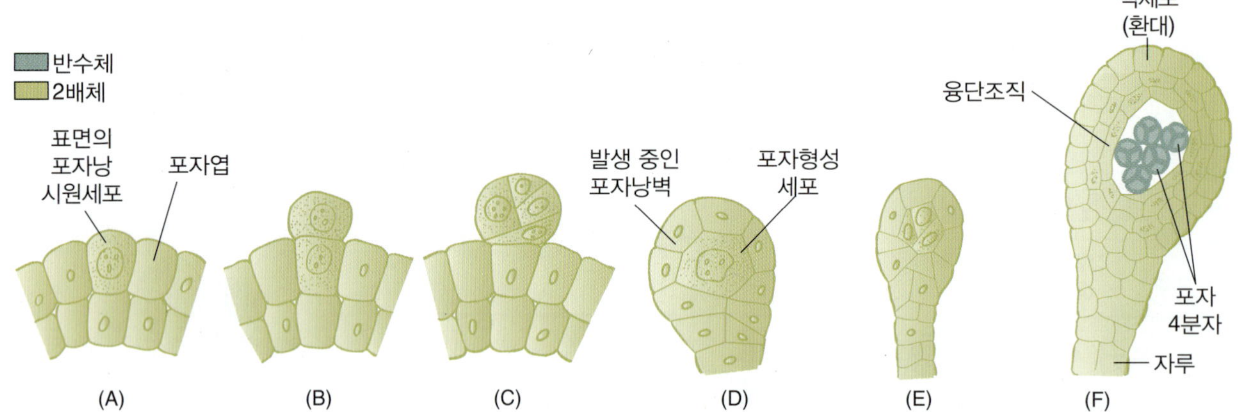

그림 21-36 박벽포자낭의 발생. **(A)**와 **(B)** 포자낭은 단지 하나의 표면 세포가 분열하면서 개시된다. **(C)~(F)** 몇 차례 분열하고 나면 자루와 얇은 벽, 그리고 몇 개의 포자가 들어 있는 포자낭이 생긴다.

층분열(periclinal division)을 하여 세포들의 작은 다층판이 생기면서 시작된다(**그림 21-35**). 바깥쪽 세포들은 포자낭벽으로 발달하고, 안쪽 세포들은 증식하여 포자를 형성하는 조직이 된다. 그 결과 많은 포자가 들어 있는 상당히 큰 포자낭이 된다. 이것이 포자낭의 기본적인 유형이고, 진정포자낭은 박벽포자낭군(Leptosporangiatae)을 제외한 사실상 모든 식물에서 나타난다. 심지어 꽃식물의 꽃밥과 밑씨조차도 이처럼 발달한다.

박벽포자낭(leptosporangium)은 단일한 표면세포가 병층분열을 하고 바깥쪽으로 작은 돌출부를 형성하면서 시작된다(**그림 21-36**). 몇 차례 더 분열하고, 그 결과 작은 포자형성 세포들과 얇은 불임세포 덮개가 만들어진다. 여기에서는 몇 개의 포자들만 생성된다. 박벽포자낭을 갖는 것은 박벽포자낭군의 단계통군에서만 나타나는 파생형질이다.

솔잎란속과 메시프테리스속

솔잎란속(*Psilotum*)과 메시프테리스속(*Tmesipteris*)의 두 작은 속은 현존하는 모든 관다발식물 가운데 가장 단순한 식물들을 포함한다(**그림 21-37**). 솔잎란속은 리니아속(*Rhynia*)과 아글라오피톤속(*Aglaophyton*)과 아주 비슷한 체제를 갖고 있으며, 리니아속과 아글라오피톤속이 멸종되었음에도 불구하고 1970년대 중반까지 이들과 함께 분류되었다. 'whisk ferns'라는 보통명을 갖는 솔잎란속 식물은 오늘날 매우 파생적이고 몹시 단순화된 고사리류로 알려져 있다. 솔잎란류는 포복성 뿌리줄기와 차상분지를 하는 직립성 줄기를 갖는 작은 식물이다. 이들 식물은 표피, 피층, 그리고 속이 없는 단순한 관다발원통[원생중심주(protostele)]을 갖는

그림 21-37 솔잎란속(*Psilotum*) 줄기의 생장 양식. 진정포자낭이 달리고 차상분지를 한다.

그림 21-38 **(A)** 솔잎란속의 관다발 구조는 단순하다. 원생중심주와 물관부를 둘러싸는 체관부로 구성된다. 원생물관부는 후생물관부의 외부에 있는 외원형이고, 이는 리니아식물보다 대상원시관다발식물과 비슷하다(×100). **(B)** 솔잎란속의 포자낭은 사실상 3개의 포자낭이 서로 합쳐진 것으로 여겨진다. 각각은 극히 짧은 가지의 끝에 있고, 기본적으로 3개의 가지를 친 지상부가 인편(scale)에 의해 대향한(subtended) 것이다(×8).

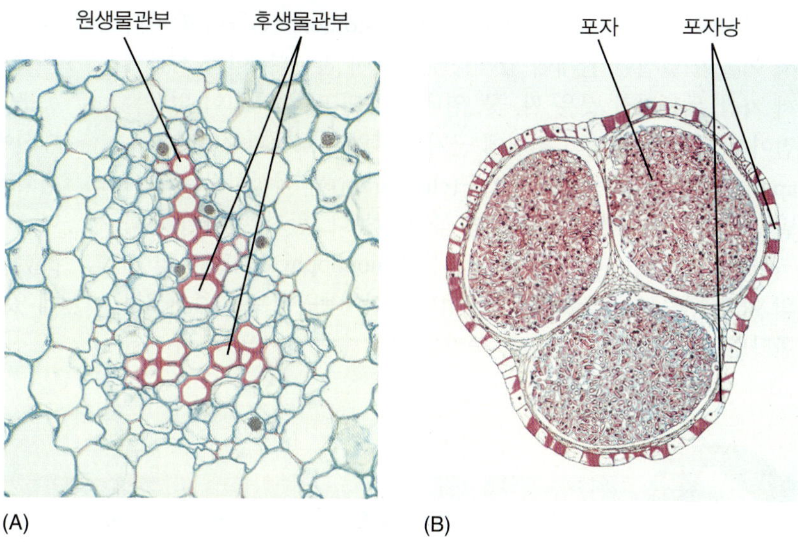

다(**그림 21-38**). 물관부는 환상 비후 또는 나선형으로 비후된 헛물관들로 구성된다. 솔잎란속은 뿌리와 잎을 만드는 능력을 잃었다는 점에서 현존하는 관다발식물 가운데 독특하다. 엽상돌기(enation)와 비슷하게 작은 비늘 모양으로 돌출된 조직이 가끔 지상부에 달린다.

특히 독특한 것은 배우자체인데, 이는 지름이 2 mm가 채 안 되는 짧고 가지를 친 원통 모양이다. 배우자체의 표면은 긴 세포인 헛뿌리들로 덮여 있고, 이는 고정시키는 역할과 함께 흡수하는 기능을 하는 것으로 추정된다(**그림 21-39**). 배우자체는 엽록소를 갖지 않고 종속영양을 하며, 토양균류와 공생을 하거나 기생을 한다. 곰팡이는 배우자체의 세포 대부분에 침투하여 세포에 당과 무기질을 공급한다. 솔잎란속은 배우자체가 관다발조직을 갖는 유일한 종으로, 포자체의 관다발조직과 비슷한 소량이 관다발조직이 들어 있다. 중심에 있는 헛물관의 덩이는 체관부와 내피로 둘러싸인다.

솔잎란속은 열대와 아열대 지역에서 나타난다. 미국에서는 플로리다 주에서부터 텍사스 주에 이르는 멕시코 만 연안에서 발견되고, 하와이에서도 나타난다. 메시프테리스속(*Tmesipteris*)은 오스트랄라시아(Australasia)에 국한되고, 주로 오스트레일리아와 남태평양 제도에서 발견된다.

'관다발 은화식물'이라는 용어

전통적으로 21장의 식물들은 비공식으로 **관다발 은화식물(vascular cryptogams)** 또는 '**고사리류와 고사리 동류(ferns and fern allies)**'라고 불러왔다. 관다발 은화식물이라는 이름은 이들 식물이 관다발조직을 갖고 있지만 씨는 없기 때문에 그들의 생식이 숨어 있다는(crypto) 것을 의미한다. 비록 이 2가지가 중요한 특징이기

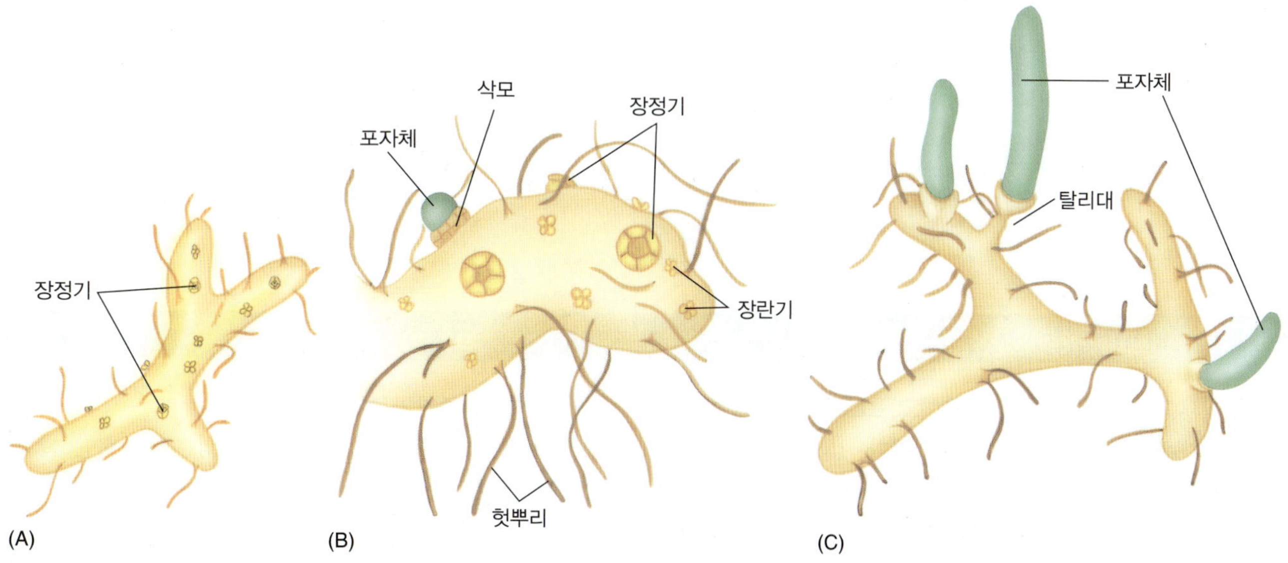

그림 21-39 솔잎란의 배우자체는 작은 원통 모양이고**(A)**, 내생토양균류에 의해 양분을 공급받는 종속영양을 한다. **(B)** 각 배우자체에는 장정기와 장란기가 모두 달리고, 알과 접합자가 장란기에 존속하기 때문에 어린 포자체는 처음에 어버이 배우자체로부터 양분을 공급받는다. 초기 발생과정에서 배우자체 조직의 증식으로 보호성 삭모가 만들어진다. **(C)** 포자체가 생장하고 확대되면서 탈리대가 형성되면 배우자체로부터 떨어져 나가 독립적으로 생활한다.

는 하지만, 이들은 공통조상형질(symplesiomorphy)들이고 따라서 이들이 밀접한 관계에 있음을 나타내지 않는다. 이들 식물에서 가장 두드러진 것은 씨, 꽃, 열매 등등의 많은 특징이 없다는 점이다. 우리는 형질의 결핍에 근거하지 않고 공동파생형질(synapomorphy)을 기반으로 분기도(cladogram)를 작성하므로 관다발 은화식물을 공식적으로 함께 묶지 않는다. 한편, 관다발 은화식물을 이를테면 석송식물과 양치식물(monilophytes) 같은 몇 개의 아단계통군(subclade)으로 구성되는 단계통군으로 간주하고자 한다면 조상집단을 포함하는 무리를 만들 수는 있지만 그 후손들을 모두 포함시킬 수 없다. 양치식물 계열의 조상은 한편으로 목본식물(lignophytes)의 조상이다. 목본식물을 제외시킨다면 측계통군(paraphyletic group)을 만들게 되는 것이고, 이는 옳지 않다. 대신에 우리가 '관다발 은화식물' 같은 용어를 사용한다면 우리는 진화적 진보의 수준을 나타내는 진화등급(grade)을 말하는 것이다. 이와 비슷하게 모든 비관다발식물에 대해서 '선태식물(bryophytes)'이라는 용어를 종종 사용하는데, 이는 이들이 밀접한 관계에 있음을 나타내는 것이 아니라 이들이 관다발조직을 갖추지 않은 진화의 수준에 있다는 것을 가리키는 것이다.

다음 단계에서는

1. **대상원시관다발식물과 석송식물.** 상상하기 어렵겠지만 지금 우리 주변의 식물들은 어떤 점에서는 지구의 두 번째 식물상이다. 조류로부터 진정한 식물이 분기된 다음, 대상원시관다발식물과 그 후손격인 석송식물이 지구를 덮었고 울창한 숲을 이루었다. 이 21장에서는 그 생명작용의 기초적인 내용만 소개하였고, 그 식물들의 내부 구조와 생식에 관해서는 약간의 내용을 알고 있지만, 생리작용에 대해서는 거의 알지 못하고 있다(그 식물들이 C_4 광합성을 했을까? 질소고정세균과 연합했을까?). 불행하게도 대상원시관다발식물에 관한 책은 없지만, 총설과 요약은 있다. 만일 여러분이 이들 식물을 더 알고 싶다면 당시의 기후에 관한 정보를 반드시 검색하기 바란다. 당시의 대기에는 훨씬 많은 이산화탄소가 들어 있었고, 지금보다 훨씬 따뜻했다.
2. **고사리의 생활주기.** 모든 식물은 2배체 포자체가 반수체 배우자체와 번갈아 나오는 생활주기를 갖는다. 그런데 이는 암기해야 할 내용일 따름이고 많은 식물 집단에서 일부는 추상적이고 사실이 아닌 것처럼 보이기도 한다. 그러나 고사리의 경우에는 생활주기의 두 세대 모두를 쉽게 기를 수 있고, 우리 모두 포자체와 배우자체를 직접 관찰한 경험이 있을 것이다. 이와 관련한 독자적인 연구를 위해 잎의 아래쪽에 포자낭이 있는 고사리를 찾아보자. 종이 한 장에 잎을 놓고 하룻밤 동안 방치하여 포자를 얻도록 한다. 몇 시간이 지나도록 종이에 포자가 없다면, 그 잎이 너무 노성한 잎일 것이므로 보다 어린잎을 찾아 포자를 다시 수집해 보자. 플라스틱 화분의 축축한 영양토에 포자를 뿌린다. 화분을 비닐 랩으로 덮어서 간접광의 밝은 곳에 두자. 일주일에 한 번 정도 수돗물을 담은 깊은 용기에 화분을 놓아 축축한 상태를 유지하자. 2주나 3주 후에는 화분의 흙이 배우자체의 녹색으로 변할 것이다. 처음에는 실 같이 가늘고 길지만, 또 2주나 3주가 지나면 하트 모양이 된다. 이들은 종종 두껍게 자라서 화분흙의 전체 표면이 배우자체로 덮이게 된다. 배우자체가 하트 모양으로 자란 다음에는 비닐 랩을 제거한 후 배우자체에 물을 붓고, 다시 덮어서 기다려 보자. 여러분은 배우자체의 생식을 도와준 셈이고, 정세포는 장정기로부터 장란기로 헤엄쳐 가야 한다. 1주나 2주 안에 배에서 제1엽이 만들어질 것이다. 한 달 정도 지나면 포자체 일부를 다른 화분에 옮겨 심을 수 있을 것이다. 이와 같은 직접 체험에 의해서 식물 생활주기의 모든 시기를 접할 수 있을 것이다.

요약

1. 초기의 일부 배우자체는 가장 정교했고, 그로부터 진화한 다음의 배우자체들은 단순해지고 축소되었다.
2. 석송식물과 양치식물(관다발 은화식물)은 다세포의 덮개를 갖는 포자낭과 배우자낭을 갖기 때문에 조류가 아니라 유배식물이다. 이들은 관다발조직을 갖고 있으므로 이끼류나 우산이끼류 또는 뿔이끼류가 아니다. 일부는 작은 내생포자성(endosporial) 대배우자체를 갖지만 포자낭 안에 유지되지 않기 때문에 종자가 아니다.
3. 최초의 관다발식물은 단순하게 차상분지를 하는 줄기를 가지고 있고 잎이 없으며 내원형 원생물관부를 갖는 식물인 리니아식물이다.
4. 대상원시관다발식물은 리니아식물과 유사하지만 외원형 원생물관부와 꼭대기에서 가로로 열리는 측생 포자낭을 갖는다. 대상원시관다발식물은 석송식물의 조상일 것이다.

5. 식물계에서는 비관다발식물의 배우자체에 있는 잎, 석송식물의 소엽, 그리고 석송식물 이외의 모든 관다발식물의 대엽 등 3가지 유형의 잎이 나타난다. 소엽은 엽상돌기에서 진화하였고, 대엽은 변형된 텔롬인 분지계이다.
6. 관다발형성층은 적어도 세 차례 진화하였다. 고대 석송식물과 속새식물에서 진화한 관다발형성층의 세포들은 방사상 종분열을 할 수 없었다.
7. 3지원시관다발식물은 초기 관다발식물과 진엽식물 간의 과도기적 식물이다. 3지원시관다발식물의 진화적 진전은 위단축분지와 대엽 진화의 첫걸음이다.
8. 속새식물은 현존하는 초본성 종들의 작은 단일속과 멸종된 크고 복잡한 나무 같은 식물들의 몇 속들을 포함한다. 모두 특징적인 관절 구조와 다양한 관들을 갖는다.
9. 고사리류는 많은 현생종들을 포함하고 있으며, 엄청나게 다양하다. 2기 생장을 하거나 종자를 만드는 고사리는 없지만 모두 대엽을 갖는다.

중요한 용어

관다발 은화식물(vascular cryptogams)
관상중심주(siphonostele)
구과(cone)
내원형 원생중심주(endarch protostele)
단축생장(monopodial growth)
대상원시관다발식물(zosterophyllophytes)
대엽(megaphyll)
등차상분지(equal dichotomous branching)
리니아식물(rhyniophytes)
목본식물(lignophytes)
물갈퀴형성(webbing)
소엽(microphyll)
속새류(horsetails)
속새류(scouring rushes)
양치식물(monilophytes)
엽극(leaf gap)
엽상돌기(enation)
외원형 원생중심주(exarch protostele)
원생중심주(protostele)
잎다발(leaf trace)
종자식물(seed plants)
주축형성(overtopping)
진엽식물(euphyllophytes)
텔롬설(telome theory)
평면화(planation)
포자낭군(sorus)
포자낭수(strobili)
포자엽(sporophyll)

복습 문제

1. 명백하게 관다발을 가진 최초의 육상식물 화석은 멸종된 식물의 속인 ______________에 속한다. 이들은 두 갈래의 가지가 모두 동일한 크기와 생장력을 갖는 ______________분지를 한다.
2. 리니아속(*Rhynia*) 식물을 그려보자. 생식부분이 포함되도록 유의하자. 이제 이 식물이 동형세대교번을 하는 생활주기를 갖는다고 추정하고 완전한 생활주기를 그려보자.
3. 리니아속 또는 같은 시기의 식물이 고사리류의 조상이었다면 진화하는 동안 배우자체와 포자체는 어떻게 변화하였을까?
4. 꽃식물의 관다발에서 원생물관부는 줄기의 중심에 가장 가까이 놓이고 후생물관부는 더 멀리 바깥쪽에 위치한다. 이것은 내원형인가 아니면 외원형 배열인가? 종자식물은 언제나 이 한 종류의 배열만 갖는데, 초기 관다발식물은 어땠을까? 그 식물들은 내원형인가, 외원형인가, 아니면 원래 2종류가 같이 나타났을까?
5. 꽃식물의 관다발은 속(pith)을 둘러싸지만 초기의 관다발식물에는 속이 없었다. 속이 없는 단단한 물관부 덩이를 갖는 관다발계를 ______________라고 한다. 속이 있는 중심주는 ______________라고 부른다.
6. 리니아속의 화석이 발견되는 암석에는 흔히 스키아도피톤속(*Sciadophyton*)의 화석도 들어 있다. 리니아속은 포자체이고 스키아도피톤속은 배우자체이다. 이들이 함께 자랐기 때문에 이들이 동일한 종의 다른 세대일 것이라고 의심할 수 있다. 만약 사실이라면 리니아속은 동형세대교번을 했을까, 아니면 이형세대교번을 했을까? 또 이것이 사실이라면 진화는 한 세대를 더 복잡하게 만들고 다른 세대는 덜 복잡하게 만들었다. 어떤 것이 어떤 것일까? 설명하시오.
7. 초기 관다발식물의 생활주기에 관해 변형가설과 내삽가설의 2가지 가설이 있다. 만약 리니아속과 스키아도피톤속이 같은 종의 2세대라면 어떤 가설이 뒷받침될까? 다른 가설을 간략하게 설명하시오.
8. 대상원시관다발식물이란 무엇인가? 이들은 리니아식물과 어떻게 다른가? 대상원시관다발식물이 고사리류와 종자식물과는 관련이 없지만 석송식물과 밀접한 관계가 있다고 생각하는 이유는 무엇인가?
9. 그림 21-10에 있는 아스테록실론속(*Asteroxylon*)의 재구성에서 식물의 표면에 있는 얇은 잎 같은 조직의 자락을 볼 수 있다. 이들을 무엇이라고 부르는가? 대상원시관다발식물에서 이들은 기공을 가진 적이 있을까? 이들은 관다발을 갖고 있었나? 이들은 차츰 커졌을까(힌트: 그림 21-13을 보시오)?

10. 소엽이란 무엇인가? 소엽은 아스테록실론속의 엽상돌기와 관련이 있을까?

11. 한때 석송식물은 울창한 숲을 이루는 큰 나무들의 많은 종을 포함하였다. 인목속(*Lepidodendron*)과 봉인목속(*Sigillaria*)의 식물들을 간략하게 설명하시오. 그들의 목부도 설명하시오.

12. 살아 있는 석송식물의 2속의 이름을 대시오. 이들의 보통명은 무엇인가? 대략 얼마나 크게 자랄까? 줄기에 잎이 달릴까, 아니면 잎이 없을까? 식물을 동정하는 책자에서 이들은 아마도 고사리류와 함께 열거되어 있을 것이다.

13. 3지원시관다발식물은 아마 리니아식물에서 진화하였겠지만 많은 파생형질을 가졌다. 그 한 특징으로 어떤 줄기는 다른 줄기보다 더 길게 자라서 차상분지를 하지 않고 하나의 주축을 갖는 ____________________분지를 하였다. 이는 특히 페르티카속(*Pertica*)에서 뚜렷하게 나타난다. 동시에 가지가 달리는 위치가 차츰 ________________________이 되고 ________________________되었다.

14. 대엽의 진화를 설명하시오. 텔롬이란 무엇인가?

15. 3지원시관다발식물을 설명하시오. 이들은 어떤 집단에서 진화하였고, 어떤 진화계열을 만들었을까? 모든 리니아식물과 3지원시관다발식물이 지금은 사라졌지만, 그 식물들이 성공하지 못한 식물이었다고 생각하는가?

16. 속새류의 2가지 보통명은 무엇인가? 속새류의 모습은 어떠한가? 그들의 대략적인 높이는? 그림 21-21과 그림 21-24를 살펴보자. 속새류는 포자낭수[식물을 동정하는 책자에서는 이를 구과(cone)라고 부를 것임]과 관(canal)을 갖고 있다. 관들과 포자낭수를 간략하게 설명하시오.

17. 고사리류는 데본기에 처음 출현하였다. 데본기는 얼마나 오래 전일까? 이 21장에서 지금까지 언급한 모든 집단과 달리 고사리류의 대부분은 멸종되지 않고 현존한다. 얼마나 많은 현생종(즉, 멸종되지 않은 종)의 고사리가 있을까?

18. 사막에서 발견되는 고사리류 2속의 이름은 무엇인가? 물에 떠서 자라는 2종류의 고사리는 무엇인가? 물속에서 자라는 1종류는? '나무고사리'라고 부르는 고사리류가 있다. 나무고사리는 2기 물관부를 갖는 목질의 나무줄기를 가질까?

19. 고사리류의 매우 중요한 특징을 그림 21-29에 나타내었다. 그 지상부의 물관부는 리니아식물에서와 같이 단단하지 않다. 고사리류와 종자식물의 진화에서 속(pith)이 진화하였다. 속이 있는 중심주를 ________________라고 부른다. 고사리류의 또 다른 특징은 체관부가 물관부의 안쪽뿐만 아니라 바깥쪽에서도 나타난다는 점이다. 꽃식물의 관다발에서는 어디에서 이 특징이 나타날까?

20. 고사리 잎의 아래쪽(위쪽에는 없음)에서 갈색의 점들이나 갈색의 기다란 줄 또는 갈색의 부분을 보았을 것이다. 갈색 점들은 __________________이고, 이는 감수분열이 일어나는 __________________의 무리이다. 잎에 이런 구조가 있으면 그 잎을 __________________이라고 부른다.

21. 고사리 포자가 발아하면 작고 단순한 하트 모양 또는 리본 모양의 ________________로 자라는데, 그 아래쪽 표면에는 단세포의 __________________가 있지만 관다발조직이 없고 ________________도 없다.

22. 진정포자낭과 박벽포자낭을 간략하게 설명하시오. 다른 모든 관다발식물에서 나타나는 유형은 어느 것인가? 대부분의 고사리류에서 나타나는 유형은 어느 것인가?

CHAPTER 22

종자식물 I: 꽃이 없는 종자식물("겉씨식물")

학습 목표

이 장을 읽은 다음, 학생들이 할 수 있는 것은;

- 종자가 진화하게 된 과정을 설명한다.
- 원겉씨시물의 특징을 설명한다.
- 원겉씨식물문 2목의 이름을 댄다.
- 종자고사리류의 3가지 특징을 확인한다.
- 침엽수의 4가지 특징을 상기한다.
- 암구과를 수구과와 비교한다.
- 소철류가 종자고사리류와 어떻게 다른지 설명한다.
- 은행나무문의 5가지 특징을 열거한다.
- 마황문의 3가지 식물 집단의 이름을 댄다.

알고 있나요?

- 이 22장의 식물 대부분은 크리스마스 트리와 친척들인 침엽수이다.
- 이 장의 모든 종은 수구과와 암구과의 두 종류의 구과를 갖는다.
- 종자가 진화하기 이전에는 동물이 잎과 줄기 그리고 뿌리만 먹었는데, 이들 모두는 종자보다 영양분이 적다.
- 이 장의 식물들을 보통 겉씨식물이라고 부르지만, 최근의 증거들은 이들 식물이 하나의 완벽한 단계통군이 아님을 나타낸다.

개요

장의 첫 이미지: 소나무속(*Pinus*)의 이들 구과(솔방울)는 이 시기에 꽃가루받이를 하고 내부에서 씨가 발달하지만 방출될 만큼 성숙하지 않았다. 이들 구과는 꽃식물의 설익은 열매와 맞먹는다. 이들 구과가 꽃가루받이를 할 때에는 지금보다 훨씬 작아서 길이가 약 1 cm였고, 비늘들이 서로 벌어져 꽃가루가 비늘들 사이에 있는 밑씨로 들어갈 수 있었다. 이들 구과가 성숙하면 많은 속씨식물의 열매처럼 마르고 단단해지고 먹을 수 없게 된다. 전나무 열매는 성숙하면 낙하하여 씨들이 땅으로 쉽게 떨궈지지만, 다른 구과식물에서는 구과가 확대되고서야 씨를 떨어뜨리며, 또 다른 종류에서는 불이 나서 뜨거워져야만 구과가 벌어지기도 한다. 육질이면서 먹을 수 있는 침엽수의 구과는 좀처럼 볼 수 없는데, 향나무속(*Juniperus*)의 구과는 예외이다.

▌개념

관다발 은화식물의 생활주기는 독립적인 이형세대들이 번갈아 가며 나타나는 것이다. 이 생활주기의 불리한 점은 새로운 포자체가 접합자로부터 발달하는 동안 삶의 시발점에서 일시적으로 아주 작은 배우자체에 의존한다는 것이다. 결과적으로 많은 새로운 포자체들이 죽게 된다. 각 배우자체의 모든 유전자들과 새로운 각 포자체의 배(embryo)에 들어 있는 유전자의 절반은 모계 포자체의 유전자와 동일하므로, 배우자체나 배의 생존을 향상시키는 돌연변이는 모계 포자체의 번식성공도에 기여할 수 있다. 만일 배가 이전의 포자체가 지닌 잎과 뿌리의 광합성과 흡수 능력을 이용할 수 있다면 이익이 될 것이다. 이런 일이 일어나기 위해서는 대배우자체와 배가 모계 포자체 내에 존속해야 하고, 대포자가 남아서 대배우자체를 포자낭 안에서 발달시키면 가능해진다(**그림 22-1, A~D**). 그렇게 되려면 소배우자체에서도 약간의 변화가 일어나야 하는데, 왜냐하면 대배우자체가 유지되면서 그 위치가 바뀌기 때문이다. 독립적으로 생활하는 배우자체는 토양에서 발달하는 반면, 이렇게 잔류하는 배우자체는 식물체의 높은 곳에 있는 포자낭수(구과)에서 발달한다. 그런 위치는 지표면에서 사는 소배우자체에 의해 만들어지는 정세포가 헤엄쳐서 도달할 수 없는 높이이다. 이 문제를 극복하기 위한 변형은 간단하다. 대배우자체와 함께 대포자엽(megasporophyll)을 직립하는 구과 같은 구조에 배열하고, 소포자들이 바람에 실려 운반된 후 대포자낭의 구과에 떨어지도록 하는 것이다(**그림 22-1E**). 그곳에서 소배우자체로 발아하여 장정기와 정세포를 생성하고 수정을 일으킨다. 축축한 포자엽이 축축한 땅을 대신하였을 뿐, 수정 그 자체는 거의 변하지 않았다. 이러한 변화가 초기의 종자식물인 종자고사리식물문(Pteridospermophyta)과 코르다이트목(Cordaitales)이라고 알려진 구과식물문(Coniferophyta)의 초기 종류들을 만들었다. 비록 이들 두 무리는 현재 멸종되었지만, 그들의 후손이 바로 현존하는 종자식물이다. 소철류와 은행나무속(*Ginkgo*)이 생겨난 일부 진화계열에서는 이와 같은 수정 방법이 아직 남아 있고, 아름다운 운동성 정자들이 만들어진다. 구과식물과 꽃식물이 생겨난 다른 진화계열에서는 정자들이 비운동성이 되어 꽃가루관의 형태로 소배우자체가 자라면서 알로 운반된다.

관다발형성층이 진화한 뒤에 종자가 진화하였다. 관다발형성층은 일부 석송식물과 속새식물에서도 독립적으로 생겼지만, 새롭게 진화한 이 형성층의 세포들은 방사상 종분열을 할 수 있어서 형성층의 둘레가 늘어나면서 목부가 쌓이게 되었다. 비교적 가느다란 석송식물과 속새식물의 나무와 대조적으로 이 새로운 유형의 형성층은 거대한 미국 삼나무, 참나무, 그리고 히코리처럼 육중한 나무를 만들 수 있었고, 지금도 여전히 그렇게 하고 있다. 이 형성층은 오직 한 차례 생겨났고, 그 무리의 식물에서 단계통 집단인 **목본식물(lignophytes)**이 생겨났을 것으로 믿고 있다(**그림 22-2**). 곧 종자가 기원되어 **종자식물(spermatophytes)**이 확립되었다. 목부가 기원된 다음이지만 종자가 생기기 전에 출현했던 식물들은 고사리류가 번식하는 방법처럼 포자로 번식하는 나무들이

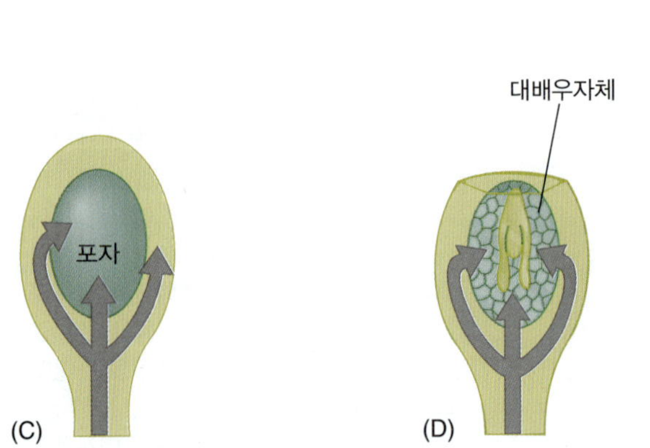

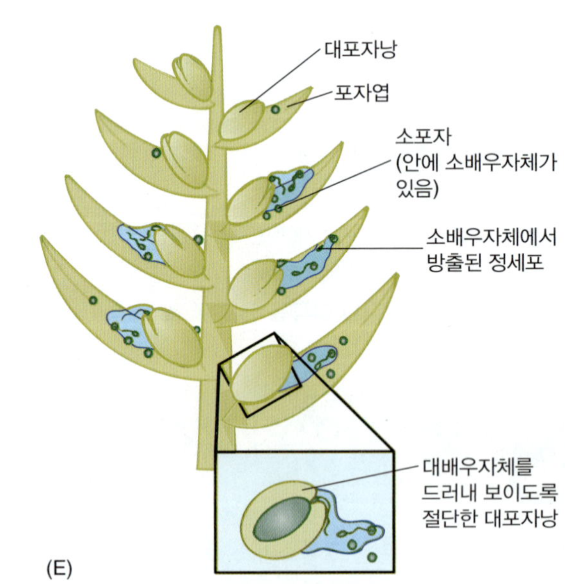

그림 22-1 **(A)**와 **(B)** 대포자를 방출하는 식물. 포자에는 제한된 양의 양분만 담길 수 있고, 포자가 방출되고 나면(B), 포자체는 배우자체나 새로운 포자체에 더 이상 양분을 공급하거나 보호할 수 없게 된다. **(C)**와 **(D)** 대포자가 잔류하는 식물. 대포자의 수가 줄어들고 대포자가 포자낭에 머물도록 하는 돌연변이가 선택이익이 될 수 있다. 포자체는 배우자체와 그 다음에 생기는 후대 포자체에게 최소한 잠시 동안이라도 영양분을 제공하고 보호할 수 있다. (D)에서 대배우자체 조직에 파묻힌 배를 볼 수 있다. 이는 꽃식물이 아닌 종자식물인 겉씨식물에서 나타난다. 꽃식물에서는 아주 작은 대배우자체가 빠르게 배젖으로 대체된다. **(E)** 대포자낭들이 포자엽으로 구성된 구과에 함께 채워지면 소포자를 잡고 유지하는 방편을 갖게 된다. 이들은 발아하여 장정기를 갖는 소배우자체가 되고 대배우자체와 그 장란기의 1 또는 2 mm 이내로 정자를 방출한다.

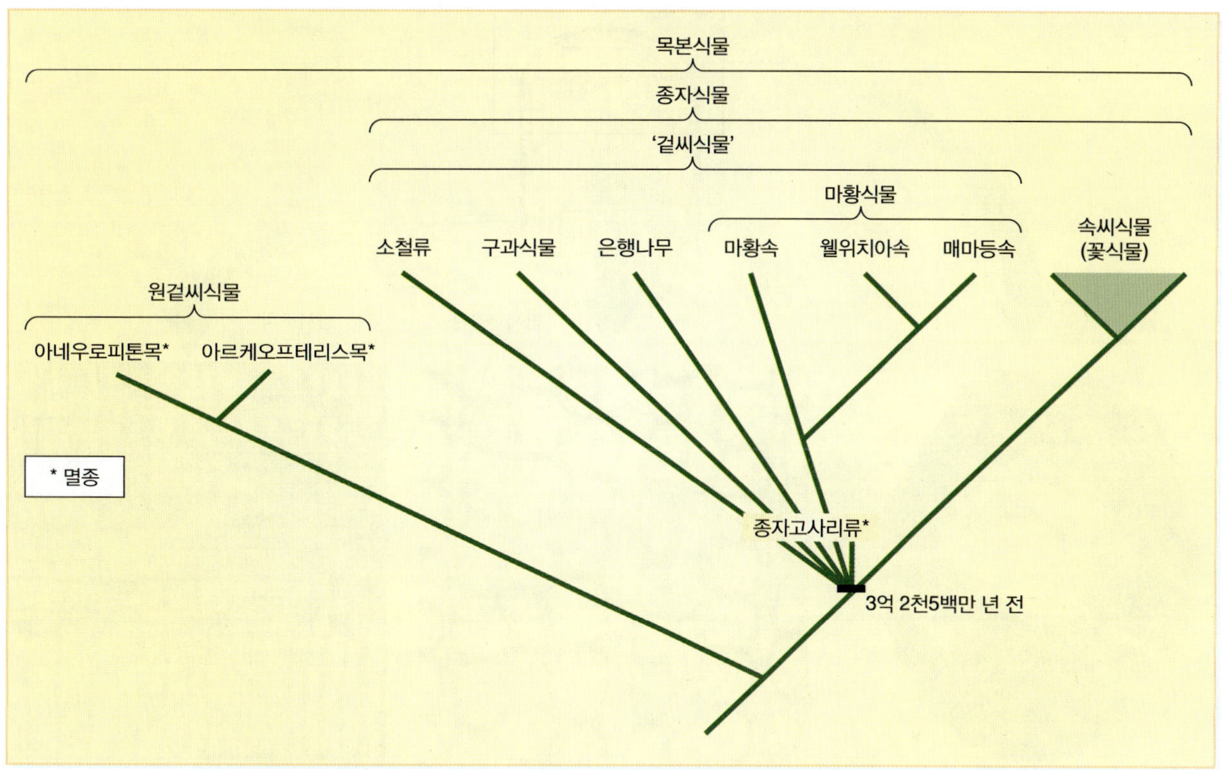

그림 22-2 종자식물에 대해 최근에 제안된 계통발생.

었다.

현존하는 종자식물과 멸종된 그 조상들의 모든 집단에 대한 정확한 진화적 유연관계는 아직도 확실하지 않다. 그림 22-2를 살펴보면 많은 집단이 분기도상의 동일한 지점에서 갈라져 나왔음을 알 수 있다. 이는 미해결 여러갈래분지(unresolved polychotomy)이고, 다양한 집단들이 생겨난 차례와 그들에서 나타난 혁신을 알 수 있는 충분한 정보가 없음을 의미하는 것이다. 1가지 문제점은 그토록 오래 전에 죽은 식물들의 화석으로부터 DNA를 추출하고 분석할 수 없다는 것이다.

다음의 설명을 읽으면서 어떤 특징은 종종 다른 특징과 결부되어 있다는 점을 명심하기 바란다. 두 세트의 주요한 특징이 나타난다. 어떤 식물은 소량의 매우 부드럽고 스펀지 같은 유조직의 목부를 만들고[**엉성한 목재(manoxylic wood)**; 그림 22-26 참조], 큰 겹잎과 방사대칭의 종자를 갖는다. 이런 특징들은 소철류와 그 친척들에서 나타난다. 두 번째 세트는 유조직이 거의 없이 단단하고 튼튼한 목부로 구성되고[**조밀한 목재(pycnoxylic wood)**; **그림 22-3**], 작은 홑잎과 납작한 양방향 대칭의 종자를 갖는다. 이런 특징들은 구과식물과 그 친척들에서 나타난다. 구과식물 신드롬(coniferophyte syndrome)과 식물들은 아마도 소철식물 신드롬(cycadophyte syndrome)에서 진화되었겠지만, 그림 22-2에 보인 바와 같이 아직도 확실하지 않다.

1800년대부터 비롯된 오래된 분류체계에서는 모든 종자식물을 1문[종자식물문(Spermatophyta)], 2강[겉씨식물강(나자식물강, Gymnospermae)과 속씨식물강(피자식물강, Angiospermae)]으로 분류하였다. **겉씨식물(gymnosperms)**은 '나출된 밑씨(naked ovule)', 이를테면 솔방울 같이 편평한 포자엽에 위치한 밑씨를 갖는 식물이다. **속씨식물(angiosperms)**은 심피(carpel)를 갖는 꽃식물이고, 심피는 튜브 같이 닫힌 구조를 형성한 포자엽으로 여겨진다. 열매는 성숙한 심피이다. 이러한 분류는 모든 종자식물의 밀접한 관계를 강조하는 한편, 속씨식물이 겉씨식물의 일부 집단에서 기원되었다는 생각을 강조하는 것이다. 그렇지만 만약 속씨식물이 겉씨식물의 어떤 종류로부터 진화하였다면 '겉씨식물(gymnosperms)'은 자연적 집단이 될 수 없는데, 이는 조상의 일부 자손인 속씨식물을 남겨두고 있기 때문이다. 분지론적 용어에서 불완전한 집단은 측계통군(paraphyletic group)이다. 결과적으로 겉씨식물강(Gymnospermae)은 폐기되어야 한다.

오늘날 일반적으로 받아들여지고 이 책에서 사용하는 현생 종자식물의 분류는 (1) 소철문(Cycadophyta), (2) 구과식물문(Coniferophyta), (3) 은행나무문(Ginkgophyta), (4) 마황문(Gnetophyta; 이들 네 집단은 겉씨식물), 그리고 (5) 속씨식물문(Magnoliophyta; 꽃식물)이다. 멸종된 무리가 수없이 많은데, 그 중에서 우리에게 가장 중요한 집단은 원겉씨식물과 종자고사리류이다.

원겉씨식물문: 원겉씨식물

3지원시관다발식물은 리니아식물로부터 진화한 중요한 식물 집

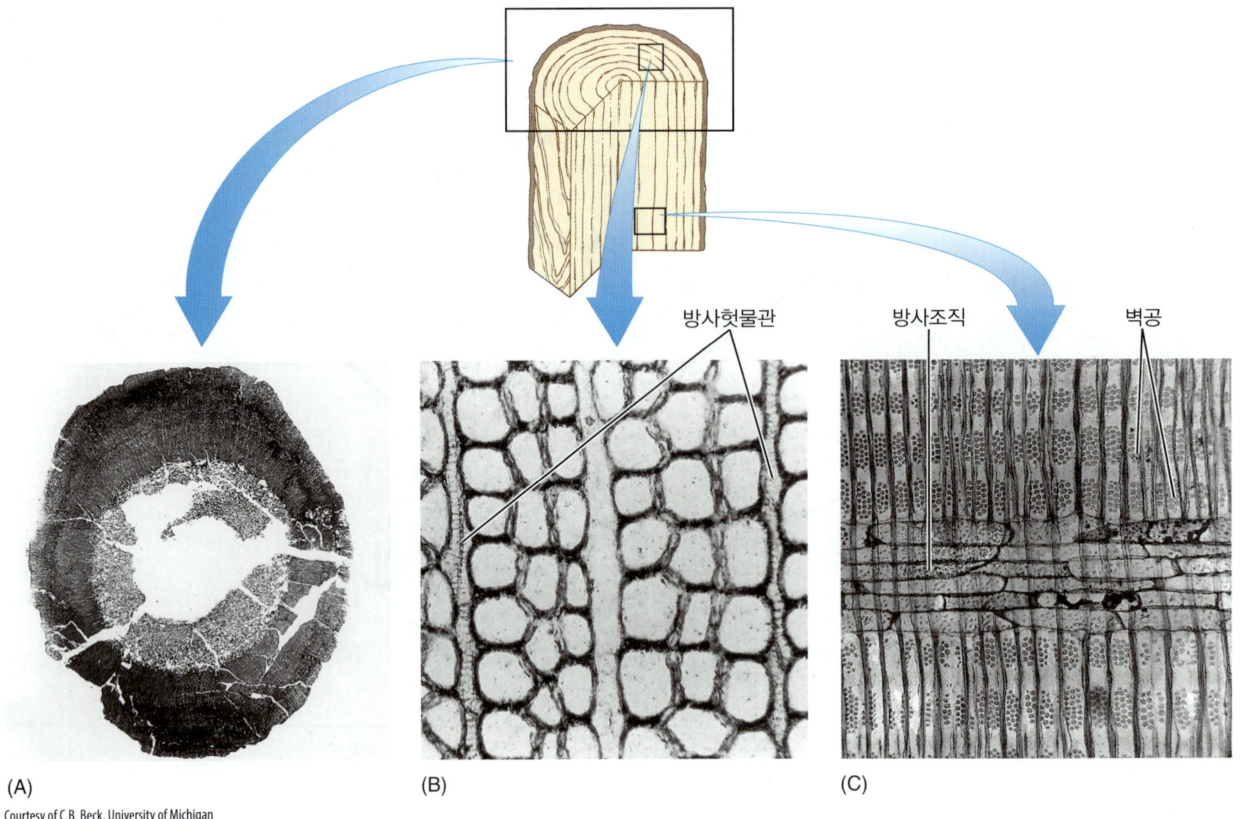

그림 22-3 **(A)** 원겉씨식물의 관다발형성층은 이 화석종(*Callixylon brownii*)에서와 같이 사실상 무제한으로 2기 물관부와 2기 체관부를 만들 수 있었다. **(B)**와 **(C)** 원겉씨식물의 목부는 수직의 공문상 헛물관과 방사헛물관을 가진 풍부한 방사조직을 가졌다. 방사헛물관(ray tracheid)은 꽃식물에서는 나타나지 않지만 구과식물에서는 보편적이다. (B) *C. erianum*(× 700). (C) *C. newberryi*(× 375).

단이었다. 3지원시관다발식물에서 비롯된 진화 경향은 위단축분지(pseudomonopodial branching)와 대엽(진성엽) 진화의 첫걸음이었다. 이들 진화 경향은 3지원시관다발식물에서 진화한 속새류와 고사리류에서도 계속되었다.

3지원시관다발식물로부터 진화한 세 번째 집단은 지금은 멸종된 **원겉씨식물(progymnosperms)**이었다(**표 22-1**). 원겉씨식물이라고 이름이 붙여진 것은 이들 가운데 일부에서 나중에 구과식물, 소철류, 그리고 그 밖의 겉씨식물들이 생겨났기 때문이다. 고사리류 및 속새류와 마찬가지로 원겉씨식물 역시 대엽성 잎을 발달시켰다. 그렇지만 또 하나 중요한 특징은 무제한으로 생장할 가능성이 있고, 2기 물관부와 2기 체관부 모두를 만들 수 있는 관다발형성층이 진화하였다는 사실이다.

일찍이 3억 6천만 년 전에 원겉씨식물에서 진화한 관다발형성층은 방사상 종분열을 할 수 있었고, 따라서 관다발형성층은 무기한으로 기능을 하여 많은 양의 2기 물관부와 2기 체관부를 만들었다(그림 22-3, **그림 22-4**). 목부는 많은 현생구과식물의 목재와 거의 분간하기 어려웠다. 목부는 긴 헛물관을 포함하고, 대부분은 환형 유연벽공(circular bordered pit)을 가졌다. 주축유조직(axial parenchyma)은 거의 없거나 전혀 없었다. 방사조직은 크고 단열이며 평복방사헛물관(procumbent ray tracheid)으로 구성되었다. 이 목부는 튼튼하고 효율적으로 통도하며 많은 양의 잎과 가지를 지지했을 것이다. 예를 들어, 트릴로복실론속(*Triloboxylon*)과 프로테오칼론속(*Proteokalon*) 같은 일부 종은 나무껍질을 만드는 코르크형성층을 가졌다. 원겉씨식물은 진정한 목질의 나무를 만들었다. 나무줄기는 굵기가 1.5 m, 그리고 높이가 12 m에 달하였다.

비록 원겉씨식물의 목부가 구과식물의 목부와 비슷하였지만, 원겉씨식물은 종자를 갖지 않았고 밑씨의 전구체도 갖지 않았으

표 22-1 원겉씨식물문(Progymnospermophyta)*의 분류

Order Aneurophytales (아네우로피톤목)	
Family Aneurophytaceae (아네우로피톤과)	*Aneurophyton*(아네우로피톤속), *Eospermatopteris*(에오스페르마토프테리스속), *Proteokalon*(프로테오칼론속), *Protopteridium*(프로토프테리디움속), *Tetraxylopteris*(테트락실로프테리스속), *Triloboxylon*(트릴로복실론속)
Order Archaeopteridales (아르케오프테리스목)	
Family Archaeopteridaceae (아르케오프테리스과)	*Archaeopteris*(아르케오프테리스속), *Callixylon*(칼릭실론속)

*이 무리의 모든 종은 멸종되었음.

그림 22-4 약 6 m 높이의 작은 수목인 아르케오프테리스속(*Archaeopteris*)의 재구성. 지금은 멸종되었지만 아르케오프테리스속은 약 3억 6천만 년 전에 북아메리카 북부, 캐나다 그리고 유럽에 걸쳐 번창하였다.

므로 두 집단은 따로 분리되어야 한다. 나중에 생긴 종들은 이형포자성이었지만 대포자는 포자낭의 세로로 난 틈을 통해 떨어졌고, 종자식물에서 나타나는 것처럼 여물어도 열개하지 않는 포자낭에 유지되지 않았다. 원겉씨식물의 잎과 목부가 몹시 진보적이기는 하지만 생식은 매우 단순하였다.

아네우로피톤목

아네우로피톤목(Aneurophytales)은 아네우로피톤속(*Aneurophyton*), 프로토프테리디움속(*Protopteridium*), 프로테오칼론속(*Proteokalon*), 테트락실로프테리스속(*Tetraxylopteris*), 트릴로복실론속(*Triloboxylon*)과 에오스페르마토프테리스속(*Eospermatopteris*) 등과 같이 보다 잔존의(relictual) 원겉씨식물들을 포함한다(**그림 22-5**). 이들의 키는 프로토프테리디움속과 테트락실로프테리스속의 관목으로부터 높이가 12 m에 달하는 큰 수목에 이르기까지 다양하다. 모든 아네우로피톤목은 관다발형성층을 갖고 2기 생장을 하였지만, 그 줄기의 1기 물관부는 리니아식물과 3지원시관다발식물의 1기 물관부처럼 원생중심주였다. 아네우로피톤목은 최종 가지들 사이에서 물갈퀴형성(webbing)이 거의 나타나지 않는다는 점에서 3지원시관다발식물과 비슷하며, 아네우로피톤목에서는 최종 가지들을 잎이라고 부르지 않는다.

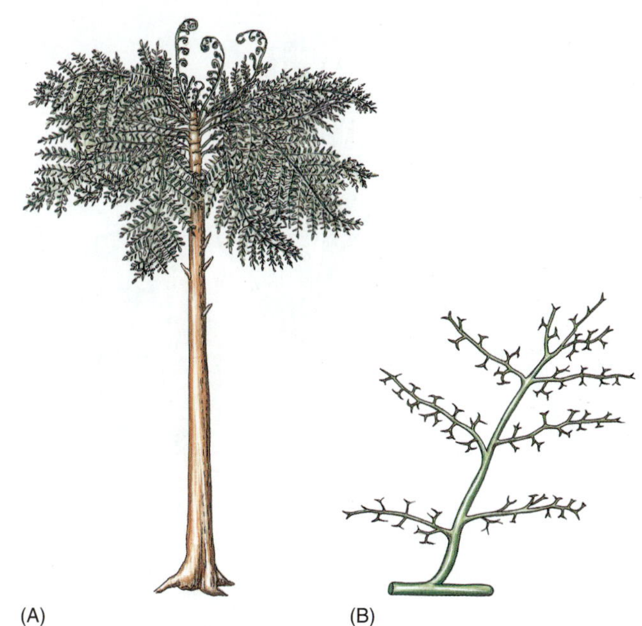

그림 22-5 **(A)** 에오스페르마토프테리스속(*Eospermatopteris*)은 아네우로피톤목의 일종이다. 나무줄기를 갖고 엽상체 같은 잎으로 보이는 것들을 가졌지만 이들은 분지계일 따름이다. 평면화(planation)와 물갈퀴형성(webbing)은 아직 진화하지 않았다. **(B)** 아네우로피톤속(*Aneurophyton*)의 '잎'의 일부.

아르케오프테리스목

보다 발달된 원겉씨식물은 아르케오프테리스목(Archaeopteridales)의 아르케오프테리스속(*Archaeopteris*)이었다. 이들은 높이가 8.4 m에 달하는 수목이었고, 목부와 2기 체관부가 풍부하였다(그림 22-4). 아르케오프테리스속의 줄기는 오늘날의 구과식물이나 쌍떡잎식물과 매우 비슷하게 고리처럼 배열된 1기 물관부의 다발이 속을 둘러싸고 있는 관상중심주를 가졌다. 아르케오프테리스목의 '엽상체(frond)'가 고사리류의 잎과 비슷하지만, 자세히 살펴보면 엽상체들은 사실상 편평해진 분지계이고 최종의 '소엽(작은잎)'들은 실제로는 나선형으로 배열된 홑잎이었다. 물갈퀴형성(webbing)은 아르케오프테리스 마킬렌타(*A. macilenta*)에서는 부분적이지만(**그림 22-6**), 다른 종들(*A. halliana, A. obtusa*)에서는 완전해졌고, 이들은 완전히 발달한 대엽으로 간주될 수 있다.

아르케오프테리스목의 생식은 이형포자성이었다. 대포자는 지름이 300 μm에 달하였고 소포자는 지름이 30 μm에 불과하였으며, 각각의 종류는 자체의 독특한 포자낭인 넓은 대포자낭과 가느다란 소포자낭에서 만들어졌다. 포자낭들은 불임의 잎 같은 분지계와 섞여서 단지(짧은 가지)의 끝에 달렸다. 대포자들은 포자낭에 머무르지 않고 방출되었다. 종자는 만들어지지 않았다.

종자의 진화

화석물질에 근거하여 멸종된 식물의 생활주기를 조사하는 것은 어렵지만 불가능하지는 않다. 화석이 되는 과정에서 일부 포자들이 잎이나 나무에 붙어 있는 포자낭에 갇혀 있다면 포자들을 확

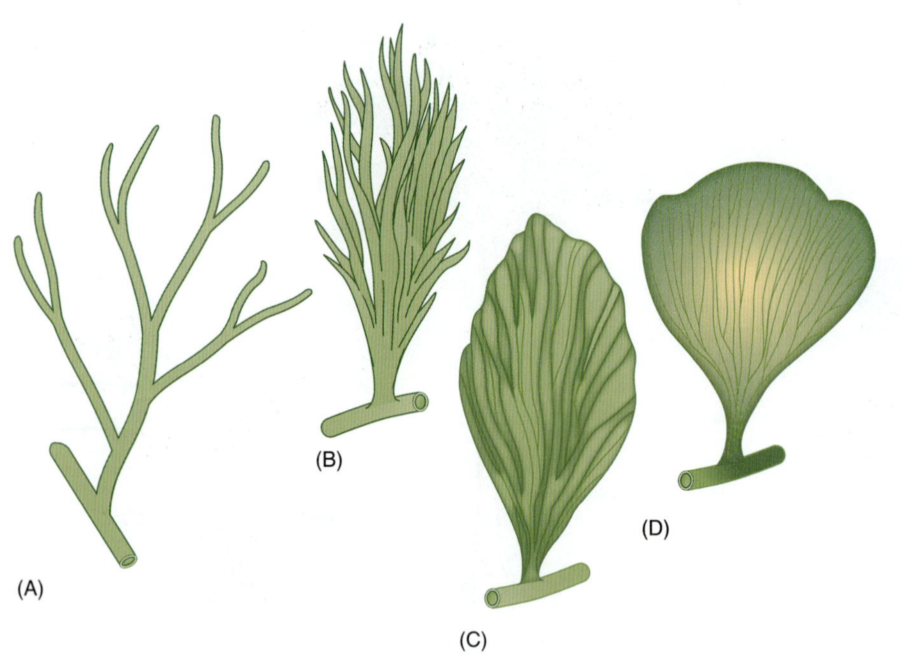

그림 22-6 멸종된 아르케오프테리스속(*Archaeopteris*)으로 분류하는 식물들이 존재하는 동안 텔롬에서 잎으로의 최종 이행이 일어났다. **(A)** 아르케오프테리스 피실리스(*Archaeopteris fissilis*). **(B)** 아르케오프테리스 마킬렌타(*A. macilenta*). **(C)** 아르케오프테리스 할리아나(*A. halliana*). **(D)** 아르케오프테리스 옵투사(*A. obtusa*). 잎에서 잎맥처럼 보이는 것은 사실상 테롬들의 축이었다.

인할 수 있다. 배우자체가 현미경적이고 포자벽 내에서 발달하는 경우를 제외하고는 포자들을 배우자체와 함께 식별할 수 없다. 만일 대포자가 대포자낭 안에 들어 있다면 조사는 쉬워진다.

오늘날 이형포자성 특징을 가진 것으로 알려진 최초의 원겉씨식물은 약 3억 9천만 년 전의 데본기 중기부터 출현한 카울레리아속(*Chauleria*)이다. 후기 데본기 화석인 아르케오스페르마 아놀디(*Archaeosperma arnoldii*)에서 대포자낭은 단지 1개의 대포자모세포를 만들었고, 여기에서 오직 하나의 큰 활성 대포자와 3개의 작은 발육부전의 세포들이 만들어졌다. 대포자낭은 위로 돌출되는 한 층의 조직인 **외피(주피, integument)**에 의해 둘러싸였다. 외피에는 큰 **주공(micropyle)**이 있고, 이 구멍은 대포자가 대배우자체로 발달하여 알을 만든 다음에 정세포가 알로 헤엄쳐 가도록 하였다(**그림 22-7**). 이는 속씨식물의 밑씨와 비슷하고, 일부 화석은 초기의 단계들을 이해하는 데 도움이 된다. 게노모스페르마 키드스토니(*Genomosperma kidstoni*)에서는 불임의 텔롬(telome)들이 단단히 대포자낭을 에워싼다(**그림 22-8**). 게노모스페르마 라텐스(*G. latens*)에서는 텔롬들이 맨 아래 부분에서 융합하고, 아르케오스페르마속과 비슷한 유리스토마 앙굴라레(*Eurystoma angulare*)에서는 텔롬들이 꼭대기를 제외하고 하나의 구조로 합쳐졌다. 바람에 날리는 소포자를 잡는 데에는 불임가지들의 껍질이 중요하지만, 처음에는 대포자낭의 어느 곳에나 소포자들이 내려앉도록 하였다. 서로 결합하고 대포자낭과 융합하면서 대포자낭 꼭대기의 공간은 소포자들이 내려앉는 장소가 되어 **꽃가루방(pollen chamber)** 또는 꽃가루를 잡는 구역으로 작용하였다. 대포자낭이 주피를 갖는 밑씨로 진화함에 따라 인근의 가지에 있는 다른 텔롬들은 깍정이(cupule)로 변형되었고(그림 22-7A), 이로부터 나중에 속씨식물의 심피(carpel)가 생겨날 수 있었다.

동시에 소포자들은 꽃가루립으로 진화하였다. 벽의 성질, 발

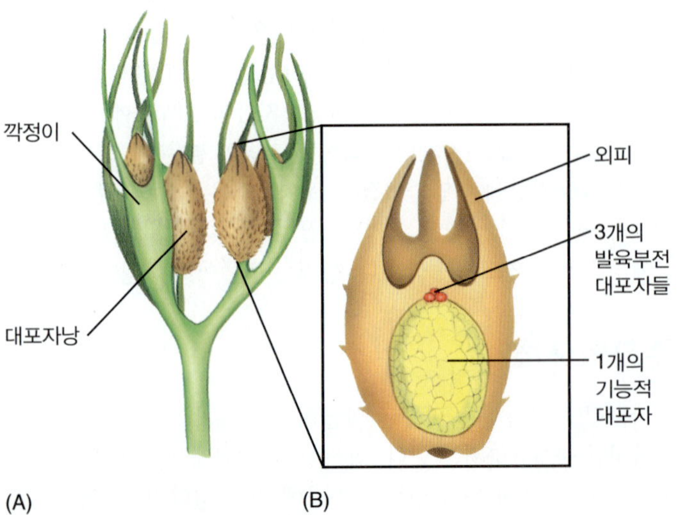

그림 22-7 아르케오스페르마 아놀디(*Archaeosperma arnoldii*)의 대포자낭**(B)**과 인접한 텔롬들**(A)**의 재구성. 각 포자낭에는 오직 하나의 큰 대포자가 들어 있고, 포자모세포의 감수분열에서 생긴 다른 3개의 산물은 일찍 퇴화하였다. 대포자의 바로 옆에 있는 조직은 대포자낭벽이었다. 여기에 부착하여 손가락 모양의 돌기로 위로 길게 늘어난 것이 외피라고 부르는 층이다. 포자낭 위에는 외피조직으로 둘러싸인 공간인 무풍지대의 꽃가루방이 있고, 이 공간에 꽃가루나 포자들이 내려앉는다. 각 대포자낭과 외피의 주위에는 부분적으로 융합한 텔롬들의 다른 세트가 있다.

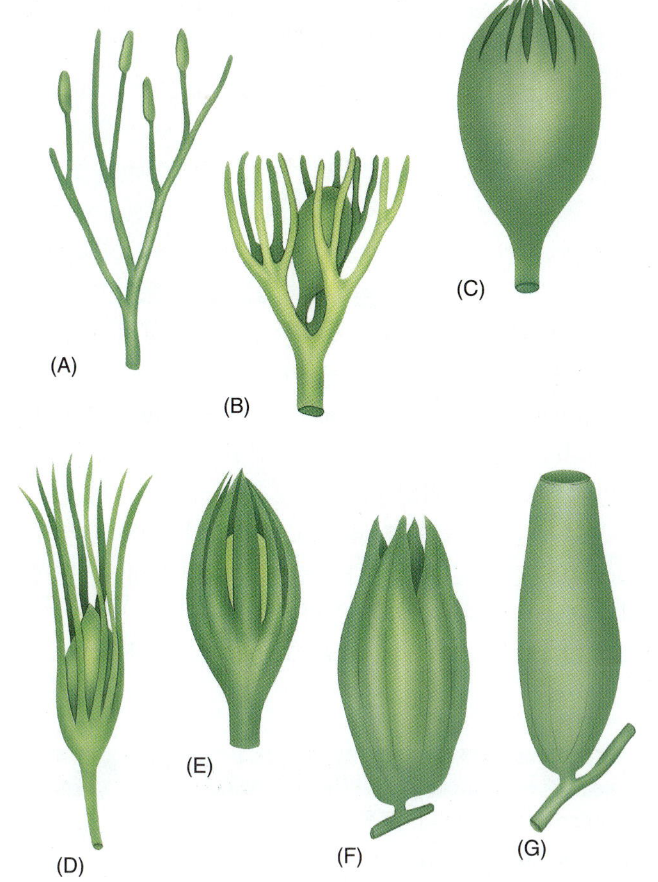

그림 22-8 **(A)~(C)** 텔롬에서 외피(주피)로의 가상적인 진화. (A)에서 포자낭은 무리를 이루지도 않고 불임의 텔롬들과 특히 연관되지도 않는다. (B) 대포자낭 1개가 불임 텔롬들로 둘러싸인다. (C) 불임 텔롬들이 기부에서 융합되었다. **(D)~(G)** 실제의 화석들이 가설과 일치한다. (D) *Genomosperma kidstoni*. (E) *G. latens*. (F) *Eurystoma angulare*. (G) *Stamnostoma hyttonense*.

그림 22-9 석탄기 습지림의 재구성. 큰 나무들은 인목속(*Lepidodendron*)과 연관된 봉인목속(*Sigillaria*)들이고(왼쪽: *Sigillaria rugosa*, 오른쪽: *S. saulli*), 그보다 작은 고사리 같은 식물은 진정한 고사리류가 아니라 종자고사리(*Neuropteris decipiens*)이다. 일부 잎의 끝에 종자가 있다.

아하는 방법, 그리고 이들이 생성하는 소배우자체의 성질에서 변화가 나타났다. 약 3억 4천만 년 전인 후기 데본기 직후의 석탄기부터 네 종류의 꽃가루들이 흔해졌다. 그 중 일부는 내부 구조가 잘 보존되어, 그 당시의 꽃가루가 현생 속씨식물과 매우 비슷하게 내부의 소배우자체를 이미 갖고 있음을 확인할 수 있다.

종자고사리식물문: 종자고사리류

원겉씨식물로부터 구과식물 외에 또 다른 계열의 겉씨식물인 소철식물(cycadophytes)이 생겨났다(그림 22-2 참조). 소철식물은 모두 멸종된 종자고사리류인 종자고사리식물문(Pteridospermophyta)과 현생 소철류인 소철문(Cycadophyta), 그리고 모두 멸종된 화석소철류(cycadeoids)인 화석소철문(Cycadeoidophyta)의 3문으로 분류한다.

최초의 **종자고사리류(seed ferns)**는 후기 데본기에 나타났고, 다른 종류들은 그 다음에 출현하였다. 모든 종류들이 서로 밀접한 관계에 있지 않았고, 이들은 단계통군(진화의 정도에 상관없이 공통조상의 모든 후손)이 아니라 진화의 정도인 진화등급(grade)을 이룬다. 종자고사리류는 고사리 같은 잎을 가진 목본들이었고, 그 잎에는 포자낭의 무리인 포자낭 대신에 종자가 달렸다. 많은 종류는 목부를 가진 점을 제외하면 오늘날의 나무고사리류와 유사하였고, 일부는 넝쿨식물이었다(**그림 22-9**).

스테노미엘론속(*Stenomyelon*) 같은 최초의 종자고사리류들이 아네우로피톤목(Aneurophytales)의 트릴로복실론속과 아네우로피톤속에서 볼 수 있는 것처럼 3갈래로 돌출된 원생중심주를 가졌기 때문에 종자고사리식물은 아네우로피톤목에서 진화한 것으로 여겨진다. 스테노미엘론속의 나중에 출현한 종들과 칼라모피티스속(*Calamopitys*), 그리고 리기노프테리스속(*Lyginopteris*)에서는 줄기 중심세포의 대부분이 헛물관이 아닌 유조직으로 분화되었다. 이들 식물은 속을 둘러싸는 관다발의 고리를 가졌고, 이와 같은 배열은 모든 겉씨식물과 속씨식물의 줄기에서도 나타난다. 종자고사리류는 물관부와 체관부 모두를 만드는 오래 지속되는 관다발형성층을 가졌는데, 이 역시 겉씨식물이나 속씨식물과 흡사하다. 이들의 목부는 원겉씨식물 조상의 목부와 기본적으로 유사하지만, 이들 간에는 흥미로운 차이점이 있다. 헛물관은 훨씬 길고 넓어서 각 방사벽에 몇 줄의 환형 유연벽공(circular bordered pit)들이 나타날 수 있었다. 구과식물의 헛물관은 매우 좁아서 각 방사벽에 오로지 한두 줄만 생길 수 있다. 종자고사리식물의 목부 방사조직의 폭은 1개 세포가 아니라 많은 세포들이고 매우 길

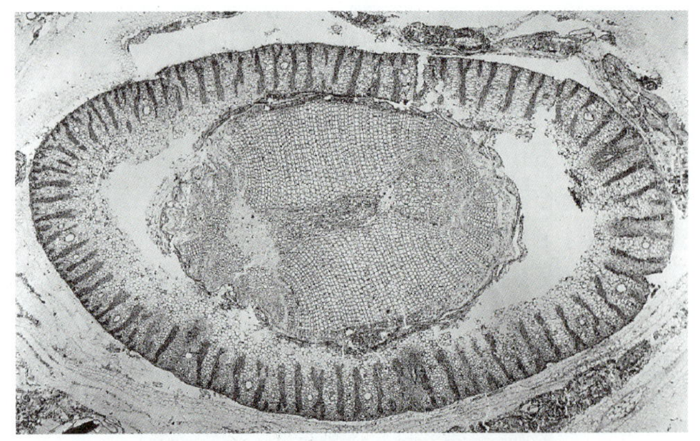
Courtesy of B. M. Stidd and T. L. Phillips, Western Illinois University and American Journal of Botany, Botanical Society of America

그림 22-10 스코피아스트룸속(*Schopfiastrum*) 줄기의 횡단면. 속, 유조직성 목부, 그리고 후벽조직의 판을 갖는 독특한 피층을 보여준다(× 10).

어서 쐐기형의 커다란 유조직이 된다. 종자고사리의 목부는 구과식물이나 원걸씨식물의 목재보다 훨씬 부드럽고 밀도가 낮은 엉성한 목재(manoxylic wood)였는데, 이런 엉성한 목재는 소철류(**그림 22-10**)와 화석소철류에서도 나타난다. 종자고사리식물 줄기의 주위에는 표피의 바로 밑의 독특한 후벽조직의 방사상 판들을 포함하여 두꺼운 피층이 있다. 피층의 안쪽에는 분비관이 들어 있다. 노성한 식물에서는 코르크형성층과 나무껍질이 2기 체관부의 바깥쪽에 생기고, 피층은 처음의 나무껍질과 함께 떨어졌다.

종자고사리류의 잎은 전반적인 구성에서 진정한 고사리류의 잎과 비슷하게 크고 편평한 겹잎이었다. 그렇지만 고사리류와는 달리 종자고사리류의 보통잎에는 종자가 달렸다(**그림 22-11**). 종자고사리 밑씨의 안쪽에 있는 대포자낭(주심)은 크고, 관다발조직의 다발들이 대포자낭 내부로 관통하여 지나갔다. 외피(주피)는 맨 아래 부분에서만 대포자낭에 붙어 있었고, 관다발조직이 있었다. 종자는 매우 큰 경우도 있어서 지금은 멸종된 파키테스타 인크라사타(*Pachytesta incrassata*)의 씨앗은 길이 11 cm, 지름 6 cm에 달하였다.

그림 22-11 이 엠플렉토프테리스속(*Emplectopteris*) 같은 종자고사리류는 구과(cone)가 아니라 잎을 따라 종자가 달렸다. 그 외에는 종자고사리 잎이 잎맥계와 조직구조 면에 있어서 진정한 고사리류의 잎과 매우 비슷하였지만, 그렇다고 해서 상동은 아니었다.

구과식물문: 침엽수

우리에게는 구과식물(침엽수, conifers)들이 친숙한 식물이므로 구과식물을 먼저 살펴보기로 한다(**그림 22-12**, **표 22-2**). 구과식물은 다양하고(대략 50속, 550종), 모두 중간 크기에서부터 거대한 크기를 갖는 수목들이다. 캘리포니아의 거대한 미국 삼나무(거삼나무; *Sequoiadendron giganteum*)는 높이가 90 m, 굵기가 10 m에 달한다(10 m는 풋볼 경기장의 골라인에서 30야드 선까지의 거리인데, 이 나무줄기의 지름이다). 구과식물은 넝쿨식물이나 초본 또는 1년생 식물이 전혀 없고, 비늘줄기(bulb)나 뿌리줄기(rhizome)도 전혀 갖지 않는다. 구과식물의 잎은 항상 단순한 바늘이나 비늘이다. 대부분의 잎은 다년생으로 여러 해 동안 지속된다(**그림 22-13**). 아가티스속(*Agathis*)과 아라우카리아속(*Araucaria*)

표 22-2 구과식물문(Coniferophyta)의 분류

Order Cordaitales (코르다이트목)*	
Order Voltziales (볼트지아목)*	
Family Voltziaceae (볼트지아과)	*Lebachia*(레바키아속)
Order Coniferales (구과식물목)	
Family Pinaceae (소나무과)	*Abies*(전나무속), *Cedrus*(개잎갈나무속), *Larix*(잎갈나무속), *Picea*(가문비나무속). *Pinus*(소나무속), *Pseudotsuga* (미송속), *Tsuga*(솔송나무속)
Family Araucariaceae (아라우카리아과)	*Agathis*(아가티스속), *Araucaria*(아라우카리아속)
Family Taxodiaceae (낙우송과)	*Metasequoia*(메타세쿼이아속), *Sequoia*(세쿼이아속), *Sequoiadendron*(세쿼이아덴드론속), *Taxodium*(낙우송속)
Family Podocarpaceae (나한송과)	*Dacrydium*(다크리디움속), *Podocarpus*(나한송속)
Family Cupressaceae (측백나무과)	*Chamaecyparis*(편백속), *Cupressus*(사이프러스속), *Juniperus*(향나무속), *Libocedrus*(리보케드루스속), *Thuja*(눈측백속)
Family Cephalotaxaceae (개비자나무과)	*Cephalotaxus*(개비자나무속)
Order Taxales (주목목)	
Family Taxaceae (주목과)	*Taxus*(주목속), *Torreya*(비자나무속)

* 이 무리의 모든 종은 멸종되었음.

그림 22-12 구과식물문은 크고 다양하며, 우리와 친숙한 많은 식물들을 포함한다. **(A)** 소나무(*Pinus*). **(B)** 유럽잎갈나무(*Larix decidua*). **(C)** 거삼나무(*Sequoiadendron giganteum*). **(D)** 서양향나무(*Juniperus occidentalis*).

의 잎들은 아주 오래된 나무줄기에도 붙어 있다.

구과식물의 잎맥계는 보통 단순하여 단지 1~2개의 긴 잎맥이 바늘 모양 잎의 중심을 지나거나 몇 개의 나란히맥들이 비늘 모양의 잎에서 나타난다. 잎맥은 내피와 이입조직(transfusion tissue)이라는 조직을 갖는데, 이입조직은 이입유세포와 이입헛물관으로 구성된다(**그림 22-14**). 이입헛물관(transfusion tracheid)은 거의 입방형이고, 두드러진 환형 유연벽공을 갖는다. 이입유세포(transfusion parenchyma cell)는 이입헛물관과 섞여 있고, 두 종

(A)

(B)

(C)

그림 22-13 구과식물의 잎은 겹잎이 아니다. 잎들은 항상 홑잎이고 가죽 같으며, 일부 식물에서는 바늘 모양이고 다른 일부에서는 비늘 같다. **(A)** 산타루치아 전나무(*Abies bracteata*)에서는 각 잎의 기공이 위치한 곳에 2개의 흰색 띠가 나타난다. **(B)** 향백(*Calocedrus decurrens*)의 비늘 같은 잎. **(C)** 소나무는 2종류의 잎을 만드는데, 장지에는 작은 종이 같은 비늘들이 달리고, 종이 같은 비늘잎의 겨드랑이에 위치한 단지에 긴 잎이 달린다. 긴 잎들은 작년에 만들어진 것이다.

류의 세포들이 3차원의 복잡한 양상을 이뤄서 보통의 관다발조직과 내피의 바깥쪽에 있는 잎살조직 간의 물질전달을 가능하게 한다.

원겉씨식물 조상인 아르케오프테리스속(*Archaeopteris*)에서와 마찬가지로, 오늘날의 구과식물에서 목부에는 물관이 없고 체관부에는 체관이 없다. 헛물관은 몹시 좁아서 그 방사벽에 단지 한 두 줄만의 환형 유연벽공이 나타난다. 모든 침엽수는 대부분이 목질인 수구과(pollen cone)와 암구과(seed cone)를 갖지만, 향나무속(*Juniperus*)과 나한송속(*Podocarpus*)에서는 암구과가 표면적으로 꽃식물의 열매와 흡사하다. 구과식물은 여전히 성공적인 집단이고, 1,700만 km^2가 넘는 아주 넓은 숲을 형성한다. 많은 이들 숲에서 꽃식물들은 초본이나 관목 또는 침엽수의 그늘에서 자라는 작은 나무들로만 존재한다.

카스파리띠 내피 물관부 체관부 이입조직

(A)

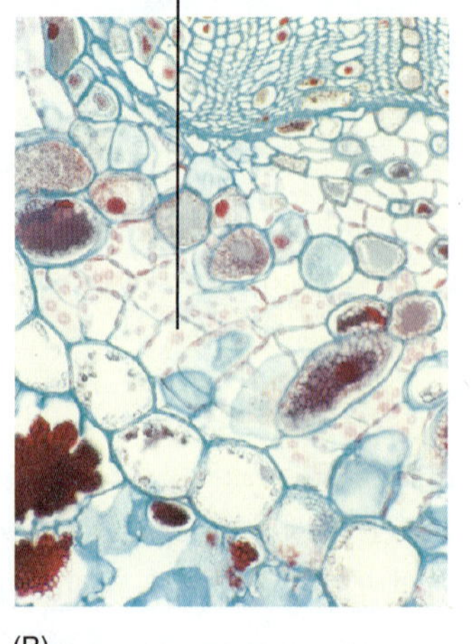

(B)

그림 22-14 **(A)** 이 미송(Douglas fir)의 관다발은 내피, 물관부, 체관부, 그리고 이입조직을 갖는다(× 80). **(B)** 소나무 관다발의 고배율에서는 2기 체관부와 이입헛물관을 볼 수 있다. 내피의 벽에서는 카스파리띠가 보인다(× 130).

소나무는 면밀히 검사하기에 좋은 식물이다. 나무는 하나의 주된 나무줄기에 많은 가지들이 달리는 단축상(monopodial)이다. 목부는 오로지 헛물관들로만 구성되지만, 지름이 큰 헛물관들이 봄에 생기고 이어서 지름이 좁은 헛물관이 여름에 만들어지기 때문에 나이테, 춘재 그리고 추재의 모두를 볼 수 있다(**그림 22-15**). 방사조직은 가늘고 길며, 방사유조직과 방사헛물관 모두가 들어 있다. 결쭉하고 끈적거리는 피치(pitch)가 만들어지는 수지도(resin canal)가 헛물관들 사이에서 수직으로 그리고 방사조직에서 수평으로 지나간다. 목부에는 주축유조직이 거의 없다. 체관부에는 체세포와 단백세포가 들어 있고, 길고 좁은 방사조직도 포함된다(**그림 22-16**). 코르크형성층은 두껍고 억센 나무껍질을 만드는데, 이 나무껍질은 숲에 불이 나더라도 보호해 주는 기능을 한다.

다른 일부 구과식물과 비슷하게 소나무는 2종류의 가지를 만들고, 이들 각각에는 특징적인 유형의 잎이 달린다. 아주 작은 종이 같은 잎들이 **장지(긴 가지, long shoot)**에서 나타나고, 그 겨드랑이에 있는 **단지(짧은 가지, short shoot)**에서는 친숙한 긴 침엽(needle leaf)이 만들어진다(그림 22-13C 참조, **그림 22-17**). 잎은 두꺼운 각피, 움푹 들어간 기공, 원통 모양 등의 많은 건생 형태의(xeromorphic) 특징을 갖는다.

모든 구과식물과 마찬가지로, 소나무는 수구과와 암구과를 갖는다. 수구과는 소포자엽(microsporophyll)이 달리는 짧고 단일한 비분지 축을 갖는 **홑구과(simple cone)**이다(**그림 22-18**). 소포자모세포가 감수분열을 하고 소포자를 생성한다. 그러고 나서 이들 각각은 내생적으로 4개 세포를 갖는 작은 배우자체로 발달하는데, 이 가운데 한 세포가 꽃식물의 경우와 같이 생식세포(generative cell)이다(**그림 22-18**와 **그림 22-20**). 배우자체는 꽃가루의 형태로

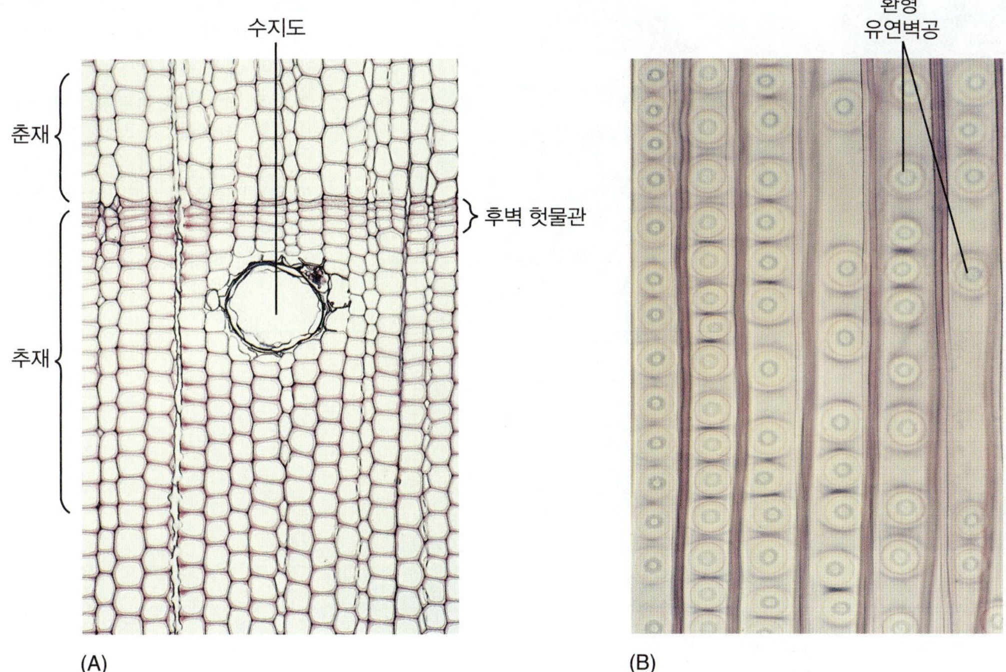

그림 22-15 **(A)** 모든 구과식물과 마찬가지로 소나무의 목부에는 물관이 없고, 목부는 거의 전적으로 헛물관으로 구성된다. 추재는 좁고 벽이 두꺼운 헛물관들을 포함하는 반면, 춘재는 넓고 벽이 얇은 헛물관들을 포함하기 때문에 생장테를 볼 수 있다(횡단면, × 30). **(B)** 소나무의 헛물관은 좁고 환형 유연벽공이 넓어서, 특정한 벽에 벽공들이 오직 한 줄로만 배열된다. 이는 수십 개의 작은 벽공들이 벽을 덮고 있는 속씨식물의 물관과 대조된다(× 80).

나무에서 떨어지고 바람에 의해 운반된다. 극히 소수의 꽃가루만이 암구과에 나나르고, 내부분은 나른 곳에 떨어져서 죽는나.

암구과는 수구과보다 훨씬 복잡하다. 암구과는 각각 곁눈이 있는 줄기로 구성되는 **겹구과(compound cone)**이다. 짧은 축에는 포자엽이 아니라 **포엽(cone bract)**이라는 잎이 달린다(**그림 22-21**). 각 포엽은 대포자엽이 달리는 곁눈을 갖는다. 일부 화석 구과식물에서는 개개의 구조를 볼 수 있지만, 모든 현생 구과식물에서는 대

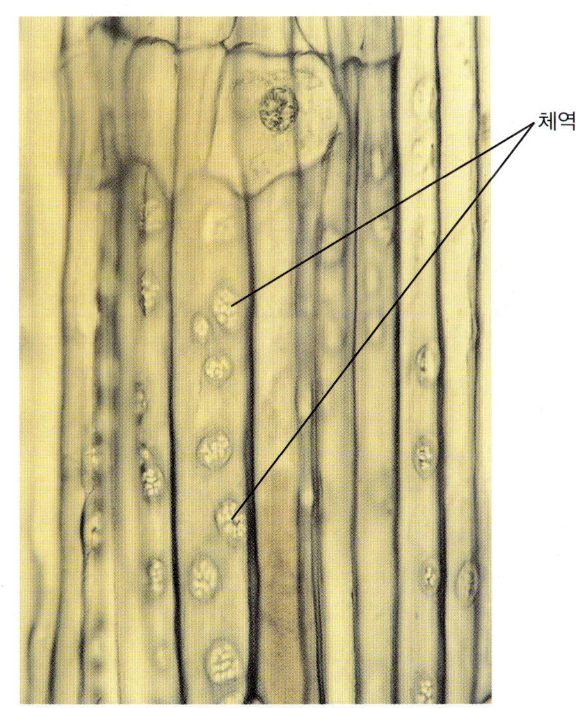

그림 22-16 구과식물의 체관부는 체관요소가 아니라 체세포로 이루어진다. 체세포는 길고 좁으며 그 표면의 대부분이 체역으로 덮여 있지만, 확대된 체공이 있는 수평의 격벽인 체판(sieve plates)을 갖지 않는다. 이 소나무의 체역은 특히 풍부하고 쉽게 볼 수 있다(× 25).

그림 22-17 아틀라스개잎갈나무(*Cedrus atlantica*)에서는 단지의 본질이 명확한데, 이는 해마다 더 많은 침엽을 만들어 서서히 가시적인 가지를 만들기 때문이다.

(A)

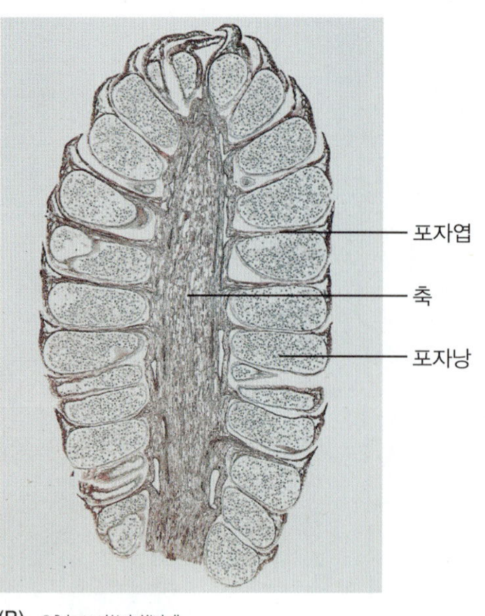

(B) © Robert and Linda Mitchell

그림 22-18 (A) 수구과는 전형적으로 가지의 끝 부근에 무리를 이루어 나타난다. 소포자낭들이 떨어지면 꽃가루가 바람에 실려 날아가서 널리 분포된다. 그런 방식의 유전자 전달은 암구과에 도달하는 꽃가루립이 너무 적기 때문에 비효율적이지만, 구과식물은 빽빽한 숲을 이뤄서 자라고 나무마다 그 주위에 수백 그루의 잠정적 파트너들이 있기 때문에 성공적이 된다. **(B)** 수구과는 1개의 줄기축과 소포자엽이 달리는 홑구과이다. 이들은 소포자낭이 아니라 소포자낭이 달리는 잎 같은 구조이다(× 10).

대적인 융합이 일어났다. 곁눈은 현미경적 크기이고, 그 대포자엽은 측면으로 융합하여 **종린(ovuliferous scale)**을 형성하였다(**그림 22-22**). 낙엽송, 전나무, 그리고 미송에서는 종린이 뚜렷하고 가시적이지만, 대부분의 구과식물에서는 종린이 융합하여 포(bract)가 되었다.

각 대포자낭의 내부에서 1개의 큰 대포자모세포가 감수분열을 하고, 그 결과로 만들어지는 세포들 가운데 3개는 퇴화하고 1개 세포만이 대포자로 생존한다(**그림 22-23**). 대포자낭은 열개되지 않는다. 대포자는 안쪽에 남아 자유로운 핵분열에 의해 큰 다핵성 대배우자체로 자라고, 많게는 7,200개까지의 핵을 갖기도 한다. 이와 같은 대배우자체는 속씨식물의 단순한 배낭(embryo sac)보다 더 크고 훨씬 복잡하다. 발생은 1년이나 걸릴 수 있지만, 마침내 벽이 만들어져서 다핵체는 세포성 대배우자체로 바뀐다. 2개 또는 3개의 장란기가 일련의 세포들로 만들어지고, 각각은 큰 알을 에워싼다(**그림 22-24**). 구과식물의 알은 탄수화물과 단백질이 적재된 거대한 세포이다. 반수체인 난핵은 부풀어져서 전형적

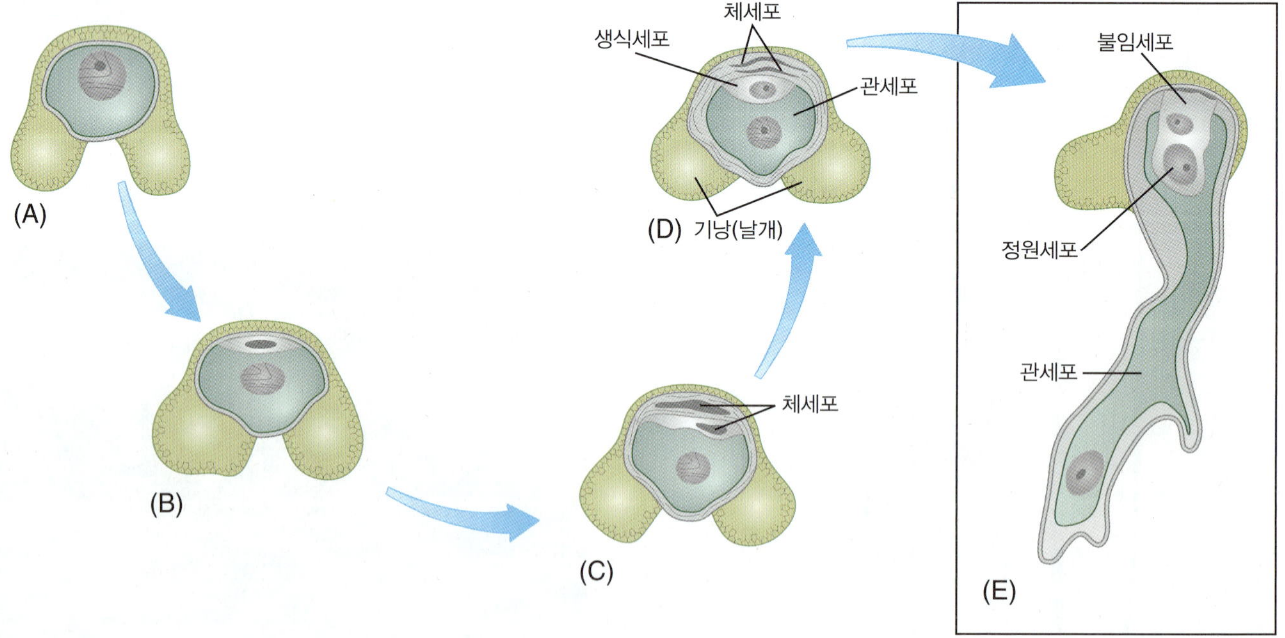

그림 22-19 (A)와 **(B)** 소나무의 소포자(꽃가루)는 1개의 세포와 공기 중에서 부력을 증가시키는 2개의 큰 기낭(날개)을 갖는다. 소포자는 작은 배우자체로 발달하는데, 이 과정은 체세포가 몇 개 더 만들어지는 것을 제외하면 꽃식물의 꽃가루 발생 과정과 비슷하다. 먼저 두 번에 걸친 유사분열의 결과, 퇴화되는 2개의 작은 체세포들**(C)**과 더 분열하여 생식세포**(D)**와 관세포**(E)**라고 부르는 또 다른 체세포가 되는 1개의 큰 세포가 만들어진다. 속씨식물의 경우와 같이 체세포는 꽃가루관이 되고, 생식세포는 분열하여 2개의 비운동성 정세포들이 된다.

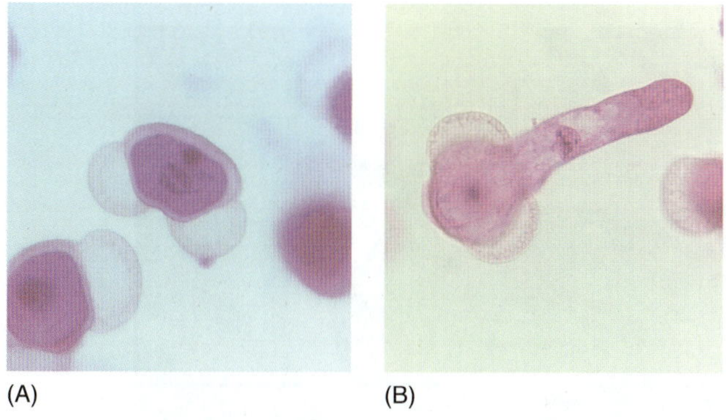
(A) (B)

그림 22-20 (A) 소나무 꽃가루에 있는 2개의 기낭은 이 광학현미경에서도 쉽게 관찰된다. 속이 빈 기낭이 생겨도 사실상 꽃가루에 무게가 더해지지 않지만, 그 용적을 증대시켜 꽃가루의 밀도(부피당 무게)가 감소되어 공기 중에서 빨리 내려앉지 않는다(× 200). **(B)** 소나무의 이 꽃가루립이 발아하여 관세포가 길어졌다(× 200).

(A) (B)

그림 22-21 (A) 이 미송속(*Pseudotsuga*)의 구과에서 3개로 길게 갈라져 튀어나온 포는 구과축의 진정한 잎이다. 각각은 곁눈을 갖고, 그 잎들이 나란히 융합하여 각 포의 바로 뒤에서 방패 같은 종린이 되었다. 종린을 구성하는 이렇게 융합된 잎들은 실제로는 대포자엽이다. **(B)** 종린을 구과에서 잡아당겨 뒤집어 보면 2개의 밑씨를 볼 수 있다. 비늘은 일련의 잎들이 서로 합쳐진 것처럼 보이지 않지만, 그림 22-6을 보도록 하자.

인 세포의 핵보다 부피가 훨씬 커진다. 난핵은 DNA합성효소와 RNA중합효소들로 채워진 것으로 여겨지고, 정핵과 핵융합이 일어나면 매우 빠르게 활성을 나타낼 준비가 되어 있다.

구과식물의 꽃가루는 알이 성숙하기 전에 도달하고, 수분되어 수정이 일어나기까지 1년 이상 걸리기도 한다. 큰 꽃가루관

(A)

(B)

(C)

(D)

그림 22-22 (A) 소나무의 암구과에서는 모든 부분들이 서로 융합되고, 심지어 포도 종린으로 합쳐졌다. 화석의 구조에 관한 지식이 없었기에 형대학자들이 처음에 소나무의 구과를 연구하기 시작했을 때 완전히 당황해져서 그토록 복잡한 구조를 설명할 수 없었다. **(B)** 잎갈나무속(*Larix*). **(C)** 아라우카리아 아라우카나(*Araucaria araucana*). **(D)** 주목속(*Taxus*)은 개개의 씨를 갖고, 각각의 씨는 빨간 다육질의 가종피(씨껍질의 일부)로 둘러싸인다. 주목속의 식물에는 암구과가 없다.

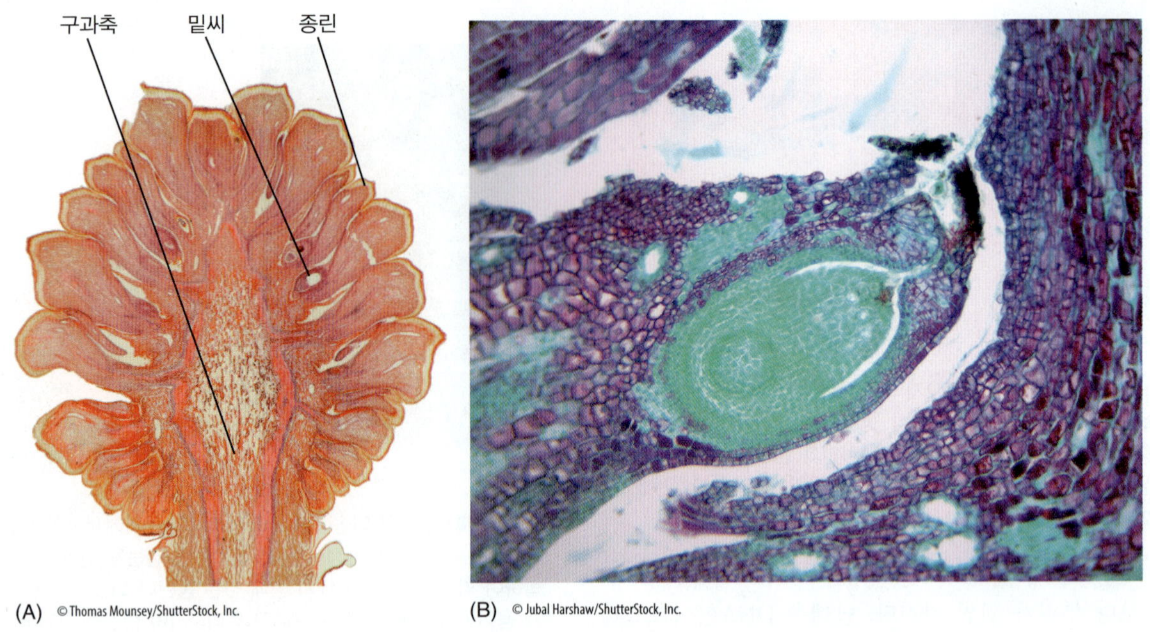

그림 22-23 솔방울의 이 단면은 대포자모세포가 감수분열을 막 시작할 때 절단한 것이다. 개개의 종린에는 2개의 밑씨가 있고, 이들 각각은 주피와 주심(실제 대포자낭)을 갖고 있다. 꽃식물에서처럼 각 주심은 보통 1개의 대포자모세포만을 가지며, 오직 1개의 생존하는 대포자를 만든다. **(A)** × 2. **(B)** × 25.

이 알에서 형성된 대배우자체를 향해 소화시키며 길을 터서 내려간다. 대포자낭이 열리지 않기 때문에 꽃가루관에 의해 소화되는 통로가 필수적이다. 이는 정자가 헤엄쳐 들어가는 노출된 장란기를 갖는 이끼류와 고사리류의 독립생활성 배우자체와 크게 다르다. 1개의 대배우자체에서 2개 또는 3개의 알들이 모두 수정될 수 있지만, 오직 1개의 접합자만이 배로 발생하고, 다른 1~2개의 접합자는 죽는다. 구과식물에서 접합자는 즉시 배를 형성하지 않고, 대신에 초기 세포의 일부가 길어져서 **배자루(배병, suspensor)**가 되어 다른 세포들을 대배우자체의 안으로 깊숙이 밀어 넣는다(**그림 22-25**). **전배(proembryo)**라고 부르는 이들 다른 세포들이 배로 발달한다. 속씨식물에서 나타나는 중복 수정은 일어나지 않고, 암배우자체가 생장을 계속하여 배젖과 유사한 반수체 영양조직으로서의 역할을 한다. 성숙한 배는 속씨식물의 배와 같은 체제(배뿌리, 하배축, 상배축, 그리고 떡잎)를 갖지만, 1~2개가 아니라 항상 많은 떡잎을 갖는다. 종자 역시 꽃식물의 종자와 유사하지만, 열매를 맺지 않고 구과에서 생긴다. 구과식물 가운데 두 종류의 구과는 다육질의 열매와 비슷하고 색깔이 선명한데, 나한송속(*Podocarpus*)의 구과는 빨갛고, 향나무속(*Juniperus*)의 구과는 파랗다.

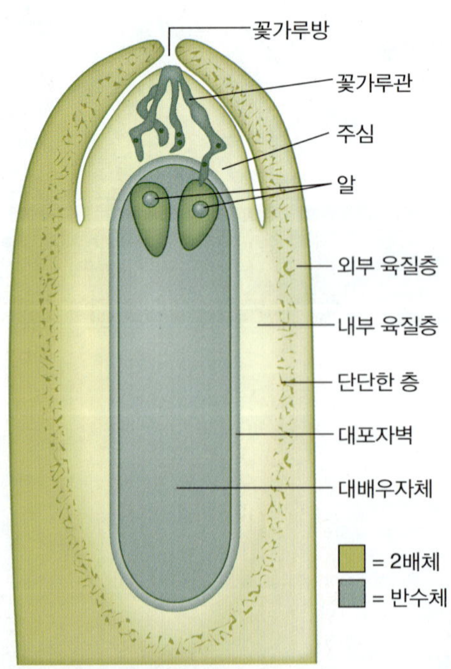

그림 22-24 소나무와 기타 구과식물의 밑씨는 꽃식물의 밑씨보다 훨씬 크다. 이 세포성 대배우자체는 이끼류나 우산이끼류의 배우자체만큼 크지 않지만, 속씨식물의 대배우자체에 비하면 훨씬 더 식물답다. 2개의 알 위에는 두꺼운 비열개성 대포자낭(주심)이 있다. 정자는 장란기와 알을 향해 헤엄칠 수 없고, 대포자낭을 관통하여 길을 내는 꽃가루관에 의해 운반되어야 한다. 대포자낭과 주피 사이는 꽃가루방이다.

소철문: 소철류

오늘날의 소철류(cycads)는 튼튼한 원줄기(trunk)에 깃꼴겹잎이

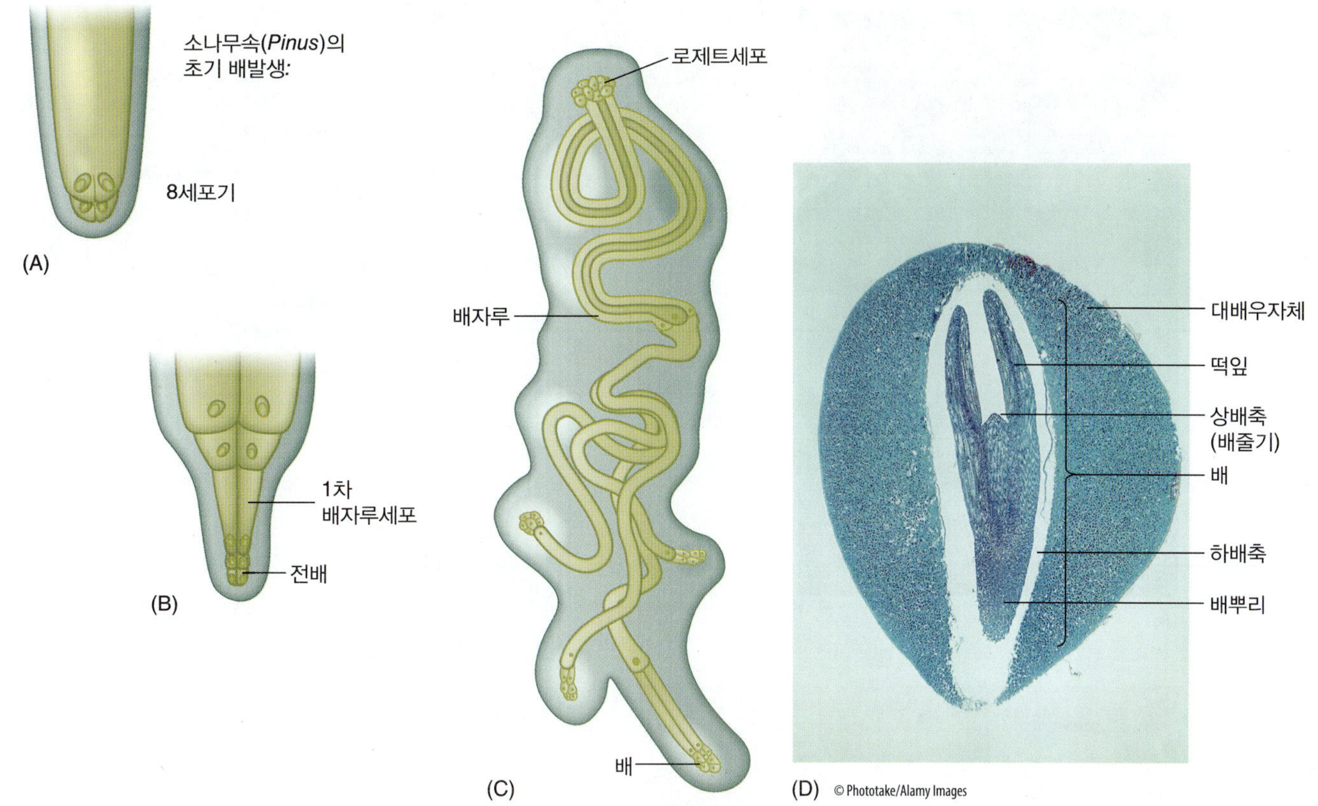

그림 22-25 **(A)** 속씨식물의 경우와 마찬가지로 구과식물의 접합자는 전배를 대배우자체 안으로 밀어 넣는 배자루를 만든다**(B)**. **(C)** 배자루는 분열하여 각 접합자로부터 여러 배를 형성할 수 있지만, 오직 1개의 배만이 생존한다. **(D)** 구과식물의 씨는 꽃식물의 씨와 매우 비슷하다. 씨는 주피에서 유래된 씨껍질(여기에서는 제거되었음), 여러 개의 떡잎이 있는 배, 그리고 실제로는 배젖이 아니라 대배우자체인 영양조직을 갖는다. 수정이 이루어진 다음에는 어버이 포자체가 다량의 양분을 수송하고 배가 필요로 하는 모든 것을 공급하여, 배는 완전히 종속영양적으로 생장한다. 한편 이는 대배우자체의 모든 세포를 탄수화물, 단백질, 그리고 무기질 영양소들로 채우는데, 이는 마치도 꽃식물의 배젖 같은 역할을 하여 종종 배젖이라고 부른다(× 25).

달려 있어서 종종 고사리류나 어린 야자나무와 혼동한다(**그림 22-26**). 대부분의 소철류는 높이가 1 또는 2 m가 채 안 되는 짧은 식물이지만, 마크로자미아속(*Macrozamia*)은 높이가 18 m에 달하기도 한다. 원줄기는 나무껍질과 지속성 잎밑(leaf base)으로 덮여 있고, 잎자루와 잎새가 떨어진 다음에도 잎밑은 남는다. 내부적으로, 소철의 줄기는 종자고사리류의 줄기와 비슷하여, 분비관이 들어 있는 두꺼운 피층이 소량의 엉성한 유조직성 목부를 둘러싼다. 헛물관은 길고 폭이 넓으며, 방사조직은 엄청나다. 매우 오래된 줄기라도 소량의 목부를 가질 뿐이고, 대체로 튼튼한 잎밑에 의해 지지된다. 두드러진 속(pith)에는 분비관이 들어 있다.

종자고사리류와는 달리, 소철의 보통잎에는 밑씨가 달리지 않는다. 대신에 소철류는 각각 별개의 식물에 달리는 암구과와 수구과를 만든다. 소철류는 항상 암수딴몸이다. 수구과(pollen cone)는 나선상으로 배열된 방패 모양의 소포자엽들로 구성되고, 이 소포자엽에 소포자낭의 무리가 달린다(**그림 22-27**). 발아하면서 꽃가루립은 갈라진 꽃가루관과 큰 다편모성 정세포를 만든다. 암구과(seed cone)는 변이가 심하고, 보통 소철(*Cycas revoluta*)의 암구과가 가장 잔존적(relictual)인 것으로 간주된다(**그림 22-28**). 이 종의 암구과는 잎처럼 생긴 깃꼴겹잎 대포자엽들이 크고 엉성한 집합체를 이룬 것이다. 6개에서 8개까지의 큰 밑씨가 맨 아래 부분 가까이에서 나타나지만, 대포자엽의 상반부는 상당히 잎과 비슷하고, 일부 종자고사리류의 밑씨가 달리는 기관과 흡사하다. 자미아 플로리다나(*Zamia floridana*)의 대포자엽은 보다 파생적인 것으로 여겨진다. 이 대포자엽은 방패 모양이고 단지 2개의 밑씨만 달리며, 전체 구과가 상당히 빽빽하다. 소철의 밑씨는 종자고사리류의 밑씨와 비슷하게 크고 관다발이 있는 대포자낭과 느슨하게 붙어 있고 관다발이 지나는 주피를 갖는다.

소철문(Cycadophyta)이 이전에는 많은 종을 포함하는 아주 큰 집단이었지만, 오늘날에는 9~10속과 약 100종을 포함한다. 현존하는 소철류는 미국의 가장 따뜻한 지역에서 매우 높이 평가받는 관상식물이고, 소수의 종만이 겨울의 결빙 온도를 견딜 수 있다. 소철류는 거의 모두 열대에 살고 특이한 분포를 나타낸다. 일부는 쿠바와 멕시코에서 나타나고, 어떤 종류는 오스트레일리아에서 나타나며, 또 다른 종류들은 남동아시아나 아프리카에서 출현한다. 소철류는 널리 분포하고 많은 서식지를 점유하는 것으로 믿어지지만, 대부분의 지역에서 소철류가 사라지고 있다. 남아 있는 소수의 널리 분산된 종들은 예전의 광범위한 집단에서 살아남은 종들이다.

그림 22-26 소철류 영양체의 양상들. **(A)** 디운속(*Dioon*)은 억세고 가죽 같은 깃꼴겹잎들이 달리는 짧고 튼튼한 원줄기를 갖는다. 거대한 암구과를 볼 수 있다. **(B)** 구과식물 잎의 이입조직과 비슷한 이입조직이 있는 잎맥(× 50). **(C)** 이입헛물관이 잎맥에서 잎몸으로 연장된다. 초점이 약간 맞지 않았지만 하면표피에서 기공을 볼 수 있다(× 32). **(D)** 소철류는 소량의 유조직으로 된 목부를 갖는다(× 32).

그림 22-27 **(A)** 이 소철의 일종(*Cycas circinnalis*)에서는 수구과의 길이가 30 cm가 넘는다. 이 수구과는 소포자엽이 있는 1개의 축으로 된 홑구과이다. **(B)** 소철류의 소포자엽에는 많은 소포자낭이 달리기도 한다. **(C)** 소철류의 정세포는 수백 개의 편모를 갖고 알세포로 헤엄쳐 가야 한다. 자미아속(*Zamia*)의 사진이다(× 165).

그림 22-28 **(A)** 소철의 암구과는 단일한 축에 대포자엽들이 달리는 홑구과이다. 포 또는 곁눈이 달리지 않는다. **(B)** 소철의 대포자엽은 구과식물의 종린처럼 융합된 구조가 아니다. 대포자엽은 단순하고 보통잎과 매우 비슷하다. 이런 유형의 포자엽이 어떻게 종자고사리의 포자엽에서 진화할 수 있었는지 아는 것은 어렵지 않다(그림 22-11 참조).

(A)

(B)

화석소철문: 화석소철류

지금은 모두 멸종된 화석소철류(cycadeoids; 화석소철문 Cycadeoidophyta)는 영양체의 특징이 소철류의 특징과 거의 비슷하였다(**그림 22-29**). 화석소철류와 소철류는 기공복합체 분화의 미묘한 항목과 잎다발(엽적)의 구조에서 차이를 나타낼 따름이다. 그런 특징들만으로는 화석소철류를 소철류의 별개의 집단으로 간주할 수 없지만, 화석소철류의 각각의 구과는 소포자엽과 대포자엽을 모두 가졌다. 각 밑씨에는 자루가 달렸고, 대포자낭은 긴 주공 안으로 확장된 주피에 의해 둘러싸였다. 밑씨들 사이에는 두꺼운 다육질의 비늘이 있었다. 소포자엽은 대포자엽 송이의 아래에 위치하고 대포자엽을 감싸면서 위쪽으로 곡선을 이루었다. 개개의 소포자엽은 컵 모양이었고 많은 소포자낭들을 포함하였다.

그림 22-29 키카데오이데아속(*Cycadeoidea*) 같은 화석소철류는 영양체 구조에 있어서 소철류와 비슷하였다. 화석소철류는 넓은 피층과 지속성인 잎밑에 의해 생성되는 억센 외부 보호층을 가졌다.

은행나무문: 은행나무

은행나무문(Ginkgophyta)은 현존하는 단일종인 은행나무(*Ginkgo biloba*)를 포함한다(**그림 22-30**). 한 종만으로 문 전체를 설정하는 것이 이상하게 보이겠지만, 'maidenhair tree'라는 보통명을 갖는 은행나무 자체는 특이하다. 은행나무는 튼튼한 원줄기와 많은 가지를 갖는 큰 쌍떡잎식물 나무와 아주 비슷하지만, 그 목부는 구과식물의 목부와 유사하다. 은행나무는 물관이 없고 주축유조직이 없다. '넓은 잎'을 갖기는 하지만, 잎은 쌍떡잎식물처럼 그물맥계가 아니라 종자고사리류처럼 두 가닥으로 갈라지는 잎맥들을 갖는다. 은행나무는 대부분의 잎이 달리는 단지와 장지를 모두 갖는다. 은행나무의 생식은 암수딴몸이고 겉씨가 생기지만, 구과는 형성되지 않는다. 대신에 밑씨는 짧은 자루의 끝에 둘씩 짝을 지어 나타나고 성숙하면 완전히 드러난다. 자루와 각각 2개의 소포자낭을 갖는 여러 포자낭자루(sporangiophore)를 갖는 미상꽃차례(catkin)와 비슷한 기관에서 꽃가루가 만들어진다. 종자고사리류와 소철류와 비슷하게 은행나무의 밑씨는 지름이 1.5~2 cm로 크고, 3층의 씨껍질이 발달한다.

가을이 되면 잎이 선명한 노란색이 되기 때문에 은행나무 그 자체는 아름답고 인기 있는 관상수이지만, 소포자낭을 가진 그루(수나무)를 선호한다. 대포자낭을 가진 그루(암나무)가 씨를 만들 때, 씨의 바깥쪽 육질층에서 부틸산(butyric acid)을 발하는데, 이는 참기 어려운 고약한 냄새를 풍긴다.

은행나무의 정확한 조상은 알려지지 않았지만, 그 조상은 종자고사리류 또는 그와 밀접한 관계가 있는 집단의 하나임이 분명

(A) © fotolinchen/iStock Photo

(B) © pjelev/iStock Photo

(C)　(D)

그림 22-30 **(A)** 은행나무(*Ginkgo biloba*)의 나무는 쌍떡잎식물 나무와 혼동하기 쉽다. **(B)** 은행나무의 잎은 넓다. 잎들은 쌍떡잎식물처럼 그물맥계가 아니라 소철류와 종자고사리류의 잎처럼 차상맥계(dichotomous venation)를 갖는다. **(C)** 소포자엽은 짧은 가지에 있는 보통잎(잎자루를 볼 수 있음)과 섞여서 작은 구과 같은 송이[소나무의 암구과(그림 22-22)가 아니라 소나무의 수구과(그림 22-18)를 생각해 보자]에서 나타난다. **(D)** 밑씨는 자루 모양의 대포자엽 끝에서 둘씩 짝을 지어 나타난다. 밑씨 그 자체인 주피는 노출되어 있고, 이를 보호하는 포 또는 종린은 없다.

하다. 그림 22-2의 분기도에서는 소철류와 은행나무가 공통조상을 갖는 것으로 제안되었는데, DNA 분석은 모두 멸종된 종자고사리류를 포함시킬 수 없었다. 은행나무류는 중생대에 걸쳐, 특히 약 1억 7천만 년 전의 쥐라기 중기에 번성하였다. 잎과 나무의 화석화된 유적을 전 세계의 거의 모든 곳에서 발견할 수 있고, 특히 알래스카, 캐나다, 북극 근처의 시베리아, 파타고니아, 남아프리카, 그리고 남극 근처의 뉴질랜드에서 많은 화석들이 발견된다. 은행나무류는 제3기의 초기에 자취를 감추기 시작했고, 2종(*G. biloba*, *G. adiantoides*)만이 살아남았다. 후자의 종은 약 1,000만~1,200만 년 전인 플라이오세 동안에 멸종되었다.

마황문

마황문(Gnetophyta)은 수수께끼 같은 3개 집단의 식물들로 구성된다. 이들은 매마등속(*Gnetum*)의 30종(**그림 22-31**), 마황속(*Ephedra*)의 약 40종(**그림 22-32**), 그리고 웰위치아속(*Welwitschia*)의 유일한 종인 웰위치아 미라빌리스(*W. mirabilis*)이다(**그림 22-33**).

매마등속 식물들은 대부분 넝쿨식물이거나 쌍떡잎식물의 잎과 비슷한 넓은 잎을 가진 작은 관목들이다. 이들은 남동아시아, 열대 아프리카, 그리고 아마존 강 유역에 자생한다. 마황속은 멕시코 북부와 미국 남서부 그리고 남아메리카의 건조한 산악지대에서 매우 흔히 볼 수 있는 억센 관목들이다. 이들 식물의 잎은 퇴화하여 비늘 모양이다. 웰위치아속의 현존하는 식물은 남아프리카의 사막과 식물원에서만 겨우 볼 수 있다. 이들은 짧고 넓은 줄기와 두 장의 잎을 가졌는데, 잎들은 기저분열조직(basal meristem)으로부터 해마다 자라서 길이가 계속 늘어난다.

이들 3속은 모두 목부에 물관이 있는 겉씨식물이라는 점에서 특이하다. 이 점 때문에 이들이 원시적인 속씨식물과 관련이 있을

(A) © converse677/Shou

(B) © Fletcher & Baylis/Science Source

그림 22-31 매마등속(*Gnetum*). **(A)** 매마등속 식물은 넓은 잎과 목질의 줄기는 갖는다는 점에서 쌍떡잎식물과 매우 유사하다. **(B)** 밑씨는 구과에 생기지 않는다.

(A) © Bob Gibbons/Alamy

(B) Courtesy of the Dale A. Zimmerman Herbarium, Western New Mexico University

(C) © blickwinkel/Alamy

그림 22-32 마황속(*Ephedra*). **(A)** 마황속 식물은 보통 건조한 지역에서 나타나고, 사막에 적응한 많은 종류의 쌍떡잎식물과 몹시 비슷하다. 이들의 생식구조는 겉씨식물의 특징을 지니고 있지만, 소포자낭 구과**(B)**는 수꽃의 불완전 꽃이라고 오해할 수 있다. **(C)** 나출된 밑씨는 이들이 속씨식물이 아님을 드러내 보인다.

것이라고 여겨졌지만, 이들의 물관요소는 환형 유연벽공(circular bordered pit)을 가진 헛물관에서 진화한 반면, 속씨식물의 물관요소는 계문상 헛물관(scalariform tracheid)으로부터 유래되었다. 더구나, 속씨식물은 물관이 없는 조상에서 진화하여 꽃이 생긴 다음에 물관이 진화하였고, 꽃이 생기기 전에는 물관이 나타나지 않은 것으로 여겨진다.

다른 모든 겉씨식물의 수구과와 달리, 마황식물의 수구과는 겹구과(compound cone)이고 작은 포(bract)들을 포함한다. 암구과 역시 겹구과이고 밑씨 주위에 추가의 조직층이 있다. 이 층은 가외로 생긴 주피이거나 포 아니면 포자엽일 것으로 다양하게 해석된다.

마황식물 기관이나 조직의 몇 안 되는 화석들이 고작 몇 백만 년 전의 것들인데, 이런 최근의 화석들은 이 집단의 진화와 조상을 이해하는 데 있어서 큰 도움이 되지 못한다. 꽃가루는 방추형(spindle-shaped)이고 좁은 능선을 갖는다는 점에서 독특하다. 이런 형질은 쉽게 알아볼 수 있고, 이와 같은 유형의 화석꽃가루가 트라이아스기 후세의 멀리까지도 나타나지만, 꽃가루도 이들 식물의 기원을 밝히는 데 도움이 되지 않는다. 그림 22-2에서는 이들 식물을 같은 지점에서 파생된 여러 집단의 하나로 포함시켰다. 구조와 생식의 어떤 측면들은 마황식물과 꽃식물이 공통조상을 갖는 2개의 자매단계통군이 되는 것으로 해석된다. 만일 그렇다면 이 두 집단은 하나의 집단인 속씨식물문(Anthophyta) 또는 **속씨식물(anthophytes)**을 이루게 될 것이다. 그렇지만 이를 확신하기에는 자료가 너무 빈약하고, 지금으로서는 회의주의(skepticism)의 원칙을 떠올리는 것이 최선이다. 우리가 아직 알지 못하고 있음을 깨닫고, 이들의 진화적 유연관계에 관한 보다 많은 자료를 찾는 연구를 계속해야 한다. 그림 22-2는 어디까지나 모델이고 가설임을 잊지 말자.

(A) © EcoPrint/ShutterStock, Inc.

(B)

(C) © Jacques van Dinteren/iStock Photo

그림 22-33 웰위치아 미라빌리스(*Welwitschia mirabilis*). **(A)** 잎이 찢어진 전체 식물. **(B)** 소포자낭 구과. **(C)** 대포자낭 구과.

다음 단계에서는

1. **동물과 겉씨식물.** 동물과 속씨식물 간의 협력은 광범위하다. 동물은 꽃을 수분시키고 열매를 분산시킨다. 이러한 일들은 겉씨식물과도 일어나는데, 우리가 흔히 인식하는 것보다 훨씬 더 자주 일어난다. 어떤 새는 구과식물의 씨들을 여러 장소에 숨겨 놓았다가 나중에 그 중 일부를 잊어버리고, 그 씨들은 어버이 나무로부터 멀리 떨어진 곳에서 발아하게 된다. 주목속(*Taxus*)의 새빨간 가종피(aril)와 향나무의 다육질의 부드러운 파란 구과는 동물들을 끌어들인다. 은행나무의 과육(flesh)으로 덮인 씨앗은 지금은 더 이상 존재하지 않는 어떤 동물에 의해 먹혔어야 했다. 소철류는 큰 수구과를 갖고 있어서 바람이 주된 수분매개체이겠지만, 딱정벌레가 식물 사이에서 꽃가루를 운반하는 것으로 밝혀졌다. 여러분은 정보를 조금씩 수집하게 되겠지만, 동물과 겉씨식물의 상호작용은 흥미롭고 지금껏 과소평가된 분야이다.
2. **지난 1억 년 동안의 구과식물.** 거대한 미국 삼나무(거삼나무)는 오늘날 캘리포니아의 일부 계곡에서만 존재하고, 멸종되지 않게끔 인간의 보호를 필요로 한다. 그러나 수백만 년 전에는 이들이 울창한 숲을 이루었고, 풍부하여 널리 분포하였다. 5천만 년 전부터 시작하여 지구는 차츰 서늘해지고 기후가 변화하였다(다행히 그때까지 인간은 출현하지 않았고, 따라서 사람은 기후변화의 원인을 일으키지 않았다). 미국 삼나무는 조건이 변함에 따라 종들이 어떻게 반응을 하는지, 생존지역(refugia)이 종의 생존에 얼마나 중요한지 좋은 예를 보여준다. 지난 1억 년 동안에 다른 많은 구과식물의 종들과 속들에서 동일한 일들이 일어났다. 미국 삼나무의 생태는 잘 알려져 있고 고생태학(paleoecology)의 입문으로서 살펴볼 가치가 있다.
3. **소철의 정세포는 수백 개의 편모로 유영한다.** 우리는 보통 식물세포가 수영을 잘 할 것이라고는 생각하지 않는다. 그러나 사실상 모든 은화식물(무종자식물)과 종자식물 일부 종의 정세포들은 알세포로 헤엄쳐 가야 한다. 실제로 소철류의 정세포들은 동물의 정자를 부끄럽게 한다. 소철의 정세포는 크고, 수백 개의 편모가 긴 나선형으로 배열되어 세포의 절반을 둘러싸고 있다. 동물의 편모와 마찬가지로 식물의 편모는 기저체(basal body)를 필요로 하고, 소철의 각 정세포가 성숙할 때 수백 개의 기저체가 생성되어야 한다. 소철 정자의 세포생물학은 대부분 식물의 세포생물학과 약간 다르지만 분명히 흥미롭다.

요약

1. 종자에서는 배가 그 양분을 주변의 대배우자체(또는 배젖)로부터 공급받고, 대배우자체는 어버이 포자체에 의해 양분이 공급된다. 포자낭 그리고 이와 연관된 구조들은 대포자, 대배우자체, 그리고 배를 보호한다.
2. 오늘날의 모든 종자식물에서 대배우자낭(주심)은 열리지 않는다. 따라서 꽃가루관이 장란기로 정세포를 데리고 가야 한다. 정세포들은 많은 종자식물에서 운동성을 갖는다.
3. 원겉씨식물은 유조직이 거의 없이 단단한 목부를 만들 가능성이 있는 무한생장의 관다발형성층이 진화하면서 3지원시관다발식물로부터 생겨났다. 진정한 종자의 진화도 원겉씨식물에서 시작되었는데, 처음에는 대포자가 잔류하였고 이어서 주피가 형성되었다.
4. 원겉씨식물의 1목인 아르케오프테리스목(Archaeopteridales)에서 구과식물이 유래되었고, 원겉씨식물의 또 다른 목인 아네우로피톤목(Aneurophytales)은 종자고사리류, 소철류, 화석소철류, 그리고 아마도 속씨식물로 진화하였다.
5. 구과식물은 단단한 목부와 홑구과의 수구과, 그리고 겹구과의 암구과를 갖는 큰 나무들의 다양한 문으로 구성된다.
6. 종자고사리류에서 소철류와 화석소철류가 유래되었다. 중요한 진화적 변화는 속이 만들어지고 거의 분화하지 않은 보통잎에 밑씨가 형성된 점이다. 목부에는 주축유조직이 풍부하게 들어 있다.
7. 소철류는 겹잎, 유조직성 목부, 그리고 축과 잎 같은 대포자엽으로 구성된 암구과를 갖는 현생 종자식물이다.
8. 은행나무(*Ginkgo biloba*)는 은행나무문의 유일한 현생종이다. 은행나무는 잎이 차상맥계를 갖고 구과나 심피로 둘러싸이지 않으며, 나출된 밑씨가 달린다는 점을 제외하면 쌍떡잎식물의 나무와 유사하다.
9. 마황식물의 생식은 겉씨식물의 특징을 나타내지만, 마황속(*Ephedra*)과 매마등속(*Gnetum*)의 식물체들은 쌍떡잎식물과 비슷하다. 웰위치아속(*Welwitschia*)은 두 장의 잎을 갖는데, 잎들은 기저분열조직으로부터 무한생장을 한다.

중요한 용어

겉씨식물(gymnosperms)
겹구과(compound cone)
꽃가루방(pollen chamber)
단지(짧은 가지; short shoot)
목본식물(lignophytes)
배자루(배병: suspensor)
속씨식물(angiosperms)
속씨식물(anthophytes)
엉성한 목재(manoxylic wood)
외피(주피; integument)
원겉씨식물(progymnosperms)
장지(긴 가지; long shoot)
전배(proembryo)
조밀한 목재(pycnoxylic wood)
종린(ovuliferous scale)
종자고사리류(seed ferns)
종자식물(spermatophytes)
주공(micropyle)
포엽(cone bract)
홑구과(simple cone)

복습 문제

1. 번갈아 나오는 세대가 바로 앞의 세대와 전적으로 독립적인 생활주기가 갖는 불리한 점은 무엇인가? 이런 유형의 생활주기에 이점이 있을까?
2. 구과(cone)란 무엇인가? 구과식물의 구과는 석송류와 소철류의 구과와 어떤 점이 비슷한가? 이들은 어떻게 다른가?
3. 종자식물의 분류는 다양하다. 모든 종자식물을 1문인 종자식물문(Spermatophyta)으로 묶는다면, 이 문을 나출된 밑씨를 갖는 ________________강과 심피를 갖는 ________________강의 2강으로 분류된다. 다른 한편으로는(그리고 이 책에서는) 종자식물을 1문이 아닌 4문으로 분류한다. 이 가운데 겉씨식물의 3문과 꽃식물의 1문을 열거하시오.
4. 만일 속씨식물이 겉씨식물의 어떤 종류로부터 진화되었다면, '겉씨식물'은 자연적 집단이 아니다. 왜 아닐까? 분지론적 용어에서 불완전한 집단은 ______________________군이다.
5. 원겉씨식물을 설명하시오. 원겉씨식물의 특징이 되는 중요한 진화적 진전은 무엇인가?
6. '종자의 진화' 절에서 아르케오스페르마 아놀디(*Archaeosperma arnoldii*)의 화석 씨앗을 설명하였다. 그 대포자낭은 위로 돌출되는 한 층의 조직인 ________________________에 의해 둘러싸이고, 정세포가 알로 헤엄쳐 갈 수 있는 구멍인 큰 ________________________이 있다. 얼마나 많은 이런 특징이 꽃식물에서도 나타날까?
7. 원겉씨식물에서는 소배우자체가 만들어지고 정세포를 방출했는데, 정세포는 유영할 수 있었지만 아주 멀리 가지는 못했다. 꽃가루방(pollen chamber)이란 무엇이고, 어떻게 수정을 도왔을까?
8. 구과식물 가운데 초본이 있을까? 1년생 식물이 있을까? 넝쿨식물은? 모든 구과식물이 소나무처럼 바늘 모양의 잎을 갖는

가(힌트: 그림 22-13)?

9. 구과식물의 수구과를 설명하시오. 홑구과란 무엇인가? 구과식물의 암구과를 설명하시오. 겹구과란 무엇인가?
10. 구과식물의 암구과는 수구과보다 훨씬 복잡하다. 암구과는 각각 겯눈이 있는 줄기로 구성되는 ________________이다. 구과의 주축에는 포자엽이 아니라 ________________이라는 잎이 달리고, 이들 각각은 ________________이 달리는 곁눈을 갖는다. 곁눈은 현미경적 크기이고, 그 ________________은 측면으로 융합하여 _______을 형성한다.
11. 꽃식물의 꽃가루받이와 달리, 구과식물의 꽃가루는 알이 성숙하기 전에 도달하고, 수분되어 수정이 일어나기까지 ________________ 이상 걸리기도 한다. 꽃가루가 발아하고, 큰 ________________이 알에서 형성된 ______________를 향해 소화시키며 길을 터서 내려간다.
12. 대부분의 구과식물에서 씨가 성숙하면 구과의 비늘과 종린(ovuliferous scale)이 전형적인 솔방울처럼 단단해지고 튼튼해진다(전나무는 솔방울이 아니라 전나무 방울을 만들고, 낙엽송은 낙엽송 열매를 갖는다). 그렇지만 ______________의 구과는 빨갛고 육질이며, ______________의 구과는 파랗고 다육질이다.
13. 종자고사리류는 멸종된 식물 집단이다. 이들은 나무고사리류와 비슷하지만, 잎에 포자낭군(낭퇴) 대신에 무엇을 갖는가?
14. 여러분이 소철류를 보았을 가능성이 크다. 소철류는 무엇처럼 생겼는가? 이들과 혼동할 다른 두 종류의 식물들은 무엇인가(힌트: 일부는 'cardboard palms'라고 부른다)? 소철류는 홑잎을 갖는가?
15. 편모를 갖는 종자식물이 있을까? 종자식물의 정세포에 편모가 달릴까? 그림 22-27을 보시오.
16. 은행나무문(Ginkgophyta)의 유일한 현생종은 무엇인가? '겉씨식물'이므로 이들은 바늘 모양이거나 비늘 모양의 잎을 갖는가? 은행나무의 잎맥은 특이한데, 잎은 ____________처럼 그물맥계가 아니라 ____________처럼 차상분지하는 잎맥들을 갖는다.
17. 마황문(Gnetophyta)에 속하는 3가지 집단은 무엇인가?
18. 이론적인 기반에서 주피로 침투하는 꽃가루관이 진화하기 전에 비열개성(indehiscent) 대포자낭이 진화했을 가능성이 있을까? 그렇다면 왜 그렇고 아니라면 왜 아닐까? 이와 관련된 문제점은 무엇인가?

CHAPTER 23

종자식물 II: 속씨식물

학습 목표

이 장을 읽은 다음, 학생들이 할 수 있는 것은;

- 속씨식물의 몇 가지 파생형질을 열거한다.
- 겉씨식물에서 속씨식물로의 이행에서 나타난 변화를 설명한다.
- 외떡잎식물과 진정쌍떡잎식물을 비교한다.
- 기초 속씨식물 단계통군의 현존하는 후손인 몇 개 집단의 이름을 댄다.
- 외떡잎식물의 특징을 설명한다.
- 외떡잎식물의 친숙한 10종류를 제시한다.
- 진정쌍떡잎식물의 세 가지 독특한 특징을 식별한다.
- 진정쌍떡잎식물에서 기초 진정쌍떡잎식물과 장미군 그리고 국화군으로의 진화를 논한다.

알고 있나요?

- 다른 모든 식물들을 합친 것보다 꽃식물의 종이 더 많다.
- 부들, 단풍나무, 그리고 참나무의 꽃처럼 어떤 꽃들은 너무 작고 눈에 잘 띄지 않아서 꽃인지 깨닫지 못할 수도 있다.
- 이 세상에서 가장 큰 꽃인 자이언트라플레시아(*Rafflesia arnoldii*)는 지름이 약 1 m이며, 기생식물에 의해 만들어진다.
- 모든 속씨식물이 씨를 만들지만, 난초는 거의 현미경적인 크기의 아주 작고 발육이 불완전한 먼지 같은 씨를 만든다. 배는 수십 세포 또는 그 미만일 따름이다.

개요

장의 첫 이미지: 양귀비과의 아르게모네속(*Argemone*)은 속씨식물이 기타 종자식물과 다른 두 가지의 중요한 방식을 보여준다. 첫 번째, 꽃가루를 만드는 기관(노란색의 꽃밥)과 밑씨를 만드는 기관(빨간색의 심피)이 대부분의 꽃에서 함께 나타나는 반면에 겉씨식물에서는 이들이 항상 별개의 구과에서 나타난다. 두 번째, 심피는 '폐쇄적'인데, 이는 꽃가루가 심피에 떨어져도 밑씨로 그냥 들어갈 수 있는 구멍이 없음을 의미한다. 대신에 꽃가루가 발아하여 꽃가루관이 암술머리와 암술대를 지나 2개의 정세포를 밑씨와 알로 내려 보내야 한다. 접촉하고 나서 이렇게 오랜 기간을 거치는 동안에 암술머리와 암술대는 꽃가루관이 적절한 유형이 아니라면 이를 거부할 수도 있다. 많은 속씨식물 종에서 심피는 어떤 꽃가루관은 자라게 하고 어떤 꽃가루관은 자라지 못하게 할 것인지 통제한다.

개념

윤조식물이라는 녹조류로부터 유배식물이 뚜렷이 구별되기 시작한 이래 생겨난 모든 단계통군들 가운데 꽃식물 단계통군인 속씨식물은 가장 많은 현생종인 257,000종을 포함한다. 이들 모두 유일한 문인 **속씨식물문(Magnoliophyta)**으로 분류하며, 이를 종종 'Angiosperophyta'라고도 한다. 흔히 속씨식물은 가장 진보된 식물 집단 또는 가장 파생된 집단을 가리키는 말로 쓰인다. 가끔 속씨식물을 식물 진화의 절정(peak)이라고 부르지만, 이런 서술은 면밀히 검토되어야 한다. 확실히 속씨식물 집단 전체는 다른 어떤 집단보다도 더 많은 파생형질을 갖고 있고, 특히 중요한 것은 속씨식물에 독특하고 기타 식물 단계통군들과 구별짓는 파생형질들이 많다는 점이다. 이 집단은 꽃을 갖고 있는데, 꽃은 모든 속씨식물을 통합하는 동시에 속씨식물을 다른 모든 단계통군들과 구별하는 중요한 공동파생형질(synapomorphy)이다. 다른 중요한 파생형질들은 상호 간에 이익이 되는 다양한 방법의 동물과의 상호작용이고, 이 상호작용의 결과로 식물은 꽃가루받이를 하거나 씨를 멀리 퍼뜨리게 되는 반면에 동물은 꿀이나 꽃가루 또는 그 밖의 먹이를 얻게 된다. 동시에 속씨식물과 동물들은 서로 투쟁하는데 더욱 능숙해진다. 속씨식물이 수분매개자에게 보상을 제공하도록 진화하면서, 한편으로 자연선택은 초식동물에 대항하는 새로운 유형의 많은 화합물을 속씨식물에게 주었다. 그런 화합물은 명백한 독소(덩굴옻나무, 유독옻나무, 그리고 벨라도나)로부터 섭식을 단념시킬 정도로 약한 화학물질(고추, 겨자유, 그리고 양파 기름)에 이르기까지 광범위하다. 거의 모든 속씨식물의 목부는 구과식물의 목부보다 훨씬 복잡하다. 속씨식물의 목부에는 마찰을 줄이면서 물을 통도하는 경로가 되는 물관이 들어 있고, 주축목부유조직(물관과 헛물관들 사이에 섞여 있는 유조직세포)을 포함한다. 주축목부유조직은 나무에 구멍을 내는 곤충과 곰팡이로부터 스스로를 방어하고 물이 식물을 통해 위쪽으로 당겨질 때 물의 분포에도 영향을 미치면서 목부를 살아 있는 조직으로 만들어 준다.

그렇지만 이들 형질들이 모든 집단에서 속씨식물을 가장 진보된 집단으로 만들었을까? 간단히 포자로 번식하는 고사리류도 성공적으로 번식하고, 많은 서식지에 퍼졌으며, 여러 크기와 모양으로 다양해졌음을 명심하자. 구과식물도 극히 성공적이다. 특히 소나무과(Pinaceae) 단계통군은 속씨식물 단계통군이 이미 상당한 진전을 거둔 다음에야 비로소 구과식물 계통군에서 생겨난 비교적 신출내기이다. 소나무과는 신속하게 다양해지고 종이 분화되어 많은 새로운 종뿐만 아니라 새로운 속들도 생겼다.

요점은 우리가 진화를 새로 생긴 각 집단이 뒤에 있는 이전의 집단을 떠나면서 앞으로 그리고 위로 직선처럼 진행하는 과정이라고 생각하면 안 된다는 것이다. 대신에 실제의 식물들과 개체군들 측면에서 생각해야 한다. 어느 종의 어떤 개체군들이 격리장벽에 맞닥뜨리고 이들이 다양해지면서 일부가 다른 개체들과 유성적으로 생식을 할 수 없는 시점에 이르게 되면, 그 시점에는 매우 비슷하지만 별개인 두 종이 존재하게 된다. 두 종은 자유로이 진화를 계속한다. 초기 유배식물이 윤조식물로부터 뚜렷이 구별되기 시작한 다음, 이들은 두 종류의 단계통군인 대상원시관다발식물/석송엽 단계통군(zosterophyllophyte/lycophyll clade)과 리니아식물/진성엽 단계통군(rhyniophyte/euphyll clade)으로 분기되었다. 두 단계통군 모두 극히 성공적이었고, 많은 변형을 겪고 몹시 다양해졌다. 초기 고사리류가 생겨난 후에 이들도 다양화를 계속하여, 서식지, 잎의 크기와 모양, 포자낭의 유형, 포막의 유형, 그리고 포자엽의 유형에서 대부분의 변이가 나타났다. 목부나 꽃 또는 열매를 갖게끔 진화한 종류는 없었지만, 그렇다고 해서 이들 식물이 속씨식물보다 훨씬 원시적인 것은 아니다. 대신에 이들 두 집단에서는 서로 다른 특징들이 진화한 것이다.

꽃식물의 일부라고 분명하게 알아볼 수 있는 최초의 화석은 1억 3천만 년 이전의 바위에 보존된 꽃가루립들이다. 그 시기에 화석화된 잎이나 꽃을 발견하지 못하였으므로, 최초의 꽃식물은 언덕이 많거나 건조한 지역에 살았음이 분명하다고 믿고 있는데, 그런 지역들에는 식물체의 부분들이 화석화되기에 적합한 장소가 거의 없다. 세립질(fine-grained) 침전물이 있는 크고 잔잔한 호수는 식물이 화석화되기에 최상이고, 이런 호수는 건조한 지역이나 바위투성이의 비탈에는 거의 없다. 최초의 속씨식물은 아마도 작은 교목이거나 관목이었을 것이다. 그것은 이런 종류의 식물들이 건조한 지역에서 잘 살아남기 때문이고, 가장 공산이 큰 조상들(종자고사리류나 겉씨식물 같은 다른 종자식물들)이 목본이기 때문이다. 앞에서도 언급하였듯이, '겉씨식물'이라는 용어는 자연적이 아닌 집단을 가리킬 수 있다. 이 23장에서는 '겉씨식물'을 '속씨식물을 제외한 모든 종자식물'을 의미하는 용어로 사용한다.

겉씨식물이 꽃식물로 진화적으로 전환되는 과정은 단순한 과정이 아니었고, 여기에는 많은 변화가 수반되었다. 가장 확실한 것은 겉씨식물의 포자엽(sporophyll)이 수술과 심피로 전환되고, 결과적으로 꽃이 형성된 것이다. 많은 겉씨식물은 축 주위에 나선상으로 배열된 상당히 편평하고 잎 같은 포자엽을 갖고 있고, 화석소철류를 제외하고 소포자엽은 결코 대포자엽과 함께 나타나지 않기 때문에, 그와 비슷한 생식구조를 갖는 꽃식물들이 가장 잔존적(relictual)이라고 믿어진다. 예를 들어, 암보렐라속(*Amborella*), 수련목(Nymphaeales), 아우스트로바일레야목(Austrobaileyales), 그리고 목련목(Magnoliales) 같은 기초 속씨식물들은 뚜렷한 수술대와 꽃밥의 부분이 없는 편평한 수술이 나선상으로 배열되어 있고, 포자형성조직(소포자 모세포)이 비교적 크고 뚜렷한 내부 덩어리를 이룬다(**그림 23-1**).

대부분의 **속씨식물심피(angiosperm carpel)**에서는 포자엽 원기의 가장자리들이 서로를 향해 바짝 붙어 닫힌 채로 자라며, 가끔 가시적인 봉합선을 남기거나, 때때로 완벽하게 닫혀서 이음새를 전혀 볼 수 없게 된다. 이를 **폐쇄심피(closed carpel)**라고 부르며, 이는 배가 씨로 발달할 때 배를 감싸는 열매가 된다. 기초 속씨식물의 심피는 잎과 비슷하고, 잎몸이 채 벌어지지 않은 어린잎과 흡사하다. 암술머리와 암술대 대신에 씨방의 가장자리에는 여러 줄의 분비털(secretory hair)들이 달리고, 이 분비털에서는 이

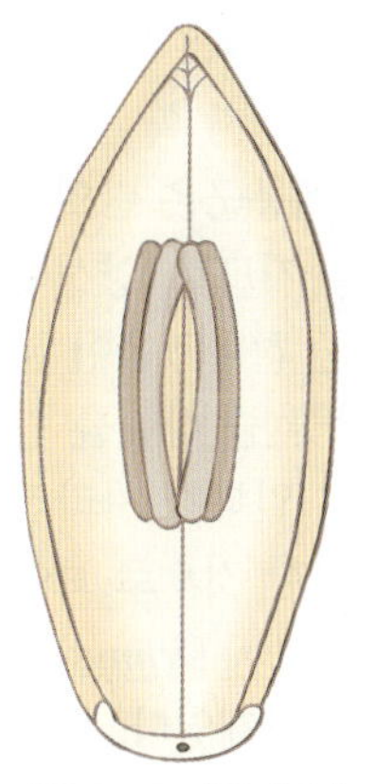

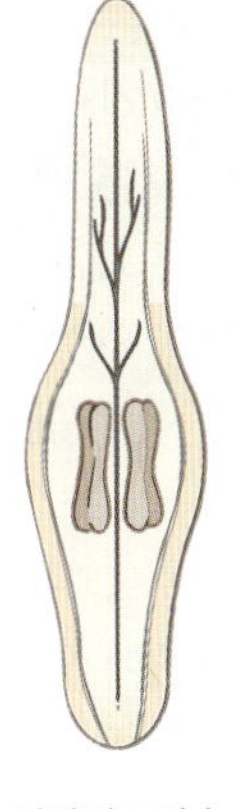

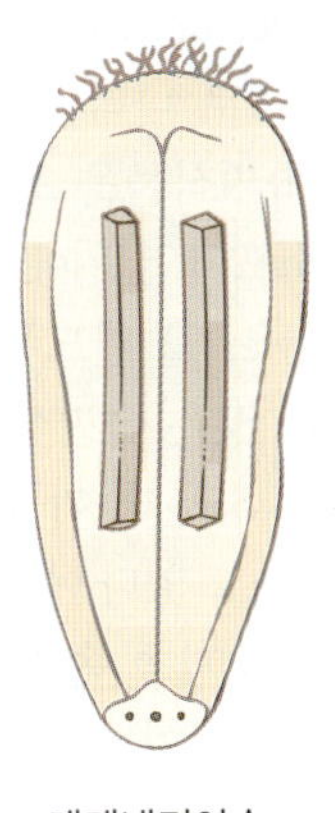

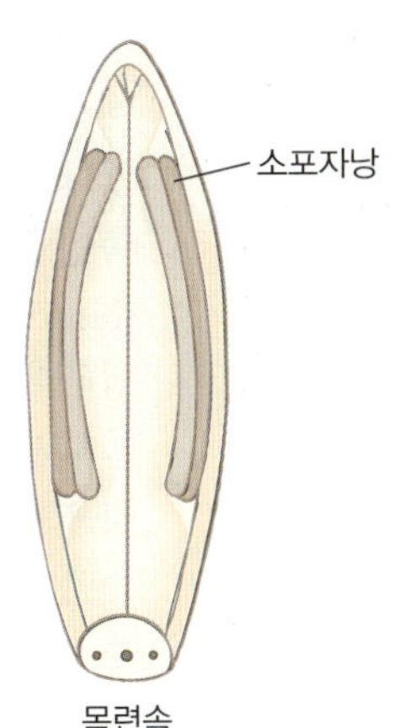

그림 23-1 속씨식물의 일부 집단은 잔존형질이라고 믿어지는 형질을 지닌 수술을 갖고 있다. 이들 형질은 많은 진화적 변화를 겪지 않아서 아직도 조상형질을 지니고 있다. 이들 4종류의 현생 속씨식물의 수술(소포자엽)은 현존하는 종의 대부분의 다른 수술보다 훨씬 다육질이고, 더욱 편평하며, 보다 잎처럼 생겼다. 한편 포자형성조직은 비교적 크고, 소철류와 화석소철류의 포자형성조직과 비슷하다. 아우스트로바일레야속(*Austrobaileya*), 히만탄드라속(*Himantandra*), 그리고 데게네리아속(*Degeneria*)은 대부분의 학생들에게 익숙하지 않을 것이다. 이들은 남태평양 제도의 식물들이다.

음새를 봉하는 역할과 암술머리 표면의 기능을 하는 걸쭉한 액체가 분비된다(**그림 23-2**). 겉씨식물에서는 밑씨가 대포자엽 표면에 노출되어 있는 반면, 꽃식물에서는 대포자엽의 접히는 성질이 밑씨를 약간 보호해준다. 아마도 더욱 중요한 것은 꽃가루관(소배우자체)이 주심뿐만 아니라 암술머리 구역과 상호작용해야 한다는 사실인데, 이렇게 함으로써 포자체로 하여금 꽃가루를 '시험'할 기회가 더 제공된다. 약한 꽃가루나 다른 종의 꽃가루는 발아가 저해될 수 있고, 포자체는 오직 적절한 종의 건전한 꽃가루들만 암술머리를 통과하여 밑씨에 도달할 수 있게 한다(**그림 23-3**). 보다 소수의 밑씨들이 부적절하거나 불건전한 꽃가루들에 의해 허비된다.

조상집단으로부터 속씨식물이 되는 이행에서 수정 양식이 진화하여 꽃가루관의 두 번째 정세포가 대배우자체의 극핵과 융합하여 배젖핵(endosperm nucleus)이 만들어지게 되었다. **중복수정(double fertilization)**이라는 이 과정은 꽃식물의 일반적인 특징이다. 영양체 내에서 주된 이행은 물관요소의 체관이 진화한 것이다. 잎은 차츰 넓어지고 그물맥계가 발달하였으며, 잎은 광합성에만 국한하지 않고 다양한 기능에 적응할 수 있도록 더욱 다형성(polymorphic)이 되었다.

구조적 변형이 가장 쉽게 관찰되고 널리 연구되었지만, 아마도 더욱 근본적인 이행은 생장과 발생을 변화시키는 돌연변이에도 생존할 수 있는 능력인 발생적 가소성(developmental plasticity)의 획득일 것이다. 구과식물은 발생적 가소성이 결핍되어 있다. 이를테면 어느 한 침엽수를 본 사람들의 대부분은 처음 보는 식물을 침엽수라고 인식하는 데 큰 어려움이 없을 것이다. 왜냐하면 모든 침엽수는 서로 몹시 유사하기 때문이다. 구과식물은 모두 크거나 거대한 나무이고, 1개 또는 몇 개의 주된 줄기와 바늘 모양이거나 비늘 모양의 잎을 갖는다. 구과식물은 항상 녹색이거나 갈색이고, 주목의 빨간색 씨와 향나무의 블루베리 같은 회색의 구

암술머리 표면의 역할을 하는 모상체 더미

안쪽의 밑씨

(A) (B) (C)

그림 23-2 심피는 대포자엽이다. 따라서 대부분의 잔존하는 현생 심피는 잎과 비슷하고, 소철류의 대포자엽과 유사할 것이라고 예상된다. 일부 현생 속씨식물은 벌어지지 않은 어린잎과 흡사한 심피를 갖는다**(A)**. 잎몸의 두 반쪽들이 서로 밀착하고, 꽤 많은 양의 관다발조직이 존재하며, 암술머리와 암술대는 없다. 잎몸의 가장자리를 따라 생긴 털들이 암술머리의 역할을 한다. 만약 그런 심피가 맨 바닥에서 밑씨를 만든다면, 그리고 만일 위쪽의 부분들이 길어진다면, 보다 파생적인 현대의 심피**(C)**와 비슷하게 될 것이다.

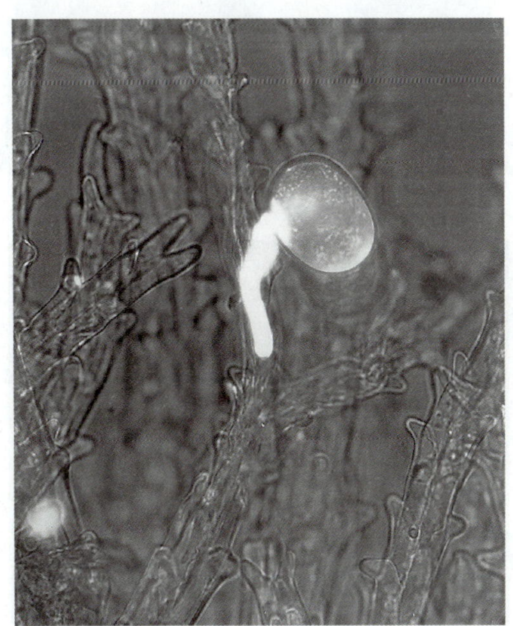

Courtesy of Dr. H.L. Mogensen

그림 23-3 많은 속씨식물에서는 꽃가루와 암술머리 사이에서 또는 꽃가루관과 암술머리/암술대 간에서 복잡한 화합성 상호작용들이 나타난다. 어떤 경우에, 만약 암술머리와 암술대가 부적절한 꽃가루관을 감지했다면 이들은 그 꽃가루관 주위에 칼로오스(callose)를 침적시켜 그 생장을 저해한다. 칼로오스의 차단이 여기에서는 흰색 싸개로 보인다(× 60).

과를 제외하면 결코 선명한 색깔을 띠지 않는다. 겉씨식물이 수억 년 동안 지구를 지배하였고 거의 모든 서식지로 확장할 수 있었음을 고려한다면 이러한 균일성은 더욱 놀랍다. 반면에 속씨식물은 엄청난 발생적 가소성을 지녔다. 속씨식물은 대단히 다양해져서 오늘날 수십만 종뿐만 아니라 수천 가지의 유형이 존재한다(**그림 23-4**). 이들은 거대한 나무[유카리속(*Eucalyptus*), 참나무, 느릅나무]에서 아주 작은 식물[겨자, 왜소한 데이지(그림 23-4A)]까지, 목본에서 초본까지, 다년생에서 1년생까지, 온대성에서 열대성까지, 사막 서식지에서 중생(mesic)과 우림을 거쳐 수생 서식지까지, 독립영양에서 부분기생을 거쳐 완전기생까지, 그리고 착생식물에서 지중식물을 거쳐(그림 23-4B) 내생식물[라플레시아속(*Rafflesia*)과 트리스테릭스속(*Tristerix*) 같이 다른 식물의 내부에서 사는 식물]까지 다양한 범위를 나타낸다.

겉씨식물 계열에서 속씨식물 계열로 전환되는 데 관련된 진화적 변화는 동시에 일어나지 않았고, 모든 종에서 일어나지도 않았다. 아마도 중복수정이 첫 번째 변환이었을 텐데, 그것은 중복수정이 보편적으로 나타나기 때문이다. 중복수정은 일부 마황식물(gnetophytes)에서도 나타나고 있어서, 과연 중복수정이 꽃식물과 마황식물이 동일한 단계통군에 속하는 것을 가리키는 공통조상형질(symplesiomorphy)인지, 아니면 전혀 관련이 없는 두 집단에서 독자적으로 나타난 수렴진화(진화적 상동성)인지 확실하지 않다. 기초 속씨식물을 포함하여 모든 꽃식물 단계통군은 단일한 축에 있는 소포자엽 위에 위치하는 대포자엽을 가지므로, 양성꽃(bisexual flower)을 만드는 능력도 처음의 전환 중 하나였음이 분명하다. 물론 많은 속씨식물 종들이 수꽃이나 암꽃 중 하나를 만들지만, 모든 경우에 이들은 양성의 조상 꽃에서 일부가 사라진 것으로 확신하고 있다. 물관요소는 그 다음에 진화한 것으로 보이는데, 왜냐하면 기초 속씨식물 가운데 일부(*Amborella, Drimys*)에는 물관요소가 없기 때문이다. 이는 여러 해 동안 난제였다. 물관이 없는 목부를 갖고 있음에 근거하여 소수의 식물을 기초 속씨식물로 간주하였고, 이들은 그 조상들이 물관을 갖지 않았으므로 이들도 물관(도관)이 없는 **원시무도관류(primitively vesselless)**인 것으로 여겼었다. 그렇지만 다른 많은 특징들은 이들이 자연적인 초기 집단이 된다는 생각과 부합되지 않았고, 최근의 가설은 암보렐라속(*Amborella*)만이 유일한 원시무도관류일 것이고, 다

(A)

(B) 숙주식물 덩이줄기

(C)

(D)

그림 23-4 **(A)** 이 왜소한 데이지(*Monoptilon*)는 결코 가장 작은 꽃식물이 아니다. 봄에 가장 먼저 꽃이 피는 겨자류의 많은 종들 역시 아주 작다. **(B)** 이 식물(*Ombrophytum subterraneum*)은 주변에서 자라는 식물의 뿌리에 기생을 한다. 식물체는 불규칙한 혹투성이의 '덩이줄기(tuber)'와 아주 작은 분홍색 꽃이 달리는 2개의 꽃차례로 구성된다. 숙주의 뿌리와 줄기의 맨 아래 부분이 보인다. **(C)** 이 검정말속(*Hydrilla*) 같은 많은 속씨식물은 물에 잠겨 살게끔 적응되었는데, 물에서는 후벽조직이 거의 필요 없고 증산을 하지 않는다. **(D)** 이 상점에 있는 모든 과일과 채소는 속씨식물에서 수확한 것들이다. 우리가 먹는 거의 모든 식물이 속씨식물이고, 인간의 가축 대부분도 건초, 귀리, 그리고 옥수수 같은 속씨식물을 먹여 키운다.

른 종류들은 물관이 기원된 후에 생겼지만 그 후에 이들 집단에서 물관이 사라졌다는 것이다. 만일 그렇다면 이들은 **2차무도관류(secondarily vesselless)**이고, 이들의 헛물관을 기본으로 하는 겉씨식물 같은 목부는 원시형질처럼 보이면서 여러 해 동안 우리를 호도한 파생형질이다. 그 다음으로 체관이 기원되었을 수 있는데, 일부 종은 체관부에 여전히 체세포를 갖고 있다. 모든 겉씨식물과 종자고사리류는 목본이거나 목본이었고, 대부분의 기초 속씨식물과 진정쌍떡잎식물도 마찬가지다. 뿐만 아니라 기초 속씨식물의 목부는 겉씨식물 같은 특징을 많이 갖고 있다. 그러므로 조상형 꽃식물은 다년생 목본이었다고 확신한다. 현존하는 많은 속씨식물이 초본이고, 기초 속씨식물의 수련과 후추도 마찬가지다. 그렇지만 이들은 이들 계열에서 관다발형성층이 사라진 결과라고 믿고 있으며, 이런 일이 많은 단계통군에서 여러 차례 일어났다고 확신하고 있다. 1년 안에 발아하고 자라서 번식한 다음 모두 죽는 능력인 1년생(annual)의 습성은 속씨식물만의 독특한 형질이다. 종자식물의 다른 어떤 집단도 그렇게 할 수 없다. 1년생이 되려면 발아하기 무섭게 식물이 꽃을 만들어야 하는데, 이 기간 동안 대부분의 겉씨식물은 유생기의 형질을 지닌 유식물(seedling)의 몸을 만들 따름이다. 유식물과 성체는 몸의 특징에 있어서 크게 차이를 보이고, 식물이 불과 몇 달 안에 꽃을 피우는 능력은 속씨식물의 발생적 가소성의 중요한 요인이 될 수 있다. 식물에서 꽃이 피었기 때문에 식물이 죽게 되는 것은 아니다. 유식물이 개화 능력을 발달시킨 후에도, 유식물은 계속 살고 크게 자라나서 성체의 특징을 발달시키는 것보다 유식물의 특징을 계속 간직한다.

그 밖의 파생형질들은 심피들이 단일한 구조인 **암술(pistil)**로 융합되고, 꽃잎들이 하나의 구조로 융합하며[**합판(sympetally)**], 꽃이 방사대칭이 아닌 좌우대칭으로 되는 꽃의 **좌우상칭성(zygomorphy)**이다(**표 23-1**). 나육질, 기생성, 식물착생성, 비늘줄기, 둥근줄기, 덩이줄기, 덩굴손, 그리고 포충엽 등과 같이 보다 더 특수화된 형질들은 속씨식물이 많은 단계통군들로 다양화되고 나서 훨씬 뒤에야 기원되었다. 따라서 이들 개개의 혁신은 몇 과 또는 몇 종에서만 존재한다. 꽃식물의 진화가 이미 모두 일어났으므로 이제 꽃식물은 마무리되었다고 생각하면 안 된다. 어떤 집단은 지금 거의 변화하지 않는 것으로 보이지만, 다른 집단, 특히 벼과 초본, 국화류, 파인애플류, 그리고 난초류들은 지금도 변하고 있고 빠르게 진화하여 좇아가기 힘들 정도이다. 마찬가지로 꽃식물이 항상 가장 발달되고 파생된 집단이라고 예상할 이유가 없다. 석송식물은 수백만 년 동안 지구를 덮었다가 겉씨식물의 종자식물로 대체되었고, 이는 다시 꽃식물의 그늘에 가려지게 된 것이다.

초기 속씨식물에 관해 변화하는 개념

현존하는 식물과 화석식물에 대한 우리들의 지식이 점차 완벽해지면서 초기 속씨식물의 성질에 관한 개념들이 변화하고 있다. 지난 세기에는 바람에 의해 꽃가루받이가 되는 나무들(오리나무, 느릅나무, 참나무, 그리고 버즘나무)을 한데 묶어서 '조록나무아강(Hamamelidae)'으로 분류하고, 이들을 가장 잔존적인 현생 꽃식물로 간주하였었다(**그림 23-5A**). 이 분류가 타당하게 보였던 이유는 이들 종이 조밀한 목재를 갖는 큰 나무가 되는 경향이 있고, 꽃은 작고 단순하며 보통 꽃받침조각과 꽃잎이 없고, 많은 겉씨식물들이 비슷한 형질들을 갖고 있기 때문이다. 그렇지만 조록나무류 목부의 구조를 연구한 결과, 이런 형질들이 잔존형질일 수 없음이 분명해졌다. 그것은 이들 식물의 목부에 겉씨식물에서 발견되지 않는 형질들인 물관, 섬유, 그리고 풍부한 유조직이 들어 있기 때문이다. 더구나 조록나무류의 꽃들은 특수화와 퇴화를 거쳐 단순해진 것이다. 풍매화(wind-pollinated flower)는 꽃가루매개자를 유인할 필요가 없고, 따라서 꽃이 크거나 형형색색일 필요가 없으며, 꽃잎이나 꽃받침조각도 필요 없다. 최근의 DNA 연구에서는 큰 나무의 이와 같은 수분 신드롬(pollination syndrome)이 속씨식물 내에서의 파생상태(derived condition)이고, 나아가서 이 신드롬은 다양한 단계통군에서 여러 차례 진화한 것으로 나타났다. 이는 수렴진화의 상사성(homoplasy)의 사례가 되고, 조록나무아강으로 분류하였던 분류군들은 서로 분리되어 진정한 친척이라고 여겨지는 단계통군들에 할당되었다.

약 100년 전에 벳세이(C. E. Bessey)는 **미나리아재비꽃(ranalean flower)**의 가설을 세웠는데, 이 가설에서는 목련 같은 꽃을 잔존적 유형으로 여긴다(**그림 23-5B**). 그런 꽃은 모든 부분(꽃받침조각, 꽃잎, 수술, 그리고 심피)을 갖고 있고 그 부분들이 나선상으로 배열된 **보편적(generalized)** 꽃이다. 아울러 씨방은 다른

표 23-1 속씨식물문(Magnoliophyta)의 잔존형질과 파생형질

	잔존형질 (초기 속씨식물에 존재)	파생형질 (나중에 생긴 보다 현대의 속씨식물에서만 존재)
습성		
크기	큰 관목, 작은 교목?	큰 교목, 초본, 구근식물, 넝쿨식물, 많은 유형
잎의 체류	상록	낙엽성 또는 무엽
목부		
물관	없음	있음
주축유조직	없거나 거의 없음	많음: 분포가 중요함
방사조직	모두 좁고, 크다	한 식물에 여러 유형: 짧고/넓음 그리고 좁고/큼
꽃		
부분들의 존재	갖춘꽃	안갖춘꽃/불완전꽃
각 부분의 수	많음	적음: 3, 4, 5의 배수
배열	나선상	돌려나기
대칭	방사대칭	좌우대칭
씨방의 위치	상위씨방	하위씨방
부분들의 융합	없음	많은 융합
꽃가루받이	바람? 딱정벌레?	많은 유형
열매/씨 분산	바람?	많은 유형

(A)

(B)

그림 23-5 **(A)** 피칸(*Carya illinoensis*)의 미상꽃차례(catkin). 축에는 많은 꽃들이 달리고, 모든 꽃에 수술은 있지만 심피가 없다. 같은 식물에 달리는 다른 꽃은 암꽃일 수 있고, 꽃가루받이가 된 다음 피칸 열매가 생긴다. **(B)** 목련속(*Magnolia*)의 꽃은 전형적인 미나리아재비꽃으로 간주된다. 모든 부분들이 비교적 많고 어느 특정한 종류의 꽃가루매개동물을 위해 특수화되지 않았다. 이처럼 많은 심피를 갖는 꽃은 드물고, 거의 항상 10개 미만이다. 그에 반해서, 구과식물과 소철류의 암구과는 다수의 대포자엽을 갖는다. 개개의 심피는 구과식물의 대포자낭이 하는 것처럼 꽃가루립을 잡는 액체 방울을 분비한다.

부분들의 위쪽인 상위의 위치에서 나타난다. 현존하는 모든 꽃의 다양한 유형들이 보편적인 미나리아재비꽃에서 진화하였다고 상정하면 쉽다. 예를 들어, 외떡잎식물의 잎은 보통 3개의 수술과 3개의 심피를 갖는 반면, 진정쌍떡잎식물의 꽃은 대체로 각각 4개 또는 5개를 갖는다. 각 조건은 미나리아재비형의 꽃에 존재하는 많은 수가 단순하게 축소되어 생겨났을 수 있다. 한편 암수딴몸 종의 수꽃이나 암꽃의 불완전 꽃도 꽃을 구성하는 부분들이 사라지면서 생겨났을 수 있다.

많은 식물학자들은 오래 전에 속씨식물이 단계통적(monophyletic)이라는 결론을 내렸다. 중복수정, 꽃, 그리고 발생적 가소성 같이 복잡한 형질들은 아마도 여러 차례 진화하지 않았을 것이다. 최근에 이루어진 거의 모든 DNA 연구들 역시 속씨식물의 단계통성을 시사한다.

현재, 많은 고식물학자들과 분류학자들은 겉씨식물에서 속씨식물로의 이행이 중생대의 쥐라기와 전기 백악기 동안에 일어났다고 믿고 있다. 분명히 속씨식물의 화석이라고 간주되는 최초의 화석잎은 약 1억 3천만 년 전의 전기 백악기에서 나왔다. 이 화석들은 쌍떡잎식물과 외떡잎식물 잎의 특징을 모두 나타내고, 그 예로는 마그놀리아에필룸(*Magnoliaephyllum*), 무화과 같은 잎의 피코필룸(*Ficophyllum*), 포도 같은 잎의 비티필룸(*Vitiphyllum*), 그리고 질경이속(*Plantago*)과 비슷한 플란타기노프시스(*Plantaginopsis*) 등을 들 수 있다(**그림 23-6**). 이들 단편들은 그토록 오래된 바위에서 매우 드물게 나타나고, 모든 화석의 약 2%만을 차지한다. 그로부터 약 5천만 년이 지난 후기 백악기에는 보다 많은 종류의 속씨식물 잎의 화석들이 발견되고, 겉씨식물과 고사리류의 화석잎의 수보다 훨씬 능가한다. 원래 이들 후기 백악기 잎의 화석들은 전반적인 모양과 크기에 근거하여 현존하는 속들인 사시나무속(*Populus*), 참나무속(*Quercus*), 그리고 목련속(*Magnolia*) 등에 할당하였었다. 그러나 미세한 맥계, 각피, 그리고 기공을 면밀히 검토한 결과, 이들 화석은 현존하는 속들의 진정한 부분들이 아닌 것으로 밝혀졌다.

처음에 이들 화석잎을 잘못 동정한 결과로부터 다음과 같은 잘못된 가설이 제기되었다. 즉, 속씨식물은 쥐라기에 기원되었음이 분명하고, 전기 백악기에 약간의 화석잎을 남길 만큼 풍부해졌으며, 3천만 년에서 5천만 년 간의 짧은 기간 동안에 빠르게 현존하는 주요 과들의 대부분과 심지어 많은 현생 속들로 갑자기 다양해졌다는 것이다. 이 가설에 의하면 제안된 것처럼 폭발적으로 다양해진 다음, 사시나무속, 참나무속, 그리고 목련속 같은 속들은 오늘날에 이르기까지 수천만 년 동안 비교적 변하지 않은 채로 남아 있어야만 했다. 그토록 폭발적인 다양화가 일어난 다음 극도의 안정성이 이어진다는 것은 타당해 보이지 않는다. 후기 백악기와 제3기의 화석잎들은 현생 속의 잎들과 약간 비슷하지만 미묘한 특징들은 현존하는 속들의 잎과 같지 않다는 사실이 발견되면서 훨씬 더 점진적 진화(gradual evolution)가 일어난 것으로 추정할 수 있다. 초기 속씨식물은 전기 백악기와 중기 백악기

Courtesy of D. Dilcher

그림 23-6 마그놀리아에필룸(*Magnoliaephyllum*)의 잎은 현존하는 목련의 잎과 매우 비슷하다. 그렇지만 현미경으로 미세한 구조들을 관찰해 보면 이 잎은 진정한 목련속(*Magnolia*) 잎과 같지 않음을 알 수 있다.

(A) Courtesy of D. Dilcher, Florida Museum of Natural History, University of Florida

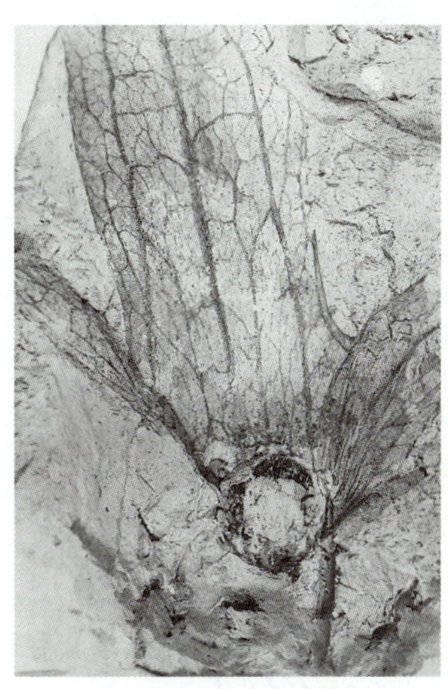
(B) Courtesy of D. Dilcher, Florida Museum of Natural History, University of Florida

(C) Courtesy of S. R. Manchester, Florida Museum of Natural History

그림 23-7 **(A)** 백악기 층에서 나온 꽃의 일부. 이 식물이 죽고 화석화가 시작될 때까지 나선상으로 배열된 많은 심피들이 그대로 붙어 있었다. 나선상 배열은 목련속(*Magnolia*)과 수련의 꽃에서 발견되는 특징과 비슷하다. 심피의 아래에는 어떤 구조들이 떨어진 흔적들이 나선상으로 배열되어 있다. 그 구조들이 꽃받침조각이었는지, 꽃잎이었는지, 아니면 수술이었는지 알지 못한다. **(B)** 약 6천만 년 전의 화석열매(*Paraoreomunnea puryearensis*)의 일부. 이 화석의 열매는 호두나무와 히코리가 속하는 가래나무과(Juglandaceae)의 현생 종들에서 만들어지는 것과 비슷하게 날개가 달렸다. **(C)** 4,400만 년 전의 수국속(*Hydrangea*) 꽃의 화석. 이 꽃은 부분들이 적어졌다는 점에서 훨씬 근대적이고 (A)의 꽃보다 파생적이다.

까지 잘 확립되었지만, 아마도 현대의 속들은 그때까지 출현하지 않았을 것이고, 오로지 현대의 속들과 매우 비슷한 전구식물(precursor)들만이 나타났을 것이다. 그와 같은 식물들이 진정한 사시나무속, 참나무속, 그리고 목련속 등등으로 서서히 진화하였을 것이다.

속씨식물의 것으로 보이는 가장 오래된 목부는 1억 2500만 년 전의 압티안세(Aptian Epoch)에서 나왔고, 명백한 속씨식물 목부는 약 1억 2천만 년 전에 나왔다. 꽃과 열매는 전기 백악기에 처음 나왔는데, 이는 그들의 선구자들이 공룡들이 잘 자라던 시기인 쥐라기에 진화하였음을 의미하는 것이다(**그림 23-7**). 지난 몇 년 간 중국에서 활발하게 화석이 탐사되었고, 새로운 화석층에서 초기 속씨식물의 많은 새로운 표본들이 발견되었다. 화석은 흔히 이탈한 심피 또는 꽃턱에 붙어 있는 심피들로만 이루어졌다. 불행하게도, 꽃이 식물에 붙어 있는 동안에도 꽃받침조각, 꽃잎, 그리고 수술들은 자주 떨어지고, 그 결과 이들이 심피와 함께 존재하는 경우는 드물었다. 오늘날의 식물들도 꽃덮개(perianth) 부분들과 수술들은 부서지기 쉽고 화석화되기보다는 빠르게 부패되는 경향이 있는데, 초기의 꽃들도 이와 같았을 것이다. 잔존하는 쌍떡잎식물 아니면 외떡잎식물에서 생겼을 가능성이 있는 꽃가루들이 전기 백악기의 층에서 발견되었다.

최근에는 쥐라기와 트라이아스기의 겉씨식물이 많은 관심을 받고 있고, 소철식물과 글로소프테리스류(glossopterids)에 초점이 맞춰지고 있다(**그림 23-8**). 겉씨식물의 이 집단에 관해 많은 사실을 알게 되면서 얼마나 많은 다양한 집단들이 속씨식물 같은 특징을 갖기 시작했는지에 대해 깨닫게 되었다.

이제부터 다루게 될 꽃식물의 설명을 읽으면 진정한 식물의 진화에 대한 연대표를 이해하는 데 도움이 될 것이다.

그림 23-8 꽃식물의 조상과 친척일 가능성이 있는 글로소프테리스속(*Glossopteris*)의 재구성. 잎에는 두드러진 중앙맥과 그물맥계가 있다. 잎은 낙엽성이고, 목부에는 나이테가 있어서 이 식물이 온대 기후에 살았음을 보여준다.

꽃식물의 분류

속씨식물문은 엄청나게 많은 과, 속, 그리고 종을 포함하는 매우 큰 집단이기 때문에 이 전체 집단을 연구하고 분류하려고 시도한 분류학자는 그다지 많지 않다. 1980년대와 1990년대에 가장 널

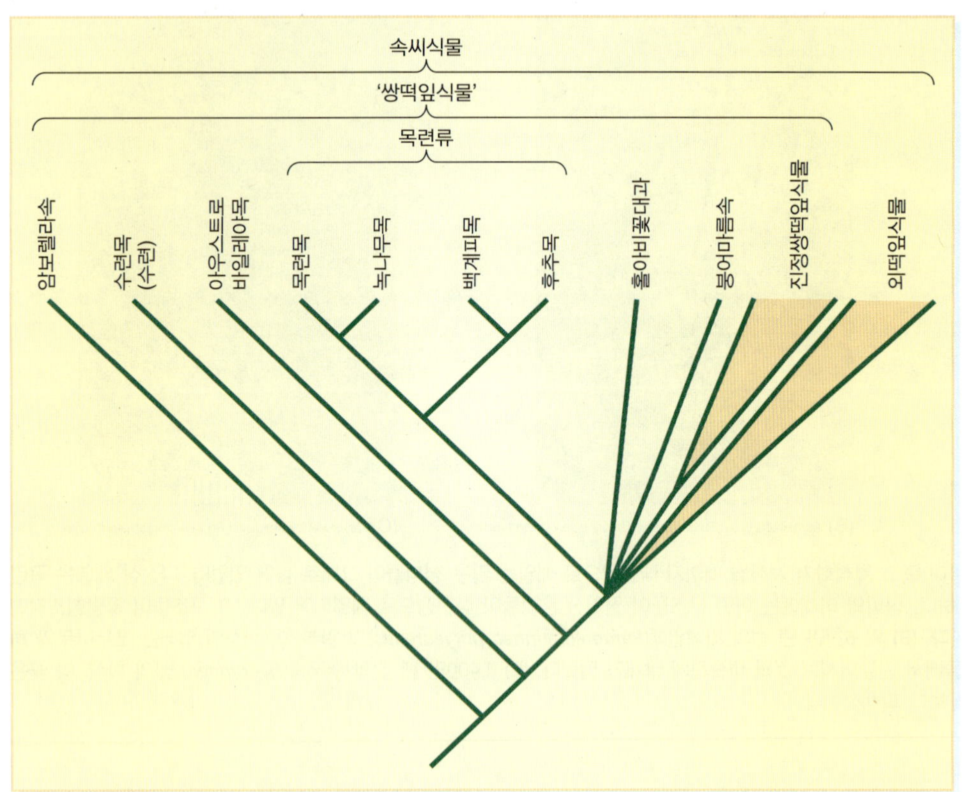

그림 23-9 최근에 제안된 속씨식물 분기도 중 하나. 기초 속씨식물은 암보렐라속(*Amborella*), 수련목(Nymphaeales), 아우스트로바일레야목(Austrobaileyales), 그리고 목련목(Magnoliales)이다. 홀아비꽃대과(Chloranthaceae), 붕어마름속(*Ceratophyllum*), 외떡잎식물, 그리고 진정쌍떡잎식물의 기원은 아직 해결되지 않은 여러갈래분지(polychotomy)이다.

리 이용된 문 전체의 종속지(monograph)는 뉴욕(New York)식물원의 크론키스트(Arthur Cronquist) 박사가 출판한 『꽃식물 분류의 통합체계(*An Integrated System of Classification of Flowering Plants*)』이었다. 그 이후, DNA, 생화학, 그리고 해부학이 수반된 분지분석 연구들로부터 제안된 계통발생들에서 어떤 단계통군들은 크론키스트 박사의 계통군들과 잘 일치하였지만, 다른 어떤 계통군들은 그렇지 않았다. 두 체계가 부합하지 않는 분야들에 대해 보다 철저하게 모든 형질들을 조사하게 되었고, 그와 같은 노력의 결과로 계통발생과 분류의 개념에 수정이 가해졌다. 최근 널리 이용되는 참고도서는 주드(W. S. Judd) 등의 『식물계통학(*Plant Systematics, A Phylogenetic Approach*)』(3판)과 심슨(Michael Simpson)의 『식물계통학(*Plant Systematics*)』이다. 이들의 방식은 이 책에서 다루는 체계의 기초가 된다. 한편 많은 분류학자들이 공동으로 참여하는 속씨식물계통그룹(Angiosperm Phylogeny Group, APG)도 특히 중요하다. APG 분류체계는 미주리(Missouri)식물원의 웹사이트에서 검색할 수 있다(www.mobot.org/MOBOT/research/APweb/).

꽃식물은 기원되자마자 곧 2개의 뚜렷이 다른 진화의 계열을 따라가기 시작했으며, 오늘날 거의 모든 속씨식물은 **외떡잎식물(monocots)**과 **진정쌍떡잎식물(eudicots)**로 분류된다(**그림 23-9**). 외떡잎식물을 진정쌍떡잎식물과 구별짓는 단 하나의 형질은 없고, 어떤 종은 대부분의 식물학자들을 기만하기도 한다. 대개 외떡잎식물은 그 이름이 암시하듯이 각 배에 오직 1장의 떡잎만을 가지며, 그 밖의 전형적인 특징은 다음과 같다. 외떡잎식물의 잎은 길고 끈 모양(벼과 초본, 백합, 붓꽃)이기 때문에 보통 나란히맥(parallel vein)을 갖는다. 관다발은 고리를 이루지 않고 줄기에 불규칙하게 배열되어 있으며, 외떡잎식물은 보통의 2기 생장을 하지 않고 목부를 갖지 않는다[소수의 종은 이상 2기 생장(anomalous secondary growth)을 한다]. 외떡잎식물의 꽃은 그 부분들(꽃받침조각, 꽃잎, 수술, 그리고 심피)이 3 또는 그의 배수로 배열된다(**그림 23-10**). 진정쌍떡잎식물은 외떡잎식물에 비해 훨씬 다양하고, 보다 많은 수의 과, 속, 그리고 종들을 포함한다. 진정쌍떡잎식물은 2장의 떡잎을 갖고, 잎에 그물맥계(reticulate venation)가 있으며, 관다발은 줄기에서 오직 1개의 고리를 이루며 분포한다. 진정쌍떡잎식물은 목본, 초본, 또는 다육식물이거나 고도로 변형된 형태의 하나로 나타난다. 꽃을 이루는 부분들은 대부분이 5장씩 세트로 나타나고, 때때로 4장씩 나타나기도 하지만, 아주 드물게 3장씩인 경우도 있다.

분지분석 연구의 놀라운 결과는 외떡잎식물/쌍떡잎식물 분기가 즉각 일어나지 않았고, 그 대신 초기의 속씨식물이 오늘날 **기초 속씨식물(basal angiosperms)**이라고 부르는 몇몇 단계통군들

그림 23-10 백합과 그 친척들은 전형적인 외떡잎식물 꽃을 관찰하기에 적합하다. 꽃기관의 각 종류는 3개씩이고, 이들 모두 쉽게 보일 만큼 크다. 3개의 심피는 융합되었지만, 이를 잘라보면 3개의 방이 나타난다. 씨방을 드러내 보이기 위해 1장의 꽃잎과 2개의 수술이 제거되었다.

식물과 인간

박스 23-1 유전적 다양성의 유지

꽃식물은 빠르게 진화하는 데 특히 능숙해서, 짧은 기간 안에 이들이 나타나고 몹시 다양해졌다. 그 결과 수십만 종이 출현하고 있으며, 각각은 꽃, 열매, 영양구조, 그리고 대사 등의 특징에 있어 다른 종류들과 차이를 보인다. 다양한 식물들의 집합 내에서 우리와 우리들의 조상은 수많은 식품과 의약품 그리고 영혼을 진정시키는 꽃들을 발견하였다.

21세기에 접어들어, 우리는 지구상에서 끔찍한 생태파괴가 일어나고 있음을 깨닫기 시작하였다. 광대한 지역의 식생들이 잘려지거나 태워지거나 또는 수력발전용 댐을 쌓으면서 생긴 인공호수에 침수되고 있다. 한편 우리 때문에 해마다 수백 종이 멸종되고 있고, 그 과정에서 그런 종들의 유전정보가 사라지고 있음을 인식하기 시작하였다. 철학적인 차원에서 과연 사람(*Homo sapiens*)이라는 한 종이 그렇게 많은 다른 종들을 말살할 권리가 있는지 논쟁을 벌일 수 있겠지만, 보다 실용적인 차원에서 우리가 새로운 식량과 의약품의 잠재적인 원천을 자신도 모르게 파괴하고 있는 것은 아닌지 숙고해야 한다. 2가지 사례를 생각해 보자. 비교적 알려지지 않은 종인 퀴노아(*Chenopodium quinoa*)는 비교적 건조한 지역의 메마른 땅에서도 기를 수 있는데, 그럼에도 불구하고 퀴노아는 영양가가 높고 단백질이 풍부한 씨를 많이 생성한다. 그리고 펜타디플란드라 브라제아나(*Pentadiplandra brazzeana*)는 설탕보다 2,000배나 단맛을 내는 작은 단백질을 만든다. 이는 우리가 소비하는 설탕이나 인공감미료의 양을 줄이면서, 전적으로 자연적이고, 안전하며, 영양가가 높고, 칼로리가 낮은 감미료로 이용될 수 있을 것이다.

우리와 공존하는 식물, 동물, 그리고 미생물의 유전자원을 식물학자들이 어떻게 보존할 수 있을까? 다양한 형태의 노력이 필요하고, 그 가운데 특히 중요한 두 가지는 서식지의 보존과 생식질은행(germ plasm bank)이다(생식질은 배우자를 만드는 세포를 가리킨다). 생식질은행은 많은 종류의 씨앗들을 담은 봉지들을 서늘하고 건조한 조건에서 유지하는 단순한 저장시설로 몇 년 전에 출범하였다. 몇 년 후에 대부분의 씨앗들이 여전히 건강할 때 씨를 발아시켜 성숙한 식물로 키우고 나서 신선하고 건강한 씨앗들을 받아 다시 저장한다. 몇 년 후에 이 과정을 또 반복할 수 있다.

지금도 많은 종을 대상으로 이런 과정을 수행하고 있지만, 이제는 극히 낮은 온도나 액체질소에서 유지하며 아주 오랜 동안 씨앗들을 보존할 수 있게 되었다. 나아가서, 배양시험관에서 서서히 기르거나 냉동세포로 유지하면서 조직배양이나 세포배양을 통해 종자를 유지할 수 있게 되었다. 가까운 미래에는 일부 식물이나 하다못해 그 유전자의 일부를 용액에서 또는 클론벡터에서 DNA 분자로 간단히 유지할 수 있을 것으로 보인다.

현재, 전 세계에 걸쳐 100군데 이상의 생식질은행이 있고, 적어도 3백만 종류의 식물 재료들이 보존되고 있다. 대표적인 곳으로는 노르웨이 북부에 있는 영구동토의 버려진 석탄광에 세워진 스발바르 국제종자저장고(Svalbard Global Seed Vault)와 콜로라도 주립대학교에 위치하고 미국 농무부가 운영하는 국립종자저장연구소(National Seed Storage Laboratory, NSSL)가 있다. 1958년에 설립된 NSSL은 232,000종류가 넘는 씨앗을 확보하고 있다. 현재, 그 크기는 4배가 되었고 100만 이상의 종자 시료를 수용할 수 있게 되었다. 영국의 큐(Kew) 왕립식물원에서 추진하는 밀레니엄 종자은행 프로젝트(Millennium Seed Bank Project)는 2020년 10월에 전 세계의 모든 식물종을 보호한다는 목표의 25%에 도달하였다.

생식질은행의 목표는 단지 식물의 유전적 다양성을 저장하고 유지하는 것뿐만 아니라 유전적 다양성을 이용할 수 있게 하는 것이다. 식물학자들은 시료를 요청할 수 있고, 이를 연구와 식물 육종 프로그램에 이용할 수 있다. 시료 중 일부에서 유용한 형질이 발견된다면 이들을 작물로 기를 수 있다. 물론, 이들 식물을 이용하여 우리가 이미 훼손시킨 생태계를 회복시키고 재건하는 데 도움이 되기를 아울러 희망하고 있다.

로 분기되었다는 사실이다. 이 식물들은 새로이 발견된 종들이 아니다. 이들은 예전에 외떡잎식물이나 쌍떡잎식물로 분류되던 종들이지만, DNA 염기순서를 분석한 많은 연구를 통해 이 식물들은 가장 초기에 다른 속씨식물들과 생식적으로 분리된 것으로 밝혀졌다. 기초 속씨식물 가운데, 암보렐라속(*Amborella*)과 아우스트로바일레야목(Austrobaileyales)은 진정쌍떡잎식물과 매우 흡사하다. 그렇지만 이들을 진정쌍떡잎식물과 함께 분류할 수 없는 것은 공통조상이 이들 식물과 진정쌍떡잎식물 모두를 포함할 뿐만 아니라 외떡잎식물도 포함하기 때문인데, 우리는 공통조상의 어떤 후손은 포함시키고 다른 후손을 제외시킬 수는 없다. 이와 비슷하게, 수련목(Nymphaeales)은 외떡잎식물의 많은 특징을 갖지만, 이들을 외떡잎식물로 분류하면 다계통군(polyphyletic group)을 만들게 되는 것이다.

기초 속씨식물

기초 속씨식물(basal angiosperms)은 속씨식물이 생긴지 얼마 되지 않은 상태에서 기원된 몇 개 집단의 살아 있는 후손들을 포함한다. 이들의 조상은 독특한 속씨식물의 형질들이 생기기 전에 다른 초기 꽃식물들과 생식적으로 격리되기 시작하였다. 초기에 분기한 3개 집단의 후손들이 모두 다수의 원시형질과 소수의 파생형질을 드러낸다고 추정하면 쉬울 것이다. 이들은 원시적으로 보여야 하고, 속씨식물 자매군들과 가까스로 차이를 보이는 분류

(A) ©Trombax/iStock

(B) ©Scott Zona

그림 23-11 **(A)** 수련의 꽃은 많은 꽃받침조각, 수술, 기타 등등을 갖고, 모든 부분들이 로제트식물의 잎처럼 나선상으로 배열된다. 이는 겉씨식물의 구과와 비슷한 잔존형질이라고 여겨진다. 외떡잎식물의 꽃은 이와 유사한 조상꽃에서 돌연변이에 의해 생겼을 것이며, 그 결과 꽃기관들의 각 부분이 3개 또는 6개가 되었을 것이다. **(B)** 암보렐라속(*Amborella*).

군처럼 보여야 한다. 그렇지만 모든 생물은 진화하고, 기초 속씨식물의 후손들도 진화하였다. 이들 단계통군의 현존하는 후손의 3개 집단(암보렐라과, 수련과, 그리고 아우스트로바일레야목)은 진화적으로 정체되지 않았고 모든 조상형질들을 온전하게 보존하지도 않았다. 이 가운데 한 집단인 수련과(Nymphaeaceae)는 우리에게 친숙한 수련들이다(**그림 23-11**). 이들은 작고, 부드러운 몸을 가진 초본이며, 관다발은 외떡잎식물의 관다발처럼 산재하고, 목부를 전혀 갖지 않는다. 대부분의 종류에서 줄기는 수중에 잠겨 있어야 하고, 물 밖에 드러나면 죽는다. 수련의 크고 화려한 꽃은 동물에 의해 수분된다. 수련은 겉씨식물이나 종자고사리류와 거의 공통점이 없다. 암보렐라과(Amborellaceae)의 유일한 종인 암보렐라 트리코포다(*Amborella trichopoda*)는 아주 다르고, 뉴칼레도니아(New Caledonia)의 숲에 있는 작은 나무이다. 이들의 목부는 헛물관을 포함하지만 물관은 없고 유조직도 거의 없다. 이 종은 암수딴몸이고, 어떤 식물에는 수꽃이 달리고, 다른 식물은 암꽃[과 이들이 양성꽃 조상에서 진화되었음을 나타내는 헛수술(staminode)]을 갖는다. 두 종류의 꽃들은 모두 작고 5개에서 11개까지의 꽃덮개조각(tepal)이 있다(꽃받침조각과 꽃잎으로 분화되지 않았다). 수꽃(staminate flower)에는 많은 수술이 있고, 암꽃(carpellate flower)에는 5개 또는 6개의 심피가 있는데, 심피의 가장자리가 단단히 봉해지지 않는 대신에 암술머리의 역할을 하는 분비성 털들을 갖고 있다. 아우스트로바일레야목(Austrobaileyales)은 양성꽃을 갖는 목본들로 구성되고, 이들의 수술과 심피는 암보렐라속의 수술이나 심피와 비슷하다.

수련, 암보렐라속, 그리고 아우스트로바일레야목이 너무 많은 특징에서 차이를 보이기 때문에, 이들 모두 최초의 속씨식물을 닮았을 리가 없다. 대신에, 한 집단 또는 다른 집단 또는 세 집단 모두는 기원된 이래 상당한 진화적 변화를 겪어 왔다. 수련은 겉씨식물이나 종자고사리류와 공통점이 거의 없으며, 거의 확실히 이들의 많은 특징은 상당히 변화하였다. 암보렐라속과 아우스트로바일레야목은 거의 변하지 않은 것처럼 보이지만, 이들이 정체 상태에 있지 않다는 점을 깨달아야 한다. 이들 목본의 모든 특징이 초기 속씨식물의 특징과 비슷하다고 추정할 수는 없다. 그 대신, 이들 집단과 겉씨식물에서 나타나는 특징들이 잔존형질인 원시공통형질(plesiomorph)들이라고 추정한다.

목련류(magnoliids) 단계통군의 조상은 암보렐라속과 아우스트로바일레야목보다 조금 뒤에 초기 속씨식물로부터 분기되었다. 그러나 이 결론은 주로 DNA의 증거에 바탕을 둔 것이고, 형태적으로 목련류는 이들 두 초기 단계통군들과 크게 다르지 않다(**표 23-2**). 예를 들면, 목련과(Magnoliaceae)는 물관과 섬유 그

표 23-2 목련류 단계통군의 대표적인 과들

Aristolochiaceae (쥐방울덩굴과)	*Asarum*(족도리풀속), *Aristolochia*(쥐방울덩굴속)
Lauraceae (녹나무과)	*Cinnamomum verum*(실론계피나무), *Cinnamomum camphora*(녹나무), *Laurus nobilis*(월계수), *Persea americana*(아보카도)
Magnoliaceae (목련과)	*Liriodendron*(튜울립나무속), *Magnolia*(목련속)
Myristicaceae (미리스티카과)	*Myristica*(미리스티카속)
Piperaceae (후추과)	*Piper nigrum*(후추), *Peperomia*(페페로미아속)

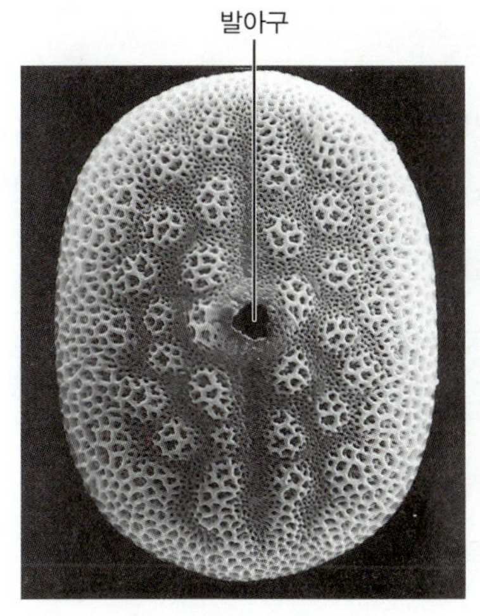

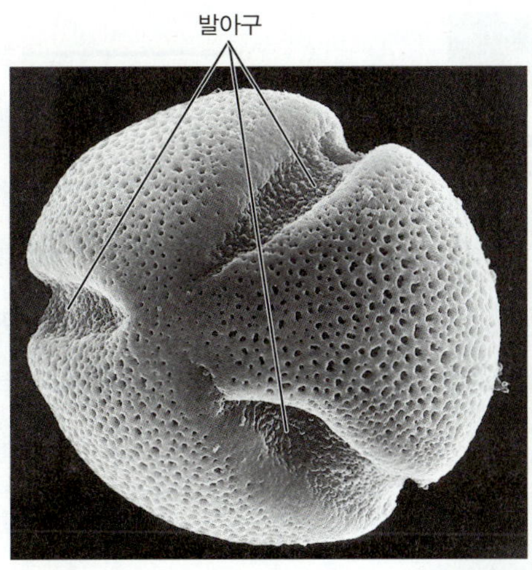

그림 23-12 **(A)** 모든 초기의 꽃가루 화석은 단 1개의 발아구를 가졌지만, 많은 파생형질을 지닌 거의 모든 현생 진정쌍떡잎식물들의 꽃가루에서는 3개의 발아구가 나타난다. 그러므로 이 시포노글로사속(*Siphonoglossa*) 같이 현존하는 속씨식물의 단구형(uniaperturate) 꽃가루는 잔존형질로 간주된다(× 300). **(B)** 로포스페르뭄속(*Lophospermum*)의 꽃가루는 3개의 발아구를 갖는다. 구멍은 홈에 위치하는데, 그러한 홈은 초기의 꽃가루 화석에서는 나타나지 않는다(× 300).

리고 주축유조직이 없다는 점에서 겉씨식물의 목부와 비슷한 목부를 갖는 목본들로 구성된다. 목련속(*Magnolia*)의 꽃은 나선상으로 배열된 많은 수술과 심피들을 갖는다(그림 23-5B 참조). 뿐만 아니라, 심피들은 거의 모든 외떡잎식물과 진정쌍떡잎식물에서 나타나는 것처럼 암술(pistil)로 융합되지 않는다. 또 다른 중요한 특징은 목련속의 꽃가루립이 오직 하나의 발아구(germination pore)를 갖는다는 점이다. 이는 **단구형(uniaperturate)**이며, 다른 모든 기초 속씨식물과 외떡잎식물도 마찬가지다. 진정쌍떡잎식물의 꽃가루립은 3개의 발아구를 갖는다(**그림 23-12**). 그 밖의 목련류는 녹나무목(Laurales)의 월계수와 아보카도, 그리고 후추목(Piperales)의 후추와 페페로미아(peperomia) 등이 있다.

외떡잎식물

외떡잎식물(monocots)은 약 8천만 년에서 1억 년 전에, 어쩌면 1억 2천만 년 전에 초기 속씨식물에서 유래된 것으로 널리 알려져 있다. 모든 외떡잎식물에서 보통의 2기 생장과 목부가 결여되어 있기 때문에, 그들의 조상은 아마도 관다발형성층이 없거나 형성층의 활동이 거의 없는 초본이었을 것이다. 많은 외떡잎식물의 암술군(gynoecia)은 몇 개(보통 3개)의 심피로 구성되고, 심피들은 서로 떨어져 있거나 기껏해야 약간 서로 붙어 있을 뿐이다(그림 23-10). 꽃덮개(화피, perianth)는 보통 바깥(외화피)의 3장과 안쪽(내화피)의 3장으로 구성된다. 이들을 꽃받침조각(sepal)과 꽃잎(petal)이라고 부르지만, 종종 매우 비슷하게 보여서 꽃덮개를 이루는 부분들을 그냥 **꽃덮개조각(화피편, tepal)**이라고 부른다. 외떡잎식물의 꽃덮개조각들은 서로 융합하여 튜브를 형성하는 법이 거의 없고, 서로 떨어져 있다. 이런 특징은 외떡잎식물이 진화되어 나온 집단에 존재해야 하고, 수련목(Nymphaeales)이 비슷한 특징을 갖는다. 일련의 초기 속씨식물들은 수련목과 유사했을 것이고, 그로부터 수련들과 외떡잎식물이 생겼을 것이다.

외떡잎식물 잎의 나란히맥계(parallel venation)에 관한 어떤 가설에서는 조상들이 넓은 잎을 가졌고 수생식물로 자랐다고 상정한다. 잎은 잎몸이 없고 훨씬 축소된 단순한 형태로 진화하였고, 이 방식은 침수된 잎으로 보다 적합해졌다(**그림 23-13A**와 **B**). 이들 식물 가운데 일부가 잎이 물에 잠기지 않고 넓거나 긴 잎새가 유리한 건조한 서식지로 이주하였다. 기저분열조직(basal meristem)이 생기는 돌연변이가 선택되었고, 그 결과 끈 모양의 잎이 되었다(**그림 23-13C**). 야자나무, 필로덴드론(philodendron), 그리고 디펜바키아(dieffenbachia) 같이 잎이 넓은 외떡잎식물의 진화계열에서는 주변분열조직(marginal meristem)이 진화하였다. 분열조직은 잎의 끝에 위치하고, 결과적으로 잎자루와 잎새처럼 보이는 것들이 생겼다(**그림 23-13D**, **그림 23-14**).

초기 외떡잎식물은 일련의 단계통군들로 분기되었고, 현존하는 종류들은 약 10목으로 분류한다(**그림 23-15**).

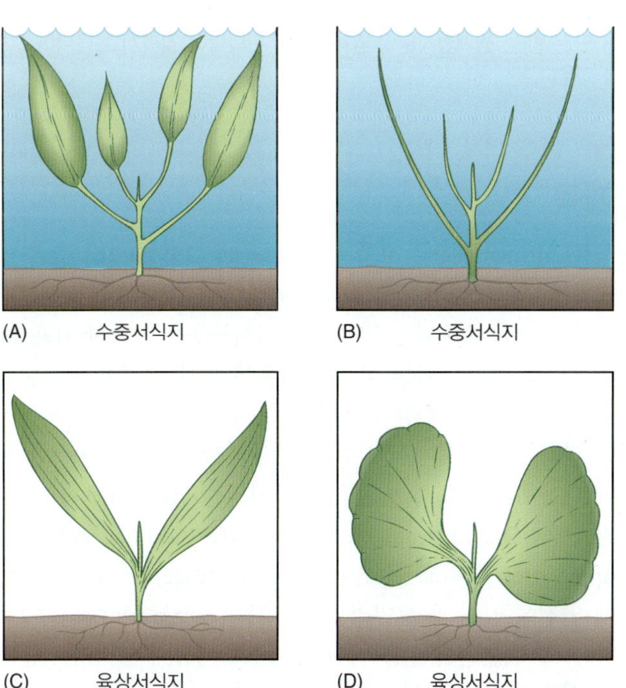

그림 23-13 **(A)** 외떡잎식물은 늪과 습지에 서식하는 반수생식물(semiaquatic plant)로부터 기원된 것으로 믿어진다. **(B)** 잎은 오직 잎밑(leaf base)과 잎자루(petiole)로만 구성되고, 전체 잎몸(blade)은 진화하면서 사라졌을 것이다. **(C)** 잎자루로부터 '위엽신(pseudolamina)'이 진화하였다. **(D)** 잎자루로부터 '넓은 잎'이 진화하였다.

그림 23-14 이 바나나(파초속, *Musa*) 같은 일부 외떡잎식물은 넓은 잎을 갖지만, 그 잎새(lamina)는 쌍떡잎식물 잎의 잎새와 상동이 아니다. 이 외떡잎식물의 넓은 잎에서는 모든 관다발이 중앙맥으로부터 가장자리까지 서로 나란히 뻗어 있는 반면, 쌍떡잎식물의 잎새에서는 관다발이 갈라지고 나뉘어 그물맥계를 이룬다.

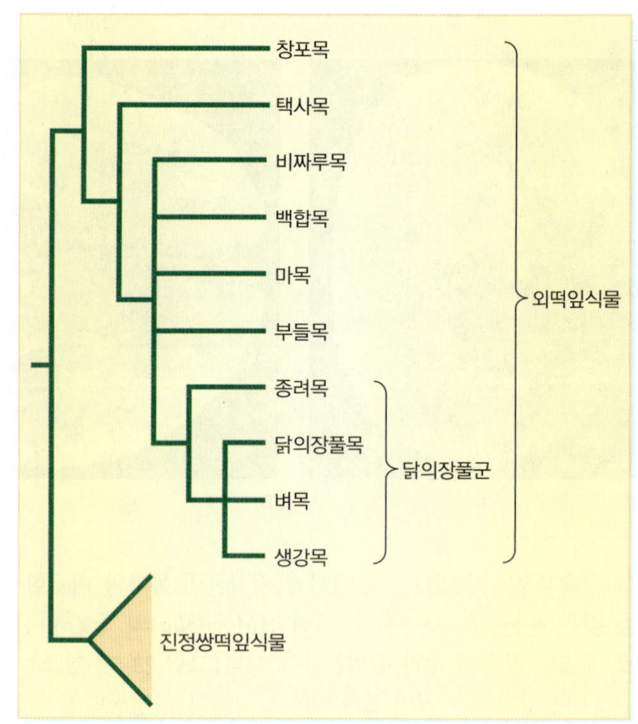

그림 23-15 최근에 제안된 외떡잎식물 분기도 중 하나. 아직 해결되지 않은 여러갈래분지(polychotomy)가 많다.

택사목

택사목(Alismatales)은 보풀속(*Sagittaria*; **그림 23-16**) 같은 많은 수생초본들과 자라풀속(*Hydrocharis*), 나자스말속(*Najas*), 그리고 검정말속(*Hydrilla*) 같은 많은 수족관식물들을 포함한다(**표 23-3**, 그림 23-4C 참조). 이들 식물은 대부분 늪과 습지에서 부분적으로 또는 완전히 물에 잠겨 산다. 많은 종들이 다수의 원시공통형질을 간직하고 있지만, 일부는 수생서식지와 연관된 독특한 선택압에 대응하여 고도로 변형되었다. 자라풀과(Hydrocharitaceae), 나자스말과(Najadaceae), 포시도니아과(Posidoniaceae), 줄말과(Ruppiaceae), 그리고 거머리말과(Zosteraceae)의 식물들은 바닷물에 완전히 잠긴 채로 자라며, '잘피류(sea grasses)'라고 알려져 있다. 이들 식물은 증산을 하지 않으므로 기공이 없어지는 돌연변이가 선택적 불이익이 되지 않았다. 기실(air chamber)은 식물을 물에 뜨게 만들고, 따라서 목질화된 섬유들의 형성을 저해하는 돌연변이가 선택이익이 되었다. 지지하는 데 필요 없는 섬유를 만들기 때문에 식물은 탄소와 에너지를 낭비하지 않는다. 그런 식물들은 후벽조직이 매우 적고 물관이 거의 없어서 얇고 연약한 경향이 있다. 조직들은 사라졌거나 단순해졌다. 택사목의 조상들은 훨씬 복잡했고, 컸으며, 보다 많은 후벽조직을 가졌었다. 택사목의 종류들은 몸의 일부가 수면 위로 드러나고, 어떤 종은 습지의 서식지가 일시적으로 마를 때마다 완전히 드러난다. 이런 식물들은 몹시 변형되지 않았고, 큰 잎과 상당한 양의 섬유, 그리고 잎의 표피에 두꺼운 각피를 종종 갖고 있다. 식물의 일생 동안 자주 접하는 가장 불리한 조건에 종이 적응할 필요가 있다.

택사목 가운데 가장 잔존적인 종들에서는 꽃이 크고 현란하며, 3장의 꽃받침조각과 3장의 꽃잎이 달리지만, 다른 종들, 특히 꽃이 물에서 드러나지 않고 꽃가루받이가 수면 아래에서 일어나는 종들에서는 꽃이 고도로 변형되었다. 보통 그런 꽃에는 꽃덮개가 전혀 없다.

천남성과(Araceae)는 필로덴드론속(*Philodendron*, 250종), 안수리움속(*Anthurium*, 500종), 천남성속(*Arisaema*, 100종) 등과 같이 우리에게 친숙한 많은 실내용 화초들을 포함한다. 디펜바키아속(*Dieffenbachia*)과 그 밖의 1,800종도 천남성과에 속한다(**그림 23-17**). 이 과는 독특한 꽃차례가 진화한 것이 특징이다. 단성화이거나 완전 꽃인 아주 작은 꽃들이 두꺼운 자루인 육수꽃차례(spadix)에 박힌다. 수꽃들은 육수꽃차례의 꼭대기 부근에 있고, 암꽃들은 바닥 가까이에 있다. 육수꽃차례는 큰 포엽(bract)인 불염포(spathe)로 둘러싸인다.

백합목

예전에는 백합목(Liliales)을 고도로 파생된 많은 과들을 갖는 큰

(A)

(B)

그림 23-16 택사목(Alismatales)의 일종인 보풀속(*Sagittaria*)은 수꽃**(A)** 아니면 암꽃**(B)**이 달리는 암수딴몸이다.

표 23-3 택사목(Alismatales)의 대표적인 과들

Alismataceae (택사과)	*Sagittaria*(보풀속)
Araceae (천남성과)	*Anthurium*(안수리움속), *Caladium*(칼라디움속), *Dieffenbachia*(디펜바키아속), *Monstera*(몬스테라속), *Philodendron*(필로덴드론속)
Hydrocharitaceae (자라풀과)	*Elodea*(엘로데아속), *Hydrilla*(검정말속), *Najas*(나자스말속)
Potamogetonaceae (가래과)	*Potamogeton*(가래속)
Ruppiaceae (줄말과)	(수생식물들)
Zosteraceae (거머리말과)	(수생식물들)

집단으로 광범위하게 정의했었다. 백합목은 기본적으로 크고 다채로운 꽃을 갖는 '꽃잎형(petaloid)' 외떡잎식물로 정의하였다. 최근의 DNA 연구결과에 따르면 백합목은 약 11과의 1,300종을 포함하는 훨씬 작은 단계통군인 것으로 나타났다. 이전의 많은 과들은 이제 비짜루목(Asparagales)으로 분류한다. 백합목의 중요한 특징은 꽃잎에 있는 점 또는 선들의 존재와 꽃덮개조각 또는 수술의 기부에 형성되는 꿀샘이다. 비짜루목의 꽃들은 일반적으로 격벽꿀샘(septal nectary)을 갖는다(격벽꿀샘은 아래에 설명되어 있다). 가장 큰 과의 하나인 백합과(Liliaceae)는 주로 구근식물인 많은 관상용 식물을 포함하고 있어서 대부분의 사람들에게 익숙하고, 사람들은 이들을 '전형적인' 외떡잎식물이라고 생각한다(그림 23-10). 백합과에는 백합속(*Lilium*), 산자고속(*Tulipa*), 칼로코르투스속(*Calochortus*), 그리고 패모속(*Fritillaria*)이 포함된다. 콜치쿰과(Colchicaceae)는 글로리오사속(*Gloriosa*)과 콜치쿰속(*Colchicum*)을 포함하는데, 이들은 미세소관의 중합을 저해하는 알칼로이드 콜히친(colchicine)의 원천이다.

백합목 가운데 가장 특이한 종류는 아마도 청미래덩굴과(Smilacaceae)일 것이다. 백합류와 밀접한 관계가 있음에도 불구하고, 이들은 억센 섬유질의 넝쿨식물이고, 백합과는 전혀 다르게 그물맥계를 가진 넓은 잎새와

(A)

(B)

그림 23-17 **(A)** 천남성과의 이 안수리움속(*Anthurium*)은 진정쌍떡잎식물처럼 넓은 잎을 갖는 외떡잎식물의 일종인 천남성식물(aroid)이다. 이 그물맥계를 바나나의 나란히맥계(그림 23-14)와 비교해 보자. 이 과의 많은 종들은 빛이 약하고 습도가 높은 조건에 적응되었고, 대부분은 열대나 아열대에 산다. **(B)** 천남성과는 껍질 같은 포엽(불염포)이 두꺼운 꽃대(육수꽃차례)를 둘러싸는 특징적인 꽃차례를 갖는다. 수꽃들은 육수꽃차례의 꼭대기 부근에 있고, 암꽃들은 바닥에 있다(여기서는 불염포에 가려져 있다). 사진은 펠탄드라 비르기니카(*Peltandra virginica*)이다.

잎자루를 갖는 잎들이 달린다. 처음에는 이들을 쌍떡잎식물이라고 추정하기 쉽다.

비짜루목

비짜루목(Asparagales)은 많은 과, 종, 그리고 다양한 유형들이 포함되는 큰 단계통군이다. 이 단계통군을 면밀히 검토하면 진화를 다양화(diversification)라고 느끼게 된다(**표 23-4**). 이 집단을 하나로 만드는 여러 형태적 및 DNA의 공동파생형질들이 있다. 대부분은 특이한 방식으로 꿀샘(nectary)을 만든다. 심피는 바닥부터 시작하여 나란히 융합하고, 합쳐진 면을 **격벽(septa)**이라고 부른다. 그렇지만 암술대를 따라 끝까지 합쳐지지 않고 벌어진 구역에서 꽃꿀(nectar)이 분비되는데, 이를 **격벽꿀샘(격벽밀선, septal nectary)**이라고 한다. 그밖에도 비짜루목은 히아신스, 쪽파, 그리고 양파 같이 작고 연약한 구근식물에서 많은 난초류처럼 착생하는 넝쿨식물에 이르기까지 형태가 극도로 다양하다(**그림 23-18**). 비늘줄기, 뿌리줄기, 그리고 둥근줄기들이 흔하다. 용설란과 유카는 거대한 섬유질의 다년생 잎을 갖는다. 붓꽃은 납작한 칼 모양의 잎을 갖고, 수선화 같은 많은 종류들은 봄과 여름에만 사는 연약한 잎을 가진다. 용설란과(Agavaceae; 조슈아트리)와 루스쿠스과(Ruscaceae; 용혈수)의 일부 종류들은 이상형성층(anomalous cambium)을 갖고 몹시 가지를 친 큰 나무로 자란다. 비짜루목은 생화학적으로도 다양화되어, 양파와 마늘의 황화합물이나 수선화과(Amaryllidaceae)의 특정한 알칼로이드처럼 각각 다른 집단들은 독특한 화합물을 갖는다. 꽃은 대부분의 종에서 크고 현란하며 형형색색이고, 난초과(Orchidaceae)에서는 많은 유형의 충매수분(insect pollination)이 진화하여 많은 종류들이 독특한 향을 낸다.

표 23-4 비짜루목(Asparagales)의 대표적인 과들

과	속
Agavaceae (용설란과)	*Agave*(용설란속), *Chlorophytum*(접란속), *Hosta*(비비추속), *Yucca*(유카속)
Alliaceae (부추과)	*Allium*(부추속: 양파, 마늘, 샬롯, 쪽파, 리크)
Amaryllidaceae (수선화과)	*Amaryllis*(아마릴리스속), *Crinum*(문주란속), *Haemanthus*(해만투스속), *Hippeastrum*(히페아스트룸속), *Hymenocallis*(히메노칼리스속), *Narcissus*(수선화속)
Asparagaceae (비짜루과)	*Asparagus*(비짜루속)
Asphodelaceae (아스포델루스과)	*Aloe*(알로에속), *Gasteria*(가스테리아속), *Haworthia*(하워티아속): 모두 다육엽을 가짐
Hyacinthaceae (히아신스과)	*Hyacinthus*(히아신스속), *Muscari*(무스카리속), *Scilla*(무릇속): 모두 관상용 구근식물
Iridaceae (붓꽃과)	*Crocus*(크로커스속), *Gladiolus*(글라디올러스속), *Iris*(붓꽃속)
Orchidaceae (난초과)	*Dendrobium*(석곡속), *Epidendrum*(에피덴드룸속), *Maxillaria*(막실라리아속)
Ruscaceae (루스쿠스과)	*Dracaena*(드라세나속), *Liriope*(맥문동속), *Nolina*(놀리나속), *Sansevieria*(산세베리아속)

난초과는 비짜루목 가운데 가장 크고 가장 다양한 과이다. 우리들에게 친숙한 관상용 난초들은 착생식물이지만, 많은 종류들은 육상식물이고, 한 종류는 땅속의 기생식물이다. 난초의 꽃은

(A)

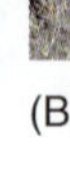

(B)

그림 23-18 비짜루목의 종류들. **(A)** 붓꽃속(*Iris*)의 꽃은 익숙하지 않은 여러 부분들을 갖는 것으로 보이지만, 가장 위쪽의 꽃잎 같은 부분은 실제로는 수술이다. 길고 짙은 부위는 포자가 형성되는 조직인 꽃밥이다(재배하는 일부 붓꽃들은 불임이고, 포자형성조직을 갖지 않는다). 많은 속씨식물에서 꽃잎처럼 보이는 구조들은 사실상 불임인 수술들이다. **(B)** 대나무와 야자나무처럼 유카와 용설란은 초본이 반드시 부드럽고 작지 않아도 된다는 것을 입증한다. 잎은 길고 좁은 3각형이고, 나란히맥계를 갖고 있으며, 맨 아래 부분이 두껍기도 한다. 잎은 짧은 줄기(용설란) 또는 긴 줄기(유카)의 둘레에서 로제트처럼 배열한다. 대부분은 잎의 끝이 바늘처럼 뾰족하고, 잎의 가장자리를 따라 날카로운 갈고리 모양의 가시가 있다.

속씨식물의 조상상태에서 몹시 변형되어, 복잡한 모양, 색깔, 그리고 특정한 꽃가루매개동물을 유인하는 향기를 갖는 좌우상칭화(zygomorphic flower)가 되었다. 난초는 각 열매에 수백 또는 수천 개의 아주 작은 씨를 만든다는 점에서 유별나다. 이 씨들은 먼지 같고, 발아가 미발달(undeveloped) 상태인 탓에 씨들이 뿌리와 잎을 형성하도록 오래 생존하기 위해서는 반드시 어떤 곰팡이들과 공생관계를 형성해야 한다.

마목

마목(Dioscoreales)은 오직 1과인 마과(Dioscoreaceae)를 포함하는 작은 과이고, 잘 알려진 중요한 식용작물이 포함되며 특이한 형태를 갖는다. 참마(yam)는 마속(*Dioscorea*)의 몇 종에서 만들어지는 탄수화물이 많은 '덩이줄기(tuber)'이고, 열대 지방에 사는 많은 사람들의 주된 탄수화물 공급원이다. 한편 마목의 식물은 그물맥계를 갖고 잎자루가 있는 넓은 잎을 갖고 있어 쌍떡잎식물인 것으로 쉽게 착각한다.

닭의장풀군 외떡잎식물

다음에 나오는 4목의 외떡잎식물들은 몇 가지 특이한 공동파생형질이 다른 집단과 다르기 때문에 **닭의장풀군 외떡잎식물(commelinoid monocots)**이라고 알려져 있다(그림 23-15). 이들 식물은 독특한 유형의 외각피 밀랍(epicuticular wax)을 갖는다. 세포벽에서는 색다른 종류의 헤미셀룰로오스와 자외형광(ultraviolet fluorescent) 화합물이 나타난다. 꽃가루에는 녹말이 들어 있고, 배젖에도 녹말이 들어 있다. *rbcL*과 *atpB*, 그리고 그 밖의 DNA 부위들에 대한 복합적인 연구들은 이 식물들이 뚜렷이 구별되는 단계통군임을 뒷받침하고 있다.

종려목

종려목(Arecales)은 우리에게 친숙한 야자나무가 속하는 종려과(Arecaceae)를 포함한다. 종려과의 이전 명칭은 야자나무과(Palmae)이다(**그림 23-19**). 종려목은 약 3,500종이고, 거의 모두 유일한 나무줄기에 의해 쉽게 알아볼 수 있지만, 소수의 종에서는 나무줄기가 갈라진다. 줄기의 지름은 일부 종의 1.0 m에서부터 단지 1.0 cm에 이르기까지 다양하다. 이들 모두 외떡잎식물의 특징인 산재된 관다발을 갖는다. 야자나무의 잎은 항상 줄기의 꼭대기 부근에서만 나타나고, 줄기를 따라 내려가면서 분포하지 않는다. 일부 종에서는 나무줄기가 포복성[사발속(*Sabal*)]이거나 넝쿨[기린갈(*Daemonorops*)]이다. 모든 종은 홑잎을 갖는데, 잎이 완전히 펼쳐진 다음 바람에 의해 찢어져서, 깃꼴 모양이 되거나(feather palms) 손바닥 모양의 잎이 된다(fan palms). 코코넛[코커스속(*Cocos*)]과 대추야자[피닉스야자속(*Phoenix*)]는 야자열매의 두 가지이지만, 그 밖에도 많은 열매들이 있다. 야자나무의 꽃은 좀처럼 보지 못하는데, 그것은 꽃들이 대체로 가로 5 mm 가량으로 아주 작고, 나무의 꼭대기에서만 나기 때문이다.

(A) © Pam Collins/Science Source

(B)

그림 23-19 **(A)** 야자나무의 꽃은 대체로 나무 꼭대기의 큰 꽃차례에서 나타난다. **(B)** 야자나무의 꽃은 작지만, 각 부분들이 3개씩 세트를 이루는 전형적인 외떡잎식물 체제를 나타낸다. 사진은 랄라야자나무(*Hyphaene coriacea*)이다.

벼목

벼목(Poales)은 벼과(화본과, Poaceae)의 초본뿐만 아니라 부들속(*Typha*), 파인애플과 식물, 그리고 사초류(sedges) 등과 같은 친숙한 여러 집단을 포함한다(**표 23-5**).

벼과는 약 8,000종을 포함하고, 잔디밭의 식물보다 더 많은 식물들로 구성된다(**그림 23-20**). 한편 벼과에는 밀(*Triticum*), 보리(*Hordeum*), 귀리(*Avena*), 호밀(*Secale*), 옥수수(*Zea*), 벼(*Oryza*), 그리고 사탕수수(*Saccharum*) 같은 대부분의 식량과 열대 지방의 주된 건축 자재인 대나무[참대아과(Bambusoideae)]도 포함된다. 인류는 10,000년 전에 이미 벼과 식물의 농사를 짓기 시작했고, 사람이 소비하는 모든 칼로리의 약 50%는 벼과 초본의 종자에서 나온다. 뿐만 아니라, 우리들의 주된 육류의 원천인 소, 돼지, 양 등은 풀밭에서 기르고 옥수수를 먹이로 준다. 벼과 초본은 미국과 아프리카의 방목지대, 러시아와 우크라이나의 스텝지대(steppe), 그리고 아르헨티나의 팜파스(pampas) 등과 같이 전 세계 모든 대륙의 중심부에 있는 평지의 탁 트인 건조한 지역에서 풍부하게 자란다. 이는 지구상에서 초목이 자라는 모든 육지의 1/4을 차지한다. 어떤 벼과 초본은 빽빽한 무리로 자라고, 다른 어떤 종류들은 뿌리줄기나 기는줄기에 의해 퍼진다. 어느 쪽이든 줄기의 정단

표 23-5 벼목(Poales)의 대표적인 과들

Bromeliaceae (파인애플과)	*Ananas comosus*(파인애플), *Tillandsia usneoides*(스패니시모스), *Tillandsia recurvata*(볼모스)
Cyperaceae (사초과)	*Carex*(사초속), *Cyperus*(방동사니속), *Eleocharis*(바늘골속)
Juncaceae (골풀과)	*Juncus*(골풀속)
Poaceae (벼과)	*Avena sativa*(귀리), *Hordeum vulgare*(보리), *Oryza sativa*(벼), *Saccharum officinarum*(사탕수수), *Triticum aestivum*(밀), *Zea mays*(옥수수)
Typhaceae (부들과)	*Typha*(부들속)

그림 23-20 벼과 초본의 꽃은 매우 축소되고 단순해진 풍매화이다. 흔히 볼 수 있는 2장의 작고 마른 비늘 같은 외영(lemma)과 내영(palea)은 조상의 포엽(bract)과 2장의 융합된 꽃덮개조각(tepal)의 유물인 것으로 생각된다. 긴 수술대를 갖는 3개의 꽃밥이 있고, 3개의 심피는 서로 합쳐져서 긴 혁질의 암술대와 암술머리가 흔히 나타난다. 벼과 초본의 꽃들은 함께 무리지어 복잡하고 촘촘한 꽃차례를 형성하는데, 이러한 꽃차례의 특징은 이들 식물을 동정하는 데 있어서 중요하다.

분열조직은 바닥 가까이에 위치하는 경향이 있어서, 불이 나고 동물이 풀을 뜯어도 보호를 받는다. 그 결과, 벼과 초본은 화재나 방목 후에 대부분의 다른 종류의 식물들보다 잘 살아남는다. 그런데 전 세계에 널리 퍼진 초지는 2,500만 년 전에 생긴 새로운 생태적 발생의 산물이다. 마이오세(Miocene) 동안에 광대한 숲이 사라지고 초지로 대체되었으며, 이로 인해 풀을 뜯어먹는 동물들이 늘어났는데, 이는 나아가서 아프리카의 방목지대에서 살던 사람류(hominids) 조상들이 나무에서 지상으로 내려오는 계기가 되었을 것이다.

모든 벼과 초본은 풍매식물이고, 따라서 꽃받침조각과 꽃잎이 그다지 중요하지 않고, 짧고 뻣뻣한 털 같은 구조로 축소되었다. 3개의 심피는 융합되었지만, 대부분의 벼과 초본에서 3개의 수술은 따로 떨어진 채로 남아 있다. 옥수수의 '이삭(ear)'은 꽃차례이고, 각각의 '수염(silk)'은 암술대와 암술머리의 혼합이다. 벼과 초본의 융합된 씨방 안에는 1개의 밑씨가 있고, 수정이 이루어지면 성숙하여 씨가 되는데, 씨껍질은 발생 중인 과벽과 단단히 붙어 있다. 우리가 흔히 옥수수, 밀, 그리고 귀리의 '씨(seed)'이라고 부르는 물체는 사실상 영과(caryopses; 단수형 caryopsis)라고 부르는 1개의 종자가 들어 있는 건과(dry fruit)이다. 종자의 거의 모두가 배젖인데, 배는 작지만 잘 발달되어 있다.

벼과 초본과 밀접한 관계가 있는 집단은 사초류[sedges, 약 4,000종의 사초과(Cyperaceae); **그림 23-21**]와 골풀류[rushes, 골

(A)

(B)

그림 23-21 **(A)** 대부분의 사초류는 습지에 산다. **(B)** 부들속(*Typha*)은 수백 개의 수꽃이 위쪽에 달리고 수천 개의 암꽃이 아래쪽에 달린다. 부들이 꺾어지면 아주 작고 1개의 씨가 있는 열매들이 바람에 날린다. 유식물은 짧은 실처럼 극히 작다.

풀과(Juncaceae)]이다. 벼과, 사초과, 그리고 골풀과의 3개 과는 모두 습지에 살고, 아주 작고 축소된 꽃과 작은 건과를 갖는 식물들을 포함한다. 사초류와 골풀류는 종종 벼과 초본과 혼동되지만, 사초류는 모서리가 있고, 골풀류는 둥글며, 벼과 초본은 꼭대기에서 땅까지 속이 비어 있다. 사초의 줄기는 단면이 3각형이다. 골풀류의 줄기는 둥글고 속이 꽉 찼으며, 벼과 초본의 줄기는 둥글지만 비어 있다. 물론 여기에도 예외는 있다.

그 밖에도 벼목은 부들과(Typhaceae)와 파인애플과(Bromeliaceae)를 포함한다. 부들식물은 연못과 습지에서 자란다. 각 식물체는 두꺼운 수평의 땅속 뿌리줄기로 퍼져 나가면서, 어떤 곁눈은 뿌리줄기로 자라서 계속 뻗어 나가고, 다른 어떤 곁눈은 위쪽으로 자라서 눈에 익은 녹색의 잎을 만든다. 우리 눈에 부들식물로 보이는 것은 실제로는 단일한 가지일 따름이다. 부들의 특징적인 생식구조는 꼭대기에 달리는 많은 수꽃과 수천 개의 암꽃이지만, 우리가 부들을 보는 시점에 수꽃들은 대체로 시들어 버리고 암꽃들은 아주 작은 열매로 성숙해 있다(그림 23-21B).

파인애플과에는 가장 아름다운 열대의 착생식물들 일부가 포함되고, 착생식물들의 크고 선명한 색깔을 띠는 꽃차례는 정글의 밀림에서도 쉽게 눈에 띈다(**그림 23-22**). 식물에 착생하는 종들은 북쪽의 아열대 지방까지 분포하여, 틸란드시아속(*Tillandsia*)의 스패니시모스(Spanish moss)와 볼모스(ball moss)는 플로리다 주에서 텍사스 주에 걸쳐 나타난다. 다른 종들은 육상에 사는 대체로 건생(xerophytic)인 종들로, 칠레와 페루의 푸야속(*Puya*)과 파인애플(*Ananas*)이 그 예가 된다. 이러한 건생 육상형들은 자조적인 것으로 믿어지며, 건조에 내성을 갖는 능력은 파인애플과 식물들이 착생식물로 살게끔 적응하는 데 훨씬 용이하게 해 주었을 것이다. 파인애플과 식물들이 아메리카 대륙에서만 나타나기 때문에, 이들 식물은 약 8천만 년 전에 남아메리카가 아프리카에서 분리된 다음에 진화된 것으로 추정된다. 그보다 일찍 진화되었다면 이들 식물은 아프리카의 우림과 연안의 사막에서 많은 종들이 나타났을 것이다.

생강목

생강목(Zingiberales)은 우리에게 친숙한 실내용 화초들이 포함되며, 마란타속(*Maranta*), 칼라테아속(*Calathea*), 홍초속(*Canna*), 생강속(*Zingiber*), 그리고 꽃생강속(*Hedychium*)뿐만 아니라, 따뜻한 남쪽 지방에서 널리 알려진 바나나(파초속, *Musa*)와 극락조화(스트렐리치아속, *Strelitzia*)도 이 목에 속한다(**표 23-6**). 생강목의 식물들은 곤충이나 새 또는 박쥐에 의해 수분되는 크고 화려한 꽃을 갖는 경향이 있다는 점에서 대부분의 다른 외떡잎식물들과는 다르다. 게다가 이들의 많은 꽃들은 파생형질을 갖는데, 인접한 꽃받침조각들은 종종 서로 합쳐져서 통(tube)을 이루고, 꽃잎도 그러하며, 많은 꽃들이 좌우대칭이다. 암술군(gynocium)은 전형적으로 거의 완전히 융합된 3개의 심피들로 구성된다. 흔히 암술군은 꽃받침조각과 꽃잎의 아래에 위치하는 하위(inferior)이고, 이 상태는 상당한 진화적 변형의 결과인 극히 파생적인 것으로

(A)

(B) © adrian davies/Alamy Stock Photo

(C) Courtesy of Andy Siekkinen

그림 23-22 **(A)** 많은 식물착생성 파인애플과 식물들은 서로 겹쳐지는 잎에 의해 만들어진 공간에 빗물을 모을 수 있다. 식물들은 뿌리를 통해서가 아니라 잎밑(leaf base)을 통해 물을 흡수한다. 식물의 꽃은 물속에서 생긴다. **(B)** 스패니시모스(Spanish moss; *Tillandsia usneoides*)는 이끼류가 아니라 파인애플과 식물이다. 이 식물은 나무줄기에 붙어서 자라는 착생식물이지만, 기생식물은 아니다. 이 종은 습도가 높고 비가 자주 내리는 미국의 남동부에서 자란다. **(C)** 많은 파인애플과 식물들은 화려한 색의 꽃과 포엽을 갖는데, 이렇게 밝게 빛나는 색들은 우림의 희미한 빛에서도 꽃을 잘 보이게 한다.

표 23-6 생강목(Zingiberales)의 대표적인 과들

Cannaceae (홍초과)	*Canna*(홍초속)
Marantaceae (마란타과)	*Maranta*(마란타속), *Calathea*(칼라테아속)
Musaceae (파초과)	*Musa*(파초속: 바나나)
Strelitziaceae (극락조화과)	*Strelitzia*(스트렐리치아속: 극락조화)
Zingiberaceae (생강과)	*Elettaria*(엘레타리아속), *Curcuma*(쿠르쿠마속), *Nicolaia*(니콜라이아속)

간주된다.

가장 큰 과인 생강과(Zingiberaceae)는 약 1,000종으로 구성된다. 거의 모두 열대 지방에 살고, 대부분이 딱딱하거나 질기지 않은 부드러운 초본이다. 잎은 넓고 잎자루가 있다(그림 23-13, 그림 23-14). 생강목의 진화 과정에서 잎자루와 잎이 편평해지고 넓어지는 돌연변이가 선택이익이 되었다. 식물들은 빛의 가로채기(interception)가 중요한 곳인 밀림의 매우 그늘진 하층(understory)에서 자란다.

진정쌍떡잎식물

진정쌍떡잎식물(eudicots)은 외떡잎식물보다 훨씬 큰 무리이고 많은 단계통군들로 구분되는데, 그 가운데 일부는 많은 과들로 다양해지고, 다른 일부는 보다 적은 과들을 포함한다(**그림 23-23**). 사실상 모든 종류의 기관, 조직, 그리고 대사가 몇몇 혹은 많은 변이를 나타내고, 따라서 진정쌍떡잎식물은 외떡잎식물보다 특징을 묘사하기가 훨씬 어렵다. 특히 뚜렷한 한 가지 특징은 꽃가루립이 3개의 발아구(germination pore)를 갖는 **3구성(tricolpate)**이거나 3구성 메커니즘에서 유래된 어떤 상태를 갖는다는 점이다(그림 23-12). 뿐만 아니라, 꽃을 이루는 부분들은 나선상이 아니라 윤생(whorl)을 하며 배열하고, 수술은 대체로 명확한 수술대(자루)와 꽃밥을 갖는다. 이들은 전혀 납작하지 않고 잎 모양도 아니다. 이러한 특징들은 다른 관다발식물에서 나타나는 포자엽의 특징들에서 몹시 변형된 것이다. 최근의 진정쌍떡잎식물 분기도에는 많은 수의 목들이 포함되어 있어서 이 책에서 다루기에는 너무 많다. 그 가운데 특히 중요하고 여러분이 알만한 식물들이 포함된 목들을 아래에 제시한다.

기초 진정쌍떡잎식물

모든 꽃식물을 외떡잎식물이나 쌍떡잎식물에 할당하던 예전의 분류체계에서는 많은 과들이 어디에 속해도 잘 맞지 않은 것으로 보였다. 이제 수련 같은 일부는 기초 속씨식물에 배정한다. 미나리아재비목(Ranunculales)과 다른 몇몇은 진정쌍떡잎식물 진화의 초기 단계에 분기된 단계통군들이라고 믿어진다.

미나리아재비과(Ranunculaceae)는 꽃을 이루는 부분들이 거의 융합하지 않는다는 점이 흥미롭다. 개개의 꽃에 있는 많은 수

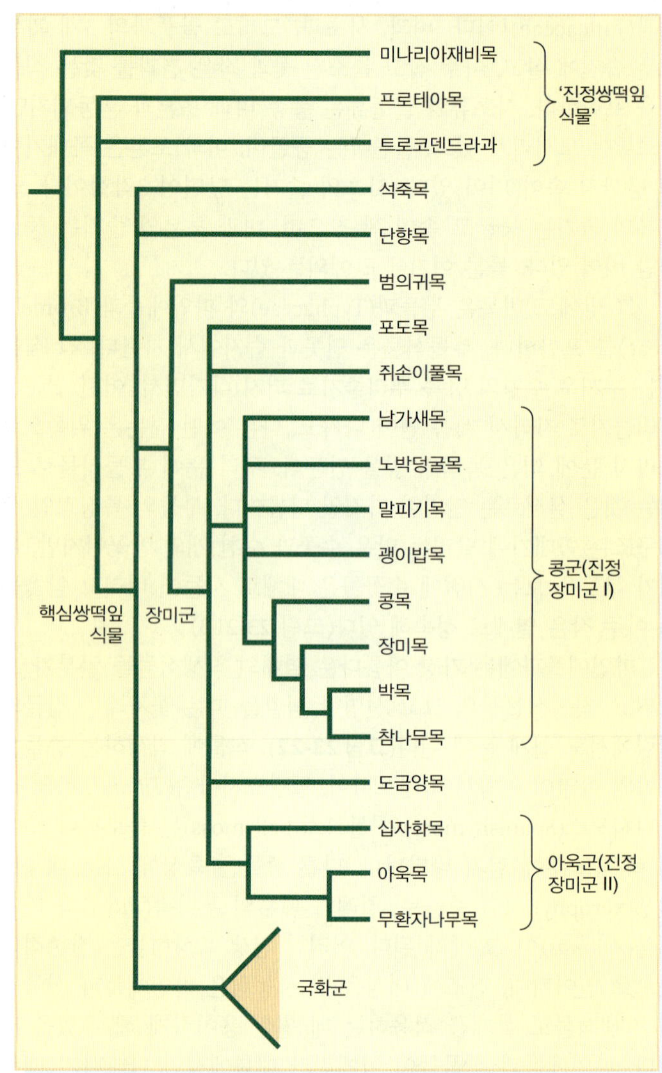

그림 23-23 최근에 제안된 진정쌍떡잎식물 분기도 중 하나. 아직 해결되지 않은 여러갈래분지(polychotomy)들이 있다.

술과 심피들은 모두 서로 떨어져 있다. 수술은 서로 떨어져 있거나, 합쳐져서 통을 이루거나, 아니면 심피와 융합한다. 융합하지 않은 많은 부분들을 갖는 미나리아재비과의 친숙한 종으로는 미나리아재비, 바람꽃속(*Anemone*), 그리고 으아리속(*Clematis*) 등이 있다(**그림 23-24A**).

양귀비과(Papaveraceae)에는 아르게모네속(*Argemone*), 금영화속(*Eschscholzia*), 그리고 양귀비속(*Papaver*) 등과 같이 잘 알려진 관상용 식물들이 포함된다(**그림 23-24B**). 양귀비(*Papaver somniferum*)는 유액을 채취하여 아편(opium)을 만든다. 대뇌피질을 억제하는 강력한 진통제인 모르핀(morphine)을 아편에서 추출하고, 코데인(codeine)도 마찬가지다. 형태적으로, 양귀비는 매우 연한 목부를 갖는 초본 또는 관목이라는 점에서 특이하다.

조록나무군(hamamelid)의 몇몇 과들은 기초 속씨식물이 아니라 기초 진정쌍떡잎식물인 것으로 믿어진다. 이들 식물은 축소된 풍매화가 달리는 큰 나무이고, 대체로 많은 수꽃과 약간의 암꽃이 포함되는 꽃차례가 대롱대롱 매달린다. 우리에게 익숙한 예

(A)

(B)

그림 23-24 **(A)** 미나리아재비목의 심피들은 성숙했을 때 서로 떨어져 있고, 발생 중에 융합하지 않는다. 그 결과, 각 꽃에서는 별개의 많은 열매들이 생긴다. 사진은 으아리속(*Clematis*)이다. **(B)** 양귀비과의 양귀비는 서로 떨어진 다수의 수술들과 합쳐진 심피를 갖는다. 암술대가 없으므로 암술머리가 되는 표면은 씨방의 꼭대기이다.

로는 버즘나무과(Platanaceae)의 버즘나무속(*Platanus*)이 있다. 이 큰 교목은 봄에 작고 눈에 잘 안 띄는 꽃송이들을 만들고, 이들이 성숙하면 수백 개의 아주 작은 건과들의 송이가 만들어진다.

석죽목

DNA를 기반으로 하는 연구를 통해 다수의 과들이 석죽목(Caryophyllales)이라고 부르는 집단으로 합쳐졌다(**표 23-7**). 이들 과의 대부분은 오랫동안 밀접한 관계가 있는 것으로 알려졌고 '석죽목'으로 알려져 왔다. 새로운 분류체계에서는 이전의 집단을 '핵심석죽목(core Caryophyllales)'이라고 일컫는다. 핵심석죽목의 예로는 선인장과(Cactaceae; 선인장), 번행초과(Aizoaceae; 아이스 플랜트), 쇠비름과(Portulacaceae; 쇠비름), 분꽃과(Nyctaginaceae; 보우가인빌레아, 분꽃), 비름과(Amaranthaceae; 시금치, 근대 등), 그리고 석죽과(Caryophyllaceae; 카네이션, 별꽃) 등이 있다(**그림 23-25**). 핵심석죽목의 식물들은 많은 파생형질을 공유하지만, 그 중에서도 한 가지가 특히 중요하다. 다른 꽃식물들이 꽃에 **안토시아닌색소(anthocyanin pigment)**를 갖는 반면에, 거의 모든 석죽목은 그 대신 **베타레인(betalain)**이라고 부르는 1군의 수용성 색소를 만든다(**그림 23-26**). 조상집단은 꽃에 꽃잎이 없었을 수 있는데, 이 상태는 많은 석죽목 식물에서 흔히 나타난다. 비록 많은 종류가 꽃잎을 갖는 것으로 나타나지만, 이런 꽃잎들은 일부 과에서는 변형된 꽃받침조각들이고, 다른 과에서는 변형된 수술이라고 믿고 있다.

석죽목을 통합하는 다른 특징은 배젖이 아주 조금 발생을 하고 나서 생장을 계속하지 못한다는 점이다. 대신에, 주심세포들이 증식하여 **외배젖(perisperm)**이라고 부르는 영양조직을 형성하고, 외배젖은 발생 중인 배를 둘러싼다(**그림 23-27**). 외배젖은 씨가 성숙할 무렵에는 대체로 거의 완전하게 흡수된다.

이 목을 통합시키고 이 목을 다른 모든 분류군들과 구별짓는 세 번째 특징은 체관(sieve tube) 색소체의 성질이다. 석죽목에서는 체관부의 색소체에서 색소체막 바로 안쪽에 고리처럼 자리 잡는 섬유성 단백질의 층이 있다(**그림 23-28**). 다른 속씨식물에서는 색소체에 녹말이나 구조를 달리하는 결정단백질이 포함된다.

표 23-7 석죽목(Caryophyllales)의 대표적인 과들

Core Caryophyllales (핵심석죽목)	
Aizoaceae (번행초과)	*Carpobrotus*(카르포브로투스속), *Lampranthus*(송엽국속), *Mesembryanthemum*(메셈브리안테뭄속): 모두 관상용 식물
Amaranthaceae (비름과)	*Amaranthus*(비름속), *Beta*(근대속), *Chenopodium*(명아주속), *Spinacia*(시금치속)
Cactaceae (선인장과)	*Ferocactus*(페로칵투스속), *Mammillaria*(마밀라리아속), *Opuntia*(선인장속), *Schlumbergera*(스클룸베르게라속: 가재발선인장)
Caryophyllaceae (석죽과)	*Dianthus*(패랭이꽃속), *Gypsophila*(대나물속)
Nyctaginaceae (분꽃과)	*Bougainvillea*(보우가인빌레아속), *Mirabilis*(분꽃속)
Phytolaccaceae (자리공과)	*Phytolacca*(자리공속)
Portulacaceae (쇠비름과)	*Claytonia*(클라이토니아속), *Lewisia*(레위시아속)
Other Caryophyllales (기타 석죽목)	
Droseraceae (끈끈이귀개과)	*Dionaea*(디오내아속), *Drosera*(끈끈이주걱속)
Nepenthaceae (벌레잡이풀과)	*Nepenthes*(벌레잡이풀속)
Polygonaceae (마디풀과)	*Antigonon*(안티고논속), *Fagopyrum*(메밀속), *Rumex*(소리쟁이속)

(A)

(B)

그림 23-25 석죽목. **(A)** 선인장과의 애리조나고슴도치(*Echinocereus coccineus*)와 **(B)** 번행초과의 카르포브로투스속(*Carpobrotus*). 두 종류 모두에서, 꽃의 화려한 색은 베타레인 색소에 기인한다.

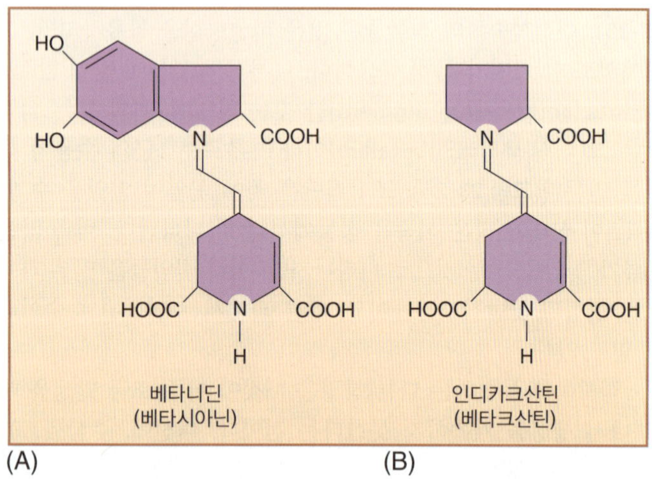

그림 23-26 핵심석죽목은 꽃과 열매에 베타레인 색소가 존재한다는 점이 특징이다. 베타레인은 **(A)** 빨간색에서 보라색을 띠는 베타시아닌(betacyanin)과 **(B)** 노란색을 띠는 베타크산틴(betaxanthin)의 두 가지 기본형이 있다.

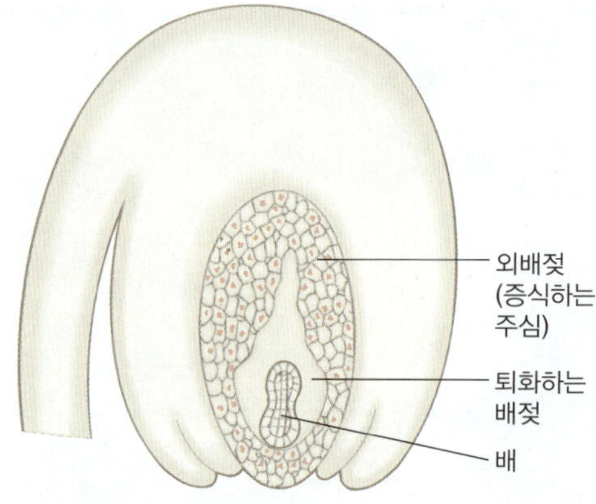

그림 23-27 핵심석죽목에서는 배젖이 아주 잠시 동안 발생하거나 전혀 발생을 하지 않고, 배젖은 배에 영양분을 공급하기에는 불충분하다. 대신에, 주심(대포자낭)의 세포들이 증식하여 배젖 같은 역할을 하며 외배젖이라는 조직을 형성한다.

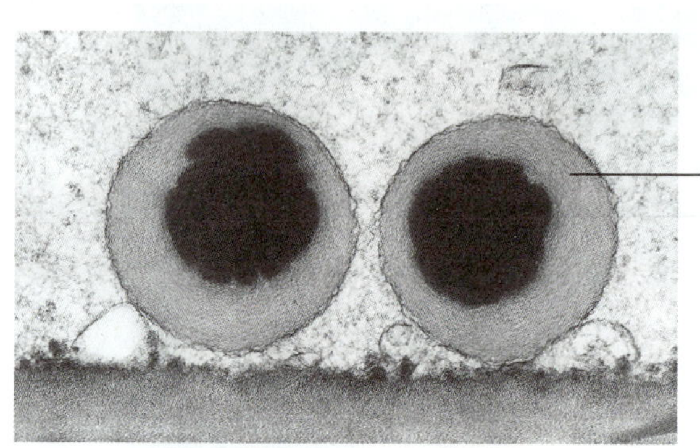

(A) Courtesy of H. Dietmar Behnke, University of Heidelberg

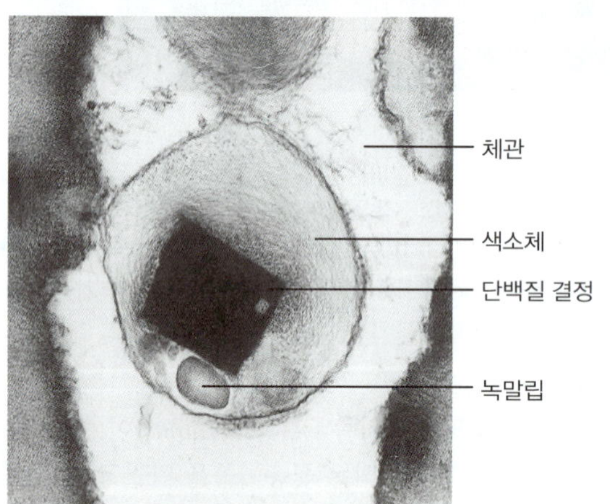

(B) Courtesy of H. Dietmar Behnke, University of Heidelberg

그림 23-28 체관요소의 색소체는 단순하지만, 녹말이나 단백질 또는 두 가지 모두의 입자들을 축적하기도 한다. 축적된 물질의 성질은 과마다 몹시 독특하고, 체관부의 색소체 분석은 꽃식물의 진화를 연구하는 데 있어서 중요하다. 모노코쿠스속(*Monococcus*)의 체관부 색소체**(A)**에는 중심부의 입방형 단백질 결정이 없지만, 마카르투리아속(*Macarthuria*)의 체관부 색소체**(B)**에는 1개의 입방형 단백질 결정이 있다. 두 종 모두 석죽목에 속하고, 그 결과 두 종 모두 단백질 필라멘트의 주변 고리를 갖는다(모두 × 40,000).

석죽목은 미나리아재비과와 유사한 조상에서 기원된 것으로 보인다. 석죽목을 구성하는 종류들의 대부분이 목부가 없거나 또는 목부가 아주 조금이거나, 아니면 특이하고 비정상적인 목부를 가진 초본이다. 따라서 조상집단은 초본이었거나 관목이었을 것이고, 광범위하고 대량으로 2기 생장을 하는 능력이 상실되었을 것으로 추정된다. 석죽목이 기원된 시점은 약 7천만 년에서 8천만 년 전이고, 이 시기는 대륙 이동의 중요한 시기였다. 그 당시에는 남반구의 육지들이 모두 합쳐져서 오늘날 곤드와나(Gondwana)라고 부르는 거대한 대륙을 이루고 있었다. 석죽목은 곤드와나의 남쪽에서 기원하였고, 그 최초의 과들이 대륙의 전역에 퍼졌다. 그러고 나서 대륙 이동으로 말미암아 곤드와나 대륙이 분리되어, 처음에는 남아메리카가 서쪽으로 이동하고, 다음에 오스트레일리아와 인도 및 남극이 동쪽으로 이동하였다. 이미 나타난 과들은 이동하는 대륙과 함께 옮겨졌고, 오늘날 대부분 또는 모든 남쪽의 대륙에 분포한다(남쪽으로 이동되면서 운반된 모든 식물이 불행한 결말을 맞은 남극은 제외). 곤드와나 대륙이 분리된 다음에 기원된 과들은 각 대륙에서 생겨났고, 지금은 거의 그 대륙에만 국한된다. 예를 들면, 선인장은 남아메리카에서 기원하여 나중에 중앙아메리카와 북아메리카로 퍼졌지만, 그 씨가 태평양이나 대서양을 건널 수는 없었고, 따라서 선인장은 예전에 곤드와나 대륙이었던 다른 어떤 곳에서도 자연적으로 나타나지 않는다. 이와 비슷하게, 디디에리아과(Didieriaceae)는 아프리카 동부와 마다가스카르(Madagascar)에서 기원하였고 다른 어디에서도 나타나지 않는다.

오늘날 확장된 석죽목에 포함시키는 다른 과들은 마디풀과(Polygonaceae: 메밀), 갯질경이과(Plumbaginaceae: 미국자리공), 그리고 벌레잡이식물들인 끈끈이귀개과(Droseraceae: 끈끈이주걱, 파리지옥풀)와 벌레잡이풀과(Nepenthaceae) 등이 있다.

단향목

단향목(Santalales)은 고도로 변형된 식물들로 구성되는 작은 과이고, 이들 대부분은 기생식물이다. 단향과(Santalaceae)는 백단향(sandalwood incense)을 추출하는 큰 교목인 산탈룸속(*Santalum*)을 포함한다. 이는 보통의 나무처럼 보이지만, 그 뿌리가 주변 식물들의 뿌리와 아주 가늘고 거의 감지할 수 없는 연결을 구축하여 그 식물들에 기생을 한다. 한편 이 과에는 흔히 볼 수 있는 겨우살이들인 겨우살이속(*Viscum*)과 포라덴드론속(*Phoradendron*)이 포함되는데, 이들은 크리스마스의 장식품으로 이용된다(**그림 23-29**). 이 겨우살이들은 엽록소를 갖고 광합성 작용을 하며, 따라서 이들은 반기생성(hemiparasitic)이다. 그렇지만, 어떤 종류는 완전기생성(holoparasitic)이고, 엽록소를 전혀 갖지 않는다. 겨우살이의 일종(*Viscum minimum*)은 전적으로 숙주식물인 대극속(*Euphorbia*)의 체내에서 산다. 겨우살이과(Loranthaceae)는 약 900종으로 구성되는 큰 과이고, 이들 모두 기생생활을 하지만, 온대의 북아메리카에서 나타나는 종은 없다.

장미군

진정쌍떡잎식물의 나머지들은 매우 크고 몹시 다양한 단계통군들인 장미군(rosids)과 국화군(asterids)을 구성하는 종류들이다(그림 23-23 참조). 장미목(Rosales)의 이름을 따서 붙인 **장미군(rosid clade)**은 전체적으로 볼 때 영양체, 꽃, 화학 및 생태와 관련해 몹시 다양해서 이들이 모두 연관되었다고 보기 어려운 많은 과들로 구성된다. 그렇지만 어떤 무리는 다른 무리들과 관계를 나타내는 충분한 특징들을 공유하고, 이 두 번째 집단은 세 번째 집단과 다른 특징들을 공유하고, 이렇게 계속하다 보면 계통적 유연관계의 큰 그림이 얻어질 수 있다. DNA의 분석은 유연관계의 양상을 확인하는 많은 정보들을 추가해 준다.

그림 23-29 이 겨우살이의 일종(*Phoradendron tomentosum*)은 광합성을 약간 수행하는 반기생성 식물이다. 겨우살이의 흡근(haustorial root)들은 사진의 꼭대기에 있는 숙주 나무의 가지에 침투한다.

장미군은 몇몇 작은 목들과 두 가지 큰 집단으로 구성된다. 작은 목들 가운데 하나는 송수는 석시난 경세석으로 내우 중요한 종류들을 포함한다. 포도목(Vitales)은 포도의 과인 포도과(Vitaceae)를 포함한다. 포도속(*Vitis*)은 우리들에게 주스와 건포도 그리고 생식용 포도를 제공해 주는 포도의 속이다. 포도(*Vitis vinifera*)는 와인을 만드는 양조용 포도이고, 와인의 종류가 엄청나게 다양하지만 사실상 모든 와인은 이 한 종의 변종들로부터 만들어진다. 다른 작은 목인 쥐손이풀목(Geraniales)은 제라늄의 과인 쥐손이풀과(Geraniaceae)를 포함한다.

장미군의 두 가지 큰 단계통군들은 **진정장미군 I(eurosids I)**이라고도 부르는 **콩군(fabids)**과 **진정장미군 II(eurosids II)**인 **아욱군(malvids)**이다. 이들 두 단계통군들을 합치면 100과가 넘고, 이들에 대해 어떤 일반적인 특징을 제시하기는 어렵다(**표 23-8**). 집단적으로 볼 때 장미군은 이들이 생겨난 기초적인 3구성(tricolpate) 종류들보다 훨씬 파생적이고, 석죽목의 파생형질과는 다른 파생형질들을 갖는다. 장미군은 많은 기초 속씨식물에서 발견되는 그 어떤 잔존형질을 갖는 종이 전혀 없다는 점에서 특히 흥미롭다.

장미군의 중요한 형질은 깃꼴겹잎(pinnately compound leaf)이 나타나는 것이고, 이는 조상 상태인 것으로 믿어진다. 현존하는 일부 종들이 홑잎을 갖고 있기는 하지만, 이들 홑잎은 겹잎에

표 23-8 장미단계통군(Rosid Clade)의 대표적인 과들	
Geraniaceae (쥐손이풀과)	*Erodium*(국화쥐손이속), *Geranium*(쥐손이풀속), *Pelargonium*(정원에서 기르는 제라늄속)
Vitaceae (포도과)	*Parthenocissus*(담쟁이덩굴속), *Vitis*(포도속)
Fabids (콩군: Euroids I, 진정장미군 I)	
Betulaceae (자작나무과)	*Alnus*(오리나무속), *Betula*(자작나무속), *Corylus*(개암나무속, 헤이즐넛)
Cannabaceae (삼과)	*Cannabis*(삼속: 마리화나, 섬유), *Humulus*(환삼덩굴속: 맥주에 쓴맛을 내게 하는 홉)
Clusiaceae (클루시아과)	*Garcinia mangostana*(망고스틴), *Mammea americana*(마메이)
Cucurbitaceae (박과)	*Cucurbita*(호박속: 박, 펌프킨, 호박), *Cucumis*(오이속: 캔털루프, 오이, 감로멜론, 머스크멜론), *Citrullus*(수박속), *Luffa*(수세미오이속)
Euphorbiaceae (대극과)	*Aleurites fordii*(유동), *Euphorbia millii*(꽃기린), *Euphorbia pulcherrima*(포인세티아), *Hevea brasiliensis*(고무나무), *Sapium sebiferum*(오구나무)
Fabaceae (콩과) (이전 명칭: Leguminosae)	*Albizia*(자귀나무속: 미모사), *Arachis*(땅콩속), *Bauhinia*(바우히니아속), *Glycine*(콩속), *Lens*(렌즈콩), *Medicago*(개자리속: 알팔파), *Melilotus*(전동싸리속), *Phaseolus*(강낭콩속), *Pisum*(완두속), *Trifolium*(토끼풀속), *Vicia*(나비나물속), *Wisteria*(등속)
Fagaceae (참나무과)	*Castanea*(밤나무속), *Fagus*(너도밤나무속), *Quercus*(참나무속: 코르크의 원천)
Hypericaceae (물레나물과)	*Hypericum*(물레나물속)
Juglandaceae (가래나무과)	*Carya illinoensis*(피칸), *Carya ovata*(히코리의 일종), *Juglans regia*(호두나무), *Juglans nigra*(흑호두나무)
Moraceae (뽕나무과)	*Artocarpus*(아르토카르푸스속), *Ficus*(무화과나무속), *Maclura*(마클루라속), *Morus*(뽕나무속)
Myrtaceae (도금양과)	*Eucalyptus*(유카리속), *Pimenta dioica*(올스파이스나무), *Syzygium aromaticum*(정향나무)
Onagraceae (바늘꽃과)	*Fuchsia*(후크시아속), *Oenothera*(달맞이꽃속)
Oxalidaceae (괭이밥과)	*Averrhoa carambola*(아베로아 카람볼라), *Oxalis*[괭이밥속: 괭이밥은 정원의 관상식물이고, 안데스괭이밥(*Oxalis tuberosa*)은 남아메리카에서 식용으로 한다]
Passifloraceae (시계꽃과)	*Passiflora*(시계꽃속)
Rhizophoraceae (홍수과)	*Bruguieria*(브루구이에라속), *Rhizophora*(리조포라속): 이들 모두 따뜻한 해안의 조간대에 서식하는 맹그로브들임
Rosaceae (장미과)	장미과의 중요한 예는 본문을 참고하기 바람
Salicaceae (버드나무과)	*Populus*(사시나무속: 포플러, 미루나무, 사시나무), *Salix*(버드나무속)
Violaceae (제비꽃과)	*Hekkingia*(헤킹기아속: 이 과의 대부분이 작은 초본들로 구성되지만 헤킹기아속 식물들은 관목이나 교목으로 자란다), *Viola*(제비꽃속: 제비꽃, 팬지)
Ulmaceae (느릅나무과)	*Ulmus*(느릅나무속)
Zygophyllaceae (남가새과)	*Guaiacum*(유창목), *Larrea*(라레아속)
Malvids (아욱군: Euroids II, 진정장미군 II)	
Anacardiaceae (옻나무과)	*Anacardium occidentale*(캐슈), *Mangifera*(망기페라속: 망고), *Pistacia*(피스타키아속: 피스타치오), *Rhus*(붉나무속), *Toxicodendron*(톡시코덴드론속: 덩굴옻나무, 옻나무, 유독옻나무)
Brassicaceae (배추과)	*Amoracia rusticana*(서양고추냉이), *Arabidopsis thaliana*(애기장대: 애기장대 유전체 서열이 완전히 분석되어 식물의 생리와 발생을 연구하는 데 광범위하게 이용되고 있다), *Brassica napus*(유채), *Brassica oleracea*(양배추, 브로콜리, 콜리플라워, 방울다다기), *Raphanus sativus*(무), *Sinapis alba*(백겨자)
Burseraceae (감람과)	*Boswellia carteri*(유향나무), *Commiphora habessinica*(미르나무)
Malvaceae (아욱과)	*Althaea*(접시꽃속), *Gossypium hirsutum*(목화), *Hibiscus*(무궁화속), *Malva*(아욱속), *Ochroma*(오크로마속: 발사나무), *Theobroma cacao*(카카오: 초콜릿), *Tilia*(피나무속)
Meliaceae (멀구슬나무과)	*Azadirachata*(아자디라차타속), *Melia azedarach*(멀구슬나무), *Swietenia*(마호가니)
Rutaceae (운향과)	*Citrus*(귤속: 그레이프프루트, 레몬, 라임, 오렌지, 탄제린), *Fortunella*(금감속)
Sapindaceae (무환자나무과)	*Acer*(단풍나무속), *Aesculus*(칠엽수속): 이들 모두 별개의 과인 단풍나무과(Aceraceae)와 칠엽수과(Hippocastanaceae)로 종종 분류된다.

서 기원되었음이 분명하고, 아마도 1장의 잎을 제외한 모든 작은 잎(소엽)들이 억제된 것으로 보인다. 속씨식물 전체에서는 홑잎이 초기의 조상 상태인 반면에, 장미군에서는 홑잎이 나중에 파생된 상태가 된다.

비록 장미군(rosids)이라는 명칭이 장미목(Rosales)의 이름을 따서 붙이기는 하였지만, 장미류(roses)가 이 단계통군의 대표적인 종류라고 간주하면 안 되고, 장미류는 많은 집단 가운데 하나일 뿐이다(**그림 23-30**). 장미군이 50,000종이 넘는 큰 14목으로 구성되기 때문에, 여기서는 몇 가지만 언급하고자 한다. 14목 가운데 5목이 종의 거의 75%를 차지하는데, 콩목(Fabales: 콩과 식물)이 19,000종, 도금양목[Myrtales: 유카리속(*Eucalyptus*)과 달맞이꽃]이 9,000종, 말피기목(Malpighiales: 포인세티아)이 1,600종, 장미목[장미, 느릅나무, 그리고 마리화나]이 6,300종, 그리고 무환자나무목[Sapindales: 단풍나무, 마로니에, 크레오소트 관목, 그리고 그 수지(resin)가 유향(frankincense)과 미르(myrrh)로 귀중하게 이용되는 종들인 유향나무와 미르나무]이 5,800종이다. 이들 아강에 속하는 종류들은 장미류는 물론이고, 콩과 식물[완두, 콩, 땅콩, 미모사속(*Mimosa*), 박태기나무, 그리고 클로버]의 콩과(Fabaceae = Leguminosae), 후크시아속(*Fuchsia*)과 달맞이꽃의 바늘꽃과(Onagraceae), 층층나무의 층층나무과(Cornaceae), 선인장처럼 보이고 대체로 매우 독성이 강한 유액을 갖는 대극의 대극과(Euphorbiaceae), 단풍나무의 단풍나무과(Aceraceae), 그리고 딜(dill), 셀러리, 당근, 파슬리, 그리고 독미나리의 산형과(Apiaceae = Umbelliferae) 등이다.

장미과(Rosaceae)는 진화적 의미에서 중요할 뿐만 아니라 경제적으로도 중요하다. 장미과는 장미속(*Rosa*: 장미), 크라테구스속(*Crategus*: 산사나무), 조팝나무속(*Spiraea*), 개야광나무속(*Cotoneaster*), 피라칸나속(*Pyracantha*), 홍가시나무속(*Photinia*), 양지꽃속(*Potentilla*), 명자나무속(*Chaenomeles*), 그리고 마가목속(*Sorbus*) 등의 많은 관상용 종들을 포함한다. 한편 장미과는 사과나무속(*Malus*)의 사과, 배나무속(*Pyrus*)의 아몬드, 살구, 체리, 승도복숭아, 복숭아, 자두와 요리해서 먹는 말린 자두, 비파나무속(*Eriobotrya*)의 비파(loquat), 딸기속(*Fragaria*)의 딸기, 그리고 산딸기속(*Rubus*)의 블랙베리, 로건베리, 그리고 라즈베리 등과 같이 온대 기후에서 자랄 수 있는 열매의 대부분을 제공한다.

콩과(Fabaceae: 콩, 완두, 렌즈콩, 그리고 땅콩) 역시 1년생 초본에서 관목, 덩굴식물, 그리고 수명이 긴 나무에 이르는 다양한 몸을 갖는 큰 과이다. 콩과는 많은 식품, 의약품, 염료와 목재의 원천으로 중요하고, 많은 종들이 건조한 지역과 사막에서 우세한 식물들이다. 많은 종들이 질소를 고정하는 세균과 공생관계에 있는 뿌리혹을 갖고 있어서, 척박한 토양에서도 자랄 수 있으며, 단백질이 풍부한 종자를 만든다. 콩과 식물은 건조한 지역에 사는 주민들에게 특히 중요한 단백질원이 된다.

국화군

진정쌍떡잎식물 가운데 가장 파생된 큰 단계통군은 해바라기, 페리윙클(periwinkle), 페튜니아와 나팔꽃 같은 식물들이 포함되는 **국화군(asterid clade)**이다(**표 23-9**). 장미군의 자매계통군인 국화군(asterids)은 아마 6천만 년 전에 기원되었을 것이고, 국화군 가운데 가장 기본적인 종류들이라 할지라도 기초 속씨식물의 종류들보다는 훨씬 더 많이 파생되었다. 국화군의 대다수는 세 가지 특징에 근거하여 다른 속씨식물들과 쉽게 구별된다. 즉, (1) 국화군은 꽃잎들이 서로 합쳐져서 통을 이루는 합판화(sympetalous flower)를 갖고, (2) 꽃잎조각들의 수보다 많지 않은 소수의 수술들만을 가지며, (3) 수술은 꽃잎들과 번갈아가며 나타난다(**그림 23-31**). 국화군은 꽃의 복잡한 양상을 인식하는 매우 전문적인 꽃가루매개동물들을 활용하였고, 그런 식물들은 몹시 정교한 곤충들이 파생되어 출현할 때까지 진화할 수 없었다.

국화군과 다른 모든 식물들 간에는 많은 화학적 차이가 존재한다. 국화군에는 다른 단계통군에서 발견되는 많은 특수한 화학물질이 없다. 국화군에는 핵심석죽목에 들어 있는 베타레인, 목련군에서 발견되는 벤질이소퀴놀린(benzyl-isoquinoline), 장미군의 엘라그산(ellagic acid: **그림 23-32**)이나 프로안토시아닌(proanthocyanin)이 결여되어 있다. 대신에 많은 국화군은 **이리도이드 화합물(iridoid compound)**을 갖고 있는데, 이 화합물은 국화군 이외의 식물에서는 아주 드물게 나타난다. 어떤 과는 동물을 단념하게 하거나 동물을 즉사시키는 매우 강력한 화학물질을 많이 생산한다. 셀러리, 딜(dill), 그리고 회향(fennel) 등의 산형과(Apiaceae) 식물들은 기름과 수지, 트리테르페노이드 사포닌(triterpenoid saponin), 쿠마린(coumarin), 팔카리논 폴리아세틸렌(falcarinone polyacetylene), 모노테르펜(monoterpene), 그리고 세스퀴테르펜(sesquiterpene)을 함유하는 분비도(secretory canal)를 갖고 있다. 소크라테스(Socrates)가 마신 독약은 산형과의 나도독미나리속(*Conium*)에서 추출한 독이다. 이런 화학물질의 목록을 배우거나 그 물질이 무엇인지 이해하는 것은 중요하지 않을 수 있으며, 그보다는 진화적으로 새로운 형태적, 해부학적, 그리고 생식적 특징들이 생겨날 뿐만 아니라 진화하면서 새로운 방어적 화학물질도 형성됨을 파악하는 것이 중요하다.

오늘날, 국화군은 약 60,000종으로 종수가 가장 많지만, 이들은 2개의 작은 목인 층층나무목(Cornales)과 진달래목(Ericales), 그리고 **목(order)**들의 큰 2개 집단인 **꿀풀군(lamiids)**과 **초롱꽃군(campanulids)**으로 분류된다(**그림 23-33**). 꿀풀군과 초롱꽃군을 각각 **진정국화군 I(euasterids I)**과 **진정국화군 II(euasterids II)**라고도 한다. 해바라기와 데이지가 속하는 국화과(Asteraceae: 이전 명칭은 Compositae)는 모든 종의 1/3을 포함하고, 진정쌍떡잎식물 가운데 가장 큰 과이다. 국화군의 예로는 유액을 분비하는 식물들인 박주가리과(Asclepiadaceae), 감자, 토마토, 피망, 가지, 담배, 벨라도나, 그리고 페튜니아의 가지과(Solanaceae), 나팔꽃의 메꽃과(Convolvulaceae), 백리향, 박하, 그리고 라벤더의 꿀풀과(Lamiaceae), 그리고 해바라기, 민들레, 상추, 국화, 돼지풀, 그리고 엉겅퀴의 국화과(Asteraceae) 등이 있다(**그림 23-34**).

많은 국화군들은 매우 중요한 약용식물이다. 협죽도과

그림 23-30 국화군. **(A)** 무궁화속(*Hibiscus*). **(B)** 고추나물(*Hypericum spathulatum*). **(C)** 설익은 박(gourd) 열매(시든 꽃잎이 달려 있다). **(D)** 초콜릿의 원천인 카카오(*Theobroma cacao*). 꽃과 열매는 작은 가지에 달리지 않고, 나무줄기나 큰 가지에 달린다. 씨앗을 수확하여 발효시키고, 볶고, 갈아서 코코아 가루를 만든다. **(E)** 루핀(*Lupinus latifolius*). **(F)** 멕시코자두(*Prunus mexicana*). **(G)** 딸기속(*Fragaria*).

표 23-9 국화단계통군(Asterid Clade)의 대표적인 과들	
Basal Asterids (기초 국화군)	
Cornaceae (층층나무과)	*Cornus*(층층나무속), *Nyssa*(니사속: 니사나무)
Ebenaceae (감나무과)	*Diospyros*(감나무속: 감나무, 흑단)
Ericaceae (진달래과)	*Arbutus*(딸기나무속), *Erica*(에리카속), *Gaultheria*(가울테리아속: *G. procumbens* 파스향나무), *Kalmia*(칼미아속), *Rhododendron*(진달래속: 진달래, 철쭉), *Vaccinium*(산앵도나무속: 덩굴월귤, 블루베리)
Hydrangeaceae (수국과)	*Hydrangea*(수국속)
Polemoniaceae (꽃고비과)	*Phlox*(풀협죽도속), *Polemonium*(꽃고비속)
Primulaceae (앵초과)	*Dodecatheon*(인디언앵초속), *Primula*(앵초속)
Sarraceniaceae (사라세니아과)	*Darlingtonia*(달링토니아속), *Heliamphora*(헬리암포라속), *Sarracenia*(사라세니아속): 모두 벌레잡이식물
Theaceae (차나무과)	*Camellia*(동백나무속: *C. sinensis* 차나무)
Lamiids (꿀풀군: Euasterids I, 진정국화군 I)	
Acanthaceae (쥐꼬리망초과)	*Acanthus*(아칸투스속), *Justicia*(쥐꼬리망초속), *Thunbergia*(툰베르기아속)
Apocynaceae (협죽도과)	*Asclepias*(금관화속), *Hoya*(호야속), *Nerium*(협죽도속), *Plumeria*(플루메리아속), *Stapelia*(스타펠리아속), *Vinca*(빈카속: 페리윙클). 몇 종은 귀중한 의약품을 제공한다. *Catharanthus*(일일초)는 백혈병, *Rauvolfia*(라우볼피아)는 고혈압, 그리고 *Strophanthus*(스트로판투스)는 심장 질환의 치료제로 이용된다.
Bignoniaceae (능소화과)	*Bignonia*(비그노니아속), *Campsis*(능소화속), *Catalpa*(개오동속), *Chilopsis*(킬롭시스속), *Crescentia*(호리병박나무속)
Boraginaceae (지치과)	*Heliotropium*(헬리오트로피움속), *Myosotis*(개꽃마리속: 물망초), *Phacelia*(파셀리아속)
Convolvulaceae (메꽃과)	*Convolvulus*(서양메꽃꽃속: 메꽃, 나팔꽃), *Cuscuta*(새삼속), *Ipomoea*(미국나팔꽃속: *Ipomoea batatas* 고구마)
Gesneriaceae (제스네리아과)	*Saintpaulia*(아프리칸바이올렛), *Sinningia*(시닝기아속)
Lamiaceae (꿀풀과) (이전 명칭: Labiatae)	*Calicarpa*(좀작살나무), *Lavandula*(라벤더속), *Mentha*(박하속: 페퍼민트, 스피어민트), *Nepeta*(개박하속), *Ocimum*(오치뭄속: 바질), *Origanum*(오리가눔속: 오레가노), *Rosmarinus*(로즈마리속), *Salvia*(배암차즈기속: 세이지), *Tectona*(텍토나속: 티크), *Thymus*(백리향속)
Lentibulariaceae (통발과: 모두 벌레잡이풀)	*Utricularia*(통발속), *Pinguicula*(벌레잡이속)
Oleaceae (물푸레나무과)	*Fraxinus*(물푸레나무속), *Jasminum*(영춘화속: 재스민), *Ligustrum*(쥐똥나무속), *Olea*(올리브나무속: *Olea europaea* 식품으로 이용하는 올리브), *Osmanthus*(목서속: 관상용 식물인 목서), *Syringa*(수수꽃다리속)
Orobanchaceae (열당과: 모든 종이 기생초본)	*Castilleja*(카스틸레야속), *Conopholis*(코노폴리스속), *Epifagus*(에피파구스속: 가장 작은 색소체 DNA 고리를 갖는 것으로 알려졌고, 유전자가 아주 적음), *Orobanche*(초종용속), *Striga*(스트리가속: 농작물에 심각한 피해를 입히는 잡초)
Plantaginaceae (질경이과)	*Antirrhinum*(금어초속), *Digitalis*(디기탈리스속: 심부전 치료제인 디곡신을 제공), *Penstemon*(펜스테몬속)
Rubiaceae (꼭두서니과)	*Cinchona*(기나나무속: 말라리아를 치료하는 키니네), *Coffea arabica*(커피나무)
Scrophulariaceae (현삼과)	이 과의 많은 종들이 질경이과(Plantaginaceae) 또는 열당과(Orobanchaceae)로 옮겨졌음
Solanaceae (가지과)	*Atropa*(아트로파속: 벨라돈나풀), *Capsicum*(고추속: 고추, 피망, 카옌후추), *Datura*(독말풀속), *Petunia*(페튜니아속), *Solanum*(가지속: *S. lycopersicum* 토마토, *S. tuberosum* 감자). 이 과의 거의 모든 종은 매우 독성이 강한 알칼로이드를 갖는다.
Verbenaceae (마편초과)	*Lantana*(란타나속), *Petraea*(페트라에아속), *Verbena*(마편초속)
Campanulids (초롱꽃군: Euasterids II, 진정국화군 II)	
Apiaceae (산형과) (이전 명칭: Umbelliferae)	*Anethum*(아네툼속: 딜), *Apium*(솔잎미나리속: 셀러리), *Carum*(카룸속: 캐러웨이), *Coriandrum*(고수속), *Cuminum*(쿠미눔속: 커민), *Daucus*(당근속), *Foeniculum*(회향속), *Petroselinum*(페트로셀리눔속: 파슬리), *Pimpinella*(참나물속: 아니스)
Aquifoliaceae (감탕나무과)	*Ilex*(감탕나무속: 호랑가시나무)
Araliaceae (두릅나무과)	*Hedera*(송악속: 서양담쟁이덩굴), *Schefflera*(쉐플레라속)
Asteraceae (국화과) (이전 명칭: Compositae)	*Ambrosia*(돼지풀속: 고초열을 유발하는 돼지풀), *Artemisia*(쑥속: 약쑥, 사철쑥, 산쑥), *Cichorium*(꽃상추속: 치커리), *Cynara*(키나라속: 아티초크), *Dahlia*(다알리아속), *Helianthus*(해바라기속), *Lactuca*(왕고들빼기속: 상추), *Leucanthemum*(레우칸테뭄속: 국화), *Taraxacum*(민들레속), *Zinnia*(백일홍속)
Campanulaceae (초롱꽃과)	*Campanula*(초롱꽃속), *Lobelia*(숫잔대속: 진홍로벨리아)
Caprifoliaceae (인동과)	*Dipsacus*(산토끼꽃속), *Lonicera*(인동속)

(A) © BigJoker/iStock

(B) © Vladyslav Siaber/Alamy Stock Photo

그림 23-31 **(A)** 이 디기탈리스 푸르푸레아(*Digitalis purpurea*)와 같이 국화군의 과에서는 모든 꽃잎들이 합쳐져서 통을 이룬다. 특정한 매개동물만이 이 통에 들어맞아 안쪽 깊숙이 위치한 꿀을 얻을 수 있고, 그러는 사이에 무심코 꽃가루받이를 한다. **(B)** 감자(*Solanum tuberosum*)의 꽃도 꽃잎이 합쳐지기는 했지만, 꽃잎들이 벌어져 있어서 꽃잎과 번갈아가며 나타나는 수술을 볼 수 있다.

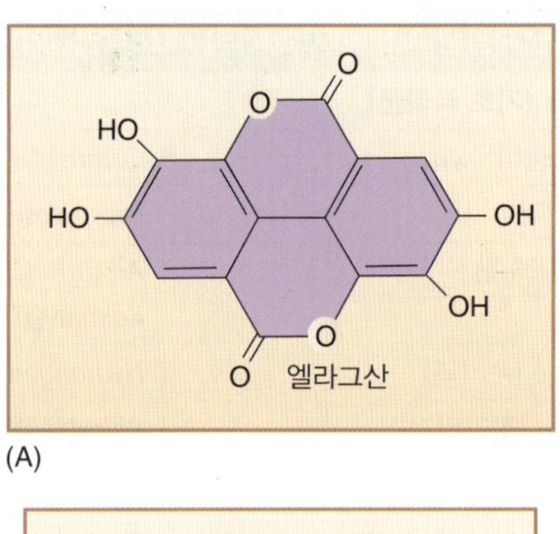

(A)

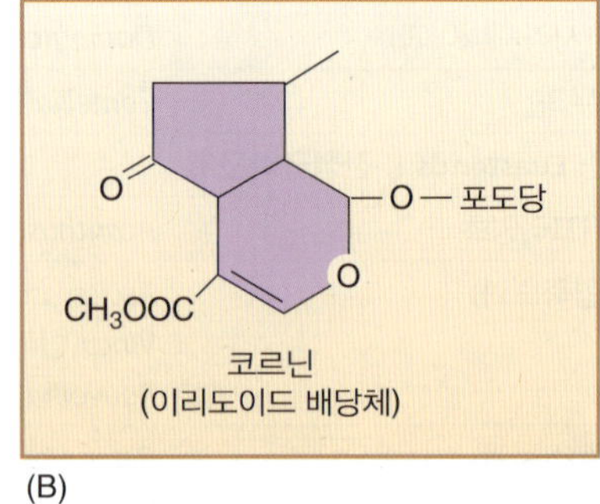

(B)

그림 23-32 **(A)** 엘라그산(ellagic acid)은 진정쌍떡잎식물의 몇 단계통군에서 흔히 나타나지만, 가장 파생적인 국화군에서는 나타나지 않는다. 엘라그산이 존재하면 식물을 먹는 많은 곤충들을 단념시킬 수 있지만, 약 5천만 년 전부터 많은 종류의 곤충들이 이에 내성을 갖게끔 진화하여 왔다. **(B)** 많은 국화군은 이 코르닌(cornin) 같은 이리도이드 화합물을 생산한다. 이는 비교적 새로운 종류의 화학방어 화합물이고, 따라서 이들에 내성을 갖는 곤충은 거의 없다. 이리도이드 화합물은 동물에 의한 초식을 최소화함으로써 국화군이 성공을 거두는 데 대한 부분적인 원인이 된다.

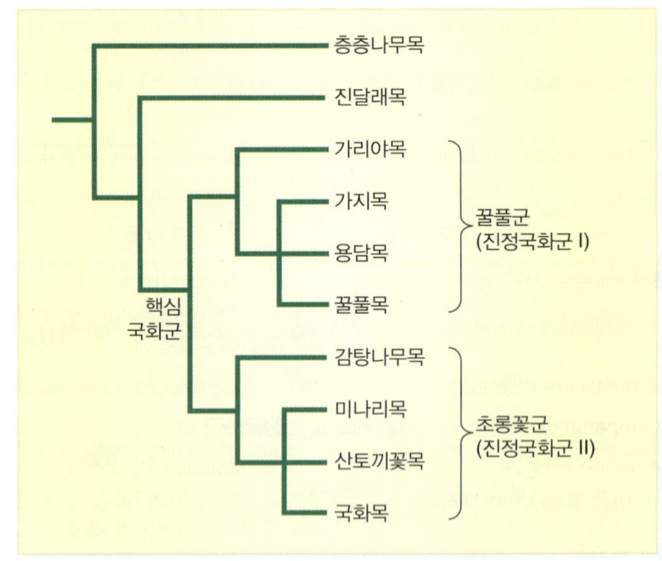

그림 23-33 최근에 제안된 국화군 분기도 중 하나.

(Apocynaceae)에 속하는 페리윙클인 빈카속(*Vinca*)으로부터 가장 강력한 2가지 항암제인 빈블라스틴(vinblastine)과 빈크리스틴(vincristine)을 추출한다. 꼭두서니과(Rubiaceae)는 커피나무속(*Coffea*)에 덧붙여 기나나무속(*Cinchona*)을 포함하고, 이로부터 우리들은 항말라리아약인 퀴닌(quinine)을 얻는다. 다른 꼭두서니과 식물인 케파일리스속(*Cephaelis*)은 우리들에게 토근(ipecac)을 제공하는데, 토근은 독을 마셨을 때 구토를 유발하는 구토제로 이용된다. 심장병은 현삼과(Scrophulariaceae)의 디기탈리스속(*Digitalis*)에서 추출하는 강심성 배당체(cardiac glycoside)로 치료

(A)

(B) © jclarksonlandwehr/iStockPhoto

(C)

(D) © Marco Mega/Shutterstock

(E)

그림 23-34 국화군. **(A)** 감자(*Solanum tuberosum*). **(B)** 금관화속의 일종(*Asclepias viridis*). **(C)** 국화과의 쇠채아재비속(*Tragopogon*). 국화류의 '꽃'들은 실제로는 낱꽃(floret)이라고 부르는 작고 많은 꽃들의 무리인 꽃차례이다. 바깥쪽의 각 '꽃잎'은 주변화(설상화, ray floret: 각각 대단히 커진 꽃잎)이고, 중심에 있는 각 꽃은 중심화(반상화, disk floret)이다. 원통 모양의 짙은 부분은 암술대 주변에서 합쳐진 꽃밥들이다. 가장 안쪽의 중심화는 아직 피지 않았다. **(D)** 진달래과에 속하는 카벤디시아속(*Cavendishia*)의 꽃은 합판(sympetaly)의 파생형질을 나타낸다. 끝 부분들을 제외하고 꽃잎들이 한 단위로 합쳐졌다. **(E)** 수국속(*Hydrangea*)에서 커다란 꽃잎처럼 보이는 것은 실제로는 아주 작은 꽃 아래에 위치한 포엽이다.

한다. 이 화합물은 심장의 근육을 보다 느리고 강하게 박동하도록 작용하고, 심장에서 나오는 혈액을 증대시키고 순환을 향상시킨다.

올리브나무의 과들, 펜스테몬속(*Penstemon*), 금어초, 제스네리아과(Gesneriaceae) 식물들, 쥐꼬리망초과(Acanthaceae) 식물들, 그리고 능소화 등이 속하는 꿀풀목(Lamiales)은 꽃의 특징이 매

박스 23-2 육식의 대안인 채식주의

인간의 조상은 잡식동물로 진화하였다. 그 결과, 현대인류는 씨앗, 잎, 그리고 다육질의 뿌리를 먹을 수 있는데, 그것은 우리들의 어금니가 음식물을 삼키기 전에 갈고 으깨기 때문이다. 사람의 작은창자는 아주 길어서 식물의 물질들이 그 안에서 충분히 소화될 수 있게 해 준다. 비슷하게, 사람은 고기를 먹을 수 있는데, 왜냐하면 우리들의 앞니와 송곳니 덕분에 뼈에서 고기를 떼어낼 수 있고(바비큐갈비, 프라이드치킨, 그리고 폭찹을 생각해 보자), 소화계는 단백질을 분해하는 많은 소화효소들을 생성하기 때문이다.

그렇지만, 우리가 고기를 먹을 수 있는 능력을 가지고 있다고 해서 반드시 고기를 먹어야 하는 것은 아니다. 많은 사람들이 음식물에서 고기의 양을 줄이거나 완전히 제거하는 채식의 유형을 택하고 있다. **채식(vegetarian diet)**에는 다음과 같은 몇 가지 종류가 있다.

- **오보 락토 채식주의자**(*ovo-lacto vegetarian*)는 그냥 채식주의자라고도 하며, 거의 전적으로 과일, 야채, 푸른 채소, 그리고 씨 같은 식물 제품들로만 구성된 식단에 약간의 계란과 유제품(우유, 치즈, 아니스크림, 그리고 요구르트)이 곁들인 식사를 한다(그림 B23-2). 달걀과 우유를 얻기 위해서 동물을 죽일 필요가 없다는 개념이다. 일부 채식주의자들에게 받아들일 수 있는 유일한 동물 기반 음식은 계란이고, 어떤 채식주의자들은 우유로 만든 음식만 용인하며, 또 다른 채식주의자들은 생선과 해산물을 수용하기도 한다.
- **엄격한 채식주의자**(*vegan*)는 고기, 달걀, 그리고 모든 유제품에서 원료를 얻는 모든 음식은 피한다. 엄격한 채식주의자들은 가죽으로 만든 혁대, 신발, 그리고 옷 또는 모피나 거북 껍질로 만든 것 같이 동물을 이용하여 만든 의류는 걸치지 않는다.
- **과식주의자**(*fruitarian*)는 식물에 피해를 주지 않으면서 모을 수 있는 과일, 견과류, 그리고 씨앗들로 구성된 식사를 한다. 과식주의자들은 당근, 근대, 그리고 카사바(cassava)를 먹지 않는데, 왜냐하면 이들을 얻기 위해 식물을 죽이기 때문이다.
- **반채식주의자**(*flexitarian*)는 그들의 식단에 고기와 기타 동물 제품을 융통성 있게 포함시킨다. 반채식주의자들은 주로 식물로 된 식사를 하고, 먹는 고기의 양을 줄인다. 이를테면, 반채식주의자들은 고기가 없는 점심을 먹거나 일주일에 며칠은 고기를 먹지 않는다는 목표를 설정하기도 한다. 반채식주의자의 접근법이 유리한 것은 사람이 실패했다거나 포기한다는 느낌을 갖지 않으면서 가끔 햄버거나 스테이크에 무릎을 꿇을 수 있다는 것이다.

사람이 음식이나 일상에서 동물로부터 얻는 제품을 줄이거나 제거하는 데에는 몇 가지 이유가 있다. 많은 사람들은 윤리적 이유 때문에 그렇게 한다. 그들은 동물이 고통을 받거나 죽는 원인이 되길 원치 않는다. 여기에는 다양한 감정이입(empathy)이 있다. 붉은색 육류는 소를 죽여야만 얻을 수 있는 근육조직이다. 소는 우리와 같은 포유동물이고, 소는 분명히 통증을 느끼고 고통받는다. 소, 염소, 그리고 기타 포유동물(포유류만이 젖을 만든다)에서 젖을 얻는 것은 동물을 죽이지 않아도 되고, 젖을

그림 B23-2 이 접시는 식물 제품에 계란과 치즈가 곁들여진 오보 락토 채식주의자의 식단이다. 파이와 아이스크림 디저트는 채식주의자의 식사에 부합된다.

짜는 동안 동물들은 거의 또는 전혀 고통을 겪지 않는다. 닭이나 그 밖의 새들로부터 알을 얻는 것도 동물을 해치지 않는 것이지만, 어떤 양금장(poultry farm)에서는 가금류들을 열악한 조건에서 떼 지어 기르고, 서로 쪼지 못하게끔 부리를 자르기도 한다. 생선이나 해산물을 먹는 것은 동물을 죽이는 것과 관련이 있지만, 많은 사람들은 어류, 새우, 그리고 조개와는 정서적 연결을 거의 느끼지 않는다.

윤리적 이유에서 식단을 선택할 때, 고려할 문제들이 다양하다. 미국과 그 밖의 나라에서 소를 사육하는 것은 보통 잔인하다. 대부분의 소는 공장식 축산 농장에서 기르는데, 크고 더러운 비육장(feedlot)을 가득 메운 소들은 자신의 배설물에 서 있어야 한다. 이 소들에게는 항생물질, 생장보충제, 그리고 심지어 앞서 도살한 소의 찌꺼기들을 갈아 만든 가루들이 포함된 사료를 먹인다. 소를 도살할 때가 되면, 가축몰이용 막대기로 찔러서 전기 충격을 주고, 밝고 시끄러운 도축장의 작업 라인으로 몰아간다(소들은 밝은 빛과 소음, 그리고 그들 주변에 있는 사람들, 특히 그 위에 타고 있는 사람들로 인해 겁을 먹는다). 많은 국가에서는 도살장으로 걸어가지 못할 만큼 건강하지 않은 동물을 도축하는 것을 법으로 금지하고 있지만, 종종 이 법을 위반한다. 동물의 윤리적인 대우를 바라는 사람들인 동물애호단체(People for the Ethical Treatment of Animals, PETA; www.peta.org)에서는 보다 인도적으로 소를 대우하는 일련의 지침을 마련하였다. 이 가이드라인에서는 소들이 풀을 뜯고 안전하게 먹을 수 있도록 붐비지 않는 목초지를 제공해 주고, 소를 도살할 때에는 도축장을 조용하고, 불빛을 어둑하게 하며, 가능한 적은 사람들이 있게끔 제시하고 있다. 그렇게 해도 물론 소는 죽게 되지만, 최소한 그들의 삶과 죽음이 비참하지는 않을 것이다. 많은 사람들에게 있어서 이러한 인도적인 대우가 그들의 윤리적 거부감을 줄여주는 계기가 되어 가끔 고기를 먹게 된다. 여러분이 먹는 고기가 인도적으로 생산한 고기인지를 확실히 알고 싶으면 평판이 좋은 건강식품점이나 유기농식품점에서 구입하는 것이 가장

좋다. 두려워하지 말고 동물을 어떻게 대우했는지 문의해 보자.

송아지 고기(veal)는 어미 소의 젖 이외에는 아무 것도 먹어보지 못한 새끼를 아주 어렸을 때 죽인 송아지의 살이기 때문에 특히 불쾌하다. 종종 송아지를 아주 작은 우리에 가두어 움직이지 못하게 만드는데, 그것은 움직이면 근육이 발달하여 고기가 덜 연해지기 때문이다. 한편 송아지를 어두운 곳에 두어 조용히 있게 만들기도 한다. 특별한 종류의 식사만을 위해서 동물을 이런 방식으로 대우하는 것은 정당화되기 어렵다.

계란과 우유는 동물을 도살시키지 않아도 되므로 많은 사람들은 이런 제품을 소비하는 것이 비윤리적인 행동이라고 믿지 않는다. 여기서도 마찬가지로 닭과 소를 인도적으로 대우하고 탁 트인 목초지나 우리에서 닭이나 소가 자유롭게 맑은 공기와 물을 접할 수 있다면 최상일 것이다. 가장 엄격한 윤리 규범을 가진 사람들은 동물로 만든 모든 제품을 피하려고 하는데, 왜냐하면 그런 사람들은 우리 자신의 이용만을 위해서 동물을 기르고 유지하는 것이 부당하다고 믿기 때문이다. 그렇지만 동물로부터 얻는 모든 제품을 사용하지 않는 것은 어렵다. 설탕은 동물 뼈의 재를 통과시켜 여과함으로써 하얗게 만들고, 대부분의 치즈는 송아지의 위 점막에서 얻는 렌넷(응유효소제, rennet)으로 만들며, 사과와 포도의 맑은 주스와 알코올음료는 동물의 가죽과 뼈로 만든 젤라틴으로 투명하게 만든다.

어떤 사람들은 경제적 이유와 생태적 이유로 동물제품을 피한다. 우리 자신이 먹을 수 있는 옥수수, 콩, 귀리, 그리고 다른 먹이를 동물에 먹일 때, 우리는 높은 영양단계(trophic level)에서 먹는 것이다. 식물들은 1차생산자이고, 가축은 1차소비자이며, 우리는 2차소비자가 되는 셈이다. 다음 영양단계의 식품 1파운드를 만들기 위해서 앞의 영양단계의 식품은 보통 10파운드가 필요하다. 따라서 1파운드의 계란이나 우유 또는 고기를 얻으려면 소나 닭에게 10파운드의 귀리를 먹여야 한다. 나머지 9파운드는 이산화탄소와 메탄(두 가지 모두 온실가스), 오줌, 똥, 그리고 노폐물로 사라진다. 만일 우리가 식물 그 자체를 먹는다면, 우리가 현재 이용하는 토지의 1/10 만큼의 농장이 필요하고, 오물도 훨씬 적게 나올 것이다. 인간이 재배하는 모든 밀, 옥수수, 그리고 기타 곡물의 70%는 가축을 먹이는 데 이용되는 것으로 추정된다. 게다가 열대우림의 광활한 면적은 이미 사라졌고, 지금도 베어지고 있으며, 오로지 햄버거만을 만들기 위해 소에게 먹이는 목초지로 전환되었다. 우리가 먹는 동물제품의 양을 줄이는 문제는 더 단순하게 사는 철학의 중요한 측면이고, 우리 개개인이 우리의 환경에 미치는 영향을 최소화하려고 시도한다는 중요한 측면인 것이다.

채식을 염두에 두고 있는 사람들에게 중요한 고려사항은 과연 채식이 건강에 좋은 식사인가 하는 것이다. 가장 쉬운 대답은 반채식주의자(flexitarian)의 식단이다. 사실상 모든 연구를 통해 고기는 적게 그리고 과일과 채소가 많은 식단이 고기가 더 많은 식단보다 훨씬 더 건강에 좋다고 밝혀졌다. 더욱이 엄격한 채식주의자의 식사조차도 건강한 생활에 필요한 모든 영양소를 제공한다는 사실이 확립되었다. 적당량의 비타민 B_{12}를 얻게끔 특히 조심할 필요가 있는데, 그 어떤 식물에서도 발견되지 않는 이 비타민은 보충제를 통해서 또는 효모제품을 소비하여 얻을 수 있다. 많은 사람들이 육상 선수와 보디빌딩을 하는 사람들은 단백질을 많이 섭취할 필요가 있고 고기를 반드시 먹어야 한다고 믿고 있지만, 이는 사실이 아닌 것으로 밝혀지고 있다. 대부분의 미국인들은 사람에게 필요한 양보다 훨씬 많은 단백질을 소비하고, 채식주의자나 엄격한 채식주의자의 식사에 있는 식물들은 누구에게나 적당한 양을 제공해 준다. 8종류의 필수아미노산들을 모두 적당한 양으로 섭취하도록 조심해야 한다. 모든 식물, 동물, 곰팡이, 그리고 기타 생물들은 똑같은 20종류의 아미노산으로부터 자체의 모든 단백질을 구성하고, 사람은 체내에서 12종류의 아미노산을 합성할 수 있지만 인간의 대사작용으로는 8종류의 아미노산을 만들 수 없다. 유제품과 달걀로 만든 제품이 적당량을 제공해 주고, 콩, 아마란스(amaranth), 퀴노아(quinoa), 그리고 몇몇 다른 종자식물들의 단백질도 마찬가지다. 밀, 쌀, 콩, 병아리콩 등과 같이 식품이 되는 많은 식물들의 단백질은 18 또는 19종류의 아미노산을 적당량 포함하지만, 나머지 한두 종류는 양이 아주 희박하다. 보완식품(complementary food)이라고 알려진 것들을 먹으면 결핍증을 피할 수 있는데, 보완식품이란 어느 한 가지 식품이 다른 식품보다 어떤 아미노산이 풍부하게 들어 있고, 그 반대도 마찬가지인 식품들이다. 예를 들어, 현미와 콩, 콩과 옥수수, 두부와 쌀, 또는 홈무스(hummus) 중 하나와 밀로 만든 피타 빵(pita bread)을 조합하면 20종류의 모든 아미노산들이 적당량 제공된다. 콩과 옥수수 토르티야(tortilla)가 포함된 전형적인 멕시코 식사를 생각해 보자. 이 두 가지의 식품식물들은 모든 필수아미노산을 함께 제공한다. 전형적인 미국인들의 점심도 마찬가지다. 땅콩버터를 바른 샌드위치(땅콩과 밀)는 보완적인 단백질들을 공급해 준다.

여기서 얻을 수 있는 메시지는 우리가 고기와 동물로 만든 제품을 적게 먹어야 한다는 점이다. 우리들의 몸과 우리들의 환경 모두가 건강해질 것이다.

우 파생적이다. 꽃은 좌우대칭인 경향이 있고, 어떤 특정한 곤충만 들어가서 수분시킬 수 있는 크기와 모양을 갖는다. 더구나 꽃의 좌우대칭성은 곤충이 한 특정 방향으로만 들어가게 만든다. 이렇게 일할 수 있는 꽃가루매개동물들은 몸이 정교해지는 경향이 있고, 다른 꽃들을 쉽게 인식할 수 있다. 동물들이 어떤 꽃이 가장 많은 보상을 제공하는지 알게 되고, 이어서 모양, 색의 무늬, 그리고 향이 똑같은 다른 꽃을 찾게 됨에 따라 그 종에게 효과적인 꽃가루받이를 제공하게 된다.

과꽃, 데이지, 그리고 해바라기가 속하는 거대한 과인 국화과(Asteraceae)는 울창하고 어두운 숲을 제외하고 전 세계의 거의 모든 서식지에 분포하는 1,100속 20,000종을 포함한다. 국화과 식물은 왕고들빼기속(*Lactuca*)의 상추처럼 식품으로 중요하게 이용되는 식물에서 관상용 식물, 그리고 잡초에 이르기까지 다양하다. 특징적인 데이지/해바라기형의 꽃차례는 즉시 알아볼 수 있다. 국화과의 종류들은 세스퀴테르펜 락톤(sesquiterpene lactone), 모노테르펜(monoterpene), 테르페노이드(terpenoid), 그리고 폴리아세틸렌 수지를 함유하는 유관(latex canal) 등과 같이 초식동물에 대항하는 다양한 종류의 독특한 화학방어를 갖는다(**그림 23-35**). 이런 화학물질들이 존재하기 때문에 식물을 먹거나 그 안에 알을 낳는 동물들에 대해 국화류는 강한 저항력을 갖는다. 한편 그런 화학물질들은 사람의 피부를 자극하는 원인이 되어 다양한 사례의 접촉피부염을 일으킨다. 국화과는 기원된지 3,600만 년이 채 안 될 정도로 진화의 역사가 짧은 과이며, 제3기의 올리고세(Oligocene)에 비롯된 것으로 추정된다.

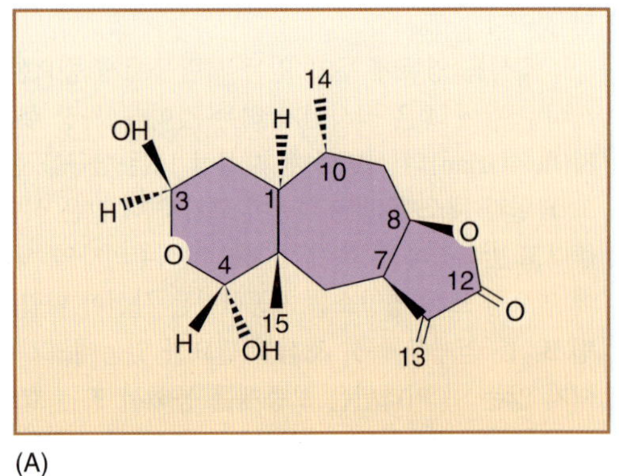

(A)

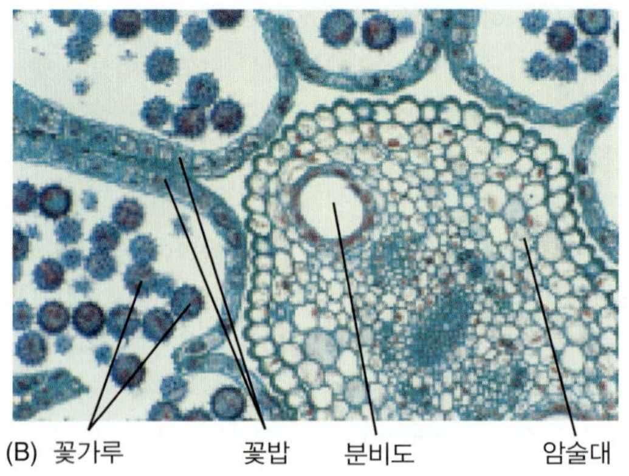

(B)

그림 23-35 **(A)** 히메녹손(hymenoxon)은 국화군이 지닌 화학무기의 일종인 세스퀴테르펜 락톤(sesquiterpene lactone)이다. 이 특별한 화합물은 미국 남서부에서 자라는 히메녹시스 오도라타(*Hymenoxys odorata*)에서 나타난다. 쓴 맛이 나는 이 식물은 가뭄이 계속되어 다른 어떤 식물을 먹을 수 없을 때 양들이 먹는다. 세스퀴테르펜 락톤은 양의 모든 내부 기관에서 출혈을 유발한다. **(B)** 국화과의 많은 종류들은 다양한 독성 화합물을 생성하는 세포들이 내벽을 이루는 분비도(secretory canal)를 갖고 있다. 이 분비도는 해바라기속(*Helianthus*)의 암술대에 있다.

다음 단계에서는

1. **외떡잎식물에 초점을 맞추기.** 속씨식물은 너무나도 방대하고 다양한 집단이라서 속씨식물을 연구하면서 평생을 보내지 않는다면 모든 속씨식물에 익숙해지기 어렵다. 다행히도, 여러분들은 이들 모두를 알아야 할 필요가 없다. 그러나 저자는 다음 단계에서 특정 집단을 선정하여 연구하기를 권장한다. 표 23-3의 택사목(Alismatales)이 특이하기 때문에 저자는 택사목을 연구할 것을 추천한다. 택사목의 대부분이 물에 적응하여 살아 가는데, 많은 종류들은 자세히 관찰하기 전에는 이끼류나 조류라고 착각할 수 있다. 여러분은 전형적인 속씨식물에 관하여 이미 많이 알고 있을 것이다. 택사목, 특히 검정말속(*Hydrilla*), 나자스말속(*Najas*), 그리고 줄말속(*Ruppia*)은 극도의 속씨식물 변형이 어떻게 정상적이 될 수 있는지 여러분을 놀라게 할 것이다.
2. **진정쌍떡잎식물에 초점을 맞추기.** 진정쌍떡잎식물에 대해 저자는 장미과(Rosaceae)를 추천한다. 이미 여러분들은 장미, 사과, 체리, 딸기 등 많은 종들을 알고 있으므로, 이들에 대해 조금 더 살펴보도록 하자. 여러분은 사과 열매를 알고 있지만, 사과나무와 친숙한가? 딸기 열매는 잘 알고 있겠지만, 그 식물에 대해서도 잘 알고 있는가? 초본의 딸기 식물이 목본의 사과나무와 관련이 있다고 추측해 본 적이 있는가? 장미과는 많고 많은 생장형을 갖게끔 자연선택에 의해 진화되었고, 사람들이 인위선택을 가하여 꽃, 열매, 그리고 영양체를 훨씬 더 변화시켰다.
3. **우리를 살아 있게 해 주는 밀, 쌀, 그리고 옥수수.** 벼과(화본과, Poaceae)는 수백 종이 포함되고, 많은 종류가 식품으로 재배되고 있다. 그 가운데 밀, 쌀, 그리고 옥수수는 우리가 의존하는 친숙한 사례이다. 지구상의 거의 모든 사람들은 이들 식물 중 한 가지를 매일 먹는다. 그 밖에도 우리가 재배하는 다른 많은 벼과 초본들이 있다. 우리가 경작하는 종들을 연구하고 각각의 혜택과 문제점을 알아보도록 하자. 왜 호밀보다 밀을 더 많이 재배할까(그리고 이것이 기후조건에 따라 달라질까)? 우리는 아마도 밀보다 보리를 더 많이 마실 것이다. 그 이유는?

요약

1. 속씨식물문으로 분류하는 모든 꽃식물들은 폐쇄심피, 긴 꽃가루관, 중복수정, 그리고 거의 예외 없이 체관과 물관을 갖는다.
2. 속씨식물문은 단계통적이라고 거의 일반적으로 믿어지고, 모든 진화계열은 단일한 공통조상으로 거슬러 올라갈 수 있다. 잎과 목부의 최초 화석은 약 1억 2500만 년에서 1억 3천만 전의 것으로 추정되며, 그보다 연대가 앞선 꽃가루 화석이 발견되었다.
3. 최초의 속씨식물은 화석화되기에 적합하지 않은 지역에 살았던 작은 관목이었을 것이다.
4. 초기 속씨식물은 나선상으로 배열된 많은 꽃받침조각, 꽃잎, 수술, 그리고 심피들을 갖는 꽃, 단구형 꽃가루립, 방사대칭

꽃, 충매수분, 그리고 물관이 없는 목부의 특징을 지녔을 것으로 믿어진다. 나중에 계문천공판을 갖는 헛물관 같은 물관이 생겼다. 초기 속씨식물은 다년생이었고, 1년생이나 초본은 없었을 것으로 여겨진다.

5. 많은 집단에서 나타난 주요 진화적 변형들은 꽃을 이루는 각 기관의 수의 감소, 불완전 꽃, 좌우대칭 꽃, 특정 매개동물만 유인하는 꿀샘과 향, 풍매수분, 씨나 열매를 퍼뜨리는 다양한 메커니즘, 2년생 또는 1년생 초본의 습성, 짧아지고 넓어진 물관요소를 갖는 목부, 다량의 목부 유조직, 그리고 초식동물에 대항하는 다양한 종류의 화합물 등이며, 이런 특징들은 두세 차례에 걸쳐 발생하였을 것이다.
6. 속씨식물문은 기초 속씨식물, 외떡잎식물, 그리고 진정쌍떡잎식물을 포함한다.
7. 외떡잎식물은 일반적으로 긴 끈 모양의 잎, 3개씩의 꽃 부분들, 잎의 나란히맥계, 줄기에서 고리 모양으로 배열되지 않는 많은 관다발, 그리고 대개 2기 생장을 하지 않는다는 특징을 갖는다.
8. 진정쌍떡잎식물은 일반적으로 끈 모양이 아닌 넓은 잎, 잎의 그물맥계, 5의 배수 또는 4의 배수로 되었지만 3의 배수가 아닌 꽃의 부분들, 3구성이거나 3구성에서 유래된 꽃가루, 하나의 고리를 이루며 배열하는 줄기의 관다발, 그리고 목본성 생장 또는 1년생 또는 2년생 초본의 특징을 갖는다.
9. 여기에 제시한 분류체계에서, 외떡잎식물은 몇몇 목과 닭의장풀군을 포함하고, 진정쌍떡잎식물은 기초 진정쌍떡잎식물, 장미군(콩군과 아욱군), 그리고 국화군(꿀풀군과 초롱꽃군)을 포함한다.

중요한 용어

2차무도관류(secondarily vesselless)
3구성 (꽃가루) [tricolpate (pollen)]
격벽꿀샘(격벽밀선; septal nectary)
국화군(asterid clade)
기초 속씨식물(basal angiosperms)
꿀풀군 목(lamiid order)
단구형 (꽃가루) [uniaperturate (pollen)]
닭의장풀군 외떡잎식물(commelinoid monocots)
미나리아재비꽃(ranalean flower)
베타레인 색소(betalain pigment)
보편적 꽃(generalized flower)
속씨식물문(Division Magnoliophyta)
속씨식물 심피(angiosperm carpel)
아욱군(malvids)
안토시아닌 색소(anthocyanin pigment)
암술(pistil)
외떡잎식물(monocots)
외배젖(perisperm)
원시무도관류(primitively vesselless)
이리도이드 화합물(iridoid compound)
장미군(rosid clade)
좌우상칭성(zygomorphy)
중복수정(double fertilization)
진정쌍떡잎식물(eudicots)
초롱꽃군 목(campanulid order)
콩군(fabids)
폐쇄심피(closed carpel)
합판(sympetally)

복습 문제

1. 꽃식물의 일부라고 분명하게 알아볼 수 있는 최초의 화석은 ________년 이전의 바위에 보존된 ____________들이다.
2. 겉씨식물이 정말로 속씨식물의 조상이라면 어떤 변형이 일어났어야 했을까? 어떤 형질(모든 잔존의 속씨식물에 존재하는 형질)이 먼저 나타났고, 어떤 형질(대부분의 잔존 속씨식물 가운데 일부에는 없는 형질)이 나중에 나타났을까?
3. 누군가가 대부분 꽃식물의 수술을 조사할 때 수술이 포자엽이라는 생각이 저절로 들지 않을 것이다. 왜냐하면 수술은 잎처럼 생기지 않았기 때문이다. 그러나 그림 23-1에 있는 4개의 수술을 보자. 이들은 꽃식물의 수술이다. 이들이 갖는 잎 같은 특징은 무엇인가? 이들이 편평하고 최소한 어느 정도는 잎의 잎몸과 비슷한가? 이들은 갈라진 관다발을 갖고 있어서 최소한 어느 정도는 쌍떡잎식물 잎의 그물맥계와 유사한가? 대부분의 쌍떡잎식물 잎은 잎자루에 들어가는 3개의 관다발을 갖는다. 그림 23-1에 있는 4개의 수술 가운데 어떤 2개가 그렇게 잎 같은 특징을 갖는가? 오직 1개의 관다발을 갖는 2개의 수술은?
4. 꽃식물의 수정 과정에서, 1개의 정세포 핵은 알의 핵과 융합하여 2배체의 접합자를 만든다. 다른 정핵은 ____________과 결합하여 3배체의 ____________________을 만드는데, 이는 배에 양분을 공급하는 일시조직으로 발달한다. 이 과정을 ___________________수정이라고 부른다. 겉씨식물 종자의 배에 영양분을 공급하는 조직은 무엇인가?
5. 쌍떡잎식물의 많은 현생 속들이 약 1억 3천만 년 전에 갑자기 생겨났다고 처음에 생각했던 이유는 무엇인가? 그 화석잎들이 현대의 속에 속하지 않는다고 생각하게 된 이유는 무엇인가?
6. 구과의 벌어진 비늘과 대조적으로 폐쇄심피는 무엇을 의미하는가?
7. 꽃, 몸, 생태, 목부, 그리고 꽃가루에 관해 초기 속씨식물은 무엇과 비슷했었을지 설명하시오. 이들 형질 각각에 대해 어떤 현생 속씨식물이 아직도 그러한 형질을 갖고 있는가? 특

정 진화계열에서 이들 형질은 어떤 방식으로 변화하였나(힌트: 표 23-1 참조)?

8. 초기 속씨식물의 성질에 관한 개념들이 변화하고 있다(그리고 향후에도 다시 변할 수 있다). 지난 세기에는 조록나무아강(Hamamelidae)의 종류들을 가장 잔존적인 현생 꽃식물로 간주하였었다. 이들 식물은 꽃가루받이를 곤충, 바람, 또는 새 가운데 무엇에 의존하는가? 조록나무아강에 속하는 4종류의 보통명을 대시오. 이들 식물이 많은 구과식물처럼 목본이지만, 조록나무류의 목부는 구과식물에서는 나타나지 않는 3가지 특징을 갖고 있어서, 이제는 더 이상 조록나무류를 가장 원시적인 꽃식물이라고 생각하지 않는다. 그 3가지 특징은 무엇인가?
9. 약 100년 전에 벳세이(C. E. Bessey)는 '미나리아재비꽃(ranalean flower)'의 가설을 세웠다. 이 유형의 꽃은 어떤 특징들을 갖는가? 미나리아재비꽃은 풍매화인가, 충매화인가?
10. 대부분의 식물학자들이 꽃식물을 단계통적이라고 믿고 있을까, 아니면 꽃식물이 실제로는 공통조상을 공유하지 않는 여러 진화계열로 구성된 자연스럽지 않은 집단이라고 여기고 있을까?
11. 암보렐라속(*Amborella*)과 수련을 설명하시오. 형태에 근거하여 이들이 밀접한 관계가 있다고 결론을 내릴 것인가? 이들이 기초 속씨식물에서 나온 고대 계열이라는 가설을 뒷받침하는 증거는 무엇인가?
12. 식물의 모든 과는 '-aceae'로 끝나는 명칭을 갖고, 몇몇 과는 그런 어미(ending)를 갖지 않더라도 아직까지 흔히 사용되는 이전 명칭을 함께 갖는다. 야자나무의 과는 두 가지 명칭을 갖는다. '-aceae'로 끝나는 과의 명칭은 무엇이고, 오래된 명칭은 무엇인가? 깃꼴 모양의 잎을 가진 야자나무는 어떤 종류의 겹잎을 갖는가? 잎이 부채꼴인 야자나무는 어떤 종류의 겹잎을 갖는가? 대부분의 사람들이 야자나무의 꽃을 보기 어려운 까닭은 무엇인가?
13. 필로덴드론속(*Philodendron*)은 우리에게 친숙한 실내용 화초이다. 필로덴드론과 이들과 밀접한 관계가 있는 종들은 독특한 꽃차례가 특징이다. 아주 작은 꽃들이 두꺼운 자루인 ____________________에 박히고, 이는 큰 포엽(bract)인 ____________________로 둘러싸인다.
14. 풀(grass)의 과 명칭은 무엇인가? 이 과에는 얼마나 많은 종들이 포함되나? 식량으로 이용되는 이들 7종류의 속명(과 보통명)을 대시오. 이들 초본은 꽃가루받이를 동물 또는 바람 가운데 무엇에 의존하는가?
15. 생강목(Zingiberales)은 우리에게 친숙한 대부분의 실내용 화초들이 포함된다. 그 가운데 몇 종류의 이름을 대시오.
16. 백합과(Liliaceae)는 대부분의 사람들에게 익숙한 관상용 식물들을 포함한다. 그 가운데 6종류의 이름을 대시오. 붓꽃을 포함하는 과는 무엇인가? 참마(yam)가 포함되는 과는 무엇인가?
17. 난초과(Orchidaceae)는 외떡잎식물 가운데 가장 크고 가장 다양한 과이다. 난초의 가장 보편적 습성(생장형)은 착생식물인가, 아니면 육상식물인가? 난초의 꽃은 좌우대칭인가, 방사대칭인가? 난초의 씨에 대해 설명하시오.
18. 어떤 진정쌍떡잎식물 단계통군들은 많은 잔존형질을 갖는 식물들을 포함한다. 그 몇 가지의 이름을 대고 설명하시오.
19. 핵심석죽목(core Caryophyllales)은 많은 친숙한 식물들을 포함한다. 이 집단의 4종류를 열거할 수 있는가? 이 집단은 꽃에 안토시아닌 대신에 ____________________색소를 갖는다는 점에서 특이하다. 이 집단의 또 다른 특징은 배젖이 아주 조금 발생하거나 전혀 발생하지 않는 대신에 종자는 ________________을 갖는데, 이는 ________________의 세포들이 증식하여 형성된다.
20. 다음의 각각이 속하는 과의 명칭을 대시오.
    a. 동백나무(camellia)
    b. 초콜릿(chocolate)
    c. 목화(cotton)
    d. 제비꽃(violet)
    e. 호박과 수박
    f. 크랜베리(덩굴월귤)와 블루베리
21. 장미군(rosids)의 중요한 형질 중 하나는 ______________ 잎이 나타나는 것이다. 이 아강은 장미가 속한 과인 장미과(Rosaceae)의 이름을 따서 명명되었고, 장미과에는 우리가 즐겨 먹는 열매들을 만드는 많은 속들이 포함된다. 모두 장미과에 속하는 다음과 같은 열매들의 속명을 대시오.
    a. 사과
    b. 아몬드, 살구, 체리, 복숭아, 그리고 자두
    c. 딸기
    d. 블랙베리와 산딸기
22. 여러 책에서 수렴진화를 보여주기 위해 선인장과 대극(euphorbia)을 흔히 이용하는데, 그것은 대극의 많은 종류들이 공 모양의 다육질로 된 몸을 갖고 있어서 선인장의 몸과 매우 비슷하지만, 두 과는 밀접한 관계가 없기 때문이다. 대극의 과명은 무엇이고, 선인장의 과명은 무엇인가? 이들은 각각 어떤 주된 단계통군에 속하나?
23. 다음의 종들이 포함되는 과의 이름을 대시오.
    a. 해바라기, 민들레, 그리고 데이지
    b. 박주가리(milkweed)
    c. 감자, 토마토, 그리고 담배
    d 박하와 라벤더
    e. 커피나무속(*Coffea*)
24. 22장의 구과식물문(Coniferophyta)과 23장의 속씨식물문(Magnoliophyta)에 대해 생각해 보자. 어느 문이 더 많은 과, 속, 그리고 종을 갖고 있을까? 체형이 보다 다양한 문은 어느 문인가? 사막, 숲, 우림, 수중, 초지, 늪, 착생서식지 등등 다양한 서식지에서 가장 많은 종이 나타나는 문은 무엇인가? 어느 집단이 진화에서 먼저 기원되었고, 어느 집단이 나중에 비롯되었나? 오래된 집단일수록 다양해질 수 있는 더 많은 시간을 갖는다. 먼저 기원된 집단이 더욱 다양한가?

CHAPTER 24

토속식물학: 식물과 인간

학습 목표

이 장을 읽은 다음, 학생들이 할 수 있는 것은,

- 초기 인류가 작물을 재배하기 시작한 시기와 장소를 논한다.
- 탄수화물을 제공하는 6종류의 식물을 나열한다.
- 혈당지수, 글루텐, 그리고 발효성과 같은 탄수화물의 중요한 특징들을 논한다.
- 식물을 이용한 단백질이나 기름 또는 비타민의 생산을 논하고, 완전하고 불완전한 식이단백질 간의 차이를 알게 된다.
- 우리들에게 초콜릿, 바닐라, 커피, 차, 후추, 그리고 향신료를 제공하는 식물들을 설명한다.
- 담배와 마리화나를 포함하여 해롭거나 무해한 약물을 생산하는 식물들을 확인한다.
- 오늘날 우리가 식물의 섬유를 어떻게 이용하는지 설명하고, 환경에 덜 피해를 주면서 섬유를 공급할 수 있는 새로운 대안이 되는 식물들을 설명한다.

알고 있나요?

- 수렵과 채집을 하던 인간이 농사를 짓고 도시에 사는 사람으로 탈바꿈하게 된 것은 12,000년 전의 플라이스토세 빙하기가 끝난 직후이다.
- 아즈텍 족의 초콜릿은 향긋하고 쓴맛이 났으며[멕시코의 몰레 소스(mole sauce)를 생각하자], 달콤한 밀크초콜릿은 유럽에서 발명되었다.
- 계피, 정향, 그리고 후추 같은 향신료 식물에 대한 탐구는 아메리카 대륙의 발견, 세계일주 항해, 그리고 거의 모든 전 세계적인 탐사의 원동력이 되었다.
- 마리화나에 많은 유익한 효과가 있고 해로운 효과는 없다는 증거가 계속 축적되고 있다.

개요

장의 첫 이미지: 사람들은 식품, 의복, 목재, 그리고 그 밖의 많은 것들을 식물에 의존한다. 그러나 한편으로 사람들은 정서적으로 도움을 받도록 식물에 의지한다. 여기에서 식물들은 강의시간 사이에 학생들이 휴식을 취하는 상쾌하고 차분한 장소를 제공해 준다. 식물들은 어려움을 표현하는 강한 감정의 상징으로 종종 이용되는데, 장례식과 결혼식에서, 친구가 아플 때, 그리고 우정의 징표로서 우리를 위해 말해준다.

개념

토속식물학(ethnobotany)은 식물과 인간과의 관계를 과학적으로 연구하는 분야이다. 이 학문은 역사가 짧지만, 관계는 고대부터 시작되었다. 사람들은 전 생애 동안 식물에 의존한다. 이빨 가운데 앞니와 어금니는 잎, 열매, 씨앗, 그리고 줄기 같은 식물 부분들을 물어뜯고 가는 데 적합한 반면, 우리들의 송곳니는 동물의 살을 찢는 데 알맞다. 사람은 잡식동물이다. 식량이 되는 식물들은 우리들에게 필수적이었고 지금도 그렇다. 인간의 조상 역시 주거지와 보호를 위해 식물, 특히 숲의 나무에 의존하였다. 125,000년 전에, 어쩌면 그보다 훨씬 전에 우리들의 조상은 불을 사용하는 법을 알았고, 이어서 불을 조절하여 나무를 태워 자신의 몸을 따뜻하게 만들고 겁을 주어 포식자를 쫓아 버리는 방법을 알게 되었다. 그들은 고기를 굽는 법을 익혔고, 훨씬 뒤에 도자기가 발명된 다음에는 음식을 끓이는 법을 배웠다. 오늘날에도 전 세계 인구의 거의 절반은 난방과 요리를 매일 장작불에 의존한다.

사람과(Hominidae)의 종인 사람(*Homo sapiens*)이 출현한 시기에 지구는 플라이스토세(Pleistocene) 빙하시대였다. 눈과 얼음이 북반구의 대부분과 모든 산악 지대를 덮었고, 아프리카의 저지대만이 눈과 얼음으로 덮이지 않았다. 바로 그곳이 가까운 친척으로부터 우리 인간이 진화적으로 분기된 곳이고, 그곳에서 사람들은 동물을 사냥하고 열매와 씨앗과 장작을 수집하였다. 약 12,000년 전에 중대한 사건이 일어났다. 지구의 기후가 차츰 따뜻해지고, 빙하가 물러 갔으며, 식물과 동물이 예전에 빙상(ice sheet)으로 덮여 있던 광대한 지역으로 퍼져 나갔다. 현세(Holocene)가 시작된 것이다. 지금 우리가 살고 있는 따뜻한 시기가 현세이다. 현세는 어쩌면 '간빙기(interglacial period)'일 것이고, 빙하시대가 끝난 것이 아닐 수도 있다. 우리는 주기적이고 일시적인 온화한 간빙기에 있는지도 모른다(**그림 24-1**).

지난 12,000년 사이에 일어난 극적인 기후온난화는 인간에게 재난을 가져올 수 있었지만, 대신에 사람은 주목할 만한 방법으로 적응하였다. 식량을 그냥 찾으러 다니지 않고 그 중 일부를 재배하기 시작하였다. 다른 어떤 동물도 이렇게 하지 않았다. 우리들의 조상은 수확한 일부를 남겨 두었다가 이듬해 봄에 이를 심었다. 밭을 보호하고, 재배한 식물 가운데 큰 열매와 씨처럼 바람직한 형질을 갖는 식물을 선택하는 한편, 덜 바람직한 형질을 갖는 식물은 뽑아 버렸다. 다윈(Charles Darwin)과 월리스(Alfred Russel Wallace)가 자연선택을 발견하기 수천 년 전에, 우리 조상들은 식물의 재배와 동물의 가축화에서 인위선택을 실천하였다. 약 11,000년 전에 남아메리카의 초기 인류가 감자를 재배하기 시작하였고, 이는 아마도 최초의 농작물일 것이다. 9,000년 전에 밀과 렌즈콩이 터키 남동부에서 아프가니스탄 서부까지 길게 뻗은 지역에서 재배되었는데, 이 지역을 **비옥한 초승달 지대(Fertile Crescent)**라고 부른다(**그림 24-2**). 그 후 얼마 되지 않아 남동아시아에서 벼농사가 시작되었고, 이어서 펄 밀렛(pearl millet)이 아프리카에서 재배되었다. 지구상에서 사람이 있는 곳에서는 어디든지 지구 온도가 상승하자마자 식물을 재배하기 시작하였고, 각각 다른 대륙에서 서로 다른 최소한 네 번의 시기에 농업이 발명되었다.

인간과 농작물 간의 밀접한 관계는 엄청난 결과들을 가져왔다. 비옥한 초승달 지대에서 이루어진 고고학 연구를 통해 몇 가지 결과들이 밝혀졌다. 작물을 지켜야 함에 따라 사람들이 비옥한 지역에 정착하고 이동을 멈추었다. 사람들은 마을을 세웠으며, 곧이어 최초의 도시가 출현하였다. 8,000년 전에 이미 수메르의 우르(Ur)와 바빌론(Babylon)의 도시가 형성되었다. 사람들은 함께 사는 법을 배웠고, 가족 단위나 작은 부족보다 훨씬 큰 집단을 지배하는 법을 알게 되었다. 밀봉된 용기에 들어 있는 음식물, 와인, 그리고 맥주의 내용물을 기록하기 위해 글자가 발명되었다. 수학이 발전하였고, 특히 농경지를 측량하고 운하를 세우며 관개사업을 펼치기 위해서는 기하학이 필요하였다.

현세의 온난화와 문명의 발달은 식품을 제공하는 식물 이외의 많은 식물과 인간과의 관계를 변화시켰다. 사람들은 섬유를 얻기 위해 목화, 아마(flax), 그리고 대마(hemp)를 재배하였고, 생약식물을 기르는 정원에서 약용식물을 보살폈다. 구리가 발견되고 이어서 청동이 발견되면서, 날카롭고 오래 가는 도끼와 톱으로 나무를 쓰러뜨리고, 사원, 궁전, 그리고 배를 건조하는 데 필요한 목재를 얻었다. 특히 중요한 것은 초기의 문명인들이 처음으로 한 일 가운데 하나가 아름다움 때문에 식물을 재배한 것이다. 바빌론의 공중정원(Hanging Gardens)이 아마도 가장 유명하지만 처음은 아니었고, 그보다 훨씬 이전의 이집트 벽화에는 관상용 식물들이 묘사되어 있다.

인간이 식물을 재배하기 시작한 이래 수천 년 동안 농업은 크게 변하였지만, 식물에 대한 우리들의 의존도는 변하지 않았다. 이 24장에서는 우리에게 매우 중요한 많은 식물 가운데 극히 일부만 설명하게 될 것이다. 여러분들은 하루하루 살아가면서 의심할 여지없이 다른 많은 식물들에 주목하게 될 것이다.

그림 24-1 불과 12,000년 전까지 5천만 년 동안 지구의 대부분은 알래스카 주 앵커리지(Anchorage) 부근의 이들 산맥처럼 보였다. 그 당시에는 어디에나 눈과 얼음이 두껍게 덮였고, 대부분의 호수와 심지어 해양의 주요 부분들이 얼음의 층으로 덮였을 것이다.

그림 24-2 몇 천 년 전에는 비옥한 초승달 지대에 지금보다 많은 비가 내려서 넓은 지역에서 농사를 지을 수 있었다.

식품이 되는 식물

탄수화물을 제공하는 식물

탄수화물은 우리들의 삶에 필수적이다. 우리들의 몸은 당과 녹말을 여러모로 이용한다. 일부는 호흡에 쓰여 ATP를 생산하고, 다른 일부는 몸의 탄수화물을 구성하는 요소가 되며, 많은 부분들은 화학적으로 변형되어 아미노산, 지질, 핵산 등등과 같이 중요한 분자를 만드는 데 이용된다. 사람은 섬유소, 헤미셀룰로오스, 그리고 목질소 같은 탄수화물을 소화할 수 없지만, 이들 탄수화물은 큰 덩치를 이루어 소화계가 규칙적으로 물질을 움직이도록 도와준다(결과적으로 변비를 막아준다). 우리들 음식물 가운데 무게, 부피, 그리고 칼로리 면에서 가장 많은 것이 보통 탄수화물이다. 우리가 먹는 빵, 파스타, 페이스트리, 그리고 쌀 모두에서 탄수화물이 대부분을 차지한다.

탄수화물이 풍부하게 들어 있는 음식은 식물의 여러 과에서 나오지만, 벼과 초본의 벼과(화본과, Poaceae)가 특히 중요하다. 우리들의 모든 **곡물(cereal grain)**은 벼과 초본의 작은 열매들인 밀, 쌀, 옥수수, 귀리, 호밀, 보리 등이고(**그림 24-3**, **그림 24-4**), 각각은 1개의 씨를 갖는다. 만일 밀과 쌀이 갑자기 사라진다면 거의 모든 인류는 굶어 죽게 될 것이다. 벼과 초본의 열매는 기술적으로 영과(caryopses; 단수형 caryopsis)로 알려져 있지만, 우리는 그 열매를 곡물(grain), 낟알(kernel), 또는 씨앗이라고 부른다. 각각은 아주 작은 **배(germ)**와 많은 양의 배젖(endosperm)을 갖고 있는데, 배젖은 거의 전적으로 녹말(아밀로오스)이고, 이는 그 단량체인 포도당으로 쉽게 분해된다(**그림 24-5**). 수확할 때 건조하다면 곡물은 안정적이고, 건조한 상태가 유지되면서 쥐 또는 그와 유사한 동물이 없다면 몇 년 동안 저장할 수 있다. 곡물은 끓이거나 또는 빵이나 파스타를 만들 수 있는 가루로 갈아서 쉽게 음식을 장만할 수 있다. 한편 모든 곡물은 발효시켜 맥주, 사케(정종, sake) 또는 위스키를 만들 수 있다.

각 영과의 씨껍질과 과실벽을 함께 **겨(기울, bran)**라고 부른다. 만일 밀의 낟알 전체를 갈아 가루를 만들면, **통밀가루(whole wheat flour)**가 얻어진다. 흰 밀가루나 '다목적용' 밀가루를 얻으려면 낟알을 털어서 겨를 제거한 후, 이를 갈아서 케이크와 보다

그림 24-3 밀밭은 크거나 작아도 되고, 물을 대거나 '건조지'라도 괜찮다(밀은 빗물에 의존한다). 밀은 적당한 온도와 적당한 양의 비가 내리는 온대기후에서 잘 자라지만, 여름이 서늘하고 눅눅하거나, 비가 너무 많이 내리는 열대지방에서는 잘 자라지 못한다.

그림 24-4 현대 밀의 각 자루에서는 여러 줄의 큰 낟알들이 만들어진다. 여기에 보인 밀은 아직도 수술이 붙어 있는 미성숙한 밀이다. 그렇지만 이 시기에 심피는 수정되고 씨앗이 발달한다. 각 낟알은 각각 1개의 씨를 포함하는 개개의 열매이다. 밀이 성숙하면 건조해지고 황갈색으로 변한다.

우아한 음식을 만들 때 선호되는 곱고, 부드러우며, 훨씬 균일한 흰 밀가루를 만든다. 그러나 겨를 제거하면 배(embryo)도 제거된다. 배에는 배젖을 분해하는 효소가 들어 있고, 따라서 배를 포함하는 통밀을 갈면 가루 전체에 소화효소가 분산된다. 완벽하게 건조한 상태가 유지되지 못한다면 통밀가루는 자가소화되어 변질된다. 가루를 내기 전에 배를 제거하면 질이 거의 변하지 않으면서 몇 년 동안 저장할 수 있는 가루가 만들어지지만, 이렇게 하면 단백질, 비타민, 그리고 무기질이 적어진다. 최근에는 보다 자연적인 식품, 섬유가 들어 있는 식품, 그리고 덜 가공 처리한 식품들이 보다 많은 관심을 끌고 있다. 통밀로 만든 빵과 파스타를 점점 더 흔하게 볼 수 있다.

오늘날 몇몇 종으로 존재하는 밀은 고대의 작물이며, 적어도

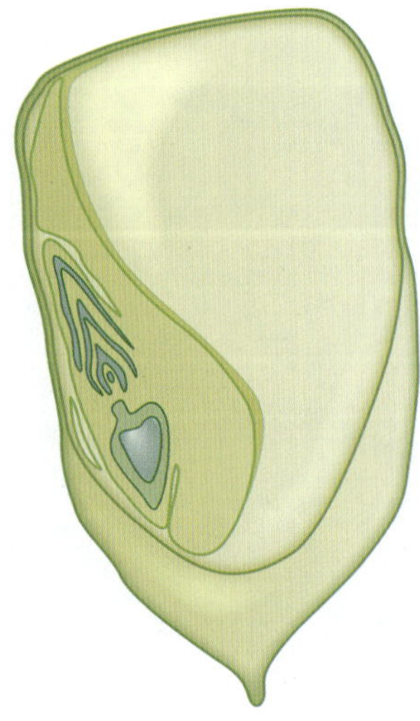

그림 24-5 곡물의 열매는 작은 배(왼쪽의 음영처리한 부분)와 다량의 배젖(오른쪽의 음영처리하지 않은 부분)을 포함하고, 배와 배젖은 건과(겨)로 둘러싸인다.

그림 24-6 최근까지 밀과 관련한 문제의 하나는 줄기가 너무 길게 자라고 약해서, 바람이 불거나 많은 비가 내리면 자주 쓰러진다는 점이다[이를 밀이 도복되었다(lodged)라고 한다]. 이렇게 되면 수확하기 어렵고, 쓰러진 밀이 젖은 땅에 닿게 되면 썩을 수 있다.

9,000년 전에 비옥한 초승달 지대에서 재배되었다. 1립계 밀(외알밀, *Triticum monococcum*)이 최초로 재배된 밀과 비슷한 것으로 추정된다. 이 밀은 돌이 많은 땅에서도 자라는 작은 식물이고, 식물체당 오직 몇 개의 낟알만 생기며, 2배체(diploid)이다. 1립계 밀은 지금도 터키의 농사를 짓지 않는 한계지역(marginal area)에서 자란다. 1립계 밀은 최근에 주로 역사적 가치 때문에 그리고 유전적 다양성을 유지하기 위해 재배된다. 2립계 밀(에머밀, *Triticum dicoccum*)은 나중에 생긴 밀이고, 이 또한 한 식물체에 소수의 낟알만 달리는 작은 식물이지만, 이는 4배체(tetraploid)이다. 2립계 밀은 고대 이집트 사람들에 의해 재배되었고, 그들의 제국뿐만 아니라 로마제국을 부양하였다. 빵밀 또는 보통밀이라고 부르는 현대의 밀(*Triticum aestivum*)이 언제 그리고 어떻게 기원되었는지는 확실하지 않다. 밀은 각 핵에 6세트의 완전한 염색체가 들어 있는 6배체(hexaploid)이다. 1립계 밀이나 2립계 밀과는 달리, 밀은 자루마다 많은 낟알이 달리는 큰 식물이다(**그림 24-6**, **그림 24-7**).

그림 24-7 밀의 새로운 유전적 변형은 그 줄기를 보다 짧고 보다 튼튼하게 변모시켜서 결코 쓰러지지 않게 하는 것이다. 그렇게 되면 열매가 익을 때까지 모든 밀이 꼿꼿이 서게 되고, 건조해졌을 때 쉽게 수확할 수 있게 된다.

밀은 탄성 단백질인 **글루텐(gluten)**을 상당히 많이 함유하고 있다는 점에서 다른 곡물과 다르고, 녹말이 많은 다른 모든 음식과도 다르다. 밀가루 반죽을 치대면 글루텐 분자들이 밀가루 반죽 내에서 탄력 있는 가닥으로 길게 늘어나고, 효모의 호흡으로 생긴 이산화탄소 거품이 잡혀서 밀가루 반죽이 부풀게 된다. 밀가루를 치대어 글루텐 가닥이 생기게 하고, 이어서 빵을 굽기 전에 반죽이 부풀도록 방치하면, 부드럽고, 쉽게 씹을 수 있으며, 훨씬 소화가 잘 되는 빵이 만들어진다. 글루텐을 함유하지 않는 쌀이나 옥수수 가루에 효모를 넣고 같은 방식으로 치대어도 아무 일이 일어나지 않는다. 반죽은 부풀지 않고, 이산화탄소는 그냥 빠져 나간다. 호밀 빵과 옥수수 빵, 그리고 그 밖의 빵들은 상당한 양의 밀가루나 글루텐을 반죽에 혼합한다. 밀가루로 쿠키, 케이크, 그리고 비스킷을 만들 때, 탄력 있고 실처럼 되는 것을 방지하려면 반죽을 치대지 말아야 한다.

벼(*Oryza sativa*)는 약 7,000년 전에 동아시아에서 재배되었다(**그림 24-8**). 벼는 현재 절반이 넘는 세계 인구에게 탄수화물의 주요한 공급원이 되고 있다. 벼의 가장 흔한 두 변종들은 사티바 아종(*Oryza sativa* subspecies *sativa*)에 속하는데, 사티바형의 쌀로 지은 밥은 촉촉하고 찰기가 있어서 젓가락으로 먹기가 쉽고 초밥을 말기가 쉽다. 벼의 또 다른 아종인 인디카형(*Oryza sativa* subspecies *indica*)의 쌀로 지은 밥은 보슬보슬하고 끈기가 없으며, 서양에서 이용되는 주된 쌀이다.

밥을 지을 때 흰쌀밥을 만들려면 '정미하여(polished)' 겨를 제거하는데, 도정하는 과정에서 비타민들이 사라진다. 쌀을 주식으로 하면서 채소는 드물게 먹고 고기를 거의 먹지 않는 사람들은 비타민 A가 결핍될 수 있고, 그 결과 시력 손상, 면역 약화, 그리고 다른 많은 증상들이 나타나는 '비타민 A 결핍장애(vitamin A deficiency disorders, VADD)'가 생긴다. 유전공학적 방법에 의해 비타민 A의 전구물질인 베타카로틴이 풍부하게 들어 있는 '황금쌀(golden rice)'이 만들어졌다. 황금쌀은 동남아시아 여러 곳의 식사를 크게 개선할 수 있지만, **유전자변형생물(genetically modified organism, GMO)**에 대한 우려 때문에 식품으로 사용하는 데에는 한계가 있다. 기존의 쌀은 베타카로틴을 만드는 유전자를 갖고 있지만, 이 유전자들은 씨앗이 아니라 잎에서 발현된다. 수천 종류의 변종들을 검색했지만, 씨앗에 비타민 A의 전구물질이 들어 있는 품종은 없었다. 유전자변형생물인 황금쌀이 쌀을 더욱 영양가 있게 만드는 유일한 방법인 것으로 보인다.

그림 24-8 벼는 크기, 모양, 그리고 습성이 밀과 매우 흡사한 곡물이다. 벼는 루이지애나, 텍사스 동부, 그리고 캘리포니아의 관개하여 물을 채울 수 있는 아주 넓고 평평한 지역에서 자란다.

귀리, 보리, 호밀, 그리고 옥수수 같은 다른 곡물은 밀이나 쌀에 비해 소비되는 양이 훨씬 적다. 우리들은 이들 곡물을 오트밀, 호밀 빵, 그리고 사탕옥수수로 먹고, 보리의 대부분으로 맥주를 양조한다. 그러나 이들 곡물의 대부분은 소, 돼지, 가금(poultry), 그리고 양 같은 가축을 먹이는 데 이용된다. 이런 동물들은 사람에게 고기나 우유 또는 알을 공급해 준다. 만일 우리가 곡물을 직접 먹는다면 1차소비자가 되겠지만, 곡물 대신에 동물을 먹기 때문에 우리는 2차소비자가 된다. 우리는 보다 높은 영양단계에서 먹는 것이다. 대체로 1 kg의 동물단백질을 얻으려면 10 kg의 곡물 사용을 필요로 한다. 우리가 고기를 적게 소비한다면 그토록 많은 땅을 농장과 목장으로 전환할 필요가 없을 것이다.

귀리(*Avena sativa*)는 단백질과 유익한 지질이 풍부하게 들어 있고, 이들 성분은 콜레스테롤을 안전한 수준으로 유지시킨다(**그림 24-9**). 귀리는 비교적 최근인 약 3,000년 전에 재배되기 시작하였고, 오늘날에는 건강에 좋은 효과 때문에 우리들의 음식에서 점점 더 많이 등장하고 있다. 보리(*Hordeum vulgare*)는 고대의 작물이고, 약 9,000년 전부터 재배되었다. 세상에서 처음으로 도시를 세우고 관개 사업을 펼친 고대 수메르 사람들은 보리를 맥주로 어떻게 양조하는지를 발견하였다. 이는 중대한 발견인데, 그것

그림 24-9 수확할 무렵의 귀리. 밀과 비교하여 각 줄기에서는 낟알이 적게 만들어지고, 단백질이 풍부하게 들어 있지 않다. 낟알을 추수한 다음 남아 있는 줄기를 짚(straw)이라고 부르며, 이를 동물의 잠자리로 이용하지만 영양가는 전혀 없다.

© thelinke/iStock

그림 24-10 맥주는 구운 보리의 당이 발효되도록 큰 통에서 양조하고, 발효의 결과 당은 에틸알코올로 전환된다. 이산화탄소가 빠져 나가게끔 통은 열려 있다. 맥주를 따를 때 보이는 거품은 맥주를 시장에 내다 팔기 직전에 인위적으로 주입한 이산화탄소이다.

© Design Pics Inc./Alamy Stock Photo

그림 24-11 옥수수(*Zea mays*)는 특이한 벼과 초본이다. 그 꼭대기에는 수꽃이삭(tassel)이라고 부르는 일련의 수꽃들이 있고, 식물체의 가운데에 암꽃이삭(ear)이라고 부르는 한두 세트의 암꽃들이 있는데, 암꽃들은 열매(옥수수 속)로 발달한다.

은 발효에 의해 더 많은 비타민이 만들어지고, 가공되지 않은 보리보다 훨씬 영양가 있는 맥주가 만들어지기 때문인데, 곡물과 물에서 자라는 미생물들을 죽여서 맥주를 멸균한다(**그림 24-10**). 맥주를 발효하는 효모는 녹말이 아니라 오로지 포도당만을 이용하므로, 양조가 시작되기 전에 보리를 살짝 볶아서 녹말을 포도당으로 전환한다. 이렇게 열처리한 보리를 '맥아(malt)'라고 부르고, 맥아는 양조에 이용될 뿐만 아니라 몰트 밀크셰이크에도 이용된다.

옥수수(*Zea mays*; 종종 'maize'라고 부름)는 지금으로부터 약 9,000년 전에 멕시코에서 재배되기 시작하였다(**그림 24-11**). 알(kernel) 또는 씨앗이라고 부르는 옥수수의 영과(caryopses)는 라틴아메리카와 미국의 요리에서 중요한데, 글루텐이 없는 가루로 갈아서 토르티야(tortilla) 또는 옥수수 빵을 만들거나, 홀 커널 콘(whole kernel corn) 또는 대에 붙어 있는 옥수수(corn on the cob)를 먹는다. 오늘날에는 수확한 옥수수 알의 상당 부분을 옥수수 시럽[이를 종종 '액상과당(high fructose corn syrup)'이라고 함]으로 가공 처리하여 감미료로 사용하거나 동물의 사료로 이용하거나 또는 에탄올로 전환한다. 한편 전체 옥수수 식물을 잘게 썰어서 큰 더미로 쌓은 다음 부분적으로 발효시킨다. 이렇게 하면 '엔실리지(ensilage)' 또는 그냥 '사일리지(silage)'라고 부르는 약한 알코올 성분의 동물 사료가 만들어지는데, 소가 이 사료를 좋아한다.

곡물 이외의 다른 식물들도 상당량의 탄수화물을 제공한다. 감자(*Solanum tuberosum*)의 덩이줄기(tuber)는 1년생 초본의 땅속에 있는 맨 아래 부분에서 자라고, 각 식물은 많은 덩이줄기를 만든다. 식물체의 지상부는 가을에 죽고, 이듬해 봄에 각 덩이줄기에 있는 곁눈[싹(eye)]의 일부에서 싹이 나서 위쪽으로 자라고, 원래 식물의 클론인 새로운 식물을 만든다. 감자는 거의 항상 덩이줄기의 조각을 심어서 번식시키는데, 이 조각에는 적어도 싹(눈)이 1개 이상 포함되어야 한다. 이렇게 해서 생긴 새로운 식물체는 어버이 식물의 클론이 되고, 원래 식물이 지닌 바람직한 특징과 똑같은 특징을 갖게 된다.

감자는 아마도 인간이 기르는 모든 작물 가운데 가장 오래된 작물일 것이고, 처음으로 재배된 식물종이었을 것이다. 고고학적 증거에 의하면 안데스 산맥의 남아메리카 사람들이 이미 11,000년 전에 감자를 재배한 것으로 보인다. 초기 인류가 감자를 재배할 수 있었던 것은 감자 덩이줄기가 갖는 많은 특징 때문이었다. 먼저 감자는 앞서 재배한 작물에서 만들어진 많은 덩이줄기 가운데 일부만 심어도 잘 번식한다. 감자는 날것 그대로 먹어도 되고 구워 먹어도 된다(따라서 감자는 사람들이 점토 냄비를 갖고 어떻게 음식을 끓이는지 알게 되기 이전에도 요리할 수 있었다). 한편 감자는 특히 안데스 산맥의 서늘한 지역에서도 그냥 덩이줄기 상태로 몇 달 동안 저장할 수 있다. 오늘날 미국의 많은 시장에서는 넷이나 다섯 종류의 감자들을 팔고 있지만, 볼리비아, 칠레, 또는 페루의 마을 시장에서는 적어도 10여 가지의 변종을 팔고 있고, 많은 종류들이 별난 모양과 색과 향을 갖는다.

많은 사람들이 '참마(yam)'와 '고구마(sweet potato)'라는 용어를 서로 바꿔서 사용하지만, 이들은 각각 별개의 종을 가리킨다. 대부분의 북아메리카 사람들에게 친숙한 고구마(*Ipomoea batatas*)는 속이 오렌지색을 띠는 뿌리의 일종이다(**그림 24-12**). 고구마는 남아메리카가 원산이고, 짙은 색깔은 비타민 A의 전구물질인 베타카로틴의 높은 농도 때문이다. 한편 고구마는 느리게 소화되고, 우리들의 혈류로 들어가는 당을 서서히 그리고 고르게 방출하는 복잡한 탄수화물을 갖고 있다. 그에 반해서 캔디와 과일주스 같은 단 음식이나 흰 빵과 감자처럼 녹말로만 된 음식은 빠르

그림 24-12 고구마는 베타카로틴의 높은 농도 때문에 오렌지색의 속을 갖는 큰 뿌리이다. 고구마는 쉽게 저장할 수 있고, 영양가가 높을 뿐만 아니라 식이성 섬유질의 훌륭한 원천이 된다.

게 소화되고 우리 몸이 당을 이용하기도 전에 빠르게 당이 혈류로 들어간다. 그런 음식들은 **혈당지수(glycemic index)**가 높다. 혈당이 빠르게 상승하면 일시적으로 기력이 왕성한 느낌을 갖게 되지만, 한편으로 이자(췌장)를 자극하여 다량의 인슐린을 방출하게 하고 이어서 글루카곤이 방출된다. 이 두 가지 호르몬은 온 몸에 걸쳐 강력한 효과를 발휘하고 이들의 빠른 기복은 정상적인 대사를 교란시킨다. 고구마처럼 당을 느리게 방출하는 음식들은 낮은 혈당지수를 갖고, 우리 몸의 인슐린과 글루카곤의 급격한 변화를 야기하지 않으며, 혈당지수가 높은 음식보다 훨씬 건강에 좋다(**표 24-1**).

마속(*Dioscorea*)의 몇 종인 참마(yam)는 속이 흰 덩이줄기이고, 고구마보다 훨씬 크며, 길이가 보통 2.5 m(8 ft)이고, 덩이줄기를 짧게 잘라서 판다 아프리카, 아시아, 그리고 남아메리카에서 여러 다른 종의 참마가 재배되었다.

대부분의 북아메리카 사람들은 카사바(*Manihot esculenta*)를 타피오카 푸딩(tapioca pudding)으로 가끔씩만 먹는다. 그러나 지구상의 많은 사람들은 주된 탄수화물 공급원으로 카사바에 의존하며, 그들의 칼로리 대부분을 카사바에서 얻는다. 카사바는 척박한 땅에서도 잘 자라고, 건조하거나 습하거나에 관계없이 잘 자라므로, 한계지역(marginal area)에 사는 많은 사람들에게 있어서 훌륭한 작물이 된다. 불행하게도 카사바는 거의 완벽한 탄수화물이고 단백질은 1% 가량일 따름이다. 지나치게 카사바에 의존하는 식사는 단백질 결핍증을 유발한다. 수확할 때 카사바는 매우 독성이 강해서 **박스 24-1**에서 설명한 것처럼 처리해야 한다. 일반적으로 가루를 말려서 볶은 다음에 수프에 넣어 걸쭉하게 만든다.

사탕수수(*Saccharum officinale*), 사탕무(*Beta vulgaris*), 단풍나무[단풍나무속(*Acer*)의 다양한 종들], 그리고 꿀은 사람에게 농축된 설탕(자당), 포도당, 그리고 과당을 공급하는데, 이들은 달다고 느끼는 화학물질들이다. 사탕수수는 큰 다년생 초본이고, 하와이와 멕시코만 부근 같이 따뜻하고 습한 지역에서 빠르게 자란다(**그림 24-13**). 가을에 잎을 벗겨 제거하고 두꺼운 줄기를 여러 토막으로 자른 다음, 즉시 즙액을 짜내는 제당소로 보낸다. 줄

표 24-1 일부 식품의 혈당지수

혈당지수(glycemic index)는 순수한 포도당에 대한 신체의 반응에 근거하고, 이를 백분율로 나타낸다. 음식에 들어 있는 지방 같은 다양한 요인들이 음식의 혈당지수에 영향을 미친다.

음식	혈당지수
설탕을 넣은 아침식사용 곡류	77~95
백미	89
인스턴트 오트밀	83
삶은 감자	82
피자	80
소다크래커	74
하얀 밀가루 빵	71
쿠스쿠스(couscous)	65
설탕이 들어간 콜라 청량음료	63
바나나	62
오트밀	55
퀴노아(quinoa)	53
초코 캔디바	51
통밀로 만든 빵	51
사과	39
당근	35
찰보리 빵	34
검정콩	30
렌즈콩	29
그레이프프루트	25
병아리콩	10
땅콩	7
훔무스(hummus)	6

기에서 짜고 남은 찌꺼기를 '버개스(bagasse)'라고 부르며, 버개스는 말린 후 연소시켜 제당소에 전력을 공급한다. 사탕수수에서는 너무 많은 버개스가 생기기 때문에, 그냥 태우는 것 외에 더 좋은 방안이 있는지 연구가 진행 중에 있다. 라임을 즙액에 넣어 밀랍, 각피질, 그리고 그 밖의 당이 아닌 화합물과 결합시켜 제거한 후, 즙액을 가열해서 물을 제거하고 설탕을 농축시킨다. 농도가 60%에 도달하면 설탕 결정을 만들기 시작한다. 이들 결정이 '원당(raw sugar)'이고, 가열한 즙액의 나머지와 분리하며, 설탕을 정출시킨 후의 최종산물은 당밀(molasses)이 된다. 원당은 정제 백설탕보다 덜 처리되어 약간 더 건강에 좋은 산물로 차츰 인기가 많아지고 있다. 약간의 비타민과 무기질이 설탕 결정에 붙어 있고, 더 이상 정제하지 않기 때문에 훨씬 적은 에너지를 필요로 한다. 순도가 높은 정제 백설탕을 얻으려면 원당을 물에 녹여서 설탕을 제외한 모든 것을 말끔히 씻은 다음, 이를 가열하여 설탕 결정을 분리한다. 마지막으로 동물의 뼈를 태워 만든 활성탄에 이를 여과

박스 24-1 식물의 재배

음식으로 식물을 이용하는 것은 식물을 재배하는 것과 다르다. 모든 초식동물과 잡식동물은 잎과 잔가지를 뜯어 먹거나 씨와 열매를 따고, 어떤 동물은 다육질의 뿌리, 덩이줄기, 그리고 비늘줄기를 캐낸다. 오직 사람만이 씨를 뿌리고, 작물을 기르고 수확하며, 그 이듬해에 새로운 작물을 재배하겠다는 확실한 의도를 갖고 씨앗이나 덩이줄기를 저장한다. 처음으로 경작된 종은 몇 가지 중요한 특성을 가졌다. 먹을 수 있는 부분은 쉽게 수확하고 저장할 수 있어야 하고, 날것 그대로 먹거나 아주 간단하게 준비하여 먹을 수 있어야 한다. 아울러 그런 식물은 간단하게 돌볼 수 있어야 하고, 심은 다음 몇 달 안에 소출을 얻을 수 있게끔 1년생이어야 한다. 감자가 좋은 사례이다. 개개의 작은 1년생 식물이 많은 덩이줄기를 만들고, 그 덩이줄기는 막대기나 맨손으로 캐내서 쉽게 수확할 수 있다. 감자는 날것 그대로 먹거나 불에 넣거나 작은 불덩이와 섞어서 익혀 먹어도 된다. 쥐와 생쥐로부터 보호하는 것 말고는 아무 노력 없이도 감자를 몇 달 동안 저장할 수 있다. 농부들은 밭에 일부 덩이줄기가 남아 있는 것을 항상 못 보고 넘어가고, 그래서 다음해 봄에 농부의 노력 없이도 새로운 식물이 싹튼다. 사람들이 새로운 지역으로 이주하면 덩이줄기를 함께 운반할 수 있고, 사람들이 정착하는 곳이라면 어디서나 감자를 심을 수 있다. 밀, 벼, 귀리, 그리고 보리 같은 곡류 초본들도 이와 유사한 특징을 갖는다.

대추야자와 올리브나무 같은 다년생 식물은 농부들이 식물에서 일어나는 일을 이해한 다음에야 비로소 재배할 수 있었다. 사람들은 야생의 대추와 올리브를 찾아다니고 거두어 들였지만, 몇 년이 지나도록 식물에서 첫 소출이 열리지 않을 수 있다는 점을 알게 되면서 낙관론과 사회적 안정을 필요로 하게 되었다(**그림 B24-1**).

마지막으로 경작하기 시작한 식물들은 정성을 들여 처리한 다음에야 비로소 먹을 수 있는 식물들이다. 카사바(cassava)의 녹말이 풍부한 뿌리는 갓 땄을 때 독성이 극도로 강하다. 카사바 뿌리는 갈아서 가루로 만들어야 하고, 이어서 물과 혼합하여 식물의 효소가 독소를 분해하는 동안 그대로 두어야 한다. 몇 시간이 지나면 물을 버린 다음 신선한 물을 넣고, 이 과정을 여러 차례 반복하여야 최종적으로 먹을 수 있는 가루를 얻게 된다. 거의 굶어 죽을 정도의 사람들이 카사바를 먹으려고 시도했을 것 같고, 카사바를 안전하게 처리하는 방법을 알게 되기 전까지는 많은 사람들이 죽었을 것이다. 우리는 독성이 없는 카카오 콩에서 초콜릿을 얻고 있지만, 그 처리 과정은 공을 들여야 한다. 카카오 콩을 수확해서 발효시키고 볶은 다음 갈아서 반죽으로 만든다. 모든 단계는 정확하게 이루어져야 하고, 그렇지 않으면 산물이 쓸모없게 된다. 광범위한 처리를 필요로 하여 최근까지도 경작되지 않았던 다른 식물들로는 커피, 사탕수수, 그리고 바닐라 등이 있다.

포도와 보리는 약간 다르다. 이들은 모두 고대의 음식이면서 보다 새로운 음식이다. 포도는 물론 그냥 먹을 수 있고, 보리는 쉽게 굽거나 끓일 수 있는데, 두 종류 모두 아주 일찍 재배되었다. 그러나 약 6,000년 전에 수메르 사람들이 보리를 발효시켜 맥주를 만들고 포도를 와인으로 발효시키는 방법을 터득하였다. 이는 대단히 중요했는데, 왜냐하면 발효 자체가 성분을 살균하기 때문이다. 석기 시대의 사람들이 맑고 깨끗한 시냇물을 마신 반면에, 초기의 도시 거주자들은 대체로 사람과 동물의 폐기물로 더럽혀진 강의 흙탕물을 대부분 마셨다. 세균이 없는 맥주와 와인이 훨씬 더 몸에 좋았을 것이다. 게다가 신선한 포도는 저장할 수 없고, 포도를 한겨울 동안 보존하는 유일한 방법은 포도를 말려서 건포도를 만들거나 발효시켜 와인을 만드는 것인데, 두 가지 모두 다음해에 포도를 수확할 때까지 지속될 수 있다. 보리는 건조한 기후에서 저장하기가 쉽지만, 습한 조건에서는 곰팡이의 공격을 받게 된다. 밀폐된 통이나 병에 담긴 맥주는 어디에서나 저장할 수 있고, 특히 지중해를 건너는 초기의 선박에서도 저장할 수 있었다.

그림 B24-1 이 그림에 있는 고대 수메르의 사제가 마주보고 있는 물체를 식물이라고 알아볼 수 없지만, 이와 같은 이미지는 오랜 역사를 갖고 있다. 이보다 오래 전에 그려진 이미지에서는 물체가 점점 식물처럼 보인다. 그 식물은 대추야자이다. 수메르 시기의 후반에는 대추가 매우 중요한 식품이었기 때문에 대추야자는 신성한 생명의 나무로 간주되었고, 나무의 묘사가 몹시 양식화되어 더 이상 실제의 식물과 흡사하지 않게 되었다. 이 사제가 손에 들고 있는 물체는 꽃가루가 들어 있는 용기라고 믿어지고, 대추의 풍작을 확실하게 하기 위해 꽃가루를 암꽃들에 뿌리는 장치라고 여겨진다.

식물을 경작하고 식품을 가공하는 개념은 1900년대 중반부터 새로운 뜻을 지니게 되었다. 그때까지 거의 모든 음식은 자연적이고 유기농에 의한 것이었다. 인공적인 향, 색, 방부제는 들어가지 않았고, 변형된 옥수수 시럽이나 트랜스지방도 없었다. 대부분의 식사는 정원에서 따오거나 동네 시장에서 산 신선한 재료로 매일 준비되었다. 1900년대 초부터 시작하여 다양한 식품첨가물들이 쏟아져 나왔고, 많은 식품들이 오늘날에는 원료를 화학적으로 처리하여 영양가가 의심스러운 공장생산품처럼 만들어지고 있다. 아침식사용 곡류, 스낵 식품, 청량음료, 그리고 캔디바 등이 가장 명백한 사례이다. 많은 도시의 일부분, 특히 저소득층이 사는 지역을 '**식품사막(food desert)**'이라고 부른다. 그런 지역에는 식품점도 있고 편의점도 있지만, 아무 것도 섞이지 않은 순수한 식품은 거의 없다. 농업이 시작된 이래, 농부들은 식물을 다른 식물과 교배하여 형질을 인위적으로 선택하였고, 동물을 사육할 때에도 마찬가지였다. 최근에는 DNA를 직접 조작하여 생물 자체의 DNA를 변형시키고 서로 관련이 없는 생물들 간에서 유전자를 전달하는 기법이 개발되었다. 이런 생물들은 유전자변형생물(GMOs)이라고 알려져 있으며, 유전자가 변형된 많은 식물, 동물, 그리고 식품들이 지극히 안전할 수 있고, 어떤 경우에는 확실히 식품을 보다 영양가 있게 만들어준다. 그러나 많은 사람들은 유전자변형생물을 식품으로 이용하기 전에, 즉 식품이 우리 몸 안으로 들어가고 우리들의 세포로 들어가기 전에 유전자변형생물에 관하여 보다 많은 자료가 수집되어야 안전할 것이라고 느끼고 있다. 11,000년 동안, 영농과 원예는 우리들에게 영양가 높고 자연적인 식품을 공급해 왔고, 지금도 그렇게 하고 있다. 우리는 우리가 무엇을 먹고 있는지 알아야 하고, 양심적으로 선택해야 한다.

(A) Courtesy of Tommy R. Navarre

(B)

그림 24-13 **(A)** 사탕수수는 크고 단단한 벼과 초본이다. 수확할 때 이 기계가 잎을 베어 내고, 지면 높이에서 줄기를 자른 다음에 다루기 쉽게 줄기를 여러 토막으로 자른다. 이 토막들을 카트에 싣고, 트럭에 옮겨 바로 제당소로 보낸다. 뿌리와 함께 남은 줄기의 그루터기는 땅에 남아 이듬해 봄에 싹이 트고 새로운 줄기가 자라서 새로운 작물이 된다. **(B)** 사탕수수의 즙액을 여러 차례 가열하여 물을 충분히 제거해야만 설탕이 결정화된다. 제당공장 위로 나오는 배기가스를 보고 깜짝 놀라겠지만, 이는 모두 배출되는 증기일 따름이다.

표 24-2 아메리카 대륙의 식물들

콜럼버스(Christopher Columbus)는 향신료의 원천인 동남아시아로 가는 지름길을 찾고 싶었지만, 거대한 장애물인 아메리카 대륙으로 가고 말았다. 콜럼버스는 신대륙을 발견하였을 뿐만 아니라, 사람, 금, 은, 식물, 그리고 동물을 새로이 발견하였다. 금과 은은 스페인을 부유하게 하였고, 식물은 전 세계의 거의 모든 사람들의 식사를 풍부하게 만들었다. 아래와 같은 친숙한 식물들은 아메리카 대륙에서 재배하였지만 콜럼버스의 항해가 이루어질 때까지 어디에서도 알려지지 않았던 식물들이다.

아보카도	땅콩
콩(몇 가지 변종)	파인애플
검은 호두나무	감자
블루베리	스쿼시, 호박, 오이
치클(껌의 원료)	딸기
칠리 페퍼	해바라기
초콜릿	고구마
옥수수	담배
덩굴월귤	토마토
메이플 시럽	바닐라

시켜 순백색의 설탕을 얻는다.

사탕수수는 적어도 5,000년 전에 동남아시아에서 재배되기 시작하였고, 사탕수수 농장은 콜럼버스의 항해 직후에 카리브해 지역에서 시작되었다(**표 24-2**). 불행하게도 사탕수수의 재배는 담배와 목화의 재배와 똑같이 노동 집약적이고, 노예제도의 근거가 되었다.

사탕무는 아주 새로운 작물이다. 어떤 사탕무는 다른 작물보다도 달지만, 사탕수수를 이용할 수 있는 한 사탕무는 보잘 것 없었다. 그러나 나폴레옹 전쟁 동안에 프랑스는 카리브해의 식민지로부터의 설탕 수송이 영국의 봉쇄로 차단되었다. 나폴레옹은 식물학자들에게 사탕무의 설탕 농도를 향상시키라고 지시하였는데, 왜냐하면 사탕무는 프랑스 본토에서도 재배할 수 있기 때문이다. 식물학자들이 성공하였지만, 이미 나폴레옹은 전쟁에서 패한 다음이었다. 현대의 사탕무는 그들의 조상인 빨간 무와는 공통점이 거의 없다. 사탕무는 크기가 거의 축구공만큼 크고, 빨간 색소는 전혀 없는 순백색이다. 사탕무는 가을에 파낸 다음, 사탕수수의 경우와 똑같이 가공 처리한다.

단풍나무의 몇 종[설탕단풍(*Acer saccharum*), 참꽃단풍(*A. rubrum*), 흑단풍(*A. nigrum*)]은 초봄에 당을 운반하는 물관액(xylem sap)을 생성한다. 나무의 변재에 구멍을 낸 다음 튜브를 넣고서 양동이에 물관액이 방울방울 흘러내리도록 한다(**그림 24-**

© Marc Bruxelle/Alamy Stock Photo

그림 24-14 단풍나무에서는 초봄에만 메이플 시럽을 위한 수액을 받을 수 있다. 초봄은 당이 체관부를 통하지 않고 물관부를 통해 운반되는 유일한 시기이다.

14). 그러고 나서 액체를 가열하여 농축시켜 메이플 시럽(maple syrup)을 만든다.

꿀은 꿀벌(*Apis mellifera*)에 의해 가공 처리된 식물생산물이다. 꿀벌은 꽃에서 꽃꿀을 수집하면서 동시발생적으로 꽃을 수분시킨다. 꿀벌은 먼저 꽃꿀을 먹고 이를 여러 차례 역류시키면서 꿀을 농축시킨 다음, 이를 밀랍에 놓고 설탕(자당), 포도당, 그리고 과당의 농도가 80%에 도달할 때까지 날개로 부채질을 한다. 그러고 나서 꿀을 벌집에 넣고 밀봉한다. 당분이 80%이고 수분이 겨우 20%인 꿀은 몹시 건성이고, 만일 곰팡이나 세균의 포자들이 그 위에 떨어진다면 '습한(wet)' 세포로부터 '건조한(dry)' 꿀로 물이 확산되어 들어가서 포자를 건조시키고 죽이게 되므로, 꿀은 몇 년 동안 지속된다. 사람은 보통 꿀을 전혀 가공 처리하지 않고 소비한다. 때로는 꿀을 여과시켜 찌꺼기와 벌의 작은 조각들을 제거하기도 한다. 사람들은 꿀이 설탕보다 훨씬 더 영양이 풍부하고 건강에 좋다고 여기고 있지만, 꿀은 무시해도 될 정도의 비타민이나 무기질을 포함하고 있을 뿐이다. 어떤 꿀은 꽃꿀을 제공하는 꽃으로부터 향기를 내는 분자를 취하기도 하지만, 이런 향은 어디까지나 기분을 좋게 할 따름이고 영양가가 높은 것은 아니다.

단백질과 기름 및 비타민을 제공하는 식물

소수의 식물들은 사람들에게 많은 양의 단백질을 제공해 준다. 살아 있는 모든 식물세포는 효소, 미세소관, 막, 기타 등등의 형태로 단백질을 갖고 있지만, 이들 단백질은 소량만 존재할 뿐이다. 일부 종은 단백질이 풍부하게 들어 있는 씨를 만들고, 특히 **콩과 식물(legume)**인 콩과(Fabaceae)는 콩, 완두콩, 렌즈콩, 땅콩, 병아리콩, 그리고 다른 많은 식품들을 만든다는 점에서 중요하다(**그림 24-15**). 많은 콩과 식물은 공생하는 질소고정세균이 들어 있는 뿌리혹을 형성한다. 결과적으로 이들 식물은 생장에 필요한 환원형 질소를 두 군데에서 공급받게 되는데, 그 하나는 토양에 존재하는 환원형 질소이고, 다른 하나는 공생세균에 의해 생성된 것이다. 따라서 콩과 식물은 질소가 부족한 토양이나 질소비료를 뿌리지 않은 밭에서도 대체로 잘 자라고, 대부분의 식물에서 만들어지는 씨보다 단백질을 많이 함유하는 씨를 만든다. 오늘날 대부분의 사람들은 단백질을 동물에 기반을 둔 고기, 우유, 그리고 달걀에 의존하고 있지만, 이는 비교적 현대의 호화로움이고, 역사를 통틀어 대부분의 사람들은 콩과 식물에 의존하여 왔다. 콩과에는 16,000종 이상이 있고, 많은 종들이 먹을 수 있는 씨앗이나 잎을 만든다. 우리는 지금도 새로이 재배할 가능성이 있는 잘 알려지지 않은 콩과 식물들을 탐색하고 있다.

그림 24-15 콩은 많은 종과 변종이 존재하고, 우리는 이들을 음식으로 이용한다. 여기에 보인 콩은 요리에서 널리 이용되는 강낭콩이다. 식물에서 콩이 익으면 꼬투리가 마르고 비틀어져서 부수어 열리고 콩이 방출된다. 콩들은 꼬투리가 벌어지자마자 수확해야 하고, 그렇지 않으면 콩이 땅에 떨어져서 쉽게 줍지 못할 수 있다.

우리들이 필요로 하는 20가지 아미노산 모두가 거의 적당한 양으로 들어 있는 단백질원을 **완전단백질(complete protein)**이라고 한다. 그렇지만 많은 단백질들은 하나 이상의 아미노산들이 적게 들어 있고[이를 **불완전단백질(incomplete protein)**이라고 함], 우리는 그 한 단백질에만 의존할 수 없다. 그러나 단백질들의 다양한 쌍들이 **상보단백질(complementary protein)**이다. 즉, 어떤 단백질은 다른 단백질에 부족한 아미노산을 적당량 갖고 있고, 그 반대의 경우도 마찬가지다. 고대의 많은 경작에서는 생각하지도 못하고 알지도 못하면서 상보단백질을 발견하였다. 멕시코 음식의 옥수수, 콩, 그리고 호박들은 상보단백질들을 갖고 있고, 쌀과 콩도 마찬가지이고, 땅콩버터와 밀가루로 만든 빵의 샌드위치도 그러하다. 콩(대두, *Glycine max*)은 완전단백질을 갖춘 콩과 식물이고, 오랫동안 아시아 사람들의 식사에서 중요하였다. 서양인들은 최근에야 콩의 가치를 평가하기 시작하였으며, 오늘날 미국에서 콩은 가장 중요한 작물의 하나가 되었다. 콩의 씨앗에는 40%의 단백질과 20%의 기름이 들어 있다. 우리는 보통 씨앗에서 기름을 추출하여, 대두유는 우리 자신을 위해 이용하고, 단백질이 풍부한 탈지 콩가루는 동물의 사료로 이용한다. 그러나 종종 사람의 음식에서 두유와 두부의 형태로 콩 단백질의 사용이 점차 증가하고 있으며, 인조고기(textured vegetable protein, TVP)로도 이용되고 있다. 인조고기는 고기의 질감과 모양이 나게 조작한 콩 단백질이다. 누구든지 스테이크나 폭찹을 인조고기와 구별할 수 있지만, 우리들이 흔히 접할 수 있는 인스턴트 식품에는 '고기'인지 그다지 주목하지 못하는 무엇인가가 갈렸거나 빵가루를 입혔거나 튀긴 상태로 들어 있다. 인조고기는 우리를 딜레마에 빠지게 한다. 인조고기는 자연적인 심플푸드(simple food)가 아니지만, 한편으로는 우리가 고기 대신 인조고기를 먹는다면 도살되어야 할 동물의 수를 줄이게 되고 아울러 2차소비자가 아닌 1차소비자가 되어 보다 낮은 영양단계에서 먹게 되는 것이다. 인조고기를 만들기 위해 콩을 재배하는 데 쓰이는 땅 1에이커에서는 똑같은 땅에서 소를 위한 목초지로 이용될 때보다 15배나 많은 단백질이 만들어진다.

한편, 콩과 식물은 가축의 사료로서 중요하다. 말과 소에게 알팔파(alfalfa)를 먹이로 주는데, 동물이 밭에서 알팔파를 뜯어먹게 하거나 알팔파를 벤 다음 말려서 건초(hay)를 만든다(**그림 24-16**). 아울러 건초는 압축하여 펠릿(pellet)으로 만들 수 있으며, 건초 펠릿은 저장과 운반이 용이하다. 알팔파는 젖을 분비하고 매일 몇 갤런의 단백질이 풍부한 우유를 만드는 젖소에게 특히 중요하다.

그림 24-16 알팔파를 벤 다음 햇빛에 여러 날 말린 다음, 둥글게 말아서 압축하여 건초더미(뭉치)를 만든다. 이런 형태로 건초를 몇 년 동안 저장할 수 있지만, 몇 달이 지나면 건초가 급속도로 악화된다. 콩과 식물인 알팔파 건초는 더미에서 가축에게 먹이는 부분이 잎과 줄기뿐이지만 단백질이 풍부하게 들어 있다.

그림 24-17 카놀라유는 이 유채(*Brassica napus*)의 열매로부터 채취한다. 기름은 튀김요리, 샐러드 드레싱, 그리고 요리의 재료로 이용된다. 카놀라유는 중요한 지질의 훌륭한 공급원이다.

우리 몸에서는 오메가-3지방산과 오메가-6지방산을 제외하고 우리가 필요로 하는 거의 모든 지질을 합성한다. 리놀레산(linoleic acid)과 알파-리놀렌산(alpha-linolenic acid)은 필수지방산들이므로, 우리는 음식물에서 이들을 섭취해야 한다. 식물은 이들 오메가 지방산들과 우리들에게 이로운 그 밖의 지질들을만드는데, 그보다 중요한 것은 식물이 콜레스테롤이나 해로운 트랜스지방을 결코 만들지 않는다는 점이다(**박스 24-2** 참조). 결과적으로 식물로부터 얻는 지질은 건강에 좋은 경향이 있다. 훌륭한 공급원으로는 호두, 피칸, 그리고 아몬드 같은 견과류, 아보카도, 올리브, 그리고 코코넛 같은 열매, 그리고 땅콩, 해바라기, 카놀라, 잇꽃(safflower), 그리고 콩 등의 씨앗들이다(**그림 24-17**).

우리의 음식에 있는 식물 지질의 대부분은 식물에서 추출되어 샐러드 드레싱으로 이용되거나 튀김에 이용되는 기름의 형태이다. 추출된 기름은 여러 다른 지질들과 지용성 성분들의 복잡한 혼합물이다. 따라서 각각의 기름은 그 자체의 독특한 풍미와 향기를 갖는다. 튀김요리에 이용할 때 각각은 그 자체의 특정한 온도에서 누렇게 변하기 시작하고, 그 온도 이상으로 가열하면 유쾌하지 못한 맛이 나고 불이 날 우려가 있다. 예를 들어, 아마인유(flax seed oil)는 107°C(225°F)에서 연기가 나기 시작하는데, 이 정도의 온도는 튀김에 이용하기에 너무 낮다. 반면에 올리브유(olive oil)는 199°C(391°F)까지 가열할 수 있고, 낙화생유(peanut oil)는 232°C(450°F)이므로 음식을 튀기는 데 이용할 수 있다. (만일 기름에 불이 붙으면 용기에 뚜껑을 덮거나 베이킹 소다로 불을 꺼야 하고, 절대로 그 위에 물을 붓지 말아야 한다.) 많은 식물기름은 독성이 있거나 위험한 지용성 오염물을 포함한다. 유동나무에서 채취한 동유(tung oil) 자체에는 독성이 있으므로 요리에 이용하면 안 되고, 음식에 닿을 수 있는 나무로 된 그릇이나 숟가락으로 다루지 말아야 한다. 정제되지 않은 피마자유(castor bean oil)에는 리신(ricin)이 들어 있는데, 리신은 지금까지 알려진 가장 치명적인 화합물 중 하나이다. 정제된 피마자유에는 리신이 들어 있

박스 24-2 지질, 기름, 지방, 트랜스지방, 그리고 사람의 건강

'지질(lipid)'이라는 용어는 지방과 기름 모두, 그리고 그 밖에 몇 가지 화합물들을 포함한다. 정의에 의하면, 지방(fat)은 실온에서 고체인 반면, 기름(oil)은 녹는점이 낮아서 실온에서 액체이다. 만일 기름을 충분히 차갑게 하면 기름이 굳어지고, 튀김요리에 지방을 이용할 때처럼 지방을 가열하면 지방이 액화된다. 포화지방산에서는 각각의 탄소가 탄소-탄소 단일결합에 의해 다른 2개의 탄소와 결합한다. 아울러 각 탄소에는 2개의 수소원자가 결합된다. 불포화지방산에서는 사슬의 어떤 지점에서 인접한 2개의 탄소원자들이 탄소-탄소 2중결합에 의해 붙어 있다. 이러한 2개의 탄소들 각각에는 오직 1개의 수소가 결합한다. 지방산은 수소에 의해 포화되지 않는다. 1개의 2중결합을 가진 불포화지방산은 단일불포화(monounsaturated) 지방산이고, 2개 이상의 2중결합을 가진 불포화지방산은 다중불포화(polyunsaturated) 지방산이다.

포화지방산들은 쉽게 서로 나란히 놓이는 경향이 있고, 정연하게 안정된 구조를 이룬다. 이러한 정연함을 깨뜨리고 액체 형태로 여기저기 이동하게 만들기 위해서는 포화지방산에 열을 가해야 하고, 포화지방산은 고형의 지질인 지방을 형성한다. 불포화지방산의 2중결합은 사슬을 구부러지게 만들고, 인접한 지방산과 제대로 나란하게 배열할 수 없다. 대신에 불포화지방산은 뒤죽박죽 뒤섞이고 서늘할 때에도 이리저리 움직인다. 불포화지방산은 기름이다.

식물과 동물의 몸 안에서 포화지방산과 불포화지방산의 상대적 비율에 따라 막 또는 지질방울이 고체 또는 액체가 되거나, 부드러워진다. 그 비율은 주위의 온도가 변화함에 따라 세포에 의해 바뀔 수 있다. 식물과 변온동물에서는 몸의 온도가 환경의 온도와 비슷하고 계절에 따라 변한다. 막은 항상 유체(fluid) 상태를 유지해야 하고, 그런 생물들은 종종 겨울에 기름 같은 불포화지방산을 첨가하고, 여름에는 이를 포화지방산으로 대체하는데, 그것은 포화지방산이 더운 날씨에도 지나치게 유동적인[묽은(runny)] 상태가 되지 않기 때문이다.

불포화지방산에서는 2종류의 2중결합이 가능하다. 지방산 사슬의 두 부분이 2중결합의 같은 쪽에 놓이면, 이는 **시스불포화지방산(*cis*-unsaturated fatty acid)**이다. 그러나 만일 두 부분이 반대쪽에 놓이면, 이는 **트랜스불포화지방산(*trans*-unsaturated fatty acid)**이고, 이를 보통 **트랜스지방(*trans*-fat)**이라고 부른다(그림 24-17 참조). 다중불포화지방산은 2가지 종류의 2중결합을 모두 가질 수 있다. 식물이나 동물은 몸 안에서 자연적으로 트랜스지방을 전혀 만들지 않는다. 천연 음식물지방은 대체로 유익하지만, 트랜스지방은 필수지방이 아니고 건강에 좋은 식사도 결코 아니다. 트랜스지방은 심장병 위험을 증가시키고, '나쁜' LDL 콜레스테롤의 농도를 높이며, 우리 몸에 '좋은' HDL 콜레스테롤의 농도를 감소시킨다.

우리들이 먹는 음식에서 트랜스지방의 유일한 원천은 식품가공을 통한 것이다. 트랜스지방은 공장에서 인공적으로 합성된다. 기름인 불포화지방산은 대체로 튀김요리에 이용하기에 충분할 만큼 가열할 수 없는데, 그것은 기름에서 연기가 나고, 누렇게 되며, '탄 냄새(burnt flavor)'가 나기 때문이다. 그에 반해서, 많은 지방은 높은 온도까지 가열할 수 있다. 지방은 요리에 필요한 온도 부근에서 녹아 액체가 된다. 뿐만 아니라, 불포화지방산(기름)과 기름으로 만든 음식은 포화지방산(지방)으로 만든 음식처럼 긴 저장수명(shelf life)을 갖지 않는데, 왜냐하면 산소가 2중결합의 탄소와 반응하기 때문이다. 우리는 이를 지방이 산패하고(rancid) 먹을 수 없게 되었다고 여긴다. 대부분의 상업적으로 제조되어 포장된 음식들처럼 만일 불포화 기름으로 만든 음식을 저장할 필요가 있다면, BHA(Butylated Hydroxy Anisole)와 BHT(Butylated Hydroxy Toluene) 같은 인공 산화방지제를 첨가해야 한다(제품성분 표시의 끝 부근에서 그 목록을 볼 수 있다).

굽는 요리에 필요한 천연 지방의 적절한 공급원을 찾는 것이 불가능하지는 않지만, 식물기름을 이용하여 수소화(hydrogenation: 2중결합에 수소를 화학적으로 첨가하는 반응)하는 것이 훨씬 쉽고 경비가 적게 든다. 만일 기름을 수소화하여 포화시키면 기름이 극도로 단단해지므로, 기름이 부분적으로 수소화된다. 즉, 2중결합의 일부만 포화시키고 다른 2중결합들은 그대로 남겨둔다. 그렇게 하면 원래의 기름보다 저장수명이 긴 지방이 만들어지고, 굽거나 튀겼을 때 훨씬 질감이 좋아진다. 문제는 부분적 수소화(부분경화)가 자연적인 시스지방산의 일부를 자연스러운 것이 아닌 트랜스지방산으로 전환한다는 것이다. 트랜스지방의 위험은 최근에야 알려지기 시작하였고, 대부분의 식품가공업자들은 트랜스지방을 더 이상 사용하지 않도록 제품을 다시 디자인하고 있다. 그렇지만 모든 가공업자나 모든 가공식품이 그렇지 않으므로, 제품의 라벨을 살펴서 만일 '트랜스지방(*trans*-fats)' 또는 '부분경화유(partially hydrogenated oils)'라는 성분이 포함된 제품은 피하는 것이 최선이다.

지 않지만, 강력한 설사제(하제)이다. 많은 식물기름, 특히 몇 군데에서 탄소-탄소의 2중결합이 나타나는 다중불포화기름(polyunsaturated oil)은 바니시(varnish)와 래커(lacquer) 같은 화학물질로 이용된다(아래를 참조하시오).

식물은 사람에게 비타민과 그 밖의 복잡한 영양소들을 공급한다. 모든 녹색식물은 오직 물, 이산화탄소, 햇빛, 그리고 무기질로부터 자신이 필요로 하는 모든 유기화합물을 생산한다. 그러므로 식물에서 잎처럼 활발하게 자라는 부분들은 영양분이 극도로 높은 경향이 있다. 게다가 식물의 모든 녹색 부분은 광합성에 의해 생성되는 위험한 활성산소(oxygen free radical)로부터 세포를 보호하는 **항산화제(antioxidant)**를 풍부하게 만들어야 한다[활성산소(reactive oxygen species, ROS)]. 항산화제의 예로는 비타민

그림 24-18 빨간색 피망과 주황색 피망은 모두 녹색 피망이 완전히 익은 형태이고, 이들 모두 고추(*Capsicum annuum*)이다. 이들은 할라페뇨와 밀접한 관계가 있지만, 매운 맛의 성분인 캅사이신(capsaicin)이 없고, 이들 모두 항산화제의 훌륭한 공급원이다.

C와 E, 꽃과 열매 그리고 당근의 빨갛고 노란 색소인 카로티노이드(**그림 24-18**), 장과류에 있는 플라보노이드, 그리고 커피와 차 그리고 잎에 기반을 둔 많은 향신료에 있는 페놀 화합물들이다. 시금치, 케일, 콜라드(collard greens), 브로콜리, 그리고 방울다다기양배추 같이 진녹색 잎을 가진 채소들은 영양가가 매우 높다.

식물의 몇 개 과는 특히 영양가 높은 음식을 제공한다. 감귤류의 과인 운향과(Rutaceae)는 비타민 C가 풍부한 오렌지, 레몬, 그리고 그레이프프루트 등을 포함한다. 장미의 과인 장미과(Rosaceae)는, 물론 장미속(*Rosa*)이 포함되지만, 그 밖에도 라즈베리, 블랙베리, 보이젠베리(boysenberry), 그리고 딸기뿐만 아니라, 복숭아, 체리, 살구, 자두, 그리고 아몬드[아몬드(almond)는 외과피를 제거하고 다육질의 중과피를 갖는 씨(핵)이다]를 포함한다. 사과, 배, 그리고 모과도 장미과에 속하는 종류들이다. 참고로, 사과는 영양가가 높고 건강에 좋지만 사과주스는 당분을 함유하고, 달콤하며, 저렴하다. 사과주스는 종종 다른 과일주스에 첨가하는데, 이는 주스를 달콤하게 할 뿐만 아니라 생산단가를 낮추기 위함이다. 다음에 여러분이 석류주스 같은 종류의 과일주스를 마실 때에는 성분 목록을 보기 바란다. 항상 사과주스가 포함되어 있다. 대안은 무엇이고, 결과는 무엇인가? 한 가지 대안으로 설탕을 넣어 주스를 달콤하게 할 수 있겠지만, 그렇게 하면 영양소 없이 칼로리만 첨가하게 되므로 혈당지수를 높이게 된다. 사과주스로 주스를 달게 하는 것은 사과주스에 들어 있는 천연 당분과 그 밖의 영양소를 더하여 다른 주스를 달게 하는 것인데, 이 또한 과다한 설탕을 소비한다는 문제가 있다. 세 번째 대안은 달게 하지 않은 주스를 마시는 것이다. 어떤 방식이든, 최근 영양학자들은 과일이 훌륭한 음식의 중요하고도 영양가 높은 부분인 반면에, 달콤한 과일주스는 그렇지 않다는 결론을 내렸다.

식물의 다양한 기관들이 지닌 영양가는 다르다. 잎에는 비타민과 항산화제, 그리고 소량을 필요로 하는 기타 화합물들이 풍부하게 들어 있지만, 탄수화물, 단백질, 그리고 지질은 적다. 샐러드 드레싱을 너무 많이 첨가하지 않는 한, 잎이 많은 야채 샐러드를 먹고 살이 찌는 사람은 없다. 씨앗은 배(embryo)이고, 전형적으로 씨는 발아하는 동안 배가 이용하게 될 에너지 비축으로 가득 채워져 있다. 씨앗은 벼과 초본의 경우 탄수화물이 풍부한 경향이 있고, 콩과 식물에는 단백질이 많이 함유되어 있으며, 견과류와 땅콩에는 기름이 많이 들어 있다. 대개 홀씨드(whole seed: 도정하지 않은 쌀이나 밀)가 영양소와 칼로리 모두를 제공한다. 사과와 오렌지 같은 다육질의 과일은 열매를 먹고 씨를 분산시키는 동물들을 유인한다. 그런 과일들은 달콤하고, 대부분 기름기가 없으며, 단백질이나 비타민이 거의 들어 있지 않은 경향이 있다. 땅콩껍질, 오렌지껍질, 그리고 호두껍질처럼 건조하거나 가죽 같은 열매는 섬유질이어서 씨를 기계적으로 보호한다. 이런 열매는 보통 성숙하였을 때 영양가가 전혀 없다. 깍지완두(스노피)는 식품으로 이용되는 건과의 드문 예이지만, 깍지완두가 아주 미성숙하고, 살아 있으며, 부분적으로 섬유질이 되어 있을 때에만 식용으로 한다. 호박, 펌프킨, 오이, 주키니, 그리고 박 같은 박과(Cucurbitaceae)의 박류(cucurbits)는 건조와 다육질의 중간쯤에 있는 열매를 갖는다. 박(gourd)은 완전히 말라버리고, 동물들이 쪼개서 씨를 먹는다. 그 밖의 박류, 특히 오이와 호박은 인간의 재배와 인위선택의 결과로 보다 다육질이 되었다. 사람들은 먹을 수 있는 두꺼운 중과피(mesocarp)를 만들 것 같은 식물들만 재배하고, 그렇지 않은 식물들은 버렸다. 자연선택이 수천 년에서 길게는 수백만 년이 소요되는 매우 느린 과정인 반면에, 인위선택은 훨씬 빠를 수 있다. 농부들은 각각 다른 목적으로 페포호박(*Cucurbita pepo*)의 여러 다른 종류들을 선택하였고, 지금은 이 한 종이 핼러윈의 상징인 호박초롱(jack-o'-lanterns)을 만드는 과육이 얇은 호박, 호박 파이를 만드는 과육이 두꺼운 호박, 도토리호박(acorn squash), 그리고 국수호박(spaghetti squash) 등이 되었다. 감자의 덩이줄기, 당근과 사탕무우의 원뿌리, 생강의 뿌리줄기, 그리고 양파와 마늘의 비늘 줄기 같은 땅속 기관들은 변화가 심하다. 땅속기관의 대부분은 다음해의 생육기에 식물 자체에 영양분을 공급할 만큼의 탄수화물과 소량의 비타민과 기타 영양소를 갖고 있는데, 이는 식물이 다시 자라기 시작하면 그런 물질들을 합성하기 때문이다.

풍미를 더해주는 식물: 허브와 향신료

허브(herbs)와 **향신료(spices)**는 강하고 즐거운 풍미를 갖는 식물로, 우리는 이들을 소량 이용하지만 이들은 영양가가 거의 없다. 고추와 할라페뇨에는 비타민 C가 풍부하게 들어 있지만, 그렇다고 해서 비타민 C의 1일 필요량을 채우기 위해 할라페뇨를 먹거나 핫소스를 마시려고 시도할 수는 없다. 계피는 많은 음식에 들어 가지만, 하나의 순수한 계피가루를 찻숟가락으로 한 번에 먹기란 불가능하다. 이들의 강한 맛은 식물을 먹으려는 초식동물을 단념시키는 화학방어로 진화하였다. 우리는 단지 수십 종의 식물만 허브와 향신료로 이용하지만, 다른 식물들에게 방어 능력이 없는

그림 24-19 소나무 숲의 향기는 잎에서 배어 나오는 휘발성 테르펜류 때문이다. 여러 가지 종류의 테르펜류가 존재하고, 많은 테르펜들은 음식으로 즐기는 맛의 중요한 요소이다. 이 침엽수는 테다소나무(*Pinus taeda*)이다.

그림 24-21 아니스(anise; *Pimpinella anisum*)는 우리가 향신료로 이용하는 산형과의 많은 종류 가운데 하나이다. 이들 열매 각각은 맛 좋은 기름이 들어 있는 기름강(oil cavity)을 포함한다. 아니스는 감초(licorice)와 비슷한 풍미를 낸다[진정한 감초의 풍미는 콩과 식물인 감초(*Glycyrrhiza glabra*)의 뿌리에서 만들어진다].

것은 아니다. 소나무, 참나무, 붓꽃, 그리고 거의 모든 식물의 잎은 강하거나, 쓰거나, 또는 불쾌한 맛을 갖고 있어서 우리는 아무리 소량이라도 그런 잎들을 먹지 않는다.

우리가 즐기는 많은 맛은 불과 몇 가지 군(class)의 화합물에 기반을 둔 것이고, 각 군에는 다양하고 많은 화학물질들이 포함된다. 테르펜류(terpenes)는 가장 큰 군 중의 하나이고, 여기에는 수천 종류가 포함되며, 이들은 모두 침엽수 잎과 감귤류 과일의 향기를 갖는 경향이 있다(**그림 24-19**). 테르펜류는 휘발성이고, 실온에서 증발하여 허브나 향신료의 향에 영향을 미치는 강한 향기를 갖는다. 페놀류(phenols)도 큰 화합물 군이지만, 풍미와 향기는 매우 차이가 난다. 페놀류는 백리향, 오레가노(oregano), 정향, 그리고 계피뿐만 아니라 바닐라의 우세한 풍미를 제공한다. 각각은 몹시 독특해서 어느 하나를 다른 것과 혼동할 리가 없고, 각각의 맛은 여러 종류의 페놀화합물뿐만 아니라 다른 화합물의 존재로 생기는 것이다. 다른 맛들은 후추의 알칼로이드(alkaloid)와 정향과 박하의 지질에 기인한다.

식물의 많은 종들이 풍미 있는 화합물들을 함유하지만, 몇 몇 과들은 독특한 대사경로를 갖고, 그 결과로 생기는 특정한 화합물들이 그 과를 특징짓는다. 예를 들어, 박하의 과인 꿀풀과(Lamiaceae)는 멘톨(menthol)을 생성하는데, 이는 특히 페퍼민트(*Mentha piperita*)와 스피어민트(*Mentha spicata*)에 풍부하게 들어 있다. 꿀풀과의 다른 허브들로는 바질(basil), 마조람(marjoram), 오레가노, 세이지(sage), 그리고 백리향이 있다(**그림 24-20**). 딜(dill)의 과인 산형과(Apiaceae)는 우리가 딜, 아니스(anise), 캐러웨이(caraway), 셀러리, 쿠민(cumin), 고수, 그리고 회향에서 즐기는 기름을 생성한다(**그림 24-21**). 산형과에는 극도로 치명적인 나도독미나리(*Conium maculatum*)도 포함된다. 겨자의 과인 배추과(Brassicaceae)는 허브와 향신료의 큰 과이고, 겨자, 서양고추냉이, 그리고 고추냉이에서 발견되는 톡 쏘는 듯한 몹시 자극적인 화학물질인 이소티오시안산 아실(acyl isothiocyanate)을 생성하는 특정한 효소와 기질[미로시나아제(myrosinase)와 시니그린(sinigrin)]을 갖는다.

그림 24-20 스피아민트(*Mentha spicata*)는 많은 양의 향기로운 멘톨과 다양한 기름들을 생성한다. 우리는 그 잎을 고명으로 얹어 먹고(잎의 향이 너무 강해서 많은 사람들이 샐러드로 먹을 수는 없다), 잎을 가열하여 기름을 추출한 다음 찬물로 식혀 기름을 뜨게 함으로써 기름을 얻게 된다.

특히 중요한 허브와 향신료들은 다음과 같다.

고추는 고추속(*Capsicum*)에 속하며, 전 세계에서 사용되는 다양한 고추의 거의 모두가 고추(*Capsicum annuum*)의 한 종이다(**그림 24-22**). 고추는 가지과(Solanaceae)의 일종인데, 가지과에는 감자, 토마토, 그리고 가지도 포함된다. 고추의 매운맛과 '얼얼함(hotness)'은 화학물질인 **캡사이신(capsaicin)**에 기인한다. 캡사이신의 대사경로는 단일한 유전자에 의해 조절되며, 피망의 경우와 같이 만일 두 대립유전자들 모두가 불활성이면 캡사이신이 없다. 그러나 식물이 활성을 띠는 하나 또는 두 대립유전자를 갖게 되면 다양한 양의 캡사이신이 만들어지고, 여러분은 즉시 알 수 있게 된다. 매운맛은 스코빌 척도(Scoville scale)로 측정된다. 고추의 캡사이신을 알코올로 추출한 다음, 소량의 추출액을 많은 양의 물에 첨가한다. 몇몇 사람들에게 물의 맛을 보게 하여 캡사이신을 감지하는지 관찰한다. 만일 느끼지 못한다면 사람들이 감지할 때까지 더 추가하는데, 그 희석 비율이 스코빌 매운맛 단위(Scoville heat unit, SHU)로 나타내는 고추의 매운맛이다. 피망은 0.0 SHU

그림 24-22 할라페뇨(jalapeño) 고추는 피망과 매우 밀접한 관계가 있지만[두 가지 모두 고추(*Capsicum annuum*)임], 피망에 캅사이신이 없는 반면에 할라페뇨에는 캅사이신이 엄청나게 많이 있다. 어떤 사람들은 씨만 맵고, 과실벽 자체는 맵지 않다고 주장한다. 그러나 과실벽 안쪽에서 튀어나온 투명한 부분을 자세히 보면 여러분은 관심을 갖게 될 것이다.

그림 24-23 바질(*Ocimum basilicum*)은 박하의 과인 꿀풀과(Lamiaceae)의 일종이다. 갓 딴 잎이나 말린 잎을 향신료로 이용하는데, 바질은 페스토(pesto)의 주요 재료 중 하나이다.

이고, 가장 매운 고추로 알려진 부트졸로키아(Bhut Jolokia)라는 변종은 1백만 SHU인데, 만일 1 mL의 추출액을 물 1백만 mL에 넣는다면 사람들이 이를 감지하게 될 것이다. 이는 물 264 갤런 중 20방울이 된다. 안하임 고추(Anaheim pepper)는 500에서 2,500 SHU, 할라페뇨(jalapeño)는 2,500에서 8,000 SHU, 그리고 세라노(serrano) 고추는 23,000 SHU이다. 캅사이신은 알코올과 지질에 녹는다. 따라서 여러분이 너무 매운 음식을 베어 물었다면 맥주나 와인 또는 마르가리타(margarita) 칵테일로 불타는 듯한 감각을 진정시킬 수 있고, 우유나 치즈도 도움이 되지만, 물은 그렇지 못하나. 씨가 충분히 발달하면 고추가 선명한 적색이 되거나 노랗게 된다. 이런 색깔은 새들에게 신호가 되는데, 새들은 캅사이신에 반응하지 않으므로, 열매를 먹고 그 씨를 서식지 도처에 퍼뜨린다. 캅사이신은 호신용 분사 액체인 페퍼 스프레이와 곰 퇴치 스프레이의 유효성분이다.

고추속(*Capsicum*)은 아메리카 대륙이 원산이고, 콜럼버스의 항해 이후에야 유럽과 그 밖의 나라들로 소개되었다. 그 이후에 고추는 전 세계적으로 많은 종류의 요리에서 기본 성분이 되었다. 중국과 태국 그리고 인도의 매콤한 음식들은 물론이고, 인도의 카레와 헝가리 파프리카 같은 대중적인 요리조차도 아메리카 대륙이 원산인 고추속에 의존한다.

많은 향긋한 허브들이 유럽에서 비롯되었다. 많은 종류가 박하의 과인 꿀풀과(Lamiaceae)의 잎들인데, 박하, 스피어민트, 페퍼민트, 바질, 세이지, 로즈메리, 그리고 오레가노 등이 포함된다(**그림 24-23**). 이들 잎들을 따서 신선하게 이용하지만, 잎을 말려도 그 맛과 향은 그대로 남는다. 딜의 과인 산형과(Apiaceae)도 아니스, 캐러웨이, 셀러리, 고수, 쿠민, 딜, 그리고 회향 같은 많은 향긋한 허브들을 제공한다. 우리는 보통 이들을 씨라고 부르지만, 사실상 이들은 각각 단일한 씨가 들어 있는 작은 열매이다. 풍미 있는 기름들이 만들어지고 저장되는 기름샘(oil gland)이 과실벽에 있다.

몹시 자극적인 겨자유인 이소티오시안산 알릴(allyl isothiocyanate)을 얻으려면 겨자의 씨를 약간 가공 처리해야 한다. 씨가 온전할 때에는, 그 안에 포함된 효소 미로시나아제(myrosinase)가 특수한 세포인 미로신세포(myrosin cell)의 세포질에 위치해 있는 반면, 그 기질인 시니그린(sinigrin)은 액포에 위치한다. 씨가 훼손되지 않는 한, 효소와 기질은 상호작용할 수 없고, 겨자유는 만들어지지 않는다. 그러나 초식동물이 겨자의 씨를 베어 물거나 요리사가 물에서 겨자씨를 갈면 효소와 기질이 반응하여 겨자유를 만들어낸다. 이 화합물은 식물 세포 자체에도 위험해서, 식물이 실제로 공격을 받기 전까지 겨자유는 생성되지 않는다. 부엌에서 가루로 만든 겨자씨를 몇 분 동안 물에 두면 약한 매운맛을 얻을 수 있고, 만일 보다 강한 풍미를 원한다면 30분이나 그 이상 두면 된다. 묽은 아세트산인 식초를 가하면 반응이 중단되고 원하는 수준의 매운맛이 유지된다.

계피(cinnamon)는 동남아시아가 원산인 큰 교목의 나무껍질을 말린 것이다. 상업적 조림에서는, 약 3년생의 어린나무에서 새로 나온 가지들을 거의 바닥까지 베어 내서 단단한 줄기만 위로 빠르게 자라도록 한다. 나무들이 몇 m의 높이가 되면 가장 바깥쪽의 나무껍질을 벗겨낸 다음, 남아 있는 내수피(2기 체관부)를 망치로 고르게 톡톡 두드린다. 그러고 나서 내수피를 벗기고 말린다. 나무껍질을 벗기는 작업은 전문가에 의해 이루어져야 하며, 그렇지 않으면 자칫 관다발형성층이 손상을 입을 수 있다. 월계수의 과인 녹나무과(Lauraceae)의 녹나무속(*Cinnamomum*)은 여러 종이 있지만, 옥계(*C. zeylanicum*)에서만 진정한 계피가 얻어진다. 그 밖의 종들(*C. cassia*, *C. burmannii*, *C. loureirii*) 역시 계피의 풍미를 내기는 하지만, 대부분의 전문가들은 이들 3종의 풍미가 옥계 계피의 맛보다 못하다고 간주하고, 이들을 계피라고 하지 않고 **카시아(cassia)**라고 부른다. 그렇지만 미국 농무성은 이들 4가지 모두를 계피(cinnamon)로 판매하도록 허용하고 있다. 카시아는 진정한 계피보다 덜 비싸고, 따라서 여러분이 그간 많은 시나몬롤(cinnamon roll)을 먹어 보았겠지만, 진짜 계피는 한 번도 먹어보지 못했을 가능성이 크다(**그림 24-24**).

그림 24-24 우리가 먹는 계피는 순수한 나무껍질이고, 이는 나무껍질이 식품으로 이용되는 극히 드문 예가 된다.

정향(clove)은 도금양과(Myrtaceae)의 인도네시아에서 자라는 나무인 정향나무(*Syzygium aromaticum*)의 열리지 않은 꽃눈이다. 꽃봉오리가 녹색에서 옅은 분홍색으로 변하고 벌어지기 전에 손으로 따야 한다. 꽃눈을 너무 일찍 따게 되면 꽃눈에 이들의 향기로운 오일인 유제놀(eugenol)이 들어 있지 않고, 너무 늦게 따면 눈이 벌어져서 쓸모없게 된다. 각 나무를 조심스럽게 점검하고 해마다 적어도 네 차례 수집한다. 꽃봉오리를 따면 말려서 이용하게 된다. 빵을 구울 때 꽃봉오리를 직접 이용하기도 하며, 수집한 많은 꽃봉오리들로부터 유제놀을 추출하여 향료로 활용할 뿐만 아니라 현미경에서 사용하는 특정 염색제를 용해하는 오일로도 쓰인다. 한편 유제놀은 강력한 항미생물 특성을 갖고 있으므로 제품에 풍미를 더해 주고 보존하는 데에도 이용된다.

후추(*Piper nigrum*)를 매일 먹지 않는 서양인은 거의 없을 것이다(**그림 24-25**). 후추는 사람의 가장 오래된 향신료 중 하나이다. 후추는 인도에서 4,000년 전에 사용되기 시작하였다. 고대 이집트인들은 시체를 방부 처리하는 과정에서 후추를 이용하였다. 기원전 1213년에 미라가 된 이집트의 파라오 람세스 2세를 감은 붕대 사이에 알후추가 놓였다. 로마인과 그리스인들도 후추를 널리 사용하였고, 이후 지금까지 모든 유럽인들도 후추를 애용한다. 계피와 동남아시아에서 온 다른 종들과 마찬가지로 모든 후추도 중동지역을 통과하는 대상에 의해서만 수입되어야 했고, 따라서 대체로 후추는 같은 무게의 금보다도 훨씬 비쌌다. 후추와 그 밖의 아시아 종들을 수입하는 보다 저렴한 방법을 찾고자 하는 욕구는 콜럼버스가 서쪽으로 항해하게 된 근거가 되었다.

그림 24-25 이는 후추(*Piper nigrum*)의 열매를 통째로 말린 것이다. 알후추가 검은색으로 보이는 것은 수확한 다음에 잠깐 동안 '발효'하도록 두었기 때문이고, 그 과정에서 풍미가 변하고 강화된다.

후추나무는 기둥이나 격자 모양의 구조물(트렐리스)에서 재배하는 덩굴식물이다. 그 열매는 아주 작은 복숭아 같은 핵과(drupe)이고, 부드러운 육질의 외과피와 중과피가 배를 보호하는 단단한 내과피를 둘러싸고 있다. 후추 열매는 원하는 후추의 유형에 따라 서로 다른 단계에 수확한다. '녹후추(green pepper)'를 원하면, 열매가 아직 녹색을 띨 때 수집한 다음, 소금물에 절이거나 동결 건조시켜 그 색깔을 유지시킨다. '검은후추(black pepper)'를 원한다면, 식물체에서 열매가 익도록 두었다가 열매가 노랗게 변한 다음에 딴다. 열매를 살짝 가열하고 나서 겹쳐 쌓고 잠시 발효시킨다. 이런 과정을 거치면 열매가 검게 변하고 그 풍미가 더해지는데, 그 주성분은 알칼로이드인 피페린(piperine)이다(**그림 24-26**). 발효시킨 다음 열매를 말린 것을 알후추(통후추, peppercorn)라고 하는데, 우리가 후추 가는 기구에 넣는 것이 바로 이 알후추이다. 많은 사람들이 공장에서 이미 갈아 놓은 검은후추를 구입하지만, 알후추를 빻게 되면 산소와 반응하는 표면적이 증가하면서 시간이 지날수록 풍미가 약해진다. '백후추(white pepper)'를 얻고 싶으면, 열매가 완전히 익도록 방치한 다음에 열매를 따서 몇 주 동안 잔잔하고 개방된 물에 보관한다. 곰팡이가 육질의 부드러운 부분을 공격하고 이들을 분해시킨다. 이 과정을 **발효정련(retting)**이라고 부르고, 이 과정은 식물 물질의 단단한 부분을 부드러운 부분과 분리할 때 주로 이용한다. 발효정련이 끝나면 부드러워진 육질은 씻겨 나가고, 흰색의 내과피와 씨만 남게 된다.

바닐라(vanilla)는 난초과 식물인 바닐라 플라니폴리아(*Vanilla planifolia*) 열매를 이용한 장기간에 걸친 까다로운 공정에 의해 만들어진다. 바닐라 난초는 감아 올라가야 하는 크고 튼튼한 덩굴식물이므로, 바닐라를 재배하는 농장에서는 작은 나무들의 맨 아래 부분에 바닐라 덩굴을 심어 놓고 있다. 좋은 질을 유지하기 위해, 최고의 향을 지닌 바닐라를 생성하는 것으로 알려진 덩굴로부터 자른 가지들을 영양번식시킨다. 6장 정도의 잎을 가진 덩굴의 절편을 나무의 바닥 부근에 심으면, 나중에 가장 위쪽

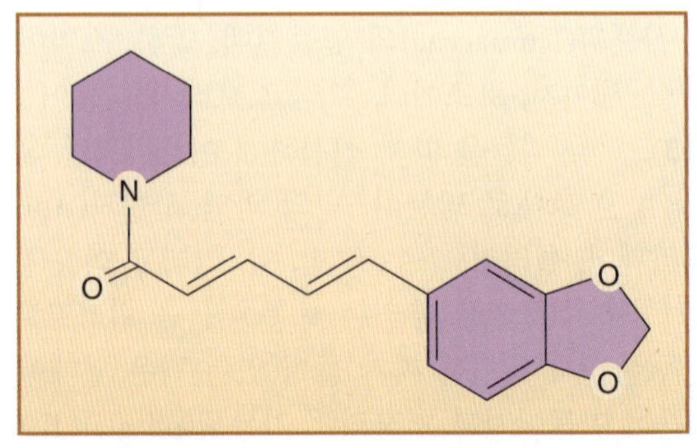

그림 24-26 후추의 향을 내는 주성분인 피페린(piperine)의 화학구조.

© vast natalia/Alamy Stock Photo

그림 24-27 바닐라의 '콩(bean)'이라고 부르기는 하지만, 이것들은 사실상 난초과 식물인 바닐라 플라니폴리아(*Vanilla planifolia*) 열매를 말리고 발효시킨 것이다. 우리가 바닐라 향을 매우 좋아하기에, 바닐라콩은 우리가 구입할 수 있는 가장 비싼 음식의 하나이다.

© Dr. Morley Read/ShutterStock, Inc.

그림 24-28 카카오(*Theobroma cacao*)의 각 열매는 크고 많은 씨가 들어 있으며, 각각의 씨는 두꺼운 과육으로 둘러싸여 있다. 씨와 과육을 조심스럽게 발효시킨 다음, 씨를 볶고 갈아서 초콜릿을 만든다.

의 눈이 활성화되어 막뿌리로 나무에 고정하면서 위쪽을 향해 타고 오른다. 일꾼이 쉽게 작업하지 못할 정도로 덩굴이 높이 자라면 덩굴을 아래로 구부린 다음 다시 위쪽으로 자라게 한다. 이렇게 휘어진 식물은 정상적으로 자란 식물보다 꽃이 일찍 피게 된다. 덩굴이 구부러져 있기 때문에 모든 꽃과 열매들은 쉽게 다룰 수 있는 높이에 있게 된다. 많은 수작업이 필요하기 때문에 이는 필수적이다. 멕시코에 자생하는 자연의 꽃가루매개동물인 벌은 별로 효과적이지 못하므로 바닐라 꽃을 일일이 손으로 수분시켜야 한다. 각 식물은 해마다 큰 하얀 꽃을 많이 만들지만, 그 가운데 5~6개만 수분시키고 나머지는 시들게 놓아 두어, 식물이 지나치게 많은 열매를 떠받치느라 과도한 압박을 받지 않게 해준다. 각각의 수정된 꽃에서는 가느다란 껍질콩(green bean)과 비슷하게 생긴 단일한 긴 '바닐라콩(vanilla bean)'이 생긴다(**그림 24-27**). 열매의 끝이 노랗게 변하면 열매를 손으로 딴다. 지나치게 익은 열매가 없도록 각 식물을 자주 점검해 주어야 한다. 수집한 열매를 삶는데, 열매는 죽지만 중요한 효소들이 변성되지 않을 만큼 몇 분 동안만 가열한다. 효소들이 열매를 변경시켜 적절한 풍미와 향기가 나도록 한다. 바닐라콩을 햇빛에 몇 시간 둔 다음에 모직담요로 단단히 둘러싸고, 하룻밤 동안 나무상자에 둔다. 바닐라콩에서 땀이 흐르듯 물기가 스며 나온다. 다음날 햇빛에 다시 놔두고, 이 과정을 열흘 동안 매일 반복한다. 마침내 바닐라콩을 한 달 또는 그 이상 공기가 통하지 않는 나무상자에 두면 최종적인 향이 생성된다. 이런 모든 노력의 결과로 바닐린(vanillin)이라는 화합물뿐만 아니라 바닐라의 독특한 맛과 향에 기여하는 적어도 170종류의 다른 화학물질들이 생긴다. 바닐린은 인공적으로 합성할 수 있는데, 이는 '바닐라 추출물(vanilla extract)'이라 하지 않고 라벨에 '인공바닐라(artificial vanilla)'라고 적어야 한다.

초콜릿은 멕시코와 열대 아메리카에 자생하는 작은 나무인 카카오(*Theobroma cacao*)의 씨앗으로부터 만들어진다. 고고학적 증거에 의하면 초콜릿은 이미 3,100년 전에 사용되었고, 마야 족, 아즈텍 족, 그리고 그 밖에 메소아메리카에 살던 사람들에게 널리 알려져 있었다. 그 당시에는 아메리카 대륙에 설탕이 없었으므로, 초콜릿을 고추, 아치오테(achiote), 그리고 바닐라와 혼합하여 쓴맛이 나는 초코틀(xocoatl)이라는 음료를 만들었다. 콜럼버스의 항해 직후에 유럽에서는 핫 초콜릿을 마시는 것이 유행하기 시작하였지만, 그 당시의 초콜릿은 쓰고, 기름기가 많고, 극도로 포만감을 주었다. 오늘날의 밀크 초콜릿과 코코아는 1800년대에 개발되었다.

카카오 씨앗에서 초콜릿을 만드는 것은 극도로 복잡한 과정이다. 열매에서 씨와 그 주변의 과육(pulp)을 제거하고 큰 더미에 놓아 과육을 발효시킨다(**그림 24-28**). '발효'라는 단어는 산소가 거의 없는 조건에서 미생물이나 식물 자체의 효소가 작용하여 어떤 결실을 낳는 모든 과정을 가리킬 때 사용한다. 이는 11장에서 설명한 무기호흡과는 동일하지 않다. 카카오 씨와 과육을 커다랗게 포개 놓는 목적은 비록 그 표면은 공기에 노출되더라도 산소가 더미 안쪽으로 들어오지 못하게 하는 것이다. 쌓아 놓은 더미에서 효모가 과육에 작용하여 당분이 알코올로 전환되고, 며칠이 지나면 더미는 젖산균(lactic acid bacteria)이 잘 자라는 조건으로 바뀌면서 효모가 젖산균으로 대체되서 다른 효소반응이 진행된다. 며칠 후에 더미를 뒤집어 모든 부분들이 산소에 노출되도록 한다. 이는 젖산균을 억제하는 반면에 아세트산세균(acetic acid bacteria)을 조장하는 것이다. 적절한 맛과 향이 충분히 발달하고 불쾌한 향이 제거되는 것은 정확한 순서와 기간 동안 일어나는 뚜렷이 다른 세 가지의 발효에 의해 결정된다. 발효가 끝나면 카카오콩을 말려서 농장으로부터 공장으로 실어 나른다. 이렇게 건조시킨 씨를 카카오니브(cacao nib)라고 부른다. 카카오(*Theobroma cacao*)는 아메리카 대륙의 열대 지역이 원산지이지만, 지금은 서아프리카가 카카오니브의 주요 생산지이다.

공장에서는 카카오니브를 초콜릿으로 전환시킨다. 먼저, 카카오니브를 한 시간까지 정확한 온도에서 볶는다. 볶음(roasting)은 니브가 그슬리거나 덜 볶아지지 않게끔 전문가에 의해 조절되어야 한다. 그런 다음에 니브를 분쇄하여 거칠고 기름기가 함유된 물질인 카카오매스(chocolate liquor)를 만드는데, 이는 자연식품 상점에서 여러분이 스스로 분쇄한 거친 땅콩버터와 비슷하다. 여러분은 아마도 카카오매스를 먹어 본 적이 있을 것이다. 카카오매스를 지방과 혼합하여 단단하게 만들어서, 이를 '무가당 초콜릿(unsweetened chocolate)' 또는 '제빵용 초콜릿(baking chocolate)'이라고 판매한다. 초콜릿의 이 순수한 종류는 보통 너무 써서 그대로는 먹을 수 없다. 카카오매스를 압착하여 액체의 코코아버터(cocoa butter)와 마른 코코아파우더(cocoa solids)를 분리한다. 철자가 바뀐 점에 주목하자. 압착하기 전의 재료는 '카카오(cacao)'이고, 짜낸 다음의 물질은 '코코아(cocoa)'이다. 아즈텍 족은 결코 압착하지 않았다. 이 단계는 1800년대 중반에 유럽에서 고안된 것이다. 짜서 성분을 분리하는 기법이 개발됨에 따라 특정한 풍미와 질감을 갖는 다양한 종류의 초콜릿을 만들 수 있게 되었다. 우리가 먹는 초콜릿의 대부분은 카카오매스에 설탕과 함께 약간의 코코아버터를 넣은 것이다. '밀크초콜릿'을 얻으려면 설탕과 함께 유고형분(milk solids)인 분유도 첨가한다. 코코아파우더를 갈고 체로 거른 다음에 코코아가루(cocoa powder)로 판매한다. 이토록 복잡한 가공처리 과정을 거치다보면 일이 잘못될 수 있으므로, 양질의 초콜릿을 만들려면 숙련된 전문가의 지식과 경험을 필요로 한다. 최종적으로 만들어지는 산물의 대부분에서 탄내, 햄 냄새, 곰팡내, 흙냄새 그리고 그 밖의 이상한 냄새가 나면 사용할 수 없게 된다.

초콜릿의 풍미는 많은 화학물질의 결과이다. 중요한 두 가지 성분은 테오브로민과 세로토닌이다. 테오브로민(theobromine)은 화학적으로 카페인과 유사한 알칼로이드이고, 순한 흥분제이다. 세로토닌(serotonin)은 우리 몸의 신경세포들에서 만들어지는 신경전달물질이다. 세로토닌은 어떤 신경세포들이 서로 연락하는 방편인데, 초콜릿의 세로토닌이 우리의 중추신경계에 직접 작용하므로, 초콜릿은 우리에게 쾌락과 행복감을 느끼게 해 줄 수 있다.

약물을 제공하는 식물

독성이 강해서 한 입만 먹어도 위험해질 수 있는 화학물질들이 많은 식물에 함유되어 있다. 덩굴옻나무(*Toxicodendron radicans*), 마전자나무(*Strychnos nux-vomica*), 지가데누스속(*Zigadenus*), 투구꽃속(*Aconitum*), 그리고 자살나무(*Cerbera odollam*)는 피해야 하는 식물들의 사례이다. 자연선택의 결과로 식물이 동물로부터 지키는 화학물질이 진화하면서 신경세포와 상호작용하는 어떤 화학물질들이 특히 효과적이 되었다. 흰독말풀(*Datura stramonium*)은 빠른 심장박동, 환각, 그리고 발작을 일으키고, 종종 죽음에 이르게 하는 아트로핀(atropine)을 함유하고 있다. 스트리크닌

© zhaojiankang/iStock

그림 24-29 찻잎은 관목인 차나무(*Camellia sinensis*)로부터 수확하는데, 차나무를 손질하여 높이를 작게 유지시키고 더 많은 싹과 잎들이 생기게 한다. 어린잎만 따고, 오래된 잎은 광합성을 수행해서 식물을 건전하게 유지시킬 수 있도록 놔둔다.

(strychnine)은 사람의 척수와 뇌에 있는 신경세포에서 염화이온(chloride ion)의 이동을 방해하고, 아코니틴(aconitine)은 우리 심장의 나트륨대사를 간섭한다.

다수의 식물들은 사람들이 쾌감을 맛보기 위해 소비할 만큼 순한 향정신성 화합물들을 함유하고 있다. 차, 커피, 그리고 마리화나 같은 일부는 수년간 사용하더라도 거의 해가 없는 것으로 보인다. 그러나 다른 어떤 것들은 치명적인데, 사람의 목숨을 서서히 앗아가고 중독성이 아주 강해서 많은 사람들은 이들 식물의 산물이 자신의 건강에 중대한 해를 끼치고 자신을 죽일지도 모른다는 사실을 알면서도 이용한다. 담배, 아편, 그리고 코카인이 그 예이다.

차(tea)는 동남아시아에 자생하는 차나무과(Theaceae)의 큰 관목인 차나무(*Camellia sinensis*)의 어린잎을 따서 만든다(**그림 24-29**). 차나무는 두 가지 이유로 다듬는다. 먼저, 찻잎을 손으로 딸 수 있을 정도로 나무의 높이를 작게 유지시키고, 둘째로 나무를 손질하면 줄기와 가지의 정단분열조직이 제거되므로 정아우성(apical dominance)이 깨지면서 많은 싹들이 자라고, 따라서 유용한 잎들이 훨씬 빠르게 생긴다. 찻잎을 딴 다음에 1시간 정도 찌고, 그 다음에 찻잎을 베거나 비벼서 세포를 파괴시키는데, 이 과정에서 효소들이 다양한 화합물들을 산화하여 원하는 풍미가 만들어진다. 신선한 찻잎에는 페놀이 함유되어 있는데, 페놀은 극도로 수렴성(astringent)이고(입을 오므리게 만든다), 효소의 산화는 페놀의 일부를 파괴한다. 산소가 존재함에도 불구하고 이 단계를 '발효'라고 부른다. 녹차(green tea)는 자연적 풍미를 되도록 많이 지녀야 좋으므로, 짧게 발효시킨 다음에 잎을 건조시키고 절단하여 제품으로 만든다. 홍차(black tea)는 건조시키기 전에 잎을 몇 시간 동안 발효시킨다. 이렇게 하면 수렴성 페놀들이 결합하여 쓰지도 않고 수렴성이 아닌 큰 폴리페놀(polyphenol)이 되고, 차가 짙은 갈색을 띠게 된다. 아울러 효소들이 다른 분자들을 변화시켜 그들을 더욱 휘발성으로 만들어 홍차를 녹차보다 훨씬 강한 향을

그림 24-30 여기에 있는 3가지의 차는 차나무(*Camellia sinensis*)의 잎들이다. 중심에 있는 차는 녹차이고, 이는 잎을 아주 간단히 발효시킨 것이다. 왼쪽의 홍차는 향미를 바꾸고 떫은맛을 줄이기 위해 훨씬 길게 발효시킨 것이다. 오른쪽의 우롱차(oolong tea)는 잎을 중간 정도의 시간에서 발효시킨 것이다.

그림 24-31 이들 커피콩에 열을 가해서, 향을 변화시키고, 당을 캐러멜화하여 짙은 색을 띠게 하고, 기름이 위로 뜨도록 볶았다. 로스팅을 하기 전에는 커피콩이 녹색이고, 수렴성이며, 지금보다 훨씬 카페인이 많았다.

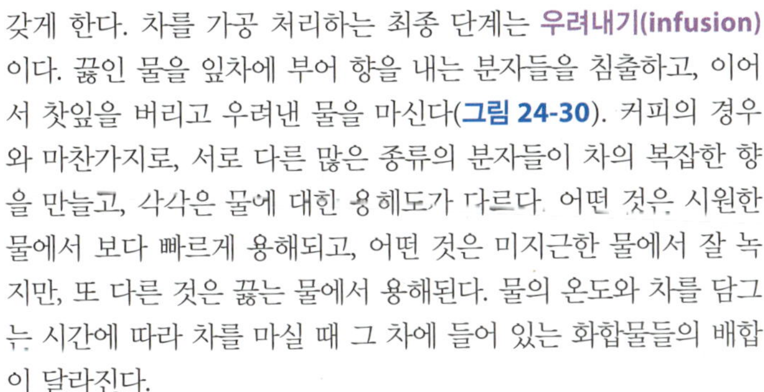

갖게 한다. 차를 가공 처리하는 최종 단계는 **우려내기(infusion)** 이다. 끓인 물을 잎차에 부어 향을 내는 분자들을 침출하고, 이어서 찻잎을 버리고 우려낸 물을 마신다(**그림 24-30**). 커피의 경우와 마찬가지로, 서로 다른 많은 종류의 분자들이 차의 복잡한 향을 만들고, 각각은 물에 대한 용해도가 다르다. 어떤 것은 시원한 물에서 보다 빠르게 용해되고, 어떤 것은 미지근한 물에서 잘 녹지만, 또 다른 것은 끓는 물에서 용해된다. 물의 온도와 차를 담그는 시간에 따라 차를 마실 때 그 차에 들어 있는 화합물들의 배합이 달라진다.

진정한 모든 차는 오직 한 종인 차나무(*Camellia sinensis*)로부터 만들어진다. 얼그레이티(Earl Grey tea)는 베르가모트(bergamot) 오렌지의 과피에서 추출한 기름으로 향을 낸 홍차이다. 차이 티(chai tea)는 생강, 카르다몸(cardamom), 그리고 몇몇 다른 향신료를 함께 넣어 끓이는 차이다. 허브차(herbal tea)는 차나무 외의 다양한 식물로부터 만들어진다. 허브차에는 향이 나는 말린 잎과 때때로 잔가지 또는 꽃이 들어 있고, 이를 우려서 마신다. 허브차의 유익한 점 가운데 하나는 카페인(caffeine)이 들어 있지 않다는 것인데, 카페인은 흥분제이고, 따라서 진정 효과가 있고 이뇨 작용을 줄여준다(오줌이 마렵지 않게 된다). 차나무는 수천 년 동안 재배되고 선택되었으며, 찻잎에 독성이 없다는 것이 입증되었다. 이에 반해 허브차는 누구든지 어떤 식물이건 잎을 잘게 썬 다음, 이를 허브차라고 부를 수 있다. 그렇지만 이런 종류의 허브차 가운데 몇 년 이상 이용할 수 있는 것은 거의 없고, 그 장기적 영향이 어떤지도 알지 못한다. 새로운 종류의 허브차에 독성이 있어서 제품 생산이 중단된 몇몇 사례가 있다. 불행하게도, 허브차 가운데에는 독성이 약해서 많은 사람들이 몇 년 동안 그 허브차를 마시고도 해로운 효과를 발견하지 못하는 경우도 많을 것이다. 여러분에게 익숙지 않은 어떤 식물 제품을 마시려 한다면, 식물이 동물을 다치게 하는 데 대단히 능숙하다는 점을 명심하기 바란다.

커피는 2종의 작은 나무의 씨앗을 볶은 후 우려내어 만든다. 커피나무(*Coffea arabica*), 즉 아라비카 품종은 짙은 향을 갖고, 코페아 카네포라(*Coffea canephora*)의 변종인 로부스타(*robusta*) 품종의 씨앗은 카페인 함량이 더 높고 병충해에 대한 저항이 강하다. 씨앗을 '커피콩(coffee beans)'이라고 부르지만, 이들은 콩과 식물이 아니고 꼭두서니과(Rubiaceae)이다. 수확한 다음에 커피콩을 과피와 분리시키고 나서 세척하고 건조시킨다. 그 결과로 만들어진 생두(green coffee beans)는 안정적이어서 시장으로 출하할 수 있다. 생두에 열을 가하여 볶는 로스팅(roasting)은 커피의 향미가 만들어지는 중요한 단계이다. 로스팅은 대체로 188°C에서 282°C(370°F에서 540°F)의 온도에서 이루어지고, 짧게는 3분에서 길게는 30분 동안 볶는다. 차의 경우와 마찬가지로, 로스팅의 시간이 짧을수록 풍미의 변화가 적어진다. 로스팅이 길어지면 녹말이 당으로 분해되고 나서 캐러멜화가 진행되어, 볶은 커피의 짙은 색이 만들어진다(**그림 24-31**). 생두를 볶게 되면 기름이 생두의 표면으로 나와서 다양한 형태로 바뀌는데, 그 가운데 하나가 커피 특유의 맛과 향을 갖게 하는 기름인 카페올(caffeol)이다. 또한 로스팅은 카페인을 분해시킨다. 짙고 진한 원두는 밝고 순한 원두에 비해 카페인이 적게 들어 있다. 커피를 내리기 직전에 원두를 볶고 가는 것이 가장 좋다. 로스팅에 의해 생성된 풍미를 더해주는 분자들은 불안정하고, 특히 공기에 노출되면 빠르게 분해된다.

콜라는 콜라나무 씨앗의 추출물을 함유하는 소프트드링크이다(알코올이 들어 있는 하드드링크와 대조를 이룬다). 콜라나무(*Cola*)는 초콜릿의 원천인 카카오(*Theobroma cacao*)와 관련이 있다. 콜라나무의 씨앗을 '콜라열매(kola nuts)'라고 부르며(철자의 'k'에 유의하자), 이 씨앗에는 카페인이 높은 농도로 들어 있다. 이 음료는 빠르게 대중화되었는데, 원래의 청량음료인 코카콜라에는 코카나무(*Erythroxylum coca*)의 성분인 코카인과 콜라열매의 성분인 카페인이 모두 들어 있었다. 몇 년 후에 코카인의 사용이 중단되었고, 지금은 콜라열매도 쓰이지 않는다. 콜라 음료에는 카페인이 들어 있지만, 현재 이 카페인은 커피에서 카페인을 제거한 부산물로부터 얻어진다.

맥주, 와인, 그리고 증류주(진, 테킬라, 럼, 위스키 등과 같이 증류에 의해 알코올 성분이 높아진 술) 같은 알코올음료는 우리들의 신경계에 직접 작용하여 억제시킨다. 많은 종류의 알코올이 있지만, 어떤 종류이건 알코올음료에 들어가는 유일한 알코올은 보리, 포도, 옥수수, 그리고 그 밖에 당분이나 녹말을 함유하는 식물에 들어 있는 당을 효모가 무기호흡에 의해 생성하는 에틸알코올(에탄올)이다. 이는 결코 자연적이거나 방어적인 화합물이 아니다. 알코올음료는 11장에서 이미 논의하였다.

담배에는 알칼로이드인 니코틴(nicotine)이 들어 있는데, 니코틴은 독성이 있을 뿐만 아니라 중독성이 아주 강하다. 만일 여러분이 담배를 피우지 않는다면 시작하지 마라. 흡연가가 담배 연기를 빨아들이면 니코틴이 함유된 혈액이 뇌에 도착하여 사람을 느긋하고, 정신을 초롱초롱하고, 차분하게 만들어준다. 니코틴은 여러모로 우리들에게 영향을 미친다. 니코틴은 우리 몸의 중추신경계뿐만 아니라 교감신경계에 있는 여러 수용체들과 결합한다. 니코틴이 뇌에서는 우리 자신의 자연적 신경화학물질 중 하나인 도파민(dopamine)의 양을 변화시키고, 부신에서는 흥분 작용 호르몬인 에피네프린(epinephrine)의 방출을 유발한다. 게다가 니코틴은 허파, 목구멍, 후두, 그리고 입에서 암의 위험을 크게 증대시킨다. 췌장암도 증가한다.

가지과(Solanaceae)에 속하는 담배(*Nicotiana tabacum*)와 루스티카담배(*Nicotiana rustica*)의 잎들이 담배를 피우고 코담배를 맡는 데 이용된다. 이 두 종은 모두 1년생으로, 약 3 m 높이까지 빠르게 생장한다. 가장자리가 밋밋한 큰 잎이 성숙하면 잎을 수확하여 말리고 약한 불 위에 매달아 건조 처리한다. 열은 약간의 수분을 제거하고, 녹말을 당으로 전환시키며, 카로티노이드를 분해한다. 잎을 건조 처리한 다음, 향이 생기도록 길게는 1년까지 숙성시킨다. 마지막으로 잎자루와 굵은 잎맥을 제거하고, 잎새를 조각을 내서 여송연, 담배 또는 코담배를 만든다. 향을 추가로 넣기도 하고, 일부 제조업자들은 니코틴을 추가하기도 하는데, 이렇게 하면 담배의 중독성이 훨씬 강해진다.

담배는 흡연자는 물론이고 농장의 일꾼들에게도 해를 끼친다. 잎이 성숙하면 일일이 손으로 잎을 따야 하기에, 일꾼들은 담배밭을 매일 걸어 다녀야 한다(**그림 24-32**). 니코틴이 잎에서 맨살로 직접 전달되어 '담배수확자병(green tobacco sickness)'을 일으킨다. 많은 나라에서는 어린아이들이 잎을 수확하는데, 아직 몸과 신경계가 발달하고 있는 어린이들이 피해 수준의 니코틴에 노출되는 것이다. 담배의 재배는 토양에도 손상을 준다. 모든 작물이 토양으로부터 무기질을 제거하지만, 담배는 대부분의 다른 작물들보다 빠르게 인, 질소, 그리고 칼륨을 빼앗아 토양을 고갈시키므로 다량의 비료를 뿌려야만 한다. 마지막으로, 담뱃잎의 건조 처리에는 장작이 필요한데, 브라질의 한 지역에서만 오로지 담뱃잎을 건조시키기 위해 1년에 6천만 그루의 나무들이 베어진다.

그림 24-32 담배의 재배와 수확, 그리고 건조 처리의 대부분의 단계는 담배를 일일이 손으로 만져야 하는 일꾼들의 육체노동을 필요로 한다. 니코틴과 그 밖의 해로운 화학물질들은 잎에서 일꾼의 피부로 전달되어 종종 영구적인 해를 끼친다.

마리화나(대마초, marijuana)는 삼과(Cannabaceae)의 크고 잎이 많은 초본인 삼(*Cannabis sativa*)의 잎, 잔가지, 그리고 꽃으로부터 만들어진다(**그림 24-33**). '대마'라고도 하는 삼은 암수딴몸이다. 어떤 식물은 암꽃을 갖고, 어떤 식물은 수꽃을 갖는다. 정신작용 악물인 **테트라히드로카나비놀(tetrahydrocannabinol, THC)**이 분비털에서 생성되는데, 특히 암그루의 꽃이삭과 인근의 포엽에서 활발히 만들어진다. THC는 우리들의 중추신경계와 면역계에 있는 특정한 수용체들과 결합하는 테르페노이드(terpenoid)이다. THC는 행복감과 기분 전환의 편안한 느낌을 갖게 한다. 이들 정신작용 효과 이외에도, 마리화나는 암을 치료하는 동안의 화학요법에 의해 생기는 메스꺼움을 줄여준다. 한편 마리화나는 통증, 녹내장, 그리고 어떤 다발성 경화증에도 효과가 있다. 삼(*Cannabis sativa*)과 THC는 입증된 해로운 효과가 거의 없다. 잎과 꽃을 문질러서 분비털을 수집한 다음, 모상체와 수지(resin) 입자들을 체로 거르는데, 이들을 하시시(hashish) 또는 그냥 해시

그림 24-33 정신작용 화합물인 테트라히드로카나비놀(THC)은 마리화나 식물인 삼(*Cannabis sativa*)의 잎과 줄기에 들어 있지만, 특히 암꽃에 집중되어 있다.

(hash)라고 한다.

양귀비(*Papaver somniferum*)는 고대의 작물이다. 5,000년 전의 수메르 사람들 기록에는 아편의 작은 공이 고통을 덜어준다고 적혀 있다. 지금도 양귀비는 터키에서 인도에 이르는 중동 지역에서 재배되고 있으며, 아프가니스탄이 주요 생산국이다. 일부분만 합법적인 의학적 목적으로 사용하고, 나머지는 기분 전환용 마약으로 팔린다. 양귀비의 익지 않은 열매에는 아편(opium)이라고 부르는 하얗고 끈적거리는 유액으로 채워진 분비도가 있다. 열매가 계속 익게끔 열매를 손상시키지 않으면서 분비도가 열릴 정도의 알맞은 깊이로 과실벽에 상처를 내어 유액을 채집한다. 상처를 통해 아편이 흘러나와 끈적끈적한 덩어리로 마르는데, 다음날이면 이를 수집할 수 있다(**그림 24-34**). 1개의 열매에서 많게는 10번까지도 유액을 받을 수 있지만, 보통 세 번 또는 네 번 받는다.

유액인 아편에는 많은 알칼로이드가 들어 있고, 그 중 가장 중요한 성분은 모르핀(morphine)과 코데인(codeine)이다. 모르핀은 진통제(analgesic)인데, 이는 모르핀이 통증을 막는다는 의미이며, 깊게 베이거나, 뼈가 부러지거나, 수술과 그 밖의 외상에서 생기는 심한 통증에 효과가 있다. 많은 사람들이 모르핀에 중독될 수 있어서 병원에서 모르핀의 사용은 제한적이고, 환자에게 다른 진통제들이 듣지 않을 때에만 모르핀을 투여한다. 환자는 가능한 한 빨리 모르핀을 비중독성의 약으로 교체해야 한다. 모르핀은 화학적으로 헤로인(heroin)으로 전환될 수 있는데, 헤로인은 모르핀보다 더욱 강력한 진통제이지만 훨씬 중독성이 강하다. 헤로인을 조금만 사용해도 완전히 중독될 수 있고, 몸은 약에 대한 내성이 빠르게 생겨나므로, 사용하는 사람은 훨씬 강력하고 보다 빈번하게 사용해야 한다.

© Nigel Cattlin/Alamy Stock Photo

그림 24-34 이 양귀비에서 흘러나오는 하얀 유액이 아편이다. 아편은 모르핀과 코데인을 함유한다.

양귀비는 중동 지역의 척박한 토양과 건조한 지방에서 잘 자란다. 대부분의 농부와 지역 공동체에게 있어서 양귀비의 재배와 판매는 가장 수익성이 좋은 자금원이 된다. 정원에서 기르는 개양귀비(red poppy)에도 소량의 아편이 함유되어 있지만, 추출할 가치는 거의 없다. 빵을 굽는 데 사용하는 양귀비의 씨에는 미량의 아편이 들어 있고 약물 검사에서 양성의 결과가 나올 수도 있다.

코카인(cocaine)은 안데스 산맥에서 자라는 코카나무(*Erythroxylum coca*)와 같은 속의 다른 식물(*E. novogranatense*)의 작은 나무들(이들 모두 '코카'라고 부름)에서 추출한다. 일찍이 3,000년 전에 토착민들은 순한 흥분제로 그리고 배고픔, 목마름, 통증, 그리고 피로를 덜기 위해 코카의 잎을 씹었다. 오늘날에도 볼리비아, 에콰도르, 그리고 페루의 산악 지역에 있는 마을 시장과 슈퍼마켓에서는 씹는 용도로 통째로 말린 잎을 팔거나 코카차(coca tea)를 우리도록 티백에 넣어 판매한다. 코카차는 고산병의 현기증, 두통, 그리고 피로를 완화시키는 것으로 알려져 있다. 그런 용도라면 약 0.002 gm의 미량의 코카인을 제공한다. 그렇지만 코카인은 잎에서 쉽게 추출할 수 있으며, 이런 상태를 '코카인(coke)'이라고 하고, 이는 '크랙(crack)'으로 가공 처리될 수 있다. 코카인은 우리 몸 자체의 신경전달물질인 도파민의 효과를 증폭시킨다. 도파민은 행복감을 나르는 신경에 의해 이용되는데, 코카인은 이 느낌을 증진시킨다.

코카인은 극도로 위험하고 강한 중독성을 지니고 있다. TV와 영화에서는 코카인을 기분 전환용 약제로 미화하고 있지만, 과다복용하여 죽는 사례가 빈번하다. 모든 길거리 마약처럼, 구입하는 마약 꾸러미 안에 실제로 무엇이 들어 있는지 알 길이 없다. 마약 밀매자들은 더 많은 이익을 남기기 위해 종종 길거리 마약에 다른 값싼 마약을 혼합하고, 사람들이 보다 빨리 중독되어 강한 마약을 원하는 단골 고객이 되도록 특히 코카인과 혼합하여 강한 약물을 만든다. 구매자는 아마추어이고, 마약 딜러들은 프로이다.

화학기술이 오늘날처럼 의약품을 인공적으로 합성할 수 있는 단계로 발전하기까지 질병을 치유하는 모든 물질의 주요 공급원은 식물이었다. 많은 이로운 약물들이 식물에서 발견되었지만, 이제 대부분의 약물은 더 이상 식물에서 추출하지 않는다. 대신에 많은 약물을 합성하는데, 때로는 단순한 화학물질에서 시작하고, 때로는 식물로부터 추출한 복잡한 전구물질에서 시작한다. 예를 들어, 사람들은 통증을 완화하기 위해 버드나무의 껍질을 씹는다. 버드나무속(*Salix*)의 다양한 종들인 버드나무에는 천연 진통제인 살리실산(salicylic acid)이 들어 있으며, 이를 아세틸살리실산(acetyl salicylic acid)으로 전환하면 훨씬 더 효과적이 되는데, 이것이 바로 우리가 알고 있는 아스피린이다. 오늘날, 아스피린은 인공적으로 합성하고, 더 이상 버드나무의 껍질에서 추출하지 않는다. **박스 24-3**에 다른 사례들을 제시하였다. 알로에 베라

박스 24-3 천연약제, 멸종위기종, 그리고 여성의 권리

항암제 택솔(Taxol)의 경우는 복잡하고도 흥미롭다. 수천 종의 식물을 대상으로 항암제를 찾기 위한 대대적인 검사의 일환으로 미국 국립암연구소(National Cancer institute)는 1962년에 북아메리카 서해안이 원산인 주목나무(*Taxus brevifolia*)의 껍질에서 파클리탁셀(paclitaxel)을 발견하였다(**그림 B24-3**). 파클리탁셀은 폐암과 췌장암 같은 많은 종류의 암에 효과가 있지만, 특히 난소암과 유방암에 탁월한 효과가 있다. 주로 여성을 괴롭히는 이들 암에 대해 효과적인 다른 약제는 거의 없다(남성도 가끔 유방암에 걸린다). 파클리탁셀은 택솔이라는 특허를 얻고, 추가 연구가 즉시 시작되었다. 지금까지는 이야기가 좋은 소식처럼 들리겠지만, 최상의 추출기법을 사용하더라도 거대한 나무에서 파클리탁셀을 극히 미량만 추출할 수 있었다. 이 과정에서 나무가 죽을 수 있었지만, 13,500 kg의 주목나무 껍질에서 고작 1 kg의 파클리탁셀을 산출하였다. 난소암이나 유방암에 걸린 여성을 치료하는 데에는 약 2 gm이 필요하다. 많은 사례의 암을 치료할 만큼 충분한 약을 얻으려면 사실상 모든 주목나무를 베어야 하는데, 이렇게 되면 생태적 재앙이 될 수 있다. 많은 여성을 죽도록 놔둬야 하는지 아니면 고대의 나무와 숲을 파괴할 것인지의 불편한 선택에 직면하게 되었다. 과학적 방법은 일하는 방식을 발견할 수 있지만, 가치와 윤리의 문제를 해결할 수는 없다. 오늘날 아스피린을 생산하는 방식처럼 완전히 인공적으로 파클리탁셀을 합성하더라도 극히 미량의 약물만 얻을 수 있다. 그러나 다른 연구를 통해 나무에 치명적인 해를 주지 않으면서 다양한 종의 주목속(*Taxus*) 잎에서 파클리탁셀의 전구물질(10-deacetylbaccatin)을 다량으로 추출할 수 있다는 사실이 발견되었고, 이 전구물질은 인공적으로 파클리탁셀로 전환할 수 있게 되었다. 적절한 의료 서비스를 받을 수 있는 여성의 권리 그리고 나무와 숲의 안전 중의 어느 하나를 골라야 할 필요가 없게 되었다.

© inga spence/Alamy Stock Photo

그림 B24-3 주목나무의 껍질은 난소암, 유방암, 그리고 폐암의 치료에 중요한 약물인 택솔의 원천이다.

만일 이야기가 여기서 끝나도 충분히 만족스럽다. 그러나 적어도 과학적 관점에서 보면 상황은 더욱 좋아졌다. 추가의 연구를 통해 액체배양에서 주목나무 세포에 곰팡이 페니실리움 라이스트릭키(*Penicillium raistrickii*)를 혼합하여 기르면 파클리탁셀이 만들어질 수 있다는 사실이 발견되었다. 나중에 알게 된 사실에서, 이 곰팡이는 주목나무에서 저절로 자라고 나무에 해를 끼치지 않는다(이 곰팡이는 식물내생곰팡이이다). 어쩌면 주목나무 자체는 파클리탁셀을 만들지 않을지도 모른다. 나무껍질에서 약물을 채취할 때, 실제로는 나무껍질에서 자라는 곰팡이 세포로부터 파클리탁셀이 추출되는 것일 수도 있다. 이를 조사하기 위해 연구자들은 많은 종의 식물내생 곰팡이, 특히 주목속(*Taxus*)의 종들 안에서 자라는 곰팡이를 연구하였고, 분자유전학의 기법을 통해 흥미롭지만 아직 이해되지 않는 결과가 얻어졌다. 곰팡이는 파클리탁셀을 합성하는 데 필요한 효소를 암호화하는 어떤 핵심 유전자를 갖고 있지만, 주목나무의 핵에도 그 유전자가 들어 있다. 특히 아주 흥미로운 것은 곰팡이 유전자의 DNA 염기순서가 주목나무 유전자의 DNA 염기순서와 매우 비슷하다는 사실이다. 한 가지 가능성은 곰팡이가 이들 유전자를 숙주의 나무로부터 획득하였고, 식물에서 곰팡이로 수평유전자전달(horizontal gene transfer)이 일어났다는 것이다. 나무와 곰팡이가 각각 따로 있을 때보다 함께 있을 때 훨씬 빠르게 약물을 합성할 가능성도 있다. 연구는 현재 진행 중에 있으며, 그 해답은 아직 알려지지 않았다.

(*Aloe vera*) 잎의 수액은 화상과 햇볕으로 입은 화상에 탁월한 효과가 있다. 갓 절단한 잎의 표면은 무균 상태여서 상처 부위에 직접 바를 수 있다. 이와 비슷하게, 만일 여러분이 의학적 도움을 받을 수 있는 곳으로부터 멀리 떨어진 곳에서 부상을 입었다면, 신선한 감자를 썬 조각이 무균 상태의 촉촉한 붕대 역할을 할 것이다. 리오토근(*Cephaelis ipecacuanha*)은 구토제인 토근(ipecac) 시럽을 제공한다. 이는 사람을 토하게 만들고, 만일 사람이 독성을 가진 무엇인가를 먹고 아직 그것이 위장에 머물러 있을 때 도움이 된다. 일일초(*Catharanthus roseus*)는 두 종류의 강력한 항암제인 빈블라스틴(vinblastine)과 빈크리스틴(vincristine)을 생성한다. 메이애플(mayapple)인 포도필룸 펠타툼(*Podophyllum peltatum*)은 고환암, 유방암, 그리고 폐암을 치료하는 데 이용되는 알칼로이드를 갖고 있다. 키나나무(*Cinchona officinalis*)에서는 퀴닌(quinine)이 나오는데, 이는 말라리아를 일으키는 원생동물을 죽이는 약물로, 우리의 체내에서는 인체에 해를 주지 않으면서 원생동물을 죽인다. 효과적인 용량의 퀴닌은 너무 써서 말라리아에 걸릴 위험에 처하더라도 처음에는 많은 사람들이 마시기를 거부하였다. 영국의 의료진이 퀴닌을 진(gin)과 혼합하면 훨씬 입맛에 맞는다는 사실을 발견하였다. 오늘날 우리가 마시는 알코올음료 진토닉은 약용에서 유래되었다. 토닉 워터(tonic water)에는 퀴닌이 들어 있다. 대부분의 북아메리카와 유럽 같이 말라리아가 위협이 되지 않는 지역에서는 토닉 워터에 제법 많은 퀴닌이 들어 있어서 약간 쓰지만, 그렇다고 해서 말라리아를 일으키는 원생동물을 죽일 만큼 강력한 수준은 아니다. 인기 있는 원예식물인 디기탈리스 푸르푸레아(*Digitalis purpurea*)는 디기톡신(digitoxin)과 디기탈린(digitalin)을 생산한다. 이들은 심장박동이 불규칙해졌을 때 약효가 있는 용량에서 심장의 박동을 안정시킨다(**그림 24-35**). 용량이 더 강해지면 치명적이다.

위생당국과 제약회사는 자연적으로 나타나는 유익한 다른 약물을 찾겠다는 목표 아래 지금도 전 세계에 걸쳐 식물을 조사하고 있다. 그 첫 번째 단계는 일반적으로 원주민 치료사, 치료 주술사, 주술사, 그리고 심령 치료사에게 말을 거는 것인데, 이런 사람들은 어떤 식물이 유용한 경향이 있는지 알고 있다. 두 번째 단계는 이로운 화합물을 함유하는 것으로 이미 알려진 종과 매우 밀접한 관계가 있는 식물들을 검사하는 것이다.

그림 24-35 디기탈리스 푸르푸레아(*Digitalis purpurea*)는 심장 박동을 안정시키는 데 쓰이는 중요한 약물의 원천이다. 약물은 잎에서 추출한다.

섬유와 목재 및 화학물질을 제공하는 식물

섬유

식물은 섬유다발을 만드는 데 탁월하다. 어린 줄기와 잎의 관다발은 보통 체관부의 섬유고깔에 의해 보호되고 강화된다(**그림 24-36**). 외떡잎식물의 많은 기다란 잎은 아주 많은 섬유다발을 갖고 있어서 섬유질이 많고 잎을 가로질러 있어서 찢기가 어렵다. 야자나무, 용설란, 그리고 많은 벼과 초본의 잎들이 좋은 예가 된다(**그림 24-37**, **그림 24-38**). 쌍떡잎식물의 활엽수들은 나무줄기, 가지, 그리고 뿌리에 있는 물관부의 섬유 덕분에 매우 튼튼하다. 침엽수의 무른 나무는 섬유처럼 튼튼하고, 질기며, 유연한 긴 헛물관들로 구성된 목부를 갖는다. 삼나무, 향나무, 그리고 다른 많은 나무들의 체관부 섬유는 부드러운 밧줄의 재료가 된다(**표 24-3**).

연장이 거의 없거나 전혀 없었던 초기 인류들은 많은 이들

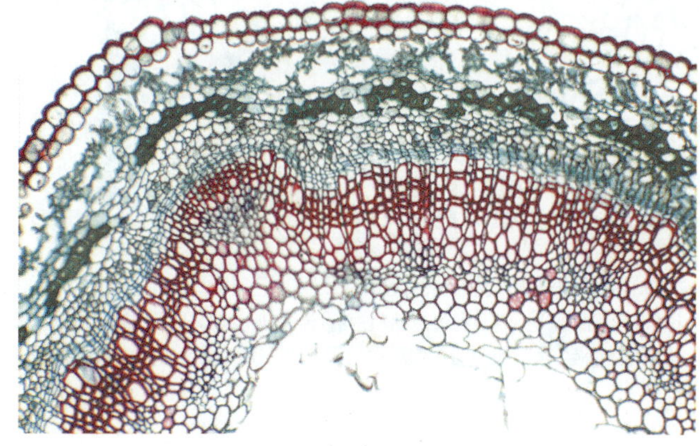

그림 24-36 많은 식물에서, 줄기의 관다발은 체관부 섬유의 고깔(짙은 녹색)이 동반된다. 해부학적으로 각 섬유는 단일한 세포이지만, 직물에서는 전체 섬유고깔을 추출하고 이를 섬유라고 부른다. 방직섬유는 보통 수천 개의 섬유세포들로 구성된다.

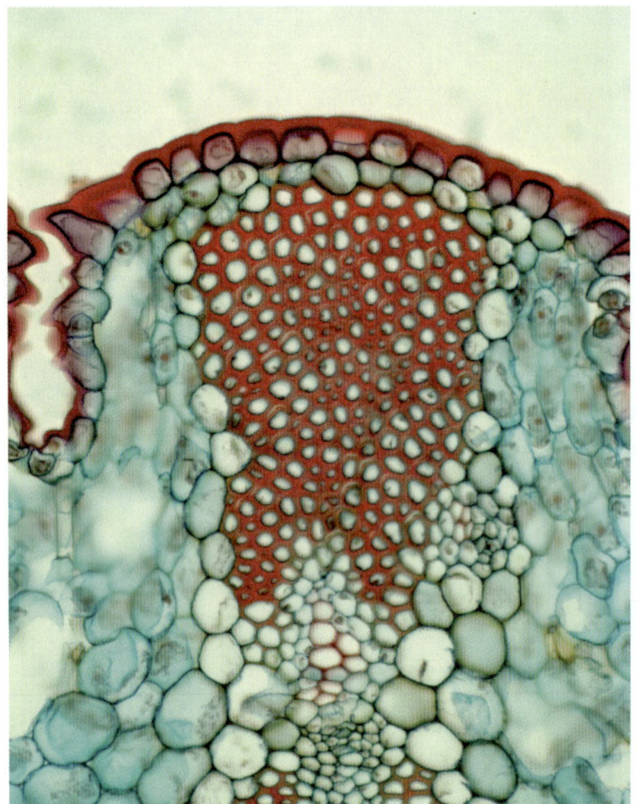

그림 24-37 유카속(*Yucca*)의 많은 종에서, 섬유의 다발은 표피의 바로 안쪽에 위치한다. 이들은 관다발조직을 갖지 않으므로 섬유관다발(fibrovascular bundle)이 아니라 섬유다발(fiber bundle)이라고 부르며, 잎에서 나타나기 때문에 이들을 경질섬유(hard fibers)라고 부른다.

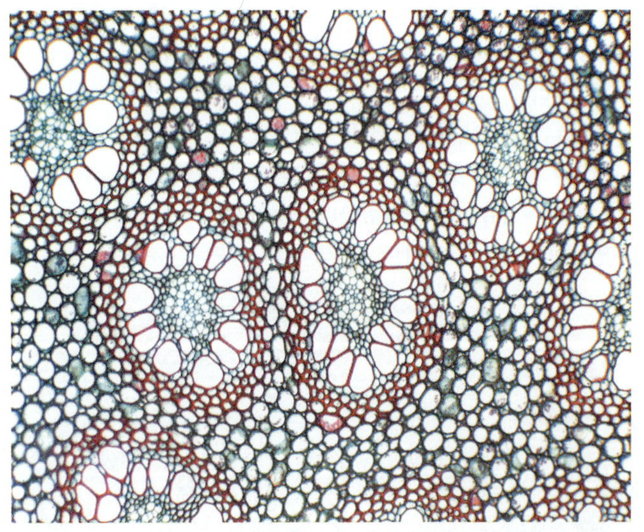

그림 24-38 진정쌍떡잎식물에서는 섬유세포들이 관다발의 한쪽에만 고깔처럼 나타나는 반면에, 많은 외떡잎식물에서는 골풀속(*Juncus*)의 이 줄기처럼 관다발이 섬유세포들로 둘러싸인다. 이를 섬유관다발(fibrovascular bundle)이라고 부른다.

식물을 이용하였다. 버드나무의 어린 가지는 유연하면서도 튼튼하여 장작단을 함께 묶는 데 이용될 수 있다. 어린아이들도 식물 물질의 가느다란 조각들을 엮어서 평평한 매트를 만드는 법을 배우고, 기술을 조금만 익히면 재료들을 엮어서 바구니, 그릇, 그리고 밧줄을 만들 수 있다(**그림 24-39**). 그런 간단한 기술을 가지고, 섬유로 된 식물의 부분들을 이용하여 주거지, 음식을 나르거나 저장하는 바구니, 그리고 심지어는 옷도 만들 수 있다. 바구니를 촘촘하게 짜고 송진이나 점토로 문지르면 물을 저장할 수 있을 만큼 방수가 될 수 있다. 인간이 식물에서 유용한 섬유를 뽑아내어, 짜거나 엮고 건설하는 데 이용할 수 있도록 어떻게 섬유를 가늘게 만드는지를 터득하는 데에는 오래 걸리지 않았다. 오늘날에도 우리는 일상생활에서 식물의 섬유에 의존한다.

표 24-3 식물 섬유의 종류

섬유(fiber)라는 단어는 두 가지의 다른 의미를 지니고 있다. 이 책의 다른 부분에서와 같이, '섬유'는 개별적인 긴 후벽세포를 가리키지만, 직물과 관련해서 '섬유'는 보통 체관부의 섬유고깔이나 외떡잎식물 잎의 섬유관다발(fibrovascular bundle) 같이 섬유세포의 전체 다발을 지칭한다. 섬유라는 단어가 어떤 의미로 쓰였는지 문맥에서 파악해야 한다. 식물해부학적 관점에서 단세포 섬유는 두 가지 유형이 있다. 그 하나는 경재(hardwood)의 물관부에서 나타나는 **물관부섬유(xylary fiber)**이고, 다른 하나는 경재의 물관부를 제외하고 어디에서나 나타나는 **물관부외 섬유(extraxylary fiber)**이다. 직물의 견지에서 식물 섬유는 식물의 어떤 부분에서 섬유가 추출되었는지에 따라 분류한다. **인피섬유(bast fiber)**는 **연질섬유(soft fiber)**라고도 하며, 체관부, 피층, 그리고 나무껍질에서 나타난다. **경질섬유(hard fiber)**는 잎에서 추출한다. 목부에서 유래된 섬유는 비록 침엽수의 헛물관이라 할지라도 **목질섬유(wood fiber)**라고 부른다. 그 종류들을 아래에 정리하였다.

섬유의 종류	예
물관부섬유(목부에서 추출)	
물관부외 섬유(목부 외의 다른 것에서 추출)	연질섬유(체관부에서 추출; 인피섬유)
	경질섬유(잎에서 추출)
	기타 섬유(열매와 씨앗의 다양한 섬유)

인피섬유(bast fiber), 즉 체관부섬유는 현재 여러 다양한 종들에서 추출한다. 아욱과(Malvaceae)의 1년생 식물인 황마속

그림 24-39 대왕송(longleaf pine)의 침엽은 이 통과 그 뚜껑을 엮어 만드는 데 이용된다. 이 경우의 방직섬유는 그 어떤 준비를 필요로 하지 않는 잎뿐이다.

그림 24-40 이 관목의 뿌리 주변에 있는 흙은 주트라고 부르는 천연섬유로 만든 천인 버랩으로 싸여 있다. 버랩으로 둘러싸인 상태 그대로 나무를 심는다. 처음에는 뿌리들이 버랩 사이로 자라다가, 나중에는 버랩이 분해되고 뿌리는 아무 방해도 받지 않고 어느 방향으로나 뻗어 나간다.

(*Corchorus*) 식물의 크고 가는 줄기로부터 주트(jute)라는 섬유를 뽑는데, 주트는 억세고 유연하며 좀처럼 찢어지거나 잘려지지 않는다. 보통 이를 짜서 버랩(burlap)이라고 부르는 거친 삼베옷을 만든다(**그림 24-40**). 나일론이나 폴리에스테르 같은 많은 합성물질이 있지만, 버랩은 통기성이 있다는 이점이 있을 뿐만 아니라 썩어 없어진다. 밀, 감자, 양파, 그리고 다른 작물들을 보관하는 사루는 저장된 작물의 느린 호흡에서 생기는 수분을 가두면 썩기 때문에 안 된다. 버랩은 수분을 내보내는 반면에 산소가 안쪽으로 들어오게 하여 작물의 신선도를 유지시킨다. 버랩은 종종 **토목섬유(geotextile)**로 이용되는데, 버랩을 거칠고 막혀 있지 않은 두꺼운 섬유로 짜서 도로공사, 산불, 그리고 홍수로 생긴 맨땅에 깔아놓는다. 토목섬유는 씨앗이 발아하여 뿌리를 내릴 수 있을 만큼 충분히 오랜 시간 토양을 고정시켜서, 서서히 토양을 안정시키는 망을 형성한다(**그림 24-41**). 몇 년이 지나면 버랩은 썩어 없어지지만, 그때가 되면 식물들이 단단한 지표식피(ground cover)를 확립한다. 인조섬유의 영구성은 해로울 수 있다. 비슷하게 묘목장에서는 뿌리 주변의 흙더미를 버랩으로 감싸서 작은 나무를 판매한다. 버랩이 있는 채로 나무를 심고, 나무가 차츰 자리를 잡으면서 처음에는 뿌리가 버랩을 뚫고 뻗어나간다. 한두 해가 지나면 버랩이 부패되서 뿌리는 아무런 제약 없이 자라게 된다. 최근에는 버랩을 복합재료에 이용한다. 버랩의 섬유나 직물을 액체수지와 혼합하여 틀에 붓고 굳힌다. 수지는 내구성과 화학적 저항성을 제공하고, 버랩은 휨강도와 파괴 저항성을 제공한다. 승용차의 계기판에는 버랩이 들어 있을 가능성이 크다.

그림 24-41 화재가 발생하여 오스틴(Austin) 근처의 배스트롭(Bastrop) 주립공원에 있는 숲과 나무들을 파괴하였다. 도로절개면의 맨땅에 커다란 토목섬유 매트를 깔아 즉각적인 침식을 막았다. 천연섬유는 빗방울이 토양에 닿기 전에 부순다. 토목섬유는 몇 년 후에 분해되지만, 그때까지 풀과 나무들이 자리잡게 되고, 침식을 막는 장기적 안정성이 확립된다.

아마(flax) 섬유는 아마(*Linum usitatissimum*) 식물에서 추출하여 아마직물(linen cloth)로 짜는데, 이 리넨은 모든 방직섬유 가운데 가장 오래되었고 가장 바람직하다. 아마섬유와 석기는 조지아 공화국(Republic of Georgia)의 36,000년 전으로 추정되는 고고학적 유적지에서 발견되었다. 아마직물은 5,000년 전에 이집트 미라를 감싸는 데 이용되었고, 오늘날에도 사용되는 리넨은 쾌적하고 아름다울 뿐만 아니라 천연직물이다.

모시풀(*Boehmeria nivea*)에서 추출하는 모시(ramie)는 지금까지 알려진 식물섬유 가운데 가장 튼튼하고, 젖었을 때 그 강도가 증가한다. 고기잡이 그물, 캔버스 천, 범포(sailcloth), 그리고 배와 부두의 로프처럼 물 주변에서 이용되는 밧줄과 직물에서 모시섬유는 대단히 중요하다. 천연소재이므로 모시는 곰팡이와 미생물에 의해 분해되므로, 로프와 어망을 주기적으로 말려서 미생물들을 죽여야 한다. 이것이 불리한 점으로 여겨졌고, 폴리에스테르와 나일론으로 만든 어망이 발명되었을 때 어부들은 즉각 그런 어망으로 변환하였다. 그런 어망들은 말릴 필요도 없고 썩지도 않는다. 그러나 이것이 생태적 재앙인 것으로 나타났다. 어부는 그물을 던지고, 저인망 어선은 거대한 그물을 펼친다. 만일 그물이 엉키거나 또는 아직 그물이 펼쳐져 있는데 폭풍이 몰아치면 선원들은 대개 그물을 자르고 떠나버린다(**그림 24-42**). 그 결과, 수많은 그물들이 해양에서 떠다니고, 물고기, 돌고래, 고래, 그리고 그

그림 24-42 이렇게 큰 어망이 어찌할 도리가 없을 정도로 헝클어지면 대부분 잘라내서 바다에 버린다. 만일 이 그물이 천연섬유로 만들어졌다면 그물은 서서히 분해되겠지만, 인조섬유로 만들어졌다면 여러 해 동안 떠다니면서 해양생물들을 붙들게 될 것이다.

© Design Pics Inc./Alamy Stock Photo

그림 24-43 양마(*Hibiscus cannabinus*) 식물은 2 m에서 3 m 높이로 빨라 자라며, 많은 훌륭한 특성을 갖는 섬유를 얻기 위해 수확한다.

밖의 해양생물들이 여기에 갇혀서 질식사하거나 굶어 죽는다. 그리고 폴리에스테르와 나일론이 부패하지 않으므로 이들 어망은 수 세기 동안 계속해서 이런 손상을 줄 수 있다. 많은 사람들은 합성그물을 금지하고 빨리 분해되는 천연소재로 엮은 어망으로 대체해야 한다고 주장한다.

우리는 지금도 유용한 식물을 찾아서 재배하고 있다. 그 가운데 최신의 것 중 하나가 양마(*Hibiscus cannabinus*)인데, 이 인피섬유로 종이를 만드는 데 이용할 수 있는지에 대한 검사가 진행되고 있다(**그림 24-43**). 양마의 섬유는 소나무의 섬유보다 하얗고 목질소(리그닌)가 적게 들어 있다. 종이를 만든 데 있어서 가장 오염시키고 경비가 많이 소요되는 두 단계가 소나무 섬유(사실상 소나무의 헛물관)를 표백하고 목질소를 제거하는 과정이다. 만일 양마가 적합하다고 판명되면 제지산업은 환경에 훨씬 적은 피해를 줄 수 있을 것이다. 더구나 일정한 면적에서 기른 양마에서는 똑같은 면적에서 기른 소나무보다 거의 두 배 많은 섬유를 얻을 수 있다.

대마라고도 하는 삼(*Cannabis sativa*)은 튼튼한 식물섬유의 훌륭한 원천이다. 삼은 두 변종이 있는데, 한 변종은 환각작용을 하는 THC(테트라히드로카나비놀)의 함량이 높고, 다른 한 변종은 긴 섬유를 갖지만 THC가 없다. 양마와 비슷하게, 삼 식물은 빠르게 자라고 다량의 강한 섬유를 만든다. 마펄프(hemp fiber)는 복합재료에 이용될 뿐만 아니라 콘크리트와 흙벽돌(adobe)을 강화하는 데에도 쓰인다.

소량의 방직섬유가 잎에서 얻는 섬유인 경질섬유(hard fiber)이다. 사막식물인 사이잘삼(*Agave sisalina*)의 길고 억센 다육엽은 사이잘(sisal)이라고 부르는 섬유다발과 섬유관다발을 제공한다(**그림 24-44**). 식물체에서 주기적으로 잎을 자르고 섬유들 사이의 유조직으로 된 잎살을 찧어서 섬유를 뽑아낸다. 이렇게 뽑아낸 다발은 거칠고, 옷을 만들기에는 적합하지 않지만 일종의 투박한 천연 카펫을 만드는 데 쓰이는 거친 직물이 만들어진다. 거칠고 튼튼한 직물은 건초, 짚, 그리고 면화의 뭉치를 묶는 데 쓰이는 노끈으로

(A) © LOOK Die Bildagentur der Fotografen GmbH/Alamy Stock Photo

(B) © mofles/iStock Photo

그림 24-44 **(A)** 사이잘삼(*Agave sisalina*) 식물은 커다란 플랜테이션에서 재배된다. 매년 가장 아래쪽의 오래된 잎을 수확하여 사이잘섬유를 뽑아낸다. **(B)** 사이잘삼 식물에서 섬유를 추출한 후, 섬유를 말리면서 햇빛과 산소에 의해 바래지도록 줄에 매달아 놓는다.

도 이용된다. 사이잘삼은 건조한 반사막 지역에서 재배할 수 있어서 아프리카의 많은 가난한 사람들에게 돈벌이가 되는 작물이다(사이잘삼은 중앙아메리카가 원산이지만 지금은 거의 모두 케냐에서 재배된다). 이처럼 황량한 지역에서 사는 농부들에게는 좋겠지만, 이는 수확량이 적은 작물을 재배하기 위해 자연식생을 갈아엎은 결과이다.

면섬유(cotton fiber)는 씨껍질에서 모상체(trichome)로 발달하므로, 인피섬유도 아니고 경질섬유도 아니다(**그림 24-45**). 면섬유는 단연코 상업적으로 가장 중요한 식물섬유이다. 모상체는 매우 가느다랗고, 두께가 오직 한 세포이며, 아주 길어서 어떤 변종에서는 5 cm까지도 자란다. 모상체의 벽은 거의 순수한 섬유소이고, 따라서 아주 튼튼하고 유연하다. 면섬유는 부러지지 않으면서 여러 차례 구부러질 수 있다. 면섬유는 파열되거나 바스러지지 않으면서 반복하여 빨고, 말리고, 접고, 다림질할 수 있다. 면섬유는 거의 모든 색깔로 물들일 수 있고, 면직물은 부드럽고 편안해서 피부, 특히 아기의 피부에 닿아도 되고, 하루 종일 입어도 자극을 유발하지 않는다.

그림 24-45 면섬유는 목화의 씨껍질에 있는 모상체이다. 여기에 있는 씨는 재배하는 목화에서 흔히 볼 수 있듯이 엄청난 양의 섬유를 만들어 열매를 벌어지게 한다. 예전에는 씨에서 모상체를 분리하는 작업이 시간 소모가 크고 어려워서 면섬유의 사용이 제한을 받았다. 휘트니(Ely Whitney)가 조면기(cotton gin)를 발명하면서 면직물의 가격이 크게 떨어지고, 목화의 재배(와 노예제도)가 크게 확산되었다.

면섬유는 방직섬유를 다루는 방법의 좋은 예이다. 개개의 섬유는 너무 짧고 가늘어서 이들을 자아 실로 만들어야 한다. 마구 뒤섞인 면섬유 덩이에서 몇 섬유를 방추에 붙이고, 몇 가닥이 걸려 있는 방추를 매단 후에 방추를 돌려 섬유들이 서로 감기게 하여 실을 만든다. 방추의 추가 아래로 내려오면 실은 덩어리에서 더 많은 면섬유를 뽑아내고 실은 점점 길어진다. 손으로 작업할 때에는 빙글빙글 돌면서 길어지는 실에 실 잣는 사람이 헝클어진 목화를 균일하게 넣어주어야 하는데, 그렇지 않으면 실이 어떤 곳에서는 두껍고 덩어리지고, 다른 어떤 곳에서는 실이 가늘고 연약해질 수 있다. 당연하지만, 손으로 면사를 자아내는 작업은 많은 시간과 인내력, 그리고 기술을 필요로 한다.

종이는 종류와 품질, 그리고 특징이 놀라울 정도로 다양하게 만들어진다. 어떤 종이는 질 낮은 종이수건이나 신문인쇄용지 같이 거칠고 투박하며, 다른 어떤 종이는 프린터 용지처럼 곱고, 매끈하며 하얗다. 대부분의 종이는 침엽수, 특히 소나무의 헛물관으로부터 만들어지지만, 이제는 플랜테이션에서 기른 포플러[사시나무속(*Populus*)]와 양마(kenaf)가 흔히 이용된다. 종이를 만드는 데에는 많은 단계가 요구된다. 먼저, 섬유의 다발이 아니라 개개의 섬유가 필요하므로, 재료를 부숴서 세포와 세포들을 분리해야 한다. 세포벽으로부터 목질소를 제거해야 하는데, 그렇지 않으면 물이나 잉크 또는 염료를 흡수하지 않는다. 갈색 종이를 만들지 않으려면 표백해야 하고, 아주 미세한 공간을 채워서 종이의 표면을 매끄럽게 만들기 위해 대부분의 종이에는 충전제(filler)를 첨가한다(**그림 24-46**).

개개의 섬유를 얻는 가장 간단한 방법은 나뭇조각을 갈아서 물리적으로 세포들을 서로 떼어 놓는 것이다. 이 방법은 경비가 적게 들고 위험한 화학물질이 거의 필요 없으므로, 오염을 별로 일으키지 않는다. 그러나 이렇게 하면 섬유가 손상을 입고 목질소와 헤미셀룰로오스가 고스란히 남는다. 이런 방식으로 종이를 만

(A)

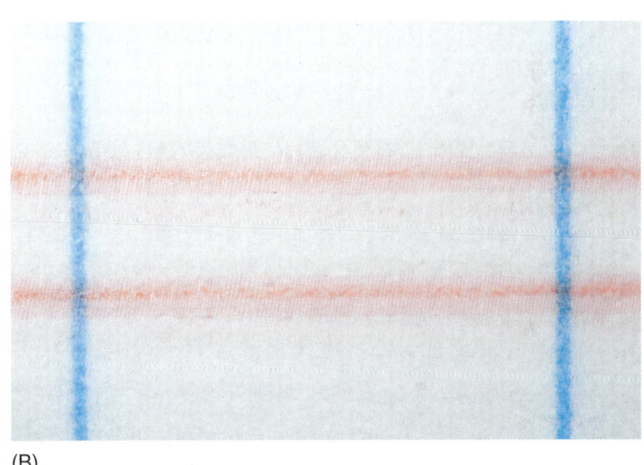

(B)

그림 24-46 (A) 이 종이는 섬유들이 드물고 충전제가 전혀 없다. 이런 종이는 쓰거나 인쇄하는 종이로는 부적합하다. 이 종이는 차를 우려 마시는 티백용이고, 따라서 높은 다공성과 투과성이 유리하다. **(B)** 이 공책의 종이는 티백의 종이보다 1평방 센티미터당 훨씬 더 많은 섬유를 포함하지만, 섬유들을 볼 수 없는 이유는 충전제, 표백제, 그리고 염료가 많이 첨가되었기 때문이다.

들면 종이가 거칠어진다. 종이는 빠르게 노랗게 되고, 빨리 부서지며, 염료가 밝고 산뜻한 이미지를 만들어낼 수 없다. 그렇지만 이런 종이들은 종이수건, 흡수지, 그리고 신문용지로는 아무런 문제가 없다.

중간층(middle lamella)을 분해하고 종이를 만드는 섬유를 얻는 화학적 방법은 황산염법(sulfate method)과 아황산염법(sulfite method)의 두 가지가 있다. 오늘날의 거의 모든 종이는 황산염법으로 만드는데, 이를 크라프트법(kraft method)이라고도 한다. 이 방법으로 오래 지속되고 안정적인 **중성지(acid-free paper)**가 만들어지는데, 이는 특히 책, 잡지, 그리고 미술작품에서 중요하다. 화학자와 공학자들이 크라프트법을 개선하여 오늘날의 제지공장

에서는 대부분의 화학물질을 재활용하므로 오염이 거의 발생하지 않는다. 그렇지만 종이를 만들기 위해 섬유의 목질소를 제거하는 과정은 여전히 문제가 되고, 유전학자들은 목질소가 적은 식물을 육종하려고 시도하고 있다. 아황산염법은 1800년대에 개발되었는데, 이 방법은 종이에 산의 흔적을 남기게 되며, 이 때문에 종이가 결국 누렇게 되고 바스러진다는 사실이 알려질 때까지 아황산염법은 여러 해 동안 이용되었다. 불행하게도 이런 문제가 발견될 때까지 수많은 책들과 잡지들이 아황산지로 인쇄되었는데, 지금 그런 책들은 도서관에서 악화되고 있다. 미국 의회도서관과 재원을 갖춘 그 밖의 기관들에서는 종이를 안정시키고 책을 보존하기 위해 그 무엇과도 대체할 수 없는 귀중한 책들을 화학적으로 처리하고 있다.

종이는 섬유들이 서로 분리될 때까지 물에서 휘저어 간단하게 재활용할 수 있다. 한 번 재사용할 때마다 섬유가 다소 손상되고 약해지며, 이전의 충전제와 염료의 일부가 남게 되므로, 새로운 재생지는 품질이 떨어진다. 그러나 저품질 종이는 달걀 용기, 포장재료, 그리고 건축단열재 같은 물질을 만드는 데 유용하게 쓰인다.

화학물질

밀랍, 수지, 고무, 그리고 건성유 같은 화학물질은 식물에서 얻어진다.

건성유(drying oil)는 많은 탄소-탄소 2중결합을 갖는다. 만일 건성유를 공기 중에 노출된 표면에 바르면 2중결합들이 기름 분자들끼리 서로 반응하도록 하여 얇은 고분자의 보호용 방수필름이 만들어진다. 목제품들의 색을 강하게 하고 빛나게 하며 목제품을 물과 먼지로부터 보호하기 위해 동유(tung oil), 아마인유(linseed oil), 그리고 월넛오일(walnut oil)들을 바른다(**그림 24-47**). 니스(varnish)는 건성유를 호박(amber), 다마르(dammar), 코펄(copal), 또는 로진(rosin) 같은 수지들과 혼합하고, 테레빈유

그림 24-47 산쑥(*Artemisia tridentata*)의 목재는 특이하고 아름다운 구조를 갖고 있지만, 그 색깔은 오른쪽처럼 건성유인 동유(tung oil)를 바르기 전에는 평범하게 보인다. 건성유 또는 니스는 색을 돋보이게 할 뿐만 아니라, 중합하여 단단한 코팅을 형성함으로써 먼지와 습기로부터 표면을 보호해 준다.

그림 24-48 거의 모든 침엽수는 흔히 '송진(pitch)'이라고 부르는 수지를 만들고, 송진은 상처가 나거나 가지가 부러진 부위에서 천천히 흘러내린다. 송진은 접착제로 쓰이고 바구니를 방수 처리하는 데에도 이용된다. 송진은 인화성이 높으며, 침엽수의 목재는 캠프파이어를 시작할 때 좋다.

(turpentine) 같은 희석제를 첨가하여 만든다. 폴리아크릴아미드와 폴리우레탄 같은 합성 실링재(sealer)들이 현재 인기를 얻고 있는데, 그것은 여러 날이 걸리지 않고 몇 시간이면 보호막으로 경화되고 훨씬 강력한 필름을 형성하기 때문이다. 그러나 목재로 만든 훌륭한 제품이나 예술작품에서는 천연 건성유들이 아직 선호되고 있다.

수지(resin)는 다양한 나무에서 만들어지는 끈적거리고 점성이 있는 액체이다. 침엽수에서 천천히 흘러내리는 송진이 우리에게 익숙한 수지이다(**그림 24-48**). 송진은 테르펜(terpene)의 혼합물이다. 종이를 만들 때 소나무의 목재를 가공하면 테르펜이 다량으로 나온다. 일부 수지는 테레빈유(turpentine)로 전환하고, 일부는 인공바닐라처럼 테르펜과 비슷한 인공적인 풍미와 향기를 내는 데 이용된다. 모든 테르펜이 수지에서 제거된 후의 단단하고 끈적거리는 잔여물을 로진(rosin)이라고 부른다. 악기의 시위에서 일어나는 마찰을 증가시키는 데 쓰이고 직업무용수들의 신발에 사용되는 로진이 바로 이것이다. 일부의 나무는 충분한 값어치 있는 향기를 지닌 수지를 만들어낸다. 유향(frankincense)은 유향나무(*Boswellia sacra*)의 수지이고, 몰약(myrrh)은 콤미포라속

그림 24-49 유향(frankincense)은 오만, 예멘, 그리고 소말리아에서 자라는 작은 나무인 유향나무(*Boswellia sacra*)의 수지이다.

(*Commiphora*)에서 나오는데(**그림 24-49**, **그림 24-50**). 이들 모두 감람과(Burseraceae)에 속한다. 그 밖에도 향(incense)으로 이용되는 수지로는 코펄과 다마르가 있다.

모든 식물의 각피에는 약간의 밀랍(wax)이 들어 있고, 채취할 수 있을 만큼 많은 밀랍이 다양한 식물에서 생성된다. 브라질야자나무(*Copernicia prunifera*)의 잎에서는 노란 조각의 형태로 카나우바왁스(carnauba wax)가 풍부하게 만들어진다. 잎을 채취하고 나서 잎을 두드려 밀랍 조각들을 떨어뜨린다. 카나우바왁스는 매우 단단하고 광택 있는 표면을 만들고, 자동차, 바닥, 가구, 그리고 구두의 광을 내는 데 사용된다. 한편 카나우바왁스는 사탕을 만드는 데 쓰이고, 초콜릿 주위의 딱딱한 껍데기를 만들 때에도 이용되며, 덕분에 사탕을 손에 놓아도 녹지 않는다. 아울러 치실을 미끈거리게 하고, 립스틱, 아이라이너, 방취용 화장품, 그리고 기타 피부 관리 제품들에 적절한 질감을 주는 데에도 이용된다.

대극과 식물인 유포르비아 안티십필리티카(*Euphorbia antisyphilitica*)는 서부 텍사스 그리고 인접한 멕시코의 치와와 사막에 사는 호리호리하고 줄기가 다육질이며 잎이 없는 식물이다(**그림 24-51**). 그 줄기는 칸델릴라왁스(candelilla wax)로 덮여 있는데, 이는 갈라지지 않고 구부릴 수 있는 왁스로, 주로 방수 가공된 캔버스, 부츠, 그리고 많은 종류의 군사 장비를 제작하는 데 사용된다. 대체로 전체 식물을 잡아당겨 끓여서 간단하게 왁스를 추출한다. 왁스가 녹아서 수면에 뜨면 이를 수집한다. 제2차 세계대전 당시에 너무나도 많은 칸델릴라왁스가 미군에 의해 이용되었기 때문에 유포르비아 안티십필리티카는 거의 멸종위기까지 채취되었다. 지금은 보호를 받아 회복되고 있지만, 70년이 지난 지금도 식물들은 드문드문 나고, 개체군 밀도가 낮다. 그 이름이 시사하듯이, 이 식물은 한때 매독(syphilis)을 치료하는 데 이용되었지만, 효과적이지 않았다.

그림 24-50 몰약(myrrh)은 콤미포라 미르라(*Commiphora myrrha*)와 몇몇 밀접한 관계가 있는 나무들의 수지이다.

그림 24-51 사진의 중앙에 있는 회색이 바랜 녹색 줄기는 텍사스주 서부의 빅벤드(Big Bend) 국립공원에서 자라는 유포르비아 안티십필리티카(*Euphorbia antisyphilitica*)이다. 줄기는 칸델릴라왁스라고 부르는 외각피 밀랍의 두꺼운 층으로 덮여 있다.

목재

우리의 고대 조상들은 연장이 없었기 때문에 목재의 이용이 한정되어 있었다. 날카로운 돌이 나무를 자를 수 있지만, 그 작업은 더디고 힘들고 작은 나무토막들에 국한되었다. 약 36,000년 전에 청동이 발견되면서 인류의 조상들이 날카롭고 오래가는 톱, 칼, 도끼, 그리고 식재용 기구들을 갖게 되었고, 보다 큰 통나무와 가지를 자를 수 있게 되었다. 그렇기는 하지만, 많은 인력을 투입하여 많은 나무 조각들을 이용하거나 곱게 마감된 목재를 이용하여 기둥과 널빤지를 얻는 작업은 신전과 궁전에 한정되었다. 오늘날에는 전동기계들이 거대한 나무를 베고 다듬는 작업을 가능하게 한다. 불행하게도 이로 인해 유럽과 북아메리카의 거의 모든 숲이 베어졌고, 오늘날에는 브라질과 동남아시아의 밀림이 빠르게 파괴되고 있다(**그림 24-52**). 만일 미국 정부가 현명하게도 국립공원을 지정하고 삼림지대를 보호하지 않았더라면, 우리는 아마도 천연숲의 진정한 성목들을 볼 수 없었을 것이다[이를 노령림 또는 **천연림(old growth forest)**이라고 부르며, 이제까지 전혀 나무를 베지 않은 숲이다(**그림 24-53**)]. 현 상황에서는, 미국의 많은 지역

그림 24-52 이것은 워싱턴주 올림픽(Olympic) 반도에서 완전히 베어진 숲으로, 올림픽 국립공원 경계의 바로 길 건너에 위치하고 있다. 완전히 벌목되면서 심지어 관목과 야생화, 그리고 표토에 이르기까지 모든 것이 파괴되었다. 그 대안으로는 원하는 나무만 베어내고 다른 모든 것은 제자리에 내버려 두는 택벌(selective cutting)이 있다. 개벌(clear cutting)이 훨씬 경비가 적게 든다. 미국은 삼림을 심하게 벌채하지만, 브라질과 동남아시아의 열대우림이 파괴된다는 소식만 듣는다.

그림 24-53 올림픽 국립공원에 있는 천연림. 이 일대는 재목을 위해 벌채된 적이 없고 광물질을 채굴한 적도 없다. 숲에는 유식물로부터 몇 백 년까지의 가능한 모든 수령의 나무들이 있다. 한편 죽은 나무들은 자연적인 상태를 그대로 유지하고 있어서, 죽은 나무에서만 서식하는 곤충과 곰팡이를 먹는 새들에게 중요하다.

에서 모든 거대한 성목들이 베어졌다. 많은 나무들의 수명이 300년에서 1,000년 사이이므로, 이렇게 벌채된 지역에서는 수백 년 동안 진정한 성목을 보지 못하게 될 것이다. 수많은 미국인과 유럽인들은 옐로스톤(Yellowstone) 국립공원이나 서부에 있는 그 밖의 국립공원을 방문하지 않는 한, 몇 대에 걸쳐서 자연림을 결코 보지 못할 것이다. 목재회사에서는 아직도 미국 정부에 천연림의 벌채를 승인해 달라고 신청하고 있으며, 정부는 너무나도 자주 허가해 주고 있다.

이제 대부분의 재목은 개인이 소유한 지대 또는 목재회사가 정부로부터 장기 임대한 지대에서 나오고 있다. 그런 지대에서는 벌목한 다음에 원하는 종의 묘목을 심었고, 그 결과 매우 넓은 지대에 오직 한 종만이 우세하게 자라게 되었으며, 모든 나무들의 나이가 똑같게 되었다. 이는 표면적으로 천연림과 유사하지만, 천연림의 다양성은 갖추지 못한다. 하층(understory)의 나무들이 없고, 관목도 없으며, 고사리류, 야생화, 이끼류, 또는 동물들도 없다. 천연림에는 많은 종류의 나무들이 있고, 나무들마다 나이가 다르다. 게다가 죽은 나무도 있고, 곤충에 감염된 나무도 있는데, 딱따구리는 그런 나무들과 그 안의 곤충들에 의존하고 산다.

목재회사들이 악의적으로 숲을 베어내는 것은 아니다. 벌목된 나무에서 만들어지는 제품을 사람들이 구입하기 때문에 목재회사가 그렇게 하는 것이다. 우리는 종이, 재목, 그리고 화학물질을 구입하지만, 우리가 보다 알뜰하게 물질을 이용하거나 종이와 재목을 재활용한다면 벌채가 줄어들 수 있을 것이다. 이제는 울타리, 파티오 데크제(patio decking), 옥외 가구 및 기타 등등에 인공목재가 이용된다. 삼이나 양마의 섬유를 수지 또는 콘크리트와 혼합하면 재목을 훨씬 적게 쓰면서 건물을 지을 수 있다. 우리들의 숲에 희망이 있다.

건축에 이용되는 목재의 대부분은 제재목(sawn lumber)이다. 통나무를 기둥, 2 × 4s, 널빤지, 기타 등등으로 자른다. 긴 기둥과 널빤지를 얻으려면 쌍떡잎식물 나무보다 침엽수의 나무줄기가 더 좋다. 그것은 침엽수가 길고 똑바른 나무줄기를 갖는 경향이 있는 반면에 쌍떡잎식물은 여러 각도를 갖고 있어서 길이가 1 m나 2 m 이상인 똑바른 나무 조각을 얻기가 불가능하기 때문이다. 쌍떡잎식물의 목재는 침엽수의 목재보다 강한 경향이 있어서 가구, 의자, 캐비닛, 사진틀, 야구방망이, 그리고 공구손잡이 등 짧고 튼튼한 나무 조각이 필요할 때 쌍떡잎식물의 목재가 선호된다. 침엽수의 목재는 대체로 이러한 용도로 쓰일 만큼 튼튼하지 않다.

건축에 이용되는 침엽수 목재의 대부분은 이제 플랜테이션에서 기른다. 이런 나무들은 빨리 자라는 경향이 있는데, 왜냐하면 이들은 최적의 간격을 두고 심어졌고 때때로 비료를 주기 때문이다. 이런 조건하에서 헛물관은 넓어지는 경향이 있고, 벽이 얇고 목질소가 거의 없으며, 부드러운 춘재가 많아지고 단단한 추재가 적어지는 추세를 보인다. 뿐만 아니라 오늘날의 상업적 나무들은 내부식성 심재를 많이 생성하지 않은 어린 시기에 벌목된다. 그에 반해서, 옛날에 천연림에서 잘려진 목재들은 오래되고 단단하며 느리게 생장한 나무들로부터 나왔다. 대부분의 통나무들은 튼튼

그림 24-54 이 집은 1877년에 텍사스 북동부의 천연림에서 벌목한 나무로 지어졌다. 나무 널빤지와 외장용 자재들은 138년이나 되었지만 여전히 단단하고, 플랜테이션에서 나온 재목으로 새로 지은 집보다 훨씬 튼튼하다. 물론 새로운 모든 집을 천연림의 재목으로 짓는다면 미국의 모든 숲을 베어야 할 것이다.

그림 24-55 대부분의 합판은 건물을 지을 때 큰 시트로 이용되지만, 최근에 디자이너들은 그 결의 아름다움을 인식하고, 지금은 합판을 가구를 만드는 데 송송 이용한다.

한 심재였고, 가장 바깥쪽의 변재조차도 오늘날 빠르게 자란 통나무보다 훨씬 두꺼운 세포벽을 갖고 있었다. 결과적으로 1800년대와 1900년대에 세워진 많은 오래된 목조건물들은 아직도 견고한 반면, 최근에 세워진 목조건물들은 훨씬 더 취약하고 빨리 부식하는 경향이 있다(**그림 24-54**).

공학목재는 제재목의 대안이다. 만일 어떤 용도를 위해 나무를 베어야 한다면, 가능한 한 폐기물이 나오지 않게 하는 것이 최선이다. 제재목의 생산은 끝이 뾰족한 원뿔 모양의 통나무를 일련의 입체적인 직사각형 직육면체로 바꾸는 것이기 때문에 본래 낭비적이다. **공학목재(engineered wood)**는 작은 나무 조각들을 서로 붙여서 만드는 새로운 유형의 목재이다. 합판(plywood)이 가장 친숙한 공학목재일 것이다. 통나무를 거대한 선반에 놓고 원목의 중심을 축으로 하여 회전시키면서 칼로 얇은 박판[단판(veneer)]을 만든다. 이 길고 얇은 단판을 큰 정사각형으로 자른 다음, 여러 장을 겹쳐 붙여서 얇고 유연한 합판을 만들거나 매우 두껍고 견고한 합판을 만든다(**그림 24-55**). 줄어들거나 틀어지지 않는 튼튼한 목재를 만들 때에는 나뭇결의 방향이 서로 직교하도록 접착시킨다. 모퉁이에서 구부러질 수 있는 합판을 만들려면 각 단판의 결을 다른 층들과 모두 평행하게 한다. 가정과 사무실의 건축에서는 큰 합판이 이용되고, 그런 합판의 고르지 않은 표면은 외장용 자재, 회반죽, 또는 벽지로 덮는다. 보다 품격 있는 합판을 만들 때에는 표면이 고르지 않은 합판의 가장 바깥쪽에 단풍나무나 자작나무 같은 고운 나무에서 만든 단판을 붙인다. 합판의 제작에서는 폐기물이 거의 생기지 않고 거의 모든 통나무가 이용된다. 접착제를 적절하게 선택하면 방수가 되거나 특히 내구성이 있는 특정 속성을 지닌 합판이 만들어진다.

파티클보드(particleboard)는 합판과 유사한 공학목재이지만, 통나무를 단판으로 자르지 않고 입자들로 잘게 부순다. 그러고 나서 나무 부스러기들을 수지로 붙여서 원하는 크기나 두께의 판자를 만든다. 파티클보드는 합판보다 약하고, 만일 톱밥으로 파티클보드를 만들었다면 손으로 바스러뜨릴 수도 있다. 그러나 종종 견고성이 필요 없기도 하고, 파티클보드의 양편에 목재의 단판이나 플라스틱을 씌우면 그 합성구조는 매우 튼튼할 수 있다.

배향성 스트랜드보드(oriented strand board)는 가늘고 긴 나무 조각들을 같은 방향으로 접착시킨 것이다. 집성보(laminated beam)를 건축할 때 이 기술이 처음 이용되었다. 짧은 통나무만을 이용하는 경우라도, 나무를 잘라 조각을 만든 다음에 이들이 서로 겹쳐지게 접착한다(**그림 24-56**). 이용할 수 있는 나무보다 훨씬 길고, 두껍고, 튼튼한 보(beam)를 제작할 수 있다. 조각들을 접착시키며 구부리면 원하는 어떤 모양의 보라도 만들어질 수 있다 집성보는 내부 기둥을 필요로 하지 않는 교회, 극장, 체육관, 그리고 강당의 대공간의 지붕에 주로 쓰인다.

아티산목재(artisan wood)는 아름다워서 귀중하게 여기는 목재이다(**그림 24-57**). 아티산목재는 주로 짙은 색을 띠는 심재로 이루어져 있는데, 그 색은 검정(흑단, 호두나무), 빨강(마호가니), 하양(단풍나무, 호랑가시나무), 그리고 보라(노간주나무, 퍼플하트) 등이다. 아티산목재를 자를 때에는 세심한 주의를 기울여야

© KANIN.studio/ShutterStock, Inc.

그림 24-56 집성보(laminated beam)는 길고 가는 나무 조각을 접착하여 단일한 구조로 만들었기 때문에, 그 길이, 강도, 그리고 모양을 특정한 용도에 맞게 제작할 수 있다.

그림 24-57 목재의 무늬를 '상(figure)'이라고 부른다. 여기에 있는 그림은 단풍나무의 '새눈무늬'인데, 그런 무늬가 생긴 원인을 알지 못할 뿐만 아니라 나무를 자르기 전에는 그 존재를 예측할 수 없다. 새눈무늬는 쿠바산 마호가니와 흑호두나무에서도 나타난다.

한다. 접선종단면은 방사조직과 섬유들에 의해 생기는 결을 보여주는 반면, 방사종단면은 춘재와 추재가 번갈아 생기는 무늬를 보여준다. 이들은 목재의 결(grain)이라고 불린다. 마디가 많은 송판(knotty pine)은 식물이 가지를 많이 칠 때 생기는 많은 짙은 옹이(knot)를 과시하기 위해 접선으로 절단한다(**그림 24-58**). 새눈무늬목 단풍재(bird's-eye maple)의 결도 아주 작은 많은 옹이들에서 생긴다. 아티산목재는 상자, 악기, 그릇, 그리고 램프 같이 작고 아름다운 물체들을 만드는 데 쓰인다.

© oytun karadayi/iStock

그림 24-58 마디가 많은 송판 재목의 검은색 점들은 가지의 맨 아래 부분인 옹이(knot)이다. 나무줄기를 접선으로 절단하면 짙은 이상재(reaction wood)를 갖는 가지의 기부가 단면으로 잘린다.

다음 단계에서는

1. **유전자변형생물.** 많은 사람들이 유전자변형생물(GMOs)에 관해 강한 반감을 갖고 있고, 만일 여러분이 그렇지 않더라도 GMOs에 관해 알아야 한다. 많은 사람들은 더 많은 우유를 얻기 위해 암소에 유전자를 삽입하는 것처럼 특히 유전자변형식품에 대해 반대한다. 우리가 먹고 마시는 음식이기 때문에 유전자변형식품은 우리를 변형된 DNA를 소비하는 위험에 처하게 한다. 다른 한편으로 우리는 오랜 시간이 흐른 후 유전자가 변형된 세균이나 바이러스를 이용하여 우리 몸 구석구석에 약용유전자를 퍼뜨려 어떤 질병을 낫게 할 수 있을 것이다. 여러분은 GMOs에 관해 엄청난 양의 정보를 발견하게 될 것이므로, 어떤 웹사이트나 신문이 믿을 수 있고, 신뢰할 수 있으며, 여러분의 시간을 들일만한 가치가 있는지 여러분의 판단력을 이용해 보자. 아울러 과학적 방법은 사실을 처리하도록 설계된 것이지, 의견이나 가치 또는 윤리를 다루려고 설계되지 않았다는 것을 잊지 말자. 과학적 방법은 우리들에게 어떻게 GMOs를 만드는지 알려주고, 궁극적으로 유전자변형식품을 먹었을 때 안전한지를 말해준다. 그러나 과학적 방법은 결코 우리의 이익을 위해 다른 생물들을 변형시켜야 할지 아닌지를 말해주지 않는다.
2. **관상용 식물과 취미식물.** 이 24장에서 언급하지 않은 일련의

식물들은 잔디밭과 정원에서 이용되는 식물, 우리의 취미를 위한 식물, 꽃꽂이용 식물 등이다. 결혼식, 장례식, 졸업식 또는 병든 친구의 문병 같은 특별한 경우에 꽃이 없다는 것은 생각하기 어렵다. 사람은 식물과 꽃에 강한 영적 연관성을 갖고 있고, 교회와 종교적 그림에서 종종 나타나고 있다. 아울러 대부분의 사람은 난초, 장미, 아프리카제비꽃, 또는 다육식물 같은 취미식물들을 가꾸거나 재배하기를 즐긴다. 여러분이 이런 주제에 관해 정보를 얻는 데 문제가 없겠지만, 여러분 자신의 즐거움과 보살핌을 위해 원예식물 재배장을 다니며 일부 식물을 받아야 할 것이다.

3. **유용식물의 고고학.** 식물고고학자들은 고대의 인간 활동 장소를 연구할 때 많은 자원을 갖고 있다. 목재해부학은 너무 복잡하여 물관, 방사조직 등을 분석함으로써 나무로 된 물체를 속의 수준까지 동정할 수 있고, 경우에 따라서는 종도 확인할 수 있다. 놀랍게도 불완전하게 연소된 목재인 숯(charcoal)은 그 해부학적 구조를 계속 간직하고 썩지 않아서, 수천 년 전에 불탄 신전, 궁전, 선박, 마차, 그리고 창의 유적도 분석할 수 있다. 방직섬유는 대체로 섬유관다발이기 때문에, 방직섬유 역시 옷이나 로프를 만드는 데 이용된 식물을 동정하는 데 이용될 수 있는 많은 특징들을 제공해 준다. 보다 작은 수준에서, 많은 식물들, 특히 곡물 같은 벼과 초본은 세포 내에 아주 작은 규소체(silica body)를 생성한다. 규소체는 크기, 모양, 그리고 기타 특징이 다양하다. 이런 특징들은 대체로 속(genus) 특이적인데, 이는 단일한 규소체를 조사하면 그것이 만들어진 식물의 속을 알 수 있다는 의미이다. 근본적으로 아주 작은 유리 조각이므로, 규소체는 타거나 썩지 않고, 소화되는 동안 분해되지 않는다. 고대의 불탄 자리의 재를 체로 걸러서 규소체를 얻을 수 있고, 이를 통해 어떤 종이 소비되었는지에 대한 단서가 마련된다. 고고학자들은 규소체를 식물석(phytolith)이라고 일컫는다. 포도주스를 와인으로 발효시키면 타르타르산의 아주 작은 결정이 생기므로, 고고학자들은 고대의 도자기에서 그런 결정들을 찾는다. 키워드는 고민족식물학(paleoethnobotany), 식물고고학(archaeobotany), 그리고 식물석(phytolith)이다.

요약

1. 사람은 잡식동물이고, 우리들과 우리의 조상들은 수십만 년 동안 식물을 먹어 왔다.
2. 농업과 식물의 재배는 현세의 온난화가 시작되자마자 서로 다른 4개 지역에서 비롯되었다.
3. 작물을 재배하면서 사람들은 이주를 멈추는 대신에 영구적인 정착 생활을 하게 되었다. 이로 인해 도시와 문자 그리고 수학이 발전하였다.
4. 최초로 재배된 작물들의 식용 부분은 쉽게 수확하고 저장하며, 간단하게 처리하여 먹을 수 있고, 심은 후 1년 내에 수확할 수 있는 1년생 식물이다.
5. 곡물은 밀, 쌀, 보리, 그리고 귀리 같은 벼과 초본의 작은 열매이다. 곡물은 전 세계 인구 대부분의 중요한 탄수화물 원천이다.
6. 많은 곡물이 가축의 사료로 이용되지만 사람들에 의해 직접 소비될 수도 있다. 1 kg의 동물단백질을 생산하려면 보통 10 kg의 식물을 먹여야 한다.
7. 혈당지수가 낮은 음식물은 천천히 소화되고 음식의 당분이 우리들의 혈류로 서서히 들어간다. 그런 음식들은 인슐린과 글루카곤의 급격한 변화를 야기하지 않고, 대사를 일정하게 유지시킨다.
8. 콩, 완두콩, 그리고 렌즈콩 같은 콩과 식물의 씨앗은 식물단백질의 중요한 원천이다.
9. 허브와 향신료는 풍미와 향기 때문에 먹는 식품이지만 영양가는 거의 없다.
10. 식물에 대해 말할 때 '섬유'라는 단어는 보통 섬유관다발 같이 후벽화된 세포들의 전체 집단을 가리키지만, 한편으로는 개개의 후벽섬유와 헛물관을 가리키기도 한다.
11. 고고학적 증거에 따르면 인류는 이미 36,000년 전에 아마섬유를 이용하였지만, 새로운 섬유식물을 찾는 작업이 계속되고 있다. 삼과 양마는 유용한 섬유의 자원으로 우수한 품질을 갖는 것으로 여겨진다.
12. 크라프트법으로 만든 종이는 중성이고, 안정적이며, 오래 지속된다.
13. 합판, 파티클보드, 그리고 집성보 같은 공학목재는 제재목보다 폐기물이 적게 생기고, 작은 조각으로부터 큰 조각의 목재를 만들 수 있다.
14. 아티산목재는 아름다워서 귀중하게 여기는 목재이고, 쌍떡잎식물 나무의 심재로부터 얻어진다.

중요한 용어

건성유(drying oil)
겨(기울; bran)
경질섬유(hard fiber)
곡물(cereal grain)
공학목재(engineered wood)
글루텐(gluten)

목질섬유(wood fiber)
물관부섬유(xylary fiber)
물관부외 섬유(extraxylary fiber)
발효정련(retting)
배[종자의; germ (of a seed)]
불완전단백질(incomplete protein)
비옥한 초승달 지대(fertile Crescent)
상보단백질(complementary protein)
식품사막(food desert)
아티산목재(artisan wood)
연질섬유(soft fiber)
완전단백질(complete protein)
우려내기(infusion)
유전자변형생물(genetically modified organism, GMO)
인피섬유(bast fiber)
중성지(acid-free paper)
천연림(노령림; old growth forest)
카시아(cassia)
캅사이신(capsaicin)
콩과 식물(legumes)
테트라히드로카나비놀(tetrahydrocannabinol, THC)
토목섬유(geotextile)
토속식물학(ethnobotany)
통밀가루(whole wheat flour)
항산화제(antioxidant)
향신료(spice)
허브(herb)
혈당지수(glycemic index)

복습 문제

1. 우리 치아의 어떤 측면이 우리가 식물을 먹을 수 있도록 진화되었음을 가리키나?
2. 인간이 불을 사용한지는 얼마나 되었을까?
3. 현세(Holocene Epoch)란 무엇인가? 현세는 언제 시작되었나? 현세 동안에 지구의 온도에는 어떤 일이 일어났나?
4. 식물의 재배는 적어도 4군데의 서로 다른 지역에서 시작되었다. 이들 지역과 재배된 식물을 열거하시오.
5. 초기에 재배된 식물종들은 몇 가지의 기본적 특징들을 가졌다. 이들 특징을 열거하고, 이들 각각이 왜 중요한지 논하시오. (힌트: 감자를 예로 드시오.)
6. 곡물이란 무엇인가? 식물의 어떤 과가 여기에 해당하나? 6종류의 예를 드시오.
7. 밀가루는 특이한 단백질을 갖는다. 그 단백질의 이름을 대고, 이 단백질이 빵을 만드는 데 어떻게 중요한지 설명하시오.
8. 쌀에 결핍된 비타민은 무엇인가? 유전공학이 어떻게 이 문제를 해결하였는지 설명하시오. 유전자변형 쌀의 이름은 무엇이고, 그 쌀이 지금 널리 재배되고 있는가?
9. 소가 옥수수나 건초 같은 식물사료를 먹을 때 소는 _______ 소비자이다. 우리가 동물단백질을 먹을 때 우리는 _______ 소비자이다. 일반적으로 _______ kg의 동물단백질을 생산하려면 _______ kg의 사료를 먹여야 한다.
10. 혈당지수가 높은 식품을 설명하시오. 그런 식품이 왜 사람의 대사에 해로운가? 혈당지수가 낮은 식품을 설명하시오.
11. 콩과 식물 5종의 이름을 대시오. 콩과 식물에 특히 풍부하게 들어 있는 영양소는 무엇인가? 콩과 식물의 뿌리혹이 왜 중요한가?
12. 상보단백질이란 무엇인가? 3쌍의 이름을 대시오.
13. 항산화제가 어떻게 중요한가? 항산화제는 세포를 어떻게 보호하는가? 항산화제 몇 가지의 이름을 대고, 항산화제가 풍부하게 들어 있는 진녹색 잎을 가진 채소들 몇 가지를 열거하시오.
14. 고추의 유효성분은 무엇인가? 고추의 매운맛을 어떻게 측정하는지를 설명하시오.
15. 고대 이집트인들이 후추를 사용하였는지를 어떻게 알 수 있을까?
16. 우려내기(infusion)란 무엇인가? 많은 사람들이 우려내기를 하는 두 가지의 이름을 대시오.
17. 모르핀은 진통제(analgesic)이다. 이는 무엇을 의미하나? 병원에서 모르핀의 사용을 제한하는 이유는 무엇인가?
18. '섬유'라는 용어는 식물과 관련하여 몇 가지 의미를 갖는다. 인피섬유, 연질섬유, 경질섬유, 그리고 목질섬유를 간략히 설명하시오. 각각의 예를 드시오.
19. 최근 양마(kenaf)는 유용한 섬유의 가능성이 있는 새로운 원천으로 연구가 진행되고 있다. 유망하게 보이는 양마의 특성을 설명하시오.
20. 중성지(acid-free paper)란 무엇인가? 중성지가 왜 중요한가? 산(acid)이 함유된 종이로 인쇄한 책과 잡지에서는 어떤 일이 일어날까?
21. 신문인쇄용지, 프린터 용지, 그리고 그 밖의 종이들을 재활용하면 그 종이의 섬유들이 손상되어 새로운 종이는 원래의 종이만큼 튼튼하지 않다. 이 때문에 재생지가 쓸모없는 것일까, 아니면 종이의 강도가 중요하지 않은 제품에는 어떤 것이 있을까? 재생지로 만들 수 있는 몇몇 제품의 이름을 대시오.
22. 노령림이라고도 하는 천연림(old growth forest)을 설명하시오. 집단조림지와 비교하여 나무의 다양성이 높은가, 아니면 낮은가? 어떤 종류의 나무를 딱따구리가 좋아할까?
23. 공학목재(engineered wood)란 무엇인가? 몇 가지 예를 드시오. 이런 기법으로 원래의 나무보다 길거나 넓은 나무 조각들을 만들 수 있을까? 특이한 모양으로 만들 수 있을까? 공학목재가 어디에 쓰이는지 예를 드시오.
24. 아티산목재(artisan wood)란 무엇인가? 어떤 특성이 특히 중요한가? 이런 목재들은 어떤 종류의 나무에서 나온 통나무의 어떤 부분에서만 얻을 수 있다. 그 이유를 설명하시오.

PART 4

생태

4부의 첫 이미지: 사람은 지구의 모든 부분의 생태에 크게 영향을 미치는 종이다. 이것은 알래스카 횡단 석유수송관이고, 수송관망이 세워질 때 지역의 생태를 교란시켰음에도 불구하고 대체로 안전하게 작동되고 있다. 따뜻한 기름이 영구동토(permafrost)를 녹이지 않게끔 송유관은 지면 위를 지나간다. 오늘날 생태연구의 중요한 측면은 인간이 환경에 해를 덜 끼치고, 자연지역을 보전하며, 우리와 공존하는 다른 생물들에 미치는 부정적인 영향을 최소화하는 방안을 모색하는 것이다.

이 책의 마지막 파트인 4부의 초점은 환경 속의 식물이고, 이는 가장 넓은 범위의 식물생물학이다. 식물생물학에서 중요한 측면은 식물을 개체군의 일원으로 보는 것이다. 개체군의 생물학은 각 식물의 생물학과 다르다. 풀밭의 조밀한 개체군은 사슴 같은 초식동물의 주의를 끌어 많은 식물들이 먹힐 것이다. 그렇지만 그런 식물이 만일 드물고 널리 산재한 개체군의 일원이라면 초식동물이 못 보고 넘어갈 수 있고, 해가 되지 않을 수 있다. 우리가 고려하고 있는 식물들이 전적으로 동일할 수 있지만, 그 식물이 일원이 되는 개체군의 성질 때문에 식물들의 운명이 달라진다.

각 식물은 한편으로 인근 환경의 다른 모든 측면에 의해 영향을 받고, 그 환경은 보다 큰 환경(대륙이나 섬 또는 호수나 해양의 물)의 일부이다. 기후 역시 고려해야 한다. 이런 모든 요인들 가운데 그 어느 것도 시간적으로 또는 공간적으로 균일하지 않다. 토양, 강수 양식, 교란, 그리고 낮의 길이가 다르다. 더 큰 규모에서, 행성의 표면에서 대륙이 이동하는 동안에 지구온난화의 시기와 빙하시대가 번갈아가며 나타난다. 이뿐만 아니라 각 생물은 그 주위에 있는 다른 생물들 가운데 적어도 일부 생물에 의해 영향을 받고, 생물들이 각자 진화하면서 서로에게 미치는 효과도 달라진다. 지구 표면은 다양한 서식지들의 풍부하고 변화하는 모자이크들로 이루어진다. 이 환경 안에서 자연선택에 의한 진화는 방대한 수의 원핵생물, 원생생물, 조류, 균류, 동물, 그리고 식물의 종들을 만들었다. 이들 생물이 환경의 특정 측면에 다양하게 적응하면서 어디에서는 이들이 생존하고, 어디에서는 보다 잘 적응하는 생물들에 의해 경쟁에서 밀릴 것인지가 결정된다.

CHAPTER 25

개체군과 생태계

학습 목표

이 장을 읽은 다음, 학생들이 할 수 있는 것은;

- 고립되어 사는 생물과 개체군 내에서 사는 생물을 비교한다.
- 서식지의 비생물적 요소와 생물적 요소를 정의한다.
- 기후, 토양, 위도와 고도, 그리고 교란의 비생물적 요소 각각이 생물에 어떻게 영향을 미치는지 사례를 제시한다.
- 식물 자체, 다른 식물종, 그리고 식물이 아닌 생물의 생물적 요소 각각이 어떻게 생물에 영향을 미치는지 사례를 제시한다.
- 경쟁, 상리공생, 그리고 편리공생 같은 생물 간의 다양한 상호작용을 설명한다.
- 식물의 경쟁이론 두 가지를 상기한다.
- 한정요인을 정의하고 한정요인이 식물에 어떻게 영향을 미치는지 설명한다.
- 세대기간, 내적 자연증가율, 그리고 환경수용력을 설명하고, 이들이 개체군 생장에 어떻게 영향을 미치는지 설명한다.
- 4가지의 흔한 생태계 구조를 열거한다.
- 생태계의 다양한 영양단계를 지나는 에너지와 탄소의 흐름을 설명한다.

알고 있나요?

- 종의 서로 가까이 자라는 모든 구성원이 개체군을 이룬다.
- 개체가 어떤 특징(짧거나 크고, 질병에 내성을 갖거나 갖지 않음)을 갖는 반면에, 개체군은 그 모든 구성원의 특징들을 모두 갖는다.
- 개체군의 구성원들은 서로에게 해가 되고(자원을 두고 경쟁한다), 서로에게 도움이 된다(이들은 함께 넉넉한 꿀과 꽃가루를 만들어 꽃가루매개동물 개체군을 부양한다).
- 인구가 연령구조를 갖는 것과 마찬가지로, 식물개체군의 일부 구성원들은 아주 어리고, 일부는 노성하며, 많은 구성원들은 중간 연령층이다.

개요

장의 첫 이미지: 모든 생물은 그 주변 환경의 조건들에 민감하다. 여기에 보인 지역은 로키 산(Rocky Mountain) 국립공원의 높은 고도에서 나무들이 생존하는 한계이다. 이 그림의 오른쪽 위에 있는 더 높은 고도는 너무 춥고 스트레스가 많아서 나무들이 전혀 살 수 없는 반면에, 왼쪽 아래에서는 조건들이 충분히 온화하여 나무들이 거의 최대 크기에 도달한다. 스트레스가 많다는 개념은 각 종마다 평가해야 한다. 이 지역의 모든 부분은 열대식물에게는 스트레스가 많겠지만, 초본에게는 모든 부분이 적합하여 풀들은 나무들 사이에서 풍부하게 자란다. 전경에 있는 대부분의 지역은 왜소한 고산식물들이 자라기에는 너무 덥기 때문에, 배경에 있는 산꼭대기의 더 높은 고도에서 잘 자란다.

개념

생태학은 생물을 환경의 모든 측면과 관련하여 연구하는 학문이다. 이 책에서는 적응도 측면에서 구조와 대사 그리고 다양성을 분석하는 일의 중요성이 강조되었다. 돌연변이의 결과로 새로운 대립유전자가 생기고 표현형이 바뀌고 나면, 잘 적응하지 못하는 개체들은 자연선택에 의해 제거되지만 적응도가 증가한 개체들은 존속하였다. 예를 들어, 잎을 씹어 먹는 곤충을 저지하는 모상체의 효과와 과다한 햇빛으로부터 엽록소를 보호하는 카로티노이드의 능력 같이 대부분의 요인들은 각각 따로 논의되었다. 그러나 식물의 건강과 생존에 영향을 미치는 대부분의 요인들은 일제히 식물에 작용하면서 서식지(habitat)에서 함께 나타난다. 우리는 식물을 전체 서식지와 관련하여 그 환경의 모든 요소들에 대해 이해해야 한다.

각 식물은 서식지에서 홀로 살지 않고, 같은 종의 다른 개체들과 있으며 이들과 함께 **개체군(population)**을 이룬다(**그림 25-1**). 식물개체군의 개체들은 대체로 강하게 상호작용하지 않지만, 개체군의 생명활동은 개체들의 모든 생명활동을 합친 것 이상이다. 암수딴몸이거나 자가불임의 개체들로 구성되는 종에서, 개체군은 성공적인 유성생식을 수행할 수 있지만, 개체들은 그렇지 못하다. 동물에 의해 꽃가루받이를 하는 종에서, 한 개체는 단일한 매개자를 먹여 살릴 만큼 넉넉하게 꿀이나 꽃가루를 만들 수 없지만, 식물의 개체군은 매개동물의 개체군을 지탱할 수 있다. 부정적 측면에서는, 개체군의 밀도가 너무 높아서 병원성 곰팡이의 포자들이 적어도 하나의 민감한 개체에 내려앉을 수 있고, 이어서 다른 개체들로 퍼져 나가지만, 만일 어느 개체가 다른 개체들과 멀리 떨어져 홀로 존재한다면 병원균과 포식자, 그리고 산불 같은 자연재해로부터 안전할 수 있다(**그림 25-2**).

어느 한 개체군 역시 고립되어 존재하지 않고, 다른 식물종들의 수많은 개체군들뿐만 아니라 동물, 균류, 원생생물 그리고 원핵생물의 개체군들과 공존한다. 이들 모든 개체군이 함께 **군집(community)**을 구성하고, 군집을 무기적인 비생물적 환경과 더불어 고려하면 **생태계(ecosystem)**가 된다. 이렇게 되면서 상호작용과 복잡성의 수준이 추가되고, 개체들에 미치는 요인들의 영향을 정확하게 확신하기가 더욱 어려워진다. 모상체의 존재는 잎을 먹는 곤충을 저지할 수 있지만, 이런 곤충들은 보다 많은 피해를 주는 알을 낳는 곤충들을 겁을 주어 쫓아내기도 한다. 게다가 잎을 먹는 곤충들이 영양소가 풍부한 분립(fecal pellets)을 토양에 떨어뜨리고, 그곳에서 균근(mycorrhiza)을 형성하는 균류의 생장을 촉진하는 유용한 역할을 할 수도 있다. 생태계를 이해하지 않고서는 식물의 구조와 대사, 그리고 다양성을 충분히 이해할 수 없다.

그림 25-1 어느 한 종의 많은 개체들이 개체군을 이룬다. 개체들은 유성생식을 하는 동안 배우자를 서로에게 의존하고 꽃가루매개동물과 종자분산동물의 건강한 개체군도 부양한다. 여기에는 여러 종이 존재하기에 사진은 여러 개체군의 군집을 보여준다. 토양과 대기 요소들이 추가되면 생태계가 된다.

© Darinburt/iStock Photo

그림 25-2 밀집된 개체군에서 자라는 나무들을 베는 것이 훨씬 경제적이다. 희박한 개체군에서 같은 나무들은 살아남을 것이다.

개체군은 종처럼 안정적이지 않으며, 변화가 훨씬 더 흔하다. **그림 25-3**에 있는 두 장의 사진은 'Rock House Fire'라는 이름의 들불을 경험한 서부 텍사스의 건조한 목초지를 보여준다. 이 들불은 마파(Marfa)라는 작은 마을의 서쪽에서 2011년 4월 9일에 발생하여 강한 바람을 타고 빠르게 북쪽으로 확산되었고, 진화하는데 거의 한 달이 걸렸다. 그 전년도에 많은 비가 내려서 풀들이 크고 두껍게 자랐고, 불에 타는 풍부한 연료로 제공되었다(그림 25-3A). 결과적으로, 불은 몹시 뜨거웠고 많은 나무, 선인장, 용설란, 유카, 그리고 그 밖의 자생식물들을 태웠다(그림 25-3B). 만약 지난해에 건조했더라면 목초지에는 풀이 훨씬 적었을 것이고, 불은 그토록 뜨겁지 않았거나 멀리 퍼지지 못해서 보다 많은 식물들이 생존했을 것이다. 만일 자생포유류인 버펄로(buffalo)가 그곳에 있었더라면 버펄로가 풀을 뜯어먹어 연료를 제거했을 것이다. 그렇지만 버펄로는 1800년대 중반에 수렵으로 인해 거의 멸종되었고, 이로 인해서 선로에 있는 동물을 치지 않고도 기차가 달릴 수 있었다. 많은 식물들이 불에서 살아남았다. 유카(그림 25-3B)의 대부분이 살아남았고, 비가 넉넉히 내린다면 2012년에 회복될 것이다. 지역의 생태는 많은 요인들의 복잡한 상호작용이고, 그 가운데 일부는 매년 변화한다.

(A)

(B)

그림 25-3 2011년에 'Rock House Fire'라는 이름의 들불이 나기 전**(A)**과 불난 다음**(B)**의 서부 텍사스의 목초지.

식물과 서식지와의 관계

서식지(habitat)는 생물이 그 생활주기를 끝마치는 조건들의 세트이다. 이주동물의 경우, 번식지와 월동지, 그리고 이동경로가 모두 서식지의 요소들이다. 이주하는 식물은 없지만, 식물의 부분들인 포자, 꽃가루, 열매, 씨앗, 그리고 영양번식체들은 서식지의 이곳저곳으로 이동한다.

얼마만큼의 환경을 서식지의 부분으로 간주해야 하는가는 논란의 여지가 있다. 많은 요인들은 어떤 식물에 전혀 영향을 미치지 않는 것으로 보인다. 숲의 바닥에 있는 작은 초본들은 큰 나무에 영향을 주지 않는 것 같다. 이들의 존재 유무는 나무의 무기질 영양이나 꽃가루받이에 거의 영향을 미치지 않는다(**그림 25-4**). 작은 1년생 식물들을 전부 제거하고 나서 나무가 영향을 받는지 조사할 수 있다. 그렇지만 나무 전체의 생장, 특히 뿌리의 생장을 측정하기가 어렵고, 나무의 대사에 미치는 효과가 있는지 조사하려면 몇 년이 걸릴 수도 있다. 작은 초본들이 중요할 수도 있다. 초본들은 곤충을 잡는 거미들을 숨겨 주는데, 그렇지 않다면 곤충들이 나무의 유식물을 죽일 것이다. 만일 그렇다면, 초본들을 제거한 다음에는 곤충 개체군이 증가할 수 있고, 나무 유식물의 생존이 감소할 수 있다. 이 종의 유식물들이 줄어들면 다른 종의 유식물들이 보다 잘 생존할 가능성이 있다. 몇 년이 지난 다음에는 초본이 제거된 결과로서 숲의 조성이 변할 수 있다.

반면에 우리는 많은 구성요소들이 다른 요소들에 직접 영향을 미친다는 것을 잘 알고 있다. 꽃가루매개동물은 이들이 꽃가루받이를 하는 식물종의 서식지에서 매우 중요한 측면이고, 꽃가루매개동물의 병원체나 이들을 잡아먹는 포식자들도 식물에게 중요하다. 식물에 분명히 영향을 미치는 서식지의 측면이 식물의 **실효 서식지(operational habitat)**를 이루는 반면, 그 영향이 알려졌든 알려지지 않았든 간에 모든 요소들은 그 서식지가 된다.

그 한 예로 캘리포니아의 미국삼나무(redwood) 숲을 생각해 보자. 국립공원에 미국삼나무의 유식물이 없었고, 삼나무의 씨는 발아하지 않았다. 최근 산불이 난 다음에 미국삼나무의 씨앗들이

그림 25-4 여기 있는 미국삼나무들은 서식지를 완전히 지배하고, 각 나무는 어느 단일한 초본과 비교가 되지 않을 정도로 큰 규모와 부피를 갖는다. 삼나무들은 화창한 햇볕을 견디지 못하는 하층의 식물들에게 빛을 걸러주고 바람을 막아준다. 초본이 나무에 영향을 미칠까? 그렇다. 미국삼나무의 씨앗은 하층의 관목과 초본들이 연료가 되어 약한 불이 일어난 다음에야 비로소 발아한다.

발아하고 왕성하게 자랐다. 불은 씨가 발아하도록 촉진하였을 뿐 만 아니라 하층(understory) 식생을 태워서 무기질들이 방출되고 토양이 비옥해졌다. 지금 우리는 관목과 초본들이 거대한 미국삼나무에 무엇보다 중요하다는 점을 인식하고 있다. 이들 하층의 식생이 연료가 되어 빠르게 약한 불이 나지만, 그 불은 너무 낮은 곳에서 발생하기 때문에 큰 미국삼나무에는 피해를 주지 않고, 오히려 씨가 발아하는 데 필수적이다. 불은 생태계의 자연적 요소인데, 산불을 예방하자는 정책은 미국삼나무에 해가 되고 있다.

서식지의 구성요소들은 **비생물적(abiotic)** 요소와 **생물적(biotic)** 요소의 두 가지가 있다. 비생물적 요소들은 생물 이외의 요소들로, 기후, 토양, 위도, 고도, 그리고 화재, 홍수 및 사태 같은 교란 등의 물리적 현상이다. 생물적 요소들은 살아 있는 요인들이고, 식물 그 자체, 다른 식물종, 그리고 동물, 균류, 원생생물 및 원핵생물의 종들이다.

서식지의 비생물적 요소

기후

기후는 모든 생물에게 매우 중요하다. 대부분의 종들은 주로 어떤 특정 지역에 제한되는데, 그것은 그 지역 외의 기후조건에서는 그 종들이 살 수 없기 때문이다. 기후 자체는 많은 요소들을 갖고, 그 가운데 일부는 온도, 강우, 상대습도 그리고 바람이다.

서식지의 평균온도는 극단(겨울의 최저온도와 여름의 최고온도)만큼 중요하지 않다. 파인애플과 식물, 천남성과 식물, 그리고 난초과 식물의 많은 종들은 서식지에 서리가 끼지 않는 열대지방에 한정된다. 캘리포니아 주, 오리건 주, 그리고 워싱턴 주의 서해안을 따라 형성된 우림에는 알맞게 비가 내리지만, 겨울에 꽁꽁 얼기 때문에 대부분의 열대식물들의 서식지로 적합하지 않다. 반면에 많은 온대 나무들은 춘화 현상을 일으키고 꽃이 피기 위해서는 몇 주 동안 영하의 기온을 동반한 겨울의 휴면기를 거쳐야 한다. 겨울이 온난한 지역에서 식물을 기르면 잘 자라고 생존하지만 생식을 하지 않는다. 식물의 일생 동안에 가장 높거나 가장 낮은 온도가 중요하다. 가령 어떤 나무의 종에서 꽃이 피려면 적어도 10년이 걸릴 때, 8년이나 9년마다 치사온도가 나타난다면 그 종은 그곳에서 생존할 수 없다.

어느 지역의 생육기(growing season)는 대체로 봄에 마지막으로 심한 된서리(killing frost)가 내린 날과 가을에 처음으로 된서리가 내린 날에 의해 결정된다. 생육기의 길이는 충분한 광합성, 생장, 발생, 그리고 생식에 적합해야 한다. 그렇지 않으면 겨울과 여름의 극심한 온도에 견딜 수 있다 하더라도 생식개체군들이 생존할 수 없다.

수분은 비나 눈의 형태로 발생하거나 아니면 물을 제공하지만 잎, 싹, 꽃, 그리고 동물에게도 피해를 주는 우박으로 나타난다. 서식지는 극도로 건조한 사막부터 차츰 축축해져서 사실상 모두가 물인 습지, 호수 그리고 강에 이르기까지 다양하다. 온도의 경우와 마찬가지로, 강수(precipitation)의 총량은 계절적 극치 또는 강수의 시기만큼 중요하지 않을 수 있다. 거의 일 년 내내 끊임없이 내리는 이슬비는 어떤 유형의 생태계를 지원하는 반면, 같은 강수량이라도 겨울에 내리는 눈과 여름에 가끔 발생하는 뇌우

(A)

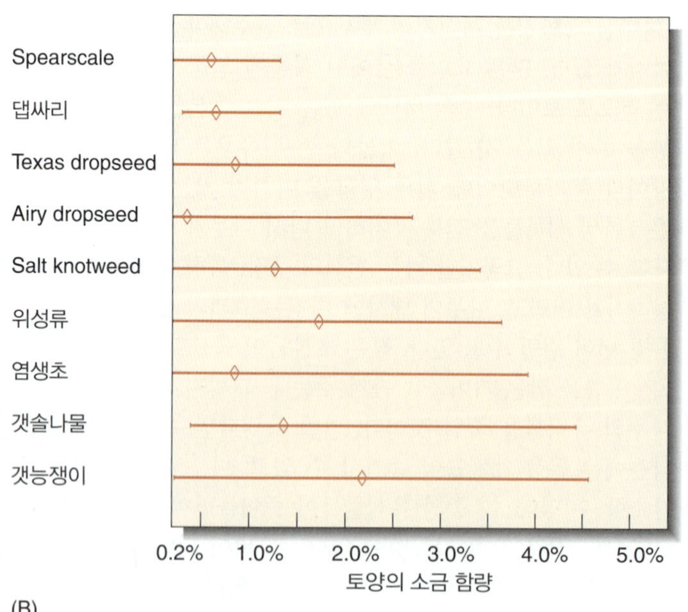

(B)

그림 25-5 **(A)** 루이지애나 남부의 늪이 많은 바이우(bayou)는 물로 가득 차서 대부분의 식물이 자랄 수 없고, 뿌리가 죽는다. 낙우송속(*Taxodium*)은 잘 적응하지만, 그 뿌리는 통기조직(aerenchyma)으로 채워진 '무릎' 같은 구조를 형성하여 대기 중의 산소가 물에 잠긴 뿌리의 내부로 확산되도록 한다. **(B)** 식물은 염분이 든 토양에 견디는 능력이 다양하다. 이들 종은 오클라호마 주와 캔자스 주의 솔트 플랫(salt flat) 주위에서 나타난다. 갯능쟁이(sea purslane)와 갯솔나물(seablite)은 염분 농도가 아주 높아도 생존할 수 있는 반면에 다른 종들은 내성이 떨어진다. 토양의 염분에 내성을 가짐에 따라 이들 식물은 다른 식물들이 없는 솔트 플랫의 가장자리에 서식지를 마련할 수 있다. 사실상 염류에 내성을 갖지 않은 많은 종들은 여기에 나타내지 않았다. 다이아몬드 표시는 최적농도를 나타낸다.

로 분산되면 다른 유형의 생태계가 형성된다.

수많은 대사과정들이 비생물적 요인들에 비례하여 반응을 보인다. 수분이 생존에 필요한 최소치를 넘어서면 물의 양이 증가함에 따라 생장과 생식이 증가한다. 대체로 상한치가 있다. 물이 너무 많으면 토양의 산소 부족으로 뿌리가 죽는다(**그림 25-5A**). 하한과 상한의 사이가 생물의 **내성범위(tolerance range)**이다. 그 범위는 종에 따라 대폭 달라진다(그림 25-5B). 어떤 종은 매우 넓은 내성범위를 갖는다. 미국 북부와 캐나다, 특히 미국 중서부에서 자라는 대부분의 온대식물들은 여름에 100°F(37.8°C)가 넘는 높은 온도와 겨울에 −40°F(−40°C) 아래의 낮은 온도를 견딘다. 플로리다 남부와 푸에르토리코, 그리고 하와이의 식물들은 훨씬 좁은 내성범위를 갖는 경향이 있어서, 서늘한 온도와 더운 온도 모두에서 죽는다.

토양 요인

토양은 바위가 갈라지면서 생성된다. 처음에 만들어진 토양은 얇고, 그 화학조성이 모암(parent rock)과 실질적으로 동일하다. 결과적으로, 새로 생긴 토양에 들어 있는 다량영양소와 미량영양소의 양은 변동이 심하다. 어떤 종류의 암석에서도 질소는 중요한 성분이 아니기 때문에 새로 만들어진 모든 토양에는 질소가 결핍되어 있다.

새로운 토양에 처음으로 침입하는 식물을 **선구종(pioneer)**이라 부르며, 혹독한 조건을 견뎌내야 한다. 토양은 비교적 입자 크기가 큰 모래 같고, 대부분의 무기질은 아직 모암 안에 갇혀 있다. 토양은 용수량(water-holding capacity)이 거의 없고, 첫 번째 식물은 바람이 잔잔해지게 도와주거나, 증산으로 습기를 제공해 주거나, 또는 다른 방법으로 환경을 완화시켜 줄 이웃도 없다(**그림 25-6**). 선구식물은 대체로 질소를 고정하는 원핵생물과 연관을 맺는다. 많은 지의류에는 남세균이 들어 있고, 일부 속씨식물은 뿌리혹을 갖고 있다. 선구종이 토양에 살면서 선구식물은 토양을 크게 변화시킨다. 뿌리의 호흡에서 생긴 이산화탄소가 탄산을 형성하여 화학적 풍화(weathering)를 가속화한다. 잎, 열매, 뿌리, 그리고 껍질 같은 식물의 죽은 부분들은 토양생물의 기질이 되고, 이들에 의한 부패가 부식질(humus)의 원인이 되어 토양의 보수능력을 크게 증대시킨다. 뿌리는 기반암(bedrock)으로 침투하기도 하고, 갈라진 틈에 들어가서 틈을 벌리고 바위를 물리적으로 부수기도 한다.

오랜 세월이 지난 후에 생긴 두꺼운 토양은 뚜렷한 3개의 층으로 구분되는 토양단면(soil profile)을 갖는다(**그림 25-7**). 가장 위쪽에 있는 **A층(A horizon)**은 용탈층(zone of leaching)이라고도 한다. A층은 낙엽과 부스러기들로 구성되고, 이들이 분해되면서 빗물이 이들로부터 영양소를 씻어 내어 다음 층인 **B층(B horizon)** 또는 집적층(zone of deposition)으로 내려 보낸다. B층은 A층에서 온 물질들이 축적되는 곳이다. B층은 영양소가 풍부하고 부식질과 점토가 모두 들어 있다. 그 아래의 **C층(C horizon)**은 주로 모암과 바위 조각들로 구성된다.

모암의 화학적 성질 때문에 신생 토양은 차이가 나지만, 오래되고 보다 숙성한 토양은 덜 다양하다. 암성이 풍화하면서 필수원소들이 뿌리에 의해 흡수되어 식물체에 갇히고, 비필수원소들은 빠져나간다. 식물과 그 부분들이 죽게 되면 서서히 부패되고, 방출된 필수원소들은 다시 토양으로 들어간다. 토양에서 원소들은 다시 식물에 흡수된다. 그 결과, 필수원소들은 생물과 A층과 B층을 번갈아 가며 반복적으로 순환한다. 반면에 다른 원소들은 서서

그림 25-6 최근에 흘러내린 용암인 이 '토양'은 주로 큰 바위 조각들로 구성되고, 보수능력은 거의 없으며 용존 필수원소는 극히 적다. 여기에서 자라는 식물인 선구종은 이런 조건들을 견디는 것은 물론이고 사실상 환경을 변모시킨다. 식물이 부패되면서 방출되는 산은 화학적 풍화와 토양생성을 매우 가속화한다.

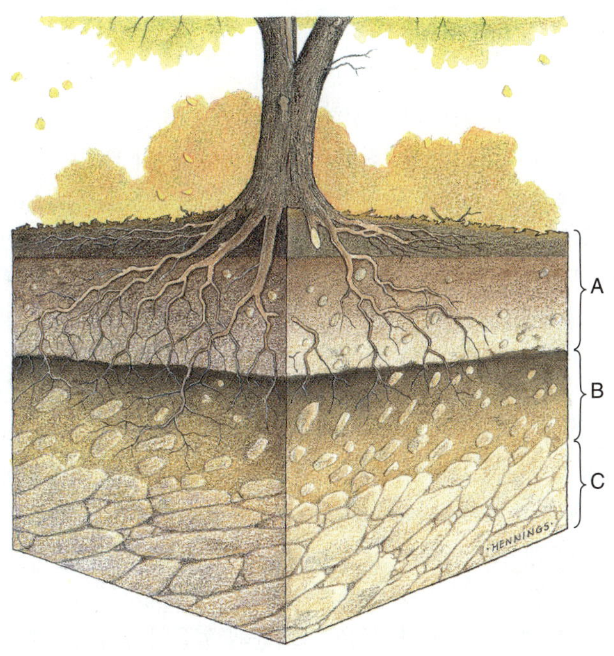

그림 25-7 대부분의 토양은 3개의 층을 나타낸다. A층(용탈층)과 B층(집적층)의 상대적 두께는 많은 요인들에 좌우되며, 그 가운데 식생과 부식질의 풍부도가 가장 중요하다.

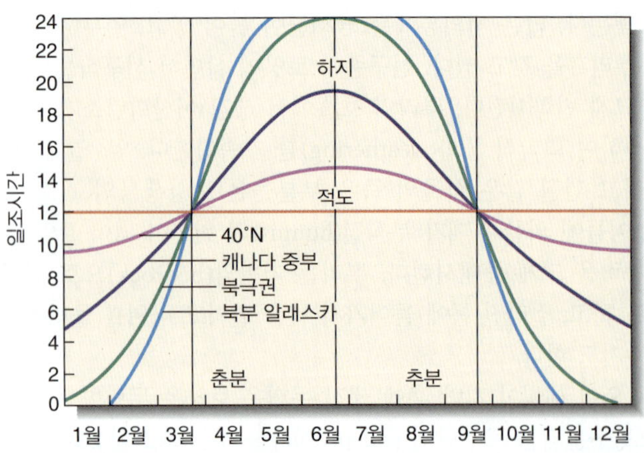

그림 25-8 미국의 중심에 해당하는 북위 40°의 일장은 가장 낮이 긴 날인 하지(6월 21일 전후)에 15시간 가량이고, 가장 낮이 짧은 동지(12월 21일 전후)에 약 10시간이다. 적도로 근접할수록 낮의 길이가 가장 긴 날과 가장 짧은 날 사이의 차이가 적어지고, 적도에서는 그 차이가 거의 없어서 식물과 동물이 일장을 계절의 지표로 삼을 수 없다.

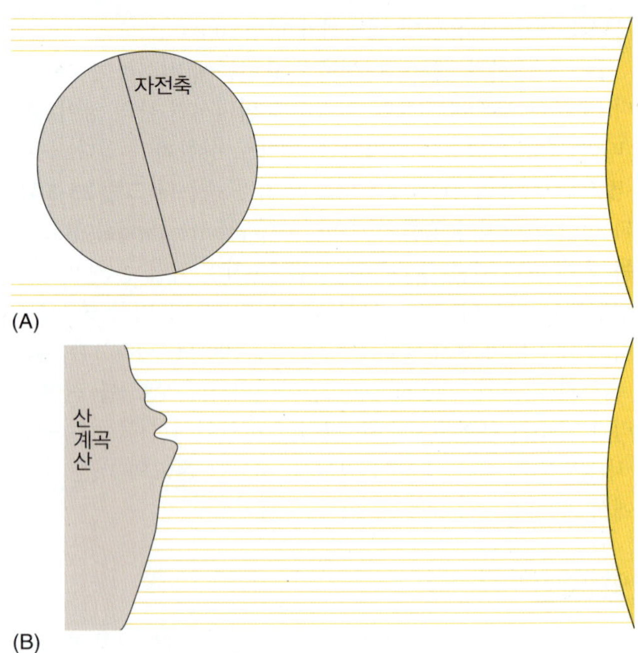

그림 25-9 **(A)** 북반구에서 겨울에는 북극이 태양의 반대 방향을 향하고, 평방미터당 받는 에너지의 양은 최소가 된다. 남극은 태양을 향하고 있고, 남반구는 직접적인 빛을 더 많이 받아서 평방미터당 에너지의 양이 커진다. 6개월 후에는 위치가 뒤바뀐다. **(B)** 지표의 평방미터당 받는 에너지의 변동성은 지형의 영향을 받는다. 적도에서 멀어지면 적도를 향한 산과 계곡의 면이 태양을 향하게 되므로 더 많은 에너지를 받는다. 극지방을 향한 면은 서늘해진다. 동에서 서로 펼쳐진 계곡의 양면에서는 매우 자주 서로 다른 식생이 나타난다.

히 아래의 지하수면으로 씻겨 내려가고 지하수 흐름에 의해 제거된다.

위도와 고도

위도(latitude)는 비생물적 환경에 많은 요인들을 기여한다. 적도에서는 모든 낮의 길이가 12시간이다. 계절적 변화는 나타나지 않고, 식물은 광주기에 의해 계절을 측정할 수 없다. 남쪽이건 북쪽이건 위도가 차츰 높아지면 여름 낮의 길이는 점점 길어지고, 겨울밤도 마찬가지다(**그림 25-8**). 북극권과 남극권보다 위에서는 한여름 낮의 길이가 24시간이고, 한겨울 밤의 길이도 24시간이다. 중위도와 고위도에서는 낮의 길이, 즉 일장이 계절의 훌륭한 지표이고, 여러 종들은 광주기에 민감하다.

매년 지구 표면의 일정한 면적에 도달하는 빛에너지의 양도 위도에 따라 변한다. 적도 지역에서는 언제나 태양이 거의 머리 위에 있고, 표면의 평방미터당 받는 복사량은 최대가 된다(**그림 25-9**). 고위도에서는 대체로 한여름에만 태양이 하늘 높이 있게 된다. 태양이 낮게 뜨는 다른 시기에는 빛이 지구를 비스듬히 때리고 평방미터당 받는 에너지는 적다. 겨울철에는 정오라 할지라도 태양이 하늘에 낮게 걸려 있고 낮에도 밝지 않다. 고위도에서는 온도가 매일 그리고 계절에 따라 크게 변동한다. 한대 지방에서는 토양생성이 느리고, 생성된 토양은 자주 강한 바람에 날려가 버린다. 대부분의 알래스카와 캐나다에서는 18,000년 전의 빙하시대 동안 토양을 긁어내었다.

산꼭대기의 고도가 높은 지역은 고위도 지방과 비슷하다. 그런 곳은 강풍이 불고 토양이 척박하며, 1년의 대부분 또는 1년 내내 춥고, 생육기는 짧다. 물은 주로 눈과 얼음의 형태로 존재하고, 따라서 생리적 건조(physiological drought)가 흔히 나타난다. 그런 지역에서는 위도에 따라 낮의 길이가 변할 수 있다. 높은 고도의 서식지에서 나타나는 다른 스트레스는 강렬한 자외선이다. 높은 고도는 대부분의 지구 대기보다 위에 있고, 따라서 오존, 산소, 이산화탄소, 그리고 수증기로부터 충분히 보호를 받지 못한다.

교란

교란(disturbance)은 불, 산사태, 눈사태, 그리고 홍수 같은 현상들이고, 이들은 생태계에서 중요하고 종종 근본적인 변화를 신속하게 일으킨다(**그림 25-10**). 교란은 생물적 요소에 직접 영향을 미치고, 보통 그 지역으로부터 모든 또는 대부분의 개체들을 완전히 제거하며, 토양도 변화시키지만, 교란은 기후, 위도, 또는 고도 같은 비생물적 요소에는 거의 또는 전혀 영향을 미치지 않는다. 교란에 의해 대다수의 개체들이 제거되면 생태계의 종간 관계가 달라진다. 사람에 의한 교란은 살충제, 제초제, 사냥, 그리고 서식지 파괴가 원인이다(**그림 25-11**).

불은 자연적이고, 많은 건조한 생태계의 흔한 구성요소이다. 수분이 거의 없으면 떨어진 잎과 잔가지들이 천천히 부패되어 부스러기들이 두꺼운 층을 이루며 쌓인다. 살아 있는 식물들은 납질의 각피와 방수성 수지를 갖는 경향이 있고, 이런 물질들은 식물을 불에 잘 타게 만든다. 비가 내리지 않으면서 천둥번개를 수반한 폭풍이 자주 발생하고, 불이 일어나면 빠르게 타서 큰 피해를 입힌다. 그와 같은 생태계에서는 빈번한 화재에 기인하여 많은 식물과 동물이 자연선택의 결과로 불에 내성을 갖게 되었다. 소나무의 어떤 종은 나무껍질이 매우 두꺼워서 빠르게 번지는 중간적

(A)

(B)

(C) Courtesy of D.R. Mullineaux/Cascades Volcano Observatory/USGS

(D) Courtesy of Lyn Topinka/Cascades Volcano Observatory/USGS

그림 25-10 **(A)** 불은 식물뿐만 아니라 꽃가루매개동물, 초식동물, 그리고 병원성 균류와 세균도 죽인다. 한편 불은 무기질을 다시 토양으로 돌려보내고 해가림을 줄여준다. 빠르게 번지는 약한 불은 뿌리줄기, 덩이줄기, 씨앗, 또는 껍질이 두꺼운 나무에 피해를 주지 않지만, 강렬하고 뜨거운 불은 대부분의 생물들을 죽이고 토양을 살균 처리한다. **(B)** 중간의 불이 난 후 몇 달 안에 이끼류, 초본, 그리고 야생초들이 다시 자라기 시작하였다. **(C)**와 **(D)** 세인트헬렌스 산(Mt. St. Helens)의 폭발로 주변의 생태계가 근본적으로 바뀌었지만, 여기에서도 식물, 동물, 그리고 그 밖의 생물들이 회복되었다.

그림 25-11 인간은 거대한 규모로 서식지를 파괴한다. 수력발전 댐은 상류의 계곡을 영구적으로 물에 잠기게 하고 하류의 서식지에는 자연적으로 발생하던 범람이 일어나지 않게 한다. 물고기의 산란장도 파괴된다. 강의 생태를 복원시키고자 일부 작은 댐들을 없애고 있다.

인 불은 관다발형성층과 그 밖의 살아 있는 조직에 전혀 피해를 주지 않는다. 나무줄기의 아래 부분은 자연낙지(self-pruning) 때문에 가지가 없어서 불꽃이 침엽(needle)을 태울 만큼 높이 피어오르지 못한다. 오로지 초본과 작은 관목들만 불에 탄다. 더욱이 로지폴소나무(lodgepole pine)와 방크스소나무(jack pine)의 암구과(seed cone)는 불의 열기에 노출되어야만 벌어진다. 이러한 적응의 결과로 많은 경쟁식물들과 포식동물들이 죽은 다음 숲의 바닥(임상)이 탁 트이고 햇살이 내리쬘 때 씨앗이 떨어진다. 아울러 재에 있는 무기질로 인해 토양이 비옥해져서 소나무 유식물이 자라기에 이상적인 장소가 된다. 그렇지만 소방관들이 불을 꺼서 불이 자주 발생하지 않으면 하층의 관목과 작은 나무들이 높이 그리고 크게 자라게 된다. 덤불과 마른 가지들이 너무 많이 쌓여서 불이 났을 때 그 불은 극도로 뜨겁게 된다. 불이 관목의 꼭대기와 하층의 교목들을 태우면서 불길이 소나무의 맨 밑가지들에도 치솟을 수 있고, 그 결과 수관(crown)에 불이 붙는다(**그림 25-12**).

그림 25-12 **(A)** 불이 자주 나면, 하층의 관목들이 커지기도 전에 타버리고, 우세목(dominant tree)들 사이에 그리고 나무의 맨 밑가지들 사이에 넓은 공간이 항상 존재한다. 불이 나더라도 나무의 숲지붕을 태울 만큼 불길이 높이 치솟지 못한다. **(B)** 불이 드물게 난다면, 하층의 관목이 커져서 우세목의 맨 밑가지들까지 닿게 된다. 불이 나면 관목에서부터 숲지붕까지 번지고, 인화성이 높은 침엽, 잔가지, 그리고 솔방울에 불이 붙는다. 나무가 완전하게 죽는 것은 아니지만 줄기의 분열조직이 파괴되어 더 이상 생장할 수 없게 된다. **(C)**와 **(D)** 대부분의 사막에서는 자생하는 초본들이 드문드문 자라서 불이 날 수 없지만, 도입된 외래식물들이 때때로 불이 나기에 충분할 만큼 조밀한 개체군을 형성한다. 이런 일이 애리조나 주에서 일어나서, 선인장과 유카 식물을 위험에 처하게 하였다.

이런 일이 일어나면 불은 교목의 수관들 사이로 빠르게 번지면서 교목들을 죽인다.

많은 풀들은 불에서 이익을 얻게끔 적응되었다. 미국 중서부 대초원의 목초들과 플로리다 주 에버글레이드 습지(Everglades)의 참억새류(saw grass)들은 빽빽한 무리로 자라고, 그들의 줄기 꼭대기와 잎원기는 지표면에 있거나 그 밑에 있어서 불이 나더라도 흙과 잎의 기부에 의해 보호를 받는다. 잎의 끝은 죽거나 마르기도 하고, 불이 나면 죽은 부분들에서 무기질이 빠져나오지만, 식물의 기부는 해를 입지 않는다.

1년생 식물이나 수명이 짧은 식물들은 불에 살아남지 못하지만, 그런 식물들의 땅속에 묻힌 종자들은 생존한다. 비늘줄기, 뿌리줄기, 덩이줄기, 또는 둥근줄기들은 작은 불에 수월하게 살아남는다.

서식지의 생물적 요소

식물 자체

개체 자체는 서식지 안에 있으면서 서식지를 변모시키고 서식지의 일부가 된다. 서식지의 변경은 그 종이 자신의 서식지에서 계속 번창하는 데 있어 득이 되거나, 해가 되거나 또는 중립일 수 있다. 미국 북부의 너도밤나무/참나무 숲에서 나무들은 빽빽한 숲지붕(canopy)을 형성하여 숲의 바닥을 몹시 그늘지게 한다(**그림 25-13A**). 그토록 낮은 수준의 빛에서 제대로 자랄 수 있는 유식물은 거의 없지만, 너도밤나무와 참나무의 유식물들은 잘 자란다. 결과적으로, 성목들이 그들의 유식물에게 알맞은 서식지를 만들고, 유식물들이 성공적으로 자라도록 도와준다.

(A)
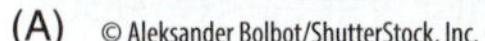
© Aleksander Bolbot/ShutterStock, Inc.

(B)

그림 25-13 **(A)** 이 숲에서는 우세한 두 종인 너도밤나무와 참나무가 그들의 유식물들에게 적합하도록 서식지를 변모시킨다. **(B)** 너도밤나무/참나무 숲보다는 훨씬 트였고 햇빛이 들어오지만, 소나무 숲은 소나무의 유식물에게는 너무 어둡다. 소나무는 자신들의 장기적 생존에 불리하게끔 서식지를 변모시킨 것처럼 보이지만, 소나무에서 떨어지는 침엽은 인화성이 높아서 빈번한 화재의 주된 원인이 되고, 불이 나면 참나무의 유식물은 죽지만 소나무의 유식물은 죽지 않는다.

소나무 숲은 다소 트여 있지만, 그래도 숲의 바닥은 성목들에 의해 그늘이 진다. 그렇지만 소나무의 유식물은 화창한 햇빛을 필요로 하고, 고목의 숲지붕 아래에서는 잘 자라지 않는다. 다른 종의 유식물들이 이런 조건에서 번창하여 몇 안 되는 소나무 유식물을 몰아낸다. 소나무는 자신들의 지속적인 성공에 불리하게 그들의 서식지를 변모시켰다. 소나무 유식물이 필요로 하는 개방된 서식지를 만들어 줄 수 있는 것은 오직 교란뿐이다(**그림 25-13B**).

빙하가 녹으면서 빙퇴석(moraine), 즉 산처럼 쌓인 돌무더기, 모래, 그리고 바위를 남겨두었다. 부식질은 없고 이용 가능한 영양소가 거의 없어서 토양은 척박하지만, 오리나무, 장미과의 담자리꽃나무속(*Dryas*), 버드나무, 그리고 분홍바늘꽃(fireweed) 같은 선구종들이 최근에 드러난 빙퇴석에 자리 잡는다(**그림 25-14**). 이런 종들은 탁 트인 조건에서 생존하고 낮은 수준의 영양소에도 견딘다. 오리나무와 담자리꽃나무는 질소를 공급하며 공생하는 질소고정세균이 들어 있는 뿌리혹을 갖고 있다. 몇 년 안에 이런 나무들의 잎과 껍질이 부패되고 토양이 비옥해지면, 가문비나무와 솔송나무가 자리 잡기 시작한다. 그렇지만 그런 다음에 가문비나무/솔송나무 숲은 너무 많은 그늘을 형성하여 선구종을 몰아내는데, 선구종들은 서식지를 비옥하게 하여 서식지를 변모시킨 것이 자신들에게는 해가 된 것이다.

그림 25-14 빙하가 녹으면서 남겨진 돌무더기와 모래는 극도로 메마른 땅이고, 기후도 대체로 혹독하다. 그렇지만 몇 종의 선구자들이 이런 곳에 정착할 수 있고, 선구종들의 활동으로 말미암아 토양이 비옥해지면 덜 강인한 종들이 침입하게 된다.

다른 식물종

한 종 또는 여러 종의 몇 개체들이 함께 나타나면 상호작용(interaction)의 가능성이 생긴다. 만일 상호작용이 근본적으로 양쪽 모두에게 이익이 된다면 이를 **상리공생(mutualism)**이라고 하지만, 만약 불리하다면 이는 **경쟁(competition)**이라고 한다. 경쟁은 두 개체군들이 제한적으로 공급되는 동일한 자원을 이용하기 때문에 따로따로 있을 때보다 함께 있을 때 잘 자라지 못하는 상황이다. 많은 식물들은 여러 가지 가운데 빛, 토양의 영양소, 물, 그리고 꽃가루매개동물과 종자분산동물에 주목을 두고서 다른 식물들과 경쟁하는 것으로 여겨진다. 만약 어느 한 식물이 홀로 자라게 된다면, 많은 경우에서 이 식물은 가까운 곳에 다른 식물들이 있는 경우보다 빨리 자라고, 훨씬 커지며, 보다 많은 배우자들을 만들게 된다. 인근에 다른 식물이 있다면 이 식물의 뿌리 속으로 다른 식물들의 뿌리가 들어와서 물과 영양소를 제거할 수도 있다. 경쟁 식물들이 훨씬 크게 자라서 이 식물 위로 잎을 덮어서 햇빛을 가로챌 수 있다. 다른 식물들이 꿀을 많이 생성하지 않더라도, 그들의 꽃들이 꽃가루매개동물의 주의를 산만하게 하여 이 식물의 꽃가루가 엉뚱한 종의 암술머리로 옮겨지고 자신의 암술머리에는 다른 종의 꽃가루가 도달할 수 있다.

경쟁의 역할은 광범위하게 논의되어 왔다. 어떤 한 이론은 경

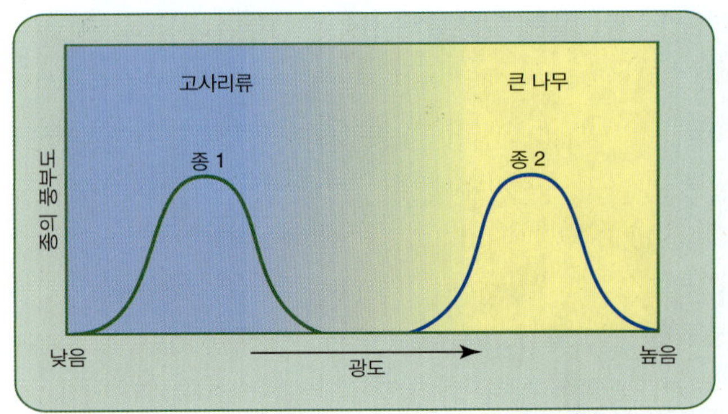

그림 25-15 고사리류와 큰 나무 모두 빛을 필요로 하지만, 많은 고사리 종들은 높은 광도를 견딜 수 없고 부분적으로 그늘진 곳에 있어야 한다. 큰 나무는 보통 강한 빛을 받아야 하고, 그늘지면 잘 자라지 못한다. 이들이 함께 자라면 햇빛을 두고 경쟁하지 않는다. 각각은 다른 종이 이용하지 않는 자원의 일부를 이용한다. 만일 어느 한쪽이 제거되더라도 다른 쪽이 더 잘 자라지 않을 것이다.

쟁의 결과가 **경쟁배타(competitive exclusion)**라고 상정한다. 어느 쪽이든 잘 적응하지 못하는 종이 우세한 경쟁자에 의해 생태계에서 배제된다. 햇빛과 그 밖의 자원을 획득한 종이 이기고, 얻지 못한 종은 제거된다. 이것이 사실이라면 일반적인 생태계에서 아주 작은 경쟁이 일어나는 것이다. 각 종은 특정한 세트의 조건들인 **생태적 지위(niche)**에 적응하는 것으로 추정되고, 이를 효율적으로 이용하게끔 적응한 다른 종은 없다. 예를 들면, 어떤 종은 화창한 햇빛에 적응하고, 다른 종은 부분적으로 그늘진 곳에 적응한다(**그림 25-15**). 생태계에서, 전자는 숲지붕을 형성하는 교목이어야 하고, 후자는 하층종이어야 한다. 경쟁이 거의 없는 이 이론에서는 만약 어떤 종이 제거된다면 다른 종은 사용하지 않은 자원으로부터 혜택을 입지 않을 것으로 예측되는데, 그것은 그 자원에 적응하지 않았기 때문이다. 이는 때때로 사실로 나타난다.

지위 또는 생태적 지위(ecological niche)의 개념을 정확히 정의하기는 어렵다. 근본적으로, 생태적 지위는 그 종에 직접 영향을 미치는 서식지의 일련의 측면을 나타낸다. 예를 들어, 습지에 사는 특정한 종은 토양수분이나 침수의 범위, 계절적 강우의 범위, 온도 범위, 유영하는 초식동물의 결핍에 따른 뿌리 섭식의 부족, 그리고 적절한 수분매개자의 존재 등으로 정의되는 특정한 반수생(semiaquatic) 생태적 지위를 점유한다. 습지식물의 다른 종이 동일한 지리적 영역에서 자랄 수 있지만, 그 종은 다른 수분매개자를 갖거나 첫 번째 종이 차지하는 미소서식지(microhabitat)보다 약간 더 산성인 습지 지역에서 자랄 수 있기 때문에 그 종은 다른 생태적 지위를 차지한다. 한 가지 요인이 다르기만 하면, 이들은 서로 다른 생태적 지위를 점유한다.

경쟁배타 이론의 대안으로, 두 번째 이론은 종들의 내성범위가 겹치고(**그림 25-16A**), 이들이 함께 자랄 때 각각의 종은 다른 종에 의해 이용되지 않는 범위의 부분을 전용한다고 상정한다. 두 종 모두에게 적합한 서식지 가운데 중복되는 구역에서는 자원의 사용이 경쟁에 의해 결정된다. 보다 잘 적응하는 종이 중복되는 구역을 독차지한다. 이보다 약한 종은 잠재적 지위의 일부만을 차지한다. 두 종이 공존할 수 있지만, 만약 어느 한쪽이 제거되면 다른 쪽은 자원의 전체 범위를 차지하고, 훨씬 잘 자란다. 이런 유형의 경쟁 사례가 나타나는 것으로 밝혀졌다.

장기간에 걸친 경쟁의 결과는 자연선택에 의한 종의 변화로 나타난다. 만일 부분적으로 내성범위가 중복되는 두 종이 경쟁한다면, 범위의 밖에 있는 부분들을 보다 효과적으로 이용할 수 있게 하는 돌연변이가 유리하다. 시간이 흐르면서, 경쟁이 줄어들 때까지 종들은 분기한다(**그림 25-16B**).

많은 개체군의 지리적 범위는 광범위하여 다양한 생물적 및 비생물적 요소들을 포함한다. 그 범위에는 언덕, 계곡, 그리고 평지가 포함될 수 있고, 돌이 많은 토양과 비옥한 토양이 포함되기도 하며, 초원과 개방 삼림지대가 포함될 수 있다. 이러한 다양성 때문에 개체군은 그 지리적 범위의 어느 부분에서는 햇빛을 두고

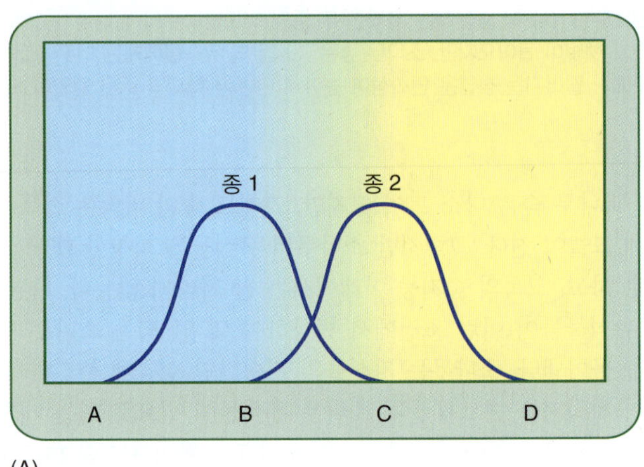

(A)

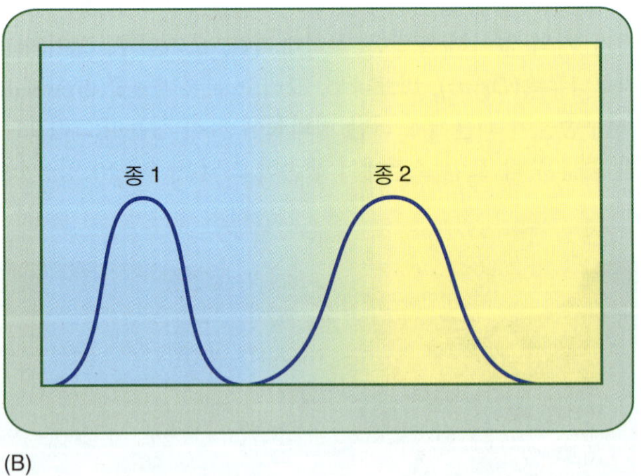

(B)

그림 25-16 **(A)** 두 종이 동일한 자원을 이용할 수 있다면 이들은 경쟁을 한다. 이 그림에서, 종 1은 조건 A부터 B까지의 자원을 배타적으로 이용할 수 있는 반면에, 종 2는 조건 C와 D 사이의 자원을 독점할 수 있다. 조건 B와 C 사이에서는 두 종이 경쟁을 벌인다. 만일 자원이 물의 이용가능성이라면, 종 1은 건조한 지역에서 자라는 반면에, 종 2는 습지에서 자라고, 두 종 모두 촉촉한 지역에서 자랄 수 있다. **(B)** 시간이 흐르면서 종의 경쟁능력을 증진시키는 돌연변이가 선택될 수 있다. 이 경우, 종 1은 건조한 서식지에 특화되도록 진화하였고 이제는 촉촉한 조건에서 살 수 없게 되었다. 촉촉한 환경에서는 곤충과 곰팡이가 많아서 이들에 대한 방어 메커니즘에 많은 비용이 들었지만, 이제 더 이상 그런 메커니즘이 필요 없어졌으므로, 종의 포괄적응도는 증가할 수 있다.

경쟁하기도 하지만, 다른 부분에서는 물에 대해 경쟁하고, 또 어떤 부분에서는 다른 요인을 두고 경쟁을 벌이기도 한다. 특히 유전자 확산이 빠르지 않고 두루 퍼지지 못한다면, 생태계의 다양성에 의해 어떤 특성에 전문화된 여러 아개체군(subpopulation)들이 생긴다. 물론, 이는 분기적 종분화(divergent speciation)의 시작일 수 있지만, 다양한 아개체군들을 아종(subspecies)이라고 부를 수 있게 되기까지는 이들을 **생태형(ecotype)**으로 간주한다. 각 생태형은 그들이 존재하는 곳의 특정한 생태계 요인들에 대해 특수화되었다. 다양한 생태형들이 서로 매우 유사하여 이들은 명백히 같은 종에 속하지만, 생태학자들과 분류학자들이 별개의 생태형들이 존재한다고 수상하게 여길 만큼 충분한 차이를 나타낸다. 자연선택이 실제로 유전체를 변모시켰는지를 밝히는 실험이 필요한데, 왜냐하면 단순히 생장조건 자체에 의해서도 표현형의 차이가 생길 수 있기 때문이다. 이를테면, 물을 넉넉히 주고 비옥한 토양에서 기른 콩은 물을 거의 주지 않고 다른 스트레스를 받으면서 척박한 토양에서 자란 콩과 현저하게 다르다. 생태형이 실제로 존재하는지 여부를 검증하기 위해 **이식실험(transplant experiment)**을 수행한다. 각 장소의 식물들을 다른 장소에 이식하고, 두 장소의 식물들을 중간 부위에 있는 **공통정원(common garden)**에서 함께 기른다. 만일 이식된 개체들이 그 장소에서 자연적으로 나타나는 식물의 표현형을 띠게 되면, 스트레스와 마찬가지로 유전적 요인들은 중요하지 않다. 그렇지만 만일 이식된 개체들이 원래의 표현형을 유지하거나 죽게 된다면 유전적 분기가 시작된 것이다.

한편, 경쟁에서의 성공은 경쟁과 관련된 요인 이외의 요인들에 좌우된다. 종 A는 물이 넉넉할 때 빠르게 자랄 수 있어서 종 B를 그늘지게 하지만, 종 B는 건조에 보다 내성을 가질 수 있어서 물이 부족할 때 종 A보다 더 잘 자라고 경쟁에서 이길 수 있다. 물의 이용가능성은 지리적 범위에 걸쳐 달라질 수 있어서, 종 A는 습한 지역에서 우세하게 자라고 종 B는 건조한 지역에서 우점하기도 한다. 한편, 해마다 강우가 달라지기 때문에 종 A가 몇 년 동안 잘 자라다가 종 B가 한 동안 풍부해질 수도 있다.

동물의 생태에는 경쟁에 덧붙여 다양한 부정적 상호작용이 포함되는데, 피식자(prey)를 죽이는 포식(predation)과 기생(parasitism)이 두 가지 예이다. 벌레잡이식물은 곤충을 잡아 죽이지만, 포식자-피식자 관계에서 다른 식물을 죽이고 소화하는 식물은 없다. 기생식물은 드물지 않다. 겨우살이는 친숙한 예이고, 적어도 12개 과에 속하는 수백 종의 기생식물들이 알려져 있다.

수많은 동물, 곰팡이, 원생생물, 그리고 원핵생물들이 죽은 생물에 사는 부생자(saprotrophs)이다. 독수리, 구더기, 목재부패진균류, 그리고 부패세균들이 그 예이다. 식물이나 동물의 사체에 침범하여 그 물질을 분해하는 것으로 알려진 식물은 없다. 분해되는 부식질로부터 뿌리가 무기질, 질산염, 그리고 황산염을 흡수하는 것은 사실이지만, 뿌리가 효소의 공격에 참여하지는 않는다.

식물 이외의 다른 생물

동물, 균류, 그리고 원핵생물들은 식물의 서식지에서 분명히 중요한 생물적 요소이다. 식물과 이들 생물들 간의 상호관계는 한쪽 또는 양쪽 모두에게 이롭거나 해가 될 수 있다.

식물과 동물은 양쪽 모두에게 이익이 되는 상리공생(mutualism)의 많은 관계를 나타낸다. 꽃가루받이의 대부분의 사례는 서로에게 득이 된다. 동물은 꿀이나 꽃가루의 일부를 받고 식물은 꽃가루가 이동되는 혜택을 받는다. 열매를 먹는 **과식동물(frugivore)**에 의한 종자의 산포는 동물이 씨를 깨물고 배를 소화시키지 않는 한, 두 종 모두에게 이득이 된다.

상리공생의 잘 알려진 사례는 열대 중앙아메리카의 어떤 개미와 아카시아의 연관이다. 아카시아는 잎의 맨 아래 부분에 통통하고 속이 빈 가시(경침, thorn)가 있는 작은 교목이다. 개미들은 이 가시를 이미 마련된 튼튼하고 방수가 되는 집으로 이용한다(**그림 25-17**). 한 식물에 많은 수의 가시들이 있기 때문에 개미들은 수많은 주택을 갖는다는 이점이 있지만, 그에 덧붙여 아카시아는 꿀을 만들고 작은잎의 끝은 글리코겐이 풍부한 황금색 먹이입자[벨트체(Beltian body)]로 변형된다. 개미는 주택과 식량 모두

(A) © Marco Alegria/ShutterStock, Inc.

(B) © Robert and Linda Mitchell

(C)

그림 25-17 **(A)** 개미아카시아(ant *Acacia*) 식물. **(B)** 개미아카시아의 이 경침(thorn)은 통통하고 속이 비어 있으며 개미의 훌륭한 보금자리가 된다. 이런 공간은 아카시아 자체의 정상적인 발생의 일부로 형성된다. 개미가 있으면 이들의 형성이 유도되지 않는다. **(C)** 아카시아의 잎 끝에서는 글리코겐이 풍부한 먹이인 노란색의 벨트체(Beltian body)가 만들어진다. 아카시아에 개미들이 존재하는 한 다른 모든 식생들은 사라지지만, 살충제에 의해 개미들이 죽게 되면 아카시아는 빠르게 무성해진다.

박스 25-1 제트기 시대의 생태적 지위

생태적 지위(niche)는 특정한 종이 다른 생물보다 우세하게 살아갈 수 있는 일련의 조건들로 정의된다. 선인장은 북아메리카와 남아메리카의 건조한 사막을 차지하고, 부레옥잠은 아마존 우림의 수로에서 번식하며, 따뜻한 지역의 잔잔한 수면으로 구성되는 생태적 지위를 메운다. 그러나 사막의 생태적 지위는 서반구 이외의 많은 지리적 구역들에서 나타나고, 열대의 강은 전 세계 어디에서나 조용하게 흐른다. 선인장과 부레옥잠은 왜 제한된 지역에서만 자라는 것일까? 근본적으로 그 이유는 간단한데, 선인장과 부레옥잠이 진화적으로 비롯된 장소인 천연서식지는 광활한 지대의 생물이 살기 힘든 장벽으로 둘러싸여 있어서 이들이 다른 지역으로 퍼져나가지 못했기 때문이다. 자연조건에서 선인장은 철새가 이 대륙에서 저 대륙으로 씨앗을 옮기는 일이 일어나야만 아프리카, 중동, 중국, 그리고 오스트레일리아의 건조한 생태적 지위에서만 입지를 굳힐 수 있다. 그렇게 장거리에 걸친 분산은 극도로 드물다.

아마도 우리는 그런 일이 극도로 드물다고 말할 것이다. 그런데 사람은 지금 철새를 훨씬 뛰어넘는 장거리 분산의 에이전트가 되었다. 비행기와 선박은 지구의 모든 부분들을 연결하고, 전례가 없는 규모로 식물과 동물의 종들의 교환을 야기하고 있다. 어떤 이동은 돌발적이어서, 씨앗이 관광객의 옷에 붙거나 가죽 또는 그 밖의 실어 나르는 물질에 들러붙기도 한다. 얼룩홍합(zebra mussel)은 배의 바닥에 고인 물로 인해 미국으로 들어왔고, 곤충들은 열매에서 옮겨지고 생겨났으며, 재활용을 위해 수입된 폐타이어에 고여 있는 물을 통해서도 운반되었다. 물론, 미생물과 바이러스조차도 장거리에 걸쳐 수송되고, 후천성 면역결핍증후군(AIDS)을 야기하는 사람면역결핍바이러스(HIV)도 그런 사례이다. 이와는 달리, 살아 있는 식물이나 동물을 명확하게 작물이나 관상용으로 기르기 위해 수입하는 수송은 의도적이다. 잉어는 식량원으로 미국의 강에 도입되었다. 살인벌(killer bee)은 아프리카에서 연구 목적으로 아르헨티나로 데려왔다가 깨진 실험실 우리에서 탈출하였다. 넝쿨식물인 칡(kudzu)은 도로절개면을 따라 또는 운하 제방에 침식을 막기 위한 지피식물(ground cover)로 남쪽 주들에 심어졌고, 부레옥잠은 아름답다는 이유로 미국의 수로에 도입되었다.

이들 모든 생물과 더욱 많은 생물들은 한 가지 공통점이 있는데, 그것은 이런 생물들이 사람에 의해 옮겨진 새로운 서식지에서 번창한다는 것이다. 이들 모두 빠른 생장과 생식을 가능하게 하는 조건들을 찾았다. 사람이 그들의 포식자나 병원체도 함께 들여오지 않았으므로, 이들의 확장을 제한할 수 있는 생물들로부터 해방된 셈이다. 이들은 모두 개체군이 폭발적으로 증가하였고, 빠르게 확산되고 있다. 얼룩홍합은 미국 북동부의 수로를 막고, 아래쪽의 미시시피 강으로 퍼져 나갔다. 살인벌은 10년 내에 남아메리카, 멕시코, 그리고 텍사스와 뉴멕시코까지 확산되었다. 그런 경우에, 이들 생물들은 토착종보다 환경에 훨씬 더 잘 적응하는 것으로 드러났다. 결과적으로, 도입된 외래종들은 자생종과의 경쟁에서 이긴다. 잉어는 많은 종류의 미국 물고기들을 몰아냈고, 칡은 숲의 수천 평방킬로미터를 덮어서 나무를 그늘지게 하고 햇빛을 차단하여 나무들을 죽이고 있다(**그림 B25-1**).

도입종만을 특정하게 방제하는 살충제나 제초제는 없고, 식물, 동물, 그리고 물고기를 사람 손으로 없애려고 시도하는 것은 거의 불가능하다. 대부분의 방제 노력은 원산지에서 포식자나 병원체를 찾고, 그런 다음 이들을 새로운 장소에 도입하는 데 초점을 맞춘다. 그러나 근본적인 문제가 외래종을 도입하면서 비롯되었기 때문에, 또 다른 외래생물을 들여오는 것을 당연히 꺼리게 된다. 이상적인 해결책은 오로지 문제가 되는 종만을 희생시키고 다른 종에는 피해를 주지 않는 병원체를 찾는 것이다. 그러고 나면, 더할 나위 없이 원래의 외래종이 제거된 후 두 번째 종은 먹이 부족으로 죽게 될 것이다. 그렇지만 병원체가 외래종과 밀접한 관계가 있는 자생종을 공격할 수 있고, 아니면 병원체에 돌연변이가 일어나서 자생종도 공격할 수 있게 될 수 있으므로 주의해야 한다.

종이 번창할 수 있고 자생종을 밀어낼 수 있는 새로운 서식지로 이동하는 것은 이미 심각한 문제가 되고 있다. 제트기 시대의 국제적 이동에 따라 여행과 물자수송이 늘어남에 따라 이는 점점 더 악화될 것이다.

그림 B25-1 일본에서 도입된 칡(*Pueraria lobata*)에 대한 병원체나 해충이 미국에는 없다. 칡은 빠르게 자라서 바위, 나무, 전봇대, 그리고 심지어 빌딩까지도 덮고 있다. 칡으로 뒤덮인 나무는 햇빛 부족으로 죽는다.

를 얻는 것이다. 이 개미의 종이 공격적이기 때문에 식물은 혜택을 받는다. 개미들은 식물을 돌아다니고 식물을 건드리는 그 어떤 동물, 심지어는 커다란 포유동물까지도 공격한다. 다른 식물의 잎이 아카시아에 가까이 오면 개미들이 그 잎을 파괴하여 아카시아가 그늘지지 않도록 한다. 그 결과, 식물은 병원성 균류와 곤충으로부터 자유로워지고, 화창한 햇빛을 받으며 자라게 된다. 이 상리공생은 절대공생(obligate symbiosis)이다. 식물은 개미 없이는 자연에서 생존할 수 없고, 개미들은 식물체 밖에서는 발견되지 않는다. 이와 비슷한 상리공생이 동남아시아의 개미와 히드노피툼속(*Hydnophytum*) 간에서 나타난다.

한 종은 이득을 보지만 다른 종은 아무 영향을 받지 않는 **편리공생관계(commensal relationship)** 역시 식물과 동물 간에서 흔하다. 새들이 나무에 둥지를 틀면, 새는 이롭지만 식물은 보통 해를 입지 않는다. 도꼬마리 같이 달라붙는 열매나 씨가 동물의 털이나 깃털에 들러붙은 다음에 분산되면, 식물은 이롭고 동물은 아무런 해가 없다. 일방적인 부정적 관계도 나타난다. 동물은 영향을 받지 않으면서 작은 식물을 짓밟고 죽인다. 파트너들 모두가 불리하게 영향을 받는 경쟁은 식물과 동물 간에서 흔하지 않은 것으로 보인다.

포식(predation)은 한 종이 혜택을 입고 다른 종은 해를 입는 관계이다(**그림 25-18**). 득을 보는 종은 다른 종을 찾아내고, 그 종을 특별히 먹이로 이용하거나 다른 형태의 자원으로 이용한다. 식물을 먹는 동물은 초식동물(herbivore)이고, 그 과정은 초식(herbivory)이다. 그러나 종종 초식을 보다 정확하게 사슴과 기린처럼 잔가지와 잎을 먹는 브라우징(browsing)과 양과 소처럼 풀을 뜯어먹는 채식(grazing)으로 구분한다. 곤충도 식물에 알을 낳을 수 있고, 그런 다음에 애벌레들이 식물에 터널을 뚫으면서 식물조직을 먹는다. 진딧물과 거품벌레는 조직을 씹지 않고 수액을 빨아먹는다. 곤충과 새들은 모두 둥지를 짓기 위해 잎과 잔가지를 수확한다.

식물과 곰팡이나 세균 간의 많은 상호관계는 식물에 해가 되지만, 곰팡이와 세균을 포식자라고 하지 않고 **병원성(pathogenic)**이라고 묘사한다. 곰팡이나 세균은 가벼운 병을 유발하거나 독성을 띠고 식물을 빠르게 죽인다. 상당 비율의 미생물들이 부생자(saprotroph)이고, 잎, 통나무, 낙과, 그리고 벗겨진 나무껍질 같이 죽은 식물조직에서 산다. 이는 살아 있는 식물에 해를 입히지 않으면서 곰팡이와 세균에 득이 되고, 사실상 식물에게 도움이 될 수 있다. 이 과정은 무기질 영양소, 특히 질소화합물의 방출을 활성화하고, 토양을 비옥하게 한다. 균류를 공격하고 기생하는 식물의 경우가 알려져 있다. 난초의 씨는 아주 작고 엽록소가 없다. 난초의 씨는 빈사상태(moribund)를 유지하다가 토양균류의 침입을 받으면 녹색으로 변하고 잘 자란다. 난초의 유식물은 곰팡이로부터 영양소와 아마도 생장인자를 받고, 역으로 곰팡이에게 탄수화물을 제공하는 것으로 추정된다. 그렇지만 식물은 이득을 보는 것으로 입증되었지만, 곰팡이에 대한 여하한 혜택은 밝혀지지 않았다.

식물-균류 상리공생의 사례들은 잘 알려져 있고, 균근

© skibreck/iStock Photo

그림 25-18 버펄로와 식물은 버펄로는 득을 보지만 식물은 그렇지 않은 포식자-피식자 관계에 있다. 버펄로는 초식동물(herbivore)이고, 보다 구체적으로 이들은 채식동물(grazer)이며, 식물을 먹을 뿐만 아니라 발굽으로 식물을 짓밟고 벼룩과 진드기를 제거하려고 뒹굴 때 식물을 파괴한다.

(mycorrhiza)의 경우처럼 최근에는 전에 짐작했던 것보다 훨씬 더 중요한 것으로 나타났다. 균근의 곰팡이는 인산염을 식물로 수송하고 탄수화물을 받으며, 양쪽 모두 득이 된다. 살진균제(fungicide)로 토양균류를 죽이면 많은 식물종은 자연에서 매우 저조하게 자라는데, 미국 중서부에 나무가 없는 한 가지 이유는 나무에 유익한 균근의 종류가 초본에 이로운 균근과 제대로 경쟁할 수 없기 때문이라는 설이 있다. 엽록소가 없는 기생식물인 구상난풀(Indian pipe)과 균근균류 간에서 복잡한 관계가 밝혀졌다. 구상난풀은 곰팡이에 기생하여 그로부터 영양소를 뽑아내고, 곰팡이는 차례로 엽록소를 갖고 광합성을 하는 다른 균근식물로부터 탄수화물을 획득한다. 구상난풀은 근본적으로 균근균류를 다리로 이용하여 다른 식물에 기생하는 것이다.

식물 이외의 생물들이 식물의 서식지에 많은 복잡성을 추가하고, 수많은 유형의 상호관계가 존재한다. 여기에서는 식물이 연관된 몇 가지만 언급하였지만, 동물은 서로 경쟁하고, 곰팡이와 원핵생물도 마찬가지다. 한편 동물, 균류, 원생생물, 그리고 원핵생물들 간의 상호관계도 나타난다. 생태계는 극도로 복잡하고, 어느 한 부분의 붕괴가 다른 부분들에 어떻게 영향을 미치는지 예측하기란 사실상 불가능하다. 실효서식지(operational habitat)가 단순할 수 있겠지만, 실제 서식지는 많은 다른 요인들과 관련되어 있는 매우 많은 요인들을 포함하고 있어서 우리는 생태계를 다루는 데 조심해야 한다.

개체군의 구조

개체군은 많은 종류의 구조를 갖는다고 생각할 수 있다. 서식지 내에서 개체군의 분포는 중요하고, 개체들의 연령 구조도 중요하다.

지리적 분포

지리적 범위의 경계

식물종이 지리적 범위 도처로 퍼져나갈 수 있는 능력은 그 지역의 생물적 요소와 비생물적 요소에 대해 적응한 결과이다. 비록 대부분의 서식지 요소들이 일제히 식물에 영향을 주고 대부분이 중요하다고 간주되지만, 어떤 시간과 어떤 장소에서는 한 가지 요인이 단독으로 식물의 건강을 결정짓는다. 그것이 어떤 것이든, 이 요인이 **한정요인(limiting factor)**이다. 광합성에 관해 설명하자면, 중간 수준의 이산화탄소에서 빛의 양이 증가하면 광합성도 증가하지만, 이산화탄소의 농도가 증가하면 그렇지 않은데, 바로 빛이 한정요인이다. 그렇지만 빛의 세기가 증가함에 따라 빛이 더 밝아져도 더욱 빠르게 광합성을 일으키지 않는 시점에 도달한다. 그런 다음에는 이산화탄소의 농도가 증가해야 광합성이 증가하고, 이제는 이산화탄소가 한정요인이다.

한정요인의 개념은 식물과 그 서식지와의 상호작용의 모든 측면에 적용된다. 비가 많이 내리는 지역에서는 수분이 더 많이져도 식물의 생장이 더 좋아지지 않지만, 그 생태계의 그늘진 곳에서 자라는 식물들은 빛이 많아지면 득을 보게 될 것이고, 반면에 햇빛이 잘 드는 곳에서 자라는 식물은 토양에서 이용할 수 있는 질소화합물이 많아지면 더 빠르게 자랄 것이다. 어떤 식물은 빛이나 질소가 추가되어도 반응하지 않겠지만 초식동물이 줄어들면 유익할 것이다. 만일 각 식물을 제한하였던 요인을 추가로 제공한다면, 어떤 다른 요인이 한정요인으로 작용할 때까지 식물의 생장은 증가할 것이다. 음지식물이 여분의 빛을 받게 되면, 어쩌면 질소가 한정요인이 되는 순간까지 그 생장률은 증가할 것이다. 만약 식물을 최적의 환경에 두고, 영양소, 빛, 그리고 물을 적당량 제공하고, 병원체로부터 자유롭게 해 준다면 생장과 생식은 크게 증가하겠지만, 그렇다고 해서 무한정 증가하지는 않는다. 어느 시점에서 식물의 선천적 능력이 한정요인이 된다. 관개 목장의 작물에 잡초를 방제하고 살충제를 뿌리는 것이 그 예이다(**그림 25-19**).

생태계의 어떤 요인이라도 한정요인으로 작용할 수 있다. 물은 많은 종에 있어서 중요하다. 대부분의 종은 사막 지역에서 살 수 없는데, 이는 물이 부족하기 때문이고, 대부분은 물이 지나치게 많은 습지에서 살 수 없다. 극도의 온도는 많은 지역에서 식물의 생장을 저해하고, 아무리 물이 적당한 곳이라도 어떤 식물은 높은 온도에서 증산되는 만큼 빠르게 물을 통도할 수 없다. 다른 어떤 종에서는 높은 온도가 효소계의 동시화(synchronization)를 잃게 만들어 대사 작용이 정확히 기능하지 못한다. 겨울에 온기가 사라지는 것은 열대지방에 국한된 많은 종에 한정요인이 된다. 온대우림은 수분이 적당하고 대부분의 열대종들의 자연서식지보다도 훨씬 비옥한 토양을 갖고 있지만, 온대우림 서식지는 겨울의 온도가 결빙온도로 내려간다.

© 7Michael/iStock Photo

그림 25-19 현대의 미국 농장에서는 최적의 양의 비료와 물을 주면서 식물을 재배한다. 농약과 살충제를 뿌려서 병원체를 방제하고, 다양한 잡초들을 억제하여 재배하는 한 종의 경쟁을 줄여준다. 씨앗을 너무 가까이 붙여 심지만 않는다면, 각 식물은 적합한 공간을 갖게 되고 가능한 신속하게 자란다. 한정요인은 오직 식물 자체의 선천적 생장 능력뿐이다.

생물적 요소 역시 중요하다. 많은 사막식물들은 서식지에서 나타나는 물보다 많은 물을 주면 훨씬 빠르게 생장하지만, 그 지리적 범위가 습한 구역까지 확장되지 않는다. 그 식물들은 습한 구역에 이미 터를 잡고 습한 조건에 잘 적응되어 있는 식물들과 제대로 경쟁할 수 없다. 다른 중요한 고려 사항은 꽃가루받이나 종자 분산을 동물에 의존하는 식물종들은 그들의 동물 파트너가 존재하지 않는 곳에서 번식할 수 없다는 점이다. 이런 식물들의 지리적 범위는 동물이라는 한정요인에 의해 설정될 수 있다.

토양 요인들은 종종 개체군의 지리적 범위에 대해 갑작스런 경계를 만든다. 무기질 조성과 토성(soil texture)이 중요하다(**그림 25-20**). 일반적으로 석회석, 사암, 또는 사문석에서 유래된 토양에서는 특유의 생물들이 자란다. 촘촘하지 않고 다공성의 사토로 된 해변에는 보다 조밀하고 부식질이 많이 함유된 인근의 토양에서 자라는 생물들과 전혀 다른 종들이 나타난다. 특정한 종의 한정요인은 그 종의 전체 지리적 범위에 걸쳐 동일한 요인이겠지만, 이는 종종 지역마다 달라진다.

국지적 분포

전체 개체군의 광범한 지리적 분포에 덧붙여 개체들에 대한 소

(A)

(B)

그림 25-20 **(A)** 이들 식물의 분포는 쉽게 이해할 수 있다. 대부분의 화강암이 드러난 노두(outcrop)는 매우 매끈해서 모든 씨앗이 빗물에 씻겨 내리고, 그 위에서는 아무 것도 자라지 못한다. 그렇지만 바위에 금이 가면 흙이 쌓이고, 씨가 발아하여 식물이 자라게 된다. **(B)** 골짜기 바닥의 가장 낮은 곳의 토양은 나무들이 자라기에는 너무 습하고, 경사지의 돌이 많은 토양은 너무 건조하다.

규모의 국지적 분포도 중요하다. 개체들은 국지적으로 마구잡이분포, 집중분포 또는 균일분포의 세 가지 중 하나로 나타난다. **마구잡이분포(random distribution)**라는 용어는 개체들의 위치에서 어떤 분명하고 인식 가능한 양식이 나타나지 않을 때 사용된다(**그림 25-21A**). 마구잡이분포는 예측값을 갖지 않는다. 어느 한 식물의 위치를 안다고 해서 다른 식물의 위치를 예측할 수는 없다. 대부분의 서식지에서 많은 개체들이 마구잡이로 분포할 것으로 여겨지지만, 단순히 이는 감지하기 어려운 많은 소규모 양식이 존재하거나 너무 복잡해서 파악할 수 없는 하나의 거대한 양식이 존재하기 때문일 수 있다.

집중분포(clumped distribution)는 식물들 간의 공간이 작거나 크지만, 평균은 드문 분포이다(**그림 25-21B**). 집중분포는 많은 요인으로부터 생길 수 있다. 식물의 씨앗은 보통 식물체 부근에 떨어지는데, 식물체로부터 균일하거나 임의의 거리에 떨어지지 않는다. 만일 새 또는 기타 동물들이 열매와 씨를 먹게 되면, 그 동물은 아마도 유기비료 덩어리 안에 이들을 모두 함께 둘 것이다.

균일분포(uniform distribution)는 모든 개체들을 이웃의 개체들과 고르게 간격을 두고 심은 과수원과 나무 플랜테이션에서 나타나는 유형이다(**그림 25-21C**). 자연 개체군에서 균일분포는 극히 흔하지 않다. 이 분포는 종내 경쟁의 결과인 것으로 여겨진다. 어느 개체의 뿌리들은 다른 개체의 뿌리들이 발아하거나 자라지 못하게 하는 구역을 설정하기도 한다. 적어도 이론적으로는, 식물로부터 다른 식물을 저해하는 화학물질이 방출되어 그런 구역이 생길 수도 있다. 그런 화학물질을 **이종감응물질(allelochemics)**이라고 부르고, 그런 억제를 **타감작용(allelopathy)**이라고 한다. 그 한 예가 캘리포니아의 퍼플세이지(*Salvia leucophylla*)일 것이다. 이 퍼플세이지의 각 숲은 식생이 없는 구역으로 둘러싸이고 비교적 균일한 공간을 두고 자란다(**그림 25-22**). 몇몇 화학물질, 특히 테르펜류(terpenes)가 이들 식물에서 발산되고, 실험실에서 이들 물질은 다른 식물의 생장을 저해하는 것으로 밝혀졌다. 한편, 이들 물질은 세이지 부근의 토양에 축적되는 것으로 나타났다. 그렇지만 이들 물질이 실제로 이종감응물질인지는 확실하지 않은데, 왜냐하면 세이지의 숲 주변에 맨땅이 생기는 것은 주로 숲에 사는 토끼, 생쥐, 그리고 새들에 달려 있다는 연구 결과가 있기 때문

(A)

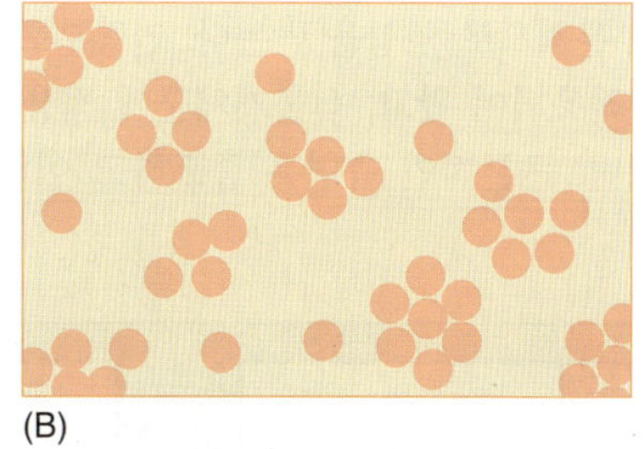

(B)

(C)

그림 25-21 소규모의 분포 유형. **(A)** 이는 마구잡이분포처럼 보이지만, 보다 큰 지역을 조사하면 양식이 드러날 것이다. **(B)** 집중분포. **(C)** 균일분포.

그림 25-22 퍼플세이지(*Salvia leucophylla*)의 각 숲은 식생이 없는 구역으로 둘러싸여 있다. 퍼플세이지가 내뿜는 이종감응물질(allelochemics)이 토양의 상층에 스며들어 다른 식물의 씨앗이 발아하지 못하도록 억제한다. 만약 유식물이 토양의 상층 아래로 뿌리를 내릴 수 있다면 그 식물은 잘 자랄 수 있겠지만, 이제는 퍼플세이지의 보호를 받으며 사는 토끼와 생쥐에 의한 초식이 문제가 된다.

이다. 만일 식생이 없는 맨땅에 동물이 들어가지 못하도록 철조망을 둘러치면 식물들이 그곳에서 자란다. 짐작건대 동물들이 세이지의 보호로부터 너무 멀리 나가는 모험은 위험하므로, 이 맨땅은 좁다. 어떤 경우에는 테르펜류가 이종감응물질일 가능성이 있지만, 일반적으로 동물의 초식이 세이지 부근에 다른 식물이 자라지 못하도록 막는다.

연령분포: 개체군통계학

개체군이 그 서식지의 다양한 요인들에 대해 반응을 보이는 방식은 그 **연령분포(age distribution)**, 즉 어린 개체, 중간 연령의 개체, 그리고 늙은 개체의 상대적 비율인 **개체군통계학(demography)**에 의해 부분적으로 영향을 받는다. 연령분포의 분석은 주로 동물개체군에 적용되어 왔고, 식물개체군에 적용하는 데에는 어려움이 있겠지만, 근본적인 측면은 중요하고 이해하기 쉽다. 한 쌍의 개체들이 죽을 때까지 4개체의 자손을 낳는다고 상상해 보자. 4개체의 자손 역시 그 수가 2배가 되고, 따라서 그들이 죽고 나면 8개체가 된다. 미래 세대들은 16, 32, 64, 128개체 등등이 될 것이다. 이 개체군은 지수적(exponential) 증가율을 보이고(**그림 25-23A**), 어린 개체들의 수가 항상 늙은 개체들보다 많다. 이는 대부분의 구성원들이 아주 어리고 매우 민감한지, 알맞게 젊고 활발한지, 나이가 들어 자리를 확실히 잡았는지, 아니면 아주 나이가 많아 노화되는지를 밝히는 데 중요하다.

세대기간과 내적 자연증가율의 두 가지 요인이 개체군생장률에 영향을 미친다. 한 개체가 태어나서 첫 번째 자손을 낳을 때까지 걸리는 기간인 **세대기간(generation time)**은 개체군 생장의 속도에 영향을 미친다. 1년생 식물은 세대기간이 1년 또는 그 미만이고 빠르게 증가할 수 있는 반면에, 대부분의 구과식물과 속씨식물 나무들은 첫 번째 종자를 만들 때까지 몇 년이 걸려야 한다. 더 쉽게 비교하기 위해 우리는 종종 연도가 아니라 세대 면에서 개체군 증가를 측정한다.

두 번째 요인인 **내적 자연증가율(intrinsic rate of natural increase)** 또는 **생물번성능력(biotic potential)**은 이상적인 조건하에서 충분히 번식하게끔 오래 사는 개체가 낳은 자손의 수이다. 최적의 조건이라 할지라도 상당 비율의 종자들은 발아하지 않고, 많은 유식물들은 번식하기에 충분한 연령이 되기도 전에 죽는다. 따라서 생물번성능력은 생성된 종자의 수와 일치하지 않는다. 많은 종에서 생물번성능력은 상당히 많은 수이고, 개체군방정식에서 r로 나타낸다. 평생 동안 많은 수의 건강하고 생존 가능한 씨를 만드는 식물은 r값이 크고, 생물번성능력이 크며, 그들의 개체군은 각 세대마다 크게 증가할 가능성이 있다. 다른 종보다 씨를 적게 만드는 종이라 할지라도 만일 세대기간이 아주 짧다면 그 종보다 오히려 빠르게 번식할 수 있다. 겨자식물은 작고 1년생이며 식물체마다 고작 몇 개의 씨만 만드는 반면에, 참나무는 큰 나무이고, 각 개체가 일생 동안 수많은 씨를 만든다. 그렇지만 겨자 개체군은 참나무 개체군보다 훨씬 빠르게 자랄 수 있다.

생물번성능력은 이상적인 조건하에서 측정하지만, 그런 조건은 자연에서 보통 나타나지 않는다. 뿐만 아니라 실험실에서조차

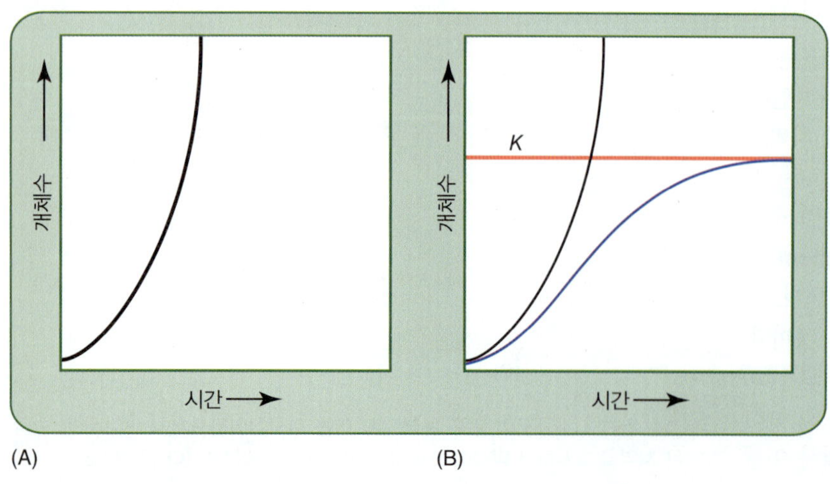

그림 25-23 **(A)** 지수적으로 생장하는 개체군에서 개체들의 수를 나타내는 곡선. 이런 일이 무한정 일어나기 위해서는 생물의 선천적 생장능력과 존재하는 개체의 수에 의해서만 생장이 조절되어야 한다. 실제 상황에서는 서식지의 제약들이 생장을 이론적 최대치보다 좀 더 느리게 만든다. **(B)** 환경수용력(K)이 포함된 보다 현실적 상황을 보여주는 그래프. 개체군 크기가 서식지의 환경수용력에 접근할수록 무한정 증가(검은색 곡선) 대신에 생장률(보라색 곡선)은 감소한다. 개체군 크기가 환경수용력과 같아지면 개체군 증가는 멈춘다. 사망률이 출생률(발아율)과 같아진다.

이상적인 조건이 나타난 다음에는 식물의 존재 그 자체가 이상적인 조건을 마침내 파괴한다. 개체군이 차츰 커진 다음, 식물들은 물, 영양소, 그리고 공간에 대해 경쟁을 해야 한다. 특정 생태계에서 살 수 있는 각 개체군의 개체수는 한정되어 있고, 그 수는 **환경수용력(carrying capacity)**이며 *K*로 표시한다. 이론상으로 개체군은 개체들의 수(*N*)가 *K*에 가까워질 때까지 증가한다. 그 즈음에 과밀과 경쟁의 결과로 생장이 불량해지고, 생식이 낮아지며, 유식물들이 적합한 자리를 차지할 기회가 줄어든다(**그림 25-23B**). 발아, 즉 출생률(birth rate)은 감소하고 사망률(death rate)은 증가한다. 개체들의 수가 *K*에 계속 근접하면서 이들 요인들이 계속된다. *N*과 *K*가 같아지면 사망률이 출생률과 동등하므로 개체군 생장은 멈춘다.

개체군 크기가 환경수용력에 접근할수록(*N*이 *K*에 가까워지면) 많은 요인들이 사망률을 높이고 출생률을 낮춘다. 크고 밀집된 개체군은 초식동물에게 이상적인 표적이 된다. 곤충 한 쌍의 자손 대부분은 빽빽한 식물개체군의 어디를 가더라도 적합한 식물을 찾을 것 같고, 따라서 대부분이 생존한다. 큰 식물개체군은 곤충에게 이상적이므로, 곤충의 개체군 생장률은 그들 자체의 생물번성능력을 향해 증가할 수 있다. 병원성 균류와 세균들도 마찬가지다. 포식자나 병원체를 고려하지 않는다 하더라도, 식물의 큰 개체군은 환경을 물리적으로 변모시켜서 덜 이상적인 환경으로 만들 수 있다. 이는 앞서 소나무 성목에 의한 소나무 유식물의 해가림(shading)에서 설명한 바 있다. 초식동물이나 병원체 또는 그늘로 가득한 서식지는 원래의 서식지가 가졌던 것보다 적은 환경수용력을 갖는다.

이론만을 바탕으로 하면, 어떤 종이 새로운 서식지에 침입한 다음에 그 개체군은 지수적 생장을 나타낼 것으로 예상된다(그림 25-23B). 즉, 처음에는 빠르게 증가하고, 나중에는 점점 느려지다가, 마침내 늘어나지도 않고 줄어들지도 않는 일정한 수를 유지한다. 실제로는, 많은 요인들이 실제 개체군이 이상적 개체군처럼 행동하지 못하게 만든다. 개체군이 *K*에 가까워지면서 개체군이 충분히 속도를 줄이지 못하여 환경수용력을 지나칠 수 있다. 그렇게 되면 일시적으로 너무 많은 개체들이 존재하고, 자연적 격감(die-off)이 이어져서 개체의 수는 환경수용력 아래로 떨어진다(**그림 25-24**). 다른 종들과 함께 있다면, *N*이 *K*에 가까워지면서 많은 종류의 해충 개체군들이 폭발적으로 증가할 수 있고, 진딧물, 응애류, 털애벌레, 그리고 곰팡이의 수가 늘어날 수 있다. 식물의 해충들은 그들 자체의 *K*를 지나치고, 해충들이 너무 많은 식물을 죽여서 식물개체군은 그 *K*의 훨씬 아래로 떨어지고, 어쩌면 거의 제로까지도 줄어든다. 거기서부터 식물개체군은 다시 증가한다. 그렇지 않으면, 소나무의 경우와 같이 개체군이 증가함에 따라 이들이 다른 종에게 유리하게 환경을 변모시킨다. 자신들의 생식은 제로로 떨어지고, 성체들이 죽게 되면 전체 개체군이 사라진다.

r-선택과 *K*-선택

개체군이 증가함에 따라, 개체군은 이론상으로 개체들이 적고 자원이 풍부한 젊은 시기로 접어든다. 개체군의 생장은 종 자체의 생물번성능력(*r*)에 의해 제한된다. 나중에 개체들이 늘어나서 붐비게 되면 자원이 부족해지고, 개체군 생장은 생태계의 환경수용력(*K*)에 의해 좌우된다. 어느 단일한 개체의 일생은 개체군이 이처럼 충분한 발전을 이룩하는 데 소요되는 시간보다 대체로 짧다. 그러므로 *r* 조건에 적응하는 것과 *K* 조건에 적응하는 것 가운데 어느 쪽이 종에 훨씬 유리할까? 이 두 가지는 매우 다르고, 종종 상호배타적인 뚜렷이 구별되는 적응을 필요로 한다.

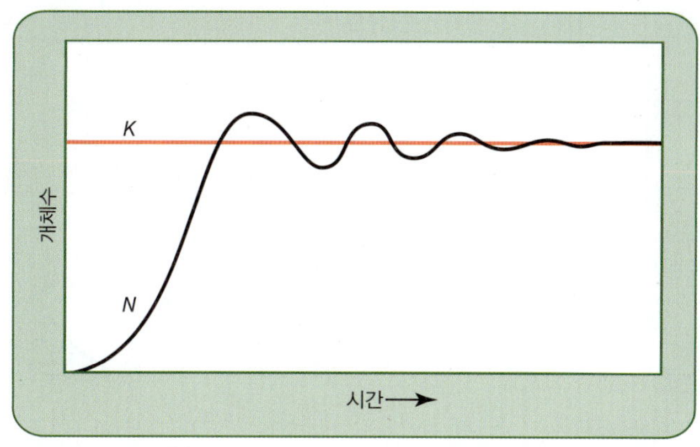

그림 25-24 개체군이 그 환경의 환경수용력을 향해 서서히 증가한다면 그림 25-23B에 보인 바와 같이 *K*에서 증가가 멈출 것이다. 그러나 종종 생장이 너무 빠르고 가외의 많은 개체들이 일시적으로 생존한다. 그렇게 되면 한정된 자원 때문에 이들은 자연적으로 격감되고 개체군은 환경수용력 아래로 떨어진다.

r-선택

대체로 교란이 *r* 조건을 만든다. 불 또는 홍수는 그 지역의 많은 개체들을 파괴하고, 남아 있는 소수에게 자원은 풍부하다. 여기서 남아 있는 소수는 씨앗, 생존한 개체, 또는 바람이나 동물이나 홍수에 의해 운반된 이입자들이다. 대부분의 씨앗들이 적합한 장소를 찾게 되므로 많은 씨를 신속하게 생성하는 선구자들이 유리해진다. 만일 씨가 너무 느리게 만들어지면, 그 자리는 다른 침입자들의 씨로 가득 찰 수 있게 된다(**그림 25-25**). 개체군 밀도가 낮기 때문에 포식자나 병원체의 확산은 느리고, 따라서 이들로부터의 위협은 대수롭지 않다. 초식동물과 곰팡이의 어느 것도 한정요인이 되지 않기 때문에 이들에 대해 방어 체제를 갖는 것은 그다지 중요하지 않다. 사실상 생물번성능력(*r*)이 한정요인이고, 그 결과 *r*이 증가하는 돌연변이가 선택적으로 이익이 된다(**표 25-1**). 식물들은 빠르게 자라고, 방어적인 화합물이나 구조는 거의 갖지 않으며, 꽃이 빨리 피고, 작은 씨를 많이 만든다. 대부분의 교란이 예측 불가능하고 넓게 분산되기 때문에 씨앗들도 널리 퍼지도록 적응되어야 한다. 전형적으로 **r-선택종(r-selected species)**은 1년생 식물이거나 작은 다년생 관목이다. 왜냐하면 교란된 서식지는 이전의 밀집된 상태로 서서히 돌아가는데, 그런 조건은 선구자인 *r* 종에게는 더 이상 적합하지 않기 때문이다. 그 지역에 많은 종의 식물, 동물, 그리고 곰팡이들이 다시 자리를 잡게 되면서, *r*-선택

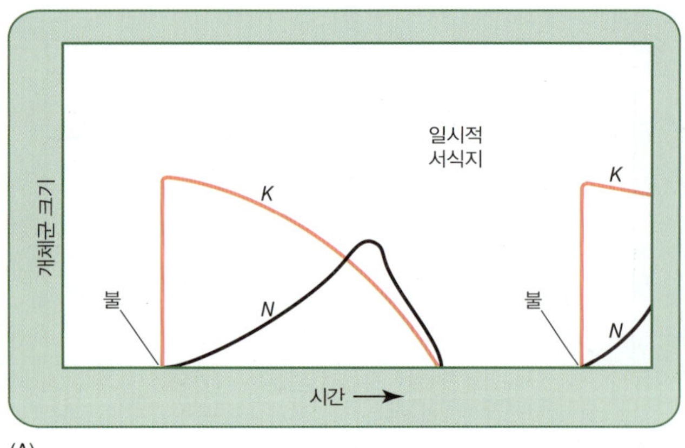

(A)

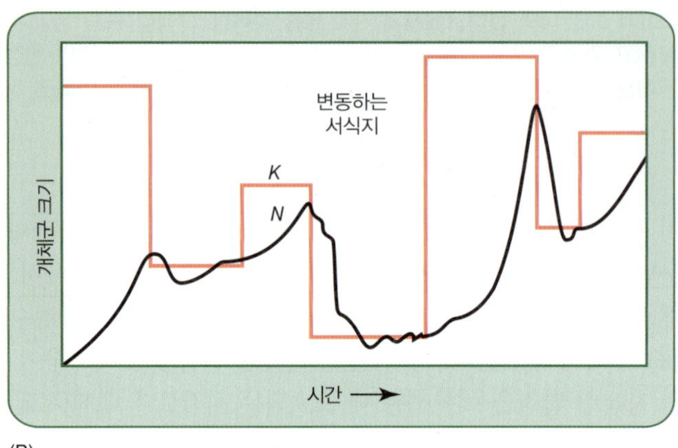

(B)

그림 25-25 **(A)** 서식지 생태계의 자연적 구성요소가 아닌 종에 대해서는 대부분의 서식지가 환경수용력을 갖지 않는다($K = 0$). 그러나 불, 홍수, 사태, 또는 병 발생 같은 교란은 갑자기 서식지를 새로운 종에 알맞게 만든다. 건설공사로 생긴 빈터에서는 많은 잡초에 대한 서식지의 환경수용력이 갑작스레 증가한다. 이런 잡초들은 건설공사 이전에 존재하던 정상적 식생과의 경쟁에서 불리했기 때문에 개체들의 수가 아주 적었다. 다른 종들이 들어오면서 잡초들의 환경수용력은 곧 떨어지기 시작하고, 아스팔트나 주택이 들어서지 않은 지역에 자연식생이 회복된다. **(B)** 자체적 주기에 의해 경쟁자, 해충, 그리고 병원체의 개체군들이 오르락내리락하면서 어떤 장소의 환경수용력은 덜 급격하게 변할 수 있다. 만일 세균병이 발생하여 대부분의 초식동물들이 갑자기 죽게 되면 식물에 대한 환경수용력은 급격히 증가한다. 그러나 이러한 증가는 먹지 않은 식물들의 수가 늘어남에 따라 새로운 초식동물이나 어떤 다른 해충들이 들어올 때까지만 지속된다.

종들은 불리해진다. 이들은 포식자에 대항하는 방어가 거의 없고, 햇빛을 두고 경쟁하기에는 너무 짧다. 또 다른 교란만이 그 자리에서 이들을 구해 줄 수 있을 것이고, 보통 *r*-선택종 개체군의 수는 제로로 떨어지거나 제로에 가까워진다. 많은 종자들이 다른 장소로 이주하였고, 적어도 그들 중 일부는 적절하게 교란된 지역에 이주하였기 때문에, 종 그 자체는 사라지지 않는다(**그림 25-26**).

온대 지역의 겨울철 동사온도와 사막의 여름에 치명적인 뜨겁고 건조한 조건처럼 어떤 종류의 교란은 예측이 가능하다. 이런 환경에서는 *r*-선택종들이 더할 나위 없이 적합하다. 봄에 서식지가 차츰 적합해지고 식물들이 거의 없는 상태가 되기도 한다. 작은 1년생 식물들이 빠르게 자라고 번식하며, 서식지가 겨울이나 여름의 기후에 의해 교란될 때까지 개체군 생장은 극도로 빠르다.

표 25-1 *r*-선택종과 *K*-선택종에서 선택적으로 유리한 형질

***r*-장소에 적응**	***K*-장소에 적응**
1년생	다년생
조숙성(early maturity)	만숙성(late maturity)
많은 작은 씨앗	적고 큰 씨앗
기계적이나 화학적 방어가 거의 없음	많은 방어

그림 25-26 이들 해안사구 식물처럼 교란된 서식지의 식물들은 대부분이 *r*-선택종이다. 바람에 날린 씨들이 내려앉아 발아하고, 빠르게 자란 다음에 더 많은 씨를 만든다. 이 식물들은 매우 빠르게 자랄 수 있고 아주 풍부하게 번식할 수 있는데, 그것은 초식동물에 대해 방어하거나 건조에 적응하느라 소비하는 에너지나 무기질이 거의 없기 때문이다. 주기적인 폭풍 때문에 갓 드러난 고도로 교란된 모래언덕에 언제나 침입할 수 있다.

어떤 유형의 교란, 특히 사람들에 의해 야기되는 교란은 예측할 수 없다. 사람들은 채굴하고, 농사를 짓고, 도시를 세우고, 강에 댐을 건설하고, 기타 등등에 의해 지역을 교란시킨다. 이들 가운데 일부는 자연의 모든 생물을 완전히 제거하고, 어떤 교란은 서식지의 환경수용력을 변모시킨다. 예를 들어, 사람은 다량의 민물을 소비하면서 그 물을 강과 호수에서 끌어온다. 그 가운데 일부는 처리하거나 처리되지 않은 폐수로 돌아가지만, 많은 물이 농사에 이용되고 강으로 돌아가지 않는다. 결과적으로, 지금 대부분의 강은 예전처럼 많은 민물을 바다로 흘려보내지 않는다. 미국과 멕시코는 콜로라도 강과 리오그란데 강에서 엄청나게 많은 물을 뽑아내어 여러 해 동안 민물이 바다에 도달하지 못해서, 강의 어귀가 완전히 말라버렸다. 민물의 유입이 줄어들면서 해안의 습지와 해변 군집들의 환경수용력이 감소하였다(**그림 25-27**).

K-선택

개체군이 그 환경수용력에 아주 가까이 있는 매우 밀집된 서식지의 조건들은 교란된 서식지에서 유리한 표현형과는 매우 다른 표현형을 선택한다(표 25-1). 교란된 지역에서는 사실상 모든 곳들이 종자의 발아와 생장에 적합하지만, *K* 서식지에서는 거의 모든

Courtesy of Sula Vanderplank

그림 25-27 댐이 최근에 세워져서 물을 관개에 이용할 수 있게 되었다. 그러다 보니 이곳 바다로 유입되는 민물이 부족해지면서 맹그로브 나무들의 서식지가 변모되어 많은 맹그로브들이 죽고 있다.

가능한 곳들이 채워졌다. 한 개체가 죽은 다음, 그 자리는 다른 종의 씨 또는 뿌리줄기들이 차지하기도 한다. 그 자리를 지키면서 오랫동안 사는 것이 유리하다. 그렇지만 수명이 긴 다년생 식물로 생존하는 것은 어렵고, 많은 양의 탄소와 에너지를 포식자로부터 방어하는 데 전용해야 한다. 그렇게 되면 이런 자원들은 생장이나 생식에 이용되지 못하고, 생장과 생식 모두 *r*-선택종의 경우보다 훨씬 느려진다. 미국삼나무, 미송, 그리고 브리슬콘 파인 같이 수명이 긴 많은 침엽수들은 ***K*-선택종(*K*-selected species)**의 좋은 예가 된다. *K*-선택종들은 한편으로 다른 식물종들과의 치열한 경쟁에 직면하고, 따라서 부족한 자원을 이용하는 능력을 증대시키는 적응이 유리해진다. 적은 양의 빛을 이용하거나 영양소가 빈약한 토층을 이용하는 능력이 그러한 적응이 될 수 있다.

r-선택종이 *K*-선택종 바로 옆에 나타날 수 있다. 우거진 숲에서 사태가 일어나면 *r*-선택종들에게 적합한 작은 자리들이 나타난다. 허리케인, 불, 그리고 홍수가 나도 마찬가지다. 낙엽수림의 바닥은 온도가 차츰 따뜻해져서 발아와 생장에 알맞게 되는 시기와 숲지붕을 이루는 나무들이 새로운 잎을 내미는 시기의 사이인 봄철에 일시적으로 *r* 부위가 된다. 몇 주 동안, 숲바닥은 햇살이 내리쬐고, 따뜻하며, 영양소가 풍부하고, 일시적으로 붐비지 않는다. 큰 나무들이 휴면에서 빠져나와 햇빛을 가리기 전에 빠르게 자라고 번식하는 작은 *r*-선택종들이 그들의 생활주기를 마칠 수 있다.

생태계의 구조

생태계의 구조에 관해 많은 개념들이 고려될 수 있다. 많은 식물학자들은 그들 자신의 관심에 따라 생태계에 대해 생각한다. 가장 보편적으로 언급되는 생태계의 구조 네 가지는 상관적 구조, 시간적 구조, 종다양성, 그리고 영양단계이다.

상관적 구조

개체들의 크기와 모양, 그리고 서로에 대한 그리고 물리적 환경과 관련한 개체들의 분포가 **상관적 구조(physiognomic structure)**를 이룬다. 가장 유용한 세 가지 범주는 교목, 관목, 그리고 초본이지만, 이에 덧붙여 **생활형(life form)** 체제가 1934년에 라운키에르(C. Raunkiaer)에 의해 정의되었다(**표 25-2**). 분류의 기준은 식물이 어떤 수단으로 스트레스가 많은 계절에 살아남는가 하는 것인데, 이를테면 비늘줄기와 뿌리줄기 같이 지하에 겨울눈을 두는 땅속식물(geophyte), 교목과 넝쿨식물 같이 공중의 겨울눈으로 월동하는 지상식물(phanerophyte) 등이다. 전 세계에서 비슷한 기후 조건을 가진 지역들은 토양이 특별히 특이하지 않는 한 비슷한 상관적 구조를 갖는다(**그림 25-28**).

생활형, 수직구조, 그리고 활엽수, 침엽수 그리고 경엽식물의 상대적 풍부도 같은 특징들의 거의 무한한 수의 조합이 가능하다(**그림 25-29**). 생태계의 유형도 거의 무한한 수가 있을 것으로 예상되지만, 실제로는 오직 몇 가지의 기본적 유형만 존재한다. 다양한 종류의 삼림이나 초지 또는 습지들 간에서 차이를 나타내지만, 각각의 범주는 생태계의 일반적인 유형으로 쉽게 인식된다.

시간적 구조

시간이 지나면서 일어나는 생태계의 변화가 생태계의 **시간적 구조(temporal structure)**를 이룬다. 여기서 시간은 짧게는 하루에서 길게는 계절이나 몇 십 년까지를 망라한다. 동물에서는 일주기(daily cycle)가 특히 분명할 수 있어서, 어떤 동물은 밤에 활동적인 야행성(nocturnal)이고 다른 어떤 동물은 낮에 움직이는 주행성(diurnal)이나. 많은 식물들 역시 꽃의 여닫이운동에서 일주기를 갖는다.

식물은 다른 생물들이 그러하듯이 계절에 따라 극적으로 변한다. 일반적으로 봄은 활동을 재개하는 시기로, 꽃과 새잎이 만들어진다. 이러한 일이 모든 종에서 동시에 일어나지는 않는다. 보통 하층(understory)식물들이 가장 먼저 활발해지고, 벌어진 숲

표 25-2 라운키에르의 생활형

생활형	스트레스에 살아남는 수단
1년생 식물 (therophyte)	1년생 수명; 종자로 스트레스에 생존
땅속식물(geophyte)	겨울눈이 땅속의 뿌리줄기, 비늘줄기, 둥근줄기에 있음
반땅속식물 (hemicryptophyte)	겨울눈이 지표면에 위치하고, 잎과 줄기의 기부에 의해 보호를 받음; 많은 벼과 초본들과 로제트식물들
지표식물 (chamaephyte)	겨울눈이 지상에 위치하지만 강한 바람에 노출되지 않을 만큼 낮게 있음; 작은 관목들
지상식물 (phanerophyte)	겨울눈이 토양 표면 25 cm에서 30 cm 이상의 높은 줄기에 위치함; 교목과 큰 관목들

(A)

(B)

그림 25-28 **(A)** 애리조나 주 남부 투손(Tucson) 부근의 이 사막 관목식생은 작은 교목과 큰 덤불, 그리고 사와로 선인장들로 구성되는데, 이는 미국 남서부와 멕시코 북부 대부분의 특징이다. 이들 지역은 여름에 덥고 가끔 폭풍우가 휘몰아치며, 겨울은 서늘하고 습하지만 추위가 심하지 않다. **(B)** 칠레의 중앙 계곡에 위치한 산티아고(Santiago)의 북쪽은 기후 조건이 미국 남서부의 조건과 비슷하고, 두 지역의 식생은 습성(생활형), 분포, 그리고 그 밖의 특징들이 유사하다. 잘 살펴보면 종들이 매우 다르다.

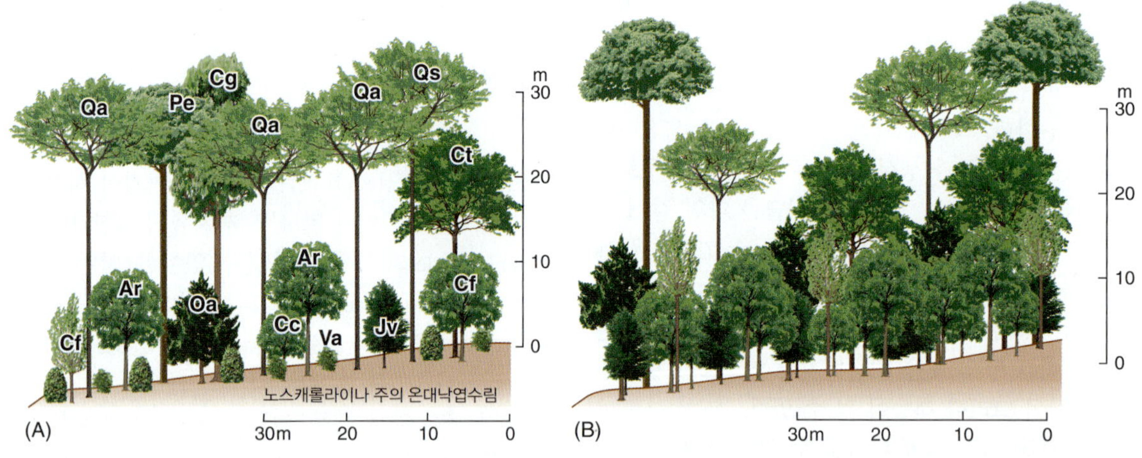

그림 25-29 교목, 관목 및 초본(지상식물, 지표식물 및 1년생 식물)의 존재는 생태계의 수직구조를 나타낸다. 교목은 숲지붕을 형성한다. 관목, 작은 교목, 그리고 큰 교목의 어린나무들은 하층의 중간층 또는 아수관층(subcanopy)을 형성한다. 초본과 유식물들은 지표식물이다. 넝쿨식물은 모든 층에서 나타날 수 있다. **(A)** 온대림. Ar, 참꽃단풍(*Acer rubrum*); Cc, 캐나다박태기나무(*Cercis canadensis*); Cf, 꽃산딸나무(*Cornus florida*); Cg, 피그넛 히코리(*Carya glabra*); Ct, 모커넛 히코리(*Carya tomentosa*); Jv, 연필향나무(*Juniperus virginiana*); Oa, 사워우드(*Oxydendrum arboreum*); Pe, 단엽소나무(*Pinus echinata*); Qa, 미국흰참나무(*Quercus alba*); Qs, 포스트 오크(*Quercus stellata*); Va, 산분꽃나무(*Viburnum affine*). **(B)** 열대우림은 훨씬 더 복잡한 구조를 갖는다.

지붕에서 이익을 얻는다. 풍매화는 대체로 잎이 펼쳐져서 바람을 막기 전에 만들어진다. 잎이 피고 꽃이 피는 것은 저온스트레스 조건의 종료와 조화를 이뤄야 하지만, 한편으로는 꽃가루매개동물과 초식동물의 습성에 따라 조정해야 한다. 자신들의 꽃가루받이를 도와줄 동물이 활동하기에는 온도가 아직 너무 낮을 때 꽃이 만들어지면 소용이 없다. 늦봄과 초여름에 걸쳐 다양한 종들이 뚜렷이 구별되는 시기에 꽃을 피운다. 이는 식물의 성숙함, 광주기, 또는 적절한 강우에 의해 조절된다. 대부분의 생태계에서, 여름 동안에 전혀 꽃이 피지 않는 시기는 없다. 꽃피는 종들이 계속해서 나타나는 덕분에 곤충들은 계절 내내 꿀과 꽃가루를 얻는다.

봄에 일찍 꽃피는 종들은 여름 동안에 열매와 성숙한 씨를 만들 것이다. 그보다 나중에 꽃피는 종들은 늦여름이나 가을에 씨를 날려 보낸다. 씨가 분산된 후에 일부는 이듬해 봄까지 휴면상태를 유지한다. 다른 씨들은 발아하여 낮은 로제트(rosette)로 자라서 겨울을 나고, 따뜻한 겨울날에 약간 생장하기도 한다. 봄이 오면 이미 뿌리가 발달된 유식물들이 빠르게 자라기 시작하지만, 경쟁자들의 씨는 막 발아를 시작한다.

늦여름과 가을은 변화를 가져 오는데, 이는 생태계에 따라 달라진다. 미국 북부에서는 초본이 죽고, 관목과 교목들이 휴면눈(resting bud)을 발달시킨다. 전체 식물은 가벼운 휴면에 들어가고, 이어서 첫 번째 서늘한 날에 깊은 휴면기에 접어든다. 대부분의 동물에게 먹이원이 되는 잎과 열매들이 떨어진다. 미국의 남부와 남서부에서는 서늘한 가을 기후가 봄의 첫 번째 따뜻한 날보다 종종 더 환영을 받는데, 그것은 여름이 겨울보다 훨씬 더 심하기 때문이다. 대부분의 정원 가꾸기는 봄보다 가을에 이루어지고, 가을의 들꽃들이 풍부하고 극적이다. 관목과 많은 초본의 생육기는 12월까지 연장되고, 작은 로제트식물들은 진정한 휴면상태가 되지 않는다.

열대 생태계에서는 겨울과 여름이 존재하지 않지만, 건기와 우기가 번갈아 찾아오면서 생태계의 변화를 좌우한다. 연안의 염습지, 습지, 그리고 암초 생태계는 계절에 의한 영향을 강하게 받을 수 있다. 우기에는 짠 바닷물이 희석되는 반면, 건기에는 강에서 민물과 무기질이 풍부한 가는모래가 적게 내려온다.

종조성

종조성(species composition)은 생태계에서 함께 나타나는 종들의 수와 다양성을 나타내고, 이는 기후가 온화한지 아니면 스트레스가 많은지, 땅이 기름진지 아니면 메마른지, 그리고 종의 내성범위가 넓은지 아니면 좁은지에 따라 좌우된다(**그림 25-30**, **그림 25-31**). 땅이 메마르고 스트레스가 많은 기후에서는 그런 조건에 적응하는 종이 별로 없기 때문에 출현하는 종의 수가 적다(**그림 25-32**). 반면에, 기후가 온화하고 토양이 비옥하면 많은 종이 나타나는데, 그것은 대부분의 식물들이 그런 기후조건과 토양조건을 포함하는 내성범위를 갖기 때문이다(**그림 25-33**). 경쟁이 치열하지만, 자연선택의 결과로 서식지 분할(habitat partitioning)이 일어나는 것으로 보이고, 개개의 종은 다양한 자원기울기(resource gradient)에서 좁은 일부를 차지한다(그림 25-31). 많은 수의 종이 존재하면 새로운 종들에 의해 채워질 수 있는 더 많은 생태적 지위들이 실제로 생긴다. 나무가 존재하면 착생식물들과 기생식물들이 생태계에서 나타날 가능성이 있다.

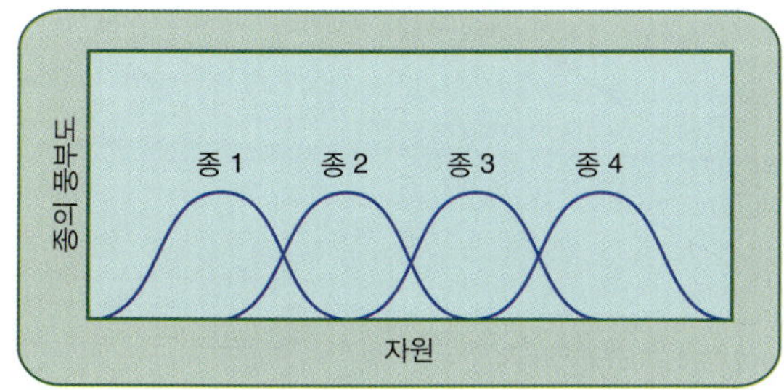

(A) 자원의 좁은 범위

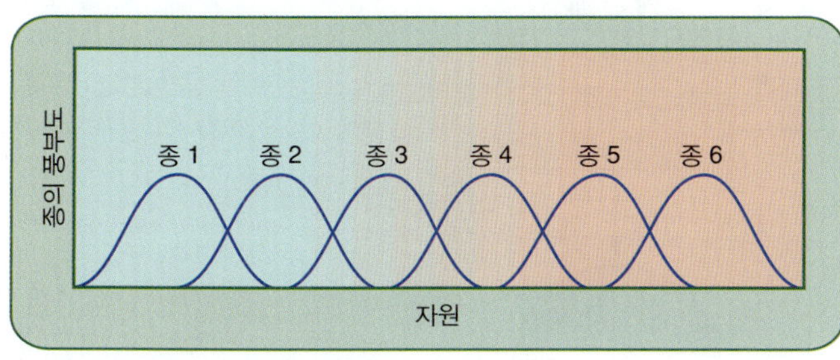

(B) 자원의 넓은 범위

그림 25-30 **(A)**에 나타낸 생태계에서는 이용가능한 자원의 범위가 **(B)**에 나타낸 생태계의 이용가능한 자원의 범위에 비해 좁아서, 대체로 적은 수의 종들을 부양할 수 있다. 이를테면 자원이 물인 경우, (B)의 생태계는 건조한 지역부터 습한 구역을 거쳐 호수나 하천에 이르는 다양한 범위의 지역들을 포함하지만, (A)의 생태계는 습지뿐이거나 사막뿐이다.

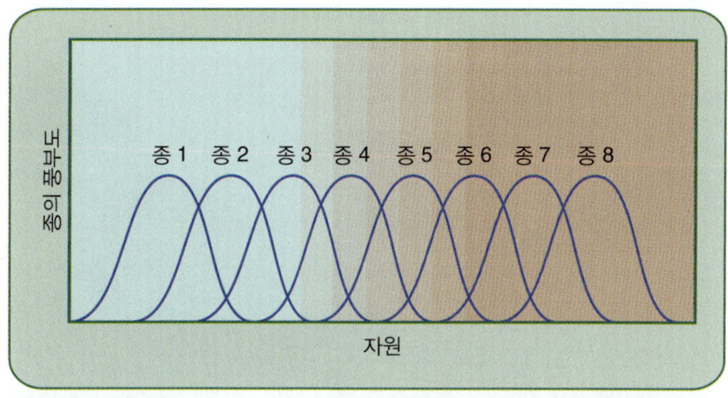

(A) 좁은 생태적 지위

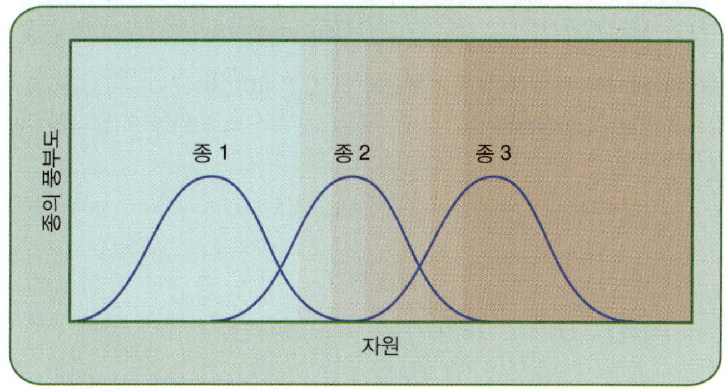

(B) 폭넓은 생태적 지위

그림 25-31 자원의 범위가 유사한 두 생태계라 할지라도 출현 종수가 다를 수 있다. **(A)** 어느 생태계는 각기 자원의 좁은 범위에만 적응된 많은 특화종들에 의해 차지될 수 있는 반면, **(B)** 다른 생태계는 다양한 조건하에서 잘 자라고 대부분의 경쟁자들을 배제하는 몇 종의 일반종들에 의해 점유될 수 있다.

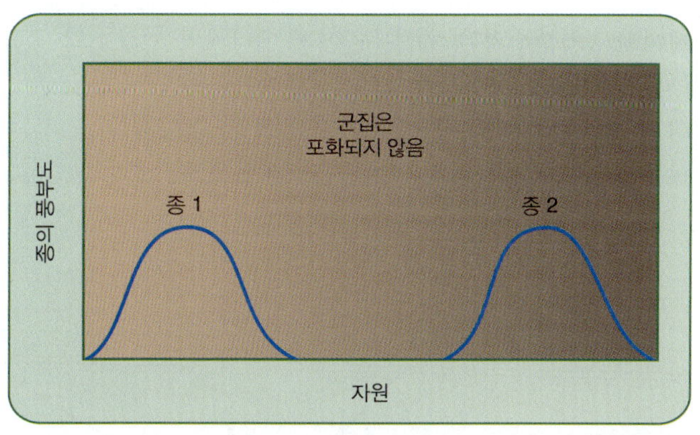

그림 25-32 어떤 황량한 조건에 적응한다는 것은 어렵고, 소수의 종만이 성공할 수 있다. 결과적으로, 황량한 서식지에는 이용되지 않는 자원들이 많을 수 있다.

영양단계

영양단계(trophic level)는 근본적으로 섭식단계이다. 각 생태계는 에너지를 생태계로 가져오는 종류들인 독립영양생물(autotroph)

그림 25-33 이곳의 기후는 스트레스가 없고, 토양이 비옥하며, 독성물질도 없다. 여기에는 많은 종들이 살고 있고, 경쟁으로부터 보호 받을 수 있다면 더 많은 종들이 살 수 있다. 이곳의 종다양성은 높다.

을 포함한다. 사실상 모든 에너지의 유입은 단연코 광합성에 의한다. 녹색의 관다발식물이 가장 중요하지만, 조류와 남세균이 전 세계의 모든 광합성의 약 3분의 1을 차지하고, 높은 고도와 고위도의 추운 지역에서는 지의류와 비관다발식물도 중요하다. 화학합성세균은 화학에너지를 생태계로 가져오고, 비록 그것이 지금은 별로 중요하지 않지만, 광합성이 진화하기 전까지는 에너지 유입의 유일한 방법이었다.

독립영양생물은 명백한 이유로 **1차생산자(primary producer)**라고 알려져 있고, 1차생산자는 어떤 먹이그물이든 간에 첫 번째 단계이다. 1차생산자는 초식동물에게 에너지와 영양소의 공급원(먹이)이 되고, 초식동물은 **1차소비자(primary consumer)**가 되는데, 이를 때때로 2차생산자(secondary producer)라고 부른다. 초식동물은 육식동물의 먹이가 되고, 이를 **2차소비자(secondary consumer)**라고 한다. 잡식동물은 양쪽 영양단계 모두에서 나타난다. 곰팡이나 세균 같은 **분해자(decomposer)**는 모든 종류의 생물의 사체나 배출물을 분해하고, 심지어는 다른 분해자들의 유물도 분해한다(**그림 25-34**).

식물이 광합성을 하면 에너지와 탄소화합물이 생태계로 들어온다. 식물이 먹히면 그 에너지와 탄소화합물은 초식동물 영양단계로 이동하고, 이어서 육식동물 영양단계로 이동한 다음, 마침내 분해자에게 전달된다. 이를 생태계의 **에너지흐름(energy flow)**과 **탄소흐름(carbon flow)**이라고 일컫는다. 각 단계에서 먹이의 대부분은 호흡에서 이용되고, 그 결과 ATP, 열, 이산화탄소, 그리고 물이 생긴다. 이산화탄소는 대기로 다시 돌아가고, 대기에서 이산화탄소는 다시 광합성에 이용되기도 한다. 에너지는 일시적으로 행성을 따뜻하게 하는 데 기여하지만, 궁극적으로 에너지는 우주로 방출된다. 식품 가운데 호흡에 이용되지 않은 부분은 생장과 생식에 이용될 수 있다. 매우 대략적인 근사치로써, 동물의 먹이 가운데 약 90%가 호흡에 이용되고 10%가 생장이나 배우자로 보존된다. 그러므로 초식동물이 1,000 kg의 풀을 먹을 때 900 kg은 호흡에 쓰이고 100 kg이 초식동물의 조직이 된다. 이와 비슷하게, 100 kg의 초식동물을 먹는 육식동물은 오직 10 kg만 획득하고, 이들이 죽고 나면 고작 1 kg의 분해자를 부양할 수 있다.

에너지와 탄소의 흐름에 덧붙여 무기질도 생태계에서 이동한다(**그림 25-35**). 식물은 토양으로부터 무기질을 흡수하여 아미노산, ATP, 조효소, 기타 등등의 형태로 식물체에 포함시키고, 이들은 초식동물에 먹힌다. 많은 이들 화합물은 동물에 의해 분해

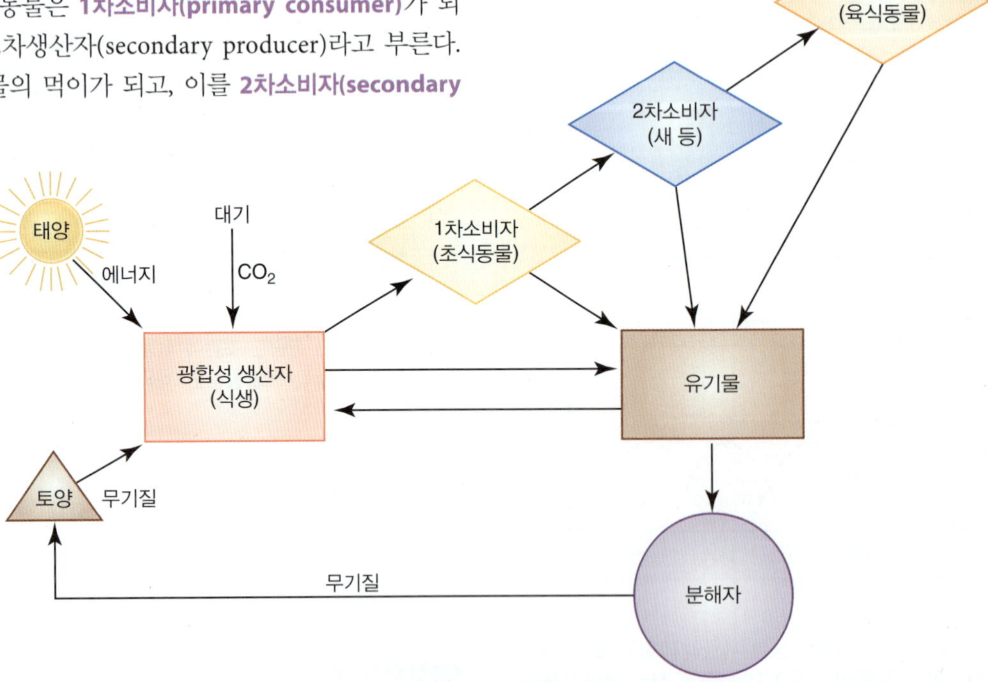

그림 25-34 에너지와 물질은 생태계에서 직선이 아니라 망(네트워크)의 형태로 이동한다. 각 영양단계는 분해자에 기여하고(분해자는 다른 분해자도 분해한다), 잡식동물은 식물과 다른 동물 모두를 먹는다. 1차생산자는 다른 단계로부터 에너지를 뽑아내지 않지만, 많은 1차생산자들은 동물과 분해자들이 토양으로 돌려보내는 필수원소들에 의존한다. 각 단계에서, 호흡에 의해 대부분의 탄소가 대기로 되돌아가고, 대부분의 에너지는 열의 형태로 방출된다.

(A) Data from work by Dr. Benjamin T. Wilder

(B) Courtesy of Benjamin T. Wilder.

그림 25-35 **(A)** 바닷새와 대양의 작은 섬을 보면 무기질의 이동을 쉽게 이해할 수 있다. 대양에 있는 많은 작은 섬들은 바위로 구성되고, 바위들은 부서져서 질산염과 인산염이 거의 없는 토양이 된다. 그러나 바닷새들이 물고기를 먹은 다음, 섬에 내려앉아 쉴 때 똥을 싸고, 무기질이 풍부한 새똥석(guano)이 쌓인다. 이 비료가 섬에서 식물이 무성하게 자라게 할 뿐만 아니라 무기질은 결국 바다로 씻겨 내려가서 조류와 물고기의 생장을 촉진시킨다. **(B)** 이 섬의 땅은 두꺼운 층의 새똥석 때문에 하얗게 보인다. 비가 내리는 계절에는 많은 종의 식물들이 선인장 사이에서 자란다.

되고, 무기질은 노폐물의 형태로 배출된다. 생물이 죽은 다음, 그들의 체내에 남아 있던 무기질들이 분해자에 의해 방출되고 다시 토양의 일부가 된다. 한편, 무기질이 빗물과 하천에 의해 실려 가면서, 특히 침식이 일어나거나 도시가 무기질이 풍부한 분뇨를 강으로 내다 버린다면, 무기질은 생태계로부터 완전히 상실될 수 있다. 그런 무기질들은 해양으로 실려 가서 해양생태계의 일부가 된다. 많은 조류, 원생생물, 그리고 해양동물들의 몸에는 무기질이 풍부한 단단한 껍질과 뼈가 있다. 이들 생물이 죽게 되면 사체가 깊은 바닷속에 가라앉아 육상이나 해양의 표면에 사는 생물들이 이용할 수 없게 된다.

한 영양단계에서 다음 영양단계로의 에너지와 생체물질의 이동을 보통 에너지 피라미드(pyramid of energy)나 생체량 피라미드(pyramid of biomass)로 나타낸다(**그림 25-36**). 그런 피라미드들은 책에서 이런 원리들을 보여 주는 데에는 유용하지만, 사실상 아무리 단순한 생태계라 할지라도 1차생산자의 생체량 모두를 측정하기란 극도로 어렵다. 삼림생태계에서 1차생산자의 생체량을 정확하게 측정한다는 것은 거의 불가능하고, 분해자로 작용하는 곰팡이와 세균의 생체량이나 에너지 함량을 측정하는 것은 불가능하다. 개체수 피라미드(pyramid of numbers)는 훨씬 쉽게 얻을 수 있다. 보통 영양단계가 높아질 때마다 개체들은 적어지지만, 나무 한 그루에 수백 만 개체의 진딧물이 살 수 있다.

생체량과 개체수의 피라미드는 인간에 의해 도입된 제초제, 살충제, 그리고 독성 폐기물의 영향을 나타내는 방편으로 중요하게 이용된다. 이들 물질 가운데 일부는 생물에 의해 분해되지만,

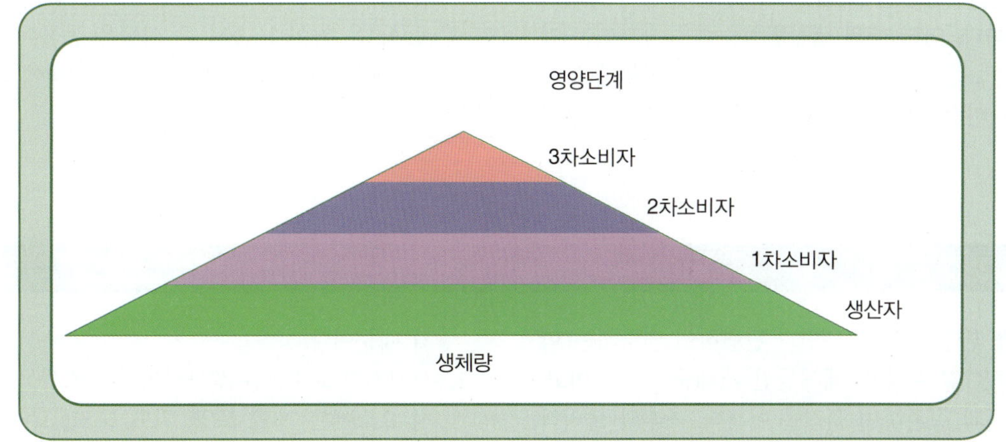

그림 25-36 이 같은 피라미드는 각 영양단계의 개체수, 각 단계의 모든 개체들의 무게, 각 단계의 호흡 등을 나타낼 수 있다. 그런 분석은 수행하기가 어렵겠지만, 이들의 관계는 극히 중요하다. 만일 늑대와 퓨마를 보존하기 위해 국립공원을 지정한다면, 그 먹이그물이 얼마나 광범위한지 알아야 하고, 1차소비자의 적정한 수를 보장하기 위해서 얼마나 넓은 면적을 확보해야 하는지 알아야 한다.

많은 물질들은 분해되지 않고, 환경에서 변하지 않고 독성이 지속된다. 유독성 제초제를 1 ppm(목초 1,000 kg당 1 g)의 낮은 농도로 살포했다고 상상해 보자. 초식동물이 식물 1,000 kg을 먹을 것이고, 생체량 피라미드는 이들이 900 kg을 호흡하는 것으로 보여주지만, 1 g의 제초제는 산화되지도 않고 배설되지도 않는다. 그 대신에, 제초제는 동물에 축적되어 이제 그 농도는 100 kg당 1 g이 되었다. 이는 시용량(application rate)보다 10배 강력해진 것이다. 육식동물이 초식동물을 잡아먹으면 농도는 10 kg당 1 g이 되어 100배 강력해졌다. 사람의 대사도 다를 바 없다. 이들 화학물질은 먹이그물을 통해 사람에게도 이동한다. 독성 물질은 동물과 사람의 체내에서 균일하게 분포하지 않고 사람의 간과 콩팥뿐만 아니라 뇌와 척수 같은 지방조직에 축적된다.

생태계에서 분해자의 역할은 아주 중요하다. 분해자들은 어디에나 있을 뿐만 아니라 현미경적이어서 우리는 이들을 당연하게 여긴다. 만일 자연계에 분해자가 없다면 식물은 풍화작용으로 바위가 쪼개지는 만큼의 속도로만 생장할 수 있게 된다. 무기질이 방출되는 즉시 식물에 흡수되어 체내에 묶이고, 이어서 먹이그물을 따라 이동할 것이다. 생물이 죽으면 분해되지 않는 몸에 무기질이 갇히게 된다. 멸균 처리된 통조림 식품은 축축한 곳에서 실온에 두어도 부패하지 않는데, 그것은 분해자가 없기 때문이다. 암석의 물리적 풍화와 화학적 풍화 그리고 사체만이 식물의 생장을 지속시킬 수 있지만, 분해자가 존재하면 무기질들이 신속하게 재활용된다. 분해자들이 그들의 막을 통해 무기질을 환경으로 내보내고, 그들 자체의 몸은 아주 작고 연약하여 분해자가 죽은 다음에는 다른 분해자나 화학적 풍화에 의해 즉시 분해된다.

다음 단계에서는

1. **세대기간, 수명, 그리고 개체군통계학.** 어떤 식물들은 발아한지 고작 몇 달 만에 번식하고, 다른 어떤 식물들은 수십 년을 살아야 번식한다. 어떤 식물은 불과 몇 달만 살고, 다른 식물은 수천 년 동안 산다. 여러분이 연구를 하기 전에 이들 두 가지 특징들이 관련이 있을지 생각해 보자. 명백히 몇 달만 사는 식물은 수십 년 동안 살아도 번식하지 않는 식물이 될 수 없다. 그러나 수명이 긴 식물이 일찍 번식할 수 있을까, 아니면 반드시 기다려야 한다고 생각하는가? 다양한 식물의 세대기간과 수명에 관한 자료들을 찾아보고, 그들의 개체군 구조가 어떠할지에 대한 수학적 모델을 만들 수 있는지 검토해 보자.
2. **식물의 내적 자연증가율(생물번성능력).** 이 책에서 r로 나타내는 식물의 내적 자연증가율은 여러모로 중요하다. 흑단과 마호가니 같은 귀중한 나무 또는 물고기와 새우 같은 해산물처럼 자연에서 식물과 동물을 채집할 때 너무 많이 수확하지 않는 것이 중요하다. 어느 종의 생물번성능력은 사라지는 개체들을 대체하는 그들의 능력에 관한 정보를 우리들에게 제공해 준다. 이와 비슷하게, 농작물의 개량을 시도할 때 우리는 어떤 요인이 작물의 생장률이나 씨앗, 열매, 그 밖에 우리가 작물에서 얻는 어떤 것들이 생성되는 속도를 제한하는지 알아야 할 필요가 있다. 생물번성능력은 온실과 실험농장에서 정확히 측정할 수 있고, 자연에서 식물을 관찰하여 대략 추산할 수도 있다. 겨자처럼 빨리 자라고 일찍 번식하는 식물이 보다 느리게 자라고 늦게 번식하는 식물보다 생물번성능력이 높을까?
3. **라운키에르의 생활형.** 표 25-2의 생활형은 식물이 스트레스가 많은 계절에 살아남는 방법에 근거한 것이다(땅속 겨울눈 또는 높이 달린 겨울눈, 등등). 많은 식물생태학자들은 생태계가 어떻게 기능을 하는지에 관한 정보로 이들 생활형을 이용한다. 예를 들면, 비늘줄기와 뿌리줄기 같은 땅속식물(geophyte)은 불이 자주 발생하는 곳에서 흔하게 나타나는 반면, 벼과 초본 같은 반땅속식물(반지중식물, hemicryptophyte)은 싹이 노출된 큰 식물을 동물이 먹는 곳에서 풍부하게 나타난다. 여러분은 생활형과 생태에 관한 많은 정보를 찾을 수 있어야 한다.

요약

1. 생태학은 생물을 환경의 모든 측면과 관련하여 연구하는 학문이다. 각 식물은 같은 종의 개체들인 개체군의 일부이고, 이들은 다른 종들과 공존하여 군집을 이룬다. 기후와 물리적 환경도 함께 고려되면 그 전체가 생태계이다.
2. 개체군의 생명작용은 단순히 모든 개체들의 합이 아닌데, 그것은 식물들이 서로 긍정적으로 또는 부정적으로 상호작용하기 때문이다.
3. 서식지의 요소들은 생물적이거나 비생물적일 수 있다. 비생물적 요소에는 기후, 토양, 위도, 고도, 그리고 교란이 포함된다. 생물적 요소에는 모든 생물과 그들의 활동 결과가 포함된다.
4. 교란은 생태계의 일부가 붕괴된 것이다. 비록 교란이 거대한 파괴를 야기할 수 있지만, 한편으로는 종이 장기적으로 변하

는 천이가 일어나지 않도록 생태계를 지속시키는 데 필수적일 수 있다.

5. 식물은 생태계에 존재하면서 생태계에 영향을 미친다. 식물은 자신과 그 자손의 생존에 해로운 변화를 일으킬 수 있고, 아니면 그 자손들에게 더욱 적합한 생태계가 되게끔 생태계를 변모시킬 수 있다.
6. 경쟁의 정도는 종마다 다르고 생태계마다 다르다. 일반적으로, 기후가 온화하고 땅이 기름진 곳에서는 종다양성이 높고, 경쟁은 생태계에서 종을 배제하는 데 있어서 가장 중요하다. 혹독한 조건에서는 훨씬 적은 종이 출현하고, 환경 자체가 성공적으로 존재하는 종들의 수를 제한한다.
7. 넓은 지리적 범위를 갖는 종은 그 범위의 여러 부분들에서 여러 다른 유형의 경쟁이나 스트레스에 직면할 수 있다.
8. 식물은 동물, 균류, 원생생물, 그리고 원핵생물들과 수많은 방법으로 상호작용을 하지만, 대부분의 상호작용은 기본적으로 양쪽 모두에게 이익이 되는 상리공생과 한쪽은 득이 되고 다른 쪽은 해로운 포식으로 구분할 수 있다.
9. 개체군은 근본적으로 (1) 한정요인에 의해 설정되는 지리적 범위와 그들의 국지적 분포(마구잡이분포, 집중분포 또는 균일분포), 그리고 (2) 모든 개체들의 연령분포(개체군통계학)의 두 가지 유형의 구조를 갖는다.
10. 번식성공의 척도가 되는 종의 생물번성능력(r)은 어버이가 낳은 자손이 생식적으로 성숙할 때까지 생존한 평균수이다. r-선택종은 일시적으로 경쟁자들이 없고 자원이 풍부한 장소에 적응한 종이다.
11. 생태계의 환경수용력(K)은 생태계가 지탱할 수 있는 특정한 종의 개체수의 척도이다. K-선택종은 경쟁이 아주 중요할 수 있는 안정되고 변하지 않는 장소에 적응한 종이다.

중요한 용어

1차생산자(primary producer)
1차소비자(primary consumer)
K-선택종(K-selected species)
r-선택종(r-selected species)
개체군(population)
개체군통계학(demography)
경쟁(competition)
군집(community)
내성범위(tolerance range)
병원성(pathogenic)
상리공생(mutualism)
생물번성능력(biotic potential)
생태계(ecosystem)
생태적 지위(niche)
생태형(ecotype)
생활형(life form)
서식지(habitat)
선구종(pioneer)
영양단계(trophic level)
초식(herbivory)
편리공생관계(commensal relationship)
포식(predation)
한정요인(limiting factor)
환경수용력(carrying capacity)

복습 문제

1. 생태학은 생물을 환경의 ______________ 측면과 관련하여 연구하는 학문이다.
2. 개체군, 군집, 서식지, 그리고 생태계의 각각을 정의하시오. 개체군의 생물학이 한 개체의 생물학과 다른 이유는 무엇인가?
3. 식물의 환경 가운데 얼마만큼을 그 식물의 서식지로 간주해야 하는가? 바람에 의해 꽃가루받이가 일어나고 바람에 의해 종자가 분산되는 종의 서식지는 동물에 의해 수분되고 종자가 산포되는 종의 서식지보다 단순할까? 그 이유는?
4. 캘리포니아의 미국삼나무 숲을 생각해 보자. 우리는 거대한 나무의 그늘이 관목과 초본에 영향을 미친다고 알고 있는데, 과연 작은 나무들이 큰 나무에 효과를 미칠 수 있을까? 미국삼나무의 씨는 어떠한가? 불은 어떤 역할을 하는가? 만일 새로운 병이 돌아서 모든 관목과 초본을 죽였지만 교목에는 직접적으로 해를 끼치지 않았다면, 교목들은 궁극적으로 질병에 의해 영향을 받은 것인가?
5. 서식지는 생물적 요소와 비생물적 요소를 갖는다. 이 두 가지의 여러 구성요소들을 열거하시오.
6. 서식지의 기후 극단(최저 및 최고)이 평균 기후조건보다 훨씬 중요한 이유는 무엇인가? 식물의 '생육기(growing season)'란 무엇이고, 생육기의 기간에 영향을 미치는 조건들은 어떤 것들이 있나?
7. 토양은 어떻게 생성되나? 어떤 물질이 쪼개져서 생기나? 새로 생긴 토양이 대부분의 식물종에 적합하지 않은 이유는 무엇인가?
8. 선구종(pioneer species)은 무엇인가? 선구종은 r-선택종과 K-선택종 가운데 어느 것이 될 가능성이 더 큰가? 그 이유는?
9. 오늘날 알래스카와 캐나다의 일부가 매우 얇은 토층을 갖는 이유는 무엇인가? 그런 지역에서는 토양에서 어떤 일이 일어났을까? 이들 지역에서 대략 몇 년 전에 토양이 사라져 버렸을까?
10. 불은 많은 생태계에서 매우 중요한 자연적 교란이다. 일부 식물이 불에서 살아남는 적응전략을 설명하시오.
11. 만일 우리가 어떤 식물을 제외한 다른 모든 생물을 제거하여

어떤 지역에 오로지 토양과 그 식물만 있게 한다면, 이것이 안정된 서식지가 될 수 있을까? 식물 그 자체가 그 서식지를 변모시킬까? 설명해 보시오.

12. 여러 개체들이 함께 출현할 때 상호작용의 가능성이 생긴다. 만약 상호작용이 근본적으로 양쪽 생물 모두에게 득이 된다면 이를 ______________이라고 부르지만, 만일 해가 된다면 이는 ______________이다. 두 생물이 같은 종이어야 할까, 다른 종이어야 할까, 아니면 아무 상관없을까?
13. 식물 간의 경쟁이 무엇인가? 경쟁배타(competitive exclusion)란 무엇인가? 경쟁이 어떻게 자연선택과 진화에 영향을 미쳤을까?
14. 생태적 지위란 무엇인가? 이것이 분명히 실재하는 물리적 공간이나 물체인가? 거대한 미국삼나무가 작은 고사리류와 나란히 자란다면, 이들은 동일한 생태적 지위에 있는 것인가? 만일 그렇지 않다면, 어느 한쪽의 생태적 지위가 다른 쪽의 생태적 지위와 어떻게 다른가?
15. 이식실험(transplant experiment)이란 무엇인가? 공통정원(common garden)은 무엇인가? 두 종류의 실험을 수행하는 요점은 무엇인가?
16. 새들이 나무에 둥지를 틀 때, 새는 이롭지만 나무는 대체로 아무런 해가 없다. 이는 어떤 유형의 관계인가? 이 같은 관계의 두 가지 사례를 더 제시하시오.
17. 비록 대부분의 서식지 구성요소들이 식물에 일제히 영향을 주지만, 어떤 시간 어떤 장소에서도 한 가지 요인이 식물의 건강을 결정짓는다. 이를 ____________요인이라고 부른다.
18. 식물은 종종 집중분포(clumped distribution)를 하면서 자란다. 이런 분포의 한 가지 이유를 설명하시오.
19. 어느 개체가 태어나서 다음의 첫 자손을 낳을 때까지의 기간을 설명하는 용어는 무엇인가? 이 용어를 어느 개체가 태어나서 죽을 때까지의 기간에 적용하지 않는 이유는 무엇인가?
20. 생물번성능력(biotic potential)을 설명하시오. 환경수용력(carrying capacity)을 설명하시오. 이들 두 가지 요인들이 개체군 생장과 궁극적으로 안정된 개체군 크기에 어떻게 영향을 미칠까?
21. 그림 25-23B의 개체군 생장곡선을 생각해 보자. 어린 개체군(곡선의 왼쪽)은 오래된 개체군(곡선의 오른쪽에서 *K*에 도달한 곳)보다 어린 개체들의 비율이 더 많을까? 그 이유는? 개체군에서 어린 개체, 중간 연령의 개체, 또는 늙은 개체의 비율이 높은 것이 무슨 상관이 있을까? 사람의 경우 그 답은 명백하지만, 식물에도 상관이 있을까?
22. 독립영양생물은 ______________________로 알려져 있고, 이들은 어떤 먹이그물이든 간에 첫 번째 단계이다. 초식동물은 ______________이고, 육식동물은 ______________이다. 곰팡이와 세균은 모든 종류의 생물의 사체나 배출물을 분해하고, 이들은 ______________라고 한다.
23. 식물이 광합성을 하면 ____________와 ____________ 화합물이 생태계로 들어온다. 이들이 어떻게 다음 영양단계로 이동하고, 이어서 그 다음으로 어떻게 이동할까? 이들은 어떻게 생태계에서 소실되나?
24. 그림 25-36의 생체량 피라미드와 본문의 내용을 살펴보자. 만일 유독성 제초제를 1 ppm의 낮은 농도로 살포했다면, 피라미드의 각 영양단계마다 제초제의 농도는 어떻게 될까? 이것이 사람들의 음식에 영향을 미칠까? 사람들에게도 영향을 미칠까?

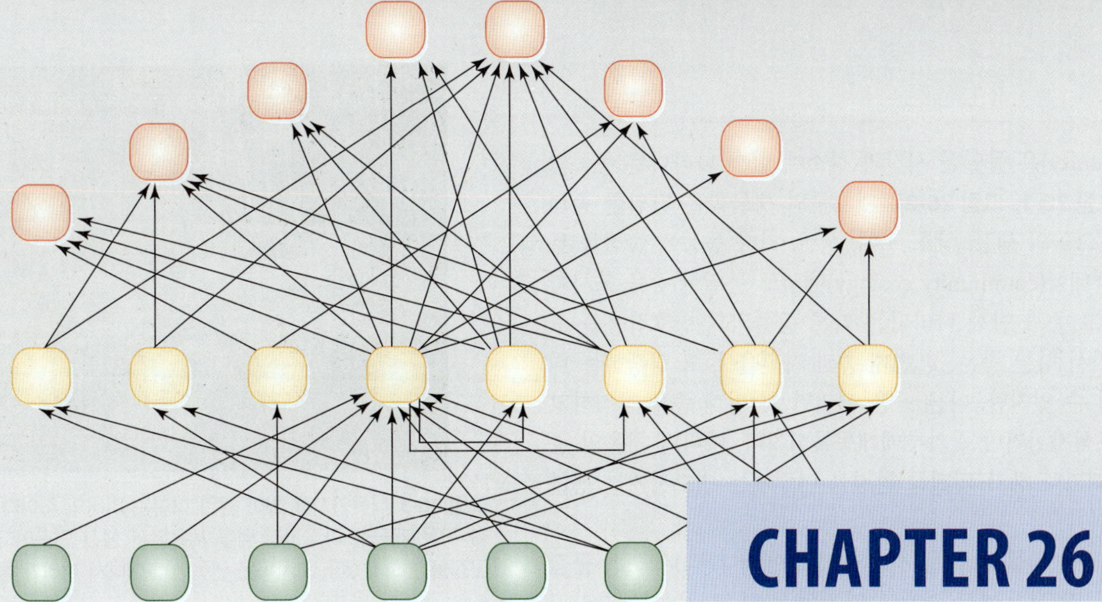

CHAPTER 26

군집생태

학습 목표

이 장을 읽은 다음, 학생들이 할 수 있는 것은;

- 군집생태학을 공부하는 중요성을 말한다.
- 군집의 다양성을 측정하는 3가지 방법을 열거한다.
- 종수-면적관계(식)를 상기한다.
- 서늘한 기후에 비해 열대 기후에서 생물의 다양성이 더 높은 이유를 설명하는 2가지 가설을 안다.
- 1포식자-1피식자 시나리오에서 포식자-피식자 순환을 설명한다.
- 풍족역설의 사례를 제시한다.
- 최대지속생산량을 정의하고, 삼림과 해양 같은 천연자원의 이용에 최대지속생산량이 어떻게 영향을 미치는지 설명한다.
- 포식자의 먹이선택에 영향을 미치는 3가지 요인을 열거한다.
- 상리공생과 촉진을 설명하고, 각각의 예를 제시한다.
- 이동통로와 멸종위기종을 보호하는 노력에서 이동통로의 중요성을 논한다.
- 핵심종을 정의하고, 핵심종의 제거나 재도입이 어떻게 군집에 영향을 미칠 수 있는지 사례를 제시한다.

알고 있나요?

- 개개의 생물 모두가 군집의 구성원이고, 군집은 동일한 시간과 장소에 사는 모든 개체들로 구성된다.
- 사람들은 자신들이 살고, 사냥하고, 낚시하고, 광물질을 캐고, 또는 그밖에 다른 생물에 영향을 미치는 곳에 있는 군집의 구성원이다.
- 어떤 자연지역이든 간에 아무리 다양성이 풍부하더라도 이미 존재하고 있는 생물과 경쟁할 수 없는 수많은 종이 결여되어 있다.
- 많은 식물, 동물, 그리고 미생물들은 꽃가루받이와 질소고정을 서로 도와주지만, 각자에게 이익이 되는 범위에서만 그렇게 한다.
- 특정한 종을 돕기 위해 설계된 야생생물보호구는 그 종이 의존하는 모든 군집구성원들에도 도움이 되어야 한다.

개요

장의 첫 이미지: 위의 그림은 군집 내의 먹이그물을 보여준다. 일부 생물(특히 식물)이 다른 생물(동물, 균류 및 세균)의 먹이가 된다는 점에서 모든 생물들이 상호 연관되어 있다. 물론 식물은 서로 잡아먹지 않지만, 만일 어떤 종이 출현하면 동물이 그 종을 먹고 다른 식물종들을 남겨두는가 하면, 만약 첫 번째 종이 없다면 동물은 덜 바람직한 다른 식물을 먹게 된다는 점에서 식물들은 간접적으로 상호작용을 한다. 그렇지 않으면, 어느 한 종의 출현이 영양가가 너무 높아서 동물 개체군이 증가하고, 그리고 나서 다른 식물들을 무심코 짓밟는다.

개념

군집(community)은 동일한 시간과 장소에 함께 나타나는 종들의 집단이다(**그림 26-1**, **그림 26-2**). 개체군의 생물학은 단일한 종의 구성원들과 그들의 생장, 상호 교배, 생존, 기타 등등에 중점을 두었다. 군집생태학(community ecology)에서도 동일한 종을 조사할 수 있지만, 그 종과 함께 나타나는 다른 종들과의 상호작용을 고려한다. 여기서 다른 종은 첫 번째 종과 자원을 두고 경쟁하는 비슷한 생물일 수 있지만, 다른 종은 어쩌면 첫 번째 종을 공격하고 소비하는 포식자이거나 꽃가루매개동물이거나, 아니면 처음의 종에게 득이 되거나 해가 되게끔 환경을 어떻게든 변모시키는 생물일 수도 있다.

군집의 구성원들이 같은 시간과 장소에서 나타나므로, 군집은 시간과 공간 모두에서 경계를 가져야 한다. 나무들을 자라지 못하게 하는 어떤 요인에 의해 공간적으로 경계가 정해지는 전체 숲을 군집으로 생각할 수 있다. 여기서 그런 요인들은 높은 고도의 수목한계선(tree line)이거나 나무들이 자라기에 너무 습한 지역일 수 있고, 아니면 나무들이 바다를 향해 생육지를 확장하다가 더 이상 뻗어나갈 수 없는 바닷가일 수 있다. 이와 동시에, 하천과 호수에 사는 생물 또는 나뭇가지에 사는 생물처럼 삼림군집 내에 위치한 보다 작은 군집들을 인식할 수 있다. 다른 어떤 군집은 식물이나 동물의 사체에 침투한 생물들로 구성될 수 있다. 많은 작은 군집들이 서로 가까이에 존재하고 이와 동시에 보다 큰 군집의 일부가 된다.

그림 26-1 이 호수는 워싱턴 주 올림픽 국립공원에 있는 크레센트호(Crescent Lake)이다. 이 장면에 있는 모든 생물과 올림픽 반도의 모든 생물이 군집의 일부이다. 이와 동시에, 호수의 생물들은 침엽수와 상호작용하는 것보다 서로 더 많은 상호작용을 하고, 이 호수는 보다 큰 군집의 안에 있는 군집이기도 하다.

그림 26-2 이 죽은 통나무에 있는 생물들은 모든 올림픽 반도의 군집보다 시간적으로나 공간적으로 훨씬 작은 군집을 이룬다. 이 구역(통나무)은 나무가 죽고 떨어지기 전에는 서식지로 존재하지 않았다. 통나무가 떨어진 다음, 이 서식지는 균류, 세균, 그리고 심지어는 나무의 유식물들이 차지할 수 있었다. 그러나 이 군집은 통나무가 부패되어 사라질 때까지 100년 미만 동안만 지속될 것이다.

그림 26-3 나뭇가지를 쌓아 올린 더미는 비버의 집이다. 그 주변의 물은 비버가 작은 개울을 가로질러 댐을 세우면서 생긴 연못이다. 댐은 이미 서식지와 군집을 변모시켰다. 고사목은 연못이 불어나서 뿌리가 물에 잠길 때 죽었다.

한편 군집들은 시간의 경계를 갖는다. 군집은 생기고, 이어서 소멸된다. 미국의 서부에서는 비버(beaver)들이 빠르게 흐르는 폭이 좁은 개울을 가로지르는 댐을 쌓아, 개울을 물이 천천히 흐르는 넓고 얕은 호수로 개조한다(**그림 26-3**). 연못이 생기고, 그 특징은 개울의 특징과 다르다. 첫 번째 변화는 비버 가족들이 연못에 들어와 살면서 그들의 대소변으로 비료를 주는 것이다. 연못 가장자리에 있는 얕고 잔잔한 물에는 개천의 빠른 흐름에 견딜 수 없는 어떤 식물들이 자란다. 연못이 채워지면서 인근의 나무들이 물에 잠겨서 죽게 되고, 나무들이 죽으면 더 많은 빛이 들어오게 된다. 물고기, 거북, 그리고 그 밖의 동물들은 개천에 적응했던 것과 다르게 연못에 적응하고, 따라서 연못군집은 예전에 존재했던 개울군집과는 빠르게 변한다. 전형적으로 비버 연못군집은 시간이 지나면서 많은 식물들이 가장자리에 자리 잡고 가는 모래들을 가두면서 변화하고, 연못의 가장자리는 서서히 육지로 바뀐다. 나중에는 전체 연못이 보통 넓고 평평한 초지로 변하고, 연못군집은 소멸한다(**그림 26-4**). 불, 화산 분출, 침식, 허리케인, 그리고 기타 교란 같은 많은 요인들이 지역의 작은 부분들을 변모시키고, 그 과정에서 어떤 군집은 파괴하지만 새로운 군집이 시작되게 한다.

기후와 지질은 군집의 일생 동안 그대로 지속되지만, 어떤 군집은 그들 자체의 본질의 일환으로 변하는 반면에 다른 군집은 바뀌지 않는다. 새로운 연못에 처음 정착한 첫 번째 생물인 선구종들이 자신들보다는 다른 종에 더 적합하게끔 연못을 변화시키기 때문에 비버 연못은 시간이 흐르면서 자동적으로 변한다. 새로

그림 26-4 이것은 보다 오래된 비버 연못으로, 서서히 초지로 변하였다. 연못 주변의 육지는 편평하지만, 이와 같은 산악지역에서는 주로 비버 연못처럼 연못에 미사가 퇴적되지 않는 한 평지가 나타나지 않는다. 이미 습지식물들이 평지의 대부분에서 자라고 있고, 곧 교목의 유식물들도 그곳에서 살게 될 것이다. 비버가족은 새로운 개울을 찾아야 한다.

그림 26-5 불에 타버린 가문비나무-전나무 숲의 일부에서 미국사시나무가 자란다. 미국사시나무의 유식물은 밝은 빛이 있어야 하고, 유식물들은 땅이 심하게 그늘지는 가문비나무와 전나무의 숲에서는 살아남지 못한다. 그러나 불이 난 다음에 미국사시나무의 씨가 바람에 날려 오고 발아하여 왕성하게 자란다. 가문비나무와 전나무의 유식물들도 싹트지만, 미국사시나무만큼 빠르게 자랄 수 없어서 곧 시달린다. 그러나 미국사시나무는 수명이 짧고 빨리 죽어서 서서히 가문비나무와 전나무의 유식물들에게 길을 터준다. 이 일대는 서서히 가문비나무-전나무 숲으로 되돌아간다.

운 무리의 생물들은 각각 자신들은 배제되고 또 다른 새로운 종들이 들어오도록 서식지를 바꾼다. 이렇게 거의 예측 가능한 변화의 순서를 **천이(succession)**라고 부르고, 이는 많은 군집에서 나타난다.

그에 반해서, 어떤 군집은 여러 해 동안 그대로 유지된다. 가문비나무-전나무 숲은 수천 평방킬로미터를 덮고 수천 년 동안 지속된다. 이 환경에서는, 군집의 다양한 구성원들이 자신들에게 유리한 상태가 유지되면서 한편으로는 침입을 시도할 수 있는 다른 종들에게는 적합하지 않게끔 서식지를 변모시킨다. 불이나 사태 같은 중대한 교란이 일어나더라도 미국사시나무(*Populus tremuloides*) 같은 선구종들이 교란이 일어난 다음에 들어와서 가문비나무-전나무 숲에 다시 적합하게끔 서식지를 변모시킨다. 교란이 일어났던 부위에서는 천이가 진행되어 다시 가문비나무-전나무 숲이 되는데, 이를 **극상군집(climax community)**이라고 하고 안정성이 회복된다(**그림 26-5**).

이들 사례는 중요한 개념을 나타낸다. 대부분의 군집은 공존하는 종들로 이뤄진 패치워크(patchwork)이고, 이들 모두는 다양한 과정으로 유지된다. 그 과정들은 25장에서 설명한 교란, 경쟁, 포식, 상리공생, 편리공생, 기타 등등이다. 군집생태학에서는 이들 과정의 결과로 우리가 군집이라고 부르는 다양한 양식이 어떻게 생기는지를 이해하기 위해 군집의 여러 구성원들을 대상으로 이들 과정을 분석하려고 시도한다.

군집생태학은 우리들에게 중요한데, 왜냐하면 사람이 살고, 일하고, 운동하고, 또는 자연과 다시 유대를 맺기 위해 나가는 곳에 있는 모든 군집의 구성원이 되기 때문이다. 그토록 많은 군집의 일원으로서 우리는 다른 생물들에게 영향을 미치므로, 우리가 끼친 영향에 대해서 알아야 한다. 역사의 대부분을 통해 인간은 자연을 정복하려고 시도했거나 최소한 자연을 길들이려고 애썼다. 우리는 여행비둘기(passenger pigeon)의 모든 개체들을 죽이고 완전히 몰살시켜 종이 멸종되도록 하였다. 우리는 늑대, 곰, 들소, 그리고 프레리도그를 의도적으로 몰살시키려고 최선을 다했다. 이들 각각은 군집으로부터 중요한 한 종을 선택적으로 제거한 예이다. 우리는 핵심적인 종이 제거되었을 때 다양한 군집이 어떻게 대응하는지를 알 필요가 있다. 우리는 발전, 항해, 관개, 그리고 홍수 조절을 위해 강에 댐을 만든다. 그렇게 함으로써 우리는 많은 군집의 물리적 측면을 변화시켜서, 범람으로 일부는 죽고, 봄과 여름에 수위가 변하는 자연적 순환을 변모시킨다. 한편 댐은 알을 낳기 위해 상류로 이동하는 물고기를 가로막고, 연어의 이동을 크게 줄인다.

다행스럽게도, 많은 사람들의 태도가 바뀌어 가급적 자연과 조화를 이루고 살면서 다른 생물에 끼치는 영향을 최소화하려고 애쓰고 있다. 최근에 **군집복원(community restoration)**의 다양한 프로젝트들이 시작되었다. 옐로스톤(Yellowstone) 국립공원에 늑대를 다시 들여오고, 멕시코의 리오그란데(Rio Grande) 강에서 텍사스의 빅벤드(Big Bend) 국립공원에 곰과 퓨마를 이동시키는 사업들이 그 예이다. 몇 개의 댐을 철거했는데, 가장 주목받는 것은 워싱턴 주 올림픽 국립공원에 있는 엘와(Elwha) 강의 엘와댐과 글라인스캐니언(Glines Canyon)댐을 철거하여 물고기들이 생활주기를 끝마칠 수 있도록 강을 복원시킨 것이다(**그림 26-6**). 제1차 세계대전 동안 밀농사로 인해 파괴되기 전까지 미국의 대초원지대를 모두 덮고 있던 초지생태계의 일부인 장초군집(tallgrass prairie community)을 복구하려는 매우 야심적인 노력이 진행되고 있다. 다행히도, 전 지역에 걸쳐 대부분 종의 적어도 몇 개체들은 아직 산재해 있고, 많은 식물들이 철도 선로를 따라 잡초로 자라고 있다. 이들 프로젝트들은 군집의 복원을 넘어선다. 우리는 군집을 완전히 재건하기를 원하지만 적절한 방법에 대한 확신이 서지 않는다. 단순히 모든 식물과 동물을 함께 같은 시간과 장소에 데려온다고 해서 성공하는 것은 아니다. 어쩌면 어떤 선구종을 도입하고, 이어서 나중에 다른 종을 추가하면서, 사실상 천이

그림 26-6 댐을 철거하면 하천이 다시 자연스럽게 흐른다. 춘기 홍수(spring flood)는 모래와 퇴적물을 재분배할 것이고, 여름의 저수류(low flow)는 강기슭의 군집을 번창하게 한다. 물고기는 이동할 수 있게 되고, 다른 생물들은 댐이 건설될 때 파괴되었던 적합한 서식지를 다시 갖게 된다.

를 보방하거나 장려하는 노력이 필요할지 모른다. 이것이 갑자기 극상군집을 짜 맞추려고 시도하는 것보다 훨씬 효과적일 수 있다.

비록 우리가 자연과 좀 더 조화를 이루면서 살려고 애씀에도 불구하고, 우리는 여전히 농사를 짓고, 도시를 세우고, 광물질을 캐야 할 필요가 있다. 이는 불가피하게 **서식지 손실(habitat loss)**과 **서식지 단편화(habitat fragmentation)**로 이어지지만, 군집생태학을 연구함으로써 우리가 끼치는 피해를 최소화할 수 있을 것이다. 우리는 습지(wetland)가 매우 중요하다는 점을 이미 인식하고 있다. 습지는 높은 종다양성을 갖고 있을 뿐만 아니라, 물에서 유해한 화학물질을 걸러주고, 침식을 막아주며, 풍부한 동물이 살도록 해 준다. 오늘날 대부분의 도시와 주에서는 습지를 보호하고, 건설 사업을 습지를 피하여 민감하지 않은 지역으로 향하도록 한다. 마찬가지로, 공원과 야생생물보호구를 위한 토지를 확보할 때 설계자들에게는 관련된 군집들의 동태에 관한 정보가 필요하다. 만일 동물의 개체군을 보호해야 한다면, 동물들이 먹이를 찾고, 번식하기 위해 짝을 찾고, 포식자로부터 보호받을 수 있게끔 넉넉하고 정확한 서식지를 확보해야 한다. 하나의 큰 보호구를 설정하는 것보다는 이동통로로 서로 연결되는 복수의 작은 구역들을 확보하고, 이 통로를 통해 동물들이 자유롭게 이곳에서 저곳으로 이동할 수 있게 해 주는 것이 나을 수 있다(**그림 26-7A**, **B**).

사람(*Homo sapiens*)은 이제까지 진화한 종 가운데 가장 파괴적인 종이지만, 다행스럽게도 우리는 가장 총명한 종이다. 대부분의 사람들은 우리가 과거와 현재에 끼친 피해를 인식하고 있고, 많은 사람들은 보다 합리적으로 사는 방법을 찾기 위해 많은 노력을 기울이고 있다. 군집생태학을 연구함으로써 지식을 얻게 되고 우리가 해야 할 필요가 있는 수단을 최대한 빨리 알게 될 것이다.

다양성

군집은 여러 종으로 구성되는데, 그렇다면 얼마나 많은 종으로 구

(A)

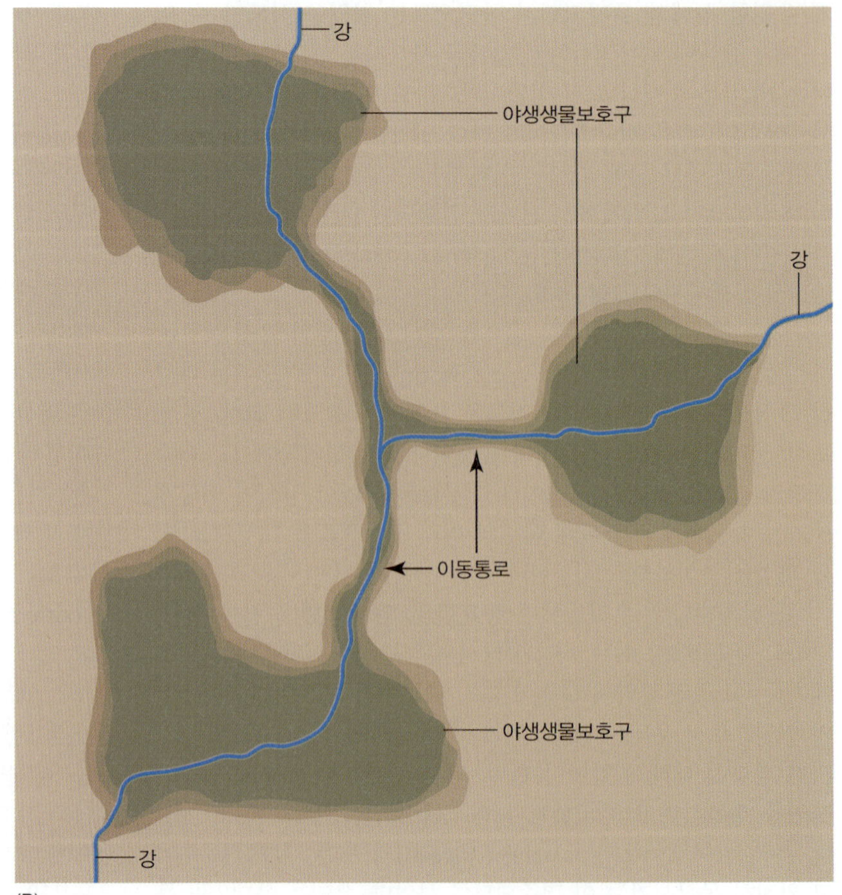

(B)

그림 26-7 **(A)** 이 고가다리는 짧은 이동통로이다. 이 고가다리는 초본들로 덮여 있고, 사슴과 그 밖의 동물들이 고속도로를 건널 수 있는 안전한 통로가 되도록 의도되었다. 이 통로는 몬태나 주의 인디언 보호구역에 위치하고 있다. **(B)** 동물과 식물의 이동을 위한 안전한 경로가 되는 이동통로는 길이가 보통 몇 킬로미터이고, 둘 이상의 야생생물보호구를 서로 연결하고 있다. 여기에 묘사한 것처럼 이동통로는 대체로 하천의 골짜기를 따라 만들어진다.

성될까? 솔트 플랫(salt flat)이나 사구(sand dune) 같은 일부 군집에는 단지 몇 종들만 있는 반면, 우림(rain forest) 같은 다른 군집들은 수천 종들로 구성된다. 어떤 군집은 명백히 다른 군집보다 훨씬 다양하지만, 이를 측정하는 것보다는 보는 것이 훨씬 쉽다. 군집의 다양성을 정량화하는 첫 번째 접근방법은 종의 풍부도(richness)를 측정하는 것인데, 이는 출현하는 종을 단순히 세는 것이다. 이렇게 센 결과가 종의 **목록(checklist)**이며, 모든 국립공원과 야생생물보호구에서는 출현하는 종의 목록을 얻을 수 있다. 그러나 종의 목록은 항상 불완전한데, 왜냐하면 출현하는 모든 원핵생물과 균류의 종까지 목록으로 작성하는 것이 불가능하고, 이는 보통 필요하지도 않기 때문이다. 그리고 무척추동물과 이끼류, 그리고 심지어 고사리류 같은 생물의 경우, 많은 지역에 출현하는 그런 모든 생물들의 목록을 작성할 수 있는 숙련된 전문가들이 충분치 않다. 군집생태학의 연구는 이들 모든 생물이 아니라 몇몇 생물에만 주력하므로, 완벽한 종목록을 가질 필요는 없다.

그림 26-8 루이지애나 주에 있는 이 사빈(Sabine) 국립야생생물보호구 같은 해안 염습지는 식물과 동물의 많은 종을 갖고 있지만 생장형의 다양성은 낮다. 거의 모든 식물은 초본이고, 잎은 겨울에 죽고 봄에 다시 자란다. 많은 식물들이 뿌리줄기를 갖고 있지만, 교목이나 관목은 없고, 다육식물이나 착생식물도 없으며, 간혹 넝쿨식물만 자란다.

그림 26-9 올림픽 국립공원의 온대우림은 종과 생장형 모두에서 극도로 높은 다양성을 갖는다. 수많은 종의 침엽수들이 존재하고 우세하지만, 속씨식물의 낙엽수림과 덤불, 고사리류, 이끼류와 우산이끼류, 비늘줄기나 뿌리줄기를 갖는 많은 식물, 그리고 매우 다양한 착생식물과 넝쿨식물들도 있다.

종 이외의 요인들도 다양성 연구의 목적이 될 수 있다. 이 경우, 생장형의 다양성이 관심의 초점이 되는데, 이를테면 초본, 관목, 그리고 교목을 대상으로 하거나 1년생 식물, 다년생 식물 및 단명식물을 대상으로 출현유무와 상대수도(relative abundance)를 측정한다(**그림 26-8**, **그림 26-9**). 초식동물의 섭식방법을 연구할 때, 식물의 저장기관이 비늘줄기, 원뿌리, 그리고 뿌리줄기 같이 땅속에 있는지, 아니면 열매, 씨앗, 그리고 식용 줄기 같이 땅위에 있는지, 그 다양성을 이해하는 것이 중요할 수 있다. 어떤 연구에서는 1차생산자, 1차소비자, 2차소비자, 분해자 등의 다양성과 이들이 서로 어떻게 상호작용하는지에 대해 조사할 수 있다. 오늘날에는 DNA 기법으로 군집 내에 존재하는 대립유전자들의 다양성도 연구한다. "어떤 것이 실제 다양성인가?"라고 의문을 제기할 수도 있다. 이들 모두가 실제의 다양성이다. 이들 모두가 비록 작은 구역에서도 풍부한 생명에 이바지한다. 모든 것을 동시에 연구할 수 없으므로, 연구자가 자신의 가설을 설정한 다음 충분히 시험할 수 있는 질문을 만들어내야 한다.

다양성과 규모

연구하려는 군집의 다양성이 어떤 측면이든 공통적으로 **규모(scale)**가 문제가 된다. 면적이 큰 지역은 작은 지역보다 훨씬 다양하다(**그림 26-10**). 예를 들어, 만일 전체 지구를 우리의 군집이라고 간주했을 때 이 군집에는 모든 종, 모든 생장형, 기타 등등이 포함되는 반면, 이를테면 아메리카 대륙처럼 보다 작은 지역에는 생장형이 많겠지만 그렇게 많은 종이 있지 않을 것이다. 이와 비슷하게, 누군가가 야생생물보호구를 계획할 때, 100 km × 100

그림 26-10 텍사스 주에 있는 빅벤드(Big Bend) 국립공원의 이 지역에서는 다양성을 측정할 때 규모의 중요성이 즉각 명백해진다. 이 지역은 수명이 짧은 옐로플라워(*Baileya multiradiata*)가 풍부하다. 만일 이 지역을 1 m^2의 표본구(sample plot)들로 구분한다면, 어떤 구획은 전혀 식물이 없을 수 있고, 어떤 구획에는 약간의 옐로플라워가 있을 수 있고, 또 다른 구획에는 옐로플라워, 크레오소트 관목(creosote bush), 벼과 초본, 그리고 몇몇 관목들이 포함될 수도 있다. 이 빙하성 유수퇴적물(outwash) 지역의 다양성은 일시적인 작은 하천으로부터의 거리에 따라 달라진다. 전체 공원은 킬로미터 규모에서도 극도로 이질적이다. 동쪽은 선인장, 용설란, 그리고 유카가 풍부하고, 서쪽은 sotol 그리고 오코틸로(ocotillo)가 풍부하며, 리오그란데(Rio Grande) 강에는 수생식물이, 그리고 치소스(Chisos) 산맥에는 아고산성 식물상이 나타난다.

km 구역의 토지는 1 km × 1 km의 지역보다 훨씬 다양할 것이 거의 확실하다. 면적이 넓은 지역에서 높은 다양성을 찾는 것은 흔한데, 근본적인 원인은 대체로 쉽게 이해할 수 있다. 보다 큰 지역에서는 토양, 지형, 지질, 등등의 유형에서 보다 많은 변이가 나타난다. 보다 다양한 서식지를 갖고 있으므로 훨씬 많은 종류의 생물들이 살 수 있고, 각각은 지역 내의 특정한 측면에 적응한다. 두 번째로, 큰 지역은 지역 내의 어떤 작은 소구역들보다 훨씬 많은 개체군을 갖는다. 가뭄과 불과 같은 교란이 일어나는 동안, 큰 개체군들은 작은 개체군들보다 죽을 가능성이 적다. 그 종이 사라진다고 말하는 것은 아니라, 만일 그 지역에 소수의 식물이나 동물만 있다면 어느 순간에는 이들 모두 죽을 수 있고, 일시적으로 그 지역의 다양성이 줄어들지만, 한두 해가 지나면 이곳에서 저곳으로 이동하는 동물에 의해 새로운 씨가 들어와서 다시 나타날 수도 있다.

면적과 종의 풍부도 간의 관계는 **종수-면적관계(species-area relationship)**라고 부르며, 다음과 같은 식으로 나타낸다.

$$S = cA^z$$

여기서, S는 종의 수, A는 면적, 그리고 c와 z는 각각의 군집을 연구하면서 밝혀내야 할 상수(constant)이다. 다양한 군집의 c와 z를 알게 되면, 이들 군집의 다양성을 비교하는 데 이용할 수 있다.

규모가 군집생태학에서 매우 중요하기 때문에, **표 26-1**에 보인 바와 같이 뚜렷이 구별되는 몇 가지 크기가 보통 사용된다. 대부분의 연구는 '국지적인' 유형에 맞는 조사지역에서 이루어진다. 표 26-1의 구역들에 의거하여 휘태커(Robert Whittaker)는 특정 규모에서 다양성을 측정하는 방법을 제안하였다.

1. 알파 다양성(alpha diversity)은 국지적인 작은 구역에서 출현하는 종의 수 또는 생장형이다.
2. 베타 다양성(beta diversity)은 보다 큰 구역 내에 있는 여러 작은 지역들 간의 차이를 비교한다. 그 구역은 연구되는 큰 군집이어야 하는데, 이를테면 숲 안에 있는 여러 조사구(plot)들을 비교한다. 숲의 조사구들과 전혀 관련이 없는 사막의 다른 조사구를 비교하면 안 된다.
3. 감마 다양성(gamma diversity)은 구역 내에 출현하는 종의 수이다.

표 26-1 공간적 규모의 다양한 수준

규모의 정도	정의
국지적 지역(local)	몇 평방킬로미터 미만의 작은 지역
구역(region)	몇 평방킬로미터 이상이지만, 대륙보다는 훨씬 작은 지역. 구역은 대체로 많은 종의 모든 구성원들을 포함하고, 종분화와 멸종의 과정이 중요하다.
생물군계(biome)	우점하는 식물이 존재한다는 특징을 갖고 있으며, 기후의 영향을 받는 큰 구역. 생물군계의 예로는 온대초원, 온대우림, 열대우림, 사막, 그리고 염습지 등이 있다.
생물지리구 (biogeographical region)	보통 대륙과 일치하는 극도로 큰 구역 또는 이동의 장애가 되는 지질이나 기후의 장벽으로 둘러싸인 아주 큰 구역. 해양, 산맥, 또는 사막 같은 장벽은 대부분의 생물이 이 구역에서 다른 구역으로 확산되지 못하게 한다.

이런 모든 연구에서, 조사할 면적의 크기를 결정하는 것이 문제가 된다. 너무 작거나 너무 큰 조사구에 매달려 오랜 기간 경비를 들이는 낭비를 하지 않도록 예비조사를 수행할 필요가 있다.

모든 종의 개체수가 똑같은 군집은 없다. 그 대신에, 몇 종은 개체들이 풍부하고 흔한 반면에 대부분의 종들은 고작 몇 개체가 드물게 나타난다. 종의 목록과 종수-면적 관계는 이를 반영하지 않고, 모든 종들을 동등하게 대한다. 그 대안으로, 각 수도(abundance) 등급에 종의 수를 그려 넣으면 **종-수도분포(species abundance distribution)**를 얻을 수 있다. 그 한 이론적인 분포를 **그림 26-11**에 나타내었다. 이 분포에서는 지역 내의 대부분 종들이 매우 드물다. 이 표본구의 조사에서는 몇 종이 지역을 우점하

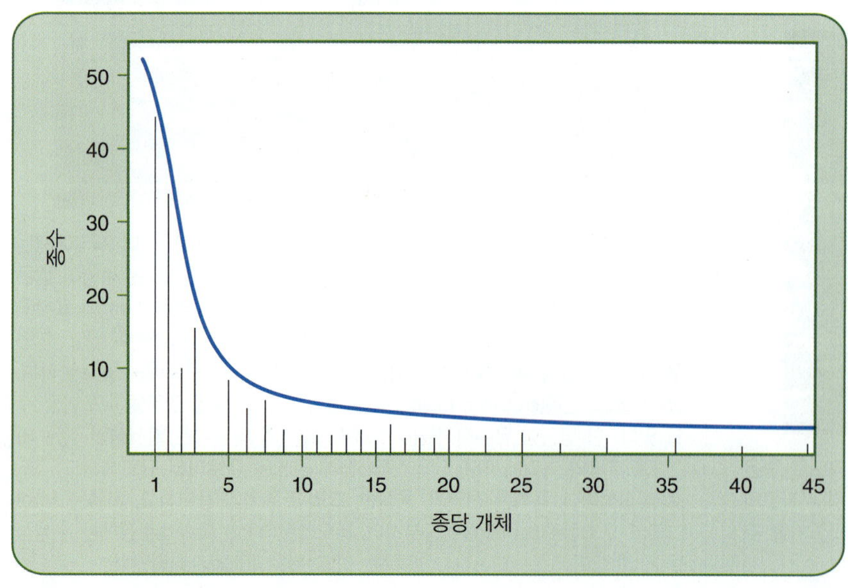

그림 26-11 이 이론적인 종-수도분포에서 종의 대부분은 조사구에서 오직 한두 개체만 출현한다(그래프의 가장 왼쪽). 그에 반해서, 몇 종은 조사구에서 무려 5, 10, …, 25개체들이 나타난다(도표 중심의 각 수도 등급에 있는 한두 종). 오른쪽의 한 종은 조사구에서 36개체가 출현하고, 또 다른 종은 44개체가 나타났다. 이들 두 종이 군집을 우점한다.

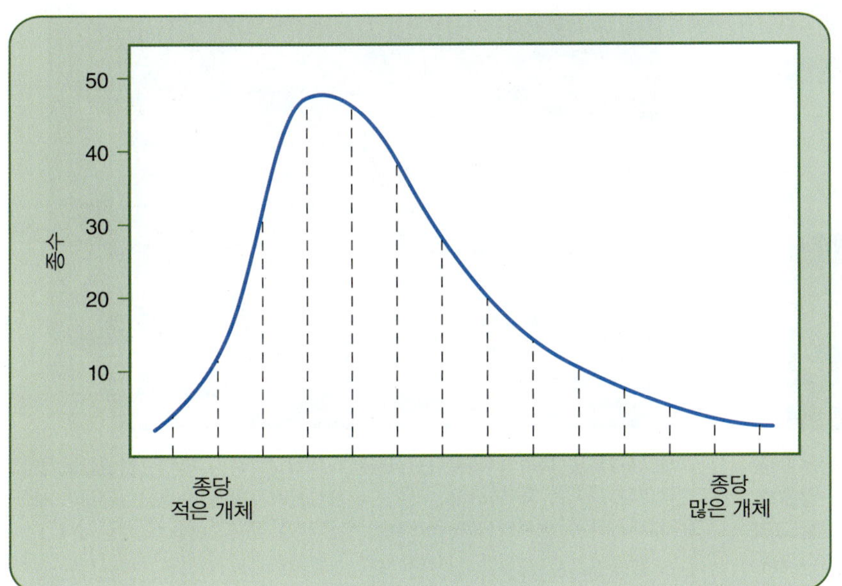

그림 26-12 이 이론적인 종-수도분포는 그림 26-11의 분포보다 훨씬 현실적이다. 여기에서도 표본은 많은 개체들을 갖는 몇 종(도표의 오른쪽)이 우세하게 나타났지만, 왼쪽에서 곡선이 매우 낮아지는데, 이는 실제로 희귀한 종이 별로 없음을 나타내는 것이다. 대부분의 종들(도표의 중앙)은 개체군 밀도가 낮지만 드물지 않다.

는 것으로 나타나지만(그래프의 오른쪽), 대부분의 종들은 드물게 나타나서 조사자는 대부분 종의 한두 개체를 찾기 위해 정성 들여서 수색해야 할 것이다. 이는 야외조사와 가벼운 산책 모두에서 흔히 겪는 경험이다. 가장 흔한 종은 수백 개체가 눈에 띌 것이고, 드문 종들은 몇 개체가 보일 것이며, 가장 적게 출현하는 종들은 한 개체만 발견해도 행운일 것이다. 여러 차례 답사하거나 다른 길을 택하지 않는다면 가장 희귀한 종은 한 개체조차 발견하지 못할 가능성이 있고, 가장 풍부한 종의 많은 식물들을 내내 쳐다보면서 다른 희귀한 종에게는 주의를 기울이지 못할 수도 있다.

그러나 그림 26-11에 보인 것 같은 종-수도분포는 대부분의 군집을 정확하게 묘사하지 않는 것으로 연구를 통해 밝혀졌다. 군집은 한두 개체만 출현하는 몇 종을 포함하기도 하지만, 대부분의 종에서는 사실이 아닐 수 있다. 대부분의 종들이 드물 것 같지만, 드물지 않다. 만일 연구를 통해 그림 26-11의 분포와 유사한 분포가 나타났다면, 이 문제는 조사한 지역이 너무 작았거나 주의 깊게 조사하지 않았음이 확실하다. 광범위하고 정확한 조사가 이루어진 군집은 대체로 **그림 26-12**에 보인 바와 같은 종-수도분포를 갖는다. 개체의 수가 적은 종들이 정점(최빈값)을 이루고, 일부는 아주 드물고(최빈값의 왼쪽), 약간의 종은 매우 흔하다(최빈값에서 가장 오른쪽). 대부분의 군집은 소수의 우점종(dominant species)들이 가장 두드러지지만, 대부분의 종들은 드문드문 나고, 몇몇 종은 희귀하다.

다양성과 위도

지금까지 설명하였듯이 다양성은 규모에 의해 달라지지만, 한편으로는 위도에 따라서도 달라진다. 초기의 박물학자들도 캐나다, 시베리아, 그리고 알래스카의 북단 지역은 아마존 우림, 중앙아프리카, 그리고 동남아시아의 적도 부근 지역보다 훨씬 적은 종(낮은 다양성)을 갖는다는 점에 주목하였다(**그림 26-13**, **그림 26-14**). 이렇게 위도에 따라 다양성의 기울기가 나타나는 원인에 대한 많은 이론들이 제안되었고, 이런 생각들을 탐구하면 군집생태의 양상과 과정의 복잡성을 확실히 알 수 있게 해 준다.

아마도 가장 오래된 이론이면서 지금도 널리 가르치는 이론은 적도 부근의 열대 지방은 비교적 온화한 환경을 갖는 반면에 고위도의 지역들은 훨씬 극심한 조건을 갖는다는 설명일 것이다. 적도 부근에서는 온도가 언제나 따뜻하다. 아주 높은 산맥을 제외하고 결빙 조건은 극히 드물다. 강우는 풍부하고, 건조한 시기는 드물게 나타난다. 식물은 결빙스트레스나 수분스트레스에 생존하게끔 적응할 필요가 없다. 그에 반해서, 남극, 그린란드 및 아이슬란드에서는 해안의 작은 지역들만이 빙상(ice sheet)에 의해 영구히 덮여 있지 않다. 알래스카, 캐나다, 스칸디나비아, 그리고 시베리아는 북쪽 멀리 위치하고 있기 때문에 겨우내 햇빛이나 온기를 거의 받지 못하고, 매섭게 추운 날씨가 지속된다. 여름에는 토양의 가장 위에 있는 몇 cm만 해동할 따름이고 영구동토(perma-

그림 26-13 알래스카 북부의 고위도에서는 군집의 다양성이 매우 낮다. 이 툰드라는 몇 종의 낮은 관목과 일부 다년생 초본들이 우세하다. 이 계절이 6월인데도 여전히 눈이 남아 있고, 지표 밑의 땅은 대부분 얼어 있다.

그림 26-14 볼리비아의 이 지역 같은 열대우림은 종과 생장형 모두 높은 다양성을 갖는다. 이 사진에서는 나무들만 보이지만, 이 한 장의 사진에도 많은 종의 나무들이 있고, 자세히 보면 착생식물, 넝쿨식물, 기생식물, 구근식물, 그리고 다른 많은 식물들이 나타난다. 우림의 한가운데임에도 불구하고, 암석 노두(rocky outcrop)에는 선인장과 건조에 적응한 식물들이 전형적으로 나타난다.

그림 26-15 먼 북쪽의 대부분은 식물들이 자랄 수 없는 지역인 만년설로 덮인 산맥이다. 육지는 풍부하지만, 대부분의 생물들이 이용할 수 없는 곳이다. 사진은 알래스카 주 앵커리지(Anchorage) 부근의 추가치(Chugach) 산맥이다.

frost)가 광활한 구역의 기저를 이루는데, 얼음의 영구적인 이 층으로 뿌리가 침투하거나 물이 빠지지 못한다. 고위도 지방의 여름 생육기는 짧고 서늘하다. 태양은 하늘에 낮게 떠 있어서 1차생산자인 식물이 이용할 수 있는 에너지는 별로 없고, 따라서 고위도 군집의 다른 구성요소들이 이용할 수 있는 에너지는 아주 적다. 그토록 혹독한 조건에 적응할 수 있는 생물은 많지 않으므로 고위도는 적도의 서식지보다 다양성이 낮다.

이와 같은 생태적 설명은 만족스럽지만 완벽한 설명은 아니다. 지리적 요소와 지질학적 요소들 역시 다양성이 차이가 나는 원인이 된다. 남반구의 고위도에서는 식물종의 다양성이 분명히 낮지만, 그곳에 얼음이 없는 땅이 거의 없다는 사실이 주된 이유이다. 남극은 광활한 땅덩어리이지만, 해안을 따라 몇 평방킬로미터를 제외하고는 모두 얼음으로 덮여 있고, 얼음이 없는 지역에는 2종의 속씨식물인 남극좀새풀(*Deschampsia antarctica*)과 남극개미자리(*Colobanthus quitensis*)만이 살고 있다. 이는 이제까지 알려진 꽃식물의 다양성 가운데 가장 낮은 것이다. 온대 남반구의 대부분은 해양이고, 서식 가능한 육지는 오스트레일리아와 뉴질랜드, 그리고 남아메리카와 아프리카의 남쪽 끝이다. 북반구의 온대 위도에는 많은 육지가 있지만, 이들의 대부분도 얼음으로 덮여 있거나 꼭대기가 얼어 있는 산맥으로 이루어진다. 알래스카와 캐나다 서부는 산이 많고, 스칸디나비아와 시베리아 동부도 마찬가지다(**그림 26-15**). 그에 반해서, 북회귀선과 남회귀선 사이의 구역은 아프리카, 동남아시아, 그리고 멕시코에서 브라질과 페루의 남부에 이르는 아메리카 대륙으로 이루어진 아주 넓은 대지로 구성된다. 이 지역에도 약간의 산맥이 있기는 하지만, 꼭대기가 항상 얼음으로 덮인 고산지대는 거의 없다. 그 대신에, 아마존, 중앙아프리카, 인도와 동남아시아의 많은 곳에는 저지대 평원이 있다. 열대 지방은 1차생산자인 식물이 이용할 수 있는 땅이 더 많고, 따라서 모든 종류의 생물들을 위한 땅도 많다.

최근에 열대 지방과 고도가 높은 지역 간의 차이와 다양성은 진화적 역사도 중요한 원인이 된다는 새로운 유형의 증거가 얻어졌다. 5천만 년 전까지 지구의 기후는 오늘날보다 훨씬 따뜻했고(**그림 26-16**), 지구의 거의 모든 땅덩어리에서 열대의 조건들이 나타났다. 로키 산맥, 안데스 산맥, 그리고 히말라야 산맥은 그때까지 형성되지 않았고, 따라서 눈에 덮인 산은 거의 없었다. 남극은 멀리 북쪽에 있었고, 완전히 얼음으로 뒤덮이지 않았다. 따뜻한 기후 때문에 해양에서는 많은 물이 증발하였고, 수증기가 대기에서 이동하다가 비로 떨어져서 지구의 대지 대부분은 따뜻하고 습한 열대 기후를 가졌다. 5천만 년 전에는 고사리류와 침엽수가 다양하게 분포하였다. 속씨식물도 생겨나고 다양화되었지만 대부분의 현생 무리들은 아직 출현하지 않았다.

5천만 년 전에 지구의 기후가 서늘해지기 시작했고, 온도가 떨어지기 시작했다. 4천만 년 전에는 지구 온도가 몹시 서늘해져서 남극의 빙상이 형성되기 시작하였다. 산봉우리에는 매년 더 자주 그리고 오랜 기간 동안 눈이 내려서, 많은 봉우리들이 영구히 눈에 덮이게 되었다. 그곳에서 자랐던 식물들은 죽어서 눈에 묻혔다. 산맥에서 빙하가 생성되고, 이어서 약 1,200만 년 전에 빙상이 캐나다, 유럽, 그리고 러시아를 덮기 시작했다. 그 지역의 모든 식물들은 이동하는 빙하에 긁혀 나갔다. 해양이 너무 차가워졌기 때문에 증발되는 물이 적어졌고 이에 땅에 떨어지는 비도 적어졌다. 서늘하고 건조한 온대 기후가 지구 전체로 퍼져 나갔다. 미국과 러시아의 광활한 지역은 오늘날보다는 따뜻하고 훨씬 촉촉하긴 했지만, 열대에서 온대로 바뀐 것이다. 열대 기후는 적도 구역만 포함하도록 축소되었다.

이와 같이 지구의 기후 역사에서 새로 알게 된 지식은 온대의 조건이 최근의 일이라는 점을 나타낸다. 식물과 동물이 과거 수십억 년 동안 진화하면서 열대 조건에 적응하였던 반면에, 최근 몇 천만 년에는 온대의 조건에 적응하게 되었다. 이 가설은 온대 꽃식물의 많은 속 및 과조차도 열대의 조건에 적응했던 조상으로부터 진화되었다고 예측한다. 속씨식물 계통발생에 관한 최근의 연구들은 그런 예측과 일치한다. 온대 식물의 많은 단계통군들

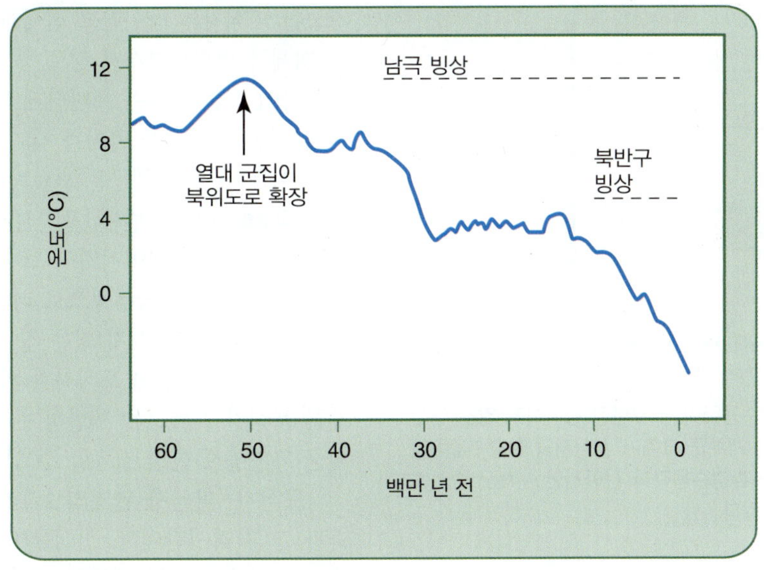

그림 26-16 지구의 평균온도는 약 5천만 년 전까지 아주 높았다가, 그 이후에 어느 정도 꾸준히 떨어지기 시작하였다. 4천만 년 전에는 영구적인 빙상이 남극에 생성되었고, 1천만 년 전에는 빙하가 북반구의 산맥으로 밀고 내려왔고, 그 중 일부가 캐나다와 미국 북부에 걸친 거대한 빙상과 합쳐졌고, 나머지는 유럽과 시베리아를 덮었다.

이 열대 식물의 단계통군 안에 내포된다. 즉, 이들은 열대의 조상을 갖는다. 이는 열대 지방의 다양성이 높은 이유 중 하나가 생물들이 그런 조건에 적응하고 서로에게 적응할 시간이 훨씬 길었고, 생태적 지위의 분배와 공진화에 소요되는 기간이 길었음을 의미한다. 그에 반해서, 온대 조건에 적응할 시간은 훨씬 짧았고, 그런 적응은 쉽지 않았을 수 있다. 열대적응식물이 온대적응식물로 신화하려면 열대 식물에게 불필요한 구조와 생리를 가질 필요가 있다. 온대적응식물은 가을을 감지하고 겨울을 준비하기 위해 낮의 길이를 이용할 필요가 있다. 잎을 떨어뜨리거나 방한 준비를 해야 한다. 잘 보호된 휴면눈들이 필요하고, 관다발형성층도 매우 낮은 온도에 견딜 수 있도록 겨울에 휴면 상태가 되어야 한다. 춘재와 추재가 확실하게 분화되는 환공재(ring-porous wood)가 유리하고, 비늘줄기와 덩이줄기 같은 저장기관과 목부와 나무껍질의 큰 유조직으로 된 방사조직도 득이 된다. 자연선택이 온대 조건에 생존하는 데 필요한 적응을 만들어 내는 것은 확실하지만, 그런 적응을 개선하거나 이를 다양화하는 데 필요한 충분한 시간을 갖지 못하였다. 만일 온대 지방이 앞으로 수십억 년 동안 온대의 상태를 그대로 유지한다면, 아마도 온대 지방의 종다양성은 결국 오늘날 열대 지방의 다양성만큼 높아지게 될 것이다.

포식자-피식자 상호작용

1포식자 대 1피식자

포식자(predator)-피식자(prey) 상호작용을 이해하기 위해, 식물(1차생산자) 같은 피식자의 한 종이 초식동물(1차소비자) 같은 한 종의 포식자의 공격을 받는 가장 단순한 체계부터 시작해 보자. 자연군집 내에서는 어떤 식물이든지 많은 포식자의 공격을 받고, 거의 모든 초식동물은 여러 종의 식물을 공격한다. 그러나 1포식자-1피식자 모델은 사람이라는 포식자가 물고기, 사슴, 재목 같은 다양한 먹잇감을 어떻게 수확해야 하는지를 이해하는 데 도움이 되기 때문에 유용하다(**그림 26-17**).

피식자 개체군이 **그림 26-18**에서 자주색 선으로 나타낸 것처럼 로지스트형 생장을 한다고 가정해 보자. 그래프의 왼쪽에서, 개체군 밀도가 낮아서 모든 식물은 공간, 빛, 그리고 물을 갖게 되고 대부분의 씨가 발아한다. 아직 이용되지 않은 자원들이 남아 있기 때문에 더 많은 식물이 출현하더라도 개체군 생장은 빨라지게 된다. 그래프의 오른쪽에서, 개체군 밀도는 높고, 식물은 자원에 대해 경쟁하며, 모든 씨앗들이 생장에 적합한 공간을 찾지 못한다. 만일 더 많은 식물들이 존재한다면 경쟁은 더 많아질 것이

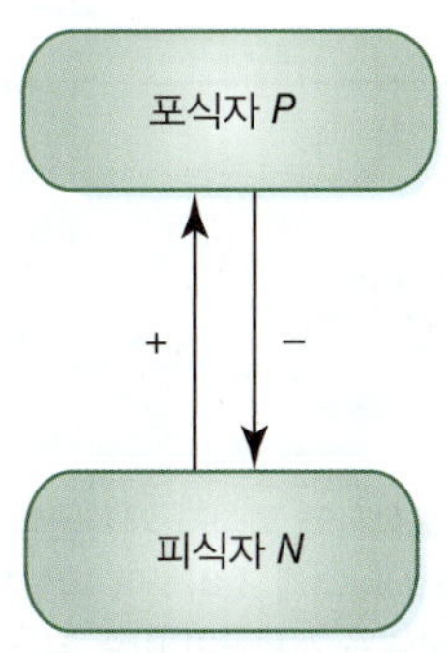

그림 26-17 한 종의 포식자(P)가 한 종의 피식자(N)를 소비하는 이 단순한 도표에서, 양(+)의 화살표는 피식자 종의 존재가 포식자 종에게 득이 되는 것을 나타내고, 음(−)의 화살표는 포식자가 피식자에게 해가 되는 것을 나타낸다.

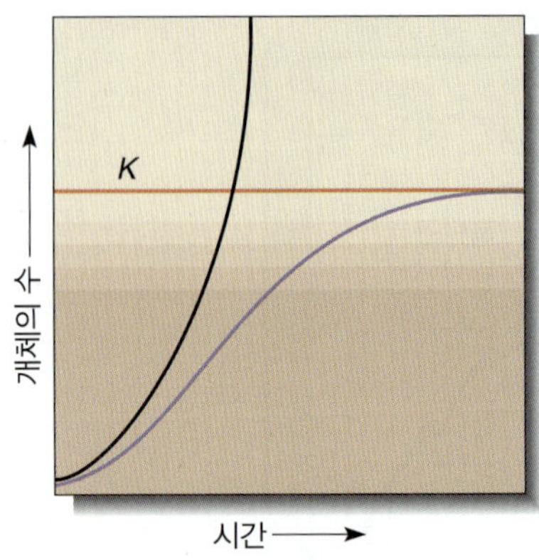

그림 26-18 *K*라고 표시된 선은 환경수용력이다. 무한정 증가하지 않는 대신(검은색 곡선), 생장률(보라색 곡선)은 개체군 크기가 서식지의 환경수용력에 접근하면서 감소한다. 개체군 크기가 환경수용력과 같아지면 개체군 증가는 멈춘다. 사망률은 출생률(발아율)과 똑같다.

고, 개체군 생장은 느려질 것이다. 그래프의 가장 오른쪽에서, 군집은 부양할 수 있는 종의 많은 개체들이 존재하게 한다. 개체군은 그 환경수용력(*K*)에 도달하였다.

이제 그곳에 전적으로 식물을 먹고 사는 초식동물 같은 한 종의 포식자가 있다고 가정해 보자. 포식자 개체군의 밀도는 그림 25-23B에 보인 바와 같이 로지스트형 생장을 나타낼 것이고, 연구의 목적을 위해 포식자 개체군의 증가를 조절하는 요인은 이용 가능한 피식자의 양이라고 전제를 달자. 상호작용하는 이들 두 종의 개체군 밀도는 3가지 경로 중 하나를 따르게 된다. 첫 번째, 초식동물이 식물을 많이 소비하게 되면 식물 개체군은 감소하고, 그렇게 되면 포식자가 먹이를 찾기가 어려워지므로 포식자 개체군도 줄어든다. 두 개체군은 오르락내리락하는 주기를 반복할 수 있다(**그림 26-19**). 두 번째, 포식자가 피식자를 너무 많이 소비하면 피식자 개체군이 적어지거나 그 지역에서 사라질 수 있고, 결과적으로 포식자 또한 국부적으로 더 이상 존재하지 않을 수 있다. 이와 같은 포식자-피식자 쌍은 장기간 군집의 일부가 되지 못한다. 세 번째, 다른 요인이 포식자가 피식자를 과도하게 소비하지 못하게끔 포식자 개체군을 제한하여 두 개체군이 적지만 안정적인 개체군 크기를 무한정 지속할 수 있다.

포식자-피식자 관계의 2가지 중요한 측면은 포식자의 섭식률과 그 처리시간이다. 섭식률(feeding rate)은 포식자가 얼마나 빨리 새로운 피식자 개체를 찾아내는지를 나타내는 것이고, 처리시간(handling time)은 실제로 피식자를 소비하는 데 걸리는 시간을 나타낸다. 이 2가지 모두가 포식자의 **기능적 반응(functional response)**을 이룬다. 이용할 수 있는 피식자 개체들이 많으면 섭식률은 빨라질 수 있고, 따라서 포식자의 기능적 반응은 피식자의 밀도에 의존한다. 이것이 **피식자의존(prey-dependent)**이다.

단일한 포식자와 단일한 피식자 간의 상호작용에 대한 가장 간단한 모델은 로트카-볼테라모델(Lotka-Volterra model)이다. 이

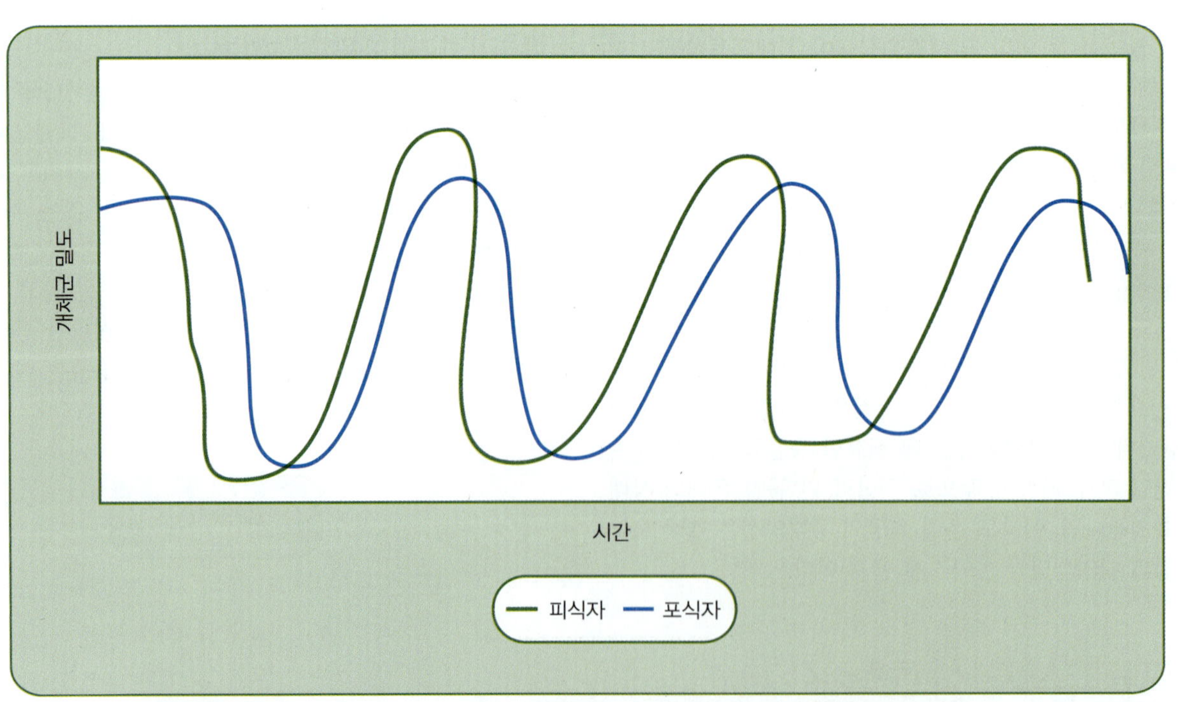

그림 26-19 이 그래프는 포식자와 피식자 개체군의 주기에 관한 1가지 이론적 가능성이다. 피식자 개체군이 늘어남에 따라 포식자 개체군도 증가하지만, 어느 순간에는 포식자가 피식자를 지나치게 소비하여 피식자 개체군이 줄어든다. 그렇게 되면 포식자 개체군이 감소하고, 포식자의 수는 언제나 피식자 수에 약간 뒤쳐져서 오르락내리락한다. 이 모델은 개체군이 아주 낮은 밀도로 감소하는 것을 보여주지만, 그것은 많은 종에서 필수적이 아니다. 피식자의 밀도가 중간 정도로 희박해도 포식자의 수를 충분히 떨어뜨린다. 한편 이 모델은 사슴 한 마리가 많은 풀을 뜯어 먹듯이 각 포식자가 많은 피식자를 소비하는 것으로 추정하였다. 그러나 때로는 포식자가 피식자보다 작다. 만일 이 그래프가 진드기가 사슴을 공격하거나 진딧물이 식물을 공격하는 경우를 나타낸다면, 포식자 개체군은 피식자보다 훨씬 커지게 된다.

모델에서 피식자 수의 순변화율은 다음 식과 같다.

$$dN/dt = rN - aNP$$

여기서, dN/dt는 피식자 개체군의 시간에 따른 변화율,

r은 피식자 종의 내적 증가율(intrinsic rate of increase),

N은 군집 내의 피식자 종의 개체수,

a는 포식자의 개체당 공격률, 그리고

P는 군집 내의 포식자의 개체수이다.

a의 단위는 단위시간당 포식자당 피식자당 잡아먹힌 피식자의 수가 된다. 이는 곧 a 역시 피식자 의존적이라는 의미이다. 만일 피식자가 거의 없으면 a는 작고, 만약 피식자가 풍부하면 a는 커진다.

포식자 수의 순변화율은 다음 식과 같다.

$$dP/dt = faNP - qP$$

여기서, dP/dt는 포식자 개체군의 시간에 따른 변화율,

f는 새로운 포식자에게 먹힌 피식자를 전환하는 포식자의 효율을 나타내는 상수, 그리고

q는 포식자의 개체당 사망률(이는 개체군 밀도와 무관하다)이다.

$dN/dt = 0$일 때, 피식자 개체군은 늘어나지도 않고 줄어들지도 않으면서 안정될 것이고, 이는 다음과 같이 나타낼 수 있다.

$$rN - aNP = 0$$
$$rN = aNP$$
$$r = aP$$
$$r/a = P.$$

포식자의 밀도가 r/a과 동일할 때 피식자 개체군은 안정된다. 이와 비슷하게, $dP/dt = 0$일 때 포식자 개체군은 안정되고, 이는 다음과 같이 나타낼 수 있다.

$$faNP - qP = 0$$
$$faNP = qP$$
$$N = q/fa.$$

즉, 피식자의 밀도가 q/fa와 같을 때 포식자 개체군은 안정될 것이다. 포식자와 피식자 모두에 있어서 안정적인 조건은 r, a, q, 그리고 f에 의해 정해지는데, 이들이 모두 상수(constant)이다. 따라서 이들은 그래프에서 직선으로 나타낼 수 있다. **그림 26-20**에서 $dN/dt = 0$의 선은 피식자 개체군을 안정되게 유지하는 포식자 개체군을 나타낸다. 만일 포식자 개체군이 그 선의 개체군보다 희박하면 피식자 개체군은 늘어날 것이다. 만약 포식자 개체군이 그 선보다 훨씬 많다면 피식자 개체군은 줄어들 것이다. 개체군의 안정성을 가리키는 선을 **제로생장 등경사선(zero growth isocline)**이라고 부른다. **그림 26-21**은 피식자 밀도가 포식자 개체군에 미치는 효과를 나타내었다. 2가지 모두 등식이 없어도 쉽게 이해할 수 있지만, 포식자와 피식자 모두의 제로생장 등경사선을 **그림 26-22**에서와 같이 같은 그래프에 표시하면 중요한 관계가 드러난다. 두 제로생장 등경사선이 교차하는 지점이 포식자와 피식자의 개체군 크기가 안정되게 공존할 수 있음을 나타낸다. 만약 어떤 요인이 한 개체군을 변모시키면, 그 요인은 다른 개체군에게도 영향을 미치게 된다. 포식자와 피식자 개체군들 모두가 적은 좌측 하단의 4분면(quadrant)부터 시작하여 피식자 개체군이 증가하면 포식자 개체군의 증가를 야기한다. 우측 하단의 4분면에서 피식자의 많은 개체군은 포식자 개체군의 많은 증가를 초래하여 피식자의 수가 줄어들기 시작한다. 두 개체군들은 화살표로 나타낸 것처럼 일정한 주기로 움직인다. 이는 그림 26-19에서 그림으로 묘사한 포식자-피식자 주기의 개념을 나타내는 또 다른 방법이다.

로트카-볼테라모델은 지나치게 단순화했다는 비판을 받아 왔는데, 오늘날 그 주된 가치는 포식자-피식자 관계의 기본 원칙들을 가르칠 때 복잡한 상호

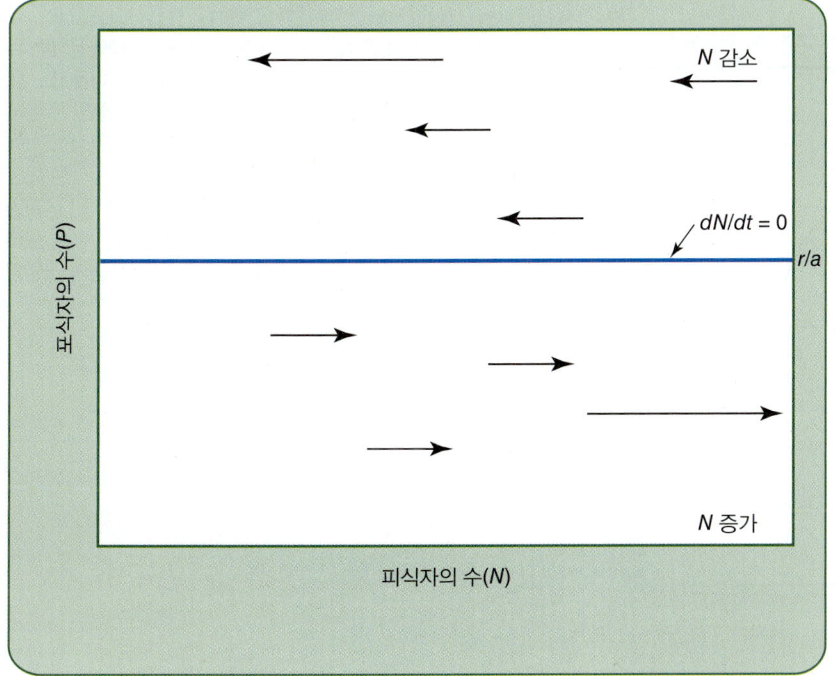

그림 26-20 로트카-볼테라 가설에 의해 모형화된 피식자의 제로생장 등경사선(zero growth isocline). 왼쪽의 세로축인 포식자의 수만 고려해보자. 제로생장 등경사선보다 아래에 있으면 포식자의 수가 너무 적어서 피식자 개체군의 증가를 막지 못한다. 예를 들어, 몇 마리의 사슴만 있다면 풀들이 번창할 것이고, 만일 풀들이 아직 서식지를 가능한 한 가득 채우지 않았다면(즉, 풀들이 환경수용력, K에 도달하지 않았다면) 그 수는 계속 늘어날 것이다. 그러나 만약 포식자 개체군이 제로생장 등경사선보다 위쪽에 있다면, 포식자가 너무 많아서 피식자 개체군은 감소할 것이다. 만약 포식자 개체군이 정확하게 제로생장 등경사선의 밀도를 갖는다면, 피식자 개체군은 늘어나지도 않고 줄어들지도 않을 것이다. 즉, 제로생장(zero growth)을 나타낼 것이다.

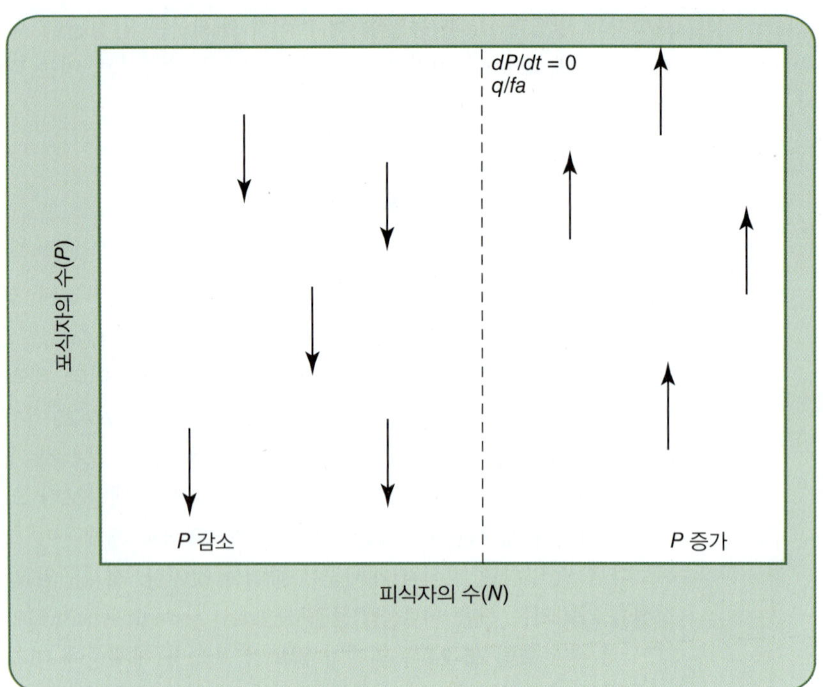

그림 26-21 로트카-볼테라 가설에 의해 모형화된 포식자의 제로생장 등경사선. 이 그림에서는 피식자 밀도가 포식자의 밀도에 미치는 효과를 고려한다는 점을 제외하고 그림 26-20과 유사하다. 피식자 개체군이 너무 낮으면(즉, 제로생장 등경사선에서 왼쪽으로 갈수록) 포식자 개체군의 감소를 초래하고, 등경사선보다 오른쪽에 있는 피식자 개체군은 포식자 개체군의 증가를 야기한다.

작용을 단순화할 수 있다는 점에 있다. 또 다른 모델(Rosenzeig-MacArthur model)에서는 실제 군집에서 포식자와 피식자 모두에게 영향을 미치는 많은 요인들을 추가한다. 그 식은 여기에 제시한 식보다 약간 더 복잡하지만, 우리들에게 중요한 점은 이 현실적인 모델에서 제로생장 등경사선이 직선이 아니라 곡선이고, 안정적인 개체군과 불안정한 개체군 간의 관계가 더 복잡하다는 것이다. **그림 26-23**은 피식자 종에 대한 제로생장 등경사선의 곡선이다. 만일 포식자가 피식자를 소비하는 데 있어서 다소 비효율적이라면, 피식자 개체군은 다른 요인들에 의해 주로 조절될 것이다. 포식자의 제로생장 등경사선은 꼭짓점(혹)의 오른쪽에 있게 될 것이고, 이는 안정적인 관계가 될 것이다. 만일 포식자가 피식자를 소비하는 데 있어서 매우 효율적이고 피식자 개체군이 낮게 유지된다면, 2개의 제로생장 등경사선이 꼭짓점의 왼쪽에서 교차할 것이고, 이는 불안정한 상황이 될 것이다(**그림 26-24**). 어느 순간에는 포식자들이 피식자를 지나치게 소비하여 두 종 모두 군집에서 제거될 것이다.

굽은 제로생장 등경사선은 예기치 못한 결과를 낳는다. 그림 26-23에서와 같이 비효율적인 포식자에 기인하여 피식자 개체군이 많은 안정된 상태를 고려해 보자. 조건이 변하면 서식지의 피식자에 대한 환경수용력이 증가할 수 있다. 예를 들어, 비가 더 많

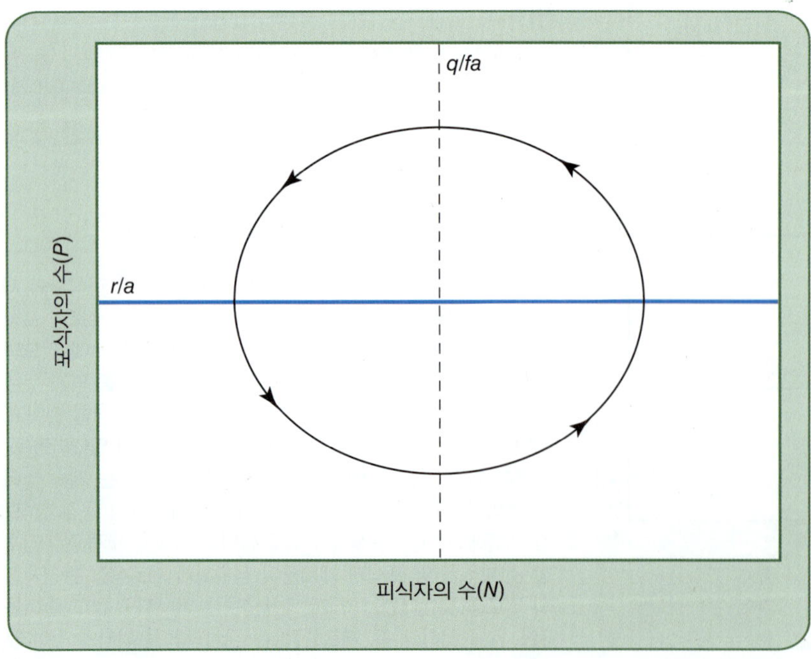

그림 26-22 포식자와 피식자 개체군들이 그림 26-19에서처럼 주기를 반복하지 않고, 개체군들이 늘어나지도 않고 줄어들지도 않으면서 안정되게 유지되는 유일한 지점은 그래프의 중앙에서 제로생장 등경사선들이 교차하는 점이다. 그러나 그런 안정적인 상태는 아주 가능성이 없고, 다른 종의 존재 이외의 여러 다른 요인들이 포식자 또는 피식자의 증가나 감소를 야기할 수 있다. 이런 일이 생기면, 포식자-피식자 짝의 어느 한 종의 변화는 다른 종의 대응을 유발하게 되고, 이 경우에 그 반응은 두 개체군의 끊임없는 주기를 일으킨다.

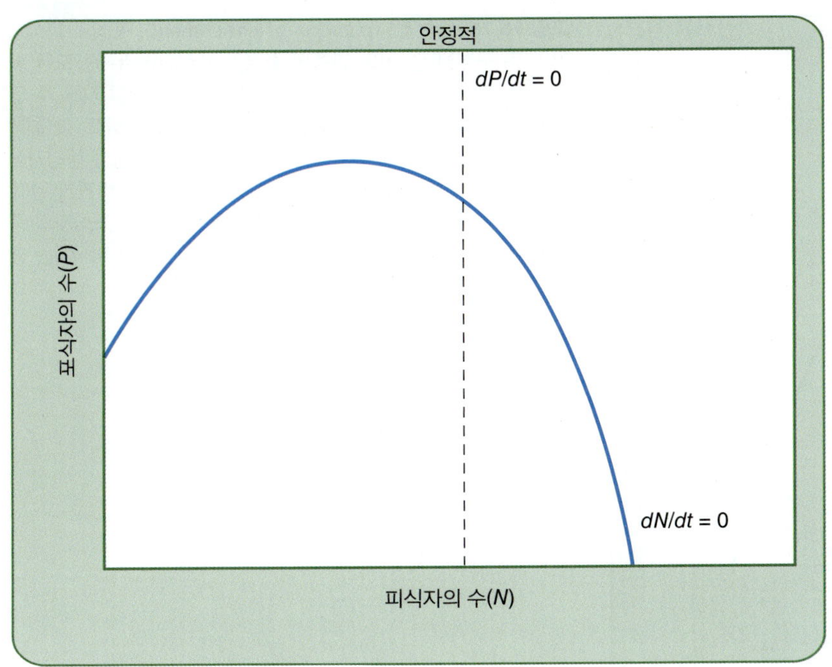

그림 26-23 이와 같이 굽은 피식자의 제로생장 등경사선은 그림 26-20부터 그림 26-22까지의 직선보다 훨씬 현실적이다. 포식자의 제로생장 등경사선이 꼭짓점의 오른쪽에서 교차하면 안정된 상황이 된다. 어떤 유형의 교란이든 간에 두 종을 평형상태로 되돌리는 경향이 있다. 이들이 가상적인 종이라는 점을 잊지 말자. 현장에서는 제로생장 등경사선이 어떻게 되고 이들이 어디에서 교차하는지 살펴보기 위해 특정 군집에서 특정 포식자-피식자 짝을 연구할 필요가 있다. 서식지를 단순히 변화시키면 우리가 고려하고 있는 두 종의 이러한 선들이 변할 수 있다.

이 내리거나 온도가 따뜻해지거나 또는 영양소가 더 많아지면 서식지는 식물종의 더 높은 밀도를 부양할 수도 있다. 그렇게 되면 먹잇감이 더 많아지기 때문에 포식자에게도 득이 되지만, 항상 그런 것은 아니다. 피식자에 대한 조건이 개선되면 제로생장 등경사선도 증가하고, 꼭짓점(혹)도 오른쪽으로 옮겨져서 제로생장 등경사선과의 교차점이 꼭짓점의 왼쪽에 있게 되고(**그림 26-25**), 포시자-피식자 상호작용은 불안정해진다. 피식자에 대한 조건이 개선되면 자칫 포식자가 피식자를 남획할 우려가 있고, 이 경우 두 종 모두 사라질 수 있다. 이를 **풍족역설(paradox of enrichment)**이라고 부르고, 서식지가 '개선될(improved)' 때 종다양성이 줄어드는 중요한 요인이 될 수 있다. 그 사례를 부영양화(eutrophication)에서 찾아볼 수 있는데, 무기질이 풍부한 오염이 하천과 호수를 풍요롭게 만들고, 어떤 조류들을 번창하게 하지만 궁극적으로 많은 종들이 사라지는 결과를 초래한다(**박스 12-1** 참조).

사람은 자연으로부터 많은 야생생물을 수확하고 있고, 따라서 우리는 이들 생물들과 포식자-피식자 관계에 있다. 우리는 우리들의 피식자(물고기, 재목, 사슴)가 많고 안정된 개체군을 유지할 수 있도록 적당히 수확할 것인가를 선택할 수 있는 능력이 있다. S자형(로지스트형) 생장곡선을 갖는 생물에서는(그림 26-18), 생장률이 양(+)에서 음(−)으로 변하는 변곡점이 개체군의 개체당 최대생산력이 된다. 이론적으로, 만일 개체군 밀도가 그 지점에서 유지되도록 우리가 종을 수확한다면, 그 종은 안정적이 되

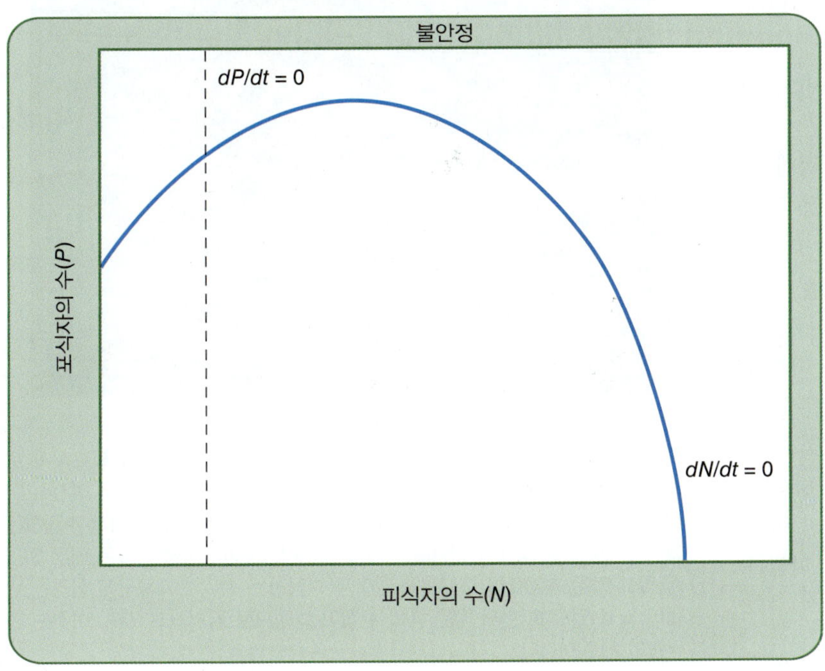

그림 26-24 만일 포식자와 피식자의 제로생장 등경사선들이 피식자 최대치의 왼쪽에서 교차하면, 상황은 불안정해질 것이다. 교란이 일어나서 두 개체군이 주기를 반복하도록 야기할 수 있지만, 어느 순간에 포식자가 피식자를 너무 많이 소비하여 두 개체군이 모두 급감하고 회복하지 못할 수 있다.

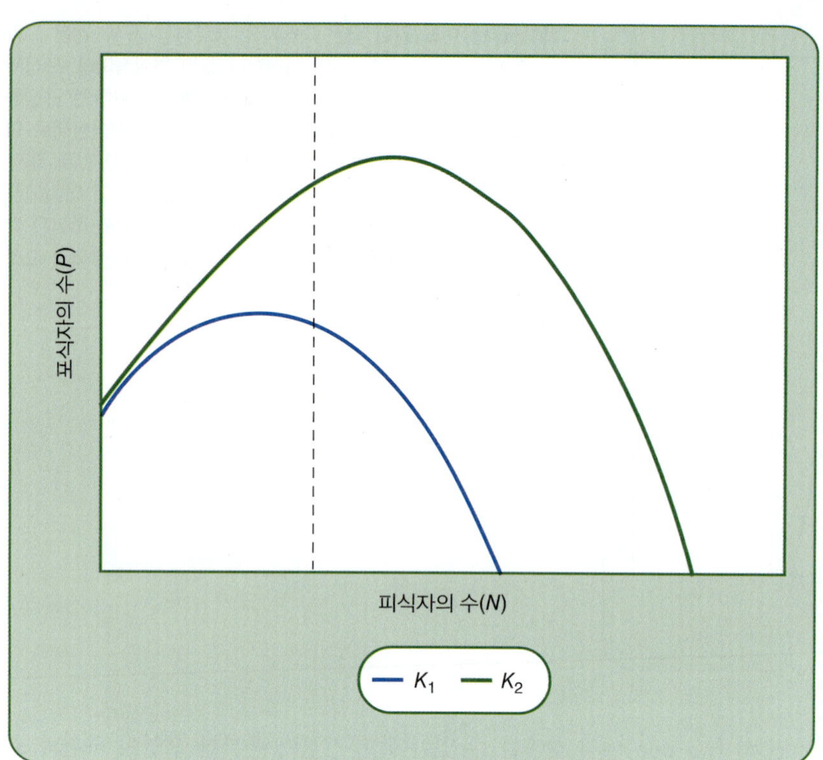

그림 26-25 풍족역설(paradox of enrichment). 포식자-피식자 짝의 두 구성원 중 어느 한쪽의 환경이 개선되면 두 종 모두 사라질 수 있다. 여기에서 예를 든 경우에, 피식자가 잘 자랄 수 있도록 서식지가 개선되면 제로생장 등경사선이 증가하고, 그 최대치는 오른쪽으로 옮겨진다. 따라서 포식자의 제로생장 등경사선과의 교차가 안정적인 지점에서 불안정한 지점으로 바뀌게 된다. 만약 서식지가 피식자에게 더욱 유리하게 되면 이는 포식자의 증가를 야기하게 되고, 피식자의 과도한 소비로 인하여 피식자는 개선된 환경에서 제거될 수 있다.

고 우리는 **최대지속생산량(maximum sustained yield)**을 얻게 될 것이다. 그렇지만, 우리는 대부분의 종에서 최대지속생산량을 결정짓는 생장의 특징이나 개체군 크기에 관한 충분한 지식을 갖지 못하고 있고, 만약 지나치게 많이 수확하는 실수를 범한다면 우리는 그 종을 위험에 빠뜨리게 된다. 이런 일이 어류, 고래, 바다거북, 그리고 다른 많은 해양생물에서 일어났는데, 인간의 남획으로 인해 이들의 대부분이 희귀해지고 이제는 보호를 받아야만 한다.

그 대안은 **고정활동수확(fixed effort harvesting)**으로, 여기서는 특정한 양의 활동으로 수확할 수 있는 물고기나 사슴 등의 양에 의해 개체군의 건전성을 결정짓는 것이다. 만일 개체군이 많다면 풍부하게 수확될 것이고, 만약 개체군이 희박하다면 적게 수확되겠지만, 어느 쪽이든 특정한 양의 활동이나 시간이 지나면 수확을 중단해야 한다. 예를 들어, 사냥이나 낚시를 지정된 시간 동안만 허가하는 것이다. 이론상으로 개체군이 희박할 때에는 적게 수확되고 개체군이 많은 때에는 많이 수확되기 때문에, 일정 시간 사냥이나 낚시를 해도 개체군에는 피해를 입히지 않을 것이다. 흔히 쓰이는 대안은 **고정할당량수확(fixed quota harvesting)**으로, 낚시꾼이나 사냥꾼이 일정한 양, 예를 들어, 사냥꾼 한 명이 한 마리의 사슴, 또는 선단(fleet)마다 몇 톤의 물고기를 잡도록 허가하는 것이고, 이때 시간이 얼마나 걸리는지 또는 얼마나 많은 노력을 기울이는지는 상관없다(**그림 26-26**). 명백히, 개체군이 적고 멸종위기에 직면하였다면 일정 할당량에 도달할 때까지 사냥하는 것이 크나큰 피해를 초래하게 될 것이다. 불행하게도, 2가지 방법 모두 할당량이나 활동을 정부가 정하고 있고, 정부는 종에 피해를 입히는 위험에도 불구하고 산업이나 스포츠맨들로부터 법적 수확량을 늘리라는 압력을 받고 있다.

그림 26-26 난초, 페페로미아(peperomia), 선인장, 그리고 이 틸라드시아 로티(*Tillandsia rothii*) 같은 파인애플과 식물 등의 많은 외래식물들은 여전히 야생에서 수집된다. 어떤 종들은 해마다 수집되는 식물의 수가 적어서 수집하는 행위가 개체군에 중대한 영향을 미치지 않는다. 그러나 어떤 종들은 매우 인기가 있고 많은 개체들이 수집되고 있어서 수집하는 행위가 개체군에 심각한 위협이 되고 있으며, 현재 많은 종의 수집이 법적으로 금지되고 있다. 이것은 할당량이 제로(0)이다.

식물은 다르다

박스 26-1 식물과 동물은 서로 다른 종류의 먹이이다

포식자-피식자 상호작용의 많은 모델에서, 어느 동물이 다른 동물을 먹는 것처럼 포식자와 피식자 모두를 동물로 간주한다. 그러나 식물이 육상군집의 1차생산자이기 때문에 대부분의 피식자 생체량과 피식자 개체들의 가장 많은 숫자가 식물이다. 모델과 공식들은 왜 식물보다 동물에 더 초점을 맞출까?

식물과 동물은 피식자로서 서로 다르게 대응한다. 동물은 맞서 반격하거나, 달아나거나 또는 숨을 수 있는 반면에, 식물은 땅에 뿌리를 내린 채로 남아 있어야 하고, 고작해야 가시나 독성물질로 방어할 것이다. 그러나 더욱 중요한 것은 피식자 동물이 공격을 받으면 그 동물은 대체로 죽고 먹힌다는 점이다. 소비자는 피식자 동물을 모두 먹거나 아니면 청소동물(scavenger)에게 약간을 남기기도 하지만, 어느 쪽이든 먹이 동물은 죽어서 사라진다. 피식자 개체의 수는 하나씩 줄어든다. 비록 피식자 동물이 처음 공격 받았을 때 상처만 입고 어떻게든 살아남았다 하더라도, 그 동물은 허약해져서 죽게 될 것이고 하루나 이틀 만에 잡혀 먹힐 것이다.

그러나 식물은 다르고, 식물을 죽이는 것은 쉽지 않다. 만일 여러분이 부모님과 함께 정원을 가꾸느라 시간을 보낸다면, "뿌리를 몽땅 뽑아버려"라는 말씀을 들을 것이다. 약간의 잎이나 가지를 떼어낸다고 죽는 식물은 거의 없다. 심지어 줄기를 잘라내고 땅속의 뿌리를 남겨두어도, 만일 뿌리의 꼭대기에 새로운 줄기를 만들 수 있는 곁눈을 가진 소량의 줄기만 있다면 그 식물은 죽지 않을 것이다. 털애벌레들이 정례적으로 나무의 잎을 먹어서 잎이 모두 사라지더라도 실제로 나무에 해를 끼치지 않는다. 많은 나무들은 1년에 두 번 잎이 완전히 떨어져도 살 수 있다. 사슴은 어린 잔가지와 잎을 뜯어먹고, 소와 들소는 초본의 잎을 뜯어먹지만, 이런 어떤 동물도 식물을 완전히 죽이지 않는다. 만약 우리가 개체의 수만 측정한다면, 수천 개체의 초식성 소비자들이 식물 한 개체의 손실도 없이 몇 해 동안 엄청난 식물들을 먹을 수 있다. 이는 같은 기간에 한 마리의 보브캣(bobcat)이 수백 마리의 설치류를 죽이는 것과 상당히 차이가 난다.

식물을 피식자로 다루려면 대체로 개체수 대신에 생체량의 킬로그램에 기반을 둔 모델과 공식을 필요로 한다. 어떤 경우에는 섭식하는 동안 손실되는 식물의 생체량을 측정하는 것이 비교적 쉽다. 대조구역에서 풀을 베어 잎을 수집하고 나서 이들의 무게를 달아 실험구역과 비교한다. 그러나 관목이나 교목에서 손실되는 잎과 잔가지의 무게나 양을 측정하거나, 곡식을 먹는 동물에 의해 없어지는 작은 씨의 숫자나 무게를 측정하는 것은 더 어렵다. 뿐만 아니라, 대부분의 식물들은 복수의 포식자들로부터 공격을 받고, 많은 포식자들(몇 가지를 예로 든다면, 진딧물, 곰팡이, 그리고 선충류)은 못 본채로 쉽게 지나치기도 한다. 동시에 식물을 공격하는 다른 생물들의 해로운 효과를 정량화할 수 없다면 섭식의 효과를 측정하기가 어렵다.

해양생물이 특히 해를 입는다는 점에서 모든 국가는 자체의 할당량을 정해 놓고 있지만, 노르웨이와 일본은 멸종의 위기에 처해 있는 다양한 종의 고래도 잡을 수 있게 허가하고 있다. 이 경우, 누구나 공해에서 사냥하거나 수확할 수 있는데, 이 공해는 어느 나라의 영역에도 속하지 않는 해양의 부분이다. 대양저(ocean floor)와 모든 남극대륙도 공해로 간주한다. 각 국가는 다른 나라가 자원을 수확하기 전에 가능한 한 많이 수확하는 것이 이익이 된다. 이는 일반적으로 '골드러시(gold rush)' 사고방식으로 이어져서, 각 국가는 어떤 피해를 입히는지 고려하지 않은 채 가능한 한 많이 자원을 개발한다. 다행스럽게도, 세계의 거의 모든 국가들은 고래, 돌고래, 그리고 그 밖의 영리한 해양생물들을 보존할 필요성을 존중하고 있다. 국제조약에 따라 오늘날 남극대륙에서는 채굴이나 사냥이 금지되어 있다. 최근까지만 해도 북극 주변의 지역은 보호받지 않고 개의치 않았는데, 왜냐하면 겨울의 바다얼음으로 인해 석유 시추를 하거나, 광물을 채굴하거나 또는 큰 화물선을 운항하는 것이 불가능하였기 때문이다. 그러나 지구온난화로 인해 북극의 만년설이 줄어들고 있고, 벌써 여러 나라들이 이 지역에 대해 권리를 주장하고 있다.

많은 피식자 중의 선택

군집은 초식성 포식자들의 먹이가 되는 많은 식물종들을 포함한다. 어떤 동물, 특히 어떤 곤충들은 다른 모든 식물종들은 무시하면서 오로지 한 종의 식물만 소비하는 사례가 많이 있다. 이런 동물들은 빈번하게 특정한 식물종에만 알을 낳고, 알에서 깨어난 애벌레들은 그 종만 먹는다. 그러나 대부분의 동물들, 특히 초식을 하는 척추동물들은 다양한 식물들을 먹고, 잡식동물들은 식물과 동물 모두를 먹는다. 사람은 지구상에서 가장 다양하고 폭넓은 식사를 하는 잡식동물일 것이다. 동물들이 많은 피식자 가운데 어떤 피식자를 선택하는 이유는 무엇인가?

포식자의 피식자 선택에는 처음에 중요한 3가지 요인이 있다. 그 첫 번째는 특정한 피식자 개체와 맞닥뜨리게 되는 확률이다. 희귀한 종은 풍부한 종보다 적게 소비될 것이고, 천연색이나 작은 크기에 기인하여 은폐된 종들은 발각되지 않을 수 있다. 두 번째 요인은 마주친 개체를 포식자가 공격할 것인지 결정하는 것이다. 먹잇감의 식물이 독성을 지니고 있을까, 아니면 가시가 있을까? 너무 작거나, 단단하거나, 아니면 영양가가 적어서 수고할 만

그림 26-27 여기에 두 종의 식물들이 풍부하고 쉽게 구할 수 있지만, 사슴, 가지뿔영양(prong-horn), 그리고 버펄로 같이 풀을 뜯어 먹는 포유동물들은 여하한 일이 있더라도 선인장은 먹지 않는다. 선인장이 영양가가 있기는 하겠지만, 가시는 강력한 방어 수단이 된다. 채식동물들은 오직 1가지의 피식자(풀)만 먹고, 다른 피식자(선인장)는 완전히 무시한다.

한 가치가 없지 않을까? 세 번째는 공격한 피식자를 성공적으로 먹게 될 확률이다. 깨기 어렵거나 소화할 수 없는 열매는 아닐까? **최적섭식이론(optimal foraging theory)**의 연구에서는 초식동물들이 다른 식물은 무시하면서 왜 어떤 식물은 먹는지를 이해하기 위하여 이들 요인들의 상호작용을 조사한다.

이 시점에서 식물학자들과 동물학자들이 크게 갈린다. 동물은 종속영양생물이고 동물이 먹는 음식물에는 에너지와 영양소가 들어 있어야 하며, 이 가운데 에너지가 특히 중요하다. 동물학자들에 의해 수행된 최적섭식이론의 이론적 연구에서는 대체로 에너지가 중심적 요인이 된다. 식물은 독립영양생물이고, 비록 식물 역시 에너지와 무기영양소를 필요로 하지만, 식물의 생장을 가장 자주 제한하는 것은 무기질이나 물의 부족이다. 거의 모든 식물은 풍부한 햇빛을 받고, 따라서 풍부한 에너지를 받게 되므로, 동물학자들이 에너지에 크게 초점을 맞추는 것에 식물학자들은 종종 깜짝 놀란다. 동물은 에너지에 대한 요구가 훨씬 크다. 동물은 열을 발생해야 하고, 날거나, 달리거나, 헤엄치거나 또는 기어가면서 움직일 뿐만 아니라, 씹고, 삼키고, 호흡하면서 동물의 기관들이 움직여야 한다.

최적섭식이론에 의해 만들어진 **최적식이모델(optimal diet model)**은 4가지를 예측한다. 첫 번째, 포식자들은 단위처리시간당 가장 많은 에너지를 생산하는 피식자를 선호한다. 두 번째, 에너지 생산량이 높은 피식자가 차츰 드물어지면, 포식자는 비록 에너지는 적지만 풍부하고 처리하기 쉬운 피식자가 포함되도록 식사의 폭을 넓혀서 성공적으로 대처한다. 세 번째, 어떤 피식자는 마주칠 때마다 항상 먹고, 다른 어떤 피식자는 쉽게 얻을 수 있다 하더라도 결코 먹지 않는다. 예를 들어, 먹을 수 있는 부분이 식물의 방어를 극복할 만한 가치가 없는 경우가 그것이다. 네 번째, 특정 식물이 먹힐 확률은 처리하기 쉽고 영양가가 높은 다른 식물이 얼마나 풍부한지에 부분적으로 달려 있다. 훨씬 이득이 되는 피식자를 먹을 수 있다면 덜 이득이 되는 피식자는 무시될 것이다(**그림 26-27**, **그림 26-28**). 식물과 동물 모두를 소비하는 동물인 잡식동물의 먹잇감이 되는 식물에게는 두 번째 요소가 특히 중요하다. 동물은 대체로 식물보다 더 귀중한 먹잇감인데, 그 이유는 동물이 단백질, 지질, 그리고 무기질이 풍부한 반면, 잡식동물이 열매, 씨 또는 덩이줄기를 먹는 경우를 제외하고 식물은 섬유와 물은 풍부하지만 영양가는 낮은 경향이 있기 때문이다. 그러나 식물의 이들 저장기관도 단백질과 특히 지방산은 낮은 경향이 있고, 주로 녹말만을 제공한다. 결과적으로, 에너지를 많이 생산하는 동물 먹이가 풍부하다면 잡식동물은 식물을 완전히 무시하고, 아무리 쉽게 구할 수 있더라도 신경을 쓰지 않는다. 그러나 동물 피식자는 숨거나 안전한 장소로 달아나면서 포식에 적절히 대응한다. 이런 최우선 순위의 피식자를 잡기가 점점 힘들어지면 잡식동물의 포식자들은 먹이로서 식물에 관심을 돌리게 된다. 많은 연구들은 최적섭식이론과 최적식이모델과 일치하는 결과들을 도출하였다.

(A) Courtesy of Jon Rebman

(B) Courtesy of Jon Rebman

그림 26-28 **(A)** 예전에는 선원들이 작은 섬에 염소 몇 쌍을 풀어 놓고, 몇 년이 지난 다음에 다시 돌아와서 염소를 잡아먹었다. 염소 개체군이 작을 때에는 염소들이 선호하는 식물만 먹고 나머지는 무시하였다. 그러나 염소 개체군이 늘어나면서 독성이 없거나 가시가 없는 식물은 닥치는 대로 먹었다. 많은 섬들이 거의 완전히 황폐해졌다. **(B)** 오늘날, 사람들은 염소를 제거하여 섬의 자연군집을 복구시키려고 노력하고 있다. 다행스럽게도, 많은 식물의 종들이 파묻힌 씨앗, 뿌리줄기, 그리고 비늘줄기로 염소를 견뎌내었고, 식물은 다시 잘 자라고 있다.

종간 경쟁

여러 종들이 종종 동일한 자원을 놓고 경쟁한다. 이는 25장에서 논의한 종내 경쟁이 아니라 종간 경쟁(interspecies competition)이다. 식물의 한 종은 빛, 물, 그리고 무기질을 얻기 위해 다른 식물종들과 경쟁한다. 다양한 종들이 서로 다른 생태적 지위를 갖고 있지만, 대부분의 생태적 지위는 최소한 어느 정도는 다른 지위들과 중복된다. 만일 두 종이 경쟁을 하면, 한 종이나 두 종 모두 전체 서식지를 독차지하는 것보다 생장이나 생식이 훨씬 저조하다. **자원획득경쟁(exploitation competition)**에서는, 생물들이 실제로 공유자원을 소비할 때 자원경쟁이 일어나고, 따라서 다른 생물이 자원을 적게 이용하게 만든다. **간섭경쟁(interference competition)**에서는, 어느 생물이 비록 자원을 이용하지 않는다 하더라도 다른 생물이 그 자원에 접근하지 못하도록 제한한다. 예를 들어, 고사리(*Pteridium aquilinum*)는 땅속의 뿌리줄기에서 뻗은 큰 잎의 길이가 3 m에 달하고, 잎자루는 길이가 1 m 정도이다. 여름철에는 잎이 건강하고 빛에 대한 자원경쟁을 벌여서 이 커다란 잎의 아래에 있는 짧은 식물들이 이용할 수 있는 빛은 훨씬 적어진다. 가을과 겨울에는 죽은 잎들의 잔해가 아래쪽의 상록관목의 꼭대기를 덮는다. 낙엽은 햇빛을 이용하지 않지만 아래의 관목이 햇빛을 얻지 못하게 방해하고, 따라서 고사리는 겨울철에 간섭경쟁을 벌인다(**그림 26-29**).

종간 경쟁을 정확히 연구하기 위해 수학적 모형들이 개발되었지만, 여기에서 설명하기에는 모형들이 너무 복잡하다. 결론은 만일 각 종이 자체의 개체당 생장률에 부정적인 영향을 미치고 이어서 그 경쟁자의 개체당 생장률에 영향을 미친다면, 경쟁하는 두 종은 공존할 수 있다(한 종이 다른 종을 완전히 배제하지 않는다). 어느 종의 개체군은 결코 기하급수적으로 자라지 않는다는 점을 명심하자(그림 25-23A). 왜냐하면 그 개체군의 밀도가 증가함에 따라 개체들은 서로 간섭하게 되고, 높은 밀도에서 개체군의 생장은 느려지고 개체당 생장은 감소하기 때문이다(그림 25-23B). 경쟁관계에서 만일 다른 종을 간섭하는 것보다 각 종이 자체적으로 더 많이 간섭한다면 두 종은 공존할 수 있다. 두 번째 결론은 만일 다른 종이 존재하더라도 한 종 또는 다른 종이 낮은 밀도로부터 증가할 수 있다면 두 종은 공존할 수 있다. 다시 말해서, 경쟁으로 인해 한 종의 개체군 수가 아주 낮아지지만 완전히 배제되지 않는다면, 그런 희박한 상태로 지속되거나 아니면 오히려 증가하면서 지속될 수 있게 된다. 만약 경쟁자가 있음에도 불구하고 어느 종이 매우 낮은 개체군 밀도로부터 증가할 수 있다면, 그 종은 **침입성(invasive)**이 될 수 있다(**그림 26-30**). 만약 그런 종의 씨앗이나 포자가 경쟁자가 이미 자리 잡고 있는 새로운 군집으로 어떻게든 확산될 수 있다면, 이들 소수의 씨앗이나 포자들이 처음에 작은 개체군을 확립하고 생존하여 종간 경쟁에도 불구하고 증가하게 된다.

그림 26-29 이것은 고사리(*Pteridium aquilinum*)의 비교적 작은 잎들이다. 그러나 이들의 긴 잎자루는 낮은 관목의 위로 잎몸을 높이 올린다(고사리의 줄기는 땅속의 뿌리줄기이고, 잎만 땅 위로 올라온다). 잎이 햇빛을 받아 이용하므로, 이는 자원획득경쟁이다. 겨울에 잎이 죽어 붕괴되면 상록관목의 꼭대기에 낙엽층을 형성한다. 겨울철에 잎은 햇빛을 차단하지만 이를 이용하지 않으므로, 이는 간섭경쟁이다.

그림 26-30 고사리는 잎이 키 작은 관목 위에서 햇빛을 받고 줄기는 관목 아래의 땅속에서 뻗어나가며 흔히 전체 지역을 차지하는 강렬한 경쟁자이다. 나무의 유식물이 고사리 잎 사이에서 성공적으로 자라서 햇빛에 도달한다 하더라도, 유식물의 그늘은 고사리에 중대한 피해를 입히지 않는데, 그것은 고사리가 강한 빛과 희미한 빛 모두에서 광합성을 잘 하기 때문이다.

여러 종들이 자원을 두고 경쟁함에 따라, 그 종들이 자원을 이용하고 자원은 점점 더 부족해진다. 경쟁을 하지 않고 생육하는 오직 한 종의 개체군조차도 자원을 소비하여 고갈시킨다. **자원(resource)**이란 그 이용가능성이 증가하면 생장률의 증가로 이어질 수 있고 생물에 의해 소비되는 어떤 물질이나 요인이라고 정의된다. 비생물적 자원의 예로는 빛, 물, 무기질, 그리고 공간을 들 수 있고, 생물적 자원은 꽃가루매개동물의 주목, 종자분산동물, 그리고 균근 곰팡이 등이다. 온도 같은 요인은 소비되는 것이 아니기 때문에 자원이 아니고, 일반적으로 다른 식물에 영향을 미칠 만큼 대기 중의 농도를 떨어뜨리면서 이산화탄소를 많이 이용하는 식물은 없으므로, 비록 이산화탄소가 소비되기는 하지만 이는 경쟁의 항목이 되지 않는다. **그림 26-31**은 시간이 경과함에 따라(맨 아래 축의 왼쪽에서 오른쪽으로) 개체군이 증가함을 보여준다. 개체군이 증가하면서 자원을 소비하고, 결국에는 시간이 흐름에 따라 줄어든다. 개체군 밀도의 상승은 왜 중단되는 것이고, 자원은 왜 제로로 떨어지지 않는 것일까? 그래프의 오른쪽에서 자

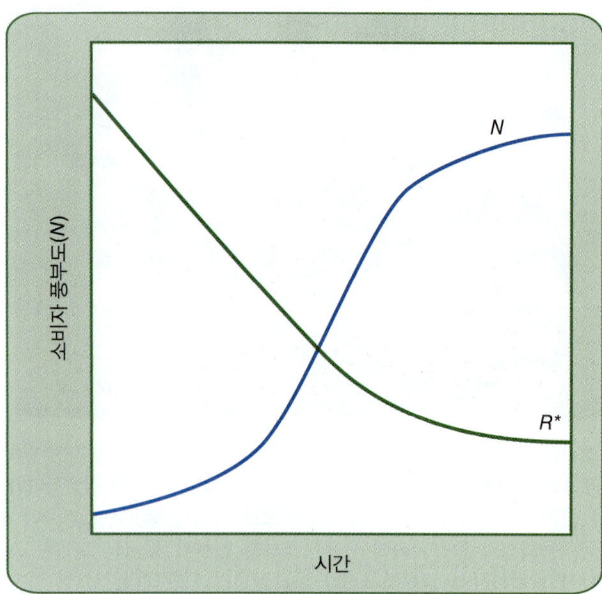

그림 26-31 개체군이 서식지에 살면서 개체군은 자원을 소비하고 고갈시킨다. 이 모델은 자원을 완전히 제거할 만큼 개체군이 지나치게 증가하지 않을 것이라고 상정하였지만, 이는 이론적으로 가능하다. 여기서, 자원이 몹시 감소하면 개체군의 생장은 느려지고 평형상태가 유지된다. 이런 일이 일어나려면 예컨대 질소고정세균에 의해 또는 죽은 생물의 분해에 의해 질소가 더 추가되는 것처럼 새로운 자원이 첨가되어야 한다.

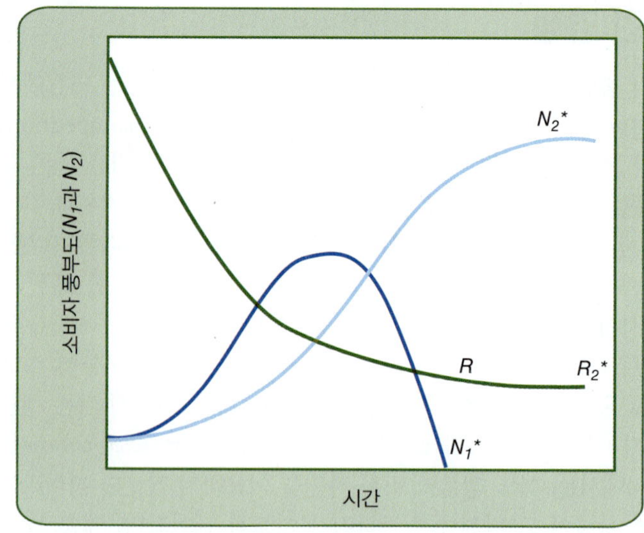

그림 26-32 동일한 자원을 이용하기 위해 경쟁하는 N_1과 N_2의 두 소비자 종의 생장곡선. 자원은 예상대로 줄어들지만, 어떤 시점에 자원이 너무 희박해져서 비교적 많은 양의 자원을 필요로 하는 어느 한 종(여기서는 N_1)의 생장을 부양하지 못하게 된다. 그러나 만일 다른 종이 적은 양의 자원에 생존하도록 적응되었다면, 그 종은 계속 생장할 것이다.

원이 너무 떨어져서 이제는 개체군의 생장을 제한하게 되었다. 이상적으로는 개체군 밀도가 개체당 출생률과 개체당 사망률이 일치할 때 이런 일이 일어나고, 따라서 개체군은 증가하지도 않고 감소하지도 않는다. 이와 같은 자원의 수준을 R^*로 표기한다. 이는 소비자 개체군을 유지하는 데 필요한 최소평형자원이다.

이 자원을 이용하기 위해 경쟁하는 N_1과 N_2의 두 종을 고려할 때, R^*이 가장 낮은 종(이를테면 N_1)이 N_2와의 경쟁에서 우세하여 결국 군집에서 N_2가 제거될 것이라고 예상할 수 있다. 두 종이 자원을 이용하면서 자원의 풍부도는 N_2의 R_2^*의 아래까지 감소하여 종 N_2는 식물이 죽는 만큼 빨리 자손을 낳지 못하게 된다. 그러나 자원의 수준은 아직도 R_1^*의 위에 있으므로 종 N_1의 개체군은 여전히 증가할 수 있고, 자원의 수준을 R_2^*보다도 훨씬 아래로 떨어뜨린다. 이것이 많은 군집이 갖는 종조성의 근본적인 원인이다. 군집에 이미 존재하고 자원을 이용하는 종과 경쟁할 수 없는 종은 군집에서 나타나지 않는다.

그러나 **그림 26-32**에 보인 바와 같이 자원이 적을 때는 한 종이 다른 종보다 잘 자라지만, 자원이 풍부할 때에는 오히려 잘 자라지 못하는 사례가 많다. N_1과 N_2의 생장곡선들이 서로 교차하는 곳에 주목하자. 자원이 풍부한 왼쪽에서는 N_2보다 N_1이 더 빠르게 자라지만, 자원이 계속 감소함에 따라 그래프의 중앙 부근에서 N_1은 N_2보다 훨씬 느리게 자라게 된다. 이 그래프는 봄에서 여름으로 진행되는 것처럼 시간에 근거를 둔 것이고, 햇빛 같은 자원을 나타낼 수 있다. 이른 봄에는 나무에 잎이 없고 햇빛은 숲의 바닥까지도 강렬하게 비춘다. 밝은 빛을 견디는 야생초 같은 종들이 번창한다. 그러나 몇 주가 지나서 나무에서 잎이 나오면 숲의 바닥에는 이용할 수 있는 빛이 적어지고, 야생초들은 타격을 입는 반면에 약한 빛에 적응하는 이끼류와 고사리류 같은 식물들은 잘 자라게 된다. 이듬해 봄에는 상황이 스스로 역전된다.

겉보기 경쟁

식물은 많은 초식동물들이 다양한 식물을 먹는 문제에 종종 직면한다. 이 경우, 피식자 종들이 포식자를 공유한다고 말한다. 만일 모든 피식자 개체군들이 적으면 포식자의 개체군도 적을 것이다. 그런데 이를테면 기후가 변한다거나 무기물 오염이 하천에서 비료로 작용하는 것처럼 만약 어떤 일로 어느 한 피식자 종의 개체군이 증가한다면, 이는 한편으로 포식자 개체군의 증가를 초래할 수 있다. 포식자가 어느 한 종을 선호하고 다른 식물들은 단지 부수적으로 소비한다 하더라도, 포식자 개체군이 커지면 결과적으로 많은 식물종들을 소비하게 된다. 따라서 어느 한 식물종의 증가는 다른 종의 감소와 관련되고, 이는 경쟁인 것처럼 보인다. 식물들이 실제로 자원을 두고 경쟁하거나 이용하는 것이 아니기 때문에, 이를 **겉보기 경쟁(apparent competition)**이라고 부른다.

종들 간의 이로운 상호작용

군집 내의 다양한 생물들은 이로운 방식으로 흔히 상호작용한다. 만일 모두에게 이익이 되도록 두 생물이 상호작용하면, 이는 **상리공생(mutualism)** 또는 **상리공생관계(mutualistic relationship)**이다. 비근한 예는 꽃가루매개동물과 이들이 꽃가루받이를 해 주는 식물들이다. 만일 식물의 꽃이 꽃가루받이를 수행할 때 동물이 절대적으로 필요하다면, 식물은 매개동물의 존재로 인해 크게 득을 보고, 한편으로 매개동물 역시 꽃가루받이를 하는 동안 소비하는 꿀이나 꽃가루를 통해 혜택을 누린다. 이들 두 생물은 서로를 잡아먹지도 않고 서로 경쟁하지도 않는다. 만약 어느 생물이 아무런 혜택도 받지 않으면서 다른 생물을 도와준다면, 이는 **촉진(facilitation)**이다. 첫 번째 생물이 다른 생물의 존재를 **촉진한다(facilitate)**. 앞에서 언급한 비버는 댐을 건설하고 연못을 만드는 촉진자(facilitator)이다. 연못은 많은 식물과 동물에게 크게 득이 되지만, 그 어떤 것도 비버에게 사실상 도움이 되지 않는다.

상리공생과 촉진의 개념들은 직관적으로 이해하기 쉽지만, 포식과 경쟁 같은 부정적 상호작용에 관해서 좋은 수학적 모형들이 개발된 반면에 유익한 상호작용의 정량적 모델은 별로 개발되지 않았다. 그 첫 번째 단계로, 로트카-볼테라모델에서 방정식의 어떤 마이너스 부호를 플러스 부호로 바꿔서 부정적 상호작용을 유익한 상호작용으로 바꿀 수 있을 것으로 예상된다. 그와 같은 등식으로 예측한 결과는 대체로 상리공생관계에 있는 두 종 모두 계속 서로 도와가면서 두 개체군이 무한히 자라는 것으로 나타난다. 그렇지만 그런 일은 분명히 일어나지 않는다. 방정식에 나타나지 않은 다른 요인들이 끝없는 무한한 생장을 방지한다. 경쟁이나 포식에 의해 한 종의 개체군 또는 두 종 개체군의 모두가 제로가 되는 상황은 여기저기에서 나타난다. 이는 군집의 종다양성이 풍부할 수 있지만 결코 무한정 풍부하지 않은 근본적 이유이다. 모든 군집에서 경쟁과 포식은 군집에서 수천 종이 살지 못하도록 막아주는 기능을 하고, 그렇지 않으면 실제로 모든 종이 어디에서나 살게 될 것이다.

수학적 모델이 아니라도, 유익한 상호작용의 기본 개념은 분석이 가능하다. 어떤 상리공생 상호작용은 처음에 포식이었던 상호작용에서 진화되었을 가능성이 있다. 꽃가루받이가 좋은 예이다. 속씨식물의 조상들은 오늘날의 침엽수와 다른 많은 식물들처럼 풍매식물이었다. 곤충이 꽃가루를 수집하고 먹으면서 조상의 꽃들이 먹혔을 것이다. 많은 경우에 이는 단순히 식물에게 전혀 득이 되지 않는 포식이다. 그러나 어느 시점에 일부 곤충들이 주기적으로 조상의 꽃을 방문하기 시작하면서 충매수분이 풍매수분만큼 효과적이 되었고, 식물은 혜택을 입기 시작하였다. 그 시점에서, 진화는 어떤 식물이 특정한 수분매개자에 적응하고 어떤 곤충이 특정 식물에 적응하는 상리공생관계의 발달을 선호하였을 수 있다. 그 밖의 상리공생관계들 역시 포식자-피식자 관계로 시작되었을 것이다. 예를 들면, 질소를 고정하는 세균들은 뿌리혹이 진화하기 전에는 단순히 병원성 세균이었을 것이고, 균근 곰팡이 역시 인산염과 탄수화물의 상리공생적 교환이 진화하기 전에는 병원체이었을 것이다.

비록 상리공생이 양쪽 생물에게 이익이 되기는 하지만, 두 생물에서 각각 비용이 발생된다. 이 관계는 공짜가 아니다. 꽃은 꿀을 만들거나 먹힐 꽃가루를 만드는 비용이 들고, 이와 비슷하게 식물은 질소고정세균이나 균근 곰팡이에게 탄수화물을 제공해야 한다. 반대 방향의 사정도 마찬가지다. 수분매개자는 꿀이나 꽃가루를 얻기 위해 꽃에서 일해야 하고, 세균과 곰팡이는 그들이 고정한 질소나 인산염의 일부를 포기해야 한다. 자연선택은 그 비용을 줄이는 생물에게 유리하게 작용하고, 상리공생자의 경우에 이는 속임수가 진화할 수 있음을 의미한다. 여기서 속임수(cheating)란 비용을 지불하지 않고 혜택을 받는 것을 말한다. 꽃꿀을 훔치는 어떤 벌들은 수술 주위에서 허우적거리고 꽃가루를 털지 않고도 꽃잎을 물어뜯어 쉽게 꿀을 얻는다. 꿀도둑벌들은 꽃가루를 날라다 주지도 않으면서 이 꽃에서 저 꽃으로 날아다니고, 꽃은 꽃가루받이의 혜택을 받지도 못하면서 꿀을 잃게 된다. 이렇게 방해를 받은 상리공생의 종말은 다른 종에 의존한다. 만일 다른 어떤 벌들도 꽃가루받이를 해 주지 않는다면, 그 꽃은 번식을 할 수 없게 되고 그 종은 그 지역에서 자취를 감출 것이다. 그렇게 되면 꿀도둑벌들은 다른 꽃에서 꿀을 얻도록 바뀌지 않는 한 먹이를 공급받을 수 없게 된다. 만일 벌의 다른 종이 반드시 식물이 생존하도록 충분히 꽃가루받이를 해 준다면 꿀도둑질은 식물이 사는 데 있어서 치르는 또 다른 경비일 뿐이겠지만, 꿀도둑벌들이 물어뜯을 수 없게끔 억세고 두꺼운 꽃잎이 진화하는 것을 볼 수도 있을 것이다.

비용을 최소화하는 개념도 균근연합의 예와 뿌리혹과 질소고정세균 간의 공생의 사례에서 입증되었다. 속임수의 예는 알려지지 않았지만, 만일 토양이 비옥해서 식물의 뿌리가 인산염이나 질소화합물을 스스로 얻는 것이 경비가 훨씬 적게 든다면 이러한 상리공생의 많은 식물 파트너들은 공생관계를 끊을 수 있다. 특히 정교한 사례가 가는잎미선콩속의 일종인 루피너스 아르보레우스(*Lupinus arboreus*)와 리조비움속(*Rhizobium*) 세균에서 연구되었다. 리조비움속의 어떤 균주들은 질소를 빠르게 고정하고 비교적 많은 양을 콩과 식물의 뿌리로 전달하고, 다른 균주들은 느리게 고정하고 적게 전달한다. 과학자들은 루피너스 아르보레우스의 여러 식물체를 기르면서, 각 식물의 어떤 뿌리에는 리조비움의 고생산(high-producing) 균주를 감염시키고, 각 식물의 다른 뿌리에는 저생산(low-producing) 균주를 감염시켰다. 고생산 리조비움이 감염된 루피너스 아르보레우스 식물에서는 큰 뿌리혹이 만들어졌고, 저생산 리조비움이 감염된 루피너스 식물에서는 훨씬 작은 뿌리혹이 만들어졌다. 각 식물은 투자하여 최대로 보상을 받는 곳에 많은 자원을 할당하였다(즉, 큰 뿌리혹을 만들었다). 상리공생관계는 종종 인간의 관점에서 각 생물이 서로 돕는다고 묘사되지만, 자연선택은 비용을 줄이고 혜택을 극대화하는 돌연변이에 유리하게 작용한다. 상리공생관계는 비용보다 혜택이 큰 동안만 선택될 것이다.

촉진(facilitation)의 개념은 개념화하기가 조금 더 어렵다. 촉진은 한 종이 다른 인접한 종의 생존과 생식을 향상시키는 방식으로 환경을 변모시키는 상호작용이라고 정의된다. **보호식물(nurse plant)**이 그 예이다. 이는 보호식물에서 떨어진 다른 인근 지역과 비교하여 다른 식물의 유식물이 훨씬 잘 생존하게끔 자신의 바로 밑에 있는 서식지의 작은 지역을 변모시키는 식물이다. 자주 인용되는 사례는 가시가 있는 사막의 관목이다(**그림 26-33**, **그림 26-34**). 보호식물이 그늘을 제공할 뿐만 아니라 보호식물의 가시로 초식동물들을 막아 주기 때문에 보호식물의 아래에서 발아한 씨는 생존할 가능성이 더 많다. 보호식물로부터 1미터나

그림 26-33 여기서 거친 이끼처럼 보이는 것은 헐벗은 화강암 바위에서도 자라는 작은 석송식물인 셀라기넬라 필리페라(*Selaginella pilifera*)이다. 그와 더불어 작은 선인장인 태양(*Echinocereus pectinatus*)과 몇 무리의 풀들이 자란다. 셀라기넬라는 매트를 형성하여 빗물뿐만 아니라 바람에 날린 소량의 흙을 붙잡고 간직하며, 이들 모두는 선인장과 풀들에 도움이 될 수 있다. 텍사스 중부의 이 지역에서 태양선인장은 거의 언제나 셀라기넬라의 매트에서 자란다. 의심할 여지없이 선인장의 아주 작고 연약한 유식물은 맨 바위보다 셀라기넬라의 매트에서 훨씬 잘 살아남는다. 그러나 어느 순간에는 선인장이 셀라기넬라의 필요성이 없어지고 셀라기넬라가 죽더라도 살 수 있게 된다. 선인장은 아주 어릴 때에만 보호식물을 필요로 한다.

그림 26-34 2개의 큰 뿔 모양의 꼬투리는 메스키트나무(*Prosopis*)의 줄기와 가지를 휘감고 위쪽으로 자라는 금관화속(*Asclepias*)의 열매들이다. 메스키트나무에는 많은 가시들이 있으므로, 금관화는 자라는 동안에 보호와 지지를 제공받는다.

2미터 떨어져서 발아한 씨들은 사막의 가혹한 햇빛에 놓이게 되고 초식동물로부터 보호를 받지 못한다. 보호식물 밑에서 유식물이 자리 잡게 되면, 그 식물은 크게 자라고 보호식물 위로 솟아서 보호식물을 왜소해 보이게 만들고, 심지어 죽이기도 한다. 보호식물의 개념과 관련한 문제는 이 개념이 너무 많은 생물에 광범위하게 적용된다는 것이다. 이끼가 자라는 작은 땅은 많은 유식물들에게 촉촉하고 바람이 잘 통하는 온상이 되고, 숲의 그늘은 그늘진 곳을 좋아하는 고사리류의 출현을 촉진한다(**그림 26-35**).

촉진은 천이, 특히 새로 형성된 기질에 생물이 자리 잡기 시작하는 **1차천이(primary succession)**에서 역할을 한다. 예를 들면, 화산이 용암류나 화산재의 형태로 새로운 기질을 만들고, 이들이 식어 완전한 불모의 상태가 된다(**그림 26-36**). 이와 비슷하게, 빙하가 이동하면서 그 얼음이 모든 토양과 생물을 문질러 대고, 나중에 빙하가 물러났을 때 노출된 바닥에는 생물이 전혀 없다. 이 2가지의 경우 모두에서, 대체로 토양은 거의 없거나 전혀 없다. 이끼류와 지의류 같은 어떤 선구종들이 벌거벗은 암석을 개척할 수 있고, 다른 생물들은 가장 작은 좁은 틈 안으로 가느다란 뿌리를 끼워 넣을 수 있어야 한다. 모든 선구종들은 매우 낮은 농도의 영양소, 특히 적은 양의 질소화합물에 견뎌야 한다. 많은 선구종들은 질소고정세균들과 상리공생관계를 맺는다. 선구종들이 자라면서 잎과 나무껍질 그리고 열매가 떨어지고, 서식지에 유기물을 기부한다. 떨어진 많은 낙엽들은 곰팡이가 자라는 기질이 되

(A)

(B)

그림 26-35 **(A)** 가시가 있는 큰 선인장은 고슴도치선인장(*Echinocereus engelmannii*)이지만, 꽃은 작고 가시가 없는 선인장인 구갑목단(*Ariocarpus fissuratus*)의 꽃이다. 고슴도치선인장의 가시는 보다 작은 선인장을 위한 안전한 보호구역이 되어 주고, 이는 가시가 있는 큰 식물이 가시가 없는 선인장인 구갑목단에 대한 보호식물의 경우인 것처럼 보일 것이다. **(B)** 구갑목단은 고슴도치선인장의 그늘에서 멀리 떨어진 햇볕에 드러난 곳에서 훨씬 더 풍부하다. 둘이 가까운 것은 단지 부수적일 뿐이며, 이는 보호식물의 예가 아니다.

그림 26-36 뉴멕시코 주 앨버커키(Albuquerque) 서쪽에 있는 엘말파이스(El Malpais) 국립천연기념물의 기질은 3,000년 가까이 된 용암이다. 여기에 있는 약간의 흙은 주로 다른 지역에서 바람에 날려 온 것들이고, 짧은 기간 동안에 바위가 풍화된 흙은 극히 적은 양일 따름이다. 지의류가 맨 바위 표면에서 자랄 수 있지만, 여기서 자랄 수 있는 진정한 식물은 거의 없다. 태양으로부터 보호되고 빗물이 모이는 깊게 갈라진 틈새에서 약간의 작은 고사리류들이 자란다. 이와 비슷하게, 바람에 날려 온 흙이 모인 작은 흙주머니에 뿌리가 닿은 피뇬소나무(pinyon pine)와 아파치깃털(Apache plume)의 종자식물들이 있다.

고, 곰팡이들이 서식지에서 생존할 수 있게 되면서 군집의 새로운 일원이 된다. 나미지 부스러기들은 먼지들과 함께 갈라져 생긴 금과 좁은 틈에 모이고, 선구자가 아닌 종들이 살 수 있는 작은 흙주머니가 형성된다. 이와 같은 1차천이에서 생물의 각 세트는 서식지를 변모시키고 다음 세트의 생존을 촉진한다.

우리는 아직도 유익한 상호작용이 군집의 다양성에 영향을 미치는 방법에 대한 실험적 또는 이론적 지식을 거의 갖고 있지 못하다. 이는 해야 할 일이 많이 남아 있는 분야이다.

조각군집 환경의 메타개체군

어느 종의 모든 개체들이 자유롭게 상호작용할 수 있다면 이를 여럿이 아닌 오직 한 개체군이라고 말할 것이다. 세계는 고르지 못하고 이질적이다. 세계에는 어느 특정한 종에 적합한 많은 지역들이 있지만, 그런 지역들은 물리적으로 그리고 지리적으로 서로 떨어져 있다. 이를테면, 단풍나무에 적합한 활엽수림은 광범위하지만 수많은 별개의 숲들로 떨어져 있다. 어느 한 숲의 단풍나무들은 다른 숲에 있는 단풍나무 개체군과는 완전히 다른 개체군을 구성한다. 여러 국지개체군(local population)들이 부분(조각)들 간의 이주(migration)와 유전자 확산에 의해 서로 연결된다면, 국지개체군들은 **메타개체군(metapopulation)**을 이루게 된다. 보전생물학에서는 멸종위기종의 보존을 목표로 메타개체군의 개념이 중요하다. 종이 잘 있는 한두 개체군만이 아니라 그 종의 모든 개체군을 고려해야 한다.

메타개체군의 보편적 모델에서는 4가지를 추정한다.

1. 환경의 구역은 종이 살 수 있는 많은 조각(patch)들로 구성된다.
2. 어떤 조각은 그 종이 점유하고 있지만, 다른 적합한 조각은 비어 있다.
3. 빈 조각들은 점유된 조각으로부터의 이주에 의해 정착될 수 있다.
4. 각 조각 내의 개체군들은 조각 안에서 소멸될 확률이 있다.

이들을 더 세밀히 알아보도록 하자. 다양한 조각들은 다양한 거리에 의해 서로 떨어져 있을 것이고, 어떤 조각들은 다른 조각보다 클 것이다. 어떤 조각에서는 종에 대한 가장 중요한 지표들이 최적이거나 거의 최적이어서 종이 그곳에서 번창한다. 이런 조각은 양질(high-quality)의 조각이다. 그러나 다른 조각들은 하나 또는 여러 준최적(sub-optimal) 변수들을 갖고 있고, 종은 이런 저질(low-quality)의 조각에서 잘 자라지 못한다. 일부 저질 조각에서는 양질의 조각에서 새로운 구성원이 이주하여 기존 구성원의 상실을 빠르게 상쇄하는 이유 하나 때문에 종의 개체군이 유지된다(**그림 26-37**). 양질의 조각은 **공급서식지(source habitat)**이고, 저질의 조각은 **수용서식지(sink habitat)**이다. 동물은 날아가거나, 걸어가거나, 또는 헤엄쳐서 한 조각에서 다른 조각으로 이주할 수 있고, 식물은 씨앗 또는 포자의 분산에 의한다.

요점 #2에서 어떤 조각은 그 종이 점유하고 있지만, 다른 적합한 조각은 그렇지 않다고 상정하였다. 개체군의 크기는 포식자, 경생, 그리고 교란 때문에 시간이 흐르면서 항상 변화한다. 어느 시기에는 많은 개체들이 존재하고, 다른 시기에는 단지 몇 개체만 있으며, 때로는 특정 조각에서 그 종이 자취를 감추기도 한다. 그러나 다른 조각에 적절한 개체군이 있는 한, 그리고 최소한 몇 개체들이 비어 있는 조각에 정착하여 새로운 개체군을 확립하기만 하면, 전체적으로 볼 때 그 종은 아주 건전할 수 있다.

이 요점은 보전생물학(conservation biology)에서 특히 중요하다. 비어 있는 조각들은 잉여도 아니고, 여분도 아니며, 불필요

그림 26-37 텍사스 주와 뉴멕시코 주의 경계에 위치한 과들루프산맥(Guadalupe Mountains) 국립공원의 엘 캐피탄 봉우리(El Capitan Peak)는 수백 마일의 지역 내에서 유일하게 고도가 높은 곳이다. 사막 식생으로 둘러싸인 고산서식지의 이 작은 지역은 많은 종의 고산식물들을 부양하기에 넉넉하지 않다. 그러나 몇 백 마일 떨어진 큰 고산서식지에서 씨앗과 포자를 제공하기 때문에 고산식물들의 개체군들이 지속된다.

한 것도 아니다. 일부 종의 생명작용은 수명이 짧은 많은 국지개체군들을 포함한다. 어느 특정 개체군은 일정 기간 동안 살고 나서 사라진다. 아마도 이 종은 다른 경쟁자들보다 훨씬 뛰어나거나, 어쩌면 이는 천이의 초기에 잘 자라지만 천이의 후기에는 잘 못 자라는 종일 수 있다. 종의 성공 여부는 점유된 조각에서 자취를 감추는 것만큼 빠르게 비어 있는 조각에 정착할 수 있는지에 달려 있다. 새로운 개체군이 확립될 수 있는 비어 있는 조각이 있는 한, 그 종은 건전하다.

멸종위기종을 유지하도록 야생생물보호구를 설정하려는 보전계획을 상상해 보자. 설계자들은 멸종위기종이 현재 점유하고 있는 조각들뿐만 아니라, 그 종의 자연적 주기의 일부로 나중에 정착할 수 있게끔 점유되지 않은 몇 조각들도 확보해야 한다. 만일 그 종이 천이의 초기에는 잘 자라지만 후기에서는 잘 자라지 못하는 종이라면, 지금 그 종이 포함된 보호구는 천이가 진행되면서 저절로 변하여 그 종이 배제될 것이다. 보호구역의 관리자들은 천이에 대응하는 노력을 기울일 필요가 있을 것이다. 끊임없이 경쟁자들을 제거해 주고 필요한 개체들은 다시 채워야 할 것이다. 이와 비슷하게, 설계자들이 필요한 양질의 공급서식지를 보존하지 않고 무심코 저질의 수용서식지를 지정할 수 있는데, 만일 그렇게 되면 보호구역은 실패할 것이다.

요점 #3에서는 이주에 의해 새로운 조각이 정착되는 필요성을 강조하였다. 이주(migration)를 새가 어느 조각에서 다른 조각으로 날아가고 어디든 살고 싶은 곳에 새로운 둥지를 트는 것이라고 생각하기 쉽다. 그러나 새들은 보통 어디로 날아갈 것인지 극도로 조심한다. 어떤 새들은 숲의 빽빽한 나무들 안에서만 날고, 다른 새들은 생쥐나 기타 먹잇감을 볼 수 있는 초원 지역 위를 날아간다. 다른 동물들 역시 찾아가는 지형과 식생에 까다롭게 군다. 식물은 씨나 포자의 도움으로 이주한다. 씨 또는 포자들은 바람에 날리기도 하고, 털이나 깃털에 잡혀서 동물에 의해 운반되기도 하고, 또는 동물의 소화계를 통해 운반되기도 한다. 결과적으로, 일부 식물의 번식체들은 짧은 시간 내에 아주 먼 거리를 이동하고, 멀리 떨어진 조각들에 정착할 수 있다. 다른 식물들은 어버이 식물에 가까이 떨어지거나 개미에 의해 분산되는 씨를 갖고 있고, 그런 식물들은 느리게 이주한다.

조각들을 서로 연결하는 이동통로가 중요하다. 통로는 좁아도 되지만, 적절한 먹이, 물 그리고 숨거나 둥지를 틀 곳이 있어야 한다. 자연적인 이동통로가 인공적인 이동통로보다 좋을 것이므로 야생생물보호구를 설계하고 서식지 단편화(habitat fragmentation)를 완화함에 있어서 인공적으로 통로를 만드는 것보다는 자연지역을 통로로 보존하는 것이 좋다(**그림 26-38**). 가장 광범위한 자연적 이동통로의 하나는 뉴멕시코에서 캐나다까지 로키 산맥의 고산 지역을 사실상 모두 서로 연결하는 일련의 국립공원과 국유림들이다. 보다 작은 규모로는 큰 보호림들을 서로 연결하도록 숲이나 초지의 띠(strip)를 남겨둔다. 고속도로는 도로를 횡단하는 동물을 위태롭게 하고 많은 동물을 죽이는 극심한 장애물이다. 어떤 지역에서는 동물들이 안전하게 통과할 수 있도록 고속도로를 가로지르는 야생동물 다리를 세워주고 있다(그림 26-7A 참조). 또 어떤 지역에서는 보호동물들이 도로 밑의 터널을 선호할 수도 있다. 어떤 동물은 머리 위가 보호되는 것을 좋아하지만, 다른 동물들은 탁 트인 하늘을 선호한다. 이동통로는 몇 가지 부정적 결과를 초래한다. 이동통로를 통해 보호생물 외에도 포식자, 경쟁자, 질병, 그리고 외래종의 이주가 가능해진다.

요점 #4에서는 각 조각 내의 개체군들이 국지적으로 사라질 확률이 있다고 상정하였다. 일부 종의 경우에 이 개연성은 낮고 대부분의 조각에서 여러 세대에 걸쳐 종이 지속되지만, 다른 종들은 그럴 확률이 높고 종은 잠시 동안만 조각을 점유한다. **일시적 종(fugitive species)**은 새로운 조각에 정착하여 일시적으로 번창하고 나서 그 조각에서 소멸되기 전에 다른 조각들에 정착하는 종이다. 교란된 부지에서 자라는 많은 잡초들이 일시적 종들이다(**그림 26-39**).

조각들 간의 이주는 지구온난화 때문에 점차 그 중요성이 더해지고 있다. 지구의 온도가 상승하면서 서식지들이 전반적으로 차츰 따뜻해지고 있다. 적도 부근의 서식지들은 현재 그곳에 적응하고 있는 많은 종들이 살 수 없을 정도로 너무 더워지는 반면, 극지방에 가까운 서식지들은 차츰 따뜻해져서 살기에 적합한 환경이 되어가기도 한다. 최근에 많은 종의 범위를 연구한 결과, 지난 50년 동안에 범위가 평균적으로 10년 마다 6~17 km씩 각 극 방향으로 이동한 것으로 나타났다. 만약 종이 살아남으려면 이 조각에서 저 조각으로 이동하면서 극지를 향하여 이동할 필요가 있다. 그러나 많은 종의 경우, 따뜻하고 점유되지 않은 각각의 새로운 조각은 농장, 도로, 도시, 또는 산업단지 같은 살기 어려운 지대에 의해 가장 가까운 점유된 조각과 분리되어 있다. 많은 종

Courtesy of National Academy of Sciences

그림 26-38 이것은 다양한 유형의 이동통로의 효과를 밝히기 위해 설계된 연구지역이다. 이 지역에는 서로 연결된 조각들과 연결되지 않은 조각들이 포함되어 있다. 어떤 조각들은 통로와 비슷한 날개가 있지만, 다른 목초지 서식지로 이어지지 않는다.

그림 26-39 회전초(*Salsola kali*)는 적어도 미국 서부에서는 새로 건설된 도로와 공사현장의 옆처럼 교란된 부지에서 일반적으로 가장 먼저 발아하는 식물이다. 회전초는 대체로 처음 한두 해에 교란된 지역을 가득 채우고 나서 다른 종이 발아하여 이들을 몰아낸다. 그때까지 회전초는 다른 새로운 교란지역으로 씨를 퍼뜨린다. 비록 어느 조각에서도 오래 존재하지 않지만, 회전초는 미국의 서부를 통틀어 극히 성공적인 식물이다.

들에 있어서, 자연적인 이동통로가 존재하지 않거나 인간의 활동에 의해 붕괴되었다. 제안된 1가지 해결책은 도움이주(assisted migration)라고도 부르는 **도움분산(assisted dispersal)**인데, 이는 흰 지역에서 동물을 포획하여 다른 지역에 풀어놓는 것이다. 식물의 경우에는 씨앗이나 전체 식물을 옮길 수 있다. 도움분산은 큰 위험이 따른다. 어떤 구역이 진정으로 새로 형성된 적절한 조각인지, 그 종이 과연 정착하게 될 조각인지를 알기가 어려울 수 있다. 비록 도움분산을 하기로 선택된 조각이 적절하다 하더라도, 외래종을 인위적으로 도입한다는 문제점이 남아 있다.

종의 상호연계성: 먹이사슬과 먹이그물

일반적으로 가장 단순한 군집은 1차생산자(식물, 조류, 남세균), 1차소비자(초식동물), 그리고 2차소비자(육식동물)의 최소한 3가지의 영양단계를 갖는다. 예를 들면, 대초원은 몇 종류의 초본들과 이들을 먹고 사는 생쥐와 사슴, 그리고 이들을 잡아먹는 보브캣이나 코요테들로 구성된다. 사막이나 고산지역 같이 만약 환경조건이 매우 가혹하면 1차생산자의 개체군들이 희박하고, 결과적으로 초식동물의 개체군도 희박해질 것이다. 초식동물이 그토록 적어지면 고작해야 한두 마리의 육식동물을 부양할 수 있고, 군집은 단지 3개의 영양단계를 갖게 된다. 조건이 보다 좋고 식물의 생장이 훨씬 풍부한 곳에서는 에너지가 충분하여 많은 종의 초식동물과 잡식동물을 존재하게 할 수 있고, 이는 나아가서 다양한 육식동물의 출현을 가능하게 하며, 그 가운데 일부는 오로지 다른 육식동물을 잡아먹는다. 그와 같은 군집은 3개보다 많은 영양단계를 갖는다.

우리는 영양단계 전체에 걸친 종의 상호작용을 여러 가지 방법으로 연구할 수 있다. 가장 간단한 방법은 어느 한 포식자를 선택한 다음, 그의 주된 먹이와 이들을 부양하는 식물종을 확인하는 것이다. 이와 같은 소비의 직선 관계를 **먹이사슬(food chain)**이라고 한다. 그러나 대부분의 육식동물은 다양한 피식자를 먹고, 그 피식자들은 초식동물이나 잡식동물 또는 다른 육식동물일 수 있다. 마찬가지로, 대부분의 피식자 종들은 복수의 육식동물들로부터 위협을 받는다. 만일 최상위 육식동물의 모든 먹이를 추적하고, 먹이가 되는 이들 종 각각의 식량원을 밝혀내고, 이렇게 추적을 계속하면 많은 연관성의 망(네트워크)을 얻게 되는데, 이를 **먹이그물(food web)**이라고 부른다. 연구의 첫 단계에서는 그저 누가 누구를 먹는지의 관계를 지도로 나타내는 일을 시도하게 될 것이다. 그러나 각각의 생물은 좋아하는 식량원이 있으므로, 어떤 초식동물이 대부분의 에너지를 어디에서 얻는지, 그리고 이는 또 주로 누구에게 먹히는지 등등을 찾아내어 군집을 통하는 에너지의 흐름을 추적하게 될 것이다. 이것이 **에너지흐름그물(energy flow web)**인데, 실제 군집의 에너지흐름그물을 그리는 것은 극히 어렵다.

생물학 책과 생태학 책에서 먹이그물과 에너지흐름그물의 그림을 보는 것은 흔한 일이다. 그러나 사실 이런 그림들은 관계를 보여줄 따름이고, 대부분은 심각한 문제를 안고 있다. 먹이그물 연구의 대부분은 육식성 포유동물, 새, 물고기, 그리고 파충류같이 크고 친숙한 동물들에 주로 주의를 기울인다. 사슴이나 생쥐 같은 초식성 포유동물에는 주의를 적게 집중하고, 식물은 거의 주목하지 않는다. 그렇지만 몇몇 연구에 따르면 진드기, 이, 파리, 모기, 그리고 애벌레 같은 무척추동물들이 군집 생체량의 50% 정도까지 많이 차지하는 것으로 밝혀졌다. 그러나 보통 이런 동물들은 전혀 연구되지 않았고, 속이나 종의 수준까지 동정되지도 않았다. 이와 비슷하게, 수생 먹이그물의 연구에서는 종과 종을 구별하려는 시도를 하지 않고 1차생산자를 그저 '조류(algae)'라고 식별한다.

완벽하지 않다고 알게 된 먹이그물 연구를 신뢰하기는 어렵지만, 몇 가지 결론을 끌어낼 수 있다. 많은 군집은 에너지의 대부분이 흐르는 소수의 강력한 먹이사슬과 훨씬 적은 에너지가 관여하는 보다 많은 수의 다른 먹이사슬들을 갖고 있다. 그렇지만 많은 생물들 간에서 나타나는 풍부한 저에너지 상호작용들이 군집을 안정시키는 경향이 있다. 대개 다양성이 높은 군집이 다양성이 낮은 군집보다 훨씬 안정적인 것 같다.

많은 먹이그물 연구의 불완전성은 처음에 예상했던 것보다는 덜 문제가 되는 것 같다. 어떤 종을 제거해도 군집의 다른 대부분의 종에는 거의 영향을 미치지 않는 것으로 보인다. 그러므로 먹이그물의 대부분의 구성원을 대상으로 하는 상세한 연구는 많은 유용한 정보를 제공하지 않을 것이다. 그에 반해서, **핵심종(keystone species)**이라고 부르는 어떤 종의 존재 여부는 그 군집의 구조에 극적으로 영향을 끼친다. 핵심종은 존재하는 개체들의 크기나 수에 비해 큰 영향을 미친다. 우점종(dominant species)과 비교하면, 대초원의 특정한 초본이나 숲의 어느 나무 같은 우점종은 군집의 구조에 강력한 영향을 갖지만, 그 효과는 우점종의 풍

그림 26-40 해달이 성게를 먹으면 성게의 개체수가 낮게 유지되고, 따라서 성게가 섭식하는 양이 줄어든다.

그림 26-41 만일 성게가 풍부하다면 대형갈조(kelp)가 자리 잡기 전에 성게가 대형갈조의 어린 식물체를 먹는다. 그러나 만일 성게의 개체군이 낮게 유지되면 대형갈조의 포자들이 큰 식물체로 자라서 '대형갈조숲'을 형성하게 된다. 이 대형갈조숲은 복잡하고, 많은 종의 생물들을 먹여 살린다.

부도와 관련이 있다. 군집의 우점종이 어느 종인지 알아보는 것은 쉽지만, 핵심종은 실제로 그 종을 제거하여 군집 구조에 얼마만큼 영향을 미치는지 조사하시 않는다면 확인하기가 매우 어렵다.

핵심종을 갖는 군집의 대표적인 사례를 해달, 성게, 그리고 대형갈조(kelp)의 '숲' 간의 관계에서 볼 수 있다(**그림 26-40**, **그림 26-41**). 해달은 북태평양에서 수렵으로 거의 멸종 위기에 몰렸었고, 마침내 1911년에 사냥이 금지되었다. 성게는 해달이 좋아하는 먹이이고, 해달이 남획으로 인해 개체수가 줄어든 동안에는 포식의 기회가 적어서 성게가 번창하였다. 성게는 바위 해안을 샅샅이 뒤지고, 다양한 조류, 특히 대형갈조인 마크로키스티스(*Macrocystis*)의 발아체(sporeling)를 먹는다. 해변을 걷다보면 황량하고 적막한 황무지에서 수많은 성게들과 마주칠 수 있다. 그러나 1911년 이후 해달의 수가 증가하였고, 이들이 성게의 개체수를 감소시켰다. 성게에 의한 섭식이 크게 줄어들면서 대형갈조의 포자들이 발아하여 거대한 조류로 자랄 수 있었고, 이들이 광범위하고 빽빽한 수중림을 형성하였다. 대형갈조숲은 육상의 숲과 매우 비슷하게 복잡한 서식지이다. 물고기는 대형갈조들 사이에서 먹고 숨을 수 있으며, 착생조류들은 거대한 갈조류에 부착할 수 있다. 해달은 핵심종이다. 해달을 보호하여 개체수가 늘어나면서 성게가 감소하였고, 연안 군집은 훨씬 더 생산적이 되었고, 보다 풍부해졌으며, 출현종의 수가 극적으로 증가하였다.

해달의 경우처럼, 종을 제거하였다가 다시 회복시킨다면 핵심종을 비교적 쉽게 인식할 수 있다. 그러나 먹이그물이나 에너지 흐름그물의 연구에 근거하여 핵심종을 인식하기는 매우 어렵다. 인류 역사를 통틀어 우리는 사람과 가축에 해를 끼칠 수 있는 포식자들을 몰살시키려고 노력해 왔기 때문에 여기서 딜레마에 빠진다. 사람은 대형 고양잇과 동물(사자, 퓨마), 육식성 새(독수리, 매), 곰, 늑대 등등의 개체수를 크게 감소시켰다. 거의 확실히 그들 중 일부는 초식동물의 개체군을 낮게 유지하여 식물의 다양성을 높게 만드는 핵심종이었다. 불행하게도 군집구조에 관한 상당한 연구가 이루어지기도 전에 그 동물들이 제거되었으므로, 그들이 없는 현재의 군집이 어떻게 변모되었는지 알 길이 없다. 한편 불행하게도 대부분의 자연적인 초식동물들을 소, 양, 그리고 염소로 대체하였기 때문에 대부분의 군집은 오늘날 자연적인 것과는 거리가 멀다. 현재 일부 지역에서 자연군집을 재건하려고 노력하고 있다. 들소 떼가 옐로스톤(Yellowstone) 국립공원, 텍사스 주의 캡록 캐년(Caprock Canyon) 주립공원, 그리고 몇몇 다른 지역에서 보존되고 있다. 회색곰은 최근에 특정 지역에서 보호를 받고 있으며, 가장 최근에 로키 산맥의 북부 국립공원들에 늑대를 다시 들여왔다. 예상한 대로 늑대는 즉각 엘크(elk)의 개체군을 감소시켰는데, 엘크는 예전에 너무 개체수가 많아져서 과방목(overgrazing)으로 인해 공원의 많은 곳들을 훼손시켰다. 부수이익은 늑대의 출현으로 말미암아 엘크의 행동이 바뀌어 숲의 보호를 받으면서 오랜 시간을 보내고 늑대의 공격에 취약한 널따란 초원과 강가에서 보내는 시간이 줄어들었다는 점이다. 엘크가 밟아 뭉개는 것이 줄어들면서 초원과 개울둑은 다시 회복되어 식물의 다양성이 풍부해졌고, 버드나무와 사시나무의 개체군들이 증가하였다. 하천의 침식이 크게 줄었고, 나무들은 새의 둥지로 쓰이고 비버의 건축자재와 먹이로 사용되었다. 비버 연못의 수가 늘어나고, 물고기, 수달, 양서류, 그리고 습지식물들의 더 많은 서식지가 생겨났다. 생쥐와 토끼 같은 작은 동물들을 코요테가 다량으로 소비했지만, 늑대가 코요테 개체군을 감소시켜 토끼, 생쥐, 그리고 그 밖의 동물들이 늘어나게 되었고, 이들은 한편으로 매와 독수리에게 유익한 존재이다. 한 종을 제거한 다음 다시 도입하는 것은 옐로스톤의 동물들뿐만 아니라 개울과 강에 사는 식물과 형태에도 극적인 효과를 갖는다.

군집생태계의 1가지 복잡성은 많은 동물들이 다른 종의 존재에 따라 그들의 행동이 변할 수 있고 변하게 된다는 점이다. 엘크와 늑대의 행동이 그 한 사례가 되고, 격리된 요인들이 수반되는 인위적 실험만으로 전체 군집의 반응을 예측하는 것이 얼마나 어려운지 보여주는 것이다. 행동의 변화와 그 예측할 수 없는 결과의 또 다른 사례는 메뚜기, 거미, 그리고 식물에서 찾아볼 수 있다. 메뚜기들은 예전에 경작하던 곳에서 주된 초식동물이고, 그

박스 26-2 종을 보호하는 일부 법은 해로운 결과를 가져온다

멸종위기종을 보호하자는 조약들이 흔히 득보다는 해를 끼친다. 1975년에 멸종위기에 처한 야생 동식물의 국제거래에 관한 협약(the Convention on International Trade in Endangered Species, CITES)이 채택되고 많은 국가들의 비준을 받았다. 이 조약은 멸종위기종의 국제거래를 규제하고 많은 경우에 있어서 이를 완전히 제거한다는 고귀한 목적을 갖고 있다. 1975년까지 동물과 식물들은 바나나처럼 풍부하건 검은코뿔소처럼 희귀하건 관계없이 거의 완전히 공개시장에 나왔다. 살아 있는 동물들을 잡은 다음에 전 세계의 동물원에 팔았는데, 그보다 훨씬 나쁘지만 훨씬 더 수익성이 있는 것은 그런 동물들을 개인 소유의 '게임목장(game ranches)'에 파는 것이다. 이런 목장에서 사냥꾼들은 돈을 내고 코끼리, 기린, 원숭이 등 어느 것이나 사냥하고 죽인다. 보다 큰 문제는 코끼리의 상아, 코뿔소의 뿔, 가죽, 내장 같은 동물의 다양한 기관들이 높은 가치를 지닌다는 점이다. 어떤 기관은 아름다움을 이유로 귀중하게 여기고, 다른 기관은 약효 성분의 평판 때문에, 그리고 또 다른 어떤 기관들은 남성 정력의 최음제나 정력제라고 믿어져서 귀하게 여겨진다. 정확히 알 수 없는 많은 동물들이 죽임을 당하고, 현장에서 무자비하게 노살낭하고, 사체들은 썩게 내버려둔다.

CITES의 목표는 이런 무역을 규제하는 것이었다. 충분히 풍부하다고 판단되는 어떤 동물들은 약간 포획하도록 허가할 수 있다. 멸종위기에 처한 종들은 그대로 두어야 하고 포획 할당량을 제로로 정하였다. 각국이 이를 규제하려고 시도하고 있지만, 만일 일부 국가가 이런 동물의 판매를 계속 용인한다면 밀수업자들은 동물을 서식지로부터 얻는 방편을 찾게 될 것이다. CITES의 체결로 모든 국가들은 멸종위기에 처한 종들의 밀매를 규제하는 데 동의하였고, 따라서 세계 어디서나 만일 불법적인 상품이 발견되면 압수할 수 있다. 이로 인해 밀수가 더욱 어려워졌지만, 그래도 여전히 불법거래가 이루어지고 있다. 아프리카의 수렵감시인들이 엄니(상아)가 없는 코끼리와 뿔이 잘린 코뿔소의 사체를 찾는 것은 흔한 일이다.

불행하게도, CITES를 작성한 사람들은 식물을 보호하자고 결정하였지만 식물이 동물과 다르다는 점을 참작하지 않았다. CITES는 전체 개체뿐만 아니라 그 부분들(가죽, 뿔, 엄니, 고환)의 국제거래를 규제하는데, 왜냐하면 그런 부분들을 얻는 과정에서 대체로 동물을 죽이기 때문이다. 그러나 식물은 다르다. 식물 씨앗의 일부를 수확한다고 해서 식물이나 씨앗용 작물에 해를 끼치지 않고, 많은 식물의 경우 잘려진 식물체들은 나중에 뿌리를 내리고 원래 식물의 클론으로 자랄 수 있다. 실제로 번식체(propagule)의 일부를 수집하여 식물원에서 번식시키거나 새로운 안전한 장소에 심어서 그 종을 덜 위태롭게 하고 있다. 불행하게도 CITES는 이를 인정하지 않는다. 전체 개체와 그 부분들은 식물과 동물 모두에서 금지된다.

CITES는 동물학자들과 식물학자들의 정당한 작업과 연구를 크게 저해하였다. CITES가 발효되기 이전에는 생물학자들이 아직 잘 알려져 있지 않은 세계의 외딴 곳들을 탐사하기 위해 그 지역의 생물학자들과 협력하여 일하곤 하였다. 연구의 일부로 대학의 연구용 정원에서 증식시킬 표본을 수집하기도 한다. 만일 충분히 풍부해지면 전문적으로 번식시키는 사람(묘목업자)에게 약간의 살아 있는 식물을 제공하고, 이들이 몇 개의 씨앗이나 비늘줄기를 수만 개체의 식물로 만들어 전 세계에 판매할 수 있다. 원래의 식물을 손상시키지 않으면서 많은 사람들이 새로운 외래종을 즐길 수 있게 된다.

CITES는 학술연구 목적을 위한 조항을 갖고 있지만 이를 이용하기가 어렵다. 미국에서 생물을 연구하고자 다른 나라, 예를 들어, 라틴아메리카, 아프리카, 또는 동남아시아로 가는 사람들은 미국과 현지국가 모두의 허가를 받아야 한다. 신청서에는 수집할 각 종의 정확한 개체수를 적게 되어 있는데, 밝혀진 적이 없고 이름이 알려지지 않은 새로운 종을 탐사할 때 이런 목록 작성은 어려운 일이다. 최근까지 많은 저개발 국가들은 그와 같은 신청을 승인하고 필요한 허가증을 발급해 줄 수 있는 정부기관이나 심지어 단 한 명의 관리자조차 없었다.

CITES와 식물의 또 다른 문제는 국경의 검사요원들이 코끼리 엄니, 코뿔소 뿔, 표범 가죽을 알아보는 것은 빨리 배울 수 있지만, 수백 종의 난초 가운데 어떤 난초가 멸종위기종이고 어떤 난초가 풍부한지 빨리 배울 수 없고, 따라서 모든 난초들을 멸종위기종으로 처리하여 승인을 받아야 한다는 점이다. 선인장과 파인애플과 식물들도 마찬가지다.

추가적인 문제는 1992년에 리우데자네이루(Rio de Janeiro)에서 채택된 생물다양성보존협약(Convention on Biological Diversity)에 의해 야기된다. 우리가 약용식물의 가치를 인정하게 된 것이 이 조약이 생긴 배경이다. 만약 아스피린, 빈블라스틴, 그리고 택솔을 식물로부터 추출할 수 있다면, 생명을 구하는 다른 약들도 지구상에 있는 검증되지 않고 알려지지 않은 식물들에 존재하지 않을까? 한편 동물의 독(venom)이 신경의 대사를 간섭하면서 종종 사망에 이르게 하지만, 적당한 양이면 다양한 신경기능을 제어하는 놀라운 효과를 제공할 수 있다. 많은 질병에 대한 효과를 검증하기 위한 식물과 동물 시료들을 확보하고자 생물학 연구진들이 세계 각지에 파견되었다. 명백히, 연구에 착수하는 가장 좋은 곳은 마을의 치료사(curandero)와 말하는 것이다. 불행하게도 이런 탐사는 세계에서 자신들이 2류 시민으로 취급된다고 많은 나라들이 느낄 때 이루어졌다. 미국인들과 유럽인들이 도착하여, 재료를 수집하고, 광물을 캐고, 석유 시추를 하고, 약간의 경비를 지불한 다음, 나중에 고가의 의약품, 고가의 화학물질, 그리고 값비싼 휘발유와 디젤을 판매하였다. 이런 나라들이 생물다양성보존협약의 견인차 역할을 하였고, 한 국가의 생물은 그 국가의 유산이라고 명시하였다. 즉, 생물, 그 DNA, 그 자손, 그리고 그 생물에서 유래된 모든 의약품은 원산지의 소유이다. 수집 허가를 받기 위해서는 (1) 연구자는 식물이나 동물이 약효 성분을 갖고 있는지 아무에게나 물어볼 수 없고, (2) 어떤 생물로부터 DNA를 추출할 수 없으며, (3) 생물을 번식시킬 수 없고, (4) 연구가 종료되면 전체 생물, DNA, 그리고 조직 시료들을 완전히 파괴해야 한다고 명기하고 있다. 이는 연구를 심하게 억제하는 것이고, 식물원과 동물원에서 멸종위기에 처한 식물과 동물을 번식시킴으로써 멸종위기종을 구하려는 노력을 저해하는 것이다.

CITES가 통과한 이후로 서식지 파괴가 가속화되었다. 농장과 목장을 조성하기 위해, 재목과 종이를 얻기 위해, 그리고 티크나 마호가니 같이 값비싼 목재를 얻기 위해 수백만 평방킬로미터에 걸친 숲과 초지들이 사라졌고 지금도 베어지고 있다. 도시와 교외는 계속해서 점점 더 제멋대로 뻗어나가고 있다. 농사를 짓거나 집을 짓기 위해서 넓은 지역을 깨끗이 베어내면 그곳에 살던 모든 생물을 죽이는 것이지만, 생물탐사와 수집은 그 가운데 일부 개체들을 구할 수 있다. 대대적인 파괴를 중단하고 과학적 발견을 증진시키기 위해 CITES와 리우협약 모두 사려 깊게 수정될 필요가 있다.

중 한 종류(*Melanoplus femerrubrum*)는 왕포아풀(*Poa pratensis*)을 즐겨 먹는다. 메뚜기의 초식성에 기인하여 왕포아풀의 경쟁 식물인 주름미역취(*Solidago rugosa*)가 번창할 수 있다. 육아거미(*Pisaurina mira*)는 메뚜기의 포식자이다. 거미가 존재하면 메뚜기의 수가 어느 정도 감소한다. 그러나 이에 못지않게 중요한 것은 메뚜기들이 거미의 존재를 탐지할 때 먹이원을 왕포아풀에서 주름미역취로 전환하면서 그들의 행동을 바꾼다는 점이다. 거미들은 주름미역취에서보다 왕포아풀에서 좀 더 사냥할 가능성이 많고, 따라서 메뚜기들은 먹이식물을 전환함으로써 보다 안전해진다. 그 결과, 만일 거미들이 존재하면 주름미역취는 더 많은 메뚜기의 포식에 시달리고 그 개체군은 감소하는 반면, 만약 거미가 없다면 메뚜기들은 주름미역취에서 그들이 좋아하는 먹이인 왕포아풀로 전환하여 그 수를 낮춘다. 따라서 왕포아풀과 주름미역취 간의 균형은 광범위하게는 거미의 존재 여부에 의해 결정되는데, 사실상 거미는 이들 식물 중 아무 것도 먹지 않는다.

군집생태학은 최근에 생긴 과학이고, 고작 몇 가지의 기본적인 원칙만이 확립되었을 뿐이다. 배워야 할 점이 많고, 우리가 모르는 점이 많은 분야이다. 그런데 우리는 지금도 화석연료를 태우고 있고, 대기에 온실가스를 추가하여 지구의 기후변화를 야기하고 있다. 모든 곳의 군집을 변모시키는 전 세계적 실험을 개시한 것이다. 중대한 환경 재앙을 가능한 한 신속하게 방지한다는 희망을 가지고 군집생태학의 이해를 증진시킬 필요가 있다.

다음 단계에서는

1. **천이와 선구종.** 12,000년 전까지 로렌타이드 빙상(Laurentide Ice Sheet)이 모든 캐나다와 미국 북부의 대부분을 뒤덮었다. 많은 곳에서 빙상의 두께는 1마일 이상이었고, 실제로 캐나다 밑의 지각이 아래로 가라앉는 원인이 되었다. 12,000년 전에 현세(Holocene)의 온난화가 시작된 이래, 빙상은 후퇴하였지만 이는 고르지 못했는데, 그것은 서로 다른 장소에서 서로 다른 시기에 빙상이 퇴각하였기 때문이다. 11,000년 전에는 저지대에서, 그리고 최근 들어서 빙하가 산맥에서 퇴각하였다. 결과적으로 캐나다와 미국 서부의 산맥에 있는 군집들의 연령은 길게는 12,000년에서 오늘날 퇴각하는 빙하의 맨 아래 부분의 경우 0년까지 다양하다. 예전에 퇴각하는 빙하에 의해 점유되었던 계곡을 따라 걷는다면 천이의 노년기를 볼 수 있다. 이들 지역에서 선구종의 천이가 광범위하게 연구되고 있기에, 여러분은 이에 관한 훌륭한 요약과 연구논문을 많이 발견할 수 있을 것이다.
2. **공중섬.** 서늘한 산봉우리에 위치한 군집은 대개 산맥들 사이의 따뜻한 저지대의 군집들과 크게 다르다. 지구가 아주 서늘했을 때에는 산봉우리의 전형적인 군집이 저지대에서 생존할 수 있었고, 인접한 산봉우리의 군집들과 상호작용하면서 종을 교환하였다. 정상적으로 차가운 고위도 지방(북반구에서 북쪽 끝)에 국한되는 종들이 적도까지 멀리 이주할 수 있었다. 지구가 다시 따뜻해졌을 때, 많은 종들이 가까운 산맥의 점점 더 높은 고도를 차지하면서 생존하였다. 그 결과, 지금 적도 부근의 산꼭대기에 사는 종들은 수백 마일 떨어진 다른 산맥의 친척들과 떨어져 있거나, 고위도의 서늘한 저지대에 있는 친척들과 수천 마일 떨어져 있다. 따라서 일부 산맥의 꼭대기들은 '공중섬(sky islands)'으로 여겨지고, 각각은 동류의 군집들과 격리된 채로 진화하고 적응한 자체의 고유한 군집을 갖는다. 이 주제를 연구할 때 생존지역(refugium; 복수형 refugia)의 개념이 포함되어야 한다.
3. **밀도보상(density compensation).** 군집생태학의 중요한 개념은 특정 요소가 변할 때 일어나는 반응이다. 예를 들면, 많은 군집은 초본 같은 작은 씨를 만드는 일부 식물종과 곡물을 먹는 곡식성(granivorous) 설치류 몇 종이 포함된다. 만일 곡식동물 가운데 한 종이 만약 질병에 의하거나 실험에 의해 밀도가 감소한다면, 그에 대한 보상으로 다른 곡식동물의 밀도가 증가할 것인가? 아니면 한 종의 밀도 변화는 다른 종의 밀도에 아무런 영향을 미치지 않을 것인가? 이 문제는 아직 해결되지 않았고, 모든 군집에서 동일할 수 없겠지만, 독립된 연구의 중요한 분야이다.
4. **메타개체군과 보전생물학.** 이 26장에서는 메타개체군의 개념에 대해 간략하게 소개하였지만, 메타개체군은 멸종위기종을 위한 야생생물보호구를 설계할 때 매우 중요하다. 여러분은 인터넷 검색을 통해 이 주제를 깊이 배울 수 있다. 저자는 미텔바흐(Garry G. Mittelbach)의『군집생태학(*Community Ecology*)』(2012년, Sinauer Associates)을 추천한다. 이는 내용이 좋고 삽화가 풍부하게 들어 있는 훌륭한 책이다.

요약

1. 군집은 동일한 시간과 장소에 함께 나타나는 종의 집단이다.
2. 많은 군집에서 나타나는 거의 예측 가능한 변화의 순서를 천이라고 한다.
3. 여러 해 동안 거의 동일하게 유지되는 군집은 극상군집이다.
4. 사람은 많은 군집의 구성원이고, 서식지 손실, 서식지 단편화, 그리고 남획의 원인이 되지만, 한편으로 군집의 복원과 자원의 보전에 기여한다.
5. 군집의 다양성을 연구할 때, 규모라고 부르는 조사지역의 크기가 중요하다. 면적이 큰 지역은 작은 지역보다 훨씬 다양하다.
6. 대부분의 군집에서 식물은 가장 중요한 1차생산자이고, 식물은 초식성 포식자와 잡식성 포식자의 먹이가 된다.
7. 풍족역설(paradox of enrichment)은 군집에 비료를 주거나 부영양화하였을 때 모든 종의 풍부도가 증가하지 않고 다양성이 감소하는 현상을 말한다.
8. 고정활동수확(fixed effort harvesting)은 자원의 공급이 부족하거나 위태로워졌을 때 자동적으로 수확을 줄이는 기법이다.
9. 복수의 종들은 같은 자원을 두고 서로 경쟁할 수 있다. 만일 이들이 실제로 자원을 소비하고 이를 줄인다면, 이는 자원획득경쟁이다. 만일 한 종이 다른 종의 자원에 대한 접근을 그저 방해한다면, 이는 간섭경쟁이다.
10. 군집의 종들은 한쪽이 득을 보거나(촉진) 양쪽 다 유익하도록(상리공생) 상호작용할 수 있다.
11. 개체군들은 전형적으로 적합하지 않은 서식지 구역에 의해 따로 떨어져 있다. 만일 종이 다양한 개체군들 사이에서 이주할 수 있다면, 이들은 모두 메타개체군(metapopulation)을 이룬다.
12. 야생생물보호구의 설정을 계획할 때 메타개체군의 생태가 중요하다. 결합시키는 이동통로가 필수적일 수 있다.
13. 먹이그물과 에너지흐름그물은 군집 내의 포식자-피식자 관계이지만, 이러한 그물의 연구는 군집에서 나타나는 모든 가능한 관계를 포함하거나 측정할 수 없다.

중요한 용어

1차천이(primary succession)
간섭경쟁(interference competition)
겉보기 경쟁(apparent competition)
고정할당량수확(fixed quota harvesting)
고정활동수확(fixed effort harvesting)
공급서식지(source habitat)
군집(community)
군집복원(community restoration)
극상군집(climax community)
기능적 반응(functional response)
도움분산(assisted dispersal)
먹이그물(food web)
먹이사슬(food chain)
메타개체군(metapopulation)
목록(checklist)
보호식물(nurse plant)
상리공생(mutualism)
상리공생관계(mutualistic relationship)
서식지 단편화(habitat fragmentation)
서식지 손실(habitat loss)
수용서식지(sink habitat)
에너지흐름그물(energy flow web)
일시적 종(fugitive species)
자원(resource)
자원획득경쟁(exploitation competition)
제로생장 등경사선(zero growth isocline)
종-수도분포(species abundance distribution)
종수-면적관계(species-area relationship)
천이(succession)
촉진(facilitation)
최대지속생산량(maximum sustained yield)
최적섭식이론(optimal foraging theory)
최적식이모델(optimal diet model)
침입종(invasive species)
풍족역설(paradox of enrichment)
피식자의존(prey-dependent)
핵심종(keystone species)

복습 문제

1. 군집을 정의하시오. 군집이 선명하게 윤곽이 드러나는 지리적 경계를 갖는가? 설명하시오.
2. 어떤 군집은 시간이 흐르면서 변한다. 이 과정을 무엇이라고 부르는가? 그 사례를 설명하시오.
3. 다른 군집은 오랜 시간 동안 거의 동일하다. 이와 같은 군집의 이름은 무엇인가? 그런 군집이 동일하게 유지되는 이유는 무엇인가?
4. 사람은 서로 다른 많은 군집의 구성원이다. 그 가운데 일부를 설명하고, 이들 몇몇 군집에서 사람이 다른 생물의 생명현상에 어떻게 영향을 미치는지 설명하시오.
5. 군집복원이란 무엇인가? 왜 이것이 필요한가? 몇 가지 사례를 설명하시오.

6. 서식지 손실은 서식지 단편화와 어떻게 다른가? 보호된 이동통로의 중요성은 무엇인가?
7. 종의 목록은 무엇인가? 그 목록을 이용하여 어느 종이 풍부하고 어떤 종이 희귀한지 알 수 있을까?
8. 규모는 군집생태학의 연구에서 대체로 중요하다. 규모가 작은 구획과 큰 구획 가운데 어느 쪽의 종다양성이 더 큰가? 그 이유는?
9. 적도 부근의 열대 지방은 고위도의 온대 지방보다 종다양성이 높다. 이를 설명하는 이유 몇 가지를 설명하시오. 과거의 지구 기후변화가 원인을 제공했다는 점도 언급하시오.
10. 종-수도분포를 설명하시오. 가상적인 종-수도분포의 그래프를 그려 보시오. 이를테면 하나는 거의 모든 종이 매우 희귀한 분포를 나타내고, 또 하나는 몇 종은 극도로 드물지만 대부분은 그저 드문드문 나고 몇 종은 매우 풍부한 분포를 나타내는 그래프를 그리시오. 거의 모든 종이 아주 풍부한 종-수도분포 그래프를 그릴 수 있을까? (힌트: 군집을 구성하는 두 종이 모두 풍부해서 각 종의 구성원들이 군집 내에서 개체들의 절반이 넘는 군집이 가능할까?)
11. 포식자–피식자 상호작용에서, 포식자들이 대체로 너무 많은 피식자를 소비하여 피식자 종이 군집에서 사라질까? 아니면 두 종이 오랜 기간 동안 공존할까? 이를 설명하시오.
12. 만일 어떤 과정의 속도가 피식자 개체들의 풍부도에 따라 좌우된다면, 이를 피식자 의존적이라고 한다. 피식자 의존 과정의 몇 가지 사례를 드시오.
13. 25장에서 인자 r과 K를 설명하였다. 이들 각각을 설명하시오. 26장에서는 인자 a, f, 그리고 q를 나타내었다. 이들 각각을 설명하시오.
14. 제로생장 등경사선을 갖는 피식자 개체군은 중요하다. 왜냐하면 포식자의 제로생장 등경사선이 최대치의 오른쪽이나 왼쪽에서 교차할 수 있기 때문이다. 어느 한 교차는 안정된 상호작용을 이끌고, 다른 하나는 불안정한 상호작용을 초래한다. 어느 것이 어느 것이고 그 이유는 무엇인가?
15. 풍족역설이란 무엇인가? 여기에 제로생장 등경사선이 어떻게 관련되는가? 현실에서 그 예를 드시오.
16. 고정활동수확과 고정할당량수확은 낚시, 사냥, 그리고 목재 수확에서 2가지의 상이한 접근법이다. 이들 각각을 설명하고, 이들 각각 수확되는 개체군에 어떻게 영향을 미치는지 설명하시오.
17. 최적식이모델은 4가지를 예측한다. 이들 4가지를 열거하시오.
18. 어느 종에 의해 이용되는 자원의 R^*은 무엇인가? N_1과 N_2의 두 종이 동일한 자원을 놓고 경쟁할 때, 이들 각각의 R_1^*과 R_2^*가 어떻게 결과에 영향을 미치는가?
19. 상리공생을 정의하시오. 상리공생관계의 2가지 예를 드시오.
20. 두 종 사이에서 일단 상리공생관계가 진화하면, 자연선택과 공진화에 의해 두 종은 계속적으로 서로에게 더 의존적이 될까? 아니면 한 종이 상리공생을 끝낼 수 있을까? 설명하시오.
21. 1차천이를 설명하시오. 빙상과 빙하가 퇴각하면서 지난 12,000년 동안 1차천이가 중요하였다고 생각하는가?
22. 동물은 걸어가거나 날아가면서 전체 개체의 움직임으로 이주한다. 식물은 어떻게 이주하는가? 몇 가지 메커니즘을 설명하시오.
23. 메타개체군의 모델은 어떤 종에 적합한 일부 조각이 그 종에 의해 점유되지 않는다고 상정하였다. 이는 그 조각이 어쨌든 적합하지 않다는 것을 의미하는 것일까? 이는 그 조각이 종의 보전에 중요하지 않고 산업 개발에 이용될 수 있다는 것을 의미하는 것일까? 설명하시오.
24. 한편 메타개체군의 모델은 많은 종이 그들의 조각을 일시적으로 점유하고 조만간 경쟁이나 그 밖의 다른 요인에 의해 그 종들이 제거된다고 상정하였다. 이것이 사실이라면 그런 조각이 그 종에 적합한 야생생물보호구가 될 것인가? 야생생물 관리인이 그런 보호구를 어떻게 설정해야 하는지 논하시오.
25. 많은 경우에 메타개체군의 다양한 조각들을 연결하는 이동통로를 갖는 것이 유익하다. 만일 고속도로가 조각과 조각을 가로지른다면, 사슴(또는 그 밖에 겁이 많은 동물)을 위한 이동통로로 차량 운행이 많은 고속도로에 갓길을 지정하는 것이 적합하다고 생각하는가? 이를 논하시오.
26. 도움분산이란 무엇인가? 오늘날 도움분산이 과거보다 더욱 중요하게 된 것은 무엇 때문인가? 어떤 사람들이 이를 반대하는 이유는 무엇인가?
27. 먹이그물에 대한 대부분의 연구는 종의 대부분을 조사하지 않거나 실제 그물에 있는 대부분의 생물을 신경 쓰지 않았다. 왜일까? 그런 연구를 얼마나 신뢰할 수 있을까? 모든 생물과 모든 연관성이 똑같이 중요할까?
28. 핵심종이란 무엇인가? 그 사례를 설명하시오.

CHAPTER 27

생물군계

학습 목표

이 장을 읽은 다음, 학생들이 할 수 있는 것은;

- 생물군계를 정의하고, 생물군계의 위치에 가장 크게 영향을 미치는 2가지 요인을 언급한다.
- 지구의 기울기, 열의 대기 분포, 그리고 열의 해양 분포가 기후에 미치는 효과를 설명한다.
- 과거와 현재의 대륙의 위치가 기후에 어떻게 영향을 미치는지 다시 언급한다.
- 북아메리카의 습한 온대생물군계, 건조한 온대생물군계, 그리고 열대생물군계를 설명하고, 각각 어떤 영향을 갖는지 설명한다.

개요

알고 있나요?

- 열대우림 같은 생물군계는 특정한 기후에 사는 일련의 특정한 유형의 식물들이다. 우림마다 실제의 종들은 달라지지만, 식물들의 유형은 동일하다.
- 우리가 흔히 부르는 '사막', '숲', '초지', '습지' 등의 단어들은 몇몇 중요한 생물군계의 명칭을 부여하는 데 있어서 매우 정확하다.
- 만일 지구의 자전축이 수직이고 그 궤도가 정확하게 원형이라면, 계절이 나타나지 않을 것이다.
- 대기와 대양의 순환은 방대한 양의 물질을 움직일 뿐만 아니라 열 또한 움직인다.

장의 첫 이미지: 습하고 축축할 만큼 고도가 높지만 너무 추워서 나무가 살 수 없을 정도로 아주 높지 않은 산맥의 고지대에서 아고산림(subalpine forest)이 나타난다. 아고산림은 여름의 몇 주일 동안 일시적으로 덥고 건조할 수 있으며, 고지대의 토양이 너무 얇고 바위투성이라서 빗물이나 눈 녹은 물을 몇 주일 이상 보유할 수 없기 때문에 식물들은 가끔 수분스트레스를 겪는다. 여기의 주황색 나무껍질을 가진 나무들은 거대한 미국 삼나무(거삼나무; *Sequoiadendron giganteum*)이다.

개념

지구의 지표는 거의 전적으로 **생물군계(biome)**로 덮여 있는데, 이는 우점식물들의 독특한 면이 특징인 많은 생태계의 광범위한 그룹이다. 예를 들어, 북아메리카의 생물군계들로는 온대낙엽수림, 아고산 및 산지의 침엽수림, 초지, 그리고 사막을 들 수 있다. 가장 혹독한 사막(칠레와 페루의 아타카마 사막, 아프리카의 사하라 사막, 중국의 고비 사막)과 영구히 얼음으로 덮여 있는 지역(대부분의 남극과 높은 산의 꼭대기; **그림 27-1**)에서만 식물이 나타나지 않는다. 다른 모든 지역에서는 바위와 흙이 하다못해 일시적이라도 얼음이 사라지고 약간의 액체 상태의 물을 갖게 된다. 식물, 조류, 그리고 남세균의 1차생산자들이 광합성을 수행하고 소비자와 분해자의 먹이그물을 존재하게 한다.

생물군계는 극히 단순한 **툰드라(tundra)**부터 훨씬 복잡한 초지, 온대림, 그리고 열대우림까지 다양하다. 생물군계의 복잡성과 상관(physiognomy)은 2가지의 비생물적 요소인 기후와 토양의 영향을 가장 많이 받는다. 초지나 온대낙엽수림 같은 특정한 유형의 생물군계는 지구상의 여러 지역에서 나타날 수 있는데, 왜냐하면 동일한 세트의 기후와 토양 요소가 여러 지역에서 나타나기 때문이다. 모든 지점에서 생물군계의 상관(모습)은 비슷하지만, 실제로 출현하는 종들은 대체로 지역마다 상당히 다르다. 예를 들면, 온대초지(temperate grassland)는 미국의 중부 평원(central plain), 러시아의 스텝(온대초원, steppe), 아르헨티나의 팜파스(pampas), 그리고 아프리카의 벨트(초원지, veldt)에서 쉽게 알아볼 수 있다(**그림 27-2**). 이들 모두 벼과 초본들과 큰 포유류들이 우세하며, 나무들은 강을 따라 자랄 뿐이다. 어느 한 대륙에서 초지의 생태적 지위에 적응하게 된 종들은 다른 대륙에서는 나타나지 않는데, 그것은 그토록 먼 거리까지 씨를 운반할 새, 포유동물, 바람 또는 그 밖의 수단이 없기 때문이다. 상당히 떨어져 있는 생물군계 단위들 간에서 유전자 확산이 일어나지 않음에도 불구하고, 수렴진화와 평행진화의 결과로 상관적 유사성(physiognomic similarity)이 지속된다. 각 지역의 기후, 토양, 그리고 그 밖의 서식지 요인들이 비슷한 표현형을 선택한다. 만일 어느 생물군계의 부분들이 너무 멀리 떨어져 있지 않다면, 그런 부분들에서는 실제로 몇몇 종이 공통으로 나타난다.

그림 27-1 남극대륙은 지구상에서 식물이 그냥은 살 수 없는 몇 안 되는 장소 중의 하나이다. 여기에 보인 지역에 식물을 도입한다면 그 식물은 죽을 것이다.

지구상에서 생물군계의 지리적인 위치는 많은 요인들에 의해 결정되지만, 다른 무엇보다 더 중요한 2가지는 (1) 세계 기후와 (2) 대륙의 위치이다. 이들 요인 중 하나, 아니면 둘 모두 상이하다면, 생물군계의 위치는 달라진다. 이들 모두 변한다는 점이 중요하다. 기후는 온도 상승과 하강의 주기를 거듭하고, 대륙은 **대륙이동(continental drift)**으로 인해 위치를 옮긴다. 과거에는 지구 표면의 조건이 매우 달랐고, 식물과 동물의 분포도 달랐다. 마찬가지로, 미래에도 조건은 변할 것이고, 생물도 그에 따라 영향을 받게 될 것이다.

세계 기후

지구의 기상조건은 지구 자전축의 기울기와 대기와 대양이 존재한 결과이다.

지구 기울기의 효과

자전축(axis of rotation)이 그 궤도의 면과 정확하게 수직인 행성을 상상해 보자. 적도에서는 태양이 1년 내내 정확하게 동쪽에서 뜨고, 바로 머리 위를 통과하여 서쪽으로 질 것이다. 변화가 없고, 계절도 없을 것이다. 적도가 아닌 모든 곳, 예를 들어, 북위 70도에서는 태양이 결코 머리 위에 있지 않는다. 태양은 남동쪽에서 떠서 하늘을 낮게 통과하여 남서쪽으로 질 것이다. 적도에서 최대로 데워지고, 다른 모든 지역에서는 항상 비스듬하게 빛을 받고 훨씬 서늘해질 것이다. 만일 대기나 대양이 없다면 적도로부터 극지로 열이 전달될 수 없고, 이들 지역 간에서는 온도 기울기가 엄청날 것이다.

지구의 자전축은 궤도면으로부터 23.5도가 기울어져 있다. 하지인 6월 21일이나 22일에는 북극이 가능한 한 직접 태양을 향하고, 북반구에서는 태양의 고도가 가장 높아진다. 북위 23.5도의 북회귀선(the Tropic of Cancer)에 있는 사람들은 정오에 태양이 머리 위에 있을 텐데, 북회귀선은 캘리포니아, 텍사스 그리고 플로리다의 바로 남쪽을 지나간다. 낮이 가장 길고, 여름이 공식적으로 시작된다. 북극권(Arctic Circle; 북위 66° 33′)보다 위에 있는 북쪽에서는 한밤 중에도 태양을 볼 수 있다.

지구가 계속 공전궤도를 돌면서 자전축은 덜 태양을 가리키게 되고, 태양은 보다 남쪽에서 뜨고 지며, 정오에도 남쪽 하늘에 낮게 떠 있게 된다. 추분인 9월 23일까지 지구는 궤도의 4분의 1을 돈다. 태양은 적도의 바로 위에 있고, 낮의 길이는 정확하게 12시간이며, 가을이 시작된다. 또 3개월이 지나서 12월 21일 또는 22일의 동지에 남극은 가능한 한 직접 태양을 향한다. 남위 23.5도의 남회귀선(the Tropic of Capricorn)에서는 정오에 태양이 바

(A) © balasclick/iStock Photo

(B)

(C)

그림 27-2 기후와 토양의 조건들이 적합하면 거의 언제나 우림이나 사막이 아닌 초지가 발달한다. 그런 조건들이 존재하는 곳이라면 특정한 유형의 식생을 기대할 수 있다. 실제로 출현하는 종들은 지역마다 다르지만, 그럼에도 불구하고 생물군계는 초지임을 알아볼 수 있는데, 그것은 유사한 환경조건에 기인하는 수렴진화 때문이다. 사진에 보이는 초지들은 **(A)** 아프리카 케냐의 마사이마라(Masai Mara), **(B)** 와이오밍 주의 질레트(Gillette), 그리고 **(C)** 아르헨티나이다.

로 머리 위에 있다. 남반구에서는 여름이 시작되지만, 북반구에서는 겨울이 시작되고 낮이 길이가 가장 짧다. 북극권보다 위에서는 결코 해가 뜨지 않는다. 또 다시 궤도의 4분의 1을 돌아 춘분인 3월 21일이 되면 태양은 적도로 돌아온다.

태양으로부터 가장 많은 열을 받는 곳이 계절에 따라 북쪽에서 남쪽으로 옮겨진다. 지구의 모든 부분들은 계절적 변동을 경험하게 되지만, 북위 23.5도와 남위 23.5도 사이의 지역인 열대(tropics)에서는 이 띠의 바깥에 있는 온대지방에서 만큼 여름과 겨울 간의 큰 차이가 나타나지 않는다.

열의 대기 분포

유체(fluid)인 대기와 대양은 어느 한쪽이 가열되고 다른 쪽이 서늘해질 때 대류(convection current)와 거대한 흐름이 생긴다. 이들이 열대지방에서 온대지방으로 그리고 극지까지 열을 분배한다.

열대의 많은 구역은 태평양, 대서양, 그리고 인도양이 차지한다(**그림 27-3**). 1년 내내 물과 공기는 태양열을 받아 엄청난 양의 증발을 일으킨다. 공기가 따뜻해지고, 팽창하고 나서 대기 중으로 높이 상승한다. 따뜻한 공기가 위쪽으로 올라가면 주위의 기압이 감소하고, 상승하는 습한 공기는 더욱 팽창한다. 이와 같은 팽창은 공기를 서늘하게 만들고, 수분을 보유하는 능력을 감소시킨다. 수증기가 응축되어 비가 되고 폭풍우를 동반하여 땅에 떨어져서, 중앙아메리카, 남아메리카 북부, 중앙아프리카, 그리고 동남아시아에서 열대우림을 생성한다.

상승한 다음, 공기는 밑에서 열대의 더 많은 공기가 끊임없이 상승함에 따라 북쪽과 남쪽으로 밀려간다(**그림 27-4**). 높은 고도에서 퍼지는 동안에 공기는 우주로 열을 방출하고, 더욱 냉각된다. 북위 또는 남위 약 30도[아열대 고압대(horse latitude)]에 도달할 때까지 공기는 서늘해지고, 수축되고, 밀도가 높아져서 하강한다. 고도가 낮은 곳에서 높은 기압과 맞닥뜨리고, 공기는 압축되고 데워진다. 차츰 따뜻해지면서 공기에 보수력이 증가한다. 공기가 물을 보유하는 능력은 커지지만 수분함량은 동일하므로, 공기는 차츰 건조해진다. 그러나 처음에 공기가 상승할 때 이미 많은 수분을 상실하였으므로, 이 공기는 이제 극도로 건조하다. 이렇게 하강하는 공기의 밑에 있는 지대는 세계에서 가장 덥고 건조한 사막 생물군계를 포함한다(그림 27-3).

지구의 표면에 돌아온 다음, 공기의 일부는 적도를 향해 퍼지고, 일부는 극지를 향해 흐른다. 지구의 자전 때문에 적도를 향해 움직이는 공기가 서쪽으로 방향이 쏠린다. 공기는 북반구에서 북동무역풍이 되고, 남반구에서는 남동무역풍으로 움직인다. 아열대 고압대에서 극지를 향해 퍼지는 공기는 동쪽으로 방향을 바꾸어 편서풍으로 분다.

건조한 공기가 하강하는 실제 지역은 계절에 따라 변하지만, 태양이 북회귀선 부근에 있는 북단까지(북반구의 여름) 그리고

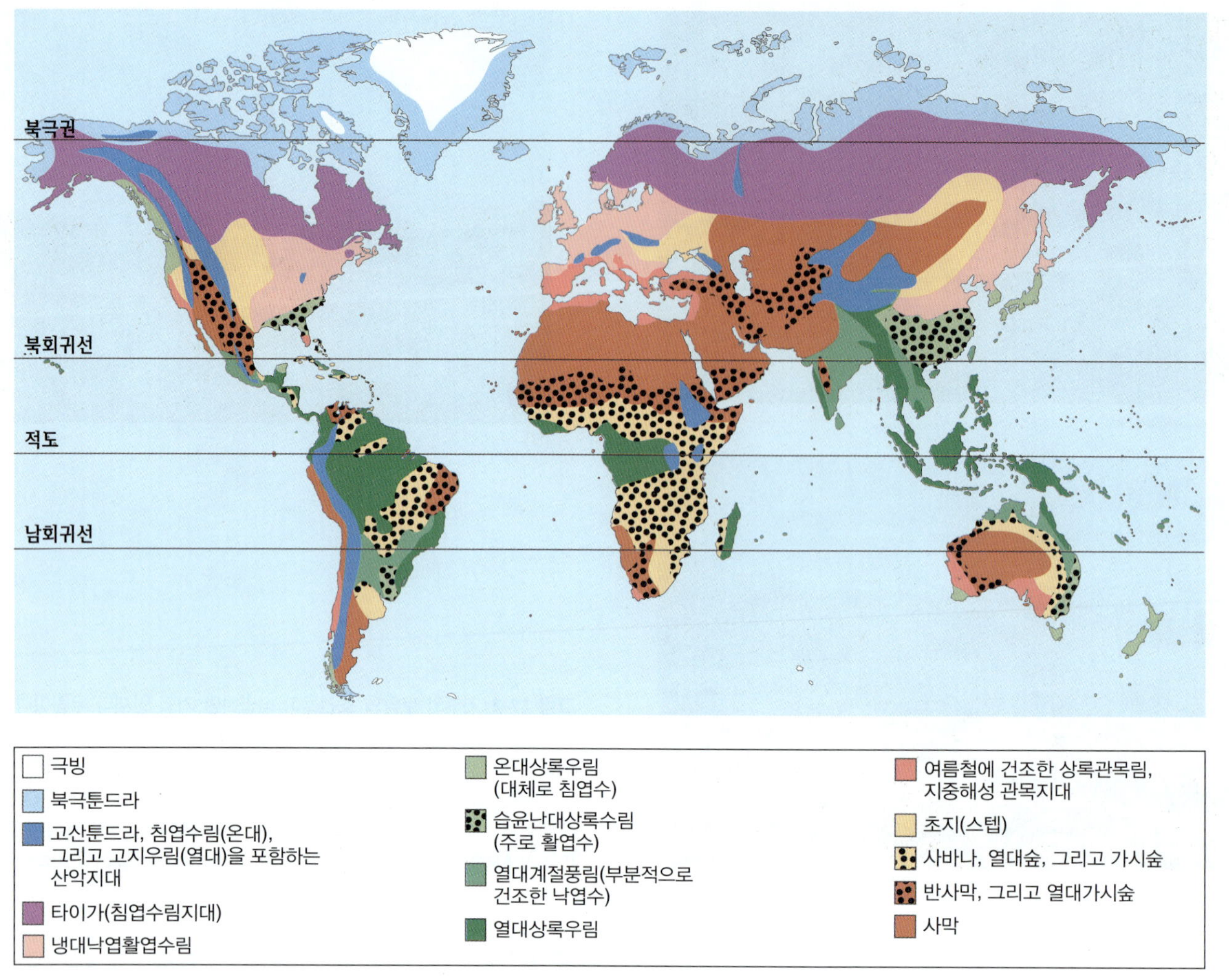

그림 27-3 지구상에서 대부분의 육지는 북쪽에 치우쳐 있고, 북회귀선과 남회귀선 사이의 열대 지방은 대부분이 물이다. 엄청난 양의 태양 에너지가 물에 도달하고, 방대한 양의 증발을 일으켜 대기를 적시지만, 온도 변화에는 거의 영향을 미치지 않는다. 만일 열대에 더 많은 육지가 있었다면 토양이 더욱 데워질 것이고, 이는 나아가서 공기를 따뜻하게 만들겠지만, 대양은 서늘한 상태를 유지하고 대기로 증발하는 수분이 거의 없을 것이다. 모든 지역에서 받는 비는 훨씬 적어질 것이다.

태양이 남회귀선 부근에 있는 남단까지이다. 겨울철에 미국은 전적으로 편서풍(탁월편서풍)의 영향 내에 위치한다. 겨울 날씨는 태평양과 북극해로부터 오며, 대륙을 가로질러 동쪽으로 움직인다. 미국은 여름철에 북동무역풍이 북쪽으로 움직여 멕시코 만을 따라 여러 주에 영향을 미친다. 북동무역풍은 대서양으로부터 서쪽으로 동해안과 멕시코 만에 여름의 폭풍을 가져다주고, 여름철에 비가 내리게 한다.

대륙의 기후

광활한 땅덩어리의 크기는 기후에 영향을 미친다. 하와이 제도, 괌, 그리고 푸에르토리코 같은 큰 섬들에는 산맥이 있어서 바람이 섬을 가로지를 때 공기를 상승시킨다. 상승하는 공기는 서늘해지고 비를 내린다. 플로리다키스 제도(Florida Keys)와 바하마의 아주 작은 섬들 같이 나지막하고 작은 섬들은 너무 평평해서 공기에 영향을 미치지 않는다. 이와 같은 **열대무인도(desert island)**들은 극도로 건조하고, 대체로 담수의 강이나 호수가 없다(**그림 27-5**).

대륙도 공기를 상승시켜 서늘하게 하고 비를 뿌리게 한다. 만일 지형이 상당히 평평하다면, 공기는 서서히 상승하고, 비는 광범위한 지역에 걸쳐 내린다. 대서양과 멕시코 만에서 오는 여름 폭풍은 미국의 동부, 미시시피 강 유역, 그리고 대초원 지대를 지난다. 대지는 서서히 높아져서 강우가 대륙의 절반을 덮는다.

만약 지형이 미국 서해안처럼 산악이라면, 비는 좁은 지역에 떨어진다. 편서풍은 태평양으로부터 습한 공기를 캘리포니아, 오리건, 워싱턴, 멕시코, 그리고 서부 캐나다의 육지로 가져다준다. 연안에 위치한 산맥은 공기를 상승시키고, 서쪽 경사면에 많은 비가 내린다. 그렇지만 산꼭대기를 통과한 공기는 하강하면서 데워지고, 비는 내리지 않는다. 동쪽 사면은 서쪽 사면보다 훨씬 더 건조하다. 산맥의 내륙을 향한 쪽에서 비가 줄어드는 것을 **비그늘(rain shadow)**이라고 부른다. 공기가 계속 동쪽으로 가면서, 공기는 시에라네바다(Sierra Nevada) 산맥과 로키(Rocky) 산맥과 맞닥뜨리고, 다시 위쪽으로 상승하여 더 많은 비가 내린다. 로키 산맥의 동쪽을 내려가면서 비는 그치고, 공기는 중부 평원을 가로지르면서 매우 드물게 비를 뿌린다.

미국의 여름에는, 열대 폭풍이 카리브 해를 지나 서쪽으로 휘

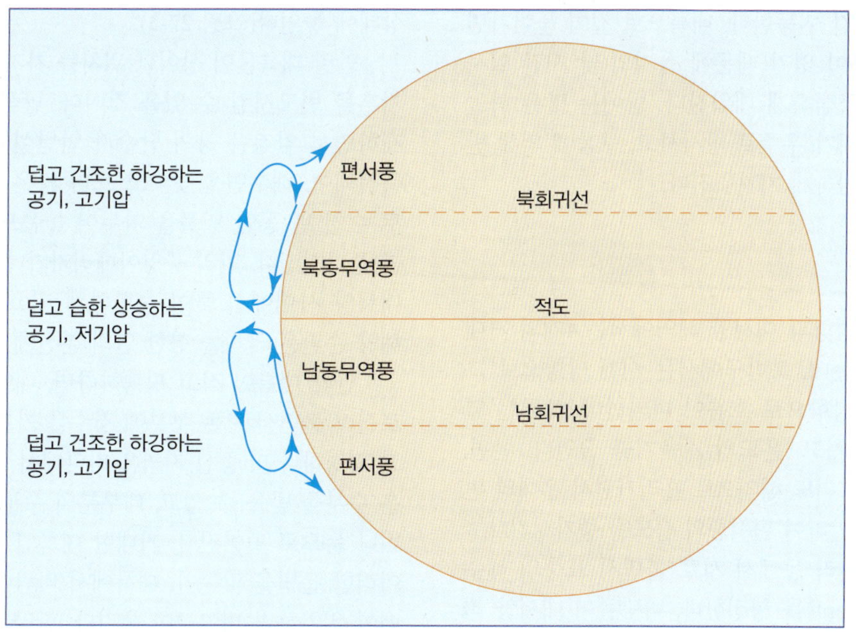

그림 27-4 공기가 적도에서 상승한 다음, 고도가 높은 곳에서 북쪽과 남쪽으로 퍼진다. 공기가 회귀선에 도달할 무렵에는 수축할 만큼 서늘해지고 밀도가 높아져서 하강한다. 지표에서 일부는 무역풍으로 적도를 향해 되돌아가고, 일부는 편서풍으로 극지를 향해 이동한다.

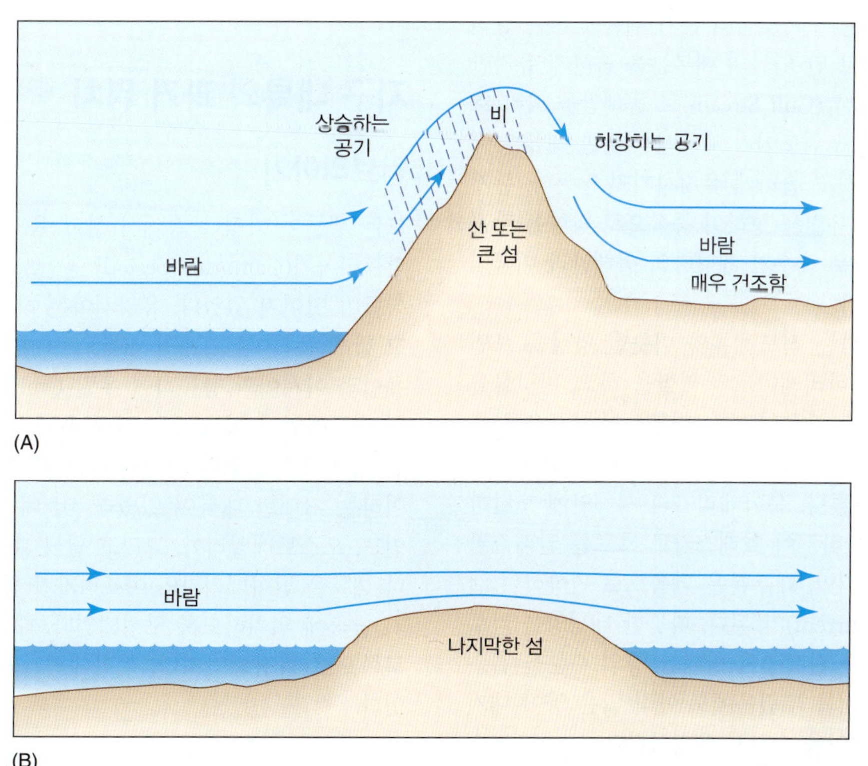

그림 27-5 **(A)** 산이나 그 밖의 큰 땅덩어리가 공기를 상승하게 만들면 기온이 이슬점(dew point) 이하로 내려가고 비나 눈을 떨어뜨린다. 풍하측(lee side)에서는 하강하는 공기가 압축되고 데워져서 보수력이 증가한다. 그 지역에 비를 가져다주지 않고, 실제로 토양을 건조시킬 수 있다. **(B)** 공기가 아무런 방해를 받지 않고 낮은 섬을 가로질러 흐른다. 그러므로 공기가 몹시 습한 경우라도 섬에는 비가 거의 내리지 않는다.

몰아치고 나서 북쪽이나 북동쪽으로 방향을 바꾸고 서쪽으로는 멀리 텍사스 중부까지 그리고 북쪽으로는 5대호까지 내륙 깊숙이 수분을 공급한다. 다행스럽게도, 남쪽 연안의 산맥들이 이러한 흐름을 차단하지 않는데, 만약 그러하지 않으면 미국의 중부와 동부는 매우 건조하게 될 것이다.

땅덩어리의 크기도 온도의 변동에 영향을 미친다. 큰 섬에서는, 습한 공기가 산을 따라 올라가고 자주 구름이 낀다. 온도는 좁은 범위를 갖는다. 대륙의 해안에서는 구름이 끼고 비가 내리는 날씨가 빈번하고, 온도가 약간 변동한다. 내륙으로 깊이 들어가면 공기가 건조하고 맑다. 구름이 없기 때문에 육지의 낮 시간 일사량이 최대가 되고, 빠르고 극심하게 데워진다. 밤에는 맑은 하늘 때문에 육지의 적외선 에너지가 우주로 방사하고, 구름에 의해 반사되지 않으므로 빠르고 극심하게 차가워진다.

열의 대양 분포

대기의 순환에 기인하여 태평양과 대서양 해역에서는 4개의 거대한 순환하는 해류가 형성되는데, 북반구에서는 시계 방향으로 그리고 남반구에서는 반시계 방향으로 흐름이 나타난다. 해류는 열대에서 극지로 열을 분산시키고, 온도의 기울기를 줄인다. 한편, 열대의 따뜻한 표층해수가 고위도 해역으로 흘러가면서 온대의 편서풍으로 많은 양의 물이 증발하여 편서풍의 습도를 증가시킨다.

무역풍이 열대를 가로질러 동에서 서로 불면서 표층의 해수는 적도해류(equatorial current)를 형성한다. 바닷물이 대서양 적도해류의 일부로 적도를 따라 몇 주간 흐르는 동안에 엄청난 양의 에너지를 받아 몹시 따뜻해진다. 대양분지의 서쪽에서 브라질의 끝에 의해 북쪽으로 편향되고 나서 일부가 플로리다로 방향을 바꾸고 멕시코 만으로 들어온다. 바닷물의 온기 때문에 많은 양의 물이 대기로 증발하고 멕시코 만 연안의 대부분을 습하게 유지한다. 나머지 해류는 멕시코 만류(Gulf Stream)로 동해안을 따라 흐른다. 여기는 편서풍이 우세한 위도이기 때문에 따뜻한 해류는 예상하는 것만큼 육지를 따뜻하고 습하게 유지시키지 않는다. 뉴저지와 뉴욕 부근에서 해류는 유럽을 향하여 동쪽으로 방향을 바꾼다. 전환점에서 극지의 차가운 해수가 캐나다의 동해안과 미국의 북동부 연안을 따라 남하한다.

태평양은 서쪽으로 향하는 적도해류와 비슷한 양상을 보인다. 필리핀과 인도네시아가 바리케이드의 역할을 하고, 바닷물을 북쪽과 남쪽으로 편향시킨다. 북쪽의 해수 대부분이 북쪽으로 흐르다가 동쪽으로 흐르면서 쿠로시오 해류(Kuro Shio current)로 캐나다와 워싱턴 쪽으로 흐른다. 북아메리카의 서해안에 도달하면 일부가 북쪽으로 방향을 바꾸어 알래스카로 흐르는 알래스카 해류(Alaska current)가 되지만, 대부분은 남쪽으로 편향하여 캘리포니아 해류(California current)가 된다. 따뜻한 태평양을 가로질러 수천 마일을 부는 동안 편서풍이 방대한 양의 수분을 흡수하고, 비록 대양에도 많은 비를 뿌렸음에도 아직 많은 양이 대기 중에 남아 있어서 태평양 연안을 습하게 유지시킨다.

대륙이동

지구 대륙의 현재 위치

어느 지역의 기후를 결정짓는 가장 중요한 요인의 하나가 그 지역의 위도이다. 열대 지방의 적도 부근에서는 기후가 따뜻하고 습하지만, 북쪽이나 남쪽에 위치한 지역들은 훨씬 서늘하고 건조한 상태에 놓인다(그림 27-3).

만일 대륙들이 상이한 위치를 차지한다면 이들은 전체 지구의 기후를 변모시킬 수 있을 것이다. 남극에 거대한 남극 대륙이 존재하면서 엄청난 양의 담수가 만년설원과 빙하의 형태로 그곳에 축적되어, 해수면을 낮추고 보다 많은 지표면이 드러난다. 한편으로 수천 년 동안 민물을 가두어 놓음으로써 해양의 염도(salinity)를 증가시킨다. 만일 중앙아메리카가 존재하지 않는다면 태평양과 대서양 사이에서 물이 순환하게 되고, 그로 인해 생기는 새로운 해양 순환은 극지를 향한 열의 분산에 영향을 미칠 것이다.

만약 대륙이 작고 평평하다면, 대양의 습한 공기가 대륙을 가로질러 불면서 모든 부분에 강수를 가져올 것이다. 만일 대륙이 크고 평평하다면, 중심 지역은 바다에서 너무 멀리 떨어져 있어서 많은 수분을 받을 수 없고, 대부분의 수분은 해안선에 가까운 지대에 비나 눈으로 떨어진다. 거대한 대륙인 유라시아(Eurasia)의 중심이 이러한 운명을 맞는다. 대륙에서 바람이 불어오는 곳에 가까이 산맥이 위치하면 비그늘이 생긴다. 만약 높은 산들이 동쪽에 있거나 아니면 북동무역풍이 낮은 애팔래치아(Appalachians) 산맥과 애디론댁(Adirondacks) 산맥을 가로질러 수분을 가져다주는 곳보다 훨씬 남쪽에 위치한다면, 미국은 지금보다 훨씬 습할 것이다.

지구 대륙의 과거 위치

캄브리아기

모든 생물이 아직 물속에서 살고 육지에는 아무 것도 살지 않던 캄브리아기(Cambrian period) 동안, 드넓은 바다에는 몇 개의 대륙들이 떨어져 있었다. 유라시아는 하나의 대륙이거나 이미 가깝고 함께 움직이는 2개의 대륙으로 이루어졌다. 서부 유럽이 동부 유럽과 아시아와 충돌하여 우랄(Ural) 산맥이 형성되었다. 한2개의 대륙이었던 이 고대의 땅덩어리는 현재보다 멀리 남쪽의 따뜻한 기후에 놓였었다. 남반구에는 **곤드와나 대륙(Gondwanaland)**이라는 거대한 대륙이 있었다. 이 대륙은 남아메리카, 아프리카, 인도, 오스트레일리아, 그리고 남극 대륙으로 이루어졌다. 곤드와나 대륙은 남아메리카와 아프리카가 붙고 브라질과 북서아프리카가 남극에 위치하도록 구성되었다. 대륙의 나머지는 열대를 향해 북쪽으로 확장되었지만, 북아메리카와 유라시아의 반대쪽에 있었다.

중기 및 후기 고생대

생명체가 육지로 올라오기 시작하고 리니아식물(rhyniophytes)이 진화할 무렵에 대륙들이 함께 이동하였다(**그림 27-6A**). 먼저, 실루리아기(Silurian Period) 동안에 북아메리카 대륙이 유라시아 대륙과 충돌하여 애팔래치아 산맥이 형성되었고, 이 산맥은 지난 4억 년 동안에 거의 완전히 침식되었다. 이 새로운 대륙은 **로라시아 대륙(Laurasia)**으로 알려져 있다. 다음으로, 남쪽의 곤드와나 대륙이 북쪽으로 이동하여 로라시아와 충돌하여 알프스 산맥이

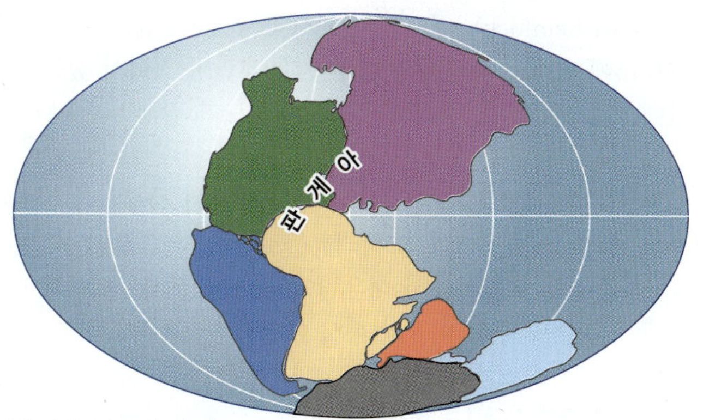

(A) 2억 2500만 년 전

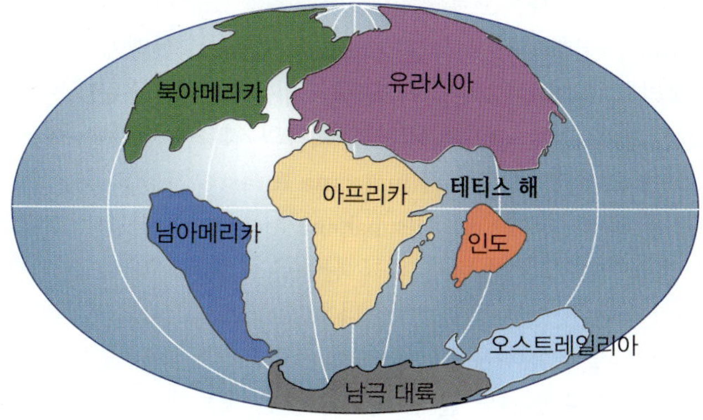

(B) 6500만 년 전

그림 27-6 대륙은 위치만 바뀌는 것이 아니라 크기와 모양 그리고 윤곽도 변한다. 어떤 지역은 융기하여 산맥이 되고, 다른 지역은 극지의 만년설이 녹아 해수면이 상승하면 바닷물에 잠긴다. 대륙이 방향을 바꾸거나 해협의 해류가 이동하면서 대양의 순환이 변하고, 이는 대기로의 수분 전달과 강수 패턴에 영향을 미친다.

생겨났다. 지구 전체의 사실상 모든 육지가 함께 하나의 초대륙(supercontinent)인 **판게아(Pangaea)**에 위치하였다. 로라시아 부분은 아직 열대에 위치했고, 곤드와나의 많은 부분은 남쪽의 온대와 극지방에 있었다.

고생대(Paleozoic Era) 말까지 수백만 년간 존재한 판게아는 다양한 기후를 가졌었다. 로라시아 부분은 따뜻하고, 습하며, 열대인 반면, 남쪽의 곤드와나 부분은 몹시 춥고 심하게 얼음으로 덮여 있었다. 방대한 지역은 늪이 많은 저지대였다. 처음에 판게아는 비교적 평평했지만, 충돌이 일어나 그 중심에서 애팔래치아 산맥과 우랄 산맥의 광범위한 산맥들이 형성되었다. 이로 인해 판게아의 내부에서는 비그늘이 생겼고, 그 방대한 물리적 규모는 어떻게든지 중심 지역을 건조하게 만들었다. 육상식물 주요 집단의 대부분이 생겨난 것은 바로 판게아의 다양한 기후 조건 때문이었다. 아네우로피톤목(Aneurophytales), 3지원시관다발식물문(Trimerophytophyta), 그리고 아르케오프테리스목(Archaeopteridales)은 판게아의 형성이 끝난 데본기(Devonian Period)에 출현하였고, 속새류, 석송류, 메둘로사목(Medullosales), 그리고 코르다이트목(Cordaitales)은 석탄기에 나타났다.

중생대

고생대의 마지막인 페름기(Permian Period)가 끝난 직후, 중생대(Mesozoic Era) 초기의 트라이아스기(Triassic Period)에 전 세계적으로 기후가 따뜻해졌다. 비록 극지방은 서늘한 상태를 유지했지만 어디에서도 빙하의 증거는 나타나지 않았고, 극지에서 떨어지면 기후가 따뜻하고 기온 변화가 적었다. 케이토니아목(Caytoniales), 화석소철문(Cycadeoidophyta), 소철문(Cycadophyta), 그리고 은행나무문(Ginkgophyta) 같이 새로운 많은 식물 집단이 이 시기에 진화하였다. 고사리류는 그 수가 증가하였지만, 최초의 주요 집단들이 사라지기 시작하였다. 트라이아스기가 계속되면서 기후가 더욱 건조해졌다. 트라이아스기는 모든 지질연대 가운데 가장 건조한 시기이다. 쥐라기(Jurassic Period)의 시기까지 판게아는 대조적인 많은 기후를 가졌다. 북아메리카와 곤드와나 구획은 매우 건조했지만, 서부 유라시아 지역은 덜 건조했다. 습윤대(humid zone)가 오스트레일리아와 인도에서 나타났고, 중부와 동부 유라시아에서도 나타났다.

쥐라기에 판게아가 갈라지기 시작하여 북아메리카 구획이 북서쪽으로 이동하였다. 유라시아에서 분리된 다음에 북대서양이 형성되어 2개의 새로운 해안에 해양성 기후의 영향을 미쳤다. 유라시아 역시 북쪽으로 이동하기 시작하여 판게아의 남쪽 부분과 떨어졌다. 그 결과, 북쪽 대륙과 남쪽 대륙 사이에 **테티스 해(Tethys Sea)**라고 부르는 수로가 형성되었다. 이 지역은 늪이 많은 습지와 얕은 연해가 번갈아 나타났지만, 대륙이 분리되면서 테티스 해는 차츰 수심이 깊어지고, 북쪽 대륙과 남쪽 대륙 사이의 해양 순환이 대규모로 나타나게 되었다. 북아메리카와 유라시아 대륙들이 북쪽으로 이동하면서 이들 대륙은 열대에서 벗어나 온대로 진입하였고, 대륙의 북쪽 지역은 북극지방까지 이어졌다. 구과식물이 진화하여 서늘해지고 습하게 된 지역에 퍼져 나갔다.

이와 거의 같은 시기에 남극과 오스트레일리아 구획이 곤드와나 대륙의 나머지로부터 떨어져 나오고, 나중에 여기에서 오스트레일리아가 분리되어 북쪽의 온대 지역으로 이동하였다(**그림 27-6B**). 인도가 아프리카에서 분리되어 상당히 먼 거리를 빠르게 이동하였다. 분리되는 시기에 인도는 남쪽의 온대(남위 약 30도)의 가장자리에 위치하였고, 그 기후에 적응된 식물상을 가졌었다. 인도는 수천만 년 동안에 열대에 진입하여 적도를 지나 북쪽의 온대 구역으로 빠르게 이동하였다. 7천만 년 미만 사이에 기후가 빠르게 변동되는 것은 엄청난 교란이었고, 대량멸종이 일어났다. 인도가 유라시아 대륙에 도달한 다음, 두 대륙이 충돌하여 히말라야(Himalayan) 산맥이 형성되었다. 두 대륙이 서로 가까워짐에 따라 식물들이 이질적인 영역으로 침입할 수 있게 되었고, 일부는 북쪽의 본토로 이주하였으며, 어떤 식물들은 유라시아에서 남쪽의 인도로 퍼졌다.

약 1억 1000만 년 전인 백악기(Cretaceous Period)에 남아메리카가 아프리카에서 분리되고, 남대서양이 형성되어 보다 습한 바다의 공기가 서아프리카에 도달하게 되었다. 판게아가 붕괴될 때까지 아프리카는 불행하게도 초대륙의 건조한 중심에 있었다.

그 기후가 너무나도 건조하고 혹독해서 식물이나 동물은 거의 자라지 못했다. 대서양이 생겨나면서 아프리카의 기후는 훨씬 더 습해지고 식물의 생장에 도움이 되기는 하였지만, 오늘날에도 전반적으로 그토록 오랜 기간 동안 기후가 온화했을 경우에 존재했을 것이라 예상하는 것보다 훨씬 적은 자생종들이 살고 있다.

대부분의 대륙 조각들은 오랫동안 서로 가깝게 놓여서 새로이 진화한 많은 집단들이 대부분의 대륙으로 이주하였다. 그렇지만 꽃식물이 확립될 무렵에 판게아가 붕괴되었고, 북대서양과 남대서양이 넓어지면서 대륙들 간의 유전자 확산이 줄어들고, 각 대륙은 독특한 식물상을 발달시켰다. 이를테면 곤드와나 대륙의 중심에 있던 사막은 선인장이 살기에 이상적이었지만, 선인장은 아프리카에서는 자연적으로 나타나지 않고, 아메리카 대륙에서만 출현한다. 남아메리카로부터 아프리카로 선인장의 씨가 분산되지 못할 만큼 남대서양이 충분히 넓어질 때까지도 선인장 식물들은 진화하지 않았다.

대륙의 이동에서 가장 최근의 중요한 사건은 남아메리카와 북아메리카의 충돌이다. 두 대륙이 합쳐지고, 대륙들이 충돌할 경우 언제나 그렇게 되는 것처럼 산맥이 형성되었다. 이 충돌은 약 500만 년에서 1300만 년 전의 최근에 시작되었기 때문에 산맥이 짧고 대부분은 아직도 해수면 아래에 있다. 그 꼭대기들만이 해수면 위로 솟아 있는데, 이들이 중앙아메리카와 카리브 제도이다. 중앙아메리카가 형성되면서 두 대륙을 연결하는 육교가 만들어졌고, 식물종들의 교환이 가능해졌다.

현재의 전 세계 생물군계

대륙이동의 결과로 미국은 오늘날 거의 전적으로 북온대(north temperate zone)에 위치하고 있고, 기후의 대부분을 겨울에는 태평양과 대서양에서, 그리고 여름에는 태평양과 열대 대서양으로부터 영향을 받고 있다. 알래스카의 대부분은 북극권에 위치하는 반면, 하와이, 푸에르토리코, 그리고 괌은 열대수역에 놓여 있다.

습한 온대생물군계

온대우림

미국의 북서 해안은 일련의 산맥들로 이루어져서 태평양으로부터 오는 편서풍이 해안에 상륙하기 무섭게 산을 넘어야 한다. 워싱턴 주의 올림픽 산지(Olympic Mountains)의 서쪽 지역에 내리는 비는 1년에 보통 300 cm 이상이다. 비는 안정적으로 가을, 겨울, 그리고 봄에 고루 내리고, 여름에만 잠시 건조한 기간이 있다. 겨울은 온화하고 아주 드물게 서리가 낀다. 여름은 따뜻하지만 덥지 않다. 이런 상태가 캘리포니아 북부에서 알래스카까지 이어지지만, 해안에서 약 200 km 떨어진 해안산맥의 정상에서 끝난다.

온대우림(temperate rain forest) 생물군계의 식물은 수명이 긴 거대한 침엽수들이 지배적이다. 캘리포니아 연안의 미국삼나무는 높이가 100 m에 달하고, 미송(Douglas fir), 웨스턴 헴록(western hemlock), 웨스턴 레드시더(western red cedar)들이 60~70 m에 달하는 숲지붕을 형성한다. 교란이 적어서 숲들은 노년기에 이를 수 있다. 허리케인과 토네이도가 발생하지 않고, 화재는 드물다. 숲의 안정성과 매일 반복되는 안개로 말미암아 착생하는 이끼류, 우산이끼류, 그리고 고사리류가 풍부하게 자란다. 지표는 관목, 초본, 그리고 고사리류들로 덮인다(그림 27-7). 완전히 다른 종들을 포함하는 온대우림이 칠레의 남서부에서도 나타나는데, 이곳의 기후는 미국의 북서 해안과 동일하다.

건조한 산록림과 아고산림

편서풍이 계속 내륙으로 불면서 바람은 건조해진다. 캐스케이드(Cascade) 산맥과 시에라네바다(Sierra Nevada) 산맥에서 비가 적게 내리고, 이어서 로키 산맥에서는 비가 더 적게 내린다. 각각의 산맥은 앞에 있는 산맥의 비그늘 효과의 영향을 받는다. 이들 산맥의 아래 부분에서 **산록림(montane forest)**이 나타나고, 고도가 더 높은 곳에서는 아고산림(subalpine forest)이 나타난다(그림 27-8). 캘리포니아의 첫 번째 내륙 산맥은 시에라네바다 산맥이다. 고도가 낮은 곳에는 폰데로사소나무(ponderosa pine)의 산록림이 나타나고, 일부 참나무들이 골짜기 바닥부터 산비탈을 따라 어느 정도 위쪽으로 뻗기도 한다. 이보다 높은 고도에는 폰데로사소나무, 미송, 은청전나무(white fir), incense cedar, 그리고 사탕소나무(sugar pine) 같은 많은 종의 침엽수들이 자라는 혼합침엽수림이 있다. 여기에 상주하는 가장 유명한 종은 지구에서 가장 큰 생

그림 27-7 워싱턴 주의 올림픽 국립공원은 습한 온대 생물군계의 하나인 훌륭한 온대우림을 아우른다. 거의 매일 풍부하게 비가 내린다. 온도는 극도로 덥거나 차갑지 않고, 교란은 드물거나 존재하지 않는다. 이 생물군계의 생태계는 매우 안정적이다. 이 큰잎단풍(*Acer macrophyllum*)은 잎맥호랑꼬리이끼(*Isothecium myosuroides*)로 덮여 있다.

그림 27-8 이곳은 습한 온대 생물군계의 하나인 건조한 산록림이다. 7월과 8월에는 더워지기도 하고, 몇 주일 동안 많은 비가 내리지 않는다. 이 숲은 훤히 트이고 햇볕이 잘 들며, 착생식물이 거의 없다.

물인 거삼나무(giant sequoia)로, 고래보다 훨씬 더 거대하며, 높이가 80 m, 둘레가 10 m에 달하고, 말렸을 때 무게가 400톤이 넘는다. 이 종은 제재업으로 인해 크게 손상되었으며, 현재 75군데의 숲에서만 발견된다. 이보다 더 고도가 높은 곳에는 로지폴소나무(lodgepole pine), 백송(whitebark pine), 그리고 산솔송나무(mountain hemlock)의 아고산림이 있다. 이들 종은 훤히 트인 임분(stand)을 형성하고, 그 위쪽 경계에서 고산초원(alpine meadow)으로 대체된다(그림 27-9).

로키 산맥은 미국에서 가장 거대한 산맥으로 알래스카부터 남쪽으로 캐나다, 아이다호, 몬태나, 와이오밍, 유타, 콜로라도, 애리조나, 뉴멕시코, 그리고 멕시코까지 넓은 띠를 이루며 뻗어 있다. 해안으로부터 세 번째 산맥인 로키 산맥은 가장 건조하여 연강수량이 40 cm에 불과하다. 로키 산맥의 남부는 특히 건조하고 따뜻하다. 아고산림은 산맥의 전체 길이를 따라 엥겔만가문비나무(Engelmann spruce)를 포함하지만, 북쪽에서는 고산잎갈나무(alpine larch)와 백송, 그리고 남쪽에서는 브리슬콘 파인(bristlecone pine)의 변종들이 아고산림에서 나타난다. 산록림은 전형적으로 고도가 높은 곳에서 미송이 자라고 낮은 곳에서 폰데로사소나무가 나타난다. 로키 산맥의 산록림에서는 자주 화재가 발생하는데, 자연 조건에서 보통 5년마다 불이 난다. 폰데로사소나무는 화재에 잘 적응하고 불이 나도 거뜬히 살아남는다. 불은 다른 식물들을 태워서, 소나무 주위에 훤히 트인 풀밭을 형성해 준다.

그림 27-9 고도가 높은 곳은 강수량과 바람이 증가하고 온도와 생육기가 감소한다. 산록림은 고산초원으로 바뀐다. 많은 지역이 평평해서 작은 늪지와 습지들이 형성되고, 여기에 사초과 식물들이 풍부하게 자란다.

건조한 산록림과 아고산림에서는 토양이 얕고 바위투성이이며, 물이 잘 빠지고, 산성이 되는 경향이 있다. 비가 드물게 내릴 뿐만 아니라 가파른 산비탈의 다공성 토양을 통한 빠른 유출에 기인하여 여름의 수분스트레스가 심하다(그림 27-10). 이용 가능한 수분의 대부분은 겨울의 눈이 녹은 물이다.

미국의 동부에서는 애디론댁 산맥과 애팔래치아 산맥이 산록림과 아고산림이 나타날 만큼 높다. 애디론댁 산맥에서는 가문비나무/전나무 아고산림이 760 m까지 아래로 뻗고, 발삼전나무(balsam fir)를 포함한다(그림 27-11). 남쪽의 따뜻한 기후에서는 아고산림의 하한이 높아져서, 애팔래치아 산맥에서는 990 m, 그리고 스모키(Smoky) 산맥에서는 1,400 m이다. 이 고도의 위쪽에는 붉은가문비나무(red spruce)와 검은가문비나무(black spruce) 그리고 파르주전나무(Fraser's fir)의 임분들이 있다. 아고산침엽수림 아래에는 침엽수가 아닌 활엽수로 구성된 산록림이 있는데, 이는 다음 절에서 설명하게 된다.

온대낙엽수림

온대낙엽수림(temperate deciduous forest) 생물군계를 이루는 기후는 겨울이 춥고 여름이 따뜻하지만 덥지 않으며, 계절에 상관없이 비교적 많은 강수량을 갖는 기후이다. 로키 산맥의 건조한 산록림과 아고산림에 있는 개울은 주로 눈덩이로 뒤덮인 들판이 녹는 봄에만 물이 흐르는 반면에, 북동부의 온대낙엽수림의 개울은 1년 내내 물이 흐른다. 북동부 지역의 강수량의 대부분은 여름에 대서양의 중심에서 북쪽으로 이동하는 날씨 또는 겨울에 북극해로부터 남쪽으로 부는 폭풍에서 유래한다.

미국의 온대낙엽수림이 저지대의 따뜻한 지역을 차지하는 반

그림 27-10 로키 산맥의 건조한 상태는 대체로 토양 조건뿐만 아니라 기후 조건에 기인한다. 로키 산맥은 생긴지 얼마 되지 않았고 가파르기 때문에 토양생성이 느리고 침식이 빠르다. 얇고 바위투성이인 토양은 떨어지는 수분을 보유하기에 효과적이지 못하고, 여름에는 종종 이용할 수 있는 수분이 거의 없다.

© Sean Pavone/ShutterStock, Inc.

그림 27-11 애팔래치아 산맥은 아주 오래된 산맥이고 광범위하게 침식되어 산이 나지막하고 경사가 완만하며 두껍고 비옥한 토양을 갖는다. 고도가 높은 곳에서는 침엽수의 아고산림이 나타나고, 그보다 낮은 곳에서는 경재(쌍떡잎식물)의 산록림이 나타난다.

면, 보다 서늘한 높은 곳에서는 애팔래치아 산맥과 애디론댁 산맥의 아고산림이 나타난다(**그림 27-12**). 지역에 따라 우점하는 나무는 달라지지만, 단풍나무와 참나무 같이 큰 낙엽활엽수가 어디에서나 빈번하게 나타나는데, 대체로 단풍나무는 북쪽에 흔하고 참나무는 남쪽에 흔하다. 층층나무(dogwood), 새우나무(hop hornbeam), 그리고 캐롤라이나서어나무(blue beech)들이 우점종들과 섞여서 아수관층(subcanopy)을 이룬다. 활엽수들이 우점하기 때문에 심하게 그늘이 져서 관목층은 희박하지만, 조록나무(witch hazel), 털조장나무(spicebush), 그리고 구즈베리(gooseberry) 등이 흔하다. 지층은 봄에 나무에서 잎이 나오기 직전에 번창하는 *r*-선택 초본들로 덮인다. 상록수림에서는 그와 같이 봄에 화창한 햇빛을 받는 기간이 나타나지 않는다.

이들 속씨식물의 보통잎들은 구과식물의 침엽과 비늘잎이 갖는 것보다 훨씬 적은 방어 화학물질을 포함한다. 온대낙엽수림에서는 1헥타르(ha)에 3톤에서 4톤의 활엽들이 있고, 그 가운데 5% 정도가 초식동물에 의해 소비된다. 나머지 잎들은 가을에 떨어져서 잦은 비가 만들어내는 습한 조건에서 빠르게 부패된다. 두꺼운

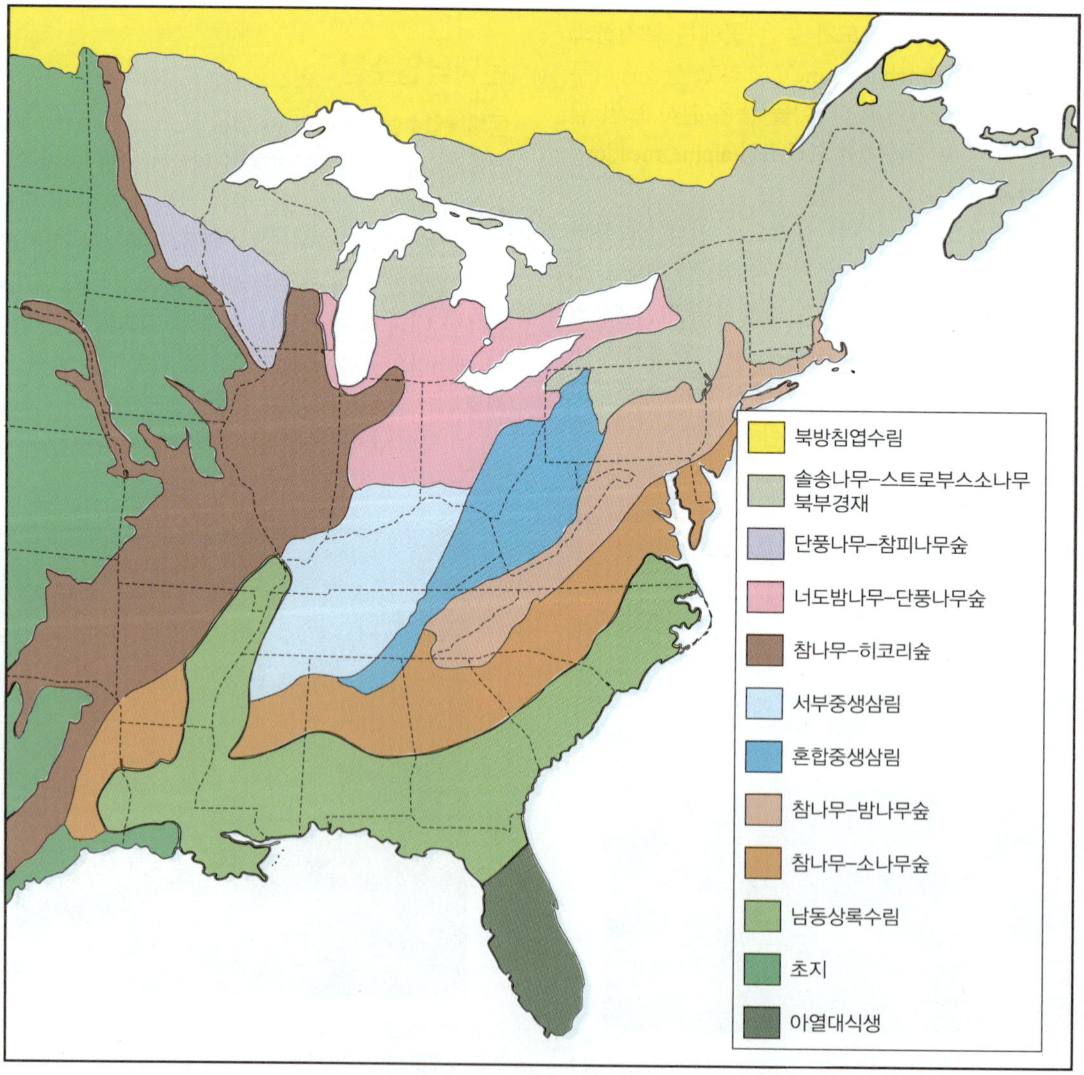

북방침엽수림
솔송나무–스트로부스소나무 북부경재
단풍나무–참피나무숲
너도밤나무–단풍나무숲
참나무–히코리숲
서부중생삼림
혼합중생삼림
참나무–밤나무숲
참나무–소나무숲
남동상록수림
초지
아열대식생

그림 27-12 습한 온대생물군계인 온대낙엽수림은 미국 동부의 광범위하고 복잡한 생물군계이며, 많은 구역들로 세분화된다. 이는 산이 없는 나지막한 지형을 갖는 지역인데, 겨울은 춥고 습하며 여름은 따뜻하고 비가 내린다. 토양은 깊다.

낙엽층이 쌓이지 않는다.

온대낙엽수림의 전 지역에 걸쳐 숲이 균일하지 않다. 온대낙엽수림 생물군계의 지리적 범위에는 수많은 토양형, 다양한 고도, 그리고 온도와 강수량의 기울기들이 있다. 이를테면, 참나무/히코리숲(일리노이, 미주리, 아칸소), 참나무/밤나무숲(펜실베이니아, 버지니아), 참나무/소나무숲(텍사스 동부, 루이지애나 북서부, 그리고 미시시피, 앨라배마, 조지아 및 캐롤라이나의 북쪽 부분들), 너도밤나무/단풍나무숲(미시간, 인디애나, 오하이오), 단풍나무/참피나무숲(위스콘신, 미네소타), 그리고 솔송나무-스트로부스소나무숲(위스콘신 북부에서 뉴욕까지) 등과 같이 많게는 9개의 구역들로 세분화된다.

이들 지역의 숲은 종다양성이 풍부하고, 상당한 수직적 구조는 동물과 곰팡이를 위한 다양한 서식지를 제공한다. 많은 동물들이 지표에 살지 않고 땅의 위쪽이나 밑에 산다. 대부분의 새들은 가지나 나무줄기의 구멍에 둥지를 튼다. 작은 포유류는 땅을 파기도 하지만, 많은 종류가 나무 위에서 산다. 이곳의 높은 고도에 있는 침엽수림이나 내륙의 서부 산맥들의 경우처럼, 여름과 겨울간에 큰 기후 차이가 존재하고, 활엽수림의 매년 잎이 떨어지는 성질이 강세를 보인다. 가을에 잎이 탈락하게 되면 공중에서 잎을 먹는 곤충들의 섭식기간(feeding period)이 끝나게 되지만, 낙엽층에 있는 분해자들과 초식곤충들의 계절이 시작된다. 많은 새들이 월동장으로 이주하고, 어떤 새들은 멀리 북쪽으로 이동한다. 교란은 흔하지 않다. 불은 드물게 나고, 구역 내로 들어오는 허리케인은 대체로 파괴력이 줄어들고 널리 퍼져서 약한 폭풍으로 변한다(**그림 27-13**).

남동상록수림

이 생물군계는 교란과 토양형이 미치는 강력한 효과를 보여 준다. 남동부의 **상록수림(evergreen forest)** 생물군계는 멕시코 만 연안의 주들의 북부 일부, 플로리다의 꼭대기, 그리고 캐롤라이나의 연안을 따라 온대낙엽수림의 참나무/소나무숲의 남쪽 가장자리에서 나타난다. 이곳의 기후는 내륙 지역의 기후와 비슷하지만, 겨울이 보다 따뜻하다. 서리가 내리기는 해도 땅이 얼지 않는다. 강수량은 내륙의 온대낙엽수림 지역보다 높은데, 토양이 모래가 많고 다공성이어서 빗물이 아래쪽으로 빠르게 스며들어 하천으로 유출된다. 비가 내리자마자 금세 말라버린다. 이 지역은 확실하게 건조한 양상을 띤다.

이 생물군계는 빠른 배수에 덧붙여 빈번한 화재에 의해 형성된다. 번개가 불을 일으키고, 느리게 분해되는 침엽들의 낙엽층 사이로 빠르게 번져나간다(**그림 27-14**). 불이라는 교란과 토양조건의 결과로 숲은 거의 완전히 불에 적응한 대왕소나무(longleaf pine)로 구성되고 참나무가 드문드문 난다. 생물군계를 주로 결정짓는 요인이 기후가 아니라 불이라는 사실은 화재 예방에 의해 입증된다. 반복해서 불을 진화하면 활엽수의 묘목들이 생존하고 소나무숲을 참나무, 히코리, 너도밤나무, 그리고 상록의 목련 숲으로 빠르게 변모시킨다.

그림 27-13 허리케인은 대서양에서 서쪽으로 이동하다가 육지에 접근하면서 북쪽과 북동쪽으로 방향을 바꾼다. 많은 허리케인이 텍사스와 플로리다 사이로 상륙하고 나서 미시시피 강 유역이나 그 동쪽으로 올라간다. 바람은 허리케인의 위력을 빠르게 상실하고 여름의 빗물을 공급하는 거대한 폭풍 전선으로 바뀐다.

건조한 온대생물군계

초지

텍사스 연안에서 캐나다 국경 너머까지 펼쳐진 북아메리카의 전체 대평원은 **초지(grassland)**이고(보다 정확하게는 초지였고), 이를 종종 북아메리카대초원(prairie)이라고 한다(그림 27-2 참조). 북아메리카의 이 부분은 산이 없고, 대륙의 충돌로 생긴 다양한

그림 27-14 불이라고 해서 모두 여러분이 TV에서 보는 불타오르는 지옥은 아니다. 습한 온대생물군계의 하나인 남동상록수림의 도처에서 약한 불이 자주 일어난다. 이 불은 적응하지 못하는 종들을 죽이지만 소나무와 캐비지야자(cabbage palm)를 남겨둔다. 불이 일어나지 않으면 활엽수의 유식물들이 빠르게 자라고 소나무의 위에 높이 솟아서 소나무의 유식물들이 못 자라게 숲의 바닥을 그늘지게 한다. 이것은 세쿼이아(Sequoia) 국립공원의 세심히 관리되는 불이다.

박스 27-1 고대의 대륙 위치와 기후의 측정

대륙들은 맨틀의 순환 패턴에 의해 지구의 표면을 가로질러 이동한다. 몇 가지 기법을 이용하면 대륙들이 과거에 어디에 위치하였는지 알아낼 수 있는데, 그 가운데 가장 중요한 것은 고지자기(paleomagnetism)를 연구하는 것이다. 많은 암석들은 자성을 띠는 광물을 포함하고 있고, 이들 암석이 용암이나 마그마처럼 유체일 때 광물들은 지구의 자기장(magnetic field)과 나란히 된다. 암석이 굳어지면 그 자기의 방향이 고정된다. 만일 어느 암석의 자기 방향이 자북극(north magnetic pole)을 가리키지 않으면, 암석이 생성된 후에 암석의 자세가 바뀌었음을 알 수 있다. 우리가 연대를 알고 있는 암석의 자기 방향을 광범위한 구역에서 연구하면 암석이 생성된 시기의 위치를 알 수 있게 된다.

대륙의 과거 위치를 알아내는 또 다른 중요한 기법은 과거의 기후를 분석하는 것이다. 고대 빙하의 징후(특징적인 침식 흔적)는 대륙이 극지방 부근이나 고도가 높은 곳에 있었음을 가리킨다. 광물 보크사이트(bauxite)는 습하고 따뜻한 조건에서만 형성되므로, 보크사이트의 존재는 과거의 위치가 열대였음을 나타내는 훌륭한 지표가 된다. 증발암(evaporite)이라는 퇴적암은 오늘날 사해(Dead Sea)처럼 연안에 가까운 대륙에 위치한 작고 얕은 바다에서 물이 증발하여 생성된다. 이들의 존재는 온도가 높았고 강수량이 적었음을 나타낸다. 바닷물의 탄산은 칼슘과 반응하여 탄산염(carbonate)을 형성하는데, 이는 온도의존성 반응이다. 탄산염은 따뜻한 열대의 해수에서만 발견된다. 화석화된 산호(coral)의 존재 역시 따뜻하고 얕은 바다였음을 가리키지만, 탄전(coal field)은 따뜻하고 비가 많이 오는 상태에 살았던 식물들의 화석화에서 유래한다.

여러 지역에서, 각 평방마일의 역사는 수백만 년의 기간인 것으로 알려져 있고, 이동한 지도를 아주 상세하게 만들었다. 이를 통해 대륙 이동이 육상생물의 기원과 생태계와 생물군계의 진화에 어떻게 영향을 미쳤는지 알 수 있게 된다.

지대에서 멀리 떨어져 있다. 이 지대는 매우 편평하고, 기껏해야 나직하고 구불구불한 언덕이 있다. 이 일대는 편서풍의 비그늘에 있지만 많은 대서양의 기상시스템의 힘이 미치지 않는 곳이기 때문에 지금까지 언급한 숲들보다 기후가 건조하다는 특징을 갖고 있다. 연 강수량은 고작해야 약 85 cm이다. 계절은 특히 북쪽의 매섭게 추운 겨울에서 아주 뜨거운 여름까지 변한다. 기후와 식생 요인들은 어디서나 풍부한 토양이 존재하게 만든다. 빗물이 풍부해서 암석을 상당히 빠르게 풍화시키지만, 귀중한 원소들이 침출될 정도는 아니다. 벼과 초본들이 엄청난 잎들을 생성하고, 잎들이 탈리되어 땅에 떨어지지 않고 주로 소 또는 과거에는 버펄로 같은 대형 포유류들인 초식동물에 의해 먹힌다. 식물질들은 거름의 형태로 자연으로 돌아가고, 거름은 빠르게 분해되어 토지를 비옥하게 하며 토양의 용수량(water holding capacity)을 증가시킨다. 나무들은 강을 끼고 나타날 뿐이고 그 밖에서는 자라지 않기 때문에 다람쥐 같은 동물이 살 수 있는 나무 위의 서식지는 없다. 모든 소형 포유동물들은 굴을 파고 살고, 새들은 둥지를 땅에다 짓는다.

땅이 기름지기 때문에 거의 모든 초지가 농장으로 전환되었고, 원래의 생물군계는 사실상 전혀 남아 있지 않다. 모든 재배식물을 제거하고 벼과 초본과 그 밖에 원래 출현하였다고 알려진 국화류(composites), 박하류(mints), 그리고 콩과 식물 같은 종들을 심어서 초지를 재건하려는 노력이 이루어지고 있다(**그림 27-15**). 아직 이러한 재건 노력이 얼마나 성공을 거둘지 말하기는 이르지만, 많은 사람들은 그런 구획들이 겨우 몇 헥타르 정도로 너무 작다고 염려하고 있으며, 완전한 생태계를 복원시키려면 버펄로의 떼를 부양할 만큼 광범위해야 한다고 주장한다.

이 구역에 숲이 아니라 초지가 들어서게 된 중요한 요인이 무엇인지 확실히 알지 못한다. 버펄로가 중요했을 수 있다. 버펄로가 상상도 할 수 없는 수로 돌아다니고, 나무의 묘목들은 이들의 섭식에 살아남지 못했을 것이다(**그림 27-16**). 한편 아메리카 원주민들이 주기적으로 대초원을 불태워서 이듬해에 버펄로들이 특히 선호하는 벼과 초본들이 풍성하게 자라게 하였다. 불이 나면 나무의 묘목들은 죽는다. 한편, 숲의 나무들에 필요한 곰팡이 종류와의 경쟁에서 훨씬 뛰어나서 제거하는 균근곰팡이 종류들을

그림 27-15 많은 집단들이 자연적인 대초원을 재건하려는 노력을 기울이고 있다. 자생하는 초본들을 심고 자생종이 아닌 풀들은 뽑아낸다. 진정으로 생물군계를 재건하고 그 생물군계가 저절로 계속되게 하려면 동물군집도 회복시켜야 한다. 2차소비자를 부양하기 위한 충분한 1차소비자를 공급하려면 광활한 면적이 필요하다.

초본들이 부양한다는 최근의 가설이 있다.

캐스케이드(Cascade) 산맥의 비그늘 효과로 캐스케이드 산맥과 로키 산맥 사이에서 광범위한 초지가 나타난다. 이 초지는 워싱턴 주 북부에서 남쪽으로 오리건 주와 네바다 주에 이른다. 이들 가운데 많은 초지가 남았지만, 동물을 놓아 먹이고 있다. 많은 부분들에서 자연초지가 사라지고 관개 시설이 된 농장으로 이용되고 있다.

관목지와 삼림지

삼림지(woodland)는 숲과 비슷하지만 교목들이 널리 간격을 두고 폐쇄숲지붕(closed canopy)을 형성하지 않는다. 교목들 사이에서 초본들이 자라면 그 생물군계는 **사바나(열대초원, savanna)**라고 부른다(**그림 27-17**). **관목지(shrubland)**는 삼림지와 유사한데, 교목들 대신에 관목이 나타난다. 삼림지와 관목지는 보통 습한 숲과 건조한 초지 사이에서 또는 초지와 사막 사이에서 이행(transition)으로 나타난다. 토양은 보통 점토의 함량이 높다.

캘리포니아의 **지중해성 관목지(chaparral)**는 잘 알려진 관목지이다(**그림 27-18A**). 이 지대의 기후는 비가 내리는 온화한 겨울에 이어 건조하고 더운 여름이 찾아오는데, 해마다 가뭄이 든다. 캘리포니아의 많은 지중해성 관목지는 1 m에서 3 m 높이의 키가 작은 관목들이 우세하지만, 고도가 높은 곳에서는 만자니터(manzanita), 갈매나무(buckthorn), 그리고 졸참나무(scrub oak)가 나타난다. 많은 식물들이 2형(dimorphic) 뿌리계를 갖는다. 어떤 뿌리는 지면 바로 밑에서 광범위하게 퍼지지만, 원뿌리계(taproot system)가 아주 깊은 곳까지 내려간다. 식물은 이 두 뿌리계를 이용하여 깊은 곳의 끊임없는 지하수면으로부터 물을 구하는 한편, 토양으로 몇 센티미터만 침투하는 조금 내린 빗물로부터도 물을 구할 수 있게 된다.

그림 27-16 버펄로, 사슴, 무스(말코손바닥사슴), 그리고 엘크 같은 대형 포유류 초식동물들은 그들의 생태계에서 중요한 요소가 된다. 벼과 초본들은 잎의 맨 아래에 분열조직이 있고, 줄기 정단분열조직이 낮게 있어서 초식동물들이 풀을 뜯어 먹더라도 죽지 않는다. 관목과 교목의 어린 나무를 뜯어 먹으면 잎과 줄기의 정단분열조직이 파괴된다. 따라서 방목은 대평원을 나무가 없는 초지로 유지하는 경향이 있다. 그렇지만, 만일 너무 많은 소들을 어느 지역에 가두어 두면 잎들이 광합성을 하기도 전에 빠르게 소들이 잎을 뜯어 먹어 초본들을 죽인다. 여기의 과방목된 목초지에서는 참나무와 선인장이 선택이익을 갖는데, 그것은 이들의 억세고 쓴맛이 나는 잎이나 가시가 방목을 억제하기 때문이다.

그림 27-17 만일 나무들이 드문드문 나고 그들 사이에 초본들이 자라면, 이는 건조한 온대생물군계의 일종인 삼림지 생물군계이다. 이는 숲과 초지의 경계면을 나타내는 이행 생물군계이지만, 그냥 둘이 합쳐진 것은 아니다. 많은 새들이 나무에 둥지를 틀지만 초지에서 먹이를 얻는데, 이러한 새들은 순수한 숲이나 순수한 초지에서는 살 수 없다.

캘리포니아의 지중해성 관목지에서는 불이 자주 나고 집이 파괴되어 항상 뉴스에 등장한다. 비가 적게 내리기 때문에 건조한 낙엽들이 분해되지 않은 채로 쌓이고, 죽은 관목들이 마른 나무 토막으로 꼿꼿하게 지속된다(**그림 27-18B**). 이 지역은 대체로 30년이나 40년마다 불이 나고, 여름에 가장 빈번하게 발생한다. 불이 난 다음 제자리에 토양을 붙잡는 식생이 남아 있지 않으므로 겨울에 비가 내리면 홍수, 침식, 그리고 진흙 사태(mudslide)가 일어난다. 관목과 교목들이 불에 적응하고 빠르게 다시 싹이 나지만, 주요한 새로운 생장은 1년생과 다년생 초본들에 의한다. 이 초본들은 불이 나기 전에 씨앗, 비늘줄기, 뿌리줄기, 또는 그 밖의 보호구조로 존재하였다가, 불이 난 다음 덤불에 의해 가려지지 않게 되면서 왕성하게 자란다. 한편으로 불에 타고 남은 재에서 무기질이 방출되면서 토양이 비옥해진다(**그림 27-18C**). 불이 나고 몇 년이 지나면 큰 관목들이 생물군계를 다시 우점하게 되고, 초본들이 억제된다. 이는 타감작용(allelopathy)에 의하거나 초식동물 개체군의 회복에 의한 것으로 추정된다.

멀리 동쪽의 기후가 보다 건조하고 고도가 높은 곳에서는 지중해성 관목지 대신에 피뇬(pinyon)소나무/노간주나무 삼림지가 생긴다. 연 강수량은 25 cm에서 50 cm에 불과하고, 토양은 돌이 많고 얕으며 척박하다. 작고 느리게 자라며 짧은 잎을 갖는 나무인 피뇬소나무와 큰 관목의 키를 갖기도 하는 노간주나무가 식생을 이룬다(**그림 27-19**). 애리조나 주와 뉴멕시코 주에서는 참나무가 중요하기도 하다. 나무들은 널리 간격을 두고 있으며, 그들 사이에 풀이 무성한 식생이 있다. 종들은 중부 평원에서 자라는 것처럼 매트를 형성하는 풀이 아니라 잎이 무더기로 나는 털빕새귀리(bunch grass)이다. 털빕새귀리들 사이는 맨땅이다. 생물군계의

(A) © Eugene Buchko/ShutterStock, Inc.

(B) © Peter Weber/ShutterStock, Inc.

(C) Courtesy of Jan L. Beyers, USDA Forest Service

그림 27-18 **(A)** 이것은 가장 유명한 관목지 생물군계의 하나인 캘리포니아의 지중해성 관목지이다. 이와 같은 관목지가 캘리포니아로부터 미국 남서부와 멕시코 북부를 지나 텍사스 서부까지 이어진다. 불은 이 생물군계를 유지시키는 중요한 교란이다. 이 생물군계에 큰 포유동물인 사람(*Homo sapiens*)이 침범하였는데, 사람은 화재보험과 정부의 재난구호정책에 의해 보호를 받는다. **(B)** 수지를 함유한 잎과 축적된 마른 낙엽들 때문에 불가피하게 불이 자주 일어난다. **(C)** 우점하던 관목들이 불에 타서 드러난 빈 공간에 *r*-선택종의 유식물들이 번창한다. 관목들이 불에 적응하고 몇 년 후에 회복되기 때문에 이렇게 비어 있는 자리는 오래 지속되지 않는다.

북쪽 부분에서는 산쑥(sagebrush)과 소태나무(bitterbush)가 나타난다.

사막

온대 지역에서 가장 건조한 구역은 **사막(desert)**이 자리 잡고 있으며, 연 강수량은 25 cm 미만이다. 사막은 겨울철 기온에 따라 한랭사막(cold desert)이거나 고온사막(hot desert)이다(**그림 27-20**, **그림 27-21**). 고온사막은 겨울철 기온이 따뜻하다. 미국에서 이런 기후는 캘리포니아 남부, 애리조나, 뉴멕시코, 그리고 텍사스 서부의 바위가 많은 산악지역에서 나타나지만, 지구상의 다른 지역에서는 사하라 사막처럼 평평한 모래벌판에서 나타나기도 한다. 미국의 남서부와 멕시코 북부에서는 따로 떨어져 있고 뚜렷이

그림 27-19 캘리포니아의 지중해성 관목지의 동쪽에서는 보다 건조한 피뇬소나무/노간주나무 삼림지가 나타난다. 여기에 보이는 곳은 콜로라도의 남부와 뉴멕시코의 북부이다. 토양은 돌이 많고 얕으며 척박하고, 많은 지역에서 관목지가 사막이나 사막-초지로 변해간다.

그림 27-20 그레이트베이슨(Great Basin) 사막은 한랭사막이다. 이 사막은 라스베이거스(Las Vegas) 부근에서부터 네바다 주의 대부분, 오리건 주의 동부, 그리고 아이다호 주의 서부를 망라한다. 이 사막에서 우점하는 식물은 산쑥(*Artemisia tridentata*)과 털빕새귀리(*Bromus tectorum*)의 두 종이다. 북쪽 부분에는 페디오칵투스속(*Pediocactus*)과 보검선인장(prickly pear) 등의 선인장들이 나타나지만, 이들은 눈에 잘 안 띄는 경향이 있다.

(A)

(B)

그림 27-21 **(A)** 북아메리카에 사는 대부분의 사람들에게 있어서 '사막'이란 애리조나와 사와로 선인장(saguaro cactus)을 의미한다. **(B)** 서부 사막의 개울은 폭풍우가 그친 다음에야 물이 흐른다. 그때에는 물이 갑작스런 홍수로 흐르고, 굉장한 속도로 움직이며, 가는 모래뿐만 아니라 바위를 통째로 운반한다. 둑에는 미루나무(cottonwood), 팔로베르데(palo verde), 또는 메스키트(mesquite) 같은 나무들이 있고, 이 나무들의 깊은 뿌리는 지표수가 유출된 다음에 강바닥에 남아 있는 수분을 이용한다.

구별되는 3개의 사막이 나타난다. 그것들은 텍사스 서부, 뉴멕시코와 멕시코의 치와와(Chihuahuan) 사막, 애리조나와 멕시코 북서부의 소노란(Sonoran) 사막, 그리고 캘리포니아 남동부, 네바다 남부, 그리고 애리조나 북서부의 모하비(Mohave) 사막이다.

사막의 토양은 돌이 많고 얇다. 약간의 흙조차도 바람이 불면 날아가 버리고 조약돌만 남는다. 천둥을 동반한 소나기가 산악지대에서 토양을 씻어 내고, 계곡 입구의 충적선상지(alluvial fan)에 퇴적물이 쌓인다. 부채꼴 모양의 이 퇴적층에는 토양이 종종 두껍게 형성되고, 독특한 식생이 나타나기도 한다. 미국의 고온사막에서 가장 풍부한 식물은 크레오소트 관목(creosote bush), bur sage, 용설란, 그리고 보검선인장(prickly pear)이다. 대부분의 다년생 식물들은 초식동물에 대항하는 하나 또는 여러 방어기능을 갖고 있는데, 그 중에서 화학물질과 가시가 가장 흔하다. 조슈아트리(Joshua tree)는 모하비 사막에서 자라고, 그 밖에 침엽을 가진 많은 유카(yucca)와 용설란들이 풍부하다. 선인장은 어디에서나 흔히 볼 수 있다. 사막은 몹시 조각난 군집들로 이루어진 생태계이고, 토양형, 배수, 고도, 또는 지피식생(covering vegetation)의 약간의 변화라도 식생의 급격한 변화를 일으킬 수 있다. 계곡이나 산맥에서 적도를 향한 경사지에서는 빛을 거의 수직으로 받아서 적도의 반대 방향을 면하고 비스듬히 비치는 곳에 비해 훨씬 따뜻하고 건조하다. 훨씬 더운 쪽에서는 건생식물(xerophyte)들이 더욱 풍부하게 나타난다.

고산툰드라

산에서 교목들이 살 수 있는 가장 높은 지점인 수목한계선(timberline)의 위쪽에 위치하는 생물군계는 **고산툰드라(alpine tundra)**이다(**그림 27-22**). 적도 지방에서는 고도 4,500 m까지도 나무의 생장을 뒷받침할 수 있지만, 북위 40도(대략 미국의 중앙)의 서늘한 지역에서는 고도가 3,500 m만 되어도 나무들이 자라기에 너무 혹독하다. 고산툰드라는 1년의 대부분이 서늘하고, 봄에 늦게 눈이 녹고 가을에 일찍 눈이 내려서 생육기가 짧다. 토양은 얇고 화

그림 27-22 고산툰드라 생물군계의 식물들은 짧고 추운 생육기에 직면하고, 절벽 아래의 그늘진 곳에서는 종종 눈이 녹지 않는다. 토양은 얇고 자외선이 강렬하다.

학적 풍화가 거의 일어나지 않는다. 여름날은 놀랄 만큼 따뜻하고 맑기도 하며, 많은 식물들이 짧은 여름 동안에 번창한다. 밤은 4계절 모두 대체로 춥고, 언제라도 사나운 날씨가 나타날 수 있다. 식물의 우점적인 종류들은 벼과 초본, 사초류, 그리고 범위귀속(saxifrage), 미나리아재비류(buttercup) 및 국화류 같은 초본들이다. 줄기와 잎들이 밀집해서 자라는 왜소한 식물들이 흔하고, 이들을 방석식물(cushion plant)이라고 한다. 고산툰드라 지역의 대부분은 얕은 고산습지가 있는 평평한 초원으로 나타난다.

나무들이 왜 수목한계선 위에서는 자라지 않는지 확실히 알려져 있지 않다. 가장 높은 고도 부근의 나무들은 키가 작고 주로 바람을 등진 쪽에 가지가 나며, 나무들은 모양이 정상이 아니고 울퉁불퉁하고 비틀렸는데, 이를 독일어로 크룸홀츠(krummholz)라고 한다. 이러한 숲을 저림(elfin forest)이라고 부른다. 불어오는 눈과 얼음이 나무의 표면을 스쳐 벗기기 때문에 건조되어 죽는 것으로 알려져 있다.

북아메리카에서는 서쪽의 높은 산맥에서 주로 고산툰드라 생물군계가 나타나지만, 동쪽에 있는 뉴햄프셔의 워싱턴(Washington) 산과 뉴욕의 화이트페이스(Whiteface) 산도 고산툰드라를 가질 만큼 충분히 높다.

극지생물군계

북극툰드라

극지방에는 몹시 건조한 지역이 거의 없다(**그림 27-23**). 주로 눈으로 내리는 강수가 적을 수 있지만 증발도 적어서 습기가 지속된다. 북반구의 가장 북쪽에서는 겨울에 땅속 깊이까지 얼고, 여름에도 너무 서늘해서 표층의 몇 센티미터만 녹을 따름이다. 이 아래의 토양은 영구히 얼어 있어서, 이를 **영구동토(permafrost)**라고 한다.

© Zastavkin/ShutterStock, Inc.

그림 27-23 극지생물군계의 하나인 북극툰드라(arctic tundra)는 꽁꽁 얼어붙지 않을 때 늪 같고 축축하다. 영구동토 때문에 물이 토양에 스며들지 못하고, 지대가 평평하여 유출이 느리다. 이 지역은 판게아가 형성되는 동안 후방 모서리에 있었고, 다른 어떤 지각판(tectonic plate)과도 충돌하지 않았다. 그러므로 이 지역에서는 조산운동(mountain building)이 일어나지 않았다. 남극툰드라(antarctic tundra)는 배수가 잘 되는 안데스 산맥에 위치한다.

고산툰드라처럼, **북극툰드라(arctic tundra)**의 생육기는 3개월 이하로 짧고, 기온은 평균 약 10°C로 서늘하다. 1년 중 어느 날이라도 온도가 영하로 떨어질 수 있다. 극지방의 토양은 점토의 함량이 높고, 질소를 고정하는 미생물들이 희박해서 질소의 농도가 낮다. 여름에 토양의 표면이 녹을 때 영구동토 때문에 배수가 되지 않아 토양은 물을 잔뜩 머금고 늪 같이 된다. 습원(bog), 연못, 그리고 얕은 호수가 흔하다.

북극툰드라의 식생은 고산툰드라에 비해 벼과 초본과 사초류를 더 많이 포함하고, 이끼류와 지의류도 많이 있다. 왜소한 버드나무와 자작나무가 자라기는 하지만, 20 cm가 넘는 식물은 거의 없다. 많은 식물들이 지하의 덩이줄기, 비늘줄기, 또는 다육질의 뿌리를 갖는다. 여름철에도 식물 생체량의 80% 이상이 땅 속에 있다.

북방침엽수림

북극툰드라의 바로 남쪽에서 넓은 띠를 이루는 숲이 **북방침엽수림(boreal coniferous forest)**이다(**그림 27-24**). 'austral'이 남쪽(오스트레일리아, Australia)을 의미하는 것처럼, 'boreal'은 북쪽을 의미한다. 북방침엽수림은 알래스카와 캐나다를 완전히 가로지르고, 스칸디나비아와 러시아의 북부 유라시아에 걸쳐 나타난다. 이 생물군계를 러시아에서는 **타이가(taiga)**라고 부르는데, 이 용어를 서양에서도 흔히 사용한다. 북방침엽수림은 아주 오래된 생물군계이고, 판게아로부터 북아메리카판과 유라시아판이 갈라져 나오고 그들의 북쪽 부분이 열대를 떠나 북반구의 온대와 아한대로 들어서는 그 시기에 구과식물문(Coniferophyta)이 다양화하면서 이 숲의 형성에 크게 영향을 미쳤다.

북방침엽수림은 거의 전적으로 침엽수들이다. 침엽수(conifer)는 상록이고, 햇살이 밝게 비치는 날이면 언제든지 즉시 광합성을 할 수 있기 때문에 이 기후에 적응한 것으로 보인다. 매년 잎이 떨어지는 속씨식물들은 4개월이 채 안 되는 짧은 생육기의 제약을 받는다. 침엽수는 눈이 쉽게 흘러내리도록 아래로 처지는 가지를 갖는다. 이와 같은 수형(tree architecture)이 아니라면 눈이 쌓인 중량 때문에 나뭇가지들이 쉽게 부러질 것이다. 구과식물문에는 많은 종이 포함되지만, 북방침엽수림의 다양성은 높지 않다. 두 종의 침엽수가 수천 평방마일의 넓은 면적을 완전히 우점하는 것이 드문 일이 아니다. 검은가문비나무(black spruce)와 서양측백나무(white cedar)가 서쪽 지역에서 우세한 반면, 하얀가문비나무(white spruce)와 발삼전나무(balsam fir)는 동쪽 지역의 대부분을 덮는다. 관목은 풍부하지 않지만, 블루베리, 블랙베리, 그리고 구스베리가 나타난다. 초본들도 희박하다. 북방침엽수림에서는 교란이 별로 나타나지 않는데, 남쪽에서 간혹 불이 나기도 하고 북쪽에서는 곤충의 피해를 입기도 한다. 이 생물군계에서는 무스(말코손바닥사슴), 카리부, 사슴, 회색곰, 그리고 얼룩이리 같은 많은 대형 포유동물들이 나타난다. 북방침엽수림은 훨씬 남쪽에서 나

(A)

(B)

그림 27-24 **(A)** 1평방 킬로미터의 북방침엽수림 내에서는 같은 종이 수천 개체가 자라기도 한다. 그러므로 침엽수의 풍매수분이 매우 효과적이다. **(B)** 북방림(boreal forest)에서는 침엽수가 우점하며, 꽃식물들은 하층의 관목과 초본들이다.

타나는 아고산림이나 산록림과 이어진다. 많은 종이 양쪽의 생물군계에서 나타나기도 한다.

열대생물군계

대부분의 열대생물군계는 기온이 영하로 내려가지 않는다는 특징이 있다. 열대의 높은 산에서는 서늘하거나 추운 밤과 겨울이 나타나지만, 고도가 아주 높은 곳에서만 서리가 낀다. 강수량이 많은 조건에서는 열대우림이 나타나고, 그보다 건조한 지역은 열대초지와 사바나로 구성된다.

열대우림

열대우림(tropical rain forest)은 적도 부근에서 나타난다. 하와이, 푸에르토리코, 그리고 괌은 광범위한 우림을 갖는다(**그림 27-25**). 연강수량은 대체로 200 cm 이상으로 많고, 종종 1,000 cm(30 피트가 넘는 10 m) 이상이 되기도 한다. 보통 비가 매일 내린다. 아침에는 서늘하고 상쾌하지만, 구름이 빠르게 형성되어 거의 언제나 정오에 비가 온다. 비가 그치면 맑은 하늘에 큰 구름이 있고 밝은 햇살이 비친다. 기온이 빠르게 상승하고, 공기의 상대습도는 100%에 가깝다.

높은 온도와 습기는 다른 생물군계보다 열대우림에서 더욱 빠르게 토양의 전환을 일으킨다. 알루미늄과 철 산화물의 매트릭스만 남기고 많은 원소들이 토양에서 침출된다. 부식질(humus)은 빠르게 분해되고, 토양층위(soil horizon)는 거의 발달하지 않는다. 낙엽들이 분해되면서 식물의 뿌리와 균근의 광범위한 체계가 무기질을 잡아 재활용한다. 거의 모든 이용 가능한 필수원소들은 토양에 있지 않고 생물의 체내에 존재한다.

열대우림에서 우점하는 나무들은 속씨식물들이고, 자연적으로 나타나는 침엽수는 사실상 없다. 지상고도 30 m에서 40 m에 숲지붕(canopy)이 형성되지만, 키가 큰 많은 교목들이 다른 나무들보다 위로 모습을 드러낸다. 약 10~25 m의 높이에서 아수관층(subcanopy)이 나타나기도 한다. 어떤 나무들은 육중하고 거대한 나무줄기를 갖지만, 대부분의 나무들은 가느다란 줄기를 갖는다.

그림 27-25 온대우림과 달리, 열대생물군계의 하나인 열대우림은 기온이 영하로 내려가는 법이 없다. 연중 광합성이 일어날 수 있다. 매년 잎이 떨어지지 않기 때문에 잎의 쓸모 있는 생애가 여름의 몇 달에만 국한되지 않고, 여러 해 동안 효율적이 되기도 한다. 사진은 파나마이다.

교란을 받지 않고 몇 해 동안 온전하게 숲지붕이 유지된 곳에서는 지피식생(ground vegetation)이 아주 적고, 숲 사이로 쉽게 걸어 다닐 수 있다. 키가 큰 나무가 죽고 쓰러져서 국지적인 교란이 발생하면 숲지붕에 틈이 생긴다. 갑자기 숲의 바닥에 빛이 들어오고 초본과 관목들이 증식하지만, 교목이 빠르게 생장하여 숲지붕을 메우고 빛을 차단한다.

사실상 모든 작은 관목들과 초본들은 빛을 받을 수 있는 높은 숲지붕에서 착생식물로 나타난다. 난초류, 파인애플과 식물, 천남성식물, 그리고 선인장들이 흔하다. 많은 넝쿨식물들이 토양에 고정되는데, 그 줄기는 숲지붕까지 자라고 그곳에서 가지를 치고 많은 잎을 만든다. 50 m 길이의 가느다란 줄기에 의해 잎과 뿌리가 떨어지기도 한다.

열대우림은 종다양성과 같은 뜻을 갖는다. 1헥타르(정사각형의 각 측면이 100 m)에 40종 이상의 나무가 있고, 흔히 100종에 달하며, 한 그루의 나무에 수천 종의 곤충, 곰팡이, 그리고 착생식물들이 살기도 한다. 한편 각 헥타르에는 특정한 종, 특히 나무의 어떤 종은 1~2개체만 존재하기도 한다. 우점종은 없다. 대부분 종들의 개체군 밀도가 그만큼 낮기 때문에 풍매수분은 성공하지 못한다. 모든 식물은 동물에 의해 꽃가루받이가 일어나야 하고, 매개동물의 눈에 띄는 것이 어려울 수 있다. 아수관층의 많은 종들은 희미한 빛에서도 쉽게 볼 수 있게끔 화려한 색채의 꽃들을 갖고, 향기가 강한 경향이 있어서 곤충과 새들이 꽃을 빨리 찾게 된다. 키가 큰 나무들은 엄청나게 많은 꽃을 피울 수 있으므로 이를 못 보고 지나칠 매개동물은 아마도 없을 것이다(**그림 27-26**).

열대초지와 사바나

강수량이 적은 열대 지역에서는 키가 작고 가시가 있는 교목과 관목들의 가시숲(thorn-scrub; **그림 27-27**)과 나무가 없는 사바나(savannah) 또는 초지가 발달한다(**그림 27-28**). 가장 널리 알려진 사바나는 아프리카이지만, 브라질[세라도(cerrado)], 베네수엘라[야노스(llanos)], 그리고 오스트레일리아에서도 사바나가 나타난다. 인간에 의한 교란이 없는 자연 상태의 식생은 잎이 무더기로 나고 키가 1.5-2 m에 달하는 풀들로 구성된다. 대부분의 나무들은 벌어져 있고, 윗부분이 평평하며, 널리 분산된 콩과 식물들이다. 남아메리카의 사바나에는 많은 대형 채식동물(grazer)들이 없지만, 아프리카에는 유명한 얼룩말, 영양, 그리고 기린들이 있다. 매우 중요한 뜻밖의 채식동물이 흰개미(termite)이다. 흰개미류는 풍부하고, 토양 입자와 식물 잔해로 거대한 집을 짓는다. 흰개미들은 다량의 식물재료들을 가져 와서 소화시키고 흰개미의 개미탑에 배설물을 덧붙인다. 흰개미 무리들이 엄청나게 많고 개미언덕이 너무 커서 흰개미들은 영양소 순환에서 중요한 연결 고리가 된다.

© Jacques Jangoux/Alamy

그림 27-26 열대우림에서는 많은 나무들이 엄청나게 많은 꽃을 피우는데, 한 그루의 나무에서 모든 꽃들이 일제히 개화할 뿐만 아니라 어떤 지역에 있는 특정한 종의 모든 나무들에서 꽃이 핀다. 일부 식물에서 이러한 현상은 건기가 끝날 무렵의 폭풍우와 관련된 기온이나 습도의 변화에 의해 유발된다.

그림 27-27 열대지방의 해안선을 따라 저지대의 평평한 지대는 비가 거의 내리지 않고, 그나마 내리는 빗물도 모래흙 때문에 빠르게 빠져 나간다. 습도가 아주 높다는 점을 제외하면 조건이 사막과 비슷하다. 이런 곳의 나무들은 키가 작고 대부분 가시를 갖고 있어서 해안가시숲(coastal thorn-scrub) 생물군계라고 한다. 여기에 있는 넝쿨식물도 아칸토케레우스속(*Acanthocereus*)의 선인장이다.

Photo by Forest & Kim Starr

그림 27-28 열대초지는 숲을 지탱할 만큼 풍부하게 비가 내리지 않는 곳에 형성된 열대생물군계이다. 열대초지에는 추운 겨울이 없는 대신에, 따뜻하고 습한 계절, 서늘하고 건조한 계절, 그리고 덥고 건조한 계절의 3계절이 있다.

다음 단계에서는

1. **여러분 자신의 생물군계.** 생물군계는 산맥, 해양, 바람 패턴, 위도, 그리고 그 밖의 요인들의 영향을 크게 받는다. 이들 요인과 이들이 어떻게 상호작용하는지를 이해하는 좋은 방법은 여러분이 살고 있는 집 부근 지역의 여러분 자신의 생물군계를 연구하는 것이다. 여러분은 저지대에 사는가, 산에 사는가? 만일 산에 산다면, 그 고도와 나이는 어떻게 되나? (로키 산맥과 애팔래치아 산맥은 어느 쪽이 더 높은가? 어느 산맥이 더 오래 되었나?) 여러분에게 영향을 미치는 바람과 습기는 어디에서 비롯되고, 이는 계절에 따라 패턴이 바뀌나? 여러분이 살고 있는 곳의 위도는? 몇 천 년 전에 빙상(ice sheet)으로 덮였던 지역에서 살고 있나?
2. **불에 적응한 생물군계.** 건조한 온대생물군계의 몇몇은 불에 의한 빈번한 교란에 적응되어 있다. 아마도 캘리포니아의 지중해성 관목지가 가장 유명할 텐데, 그것은 지중해성 관목지에 여러 도시가 있고 그곳에 수천 명의 사람들이 살고 있으며 주택들이 매년 불에 타기 때문이다. 이 27장에서는 지중해성 관목지의 화재생태학(fire ecology)에 관한 몇 가지 측면을 소개하였지만, 여러분은 개화와 종자생산의 타이밍과 관련한 우기와 건기의 타이밍에 관해 보다 많은 정보를 검색해야 한다. 한편 지중해성 관목지의 동물들도 화재에 살아남아야 한다. 동물들은 어떻게 적응하는가?
3. **생물군계와 지구온난화.** 우리가 대기로 방출하는 온실가스들은 지구 온도의 상승을 유발한다. 그러나 지구 전체 지역을 약간 더 따뜻하게 만드는 것이 아니라, 추가의 열이 해양의 순환을 변모시키고, 그렇게 함으로써 열대에서 극지방으로의 열 분포가 달라지는 것이다. 어떤 지역은 더 따뜻해지지만, 다른 지역은 서늘해지고, 어떤 곳은 비가 더 많이 내리고, 다른 곳은 더 적게 내린다. 아주 많은 요인들이 대양의 순환에 영향을 미쳐서 어떤 일이 일어날지 확신하지 못하지만, 이에 관한 많은 모델들이 발표되었다. 해양 순환의 예측에 관한 정보들을 검색하고, 그 결과가 어떻게 될 것인지 그리고 변화(이를테면 눈이 녹아 담수가 늘어나고 담수가 극지 부근에서 차가워지고 밀도가 높아지는 데 따른 물의 침강 변화)를 유발하는 요인은 무엇인지에 대해 유의해야 한다. 나아가서, 대양분지(ocean basin)의 지도를 조사해야 한다. 순환의 많은 측면이 분지의 지형에 의해 조절되는데, 대양저(ocean floor)가 매끈한 곳에서는 바닷물이 쉽게 이동하지만, 대양저에 산맥이 있는 곳에서는 쉽게 이동하지 못한다.

요약

1. 생물군계는 생태계의 광범위한 그룹이다. 기후와 토양 같은 다양한 요인들의 지배를 받지만, 많은 생물군계들은 쉽게 알아볼 수 있을 만큼 독특하다.
2. 지구의 기후 양식은 지구 자전축의 기울기, 대기와 대양의 순환, 그리고 땅덩어리의 위치, 형태, 그리고 크기를 포함하는 여러 요인들에 기인한다.
3. 전 세계에서 가장 따뜻하고 가장 습한 지역은 북회귀선과 남회귀선 사이에 위치한다. 온대는 적도로부터 더 떨어져서 보다 서늘하고 건조하다. 극지방은 춥다.
4. 특정한 땅덩어리의 기후는 그 위도, 그 크기, 인접한 해류의 따뜻함, 바람의 습도와 온도, 그리고 산맥에 의해 형성되는 비그늘에 의해 결정된다.
5. 많은 종류의 광상(mineral deposit)이 지닌 성질은 열과 습기의 기후 조건에 의해 영향을 받는다. 무기질은 과거 기후 조건을 알려주는 기록으로서의 역할을 한다. 어떤 화석생물 형태(석탄과 산호) 역시 훌륭한 지표가 된다. 고지자기(paleomagnetism)를 연구하면 대륙들의 과거의 방향과 위치를 알 수 있다.
6. 육상식물이 나타난 고생대 말에 모든 대륙이 합쳐져 판게아가 형성되었다. 쥐라기 동안에 판게아는 오늘날의 대륙들로 분리되었다. 각 대륙이 이동하면서 많은 대륙들이 새로운 위도로 이동하였고, 그 기후가 극적으로 바뀌면서 생활형에 영향을 미쳤다. 변모된 해양 순환에 기인하여 습한 공기가 보다 많은 지표면을 덮게 되었다.
7. 습한 온대생물군계는 강수량이 많고 겨울은 서늘하거나 춥다. 습한 온대생물군계에는 온대우림, 산록림과 아고산림, 온대낙엽수림, 그리고 남동상록수림 등이 있다.
8. 건조한 온대생물군계는 겨울이 춥고 비가 적당히 내린다. 초지, 관목지, 삼림지, 사막, 그리고 고산툰드라 등의 생물군계가 있다.
9. 극지생물군계는 빛의 세기가 약하고, 긴 여름날, 긴 겨울밤, 그리고 영구동토를 갖는다. 북극툰드라에서는 생체량의 대부분이 비늘줄기와 덩이줄기로 땅속에 위치한다. 북극 주변의 북방림(타이가)은 침엽수들이 우점하는 광범위한 숲이다.
10. 열대생물군계는 결빙온도가 전혀 없다는 점이 강력한 영향을 미친다. 강수량이 많은 곳에서는 열대우림이 형성된다. 비가 덜 풍부하게 내리는 곳에서는 열대초지가 발달한다.

중요한 용어

고산툰드라(alpine tundra)
곤드와나 대륙(Gondwanaland)
관목지(shrubland)
대륙이동(continental drift)
로라시아 대륙(Laurasia)
북극툰드라(arctic tundra)
북방침엽수림(boreal coniferous forest)
비그늘(rain shadow)
사막(desert)
사바나(savanna)
산록림(montane forest)
삼림지(woodland)
상록수림(evergreen forest)
생물군계(biome)
열대우림(tropical rain forest)
영구동토(permafrost)
온대낙엽수림(temperate deciduous forest)
온대우림(temperate rain forest)
지중해성 관목지(chaparral)
초지(grassland)
타이가(taiga)
테티스 해(Tethys Sea)
툰드라(tundra)
판게아(Pangaea)

복습 문제

1. 지구의 지표는 생물군계로 덮여 있는데, 이는 많은 __________ 의 광범위한 그룹이다. 생물군계가 식물과 동물 모두의 독특한 면이 특징인가, 아니면 식물이나 동물 중 어느 1가지에 의해 특징지어지는가?
2. 생물군계는 극도로 단순한 유형에서 보다 복잡한 유형에 이르기까지 다양하다. 단순한 생물군계의 이름을 대시오. 복잡한 생물군계의 이름 2가지를 대시오. 생물군계의 복잡성은 2가지의 비생물적 요소인 ______________와 ______________의 영향을 가장 많이 받는다.
3. 플로리다키스 제도(Florida Keys)를 무슨 이유에서 열대무인도(desert island)라고 하는가? 하와이 제도와 푸에르토리코는 왜 열대무인도가 아닌가?
4. 미국과 캐나다의 서해안에 중부 평원보다 훨씬 많이 비가 내리는 이유는 무엇인가? 중부 평원이 완전한 사막이 되지 않게끔 내리는 비의 근원은 태평양, 대서양, 그리고 멕시코 만 중 어느 것인가?
5. 여러분이 살고 있는 곳의 위도는? 여러분이 살고 있는 곳에서 가까운 해안은? 그 해안이 여러분이 살고 있는 곳의 날씨에 중요하게 영향을 미치나?
6. 여러분이 살고 있는 곳의 강수 양식은 주로 여름인가, 겨울인가? 비가 내리는 날 사이의 가장 긴 기간은 10일인가, 한 달인가? 이와 같은 건조한 시기가 여름에 나타나나, 겨울에 나타나나?
7. 여러분이 살고 있는 곳의 토양은 얇고 바위가 많으며 미성숙한가, 아니면 두껍고 비옥한가?
8. 생물들이 육상에 출현하기 시작할 무렵인 고생대 말에 모든 대륙이 합쳐졌다. 이 초대륙의 이름은 무엇인가? 이 초대륙의 북쪽 대륙의 명칭은 무엇인가? 남쪽 대륙의 이름은 무엇인가? 나중에 대륙이 갈라지고, 북쪽 부분과 남쪽 부분이 떨어지면서 사이에 수로가 형성되었다. 이 수로를 ______________________해라고 부른다(지금은 존재하지 않는다). 북아메리카가 북서쪽으로 이동하여 유럽과 갈라졌을 때, 또 다른 수로가 형성되었다. 이를 ____________________양이라고 부른다(이는 지금도 존재한다).
9. 미국 북서부는 온대우림이고, 워싱턴 주의 올림픽 산지(Olympic Mountains)의 서쪽 지역에 내리는 비는 1년에 보통 __________ cm 이상이다. 1 인치(inch)는 2.5 cm이다. 이 비는 몇 인치인가?
10. 미국 북동부는 온대낙엽수림이 우세하다. '온대(temperate)'는 무슨 뜻인가? '낙엽수림'은 무엇인가? 온대낙엽수림이 형성되는 기후를 설명하시오. 겨울, 여름, 그리고 강수량은 어떠한가?
11. 북아메리카의 전체 대평원은 초지(grassland)(보다 정확하게는 초지였고)인데, 이를 종종 북아메리카대초원(prairie)이라고 한다. 이 문장에서 '였고(was)'라고 한 이유는 무엇인가? 중앙 평원의 초지에서 무슨 일이 일어난 것일까? 토양은 두껍고 기름진가, 아니면 얇고 척박한가?
12. 캘리포니아의 지중해성 관목지(chaparral)는 유명한 관목지이다. 지중해성 관목지에서 자주 일어나고 해마다 뉴스에 등장하는 교란은 무엇인가? 지중해성 관목지에서 자생하는 식물들이 어떻게 이 교란에 적응하였나?
13. 사막에 대한 여러분의 이미지는 무엇인가? 건조하고 생명이 없는 것인가? 그림 27-21의 애리조나의 사막을 보시오. 이 지역이 1년 내내 이런 모습일까?
14. 북방침엽수림(boreal coniferous forest)은 무엇인가? 이 숲은 어디에 위치하고 있나? 북방림은 거의 전적으로 침엽수인 반면에, 바로 그 남쪽은 온대낙엽수림이다. 보다 북쪽에 침엽수가 우세한 이유는 무엇인가?
15. 거대하고 광범위한 남방침엽수림(austral coniferous forest)은 없다. 왜 없을까(힌트: 그림 27-3을 보시오. 남반구의 상응하는 위도에 육지가 있나)?
16. 이 27장에서 논의한 생물군계 가운데 여러분은 어떤 생물군계에서 살고 있나? 여러분의 생물군계에서 우점하는 식물은 무엇인가? 사람 이외의 우점하는 동물은 무엇인가? 여러분이 살고 있는 지역의 생태적 변화의 가장 중요한 원인은 무엇인가? 도시개발, 벌목, 아니면 농업인가? 이로 인해 야기된 변화에는 어떤 것들이 있나?
17. 여러분의 집에서 가까운 곳에 위치한 도립공원과 국립공원 또는 야생생물보호구의 이름을 대시오. 그 가운데 몇 군데를 방문하였나? 이 27장에서 언급한 모든 생물군계 가운데 얼마나 많은 생물군계를 여행하였나? 식생의 변화를 의식하였나?

찾아보기

I

J

K

L

M

N

O

P

Q

R

S

ㅂ

ㅅ

ㅇ

ㅈ

ㅊ

ㅋ

ㅌ